JN492628

제10판 전면 수정판

Campbell 생명과학

개념과 현상의 이해

Published by
Pearson Education South Asia Pte Ltd
63 Chulia Street, #15-01
Singapore 049514

Pearson Education offices in Asia: *Bangkok, Beijing, Ho Chi Minh City, Hong Kong, Jakarta, Kuala Lumpur, Manila, Seoul, Singapore, Taipei, Tokyo*

4 3 2 1
28 27 26 25

발행일: 2025년 8월 25일
공급처: 교문사(031-955-6111~4/genie@gyomoon.com)
ISBN: 978-981-3352-07-0 (93470)
가격: 50,000원

Pearson

www.pearson.com/asia

Campbell Biology

Concepts & Connections, 10/e Global Edition

제10판 전면 수정판

Campbell 생명과학

개념과 현상의 이해

Martha R. Taylor · Eric J. Simon · Jean L. Dickey · Kelly Hogan 지음

김명원 · 김창미 · 박돈하 · 심문정 · 이서은 · 이영원 · 이유 · 하영미 옮김

Pearson

교문사

역자 서문

여러 해 동안 생명과학 분야에서 연구하고 학생들을 가르치면서 전공자나 비전공자에게 생명과학을 쉽게 설명해 주는 책이 없다는 점이 늘 아쉬웠다. 그러던 중 《Campbell 생명과학: 개념과 현상의 이해》 10판 번역서를 출간하는 데 참여하는 기회를 얻게 되었다. 이 책은 저자진이 1999년에 초판을 펴낸 이후로 10판에 이른 생명과학 입문서로, 개정을 거듭하면서 최신 내용을 보강하고 풍부한 사진을 담아 독자가 쉽게 이해할 수 있도록 구성되어 있다.

특히 10판은 번역에 AI 기술을 활용하여 새로운 이정표를 세웠다. 즉 AI를 이용하여 초벌 번역을 하고 이를 기반으로 수정 및 보완하여 번역 원고를 완성했다. 그러나 아직은 AI 기술이 완벽하지 않아 잘못 번역된 용어를 찾아내어 고치는 과정을 거쳐야 했다. 또한 정확한 용어를 사용하기 위해 역자진의 전공에 따라 각 장을 배분하고, 내용이 매끄럽게 읽히도록 여러 차례 다듬는 등 많은 노력을 기울였다.

끝으로 이 책의 출간을 위해 도움을 준 교문사 관계자 여러분에게 감사의 인사를 전하고 싶다. 지원을 아끼지 않으신 류원식 대표님, 원활한 출간 진행을 위해 애써주신 박현수 영업부장님, 꼼꼼한 교정 및 편집으로 책의 완성도를 높여주신 김성남 편집자님에게 특히 고마운 마음을 전한다.

2025년 8월

역자 일동

역자진

김명원 (연세대학교 생물학 박사): 역자 서문, 저자 소개, 저자 서문, 책 소개글

김창미 (연세대학교 생물학 박사): 3, 21, 24, 25, 28, 29장

박돈하 (연세대학교 생물학 박사): 9, 10, 27장

심문정 (연세대학교 임상병리학 박사): 1, 6장

이서은 (연세대학교 생물학 박사): 2, 20, 26, 30장

이영원 (University of Virginia 생물학 박사): 4, 5, 8, 11, 12장

이 유 (University of Texas at Austin 박사): 7, 22, 23, 31~38장

하영미 (Tufts University 박사): 13~19장

저자 서문

수년간 우리가 직접 가르친 수천 명의 학생들과, 우리 책을 교재로 사용하거나 검토한 많은 교수들로부터 받은 열정적인 피드백에 힘을 얻어 이번 제10판을 새로이 선보이게 되었다. 저자들은 현대사회에서 강의와 학생들이 요구하는 변화와 생명과학의 최신 발전을 반영하고자 했다.

이 책의 제목《Campbell 생명과학: 개념과 현상》은 생명과학 교육에 지대한 공헌을 한 닐 캠벨(Neil Campbell)의 창립저자적 역할과 업적을 기리기 위해 붙여진 것이다. 이 책은 두 가지 목적을 여전히 추구하고 있다. 첫째, 다양한 전공분야의 학생들이 생명과학의 경이로움에 흥미를 느끼도록 하는 것이며, 둘째, 생명과학을 통해 학생 자신의 삶과 주변 세상이 어떻게 연관되어 있는지 깨닫게 하는 것이다. 대부분의 학생들이 생명과학자가 되지 않겠지만, 그들의 삶은 매일 생명과학과 맞닿아 있다. 생명과학 개념을 이해하고 그것이 우리의 삶과 어떻게 연결되는지를 아는 것은 그 어느 때보다 중요하다. 우리의 건강이든, 지구의 건강이든, 생명과학에 대한 기본적인 이해는 필수적이다. 건강 문제, 환경 문제, 신기술의 적용 등을 적절히 평가해야 하는 이 시대의 시민에게 과학이 작동하는 기본지식이나 방식에 대한 이해는 중요한 자질이 되고 있다.

개념과 연결

개념 생명과학은 방대한 학문이며 매년 그 범위가 더욱 확장되고 있지만, 생명과학 입문 강좌는 여전히 한두 학기에 불과하다. 이 책은 각 장의 핵심 아이디어를 학생들이 인식하고 초점을 맞출 수 있도록 개념 절을 처음으로 도입한 생명과학 입문 교재다. 각 절의 제목은 핵심 개념을 적절히 요약한 문장으로 제시된다. 예를 들어, "보조 T세포는 체액성 및 세포성 면역반응을 자극한다"는 문장은 보조 T세포가 적응면역에서 어떤 역할을 하는지를 요약한 핵심 개념이다(24.12절). 이러한 개념적 제목은 하나의 초점이 되며, 해당 절의 본문과 그림은 그 개념을 설명하고 종종 비유를 활용하여 이해를 돕는다. 각 절의 본문은 마치 강의실에서 교수가 설명하듯 그림을 따라가며 서술된다. 도식화된 과정(예: 그림 24.12A)에서는 단계별 번호가 본문과 그림에서 상호 일치되도록 하여 순차적 이해를 돕는다. 설명과 시각 자료는 시너지 효과를 만들어내고, 개념적 제목은 학생에게 의미 있는 아이디어로 전환된다. 각 절 끝에 있는 '물음표 질문'은 학생들이 각 장을 따라가면서 자신의 이해를 점검할 수 있게 해준다. 마지막으로, 각 장 끝에는 모든 핵심 개념 문장이 요약과 함께 정리되어 있어 학생들에게 자신이 무엇을 배웠는지를 명확히 상기시켜 준다.

연결 학생들은 생명과학이 자신의 삶과 관심사에 어떻게 연결되어 있는지를 알 때 학습 동기가 더 높아진다. 예를 들어, 건강 문제, 경제 문제, 환경 질, 윤리적 논쟁, 사회적 책임과 과학이 어떻게 연관되는지를 이해할 때이다. 이번 제10판에서는 보라색의 **연결** 아이콘을 통해 핵심 개념을 넘어서는 다양한 응용을 다루는 절을 표시하였다. 예를 들어, 32.6절에서는 인간이 단풍나무 수액이나 고무와 같은 자원을 채취하기 위해 식물의 수송 메커니즘을 어떻게 활용하는지를 설명한다. 또한 **진화 연관성** 절은 초록색 아이콘으로 표시되어 있으며, 각 장의 내용을 생명과학의 통합 주제인 '진화'와 연결시킨다. 진화 없이는 생명에 대한 이해가 일관성을 가질 수 없다. 예를 들어, 14장의 진화 연관성 절은 피터와 로즈메리 그랜트 부부와 그들의 연구팀이 다윈의 핀치새에 대해 수행한 연구 데이터를 통해 자연선택이 여전히 영향을 미치고 있음을 보여준다. 각 장의 도입부와 '진화 연관성' 또는 '과학적 사고' 절도 명시적으로 연결되어 있다. 또한 각 장에서는 장의 핵심 개념과 생명과학의 핵심 원리 간 연관성도 계속해서 강조한다.

감사의 글

《Campbell 생명과학: 개념과 현상의 이해》의 열 번째 판이 출간되었다. 이 책은 많은 능력 있는 사람들의 노력의 결과물로서, 저자들은 이번 판과 이전 판에 기여해 주신 모든 분들께 진심으로 감사드린다. 이번 판은 여러 생물학자들이 생물학 입문을 가르친 경험을 공유하고 이 책을 개선하기 위한 구체적인 의견을 제공해 주었기에 잘 만들어질 수 있었다. 또한 많은 생물학자들과 생물학을 공부하는 학생들의 적극적인 의견과 제안은 큰 도움이 되었다. 또한《Campbell 생물학》(11판)의 공동저자들과 다양한 방면으로 이루어진 의견교환은 참으로 힘이 되고 많은 도움이 되었다.

저자들은 각자가 속해 있는 교육기관의 학생과 교수진에게 특별한 감사를 전한다. 테일러 교수는 책에 대해 의견을 준 코넬 대학교 학생들에게 감사를 표한다. 사이먼 교수는 뉴잉글랜드 대학의 동료와 친구들, 특히 자연과학 및 사회과학부의 지속적인 지원과 도움에 감사드린다. 디키 교수는 클렘슨 대학교의 동료들에게 전문 지식과 지원을 제공해 준 데 감사를 표한다. 호건 박사는 열정적인 학생들과 지속적인 지원을 아끼지 않은 채플힐 노스캐롤라이나 대학교의 동료들에게 감사를 표한다.

이번 개정판은 알베르노 대학의 기부자인 버튼(Rebecca S. Burton)의 큰 도움을 받았다. 베키는 다년간의 교육 전문 지식을 바탕으로 두 챕터의 내용을 크게 개선했다. 이번 판에 많은 기여를 해준 베키에게 감사드린다.

이 개정판의 훌륭한 출판팀은 콘텐츠 전략 매니저인 프로스트(Josh Frost)와 콘텐츠 전략 디렉터인 잘레스키(Jeanne Zalesky)가 이끌었다. 이 책을 위해 끊임없이 노력하고 생명과학 교육의 향상을 위해 헌신해 주신 두 분의 노고에 진심으로 감사드린다. 콘텐츠 개발 디렉터인 주슨(Ginnie Simione Jutson)의 공헌에 다시 한번 감사드린다. 품질에 대한 확고한 의지를 보여주신 편집 개발 팀원들인 달그렌(Everlyn Dahlgren), 퓨게이트(Alice Fugate), 해거(Mary Catherine Hager)에게도 깊은 감사를 표한다. 그들의 철저함, 노력, 유머 감각에 감사드리며, 그들의 노력으로 인해 이 책은 훨씬 더 나은 책이 되었다. 또한 부록 프로그램을 감독하고 효율적이고 열정적으로 지원해 준 부록 프로젝트 편집자 오코너(Melissa O'Conner)에게도 감사드린다.

이 책과 교육 패키지의 다른 모든 구성요소가 매력적이고 교육적으로 효과적인 이유는 우리 팀 제작 전문가들의 노력과 창의성 덕분이다. 다음 분들께 감사드린다. 매니징 프로듀서 얼리(Mike Early)와 콘텐츠 프로듀서 페리(Laura Perry), 또한 카피 에디터 딘스모어(Joanna Dinsmore), 교정자 무신스키(Gina Mushynsky), 인덱서 레이저샤프 커뮤니케이션즈에게 감사드린다. 사진 연구원인 필제이(Kristin Piljay)와 저작권 및 권한 관리자인 페리(Matt Perry)에게도 다시 한번 감사드린다. 제작 프로젝트 매니저인 피터스-리오단(Marianne Peters-Riordan)이 이끄는 인테그라가 편집을 담당했고, 프로젝트 매니저인 마샬(Rebecca Marshall)이 이끄는 아트하우스 라치나가 신규 및 수정된 일러스트레이션의 작업을 감독했다. 또한 제조 감독관인 와인버거(Stacey Weinberger)에게도 감사의 인사를 전한다.

아름답고 기능적인 인테리어 디자인과 멋진 표지를 만들어준 란스돈(Elise Lansdon)에게 감사드리며, 디자인 총괄과 디자인 리더십을 발휘해 준 마크 옹(Mark Ong) 디자인 매니저에게 다시 한번 감사를 표한다.

이 책의 가치는 이 책과 연관된 보충교재를 만들어준 저자들의 노력과 창의성에 의해 크게 향상되었다. 보충교재에 참여하신 여러 분들께 감사드린다: 젤리스코(Ed Zalisko), 드사이스(Jean DeSaix), 밀러(Kristen Miller), 셰퍼(Justin Shaffer), 양(Suann Yang), 커피우스(Dana Kurpius), 이완(Bob Iwan), 라루(Cheri LaRue), 헌징어(Brenda Hunzinger), 오코너(Melissa O'Conner), 볼(Alverne Ball), 홀(Marsha Hall), 헤이스팅스(Jennifer Hastings). 이 책의 최상급 마스터링 생명과학 프로그램은 포겔(Lauren Fogel), 트레코(Stacy Treco), 폴리(Katie Foley), 젠슨(Sarah Jensen), 베이릿(Chloé Veylit), 허포드(Jim Hufford), 홀(Charles Hall), 파우어(Caroline Power) 및 코로로위스키(David Kokorowski)의 팀이 없었더라면 가능하지 않았을 것이다. 개념의 시각화를 돕는 인터렉티브 동영상을 섬세하게 제작해 준 나델(Arl Nadel)과 영-두아란(Sarah Young-Dualan)에게도 특별한 감사를 표한다.

이 책의 마케팅에 중요한 역할을 해주신 마케팅 매니저 펠래즈(Christa Pelaez)와 마케팅 부사장 레스코(Christy Lesko)에게 감사드린다. 피어슨 사이언스 영업팀원들은 생명과학 교수자와 그들의 교육에 필요한 내용을 연결하는 데 지속적으로 도움을 주었으며, 이들에게도 감사를 표한다.

마지막으로, 이 프로젝트를 진행하는 동안 지원과 격려, 인내심을 보여준 가족과 친구들에게 깊은 감사를 표한다. 조시, 제이슨, 마니, 알리스, 젝, 폴, 아바, 다니엘(M.R.T.); 아만다, 리드, 포리스트, 그리고 나의 영감이 되어준, M.K., J.K., M.S., 그리고 J.J.(E.J.S.); 제시와 케터린(J.L.D.); 트레이시, 비비안, 케롤린, 브라이언, 제이크와 렉시(K.H.)에게 특별한 감사를 전한다.

마사 테일러, 에릭 사이먼, 진 디키, 켈리 호건

저자 소개

마사 테일러(Martha R. Taylor)

35년 이상 생명과학을 가르치고 있다. 게티즈버그 대학에서 생명과학 학사 학위를, 코넬 대학교에서 자연과학 교육 석사 및 박사 학위를 받았다. 코넬대에서 교육 지원실의 부소장을 역임했으며 전공자와 비전공자 모두를 위한 생명과학 입문을 강의했다. 가장 최근에는 학습전략센터의 강사로 생명과학 보충과정을 가르치고 있다. 교실과 실험실 및 지도과정에서 학생들과 함께 일한 경험은 학생들이 생명과학에 대한 인식과 지식을 스스로 쌓을 수 있도록 도와주는 데 힘이 되었다.

에릭 사이먼(Eric J. Simon)

뉴햄프셔 헤니커에 있는 뉴잉글랜드 대학의 생명과학 및 보건과학과 교수다. 과학 전공자와 비전공자를 대상으로 생물학 입문 강좌를 가르치고 있으며, 열대 해양생물학 및 자연과학 분야의 상급과정도 강의하고 있다. 웨슬리언 대학교에서 생물학 및 컴퓨터과학 학사와 생물학 석사 학위를 받았으며, 하버드 대학교에서 생화학 박사 학위를 받았다. 그의 연구는 테크놀로지를 이용하여 자연과학 교육과 학습을 혁신적으로 개선하는 데 중점을 둔다. 또한 수많은 국제학생 현장연구 여행을 이끌고 있으며, 라오스 사야부리에 있는 코끼리 보호센터의 과학자문위원으로 활동 중이다. 비전공자 입문용 생물학 교과서인 《Campbell Essential Biology(7판)》과 《Campbell Essential Biology with Physiology(6판)》의 저자이자 입문용 생물학 교과서인 《Biology: The Core(3판)》의 저자이기도 하다.

진 디키(Jean L. Dickey)

사우스캐롤라이나주 클렘슨에 있는 클렘슨 대학교의 생명과학 명예교수다. 켄트 주립대학에서 생명과학 학사 학위를 받은 후 퍼듀 대학교에서 생태학 및 진화학 박사 학위를 취득했다. 1984년, 클렘슨 대학교 교수진에 합류하여 과학 비전공자들을 대상으로 다양한 강의를 통해 생명과학을 가르치는 데 힘을 쏟았다. 콘텐츠 기반 교육 자료를 만드는 것 외에도 강의 및 실험실에서 학생들이 토론, 비판적 사고, 글쓰기 및 일반생물학 내 탐구 실험을 할 수 있는 커리큘럼을 구현했다. 《Laboratory Investigations for Biology(2판)》의 저자이며 《Campbell Essential Biology(7판)》과 《Campbell Essential Biology with Physiology(6판)》의 공저자이다.

켈리 호건(Kelly Hogan)

채플힐에 있는 노스캐롤라이나 대학교의 생물학과 교수로 생명과학 입문과 유전학을 가르치고 있다. 한 번에 수백 명의 학생들을 가르칠 수 있도록 교실 안팎에서 교육기술을 접목한 능동적 학습 방법을 사용한다. 뉴저지 대학에서 생명과학 학사를, 채플힐 노스캐롤라이나 대학교에서 병리학 박사 학위를 받았다. 그녀의 연구 관심사는 증거 기반 교수법과 기술을 통해 대규모 강좌를 더욱더 포용적으로 만들 수 있는 방법에 초점을 두고 있다. 뉴저지 대학의 교육혁신 담당이사로서 숙련된 교수진이 새로운 전문성 개발 기회를 활용하도록 장려하고, 혁신적인 차세대 교수진에게 희망을 주고 있다. 《Stem Cells and Cloning(2판)》의 저자이며, 《Campbell Essential Biology with Physiology(6판)》의 공동 저자이기도 하다.

닐 캠벨(Neil A. Campbell, 1946~2004)

과학자의 탐구심과 자상한 교사의 영혼을 겸비했던 인물이다. 30년 동안 자연과학 전공자와 비전공자 모두에게 생명과학 입문을 강의했고, 수천 명의 학생들이 그의 지도를 받고, 학습하고, 생명 연구에 대한 그의 열정에 자극을 받았다. 생물학 분야의 많은 이들이 그를 그리워하고 기억하며, 그와 함께했던 공동저자들은 그가 보여준 미래지향적 교육에 대한 헌신을 떠올리며 학생들이 생물학에 더욱 적극적인 관심을 가질 수 있도록 더 나은 교육법을 찾는 데 힘을 쏟고 있다.

차례 한눈에 보기

UNIT 1

세포의 삶

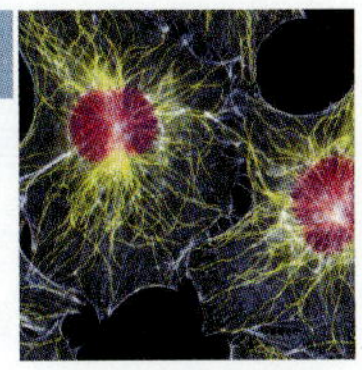

UNIT 2

세포의 생식과 유전학

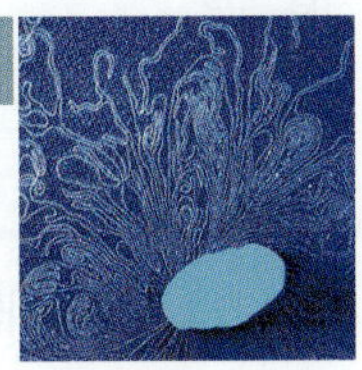

UNIT 3

진화의 개념

UNIT 4

생물다양성의 진화

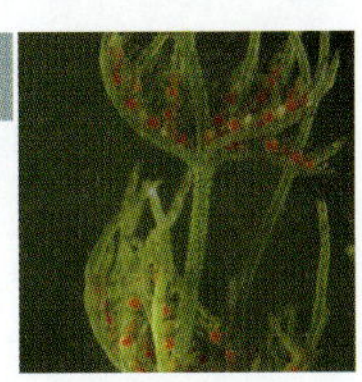

UNIT 5

동물: 형태와 기능

UNIT 6

식물: 형태와 기능

UNIT 7

생태학

차례

1 생명과학: 생명 탐구하기

UNIT 1

세포의 삶

2 생명의 화학적 기초

3 세포의 분자

4 세포 둘러보기

세포 개론 53

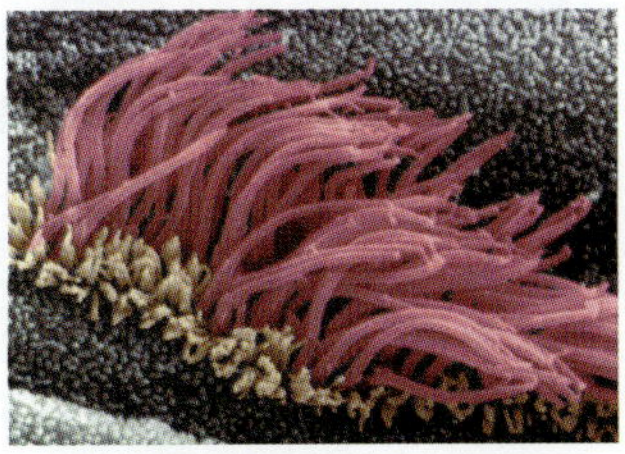

핵과 리보솜 59

내막계 60

에너지 전환 세포소기관 64

세포뼈대와 세포 표면 66

5 일하는 세포

막의 구조와 기능 74

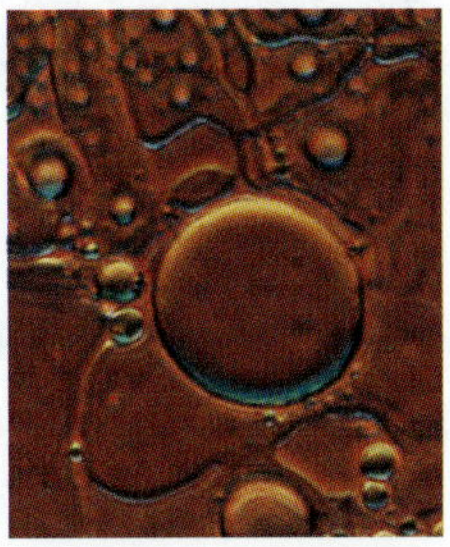

에너지와 세포 80

효소의 작용 원리 83

6 세포의 화학 에너지 수확 방법

세포호흡: 유산소 조건에서 에너지 수확 89

세포호흡의 단계 92

발효: 무산소 조건에서 에너지 수확 100

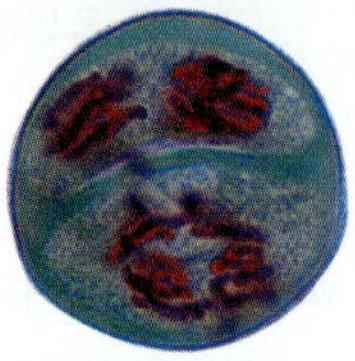

12 DNA 기술과 유전체학

유전자클로닝과 유전자편집 225

유전자변형생물 230

DNA 감식 235

유전체학과 생물정보학 239

UNIT 3

진화의 개념

13 개체군의 진화 방식

다윈의 진화론 248

개체군의 진화 256

소진화 메커니즘 260

14 종의 기원

종 정의하기 269

종분화 메커니즘 273

18 다양한 무척추동물의 진화

19 다양한 척추동물의 진화

UNIT 5

동물: 형태와 기능

20 동물의 구조와 기능의 통합

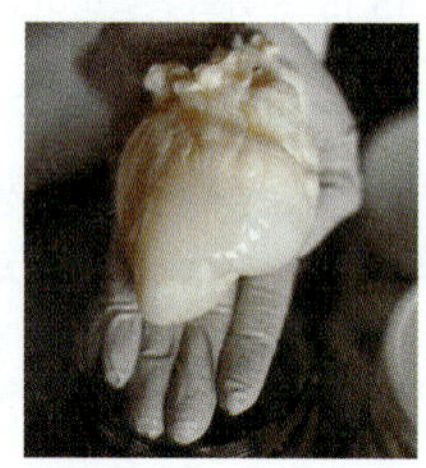

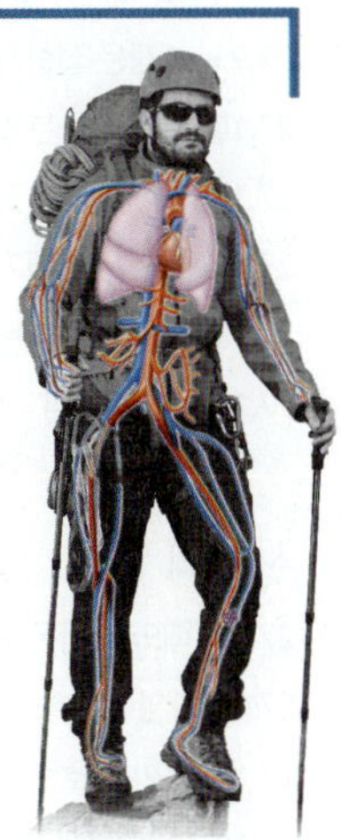

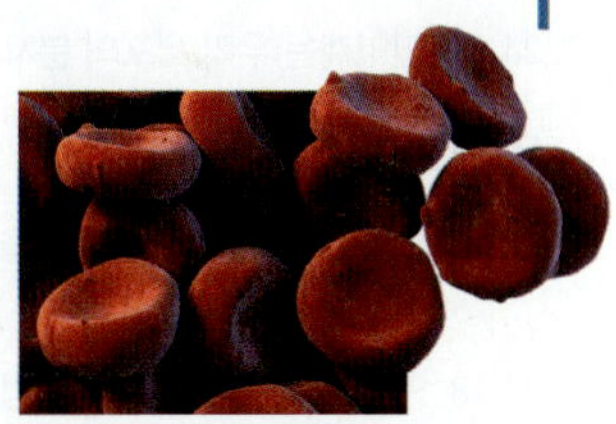

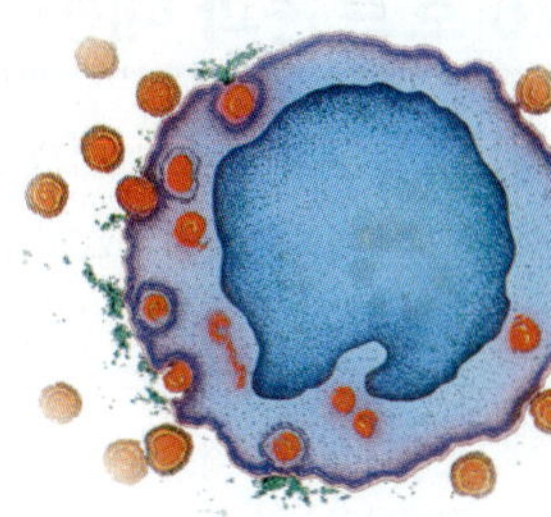

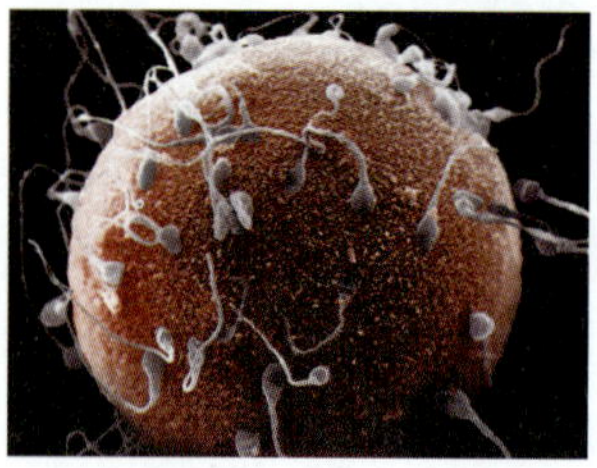

28 신경계

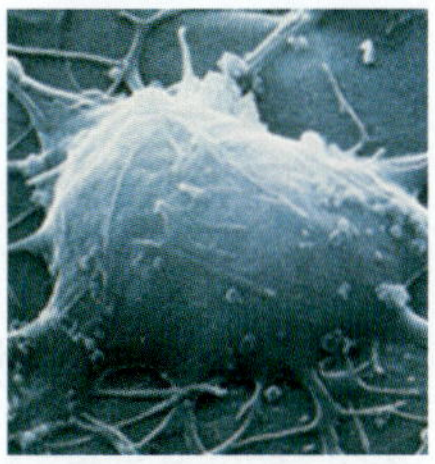

29 감각

30 동물의 움직임

UNIT 6

식물: 형태와 기능

31 식물의 구조, 생장 및 생식

32 식물의 영양과 이동

33 식물의 조절계

UNIT 7

생태학

34 생물권: 지구의 다양한 환경에 대한 개론

35 환경에 대한 행동 적응

36 개체군 생태학

37 군집과 생태계

군집 구조와 역학 708

생태계 구조와 역학 718

38 보전생물학

생물다양성의 소실 729

보전생물학과 복원생태학 737

동봉된 북티켓을 활용하시면 연습문제 해답을 전자책으로 보실 수 있습니다.

CHAPTER

1 생명과학: 생명 탐구하기

핵심 개요

생명과학: 생명에 대한 과학적 연구(1.1~1.3)

생명은 모든 살아 있는 유기체에 공통적으로 나타나는 성질의 집합으로 정의할 수 있으며, 매우 다양한 유기체와 수직적 체계가 특징이다.

과학의 절차(1.4~1.8)

과학은 검증 가능한 증거를 기반으로 한다. 과학자들은 자연을 연구할 때 관찰하고 가설을 세우고 예측을 테스트한다.

생명과학의 다섯 가지 통합 주제(1.9~1.14)

생명과학 전반을 관통하는 주제는 진화, 정보, 구조와 기능, 에너지와 물질, 상호작용이다.

1.0 너구리판다의 적응은 진화의 역사를 반영한다

너구리판다(red pandas, *Ailurus fulgens*)는 독특한 고양이 얼굴을 하고 있으며 큰 집고양이 정도만큼 자란다. 아시아의 산악 숲에서 생활하는 데 잘 적응한 매혹적인 동물이다. 붉은색과 흰색의 털은 주변의 붉은 이끼와 하얀 지의류(lichen) 사이에서 위장 역할을 하며, 어두운 배는 아래에서 올려다보는 포식자한테서 몸을 숨기도록 도와준다. 길고 덥수룩한 꼬리는 나무에서 균형을 잡는 데 도움이 되며, 겨울철에는 몸을 감싸 보온 기능을 한다. 손목에 있는 뼈로 된 돌기는 그들이 가장 좋아하는 먹이 중 하나인 대나무를 잡기 좋다.

'판다'라는 단어를 들으면 흑백에 몸집이 훨씬 큰 자이언트판다(giant pandas)를 떠올릴 것이다. 너구리판다와 자이언트판다가 밀접한 관련이 있을까? 과학자들은 한때 그렇게 생각했지만 이후 너구리판다를 독자적인 과(family)로 재분류했다. 1.6절과 1.9절에서는 과학자들이 어떻게 너구리판다의 가계도를 추적했는지 살펴볼 것이다.

이 장에서는 생명과학을 정의하는 것으로 시작한다. 다음으로 과학의 본질과 절차에 대해 살펴볼 것이다. 그리고 생물학의 통합된 주제인 진화를 포함하여 생명과학을 공부하는 과정에서 발견할 수 있는 다섯 가지 통합 주제에 대한 탐구로 장을 마무리한다.

생명과학: 생명에 대한 과학적 연구

1.1 생명과학은 생명에 대한 과학적 연구다

생명과학(biology)은 생명에 대한 과학적 연구로 정의된다. 이 간단한 정의는 당연한 질문을 제기한다. 생명이란 무엇인가? 어린아이도 개미나 식물은 살아 있지만 바위나 자동차는 그렇지 않다는 것을 안다. 그러나 우리가 생명이라고 부르는 현상은 한 문장으로 정의할 수 없다. 우리는 주로 생물이 하는 일을 통해 생명을 인식한다. **그림 1.1**은 우리가 생명과 연관 짓는 몇 가지 특성과 과정을 보여준다.

개미부터 식물, 사람에 이르기까지 모든 유기체는 생명의 구조적·기능적 단위인 **세포(cell)**로 구성되어 있다. 우리가 생명이라고 부르는 현상은 세포의 수준에서 시작된다. 세포는 체내환경을 조절하고, 에너지를 섭취하고 사용하며, 환경에 반응할 수 있다. 세포가 새로운 세포를 생성하는 능력은 모든 생식과 다세포 유기체의 성장과 수선(repair)의 기초다. 세포는 복잡한 식물이나 동물의 일부일 수도 있고, 그 자체로 하나의 유기체가 될 수도 있다. 실제로 지구상에는 단세포 박테리아 및 기타 단세포 유기체가 다세포 유기체보다 훨씬 더 많다.

그림 1.1은 또한 생명체가 놀랍도록 다양하다는 것을 보여준다. 다음 절에서는 생물학자들이 생명체의 놀라운 다양성을 어떻게 조직화하려고 시도하는지 살펴본다.

? 생명은 어떻게 인식되는가?

■ 생명은 그림 1.1에 나열된 성질로 특징지어진다.

생식: 생물은 자신과 같은 종류를 만들어낸다.

조직화: 생물은 매우 조직화된 구조로 이루어져 있다.

성장과 발생: DNA가 지시하는 유전정보는 모든 생물의 성장과 발생 과정을 조절한다.

환경에 대한 반응: 모든 생물은 환경의 자극에 대해 반응한다. 파리지옥은 식물 위에 내려앉은 실잠자리에 반응하여 재빨리 올가미를 닫는다.

에너지의 이용: 생물은 에너지를 받아들이고 이를 생명의 모든 활동에 이용한다.

진화적 적응: 체온을 올리기 위한 너구리판다의 꼬리 같은 적응은 환경에 가장 적합한 특성을 가진 개체들이 수많은 세대를 지나면서 생식에 더 많은 성공을 거두며 진화한다.

조절: 생물은 안정적이고 호의적으로 내부 환경을 유지하는 조절 기작을 갖는다. 도마뱀은 추운 아침에 '일광욕'으로 체온을 높인다.

▲ **그림 1.1** 생명의 몇 가지 특성

1.2 생물학자는 생명의 다양성을 세 가지 영역으로 분류한다

다양성은 생명의 특징이다. 생물학자들이 현재 존재하는 방대한 생물과 지구상의 오랜 생명사를 이해하는 한 가지 방법은 생명의 다양성을 그룹으로 정리하는 것이다. 각각의 고유한 형태의 생명체를 종(species)이라고 부르며 이탤릭체로 된 두 부분으로 구성된 학명을 부여한다. 이 이름은 속(genus)과 그 속 안에 있는 특정 종을 식별한다. 예를 들어, 우리 종의 이름은 '현명한 사람'이라는 뜻의 *Homo sapiens*다. 생물학자들은 지금까지 약 180만 종을 식별하고 이름을 붙였다. 종의 총수는 1,000만 개에서 1억 개 이상으로 추정된다.

뱀이나 나비같이 사물을 그룹화하려는 인간의 경향이 있는 것 같지만, 각 그룹에 다양한 종이 포함되어 있다는 것을 알고 있다. 그리고 종종 파충류(뱀 포함)나 곤충(나비 포함)과 같은 더 넓은 범주로 그룹을 묶기도 한다. 종의 이름을 붙이고 분류하는 생물학의 한 분야인 분류학은 종을 속(genus), 과(family), 목(order), 문(class), 문(phylum)에서부터 계(kingdom)까지 더 넓고 광범위한 그룹의 계층 구조로 배열한다. 이 분류체계의 목표는 생물의 진화 역사와 관계를 반영하는 것이다.

역사적으로 생물학자들은 모든 생명체를 5개의 계로 나누었다. 그러나 DNA 염기서열분석(DNA sequencing) 비교와 같은 진화 관계를 평가하는 새로운 방법이 등장하면서 계의 수와 경계에 대한 재평가가 계속되고 있다. 이러한 구분에 대한 논쟁이 계속되고 있지만, 생물학자들 사이에서는 생명체를 **영역(domain)**이라는 세 가지 상위 단계로 구성할 수 있다는 데 합의가 이루어지고 있다. **그림 1.2**는 영역의 대표적인 박테리아(Bacteria), 고세균(Archaea), 진핵생물(Eukarya) 영역을 보여준다.

박테리아 영역과 고세균 영역은 모두 비교적 단순한 세포를 가진 현미경적 미생물로 구성된다. 아마도 매우 다양하고 널리 퍼져 있는 박테리아에 가장 익숙할 것이다. 고세균 영역의 많은 구성원은 짠 호수나 끓는 온천 같은 지구의 극한 환경에 살고 있다. 그림 1.2의 박테리아와 고세균 사진에서 막대 모양 또는 둥근 구조물은 각각 하나의 세포다. 이 사진은 전자현미경(electron microscope)으로 촬영한 것으로, 옆의 숫자는 이미지의 배율을 나타낸다.

보다 복잡한 세포를 가진 모든 유기체를 **진핵생물(eukaryote)**이라고 하며 진핵생물 영역으로 분류한다. 원생생물(protist)은 대부분 단세포 생물의 다양한 집합체다. 그림 1.2는 연못 물 한 방울에 있는 다양한 원생생물을 보여준다. 생물학자들은 진화적 관계를 반영하기 위해 원생생물을 어떻게 그룹화할지 계속 연구하고 있다.

진핵생물 영역 내의 나머지 세 그룹은 부분적으로 영양방식에 따라 구별된다. 식물계는 광합성을 통해 스스로 먹이를 생산하는 식물로 구성된다. 그림 1.2의 식물은 아메리카 대륙에 서식하는 열대 브로멜리아드(bromeliad) 식물이다.

▲ **그림 1.2** 생명의 세 가지 영역

그림 1.2의 버섯으로 대표되는 곰팡이류는 주로 유기성 폐기물을 분해하여 그 영양분을 세포로 흡수하는 다양한 구성원을 가진 집단이다.

동물계에 속하는 동물은 다른 개체를 먹음으로써 먹이를 얻는다. 그림 1.2의 나비는 엉겅퀴 꽃에서 꿀을 먹고 있다.

생물학자들이 생명의 다양성과 복잡성을 이해하는 또 다른 방법은 세포의 현미경적 수준에서 지구 전체의 규모에 이르는 구조적 수준의 계층 구조로 구성하는 것이다. 다음 절에서는 이러한 단계를 시각적으로 살펴본다.

? 우리는 생명의 세 가지 영역 중 어디에 속하는가?

■ 진핵생물 영역

개념 시각화

1.3 생명체의 구성체계에서 각 단계마다 새로운 특성이 나타난다

생물학자는 세포의 분자부터 살아 있는 지구 전체에 이르기까지 매우 광범위한 범위의 생명체를 연구한다. 그들은 이 방대한 범위의 생명과학을 일련의 구

조직 단계로 나눈다. 플로리다의 맹그로브 습지를 예로 들어 화살표를 따라가며 이 조직 계층을 시각적으로 살펴보자.

생물학자는 종종 이러한 수준 중 하나 또는 몇 가지에 초점을 맞춰 자연 세계를 연구하며 개별 구성요소와 이러한 구성요소 간 상호작용 및 다른 수준과의 연결을 탐구한다. 실제로 화살표를 반대로 하여 이 그림을 통해 분자에서 생물권(biosphere)으로 위로 올라가면 각 상위 수준에서 이전 수준에는 존재하지 않았던 새로운 특성이 발생한다는 것을 알 수 있다. 이러한 **창발적 특성(emergent property)**은 구성요소의 특정 배열과 상호작용에서 비롯된다. 예를 들어, 신경세포의 배열과 연결은 신경 신호가 물고기의 뇌에서 꼬리까지 이동할 수 있게 한다. 그리고 움직임은 물고기의 신경계, 근육계, 골격계의 상호작용과 상호 연결로 인해 발생하는 창발적 특성이다.

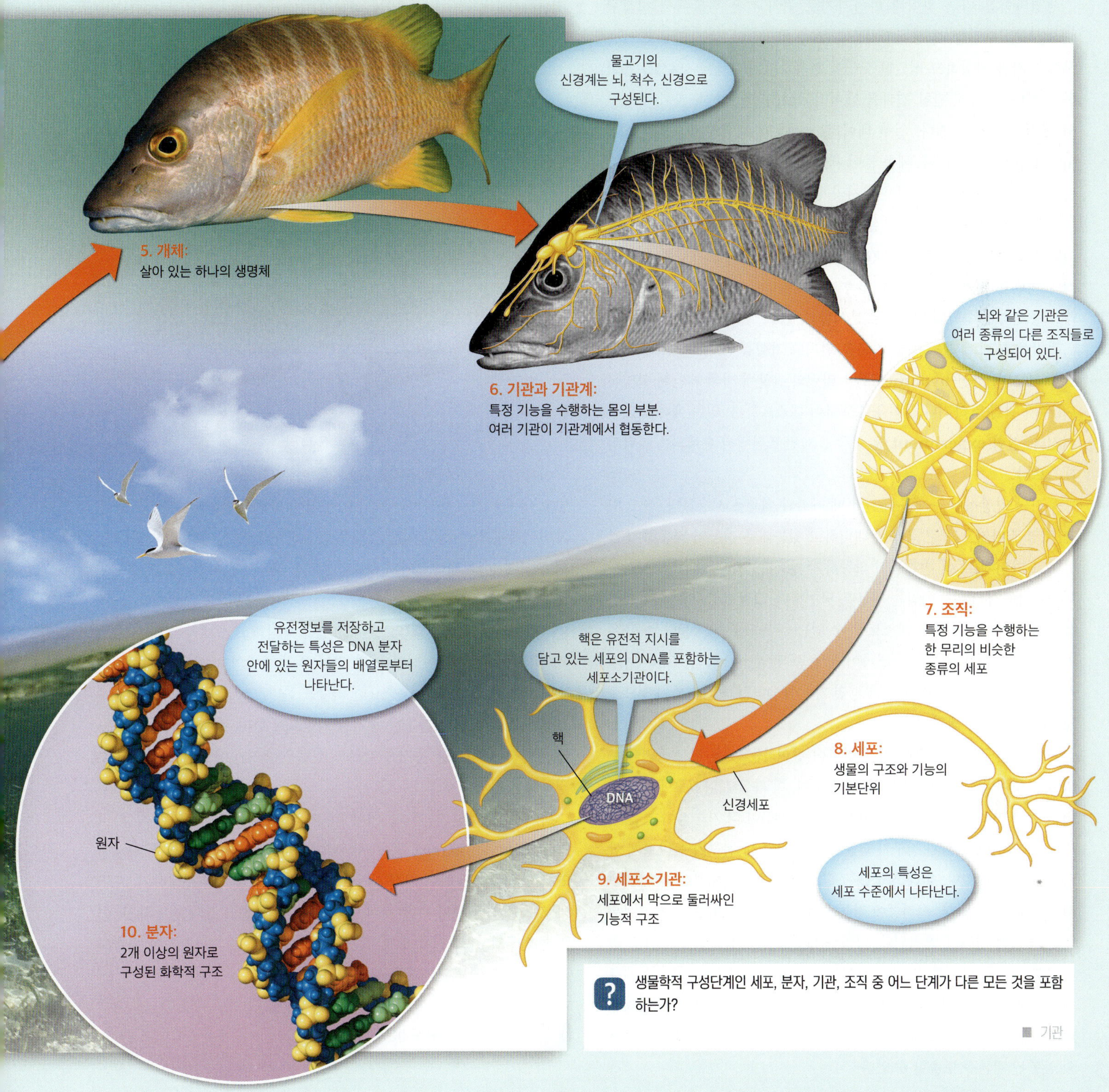

? 생물학적 구성단계인 세포, 분자, 기관, 조직 중 어느 단계가 다른 모든 것을 포함하는가?

■ 기관

1.4 과학이란 무엇인가

과학(science)은 자연 세계를 이해하기 위한 접근 방식이자 앎의 방식이다. 과학은 우리 자신과 주변 세계에 대한 호기심에서 비롯된다. 과학의 핵심은 자연 현상에 대한 정보와 설명을 찾는 탐구다.

생명과학은 다른 과학과 마찬가지로 주의 깊은 관찰에서 시작된다. 정보를 수집할 때 생물학자들은 종종 현미경과 같은 도구를 사용하여 감각을 확장하고 정밀한 도구를 사용하여 주의 깊은 측정을 용이하게 한다. 기록된 관찰 결과를 **데이터(data)**라고 하며, 과학적 탐구의 근거가 되는 증거다. 일부 데이터는 기록된 설명의 형태인 정성적(qualitative) 데이터다. 예를 들어 제인 구달(Jane Goodall)은 탄자니아에서 현장 연구를 하면서 침팬지의 행동(behavior)을 관찰한 내용을 수십 년 동안 기록했다(35.22절 참조). 그녀는 또한 특정 행동의 빈도와 지속 시간 등 많은 양의 정량적(quantitative) 데이터를 기록했다. 정량적 데이터는 일반적으로 수치로 측정된 데이터로, 표와 그래프로 정리하고 통계라는 수학의 일종으로 분석할 수 있다.

관찰을 통해 우리는 종종 질문을 던지고 가설을 세우고 테스트하여 답을 찾는다. **가설(hypothesis)**은 일련의 관찰에 대해 제안된 설명이며, 추가 관찰을 하거나 실험을 수행하여 테스트할 수 있는 예측으로 이어진다. **실험(experiment)**은 종종 통제된 조건에서 수행되는 과학적 테스트다.

우리는 일상적인 문제를 해결할 때 가설과 예측을 사용한다. 살고 있는 지역에 다가오는 큰 폭풍에 대비하고 있는데 손전등이 작동하지 않는다고 가정해 보자. 손전등이 작동하지 않는다는 것은 관찰된 사실이며, 왜 작동하지 않는가라는 질문은 당연하다. **그림 1.4**는 두 가지 가설을 제시하며, 각 가설은 테스트할 수 있는 예측으로 이어진다. 예측은 가설이 맞을 경우 예상되는 결과이며, 종종 '만약 … 그렇다면'이라는 형식을 취한다. 예를 들어, 배터리 방전 가설이 맞다면 배터리를 새것으로 교체하면 문제가 해결된다.

과학적 탐구에서 중요한 점은 가설이 참이라는 것을 결코 증명할 수 없다는 것이다. 그림 1.4에서 볼 수 있듯이, 이 가상 시나리오에서는 타버린 전구 가설(burned-out bulb hypothesis)이 더 가능성이 높은 설명이다. 그러나 오래된 전구가 단순히 헐거웠고 새 전구가 올바르게 삽입되었을 수도 있다. 원래 전구를 조심스럽게 다시 설치하여 이 가설을 테스트해 볼 수 있다. 손전등이 작동하지 않는다면 타버린 전구 가설은 다른 증거에 의해 뒷받침된다. 다양한 방법으로 가설을 테스트하면 추가적인 증거를 확보할 수 있고 가설에 대한 신뢰도가 높아진다. 실제로 여러 차례의 가설 테스트를 통해 과학적 합의, 즉 특정 가설이 알려진 데이터를 잘 설명하고 실험적 테스트에도 견딜 수 있다는 많은 과학자의 공통된 결론을 도출할 수 있다.

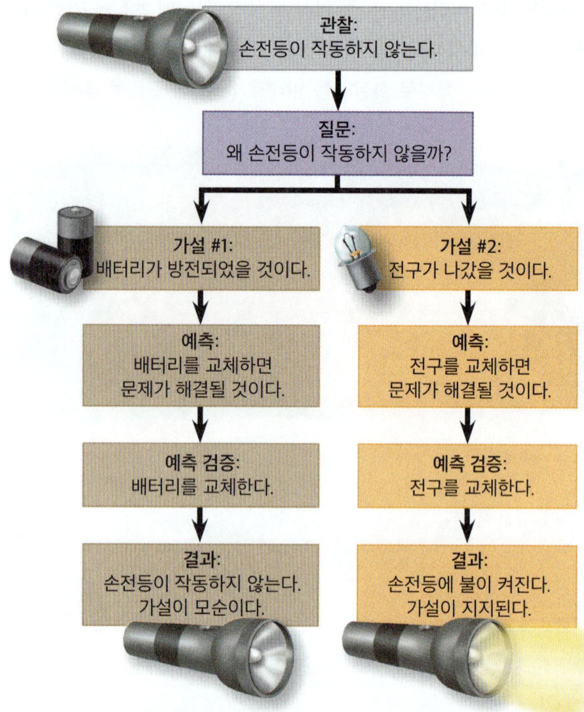

▲ **그림 1.4** 가설 수립 및 테스트의 일상적 예시

이론은 가설과 어떻게 다른가? 과학 **이론(theory)**은 범위가 훨씬 더 넓고 일반적으로 증가하는 대규모 증거에 의해 뒷받침된다. 예를 들어, 자연선택에 의한 진화 이론은 매우 다양한 관찰을 설명하고, 방대한 양의 증거에 의해 뒷받침되며, 어떤 과학적 데이터에 의해서도 모순되지 않는다.

과학은 철학이나 종교와 같이 자연을 묘사하고 설명하는 다른 방법과 어떻게 다를까? 이러한 노력 역시 우리 주변의 세계를 이해하려는 노력이며, 종종 사회에서 중요한 역할을 한다. 그러나 과학적 세계관은 가설 테스트와 검증 가능한 증거를 기반으로 한다. 실제로 과학의 두드러진 특징 중 하나는 증거를 따르고 새로운 증거가 발견되면 기꺼이 수정하려는 의지다.

과학이 무엇인지 더 잘 이해할 수 있도록 각 장에 '과학적 사고(Scientific Thinking)' 절이 포함되어 있다. 이 절은 자연 관찰, 다양한 연구 방법을 사용하여 가설 세우고 테스트하기, 데이터 분석하기, 도구와 기술을 사용하여 과학 지식 구축하기, 과학 연구 결과 전달하기, 이러한 연구가 사회 전체에 미치는 영향 평가하기 등 과학자들이 수행하는 여러 가지 광범위한 활동을 포괄한다.

? 과학적 가설의 주요 요건은 무엇인가?

■ 실험이나 추가 관찰을 통해 테스트할 수 있는 예측을 생성해야 한다.

1.5 가설은 통제된 실험을 통하여 테스트할 수 있다

낙엽 색깔을 띠는 두꺼비, 녹색 잎의 녹색 배추벌레, 북극 서식지의 흰올빼미 등 많은 동물이 자신의 환경과 일치한다. 이러한 관찰을 통해 이러한 색상 패턴이 포식으로부터 동물을 보호하는 적응으로 진화했다는 가설을 세울 수 있다. 과학자들은 이 가설을 테스트할 수 있을까?

▲ **그림 1.5** 해변 쥐와 내륙 쥐의 서식지

통제된 실험 가설을 실험적으로 테스트할 때 과학자는 종종 시스템의 한 구성요소를 조작하고 이 변화의 효과를 관찰한다. 변수는 실험에서 변하는 인자다. 과학자가 조작하는 인자를 **독립변수(independent variable)**라고 한다. 실험의 결과를 판단하는 데 사용되는 척도를 **종속변수(dependent variable)**라고 한다. 이 변수는 조작된 변수에 의존하거나 영향을 받는다. **통제된 실험(controlled experiment)**은 실험 그룹을 대조 그룹과 비교하는 실험이다. 이러한 그룹은 완벽히 실험에서 테스트하고자 하는 변수 하나만 다르다.

같은 종에 속하지만 서로 다른 환경에 사는 두 개체군의 쥐(*Peromyscus polionotus*)를 대상으로 한 통제된 실험의 예를 생각해 보자. 해변 쥐는 플로리다 해안가에 살고, 내륙 쥐는 내륙에서 더 멀리 떨어진 어두운 토양에 살고 있다. **그림 1.5**에서 볼 수 있듯이 쥐의 색과 서식지 사이에는 현저한 차이가 있다. 2010년, 하버드 대학교의 생물학자 호피 헥스트라(Hopi Hoekstra)와 그녀의 학생 그룹은 위장 가설을 테스트하기 위해 플로리다로 향했다. 그들은 위장색이 포식자로부터 쥐를 보호한다면, 환경과 일치하는 색을 가진 쥐는 서식지와 일치하지 않는 색을 가진 쥐보다 덜 자주 포식당할 것이라고 예측했다.

이 실험은 실험실이 아닌 자연에서 쥐와 포식자의 자연 서식지를 이용한 현장 연구의 한 예다. 연구진은 플라스틱 쥐 모형 250개를 만들어 해변 쥐와 내륙 쥐의 모습과 비슷하도록 페인트 칠을 했다. 같은 수의 모델을 두 서식지에 무작위로 배치했다. 각 서식지의 토종 쥐를 닮은 모델을 대조군으로 삼았다. 토종 쥐와 다른 색을 가진 쥐를 실험군으로 삼았다. 3일 동안 포식의 징후를 기록했다.

표 1.5의 결과에서 볼 수 있듯이, 위장하지 않은 모델은 두 서식지에서 모두 포식 공격 비율이 훨씬 높았다. 따라서 이 데이터는 환경과 어울리는 색상은 동물을 포식으로부터 보호한다는 위장 가설을 뒷받침한다.

표 1.5 위장 실험 결과

	공격 횟수		
서식지	위장 모델의 경우	위장하지 않은 모델의 경우	위장하지 않은 모델에 대한 공격 비율(%)
해변(밝은 서식지)	2	5	71%
내륙(어두운 서식지)	5	16	76%

자료: S. N. Vignieri et al., The selective advantage of crypsis in mice, *Evolution* 64: 2153-8 (2010).

시도해 보기 이 실험의 독립변수와 종속변수를 구분하시오.

사람을 대상으로 한 가설 테스트하기 신약 테스트처럼 사람을 대상으로 하는 통제된 실험을 임상시험 또는 임상연구라고 한다. 피험자는 일반적으로 대조군과 실험군에 무작위로 배정된다. 대조군 참가자에게는 종종 연구 중인 물질이 포함되지 않은 치료법[예: 당(sugar) 알약]인 위약이 제공된다. 이중맹검 임상시험에서는 과학자나 피험자 모두 누가 어느 그룹에 속해 있는지 알지 못한다. 고의로 참가자를 해치거나 효과적인 치료를 보류하는 것은 비윤리적이기 때문에 예비 결과에서 치료가 참가자에게 현저히 해롭거나 현저히 유익한 것으로 나타나면 임상시험을 중단해야 한다.

관찰 연구는 사람에 대한 가설을 테스트하는 데 자주 사용된다. 후향적 연구에서 과학자는 사람들을 인터뷰하거나 의료기록을 사용하거나 사망진단서를 조사하여 특정 결과를 초래한 인자를 파악할 수 있다. 전향적 연구에서는 처음부터 코호트(cohort)라고 하는 참가자 그룹을 등록한 다음 일정 기간 이들로부터 데이터를 수집한다. 관찰 연구에는 한계가 있다. 어떤 인자와 결과 사이의 연관성이 있다고 해서 그 인자가 반드시 결과를 일으켰다는 것을 의미하지는 않는다. 그러나 대규모 코호트 연구는 식습관, 흡연, 운동, 환경 조건 등 다양한 건강 관련 인자의 영향을 이해하는 데 많은 기여를 해왔다.

? 일부 연구에서 과학자들은 대조군과 실험군 피험자의 성별, 연령, 일반적인 건강 상태를 일치시키려고 노력한다. 이 실험 설계는 무엇을 하려는 것인가?

■ 두 그룹이 실험이 테스트하도록 설계된 한 가지 변수에서만 차이가 있는지 확인하는 것이다.

1.6 가설은 관찰 데이터를 사용하여 테스트할 수 있다

과학적 사고 통제된 실험만이 가설을 테스트하는 유일한 방법은 아니다. 과학자들은 종종 관찰 데이터를 사용하여 가설을 형성하고 테스트한다. 과학자들이 너구리판다를 분류하는 방법에 대한 질문에 어떻게 답했는지 예를 들어 보자. 앞으로 다루겠지만, 너구리판다 이야기는 관찰이 가설로 이어지고 과학자들이 새로운 증거를 통합하기 위해 가설을 수정하려는 의지에 대한 훌륭한 예를 제공한다.

너구리판다의 가장 가까운 친척은 누구일까?

유튜브 동영상에 등장하는 너구리판다의 장난스러운 모습을 보면 집고양이를 떠올릴 수 있다. 실제로 학명인 *Ailurus fulgens*는 '빛나는 고양이'라는 뜻이다. 하지만 생김새는 너구리와 닮았고 대나무를 먹으며 자이언트판다처럼 엄지손가락이 가짜다. 레서판다, 붉은고양이곰, 불여우와 같은 일반적인 이름은 너구리판다의 친척에 대한 혼란을 반영한다. 과학자들은 이 동물을 어떻게 분류했을까?

▼ **그림 1.6** 너구리판다를 분류해야 하는 그룹에 대한 두 가지 가설

과학자들은 종(species)간의 진화 관계에 대한 가설을 세우기 위해 화석과 살아 있는 생물체를 비교하는 등 다양한 종류의 증거를 사용한다. 물리적 유사성에 대한 관찰을 바탕으로 처음에는 너구리판다가 너구리와 가장 밀접한 관련이 있다고 가설을 세웠고, 따라서 두 종을 같은 생물학적 과(family)로 분류했다(**그림 1.6**). 다른 과학자들은 너구리판다의 식습관과 서식지가 자이언트판다와 비슷하다는 사실을 관찰하고 두 판다를 같은 과에 포함시켰다. 자이언트판다가 곰과에 속한다는 증거가 쌓이면서 너구리판다 역시 곰과에 속할 것이라는 주장이 제기되었다.

최근 과학자들은 진화 관계에 대한 가설을 테스트하기 위해 DNA염기서열분석 비교를 기반으로 한 분자 증거를 점점 더 많이 사용하고 있다. 기본 가정은 두 종의 DNA염기서열이 더 가깝게 일치할수록 더 밀접한 관련이 있다는 것이다. 최근 발표된 다수의 분자 연구는 너구리판다가 곰이나 너구리과에 속하지 않는다는 가설을 강력하게 뒷받침하고 있다. 과학자들은 이 두 종의 DNA염기서열이 서로 다르다는 새로운 증거를 바탕으로, 현재 너구리판다를 독자적인 종으로 분류하고 있다.

? DNA염기서열분석의 비교가 실험 데이터가 아닌 관찰 데이터로 간주되는 이유를 설명하시오.

■ 과학자들은 어떤 실험에서든 DNA 염기서열을 조작하는 것이 아니라 관찰한 서열의 차이를 기록하고 비교하는 것뿐이다.

1.7 과학의 절차는 반복적이고 비선형적이며 협력적이다

1.4절에서 설명한 대로 과학자들은 관찰하고, 질문하고, 가설을 세우고, 이를 테스트하는 탐구 과정을 사용한다. 그러나 '과학적 방법'을 설명하는 데 일반적으로 사용되는 단계의 순서를 엄격하게 준수하는 과학적 탐구는 거의 없다.

그림 1.7은 과학적 절차에 대한 보다 포괄적인 모델을 제시한다. 가설을 세우고 테스트하는 것이 과학의 핵심임을 알 수 있다. 이 핵심 활동은 과학이 자연 현상을 잘 설명하는 이유다. 그러나 이러한 활동은 탐구와 발견(그림 1.7의 위쪽 동그라미)에 의해 형성되고 다른 과학자, 그리고 더 일반적으로 사회와의 상호작용(아래쪽 동그라미)의 영향을 받는다. 동그라미 사이를 가리키는 화살표는 과학적 과정의 구성요소가 상호작용하고 서로 연결되어 있음을 보여준다.

과학의 절차는 일반적으로 반복적이고 비선형적이다. 예를 들어, 과학자들은 종종 여러 차례 관찰하고 질문하는 과정을 반복하며, 각 단계가 다음 단계에 영향을 미쳐 테스트하고자 하는 가설을 정한다. 생물학자들은 질문을 세밀하게 조정할 때 과학적 문헌, 즉 동료 과학자들이 발표한 논문에 크게 의존한다. 과학자들은 과거 연구를 읽고 이해함으로써 기존 지식의 토대를 구축할 수 있다.

과학자들은 아이디어를 테스트할 때 혼자서 작업하는 경우가 거의 없으며, 서로에게 방법을 배우고 실험 설계와 데이터 분석에 대한 조언을 공유할 수 있다. 초기 데이터를 수집한 후 실험 설계를 조정해야 할 수도 있다. 그리고 결과에 따라 원래의 가설을 수정하거나 다른 가설을 세우고 추가 실험을 진행해야 할 수도 있다. 이러한 방식으로 과학자들은 자연이 어떻게 작동하는지에 대한 최선의 추정치에 점점 더 가까이 다가간다. 모든 탐구와 마찬가지로 과학에도 도전, 모험, 행운의 요소와

함께 신중한 계획, 추론, 창의력, 인내심, 좌절을 극복하는 끈기 등이 필요하다. 이러한 다양한 탐구 요소로 인해 과학은 대부분의 사람들이 생각하는 것보다 훨씬 덜 체계적이다.

과학자들은 세미나, 회의, 개인적 의사소통, 과학적 출판물 등을 통해 동료 과학자 커뮤니티와 정보를 공유한다. 가설 테스트 결과가 동료 심사 저널에 게재되기 전에 연구에 관여하지 않은, 자격을 갖춘 공정한 익명의 전문가들이 연구를 평가한다. 심사자들은 종종 저자에게 주장을 수정하거나 더 많은 증거를 제공하기 위해 추가 실험을 수행하도록 요구한다. 동료 과학자들이 정한 엄격한 기준을 충족하지 못하면 저널에서 논문을 '거절'하거나 게재하지 않는 경우도 드물지 않다. 연구가 출판되면 과학자들은 종종 관찰을 확인하거나 실험을 반복하여 서로의 주장을 확인한다.

그림 1.7의 좌하단 동그라미에서 볼 수 있듯 과학은 사회 구조와 밀접하게 연관되어 있다. 과학 연구의 대부분은 암 치료나 기후변화 과정을 이해하고 늦추려는 노력과 같이 사람들의 관심사인 특정 문제에 초점을 맞춘다. 사회적 필요에 따라 어떤 연구 프로젝트에 자금이 지원되고 그 결과가 얼마나 광범위하게 논의될지가 결정되기도 한다. 생명과학과 사회 간 연관성을 강조하기 위해 이 책의 각 장에는 하나 이상의 '연결(Connection)' 절이 포함되어 있다. 이 절은 또한 생명과학과 우리의 삶 사이의 연관성을 강조한다.

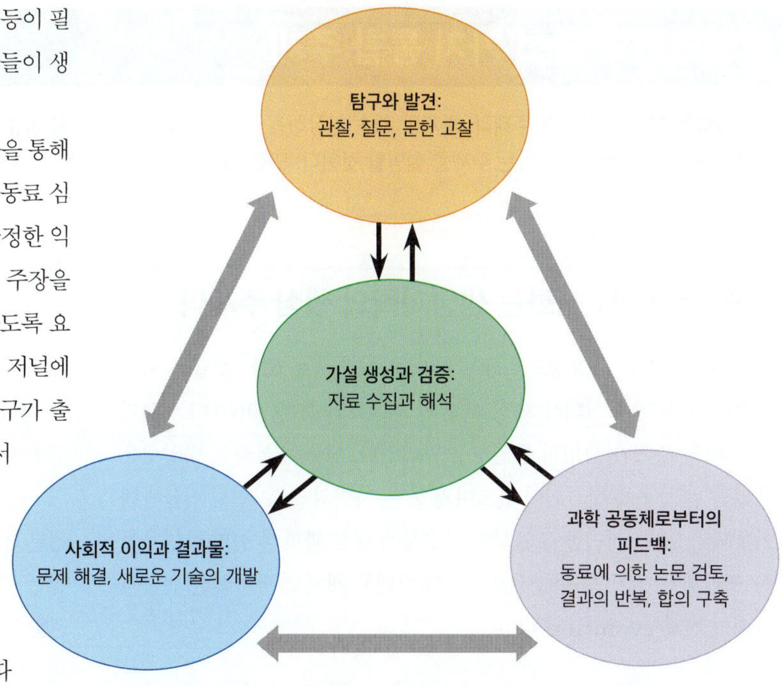

▲ **그림 1.7** 과학의 과정을 보다 사실적으로 표현한 모델. 이 그림은 과학의 이해(www.understandingscience.org) 웹사이트의 모델(과학의 작동 원리)을 기반으로 한다.

? 가설 테스트가 과학 절차의 중심에 있는 이유는 무엇인가?

■ 과학의 핵심 요소는 자연에 대한 테스트 가능한 설명이기 때문에 가설 테스트가 핵심이다.

1.8 생물학, 기술, 사회는 중요한 방식으로 연결되어 있다

연결 현재 사회가 직면한 많은 문제는 생명과학과 관련이 있으며, 종종 확장 중인 기술과 관련된다. 과학과 기술의 차이점은 무엇일까? 과학의 목표는 자연 현상을 이해하는 것이다. 반대로 **기술(technology)**의 목표는 특정 목적을 위해 과학 지식을 적용하는 것이다. 과학자들은 보통 '발견(discovery)'을 말하지만 공학자들은 '발명(invention)'을 더 자주 이야기한다. 그러나 이 두 분야는 상호 의존적이다. 과학자들은 연구에 새로운 기술을 사용하며, 과학적 발견은 종종 새로운 기술의 개발로 이어진다.

과학과 기술의 강력한 결합은 사회에 극적인 영향을 미칠 수 있다. 예를 들어, 60여 년 전 왓슨(Watson)과 크릭(Crick)이 DNA의 구조를 발견할 수 있었던 것은 X선 결정학이라는 기술의 도움 덕분이었다. 이후 DNA과학의 발전은 오늘날 의학, 농업, 법의학 같은 응용 분야를 변화시키고 있는 DNA 조작 기술로 이어졌다.

기술은 여러 면에서 우리의 생활 수준을 향상시켰지만, 그에 따른 결과도 없지는 않았다. 기술 덕분에 지구 인구는 지난 3세기 동안 열 배, 지난 40년 동안에는 두 배 이상 증가했다. 현재 지구에는 73억 명이 넘는 인구가 살고 있다. 기후변화, 독성 폐기물, 숲의 파괴, 멸종 증가율 등은 점점 더 많은 사람들이 점점 더 많은 기술을 사용함에 따라 발생하는 영향 중 일부에 불과하다. 과학은 문제를 파악하고 추가 피해를 늦추거나 예방하는 방법에 대한 통찰력을 제공하는 데 도움이 될 수 있다. 그러나 이러한 문제에 대한 해결책은 과학과 기술만큼이나 정치, 경제, 문화적 가치와도 관련이 있다. 모든 시민은 과학, 기술, 사회에 관한 토론에 참여할 수 있는 합리적인 수준의 과학적 소양을 개발해야 할 책임이 있다.

우리가 방금 탐구한 과학의 절차는 매일 새로운 생물학적 발견으로 이어진다. 다음 절에서는 생명을 공부하는 동안 만나게 될 광범위한 주제를 소개한다.

? 과학과 기술은 어떻게 상호작용하는가?

■ 새로운 과학적 발견은 새로운 기술로 이어질 수 있고, 새로운 기술은 과학자들이 새로운 지식을 발견하는 능력을 향상시킬 수 있다.

생명과학의 다섯 가지 통합 주제

생명과학은 방대한 범위의 주제다. 하지만 계속 성장하는 이 지식 속에서 몇 가지 통일된 주제를 파악할 수 있다. 다음 절에서는 진화, 정보, 구조와 기능, 에너지와 물질, 상호작용이라는 주제를 설명할 것이다. 또한 생명과학을 공부하는 내내 반복되는 이러한 주제를 인식할 수 있도록 도와줄 것이다.

1.9 주제 1: 진화는 생명과학의 핵심 주제다

생명은 통일성과 다양성으로 구별된다. 화석과 살아 있는 생물 사이의 유사성, 공통된 물질대사 과정, 유전의 보편적인 분자, DNA에 이르기까지 여러 증거가 생명의 통일성을 가리킨다. 생물의 놀라운 다양성은 우리 주변 곳곳에 전시되어 있으며 동물원, 자연의 쇼, 자연사 박물관에 기록되어 있다. 이러한 통일성과 다양성에 대한 과학적 설명은 지구상의 생명체가 초기 형태에서 오늘날의 방대한 개체로 탈바꿈한 변화의 과정인 **진화(evolution)**다.

다윈의 진화 이론 화석과 기타 증거에 의해 기록된 생명의 역사는 수십억 년 전 변화하는 지구와 진화하는 다양한 생명체들의 이야기다. 이러한 진화론적 생명관은 1859년 11월 찰스 다윈(Charles Darwin)이 가장 영향력 있는 저서 중 하나인 《자연선택에 의한 종의 기원(*On the Origin of Species by Means of Natural Selection*)》을 출간하면서 급격히 주목받기 시작했다.

다윈의 연구는 방금 배운 과학의 절차를 어떻게 설명하는가? 젊은 시절 다윈은 자신의 사고에 큰 영향을 준 중요한 관찰을 했다. 5년간의 세계 일주 항해 동안 그는 고립된 갈라파고스 제도부터 안데스산맥의 고지대, 브라질의 열대 우림에 이르기까지 다양한 지역에서 식물, 동물, 화석을 수집하고 기록했다. 그는 특히 다양한 생물들이 각기 다른 서식지에 잘 적응하는 모습에 깊은 인상을 받았다. 영국으로 돌아온 후 다윈은 20년 이상 관찰을 계속하고, 실험을 수행하고, 다른 과학자들과 연락을 주고받으며 자신의 생각을 다듬어 마침내 자신의 연구를 발표했다.

다윈이 《종의 기원》에서 제시한 두 가지 주요 요점 중 첫 번째는 현재 살고 있는 종은 자신과 다른 조상으로부터 연속적으로 생겨났다는 것이다. 다윈은 이 과정을 "변이의 유전(descent with modification)"이라고 불렀다. 이 통찰력 있는 문구는 생명의 통일성(공통 조상에서 기원한 후손)과 생명의 다양성(종이 조상으로부터 갈라지면서 진화한 변형)을 모두 포착한다. **그림 1.9A**는 새들의 이러한 통일성과 다양성을 보여준다. 플라밍고, 펭귄, 벌새는 모두 날개, 부리, 발, 깃털로 이루어진 공통적인 '새'의 몸체계(body plan)를 가지고 있지만, 이러한 구조는 각 새들의 고유한 생활 방식에 따라 고도로 특화되어 있다.

다윈의 두 번째 요점은 진화의 메커니즘을 제안하는 것이었는데, 그는 이를 **자연선택(natural selection)**이라고 불렀다. 다윈은 두 가지 관찰에서 시작하여 두 가지 추론을 도출했다.

관찰 1: 개인별 변이. 한 집단에 속하는 개체들은 형질이 다양하며, 그중 많은 형질이 유전(부모로부터 자손에게 전달됨)되는 것으로 보인다.

관찰 2: 자손의 과잉 생산. 모든 종은 환경이 지원할 수 있는 것보다 훨씬 더 많은 자손을 생산할 수 있다. 따라서 자원에 대한 경쟁은 불가피하며, 많은 자손이 생존과 번식에 실패한다.

추론 1: 불평등한 생식의 성공. 지역 환경에 가장 적합한 형질을 물려받은 개체는 그렇지 않은 개체보다 생존과 번식에 성공할 확률이 높다.

추론 2: 시간에 따른 유리한 형질의 축적. 여러 세대에 걸친 불균등한 생식 성공의 결과로, 개체군에서 점점 더 많은 비율의 개체가 유리한 형질을 갖게 될 것이다.

그림 1.9B는 간단한 예시를 통해 자연선택이 어떻게 작동하는지 보여

▲ **그림 1.9A** 새들의 통일성과 다양성

시도해 보기 각 새들에 대한 환경과 생활 방식에 맞는 몇 가지 적응을 설명하시오.

▲ 그림 1.9B 자연선택의 작동 예시

시도해 보기 이 딱정벌레들 중 일부가 모래언덕 서식지에 군락을 형성하면 어떤 일이 일어날지 예측하시오.

준다. ❶ 가상의 딱정벌레 개체군이 최근 산불로 인해 토양이 검게 그을린 지역에 군락을 형성했다. 처음에 이 개체군은 매우 연한 회색에서 먹색에 이르기까지 개체의 유전색이 광범위하며 다양하다. ❷ 새는 가장 쉽게 보이는 딱정벌레, 즉 밝은색을 가진 딱정벌레를 잡아먹는다. 이 선택적 포식은 밝은색 딱정벌레의 수를 줄이고 어두운색 딱정벌레의 생존과 번식 성공에 유리하게 작용하며, 어두운색의 유전자를 자손에게 전달한다. ❸ 몇 세대가 지나면 개체군은 원래의 개체군과 상당히 달라진다. 자연선택의 결과로 개체군에서 더 어두운 색의 딱정벌레의 빈도가 증가했다.

다윈은 자연선택의 결과로 개체군의 작지만 수많은 변화가 결국 종의 큰 변화로 이어질 수 있다는 사실을 깨달았다. 그는 오랜 기간에 걸쳐 점진적으로 변화가 축적된 결과 새로운 종이 진화할 수 있다고 제안했다. 예를 들어, 하나의 개체군이 서로 다른 환경에서 고립된 하위 개체군(subpopulations)으로 분열된 경우 이런 일이 발생할 수 있다. 이러한 분리된 자연선택의 영역에서, 고립된 개체군이 여러 세대에 걸쳐 서로 다른 환경적 요인에 적응하면서 한 종은 점차 여러 종으로 분화될 수 있다.

생명수 사람들에게 가계도가 있듯이 오늘날 지구상의 모든 생물 종은 가계의 역사를 가지고 있다. 종은 점점 더 멀리 떨어진 조상 종을 통해 시간을 거슬러 올라가는 생명수의 한 나뭇가지에 해당한다. 예를 들어, 화석 기록에 따르면 너구리판다, 너구리, 족제비는 약 3,000만 년 전에 존재했던 조상을 공유하고 있다. 시간을 더 거슬러 올라가면, 이들 동물과 곰은 약 4,000만 년 전에 살았던 공통 조상을 공유한다. 모든 포유류는 털과 젖샘(젖을 생산하는 샘)을 가지고 있으며, 이러한 유사성은 모든 포유류가 공통 조상의 후손이라면 예상할 수 있는 것이다. 증거에 따르면 조상 포유류는 2억 년 전에 생겨났다고 한다.

그림 1.9C는 가장 최근의 분자 증거를 바탕으로 너구리판다의 일부 가계도를 추적한 것이다(1.6절 참조). 진화계통수(evolutionary tree)는 보통 옆으로 돌려서 왼쪽에서 오른쪽으로 읽는 분지형 나무 형태를 취한다. 자이언트판다, 너구리판다, 라쿤이 3개의 별도 과(family)에 배치되어 있는 것을 볼 수 있다. 너구리판다는 현재 너구리과(*Ailuridae*)의 유일한 생존 종으로 분류된다.

자연선택에 의한 진화 이론은 화석 기록, 실험, 자연선택의 작동에 대한 관찰, 계속 증가 중인 DNA 비교 등 여러 증거에 의해 뒷받침된다. 진화는 우리가 생물학에 대해 알고 배우는 모든 것을 이해하는 중심 주제다. 이 책에서 진화의 과정과 진화 결과에 대한 더 많은 사례를 볼 것이다. 생물학의 중심 주제인 진화를 강조하기 위해 각 장에는 녹색 아이콘으로 표시된 '진화 연관성(Evolution Connection)' 절이 포함되어 있다.

? 불균등한 생식 성공의 원인과 결과를 설명하시오.

■ 지역 환경에 가장 적합한 유전형질을 가진 개체가 가장 많은 수의 자손을 낳는다. 여러 세대에 걸쳐 이러한 적응 형질의 비율은 개체군에서 증가한다.

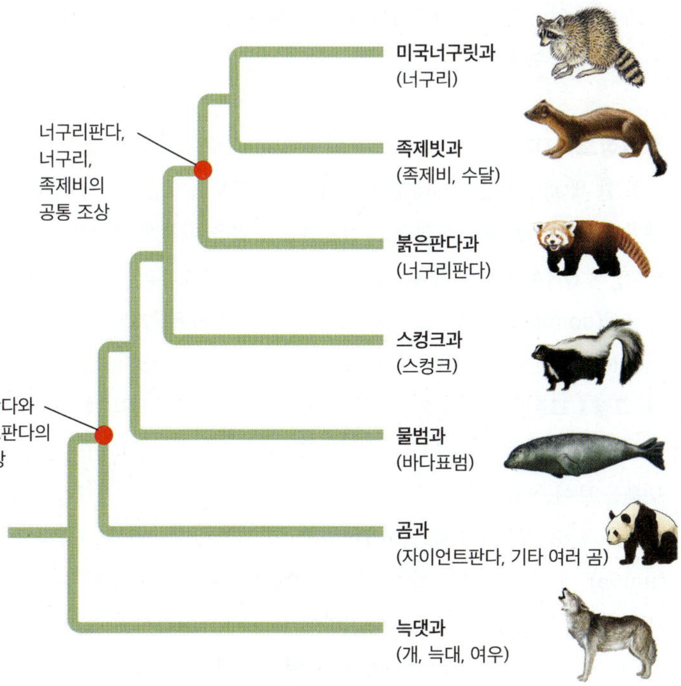

▲ 그림 1.9C 최근 분자 데이터에 기반한 너구리판다의 진화계통수

1.10 진화는 우리의 일상과 연결되어 있다

진화 연관성 방금 자연선택은 적응 형질을 가진 생물체가 생존과 번식에 더 유리할 때 환경이 이를 '선택'하는 진화의 기본 메커니즘이라는 것을 배웠다. 동식물의 선택적 번식을 통해 인간도 진화의 주체로서 역할을 한다. **인위선택(artificial selection)**의 결과로 농작물, 가축, 반려동물은 야생의 조상과 거의 닮지 않게 되었다. 인간은 수천 년 동안 번식할 개체를 선택함으로써 종을 수정해 왔으며, 최근 생명공학의 발전은 우리의 능력을 향상시켰다. 식물 생명과학자들은 이제 우리가 재배하는 농작물의 친척이나 전혀 관련이 없는 종에서도 유익한 형질에 대한 유전자를 찾아내고, 유전공학을 이용해 개량된 작물을 생산할 수 있다. 예를 들어, 가뭄 내성, 성장 개선, 영양 증가와 같은 형질에 대한 유전자가 벼 식물에 도입되었다.

그러나 사람도 의도치 않게 진화에 영향을 미칠 수 있다. 서식지 손실과 기후변화의 영향은 종의 손실에서 볼 수 있다. 실제로 과학자들은 현재 멸종 속도가 화석 기록에 나타난 전형적인 속도의 100~1,000배에 달한다고 추정한다. 우리의 행동은 또한 종의 진화적 변화를 주도하고 있다. 예를 들어, 항생제와 살충제를 광범위하게 사용하면서 박테리아의 항생제 내성과 곤충의 살충제 내성이 진화하고 있다.

진화 이론은 이러한 전 세계적인 문제를 해결하는 데 어떻게 도움이 될 수 있을까? 진화를 이해하면 환경 보존을 위한 전략을 개발하고 항생제와 살충제를 더 신중하게 사용하도록 유도하는 데 도움이 될 수 있다. 또한 바이러스의 빠른 진화 과정을 추적하여 독감 백신과 HIV 치료제를 개발하는 데도 도움이 될 수 있다. 서로 밀접하게 관련된 생물체에서 공유 유전자를 찾아내고 그 작용을 연구하면 암이나 다른 질병에 대한 새로운 지식을 얻고 새로운 치료법을 개발할 수 있다. 진화에 대한 우리의 이해는 많은 유익한 결과를 가져올 수 있다.

? 인간이 어떻게 인위선택과 자연선택의 주체가 되는지 설명하시오.

■ 우리는 키우고 있는 생물체에서 특정 형질이나 유전자를 선택할 때 인위선택을 사용한다. 의도적이든 의도적이지 않든 우리의 조작은 환경을 변화시켜 자연선택에 영향을 미친다.

1.11 주제 2: 생명은 정보의 흐름에 달려 있다

생식, 성장과 발달, 체내 조절, 환경에 대한 반응 등 생명체의 모든 과정은 정보의 전달과 활용에 달려 있다. DNA에 암호화된 유전정보는 개체의 구조와 기능을 결정한다. 그러나 이러한 성질은 또한 개체의 유전정보가 언제, 어디서, 어떻게 발현되는지를 조절하는 자극, 신호 및 경로에 따라 달라진다. 실제로 유전학과 다른 유형의 정보의 통합된 흐름은 생명에 필수적이다.

유전정보 DNA는 세포의 모든 기능에 대한 주요 지침을 제공한다. 또한 한 세대에서 다음 세대로 전달되는 유전정보이기도 하다. DNA의 분자 구조는 정보를 암호화하고 전달하는 능력을 어떻게 설명할 수 있을까? 각 DNA 분자는 가닥(strand)이라고 불리는 2개의 긴 사슬이 이중나선(double helix)으로 서로 감겨져 있다. 가닥은 뉴클레오타이드(nucleotide)라고 하는 네 가지 종류의 화학적 구성요소로 이루어져 있다. **그림 1.11A**의 왼쪽 부분은 이 네 가지 뉴클레오타이드의 색상과 이름의 영문 약자를 보여준다. 그림의 오른쪽은 DNA 이중나선의 짧은 부분을 보여준다.

▶ **그림 1.11A** DNA의 네 가지 단위 구조물(왼쪽)과 DNA 이중나선의 일부(오른쪽)

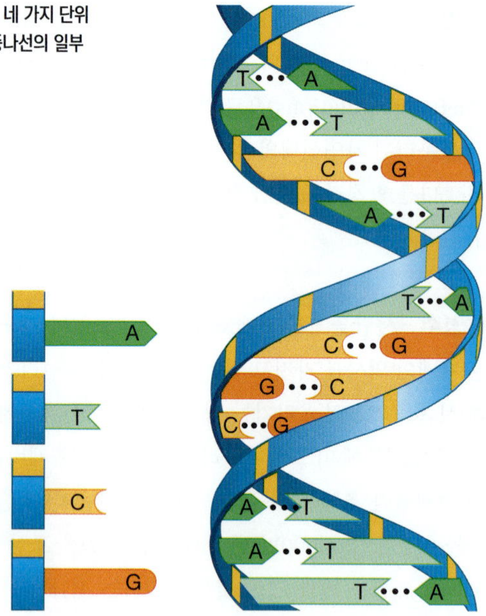

세포가 분열하기 전에 먼저 DNA를 복제한다. 두 가닥이 '풀리고(unzip)', 분리된 가닥을 따라 새로운 상보적 가닥이 조립되어 결과적으로 두 DNA 세트의 정보가 동일하게 유지된다. 따라서 각각의 새로운 세포는 부모세포(parent cell)와 동일한 완전한 DNA 세트를 상속받는다. 인간은 두 부모로부터 물려받은 DNA를 가진 하나의 세포로 시작한다. 세포분열을 할 때마다 그 DNA의 복사본이 전달되어 결국 우리 몸을 이루는 수조 개의 세포가 된다.

DNA가 세포의 정보를 암호화하는 방식은 알파벳 글자를 특정한 의미를 가진 정확한 순서로 배열하는 방식과 유사하다. 예를 들어 집쥐(rat)라는 단어는 설치류의 이미지를 떠올리게 하지만, 같은 글자로 이루어진 타르(tar)와 예술(art)은 매우 다른 의미를 지니고 있다. 4개의 뉴클레오타이드는 유전(inheritance)의 알파벳으로 생각할 수 있다. 이 네 가지 화학 문자의 특정 서열은 **유전자(gene)**라고 불리는 유전 단

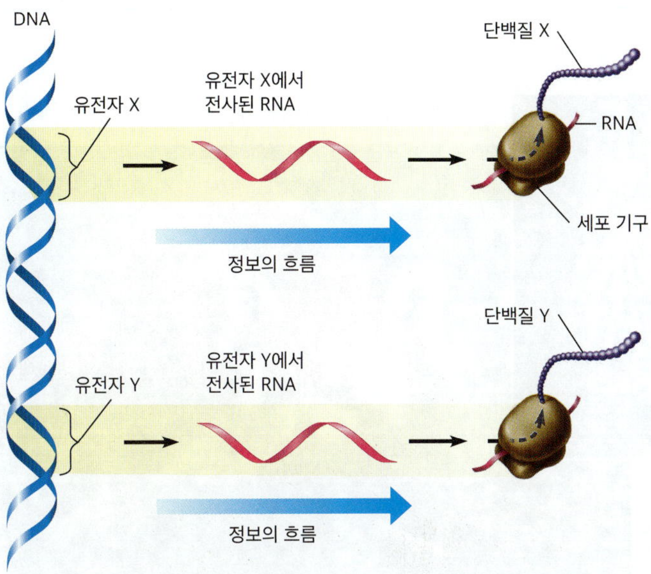

▲ **그림 1.11B** DNA에서 RNA, 단백질로의 정보 흐름

위의 정확한 정보를 암호화하는데, 일반적으로 수백 또는 수천 개의 '글자'로 이루어져 있다. 대부분의 유전자에서 서열은 단백질을 만들기 위한 청사진을 제공하며, 단백질은 세포를 구성하고 유지하며 활동을 수행하는 주요 역할을 한다.

유전자에 포함된 명령어로부터 단백질을 만드는 과정은 **그림 1.11B**에서 설명된 것과 같이 순차적인 정보 흐름을 포함한다. 먼저 유전자의 정보가 DNA에서 중간 분자(RNA)로 전사된다. RNA 분자는 정보를 세포 내 단백질 제조 기구로 전달한다. 거기서 RNA의 뉴클레오타이드 서열은 단백질 구성요소의 사슬로 번역된다. 이 사슬이 완성되면 고유한 모양과 기능을 가진 특정 단백질을 형성한다. 이 과정을 **유전자 발현(gene expression)**이라고 한다.

모든 형태의 생명체는 본질적으로 동일한 화학 언어를 사용하여 DNA에 저장된 정보를 단백질로 번역(translation)한다. 유전암호라고 불리는 이 보편적인 언어는 모든 생명체가 서로 연관되어 있다는 강력한 증거다. 또한 보편적인 유전암호는 다른 생물체에서만 발견되는 단백질을 생산하도록 세포를 조작할 수 있게 해준다. 따라서 박테리아 세포에 사람 인슐린의 유전자를 삽입하여 당뇨병 치료를 위한 인슐린을 생산하는 데 박테리아를 사용할 수 있다.

정보 전달 그림 1.11B는 DNA에서 RNA, 단백질로 이어지는 유전정보의 흐름이 일반적으로 외부 및 내부 환경의 정보와 연결되어 있다는 것을 보여주지 않는다. 예를 들어, 신체가 받는 정보에는 빛, 소리 또는 화학물질 같은 외부 자극과 위 속의 음식물이나 혈액 내 과도한 당 같은 내부 자극이 포함된다. 자극은 일반적으로 어떤 유형의 수용체에 의해 수용되며, 그 정보는 신경 신호, 호르몬 또는 기타 유형의 신호 형태로 신체 내에서 전달된다. 이러한 정보의 흐름은 궁극적으로 개별 세포에 도달하여 기존 단백질의 활성을 변화시키거나 유전자 발현 및 특정 단백질의 생산을 조절함으로써 세포의 행동에 영향을 미친다.

그림 1.11C는 혈액 내 당 수준을 조절하는 데 있어 정보 흐름의 중요성을 보여준다. 모든 신체 세포는 동일한 유전정보를 가지고 있지만, 인슐린에 대한 유전자는 이자의 특정 세포에서만 발현된다. 이 세포들이 인슐린을 생산하고 방출하도록 지시하는 신호는 무엇일까? ❶ 식사 후에는 혈액 내 포도당 수치가 상승한다. ❷ 이 내부 신호는 이자의 세포를 자극하여 인슐린(insulin)이라는 호르몬을 분비하도록 하고, 이 호르몬은 혈액을 타고 온몸을 돌아다니며 혈당을 조절한다. ❸ 인슐린은 체세포의 수용체와 결합하여 세포가 포도당을 흡수하도록 한다. ❹ 혈당 수치가 낮아지면 이 신호가 사라지고, 인슐린 분비가 감소한다. 이러한 조절 시스템을 통한 정보 흐름은 개체가 비교적 안정적이고 유익한 내부 상태를 유지할 수 있도록 한다.

정보를 받아들이고 전달하는 것은 생물학적 조직의 모든 단계에서 분명하게 나타난다. 치아에 형성되는 플라크는 박테리아로 구성되어 있으며, 박테리아는 성장과 군집 조직에 영향을 미치는 신호를 주고받는다. 발달 중인 배아(embryo)의 세포는 유전자 발현에 영향을 미치는 신호를 교환하고 이에 반응하여 궁극적으로 고도로 조직화된 신체 구조를 형성한다. 개체는 환경 변화에 대응하여 유리한 내부 상태를 조절하는 정보에 의존한다. 개체 내부와 개체 간 정보의 흐름은 모든 개체군의 구조와 기능의 핵심이다.

본문 전체에서 정보 흐름에 대한 더 많은 예를 찾을 수 있다. 이러한 예 중 일부는 아이콘 **정보**로 강조된다.

? 유전정보의 발현에 신호정보는 어떻게 관여하는가?

■ 내/외부 환경의 정보는 특정 유전자가 언제, 어디서 활성화되고 단백질이 만들어지는지 등 유전자 발현에 영향을 미친다.

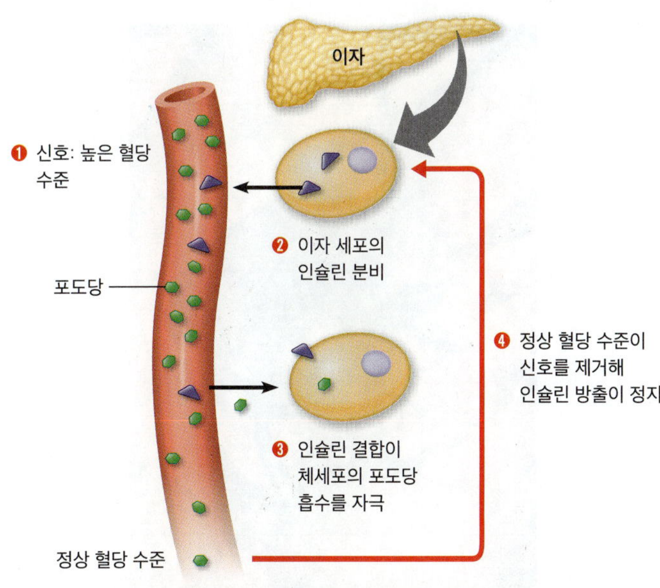

▲ **그림 1.11C** 혈액의 포도당 수준 조절에 대한 정보 흐름

시도해 보기 이 조절 경로에서 신호 전달 분자로서 인슐린의 작용을 설명하시오.

1.12 주제 3: 구조와 기능은 서로 관련되어 있다

생물학 전반에 걸친 세 번째 주제는 구조와 기능의 연관성이다. 주변의 유용한 물건을 생각해 보면 일반적으로 형태가 기능에 맞는다는 사실을 알 수 있다. 드라이버는 나사를 조이거나 풀고, 망치는 못을 두드리는 역할을 한다. 이러한 도구는 형태 때문에 서로 다른 일을 할 수 없다. 수프를 먹을 때는 숟가락을 사용하지만 고기를 찔러 먹을 때는 포크를 사용한다. 마찬가지로 생물학적 시스템에서 구조(어떤 것의 모양)와 기능(그것이 하는 일)은 거의 항상 서로 연관되어 있으며, 각각은 서로에 대한 통찰력을 제공한다.

구조와 기능의 연관성은 생명체의 모든 단계에서 관찰할 수 있다. 분자 수준에서 단백질의 구조는 뼈를 하나로 묶어주는 튼튼한 인대나 혈액 속 산소를 운반하는 헤모글로빈 분자의 일부처럼 그 기능과 연관성이 있다. 세포 수준에서는 신경세포가 길게 뻗어 있어 척수에서 발끝까지 자극을 전달할 수 있게 해준다. 곰팡이의 길고 가는 세포는 먹이 공급원까지 뻗어 영양분을 흡수할 수 있게 해준다. 딱정벌레의 단단한 외골격이 몸을 지탱하는 것처럼, 식물 세포를 둘러싼 두꺼운 벽은 **그림 1.12A**의 식물 잎을 구조적으로 지지한다.

▲ **그림 1.12B** 대나무를 잡고 있는 너구리판다와 너구리판다의 '가짜 엄지손가락'을 보여주는 CT 사진

다른 예로 너구리판다의 손을 생각해 보자. **그림 1.12B**에서 대나무를 들고 있는 너구리판다를 볼 수 있다. 과학자들은 컴퓨터단층촬영(CT)이라는 X선 기술을 사용하여 너구리판다의 손과 손목(그림의 좌상단)을 스캔하여 손목에서 튀어나온 작은 뼈, 즉 노쪽 종자뼈(radial sesamoid bone)를 강조했다. 너구리판다의 경우 이 뼈는 다른 동물에 비해 훨씬 크며 흔히 "가짜 엄지손가락"이라고 불린다. 이 뼈의 기능은 무엇일까? 첫째, 엄지손가락이 물건을 잡을 때 유용하듯, 너구리판다의 손목 돌기는 대나무를 잡는 데 도움이 된다. 화석 기록을 연구한 과학자들은 이 돌기가 원래 너구리판다의 육식동물 조상에서 나뭇가지를 따라 움직일 수 있도록 하기 위한 적응으로 진화한 것으로 추정하고 있다. 둘째, 이 돌기는 식물을 먹는 너구리판다가 대나무를 붙잡을 수 있게 해준다. 생물의 진화사를 보다 보면 기존 구조를 새로운 기능으로 개조한 사례를 많이 접할 수 있다.

▲ **그림 1.12A** 물리적 지지 기능을 하는 식물 세포벽과 곤충 겉뼈대 형태의 구조적 적응

흥미롭게도 자이언트판다도 '가짜 엄지손가락'을 가지고 있지만 훨씬 더 크다. 1.6절에서 설명한 바와 같이, '판다 엄지손가락'과 대나무를 먹는 식습관 때문에 한때 생물학자들은 너구리판다와 자이언트판다를 가까운 친척으로 분류하기도 했다. 그러나 화석과 DNA 비교를 통한 증거에 따르면 이러한 유사한 구조적 적응은 두 혈통에서 개별적으로 진화한 것으로 나타났다.

생명체의 구조에서 형태와 기능이 밀접하게 일치하는 것은 자연선택으로 설명할 수 있다. 기능을 가장 잘 수행하는 구조를 가진 개체는 생식에 성공할 가능성이 가장 높았을 것이고, 따라서 이러한 적응을 자손에게 전달했을 것이다. 그러나 기존 구조가 새로운 기능을 위해 리모델링되는 경우가 많다는 점을 고려할 때 진화적 적응이 완벽할 것이라고 기대할 수는 없다(20장 도입부 참조).

본문 전체에서 구조와 기능이라는 주제가 분자와 세포, 식물과 동물의 내부 조직, 전체 생태계에 이르기까지 모든 수준의 조직에서 생명에 어떻게 적용되는지 살펴볼 것이다. 이 주제를 쉽게 알아볼 수 있도록 구체적인 예는 아이콘 **구조와 기능** 으로 강조된다.

? 손의 구조를 살펴보고 구조가 어떻게 그 기능을 지원하는지 설명하시오.

■ 손가락 관절과 마주 보고 있는 손가락들은 물체를 잡을 수 있도록 해준다.

1.13 주제 4: 생명은 에너지와 물질의 전달과 전환에 의존한다

생명체의 활동, 즉 운동, 성장, 생식, 조절과 대부분의 세포 과정에는 에너지가 필요하다. 주로 태양으로부터의 에너지 유입과 한 형태에서 다른 형태로의 에너지 전환은 생명을 가능하게 한다. **그림 1.13**은 캐나다의 한 숲에서 일어나는 에너지와 물질의 전달과 전환(transformation)을 단순화한 그림이다. 식물은 전형적인 육상 생태계에 먹이를 제공하는 생산자다. 예를 들어 나무는 뿌리를 통해 물(H_2O)과 무기질을 흡수하고, 잎은 공기 중에서 이산화탄소(CO_2)를 흡수한다. 광합성 과정에서 햇빛을 받은 에너지는 화학 에너지로 저장되는데, 물과 이산화탄소의 원자가 화학 에너지가 풍부한 당(sugar) 분자로 재배열된다.

생태계에서 소비자는 식물과 다른 동물을 섭취한다. 그림 1.13의 무스(moose)는 숲 생태계에서 풀과 나무의 연한 나무줄기와 잎을 먹는다. 동물(식물과 대부분의 다른 생물체도 마찬가지로)은 음식물 속의 화학 에너지를 방출하기 위해 공기 중에서 산소를 흡입하고 이산화탄소를 방출하는 세포호흡 과정을 사용한다. 음식에서 얻은 에너지와 원자(물질)를 모두 사용하여 새로운 분자를 만든다. 예를 들어, 무스의 털에 있는 단백질은 먹이에 있던 원자로부터 조립된 것이다. 동물의 배설물은 물질을 환경으로 돌려보낸다.

이 생태계의 중요한 부분은 토양에서 폐기물과 죽은 유기체의 잔해를 분해하는 작은 동물, 곰팡이류, 박테리아다. 이 분해자(decomposer)들은 복합체인 물질을 단순한 화학물질로 바꾸어 다시 환경으로 돌려보내 생산자가 사용할 수 있도록 하는 재순환자(recycler) 역할을 한다.

그림 1.13에서 볼 수 있듯 생태계의 역학은 에너지 흐름과 물질 순환이라는 두 가지 주요 과정으로 요약할 수 있다. 생태계는 끊임없이 에너지를 얻기도 하고 잃기도 한다. 에너지는 햇빛(노란색 화살표)으로 대부분의 생태계로 유입되고, 광합성 생물은 이를 당과 기타 에너지가 풍부한 분자의 화학 에너지로 변환한다. 음식물 속의 화학 에너지(주황색 화살표)는 일련의 소비자를 거쳐 최종적으로 분해자에게 전달되어 각 개체에 차례로 에너지를 공급한다. 이러한 개체들 간, 그리고 개체 내부의 에너지 전환 과정에서 항상 일부 에너지는 열로 전환되어 생태계에서 손실된다(빨간색 화살표). 따라서 에너지는 빛으로 들어왔다가 열로 빠져나가는 한 방향으로 생태계를 통해 흘러가게 된다. 이와 대조적으로, 물질은 생태계 내에서 공기와 토양에서 생산자, 소비자와 분해자로, 다시 공기와 토양으로 돌아가 재순환한다(그림에서 파란색 화살표).

분자가 에너지를 받고, 변환하고, 방출하면서 화학 파트너를 바꾸는 이 '화학적 스퀘어 댄스(chemical square dance)'는 모든 형태의 생명체에서 끝없이 이어지고 있다. 생명과학을 공부하면서 미시적인 세포 과정부터 생태계 전반의 탄소와 기타 영양소의 순환 과정에 이르기까지 이 주제에 대한 많은 예를 볼 것이다. 이 주제를 쉽게 알아볼 수 있도록 몇 가지 예는 아이콘 **에너지와 물질**로 강조된다.

? 광합성이 에너지와 물질을 어떻게 변형시키는지 설명하시오.

■ 햇빛의 에너지를 이용해 CO_2와 H_2O(물질)을 화학 에너지를 저장하고 있는 당 분자로 전환한다.

▲ **그림 1.13** 생태계에서의 에너지 흐름과 물질 순환

1.14 주제 5: 생명은 시스템 내, 그리고 시스템 간 상호작용에 의존한다

1.3절에서 보았듯이 생명에 대한 연구는 개체를 구성하는 세포의 현미경적 규모의 분자와 세포에서부터 생명체 전체에 대한 전 지구적인 규모로 확장된다. 이 계층 구조를 통해 위로 올라가면서 각 상위 단계마다 새로운 성질이 발생한다는 점에 주목했다. 이러한 창발적 특성은 생물학에서 중요한 개념이다. "전체는 각 부분의 합보다 크다."는 익숙한 말이 이 개념을 잘 설명해 준다. 각 단계의 창발적 특성은 그 부분의 구체적인 배열과 상호작용에서 비롯된다. 이러한 구성요소의 조합은 시스템이라고 하는 보다 복잡한 조직을 형성한다. 생물학적 시스템은 세포의 분자 기구에서부터 생태계 또는 전체 생물권에 이르는 범위까지 다양하다.

우리 몸은 하나의 시스템이며, 비교적 안정적인 내부 환경을 유지할 수 있는 것은 각 부분(분자, 세포, 조직, 기관) 간 상호작용 덕분이다. 우리 몸의 순환계, 소화계, 내분비계(혈액, 이자 세포, 인슐린 분자, 신체 세포) 간 상호작용과의 연결이 혈당 수치 조절을 가능하게 한다(그림 1.11C 참조). 이러한 시스템의 구성요소 중 하나에 변화가 생기면 그 기능이 중단되고 질병이 발생할 수 있다. 예를 들어, 제1형 당뇨병은 이자 세포가 더 이상 인슐린을 생산하지 않아 발생하고, 제2형 당뇨병은 신체 세포가 더 이상 인슐린에 반응하지 않을 때 발생한다.

과학자들은 **시스템생물학(systems biology)**이라는 접근법을 사용하여 생물학적 시스템의 각 부분 간 상호작용을 분석함으로써 생물학적 시스템의 행동을 모델링하고자 한다. 예를 들어, 과학자들은 알려진 단백질과 그 작용에 대한 방대한 데이터베이스를 기반으로 초파리 세포 내 2,346개 단백질 간 상호작용에 대한 복합체 지도를 만들었다. 이러한 모델을 개발하는 목표 중 하나는 한 구성요소의 변화가 시스템의 다른 부분에 어떤 영향을 미칠지 예측할 수 있도록 하는 것이다. 따라서 초파리 단백질의 시스템 지도는 특정 단백질의 활성 증가가 세포의 분자 회로를 통해 파급되어 세포의 다른 단백질과 기능에 어떻게 영향을 미칠 수 있는지 보여줄 수 있다.

최근 기술 발전으로 과학자들은 분자 수준에서 시스템의 상호작용에 대한 새로운 종류의 질문을 제기할 수 있게 되었다. 더 빠르고 저렴한 염기서열분석 기술은 DNA의 뉴클레오타이드 서열을 확인할 수 있는 속도를 크게 높였다. 이 방대한 양의 데이터를 저장, 체계화, 분석하는 데 새로운 컴퓨터 기술이 사용되고 있다. 과학자들은 이제 한 종과 여러 종에 걸친 전체 유전자와 단백질 세트를 연구하고 비교하여 개별 유전자의 기능뿐만 아니라 단백질 생성물 간 상호작용에 대해 질문할 수 있다. 또한 이러한 분자 기술을 통해 우리 몸에 서식하는 박테리아 군집부터 모든 생태계에서 필수적인 역할을 하는 방대한 미생물에 이르기까지 이전에는 알려지지 않았던 개체를 식별할 수 있게 되었다.

시스템생물학은 종종 학제 간 연구뿐만 아니라 통합된 구성요소 네트워크의 동적 행동에 대한 수학적 또는 컴퓨터 모델링을 포함한다. 따라서 과학자들은 대기 중 CO_2의 증가와 지구 온난화를 모델링하고, 날씨 패턴을 모니터링하며, 생물 군집의 다양성뿐만 아니라 개별 개체군에 미치는 영향을 조사함으로써 기후변화의 영향을 연구하고 예측할 수 있다.

▲ **그림 1.14** 생태계의 일부 구성성분들 사이의 상호작용

시도해 보기 사진에서 보이는 무생물적 요소와 생물적 요소의 상호 연관성과 상호작용을 찾아보시오.

생명은 상호 연관성과 상호작용이 특징이다. **그림 1.14**의 나무늘보를 생각해 보자. 남미 열대 우림에 서식하는 이 나무늘보에는 광합성 박테리아(머리카락에 초록빛을 띠는 박테리아)가 무성하게 자라고 있다. 나무늘보는 나무에 의존해 먹이와 쉼터를 얻고, 나무는 나무늘보의 배설물 분해로 얻은 영양분을 이용하며, 박테리아는 나무늘보에 붙어 살면서 광합성에 필요한 햇빛을 얻고, 나무늘보는 녹색을 띤 갈색 털로 포식자로부터 위장을 한다. 생물 조직의 모든 단계에서 이러한 구성요소 간 상호작용 유형을 찾을 수 있다. 이 책에서 시스템의 상호작용과 상호 연관성이라는 주제를 쉽게 알아볼 수 있도록 몇 가지 예시를 아이콘 **상호작용**으로 표시하였다.

생명과학에 대한 공부를 시작하면서 진화, 정보, 구조와 기능, 에너지와 물질, 상호작용이라는 다섯 가지 주제에 대해 살펴보았다. 이러한 공통된 주제는 점점 늘어나는 생물학적 지식을 정리하는 데 도움이 되는 뼈대를 제공할 수 있다. 이 지식이 처음에 어떻게 생겨났는지, 즉 과학의 흥미롭고 효과적인 과학적 절차를 통해 기억하자.

? 자전거 부품 상자는 아무것도 할 수 없지만 부품을 제대로 조립하면 자전거를 탈 수 있다. 이것은 무엇을 설명할 수 있는가?

■ 한 시스템에서 상호작용하는 구성성분의 창발적 특성

CHAPTER 1 복습

개념 복습하기

생명과학 : 생명에 대한 과학적 연구(1.1~1.3)

1.1 생명과학은 생명에 대한 과학적 연구다. 생명의 특성에는 질서, 생식, 성장과 발생, 에너지 처리, 조절, 환경에 대한 반응, 진화적 적응 등이 있다. 세포는 생명의 구조적·기능적 단위다.

1.2 생물학자는 생명의 다양성을 세 가지 영역으로 분류한다. 분류학자는 종에 이름을 붙이고 더 넓은 그룹으로 분류한다. 박테리아와 고세균 영역에는 단순한 세포를 가진 개체가 포함된다. 진핵생물 영역에는 다양한 원생생물과 곰팡이계, 식물계, 동물계가 포함된다.

1.3 생명체의 구성체계에서 각 단계마다 새로운 특성이 나타난다. 생명체의 구성체계는 다음과 같이 전개된다: 생물권 > 생태계 > 군집 > 개체군 > 개체 > 기관계 > 기관 > 조직 > 세포 > 세포소기관 > 분자. 창발적 특성은 구성요소 간 상호작용으로 인해 발생한다.

과학의 절차(1.4~1.8)

1.4 과학이란 무엇인가? 과학은 자연 세계를 조사하기 위해 증거에 기반한 탐구 절차를 사용한다. 과학적 접근 방식에는 관찰, 가설, 예측, 실험 또는 추가적 관찰을 통한 가설 검증과 데이터 분석이 포함된다. 과학 이론은 범위가 방대하고 많은 증거에 의해 뒷받침된다.

1.5 가설은 통제된 실험을 통하여 테스트할 수 있다. 대조군과 실험군을 사용하면 단일 변수의 효과를 입증할 수 있다. 임상시험뿐만 아니라 후향적 또는 전향적 관찰 연구를 통해 사람을 대상으로 가설을 테스트할 수 있다.

1.6 가설은 관찰 데이터를 사용하여 테스트할 수 있다. 과학자는 너구리판다의 진화적 연관성에 대한 가설을 테스트했다. 최근 DNA 염기서열분석 비교 연구에 따르면 너구리판다는 같은 과에 속하는 유일한 살아 있는 종으로 분류된다.

1.7 과학의 절차는 반복적이고 비선형적이며 협력적이다. 가설을 세우고 테스트하는 것은 과학의 핵심이다. 이러한 노력은 탐구와 발견, 과학 커뮤니티로부터의 분석과 피드백, 사회적 혜택과 결과라는 세 가지 영역의 영향을 받는다.

1.8 생물학, 기술, 사회는 중요한 방식으로 연결되어 있다. 기술의 발전은 과학 연구에서 줄기를 이루고, 연구는 새로운 기술로부터 혜택을 받는다.

생명과학의 다섯 가지 통합 주제(1.9~1.14)

1.9 주제 1 : 진화는 생명과학의 핵심 주제다. 다윈은 자연선택에 의한 진화 이론을 통합했다.

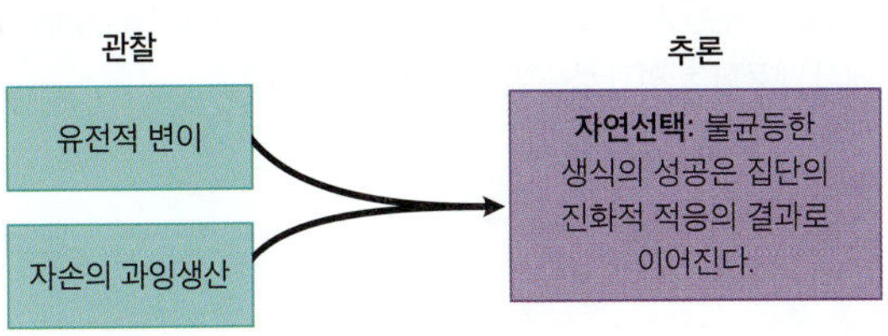

1.10 진화는 우리의 일상과 연결되어 있다. 진화론은 의학, 농업, 보존에 유용하다. 인간이 초래한 환경 변화는 많은 종의 진화에 영향을 미치는 강력한 선택적 힘이다.

1.11 주제 2 : 생명은 정보의 흐름에 달려 있다. DNA는 단백질에 대한 청사진을 제공하여 유전과 세포의 활동을 프로그래밍하는 역할을 한다. 외부 및 내부 환경으로부터의 정보에는 신체 과정과 유전자 발현을 조절하는 자극, 신호, 경로가 포함된다.

1.12 주제 3 : 구조와 기능은 서로 관련되어 있다. 구조는 생명체의 모든 단계에서 기능과 연관되어 있다.

1.13 주제 4 : 생명은 에너지와 물질의 전달과 전환에 의존한다. 에너지는 햇빛으로 들어와 생산자에 의해 화학 에너지로 변환되어 소비자에게 전달되고 열로 나가는 한 방향으로 생태계를 통해 흐른다.

생태계는 대기와 토양에서 생산자, 소비자, 분해자를 거쳐 다시 환경으로 물질의 재순환이 이루어지는 것이 특징이다.

1.14 주제 5 : 생명은 시스템 내, 그리고 시스템 간 상호작용에 의존한다. 창발적 특성은 시스템 구성요소 간 상호작용의 결과다. 시스템생물학은 생물학적 시스템의 복잡한 행동을 모델링한다.

개념 연결하기

1. 생물학의 주요 주제 중 하나를 체계화하여 다음 지도를 완성하시오.

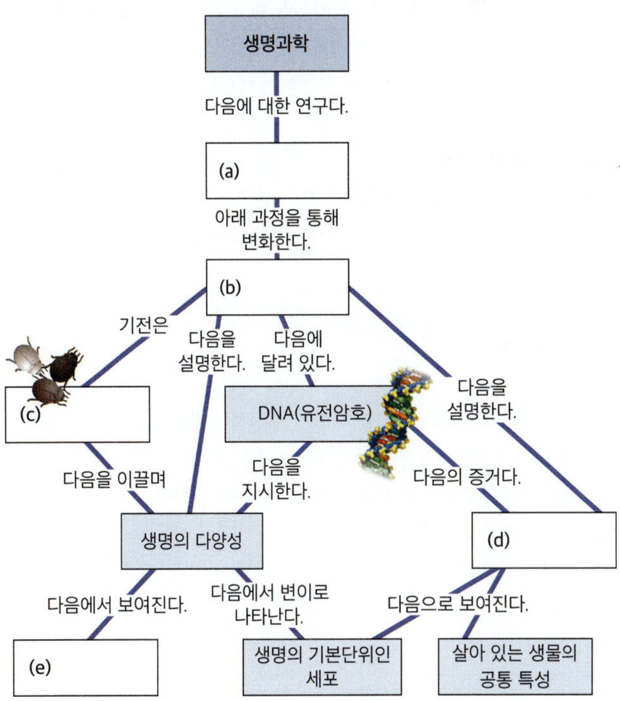

학습 평가하기

1단계 : 지식과 이해력 평가

2. 여러분 캠퍼스에 서식하는 생물체들이 구성하고 있는 것은 무엇인가?
   a. 생태계
   b. 군집
   c. 개체군
   d. 생물권
3. 다음 중 진핵생물이 아닌 것은?
   a. 곰팡이류
   b. 식물
   c. 원생생물
   d. 고세균
4. 다음 중 생태계에서 분해자로 적합한 것은?
   a. 햇빛
   b. 토양 박테리아
   c. 식물
   d. 동물
5. 다음 중 모든 생명체 사이의 공통점을 가장 잘 보여주는 것은?
   a. 구조와 기능의 연관성
   b. DNA와 공통된 유전암호
   c. 창발적 특성
   d. 자연선택
6. 통제된 실험이란?
   a. 과학자가 결과를 주의 깊게 기록할 수 있을 만큼 천천히 진행된다.
   b. 모든 변수를 일정하게 유지한다.
   c. 여러 번 반복하여 결과가 정확한지 확인한다.
   d. 실험군과 대조군을 동시에 테스트한다.
7. 다음 중 관찰 데이터에 대한 참된 설명은?
   a. 항상 정량적이지 않고 정성적이다.
   b. 가설을 세우는 데 사용되지만 가설을 테스트하는 데는 사용되지 않는다.
   c. DNA 염기서열분석뿐만 아니라 화석의 비교도 포함될 수 있다.
   d. 통제된 실험에서 독립변수로 사용되는 데이터 유형이다.

2단계 : 응용과 분석력 평가

8. 생태계에서 박테리아들 간 상호작용을 연구하는 생물학자가 속할 수 없는 생명의 계층 구조 단계는? (신중하게 선택하고 답을 설명하시오.)
   a. 개체군 단계
   b. 분자 단계
   c. 개체 단계
   d. 기관 단계
9. 다음 중 과학적 탐구의 논리를 가장 잘 설명하는 것은?
   a. 테스트 가능한 가설을 생성하면 실험이 그것을 뒷받침할 것이다.
   b. 예측이 맞다면 테스트 가능한 가설로 이어질 것이다.
   c. 관찰이 정확하다면 가설을 뒷받침할 것이다.
   d. 가설이 맞다면 특정 테스트 결과를 기대할 수 있다.
10. 생태계에서 에너지 흐름은 물질 흐름과 어떻게 유사하고 어떻게 다른가?
11. 다윈의 자연선택 이론에서 유전적 변이의 역할에 대해 설명하시오.
12. 가설이란 무엇이고 과학적 이론과 어떻게 다른가?
13. 기술과 과학을 비교하고, 각각의 예를 들어 차이점을 설명하시오.

3단계 : 종합평가

14. 생물학은 수직적 척도와 수평적 척도를 모두 갖고 있다고 설명할 수 있다. 그것이 무엇을 의미하는지 설명하시오.
15. 다음 문장이 의미하는 것을 설명하시오: 자연선택은 창조적 과정이라기보다는 편집 기작이다.
16. 아래 그래프는 쥐가 미로를 통과하는 방법을 학습한 실험 결과를 보여준다.

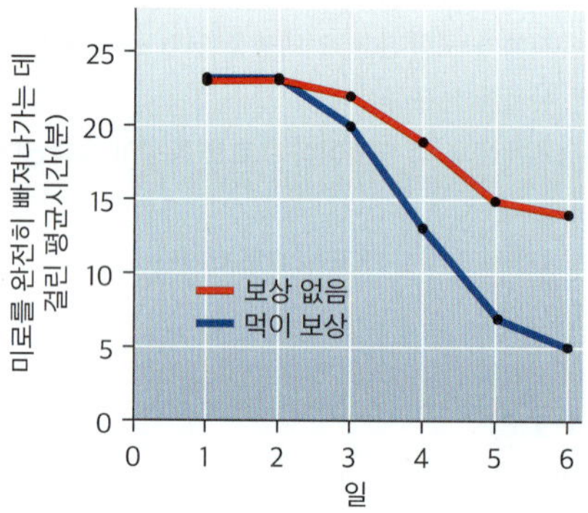

   a. 이 실험을 통해 테스트했다고 생각하는 가설과 예측을 서술하시오.
   b. 어느 것이 대조군이고 어느 것이 실험군인가? 대조군이 필요했던 이유는 무엇인가?
   c. 결과에 영향을 미치지 않도록 통제해야 하는 변수를 몇 가지 나열하시오.
   d. 데이터가 가설을 뒷받침하는가? 설명하시오.
17. **과학적 사고** 1.5절에서 설명한 위장 실험과 유사한 실험에서 한 과학자가 해변 서식지의 어두운 모델 쥐보다 내륙 서식지의 어두운 모델 쥐에 대한 총 포식자 공격을 더 많이 관찰하고 기록했다고 가정해 보자. 이 두 가지 데이터를 비교한 결과, 과학자는 위장 가설이 거짓이라는 결론을 내렸다. 이 결론이 정당하다고 생각하는가? 그렇게 생각한 이유는 무엇인가?
18. 야생종 토마토는 오늘날 시판되는 거대한 개량종 토마토보다 크기가 작다. 이러한 열매 크기의 차이는 거의 전적으로 길들인 열매의 세포 수가 더 많기 때문이다. 식물학자들은 최근 토마토에서 세포분열을 조절하는 유전자를 발견했다. 이러한 발견이 다른 종류의 과일과 채소 생산자에게 왜 중요한가? 인간 발달과 질병 연구를 위해서인가? 생물학에 대한 기본적인 이해를 돕기 위해서인가?
19. 뉴스 매체와 대중 잡지는 생물학과 관련된 이야기를 자주 보도한다. 앞으로 24시간 동안 세 가지 다른 출처에서 듣거나 읽은 이야기를 기록하고 각 이야기에서 생물학적 연관성을 간략하게 설명하시오.

UNIT 1

세포의 삶

▲ **의학 기술자**

실험실 연구원이 광학현미경을 사용하여 조직 시료를 검사하고 있다(4.1절 참조).

▲ **양조업자**

맥주 양조를 위해 리카타(Matt Licata)가 곡물에서 엿기름을 분리하는 통인 여과조에서 엿기름 시료를 꺼내고 있다(6.14절 참조).

▲ **태양 에너지 공학자**

소피스(Crista Shopis)가 자신이 디자인한 태양광 구조물에 태양광 패널을 설치하고 있다(7.14절 참조).

CHAPTER

2 생명의 화학적 기초

핵심 개요

원소, 원자, 화합물(2.1~2.4)

생명체는 특정 원소의 원자로 이루어져 있으며, 대부분은 화합물로 결합돼 있다.

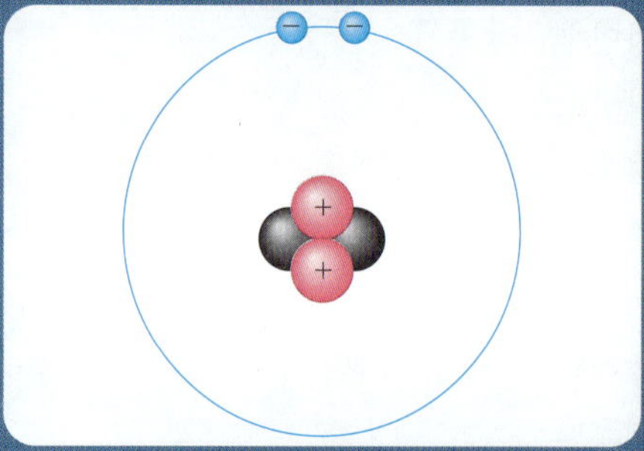

화학결합(2.5~2.9)

원자의 구조에 따라 다른 원자와 형성할 수 있는 결합의 종류가 결정된다.

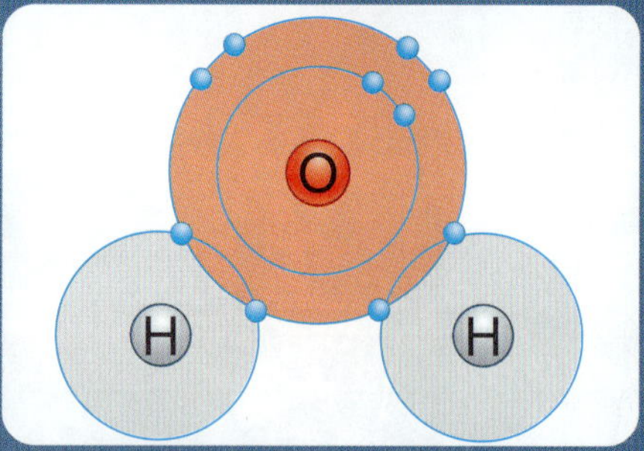

물의 생명지지 특성(2.10~2.16)

물의 독특한 특성은 물 분자의 극성과 수소결합에서 비롯된다.

2.0 생명에 대한 많은 질문은 화학에 대한 질문이다

숨이 멎을 정도로 아름다운 산호초는 지구상에서 가장 독특한 생태계 중 하나로, 매우 다양한 종류의 해양생물에게 서식지를 제공한다. 산호초는 산호라는 작은 동물들의 뼈대가 점진적으로 쌓여 형성된다. 그러나 최근 몇 년 동안 산호초가 우려할 만한 속도로 사라지기 시작했다. 왜 산호초들은 빠르게 죽어가는 것일까?

이 현상을 이해하기 위해서는 모든 생명체의 가장 기본 입자인 물질을 구성하는 원자(atom)를 살펴보아야 한다. 생명에 대한 많은 질문은 화학물질과 그 상호작용에 대한 질문으로 정리될 수 있다. 해양생물학자들에 따르면, 이산화탄소(CO_2)가 물에 녹으면서 반응해 산(acid)을 형성하고, 이 산이 산호의 뼈대 형성을 방해하게 되면서 산호초가 사라지고 있다. 대기 중 CO_2 농도의 증가가 산호초에 피해를 주고 있는 것이다.

이 장에서는 생명을 연구하기 위해 알아야 하는 기본적인 화학이론을 몇 가지 살펴보고자 한다. 먼저 분자와 그 구성성분을 살펴보고, 다음으로 물이라는 특이한 분자가 지구상의 생명을 유지하는 데 어떻게 중요한 역할을 하는지 알아본다. 이 장을 공부하면서 지구의 생명에 대해 알아가는 데 화학에 대한 이해가 얼마나 중요한지 알 수 있을 것이다.

원소, 원자, 화합물

2.1 생명체는 원소로 구성되는데, 보통은 화합물로 결합된 상태다

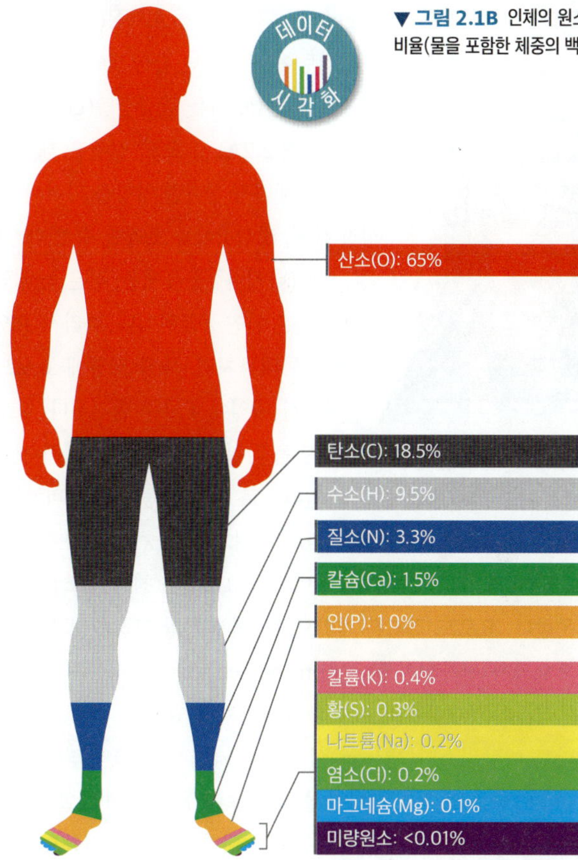

▼ **그림 2.1B** 인체의 원소 구성 비율(물을 포함한 체중의 백분율)

우리와 우리 주변의 모든 사물은 우주의 물리적 '재료'인 물질로 이루어져 있다. **물질(matter)**은 공간을 차지하고 질량을 가진 모든 것으로 정의된다. (일상 언어에서 물체의 질량과 무게는 동일하게 취급된다.) 물질은 고체, 액체, 기체의 세 가지 물리적 상태로 지구에서 발견된다.

물, 암석, 공기, 생물학을 공부하는 학생과 같이 다양한 종류의 물질들은 모두 화학 원소로 구성돼 있다. **원소(element)**는 통상적인 화학적 방법으로는 다른 물질로 분해할 수 없는 물질을 말한다. 화학자들은 자연에서 92가지 원소를 확인했는데, 금, 구리, 탄소, 산소 등이 그 예다. 또한 화학자들이 만든 인공원소도 수십 가지에 이른다. 각 원소에는 영어, 라틴어 또는 독일어 이름의 맨 앞 글자 한두 개로 만들어진 기호가 있다. 예를 들어, 기호 O는 영어 단어 산소(oxygen)에서 유래했으며, 나트륨의 기호인 Na는 라틴어 natrium에서 유래했다.

화합물(compound)은 2개 이상의 서로 다른 원소가 일정한 비율로 결합된 물질을 말한다. 예를 들어 소금(염화나트륨, NaCl)은 원소인 나트륨(Na)과 염소(Cl)가 같은 비율로 들어 있다. 순수한 나트륨은 금속이고 순수한 염소는 유독 가스다. 그러나 화학적으로 결합하면 먹을 수 있는 화합물을 형성한다(**그림 2.1A**). 수소(H)와 산소(O)는 일반적으로 기체로 존재하는 원소다. 그러나 이것들이 화학적으로 2:1의 비율로 결합하면 지구 표면에서 가장 풍부한 화합물인 물(H_2O)을 형성한다. 물과 소금은 합성된 물질이 창발적 특성을 갖는다는 것을 보여주는 좋은 예다. 화합물은 그 구성 원소들과는 다른 특성을 가진다.

대부분의 생명체 내 화합물들은 적어도 서너 가지 원소를 포함한다. 예를 들어, 당(sugar)은 탄소(C), 수소, 산소로 구성된다. 우리 몸의 약 20%를 차지하는 단백질은 탄소, 수소, 산소, 질소(N), 그리고 소량의 황(S)을 함유한 화합물이다.

생명을 위해서는 얼마나 많은 원소가 필요할까? 필요조건은 생명체들 사이에서 유사하지만 차이도 존재한다. 예를 들면, 사람은 25가지 원소가 필요하지만 식물은 17가지만 필요로 한다. **그림 2.1B**에서 보듯, 산소, 탄소, 수소, 질소, 칼슘, 인 등 여섯 가지 원소가 우리 몸의 약 99%를 구성한다. 처음 네 원소(O, C, H, N)는 단백질, 탄수화물, 지질 등 생물학적 분자의 주요 성분이다. 칼슘과 인은 뼈와 이의 주요 구성성분이다. 나머지 1%는 대부분 칼륨(K), 황, 나트륨, 염소, 마그네슘(Mg) 등이 차지하며, 이들은 신경신호 전달과 화학반응 같은 기능에 관여한다.

그림 2.1B의 발가락 제일 끝을 주목하자. **미량원소(trace element)**라고 불리는 이 원소들은 사람 몸무게의 0.01% 미만으로 극소량 존재한다. 여기에는 붕소, 크롬, 코발트, 구리, 불소, 요오드, 철, 망간, 몰리브덴, 셀레늄, 실리콘, 주석, 바나듐, 아연 등이 포함된다. 철(Fe)은 체중의 약 0.004%에 불과하지만 에너지 공정과 혈액의 산소 운반에 필수적이다. 철은 모든 종류의 생명체에 필요한 미량원소다. 다른 원소들은 특정 종(species)에게만 필요하다. 예를 들어, 요오드(I)는 인간을 포함한 등뼈를 가진 동물, 즉 척추동물(vertebrate)에게만 필수적이다. 다음에서는 미량원소가 건강에 미치는 영향에 대해 알아본다.

▲ **그림 2.1A** 식용 소금의 창발적 특성

? 창발적 특성의 개념을 소금을 예로 들어 설명하시오.

■ 식용 소금의 결정을 구성하는 원소인 나트륨과 염소는 순수한 형태의 금속과 유독성 기체다.

2.2 미량원소는 식품과 물에 첨가되기도 한다

연결 미량원소는 매우 적은 양만 필요하지만, 경우에 따라서는 그 작은 요구량조차 충족하기 어려울 수 있다.

요오드는 갑상샘(thyroid gland)에서 만드는 호르몬(hormone)의 필수 구성성분이다. 요오드 섭취량이 부족하면 갑상샘이 비정상적으로 커지게 되는데, 이를 갑상샘종(goiter)이라고 한다(**그림 2.2A**). 요오드 결핍은 태아발생과 아동기에 가장 심각한 영향을 끼쳐서 유산, 성장 부진, 정신장애를 초래할 수 있다. 해산물, 켈프(다시마류), 유제품, 짙은 녹색 잎채소는 좋은 천연 공급원이다. 따라서 요오드 결핍은 내륙지역, 특히 토양에 요오드가 부족한 지역에서 자주 발견된다. 요오드 결핍을 극복하기 위한 범세계적 전략의 일환으로 사람과 동물이 소비하는 모든 소금에 요오드를 첨가(iodization)하려고 시도 중이다. 하지만 안타깝게도 전 세계 가구의 약 30%가 여전히 요오드가 첨가된 소금을 사용하지 못한다. 요오드 결핍은 개발도상국에서 가장 흔하게 발생하지만, 종종 요오드가 첨가되지 않은(non-iodized) 소금을 사용하는 고도로 가공된 식품의 과도한 소비로 인해 발생할 수도 있다.

▲ **그림 2.2A** 미얀마 여성에서 보이는 요오드 결핍으로 인한 갑상샘종

또 다른 미량원소인 철(iron)의 결핍은 세계에서 20억 명에 달하는 사람들이 영향을 받고 있는 가장 흔한 영양 장애로, 특히 개발도상국의 어린이와 여성에서 많다. 철 결핍 문제를 해결하기 위한 전략으로 식품 강화, 철 보충제, 식단의 다양화와 개선 등이 시도된다. **그림 2.2B**는 철이 풍부한 식품을 보여준다. 식품 강화 이니셔티브(Food Fortification Initiative, FFI)는 전 세계 제분산업이 생산하는 밀가루의 57%에서 철 또는 엽산이 강화된 것으로 파악하고 있다. 감비아, 나미비아, 레소토, 아랍에미리트, 아프가니스탄, 에스와티니(옛 스와질란드), 카타르, 콩고민주공화국 등의 국가에서는 산업적으로 제분한 밀가루의 50% 이상에 영양소를 첨가하고 있다.

그런데 미량원소의 과다섭취도 문제가 되지 않을까? 켈트국가 국민들에게 매우 흔한 유전성 혈색소침착증 또는 철 과다섭취는 치료하지 않으면 심장과 간에 심각한 영향을 미칠 수 있다. 또한 철 보충제는 어린이에게 우발적으로 치명적인 중독을 일으킬 위험이 있기 때문에 경고 문구를 붙여야 한다.

미량원소는 공중보건을 위해 식수에 첨가되기도 한다. 불소(F)는 불화물의 형태로 모든 물에 미량 존재한다. 호주에서는 1960년대에 식수에 불소를 첨가하기 시작해, 현재 호주 인구의 약 80%가 불소가 첨가된 식수를 소비하고 있다. 호주의 국민구강건강연구센터(Australian Research Centre for Population Oral Health)가 애들레이드 대학교에서 실시한 연구에 따르면, 식수에 불소를 첨가한 결과, 연령에 관계없이 모든 성인의 충치가 감소된 것으로 밝혀졌다. 식수 불소 첨가의 역사는 과학과 사회적 이익 및 상호작용의 과정을 잘 보여준다. 1900년대 초 한 치과의사가 갈색으로 얼룩진 치아[당시에는 콜로라도 갈색 얼룩이라고 했으나 지금은 불소침착증(fluorosis)이라고 함]의 원인을 찾기 시작했다. 그는 다른 연구자들의 도움을 받아 지역 상수도의 불소 농도가 높은 것이 원인임을 밝혀냈다. 그는 또한 착색된 치아가 충치 및 치아 손실의 발생을 감소시킨다는 데 주목했다. 오랜 연구에 따르면 치아 보호를 위해 불소를 먹을 필요는 없다. 불소가 첨가된 치약이나 구강청결제를 사용하는 등의 국소 처리만으로도 그 효과를 누릴 수 있다(**그림 2.2C**).

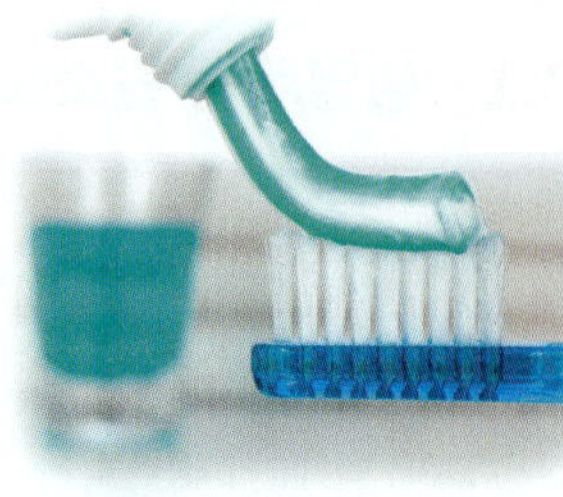

▲ **그림 2.2C** 불소가 첨가된 구강청결제와 치약

식수에 불소를 첨가하는 것은 계속 논란이 되어왔다. 일부 사람들은 불소가 첨가된 물이 장기적으로 건강에 부정적인 영향을 주는 것은 아닐까 우려한다. 불소의 농도가 높은 것으로 알려진 세계 일부 지역에서는 경미한 치아불소증(dental fluorosis)에서 심각한 중증골격불소증(crippling skeletal fluorosis)까지 불소에 의한 심각한 부작용이 나타나기도 한다. 이러한 사례는 인도, 파키스탄, 태국, 중국, 스리랑카, 남아프리카의 일부 지역에서 보고되었다. 여러 논란이 되는 연구 결과로 인해 일부 사람들은 불소 첨가가 국민들 IQ에 나쁜 영향을 미칠 수 있다고 믿기도 하며, 다른 일부는 이 공중보건 관행을 모든 사람에게 강요해서는 안 된다고 주장하기도 한다. 이 경우에서 보는 것처럼, 시민들은 스스로 이러한 논쟁의 모든 측면을 살펴보고 각 주장이 근거로 삼는 다양한 과학적 증거를 비판적으로 평가할 필요가 있다.

? 임신하지 않은 성인 여성은 하루에 18 mg의 철을 필요로 한다. 닭 간(11 mg/100 g)은 좋은 철 공급원 중 하나이며, 철의 권장 섭취 상한은 45 mg(위장 장애를 일으키기 전)이다. 성인 여성이 일일 철분 요구량을 충족하려면 닭 간을 얼마나 먹어야 할까?

■ 닭 간 164 g

▲ **그림 2.2B** 철이 풍부한 식품

2.3 원자는 양성자, 중성자, 전자로 구성된다

각 원소는 고유한 유형의 원자를 가지고 있어 다른 원소의 원자와 구별된다. "나눌 수 없다"는 뜻의 그리스어에서 유래한 **원자(atom)**는 원소의 성질을 그대로 간직한 물질의 가장 작은 단위다. 원자는 너무 작아서 이 문장의 끝에 인쇄된 구두점을 가로지르려면 약 100만 개를 늘어뜨려야 한다.

아원자 입자 물리학자들은 원자를 수백 가지의 아원자 입자(subatomic particle)로 나누었지만, 여기서는 세 가지 종류의 입자만 살펴보자. **양성자(proton)**는 하나의 양전하(+)를 가진 아원자 입자다. **전자(electron)**는 하나의 음전하(−)를 가진 아원자 입자다. **중성자(neutron)**는 이름에서 알 수 있듯 전기적으로 중성(전하가 없음)이다.

그림 2.3은 헬륨(He) 원자의 아주 간단한 두 가지 모델을 보여준다. 헬륨은 공기보다 가벼워 풍선을 하늘 높이 날리는 데 사용되는 기체다. 2개의 양성자(+)와 2개의 중성자(●)가 원자의 중앙 심부인 **핵(nucleus)**에 조밀하게 뭉쳐 있는 것을 볼 수 있다. 2개의 전자(−)는 핵 주위를 빠르게 움직이면서 일종의 음전하 구름을 형성한다. 음전하를 띤 전자와 양전하를 띤 양성자 사이의 인력이 전자를 핵 근처에서 붙잡고 있다. 왼쪽 모델은 2개의 전자가 핵 주위를 원으로 둘러싸고 있는 모습을 보여주며, 오른쪽 모델은 조금 더 사실적으로 전자를 음전하를 띤 구형 구름으로 표현한 것이다. 두 모델 모두 축척은 고려하지 않았다. 실제 원자에서 전자는 양성자와 중성자에 비해 매우 작고, 전자 구름은 핵에 비해 매우 크다. 이 원자를 야구장의 크기와 비교한다면, 핵은 경기장에 떨어진 완두콩 정도의 크기이고, 전자는 야구장 안에서 윙윙거리는 작은 모기 두 마리와 같을 것이다.

원자번호와 질량수 그렇다면 무엇이 서로 다른 원소의 원자를 다르게 만드는 것일까? 특정 원소의 모든 원자는 동일하고 고유한 개수의 양성자를 가지고 있다. 이 숫자가 바로 원소의 **원자번호(atomic number)**다. 따라서 양성자가 2개인 헬륨 원자의 원자번호는 2다. 달리 명시되지 않는 한 원자는 같은 수의 양성자와 전자를 가지므로 순전하는 0이다.

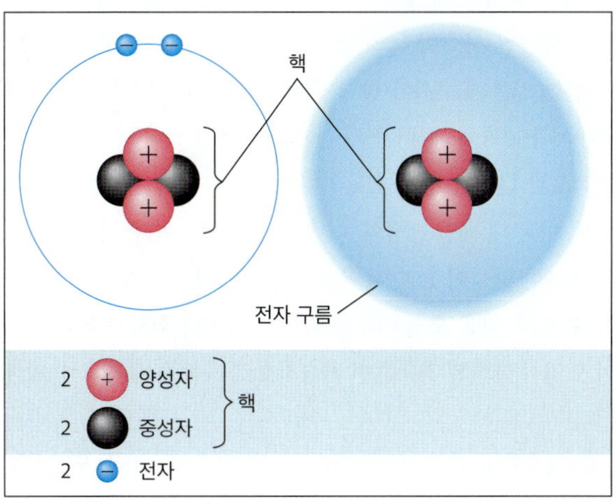

▲ 그림 2.3 헬륨 원자의 두 가지 모델. (이 모델들은 실제 비율에 따르지 않았으며, 전자 구름에 비해 핵의 크기를 매우 크게 나타냈다.)

원자와 관련된 숫자에는 또 어떤 것이 있을까? 원자의 **질량수(mass number)**는 핵에 있는 양성자와 중성자의 수를 합한 것이다. 헬륨의 경우 질량수는 4다. 양성자의 질량과 중성자의 질량은 거의 동일하며 돌턴(dalton)이라는 측정 단위로 표현된다. 양성자와 중성자는 각각 1 돌턴에 가까운 질량을 가지고 있다. 전자는 양성자 질량의 약 1/2,000에 불과하므로 원자의 질량에 거의 기여하지 않는다. 따라서 원자의 **원자량(atomic mass**, 또는 무게)은 돌턴으로 나타내는 질량수(양성자와 중성자의 합)와 거의 같다.

동위원소 한 원소의 모든 원자는 동일한 원자번호를 갖지만, 그 원소의 일부 원자는 다른 질량수를 갖기도 한다. 한 원소의 서로 다른 **동위원소(isotope)**는 같은 수의 양성자를 가지고 화학반응에서 동일하게 작용하지만, 서로 다른 수의 중성자를 갖는다. 표 2.3은 탄소의 세 가지 동위원소에 포함된 아원자 입자의 수를 보여준다. 탄소의 원자번호는 6이며, 모든 원자는 6개의 양성자를 가진다. 중성자가 6개인 탄소-12(질량수로 이름 붙임)는 자연적으로 존재하는 탄소의 약 99%를 차지한다. 나머지 1%의 대부분은 탄소-13이며 이는 질량수가 13으로 중성자가 7개다. 중성자가 8개인 세 번째 동위원소인 탄소-14는 미량으로 존재한다. 이 세 동위원소는 모두 6개의 양성자를 가지고 있다(양성자가 6개가 아니면 탄소가 아니다).

탄소-12와 탄소-13은 모두 안정한 동위원소로, 핵이 거의 영원히 그대로 유지된다. 반면에 탄소-14는 불안정하며 방사능을 가진다. **방사성 동위원소(radioactive isotope)**는 핵이 자연적으로 붕괴하면서 입자와 에너지를 방출한다. 동위원소가 붕괴되면서 나오는 방사선은 세포 분자를 손상시켜 생명체에 심각한 위험을 초래할 수 있다. 그러나 방사성 동위원소는 화석(fossil)의 연대 측정과 같이 도움을 주기도 한다(15.5절 참조). 나중에 살펴보겠지만, 방사성 동위원소는 생물학적 연구와 의학에도 사용된다.

표 2.3 탄소의 동위원소

	탄소-12		탄소-13		탄소-14	
양성자	6	질량수	6	질량수	6	질량수
중성자	6	12	7	13	8	14
전자	6		6		6	

? 황의 가장 흔한 동위원소는 양성자 16개와 중성자 16개로 이루어져 있다. 황-34는 자연적으로 나타나는 또 다른 황의 동위원소다. 황-34의 원자번호는 무엇이며, 가지고 있는 중성자의 수는 몇 개인가?

■ 원자번호 = 16, 중성자 수 = 18

2.4 방사성 동위원소는 우리에게 도움이 되기도 하고 해가 되기도 한다

연결 살아 있는 세포는 같은 원소의 동위원소를 쉽게 구별할 수 없다. 따라서 생물체는 통상적인 방식으로 방사성 동위원소가 포함된 화합물을 흡수하고 사용한다. 방사능은 기기로 쉽게 감지하고 측정할 수 있기 때문에 방사성 동위원소는 살아 있는 유기체에서 원자의 경로를 모니터링하는 추적자, 즉 생물학적 스파이로 활용될 수 있다.

기초 연구 생물학자들은 종종 방사성 추적자를 사용해 생물체에서 화학적 변화를 수행하는 물질을 추적한다. 예를 들어, 연구자들은 광합성(photosynthesis)을 연구하는 데 방사성 동위원소인 탄소-14를 함유한 이산화탄소(CO_2)를 사용해 왔다. 식물은 햇빛을 이용해 전환에 필요한 에너지를 공급하고, 공기 중 CO_2를 흡수하고 이를 사용해 당(sugar) 분자를 만든다. 방사성 표지 CO_2를 활용해 연구자들은 CO_2에서 당에 이르는 화학적 과정에서 식물이 만드는 분자의 순서를 추적할 수 있었다.

의료 진단과 치료 방사성 동위원소는 뼈 속의 인(phosphorus)과 같이 신체의 특정 부위에 축적되는 화학물질에 표식을 달아 추적하는 데도 사용될 수 있다. 이 추적자를 주입한 후 특수 카메라를 사용하면 방사선이 모이는 위치를 화상으로 볼 수 있다. 대부분의 경우 진단을 위해 아주 소량의 방사성 동위원소만이 환자에게 투여된다.

때로는 방사성 동위원소를 치료에 사용하기도 한다. 2.2절에서 본 것처럼 우리 몸은 요오드를 사용해 갑상샘호르몬을 만든다. 방사성 요오드는 갑상샘에 축적되기 때문에 갑상샘에 있는 암세포를 죽이는 데 사용되기도 한다.

포도당(glucose)이나 산소 같은, 신체가 대사하는 물질도 치환해 방사성 동위원소를 붙일 수 있다. **그림 2.4A**는 양전자방출단층촬영(PET) 검사 중인 환자를 보여주는데, PET 검사기기는 대사 활동이 높은 신체 부위를 볼 수 있게 해준다. PET는 특정 심장질환과 암의 진단 및 뇌의 기초 연구에 유용하다.

이 기술은 알츠하이머병(Alzheimer's disease)의 조기 발견에도 활용될 수 있다. 이 치명적인 질병은 사람의 기억력과 사고능력을 서서히 파괴한다. 질병이 진행되면서 뇌는 베타-아밀로이드(beta-amyloid)라는 단백질 침전물(plaque)로 가득 차게 된다. 연구자들은 방사성으로 표지된 단백질인 PIB를 만들었는데, 이 단백질은 베타-아밀로이드 침전물에 결합하고 PET로 검출할 수 있다. **그림 2.4B**는 PIB를 주입한 건강한 사람(위쪽)과 알츠하이머 환자(아래쪽)의 뇌를 촬영한 PET 영상이다. 알츠하이머 환자의 뇌는 PIB 수치가 높은 반면(빨간색과 노란색 부위), 영향을 받지 않은 사람의 뇌는 수치가 낮은 것(파란색 부위)을 알 수 있다. 새로운 치료법은 베타-아밀로이드의 발생을 억제하거나 뇌에서 베타-아밀로이드를 제거하는 데 초점을 맞추고 있다. 연구자들은 PIB를 사용한 진단 테스트를 통해 이 질환을 앓고 있는 사람들에게서 신약의 효과를 관찰할 수 있다.

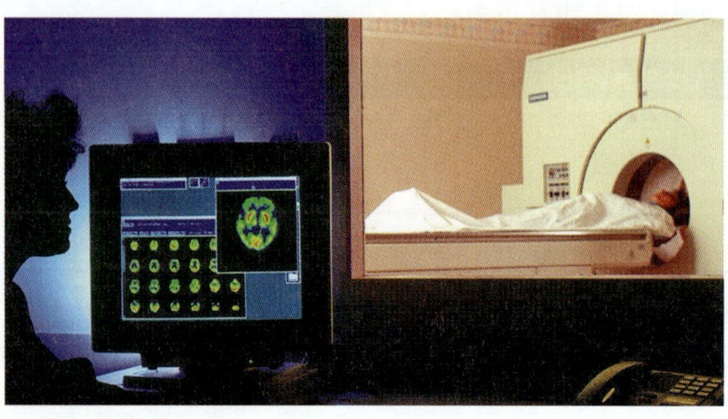

▲ **그림 2.4A** PET 검사기기의 출력 영상을 모니터링하는 기술자

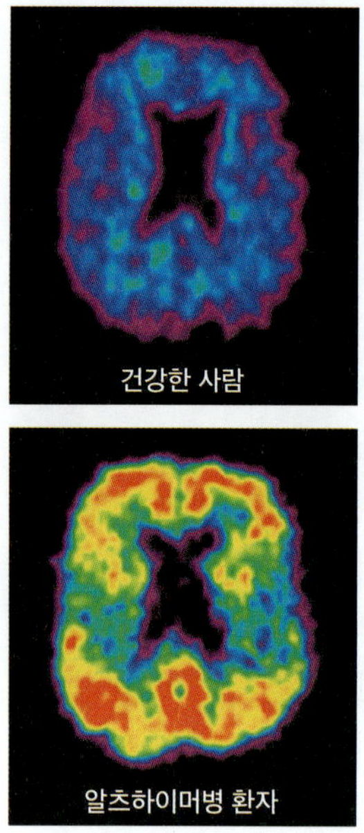

▲ **그림 2.4B** 건강한 사람(위)과 알츠하이머병 환자(아래)의 뇌 PET 영상. 빨간색과 노란색은 베타-아밀로이드 침전물에 결합된 PIB의 수치가 높음을 나타낸다.

위험 방사성 동위원소는 다양한 용도로 유익하게 사용되지만, 높은 수준의 방사선에 통제되지 않고 노출되면 치명적일 수 있다. 방사성 원자가 방출하는 입자와 에너지는 물질, 특히 DNA를 손상시킬 수 있다. 1986년 우크라이나 체르노빌의 원자로 폭발로 대량의 방사성 동위원소가 유출돼 러시아, 벨라루스, 유럽의 넓은 지역에 퍼졌다. 사고 후 몇 주 만에 수십 명이 급성 방사능 중독으로 사망했고, 10만 명이 넘는 사람들이 이 지역에서 대피했다. 방사선에 노출된 어린이들의 갑상샘암 발생률이 증가한 사실이 알려졌다. 마찬가지로 과학자들은 2011년 쓰나미로 인한 일본 후쿠시마 원전 사고의 장기적인 영향을 (특히 원전의 비상근무자 150명에 대해) 주의 깊게 살펴보고 있다.

자연적으로 나오는 방사능도 위험할 수 있다. 라돈(radon)은 방사성 가스로서, 미국 내 폐암 발생의 두 번째 주요 원인이다. 방사성 원소인 우라늄을 함유한 암석이 땅 밑에 분포하는 지역에서는 라돈이 건축물을 오염시킬 수 있다. 라돈 오염 여부는 라돈 탐지기나 회사를 통해 확인할 수 있으며 오염이 확인된 경우라면 기술적으로 라돈을 제거할 수 있다.

? 방사성 동위원소가 생명화학 연구에서 추적자로 유용한 이유는 무엇인가?

■ 생물체는 방사성 동위원소를 자신의 분자 속으로 편입하므로 연구자들은 특수 검사 기기를 사용해 생물학적 과정이나 신체 부위에서 이 동위원소를 감지할 수 있다.

화학결합

2.5 전자의 분포는 원자의 화학적 성질을 결정한다

원자가 서로 상호작용하는 방식을 이해하기 위해서는 원자 구조에 대한 더 깊은 탐구가 필요하다. 양성자, 중성자, 전자라는 세 가지 아원자 입자 중 전자만이 원자의 화학적 활동에 직접적으로 관여한다.

그림 2.3의 헬륨 원자 모형을 다시 보면, 2개의 전자가 핵 주위의 원 위에 함께 표시돼 있는 것을 볼 수 있다. 하지만 전자가 2개 이상인 원자에서 전자는 어디에 표시돼야 할까? **그림 2.5A**의 탄소 모델을 생각해 보자. 2개의 전자는 여전히 안쪽 원에 있지만 나머지 4개는 더 큰 바깥쪽 원에 분포하고 있다. 밝혀진 바에 따르면, 전자는 각 핵으로부터 특정 거리를 가진 서로 다른 **전자껍질(electron shell)**에 위치할 수 있다. 원소의 원자번호에 따라 원자는 하나, 둘 또는 그 이상의 전자껍질을 가질 수 있다.

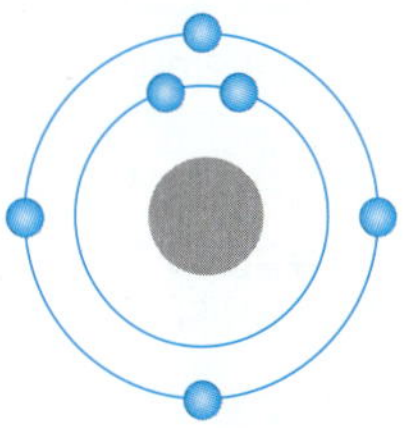

▲ **그림 2.5A** 탄소의 전자 분포 모델

그림 2.5B는 원소 주기율표의 약식 버전이다(전체 표는 부록 2 참조). 이 그림은 처음 18개 원소에 대한 전자 분포를 전자껍질 수(1, 2 또는 3)에 따라 일렬로 배열한 것이다. 각 껍질 내에서 전자는 각기 다른 오비탈(orbital, 전자궤도)을 따라 이동하는데, 오비탈은 전자가 발견될 확률이 높은 분리된 공간이다. 각 오비탈은 최대 2개의 전자를 담을 수 있다. 첫 번째 전자껍질은 하나의 오비탈을 가지며 2개의 전자만 담을 수 있다. 이에 첫 번째 줄에 해당하는 원소는 수소와 헬륨밖에 없다. 두 번째와 세 번째 줄을 보면, 바깥껍질에는 4개의 오비탈이 있어 최대 8개(4쌍)의 전자를 담을 수 있다.

원자의 화학적 성질 대부분을 결정하는 것은 원자가껍질(valence shell)이라고 불리는 가장 바깥껍질에 존재하는 전자의 수다. 바깥껍질이 가득 차 있지 않은 원자는 다른 원자와 상호작용하면서 원자가껍질을 완성하거나 채우려는 경향이 있다.

생물학적 물질의 주요 구성요소인 수소, 탄소, 질소, 산소(그림 2.5B에서 녹색으로 강조 표시된 네 가지 원소)의 전자껍질을 보자. 바깥껍질이 불완전하기 때문에 이 원자들은 다른 원자와 쉽게 반응한다. 헬륨, 네온, 아르곤(그림 2.5B의 오른쪽 열)과 같이 바깥껍질이 꽉 찬 원자는 다른 원자와 쉽게 상호작용하지 않는다. 이러한 원소는 불활성이라고 한다.

불완전한 바깥껍질을 가진 2개의 원자는 상호작용을 하면서 전자를 버리거나 받아들이거나 공유하게 되고, 결국 두 파트너 모두 완전한 바깥껍질을 갖게 된다. 이러한 상호작용은 일반적으로 원자들이 가까이 붙어 있게 되는 결과를 초래하는데, 이 인력을 **화학결합(chemical bond)**이라고 한다.

전자가 실제로 원자들 사이를 이동하면 **이온결합(ionic bond)**이라는 인력이 생긴다. 소금(NaCl)의 나트륨과 염소 원자는 이온결합으로 서로 붙어 있다. 이온결합에 대해서는 2.7절에서 보다 자세히 알아본다.

공유결합(covalent bond)에서 원자는 전자를 전달하지 않고 실제로 전자를 공유한다. 하나 또는 그 이상의 전자쌍을 공유하면서 원자는 바깥껍질을 완성할 수 있다. 원자가 형성할 수 있는 공유결합의 수는 원자가껍질을 채우는 데 필요한 전자의 수에 따라 달라진다. 이 숫자를 원자의 원자가(valence) 또는 결합용량(bonding capacity)이라고 한다.

이제 공유결합에 대해 자세히 살펴보자.

? 전자 분포도를 보면 불소, 네온, 황, 아르곤의 바깥껍질을 채우는 데 필요한 전자의 수는 몇 개인가?

■ F=1, Ne=0, S=2, Ar=0

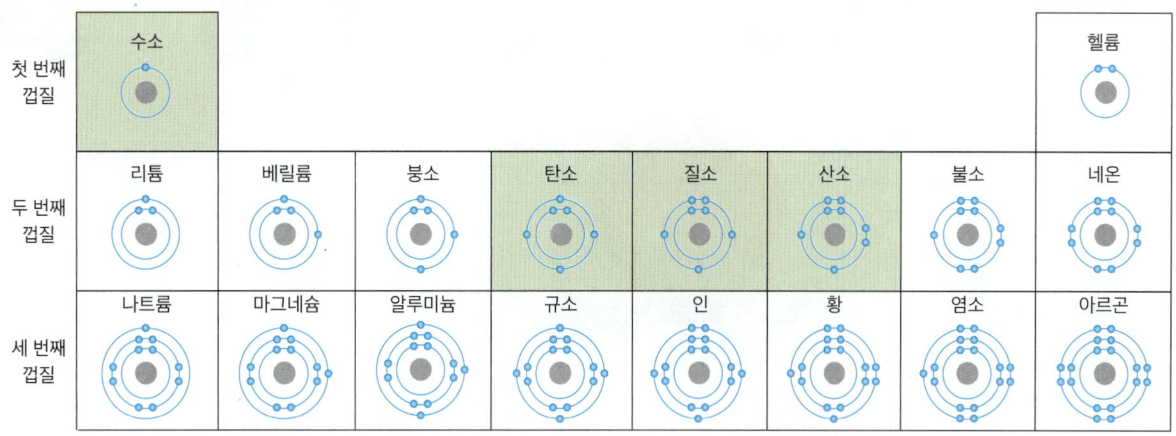

▲ **그림 2.5B** 주기율표의 처음 18개 원소의 전자 분포도

시도해 보기 각 행을 왼쪽에서 오른쪽으로 읽으면서 전자의 수가 어떻게 변하는지 설명하시오. 전자는 모든 오비탈에 적어도 하나의 전자가 있을 때까지 쌍을 이루지 않는다는 점에 유의한다.

개념 시각화

2.6 공유결합은 전자 공유를 통해 원자를 분자로 결합시킨다

분자(molecule)는 2개 이상의 원자로 구성되는데 이 원자들은 공유결합으로 서로 연결돼 있다. 아래에 보이는 공유결합의 형성에서 두 수소 원자는 각각 쌍을 이루지 않은 전자를 가지고 있지만, 수소 분자에서 한 쌍의 전자를 공유한다. 그러나 공유결합에서 전자의 공유가 항상 동등한 것은 아니다.

원자의 **전기음성도**(electronegativity)는 공유된 전자를 끌어당기는 힘의 크기다. 동일한 원소의 두 원자 사이의 공유결합에서는 두 원자가 똑같은 전기음성도를 가지기 때문에 전자가 똑같이 공유된다. 이러한 결합을 **비극성 공유결합**(nonpolar covalent bond)이라고 한다. 탄소와 수소와 같이 전기음성도가 비슷한 원소의 원자들도 전자를 거의 균등하게 공유한다.

두 원자의 전기음성도가 다르면 **극성 공유결합**(polar covalent bond)을 형성한다. 음전하를 띤 전자는 전기음성도가 더 큰 원소에 더 가깝게 끌린다. 결과적으로, 그 원자는 부분적으로 음전하를 띠게 되고 다른 원자는 부분적으로 양전하를 띠게 된다. 산소는 전기음성도가 가장 큰 원소 중 하나로서 일반적으로 극성 공유결합을 형성한다.

공유결합에 대해 자세히 이해하기 위해, 아래 그림을 보면서 잘 알려진 네 가지 분자를 이용해 분자를 시각적으로 표현하는 네 가지 방법을 알아보자.

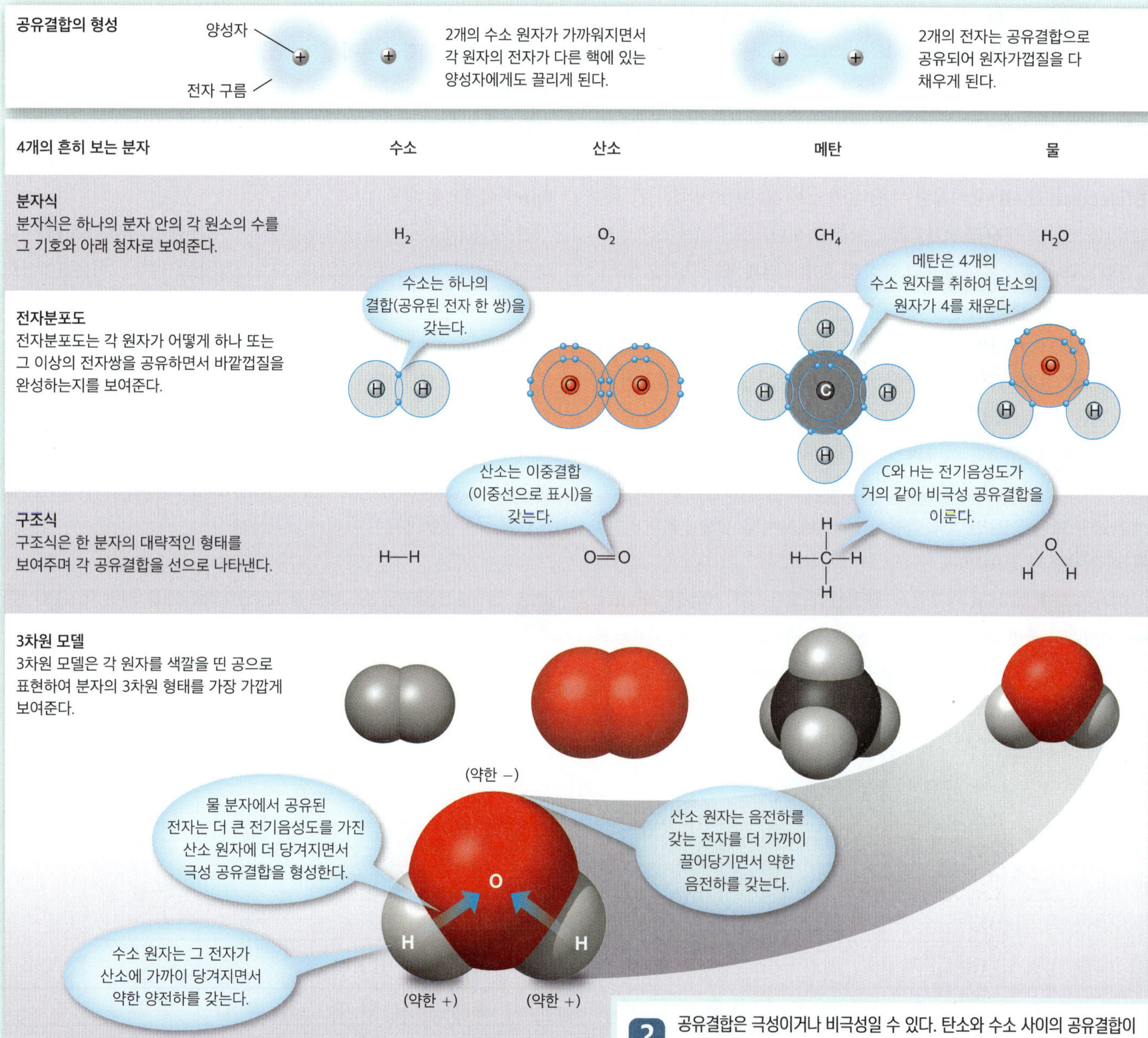

? 공유결합은 극성이거나 비극성일 수 있다. 탄소와 수소 사이의 공유결합이 비극성인 이유를 설명하시오.

■ 공유결합에서 원자는 짝을 이루지 않은 전자를 공유한다. 원자의 전기음성도는 공유된 전자쌍을 끌어당기는 힘의 크기를 결정한다. 탄소와 수소는 전기음성도가 비슷하기 때문에 전자쌍을 똑같이 공유해 결합이 비극성이 된다.

2.7 이온결합은 전하가 반대인 이온들 사이의 인력이다

어떤 경우에는 두 원자가 전자를 끌어당기는 힘의 차이가 너무 커서 전기음성도가 더 큰 원자가 상대 원자로부터 전자를 완전히 빼앗아 간다. 소금(NaCl)은 이러한 전자의 이동이 어떻게 원자를 서로 결합시킬 수 있는지 보여주는 예다. **그림 2.7A**에서 나트륨은 바깥 껍질에 전자 1개를 가지고 있는 반면 염소는 7개를 가지고 있다. 이 원자들이 상호작용할 때 나트륨 원자의 바깥쪽 전자가 염소로 이동한다. 나트륨은 이제 2개의 껍질만 가지고 있으며, 두 번째 껍질은 8개의 전자를 모두 가지고 있다. 그리고 염소의 바깥껍질도 이제 8개의 전자로 가득 차 있다.

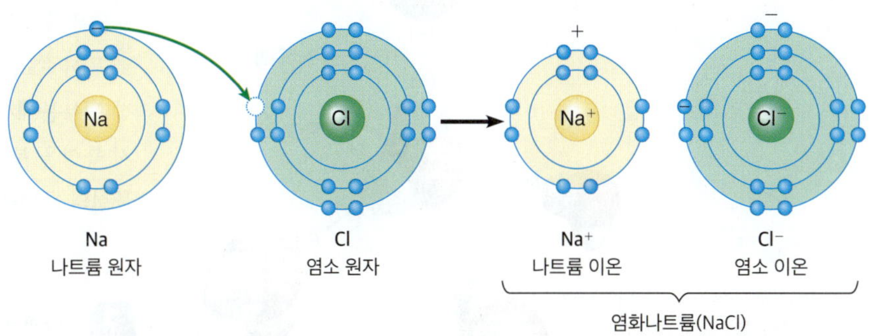

▲ **그림 2.7A** 전자 이동과 이온결합 형성

시도해 보기 나트륨 이온(Na^+)은 양전하를 띠고 염소 이온(Cl^-)은 음전하를 띠는 이유를 설명하시오.

하지만 이 전자 이동이 어떻게 Na와 Cl 사이에 이온결합을 일으킬까? 전자는 음전하를 띠는 입자라는 것을 기억하자. 전자의 이동은 한 원자에서 다른 원자로 한 단위의 음전하를 이동시킨다. 나트륨은 11개의 양성자를 가지고 있지만 이제 전자를 10개만 가지고 있으므로 순전하가 1+다. 염소는 전자를 하나 더 얻어 이제 18개의 전자를 가지고 있지만 양성자는 17개에 불과해 순전하가 1−다. 각각의 경우에 원자는 하나 이상의 전자를 얻거나 잃음으로써 **이온(ion**, 전하를 가진 원자 또는 분자)이 됐다. [음전하를 띤 이온의 이름은 chloride(염화물)와 같이 -ide로 끝나는 경우가 많다.] 전하가 반대인 두 이온 사이의 인력이 이들을 서로 붙잡는 것을 이온결합이라고 한다. 그 결과, 생성되는 화합물(이 경우 NaCl)은 전기적으로 중성이다.

염(salt)은 NaCl(염화나트륨) 같은 이온결합화합물(ionic compound)을 나타내는 말이다. 염은 자연에서 결정으로 존재하는 경우가 많다. **그림 2.7B**는 NaCl 결정 속의 Na+ 과 Cl 을 보여준다. NaCl 결정은 어떤 크기라도 될 수 있지만(이온의 수는 고정돼 있지 않음), Na^+과 Cl^-은 항상 1:1의 비율로 존재한다. 이온의 비율은 염의 종류에 따라 다를 수 있다.

이온결합의 강도는 환경에 영향을 받는다. 건조한 소금 결정은 그 결합이 매우 강해서 그 결정을 깨뜨리려면 망치와 끌을 사용해야 할 정도다. 그러나 2.13절에서 설명하겠지만, 같은 소금 결정을 물에 넣으면 이온이 물 분자와 상호작용하면서 이온결합이 끊어지고, 소금이 물에 녹게 된다. 대부분의 약물은 염의 형태로 만들어지는데, 그 이유는 염이 건조 상태에서는 매우 안정적이면서 물에 쉽게 녹을 수 있기 때문이다.

▲ **그림 2.7B** 염화나트륨의 결정

? 소금(NaCl) 결정 안의 이온들을 하나로 묶고 있는 것이 무엇인지 설명하시오.

■ 반대의 전하는 서로 끌어당긴다. 양전하를 띠는 나트륨 이온(Na^+)과 음전하를 띠는 염소 이온(Cl^-)은 서로 반대 전하를 띤 이온끼리 끌어당기는 이온결합에 의해 서로 붙잡혀 있다.

2.8 수소결합은 약한 결합이지만 생명화학에서 중요하다

살아 있는 유기체에서 대부분의 강한 화학결합은 공유결합으로 원자를 연결해 세포의 분자를 형성한다. 그러나 세포의 기능에 결정적인 역할을 하는 것은 바로 앞에 설명한 이온결합과 같은 분자 안의 그리고 분자들 사이의 약한 결합이다. 약한 결합의 가장 중요한 유형 중 하나는 물 분자로 가장 잘 설명되는 **수소결합(hydrogen bond)**이다.

2.6절에서 보았듯이, 물 분자의 수소 원자는 극성 공유결합으로 산소에 붙어 있다. 물은 이러한 극성 결합과 분자의 넓은 V모양 때문에 전하의 분포가 불균등한 **극성분자(polar molecule)**다. 분자의 산소 끝(V의 꼭짓점)은 약한 음성이고 두 수소 끝은 각각 약한 양성이다. 이 부분 양전하 덕분에 각 수소는 부분 음전하를 띠는 근처의 원자(주로 산소 또는 질소)에 끌리게 된다('유혹한다'는 표현을 쓰기도 함).

이러한 '끌림'을 수소결합이라고 하는데, 그 이유는 이러한 유형의 인력에서 한쪽 원자가 항상 수소 원자이기 때문이다. 물 분자들 사이에서 이 약한 결합이 어떻게 형성되는지 살펴보자. **그림 2.8**은 물 분자의 각 수소 원자가 근처에 있는 다른 물 분자의 부분적으로 음성을 띠는 산소 원자와 어떻게 수소결합을 형성(점선으로 표시)하는지를 보여준다. 물 분자의 음극(산소)은 2개의 수소 원자와 수소결합을 형성할 수 있다. 따라서 각 물 분자는 최대 4개의 상대와 수소결합을 할 수 있다.

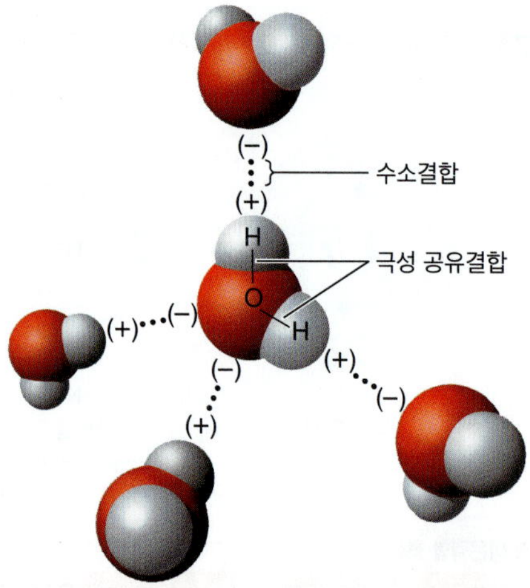

▶ **그림 2.8** 물 분자들 사이의 수소결합

시도해 보기 극성 공유결합과 수소결합에 대해 기술하고 서로 어떻게 관련돼 있는지 설명하시오.

수소결합이 단백질의 형태(나아가 작용까지)를 만드는 데 어떤 역할을 하는지는 다음에 살펴보자. 생물학의 핵심 주제 중 하나인 **정보**의 흐름은 수소결합에 달려 있다. 수소결합은 DNA 분자 두 가닥을 하나로 묶어주고, 유전정보를 단백질로 번역하는 데 중요한 역할을 한다. 이 장 뒷부분에서는 물의 극성과 수소결합이 어떻게 물의 독특한 생명지지 특성을 부여하는지를 살펴본다. 하지만 먼저 결합의 생성과 붕괴가 물질의 구성을 어떻게 변화시키는지 알아보도록 하자.

? 이웃한 물 분자들이 서로 수소결합할 수 있게 하는 것은 무엇인가?

■ 분자는 극성을 띠기 때문에 한 분자의 양성 끝(수소 말단)이 다른 분자의 음성 끝(산소 말단)에 끌린다.

2.9 화학반응은 화학결합을 만들고 끊는 것이다

우리 몸의 세포는 기존의 화학결합을 끊고 새로운 결합을 형성하는 **화학반응(chemical reaction)**을 통해 끊임없이 분자를 재배열하고 있다. 화학반응의 간단한 예로 수소 기체와 산소 기체가 반응해 물을 형성하는 것을 들 수 있다(이것은 폭발적 반응이지만, 다행스럽게 세포 안에서는 일어나지 않는다).

$$2H_2 + O_2 \rightarrow 2H_2O$$

이 경우, 수소 두 분자($2H_2$)가 산소 한 분자(O_2)와 반응해 물 두 분자($2H_2O$)를 생성한다. 등식의 화살표는 **반응물(reactant)**이라고 하는 출발 물질이 화학반응의 결과물인 **생성물(product)**로 전환되는 것을 나타낸다. 화살표의 왼쪽과 오른쪽에는 비록 다르게 배열돼 있기는 하지만 같은 수의 수소와 산소 원자가 있는 것을 주목하자. 화학반응은 물질을 생성하거나 파괴하지 않고 다양한 방식으로 재배열할 뿐이다. **그림 2.9**와 같이 H_2에서 수소 원자를 서로 붙잡고 있고 O_2에서 산소 원자를 붙잡고 있는 공유결합(여기서는 원자 사이의 흰색 '막대기'로 표현)이 끊어지고 새로운 결합이 형성돼 H_2O 분자가 만들어진다.

생물은 H_2와 O_2에서 물을 만들 수는 없지만, 주목할 만한 방식으로 물질을 재배열하는 수많은 화학반응을 수행한다. 지구상의 생명체에 필수적인 화학반응인 광합성에 대해 살펴보자. 광합성의 원료는 공기 중에서 흡수한 이산화탄소(CO_2)와 식물이 토양에서 흡수한 물(H_2O)이다. 햇빛의 도움을 받아 이 반응물은 녹색식물 세포 안에서 당 생성물인 포도당($C_6H_{12}O_6$)과 산소(O_2)로 전환된다. 산소는 이 반응의 부산물로서 공기 중으로 방출된다. 다음의 화학식은 이 과정을 요약한 것이다.

$$6\,CO_2 + 6H_2O \rightarrow C_6H_{12}O_6 + 6\,O_2$$

광합성은 실제로는 많은 화학반응의 결과지만, 결국에는 시작했던 원자의 종류 및 수와 똑같은 종류 및 수로 끝난다. **에너지와 물질**이라는 관점에서 보면, 햇빛에 의해 에너지가 투입되면서 물질이 재배열된 것을 알 수 있다.

우리 몸은 일상적으로 수천 가지 화학반응을 수행하는데, 이 반응은 세포의 수중 환경에서 일어난다. 이제 물의 생명지지 특성에 대해 알아보자.

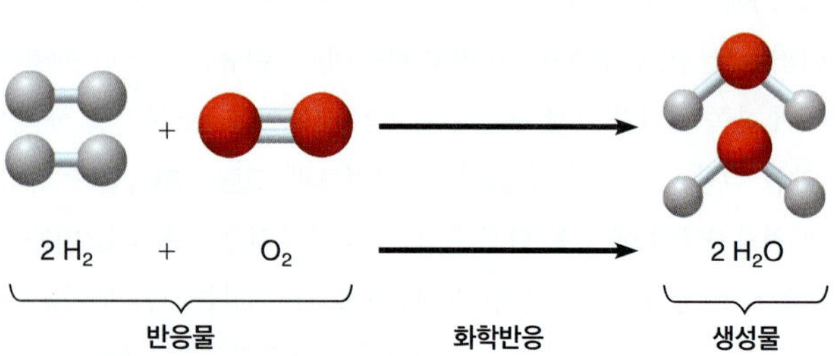

▲ **그림 2.9** 화학반응에서 결합 끊기와 만들기

? 다음 화학작용의 빈칸에 올바른 숫자를 채우시오.

$$C_6H_{12}O_6 \rightarrow \_\_\_C_2H_5OH + \_\_\_CO_2 + \text{에너지}$$

이 반응이 어떤 작용을 나타낸다고 생각하는가? [힌트: 산소가 없을 때 당(sugar)에서 에너지(energy)가 생산되는 것을 생각해 보자.]

■ $C_6H_{12}O_6 \rightarrow 2C_2H_5OH + 2CO_2$ + 에너지. (효모에서) 산소가 없는 상태에서 포도당이 에탄올과 이산화탄소로 분해되는 발효 반응을 간단히 표현한 것이다.

물의 생명지지 특성

2.10 수소결합은 액체 상태의 물을 응집시킨다

물의 생명지지(life-supporting) 특성은 그 구조와 상호작용, 즉 극성과 그로 인한 분자 간 수소결합의 결과라고 할 수 있다(그림 2.8 복습).

액체 상태에서 물 분자 사이의 수소결합은 수조분의 1초 동안만 지속되지만, 어느 시점에도 수많은 분자가 다른 분자와 수소결합돼 있다. 같은 종류의 분자가 서로 달라붙는 이러한 경향을 **응집력(cohesion)**이라고 하는데, 물은 이 응집력이 대부분의 다른 액체보다 훨씬 더 강하다. 물의 응집력은 생물계에서 매우 중요하다. 예를 들어, 나무가 물과 영양분을 뿌리에서 잎으로 운반하기 위해서는 응집력이 필요하다. 잎에서 물이 증발(evaporation)하면 잎맥(vein) 안의 물을 끌어당기는 힘이 작용한다. 응집력 덕분에 그 힘은 뿌리까지 전달된다. 한 물질이 다른 물질에 달라붙는 현상인 **부착(adhesion)**도 중요한 역할을 한다. 구조와 기능 이라는 주제의 관점에서 보면, 식물 잎맥의 얇은 구조는 물이 세포벽에 대한 부착을 강화해 중력에 의해 아래로 당겨지는 힘에 저항할 수 있게 해준다.

▲ 그림 2.10 소금쟁이가 물 위를 걸을 수 있게 해주는 표면장력

응집력과 이어지는 **표면장력(surface tension)**은 액체의 표면을 늘리거나 깨는 데 에너지가 얼마나 소비되는지를 나타내는 척도다. 수소결합은 물에 비정상적으로 높은 표면장력을 부여해 마치 보이지 않는 필름으로 코팅된 것처럼 행동하게 한다. 유리잔에 물을 약간 넘칠 정도로 채우면 물이 테두리 위로 솟아오르는데 이것을 통해 물의 표면장력을 관찰할 수 있다. 그림 2.10의 소금쟁이(water strider)는 물의 높은 표면장력을 이용해 연못의 표면을 깨지 않고 활보한다.

? 비가 내린 후에 잎의 매끈매끈한 표면에 구형의 물방울이 남아 있다. 물이 동그란 물방울로 뭉쳐 있는 이유를 설명하시오.

■ 물 분자 사이의 응집력이 왁스와의 부착력보다 강하기 때문에 물은 잎 표면에 물방울로 뭉쳐지게 된다. 이때 표면장력은 표면/부피의 비가 최소가 되도록 작용하므로 물방울은 공모양으로 뭉쳐진다.

2.11 물의 수소결합은 온도 변화를 완화한다

열 에너지(thermal energy)는 원자와 분자의 무작위적 움직임에 관련된 에너지다. 따뜻한 물체에서 차가운 물체로 전달되는 열 에너지를 **열(heat)**이라고 한다. **온도(temperature)**는 열의 강도, 즉 물체 내 분자들의 평균 속도를 나타낸다. 금속 냄비에 담긴 물이 끓기를 기다리다가 손가락에 화상을 입은 적이 있다면, 물이 금속보다 훨씬 더 천천히 가열된다는 것을 알고 있을 것이다. 실제로 물은 수소결합 때문에 대부분의 다른 물질보다 온도 변화에 대한 저항이 더 강하다.

수소결합을 끊으려면 열이 흡수되어야 하고, 수소결합이 형성될 때는 열이 방출된다. 물 분자 사이의 수소결합이 끊어져야 분자가 더 빨리 움직일 수 있게 되고, 결과적으로 물의 온도가 올라간다. 따라서 물을 몇 도만 올리는 데도 많은 양의 열(열의 대부분은 수소결합을 파괴하는 데 사용됨)이 필요하다. 반대로 물이 차가워지면 물 분자의 속도가 느려지고 더 많은 수소결합이 형성돼 상당한 양의 열이 방출된다.

지구상의 막대한 양의 물은 온도 변화를 완화해 지구의 온도가 생명체가 살 수 있는 범위 내에서 유지되도록 도와준다. 바다, 호수, 강은 따뜻한 시기에는 태양으로부터 나오는 엄청난 양의 열을 저장한다. 서서히 냉각되는 물에서 방출되는 열은 공기를 따뜻하게 한다. 해안 지역이 일반적으로 내륙 지역보다 기후가 온화한 이유가 바로 여기에 있다. 또한 물의 온도 변화에 대한 저항력은 바다 온도의 급격한 변화를 방지해 해양생물에게 좋은 환경을 조성한다. 물은 체중의 약 66%를 차지하기 때문에 사람의 체온을 조절하는 데도 도움이 된다.

물질이 증발(액체에서 기체로 물리적 상태의 변화)하면 뒤에 남은 액체 표면은 냉각된다. 이 **증발냉각(evaporative cooling)**은 가장 큰 에너지를 갖고 있는 분자(가장 '뜨거운' 분자)가 이탈하기 때문에 발생한다. 이것은 마치 육상 팀에서 가장 빠른 10명의 선수가 학교를 떠나면 남은 팀의 평균 속도가 낮아지는 것과 같다. 증발냉각은 일부 육상 서식 생물의 과열을 예방하는 데도 도움이 된다. 땀이 우리의 과도한 체열을 발산하는 데 도움이 되는 것처럼, 식물의 잎에서 증발은 햇빛으로 식물이 너무 뜨거워지는 것을 막아준다(그림 2.11). 훨씬 더 큰 규모로 보면, 수면에 있는 물의 증발이 열대 바다를 냉각시킨다.

▲ 그림 2.11 증발냉각의 기작으로서의 발한(땀)

? "열(heat)이 아니라 습도다."라는 속담에 대해 설명하시오.

■ 습도가 높으면 땀의 증발이 느려져 냉각에 방해가 된다.

2.12 얼음은 액체 상태의 물보다 밀도가 낮아서 물에 뜬다

물은 기체(수증기), 액체, 고체의 세 가지 형태로 지구상에 존재한다. 대부분의 물질과 달리 물은 고체 상태가 액체 상태보다 밀도가 낮다. 짐작할 수 있듯이, 이 특이한 성질은 수소결합 때문이다.

▲ 그림 2.12 얼음과 물에서 물 분자들의 수소결합

물이 얼게 되면 각 분자가 이웃 분자와 수소결합을 하면서 '팔 길이' 만큼 떨어진 거리로 서로 이웃하게 되면서 3차원 결정을 만든다. **그림 2.12**에서 얼음 결정의 성글게 배열된 분자와 액체인 물의 더 빽빽하게 밀집된 분자를 비교해 보라. 같은 부피에서 얼음 결정은 액체 물보다 더 적은 수의 분자를 갖는다. 따라서 얼음은 밀도가 낮아 액체 상태의 물 위에 뜨게 된다.

만약 얼음이 가라앉는다고 가정하면, 결국 연못, 호수, 심지어 바다까지도 단단하게 얼어붙게 될 것이다. 실제로는, 큰 물이 냉각되면 물 위에 뜬 얼음이 그 위에 있는 차가운 공기로부터 물을 격리시킨다. 이 얼음 '담요'는 물이 얼지 않도록 막아주고 물고기와 다른 수생 생물들이 얼어붙은 수면 아래에서 살아갈 수 있게 해준다.

북극에서 이 얼어붙은 표면은 북극곰의 겨울철 사냥터 역할을 한다(그림 2.12). 기후변화로 인해 이 얼음 표면이 줄어들면 북극곰은 멸종될 수 있다.

? 어떻게 물이 얼면서 바위를 갈라지게 할 수 있는지 설명하시오.

■ 물은 얼면서 부피가 늘어나 더 많은 공간을 차지하게 되므로 바위 틈새의 물이 얼면서 팽창하기 때문이다.

2.13 물은 생명의 용매다

물 한 컵에 소금 한 숟갈을 넣으면 결국 소금이 녹아 용액을 형성한다. **용액(solution)**이란 두 가지 이상의 물질이 균일하게 섞여 있는 액체를 말한다. 녹이는 물질(여기서는 물)을 **용매(solvent)**라 하고, 녹는 물질(여기서는 소금)을 **용질(solute)**이라 한다. **수용액(aqueous solution**, aqueous는 물을 뜻하는 라틴어 aqua에서 유래)은 물이 용매인 용액을 일컫는다.

용매로서 물의 다양한 능력은 물 분자의 극성에서 비롯된다. **그림 2.13**은 소금(NaCl)이 물에 용해되는 과정을 보여준다. 물 분자의 양전하를 띤 수소 끝은 음전하를 띤 염소 이온(Cl^-)에 끌린다. 그리고 부분적으로 음전하를 띠는 물 분자의 산소 끝은 양전하를 띠는 나트륨 이온에 달라붙는다(Na^+). 물 분자는 각 소금 결정의 표면에서 안쪽으로 작용하면서 결국 모든 이온을 감싸서 분리시킨다. 물은 다른 이온화합물(ionic compound)도 용해한다. 예를 들어, 바닷물에는 세포와 마찬가지로 매우 다양한 이온이 녹아 있다.

화합물이 물에 녹기 위해 꼭 이온화합물일 필요는 없다. 설탕 한 숟가락도 물 한 컵에 녹는다. 설탕과 같은 극성분자는 물 분자가 그 주위를 둘러싸고 극성 구역과 수소결합을 형성하면서 용해된다. 단백질 같은 큰 분자도 표면에 이온 또는 극성 구역이 있으면 녹을 수 있다. 물은 모든 세포, 혈액, 식물 수액의 용매로서 생명에 필요한 엄청나게 다양한 용질을 녹인다.

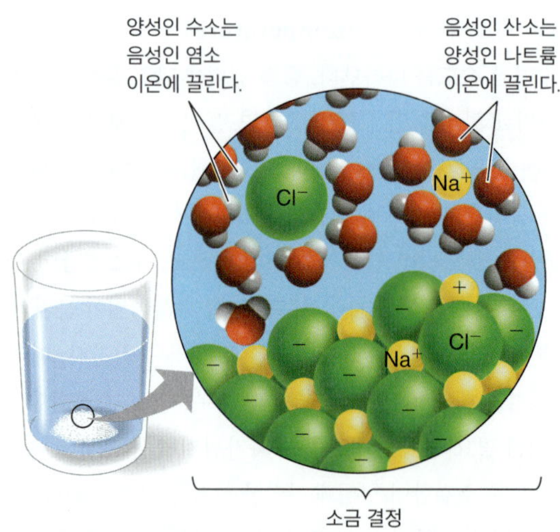

▲ 그림 2.13 물에 녹는 소금(NaCl) 결정

? 혈액과 대부분의 다른 생물학적 용액이 수용액으로 분류되는 이유는 무엇인가?

■ 이 용액의 용매가 물이다.

2.14 생명화학은 산성 및 염기성 환경에 민감하다

액체 상태의 물에서는 매우 적은 비율의 물 분자가 수소 이온(H^+)과 수산 이온(OH^-)으로 분해된다. 이들은 반응성이 매우 강해서 그 농도 변화는 세포의 단백질이나 기타 복합체 분자에 큰 영향을 미칠 수 있다.

어떤 화합물은 수용액에 H^+을 추가하는 반면, 다른 화합물은 수용액에서 H^+을 제거한다. 용액에 수소 이온을 주는 물질을 **산(acid)**이라고 한다. 강산의 예로는 위 속의 위액(gastric juice)에 들어 있는 염산(HCl)을 들 수 있다. 산성 용액은 OH^-보다 H^+의 농도가 더 높다.

염기(base)는 용액의 수소 이온 농도를 낮추는 물질이다. 수산화나트륨(NaOH) 같은 일부 염기는 OH^-을 추가해 수소 이온 농도를 낮춘다. 이 OH^-는 H^+과 결합해 H_2O을 만들면서 H^+ 농도를 감소시킨다. 수산화나트륨은 오븐 세정제의 흔한 성분이다. 다른 염기는 용액에서 H^+ 이온을 받아들여 OH^- 농도를 높인다.

용액이 얼마나 산성 또는 염기성인지를 설명하기 위해서는 **pH 척도(pH scale)**를 사용한다(pH는 수소 이온 농도 지수를 의미한다). **그림 2.14**에 표시된 것처럼 pH 척도의 범위는 0(가장 산성)에서 14(가장 염기성)이며, 하나의 pH 단위는 용액에서 H^+ 농도의 10배 차이를 나타낸다. 예를 들어, pH 2인 레몬 주스는 pH 3인 같은 양의 콜라보다 10배, pH 4인 토마토 주스보다 100배 더 많은 H^+을 가지고 있다.

산성도 염기도 아닌 수용액과 순수한 물을 중성이라고 하는데, 이들의 pH는 7이며 H^+과 OH^-의 농도는 같다. 대부분 세포의 내부 pH는 7에 가깝다.

사람 혈액의 pH는 7.4에 매우 가깝다. 혈액 pH가 7.0으로 떨어지거나 7.8로 올라가면 사람은 몇 분도 살 수 없다. 우리 몸은 어떻게 세포와 혈액의 pH를 비교적 일정하게 유지할 수 있을까? 생물의 체액에는 pH의 변화를 최소화하는 물질인 **완충제(buffer)**가 포함돼 있다. 완충제는 용액 내 H^+이 과도하면 H^+을 받아들이고, H^+이 부족하면 H^+을 내보냄으로써 용액의 pH 변화를 최소화한다.

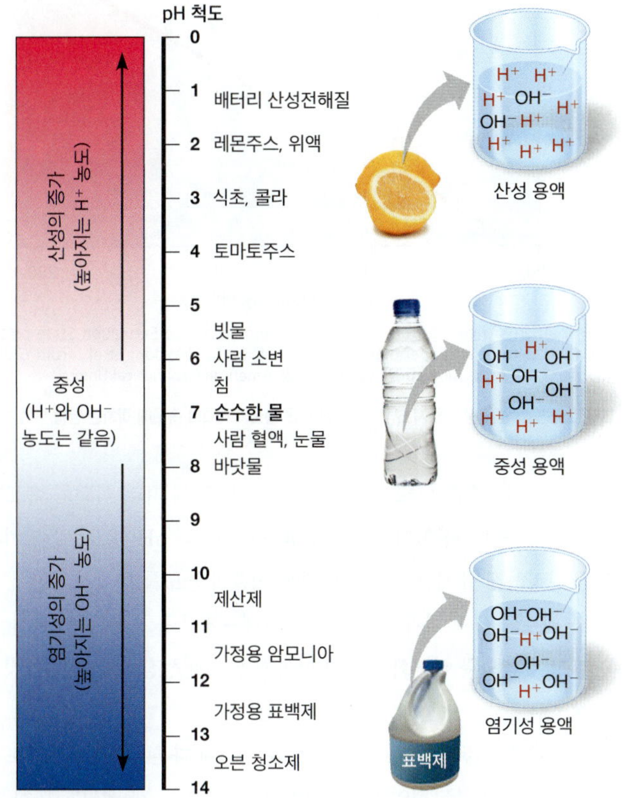

▲ **그림 2.14** H^+와 OH^-의 상대적인 농도를 반영하는 pH 척도

? 세포 환경의 pH를 7보다 낮지 않게 비교적 일정하게 유지하는 것이 중요한 이유는 무엇인가?

■ 대부분의 생물학적 반응에는 약 7의 pH가 필요하다.

2.15 과학자들은 대기 중 CO_2 상승이 산호초 생태계에 미치는 영향을 연구하고 있다

과학적 사고

대기 중 CO_2 상승이 산호초에 피해를 줄까?

이산화탄소는 화석연료를 태울 때 나오는 주 물질로서, 대기 중으로 배출되는 양의 지속적인 증가가 기후변화와 연관된다(7.14절과 38.4절 참조). 배출되는 CO_2 중 약 25%는 바다에 흡수되는데, 이 현상은 과잉 CO_2에 대한 자연적인 해결책으로 좋아 보인다. 그러나 지구의 CO_2 농도가 계속 상승함에 따른 바다의 CO_2 흡수 증가는 바다 생물과 생태계를 위협하고 있다.

해양 산성화(ocean acidification)의 관점에서 보면, CO_2는 바닷물에 녹으면서 바다의 pH를 낮춘다. 최근 연구에 따르면 현재 바다의 pH는 지난 42만 년 동안 가장 낮은 때보다 0.1 pH 단위가 낮은 8.1이며, 금세기 말에는 0.3~0.5 pH 단위가 더 떨어질 것으로 추정된다. **상호작용**이라는 주제의 중요한 한 예로, 과학자들은 이러한 변화가 해양생물과 생태계에 미치는 영향을 연구하고 있다.

낮은 pH가 산호초 생태계에 미치는 영향을 조사한 여러 연구에서 석회화(calcification)라는 과정을 주목해 왔는데, 산호동물은 이 석회화 과정을 통해 칼슘과 탄산 이온을 결합해 탄산칼슘 뼈대를 형성한다. 바닷물이 산성화되면 여분의 수소 이온(H^+)이 탄산 이온(CO_3^{2-})과 결합해 중탄산 이온(HCO_3^-)을 형성한다. 이 반응은 산호와 기타 껍질을 만드는 동물이 사용할 수 있는 탄산 이온 농도를 감소시킨다. 과학자들은 해양의 산성화로 인해 2100년까지 탄산 이온 농도가 40% 감소할 것으로 예측한다.

과학자들은 탄산 이온 농도의 감소가 산호초 생물의 칼슘 침착 속도에 미치는 영향을 조사했다. 애리조나에 있는 인공생태계 2(Biosphere 2, 바이오스피어 2) 수족관에는 자연 산호초처럼 작동하는 대형 산호초

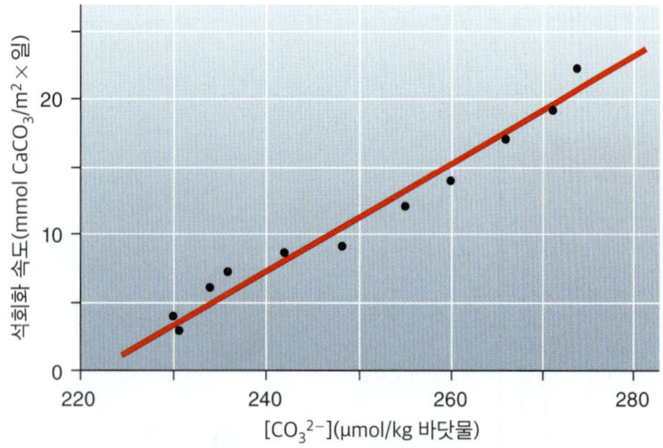

자료: Adaptation of figure 5 from "Effect of Calcium Carbonate Saturation State on the Calcification Rate of an Experimental Coral Reef" by C. Langdon, et al., from *Global Biogeochemical Cycles*, June 2000, Volume 14(2). American Geophysical Union.

▲ **그림 2.15A** 인공 산호초 시스템에서 탄산 이온 농도가 석회화 속도에 미치는 영향

시스템이 있다. 연구자들은 용존 탄산 이온의 양에 따라 석회화 속도가 어떻게 변하는지 측정했다. **그림 2.15A**는 바닷물의 pH, 온도, 칼슘 이온 농도를 일정하게 유지한 상태에서 탄산 이온의 농도를 변화시키면서 수행한 한 세트의 실험 결과를 보여준다. 그래프에서 볼 수 있듯이 탄산 이온 농도가 낮을수록 석회화 속도가 낮아져 산호의 성장이 느려지는 것을 알 수 있다.

이와 같은 통제된 실험은 해양 산성화와 그에 따른 탄산 이온 농도의 감소가 산호초에 부정적인 영향을 미친다는 증거를 제공했다. 또한 과학자들은 해양의 산성화가 산호초 생태계에 어떤 영향을 미치는지 연구하기 위해 자연 서식지에도 주목했다. 2011년 발표된 한 연구에서는 파푸아뉴기니의 화산 용출구 세 곳을 조사했는데, **그림 2.15B**에서 볼 수 있듯이, 수중 화산 주변의 '샴페인리프(champagne reef)'에서는 CO_2

▲ **그림 2.15B** 화산 분출구에서 CO_2 거품을 분출하는 '샴페인 리프'

기포가 방출돼 물의 pH가 낮다. 과학자들은 자연적으로 pH가 8.1에서 7.8까지 차이가 나는 세 곳의 연구 지점을 조사했다. 이들은 pH가 낮은 지점에서 산호의 다양성과 어린 산호의 부착이 감소하는 것을 발견했는데, 이 두 현상은 모두 산호초 군집 회복력을 서서히 악화시킨다. 또한 산호초의 서식생물이 구조적으로 덜 복잡하고 성장이 느린 산호로 전환되는 현상도 발견됐다. 산호초 생태계의 구조적 복잡성은 매우 다양한 생물의 안식처가 된다.

과학자들은 흔히 여러 증거를 종합해 결론을 내린다. 통제된 실험연구와 자연적으로 pH가 변화하는 장소를 관찰한 현장연구 모두에서 얻은 결과는 산호초의 건강과 산호초가 유지하는 생물의 다양성에 심각한 문제가 있음을 암시한다.

? 그림 2.15A에 표시된 실험의 독립변수(independent variable)와 종속변수(dependent variable)를 구별하시오.

■ 독립변수는 X축에 표시된 연구진이 조작한 탄산 이온의 농도다. 종속변수는 Y축에 표시된 석회화 속도로 실험에서 측정된 수치며, 실험 조건에 '의존'하거나 반응할 것으로 기대되는 수치다.

2.16 외계 생명체 탐사는 물을 찾는 데 집중한다

진화 연관성 우주생물학자들은 먼 행성에서 생명체의 징후를 찾을 때 물의 흔적을 찾는다. 왜 그럴까? 이 장에서 살펴본 것처럼, 물의 창발적 특성은 여러 가지 방식으로 지구의 생명을 지지해 준다. 물이 있는 다른 행성에서 생명체가 생겨나는 것이 가능할까? 미국 항공우주국(NASA)의 과학자들이 이 문제를 조사하고 있다.

지구와 마찬가지로 화성에도 양쪽 극에 만년설이 있으며, 화성의 다른 곳에도 물이 존재할 수 있다는 징후가 발견됐다. 2008년 로봇 우주선 피닉스(Phoenix)는 화성에 착륙해 화성 표면 바로 아래에 있는 얼음을 보여주는 이미지를 보냈다. 2012년에 화성에 착륙한 큐리오시티 로버(Curiosity rover)는 토양 표본의 물 함량이 높은 것을 발견했다. 그리고 오퍼튜니티 로버(Opportunity rover)는 2004년에 시작된 3개월의 임무를 훨씬 넘긴 2013년에 고대 암석에서 한때 이 지역에 중성 pH의 물이 흐르고 있었음을 시사하는 점토 유형을 발견했다.

화성 정찰 인공위성도 화성에 물이 있다는 증거를 찾아냈다. 2011년에 지구로 전송된 고해상도 이미지에서 화성의 봄과 여름에 가파른 경사면을 따라 뚜렷한 줄무늬가 나타났다가 겨울이 되면 사라지는 것이 확인됐는데, 이는 따뜻한 계절에 지표면의 얼음이 녹으면서 계절별 하천이 형성된다는 것을 시사한다. 그리고 2015년, NASA는 인공위성에서 얻은 정밀한 화학 측정을 통해 이 줄무늬에서 물에 젖은 분자를 확인했으며, 이는 화성 표면에 액체 상태의 물이 존재한다는 증거라고 발표했다. 이러한 놀라운 발견으로 화성과 다른 행성에서 과거 또는 현재의 생명의 흔적을 찾는 작업이 다시 활기를 띠고 있다. 만약 생명체나 화석이 발견된다면, 이들의 연구는 완전히 새로운 관점에서 진화의 과정을 밝혀줄 것이다.

? 외계 생명 탐사에서 물의 존재가 중요한 이유는 무엇인가?

■ 물은 지구의 온도를 조절하는 것부터 생명체의 용매 역할에 이르기까지 우리가 알고 있는 생명체에서 중요한 역할을 한다.

CHAPTER 2 복습

개념 복습하기

원소, 원자, 화합물(2.1~2.4)

2.1 생명체는 원소로 구성되는데, 보통은 화합물로 결합된 상태다. 산소, 탄소, 수소, 질소, 칼슘, 인은 생명체의 약 99%를 구성한다.

2.2 미량원소는 식품과 물에 첨가되기도 한다.

2.3 원자는 양성자, 중성자, 전자로 구성된다.

2.4 방사성 동위원소는 우리에게 도움이 되기도 하고 해가 되기도 한다. 방사성 동위원소는 기초 연구와 의학에서 매우 유용하다.

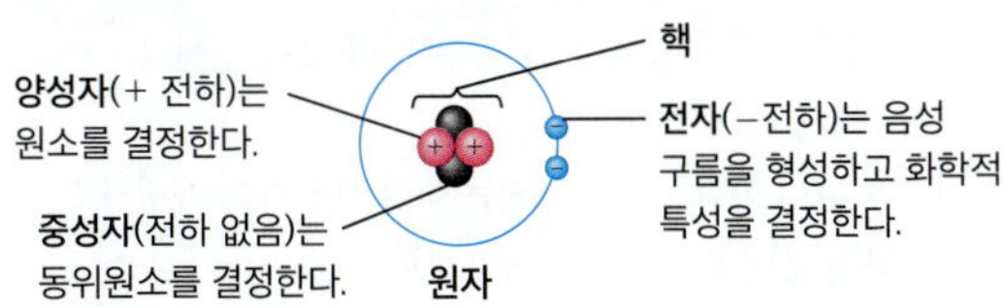

화학결합(2.5~2.9)

2.5 전자의 분포는 원자의 화학적 성질을 결정한다. 바깥전자껍질이 가득 차 있지 않은 원자는 다른 원자와 상호작용해 전자를 공유하거나 얻거나 잃는 경향이 있으며, 그 결과 화학결합이라는 인력이 형성된다.

2.6 공유결합은 전자 공유를 통해 원자를 분자로 결합시킨다. 비극성 공유결합에서 전자는 균등하게 공유된다. 물에서 발견되는 것과 같은 극성 공유결합에서는 전자가 전기음성도가 더 큰 원자에 더 가까이 끌어당겨진다.

2.7 이온결합은 전하가 반대인 이온들 사이의 인력이다. 전자를 얻고 잃음에 따라 전하를 띤 원자가 만들어지는데, 이를 이온이라고 한다.

2.8 수소결합은 약한 결합이지만 생명화학에서 중요하다. 극성 분자에서 살짝 양전하를 띤 H 원자는 옆에 있는 분자의 부분적 음전하를 띠는 산소나 질소 원자에 끌릴 수 있다.

2.9 화학반응은 화학결합을 만들고 끊는 것이다. 결합이 끊어지고 형성돼 반응물이 생성물로 전환되면서 물질의 구성이 바뀐다.

물의 생명지지 특성(2.10~2.16)

2.10 수소결합은 액체 상태의 물을 응집시킨다. 응집력은 표면장력을 만들고 물이 식물 뿌리에서 잎으로 이동하는 것을 돕는다.

2.11 물의 수소결합은 온도 변화를 완화한다. 수소결합이 끊어질 때 열이 흡수되고, 수소결합이 만들어질 때 열이 방출된다. 이는 온도가 비교적 일정하게 유지되도록 돕는다. 가장 활동이 많은 물 분자가 증발하면서 그 물질의 표면이 차가워진다.

2.12 얼음은 액체 상태의 물보다 밀도가 낮아서 물에 뜬다. 수면 위의 얼음은 호수와 바다가 통째로 얼어붙지 않도록 해 수생 생물을 보호한다.

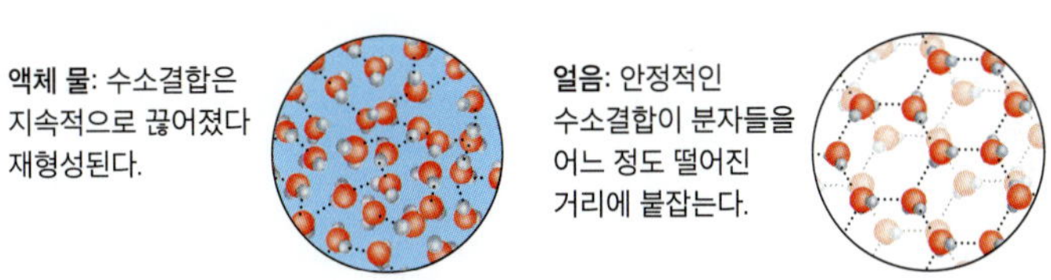

2.13 물은 생명의 용매다. 극성 또는 전하를 띤 용질을 물 분자가 둘러싸면서 용해돼 수용액이 된다.

2.14 생명화학은 산성 및 염기성 환경에 민감하다. 용액에서 H^+을 내보내는 화합물은 산이고, H^+을 받아들이는 화합물은 염기다. pH의 범위는 0(가장 산성)에서 14(가장 염기성)까지며, 대부분 세포의 pH는 7(중성)에 가깝고 완충제에 의해 유지된다.

2.15 과학자들은 대기 중 CO_2 상승이 산호초 생태계에 미치는 영향을 연구하고 있다. 바다의 산성화는 산호초와 다른 해양생물을 위협한다.

2.16 외계 생명체 탐사는 물을 찾는 데 집중한다. 물의 창발적 특성은 지구의 생명을 지지하며, 다른 행성에서 생명이 존재할 가능성을 제공한다.

개념 연결하기

1. 원소, 원자, 분자에 관한 주요 개념을 연결하는 아래 개념도의 빈칸을 채우시오.

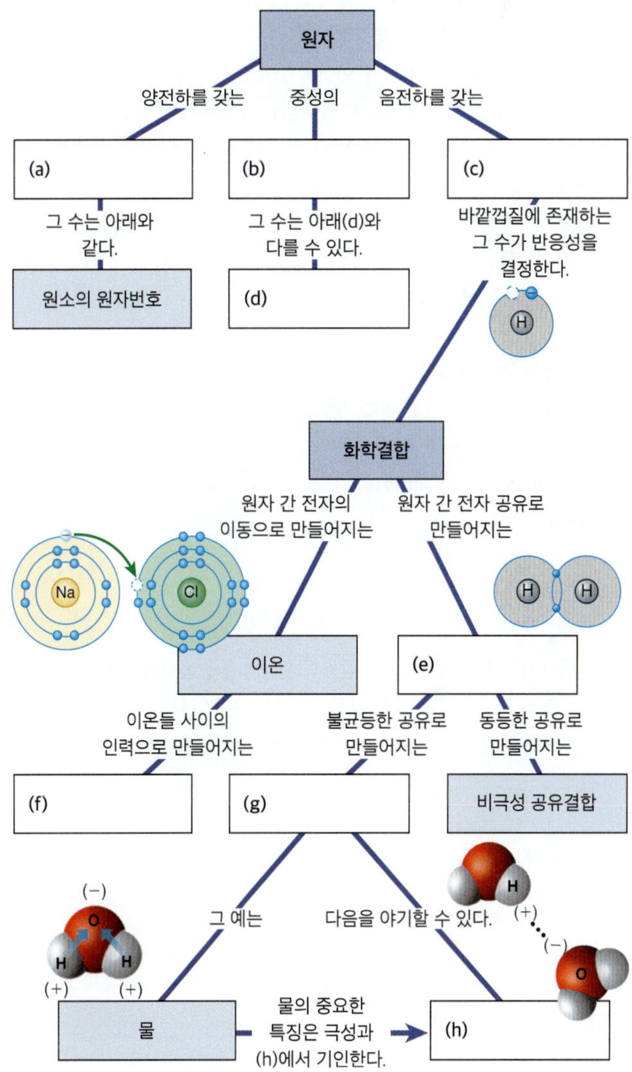

2. 물의 생명지지 특성에 대한 이해를 정리해 개념도를 만드시오. (답에 샘플 지도가 있지만, 자신의 지도를 만들어야 사고력와 통합력을 기를 수 있다.)

학습 평가하기

1단계 : 지식과 이해력 평가

3. 원자의 방사성 동위원소는 종종 증가된 ___________ 을/를 가진다.
   a. 핵 안 중성자의 수
   b. 핵 안 양성자의 수
   c. 전자의 수
   d. 원자가
4. 커다란 단백질은 물에 녹을 수 있는가?
5. 다음 중 무엇을 사용하면 pH 6인 용액의 pH가 낮아지는가?
   a. 수산화나트륨
   b. 순수한 물
   c. 염산
   d. 바닷물
6. 물의 독특한 성질은 대부분 물 분자가 어떻게 때문인가?
   a. 지구 표면에서 가장 풍부한 분자라서
   b. 공유결합으로 서로 결합돼 있어서
   c. 끊임없이 움직이고 있어서
   d. 극성을 띠고 수소결합을 형성해서
7. 콜라는 대개 물에 녹은 설탕과 이산화탄소로 이루어져 있어 거품이 나며 pH는 7보다 낮다. 화학 용어로 하면 콜라는 수용액이고, 물은 (   ), 설탕은 (   ), 이산화탄소는 용액을 (   )으로 만든다고 할 수 있다.
   a. 용매, 용질, 염기성
   b. 용질, 용매, 염기성
   c. 용매, 용질, 산성
   d. 용질, 용매, 산성

2단계 : 응용과 분석력 평가

8. 염소(Cl)의 원자번호는 17이다. 염소는 수소와 결합해 화합물인 염화수소를 형성한다. 염소 원자에 있는 원자가 전자의 수를 바탕으로 이 화합물의 분자식(molecular formula)을 기술하시오. (답을 설명하시오.)
   a. H_2Cl
   b. HCl_2
   c. HCl
   d. HCl_4
9. 왜 메탄에서 2개의 수소 원자가 탄소의 원자가를 충족시키지 못하는가?
10. 세제는 물의 표면장력을 감소시키는 성질을 가진 화합물이다. 세제가 생태계에 방출된다면 소금쟁이(그림 2.10)에게 어떤 일이 일어날까? 답을 설명하시오.
11. 하나의 화합물을 산이나 염기로 구분하는 기준은 무엇인가? 강산과 강염기의 예를 들어 설명하시오.
12. 아래 그림은 불소와 칼륨 원자의 원자핵 주위를 둘러싼 전자들의 배열을 보여준다. 이 두 원자 사이에서는 어떤 종류의 결합이 형성되는가?

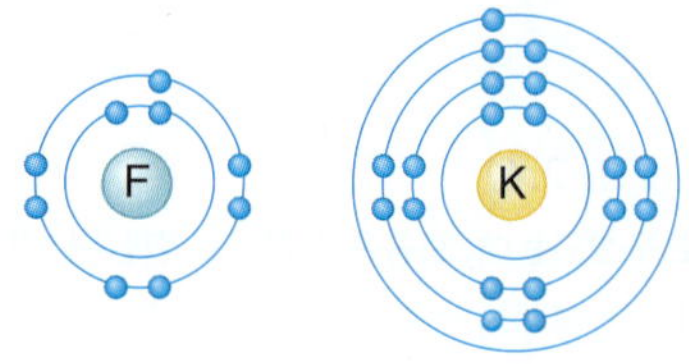

3단계 : 종합평가

13. 그림 2.5B의 축약된 원소 주기율표를 다시 살펴보고 다음 질문에 답하고 설명하시오. 같은 행에 있는 두 원소는 어떤 공통점이 있는가? 같은 열에 있는 두 원소는 어떤 공통점이 있는가? 같은 행이나 같은 열에 있는 원소들은 비슷한 화학적 성질을 가지는가?
14. 한 학생이 단백질이 화합물로 분류되는지 잘 모른다고 가정하고, 그 학생에게 화합물이라는 용어의 의미를 설명하시오.
15. **과학적 사고** 최근 한 실험적 연구는 기후변화의 두 가지 측면인 해양의 산성화(2.15절 참조)와 해수 온도 상승이 어린 산호 동물인 폴립(polyp)의 성장에 미치는 복합적인 영향을 조사했다. 연구진은 산호초의 상태를 정상에 가깝게 유지한 대조군, pH를 0.2 낮춘 처리군, 온도를 1℃ 높인 처리군, 낮은 pH와 높은 온도를 결합한 처리군 등 네 가지 조건에서 42일 동안 배양한 후 평균 폴립 생물량(μg/폴립)을 조사했다. 그 결과, 낮은 pH와 고온 처리 모두에서 폴립 생물량이 다소 감소했지만, 복합 처리에서는 1/3 가까이 성장이 감소해 통계적으로 유의미한 결과를 보였다. 실험은 종종 다른 모든 변수를 일정하게 유지하면서 한 번에 한 가지 변수를 변경했을 때의 효과를 살펴본다. 이 실험에서 더 높은 온도와 더 낮은 pH라는 두 가지 변수를 동시에 고려한 이유를 설명하시오.
16. 농업 지역에서는 농부들이 일기예보에 세심한 주의를 기울인다. 농부들은 밤새 얼음이 얼 것으로 예상되면 추워지기 바로 전에 농작물에 물을 뿌려 식물을 보호한다. 이 방법이 어떻게 식물을 보호하는지 물의 성질을 이용해 설명하시오. 이 현상에 수소결합이 중요한 이유를 반드시 포함하시오.
17. 이 장에서는 물의 창발적 특성이 생명체를 위한 환경의 적합성에 어떻게 기여하는지를 설명했다. 최근까지도 과학자들은 생명체를 위한 다른 물리적 조건으로 적절한 온도, pH, 대기압 등이 포함된다고 생각했다. 이러한 견해는 뜨거운 산성 유황온천과 바다 깊은 곳의 열수구 주변에서 번성하는 호극성생물(extremophile)이라 불리는 유기체가 발견되면서 바뀌었다. 이러한 환경에서 생명체가 존재한다는 것은 다른 행성에 생명체가 존재할 가능성에 대해 무엇을 말해주는가?

CHAPTER

3 세포의 분자

핵심 개요

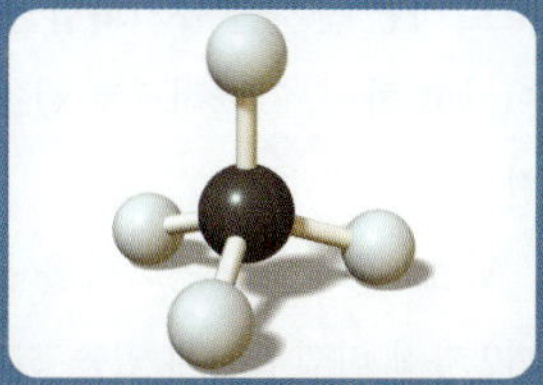

유기화합물 소개(3.1~3.3)

탄소 함유 화합물은 생명체의 화학적 구성 단위다.

탄수화물 (3.4~3.7)

탄수화물은 세포의 연료와 구성 물질로 사용된다.

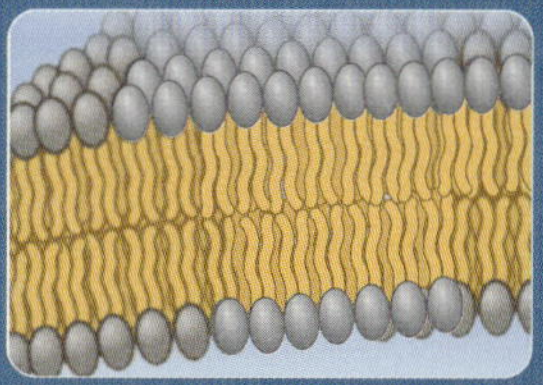

지질 (3.8~3.11)

지질은 다양한 기능을 가지고 있는 소수성 물질이다.

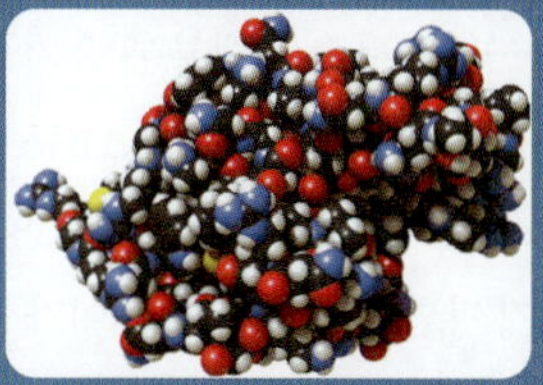

단백질 (3.12~3.14)

단백질은 생명체의 구조와 기능에 필수적인 요소다.

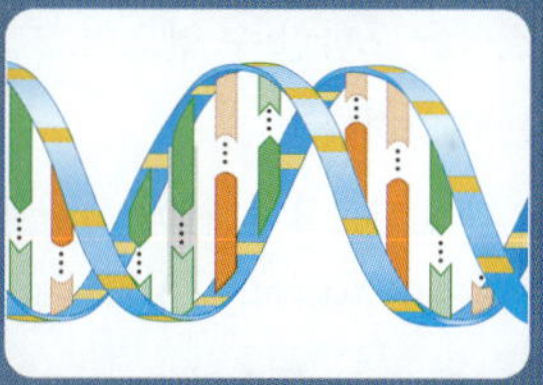

핵산 (3.15~3.16)

핵산은 유전정보를 포함하고, 전달하여 유전자 발현을 돕는다.

3.0 젖당 소화 능력은 우리 몸의 화학적 특성에 의존한다

대사작용의 관점에서 우유 한 잔은 건강한 식사의 일부가 될 수도 있고, 우리 몸을 아프게 할 수도 있다. 거의 모든 유아가 우유로부터 영양분을 공급받지만, 대부분의 성인은 유제품을 제대로 소화시키지 못한다. 성인은 젖당 불내성이어서 우유의 주요 성분인 젖당을 적절히 분해할 수 없기 때문이다.

우유를 즐길 수 있는 사람은 젖당을 소화계가 흡수할 수 있는 작은 당으로 빠르게 분해하는 효소인 젖당분해효소를 만들어내는 본인의 몸에 감사해야 한다. 대부분의 사람의 경우 이 효소의 합성은 2세 이후부터 감소하기 시작한다. 어떤 사람은 젖당에 내성이 있는 반면 어떤 사람은 그렇지 않은 이유는 무엇일까? 이 장 뒷부분에서 설명하듯, 이는 북유럽과 몇몇 다른 지역에 살던 조상을 가진 사람들에게서 발견되는 유전적 돌연변이의 진화 및 유전과 관련이 있다.

우유를 쉽게 소화하는 사람은 DNA(핵산)로 이루어진 유전자에 의해 암호화된 젖당분해효소(단백질)에 의해 분해된다. 이러한 다양한 분자 상호작용에 의해 모든 세포 내 과정이 유도된다. 이 장에서는 생명에 필수적인 생물학적 분자인 당, 단백질, 지방, 핵산의 구조와 기능에 대해 살펴보고자 한다.

유기화합물 소개

3.1 생명의 분자 다양성은 탄소의 특성에 기초한다

분자를 만들 때는 보통 탄소가 중심이 된다. 세포에서 생성되는 거의 모든 분자는 탄소 원자가 탄소 원자 또는 다른 원소의 원자와 결합하여 구성된다. 탄소는 생명체에 필요한 구조를 만들고 기능을 수행하는 크고 복잡한 분자를 형성하는 능력이 탁월하다. 탄소를 기초로 하는 분자를 **유기화합물(organic compound)**이라고 하며, 일반적으로 탄소 외에 수소 원자를 포함한다.

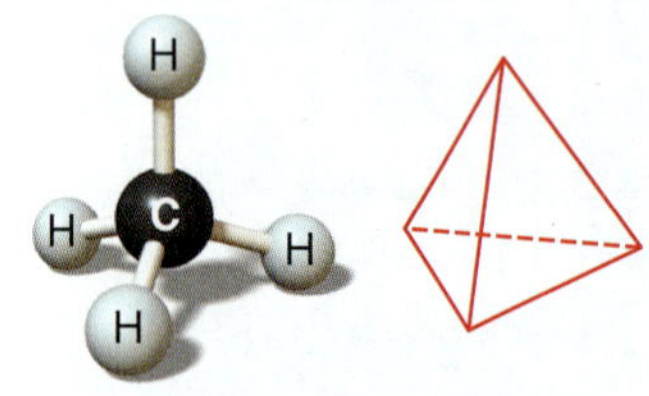

▲ 그림 3.1A 메탄(CH_4)의 모델과 탄소 원자가 다른 원자와 4개의 단일결합을 가진 분자의 사면체 모양(빨간색으로 윤곽선 표시)

탄소 원자가 생명화학을 주도하는 이유는 무엇일까? 가장 바깥껍질에 있는 전자의 수가 원자의 화학적 성질을 결정한다는 것을 기억하자. 탄소 원자는 8개의 전자를 담을 수 있는 최외각 전자껍질(valence shell)에 4개의 전자를 가지고 있다. 탄소는 4개의 공유결합을 통해 다른 원자와 전자를 공유함으로써 외부껍질을 완성한다(2.6절 참조).

그림 3.1A는 가장 단순한 유기 분자 중 하나이자 천연가스의 주성분인 메탄(CH_4)의 공-막대 모델을 보여준다. 이 모델 그림은 탄소의 4개의 결합(흰색의 '막대기')이 가상의 사면체(빨간색으로 그려진 4개의 삼각형 면을 가진 물체)의 모서리를 향해 각을 이루고 있음을 보여준다. 이 모양은 탄소 원자가 4개의 단일결합에 참여할 때마다 나타난다. 하나 이상의 탄소를 포함하는 분자에서 각 탄소 원자는 분자의 결합지점으로 작용하며, 최대 네 방향으로 가지를 뻗을 수 있다. 또한 탄소 원자가 이중결합을 형성하면 다양한 모양이 형성된다. 탄소 결합의 기하학적 구조 덕분에 유기 분자는 매우 정교한 모양을 가질 수 있다. 반복적으로 설명하듯, 분자의 모양은 일반적으로 그 기능을 결정한다.

탄소 사슬은 대부분 유기 분자의 골격을 형성한다. **그림 3.1B**는 이러한 '탄소 골격'(그림에서 회색 음영)의 네 가지 방법을 보여준다. 길이가 다를 수 있으며 직선형, 가지형 또는 고리형으로 배열될 수 있다. 또한 탄소 골격은 이중결합을 포함할 수 있으며, 그 수와 위치는 다양하다.

그림 3.1B의 왼쪽 하단에 있는 두 화합물, 부탄과 이소부탄은 분자식이 C_4H_{10}으로 동일하다. 그러나 탄소 골격의 배열이 다르다. 오른쪽 상단의 두 분자도 원자 수(C_4H_8)는 같지만 이중결합의 위치로 인해 3차원 모양이 다르다. 화학식은 같지만 구조 배열이 다른 화합물을 **이성질체(isomer)**라고 한다. 이성질체의 다양한 모양은 유기 분자의 다양성과 그 성질에 크게 기여한다.

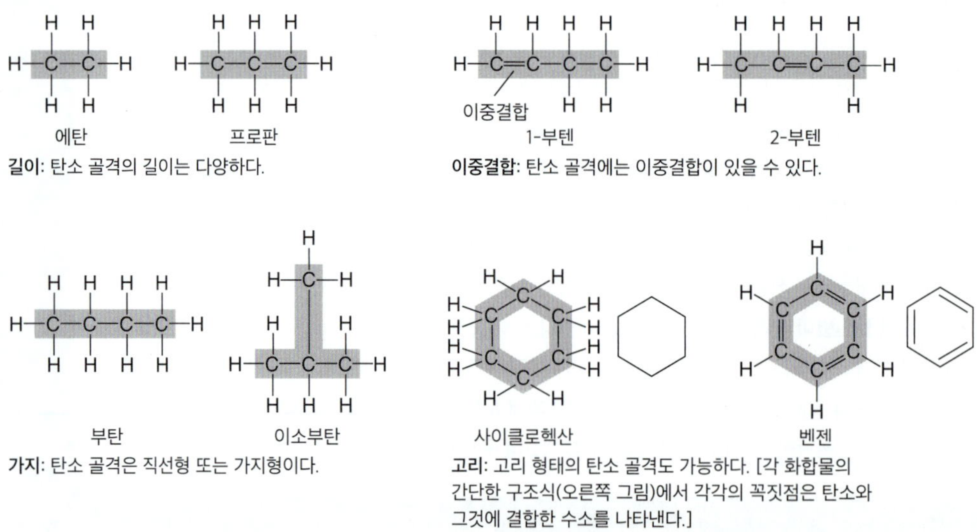

▲ 그림 3.1B 탄소 골격이 다양해질 수 있는 네 가지 방법

시도해 보기 시클로헥산과 벤젠이 이성질체인지 아닌지를 결정하고, 그 이유를 설명하시오.

이성질체는 4개의 다른 원자가 탄소 원자에 결합되어 있을 때 가능한 다양한 공간 배열로 인해 형성될 수도 있다. 이러한 형태의 두 이성질체는 약물일 경우 동일한 효능을 나타내지 않거나 다른 효과(때로 해로운)를 나타낼 수 있기 때문에 제약 산업에서 중요하다.

메탄(그림 3.1A)과 그림 3.1B에 표시된 화합물은 탄소와 수소로만 구성된 분자인 **탄화수소(hydrocarbon)**이다. 탄화수소는 석유의 주요 구성 성분이며 전 세계 에너지의 대부분을 공급한다. 탄화수소는 생명체 일부 분자의 영역에서 탄화수소 사슬이 드물지만 존재한다. 예를 들어 지방에는 탄화수소 사슬이 포함되어 있어 신체에 연료를 공급한다.

다음 절에서는 탄소 골격에 수소 이외의 다른 원자를 붙이면 어떻게 다양한 생물학적 분자가 생성되는지 살펴보고자 한다.

? 메스암페타민은 두 가지 이성질체로 존재하는데, 하나는 '크랭크(crank)'로 알려진 중독성 불법 약물이고 다른 하나는 부비동염 치료제다. 이러한 서로 다른 효과를 어떻게 설명할 수 있을까?

■ 이성질체는 서로 다른 구조나 모양을 가지며, 분자의 모양에 따라 일반적으로 체내에서 기능하는 방식이 결정된다.

3.2 몇 가지 화학 그룹이 생명체 분자의 기능에 중요하다

유기화합물의 성질은 탄소 골격의 크기와 모양뿐만 아니라 그 골격에 붙어 있는 원자에 따라 달라진다.

그림 3.2는 화학 그룹이 어떠한 차이를 만들 수 있는지 보여준다. 호르몬인 테스토스테론과 에스트라디올(에스트로겐의 일종)은 색 상자로 표시된 원자 그룹에서만 차이가 있다. 이러한 작은 차이는 분자의 기능에 영향을 끼치게 되는데 사자, 사람 및 기타 척추동물의 암수 특징을 만들어낸다.

표 3.2에는 6개의 중요한 화학 그룹이 나와 있다. 처음 5개는 **작용기(functional group)**라고 한다. 이들은 화학반응에 참여하여 분자 기능에 영향을 미친다. 이 그룹은 극성을 띠기 때문에 이들을 포함하는 화합물을 **친수성(hydrophilic**, 물을 좋아하는 성질)으로 만들어 물에 잘 녹는 경향이 있으며, 이 작용기의 역할은 물을 기반으로 살아가는 생명체에서 필요한 조건이다. 여섯 번째 그룹인 메틸기는 비극성으로 반응성은 없지만 분자 모양과 기능에 영향을 미친다.

알코올기(hydroxyl group, 수산기)는 산소 원자에 결합된 수소 원자로 에탄올과 알코올기를 포함하는 유기화합물을 알코올이라고 한다.

카르보닐기(carbonyl group)에서 탄소 원자는 산소 원자와 이중결합으로 연결된다. 카르보닐기는 탄소 골격의 안쪽 또는 끝에 위치할 수 있으며, 단순당은 카르보닐기와 알코올기를 포함한다.

카르복실기(carboxyl group)는 탄소가 산소 원자와 이중결합되고, 알코올기와도 결합된 형태로 이루어져 있다. 그림의 이중화살표에서 볼 수 있듯이 카르복실기는 용액에 H^+를 공급하여(2.14절 참조) 이온화됨으로써 산으로 작용할 수 있다. 카르복실기가 있는 화합물을 카르복실산이라 한다.

▲ **그림 3.2** 성 호르몬에서 화학 그룹의 차이

표 3.2 유기화합물의 주요 화학 그룹

작용기	예
알코올기 $-OH$	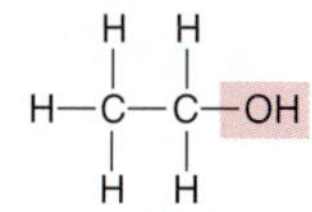 알코올
카르보닐기 $>C=O$	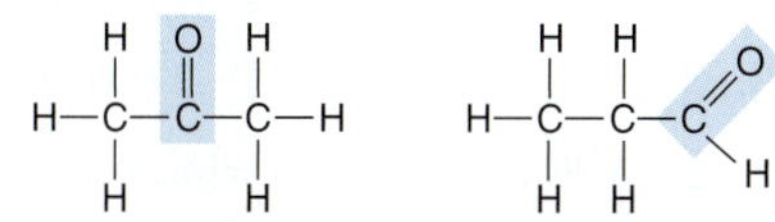
카르복실기 $-COOH$	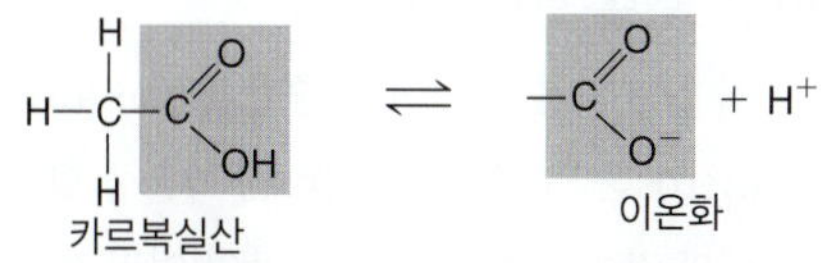
아미노기 $-NH_2$	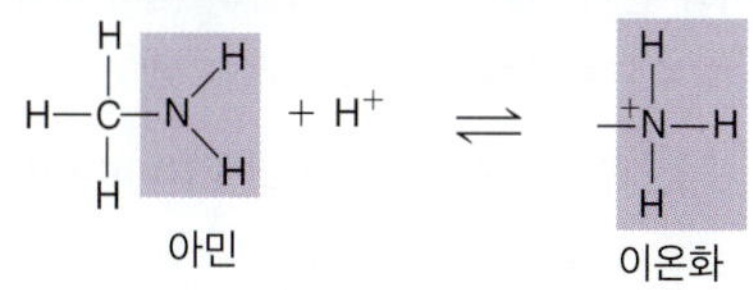
인산기 $-OPO_3^{2-}$	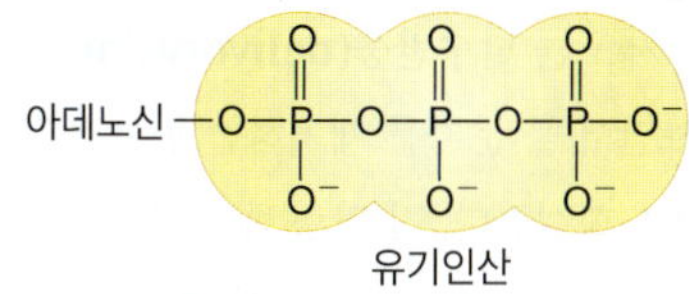
메틸기 $-CH_3$	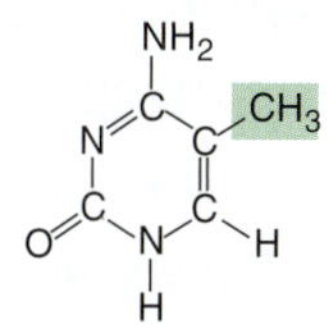 메틸화합물

아미노기(amino group)는 2개의 수소와 질소가 결합되어 있다. 용액에서 H^+를 끌어당겨 이온화됨으로써 염기로 작용한다. 아미노기가 있는 유기화합물을 아민이라고 한다. 단백질의 구성요소인 아미노산은 아미노기와 카르복실기를 포함한다.

인산기(phosphate group)는 4개의 산소 원자에 결합된 인 원자로 구성된다. 그림에서 음전하를 띤 산소에서 볼 수 있듯이 일반적으로 이온화되어 있다. 인산기가 있는 화합물을 유기인산이라고 하며, 표에 나와 있는 에너지가 풍부한 화합물인 ATP(아데노신 3인산)와 같이 에너지 전달에 관여하는 경우가 많다.

메틸기(methyl group)는 3개의 수소 원자에 결합된 탄소로 구성된다. 표의 메틸화합물은 DNA의 구성요소로 유전자 발현에 영향을 미친다.

유기 분자의 네 가지 주요 종류에 대해 배우면서 이러한 화학 그룹을 다시 알아볼 것이다. 우선 세포가 어떻게 작은 분자로부터 큰 분자를 만드는지 살펴보고자 한다.

? 탄소를 포함하지 않는 화학 그룹은 무엇인가?

■ 알코올기, 아미노기, 인산기

3.3 세포는 제한된 종류의 작은 분자 집합으로 큰 분자를 만든다

지구상의 생명체는 매우 복잡하기 때문에 엄청나게 다양한 종류의 분자가 존재할 것이라고 예상할 수 있다. 그러나 놀랍게도 박테리아에서 코끼리에 이르기까지 모든 생물의 중요한 분자는 탄수화물, 지질, 단백질, 핵산의 단 네 가지 주요 범주로만 분류된다. 분자 규모로 보면 이 중 탄수화물, 단백질, 핵산 등 세 가지 종류의 분자는 매우 거대한 크기일 수 있으며, 실제로 생물학자들은 이를 **고분자(macromolecule)**라고 한다. 예를 들어 단백질은 수천 개의 원자로 구성될 수 있다. 세포는 어떻게 거대한 분자를 만드는가?

세포는 작은 분자를 결합하여 **중합체(polymer**, 그리스어로 polys는 '많은', meros는 '부분'을 뜻함)라는 사슬을 형성하며, 대부분의 고분자물질은 이와 같이 만들어진다. 기차의 여러 객차가 사슬로 연결된 것처럼, 중합체는 동일하거나 유사한 여러 개의 구성요소가 서로 연결된 긴 분자다. 중합체의 구성단위를 **단량체(monomer)**라고 한다.

중합체 형성 세포는 **탈수반응(dehydration reaction)**, 즉 두 분자가 서로 결합하면서 물 분자를 제거하는 반응을 통해 단량체를 서로 연결하여 중합체를 형성한다. 각 단량체는 반응 중에 방출되는 물 분자의 일부를 제공한다. **그림 3.3**의 왼쪽에서 볼 수 있듯이, 한 단량체(그림에서 짧은 중합체의 오른쪽 끝)는 알코올기를 잃고 다른 단량체는 수소 원자를 잃어 H_2O를 형성한다. 이 반응으로 새로운 공유결합이 형성되어 두 단량체가 연결된다. 탈수반응은 특정 단량체 및 세포가 생산하는 중합체의 유형에 관계없이 동일하다.

중합체 분해 세포는 고분자를 만들 뿐만 아니라 이를 분해해야 한다. 예를 들어, 음식에 포함된 대부분의 유기 분자는 세포로 유입되기에는 너무 큰 중합체 형태이므로, 이러한 고분자를 세포에서 사용할 수 있게 하려면 고분자는 분해되어야 한다. 이 소화 과정을 **가수분해(hydrolysis)**라고 한다. 탈수반응의 반대 개념인 가수분해는 물(hydro-)로 분해(lyse)하는 것을 의미한다. 그림 3.3의 오른쪽에서 볼 수 있듯이 물 분자의 첨가에 의해 단량체 사이의 결합이 끊어지며, 물의 알코올기가 한 단량체에 붙고 수소가 인접한 단량체에 붙는다.

이 장 도입부에서 기술한 젖당불내증 환자는 젖당분해효소가 부족하기 때문에 젖당의 결합을 가수분해할 수 없다. 탈수반응과 가수분해 모두 결합을 만들고 끊는 과정에서 효소의 도움이 필요하다. **효소(enzyme)**는 세포에서 화학반응을 촉진하는 특수한 중합체다.

중합체의 다양성 생명체에 존재하는 고분자는 매우 다양하게 구성된다. 놀랍게도 세포는 약 40~50개의 공통적인 성분과 드문 몇 가지 성분을 포함한 작은 재료로 수천 가지 종류의 다양한 고분자를 만든다. 예를 들어 단백질은 단 20종류의 아미노산으로만 구성되며 DNA는 뉴클레오타이드로 단지 4종류의 단량체로 구성된다. 다양성의 핵심은 단량체가 연결되는 서열순서의 배열이 다르게 구성되어 중합체가 만들어지기 때문이다.

중합체의 다양성에 의해 각 생명체는 고유한 특성을 갖게 된다. 그러나 단량체 자체는 본질적으로 보편적이다. 사람의 단백질과 나무나 개미의 단백질은 동일한 20개의 아미노산으로 만들어진다. 생명은 단순하면서도 섬세한 분자 논리를 가지고 있다. 모든 생물체에 공통적인 작은 분자가 종(species)에 따라, 심지어 같은 종 내에서도 개체마다 다른 큰 분자로 배열된다.

이 장 나머지 부분에서는 네 가지 종류의 큰 생물학적 분자를 각각 살펴보고자 한다. 물과 단순한 유기 분자와 마찬가지로, 큰 생물체 분자는 원자의 질서 정연한 배열을 통해 전체적으로 새롭게 나타나는 특성을 가지고 있다. 모든 생물체의 특징과 마찬가지로, 이러한 생명 분자의 경우도 **구조와 기능**에 관련성이 있다.

? 치즈를 먹었다고 가정해 보자. 치즈의 단백질이 아미노산 단량체로 분해되고, 이 단량체가 우리 몸 속에서 단백질로 전환되기 위해서는 어떤 반응이 일어나야 하는가?

■ 소화 과정에서 단백질은 가수분해를 통해 아미노산으로 분해된다. 이러한 단량체로부터 탈수반응을 통해 새로운 단백질이 체내 세포에서 형성된다.

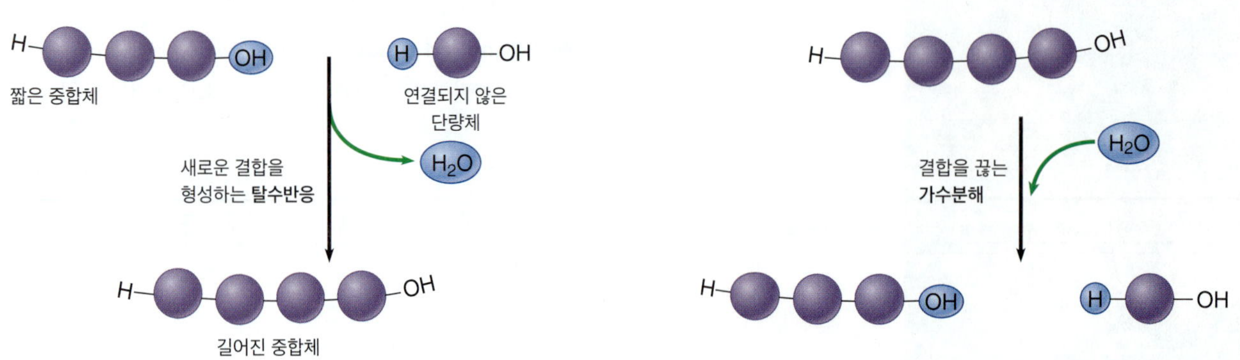

▲ **그림 3.3** 중합체를 만드는 탈수반응(왼쪽)과 중합체를 분해하는 가수분해(오른쪽)

3.4 단당류는 가장 단순한 탄수화물이다

생물학적 분자로서 **탄수화물(carbohydrate)**은 청량음료에 녹아 있는 것과 같은 작은 당 분자부터 파스타나 감자에서 섭취하는 녹말 분자와 같은 큰 다당류까지 다양하다.

단순한 당인 **단당류(monosaccharide**, 그리스어로 monos는 '단일', sacchar는 '당'을 의미)는 탄수화물의 단량체다. **그림 3.4A**의 벌꿀은 주로 포도당과 과당이라는 단당류로 구성되어 있다. 이 단당류와 다른 단일 단위 당은 탈수반응에 의해 서로 연결되어 더 복잡한 당과 다당류를 형성할 수 있다.

단당류의 분자식은 일반적으로 CH_2O의 배수다. 예를 들어, 생명의 화학성분에서 중심적인 중요한 단당류인 **포도당(glucose)**의 분자식은 $C_6H_{12}O_6$이다. **그림 3.4B**는 탄소 수가 1부터 6까지 번호가 매겨진 포도당의 분자구조를 보여준다. 이 구조는 또한 당 화학구조의 두 가지 특징인 다수의 알코올기(—OH)와 카르보닐기(>C=O)를 보여준다.

그림 3.4B의 과당 분자의 서로 다른 원자의 수를 세어보면 분자식이 $C_6H_{12}O_6$로 포도당과 동일하다는 것을 알 수 있다. 따라서 포도당과 과당은 이성질체이며, 원자 배열(이 경우 파란색으로 표시된 카르보닐기의 위치)만 다르다. 분자의 형태가 매우 중요하기 때문에 이와 같은 사소한 차이로 인해 이성질체가 다른 분자와 반응하는 방식 등과 같은 면에서 다른 성질을 갖게 된다. 이러한 차이로 과당은 포도당보다 훨씬 더 달게 느껴진다.

포도당과 과당의 탄소 골격은 모두 6개의 탄소 원자로 이루어져 있으며, 다른 단당류는 탄소가 3~7개일 수 있다. 5탄소 당인 오탄당(pentose)과 6탄소 당인 육탄당(hexose)이 자연에 가장 흔하게 존재한다. (당의 이름은 대부분 -ose로 끝나며 젖당분해효소에서도 보았듯이 대부분의 효소 이름은 -ase로 끝난다.)

당을 탄소 골격이 선형인 것처럼 그리는 것이 편리하지만, 수용액에서 대부분의 5탄소 및 6탄소 당은 **그림 3.4C**의 포도당과 같이 고리를 형성한다. 고리를 형성하기 위해 탄소 1은 탄소 5에 부착된 산소에 결합하고 탄소 6은 고리 위로 뻗어 있다. 가운데 그림에서 보는 바와 같이 포도당과 다른 당의 고리형 구조는 고리 모서리에 있는 탄소 원자를 표시하지 않는 방식으로 축약할 수 있다. 또한 고리 안의 결합은 다양한 두께로 그리는데, 이는 고리 위아래로 원자가 붙어 있는 비교적 평평한 구조임을 나타낸다. 오른쪽의 단순화된 고리 기호는 이 장에서 포도당을 나타내기 위해 자주 사용될 것이다.

단당류, 특히 포도당은 세포 활동을 위한 주요 연료 분자다. 세포는 포도당을 분해할 때 포도당으로부터 에너지를 방출하기 때문에 포도당 수용액(흔히 덱스트로스라고 함)을 아프거나 부상당한 환자의 혈액에 주입하면 포도당은 손상된 조직세포에 즉각적인 에너지원을 제공한다. 세포는 또한 단당류의 탄소 골격을 아미노산 및 지방산과 같은 다른 종류의 유기 분자를 만들기 위한 원료로 사용한다. 당을 에너지 자원이자 유기적 구성요소로 사용하는 것은 **에너지와 물질**의 변화라는 주제에서 명확하게 보여준다.

▲ **그림 3.4A** 꿀벌과 두 단당류로 구성된 꿀

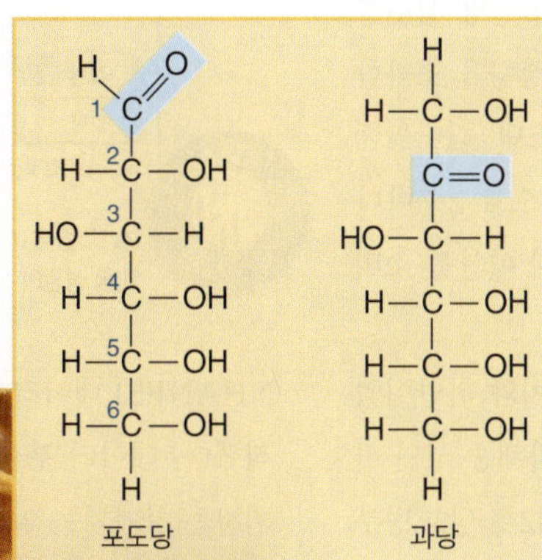

◀ **그림 3.4B** 포도당과 과당의 구조

시도해 보기 이 구조식에서 단당류의 특징인 두 종류의 작용기를 찾아보시오.

? 탄소가 3개인 단당류의 화학식은 무엇인가?

■ $C_3H_6O_3$

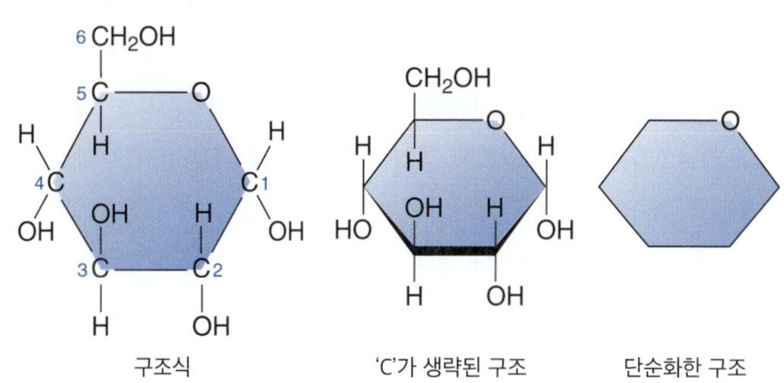

▲ **그림 3.4C** 포도당 고리 구조의 세 가지 표현

3.5 2개의 단당류가 연결되어 이당류를 형성한다

세포에 따라 2개의 단당류로부터 탈수반응을 통해 **이당류(disaccharide)**를 생성한다. **그림 3.5**는 맥아당(malt sugar)이라고도 하는 엿당(maltose)이 2개의 포도당 단량체로부터 어떻게 형성되는지 보여준다. 한 단량체의 알코올기와 다른 단량체의 수소가 제거되면서 H_2O가 방출되면 남은 산소 원자에 의해 두 단량체가 연결된다. 씨앗을 발아시킬 때 흔히 볼 수 있는 맥아당은 맥주, 맥아 위스키, 맥아 사탕을 만드는 데 사용된다.

설탕은 가장 흔한 이당류로 과당 단량체와 포도당 단량체의 결합으로 생성된다. 식물의 수액으로 운반되는 설탕은 식물의 모든 부분에 에너지 및 원료 공급원으로 작용한다. 사탕수수의 줄기나 사탕무의 뿌리에서 추출하여 식용 설탕으로 사용한다.

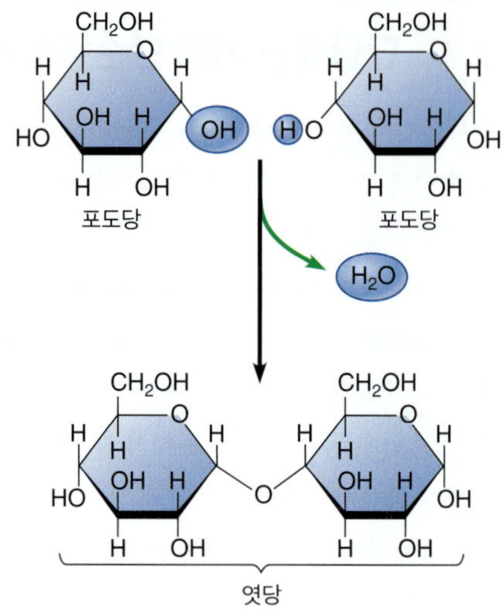

▶ **그림 3.5** 탈수반응에 의한 이당류 형성

? 이 장 도입부에서 설명한 바와 같이 젖당은 우유에 포함된 이당류 당이다. 포도당과 갈락토오스로 구성된다. 이 두 단당류의 화학식은 $C_6H_{12}O_6$이다. 젖당의 화학식은 무엇인가?

■ $C_{12}H_{22}O_{11}$

3.6 우리는 설탕을 너무 많이 섭취하고 있나

연결 설탕은 식욕을 충족시키는 데는 좋지만 무분별한 섭취는 심각한 건강 문제를 일으킬 수 있다. 전 세계 1인당 연간 평균 설탕 소비량은 24 kg이며, 북유럽(36.7 kg)이 가장 많은 설탕을 소비하는 지역 중 하나다. 아프리카(16.8 kg)와 아시아(17.3 kg)를 모두 합친 양보다도 북유럽에서 섭취하는 양이 더 많다. 세계보건기구(WHO)는 하루 섭취 칼로리의 5%, 즉 약 25 g만 설탕에서 섭취할 것을 권장한다. 미국 식품의약국(FDA)은 하루에 48 g 이하의 설탕 섭취를 권장한다. 500 ml 탄산음료 하나를 마시면 이미 하루 권장량을 초과한 것이다. 커피나 차에 첨가하거나 요구르트, 시리얼, 빵, 스낵, 디저트에 첨가된 설탕은 포함되지 않은 수치다. 미국인은 평균적으로 2주마다 5파운드(약 2.27 kg)의 설탕을 섭취하거나 1년에 26봉지 이상을 소비한다(**그림 3.6**). 그렇다면 어떠한 문제가 유발될까?

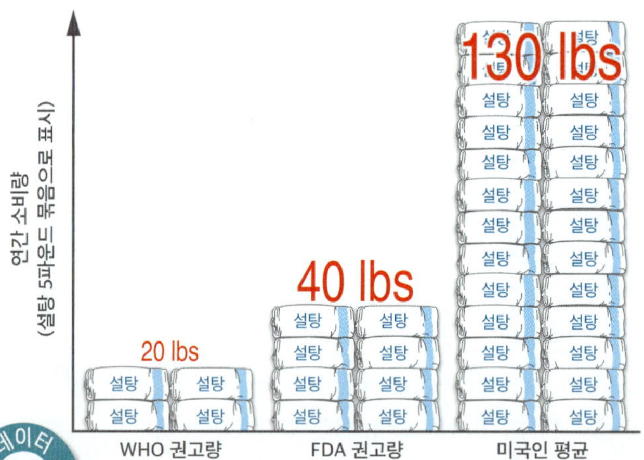

데이터 시각화

▲ **그림 3.6** 세계보건기구(WHO)와 미국 식품의약국(FDA)의 권장량과 비교한 미국 성인이 1년에 섭취하는 설탕량

이전까지 설탕 과다 섭취와 관련된 주요 문제점은 충치와 비만이었다. 2013년 전 세계적으로 체질량지수(BMI)로 측정한 과체중 성인 비율은 남성 36.9%, 여성 38%였다. 비만의 건강 위험은 제2형 당뇨병부터 고혈압, 기타 만성 질환에 이르기까지 잘 알려져 있다.

그러나 최근 연구에 따르면 비만과 무관하게 설탕 섭취량 증가와 심장혈관질환, 고혈압, 고콜레스테롤혈증, 당뇨병과 같은 건강 문제 사이의 연관성이 밝혀졌다. 예를 들어, 2014년 연구*에 따르면 미국 성인의 71.4%가 식품 및 음료에 첨가된 당을 통해 FDA가 권장하는 일일 칼로리의 10% 이상을 섭취하는 것으로 나타났다. 연구진은 질병통제 및 예방센터에서 2년마다 업데이트하는 대규모 연구, 즉 국민 건강 및 영양 조사(National Health and Nutrition Examination Survey, NHANES) 데이터를 사용하여 1만 1,733명의 참가자를 15년 동안 추적했다. 데이터 분석 결과, 일일 칼로리의 25% 이상을 첨가 당으로 섭취하는 참가자는 일일 칼로리의 10% 미만을 당으로 섭취하는 참가자에 비해 심장혈관질환으로 사망할 확률이 거의 세 배(275% 더 높은 위험)에 달하는 것으로 나타났다.

이와 같은 연구 결과에 따라 FDA는 포장 식품 라벨의 영양 성분표에 첨가 당 그램을 포함하도록 변경할 것을 제안했다. 또한 이러한 첨가 당의 일일 권장량 대비 비율을 추가하는 방안도 고려하고 있다. 이 두 번째 변경안이 시행되면 탄산음료 캔의 라벨에는 당분이 일일 권장량의 105%가 함유되어 있다고 표기해야 한다.

? 당은 종종 '빈 칼로리'로 묘사된다. 영양 관점에서 이 말은 무엇을 의미하는가?

■ 첨가 당은 에너지는 제공하지만 단백질, 지방, 비타민, 무기질 등 다른 영양소는 제공하지 않는다.

* **자료:** Q. Yang et al., Added sugar intake and cardiovascular diseases mortality among U. S. adults, *JAMA Internal Medicine*, Volume 174, Number 4, 516-524 (April 2014).

3.7 다당류는 당 단량체의 긴 사슬이다

다당류(polysaccharide)는 거대분자로 수십에서 수천 개의 단당류가 탈수반응에 의해 서로 연결된 중합체다. 다당류는 저장 분자 또는 구조적 화합물로 기능할 수 있다. **그림 3.7**은 녹말, 글리코겐, 셀룰로오스의 세 가지 다당류의 일반적인 유형을 보여준다.

식물의 저장 다당류인 **녹말(starch)**은 포도당 단량체의 긴 사슬로 구성된다. 녹말 분자는 나선형으로 감겨 있으며, 가지가 없거나 가지가 있을 수 있다. 녹말 입자는 식물 세포가 에너지 또는 구조 물질 합성이 필요할 때 포도당을 꺼내어 쓰도록 탄수화물 '은행' 역할을 한다. 사람을 포함한 대부분의 다른 동물은 식물 녹말을 포도당으로 가수분해할 수 있는 효소를 가지고 있으며, 밀, 옥수수, 쌀과 같은 곡식과 감자 등은 우리 식단에서 녹말의 주요 공급원이다.

동물은 포도당을 **글리코겐(glycogen)**이라는 다당류의 형태로 저장한다. 글리코겐은 그림에서 보는 바와 같이 녹말보다 가지가 더 많은 구조다. 글리코겐의 대부분은 간과 근육 세포에 과립 형태로 저장되어 있다가 필요할 때 글리코겐을 가수분해하여 포도당을 생성한다.

지구상에서 가장 풍부한 유기화합물인 **셀룰로오스(cellulose)**는 식물 세포를 둘러싸고 있는 단단한 세포벽의 주요 구성요소다. 셀룰로오스 역시 포도당의 중합체이지만, 단량체 간의 연결이 서로 다른 방향으로 되어 있다. (그림에서 노란색으로 표시된 녹말, 글리코겐, 셀룰로오스의 포도당 단량체 사이의 산소 '다리'를 주의 깊게 비교해 보자.) 서로 평행하게 배열된 셀룰로오스 분자는 수소결합으로 연결되어 케이블과 같은 미세한 섬유를 형성한다. 여러 층의 미세섬유는 다른 중합체와 결합하여 나무와 목재로 짓는 구조물을 강하게 지지한다.

동물은 셀룰로오스의 포도당 결합을 가수분해할 수 있는 효소를 합성하지 못한다. 따라서 셀룰로오스는 소화기 건강에 도움이 되긴 하지만, 우리 몸이 사용할 수 있는 영양소는 아니다. 따라서 소화관을 통해 분해되지 않고 통과하는 셀룰로오스를 '불용성 섬유'라고 하며 신선한 과일, 채소, 통곡물에 섬유질이 많이 포함되어 있다.

일부 미생물에는 셀룰로오스를 가수분해할 수 있는 효소가 있으며, 소와 흰개미의 소화관에 이러한 미생물이 서식하므로 셀룰로오스로부터 에너지를 얻을 수 있다. 분해균류(곰팡이류)도 셀룰로오스를 분해하여 생태계에서 화학 원소를 재활용하는 데 도움을 준다.

키틴(chitin)은 곤충과 갑각류를 감싸는 단단한 껍질인 외골격을 형성하는 구조적 다당류로, 균류 세포벽에서도 발견된다.

거의 모든 탄수화물은 당 단량체에 붙어 있는 많은 알코올기로 인해 친수성이다(그림 3.4B 참조). 따라서 대부분 셀룰로오스가 주성분인 면 목욕 타월은 수분을 좋아하기 때문에 흡수성이 뛰어나다. 다음 절에서 살펴보겠지만, 모든 생물체의 분자가 '물을 좋아하는 것은 아니다.'

? 두 가지 식물 다당류인 녹말과 셀룰로오스를 비교하시오.

■ 두 가지 모두 포도당의 중합체이지만 포도당 단량체 사이의 결합은 다른 모양을 가지고 있다. 녹말은 주로 저장 기능을 하나 셀룰로오스는 식물 세포벽의 주요 구조적 다당류다.

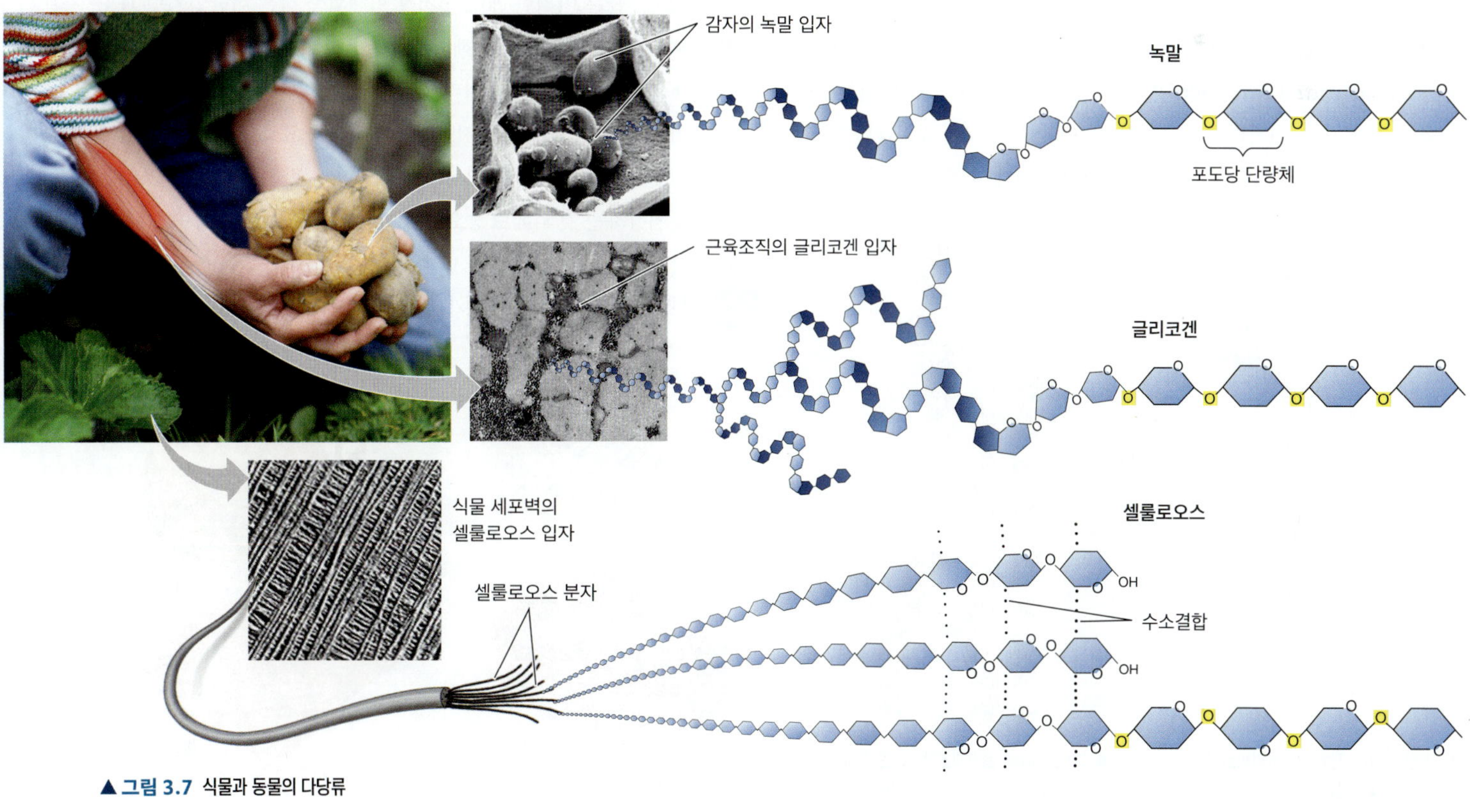

▲ **그림 3.7** 식물과 동물의 다당류

지질

3.8 지방은 주로 에너지 저장 분자로 작용하는 지질이다

지질(lipid)은 물과 잘 섞이지 않는다는 동일한 특성을 공유하기 때문에 하나로 묶어서 분류되는 다양한 분자 그룹이다. 탄수화물과 대부분의 다른 생명체의 분자와 달리 지질은 **소수성(hydrophobic**, 물을 싫어함) 분자다. 흔들지 않은 샐러드 드레싱 병에서 식초(대부분 물)와 기름(지질의 일종)이 분리되는 이러한 화학적 작용을 볼 수 있다.

거대한 고분자도 아니고 유사한 단량체로 이루어진 중합체도 아니라는 점에서 탄수화물, 단백질, 핵산과 지질은 다르다. 이 절과 다음 몇 개의 절에서는 세 가지 중요한 지질 유형인 지방, 인지질 및 스테로이드의 구조와 기능을 살펴본다.

지방(fat)은 글리세롤과 지방산이라는 두 종류의 작은 분자로 이루어진 큰 지질이다. **그림 3.8A** 상단에 표시된 글리세롤은 3개의 탄소로 구성되어 있으며, 각각 알코올기(—OH)를 가지고 있다. 지방산은 카르복실기(지방산 분자에 산이라는 이름을 부여하는 작용기, —COOH)와 탄화수소 사슬(탄소 원자가 보통 16개 또는 18개)로 구성된다. 탄화수소 사슬의 비극성 C—H 결합이 지방이 바로 소수성 물질인 이유다.

그림 3.8A는 탈수반응을 통해 하나의 지방산 분자가 글리세롤 분자에 어떻게 연결되는지 보여준다. **그림 3.8B**에 표시된 것처럼 3개의 지방산이 글리세롤에 연결되면 지방이 생성된다. 지방의 동의어는 트리글리세리드(triglyceride)로 식품 라벨이나 혈액 내 지방 수치를 검사할 때 볼 수 있는 용어다.

탄화수소 사슬에 하나 이상의 이중결합이 있는 지방산을 **불포화지방산(unsaturated fatty acid)**이라고 한다. 이중결합으로 연결된 각 탄소 원자는 수소 원자가 하나 더 적게 붙어 있다. 그림 3.8B의 세 번째 지방산에서 볼 수 있듯, 이러한 이중결합은 일반적으로 탄소 사슬에 구부러짐을 일으킨다. 탄화수소 사슬에 이중결합이 없는 지방산은 각 탄소 원자에 부착된 수소 원자의 수가 최대며(탄소가 수소로 '포화'됨), **포화지방산(saturated fatty acid)**이라고 한다.

대부분의 동물성 지방은 포화 상태다. 지방산의 '꼬리'인 탄화수소 사슬은 이중결합이 없어 서로 밀착되어 상온에서 고체 상태가 된다(**그림 3.8C**). 반면, 식물과 어류의 지방은 일반적으로 지방산 꼬리에 구부러짐이 있어 서로 단단히 뭉치지 않는 불포화지방산을 함유하고 있다. 따라서 불포화지방은 일반적으로 상온에서 액체 상태며 기름이라고 한다.

식품 라벨에 '부분 경화유'라고 표시되어 있다면, 이는 불포화지방에 수소를 첨가하여 포화지방으로 전환했다는 뜻이다. 안타깝게도 최근 연구에 따르면 수소화 과정에서 건강에 해로운 **트랜스지방(trans fat)**이 생성되기도 한다. 3.9절에서 이러한 연구 결과에 대해 설명하고자 한다.

지방의 주요 기능은 에너지 저장이다. 1 그램의 지방은 1 그램의 다당류보다 두 배 이상의 에너지를 저장한다. 이동하지 않고 한곳에서 살아가는 식물은 녹말처럼 부피가 큰 형태로 에너지를 저장하는 것이 문제가 되지 않는다. (식물성 기름은 일반적으로 씨앗에서 얻는데, 식물의 씨앗은 지방의 형태로 촘촘하게 에너지를 저장한다.) 사람과 같이 움직이면서 생활하는 동물은 지방 형태로 몸에 저장된 물질을 훨씬 쉽게 운반할 수 있다. 물론 이러한 에너지 저장 형태의 단점은 비만인처럼 과도하게 축적된 지방은 '태우기 위해' 더 많은 노력이 필요하다는 것이다.

적당한 양의 체지방은 정상이며 건강에도 좋다는 사실을 기억하는 것이 중요하다. 우리의 체지방은 지방세포에 장기 연료로 저장되며, 지방세포는 지방을 저장하고 사용하면서 팽창과 수축을 반복한다. 지방 조직은 에너지를 저장하는 것 외에도 중요한 장기의 완충 및 단열 기능을 한다.

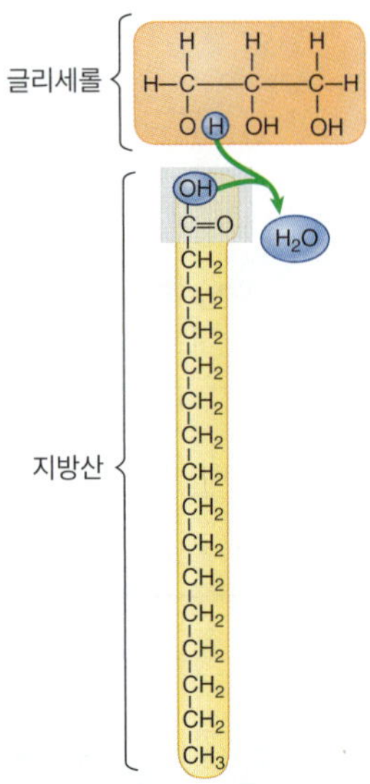

▲ **그림 3.8A** 지방산을 글리세롤에 연결시키는 탈수반응

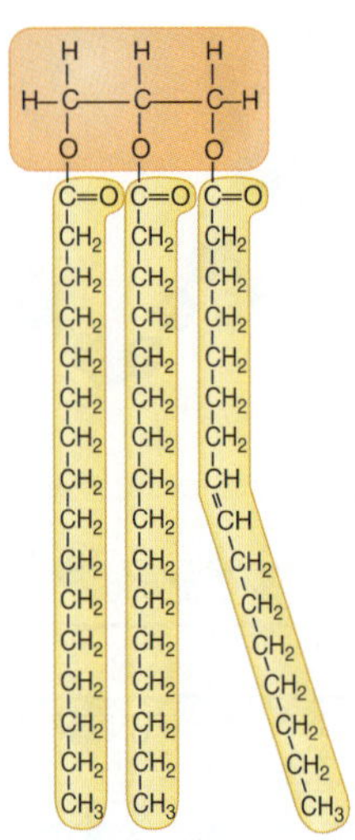

▲ **그림 3.8B** 글리세롤과 연결된 3개의 지방산으로 구성된 지방(트리글리세리드)

? 지방이 소수성인 이유는 무엇인가?

■ 지방 분자의 3개의 지방산 꼬리에는 극성을 띠는 물 분자와 잘 섞이지 않는 비극성 결합(C—H)만 존재한다.

▲ **그림 3.8C** 지방의 종류

3.9 과학적 연구로 트랜스지방의 건강 위험성이 밝혀졌다

과학적 사고 이전 절에서는 동물성 지방과 식물성 기름의 차이점과 포화지방산과 불포화지방산에 대해 살펴보았다. 1890년대에 불포화지방의 이중결합 탄소 원자에 수소 원자를 추가하여 부분적으로 수소화된 식물성 기름을 생산하는 공정이 개발되었다. 이 새로운 지방은 몇 가지 유용한 특성이 있다. 즉, 오일처럼 빨리 상하지 않았고 튀김을 하는 과정에서 반복적으로 재가열에도 견딜 수 있었다. 또한 1950년대와 1960년대에 포화지방이 심장병 위험 증가와 관련이 있다는 과학적 연구가 시작되면서 동물성 지방(예: 버터)의 소비를 줄이고 건강에 더 좋다고 알려진 불포화지방의 부분 수소화 기름(예: 마가린 등)으로 대체하는 공중보건 캠페인으로 이어졌다.

1990년대 들어서는 쿠키, 크래커, 스낵, 구운 식품, 튀긴 음식 등 수많은 식품에서 수소화 기름이 사용되었다. 그러나 수소화 과정에서 생성되는 트랜스지방이 포화지방보다 건강에 훨씬 더 위험하다는 새로운 연구 결과가 발표되었다. 한 연구에 따르면 식품에 포함된 트랜스지방을 제거하면 심장마비 5건 중 1건까지 예방할 수 있다고 한다! 2004년 1월, 덴마크는 세계 최초로 가공식품의 트랜스지방 함량을 제한하는 법안을 채택한 국가다. 그 후 스위스, 오스트리아, 아이슬란드 등 많은 국가가 산업적으로 생산되거나 천연 식품에 존재하는 트랜스지방을 줄이거나 제거하기 위해 노력했다. 2018년 WHO는 모든 국가가 전 세계 식품 공급에서 트랜스지방을 제거하기 위한 가이드인 REPLACE를 발표했다.

트랜스지방의 위험성을 입증한 과학적 연구는 실험과 관찰 연구 두 가지 유형으로 나뉜다. 부분적으로 통제된 섭취 실험에서는 참가자들의 식단에 포화지방, 불포화지방, 부분 수소화지방이 다른 비율로 포함되어 있다. 이 연구의 가설은 트랜스지방이 심혈관 건강에 악영향을 미친다는 것이었고, 식단에 트랜스지방이 많을수록 그 위험성이 커진다는 예측이었다. 하지만 위험을 측정하는 방법은 무엇인가? 참가자가 심장마비를 일으킬 때까지 연구를 계속해야 하는가? 윤리적, 실용적인 이유에서 통제된 섭취 실험은 일반적으로 기간이 상당히 짧고, 식이 변화가 제한적이며, 일반적으로 건강한 개인을 대상으로 진행하며, 실제 질병 결과보다는 콜레스테롤 수치 변화와 같은 중간 위험 요인을 측정한다.

식이 요법이 건강에 미치는 영향에 대한 많은 과학적 연구는 관찰 연구다. 이러한 연구의 장점은 더 오랜 기간에 걸쳐 진행될 수 있고, 더 대표성 있는 개체군을 사용하며, 질병 결과와 위험 요인을 측정할 수 있다는 것이다. 관찰 연구는 후향적(되돌아보기) 연구일 수 있다. 현재의 건강 상태가 기록되고 참가자는 이전의 식습관을 보고한다. 후향적 연구의 두 가지 어려움은 사람들이 자신의 식이 이력을 정확하게 기억하고 보고하지 않을 수 있다는 점과 심장마비로 이미 사망한 사람은 연구에 포함되지 않는다는 점이다. 반면에 전향적 연구는 미래를 내다본다. 이러한 연구를 수행하는 연구자들은 연구 그룹을 모집하고 참가자의 건강 속성을 정량화한 다음 수년에 걸쳐 데이터를 수집한다. 식단, 생활습관, 위험 요인, 질병 결과 등 모두 기록되고 분석할 수 있다.

전향적 연구의 대표적인 예로는 1976년 12만 명 이상의 여성 간호사를 대상으로 시작된 간호사 보건 연구(Nurses' Health Study)가 있다. 식이 지방 섭취를 조사한 이 연구에서는 1980년부터 1994년까지 8만 82명의 여성을 추적 관찰했다. 연구진은 다양한 유형의 지방 섭취와 관련된 관상동맥 심장질환의 상대적 위험을 추정했다. 이와 같은 연구에서 상대위험도가 1이면 연구 대상 인자와 질병 사이에 연관성이 없음을 나타낸다. 간호사 건강 연구에서 상대위험도가 1이면 탄수화물로 에너지를 섭취한 경우와 비교하면 특정 유형의 지방에 대한 관상동맥 심장질환 위험에 차이가 없음을, 상대위험도가 1 미만이면 위험의 감소, 상대위험도가 1보다 크면 위험이 증가함을 의미한다. **그림 3.9**에서 볼 수 있듯이, 단일 불포화지방 또는 다중 불포화지방의 형태로 섭취하는 에너지가 5% 증가할 때마다 심장병의 상대위험도는 1 이하로 떨어지고, 포화지방으로 섭취하는 에너지가 5% 증가할 때마다 상대위험도는 1.17로 상승하여 심장병의 위험이 17% 증가한다는 것을 나타낸다. 그러나 트랜스지방 형태로 섭취하는 에너지 양이 2% 증가할 때마다 위험도는 93% 증가한다. 트랜스지방은 실제로 포화지방보다 건강에 더 큰 위험을 초래한다.

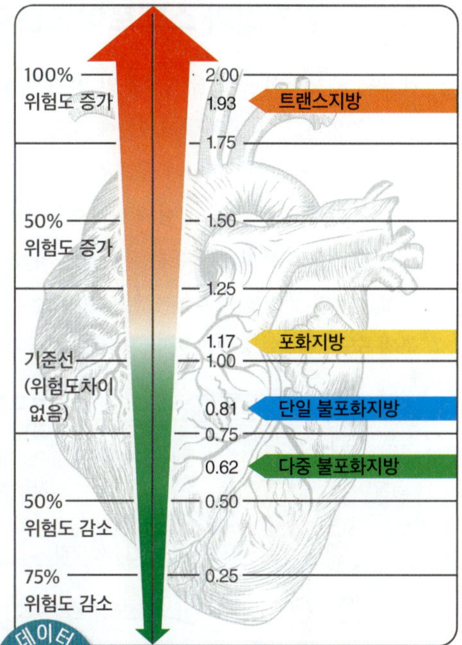

데이터 시각화

▲ **그림 3.9** 특정 유형의 지방 섭취 증가와 관련된 심장질환의 상대적 위험도

자료: F. B. Hu et al., Dietary fat intake and the risk of coronary heart disease in women, *New England Journal of Medicine* 337: 1491-9 (1997).

헝가리 국립식품영양연구소와 노르웨이 보건의료서비스부서 등 여러 정부 기관은 많은 연구에서 수집한 과학적 증거를 바탕으로 20세기 중반 포화지방의 대안으로 부분 수소화오일을 홍보하는 것을 금지하도록 정책을 수정했다. 이러한 정책의 변화는 최신 연구를 바탕으로 한 이해의 변화를 반영한다. 과학적 지식은 새로운 질문이 제기되고 새로운 연구가 수행되고 새로운 증거가 축적됨에 따라 확장되고 수정된다.

? 후향적 연구와 전향적 연구의 차이점은 무엇인가?

■ 후향적 연구는 현재 건강 상태와 연관성이 있는 위험 요인이나 혜택을 평가하기 위해 '과거를 되돌아보는' 연구다. 전향적 연구는 향후 일정 기간 특정 인자를 모니터링하고 건강 결과를 기록한다.

3.10 인지질과 스테로이드는 다양한 기능을 가진 중요한 지질이다

세포는 세포막의 주요 구성성분인 **인지질(phospholipid)** 없이는 존재할 수 없다. 인지질은 글리세롤에 지방산이 3개가 아닌 2개만 붙어 있다는 점을 제외하면 지방과 구조적으로 유사하다. **그림 3.10A**에서 볼 수 있듯이, 글리세롤의 세 번째 탄소에는 음전하를 띤 인산기(그림에서 노란색 원으로 표시되고 다른 작은 분자와 연결됨)가 붙어 있다.

세포막의 구조를 제공하는 인지질과 물의 관계는 **상호작용**의 주제를 분자 수준에서 설명하는 예다. 인지질은 물과 반응성이 서로 다른 두 부분으로 구성되어 있다. 물이 있는 환경에서 인지질 간의 상호작용으로 인해 인지질은 이중층으로 배열된다(**그림 3.10B**). 인지질의 소수성 꼬리 부분은 중앙에서 물로부터 분리되어 함께 모여 있고, 친수성 인지질(인산염) 머리 부분은 막의 양쪽에서 물의 환경을 마주하고 있다. 세포막에는 이러한 인지질 막 구조와 관련된 다양한 유형의 단백질이 존재한다. (생체막에 대해서는 5장에서 더 자세히 살펴볼 것이다.)

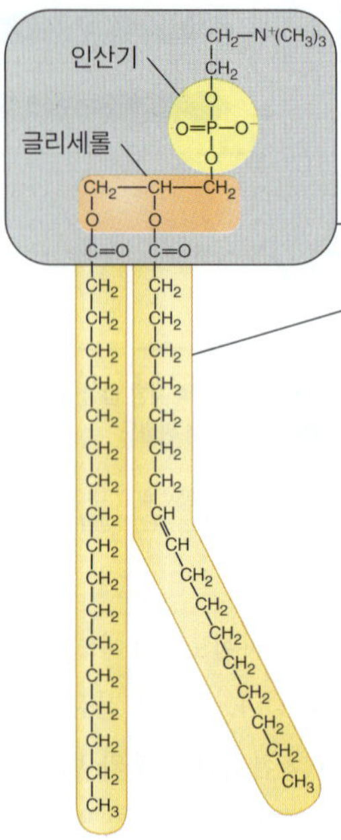

◀ **그림 3.10A** 인지질 분자의 화학 구조

시도해 보기 이 인지질의 회색 부분이 친수성인 이유와 노란색 꼬리가 소수성인 이유를 설명하시오.

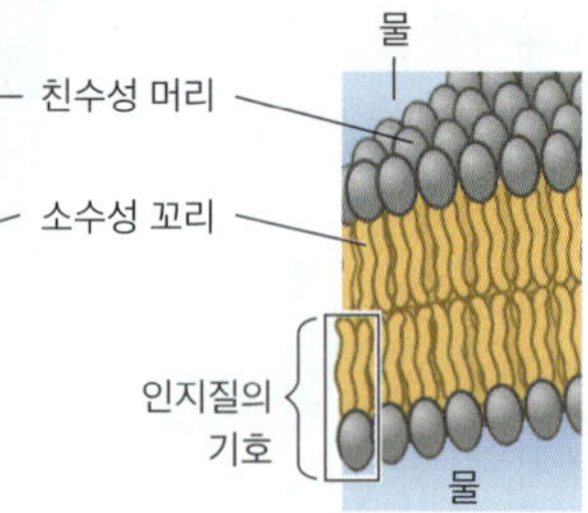

▼ **그림 3.10B** 인지질 막의 단면도. 회색 머리와 노란 꼬리 구조는 인지질 분자 구조이며, 이 시각적 표현은 이 책 전체에서 사용된다.

스테로이드(steroid)는 **그림 3.10C**의 콜레스테롤 구조식에서 볼 수 있듯이 탄소 골격이 4개의 고리형으로 융합된 지질이다. (이 그림에서는 고리와 연결된 탄화수소 사슬을 구성하는 탄소와 수소는 생략되었다.) **콜레스테롤(cholesterol)**은 동물 세포막의 일반적인 구성 요소이며 성 호르몬을 포함한 다른 스테로이드를 만들기 위한 전구체로 작용한다. 그림 3.2에서 볼 수 있듯이 스테로이드는 고리에 부착된 화학 그룹에 따라 다르다. 혈중 콜레스테롤 수치가 높으면 동맥경화증(atherosclerosis)의 원인이 될 수 있다.

? 인지질의 구조를 지방과 비교하시오.

■ 인지질은 글리세롤에 2개의 지방산과 1개의 인산기가 붙어 있다. 지방 분자의 글리세롤에는 3개의 지방산이 붙어 있다.

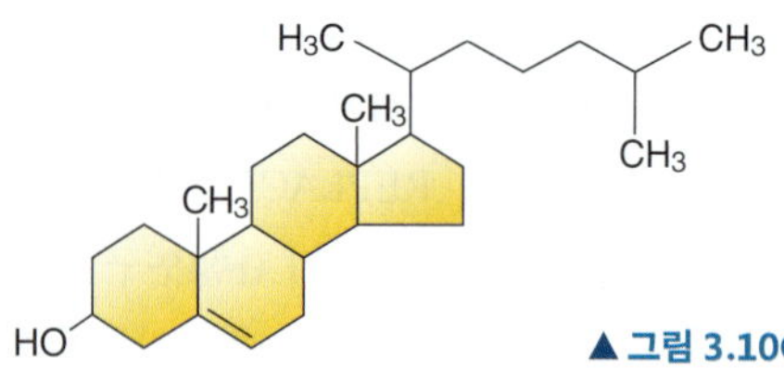

▲ **그림 3.10C** 스테로이드 중 하나인 콜레스테롤

3.11 동화성 스테로이드는 건강 위험을 초래한다

연결 **동화성 스테로이드(anabolic steroid)**는 남성 호르몬 테스토스테론의 변형체로 인공적으로 합성된다. 테스토스테론은 사춘기 동안 남성의 근육과 뼈질량을 전반적으로 증가시키고 남성적인 형질을 유지하게 한다. 동화성 스테로이드는 구조적으로 테스토스테론과 유사하기 때문에 테스토스테론의 작용 일부를 모방한다. [동화(anabolic)라는 단어는 신체 구성물질을 합성하는 대사인 동화작용(anabolism)에서 유래한다.]

동화성 스테로이드는 일반적인 빈혈과 신체 근육을 파괴하는 질병을 치료하는 데 사용되는 약물이다. 일부 운동선수는 이러한 약물을 사용하여 근육을 빠르게 키우고 운동능력을 촉진시킨다. 하지만 비용을 지불해야 한다. 스테로이드 남용은 폭력적인 기분 변화['로이드 분노(roid rage)'], 우울증, 간 손상 또는 암, 높은 콜레스테롤 수치와 혈압을 유발할 수 있다. 이러한 약물을 사용하면 신체에서 스스로 합성하는 남성호르몬의 양을 감소시켜 남성에서 고환 축소, 성욕 감소, 불임 및 유방확대를 유발할 수 있다. 여성에서의 사용은 월경주기 장애 및 남성적 특성의 발달과 관련이 있으며, 청소년의 경우 뼈 성장이 멈출 수 있다.

이러한 위험성에도 불구하고 일부 운동선수들은 합성 스테로이드를 남용하고 있으며, 부도덕한 화학자, 트레이너, 코치들은 검출을 피할 수 있는 방법을 찾으려고 노력한다. 선수들이 공평하고 공정하게 경쟁할 수 있도록 1999년에 세계반도핑기구(World Anti-Doping Agency, WADA)가 설립되었다. WADA는 매년 금지 약물 목록을 업데이트하여 전 세계 도핑 방지 정책과 규제에 노력하고 있다.

? 구조적으로 매우 다른 지방과 스테로이드를 모두 지질로 분류하는 이유를 설명하시오.

■ 지방과 스테로이드는 지질의 주요 특징인 소수성 분자다.

3.12 단백질은 광범위한 기능과 구조를 갖는다

우리 몸의 거의 모든 역동적인 기능은 단백질에 의존한다. **단백질(protein)**은 아미노산이라는 작은 구성인자의 중합체다. 단백질은 생명체의 모든 분자 중에서 구조적으로나 기능적으로 가장 정교하고 다양하다.

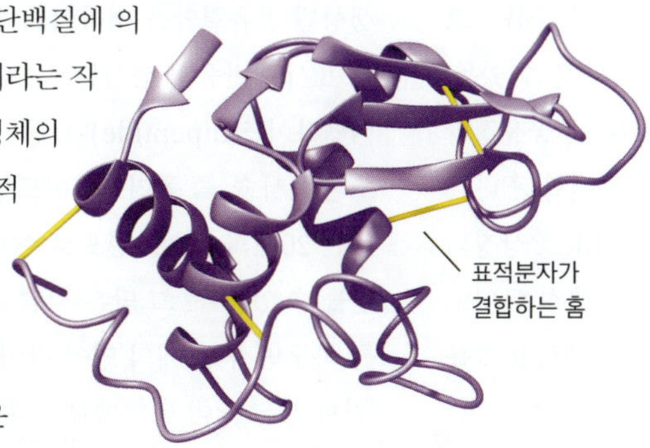

▲ 그림 3.12A 단백질 라이소자임의 리본 모델

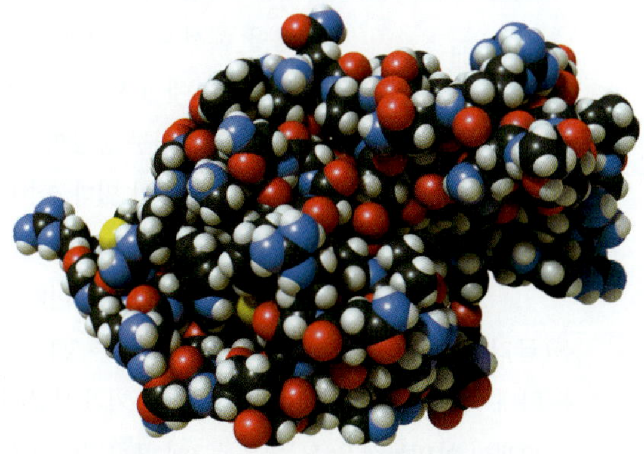

▲ 그림 3.12B 단백질 라이소자임의 공간-채움 모델

우리 몸에는 수만 종류의 다양한 단백질이 존재한다. 단백질은 모두 어떤 역할을 할까? 아마도 가장 중요한 역할은 세포에서 일어나는 거의 모든 화학반응의 속도를 조절하는 화학 촉매인 효소 역할일 것이다. 이 장 도입부에서 소개한 젖당분해효소는 효소의 한 예다.

다른 유형의 단백질은 세포막에 박혀 있는 수송단백질로, 당분과 다른 영양분을 세포 안으로 이동시키는 작용을 한다. 혈액을 통해 이동하는 단백질은 면역계의 항체와 같은 방어 단백질과 신체 활동을 조절하는 기능을 하는 다양한 호르몬 및 기타 화학 전령자와 같은 신호 단백질이다. 세포막에 박혀 있는 수용체 단백질은 이러한 신호를 받아 세포 내로 전달한다.

근육 세포는 수축성 단백질로 가득 차 있으며, 구조단백질은 힘줄과 인대를 구성하는 섬유에서 발견된다. 실제로 결합조직의 길고 튼튼한 섬유를 형성하는 구조단백질인 콜라겐은 우리 몸 단백질의 40%를 차지한다.

일부 단백질은 저장단백질로, 배아 발달 과정에 아미노산을 공급하는 역할을 한다. 달걀과 씨앗에서 발견되는 단백질이 그 예다.

이렇게 다양한 유형의 단백질의 기능은 각 단백질의 고유한 모양에 따라 달라진다. **그림 3.12A**는 땀, 눈물, 타액에서 발견되는 효소인 라이소자임(lysozyme)의 리본 모델을 보여준다. 라이소자임은 보라색 리본으로 표시된 하나의 긴 아미노산 중합체다. 라이소자임의 일반적인 형태는 구형이다. 이 전체 모양은 **그림 3.12B**에 나타나 있는데, 이는 공간-채움 모델의 라이소자임 구조다. 이 모델에서 탄소, 산소, 질소, 수소의 원자를 서로 다른 색으로 나타낸다. 거의 보이지 않는 노란색 공은 그림 3.12A의 리본 모델에서 노란색 선으로 표시된 안정화 결합을 형성하는 황 원자를 나타낸다. 대부분의 효소와 많은 단백질은 형태가 구형이다. 머리카락, 힘줄, 인대 등을 구성하는 구조단백질은 일반적으로 길고 가늘며 섬유성 단백질이라고 한다. **그림 3.12C**는 섬유성 실크 단백질로 구성된 거미줄을 보여준다. 이러한 단백질의 구조적 배열은 각 실크 섬유를 같은 무게의 강철보다 더 강하게 만든다.

구형 단백질 및 섬유성 단백질과 같이 묘사되는 것은 일반적인 모양을 나타내는 표현이다. 각 단백질은 특이적이고 다양한 모양을 가진다. 그림 3.12A의 라이소자임 리본의 나선고리와 비틀림은 무의미하게 보일 수 있지만 분자의 특이적인 3차 구조를 나타내는 것이다. 거의 모든 단백질은 기능을 수행하기 위해 다른 분자를 인식하고 결합해야 한다. 라이소자임이 박테리아 세포를 파괴하기 위해서는, 먼저 박테리아 세포 표면의 분자와 결합해야 한다. 라이소자임의 특정 모양은 그림의 오른쪽에 보이는 홈에 맞는 분자 표적을 인식하고 결합할 수 있게 해준다.

▲ 그림 3.12C 거미줄의 섬유성 실크 단백질

단백질이 변형될 때 단백질의 형태가 기능에 얼마나 중요한지 명확히 알 수 있다. **변성(denaturation)**이라는 과정에서 단백질은 특정한 모양을 잃어버리게 되고 그 결과 기능을 잃는다. 과도한 열은 많은 단백질을 변성시킨다. 예를 들어 달걀을 프라이할 때 어떤 일이 일어나는지 상상해 보자. 열로 인해 노른자를 둘러싼 투명한 단백질은 빠르게 변성되어 단단하고 하얀 불투명한 물질로 바뀌게 된다.

적절한 세포 환경이 주어지면 새로 합성된 아미노산 사슬은 기능을 수행할 수 있는 모양으로 자연스럽게 접힌다. 단백질이 올바르게 접히지 않으면 어떻게 될까? 알츠하이머병과 파킨슨병과 같은 질병의 경우 잘못 접힌 단백질이 축적된다. 광우병과 같은 심각한 퇴행성 뇌 질환(10.21절 참조)은 전염성 기형 단백질인 프리온(prion)과 관련된다. 이러한 질병을 통해 구조와 기능 간 상관관계의 중요성을 더욱 강조하게 된다. 단백질의 독특한 3차 구조가 적절한 기능을 결정한다. 다음 두 절에서는 단백질의 구조가 어떻게 형성되는지 살펴본다.

? 변성된 단백질이 더 이상 정상적으로 기능하지 않는 이유는 무엇인가?

■ 각 단백질의 기능을 결정하는 특정 모양이 변성되면 사라지기 때문이다.

3.13 단백질은 펩타이드 결합으로 연결된 아미노산으로 만들어진다

이제 단백질의 단량체가 어떻게 생겼는지 살펴보자. **아미노산(amino acid)**은 모두 아미노기와 카르복실기를 가지고 있다('산을 만드는' 작용을 해서 아미노산이라는 이름이 붙음). **그림 3.13A**에 표시된 일반 구조에서 볼 수 있듯, 이 두 작용기는 중앙의 탄소 원자에 공유결합으로 결합되어 있다. 이 탄소와 결합된 다른 2개의 파트너는 수소 원자와 문자 R로 상징되는 다양한 화학 그룹이다. 가장 단순한 아미노산(글리신)에서 R 그룹은 수소 원자다. 다른 모든 아미노산에서 R 그룹은 하나 이상의 탄소 원자에 다양한 작용기가 부착된 형태로 구성된다.

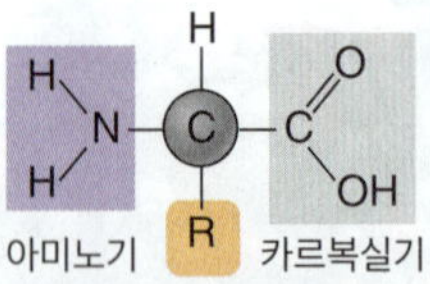

▲ **그림 3.13A** 아미노산의 일반 구조

20개의 아미노산은 모두 부록 3에 포함되어 있으며, R 그룹이 소수성인지 친수성인지에 따라 그룹화되어 있다. **그림 3.13B**는 이 두 가지 주요 유형을 대표적으로 보여준다. 소수성 아미노산은 비극성 R 그룹을 가지고 있으며, 그림에 표시된 류신(Leu)의 R 그룹에 있는 비극성 C-H 결합을 주목하자. 반면에 친수성 아미노산의 R 그룹은 극성을 띠거나 전하를 띨 수 있다. 산성 또는 염기성 그룹을 포함하는 R 그룹은 세포 내 pH에서 이온화될 수 있다. 실제로 그림 3.13B에서 볼 수 있듯이 중앙 탄소에 부착된 아미노기와 카르복실기는 일반적으로 세포 pH에서 이온화된 형태다(표 3.2의 이온화된 형태 참고).

이제 아미노산이 어떻게 연결되어 중합체를 형성하는지 살펴보고자 한다. 중합체의 형성 과정을 추측할 수 있는가? 세포는 물 분자가 제거되면서 한 아미노산의 카르복실기가 다음 아미노산의 아미노기에 연결되는 탈수반응을 통해 아미노산을 서로 결합한다(**그림 3.13C**). 이렇게 생성된 공유결합을 **펩타이드 결합(peptide bond)**이라고 한다. 그림에 표시된 반응의 생성물은 2개의 아미노산으로 만들어졌기 때문에 다이펩타이드(dipeptide)다. 동일한 방법으로 아미노산을 추가하여 아미노산의 사슬, 즉 **폴리펩타이드(polypeptide)**가 형성된다.

단 20개의 아미노산으로 어떻게 수천 가지 다양한 종류의 단백질을 만들 수 있을까? 그 답은 서열과 관련이 있다. 글자의 서열과 단어 길이를 바꾸면 수천 개의 영어 단어를 만들 수 있음을 알 것이다. 단백질의 '알파벳'은 영어 알파벳보다 수가 작지만(26개가 아닌 20개의 '글자'), '단어'는 훨씬 길다. 대부분의 폴리펩타이드는 길이가 최소 100개 이상의 아미노산으로 이루어져 있으며, 일부는 1,000개 이상이다. 각기 다른 폴리펩타이드는 아미노산의 고유한 서열을 가지고 있다.

하지만 털실로 짜인 스웨터가 더 이상 털실이 아니듯이 단백질은 특정 서열의 긴 폴리펩타이드 사슬과 동일한 모양이 아니다. 폴리펩타이드 사슬을 독특한 3차원 모양으로 감고 접는 박음질은 무엇일까? 바로 구성 아미노산의 R 그룹이 단백질 구조에 영향을 미치는 역할을 한다. 소수성 아미노산은 구형의 단백질 중앙에, 친수성 아미노산은 바깥쪽을 향해 있어 단백질이 세포 수용액에서 녹을 수 있도록 한다. 친수성 R 그룹 사이의 수소결합과 이온결합도 단백질의 형태를 결정하는 데 작용하며, 일부 R 그룹에서 공유결합인 황 원자 사이의 이황화결합도 단백질의 형태를 결정하는 데 중요하다. (그림 3.12A의 노란색 선을 다시 보자.) 폴리펩타이드에 있는 다양한 유형의 아미노산의 고유한 서열이 단백질의 모양을 결정한다. 다음 절에서 이 과정을 시각적으로 살펴보고자 한다.

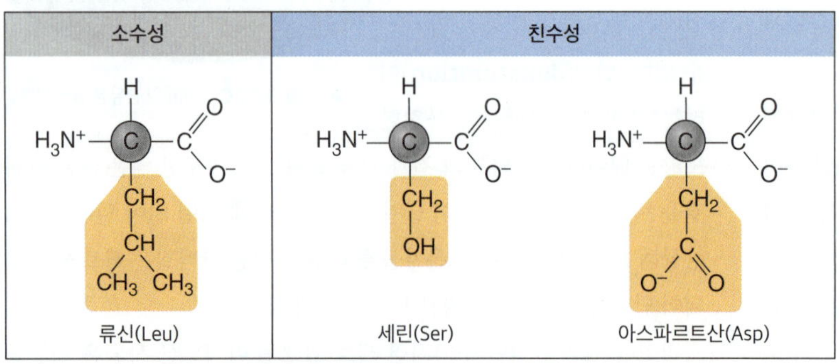

▲ **그림 3.13B** 소수성 및 친수성 R 그룹을 가진 아미노산의 예

시도해 보기 이 세 가지 아미노산을 소수성 또는 친수성으로 만드는 결합과 작용기를 찾아보시오.

? 우리가 섭취한 단백질은 어떤 과정을 거쳐 각각의 아미노산으로 분해되는가?

■ 가수분해를 통해 물 분자가 다시 추가되며 각 펩타이드 결합이 끊어진다.

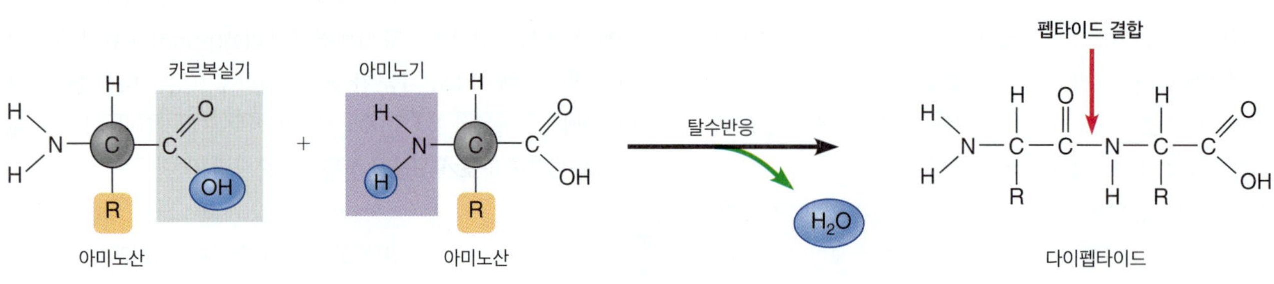

▲ **그림 3.13C** 펩타이드 결합 형성

3.14 단백질의 기능적 형태는 4단계 구조에서 비롯된다

단백질의 **1차 구조**(primary structure)는 폴리펩타이드 사슬에 있는 아미노산의 정확한 순서다. 그런 다음 사슬의 일정 부분이 감기거나 접히는 국부적인 패턴을 **2차 구조**(secondary structure)라고 한다. 단백질의 전체적인 3차원 형태를 **3차 구조**(tertiary structure)라고 한다. 폴리펩타이드 사슬이 2개 이상인 단백질은 **4차 구조**(quaternary structure)를 갖는다.

이러한 구조적 단계가 서로 겹쳐져 기능성 단백질을 형성하는 방법을 시각적으로 알아보기 위해 혈액에서 발견되는 중요한 수송단백질인 트랜스사이레틴(transthyretin)을 살펴보고자 한다. 이 단백질은 특별한 모양으로 인해 비타민 A와 갑상샘호르몬을 우리 몸 전체로 운반할 수 있다.

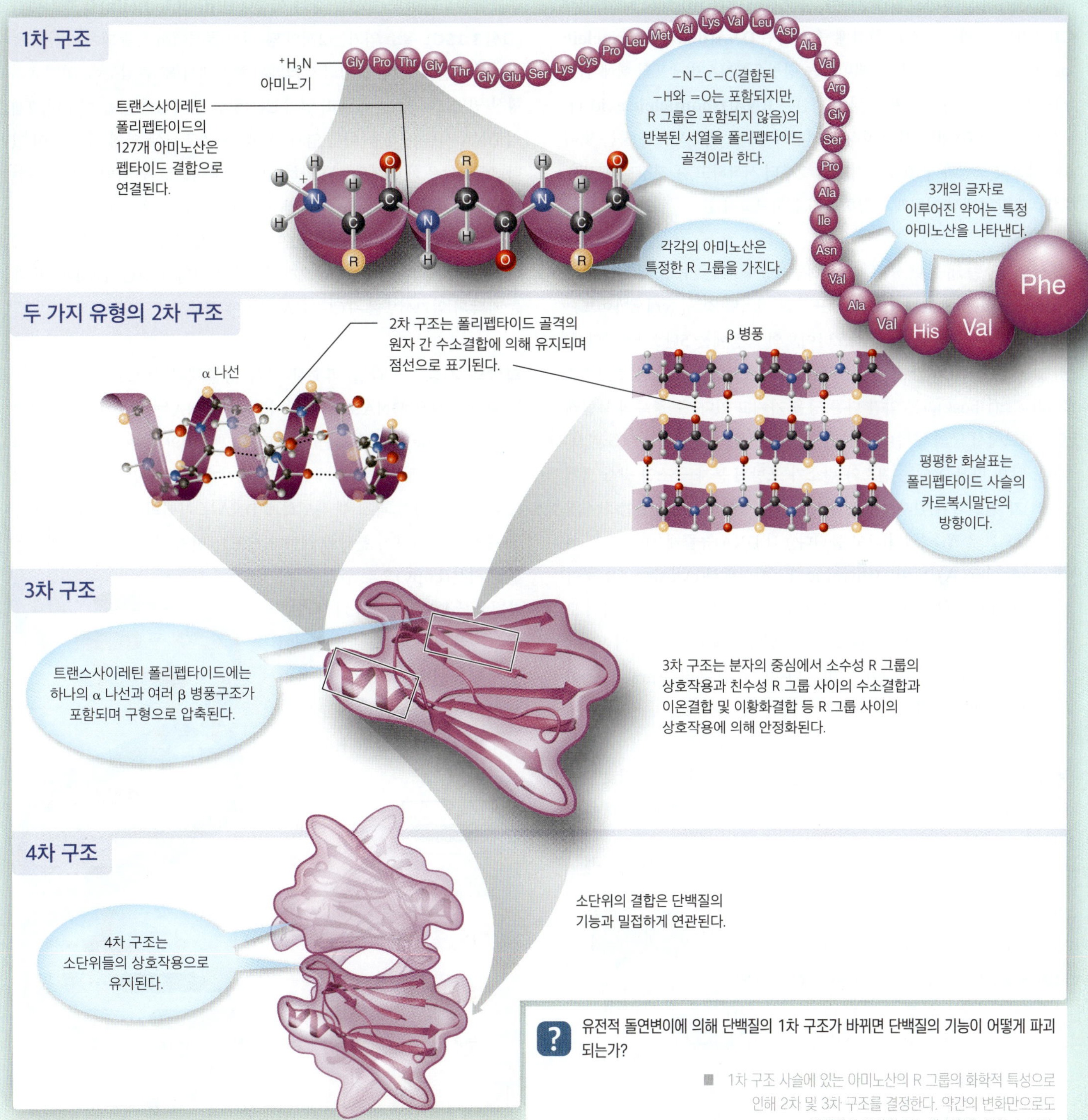

? 유전적 돌연변이에 의해 단백질의 1차 구조가 바뀌면 단백질의 기능이 어떻게 파괴되는가?

■ 1차 구조 사슬에 있는 아미노산의 R 그룹의 화학적 특성으로 인해 2차 및 3차 구조를 결정한다. 약간의 변화만으로도 단백질의 모양과 기능에 영향을 미칠 수 있다.

시도해 보기 그림 3.12A의 라이소자임의 리본 모델을 보고, α 나선의 세 영역과 β 병풍구조의 한 영역을 확인하시오.

3.15 핵산인 DNA와 RNA는 정보가 풍부한 뉴클레오타이드의 중합체다

앞 절에서 살펴본 바와 같이 폴리펩타이드의 1차 구조가 단백질의 모양을 결정한다. 그렇다면 이 폴리펩타이드의 1차 구조를 결정하는 것은 무엇일까? 폴리펩타이드의 아미노산 서열은 **유전자(gene)**로 알려진 개별 단위에 의해 프로그래밍된다. 유전자는 **핵산(nucleic acid)**이라고 불리는 두 가지 유형의 중합체 중 하나인 **DNA(deoxyribonucleic acid)**로 구성된다. 핵산의 '핵'이라는 명칭은 DNA가 세포의 핵에 위치하는 데서 유래했다. 다른 유형의 핵산은 **RNA(ribonucleic acid)**다. 그 역할은 DNA의 지시에 따라 폴리펩타이드로 발현되도록 하는 것이다. 핵산의 구성과 구조를 살펴보는 것부터 시작하고, 유전정보의 저장, 전달 및 발현에서 어떻게 기능하는지 살펴보고자 한다.

핵산의 단량체 핵산을 구성하는 단량체는 **뉴클레오타이드(nucleotide)**다. **그림 3.15A**에 표시된 것처럼 각 뉴클레오타이드는 세 부분으로 구성된다. 뉴클레오타이드의 중심에는 5탄소 당(파란색)이 있는데, DNA의 당은 디옥시리보오스(deoxyribose)인 반면, RNA는 리보스(ribose)라는 약간 다른 당을 가지고 있다. 두 종류의 뉴클레오타이드에서 당의 한쪽에 연결된 것은 음전하를 띠는 인산기(노란색)이다. 당의 다른 쪽에는 질소와 탄소가 포함된 분자 구조인 질소 염기(녹색)가 연결되어 있다. (질소 원자는 수용액에서 H^+와 결합하는 경향이 있으므로 질소 '염기'라고 불린다.) 각 DNA 뉴클레오타이드는 아데닌(adenine, A), 타이민(thymine, T), 사이토신(cytosine, C), 구아닌(guanine, G)의 네 가지 질소 염기 중 하나를 가지고 있다. 따라서 모든 유전정보는 4글자의 알파벳으로 기록된다. RNA 뉴클레오타이드에도 염기 A, C, G가 포함되어 있지만, 타이민 대신 우라실(uracil, U)이라는 염기가 발견된다.

뉴클레오타이드 중합체 다당류 및 폴리펩타이드와 마찬가지로 핵산 중합체인 폴리뉴클레오타이드도 탈수반응에 의해 단량체로부터 만들어진다. 이 과정에서 한 뉴클레오타이드의 당이 다음 단량체의 인산기에 결합한다. 그 결과 **그림 3.15B**의 파란색과 노란색 리본으로 표시된 것처럼 중합체에서 반복되는 당-인산 골격(sugar-phosphate backbone)이 만들어진다. (질소 염기는 골격의 일부가 아니다.)

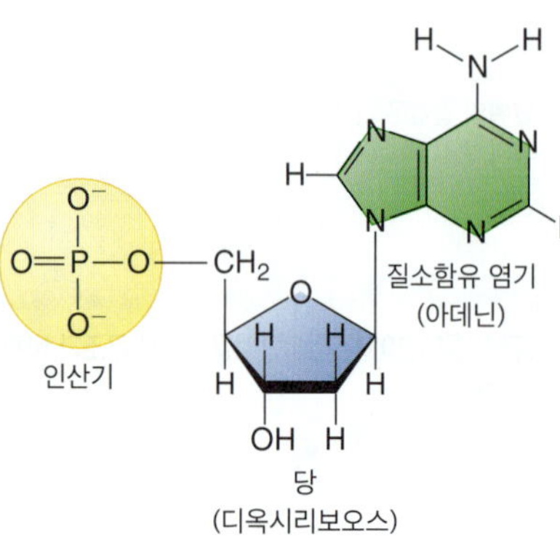

▲ **그림 3.15A** 뉴클레오타이드

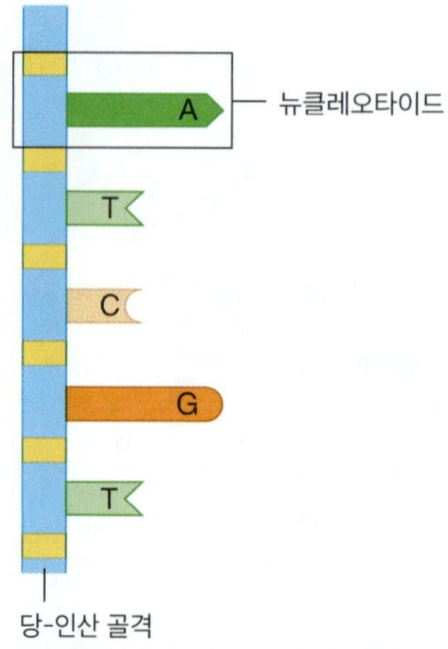

▲ **그림 3.15B** 폴리뉴클레오타이드

RNA는 일반적으로 단일가닥의 폴리뉴클레오타이드로 구성된다. DNA 분자는 두 가닥의 폴리뉴클레오타이드를 포함하고 있으며, 이 폴리뉴클레오타이드는 서로 감겨 **이중나선(double helix)**을 형성한다(**그림 3.15C**). 질소 염기는 2개의 당-인산 골격에서 돌출되어 나선의 중앙에서 쌍을 이룬다. 그림의 도식화된 모양에서 볼 수 있듯이, 염기 A는 항상 염기 T와 짝을 이루고, 염기 C는 항상 염기 G와 짝을 이루며, 2개의 DNA 사슬은 짝을 이룬 염기 사이의 수소결합에 의해 서로 묶여 있다. 이 결합은 개별적으로는 약하지만, 총체적으로 두 가닥을 이중나선으로 안정하게 유지시켜 준다. 염기쌍 규칙으로 인해 이중나선의 두 가닥은 '상보적(complementary)'이라고 하며, 각각은 서로 예측 가능하다. 따라서 한 가닥의 뉴클레오타이드 염기서열이 -AGCACT-이면 다른 가닥의 염기서열은 -TCGTGA-이어야 한다.

핵산의 기능 사람을 비롯한 모든 생물체가 부모로부터 물려받는 유전물질은 DNA로 구성되어 있다. DNA는 세포 내에 염색체(chromosome)라고 불리는 하나 또는 그 이상의 매우 긴 구조로 존재하며, 각 염색체에는 수백 개 이상의 유전자가 들어 있다. 생명체 구성 분자 중에서 합성 과정 때 유일하게 DNA는 자신의 복제에 대한 방향을 제공한다. 세포가 분열할 때마다 세포는 먼저 각 염색체를 2개의 동일한 사본(copy)으로 만든다. 이 과정에서 DNA의 구조가 중요한 이유는 무엇일까? 상보적인 염기쌍이 핵심인데, 이중나선이 풀리고 분리된 가닥을 따라 새로운 상보적인 가닥이 조립된다. 따라서

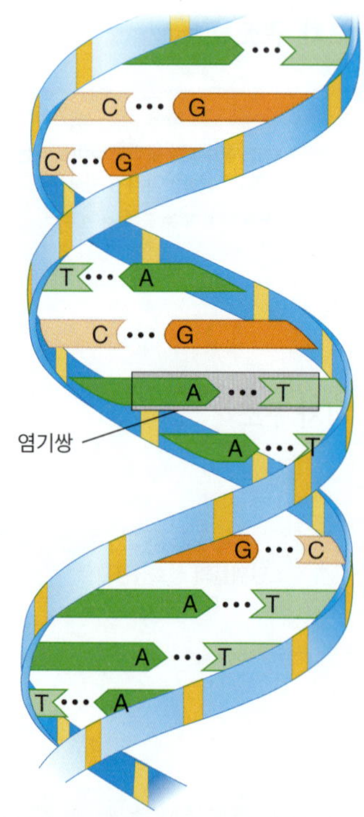

▲ **그림 3.15C** DNA 이중나선

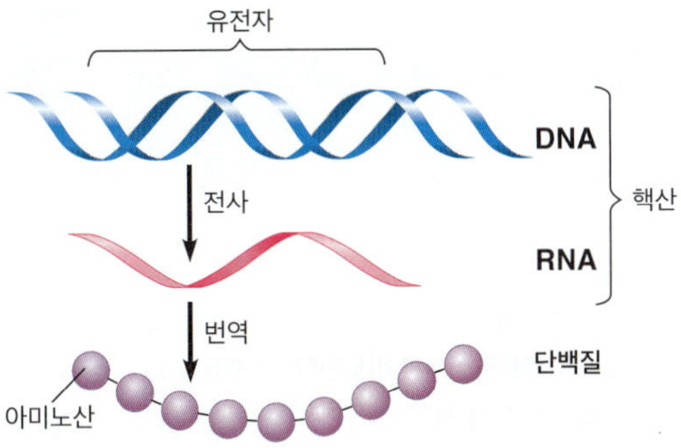

◀ 그림 3.15D 단백질을 구성하는 유전정보의 흐름

세포가 분열할 때 각 딸 세포에 유전정보가 전달된다.

이러한 명령어는 단백질의 합성을 지시하여 세포의 모든 활동을 프로그래밍한다. **그림 3.15D**는 단백질 생산에서 DNA와 RNA의 역할, 즉 **유전자 발현(gene expression)** 과정을 보여준다. 유전자는 먼저 RNA 분자의 합성을 지시한다. 이를 DNA가 RNA로 전사(transcription)된다고 말한다. 동일한 염기쌍 규칙에 따라 DNA에서 RNA로 정보가 정확하게 전사된다(단, DNA의 A 뉴클레오타이드가 RNA의 U 뉴클레오타이드와 쌍을 이룬다). 그런 다음 RNA 분자는 세포의 단백질 생성 기구와 상호작용한다. 여기서 '핵산 언어'로 쓰인 유전자의 명령은 폴리펩타이드의 아미노산 서열인 '단백질 언어'로 번역(translation)된다. DNA → RNA → 단백질로 요약되는 유전자 발현으로 이어지는 유전자 명령의 흐름은 **정보**의 중요한 생물학적 주제를 잘 보여준다.

상보적 염기쌍은 DNA에서 RNA로 정보를 전달한다. 그러나 RNA 분자 내의 상보적인 뉴클레오타이드 사이에서도 염기가 쌍을 이룰 수 있으며 RNA 분자가 다양한 기능에 필요한 특정 3차원 구조를 형성하도록 한다. 세 가지 유형의 RNA 분자가 단백질 합성 과정에 관여한다. 최근 연구를 통해 이전에 알려지지 않았던 유전자 발현을 조절하는 데 관여하는 RNA 분자의 새로운 유형이 밝혀졌다. (DNA와 RNA의 기능은 단원 2에서 더 자세히 살펴본다.)

생물체의 유전자는 단백질을 결정하고 따라서 신체의 구조와 기능을 결정한다. 이 장 도입부의 주제인 젖당불내증으로 돌아가서 생물학적 분자 연구를 마무리하면서 유전자가 어떻게 기능을 지시하는지에 대한 예를 살펴보고자 한다. (다음 장에서는 생물학적인 계층 구조에서 세포 단계를 살펴본다.)

? 상보적 염기쌍은 DNA의 기능에서 어떤 역할을 하는가?

■ 상보적 염기쌍은 DNA의 정밀한 복제를 가능하게 하여 세포가 분열할 때마다 유전정보가 완벽하게 전달되도록 한다. 또한 RNA 분자가 단백질 합성을 위해 DNA의 정확한 지시를 전달할 수 있도록 한다.

3.16 젖당 내성은 사람 진화의 최근 사건이다

진화 연관성 도입부에서 알아본 것처럼, 대부분의 사람들은 유년기에 젖당분해효소 생성이 중단되어 젖당을 쉽게 소화하지 못한다. 연구자들은 젖당 내성 및 과민증의 지역적 분포에 대한 유전적·진화적 근거에 대해 궁금해했다. 2002년 한 과학자 그룹은 아프리카, 아시아, 유럽계 196명의 젖당소화장애 성인의 유전자 연구를 완료했다. 그들은 젖당소화장애가 실제로 사람의 일반적인 현상이라고 판단했다. 젖당 내성은 사람 유전체에서 비교적 최근에 발생한 돌연변이에 의해 나타난다.

우유를 마시는 것과 진화는 어떤 관련이 있는가?

성인이 된 후에도 젖당분해효소를 만드는 능력은 북유럽계 사람들에게 집중되어 있으며, 과학자들은 젖당 내성이 생존에 유리하기 때문에 이 집단에서 널리 퍼진 것으로 추측했다. 중동과 북아프리카 인구는 7,500~9,000년 전에 소를 가축으로 길들였고, 이후 이 가축들이 유럽으로 유입됐다. 상대적으로 추운 기후의 북유럽에서는 농사를 통해서는 1년에 한 번만 수확이 가능했기 때문에 가축이 중요한 식량 공급원이 되었을 가능성이 높다. 우유와 다른 유제품은 1년 내내 공급되므로 성인기까지 젖당분해효소 유전자가 발현되는 돌연변이를 가진 사람들이 자연선택에서 유리했을 것이다. 젖당분해효소 생성이 지속되도록 하는 돌연변이는 지난 5,000년 동안 유럽에서 급속히 퍼진 것으로 보인다.

과학자들은 유럽인에게서 발견되는 젖당 내성 돌연변이가 젖소를 키우는 다른 문화권에도 존재하는지 궁금했다. 실제로 2007년에 발표된 한 연구에서는 동아프리카의 다양한 인종 집단의 유전적 구성과 젖당 내성을 비교했다. 연구진은 유럽인 돌연변이와는 서로 다른 세 가지 돌연변이를 확인했는데, 이는 젖당분해효소 유전자를 영구히 활성화되도록 유지하는 것과 관련이 있는 것으로 나타났다.

추운 겨울을 견디거나 우유를 마시면서 가뭄을 견디는 등 선택적 이점을 부여하는 돌연변이는 초기 유목민에게 급속히 퍼졌다. 이와 같은 돌연변이는 서로 다른 계통(lineage)에서 유사한 적응이 독립적으로 진화한 결과로 수렴진화(convergent evolution)의 한 예다(**그림 3.16**). 이러한 집단의 진화론적·문화적 역사는 유전자와 우유를 소화할 수 있는 지속적인 능력으로 기록되어 있다.

? 젖당 내성이 네 가지 주요 생물학적 고분자 중 세 가지와 어떻게 관련되어 있는지 설명해 보자.

■ 젖당은 단백질인 젖당분해효소에 의해 가수분해되는 탄수화물이다. 이 효소를 만드는 능력과 효소가 만들어지는 시기의 조절은 핵산인 DNA에 암호화되어 있다.

▲ **그림 3.16** 젖당 내성: 두 가지 다른 문화권에서 다른 돌연변이—동일한 적응

CHAPTER

3 복습

개념 복습하기

유기화합물 소개(3.1~3.3)

3.1 생명의 분자 다양성은 탄소의 특성에 기초한다. 탄소가 다른 4개의 원자와 결합할 수 있는 능력은 크고 다양한 유기화합물을 만드는 기초가 된다. 탄화수소는 탄소와 수소로만 구성된다. 이성질체는 화학식은 같지만 구조가 다르다.

3.2 몇 가지 화학 그룹이 생명체 분자의 기능에 중요하다. 친수성 작용기는 유기분자에 특정한 화학적 성질을 부여한다.

3.3 세포는 제한된 종류의 작은 분자 집합으로 큰 분자를 만든다.

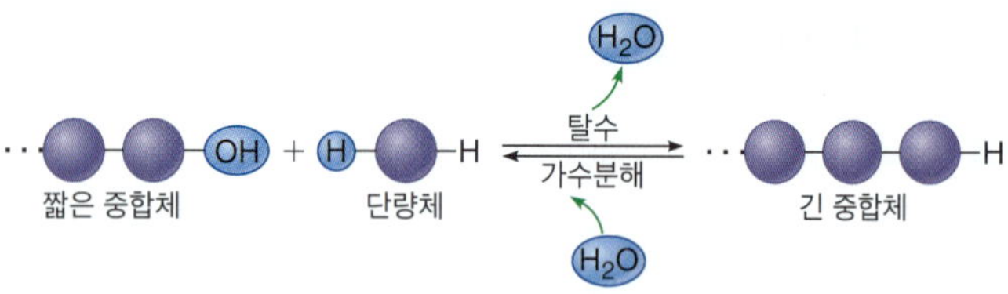

탄수화물(3.4~3.7)

3.4 단당류는 가장 단순한 탄수화물이다. 단당류는 CH_2O의 배수인 화학식을 가지며 알코올기와 카르보닐기를 포함한다.

3.5 2개의 단당류가 연결되어 이당류를 형성한다.

3.6 우리는 설탕을 너무 많이 섭취하고 있나? WHO는 하루 칼로리의 10% 미만을 첨가 당(설탕)으로 섭취할 것을 권장한다. 비만, 혈당, 건강에 미치는 악영향 사이의 연관성을 뒷받침하는 연구 결과가 많다.

3.7 다당류는 당 단량체의 긴 사슬이다. 녹말과 글리코겐은 저장 다당류이며, 셀룰로오스는 식물 세포벽에서 발견되는 구조 다당류다. 키틴은 곤충 외골격과 곰팡이 세포벽의 구성성분이다.

지질(3.8~3.11)

3.8 지방은 주로 에너지 저장 분자로 작용하는 지질이다. 지질은 주로 탄소와 수소로 구성된 다양하고 소수성인 화합물이다. 지방(트리글리세리드)은 글리세롤이 3개의 지방산과 연결된 형태로 구성된다. 포화지방산은 동물성 지방에서 발견되며, 불포화지방산은 식물성 기름의 전형적인 지방산이다.

3.9 과학적 연구로 트랜스지방의 건강 위험성이 밝혀졌다.

3.10 인지질과 스테로이드는 다양한 기능을 가진 중요한 지질이다. 인지질은 세포막의 구성성분이다. 스테로이드에는 콜레스테롤과 일부 호르몬이 포함된다.

3.11 동화성 스테로이드는 건강 위험을 초래한다.

단백질(3.12~3.14)

3.12 단백질은 광범위한 기능과 구조를 갖는다. 단백질은 세포의 거의 모든 활동에 관여하며, 효소로서 화학반응을 조절한다.

3.13 단백질은 펩타이드 결합으로 연결된 아미노산으로 만들어진다. 단백질의 다양성은 아미노기, 카르복실기, H 원자, R 그룹이 모두 중심 탄소에 붙어 있는 단량체인 아미노산의 서로 다른 서열에 기반한다. R 그룹은 각각 특정 성질을 가진 20개의 아미노산을 구분한다.

3.14 단백질의 기능적 형태는 4단계 구조에서 비롯된다. 단백질의 1차 구조는 폴리펩타이드 사슬에 있는 아미노산의 서열이다. 2차 구조는 사슬의 꼬임 및 접힘으로, 수소결합에 의해 안정화된다. 3차 구조는 폴리펩타이드의 전체적인 3차원 모양으로, R 그룹 간의 상호작용으로 인해 발생한다. 2개 이상의 폴리펩타이드로 이루어진 단백질은 4차 구조를 갖는다.

핵산(3.15~3.16)

3.15 핵산인 DNA와 RNA는 정보가 풍부한 뉴클레오타이드의 중합체다. 뉴클레오타이드는 당, 인산기, 질소 염기로 구성된다. DNA는 이중나선, RNA는 단일 폴리뉴클레오타이드 사슬이다. DNA와 RNA는 단백질의 설계도 역할을 하여 세포의 생명을 조절한다. DNA는 유전의 분자다.

3.16 젖당 내성은 사람 진화의 최근 사건이다. 조상이 젖소를 키운 여러 사람 집단에서 DNA의 다양한 돌연변이로 인해 젖당 내성이 생겼다.

개념 연결하기

1. 다음 표를 작성하여 네 가지 유기 분자 구조와 기능을 검토하시오.

분자의 종류와 그 구성요소	기능	예
탄수화물 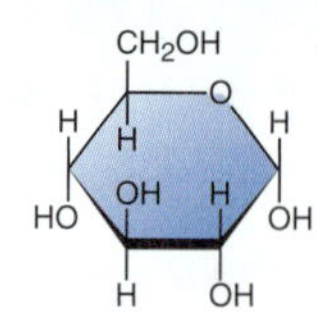 단당류	세포의 에너지원, 연료	a. ______
	b. ______	녹말, 글리코겐
	식물세포 지지작용	c. ______
지질 (중합체 형성 없음) 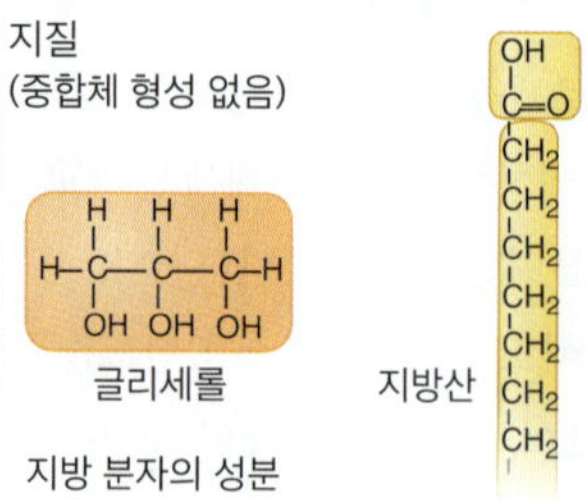 지방 분자의 성분	에너지 저장	d. ______
	e. ______	인지질
	호르몬	f. ______
단백질 g. ______ h. ______ 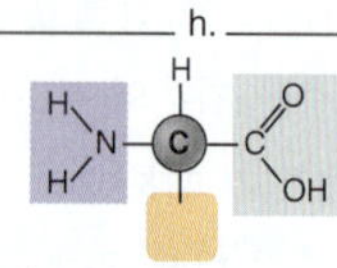 i. ______ 아미노산	j. ______	젖당분해효소
	k. ______	머리카락, 힘줄
	l. ______	근육단백질
	운반	m. ______
	신호전달	신호단백질
	n. ______	항체
	저장	종자 내 단백질
	신호 수용	수용체단백질
핵산 p. ______ o. ______ 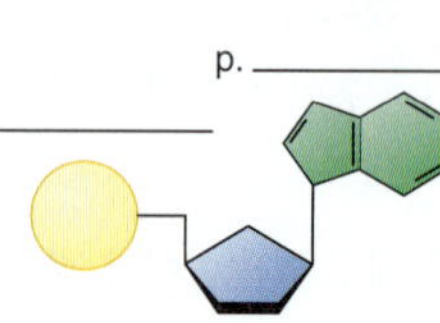 뉴클레오타이드 q. ______	유전	r. ______
	s. ______	DNA와 RNA

학습 평가하기

1단계 : 지식과 이해력 평가

2. 다음 중 유기 분자에 항상 포함되는 원소는?
   a. 탄소와 질소　　b. 질소와 황
   c. 수소와 탄소　　d. 탄소와 산소
3. 두 DNA 가닥을 서로 묶어주는 결합은 무엇인가?
   a. 이온결합　　b. 펩타이드 결합
   c. 수소결합　　d. 공유결합
4. 소가 셀룰로오스에서 영양분을 얻을 수 있는 이유로 올바른 것은?
   a. 포도당-포도당 결합의 모양을 인식하고 이를 가수분해하는 효소를 생성하기 때문이다.
   b. 셀룰로오스 섬유를 분해하기 위해 다시 씹기 때문이다.
   c. 소화관에는 셀룰로오스의 결합을 가수분해할 수 있는 미생물이 포함되어 있기 때문이다.
   d. 셀룰로오스를 녹말로 전환하고 녹말을 소화할 수 있기 때문이다.
5. 다음 작용기 중 극성으로 유기화합물을 친수성으로 만드는 경향이 있는 것은?
   a. 카르보닐기　　b. 아미노기
   c. 알코올기　　d. a~c 모두
6. 다음 중 맞는 설명은?
   a. 스테로이드는 주로 동물의 세포막에서 발견되는 포화지방이다.
   b. 인지질은 친수성인 머리와 소수성인 2개의 지방산 꼬리를 가지고 있다.
   c. 포화지방산은 물에 녹지 않지만 지방산은 식초에 녹는다.
   d. 포화지방산은 지방산 꼬리 부분의 이중결합을 제거하여 불포화지방산으로 전환된다.

2단계 : 응용과 분석력 평가

7. 토양에 인이 부족할 때 식물이 특히 합성하기 어려운 물질은?
   a. DNA　　b. 단백질
   c. 셀룰로오스　　d. 설탕
8. 사람의 세포 유형 중 가장 많은 에너지를 저장하는 것은?
   a. 간세포
   b. 지방세포
   c. 근육세포
   d. 모든 사람의 세포는 같은 양의 에너지를 저장한다.
9. 다음 중 수소결합이 끊어질 때 가장 영향을 적게 받는 단백질의 구조적 단계는?
   a. 1차 구조　　b. 2차 구조
   c. 3차 구조　　d. 4차 구조
10. 유기 분자에 있는 작용기에 동그라미를 치고 명명하시오. 이것은 어떤 유형의 화합물인가? 어떤 종류의 고분자물질에 속하는 단량체인가?

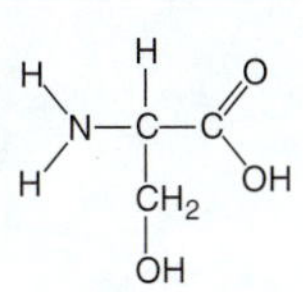

11. 대부분의 단백질은 세포의 물이 존재하는 환경에서 녹는 성질이 있다. 그렇다면 이 단백질의 전체 3차원 형태에서 소수성 R 그룹을 가진 아미노산이 위치하는 곳은 어디인가?
12. 설탕은 작은창자에서 단당류인 포도당과 과당으로 분해되어 혈액으로 흡수된다. 이 유형의 반응 이름은 무엇인가? 이 설탕의 구조 그림을 사용하여 이러한 반응이 어떻게 일어나는지 설명하시오.

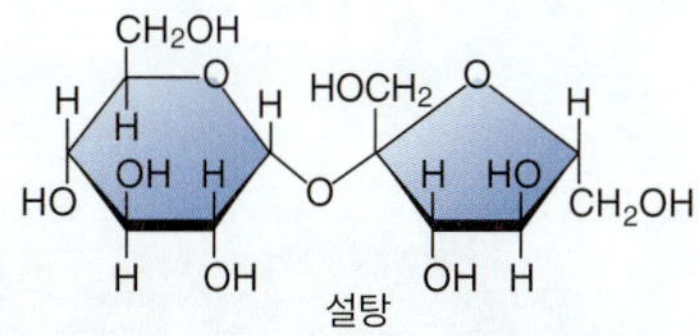

설탕

13. 핵산의 기능에서 상보적인 염기쌍의 역할을 설명하시오.
14. 단백질의 한 아미노산을 다른 아미노산으로 바꾸면 단백질이 정상적으로 기능하지 못하는 이유를 설명하시오.

3단계 : 종합평가

15. 생명체의 다양성은 엄청나다. 그러나 생명의 분자 논리는 단순하고 명쾌하다. 모든 생명체에 공통적인 소분자가 독특한 고분자로 질서 있게 배열되어 있다. 유기 분자의 다양성에서 탄소가 중심이 되는 이유를 설명하시오. 탄소 골격, 화학 그룹, 단량체, 중합체는 이러한 생물체의 분자 논리와 어떠한 연관이 있는가?

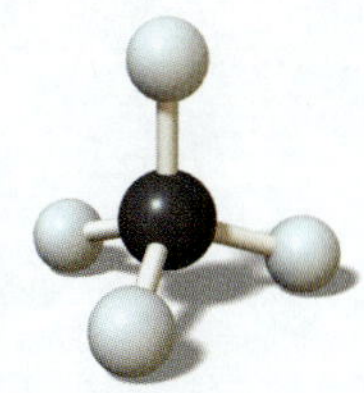

16. 세포는 20개의 아미노산으로 다양한 종류의 단백질을 만들 수 있는가? 무수히 많은 단백질이 생성될 수 있는 가능성 중에서 세포는 어떤 단백질을 만들어야 할지 어떻게 알 수 있는가?
17. 사람의 세포는 세포막이 제대로 기능하는 데 필수적인 일부 불포화지방산을 만들지 못한다. 이 문제에 대한 자연의 해결책은 무엇인가?
18. 효소는 일반적으로 최적의 pH와 온도에서 가장 잘 작동한다. 다음 그래프는 다양한 온도에서 두 가지 효소의 효과를 보여준다.

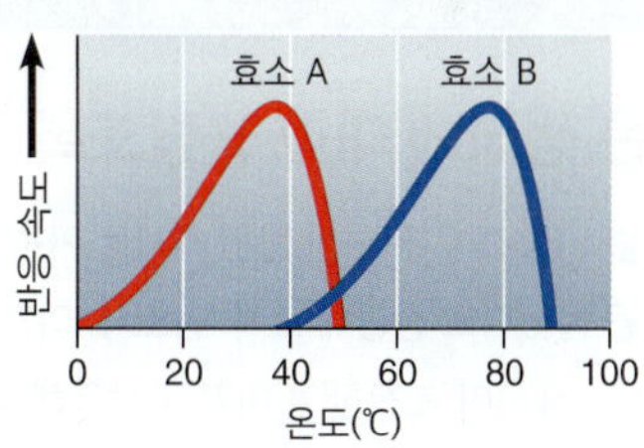

   a. 효소 A와 효소 B가 가장 효과적으로 작용할 수 있는 온도는?
   b. 이 효소 중 하나는 사람에게서, 다른 하나는 호열성(열을 좋아하는) 박테리아에서 발견된다. 어떤 효소가 어떤 개체에서 발견된다고 예측할 수 있는가?
   c. 효소 구조에 대해 알고 있는 것을 바탕으로, 효소 A가 촉매로 작용하는 반응 속도가 40℃(140℉) 이상의 온도에서 느려지는 이유를 설명하시오.
19. **과학적 사고** 3.9절에서 소개한 간호사 보건 연구의 또 다른 측면에서는 규정된 식사의 한 성분을 다른 성분으로 대체했을 때 관상동맥 심장질환 위험의 변화 비율을 조사했다. 이 결과에 따르면 식단에서 포화지방에서 불포화지방으로 에너지의 5%를 대체하면 심장병 위험이 42% 감소하고, 트랜스지방에서 불포화지방으로 2%를 대체하면 위험이 53% 감소하는 것으로 추정되었다. 이 수치가 무엇을 의미하는지 설명하시오.

CHAPTER 4

세포 둘러보기

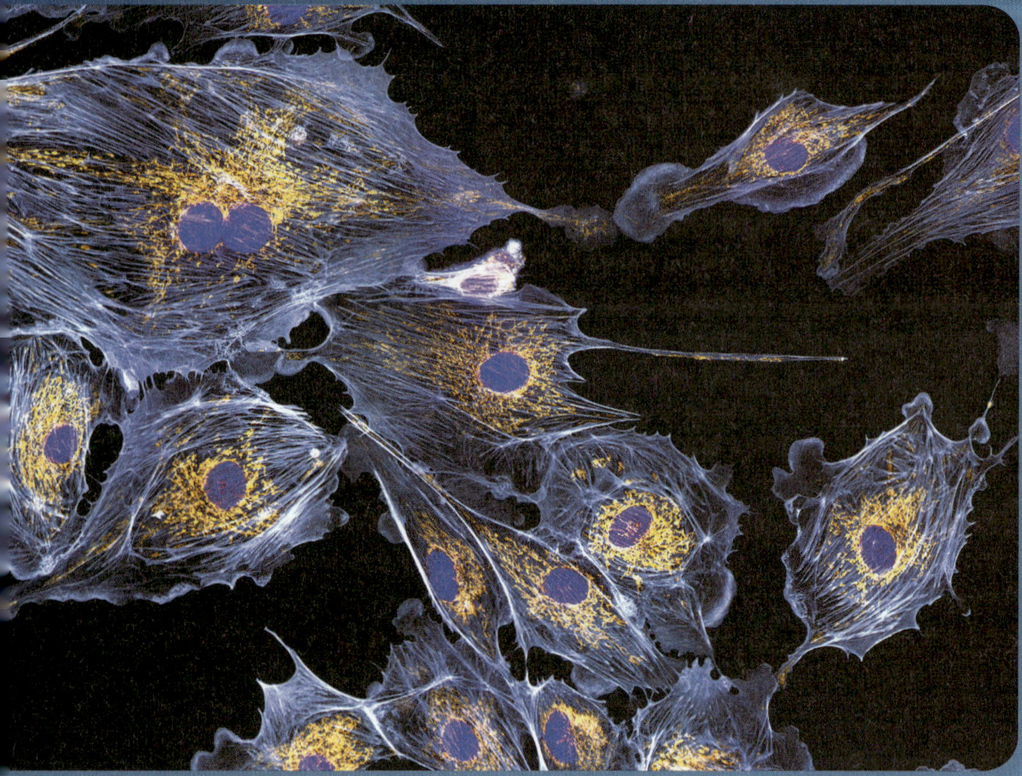

핵심 개요

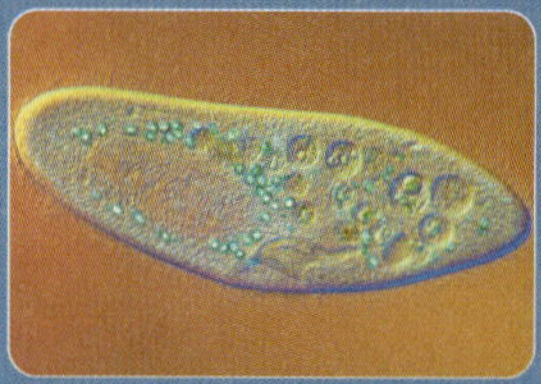

세포 개론 (4.1~4.4)

현미경은 생명체의 기본 단위인 세포의 구조를 보여준다.

핵과 리보솜 (4.5~4.6)

세포의 유전 지침은 핵에 저장되어 있으며 리보솜에 의해 수행된다.

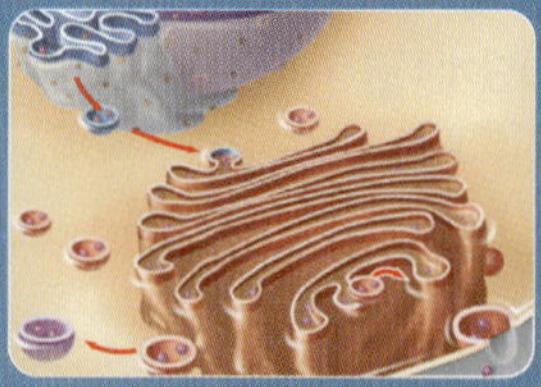

내막계 (4.7~4.12)

내막계는 물질의 제조, 분배, 분해에 관여한다.

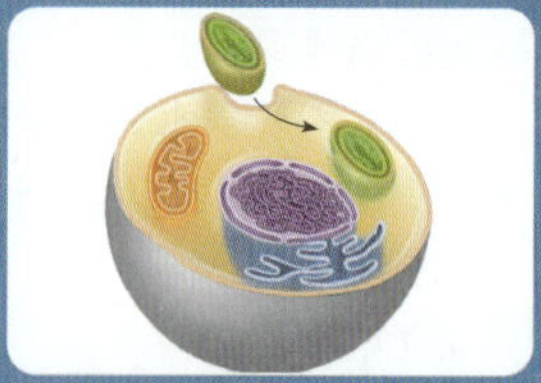

에너지 전환 세포소기관 (4.13~4.15)

모든 진핵세포에 있는 미토콘드리아와 식물 세포에 있는 엽록체는 에너지 공정에 관여한다.

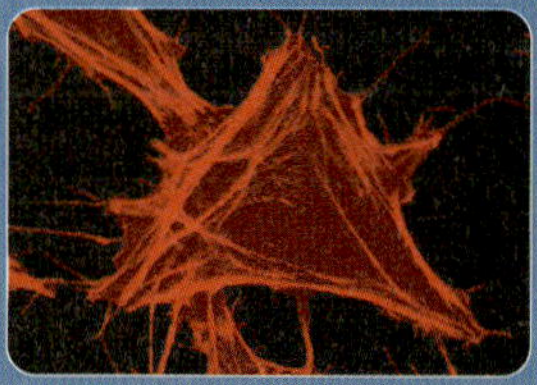

세포뼈대와 세포 표면 (4.16~4.22)

세포뼈대(세포골격)와 세포외 구성요소는 지지와 운동을 제공하고, 기능적으로 소통하게 한다.

4.0 현미경은 생명에 대한 놀랍도록 새로운 시각을 보여준다

우리가 350년 전에 살고 있으며, "당신의 몸은 액체로 가득 찬, 눈에 보이지 않을 정도로 작은 방으로 이루어져 있다."라는 말을 들었다고 상상해 보자. 맙소사! 이건 말도 안 되는 소리다!

1665년 훅(Robert Hooke)이 조잡한 현미경을 사용해 상수리나무의 껍질을 관찰했을 때의 충격과 놀라움을 상상해 보자. 훅은 자신이 본 구조를 셀룰라(cellulae, 라틴어로 '작은 방'이라는 뜻)라고 불렀고 이로부터 세포(cell)라는 용어가 나오게 되었다. 수십 년 후, 네덜란드 과학자 레벤후크(Antoni van Leeuwenhoek)는 보다 정교한 현미경을 사용해 혈액, 정자(sperm), 연못물 등 수많은 대상을 관찰했다. 그는 자신의 치아를 긁어 얻은 시료에서 발견한 '아주 예쁘게 움직이는' 작은 동물과 같은 것을 그림으로 그리고 열정적인 설명을 남겼다. 이로 인해 이전에는 알려지지 않았던 보이지 않는 세상이 드러나게 되었다.

이후 몇 세기 동안 기술의 발달로 인해 미시 세계를 바라보는 우리의 시야가 크게 넓어졌다. 예를 들어, 면역형광현미경(immunofluorescent light microscope)의 도움으로 혈액세포의 내부 표면을 덮는 상피세포의 존재가 밝혀졌다(위 그림). 이 책 전체에 걸쳐 많은 현미경 사진을 보게 되는데, 종종 세부 사항을 강조하기 위해 사진을 그림과 같이 제시한다.

4장에서는 생명의 기초가 되는 세포에 대해 살펴본다. 이 장에서 이미지를 학습할 때 세포의 각 부분이 실제로 움직이며 상호작용하고 있다는 점을 명심하자. 실제로 생명 현상은 세포를 구성하는 많은 구성요소의 상호작용에서 비롯된다.

세포 개론

4.1 현미경은 세포의 세계를 보여준다

1600년대에 현미경이 처음 사용되기 전까지는 살아 있는 생명체가 세포라고 부르는 작은 단위로 구성되어 있다는 사실을 아무도 알지 못했다. 최초의 현미경은 생물학 실험실에서 사용하는 것과 같은 광학현미경이었다. **광학현미경(light microscope, LM)**은 가시광선을 미생물이나 얇게 자른 동물 또는 식물 조직 시료로 통과시킨 후, 다시 유리 렌즈를 통과시킨다. 렌즈는 빛을 굴절시켜 시료의 이미지가 관찰자의 눈이나 카메라에 투영될 때 확대되도록 한다.

배율은 물체의 실제 크기에 비해 이미지 크기를 증가시키는 것을 말한다. **그림 4.1A**는 짚신벌레(*Paramecium*)라는 단세포 생물체의 현미경 사진이다. 오른쪽 가장자리에 적혀 있는 "LM 230×"라는 표기는 이 사진이 광학현미경으로 촬영한 사진이며, 이미지가 실제 크기의 230배라는 것을 의미한다. 이 짚신벌레의 실제 길이는 약 0.33 mm다. **표 4.1**은 생물학자들이 가장 일반적으로 사용하는 길이 단위를 보여준다.

현미경 검사의 주요 요인은 이미지의 선명도를 측정하는 해상도다. 해상도는 가까이 있는 2개의 물체를 별개로 구분할 수 있는 능력이다. 예를 들어, 하나의 별처럼 보이는 밤하늘의 별이 망원경을 사용하면 쌍둥이 별처럼 보일 수 있다. 눈, 망원경, 현미경 등 모든 광학 기기는 해상도에 한계가 있다. 사람의 눈은 매우 미세한 모래알 크기인 0.1 mm 정도만큼 떨어져 있는 두 점을 구분할 수 있다. 일반적인 광학현미경의 해상도는 가장 작은 박테리아 크기인 약 0.2 μm보다 더 작은 것은 구분할 수 없다. 이렇게 작은 세포의 이미지는 아무리 몇 배로 더 확대한다 해도 광학현미경으로는 그 구조의 세세한 부분까지는 확인이 안 된다. 실제로 광학현미경은 물체를 약 1,000배까지만 효과적으로 확대할 수 있다.

훅이 세포를 발견한 1665년 이후부터 1900년대 중반까지 생물학자들이 세포를 관찰할 수 있는 장비는 광학현미경뿐이었다. 초기 생물학자들은 세포 부분들 간 대비를 증가시키는 다양한 염색 기술의 도움으로 광학현미경을 가지고 미생물, 동식물 세포, 심지어 세포 내의 일부 구조까지 발견했다. 1800년대 중반에 이르러 이러한 발견을 토대로 모든 생명체는 세포로 구성되어 있으며, 모든 세포는 다른 세포에서 유래한다는 **세포설(cell theory)**이 정립되었다.

1950년대에 생물학자들이 전자현미경을 사용하기 시작하면서 세포 구조에 대한 우리의 지식은 큰 도약을 이루었다. **전자현미경(electron microscope, EM)**은 빛을 사용하는 대신 전자빔을 시료에 관통시키거나 시료의 표면에 집중시킨다. 전자현미경은 광학현미경보다 해상도가 100배 향상되어 약 2 nm의 작은 생물구조도 구분할 수 있다. 이러한 고해상도 덕분에 생물학자들은 세포의 복잡한 초미세 내부 구조를 탐구할 수 있게 되었다. **그림 4.1B**와 **4.1C**는 두 종류의 전자현미경으로 관찰한 이미지를 보여준다.

생물학자들은 **주사전자현미경(scanning electron microscope,**

표 4.1 미터 단위 환산

1 m = 100 cm = 1,000 mm = 39.4인치
1 cm = 10^{-2} m(0.01 또는 1/100) = 0.4인치
1 mm = 10^{-3} m(0.001 또는 1/1,000 m) = 10^{-1} cm(0.1 또는 1/10 cm)
1 μm = 10^{-6} m(0.000001 m) = 10^{-3} mm
1 nm = 10^{-9} m = 10^{-3} μm

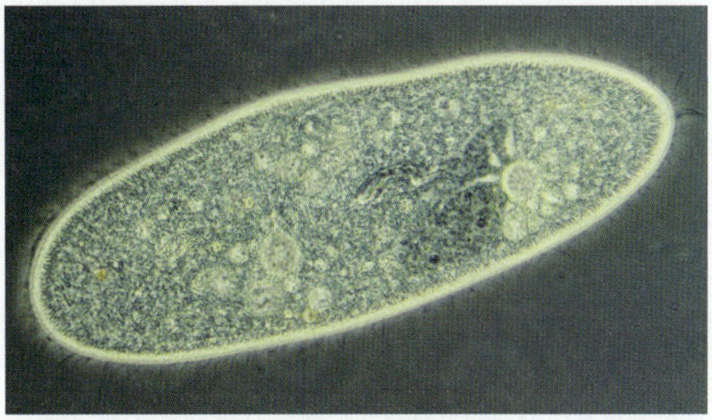

▲ **그림 4.1A** 단세포 생물인 짚신벌레의 광학현미경 사진

▲ **그림 4.1B** 짚신벌레의 주사전자현미경 사진

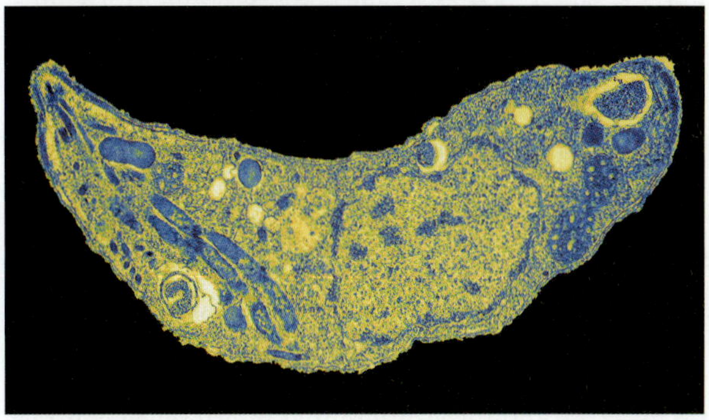

▲ **그림 4.1C** 톡소플라스마(*Toxoplasma*)의 투과전자현미경 사진(고양이의 기생충인 *Toxoplasma*는 사람을 감염시켜 톡소플라스마증이라는 질병을 일으킨다.)

시도해 보기 그림 4.1(B)의 짚신벌레와 이 그림의 톡소플라스마 사이의 주요 차이점을 기술해 보자. (힌트: 현미경 사진의 오른쪽에 있는 표기를 비교하자.)

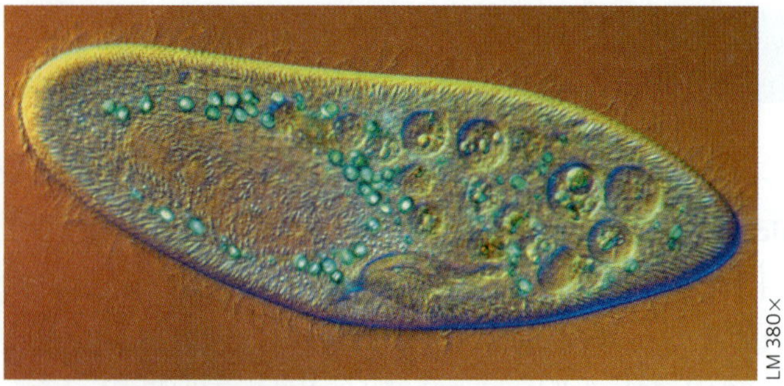

▲ **그림 4.1D** 짚신벌레의 차등간섭대비현미경 사진

SEM)을 사용하여 세포 표면의 상세한 구조를 연구한다. 주사전자현미경은 금을 얇게 입힌 세포 또는 그 외 다른 시료의 표면을 주사(scan)하기 위해 전자빔을 이용한다. 전자빔이 표면에 있는 전자를 흥분시키면 감지기가 전자를 감지하고, 이 패턴을 이미지로 전환시켜 비디오 화면에 투영한다. 그림 4.1B의 주사전자현미경 사진은 짚신벌레가 움직일 때 사용하는 돌기인 수많은 섬모를 뚜렷하게 보여준다. 음식물이 세포로 들어가는 구강홈(oral groove)이라 불리는 움푹 들어간 부분을 주목해 보자. 그림에서 보듯 주사전자현미경은 3차원 이미지를 생성한다.

투과전자현미경(transmission electron microscope, TEM)은 세포의 내부 구조를 상세히 연구하는 데 사용된다. 광학현미경이 시료에 광선을 투과하듯 투과전자현미경은 매우 얇게 자른 시료에 전자빔을 투과시킨다. 시료를 특정 세포 구조에 더 잘 달라붙는 중금속 원자로 염색한다. 전자는 밀도가 큰 부분에서 산란이 크게 이루어지므로 투과된 전자빔은 이에 따라 패턴 이미지를 형성하게 된다. 광학현미경에서 사용되는 유리 렌즈 대신 주사전자현미경과 투과전자현미경 둘 다 전자기 렌즈를 이용하여 전자빔의 경로를 굴절시켜 이미지를 확대하고 모니터 위에 투영한다. 그림 4.1C의 투과전자현미경 사진은 톡소플라스마라고 하는 단세포 생물의 내부를 자세히 보여준다. 주사전자현미경과 투과전자현미경 이미지는 원래 모두 흑백이지만, 구조적 특징을 강조하거나 명확히 하기 위해 책에 있는 그림들처럼 인위적으로 색을 입히는 경우가 많다.

전자현미경은 세포와 그 구조에 대한 연구에 혁신적인 기여를 했다. 그럼에도 불구하고 전자현미경은 광학현미경을 대체하지는 못했다. 전자현미경은 관찰 시료를 준비하기 위해서 세포를 죽이기 때문에 살아 있는 표본을 연구하는 데 사용할 수 없다. 짚신벌레의 움직임과 같은 살아 있는 현상을 연구하는 생물학자에게는 비디오카메라가 장착된 광학현미경이 주사전자현미경이나 투과전자현미경보다 더 적합하다.

광학현미경에는 다양한 유형이 있으며, 지난 수십 년에 걸쳐 주요 기술이 발전함에 따라 세포를 시각화하는 능력이 크게 향상되었다. **그림 4.1D**는 차등간섭대비현미경(differential interference contrast microscopy)으로 관찰한 짚신벌레다. 이 광학 기술은 밀도의 차이를 증폭시켜 살아 있는 세포의 구조가 거의 3차원으로 보이도록 한다. 그 외에 다양한 세포 분자에 선택적으로 결합하는 형광염료를 사용하는 기술도 사용되고 있다(이 장 도입부 참조).

이 책에서 아름답고, 이해에 도움이 되는 많은 현미경 사진을 보게 될 것이다. 그러나 각 현미경 사진 옆에 배율이 표시되어 있어도 세포가 얼마나 작은지 가늠하기 어려운 경우가 많다. **그림 4.1E**는 다양한 크기의 물체와 비교한 세포 크기와 이들을 관찰할 수 있는 광학 기기를 보여준다. 그림 왼쪽의 눈금은 크기 범위를 잘 파악하기 위해 로그(logarithmic)로 표시했다. 제일 위가 10 m로 시작하여 기준 측정값이 10배씩 줄어들게 크기를 정리했다. 대부분의 세포는 지름이 1~100 μm 사이(그림의 노란색 부분)이므로 현미경으로만 볼 수 있다. 일부 박테리아는 0.2 μm 정도로 작아 광학현미경으로도 거의 볼 수 없는 반면, 닭의 알은 육안으로 볼 수 있을 정도로 크다. 척수 기저부에서부터 엄지 발가락까지 뻗은 신경세포는 그 길이가 1 m에 달한다. 하지만 신경세포는 너무 가늘어서 현미경을 사용해야만 관찰이 가능하다. 다음 절에서는 세포가 왜 이처럼 작은지에 대해 알아볼 것이다.

? (a) 0.05 μm, (b) 0.8 μm만큼 떨어진 사람 세포 내의 두 구조를 연구하기 위해 어떤 종류의 현미경을 사용하는 것이 좋으며 그 이유는 무엇인가?

■ (a) 투과전자현미경: 떨어진 거리가 광학현미경 해상도의 한계 이하이고, 구조가 세포 내부에 있어서. (b) 광학현미경: 떨어진 거리가 광학현미경 해상도 한계 이상이어서.

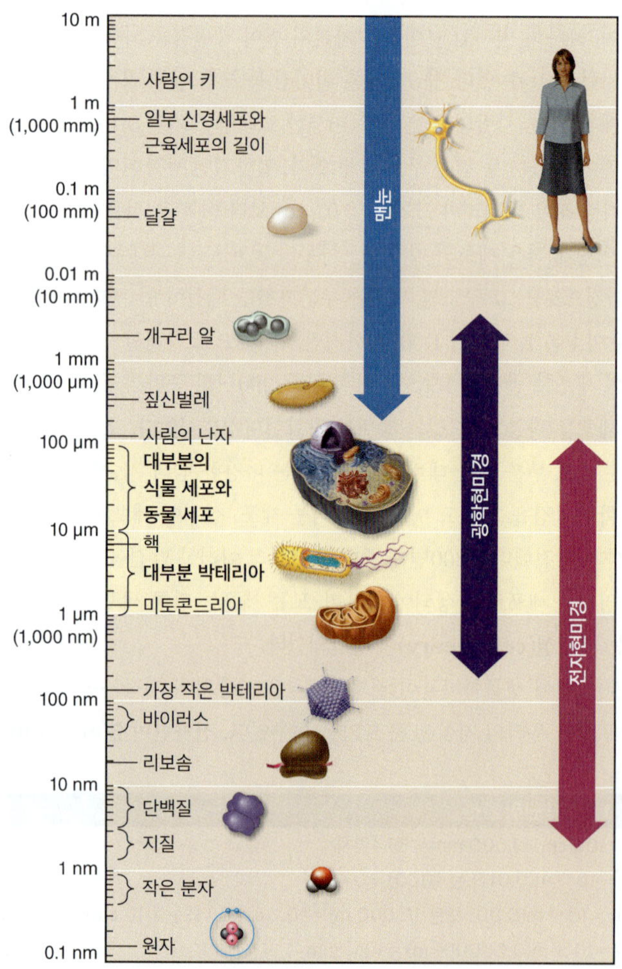

▲ **그림 4.1E** 세포 및 관련 물체의 크기 비교

4.2 세포 크기가 작은 것은 원형질막을 통한 물질교환과 연관이 있다

그림 4.1E에서 보았듯 대부분의 세포는 매우 작다. 세포 크기가 이렇게 작으면 어떤 이점이 있을까? 세포의 기능을 수행하는 물질이동이 세포의 최대와 최소 크기를 결정하는 것으로 보인다. 세포는 아무리 작아도 생존하고 증식하는 데 필요한 충분한 DNA와 단백질 분자 그리고 세포 내 구조 등을 수용할 정도의 크기는 되어야 한다. 그런데 왜 대부분의 세포는 달걀만큼 크지 않을까? 세포의 최대 크기는 정해진 부피를 가진 세포를 지원할 수 있을 만큼 충분히 넓은 표면적을 가져야 한다는 기하학 논리에 의해 영향을 받는다. 활동 중인 세포들은 외부 표면을 가로질러 이동하는 물질의 이동량이 어마어마하다. 닭의 난세포는 그리 활동적이지 않지만, 일단 닭의 배아가 발달하기 시작하면 난세포는 수많은 작은 세포로 분열하며 이들 각각의 세포는 산소와 양분, 노폐물이 표면을 가로질러 이동하게 해주는 막으로 둘러싸여 있다.

부피 대비 표면적의 비 큰 세포는 작은 세포보다 표면적이 더 넓지만, 부피 대비 표면적의 비는 작은 세포보다 훨씬 작다. **그림 4.2A**는 큰 정육면체 1개와 작은 정육면체 27개를 비교하여 이를 설명한다. 임의의 측정 단위를 사용하면 총부피는 두 경우 모두 27 단위^3(높이 × 가로 × 세로)로 동일하다. 그러나 총표면적은 상당히 다르다. 정육면체는 6개의 면으로 되어 있으므로, 총표면적은 면 1개 면적(가로 × 세로)의 여섯 배다. 큰 정육면체의 표면적은 54 단위^{2}인 반면, 27개 정육면체 모두를 합한 표면적은 162 단위^2($27 \times 6 \times 1 \times 1$)이므로 큰 정육면체 표면적보다 세 배 더 크다. 따라서 작은 정육면체의 합이 큰 정육면체 하나보다 부피 대비 표면적의 비가 훨씬 더 크다. 척추 기저부에서 발가락까지 뻗어 있는 신경세포 뉴런은 어떨까? 매우 가늘고 긴 모양의 세포 또한 부피에 비해 표면적이 넓다.

원형질막 그렇다면 세포의 표면은 어떤 모습일까? 그리고 그 표면을 가로지르는 분자의 이동을 어떻게 제어할까? 세포막이라고도 불리는 **원형질막(plasma membrane)**은 살아 있는 세포와 주변 환경 사이의 유연한 경계를 형성한다. 생물과 무생물을 구분하는 구조물치고는 놀라울 정도로 얇아, 이 책의 종이 한 장 두께와 같으려면 8,000개 이상

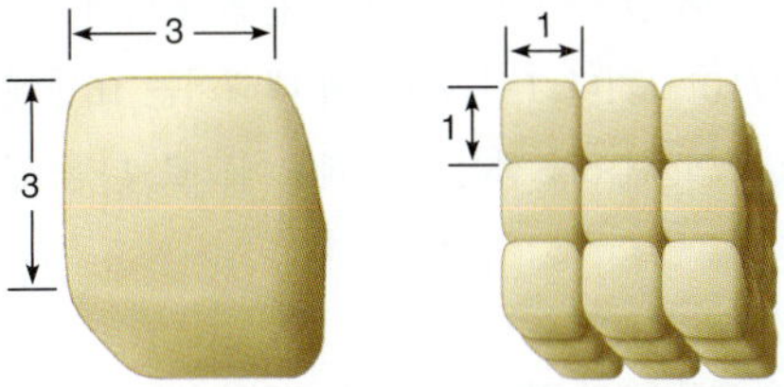

전체 부피	27 단위^3	27 단위^3
전체 표면적	54 단위^2	162 단위^2
부피 대비 표면적의 비	2	6

▲ 그림 4.2A 세포 크기가 표면적과 부피에 미치는 영향

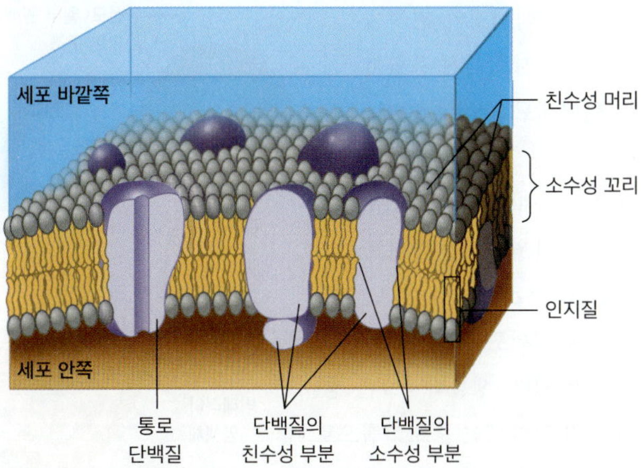

▲ 그림 4.2B 원형질막의 구조

의 원형질막을 쌓아야 한다. 그리고 생물학적인 모든 것으로부터 예측해 볼 때 원형질막의 구조는 그 기능과 연관성이 있다.

인지질 분자는 생체막(biological membrane)의 주요 구성성분으로서 그 역할에 매우 적합하다. 인지질은 2개의 독특한 부분, 즉 음전하를 띠는 인산기로 된 머리 부분과 2개의 비극성 지방산 꼬리 부분으로 이루어져 있다(3.10절 참조). 인지질은 서로 모여 인지질 이중층(phospholipid bilayer)이라는 두 층으로 된 판을 형성한다. **그림 4.2B**에서 볼 수 있듯이 인지질의 친수성(물을 좋아하는) 머리는 바깥쪽을 향하고, 막의 양쪽에 있는 수용액에 노출되어 있다. 한편 소수성(물을 싫어하는) 꼬리는 안쪽을 향하고 있으며, 서로 모여 물로부터 보호된다. 인지질 이중층에는 다양한 단백질이 박혀 있으며 이들 단백질은 마치 인지질로 된 바다에 빙산이 떠다니듯 움직인다. 막 내부에 있는 단백질 영역은 소수성이고, 물에 노출된 바깥 부위는 친수성이다.

이제 인지질 이중층과 그 안에 박혀 있는 단백질들이 어떻게 원형질막으로 하여금 세포 안팎으로의 물질이동을 조절하는 교통경찰 역할을 할 수 있게 하는지 **구조와 기능**을 중심으로 알아보자. O_2나 CO_2 같은 비극성 분자는 막의 소수성 내부를 쉽게 통과할 수 있다. 일부 막단백질은 이온과 극성분자들이 막의 소수성 중심부를 통과하게 하는 통로(채널)를 형성한다. 또 펌프로 작용하는 막단백질도 있는데, 펌프는 에너지를 사용하여 분자를 세포 안팎으로 능동적으로 수송한다.

생체막의 구조와 기능에 대해서는 이후에 더 자세히 알아볼 것이다(5장 참조). 다음 절에서는 모든 세포에 공통적으로 나타나는 특징을 알아보고 생물의 세 가지 영역 중 두 가지 영역에서 발견되는 원핵세포에 대해 자세히 살펴보고자 한다.

? 작은 세포가 큰 세포보다 부피 대비 표면적의 비가 더 크다는 것을 확실히 하기 위해 그림 4.2A에 있는 큰 정육면체와 작은 정육면체 하나의 부피 대비 표면적의 비를 비교하시오.

■ 큰 정육면체: 54/27 = 2. 작은 정육면체: 6/1 = 6(표면적은 1 × 1 × 6면 = 6 단위^2, 부피는 1 × 1 × 1 단위^3)

4.3 원핵세포는 진핵세포보다 구조가 더 단순하다

세포에는 원핵세포와 진핵세포라는 두 가지 독특한 유형이 있다. **원핵세포(prokaryotic cell)**는 가장 먼저 진화했으며, 15억 년 이상을 지구에 유일하게 살아왔다. **진핵세포(eukaryotic cell)**는 18억 년 전에 일부 원핵세포로부터 진화했다는 증거가 있다. 생물학자들은 생물을 세 가지 영역 또는 주요 그룹으로 나눈다. 박테리아와 고세균 영역에 속하는 미생물은 원핵세포로 구성되어 있다. 이 생물들은 원핵생물로 알려져 있다. 그 외의 다른 생물들은 모두 진핵생물 영역에 속하며, 진핵세포로 이루어져 있다.

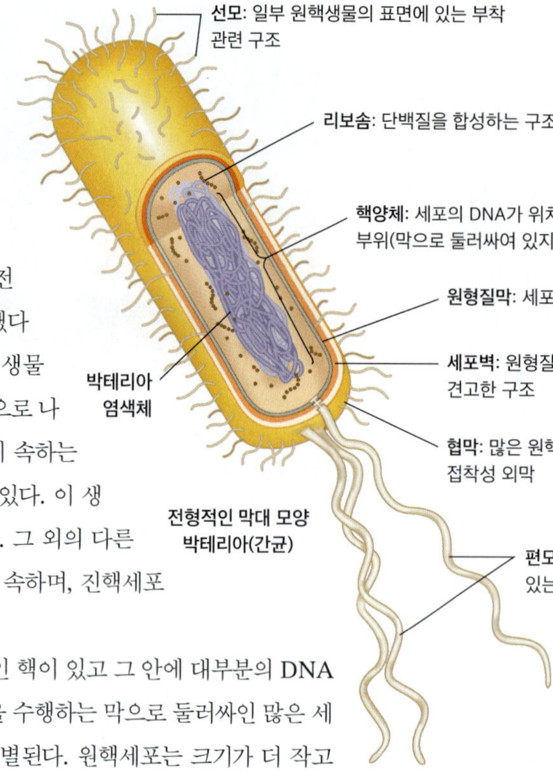

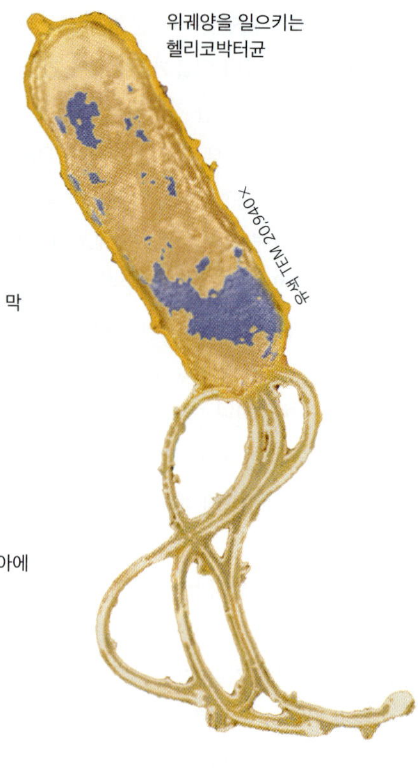

▲ 그림 4.3 전형적인 원핵세포의 그림(왼쪽)과 전자현미경 사진(오른쪽)

진핵세포에는 막으로 둘러싸인 핵이 있고 그 안에 대부분의 DNA가 보관되어 있으며, 특정 기능을 수행하는 막으로 둘러싸인 많은 세포소기관이 있어 원핵세포와 구별된다. 원핵세포는 크기가 더 작고 구조가 단순하다.

그러나 원핵과 진핵세포는 몇 가지 기본적인 특징을 공통으로 가지고 있다. 두 가지 세포 모두 원형질막으로 둘러싸여 있을 뿐만 아니라, 내부는 젤리 같은 진한 액체인 **세포기질(cytosol)**로 가득 차 있으며 세포기질에는 세포 내 여러 요소가 들어 있다. 모든 세포는 하나 혹은 그 이상의 **염색체(chromosome)**를 가지고 있으며, 염색체에는 DNA로 구성된 유전자가 위치한다. 또한 모든 세포는 유전자에 있는 지침에 따라 단백질을 만드는 작은 구조인 **리보솜(ribosome)**을 가지고 있다. 두 가지 세포 모두 세포 내부를 **세포질(cytoplasm)**이라고 한다. 그러나 진핵세포의 경우 세포질은 핵에서부터 원형질막 사이의 부분만을 지칭한다.

그림 4.3은 보편적인 원핵세포의 구조를 보여준다. DNA는 코일 모양으로 감겨 핵과 유사한 **핵양체(nucleoid)** 부위에 위치하지만, 진핵세포의 핵과는 달리 DNA가 막으로 둘러싸여 있지 않다. 원핵세포의 리보솜은 진핵세포의 리보솜보다 크기가 더 작고 조금 다르다. 이러한 분자적 차이는 원핵생물 리보솜에만 특이적으로 작용하는 일부 항생제의 기초가 된다. 따라서 항생제는 사람 몸에 침입한 박테리아의 단백질 합성은 차단하나 진핵생물인 사람의 단백질 합성은 차단할 수 없다.

대부분 원핵세포의 원형질막 바깥쪽에는 매우 견고하고, 화학적으로 복잡한 세포벽(cell wall)이 있다. 세포벽은 세포를 보호하고 모양을 유지하는 데 도움을 준다. 페니실린과 같은 일부 항생제는 이와 같은 보호벽이 형성되지 못하게 한다. 우리 몸의 세포에는 세포벽이 없으므로 이와 같은 항생제는 우리 몸의 세포에는 해를 끼치지 않고 우리 몸에 침입한 박테리아만 죽일 수 있다. 일부 원핵세포는 세포벽 바깥쪽에 협막(capsule)이라고 하는 끈적끈적한 외피를 가지고 있어 세포를 표면이나 콜로니를 이루고 있는 다른 세포에 달라붙도록 한다. 일부 원핵생물은 협막뿐 아니라 표면 돌출부도 가지고 있다. 짧은 돌출부는 원핵생물들이 서로 달라붙거나 자신들의 기질에 부착하는 데 도움이 된다. **편모(flagella**, 단수는 flagellum)라고 불리는 더 긴 돌출부는 액체 환경에서 원핵세포의 이동을 돕는다.

어떤 세포든지 내부를 자세히 보려면 전자현미경이 필요한데 원핵세포의 경우 더욱 그렇다. 그림 4.3의 박테리아는 투과전자현미경으로 20,940배 확대하여 관찰한 것이다. 대부분의 원핵세포는 전형적인 진핵세포의 약 1/10 크기다. (원핵세포에 대해서는 16장에서 더 자세히 설명한다.) 이 장의 주요 초점은 진핵세포이므로, 다음 절에서 이에 대해 다룬다.

? 원핵세포와 진핵세포의 공통적인 특징 세 가지와 서로 다른 특징 세 가지를 나열하시오.

■ 두 가지 세포 유형 모두 원형질막과 DNA를 포함하는 염색체, 그리고 리보솜을 가지고 있다. 원핵세포는 크기가 더 작고, 진핵세포와 달리 핵이나 다른 막으로 둘러싸인 세포소기관이 없으며, 리보솜이 다소 다르다.

4.4 진핵세포는 기능에 따라 여러 구획으로 나뉜다

진핵세포는 원생생물(대부분 단세포 생물로 이루어진 다양한 집단)의 세포든, 균류, 동물 또는 식물의 세포든 간에 기본적으로 서로 유사하며, 원핵세포와는 크게 다르다. 이제 진핵세포를 대표하는 동물 세포와 식물 세포를 살펴보자.

그림 4.4A는 일반화된 동물 세포의 그림이고, **그림 4.4B**는 일반화된 식물 세포를 보여준다. 그림에서 다양한 구조를 쉽게 식별할 수 있도록 색으로 구분했으며, 4장의 나머지 부분에서 세포에 대해 심층적으로 살펴보는 동안 방향을 잡을 수 있도록 세포의 작은 그림을 자주 보게 될 것이다. 하지만 이 그림과 똑같이 생긴 세포는 없다. 우선, 세포는 이러한 모든 구조를 다수 가지고 있다(핵은 제외). 사람 세포에는 수백 개의 미토콘드리아와 수백만 개의 리보솜이 있으며, 식물 세포는 내부에 30개의 엽록체가 들어 있다. 세포는 또한 특수화된 기능에 따라 세포의 모양과 세포 구성물의 상대적 비율이 다르다.

진핵세포의 가장 뚜렷한 특징은 핵이다. 그러나 특정 작업을 수행하는 다양한 다른 **세포소기관(organelle**, '작은 기관')도 가지고 있다. 세포소기관은 세포 자체가 다양한 기능을 수행하는 인지질과 단백질로 이루어진 막으로 둘러싸여 있는 것처럼, 각각의 세포소기관도 지질과 소기관으로서의 기능을 수행하는 데 적합한 단백질로 이루어진 막으로 둘러싸여 있다.

진핵세포의 세포소기관과 기타 구조는 기능에 따라 네 가지 그룹으로 나눌 수 있다. (1) 세포의 유전적 조절을 수행하는 핵과 리보솜, (2) 분자의 제조 및 분배, 분해에 관여하는 세포소기관인 소포체, 골지체, 라이소좀, 액포, 퍼옥시좀, (3) 에너지 공정에 관여하는 모든 세포에 있는 미토콘드리아와 식물 세포의 엽록체, (4) 세포의 구조적 지지, 운동, 그리고 세포들 간 소통에 관여하는 세포뼈대와 원형질막 및 식물 세포벽. 두 페이지에 걸친 그림에서 보이는 세포 구성요소에 대해서는 다음 절에서 자세히 살펴볼 것이다.

진핵세포의 내막은 세포를 여러 개의 기능적 구획으로 나누며, 그 안

▼ 그림 4.4A 동물 세포

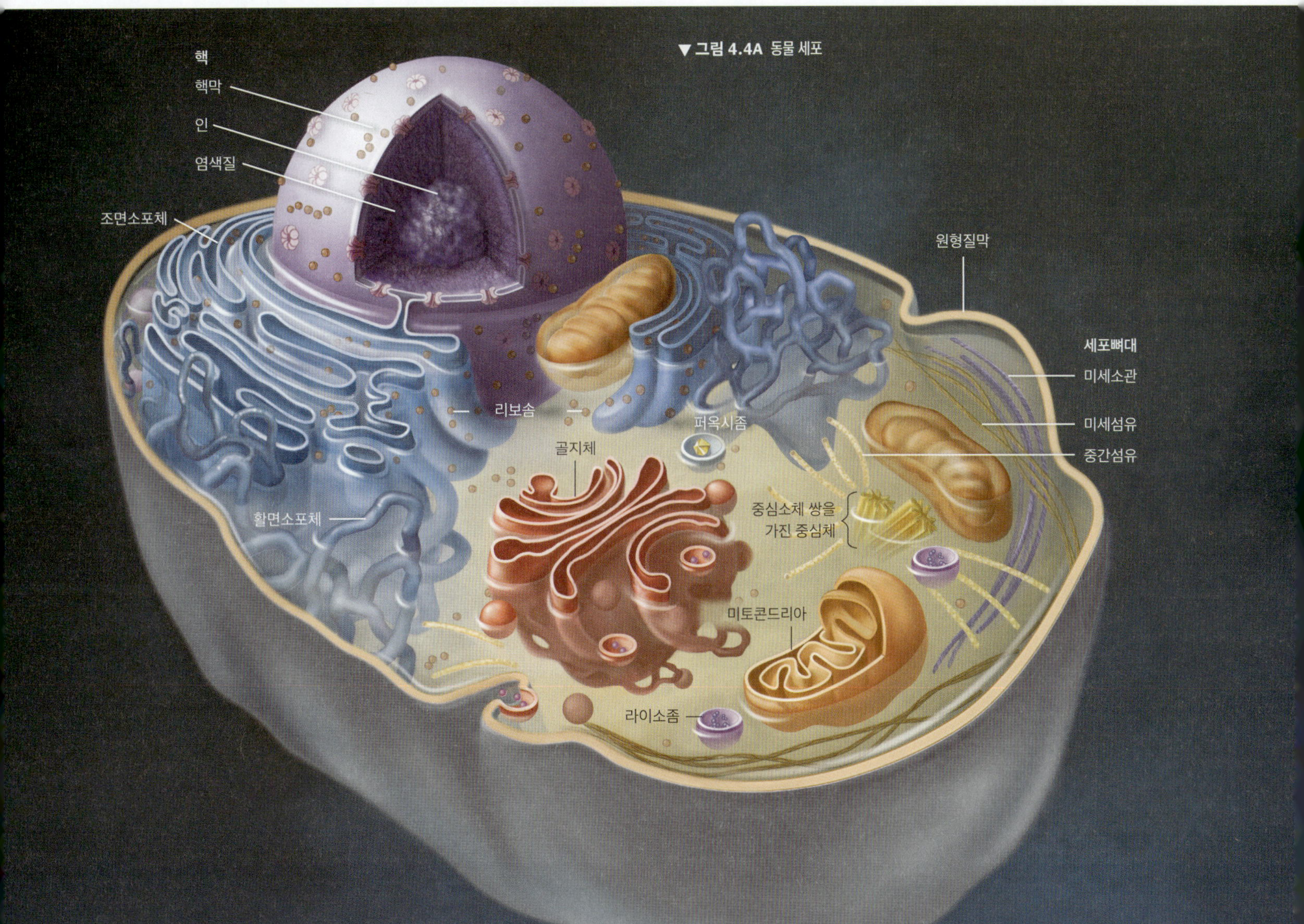

에서 **세포대사**(**cellular metabolism**)로 알려진 다양한 화학작용이 일어난다. 실제로 세포소기관의 막에는 물질대사 과정에 필수적인 다양한 효소가 위치한다. 구획 내의 액체로 가득 찬 공간은 특정 화학 조건이 유지되는 장소다. 이러한 조건은 세포소기관마다 다르며, 각각의 세포소기관에서 일어나는 물질대사 과정에 유리하게 작용한다. 예를 들어, 소포체의 일부가 호르몬을 만드는 동안 가까이 있는 퍼옥시좀은 해로운 물질의 독성을 없애며 이러한 대사 활동의 부산물로 유독한 과산화수소(H_2O_2)가 생성된다. 하지만 이 과산화수소는 퍼옥시좀 안에 갇혀 있다가 그 안에 있는 효소에 의해 바로 H_2O로 전환되기 때문에 세포의 다른 부분은 해를 입지 않는다.

식물 세포에는 라이소좀과 중심체를 제외하고는 동물 세포에서 볼 수 있는 그 외 다른 세포소기관과 구조가 모두 있다. 또한 일부 동물 세포에는 편모나 섬모가 있지만(그림 **4.4.A**에는 표시되지 않음) 식물 중에서는 소수 종의 정자 세포에만 편모가 있다.

식물 세포(그림 4.4B)는 동물 세포에 없는 몇 가지 구조를 가지고 있다. 예를 들어, 식물 세포에는 견고하고 다소 두꺼운 세포벽이 있다. 식물 세포 세포벽의 화학 성분은 원핵세포 세포벽과 달리 다당류인 셀룰로오스(cellulose, 섬유소)를 포함한다. 원형질연락사(plasmodesmata, 단수는 plasmodesma)는 인접한 세포를 연결하는, 세포벽을 통과하는 세포질 통로다. 식물 세포에서 발견되는 중요한 세포소기관인 엽록체는 광합성이 일어나는 장소다. 또한 식물 세포에는 물과 다양한 화학물질을 저장하는 커다란 중심액포(central vacuole)가 있다.

진핵세포에는 막으로 이루어지지 않은 구조도 있다. 이 장 도입부에서 소개한 세포뼈대는 세포 전체에 뻗어 있는 다양한 유형의 단백질 섬유로 구성되어 있다. 그리고 리보솜은 특정 막에 부착되어 있을 뿐만 아니라 세포기질에서도 발견된다.

이들의 세포 그림을 보았다면, 이제 진핵세포에 대해 심도 있게 알아보기 위해 첫 번째 장소인 핵으로 이동해 보자.

? 동물 세포에는 없고 식물 세포에만 있는 구조를 알아보자.

■ 엽록체, 중심액포, 세포벽, 원형질연락사

▼그림 4.4B 식물 세포

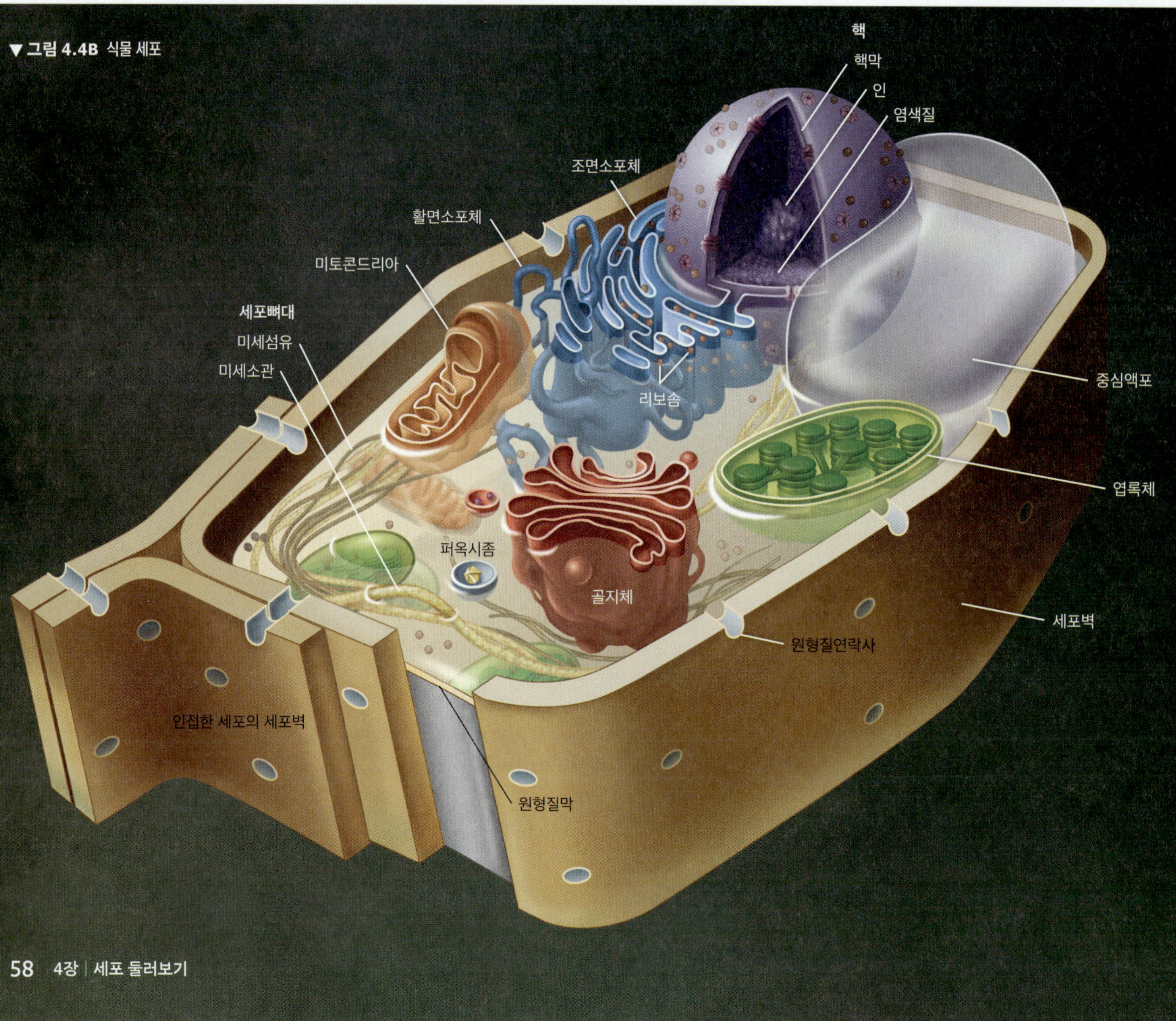

핵과 리보솜

4.5 핵에는 세포의 유전 지침이 들어 있다

진핵세포에서 볼 수 있는 많은 복잡한 구조를 미리 살펴보았다. 세포는 이러한 구조를 만들고 유지해야 하며, 또한 수송과 운동, 소통 등의 작업을 지원하기 위해 에너지도 처리해야 한다. 하지만 도대체 무엇이 이 분주한 공장을 책임지는 걸까? 그리고 무엇이 이런 활동을 위한 설계도를 가지고 있으며, 명령을 내리고 환경 자극에 반응하여 경로를 바꾸며, 필요할 때 자신과 같은 또 다른 공장을 만드는 것일까? 모든 것을 총괄하는 명령센터는 바로 세포의 핵이다.

핵(nucleus)에는 DNA에 암호화된 세포의 유전 지침이 들어 있다. 이러한 총괄 지침은 단백질 합성을 지시함으로써 세포의 활동을 조절한다. DNA는 많은 단백질과 연관되어 있으며, 함께 염색체를 형성한다. 단백질은 이 긴 DNA 분자를 똘똘 감는 역할을 한다. 실제로 세포 1개에 있는 46개 염색체의 DNA를 끝에서 끝까지 늘어놓으면 총 길이가 2 m가 넘기 때문에 지름이 5 μm에 불과한 핵에 들어가려면 감겨야 한다. 세포가 분열하고 있지 않을 때는 **그림 4.5**의 투과전자현미경 사진(오른쪽 절반)과 그림(왼쪽 절반)에 보이는 것처럼 **염색질(chromatin)**이라고 하는 단백질과 DNA의 복합체가 핵 안에 넓게 퍼진 상태로 존재한다.

세포가 분열을 준비할 때 DNA가 먼저 복제되며, 이로 인해 각각의 딸세포는 동일한 양의 유전 지침을 받을 수 있게 된다. 가느다란 염색질 섬유는 세포분열 직전에 더 감겨서 광학현미경으로 볼 수 있을 정도로 굵어지며, 이것이 우리가 잘 알고 있는 개별적인 구조인 염색체다.

핵은 **핵막(nuclear envelope)**이라고 하는 이중막(double membrane)으로 둘러싸여 있으며, 두 막은 제각각 관련 단백질이 있는 별도의 인지질 이중층이다. 핵막은 원형질막과 기능이 유사하여 핵으로 물질이 들어가고 나가는 것을 조절한다. 그림 4.5의 핵 그림에서 볼 수 있듯이, 핵막에는 단백질이 늘어선 구멍인 핵공이 뚫려 있다. 핵공은 크기가 큰 분자의 출입을 조절하고 세포의 막 네트워크인 소포체와도 연결된다.

핵 안에 있는 두드러진 구조인 **인(nucleolus)**은 DNA 지침에 따라 리보솜 RNA(ribosomal RNA, rRNA)로 불리는 특별한 RNA를 합성하는 장소다. rRNA는 세포질에서 들어온 단백질과 결합하여 리보솜 소단위(subunit)를 형성하며, 이 소단위들은 세포질로 이동한 후 서로 결합하여 기능을 갖춘 리보솜을 형성한다.

또 다른 유형의 RNA인 전령 RNA(messenger RNA, mRNA)는 단백질 합성을 지시한다. 본질적으로 mRNA는 유전자의 DNA에 기록된 단백질 합성 지침이 전사된 것이다(그림 10.7 참조). mRNA는 세포질로 이동하며, 리보솜에서 단백질을 구성하는 아미노산 서열로 번역된다. 다음 절에서 리보솜에 대해 더 살펴보자.

? 핵에서 일어나는 작용을 설명하시오.

■ 세포가 분열할 때 DNA가 복제되어 딸세포로 전달되며, rRNA가 만들어지고 리보솜 소단위가 조립되며, DNA의 단백질 합성 지침이 mRNA로 전사된다.

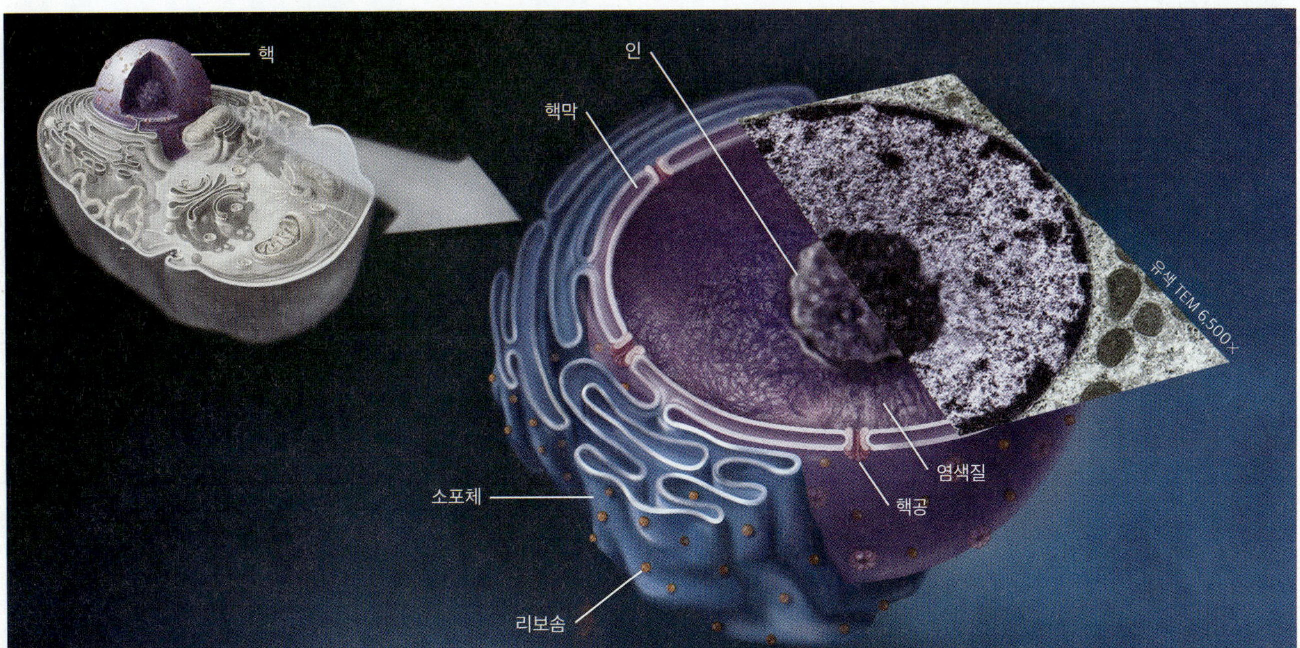

▲그림 4.5 투과전자현미경 사진과 겹쳐놓은 핵의 단면 그림

4.6 리보솜은 세포에서 사용하거나 배출할 단백질을 만든다

핵을 세포의 명령 센터라고 한다면, 리보솜은 그 명령을 수행하는 장치다. 리보솜은 mRNA에 기록된 핵의 지시를 받아 단백질을 합성하는 세포 내 구조다. 단백질을 많이 만드는 세포에는 리보솜이 매우 많다. 예를 들어, 소화효소를 만드는 이자(췌장)의 세포에는 수백만 개의 리보솜이 있다. 단백질 합성이 활발한 세포에는 또 어떤 구조가 두드러지게 보일까? 핵에 있는 인은 리보솜 소단위가 조립되는 장소라는 것을 기억하자.

그림 4.6에서 보듯 리보솜은 세포 내의 두 곳에 위치한다. 자유리보솜(free ribosome)은 세포기질에 떠 있는 반면, 결합리보솜(bound ribosome)은 소포체 또는 핵막의 바깥쪽에 부착되어 있다. 자유리보솜과 결합리보솜은 구조적으로 동일하며, 자신들이 만드는 단백질에 따라 어느 위치에서나 본연의 기능을 수행할 수 있다.

자유리보솜에서 만들어지는 대부분의 단백질은 세포기질 내에서 작용하며, 세포호흡을 위한 당 분해의 첫 단계를 촉매하는 효소들이 그 예다. 4.8절에서는 결합리보솜이 세포 밖으로 배출할 단백질을 어떻게 만드는지 살펴볼 것이다.

그림 4.6의 오른쪽 하단은 리보솜이 mRNA(유전자로부터 받은 지침을 보유)와 상호작용하여 단백질을 만드는 과정을 보여준다. mRNA 분자의 뉴클레오타이드 서열은 폴리펩타이드의 아미노산 서열로 번역된다. DNA에서 RNA, 단백질로 이어지는 경로는 **정보**의 흐름을 보여주는 이번 주제의 대표적인 예다(단백질 합성에 대해서는 10장에서 자세히 설명한다).

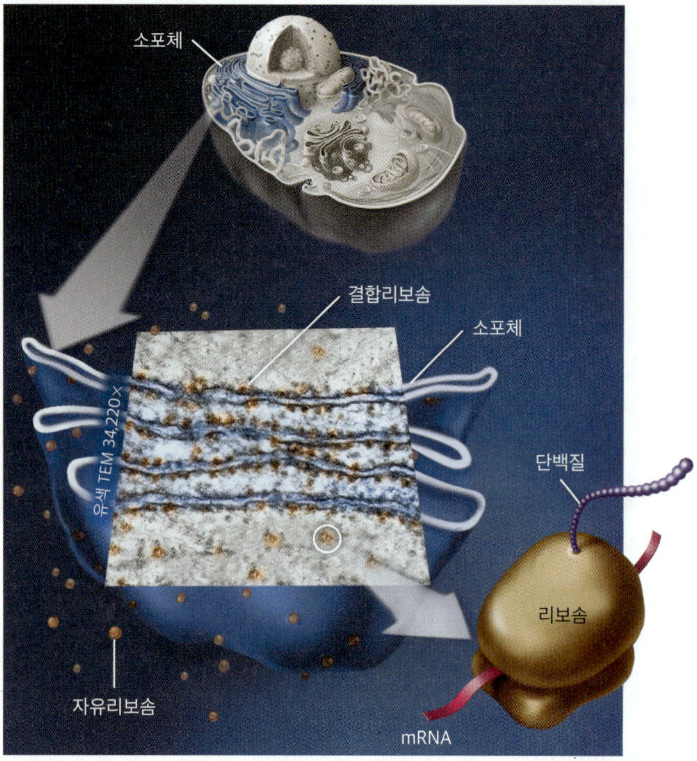

▲ **그림 4.6** 리보솜이 있는 위치와 구조

? 세포의 유전 지침을 수행하는 데 있어 리보솜은 어떤 역할을 하는가?

■ 리보솜은 핵에 있는 DNA가 전사되어 생성된 전령 RNA의 지침에 따라 단백질을 합성한다.

내막계

4.7 많은 세포소기관이 내막계로 연결된다

리보솜은 세포의 단백질을 만드는 장치에 해당하지만 세포처럼 복잡한 공장을 운영하려면 기반시설뿐만 아니라 개별적이면서도 서로 연관된 기능을 수행할 다양한 부서가 필요하다. 진핵세포의 특징인 내막이 세포의 기능 대부분에 관여한다. 진핵세포에 있는 많은 막은 **내막계(endomembrane system)**의 일부다. 이러한 막 중 일부는 물리적으로 연결되어 있고, 나머지는 막으로 된 작은 주머니인 **소포(vesicle)**가 막성 조각을 운반함으로써 서로 연결된다.

내막계에는 핵막, 소포체, 골지체, 라이소좀, 다양한 유형의 소포와 액포, 그리고 원형질막이 포함된다. (원형질막은 물리적 위치로는 내막이 아니지만 소포의 수송에 의해 다른 막과 연결된다.) 이들 소기관 대부분은 분자의 합성과 분배, 저장 그리고 배출을 위해 상호작용한다.

내막계 중 가장 많은 부분을 차지하는 요소는 납작한 주머니와 관으로 이루어진 광범위한 그물망인 **소포체(endoplasmic reticulum, ER)**다. (endoplasmic은 '세포질 내부'를 의미하고, reticulum은 라틴어로 '작은 그물'을 뜻한다.) 소포체는 내막계의 일부가 직간접적으로 서로 연관되어 있음을 보여주는 대표적인 예다. 그림 4.5에서 볼 수 있듯 소포체의 막은 핵막과 이어져 있으며, 소포체로부터 떨어져 나온 소포들은 내막계의 다른 많은 구성요소로 이동한다.

소포체의 막은 세포기질로부터 분리된 공간을 만든다. 실제로 내막계 구성요소의 중요한 역할은 세포를 자신만의 기능 수행에 필요한 독특한 조건을 갖는 독립된 구획으로 나누는 것이다.

? 막으로 된 구조 중 세포 전체 곳곳으로 막 조각의 이동에 관여하는 것은 무엇인가?

■ 소포

4.8 소포체는 생합성 장소다

소포체는 세포에 있는 주요 제조 장소 중 하나다. **그림 4.8A**는 활면소포체와 조면소포체가 서로 연결되어 있는 막의 단면을 보여주며, 이들 두 종류의 소포체는 그림과 겹쳐놓은 전자현미경 사진을 보면 구분이 된다. **활면소포체(smooth endoplasmic reticulum)**는 외부 표면에 부착된 리보솜이 없어 표면이 매끄러우며, **조면소포체(rough endoplasmic reticulum)**는 막의 외부 표면에 리보솜이 붙어 있기 때문에 전자현미경으로 보면 거칠게 보인다.

활면소포체 여러 유형의 세포에 있는 활면소포체는 다양한 대사과정에 작용한다. 활면소포체에 있는 효소는 기름과 인지질, 스테로이드를 포함한 지질의 합성에 중요한 역할을 한다. 예를 들어, 척추동물에서는 난소와 고환 세포에서 스테로이드 성분의 성호르몬이 합성된다. 따라서 이러한 세포에는 스테로이드 합성을 위한 충분한 기작을 제공하기 위해 그 기능에 맞는 구조인 활면소포체가 발달되어 있다.

간세포에는 약물과 알코올을 비롯해 해로울 가능성이 있는 물질을 처리하는 데 도움이 되는 효소를 가진 활면소포체가 많이 발달해 있다. 진정 효과가 있는 페노바비탈 및 기타 바르비투르산염은 이러한 효소에 의해 해독되는 약물의 예다. 간세포가 이러한 화학물질에 노출되면 활면소포체와 이를 해독하는 효소의 양이 증가하여 해독 속도가 빨라지며, 따라서 약물에 대한 내성이 증가한다. 그 결과 진정 효과와 같은 특정 효능을 얻기 위해 점점 더 많은 용량의 약물이 필요하게 된다. 또한 해독작용을 하는 효소는 종종 비슷한 화학물질을 구별하지 못하기 때문에 한 가지 약물에 대한 반응으로 활면소포체가 증가하면 다른 약물을 고용량 복용해야 할 필요성이 커질 수 있다. 예를 들어, 바르비투르산염의 남용은 특정 항생제를 비롯해 유용한 약물의 효과를 감소시킬 수 있다.

활면소포체에는 또한 칼슘 이온을 저장하는 기능이 있다. 예를 들어, 근육세포에서는 특수한 활면소포체 막이 칼슘 이온을 소포체 내부로 이동시킨다. 신경 신호가 근육세포를 자극하면, 칼슘 이온이 활면소포체에서 세포기질로 방출되어 근세포의 수축을 유도한다.

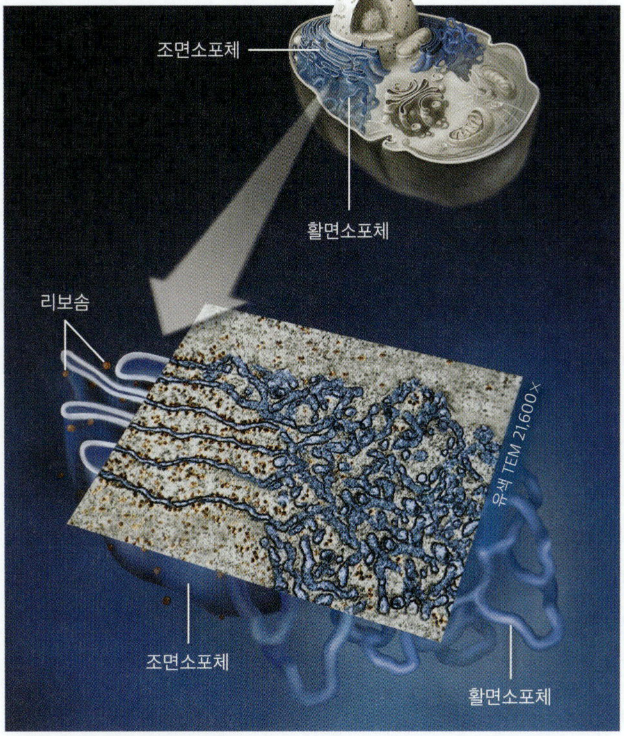

▲ **그림 4.8A** 활면소포체와 조면소포체

조면소포체 세포 유형들 중 많은 유형의 세포가 조면소포체에 부착된 리보솜에서 생성된 단백질을 분비한다. 이자의 특정 세포에서 생성 및 분비되어 혈액으로 운반되는 호르몬인 인슐린은 분비단백질의 한 예다. 1형 당뇨병은 인슐린 분비세포가 파괴되어 인슐린 부족으로 인해 체내 포도당 대사에 장애가 생겨 발생한다.

그림 4.8B는 분비단백질의 합성, 변형, 포장 과정을 보여준다. 결합리보솜에서 mRNA의 지침에 따라 폴리펩타이드가 합성되면, ❶ 조면소포체 안으로 들어간다. 폴리펩타이드는 소포체로 들어가면서 접혀 3차원 구조의 새로운 단백질이 만들어진다. ❷ 종종 짧은 사슬의 당이 폴리펩타이드에 연결되어 **당단백질(glycoprotein**, glyco는 '당'을 의미) 분자가 만들어진다. ❸ 이들 분자가 소포체로부터 나갈 준비가 되면, 세포의 한 장소에서 다른 장소로 이동하는 소포인 **수송소포(transport vesicle)**에 포장된다. ❹ 수송소포가 소포체 막으로부터 떨어져 나온다.

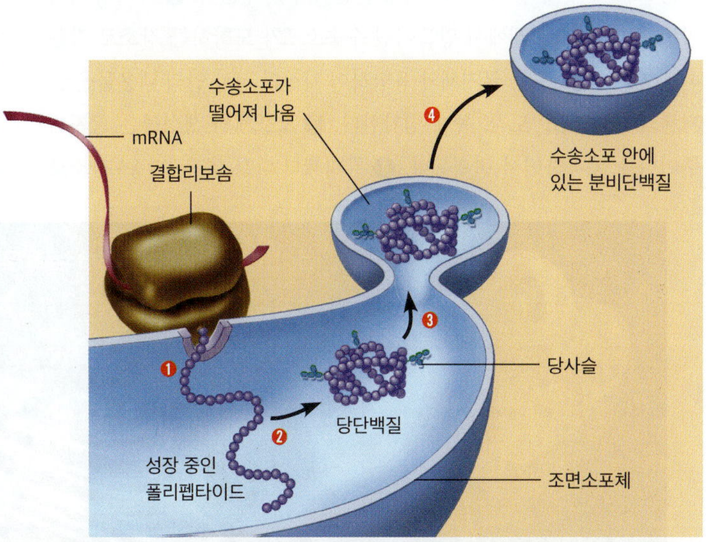

▲ **그림 4.8B** 조면소포체에 의한 분비단백질의 합성 및 포장

시도해 보기 mRNA가 전달하는 단백질 합성 지침이 어디에서 왔는지 설명하시오.

소포는 이제 가공을 위해 단백질을 골지체로 운반한다. 골지체에서 가공되어 완성된 단백질을 담은 수송소포가 원형질막으로 이동하여 세포 밖으로 그 내용물을 방출한다.

조면소포체는 분비단백질을 만드는 것 외에도 세포의 막을 만든다. 조면소포체는 자신의 막에 막단백질과 인지질을 추가하여 커진다. 막단백질이 될 폴리펩타이드는 결합리보솜에서 합성된 후 소포체 막에 삽입된다. 인지질도 조면소포체에 있는 효소에 의해 만들어지고, 이 역시 막에 삽입된다. 그 결과 소포체 막이 확장되며, 이 막의 일부는 수송소포 형태로 내막계의 다른 구성요소로 전달된다.

이제 조면소포체의 생성물을 골지체로 운반하는 수송소포를 따라가 보자.

? 소포체를 생합성 공장이라고 말하는 이유를 설명하시오.

■ 소포체는 세포막의 인지질을 비롯해 스테로이드 호르몬, 그리고 막이나 다른 소기관에 함유 혹은 분비될 단백질(결합리보솜에 의해 합성) 등 매우 다양한 분자를 만들기 때문이다.

4.9 골지체는 세포 생성물을 변형시키고 분류하고 운반한다

소포체로부터 나온 수송소포는 **골지체**(**Golgi apparatus**)로 이동한다. 1898년 이탈리아 과학자 골지(Camillo Golgi)는 광학현미경과 자신이 개발한 염색기법을 사용하여 이 막성 세포소기관을 발견했다. 50여 년 후 전자현미경을 통해 그의 발견을 확인한 결과, 마치 피타빵 더미처럼 납작한 주머니들이 쌓여 있는 모습이 드러났다. 막이 쌓인 이러한 구조는 세포 하나에 많게는 수백 개까지 들어 있다. 골지체의 수는 세포가 얼마나 활발하게 단백질을 분비하는지, 즉 앞서 본 것처럼 조면소포체에서 시작되는 다단계 과정과 관련이 있다.

골지체는 소포체에서 만들어진 물질을 저장하고 가공하는 공장으로 작용한다. 이 과정을 **그림 4.9**에서 확인할 수 있다. 납작한 골지체 주머니는 소포체 주머니와는 달리 서로 연결되어 있지 않다. ❶ 골지체 더미의 한쪽 면은 소포체에서 만들어진 수송소포가 도착하는 장소로 작용한다. ❷ 이들 소포는 골지체와 융합하여 자신의 막과 안의 내용물을 골지체의 수송소포 '도착' 쪽에 첨가한다. ❸ 소포체의 생성물은 골지체 주머니를 통과하면서 변형된다. ❹ 골지체의 다른 쪽은 '발송' 장소로서, 생성물을 골지체에서 떨어져 나온 소포에 담아 다른 장소로 이동하는 역할을 한다.

그러면 소포체 생성물은 골지체를 통과하는 동안 어떻게 가공될까? 골지체의 다양한 효소들이 소포체에서 만들어진 당단백질의 탄수화물 부분을 변형시켜 일부 당을 제거하고 다른 것으로 대체한다. 인산기와 같은 분자 식별물질을 추가해 골지체로 하여금 분자들을 최종 목적지에 따라 서로 다른 그룹으로 분류할 수 있게 도와준다.

가공이 완료된 분비단백질은 수송소포에 포장된 후 원형질막으로 이동하여 세포 밖으로 배출된다. 다른 한편, 완성된 단백질은 원형질막 자체의 일부가 되거나 다음 절에서 설명할 라이소좀과 같은 다른 세포소기관의 일부가 되기도 한다.

? 단백질을 분비하는 세포에서 골지체와 소포체는 어떤 관계인가?

■ 골지체는 소포체로부터 결합리보솜에서 합성된 단백질이 들어 있는 수송소포를 받는다. 골지체는 단백질 가공을 완료한 후 수송소포를 원형질막으로 이동해 단백질이 세포 밖으로 분비되게 한다.

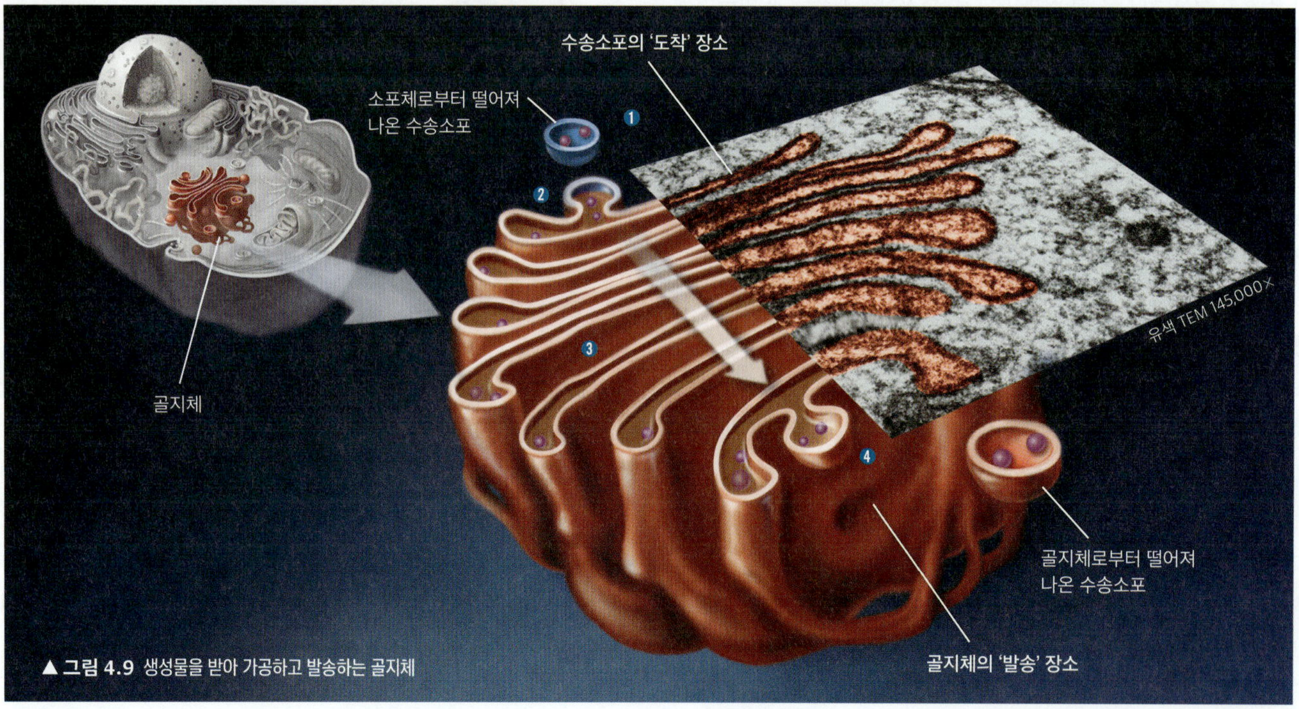

▲ **그림 4.9** 생성물을 받아 가공하고 발송하는 골지체

4.10 라이소좀은 세포 내 소화기관이다

라이소좀(lysosome)은 소화효소를 담고 있는 막성 주머니다. 라이소좀이라는 이름은 '분해체(breakdown body)'를 의미하는 그리스어에서 유래했다. 라이소좀의 효소와 막은 조면소포체에 의해 만들어지고 골지체에서 가공된다. 진핵세포의 주요 특징인 구획화를 통해 라이소좀은 자신의 효소활성에 적합한 산성 환경을 만드는 한편, 세포의 나머지 부분은 라이소좀으로부터 안전하게 격리시킨다.

라이소좀은 여러 유형의 소화 기능을 가지고 있다. 많은 원생생물은 먹이 입자를 식포(food vacuole)라고 하는 막성 주머니를 이용하여 집어삼킨다. **그림 4.10A**에서 보듯 라이소좀은 식포와 융합하여 먹이를 소화시킨 후 영양분을 세포기질로 방출한다. 사람 몸의 백혈구는 박테리아를 포식한 후 라이소좀을 이용해 분해한다. 라이소좀은 재활용센터로도 작용한다. 세포가 손상된 세포소기관이나 소량의 세포기질을 소포로 둘러싸면, 라이소좀이 이러한 소포와 융합(**그림 4.10B**)하고 내용물을 분해하여 유기분자를 재활용할 수 있게 한다. 라이소좀의 도움으로 세포는 끊임없이 스스로를 재생한다.

유전성 라이소좀 축적증(lysosomal storage disease) 질환이 있는 사람의 세포에는 하나 또는 그 이상의 라이소좀 효소가 결핍되어 있다. 소화되지 않은 물질로 인해 라이소좀이 커지고 그 결과 세포의 기능이 방해된다. 예를 들어 지질분해효소가 결핍되어 발생하는 테이-삭스병(Tay-Sachs disease)의 경우, 지질이 축적되어 뇌세포가 손상된다. 다행히 라이소좀 축적증은 유아기에 치명적인 경우가 많기 때문에 일반인들에게는 드물게 나타난다.

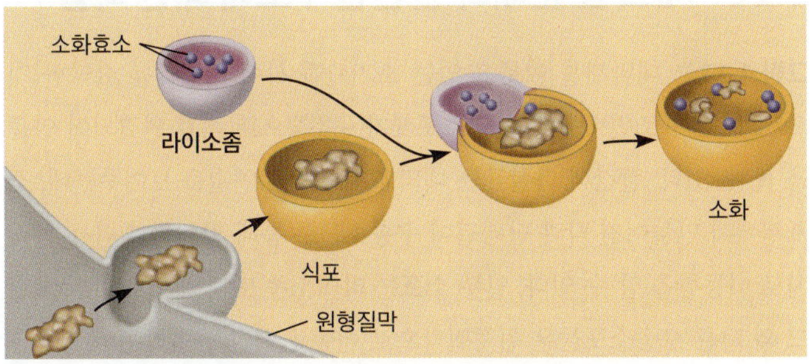

▲ **그림 4.10A** 식포와 융합하여 음식을 소화시킨 후 영양분을 세포기질로 방출하는 라이소좀

▲ **그림 4.10B** 손상된 세포소기관이 들어 있는 소포와 융합한 후 그 내용물을 분해하고 재활용하는 라이소좀

? 라이소좀은 어떤 점에서 재활용센터와 같은가?

■ 손상된 세포소기관을 분해하고 그 분자를 재활용할 수 있게 하기 때문이다.

4.11 액포는 세포의 일반적인 유지 활동에 관여한다

액포(vacuole)는 다양한 기능을 가진 커다란 소포다. 그림 4.10A에서 세포가 먹이를 섭취할 때 식포가 어떻게 형성되는지 살펴보았다. **그림 4.11A**는 원생생물인 짚신벌레에 있는 2개의 수축포(contractile vacuole)를 보여준다. 수축포는 방사상으로 뻗은 바큇살(spokes)을 가진 수레바퀴처럼 보이며, 이 '바큇살'이 세포 안의 물을 모으면 바퀴 중심이 물을 세포 밖으로 배출한다. 담수 원생생물은 환경적 요인으로 인해 원생생물 안으로 물이 끊임없이 들어간다. 따라서 과도한 양의 물을 제거하는 방법이 없다면, 세포는 부풀어 터져버릴 것이다.

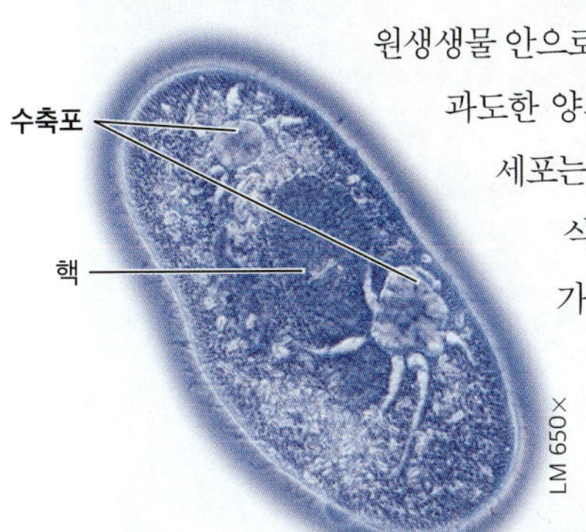

▲ **그림 4.11A** 단세포 진핵생물인 짚신벌레의 수축포

식물과 곰팡이류의 경우, 특정 액포가 동물 세포의 라이소좀과 유사한 가수분해 기능을 가지고 있다. 식물 씨앗의 저장세포에 있는 작은 액포는 단백질을 저장하며, 꽃잎의 액포에는 수분매개 곤충을 유인하는 색소가 들어 있다. 액포는 또한 동물에게 유독하거나 맛이 없는 화합물을 저장하여 초식동물로부터 식물을 보호하는 데 도움을 줄 수 있다. 예를 들면, 니코틴이나 카페인 그리고 의약품으로 사용되는 여러 가지 화학물질이 이에 해당된다.

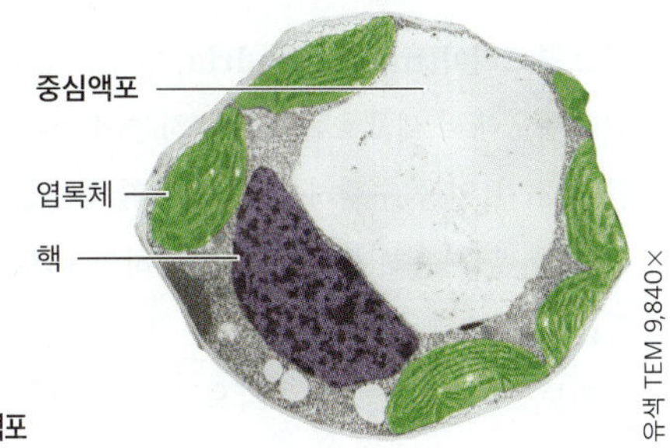

▶ **그림 4.11B** 식물 세포의 중심액포

그림 4.11B는 식물 세포의 커다란 중심액포를 보여준다. **중심액포(central vacuole)**는 물을 흡수하여 세포의 크기를 키우는 데 도움을 준다. 액포는 또한 생명활동에 필수적인 화학 성분을 축적하며, 독성 노폐물을 안전하게 저장하는 쓰레기통 역할도 수행한다.

? 식포도 내막계의 일부인가? 왜 그런지 설명하시오.

■ 그렇다. 식포는 내막계의 일부인 원형질막이 함입되어 만들어지기 때문이다.

4.12 제조 및 분해와 관련된 구조에 대한 복습

그림 4.12는 내막계를 이루고 있는 소기관들 사이의 관계를 요약한 것으로, 핵막과 조면소포체, 활면소포체가 구조적으로 직접 연결되어 있음을 볼 수 있다. 빨간색 화살표는 내막계의 기능적 연결을 보여주는데, 소포체에서 만들어진 막과 단백질이 수송소포를 통해 골지체와 다른 목적지로 이동함을 알 수 있다. 일부 소포는 라이소좀 또는 액포로 발달한다. 그 외 다른 수송소포들은 원형질막으로 이동해 막과 융합하여 내용물은 세포 바깥으로 배출하고 소포의 막은 원형질막에 첨가된다.

퍼옥시좀(peroxisome, 그림 4.4A와 B 참조)은 내막계에서 유래하지 않은 대사관련 소기관이다. 실제로 퍼옥시좀이 다른 세포소기관들과 어떻게 연관되어 있는지는 아직 밝혀지지 않았다. 일부 퍼옥시좀은 세포 연료로 사용하기 위해 지방산을 분해하며, 간에서는 해로운 화합물의 독성을 없애준다. 이러한 과정 중에 효소들은 화합물로부터 수소를 떼어 산소로 전달하므로 과산화수소(H_2O_2)가 생성되지만 퍼옥시좀에 있는 다른 효소들은 이 독성물질을 재빨리 물로 전환한다. 이는 세포가 구획화된 구조를 갖는 이유를 보여주는 또 다른 예다.

세포가 생명활동을 수행하기 위해서는 지속적인 에너지 공급이 필요하다. 다음 절에서는 세포의 발전소 역할을 하는 두 가지 세포소기관, 즉 미토콘드리아와 엽록체에 대해 알아본다.

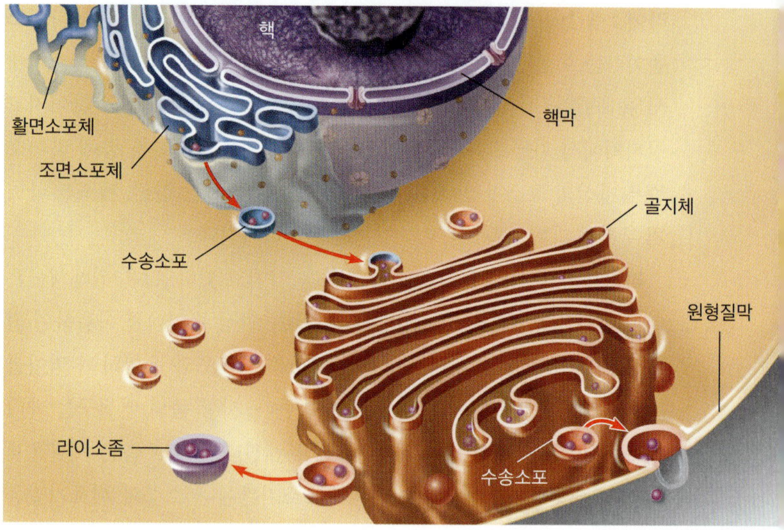

▲ 그림 4.12 내막계 복습

시도해 보기 내막계가 어떻게 세포를 구획화할 수 있는지 설명해 보자.

? 수송소포는 내막계를 하나로 묶는 데 어떻게 도움을 주는가?

■ 수송소포는 막과 막이 둘러싸고 있는 물질을 내막계의 구성요소들 간에 이동시킨다.

에너지 전환 세포소기관

4.13 미토콘드리아는 음식으로부터 화학 에너지를 얻는다

미토콘드리아(mitochondria, 단수는 mitochondrion)는 거의 모든 진핵세포에서 세포호흡을 수행하는 소기관이다. 음식물의 화학 에너지를 세포가 일을 수행하는 데 사용할 수 있는 형태인 ATP로 전환하며, 이때 O_2를 사용하고 CO_2를 방출하는 미토콘드리아는 **에너지와 물질**이라는 주제를 잘 보여준다.

미토콘드리아는 2개의 막으로 둘러싸여 있으며, 각각의 막은 인지질 이중층에 독특한 단백질이 박혀 있다(그림 4.13). 미토콘드리아에는 내부에 2개의 구획이 있다. 첫 번째는 내막과 외막 사이의 좁은 부위인 막사이공간(intermembrance space)이다. 두 번째 구획은 내막으로 둘러싸인 **미토콘드리아바탕질(mitochondrial matrix)**로, 바탕질에는 세포호흡의 일부 반응을 촉매하는 효소뿐만 아니라 미토콘드리아 DNA와 리보솜이 있다. 내막은 주름이 많이 접혀 있으며, 막에는 ATP 합성을 담당하는 많은 단백질이 박혀 있다. 크리스테(cristae)라고 불리는 이 주름은 막의 표면적을 증가시켜 미토콘드리아의 ATP 생성 능력을 증가시킨다.

? 세포호흡이란 무엇인가?

■ 음식물 분자의 화학 에너지를 ATP의 화학 에너지로 전환하는 과정이다.

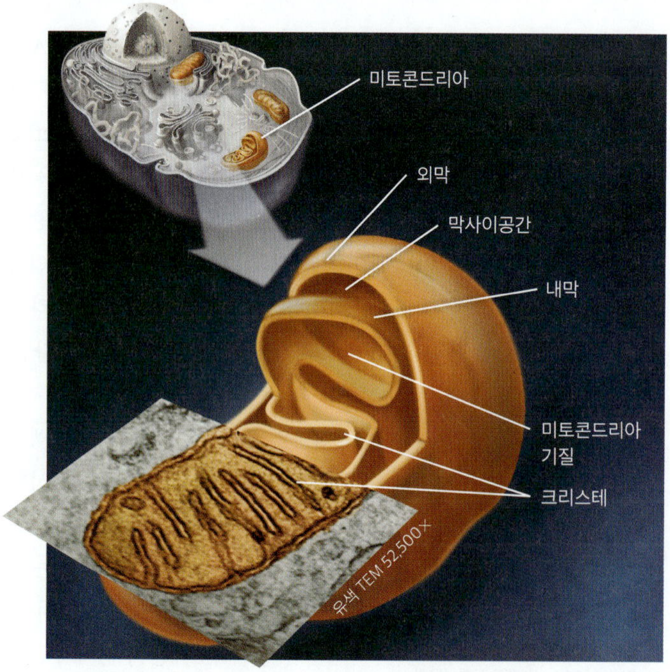

▲ 그림 4.13 세포호흡 장소인 미토콘드리아

4.14 엽록체는 태양 에너지를 화학 에너지로 전환한다

생명체 대부분은 태양의 빛 에너지를 당 분자의 화학 에너지로 전환하는 광합성에 의해 공급받은 에너지로 생명을 유지한다. **엽록체(chloroplast)**는 식물과 조류에 있는 광합성 세포소기관이다.

엽록체는 복잡하고 다단계적인 과정을 수행하므로 기능을 수행하는 데 알맞도록 내막에 의해 여러 구획으로 나뉘어 있는 것은 그리 놀랍지 않다(그림 4.14). 엽록체는 외막과 내막으로 둘러싸여 있으며, 내막과 외막은 좁은 막사이공간으로 분리되어 있다. 내막의 안쪽 구획에는 **스트로마(stroma)**라 불리는 진한 액체가 들어 있으며, 여기에 많은 효소뿐만 아니라 엽록체 DNA와 리보솜이 있다. 스트로마에는 **틸라코이드(thylakoid)**라 불리는 서로 연결된 주머니가 있다. 틸라코이드는 종종 카드 게임용 칩처럼 쌓여 있는데, 틸라코이드들이 쌓인 각각의 더미를 **그라나(granum**, 복수는 grana)라고 한다. 틸라코이드의 안쪽 구획은 틸라코이드 공간이라 부른다.

틸라코이드는 엽록체의 태양전지팩으로, 틸라코이드 막에 박혀 있는 녹색 엽록소 분자가 태양 에너지를 포획한다. 다음 절에서는 미토콘드리아와 엽록체의 기원에 대해 알아본다.

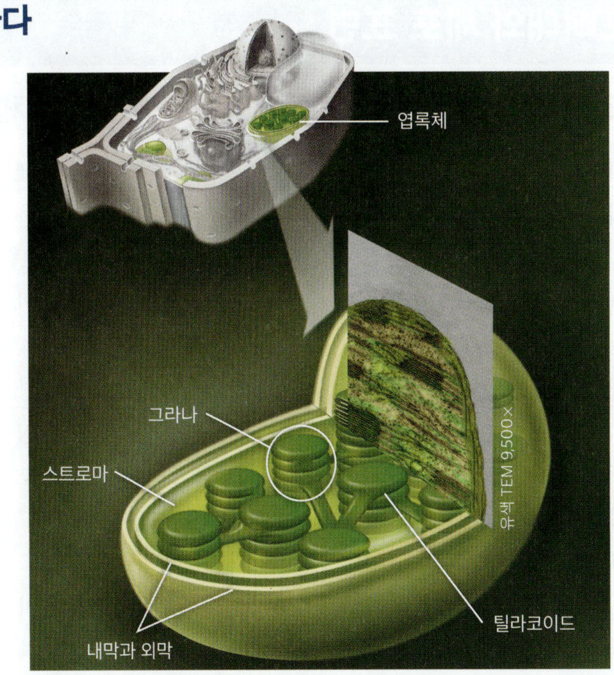

▲ 그림 4.14 광합성 장소인 엽록체

? 광합성이 일어나는 장소인 엽록체에서 엽록소 분자는 어디에 위치하는가?

■ 엽록소 분자는 틸라코이드 막에 박혀 있다.

4.15 미토콘드리아와 엽록체는 내부공생에 의해 진화했다

진화 연관성

미토콘드리아와 엽록체는 원핵생물의 염색체와 구조가 비슷한 원형 DNA 분자를 하나씩 가지고 있으며, 리보솜도 진핵세포 리보솜보다는 원핵세포 리보솜과 더 유사하다. 또한 흥미롭게도 두 세포소기관 모두 특정 원핵생물과 유사한 방식으로 세포 내에서 증식한다.

내부공생설(endosymbiont theory)에 의하면 미토콘드리아와 엽록체는 커다란 세포 안에서 살기 시작한 작은 원핵생물이었다. 이 원핵생물들은 소화되지 않은 먹이나 기생생물 형태로 커다란 세포 안으로 들어갔을 것으로 생각된다(그림 4.15).

이 공생이 어떻게 유익할 수 있었는지 가설을 세워볼 수 있다. 원핵생물의 산소 생성 광합성으로 호기성 상태가 된 환경에서는 산소를 이용해 유기분자로부터 다량의 에너지를 방출할 수 있는 내부공생체가 숙주에게 이익이 되었을 것이다. 오랜 진화 과정에서 숙주세포와 그 내부공생체는 결국 하나의 유기체, 즉 미토콘드리아를 가진 진핵세포가 되었다. 만약 세포 중 하나가 광합성하는 원핵생물을 획득했다면 이 원핵생물은 숙주세포에게 양분을 공급할 수 있었으며, 여러 세대를 거치는 동안 숙주와 내부공생체는 점점 더 상호의존적이 되어 결국 엽록체를 포함하는 진핵세포가 되었을 것이다.

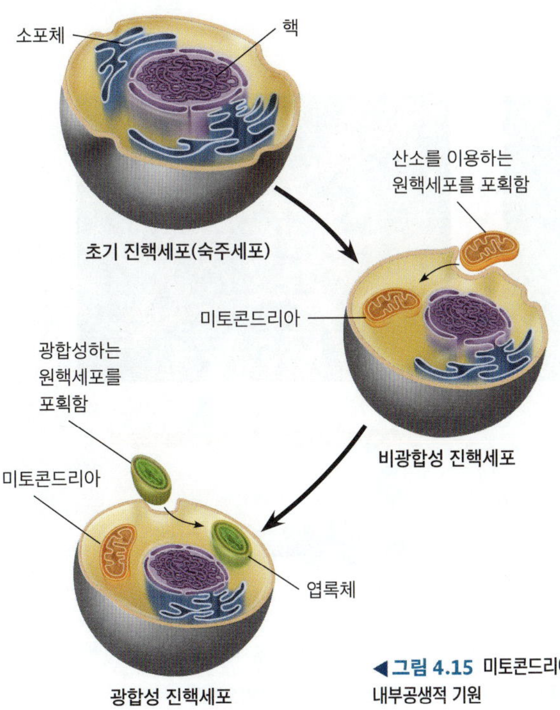

◀ 그림 4.15 미토콘드리아와 엽록체의 내부공생적 기원

? 모든 진핵세포에는 미토콘드리아가 있지만 엽록체는 없는 것도 있다. 왜 그런지 진화적으로 설명할 수 있는가?

■ 아마도 첫 번째 내부공생에 의해서 미토콘드리아를 함유한 진핵세포가 만들어졌고, 두 번째 내부공생 사건에 의해 미토콘드리아뿐만 아니라 엽록체를 포함하는 세포가 만들어졌기 때문일 것이다.

세포뼈대와 세포 표면

4.16 세포의 내부 뼈대는 세포의 구조와 활동을 체계화한다

뼈대가 우리 몸을 지지하고 움직이게 하는 것과 마찬가지로, 세포도 **세포뼈대(cytoskeleton)**로 통칭되는 그물 형태의 섬유가 세포를 지지한다. 이 외에도 세포뼈대는 세포소기관들이 세포 안에서 이동하는 '경로'로 작용하고 일부 세포는 세포뼈대와 **운동단백질(motor protein)**의 상호작용을 통해 세포가 수영이나 기는 운동을 하도록 돕는다.

세포뼈대를 이루는 세 가지 주요 섬유는 가장 굵은 미세소관과 가장 가는 섬유인 미세섬유, 그리고 이 둘의 중간 굵기인 중간섬유다. 그림 4.16은 동일한 유형의 세포를 세 가지 섬유 중 한 가지만 선택적으로 강조하는 서로 다른 형광염료로 염색한 세 장의 현미경 사진이다.

미세소관(microtubule)은 튜불린(tubulin)이라는 구형단백질로 구성된, 직선형의 속이 빈 관이다. 그림 4.16의 좌측하단에서 보듯이 미세소관은 2개의 소단위로 구성된 튜불린단백질이 첨가되면서 길이가 길어진다. 미세소관은 쉽게 분해되며, 분리된 튜불린단백질은 세포의 다른 곳에서 재사용될 수 있다. 동물 세포에서 미세소관은 한 쌍의 중심소체를 갖고 있는 **중심체(centrosome)**에서 만들어지며, 각 중심소체는 미세소관 고리로 이루어져 있다(그림 4.4A 참조). 식물 세포에는 중심소체를 가진 중심체가 없으며 다른 방법으로 미세소관을 만든다.

미세소관은 세포의 모양을 유지하고 지지할 뿐만 아니라 운동단백질을 가지고 있는 세포소기관들이 이동하는 경로로 작용한다. 예를 들어, 라이소좀은 자신이 가진 운동단백질인 '발'을 이용해 미세소관을 따라 '걷는' 방식으로 식포로 갈 수 있다. 미세소관은 또한 세포가 분열할 때 염색체의 이동을 안내하며, 섬모와 편모의 주요 구성요소이기도 하다. 이들 운동부속기관의 구조에 대해서는 4.18절에서 살펴본다.

중간섬유(intermediate filament)는 대부분의 동물 세포에 있으며, 다양한 섬유성 단백질이 꼬여 밧줄과 같은 구조를 하고 있다. 중간섬유는 주로 세포의 모양을 견고하게 하며 일부 세포소기관을 고정시키는 작용을 한다. 예를 들어, 핵은 중간섬유로 된 우리(cage) 안에 자리 잡고 있다. 미세소관은 분해되어 다른 곳에서 재조립될 수 있지만, 중간섬유는 세포 내에서 영구적으로 고정되어 있는 경우가 많다. 사람 피부의 바깥층은 중간섬유로 가득 찬 죽은 피부세포로 이루어져 있다.

액틴섬유로 불리는 **미세섬유(microfilament)**는 구형 단백질인 액틴(actin)을 주성분으로 하는 견고한 막대 형태로, 2개의 액틴 사슬이 서로 꼬여 있다(그림 4.16, 우측하단). 미세섬유는 원형질막 바로 안쪽에서 3차원 망상 구조를 이루며 세포의 모양을 유지해 준다. 따라서 미세섬유는 세포벽이 없는 동물 세포에서 특히 중요하다.

미세섬유는 세포의 움직임에도 관여한다. 미오신(myosin)이라는 일종의 운동단백질로 만들어진 굵은 섬유가 액틴섬유와 상호작용하여 근육세포의 수축을 일으킨다(그림 30.9B 참조). 액틴과 미오신에 의한 국소수축은 원생생물인 아메바(*Amoeba*)와 일부 백혈구의 아메바운동(기는 것)에 관여한다.

다음 절에서는 세포뼈대의 발견에 도움이 된 몇 가지 기술에 대해 살펴본다.

? 세포골격의 구성요소 중 (a) 동물 세포 안에서 핵을 제자리에 고정시키고, (b) 골지체에서부터 원형질막으로 수송소포를 안내하며, (c) 근육세포의 수축에 관여하는 요소는 각각 무엇인가?

■ (a) 중간섬유, (b) 미세소관, (c) 미세섬유

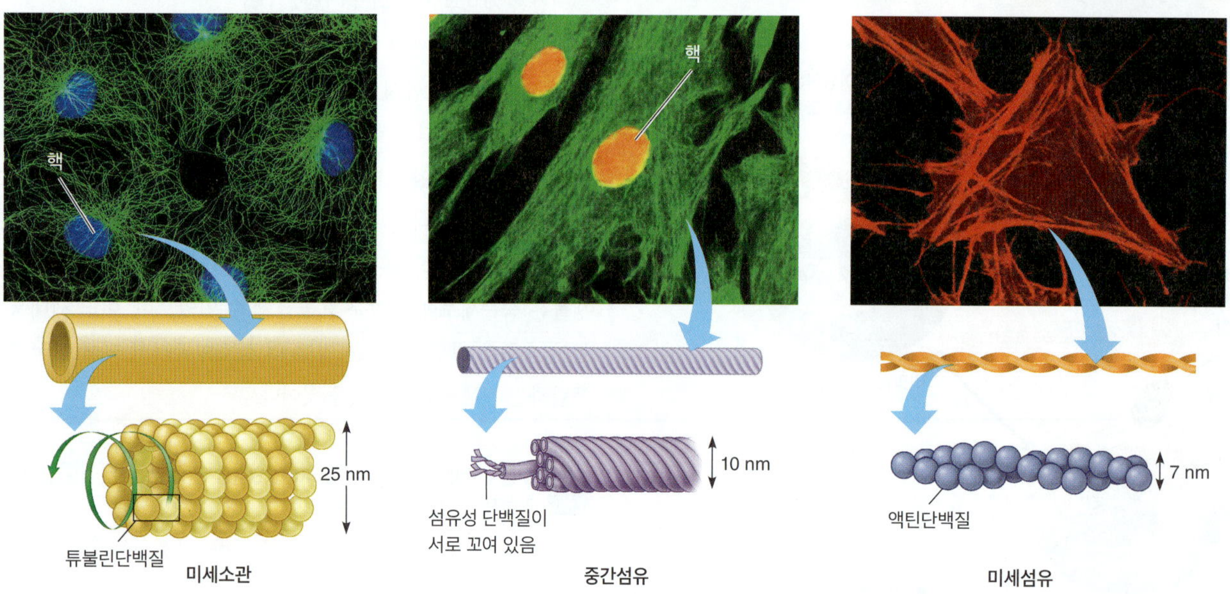

▲ **그림 4.16** 세포뼈대를 구성하는 세 가지 유형의 섬유: 녹색 형광 분자로 표지된 미세소관(왼쪽), 황록색으로 표지된 중간섬유(가운데), 빨간색으로 표지된 미세섬유(오른쪽)

4.17 세포뼈대는 생화학과 현미경의 도움으로 발견되었다

과학적 사고 4.1절에서 설명했듯, 현미경과 염색기술의 발전은 세포소기관의 발견을 이끌었다. 그러나 생물학자들은 세포 내 구조들이 세포 안에서 자유롭게 떠다니는 것으로 생각했다. 이제 액틴으로 구성된 세포뼈대인 미세섬유를 발견하게 한 새로운 기술을 순차적으로 알아보자.

생화학자들은 1940년대에 근육세포에서 액틴단백질과 미오신단백질을 최초로 분리하고 확인했다. 1954년 과학자들은 새로 개발된 현미경 기술을 이용하여 근육이 수축할 때 액틴과 미오신섬유가 어떻게 상호작용하는지 밝혀냈다. 그 후 10년 동안 연구진들은 액틴섬유를 염색하고 전자현미경으로 확인할 수 있는 기술을 개발했다. 그들은 자신들이 연구하던 근육세포에서뿐만 아니라 보유하고 있던 다른 세포에서 액틴을 발견하고는 놀라움을 금치 못했다. 그 후 계속된 연구를 통해 모든 유형의 세포에서 액틴섬유가 발견되었다.

세포에 대한 우리의 지식은 어떻게 성장했을까?

오늘날 우리는 (이 장 도입부에서 보았듯) 세포뼈대를 당연히 '관찰'할 수 있다고 생각한다. 그러나 세포에 있는 온전한 미세섬유망을 관찰하게 된 것은 1974년이 되어서다. 과학자들은 액틴에 결합하는 항체단백질을 개발하고 여기에 형광분자를 결합시켰다. (형광분자는 빛을 흡수하면 특정 파장이나 색을 방출하므로 '발광한다'.) 이러한 형광 항체를 사용하여 거미줄처럼 얽혀 있는 놀랍고도 아름다운 미세섬유들을 보게 되었다. **그림 4.17**은 서로 다른 형광표지자가 세포뼈대의 다양한 구성요소들에 어떻게 결합하는지 보여준다.

그 후 연구진들은 액틴단백질 자체에 형광분자를 붙인 뒤 살아 있는 세포로 주입했다. 이 기술을 통해 과학자들은 세포뼈대 단백질의 역동적인 행동을 살아 있는 세포에서 시각화할 수 있었다. 더욱이 현미경에 비디오카메라를 장착함으로써 과학자들은 시간이 경과함에 따라 세포에서 일어나는 사건과 세포뼈대 구조의 변화도 '관찰'할 수 있게 되었다.

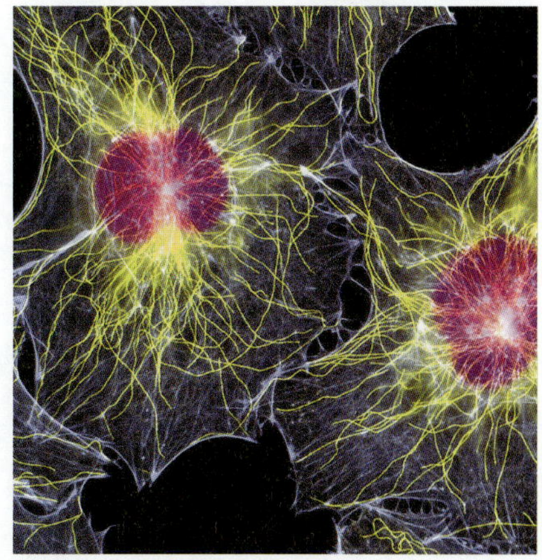

▲ **그림 4.17** 세포뼈대의 형광현미경 사진(미세소관은 노란색, 미세섬유는 파란색, 핵은 보라색)

추후 새로운 기술이 개발되면 우리는 세포뼈대에 대해 더 잘 이해하게 될 것이다. 현재는 다양한 생물로부터 세포뼈대 단백질의 유전자 염기서열을 분석하고 비교하는 분자적 접근을 하고 있다. 예를 들어, 액틴 유전자는 진화 과정 중에 고도로 보존된 것으로 밝혀졌는데, 아메바의 기는 운동을 촉진하는 액틴단백질은 사람 백혈구의 '아메바' 운동에 관여하는 액틴단백질과 놀랄 만큼 유사하다.

? 세포뼈대의 발견은 과학 지식의 발전이 기술과 장비의 발전에 의존한다는 생각을 어떻게 지지하는가?

■ 생물학자들은 전자현미경과 형광염료가 개발되기 전에는 세포뼈대가 존재한다는 것을 증명할 수 없었다.

4.18 섬모와 편모는 미세소관이 구부러질 때 움직인다

세포운동에 세포뼈대가 관여한다는 사실은 일부 세포에 있는, 겉으로 돌출된 운동성 부속기관에서 분명히 볼 수 있다. 짚신벌레를 앞으로 나아가게 하는 수많은 짧은 부속기관을 **섬모(cilia**, 단수는 cilium)라고 한다(그림 4.1B 참조). 그 외 다른 원생생물은 편모(flagella)로 이동을 하는데, 편모는 섬모보다 더 길고 세포 하나당 하나 혹은 여러 개 있다.

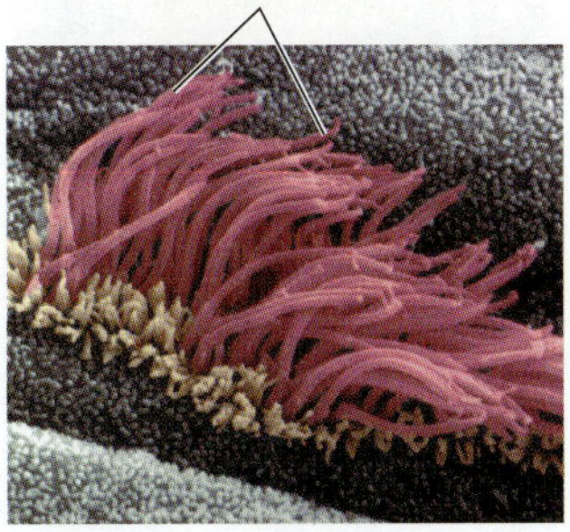

▲ **그림 4.18A** 호흡기를 덮고 있는 세포의 섬모

다세포 생물의 일부 세포에도 섬모나 편모가 있다. 예를 들어, **그림 4.18A**는 호흡기의 기관을 덮고 있는 내벽 세포의 섬모를 보여준다. 이들 섬모는 점액에 붙잡힌 먼지 등을 점액과 함께 폐 밖으로 내보내는 역할을 한다. (이러한 청소 기능은 섬모를 마비시키는 담배 연기에 의해 손상된다.) 대부분의 동물과 일부 식물은 편모가 달린 정자를 가지고 있다. **그림 4.18B**에서 보듯이 편모는 물결처럼 움직이는 채찍 모양의 운동으로 세포를 전진시킨다. 이와 대조적으로 섬모는 조정팀 선수들이 일제히 젓는 노처럼 작동한다.

섬모와 편모는 길이와 움직이는 모양이 다르지만, 구조와 운동 기작에는 공통점이 있다(**그림 4.18C**). 두 가지 모두 원형질막이 확장한 막으로 둘러싸인 미세소관으로 이루어져 있다. 거의 모든 진핵생물의 섬모와 편모는 9개의 이중 미세소관이 중앙에 있는 한 쌍의 미세소관 주변을 둥글게 둘러싸고 있다. 이러한 배열을 '9 + 2' 구조라고 한다. 미세소관 결합체는 기

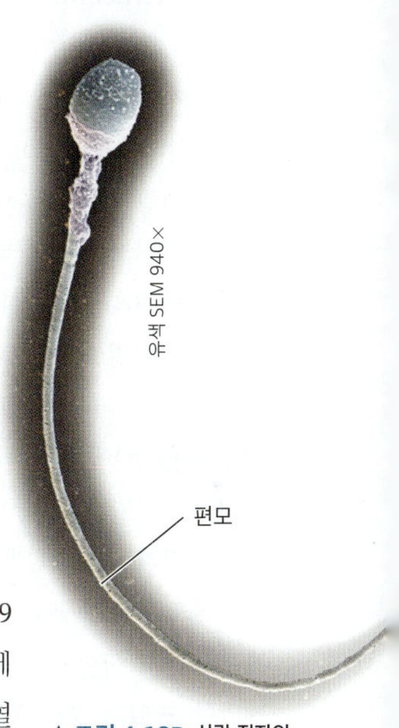

▲ **그림 4.18B** 사람 정자의 물결처럼 움직이는 편모

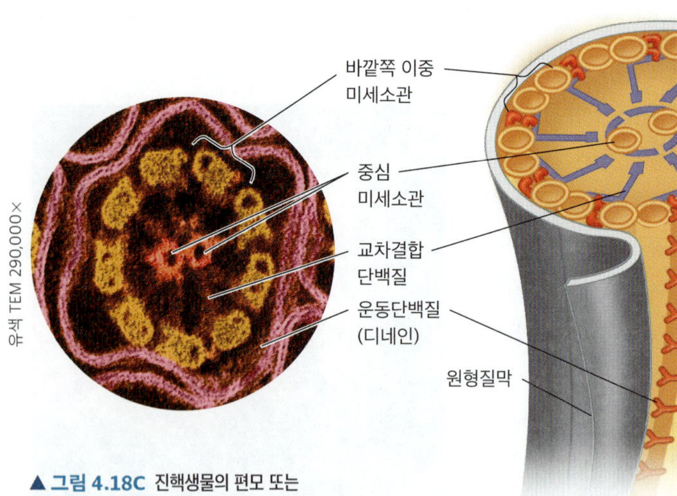

▲ 그림 4.18C 진핵생물의 편모 또는 섬모의 내부 구조

저체(basal body, 그림에는 보이지 않음)에 의해 세포에 고정되어 있으며, 기저체는 중심소체와 구조가 매우 유사하다. 실제로 사람과 그 외 많은 동물의 경우, 수정 중에 정자 편모의 기저체가 난자로 들어가 중심소체가 된다.

그림 4.18C에 보이는 미세소관 결합체는 어떻게 섬모와 편모의 운동을 가능하게 할까? 크기가 큰 운동단백질인 디네인(dynein, 그림에서 빨간색)이 각각의 바깥쪽 이중 미세소관을 따라 결합하고 있다. 디네인 단백질은 제각기 2개씩의 '발'을 가지고 있으며, 이를 이용해 인접한 이중 미세소관을 따라 '걷는다'. 걷는 운동은 한 번에 한쪽에서만 일어나도록 통합조정된다. 미세소관들은 유연성 있는 교차결합단백질(그림에서 보라색)에 의해 서로 연결되어 있다. 만약 이중 미세소관들이 제자리에 고정되어 있지 않으면, 이중 미세소관은 서로 미끄러져 지나갈 것이다. 그 대신에 디네인 발의 '걷는' 동작으로 인해 미세소관이 구부러지고 그 결과 섬모와 편모가 휘게 된다.

섬모는 세포를 위해 신호를 받아들이는 '안테나'로도 작용한다. 이러한 기능을 가진 섬모는 대개 운동성이 없고(중심의 미세소관 쌍이 없음) 세포 하나당 하나만 존재한다. 실제로 척추동물의 경우 거의 모든 세포가 원발섬모(primary cilium)라 불리는 구조를 가지고 있다. 원발섬모는 최소 100여 년 전에 발견되었지만 배아 발달과 감각수용, 세포 기능에서 그 중요성은 최근에야 인식되고 있다. 원발섬모의 결함은 다낭성 신장병(polycystic kidney disease) 및 사람의 기타 질환들과 관련이 있다.

? 섬모운동장애증후군으로 알려진 원발섬모운동이상증(primary ciliary dyskinesia, PCD)은 섬모와 편모에 운동단백질이 결여된 매우 희귀한 질병이다. 원발섬모운동이상증은 반복적인 호흡기 감염과 운동성이 없는 정자가 특징이다. 서로 관련이 없어 보이는 이 두 가지 증상을 어떻게 설명할 수 있는가?

■ 운동단백질이 없으면 미세소관이 구부러지지 못한다. 따라서 섬모가 있어도 호흡기를 깨끗이 할 수 없으며, 정자는 수영을 할 수 없다.

4.19 동물 세포의 세포외바탕질은 세포를 지지하고 조절하는 기능을 한다

원형질막은 일반적으로 세포의 경계로 간주되지만, 대부분의 세포는 원형질막 바깥에 있는 물질을 합성하고 분비한다. 동물 세포는 **세포외바탕질(extracellular matrix, ECM)**을 만든다(그림 4.19). 이 정교한 층은 조직을 이루는 세포들이 함께 있도록 붙잡아 주고 원형질막을 보호하며 지지한다.

세포외바탕질의 주요 구성요소는 탄수화물이 결합하고 있는 단백질인 당단백질이다. 이 중에서 가장 풍부한 당단백질은 세포 바깥에 튼튼한 섬유를 형성하는 콜라겐(collagen)이다. 실제로 콜라겐은 체내 단백질의 약 40%를 차지한다. 콜라겐 섬유는 긴 다당류 분자에 수백 개의 작은 당단백질들이 연결되어 만들어진 커다란 복합체(그림에서 초록색) 그물망에 파묻혀 있다. 세포외바탕질은 막단백질의 일종인 **인테그린(integrin)**에 결합하는 또 다른 당단백질을 통해 세포에 부착한다. 인테그린은 막을 관통하며, 인테그린의 다른 쪽은 세포뼈대의 미세섬유와 연결하고 있는 단백질에 결합한다.

인테그린은 이름이 의미하는 바처럼 통합 기능이 있어 세포외바탕질과 세포뼈대 사이에 신호를 전달하며, 세포 안팎에서 일어나는 변화를 전달할 수 있다. 최근 연구는 세포외바탕질의 새롭고 영향력 있는 기능을 밝혀내고 있다. 예를 들어, 세포외바탕질은 배아세포가 이동하는 경로를 지시함으로써 세포의 행동을 조절한다. 또한 연구자들은 세포외바탕질이 전달하는 신호가 유전자 활성에도 영향을 줄 수 있다는 사실을 밝혔다.

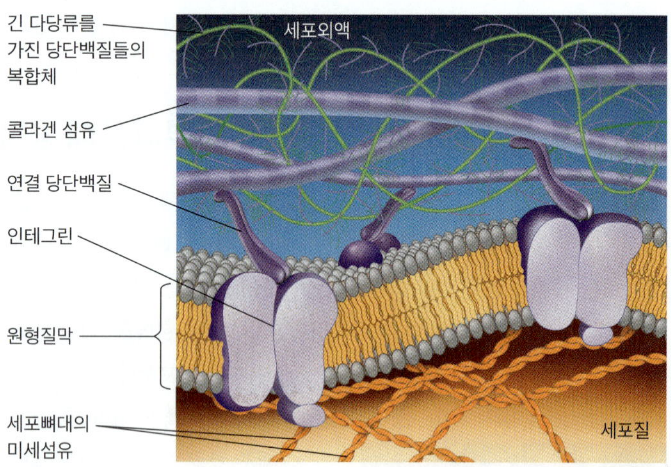

▲ 그림 4.19 동물 세포의 세포외바탕질(ECM)

? 그림 4.19를 참조하여 원형질막을 지지하는 구조를 설명하시오.

■ 원형질막은 막단백질을 통해 세포뼈대의 미세섬유에, 그리고 세포외바탕질의 당단백질과 콜라겐 섬유에 부착되어 있다.

4.20 동물 조직에는 세 가지 유형의 세포연접이 있다

동물 조직에서 이웃하는 세포들은 세포 사이의 독특한 연접(junction)에 의해 서로 부착하고, 상호작용하며 소통한다. **그림 4.20**은 소화관 내벽을 감싸고 있는 세포를 이용해 세 가지 유형의 세포연접을 보여준다. (세포 윗부분의 돌출부는 영양분 흡수를 위해 표면적을 증가시킨다.)

밀착연접(tight junction)에서는 인접한 세포들의 원형질막이 단백질에 의해 서로 단단히 결합하고 있다. 밀착연접은 세포층을 가로질러 용액이 새는 것을 방지한다. 그림에서 점선으로 표시된 녹색 화살표는 소화관 속의 내용물이 주변 조직으로 새어나가는 것을 밀착연접이 어떻게 막는지 보여준다.

부착연접(anchoring junction)은 못과 같은 기능을 하므로 세포를 단단히 고정시켜 강한 판을 형성한다. 견고한 단백질로 이루어진 중간섬유가 세포질에서 이 연접을 고정한다. 부착연접은 피부나 근육처럼 늘어나거나 기계적 스트레스를 받는 조직에서 흔히 볼 수 있다.

의사소통연접으로 불리는 간극연접(gap junction)은 인접한 세포들 사이에 있는 단백질로 된 구멍을 통해 작은 분자들이 이동하게 하는 통로다. 심장근육세포에 있는 간극연접은 이온이 이동하게 함으로써 심근의 수축을 조절한다. 간극연접은 세포 간 정보소통이 필수적인 발생 중인 배아에서 흔히 볼 수 있다.

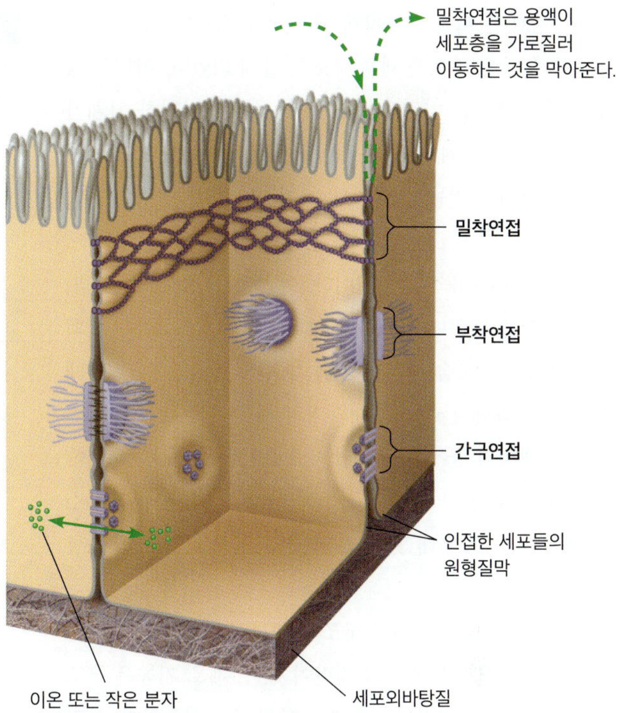

▲ **그림 4.20** 동물 조직에 있는 세 가지 유형의 세포연접

? 근육 파열 부상은 어떤 유형의 세포연접 파열을 수반하는가?

■ 부착연접

4.21 세포벽은 식물 세포를 둘러싸고 지지한다

세포벽(**cell wall**)은 식물 세포를 동물 세포와 구별하는 특징 중 하나다. 이 견고한 세포외 구조는 세포를 보호할 뿐만 아니라 식물이 땅에서 똑바로 서 있게 하는 뼈대와 같은 지지대 역할도 한다. 식물 세포벽은 다당류와 단백질로 이루어진 바탕질에 셀룰로오스(그림 3.7 참조)가 박혀 있다. 이와 같은 바탕질 속 셀룰로오스 구조는 철근 콘크리트 구조와 비슷하여 매우 견고하다.

그림 4.21은 식물 세포벽의 층상 구조를 보여준다. 세포는 처음에 얇고 유연한 1차 세포벽을 형성하여 성장하는 세포가 지속적으로 커질 수 있게 한다. 인접한 세포들 사이에는 펙틴이라는 끈적끈적한 다당류층(그림의 짙은 갈색 부분)이 있어 세포를 결합시켜 준다. (펙틴은 잼이나 젤리를 걸쭉하게 만드는 데 사용된다.) 세포가 성장을 멈추면 세포벽을 강화한다. 일부 세포는 원형질막 옆에 층층이 쌓인 2차 세포벽을 추가한다. 목재는 주로 2차 세포벽으로 되어 있으며, 여기에 리그닌(lignin)이라는 견고한 분자가 더해져 더 강화된다.

식물 세포벽이 두껍기는 하지만 세포들을 서로 완전히 분리하지는 않는다. 그림 4.21은 인접한 식물 세포를 연결해 주는 **원형질연락사**(**plasmodesmata**, 단수는 plasmodesma)라고 하는 수많은 통로를 보여준다. 원형질연락사를 통한 세포기질의 이동은 물과 그 외 작은 분자들이 세포 사이를 자유롭게 이동할 수 있게 한다. 식물 조직의 세포들은 원형질연락사를 이용해 물, 영양분, 화학신호 등을 서로 공유하게 된다.

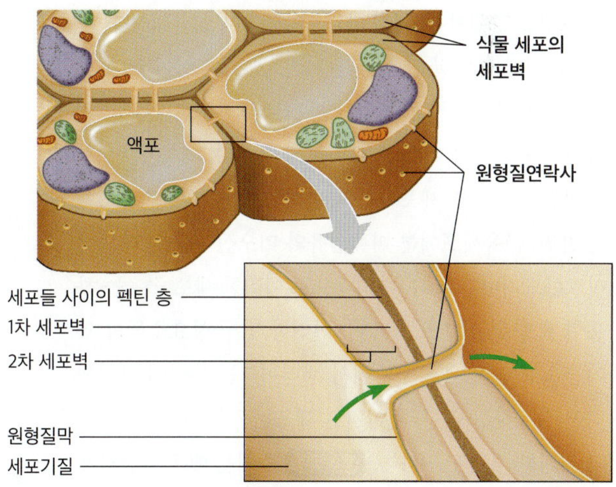

▲ **그림 4.21** 식물 세포벽과 원형질연락사

? 인접한 식물 세포들 간에 작은 분자를 교환할 수 있게 도와주는 구조는 무엇인가?

■ 원형질연락사

4.22 복습: 진핵세포의 구조는 기능에 따라 네 가지 주요 그룹으로 나뉜다

세포로의 웅대한 여정을 마치게 된 것을 축하한다. 우리는 이 여행을 통해 많은 중요한 세포 구조를 알게 되었다. 이러한 정보에 대한 기본틀을 마련하고 구조가 기능과 밀접한 관계가 있음을 강조하기 위해 진핵세포의 세포소기관을 **표 4.22**에서와 같이 일반적인 기능에 따라 네 가지 그룹으로 나누어 정리했다.

첫 번째 그룹은 유전자 조절이다. 여기에는 세포의 유전 지침을 담고 있는 핵뿐만 아니라 이 지침에 따라 암호화된 단백질을 생산하는 리보솜이 포함된다. 두 번째 그룹은 물질의 제조와 분배, 분해에 관여하는 내막계의 세포소기관이다. 세 번째 그룹은 에너지 공정과 관련된 세포소기관인 미토콘드리아와 엽록체고, 네 번째 그룹은 구조적 지지와 운동, 세포 간 소통을 담당하는 세포뼈대 및 세포 외 구조, 세포 간 연결을 포함한다.

이러한 대부분의 그룹에서 구조적 유사성은 각 구성요소가 가지고 있는 보편적인 기능의 기반이 된다. 제조 기능은 구조적이고 기능적으로 연결된 막의 연계망에 크게 의존한다. 물질의 분해 또는 재활용에 관여하는 세포소기관은 막으로 둘러싸인 주머니로, 이 안에 있는 효소에 의해 분해가 안전하게 일어날 수 있다. 에너지 공정 그룹에 속하는 세포소기관은 내부의 대사가 활발히 일어나는 막과 막사이공간을 확장함으로써 엽록체와 미토콘드리아가 세포에 동력을 공급하는 복잡한 에너지 전환 과정을 수행할 수 있게 한다. 종류가 다양한 네 번째 그룹에서도 다양한 단백질 섬유들 간에 구조상 공통점이 있다.

세포의 전체 구조는 세포의 독특한 기능과 밀접한 연관이 있다는 점에 주목하면서 이 장을 요약하고자 한다. 예를 들어, 분비할 단백질을 만드는 세포에는 다량의 리보솜과 조면소포체가 있는 반면, 근육세포에는 미세섬유와 미오신 운동단백질 그리고 미토콘드리아가 많다. 마지막으로 이러한 세포 구조는 하나의 통합된 팀을 이루고 있으며, 이러한 팀 구성요소들의 조율된 기능으로 인해 세포 수준에서 생명이라는 특성이 발현된다는 점을 강조하고자 한다. 이처럼 세포는 각 부분을 합한 것보다 더 위대한 생명 단위라는, **상호작용** 주제를 매우 아름답게 보여준다.

? 미토콘드리아, 활면소포체, 세포뼈대는 모두 어떻게 근육세포의 수축에 기여하는가?

■ 미토콘드리아는 ATP 형태로 에너지를 공급하고, 활면소포체는 칼슘 이온의 흡수와 방출을 통해 수축을 조절하며, 미세섬유는 실질적인 수축 장치로 작용한다.

표 4.22 진핵세포의 구조와 기능

1. 유전적 조절		
핵	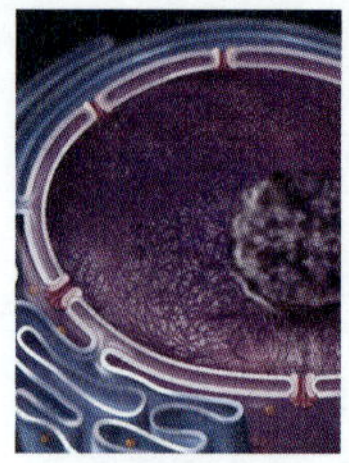	DNA 복제, RNA 합성, 리보솜 소단위 조립(인에서)
리보솜		폴리펩타이드(단백질) 합성
2. 제조 및 분배와 분해		
조면소포체		막지질과 막단백질, 분비단백질, 가수분해효소의 합성. 수송소포 형성
활면소포체		지질 합성. 간세포에서의 해독작용. 근육세포에서 칼슘 이온 저장
골지체	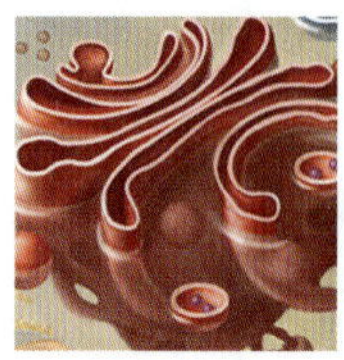	소포체 생성물의 변형 및 분류. 라이소좀과 수송소포 형성
라이소좀(동물 세포와 일부 원생생물)		섭취한 음식과 박테리아 분해, 손상된 세포소기관과 고분자 재활용
액포		소화(식포). 수분 균형(수축포). 화학물질을 저장하고 세포 크기 확장(식물 세포의 중심액포)
퍼옥시좀(내막계에 해당하지 않음)		부산물로 생긴 독성의 과산화수소 분해와 같은 다양한 대사활동
3. 에너지 공정		
미토콘드리아		세포호흡: 음식물에 있는 화학 에너지를 ATP 형태의 화학 에너지로 전환
엽록체(식물과 일부 조류)		광합성: 빛 에너지를 당 형태의 화학 에너지로 전환
4. 구조적 지지, 운동, 세포 간 소통		
세포뼈대(미세섬유, 중간섬유, 미세소관)		세포의 모양 유지. 소기관 고정. 세포 내에서 소기관의 이동. 세포운동(기기, 근육수축, 섬모와 편모의 구부러짐)
원형질막		세포 안팎으로의 물질이동 조절
세포외바탕질(동물)		지지. 세포 활동의 조절
세포연접	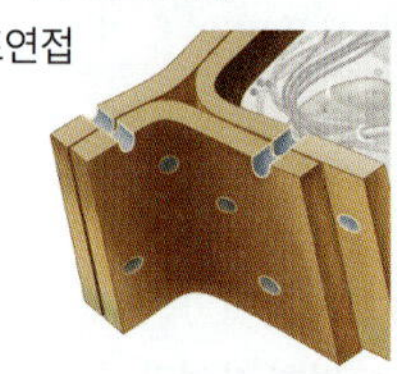	세포들 간 소통. 조직 내에서 세포 간 결합
세포벽(식물)		지지와 보호. 조직 내에서 세포 간 결합

CHAPTER

4 복습

개념 복습하기

세포 개론(4.1~4.4)

4.1 현미경은 세포의 세계를 보여준다. 광학현미경을 이용해 살아 있는 세포를 볼 수 있다. 주사전자현미경과 투과전자현미경은 배율과 해상도가 더 커서 세포의 초미세구조 관찰이 가능하다.

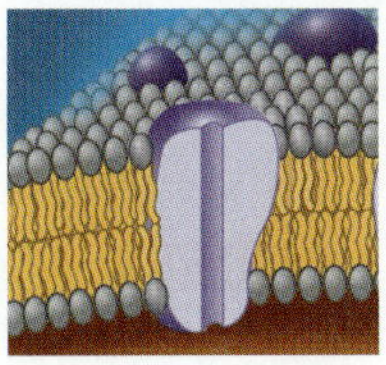

4.2 세포 크기가 작은 것은 원형질막을 통한 물질교환과 연관이 있다. 대부분의 세포는 크기를 아주 작게 함으로써 부피에 대한 표면적의 비를 증가시킨다. 원형질막은 단백질이 박혀 있는 인지질 이중층이다.

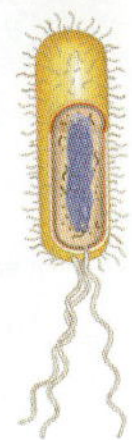

4.3 원핵세포는 진핵세포보다 구조가 더 단순하다. 모든 세포는 원형질막, DNA, 리보솜, 세포기질을 가지고 있다. 원핵세포에는 세포소기관이 없다.

4.4 진핵세포는 기능에 따라 여러 구획으로 나뉜다. 막으로 둘러싸인 세포소기관은 세포의 활동을 구획화한다.

핵과 리보솜(4.5~4.6)

4.5 핵에는 세포의 유전 지침이 들어 있다. 핵에는 세포의 DNA가 있으며, 이 DNA는 전령 RNA(mRNA)를 통해 단백질 합성을 지시한다. 리보솜의 소단위는 인에서 조립된다.

4.6 리보솜은 세포에서 사용하거나 배출할 단백질을 만든다. 리보솜은 rRNA와 단백질로 이루어져 있으며 DNA 지침에 따라 단백질을 합성한다.

내막계(4.7~4.12)

4.7 많은 세포소기관이 내막계로 연결된다.

4.8 소포체는 생합성 장소다. 소포체는 관과 주머니로 이루어진 막성 네트워크다. 활면소포체는 지질을 합성하고 독소를 처리한다. 조면소포체는 막을 합성하며, 표면에 있는 리보솜에서는 막단백질과 분비단백질이 만들어진다.

4.9 골지체는 세포 생성물을 변형시키고 분류하고 운반한다. 골지체는 층층이 쌓인 주머니로 이루어져 있으며, 여기에서 소포체의 생성물을 처리한 후 다른 세포소기관이나 세포 표면으로 보낸다.

4.10 라이소좀은 세포 내 소화기관이다. 라이소좀에는 섭취한 물질과 손상된 세포소기관을 분해하는 효소가 있다.

4.11 액포는 세포의 일반적인 유지 활동에 관여한다. 일부 원생생물은 수축포를 가지고 있고, 식물 세포는 분자와 노폐물을 저장하고 성장을 촉진하는 중심 액포를 가지고 있다.

4.12 제조 및 분해와 관련된 구조에 대한 복습. 내막계의 세포소기관은 구조적, 기능적으로 서로 연결되어 있다.

에너지 전환 세포소기관(4.13~4.15)

4.13 미토콘드리아는 음식으로부터 화학 에너지를 얻는다.

4.14 엽록체는 태양 에너지를 화학 에너지로 전환한다.

4.15 미토콘드리아와 엽록체는 내부공생에 의해 진화했다. 이들 세포소기관은 숙주세포에 들어와 살게 된 원핵세포에서 유래했다.

세포뼈대와 세포 표면(4.16~4.22)

4.16 세포의 내부 뼈대는 세포의 구조와 활동을 체계화한다. 세포뼈대에는 미세섬유, 중간섬유, 미세소관이 있다. 세포뼈대는 세포의 모양 유지, 세포소기관의 고정과 이동, 아메바운동, 근육수축 등에 관여한다.

4.17 세포뼈대는 생화학과 현미경의 도움으로 발견되었다.

4.18 섬모와 편모는 미세소관이 구부러질 때 움직인다. 진핵세포의 섬모와 편모는 미세소관이 '9 + 2' 배열을 하고 있는 운동 부속지다.

4.19 동물 세포의 세포외바탕질은 세포를 지지하고 조절하는 기능을 한다. 세포외바탕질은 주로 당단백질로 이루어져 있으며, 조직을 이루는 세포를 서로 결합하고 원형질막을 지지하며 세포뼈대와 소통한다.

4.20 동물 조직에는 세 가지 유형의 세포연접이 있다. 밀착연접은 세포를 결합시켜 용액이 새어나가지 못하는 판을 형성한다. 부착연접은 세포를 부착시켜 견고한 조직을 형성하게 한다. 간극연접은 이온과 작은 분자가 세포들 간에 이동하게 한다.

4.21 세포벽은 식물 세포를 둘러싸고 지지한다. 식물 세포벽은 셀룰로오스가 주성분이다. 원형질연락사는 세포와 세포 사이를 연결하는 통로다.

4.22 복습: 진핵세포의 구조는 기능에 따라 네 가지 주요 그룹으로 나뉜다. 이들 기능은 (1) 유전적 조절, (2) 제조 및 분배, 분해, (3) 에너지 공정, (4) 구조적 지지 및 운동, 세포 간 소통이다.

개념 연결하기

1. 다음 동물 세포 그림에 있는 구조들의 명칭을 적고 각 소기관의 기능을 살펴보자.

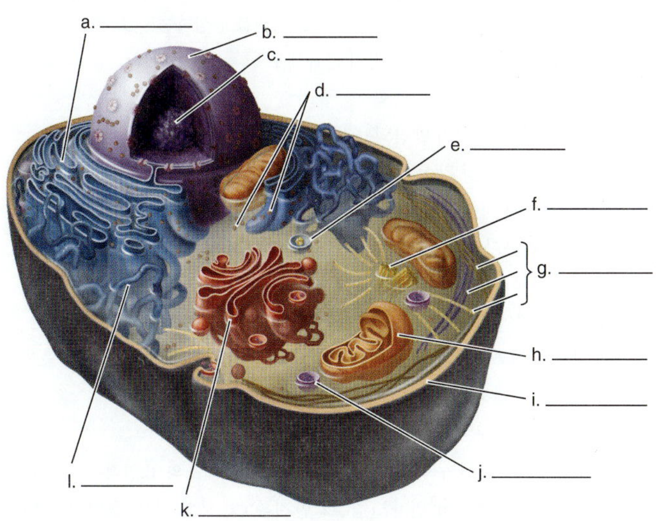

학습 평가하기

1단계: 학습 평가하기

2. 형광 항체 염색은 다음 중 어떤 방법으로 현미경 검사를 향상시키는가?
   a. 특정 세포 구성요소에 선택적으로 결합한다.
   b. 흑백의 전자현미경 이미지를 컬러화한다.
   c. 저조도 조건에서 세포를 더 잘 보이게 한다.
   d. 전자현미경에 사용하기 위해 세포를 살아 있게 유지한다.
3. 개미와 코끼리의 세포는 평균 크기가 똑같이 작으며, 코끼리의 경우 개미보다 세포의 수가 더 많을 뿐이다. 세포 크기가 작을 경우 가장 큰 장점이 무엇이며 그 이유는 무엇인가?
   a. 작은 세포는 큰 세포보다 원형질막 표면적이 더 넓다.
   b. 작은 세포는 세포 부피를 지원하기에 충분한 양의 영양분과 산소를 더 잘 얻을 수 있다.
   c. 작은 세포로 생명체를 만드는 것이 에너지가 더 적게 소비된다.
   d. 작은 세포는 큰 세포보다 필요로 하는 산소의 양이 더 적다.
4. 동물 세포에는 존재하지만 식물 세포에는 없는 세포소기관은?
   a. 라이소좀과 퍼옥시좀
   b. 라이소좀과 중심체
   c. 원형질연락사와 중심체
   d. 원형질연락사와 퍼옥시좀
5. 세포뼈대 중 분해되고 이동해서 다른 곳에 재사용할 수 있는 구성요소는?
   a. 미세섬유
   b. 중간섬유
   c. 운동단백질
   d. 미세소관
6. 원핵세포와 진핵세포에 공통적으로 존재하는 네 가지 세포소기관은 무엇인가?
7. 이웃 세포 간의 소통을 도와주는 세포연접 유형은 무엇인가?

2단계: 응용과 분석력 평가

8~11번까지의 질문에 해당하는 세포를 아래에서 고르시오.

a. 소화효소를 분비하는 이자 세포
b. 스테로이드 계통의 호르몬인 에스트로겐을 생성하는 난소 세포
c. 장거리 달리기 선수의 허벅지 근육세포
d. 박테리아를 잡아먹는 백혈구

8. 라이소좀이 가장 많이 발견되는 세포는?
9. 활면소포체가 가장 많이 발견되는 세포는?
10. 조면소포체가 가장 많은 세포는?
11. 미토콘드리아가 가장 많이 발견되는 세포는?
12. 미토콘드리아의 내막이 고도로 접혀 있는 것이 왜 중요한지 설명하시오.
13. 다음은 사실인가 거짓인가? "동물 세포는 미토콘드리아를 가지고 있고, 식물 세포는 엽록체를 가지고 있다." 선택한 답에 대해 설명하고 이들 소기관의 기능을 설명하시오.
14. 식물 세포벽의 구조를 설명하시오.
15. 반지름이 10 μm인 구형의 세포를 상상해 보자. 세포의 표면적은 몇 μm^2인가? 또 부피는 몇 μm^3인가? (참고: 반지름 r인 구의 경우, 표면적 $= 4\pi r^2$, 부피 $= 4/3\pi r^3$이다. $\pi = 3.14$라는 것을 기억하자.) 이 세포의 부피에 대한 표면적의 비는 얼마인가? 반지름이 20 μm인 두 번째 세포에 대해서도 동일한 계산을 하고, 이들 두 세포의 부피에 대한 표면적의 비를 비교하시오. 이러한 비교는 세포의 기능과 관련하여 어떤 의미가 있는가?
16. 세포뼈대의 중간섬유와 미세섬유를 비교하고 대조하시오.

3단계: 종합평가

17. 다세포 생물은 세포외바탕질 없이 존재할 수 없다. 왜 그런지 설명하시오.
18. 섬모는 사람 몸의 거의 모든 기관의 세포에서 관찰되며, 섬모가 제대로 작동하지 않으면 여러 가지 질환을 일으킨다. 예를 들어, 배아 발달 과정 중에 섬모는 용액이 왼쪽 방향으로 흘러가게 함으로써 체내 기관의 왼쪽-오른쪽 조직화를 일으킨다. 원발성섬모운동이상증(PCD, 4.18절 참조)을 가진 일부 사람들은 심장과 같은 내부 장기가 몸의 반대편에 생기는 내장좌우바뀜증(situs inversus)을 보인다. 이러한 역배열이 PCD 증상일 수 있는 이유를 설명하시오.
19. **과학적 사고** 미세소관은 운동단백질과의 상호작용을 통해 운동을 일으킨다. 그러나 일부의 경우 미세소관의 길이가 변하면서 세포 구성요소를 이동시키기도 한다. 연구진은 여러 실험을 통해 미세소관 끝에서 튜불린단백질이 첨가되거나 제거되면서 그 길이가 길어지고 짧아진다는 것을 확인했다. 또 다른 실험에서는 미세소관이 분열 중인 세포의 반대쪽 끝(극)으로 염색체를 '끌어당기는' 방추사를 만든다는 것을 보여주었다. 아래 그림은 1987년에 실시된 독창적인 실험으로, 분열 중인 세포에서 염색체에 부착한 쪽의 방추사가 짧아지는지 아니면 세포의 극 쪽에 있는 방추사가 짧아지는지를 알고자 실시되었다.

    연구진들은 돼지 콩팥에서 분열 중인 세포의 미세소관을 노란색 형광염료로 표지했다. 아래 그림의 왼쪽에서 보듯 미세소관의 중간 지점만 레이저를 사용하여 형광표지를 제거했다. 그러나 방추사의 반대쪽 미세소관은 표지하지 않았다(그림의 오른쪽).

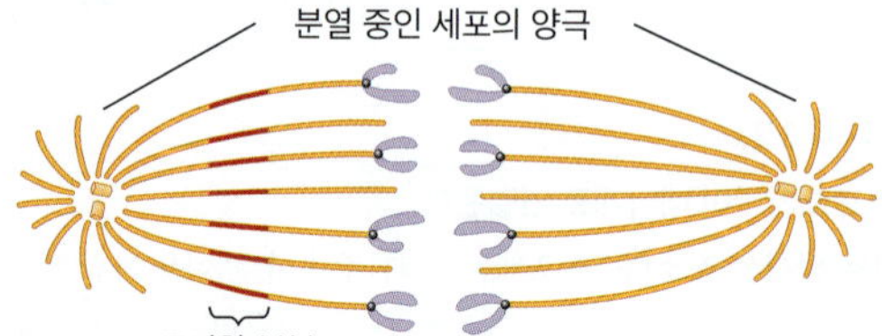

아래 그림은 염색체가 세포의 반대쪽 극을 향해 서로 반대 방향으로 이동할 때 관찰한 결과를 보여준다.

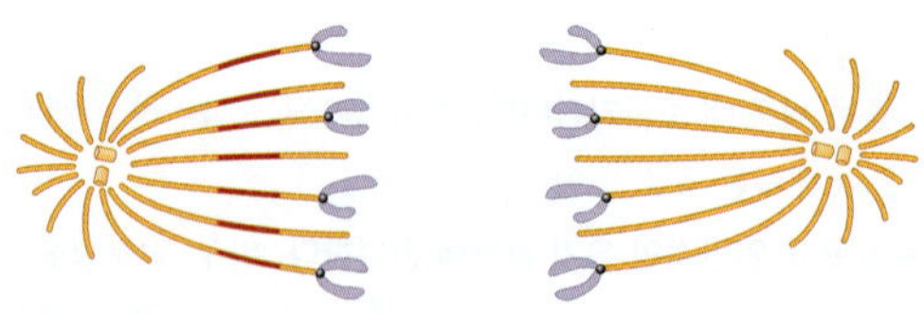

이 결과를 설명하시오. 표지가 된 부위의 양쪽 미세소관 길이를 비교함으로써 미세소관의 어느 부분이 짧아지는지 결론을 내릴 수 있는가? 연구진은 염색체가 이동할 때 모든 세포에서 이러한 방법으로 이동하는지 아닌지 어떻게 판단할 수 있었는가?

자료: G. J. Gorbsky et al. Chromosomes move poleward in anaphase along stationary microtubules that coordinately disassemble from their kinetochore ends, *Journal of Cell Biology* 104:9-18 (1987).

CHAPTER

5 일하는 세포

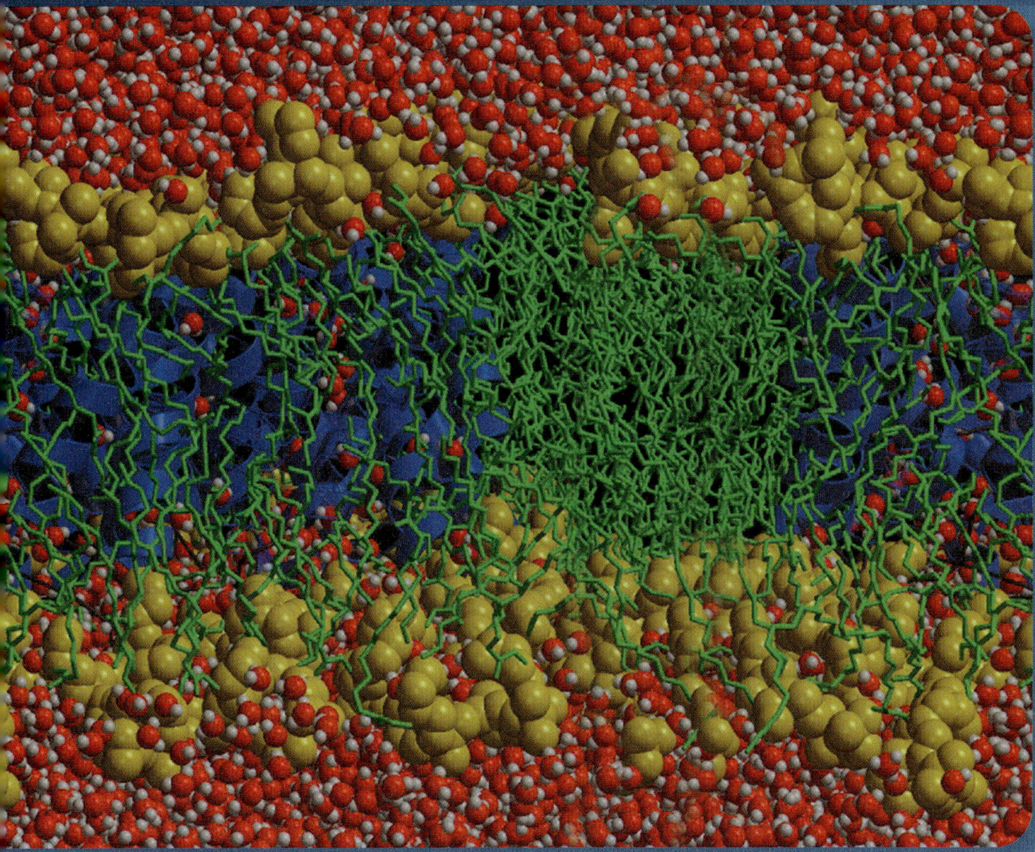

핵심 개요

막의 구조와 기능(5.1~5.9)

세포막의 구조는 막을 가로질러 이동하는 물질의 출입을 조절하는 등 다양한 기능을 수행하게 한다.

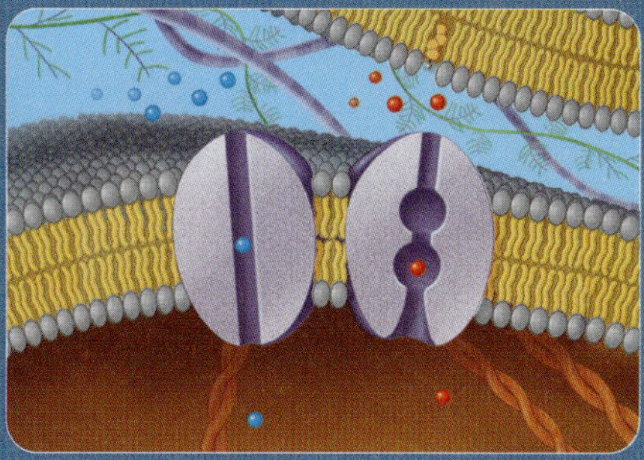

에너지와 세포(5.10~5.12)

세포의 대사반응은 에너지를 전환하며, ATP를 사용하여 세포가 하는 일을 추진한다.

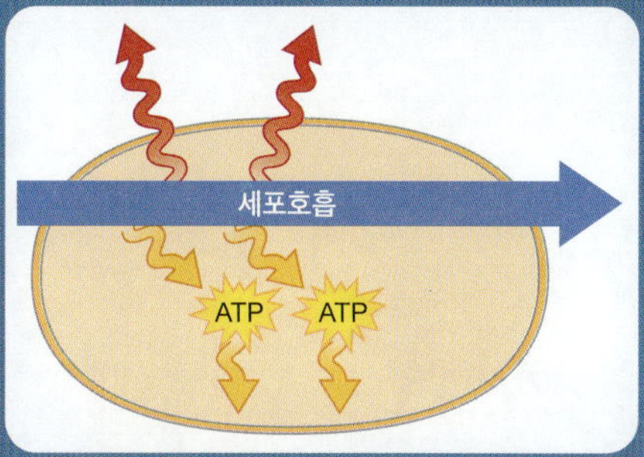

효소의 작용 원리(5.13~5.16)

효소는 세포의 화학반응을 가속화하고 물질대사를 정교하게 조절한다.

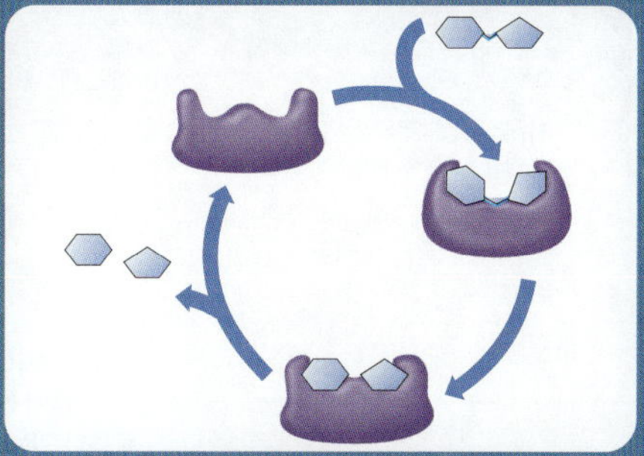

5.0 세포 내 수분 평형은 특별한 단백질을 필요로 한다

위의 컴퓨터 모델은 세포를 둘러싸고 있는 막을 보여준다. 막의 대부분을 구성하는 분자를 주목해 보자. 노란색 공은 인산기 머리를 나타내고 구불구불한 녹색 선은 지방산 꼬리다. 이 두 가지 성분이 인지질을 만든다. 인지질 막의 양쪽에서 물 분자(빨간색과 회색 공으로 표시)가 파란색 리본을 따라 한 줄로 흐르는 것을 볼 수 있다. 이 리본은 물 통로 역할을 하는 아쿠아포린(aquaporin)이라는 막 단백질이다. 이 단백질의 한 분자만으로도 초당 수십억 개의 물 분자가 막을 통과할 수 있으며, 이는 인지질 이중층 자체만으로 통과할 수 있는 것보다 훨씬 많은 수다. 이 장 후반부에서는 이러한 물 통로의 발견을 이끈 운이 좋은 실험에 대해 학습할 것이다.

아쿠아포린은 원형질막과 막에 있는 단백질이 세포의 생존과 기능 수행을 위해 어떻게 작용하는지 보여주는 한 가지 예에 불과하다. 세포는 막을 만들기 위해 에너지를 소비하며, 막이 기능을 수행하려면 에너지가 필요하다. 그리고 세포의 모든 화학반응에는 효소가 관여한다. 실제로 그림의 컴퓨터 모델에 묘사된 모든 것은 일하는 세포들이 어떻게 막과 에너지 그리고 효소를 이용하는지를 보여주며, 이것이 바로 이 장의 주제다.

막의 구조와 기능

개념 시각화 5.1 막은 지질과 다양한 기능의 단백질로 이루어진 유동성모자이크다

생물학자들은 막의 구조, 즉 유동성 인지질 이중층에 부유하는 다양한 단백질 분자를 설명하기 위해 **유동성모자이크 모델**(fluid mosaic model)을 이용한다. 이번 절에서는 살아 있는 세포를 둘러싸는 경계인 원형질막의 구조와 기능을 설명한다. 모든 세포막과 마찬가지로 원형질막은 일부 물질이 다른 물질보다 더 쉽게 통과할 수 있는 **선택적 투과성**(selective permeability)을 보인다. 그러나 원형질막은 단순히 물질의 교환을 조절하는 것 이상의 역할을 한다. 아래 그림은 인접한 두 세포의 원형질막에서 그리고 막을 가로질러 일어나는 모든 활동을 잘 보여준다.

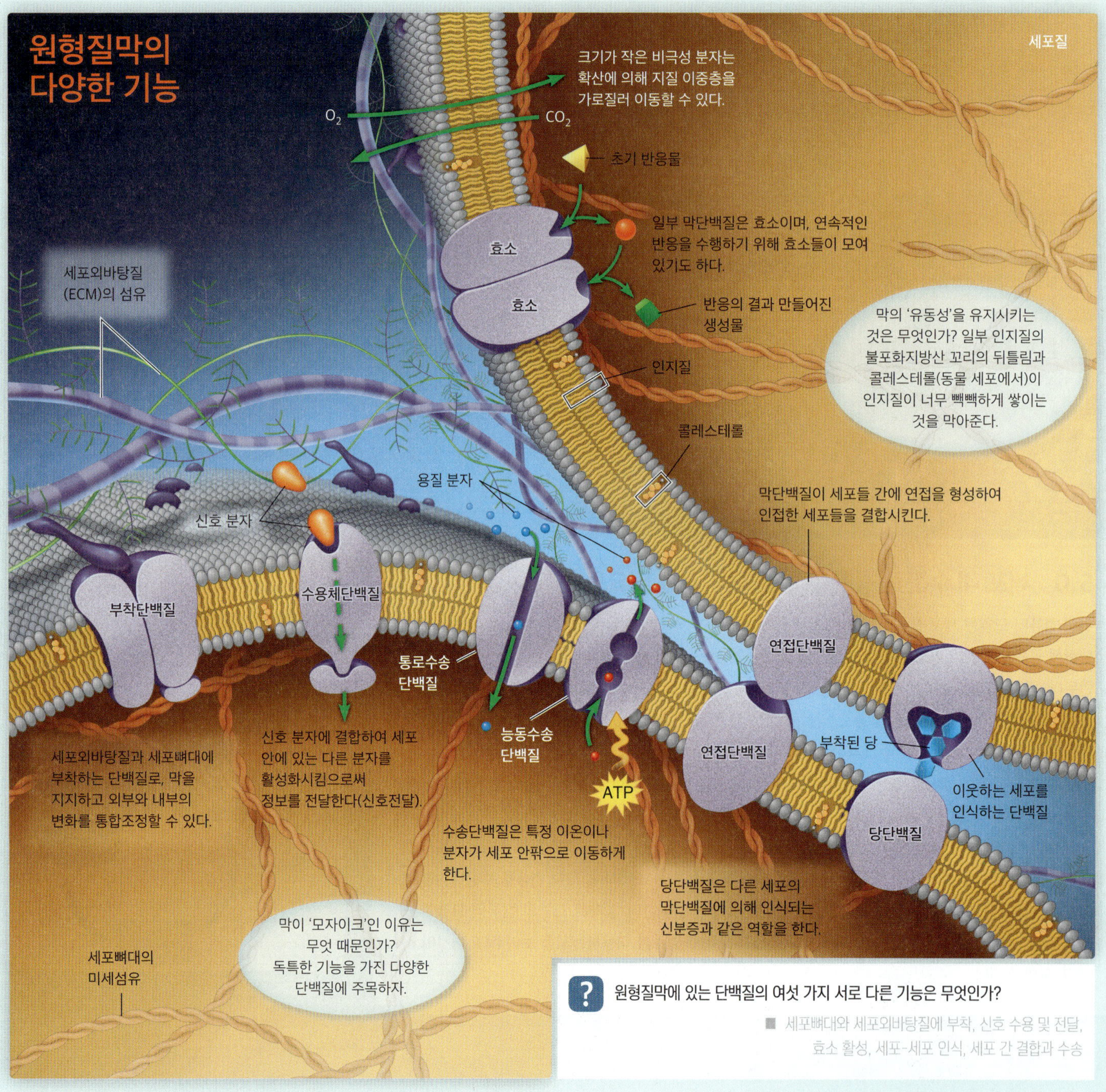

? 원형질막에 있는 단백질의 여섯 가지 서로 다른 기능은 무엇인가?

■ 세포뼈대와 세포외바탕질에 부착, 신호 수용 및 전달, 효소 활성, 세포-세포 인식, 세포 간 결합과 수송

5.2 막은 자발적으로 형성되며 이는 생명 기원의 주요 단계였다

진화 연관성 생물막의 핵심 성분인 인지질은 아마도 초기 지구에서 화학반응을 통해 만들어진 첫 번째 유기분자 중 하나였을 것이다(15.2절 참조). 이러한 지질은 자발적으로 모여 간단한 막을 만들 수 있었다. 실제로 인지질과 물의 혼합물을 흔들면 인지질이 물방울을 둘러싸는 이중층을 형성하는 것을 통해 이러한 성질을 확인할 수 있다(**그림 5.2**).

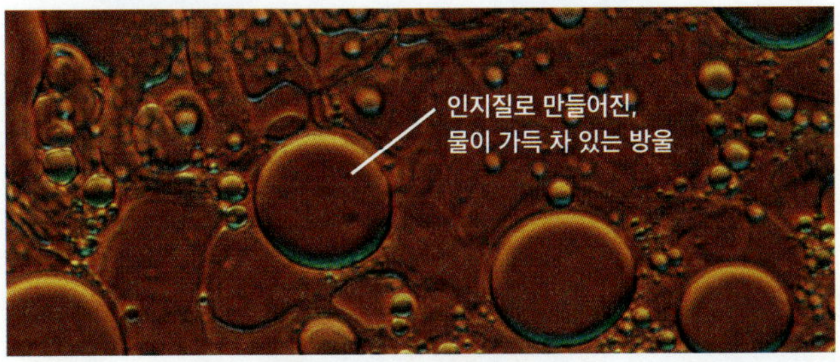

▲ **그림 5.2** 자연적으로 형성된 막으로 둘러싸인 주머니

막으로 둘러싸인 분자 집합체의 형성은 초기 세포가 진화하는 데 매우 중요한 단계였을 것이다. 막은 주변 환경과 구성이 다른 용액을 둘러싸고 있을 수 있다. 만약 이 용액이 RNA처럼 자가복제하는 분자를 비롯해 유익한 다른 분자를 포함하고 있었다면, 이 물질들은 막으로 둘러싸인 새로운 소포가 떨어져 나오듯이 딸세포에 전달되었을 것이다. 막은 중요한 분자를 둘러싸고 있을 뿐만 아니라 주변 환경과의 화학물질 교환을 조절하는 생명체의 기본 구조다. 실제로 모든 세포는 구조와 기능이 유사한 막으로 둘러싸여 있으며, 이는 생명의 진화적 통일성을 보여준다.

? 세포의 기원에서 막을 단순히 인지질 이중층으로만 만드는 것이 충분하지 않은 이유는 무엇이었을까? 인지질 막에 또 어떤 물질이 포함되었어야 했을까?

■ 세포막에는 세포 안팎으로 물질의 이동을 조절할 수 있는 단백질이 필요했을 것이다.

5.3 수동수송은 에너지 소모 없이 막을 가로질러 확산하는 것이다

분자는 끊임없이 운동하기 때문에 열 에너지를 갖고 있다. 이런 운동의 결과 **확산(diffusion)**이 일어나는데, 확산이란 입자의 종류에 상관없이 입자가 이용 가능한 공간으로 퍼져 나가려는 경향이다. 무작위로 운동하는 분자들은 공기와 물을 통해 또는 세포 안팎으로도 확산할 수 있다.

오른쪽 그림은 막을 가로질러 확산이 일어나는 것을 알기 쉽게 보여준다. **그림 5.3A**는 인공 막을 사이에 두고 노란색 염료 용액이 순수한 물과 분리된 경우다. 이 막에 염료 분자가 통과할 수 있는 미세한 구멍이 있다고 가정해 보자. 이 경우, 막이 염료 분자에 대해 투과성이 있다고 말한다. 각각의 염료 분자들이 무작위로 이동하지만, 염료 분자는 농도가 높은 쪽에서 낮은 쪽으로 농도 차에 따른 순이동(net movement)을 한다. 다시 말해, 염료 분자는 **농도기울기(concentration gradient)**를 따라 확산하며, 결국 막 양쪽 용액의 염료 농도가 같아지게 된다. 이처럼 역동적인 평형상태에서도 분자는 여전히 막을 통해 왔다 갔다 이동하지만 막 양쪽의 농도에는 변화가 없다.

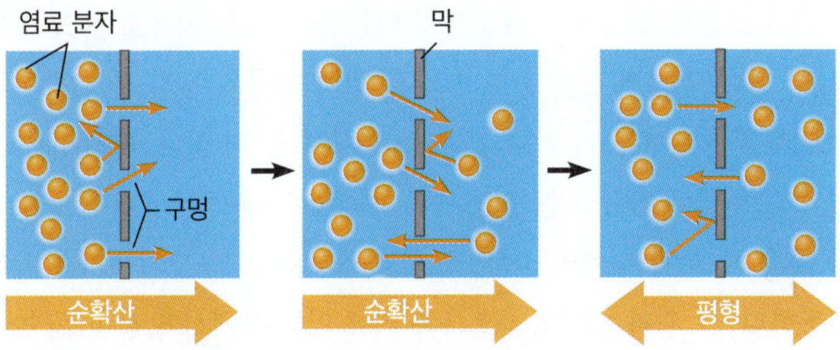

▲ **그림 5.3A** 한 가지 종류의 분자가 막을 가로질러 일어나는 확산

그림 5.3B는 2개 또는 그 이상의 물질이 있을 경우 물질마다 서로 무관하게 독립적으로 확산되는, 즉 각 물질의 고유한 농도기울기를 따라 확산된다는 중요한 점을 보여준다.

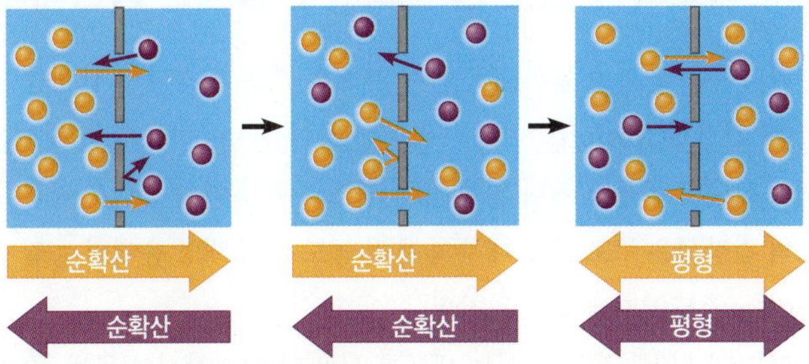

▲ **그림 5.3B** 두 가지 종류의 분자가 막을 가로질러 일어나는 확산

시도해 보기 이 두 가지 종류의 분자가 초기에 서로 반대 방향으로 이동하는 이유를 설명해 보자.

물질이 확산에 의해 막을 통과할 때는 세포가 일할 필요가 없다. 이처럼 물질이 확산을 통해 막을 이동하는 현상을 **수동수송(passive transport)**이라 한다. 세포막을 통과하는 대다수의 수송은 확산에 의한다. 예를 들어, 세포호흡 과정에 필수적인 산소(O_2)가 세포 안으로 들어오고 대사노폐물인 이산화탄소(CO_2)가 세포 밖으로 빠져나가는 유일한 수단은 농도기울기를 따라 이동하는 확산이다.

O_2와 CO_2 분자는 둘 다 크기가 작고, 비극성이므로 막의 인지질 이중층을 쉽게 확산해 이동한다. 그러면 이온과 극성 분자도 막의 소수성 내부를 가로질러 확산할 수 있을까? 만약 물질이 농도기울기를 따라 고농도에서 저농도로 이동하고, 해당 물질이 막을 통과하도록 돕는 수송단백질(transport protein)이 있으면 이온과 극성 분자도 확산이 가능하다.

? 막을 가로질러 일어나는 수동확산에 필요한 두 가지 요소는 무엇인가?

■ (a) 분자의 투과성, (b) 막을 가로지르는 농도기울기의 존재

5.4 삼투현상은 막을 가로질러 물이 확산되는 현상이다

수동수송으로 막을 통과하는 가장 중요한 물질 중 하나는 물이다. 다음 절에서는 세포와 그 세포가 놓인 환경 사이의 물의 평형을 살펴볼 것이다. 그 이전에 먼저 선택적 투과성 막을 가로지르는 물의 확산, 즉 **삼투현상(osmosis)**에 대한 물리적 확산모델을 살펴보자. 선택적 투과성 막은 일부 물질에 대해 다른 물질보다 더 쉽게 막을 통과하게 한다는 것을 기억하자.

그림 5.4의 위쪽은 물은 통과시키나 용질(예: 포도당)은 통과시키지 않는 막이 용질 농도가 서로 다른 두 용액을 분리하고 있을 때 어떤 일이 일어나는지를 보여준다. (용질은 액체 용매에 용해되는 물질이며, 용질이 용매에 녹아 생성된 혼합물이 용액이다.) 초기에는 U자 모양 관의 오른쪽에 있는 용액의 농도가 왼쪽 용액의 농도보다 높다. 오른쪽에 있는 U자 관에서 볼 수 있듯이 양쪽 용질 농도가 거의 같아질 때까지 물이 막을 가로질러 이동한다.

그림 5.4 아래에 있는 확대 사진은 분자 수준에서 일어나는 현상을 이해하는 데 도움이 된다. 극성을 띠는 물 분자들이 친수성(물을 좋아하는) 용질 분자 주변에 달라붙어 클러스터(cluster)를 형성한다. 그 결과, U자 관의 오른쪽에는 막을 가로질러 이동할 수 있는 자유로운 물 분자 수가 더 적어진다. 용질의 농도가 낮은 왼쪽의 경우 용질 분자의 수가 적으므로 자유로이 움직일 수 있는 물 분자 수는 더 많다. 따라서 물은 용질 농도가 낮아 자유로운 물 분자 수가 더 많은 용액에서 용질 농도가 높아 자유 물 분자 수가 더 적은 곳으로 물 자체의 농도기울기를 따라 순이동한다. 그 결과 그림 5.4 오른쪽 위에 있는 관에서와 같이 물 높이에 차이가 생긴다.

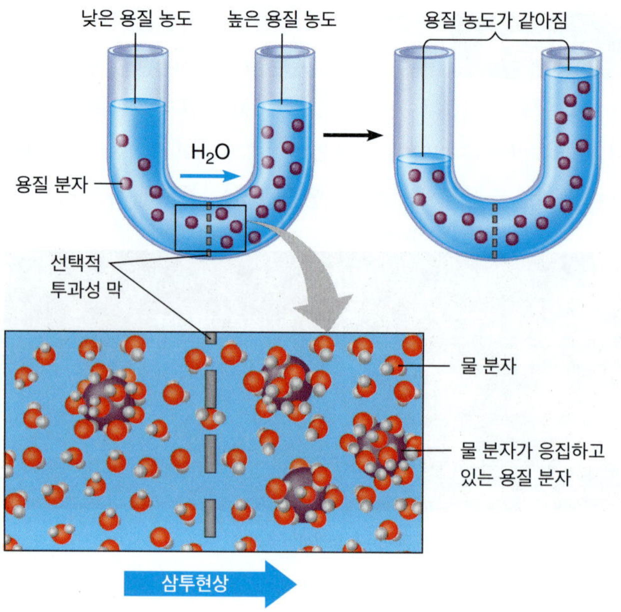

▲ **그림 5.4** 막을 가로질러 물이 확산하는 삼투현상

이제 인공 시스템에서 배운 삼투현상을 살아 있는 세포에 적용해 보자.

? 물이 1% 소금물에서 10% 소금물 쪽으로 이동하기 위해서는 막이 어떤 특성을 가져야 하는가?

■ 막이 물은 선택적으로 투과하지만 소금은 투과시키지 않아야 한다.

5.5 세포와 주변 환경 간의 수분평형은 생명체에 매우 중요하다

생물학자들은 물의 이동과 관련하여 세포와 주변 환경과의 관계를 기술할 때 **긴장성(tonicity)**이라는 특별한 용어를 사용하는데, 긴장성은 세포로 하여금 물을 얻거나 잃게 하는 세포 주변 용액의 능력을 말한다. 용액의 긴장성은 주로 세포 내부의 용질 농도 대비 해당 용액의 용질 농도가 어느 정도인지에 따라 결정된다.

그림 5.5는 동물 세포와 식물 세포를 서로 다른 긴장성의 용액, 즉 세포에 비해 용질의 농도가 더 낮거나 같거나 높은 용액에 넣었을 때의 효과를 보여준다.

그림의 상단중앙에서 보듯이 적혈구와 같은 동물 세포를 세포와 농도가 같은 용액인 **등장액(isotonic**, iso는 '같은'을, tonos는 '긴장'을 뜻함)에 넣으면 세포의 부피가 변하지 않고 일정한 상태를 유지한다. 세포의 용질 농도는 세포가 담겨 있는 등장액 속의 용질 농도와 본질적으로 같으므로 세포는 수분을 잃는 것과 같은 비율로 수분을 얻는다. 우리 몸에서 적혈구는 등장액인 혈액의 혈장에 담겨 운반된다. 병원에서 투여받는 정맥주사(IV) 수액도 혈액과 같은 등장액이어야 한다. 대부분 동물의 체세포는 자신과 농도가 같은 세포외액에 잠겨 있다. 그리고 불가사리나 게와 같은 많은 해양동물의 세포는 바닷물과 등장액을 이룬다.

동물 세포를 세포보다 용질 농도가 낮은 **저장액(hypotonic solution**, hypo는 '이하'를 뜻함)에 넣으면 어떤 일이 일어날까? 그림의 좌측상단에서 보듯이 물이 세포 안으로 들어가 부풀므로 공기가 과도하게 주입된 풍선처럼 터질 수 있다(용해). 그림의 우측상단은 그 반대로, 용질 농도가 더 높은 용액인 **고장액(hypertonic solution**, hyper는 '이상'을 뜻함)에 동물 세포를 넣은 경우다. 이 경우 물은 어느 쪽으로 이동할까? 세포는 수분 손실로 쭈그러들며 죽을 수도 있다.

동물 세포가 저장액이나 고장액 환경에서 살아남으려면 과도한 수분 섭취나 손실을 막고 체액의 용질 농도를 조절할 수 있는 방법을 가져야만 한다. 이러한 수분평형을 조절하는 것을 **삼투조절(osmoregulation)**이라 한다. 예를 들어, 저장액 환경에서 사는 민물고기는 삼투현상에 의해 세포로 물이 들어가므로 민물고기의 콩팥은 과도한 양의 물을 내보내기 위해 쉬지 않고 일을 해야 한다. (삼투조절에 대해서는 25.4절에서 상세히 설명한다.)

식물과 원핵생물, 균류의 세포는 세포벽이 있으므로 수분평형 문제가 동물 세포의 경우와 다소 다르다. 그림 5.5 아래에서 보듯 저장액인 환경에서는 식물 세포가 팽윤(팽창)하여 대부분 식물의 경우 건강한 상태가 된다. 삼투현상에 의해 물이 유입되면, 식물 세포가 부풀어 오르기는 하지만 세포벽에 팽압(turgor pressure)이라 하는 반대 방향의 압력이 생겨 세포가 물을 과도하게 흡수하는 것을 방지하므로 터지지 않는다. 나무가 아닌 대부분의 화초와 같은 식물은 팽윤한 세포 덕분에 지탱할 수 있다. 반면에 등장액에 담긴 식물 세포는 세포 안쪽으로 물의 순이동이 없으므로 세포가 흐늘거리며 시들게 된다.

고장액에 식물 세포를 넣을 경우(우측하단), 동물 세포보다 상황이 더 나을 것이 없다. 식물 세포는 물을 잃으면서 쪼그라들고, 원형질막이 세포벽으로부터 분리된다. 이러한 과정을 원형질분리(plasmolysis)라고 하며, 이로 인해 식물이 시들며 세포와 식물이 죽을 수 있다. 세포벽이 있는 박테리아와 균류 세포도 고장액에서 원형질분리가 된다. 따라서 육류나 기타 식품을 진한 소금 용액으로 보존할 수 있는 이유는 식품 부패 원인이 되는 박테리아나 균류 세포가 원형질분리되어 결국 죽기 때문이다.

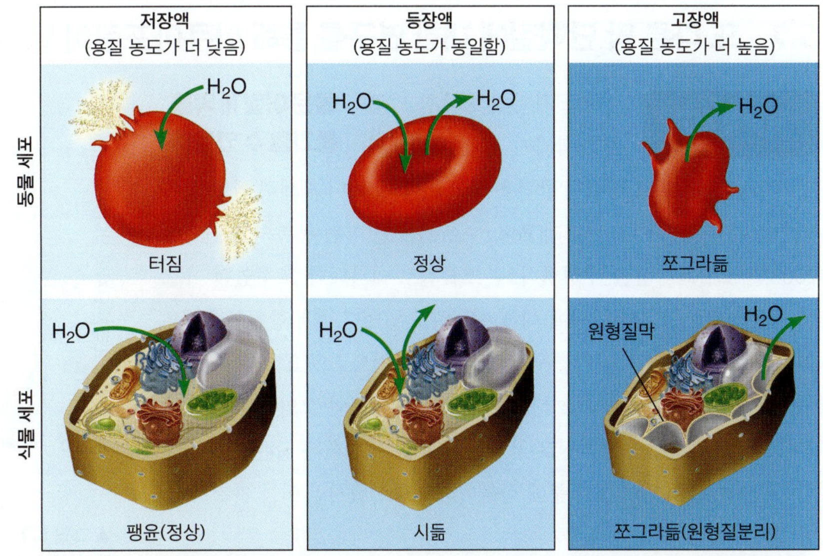

▲ **그림 5.5** 서로 다른 농도의 용액에 놓인 동물 세포와 식물 세포의 반응(파란색 음영이 짙어지는 것은 주변 용액의 용질 농도가 증가함을 나타낸다.)

시도해 보기 환자의 정맥에 수액주사를 놓을 때 환자의 정맥으로 순수한 물이 공급됨으로써 발생하는 상황과 일치되는 경우를 위의 그림에서 찾고 설명해 보자.

? 담수에 사는 짚신벌레의 수축포(그림 4.11A) 기능을 앞에서 배운 세포의 수분평형과 연관 지어 설명하시오.

■ 짚신벌레가 살고 있는 연못 물은 세포에 비해 저장액이다. 따라서 수축포는 삼투현상을 통해 세포 안으로 끊임없이 들어오는 물을 배출한다.

5.6 수송단백질은 막을 가로질러 이동하는 확산을 촉진한다

O_2와 CO_2 같은 비극성 분자는 막의 지질 이중층에 용해되므로 쉽게 막을 통해 확산할 수 있다는 것을 기억하자. 하지만 극성 또는 전하를 띠는 물질은 어떻게 소수성인 막의 중심부를 통과할 수 있을까? 친수성 분자와 이온이 막을 가로질러 이동하려면 특별한 수송단백질의 도움이 필요하며, 이러한 도움에 의한 수송과정을 **촉진확산(facilitated diffusion)**이라고 한다. 촉진확산은 에너지를 필요로 하지 않으므로 수동수송에 해당한다. 모든 수동수송과 마찬가지로 촉진확산의 원동력은 농도기울기다.

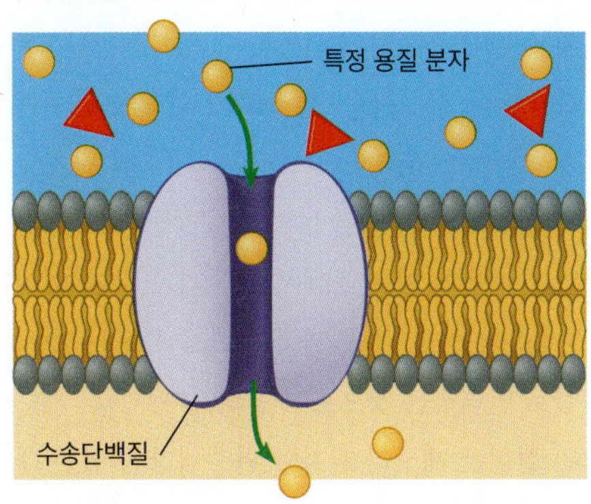

◀ **그림 5.6** 특정 용질이 막을 가로질러 확산될 수 있도록 통로를 제공하는 수송단백질

그림 5.6은 특정 분자나 이온이 막을 통과할 수 있는 통로를 제공하는 일반적인 유형의 수송단백질을 보여준다. 운반체단백질(carrier protein)이라고 하는 또 다른 유형의 수송단백질은 통과할 물질에 결합하여 모양을 변화시킨 후, 그 물질을 막의 반대편으로 방출한다. 이 두 가지 경우 모두 수송단백질은 특정 물질이 농도기울기를 따라 막을 가로질러 확산되게 하므로 에너지 투입이 필요하지 않다.

촉진확산으로 세포막을 이동하는 물질에는 당, 아미노산, 이온, 심지어 물도 포함된다. 물 분자는 크기가 매우 작지만 극성(2.6절 참조)이기 때문에 단순확산으로 소수성인 막 내부를 통과할 경우 그 속도가 상대적으로 느리다. 많은 세포의 경우 이처럼 느린 물의 확산도 세포에는 충분하다. 그러나 식물 세포와 적혈구, 콩팥 세뇨관의 내피세포는 훨씬 더 큰 물 투과성을 필요로 한다. 이 장 도입부에서 보았듯 세포 안팎으로 물이 매우 빠르게 확산되는 것은 **아쿠아포린(aquaporin)**이라는 단백질 통로를 통해 가능하다. 다음 절에서는 이러한 수송단백질의 발견에 대해 알아본다.

? 수송단백질은 막의 선택적 투과성에 어떻게 기여하는가?

■ 수송단백질은 자신이 수송하는 용질에 특이적이기 때문에 막에 있는 수송단백질의 수와 종류는 다양한 용질에 대한 막의 투과성에 영향을 준다.

5.7 또 다른 막 단백질에 대한 연구를 통해 아쿠아포린이 발견되었다

과학적 사고 **물은 어떻게 막을 통과할 수 있을까?**

때때로 과학의 중대한 발전은 과학자가 원래 계획했던 것이 아닌, 생각지도 않았던 발견을 하고 이에 대해 더 자세히 알고 싶어 연구할 때 이루어진다. 아그레(Peter Agre) 또한 이런 종류의 발견으로 2003년 노벨화학상을 수상했다. 존스홉킨스 의과대학 교수였던 아그레 박사는 Rh 혈액의 항원에 대해 연구하고 있었다. Rh 항원단백질은 Rh− 인 산모가 Rh+ 아기를 임신했을 때 의학적으로 중요하다. 막을 관통하는 단백질은 연구하기 까다로운데, 아그레 박사와 그의 연구팀이 분리한 단백질은 2개의 단백질로 구성된 듯 보였다. 그들은 작은 단백질의 경우 단지 큰 Rh 단백질의 분해 산물이라고 확신했지만 이는 완전히 틀린 생각이었다.

연구진들은 이 작은 단백질에 특이적으로 결합하여 표지할 수 있는 항체를 만들었으며, 이를 이용하여 두 가지 흥미로운 결과를 발견했다. 이 항체는 Rh 단백질의 어떤 부분에도 결합하지 않았으며, 이는 작은 단백질이 Rh 단백질의 일부가 아니라는 것을 의미했다. 그리고 이 항체는 적혈구에 엄청나게 많이 결합했는데, 이는 이전에 알려지지 않은 이 단백질이 혈구세포의 세포막에 가장 풍부한 단백질 중 하나라는 것을 보여주었다. 아그레와 그의 연구팀은 또한 동일한 단백질이 특정 콩팥 세포에 훨씬 더 많이 존재한다는 것을 확인했다. 그러나 이들은 이 단백질이 어떤 기능을 하는지는 알지 못했다.

과학계에서 흔히 그렇듯이 아그레는 과학 문헌을 조사하고 다른 연구진들의 아이디어와 충고를 얻었다. 한 동료가 이 단백질은 생리학자들이 예측했던, 일부 세포에서 물이 신속하게 이동할 수 있도록 하는 물 통로일 가능성이 있다고 제안했다. 이 가설을 입증하기 위해 연구진들은 이 신비로운 단백질을 암호화하는 mRNA를 만들어 개구리 난자로 주입했다. (개구리 난자의 원형질막은 물을 잘 투과하지 않는 것으로 알려져 있으며 이러한 특성은 저장액인 연못 물에서 개구리가 무리 없이 발생하는 데 도움이 된다.) 생화학 실험 결과, 개구리 난자 세포는 72시간 이내에 mRNA를 단백질로 번역하는 것으로 확인되었다.

연구진은 RNA가 주입된 실험군 개구리 난자와 완충액만 주입된 대조군 난자를 저장액에 넣고 비디오현미경(videomicroscopy)으로 관찰한 뒤 RNA가 주입된 실험군 세포와 대조군 세포가 삼투현상에 의해 부푸는 정도를 **그림 5.7**의 그래프로 그렸다. 그래프의 빨간색 곡선에서 볼 수 있듯이, 실험군 난자는 3분 만에 파열했다. 반면에 대조군 난자는 1시간이 지나도 거의 부풀지 않았다. 연구진들은 이 실험 결과를 토대로 새로 발견된 단백질이 세포 내로 물을 빠르게 이동시킨다는 결론을 내렸다.

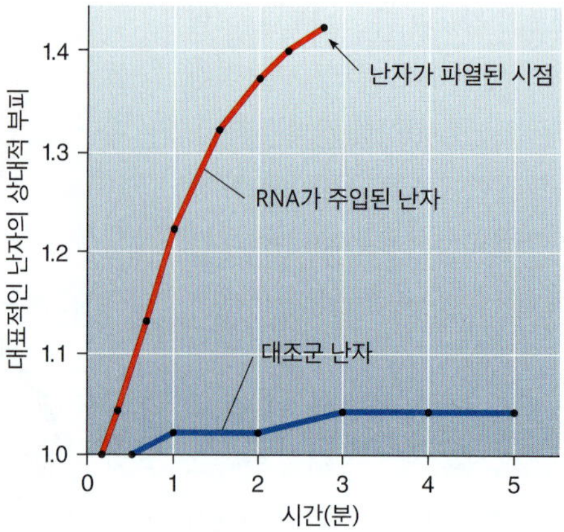

자료: Adaptation of Figure 2A from "Appearance of Water Channels in Xenopus Oocytes Expressing Red Cell CHIP28 Protein" by Gregory Preston et al., from Science, April 1992, Volume 256(5055) by AAAS.

▲ **그림 5.7** 아쿠아포린 RNA를 주입한 난자와 주입하지 않은 대조군 난자를 저장액에 넣었을 때 삼투현상으로 난자가 부푸는 정도

1992년 이 실험 결과가 보고된 이후 아쿠아포린에 대한 많은 연구가 진행되어 단백질의 구조와 역동적인 기능이 밝혀졌다. 이 장 도입부에서는 아쿠아포린 구조의 모델을 제시했다. 분자생물 물리학자들은 물 분자들이 아쿠아포린을 통해 한 줄로 이동하는 모습을 컴퓨터 시뮬레이션으로 보여주었으며, 이러한 시뮬레이션을 통해 아쿠아포린이 어떻게 물 분자만 선택적으로 통과시키는지가 밝혀졌다. 아쿠아포린은 박테리아 및 식물과 동물에서 발견되었으며, 진화생물학자들은 이러한 다양한 아쿠아포린의 상관관계를 연구하고 있다. 의학 연구자들은 사람 콩팥과 폐, 뇌, 눈의 수정체에 있는 아쿠아포린의 기능과 기능부전에 대한 연구도 진행 중이다. 아쿠아포린의 우연한 발견은 광범위한 과학 연구와 더불어 의학에 적용될 발판을 만들었다.

? 연구자들은 왜 알려지지 않은 미지의 단백질 기능을 알아보기 위해 개구리 난자를 사용했는가? 또한 대조군 난자의 변화를 저장액에서 관찰한 이유는 무엇인가?

■ 개구리 난자는 물을 잘 투과하지 못한다. 대조군 난자를 통해 이러한 특성을 확인하고, 아쿠아포린을 만드는 난자가 터지는 것과 비교할 수 있기 때문이다.

5.8 세포는 능동수송으로 물질을 이동할 때 에너지를 사용한다

세포가 용질의 농도기울기에 역행하여, 즉 용질의 농도가 낮은 곳에서 높은 쪽으로 물질을 이동시키는 **능동수송(active transport)**을 하는 경우 에너지가 필요하다. 세포의 에너지원인 ATP 분자(5.12절에서 더 자세히 설명)는 대부분의 능동수송에 필요한 에너지를 공급한다.

능동수송은 세포 내의 작은 분자들과 이온 농도가 세포 주변 환경의 농도와 다르더라도 그 상태를 유지하게 해준다. 예를 들어, 동물 세포 내부는 세포 바깥쪽에 비해 칼륨(K^+)의 농도가 높고 나트륨(Na^+) 농도는 낮다. 신경세포가 신경신호를 발생시키는 과정은 이들 이온의 농도차에 의존하며, 나트륨-칼륨 펌프(sodium-potassium pump)로 불리는 수송단백질이 Na^+은 세포 밖으로, K^+은 세포 안으로 능동수송함

으로써 이 농도 차이를 유지시킨다.

그림 5.8은 용질의 농도기울기에 역행하여 용질을 세포 밖으로 배출하는 능동수송 시스템을 보여준다. ❶ 능동수송은 원형질막의 세포질 쪽에 있는 용질 분자가 수송단백질의 특정 결합부위에 결합함으로써 시작된다. ❷ ATP가 제공하는 에너지를 사용하여 용질이 막의 다른 쪽으로 방출될 수 있게끔 수송단백질의 모양이 바뀐다. ❸ 수송단백질이 원래의 모양으로 되돌아가 다음 수송될 용질 분자를 맞이할 준비를 한다.

? 농도기울기에 역행하여 세포 밖으로 이온을 방출하는 ATP의 구체적인 역할은 무엇인가?

■ ATP는 용질을 방출할 수 있도록 수송단백질의 모양을 변화시키는 데 필요한 에너지를 공급한다.

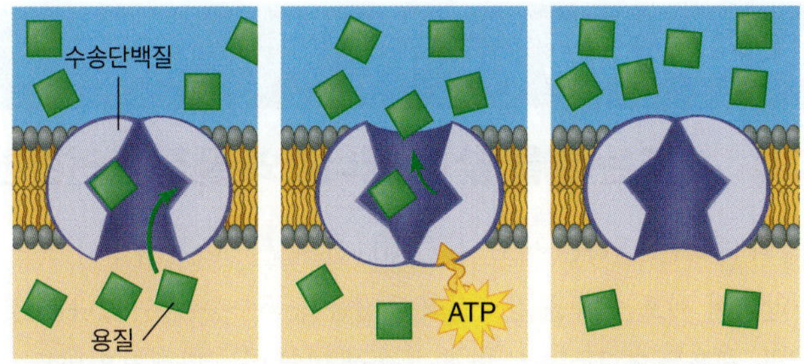

❶ 용질이 수송단백질에 결합함

❷ ATP가 제공하는 에너지를 이용하여 수송단백질의 모양이 변화

❸ 수송단백질이 원래의 모양으로 돌아오고, 다른 용질이 단백질에 결합함

▲ **그림 5.8** 능동수송에 의한 용질의 이동

5.9 큰 분자는 세포외배출작용과 세포내섭취작용으로 막을 가로질러 수송된다

지금까지는 물을 비롯한 여러 작은 용질들이 세포로 들어오고 나가는 방법에 대해 알아보았다. 그러나 크기가 큰 분자의 수송방법은 이러한 방법과는 전혀 다르다.

세포는 단백질이나 다당류처럼 크기가 큰 물질을 방출하기 위해 **세포외배출작용**(**exocytosis**, 그리스어로 '바깥'을 뜻하는 exo와 '세포'를 뜻하는 kytos에서 유래)을 사용한다. 먼저 골지체로부터 떨어져 나온 수송소포가 세포의 가장자리로 이동하여 원형질막과 융합한다(그림 4.12 참조). 소포의 막이 원형질막의 일부가 되면서 소포 속에 들어 있는 물질이 세포 밖으로 방출된다. 예를 들어, 이자에 있는 세포에서 만들어진 인슐린 호르몬은 세포외배출작용을 통해 세포외액으로 분비된 후 혈액으로 들어간다.

세포내섭취작용(**endocytosis**, endo는 '안쪽'을 뜻함)은 세포가 큰 분자나 액체 방울을 세포 안으로 받아들이는 과정이다. **그림 5.9**는 두 가지 종류의 세포내섭취를 보여준다. 위쪽 그림은 '세포 식작용', 즉 **식세포작용**(**phagocytosis**)으로서, 세포가 헛다리(위족, pseudopodia)를 뻗어 입자를 감싼 후 막으로 된 주머니인 식포 속에 포장함으로써 입자를 섭취한다. 그 후 식포가 라이소좀과 융합하면, 라이소좀 내의 가수분해효소에 의해 식포 내의 내용물이 소화된다(그림 4.10A 참조). 아메바와 같은 원생생물은 이와 같은 방식으로 먹이 입자를 섭취하며, 우리 몸의 일부 백혈구도 식세포작용으로 침입하는 박테리아를 잡아먹는다.

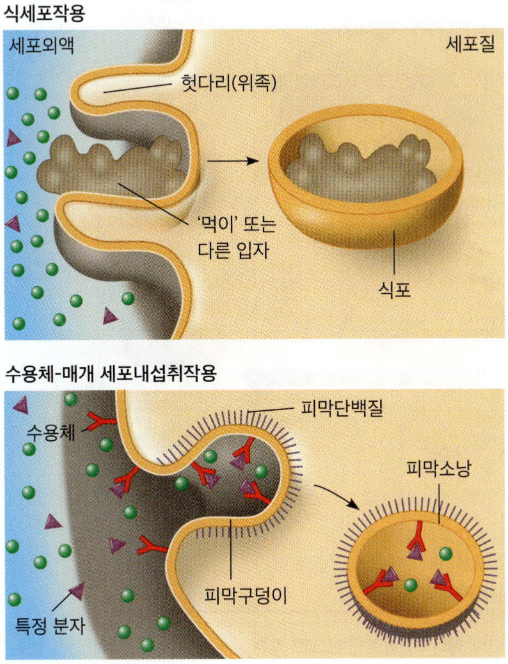

◀ **그림 5.9** 두 가지 종류의 세포내섭취작용

아래쪽 그림은 세포가 특정 용질을 획득하는 **수용체-매개 세포내섭취작용**(**receptor-mediated endocytosis**)으로, 특정 분자에 대한 수용체단백질이 한 층의 피막단백질(coat protein)로 덮인 막에 박혀 있다. 원형질막이 움푹 들어가 피막구덩이(coated pit)를 형성하고, 피막구덩이에 있는 수용체단백질이 세포외액으로부터 특정 분자만을 골라 결합한다. 이후 피막구덩이가 닫혀 피막소낭이 형성되며, 이로 인해 분자들이 세포질로 방출된다.

우리 몸의 세포는 수용체-매개 세포내섭취작용을 통해 혈액으로부터 콜레스테롤을 흡수하며, 이를 이용해 세포막을 합성하거나 다른 스테로이드를 만드는 전구물질로 사용한다. 혈액 속의 콜레스테롤은 저밀도지질단백질(low-density lipoproteins, LDL)이라 불리는 입자 상태로 순환한다. LDL은 수용체 단백질과 결합한 후 세포내섭취작용에 의해 세포 속으로 들어간다. 유전병인 가족성 고콜레스테롤혈증(hypercholesterolemia)을 앓고 있는 사람의 경우, LDL 수용체 단백질에 결함이 있거나 결핍된 경우가 많다. 혈액 속에 콜레스테롤이 많이 축적되면, 혈관벽에 지방산 침전물이 쌓이는 죽상동맥경화증(atherosclerosis)이 발생하게 된다(9.11절 참조).

원형질막의 구조와 기능에 대해 살펴보았다면, 이제 세포가 여러 가지 유형의 일을 수행하기 위해 어떻게 에너지를 전환하는지 집중적으로 알아보자.

? 세포가 커짐에 따라 원형질막도 확장된다. 이때 관여하는 것은 세포내섭취작용인가 세포외배출작용인가? 그 이유를 설명하시오.

■ 세포외배출작용이 관여한다. 왜냐하면 수송소포가 원형질막과 융합할 때 소포 안의 내용물이 방출되고 수송소포의 막이 원형질막에 추가되기 때문이다.

5.10 세포는 일을 할 때 에너지와 물질을 전환한다

이 장의 제목은 '일하는 세포'다. 그렇다면 세포는 어떤 유형의 일을 할까? 앞에서 세포는 막을 가로질러 물질을 능동수송할 수 있다는 것을 배웠다. 세포는 또한 이러한 막과 그 안에 박혀 있는 단백질을 만들기도 한다. 세포는 미세한 공간에서 수천 가지 반응이 일어나는 소형 화학공장이다. 이 모든 반응은 생물학의 핵심 주제 중 하나인 **에너지와 물질**의 전환을 포함한다. 세포가 어떻게 일을 하는지 이해하기 위해 먼저 에너지에 대한 몇 가지 기본 개념을 알아보자.

에너지의 형태 **에너지(energy)**란 변화를 일으킬 수 있는 능력, 특히 일을 수행할 수 있는 능력이다. 에너지에는 두 가지 기본 형태, 즉 운동에너지와 위치에너지가 있다. **운동에너지(kinetic energy)**는 움직임과 관련된 에너지다. 움직이는 물체는 다른 물질에 동작을 전달함으로써 일을 할 수 있다. 예를 들어, 다리의 움직임으로 자전거 페달을 밟으면 바퀴가 돌아가고 자전거와 자전거에 탄 사람을 언덕 위로 이동시킬 수 있다. **열 에너지(thermal energy)**는 원자나 분자의 무작위 움직임과 관련된 운동에너지의 한 가지 형태다. 한 물체에서 다른 물체로 전달되는 열 에너지를 **열(heat)**이라 한다. 빛은 광합성이 일어나게 하는 데 쓰이는 또 다른 종류의 운동에너지다.

에너지의 두 번째 주요 형태인 **위치에너지(potential energy)**는 물질이 자신의 위치나 구조로 인해 갖는 에너지다. 예를 들어, 댐 뒤에 있는 물과 언덕 꼭대기에서 자전거를 타고 있는 사람은 위치에너지를 갖고 있다. 분자는 분자를 구성하는 원자들 간 화학결합에 있는 전자의 배치로 인해 위치에너지를 갖는다. **화학 에너지(chemical energy)**는 화학반응에서 방출할 수 있는 위치에너지다. 화학 에너지는 세포가 하는 일에 동력을 공급하기 위해 다른 형태로 전환될 수 있는 에너지다.

에너지 전환 물질의 세계에서 일어나는 에너지 전환에 대해 연구하는 학문을 **열역학(thermodynamics)**이라고 한다. 과학자들은 연구 대상인 물질에 대해 계(system)라는 용어를 사용하며, 우주의 나머지 부분, 즉 계의 밖에 있는 모든 것을 주변 환경이라 부른다. 계는 하나의 발전소, 세포 하나 또는 지구 전체가 될 수도 있다. 생명체는 에너지와 물질 두 가지 모두를 자신이 처한 주변 환경과 주고받으므로 열린계(open system)다.

에너지보존 법칙으로 불리는 **열역학 제1법칙(first law of thermodynamics)**에 따르면, 우주에 있는 에너지는 일정하다. 에너지는 이동하고 전환될 수는 있지만 창조되거나 파괴되지는 않는다. 발전소는 에너지를 만드는 것이 아니라 에너지의 한 가지 형태(예: 석탄에 저장된 에너지)를 사용하기 편리한 다른 형태의 에너지인 전기로 바꿔주는 것이다. 빛 에너지를 화학 에너지로 전환하는 식물 세포 또한 에너지 생산자가 아니라 에너지 변환기다.

에너지가 파괴되지 않는다면 왜 생물체는 에너지를 단순히 재사용할 수 없는 것일까? 에너지가 다른 곳으로 전달되거나 다른 형태의 에너지로 바뀔 때, 일부 에너지는 열 에너지(무작위 분자 운동)로 바뀌고 열로 방출되므로 일을 하는 데 사용할 수 없게 된다는 것이 밝혀졌다. 과학자들은 무질서 또는 무작위 정도를 측정하기 위해 **엔트로피(entropy)**라는 수치를 사용한다. 물질이 무작위로 배열되어 있을수록 엔트로피가 커진다. **열역학 제2법칙(second law of thermodynamics)**에 따르면 모든 에너지 전환은 우주의 엔트로피(무질서)를 증가시킨다.

그림 5.10은 자동차와 세포를 이용해 두 가지 열역학법칙을 설명함으로써 어떻게 에너지가 전환되고 그 결과 어떻게 엔트로피가 증가하는지를 보여준다. 자동차 엔진과 살아 있는 세포 둘 다 연료에 저장된 화학 에너지를 일하는 데 사용하기 위해 동일한 기본 공정을 이용한다. 자동차 엔진은 산소와 휘발유를 혼합하여 폭발적인 화학반응을 일으켜 피스톤을 밀어내며, 최종적으로 바퀴를 움직이게 한다. 배기관에서 배출되는 노폐물은 대부분이 에너지가 없는 단순한 분자인 이산화탄소와 물이다. 결국 휘발유에 저장된 화학 에너지 중 약 25%만이 자동차를 움

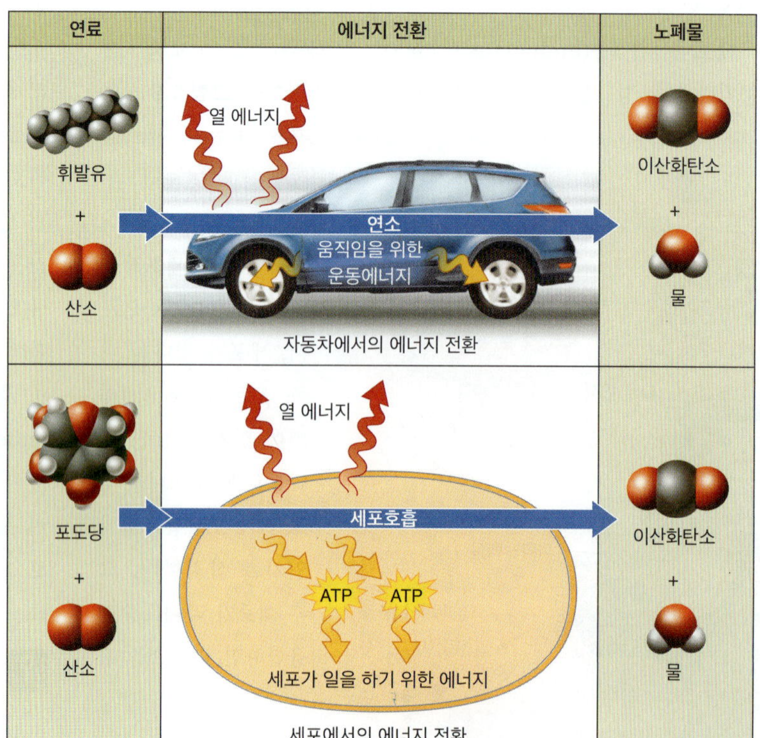

▲ **그림 5.10** 열역학의 두 가지 법칙을 보여주는 그림. 에너지 전환과 엔트로피의 증가

직일 수 있는 운동에너지로 전환되고 나머지는 열로 손실된다.

세포는 또한 연료 분자로부터 에너지를 얻기 위한 화학반응을 일으킬 때 산소를 사용한다. **세포호흡(cellular respiration)**은 유기분자에 저장된 화학 에너지로부터 세포가 일하는 데 사용할 수 있는 ATP를 생성하는 과정이다. 자동차가 휘발유를 연소할 때와 마찬가지로 세포호흡에서도 노폐물로 이산화탄소와 물이 생성된다. 그러나 세포는 자동차보다 더 효율적이어서 연료에 저장된 화학 에너지의 약 34%가 세포가 일하는 데 쓸 수 있는 에너지 형태로 전환된다. 우리가 격렬한 운동을 할 때 몸이 더워지는 것에서 알 수 있듯 나머지 66%는 열로 방출된다.

열역학 제2법칙에 따르면 에너지 전환은 우주를 더욱 무질서하게 한다. 그러면 생물학적 질서는 어떻게 설명할 수 있을까? 세포의 복잡한 구조는 엔트로피가 감소했음을 의미하지만 이와 같은 세포는 질서 있는 형태의 물질과 주위 환경으로부터 얻은 에너지를 사용해 만들어진다. 그림 5.10에서 볼 수 있듯 세포는 포도당에서 화학 에너지를 얻고, 무질서한 열과 에너지가 적은 이산화탄소와 물을 주위 환경으로 되돌려 보낸다. 열역학적 관점에서 세포는 무질서가 증가하는 우주에 있는 엔트로피가 낮은 섬(island)으로 볼 수 있다.

? 열역학 제2법칙은 막을 가로질러 이동하는 용질의 확산을 어떻게 설명할 수 있는가?

■ 막을 가로질러 이동하는 확산은 막 안팎의 용질 농도가 같아지게 하는데, 이 상태는 한쪽은 농도가 높고 다른 한쪽은 농도가 낮은 경우보다 더 무질서한 배열을 갖는 엔트로피가 큰 상태다.

5.11 화학반응은 에너지를 방출하거나 저장한다

화학반응에는 두 가지 유형, 즉 발열반응과 흡열반응이 있다. **발열반응(exergonic reaction)**은 에너지를 방출하는 화학반응이다(exergonic은 '에너지를 내보내는' 것을 의미). **그림 5.11A**에서 볼 수 있듯이 발열반응은 반응물의 공유결합 속에 저장된 위치에너지가 생성물에 있는 에너지보다 많을 때 시작된다. 발열반응에서는 반응물과 생성물의 위치에너지 차이와 동일한 양의 에너지를 주위 환경으로 방출한다.

나무가 연소될 때 어떤 일이 일어나는지 생각해 보자. 나무의 주성분 중 하나는 많은 포도당 단량체로 구성된 에너지가 풍부한 탄수화물인 셀룰로오스다. 나무를 태우면 포도당이 가지고 있는 에너지가 열과 빛으로 방출된다. 이산화탄소와 물은 반응의 생성물이다.

5.10절에서 보았듯 세포는 세포호흡 과정을 통해 연료 분자로부터 에너지를 방출한다. 연소와 세포호흡은 발열반응이라는 점에서 서로 비슷하다. 하지만 연소는 물질이 가지고 있는 모든 에너지를 한 번에 방출하는 한 단계 과정이라는 점에서 다르다. 반면에 세포호흡은 여러 단계를 거치며 각 단계마다 별개의 화학반응을 일으키므로 '느린 연소'로 생각할 수 있다. 세포호흡에 의해 방출되는 에너지의 대부분은 열로 빠져나가지만, 상당량이 세포가 언제든지 즉시 사용할 수 있는 에너지원인 ATP에 저장된다.

흡열반응(endergonic reaction)은 에너지 투입이 필요한 반응으로, 반응 결과 위치에너지가 풍부한 생성물이 만들어진다(endergonic은 '에너지가 들어오는'이라는 뜻). **그림 5.11B**에서 볼 수 있듯 흡열반응은 상대적으로 위치에너지가 적은 반응물로부터 시작한다. 반응이 일어남에 따라 주변으로부터 에너지를 흡수하므로 흡열반응의 생성물은 반응물보다 더 많은 화학 에너지를 갖게 된다.

식물 세포가 당을 만드는 과정인 광합성은 흡열반응의 한 예다. 광합성은 태양으로부터 흡수한 에너지를 사용하여 에너지가 적은 반응물(이산화탄소와 물 분자)로부터 에너지가 풍부한 당 분자를 만든다.

살아 있는 세포에서는 수천 가지의 발열반응과 흡열반응이 일어난다.

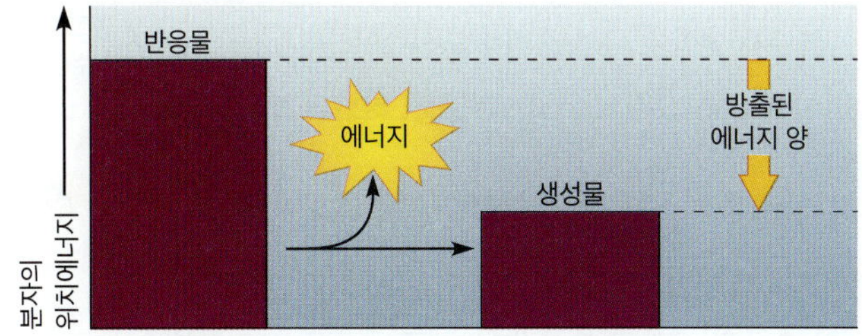

▲ **그림 5.11A** 에너지가 방출되는 발열반응

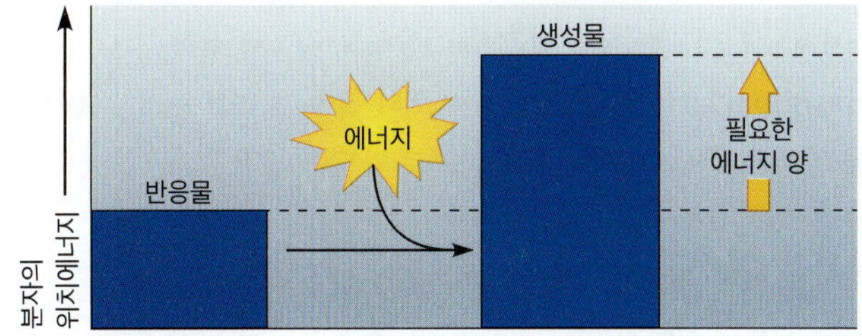

▲ **그림 5.11B** 에너지가 요구되는 흡열반응

생명체에서 일어나는 전체 화학반응을 **물질대사(metabolism)**라고 한다. 세포의 대사는 수천 가지의 화학반응이 교차하는 고속도로 혹은 대사경로로 배열된 도로지도와 같다. **대사경로(metabolic pathway)**는 복잡한 분자를 만들거나 복잡한 분자를 더 단순한 화합물로 분해하는 일련의 화학반응이다. 세포호흡의 '느린 연소'는 일련의 반응에 의해 당에 저장된 위치에너지가 천천히 방출되는 대사경로의 한 예다.

생명체의 모든 활동은 에너지를 필요로 하며, 세포는 필요한 에너지를 당을 비롯해 그 외 분자로부터 세포호흡인 발열반응을 통해 얻는다. 그리고 세포는 이렇게 얻은 에너지를 분자를 만들고 세포가 일을 하기 위한 흡열반응에 사용한다. 이처럼 발열반응에서 방출된 에너지를 사용하여 흡열반응을 유도하는 것을 **에너지짝물림(energy coupling)**이라 한다. 다음 절에서 보듯 ATP 분자는 에너지 짝물림의 핵심이다.

? 나무를 태우면 어떤 종류의 에너지 전환이 일어나는가? 이 반응은 흡열반응인가 발열반응인가?

■ 나무를 태우면 포도당 단량체에 저장된 에너지가 열과 빛으로 방출되므로 발열반응이다.

5.12 ATP는 발열반응과 흡열반응을 짝물림함으로써 세포가 일을 하게 한다

ATP는 거의 모든 형태의 세포 활동에 에너지를 공급한다. ATP는 아데노신 3인산(adenosine triphosphate)을 의미하며, **그림 5.12A**에서 보듯 ATP는 아데노신이라는 유기 분자 하나와 3개의 인산기(인산 하나마다 Ⓟ로 표시)로 된 3인산 꼬리로 이루어져 있다. 3개의 인산기는 모두 음전하를 띤다(표 3.2 참조). 이러한 전하는 서로 밀집되어 있으며, 상호 반발력으로 인해 ATP의 3인산 꼬리는 압축된 용수철과 같은 물질이 된다.

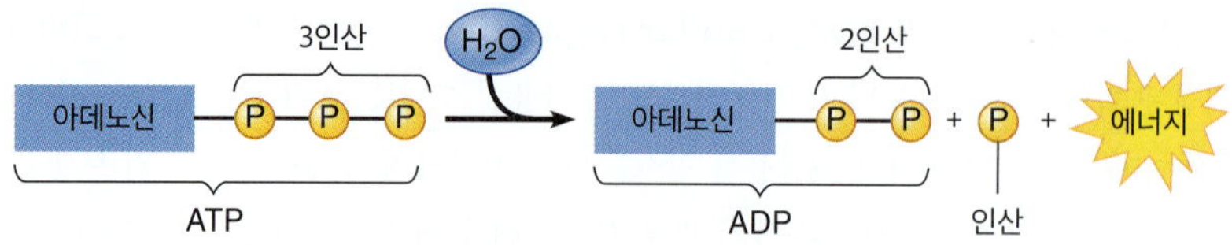

▲ 그림 5.12A ATP가 가수분해되면 ADP와 인산기 하나 그리고 에너지가 생성된다.

그 결과 인산기를 연결하는 결합은 불안정하여 물이 첨가되는 가수분해에 의해 쉽게 끊어질 수 있다. 그림 5.12A에서 세 번째 인산기 그룹의 결합이 끊어져 하나의 인산기가 떨어져 나가면 아데노신 2인산(adenosine diphosphate, ADP)이 되고 에너지가 방출되는 것을 볼 수 있다.

따라서 ATP의 가수분해는 에너지가 방출되는 발열반응이다. 그러면 세포는 어떻게 이 반응을 흡열반응(에너지가 요구되는)과 결합시킬까? 세포는 종종 ATP로부터 인산기를 떼어 다른 분자로 이동시킴으로써 짝물림한다. 이처럼 인산기를 다른 분자로 이동하는 것을 **인산화(phosphorylation)**라고 하며, 세포의 활동은 종종 분자를 인산화시켜 에너지를 지닌 분자로 만드는 ATP에 의존한다.

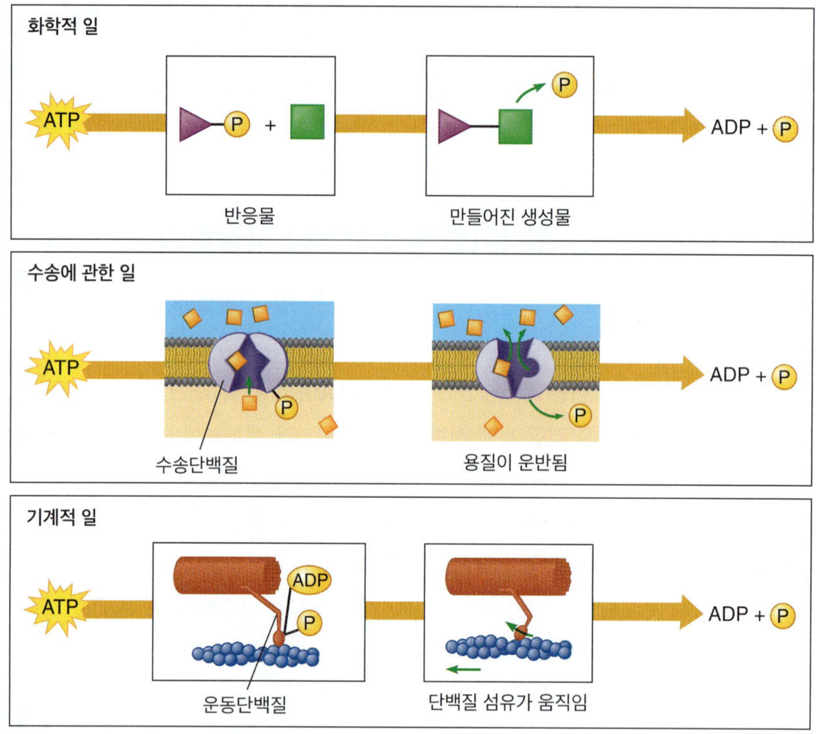

▲ 그림 5.12B ATP가 세포에 에너지를 공급하는 방법

세포는 어떤 유형의 일을 할까? **그림 5.12B**에서 볼 수 있듯이 세포는 화학적 일과 기계적 일, 수송을 하며 이러한 일은 모두 ATP에 의해 추진된다. 화학적 일의 경우, 반응물을 인산화함으로써 생성물을 합성하는 흡열반응에 필요한 에너지를 공급할 수 있다. 수송의 경우 ATP로 수송단백질을 인산화시킴으로써 농도기울기에 역행해 막을 가로질러 용질을 능동수송한다. 기계적인 일의 한 가지 예는 근육수축의 경우로, ATP가 근육세포의 특별한 운동단백질에 결합한 후 가수분해되면 운동단백질의 모양이 변화하고 다른 단백질섬유를 끌어당겨 근육세포가 수축된다.

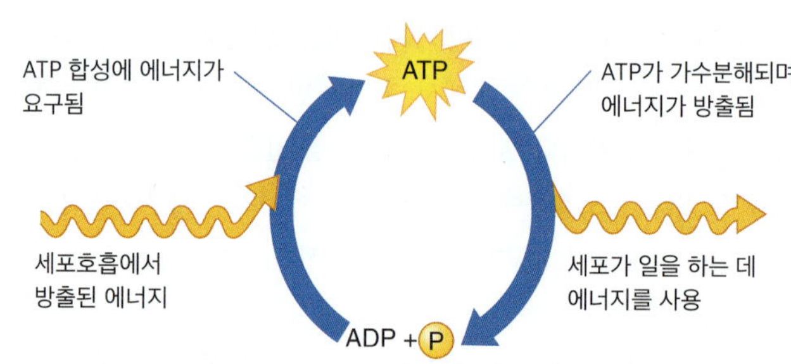

▲ 그림 5.12C ATP 주기

시도해 보기 위에 제시된 주기에서 발열반응과 흡열반응을 확인하시오.

ATP는 재생 가능한 자원이다. 세포는 ATP를 사용하고 지속적으로 재생한다. **그림 5.12C**는 ATP 주기로, 이 주기의 양 옆은 에너지 짝물림을 나타낸다. 세포호흡 과정 중 포도당 분해와 같은 발열반응 과정에서 방출되는 에너지는 ATP를 만드는 데 사용된다. 이러한 흡열반응 과정 중에 인산기가 ADP에 결합하여 ATP가 생성된다. ATP의 가수분해는 흡열반응의 원동력이 되는 에너지를 방출한다. ATP 주기는 놀라운 속도로 진행된다. 실제로 활동 중인 근육세포는 매초 1,000만 개의 ATP 분자를 소비하고 재생할 수 있다.

세포에서 일어나는 화학반응은 발열반응인지 흡열반응인지에 상관없이, 다음 절에서 살펴볼 것처럼 거의 모든 화학반응이 효소의 도움을 필요로 한다.

? 세포에서 ATP가 발열반응 과정으로부터 흡열반응 과정으로 에너지를 전달하는 방법을 설명하시오.

■ 발열반응 과정은 ADP를 인산화시켜 ATP를 생성한다. 생성된 ATP는 종종 다른 분자들을 인산화시킴으로써 흡열반응 과정에 필요한 에너지를 전달한다.

효소의 작용 원리

5.13 효소는 에너지 장벽을 낮춤으로써 세포의 화학반응 속도를 높인다

우리의 방은 점점 지저분해지고, 물은 아래로 흐르며, 커피 속의 설탕 결정은 녹아 내린다. 이처럼 질서 정연한 구조는 무질서해지려 하며, 본질적으로 불안정한 고에너지 계는 보다 안정적인 저에너지 상태가 되려는 경향이 있다. 단백질, DNA, 탄수화물, 지질 등 세포의 복잡한 분자는 위치에너지가 풍부하다. 그렇다면 이렇게 고에너지의 질서 정연한 분자들은 왜 덜 정돈되고 에너지가 적은 분자로 자발적으로 분해되지 않는 것일까? 이 물질들이 원래 상태 그대로 있는 이유는 나무가 자발적으로 불에 타지 않고 자동차 연료 탱크의 휘발유가 자연적으로 폭발하지 않는 것과 같다.

화학반응이 일어나려면 반드시 넘어야 하는 에너지 장벽이 있다. 에너지가 흡수되어야 반응물 분자의 결합이 비틀어지거나 약해져서 결합이 끊어지고 새로운 결합이 형성될 수 있다. 이처럼 반응물을 활성화시키는 에너지를 **활성화에너지(activation energy)**라 한다. 활성화에너지는 반응의 '내리막' 부분을 시작할 수 있도록 반응 분자가 고에너지의 불안정한 상태로 '오르막'으로 이동하는 데 필요한 에너지의 양이다.

활성화에너지 장벽은 세포에 있는 매우 고도로 정렬된 분자들이 자발적으로 분해되지 않도록 보호한다. 하지만 여기에는 딜레마가 있다. 생명은 세포의 분자 구성을 끊임없이 변화시키는 수많은 화학반응에 의존한다. 세포가 생존하기 위해서는 물질대사의 필수 반응 대부분이 빠르고 정확하게 일어나야 한다. 그렇다면 세포가 필요로 하는 특정 반응은 에너지 장벽을 어떻게 극복할 수 있을까?

반응 속도를 높이는 한 가지 방법은 열을 가하는 것이다. 열은 분자운동의 속도를 높이고 원자를 동요시켜 화학결합이 더 쉽게 끊어지고 반응이 진행되게 한다. 불쏘시개에 성냥불을 넣으면 불을 피울 수 있고, 점화장치를 작동시키면 엔진 속의 휘발유가 점화되는 것과 같은 이치다. 그러나 세포를 가열하면 필요한 반응뿐만 아니라 모든 화학반응이 빨라지고, 지나친 열은 세포를 죽일 수 있다.

이러한 문제에 대한 해결책은 바로 **효소(enzyme)**다. 효소는 반응 시 자신은 소모되지 않고 반응속도를 높이는 생물학적 촉매 역할을 하는 분자다. 일부 RNA 분자 중에도 효소로 작용하는 것이 있지만 거의 모든 효소는 단백질이다. 효소는 반응이 시작되는 데 필요한 활성화에너지를 낮춤으로써 반응 속도를 높인다. **그림 5.13**은 효소가 없을 때의 반응(왼쪽)과 효소가 있을 때의 반응(오른쪽)을 비교한 것이다. 두 경우 모두 반응물이 활성화에너지 장벽의 최고점에 도달할 만큼 충분한 에너지를 흡수해야 반응이 진행될 수 있다. 효소가 있을 때 활성화에너지 장벽이 얼마나 낮아지는지 주목하자. 이 장벽이 낮아지면 효소 촉매 반응이 훨씬 더 빠르게 진행될 수 있다. 다음 절에서는 효소의 구조가 어떻게 활성화에너지를 낮출 수 있는지 알아본다.

? 아래 그래프는 효소가 있을 때와 없을 때의 반응을 보여준다. 효소가 촉매 역할을 하는 반응을 보여주는 곡선은 어느 것인가? 선분 a, b, c는 무엇을 나타내는가?

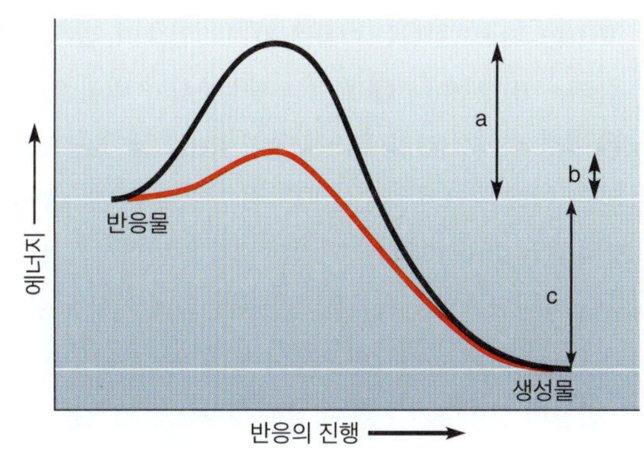

■ 빨간색 곡선이 효소가 촉매 역할을 하는 반응이다. 선분 a는 효소가 없을 때의 활성화에너지이고, b는 효소가 있을 때의 활성화에너지, c는 반응물과 생성물 간 에너지 변화량으로서 효소의 존재 유무에 상관없이 동일하다.

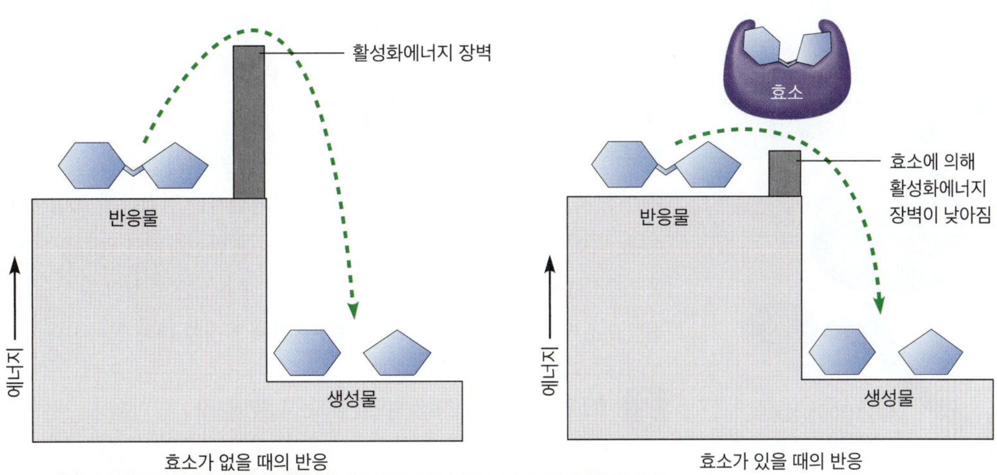

◀**그림 5.13** 활성화에너지를 낮추는 효소

시도해 보기 이 두 그림을 위의 물음표 질문에 제시된 그래프와 연계해 비교해 보자.

5.14 세포 반응은 제각기 특정 효소가 촉매 역할을 한다

앞서 학습했듯이 효소는 활성화에너지 장벽을 낮춰 반응을 촉진한다. 그러면 효소는 어떻게 작용할까? 효소는 반응물의 결합을 고에너지의 불안정한 상태로 뒤틀리게 하며, 이러한 상태가 되면 반응이 진행하게 된다. 효소가 없으면 활성화에너지 장벽을 절대로 넘을 수 없다. 예를 들어, 설탕 용액은 실온에서 몇 년 동안 방치해도 구성성분인 포도당과 과당으로 가수분해되지 않고 그대로 있을 수 있다. 그러나 이 용액에 설탕분해효소를 첨가하면 몇 초 내에 모든 설탕이 가수분해된다.

효소는 자신이 촉매 역할을 하는 반응에서 매우 선택적이다. **구조와 기능**이라는 핵심 주제 관점에서 볼 때, 효소는 제각기 독특한 3차원 구조를 가지고 있으며, 그 모양에 따라 효소의 특이성이 결정된다. 효소가 작용하는 특정 반응물을 효소의 **기질(substrate)**이라고 한다. 기질은 효소 표면에 있는 작은 주머니 또는 움푹 파인 홈과 같은 **활성부위(active site)**라고 불리는 영역에 결합한다. 특정 기질 분자만 효소의 활성부위에 잘 들어맞기 때문에 효소는 기질 특이적이다.

촉매 주기 **그림 5.14**는 효소의 촉매 주기로 설탕의 가수분해에서 촉매 역할을 하는 설탕분해효소(sucrase)를 예로 들어 설명하고 있다. (대부분의 효소는 -ase로 끝나는 이름을 가지고 있으며, 많은 효소가 기질의 이름을 따서 명명된다.) ❶ 효소는 활성부위가 비어 있는 상태로 시작한다. ❷ 설탕이 약한 결합에 의해 활성부위로 들어간다. 활성부위의 모양이 약간 변하여 마치 악수할 때처럼 기질에 더 잘 맞게 감싼다. 이러한 **유도적응(induced fit)**은 기질의 결합을 변형시키거나 활성부위를 구성하는 아미노산의 화학기들이 반응에 촉매 역할을 할 수 있는 적합한 위치에 배치하게 한다. (반응물이 둘 혹은 그 이상인 반응에서 활성부위는 반응이 일어나기 위한 적절한 방향으로 기질을 고정한다.) ❸ 뒤틀린 결합을 갖게 된 설탕이 물과 반응하여 생성물인 포도당과 과당으로 전환(가수분해)된다. ❹ 반응 완료 후 효소는 생성물을 방출하고 변하지 않은 채 원래의 구조로 다시 돌아간다. 이제 활성부위에는 다른 기질 분자가 결합 가능하며, 또 다른 촉매 주기를 시작할 수 있다. 하나의 효소 분자는 초당 수천 개 혹은 심지어 수백만 개의 기질 분자와 반응할 수 있다.

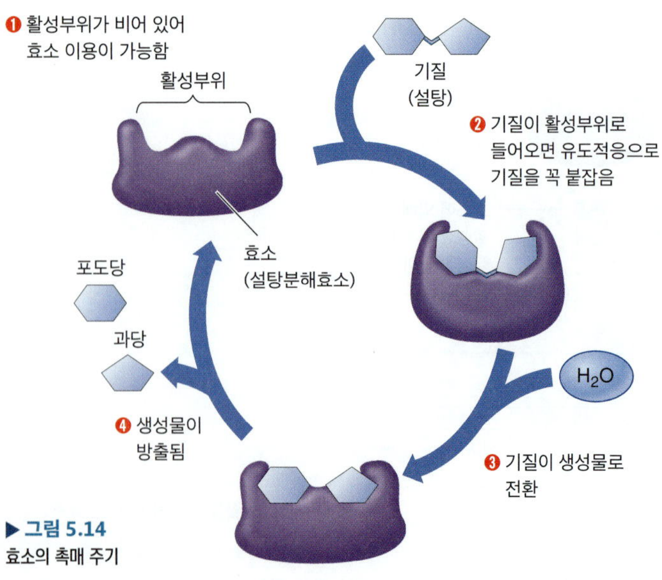

▶ **그림 5.14**
효소의 촉매 주기

효소활성의 최적 조건 모든 단백질이 그러하듯 효소의 모양은 기능에 매우 중요하다. 효소의 입체적인 모양은 환경에 의해 영향을 받으며, 효소마다 가장 효과적인 최적의 조건이 있다. 예를 들어, 온도는 분자운동에 영향을 미치며, 효소가 적정 온도에 있을 때 반응물 분자와 효소의 활성부위 간 접촉률이 가장 높다. 온도가 너무 높아지면 효소가 변성되어 단백질의 특정 모양이 바뀌고 효소의 기능이 상실된다. 우리 몸 속 대부분의 효소는 정상 체온인 37℃에 가까운 35~40℃(95~104℉)에서 가장 잘 작동한다. 그러나 뜨거운 온천에 서식하는 원핵생물은 최적 온도가 70℃(158℉) 또는 그 이상인 효소를 갖고 있다. 과학자들은 적은 양의 DNA를 빠르게 복제하여 양을 증폭하고자 할 때 이 박테리아 효소를 이용한다(12.12절 참조).

대부분 효소의 최적 pH는 중성에 가까운 6~8 범위다. 물론 예외도 있다. 사람의 위 속에 있는 소화효소인 펩신은 pH 2에서 가장 잘 작용하는데, 이러한 환경에서는 대부분의 단백질이 변성되지만 펩신의 구조는 위 속과 같은 산성 환경에서 가장 안정적이고 활성이 있다.

보조인자 많은 종류의 효소가 활성부위에 결합하여 촉매작용에 관여하는 비단백질 보조물질인 **보조인자(cofactor)**를 필요로 한다. 일부 효소의 보조인자는 아연, 철, 구리 이온과 같은 무기물이다. 보조인자가 유기 분자인 경우 이를 **조효소(coenzyme)**라고 한다. 대부분의 비타민이 영양상 중요한 이유는 조효소로 작용하거나 조효소를 만드는 원료로 쓰이기 때문이다. 예를 들어, 비타민 B 복합체의 하나인 엽산은 핵산 합성에 관여하는 여러 효소의 조효소다.

세포의 모든 대사경로가 동시에 작동한다면 화학적으로 대혼돈이 초래될 것이다. 계의 구성요소 간 **상호작용**이라는 주제 관점에서 볼 때 세포 물질대사의 세심한 조절은 주요 핵심 분자들의 연계와 통합조정에 의존한다. 세포는 효소들이 언제 어디서 활성화될지를 엄격하게 조절해야 한다. 세포는 특정 효소를 암호화하는 유전자를 발현하거나 발현을 억제함으로써(11장에서 학습) 또는 일단 만들어진 효소는 효소의 활성을 조절함으로써 통제한다. 다음 절에서는 두 번째 기작에 대해 알아본다.

? 효소가 어떻게 특정 반응의 속도를 높이는지 설명하시오.

■ 효소는 특정 기질이 활성부위에 들어올 때 반응에 필요한 활성화에너지를 낮춘다. 유도적응을 통해 효소는 기질에 있는 끊어져야 하는 결합을 변형시키거나 반응물을 생성물로 전환하는 데 도움이 되는 방향으로 기질을 배치한다.

5.15 효소 억제는 세포의 효소 활성을 조절한다

효소의 활성을 억제하는 화학물질을 억제자(inhibitor)라고 한다. 과학자들은 이러한 화학물질의 효과를 연구함으로써 효소의 기능에 대해 많은 것을 알게 되었다. 일부 억제자는 효소의 정상 기질과 모양이 유사하며 활성부위에 들어가기 위해 경쟁한다. 이러한 억제자를 **경쟁적 억제자(competitive inhibitor)**라 하며, **그림 5.15A**의 왼쪽 아래에서 볼 수 있듯이 기질 분자가 활성부위에 들어가지 못하게 함으로써 효소의 생산성을 감소시킨다. 경쟁적 억제는 기질의 농도를 높여 활성부위가 비어 있을 때 억제자보다 기질 분자가 활성부위 가까이 있을 가능성을 높임으로써 억제를 극복할 수 있다.

이와 대조적으로 **비경쟁적 억제자(noncompetitive inhibitor)**는 효소의 활성부위로 들어가지 않는다. 대신 효소의 다른 부위에 결합하며, 이 결합으로 인해 효소의 모양이 변형되어 활성부위가 더 이상 기질에 맞지 않게 된다(그림 5.15A의 우측하단).

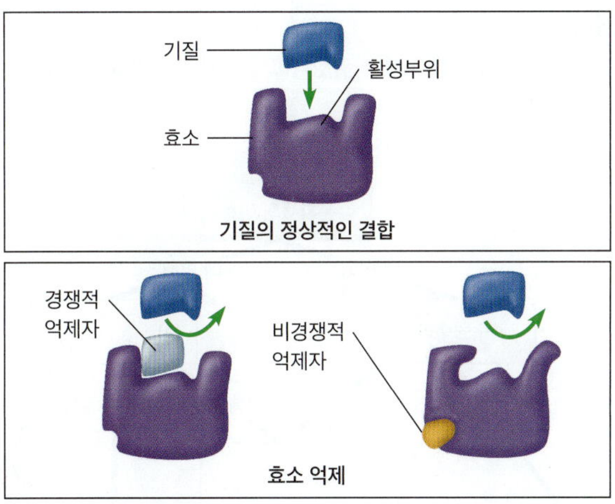

▲ **그림 5.15A** 억제자가 기질 결합을 방해하는 방법

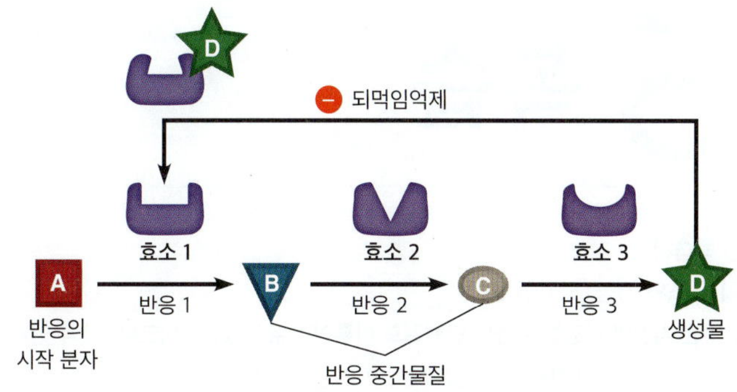

▲ **그림 5.15B** 생성물 D가 효소 1의 억제자로 작용하는 대사경로의 되먹임억제

효소를 억제하는 것이 해로울 것처럼 들리지만, 실제로 세포는 억제자를 세포 대사의 중요한 조절자로 사용한다. 세포의 많은 화학반응은 하나의 분자가 일련의 단계를 거쳐 변화되며, 각 단계마다 특정 효소가 촉매 역할을 해서 최종 생성물이 만들어지는 대사경로로 구성된다. 세포가 필요한 것보다 더 많은 생성물을 만드는 경우, 해당 생성물은 대사경로 초기에 있는 효소 중 하나의 억제자로 작용할 수 있다. **그림 5.15B**는 **되먹임억제(feedback inhibition)**라 하는 이러한 유형의 억제를 보여준다. 억제자와 효소는 약한 상호작용으로만 결합하고 있기 때문에 이 억제는 가역적이다. 생성물이 세포에 의해 다 소모되면 효소는 더 이상 억제되지 않고 경로가 다시 작동을 하게 된다.

다음 절에서는 사람들이 효소 억제제를 어디에 활용하는지 알아본다.

? 되먹임억제가 세포에 이로운 점을 설명하시오.

■ 세포가 특정 생성물을 필요 이상으로 많이 합성하여 유용한 자원을 낭비하는 것을 방지한다.

5.16 많은 약과 살충제, 독은 효소 억제자로 작용한다

연결 많은 유용한 약은 효소 억제자로 작용한다. 이부프로펜(**그림 5.16**)은 부상을 당할 때 방출되는 전달물질인 프로스타글란딘의 생성에 관여하는 효소를 억제하는 일반적인 약물이다. 프로스타글란딘은 통증 감각을 증가시키고 염증을 유발하므로 프로스타글란딘 생성을 억제하면 이러한 증상이 완화된다. 효소 억제자 작용을 하는 다른 약으로는 일부 혈압약과 항우울제가 있다. 대다수의 항생제도 질병을 일으키는 박테리아의 효소를 억제하는 방식으로 작용한다. 예를 들어 페니실린은 박테리아가 세포벽을 만드는 데 사용하는 효소의 활성부위를 차단한다. 후천성 면역결핍증(HIV) 치료제인 단백질가수분해효소(protease) 억제자는 핵심 바이러스 효소를 표적으로 한다. 그리고 많은 항암제도 세포분열을 촉진하는 효소의 억제자다.

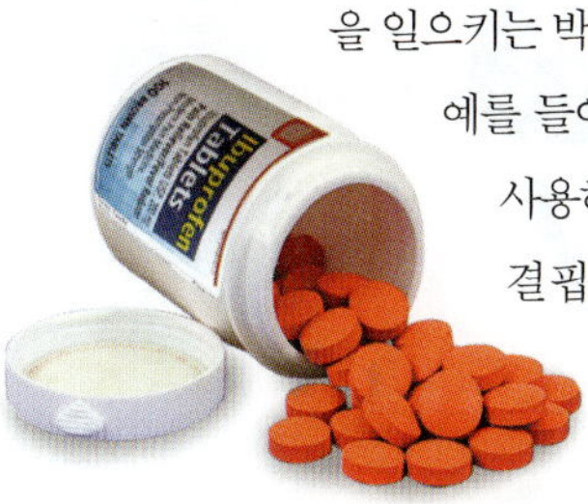
▲ **그림 5.16** 효소 억제자의 일종인 이부프로펜

사람들은 효소 억제자를 살충제로, 때로는 전쟁에서 사용하기 위한 치명적인 독극물로 개발해 왔다. 이러한 화학물질은 종종 공유결합으로 효소에 결합하므로 효소 억제가 비가역적이다. 신경가스로 불리는 독극물은 신경자극의 전달에 필수적인 효소의 활성부위에 결합한다. 이 효소가 억제되면 생체 기능이 급격히 마비되어 사망에 이르게 된다. 말라티온(malathion)이나 파라티온(parathion) 같은 살충제는 곤충에게 독이 될 뿐만 아니라 이러한 약을 사용하는 사람들에게도 위험한데 그 이유는 살충제가 이러한 신경전달효소를 비가역적으로 억제하기 때문이다. 흥미롭게도 일부 약은 이 효소를 가역적으로 억제하기 때문에 마취 및 특정 질병의 치료에 사용되고 있다.

? 효소 억제가 가역적인지 비가역적인지를 결정하는 요인은 무엇인가?

■ 억제자가 효소와 공유결합을 하면 비가역적이 되고, 약한 화학적인 상호작용으로만 결합하면 가역적이 된다.

CHAPTER

5 복습

개념 복습하기

막의 구조와 기능(5.1~5.9)

5.1 막은 지질과 다양한 기능의 단백질로 이루어진 유동성모자이크다. 막의 인지질 이중층에 박혀 있는 단백질은 다양한 기능을 수행한다.

5.2 막은 자발적으로 형성되며 이는 생명 기원의 주요 단계였다.

5.3 수동수송은 에너지 소모 없이 막을 가로질러 확산하는 것이다. 용질은 농도기울기를 따라 막을 가로질러 확산된다.

5.4 삼투현상은 막을 가로질러 물이 확산되는 현상이다.

5.5 세포와 주변 환경 간의 수분평형은 생명체에 매우 중요하다. 세포는 고장액 용액에서는 쭈그러들고 저장액에서는 부풀어 오른다. 등장액 용액에서 동물 세포는 정상이지만 식물 세포는 시든다.

5.6 수송단백질은 막을 가로질러 이동하는 확산을 촉진한다.

5.7 또 다른 막 단백질에 대한 연구를 통해 아쿠아포린이 발견되었다.

5.8 세포는 능동수송으로 물질을 이동할 때 에너지를 사용한다.

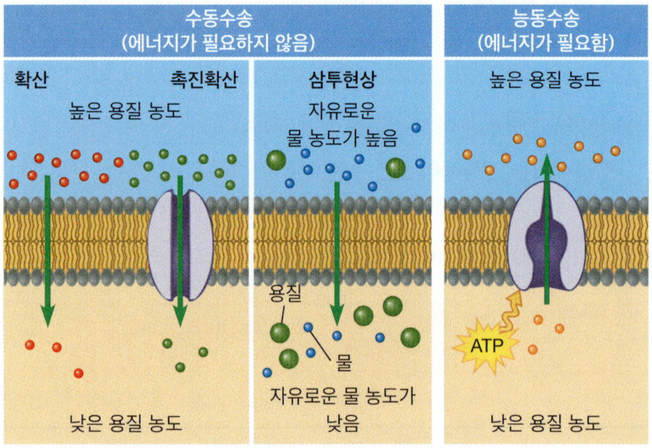

5.9 큰 분자는 세포외배출작용과 세포내섭취작용으로 막을 가로질러 수송된다. 소포가 막과 융합하여 소포 안의 내용물을 방출하거나(세포외배출작용), 막이 세포 바깥쪽에 있는 물질을 둘러싸서 안으로 함입하기도 한다(세포내섭취작용).

에너지와 세포(5.10~5.12)

5.10 세포는 일을 할 때 에너지와 물질을 전환한다. 운동에너지는 움직임과 관련된 에너지다. 위치에너지는 물질의 위치나 구조에 저장된 에너지로 화학 에너지를 포함한다. 열역학 법칙에 따르면 에너지는 형태를 바꿀 수는 있지만 창조되거나 파괴되지는 않는다. 또한 에너지가 이동하거나 전환될 때 일부 에너지는 열로 손실되며 무질서, 즉 엔트로피가 증가한다.

5.11 화학반응은 에너지를 방출하거나 저장한다. 발열반응은 에너지를 방출한다. 흡열반응은 에너지를 필요로 하며 반응 결과 위치에너지가 풍부한 생성물이 만들어진다. 물질대사는 세포에서 일어나는 모든 화학반응을 포함한다.

5.12 ATP는 발열반응과 흡열반응을 짝물림함으로써 세포가 일을 하게 한다. ATP의 가수분해와 종종 인산기의 이동은 세포의 화학적 일과 수송 그리고 기계적 일에 관여한다.

효소의 작용 원리(5.13~5.16)

5.13 효소는 에너지 장벽을 낮춤으로써 세포의 화학반응 속도를 높인다. 효소는 반응을 일으키는 데 필요한 활성화에너지를 감소시키는 촉매(주로 단백질)다.

5.14 세포 반응은 제각기 특정 효소가 촉매 역할을 한다. 효소의 기질은 활성부위에 특이적으로 들어맞는다.

5.15 효소 억제는 세포의 효소 활성을 조절한다. 억제자는 경쟁적 또는 비경쟁적이다. 되먹임억제는 물질대사를 조절하는 데 도움이 된다.

5.16 많은 약과 살충제, 독은 효소 억제자로 작용한다.

개념 연결하기

1. 다음 개념지도의 빈칸을 채워 완성하고 분자가 세포막을 가로질러 이동하는 과정을 복습하자.

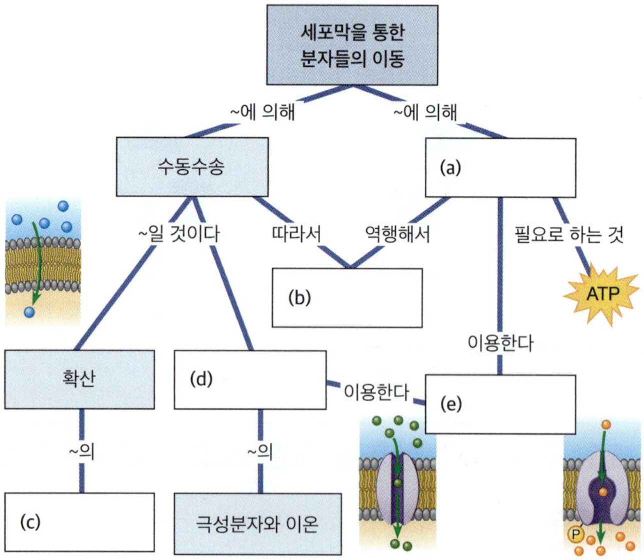

2. 효소의 촉매 주기를 보여주는 다음 그림의 각 부분을 표지하시오.

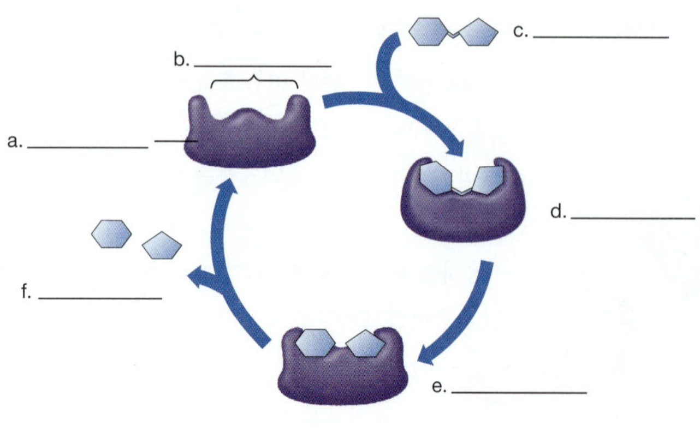

학습 평가하기

1단계: 지식과 이해력 평가

3. 다음 중 세포막의 기능이 아닌 것은?
   a. 세포와 세포외바탕질의 상호작용
   b. 효소 활동
   c. 세포-세포 상호작용
   d. 유전자 발현
4. 소화효소는 ____________을/를 통해 소화관으로 분비되고, 백혈구는 ____________을/를 통해 박테리아를 포획한다.
   a. 식세포작용, 세포내섭취작용
   b. 세포내섭취작용, 세포외배출작용
   c. 세포외배출작용, 식세포작용
   d. 세포외배출작용, 촉진확산
5. 세포 외부의 이온 농도가 높으면 세포는 쭈그러든다. 이것은 다음 중 어떤 요인으로 인해 발생하는가? (선택한 답을 설명하시오.)
   a. 확산　　b. 변성
   c. 삼투현상　　d. 촉진확산
6. ADP와 Ⓟ으로부터의 ATP 합성은
   a. 세포가 일을 추진할 수 있는 형태로 에너지를 저장한다.
   b. 인산결합의 가수분해를 포함하는 과정이다.
   c. 인산을 이동시켜 단백질이 일을 할 수 있게 한다.
   d. 발열반응이다.
7. 촉진확산을 통해 용질이 막을 가로질러 이동하기 위해서는 ________이/가 필요하고, 이때 용질은 농도기울기가 ________으로 이동한다.
   a. 수송단백질, 높은 곳(역행하여)
   b. 수송단백질, 낮은 곳
   c. 에너지와 수송단백질, 높은 곳
   d. 에너지와 수송단백질, 낮은 곳
8. 세포가 하는 일에는 주로 어떠한 유형이 있는가? ATP는 이러한 활동에 필요한 에너지를 어떻게 공급하는가?

2단계: 응용과 분석력 평가

9. 활성화에너지 장벽이 세포에 유익한 이유는 무엇인가? 효소는 어떻게 활성화에너지를 낮추는지 설명하시오.
10. 열역학 법칙을 살아 있는 생명체와 연관시켜 보시오.
11. 세포막의 구성성분과 구조는 세포막의 기능과 어떤 연관이 있는가?
12. 소비자들은 신선한 과일과 채소가 살충제에 노출되는 것을 우려한다. 왜 그럴까?

3단계: 종합평가

13. 디곡신(digoxin)은 디기탈리스(*Digitalis*)라고 불리는 식물에서 추출한 화학물질로, 흔히 디기탈리스(foxglove)로 알려져 있다. 이 화학물질은 나트륨-칼륨 펌프의 억제자로 작용하여 심장 근육의 수축을 촉진시키므로 심장 기능을 개선하는 약물로 사용된다. 디곡신으로 치료할 경우 신경 세포의 이온 균형은 어떤 영향을 받을까?
14. **과학적 사고** 수은은 물 통로의 투과성을 억제하는 것으로 알려져 있다. 아그레 박사팀이 분리한 단백질이 물 통로인지 확인하기 위해(5.7절 참조), 연구진은 RNA를 주입한 난자(아쿠아포린 단백질을 만드는) 그룹을 네 가지 서로 다른 용액, 즉 순수 완충액, 낮은 농도의 염화수은($HgCl_2$) 용액, 높은 농도의 염화수은 용액, 낮은 농도의 염화수은 용액 처리 후 수은의 효과를 없애주는 시약(ME)에서 배양했다. 세포의 수분 투과성을 세포의 삼투현상에 의해 부풀어 오르는 속도에 따라 측정하여 아래 그래프와 같은 결과를 얻었다. 그래프에 제시된 이 실험의 결과를 해석하시오.

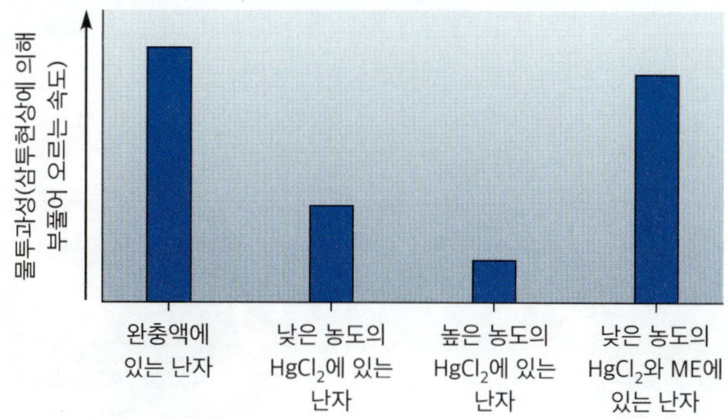

자료: G. M. Preston et al., Appearance of water channels in *Xenopus* oocytes expressing red cell CHIP28 protein, *Science* 256: 3385-7 (1992).

대조군으로, 아쿠아포린 RNA를 주입하지 않은 난자를 완충액 및 두 가지 서로 다른 농도의 수은과 함께 배양했다. 이 경우 결과가 어떻게 될지 예측하시오.

15. 한 생물학자가 젖당을 포도당과 갈락토오스로 분해하는 젖당분해효소에 대해 두 가지 일련의 실험을 진행했다. 먼저, 서로 다른 농도의 젖당분해효소를 함유하는 10% 젖당 용액을 만든 후 이들 각각의 용액으로부터 갈락토오스가 생성되는 속도(분당 갈락토오스 그램 수)를 측정했다. 실험 결과는 표 A에 제시했다. 두 번째 실험에서는 젖당의 농도는 다르게 하고 젖당분해효소의 농도는 모두 2%로 동일한 용액을 만든 후 위와 같은 방법으로 갈락토오스 생성 속도를 측정해 그 결과를 정리했다(표 B).

표 A 반응속도와 효소 농도

젖당 농도	10%	10%	10%	10%	10%
효소 농도	0%	1%	2%	4%	8%
반응속도	0	25	50	100	200

표 B 반응속도와 기질 농도

젖당 농도	0%	5%	10%	20%	30%
효소 농도	2%	2%	2%	2%	2%
반응속도	0	25	50	65	65

   a. 반응속도와 효소 농도와의 상관관계를 그래프로 그리고 설명하시오.
   b. 반응속도와 기질 농도와의 상관관계를 그래프로 그리고 설명하시오. 또한 두 실험의 결과가 어떻게 그리고 왜 다른지 기술하시오.
16. 유기인산염(인산기를 포함하는 유기화합물)은 농작물 수확량을 늘리기 위한 살충제로 흔히 사용된다. 유기인산염은 일반적으로 신경전달물질을 분해하는 효소를 억제하여 신경신호 전달을 방해한다. 이는 곤충뿐만 아니라 사람과 다른 척추동물에게도 영향을 미친다. 따라서 유기인산염이 함유된 살충제를 사용하면 건강상 위험을 초래할 수 있다. 반면에 이러한 분자는 공기와 햇빛에 노출되면 빠르게 분해된다. 소비자 입장에서 풍부하고 저렴한 식품 공급을 위해 어느 정도의 위험성이 있더라도 감수할 의향이 있는가?

CHAPTER

6 세포의 화학 에너지 수확 방법

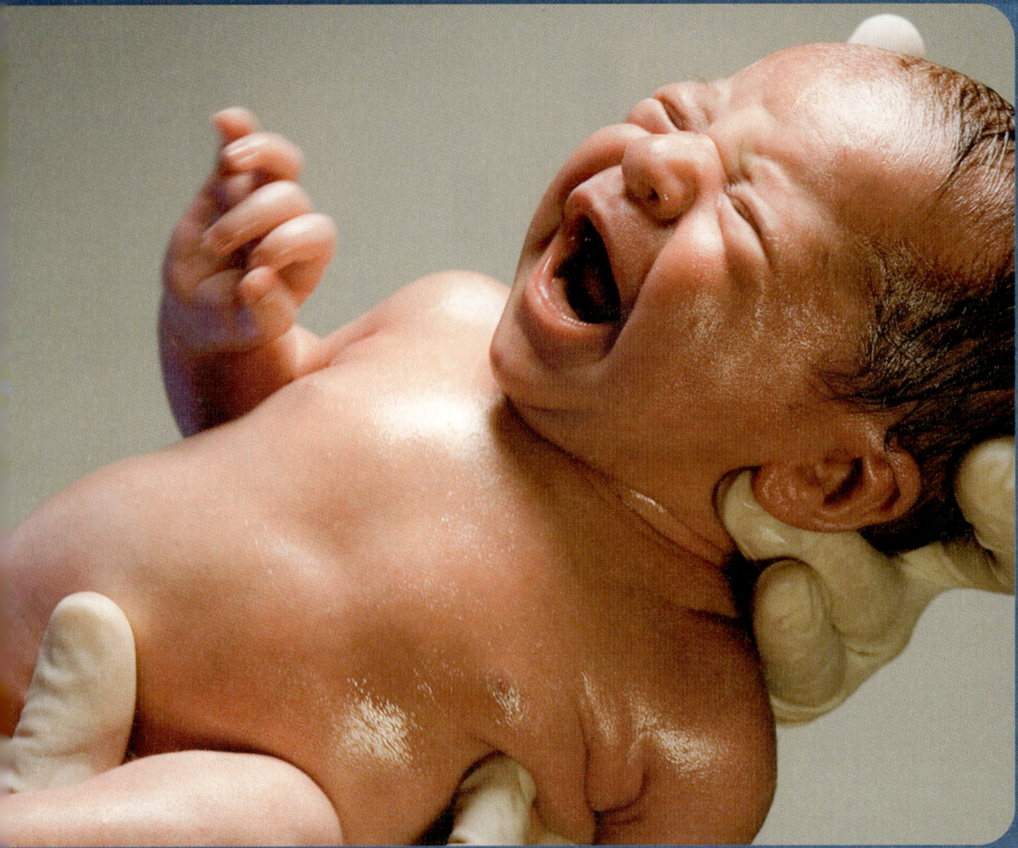

6.0 갈색 지방은 연료를 태우고 열을 생성한다

아기의 첫 울음소리! 이 소리는 아기가 숨을 쉬고 산소를 들이마신다는 것을 보여준다. 그런데 산소가 생명에 필요한 이유는 무엇일까? 산소는 음식물 분자를 분해하고 세포의 에너지 화폐인 ATP를 생성하는 과정인 세포호흡의 반응물이다. 세포호흡은 또한 열을 생성해 체온을 일정하게 유지하는 데 도움이 된다.

신생아는 추위에 노출되면 스스로 체온을 유지할 수 없다. 신생아는 빠른 근육 수축으로 열을 생성하는 떨기 능력이 부족하다. 대신 신생아는 갈색 지방이라고 하는 특별한 '아기 지방' 층에 의존한다. 갈색 지방 세포는 세포호흡에 '단락 회로'가 있어 산소를 소비하지만 ATP 대신 열을 생성한다. 최근 연구에 따르면 성인의 경우 갈색 지방은 다른 역할을 하며 비만과의 싸움에서 표적이 될 수 있다고 한다(6.12절 참조).

이 장에서는 세포호흡의 단계와 세포가 산소가 있는 상태에서 ATP를 생성하는 방법을 살펴본다. 또한 세포가 혐기성 조건(O_2가 없는 상태)에서 에너지를 생성하는 방법도 고려해 본다. 곧 알게 되듯, 모든 세포가 에너지를 생성하는 데 산소가 필요한 것은 아니지만 모든 세포는 ATP를 생성하는 메커니즘이 필요하다.

핵심 개요

세포호흡: 유산소 조건에서 에너지 수확(6.1~6.5)

세포호흡은 연료 분자를 산화시키고 세포 활동을 위한 ATP를 생성한다.

세포호흡의 단계(6.6~6.13)

세포호흡의 주요 단계는 해당과정, 피루브산염 산화와 시트르산 회로, 산화적 인산화가 있다.

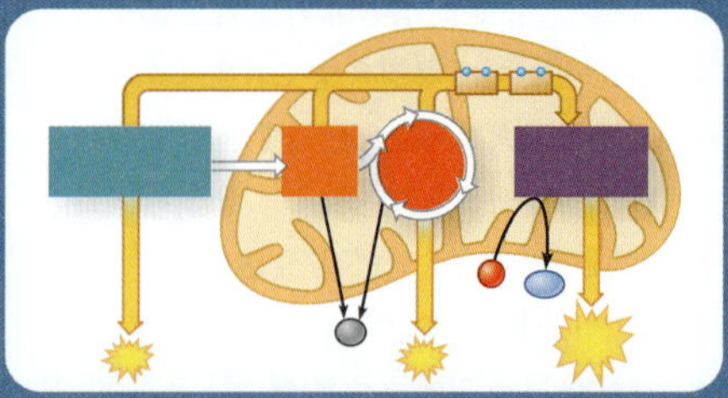

발효: 무산소 조건에서 에너지 수확(6.14~6.15)

발효는 해당과정과 ATP 생성을 산소 없이도 계속할 수 있게 NAD^+를 재생한다.

대사 경로 간 연관성(6.16~6.17)

세포호흡의 분해 경로는 생합성 경로와 교차한다.

세포호흡: 유산소 조건에서 에너지 수확

6.1 광합성과 세포호흡은 생명에 에너지를 제공한다

생명은 에너지를 필요로 한다. **그림 6.1**은 광합성과 세포호흡이 어떻게 생명체에 에너지를 공급하는지 보여준다. 거의 모든 생태계에서 이러한 에너지는 궁극적으로 태양에서 나온다. **광합성(photosynthesis)**에서 빛의 에너지는 이산화탄소(CO_2)와 물(H_2O)의 원자를 재배열해 유기 분자를 생성하고 산소(O_2)를 방출하는 데 사용된다. **세포호흡(cellular respiration)**에서는 유기 분자가 이산화탄소와 물로 분해되면서 산소가 소비되고, 세포는 방출된 에너지를 ATP로 저장한다. 일부 원핵생물과 식물과 조류(algae)의 엽록체(chloroplast)에서 광합성이 일어난다. 세포호흡은 많은 원핵생물과 거의 모든 진핵생물, 즉 식물, 동물, 곰팡이류 및 원생생물의 세포에 있는 미토콘드리아(mitochondria)에서 일어난다.

이 그림은 또한 모든 에너지 변환에서와 마찬가지로 일부 에너지가 열로 손실된다는 것을 보여준다. 지구상의 생명체는 태양열로 구동되며, 에너지는 생태계(ecosystem)를 통해 한 방향으로 이동한다. 그러나 물질(matter)은 재활용된다. 세포호흡으로 방출된 이산화탄소와 물은 광합성을 통해 당(sugar)과 산소로 전환돼 호흡에 사용된다. 이러한 과정은 **에너지와 물질**이라는 주제를 설명하는 기본 그림이다(광합성에 대해서는 7장에서 자세히 살펴볼 것이다).

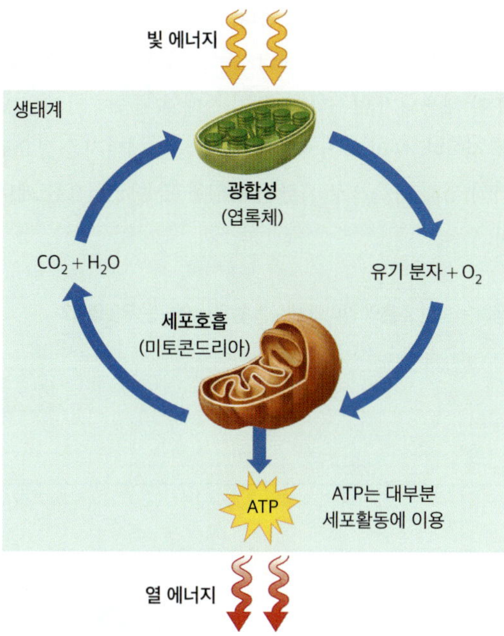

▲ **그림 6.1** 광합성과 세포호흡의 연관성

? 다음 문장에서 오해의 소지가 있는 부분은 어디인가? "식물 세포는 광합성을 하고, 동물 세포는 세포호흡을 한다."

■ 이 문장은 식물 세포에서는 세포호흡이 일어나지 않는다는 것을 의미한다. 실제로 거의 모든 진핵생물은 세포활동을 위한 에너지를 얻기 위해 세포호흡을 사용한다.

6.2 숨쉬기는 세포호흡에 사용되는 산소를 공급받고 이산화탄소를 제거한다

흔히 '숨쉬기(breathing)'의 동의어로 사용되는 호흡(respiration)은 기체교환을 의미한다. 생명체는 환경으로부터 산소를 얻고 노폐물로 이산화탄소를 방출한다. 호흡과 세포호흡은 밀접한 관련이 있다. **그림 6.2**의 달리기 선수는 숨을 쉴 때 폐(lung, 허파)에서 산소를 흡수해 혈액(blood)으로 전달한다. 그녀의 혈류는 산소를 근육 세포로 전달하고, 이 혈류는 세포호흡에 사용돼 ATP를 생성하고 근육 세포에 에너지(power)를 공급한다. 세포호흡의 화학적 전환 과정에서 흡입된 산소 원자는 그녀의 세포에서 물의 일부가 된다[그림 하단의 세포호흡 방정식 참조. 산소는 반응물(reactant), 물은 생성물(product)이다]. 세포호흡을 요약한 방정식에서 CO_2는 노폐물이고, CO_2의 원자(atom)는 이 반응에서 포도당에서 비롯된 것이다. 혈류는 세포에서 폐로 CO_2를 운반해 환경으로 내뿜게 된다. 실제로 숨쉬기와 세포호흡은 밀접하게 연결돼 있다.

? 달리기 선수가 내뿜는 산소 원자는 환경으로부터 들이마신 산소 원자와 같은가?

■ 아니다. 흡입한 산소 원자는 물의 일부가 돼 달리기 선수의 소변에 포함될 수 있다. 공기 중으로 내뿜는 산소 원자는 포도당(또는 다른 음식 분자)에서 비롯된다.

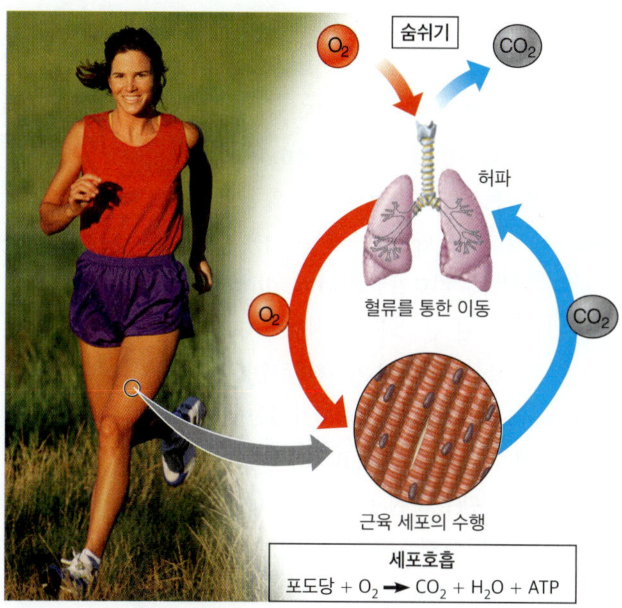

▲ **그림 6.2** 숨쉬기와 세포호흡의 연관성

6.3 세포호흡은 ATP 분자에 에너지를 저장한다

우리가 숨 쉬고 음식을 먹는 것은 세포호흡에 필요한 반응물을 제공해서 세포활동에 필요한 ATP를 만들어내기 위함이다. **그림 6.3**의 화학 방정식은 세포호흡과정을 요약한 것이다. 세포가 가장 자주 사용하는 연료는 단당류인 포도당이지만, 지방, 단백질, 복합체 탄수화물과 같은 다른 유기 분자도 세포호흡에서 '연소'될 수 있다. 이 방정식은 반응물인 포도당($C_6H_{12}O_6$)과 산소 분자(O_2)를 구성하는 원자들이 재배열돼 생성물인 이산화탄소(CO_2)와 물(H_2O)을 형성한다는 것을 알려준다. 이 발열 반응(exergonic) 과정에서 포도당 결합의 화학 에너지가 방출되고 일부는 ATP에 저장되는 반면 나머지는 열로 방출된다(5.12절 참조). 그림 6.3의 일련의 화살표는 세포호흡이 여러 단계로 구성돼 있음을 나타낸다.

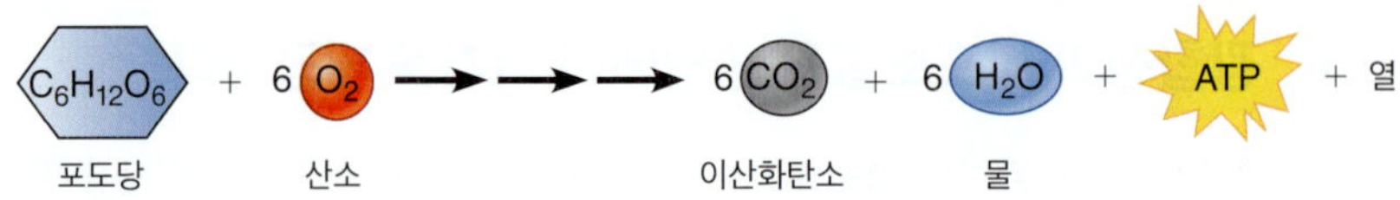

▲ **그림 6.3** 세포호흡 방정식 요약

세포호흡은 원래 포도당에 저장된 가용 에너지의 약 34%를 포획한다. 이는 비효율적으로 보일 수 있지만, 이에 비해 평균적인 자동차 엔진은 휘발유 에너지의 약 25%만 기계 에너지로 변환한다. 또한 장 도입부에서 배운 것처럼 세포호흡에서 방출되는 열은 37℃ 또는 98.6℉의 일정한 체온을 유지하는 데 도움이 된다. 일정한 체온을 유지하는 능력은 많은 동물의 생존에 매우 중요하다.

하나의 세포가 필요로 하는 에너지는 얼마나 될까? 만약 세포호흡을 통해 ATP가 재생되지 않는다면, 우리는 매일 체중에 가까운 ATP를 소모하게 될 것이다. 우리 몸이 매일 얼마나 많은 에너지를 필요로 하는지를 설명하기 위해 다음으로 사람의 다양한 활동에 필요한 에너지를 생각해 보자.

? 운동하는 동안 호흡의 깊이와 빈도를 늘리는 이유는 무엇인가?

■ 운동에는 추가적인 에너지가 필요하다. 따라서 포도당에서 여분의 ATP를 생산하려면 더 많은 산소가 필요하므로 호흡을 늘려야 한다. 호흡은 또한 추가로 생성되는 이산화탄소를 제거한다.

6.4 사람은 모든 활동을 위해 ATP의 에너지를 사용한다

연결 우리 몸은 심장을 계속 뛰게 하고 숨쉬기를 유지하는 등 생명 유지를 위해 지속적인 에너지 공급이 필요하다. 특히 뇌는 엄청난 양의 에너지를 필요로 하는데, 뇌 세포는 하루에 약 120그램(1/4파운드)의 포도당을 연소하며 이는 전체 에너지 소비량의 약 20%를 차지한다. 뇌 세포와 기타 생명 유지 활동을 계속하는 데는 전형적인 하루 동안 사람이 음식으로 섭취하는 에너지의 75%가 사용된다.

신체 유지에 필요한 에너지 외에도 세포호흡은 자발적인 활동을 위한 에너지를 제공한다. **그림 6.4**는 이러한 활동 중 일부를 수행하는 데 필요한 에너지의 양을 보여준다. 에너지 단위는 1킬로그램(kg) 물의 온도를 1℃ 올리는 데 필요한 열량을 측정하는 **킬로칼로리(kilocalorie, kcal)**다. (식품 포장지에 표시된 '칼로리'는 실제로는 대문자 C로 표시된 킬로칼로리다.) 표시된 값에는 신체가 기본적인 생명 유지 활동에 필요한 에너지(하루 1,300~1,800 kcal)는 포함되지 않는다. 이 에너지 요구량을 기초대사율(basal metabolic rate, BMR)이라고 한다.

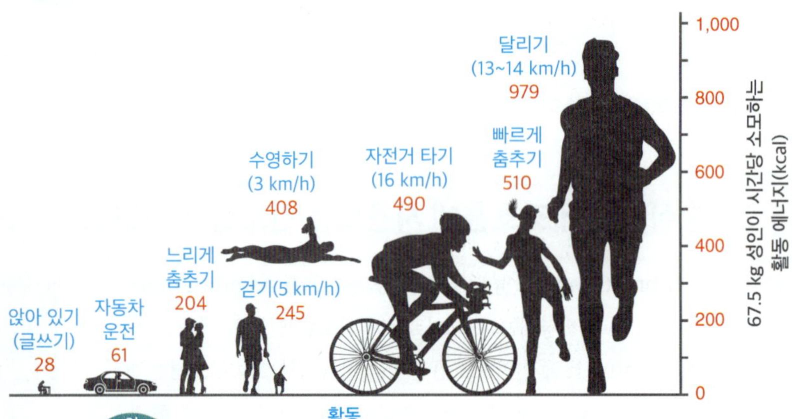

데이터 시각화

▲ **그림 6.4** 67.5 kg의 사람이 다양한 활동을 할 때 시간당 소비하는 에너지(kcal). 이 값에는 신체 유지(BMR)에 필요한 kcal는 포함되지 않는다.

미국 국립과학원(U.S. National Academy of Sciences)은 나이, 성별, 활동 수준에 따라 다르지만 평균 성인에게 하루 약 2,200 kcal의 에너지가 필요하다고 추정한다. 건강한 체중을 유지하려면 에너지 섭취와 소비의 평형(balance)이 필요하다. (영양 요구량에 대해서는 21장에서 자세히 알아본다.) 이제 세포가 연료 분자(탄수화물, 단백질, 지방)에 저장된 에너지를 방출해 세포의 활동과 신체 활동에 사용되는 ATP를 생산하는 방법에 대해 알아보자.

? 시속 3마일로 걷는 동안 약 475 kcal의 피자 한 조각을 '연소'시키려면 얼마나 멀리 이동해야 하는가? 시간은 얼마나 걸리는가?

■ 약 6마일을 걸어야 하고 시간은 약 2시간이 소요된다. (이제 체중 감량에 가장 효과적인 운동이 식탁에서 멀어지는 운동인 이유를 이해했을 것이다!)

6.5 세포는 유기 연료에서 산소로 전자가 '떨어지는' 동안 에너지를 포획한다

세포는 연료 분자에서 어떻게 에너지를 얻어낼까? 그 해답은 전자의 이동에 있다.

산화환원반응 세포호흡 중에 전자는 포도당이나 다른 유기 연료에서 산소로 이동하면서 에너지를 방출한다. 산소는 전자를 매우 강하게 끌어당기고, 전자는 산소로 이동할 때 위치에너지(potential energy)를 잃게 된다. 만약 각설탕 1개를 태운다면 이 전자의 '낙하'가 매우 빠르게 일어나 열과 빛의 형태로 에너지를 방출할 것이다. 세포호흡은 에너지 계단을 내려가는 것과 같이 좀 더 제어가 가능하며, 소량의 에너지가 방출돼 ATP의 화학결합 형태로 저장될 수 있다.

한 분자에서 다른 분자로 전자가 이동하는 것을 **산화환원반응(oxidation-reduction reaction**, 줄여서 redox reaction)이라 한다. 산화환원반응에서 어떤 물질이 전자를 잃는 반응을 **산화(oxidation)**라 하고, 다른 물질에 전자가 추가되는 것을 **환원(reduction)**이라고 한다. 분자가 하나 이상의 전자를 잃으면 산화되고, 하나 이상의 전자를 얻으면 환원된다고 한다. OIL RIG: Oxidation Is Loss, Reduction Is Gain을 기억해 두면 도움이 될 것이다. 전자 이동에는 공여자와 수용체가 모두 필요하기 때문에 산화와 환원은 항상 함께 진행된다.

아래 **그림 6.5A**의 세포호흡 방정식에서는 전자의 이동은 볼 수 없지만 수소 원자의 위치 변화는 볼 수 있다. 하나의 수소 원자는 1개의 전자(⊖)와 1개의 양성자(수소 이온, 또는 Ⓗ⁺)로 구성돼 있기 때문에 이러한 수소 이동은 전자 이동을 나타낸다. 포도당($C_6H_{12}O_6$)은 CO_2로 산화되면서 수소 원자를 잃고, 동시에 산소는 H_2O로 환원되면서 수소 원자를 얻는다. 포도당에서 산소로 전자가 이동하는 것은 발열반응(에너지 방출) 과정이다. 방출된 에너지는 세포에서 ATP를 만드는 데 사용된다.

NADH와 전자전달계 포도당을 산화시키는 과정에서 중요한 역할을 하는 조효소(NAD^+)는 전자를 받아들여 NADH로 환원된다. 니코틴아미드 아데닌 디뉴클레오타이드(nicotinamide adenine dinucleotide)의 약자인 NAD^+는 세포가 산화환원반응에서 전자를 교환하는 데 사용하는 유기 분자다. **그림 6.5B**는 유기 분자의 산화와 그에 따른 환원(NAD^+)을 보여준다. 탈수소효소(dehydrogenase)라는 효소가 유기 분자에서 수소 원자 2개를 떼어내어 전자 2개와 양성자 하나를 조효소(NAD^+)로 전달해 NADH로 환원한다. 다른 양성자

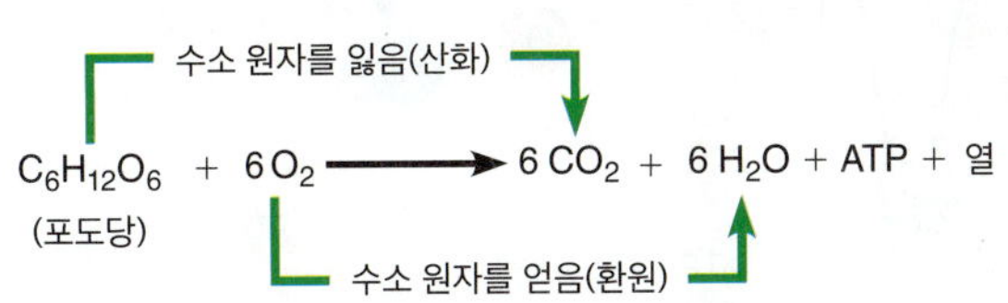

▲ **그림 6.5A** 세포호흡의 산화환원반응에서 수소 원자(전자와 함께)의 이동

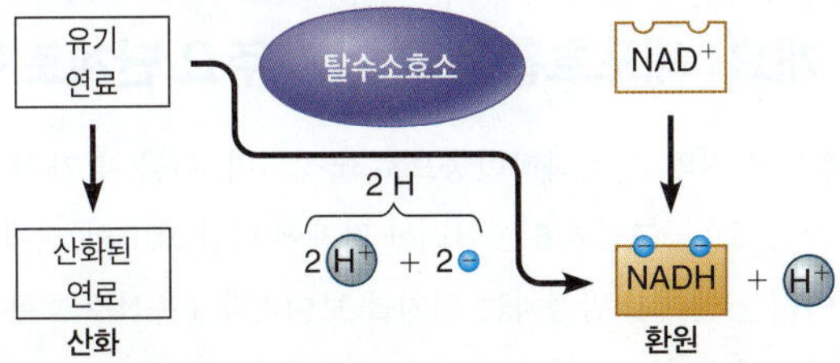

▲ **그림 6.5B** 유기 연료의 산화 및 NAD^+의 NADH로의 환원

시도해 보기 탈수소효소라는 이름이 산화반응에서 이 효소의 기능을 어떻게 설명하는지 설명하시오.

(proton, 수소 이온)는 주변 용액으로 방출된다. (이 장 전체에서 NADH는 파란색 전자 2개가 들어 있는 연한 갈색 상자로 표시할 것이다.)

포도당에서 산소로 전자가 전달되는 과정을 에너지 계단으로 비유할 때, 에너지 계단의 첫 단계는 유기 분자에서 NAD^+로 전자가 이동하는 과정이다. **그림 6.5C**는 NADH가 이러한 전자를 전자운반체 사슬의 맨 위에 전달하는 모습을 보여준다. 보라색 타원으로 표시된 이 운반체 분자의 대부분은 단백질이다. 에너지 계단의 맨 아래에 있는 산소 원자($\frac{1}{2}O_2$)는 2개의 전자를 받아들이고 2개의 수소 이온(H^+)을 받아 물로 환원된다.

이러한 운반체는 **전자전달계(electron transport chain)**를 형성한다. 세포에서는 이러한 분자가 미토콘드리아의 내막(inner membrane)에 다수 존재한다. 일련의 산화환원반응을 통해 전자는 하나의 전자운반체에서 다음 전자운반체 사이로 전달돼 ATP를 만드는 데 사용할 수 있는 에너지를 방출한다.

전자 전달과 에너지 방출에 대한 이해를 바탕으로 이제 세포호흡에 대해 더 상세히 알아보자.

? 원소인 산소의 어떤 화학적 특성이 세포호흡에서의 기능을 설명하는가?

■ 산소는 전기음성도(electron negative)가 아주 높아(2.6절 참조), 전자전달계에서 매우 강력하게 전자를 끌어당긴다.

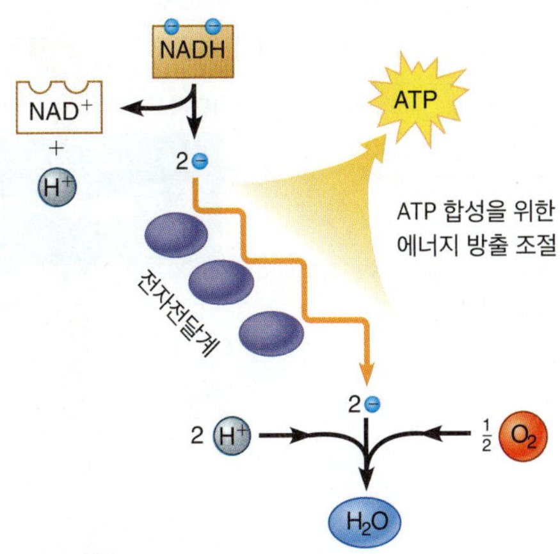

▲ **그림 6.5C** 전자는 전자전달계를 거쳐 NADH에서 산소로 에너지 계단을 내려가면서 ATP 합성을 위한 에너지를 방출한다.

세포호흡의 단계

6.6 개요: 세포호흡은 세 가지 주요 단계로 진행된다

세포호흡은 일련의 많은 화학반응으로 구성되며, 이를 세 가지 주요 단계로 나눌 수 있다. **그림 6.6**은 이러한 단계에 대한 개요와 진핵생물 세포에서 이러한 단계가 발생하는 위치를 보여준다. (유산소 호흡을 사용하는 원핵세포에서는 이러한 단계가 세포기질에서 일어나고 전자전달계는 세포막에 존재한다.)

1단계: 해당과정(glycolysis, 장 전체에서 청록색 상자로 표시)은 세포의 세포기질에서 일어난다. 해당과정은 포도당을 3개의 탄소로 이루어진 화합물인 피루브산염(pyruvate)이라는 물질 2분자를 만들어 세포호흡을 시작한다.

2단계: 피루브산염 산화(pyruvate oxidation, 주황색 상자로 표시)와 **시트르산 회로(citric acid cycle)**는 미토콘드리아 내에서 일어난다. 피루브산염 산화와 시트르산 회로의 반응은 함께 포도당을 이산화탄소로 분해하는 과정을 완성한다. 따라서 우리가 내뱉는 CO_2는 이 두 번째 호흡 단계에서 세포의 미토콘드리아에서 생성된다.

그림의 작은 ATP 기호에서 알 수 있듯이, 세포는 해당과정과 시트르산 회로 동안 소량의 ATP를 생성한다. 그러나 이 처음 두 단계의 주요 기능은 세 번째 호흡 단계에 전자(노란색 화살표로 표시)를 공급하는 것이다.

3단계: 산화적 인산화(oxidative phosphorylation, 보라색 상자)는 전자전달계와 화학삼투작용(chemiosmosis)으로 알려진 과정을 포함한다. NADH와 관련 전자운반체($FADH_2$)는 미토콘드리아 내막에 박혀 있는 전자전달계로 전자를 운반한다. 세포호흡에 의해 생성되는 대부분의 ATP는 전자전달계에서 산화환원반응에 의해 방출된 에너지를 이용해 ATP를 만드는 산화적 인산화 과정에 의해 생성된다. 전자는 최종적으로 산소로 전달돼 H_2O로 환원된다.

전자전달계와 ATP 합성을 연결시켜 주는 것은 무엇일까? 전자가 에너지 계단을 따라 내려갈 때 전자전달계는 미토콘드리아 내막을 가로질러 수소 이온(H^+)을 좁은 막사이공간(intermembrane space, 그림에서 짙은 연어색)으로 펌프질을 한다. 그 결과 막 전체에 걸쳐 H^+ 농도기울기(concentration gradient)가 생긴다. **화학삼투작용(chemiosmosis)**에서는 이 농도기울기의 위치에너지가 ATP를 만드는 데 사용된다. 이 과정에 대한 자세한 내용은 6.11절에서 살펴본다.

다음 몇 개의 절에서는 세포호흡의 단계와 ATP가 합성되는 메커니즘에 대해 더 자세히 살펴본다.

? 세포호흡은 세 가지 주요 단계로 이루어진다. 세포 내에서 CO_2는 어디에서 어떤 단계에서 생성되는가?

■ 2단계인 피루브산염 산화와 시트르산 회로는 미토콘드리아에서 일어난다.

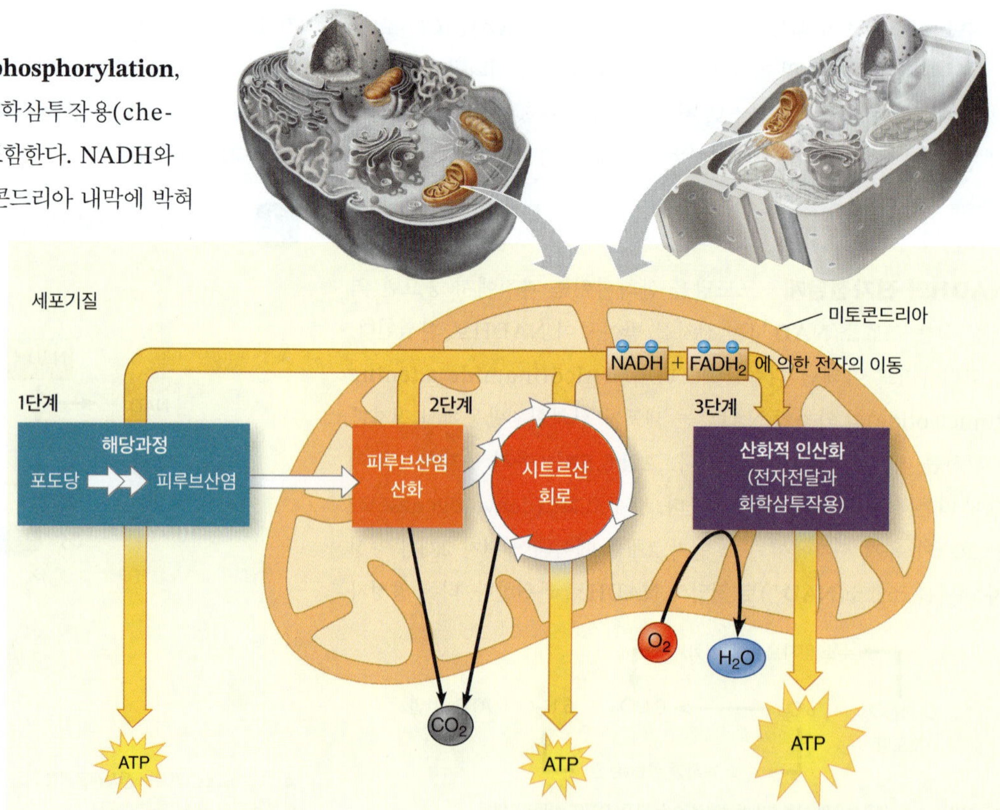

▶ **그림 6.6** 세포호흡의 세 단계에 대한 개요

6.7 1단계: 해당과정은 포도당을 피루브산염으로 산화시켜 화학 에너지를 수확한다

해당과정(glycolysis)이라는 용어(glyco는 단맛, lysis는 분해)는 '당의 분해'를 의미하며, 이 단계에서 정확히 어떤 일이 일어나는지 설명한다. **그림 6.7A**는 포도당 1분자로 시작해 2개의 피루브산염 분자로 끝나는 해당과정에 대한 개요를 보여준다. 회색 공(●)은 분자의 탄소 원자를 나타내며, 포도당은 6개의 탄소를 가지고 있고, 이 6개의 탄소는 피루브산염 2분자(각각 3개의 탄소)로 끝난다. 포도당에서 피루브산염으로 이어지는 직선 화살표는 아홉 가지 효소(enzyme) 촉매 반응을 나타낸다. 이러한 반응이 진행되는 동안 포도당이 산화되면서 NAD^+ 2분자가 2개의 NADH로 환원돼 2개의 ATP 분자가 순 증가한다.

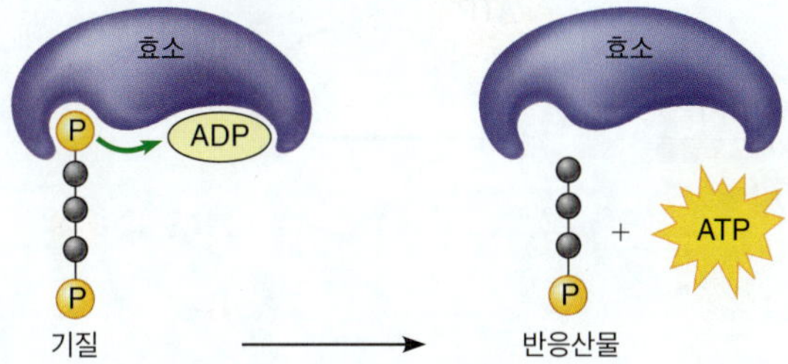

▲ **그림 6.7B** 기질수준 인산화: 기질에서 ADP로 인산기가 이동해 ATP를 생성한다.

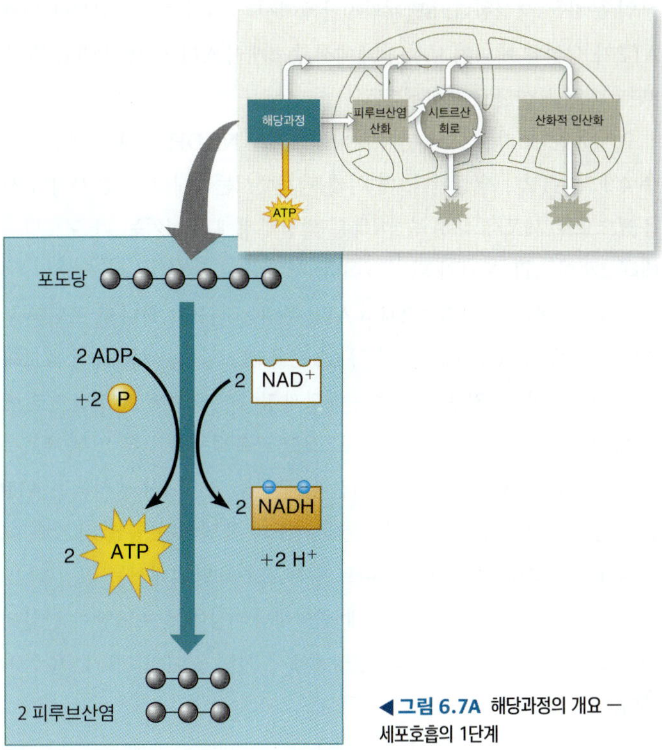

◀ **그림 6.7A** 해당과정의 개요 — 세포호흡의 1단계

그림 6.7B는 해당과정에서 **기질수준 인산화(substrate-level phosphorylation)**에 의해 ATP가 어떻게 형성되는지 보여준다. 이 과정에서 효소는 기질 분자에서 인산기(P)를 ADP로 전달해 ATP를 형성한다. 나중에 시트르산 회로(2단계)에서도 일부 ATP가 기질수준 인산화에 의해 생성된다는 것을 알게 될 것이다. 그러나 세포호흡에서 생성되는 대부분의 ATP는 3단계에서 전자전달계가 관여한다.

포도당이 피루브산염으로 분해되면 에너지가 방출되는데, 이 에너지는 ATP와 NADH에 저장된다. 세포는 ATP의 에너지를 즉시 사용할 수 있지만, NADH의 에너지를 사용하려면 NADH의 전자가 미토콘드리아 내막에 위치한 전자전달계를 통과해야 한다(6.11절에서 3단계에 대해 살펴본다). 해당과정에 의해 생성된 피루브산염 분자는 여전히 초기 포도당 분자로부터 세포가 사용할 수 있는 에너지의 약 90%를 보유하고 있다. 세포호흡의 2단계에서는 피루브산염이 더 산화돼 3단계에서 사용할 추가 NADH를 생성한다. 2단계로 넘어가기 전에 해당과정에 대해 자세히 살펴보자.

? 처리된 포도당 1분자당 해당과정의 순 분자 생성물은 무엇인가?

■ 피루브산염 2분자, ATP 2분자, NADH 2분자

6.8 해당과정의 여러 단계 반응은 포도당을 2개의 분자로 쪼갠다

그림 6.8은 해당과정의 아홉 가지 화학반응에서 유기화합물의 단순화된 구조를 보여준다. 해당과정의 순차적 단계는 대사 경로에서 각 화학 단계가 어떻게 다음 단계로 이어지는지를 보여준다. 즉, 한 반응의 생성물이 다음 반응의 반응물로 작용한다. 초기 반응물과 최종 생성물 사이에 형성되는 화합물을 **중간산물(intermediate)**이라고 한다. 특정 효소가 각 화학 단계를 촉매한다(그림에는 효소가 포함돼 있지 않음). 그림 6.8에 표시된 바와 같이 해당과정의 단계는 크게 두 단계로 나눌 수 있다.

에너지 투자 단계 에너지 투자 단계에서는 실제로 에너지가 소비된다. 이 단계에서는 2개의 ATP 분자를 사용해 포도당 1분자에 인산기를 추가한 다음 2개의 작은 당으로 나눈다.

❶~❸단계는 ATP를 사용해 포도당에 에너지를 공급하는 방법을 보여준다. 세 가지 화학반응이 차례로 일어나 포도당이 에너지가 공급된 중간산물로 전환된다. 곡선 화살표는 ATP에서 다른 분자로 인산기가 이동하는 것을 나타낸다. 세포는 더 반응성이 높은 분자를 생성하기 위해 1단계와 3단계에 각각 하나씩 2개의 ATP를 투입한다. ❹단계에서 6탄소 중간산물이 2분자의 3탄소 중간산물로 분해된다. 효소가 반응성이 높은 6탄소 분자를 2개의 3탄소 중간산물로 만드는 데 작용한다. 글리세르알데하이드-3-인산(G3P)이라고 불리는 각 분자는 다음 단계

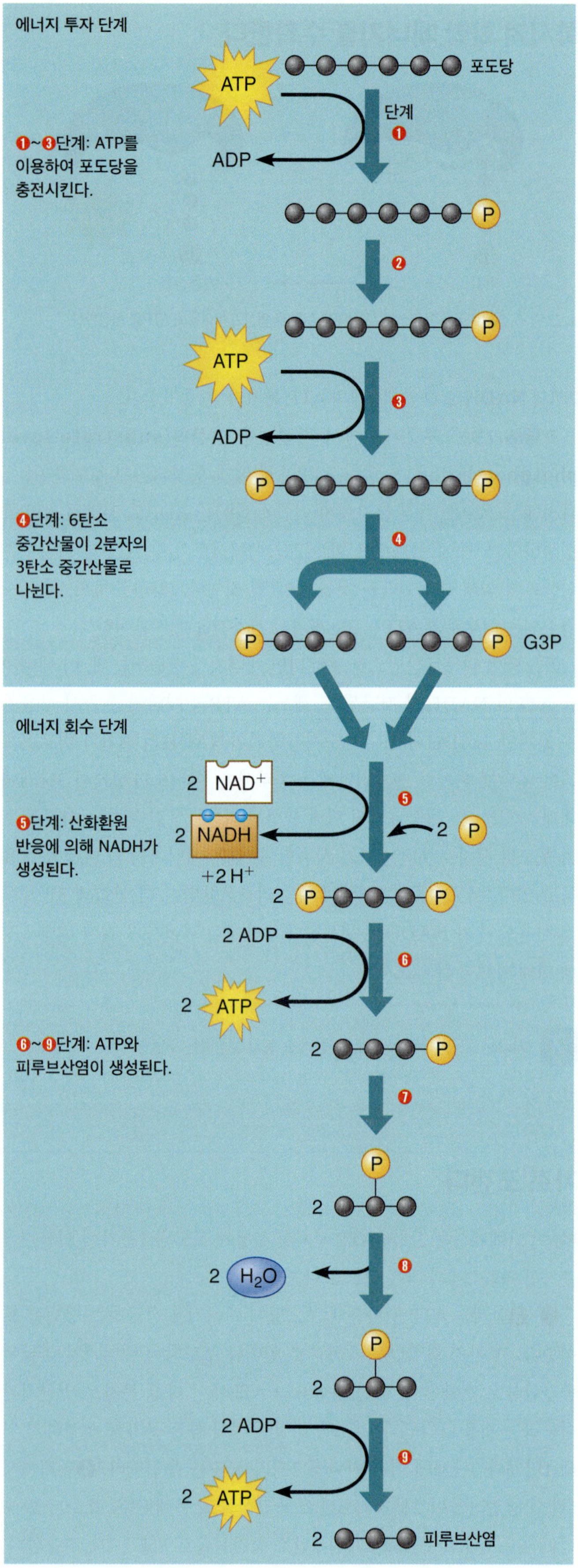

로 들어가므로 에너지 보상 단계의 단계는 포도당 분자당 두 번씩 발생한다.

에너지 회수 단계 에너지 회수 단계는 세포를 위한 에너지를 생성한다. 이 단계는 포도당이 2개의 G3P 분자로 분해된 후에 발생한다. 따라서 숫자 2를 이 단계에 대한 그림의 모든 분자 앞에 표시한다. 단계 ❺에서 산화환원반응이 NADH를 생성한다. 곡선 화살표는 각 G3P가 산화되고 NAD^+가 NADH로 환원됨에 따라 산화환원반응 동안 수소 원자가 이동하는 것을 나타낸다. 이 반응은 또한 인산기를 기질에 부착한다. ❻~❾단계에서 ATP와 피루브산염이 생성된다. 이 일련의 네 가지 화학반응은 해당과정을 완료해 초기 포도당 분자 하나당 2개의 피루브산염 분자를 생성한다. 6단계와 9단계에서는 기질수준 인산화에 의해 ATP가 생성돼 에너지 보상 단계에서 총 4개의 ATP가 생성된다. (물은 8단계에서 부산물로 생산된다.)

요약하면, 초기 포도당 분자 하나당 2개의 NADH 분자가 생성되고, 총 4개의 ATP가 생성된다. 첫 번째 단계에서는 2개의 ATP 분자가 사용됐으므로 세포에 대한 순 이득은 해당과정에 들어가는 각 포도당에 대해 2개의 ATP 분자가 되는 것이다.

해당과정에서 생성되는 2개의 ATP 분자는 세포가 하나의 포도당 분자에서 얻을 수 있는 에너지의 약 6%만을 차지한다. 예를 들어 효모와 특정 박테리아 등 일부 유기체는 해당과정에서 생성된 ATP만으로 에너지 필요량을 충족시킬 수 있다. 그리고 근육세포와 같은 일부 세포는 ATP가 충분하지 않을 때 짧은 기간 이 무산소 조건에서 생성되는 ATP를 사용할 수 있다. 그러나 대부분의 세포와 생명체는 훨씬 더 많은 에너지가 필요하다. 해당과정을 따르는 세포호흡 단계에서는 훨씬 더 많은 에너지를 방출한다. 다음 절에서는 해당과정에서 포도당이 산화돼 피루브산염이 된 후 대부분의 생명체에서 어떤 일이 일어나는지 살펴본다.

? 해당과정 동안 포도당 한 분자당 총 몇 번의 기질수준 인산화 반응이 일어나는가?

■ 6단계에서 2번, 9단계에서 2번 등 포도당 한 분자당 4번 발생한다.

◀**그림 6.8** 해당과정의 세부 내용

시도해 보기 그림 6.7B에 표시된 기질수준 인산화가 나타내는 해당과정의 단계를 확인하시오.

6.9 2단계: 시트르산 회로는 유기 분자의 에너지 생성 산화를 완성한다

피루브산은 해당과정이 끝날 때 생성되므로 세포질(cytosol)에서 미토콘드리아로 운반돼 시트르산 회로와 산화적 인산화가 일어난다. 해당과정에 들어가는 포도당 한 분자에 대해 2개의 피루브산염 분자가 생성된다는 것을 기억하자.

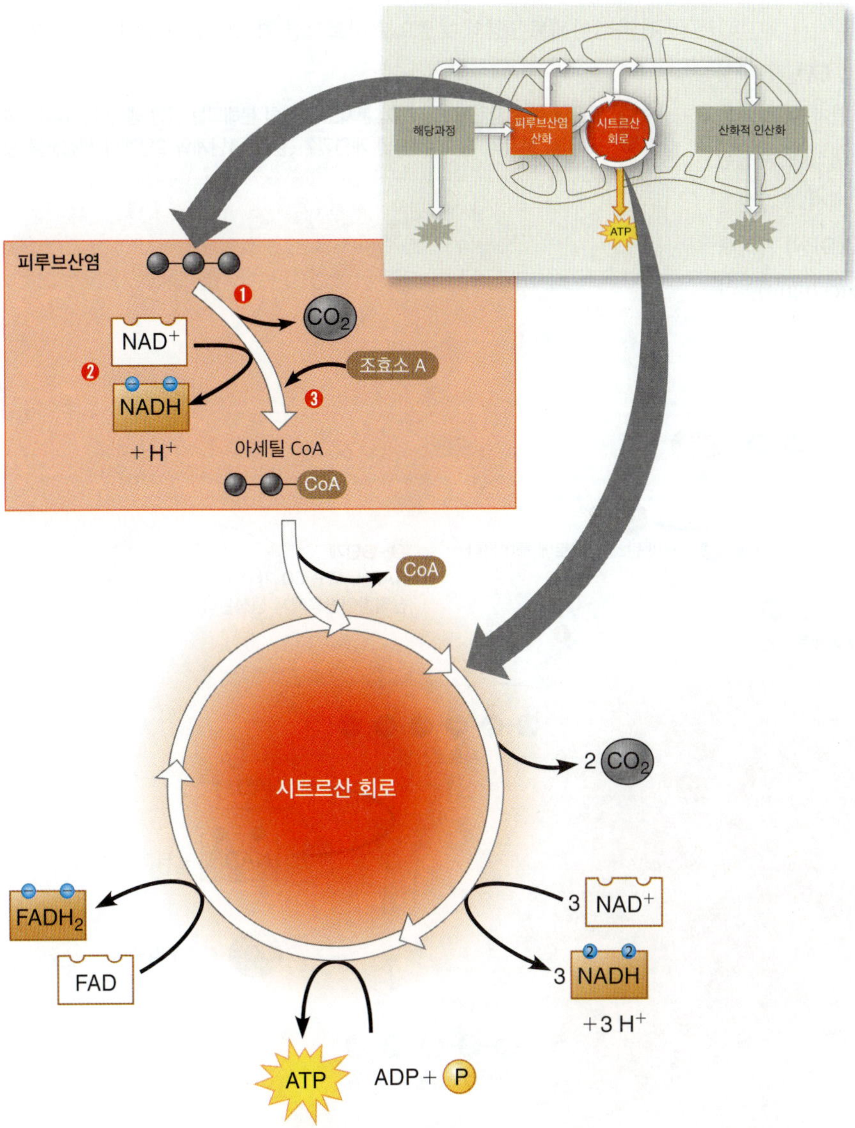

▲ **그림 6.9** 피루브산염 산화와 시트르산 회로의 개요 — 세포호흡의 2단계

시도해 보기 포도당 한 분자에서 2개의 피루브산염이 생성된다는 것을 기억하자. 이 그림을 사용해 세포호흡의 두 번째 단계에서 포도당 한 분자당 만들어지는 ATP, NADH, $FADH_2$를 계산하시오.

피루브산염 산화 **그림 6.9**의 상단에서 볼 수 있듯이, 각 피루브산염은 일련의 산화환원반응을 거쳐 아세틸 CoA와 NADH를 생성한다. 대규모의 다중 효소 복합체가 이러한 반응을 3단계로 촉매한다. ❶ 피루브산염은 탄소 1개와 산소 2개를 잃고 CO_2를 방출한다. 이것이 첫 번째 단계로 세포호흡 중에 CO_2가 방출된다. ❷ 나머지 2개의 탄소 화합물은 산화되고 NAD^+ 분자는 NADH로 환원된다. ❸ 조효소A(coenzyme A)라는 화합물이 2개의 탄소기와 결합해 **아세틸조효소A(acetyl coenzyme A**, 약칭 아세틸 CoA)라는 분자를 형성한다. 그러면 아세틸 CoA는 시트르산 회로에 들어갈 준비가 된 것이다.

시트르산 회로 그림 6.9의 아래쪽은 일련의 효소 촉매 반응으로 구성된 시트르산 회로의 개요를 보여준다. 1개의 아세틸 CoA로부터 여러 생화학적 생산물, 즉 CO_2 2분자, ATP 1분자, NADH 3분자, 전자운반체($FADH_2$) 1분자가 생성된다. 2분자의 아세틸 CoA는 2분자의 피루브산염에서 나왔다는 것을 기억하자. 따라서 회로는 두 번 실행되고 처리된 각 포도당 분자에 대해 생산물이 두 배가 된다. 시트르산 회로에서 생성된 ATP는 세포에서 바로 사용할 수 있지만, 각 포도당 분자에서 추출된 에너지의 대부분은 NADH와 $FADH_2$에 저장된다. 세포가 NADH와 $FADH_2$에 저장된 에너지를 수확할 수 있으려면, 이 분자들은 고에너지 전자를 전자전달계로 보내야 한다(3단계). 세포호흡의 마지막 에너지 생산 단계를 살펴보기 전에 시트르산 회로의 단계를 자세히 살펴보자.

? 포도당 1분자가 1단계와 2단계를 거치고 난 후에 몇 개의 CO_2와 ATP 분자가 생성됐는가?

■ 6개의 CO_2(모두 2단계)와 4개의 ATP(해당과정에서 2개, 시트르산 회로에서 2개)가 생성된다.

6.10 시트르산 회로의 여러 반응이 포도당 분해를 마무리한다

그림 6.10은 시트르산 회로의 6가지 주요 단계를 보여준다. ❶ 효소가 아세틸 CoA에서 CoA 부분을 제거하고 나머지 2개의 탄소 그룹을 미토콘드리아에 이미 존재하는 4탄소 분자 옥살로아세트산염(oxaloacetate, 왼쪽 위)과 결합하면서 시트르산 회로가 시작된다(중앙상단). 이 반응의 생성물은 6탄소 분자인 시트르산염(시트르산의 이온화된 형태, 따라서 시트르산 회로라는 이름이 붙음)이다.

❷와 ❸단계에서는 산화환원반응 중에 NADH, ATP, CO_2가 생성된다. 연속적인 산화환원반응은 시트르산염에서 수소 원자를 제거한 다음 알파-케토글루타르산염(alpha-ketoglutarate)을 생성해 환원된 NADH를 생성함으로써 에너지를 수확한다. 이 두 군데에서 중간산물은 CO_2 분자를 잃는다. 에너지는 ATP를 생산하기 위해 ADP의 기질수준 인산화에 의해 수확된다. 3단계가 끝나면 호박산염(succinate)이라는 4-탄소 화합물이 생성된다.

마지막으로, ❹~❻단계에서 추가 산화환원반응을 통해 $FADH_2$와 더 많은 NADH가 생성된다. 전자운반체인 FAD가 $FADH_2$로 환원되면서 호박산염이 산화된다. 푸마르산염(fumarate)은 말산염(malate)으로 전환되고, 마지막으로 NAD^+가 NADH로 환원되면서 산화된다. 아세틸 CoA로부터 아세틸기를 받아들여 다음 주기를 시작할 준비가 된 옥살아세트산염의 재생으로 시트르산 회로의 한 회전이 완료된다.

? 포도당 한 분자가 6개의 CO_2 분자로 완전히 분해되는 동안 생성되는 NADH와 $FADH_2$ 분자의 총 개수는 몇 개인가? (힌트: 1단계와 2단계의 생성물을 합치자.)

■ 10 NADH: 해당과정에서 2개, 피루브산염의 산화과정에서 2개, 시트르산 회로에서 6개. 시트르산 회로에서 2 $FADH_2$. (당을 분해하는 해당과정 이후에는 생성물이 두 배로 증가한다는 것을 기억하는가?)

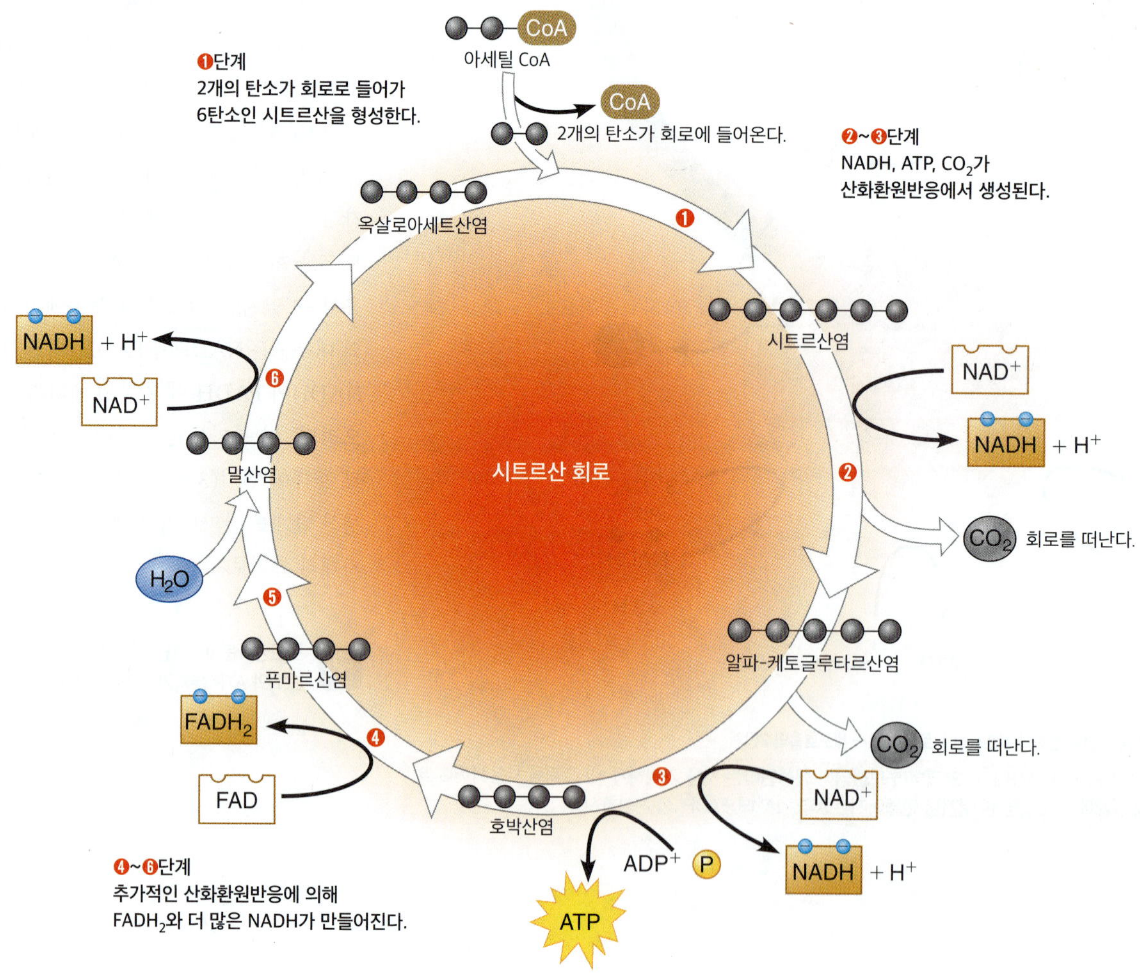

▲ **그림 6.10** 시트르산 회로의 상세과정(산화된 포도당 1분자당 두 번씩 진행)

6.11 3단계: 대부분의 ATP 생산은 산화적 인산화 과정에 의해 발생한다

세포호흡에서 생성되는 ATP의 약 90%는 3단계, 즉 전자전달과 화학삼투작용을 포함하는 산화적 인산화 과정에 의해 만들어진다. 이 단계에서는 1단계와 2단계에서 NADH와 $FADH_2$에 의해 운반된 전자들이 어떻게 사용되는지 최종적으로 확인할 것이다.

아래 그림의 왼쪽에서 시작하는 노란색 화살표는 미토콘드리아 내막에 묻혀 있는 전자전달계를 통해 NADH와 $FADH_2$에서 전자가 전달되는 과정을 보여준다. 전자전달계에 있는 전자운반체는 '에너지 계단'을 따라 순차적으로 전자를 최종 전자 수용체인 산소로 전달한다(6.5절 참조). 세 곳(녹색 화살표)에서 이러한 전자전달에서 방출된 에너지는 막사이공간으로의 능동 수송(active transport)을 가능하게 한다. 화학삼투작용이라고 불리는 이 과정에서 생성된 농도기울기는 ADP를 ATP로 인산화하는 효소 복합체인 **ATP 합성효소(ATP synthase)**를 통해 H^+를 유도한다. 3단계는 포도당 한 분자로부터 시작된 큰 에너지의 보상이다.

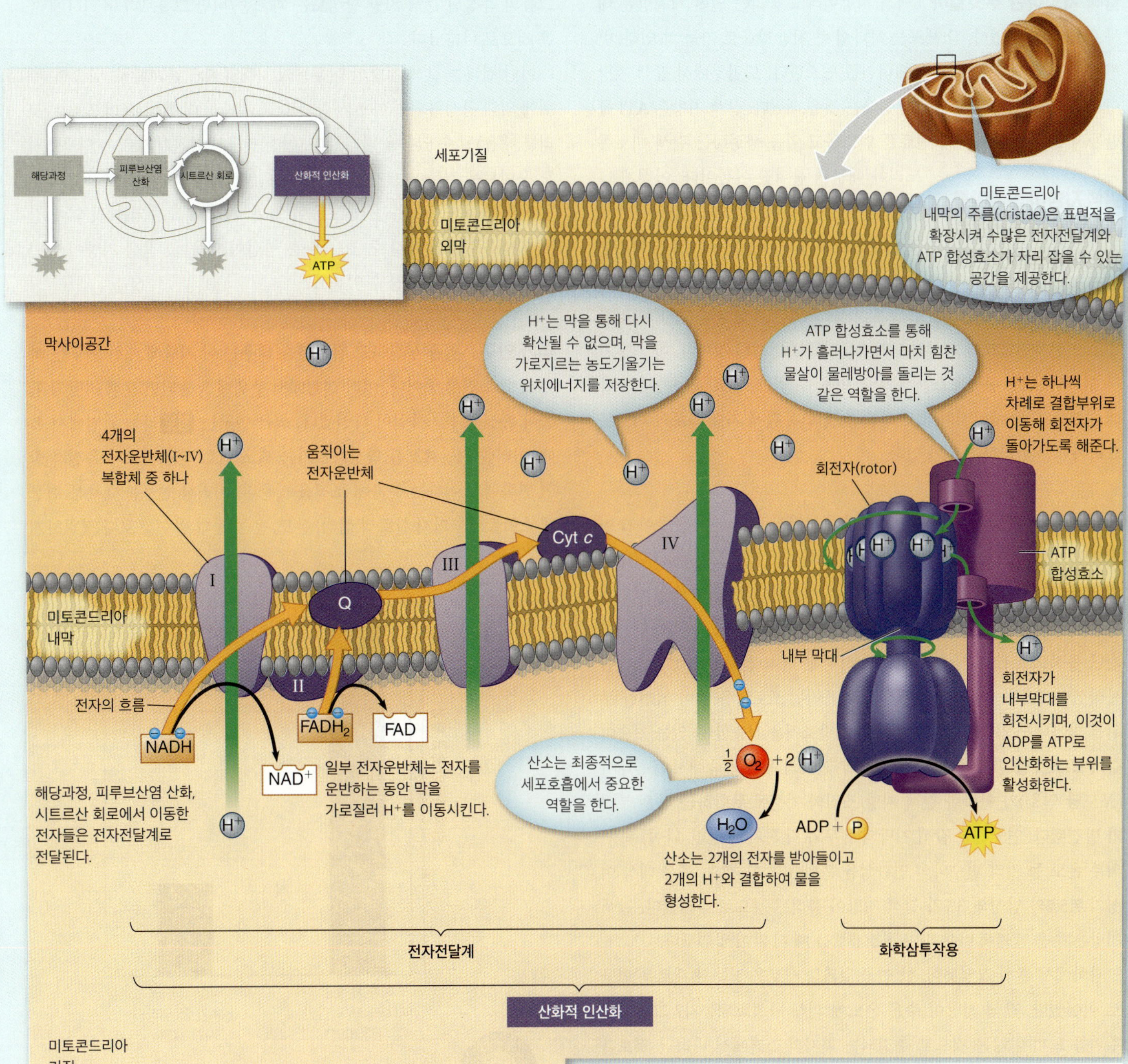

? 산화적 인산화에서 산소의 역할을 설명하고, 반응식을 쓰시오.

■ 산소는 전자의 최종 수용체이며, 화학삼투작용 중 ATP 합성효소에서 방출된 수소 이온과 결합해 H_2O가 된다. $\frac{1}{2}O_2 + 2e^- + 2H^+ = H_2O$

6.12 과학자들은 성인에게서 열을 생성하고 칼로리를 태우는 갈색 지방을 발견했다

과학적 사고 세포호흡은 포도당 분자에 있는 에너지의 약 34%를 ATP로 수확하고 나머지는 열로 방출한다는 6.3절에서 배운 내용을 기억할 것이다. 그러나 갈색 지방 세포의 미토콘드리아에서 일어나는 것처럼 때때로 세포호흡은 주로 열을 생성하는 데 사용될 수 있다.

갈색 지방이란 무엇일까 백색 지방이라고 불리는 일반 체지방은 대사 활동이 거의 없다. 각 세포는 하나의 큰 지방 방울로 가득 차 있다. 반면에 갈색 지방은 활발하게 에너지를 연소한다. 도입부에서 갈색 지방이 유아의 체온 유지에 도움이 된다는 것을 배웠다. 갈색 지방은 ATP를 만들지 않고도 독특하게 연료를 연소하고 열을 생성하는 갈색 미토콘드리아 때문에 붙여진 이름이다. 어떻게 그렇게 할 수 있을까? 6.11절의 그림을 다시 보고 미토콘드리아 내막을 가로지르는 이온통로(ion channel)가 H^+가 막을 가로질러 자유롭게 흐를 수 있다고 상상해 보자. 이러한 통로는 전자전달계가 생성한 H^+ 기울기를 소멸시킬 것이다. 이 기울기가 없으면 ATP 합성효소는 ATP를 만들 수 없고, 연료 분자가 연소할 때 나오는 모든 에너지가 열로 방출될 것이다. 갈색 지방 세포의 미토콘드리아에는 이러한 통로가 있다.

갈색 지방이 신생아를 따뜻하게 하고 성인을 날씬하게 유지하는 데 도움이 될 수 있을까?

성인도 갈색 지방이 있을까 최근까지 사람의 갈색 지방은 유아기 이후 사라지는 것으로 여겨졌다. 그러나 암 환자의 PET 스캔에서 확인되지 않은 조직이 발견되면서 연구자들은 이러한 결론에 의문을 제기했다. 연구진은 이 조직이 갈색 지방일 수 있는지 확인하기 위해 다양한 진단 목적으로 1,972명의 환자에게 시행된 3,640건의 PET-CT 스캔을 분석했다. PET는 방사성 동위원소로 표지된 포도당을 많이 섭취한 부위를 찾아내는 기술이고, CT 스캔은 지방조직을 검출할 수 있는 기술이다. PET-CT를 함께 촬영한 결과, 일부 환자의 목과 가슴에서 물질대사(포도당 연소)가 활발한 갈색 지방 조직의 기준에 부합하는 작은 부위가 발견됐다. 연구진은 갈색 지방의 유무와 각 환자의 성별, 나이, 체중, 외부 온도 등 기타 변수와의 연관성을 분석했다. 그 결과, 조사 대상 여성의 7.5%와 남성의 3%가 갈색 지방이 축적된 것으로 나타났다. 갈색 지방은 추운 날씨에 마른 환자를 스캔했을 때 더 많이 발견됐다.

과학에서 흔히 그렇듯이, 한 연구 결과는 새로운 질문과 새로운 연구로 이어졌다. 갈색 지방이 추운 온도에 의해 활성화되는가? 그렇다면 추위를 느끼지 않는 것으로 추정되는 환자의 스캔에서 나타난 것보다 훨씬 더 많은 성인이 갈색 지방을 가지고 있을 수 있는가? 마른 사람에게서 이 지방을 태우는 조직이 많이 나타나는 것은 어떤 사람은 날씬하고 어떤 사람은 비만인 이유와 관련이 있을까?

갈색 지방은 모든 성인에서 똑같이 활성화되지 않는다 두 번째 연구는 저온에 노출된 24명의 남성에서 갈색 지방의 존재와 활동을 조사했다. 모든 연구 참가자를 16℃(60.8℉)에서 2시간 노출시킨 후 PET-CT 스캔을 실시했다. 1명의 참가자(체질량지수, 즉 BMI가 가장 높은 사람)를 제외한 모든 참가자의 스캔 결과 갈색 지방 조직이 활성화된 것으로 나타났다. 이 연구의 결과 중 하나가 **그림 6.12**에 나와 있다. 마른 그룹의 측정된 갈색 지방 활성도는 과체중/비만 그룹보다 유의하게 높은 것으로 나타났다.

이런 결과는 갈색 지방이 대부분의 사람들에게 존재할 수 있으며, 추위에 의해 활성화되면 마른 사람의 갈색 지방이 더 활성화(더 많은 칼로리를 태움)될 수 있음을 나타낸다. 이전 연구와 마찬가지로 이 연구에서도 흥미로운 질문이 제기됐다. 마른 사람의 갈색 지방이 더 활성화되면 날씬한 몸매를 유지하는 데 도움이 될까? 추위에 노출되는 것 외에 갈색 지방을 활성화시킬 수 있는 다른 방법이 있을까? 갈색 지방이 비만 퇴치 약물의 표적이 될 수 있을까?

추가 연구 열을 생산하고 칼로리를 태우는 이 지방에 대한 연구는 빠른 속도로 진행 중이다. 여러 실험에서 추위에 노출되면 갈색 지방의 활동이 촉진된다는 사실이 확인됐다. 최근 연구는 **정보**라는 관점에서 볼 때, 이러한 지방세포를 활성화시키는 세포 신호 전달 경로와 유전자 발현 변화에 관여하는 분자에 초점을 맞춘다. 이러한 연구는 대부분 쥐를 대상으로 이루어져 칼로리 섭취, 온도, 운동 등의 변수를 보다 정밀하게

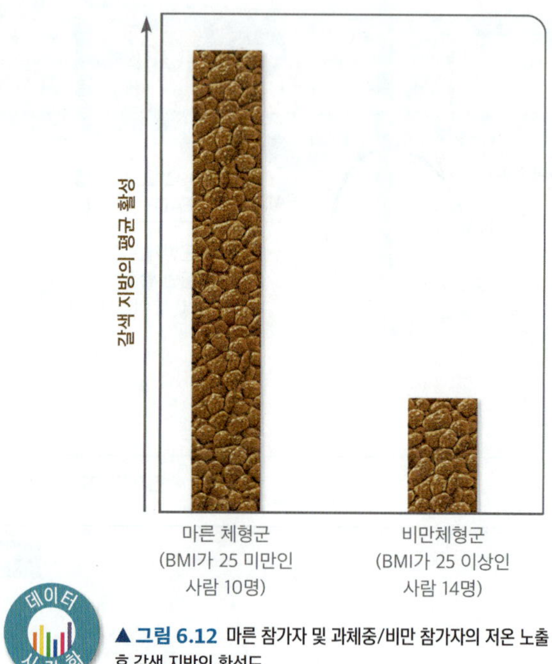

▲ **그림 6.12** 마른 참가자 및 과체중/비만 참가자의 저온 노출 후 갈색 지방의 활성도

자료: W. D. van Marken Lichtenbelt et al., Cold-activated brown adipose tissue in healthy men, *New England Journal of Medicine* 360: 1500-8 (2009).

조절할 수 있을 뿐만 아니라 유전자 발현의 정확한 조작이 가능하다.

과학자들은 개별 세포의 고유한 유전자 표지자(genetic marker)를 구별하는 새로운 발견을 통해 세 번째 유형의 지방을 확인했다. 추위나 다른 신호에 의한 자극에 반응해 일부 백색 지방 세포는 갈색 지방처럼 기능하는 소위 베이지색 세포로 전환되는 것으로 보인다. 갈색 또는 베이지색 지방의 양과 활동을 증가시키면 과도하게 저장된 지방을 태울 수 있다. 의학 연구자들은 갈색 지방을 활성화하거나 백색 지방을 베이지색 지방으로 전환하는 방법을 비만과 제2형 당뇨병의 가능한 치료법으로서 찾고 있다. 앞으로도 갈색 지방과 베이지색 지방 연구의 기초 과학 및 의학적 응용 관련 소식을 기대해 보자.

? 첫 번째 연구에서는 스캔을 분석한 환자의 10% 미만에서 갈색 지방이 확인됐다. 두 번째 연구에서는 참가자의 96%에서 갈색 지방이 확인됐다. 이러한 연구 결과의 차이는 무엇인가?

■ 두 번째 연구에서는 저온 처리에 대한 반응으로 갈색 지방이 활성화돼 확인됐다.

6.13 복습: 각 포도당 분자는 많은 ATP 분자를 생성한다

포도당 1분자를 따라가 보면서 복습해 보자. **그림 6.13**의 왼쪽부터 세포질에서 일어나는 해당과정은 포도당을 2개의 피루브산염 분자로 산화시키고, 2개의 NADH를 생성하며, 기질수준 인산화에 의해 2개의 ATP를 생성한다. 미토콘드리아 내에서 2개의 피루브산염 산화는 2 NADH와 2 아세틸 CoA를 산출한다. 2개의 아세틸 CoA는 시트르산 회로에 공급돼 6개의 NADH와 2개의 $FADH_2$, 그리고 기질수준 인산화에 의해 2개의 ATP를 생성한다. 포도당은 이제 완전히 산화돼 CO_2를 배출한다. NADH와 $FADH_2$는 전자전달계로 전자를 전달해 최종적으로 O_2로 전달돼 H_2O를 형성한다. 전자가 '에너지 계단'을 따라 이동하면서 방출된 에너지는 H^+를 막사이공간으로 퍼내는 데 사용된다. 이렇게 생성된 H^+ 기울기는 ATP 합성효소에 의해 두드려져 산화적 인산화에 의해 약 28개의 ATP 분자를 생성한다. ADP를 ATP로 인산화하는 데 사용되는 전자전달계를 통해 분자의 산화로 인한 에너지를 포착하는 이 과정을 산화적 인산화라고 부른다.

포도당 1분자에서 만들어지는 ATP 분자의 총수율은 약 32개이다. ATP 분자의 수는 여러 가지 이유로 정확히 말할 수 없다. 해당과정에서 생성된 NADH는 미토콘드리아 막을 가로질러 전자를 NAD^+ 또는 FAD로 전달한다. $FADH_2$는 전자전달계의 훨씬 뒷부분에 전자를 전달하기 때문에(6.11절 참조), H^+ 기울기에 덜 기여하므로 ATP를 더 적게 생성한다. 또한 H^+ 기울기의 에너지 중 일부는 ATP 생산 이외의 작업에 사용될 수 있다.

생성되는 대부분의 ATP는 산화적 인산화를 통해 생성되므로, ATP 생산량은 세포에 산소가 적절히 공급되는지에 따라 달라진다. 최종 전자 수용체 역할을 하는 산소가 없으면 전자전달계와 ATP 생산이 중단된다. 그러나 다음에 살펴볼 것처럼 일부 세포는 산소 없이도 유기 연료를 산화해 ATP를 생성할 수 있다.

? 세포호흡과정 중 O_2는 어디에서 사용되고, CO_2는 어디에서 발생하는지 설명하시오.

■ O_2는 전자전달계의 마지막 단계에서 전자를 받아들인다. 피루브산염 산화와 시트르산 회로에서 중간산물의 산화 과정에서 CO_2가 방출된다.

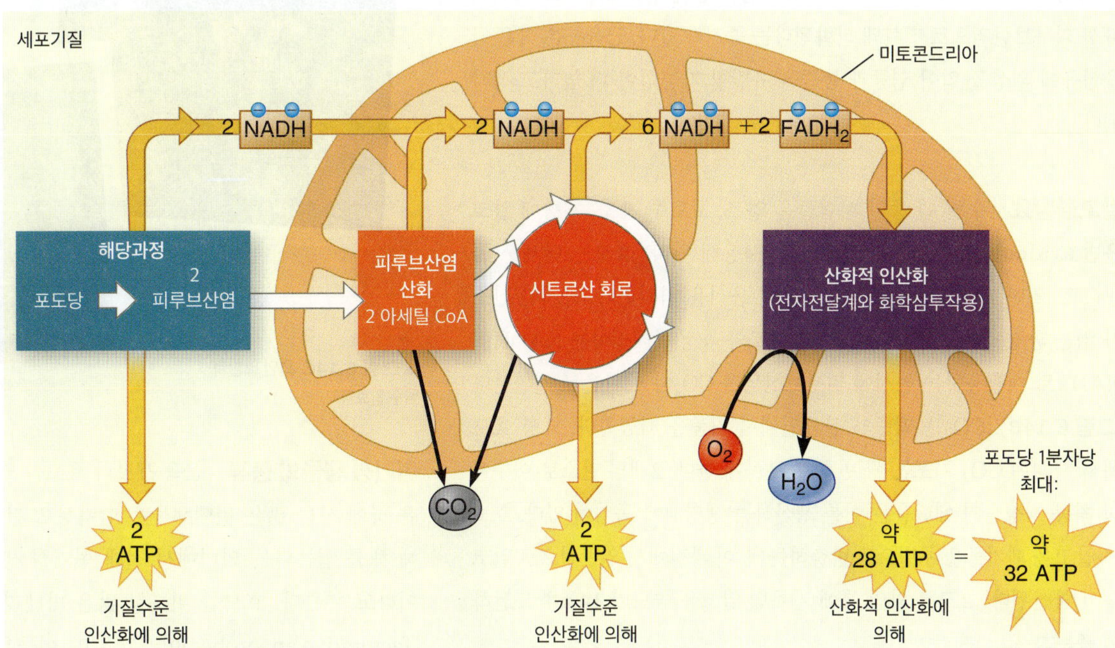

▶ **그림 6.13** 세포호흡에서 기질수준 인산화 및 산화적 인산화에 의해 포도당 분자당 생성되는 ATP의 총추정치

발효: 무산소 조건에서 에너지 수확

6.14 발효를 통해 세포는 산소 없이도 ATP를 생산할 수 있다

발효는 산소 없이도 에너지를 수확할 수 있는 방법이다. 발효 과정에서 ATP를 생성하는 경로는 해당과정으로, 세포호흡의 첫 번째 단계에서 작용하는 것과 동일한 경로다. 해당과정은 산소를 사용하지 않고 단순히 포도당을 2개의 피루브산염 분자로 산화시키고 NAD^+을 NADH로 환원시키면서 2 ATP를 순 생성한다는 점을 기억하자. 2 ATP의 생산량은 산소호흡 시 포도당 1개당 생성되는 32 ATP에 비하면 훨씬 적지만, 산소가 부족한 짧은 시간 동안 근육을 수축시키기에 충분하다. 그리고 많은 미생물은 해당과정을 통해 필요한 모든 에너지를 공급한다.

그러나 발효에는 해당과정 이상의 무언가가 필요하다. 해당과정에서 포도당을 산화시키려면 NAD^+가 전자 수용체로서 존재해야 한다. 이는 산소가 있는 상태에서는 문제가 되지 않는데, 세포는 NADH가 전자를 미토콘드리아로 전달해 전자전달계로 운반될 때 NAD^+ 풀을 재생하기 때문이다. 발효에서는 무산소 경로에서 NADH를 NAD^+로 다시 재활용할 수 있는 독특한 기전이 필요하다.

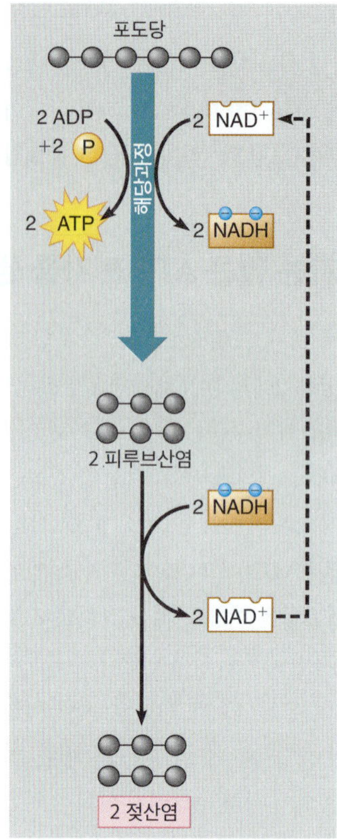

▲ 그림 6.14A 젖산발효: 피루브산염이 젖산염으로 환원되면서 NAD^+가 재생된다.

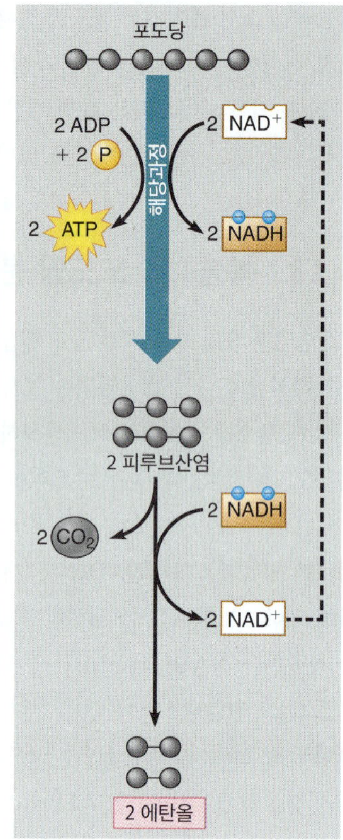

▲ 그림 6.14B 알코올발효: 피루브산염이 에탄올과 CO_2로 분해되면서, NAD^+가 재생된다.

젖산발효 일반적인 발효 중 흔히 볼 수 있는 한 가지 유형은 **젖산발효(lactic acid fermentation)**다. **그림 6.14A**에서 볼 수 있듯이 근육 세포와 특정 박테리아는 이 과정을 통해 NAD^+를 재생할 수 있다. 피루브산염이 젖산염으로 환원되면서 NADH가 NAD^+로 다시 산화되는 것을 볼 수 있다. 근육 세포는 ATP의 필요성이 혈류를 통한 O_2의 전달을 능가할 때 젖산발효로 전환할 수 있다. 근육 세포에 축적되는 젖산염은 격렬한 운동 후 하루 정도 후에 발생하는 근육통을 유발하는 것으로 생각됐다. 그러나 1시간 이내에 젖산염은 혈액에 의해 간으로 운반돼 다시 피루브산염으로 전환돼 산화된다는 증거가 있다. 근육통은 작은 근육섬유에 외상을 입어 염증과 통증을 유발할 가능성이 더 높다고 생각된다.

알코올발효 수천 년 동안 사람들은 양조, 포도주 제조, 제빵에 **알코올발효(alcohol fermentation)**를 사용해 왔다. 효모는 단세포 곰팡이로, 일반적으로 산소호흡을 사용해 음식을 처리한다. 하지만 산소가 없는 환경에서도 생존할 수 있다. 효모와 특정 박테리아는 NADH를 NAD^+로 재활용하는 동시에 피루브산염을 CO_2와 에탄올로 전환한다(**그림 6.14B**). CO_2는 맥주와 샴페인에서 거품을 제공한다. 제빵 효모에서 생성된 CO_2 기포는 빵 반죽을 부풀게 한다. 2개의 탄소로 이루어진 최종 생성물인 에탄올은 이를 생산하는 생명체에 독성이 있다. 효모는 알코올 폐기물을 주변으로 방출하는데, 이 과정에서 일반적으로 알코올이 확산된다. 효모를 와인 통에 가두면 알코올 농도가 14%에 도달하면 죽는다.

▲ 그림 6.14C 와인 배럴과 맥주 발효통

혐기성 생물의 종류 근육 세포나 효모와 달리 고인 연못이나 땅속 깊은 곳에 사는 많은 원핵생물은 혐기성 조건을 필요로 하고 산소에 의해 해를 입는다는 의미에서 절대 혐기성 생물(obligate anaerobes)이라고 부른다. 효모를 비롯한 많은 박테리아를 조건부 혐기성 생물(facultative anaerobes)이라고 하며, 이들은 산소공급 가능 여부에 따라 발효 또는 산화적 인산화를 통해 ATP를 만들 수 있다. 세포 수준에서 우리 몸의 근육 세포는 조건부 혐기성 생물로 작용한다.

조건부 혐기성 생물의 경우, 피루브산염은 대사 경로의 갈림길이다. 산소를 사용할 수 있으면 생명체는 항상 더 생산적인 산소호흡을 사용한다. 따라서 와인과 맥주를 만들려면 효모를 혐기성으로 키워야 당을 발효시키고 에탄올을 생산할 수 있다. 이러한 이유로 **그림 6.14C**의 와인 배럴과 맥주 발효통은 공기가 들어가지 않도록 설계됐다.

? 포도당을 공급하던 효모 용액을 와인 생산용으로 설계된 통에 넣었다. 그러나 기술자가 뚜껑을 제대로 고정하지 못했다. 완성된 와인의 결과는 어떻게 되는가?

■ 와인은 발효에 필요한 혐기성 환경을 찾지 못하고 알코올이 없는 와인이 될 것이다. 또한 알코올이 없으면 와인에는 많은 양의 효모가 축적된다.

6.15 해당과정은 지구 생명체 역사 초기에 진화했다

진화 연관성 해당과정은 생명체의 보편적인 에너지 생산 대사 과정이다. 박테리아 세포, 우리 몸의 세포 중 하나 또는 거의 모든 살아 있는 세포의 내부를 들여다보면 해당과정의 대사 메커니즘을 발견할 수 있다.

발효와 호흡 모두에서 해당과정의 역할은 진화론적 근거를 가지고 있다. 고대 원핵생물은 지구 대기에 산소가 존재하기 훨씬 전부터 해당과정을 통해 ATP를 만들었을 것으로 추정된다. 가장 오래된 것으로 알려진 박테리아 화석은 35억 년 전으로 거슬러 올라가며, 오늘날에도 여전히 발견되는 일부 유형의 광합성 박테리아와 유사하다. 그러나 박테리아 광합성의 부산물로 형성된 상당한 수준의 O_2가 약 27억 년 전까지는 대기 중에 축적되지 않았다는 증거가 있다. 따라서 초기 원핵생물은 산소가 필요하지 않은 해당과정에서만 ATP를 생성했을 가능성이 크다.

해당과정이 오늘날 지구상의 생물체에서 발견되는 가장 광범위한 대사 경로라는 사실은 해당과정이 생명의 역사에서 매우 일찍 진화했음을 시사한다. 세포 내 해당과정의 장소 또한 매우 오래된 것을 의미하는데, 이 경로는 최초의 원핵세포가 약 10억 년 후에 진화한 진핵세포의 경우 해당과정은 세포막으로 둘러싸인 세포소기관을 전혀 필요로 하지 않는다. 해당과정은 초기 세포의 대사적 유산으로, 발효와 세포호흡에 의한 유기 분자 분해의 첫 단계로 계속 기능하고 있다.

? 해당과정의 특징 중 원시의 대사 경로임을 나타내는 몇 가지를 나열하시오.

■ 해당과정은 보편적으로 일어나며(발효와 호흡 모두에서 기능), 산소가 필요하지 않으며 막으로 둘러싸인 세포소기관에서 일어나지 않는다.

대사 경로 간 연관성

6.16 세포는 많은 종류의 유기 분자를 세포호흡을 위한 연료로 사용한다

이 장에서는 세포호흡의 연료인 포도당에 대해 이야기했다. 그러나 유리 포도당 분자는 식단에서 흔하지 않다. 우리는 대부분의 칼로리를 탄수화물(설탕, 기타 이당류와 다당류인 녹말), 지방, 단백질에서 얻는다. 예를 들어 한 줌의 땅콩을 먹으면 이 세 가지 종류의 유기 분자를 모두 섭취하게 된다.

그림 6.16은 세포가 이 세 가지 유형의 분자를 사용해 ATP를 만드는 방법을 색상으로 구분된 화살표를 사용해 설명하고 있다. 그림의 맨 왼쪽에 있는 파란색 화살표로 표시된 것처럼 다양한 탄수화물이 해당과정으로 흘러 들어갈 수 있다. 예를 들어, 소화관의 효소는 녹말을 포도당으로 가수분해하고, 포도당은 세포호흡을 통해 분해된다. 마찬가지로, 간과 근육 세포에 저장된 다당류인 글리코겐은 식사 사이에 연료로 사용할 수 있도록 포도당으로 가수분해될 수 있다.

지방은 수소 원자를 많이 함유하고 있어 에너지가 풍부한 전자를 많이 포함하기 때문에 훌륭한 세포 연료가 된다.

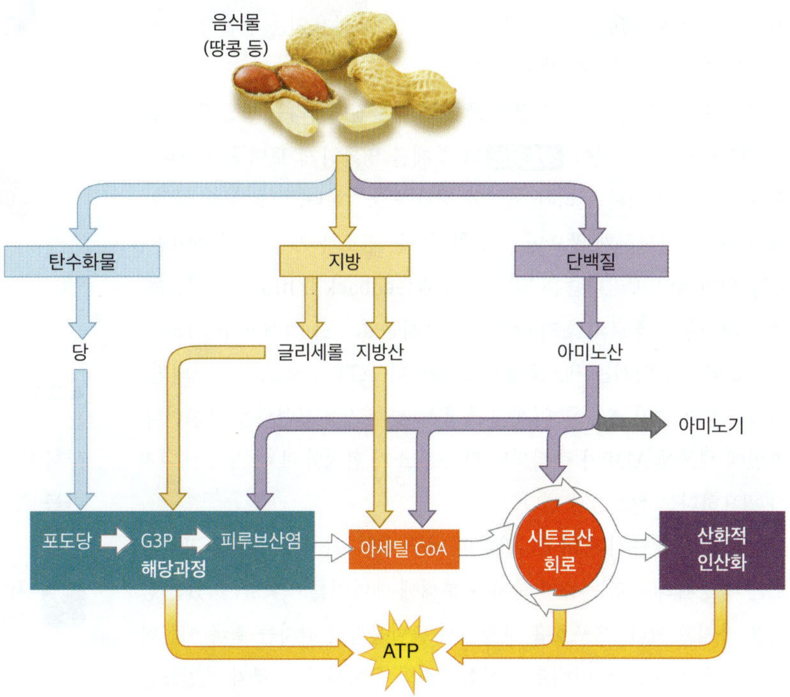

▲ **그림 6.16** 다양한 음식물의 분해과정

그림에서 볼 수 있듯이(황갈색 화살표), 세포는 먼저 지방을 가수분해해 글리세롤과 지방산으로 만든다. 그런 다음 글리세롤을 해당과정의 중간산물 중 하나인 G3P로 전환한다. 지방산은 2개의 탄소 조각으로 분해돼 아세틸 CoA로 시트르산 회로에 들어간다. 지방 1 g은 탄수화물 1 g보다 두 배 이상의 ATP를 생산한다. 지방 1 g당 많은 칼로리가 비축돼 있기 때문에 체내에 저장된 지방을 태우려면 많은 양의 에너지를 소비해야 한다. 이것은 다이어트하는 사람이 과도한 지방을 잃는 것이 왜 그렇게 어려운지를 설명하는 데 도움이 된다.

단백질(그림 6.16의 보라색 화살표)도 연료로 사용할 수 있지만, 우리 몸은 일반적으로 당과 지방을 먼저 연소시킨다. 단백질이 연료로 산화되기 위해서는 먼저 단백질을 구성하는 아미노산으로 분해해야 한다. 일반적으로 세포는 이러한 아미노산의 대부분을 사용해 자체 단백질을 만든다. 여분의 아미노산은 효소에 의해 해당과정 또는 시트르산 회로의 중간산물로 전환할 수 있으며, 그 에너지는 세포호흡에 의해 수확된다. 전환하는 동안 아미노산에 있던 아미노기는 제거되고 나중에 소변으로 배설된다.

? 주로 지방과 단백질로만 구성되고 당이 거의 없는 식단으로도 사람은 생존할 수 있는가?

■ 그렇다. 지방과 단백질의 분해 생성물은 해당과정과 시트르산 회로를 통해 세포호흡 경로로 들어가 ATP를 만든다.

6.17 음식에서 섭취한 유기 분자는 생합성을 위한 기초 원료물질을 제공한다

모든 음식물 분자가 ATP를 만들기 위한 연료로 산화되는 것은 아니다. 음식은 또한 세포가 에너지를 사용하는 물질대사에 필요한 유기 분자를 생산하는 생합성에 사용하는 기초 원료물질을 제공한다. 세포는 자신의 구조를 만들고 기능을 수행하기 위해 자체 분자를 만들 수 있어야 한다. 아미노산과 같은 일부 원료는 고분자에 직접 통합될 수 있다. 그러나 세포는 또한 음식에 존재하지 않는 분자를 만들 필요가 있다. 실제로 해당과정과 시트르산 회로는 세포가 필요에 따라 어떤 종류의 분자를 다른 분자로 전환할 수 있도록 하는 대사 교환 기능을 한다.

그림 6.17은 세포가 해당과정과 시트르산 회로에서 생산되는 일부 중간산물을 이용해 세 종류의 유기 분자를 만들 수 있는 경로를 개략적으로 보여준다. 그림 6.16과 그림 6.17을 비교하면 세포호흡의 에너지 수확 경로와 세포의 유기 분자를 만드는 데 사용되는 생합성 경로 사이의 명확한 연관성을 알 수 있다.

이러한 경로들 간 상호 연결은 균형 잡힌 물질대사라는 창발적 특성을 만들어내는 데 있어 **상호작용**의 주제를 명확하게 보여주는 예다. 수요와 공급의 기본 원리가 이러한 경로를 조절한다. 예를 들어 특정 아미노산이 과도하게 많으면 이를 합성하는 경로가 꺼진다. 이 제어의 가장 일반적인 메커니즘은 되먹임 억제(feedback inhibition)다. 즉 최종 생성물은 경로의 초기 단계를 촉매하는 효소를 억제한다(5.15절 참조). 되먹임 억제는 세포호흡도 조절한다. ATP가 세포에 축적되면 해당과정의 초기 효소를 억제해 호흡을 늦추고 유기연료를 보존한다. 반면에 세포에 ADP가 축적되면 같은 효소가 활성화돼 더 많은 에너지가 필요하다는 신호를 보낸다.

그림 6.17에 표시된 너구리판다와 너구리판다가 먹는 식물을 포함한 모든 생명체의 세포는 유기 분자를 분해해 에너지를 수확할 수 있는 능력을 가지고 있다. 세포호흡 과정에서 출발물질의 원자는 결국 이산화탄소와 물로 변한다. 반대로 이산화탄소와 물에서 유기 분자를 만드는 능력은 보편적이지 않다. 동물 세포는 이 능력이 없지만, 식물 세포는 광합성 과정에서 햇빛의 에너지를 이용해 무기물로부터 유기 분자를 만들 수 있다. (7장에서 광합성에 대해 알아본다.)

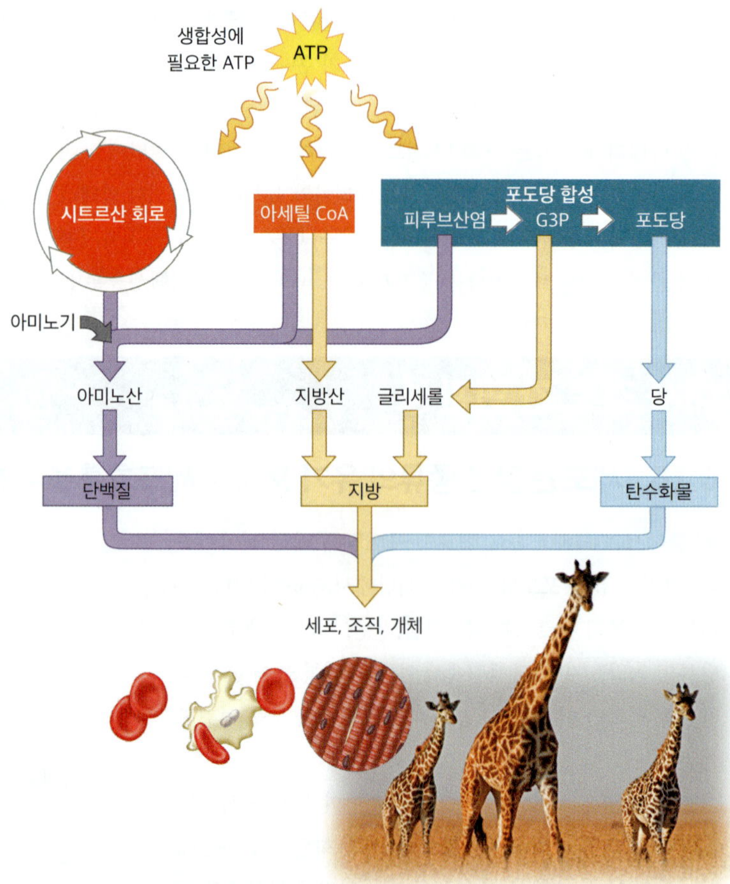

▲ **그림 6.17** 세포호흡의 중간산물로부터 유기 분자의 생합성

? 저지방 식단을 먹어도 어떻게 살이 찌고 지방이 저장될 수 있는지 설명하시오. (힌트: 그림 6.16과 6.17에서 G3P와 아세틸 CoA를 찾아보자.)

■ 칼로리 섭취가 과도하면 신체 세포는 대사 경로를 사용해 초과분을 지방으로 전환한다. 탄수화물 산화에서 생성되는 G3P와 아세틸 CoA로부터 지방의 글리세롤과 지방산이 각각 만들어진다.

CHAPTER 6 복습

개념 복습하기

세포호흡 : 유산소 조건에서 에너지 수확(6.1~6.5)

6.1 광합성과 세포호흡은 생명에 에너지를 제공한다. 광합성은 태양 에너지를 이용해 유기 분자를 만들어 CO_2와 H_2O로부터 O_2를 만들고, 세포호흡은 유기 분자를 분해하는 과정에서 O_2를 소비해 CO_2, H_2O로 에너지를 방출한다.

6.2 숨쉬기는 세포호흡에 사용되는 산소를 공급받고 이산화탄소를 제거한다.

6.3 세포호흡은 ATP 분자에 에너지를 저장한다.

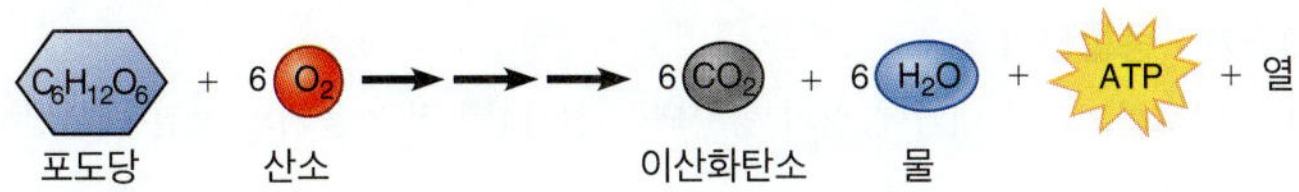

6.4 사람은 모든 활동을 위해 ATP의 에너지를 사용한다.

6.5 세포는 유기 연료에서 산소로 전자가 '떨어지는' 동안 에너지를 포획한다. 연료 분자에서 전자를 빼앗아서(산화) NAD^+으로 전달된다(환원). NADH는 전자전달계로 전자를 전달한다. 전자가 운반체에서 다른 운반체로 '떨어지면서' 이동하는 동안 에너지가 방출되고, 전자는 최종적으로 산소에 전달된다.

세포호흡의 단계(6.6~6.13)

6.6 개요 : 세포호흡은 세 가지 주요 단계로 진행된다.

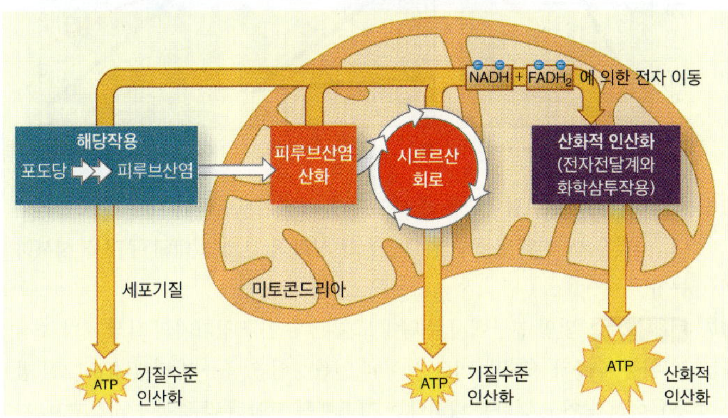

6.7 1단계 : 해당과정은 포도당을 피루브산염으로 산화시켜 화학 에너지를 수확한다. ATP는 포도당 분자가 2개로 나뉘기 위한 준비단계에서 사용된다. 이 3개의 탄소 중간산물이 2개의 피루브산염 분자로 산화돼 2개의 ATP와 2개의 NADH를 생성한다. ATP는 인산기가 유기 분자에서 ADP로 옮겨지는 기질수준 인산화에 의해 형성된다.

6.8 해당과정의 여러 단계 반응은 포도당을 2개의 분자로 쪼갠다. 1~4단계는 에너지를 소비하고 5~9단계는 에너지를 생산한다.

6.9 2단계 : 시트르산 회로는 유기 분자의 에너지 생성 산화를 완성한다. 피루브산염의 산화는 아세틸 CoA, CO_2, NADH를 생성한다. 시트르산 회로가 한 번 돌 때마다 아세틸 CoA에서 탄소 2개가 추가되고, CO_2 2개가 방출되며, NADH 3개와 $FADH_2$ 1개가 생성된다.

6.10 시트르산 회로의 여러 반응이 포도당 분해를 마무리한다.

6.11 3단계 : 대부분의 ATP 생산은 산화적 인산화 과정에 의해 발생한다. 미토콘드리아에서 NADH와 $FADH_2$의 전자는 전자전달계를 통해 O_2로 전달되고, 산소는 H^+를 받아들여 물을 형성한다. 이러한 산화환원반응에 의해 방출된 에너지는 H^+를 막사이공간으로 밀어 넣는 데 사용된다. 화학삼투작용에서 H^+ 기울기는 H^+를 내막의 ATP 합성효소 복합체를 통해 다시 이동시켜 ATP를 합성한다.

6.12 과학자들은 성인에게서 열을 생성하고 칼로리를 태우는 갈색 지방을 발견했다.

6.13 복습 : 각 포도당 분자는 많은 ATP 분자를 생성한다. 세포호흡에서 산화되는 포도당 분자 하나당 최대 32개의 ATP 분자가 생성된다.

발효 : 무산소 조건에서 에너지 수확(6.14~6.15)

6.14 발효를 통해 세포는 산소 없이도 ATP를 생산할 수 있다. 혐기성 조건에서 근육 세포, 효모, 특정 박테리아는 해당과정을 통해 ATP를 생산한다. 피루브산염이 젖산염으로 환원되거나(젖산발효) 혹은 알코올과 CO_2로 환원되면서(알코올발효) NADH를 사용해 NAD를 재생한다.

6.15 해당과정은 지구 생명체 역사 초기에 진화했다. 해당과정은 거의 모든 생물체의 세포기질에서 일어나며, 고대 원핵생물에서 진화한 것으로 추정된다.

대사 경로 간 연관성(6.16~6.17)

6.16 세포는 많은 종류의 유기 분자를 세포호흡을 위한 연료로 사용한다.

6.17 음식에서 섭취한 유기 분자는 생합성을 위한 기초 원료물질을 제공한다. 세포는 다른 유기 분자의 생합성을 위해 세포호흡과 ATP의 중간산물을 사용한다. 대사 경로는 종종 되먹임억제에 의해 조절된다.

개념 연결하기

1. 이 요약도의 빈칸을 채우며 세포호흡의 주요 개념을 복습하자.

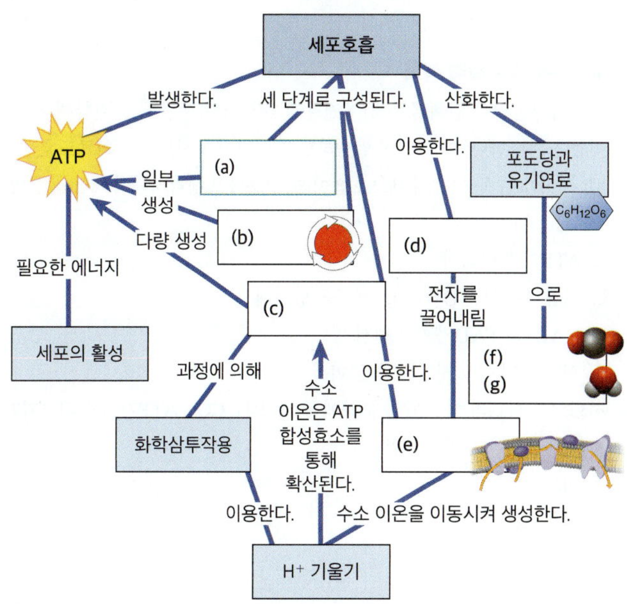

학습 평가하기

1단계 : 지식과 이해력 평가

2. 갈색 지방 세포의 미토콘드리아는 다른 세포의 미토콘드리아와는 달리 대부분의 에너지를 열로 방출할 수 있다. 이 미토콘드리아는 세포호흡에서 어떤 부분이 다른가?
   a. 해당과정
   b. 시트르산 회로
   c. 전자전달계
   d. ATP 합성과 H^+ 기울기의 짝물림(coupling)
3. 해당과정에서 _______은/는 산화되고, _______은/는 환원된다.
   a. NAD^+, 포도당
   b. 포도당, 산소
   c. ATP, ADP
   d. 포도당, NAD^+
4. 미토콘드리아의 막사이공간에 많은 양을 가지고 있는 것은?
   a. $FADH_2$
   b. 수소 이온
   c. NAD^+
   d. 산소
5. 피루브산염 산화 과정에서 NAD^+이 NADH로 환원되기 전에 카르복실기가 먼저 제거된다. 다음 중 산화된 2탄소 분자가 최종 기질을 생성하기 위해 결합하는 분자는 어느 것인가?
   a. 아세틸 CoA
   b. 조효소 A
   c. 피루브산염 탈수소효소
   d. 호박산염
6. 다음 중 세포호흡 시 단백질, 탄수화물, 지방의 합성을 위한 중간산물이 되는 분자는?
   a. 아세틸 CoA
   b. 글리세롤
   c. G3P
   d. 포도당

2단계 : 응용과 분석력 평가

7. 독성화합물인 시안화물은 전자전달계 내의 전자운반체에 결합해 전자의 이동을 차단한다. 이런 일이 발생하면 해당과정과 시트르산 회로도 곧 중단된다. 이 다른 두 단계의 세포호흡이 왜 멈춘다고 생각하는가? (답을 설명하시오.)
   a. ATP가 부족해서
   b. 사용하지 않은 O_2가 세포호흡을 방해해서
   c. NAD^+와 FAD가 부족해서
   d. 전자를 더 이상 사용할 수 없어서
8. 시트르산 회로의 어떤 단일 분자에서 NADH, CO_2, ATP가 생성되는가?
   a. 알파-케토글루타르산염
   b. 시트르산염
   c. 피루브산염
   d. 호박산염
9. 세포호흡의 3단계 중에서 가장 원시적인 단계는 무엇인가? 답을 설명하시오.
10. 사람의 근육 세포와 효모 세포에서 일어나는 발효과정 간 차이점을 비교하고 설명하시오.
11. 우리 몸이 식단에서 과도한 탄수화물을 지방으로 전환하는 방법을 설명하시오. 과도한 탄수화물을 단백질로 전환할 수 있겠는가? 그러려면 반드시 무엇이 공급돼야 하는가?
12. 우리 몸이 수요에 따라 ATP 수치를 조절하는 방법을 설명하시오.
13. 우리 몸은 두 가지 비타민B인 니아신과 리보플라빈으로 NAD^+와 FAD를 만든다. 일일권장 섭취량은 니아신이 20 mg, 리보플라빈이 1.7 mg이다. 이 양은 신체가 매일 필요한 에너지 공급을 위해 필요한 포도당의 양보다 수천 배 적은 양이다. 이러한 비타민의 일일 필요량이 왜 그렇게 적은 것일까?

3단계 : 종합평가

14. 미토콘드리아 내막에 걸쳐 형성되는 전기화학적 기울기의 성질을 설명하시오.
15. 시트르산 회로에서 특정 효소가 말산염을 옥살로아세트산염으로 산화시키면서 NADH를 생성하고 H^+를 방출한다. 콩 세포 미토콘드리아의 추출액과 H^+를 흡수하면 색을 잃는 파란색 염료를 사용해 이 반응을 연구하고 있다. 미토콘드리아, 염료, 세 가지 농도의 말산염(0.1 mg/L, 0.2 mg/L, 0.3 mg/L)으로 반응 혼합물을 설정했다. 다음 그래프 중 예상되는 결과를 나타내는 것은 무엇이며 그 이유는 무엇인가?

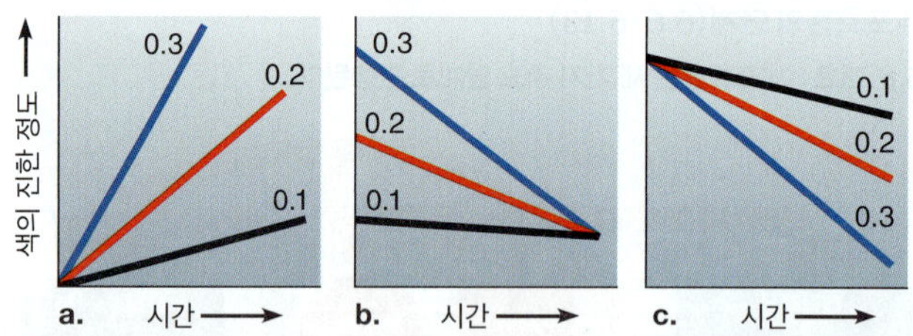

16. ATP 합성효소는 원핵생물의 세포막과 미토콘드리아의 내막에서 발견된다. 이것은 이 진핵생물과 원핵생물의 진화적 관계에 대해 무엇을 시사하는가?
17. **과학적 사고** 몇몇 연구에서 추위에 노출된 후 연구 참가자의 갈색 지방 조직의 활동 수준과 체지방 비율 사이에 연관성이 있음을 발견했다(6.12절 참조). 이러한 연구 결과를 나타내는 그래프를 고안해 각 축을 표시하고 이 결과가 양의 상관관계를 갖는지 아니면 음의 상관관계를 갖는지를 보여주는 선을 그려보고 이를 설명해 줄 수 있는 가설을 제안해 보자.
18. 제1형 당뇨병(type 1 diabetes, DMT1)은 이자섬의 인슐린을 생산하는 베타세포를 파괴해 세포가 포도당을 흡수하는 데 필요한 호르몬인 인슐린을 제대로 생산하지 못하는 자가면역질환이다. 이 상태에서는 세포가 어떻게 에너지를 생산하는가? 이 상태를 가진 개인은 어떤 증상을 보일 수 있는가?
19. 매우 높은 고도에서 등산객은 종종 호흡기에 부담을 줄 수 있는 부족한 산소 수준에 대처해야 한다. 단기적으로 호흡에 미치는 영향은 무엇이며, 이것이 산화적 인산화에 어떤 영향을 미치는가? 이러한 상태에서 등산객은 어떤 증상을 경험할 수 있는가?

CHAPTER

7 광합성: 빛을 이용해 식량 만들기

핵심 개요

광합성 소개(7.1~7.5)

식물과 다른 광독립영양생물은 햇빛의 에너지를 이용해 CO_2와 H_2O를 당과 O_2로 변환한다.

명반응: 태양 에너지의 화학 에너지로의 변환(7.6~7.9)

엽록체의 틸라코이드에서 명반응은 ATP와 NADPH를 생성한다.

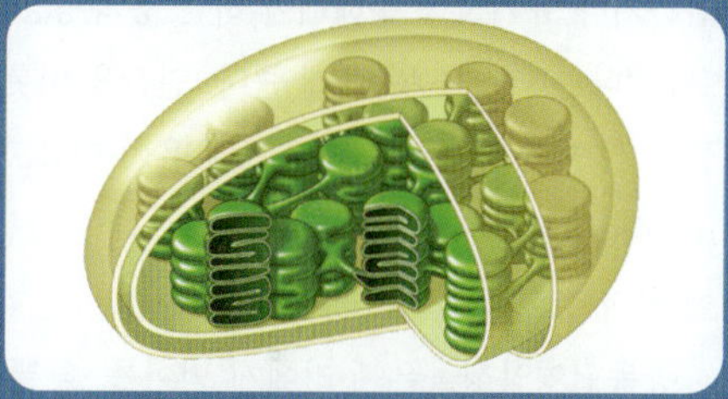

캘빈회로: CO_2를 당으로 환원하기(7.10~7.11)

엽록체의 스트로마에서 일어나는 캘빈회로는 ATP와 NADPH를 사용하여 CO_2를 당으로 환원한다.

광합성의 지구생태적 중요성(7.12~7.14)

광합성은 생태계를 위한 에너지와 구성물질을 제공한다. 또한 대기 중 CO_2 수준과 지구 기후에도 영향을 미친다.

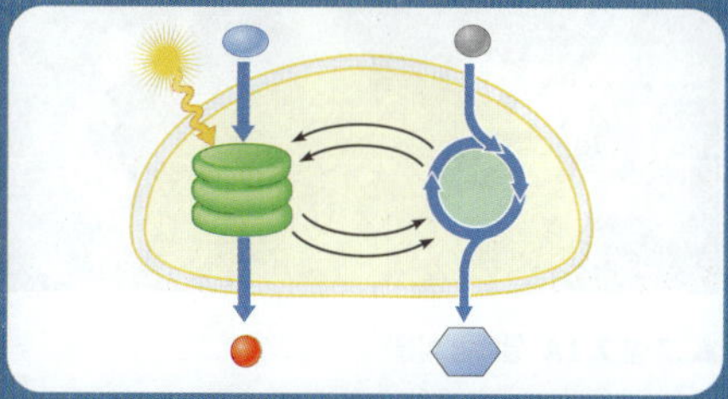

7.0 햇빛은 자동차에 재생 가능한 연료를 제공할 수 있다

화석연료 공급이 줄어들고 지구 기후변화가 심해짐에 따라 과학자들은 살아 있는 물질에서 얻은 에너지원인 바이오연료를 더 잘 활용할 수 있는 방법을 모색하고 있다. 바이오 에탄올은 밀과 옥수수 같은 식량작물로 만든 알코올의 일종이다. 바이오 에탄올은 일반적으로 휘발유에 첨가하여 연비를 높이고 차량 배기가스를 줄이기 위해 사용된다. 오늘날 대부분의 자동차는 휘발유 85%와 에탄올 15%의 혼합 연료로 운행되며, 주유 펌프에 에탄올 비율이 표시된 스티커를 보았을 것이다. 바이오 에탄올은 탄소 배출을 줄이는 재생 가능한 자원이지만, 그 생산은 식량작물의 가격을 상승시킨다. 현재 전 세계 수송 연료의 약 2.7%만이 바이오연료로 공급되고 있지만, 국제에너지기구는 2050년까지 25% 목표를 설정했다.

바이오연료에서 에너지를 얻을 때 우리는 태양 에너지를 활용한다. 살아 있는 세포에서는 이 같은 태양 에너지가 광합성을 통해 당이라는 화학 에너지로 전환된다. 이 장에서는 광합성이 어떻게 작동하는지에 초점을 맞춘다. 몇 가지 기본 개념으로 시작한 다음 광합성의 두 단계인 명반응과 캘빈회로에 대해 자세히 살펴본다. 마지막으로 광합성이 지구 환경에 어떤 영향을 미치는지 살펴보며 마무리한다.

7.1 광합성은 지구상의 대부분의 생명체에 에너지를 공급한다

지구상의 생명체는 태양 에너지로 작동한다. 식물 세포의 엽록체(chloroplast)는 태양으로부터 1억 5,000만 킬로미터를 이동한 빛 에너지를 포획한다. 식물은 태양 에너지를 이용해 이산화탄소(CO_2)와 물(H_2O)을 당(sugar)과 다른 유기 분자로 전환하는 **광합성(photosynthesis)** 과정을 거쳐, 부산물로 산소(O_2)를 방출한다. 식물은 스스로 먹이를 만든다는 점에서 **독립영양생물(autotroph**, 그리스어로 '스스로 먹이를 먹는 식물'이라는 뜻)이다. 독립영양생물은 스스로 먹이를 먹을 뿐만 아니라 거의 모든 다른 생물에게 유기 분자의 궁극적인 공급원이기도 하다. 빛 에너지를 사용하기 때문에 식물과 다른 광합성 생물을 특별히 **광독립영양생물(photoautotroph)**이라고 부른다.

광독립영양생물은 생물체가 이용할 수 있는 먹이를 생산하기 때문에 종종 생물권의 생산자(producer)라고 불린다. (16장에서는 무기 화학물질을 에너지원으로 사용하는 원핵생물인 화학독립영양생물에 대해 알아보고, 심해 환기구 군집의 생산자에 대해 알아본다.) 생산자는 생물권의 소비자, 즉 스스로 먹이를 만들지 못하고 식물이나 동물을 섭취하거나 유기물을 분해해야 하는 **종속영양생물(heterotroph**, 헤테로는 '다른'이라는 뜻)에게 준다. 인간을 비롯한 거의 모든 종속영양생물은 생명 유지에 필요한 원료와 유기 연료, 그리고 세포호흡(cellular respiration)에서 그 연료를 태우는 데 필요한 산소를 광독립영양생물에 전적으로 의존하고 있다.

광독립영양생물은 우리에게 먹이를 줄 뿐만 아니라 우리를 입히고(면을 생각해 보자), 집을 짓고(나무를 생각해 보자), 보온, 빛, 운송 및 제조에 필요한 에너지를 공급한다. 우리가 에너지원으로 사용하는 화석연료는 아주 먼 과거에 광독립영양생물이 포획한 태양 에너지의 저장소다.

아래 사진은 오늘날의 광독립영양생물 중 일부 다양성을 보여준다. 육지에서는 **그림 7.1A**의 열대림에 있는 식물이 생산자다. 수중 환경에서 광독립영양생물에는 조류(algae)와 일부 원생생물과 광합성 원핵생물이 포함된다. **그림 7.1B**는 캘리포니아 연안에서 광범위한 수중 '숲'을 형성하는 대형 조류인 켈프(kelp)를 보여준다. **그림 7.1C**는 담수 및 해양 생태계에서 중요한 생산자인 남세균(cyanobacteria)의 현미경 사진이다.

이 장에서는 엽록체에서 일어나는 식물의 광합성에 초점을 맞춘다. **상호작용**의 주제를 설명하는 이 세포소기관이 빛 에너지를 활용하고 이를 사용하여 유기화합물을 합성하는 놀라운 능력은 구성요소의 구조적 조직과 그 상호작용에서 드러난다. 광합성 색소와 효소는 막과 구획에 함께 그룹화되어 광합성의 복잡한 일련의 화학반응을 촉진한다. (일부 박테리아는 광합성을 수행하지만 엽록체가 없고 대신 광합성과 관련된 분자가 들어 있는 원형질막이 함입된 영역에 의존한다. 일부 박테리아는 광합성을 수행하지만 엽록체가 없다.)

식물 엽록체의 위치와 구조에 대한 개요로 광합성 공부를 시작해 보자.

? '스스로 먹이를 먹는' 광독립영양생물이 스스로 먹이를 만들기 위해 환경으로부터 필요한 것은 무엇일까?

■ 빛, CO_2, H_2O(무기질도 필요하다. 이것은 32장에서 배울 수 있다).

▲ 그림 7.1A 열대림 식물

▲ 그림 7.1B 켈프, 큰 조류

▲ 그림 7.1C 남세균. LM 575X

7.2 광합성은 식물 세포의 엽록체에서 일어난다

식물의 모든 녹색 부분은 세포 안에 엽록체를 가지고 있지만, 대부분의 식물에서 잎은 광합성의 주요 부위다. 실제로 표면적이 1 mm^2인 잎의 한 단면에는 약 50만 개의 엽록체가 있다. 잎의 녹색은 엽록체에 있는 빛을 흡수하는 색소인 **엽록소(chlorophyll)**에서 나오는데, 태양 에너지를 화학 에너지로 변환하는 데 중심적인 역할을 한다.

그림 7.2를 확대하면 잎 내부로, 세포로, 마지막으로 실제 광합성 현장인 엽록체로 이동하는 여정을 시작할 수 있다. 잎의 단면에서 볼 수 있듯이 엽록체는 잎 안쪽의 녹색 조직인 **잎살조직(mesophyll**, 엽육조직)에 집중되어 있다. CO_2는 **기공(stomata**, 단수는 stoma, '입'이라는 뜻)이라는 작은 구멍을 통해 잎 안으로 들어가고 O_2는 밖으로 나간다. 뿌리에서 흡수한 수분은 잎맥(vein)을 통해 잎으로 전달된다. 잎은 또한 잎맥을 사용하여 만들어진 당(sugar)을 뿌리와 식물의 다른 부분으로 내보낸다.

하나의 잎살세포의 광학현미경 사진에서 볼 수 있듯이 각 세포에는 수많은 엽록체가 있다. 전형적인 잎살세포는 약 30~40개의 엽록체를 가지고 있다. 아래쪽 그림과 전자현미경 사진은 단일 엽록체의 구조를 보여준다. 미토콘드리아 막이 세포호흡에서 에너지 수확을 위한 대부분의 구조를 제공하는 것처럼 엽록체 안의 막은 광합성의 많은 반응을 수행하기 위한 골격구조를 형성한다(6.9절 참조).

엽록체에서는 2개의 막으로 이루어진 외피가 **스트로마(stroma)**라고 불리는 두꺼운 액체로 채워진 내부 구획을 둘러싸고 있다. 스트로마에는 **틸라코이드(thylakoid)**라고 불리는 상호 연결된 막 주머니 형태의 시스템이 있으며, 틸라코이드 공간이라고 하는 또 다른 내부 구획을 둘러싸고 있다. 많은 곳에서 틸라코이드는 그라나(grana, 단수는 granum)라고 불리는 집적체에 밀집되어 있다. 틸라코이드 막에는 빛 에너지를 포획하는 엽록소 분자가 내장되어 있다. 틸라코이드 막에는 빛 에너지를 화학 에너지로 변환하는 기계장치도 많이 들어 있는데, 이 기계장치는 엽록체의 스트로마에서 당을 만드는 데 사용된다.

이러한 막과 구획의 정확한 배열은 광합성 과정에 필수적이며, 이는 **구조와 기능** 주제의 전형적인 예다. 이 장 뒷부분에서 이러한 구조와 그 기능을 더 자세히 살펴볼 것이다. 하지만 먼저 광합성의 일반적인 과정을 좀 더 자세히 살펴보자.

? 광합성의 반응물 분자는 어떻게 잎의 엽록체에 도달할까?

■ CO_2는 기공을 통해 잎 속으로 들어가고, H_2O는 뿌리로 들어가 잎맥을 통해 잎으로 운반된다.

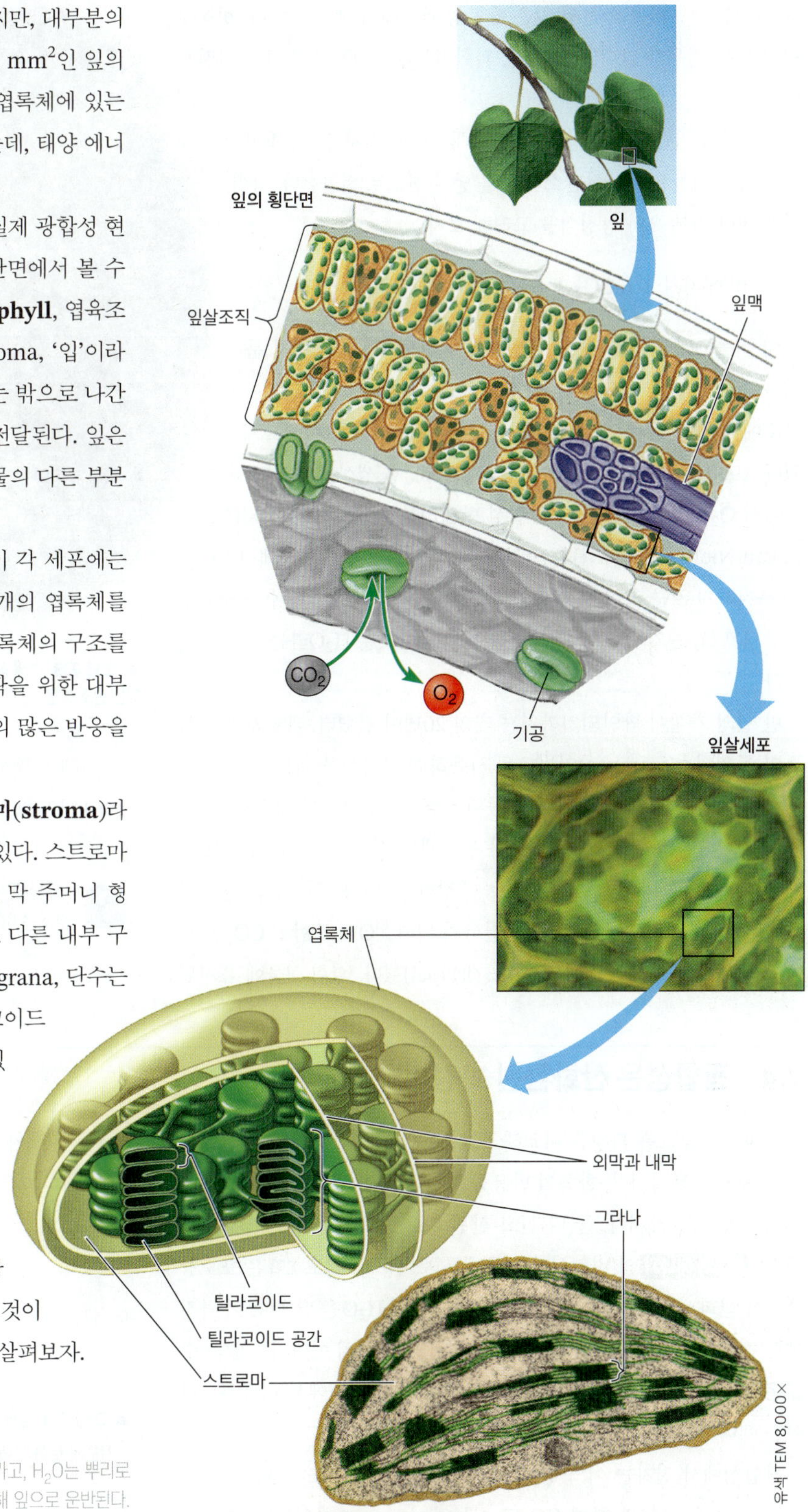

▲ **그림 7.2** 엽록체의 위치와 구조의 확대

시도해 보기 이 그림에서 기공과 스트로마라는 표식을 찾아보자. 이름이 비슷한 이 두 구조의 기능을 설명하시오.

7.3 과학자들은 동위원소를 사용하여 광합성의 과정을 추적했다

호수나 연못에 사는 식물의 잎은 광합성 과정에서 생성되는 O_2 방울로 덮여 있는 경우가 많다(**그림 7.3**). 과학자들은 이 O_2의 출처를 어떻게 알아냈을까?

광합성의 전반적인 과정은 1800년대부터 알려져 왔다. 빛이 있으면 녹색 식물은 이산화탄소와 물을 당과 산소로 전환한다. 광합성에 대한 기본 요약 방정식을 고려해 보자.

$$\text{빛 에너지} + 6\,CO_2 + 6\,H_2O \rightarrow C_6H_{12}O_6 + 6\,O_2$$

이 식을 보면 과학자들이 광합성에서 이산화탄소를 먼저 분해하여($CO_2 \rightarrow C + O_2$), O_2를 방출하고, 그다음에 물(H_2O)을 탄소에 첨가해 당을 생산한다는 가설을 세운 이유를 이해할 수 있다. 1930년대에 이 아이디어는 CO_2에서 당을 생산하지만 그 과정에서 O_2를 방출하지 않는 광합성 박테리아를 연구하던 반 닐(C. B. van Niel)에 의해 도전을 받았다. 이 박테리아는 광합성에서 CO_2를 분리하지 않는 것이 분명했다. 그는 식물 광합성에서 수소는 당으로 결합되고 O_2는 기체로 방출되는, 즉 분할되는 것은 H_2O라는 가설을 세웠다.

▲ **그림 7.3** 수생 식물의 잎에 있는 산소 방울

반 닐의 가설이 확인되기까지는 거의 20년이 걸렸다. 과학자들은 산소의 동위원소(isotopes)인 ^{18}O을 사용하여 광합성을 하는 동안 산소 원자의 운명을 추적할 수 있었다(동위원소에 대한 복습은 2.3절 참조). ^{18}O은 더 흔한 동위원소인 ^{16}O보다 원자핵에 중성자가 2개 더 있으며, 이 미세한 질량 차이를 실험적으로 측정할 수 있다. 연구진은 광합성에 의해 방출된 O_2의 공급원을 확인하기 위해 ^{18}O이 포함된 CO_2 또는 H_2O을 만들어 두 반응물 분자를 표지(label)했다. 실험 식물에 표지된 반응물 둘 중 하나를 제공했다. 그 결과 식물은 표지된 H_2O을 제공했을 때만 ^{18}O이 포함된 O_2를 생산했으며, 표지된 CO_2를 제공했을 때는 생산하지 않았다. 이 실험은 광합성 중에 방출되는 O_2는 CO_2가 아닌 물에서 나온다는 것을 보여주었다.

광합성에서 당의 합성에는 수많은 화학반응이 수반된다(앞으로 7.10절에서 다룬다). 이러한 반응의 세부 사항을 알아내기 위해서는 동위원소(이 경우에는 방사성 동위원소)를 사용해야 했다. 1940년대 중반 미국의 생화학자 멜빈 캘빈(Melvin Calvin)과 그의 동료들은 방사성 ^{14}C를 사용하여 CO_2에서 당을 생성하는 회로에서 형성되는 중간 분자들의 순서를 추적하기 시작했다. 그들은 10년 동안 이 회로를 밝히기 위해 노력했으며, 이는 현재 캘빈회로라고 불린다. 캘빈은 이 연구로 1961년 노벨상을 받았다.

? 광합성은 연간 수십억 톤의 탄수화물을 생산한다. 이 엄청난 양의 유기 물질의 대부분은 어디에서 오는 것일까?

■ 대부분 공기 중 CO_2에서 공급되며, 탄수화물의 탄소와 산소를 모두 공급한다. 물은 수소만 공급한다.

7.4 광합성은 산화환원 과정이다

광합성과 세포호흡 과정을 비교해 보자. 실제로 두 반응은 서로 반대되는 반응처럼 보이지만, 한쪽의 반응물은 다른 쪽의 생성물이며 그 반대의 경우도 마찬가지다. 둘 다 산화-환원 반응을 포함하며(6.5절 참조), 둘 다 **물질과 에너지**의 변형이라는 주제를 보여준다. 세포호흡은 포도당 분자를 산화시켜 CO_2를 만들고 O_2를 환원시켜 H_2O을 만든다. 이 과정에는 전자가 전자전달계를 따라 O_2로 전달될 때 위치 에너지를 잃는 수많은 에너지 방출 산화환원반응이 포함된다. 이 과정에서 미토콘드리아는 에너지의 일부를 사용하여 ATP를 합성한다.

광합성에서 전자는 어느 방향으로 움직일까? 물이 쪼개지면서 전자가 수소 이온(H^+)과 함께 CO_2로 이동하여 당으로 환원된다. 전자가 H_2O에서 CO_2로 이동하면서 전자의 위치에너지가 증가한다. 엽록체의 엽록소 분자가 포착한 빛 에너지가 이 에너지 증가에 기여한다. **그림 7.4**는 CO_2가 당으로 환원되고 물 분자가 O_2로 산화되는 과정에서 이러한 에너지를 필요로 하는 산화환원반응을 보여준다.

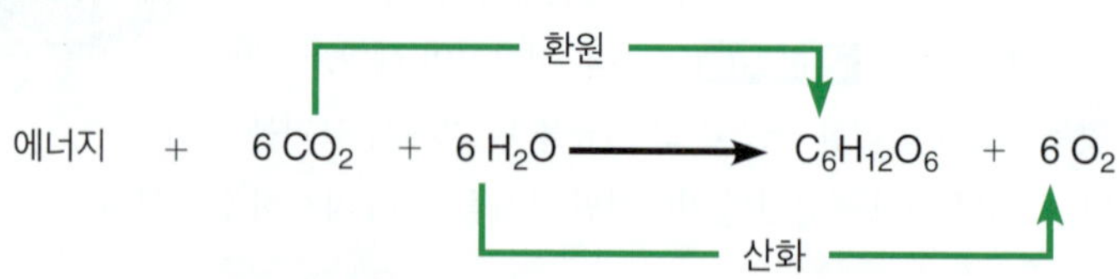

▲ **그림 7.4** 광합성의 산화환원반응

시도해 보기 세포호흡 방정식을 쓰고, 환원되고 산화되는 분자를 표시하시오.

? 산화환원 과정, 광합성 또는 세포호흡 중 어떤 것이 발열반응인가? 무엇이 흡열반응인가? (힌트: 5.11절 참조)

■ 세포호흡, 광합성

7.5 광합성은 두 단계로 진행되며, ATP와 NADPH에 의해 연결된다

그림 7.5A에 표시된 광합성의 요약 방정식은 매우 복잡한 과정을 다소 단순하게 요약한 것이다. 실제로 광합성은 하나의 과정이 아니라 각각 여러 단계로 이루어진 2개의 연결된 과정이다. 이 두 단계에 대한 개요부터 광합성에 대한 공부를 시작하자. **그림 7.5B**는 식물 세포의 엽록체를 나타낸 그림으로, 명반응과 캘빈회로의 입력과 출력, 그리고 이 두 단계가 어떻게 연관되어 있는지를 보여준다.

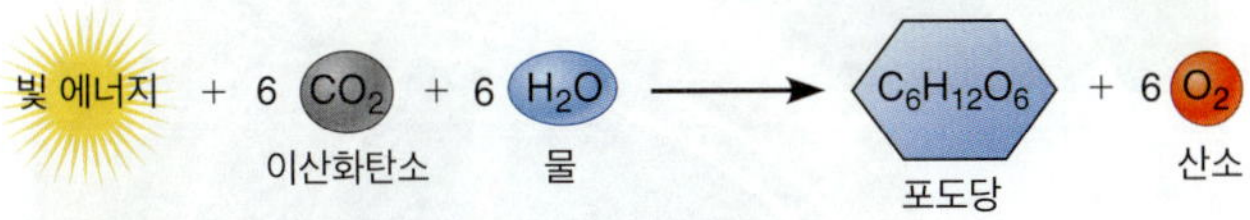

▲ **그림 7.5A** 광합성의 방정식

틸라코이드 안팎에서 일어나는 **명반응(light reactions)**은 빛 에너지를 화학 에너지로 변환하여 O_2를 방출하는 단계를 포함한다. 물은 분해되어 전자를 제공하고 부산물로 O_2를 방출한다. 빛 에너지는 틸라코이드 막에 내장된 엽록소 분자에 의해 흡수된다. 이 에너지는 물에서 전자(⊖)와 H^+를 전자 수용체인 **$NADP^+$**로 이동시켜 NADPH로 환원시키는 데 사용된다. NADPH는 세포호흡에서 전자를 운반하는 NADH와 기능이 같으며, NADPH는 NADH에 인산이 하나 더 있다는 점만 다르다. NADPH는 일시적으로 전자를 저장하고 캘빈회로에 '환원력'을 제공한다. 명반응은 또한 ADP와 인산으로부터 ATP를 생성한다.

요약하면, 명반응은 태양 에너지를 흡수하여 ATP와 NADPH에 저장된 화학 에너지로 변환한다. 이 반응에서는 당이 생성되지 않으며, 당은 광합성의 두 번째 단계인 캘빈회로가 돌 때까지 만들어지지 않는다는 점에 유의하자.

캘빈회로(Calvin cycle)는 엽록체의 스트로마에서 일어난다. CO_2와 명반응의 에너지가 풍부한 생성물을 이용해 당 분자를 만드는 일련의 주기적인 반응이다. 그림에서 CO_2의 탄소가 유기화합물로 통합되는 것을 CO_2가 캘빈회로에 진입하는 것으로 나타냈는데, 이를 **탄소고정(carbon fixation)**이라고 한다. 탄소고정 후 탄소 화합물은 당으로 환원된다.

그림에서 알 수 있듯이, 캘빈회로에서 탄소 화합물을 환원하는 데 필요한 전자를 제공하는 것은 명반응에 의해 생성되는 NADPH이다. 그리고 명반응에서 생성된 ATP는 캘빈회로의 여러 단계에 동력을 제공하는 화학 에너지를 제공한다. 어떤 단계도 빛을 직접 필요로 하지 않기 때문에 캘빈회로는 암반응 또는 빛에 독립적인 반응이라고도 불린다. 그러나 대부분의 식물에서 캘빈회로는 낮 동안에 일어나며, 이때 명반응은 캘빈회로의 당 조립 과정에 NADPH와 ATP로 에너지를 공급한다.

광합성이라는 단어는 이 두 단계를 합친 것이다. '빛'을 뜻하는 그리스어에서 유래한 photo는 명반응을, '합성'을 뜻하는 synthesis는 캘빈회로에 의한 당의 합성을 의미한다. 다음 몇몇 절에서는 이 두 단계에 대해 더 자세히 살펴본다. 하지만 먼저 광합성의 원동력인 빛의 몇 가지 성질에 대해 알아보자.

? 어둠 속에서 이산화탄소로부터 당을 생산하기 위해서는 엽록체에 _________와 _________를 공급해야 한다.

■ ATP, NADPH

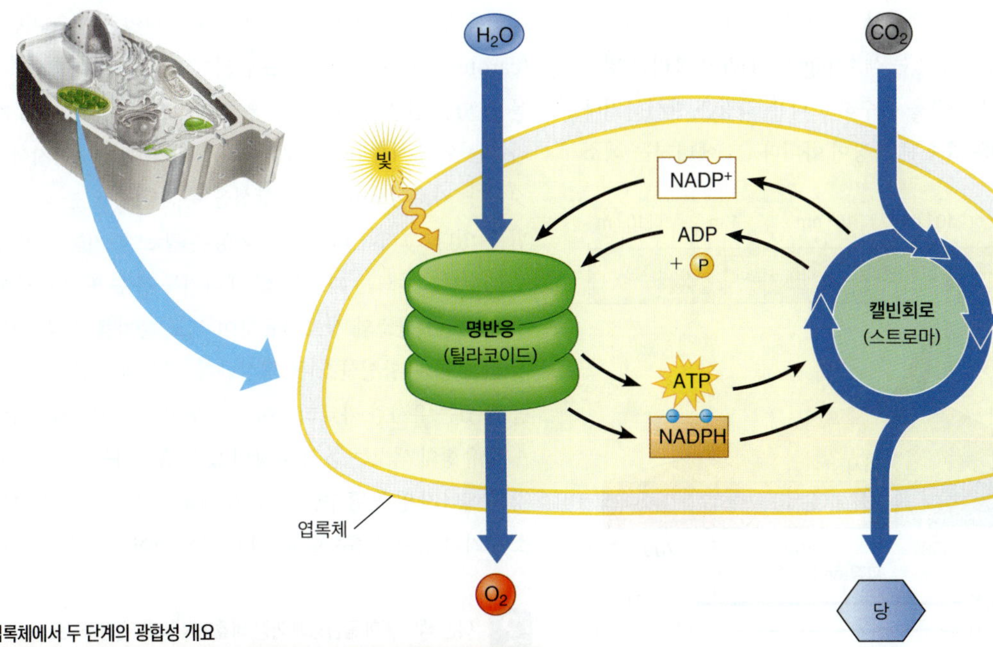

▲ **그림 7.5B** 엽록체에서 두 단계의 광합성 개요

시도해 보기 그림 7.5A에 표시된 광합성 방정식을 이 개요 그림과 연관시켜 보자.

명반응: 태양 에너지의 화학 에너지로의 변환

7.6 색소에 흡수된 가시광선이 명반응을 일으킨다

광합성이 태양의 빛 에너지에 의해 이루어진다는 것은 무엇을 의미할까?

햇빛의 성질 햇빛은 전자기 에너지 또는 복사라고 하는 에너지의 일종이다. 전자기 에너지는 물웅덩이에 조약돌을 던졌을 때 만들어지는 것과 유사한 파동으로 우주 속에서 이동한다. 전자기파의 파고 사이의 거리를 **파장(wavelength)**이라고 한다. **그림 7.6A**는 파장이 매우 짧은 감마선부터 매우 긴 파장의 라디오파(radio wave)까지 전자기 파장의 전체 범위인 **전자기 스펙트럼(electromagnetic spectrum)**을 보여준다. 그림의 중앙에서 볼 수 있듯이 가시광선은 스펙트럼의 일부분에 불과하며, 약 380 nm에서 약 750 nm 사이의 파장대로 구성되어 있다. 프리즘은 서로 다른 파장을 다른 각도로 굴절시켜 가시광선을 색깔별로 분리한다. (대기 중의 물방울은 프리즘 역할을 하여 무지개를 형성할 수 있다.)

빛의 파동 모델은 빛의 성질을 많이 설명한다. 그러나 빛은 **광자(photon)**라고 하는 개별적인 에너지 보따리(packet)처럼 작동한다. 광자는 고정된 양의 에너지를 가지고 있으며, 빛의 파장이 짧을수록 광자의 에너지가 커진다. 실제로 가시광선보다 짧은 파장의 광자는 단백질, 핵산 등의 분자를 손상시킬 수 있는 충분한 에너지를 가지고 있다. 이것이 바로 자외선(UV light)이 화상 또는 피부암을 유발할 수 있는 이유다.

광합성 색소 **그림 7.6B**는 엽록체에서 가시광선에 어떤 일이 일어나는지 보여준다. 틸라코이드 막에 있는 색소(pigment)라고 불리는 빛을 흡수하는 분자는 빛의 일부 파장을 흡수하고 다른 파장은 반사하거나 투과한다. 우리가 보는 것은 흡수된 파장이 아니다. 그 에너지는 색소

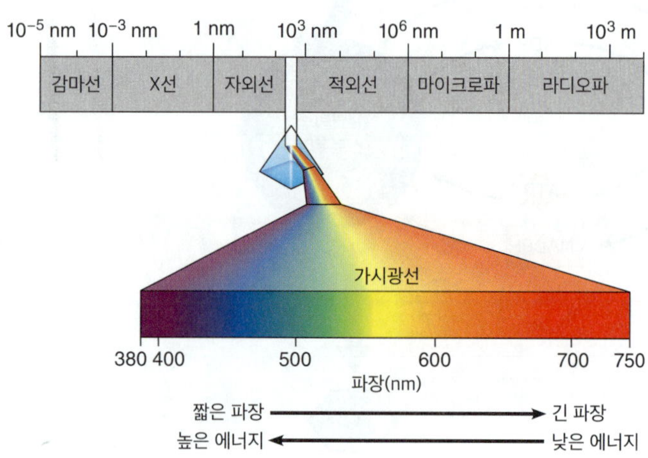

▲ 그림 7.6A 전자기 스펙트럼

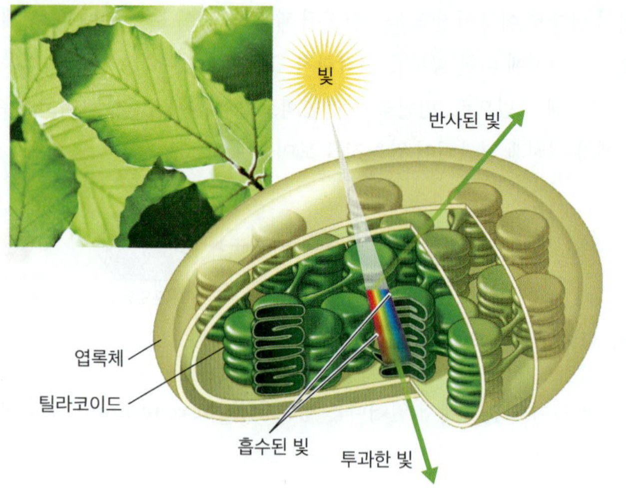

▲ 그림 7.6B 엽록체에서 빛과 엽록소의 상호작용

시도해 보기 잎이 초록색인 이유를 설명하기 위해 이 그림을 사용해 보자.

분자에 의해 흡수된 것이다. 우리가 잎을 볼 때 보는 것은 흡수되지 않고 색소에 의해 투과 및 반사되는 녹색 파장의 빛이다.

색소마다 다른 파장의 빛을 흡수하며, 엽록체에는 여러 종류의 색소가 들어 있다. 명반응에 직접적으로 관여하는 엽록소 *a*(chlorophyll *a*)는 주로 청자색과 적색광을 흡수한다. 매우 유사한 분자인 엽록소 *b*(chlorophyll *b*)는 주로 청색과 주황색 빛을 흡수한다. 엽록소 *b*는 흡수한 에너지를 엽록소 *a*에 전달하여 식물이 사용할 수 있는 빛의 범위를 넓히고, 엽록소 *a*는 그 에너지를 명반응에 사용하게 된다.

엽록체에는 노란색과 주황색 계통의 다양한 색을 지닌 카로티노이드(carotenoid)라는 색소가 포함되어 있다. 지구 세계의 특정 지역에서 볼 수 있는 단풍의 화려한 색은 부분적으로 녹색 엽록소가 분해되어 나타나는 오래 지속되는 카로티노이드의 노란색-오렌지색 색조에서 나온 것이다. 카로티노이드는 광합성을 촉진할 수 있는 색의 스펙트럼을 넓힐 수 있다. 그러나 더 중요한 기능은 광 보호 기능인 것으로 보인다. 일부 카로티노이드는 과도한 빛 에너지를 흡수 및 방출하여 엽록소를 손상시키거나 산소와 상호작용하여 세포 분자를 손상시킬 수 있는 반응성 산화 분자(활성산소)를 형성한다. 당근과 다른 채소 및 과일에서 얻을 수 있는 유사한 카로티노이드는 우리 눈을 보호해 주는 역할을 한다.

각 유형의 색소는 특정 파장의 빛을 흡수하는데, 이는 해당 광자의 특정한 에너지 양을 흡수할 수 있기 때문이다. 다음으로 엽록소와 같은 색소 분자가 광자를 흡수할 때 어떤 일이 일어나는지 살펴보자.

? 어떤 색의 빛이 광합성에 가장 비효과적일까? 설명하시오.

■ 녹색이다. 녹색은 대부분 엽록소에 의해 흡수되지 않고 투과 및 반사되기 때문이다.

7.7 광계는 태양 에너지를 포획한다

에너지는 생성하거나 파괴할 수는 없지만 전달하거나 변형할 수는 있다(5.10절 참조). 빛 에너지가 어떻게 다른 유형의 에너지로 변환될 수 있는지 살펴보자. 색소 분자가 광자를 흡수하면, 색소의 전자 중 하나가 핵에서 더 먼 에너지 준위로 도약한다. 이 위치에서 전자는 더 많은 위치에너지(potential energy)를 가지며, 우리는 전자가 기저상태(ground state)에서 들뜬 상태(excited state)로 올라갔다고 말한다. 들뜬 상태는 모든 높은 에너지 상태와 마찬가지로 불안정하다. 일반적으로 고립된 색소 분자가 빛을 흡수하면 여기된 전자는 10억분의 1초만에 다시 기저상태로 내려가면서 여분의 에너지를 열(heat)로 방출한다. 이렇게 빛 에너지가 열로 전환되는 것이 바로 화창한 날 검은색 자동차를 뜨겁게 만드는 이유다(검은색 색소는 모든 파장의 빛을 흡수한다).

엽록소를 포함한 일부 분리된 색소는 광자를 흡수한 후 열뿐만 아니라 빛도 방출한다. **그림 7.7A**의 왼쪽에서 볼 수 있듯이, 엽록체에서 분리한 엽록소 용액에 밝은 조명을 비추면 형광이라고 하는 붉은 잔광이 생긴다. 그림 7.7A의 오른쪽은 형광에서 어떤 일이 일어나는지 보여준다. 흡수된 광자는 엽록소의 전자를 들뜬 상태까지 끌어올리고, 이 전자는 즉시 기저상태로 떨어지면서 에너지를 열과 빛으로 방출한다. 빛 에너지를 수확하는 비결은 들뜬 전자가 기저상태로 다시 떨어지기 전에 포획하는 것이다. 앞으로 다루겠지만, 이것이 바로 엽록소 분자가 온전한 엽록체에 묻혀 있을 때 일어나는 일이다.

틸라코이드 막에서 엽록소 분자는 광계라고 불리는 복합체로 구성되어 있다(**그림 7.7B**). **광계(photosystem)**는 두 종류의 복합체, 즉 다수의 집광복합체(light-harvesting complexes)로 둘러싸인 반응중심복합체(reaction center complex)를 포함한다. 집광복합체는 단백질에 결합된 다양한 색소 분자로 구성된다. 색소 분자의 수와 종류가 다양하기 때문에 단일 색소 분자만 있을 때보다 더 넓은 표면적에서 더 광범위한 스펙트럼에서 빛을 포획할 수 있다. 집광복합체는 빛을 모으는 안테나 역할을 한다. 색소 분자가 광자를 흡수하면 스포츠 경기장에서 응원하는 사람들이 만드는 '파도'처럼 분자에서 분자로 에너지가 전달되어 반응중심복합체로 전달된다. 반응중심복합체에는 한 쌍의 특수한 엽록소 *a* 분자와 전자를 받아들여 환원될 수 있는 1차 전자수용체(primary electron acceptor)라는 분자가 포함되어 있다. 반응중심 엽록소 *a*에서 나온 전자가 더 높은 에너지 준위로 올라가면 전자는 즉시 1차 전자수용체에 의해 포획된다. 이것이 명반응에서 빛 에너지가 화학 에너지로 전환되는 첫 번째 단계다.

두 가지 유형의 광계가 확인되었으며, 이들은 명반응에서 협력한다. 이들은 발견 순서대로 광계 I(photosystem I)과 광계 II(photosystem II)라고 불리지만, 실제로는 광계를 구성하는 단계의 순서에서 광계 II가 먼저 기능한다. 두 가지 유형의 광계는 각각 특징적인 반응중심복합체를 가지고 있다. 이제 두 광계가 명반응에서 어떻게 함께 작용하여 ATP와 NADPH를 생성하는지 살펴보자.

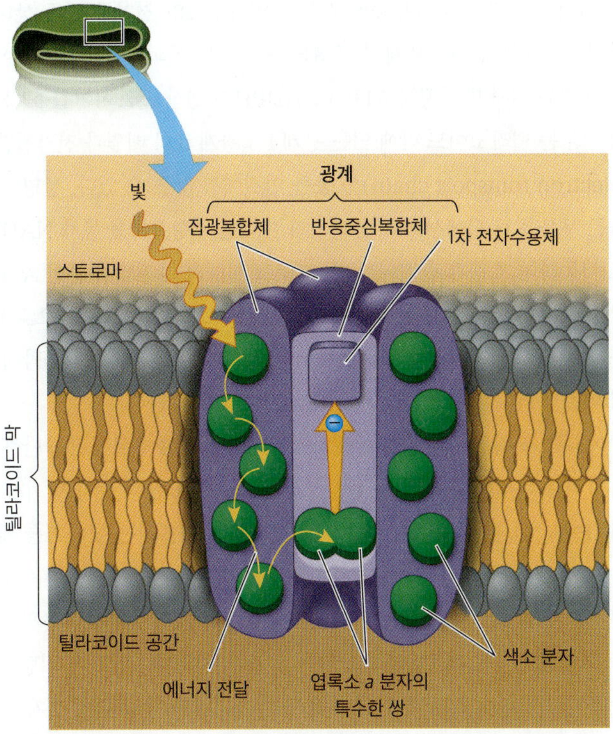

▲ **그림 7.7B** 빛 에너지를 수확하는 광계와 들뜬 전자가 1차 전자수용체로 전달되는 모습

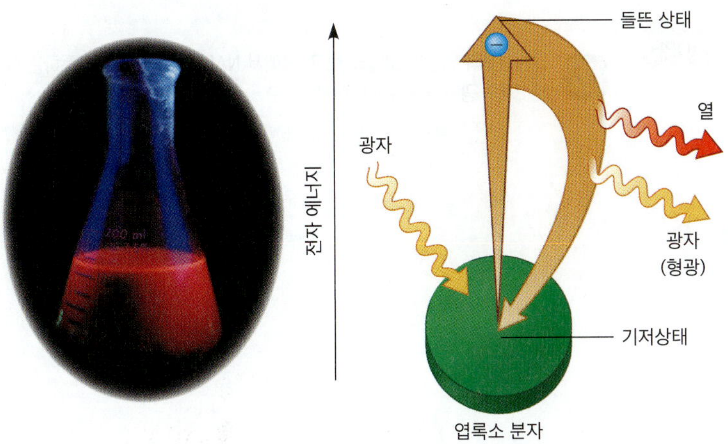

▲ **그림 7.7A** 조명을 받으면 붉은색으로 빛나는 엽록소 용액(왼쪽). 빛에 들뜬 전자가 기저상태로 떨어지면 열과 빛을 방출하는 분리된 엽록소 분자(오른쪽)

? 분리된 엽록소 용액과 비교했을 때, 온전한 엽록체는 왜 조명을 비추면 열과 빛을 방출하지 않을까?

■ 엽록체 안의 반응중심 엽록소 분자에서 빛에 의해 들뜬 전자는 1차 전자수용체로 전달된 후 기저상태로 떨어진다.

7.8 전자전달계로 연결된 2개의 광계는 빛 에너지를 ATP와 NADPH의 화학 에너지로 변환한다

빛 에너지가 광계의 반응중심에 있는 엽록소 *a*의 전자를 들뜬 상태로 끌어올려 1차 전자수용체에 포획되는 과정을 살펴봤다. 그러나 이렇게 포획된 전자가 어떻게 ATP와 NADPH의 생산으로 이어질까? 설명의 일부는 틸라코이드 막에 있는 광계 I과 광계 II의 배열과 전자전달계(electron transport chain)를 통한 연결에서 찾을 수 있다. 설명의 또 다른 부분은 H_2O에서 제거된 전자가 이러한 구성요소를 통해 $NADP^+$로 이동하는 흐름과 관련이 있다. 그리고 설명의 마지막 부분인 ATP의 합성은 (세포호흡에서와 마찬가지로) 막으로 둘러싼 구획 안으로 H^+를 이동시키는 전자전달계와 연관되어 있으며, 이로부터 H^+는 막에 묻혀 있는 ATP 합성효소(ATP synthase)를 통해 나간다.

이 다소 복잡한 시스템을 이해하기 위해 **그림 7.8**에 설명된 간단한 기계적 비유부터 시작하겠다. 왼쪽부터 보면, 큰 노란색 광자 망치가 광계 II에서 더 높은 에너지 수준으로 전자를 끌어올리는 에너지를 제공하고, 플랫폼에 서 있는 1차 전자수용체에 의해 잡히는 것을 볼 수 있다. 전자는 광계 I로 이어지는 전자전달계 '비탈길'에서 이동한다. (광계 II는 명반응에서 광계 I보다 앞선다는 점을 기억하자.) 전자가 비탈길을 굴러 내려가면서 ATP 생산에 사용되는 에너지를 방출한다. 전자가 광계 I에 도달하면 다른 광자 망치가 전자를 더 높은 에너지 수준으로 밀어 올려 광계 I 플랫폼의 1차 전자수용체에 잡히게 된다. 거기서부터 여기된 전자는 양동이에 던져져 NADPH를 생성한다. 이 비유는 두 광계와 전자전달계의 결합이 어떻게 빛의 에너지를 ATP와 NADPH의 화학 에너지로 변환할 수 있는지 보여준다.

그림 7.8의 간단한 비유는 몇 가지 중요한 해결하지 못한 질문을 남긴다. 광계를 통해 NADPH로 이동하는 전자의 공급원은 무엇인가? 명반응 과정에서 O_2는 어디서 생기는가? 그 비탈길을 따라 내려가는 전자의 흐름이 어떻게 ATP를 생성시키는가?

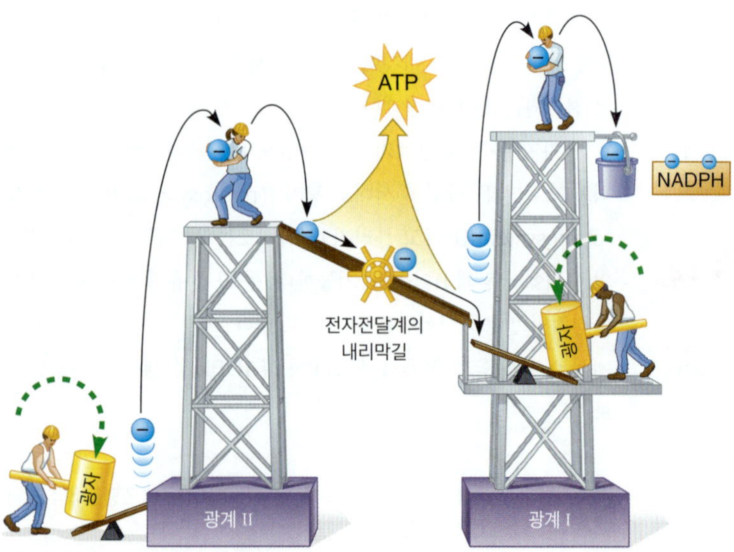

▲ **그림 7.8** 명반응을 기계에 비유한 그림

시도해 보기 캘빈회로에 사용될 두 가지 에너지 분자를 찾아보자.

$NADP^+$을 NADPH로 환원시키는 전자는 원래 물에서 나온다. 틸라코이드 공간에 있는 효소는 H_2O을 2개의 전자, 2개의 수소 이온(H^+), 1개의 산소 원자($\frac{1}{2}O_2$)로 분해한다. 산소 원자는 즉시 다른 산소와 결합하여 O_2를 형성한다. 7.3절에서 배운 것처럼, 광합성에서 생성된 O_2의 공급원은 물이며, 이 산소 분자는 틸라코이드, 엽록체, 식물 세포 밖으로 확산되어 마침내 기공을 통해 잎 밖으로 빠져나간다. 물에서 나온 전자는 하나씩 광계 II의 반응중심인 엽록소 *a* 분자로 전달되어 바로 이전에 1차 전자수용체에 의해 포획된 여기된 광자를 대체한다. 광계 II에서 전자는 전자전달계를 통해 광계 I의 반응중심 엽록소 *a* 분자로 이동하여 다시 1차 전자수용체에 의해 포획된 여기된 전자를 대체한다. 그림에서는 이 전자가 양동이에 떨어지는 것처럼 보이지만, 실제로는 짧은 전자전달계를 통해 $NADP^+$로 전달되어 NADPH로 환원된다.

이제 NADPH와 O_2에 대해 설명했으니 이제 남은 것은 ATP이다. 명반응에서 ATP를 만드는 데는 세포호흡에서 ATP 합성에서 만났던 것과 동일한 역할과 과정인 전자전달계와 화학삼투작용(chemiosmosis)이 관여한다. 화학삼투작용에서 막을 가로지르는 H^+ 농도기울기(concentration gradient)의 위치에너지가 ATP 합성을 촉진한다는 것을 기억해 두자. 이 기울기는 전자전달계가 전자를 사슬 아래로 전달할 때 방출되는 에너지를 사용하여 막을 가로질러 H^+를 펌프질할 때 생성된다. 농도기울기의 에너지는 ATP 합성효소(ATP synthase)를 통해 H^+가 막을 통과하도록 하여 효소의 회전 모터를 회전시키고 ADP를 인산화하여 ATP를 생성한다(6.9절 참조).

다음 절은 이러한 기계적 비유보다 조금 더 현실적인 명반응 모델을 제시하며, 엽록체의 틸라코이드 막 내에서 광계 II, 전자전달계, 광계 I, ATP 합성효소가 어떻게 함께 작용하여 NADPH와 ATP를 생성하는지 시각화하도록 도와줄 것이다.

? 그림 7.8의 명반응 모델을 보고, 물에서 NADPH로 전자가 이동하는 데 왜 2개의 광자가 필요한지 설명하시오.

■ 하나의 광자는 광계 II의 전자를 들뜨게 한 후 전자전달계를 따라 광계 I로 전달되고, 두 번째 광자는 광계 I의 전자를 들뜨게 한 후 전자는 $NADP^+$를 NADPH로 환원하는 데 사용된다.

개념 시각화 7.9 명반응은 틸라코이드 막 안에서 일어난다

이 그림은 2개의 광계와 전자전달계가 틸라코이드 막에 어떻게 묻혀 있는지를 보여준다. 여기에 표시된 모든 구성요소는 각 틸라코이드에 수많은 사본으로 존재한다. 왼쪽에서 오른쪽으로 이동하면 두 광계가 흡수한 빛 에너지가 어떻게 물에서 NADPH로 전자의 흐름을 유도하는지 볼 수 있다. 전자가 전자전달계를 따라 이동하면서 방출된 에너지는 H^+를 스트로마에서 틸라코이드 공간으로 이동시키는 동력이 된다. 틸라코이드 막을 가로지르는 H^+의 농도기울기는 ATP 합성효소를 통해 H^+를 구동하여 ATP를 생성한다. 초기 에너지 입력이 빛(광)이기 때문에 이러한 화학적 ATP 생산을 **광인산화(photophosphorylation)**라고 한다.

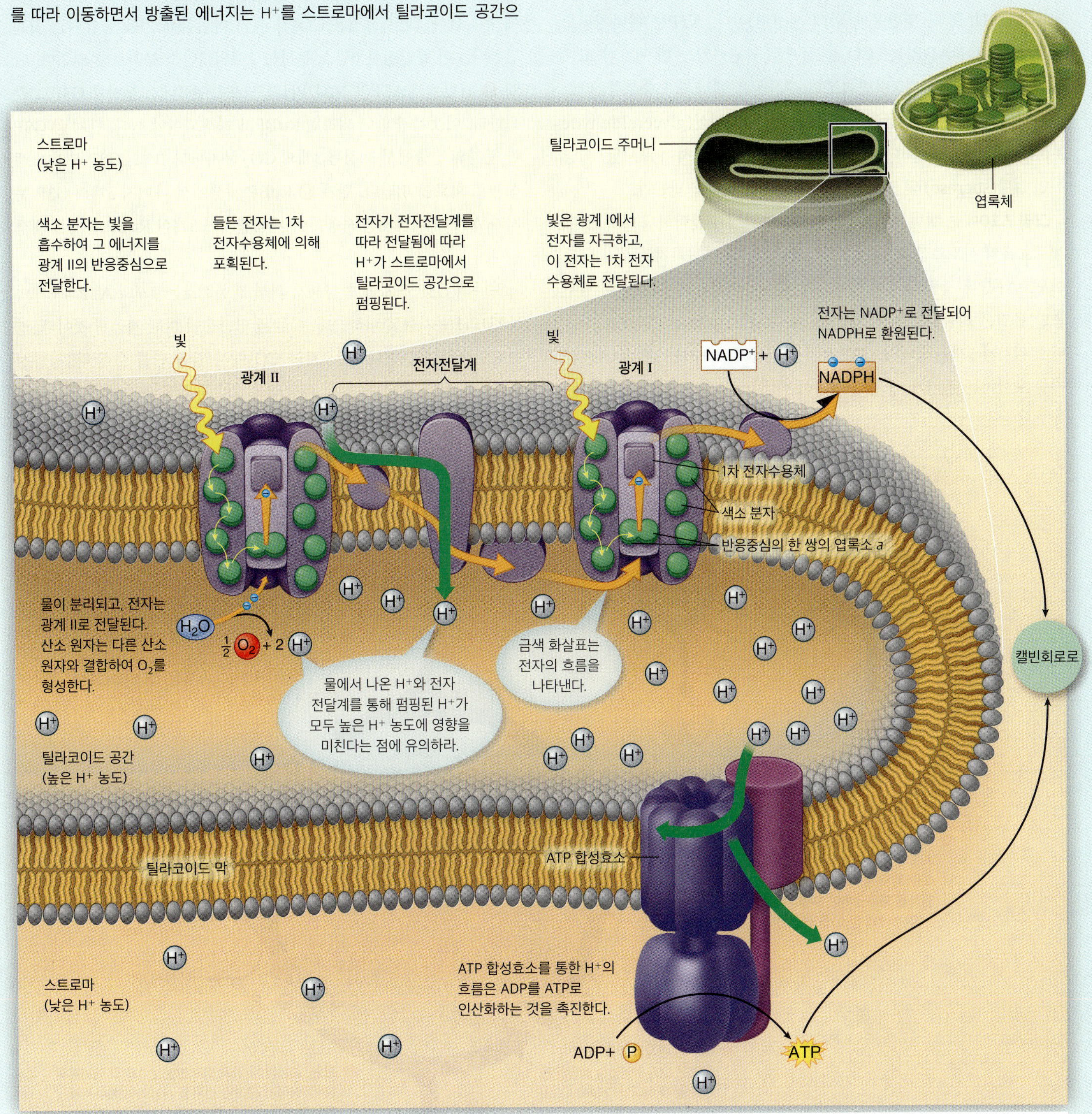

? 틸라코이드 막을 가로질러 H^+가 이동하는 두 힘을 설명하시오.

■ 1) 전자가 전자전달 사슬을 따라 전달되면서 방출되는 에너지는 H^+를 틸라코이드 공간으로 펌핑하고, 2) H^+ 농도기울기는 ATP 합성효소를 통해 틸라코이드 공간에서 H^+를 밀어낸다.

캘빈회로: CO_2를 당으로 환원하기

7.10 캘빈회로에서 ATP와 NADPH는 당 합성을 촉진한다

캘빈회로는 엽록체 안에서 설탕을 만드는 공장과 같은 기능을 한다. 이 중요한 식품 제조 과정에 투입되는 물질은 CO_2(공기 중)와 ATP 및 NADPH(둘 다 명반응에 의해 생성됨)이다. ATP는 에너지원으로 사용되며, NADPH는 CO_2를 당으로 환원시키는 데 필요한 고에너지 전자를 제공한다. 캘빈회로의 생산물은 에너지가 풍부한, 탄소 원자가 3개인 화합물, 글리세르알데하이드-3-인산(glyceraldehyde 3-phosphate, G3P)이다. 식물 세포는 G3P를 사용하여 포도당, 이당류인 설탕(sucrose) 및 필요에 따라 다른 유기 분자를 만든다.

그림 7.10에는 캘빈회로의 네 가지 주요 단계가 간략하게 나와 있다. 세포호흡의 시트르산 회로(citric acid cycle)와 마찬가지로 분자가 들어오고 나간 후 출발 물질이 재생되기 때문에 회로라고 부른다. 이 경우 출발 물질은 리불로스 이인산(ribulose bisphosphate, RuBP)이라는 탄소 원자가 5개인 당이다. G3P 분자를 만들기 위해서는 3개의 CO_2 분자를 포함하는 주기가 세 번 돌아가야 한다. CO_2 분자 3개로 시작하는 회로를 보면 완전한 G3P 분자가 된다.

단계 ❶ 탄소고정에서 볼 수 있듯이, 루비스코 효소는 CO_2를 RuBP에 부착한다. (탄소고정은 CO_2가 유기 화합물에 처음 통합되는 것을 말한다.) 이 불안정한 6탄소 분자는 2개의 3탄소 분자로 분리된다. 단계 ❷ 환원에서 ATP와 NADPH를 사용하여 3탄소 분자를 G3P로 환원한다. 이것이 순환이 되려면 RuBP가 재생되어야 한다. 단계 ❸ G3P 한 분자의 방출에서 고정된 3개의 CO_2 분자마다 1개의 G3P 분자가 생성물로 회로를 떠난다. 단계 ❹ RuBP 재생에서 나머지 5개의 G3P 분자가 ATP의 에너지를 사용하여 재배열되어 3개의 RuBP 분자를 재생한다.

하나의 G3P 분자를 합성하기 위해 캘빈회로는 9개의 ATP와 6개의 NADPH 분자를 소비하는데, 이들은 명반응에 의해 제공된 것이다. 명반응만으로나 캘빈회로만으로는 CO_2에서 당을 만들 수 없다. 광합성은 두 단계의 광합성을 통합하는 엽록체의 구조적 조직의 창발적 특성이다.

? 캘빈회로 동안 사용되는 많은 수의 ATP와 NADPH 분자가 에너지원으로서의 포도당의 값과 일치하는 이유를 설명하시오.

■ 포도당은 고도로 환원된 분자로, 전자에 많은 위치에너지를 저장하고 있다. CO_2를 포도당으로 환원하려면 많은 에너지와 환원력이 필요하다.

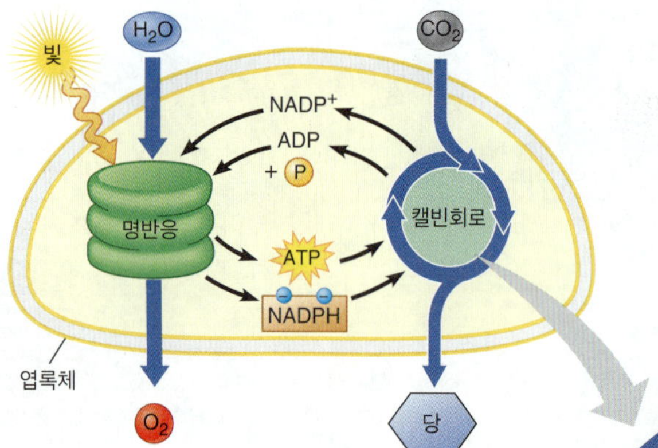

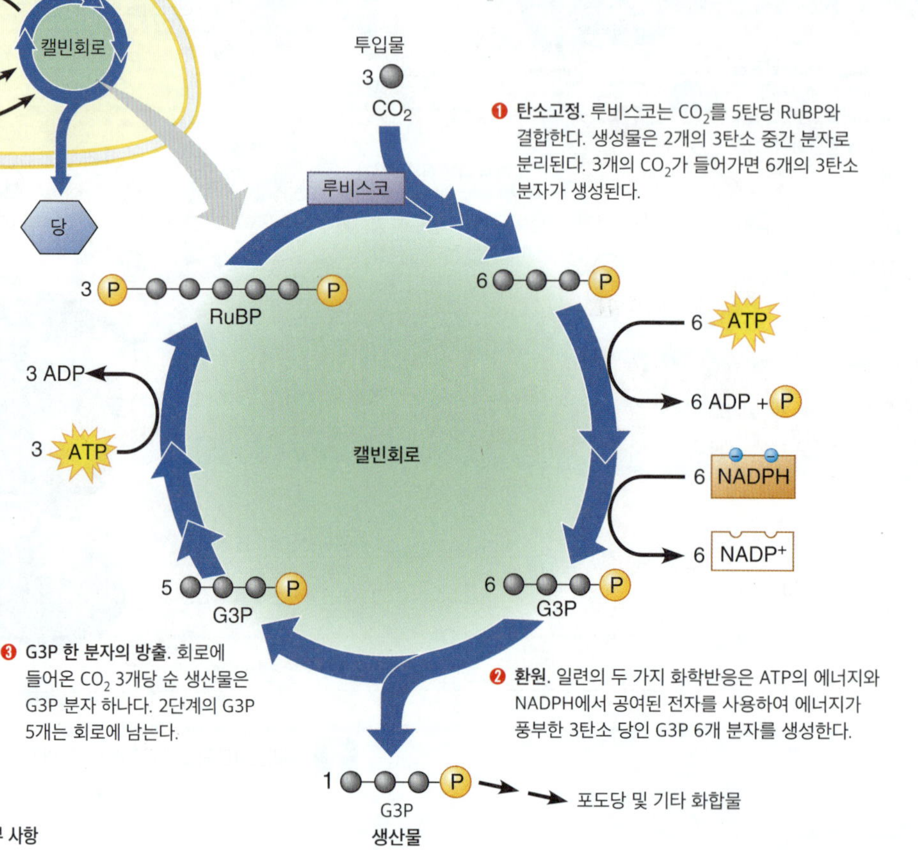

▲ **그림 7.10** 엽록체의 스트로마에서 일어나는 캘빈회로의 세부 사항

7.11 덥고 건조한 기후에서는 탄소고정이 다른 방법으로 진화해 왔다

진화 연관성 이전 절에서 배운 것처럼, 캘빈회로의 첫 번째 단계는 탄소고정이다. 대부분의 식물은 공기 중에서 직접 CO_2를 이용하며, 루비스코라는 효소가 CO_2를 RuBP에 추가할 때 탄소고정 일어난다(그림 7.10의 단계 ❶ 참조). 탄소고정에서 나온 첫 번째 안정된 생성물이 3탄소 중간 화합물을 만드는 식물을 **C_3 식물(C_3 plants)**이라고 한다. C_3 식물은 콩, 밀, 쌀과 같은 중요한 농작물을 포함하여 널리 분포해 있다. 농부들이 C_3 식물을 재배할 때 직면하는 한 가지 문제는 덥고 건조한 날씨로 인해 농작물(crop) 수확량이 감소할 수 있다는 것이다. 이러한 조건에 대응하여 식물은 기공을 닫는다. 이러한 적응은 수분 손실을 줄이고 탈수를 예방하는 데 도움이 되지만, CO_2가 잎으로 들어오는 것을 막고 O_2가 나가는 것을 막기도 한다. 그 결과, 잎의 CO_2 수치가 매우 낮아지고 광합성이 느려진다. 그리고 명반응으로 방출된 O_2가 축적되기 시작하여 또 다른 문제를 일으킨다.

O_2가 잎에 쌓이면 루비스코는 CO_2 대신 O_2를 RuBP에 추가한다. 그러면 이 반응의 두 가지 탄소 생성물이 세포 내에서 분해된다. 이 과정은 빛을 받아 O_2를 소비하고 CO_2를 방출하기 때문에 **광호흡(photorespiration)**이라고 부른다. 하지만 세포호흡과는 달리 ATP를 생성하지 않고, 광합성과는 달리 당을 생성하지 않는다. 실제로 광호흡은 캘빈회로에 의해 고정된 탄소의 50%까지 배출할 수 있다.

한 가설에 따르면, 광호흡은 대기가 지금보다 O_2가 적었던 시절의 진화 유물이라고 한다. 루비스코가 처음 진화했을 때 만연했던 고대 대기에서는 효소의 활성부위가 O_2와 결합하는 능력과 CO_2를 결합하는 능력은 거의 차이가 없었을 것이다. O_2가 대기에 너무 많아진 후에야 루비스코의 '엉성함'이 문제를 일으켰다. 또한 광호흡은 명반응의 생성물이 세포에 쌓일 때 보호 역할을 할 수 있다는 증거도 있다(CO_2가 부족하여 캘빈회로가 느려질 때 발생하는 것처럼).

C_4 식물 덥고 건조한 기후에서 발견되는 일부 식물 종의 경우, 광호흡을 최소화하고 캘빈회로를 최적화하는 대체 탄소 고정 모드가 진화했다. **C_4 식물(C_4 plants)**은 CO_2를 4탄소 화합물로 먼저 고정하기 때문에 그렇게 명명되었다. C_4 식물은 날씨가 덥고 건조할 때 기공을 대부분 닫아 수분을 보존한다. 그림 7.11의 왼쪽에 표시된 경로와 두 가지 유형의 세포를 사용하여 광합성으로 당을 계속 만든다. 잎살조직에 있는 효소는 CO_2에 대한 친화력이 높아서 잎의 CO_2 농도가 낮을 때에도 탄소를 고정할 수 있다. 그 결과 생성된 4탄소 화합물은 CO_2 셔틀 역할을 하며, 잎맥 주위에 밀집되어 있는 유관속초세포(bundle-sheath cell)로 이동하여 CO_2를 방출한다. 따라서 이 세포의 CO_2 농도는 캘빈회로가 당을 만들고 광호흡을 피할 수 있을 만큼 충분히 높게 유지된다. 옥수수와 사탕수수는 농업적으로 중요한 C_4 식물의 예다.

▲ 그림 7.11 덥고 건조한 기후에서 광합성을 위한 적응

시도해 보기 이 그림을 사용하여 C_4와 CAM 광합성의 차이점을 설명하시오.

CAM 식물 파인애플, 많은 선인장과 기타 다육(물을 저장하는) 식물에서 두 번째 광합성 적응이 진화했다. **CAM 식물(CAM plant)**이라고 불리는 이 종은 매우 건조한 기후에 적응했다. CAM 식물(그림 7.11의 오른쪽)은 밤에만 기공을 열어 CO_2를 받아들여 물을 보존하고, CO_2는 4탄소 또는 탄소 원자가 4개인 화합물로 고정되어 밤에 CO_2를 저장했다가 낮에 방출한다. 따라서 낮 동안 잎의 기공이 닫혀 있어도 캘빈회로가 작동할 수 있다.

C_4 식물에서 탄소고정과 캘빈회로는 서로 다른 유형의 세포에서 발생한다. CAM 식물에서는 이러한 과정이 같은 세포에서 발생하지만 하루 중 다른 시간에 발생한다. CAM, C_4, C_3 식물은 모두 결국 캘빈회로를 사용하여 당을 만든다는 것을 기억하자. C_4와 CAM 경로는 덥고 건조한 기후에서 광호흡을 최소화하고 광합성을 최대화하는 두 가지 진화적 적응이다.

? 덥고 건조한 날의 광호흡이 C_3 식물보다 C_4 식물에서 덜 발생한다고 예상하는 이유는 무엇일까?

■ 초기 탄소고정으로 인해 C_4와 CAM 식물 모두 루비스코에 CO_2를 공급할 수 있다. C_3 식물이 기공을 닫으면 잎 속의 CO_2 농도가 떨어지고 O_2 농도가 상승하여 루비스코가 O_2와 결합할 가능성이 높아진다.

광합성의 지구생태적 중요성

7.12 광합성은 거의 모든 생명체에게 음식과 O_2를 제공한다

이제 광자에서 음식으로 나아갔으니 한 걸음 물러나서 광합성의 과정을 복습한 다음 그 중요성에 대해 논의해 보자. **그림 7.12**는 나무, 잎, 잎 세포, 그리고 마지막으로 엽록체를 통과하는 광합성의 주요 반응물과 생성물을 보여준다. 엽록체 그림의 왼쪽부터 시작하여 틸라코이드 막에서 일어나는 명반응에 대한 요약을 볼 수 있다. 막에 있는 2개의 광계가 태양 에너지를 포획하여 엽록소 분자에 전자를 활성화한다. 동시에 물은 분해되고, O_2는 방출되며, 전자는 광계 I로 이동하고, 광계 II로 전자가 유입된다. 빛에 의해 여기된 전자는 전자전달계를 통해 전달되고, 여기서 에너지를 수확하여 화학삼투작용 과정을 통해 ATP를 만들고, 마지막으로 전자는 $NADP^+$로 이동하여 고에너지 화합물인 NADPH로 환원시킨다.

엽록체의 당 공장은 광합성의 두 번째 단계인 캘빈회로다. 스트로마에서 루비스코 효소는 CO_2를 RuBP와 결합시킨다. ATP와 NADPH는 탄소 3개로 이루어진 중간산물을 G3P로 환원하는 데 사용된다. G3P로 만들어진 당 분자는 식물의 양분 역할을 한다.

식물 세포의 미토콘드리아에서 광합성으로 만들어진 탄수화물의 약 50%는 세포호흡을 위한 연료로 소비된다. 당은 또한 식물의 단백질과 지질과 같은 다른 유기 분자를 만들기 위한 출발 물질로도 사용된다. 대부분의 식물은 매일 필요한 양보다 훨씬 많은 양분을 만들어내고 남은 양분을 포도당 중합체인 녹말로 저장한다. 포도당 분자는 또한 서로 연결되어 세포벽의 주성분인 셀룰로오스를 만든다. 셀룰로오스는 식물에서, 그리고 아마도 지구 표면에서 가장 풍부한 유기 분자다.

식물(및 다른 광합성 생물)은 스스로를 먹일 뿐만 아니라 거의 모든 다른 생물체의 궁극적인 먹이 공급원이기도 하다. 사람과 다른 동물은 스스로 먹이를 만들지 않고 광합성 기관이 만든 유기물에 전적으로 의존한다. 우리가 고기를 먹을 때 얻는 에너지도 원래는 광합성에 의해 만들어진 것이다. 예를 들어 스테이크의 에너지는 햇빛 에너지가 화학적 형태로 전환된 풀을 소가 먹은 것에서 나온 것이다.

광합성 생성물은 우리에게 단순한 식량 이상의 것을 제공한다. 인류 역사상 식물을 태우는 것은 열, 빛, 요리의 연료의 주요 공급원이었다. 화석연료의 사용은 비교적 최근의 발전이며, 이러한 에너지 공급원은 수억 년에 걸쳐 광합성을 통해 대기 중의 CO_2를 제거한 유기체의 잔해에서 비롯된다. 이러한 고대 탄소 저장고의 연소는 산업혁명이 시작된 1850년 이후 45% 이상 상승한 대기의 CO_2 수준을 높이고 있다. 다음 절에서는 과학자들이 이렇게 상승하는 CO_2 수준이 식물에 미치는 영향을 어떻게 연구하는지 살펴본다.

? 다음 문장을 설명해 보자. 지구 생명체가 잘 살아가는 데 광합성보다 더 중요한 작용은 없다.

■ 광합성은 거의 모든 생명체의 궁극적인 먹이 공급원이며, 세포호흡에 필요한 O_2를 제공한다.

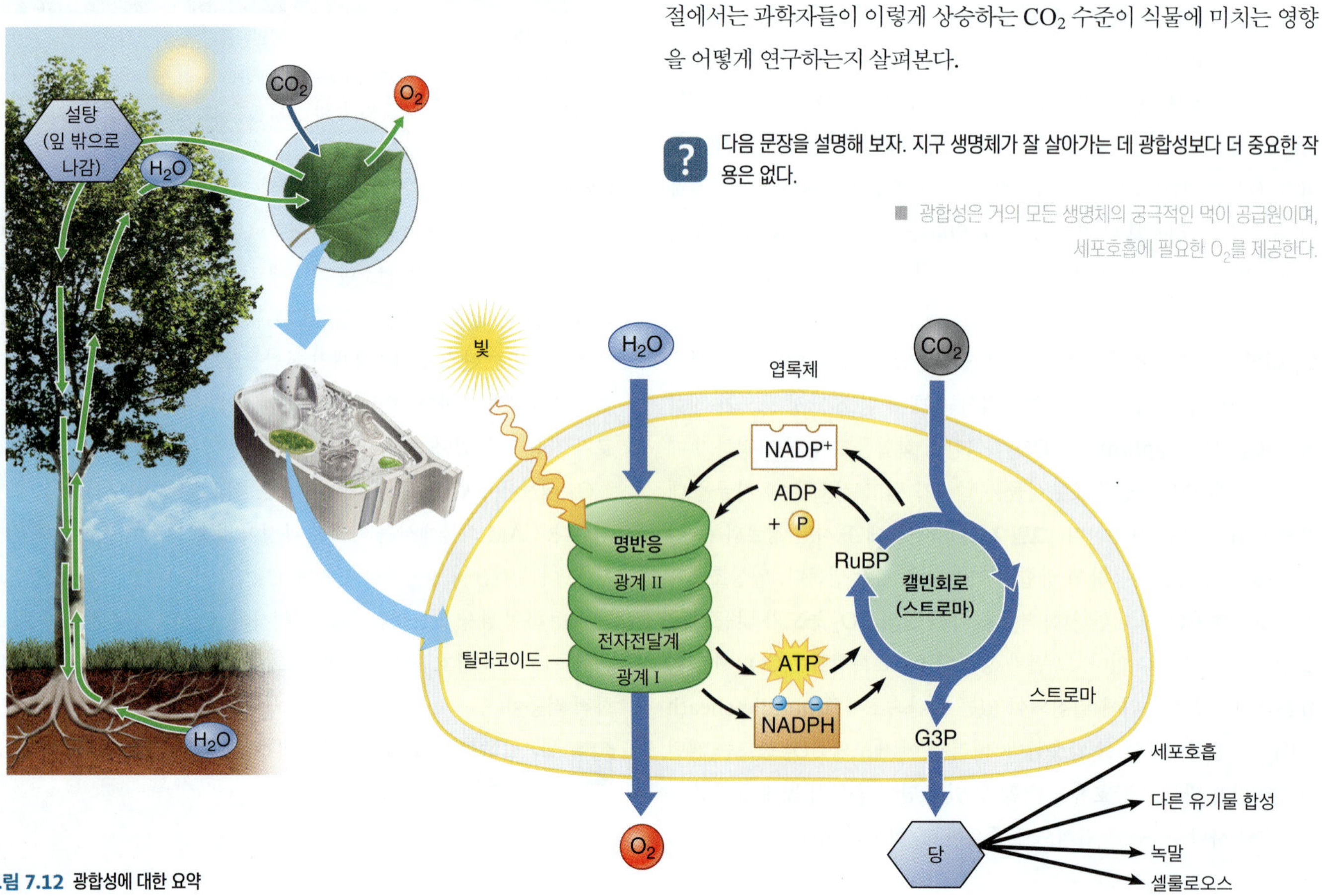

▲ **그림 7.12** 광합성에 대한 요약

7.13 대기 중 이산화탄소 농도 상승은 다양한 방식으로 식물에 영향을 미칠 수 있다

과학적 사고 대기 중 CO_2 농도가 증가하면 식물에게 어떤 영향을 미칠까? 광합성의 원료인 CO_2 수치가 증가하면 식물의 생산성이 증가할 것이라고 예측할 수 있다. 실제로 이러한 증가에 대한 연구 결과가 나와 있지만 잡초의 증가율이 유용한 농작물과 나무의 증가율보다 더 높다는 결과가 종종 나타난다.

과학자들은 CO_2 증가가 식물에 미치는 영향을 어떻게 연구하는가? 흔히 그렇듯이 과학자들은 다양한 유형의 실험을 통해 가설을 검증한다. 많은 실험은 변수를 신중하게 제어할 수 있는 작은 성장실에서 수행된다. 그러나 시설과 자원의 가용성 때문에 이러한 실험의 범위와 기간이 제한되는 경우가 많다. 일부 창의적인 연구자들은 도시, 교외, 시골에 위치한 실험 구역에서 식물의 다양성과 성장을 비교하는 등 자연적으로 다양한 수준의 CO_2를 가지는 연구 지역을 활용하고 있다.

다른 과학자들은 CO_2 수준을 대규모로 조작하는 장기적인 야외 연구로 눈을 돌리고 있다. 듀크 대학교의 삼림시험장에 설치된 대기 비의존적 CO_2 농축(Free-Air CO_2 Enrichment, FACE) 실험구역에서 과학자들은 15년 동안 CO_2 수준의 상승이 산림 생태계에 미치는 영향을 측정했다. 6개의 연구 구역이 각각 지름 30 m인 16개의 탑으로 둘러싸여 있다(**그림 7.13A**). 이 중 3개 구역에 있는 탑은 현재 수준의 약 1.5배에 달하는 CO_2 농도를 가지는 공기를 방출했다. 각 지역의 중앙에 있는 높은 탑의 측정 기기는 CO_2 농도를 안정적으로 유지하기 위해 조정한다. 온도, 강수량 및 바람의 형태와 같은 다른 모든 인자는 실험 지역과 인접한 대조 지역 모두에서 정상적으로 변했다.

그림 7.13B는 실험구와 대조구에서 덩굴옻나무(poison ivy)의 성장을 비교한 연구 결과를 보여준다. 고농도의 CO_2 조건에서 덩굴옻나무는 대조군에 비해 연평균 149%의 성장률 증가를 보였다.

대기 중 CO_2 증가가 당신을 가렵게 만들까?

이 증가율은 유사한 연구에서 기록된 목본 식물의 증가율보다 훨씬 더 큰 수치다. 실제로 12년간 측정하는 동안 FACE 실험 지역의 나무는 대조 지역의 나무에 비해 생물량(biomass)이 연간 약 15% 증가하는 데 그쳤다.

덩굴옻나무 연구에서 또 한 가지 중요한 발견이 있었다. 화학 분석에 따르면 높은 CO_2에서 자란 식물은 더 강력한 형태의 덩굴옻나무 알레르기 화합물인 우루시올(urushiol)을 생성하는 것으로 나타났다. 따라서 덩굴옻나무는 대기 중의 CO_2 수준이 높아짐에 따라 더 풍성해지고 독성('가려움')이 더 강해질 것으로 예측된다.

다음으로 대기 중 이산화탄소 CO_2 수준 상승과 지구 기후변화 사이의 연관성, 그리고 이러한 영향을 완화하는 데 광합성이 어떤 역할을 할 수 있는지 살펴본다.

? 과학의 주요 특징은 가설을 검증할 때 여러 가지 증거를 사용한다는 것이다. 과학자들이 CO_2 수준을 증가시키면 식물의 성장에 영향을 미칠 것이라는 가설을 검증하기 위해 사용하는 세 가지 연구 방법을 설명하시오.

■ 실험실 생장실, CO_2 수준이 자연적으로 변화하는 지역의 현장 연구, CO_2 수준을 조작하는 대규모 현장 연구

▲ **그림 7.13A** CO_2 농도 상승이 자연삼림 생태계에 미치는 영향을 알아보는 듀크 대학교 삼림시험장에서의 대규모 실험

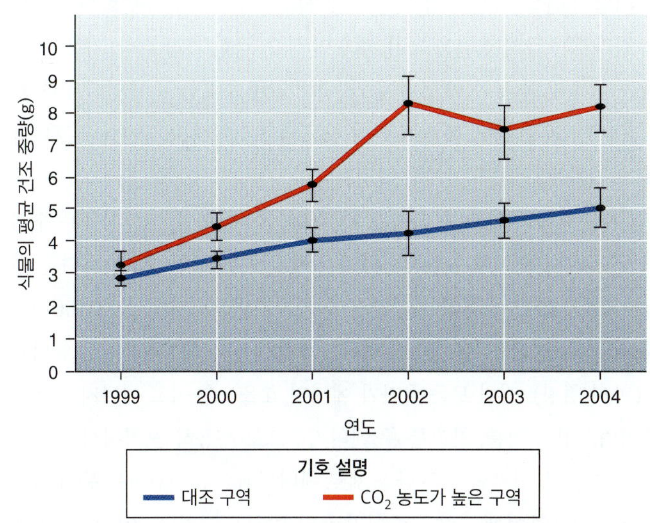

자료: Adaptation of Figure 1A from "Biomass and toxicity responses of poison ivy(*Toxicodendron radicans*) to elevated atmospheric CO_2" by Jacqueline E. Mohan, et al., from PNAS, June 2006, Volume 103(24). National Academy of Sciences.

▲ **그림 7.13B** 대조군 지역과 CO_2가 높은 지역의 평균 덩굴옻나무의 생물량(오차 막대는 평균 주변의 편차를 나타냄)

7.14 화석연료 사용과 삼림 벌채를 줄이면 기후변화를 완화할 수 있다

연결 대기 중 이산화탄소의 증가는 지구의 기후에 어떤 영향을 미칠까? 먼저, 소위 온실가스로서 CO_2의 역할을 생각해 보자. 알다시피 온실은 바깥 날씨가 너무 추울 때 식물을 재배하는 데 사용된다. 투명한 벽을 통해 태양 복사가 통과할 수 있고, 내부에 축적되는 열의 대부분은 갇히게 된다.

온실효과(greenhouse effect)라고 하는 과정이 지구에서 작동한다(**그림 7.14A**). 태양 복사는 대기를 통과하여 지구 표면을 따뜻하게 한다. 따뜻해진 지구에서 방출되는 열은 CO_2, 수증기, 메탄 같은 온실가스에 흡수되어 열의 일부를 다시 지구로 되돌린다. 이 자연적인 난방 효과가 없다면 평균 기온은 영하 18℃(−0.4℉)의 혹독한 추위가 될 것이고, 우리가 알고 있는 대부분의 생명체는 존재할 수 없을 것이다. 그러나 온실가스로 이루어진 이 단열 담요가 지구를 너무 많이 덮히기 시작했다. 과학자들은 1900년 이후 인간 활동에 의해 방출된 CO_2가 지구의 평균 온도를 약 1℃(1.8℉) 상승시켰다고 보았다. 세계 기후 모델은 온실가스 배출을 줄이기 위한 조치를 취하지 않는 한 이러한 온도 상승이 계속 증가할 것으로 예측한다.

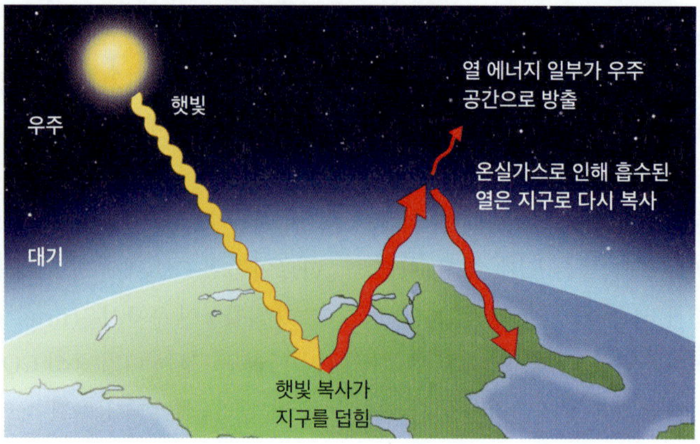

▲ **그림 7.14A** 온실 효과

현재 진행 중인 지구 온난화는 단기적인 날씨 변화와 달리 30년 이상 지속되는 지구 기후의 장기적이고 방향성이 있는 변화인 **기후변화(climate change)**의 주요 측면이다. 그러나 기후변화에는 바람과 강수 패턴의 변화, 극한 기상 현상의 증가도 포함된다. 기후변화의 예상되는 결과로는 극지방 얼음 녹기, 해수면 상승, 극한 기상 현상, 가뭄, 광범위한 식량 및 물 부족, 멸종률 증가, 열대 질병의 확산 등이 있다. 실제로 이러한 영향 중 많은 부분이 이미 발표되고 있다. (38장에서 기후변화와 그 결과에 대해 더 자세히 설명한다.)

기후변화에 대한 기초 과학은 잘 확립되어 있으며, 과학자들은 수십 년 동안 온실가스 배출을 제한하기 위해 강력한 조치가 필요하다고 경고해 왔다. 2015년 파리에서 열린 유엔 기후변화회의에서는 2100년까지 지구 온난화를 2℃(3.6℉) 이하로 제한하기 위해 195개국이 합의했다(파리 협정). 거의 모든 국가가 에너지 효율을 높이고 에너지 사용을 줄이며, 석탄, 기름, 가스를 주 에너지원으로 사용하는 것에서 벗어나 풍력, 태양열, 원자력 같은 탄소 제로 에너지원으로 전환하는 등의 접근 방식을 사용하여 배출량을 줄이기로 약속했다. 그러나 2017년 미국은 2020년에 파리 협정에서 탈퇴하겠다고 발표했다.

파리 협정은 또한 기후변화에 대한 전 세계적인 대응에서 산림의 역할을 강조했다. 특히 열대지역에서의 삼림 벌채는 온실가스 배출량의 약 10%를 차지하며, 이는 전 세계 모든 자동차와 트럭을 합친 것과 맞먹는 양이다. 파리 협정에는 개발도상국이 불법 벌목과 토지 개간에서 벗어나도록 법 집행과 경제 개발을 통해 산림을 보존할 수 있도록 금전적 지원을 하겠다는 약속이 포함되어 있다.

이 장의 주제인 광합성은 기후변화의 원인인 동시에 잠재적인 해결책으로 생각할 수 있다. 광합성으로 인한 화석 생성물을 태우고 광대한 숲을 파괴하면 엄청난 양의 이산화탄소가 대기 중으로 쏟아진다. 일부 화석연료를 사용하지 않고, 광합성을 통해 대기 중의 이산화탄소를 끌어들여 생물량에 저장하는 숲을 보호하고 확장하면 기후변화를 완화하는 데 도움이 될 수 있다. 삼림 벌채를 줄이면 대기 중의 온실가스 축적을 늦출 수 있을 뿐만 아니라 토종 숲을 유지하고 생물다양성을 보존할 수 있다. 전 세계 동식물 종의 절반 이상이 열대림에 서식하고 있다. **그림 7.14B**는 코스타리카의 한 보호구역에 있는 풍부한 산림 생태계를 보여준다.

▲ **그림 7.14B** 코스타리카 몬테베르데 구름 숲 보호구역의 삼림 벌채로부터 보호된 열대림의 풍부한 생물다양성

지구 온난화처럼 심각한 환경 문제는 과학적 연구도 복잡하고 그 해결책도 복잡하다. 이 책의 주요 주제인 과학, 기술, 사회 사이의 연결은 기후변화를 연구하는 과학자, 창의적인 해결책을 찾는 엔지니어와 기업, 국제적인 협력과 헌신을 추구하는 시민과 정부를 통해 예시된다.

? 온실 효과에 대해 설명하시오.

■ 햇빛은 지구 표면을 따뜻하게 하여 열을 대기로 방출하고, CO_2와 기타 온실가스는 일부 열을 흡수하여 다시 지구로 방출한다.

CHAPTER 7 복습

개념 복습하기

광합성 소개(7.1~7.5)

7.1 광합성은 지구상의 대부분의 생명체에 에너지를 공급한다. 식물, 조류, 그리고 일부 광합성 원생생물과 박테리아는 거의 모든 종속영양생물이 소비하는 음식의 생산자인 광독립영양생물이다.

7.2 광합성은 식물 세포의 엽록체에서 일어난다. 엽록체는 이중막으로 둘러싸여 있으며 틸라코이드와 스트로마라는 두꺼운 액체가 쌓여 있다.

7.3 과학자들은 동위원소를 사용하여 광합성의 과정을 추적했다. 중량 동위원소와 방사성 동위원소를 모두 사용한 실험을 통해 광합성 과정의 세부 사항을 파악할 수 있었다.

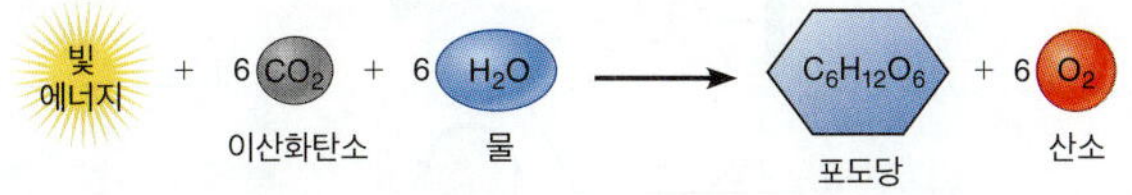

7.4 광합성은 산화환원 과정이다. 광합성에서 H_2O는 산화되고 CO_2는 환원된다.

7.5 광합성은 두 단계로 진행되며, ATP와 NADPH에 의해 연결된다. 명반응은 틸라코이드에서 일어나며, 스트로마에서 일어나는 캘빈회로를 위해 ATP와 NADPH를 생성한다.

명반응: 태양 에너지의 화학 에너지로의 변환(7.6~7.9)

7.6 색소에 흡수된 가시광선이 명반응을 일으킨다. 가시광선의 특정 파장은 엽록소와 다른 색소에 의해 흡수된다. 카로티노이드는 과도한 빛으로부터 피부를 보호하는 기능도 한다.

7.7 광계는 태양 에너지를 포획한다. 틸라코이드 막에는 광계가 포함되어 있으며, 광계는 각각 집광복합체와 반응중심복합체로 구성된다. 1차 전자수용체는 반응중심 엽록소 a로부터 빛에 의해 여기된 전자를 받아들인다.

7.8 전자전달계로 연결된 2개의 광계는 빛 에너지를 ATP와 NADPH의 화학 에너지로 변환한다. 전자는 광계 II에서 광계 I로 이동하여 ATP를 만드는 데 에너지를 공급하고 $NADP^+$을 NADPH로 환원한다. 광계 II는 물이 분리되어 O_2가 방출됨에 따라 전자를 되찾는다.

7.9 명반응은 틸라코이드 막 안에서 일어난다. 광인산화에서 전자전달계 H^+를 틸라코이드 공간으로 이동시킨다. 농도기울기는 ATP 합성효소를 통해 H^+를 다시 구동하여 ATP 합성에 동력을 공급한다.

캘빈회로: CO_2를 당으로 환원하기(7.10~7.11)

7.10 캘빈회로에서 ATP와 NADPH는 당 합성을 촉진한다. 캘빈회로의 단계는 탄소고정, 환원, G3P 방출, RuBP 재생으로 이루어진다. 이 회로는 CO_2의 탄소, NADPH의 전자, ATP의 에너지를 사용하여 G3P를 구성하고, 이는 포도당과 다른 유기 분자를 만드는 데 사용된다.

7.11 덥고 건조한 기후에서는 탄소고정이 다른 방법으로 진화해 왔다. C_3 식물에서는 기공이 닫히면 CO_2가 감소하고 O_2가 증가하여 캘빈회로를 광호흡으로 전환한다. C_4 식물과 CAM 식물은 덥고 건조한 날에 기공이 닫혀도 CO_2를 4탄소 또는 탄소 원자가 4개인 화합물로 먼저 고정하여 CO_2를 캘빈회로로 전환한다.

광합성의 지구생태적 중요성(7.12~7.14)

7.12 광합성은 거의 모든 생명체에게 음식과 O_2를 제공한다.

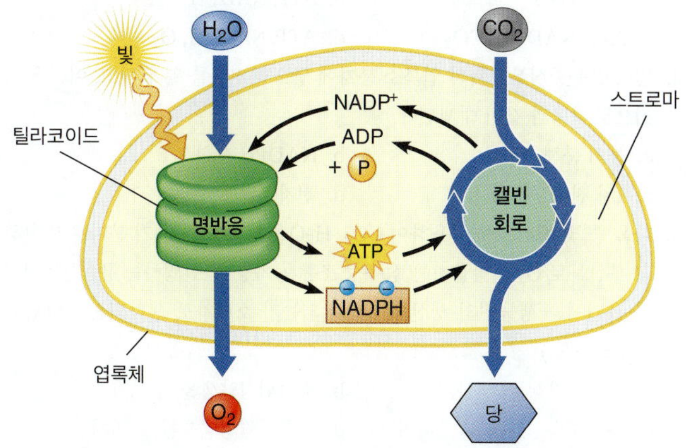

7.13 대기 중 이산화탄소 농도 상승은 다양한 방식으로 식물에 영향을 미칠 수 있다. 과학자들은 실험실 성장실과 현장 연구를 통해 CO_2 수준 상승의 영향을 연구한다. 장기적인 현장 프로젝트를 통해 과학자들은 CO_2 수준이 자연 생태계에 미치는 영향을 평가할 수 있다.

7.14 화석연료 사용과 삼림 벌채를 줄이면 기후변화를 완화할 수 있다. CO_2 그리고 대기 중의 다른 가스는 온실 효과를 일으킨다. 2015년 파리 기후 회의에서 체결된 국제 협약은 온실가스 배출을 줄이고 지구 온난화를 제한하기 위해 노력한다.

개념 연결하기

1. 이 광합성 요약 지도를 완성하자.

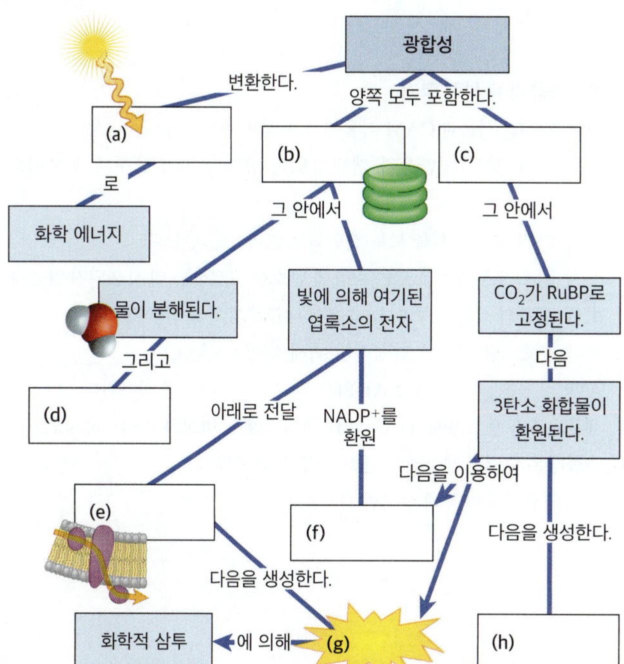

학습 평가하기

1단계: 지식과 이해력 평가

2. 광합성에서 __________이/가 산화되고 __________이/가 환원된다.
   a. 물, 산소　　b. 이산화탄소, 물
   c. 물, 이산화탄소　　d. 포도당, 이산화탄소
3. 다음 중 틸라코이드에서 일어나는 반응에 의해 생성되고 스트로마에서 일어나는 반응에 의해 소비되는 것은?
   a. CO_2, H_2O　　b. ATP, NADPH
   c. ATP, NADPH, CO_2　　d. ATP, NADPH, O_2
4. 빛이 반응중심복합체의 엽록소 분자에 닿으면 전자를 잃게 되고, 이는 궁극적으로 다음과 같이 대체된다.
   a. 물의 분해　　b. NADPH 산화
   c. 1차 전자수용체　　d. 전자전달계
5. 다음 중 빛 에너지를 사용하여 CO_2, H_2O을 당과 다른 유기 분자로 변환하고 부산물로 O_2를 방출하는 섬유성 조류를 가장 잘 설명하는 용어는? 이러한 유기체는 생물권의 생산자로 생각되는가 소비자로 생각되는가? (답을 설명하시오.)
   a. 종속영양생물, 생산자　　b. 광독립영양생물, 생산자
   c. 화학종속영양생물, 소비자　　d. 화학독립영양생물, 소비자
6. 물의 손실을 줄이기 위해 C_3 식물은 무엇을 할 수 있는가?
   a. 기공을 닫는다.
   b. 광합성 증가율을 높인다.
   c. 광합성 속도를 줄인다.
   d. 광호흡 작용을 시작한다.
7. C_4 식물은 건조한 상태에 어떻게 대처하는가?
   a. 기공이 열린다.
   b. 광호흡 작용을 시작한다.
   c. 잎살조직에 있는 CO_2에 친화력이 높고 탄소를 고정할 수 있는 효소를 이용한다.
   d. 잎살세포에 있는 효소를 활용하는데, CO_2에 대한 친화도가 낮고 탄소를 줄인다.

2단계: 응용과 분석력 평가

8. 광합성은 C_4 식물과 CAM 식물에서 어떻게 유사한가?
   a. 두 경우 모두 명반응과 캘빈회로는 시간과 위치 모두에서 분리되어 있다.
   b. 두 가지 유형의 식물 모두 캘빈회로 없이 당을 만든다.
   c. 두 경우 모두 루비스코는 처음에 탄소를 고정하는 데 사용되지 않는다.
   d. 두 종류의 식물 모두 어둠 속에서 대부분의 당을 만들어낸다.
9. 하나의 포도당 분자를 합성하기 위해 캘빈회로는 CO_2 __________분자, ATP __________분자, NADPH __________분자를 사용한다.
10. 세포호흡과 광합성에서 CO_2와 H_2O의 역할을 비교하고 설명하시오.
11. 광합성은 어떻게 생물권에 탄소를 공급하는가?
12. 식물은 광합성을 통해 생성한 당으로 무엇을 하는가?

3단계: 종합평가

13. 명반응이 태양 에너지를 화학 에너지로 변환한다는 말이 무엇을 의미하는지 설명하시오.
14. 다음 그림은 미토콘드리아와 엽록체에서의 ATP의 화학적 합성을 비교한 것이다. 두 세포소기관이 공유하는 성분을 확인하고 어느 쪽 막의 H^+ 농도가 더 높은지 표시하시오. 그런 다음 오른쪽에 엽록체 내의 위치를 표시하시오.

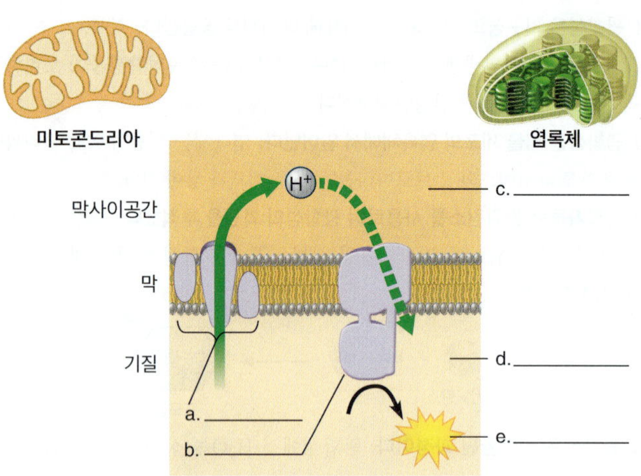

15. 미토콘드리아와 엽록체에서의 전자 수송과 화학삼투작용을 계속 비교하자. 각각의 경우
   a. 전자는 어디에서 오는가?
   b. 전자는 어떻게 높은 위치에너지를 얻을 수 있는가?
   c. 사슬의 끝에서 전자를 포착하는 것은 무엇일까?
   d. 전자가 전자전달계를 따라 이동하면서 방출되는 에너지는 어떻게 사용되는가?
16. **과학적 사고** 대기 중 CO_2 농도가 높아지면 재채기와 가려움증을 유발하는가? CO_2 수준 상승의 영향을 연구하는 과학자들은 가을 꽃가루 알레르기의 주요 알레르기원인 돼지풀을 조사했다. 그들은 산업화 이전 농도인 280 ppm, 2000년 수준인 370 ppm, 예상 수준인 600 ppm의 세 가지 CO_2 단계에서 돼지풀을 재배했다. 그 결과, 최근 수준과 예상 수준 CO_2에 노출된 식물에서 꽃가루 생산량이 각각 131%, 320% 증가했다는 사실을 발견했다. 이 실험의 가설은 무엇인가? 결과가 가설을 뒷받침하는가? 기후변화에 대해 알고 있는 것을 감안할 때, 어떤 다른 변수를 테스트하고 어떤 다른 측정을 하고 싶은가?
17. 대부분의 과학 전문가들은 기후변화가 이미 일어나고 있으며 지구상의 모든 생명체에 잠재적으로 치명적인 결과를 초래할 수 있다는 데 동의한다. 2015년의 파리 협정은 온실가스 배출을 줄여야 한다는 전 세계적인 합의를 했다. 그러나 2017년 미국은 2020년에 협정에서 탈퇴하겠다고 발표했다. 이 역사적인 세계적 기후협정의 주요 합의사항과 미국 정부의 탈퇴 이유에 대해 온라인으로 조사하고 요약해 보시오. 배출량을 줄이고 지구 온난화를 제한하기 위해 과학자, 정치인, 시민이 어떤 역할을 해야 한다고 생각하는가?

UNIT 2

세포의 생식과 유전학

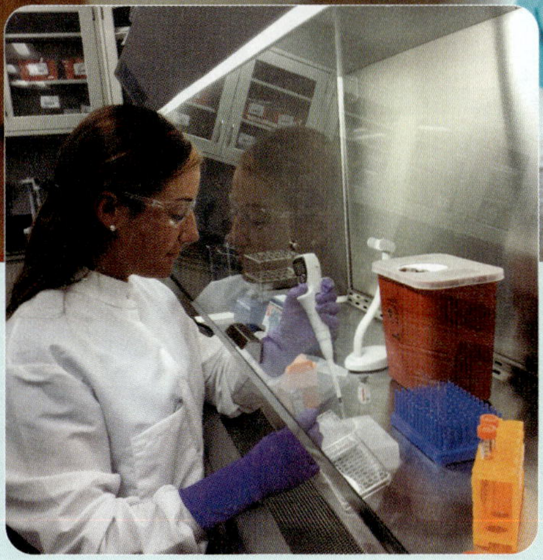

▲ 미생물학자

제약회사에서 근무하는 듀브(Samantha Dube)가 혈우병 환자를 돕는 재조합 약품에 대한 테스트를 수행하고 있다(12.1절 참조).

▲ 의료 카피라이터

파라몬테(Ben Paramonte)는 제약회사 웹사이트를 위한 병원 안내서와 콘텐츠를 작성하고 있다(9.10절 참조).

▲ 법의학자

법의학자는 범죄 현장에서 조직 시료를 수집하고, DNA 감식을 통해 분석한다(12.11절 참조).

CHAPTER 8

생식과 유전의 세포학적 기초

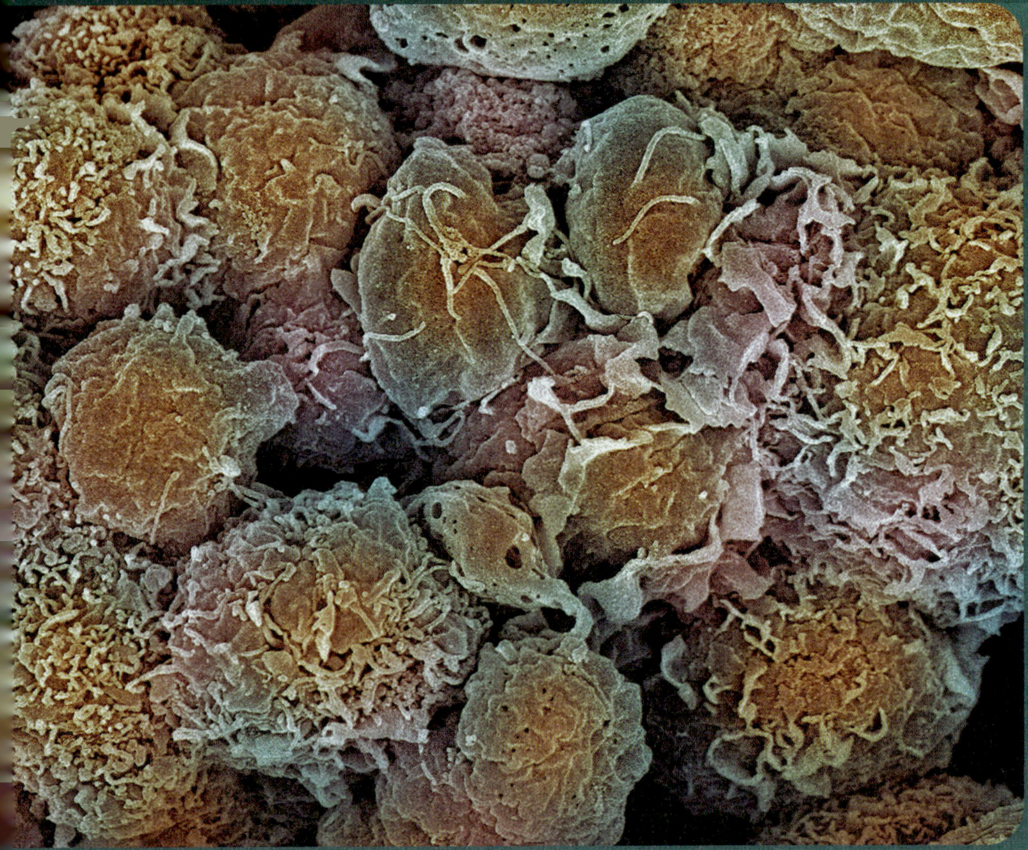

핵심 개요

세포분열과 생식(8.1~8.2)

세포분열은 생명체의 중요한 여러 과정에서 핵심적인 과정이다.

진핵세포의 세포주기와 유사분열(8.3~8.10)

세포는 질서 있고 엄격하게 통제된 분열 과정을 통해 유전적인 복사본을 만든다.

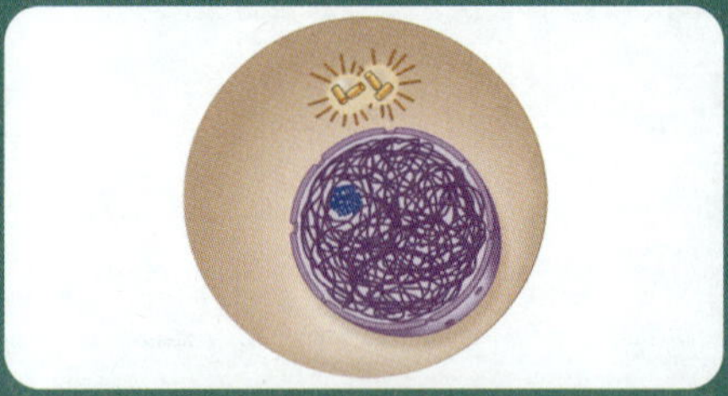

감수분열과 교차(8.11~8.17)

감수분열에 의해 2배체 세포로부터 유전적으로 다양한 반수체 배우자가 생성된다.

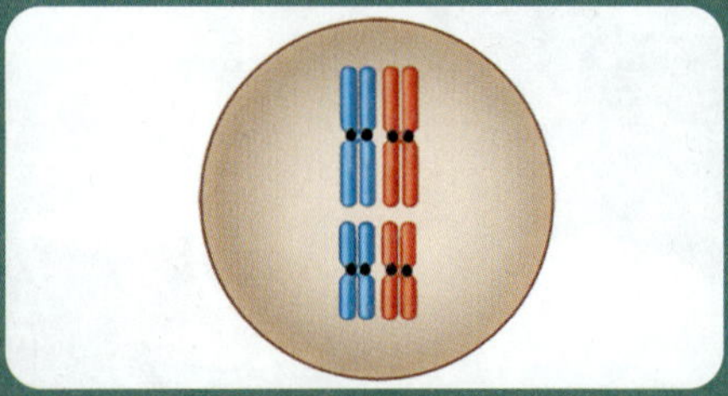

염색체 수와 구조의 변화(8.18~8.23)

세포분열 중의 오류로 인해 비정상적인 수의 염색체를 가진 개체가 만들어질 수 있다.

8.0 암은 과도한 세포분열로 인해 발생한다

가까운 여성으로부터 정기 유방촬영술(유방 X선)에서 0기 유방암이라고 하는 유관상피내암(ductal carcinoma in situ)이 발견되었다는 충격적인 소식이 들려왔다고 상상해 보자. 유관상피내암은 암세포(위 현미경 사진에 보이는 유방암 세포와 같은)가 유방의 유관을 넘어 퍼지지 않은 상태다. 따라서 암은 '제자리(in situ)'에 있으며, 이는 암이 발생한 장소에 그대로 머물러 있음을 의미한다.

암세포는 정상 세포로 시작하지만 돌연변이로 인해 세포분열을 조절하는 능력이 상실된 세포다. 브레이크 없이 내리막길을 질주하는 자동차처럼, 통제되지 않는 체내 세포는 큰 혼란을 일으킬 가능성이 높다. 암세포는 계속 분열하고 퍼져 다른 조직을 침투함으로써 장기의 기능을 방해하므로 결국엔 숙주를 죽일 수 있다. 이 장 후반부에서는 암을 예방하고 치료하는 방법을 살펴본다.

통제되지 않는 세포분열은 해롭지만 정상적인 세포분열은 모든 형태의 생명체에 필수적이다. 모든 다세포 생물의 몸에서 세포분열은 성장과 손상된 세포의 교체뿐만 아니라 배아가 성체로 발달하고 난자와 정자가 형성되는 것을 가능하게 한다. 이 장에서는 세포분열에 대해 논의하고 세포분열이 생물체 내에서 어떠한 기능을 하는지 살펴본다. 아울러 세포분열 과정이 잘못되었을 때 발생하는 건강 문제에 대해서도 알아볼 것이다.

세포분열과 생식

8.1 세포분열은 생명체가 살아가는 데 많은 중요한 역할을 한다

정보 전달 능력은 생물학 연구의 모든 단계를 아우르는 통일된 주제 중 하나다. 이러한 정보의 흐름은 생식에 절대적으로 필요하다. 사람만이 더 많은 사람을 만들 수 있고, 단풍나무만이 더 많은 단풍나무를 만들 수 있는 것은 각 생물종이 세포 수준에서 자신만의 고유한 유전정보를 보유하고 전달하기 때문이다. 세포가 생식 또는 **세포분열(cell division)**을 할 때, 그 결과로 생기는 2개의 '딸'세포는 서로 그리고 원래의 '부모'세포와도 유전적으로 동일하다. (생물학자들은 통상적으로 딸이라는 용어를 사용하는데, 이는 성별을 의미하는 것이 아니다.) 부모세포는 2개로 나뉘기 전에 세포의 유전정보 대부분을 DNA 형태로 담고 있는 구조인 **염색체(chromosome)**를 먼저 복제한다. 그 후 복제된 염색체는 세포분열 중에 한 세트씩 각 딸세포로 분배된다. 일반적으로 딸세포는 원래의 부모세포로부터 동일한 세트의 염색체를 받는다. 따라서 각 자손세포는 유전적으로 서로 동일하고 원래의 부모세포와도 동일하게 된다.

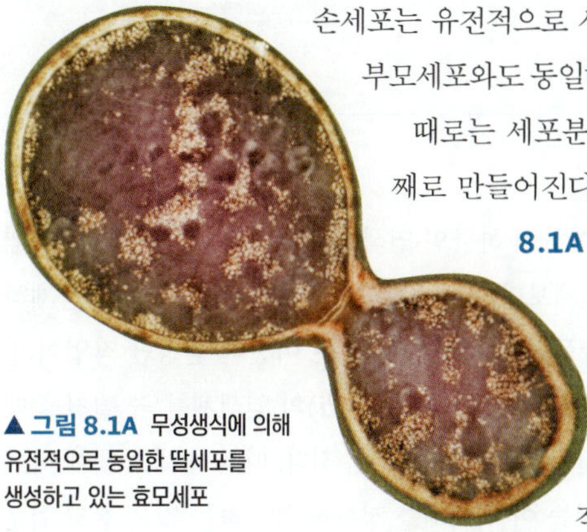

유색 TEM 5,000×

▲ **그림 8.1A** 무성생식에 의해 유전적으로 동일한 딸세포를 생성하고 있는 효모세포

때로는 세포분열에 의해 개체가 통째로 만들어진다. 원핵생물이나 **그림 8.1A**에 있는 진핵세포 효모와 같은 많은 단세포 생물들은 이분법으로 생식하므로 그 자손은 유전적으로 부모의 복사본이다. 이분법은 정자나 난자가 참여하지 않고 한 부모에 의해서 유전적으로 동일한 자손이 생성되는 **무성생식(asexual reproduction)**의 한 예다. 무성생식을 하는 개체는 유전적으로 동일한 개체들의 집단인 **클론(clone)**을 형성한다. 많은 다세포 생물들이 무성생식으로 번식해 클론을 형성할 수 있다. 예를 들어, 일부 종의 불가사리와 많은 화초들은 잘려 나온 조각에서 새로운 개체를 만들어내는 능력을 가지고 있다(**그림 8.1B**와 **C**). 무성생식에는 한 부모와 이로부터 나온 자손이 모두 동일한 유전자를 갖는다는 한 가지 단순한 유전법칙이 있다.

▲ **그림 8.1B** 절단된 팔에서 몸을 재생하고 재생을 통해 무성생식을 하는 불가사리

유성생식(sexual reproduction)은 배우자, 즉 난자와 정자의 융합이 필요하므로 무성생식과 다르다. 배우자 생성에는 생식기관(사람의 정소나 난소)에서만 일어나는 특별한 유형의 세포분열이 관여한다. 배우자에는 자신을 만든 부모세포가 가진 염색체의 절반에 해당하는 염색체만 있으며, 이 염색체들은 독특한 유전자조합을 가지고 있다. 클론과 달리 유성생식에 의해 생성된 자손은, 일반적으로 동일 종의 전혀 상관없는 개체들보다는 자신들의 부모를 많이 닮지만, 자신의 부모나 형제와 똑같지는 않다(일란성 쌍둥이는 예외). 이 자손들은 가족 간에 닮은 점이 있지만, 차이가 있으며 완전한 복사본은 아니다(**그림 8.1D**). 유성생식에 의한 자손

▲ **그림 8.1C** 꺾꽂이 방식의 무성생식을 하고 있는 아프리카 제비꽃(왼쪽의 큰 잎)

◀ **그림 8.1D** 유성생식은 독특한 유전자 조합을 가진 자손을 만든다.

▲ **그림 8.1E** 세포분열 중인 사람의 초기 배아

은 자신의 양쪽 부모로부터 독특한 유전자조합을 물려받으며, 이러한 유일무이한 유전자조합으로 인해 제각기 독특한 조합의 형질을 갖는다. 그 결과 유성생식은 자손들 간에도 큰 변이를 일으킬 수 있다.

다세포 생물에서 세포분열은 배우자 생성 외에도 다른 중요한 역할을 한다. 유성생식으로 번식하는 생물의 경우 단세포인 수정란 또는 접합자는 세포분열에 의해 성체로 발달하게 된다(**그림 8.1E**). 우리 몸에 있는 수많은 세포는 모두가 모체의 몸에서 단 하나의 수정란으로부터 시작하여 반복적인 세포분열을 통해 생겨났다. 개체가 완전히 성장한 후에도 세포분열은 오래되어 닳거나 찢어진 또는 사고로 인해 죽은 세포를 대체하는 재생과 손상복구의 기능을 계속한다. 우리 몸에서는 손상되거나 손실된 세포를 대체하기 위해 매초 수백만 개의 세포가 분열해야 한다(**그림 8.1F**). 예를 들어, 우리 몸의 피부 표면에서 벗겨져 나가는 죽은 세포를 대체하기 위해 표피세포들은 끊임없이 세포분열을 한다.

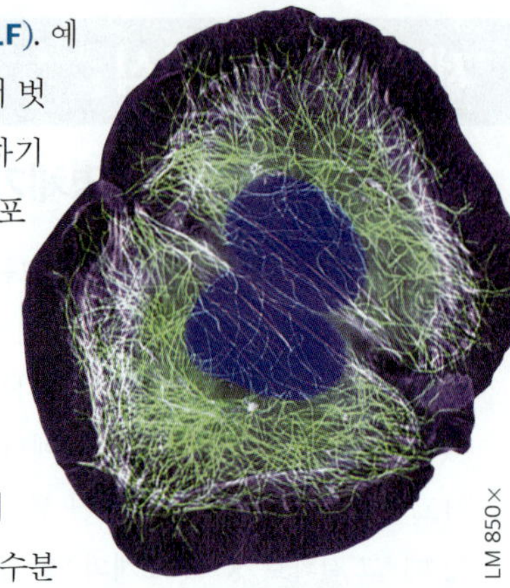

▲ **그림 8.1F** 세포분열 중인 사람의 콩팥세포

다세포 생물에서 성장과 유지 그리고 무성생식에 관여하는 세포분열 유형은 유사분열 과정이며, 난자와 정자의 생성에는 특별한 유형의 세포분열인 감수분열이 관여한다. 이 장의 나머지 부분에서는 유사분열과 감수분열에 대해 자세히 알아볼 것이다. 먼저 원핵세포의 세포분열부터 간략히 살펴보자.

? 완전히 성장한 사람 세포는 왜 계속 분열할까?

■ 지속적으로 조직을 재생하고 수선하며 생식을 위한 배우자를 생성하기 위해서

8.2 원핵생물은 이분법으로 번식한다

원핵생물(단세포 박테리아 및 고세균)은 '반으로 나눈다'는 뜻의 **이분법(binary fission)**이라는 세포분열 방식으로 증식한다. 전형적인 원핵세포에서 대부분의 유전자는 하나의 원형 DNA 분자에 존재하며, 이 DNA가 단백질과 결합하여 하나의 염색체를 구성한다. 원핵세포의 염색체가 진핵세포 염색체보다 훨씬 작기는 하지만, 이를 제대로 복제하여 2개의 딸세포로 균등하게 분배하는 것은 여전히 엄청난 작업이다. 예를 들어, 대장균(*Escherichia coli*, *E. coli*)의 염색체를 쭉 펼쳤을 때의 길이는 자신의 몸길이보다 약 500배 더 길다. 따라서 세포 내에 나선처럼 감겨 압축되어 있는 이 염색체를 정확히 복제하는 것은 결코 쉬운 작업이 아니다.

그림 8.2A는 원핵생물의 이분법을 보여준다. ❶ 염색체 복제가 진행되면서 복제된 염색체 하나는 세포의 반대쪽 끝으로 이동한다. ❷ 그 사이 세포가 신장한다. ❸ 염색체 복제가 완료되고 박테리아가 초기 크기의 약 두 배에 도달하면 원형질막이 안쪽으로 함입하고 더 많은 세포벽이 만들어져 결국 부모세포가 2개의 딸세포로 나뉜다(**그림 8.2B**).

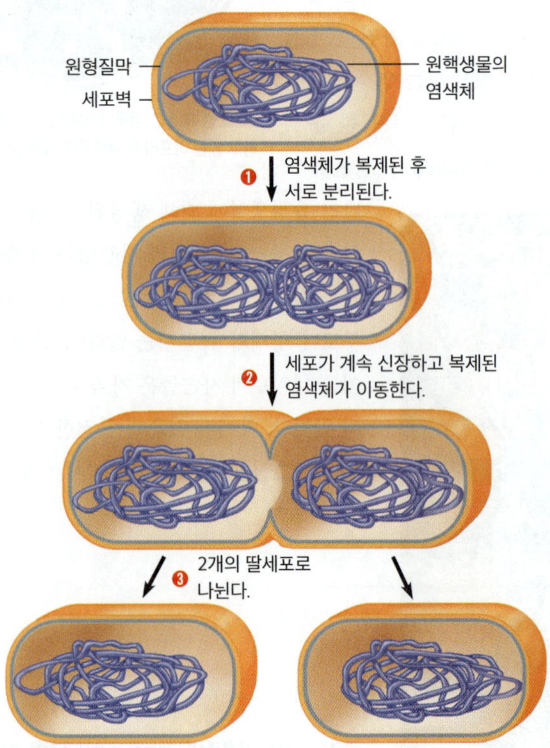

▲ **그림 8.2A** 원핵세포의 이분법

? 이분법이 무성생식으로 분류되는 이유는 무엇인가?

■ 유전적으로 동일한 자손들이 한 부모로부터 DNA를 물려받기 때문이다.

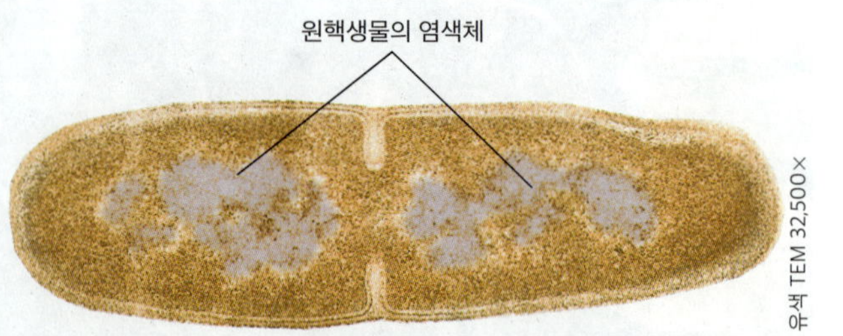

▲ **그림 8.2B** 분열 후반 단계에 있는 박테리아의 전자현미경 사진

진핵세포의 세포주기와 유사분열

8.3 진핵세포의 크고 복잡한 염색체는 세포가 분열할 때마다 복제된다

일반적으로 진핵세포는 원핵세포보다 더 복잡하고 훨씬 크다. 또한 진핵세포에는 대개 개체의 유전형질을 결정하는 정보 단위인 유전자가 훨씬 더 많다. 예를 들어, 전형적인 박테리아는 유전자가 3,000개에 불과하나, 사람의 유전자는 거의 21,000개에 달한다. 사람을 포함하여 다른 모든 진핵생물의 세포에 있는 거의 모든 유전자는 세포의 핵 안에 있으며, 여러 개의 염색체에 나누어 존재한다. (예외적으로 미토콘드리아와 식물의 엽록체 내의 작은 DNA 분자에 일부 유전자가 있다.) 진핵생물은 종마다 각 세포의 핵에 고유한 수의 염색체를 가지고 있다. 예를 들어, 사람의 체세포는 46개의 염색체를 가지고 있는 반면, 개의 체세포는 78개, 고슴도치의 체세포는 90개의 염색체를 가지고 있다.

진핵생물의 각 염색체는 수백 또는 수천 개의 유전자를 갖고 있는 하나의 긴 DNA 분자와 DNA 분자에 결합하고 있는 수많은 단백질로 구성되어 있다. 단백질은 염색체의 구조를 유지하고 유전자의 활성을 조절하는 데 도움을 준다. 거의 같은 양의 DNA와 단백질로 이루어진 전체 복합체를 **염색질(chromatin)**이라고 한다.

염색질은 대부분 시간 동안 길고 가느다란 섬유 뭉치가 퍼져 있는 형태로 존재하는데, 이를 쭉 펼쳐놓으면 너무 길어서 세포의 핵 안에 들어갈 수 없다. 실제로 우리 몸의 세포 단 하나에 들어 있는 DNA의 총길이는 우리의 키를 훌쩍 넘는다. 염색질은 너무 가늘어서 광학현미경으로는 볼 수 없다.

세포가 분열을 준비할 때 염색질은 나선처럼 감겨, 광학현미경으로도 관찰이 가능한 치밀하고 뚜렷한 염색체가 된다. 세포의 염색체가 이런 식으로 압축되어야 하는 이유는 무엇일까? 우리가 이사를 가야 한다고 상상해 보자. 우리 소지품들이 집 안 곳곳에 너저분하게 흩어져 있을 경우, 이사를 가려면 이 물건들을 다 모아 작은 상자에 정리해 넣어야 분류와 운반이 용이해질 것이다. 마찬가지로 세포도 분열하기 전에 자신의 모든 DNA를 관리하기 쉬운 꾸러미로 압축해야 한다. **그림 8.3A**는 분열을 막 시작하려고 하는 식물 세포의 현미경 사진으로, 진한 보라색 실 같은 것 하나하나가 단백질을 감고 있는 하나의 DNA 분자로 이루어진 염색체다.

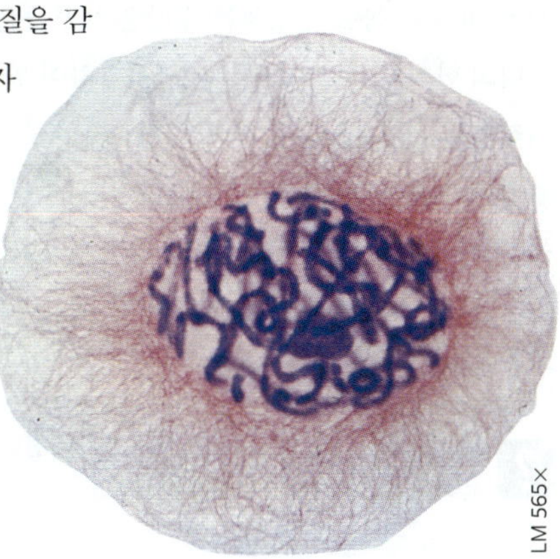

▶ **그림 8.3A** 세포분열 직전의 아프리카 혈백합(*Scadoxus multiflorus*) 세포

진핵세포의 염색체는 응축과 세포분열이 시작되기 전에 먼저 복제된다. 각 염색체의 DNA 분자가 복제된 후에(10장에서 학습), 필요에 따라 새로운 단백질 분자가 결합하여 염색체의 구조를 유지하고 유전자를 조절한다. 그 결과 각각의 염색체는 원래의 염색체와 똑같은 복사본인 **자매염색분체(sister chromatid)** 2개로 이루어지게 된다(**그림 8.3B**). 두 자매염색분체는 단백질에 의해 길이를 따라 서로 붙어 있으며, 가장 가까운 곳은 **동원체(centromere)**라고 하는 부위다(그림에서 각 염색체의 가운데 부분에 있는 잘록해진 '허리' 부위).

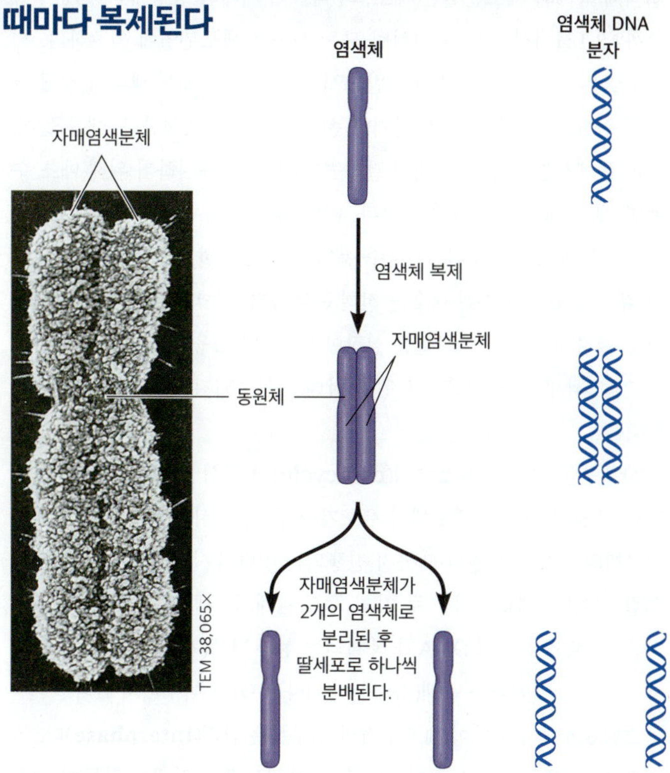

▲ **그림 8.3B** 염색체 복제와 분배

세포가 분열할 때 복제된 염색체의 자매염색분체들이 서로 분리된다. 일단 자매염색분체가 자신의 자매로부터 분리되면 이를 염색체로 간주하며, 이 염색체는 처음 세포분열을 시작할 때의 염색체와 동일하다. 분열 중에 새로 분리된 염색체 중 하나는 하나의 딸세포로 가고 또 다른 하나는 다른 딸세포로 간다. 최종적으로 각각의 딸세포는 완전하고 동일한 염색체 세트를 갖게 된다. 예를 들면, 사람의 경우 분열 중인 전형적인 세포는 46개의 복제된 염색체(따라서 92개의 염색분체)를 가지며, 분열이 끝난 결과 만들어지는 2개의 딸세포는 각각 46개씩의 염색체를 갖는다.

? 염색체가 2개의 동일한 염색분체로 되어 있는 시기는 언제인가?

■ 세포가 분열을 준비하고 있을 때와 염색체가 복제되었지만 복사본이 실제로 분리되기 전

8.4 세포주기에는 성장 및 분열 단계가 포함된다

염색체 복제와 세포분열은 세포, 더 나아가 개체의 생명에 어떻게 부합할까? 8.1절에서 설명한 것처럼 모든 생물은 세포분열에 의존한다. 세포분열은 모든 생물의 생식에 반드시 필요하며, 다세포 생물이 성체 크기로 성장할 수 있게 하고, 낡거나 손상된 세포를 대체한다. 예를 들어, 우리 몸에서는 약 200조 개에 달하는 세포 수를 유지하기 위해 매초 수백만 개의 세포가 분열해야 한다. 어떤 세포는 하루에 한 번 분열하지만, 일부 세포는 그보다 덜 자주 분열하며, 성숙한 근육이나 신경세포와 같이 고도로 분화된 세포는 전혀 분열하지 않는다. 일부 성숙한 세포가 분열하지 않는다는 사실은 심장마비로 심장근육이 죽거나 뇌졸중으로 인해 뇌세포가 죽으면 왜 원래 상태로 복구되지 못하는지를 설명해준다.

세포분열 과정은 **세포주기(cell cycle)**의 핵심 구성요소다. 세포주기는 분열 중인 부모세포에서 세포가 처음 생긴 시점에서부터 이 세포가 2개의 세포로 분열할 때까지 진행되는 일련의 사건들을 순서대로 나열한 것이다. 세포주기는 두 가지 주요 단계, 즉 세포질의 모든 물질이 약 두 배로 증가하고 DNA가 복제되는 성장 단계(간기라고 함)와 실제 세포분열이 일어나는 단계(유사분열기라고 함)로 이루어져 있다.

그림 8.4에서 보듯이 세포주기의 대부분은 **간기(interphase)**다. 이 기간 동안 세포는 정상적인 기능을 수행하므로 물질대사 활동이 매우 활발하다. 예를 들어, 작은창자에 있는 세포는 소화효소를 분비하고 영양분을 흡수한다. 창자세포는 또한 간기에 세포질을 많이 만들고, 소화단백질 공급을 늘리며, 미토콘드리아와 리보솜 같은 세포소기관을 더 많이 만들므로 세포가 커진다. 또한 이 기간 동안 염색체도 복제된다. 통상적으로 간기는 세포주기에 필요한 전체 시간 중 적어도 90%를 차지한다.

간기(그림의 베이지색 부분)는 다시 세 가지 하위 단계, 즉 G_1기('첫 번째 공백기'), S기(DNA '합성기' 또는 DNA 복제기), G_2기('두 번째 공백기')로 나눌 수 있다. G기에 있는 세포들은 매우 활동적이고 간기 기간 내내 성장하므로 이 시기를 '공백기'라고 부르는 것은 잘못된 명칭이다. 염색체는 S기에 복제되며, S기는 통상적으로 간기의 약 절반을 차지한다. S기 초기에는 각각의 염색체가 단일체지만, DNA 복제가 일어난 S기 말기에는 염색체가 배로 증가하며, 각각은 길이를 따라 연결된 2개의 자매염색분체로 구성된다. G_2기에는 세포가 세포분열을 위한 준비를 완료한다.

유사분열기(mitotic phase, M기: 그림의 파란색 부분)는 세포가 물리적으로 나뉘는 세포주기의 한 부분이다. 유사분열기는 세포주기에 소요되는 전체 시간의 약 10%를 차지한다. 유사분열기는 서로 겹치기는 하지만, 유사분열 단계와 세포질분열 단계로 나뉜다. **유사분열(mitosis)** 단계에서는 핵과 그 안의 내용물, 특히 가장 중요한, 복제된 염색체가 나뉘어 2개의 딸핵으로 분배된다. **세포질분열(cytokinesis)** 단계는 대개의 경우 유사분열이 끝나기 전에 시작하며 세포질이 둘로 나뉘는 시기다. 유사분열과 세포질분열 결과 유전적으로 동일한 2개의 딸세포가 생성되며, 각각의 딸세포는 하나의 핵과 세포소기관들이 들어 있는 세포질과 원형질막을 갖는다. 새로 생성된 각각의 딸세포는 G_1기를 거쳐 세포주기를 반복할 수 있다.

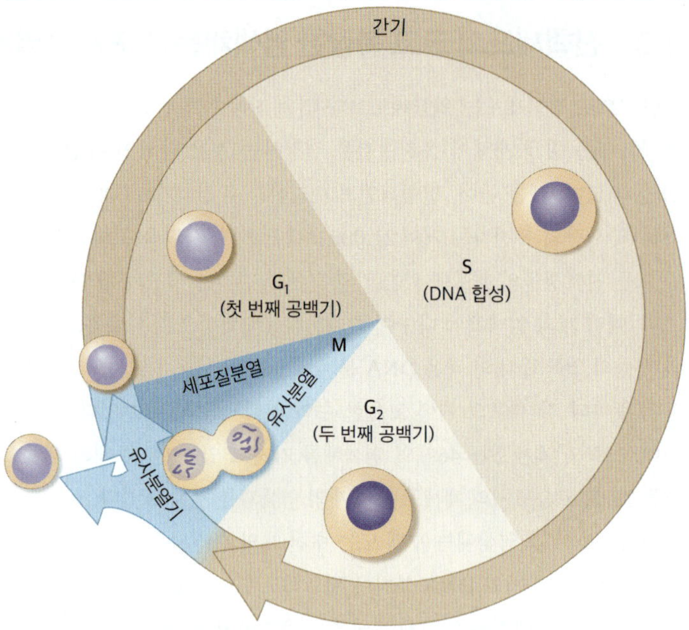

▲ **그림 8.4** 진핵세포의 세포주기. 각 조각의 상대적인 크기는 전형적인 사람 세포가 해당 단계에서 보내는 시간을 대략적으로 나타낸다.

유사분열은 진핵생물에만 있으며, 전체 염색체 세트의 동일한 복사본을 두 딸세포로 분배하는 문제에 대한 해결책으로 진화한 것으로 생각된다. 유사분열은 놀랍도록 정확하게 일어난다. 예를 들어, 효모를 이용한 실험에 따르면 염색체 분배의 오류는 약 10만 번의 세포분열당 단 1건 정도 발생한다.

우리 몸이 발달하려면 유사분열이 매우 정확히 일어나야 한다. 우리 몸은 하나의 세포로 시작되었으며, 유사분열은 우리 몸의 모든 세포가 원래의 세포에 있던 46개 염색체의 복사본을 똑같이 받게 한다. 따라서 현재 우리 몸을 구성하는 수많은 세포들은 모두 아버지의 정자와 어머니의 난자가 출생 약 9달 전에 융합하여 만들어진 최초의 세포로부터 시작하여 유사분열을 통해 만들어졌다.

살아 있는 세포를 광학현미경으로 관찰하면 유사분열기가 진행되는 동안 염색체와 그 외 다른 구조들의 모양이 급격히 변하는 것을 볼 수 있다. 다음 절에서는 이러한 눈에 보이는 변화들을 유사분열 단계의 지침으로 이용할 것이다.

? 세포를 DNA 합성이 시작되지 못하게 하는 화학물질로 처리하면, 이 세포는 세포주기의 어느 단계에 머무르게 될까?

■ G_1기

8.5 세포분열은 역동적인 변화의 연속이다

그림 8.5는 도롱뇽으로부터 얻은 세포의 현미경 사진(염색체는 파란색, 그리고 방추사는 녹색으로 염색됨)과 염색체가 4개인 가상의 동물세포 그림을 이용하여 세포주기를 설명하고 있다. 그림에서 간기도 보여주지만, 주로 세포분열의 유사분열기에 일어나는 극적인 변화에 중점을 두고 있다. 유사분열은 연속적인 과정이지만, 생물학자들은 **전기**(**prophase**), **전중기**(**prometaphase**), **중기**(**metaphase**), **후기**

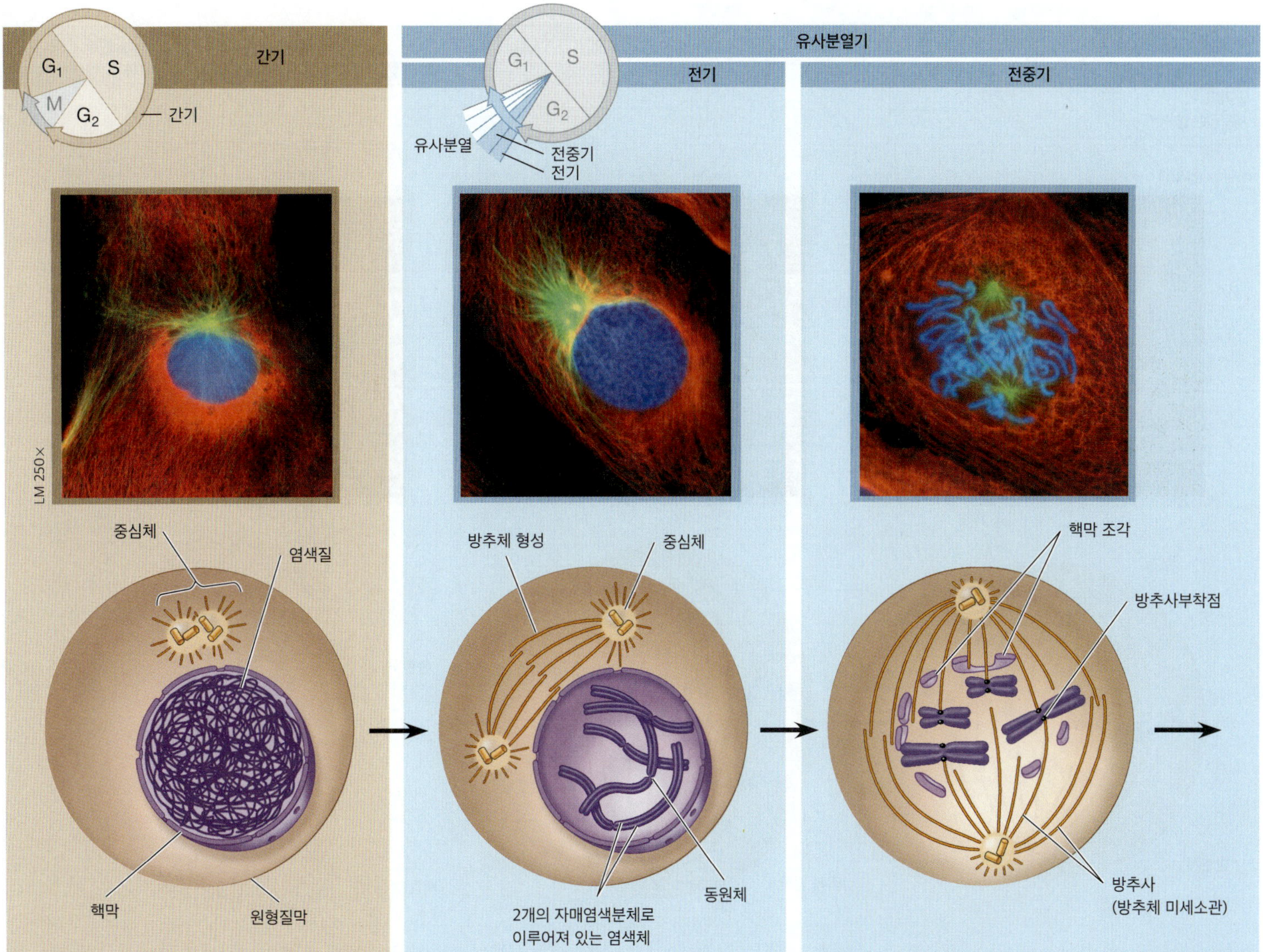

간기 간기는 세포가 새로운 분자들과 세포내소기관을 합성하는 세포성장기이다. 위 그림에서의 세포분열 시점은 간기 끝인 G_2기로, 세포 내용물 대부분이 초기에 비해 두 배로 증가하였고, 세포질에 2개의 중심체가 있다. 핵에 있는 염색체는 복제되었지만, 아직 느슨하게 응축된 염색질 형태이므로 염색체들이 개별적으로 뚜렷이 구분되지는 않는다.

전기 전기에는 핵과 세포질 모두에 변화가 있다. 핵에서는 염색사가 더 단단히 감기고 접혀, 광학현미경으로도 관찰이 가능한 개별적인 염색체로 된다. 복제된 각각의 염색체는 동일한 자매염색분체들이 길이를 따라 길게 결합하고 있다. 세포질에서는 중심체로부터 미세소관이 빠르게 자라나와 방추체가 형성되며, 중심체는 서로 반대 방향으로 이동하기 시작한다.

전중기 핵막이 조각조각 나뉘어 사라지며, 방추체의 극(양끝)에 있는 중심체에서 나온 미세소관이 핵 부근까지 뻗어 염색체에 도달하게 된다. 각 자매염색분체는 동원체에 방추사부착점(검은색 점으로 표시된 부분)이라는 단백질 구조를 가지고 있다. 방추사들 중 일부는 방추사부착점에 부착하여 염색체를 동요시키며, 나머지 방추사들은 반대편 극에서 나온 방추사들과 접촉한다. 방추사와 연관된 단백질들이 염색체를 세포의 중앙으로 이동시킨다.

▲ **그림 8.5** 유사분열에 의한 세포분열 단계

시도해 보기 염색체가 6개인 세포의 유사분열 단계를 간단한 그림으로 설명해 보자.

(**anaphase**), **말기**(**telophase**)의 5단계로 구분한다.

염색체는 유사분열 과정의 핵심이다. 염색체들의 이동은 미세소관 섬유와 관련 단백질로 이루어진 축구공 모양의 구조인 **방추체**(**mitotic spindle**)에 의존하며, 이를 통해 두 세트의 딸 염색체 분리가 유도된다. 방추체를 이루는 미세소관인 방추사는 진핵세포의 세포질에 있는 미세소관형성 부위인 **중심체**(**centrosome**)로부터 만들어진다.

? 유사분열 중인 세포는 중기와 전기 동안 어떻게 다른가?

■ 염색체는 두 단계 모두에서 응축되어 있지만 중기에만 정렬된다.

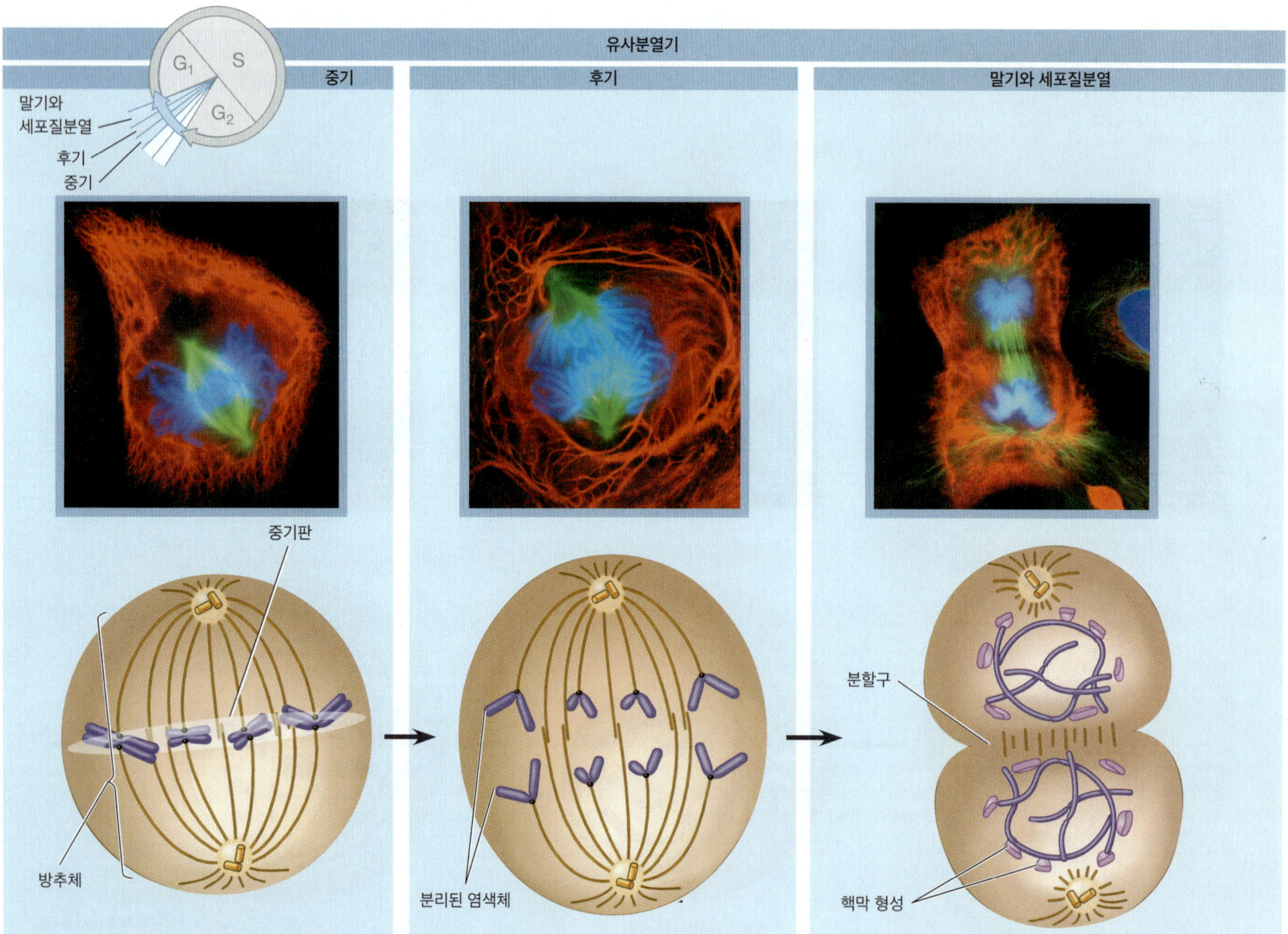

중기 중기에는 방추체가 완전히 형성되며, 방추극이 세포의 양쪽 끝에 위치한다. 염색체들이 두 방추극으로부터 같은 거리에 위치하는 가상의 판인 중기판(metaphase plate)에 일렬로 배열된다. 모든 염색체의 동원체들도 적도면에 나란히 배열된다. 각 염색체마다 2개의 자매염색분체에 있는 방추사부착점은 각기 마주 보는 극에서 오는 방추사에 결합한다.

후기 후기는 각 염색체의 두 동원체가 갈라져 자매염색분체들을 서로 분리시키는 것으로 시작한다. ATP를 에너지원으로 하는, 방추사부착점에 있는 운동단백질은 새로 분리된 딸염색체를 동원체로부터 미세소관을 따라 세포의 양극을 향해 '걸어가게 한다.' 이로 인해 방추사부착점에 부착한 방추사가 짧아진다. 그러나 염색체에 부착하지 않은 방추사는 더 길어진다. 그 결과 세포의 양극이 서로 더 멀리 떨어져 세포가 길어진다. 후기 말에는 세포의 양극에 동일한 염색체들이 모이게 된다.

말기 후기에 시작된 세포 신장이 계속된다. 염색체 주위에 핵막이 형성되면서 세포의 양극에 딸핵이 나타난다. 염색체와 방추체 구조 측면에서 볼 때, 말기는 전기의 거의 반대다. 말기 끝에, 염색체가 풀리고 방추체가 사라진다. 하나의 핵이 유전적으로 동일한 2개의 딸핵으로 나뉘면 유사분열이 끝나게 된다.

세포질분열 세포질이 나뉘는 세포질분열은 대부분 말기와 동시에 일어나며, 유사분열이 끝나자마자 2개의 딸세포로 완전히 분리된다. 동물 세포의 경우에는 분할구가 형성되어 세포가 둘로 나뉜다.

8.6 식물 세포와 동물 세포는 세포질분열 방식이 서로 다르다

앞 절에서 설명했듯, 세포질분열은 일반적으로 말기와 겹쳐 일어난다. 식물 세포와 동물 세포 간의 차이점, 특히 식물 세포에는 있지만 동물 세포에는 없는 견고한 세포벽을 고려할 때 이들 두 가지 유형의 진핵세포에서 세포질분열이 서로 다르게 진행된다는 것은 놀라운 일이 아니다.

동물 세포의 경우 세포질분열은 **분할(cleavage)**로 시작된다. **그림 8.6A**에서 볼 수 있듯, 동물 세포에서 분할의 첫 번째 징후로 세포 표면에 얕은 홈인 **분할구(cleavage furrow)**가 나타난다. 분할구 부분의 세포질에는 미오신 분자와 연관된 액틴으로 이루어진 고리모양의 미세섬유가 있다. (이 액틴과 미오신은 근육수축을 담당하는 단백질과 동일한 단백질이다. 30.8절 참조) 액틴 미세섬유가 미오신과 상호작용하면 고리가 수축한다. 액틴 고리의 수축은 후드티의 조임끈을 당기는 것과 유사하다. 즉, 조임끈을 당기면 옷의 고리가 안쪽을 향해 좁아져 여며지듯 분할구가 점점 더 깊어지며, 결국 부모세포가 둘로 나뉘어 2개의 완전히 독립적인 딸세포가 만들어진다. 생성된 세포는 제각각 자신의 고유한 핵과 세포질을 갖는다.

식물 세포에는 수축을 방해하는 견고한 세포벽이 있어 세포질분열 방식이 현저하게 다르다(**그림 8.6B**). 말기 동안 세포벽 구성성분을 포함하는 막성 소포가 부모세포의 중앙에 모이고, 이 소포들이 서로 융합하여 **세포판(cell plate)**으로 불리는 막으로 된 판을 형성한다. 더 많은 소포들이 세포판과 융합함에 따라 더 많은 세포벽 구성물질이 축적되므로 세포판이 점점 더 바깥쪽으로 확장한다. 궁극적으로 세포판의 막이 원형질막과 융합하고 세포판에 들어 있는 구성물질이 부모세포의 세포벽과 합해지며, 그 결과 각각 고유한 원형질막과 세포벽으로 둘러싸인 2개의 딸세포가 만들어진다.

? 동물 세포의 세포질분열과 식물 세포의 세포질분열을 비교해 보자.

■ 동물 세포의 경우, 세포질분열은 미세섬유가 수축하여 세포를 2개로 나누는 분할구가 관여한다. 식물 세포에서는 소포들이 융합하여 세포판이 형성됨으로써 세포들 사이에 새로운 원형질막과 세포벽이 형성된다.

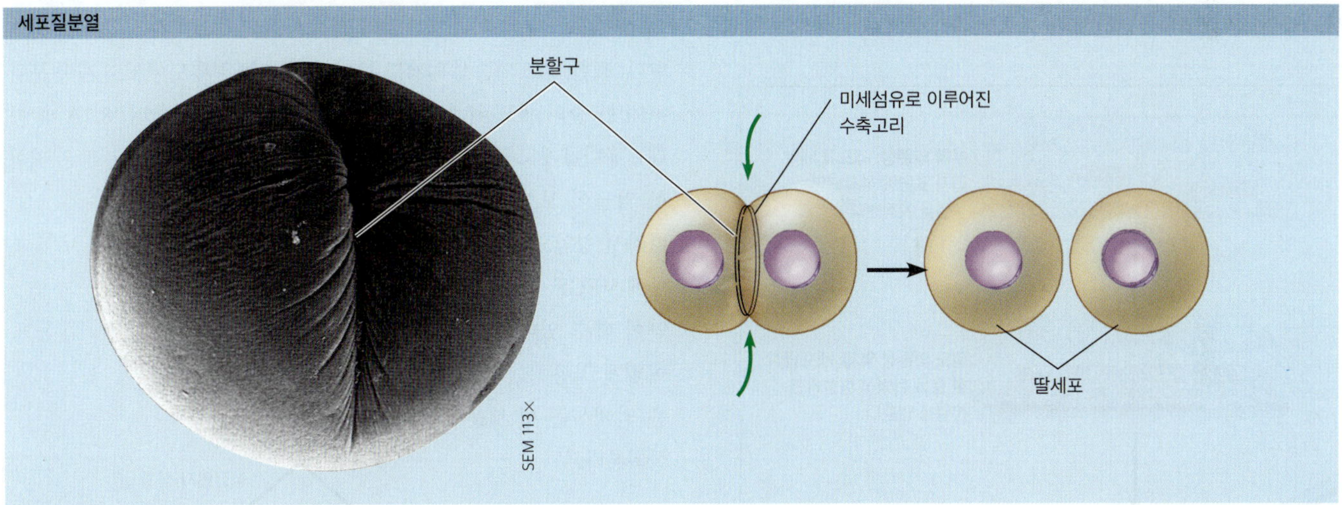

▲ **그림 8.6A** 동물 세포의 분할

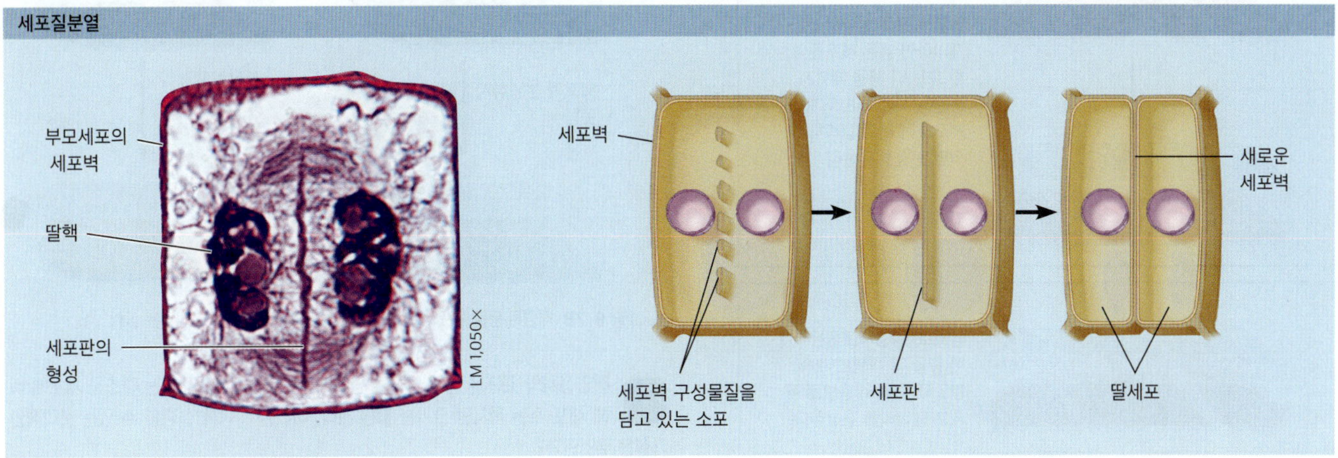

▲ **그림 8.6B** 식물 세포에서의 세포판 형성

8.7 세포분열 속도는 환경요인의 영향을 받는다

식물이나 동물이 성장하고 정상적으로 발달하며, 성장이 완료된 후에도 조직을 그대로 유지하려면 신체 각 부위의 세포분열 시기가 면밀히 조절되어야 한다. 예를 들어, 피부세포와 소화관 안을 감싸는 세포는 끊임없이 마모되고 벗겨지므로 이 세포들은 새로운 세포로 대체하기 위해 자주 분열한다. 반면에 간세포는 일반적으로 간이 손상되지 않는 한 분열하지 않으며, 근육세포와 같은 세포는 절대 분열하지 않는다.

연구진들은 동물 세포를 배양, 즉 체외의 실험실 성장배지에서 성장시킴으로써 세포분열에 영향을 미치는 화학적 및 물리적 요인을 다수 확인할 수 있었다. 예를 들어, 대부분의 동물 세포는 배양접시의 내부나 조직의 세포외바탕질 같은 단단한 표면과 접촉해야만 분열하는 **부착 의존성(anchorage dependence)**을 보인다. 성장 속도를 조절할 수 있는 또 다른 물리적 요인은 세포가 밀집되면 분열을 멈추는 현상인 **밀도 의존성 억제(density-dependent inhibition)**다(**그림 8.7A**). 배양접시 표면에서 자라는 동물 세포는 세포가 단층을 이룰 때까지는 분열을 계속하지만, 세포들이 서로 접촉하게 되면 분열을 멈춘다. 그러나 일부 세포가 제거되면 빈 공간에 접한 세포는 다시 분열을 시작하며, 분열은 빈 공간이 채워질 때까지 계속된다. 실제로 성장을 억제하는 요인은 무엇일까? 세포배양 연구에서 인접한 세포들 간에 세포 표면의 단백질이 물리적으로 접촉하게 되면 세포분열이 억제되는 것으로 나타났다.

화학적 요인 또한 세포성장 속도에 영향을 줄 수 있다. 예를 들어, 실험실에서 세포를 배양할 때 배지에 필수영양소가 결핍된 경우 세포는 분열하지 못한다. 또한 대부분의 포유류 세포들은 **성장인자(growth factor)**라는 특정 단백질이 존재할 때만 분열한다(**그림 8.7B**). 수십 가지의 다양한 성장인자가 발견되었으며, 세포는 세포의 유형에 따라 특정 성장인자 또는 성장인자들의 조합에 특이적으로 반응한다. 예를 들어, 혈관내피세포성장인자(vascular endothelial growth factor, VEGF)로 불리는 단백질은 태아 발달 중에 그리고 손상된 이후의 새로운 혈관성장을 촉진한다.

적절한 세포분열이 우리 건강에 얼마나 중요한지는 조절 기능이 상실되면 어떤 일이 일어나는지 생각해 보면 명확해진다. 암성 세포는 정상 체세포와 달리 앞에서 설명한 조절 양상을 보이지 않는다. 예를 들어, 암세포는 부착 의존성이 없어 적절한 표면에 부착하지 않고도 분열한다. 또한 밀도 의존성 억제도 보이지 않아 높은 밀도에서도 계속 분열하여 한 층의 세포 위에 또 다른 세포를 쌓을 수 있다(그림 8.7A 맨 아래). 흥미롭게도 혈관성장 촉진인자인 VEGF의 과잉생성은 많은 위험한 암들이 보이는 특징이다. 따라서 항암요법에 쓰이는 약 중에 VEGF 작용을 억제하는 약이 다수 있다. 성장인자는 어떻게 작용하는 것일까? 다음 절에서는 이 질문에 대해 살펴본다.

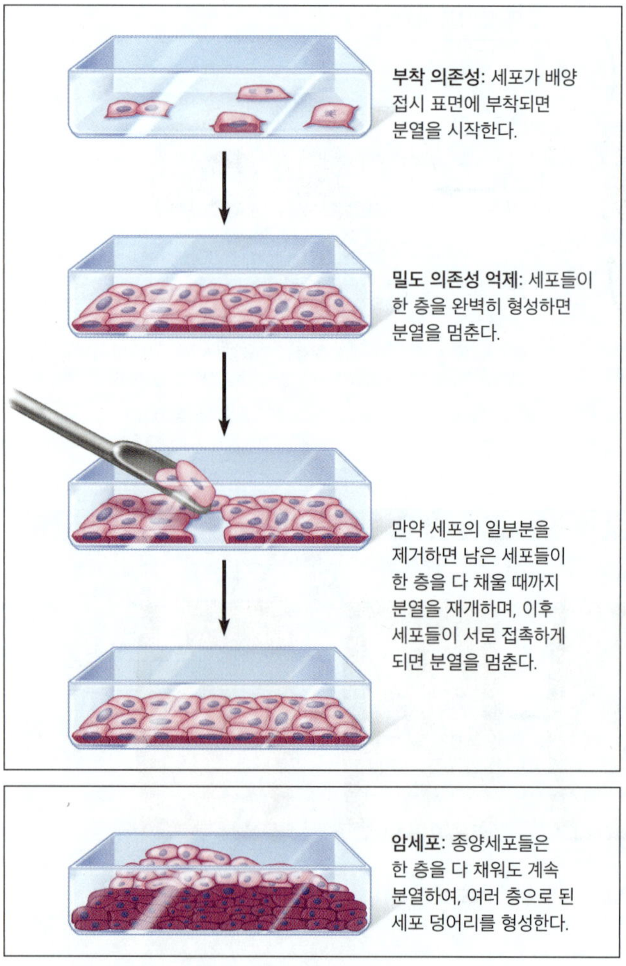

▲ **그림 8.7A** 동물 세포 배양을 이용한 밀도 의존성 억제 실험

▲ **그림 8.7B** 배양된 동물 세포의 분열에 대한 성장인자의 효과를 보여주는 실험

? 배양접시의 표면을 덮어 성장을 멈추게 한 실험군 배양세포는 대조군 세포에 비해 세포 수는 적지만 크기는 훨씬 크다. 이러한 차이를 설명할 수 있는 합리적인 가설은 무엇인가?

■ 실험군 배양접시의 세포에는 하나 또는 그 이상의 성장인자가 결핍되어 있기 때문이다.

8.8 성장인자는 세포주기조절계에 신호를 보낸다

세포의 증식 행동은 세포의 분열 여부와 상관없이 다양한 많은 분자들 간의 상호작용에서 비롯한다. 살아 있는 동물에서 대부분의 세포는 정해진 위치에 고정되어 있으며, 혈액이 운반해 온 영양분이 함유된 용액에 담겨 있다. 그럼에도 불구하고 이들 세포는 다른 세포로부터 분열하라는 신호를 받지 않으면 분열하지 않는다. 성장인자가 주요 신호이며, 세포분열을 촉진하는 성장인자의 역할을 이해하기 위해 앞에 설명한 세포주기에 대해 다시 살펴보자.

그림 8.8A에 있는 세포주기의 순차적인 사건들은 그림 중앙에 회색 원으로 표시된 세포주기조절계에 의해 지시된다. 원 중앙에서 뻗어 나간 얇은 회색 막대는 세포주기의 현재 위치를 나타낸다. **세포주기조절계(cell cycle control system)**는 세포주기의 주요 사건을 촉발하고 통합조정하는 일련의 분자들이다. 세포주기는 줄지어 넘어지는 도미노 같은 것이 아니라 각 사건이 다음 사건을 유발한다. 예를 들어, 유사분열 중에 중기가 완료되어도 자동으로 후기로 이어지지 않는다. 대신 세포주기조절계의 단백질이 후기가 시작하도록 유발해야 한다.

대다수 동물 세포의 기본 상태는 이 확인지점에 세포주기를 멈추게 하는 정지신호가 내장되어 있으며, 이 정지상태는 주기를 계속해서 진행하라는 성장인자단백질 형태의 특정 신호가 전달될 때까지 지속된다.

그림 8.8A의 빨간색과 흰색 차단기는 세포주기에 있는 3개의 주요 확인지점(checkpoint)으로, 간기의 G_1과 G_2 그리고 M기에 있다. 조절계에 의해 감지된 세포 내 신호는 각 지점까지의 주요 세포 과정이 완료되었는지, 따라서 세포주기가 해당 지점을 지나서 계속 진행되어야 하는지 여부를 알려준다. 조절계는 또한 환경 조건과 성장인자의 존재와 같은 세포 외부로부터의 신호를 수신한다. 대부분의 세포에게 G_1 확인지점은 세포분열 과정 중 가장 중요한 확인지점이다. 세포가 G_1 확인지점에서 진행신호를 받으면 보통 세포는 S기로 진입하여 최종적으로 세포주기를 완료하고 분열하게 된다. 만약 이러한 신호가 도달하지 않으면 세포는 영구적으로 분열하지 않는 상태인 G_0기로 진입하게 된다. 성숙한 신경세포나 근육세포 같은 우리 몸에 있는 많은 세포는 G_0기에 머물고 있다.

그림 8.8B는 G_1 확인지점에서 성장인자가 세포주기조절계에 어떤 영향을 미칠 수 있는지를 보여주는 단순화된 모델이다. 성장인자에 반응하는 세포는 원형질막에 특정 수용체단백질을 가지고 있다. 성장인자(▼)와 수용체(●)의 결합은 세포 내 신호전달경로를 촉발한다. 신호전달경로는 신호를 전달하는 일련의 단백질 분자들이다(5.1절과 11.10절 참조). 그림에서는 신호가 세포분열을 유도하는 '진행 신호'인 경우다. '신호'란 각 단백질 분자가 경로에 있는 다음 분자에 유도하는 변화이다. 신호는 일련의 연계단백질(relay protein)을 통해 최종적으로 세포주기조절계에 도달하며, 이로써 세포주기의 진행을 막고 있던 브레이크 작용이 무효화된다.

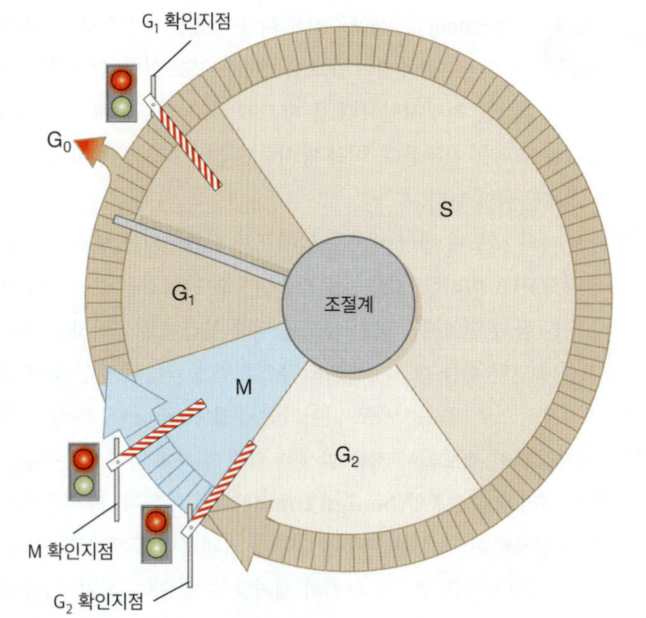

▲ **그림 8.8A** 세포주기조절계의 개략적인 모델

세포주기조절에 대한 연구는 오늘날 생물학에서 가장 중요한 분야 중 하나로, 다음 절에서 알아볼 암에 대해 더 이해할 수 있게 해준다.

? 이번 절에서 설명한 세 가지 확인지점 중 염색체가 복제된 자매염색분체 상태로 존재하는 지점은 어느 곳인가?

■ G_2 및 M 확인지점

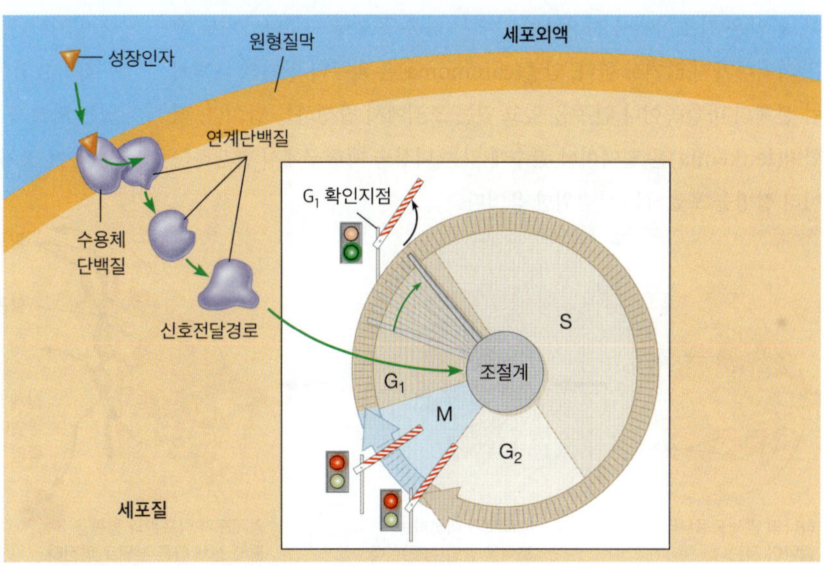

▲ **그림 8.8B** 성장인자가 세포주기조절계에 신호를 보내는 방법

8.9 무절제하게 자라는 암세포는 악성종양을 일으킨다

연결 암(cancer)은 세포주기에 이상이 생긴 질병으로, 현재 미국인 5명 중 1명이 암으로 생명을 잃고 있다. 암세포는 세포주기를 조절하는 정상적인 신호를 따르지 않고 과도하게 분열하여 신체의 다른 조직을 침투한다. 이를 방치하면 암세포가 계속 자라고 퍼져나가 개체를 죽게 한다.

암은 하나의 세포에 정상 세포를 암세포로 전환시키는 변화가 생김으로써 시작된다. 이러한 세포는 표면에 변형된 단백질을 갖는 경우가 많으며 우리 몸의 면역계는 이런 세포를 외부 침입자로 인식하고 파괴한다. 그러나 만약 이들 세포가 파괴되지 않으면 증식하여 정상 조직 내에서 비정상적으로 자라는 세포 덩어리인 **종양(tumor)**을 형성할 수 있다. 비정상적인 세포들이 처음 발생한 원래 자리에 남아 있는 경우, 이러한 덩어리를 **양성종양(benign tumor)**이라고 한다. 양성종양이라도 계속 성장하여 뇌와 같은 특정 기관을 파괴하면 문제가 될 수 있다. 그러나 양성종양은 수술로 완전히 제거할 수 있으며, 심지어 (급박한 위험성이 없는 경우) 그냥 두어도 문제가 되지 않기도 한다.

이와는 대조적으로 **악성종양(malignant tumor)**은 비정상적으로 증식하는 세포 덩어리로, 주변조직으로 퍼져 신체의 다른 부위를 침범할 수 있으며, 성장함에 따라 정상 조직을 암세포로 바꿔버리고 그 기관의 기능을 방해할 수 있다(**그림 8.9**). 악성종양을 가진 사람을 **암(cancer)**에 걸렸다고 한다. 암세포는 원래의 종양에서 떨어져 나오기도 하고 종양을 향해 혈관이 자라게 하는 신호분자를 분비할 수도 있다. 종양의 일부 세포들은 혈관이나 림프관 같은 순환계로 들어가 신체의 다른 부위로 이동하여 그곳에서 증식하여 새로운 종양을 만들 수 있다. 암세포가 원래 발생한 부위를 벗어나 다른 부위로 퍼지는 것을 **전이(metastasis)**라고 한다.

암은 암이 발생하는 기관이나 조직에 따라 이름이 붙여진다. 예를 들어, 간암은 간조직에서 시작하며 간에서 다른 곳으로 퍼져나가기도 혹은 퍼져나가지 않기도 한다. 암종(carcinoma)은 피부나 창자의 내벽처럼 신체의 바깥쪽이나 안쪽을 덮고 있는 조직에서 발생하는 암이다. 백혈병(leukemia)은 혈액이나 골수에 있는 미성숙 백혈구에서 발생하는 여러 질병을 포괄하는 광범위한 용어다.

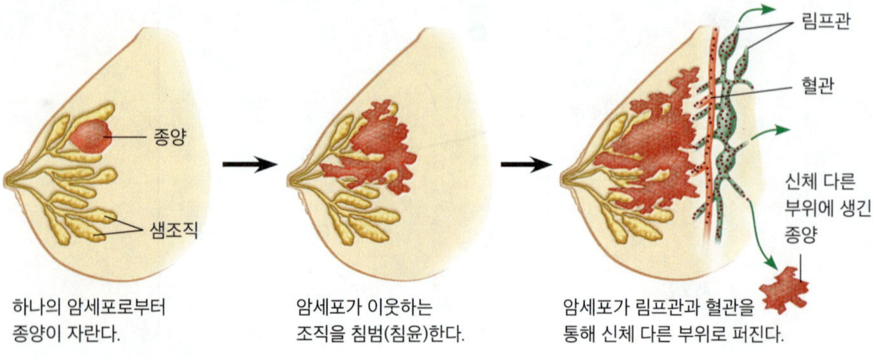

▲ **그림 8.9** 유방에 생긴 악성종양의 성장과 전이

연구진들은 암세포 배양 연구를 통해 암세포는 세포주기를 조절하는 정상적인 신호를 따르지 않는다는 사실을 알게 되었다. 예를 들어, 대부분 암세포는 세포주기조절계에 결함이 있어 성장인자가 없어도 확인지점을 통과하여 진행한다. 다른 일부 암세포는 스스로 성장인자를 만들어 세포가 지속적으로 분열하도록 한다. 암세포가 세포분열을 멈춰도 정상적인 확인지점에서 멈추는 것이 아니라 세포주기 임의의 지점에서 무작위로 분열을 멈추는 것으로 보인다. 그뿐만 아니라 암세포는 실험실에서 배양 시 '영원히 죽지 않으므로' 영양분이 공급되는 한 무한정 분열을 계속할 수 있다(반면에 정상 포유류 세포는 약 20~50회 정도만 분열한 후 분열을 멈춘다). 암세포의 불멸성을 보여주는 놀라운 예는 1951년부터 계속하여 분열증식하고 있는 세포주로서, 이 세포주는 65년 전 자궁경부암으로 사망한 최초 공여자인 헨리에타 랙스(Henrietta Lacks)의 이름을 따서 헬라(HeLa) 세포라고 불린다.

다행히도 많은 종양은 성공적으로 치료될 수 있다. 국소적으로 나타나는 종양은 수술로 제거가 가능하다. 또한 고에너지 방사선을 집중적으로 조사하여 치료하기도 하는데, 이는 암세포가 손상된 DNA를 복구하는 능력을 상실했기 때문에 방사선을 쬐면 정상 세포보다 암세포의 DNA가 더 많이 손상되기 때문이다. 그러나 방사선은 정상적인 신체 세포에도 손상을 주기 때문에 부작용이 나타날 수 있다. 예를 들어, 난소나 정소의 세포가 방사선에 인해 손상되면 불임이 될 수 있다.

화학요법은 광범위하거나 전이성이 있는 종양을 치료하는 데 사용된다. 화학요법 치료는 세포주기의 특정 단계를 방해하는 약을 주기적으로 정맥 주사한다. 예를 들어, 항암제 탁솔(Taxol)은 방추체가 형성된 후에 '작동하지 못하게' 함으로써 활발히 분열 중인 세포가 중기를 지나지 못하게 막는다. 협죽도과 식물인 빈카(periwinkle) 식물에서 추출한 화학치료 약물인 빈블라스틴(Vinblastin)은 방추체가 형성되는 것을 방지한다.

화학요법의 부작용은 약물이 암이 있는 부위 외에 다른 신체 부위에 있는 빠르게 분열하는 세포에도 영향을 주기 때문에 발생한다. 메스꺼움은 약이 창자세포에 영향을 주기 때문이고, 탈모는 모낭세포에 영향을 주기 때문이며, 감염에 대한 감수성은 면역세포 생성에 영향을 주기 때문에 비롯된다. (암에 관해, 특히 세포분열을 조절하는 유전자에 생긴 돌연변이가 어떻게 암을 유발하는지에 대해서는 11장에서 자세히 알아볼 것이다.)

다음 절에서는 이러한 돌연변이를 이해하는 것이 암치료에 어떻게 도움이 될 수 있는지 알아본다.

? 암세포는 왜 정상 세포보다 더 빠르게 분열하는가?

■ 암세포는 세포주기를 조절하는 정상적인 신호에 반응하지 않기 때문이다.

8.10 최선의 암치료 방법은 개인마다 다를 수 있다

과학적 사고

개인 맞춤형 암치료가 가능할까?

종양전문의(암을 치료하는 의사)들은 같은 치료법이라도 환자마다 반응하는 방식이 크게 다르다는 사실을 관찰했다. 일부 환자에게 효과 있는 치료법이 다른 환자에게는 도움이 되지 않거나 심지어 해로울 수도 있다. 따라서 암치료 방법의 선택은 '일률적인' 방식에서 환자 개개인에게 가장 적합한 치료법을 찾아 적용하는 방식으로 바뀌고 있다.

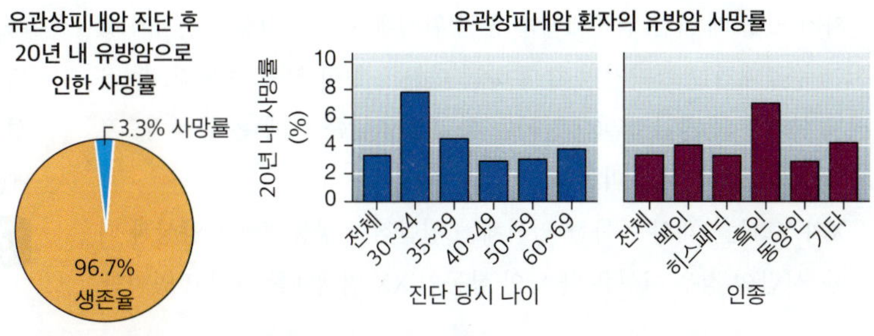

▲ **그림 8.10** 유관상피내암에 대한 대규모 관찰연구에서 확인된 유방암으로 인한 사망률

자료: S. A. Narod et al., Breast cancer mortality after diagnosis of ductal carcinoma in situ, *JAMA Oncology* 1: 888-96 (2015).

2015년에 토론토의 연구진들은 유관상피내암(0기 유방암이라고 함) 치료에 관한 지금까지 수행된 데이터 중 가장 광범위한 분석 결과를 발표했다. 모르는 사이에 퍼져나가는 다른 암과는 달리, 유관상피내암의 진행 여부는 불확실하다. 비정상적인 암세포가 저절로 사라지기도 하고, 때로는 발생 부위에 머물러 있으면서 전혀 해를 끼치지 않을 수도 있으며, 성장하고 퍼져 사망에 이르게 할 수도 있다. 이 장 도입부에서 설명한 바와 같이 유관상피내암을 치료하는 방법에는 유방종양절제술 및 유방절제술, 양쪽 유방절제술 및 방사선치료 등이 있다. 암환자는 자신에게 적절한 최선의 치료방법을 어떻게 선택해야 할까?

2015년도에 유관상피내암 진단을 받은 10만 8,000명의 미국 여성을 20년간 추적 관찰한 연구 결과가 발표되었다. 유방암으로 인한 사망률을 진단 당시의 나이와 인종, 사회경제적 지위 등의 요인에 따라 조사하고 세분화했다. 이는 관찰연구의 한 예로, 통제된 실험이 없는 상태에서 획득한 전체 자료로부터 추론을 도출하는 연구다. 이러한 연구는 대조군을 사용하는 것이 비현실적인 경우, 치료로 얻게 되는 장점이 무엇인지를 판단할 때 주로 사용된다.

이 연구를 통해 얻은 몇 가지 중요한 결과를 **그림 8.10**이 요약하여 보여준다. 진단 후 20년 동안 유방암으로 사망할 위험은 3.3%(30명 중 1명)에 불과하므로 유관상피내암 진단이 곧 암으로 사망하게 된다는 것과는 거리가 멀다는 사실에 주목해야 한다. 그러나 40세 미만이거나 흑인 여성을 포함하는 유관상피내암 환자의 약 20%는 사망 위험이 훨씬 높았다. 따라서 연구진들은 이 범주에 해당하는 여성은 사망률이 높으므로 가장 적극적인 치료방법을 고려하는 것이 좋다고 결론지었다.

종양학자들은 유관상피내암 치료 프로토콜을 광범위하게 변경하기 전에 먼저 추가 연구가 수행되어야 한다고 강조한다. 추가 연구를 하면 해당 분류군에 속하는 여성에게 어떤 치료법이 가장 효과적인지 결정할 수 있다. 암세포에 관해 생물학적으로 더 많이 알수록 각 환자에게 가장 적합한 암치료법을 선택함으로써 개인 맞춤 치료방법이 적용될 것이다.

? 대조군 연구를 통해 더 확실한 결과를 얻을 수 있음에도 사람을 대상으로 한 암 연구는 왜 종종 관찰방법을 사용해야 하는가?

■ 피험자에게 암을 유발하는 행동을 강요하는 것은 명백히 비윤리적이다. 따라서 연구자는 연구 중에 어떤 행동이 있었는지 그리고 이러한 행동이 결과와 어떤 연관이 있는지를 관찰해야 하기 때문이다.

감수분열과 교차

8.11 염색체는 상동염색체끼리 쌍을 이룬다

사람 몸을 이루는 전형적인 세포인 **체세포(somatic cell)**는 46개의 염색체를 가지고 있다. 유사분열 중인 염색체는 현미경으로 볼 수 있을 정도로 응축하며 쌍으로 존재한다. **그림 8.11**은 2개의 자매염색분체로 이루어진 한 쌍의 응축된 염색체를 보여준다. 유사분열 중인 사람의 체세포에는 23쌍의 복제된 염색체가 있다. 다른 생물종도 염색체 수는 다르지만, 일반적으로 염색체가 쌍으로 존재한다. 그뿐만 아니라 염색체를 특수 염료로 염색하면 한 쌍의 염색체는 염색 패턴이 일치한다(그림 8.11에서 여러 가지 색의 띠로 나타냄).

거의 모든 염색체는 길이, 동원체의 위치 및 염색패턴이 동일한 쌍을 가지고 있다. 이처럼 일치하는, 쌍을 이루는 두 염색체를 **상동염색체(homologous chromosome** 또는 **homologous pair)**라고 하는데, 이는 상동염색체가 동일한 유전특성을 결정하는 유전자를 갖고 있기 때문이다. 예를 들어, 주근깨 생성을 결정하는 유전자가 한 염색체상의 특정 위치, 즉 유전자 **좌위(locus**, 복수는 loci)에 위치한다면(그림에서 주황색의 좁은 띠 부분), 그 상동염색체도 같은 좌위에 주근깨를 결정하는 유전자를 갖

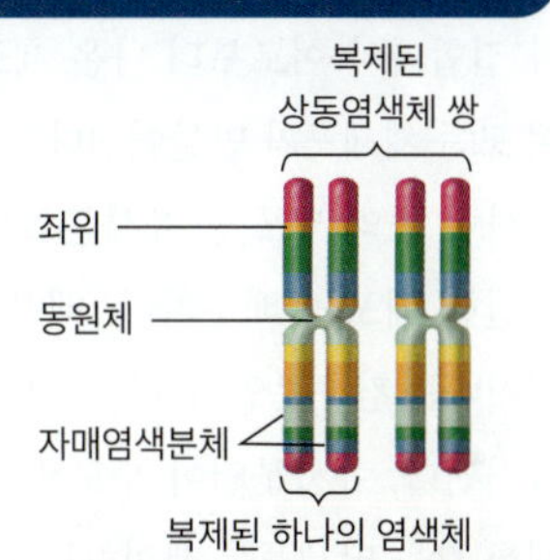

▲ **그림 8.11** 한 쌍의 상동염색체

시도해 보기 이 그림을 가리고 종이에 한 쌍의 상동염색체를 그린 후 자매염색분체, 동원체, 염색체를 찾아 표기해 보자. 그 후 교재에 있는 그림과 직접 그린 그림을 비교해 보자.

는다. 그러나 상동염색체 한 쌍의 두 염색체는 동일한 유전자의 다른 유형을 가질 수 있다. 예를 들어, 한 염색체에는 주근깨를 암호화하는 유전자가 있을 때 다른 염색체에는 동일 위치에 주근깨 결정 유전자가 있지만 주근깨가 만들어지지 않게 하는 다른 유형이 있을 수 있다. 두 유전자 복사본의 염기서열(동일하든 동일하지 않든 간에)은 궁극적으로 사람의 외모에 영향을 미친다.

X와 Y라는 2개의 독특한 염색체는 일반적인 상동염색체 양상과 다르다. 사람의 경우 여성은 한 쌍의 상동인 XX 염색체를 가지고 있지만, 남성은 X 염색체 하나와 Y 염색체 하나를 가지고 있다. X와 Y 염색체는 아주 일부분만 상동이다. X 염색체에 있는 대부분의 유전자는 크기가 작은 Y 염색체에는 존재하지 않으며, 또한 Y 염색체에는 X 염색체에 존재하지 않는 유전자가 있다. X와 Y 염색체는 성별을 결정하므로 **성염색체(sex chromosome)**라 하며, 성염색체를 제외한 다른 염색체(사람의 경우 44개)를 **상염색체(autosome)**라고 한다.

? 한 쌍의 상동염색체는 동일한 유전자를 가지는가?

■ 그렇다. 동일한 유전자를 가지고 있지만 그 유전자 유형은 다를 수 있다.

8.12 배우자는 한 세트의 염색체만 가진다

생활사(life cycle)란 한 세대의 개체가 수정하고 자손을 생산하여 세대를 이어가는 연속적인 과정이다(**그림 8.12A**). 각각의 부모로부터 한 세트씩의 염색체를 물려받아 두 세트의 염색체를 갖는 것은 유성생식으로 번식하는 모든 생물종의 생활사에 있어 핵심 요소다.

대부분의 동물과 식물은 모든 체세포가 상동염색체를 쌍으로 가지고 있기 때문에 **2배체(diploid)** 생물이라고 한다. 총 염색체 수를 2배체 염색체 수(diploid number)라 하며, $2n$으로 나타낸다. 사람의 경우 2배체 염색체 수는 46개, 즉 $2n = 46$이다. 난자와 정자는 예외이며 이를 **배우자(gamete)**라고 한다. 각 배우자는 한 세트의 염색체, 즉 22개의 상염색체와 성염색체 X, Y 둘 중 하나만을 가지며, 이처럼 한 세트의 염색체를 갖는 세포를 **반수체(haploid)** 세포라고 한다. 반수체 세포는 쌍을 이루는 각 상동염색체를 모두 하나씩 갖고 있다. 사람의 경우 반수체 수(약칭 n)는 23, 즉 $n = 23$이다.

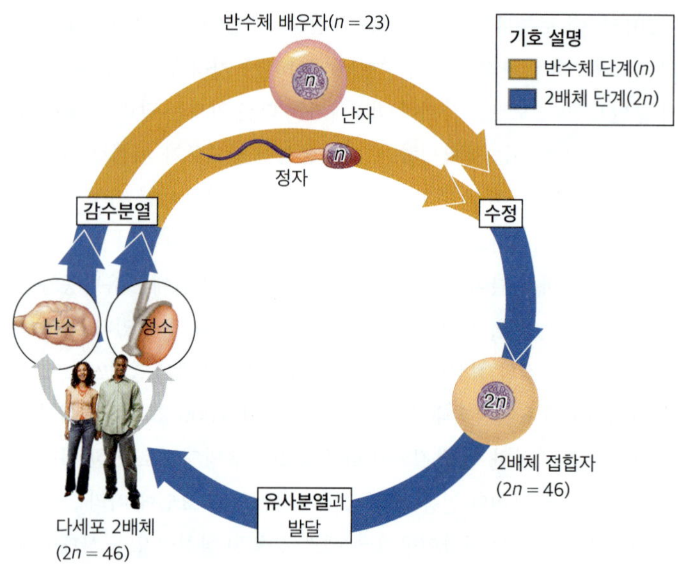

▲ **그림 8.12A** 사람 생활사에 따른 염색체 수의 변화

사람의 생활사는 아버지로부터 생성된 반수체 정자가 어머니로부터 생성된 반수체 난자와 융합하는 **수정(fertilization)** 과정으로 시작한다. 이렇게 생성된 수정란, 즉 **접합자(zygote)**는 각 부모로부터 한 세트씩의 상동염색체를 물려받아 두 세트의 상동염색체를 갖게 되므로 2배체다. 사람이 성체로 성장함에 따라 접합자와 이로부터 나온 세포들이 유사분열을 하여 모든 체세포가 만들어진다.

사람 몸의 세포 중 유사분열에 의해 생성되지 않는 유일한 세포는 배우자다. 배우자는 생식기관에서만 일어나는 감수분열이라는 특별한 세포분열에 의해 만들어진다. 유사분열이 부모세포와 동일한 수의 염색체를 갖는 딸세포를 생성하는 과정인 반면, 감수분열은 염색체 수를 절반으로 줄인다. **그림 8.12B**에서 두 번의 감수분열을 하는 한 쌍의 상동염색체를 추적해 보자. ❶ 각 염색체는 간기에 복제된다(감수분열 이전). ❷ 첫 번째 분열 과정인 제1 감수분열에서는 쌍을 이루는 상동염색체들이 분리되고, 분리된 염색체를 갖는 반수체 딸세포가 생성된다. 그러나 각 염색체는 여전히 복제된 상태다. ❸ 제2 감수분열에서는 자매염색분체가 분리된다. 4개의 딸세포는 모두 반수체로, 상동염색체 쌍 중 모든 염색체를 하나씩 갖는다.

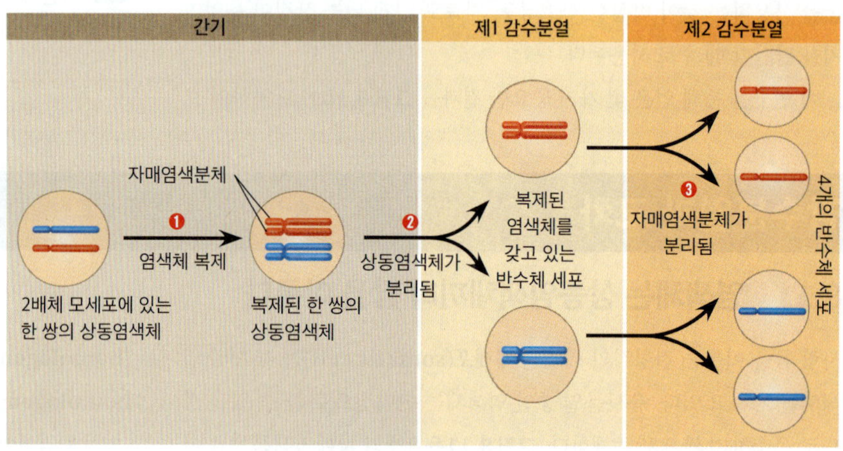

▲ **그림 8.12B** 감수분열이 두 번의 연속 분열을 통해 염색체 수를 반으로 줄이는 방법

다음 절에서 감수분열 과정을 자세히 알아보자.

? 사람 정자에는 몇 개의 상염색체가 있는가? 성염색체는 몇 개이고 어떤 성염색체를 갖는가?

■ 22개의 상염색체가 있다. 성염색체는 하나며 X 염색체 혹은 Y 염색체를 갖는다.

8.13 감수분열은 2배체인 염색체 수를 반수체로 감소시킨다

감수분열(meiosis)은 2배체 개체가 반수체 배우자를 만드는 세포분열의 한 유형이다. 2개의 반수체 배우자들이 수정을 통해 접합자가 되면 2배체 상태가 회복된다. 유성 생활사에서는 수정과 감수분열이 번갈아 일어나므로 한 세대에서 다음 세대로 넘어가더라도 각각의 종이 가진 염색체 수가 일정하게 유지되게 한다.

감수분열의 많은 단계는 유사분열의 이에 상응하는 단계와 매우 유사하다. 감수분열도 유사분열과 마찬가지로 염색체 복제가 선행된다. 그러나 감수분열에서는 한 번의 염색체 복제에 이어 두 번의 연속적인 세포분열, 즉 제1 감수분열과 제2 감수분열이 일어난다. 한 번의 염색체 복제 후 두 번의 분열이 이어지기 때문에, 그 결과 각 모세포의 절반에 해당하는 수의 염색체를 가진 4개의 딸세포가 생성된다. **그림 8.13**은 2배체 염색체 수가 6인 동물 세포의 두 번에 걸친 감수분열을 보여준다. 그림 8.13(그리고 뒤에 나오는 그림들)에서 쌍을 이루는 상동염색체들을 구별하기 쉽게 빨간색과 파란색으로 나타냈다. (빨간색 염색체는 어머니로부터, 파란색 염색체는 아버지로부터 물려받았다고 상상해 보자.)

감수분열에서 가장 중요한 사건 중 하나는 제1 감수분열 전기에 일어

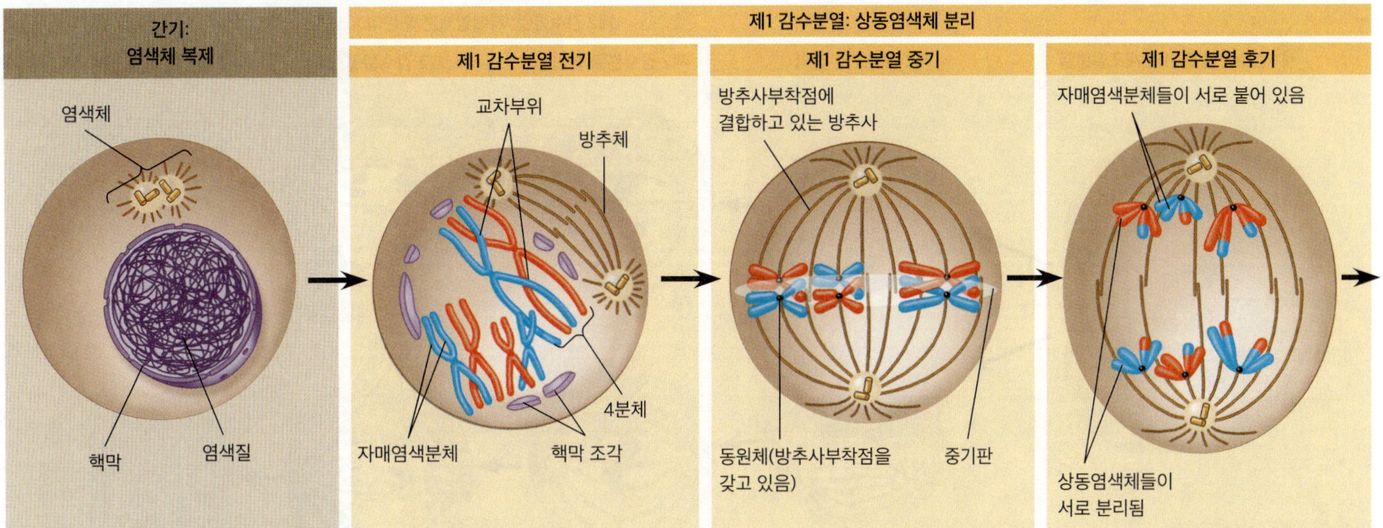

간기

유사분열과 마찬가지로 감수분열도 간기에서부터 시작하며, 이 시기에 염색체가 복제된다. 간기 말에 각각의 염색체는 유전적으로 동일한 2개의 자매염색분체가 서로 붙어 있으며, 세포의 중심체 또한 이미 복제가 완료된 상태다.

제1 감수분열 전기

제1 감수분열 전기 초기에, 2개의 자매염색분체로 이루어져 있는 상동염색체들이 쌍을 이룬다. 이 결과 유전자들이 나란히 배열하고 있는, 4개의 염색분체로 된 새로운 구조인 4분체가 형성된다.

이 시기에 각 상동염색체 쌍의 비자매염색분체들 간에 염색체의 일부를 교환하는 교차가 일어난다. 한 염색체에 있는 일부 유전자들의 유전자형은 이 염색체의 상동염색체에 있는 유전자형과 다르므로 교차에 의해 유전정보가 재배열된다.

제1 감수분열 전기가 진행됨에 따라 염색체가 치밀하게 감기며, 방추체가 형성된다. 또한 핵막이 분해되며, 방추사에 부착된 염색체 4분체가 세포 중앙을 향해 이동한다.

제1 감수분열 중기

제1 감수분열 중기에는 염색체 4분체(2개의 염색분체로 된 상동염색체가 쌍을 이룸)가 두 방추극의 중간에 있는 중기판에 배열되어 있다. 방추사는 동원체의 방추사부착점에 붙어 있다. 각각의 4분체에서 상동염색체들은 교차부위에서 서로 붙잡고 있다. 각 4분체마다 하나의 상동염색체에 붙은 방추사는 세포의 한쪽 극에서 나오고, 다른 상동염색체에 붙은 방추사는 반대편 극에서 나온다는 점에 주목하자. 이런 배열로 인해 각 4분체를 구성하는 상동염색체들은 각각 세포의 반대편 극을 향해 이동하게 된다.

제1 감수분열 후기

제1 감수분열 후기에는 염색체들이 세포의 양극으로 이동한다. 그러나 유사분열 경우와 달리 각각의 복제된 염색체를 구성하는 자매염색분체들은 아직 붙어 있으며, 단지 4분체(상동염색체들 쌍)만 분리된다. 따라서 위의 그림처럼 양극을 향해 이동 중인 여전히 복제된 상태인 3개의 염색체를 볼 수 있다.

▲ **그림 8.13** 감수분열의 단계

난다. 이 단계에서 4개의 염색분체(자매염색분체로 이루어진 상동염색체 쌍)가 배열하여 물리적으로 서로 접촉한다. 이처럼 배열을 하고 있을 때, 비자매염색분체들 간에 염색체 일부를 서로 교환할 수 있다. 8.17절에서 학습하겠지만 이처럼 염색체 일부를 교환하는 것을 교차라고 한다. 교차는 유전자를 뒤섞어 유성생식으로 인한 유전적 다양성에 중요한 기여를 한다.

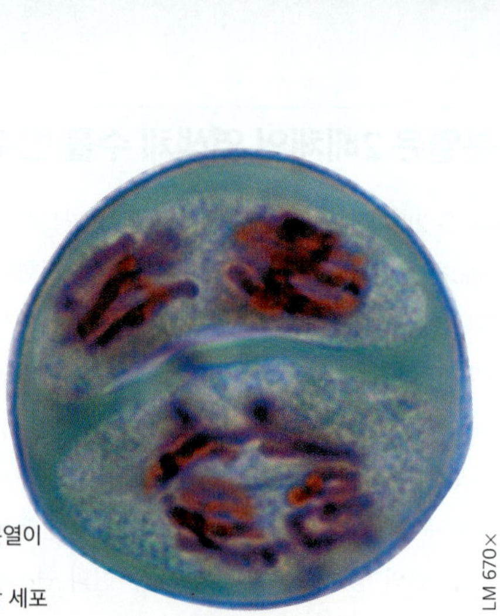

제2 감수분열이 진행 중인 2개의 백합 세포

? 2배체 개체로부터 생성된 어떤 세포가 염색체 수는 반수체지만, 각 염색체는 2개의 염색분체로 이루어진 상태다. 염색체가 방추체의 중앙에 하나씩 배열하고 있다면, 이 시기는 감수분열의 어느 단계인가?

■ 제2 감수분열 중기(제1 감수분열 중기에는 염색체들이 쌍으로 늘어서 있으므로)

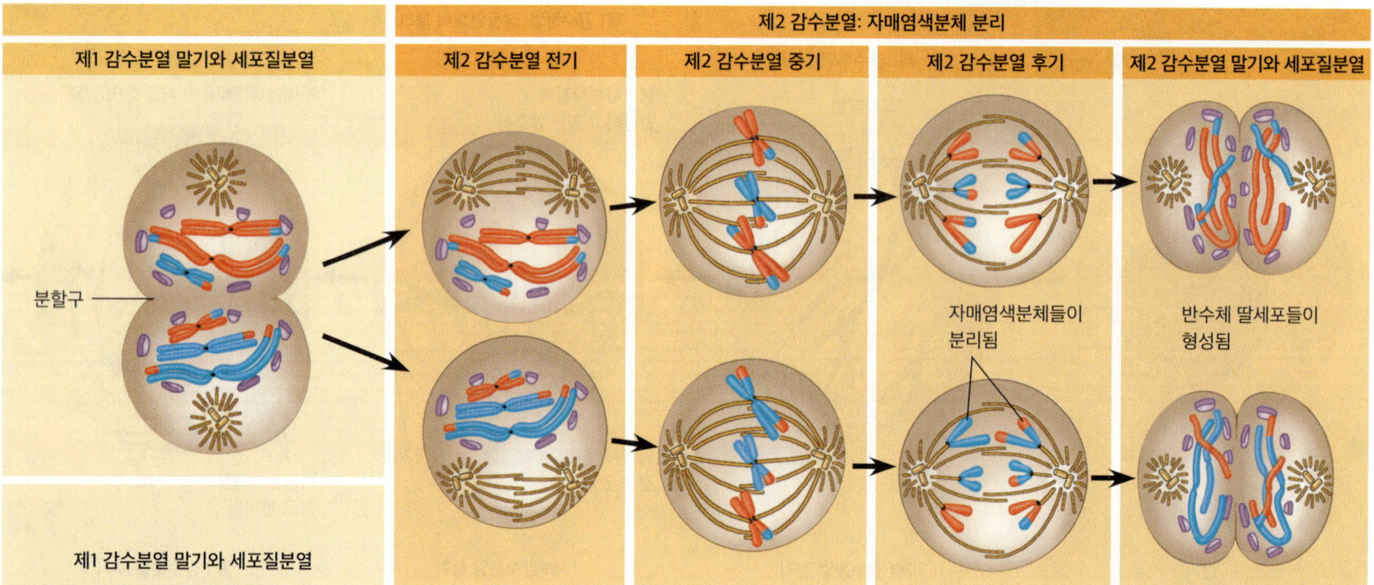

제1 감수분열 말기와 세포질분열

제1 감수분열 말기에는 염색체들이 세포의 양극에 도달한다. 염색체들이 이동을 다 마치면 세포의 양극은 반수체 염색체 1세트씩을 갖게 된다. 그러나 이 시기의 각 염색체는 아직 복제된 상태로, 2개의 자매염색분체로 이루어져 있다. 일반적으로 제1 감수분열 말기와 동시에 세포질분열(세포질의 분열)이 일어나 2개의 반수체 딸세포가 형성된다.

일부 개체들에서는 제1 감수분열 말기와 제2 감수분열 사이에 간기가 있지만 그 외 다른 종들에서는 제1 감수분열 이후 곧이어 두 번째 감수분열이 일어난다. 그러나 두 경우 모두 제1 감수분열 말기와 제2 감수분열 시작 사이에 염색체 복제는 일어나지 않는다.

제2 감수분열

제2 감수분열은 유사분열과 근본적으로 같다. 하지만 제2 감수분열과 유사분열의 큰 차이는 제2 감수분열이 복제된 염색체들로 이루어진 반수체 세포로 시작한다는 점이다.

제2 감수분열 전기에 방추체가 형성되어 염색체를 세포의 중앙을 향해 이동시킨다. 제2 감수분열 중기에는 유사분열과 마찬가지로 염색체들이 중기판에 배열하는데, 이때 각 염색체의 자매염색분체에 있는 방추사부착점들은 서로 반대편 극을 향한다. 제2 감수분열 후기에는 자매염색분체들의 동원체가 분리하고, 각 쌍의 자매염색분체들이 개별적인 염색체가 되어 세포의 양극을 향해 이동한다. 제2 감수분열 말기에는 세포의 양극에 핵이 만들어지며, 이와 동시에 세포질분열이 일어난다. 최종적으로 반수체 수의 염색체를 갖는 4개의 딸세포가 형성된다.

8.14 유사분열과 감수분열에는 중요한 유사점과 차이점이 있다

총 염색체 수가 4개인 2배체 모세포로부터 시작하는 유사분열과 감수분열을 비교한 그림을 자세히 살펴보자. 상동염색체들은 크기가 같다(긴 염색체 대비 짧은 염색체). 색(빨간색 대비 파란색)은 각 상동염색체 쌍의 두 염색체를 구분해 준다. 유사분열과 감수분열에서 염색체의 이동이 어떻게 다른지에 주목하자.

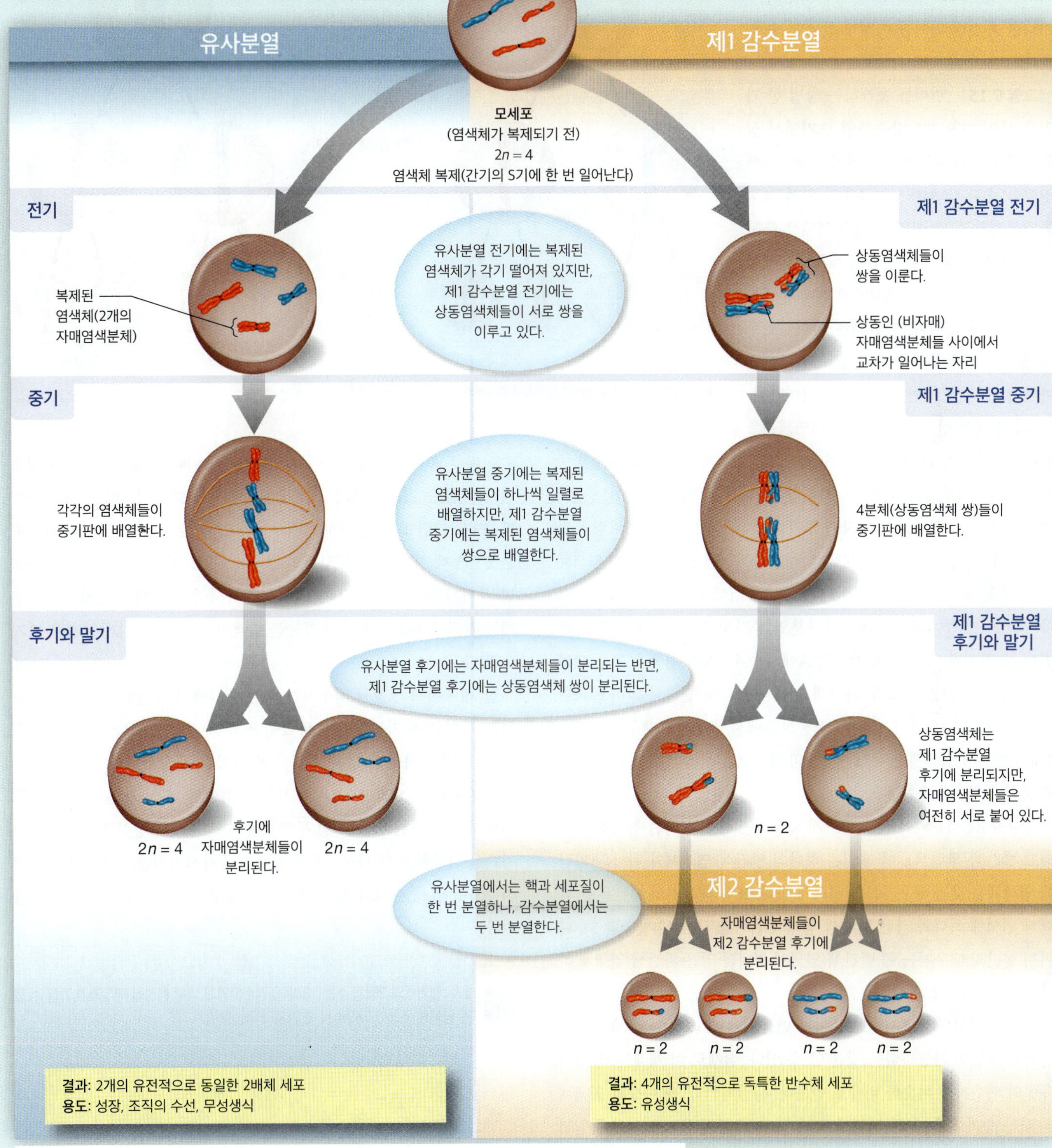

? 위 그림에서 감수분열의 단계 중 유사분열과 가장 유사한 단계는?

■ 제2 감수분열 중의 염색체 이동이 유사분열과 가장 유사하다(염색체 수가 절반이라는 점만 제외).

8.15 감수분열 시 염색체의 독립적인 향방과 무작위 수정은 다양한 자손이 만들어지게 한다

가족 간에 닮기는 해도 유성생식을 통해 만들어진 자손은 부모와는 물론이고 자손들끼리도 유전적으로 서로 달라 매우 다양하다. 이러한 유전적 변이를 어떻게 설명할 수 있을까?

그림 8.15는 변이를 초래하는 방법 한 가지를 보여준다. 제1 감수분열 중기에서 상동염색체 쌍의 배열은 만들어지는 배우자에 영향을 준다. 그림에서는 4개의 염색체(상동염색체가 두 쌍이며, 상동염색체를 구분하기 위해 한 쌍을 다른 쌍의 상동염색체보다 더 크게 그림)를 가진 2배체 개체를 예로 들어 설명하고 있다. 빨간색은 어머니로부터 물려받은 염색체를 나타내고, 파란색은 아버지로부터 물려받은 염색체를 나타낸다.

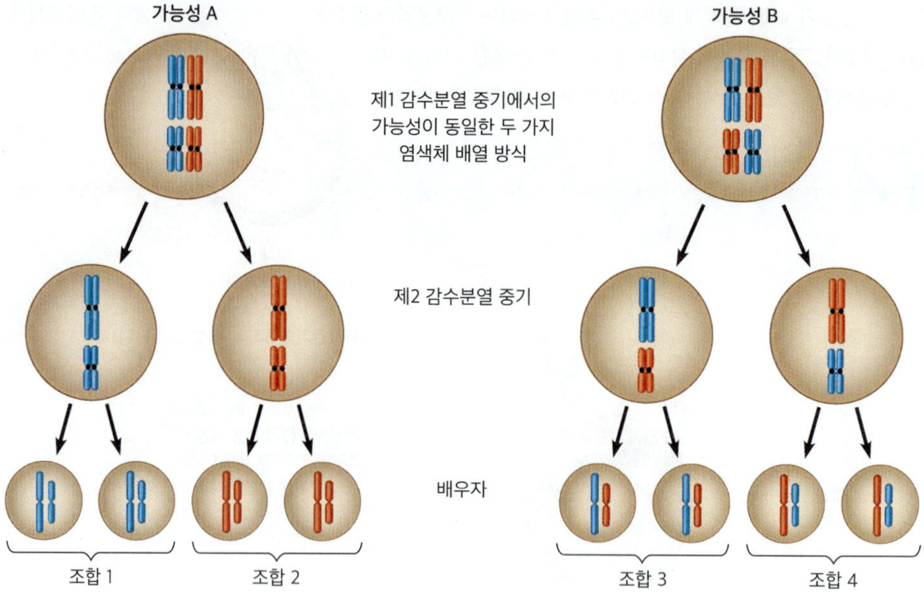

▲ **그림 8.15** 제1 감수분열 중기에서 염색체의 독립적인 향방에 따른 결과

상동염색체 쌍이 결합하면 자매염색분체 4개로 이루어진 4분체가 형성된다는 것을 기억하자. 제1 감수분열 중기에 이러한 4분체의 향방, 즉 모계 염색체와 부계 염색체 중 어느 염색체가 주어진 극에 더 가까운지는 동전을 던졌을 때 나오는 면처럼 무작위적이다. 따라서 주어진 딸세포가 특정 상동염색체 쌍 중 모계 염색체를 갖게 될 확률은 50%고, 마찬가지로 부계 염색체를 가질 확률도 50%다. 예시에서 두 4분체가 제1 감수분열 중기에 중기판에 배열하는 방법은 두 가지가 가능하다. 가능성 A에서는 4분체가 한쪽은 모두 빨간색 염색체, 다른 쪽은 모두 파란색 염색체(빨간색/빨간색 그리고 파란색/파란색)로 정렬한다. 따라서 가능성 A에서 생성되는 배우자는 각각 2개의 빨간색 염색체만 갖거나, 2개의 파란색 염색체만 갖게 된다(아래쪽 줄의 조합 1과 조합 2).

가능성 B는 4분체가 서로 다르게 배열하는 경우다(파란색/빨간색 그리고 빨간색/파란색). 이 배열은 하나의 빨간색 염색체와 하나의 파란색 염색체를 갖는 배우자를 생성하게 한다. 또한 배우자의 절반은 큰 파란색 염색체 하나와 작은 빨간색 염색체 하나를 갖게 되며(조합 3), 나머지 절반의 배우자는 큰 빨간색 염색체 하나와 작은 파란색 염색체 하나를 갖게 된다(조합 4).

따라서 제시된 예에서는 배우자가 만들어질 때 네 가지의 서로 다른 염색체 조합이 가능하다는 것을 알 수 있다. 실제로 이 개체는 네 가지 유형의 배우자를 비슷한 비율로 만든다. 사람처럼 두 쌍 이상의 염색체를 갖는 종의 경우, 모든 염색체 쌍이 제1 감수분열 중기에 서로 독립적으로 이동한다. (염색체 X와 Y는 감수분열 시 상동염색체 쌍으로 행동한다.)

어떠한 종이라도 상관없이, 감수분열에서 배우자를 생성할 때 배우자가 가질 수 있는 염색체 조합의 총 가짓수는 2^n이며, 여기서 n은 반수체 수다. 그림에 있는 개체의 경우 $n = 2$이므로 염색체 조합의 가짓수는 2^2, 즉 네 가지가 된다. 사람의 경우 $n = 23$이므로 2^{23}가지, 즉 약 800만 가지의 염색체 조합이 가능하다. 따라서 우리 몸에서 생성되는 배우자는 각각 약 800만 가지의 가능한 염색체 조합 중 한 가지 조합을 가지고 있다.

한 개체에서 생성된 배우자가 다른 개체에서 생성된 배우자와 결합하는 수정 시에 가능한 염색체 조합은 몇 가지나 될까? 사람의 경우 수정 과정에서 하나의 정자가 하나의 난자와 무작위로 융합하므로 약 64조(800만 × 800만) 가지의 가능한 염색체 조합 중 한 가지를 갖는 접합자가 생성된다! 이처럼 무작위한 수정은 유성생식으로 태어나는 자손을 다양하게 할 가능성을 엄청나게 증가시키지만, 다음 2개의 절에서 감수분열 중 이보다 훨씬 더 많은 다양성을 만드는 과정에 대해 학습한다.

? 호주 캥거루의 2배체 수는 16이다. 감수분열에 의해 형성될 배우자가 가질 수 있는 염색체 조합의 가짓수는 몇 가지나 가능할까?

■ 256가지. $2n = 16$, 따라서 $n = 8$이므로 $2^n = 256$

8.16 상동염색체는 서로 다른 유전자형을 가지고 있을 수 있다

지금까지 유성생식을 하는 개체의 배우자와 접합자가 유전적 다양성을 갖게 되는 두 가지 요인, 즉 염색체의 독립적인 분배와 무작위한 수정에 대해 살펴보았다. 이 두 가지 요인 모두 전체 염색체 수준에서 작동한다. 다시 말해, 전체 염색체가 뒤섞여 재구성될 수 있는 방식이다. 염색체에 포함된 실제 유전정보인 유전자에 대해서는 아직 논의하지 않았으므로 이제 유전자에 대해서도 알아보자. 감수분열 중에 염색체 내에 있는 개개의 유전자도 뒤섞일 수 있으며, 이로 인해 유성생식 과정에서 유전자 변이가 더 증가하게 된다.

2개의 자매염색분체로 된 상동염색체가 쌍을 이루고 있는 4분체는 유전자마다 총 4개의 복사본을 갖고 있다는 것을 기억하자. **그림 8.16A**는 하나의 4분체를 보여준다. 그림에서 상동염색체상에 있는 글자는 유전자를 나타낸다. 상동염색체들은 대응하는 좌위에 동일한 특성을 결정짓는 유전자를 가지고 있다. 우선 쥐의 외모를 결정하는 가상의 유전자를 예로 들어보자. *C*와 *c*는 쥐의 특성 중 한 가지인 털색을 결정하는 서로 다른 유전자형이고, *E*와 *e*는 또 다른 특성인 눈의 색을 결정하는 서로 다른 유전자형이다. (뒤에서 배우겠지만 한 유전자의 서로 다른 유전자형은 염색체 DNA에 있는 뉴클레오티드 서열이 약간 다르다.)

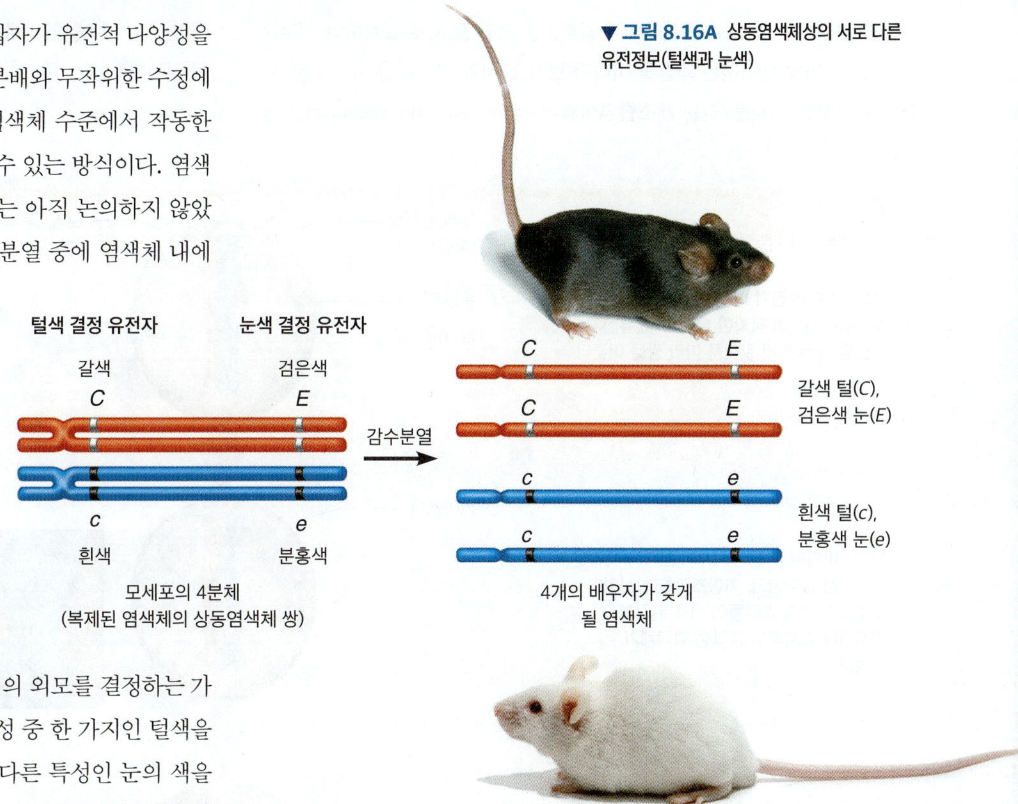

▼ **그림 8.16A** 상동염색체상의 서로 다른 유전정보(털색과 눈색)

유전자 *C*는 갈색 털이 되게 하는 유전자고, 유전자 *c*는 흰색 털을 만드는 유전자라고 가정해 보자. 이와 마찬가지로 유전자 *E*는 검은색 눈이 되게 하는 단백질을 만드는 유전자형이고 유전자 *e*는 분홍색 눈이 되게 하는 단백질을 생성하는 유전자형이다. 염색체 그림에서 빨간색 상동염색체에 있는 유전자 *C*(갈색 털)는 파란색 염색체에 있는 유전자 *c*(흰색 털)와 같은 좌위에 있음을 주목하자. 마찬가지로, 검은색 눈 결정 유전자 *E*는 분홍색 눈 결정 유전자 *e*와 같은 좌위에 있다.

상동염색체상의 대응 좌위에 같은 특성(예: 털색)에 대한 서로 다른 유전정보가 존재할 수 있다는 사실로 인해 배우자와 이들 배우자에 의해 만들어진 자손들이 서로 다르게 될 수 있다. 예를 들어, 빨간색 염색체를 갖는 배우자는 갈색 털(*C*)과 검은색 눈(*E*)을 지정하는 유전자를 가지는 반면, 파란색 상동염색체를 가진 배우자는 흰색 털(*c*)과 분홍색 눈(*e*)을 결정하는 유전자를 가지고 있을 것이다. 따라서 하나의 4분체는 유전적으로 서로 다른 두 종류의 배우자를 생성할 수 있으며, 이 경우 배우자의 절반은 *C*/*E* 유전자조합을 갖는 반면 나머지 절반은 *c*/*e* 조합을 갖게 된다.

이제 실제로 유전자가 뒤섞이는 단계로 가보자. **교차(crossing over)**는 상동염색체의 비자매염색분체 간에 서로 대응하는 부위를 교환하는 현상이다. 교차는 제1 감수분열 전기의 초기 단계에서 일어난다. 이 시기에 상동염색체들이 길이를 따라 아주 가까이 쌍을 이루며 유전자 단위로 정밀하게 정렬한다. **그림 8.16B**의 현미경 사진과 그림은 두 상동염색체 사이의 교차 결과를 보여준다. 교차가 일어나는 부위는 X자 모양의 영역으로 나타나며 이러한 각 지점을 **키아즈마(chiasma,** 복수형은 chiasmata)라고 한다. 키아즈마는 자매가 아닌 2개의 상동염색분체들이 서로 붙어 있는 부위다.

? 그림 8.16의 4분체에 상동염색체 쌍과 자매염색분체를 구분해 표기하시오.

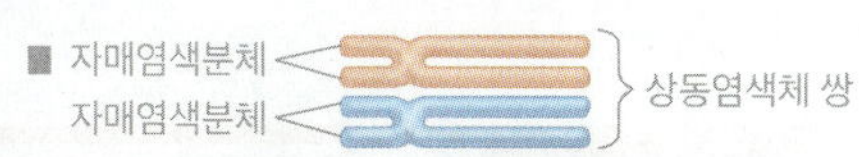

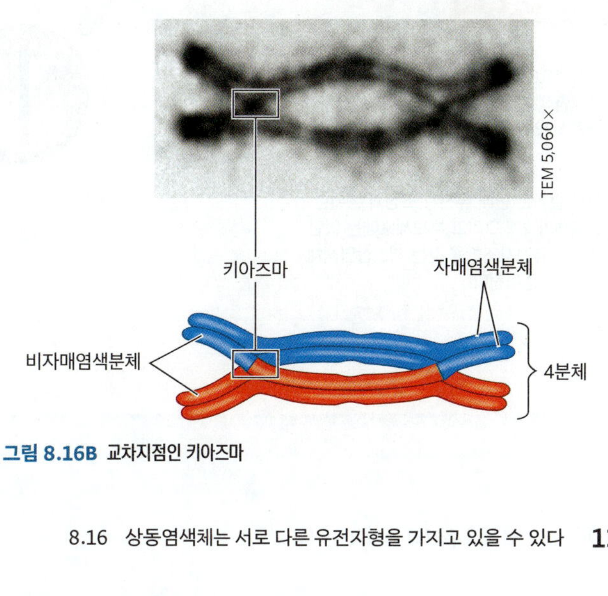

▲ **그림 8.16B** 교차지점인 키아즈마

개념 시각화 8.17 교차는 유전적 다양성을 더욱 증가시킨다

아래 그림에서 한 쌍의 상동염색체가 감수분열 과정 중 서로 교차하여 새로운 유전자조합이 만들어지는 과정을 따라가 보자. 교차가 일어나면 서로 다른 두 부모로부터 온 DNA를 갖는 **재조합염색체**(recombinant chromosome)가 만들어진다. 재조합염색체는 종종 부모 염색체로부터 온 것과 다른 유전자 조합을 갖는다.

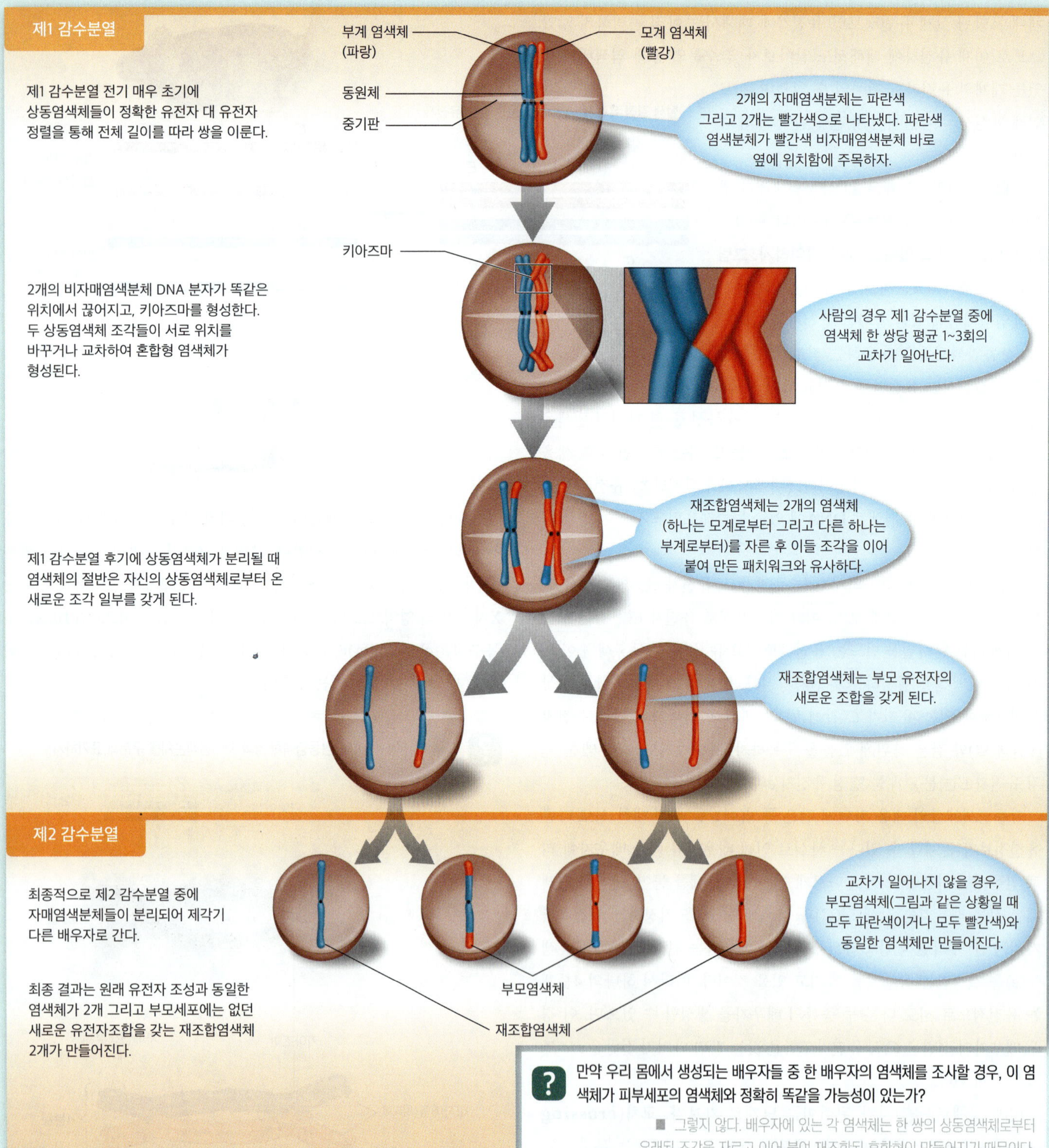

? 만약 우리 몸에서 생성되는 배우자들 중 한 배우자의 염색체를 조사할 경우, 이 염색체가 피부세포의 염색체와 정확히 똑같을 가능성이 있는가?

■ 그렇지 않다. 배우자에 있는 각 염색체는 한 쌍의 상동염색체로부터 유래된 조각을 자르고 이어 붙여 재조합된 혼합형이 만들어지기 때문이다.

염색체 수와 구조의 변화

8.18 감수분열 중 오류로 인해 염색체 수가 변할 수 있다

사람 몸의 정소와 난소에서 배우자가 만들어질 때 감수분열이 반복적으로 일어난다. 대부분의 경우, 이 과정은 오류 없이 딸세포로 염색체를 분배한다. 그러나 때때로 염색체 쌍들이 제대로 분리되지 않는 사고가 발생하는데, 이를 **비분리현상(nondisjunction)**이라 한다. 비분리현상이 일어나면 한 배우자는 동일한 염색체 2개를 받고, 다른 배우자는 해당 염색체 복사본을 하나도 받지 못하게 된다. 비분리에 관여하지 않은 다른 염색체들은 정상적으로 배분된다.

2배체 염색체 수가 4인 가상의 생물을 상상해 보자. 이 생물의 체세포는 2배체($2n = 4$)이므로 두 쌍의 상동염색체를 가지고 있다. 하지만 때로는 제1 감수분열 중에 한 쌍의 상동염색체 쌍이 제대로 분리되지 않는 경우가 있다(**그림 8.18**의 왼쪽 참조). 그 이후의 감수분열 과정이 정상적으로 일어난다 해도 그 결과 생성되는 모든 배우자는 비정상적인 수의 염색체를 가지게 된다. 그 결과 생성된 배우자 중 2개는 3개의 염색체, 나머지 배우자 둘은 1개씩만 갖게 된다.

그 외에도 제1 감수분열은 정상적으로 진행되었지만 때때로 제2 감수분열 중 자매염색분체 쌍이 분리되지 않는 경우도 있다(그림 8.18의 오른쪽 참조). 이 경우, 생성된 배우자 중 2개가 비정상적, 즉 하나는 염색체가 더 많고 다른 하나는 염색체가 더 적은 배우자가 되며, 나머지 두 배우자는 정상이다.

만약 비분리현상에 의해 생성된 비정상적인 배우자가 정상적인 배우자와 수정하면 그 결과, 염색체 수가 비정상적인 접합자가 생성된다. 유사분열은 배아의 모든 세포에 비정상적인 수의 염색체를 전달한다. 만약 이 개체가 살아남으면 이 개체는 유전자의 비정상적인 수로 인해 질환 증후군을 나타낼 가능성이 높다. 비분리현상은 사람 전체 임신의 10~30%에 관여하는 것으로 추정되며, 이는 유산의 주원인으로 작용한다. 생물학자들은 다음 절에서 살펴볼 것처럼 사람 세포에 있는 염색체 목록을 작성함으로써 이러한 증후군을 감지할 수 있다.

? 비분리현상이 어떻게 2배체 배우자를 만들 수 있는지 설명하시오.

■ 2회의 감수분열 과정 중 어느 하나의 감수분열에서 비분리현상이 모든 염색체에 영향을 미치면 2배체 배우자가 만들어지게 된다.

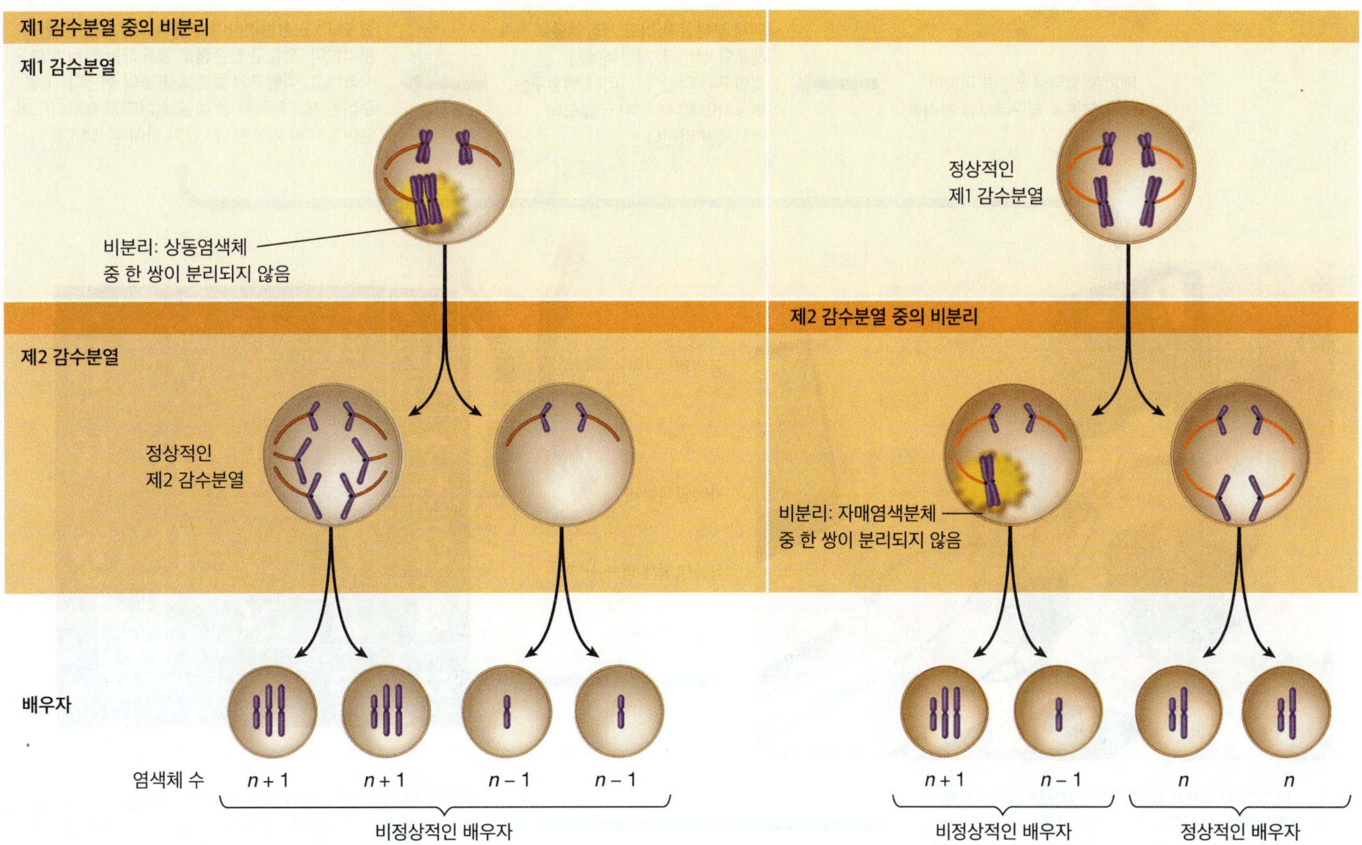

▲ **그림 8.18** 제1 감수분열과 제2 감수분열에서의 비분리현상

8.19 핵형은 개개인의 염색체에 대한 사진 목록이다

염색체 이상은 개체가 가진 염색체들을 확대하여 얻은 이미지를 큰 것부터 순서대로 쌍으로 배열한 **핵형(karyotype)**을 이용하여 쉽게 알아낼 수 있다.

과학자들은 핵형을 준비하기 위해 종종 백혈구의 일종인 림프구를 사용한다. 먼저 혈액 샘플을 유사분열을 촉진하는 화학물질로 처리한다. 세포를 수일간 배양한 후, 유사분열을 중기에 머물게 하는 또 다른 화학물질로 처리하는데, 중기는 2개의 자매염색분체들이 서로 붙어 있는 가장 많이 응축된 시기다. **그림 8.19**는 혈액 샘플을 사용하여 핵형을 준비하는 단계를 간략하게 설명하고 있다.

오른쪽 사진은 정상적인 남성의 핵형을 보여준다. 하나의 2배체 세포에서 얻은 46개의 염색체를 23개 상동염색체 쌍으로 배열하고 있으며, 1번에서 22번(가장 큰 것부터)까지 번호가 정해진 상염색체와 한 쌍의 성염색체(이 경우 X와 Y)가 있다. 염색체는 띠의 패턴을 볼 수 있도록 염색되어, 염색체들을 구분하기 쉽고 구조적 이상을 감지하는 데도 도움이 된다. 핵형 분석으로 확인할 수 있는 변화 중에는 다운증후군을 일으키는 21삼염색체성이 있는데, 이에 대해서는 다음 절에서 설명한다.

? 그림 8.19의 핵형에서 보이는 염색체의 어떤 특징이 염색체를 한 쌍으로 정확하게 배열할 수 있게 하는가?

■ 염색체 크기와 띠 패턴은 염색체를 상동염색체 쌍으로 배열하는 데 사용된다.

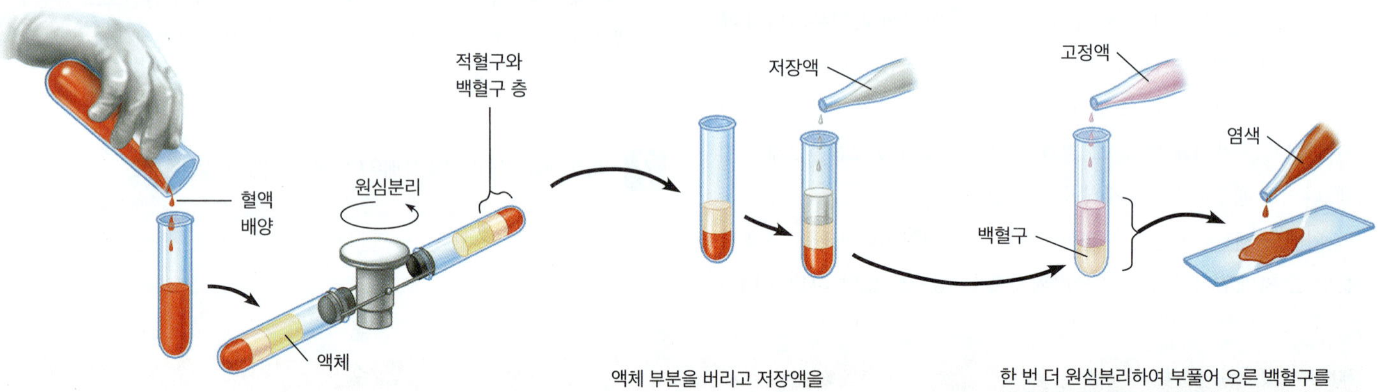

배양한 혈액을 원심분리하여 액체 부분과 혈구세포를 분리한다.

액체 부분을 버리고 저장액을 세포와 섞는다. 저장액에서 적혈구가 터진다. 그러나 백혈구는 부풀기만 할 뿐 터지지 않으며 염색체가 퍼진다.

한 번 더 원심분리하여 부풀어 오른 백혈구를 분리한다. 적혈구 잔존물을 함유하는 액체 부분은 따라내고, 백혈구에 보존액을 넣어 섞는다. 이렇게 준비한 세포현탁액 한 방울을 현미경 슬라이드에 떨어뜨려 퍼지게 한 후, 말린 뒤에 염색한다.

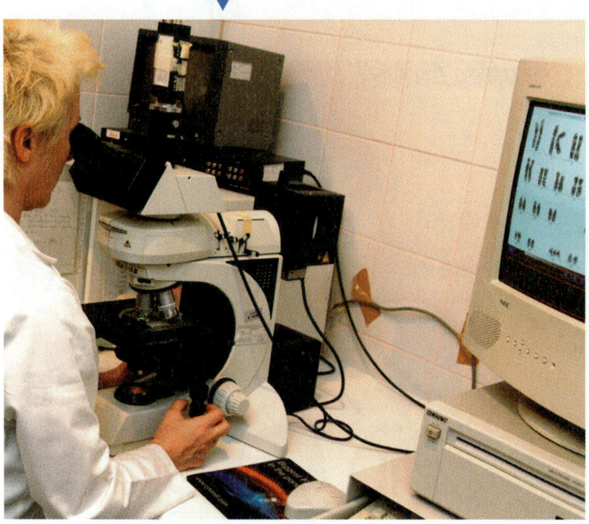

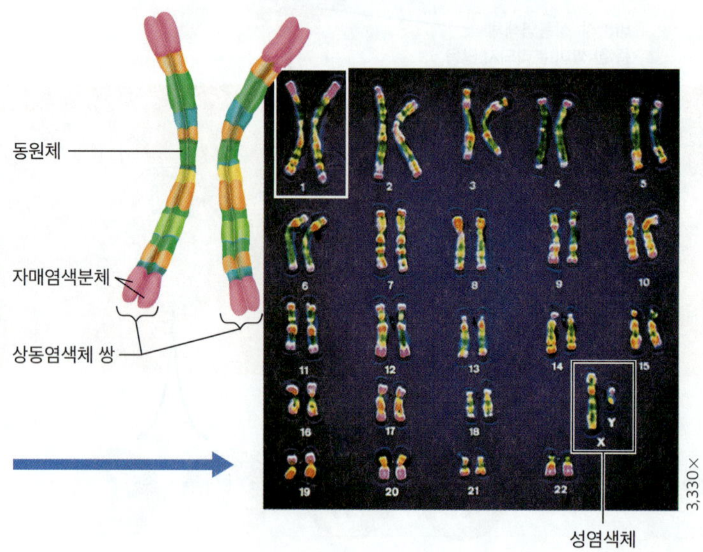

디지털 카메라가 장착된 현미경으로 슬라이드를 관찰한다. 사진으로 찍은 염색체를 소프트웨어를 이용하여 크기와 모양에 따라 전자식으로 배열한다.

최종적으로 얻어진 결과가 바로 핵형이다. 46개의 염색체에는 22쌍의 상염색체와 2개의 성염색체 X, Y가 포함되어 있다. 또한 각각의 염색체는 2개의 자매염색분체들이 길이를 따라 서로 붙어 있다(그림에서 확인).

▲ **그림 8.19** 혈액 샘플로부터 핵형을 준비하는 과정

8.20 21번 염색체가 하나 더 있으면 다운증후군을 일으킨다

연결 그림 8.19는 23쌍의 염색체를 가진 정상인의 핵형이다. 이 핵형과 **그림 8.20A**에 제시된 핵형을 비교해 보면, X 염색체가 2개(여성의 핵형이므로)라는 것 외에 21번 염색체가 3개가 있어, 총 47개의 염색체가 있음을 알 수 있다. 이 상태를 **21삼염색체성(trisomy 21)**이라고 한다.

대부분의 경우, 비정상적인 염색체 수는 배아 발달에 매우 해로우므로 영향을 받은 배아는 출생 전에 자연적으로 유산된다. 그러나 21삼염색체성을 포함한 일부 염색체 수의 이상은 유전적인 균형을 심하게 해치지 않기 때문에 이러한 염색체 이상이 있어도 살아남아 성인이 되기도 한다. 염색체 이상을 가진 사람은 대개 증후군이라 통칭하는 특징적인 증상들을 보인다. 예를 들어, 21삼염색체를 가진 사람은 1866년 이 증후군을 처음 기술한 다운(John Langdon Down) 박사의 이름을 딴 **다운증후군(Down syndrome)**이라는 증상을 보인다.

21삼염색체성은 가장 흔한 염색체 수 이상이다. 어린이 850명 중 1명꼴로 발생하는 이 질환은 미국에서 가장 흔하면서 심각한 선천적 결함이다. 다운증후군 환자는 둥근 얼굴, 눈 안쪽 모서리의 피부 주름, 평퍼짐한 콧날, 작고 불규칙한 치아 등 특징적인 얼굴과 함께 작은 키 그리고 심장 결함 및 호흡기 감염, 백혈병, 알츠하이머병에 대한 감수성이 크다.

다운증후군인 사람은 일반적으로 정상인보다 수명이 짧다. 또한 정도의 차이가 있지만 발달장애를 보인다. 그러나 적절한 치료를 받으면 중년 또는 그 이후까지도 생존하며, 사회적으로도 능숙하고 독립적으로 생활하며 직업을 갖는 경우도 많다. 다운증후군 증상을 가진 거의 모든 남성과 약 절반의 여성은 성적으로 발달이 미숙하여 불임이다. 다운증후군 여성이 생산하는 난자 중 절반은 여분의 21번 염색체를 가지고 있으므로 다운증후군 여성이 자기 아이에게 이 증후군을 물려줄 확률은 50%다.

그림 8.20B에서 볼 수 있듯이, 정상 부모에게서 다운증후군 아이가 태어날 확률은 산모의 나이가 많아질수록 현저하게 증가한다. 산모 나이가 30세 미만이면 다운증후군 아이가 태어날 확률은 0.05% 미만(신생아 2,000명 중 1명 미만)이다. 그러나 40세 산모의 경우 확률이 1%(1,000명 중 10명)로 증가하며, 고령의 산모는 확률이 이보다 훨씬 더 높아진다. 따라서 최근에는 모든 임산부를 대상으로 배아의 염색체 이상 여부를 확인하기 위해 산전검사가 제공되고 있다.

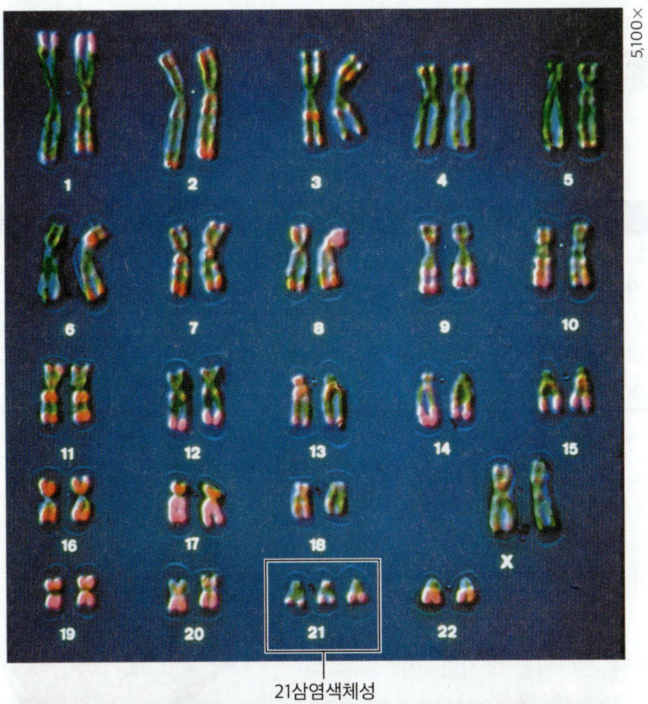

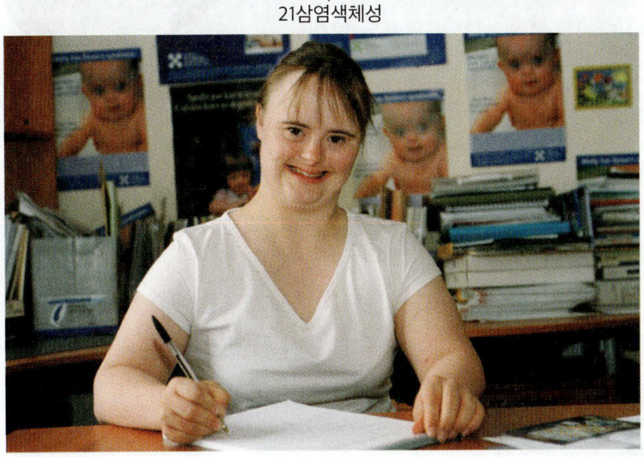

▲ **그림 8.20A** 21삼염색체성을 보이는 핵형과 다운증후군 여성

? 21삼염색체성을 가진 사람은 21번 염색체 복사본을 ________개 가지고 있으며, 총 염색체 수는 ________개다.

■ 3, 47

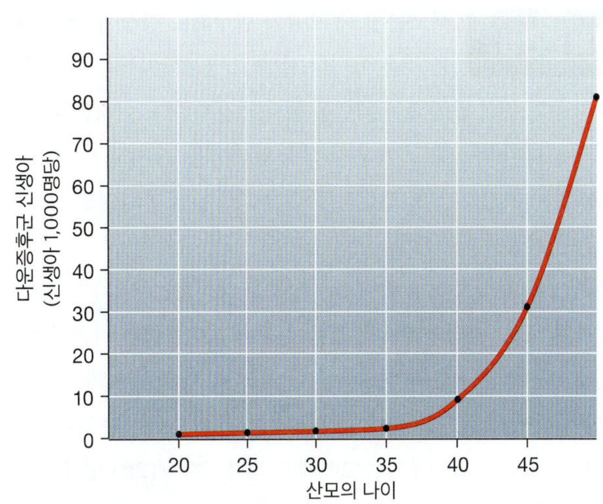

자료: C. A. Huether et al., Maternal age specific risk rate estimates for Down syndrome among live births in whites and other races from Ohio and Metropolitan Atlanta, 1970-1989, *Journal of Medical Genetics* 35: 482-90 (1998).

▲ **그림 8.20B** 산모의 나이에 따른 다운증후군 발생률

8.21 성염색체 수의 이상은 대개 생존에 영향을 주지 않는다

연결 비분리현상은 성염색체 X와 Y의 수에 이상이 생기게 할 수 있다. 성염색체 수가 비정상적인 경우는 상염색체가 비정상적일 때보다 유전자 균형을 덜 교란시킨다. 이는 아마도 다른 염색체에 비해 Y 염색체의 크기가 매우 작고 상대적으로 적은 수의 유전자를 가지고 있기 때문일 수 있다. 그뿐만 아니라 포유류 세포에서는 대개 X 염색체 2개 중 하나만 기능을 하고, 다른 하나는 각 세포에서 불활성화된다(11.2절 참조).

표 8.21은 가장 흔한 사람의 성염색체 이상을 보여준다. 남성의 경우 X 염색체가 하나 더 있어 XXY가 되면 클라인펠터증후군(Klinefelter syndrome)을 유발한다. 이러한 남성은 정소가 비정상적으로 작고 대개 불임이며, 지능이 정상보다 낮을 수 있고, 가슴이 커지는 등의 여성 신체 특징을 보일 수 있다. 클라인펠터증후군은 XXYY, XXXY 또는 XXXXY처럼 성염색체가 3개 이상인 사람에게서도 발견된다. 이러한 비정상적인 성염색체 수는 비분리현상이 여러 번 일어나 발생하며, XY나 XXY인 사람들보다 발달장애를 가질 가능성이 더 높다.

Y 염색체를 하나 더 가진 남성(예: XYY)은 평균보다 키가 큰 경향이 있지만, 그 외에는 특별한 증후군을 보이지 않는다. X 염색체가 하나 더 많은 여성(XXX)은 생식이 가능하며, 핵형을 제외하고는 XX 여성과 구분이 잘되지 않는다. 이러한 여성은 평균보다 키가 약간 더 크고 학습장애 위험이 더 높은 경향이 있다.

X 염색체 하나가 없는 여성은 XO 유전자형으로 나타내며, O는 두 번째 성염색체가 없다는 것을 의미한다. 이러한 여성은 터너증후군(Turner syndrome)을 가지고 있으며, 키가 작고 종종 목과 어깨 사이의 피부가 그물망같이 늘어난 특징적인 외모를 갖는다. 터너증후군을 가진 여성은 사춘기에 생식기관이 성숙하지 않기 때문에 불임이다. 또한 치료하지 않고 방치하면 가슴과 그 외 2차성징이 제대로 발달하지 않는다. 합성에스트로겐 치료는 이러한 증상을 완화하여 2차성징이 발달할 수 있게 한다. 터너증후군을 가진 대부분의 여성은 정상 지능을 가지고 있다. XO 상태는 염색체가 45개뿐이어도 사람에게 치명적이지 않은 것으로 알려진 유일한 경우다.

? 클라인펠터증후군 환자에게서 발견될 것으로 예상되는 상염색체의 총 개수와 성염색체 개수는 각각 몇 개인가?

■ 44개의 상염색체와 3개의 성염색체. X 염색체가 추가로 더 있을 수도 있다.

표 8.21 사람에서의 성염색체 수 이상

성염색체	증후군	비분리현상의 근원	증상
XXY	클라인펠터증후군(남성)	난자 또는 정자 형성 과정 중의 감수분열	불임, 정소의 미발달, 여성의 2차 성징
XYY	없음(정상 남성)	정자 형성 과정 중의 감수분열	없음
XXX	없음(정상 여성)	난자 또는 정자 형성 과정 중의 감수분열	평균보다 약간 큰 키
XO	터너증후군(여성)	난자 또는 정자 형성 과정 중의 감수분열	불임, 미성숙한 생식기관

8.22 세포분열의 오류로 새로운 종이 생길 수 있다

진화 연관성 세포분열 중 오류가 발생해도 항상 문제로 이어지는 것은 아니다. 실제로 생물학자들은 이러한 오류가 많은 종의 진화에 중요한 역할을 했다고 생각한다. 이러한 새로운 종은 체세포마다 두 세트 이상의 상동염색체를 가지고 있는 배수체(polyploid)다. 밀, 감자, 면화와 같은 농작물을 포함하여 모든 꽃식물 종의 절반 이상이 배수체다.

2배체($2n$) 식물종이 4배체($4n$) 식물을 생성하는 한 가지 시나리오를 생각해 보자. 가상의 2배체 식물이 대다수 식물들과 마찬가지로 정자와 난자를 생산하며 자가수정이 가능하다고 상상해 보자. 만약 식물의 생식기관에서 감수분열이 일어나지 않고, 대신 유사분열에 의해 배우자가 생성되면 그 배우자는 2배체가 된다. 2배체($2n$) 정자와 2배체($2n$) 난자가 자가수정 과정 중에 융합하면 4배체($4n$) 접합자가 생성되며, 이 접합자는 자가수정에 의해 스스로 번식할 수 있는 4배체 식물로 발달할 수 있다. 이 4배체 식물은 단지 한 세대 만에 진화한 새로운 종이 될 것이다. 배수체 동물 종은 비록 배수체 식물보다 흔하지는 않지만, 어류나 양서류 중에 일부 발생하는 것으로 알려져 있다(**그림 8.22**). 또한 칠레의 연구진들은 설치류 중 최초로 배수체일 가능성이 있는 비스카차 쥐(Viscacha rat, *Tympanoctomys barrerae*)를 발견했는데, 이 쥐의 세포들은 102개의 염색체를 가지며, 4배체인 것으로 보인다. 4배체 생물은 때때로 자신들의 2배체 조상과는 현저하게 다른 모습을 보여준다. 과학자들은 배수체가 어떻게 이러한 차이를 초래하는지 아직까지 정확히 밝히지 못하고 있다.

▲ **그림 8.22** 4배체 개체인 회색나무개구리(*Hyla versicolor*)

? 배수체 생물이란 무엇인가?

■ 체세포에 두 세트보다 더 많은 상동염색체를 갖고 있는 생물

8.23 염색체 구조의 변화는 선천성 장애와 암을 유발할 수 있다

연결 감수분열 시의 오류 또는 방사선처럼 손상을 유발하는 요인은 염색체를 절단하므로 이로 인해 염색체 구조에 네 가지 유형의 변화를 초래할 수 있다(**그림 8.23A**). 염색체 조각(여기에 있는 유전자와 더불어)이 떨어져 나가면 **결실(deletion)**되었다고 한다. 염색체에서 '잘려 나온' 조각은 세포에서 사라질 수도 있지만, 자신의 자매염색분체나 상동염색체에 추가로 달라붙어 **중복(duplication)**을 초래할 수 있다. 만약 떨어져 나온 염색체 일부가 원래의 염색체에 다시 부착하면서 본래의 방향과 반대 방향으로 부착하면 **역위(inversion)**가 일어난다. 염색체 변화의 네 번째는 절단된 염색체의 조각이 비상동염색체에 결합하는 경우로, 이를 **전좌(translocation)**라고 한다. 그림에서 볼 수 있듯이, 2개의 비상동염색체들이 염색체 일부를 서로 교환하는 상호전좌가 일어나기도 한다.

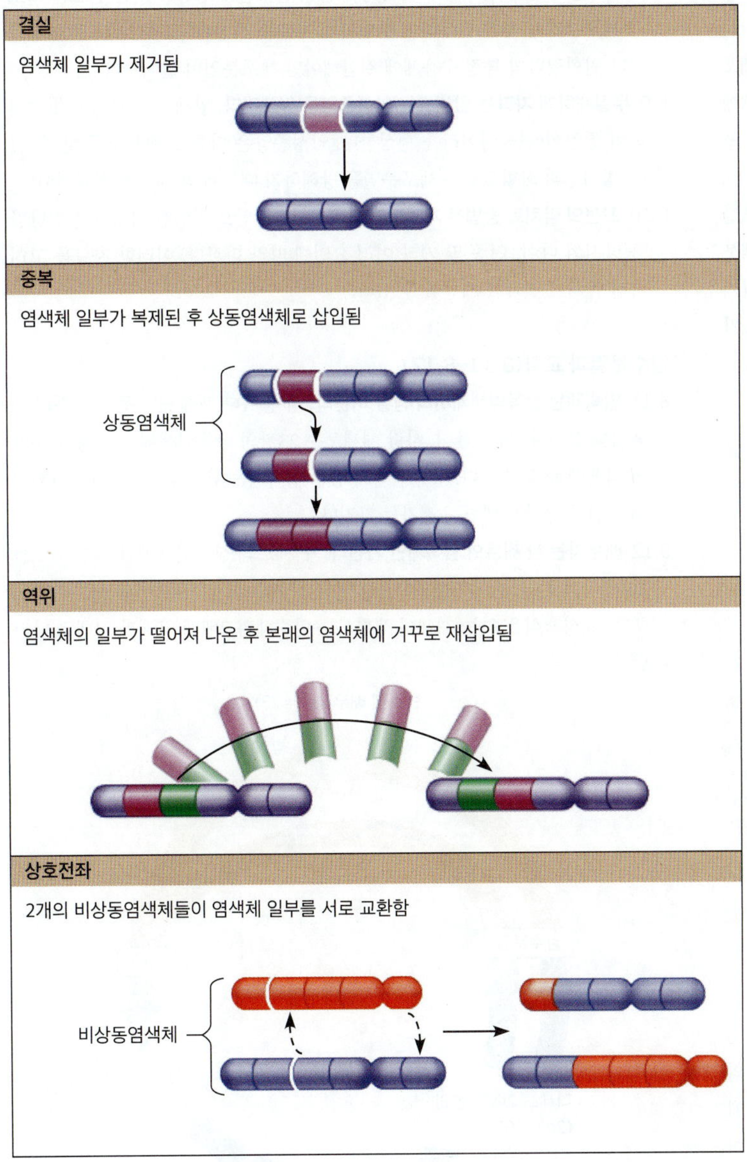

▲ **그림 8.23A** 염색체 구조의 변화

역위의 경우 모든 유전자가 여전히 정상 수만큼 있기 때문에 결실이나 중복보다 악영향을 줄 가능성이 적다. 그러나 사람 염색체에 생기는 대부분의 결실은 심각한 신체적 그리고 정신적 문제를 일으킨다. 한 가지 예로, 5번 염색체의 특정 부위에 결실이 일어나면 '고양이울음(cri du chat)'증후군을 유발한다. 이 질환을 갖고 태어난 아이는 결실된 정도에 따라서 발달장애, 특이한 얼굴 모습과 작은 머리, 괴로워하는 고양이 울음소리와 같은 증상이 비교적 경미하기도 하고 심각하기도 하는 등 매우 다양하다.

역위와 마찬가지로 전좌는 개체에 해로울 수도, 해롭지 않을 수도 있다. 다운증후군인 사람 중 세 번째 21번 염색체를 일부만 가지고 있는 경우가 있는데, 이는 전좌 결과 21번 염색체의 일부가 다른 염색체(비상동염색체)에 결합했기 때문이다. 만성골수성백혈병(chronic myelogenous leukemia, CML)을 포함한 특정 암 발병과 관련된 염색체 전좌도 확인되었다. 만성골수성백혈병은 백혈구가 될 세포에서 유사분열하는 중에 상호전좌가 일어나 발생한다. 이 세포에서는 22번 염색체의 상당 부분이 9번 염색체 끝부분의 작은 조각과 서로 교환되어 쉽게 알아볼 수 있는 훨씬 작은 22번 염색체가 만들어진다(**그림 8.23B**). 이러한 염색체 교환으로 인해 통제되지 않는 세포주기를 초래하는 새로운 '융합된' 유전자가 만들어지면 암이 유발된다.

암에 생긴 염색체 변화는 대개가 체세포에 한정되므로 암은 일반적으로 유전되지 않는다. (암에 대해서는 제11장에서 다룰 것이다.) 유전학(9장)에서 유전원리에 대한 연구를 통해 먼저 유전학의 역사적 발달 과정을 살펴본 후, 부모의 형질이 자손으로 전달되는 방식을 지배하는 규칙에 대해 알아보고자 한다.

? 상호전좌는 교차와 어떻게 다른가?

■ 상호전좌는 상동염색체가 아닌 염색체들 간에 염색체 일부를 교환하는 것이고, 교차는 상동염색체들 간에 서로 대응하는 부위를 교환하는 것이다.

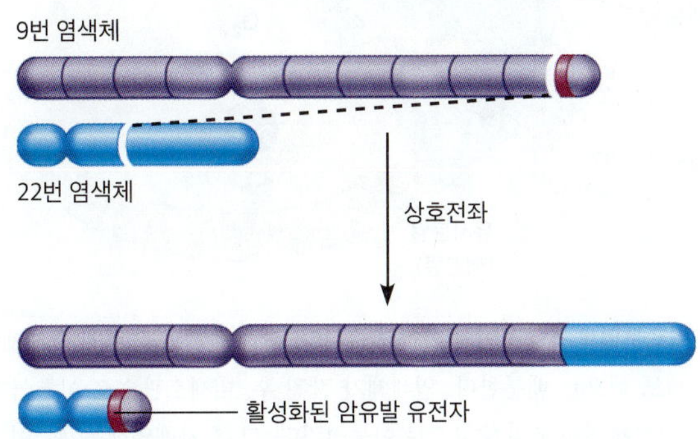

▲ **그림 8.23B** 만성골수성백혈병과 관련된 전좌

CHAPTER

8 복습

개념 복습하기

세포분열과 생식(8.1~8.2)

8.1 세포분열은 생명체가 살아가는 데 많은 중요한 역할을 한다. 세포는 이미 존재하는 세포로부터만 만들어지므로 세포분열은 세포와 개체 생식의 핵심이다. 일부 개체는 무성생식으로 번식하며, 이러한 경우 자손은 모두 부모의 유전적 복사본이고 자손들끼리도 서로 동일하다(클론). 그 밖의 다른 개체들은 유성생식으로 번식하여 다양한 자손을 만든다.

8.2 원핵생물은 이분법으로 번식한다. 원핵생물은 세포분열을 통해 무성생식으로 번식한다. 세포가 단일 염색체를 복제하면 복제된 염색체 복사본들이 서로 분리되어 이동하고 막이 신장하여 세포가 둘로 나뉜다.

진핵세포의 세포주기와 유사분열(8.3~8.10)

8.3 진핵생물의 크고 복잡한 염색체는 세포가 분열할 때마다 복제된다. 진핵세포는 원핵세포보다 훨씬 더 많은 유전자를 가지고 있으며, 이들 유전자는 핵에 있는 여러 개의 염색체에 나뉘어 있다. 각 염색체는 하나의 긴 DNA 분자를 포함한다. 개별 염색체는 세포가 분열할 때만 광학현미경으로 관찰이 가능하며, 분열 중이 아니면 염색체는 너무 가늘고 느슨하게 포장된 염색질 상태여서 잘 보이지 않는다. 세포가 분열을 시작하기 전에 염색체가 복제되어 자매염색분체(동일한 DNA를 포함)를 생성하며, 이들 자매염색분체는 길이를 따라 함께 결합하고 있다. 세포분열에 의해 자매염색분체가 분리되어 2개의 딸세포가 생성되며, 딸세포들은 각각 완전하고 동일한 염색체 세트를 갖게 된다.

8.4 세포주기에는 성장 및 분열 단계가 포함된다.

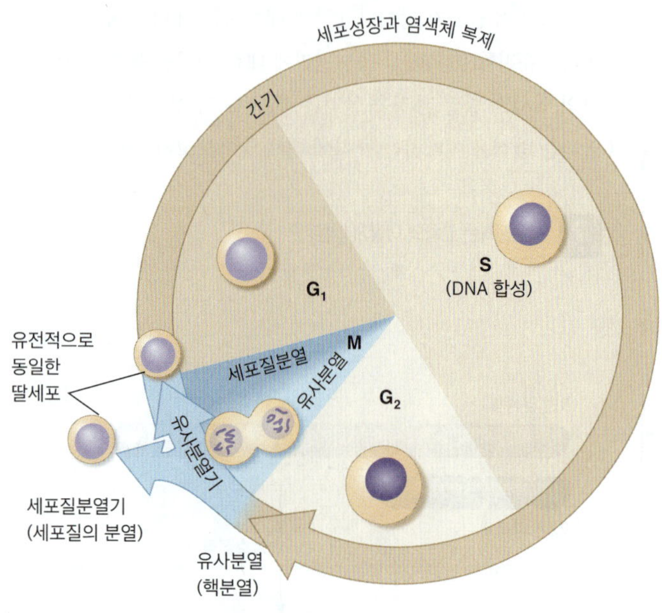

8.5 세포분열은 역동적인 변화의 연속이다. 유사분열은 복제된 염색체를 2개의 딸세포 핵으로 배분한다. 염색체가 감긴 후, 미세소관으로 이루어진 방추체가 염색체를 세포의 중앙으로 이동시킨다. 그 후 자매염색분체들이 분리되어 세포의 양쪽 극으로 이동하고, 그곳에서 2개의 새로운 딸핵이 형성된다.

8.6 식물 세포와 동물 세포는 세포질분열 방식이 서로 다르다. 세포가 둘로 나뉘는 세포질분열은 유사분열이 끝나는 시기와 겹친다. 동물에서의 세포질분열은 세포가 수축하여 분할구가 형성됨으로써 일어난다. 식물에서는 막성 세포판이 형성되며, 그 이후에 세포가 둘로 나뉜다.

8.7 세포분열 속도는 환경요인의 영향을 받는다. 실험실에서 배양할 때 대부분의 정상 세포는 표면에 부착되어 있을 때만 분열한다. 배양된 세포들은 서로 접촉할 때까지 분열을 계속한다. 대부분의 동물 세포는 성장인자에 의해 자극을 받을 때만 분열하며, 일부 세포는 전혀 분열하지 않는다. 성장인자는 세포가 분열하도록 자극한다.

8.8 성장인자는 세포주기조절계에 신호를 보낸다. 세포 내의 일련의 단백질이 세포주기를 조절한다. 세포주기의 중요한 확인지점에 영향을 주는 신호는 세포가 세포주기를 계속 진행하여 분열할지 여부를 결정한다. 통상적으로 성장인자가 원형질막의 특정 수용체에 결합해야만 세포분열이 일어난다.

8.9 무절제하게 자라는 암세포는 악성종양을 일으킨다. 암세포는 과도하게 분열하여 종양이라는 덩어리를 형성한다. 악성종양은 다른 조직을 침투할 수 있다. 방사선과 화학요법은 세포분열을 방해하기 때문에 암 치료에 효과적이다.

8.10 최선의 암치료 방법은 개인마다 다를 수 있다. 암으로 인한 사망률은 진단받을 당시의 나이, 인종 및 기타 여러 요인에 따라 다르다. 이러한 자료를 고려하면 암치료 결과를 개선할 수 있다.

감수분열과 교차(8.11~8.17)

8.11 염색체는 상동염색체끼리 쌍을 이룬다. 각 종마다 체세포는 독특한 수의 염색체를 갖는다. 예를 들어, 사람 체세포는 23쌍의 상동염색체로 구성된 46개의 염색체를 갖고 있다. 상동염색체 쌍은 염색체는 같은 위치, 즉 유전자좌위에 동일한 형질에 대한 유전자를 가진다.

8.12 배우자는 한 세트의 염색체만 가진다. 두 세트의 상동염색체를 가진 세포를 2배체라고 한다. 배우자(난자와 정자)는 한 세트의 염색체만 가진 반수체 세포다. 유성생식을 하는 개체의 생활사는 반수체와 2배체 단계가 교대로 나타난다.

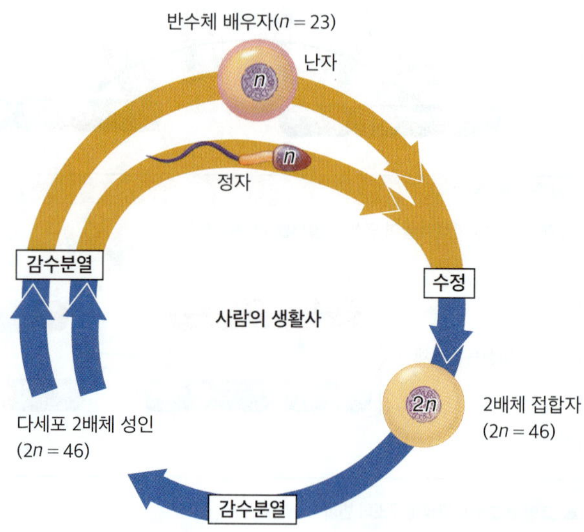

8.13 감수분열은 2배체인 염색체 수를 반수체로 감소시킨다. 감수분열은 유사분열과 마찬가지로 염색체 복제가 선행되지만, 감수분열에서는 세포가 두 번 분열하여 4개의 딸세포가 생성된다. 첫 번째 분열인 제1 감수분열은 상동염색체가 쌍을 이루는 것으로 시작한다. 교차를 통해 상동염색체들이 서로 대응하는 부위를 교환한다. 제1 감수분열은 각 상동염색체 쌍들을 분리하여 각각 한 세트의 염색체를 가진 2개의 딸세포를 생성한다. 제2 감수분열은 유사분열과 본질적으로 동일하며, 세포마다 각 염색체의 자매염색분체들이 분리된다. 그 결과 총 4개의 반수체 세포가 생성된다.

8.14 유사분열과 감수분열에는 중요한 유사점과 차이점이 있다. 유사분열과 감수분열은 모두 간기에 이미 염색체가 복제된 2배체 부모세포로부터 시작된다. 유사분열은 유전적으로 동일한 2개의 2배체 체세포 딸세포를 생성하는 반면, 감수분열은 유전적으로 독특한 4개의 반수체 배우자를 생성한다.

8.15 감수분열 시 염색체의 독립적인 향방과 무작위 수정은 다양한 자손이 만들어지게 한다. 쌍을 이루는 상동염색체는 상동이지만, 염색체들끼리 많은 점에서 서로 다르다. 따라서 제1 감수분열의 중기에서 염색체 쌍의 무작위한 배열은 난자와 정자가 다양한 염색체 조합을 갖게 한다. 난자와 정자의 무작위 수정은 유전자 변이를 더욱 크게 증가시킨다.

8.16 상동염색체는 서로 다른 유전자형을 가지고 있을 수 있다. 상동염색체들 간의 차이점은 이 염색체들이 대응하는 유전자좌위에 서로 다른 유형의 유전자를 가질 수 있다는 사실에서 비롯한다.

8.17 교차는 유전적 다양성을 더욱 증가시킨다. 제1 감수분열 전기에 교차로 인해 유전자재조합이 발생하며 이는 유전자변이를 더욱 증가시킨다.

염색체 수와 구조의 변화(8.18~8.23)

8.18 감수분열 중 오류로 인해 염색체 수가 변할 수 있다. 비정상적인 염색체 수는 한 쌍의 상동염색체가 제1 감수분열 중에 분리되지 않거나 자매염색분체가 제2 감수분열 중 분리되지 않는 비분리현상의 결과다.

8.19 핵형은 개개인의 염색체에 대한 사진 목록이다. 핵형을 얻기 위해서는 백혈구를 분리하여 성장하도록 자극한 후, 중기에 머물도록 한 뒤 현미경으로 촬영한다. 어떠한 염색체이상도 쉽게 감지할 수 있도록 염색체를 쌍으로 크기 순서대로 배열한다.

8.20 21번 염색체가 하나 더 있으면 다운증후군을 일으킨다. 가장 흔한 염색체 수 이상인 21삼염색체성은 다운증후군이라는 질환을 유발한다.

8.21 성염색체 수의 이상은 대개 생존에 영향을 주지 않는다. 감수분열 중 성염색체의 비분리현상은 X 또는 Y 염색체가 결실되거나 더 많은 개체를 초래할 수 있다. 그 결과 XXY처럼 개체의 건강에 영향을 주는 증후군이 발생하기도 하고, 때로는 XXX처럼 정상적인 개체가 되기도 한다.

8.22 세포분열의 오류로 새로운 종이 생길 수 있다. 비분리현상은 염색체 총 세트 수가 늘어난 배수체 개체의 생성을 초래할 수 있다. 이러한 세포분열의 오류는 새로운 종의 진화에 중요하다.

8.23 염색체 구조의 변화는 선천성 장애와 암을 유발할 수 있다. 염색체가 절단되면 결실, 중복, 역위, 전좌와 같은 염색체 재배열이 일어날 수 있다. 이러한 재배열은 유전적 장애를 초래할 수 있으며 또한 체세포에 변화가 발생할 경우 암을 유발할 수 있다.

개념 연결하기

1. 다음 표를 작성하고 유사분열과 감수분열을 비교하시오.

	유사분열	감수분열
염색체 복제 횟수		
세포분열 횟수		
생성된 딸세포의 수		
딸세포의 염색체 수		
중기에 염색체가 배열하는 방식		
딸세포와 부모세포의 유전적 관계		
사람 몸에서의 역할		

학습 평가하기

1단계: 지식과 이해력 평가

2. 자이언트 판다 난자에 21개의 염색체가 있다면, 피부세포에는 몇 개의 염색체가 있을까?
   a. 11　b. 21　c. 42　d. 84
3. 세포주기의 어느 단계에서 세포질이 둘로 나뉘는가?
   a. 후기　b. 전기　c. 세포질분열　d. 중기
4. 간기에 개별 염색체를 관찰하기 어려운 이유는 무엇인가?
   a. DNA가 아직 복제되지 않아서
   b. 염색체가 길고 가느다란 실 가닥 모양이어서
   c. 핵 밖으로 빠져나가 세포의 다른 부분으로 분산되어서
   d. 분열이 시작될 때까지 상동염색체가 아직 쌍을 이루지 않아서
5. 방추사 미세소관은 염색체에 있는 ________을/를 ________을/를 통해 방추사 극에 있는 ________에 연결한다.
   a. 방추사부착점, 동원체, 중심체
   b. 동원체, 방추사부착점, 중심체
   c. 동원체, 중심체, 방추사부착점
   d. 중심체, 방추사부착점, 동원체
6. 2개의 비상동염색체의 조각이 서로 위치를 바꿀 때의 구조적 변화를 무엇이라고 부르는가?
   a. 교차　b. 중복　c. 상호전좌　d. 역위

2단계: 응용과 분석력 평가

7. 감수분열의 어떤 단계가 유사분열의 중기와 유사한가?
   a. 제1 감수분열 전기
   b. 제2 감수분열 전기
   c. 제1 감수분열 중기
   d. 제2 감수분열 중기
8. 생화학자가 실험실에서 성장 중인 세포의 DNA 양을 측정한 결과, 세포의 DNA 양이 다음 중 어느 시기에 두 배로 증가했다는 것을 발견했는가?
   a. 유사분열 전기와 후기 사이
   b. 세포주기의 G_1기와 G_2기 사이
   c. 세포주기의 M기 동안
   d. 제1 감수분열 전기와 제2 감수분열 전기 사이

9. 분열 중인 쥐 세포를 현미경으로 관찰한 결과, 각각 2개의 자매염색분체로 된 19개의 염색체가 보였다면 이는 다음 중 세포분열의 어느 단계에 사진을 찍은 것일까? (또한 왜 그렇게 생각하는지 기술하시오.)
   a. 유사분열 전기
   b. 제2 감수분열 말기
   c. 제1 감수분열 전기
   d. 제2 감수분열 전기
10. 제2 감수분열 중 비분리현상이 발생한다면, 그 결과 생성되는 배우자는 몇 개의 염색체를 포함할까?
   a. 일부 n, 일부 $n-1$ 및 일부 $n+1$
   b. 일부 $n+1$ 및 일부 $n-1$
   c. 일부 n 및 일부 $n+1$
   d. 모두 $n+1$
11. 다운증후군을 유발하는 21번 염색체가 하나 더 많은 사람이 3번 염색체나 16번 염색체를 하나 더 갖는 사람보다 더 많은 이유는 무엇인가?
   a. 다른 염색체보다 21번 염색체에 더 많은 유전자가 있어서
   b. 21번 염색체는 성염색체인 반면 3번과 16번 염색체는 그렇지 않아서
   c. 다운증후군이 더 흔한 것이 아니라 증상이 더 심각하기 때문에
   d. 다른 염색체는 염색체가 더 많은 경우 치명적이어서
12. 아래 사진은 양파 뿌리 끝에서 분열하는 세포를 광학현미경으로 관찰한 것이다. 간기, 전기, 중기, 후기 및 말기에 해당하는 세포를 찾고, 각 단계에서 일어나는 주요 사건을 설명하시오.

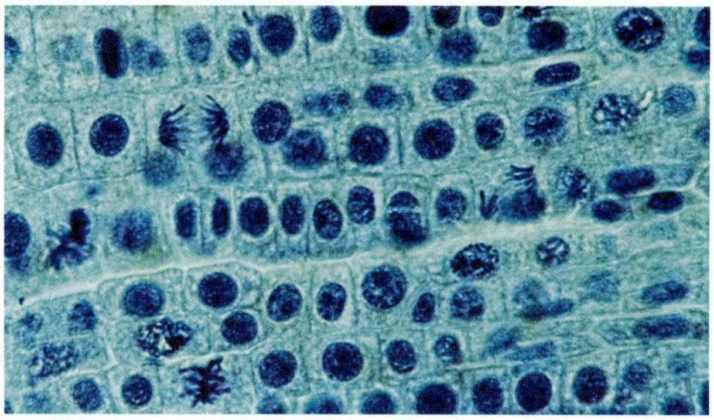

3단계: 종합평가

13. 유사분열 중 어떤 단계의 세포를 사용하여 사람 핵형을 준비하는가? 핵형 분석으로 어떤 이상을 감지할 수 있는가?
14. 유성 생식주기 중에 일어나는 세 가지 다른 과정이 어떻게 자손의 유전적 다양성을 증가시키는지 간략히 설명하시오.
15. 성장인자가 어떻게 세포분열을 일으키는지 보여주는 그림을 그려보자. 성장인자 중 한 종류가 없다면 어떤 결과가 초래될까?
16. 식물 세포와 동물 세포의 세포질분열을 비교해 보자. 두 분열은 어떤 점에서 유사하고 어떤 점에서 다른가?
17. 세 쌍의 염색체를 갖고 있는 감수분열 중인 세포를 그린 후, 염색체 비분리 현상이 어떻게 염색체 수가 더 많거나 더 적은 배우자를 생산할 수 있는지 제시하시오.
18. 신문에서 유전공학기술을 이용하여 한 사람에게서 나온 두 배우자(2개의 난자 혹은 2개의 정자)를 수정시켜 하나의 접합자를 만드는 방법을 개발했다는 기사를 읽었다고 가정해 보자. 기사에 따르면, 연구진들은 세포 제공자 몸에서 배우자 형성 시 교차가 일어나지 못하게 방지했다고 한다. 연구자들은 새로운 접합자 중 하나의 유전학적 구성을 결정하는 과정에 있다. 다음 보기 중 이들이 어떤 예측을 했을 것으로 생각하는가? 그렇게 선택한 이유를 설명하고, 다른 문항은 왜 정답이 될 수 없는지 그 이유도 설명하시오.
   a. 접합자는 46개의 염색체를 가지며, 이 염색체들은 모두 배우자 제공자(한쪽 부모)로부터 나왔기 때문에 접합자는 배우자 제공자와 유전적으로 동일할 것이다.
   b. 접합자는 배우자 제공자와 유전적으로 동일할 수도 있지만, 배우자 제공자의 부모로부터 예측하기 어려운 혼합된 염색체 구성을 가질 가능성이 훨씬 더 높다.
   c. 접합자는 배우자 제공자와 유전적으로 동일하지는 않지만, 제공자의 부모 중 한 명과 유전적으로 동일할 것이다.
   d. 접합자는 배우자 제공자와 유전적으로 동일하지는 않지만, 제공자의 조부모 중 한 명과 유전적으로 동일할 것이다.
19. 초파리에서 E와 e는 눈색에 대한 유전자의 서로 다른 유형이고, B와 b는 몸의 털에 대한 유전자의 다른 유형이다. 암컷의 염색체 하나에 유전자 유형 E와 b가 있고, 이의 상동염색체에 유전자 e와 B가 있다. 암컷이 만드는 배우자를 연구하다 보면, 어떤 배우자는 염색체에 E와 B 유전자를 갖는 것을 발견할 수 있다. 어떻게 이런 일이 일어날 수 있는지 설명하시오.
20. 몸의 각 조직에 산소를 운반하는 적혈구 수명은 약 120일 정도에 불과하다. 이들 세포를 대체하는 세포는 골수에서 세포분열을 통해 만들어진다. 새로운 적혈구로 대체되려면 골수에서 매초 몇 번의 세포분열이 일어나야 할까? 다음 정보를 사용하여 추정해 보자. 혈액 1 mm^3당 약 500만 개의 적혈구가 있으며, 평균 성인의 혈액량은 약 5 L(5,000 cm^3)다. (힌트: 몸에 있는 전체 적혈구 수와, 적혈구가 120일마다 모두 교체되어야 한다면 매일 몇 %가 교체되어야 하는지 생각해 보시오.)
21. 노새는 말과 당나귀의 자손이다. 당나귀 정자는 31개의 염색체를 갖고 있고, 말 난자는 32개의 염색체를 갖고 있다. 따라서 이들의 접합자는 63개의 염색체를 갖는다. 이 접합자는 정상적으로 발달한다. 이렇게 합쳐진 염색체들은 유사분열 진행에 아무 문제가 없으며, 노새는 말과 당나귀의 좋은 특성을 갖게 된다. 그러나 노새는 정소나 난소에서 감수분열이 정상적으로 일어나지 못하므로 불임이다. 말과 당나귀 염색체를 둘 다 갖는 세포에서 유사분열은 정상적으로 일어나지만 감수분열이 일어나지 못하는 이유를 설명하시오.
22. 우리가 '바나나'라고 생각하는 것은 *Musa acuminate* 종의 한 품종인 캐번디시(Cavendish)다. 캐번디시는 체세포에 염색체 3세트를 갖고 있는 3배체(3n)다. 캐번디시는 자연 번식이 불가능하며, 오직 클로닝으로만 번식할 수 있다. 3배체 상태인 경우 정상적인 배우자를 형성할 수 없는 이유를 설명하시오. 유성생식을 못하면 왜 종들이 새로운 해충에 특히 취약하게 되는지도 논의해 보자.
23. **과학적 사고** 8.10절에서 설명한 연구는 대조군이 없는 관찰연구였다. 종양 전문의라고 가정하고, 유방절제술이 유방종양절제술에 비해 유방암 생존율을 향상시키는지 확인하기 위한 가설 중심 연구를 설계해 보자. 대조군은 어떻게 설정할 것인가? 그리고 이러한 연구를 수행하는 것이 윤리적으로 문제가 없는지 답하고 그 이유를 설명하시오.

CHAPTER

9 유전형질의 전달방식

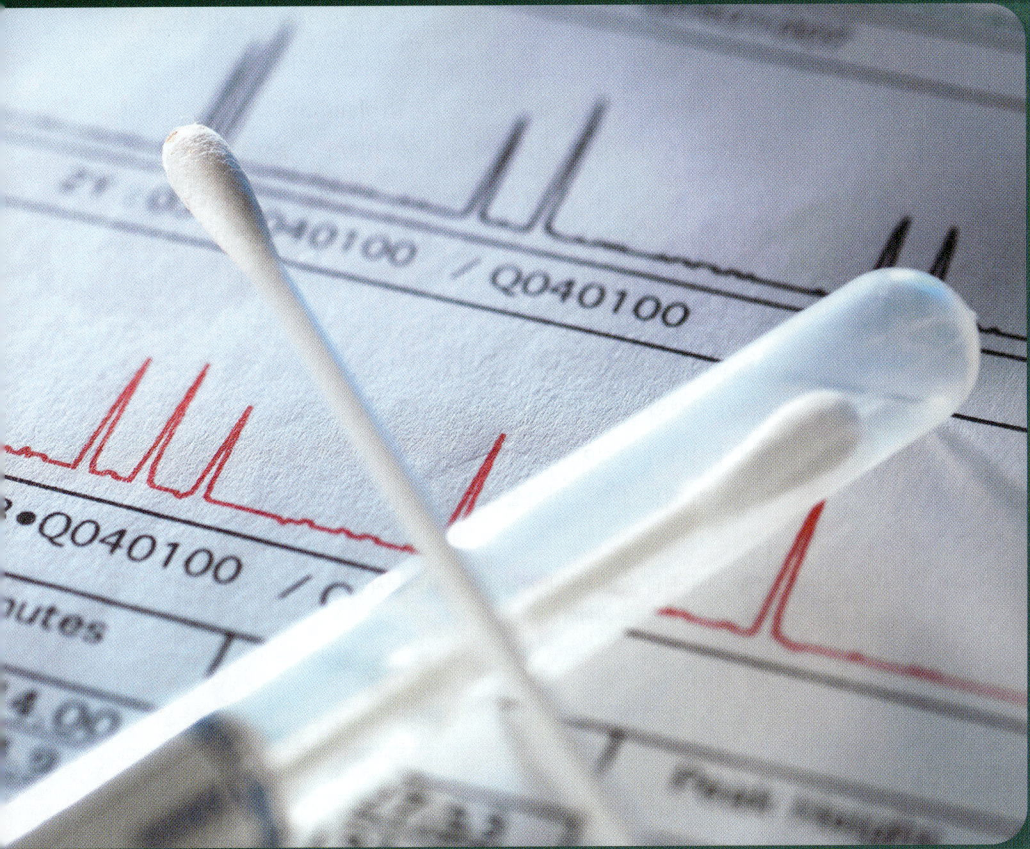

핵심 개요

멘델의 법칙(9.1~9.10)

몇 가지 간단한 규칙으로 다양한 유전 현상을 설명한다.

멘델 법칙의 확장(9.11~9.15)

멘델이 설명한 것보다 더 복잡한 유전형질 전달방식이 있다.

유전의 염색체적 원리(9.16~9.19)

염색체의 행동을 통해 유전 법칙을 이해할 수 있다.

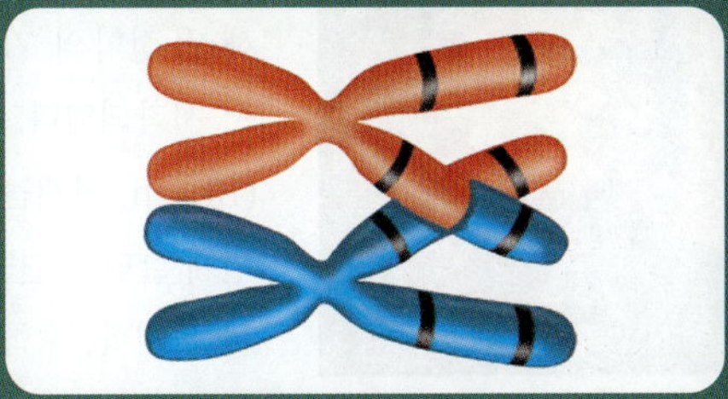

성염색체와 성-연관 유전자(9.20~9.23)

성염색체에 있는 유전자는 독특한 유전 양상을 보인다.

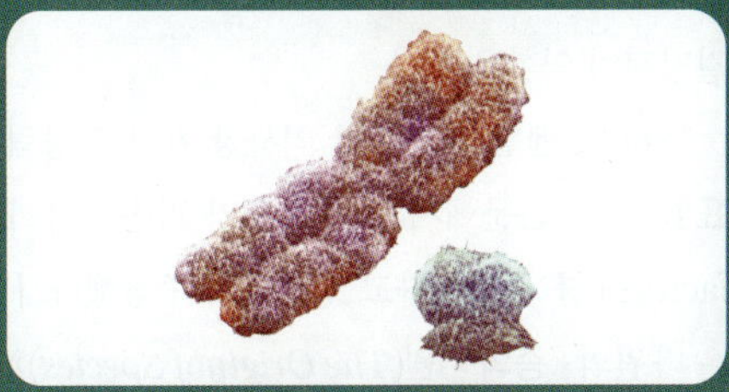

9.0 홈테스트로 유전정보를 알 수 있다

2018년 기준으로, 1,200만 명 이상의 미국인들이 자신의 유전정보를 알아보기 위해 시험관에 침을 뱉어 우편으로 보내 분석을 의뢰했다. 몇 주 안에 그들은 어지러울 정도로 많은 유전정보를 제공하는 보고서를 받게 된다. 특정 종류의 암, 알츠하이머병 또는 파킨슨병에 걸릴 위험을 높이는 유전자를 갖고 있을까? 유전자는 우유를 소화할 수 있는지 혹은 대머리일 확률이 얼마나 되는지에 대해 말해줄까? 낭포성 섬유증(cystic fibrosis) 같은 심각한 질병의 보인자일까? 유전자는 조상을 밝혀주거나 오랫동안 잃어버린 친척을 찾아줄 수 있을까? 심지어 네안데르탈인의 DNA를 얼마나 가지고 있을까? 이러한 서비스의 인기가 급증하는 것은 많은 사람들이 자신의 유전자에 얼마나 깊은 관심을 가지고 있는지를 보여준다.

이 장에서는 유전형질이 부모로부터 자손에게 어떻게 전달되는지, 그 규칙을 살펴볼 것이다. 여러 유전형질 전달방식을 살펴보고 특정 형질을 가진 자손의 비율을 예측할 수 있는 방법에 대해 알아볼 것이다. 가장 중요한 것은, 배우자(gamete) 형성 및 수정 과정 동안 염색체의 행동이 어떻게 유전형질 전달방식을 설명하는지 알아보는 것이다. 이 과정에서 유전 원리가 사람, 식물 그리고 다른 많은 친숙한 생명체의 생명 작용을 이해하는 데 어떻게 도움이 되는지 다양한 사례를 통해 살펴볼 것이다.

멘델의 법칙

9.1 유전학 연구의 역사는 매우 깊다

유전(inheritance)을 설명하려는 시도는 적어도 고대 그리스의 의사 히포크라테스로 거슬러 올라간다(**그림 9.1**). 그는 "판게네스(pangenes)"라고 불리는 입자가 생물체의 각 부분에서 난자나 정자로 이동한 후 다음 세대로 전달된다고 제안했다. 또한 히포크라테스는 생물체의 일생 동안 신체에서 일어나는 변화들이 이러한 방식으로 다음 세대로 전달된다고 생각했다.

히포크라테스의 모델은 몇 가지 측면에서 오류가 있다. 생식세포는 체세포(몸)에서 온 입자로 구성되어 있지 않으며, 체세포의 변화는 난자와 정자에 영향을 미치지 않는다. 예를 들어, 치아 교정을 아무리 오래 해도, 입 안의 세포는 유전정보를 배우자에게 전달하지 않으며, 치아 교정을 했다고 해서 자손이 가지런한 치아를 가질 확률이 높아지는 것도 아니다. 오늘날에는 상식처럼 보이지만, 19세기까지만 해도 개체가 살아가는 동안 획득한 형질이 자손에게 전달된다는 생각은 널리 퍼져 있었다.

▲ 그림 9.1 히포크라테스(Hippocrates, 기원전 약 460~370년)

19세기 초 생물학자들은 관상용 식물의 유전 양식을 관찰함으로써 자손이 양쪽 부모로부터 형질을 물려받는다는 사실을 밝혀냈다. 당시 유전에 대해 가장 선호되는 설명은 '혼합(blending)' 가설로, 파란색과 노란색 물감이 섞여 초록색이 되는 것처럼 암수 부모로부터 물려받은 유전물질이 혼합되어 자손을 형성한다는 개념이다. 이 가설에 따르면 검은색과 갈색 래브라도리트리버의 색깔에 대한 유전정보가 혼합된 후, 그 두 색은 페인트가 섞인 것처럼 분리할 수 없어야 한다. 하지만 실제로는 그렇지 않다. 대신, 검은색 리트리버 순종과 갈색 리트리버 순종을 교배하면 자손 모두는 검은색일 것이고, 그다음 세대의 자손 중 몇 마리가 갈색일 것이다(그 이유는 9.5절에서 배운다). 혼합 가설은 한 세대에서 사라진 형질이 어떻게 후대에서 다시 나타날 수 있는지 설명하지 못하기 때문에 결국 받아들여지지 않았다.

? 만약 '혼합' 유전 가설이 사실이라면, 흑발 남자와 금발 여자의 자녀는 어떤 색깔의 머리카락을 가질까?

■ 모든 자녀는 검은색과 금색의 중간인 갈색 머리카락을 갖게 된다.

9.2 유전학은 수도원 정원에서 시작되었다

유전(**heredity**)은 한 세대에서 다음 세대로 형질이 전달되는 것을 말한다. 유전에 대한 과학적 연구인 **유전학**(**genetics**) 분야는 1860년대에 아우구스티누스 수도사인 그레고어 멘델(**그림 9.2A**)이 완두콩 교배를 통해 유전학의 기본 원리를 추론한 것에서 시작되었다. 멘델은 오스트리아 브륀(Brunn, 현재는 체코 브르노)의 한 수도원에 살면서 연구를 수행했다. 빈 대학에서 물리학, 수학, 화학을 공부한 경험은 그의 연구에 큰 영향을 주었다. 이러한 교육 덕분에 멘델은 실험적으로 그리고 수학적으로 엄격한 연구를 설계할 수 있었고, 이러한 자질은 그의 성공에 결정적인 역할을 했다.

▲ 그림 9.2A 그레고어 멘델(Gregor Mendel, 1822~1884)

1866년 멘델은 생물학 역사상 가장 영향력 있는 논문 중 하나를 발표했다. 이 논문에서 그는 부모가 자손에게 개별 '유전 인자(heritable factors)'를 물려준다고 정확하게 주장했다. [멘델의 이 획기적인 논문은 다윈의 《종의 기원(*The Originof Species*)》이 출간된 지 7년 후에 발표되었으며, 이로 인해 1860년대는 근대 생물학 역사에 있어서 매우 중요한 10년이 되었다.] 멘델은 오늘날 유전자(gene)라고 불리는 유전 인자가 세대를 거듭해도 그 고유한 성질을 유지한다고 강조했다. 즉, 유전자는 카드놀이의 카드와 같다. 한 벌의 카드를 섞어도 카드는 항상 원래의 정체성을 유지하며, 어떤 카드도 다른 카드와 섞이지 않는다. 마찬가지로 유전자는 분류될 수 있지만, 각 유전자는 그 정체성을 유지한다.

멘델이 완두콩을 연구 대상으로 선택한 이유는 세대 주기가 짧고, 한 번의 교배로 많은 수의 자손을 얻을 수 있으며, 쉽게 구별되는 다양한 품종이 있었기 때문일 것이다. 예를 들면 한 품종은 보라색 꽃을, 다른 품종은 흰색 꽃을 가지고 있다. 꽃 색깔과 같이 개체마다 다르게 나타나는 유전적 특징을 **특성**(**character**)이라고 한다. 보라색이나 흰색 꽃과 같이 한 특성에 대한 변형을 **형질**(**trait**)이라고 한다. 실험 모델로서 완두콩 식물의 가장

▶ 그림 9.2B 완두콩 꽃의 해부학(더 잘 보이게 하기 위해 꽃잎 하나가 제거됨)

중요한 장점은 교배를 엄격하게 통제할 수 있다는 것이다. **그림 9.2B**에서 볼 수 있듯, 완두콩 꽃의 꽃잎은 생식기관인 수술과 심피(carpel)를 거의 완전하게 둘러싸고 있다.

이로 인해 완두콩 식물은 자연 상태에서 자가수정(self-fertilization)이 가능하다. 수술에서 방출된 정자를 운반하는 꽃가루(pollen)는 같은 꽃의 난자가 들어 있는 심피에 도달하여 수정이 이루어진다. 멘델은 다른 식물의 꽃가루가 심피에 닿지 못하도록 꽃을 작은 주머니로 덮어 자가수정을 확실히 할 수 있었다. 타가수정(cross-fertilization), 즉 다른 식물의 꽃가루로 다른 한 식물을 수정하고자 했을 때, 그는 **그림 9.2C**에 보이는 방법을 사용했다. ❶ 그는 식물의 미성숙한 수술이 꽃가루를 만들기 전에 미리 잘라내어 자가수정을 방지했다. ❷ 수술을 잘라낸 꽃을 타가수정하기 위해, 그는 다른 식물의 꽃가루를 그 심피에 묻혔다. 수분 후, ❸ 심피는 씨(완두콩)가 들어 있는 콩깍지(pod)로 발달했으며, ❹ 그는 나중에 이 씨들을 심었다. ❺ 이 씨는 자손 식물(F_1)로 자라났다. 이러한 방법을 통해 멘델은 항상 새로운 식물의 부모를 정확하게 알 수 있었다.

앞서 언급했듯이, 멘델이 성공할 수 있었던 이유는 그의 실험적 접근 방식과 연구 대상 식물을 잘 선택한 것 외에도, 연구할 식물의 특성들을 잘 선택했기 때문이다. 그는 연구를 위하여 일곱 가지 특성을 선택했으며, 각 특성은 2개의 뚜렷한 형질로 나타났다(**그림 9.2D**). 멘델은 **순종(true-breeding)**을 선택하여 사용했는데, 이 순종은 여러 세대에 걸친 자가수분을 통해 부모 식물과 동일한 품종만을 생산하는 품종을 말한다. 예를 들어, 보라색 꽃을 가진 식물이 자가수분을 통해 생산된 모든 후손 세대가 항상 보라색 꽃을 가진 식물로만 이루어진다면 순종이다.

이후 멘델은 서로 다른 순종을 교배하여 나오는 결과를 알아보고자 했다. 예를 들어, 보라색 꽃을 가진 식물과 흰색 꽃을 가진 식물을 타가수정하면 어떤 자손이 생길까? 다른 두 품종의 자손을 **잡종(hybrid)**이라고 하고, 타가수정 자체는 혼성화(hybridization) 또는 **유전 교배(genetic cross)**라고 한다. 순종 부모는 **P 세대(P generation**, 부모를 의미하는 parental의 P)라고 하고, 그들의 잡종 자손을 **F_1 세대(F_1 generation**, 자식을 의미하는 라틴어 filial의 F)라고 한다. F_1 식물이 서로 자가수정하거나 타가수정하여 생긴 자손을 **F_2 세대(F_2 generation)**라고 한다.

멘델은 수천 번의 유전 교배를 통해 얻은 F_2 식물을 정량적으로 분석하여 유전의 기본 원리를 추론할 수 있었다. 다음 절에서 멘델 실험의 결과를 살펴볼 것이다.

? 순종 흰색 완두콩과 순종 보라색 완두콩을 교배했다면, 그 자손을 설명하는 데 어떤 용어를 사용할 수 있는가?

■ 그들의 자손은 F_1 세대가 될 것이고 그들을 잡종이라고 할 것이다.

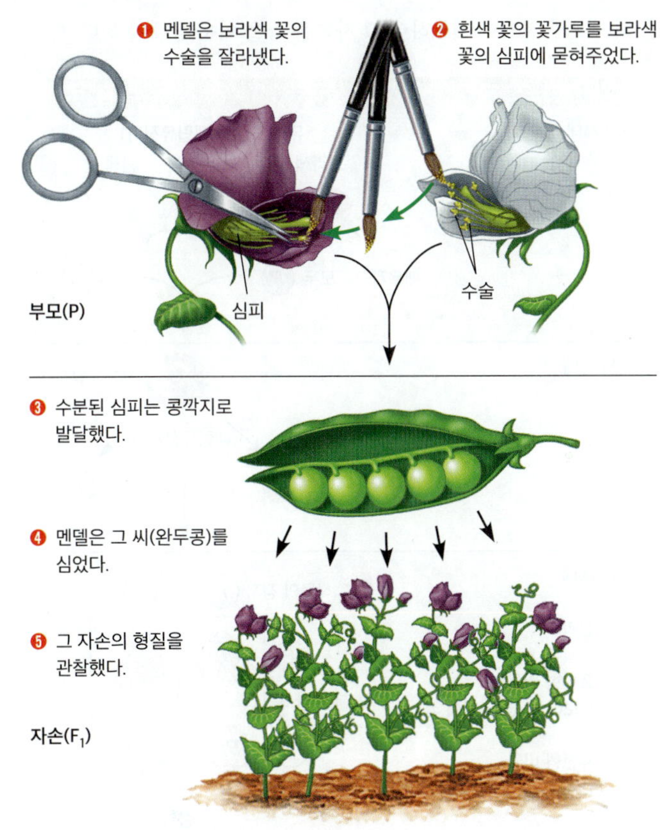

▲ **그림 9.2C** 멘델이 사용한 완두콩 식물의 타가수정 방법

특성	형질	
	우성	열성
꽃 색깔	보라색	흰색
꽃 위치	측면	정단
씨 색깔	노란색	초록색
씨 모양	둥근 모양	주름진 모양
콩깍지 모양	볼록한 모양	잘록한 모양
콩깍지 색깔	초록색	노란색
줄기의 길이	큰 키	작은 키

▲ **그림 9.2D** 멘델이 연구한 일곱 가지 완두콩 특성

9.3 멘델의 분리의 법칙은 단일 특성의 유전을 설명한다

멘델은 꽃 색깔과 같이 2개의 형질로 나타나는 특성의 유전을 추적하는 많은 실험을 수행했다. 이 실험을 통해 그는 유전에 관한 몇 가지 가설을 세울 수 있었다. 그의 실험 몇 가지를 살펴보고, 그의 가설로 이어진 논리적 과정을 따라가 보자.

그림 9.3A는 보라색 꽃을 가진 순종 완두콩 식물과 흰색 꽃을 가진 순종 완두콩 식물 사이의 교배로 시작된다. 멘델은 그 결과로 생긴 모든 F_1 식물이 보라색 꽃을 가지고 있음을 관찰했다. 흰 꽃을 가진 부모 식물의 유전형질은 F_1 잡종에서 사라진 것일까? 멘델은 F_1 식물을 서로 교배함으로써 그 답이 '아니요'라는 것을 알아냈다. F_2 식물 929개 중 705개(약 $\frac{3}{4}$)는 보라색 꽃을, 224개(약 $\frac{1}{4}$)는 흰색 꽃을 가졌다. 이는 흰색 꽃을 가진 식물 하나당 보라색 꽃을 가진 식물이 약 3개, 즉 보라색 대 흰색의 비율이 3:1로 나타났다. 멘델은 흰 꽃에 대한 유전 인자가 F_1 세대에서 사라진 것이 아니라 보라색 꽃의 유전 인자에 의해 가려진 것이라고 추론했다. 그는 또한 F_1 세대 식물이 보라색과 흰색의 꽃 색깔 특성에 대한 두 가지 유전 인자를 모두 가지고 있을 것이라고 추론했다. 이러한 실험 결과와 다른 연구 결과를 바탕으로 멘델은 네 가지 가설을 세웠는데, 여기서는 '유전 인자' 대신 현대 유전학 용어인 '유전자'를 사용하여 설명할 것이다.

1. 유전되는 특성의 차이는 그 특성의 유전자에 대한 서로 다른 유형 때문이다. 예를 들어, 완두콩 식물의 꽃 색깔에 대한 유전자는 보라색과 흰색의 두 가지 유형이 존재한다. 이처럼 한 유전자의 다른 유형을 **대립유전자(allele)**라고 한다.
2. 각 특성에 대해 모든 생물은 부모로부터 각각 하나씩, 총 2개의 대립유전자를 물려받다. 물려받은 대립유전자는 동일할 수도 있고 다를 수도 있다. 한 유전자에 대해 2개의 동일한 대립유전자를 가진 개체는 해당 유전자에 대해 **동형접합(homozygous)**이라고 한다[해당 형질에 대해서는 '동형접합체(homozygote)'라고 한다]. 한 유전자에 대해 2개의 다른 대립유전자를 가진 개체를 해당 유전자에 대해 **이형접합(heterozygous)**이라고 한다[해당 형질에 대해서는 '이형접합체(heterozygote)'라고 한다].
3. 유전되는 한 쌍의 두 대립유전자가 서로 다른 경우, 하나는 개체의 외형을 결정하는데 이를 **우성 대립유전자(dominant allele)**라고 한다. 나머지 다른 하나는 개체의 외형에 눈에 띄는 영향을 미치지 않으며 이를 **열성 대립유전자(recessive allele)**라고 한다. 유전학자들은 대문자 이탤릭체로 우성 대립유전자를 나타내고 소문자 이탤릭체로 열성 대립유전자를 나타낸다.
4. 정자 또는 난자는 각각 유전되는 특성에 대해 하나의 대립유전자만을 가지고 있는데, 이는 배우자 생성 과정 동안 대립유전자 쌍이 서로 분리(분열)되기 때문이다. 이것을 **분리의 법칙(law of segregation)**이라고 한다. 수정 과정에서 정자와 난자가 결합할 때, 각각은 자신의 대립유전자를 제공하여 그 자손은 쌍을 이룬 상태가 된다.

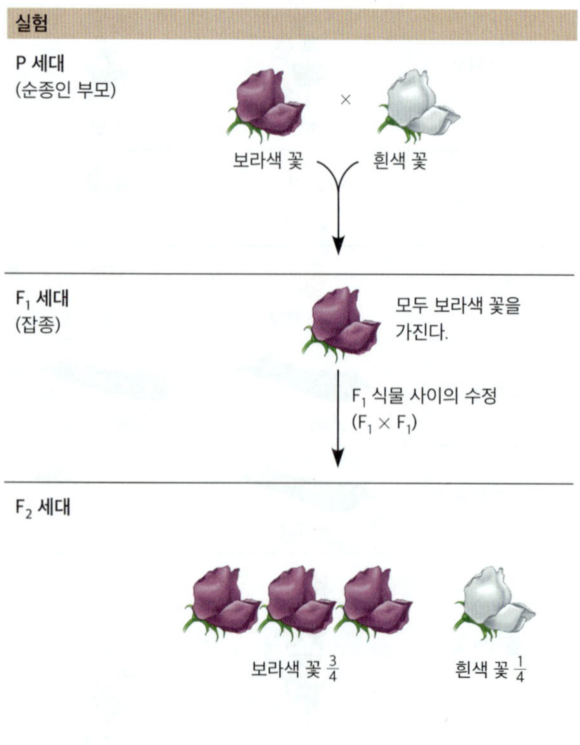

▲ **그림 9.3A** 한 가지 특성(꽃 색깔)을 추적하기 위한 교배

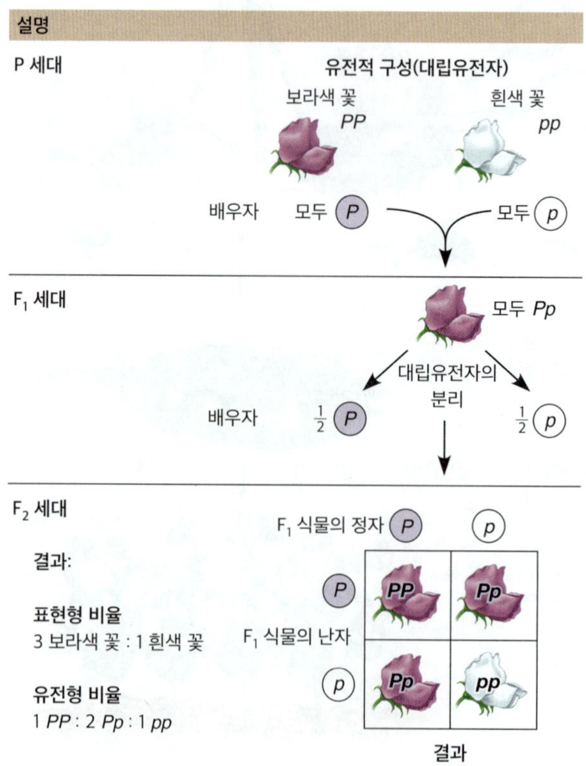

▲ **그림 9.3B** 그림 9.3A의 교배에 대한 설명

멘델이 세운 가설이 F_2 세대에서 관찰된 3:1의 비율을 설명할 수 있을까? **그림 9.3B**는 멘델의 분리의 법칙을 보여주는데, 그림 9.3A에서 볼 수 있는 유전 방식을 설명해 준다. 멘델의 가설에 따르면 F_1 식물의 배우자 형성 과정에서 대립유전자가 분리될 때, 배우자의 절반은 보라색 꽃 대립유전자(*P*)를, 나머지 절반은 흰색 꽃 대립유전자(*p*)를 받게 된다. F_1 식물들 사이의 수분 과정에서 배우자들은 무작위로 결합한다. 보라색 꽃 대립유전자를 가진 난자가 보라색 꽃 대립유전자를 가진 정자 또는 흰색 꽃 대립유전자를 가진 정자와 수정될 확률은 동일하다(즉, *P* 난자는 *P* 정자 또는 *p* 정자와 수정될 수 있다). 흰색 꽃 대립유전자(*p* 난자가 *P* 정자 또는 *p* 정자와의 수정)를 가진 난자의 경우에도 마찬가지이므로, F_2 세대에서 정자와 난자의 가능한 조합은 동일한 확률로 총 네 가지가 존재한다.

그림 9.3B의 오른쪽 하단에 있는 그림은 **퍼넷사각형(Punnett square)**으로, 그림 9.3A에서 보여준 교배를 네 가지 가능한 배우자 조합과 그 결과로 나타나는 F_2 세대의 네 가지 가능한 자손을 시각적으로 보여주어 쉽게 이해할 수 있도록 한다. 각각의 네모 칸은 동일한 확률로 발생할 수 있는 수정 결과를 나타낸다. 예를 들어, 퍼넷사각형의 오른쪽 상단 모서리에 있는 네모 칸은 *p* 정자가 *P* 난자와 수정할 때 만들어지는 유전자 조합을 보여준다.

퍼넷사각형에 따르면, 이들 F_2 자손의 외형은 어떠할까? 식물의 1/4은 보라색 꽃을 지정하는 2개의 대립유전자(*PP*)를 가지고 있으므로, 이들은 분명히 보라색 꽃을 가질 것이다. F_2 자손의 절반(2/4)은 보라색 꽃에 대한 대립유전자 하나와 흰색 꽃에 대한 대립유전자 하나(*Pp*)를 물려받았으므로, F_1 식물과 마찬가지로 이 식물들도 우성 형질인 보라색 꽃을 가질 것이다. (*Pp*와 *pP*는 동일하며 일반적으로 *Pp*로 표기한다.) 마지막으로, F_2 식물 중 1/4은 흰색 꽃에 대한 대립유전자 2개(*pp*)를 물려받아 흰색의 열성 형질을 가질 것이다. 따라서 멘델의 모델은 그가 F_2 세대에서 관찰한 3:1의 비율을 설명한다.

개체의 외형이 항상 그 유전적 구성을 드러내는 것은 아니기 때문에, 유전학자들은 관찰 가능한 형질인 **표현형(phenotype**, 예: 보라색 또는 흰색 꽃)과 유전적 구성인 **유전자형(genotype**, 예: *PP*, *Pp* 또는 *pp*)을 구별한다. 따라서 이제 그림 9.3A는 표현형만 보여주는 반면, 그림 9.3B는 교배의 표현형과 유전자형을 모두 보여주는 것을 알 수 있다. F_2 식물의 경우, 보라색 꽃을 가진 식물과 흰색 꽃을 가진 식물의 비율(3:1)은 표현형 비율이고, 퍼넷사각형에서 보이는 1 *PP* : 2 *Pp* : 1 *pp*는 유전자형 비율이다.

멘델은 자신이 연구한 7개 특성 각각에서 동일한 유전형질 전달방식(patterns of inheritance)을 보인다는 것을 발견했다. 즉, 한쪽 부모 형질이 F_1 세대에서 사라졌다가 F_2 자손에서 다시 나타나는 방식이었다. 이러한 유전형질 전달방식의 기본 원리는 멘델의 분리의 법칙으로 설명된다. 즉, 배우자 형성 과정에서 대립유전자 쌍이 분리되고, 수정 시 배우자의 융합으로 다시 대립유전자 쌍이 만들어진다. 멘델 이후의 연구를 통해 분리의 법칙은 사람을 포함한 모든 유성생식을 하는 생물에 적용된다는 사실이 밝혀졌다.

이 장 뒷부분에서 멘델과 그의 완두콩 식물 실험(9.5절)에 대해 자세히 알아볼 것이다. 하지만 그 전에 세포분열(8장의 주제)이 지금까지 우리가 배운 유전학과 어떻게 연결되는지 먼저 살펴본다.

? 특정 유전형질에 대해 서로 다른 유전자형을 가진 두 식물의 표현형이 어떻게 같을 수 있을까?

■ 하나는 우성 대립유전자에 대해 동형접합이고, 다른 하나는 이형접합일 수 있다.

9.4 상동염색체는 각각의 특성을 결정하는 대립유전자를 가지고 있다

완두콩 식물이든 사람이든 모든 이배체 세포(diploid cell)는 한 쌍의 상동염색체(homologous chromosome)를 가지고 있다(**그림 9.4**에 한 쌍이 표시됨). 한 쌍의 상동염색체는 같은 위치에 같은 유전자의 대립유전자를 가지고 있다. 각 쌍의 한 염색체는 개체의 암컷 부모로부터 오고, 다른 한 염색체는 수컷 부모로부터 온다. 한 세대에서 다음 세대로 유전형질이 전달되는 것은 **정보**의 주제 중 하나다.

그림 9.4에서 염색체에 표시된 각 띠는 **유전자좌위(locus**, 복수는 loci), 즉 염색체에서 유전자가 위치하는 특정 지점을 나타낸다. 여기서 멘델의 분리의 법칙과 상동염색체 사이의 관계를 확인할 수 있다. 한 유전자의 대립유전자(같은 유전자의 또 다른 유형)는 상동염색체의 같은 유전자좌위에 위치한다. 그러나 두 염색체는 한 유전자좌위에 동일한 대립유전자(*P/P* 및 *a/a* 유전자좌위)를 가질 수 있고 또는 다른 대립유전자(*B/b* 유전자좌위)를 가질 수도 있다. 즉, 개체는 특정 유전자좌위에서 해당 유전자에 대해 동형접합 또는 이형접합일 수 있다. 이 장 뒷부분에서 멘델의 법칙의 염색체적 기초에 대해 다시 다룰 것이다.

? 어떤 개체가 한 유전자에 대해 이형접합(*Bb*)이다. 분리의 법칙에 따르면, 이 개체에 의해 형성된 각 배우자는 대립유전자(*B*) 또는 대립유전자(*b*) 중 하나를 갖게 된다. 감수분열 과정 중 어느 단계에서 이러한 대립유전자의 분리가 일어나는가? (힌트: 그림 8.13 참조)

■ *B*와 *b* 대립유전자는 상동염색체의 동일한 유전자좌위에 위치하며, 제I감수분열 동안 상동염색체가 분리되고 제II감수분열을 통해 각각의 대립유전자를 가진 배우자가 형성된다.

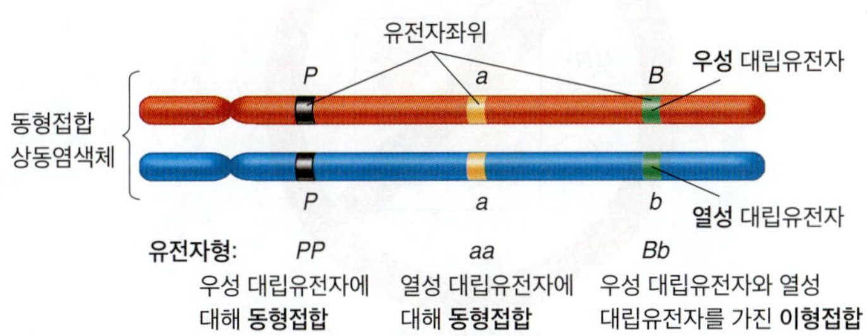

▲ **그림 9.4** 상동염색체에 있는 3개의 유전자좌위

9.5 독립의 법칙은 두 가지 특성을 동시에 추적하여 밝혀졌다

9.3절에서 살펴본 것처럼 멘델은 한 가지 특성을 두 세대에 걸쳐 추적하여 분리의 법칙을 추론했다. 한 가지 특성에 대해 이형접합인 개체 간 교배(이 경우 *Pp* × *Pp*)를 **단성잡종교배(monohybrid cross)**라고 한다. 멘델은 단성잡종교배를 관찰함으로써 둥근 씨 모양을 나타내는 대립유전자(*R*)가 주름진 씨 모양을 나타내는 대립유전자(*r*)에 대해 우성이고, 노란색 씨 색깔을 나타내는 대립유전자(*Y*)가 초록색 씨 색깔을 나타내는 대립유전자(*y*)에 대해 우성이라는 것을 알아냈다. 멘델은 씨 모양과 씨 색깔, 이 두 가지 특성이 모두 다른 식물을 교배하면 어떤 결과가 나올지 알아보았다.

이를 위해 멘델은 둥글고 노란색 씨를 가진 동형접합 식물(유전자형 *RRYY*)과 주름지고 초록색인 씨를 가진 동형접합 식물(*rryy*)을 교배했다. 멘델은 *RRYY* 식물은 *RY* 대립유전자만을 가진 배우자를 생산하고, *rryy* 식물은 *ry* 대립유전자만을 가진 배우자를 생성한다는 것을 알고 있었다. 따라서 멘델은 F_1 세대에서 가능한 결과는 단 하나뿐이라는 것을 알고 있었다. *RY*와 *ry* 배우자의 결합은 두 특성(*RrYy*)에 대해 모두 이형접합인 잡종, 즉 양성잡종(dihybrid)을 만들어낼 것이다. 이러한 모든 *RrYy* 자손은 두 특성 모두에 대한 우성 표현형인 둥근 노란색 씨를 갖게 된다.

F_2 세대를 예측하는 것은 더 까다롭다. 멘델은 씨 색깔과 모양에 대한 유전자가 함께 전달되는지 알아보기 위해 양성잡종인 *RrYy* F_1 식물을 서로 교배했다. 이는 **양성잡종교배(dihybrid cross)**로, 두 가지 특성에 대해 이형접합인 두 개체 간 교배다. 멘델은 이 실험에서 두 가지 결과를 예상했다. 씨 색깔과 모양에 대한 대립유전자가 부모세대에서 유전된 것과 동일하게 서로 연관되어 함께 유전되는 의존적 분리가 나타나거나, 또는 유전자가 각각 독립적으로 유전되는 독립적 분리가 나타날 수 있다.

의존적 분리 가설에 따르면 각 F_2 식물은 두 가지 가능한 정자(*RY* 또는 *ry*) 중 하나와 두 가지 가능한 난자(*RY* 또는 *ry*) 중 하나를 물려받아 총 네 가지 조합을 갖게 된다고 예측할 수 있다(**그림 9.5A**). 퍼넷사각형은 각 F_2 세대에서 둥근 노란색 또는 주름진 초록색의 두 가지 표현형만이 3:1의 비율로 나타날 수 있음을 보여준다. 그러나 멘델이 실제로 이 교배 실험을 했을 때 이러한 결과가 나오지 않았다. 이는 의존적 분리 가설이 틀렸음을 의미한다.

유전자가 독립적으로 분리된다는 가설에 따르면 F_1 식물은 네 가지 유형의 다른 배우자를 만들어낼 것이다. *RY*, *rY*, *Ry*, *ry*(그림 9.5A 오른쪽). 각 F_2 식물은 네 가지 가능한 정자 중 하나와 네 가지 가능한 난자 중 하나를 물려받아 총 16가지 가능한 조합을 갖게 된다. 이러한 배우자 간의 수정 결과, 둥근 노란색, 둥근 초록색, 주름진 노란색, 주름진 초록색의 네 가지 표현형이 9:3:3:1의 비율로 나타난다. 실제로 멘델은 F_2 식물에서 이러한 비율을 관찰했으며, 이는 각 대립유전자 쌍이 서로에게 영향을 주지 않고 독립적으로 분리된다는 것을 의미한다.

9:3:3:1의 비율을 보면 둥근 씨를 가진 식물 12개와 주름진 씨를 가진 4개, 노란 씨를 가진 식물 12개와 초록색 씨를 가진 4개가 있음을 알 수 있다. 이 각각의 12:4 비율은 3:1임을 알 수 있는데, 이것은 단성잡종교배에서 나타나는 F_2 세대에서의 비율이다. 즉, 두 가지 특성 각각에 대해 독립적인 단성잡종교배가 일어나고 있는 것이다. 멘델은 일곱 가지 완두콩 특성을 다양한 양성잡종 조합으로 교배하여 항상 예상된 9:3:3:1 비율에 가까운 데이터를 얻었다. 이러한 결과는 배우자 형성 과정에서 각 대립유전자 쌍이 다른 대립유전자 쌍과 독립적으로 분리된다는 가설을 뒷받침했다. 다시 말해, 한 특성의 유전은 다른 특성의 유전에는 영향을 미치지 않는다는 것이다. 이를 멘델의 **독립의 법칙(law of independent assortment)**이라고 한다.

그림 9.5B는 래브라도리트리버에서 서로 다른 유전자에 의해 결정되는 두 가지 특성의 유전에 이 법칙이 어떻게 적용되는지 보여준다. 두

▼ **그림 9.5A**
양성잡종교배에서 두 가지 가능한 분리 가설

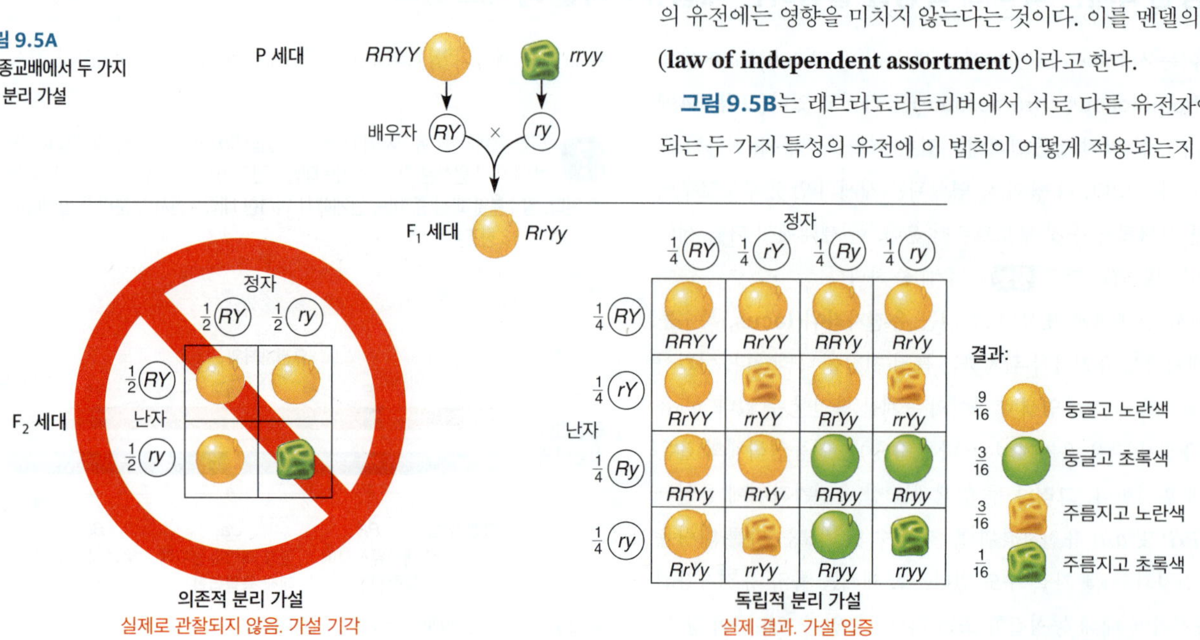

가지 특성 중 하나는 검은색 대 갈색 털의 털 색깔, 그리고 다른 특성은 정상 시력 대 실명으로 이어지는 눈 질환인 진행성 망막 위축증(progressive retinal atrophy, PRA)의 시력에 대한 특성이다. 검은색 래브라도리트리버는 털에 짙은 색소 과립을 촘촘하게 채워주는 대립유전자(*B*)를 하나 이상 가지고 있다. *B* 대립유전자는 색소가 덜한 *b* 대립유전자에 대해 우성이다. 결과적으로 유전자형이 *bb*인 개의 털 색깔은 갈색이다. *PRA*를 유발하는 대립유전자인 *n*은 정상적인 시력에 필요한 대립유전자 *N*에 대해 열성이다. 따라서 유전자형이 *nn*인 개만이 *PRA*로 인해 실명하게 된다. 이 그림 위쪽에, 특정 표현형이 여러 유전자형에서 나타날 수 있는 경우 유전자형에 밑줄을 치고 비워 놓았다. 예를 들어, 검은색 래브라도는 유전자형 *BB* 또는 *Bb*를 가질 수 있으며, 이를 약칭하여 (*B*_)로 표기한다.

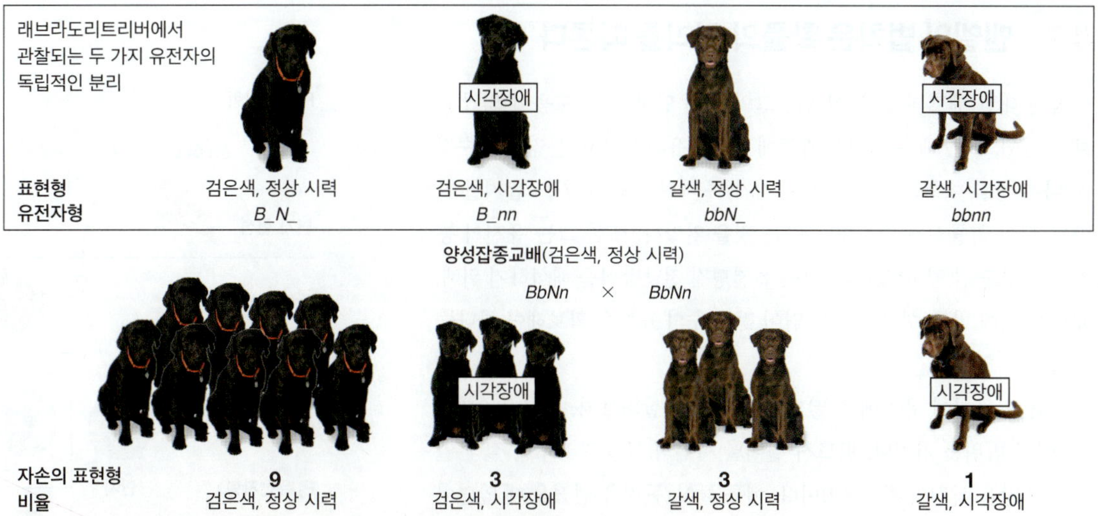

▲ 그림 9.5B 래브라도리트리버에서 관찰되는 두 가지 유전자의 독립적인 분리

시도해 보기 퍼넷사각형을 사용하여 이 그림에서 나타나는 교배를 다시 작성해 보자. 동일한 결과를 얻을 수 있을 것이다!

그림 9.5B의 아래쪽 부분은 유전자형이 *BbNn*인 두 이형접합 래브라도를 교배했을 때 나타나는 결과를 보여준다. F_2 표현형 비율은 정상 눈을 가진 검은 개 9마리, PRA를 가진 검은 개 3마리, 정상 눈을 가진 갈색 개 3마리, PRA를 가진 갈색 개 1마리로 나타난다. 이 9:3:3:1의 결과는 그림 9.5A의 결과와 유사하며, *B* 유전자와 *N* 유전자의 대립유전자가 독립적으로 유전된다는 것을 보여준다.

? 털 색깔과 정상 시력이 모두 동형접합인 검은색 래브라도와 PRA로 인해 눈이 먼 갈색 래브라도를 교배하여 얻은 자손의 표현형을 예측해 보자.

■ 모든 자손은 정상적인 눈을 가진 검은색이 될 것이다(*BBNN* × *bbnn* → *BbNn*)

9.6 검정교배를 사용하여 유전자형을 확인할 수 있다

갈색 래브라도가 있다고 가정해 보자. 그림 9.5B를 참조하면, 이 래브라도의 유전자형은 *bb*임에 틀림없다는 것을 알 수 있다. 하지만 검은색 래브라도가 있다면 어떨까? *BB* 또는 *Bb*의 두 가지 가능한 유전자형 중 하나를 가질 수 있으며, 단순히 개의 겉모습을 보는 것만으로는 그 유전자형을 알 수 없다. 이때 **검정교배(testcross)**를 통해 개의 유전자형을 확인할 수 있다. 검정교배는 유전자형을 알 수 없는 개체(검은 래브라도)와 동형접합 열성(*bb*)인 개체(이 경우 갈색 래브라도)를 교배하는 것이다.

그림 9.6은 이러한 교배로 나타날 수 있는 자손을 보여준다. 왼쪽 아래에 표시된 것처럼 검은색 털을 가진 부모의 유전자형이 *BB*인 경우 유전자형 *BB*와 *bb* 사이의 교배는 *Bb* 자손만 생산할 수 있기 때문에 모든 자손은 검은색이 될 것이다. 반면, 오른쪽 아래 그림과 같이 검은색 부모가 *Bb*인 경우 검은색(*Bb*)과 갈색(*bb*) 자손이 모두 나올 것으로 예상된다. 따라서 자손의 외형을 통해 원래 검은 개의 유전자형을 알 수 있다.

유전자 교배의 결과를 이해하기 위해서는 확률의 규칙을 이해해야 한다. 다음 절에서 이러한 규칙에 대해 알아볼 것이다.

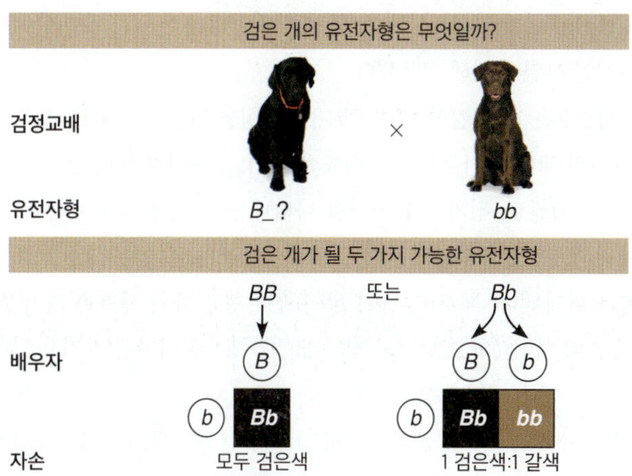

▲ 그림 9.6 검정교배를 이용한 유전자형 확인

? 달마시안에서 반점(*S*)은 무반점(*s*)에 대해 우성이다. 암컷 반점 달마시안이 동형접합인지 이형접합인지 확인하기 위해 검사를 실시하려고 한다. 암컷 점박이 달마시안을 수컷 점박이 달마시안과 교배시킨다. 이 실험 설계에 어떤 문제가 있을까?

■ 검정교배는 동형접합 열성 달마시안, 즉 흰색 털의 무반점 수컷(*ss*)과 수행해야 했다.

9.7 멘델의 법칙은 확률의 원리를 따른다

수학에 대한 멘델의 깊은 이해는 그의 유전 연구에 큰 도움이 되었다. 예를 들어, 그는 배우자 형성 과정에서 대립유전자 쌍이 분리되고 수정 시 다시 쌍을 이루는 것이 동전 던지기, 주사위 굴리기, 카드 뽑기를 할 때와 같이 확률의 규칙을 따른다는 것을 알았다. 또한 그는 유전의 통계적 특성도 잘 알고 있었다. 그는 유전형질 전달방식을 해석하기 위해, 교배를 통해 많은 수의 자손을 얻어 많은 수의 표본을 확보해야 한다는 것을 알고 있었다.

확률의 규칙이 유전에 어떻게 적용되는지 살펴보자. 확률은 0에서 1사이의 범위를 가진다. 반드시 일어날 사건의 확률은 1이고, 절대 일어나지 않을 사건의 확률은 0이다. 예를 들어, 동전을 던졌을 때 앞면이 나올 확률은 $\frac{1}{2}$이고, 뒷면이 나올 확률도 $\frac{1}{2}$이다. 이 두 가지 가능성을 더하면 1이 되므로 어떤 사건이 일어날 수 있는 모든 가능한 확률은 항상 1이 되어야 한다. 다른 예로, 일반적인 52장의 카드 한 벌에서 다이아몬드 잭을 뽑을 확률은 $\frac{1}{52}$이고, 다이아몬드 잭이 아닌 다른 카드를 뽑을 확률은 $\frac{51}{52}$로 모두 합쳐서 1이 된다.

동전 던지기를 통해 배울 수 있는 중요한 교훈은 동전을 던질 때마다 앞면이 나올 확률은 $\frac{1}{2}$이라는 것이다. 다섯 번 연속으로 앞면이 나오더라도 다음 던지기에서 앞면이 나올 확률은 여전히 $\frac{1}{2}$이다. 즉, 특정 던지기의 결과는 이전 시도에서 일어난 일의 영향을 받지 않는 독립적인 사건이다. 동전 2개를 동시에 던지는 경우, 각 동전의 결과는 다른 동전의 영향을 받지 않는다.

두 동전을 함께 던졌을 때 둘 다 앞면이 나올 확률은 얼마일까? 이러한 두 사건이 동시에 일어날 확률은 독립적인 각 사건의 확률의 곱이다. 동전의 경우 $\frac{1}{2}\times\frac{1}{2}=\frac{1}{4}$이다. 이 통계적 원리를 **곱셈법칙(rule of multiplication)**이라고 하며, 동전 던지기뿐만 아니라 유전학에서도 독립적인 사건에 대해 적용된다.

그림 9.7은 털 색깔에 대해 *Bb* 유전자형을 가진 F_1 래브라도리트리버 사이의 교배를 시각적으로 비유한 것이다. 유전적 교배는 두 배우자(난자는 10센트, 정자는 1센트)를 나타내는 두 동전을 던지는 것으로 묘사되며, 각 동전의 앞면은 우성 *B* 대립유전자, 뒷면은 열성 *b* 대립유전자를 나타낸다. 특정 F_2 개가 *bb* 유전자형을 가질 확률은 얼마일까? *bb* 자손이 태어나려면 난자와 정자 모두 *b* 대립유전자를 가지고 있어야 한다. 난자가 *b* 대립유전자를 가질 확률은 $\frac{1}{2}$이고, 정자가 *b* 대립유전자를 가질 확률도 $\frac{1}{2}$이다. 곱셈법칙에 의해 수정 시 2개의 *b* 대립유전자가 함께 나올 확률은 $\frac{1}{4}$이다. 이것은 그림 9.7의 퍼넷사각형에서 제시된 답과 정확히 일치한다. 부모의 유전자형을 알면 자손에서 모든 유전자형에 대한 확률을 예측할 수 있다.

이제 F_2 래브라도리트리버가 털 색깔 유전자에 대해 이형접합일 확률을 생각해 보자. 그림 9.7에서 볼 수 있듯, F_1 배우자가 결합하여 이형접합 자손을 생성할 수 있는 방법은 두 가지다. 우성 대립유전자(*B*)는

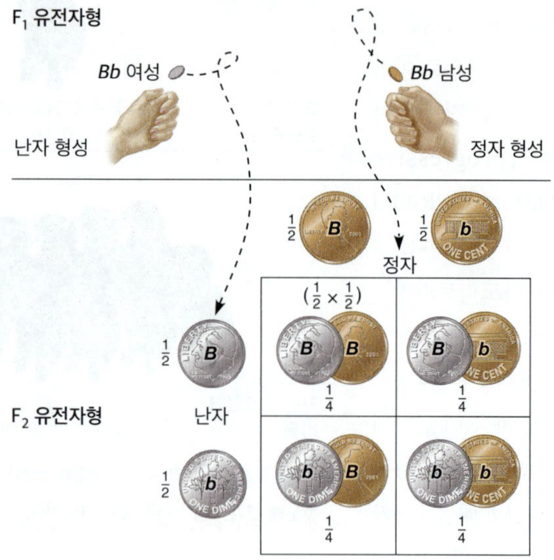

▲ **그림 9.7** 확률적 사건인 분리와 수정

난자에서, 열성 대립유전자(*b*)는 정자에서 올 수 있고, 그 반대일 수도 있다. 어떤 사건이 두 가지 이상의 방식으로 일어날 확률은 각각의 확률을 더하여 구할 수 있다. 이를 **덧셈법칙(rule of addition)**이라고 한다. 이 법칙을 사용하면 F_2 이형접합체의 확률을 $\frac{1}{4}+\frac{1}{4}=\frac{1}{2}$로 계산할 수 있다. 이것은 마치 카드 놀이에서 하트 또는 클럽 카드를 뽑을 확률을 묻는 것과 같다. 하트를 뽑을 확률($\frac{1}{4}$)에 클럽을 뽑을 확률($\frac{1}{4}$)을 더한 값이다: $\frac{1}{4}+\frac{1}{4}=\frac{1}{2}$.

확률 법칙을 분리와 독립적 분리에 적용하면 다소 복잡한 유전 문제를 해결할 수 있다. 예를 들어, 세 가지 다른 특성이 관여하는 삼중 잡종교배의 결과를 예측할 수 있다. 유전자형이 *AaBbCc*인 두 개체 사이의 교배를 생각해 보자. 이 교배에서 자손이 세 가지 유전자 모두에 대해 열성 동형 접합체(*aabbcc*)일 확률은 얼마일까? 각 대립유전자 쌍은 독립적으로 분리되기 때문에 이 삼중 잡종교배를 3개의 개별적인 단성잡종교배로 나누어 계산할 수 있다.

$$Aa \times Aa: aa \text{ 자손이 나올 확률} = \frac{1}{4}$$
$$Bb \times Bb: bb \text{ 자손이 나올 확률} = \frac{1}{4}$$
$$Cc \times Cc: cc \text{ 자손이 나올 확률} = \frac{1}{4}$$

각 대립유전자 쌍의 분리는 독립적인 사건이기 때문에 곱셈법칙을 사용하여 자손이 *aabbcc*가 될 확률을 계산한다.

$$\frac{1}{4}aa \times \frac{1}{4}bb \times \frac{1}{4}cc = \frac{1}{64}$$

64칸의 퍼넷사각형을 그리면 같은 결론에 도달할 수 있지만, 그렇게 하려면 많은 공간이 필요할 것이다!

? 세 가지 유전자(*AaBbCc*)에 대해 이형접합인 두 식물의 교배를 생각해 보자. 자손이 유전자형 *AABbcc*를 가질 확률은 얼마나 될까?

■ $\frac{1}{32}(\frac{1}{4}\times\frac{1}{2}\times\frac{1}{4})$

9.8 사람의 유전형질은 가계도를 통해 알 수 있다

멘델은 완두콩 연구를 통해 유전 법칙을 발견했지만, 이러한 법칙은 사람의 형질 유전에도 똑같이 적용된다. 사람의 형질은 어떻게 연구될까? 사람을 대상으로 통제된 유전 교배를 할 수 없기 때문에 유전학자들은 이미 만들어진 가족 관계의 결과를 분석해야 한다. 먼저 유전학자는 특정 형질에 대한 가족력 정보를 수집한다. 이 정보는 **가계도**(**pedigree**)로 정리되는데, 가계도는 여러 세대에 걸친 부모와 자녀의 형질을 기록한다. 여기에서는 가상의 가족 3대에 걸쳐 직선형 이마선과 M형 이마선의 형질을 추적하는 가계도를 볼 수 있다. 멘델의 법칙과 간단한 논리를 통해 가계도에 있는 거의 모든 사람의 유전자형을 추론할 수 있다.

가계도 읽기

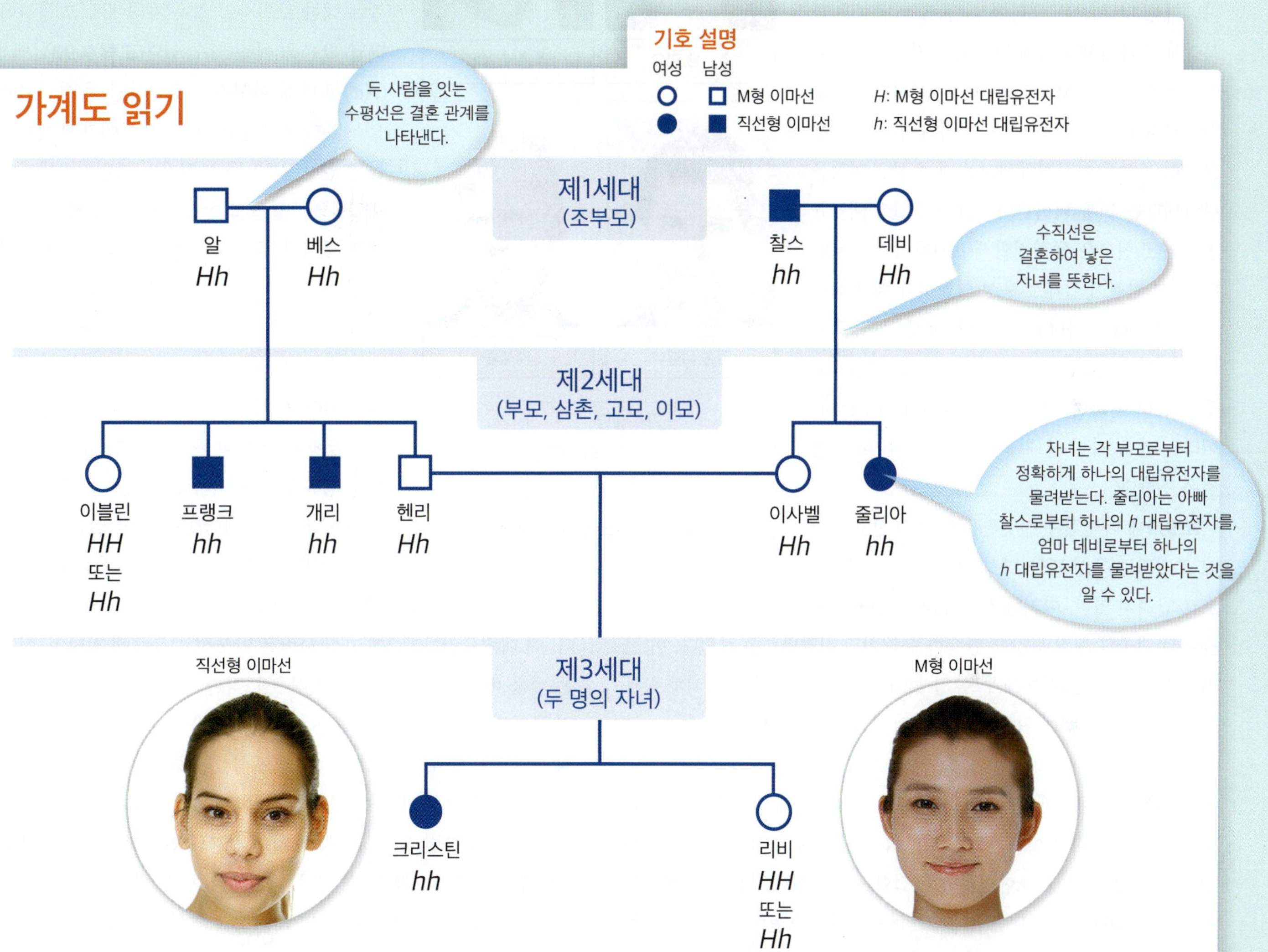

- 크리스틴은 직선형 이마선을 가지고 있지만, 부모(헨리와 이사벨)는 아무도 가지고 있지 않다. 이는 이 형질이 열성인 경우에만 가능하다는 것이다. 따라서 크리스틴과 직선형 이마선을 갖는 다른 모든 사람은 열성 동형접합 *hh*라는 것을 알 수 있다.
- 헨리와 이사벨은 *h* 대립유전자를 하나씩 가지고 있어야 한다. 그래야 이들의 딸인 크리스틴에게 각자의 *h* 대립유전자를 물려줄 수 있다. 그리고 이들은 둘 다 M형 이마선이기 때문에 둘 다 이형접합 *Hh*라는 것을 알 수 있다.
- 조부모 알과 베스는 둘 다 *Hh* 유전자형을 가지고 있어야 한다. 둘 다 M형 이마선을 갖지만 두 아들(프랭크와 개리)은 직선형 이마선이기 때문이다. 따라서 두 아들의 유전자형은 *hh*다.
- 가계도를 통해 모든 구성원의 유전자형을 추론할 수는 없다. 리비는 적어도 하나의 *H* 대립유전자를 가지고 있어야 하지만(M형 이마선이므로), *HH* 또는 *Hh* 둘 중 하나일 수 있다. 위 자료만으로는 이 두 가능성을 구별할 수 없다.

? 리비가 아이를 낳았을 때, 자신의 유전자형을 확실히 추론할 수 있는 표현형은 무엇일까?

■ 만약 그녀의 아이가 직선형 이마선(*hh*)을 가졌다면, 리비는 자신이 *Hh*임을 알 수 있다.

9.9 사람의 많은 유전형질은 단일 유전자에 의해 조절된다

연결 앞 절에서는 한 유전자의 단순한 우성-열성 유전에 의해 조절되는 사람의 특성(M형 이마선)에 대한 예를 살펴보았다. **그림 9.9A**는 두 가지 추가적인 예를 보여준다. (눈 색깔과 머리카락 색깔과 같이 사람에게 나타나는 다른 많은 특성에 대한 유전 방식은 더 복잡하고 아직 명확하게 알려져 있지 않다.) 형질이 우성이라고 해서 그 형질이 '정상'이거나 열성 형질보다 더 흔하다는 것을 의미하지는 않는다. 오히려 우성은 이형접합체(*Aa*)가 우성 표현형을 나타낸다는 것을 의미한다. 반대로, 열성 대립유전자의 표현형은 동형접합체(*aa*)에서만 나타난다. 열성 형질이 실제로 우성 형질보다 해당 집단에서 더 흔하게 나타날 수 있다. 예를 들어, 주근깨가 없는 경우(열성 형질)가 주근깨가 있는 경우보다 더 흔하다. 돌연변이 형질(mutant trait)이라는 말은 자연 상태에서 드물게 나타나는 형질을 뜻한다.

▲ **그림 9.9A** 사람의 단일 유전자 유전형질의 예

표 9.9에 나열된 유전질환은 단일 유전자에 의해 조절되는 우성 또는 열성 형질로 유전되는 것으로 알려져 있다. 이러한 사람에게 나타나는 질환은 멘델이 완두콩 식물에서 연구한 형질과 같은 단순한 유전형질 전달방식을 보인다. 이 절에서 다루는 유전자는 모두 상염색체(autosome), 즉 성염색체 X와 Y를 제외한 염색체에 위치한다(8.11절 참조).

열성 질환 백색증과 같이 비교적 가벼운 질환부터 테이-삭스병과 같이 치명적인 질환에 이르기까지 사람의 수천 가지 유전질환이 열성 형질로 유전된다. 우성 표현형은 동형접합 유전자형 *AA* 또는 이형접합 유전자형 *Aa*에서 나온다는 것을 기억하자. 열성 표현형은 동형접합 유전자형 *aa*에서만 발생한다. 열성 질환을 가진 대부분의 사람들은 이형접합체인 정상 부모, 즉 해당 질환의 열성 대립유전자의 **보인자(carrier)**이지만 표현형은 정상인 부모에게서 태어난다.

멘델의 법칙을 사용하면 부모가 모두 특정 형질에 대한 보인자일 경우 자녀에게 그 형질이 나타날 확률을 예측할 수 있다(**그림 9.9B**). 백색증(*Aa*)에 대해 이형접합 보인자인 두 사람이 아이를 낳았다고 가정해 보자. 이 아이가 백색증일 확률은 얼마일까? 두 보인자의 자녀가 2개의 열성 대립유전자를 물려받을 확률은 $\frac{1}{4}$, 즉 이 부모에게서 태어난 자녀의 약 $\frac{1}{4}$이 백색증을 갖게 될 것으로 예상된다. 또한 정상적인 색소를 가진 자녀 중 *Aa* 보인자가 될 확률은 $\frac{2}{3}$, 즉 평균적으로 정상 색소를 가진 자녀 3명 중 2명은 백색증 보인자가 될 것이라고 말할 수 있다.

미국에서 가장 흔한 치명적인 유전질환은 낭포성 섬유증으로, 미국에서 3만 명, 전 세계적으로 7만 명의 환자가 있는 것으로 알려져 있다. 미국인 31명 중 약 1명이 열성 대립유전자를 가지고 있으며, 이는 1,000만 명 이상의 미국인이 무증상 보인자라는 의미다. 이 대립유전자를 2개 가진 사람은 낭포성 섬유증에 걸리며, 이 질환은 폐를 비롯한 여러 장기에서 매우 끈적한 점액이 과도하게 분비되는 것을 특징으로 한다. 이 점액은 호흡, 소화 및 간 기능을 방해하고 재발성 세균 감염에 취약하게 만든다. 낭포성 섬유증을 완치할 수 있는 치료법은 없지만, 가슴과 등을 부드럽게 두드려 기도를 깨끗하게 하고, 흡입 항생제 및 특별 식이요법 등 매일의 건강 요법을 엄격히 준수하면 환자의 건강을 크게 개선할 수 있다. 한때 소아기에 치명적이었지만, 치료법이 급격히 발전하면서 미국 낭포성 섬유증 환자의 평균 생존 연령이

표 9.9 사람의 상염색체 이상 질환의 사례

질환	주요 증상
열성 질환	
백색증	피부, 모발, 눈의 색소 결핍
낭포성 섬유증	폐, 소화관, 간에서의 과도한 점액 분비. 감염성 질환에 취약. 치료하지 않으면 유아기에 사망
페닐케톤뇨증(PKU)	혈액에 페닐알라닌 축적. 정상적인 피부 색소 결핍. 발달 장애
낫모양적혈구빈혈증	낫모양적혈구. 많은 조직의 손상
테이-삭스병	뇌 세포의 지질 축적. 정신 지체. 실명. 소아기 사망
우성 질환	
연골무형성증	왜소증
헌팅턴병	통제되지 않는 움직임. 인지장애. 중년기에 발병
고콜레스테롤혈증	혈액 내 과도한 콜레스테롤. 심장병

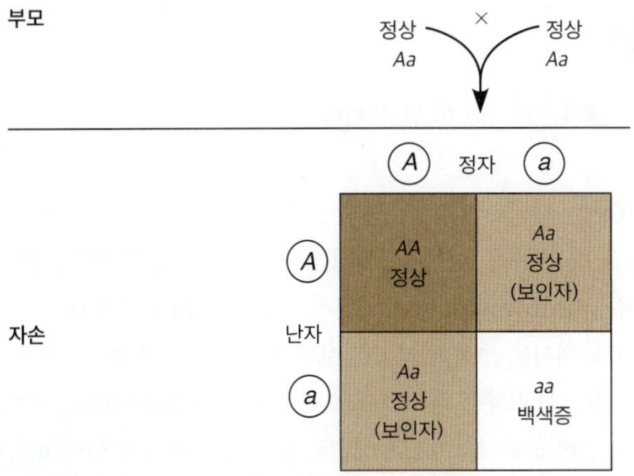

▲ **그림 9.9B** 열성 질환인 백색증의 보인자 부모에 의한 유전

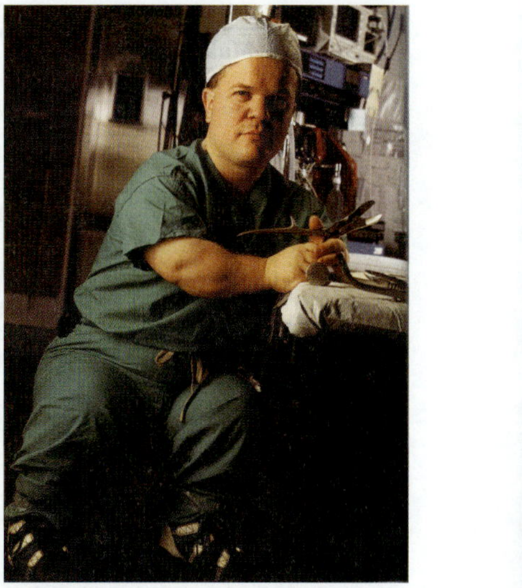

▶ **그림 9.9C** 연골무형성증 및 관련 장애로 인한 뼈 결손 치료 전문가, 마이클 아인(Michael C. Ain) 박사

40세까지 늘어났다.

낭포성 섬유증은 백인에게 가장 흔하다. 사실 대부분의 유전질환은 모든 인종 집단에 고르게 나타나지 않는다. 이와 같은 차이는 특정 집단의 장기적인 지리적 고립의 결과다. 격리(예: 새로운 섬의 정착민)는 가까운 혈족 간의 결혼으로 이어질 수 있다. 최근 공통조상을 가진 사람들은 서로 관련 없는 사람들보다 동일한 열성 대립유전자를 가질 가능성이 더 크다. 따라서 가까운 친척 간의 결혼은 희귀 대립유전자(및 그로 인해 발생하는 질병)의 빈도가 해당 지역사회 내에서 증가하는 원인이 될 수 있다. 유전학자들은 많은 유형의 근친 교배된 동물들 사이에서 해로운 열성 형질의 발생률이 증가하는 것을 관찰했다. 예를 들어, 개체수가 적었다가 회복된 멸종위기 종에서 근친 교배로 인한 부정적인 영향이 나타나기도 한다(13.11절 참조). 오늘날 대부분의 인구 집단에서 이동성이 증가함에 따라 해로운 희귀 대립유전자를 가진 두 사람이 만나 결혼할 가능성은 상대적으로 낮아졌다.

우성 질환 대부분의 해로운 대립유전자는 열성이지만, 우성 대립유전자로 의해 발생하는 질환도 있다. 그중 일부는 손가락과 발가락이 더 있는 다지증이거나 물갈퀴가 있는 손가락과 발가락과 같이 무해한 질환이다.

더 심각한 우성 질환 중 하나인 연골무형성증은 머리와 몸통은 정상적으로 성장하는 반면, 팔과 다리가 비정상적으로 짧은 왜소증의 일종이다(**그림 9.9C**). 동형접합 우성 유전자형(*AA*)은 배아 단계에서 사망하므로 이형접합체(*Aa*)만이 이 질환을 가진다. (이는 또한 연골무형성증을 가진 사람이 자녀에게 물려줄 확률이 50%임을 의미한다.) 따라서 인구의 99.99% 이상은 연골무형성증이 없는 사람들로 모두 동형접합 열성 대립유전자(*aa*)를 가지고 있다. 이 예는 우성 대립유전자가 반드시 해당 열성 대립유전자보다 집단 내에서 더 흔한 것이 아님을 분명히 보여준다.

치명적인 질병을 일으키는 우성 대립유전자는 치명적인 질병을 일으키는 열성 대립유전자보다 훨씬 드물다. 그 이유 중 하나는 우성 치사 대립유전자가 이형접합체에도 영향을 미치기 때문에 전달될 수 없다는 것이다. 많은 치명적인 우성 대립유전자는 정자나 난자의 돌연변이로 인해 발생하며, 그 결과 배아가 죽게 된다. 만약 유전질환을 가진 개체가 태어나더라도 번식할 만큼 오래 생존하지 못한다면, 그 치명적인 대립유전자는 다음 세대로 전달되지 않는다. 이와 반대로 치명적인 열성 돌연변이는 건강한 이형접합 보인자를 통해 세대에서 세대로 이어진다.

그러나 치명적인 우성 대립유전자도 비교적 노년기에 이르러서야 사망하게 되면 사라지지 않고 자손에게 전달될 수 있다. 이러한 예 중 하나가 **헌팅턴병(Huntington's disease)**을 유발하는 대립유전자다. 헌팅턴병은 일반적으로 35~45세까지 나타나지 않는 신경계 퇴행성 질환이다. 신경계의 퇴화가 시작되면 돌이킬 수 없으며 치명적이다. 헌팅턴병의 대립유전자는 우성이기 때문에, 이 대립유전자를 가진 부모에서 태어난 자녀는 50%의 확률로 이 대립유전자와 질환을 물려받게 된다. 이 예는 우성 대립유전자가 반드시 해당 열성 대립유전자보다 '더 나은' 것은 아님을 분명히 보여준다.

다음 절에서는 개인 유전자 검사에 대해 알아볼 것이다.

? 수잔은 유전자 검사를 통해 낭포성 섬유증을 유발하는 열성 대립유전자를 가지고 있다는 사실을 알게 되었다. 그녀의 남편인 존은 검사를 받지 않았다. 이들의 자녀가 낭포성 섬유증에 걸릴 확률은 얼마나 될까?

■ 존도 보인자인 경우, 자녀가 낭포성 섬유증에 걸릴 확률은 $\frac{1}{4}$이다. 존이 보인자가 아닌 경우 어떤 자녀도 낭포성 섬유증에 걸리지 않는다.

9.10 새로운 기술을 통해 개인의 유전적 특성을 알 수 있다

연결 일부 예비 부모는 자신의 아이가 유전질환을 가질 위험이 높다는 것을 알고 있다. 예를 들어, 많은 35세 이상의 임산부들은 다운증후군(Down syndrome)을 가진 아이를 낳을 위험이 높다는 것을 알고 있으며(8.20절 참조), 일부 부부들은 가족 중에 특정 유전질환이 있다는 것을 알고 있다. 이러한 예비 부모들은 자신과 아기의 유전적 구성에 대해 더 자세히 알고 싶을 수 있다. 현대 기술은 이러한 정보를 얻을 수 있는 다양한 방법을 제공한다.

유전자 검사 대부분의 열성 질환을 가진 아이들은 건강한 부모에게서 태어나기 때문에 많은 질병에 대한 유전적 위험은 예비 부모가 열성 대립유전자의 보인자인지 여부에 따라 결정된다. 테이-삭스병(Tay-Sachs disease), 낫모양적혈구빈혈증, 낭포성 섬유증을 포함한 더 많은 유전질환에 대해 질병을 유발하는 대립유전자는 없는지 아니면 이형접합 보인자인지를 확인할 수 있는 검사가 가능하다. 어떤 부모는 헌팅턴병과 같이 우성이지만 늦게 나타나는 질병이 가족 중에 있다는 것을 알고 있을 수 있다. 이러한 사람들은 우성 대립유전자에 대한 유전자 검사를 통해 자신이 질병 유전자를 가지고 있는지 확인할 수 있다. 유전자 검사(유전자 선별검사라고도 함)를 통해 얻은 정보는 가족 계획에 대한 결정을 내리는 데 도움이 될 수 있다.

태아 검사 태아의 유전질환을 진단하기 위한 다양한 기술이 존재한다. 출생 전 유전자 검사를 위해서는 태아의 세포를 채취해야 한다. **양수검사(amniocentesis)**는 일반적으로 임신 14주에서 16주 사이에 시행된다. 의사는 초음파 영상을 보면서 태아를 피해 조심스럽게 주삿바늘을 산모의 복부를 통해 자궁으로 삽입한다(**그림 9.10A**, 왼쪽). 의사는 약 20밀리리터(4티스푼)의 양수를 채취하여 양수 안에 떠다니는 태아세포를 분리하여 실험실에서 몇 주 동안 배양한다. 세포가 충분히 분열하면 다운증후군과 같은 염색체 이상을 확인하기 위해 핵형 분석(8.19절 참조)을 수행한다. 배양된 세포에 대한 생화학적 검사를 수행하여 테이-삭스병과 같은 질환도 확인할 수 있다.

또 다른 검사 방법인 **융모막 융모검사(chorionic villus sampling, CVS)**는 태아와 산모 사이의 영양분과 노폐물을 운반하는 기관인 태반에서 소량의 융모막 융모 조직을 채취하는 방법이다. 산모의 질과 자궁경부를 통해 자궁 안으로 가늘고 유연한 관을 넣어 이 조직을 채취할 수 있다(그림 9.10A, 오른쪽). 핵형 분석 및 일부 생화학 검사 결과는 24시간 이내에 확인할 수 있다. 융모막 융모검사는 양수검사에 비해 빠르게

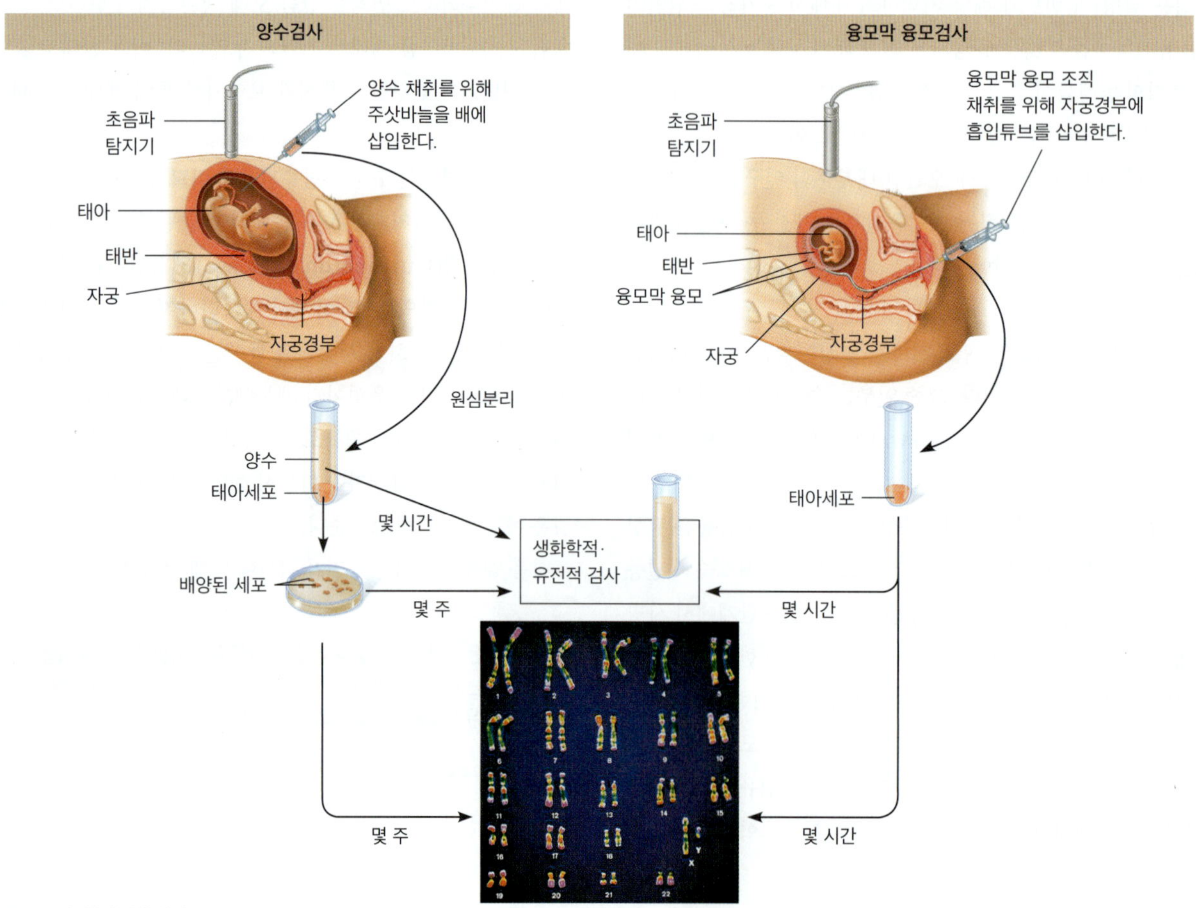

▲ **그림 9.10A** 유전질환에 대한 태아 검사

결과를 확인할 수 있고 임신 초기인 10~12주(빠르면 8주)에 시행할 수 있다는 장점이 있다.

안타깝게도 양수검사와 융모막 융모검사 모두 산모 출혈, 유산 또는 조산과 같은 합병증의 위험을 가진다. 양수검사와 융모막 융모검사의 합병증 발생률은 모두 약 1%다. 이런 위험성 때문에 검사는 일반적으로 유전질환의 가능성이 평균보다 훨씬 높은 경우에만 시행된다. 최근에는 산모의 혈류로 방출되는 소량의 태아세포 또는 DNA를 분리하는 새로운 유전자 검사 방법이 개발되고 있다. 이 방법을 이용한 신뢰할 만한 검사는 아직 많지 않지만, 이 기술은 유망하고 합병증이 없어 가까운 미래에 기존의 삽입을 통한 검사들을 대체할 수 있을 것이다.

임신 15~20주에 산모의 혈액 검사를 통해 태아의 특정 선천적 기형 여부를 확인할 수 있다. 이 검사에서 이상 소견이 발견되면 양수검사와 같은 추가적인 검사를 통해 정확한 진단을 내릴 수 있다. 가장 널리 사용되는 혈액 검사는 태아에서 생성되는 단백질인 알파-태아단백(AFP)의 산모의 혈중 수치를 측정한다. AFP 수치가 높으면 태아의 신경계 결함을 나타낼 수 있다. AFP 수치가 낮으면 다운증후군을 나타낼 수 있다. 보다 정확한 위험도 평가를 위해 의사는 AFP와 태반에서 생성되는 두 가지 호르몬을 측정하는 '트리플 스크린 검사'를 권할 수 있다. 산모 혈액에서 이러한 물질의 비정상적인 수치 또한 다운증후군의 위험을 나타낼 수 있다.

태아 영상 진단 다른 기술을 이용하여 의사는 태아의 해부학적 기형을 직접 검사할 수 있다. 가장 일반적인 방법은 초음파를 사용하여 태아의 영상을 생성하는 **초음파 검사(ultrasound imaging)**다. **그림 9.10B**는 청각 범위를 넘어서는 고주파 음파를 방출하는 초음파 스캐너를 보여준다. 초음파가 태아에 부딪쳐 되돌아오는 반사파를 통해 모니터에 이미지가 만들어진다. 그림 9.10B에 삽입된 이미지는 약 20주 된 태아를 보여준다. 전통적인 초음파 검사는 산모의 몸에 어떤 이물질도 삽입하지 않아도 되기 때문에 알려진 위험성이 없다. 질식 초음파 검사(ultrasound imaging)는 여성의 질 내에 초음파 탐지기를 삽입하여 수행하는 방법으로 임신 초기에 선명한 이미지를 확인하기 위해 사용된다. 또 다른 영상 기법인 태아경(fetoscopy) 검사는 광섬유 내시경이 있는 바늘처럼 얇은 관을 자궁에 삽입하는 방법이다. 태아경 검사는 태아의 매우 상세한 이미지를 제공할 수 있지만, 초음파 검사와 달리 합병증의 위험이 있다.

신생아 검사 일부 유전질환은 출생 시 간단한 검사를 통해 발견할 수 있으며, 현재 호주의 많은 병원에서 일상적으로 시행되고 있다. 일반적인 선별 검사 프로그램 중 하나는 페닐케톤뇨증(phenylketonuria, PKU)으로, 호주에서 출생하는 1만 5,000명 중 약 1명꼴로 발생하는 열성 유전질환이다. 이 질환을 가진 아이들은 자연적으로 발생하는 아미노산인 페닐알라닌을 제대로 분해하지 못하며, 페닐알라닌이 축적되

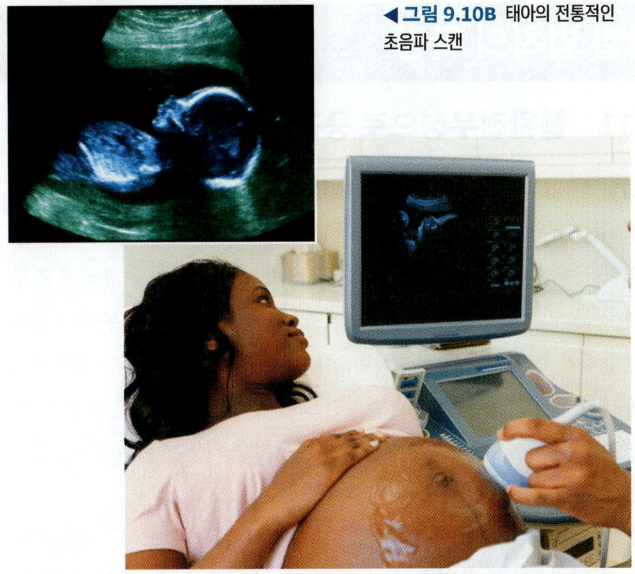

◀**그림 9.10B** 태아의 전통적인 초음파 스캔

어 발달장애를 일으킬 수 있다. 그러나 신생아에서 이러한 결핍이 발견되면 페닐알라닌 함량이 낮은 특수 식단으로 증상을 예방할 수 있다. 안타깝게도 현재 치료할 수 있는 유전질환은 거의 없다.

윤리적 문제 태아 영상 및 검사와 같은 새로운 기술이 더욱 널리 보급됨에 따라, 유전학자들은 이러한 기술의 혜택보다 이 기술이 가져올 수 있는 많은 문제를 예방하기 위해 노력하고 있다. 열성 질환 보인자를 확인하기 위한 검사를 생각해 보자. 이러한 정보는 유전질환의 가족력이 있는 사람들이 자녀를 가질지를 결정하는 데 도움을 줄 수 있다. 그러나 이러한 새로운 유전자 검사 방법 또한 문제가 될 수 있다. 만약 검사 결과가 유출되면 보인자로 낙인찍히는 것은 아닐까? 예를 들어, 그들 자신은 건강함에도 불구하고 건강보험이나 생명보험 가입이 거부되지 않을까? 유전학자들은 유전자 검사를 원하는 환자들에게 가족력 확인, 검사 설명, 결과 대처를 위한 검사 전후 상담이 필요하다고 강조한다. 하지만 더 많은 유전정보를 얻을 수 있게 되면서, 결과의 의미에 대해 충분히 상담하고 논의하는 데 시간과 비용이 많이 들 수 있으며, 그러한 상담 비용을 누가 부담해야 하는지에 대한 의문이 제기된다.

유전질환을 가진 아이를 임신할 위험이 있는 부부는 아직 태어나지 않은 아이에 대해 많은 것을 알 수 있다. 이러한 정보로 무엇을 해야 할까? 유전질환을 조기에 발견하면 가족에게 선택권을 주고, 조기 치료를 허용하며, 정서적, 의학적, 재정적으로 준비할 수 있는 시간을 제공할 수 있다. 생명공학의 발전은 인간의 고통을 줄일 수 있는 가능성을 제시하지만, 핵심적인 윤리적 문제가 해결되지 않으면 실현될 수 없다. 유전자 검사로 인해 제기되는 윤리적 쟁점은 생물학이 사회에 미치는 엄청난 영향을 명확하게 보여주는 예다.

? 융모막 융모검사를 통한 유전자 검사의 주요 이점은 무엇인가? 주요 위험은 무엇인가?

■ 융모막 융모검사는 임신 초기에 유전자 검사를 시행할 수 있고 빠른 결과를 얻을 수 있지만, 유산의 위험이 있다.

멘델 법칙의 확장

9.11 불완전우성으로 중간 표현형이 나타난다

멘델의 두 법칙은 유전자가 단순한 확률 법칙에 따라 세대에서 세대로 유전되는 것을 설명한다. 이 법칙들은 완두콩, 래브라도, 사람 등 유성생식 생물에게 유효하다. 그러나 기본적인 화성 법칙이 교향곡의 풍부한 소리를 모두 설명할 수 없듯이, 멘델의 법칙만으로는 일부 유전형질 전달방식을 설명하기에 부족하다. 실제로, 유성생식을 하는 대부분의 생물에서 유전형질을 멘델의 법칙만으로 완벽하게 설명할 수 있는 경우는 비교적 드물다. 이 절과 다음 네 절에서 논의되는 바와 같이, 관찰되는 유전형질 전달방식은 훨씬 더 복잡한 경우가 더 많다.

멘델의 완두콩 교배 실험에서 F_1 자손은 항상 두 부모 중 하나와 똑같이 닮았다. 이를 **완전우성(complete dominance)**이라고 하는데, 우성 대립유전자가 1개 또는 2개 존재하더라도 표현형에 미치는 효과는 동일하다. 그러나 일부 특성의 경우, F_1 잡종의 외형은 두 부모의 표현형의 중간 형태를 띠는데, 이를 **불완전우성(incomplete dominance)**이라고 한다. 예를 들어, 빨간색 금어초와 흰색 금어초를 교배하면 모든 F_1 잡종은 모두 분홍색 꽃을 가진다(**그림 9.11A**). 이 세 번째 표현형은 이형접합체의 꽃이 빨간색 동형접합체보다 빨간색 색소가 적기 때문에 나타난다.

그림 9.11A 퍼넷사각형 하단에서 볼 수 있듯이, F_2 자손은 빨간색 1, 분홍색 2, 흰색 1의 표현형 비율로 나타난다. 분홍색 F_1 잡종에서 배우자 형성 중 빨간색과 흰색 대립유전자가 분리되기 때문이다. 불완전우성에서 이형접합체의 표현형이 두 동형접합의 표현형과 다르며, F_2 세대에서는 유전자형 비율과 표현형 비율이 모두 1:2:1이다.

사람에서도 불완전우성의 예를 볼 수 있다. 한 가지 경우는 고콜레스테롤혈증, 즉 혈중 콜레스테롤 수치를 위험할 정도로 높이는 열성 대립유전자(*h*)와 관련이 있다. 정상인은 동형접합 우성(*HH*)이다. 이형접합체(*Hh*, 약 500명 중 1명)는 혈중 콜레스테롤 수치가 정상의 약 두 배이다. 이들은 콜레스테롤이 동맥벽에 쌓여 동맥이 막히는 동맥경화증에 매우 취약하며, 30대 중반에 심장동맥이 막혀 심장마비를 일으킬 수 있다. 이 질환은 식습관 변화와 혈중 콜레스테롤을 낮추는 약물 복용을 통해 관리가 가능하다. 고콜레스테롤혈증은 동형접합 열성인 사람(*hh*, 약 100만 명 중 1명)에게서 훨씬 더 심각한다. 동형 접합자는 혈중 콜레스테롤 수치가 정상의 약 다섯 배이며, 2살 때부터 심장마비가 발생할 수 있다. 이 동형접합 고콜레스테롤혈증은 치료가 더 어려운데, 고용량의 콜레스테롤 저하제, 장기 수술 또는 이식, 혈액에서 지질을 걸러내는 방법 등의 치료법이 있다 .

그림 9.11B는 고콜레스테롤혈증의 분자적 기초를 보여준다. 건강한 사람들은 우성 대립유전자(*H*)를 2개 가지고 있는데(*HH*), 이 유전자는 세포 표면에 LDL 수용체라고 하는 수용체 단백질을 만든다. 저밀도 지질단백질(low-density lipoprotein, LDL. '나쁜 콜레스테롤'로 알려져 있음)은 혈액을 통해 운반된다. 일부 세포에서 LDL 수용체는 혈액으로부터 과도한 LDL 입자를 흡수하고 분해를 촉진한다. 이 과정은 동맥에 콜레스테롤이 축적되는 것을 방지하는 데 도움이 된다. 이형접합체(*Hh*)는 LDL 수용체 수가 정상의 절반에 불과하고, 동형접합 열성(*hh*)

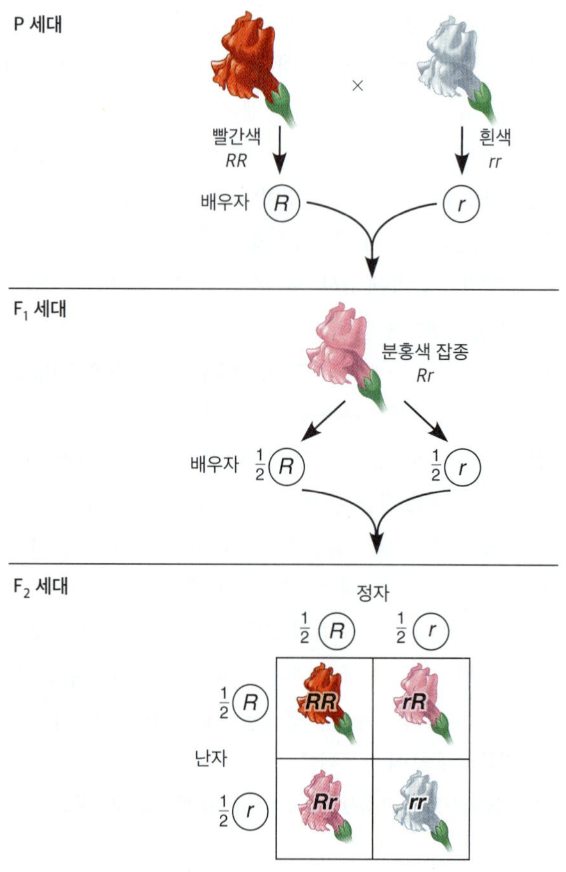

▲ **그림 9.11A** 금어초 꽃 색깔에 나타나는 불완전우성

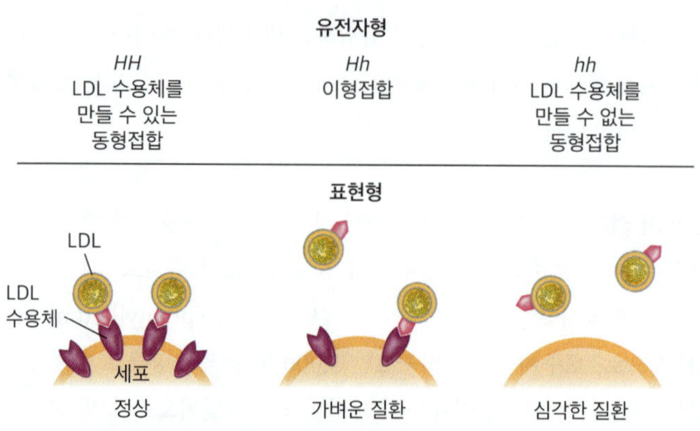

▲ **그림 9.11B** 고콜레스테롤혈증에서의 불완전우성

은 수용체를 전혀 가지고 있지 않다. 수용체가 없으면 세포가 혈액의 과도한 콜레스테롤을 제거하지 못한다. 그 결과, 혈액에 LDL이 축적되어 치명적일 수 있다.

? 그림 9.11A에 표시된 교배가 혼합 가설(9.1절 참조)을 뒷받침하지 않는 이유는 무엇인가?

■ F_2 자손 중 두 개체는 '혼합된' 표현형(분홍 꽃)을 보이지만, 나머지 두 개체는 그렇지 않으며 흰색과 빨간색 대립유전자는 사라지는 것이 아니라 다음 세대에까지 전달된다.

9.12 많은 유전자는 둘 이상의 대립유전자를 가지며 공동우성으로 나타날 수 있다

지금까지는 하나의 유전자당 2개의 대립유전자(예: *H* 대 *h*)만 있는 유전형질 전달방식에 대해 설명했다. 그러나 대부분의 유전자는 개체군 내에서 두 가지 이상의 버전, 즉 복대립유전자로 존재할 수 있다. 각 개체는 특정 유전자에 대해 최대 2개의 다른 대립유전자를 가지고 있지만, 복대립유전자의 경우 개체군에는 2개 이상의 대립유전자가 존재한다.

예를 들어, 사람의 **ABO식 혈액형(ABO blood group)**은 하나의 유전자에 대해 3개의 대립유전자가 관여하여 결정된다. I^A, I^B, i라고 하는 세 가지 대립유전자의 다양한 조합은 네 가지 표현형을 생성한다. 사람의 혈액형은 A, B, AB 또는 O형일 수 있다(**그림 9.12**). 이 글자는 적혈구 표면에서 발견될 수 있는 A와 B라는 두 가지 탄수화물을 나타낸다. 사람의 적혈구에는 탄수화물 A(A형), 탄수화물 B(B형), A와 B 탄수화물 모두(AB형) 있거나 또는 둘 다 없다(O형). (참고로, 혈액형의 '양성'과 '음성' 표기는 Rh 혈액형 시스템이고, 이는 ABO식과는 별개의 유전자에 의해 결정된다.)

안전한 수혈을 위해서는 혈액형을 맞추는 것이 중요하다. 기증자의 혈액 세포에 수혈받는 사람에게 없는 이질적인 외부 탄수화물이 있다면, 수혈받는 사람의 면역계는 항체라는 단백질을 생성한다(24.10절 참조). 항체는 외부 탄수화물에 특이적으로 결합하여 기증자의 혈액 세포를 응집시켜 수혈받는 사람을 사망에 이르게 할 수 있다. 이러한 응집 반응은 실험실에서 실시하는 혈액형 검사의 기본이 된다. 그림 9.12에서 AB형인 사람은 누구에게서나 혈액을 받아도 응집 반응이 일어나지 않아 '보편적 수혈자'가 되는 반면, O형 혈액은 응집을 일으키지 않아 O형인 사람은 '보편적 기증자'가 된다.

네 가지 혈액형은 세 가지 대립유전자의 다양한 조합으로 나타난다. I^A(적혈구에 탄수화물 A를 추가하는 *I*라는 효소), I^B(탄수화물 B를 추가하는 효소), i(A나 B 탄수화물을 모두 추가하지 않음). 각 사람은 부모로부터 이러한 대립유전자를 하나씩 물려받는다. 그림과 같이 세 가지 대립유전자가 있으므로 여섯 가지 유전자형이 가능하다. I^A와 I^B 대립유전자는 모두 i 대립유전자에 대해 우성이다. 따라서 I^AI^A 또는 I^Ai인 사람은 A형 혈액형을, I^BI^B 또는 I^Bi인 사람은 B형 혈액형을 가지며, 열성 동형접합체인 ii는 탄수화물이 없는 O형 혈액형을 가진다. I^A와 I^B 대립유전자는 **공동우성(codominance)**이다. 이형접합(I^AI^B)인 사람에서 두 대립유전자는 모두 표현되며 모두 AB형 혈액형을 갖는다. 불완전우성(중간 형질 표현)과 공동우성(두 대립유전자가 모두 별개의 구별 가능한 방식으로 표현)을 구별하는 데 주의해야 한다.

? 스티븐은 B형, 루시는 A형 혈액형을 가지고 있다. O형 혈액형을 가진 아론이 그들의 친자식일 가능성이 있을까?

■ 있다. 스티븐과 루시가 모두 열성 대립유전자를 가지고 있는 이형접합인 경우, O형 혈액형을 가진 자녀를 가질 수 있다.

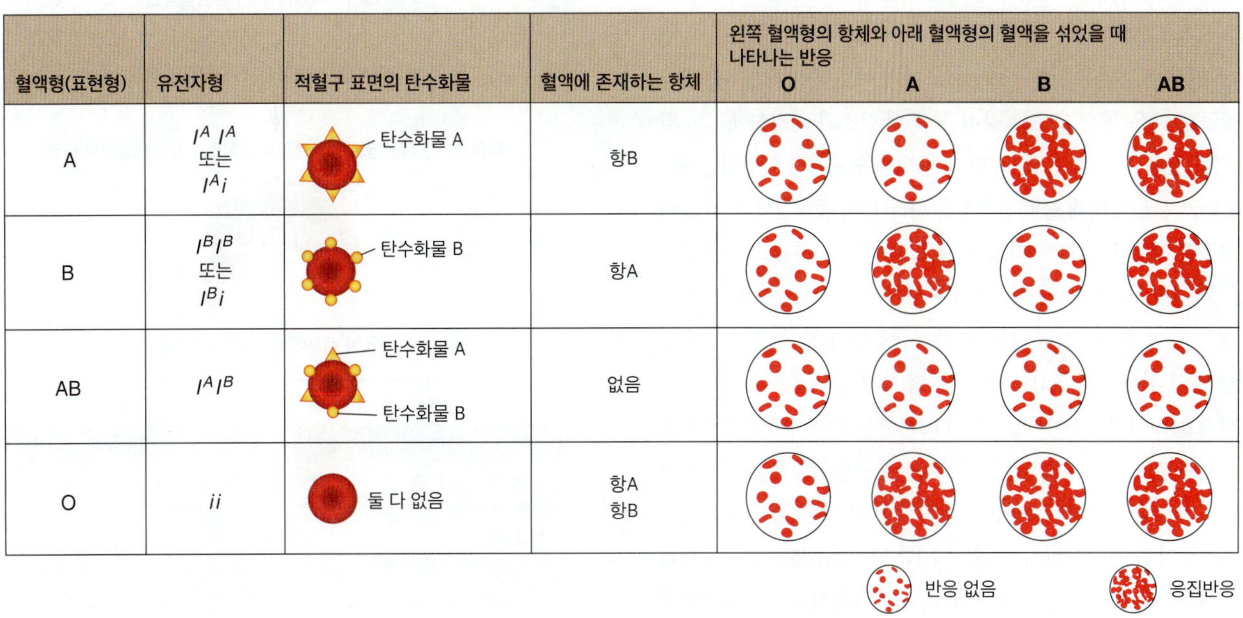

▲ **그림 9.12** ABO식 혈액형에 대한 복대립유전자

9.13 하나의 유전자가 여러 표현형에 영향을 줄 수 있다

지금까지의 모든 유전 사례는 하나의 유전자가 하나의 유전 특성만 결정하는 경우였다. 그러나 많은 경우, 하나의 유전자가 여러 특성에 영향을 미치는데, 이를 **다면발현(pleiotropy)**이라고 한다.

사람에게서 나타나는 다면발현의 한 가지 예는 **낫모양적혈구빈혈증(sickle-cell anemia)**이다. 낫모양적혈구 대립유전자는 적혈구가 비정상적인 헤모글로빈단백질을 생성하도록 한다. 이 단백질은 서로 연결되어 결정화되는 경향이 있는데, 특히 고지대, 과로 또는 호흡기 질환으로 인해 혈액 내 산소 함량이 평소보다 낮을 때 더 심하게 일어난다. 헤모글로빈이 결정화되면서, 일반적으로 원반 모양이던 적혈구가 가장자리가 들쭉날쭉한 낫모양으로 변형된다(**그림 9.13A**). 낫모양적혈구는 체내에서 빠르게 파괴되며, 이러한 파괴는 적혈구 수를 심각하게 감소시켜 빈혈과 쇠약을 유발할 수 있다. 또한 낫모양적혈구는 각진 모양으로 인해 혈액 내에서 원활하게 흐르지 못하고 작은 혈관에 쌓여 막히는 경향이 있다. 이로 인해 신체 부위로 가는 혈류가 감소하여 주기적으로 열이 나고 심한 통증이 생기며 심장, 뇌, 콩팥 등 여러 장기에 손상을 일으킨다. 결과적으로 **그림 9.13B**에 표시된 증상들이 연쇄적으로 나타난다. 수혈과 약물 치료로 일부 증상을 완화시킬 수 있지만, 아직까지 완치법은 없다. 매년 전 세계적으로 약 10만 명이 낫모양적혈구빈혈증으로 사망하고 있다.

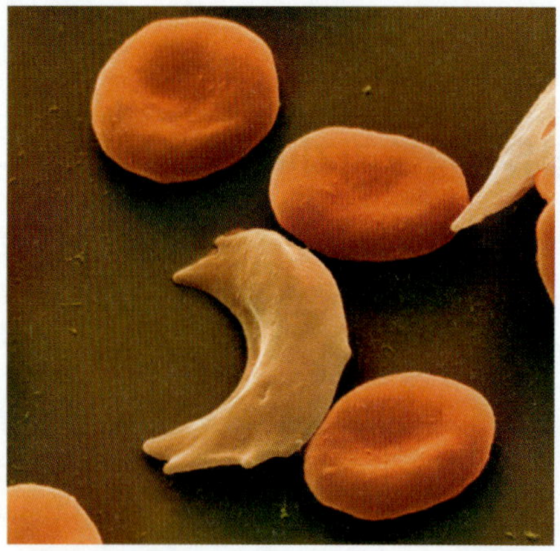

▲ **그림 9.13A** 정상적인 적혈구 사이로 여러 개의 낫모양 적혈구가 보인다.

대부분의 경우 낫모양적혈구 대립유전자에 대해 동형접합인 사람들만 낫모양적혈구빈혈증에 걸린다. 낫모양적혈구 대립유전자 1개와 정상 대립유전자 1개를 가진 이형접합체는 일반적으로 건강하므로 이 질환은 열성 질환으로 간주된다. 그러나 드물게 이형접합 대립유전자를 가진 사람들도 매우 높은 고도와 같이 혈액 내 산소가 심각하게 감소할 때 이 질병 증상을 경험할 수 있다. 따라서 개체 수준에서 이형접합체는 낫모양적혈구 형질에 대해 불완전우성을 나타내며, 동형접합 우성 표현형과 동형접합 열성 표현형 사이의 중간 표현형을 보인다. 그러나 분자 수준에서 두 대립유전자는 실제로 공동우성이며, 이형접합체의 혈액 세포에는 정상과 비정상(낫모양적혈구) 헤모글로빈이 모두 포함되어 있다. 간단한 혈액 검사로 동형접합체와 이형접합체를 구별할 수 있다.

전 세계적으로 신생아 10만 명당 약 112명이 낫모양적혈구빈혈증 동형접합 대립유전자를 가지고 있다. 낫모양적혈구빈혈증은 아프리카계 사람들에게 가장 흔한 유전질환이다. 아프리카에서 동형접합 낫모양적혈구빈혈증을 가진 어린이의 수는 출생 10만 명당 1,125명으로 유럽의 10만 명당 43명에 비해 매우 높다. 아프리카의 이형접합 낫모양적혈구빈혈증 보인자 수는 10만 명당 1만 6,121명으로 훨씬 더 많다.

동형접합체에서 심각한 질병을 유발하는 대립유전자의 보인자의 비율이 6명 중 1명이라는 것은 비정상적으로 높은 수치다. 많은 동형접합체를 가진 사람은 다음 세대로 유전자를 물려주기 전에 사망하기 때문에 집단 내 낫모양적혈구 대립유전자의 빈도가 이보다 훨씬 낮을 것으로 예상할 수 있다. 낫모양적혈구빈혈증은 치명적인 질병인 말라리아가 만연한 열대 아프리카에서 가장 흔하다. 말라리아를 일으키는 기생생물은 적혈구 속에서 생애의 일부를 보낸다. 이 기생생물이 낫모양적혈구 대립유전자를 가진 사람의 적혈구에 들어가면 적혈구는 낫모양으로 변형된다. 신체는 대부분의 낫모양적혈구 세포를 파괴하여 기생생물을 함께 죽인다. 결과적으로, 낫모양적혈구 보인자는 말라리아에 대한 저항성이 증가하며, 아프리카의 많은 지역에서 말라리아에 노출된 비보인자보다 더 오래 살고 더 많은 자손을 남길 수 있다. 이런 식으로 말라리아는 아프리카 대륙의 많은 지역에서 낫모양적혈구 대립유전자의 빈도를 상대적으로 높게 유지시킨 것이다. 진화론적 관점에서 보면, 말라리아가 존재하는 환경에서는 낫모양적혈구 대립유전자를 가진 사람들이 생존에 유리한 선택적 이점을 갖는다.

? 낫모양적혈구 형질이 분자 수준에서 공동우성으로 간주되는 이유는 무엇인가?

■ 공동우성은 두 형질이 모두 발현되는 것을 의미하며, 낫모양적혈구 대립유전자의 보인자는 정상 헤모글로빈과 비정상 헤모글로빈을 모두 생성한다.

낫모양적혈구 대립유전자가 동형접합인 개체

↓

낫모양적혈구 (비정상) 헤모글로빈 생성

↓

비정상적인 헤모글로빈의 결정화로 적혈구가 낫모양으로 바뀜

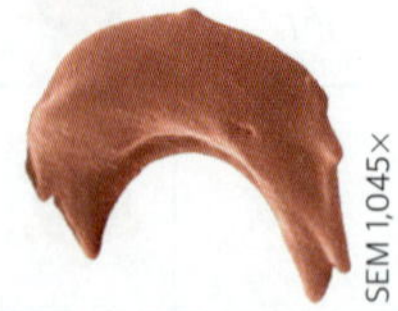

낫모양 세포에 의한 다양한 증상

기관 손상	기타 증상
콩팥 기능 손상 심장 기능 손상 비장 손상 뇌 손상(정신지체, 마비)	통증과 발열 관절 문제 신체 허약 빈혈 폐렴 등의 감염

▲ **그림 9.13B** 다면발현의 예, 낫모양적혈구빈혈증

9.14 여러 유전자가 하나의 특성에 영향을 줄 수 있다

멘델은 보라색 또는 흰색 꽃 색깔과 같이 둘 중 하나로 분류할 수 있는 유전적 특성을 연구했다. 그러나 사람의 피부색이나 키와 같이 집단 내에서 연속적으로 변화하는 다양한 형질도 많다. 이러한 많은 특징은 하나의 표현형에 2개 이상의 유전자가 복합적으로 영향을 미치는 **다인자유전(polygenic inheritance)**의 결과다. (이는 하나의 유전자가 여러 특성에 영향을 미치는 다면발현과는 반대되는 개념이다.) 예를 들어, 2014년 25만 명 이상의 사람들의 유전자를 대상으로 한 연구에서 키에 영향을 미치는 180개 유전자에서 700개 이상의 변이가 발견되었다. 당뇨병, 심장병, 암을 포함한 많은 질병 또한 다인자유전을 나타내는 것으로 알려져 있다. 이 개념은 **상호작용**의 주요 주제, 즉 많은 작은 부분(유전자)의 상호작용을 통해 새로운 특성(이 경우 다인자유전형질)이 나타날 수 있다는 것을 보여주는 예다.

이 원리를 설명하기 위해 분리되어 유전되는 3개의 가상 유전자를 예로 들어보자. 각 유전자의 키를 크게 만드는 대립유전자(*A*, *B*, *C*)는 표현형에 '대립유전자 1단위'만큼 키를 더해준다고 가정하고 그리고 다른 대립유전자(*a*, *b*, *c*)에 대해 불완전우성이라고 가정해 보자. *AABBCC* 유전자형을 가진 사람은 키가 매우 큰 반면, *aabbcc* 유전자형을 가진 사람은 키가 매우 작을 것이다. *AaBbCc*인 사람은 중간 키를 가질 것이다. 각 대립유전자가 키에 더해지는 효과를 가지기 때문에 *AaBbCc* 유전자형은 키를 크게 하는 대립유전자를 3개 가지고 있으므로, *AABbcc* 처럼 키를 크게 하는 대립유전자가 3개인 다른 유전자형과 동일한 키를 만들어낼 것이다.

그림 9.14의 가운데에 있는 퍼넷사각형은 세 가지 유전자가 모두 잡종인 부모 삼중이형접합체(*AaBbCc*)에서 태어날 수 있는 자손의 가능한 모든 유전자형을 보여준다. 퍼넷사각형 아랫줄에서는 이론적으로 이 교배에서 이론적으로 나타날 수 있는 일곱 가지 키 표현형을 보여준다. 그림 하단의 그래프에 있는 7개의 막대는 F_2 세대에서 각 표현형의 상대적인 개체 수를 나타낸다. 이 가상의 예는 세 가지 유전자의 유전이 어떻게 다양한 키 표현형을 만들어낼 수 있는지 보여준다. 물론 실제 사람들의 키의 변이는 그림에 표시된 것보다 훨씬 더 다양하다(다음 절에서 그 이유를 설명할 것이다).

지금까지 이 장에서는 멘델의 유전 법칙을 확장한 네 가지 유전형질 전달방식, 즉 불완전우성, 공동우성, 다면발현, 다인자유전에 대해 알아보았다. 중요한 것은 이러한 유전 방식이 멘델의 유전 법칙의 예외가 아니라 멘델의 유전 법칙의 확장이라는 것이다. 멘델은 완두콩 교배 실험을 통해 유전자가 동전 던지기와 같은 확률의 규칙에 따라 전달된다는 것을 보여주었다. 유전자는 각각 독립적인 단위로서 유전된다는 이 기본적인 원리는 멘델이 처음에 연구했던 것보다 더 복잡한 유전형질 전달방식에도 적용된다. 다음 절에서는 멘델의 기본 법칙에서 벗어나는 또 다른 중요한 요소인 환경의 영향에 대해 알아볼 것이다.

? *AaBbcc* 유전자형을 가진 개체는 다음 중 어느 개체의 표현형과 구별되지 않을까? *AAbbcc*, *aaBBcc*, *AabbCc*, *Aabbcc* 또는 *aaBbCc*.

■ *Aabbcc*를 제외한 모든 개체

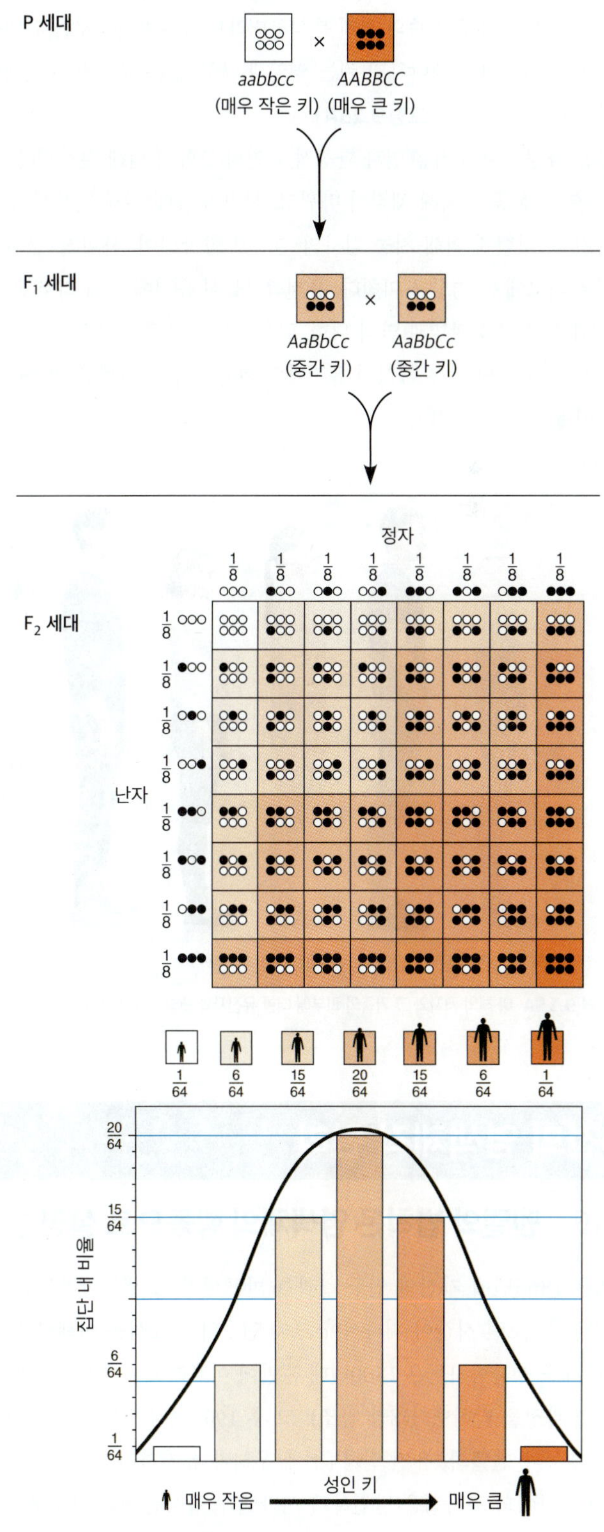

▲ **그림 9.14** 키의 다인자유전 모델

9.15 환경은 많은 특성에 영향을 미친다

앞 절에서는 세 가지 가상의 유전자가 어떻게 키에 대해 일곱 가지 표현형을 만들어낼 수 있는지 살펴봤다. 물론 실제 사람들의 키를 조사하면 일곱 가지보다 훨씬 많은 키 표현형을 볼 수 있다. 실제 범위는 그림 9.14의 종 모양 곡선 아래 전체 키 분포도와 비슷할 수 있다. 사실 키에 대한 유전자를 아무리 주의 깊게 분석하더라도 유전자만으로는 완벽하게 설명할 수 없다. 왜냐하면 키는 영양과 운동 같은 환경적 요인에도 영향을 받기 때문이다(**그림 9.15A**).

많은 특성은 유전적 요인과 환경적 요인의 조합에 의해 결정된다. 사람의 경우, 운동에 의해 체격이 바뀌고, 햇빛 노출에 의해 피부색이 어두워지고, 경험에 의해 지능 검사의 결과가 향상되며, 사회적·문화적 요인은 외모에 큰 영향을 미친다. 유전학자들이 유전에 대해 더 많은 것을 알게 되면서 심장병과 암의 위험, 알코올 중독과 정신분열증에 대한 감수성 등 사람의 많은 특성이 유전자와 환경 모두의 영향을 받는다는 사실이 분명해지고 있다.

사람의 특성이 유전자와 환경 중 어느 것에 의해 영향을 더 많이 받는지, 즉 선천적인지 후천적인지의 논쟁은 계속되어 왔다. ABO식 혈액형과 같은 특성의 경우, 표현형은 유전자에 의해서만 결정되고 환경은 전혀 영향을 미치지 않는다. 반면, 체내에 순환하는 적혈구의 수는 전반적인 건강 상태와 사는 곳의 고도와 같은 환경적 요인에 의해 크게 영향을 받는다.

모든 개체의 개별적인 특징은 유전적 요인과 환경적 요인의 조합에서 비롯된다는 사실을 인지하는 것이 중요하다. 일란성 쌍둥이를 보면 유전자뿐만 아니라 환경이 사람의 형질에 영향을 미친다는 것을 알 수 있다(**그림 9.15B**). 다음으로, 유전의 기본이 되는 세포, 즉 염색체의 행동에 대해 알아본다.

? 대부분의 특성이 환경과 유전의 조합에 의해 결정되는데, 멘델은 어떻게 완두콩 교배 실험에서 환경적 영향을 무시할 수 있었을까?

■ 그가 연구 대상으로 선택한 특성은 모두 유전적으로 결정되었고, 모든 실험 대상은 비슷한 환경에서 자랐다.

▲ **그림 9.15A** 이 책의 저자와 그 가족의 피부에 대한 유전자와 햇빛 노출의 영향

▲ **그림 9.15B** 이 책 저자 중 한 명의 딸들인 일란성 쌍둥이의 예로, 유전적으로 동일한 쌍둥이라도 환경적 요인에 따라 표현형이 달라진다.

유전의 염색체적 원리

9.16 멘델의 법칙은 염색체의 행동으로 설명할 수 있다

멘델은 1866년에 자신의 연구 결과를 발표했지만, 생물학자들은 그가 죽은 지 오랜 시간이 지나서야 그의 연구의 중요성을 이해하게 되었다. 세포 생물학자들은 1800년대 후반에 이르러서야 유사분열과 감수분열 과정을 밝혀냈다(8장 참조). 그 후 1902년경 연구자들은 염색체의 행동과 멘델의 '유전 인자'(현재 우리가 유전자라고 부르는 것)의 행동 사이의 유사점을 발견하기 시작했다. 유사분열과 감수분열에 대한 새로운 이해와 유전자에 대한 이해가 더해지면서 생물학에서 가장 중요한 개념 중 하나인 **유전의 염색체설(chromosome theory of inheritance)**이 정립되었다. 염색체설은 유전자가 염색체의 특정 유전자좌위에 존재하며, 감수분열 과정에서 분리되고 독립적으로 분류되는 것은 바로 염색체임을 명시한다. 따라서 유전 방식은 감수분열과 수정 동안의 염색체의 행동에 의해 설명된다.

멘델의 법칙을 염색체 수준에서 이해하기 위해 완두콩 식물의 감수분열과 수정 과정 동안 두 유전자의 행동을 살펴볼 것이다. **그림 9.16**에

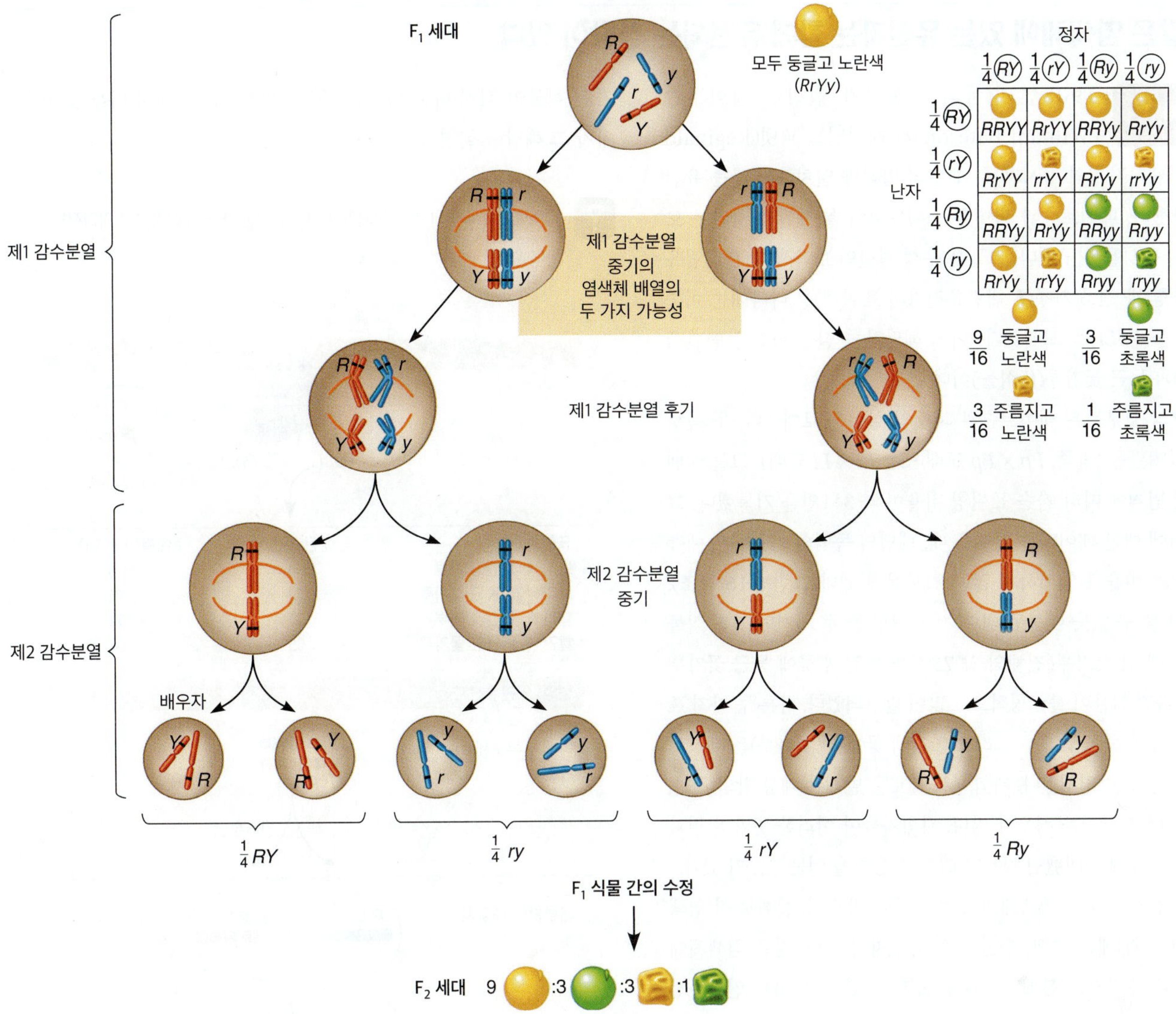

▲ **그림 9.16** 멘델의 법칙의 염색체 원리

서 종자 모양(대립유전자 *R*과 *r*)과 종자 색깔(*Y*와 *y*)에 대한 유전자는 서로 다른 염색체에 검은 막대로 표시되어 있다. 오른쪽 위 부분의 퍼넷사각형은 그림 9.5A의 것과 동일하다. 이제 퍼넷사각형에 표시된 양성잡종교배 결과가 염색체로 어떻게 설명되는지 염색체를 따라가면서 알아볼 것이다. 먼저 모든 식물이 *RrYy* 유전자형을 갖는 F_1 세대부터 시작해 보자. 그림을 단순화하기 위해 완두콩의 7쌍의 염색체 중 2쌍만, 그리고 감수분열 단계 과정의 3단계만 표시한다.

분리의 법칙(감수분열을 통한 배우자 형성 과정 동안 한 쌍의 대립유전자가 서로 분리된다는 법칙, 9.3절 참조)의 염색체적 원리를 이해하기 위해 F_1 세포에서 긴 길이의 상동염색체 쌍(*R*과 *r*을 가진 염색체)을 살펴보자. 제1 감수분열 중기에 염색체가 어떻게 배열되든, 제1 감수분열 후기에서 상동염색체가 분리될 때 두 대립유전자가 분리된다. 제2 감수분열이 끝나면 각 배우자는 하나의 긴 염색체만을 갖게 된다. 그런 다음 수정 과정에서 두 대립유전자는 무작위로 재조합되고, F_2 세대에서 자손의 비율은 $\frac{1}{4}RR$, $\frac{1}{2}Rr$, $\frac{1}{4}rr$이 된다. 따라서 둥근 모양과 주름진 모양의 표현형의 비율은 그림의 퍼넷사각형에서 볼 수 있듯이 멘델이 관찰한 비율인 3:1(둥근 모양 12개, 주름진 모양 4개)이 된다.

멘델의 독립의 법칙(배우자 형성 과정에서 각 대립유전자 쌍이 다른 대립유전자 쌍과 독립적으로 분리된다는 법칙, 9.5절 참조)의 염색체적 원리를 이해하기 위해 그림에서 긴 염색체와 짧은(비상동) 염색체를 모두 살펴보자. 제1 감수분열 중기에서 두 가지 다른 4분체(tetrad)의 배열이 나타날 수 있다. 비상동염색체(및 그 유전자)는 독립적으로 분리되어 네 가지 배우자의 유전자형을 만들고, 무작위 수정의 결과로 F_2 세대에서 9:3:3:1의 표현형 비율이 나타난다.

? 멘델의 법칙 중 어떤 법칙이 다음의 감수분열 단계와 관련이 있는가? (a) 제1 감수분열 중기에서 상동염색체 쌍의 배열, (b) 제1 감수분열 후기에서 상동염색체의 분리.

■ (a) 독립의 법칙, (b) 분리의 법칙

9.17 같은 염색체에 있는 유전자는 함께 유전되는 경향이 있다

과학적 사고 1908년 영국의 생물학자 윌리엄 베이트슨(William Bateson)과 레지널드 퍼넷(Reginald Punnett, 퍼넷사각형의 창시자)은 멘델의 법칙과 일치하지 않는 유전 방식을 관찰했다. 베이트슨과 퍼넷은 스위트피의 꽃 색깔과 꽃가루 모양의 두 가지 특성을 연구했다. 그들은 우성 형질인 보라색 꽃(*P* 대립유전자의 표현형)과 긴 꽃가루(*L* 대립유전자의 표현형)를 나타내는 이중 이형접합 식물(*PpLl*)을 교배했다. 이에 해당하는 열성 형질은 빨간색 꽃(*pp* 식물)과 둥근 꽃가루(*ll* 식물)이다.

그림 9.17의 윗부분은 베이트슨과 퍼넷의 실험을 보여준다. 두 특성 중 하나만 살펴봤을 때(즉, $Pp \times Pp$ 교배 또는 $Ll \times Ll$ 교배), 그들은 멘델의 분리의 법칙에 따라 자손 표현형 비율이 약 3:1임을 기록했다. 그러나 두 특성에 대한 데이터를 합했을 때, 멘델의 독립의 법칙에서 예측한 9:3:3:1의 비율과 일치하지 않는 결과를 얻었다(그림 9.16 참조). 대신, 표에서 볼 수 있듯 예상된 네 가지 표현형 중 두 가지만 가진 식물인 보라색 꽃에 긴 꽃가루(전체의 약 75%)와 빨간색 꽃에 둥근 꽃가루(약 14%)를 가진 식물이 불균형적으로 많이 발견되었다. 다른 두 가지 표현형(보라색 꽃에 둥근 꽃가루 그리고 빨간색 꽃에 긴 꽃가루)은 예상보다 훨씬 적은 수로 발견되었다. 과학에서 새로운 발견은 예상 밖의 결과, 즉 '실패'로부터 시작되는 경우가 많다. 과학자들이 이러한 뜻밖의 결과를 탐구할 때 처음에 기대했던 것보다 더 깊은 통찰을 얻는 경우가 있다.

세포 내 유전자의 수는 염색체의 수보다 훨씬 많으며, 실제로 각 염색체(Y 염색체 제외)에는 수백, 수천 개의 유전자가 있다. 같은 염색체에 가깝게 위치한 유전자는 함께 유전되는 경향이 있으며, 이를 **연관유전자(linked genes)**라고 한다. 연관유전자는 멘델의 독립의 법칙과 다르게 행동할 수 있다.

스위트피의 꽃 색깔과 꽃가루 모양을 결정하는 유전자는 같은 염색체에 위치하기 때문에 이형접합(*PpLl*) 스위트피 식물의 감수분열 결과, 두 유전자가 연관되지 않았을 경우의 네 가지 유형의 배우자 대신 주로 두 가지 유전자형의 배우자(*PL*과 *pl*)가 나타난다. 베이트슨-퍼넷 실험에서 보라색 꽃에 긴 꽃가루와 빨간색 꽃에 둥근 꽃가루의 형질을 가진 식물이 많이 나온 것은 *PL*과 *pl* 배우자 사이의 수정의 결과다. 그렇다면 보라색 꽃에 둥근 꽃가루 그리고 빨간색 꽃에 긴 꽃가루 형질을 가진 식물이 적게 나온 이유는 무엇일까? 다음 절에서 다루겠지만, 교차가 그 해답을 설명할 것이다.

? 베이트슨과 퍼넷의 초기 실패라고 여긴 실험은 어떻게 성공으로 이어졌을까?

■ 예상치 못한 결과, 즉 '실패'가 연관유전자의 발견으로 이어지는 통찰력을 제공했다.

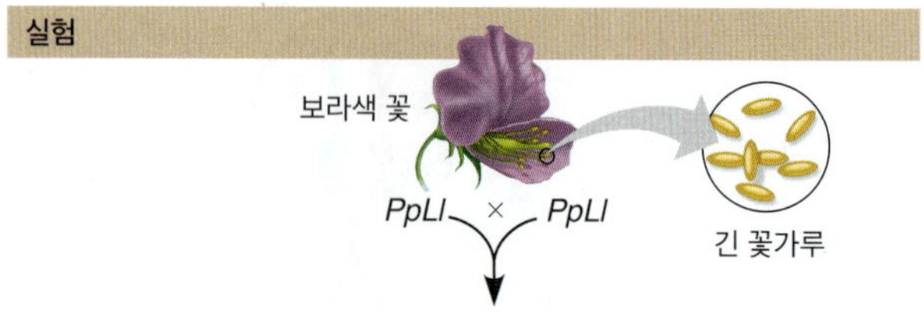

표현형	관찰된 자손 수	예측(9:3:3:1)
보라색 꽃 긴 꽃가루	284	215
보라색 꽃 둥근 꽃가루	21	71
빨간색 꽃 긴 꽃가루	21	71
빨간색 꽃 둥근 꽃가루	55	24

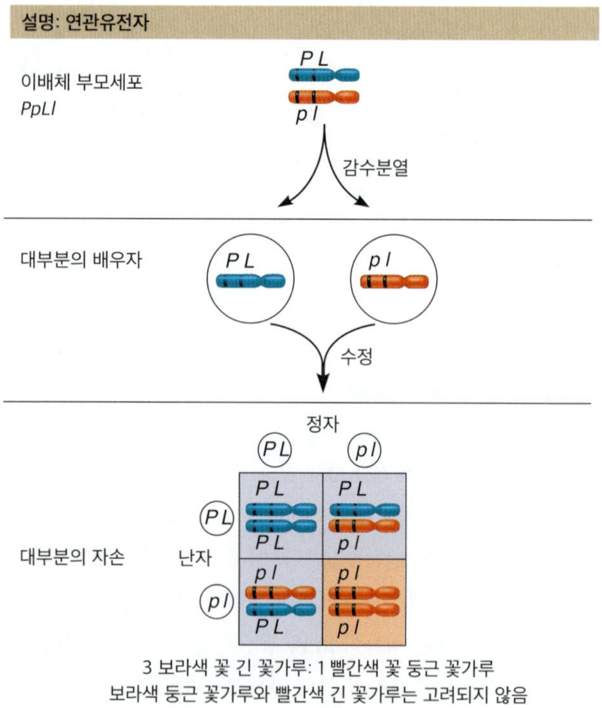

▲ **그림 9.17** 스위트피의 연관유전자를 밝히는 실험

9.18 교차는 새로운 대립유전자 조합을 만든다

감수분열 동안 상동염색체 간의 교차(crossing over)가 일어나면 배우자에 새로운 대립유전자 조합이 만들어진다(8.17절 참조). 그림 9.17의 실험을 예시로, **그림 9.18A**는 2개의 연관유전자가 어떻게 네 가지 다른 배우자 유전자형을 만들어내는지 보여준다. *PL*과 *pl* 유전자형을 가진 배우자는 교차에 의해 변하지 않은 원래 부모와 같은 유전자조합인 부모형 염색체를 가지고 있다. 반대로 *Pl*과 *pL* 유전자형을 가진 배우자는 재조합 배우자다. 감수분열 과정 중 교차가 일어나 염색체 일부가 교환되면서 새로운 대립유전자 조합이 만들어졌다. 이제 이전 절에서 살펴본 베이트슨-퍼넷 실험의 결과를 이해할 수 있다. 재조합된 표현형(보라색 꽃에 둥근 꽃가루와 빨간색 꽃에 긴 꽃가루)을 가진 소수의 자손은

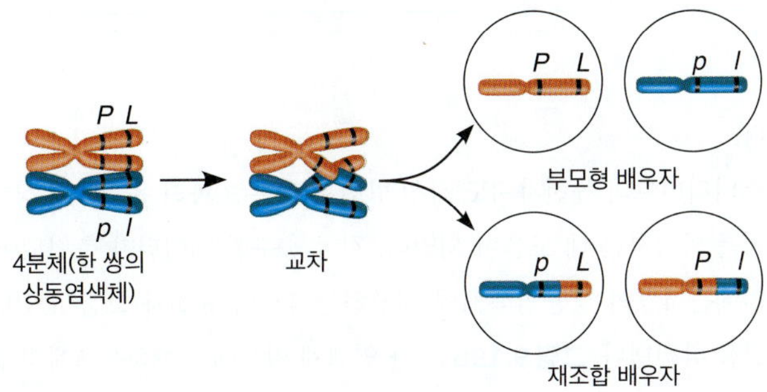

▲ **그림 9.18A** 복습: 재조합 배우자의 생성

재조합 배우자 사이의 수정의 결과다.

교차가 배우자의 유전적 다양성을 만들어낸다는 것에 대한 발견은 염색체 행동과 유전 사이의 관계를 확인시켜 주었다. 가장 중요한 초기 연구 중 일부는 1900년대 초 미국의 발생학자 토마스 헌트 모건(Thomas Hunt Morgan)의 실험실에서 수행되었다. 모건과 그의 동료들은 많은 실험에 초파리(*Drosophila melanogaster*)를 사용했다(**그림 9.18B**). 초파리는 쉽고 저렴하게 사육할 수 있고 세대 주기가 2주로 짧기 때문에 유전학 연구에 적절한 실험동물이다.

▲ **그림 9.18B** 초파리 (*Drosophila melanogaster*)

그림 9.18C는 모건의 실험 중 하나를 보여준다. **야생형(wild-type)**이라는 용어는 자연에서 가장 흔한 형질을 의미하고, **돌연변이체(mutant)**는 드물게 나타나는 형질을 의미한다. (야생형은 우성과는 무관하며, 돌연변이체 형질이 우성일 수 있다.) 이 실험에서는 회색 몸에 긴 날개를 가진 야생형 초파리와 검은 몸에 흔적 날개를 가진 돌연변이체 초파리를 교배했다. (여기서 사용된 흔적이라는 용어는 날개가 발달하지 못하고 축소된 모습을 묘사하는 것으로, 진화에서 퇴화의 의미로 사용되는 흔적이라는 단어와 혼동해서는 안 된다.) 모건은 이전 연구를 통해 이러한 초파리의 유전자형을 이미 알고 있었다.

모건은 회색 몸의 정상 날개를 가진 이형접합 파리(유전자형 *GgLl*)를 검은색 몸의 흔적 날개를 가진 파리(유전자형 *ggll*)와 교배하는 검정교배를 수행했다(9.6절 참조). 만약 두 유전자가 연관되지 않았다면, 자손들은 독립적인 분리에 따라 1:1:1:1의 표현형 비율(1/4 회색 몸, 긴 날개; 1/4 검은 몸, 흔적 날개; 1/4 회색 몸, 흔적 날개; 1/4 검은 몸, 긴 날개)로 나타날 것이다. 그러나 이 유전자들이 연관되어 있기 때문에 모건은 그림 9.18C의 윗부분에 표시된 결과를 얻었다. 대부분의 자손은 부모의 표현형을 가지고 있었지만 자손 중 17%는 재조합된 표현형을 보였다. 전체 자손 중 재조합 자손의 비율을 **재조합빈도(recombination frequency)**라고 한다.

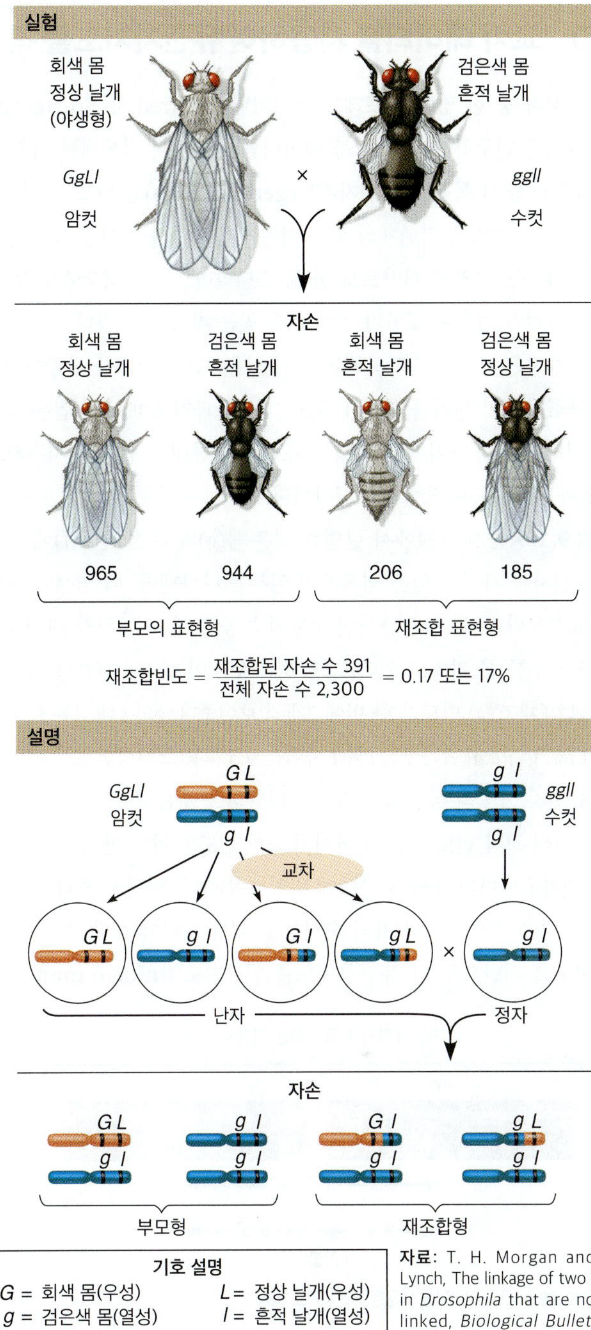

자료: T. H. Morgan and C. J. Lynch, The linkage of two factors in *Drosophila* that are not sex-linked, *Biological Bulletin* 23: 174-82 (1912).

▲ **그림 9.18C** 초파리 실험은 유전에서 교차의 역할을 보여준다.

그림 9.18C의 아랫부분은 모건의 결과를 교차를 통해 설명한다. 부모의 상동염색체의 염색분체(chromatid) 사이의 교차로 인해 *G*와 *L* 대립유전자 사이와 *g*와 *l* 대립유전자 사이의 연결이 끊어져 재조합 염색체인 *Gl*과 *gL*이 형성되었다. 이후 감수분열 단계에서 재조합 염색체가 배우자에게로 분배되었고, 무작위 수정으로 모건이 관찰한 네 종류의 자손이 만들어졌다.

? 그림 9.17에서 꽃 색깔 유전자와 꽃가루 길이 유전자 간 재조합빈도는 얼마인가?

■ 11%(42/381)

9.19 교차 데이터를 사용하여 유전자지도를 작성한다

모건의 제자 중 한 명인 알프레드 스터티번트(Alfred H. Sturtevant)는 초파리를 연구하는 동안 교차 데이터를 사용하여 염색체를 따라 유전자좌위의 순서 목록인 **유전자지도(genetic map)**를 만드는 방법을 개발했다. 이 기법은 염색체의 모든 지점에서 교차가 일어날 확률이 거의 동일하다는 가정을 기반으로 한다. 스터티번트는 염색체에서 두 유전자의 거리가 멀수록 교차가 일어날 수 있는 지점이 더 많다고 가정했다. (이 가정은 완전히 정확하지는 않지만 유용한 데이터를 제공하기에는 충분했다.) 이 원리를 염두에 두고 그는 초파리 교배에서 얻은 재조합 데이터를 사용하여 염색체에서 유전자의 상대적 위치를 지정하는 것, 즉 유전자지도를 작성하기 시작했다.

그림 9.19A는 9.18절에서 설명한 검은 몸(*g*)과 흔적 날개(*l*)에 대한 연관유전자를 가지고 있는 염색체의 일부를 나타낸다. 이 염색체는 또한 야생형보다 더 밝은 빨간색인 주황색 눈을 갖게 하는 열성 대립유전자(*c*라고 부름)를 가지고 있다. 그림 9.19A는 이 대립유전자들 사이의 실제 교차(재조합) 빈도를 한 번에 2개씩 보여준다. *g*와 *l* 대립유전자 사이는 17%, *g*와 *c* 사이는 9%, *c*와 *l* 사이는 9.5%다. 스터티번트는 이러한 값이 유전자 사이의 상대적 거리를 나타낸다고 추론했다. *g*와 *c* 사이, *l*과 *c* 사이의 교차 빈도는 *g*와 *l* 사이의 교차 빈도의 약 절반이므로, 유전자 *c*는 *g*와 *l* 사이의 대략 중간쯤에 위치해야 한다. 따라서 초파리 염색체 중 하나에서 이들 유전자의 순서는 *g-c-l*이 되어야 한다. 이러한 재조합빈도를 기반으로 한 유전자지도를 **연관지도(linkage map)**라고 한다.

스터티번트의 유전자지도 작성 방법은 많은 초파리 유전자의 상대적 위치를 파악하는 데 도움이 되었다. 결국 충분한 데이터가 축적되어 초파리에는 4쌍의 상동염색체에 해당하는 4개의 유전자 그룹이 있다는 사실을 밝혀냈다. **그림 9.19B**는 한 염색체 일부에 존재하는 5개의 유전자좌위를 표시한 유전자지도다.

연관지도 작성법은 많은 생물체에서 많은 유전자의 상대적 위치를 밝히는 매우 유용한 방법이라는 것이 입증되었다. 이 기법의 가장 큰 장점은 복잡한 장비 없이 생물체를 번식시키고 관찰하는 것만으로도 유전자에 대한 풍부한 정보를 얻을 수 있다는 것이다.

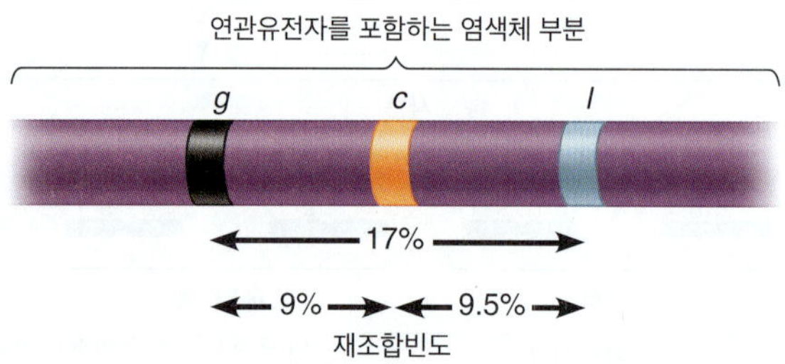

▲ **그림 9.19A** 교차 데이터를 이용한 유전자지도 작성

? 그림 9.19A에 없는 새로운 유전자에 대한 재조합 자료를 얻기 위해 초파리 교배 실험을 했다. 이 유전자는 흔적 날개(*l*) 유전자좌위와 3%, 주황색 눈(*c*) 유전자좌위와 7%의 재조합빈도를 나타냈다. 이 염색체에서 유전자의 위치는 어디인가?

■ 이 유전자는 흔적 날개 유전자좌위와 주황색 눈 유전자좌위 사이에 위치하며, 흔적 날개 유전자좌위에 조금 더 가깝다(흔적 날개 유전자좌위의 재조합빈도가 낮기 때문이다).

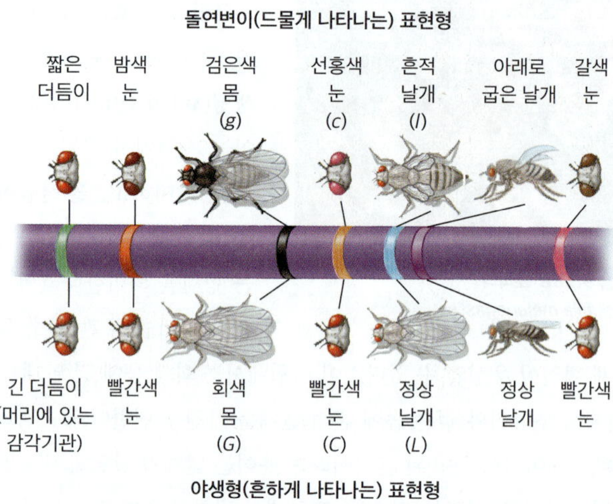

▲ **그림 9.19B** 초파리 염색체 한 부분의 유전자지도

성염색체와 성-연관 유전자

9.20 많은 종에서 성은 염색체에 의해 결정된다

전통적으로 성(sex)이라는 용어는 생물을 두 종류로 나누는 데 사용되어 왔지만, 이제는 성의 구분이 명확하지 않을 수 있다는 사실이 밝혀지고 있다. 여기서 성이라는 용어는 공통된 해부학적 및 생리적 형질을 가진 집단으로 분류하는 것을 의미한다. 이러한 의미로 사람과 다른 동물의 성은 주로 염색체에 의해 결정된다고 할 수 있다. (이전에 성의 동의어로 사용되던 젠더라는 용어는 최근에는 개인이 남성, 여성 또는 기타로 식별되는 문화적 경험을 지칭하는 데 더 자주 사용된다.)

사람을 비롯한 포유류는 X와 Y로 지정되는 두 가지 유형의 **성염색체(sex chromosome)**를 가지고 있다(**그림 9.20A**). 2개의 X 염색체를 물려받은 사람은 일반적으로 '여성'의 해부학적 구조를 발달시키는 반면, 하나의 X 염색체와 하나의 Y 염색체를 물려받은 사람은 '남성'의 특징을 갖게 된다. Y 염색체는 X 염색체보다 훨씬 작지만, Y 염색체의 양

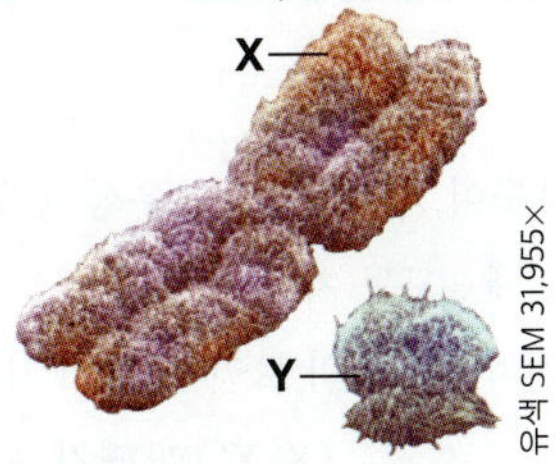

▲ 그림 9.20A 사람의 성염색체

쪽 끝에 있는 짧은 부분은 X 염색체의 영역과 상동성을 가지고 있다. 이러한 상동성을 가진 영역 덕분에 남성의 X와 Y 염색체는 정소에서 감수분열하는 동안 쌍을 이루며 상동염색체처럼 행동할 수 있다.

감수분열 후, 각 배우자는 하나의 성염색체와 반수체(haploid, 사람의 경우 22개)의 상염색체를 갖는다. 모든 난자는 하나의 X 염색체를 가지고 있다. 정자 세포의 경우 절반은 X 염색체, 절반은 Y 염색체를 가지고 있다. 자손의 성은 난자를 수정시키는 정자 세포가 X 염색체를 가지고 있는지, 아니면 Y 염색체를 가지고 있는지에 따라 결정된다(**그림 9.20B**). 따라서 일반적으로 성의 결정은 난자와 융합하는 정자의 염색체에 따라 좌우되는 50 대 50의 확률의 문제다. (포유동물이 아닌 많은 종에서는 성을 결정하는 다른 염색체 체계가 있지만 여기서는 사람에게 적용되는 X-Y 체계에 초점을 맞춘다.)

▲ 그림 9.20B X-Y 체계

사람의 Y 염색체에는 78개의 유전자만이 존재하며, 그중 절반 정도는 정소에서만 발현된다. 이러한 유전자 중 하나는 성 결정에 중요한 역할을 하는 것으로 알려져 있으며, 이 유전자를 *SRY*(Y 염색체의 성 결정 영역, sex-determining region of Y의 약자)라고 한다. *SRY*는 Y 성염색체에 있는 다른 유전자를 조절하는 단백질을 만든다. 사람의 경우, 배아가 약 2개월이 되었을 때 해부학적 성징이 나타나기 시작한다. 그 이전에는 생식소의 초기 단계로 아직 성 구분이 불가능하며, 초기 생식소는 *SRY* 유전자의 활성 여부에 따라 정소 또는 난소로 발달할 수 있다. *SRY* 유전자가 활성화되지 않으면 XY 배아에서도 생식소는 난소로 발달할 수 있다. *SRY* 유전자가 단백질을 만들어내면 다른 유전자를 활성화시키는 단계적 연쇄 반응이 시작되어 정소가 발달하게 된다.

최근 연구에 따르면, 사람의 성별은 서로 다른 유전자에서 생성되는 여러 단백질의 상호작용에 의해 결정된다는 것이 밝혀졌다. 예를 들어, 여성 생식소의 발달에는 난소 발달을 촉진하는 단백질을 암호화하는 *WNT4*라는 유전자(상염색체 1번 염색체에 있음)가 필요하다. XY이지만 *WNT4* 유전자가 추가로 복제된 배아는 여성 생식소의 초기 발달이 나타날 수 있다.

'남성' 그리고 '여성'과 관련된 생화학적·생리적·해부학적 특징은 이전에 알려진 것보다 훨씬 더 복잡하며, 많은 유전자가 발달에 관여하는 것으로 밝혀졌다. 이제 우리는 성이 단 두 가지로 정의된 이분법적인 상태가 아니라는 것을 알고 있다. 성 결정에 관여하는 유전자와 단백질의 복잡성으로 인해 많은 변이가 존재한다. 일부 개체는 중간적인 성적 특성(간성, intersex)을 가지고 태어나거나 심지어 해부학적 특징이 개인의 성 정체성과 일치하지 않는 경우(트랜스젠더)도 있다. 성 결정은 활발한 연구 분야로, 앞으로 더욱더 높은 수준의 이해가 이루어질 것이다.

9.15절에서는 환경이 여러 특성을 결정하는 데 미치는 역할에 대해 논의했다. 일부 동물의 경우 환경이 성을 결정하기도 한다. 일부 파충류의 경우, 배아 발달의 특정 기간 동안 알이 부화하는 온도가 그 배아가 수컷으로 발달할지 암컷으로 발달할지를 결정한다. 예를 들어, 푸른바다거북 새끼가 30℃(86℉) 이상에서 부화하면 거의 모든 거북이 수컷이 된다. 이로 인해 일부 사람들은 지구 기후변화가 거북 개체군의 구성에 영향을 미칠 수 있다고 우려하고 있다. 이러한 온도에 따른 성 결정은 환경이 개체의 표현형에 영향을 미치는 극단적인 예다.

? **난소가 발달했다고 하는 것이 사람이 반드시 2개의 X 염색체를 가지고 있다는 것을 의미하는가?**

■ 아니다. XY 염색체를 가지고 있는 사람도 Y 염색체에 있는 *SRY* 유전자가 없거나 돌연변이가 있어 난소를 발달시킬 수 있다.

9.21 성-연관 유전자는 독특한 유전형질 전달방식을 보인다

성염색체는 성을 결정하는 유전자를 가지고 있을 뿐만 아니라 여성성 또는 남성성과 관련 없는 특성에 대한 유전자도 포함한다. 성염색체에 위치한 유전자를 **성-연관 유전자(sex-linked gene)**라고 한다. 성염색체에 있는 단일 유전자를 지칭하는 성-연관 유전자라는 용어를 같은 염색체에 있는 유전자가 함께 유전되는 경향을 나타내는 연관유전자라는 용어와 혼동하지 않도록 주의해야 한다. 사람의 X 염색체에는 Y 염색체보다 훨씬 많은 유전자(약 1,110개 대 78개)가 포함되어 있기 때문에 대부분의 성-연관 유전자는 **X-연관 유전자(X-linked gene)**다.

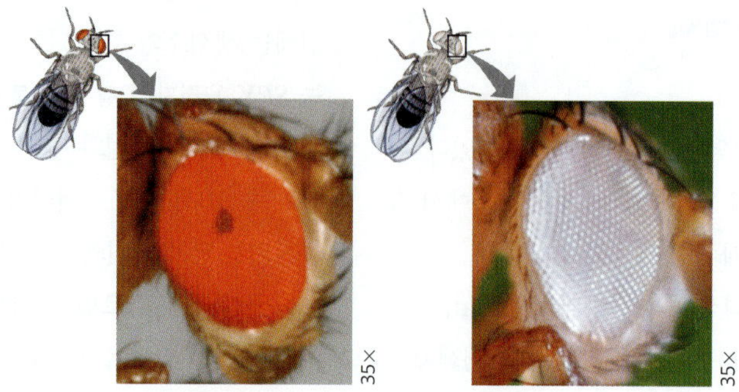

▲ 그림 9.21A 초파리 눈 색깔은 성-연관 유전자에 의해 결정된다.

이 절의 그림은 초파리의 X-연관 열성 형질인 흰 눈에 대한 유전형질 전달방식을 보여준다. 야생형 초파리는 빨간 눈을 가지고 있으며, 흰 눈은 매우 드물다(그림 9.21A). 야생형인 우성 빨간 눈 대립유전자를 대문자 *R*로, 열성 흰 눈 대립유전자는 *r*로 표시한다. 이 대립유전자는 X 염색체에 있기 때문에 X 문자에 위 첨자로 표시한다. 따라서 빨간 눈을 가진 초파리 수컷은 X^RY, 흰 눈을 가진 수컷은 X^rY이다. Y 염색체는 눈 색깔에 대한 유전자좌위가 없기 때문에 수컷의 표현형은 전적으로 단일 X-연관 유전자에 의해 결정된다. 암컷의 경우 X^RX^R 및 X^RX^r 유전자형의 파리는 빨간 눈을 가지고 X^rX^r 파리는 흰 눈을 가진다.

흰 눈을 가진 수컷(X^rY)은 자신의 X^r을 모든 암컷 자손에게 전달하지만 수컷 자손에게는 전달하지 않는다. 왜냐하면 그의 암컷 자손이 암컷이 되기 위해서는 그의 X 염색체를 물려받아야 하지만, 수컷 자손은 그의 Y 염색체를 물려받아야 하기 때문이다.

그림 9.21B에서 보듯이, 암컷 부모가 우성 동형접합체(X^RX^R)이고 수컷 부모가 X^rY인 경우, 모든 자손은 빨간 눈을 가지지만 암컷 자손 모두는 흰 눈 대립유전자(X^RX^r)의 보인자다. 이 자손들인 빨간 눈 암컷(X^RX^r)과 빨간 수컷(X^RY)을 서로 교배하면, 자손들 사이에서 빨간 눈과 흰 눈의 전형적인 3:1 표현형 비율이 나타난다(그림 9.21C). 그러나 반전이 있다. 흰 눈 형질은 수컷에게만 나타난다. 모든 암컷은 붉은 눈을 가지는 반면, 수컷의 절반은 빨간 눈을, 절반은 흰 눈을 가진다. 모든 암컷은 수컷 부모로부터 적어도 하나의 우성 대립유전자를 물려받는데, 그중 절반은 동형접합 우성이고 나머지 절반은 암컷 부모와 같은 이형접합 보인자다. 수컷 중 절반은 어미로부터 열성 대립유전자를 물려받아 흰 눈 표현형을 나타낸다.

흰 눈 대립유전자는 열성이므로 암컷은 두 X 염색체 모두에 해당 대립유전자를 물려받는 경우에만 흰 눈을 갖게 된다. 예를 들어, 이형접합 암컷이 흰 눈을 가진 수컷과 교배하면 성별에 관계없이 모든 자손이 흰 눈을 가질 확률은 50%다(유전자형 X^rX^r 또는 X^rY, 그림 9.21D). 빨간 눈을 가진 암컷 자손은 이형접합체이지만, 빨간 눈을 가진 수컷 자손은 열성 대립유전자를 전혀 가지고 있지 않다.

? 흰 눈을 가진 초파리 암컷이 빨간 눈을 가진 수컷(야생형)과 교배하면 그 자손에서 어떤 결과가 예상되는가?

■ 모든 암컷 자손은 빨간 눈을 갖지만 이형접합(X^RX^r)이고, 모든 수컷 자손은 흰 눈을 가진다(X^rY).

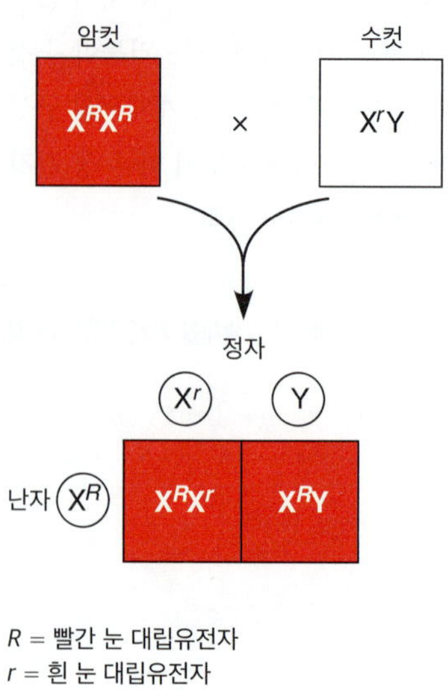

▲ 그림 9.21B 동형접합 빨간 눈 암컷과 흰 눈 수컷의 교배

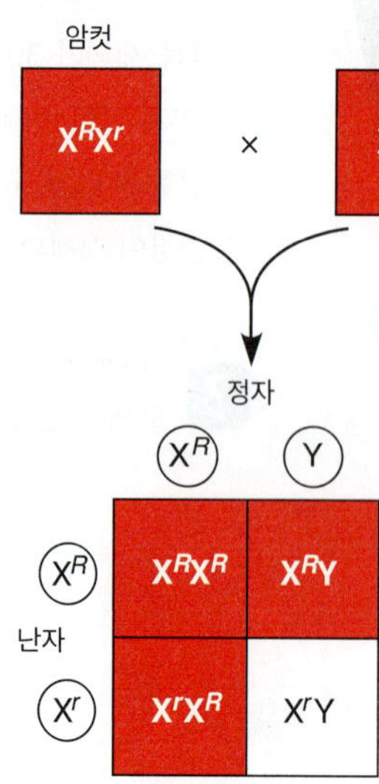

▲ 그림 9.21C 이형접합 암컷과 빨간 눈을 가진 수컷의 교배

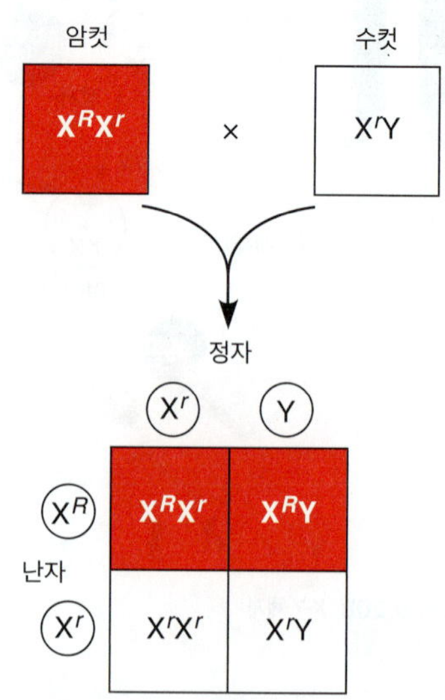

▲ 그림 9.21D 이형접합 암컷과 흰 눈 수컷의 교배

9.22 성염색체 관련 질환은 주로 남성에게서 나타난다

연결 사람에서 자주 나타나는 질환의 형질은 열성 X-연관 형질이다. 남성이 어머니로부터 X-연관 열성 대립유전자를 하나만 물려받더라도 그 대립유전자는 표현된다. 반대로 여성은 부모 각각으로부터 하나씩, 2개의 열성 대립유전자를 물려받아야 형질이 표현된다. 따라서 열성 X-연관 형질은 여성보다 남성에게서 훨씬 더 자주 표현된다.

혈우병은 잘 기록된 역사가 있는 X-연관 열성 질환이다. 혈우병 환자는 혈액 응고에 필요한 하나 이상의 단백질이 부족하기 때문에 부상을 입으면 과다 출혈을 일으킨다. 유럽 왕실은 혈우병 발병률이 높았다. 영국의 빅토리아 여왕(1819~1901)은 혈우병 대립유전자 보인자였다. 그녀는 아들 중 한 명과 딸 중 두 명에게 혈우병을 물려주었다. 이후 빅토리아 여왕의 딸들은 결혼을 통해 프로이센, 러시아, 스페인 가문에 혈우병을 퍼뜨렸다. **그림 9.22**의 가계도는 이러한 왕실 가문의 한 계통을 통해 이 질병의 유전 경로를 보여준다. 그림에서 볼 수 있듯이 알렉산드라는 어머니와 할머니처럼 보인자였고, 알렉시스는 혈우병을 앓았다.

또 다른 X-연관 열성 질환은 뒤센 근위축증(Duchenne muscular dystrophy)으로, 근육의 점진적인 약화와 조정력 상실을 특징으로 하는 질환이다. 첫 증상은 유아기에 나타나며, 아이가 일어서는 데 어려움을 겪기 시작한다. 결국 근육 조직이 심하게 손상되어 휠체어에 의지하게 되며 정상적인 호흡이 어려워진다. 이 질환을 가진 사람은 20대 초반을 넘기는 경우가 드물다. X 염색체에 위치한 근육 단백질을 만드는 유전자의 열성 돌연변이에 의해 이 질환이 발생하는 것으로 밝혀졌다.

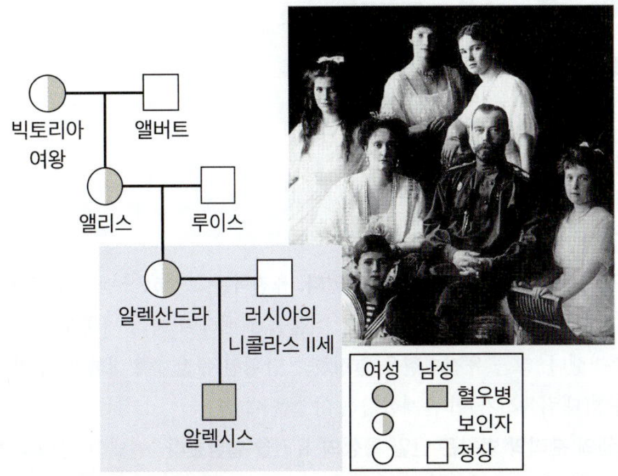

▲ **그림 9.22** 러시아 왕실의 혈우병

시도해 보기 알렉시스는 혈우병이 있었기 때문에 X^h 염색체를 가지고 있었을 것이다. 손가락으로 가계도에서 그의 조상 3세대까지 이 돌연변이 염색체가 어떻게 전달되었는지 추적해 보자.

? 톰과 수는 모두 혈우병이 없지만 첫째 아들은 혈우병이 있다. 이 부부에게 둘째 아이가 있다면 그 아이도 혈우병에 걸릴 확률은 얼마나 될까?

■ $\frac{1}{4}$($\frac{1}{2}$ 남자 아이일 확률 × $\frac{1}{2}$ 돌연변이 X 염색체를 물려받을 확률)

9.23 Y 염색체는 남성 진화의 단서를 제공한다

진화 연관성 우리 유전자는 종종 인류 진화의 증거를 담고 있으며 역사와 문화적 이해에 유용한 정보를 제공한다. 특히 Y 염색체는 드문 돌연변이를 제외하고는 아버지에게서 아들에게 그대로 전달되기 때문에 과거를 추적하는 데 특히 유용할 수 있다. 그러므로 Y 염색체 DNA를 통해 남성의 조상에 대한 정보를 얻을 수 있다.

▲ **그림 9.23** 칭기즈 칸(1162~1227)

2003년 유전학자들은 현재 중앙아시아에 살고 있는 남성의 약 8%가 놀라울 정도로 유전적 유사성을 지닌 Y 염색체를 가지고 있다는 사실을 발견했다. 추가 분석을 통해 이들의 공통된 유전적 유산은 약 1,000년 전에 살았던 한 남성으로 거슬러 올라간다. 역사적 자료와 함께 분석한 결과, 몽골의 통치자 칭기즈 칸(**그림 9.23**)이 약 1,600만 명의 남성 후손에게 그 특정 염색체를 퍼뜨렸을 것이라는 추측이 나왔다.

다른 분석 결과에서도 매우 성공적인 계보가 몇 가지 더 발견되었다. 거의 10%의 아일랜드 남성들은 5세기에 살았던 군주인 아홉 포로의 니얼(Niall of the Nine Hostages)의 후손이었다. 16세기 중국의 통치자 지오창가(Giocangga)는 150만 명의 남성 후손을 두고 있다. 2015년 아시아 남성 5,000명의 Y 염색체를 조사한 한 연구에서는 아직 조상이 누구인지 특정되지 않은 9개의 광범위한 남성 혈통들이 추가로 밝혀졌다.

사람은 진화하고 있는가?

성염색체의 발견과 그 유전형질 전달방식은 유전자가 세대를 걸쳐 전달되는 방식을 이해하는 데 중요한 돌파구를 마련했다. 20세기 전반에는 멘델의 유전 법칙이 재발견되었고, 감수분열 과정에서 염색체의 행동에 비추어 그의 법칙이 재해석되어 유전의 염색체설이 확립되었다. 이러한 연구는 분자유전학 분야의 발전을 위한 토대를 마련했으며, 다음 세 장에서 자세히 알아볼 것이다.

? Y 염색체가 최근 인류 유산을 추적하는 데 특히 유용한 이유는 무엇인가?

■ 아버지로부터 아들에게 직접 전달되어 끊어지지 않는 부계 혈통을 형성하므로 남성의 혈통을 추적하는 데 사용된다.

CHAPTER 9 복습

개념 복습하기

멘델의 법칙(9.1~9.10)

9.1 유전학 연구의 역사는 매우 깊다.

9.2 유전학은 수도원 정원에서 시작되었다. 유전학은 그레고어 멘델의 정량적 실험에서 시작되었다. 멘델은 완두콩 식물을 교배하여 여러 세대에 걸쳐 형질을 추적했다. 그는 유전형질을 결정하는 단위인 유전자에 대한 여러 가지 다른 유형(대립유전자)이 존재한다는 가설을 세웠다.

9.3 멘델의 분리의 법칙은 단일 특성의 유전을 설명한다. 멘델의 분리의 법칙은 배우자 형성 과정 동안 한 쌍의 대립유전자가 각각 분리될 것이라고 예측한다.

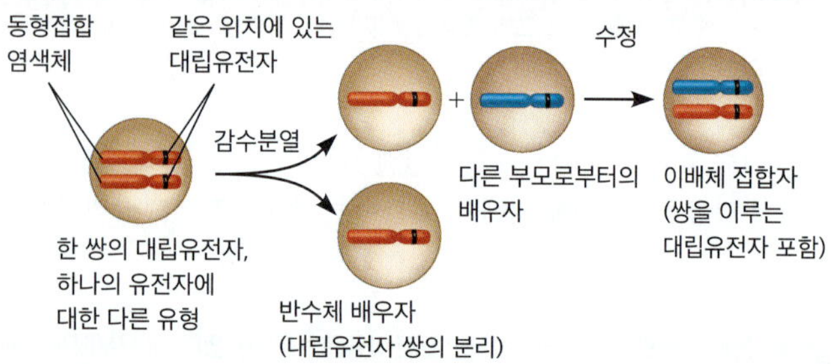

9.4 상동염색체는 각각의 특성을 결정하는 대립유전자를 가지고 있다. 이배체 개체에서 한 유전자의 두 대립유전자가 서로 다를 경우, 우성 대립유전자는 유전형질을 결정하는 반면, 열성 대립유전자는 아무런 영향을 미치지 않는다.

9.5 독립의 법칙은 두 가지 특성을 동시에 추적하여 밝혀졌다. 멘델의 독립의 법칙은 배우자 형성 과정 동안 한 쌍의 대립유전자는 다른 쌍의 대립유전자와 서로 영향을 주지 않고 독립적으로 분리된다고 설명한다.

9.6 검정교배를 사용하여 유전자형을 확인할 수 있다. 유전자형을 알 수 없는 개체와 동형접합 열성 개체 사이의 교배, 즉 검정교배로 얻은 자손을 통해 알려지지 않은 유전자형을 밝힐 수 있다.

9.7 멘델의 법칙은 확률의 원리를 따른다. 곱셈법칙은 2개의 독립적인 사건이 모두 일어날 확률을 계산한다. 덧셈법칙은 여러 다른 방식으로 일어날 수 있는 사건의 확률을 계산한다.

9.8 사람의 유전형질은 가계도를 통해 알 수 있다. 사람의 많은 형질은 멘델의 법칙에 따라 유전된다. 가계도는 개인의 유전자형을 판별하는 데 유용하게 사용될 수 있다.

9.9 사람의 많은 유전형질은 단일 유전자에 의해 조절된다.

9.10 새로운 기술을 통해 개인의 유전적 특성을 알 수 있다. 보인자 검사, 태아 검사, 태아 영상 검사, 신생아 검사를 통해 가족 계획을 위한 정보를 얻을 수 있지만 윤리적 문제를 야기할 수 있다.

멘델 법칙의 확장(9.11~9.15)

9.11 불완전우성으로 중간 표현형이 나타난다. 멘델의 법칙은 모든 유성생식 생물에 적용된다. 그러나 유전자형이 멘델의 법칙이 설명하는 것처럼 단순하게 표현형을 결정하지 않을 때가 많다.

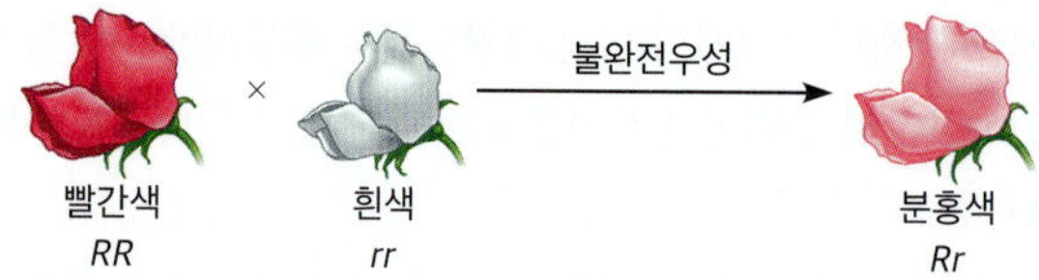

9.12 많은 유전자는 둘 이상의 대립유전자를 가지며 공동우성으로 나타날 수 있다. 예를 들어, 사람의 ABO식 혈액형 표현형은 3개의 대립유전자에 의해 조절되며, 총 4개의 표현형을 만들어낸다.

9.13 하나의 유전자가 여러 표현형에 영향을 줄 수 있다.

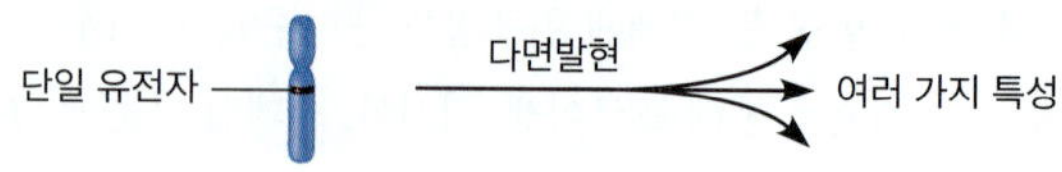

9.14 여러 유전자가 하나의 특성에 영향을 줄 수 있다.

9.15 환경은 많은 특성에 영향을 미친다. 많은 형질은 유전적 요인과 환경적 요인 모두에 의해 정도는 다르지만 영향을 받는다.

유전의 염색체적 원리(9.16~9.19)

9.16 멘델의 법칙은 염색체의 행동으로 설명할 수 있다. 유전자는 염색체에 위치하며, 감수분열과 수정 동안의 염색체 행동이 유전형질 전달방식을 설명한다.

9.17 같은 염색체에 있는 유전자는 함께 유전되는 경향이 있다. 이러한 유전자를 연관유전자라고 하며, 이들은 멘델의 유전형질 전달방식을 따르지 않는다.

9.18 교차는 새로운 대립유전자 조합을 만든다. 연관된 대립유전자가 교차에 의해 분리될 수 있으며, 그 결과 재조합 염색체를 가진 배우자가 만들어진다.

9.19 교차 데이터를 사용하여 유전자지도를 작성한다. 재조합빈도는 염색체에서 유전자의 상대적 위치를 배열하는 데 사용될 수 있다.

성염색체와 성-연관 유전자(9.20~9.23)

9.20 많은 종에서 성은 염색체에 의해 결정된다. 포유류의 경우 수컷은 XY 성염색체를 가지고, 암컷은 XX 성염색체를 가진다. 수컷과 암컷의 생식기관 발생을 촉진하는 유전자들이 밝혀졌으며, 유전자가 성을 결정하는 방식에 대한 우리의 이해는 정보가 늘어남에 따라 변화하고 있다.

9.21 성-연관 유전자는 독특한 유전형질 전달방식을 보인다. X 염색체에는 성과 관련 없는 형질을 조절하는 많은 X-연관 유전자가 존재한다.

9.22 성염색체 관련 질환은 주로 남성에게서 나타난다. 대부분의 X-연관 염색체 질환은 열성 대립유전자로 인한 것이므로 대부분 남성에게서 나타난다. 남성은 어머니로부터 하나의 X-연관 열성 대립유전자를 받으면 그 질환을 갖게 되고, 여성은 양쪽 부모로부터 해당 열성 대립유전자를 모두 받아야 질환이 나타난다.

9.23 Y 염색체는 남성 진화의 단서를 제공한다. Y 염색체는 아버지로부터 아들에게 변형 없이 그대로 전달되기 때문에 최근 인류 진화 역사를 연구하는 데 활용될 수 있다.

개념 연결하기

1. 이 개념지도를 완성하여 유전학의 주요 개념을 복습해 보자.

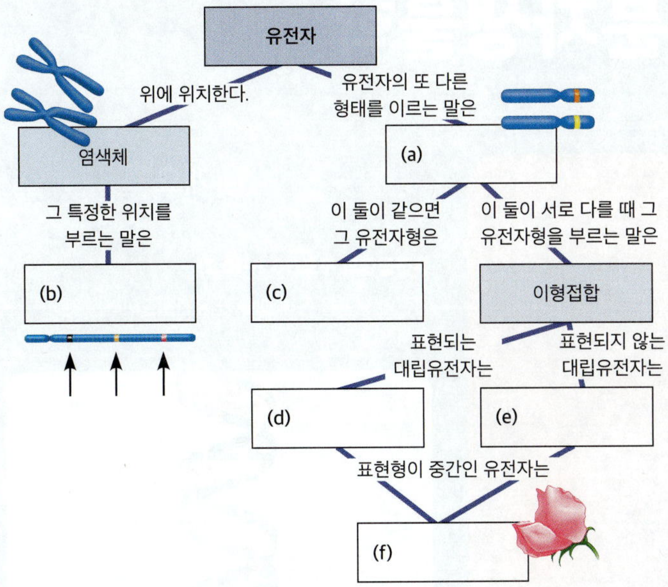

학습 평가하기

1단계 : 지식과 이해력 평가

2. 감수분열 동안 연관유전자의 재조합이 일어나는 과정은 무엇인가?
   a. 제2 감수분열
   b. 체세포분열
   c. 교차
   d. 멘델의 독립의 법칙
3. 두 유전자가 연관되어 있다면, 둘 다
   a. 우성이다.
   b. 같은 염색체에 있다.
   c. 상동염색체에 있다.
   d. 같은 형질에 영향을 준다.
4. 얼룩무늬 눈을 가진 초파리 수컷과 정상 눈을 가진 초파리 암컷을 교배했다. 121마리의 수컷과 126마리의 암컷 자손은 모두 얼룩무늬 눈을 가졌다. 얼룩무늬 눈의 대립유전자는
   a. 상염색체성(상염색체에 존재) 우성
   b. 상염색체성 열성
   c. 성-연관 우성
   d. 성-연관 열성

2단계 : 응용과 분석력 평가

5. 낭포성 섬유증 환자인 여성과 낭포성 섬유증 보인자인 남성 사이에서 태어날 수 있는 자녀의 유전자형은?
   a. 모두 *CFCF*
   b. 모두 *cfcf*
   c. 모두 *CFcf*
   d. *CFcf* 또는 *cfcf*
6. 팀과 잰은 모두 주근깨가 있지만(9.9절 참조), 그들의 아들 마이크는 그렇지 않다. 이것이 어떻게 가능한지 퍼넷사각형으로 설명해 보자. 팀과 잰에게 두 명의 자녀가 더 있다면, 둘 다 주근깨가 있을 확률은 얼마인가?
7. 팀과 잰(문제 6)은 모두 M형 이마선(9.8절 참조)을 가지고 있지만, 마이크는 직선형 이마선을 가지고 있다. 그들의 유전자형은 무엇인가? 팀과 잰의 다음 아이가 주근깨와 직선형 이마선을 가질 확률은 얼마인가?
8. 말의 털 색깔을 결정하는 유전자에서 검은색 털은 *C* 대립유전자에 의해, 흰색 털은 *c* 대립유전자에 의해 나타난다. 불완전우성이 있다면 이형접합체의 털색은 어떻게 될까? 만약 공동우성이면 어떻게 달라질까?
9. 회색 몸과 빨간 눈을 가진 초파리(유전자형 *BbPp*)와 검은 몸과 보라색 눈을 가진 초파리(유전자형 *bbpp*)를 교배시켰다. 몸 색깔과 눈 색깔 유전자가 서로 다른 염색체에 있을 경우(연관되지 않은 경우) 자손은 어떤 비율로 나올까? 실제로 교배를 하면 대부분의 자손은 부모와 비슷하게 생겼지만, 3%는 회색 몸과 보라색 눈을 가지고, 3%는 검은색 몸과 빨간 눈을 가지고 있다. 이 유전자들은 연관되어 있는가? 재조합빈도는 얼마인가?
10. 일련의 교배 실험 결과, 검은 몸 유전자(문제 9)와 덤피(짧아진) 날개를 만드는 유전자 사이의 재조합빈도가 36%임을 알게 되었다. 보라색 눈과 덤피 날개 유전자 사이의 재조합빈도는 41%다. 이 세 유전자는 염색체에 어떤 순서로 배열되어 있는가?
11. 대런은 혈우병 A를 가지고 있다(9.22절 참조). 그의 부모와 세 딸은 모두 표현형이 정상이다. 대런의 부모와 딸들의 유전자형은 무엇인가?

3단계 : 종합평가

12. X-연관 우성 질환은 여성보다 남성에게 더 많이 영향을 미칠 것이라고 예상하는가?
13. 초파리에서는 날개 모양과 몸의 줄무늬에 대한 유전자가 연관되어 있다. 유전자형이 *WwSs*인 파리에서, *W*는 *S*와 연관되고, *w*는 *s*와 연관되어 있다면, 이 파리가 어떻게 네 가지 다른 유전자 조합을 가진 배우자를 생성할 수 있을까? 어느 것이 부모형 배우자인가? 재조합 배우자는 어떤 것인가? 재조합된 유형은 어떻게 만들어지는가?
14. 피부색이 중간인 부부는 네 명의 자녀를 두고 있다. 네 명의 자녀도 모두 피부색이 중간일까? 설명하시오.
15. 헤더는 자신이 적록색맹이라는 것을 알고 놀랐다. 그녀는 생물학 교수에게 말했고, 교수는 "당신 아버지도 색맹이지요?"라고 말했다. 교수는 이 사실을 어떻게 알았을까? 교수는 같은 반의 색맹인 남학생들에게는 이 같은 질문을 하지 않았을까?
16. 1981년 캘리포니아 레이크우드에 사는 한 가정에서 둥글고 뒤로 말려 있는 특이한 모양의 귀를 가진 길고양이 한 마리를 입양했다. 만약 당신이 최초의 그 컬 고양이를 소유하고 있고 순종품종을 개발하기 위해 번식시킨다고 가정해 보자. 컬 유전자가 우성인지 열성인지, 상염색체에 있는지 성-연관 유전자인지를 알아볼 수 있는 실험에 대해 설명하시오. 해당 실험이 확실하다고 생각하는 이유를 설명하시오. 고양이가 순종인지를 확인하기 위한 실험도 설명하시오.
17. **과학적 사고** 베이트슨과 퍼넷이 연관유전자의 존재를 인식하게 된 중요한 계기는 이중 이형접합 스위트피 식물(*PpLl*)을 서로 교배한 후 예상하지 못한 결과가 나타났기 때문이다(9.17절). 털 색깔과 시각장애(*BbNn*)가 모두 이형접합인 래브라도리트리버 그룹이 있다고 상상해 보자. 이 개들을 이용하여 160마리의 강아지를 얻는다면, 유전자가 연관되어 있지 않다는 가정하에 각 표현형의 강아지는 몇 마리씩 나올 것으로 예상할 수 있을까? 유전자가 실제로 연관되어 있다면 결과는 어떻게 달라질까?

CHAPTER 10

유전자의 분자생물학

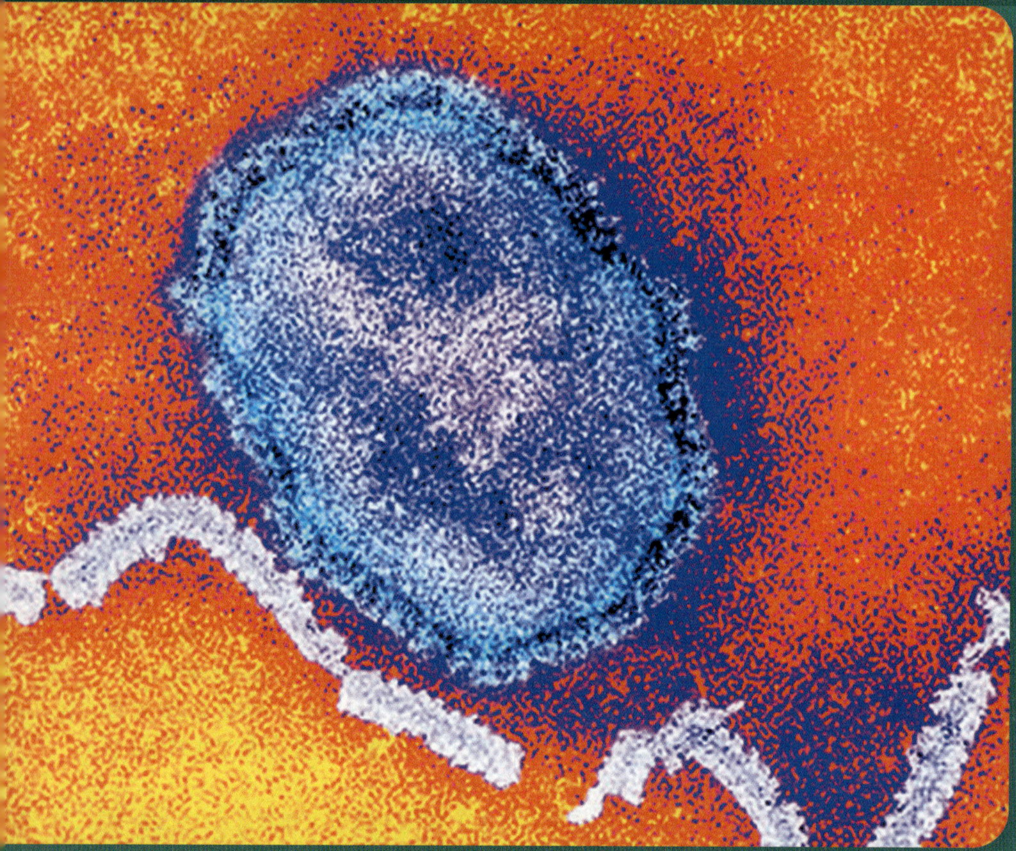

핵심 개요

유전물질의 구조(10.1~10.3)

일련의 실험을 통해 DNA가 유전물질이라는 것이 밝혀졌다.

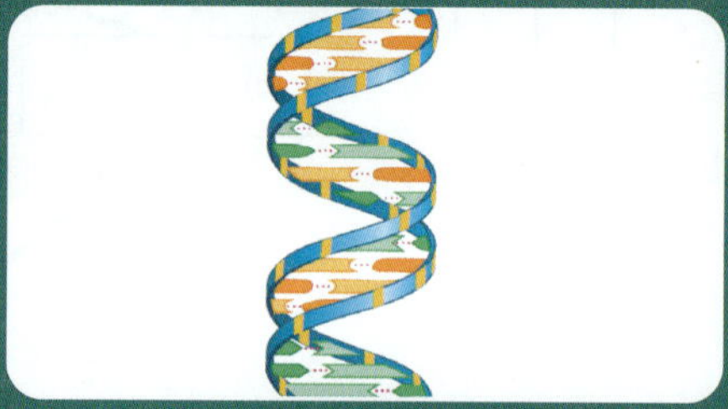

DNA 복제(10.4~10.5)

각각의 DNA 가닥은 새로 합성되는 가닥의 주형으로 역할을 한다.

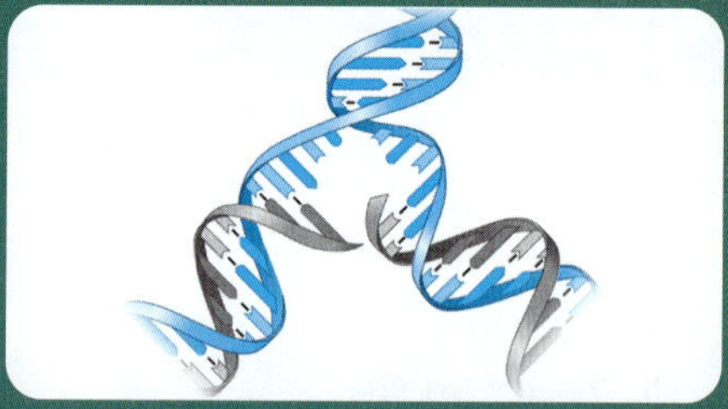

DNA에서 RNA, 단백질로 이어지는 유전정보의 흐름(10.6~10.16)

유전자형은 단백질 합성을 통해 표현형을 결정한다.

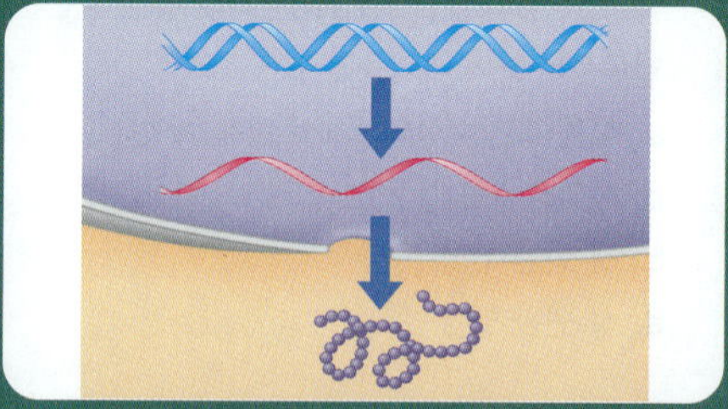

바이러스와 박테리아의 유전학(10.17~10.23)

바이러스와 박테리아는 핵산 연구에 유용한 모델이다.

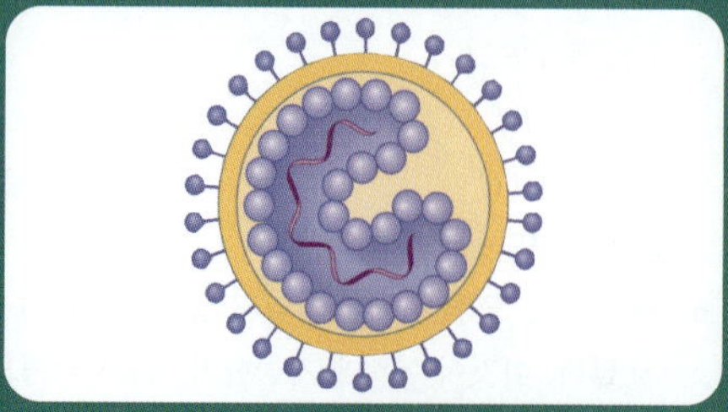

10.0 치명적인 바이러스에 대한 방어는 한 가지 방법밖에 없다

불과 수십 년 전만 해도 홍역으로 인해 전 세계적으로 매년 100만 명 이상이 사망했으며, 그중 상당수가 어린이였다. 2007년에는 광범위한 예방접종으로 인해 미국에서는 연간 50건 이하로 감소했다. 이 백신은 매우 성공적이어서 과학자들은 미국에서 홍역이 사실상 박멸되었다고 믿었다.

이러한 견해는 2014년 '디즈니랜드 홍역사태' 이후 달라졌다. 홍역은 전염성이 강한 바이러스에 의해 발생하며 얼굴에 나타나는 붉은 발진으로 쉽게 알아볼 수 있다. 그러나 감염된 사람은 자각 증상이 나타나기 전 며칠 동안 자신도 모르는 사이에 바이러스를 퍼뜨릴 수 있다. 2014년 홍역사태는 디즈니랜드 방문객 한 명으로부터 시작되었다. 몇 달 안에 디즈니랜드에 있었던 사람들 중 적어도 40명이 홍역에 걸렸으며, 이들을 통해 다른 사람들에게 퍼져 나갔다. 홍역사태가 끝날 무렵까지 총 147명의 감염자가 발생했다. 정부 연구자들은 특정 집단 내의 낮은 예방접종률로 인해 홍역이 실제로 사라지지 않았다는 사실을 알게 되었다.

바이러스를 퇴치하려면 핵산(DNA와 RNA)의 특성과 어떻게 이것이 유전의 기본이 되는 분자로 작용하는지에 대한 자세한 이해가 필요하다. 이 장에서는 DNA의 구조, 복제 방법, DNA가 RNA와 단백질 합성을 지시하여 세포를 조절하는 방법에 대해 살펴본다. 마지막으로 바이러스와 박테리아의 유전학에 대해 논의할 것이다.

유전물질의 구조

10.1 실험을 통해 DNA가 유전물질이라는 것이 밝혀졌다

과학적 사고 오늘날 과학자들은 일상적으로 실험실에서 DNA를 조작하여 세포의 유전형질을 변화시키는 데 사용한다. 하지만 20세기 초만 해도 유전의 분자적 기초는 미스터리였다. 생물학자들은 유전자가 염색체에 위치한다는 것을 알고 있었으므로, 염색체의 두 화학 성분, 즉 DNA와 단백질은 유전물질의 가장 유력한 후보들이었다. 1940년대까지만 해도 단백질이 구조적으로 더 복잡해 보였기 때문에 단백질이 DNA보다 더 유력해 보였다. 단백질은 20가지의 아미노산으로 구성되는 반면, DNA는 단 네 종류의 뉴클레오타이드로 구성된다. 더 복잡한 분자가 유전물질로 작용하는 것은 당연해 보였다. 생물학자들은 박테리아와 박테리아를 감염시키는 바이러스를 이용한 실험을 통해 마침내 유전에 있어서 DNA의 역할을 알게 되었다.

DNA의 유전학적 역할에 대한 발견은 1928년으로 거슬러 올라간다. 영국의 의학자 프레드릭 그리피스(Frederick Griffith)는 폐렴에 대한 백신을 개발하기 위해 박테리아의 두 가지 균주, 즉 무해한 균주와 포유류에게 병을 일으키는 병원성 균주를 연구하고 있었다. 그리피스는 병원성 박테리아를 죽인 뒤 그 잔해를 살아 있는 무해한 박테리아와 섞었을 때, 살아 있는 박테리아 세포 일부가 병원성을 갖게 되는 것을 발견하고 그 결과에 놀랐다. 또한 형질전환된 박테리아의 모든 후손은 새롭게 획득한 질병을 일으키는 능력을 물려받았다. 죽은 박테리아의 일부 화학 성분이 살아 있는 박테리아에 유전적 변화를 일으킨 것이 분명해 보였다.

그리피스의 연구는 유전의 화학적 기초를 밝히기 위한 경쟁의 발판을 마련했다. 1952년 미국의 생물학자 알프레드 허시(Alfred Hershey)와 마사 체이스(Martha Chase)는 매우 설득력 있는 일련의 실험을 통해 사람을 포함한 포유류에서 흔히 발견되는 미생물인 대장균(*Escherichia coli*, *E. coli*)을 감염시키는 T2 바이러스의 유전물질이 DNA라는 사실을 밝혀냈다. 박테리아만을 감염시키는 바이러스를 **박테리오파지(bacteriophage)** 또는 줄여서 **파지(phage)**라고 한다.

허시와 체이스는 파지 T2가 숙주세포를 변화시켜 새로운 파지를 생산할 수 있다는 사실을 알고 있었지만, 바이러스의 어떤 성분이 이러한 능력을 부여하는지 알지 못했다. 당시 파지 T2의 구조는 DNA(그림에서 파란색)와 단백질(금색)의 두 가지 분자로만 구성되어 있다는 사실은 알려져 있었다(**그림 10.1A**). 연구진은 이 사실을 활용하여 파지가 대장균을 감염시킬 때 이 두 가지 중 어느 것이 전달되는지 알아보기 위한 매우 간단한 실험을 고안했다.

허시와 체이스 실험은 과학의 역사에서 반복적으로 나타나는 중요한 점, 즉 실험을 신중하게 설계하고 연구에 적절한 연구 대상을 선택하는 것의 중요성을 보여준다. 멘델의 완두(9.2절)와 모건의 초파리(9.18절)

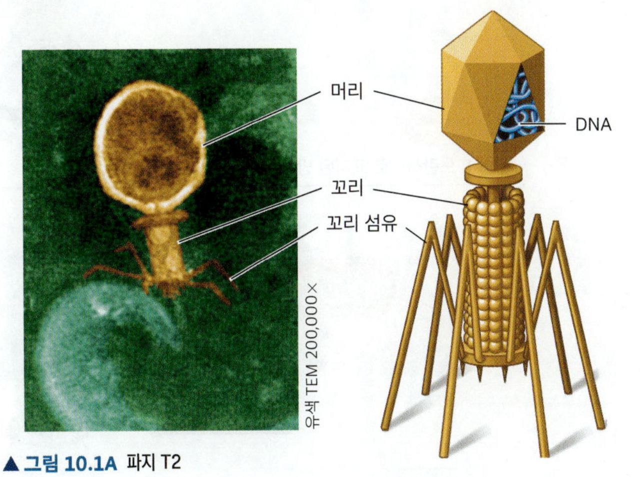

▲ **그림 10.1A** 파지 T2

처럼, 박테리오파지 T2는 단순하지만 결정적인 실험을 가능하게 하는 적절한 특성(이 경우에는 두 가지 요소로만 구성된 단순한 구조)을 가지고 있었다.

우선 허시와 체이스는 방사성 황(S)을 포함한 용액(**그림 10.1B**의 노란색 플라스크)에서 대장균과 함께 파지 T2를 배양했다. 단백질에는 황이 포함되지만 DNA는 황이 없다는 점을 이용했는데, 즉 파지가 만들어질 때 방사성 황 원자는 파지의 단백질에만 결합한다. 연구자들은 방사성 인(P)이 포함된 용액(녹색의 플라스크)에서 대장균과 함께 두 번째 파지를 배양했다. 거의 모든 파지의 인 성분은 DNA에만 있기 때문에 이렇게 하면 파지 DNA만 표지할 수 있다.

서로 다른 두 종류의 동위원소로 표지된 T2 배양액을 준비한 허시와 체이스는 그림 10.1B에 제시된 실험을 수행할 수 있었다. 그들은 2개의 파지 T2 배양액을 각 비방사성 박테리아에 감염시켰다. 감염이 시작된 직후, 그들은 일반 믹서로 배양액을 혼합하고 그런 다음 혼합물을 튜브에 담아 원심분리기를 돌려 분리했다. 원심분리 결과, 박테리아 세포는 원심분리기 튜브 바닥에 침전되어 가라앉았고, 파지와 파지 조각은 더 가볍기 때문에 액체 속에 남아 있었다. 그런 다음 가라앉은 박테리아 침전과 파지가 있는 상층액을 나누어 각각의 방사능을 측정했다.

허시와 체이스는 단백질이 방사성 동위원소로 표지된 파지 T2로 박테리아를 감염시킨 경우(실험 1), 방사능은 주로 박테리아가 아닌 파지가 들어 있는 원심분리기 튜브의 액체 부분에 남았다는 사실을 발견했다. 이 결과는 파지 단백질이 박테리아 세포 안으로 들어가지 않았음을 시사한다. 하지만 방사성 인으로 표지된 DNA를 가진 파지로 박테리아를 감염시킨 경우(실험 2), 방사능의 대부분은 박테리아 세포의 침전물에서만 확인되었다. 더욱이, 이 박테리아를 새로운 액체 배지로 다시 옮겼을 때, 파지의 증식으로 세포가 터지면서 DNA 안에 방사성 인을 포

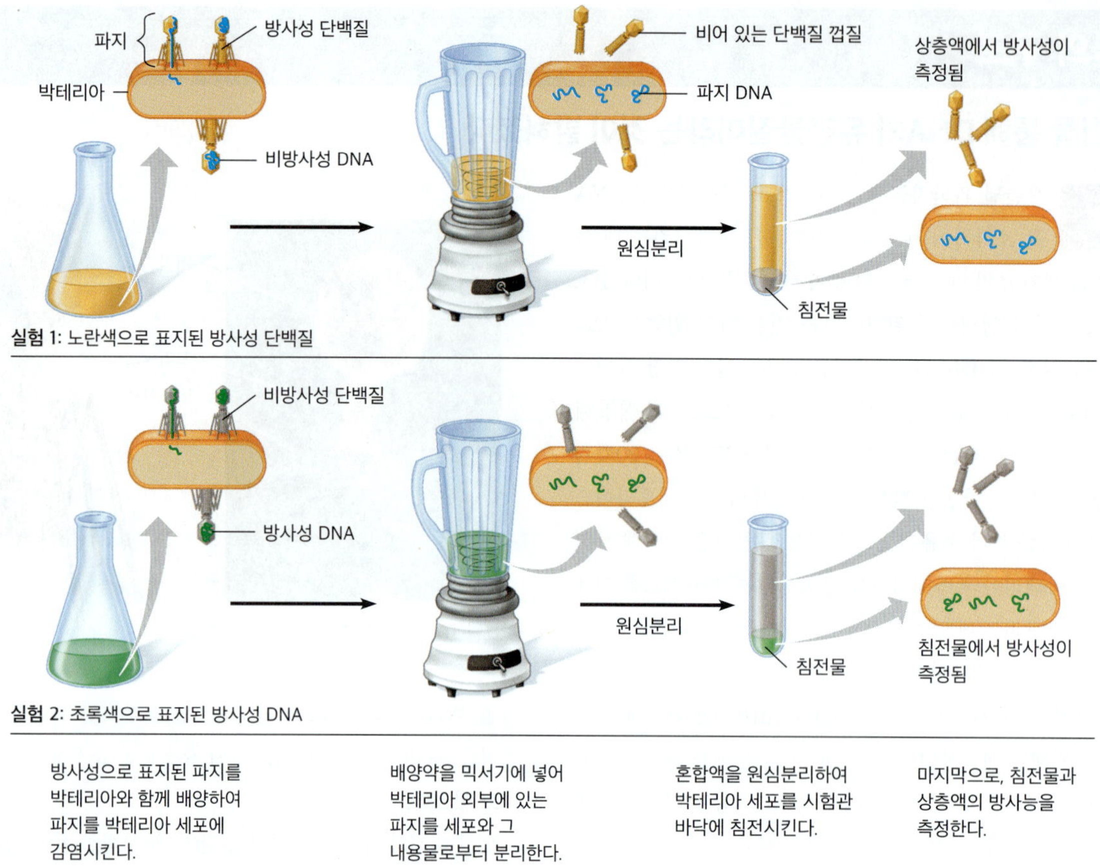

▲ **그림 10.1B** 허시-체이스 실험

함한 새로운 파지들이 방출되었다.

그림 10.1C는 파지 T2의 복제 주기에 대한 현재까지의 이해를 개략적으로 보여준다. ❶ 바이러스가 숙주 박테리아 세포에 부착한 후, ❷ 바이러스는 숙주세포 안으로 자신의 DNA를 주입한다. 거의 모든 바이러스 단백질(노란색)은 박테리아 외부에 남는다(그림 10.1B의 실험 1에서 방사성 단백질이 숙주세포 안에서 발견되지 않은 이유다). 일단 주입된 바이러스 DNA는 박테리아 세포가 ❸ 새로운 파지 단백질과 DNA 분자, 즉 완전한 새로운 파지를 생성하게 하고, 곧 ❹ 세포가 터지면서 새로 생성된 파지를 방출하게 한다. 그런 다음 이 파지는 다른 숙주 박테리아 세포를 감염시킬 수 있다. 허시와 체이스가 발견한 것처럼 파지를 만드는 유전정보를 담고 있는 것은 바로 바이러스 DNA다.

DNA가 유전물질임이 증명된 이후, 그 구조를 이해하는 것은 생물학에서 가장 중요한 과제가 되었다. 다음 두 절에서는 DNA의 구조를 살펴보고 어떻게 발견되었는지 알아볼 것이다.

? 파지 T2와 같은 바이러스의 어떤 구조적 특징이 허시-체이스 실험에 가장 유용했을까?

■ 파지 T2는 DNA와 단백질이라는 두 가지 성분으로만 구성된 매우 단순한 구조를 가지고 있어 어떤 성분이 유전물질로 작용했는지 쉽게 식별할 수 있다.

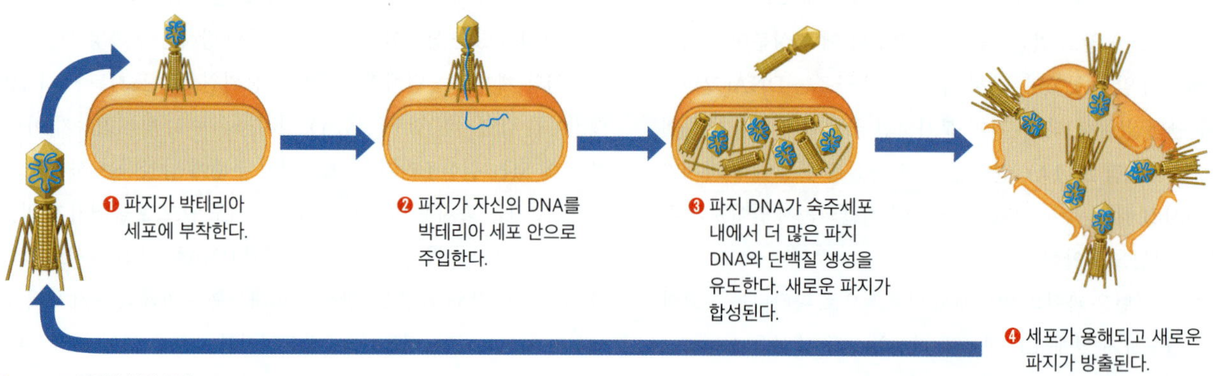

▲ **그림 10.1C** 파지의 복제 주기

10.2 DNA와 RNA는 뉴클레오타이드의 중합체다

생물학자들은 DNA가 유전물질이라는 사실을 확인한 후, 그 구조에 대해 연구하기 시작했다. DNA와 RNA는 핵산으로, **뉴클레오타이드(nucleotide)**라는 화학적 단량체(monomers)가 연결되어 긴 사슬(polymers, 중합체)을 이루는 구조를 가지고 있다(3.15절 참조). **그림 10.2A**는 같은 DNA 분자의 여러 부분을 네 가지 방식으로 보여준다. 왼쪽 위는 DNA 이중나선 구조의 모습이다. 가운데는 DNA **폴리뉴클레오타이드[polynucleotide**, 뉴클레오티드 중합체(사슬)]를 두 가지 방향에서 보여주기 위해 한 가닥씩 펼친 모습이다. 맨 오른쪽은 사슬에서 하나의 뉴클레오타이드를 확대한 모습이다. 각 DNA 뉴클레오타이드는 아데닌(A), 사이토신(C), 구아닌(G) 또는 타이민(T)과 같은 서로 다른 질소 염기를 가지고 있다. 뉴클레오타이드는 폴리뉴클레오타이드 내에서 어떤 순서로든 나타날 수 있으며, 폴리뉴클레오타이드는 매우 길게 합성될 수 있기 때문에 조합 가능한 폴리뉴클레오타이드의 수는 엄청나게 많다. 이 그림에 표시된 사슬은 ACTGG 서열을 가지며, 이는 DNA를 이루는 네 종류의 뉴클레오타이드들이 만들 수 있는 많은 배열 중 하나일 뿐이다.

폴리뉴클레오타이드를 더 자세히 살펴보면, 그림 10.2A의 가운데 그림처럼 각 뉴클레오타이드는 질소 염기(DNA : A, C, T, G), 당(파란색), 인산기(노란색)의 세 가지 성분으로 구성되어 있음을 알 수 있다. 뉴클레오타이드는 한 뉴클레오타이드의 당과 다음 뉴클레오타이드의 인산이 공유결합으로 서로 결합하여 당-인산-당-인산의 반복 패턴으로 **당-인산 골격(sugar-phosphate backbone)**을 형성한다. 질소 염기는 마치 뼈대에서 뻗어 나온 갈비뼈처럼 배열되어 있다.

뉴클레오타이드 하나를 더 자세히 살펴보면(그림 10.2A의 오른쪽) 세 가지 구성요소의 화학적 구조를 알 수 있다. 인산기는 중앙에 인 원자(P)가 있고 4개의 산소 원자로 둘러싸여 있다. 당은 그림에서 빨간색 글자로 표시된 5개의 탄소 원자로 이루어져 있는데, 4개는 고리 구조를 이루며 하나는 고리 위로 뻗어 있다. 고리 구조에는 또한 산소 원자(O)가 포함되어 있다. 이 당을 디옥시리보오스(deoxyribose)라고 부르는데, 이는 리보스 당과 비교하여 산소 원자가 없기 때문이다(그림 10.2C 참조). 리보스에는 고리 오른쪽 아래에 있는 탄소 원자(C)에 수산기(OH)가 있는 반면, 디옥시리보스는 수산기가 아닌 수소 원자(H)와만 결합되어 있다. 따라서 DNA는 RNA에 비해 '산소가 없는'이라는 뜻의 '디옥시(deoxy)'에서 명명되었다. DNA의 정식 명칭은 **디옥시리보**

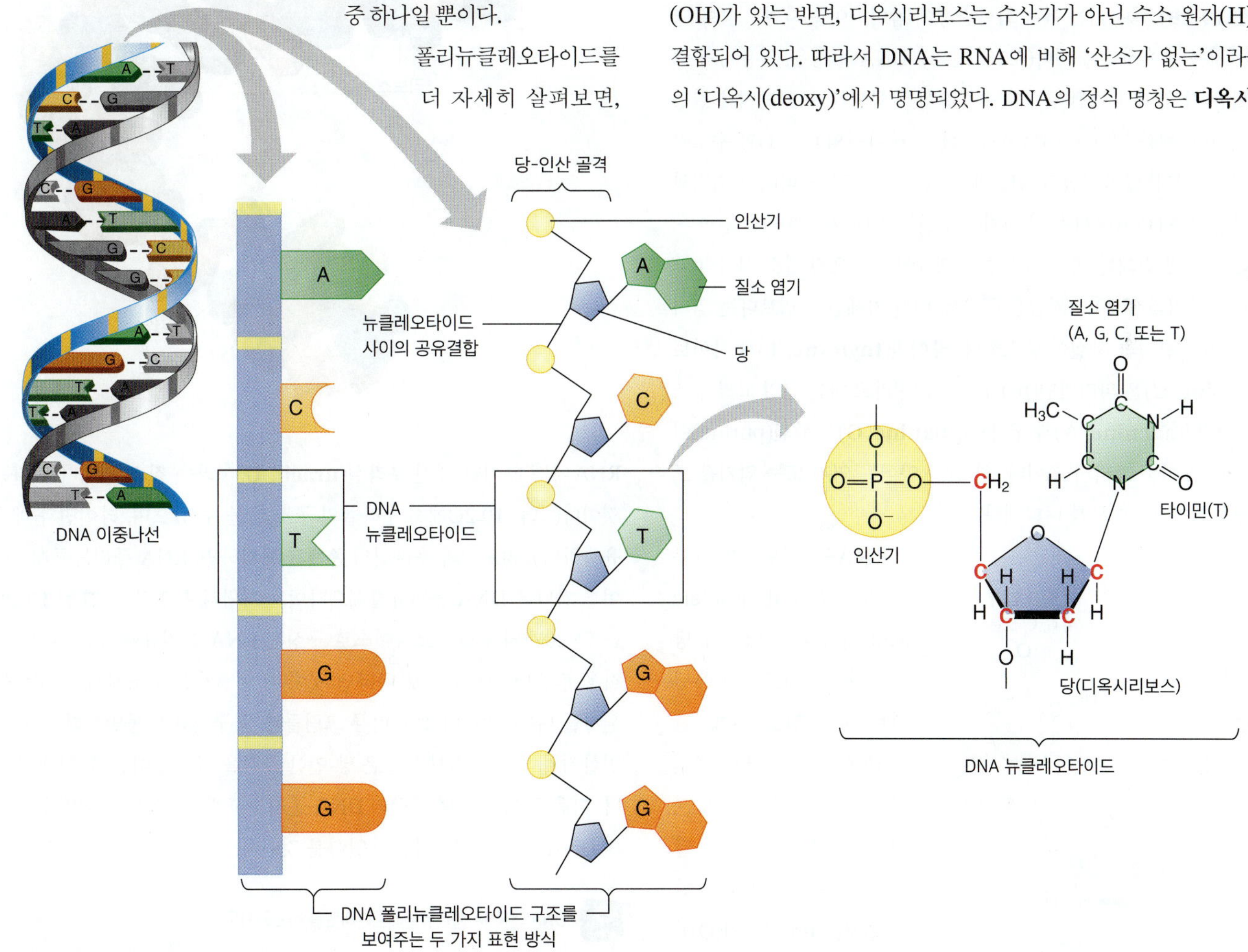

▲ **그림 10.2A** DNA 구조 분석

시도해 보기 이 네 가지 그림에서 뉴클레오타이드의 각 부분인 당, 인산, 염기를 손가락으로 따라가 보시오.

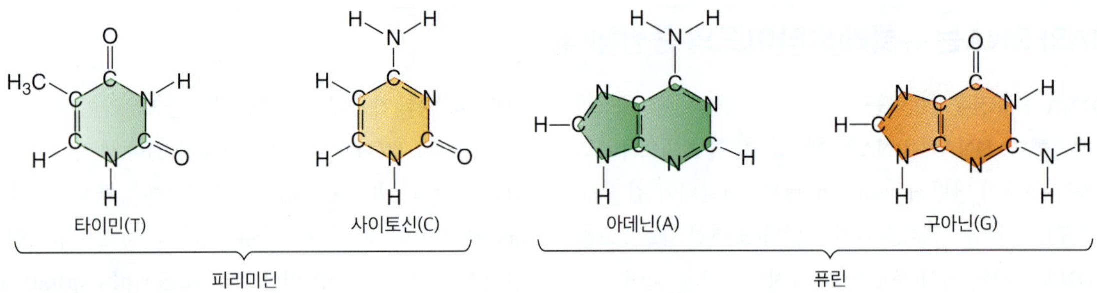

▲ **그림 10.2B** DNA의 질소 염기

핵산(deoxyribonucleic acid)이다. 디옥시리보는 DNA를 구성하는 형태를 의미하고, 핵(nucleic)은 DNA가 진핵생물의 핵(nuclei)에 있기 때문에, 산(acid)은 인산기가 수소 원자를 방출한 후 음전하를 띤 이온화된 형태로 존재하기 때문에 붙여진 이름이다.

모든 뉴클레오타이드는 질소 염기를 포함한다(그림 10.2A의 오른쪽에는 타이민을 보여준다). 산성인 인산기와는 달리 질소 염기는 염기성이며 이 때문에 그러한 이름이 붙여졌다. 각 염기는 다양한 작용기가 부착된 질소와 탄소 원자로 구성된 1개 또는 2개의 고리 구조를 가지고 있다(**그림 10.2B**). 작용기는 특정 화학반응에 참여하여 분자의 기능에 영향을 미치는 화학적 그룹이다(3.2절 참조). DNA의 경우, 작용기의 주요 역할은 각 염기가 어떤 염기와 수소결합을 형성할 수 있는지를 결정하는 것이다. 예를 들어, 사이토신의 NH_2는 구아닌의 C＝O와 수소결합을 할 수 있지만, 아데닌의 NH_2와는 결합할 수 없다. 따라서 염기의 화학 작용기는 DNA에서 특정 염기쌍을 만드는 데 중요한 역할을 한다.

DNA에서 발견되는 네 가지 뉴클레오타이드는 오직 질소 염기의 구조에서만 차이를 보인다. 지금은 구조에 대한 자세한 설명보다는 염기가 두 가지 종류라는 사실이 중요하다. **타이민(thymine, T)**과 **사이토신(cytosine, C)**은 피리미딘(pyrimidine)이라고 하는 단일 고리 구조이고, **아데닌(adenine, A)**과 **구아닌(guanine, G)**은 퓨린(purine)이라고 불리는 이중 고리 구조이다. 한 글자 약어는 염기 또는 염기를 포함하는 뉴클레오타이드를 나타낸다.

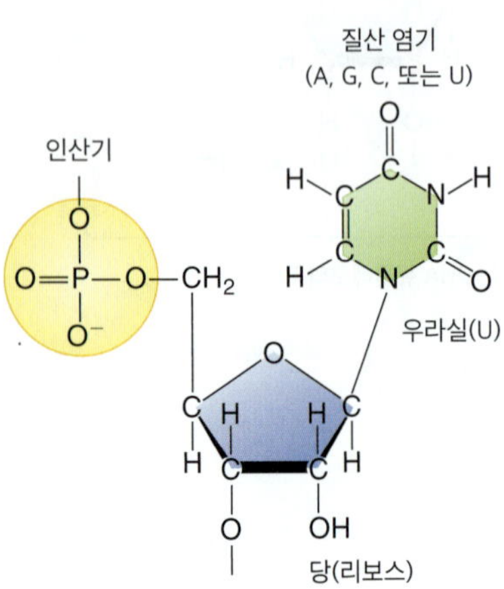

▲ **그림 10.2C** RNA 뉴클레오타이드

RNA는 어떤가? 이름인 리보핵산(ribonucleic acid)에서 알 수 있듯이, 당은 디옥시리보오스가 아닌 리보스다(**그림 10.2C**).

RNA 뉴클레오타이드의 리보스를 자세히 살펴보면, 디옥시리보오스와 달리 당 고리 오른쪽 아래 있는 탄소 원자(C)에 수산기(OH)가 결합되어 있다. RNA와 DNA의 또 다른 차이점은

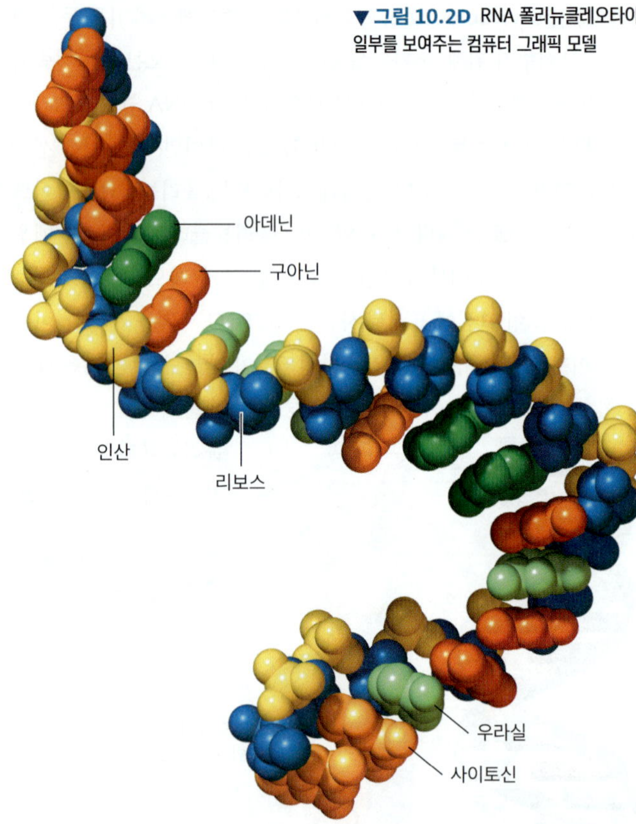

▼ **그림 10.2D** RNA 폴리뉴클레오타이드의 일부를 보여주는 컴퓨터 그래픽 모델

RNA에는 타이민 대신 **우라실(uracil, U)**이라는 질소 염기가 있다는 것이다(그림 10.2C에서 우라실의 구조를 볼 수 있으며, 타이민과 매우 유사하다). 리보스와 우라실의 존재를 제외하면, RNA 폴리뉴클레오타이드 가닥은 DNA 폴리뉴클레오타이드 가닥과 동일하다. **그림 10.2D**는 약 20개의 뉴클레오타이드로 구성된 RNA 폴리뉴클레오타이드 조각을 컴퓨터 그래픽으로 나타낸 것이다. 이 3차원 구조에서 각 구체는 원자를 나타내며, 이 절의 다른 그림들과 색 구성표가 동일하다. 노란색 인산기와 파란색 리보스 당은 당-인산 골격을 쉽게 알아볼 수 있게 해준다. 다음 절에서는 두 가닥의 DNA 폴리뉴클레오타이드가 어떻게 하나의 DNA 분자를 형성하는지 알아볼 것이다.

? DNA와 RNA 폴리뉴클레오타이드를 비교하시오.

■ 둘 모두 당, 질소 염기, 인산으로 구성된 뉴클레오타이드의 중합체다. RNA에서 당은 리보스이고, DNA에서는 디옥시리보오스다. RNA와 DNA는 모두 염기 A, G, C를 가지고 있지만, DNA에는 염기 T가 있고 RNA에는 염기 U가 있다.

10.3 DNA는 이중나선 구조다

1952년 허시-체이스 실험으로 DNA가 유전정보를 저장하는 물질로 확정된 후, 이 DNA 분자 구조가 유전 과정에서 어떤 역할을 하는지 밝히려는 연구가 활발해졌다. 당시 핵산 중합체의 공유결합 배열이 이미 잘 확립되어 있었기 때문에, 연구자들은 DNA의 3차원 구조를 밝히는 데 집중했다. 이 연구에서 가장 먼저 결과를 낸 두 사람은 당시에는 비교적 무명이었던 두 과학자, 미국인 제임스 왓슨(James D. Watson)과 영국인 프랜시스 크릭(Francis Crick)이었다.

DNA 구조의 비밀을 밝혀낸 이들의 협력은 갓 박사학위를 받은 23세의 왓슨이 영국 런던 케임브리지 대학으로 간 직후부터 시작되었다. 그곳에서 경력이 많은 크릭은 X선 결정학이라는 기술로 단백질 구조를 연구하고 있었다. 런던 킹스칼리지의 모리스 윌킨스(Maurice Wilkins)의 실험실을 방문한 왓슨은 윌킨스의 동료인 로잘린드 프랭클린(Rosalind Franklin)이 만든 DNA의 X선 이미지를 보게 되었다(**그림 10.3A**). 왓슨은 이 이미지를 면밀히 연구한 결과, DNA의 기본 모양이 균일한 지름을 가진 나선형이며, 질소 염기가 마치 접시를 쌓아놓은 것처럼 서로 겹쳐져 있다는 것을 추론할 수 있었다. 나선의 두께로 보아 2개의 폴리뉴클레오타이드 가닥으로 **이중나선(double helix)**을 이루고 있는 것으로 추정했다. 그렇다면 이중나선에서 뉴클레오타이드들은 어떻게 배열되어 있었을까?

▲ **그림 10.3A** 로잘린드 프랭클린과 그녀의 DNA X선 이미지

왓슨과 크릭은 프랭클린의 데이터와 당시 알려진 DNA의 화학적 지식을 바탕으로 이중나선의 철사 모형을 제작하기 시작했다(**그림 10.3B**). 그들은 프랭클린이 당-인산 골격이 이중나선 바깥쪽에 위치해야 하며, 질소 염기는 안쪽으로 향해야 한다고 결론 내렸다는 것을 알고 있었다. 하지만 이중나선 안쪽에서 염기들은 어떻게 배열되어 있었을까?

처음에 왓슨과 크릭은 염기들이 A와 A, C와 C처럼 같은 종류끼리 짝을 이룬다고 상상했지만, 이런 종류의 염기쌍은 DNA 분자의 지름이 균일하다는 X선 데이터와 맞지 않았다. 2개의 이중 고리 염기로 이루어진 A-A 쌍은 2개의 단일 고리 염기로 이루어진 C-C 쌍보다 폭이 거의 두 배나 넓을 것이다. 균일한 두께의 분자를 만들기 위해서는 한 가닥의 이중 고리 염기(퓨린)가 항상 반대편 가닥의 단일 고리 염기(피리미딘)와 짝을 이루어야 한다는 사실이 곧 분명해졌다. 수많은 시행착오 끝에, 왓슨과 크릭은 염기의 화학 구조가 염기쌍 형성을 더 정확하게 만든다는 것을 깨달았다. 앞서 언급했듯이, 각 염기는 특정한 하나의 염기와만 최적의 수소결합을 형성할 수 있는 작용기를 가지고 있다(수소결합에 대한 복습은 2.8절 참조). 아데닌은 타이민과만, 구아닌은 사이토신과만 수소결합을 형성할 수 있다. 생물학에서는 간단하게, A는 T와 결합하고, G는 C와 결합한다고 하며, A는 T와 '상보적(complementary)'이고 G는 C와 상보적이라고 한다.

왓슨과 크릭이 제시한 염기쌍 결합 모델은 DNA의 물리적 속성과 화학적 결합에 대해 알려진 것과 일치했으며, 또한 그로부터 몇 년 전 미국 생화학자 어윈 샤가프(Erwin Chargaff)가 얻은 일부 데이터까지 설명할 수 있었다. 샤가프는 한 종의 DNA에서 아데닌의 양이 타이민의 양과 같고 구아닌의 양이 사이토신의 양과 같다는 것을 발견했다. 샤가프의 법칙이라고 불리는 이 법칙은 DNA의 폴리뉴클레오타이드 사슬 중 하나의 A는 항상 다른 폴리뉴클레오타이드 사슬의 T에만 결합하고, 한 사슬의 G는 다른 사슬의 C에만 결합한다고 설명한다.

왓슨과 크릭이 제안한 DNA 이중나선모델은 나무 계단 발판이 있는 밧줄 사다리가 나선형으로 꼬여 있는 것으로 상상할 수 있다(**그림 10.3C**). 밧줄은 당-인산 골격을 나타내고, 발판은 수소결합으로 결합된 하나의 질소 염기쌍을 나타낸다.

그림 10.3D는 이중나선 구조를 보여주는 세 가지 그림이다. 왼쪽의 리본 모양의 그림에서 염기 기호의 모양은 염기와 염기 사이의 상보성을 보여준다. 각 염기는 다른 종류의 염기 하나와만 결합한다는 것을 알 수 있다. 그림의 가운데는 4개의 염기쌍을 원자 수준으로 보여주는데, 나선은 풀려 있고 점선으로 수소결합이 표시되어 있다. C-G 염기쌍은

▲ **그림 10.3B** 1953년, 왓슨과 크릭의 DNA 이중나선 모형

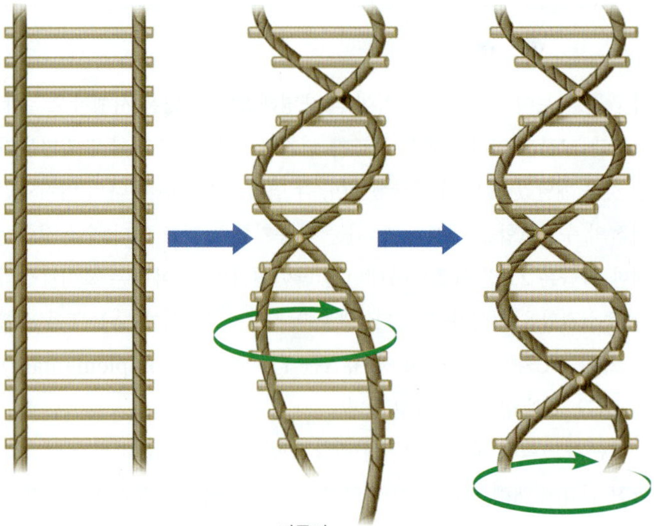

▲ **그림 10.3C** 줄사다리로 비유한 이중나선 모형

3개의 수소결합을 형성하는 작용기를 가지고 있는 반면, A-T 염기쌍은 2개의 수소결합을 형성하는 작용기를 가지고 있음을 알 수 있다. 이중나선의 두 가닥의 당-인산 골격이 서로 반대 방향으로 향하고 있는 것을 볼 수 있다. (두 가닥의 당이 서로 거꾸로 되어 있는 것을 볼 수 있다.) 그림의 오른쪽은 이중나선의 일부 원자를 보여주는 컴퓨터 그래픽이다. (디옥시리보오스 당을 구성하는 원자는 파란색, 인산기는 노란색, 질소기는 녹색과 주황색 음영으로 표시되어 있다. 이 색상 표기법은 이 장 전체에서 볼 수 있다.)

왓슨-크릭 염기쌍 규칙은 이중나선 구조의 질소 염기들이 결합하는 가능한 조합을 규정하지만, DNA 가닥 전체의 뉴클레오타이드의 염기 순서에는 제한을 두지 않는다. 실제로 가능한 염기서열은 무수히 다양할 수 있으며, 각 유전자는 고유한 뉴클레오타이드, 즉 염기서열을 가지고 있다.

1953년 4월, 왓슨과 크릭은 영국 과학 저널 《네이처(*Nature*)》지에 DNA의 분자 모델을 설명하는 간결한 논문을 발표하여 과학계를 뒤흔들었다. 1962년 왓슨, 크릭, 윌킨스는 이 연구로 노벨상을 수상했다. (안타깝게도 로잘린드 프랭클린은 1958년 38세의 나이에 다발성 암으로 사망하여 수상 자격이 없었고, 일각에서는 그녀의 X선 방사선 연구가 병의 원인이었을 것이라고 의심하고 있다.) A-T와 C-G 염기쌍을 가진 이중나선 구조의 발견은 생물학 역사상 몇 안 되는 중요한 이정표로서 매우 광범위한 영향을 주었다.

왓슨-크릭 모델은 유전자와 염색체라는 개념, 그리고 유전의 염색체설에 새로운 의미를 부여했다(9.16절 참조). 완전한 DNA 구조를 통해 염색체의 유전정보가 DNA 분자의 뉴클레오타이드 서열에 암호화되어 있다는 것을 알 수 있다. 왓슨-크릭 모델의 뛰어난 점은 DNA 구조 자체가 유전이 어떻게 일어나는지에 대한 분자적 설명을 제시한다는 점이며, 이는 다음 절에서 살펴볼 것이다.

? DNA에서 (a) 인접한 뉴클레오타이드 사이와 (b) 상보적 염기 사이에 형성되는 결합의 유형은 무엇인가?

■ (a) 공유결합, (b) 수소결합

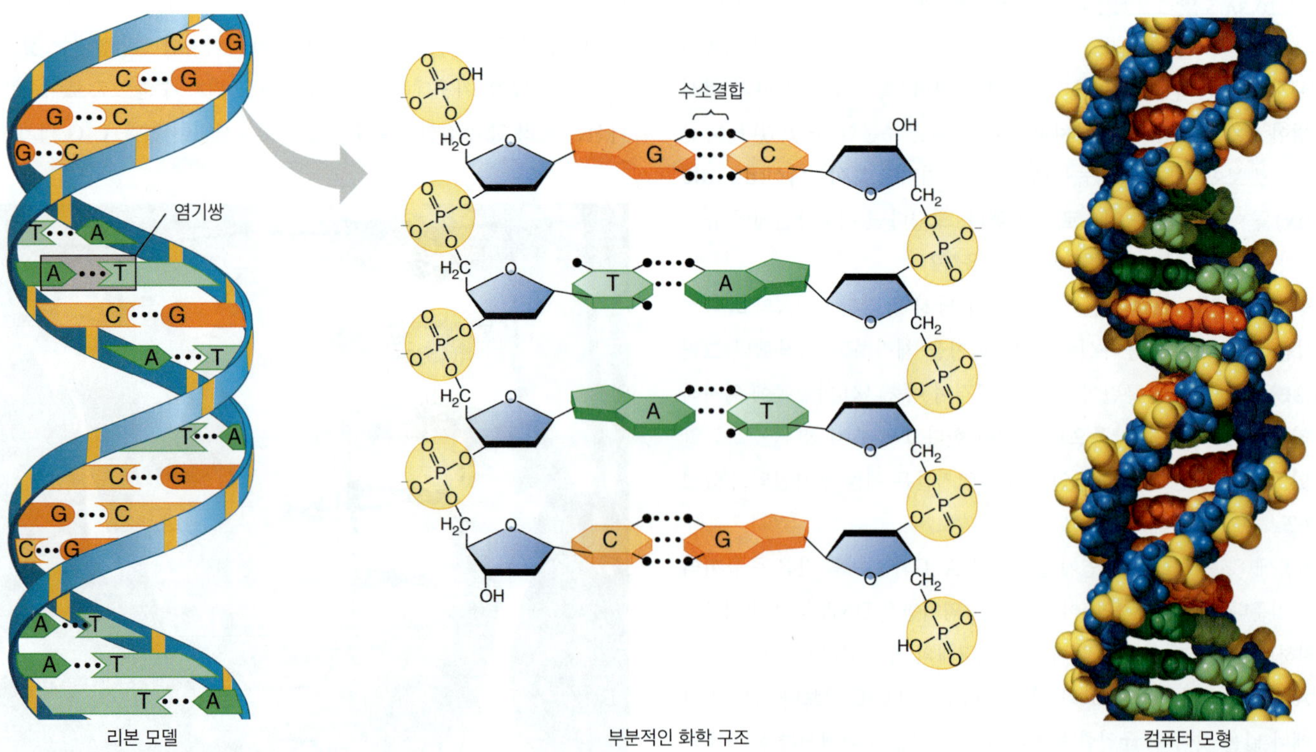

▲ **그림 10.3D** DNA 구조를 나타내는 세 가지 유형

DNA 복제

10.4 DNA 복제는 염기쌍의 상보적인 결합을 기초로 한다

▶ **그림 10.4B** DNA의 꼬임 풀기와 복제

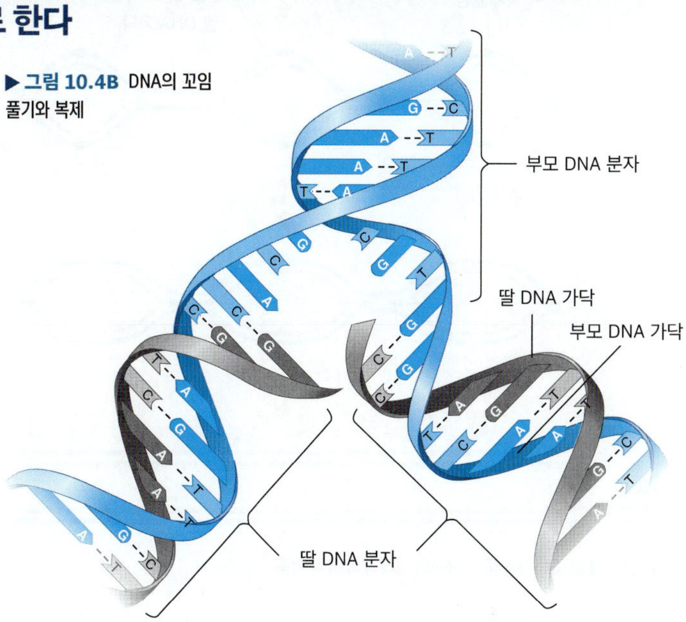

DNA의 주요 기능은 유전정보를 암호화하고 저장하는 것으로, 유전이 분자 수준에서 어떻게 일어나는지를 보여준다. 유전자는 세포분열 시 한 세포에서 다음 세포로, 그리고 생식 과정에 한 세대에서 다음 세대로 전달된다(8.3절 참조). DNA는 그 독특한 구조 덕분에 이러한 정보를 저장하는 역할을 잘 수행할 수 있다. 따라서 생물학의 가장 중요한 주제 중 하나인 **구조와 기능**의 관계가 이중나선에서 분명하게 드러난다.

왓슨과 크릭은 상보적인 염기들의 특정한 결합이 DNA 복제를 가능하게 한다고 제안했다. **그림 10.4A**에서 부모 DNA 분자에서 한 가닥을 손으로 가려보면 이를 확인할 수 있다. 가려진 가닥의 염기서열은 가려지지 않은 가닥에서 보여지는 염기쌍 결합 규칙(즉 A는 T와, G는 C와 결합)을 적용하여 알아낼 수 있다.

왓슨과 크릭은 세포가 세포주기의 각 단계에서 유전자를 복제할 때 동일한 규칙을 적용한다고 예측했다. 그림 10.4A에서 볼 수 있듯이, 부모 DNA의 두 가닥(파란색)이 분리된다. 각 가닥은 핵 내에서 사용 가능한 뉴클레오타이드(회색)를 이용하여 상보적인 새로운 가닥을 만들 수 있는 주형이 된다. 염기쌍 결합 규칙에 따라 뉴클레오타이드는 주형 가닥을 따라 하나씩 순서대로 배열된다. 효소는 뉴클레오타이드들을 연결하여 새로운 DNA 가닥을 형성한다. 완성된 새로운 DNA 분자는 부모 DNA와 동일하며 딸 DNA라고 불린다(성별을 의미하는 것이 아님).

왓슨과 크릭의 모델에 따르면 이중나선이 복제될 때, 2개의 딸 DNA 분자는 각각 부모 분자로부터 온 오래된 가닥 하나와 새로 생성된 가닥 하나를 갖게 된다. 이러한 DNA 복제 모델은 **반보존적 복제 모델(semiconservative model)**이라고 알려져 있는데, 이는 부모 분자의 절반이 각 딸 DNA 분자에 유지(보존)되기 때문이다.

일반적인 DNA 복제 메커니즘은 개념적으로 단순하지만, 실제 과정은 12개 이상의 효소와 또 다른 단백질들의 조정을 필요로 하는 복잡한 과정이다. 복제 과정에서 나선형 DNA 분자가 풀려야 하고 2개의 새로운 가닥이 거의 동시에 만들어져야 하기 때문에 이런 일부 복잡성이 발생한다(**그림 10.4B**). 또 다른 과제는 복제 과정의 속도다. 약 460만 개의 DNA 염기쌍을 가진 대장균은 1시간 이내에 전체 유전체(genome)를 복제할 수 있다. 46개의 염색체에 60억 개 이상의 염기쌍을 가진 사람의 세포는 복제 시간이 불과 몇 시간밖에 걸리지 않는다. 이러한 속도에도 불구하고 이 과정은 놀라울 정도로 정확하며, 일반적으로 수십억 개의 뉴클레오타이드 중 1개 정도로 오류가 발생한다. 다음 절에서는 DNA 복제 메커니즘에 대해 자세히 알아볼 것이다.

? 어떻게 상보적 염기쌍의 형성이 DNA 복제를 가능하게 할까?

■ 이중나선의 두 가닥이 분리될 때, 핵 내의 뉴클레오타이드는 각 가닥을 따라 상보적으로 결합하여 새로운 상보적 가닥이 합성된다.

▶ **그림 10.4A** DNA 복제를 위한 주형 모델

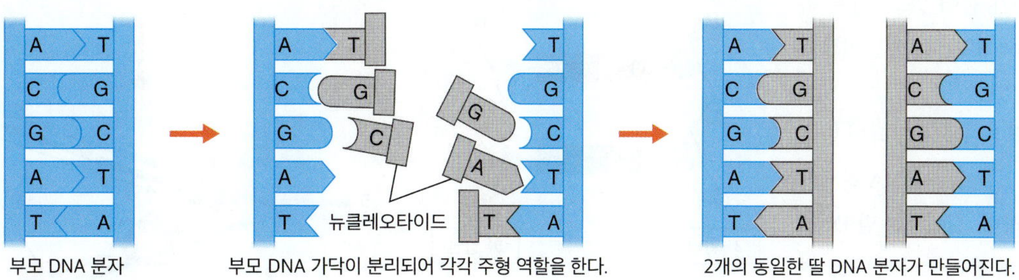

10.5 DNA 복제는 여러 지점에서 동시에 양방향으로 진행된다

염색체 DNA 분자의 복제는 특정한 뉴클레오타이드 서열을 가진 짧은 DNA 영역인 복제원점(origins of replication)이라고 불리는 특정 위치에서 시작된다. DNA 복제를 시작하는 단백질은 복제원점에 있는 DNA에 결합하여 이중나선의 두 가닥을 분리한다(**그림 10.5A**). 그런

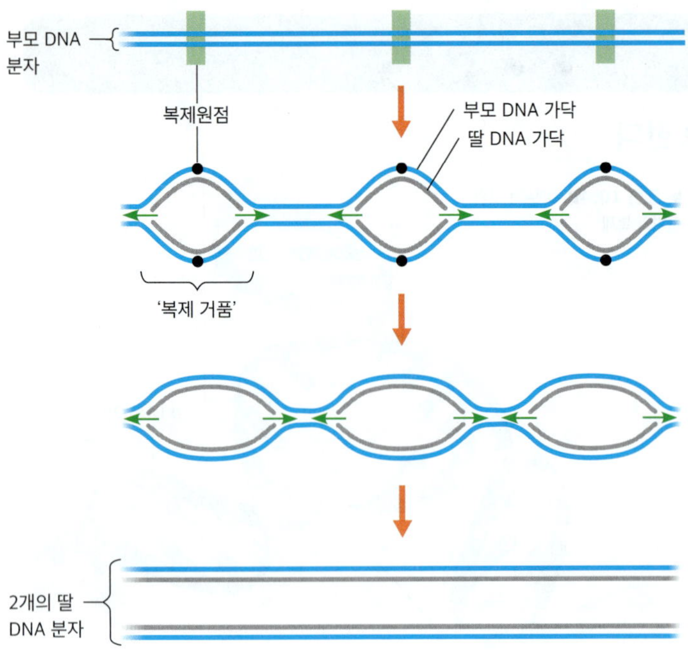

▲ **그림 10.5A** 복제 중인 DNA의 여러 개의 복제 거품

다음 복제가 양방향으로 진행되어 '복제 거품(replication bubble)'이 생성된다. 각 거품의 양쪽에서 딸 가닥(회색)이 길어지면서 부모 DNA 가닥(파란색)은 더 벌어진다. 진핵생물 염색체의 DNA 분자는 복제가 동시에 시작될 수 있는 많은 복제원점을 가지고 있어 복제에 필요한 총 시간을 단축할 수 있다. 결국 모든 거품들이 합쳐지면서 2개의 완성된 이중가닥 딸 DNA 분자가 만들어진다(그림 10.5A 아래쪽 참조).

그림 10.5B는 작은 DNA 조각의 분자 구조를 보여준다. 당-인산 골격이 서로 반대 방향으로 되어 있는 것을 알 수 있다. 결과적으로 각 가닥은 3′ 말단과 5′ 말단을 갖는다. 이 숫자들은 뉴클레오타이드 당의 탄소 원자를 나타낸다. 각 DNA 가닥의 한쪽 끝에서 당의 3′ 탄소 원자에는 수산기(—OH)가 붙어 있고, 다른 쪽 끝의 당의 5′ 탄소에는 인산기가 붙어 있다.

이처럼 각 DNA 가닥이 반대로 되어 있는 것은 DNA 복제에서 중요하다. 길어지는 딸 DNA 가닥에 뉴클레오타이드를 연결하는 효소를 **DNA 중합효소(DNA polymerase)**라고 한다. 이 효소는 뉴클레오타이드를 가닥의 3′ 말단에만 붙일 수 있고, 5′ 말단에는 절대 붙이지

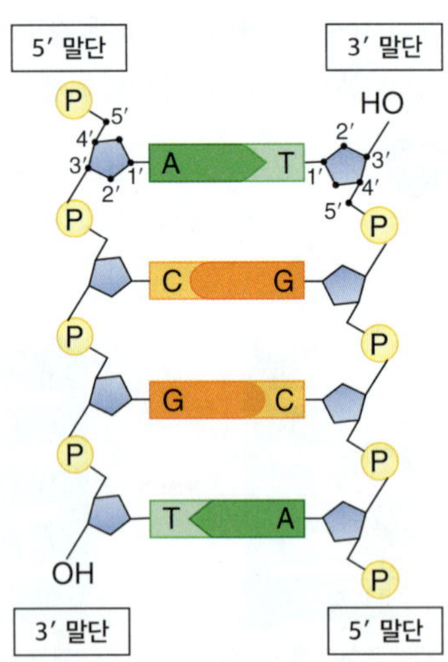

▲ **그림 10.5B** 반대 방향으로 배열된 DNA 가닥

시도해 보기 각 폴리뉴클레오타이드 가닥에서 완전한 뉴클레오타이드 하나를 원으로 표시하시오. 한 가닥에서는 인산이 위에 있고 다른 가닥에서는 아래쪽에 있다는 것을 확인하시오.

못한다. 따라서 딸 DNA 가닥은 5′ → 3′ 방향으로만 복제로 길어질 수 있다. **그림 10.5C**에서 이러한 효소 특이성이 어떻게 작용하는지 확인할 수 있다. 여기서 갈라진 모양은 복제분기점의 한쪽만을 보여주는데, 회색으로 표시된 딸 가닥 중 하나는 부모 DNA의 분기점을 향해 작동하는 DNA 중합효소에 의해 끊기지 않고 연속적으로 합성될 수 있다. 그러나 다른 딸 가닥을 만들기 위해 중합효소 분자는 분기점에서 멀어지는 방향 작용으로 작동해야 한다. 이것이 가능한 유일한 방법은 복제분기점이 열릴 때 새로운 가닥이 여러 짧은 조각들로 합성되는 것이다. 이 조각을 발견한 일본 분자생물학자 부부의 이름을 따서 오카자키절편(Okazaki fragment)이라고 부른다. 그런 다음 **DNA 연결효소(DNA ligase)**라는 또 다른 효소가 이 조각들을 단일 DNA 가닥으로 연결하여 하나로 이어준다.

DNA 중합효소는 DNA 사슬에 뉴클레오타이드를 추가하고 연결하는 역할 외에도 복제 중에 잘못 연결된 뉴클레오타이드를 빠르게 제거하는 교정 기능도 수행한다. DNA 중합효소와 DNA 연결효소는 자외선, X선과 같은 유해한 방사선이나 담배 등 독성 화학물질에 의해 손상된 DNA를 고치는 데도 관여한다.

DNA 복제는 다세포 생물의 모든 체세포가 동일한 유전정보를 전달하도록 한다. 또한 다음 세대를 위한 유전정보를 복사하는 수단도 된다. 다음 절에서는 DNA 정보와 개체의 표현형질 사이의 연관성을 살펴본다.

? DNA 복제에서 DNA 중합효소의 기능은 무엇인가?

■ 뉴클레오타이드가 부모 DNA 가닥과 염기쌍을 형성하면, DNA 중합효소가 이를 길어지는 딸 가닥의 3′ 말단에 공유결합으로 연결한다.

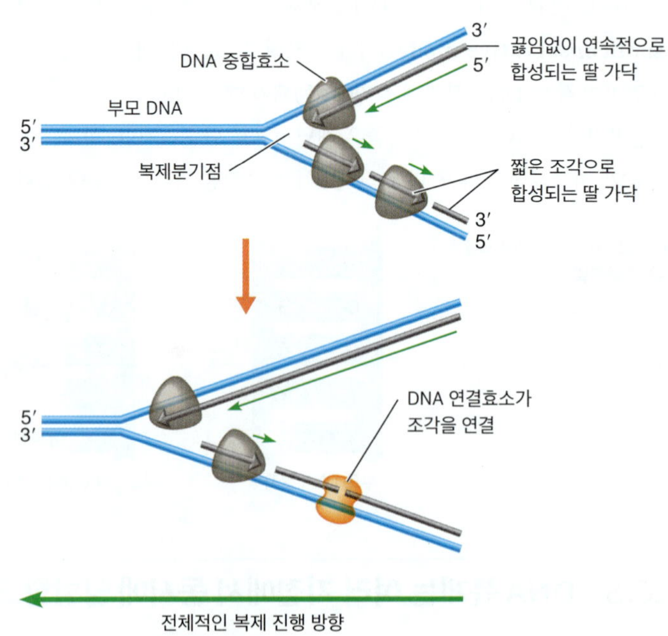

▲ **그림 10.5C** 딸 DNA 가닥의 합성 과정

DNA에서 RNA, 단백질로 이어지는 유전정보의 흐름

10.6 유전자는 단백질 발현을 통해 표현형질을 조절한다

이제 DNA의 구조와 기능을 통해 유전자형과 표현형을 정의할 수 있다. 생물의 유전적 구성인 유전자형은 DNA 뉴클레오타이드 염기서열에 담긴 유전정보다. 표현형은 그 생물이 나타내는 물리적 형질이다. 그렇다면 유전자형과 표현형 사이의 분자적 연관성은 무엇일까?

생물이 물려받은 DNA는 단백질(일부 경우, RNA) 합성을 통해 발현시킨다. 즉, 단백질은 유전자형과 표현형을 잇는 연결 고리이다. 그러나 유전자는 직접 단백질을 만들지 않는다. 오히려 유전자의 유전정보는 RNA를 거쳐 단백질 합성으로 이어진다. 생물학의 이 기본 개념은 **그림 10.6A**에 요약되어 있다. 분자 수준에서의 '명령체계(chain of command)'는 세포 핵에 있는 DNA로부터 시작하여 RNA를 통해 세포질에서 단백질을 합성하는 과정을 따른다. 두 가지 주요 단계는 DNA의 정보에 따라 RNA가 합성되는 **전사(transcription)**와 RNA의 정보에 따라 단백질이 합성되는 **번역(translation)**이다.

유전자와 단백질의 관계는 1902년에 영국의 의사인 아치볼드 가로드(Archibald Garrod)에 의해 처음으로 제안되었다. 그는 유전자가 특정 화학반응을 촉매하는 단백질인 효소를 통해 표현형을 결정한다고 주장했다. 가로드는 선천적 유전질환의 원인이 특정 효소를 만들지 못하기 때문이라는 가설을 세웠다. 그는 소변에 알캅톤이라는 화학물질이 함유되어 소변이 검게 변하는 알캅톤뇨증(alkaptonuria)이라는 유전질환을 한 예로 들었다. 가로드는 알캅톤뇨증 환자들이 알캅톤을 분해하는 효소를 만들지 못하는 유전적 결함을 가지고 있다고 추론했다. 여러 해 동안 생화학자들은 세포가 아미노산 합성이나 당 분해와 같은 대사 경로를 통해 생물학적으로 중요한 분자를 합성하고 분해한다는 그의 주장을 뒷받침하는 증거들을 축적하게 되었다. 대사 경로의 각 단계는 특정 효소에 의해 촉매되므로(5.15절 참조), 대사 경로에 필요한 효소 중 하나라도 결핍될 경우 그 사람은 해당 경로를 정상적으로 완료할 수 없다.

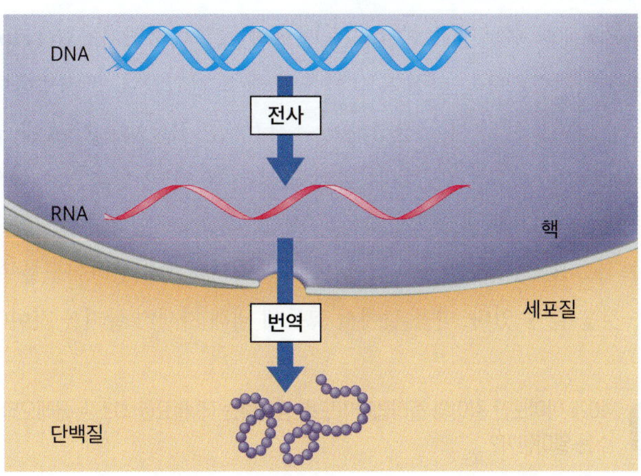

▲ **그림 10.6A** 진핵생물 세포에서 유전정보의 흐름

1940년대 유전자와 효소 사이의 관계를 밝히는 획기적인 발견은 미국 유전학자 조지 비들(George Beadle)과 에드워드 테이텀(Edward Tatum)이 빵 곰팡이(*Neurospora crassa*)를 가지고 수행한 연구로부터 나왔다(**그림 10.6B**). 비들과 테이텀은 단순 성장 배지에서 자라지 못하는 영양요구돌연변이 곰팡이 균주를 연구했다. 이러한 영영요구돌연변이체들은 곰팡이가 필요로 하는 특정 아미노산과 같은 분자를 합성하는 대사 경로의 특정 효소가 결핍되어 있었던 것으로 밝혀졌다. 비들과 테이텀은 또한 각 돌연변이체가 하나의 유전자 결함으로 발생한다는 것을 입증했다. 이에 따라 그들은 하나의 유전자가 특정 효소의 생성을 결정한다는 가설을 세웠고, 이 연구로 비들과 테이텀은 1958년 노벨 화학상을 수상했다.

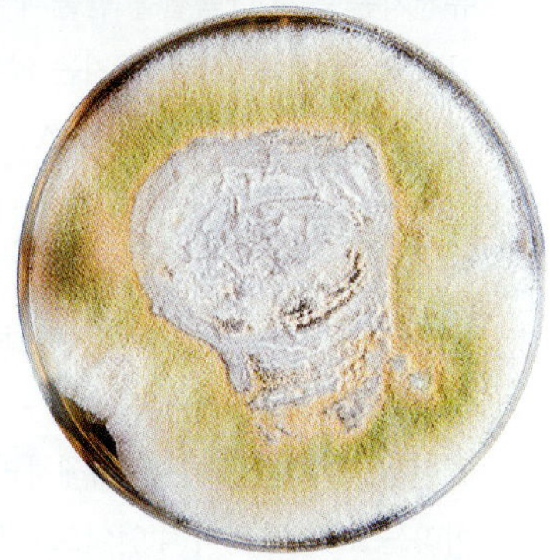

▲ **그림 10.6B** 배양 접시에서 자라는 빵곰팡이(*Neurospora crassa*)

'1유전자 1효소설'은 시간이 지나면서 수정되었는데, 첫째, 이 가설은 효소를 넘어 모든 유형의 단백질을 포함하도록 확장되었다. 예를 들어, 머리카락의 구조 단백질인 케라틴과 호르몬 인슐린은 효소가 아닌 단백질의 예다. 둘째, 많은 단백질은 2개 이상의 폴리펩타이드 사슬로 구성되며, 각 폴리펩타이드는 각각의 고유한 유전자에 의해 만들어진다. 예를 들어, 적혈구의 산소 운반 단백질인 헤모글로빈은 두 종류의 폴리펩타이드로 만들어지며, 각각 다른 유전자에 의해 만들어진다. 셋째, 많은 진핵생물 유전자는 선택적 스플라이싱(11.4절에서 설명)이라는 과정을 통해 하나의 유전자로부터 하나가 아닌 여러 개의 폴리펩타이드를 만들 수 있다.

일부 유전자에서 전사된 RNA는 번역되지 않지만, 그럼에도 불구하고 그 자체로 중요한 기능을 수행하기 때문에 이 가설의 설명으로는 여전히 부족하다(10.11절과 10.12절에서 이러한 두 종류의 RNA에 대해 다룰 것이다). 이 모든 것을 종합하면, 유전자는 폴리펩타이드나 RNA 분자와 같은 기능적 산물을 발현시킬 수 있는 DNA 영역으로 정의 내릴 수 있다. 생물학자들이 세포 내 유전자의 작용 방식에 대해 더 많이 알게 될수록 그림은 더 복잡해지고 유전자의 개념 자체도 더 복잡해진다. 하지만 여기서는 단백질을 암호화하는 유전자에 초점을 맞출 것이다. 다음 절에서는 유전암호에 대해 알아볼 것이다.

? 진핵생물 세포에서 전사와 번역의 과정은 어디에서 일어나며, 각 과정에서 어떤 분자가 생성되는가?

■ 전사는 핵에서 일어나는 과정으로, DNA를 주형으로 사용하여 RNA가 만들어진다. 번역은 세포질에서 일어나며 RNA를 주형으로 폴리펩타이드를 생성한다.

10.7 코돈에 기록된 유전정보는 아미노산 서열로 번역된다

유전자는 특정 단백질을 만들기 위한 정보를 제공한다. 그러나 유전자가 스스로 단백질을 만들지는 않는다. DNA와 단백질 합성 사이의 가교는 RNA 핵산이다. 즉, DNA는 RNA로 전사되고, RNA는 다시 단백질로 번역된다. 다시 말해, 세포 내 유전정보는 DNA→RNA→단백질로 이어진다.

전사와 번역은 언어학적 용어로, 핵산과 단백질이 언어를 가지고 있다고 생각하면 이해에 도움이 된다. 유전정보가 어떻게 유전자형에서 표현형으로 전달되는지 이해하려면 DNA라는 화학적 언어가 단백질이라는 또 다른 화학적 언어로 어떻게 번역되는지 살펴볼 필요가 있다.

핵산의 언어는 정확히 무엇인가? DNA와 RNA 모두 뉴클레오타이드 단량체들이 특정 순서로 연결된 중합체로서 특정 염기서열을 통해 정보를 전달한다. 마치 문자열들이 단어와 문장을 만들어 정보를 전달하는 것과 매우 유사하다. DNA에는 질소 염기(A, T, C, G)가 다른 네 가지 종류의 뉴클레오타이드가 있다. RNA도 마찬가지로 염기 T 대신 염기 U를 가지고 있다.

그림 10.7은 DNA 분자상의 한 유전자(유전자 3, 하늘색으로 표시)의 일부분을 자세히 보여준다. DNA의 언어는 폴리뉴클레오타이드상의 뉴클레오티드 염기들이 일렬로 나열된 선형적인 순서로 기록되며, 그림의 확대된 DNA 조각에서 그러한 순서의 예를 볼 수 있다. DNA 가닥에서 유전자들은 각각 시작과 끝이 있는 특정 염기서열로 구성된다. 일반적인 유전자는 특정 순서로 배열된 수백 또는 수천 개의 뉴클레오타이드로 구성된다.

확대된 DNA 가닥 아래의 분홍색 가닥은 전사의 결과물인 RNA 분자를 나타낸다. DNA의 핵산 언어가 RNA의 염기서열로 다시 작성(전사)되기 때문에 이 과정을 전사라고 부른다. RNA 분자의 염기는 DNA 가닥의 염기와 상보적이지만, 언어는 여전히 핵산의 언어다. 10.9절에서 다루겠지만, 이는 RNA가 DNA를 주형으로 합성되었기 때문이다.

그림 10.7의 아래쪽에 있는 보라색 사슬은 핵산 언어가 폴리펩타이드 언어로 변환된 번역의 결과를 보여준다. 핵산과 마찬가지로 폴리펩타이드도 중합체이지만, 이를 구성하는 단량체는 20종의 아미노산이다. 여기서도 언어는 선형적인 서열이며, RNA 분자의 뉴클레오타이드 순서가 폴리펩타이드의 아미노산 서열을 결정한다. RNA는 DNA로부터 유전정보를 전달하는 메신저 역할을 한다.

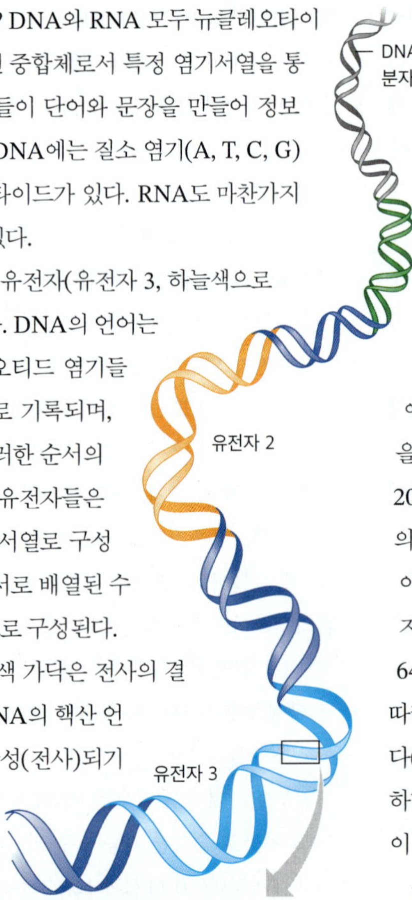

번역 과정에서 RNA의 뉴클레오타이드 서열이 폴리펩타이드의 아미노산 서열로 언어가 전환된다. 이 번역은 어떻게 이루어질까? DNA(A, G, C, T)와 RNA(A, G, C, U)는 네 종류의 뉴클레오타이드로만 구성된다. 번역 과정에서 이 네 종의 뉴클레오타이드는 어떻게든 20개의 아미노산을 모두 지정해야 한다. 각각의 뉴클레오타이드 염기가 아미노산 하나씩 지정한다고 하면 20개의 아미노산 중 단지 4개의 아미노산만을 생성할 것이다. 만약 두 글자로 암호를 구성하면 어떨까? 유전자의 염기를 한 번에 2개씩 읽는다면, 예를 들어 AG는 하나의 아미노산을 지정하고, AT는 다른 아미노산을 지정할 수 있다. 하지만 가능한 배열은 16개(4^2)에 불과하며, 이는 20개의 아미노산을 모두 지정하기에는 충분하지 않다. 하지만 DNA의 염기 코드가 삼중체로 3개의 염기가 연속적으로 배열되어, 그 각각이 하나의 아미노산을 지정한다면(예를 들어, AGT가 한 아미노산을 지정하고 AGA는 또 다른 아미노산을 지정한다), 만들 수 있는 코드는 64개(즉, 4^3)가 되며, 이는 20개의 아미노산을 지정하기에 충분하다. 따라서 3염기조합은 모든 아미노산을 지정할 수 있는 가장 작은 '단어'다(그림 10.7의 RNA 가닥 아래 코돈을 표시하는 괄호 참조). 실제로 하나의 아미노산은 64개의 3염기조합을 통해 여러 가지 조합으로 표현이 가능하다.

유전자에서 단백질로 전달되는 정보의 흐름이 **3염기조합(triplet code)**에 기반한다는 사실이 실험을 통해 확인되었다. 폴리펩타이드 사슬의 아미노산 순서를 결정하는 유전정보는 DNA와 RNA에 **코돈(codon)**이라는 3염기 단위의 겹치지 않는 '단어'의 연속으로 기록된다. 그림에서 DNA의 3염기 코돈은 RNA의 상보적인 3염기 코돈으로 전사되고, RNA 코돈은 아미노산으로 번역되어 폴리펩타이드를 형성하는 것을 알 수 있다. 다음 절에서 코돈에 대해 자세히 살펴볼 것이다.

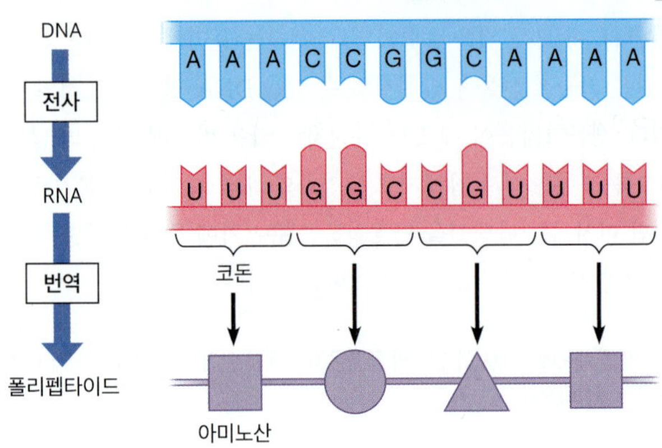

▲ **그림 10.7** 코돈의 전사와 번역

? 40개 아미노산 길이의 폴리펩타이드를 생산하는 데 필요한 최소 뉴클레오타이드 수는 얼마인가?

■ 120

10.8 유전암호는 코돈이 아미노산으로 어떻게 번역되는지 결정한다

1960년대에 분자생물학자들은 **유전암호(genetic code)**, 즉 어떤 뉴클레오타이드 3염기조합이 어떤 아미노산으로 번역되는지 알아내기 위해 일련의 정교한 실험을 수행했다. 첫 번째 코돈은 우라실 염기만으로 이루어진 인공 RNA 분자의 합성을 통해 해독되었다. 이 RNA 정보는 시작과 끝에 관계없이 UUU라는 3염기조합 코돈 하나만으로 구성된다. 이 '폴리-U'를 리보솜과 폴리펩타이드 합성에 필요한 다른 성분이 담긴 시험관에 넣자, 페닐알라닌(Phe)이라는 한 종류의 아미노산만으로 이루어진 폴리펩타이드가 합성되었다. 이로써 RNA 코돈 UUU는 아미노산 페닐알라닌을 암호화한다는 것을 알게 되었다. 이 방법의 다양한 변형을 통해 모든 코돈에 의해 지정되는 아미노산들이 빠르게 밝혀졌다.

그림 10.8A에서 볼 수 있듯이, 64개의 코돈 중 61개는 아미노산을 암호화한다. 그림에서 녹색으로 표시된 코돈 AUG는 두 가지 기능을 수행한다. 메티오닌(Met)이라는 아미노산을 암호화하고 폴리펩타이드 사슬 합성의 시작 신호로도 기능을 한다. 3개의 코돈(UAA, UGA, UAG)은 아미노산을 지정하지는 않지만 번역이 끝났음을 알리는 종결코돈(stop codon) 역할을 한다.

그림 10.8A의 코돈은 RNA에서 발견되는 3염기조합으로, 이들은 DNA의 코돈과 상보적인 관계를 가진다. 예를 들어, RNA의 UUU는 상보적인 DNA의 AAA에 해당한다. 코돈은 DNA와 RNA를 따라 간격 없이 선형적인 순서로 배열된다. 코드에 중복성은 있지만, 혼동을 일으키는 모호함은 없다. 예를 들어, 코돈 UUU와 UUC는 모두 페닐알라닌을 지정하지만(중복성), 둘 중 어느 것도 다른 아미노산을 나타내지 않는다(명확성).

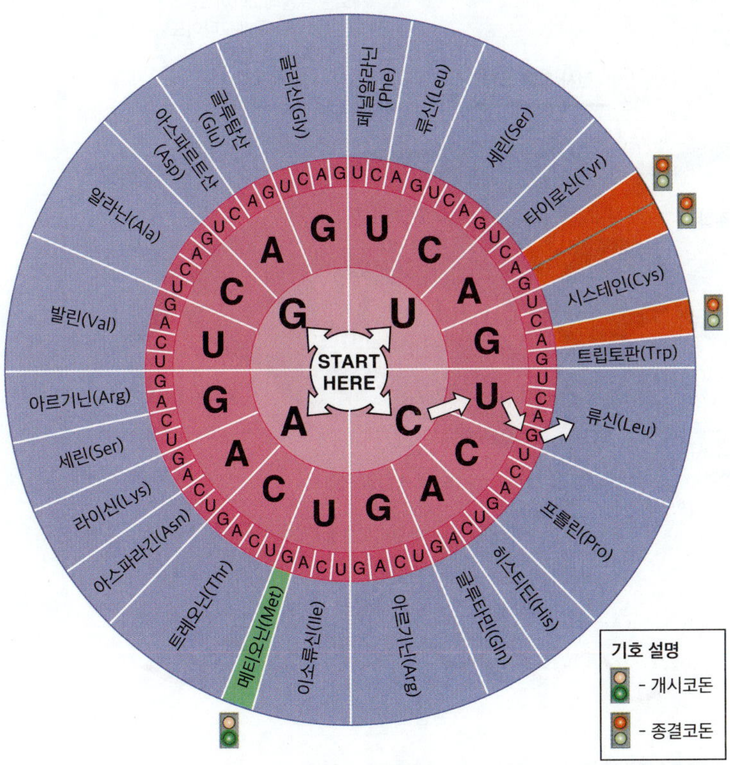

▲ **그림 10.8A** RNA 코돈을 아미노산으로 번역하는 데 사용되는 유전암호. 흰색 화살표는 RNA 코돈 CUG가 아미노산 류신에 해당함을 나타낸다.

시도해 보기 RNA 개시코돈을 생성하는 DNA 3염기를 찾아보고, RNA 종결코돈을 생성하는 DNA 3염기 3개를 찾아보자.

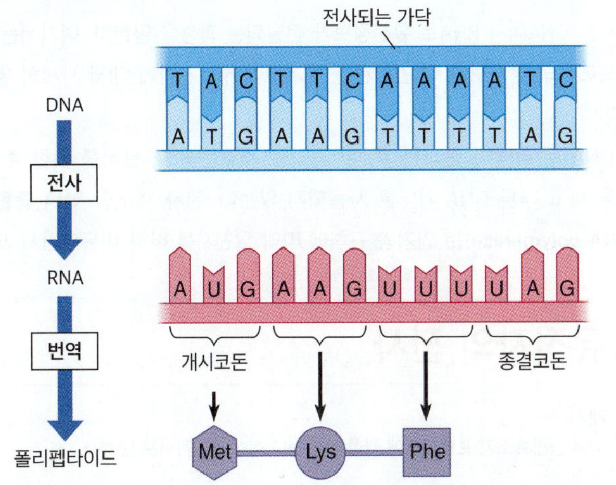

▲ **그림 10.8B** DNA의 유전정보 해독

▲ **그림 10.8C** 붉은 형광 단백질을 생성하는 유전자를 발현하도록 유전자 조작된 고양이(왼쪽). 빛을 내는 리포터 유전자를 표적 유전자에 부착하면 연구자들은 그 빛을 관찰하여 표적 유전자의 발현을 추적할 수 있다.

유전암호를 번역하는 연습으로, **그림 10.8B**에 제시된 12개의 뉴클레오타이드로 된 DNA 조각을 일련의 3염기조합으로 읽어보자. 염기쌍 규칙을 사용하여(RNA에서는 T 대신 U 사용), 처음에 DNA에서 전사된 3개의 염기 TAC에 해당하는 RNA 코돈은 AUG라는 것을 알 수 있다. 그림 10.8A에서 볼 수 있듯이, AUG는 "폴리펩타이드의 첫 번째 아미노산으로 Met을 배치하라"고 지정하는 역할을 한다. 이어지는 두 번째 DNA의 TTC는 RNA 코돈 AAG를 만들고, 이는 두 번째 아미노산인 라이신(Lys)을 지정한다. 이러한 과정을 종결코돈(여기서는 UAG)에 도달할 때까지 계속한다.

유전암호는 가장 단순한 박테리아부터 가장 복잡한 동식물에 이르기까지 모든 생물체에서 동일하게 사용된다. 이러한 보편성은 과학자들이 다양한 종의 유전자를 혼합하고 조합할 수 있게 해주기 때문에 현대 DNA 기술의 핵심이다(**그림 10.8C**, 12장 참조). 이 보편적인 유전적 언어는 생명의 역사가 시작될 때부터 충분히 진화하여, 현대의 모든 생명체의 공통 조상에서도 존재했을 것이라는 것을 시사한다. 이처럼 공유된 유전적 언어는 지구상의 모든 생명체가 진화적 연결고리를 가진다는 것을 다시 한번 보여준다.

? RNA 서열 AUGCAUGUAUAA를 해당 아미노산 서열로 번역해 보시오.

■ Met-His-Val

10.9 전사는 유전정보를 RNA 형태로 전달하는 과정이다

전사는 DNA에서 RNA로 유전정보가 전달되는 과정을 말한다. 여기서는 진핵세포에서의 전사보다 더 간단한 원핵세포에서의 전사에 대해 자세히 알아볼 것이다.

DNA 두 가닥이 분리된 후, 한 가닥은 새로운 RNA 분자를 위한 주형 역할을 하고 다른 DNA 가닥은 사용되지 않는다. 전사 효소인 **RNA 중합효소(RNA polymerase)**는 염기쌍 규칙에 따라 유전자를 따라 이동하면서 새로운 RNA 가닥을 형성하는데, 단 RNA에서는 염기 T 대신 U가 사용된다. **프로모터(promoter)**라는 특정 뉴클레오타이드 서열은 RNA 중합효소가 결합하는 곳으로 전사가 시작되는 위치를 결정한다. RNA 중합효소는 유전자의 끝을 알리는 **종결자(terminator)**라고 불리는 DNA 염기서열에 도달할 때까지 RNA 뉴클레오타이드를 추가한다.

유전자의 전사

개시

RNA 중합효소가 프로모터에 결합하여 RNA 합성을 시작하는 단계다.

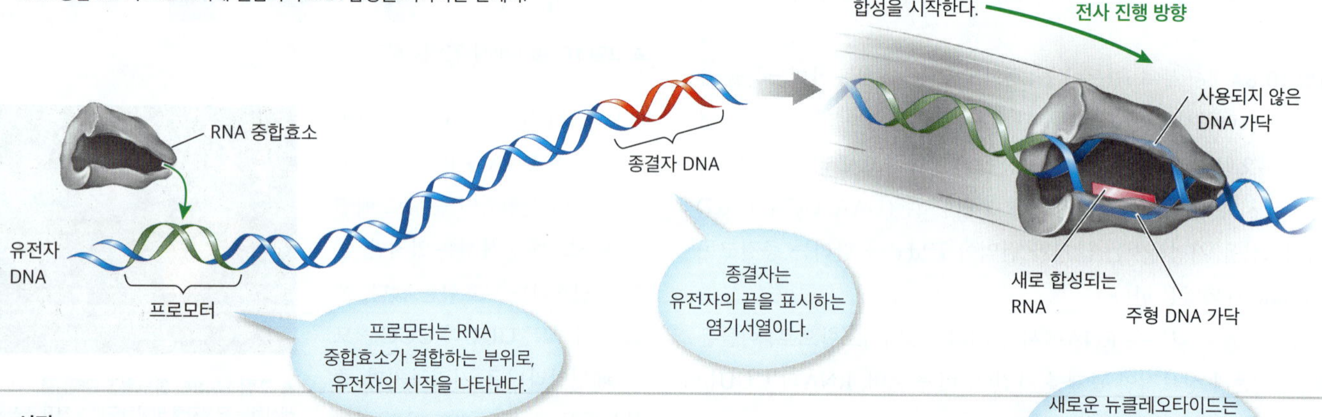

신장

신장 단계에서 새로 만들어진 RNA 가닥은 계속 길어진다. 합성이 진행되면서 길어지는 RNA 분자는 DNA 주형에서 분리되어, 이미 전사된 부위에서는 분리되었던 두 DNA 가닥이 다시 결합할 수 있도록 한다.

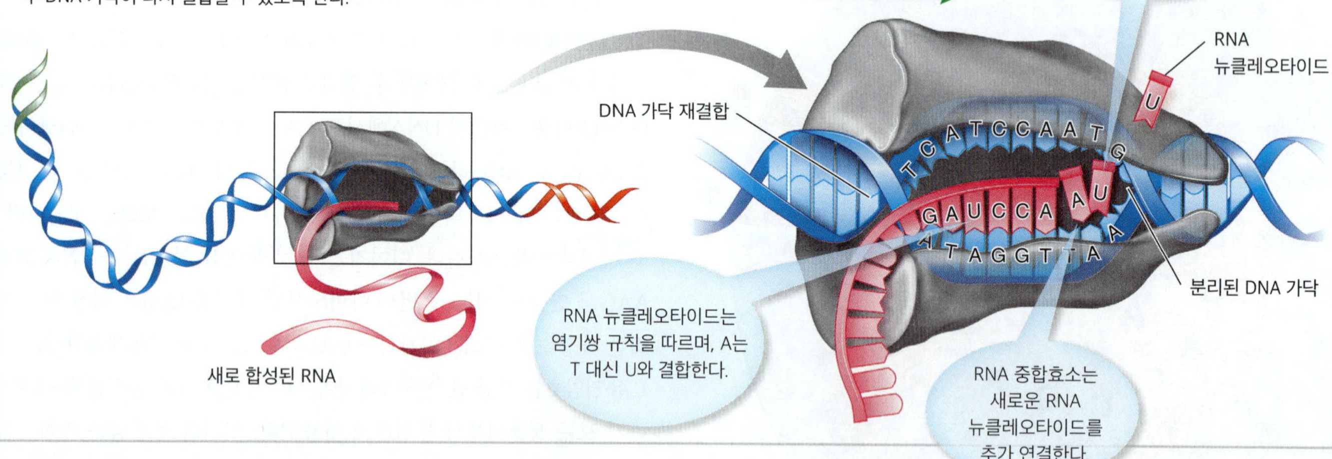

종결

RNA 중합효소가 유전자 종결 신호인 종결자 DNA에 이르면 RNA 중합효소는 새로 생성된 RNA 가닥과 유전자에서 분리된다.

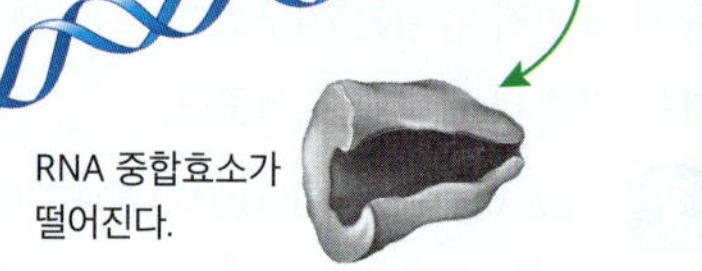

? RNA 중합효소는 유전자의 시작과 끝을 어떻게 인식할까?

■ 특별한 DNA 염기서열이 유전자의 시작(프로모터)과 끝(종결자)을 표시한다.

10.10 진핵생물 RNA는 핵을 나가기 전에 mRNA로 가공 과정을 거친다

아미노산 서열을 암호화하는 RNA는 DNA에서 유전정보를 번역 기구로 전달하는 역할을 하기 때문에 **전령 RNA(messenger RNA, mRNA)**라고 부른다. 전령 RNA는 DNA로부터 전사되고, 전사된 mRNA의 정보는 폴리펩타이드로 번역된다. 핵이 없는 원핵세포에서 전사와 번역은 세포질이라는 동일한 장소에서 일어난다. 그러나 진핵생물에서는 mRNA 분자가 핵공을 통해 핵을 빠져나와 폴리펩타이드 합성 기구가 있는 세포질로 들어가야 한다.

진핵생물의 전사체는 mRNA로서 핵을 나가기 전에, 여러 방식으로 변형되거나 가공된다(**그림 10.10**). RNA 가공 과정의 하나는 RNA 전사체 양쪽 끝에 추가적인 뉴클레오타이드를 첨가하는 것이다. 이 과정에서 5′ 말단에는 작은 모자(변형된 G 뉴클레오타이드)가 첨가되고, 3′ 말단에는 50~250개의 A 뉴클레오타이드로 이루어진 긴 꼬리가 추가된다. 모자와 꼬리(그림에서 노란색)는 mRNA가 핵 밖으로 나가는 것을 용이하게 하고, mRNA가 분해되지 않도록 보호하며, 리보솜이 mRNA에 결합하는 것을 돕는다. 모자와 꼬리 자체는 단백질로 번역되지 않는다.

진핵생물에서는 아미노산을 실제로 암호화하는 뉴클레오타이드 사이에 비암호화 뉴클레오타이드 구간이 끼어들어 있기 때문에 또 다른 형태의 RNA 가공 과정이 필요하다. 마치 이야기에 무의미한 단어들이 무작위로 섞여 있는 것과 같다. 동식물의 대부분의 유전자에는 **인트론(intron)**이라는 이러한 내부 비암호화 영역이 포함되어 있다. 유전자에서 발현되는 부분인 암호화 영역은 **엑손(exon)**이라고 한다. 그림 10.10에서 볼 수 있듯이, 엑손(진한 색으로 표시)과 인트론(연한 색으로 표시)은 모두 DNA에서 RNA로 전사된다. 그러나 RNA가 핵을 떠나기 전에 인트론이 제거되고 엑손이 결합되어 연속적인 암호화 서열을 가진 mRNA 분자가 만들어진다. (모자와 꼬리 바로 안쪽의 짧은 비암호화 영역은 첫 번째와 마지막 엑손의 일부로 간주된다.) 잘라내고 붙이는 이 과정을 **RNA 스플라이싱(RNA splicing)**이라고 한다. 대부분의 경우, RNA 스플라이싱은 단백질과 작은 RNA 분자들의 복합체에 의해 촉매된다. RNA 스플라이싱 과정을 통해 하나의 유전자에서 다양한 폴리펩타이드가 생성될 수 있다(11.4절 참조). 실제로 RNA 스플라이싱은 약 2만 1,000개의 유전자를 가진 사람이 이보다 몇 배나 많은 폴리펩타이드를 생산할 수 있도록 하는 데 중요한 역할을 하는 것으로 여겨진다. 이는 최종 mRNA에 포함되는 엑손을 다양하게 선택함으로써 가능하다.

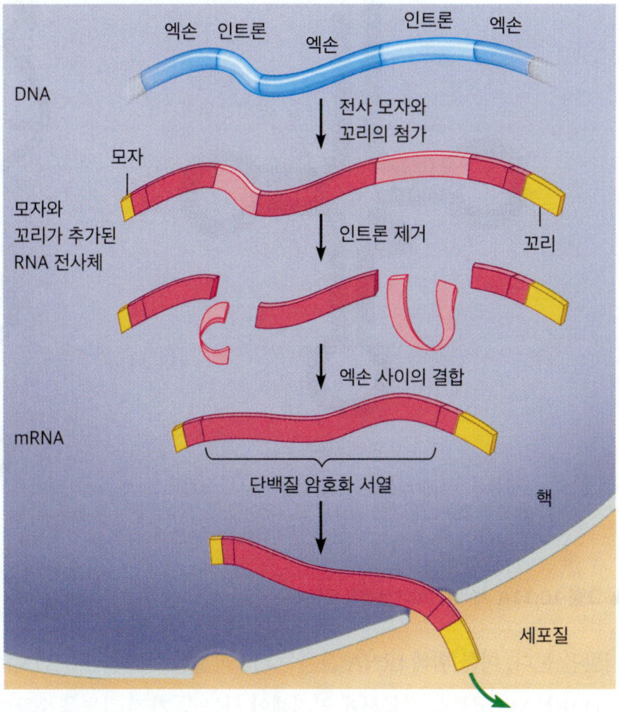

▲ **그림 10.10** 진핵생물 mRNA의 생성 과정

앞서 설명했듯이, 번역은 핵산 언어에서 단백질 언어로의 언어 간의 변환이며, 전사보다 더 복잡한 기구를 필요로 한다. 번역에 필요한 첫 번째 중요한 요소는 가공된 mRNA다. 이 mRNA가 준비되면 mRNA를 번역할 기구는 효소와 ATP와 같은 화학 에너지원을 필요로 한다. 또한 번역에는 리보솜과 RNA의 일종인 운반 RNA(transfer RNA)라는 두 가지 중요한 구성요소가 필요하며, 이는 다음 절에서 다룰 것이다.

? 대부분의 진핵생물 유전자가 가공을 거쳐 핵을 떠나는 mRNA보다 긴 이유를 설명하시오.

■ 이 유전자들에는 인트론이 있는데, 이는 mRNA를 생성하기 위해 초기 RNA에서 스플라이싱되는 비암호화 염기서열이다.

10.11 운반 RNA는 번역 과정에서 통역자 역할을 한다

언어를 다른 언어로 번역하려면 통역사, 즉 한 언어의 단어를 인식하고 다른 언어로 변환할 수 있는 사람이나 사물이 필요하다. 단백질을 만드는 세포는 세포질에 20가지 아미노산을 모두 보유하고 있다. 하지만 아미노산 자체는 mRNA의 코돈을 인식하지 못한다. 따라서 mRNA에 담긴 유전정보를 단백질의 아미노산 언어로 번역하려면 통역사가 필요하다.

세포는 세 글자로 된 핵산의 '단어'(코돈)를 단백질의 아미노산 '단어'로 변환하기 위해 분자 통역사, 즉 **운반 RNA(transfer RNA, tRNA)**라는 특수한 종류의 RNA를 사용한다. tRNA는 세포질 내의 아미노산을 찾아내어 리보솜에서 합성되고 있는 폴리펩타이드 사슬로 운반하는

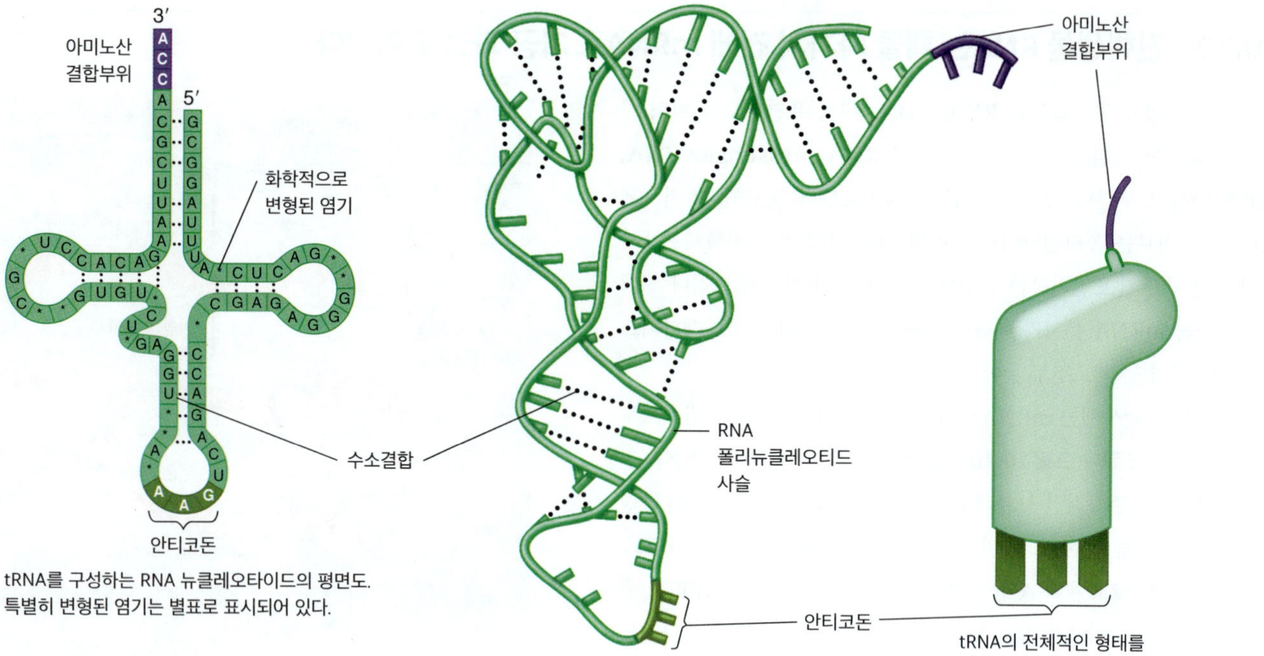

tRNA를 구성하는 RNA 뉴클레오타이드의 평면도. 특별히 변형된 염기는 별표로 표시되어 있다.

입체적으로 접힌 폴리뉴클레오티드 가닥과 그 형태를 유지하는 수소결합을 보여주는 3차원 tRNA 모형

tRNA의 전체적인 형태를 단순하게 나타낸 모형

▲ **그림 10.11A** 세 가지 tRNA의 분자 모형

역할을 한다. 이를 위해 tRNA 분자는 (1) 적절한 아미노산을 선택하고 (2) mRNA의 코돈을 정확하게 인지해야 하는 두 가지 기능을 수행해야 한다. tRNA 분자의 독특한 구조는 이러한 두 가지 기능을 하게 한다.

그림 10.11A는 세 가지의 tRNA 분자 모형을 보여준다. 왼쪽은 평면적인 모형이다. 이것은 tRNA 분자가 약 80개의 뉴클레오타이드로 이루어진 하나의 RNA 가닥(폴리뉴클레오타이드)이라는 것을 보여준다. 전체적으로 이 분자는 4개의 팔로 구성된 클로버잎 구조를 가지고 있다. 각 팔은 수소결합(점선)으로 연결된 뉴클레오타이드로 구성된다. 대부분의 RNA 서열은 모든 tRNA에 공통적이지만, 안티코돈 영역(아래쪽의 짙은 녹색)은 tRNA 종류마다 다르다. 별표로 표시된 것처럼, tRNA에는 일반 염기와는 다르게 화학적으로 변형된 특수 염기가 포함되어 있다. 이러한 변형된 염기는 적절한 tRNA 기능에 필수적이지만, 그 이유는 아직 밝혀지지 않았다.

그림 10.11A의 가운데에 있는 tRNA 모형은 tRNA 골격이 어떻게 스스로 꼬이고 접히는지를 보여준다. 접힌 분자의 한쪽 끝에 있는 단일 가닥 고리(아래쪽의 짙은 녹색)에는 **안티코돈(anticodon)**이라는 특별한 3개의 염기서열이 있다. 안티코돈은 mRNA의 코돈과 상보적이다. 번역 과정에서 tRNA의 안티코돈은 염기쌍 규칙을 사용하여 mRNA의 특정 코돈을 인식한다. tRNA 분자의 다른 쪽 끝(그림 상단, 보라색)에는 특정 종류의 아미노산이 결합하는 부위가 있다.

오른쪽의 구조는 tRNA 구조에서 핵심적인 부분을 간략하게 보여주는 그림이다. 다음 절에서는 이 단순화된 모양으로 tRNA를 표현할 것이다. 이 모양은 분자의 두 중요한 부분, 즉 안티코돈과 아미노산이 붙는 자리를 강조하고 있으며, 이 두 부분이 tRNA에 특정 핵산 '단어'(mRNA의 코돈)를 해당 단백질 '단어'(아미노산)와 연결하는 능력을 부여한다. 모든 tRNA 분자는 서로 비슷하지만, 각 아미노산에 해당하는 tRNA마다 조금씩 차이를 보인다.

각 아미노산은 특정 효소에 의해 정확하게 맞는 tRNA에 결합된다(**그림 10.11B**). 이러한 효소는 20개의 종류가 있으며, 각 아미노산마다 하나씩 존재한다. 각 효소는 ATP 분자를 에너지원으로 사용하여 하나의 아미노산을 해당 아미노산을 암호화하는 모든 tRNA 분자에 특이적으로 결합시킨다. 그 결과 생성된 아미노산-tRNA 복합체는 합성 중인 폴리펩타이드 사슬에 아미노산을 운반해 주는 역할을 한다. 이 과정은 단백질 합성을 직접 담당하는 세포 구조물인 리보솜 안에서 이루어진다. 다음 절에서는 리보솜에 대해 살펴볼 것이다.

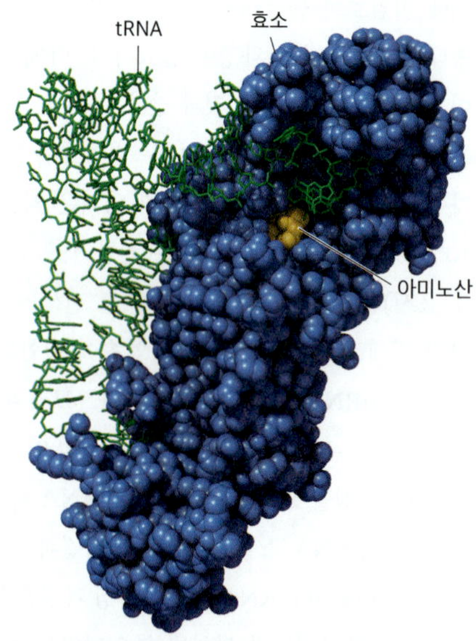

▲ **그림 10.11B** 아미노산(노란색)을 운반하는 tRNA 분자(녹색 막대기)가 효소 분자(파란색)에 결합하는 과정을 보여주는 컴퓨터 그래픽. 이 세 분자의 상대적인 크기를 보여준다.

? 안티코돈이란 무엇이며 그 기능은 무엇인가?

■ tRNA 분자에 존재하는 3개의 염기서열로, tRNA를 mRNA의 상보적인 코돈에 결합시키는 역할을 한다. 이는 mRNA를 폴리펩타이드로 번역하는 핵심 단계다.

10.12 리보솜에서 폴리펩타이드가 합성된다

지금까지 세포가 번역 과정을 수행하는 데 필요한 많은 구성요소들을 살펴보았다. 즉, mRNA 분자 형태의 유전정보, 이 유전정보를 해석하는 tRNA, 아미노산 공급과 아미노산을 tRNA에 결합시키는 효소, 그리고 에너지 공급을 위한 ATP가 포함된다. 번역 과정의 마지막 구성요소는 **리보솜(ribosome)**으로, mRNA와 tRNA의 기능을 조정하며, 폴리펩타이드의 합성을 촉매하는 세포질 내 구조물이다(**그림 10.12**). 리보솜은 2개의 소단위체(subunit)인 큰 소단위체와 작은 소단위체로 구성되며, 각 소단위체는 단백질과 **리보솜 RNA(ribosomal RNA, rRNA)**라고 하는 RNA로 이루어져 있다.

박테리아와 진핵생물의 리보솜은 그 기능은 매우 유사하지만, 진핵생물의 리보솜은 약간 더 크고 구조적으로 다르다. 이러한 차이는 의학적으로 중요하다. 특정 항생제는 진핵생물의 리보솜에는 영향을 주지 않으면서 박테리아 리보솜만을 비활성화시킬 수 있다. 테트라사이클린과 스트렙토마이신과 같은 약물이 이러한 방식으로 박테리아 감염을 치료하는 데 사용된다.

그림 10.12의 오른쪽에 있는 단순화된 그림은 tRNA 안티코돈과 mRNA 코돈이 리보솜에서 어떻게 결합하는지 보여준다. 완전한 리보솜은 작은 소단위체에 mRNA의 결합부위가 있고, 큰 소단위체에 tRNA의 결합부위(P 자리와 A 자리라고 함)를 가지고 있다. 리보솜의 소단위체들은 물건을 고정시키는 공구의 하나인 바이스처럼 작용하여 tRNA와 mRNA 분자를 서로 가깝게 잡아주며, tRNA 분자가 운반하는 아미노산을 폴리펩타이드 사슬로 연결될 수 있도록 한다. 다음 두 절에서는 번역 과정을 자세히 알아볼 것이다.

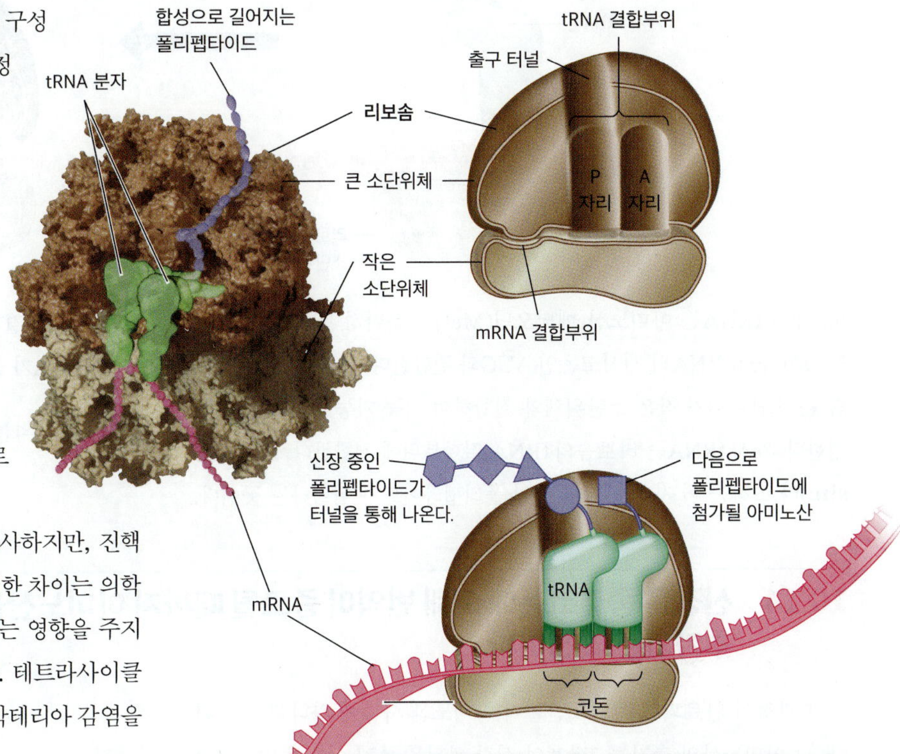

▲ **그림 10.12** 단백질 합성 중인 리보솜의 컴퓨터 모델(왼쪽)과 tRNA 결합부위가 비어 있는 리보솜(오른쪽 위)과 tRNA가 결합해 있는 리보솜(오른쪽 아래)의 모식도

? 리보솜은 단백질 합성 과정에서 어떤 기능을 하는가?

■ 리보솜은 mRNA와 tRNA를 함께 고정하고, tRNA의 아미노산을 합성이 진행 중인 폴리펩타이드 사슬에 연결시킨다.

10.13 개시코돈은 mRNA 유전정보의 시작을 표시한다

번역은 전사와 마찬가지로 개시, 신장, 종결의 세 단계로 나눌 수 있다. 이번 절에서는 개시 단계를 설명하고, 다음 절에서 신장과 종결에 대해 설명할 것이다.

개시 과정에서 mRNA, 첫 번째 아미노산을 운반하는 tRNA, 그리고 리보솜의 두 소단위체가 결합한다. mRNA 분자는 그것이 전달하는 유전정보보다 더 길다(**그림 10.13A**). 분자 양쪽 끝의 뉴클레오타이드(그림에서 연분홍색)는 정보의 일부가 아니지만 mRNA가 리보솜에 결합하는 데 도움을 준다. 개시 과정은 번역이 시작될 정확한 위치를 설정함으로써 mRNA 코돈이 정확한 아미노산 서열로 번역되도록 한다.

번역 개시는 두 단계로 진행된다(**그림 10.13B**). ❶ mRNA 분자가 리보솜 작은 소단위체에 결합한다. 특별한 개시 tRNA는 mRNA 분자에서 번역이 시작될 특정 코돈, 즉 **개시코돈(start codon)**과 결합한

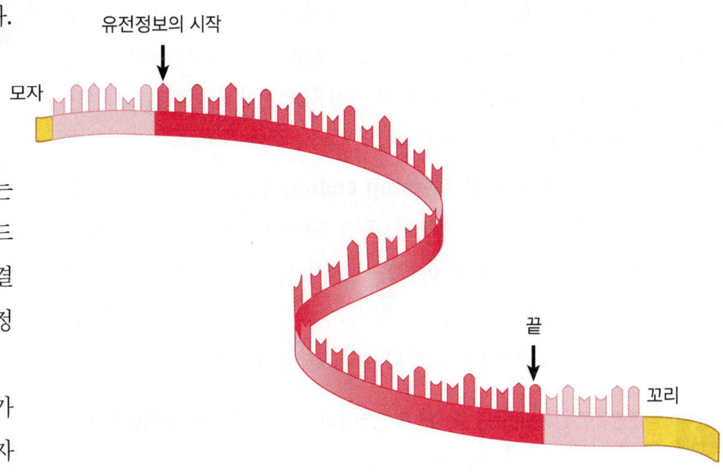

▲ **그림 10.13A** 진핵생물 mRNA의 분자

▶ **그림 10.13B**
번역의 개시 과정

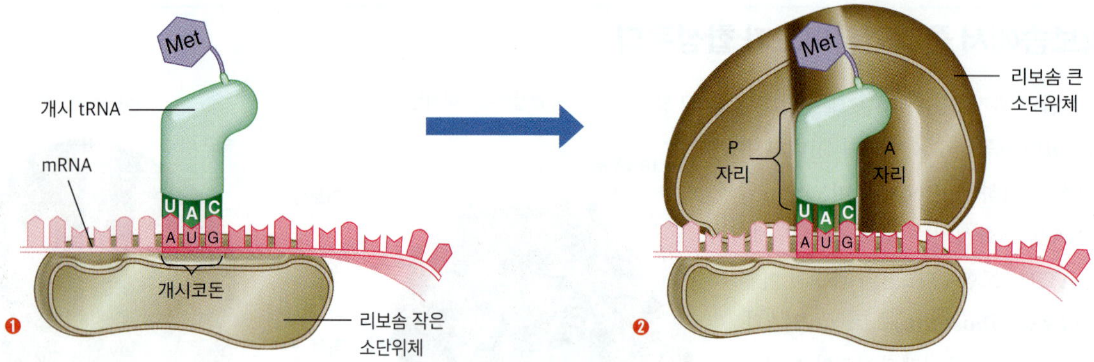

다. 개시 tRNA는 아미노산 메티오닌(Met)을 운반하며, 그 안티코돈인 UAC는 mRNA의 개시코돈인 AUG와 결합한다. ❷ 다음으로, 리보솜 큰 소단위체가 작은 소단위체와 결합하여 기능 가능한 리보솜을 생성한다. 개시 tRNA는 리보솜의 tRNA 결합부위에 결합한다. **P 자리(P site)**라고 하는 이 자리는 합성 중인 폴리펩타이드가 위치하는 곳이다. 다른 tRNA 결합부위인 **A 자리(A site)**는 비어 있으며, 다음 아미노산 운반 tRNA가 들어올 자리다.

? 유전자의 돌연변이로 인해 개시코돈이 다른 코돈으로 바뀌면 어떻게 될까?

■ 돌연변이 유전자에서 전사된 전령 RNA는 리보솜이 제대로 번역을 시작하지 못해 제 기능을 하지 못하게 된다.

10.14 신장은 종결코돈에 의해 번역이 종료될 때까지 아미노산을 폴리펩타이드 사슬에 추가하는 과정이다

개시 과정이 완료되면 아미노산들이 아미노산 사슬에 하나씩 추가된다. 각 아미노산의 추가는 3단계의 신장 과정을 통해 이루어진다(**그림 10.14**). ❶ 아미노산을 운반해 오는 tRNA 분자의 안티코돈은 리보솜의 A 자리에서 mRNA 코돈과 결합한다. ❷ 폴리펩타이드는 P 자리의 tRNA로부터 분리되어 A 자리의 tRNA가 운반하는 아미노산에 새로운 펩타이드 결합을 형성한다. 리보솜은 펩타이드 결합 형성을 촉매하여 합성 중인 폴리펩타이드 사슬에 아미노산을 하나 더 추가하고, 이 사슬은 분자 내부 터널을 통해 리보솜 밖으로 빠져나온다. ❸ 그런 다음, 아미노산이 없는 P 자리의 tRNA는 리보솜에서 떨어져 나가고, 리보솜은 신장 중인 폴리펩타이드를 운반하고 있는 남은 tRNA를 A 자리에서 P 자리로 이동(translocation, 전좌)시킨다. 코돈과 안티코돈은 수소결합으로 연결된 채로 유지되며, mRNA와 tRNA는 한 단위로 함께 이동한다. 이 이동으로 번역될 다음 mRNA 코돈이 A 자리로 들어오게 되고, 과정은 1단계부터 다시 시작될 수 있다. 이 번역 과정은 ATP와 비슷한 GTP의 분해를 에너지원으로 하여 이루어진다.

리보솜의 A 자리에 **종결코돈(stop codon)**이 도달할 때까지 신장 과정은 계속된다. 앞서 설명했듯이, 종결코돈인 UAA, UAG, UGA는 아미노산을 암호화하지 않고 번역을 중단시키는 신호로 작용한다. 이 과정이 번역의 종결 단계이며, 완성된 폴리펩타이드는 마지막 tRNA로부터 분리되고, 리보솜은 다시 2개의 소단위체로 분리된다.

? 돌연변이로 인해 mRNA 중간에 있는 코돈이 UUA에서 UAA로 바뀌면 어떻게 될까?

■ 종결코돈이 도입되어 번역이 조기에 중단된다.

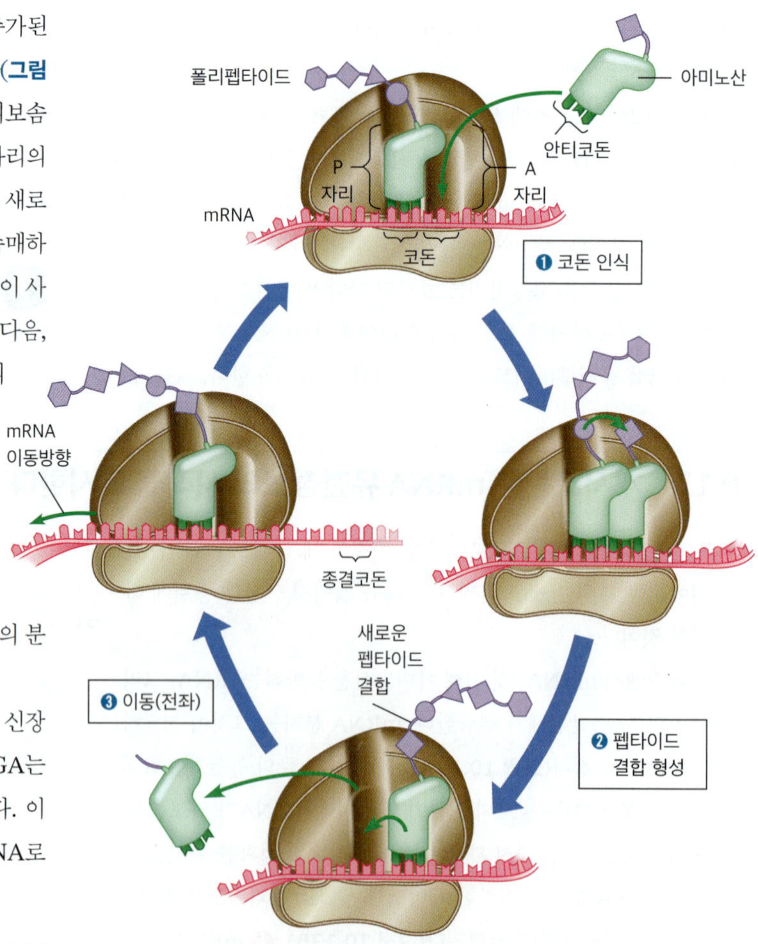

▲ **그림 10.14** 폴리펩타이드 신장 과정. 작은 녹색 화살표는 움직임을 나타낸다.

10.15 복습: 세포의 유전정보는 DNA→RNA→단백질로 전달된다

앞의 6개 절에서는 전사와 번역 과정을 살펴보았다. 이 모든 것을 종합하면 생물학에서 가장 중요한 주제 가운데 하나인 **정보**의 흐름을 명확하게 보여준다. 유전자에 암호화된 정보는 RNA 분자를 합성하는 데 사용되며, 이는 다시 단백질을 합성하는 데 사용된다. 이렇게 합성된 단백질은 개체의 구조와 기능을 조절한다. 이러한 정보의 흐름을 통해 유전정보는 개체의 형질에 영향을 미친다.

그림 10.15에 그 단계가 요약되어 있다. ❶ 전사 과정(DNA→RNA)에서 mRNA는 DNA 주형으로 하여 합성된다. 진핵생물에서 전사는 핵 안에서 일어나며, mRNA는 세포질로 이동하기 전에 가공 과정을 거친다(여기에는 생략됨). 원핵생물에서는 전사가 세포질에서 일어난다.

❷~❺ 번역 과정(RNA→단백질)은 4단계로 나눌 수 있으며, 모두 세포질에서 일어난다. 5번 단계에서 폴리펩타이드가 완성되면 2개의 리보솜 소단위체가 분리되고, tRNA와 mRNA가 방출된다. 번역 과정은 매우 빠르며, 하나의 리보솜은 평균 크기의 폴리펩타이드를 1분 이내에 만들 수 있다. 보통 mRNA 분자는 여러 개의 리보솜에 의해 동시에 번역된다. 첫 번째 리보솜에서 개시코돈이 나오자마자 두 번째 리보솜이 여기에 붙을 수 있으며, 따라서 여러 개의 리보솜이 동일한 mRNA 분자를 따라 이동할 수 있다. 폴리펩타이드가 만들어지면서 접힘과 꼬임 과정을 거치며 3차 구조라고 하는 입체 구조를 형성한다. 여러 개의 폴리펩타이드가 합쳐져서 4차 구조를 가진 단백질을 형성할 수도 있다(3.14절 참조).

전사와 번역이 가지는 전체적인 중요성은 무엇인가? 이들은 유전자가 세포의 구조와 활동을 조절하는 주요 과정, 즉 더 넓게는 유전자형이 표현형으로 나타나는 주요 과정이다. 명령체계는 유전자의 정보, 즉 DNA 내 특정 선형의 뉴클레오타이드 서열로부터 시작된다. 유전자는 mRNA의 전사를 지시하는 주형으로 역할을 하며, mRNA는 DNA와 상보적인 뉴클레오타이드 순서를 가진다. 이어서, mRNA는 폴리펩타이드의 아미노산 선형 서열을 결정한다. 마지막으로, 폴리펩타이드로부터 형성된 단백질은 세포와 개체의 외형과 기능을 결정한다.

지금까지는 단백질을 암호화하는 유전체 영역에 초점을 맞추었으나, 유전체의 상당 부분은 단백질을 암호화하지 않는 다른 유형의 RNA로 전사된다는 것이 밝혀졌다. (예를 들어, 다른 RNA 분자들은 유전자 발현을 조절하는 데 중요한 역할을 한다. 11.6절 참조)

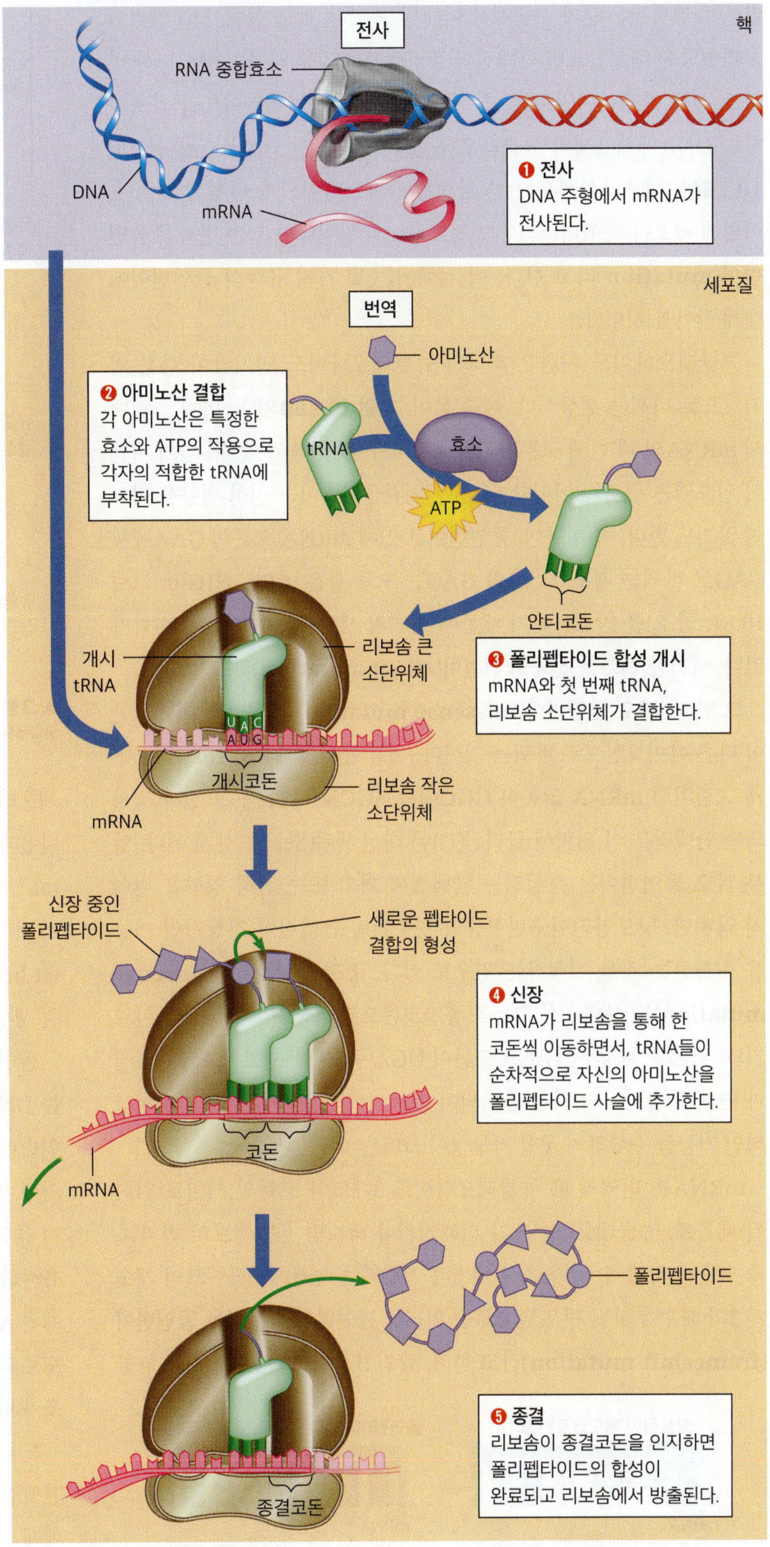

▲**그림 10.15** 전사와 번역 과정의 개요

? 지금까지 배운 핵산의 유형 중 번역에 직접적으로 관여하지 않는 것은?

■ DNA

10.16 돌연변이는 유전자에 영향을 미칠 수 있다

많은 유전형질은 분자 수준에서 이해될 수 있다. 예를 들어, 낫모양적혈구빈혈증은 헤모글로빈 단백질의 폴리펩타이드 중 하나인 아미노산 변화로 인해 발생한다(9.13절 참조). 이는 해당 폴리펩타이드를 암호화하는 DNA에서 1개의 뉴클레오타이드가 달라져 나타난 결과다(**그림 10.16A**). 이중나선에서는 한 쌍의 뉴클레오타이드가 변형된 것이다. 이렇게 세포나 바이러스의 유전정보상에서 일어나는 모든 변화를 **돌연변이(mutation)**라고 한다. 이 절에서는 몇 가지 유형의 돌연변이에 대해 알아볼 것이다.

뉴클레오타이드 치환은 하나의 뉴클레오타이드 염기쌍이 다른 염기쌍으로 바뀌는 현상이다. 예를 들어, **그림 10.16B**의 두 번째 그림에서 mRNA의 네 번째 코돈의 G가 A로 바뀐 것을 볼 수 있다. 염기 치환이 일으키는 결과는 어떠할까? 일부 치환돌연변이는 전혀 영향을 미치지 않기도 한다. 예를 들어, 돌연변이로 인해 mRNA 코돈이 GAA에서 GAG로 바뀌는 경우, GAA와 GAG는 모두 같은 아미노산(Glu. 그림 10.8A 참조)을 암호화하기 때문에 단백질 생성물에는 아무런 변화가 없다. 이러한 변화를 **침묵 돌연변이(silent mutation)**라고 한다.

그 반면, **과오 돌연변이(missense mutation)**는 하나의 아미노산이 다른 아미노산으로 바뀌는 것이다. 예를 들어, 그림 10.16B의 두 번째 그림처럼 mRNA 코돈이 GGC에서 AGC로 바뀌면, 그 결과 생성되는 단백질은 이 위치에 글리신(Gly) 대신 세린(Ser)을 갖게 된다. 일부 과오 돌연변이는 생성되는 단백질에 거의 또는 전혀 영향을 미치지 않지만, 낫모양적혈구빈혈증의 경우처럼 단백질이 정상적인 기능을 수행하는 것을 저해하는 경우도 있다. **종결 돌연변이(nonsense mutation)**는 아미노산 코돈을 종결코돈으로 바꾼다. 예를 들어, 아르기닌(Arg)을 지정하는 AGA 코돈이 UGA 종결코돈으로 바뀌면, 그 결과 단백질 합성이 조기에 종결되어 불완전한 단백질이 생성되어 정상적인 기능을 수행하지 못할 가능성이 크다.

mRNA는 번역될 때 뉴클레오타이드 3개씩의 코돈의 서열로 읽히기 때문에, 뉴클레오타이드가 더해지거나 빠지면 유전정보의 번역틀, 즉 코돈이 바뀔 수 있다. 삽입되거나 결실되는 뉴클레오타이드의 개수가 3의 배수가 아닌 경우 발생하는 이러한 돌연변이를 **틀이동 돌연변이(frameshift mutation)**라고 한다. 삽입 또는 결실 이후의 모든 뉴클레오타이드는 다른 코돈으로 재배열된다(그림 10.16B, 아래 두 그림). 다음과 같은 영어 문장을 예로 생각해 보자. "The red cat ate the big rat." 두 번째 알파벳 h를 빼면 3개의 알파벳으로 이루어진 단어의 틀이 바뀌면서 완전히 무의미한 문자의 나열이 되어버린다. "Ter edc ata tet heb igr at." 틀이동 돌연변이는 대부분 기능이 없는 폴리펩타이드를 생성할 가능성이 높으며, 종종 심각한 결과를 초래한다.

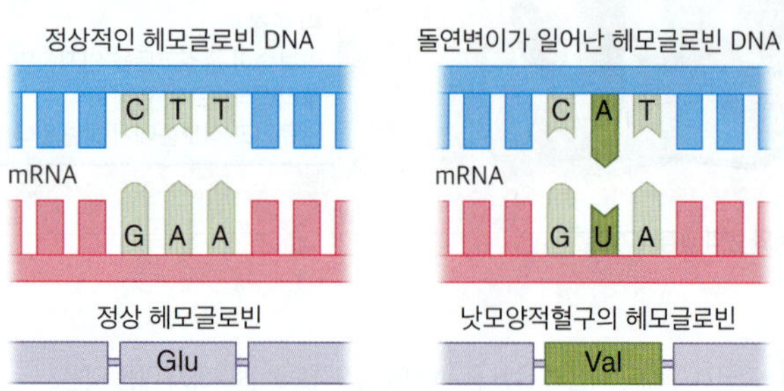

▲ **그림 10.16A** 낫모양적혈구빈혈증의 분자생물학적 이해

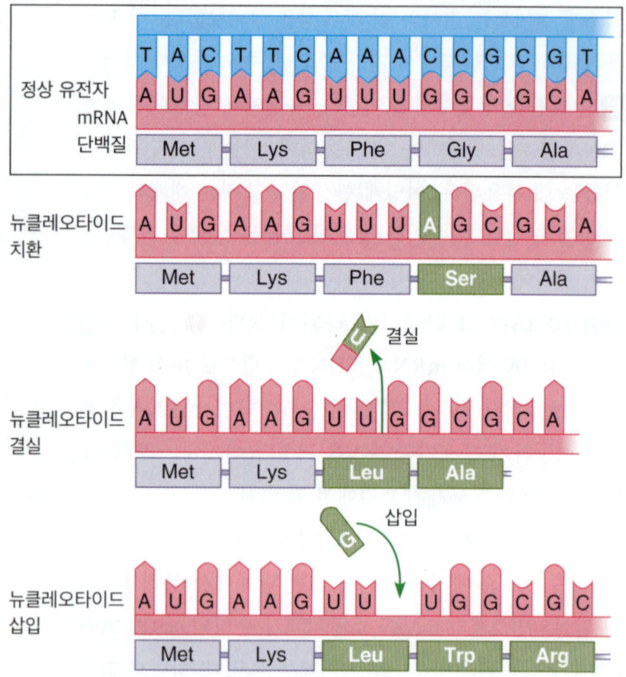

▲ **그림 10.16B** 돌연변이의 유형과 그 영향. 돌연변이는 DNA에서 일어난다. 여기에서는 이에 해당하는 mRNA의 변화를 보여준다.

돌연변이는 여러 원인에 의해 일어날 수 있다. 자연 발생적 돌연변이는 DNA 복제나 재조합 과정에서의 오류로 인해 발생한다. 또 다른 돌연변이는 **돌연변이원(mutagen)**이라고 하는 물리적 또는 화학적 인자에 의해 유발된다. X선이나 자외선과 같은 고에너지 방사선은 물리적 돌연변이원이다. 일부 화학적 돌연변이원은 정상적인 DNA 염기와 유사하나, DNA 복제를 방해하는 분자들이다. 예를 들어, 에이즈 치료제인 AZT는 바이러스 중합효소가 새로 합성되는 DNA에 포함시킬 정도로 타이민과 유사하면서도, 동시에 복제를 막을 정도로 타이민과 구조가 다르기 때문에 AZT가 효과를 발휘한다.

드물게 돌연변이는 돌연변이 생물과 그 후손의 생존에 도움이 되는 단백질을 생성하기도 한다. 하지만 훨씬 더 많은 경우, 돌연변이는 생물에게 해롭다. 그럼에도 불구하고 돌연변이는 생물계의 풍부한 유전자 다양성의 중요한 원천이며, 이러한 다양성은 자연선택에 의한 진화를 가능하게 한다.

? 어떻게 뉴클레오타이드 1개를 치환하면 생성된 단백질의 길이가 짧아질 수 있을까?

■ 아미노산 코돈이 종결코돈으로 치환되면 조기 종결된 폴리펩타이드가 생성된다.

10.17 바이러스 DNA는 숙주 염색체의 일부가 되기도 한다

10.1절에서 설명했듯이, 유전 현상의 분자적 메커니즘을 밝히는 데 박테리아와 바이러스는 실험 모델로서 매우 중요한 역할을 했다. 다음 4개의 절에서는 바이러스에 대해 자세히 알아볼 것이다.

어떤 의미에서 **바이러스(virus)**는 '상자 속의 유전자'라고 할 수 있는 감염성 입자다. 즉, 작은 핵산이 **캡시드(capsid)**라는 단백질 외투(coat)로 싸여 있고, 일부 바이러스는 추가적으로 막으로 된 외피(envelope)를 가지고 있다. 모든 살아 있는 세포의 유전체와 달리 바이러스 유전체는 DNA 또는 RNA로만 구성될 수 있으며, 단일가닥 또는 이중가닥일 수 있다. 일반적으로 바이러스 유전체는 단일 핵산 분자로 구성되며, 선형 또는 원형일 수 있다.

바이러스는 세포 안에서만 증식할 수 있는 기생생물이다. 실제로 숙주세포는 새로운 바이러스를 생성하는 데 사용되는 대부분의 구성요소를 제공한다. 그림 10.1C에서 파지 T2의 복제 과정을 살펴보았다. 이런 식으로 숙주세포를 용해(파괴)시키고 새로 생산된 바이러스를 방출하는 복제 방식을 **용균성 생활사(lytic cycle)**라고 한다. 일부 파지는 **용원성 생활사(lysogenic cycle)**라는 다른 방식으로 복제할 수도 있다. 용원성 주기 동안 바이러스 DNA 복제는 숙주세포를 파괴하지 않고 일어난다.

그림 10.17은 대장균을 감염시키는 람다(lambda)라는 파지의 두 가지 복제 주기를 보여준다. 두 방식 모두 ❶ 파지 DNA가 박테리아 내부로 들어가 ❷ 원형 구조를 형성하면서 시작된다. 그런 다음 DNA는 두 가지 생활사 중 하나를 선택한다. 용균성 생활사(왼쪽)에서 ❸ 람다 파지 DNA는 세포를 즉시 바이러스 생산 공장으로 바꾸고, ❹ 곧이어 세포가 용해되면서 새로운 바이러스가 방출되고, 이는 또다시 다른 숙주세포들을 감염시킬 수 있다.

용원성 생활사에서 ❺ 바이러스 DNA는 박테리아 세포 염색체에 삽입된다. 일단 삽입된 파지 DNA를 **프로파지(prophage)**라고 하며, 대부분의 파지 유전자는 발현되지 않는다. ❻ 숙주인 대장균 세포는 분열할 때마다 자신의 염색체와 함께 파지 DNA를 복제하여 딸 세포에 전달한다. 따라서 단 하나의 감염된 박테리아로부터 프로파지를 가진 많은 박테리아 세포 집단을 빠르게 만들어낼 수 있다. 용원성 생활사는 바이러스가 숙주세포를 죽이지 않고도 확산될 수 있도록 한다. 프로파지는 박테리아 숙주세포에 무기한으로 남아 있을 수 있다. 그러나 때때로 방사선의 증가, 가뭄 또는 특정 독성 화학물질의 증가와 같은 불리한 환경에 노출되면 용원성 생활사에서 용해성 생활사로 바뀌게 된다. 이로 인해 바이러스 DNA는 박테리아 염색체에서 분리되어 나오고, 이는 결국 숙주세포의 죽음으로 이어진다.

용원성 상태의 박테리아에서 활성화된 일부 프로파지 유전자들은 때때로 의학적 문제를 일으킬 수 있다. 예를 들어 디프테리아, 보툴리누스균, 성홍열을 일으키는 박테리아는 이들이 보유한 프로파지 유전자들 때문에 독성을 나타내는 것이며, 만약 이 유전자가 없다면 사람에게 무해했을 것이다. 특정 프로파지 유전자는 박테리아가 인체에 유해한 독소를 생산하도록 한다. 다음 절에서는 동식물을 감염시키는 바이러스에 대해 살펴볼 것이다.

? 바이러스가 숙주세포를 파괴하지 않고 자신의 유전자를 존속시킬 수 있는 방법을 설명하시오. 이러한 유형의 복제 주기를 무엇이라고 하는가?

■ 일부 바이러스는 자신의 DNA를 숙주세포의 염색체에 삽입할 수 있으며, 숙주세포가 분열을 위해 DNA 복제할 때, 삽입된 바이러스 유전자도 함께 복제되도록 할 수 있다. 이를 용원성 생활사라고 한다.

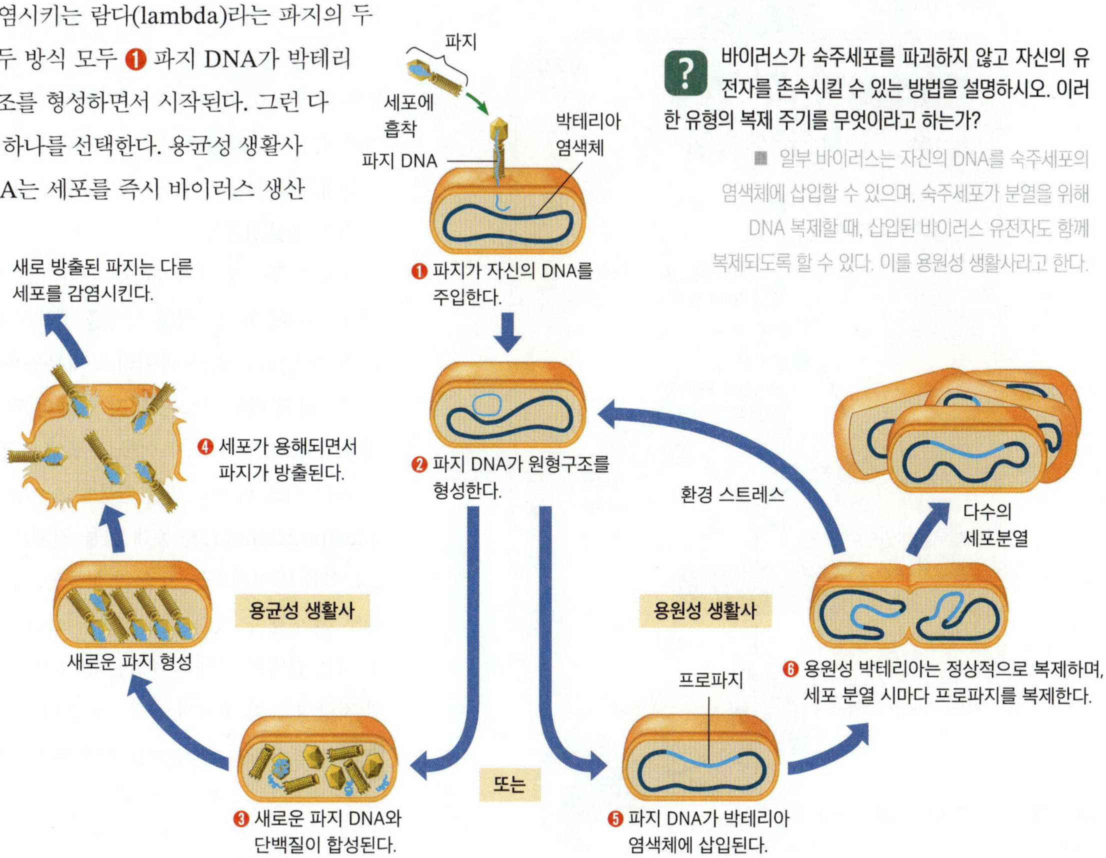

▶ **그림 10.17** 두 가지 유형의 파지 복제 주기

10.18 많은 바이러스가 동식물에서 질병을 일으킨다

연결 바이러스는 동물과 식물 모두에 질병을 일으킬 수 있다. 전형적인 동물 바이러스는 외피와 돌출된 당단백질(당이 붙어 있는 단백질 분자) 돌기(spike)를 가지고 있다. 외피는 바이러스가 숙주세포에 들어가고 나가는 데 도움이 된다. 많은 동물 바이러스는 유전물질로 DNA가 아닌 RNA를 가지고 있다. RNA 바이러스의 예로는 감기, 홍역, 볼거리, 소아마비, 에이즈 등을 일으키는 바이러스가 있다. DNA 바이러스로 인한 질병의 예로는 간염, 수두, 헤르페스(herpes) 감염 등이 있다.

그림 10.18은 전형적인 외피 RNA 바이러스인 유행성이하선염(mumps, 볼거리) 바이러스의 복제 주기를 보여준다. 한때 열과 침샘의 고통스러운 부종을 특징으로 하는 흔한 아동기 질환이었던 유행성이하선염은 광범위한 예방접종(백신 접종) 덕분에 선진국에서는 매우 드문 질병이 되었다. 볼거리 바이러스가 숙주세포와 접촉하면 당단백질 돌기가 세포의 원형질막에 있는 수용체 단백질에 부착된다. 바이러스 외피는 원형질막과 융합하면서 단백질로 덮인 RNA가 ❶ 세포질로 들어갈 수 있게 한다. ❷ 이어서 효소에 의해 외투단백질(coat protein)이 분해된다. ❸ 바이러스의 일부로 세포에 들어간 효소는 바이러스의 RNA 유전체를 주형으로 사용하여 상보적인 RNA 가닥(분홍색으로 표시)을 만든다. 새로운 RNA 가닥은 두 가지 기능을 수행한다. ❹ 새로운 바이러스 단백질 합성을 위한 mRNA로서 역할을 하고, 새로운 바이러스 RNA 유전체 합성을 위한 주형으로서 작용한다. ❺ 새로운 외투단백질은 새로운 바이러스 RNA를 둘러싸며 조립된다. ❻ 마지막으로, 바이러스는 숙주세포의 원형질막으로 자신을 감싸면서 세포를 빠져나간다. 이 과정을 통해 바이러스는 숙주세포로부터 외피를 얻게 되며, 숙주세포를 파괴하지 않고도 빠져나올 수 있다.

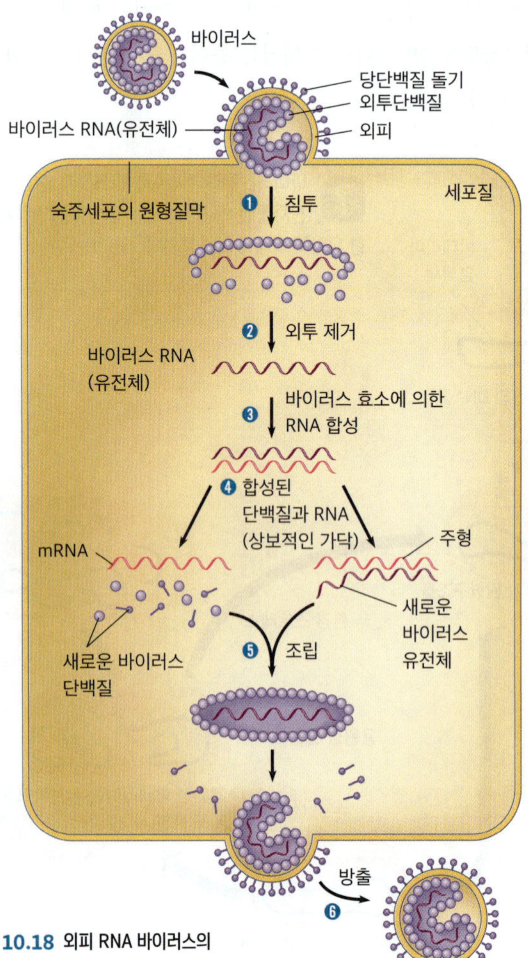

▲ **그림 10.18** 외피 RNA 바이러스의 복제 주기

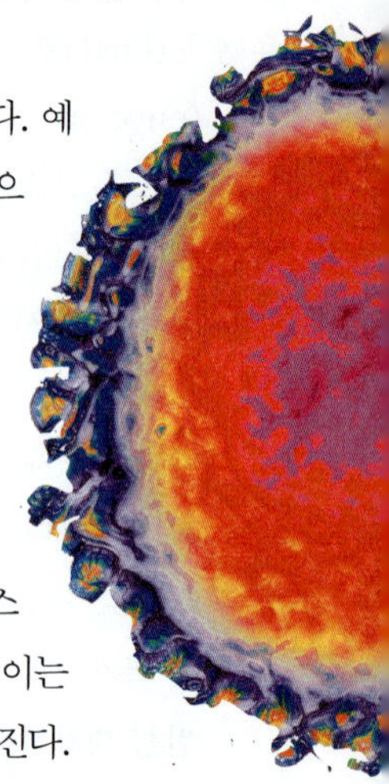

모든 동물 바이러스가 세포질에서 복제되는 것은 아니다. 예를 들어, 수두, 대상포진, 구순포진, 생식기 포진 등을 일으키는 헤르페스 바이러스는 숙주세포의 핵에서 복제되는 외피를 가진 DNA 바이러스로, 숙주세포의 핵막에서 외피를 얻는다. 특정 신경세포의 핵 내부에서 헤르페스 바이러스 DNA는 세포 손상 없이 영구적인 잠복 상태를 유지할 수 있다. 때때로 감기나 일광 화상과 같은 신체적 스트레스, 또는 정서적 스트레스는 헤르페스 바이러스 DNA가 바이러스 생산을 시작하도록 자극할 수 있으며, 이는 신체 표면의 세포들의 감염 및 임상 증상의 발현으로 이어진다.

바이러스가 우리 몸에 미치는 손상의 정도는 부분적으로는 감염에 대항하는 면역계의 반응 속도에 달려 있고, 부분적으로는 감염된 조직의 자가 회복 능력에 달려 있다. 일반적으로 감기에 걸리면 대부분의 경우 완전히 회복되는데, 이는 호흡기 조직이 유사분열을 통해 손상된 세포를 효율적으로 대체할 수 있기 때문이다. 반면 소아마비 바이러스는 일반적으로 대체될 수 없는 신경세포를 공격하는데, 이로 인해 파괴된 신경세포의 손상은 영구적이다. 이런 경우, 백신으로 질병을 예방할 수 있다(24.3절 참조).

식물도 동물과 마찬가지로 바이러스 감염에 취약하다. 식물을 감염시키는 바이러스는 식물 성장을 저해하고 작물 수확량을 감소시킬 수 있다. 잘 알려진 식물 바이러스 대부분은 RNA 바이러스다. 식물을 감염시키려면 바이러스는 먼저 식물의 외부 보호 세포층(표피)을 통과해야 한다. 바이러스가 식물 세포에 침입하여 증식을 시작하면, 인접한 식물 세포 사이의 벽을 관통하는 세포질 연결 통로인 원형질연락사(plasmodesmata)를 통해 식물 전체로 확산될 수 있다(그림 4.21 참조). 식물 바이러스는 곤충, 초식동물, 사람 또는 농기구에 의해 다른 식물로 전파될 수 있다. 동물 바이러스와 마찬가지로 대부분의 바이러스성 식물 질병에 대한 치료법은 없다. 따라서 농업 과학자들은 감염 예방과 저항성 품종 개발에 주력하고 있다.

? 일부 바이러스는 어떻게 DNA 없이도 복제할 수 있는지 설명해 보시오.

■ 이러한 바이러스의 유전물질은 RNA로, 바이러스에 의해 암호화된 특수 효소들에 의해 숙주세포 내에서 복제된다. 바이러스 유전체(또는 그 상보적인 서열)는 바이러스 단백질 합성을 위한 mRNA 역할을 한다.

10.19 신종 바이러스는 인간의 건강을 위협한다

진화 연관성

갑자기 출현하여 의학적으로 새롭게 대두되는 바이러스를 **신종바이러스(emerging virus)**라고 한다(**그림 10.19**). 잘 알려진 예로는 **AIDS**(후천성 면역결핍 증후군)를 일으키는 바이러스인 **HIV**(사람면역결핍 바이러스, 10.20절 참조)가 있다. HIV는 1980년대 초 뉴욕과 캘리포니아에서 갑자기 나타나기 시작했다. 또 다른 예는 치명적인 에볼라 바이러스로 1976년 중앙아프리카에서 처음 발견되었다. 에볼라 바이러스(Ebola virus)는 발열, 구토, 대량 출혈, 순환계 붕괴를 특징으로 하는 치명적인 증후군인 출혈열을 유발하는 여러 신종 바이러스 중 하나다. 에볼라는 처음 발견된 이후 여러 차례 발생했으며, 2014년에 시작된 가장 큰 유행은 결국 세 대륙에서 1만 명 이상의 목숨을 앗아갔다.

데이터 시각화

▲ **그림 10.19** 지난 100년간의 주요 신종 바이러스 발생 지도

또 다른 최근 발견된 위험한 신종 바이러스들은 뇌염, 즉 뇌의 염증을 유발한다. 한 예로, 1999년 북미에 출현하여 미국 48개 주 전역으로 확산된 웨스트나일 바이러스(West Nile virus)가 있다. 웨스트나일 바이러스는 주로 모기에 의해 전파되며, 모기는 감염자의 피를 빨아 다른 피해자의 피로 바이러스를 옮기는 방식으로 확산된다. 특히, 2012년 텍사스에서 웨스트나일 바이러스 감염 사례가 급증했다. 최근에 알려진 또 다른 신종 병원체는 지카 바이러스(Zika virus)로, 모기에 의해 전파되며 지카열을 일으킨다. 이 바이러스는 1950년대에 적도 아프리카와 아시아에서 처음 확인되었다. 2013년부터 이 바이러스는 태평양을 건너 동쪽으로 확산되기 시작했고, 2015년에는 남미에서 세계적 유행병 수준으로 번졌다. 2016년 기준으로 아직 지카 바이러스에 대한 백신은 없다.

치명적인 바이러스는 어디에서 유래할까?

어떻게 이러한 바이러스들이 갑자기 출현하는 것일까? 바이러스성 질병의 출현에는 돌연변이, 종간 접촉, 고립된 집단으로부터의 확산이라는 세 가지 요인이 작용한다.

기존 바이러스의 돌연변이는 신종 바이러스 질병의 주요 원인이다. RNA 바이러스는 DNA 복제와는 달리 RNA 복제 오류를 교정하고 복구하는 기능이 없기 때문에 돌연변이 발생률이 비정상적으로 높은 경향이 있다. 때로는 기존 바이러스가 돌연변이로 인해 새로운 바이러스 종(유전적 변종)으로 변하여, 기존 바이러스에 이미 면역이 있는 개체에게도 질병을 일으킬 수 있다. 매년 독감 백신을 접종해야 하는 이유가 바로 여기에 있다. 돌연변이로 인해 새로운 독감 바이러스 변종이 생겨서 전에 백신을 맞은 사람이라도 이 변종에는 면역력이 없기 때문이다.

새로운 바이러스성 질병은 종종 기존 바이러스가 한 종의 숙주에서 다른 종의 숙주로 확산되면서 발생한다. 예를 들어, 2009년 멕시코와 미국에서 독감과 유사한 질병이 유행했다. 이 감염원은 계절성 독감을 일으키는 바이러스와 관련이 있는 H1N1이라는 인플루엔자 바이러스가 원인인 것으로 확인되었다. 이 질병은 급속히 확산되어 207개국에서 60만 명 이상을 감염시킨 세계적 유행병이 되었다. H1N1 바이러스는 수년 동안 돼지들 사이에서 순환하다가 사람에게 전파되었을 가능성이 높다. 실제로 과학자들은 새로운 인간 질병의 약 3/4이 다른 동물에서 온 것으로 추정하고 있다.

고립된 소규모 집단에서 시작된 바이러스성 질병이 대규모 유행병으로 번질 수 있다. 예를 들어, 에이즈는 전 세계로 확산되기 전까지는 수십 년 동안 이름도 붙여지지 않았고 거의 주목받지 못했다. 이 경우, 저렴한 해외여행, 수혈, 성행위, 정맥주사를 통한 약물 남용 등 기술 및 사회적 요인으로 인해 이전에는 사람에게 희귀했던 질병이 전 세계적인 재앙이 되었다. 언젠가 HIV 및 다른 신종 바이러스를 통제하는 데 성공한다면 그 성공은 핵산의 구조와 기능에 대한 이해를 바탕으로 이루어질 것이다.

? 한 해에 독감 예방 주사를 맞아도 다음 해에 독감에 대한 면역이 생기지 않는 이유는 무엇일까?

■ 인플루엔자 바이러스는 잦은 돌연변이를 통해 빠르게 진화하기 때문에 우리를 감염시키는 변종은 이전 해에 예방접종을 받아 면역을 가지고 있는 바이러스와는 다를 가능성이 높다.

10.20 AIDS 바이러스는 RNA를 주형으로 DNA를 만든다

에이즈를 유발하는 바이러스인 HIV는 몇 가지 특별한 성질을 가진 RNA 바이러스다. HIV는 외형상 독감이나 유행성이하선염 바이러스와 비슷하다(**그림 10.20A**). HIV는 막으로 된 외피와 돌출된 당단백질 돌기를 통해 볼거리 바이러스와 매우 유사한 방식으로 숙주세포에 들어가고 나갈 수 있다(그림 10.18 참조). 그러나 HIV는 하나가 아닌 2개의 동일한 RNA 가닥을 가지고 있으며, 복제 방식 또한 다르다. HIV는 **레트로바이러스(retrovirus)**로서 DNA 분자를 이용하여 복제하는 RNA 바이러스의 일종이다. 레트로바이러스는 일반적인 DNA→RNA로의 유전정보 흐름과 반대로 유전정보가 전달되기 때문에 붙여진 이름이다. 이 바이러스는 RNA를 주형으로 DNA를 합성하는 역전사반응을 촉매하는 **역전사효소(reverse transcriptase)**를 가지고 있다.

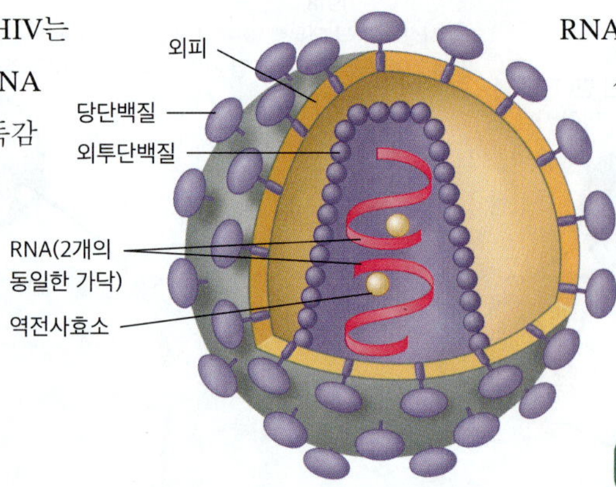

▲ **그림 10.20A** HIV의 구조

그림 10.20B는 HIV 외피가 숙주세포의 원형질막과 융합한 후 세포질 안으로 들어간 HIV RNA에서 일어나는 과정을 보여준다. ❶ 역전사효소(●)가 RNA를 주형으로 하여 DNA 가닥을 만든 다음, ❷ 합성된 DNA에 상보적인 DNA 가닥을 만든다. ❸ 이렇게 만들어진 이중가닥의 바이러스 DNA는 세포의 핵으로 들어가 염색체에 삽입된다. ❹ 숙주의 RNA 중합효소는 삽입된 프로바이러스 DNA를 RNA로 전사하고, ❺ 이는 번역되어 바이러스 단백질이 만들어진다. ❻ 바이러스 RNA와 단백질로 조립된 새로운 바이러스는 세포를 떠나 다른 세포를 감염시킬 수 있다.

HIV는 면역세포인 백혈구를 감염시키고 파괴한다(24장 참조). 백혈구의 손상으로 인해 신체는 평소에 잘 막아낼 수 있는 다른 감염들에 취약하게 된다. 이러한 2차 감염이 에이즈 환자를 사망에 이르게 할 수 있는 여러 증상, 즉 에이즈 증후군을 일으키는 원인이 된다.

? HIV 역전사효소가 항에이즈 약물 치료의 좋은 표적이 되는 이유는 무엇인가?

■ 역전사효소는 HIV에만 있는 특이한 효소다. 우리 몸은 보통 RNA에서 DNA로 유전정보를 복제하지 않기 때문에 역전사효소를 억제하면 사람에게는 악영향을 미치지 않는다.

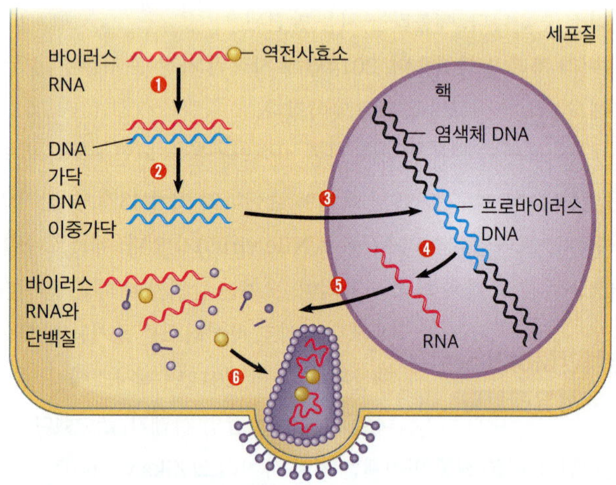

▲ **그림 10.20B** 숙주세포에서 HIV 핵산의 경로

10.21 프리온은 감염성 단백질이다

프리온은 동물에게 여러 가지 뇌 질환을 일으키는 감염성 단백질이다. 바이러스는 DNA나 RNA를 사용하는 반면, **프리온(prion)**은 정상적인 뇌 단백질의 잘못 접힌 변형된 형태로만 이루어진다(**그림 10.21**). 프리온이 정상 형태의 단백질이 들어 있는 세포에 들어가면, 프리온은 어떻게든 정상 단백질 분자들을 잘못 접힌 형태로 변환시킨다. 그 후 잘못 접힌 단백질들은 서로 뭉쳐 뇌 기능 장애를 유발한다.

프리온으로 인한 질병에는 양에서 발생하는 스크래피(scrapie), 최근 유럽 소고기 산업을 괴롭혀 온 광우병, 그리고 영국에서 175명 이상의 사망자를 낸 크로이츠펠트-야콥병이 있다. 1900년대 초 뉴기니에서 유행했던 프리온에 의한 질병인 쿠루병은 인류학자들이 뇌를 먹는 의례적인 식인 행위가 원인이라는 것을 밝혀내고, 현지 주민들에게 그 풍습을 중단하도록 설득한 후에 중단되었다.

프리온은 매우 느리게 작용하는데, 증상이 나타나기까지 최소 10년의 잠복기를 가진다. 이 때문에 첫 감염 사례가 나타난 후 상당한 시간이 지나서야 감염원이 식별되는 경우가 많아 훨씬 더 많은 감염이 발생할 수 있다. 또한 프리온은 일반적인 조리 온도로 가열해도 음식물에서 파괴되지 않는다. 현재까지 프리온 질환에 대해 알려진 치료법은 없으며, 효과적인 치료법을 개발하기 위한 유일한 방법은 감염 과정을 정확히 이해하는 데 있다.

▲ **그림 10.21** 프리온의 컴퓨터 모형

? 프리온이 다른 알려진 감염원과 다른 점은 무엇인가?

■ 프리온은 단백질로, 핵산을 포함하지 않는다.

10.22 박테리아는 세 가지 방법으로 DNA를 전달한다

바이러스 복제에 대한 연구는 살아 있는 세포 내에서 일어나는 DNA 복제 및 유전자 발현 조절 기작에 대한 이해를 제공한다. 유전학 연구에서 박테리아는 바이러스와 마찬가지로 미생물 모델로서 매우 유용하다. 박테리아는 원핵세포로서, 가장 단순한 생명체의 분자유전학 연구를 가능하게 한다.

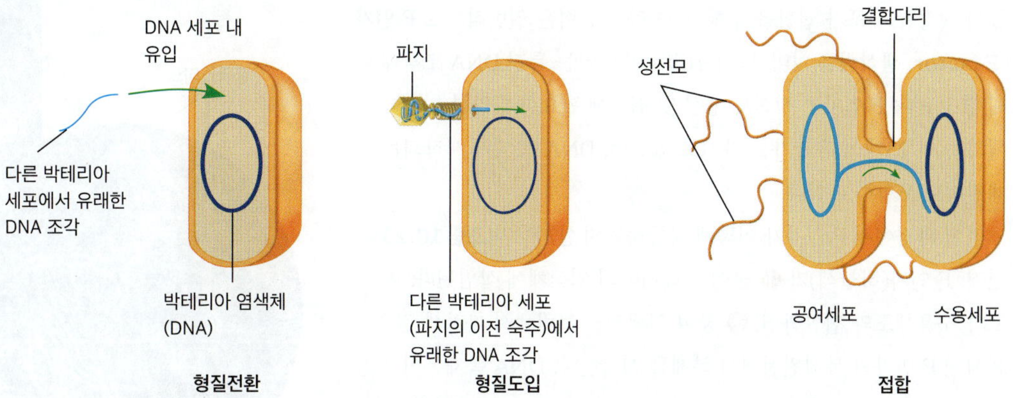

▲ 그림 10.22A 박테리아 사이에서 유전자를 전달하는 세 가지 방법

대부분의 박테리아 DNA는 단일 염색체, 즉 관련 단백질과 결합되어 있는 닫힌 원형 구조로 존재한다. 이 절의 그림에서 염색체는 세포에 비해 실제 크기보다 훨씬 작게 표현되어 있다. 박테리아 염색체는 세포보다 수백 배 길지만, 매우 촘촘하게 접혀 있기 때문에 세포 안에 수용될 수 있다.

박테리아 세포는 염색체의 복제가 일어난 후 이분법 분열을 통해 증식한다(8.2절 참조). 이분법 분열은 단 하나의 부모만 관여하는 무성생식이므로, 한 콜로니의 박테리아들은 부모세포와 유전적으로 동일하다. 그렇다고 해서 박테리아가 새로운 유전자 조합을 생성할 수 있는 방법이 없다는 것은 아니다. 실제로 박테리아에서는 형질전환, 형질도입, 접합의 세 가지 방법으로 한 세포에서 다른 세포로 유전자가 이동할 수 있다(**그림 10.22A**). 그림의 왼쪽은 주변으로부터 외부 DNA를 받아들이는 **형질전환(transformation)**을 보여준다. 그리피스의 실험(10.1절 참조)에서, 무해한 박테리아 균주가 질병을 일으키는 균주의 죽은 세포에서 남은 DNA 조각을 흡수했다. 죽은 병원균의 DNA에는 동물의 방어 체계에 저항하는 유전자가 있었고, 이 유전자를 획득한 비병원성 박테리아는 감염된 동물에게 폐렴을 일으켰다.

박테리아를 감염시키는 바이러스인 박테리오파지는 서로 다른 박테리아의 유전자를 결합시키는 두 번째 수단을 제공한다(그림 10.22A의 가운데). 파지에 의한 박테리아 유전자의 이동을 **형질도입(transduction)**이라고 한다. 용균성 감염 동안 감염된 박테리아 세포에서 새로운 파지 바이러스 입자가 조립되는 과정에서 숙주 DNA 일부가 파지 DNA와 함께 파지 캡시드 안에 잘못 포함될 수 있다. 이 파지가 새로운 박테리아 세포를 감염시킬 때 이전 숙주세포의 DNA가 새로운 숙주에 주입된다.

유전자를 교환하는 세 번째 수단으로, 일부 박테리아 세포는 '짝짓기(mate)'를 할 수 있다(그림 10.22A의 오른쪽). 같은 종 또는 다른 종의 두 박테리아 세포가 물리적으로 결합하고 그 과정에서 DNA가 전달되는 현상을 **접합(conjugation)**이라고 한다. 그림에서 볼 수 있듯 공여세포는 성선모(sex pili)라는 속이 빈 부속기관을 가지고 있으며, 그중 하나가 수용세포에 부착되어 있다. 부착 후, 성선모는 갈고리처럼 수축하여 두 세포를 함께 잡아당긴다. 그 후 공여세포는 수용세포로 DNA(그림에서 하늘색)를 전달한다. 공여세포는 DNA 전달과 동시에 복제를 수행하여 유전자 손실을 방지한다. 이 DNA 복제는 특수한 유형으로, 복제된 DNA 사본 중 하나가 분리되어 수용세포로 전달된다.

어떤 기작을 통해서든 새로운 DNA가 박테리아 세포 안으로 들어가면 그 일부는 수용세포의 염색체에 삽입될 수 있다. **그림 10.22B**에서 볼 수 있듯, DNA 통합은 공여세포와 수용세포 DNA 분자 사이의 교차를 통해 이루어지는데, 이는 진핵생물 염색체에서 일어나는 교차 과정과 유사하다(8.17절 참조). 여기서는 두 번의 교차를 통해 수용세포의 원래 DNA의 일부가 공여된 DNA 조각으로 대체된 것을 볼 수 있다. 남은 DNA 조각은 분해되어 사라지고, 수용세포는 재조합 염색체를 갖게 된다.

다음 절에서는 박테리아 사이의 유전물질 전달이 갖는 의학적 중요성에 대해 알아볼 것이다.

? 박테리아는 세 가지 방법으로 DNA를 전달할 수 있다. 박테리아가 ________(으)로부터 유전물질을 받아들이는 형질전환, 유전물질이 ________ 을/를 통해 전달되는 과정인 형질도입, 그리고 접합이라는 박테리아가 ________(이)라는 특수 구조를 통해 짝짓기하는 방법이다.

■ 환경, 파지, 성선모

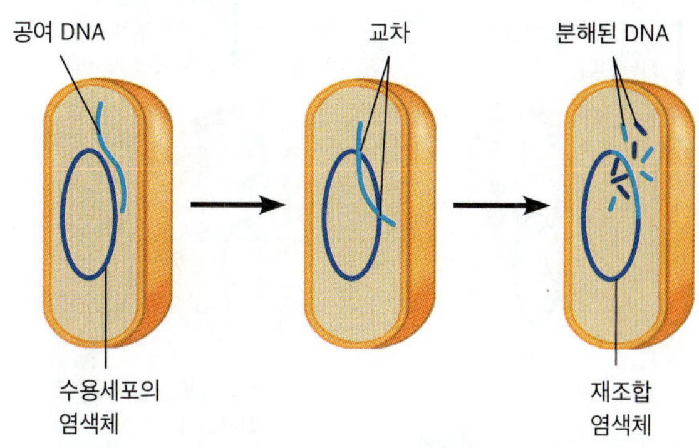

▲ 그림 10.22B 공여된 DNA 일부가 수용세포의 염색체에 삽입된다.

10.23 박테리아 플라스미드는 유전자 전달을 매개할 수 있다

공여 대장균 세포가 접합을 수행할 수 있는 능력은 일반적으로 **F 인자**(**F factor**, 생식력을 의미하는 fertility의 F)라는 특정 DNA 조각에 의해 결정된다. F 인자는 성선모 생성 및 접합에 필요한 다양한 기능을 수행하는 약 25개의 유전자를 가지고 있으며, DNA 복제가 시작되는 복제원점도 포함하고 있다.

접합 과정에서 F 인자가 어떻게 작동하는지 살펴보자(**그림 10.23A**). 먼저, F 인자(하늘색)가 ❶ 공여 박테리아의 염색체에 삽입된다. 이 세포가 수용세포와 접합하면, ❷ 공여 염색체는 그림에서 파란색 점으로 표시된 F 인자의 복제원점에서 복제를 시작한다. DNA 복제본이 신장하면서 염색체로부터 분리되어 수용 박테리아 세포로 이동한다. 전달되는 DNA의 앞부분은 F 인자의 일부지만, 바로 뒤에는 공여세포의 원래 염색체에 있던 유전자가 위치한다. 나머지 F 인자는 그대로 공여세포에 남아 있다. 일단 수용세포 안에 들어가면, 전달된 공여 유전자는 ❸ 교차를 통해 수용 염색체의 해당 부분과 재조합될 수 있다. 교차가 일어나면 수용세포는 유전적으로 변할 수 있지만, F 인자의 나머지가 전달되기 전에 두 세포가 분리되기 때문에 일반적으로 수용세포 상태를 유지한다.

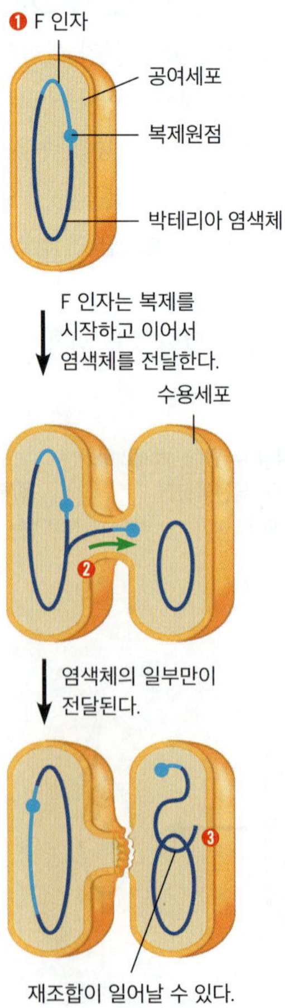

▲ **그림 10.23A** 삽입된 F 인자에 의한 염색체 DNA의 이동

▲ **그림 10.23B** F 인자 플라스미드의 이동

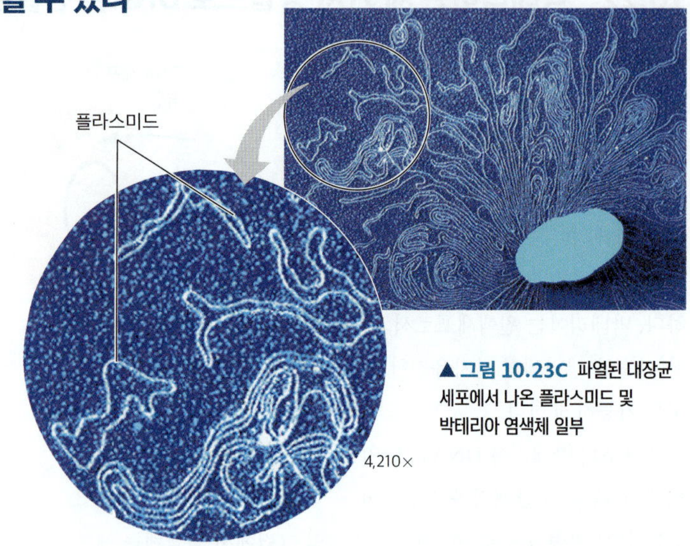

▲ **그림 10.23C** 파열된 대장균 세포에서 나온 플라스미드 및 박테리아 염색체 일부

또는 **그림 10.23B**에서 볼 수 있듯이, F 인자는 ❶ 박테리아 염색체와 분리된 작은 원형 DNA 분자인 **플라스미드**(**plasmid**)로 존재할 수 있다. 모든 플라스미드는 세포 내 복제에 필요한 복제원점을 가지고 있다. F 인자 플라스미드를 포함한 일부 플라스미드는 접합을 일으켜 다른 세포로 이동할 수 있다. 그림 10.23B의 공여세포가 수용세포와 결합하면, ❷ F 인자는 복제되는 동시에 자신의 완전한 복제본 하나를 원형이 아닌 선형으로 수용세포로 전달한다. 전달된 플라스미드는 ❸ 수용세포 안에서 다시 원형 구조를 형성하며, 수용세포는 공여세포로 전환된다.

대장균를 비롯한 여러 박테리아에는 다양한 종류의 플라스미드를 보유한다. **그림 10.23C**에서 파열된 세포로부터 고리 형태로 뻗어 나온 박테리아 염색체의 일부와 함께 다수의 플라스미드를 관찰할 수 있다. 일부 플라스미드는 세포의 생존에 영향을 미치는 수 있는 유전자를 가지고 있다. **R 플라스미드**(**R plasmid**)라고 불리는 특정 플라스미드는 의학 분야에 심각한 문제를 일으킨다. 전달 가능한 R 플라스미드는 페니실린과 테트라사이클린 같은 항생제를 분해하는 효소의 유전자를 가지고 있다. 따라서 R 플라스미드를 보유한 박테리아는 일반적인 항생제에 죽지 않는 저항성(resistant의 R)을 갖게 된다. 의학과 농업 분야에서 광범위하게 사용되는 항생제들은 R 플라스미드가 없는 박테리아를 죽이지만, 반면에 R 플라스미드를 가진 박테리아는 더 증식시키는 결과를 초래했다. 그 결과, 식중독과 임질 등 사람에게 질병을 일으키는 박테리아의 수가 증가하고, 박테리아의 항생제 내성이 증가하고 있다(13.16절 참조).

다음 장에서는 분자유전학을 통해 유전자에 대한 이해를 심화시키고(11장 참조), 12장에서 플라스미드에 대한 논의를 계속 진행할 것이다.

? 플라스미드는 유전공학에 유용한 도구다. 그 이유는 무엇인가?

■ 과학자들은 플라스미드가 외래 유전자를 운반하고, 복제하며, 자손 세포에 유전되는 유용한 특성을 활용할 수 있다.

CHAPTER 10 복습

개념 복습

유전물질의 구조(10.1~10.3)

10.1 실험을 통해 DNA가 유전물질이라는 것이 밝혀졌다. 허시와 체이스는 적절한 실험 대상을 사용하여, 특정 박테리아 바이러스인 파지가 자신의 DNA를 주입하여 숙주세포로 하여금 더 많은 파지를 생산하도록 유도한다는 것을 입증할 수 있었다.

10.2 DNA와 RNA는 뉴클레오타이드의 중합체다.

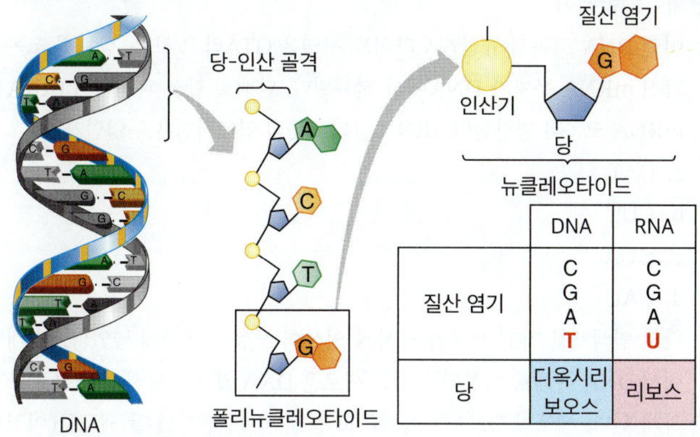

	DNA	RNA
질산 염기	C G A T	C G A U
당	디옥시리보오스	리보스

10.3 DNA는 이중나선 구조다. 왓슨과 크릭은 2개의 폴리뉴클레오타이드 가닥이 이중나선으로 꼬여 있는 DNA의 3차원 구조를 밝혀냈다. 염기 사이의 수소결합이 두 가닥을 안정적으로 유지하며, 각 염기는 상보적인 염기쌍, 즉 A는 T와, G는 C와 결합한다.

DNA 복제(10.4~10.5)

10.4 DNA 복제는 염기쌍의 상보적인 결합을 기초로 한다. DNA 복제는 DNA 가닥의 분리로 시작된다. 그 후 DNA 중합효소는 각 가닥을 주형으로 사용하여 상보적인 뉴클레오타이드를 연결하여 새로운 DNA 가닥을 형성한다.

10.5 DNA 복제는 여러 지점에서 동시에 양방향으로 진행된다. 세포는 DNA 중합효소라는 효소를 사용하여 새로운 한 가닥을 연속적으로 길게 합성하고 다른 새로운 가닥은 일련의 짧은 조각으로 합성한다. 이 조각들은 DNA 연결효소에 의해 연결된다.

DNA에서 RNA, 단백질로 이어지는 유전정보의 흐름(10.6~10.16)

10.6 유전자는 단백질 발현을 통해 표현형질을 조절한다. 유전자의 DNA는 많은 뉴클레오타이드들이 일렬로 배열된 선형 서열로서 RNA로 전사되고, 이 RNA는 폴리펩타이드로 번역된다.

10.7 코돈에 기록된 유전정보는 아미노산 서열로 번역된다. 코돈은 3개의 염기로 구성된 단위다.

10.8 유전암호는 코돈이 아미노산으로 어떻게 번역되는지 결정한다. 대부분의 생명체는 유전자에서 전사된 mRNA 코돈을 폴리펩타이드의 아미노산 서열로 번역하는 데 동일한 유전암호를 사용한다.

10.9 전사는 유전정보를 RNA 형태로 전달하는 과정이다. 핵에서 DNA 이중나선이 풀리고, RNA 중합효소가 RNA 뉴클레오타이드를 DNA 주형을 따라 상보적으로 연결하여 RNA를 생성한다.

10.10 진핵생물 RNA는 핵을 나가기 전에 mRNA로 가공 과정을 거친다. RNA의 암호화하지 않는 부분인 인트론이 스플라이싱되고, 양쪽 말단에 모자와 꼬리가 추가된다.

10.11 운반 RNA는 번역 과정에서 통역자 역할을 한다. 번역은 세포질에서 일어난다. 리보솜이 mRNA에 결합하여 운반 RNA(tRNA)의 도움으로 mRNA 유전정보를 특정 폴리펩타이드로 번역한다. 각각의 tRNA는 한쪽 끝에는 안티코돈이라는 3개의 특정 염기를 가지고 있고, 다른 쪽 끝에는 특정 아미노산이 결합하는 자리를 가지고 있다.

10.12 리보솜에서 폴리펩타이드가 합성된다. rRNA와 단백질로 구성된 리보솜은 tRNA와 mRNA의 결합부위를 가지고 있다.

10.13 개시코돈은 mRNA 유전정보의 시작을 표시한다.

10.14 신장은 종결코돈에 의해 번역이 종료될 때까지 아미노산을 폴리펩타이드 사슬에 추가하는 과정이다. mRNA가 리보솜을 따라 한 코돈씩 이동함에 따라 상보적인 안티코돈을 가진 tRNA가 각각의 코돈에 맞춰 아미노산을 전달하고, 그 아미노산들이 합성 중인 폴리펩타이드 사슬에 추가된다.

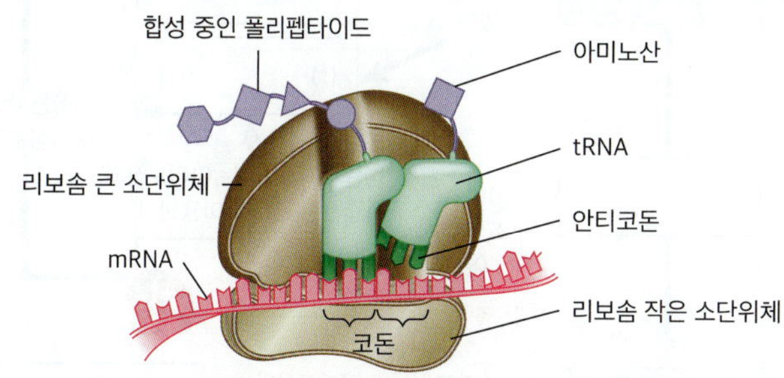

10.15 복습: 세포의 유전정보는 DNA→RNA→단백질로 전달된다. DNA의 코돈 순서는 mRNA의 코돈 순서를 통해 폴리펩타이드의 1차 구조를 결정한다.

10.16 돌연변이는 유전자에 영향을 미칠 수 있다. 돌연변이는 DNA 복제나 재조합 과정에서의 오류, 또는 돌연변이원에 의해 발생하는 세포나 바이러스의 유전정보가 바뀌는 현상이다. 뉴클레오타이드의 치환, 삽입 또는 결실은 유전자를 변형시키며, 그 결과는 다양하다.

바이러스와 박테리아의 유전학(10.17~10.23)

10.17 바이러스 DNA는 숙주 염색체의 일부가 되기도 한다. 바이러스는 단백질로 둘러싸인 유전자를 가진 감염성 입자다. 파지 DNA가 박테리아 내부의 용균성 생활사에 들어가면 복제, 전사, 번역되고, 새로운 바이러스 DNA와 단백질 분자가 새로운 파지로 조립되어 숙주세포에서 터져 나온다. 용원성 생활사에서 파지 DNA는 숙주 염색체에 삽입되어 여러 세대의 딸 세포로 전달된다. 나중에 파지 생산을 시작할 수 있다.

10.18 많은 바이러스가 동식물에서 질병을 일으킨다. 독감 바이러스와 대부분의 식물 바이러스는 DNA가 아닌 RNA를 유전물질로 가지고 있다. 일부 동물 바이러스는 숙주세포막의 일부를 가져와 보호용 외피로 사용하기도 한다.

10.19 신종 바이러스는 인간의 건강을 위협한다.

10.20 AIDS 바이러스는 RNA를 주형으로 DNA를 만든다. HIV는 레트로바이러

스다. 바이러스의 효소인 역전사효소는 자신의 RNA 유전체를 DNA를 만드는 주형으로 사용하며, 이 DNA는 숙주 염색체에 삽입된다.

10.21 프리온은 감염성 단백질이다. 프리온은 동물에게 뇌 질환을 일으킬 수 있는 감염성 단백질이다.

10.22 박테리아는 세 가지 방법으로 DNA를 전달한다. 박테리아는 형질전환, 형질도입, 접합의 방법을 통해 세포 사이에 유전자를 전달할 수 있다.

10.23 박테리아 플라스미드는 유전자 전달을 매개할 수 있다. 플라스미드는 작은 원형 DNA 분자이며 박테리아 염색체와 분리되어 존재한다.

개념 연결하기

1. 빈칸을 채우며 세포에서의 유전정보 흐름에 대한 이해도를 확인해 보자.

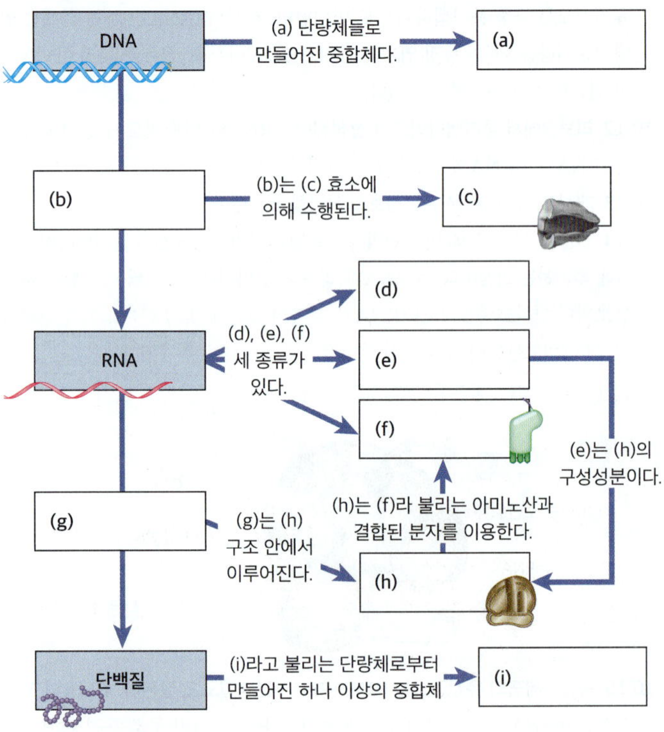

학습 평가하기

1단계: 지식과 이해력 평가

2. 다음 중 번역 중에 일어나지 않는 단계는 무엇인가?
   a. 전좌
   b. 펩타이드 결합 형성
   c. DNA 가닥 분리
   d. 코돈 인식
3. DNA 복제 과정에 필요한 재료, 과정의 단계, 최종 생성물에 대해 설명하시오.
4. DNA 주형에서 RNA를 합성하는 과정을 무엇이라 하는가? RNA 주형에서 폴리펩타이드를 합성하는 과정을 무엇이라 하는가?

2단계: 응용과 분석력 평가

5. 아데닌 생합성에 필수적인 출아 효모의 *ADE2* 유전자는 유전자 표지자로 자주 사용된다. *ade2-1* 대립유전자는 244번 코돈에서 TGG가 TGA로, 185번 코돈에서 GGA가 GAA로 바뀌는 돌연변이를 가지고 있다. 이 두 돌연변이는 각각 어떤 유형의 돌연변이인가? (그림 10.8A 참조)
6. 한 유전학자가 특정 돌연변이로 인해 유전자가 암호화하는 폴리펩타이드가 평소보다 아미노산 3개만큼 더 길어졌다는 사실을 발견했다. 이 돌연변이는 다음 중 무엇과 관련 있는가?
   a. 9개의 뉴클레오타이드 결실
   b. 단일 뉴클레오타이드의 치환
   c. 9개의 뉴클레오타이드 삽입
   d. 개시코돈 결실
7. 진핵생물 유전자의 정보가 전사되어 단백질로 번역되는 과정을 다음 용어를 정확하게 사용하여 설명하시오. tRNA, 아미노산, 개시코돈, 전사, RNA 스플라이싱, 엑손, 인트론, mRNA, 유전자, 코돈, RNA 중합효소, 리보솜, 번역, 안티코돈, 펩타이드 결합, 종결코돈.

3단계: 종합평가

8. 어떤 DNA 코돈의 뉴클레오타이드 서열은 GTA라고 하자. 상보적 코돈을 가진 mRNA 분자가 DNA에서 전사된다. 단백질 합성 과정에서 tRNA는 mRNA 코돈과 결합한다. tRNA 안티코돈의 염기서열은 무엇인가?
   a. CAT
   b. CUT
   c. GUA
   d. CAU
9. 단일 염색체를 가진 세포를 방사성 인산이 포함된 배지에 넣었다. 이 배지에서 DNA 복제로 형성되는 모든 새로운 DNA 가닥은 방사성 물질을 포함하게 된다. 세포가 DNA를 복제하고 분열한 후, 생성된 딸 세포들(여전히 방사성 배지 안에 있는)이 다시 DNA를 복제하고 분열하여 최종적으로 4개의 세포가 만들어진다. 4개의 세포 각각에서 DNA 분자를 그려보시오. 이때 방사성을 띠지 않는 정상 DNA 가닥은 실선으로, 방사성 DNA 가닥은 점선으로 하여 그려보자.
10. 짧은 폴리펩타이드를 암호화하는 유전자의 염기서열은 다음과 같다. CTACGCTAGGCGATTGACT. 이 유전자로부터 전사된 mRNA의 염기서열은 무엇인가? 그림 10.8A의 유전암호를 사용하여 이 mRNA로부터 번역된 폴리펩타이드의 아미노산 서열을 써보시오. (힌트: 개시코돈은 무엇인가?)
11. 사람 유전체 사업에 참여한 연구자들은 사람 유전자의 뉴클레오타이드 염기서열을 알아내고, 많은 경우 이 유전자들로부터 생성되는 단백질을 규명했다. 유전자의 뉴클레오타이드 서열에 대한 지식은 생명을 구하는 의약품이나 유전적 결함에 대한 치료법을 개발하는 데 유용하게 쓰일 수 있다. 미국에서는 정부 기관과 생명공학 회사 모두 유전자 발견에 대한 특허를 출원했다. 영국에서는 법원이 자연적으로 존재하는 유전자는 특허를 받을 수 없다고 판결했다. 개인과 기업이 유전자 및 유전자 생성물에 대한 특허를 받을 수 있어야 한다고 생각하는가? 답하기 전에 다음 사항을 고려하시오. 특허의 목적은 무엇인가? 유전자를 발견한 사람이 특허를 통해 얻는 혜택은 무엇인가? 대중이 받는 공공의 이익은 무엇인가? 유전자 특허의 긍정적인 결과와 부정적인 결과는 무엇인가?
12. **과학적 사고** 실험의 성공 여부는 연구할 적절한 연구 대상 개체를 선택하는 데 달려 있다. 예를 들어, 멘델은 완두콩 식물을 선택했기 때문에 유전학의 기본 원리를 추론할 수 있었다. 10.1절을 검토하면서, 허시와 체이스가 유전물질을 규명하는 과정에 T2 박테리오파지의 독특한 구조적 특성을 어떻게 이용했는지 설명하시오.

CHAPTER

11 유전자 발현의 조절

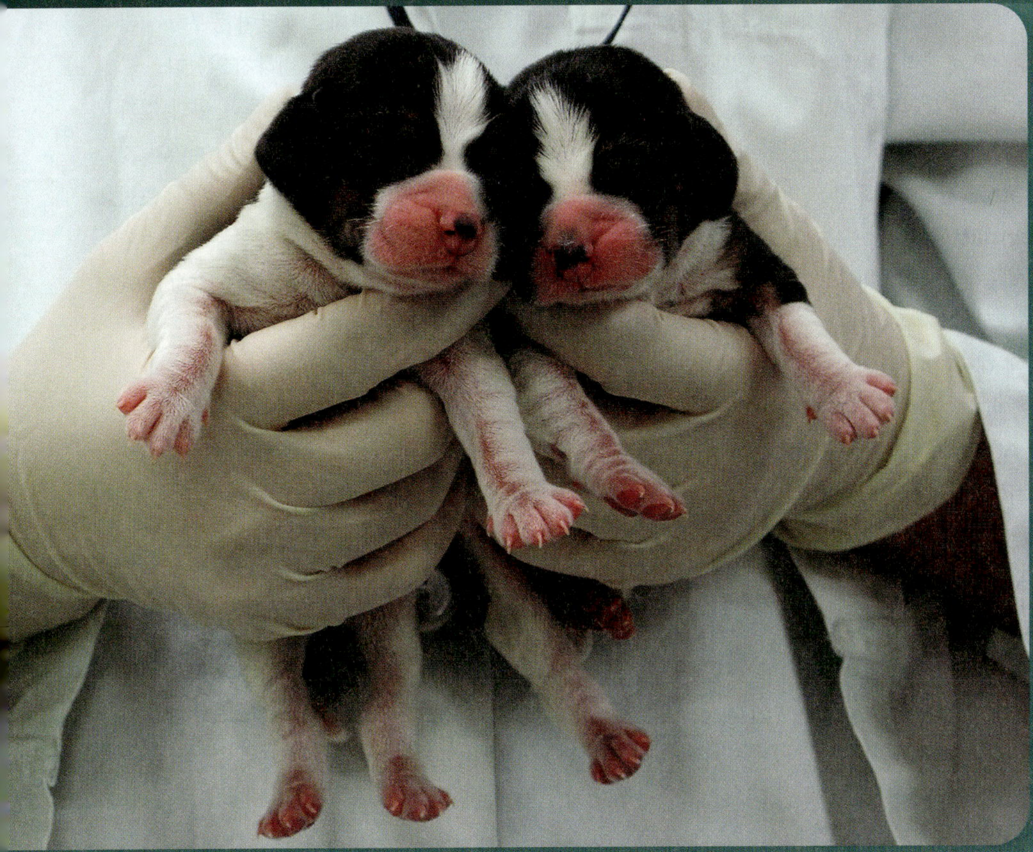

핵심 개요

유전자 발현의 조절(11.1~11.11)

세포는 다양한 기작을 통해 유전자 발현을 조절한다.

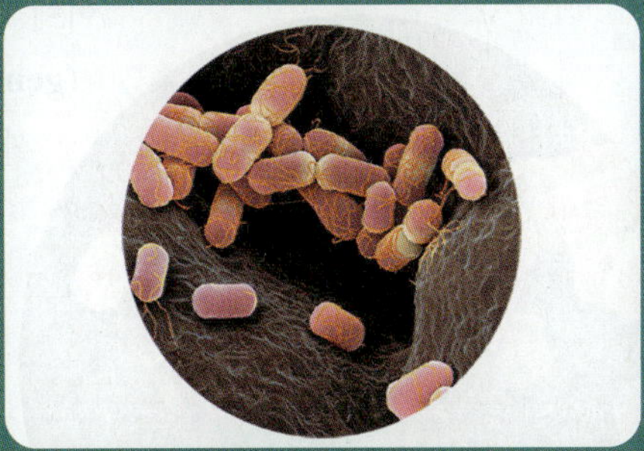

식물과 동물의 복제(11.12~11.14)

복제는 세포가 완전한 유전적 잠재력을 유지하고 있다는 것을 보여준다.

암에 대한 유전학적 기초(11.15~11.18)

유전자 발현을 조절하는 유전자에 변화가 생기면 세포 성장이 통제되지 않는다.

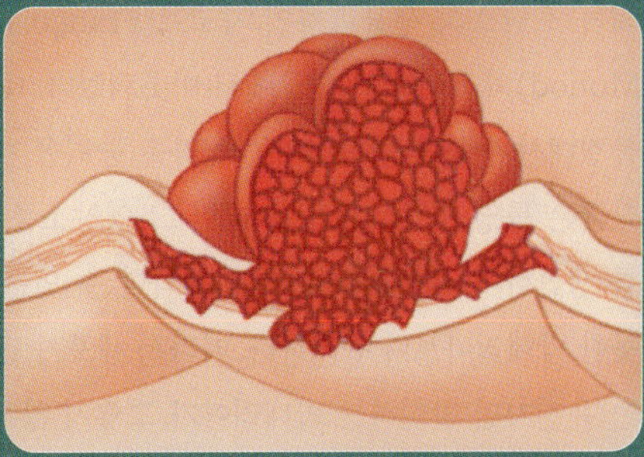

11.0 건강한 복제동물을 만드는 것은 어렵다

일부 반려동물 보호자는 사랑하는 반려동물을 복제하고 싶어 할 수 있다. 이는 실제로 가능하다. 예를 들어, DNA를 함유한 개의 세포와 DNA가 없는 난자를 융합하여 배아를 만들어 암컷 개에 삽입한 후 발달시키면 강아지를 얻을 수 있다. 위에 보이는 강아지는 성견 비글을 이용하여 복제한 강아지다. 이처럼 애완견을 복제하는 것이 가능해졌지만, 5만 달러에 달하는 비용은 대부분의 반려동물 보호자들에게 큰 장벽이 되고 있다.

1996년 암컷 양을 복제함으로써 포유류 복제가 시작된 이후 다양한 생물체에 이 기술이 적용되었다. 복제 과정은 기술적으로 어려우며, 복제된 동물은 종종 비정상이어서 수명이 짧고 노화 관련 질병의 발병률도 높다. 애완동물 복제가 상업적으로 성공하지는 못했지만, 이 장 뒷부분에서 동물복제가 농업, 의학 및 보존 분야에 유용하게 응용될 가능성이 있다는 것을 학습할 것이다.

건강한 복제동물 생산이 어렵다는 사실은 개체의 발달에 있어 유전자들의 복잡한 역할과 관련이 있다. 발달은 다양한 유전자가 켜지고 꺼지는 과정, 즉 유전자 발현의 조절에 의존한다. 이 장은 제일 먼저 세포가 어떻게 그리고 어디에서 유전자 발현 양상을 바꾸는지에 대한 예시로 시작한다. 그 이후에는 복제에 대해 자세히 알아볼 것이다. 마지막으로 유전자 발현의 변화로 인해 발생할 수 있는 질병인 암에 대해 설명한다.

유전자 발현의 조절

11.1 DNA와 상호작용하는 단백질이 환경 변화에 반응하여 원핵생물의 유전자 발현을 조절한다

창자에 살고 있는 박테리아인 대장균(*Escherichia coli, E. coli*)을 상상해 보자(**그림 11.1A**). 대장균이 있는 환경은 우리의 식습관에 따라 지속적으로 변화한다. 예를 들어, 아침 식사로 달콤한 롤빵을 먹으면 박테리아는 당과 분해된 지방 속에 있게 되지만, 이후 점심으로 샐러드를 먹으면 대장균이 있는 환경은 급격하게 바뀌게 된다. 이렇게 끊임없이 변하는 물질 환경에 박테리아는 어떻게 대처할 수 있을까?

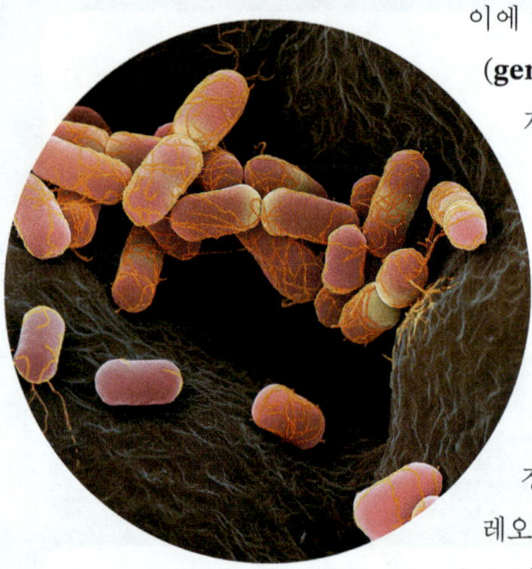

▲ **그림 11.1A** 박테리아 *E. coli* 세포

이에 대한 답은 **유전자 조절(gene regulation)**이다. 즉, 개체는 유전자 스위치를 켜고 끔으로써 환경 변화에 대응한다. 유전자를 켜거나 끈다는 것은 무엇을 의미하는 것일까? 유전자는 (10장에서 살펴본 것처럼) 특정 mRNA 분자의 뉴클레오타이드 서열을 결정하고, mRNA는 다시 단백질 분자의 아미노산 서열을 결정한다(DNA → RNA → 단백질). 이처럼 유전자가 mRNA로 전사되고, 이 정보가 특정 단백질 분자로 번역되었을 때 그 유전자의 스위치가 켜졌다고 한다. 유전정보가 유전자에서 단백질로, 즉 유전자형이 표현형으로 나타나는 전반적인 과정을 **유전자 발현(gene expression)**이라고 한다. 세포는 유전자 발현을 조절함으로써 세포가 원하는 시기와 장소에서 특정 종류의 단백질을 만들 수 있다.

우리의 소화기관에 서식하는 박테리아에 대해 다시 논의해 보자. 대장균을 예시로 든 것은 우연이 아니다. 유전자 조절에 대한 최초의 이해는 프랑스의 생물학자인 자코브(François Jacob)와 모노(Jacques Monod)의 박테리아 연구에서 비롯되었다. 대장균은 환경 변화에 따라 물질대사 활동을 변화시키는 놀라운 능력을 가지고 있다. 예를 들어, 대장균은 특정 영양소가 있을 때만 그 영양소를 대사하는 데 필요한 효소를 생산한다. 자원과 에너지를 절약할 수 있는 박테리아 세포는 그렇지 못한 박테리아보다 유리하다. 따라서 세포가 필요로 하는 생성물을 만드는 유전자만 발현하는 박테리아가 그렇지 않은 박테리아보다 자연선택에 더 유리하다. 대장균이 유전자 조절을 통해 어떻게 가용 자원을 효율적으로 사용하는지 살펴보자.

***lac* 유도오페론** 우유 한 잔을 마신 직후 창자 속에 살고 있는 대장균을 상상해 보자. 우유의 주요 영양소 중 하나는 이당류인 젖당(lactose)이다. 창자에 젖당이 풍부하면 대장균은 젖당을 흡수하여 이를 에너지원으로 사용하는 데 필요한 효소를 만든다. 반대로 젖당이 풍부하지 않으면 대장균은 이러한 효소를 만드느라 에너지를 낭비하지 않는다.

대부분의 효소는 단백질이며, 따라서 효소는 유전자 발현의 결과물이라는 것을 기억하자. 대장균이 젖당 이용 효소를 만들 수 있는 것은 이러한 효소를 암호화하는 유전자를 가지고 있기 때문이다. **그림 11.1B**는 대장균이 젖당의 이용 가능 여부에 따라 젖당 활용에 관련된 효소를 암호화하는 유전자를 끄거나 켜는 방법을 보여주는 모델(1961년 자코브와 모노가 처음 제안)이다.

대장균은 젖당을 섭취하고 물질대사를 하기 위해 세 가지 종류의 효소를 이용하는데, 이 효소를 암호화하는 유전자는 하나의 단위로 조절된다. 그림 11.1B의 위에 있는 DNA는 박테리아 염색체의 작은 일부다. 젖당 활용 효소들을 암호화하는 세 가지 유전자(하늘색)가 DNA 가닥을 따라 나란히 위치하고 있는 것에 주목하자.

이 젖당 활용 효소 유전자들 바로 옆에는 이들 유전자의 발현을 조절하는 데 도움이 되는 2개의 짧은 조절염기서열이 위치한다. 조절염기서열 중 하나는 **프로모터(promoter)**로, 전사효소인 RNA 중합효소(RNA polymerase)가 결합하여 전사를 시작하는 부위다. 이 경우에는 세 가지 젖당효소 유전자들이 모두 한꺼번에 전사된다(그림 11.1B의 아래 패널에 표시됨). 프로모터와 효소 유전자 사이에 있는 **작동자(operator)**라고 불리는 또 다른 DNA 조절염기서열은 스위치 역할을 한다. 작동자는 RNA 중합효소가 프로모터에 부착하여 유전자의 전사를 시작할 수 있는지 여부를 결정한다.

이처럼 관련 기능을 가진 유전자들의 집단과 조절염기서열, 즉 효소 생산에 필요한 전체 DNA를 **오페론(operon)**이라고 한다. 관련 유전자를 오페론으로 묶는 가장 큰 장점은 하나의 '온오프 스위치'로 전체 집단을 동시에 조절할 수 있다는 점이다. 여기서 논의하는 오페론은 젖당오페론(lactose operon)으로서, 줄여서 *lac* 오페론이라고 한다. 대장균이 젖당을 만나면 대사에 필요한 모든 효소가 한꺼번에 만들어지는 이유는 오페론의 유전자들이 모두 단일 스위치, 즉 작동자에 의해 조절되기 때문이다. 그렇다면 무엇이 작동자 스위치가 켜질지 혹은 꺼질지를 결정할까?

그림 11.1B의 위 패널은 세포의 주변 환경에 젖당이 없어서 *lac* 오페론이 꺼진 상태를 보여준다. 이 경우 **억제자(repressor,)**라는 단백질이 작동자( )에 결합하여 RNA 중합효소( )가 프로모터( )에 부착하는 것을 물리적으로 차단하기 때문에 전사가 일어나지 못한다. 그림의 왼쪽은 억제자를 보여준다. 오페론 바깥에 위치한 **조절**

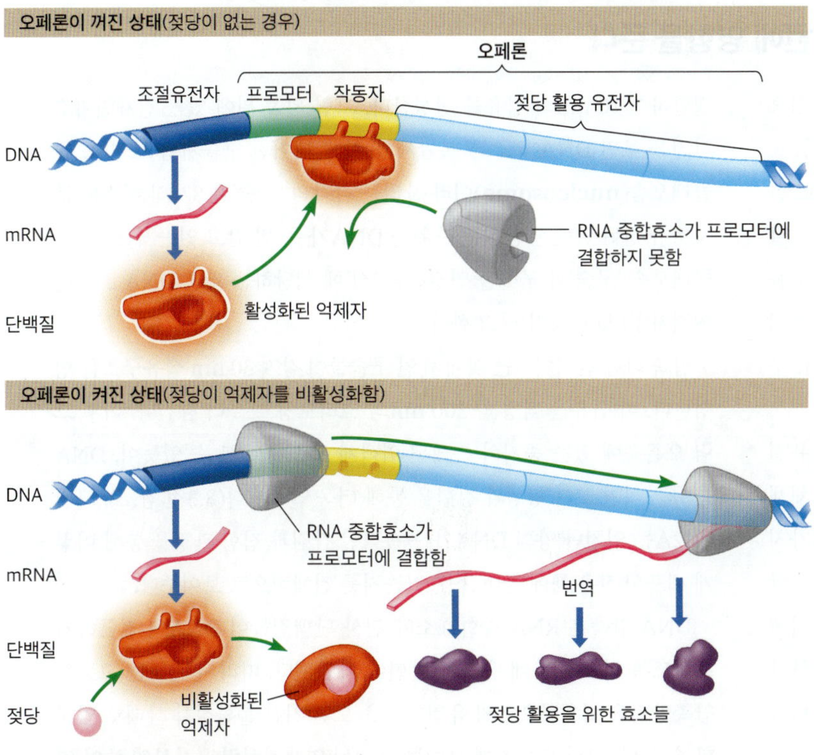

▲ **그림 11.1B** *lac* 오페론

시도해 보기 젖당이 없을 때와 젖당이 있을 때의 억제자 움직임을 손가락으로 따라가 보자.

유전자(regulatory gene, 진한 파란색)는 억제자를 암호화한다. 조절유전자는 지속적으로 발현되기 때문에 세포에는 항상 억제자 분자가 소량 존재한다.

억제자가 항상 존재하는 경우 어떻게 오페론 스위치가 켜질 수 있을까? 11.1B의 아래 패널에서 볼 수 있듯이, 젖당(●)은 억제자에 결합하여 억제자의 모양을 변형시킴으로써 억제자가 더 이상 작동자에 결합하는 것을 방해한다. 새로운 모양의 억제자(●)는 작동자에 결합할 수 없으므로 작동자 스위치는 계속 켜져 있게 된다. 이런 상태에서 RNA 중합효소는 더 이상 차단되지 않으므로 프로모터에 결합할 수 있어, 오페론의 유전자들이 전사된다. 그 결과, 생성된 mRNA는 젖당 물질대사에 필요한 세 가지 효소 모두를 암호화하는 염기서열을 가지고 있다. 세포는 이 단일 mRNA로부터 3개의 개별적인 폴리펩타이드를 번역하는데, 그 이유는 이 mRNA에 단백질로의 번역을 시작하고 멈추게 하는 코돈이 여러 개 있기 때문이다.

lac 오페론은 박테리아의 환경에 젖당을 첨가하면 단 15분 만에 젖당 이용 효소의 양이 1,000배 이상 증가할 정도로 효율적이다. 젖당이 더 이상 존재하지 않아 젖당분해효소의 mRNA와 단백질 합성이 멈추면 기존에 있던 mRNA와 효소는 빠르게 분해된다.

***trp* 억제오페론** *lac* 오페론은 평상시 스위치가 꺼져 있지만, 특정 분자에 의해 발현이 자극(유도)될 수 있는 유도오페론(inducible operon, **그림 11.1C**, 왼쪽)의 한 예이며, 그림에서는 젖당에 의해 유도되고 있다. 이러한 오페론은 일반적으로 영양분을 더 단순한 분자로 분해하는 경로의 일부로 작용한다. 세포는 영양분을 사용할 수 있을 때만 소화효소를 생산함으로써 자원 낭비를 피할 수 있다. *trp* 오페론으로 대표되는 두 번째 유형의 오페론은 평소에는 스위치가 켜져 있지만 특정 분자가 풍부하게 존재할 때는 억제되기 때문에 억제오페론(repressible operon)이라고 한다. 예시에서는 단백질 합성에 필수적인 아미노산인 트립토판이 특정 분자로 작용한다. 대장균은 *trp* 오페론에서 암호화된 효소를 이용하여 자체적으로 트립토판을 합성할 수 있다. 그러나 대장균은 가능한 한 트립토판을 새로 합성하기보다는 주변에 있는 트립토판을 단순히 흡수한다. 대장균이 트립토판이 풍부한 창자 안에 있으면(우유나 가금류와 같은 음식을 섭취한 경우) 트립토판은 *trp* 오페론의 억제자와 결합한다. 이로 인해 트립토판이 *trp* 억제자를 활성화하여 *trp* 오페론의 스위치가 꺼지게 된다. 따라서 이러한 유형의 오페론은 특정 필수 분자가 박테리아가 처해 있는 환경에 이미 존재하여 더 이상 만들 필요가 없는 경우, 해당 분자의 생성을 중단함으로써 박테리아로 하여금 물질과 에너지를 절약할 수 있게 한다.

활성자 억제자 단백질은 RNA 중합효소가 프로모터에 접근하지 못하게 함으로써 전사를 차단한다. 반면에 **활성자(activator)**는 DNA와 결합하여 유전자의 전사를 촉진함으로써 오페론 스위치를 켜는 단백질이다. 억제자는 RNA 중합효소의 결합을 방해하지만, 활성자 단백질은 오히려 RNA 중합효소가 프로모터에 더 쉽게 결합할 수 있도록 작용한다. 활성자는 매우 다양한 오페론을 조절하는 데 도움을 준다.

대장균을 비롯한 여러 원핵생물들은 억제자와 활성자에 의해 조절되는 다양한 종류의 오페론을 가지고 있기 때문에 수시로 변화하는 환경에서도 잘 살아갈 수 있다. 다음 절에서는 더 복잡한 진핵생물들이 어떻게 유전자들을 조절하는지 살펴보자.

? 대장균에 특정 돌연변이가 일어나 *lac* 억제자가 *lac* 작동자에 결합하는 능력을 상실한 경우, 이는 세포에 어떤 영향을 미칠까?

■ 세포는 젖당이 없을 때도 젖당 대사에 필요한 효소를 계속 만들므로 에너지를 낭비하는 결과가 초래될 것이다.

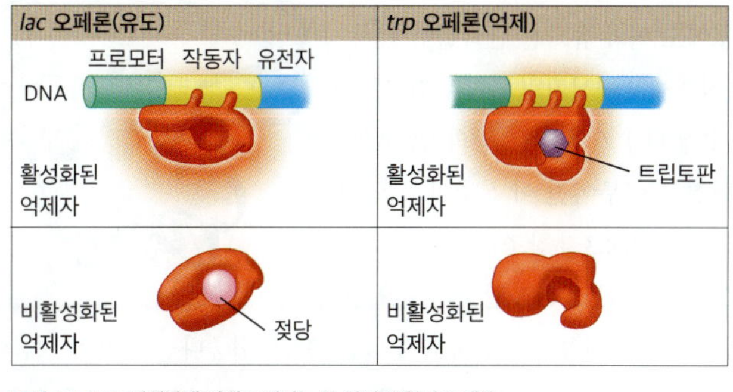

▲ **그림 11.1C** 억제자에 의해 조절되는 두 가지 유형의 오페론

11.2 염색체 구조와 화학적 변형은 유전자 발현에 영향을 준다

원핵생물이든 진핵생물이든 모든 생물의 세포는 외부 및 내부 환경으로부터 오는 신호에 반응하여 유전자 발현을 조절할 수 있어야 한다. 또한 모든 다세포 진핵생물은 추가적인 단계의 유전자 조절을 필요로 한다. 다세포 개체에서는 반복적인 세포분열을 통해 접합자가 성체로 발달하는 과정 중에 개별 세포의 구조와 기능이 제각각 특수화되어 고유한 역할을 수행하게 되는 **분화(differentiation)** 과정을 거쳐야 하기 때문이다. 예를 들어, 우리 몸에는 수백 가지 유형의 세포들이 있다. 무엇이 콩팥세포를 뼈세포와 다르게 만드는 것일까?

세포가 특화된 역할을 수행하기 위해서는 세포 유형마다 어떤 유전자는 발현되고 어떤 유전자는 발현되지 않는 독특한 유전자 발현 체계를 유지해야 한다. 개체에 있는 거의 모든 세포는 동일한 유전체를 가지고 있다. 그럼에도 불구하고 각 세포 유형마다 발현되는 유전자들이 달라 세포 고유의 기능을 보이게 된다. 각각의 성인 세포는 주어진 시기에 가지고 있는 전체 유전자의 일부분만 발현한다. 그리고 심지어는 하나의 특정 세포 유형조차도 시간이 지나면서 발달 신호나 기타 환경 변화에 따라 유전자 발현 양상이 바뀔 수 있다.

따라서 세포 유형 간의 차이는 가지고 있는 유전자들이 서로 달라서가 아니라 선택적 유전자 발현 때문이다. 이번 절에서는 진핵세포의 유전자 조절에 관해 알아보기 위해 염색체의 구조에 대해 먼저 살펴보고자 한다.

DNA 압축 사람의 염색체 하나가 갖고 있는 DNA의 길이는 핵의 지름보다 수천 배 더 길다. 이 모든 DNA가 핵 안에 들어갈 수 있는 것은 각 염색체에 있는 DNA가 감기고 접혀 여러 단계에 걸쳐 포장되는 정교한 압축 시스템 덕분이다. DNA 압축(DNA packing)에 있어 가장 핵심은 **히스톤(histone)**이라는 작은 단백질과 DNA의 결합이다. 실제로 히스톤 단백질은 진핵세포 염색체 질량의 약 절반을 차지한다. (원핵세포에도 이와 유사한 단백질이 있지만 진핵세포에서처럼 DNA 압축은 볼 수 없다.) 거의 같은 양의 DNA와 단백질로 이루어진 이 복합체를 염색질이라고 한다(8.3절 참조).

그림 11.2A는 DNA 압축의 주요 단계를 보여준다. 그림 왼쪽에서 압축되지 않은 DNA 이중나선 분자의 지름이 2 nm임을 알 수 있다. 압축 첫 번째 단계로 히스톤이 DNA 이중나선과 결합하여 10 nm의 섬유를 형성한다. 그림 왼쪽 위에 있는 전자현미경 사진을 보면 DNA-히스톤 복합체가 실에 꿰어진 구슬처럼 보인다. **뉴클레오솜(nucleosome)**이라 불리는 각각의 '구슬'은 8개의 히스톤 분자로 구성된 단백질 중심부 주위를 DNA가 두 번 감고 있는 구조다. 뉴클레오솜 '구슬'과 구슬을 연결하는 '실'에 해당하는 짧은 DNA 조각을 연결자(linker, 링커)라고 한다.

압축 다음 단계에서는 실에 꿰인 구슬들이 감겨 30 nm 섬유구조를 형성한다. 이 섬유는 직경 약 300 nm의 고리모양으로 더 감긴다. 이후 그림 오른쪽에 있는 중기의 복제된 염색체 모습에서 볼 수 있듯이, DNA는 추가적인 고리 형성과 접힘을 통해 더욱 압축된다(8.3절 참조). 그림 11.2A는 엄청난 양의 DNA가 연속적인 감김과 접힘 과정을 통해 어떻게 세포의 작은 핵에 들어갈 수 있는지를 전체적으로 보여준다.

DNA 압축은 RNA 중합효소와 전사 단백질들이 DNA에 접근하지 못하도록 하기 때문에 유전자 발현이 차단된다. 따라서 세포는 고도의 압축방법을 이용함으로써 유전자들을 오랜 기간 불활성화 상태로 있게 할 수 있다. 그림 오른쪽에 보이는 복제된 염색체처럼 유사분열 중인 염색체에서 볼 수 있는 고도로 압축된 염색질에 있는 유전자와 간기 염색체의 여러 압축된 영역에 있는 유전자들은 전혀 발현되지 않는다.

화학적 변형과 후생유전 진핵생물은 유전자 발현을 조절하기 위해 염색체를 화학적으로 변형시킬 수 있다. 예를 들어, 히스톤 단백질을 구성하는 일부 아미노산에 메틸기(CH_3)를 첨가하면 염색체가 더 치밀하게 감겨 전사가 잘 일어나지 않는다. 반대로 아세틸기(—$COCH_3$)가 첨가되면 염색질 구조가 풀려 전사가 촉진된다.

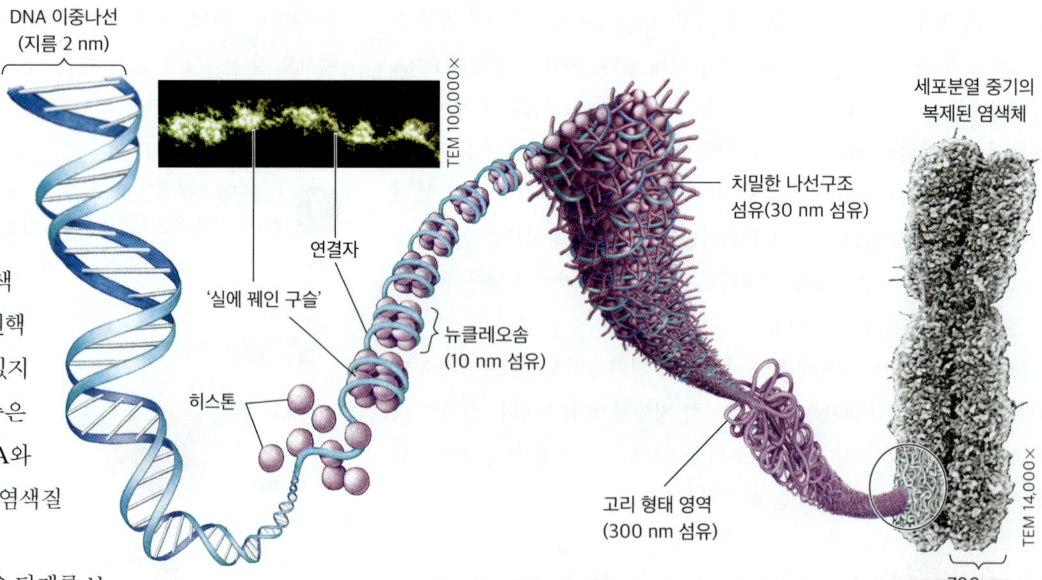

▲ **그림 11.2A** 진핵세포 염색체의 DNA 압축

시도해 보기 왼쪽에서 오른쪽으로 DNA의 전체 길이를 따라 손가락을 움직여 이동하며 손가락이 지나갈 때마다 각 구조의 명칭을 말해 보자.

DNA는 또한 화학적으로도 변형될 수 있다. 예를 들어, 특정 효소는 DNA 염기서열은 변화시키지 않고 염기, 주로 사이토신에 메틸기(CH_3)를 첨가한다. DNA 메틸화는 유전자가 발현되지 않게 중요한 역할을 하는 것으로 보인다. 발현되지 않는 유전자들은 대개 메틸화가 더 많이 되며, 여분의 메틸기를 제거하면 이러한 유전자 중 일부는 발현이 되기도 한다. 부적절한 DNA 메틸화는 개체에 문제를 일으킬 수 있다. 예를 들어, 불충분한 DNA 메틸화는 많은 종에서 비정상적인 배아 발달을 초래할 수 있다.

한번 메틸화가 된 유전자는 일반적으로 해당 개체가 연속적으로 세포분열을 해도 메틸화 상태가 유지된다. 복제 과정에서 메틸화된 DNA가 복제되면 효소가 이에 상응하는 딸가닥을 메틸화시킨다. 따라서 메틸화 패턴이 다음 세대로 계속 전달되어 특정 조직을 형성하는 세포가 배아 발달 중에 일어난 화학적 기록을 그대로 유지하게 된다. 따라서 DNA와 히스톤에 생긴 변형은 다음 세대의 세포로 전달, 즉 유전된다. 염기서열이 직접적으로 관련되지 않는 기작에 의해 형질이 유전되는 현상을 **후성유전(epigenetic inheritance)**이라고 한다. DNA에 생긴 돌연변이는 영구적인 변화인 반면, DNA 자체의 서열에 영향을 주지 않는 염색질의 변형은 아직 완전히 밝혀지지 않은 과정에 의해 되돌려질 수 있다.

연구진들은 유전자 발현 조절에 후성유전학적 정보가 중요하다는 증거를 더 많이 수집하고 있다. 후성유전학적 변이는 일란성 쌍둥이의 차이를 설명하는 데 도움이 될 수 있다. 예를 들어, 동일한 유전체를 가진 일란성 쌍둥이라도 쌍둥이 중 하나는 조현병과 같은 유전적 영향을 받는 질병을 보이는 반면, 다른 한 명은 그렇지 않을 수 있다. 일부 암에서는 정상적인 DNA 메틸화 패턴에의 변화가 관찰되며, 이는 부적절한 유전자 발현과 관련이 있다. 염색질 구조를 변형시키는 효소는 진핵세포의 전사 조절장치의 일부임이 분명하다.

X 염색체 불활성화 유전자 조절이 때로는 전체 염색체 수준에서 일어난다. 예를 들어, 포유류 암컷(사람 포함)은 2개의 X 염색체를 갖고 있지만, 수컷은 단지 하나만 갖고 있다. 그렇다면 왜 암컷의 경우 X 염색체의 유전자가 암호화하는 단백질들이 X 염색체가 하나뿐인 수컷에 비해 두 배 더 많이 만들어지지 않는 것일까? 포유류 암컷의 각각의 체세포에 있는 X 염색체 중 하나는 화학적으로 변형되고 고도로 압축되어 거의 완전히 불활성화된 것으로 밝혀졌다. X 염색체 불활성화에는 DNA의 변형(예를 들어, 메틸화)과 DNA 압축을 돕는 히스톤 단백질이 관여한다. X 염색체에 있는 특정 유전자가 단지 하나의 X 염색체만 불활성화되도록 한다. 이러한 **X 염색체 불활성화(X chromosome inactivation)**는 배아발생 초기에 일어나며, 이 시기에 각 세포에 있는 2개의 X 염색체 중 하나가 무작위로 불활성화된다. 결과적으로 암컷과 수컷 세포에서 X 염색체에 있는 유전자의 유효용량(복사본 하나씩)은 동일하게 된다. 암컷의 각 세포에 있는 불활성화된 X 염색체는 응축하여 **바소체(Barr body)**가 된다.

어떤 X 염색체가 불활성화되는지는 각 배아세포에서 무작위로 결정되지만, 일단 하나의 X 염색체가 불활성화되면 이 세포로부터 만들어지는 모든 세포에서는 동일한 염색체가 계속 불활성화되는데, 이것이 후성유전의 한 예다. 결과적으로 암컷은 두 가지 유형의 세포가 혼합된 모자이크다. 즉, 아버지로부터 유래된 X 염색체가 활성화된 세포와 어머니로부터 유래된 X 염색체가 활성화된 세포로 구성된다. 따라서 암컷이 X 염색체의 한 유전자(성연관유전자, 9.21절 참조)에 대해 이형접합이면, 그 개체에 있는 세포들의 절반은 대립유전자 중 하나를 발현하고 나머지 세포들은 다른 대립유전자를 발현할 것이다.

이러한 모자이크 현상의 대표적인 예는 주황색과 검은색 털을 가진 삼색얼룩고양이다(**그림 11.2B**). 고양이의 털색을 결정하는 유전자는 X 염색체에 위치하며, 삼색얼룩고양이 표현형이 되려면 두 가지 대립유전자, 즉 주황색 털색을 만드는 유전자와 검은색 털색을 만드는 유전자가 모두 존재해야 한다. 일반적으로 암컷만 X 염색체가 2개 있으므로 암컷만 2개의 대립유전자를 가질 수 있다. 만약 암컷 고양이가 털색 유전자에 대해 이형접합이면, 이 고양이는 삼색얼룩 표현형을 갖게 된다. 주황색 털 대립유전자를 갖는 X염색체가 활성화된 세포에 의해서는 주황색 얼룩무늬 패치가 형성되고, 검은색 털 대립유전자를 갖는 X 염색체가 활성화된 세포에 의해서는 검은색 얼룩무늬 패치가 형성된다.

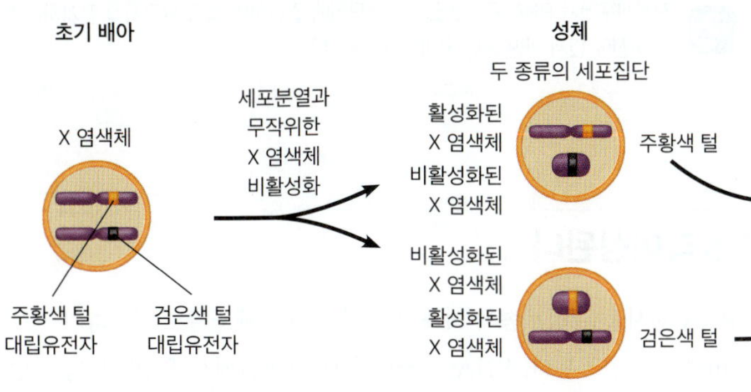

▲ **그림 11.2B** 암컷 고양이에서 X 염색체의 불활성화로 인한 삼색얼룩무늬

이 절에서는 염색체의 물리적인 구조가 세포 내 유전자 발현에 어떤 영향을 미치는지 살펴보았다. 다음 절에서는 압축되지 않은, 활성 있는 염색체에서 유전자 발현을 조절하는 기작에 대해 설명한다.

? 히스톤 메틸화와 같은 후성유전학적 변화가 유전자 발현에 어떤 영향을 미칠 수 있는가?

■ 히스톤 메틸화와 같은 후성유전학적 변화는 염색질의 압축을 변화시켜 더 치밀하게 만듦으로써 전사를 감소시킬 수 있다.

11.3 진핵세포의 전사는 단백질복합체에 의해 조절된다

진핵생물은 염색체 DNA를 압축하거나 풀어, RNA를 합성하는 전사과정에 사용할 수 있는 DNA 영역을 더 많게 또는 더 적게 만듦으로써 유전자 발현을 대략적으로 조절한다. 미세한 조절은 전사의 시작(개시)과 더불어 시작된다. 원핵생물과 진핵생물 모두에서 전사가 일어날지 일어나지 않을지를 결정하는 전사 시작 단계가 유전자 발현을 조절하는 가장 중요한 단계다.

원핵생물과 마찬가지로(11.1절 참조), 진핵생물도 활성자나 억제자와 같은 조절단백질을 이용하여 전사를 조절한다. 활성자와 억제자는 특정 DNA 부위와 결합하고, RNA 중합효소가 프로모터에 결합하는 것을 촉진하거나 방해함으로써 유전자가 전사되게 또는 되지 않게 한다. 그러나 이러한 과정은 일반적으로 진핵세포에서 더 복잡하다.

현재 알려진 진핵세포의 전사 시작 모델은 DNA 및 다른 조절단백질과 상호작용하여 유전자를 발현시키거나 혹은 발현시키지 않는 조절단백질의 복잡한 배열을 특징으로 한다. 진핵세포에서는 활성자 단백질이 억제자보다 더 중요한 것으로 보인다. 전형적인 동물이나 식물 세포는 각 세포의 특정 구조와 기능을 수행하는 데 필요한 유전자 중 일부만 스위치가 켜지면(전사되면) 된다. 따라서 다세포 진핵세포에서 대부분 유전자에 대한 '기본 상태'는 스위치가 '꺼져 있는' 상태다. 중요한 예외로 해당 과정처럼 일상적인 활동을 위해 실질적으로 거의 모든 세포에서 지속적으로 활성화되어야 하는 '상시발현유전자(housekeeping gene)'가 있으며, 이 경우는 '켜져 있는' 상태가 기본 상태다.

진핵세포 RNA 중합효소는 **전사인자(transcription factor)**라고 하는 단백질의 도움이 있어야 기능을 수행한다(**그림 11.3**). 전사인자 중 일부는 단백질을 암호화하는 모든 유전자의 전사에 필수적이지만, 나머지는 일부 유전자 또는 단 하나의 유전자에만 특이적으로 작용한다. 유전자 전사가 시작되는 첫 번째 단계는 활성자 단백질( )이 **인핸서(enhancer,**)라는 특정 DNA 조절염기서열에 결합하는 과정이다. 염색체에서 인핸서는 대개 조절하고자 하는 유전자로부터 멀리 떨어진 곳에 위치한다. 그다음, DNA-굽힘 단백질(DNA-bending protein)이 DNA 가닥을 비틀어 결합된 활성자를 프로모터에 더 가까이 자리 잡게 한다. 일단 DNA가 구부러지면 결합된 활성자는 다른 전사인자 단백질( )과 상호작용하며, 그 후 이들 복합체가 유전자의 프로모터( )에 결합한다. 이 커다란 단백질복합체는 RNA 중합효소가 프로모터에 정확히 결합하여 전사가 시작되도록 촉진한다.

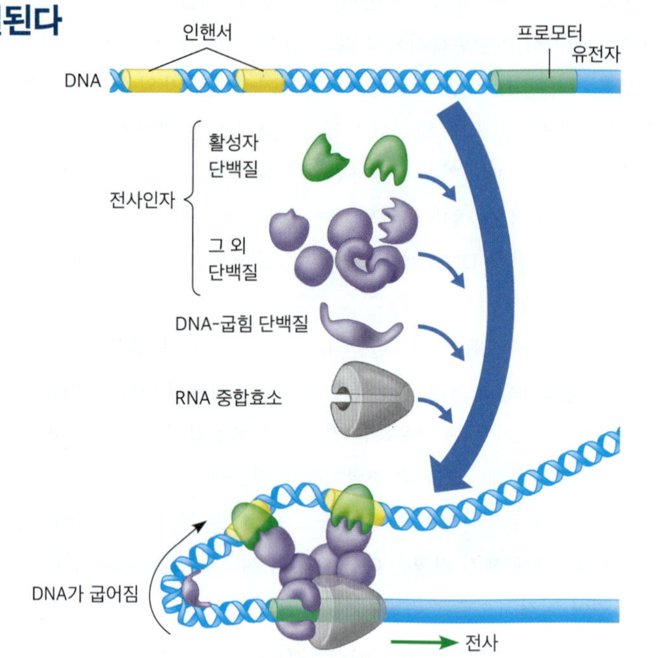

▲ **그림 11.3** 진핵세포의 유전자 발현에 대한 모델

시도해 보기 손가락을 사용하여 그림 중앙에 있는 조절단백질들이 그림 아래에 있는 활성화된 유전자에서 어디에 위치하는지 추적해 보자.

완전한 단백질복합체가 형성되어야 RNA 중합효소가 유전자를 따라 이동하기 시작하여 RNA 가닥이 합성될 수 있다. 그림에서 볼 수 있듯이 하나의 유전자 전사에 여러 개의 인핸서와 활성자가 관여할 수 있다.

대사경로에 있는 효소를 암호화하는 유전자들은 종종 서로 다른 염색체에 흩어져 있다. 그러면 진핵세포는 서로 다른 염색체에 위치하는, 기능적으로 서로 연관된 모든 유전자를 어떻게 동시에 켜지거나 꺼지게 할 수 있는 것일까? 진핵세포에서 유전자 발현이 통합 조정될 수 있는 핵심 이유는 특정 대사경로에 관련된 모든 유전자가 특정 조합의 조절염기서열을 공통으로 갖기 때문으로 보인다. 이러한 조절염기서열을 인식하는 활성자들은 조절염기서열의 유전체 위치에 상관없이 한꺼번에 결합하여 (이들 서열이 모두 동일하므로) 유전자들의 전사를 동시에 일으킨다. 다음 절에서는 진핵세포에만 고유한 또 다른 유전자 조절 방법을 살펴본다.

? 진핵세포에서 RNA 중합효소가 프로모터에 결합하여 특정 유전자를 전사하려면 그 이전에 먼저 어떤 일이 일어나야 하는가?

■ RNA 중합효소가 프로모터에 부착하는 것을 촉진하기 위해 전사인자가 인핸서에 먼저 결합해야 한다.

11.4 진핵생물의 RNA는 한 가지 이상의 방법으로 스플라이싱된다

대부분 세포에서 전사 조절이 유전자 발현을 조절하는 가장 중요한 단계이지만, DNA에서 단백질로 이동하는 경로를 따라 다른 여러 지점에서도 유전자 발현이 조절될 수 있다. 예를 들어, 진핵세포 내에서 RNA 전사물은 리보솜에 의해 번역되기 위해 세포질로 이동하기 전에 mRNA로 가공된다. RNA 가공과정에는 DNA에서 유전정보를 차단하는, 암호화되지 않는 부분인 인트론(intron)을 제거하고 나머지 엑손

(exon)들을 이어 붙이는 스플라이싱(splicing)뿐만 아니라 모자쓰기와 꼬리달기가 포함된다(10.10절 참조).

많은 경우, 세포는 한 가지 이상의 방법으로 스플라이싱을 수행하여 동일한 RNA 전사물로부터 서로 다른 mRNA 분자를 생성할 수 있다. 예를 들어, **그림 11.4**에서 하나의 mRNA 전사물이 두 가지 방법으로 스플라이싱되어 한 mRNA 분자는 갈색 엑손을, 다른 mRNA 분자는 녹색 엑손을 포함하게 된다. 개체는 이러한 **선택적 RNA 스플라이싱(alternative RNA splicing)**을 통해 단일 유전자로부터 두 가지 이상의 폴리펩타이드를 생성할 수 있다.

스플라이싱이 두 가지 방식으로 일어나는 흥미로운 예를 초파리(*Drosophila*)에서 찾아볼 수 있다. 초파리의 수컷과 암컷의 차이는 주로 서로 다른 패턴의 RNA 스플라이싱에 기인한다. 더욱이 초파리에서 많은 엑손의 선택적 스플라이싱에 의해 1만 7,500가지 이상의 단백질을 생성하는 유전자가 발견되었다. 이들 단백질은 각각 서로 다른 신경세포의 막에서 발견되며, 세포의 식별 표지자로 작용한다. 사람도 단백질을 암호화하는 유전자 중 90% 이상이 선택적 스플라이싱되는 것으로 보인다. 따라서 선택적 RNA 스플라이싱은 변화하는 환경에 반응하여 생성되는 사람의 단백질 종류를 엄청나게 증가시킨다.

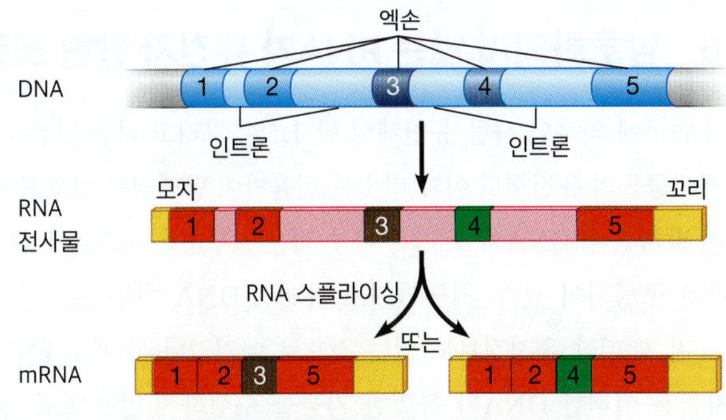

▲ **그림 11.4** 동일한 유전자로부터 만들어지는 2개의 서로 다른 mRNA

? 그림 11.4에 제시된 DNA에서 각 mRNA가 최소 4개의 엑손을 포함해야 한다면 몇 개의 서로 다른 mRNA가 만들어질 수 있는가?

■ 6개. 가능한 조합은 1234, 1235, 1245, 1345, 2345, 12345

11.5 유전자 발현은 후기 단계에서도 조절된다

진핵세포의 mRNA가 완전히 가공되어 세포질로 운반된 이후에도 유전자 발현을 조절할 수 있는 추가적인 기회가 여러 번 있다.

mRNA 분해 mRNA 분자는 세포질 내의 효소들에 의해 분해되며, 분해가 일어나는 시기는 세포에서 생성되는 다양한 단백질의 양을 조절하는 중요한 요인으로 작용한다. 수명이 긴 mRNA는 수명이 짧은 mRNA보다 훨씬 더 많은 단백질 분자로 번역될 수 있다. 원핵생물 mRNA는 수명이 매우 짧아서 일반적으로 합성 후 몇 분 안에 효소에 의해 분해된다. 이것은 박테리아가 환경 변화에 따라 단백질 생산을 신속하게 변화시킬 수 있는 요인 중 하나로 작용한다. 이와 대조적으로 진핵세포 mRNA는 수명이 수 시간에서 수 주일 정도다.

헤모글로빈 단백질을 대량으로 만드는 척추동물 적혈구에 있는 헤모글로빈 mRNA는 수명이 긴 mRNA의 놀라운 예다. 대부분 척추동물에서 헤모글로빈 mRNA는 비정상적으로 안정적이어서 그 수명이 헤모글로빈이 들어 있는 적혈구의 수명만큼이나 오래(약 1달 정도) 지속되며, 반복해서 계속 번역된다.

번역 개시 mRNA가 폴리펩타이드로 번역되는 과정에도 유전자 발현이 조절될 기회가 있다. 번역에 관여하는 분자 중에는 폴리펩타이드 합성의 시작을 조절하는 단백질이 매우 많다. 조절단백질 중 일부는 모든 mRNA의 번역을 조절하는 광범위한 조절자이며, 그 밖의 다른 조절단백질은 특이적으로 작용한다. 예를 들어, 적혈구 세포는 헤모글로빈 기능에 필수적인 철 함유 화학기인 헴(heme)이 공급되지 않으면 헤모글로빈 mRNA의 번역을 막는 억제단백질을 가지고 있다. (실제로 산소 분자가 결합하는 것은 헴 화학기의 철 원자다.) 세포는 필요한 성분을 당장 확보하기 어려운 경우 단백질 합성 시작 시점을 조절함으로써 에너지 낭비를 피할 수 있다.

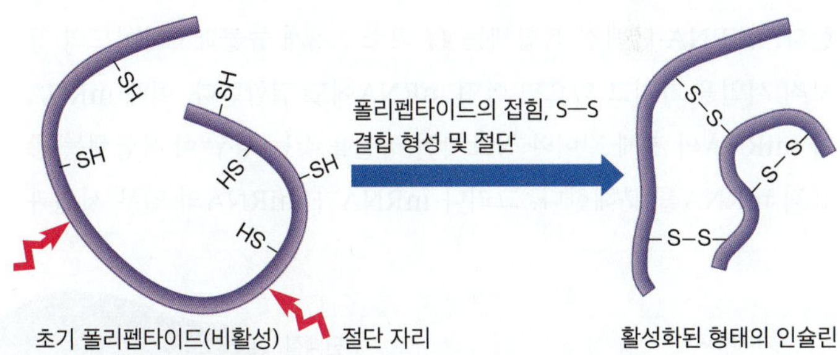

▲ **그림 11.5** 활성 있는 인슐린을 생성하기 위한 폴리펩타이드 가공 과정

단백질 가공 번역이 완료된 후, 진핵세포의 폴리펩타이드는 종종 변형이 되어야만 기능을 갖게 된다. 예를 들어, 합성 직후의 초기 인슐린은 폴리펩타이드 일부를 잘라내는 절단 과정을 거쳐야 활성 형태의 인슐린이 된다(**그림 11.5**). 또한 많은 단백질이 화학적으로 변형된 후에 기능을 수행할 수 있게 된다.

마지막으로, 각 단백질이 세포에서 기능을 수행하는 시간은 선택적 분해에 의해 엄격히 조절된다. 세포가 제대로 기능하려면 세포주기 조절에 관여하는 단백질을 비롯한 많은 단백질은 수명이 짧아야 한다. 세포는 분해할 단백질에 특정 분자를 부착하여 표지하며, 이 작업은 효소에 의해 단백질이 분해되도록 유도한다.

? 그림 11.5를 복습해 보자. 불활성 상태인 인슐린을 절단하는 효소가 비활성화되면 인슐린의 형태와 기능에 어떤 영향을 미치게 될까?

■ 최종 분자가 활성 있는 인슐린과 다른 형태를 가지므로 호르몬으로서의 기능을 할 수 없게 될 것이다.

11.6 암호화되지 않는 RNA가 유전자 발현 조절에 다양한 역할을 한다

유전체 연구에 의하면 사람 유전체의 단 1.5%, 그리고 다른 많은 다세포 진핵생물들의 유전체도 이와 비슷한 비율만이 단백질을 암호화한다는 것이 밝혀졌다. DNA의 또 다른 아주 적은 일부분은 rRNA와 tRNA 유전자로 구성되어 있다. 최근까지도 나머지 DNA 대부분은 전사되지 않으며, 어떠한 유전정보도 없는 것으로 여겨졌다. 실제로 많은 생물학자들은 이러한 DNA가 특별한 기능을 수행하지 않으므로 '정크 DNA(junk DNA)'라고 불렀다. 그러나 최근에 나온 수많은 자료들은 이러한 견해를 반박한다. 오히려 유전체의 상당한 부분이 단백질을 암호화하지는 않지만, 기능이 있는 RNA로 전사된다는 것이 밝혀졌다. 연구진들은 이들 RNA의 생물학적인 역할에 대한 증거를 입증하려고 부단히 노력 중이다.

1993년 연구진들은 mRNA의 상보적 염기서열에 결합할 수 있는 **마이크로 RNA(microRNA, miRNA)**라는 단일가닥의 작은 RNA를 발견했다(**그림 11.6**). 통상적으로 약 22개 뉴클레오타이드 길이인 각 miRNA는 ❶ 하나 혹은 그 이상의 단백질과 결합하여 복합체를 형성한다. miRNA-단백질 복합체는 ❷ 최소 7~8개 뉴클레오타이드의 상보적 서열을 가지고 있으면 어떤 mRNA에도 결합한다. 이때 mRNA가 miRNA의 전체 길이와 상보적인 서열을 갖는 경우 이 복합체는 ❸ 표적 mRNA를 분해한다. 그러나 mRNA가 miRNA의 일부 서열과만 상보적일 경우, 이 복합체는 ❹ 번역 과정을 방해한다. 생물학자들은 miRNA가 사람 전체 유전자 중 적어도 절반 이상 유전자의 발현을 조절할 수 있다고 추정하는데, 이는 25년 전만 해도 miRNA의 존재조차 몰랐다는 것을 감안하면 매우 놀라운 수치다.

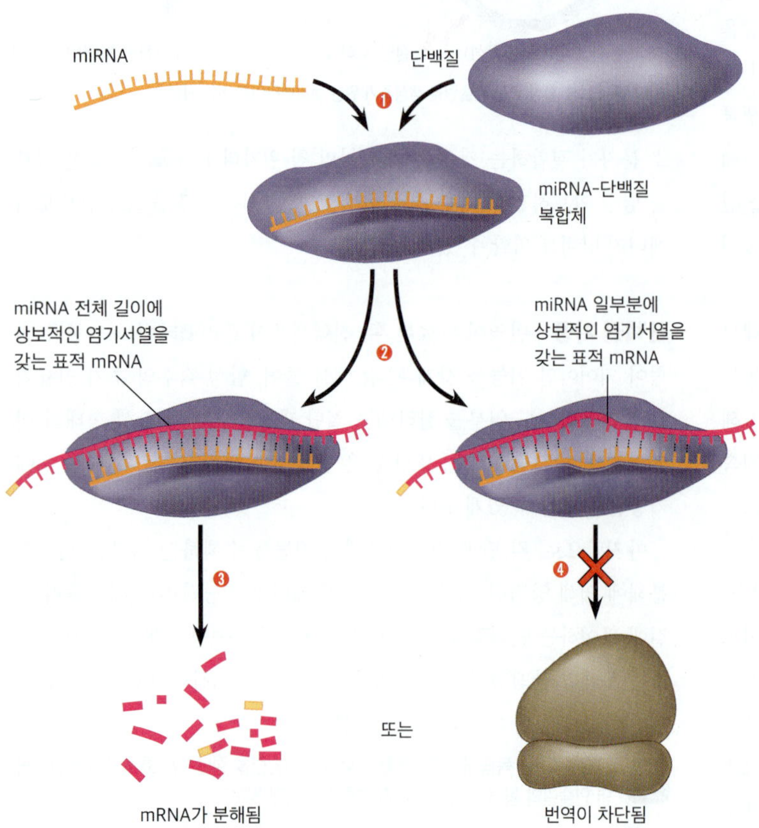

▲ **그림 11.6** miRNA에 의한 유전자 발현의 조절

마이크로 RNA 이외에 **짧은 간섭 RNA(small interfering RNA, siRNA)**라는 또 다른 종류의 작은 RNA가 있다. 이 RNA는 크기와 기능이 miRNA와 유사하며, 두 가지 종류 모두 동일한 단백질과 결합하여 유사한 결과를 보인다. 그러나 miRNA와 siRNA는 자신들을 만드는 더 큰 RNA 분자의 구조에 미묘한 차이가 있다.

siRNA에 의한 유전자 발현 억제를 **RNA 간섭(RNA interference, RNAi)**이라고 한다. 연구진들은 siRNA를 이용하여 유전자 발현을 인위적으로 조절할 수 있다. 예를 들어, 세포 안으로 siRNA를 넣으면 siRNA와 결합 가능한 염기서열을 가진 유전자의 발현을 차단할 수 있다. 따라서 연구진들은 RNA 간섭 방법을 이용하여 특정 유전자의 발현을 억제함으로써 해당 유전자의 기능을 알아낼 수 있다. 실험실에서의 이러한 작업은 다양한 종에서 많은 유전자의 역할을 밝히는 데 도움이 되고 있다. RNA 간섭 경로는 RNA 유전체를 가진 특정 바이러스의 감염에 대한 자연적인 방어 수단으로 진화했을 것으로 생각된다(10장 참조). 2006년 미국의 두 과학자 파이어(Andrew Fire)와 멜로(Craig Mello)는 RNA 간섭을 발견하고 분류한 공로로 노벨상을 받았다.

짧은 RNA는 mRNA뿐만 아니라 염색질 구조에도 영향을 준다. 예를 들어, 일부 세포에서 세포주기의 S기에 응축된 동원체를 형성하는 데 siRNA가 필요하다. 또한 많은 동물 종에서 배우자가 형성되는 동안 DNA의 메틸화 패턴을 형성하는 데 짧은 RNA들이 도움을 준다.

생물학자들은 최근 유전자 발현의 조절에 중요한 역할을 하는, 하지만 최근까지는 거의 주목받지 못했던 세포 내의 다양한 RNA 분자의 발견에 관심이 고조되어 있다. 이들 분자에 대해 더 이해하게 되면 중요한 임상에 적용할 수 있을 것이다. 예를 들어, 2009년에 연구진들은 이자가 적절히 기능하는 데 필수적인 특정 miRNA를 발견했다. 이 miRNA가 없으면 인슐린을 생성하는 베타세포가 죽어 당뇨병에 걸릴 수 있다.

유전자 발현을 조절하는 데 있어 비암호화 RNA의 역할은 이전 5개의 절에서 설명한 복잡한 과정을 한층 더 복잡하게 한다. 다음 절에서는 이러한 모든 과정을 요약하여 보여준다.

? miRNA가 mRNA에 결합할 때 발생할 수 있는 두 가지 결과는 무엇인가?

■ mRNA와 miRNA가 완전히 상보적이면 mRNA가 분해되고, 부분적으로 상보적이면 mRNA가 번역되지 않는다.

11.7 진핵세포의 유전자 발현은 다양한 기작에 의해 조절된다

아래 그림은 진핵세포의 유전자 발현 과정을 요약 정리한 것으로, 유전자가 발현되거나 발현되지 않게, 또는 유전자 발현 속도를 빠르게 하거나 늦출 수 있는 여러 조절지점을 강조하여 보여준다. 비록 많은 조절지점이 제시되어 있지만, 일부 특정 단백질의 경우 단지 일부 주요 조절지점만 작용하기도 한다.

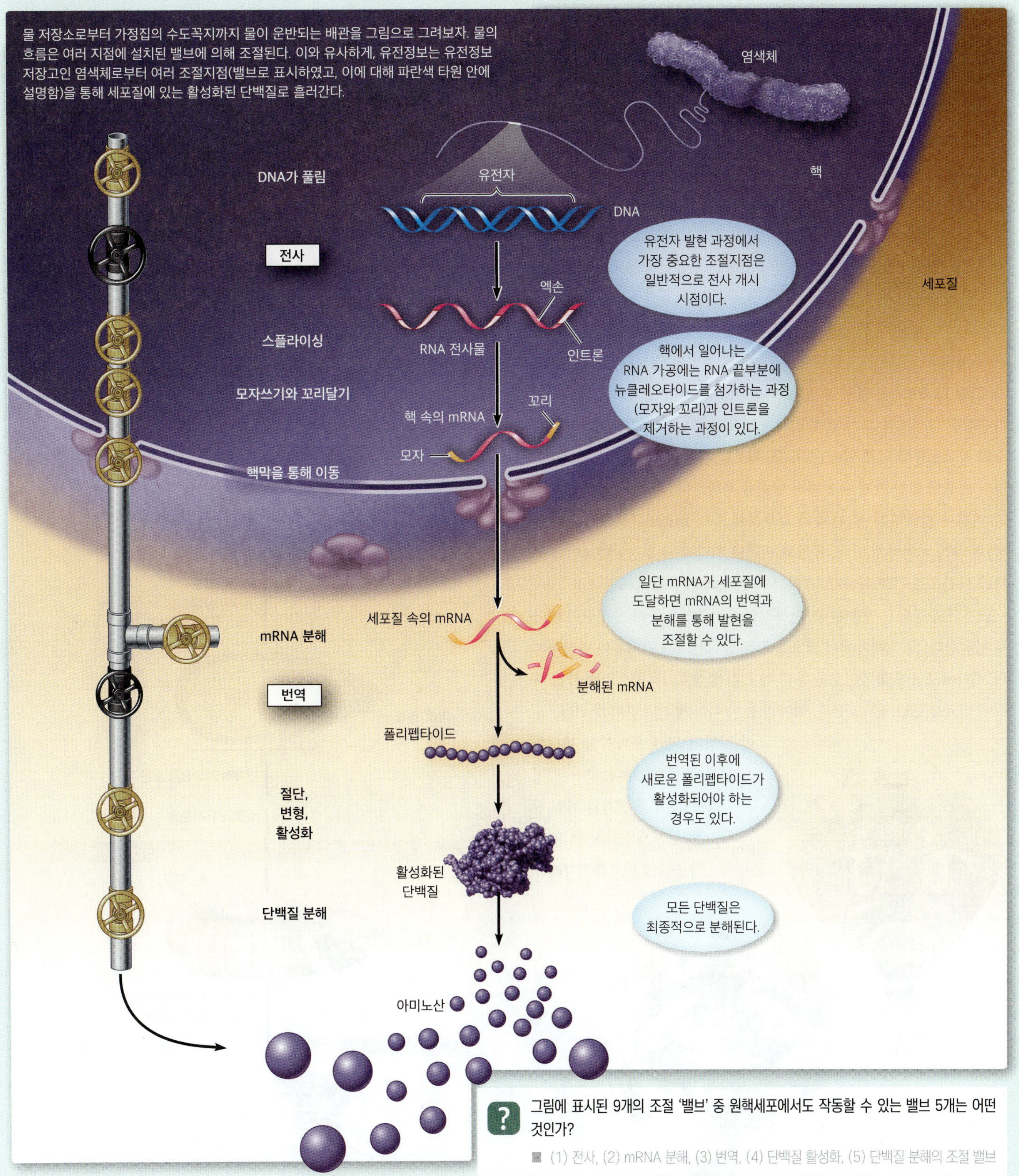

? 그림에 표시된 9개의 조절 '밸브' 중 원핵세포에서도 작동할 수 있는 밸브 5개는 어떤 것인가?

■ (1) 전사, (2) mRNA 분해, (3) 번역, (4) 단백질 활성화, (5) 단백질 분해의 조절 밸브

11.8 초파리 발생은 유전자 발현에 관해 알아볼 기회를 제공한다

진핵생물에서 세포분화는 유전자의 선택적 발현에 의해 일어난다. 다세포 진핵생물의 생활사 중 선택적 유전자 발현에 의한 세포분화는 수정란이 배아로 발달하는 동안 가장 중요하다. 유전자 한 세트의 단백질 생성물이 다른 유전자 세트를 활성화시키는 유전자의 단계적 발현은 보편적인 발생 기작이다.

노랑초파리(*Drosophila melanogaster*)의 돌연변이체 연구를 통해 유전자 발현과 배아 발생 사이의 관계를 일찍이 파악할 수 있었다. **그림 11.8A**는 초파리 두 마리의 머리를 보여준다. 오른쪽 초파리는 눈에 띄게 비정상적으로 발달한 돌연변이체로서 더듬이가 있어야 할 곳에 2개의 다리가 있다. 이 돌연변이체를 비롯한 비정상적인 발달을 보여주는 돌연변이체에 대한 연구를 통해 정상 초파리의 발달을 프로그래밍하는 많은 유전자들이 밝혀졌다.

초파리 발달 단계 중 가장 초기에 일어나는 사건 중에 난자의 어느 쪽 끝이 머리가 되고 어느 쪽 끝이 꼬리가 될 것인지 결정하는 사건이 있다. **그림 11.8B**에서 보듯이, ❶ 이러한 사건은 어미 초파리의 난소에서 미수정된 난세포와 그 주변에 위치한 난포세포(난자가 들어 있는 방)들과의 정보소통에 의해 일어난다. 즉, 세포들 간의 **상호작용**이 두 가지 유형의 세포에 있는 특정 유전자의 발현을 촉발한다. ❷ 이로 인해 초파리의 머리가 발달하게 될 난자의 끝부분에 특정 mRNA(분홍색으로 표시) 분자가 위치하게 되어, 동물의 머리와 꼬리 축이 결정된다. (이와 유사한 사건으로 인해 위아래, 그리고 좌우 축의 위치도 정해진다.)

난자가 수정되고 방출된 후, 반복적인 유사분열을 통해 수정란이 배아로 발달한다. 초기 배아에서 세포층을 통해 확산되는 단백질이 만들어지며, 배아세포들이 화학신호를 통해 세포 간에 상호작용함으로써 발달 과정이 더 추진된다. ❸ 그 결과, 배아의 몸이 여러 체절로 나뉘게 된다. 이 시점이 되면 초파리의 세세한 부분이 구체화된다. 축을 결정하는 일부 유전자와 체절 형성 유전자들의 단백질 생성물이 호미오유전자라는 또 다른 유전자 집단을 활성화한다. **호미오유전자(homeotic gene)**는 초파리 몸의 어느 부위에서 몸의 어떤 부분이 발달할 것인지와 같이 몸의 해부학적 구조를 결정하는 유전자 그룹을 조절하는 주조절유전자(master control gene)다. 예를 들어, 초파리에 있는 호미오유전자 중 한 세트는 머리와 가슴(몸의 중간 부분) 체절에 있는 세포가 각각 더듬이와 다리를 만들도록 지시한다(호미오유전자에 대한 자세한 내용은 27.14절 참조). ❹ 이와 같은 과정에 의해 최종적으로 성체 초파리가 만들어진다. 성체 초파리의 체절은 3번 단계의 배아 체절과 상대적인 위치가 일치하는 것을 볼 수 있다. 그림 11.8A에 있는 초파리가 비정상적이 된 이유는 호미오유전자에 돌연변이가 일어났기 때문이다.

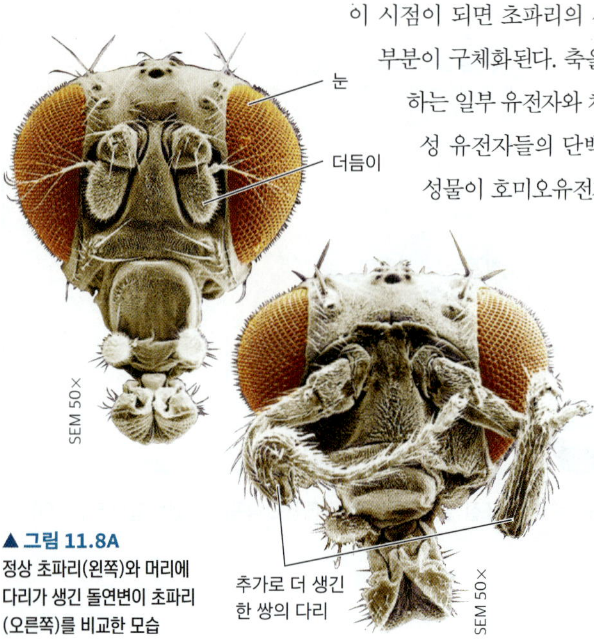

▲ 그림 11.8A
정상 초파리(왼쪽)와 머리에 다리가 생긴 돌연변이 초파리(오른쪽)를 비교한 모습

과학자들은 어떻게 생명체 내의 유전자 발현을 연구할 수 있을까? 다음 절에서는 DNA 기술이 모든 세포의 유전자 발현을 밝히는 데 도움이 되는지 살펴볼 것이다.

? 발생 중인 초파리에서 몸의 체절 형태를 결정하는 유전자 그룹은?

■ 호미오유전자

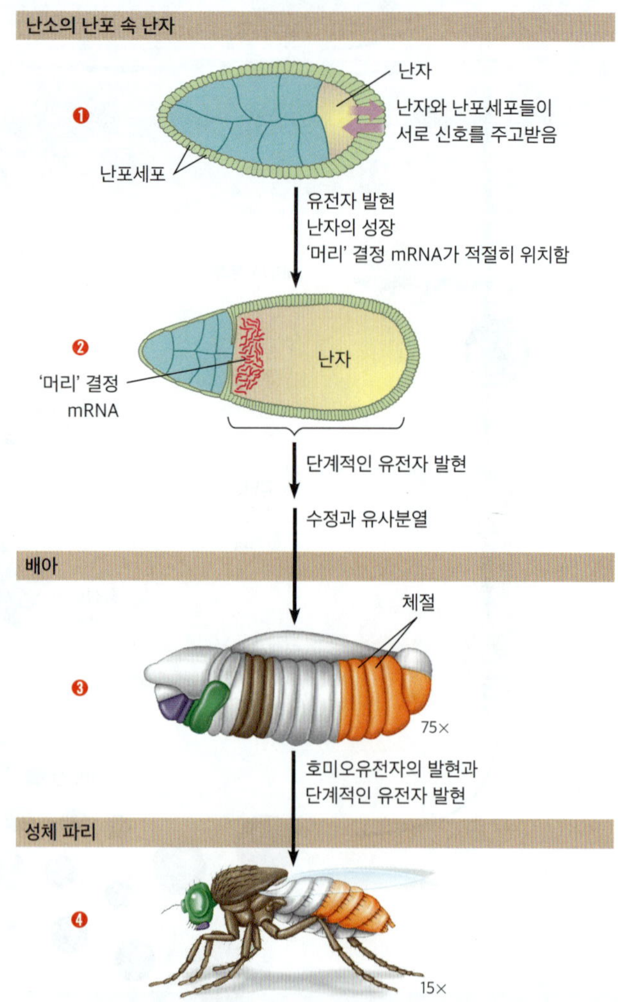

▲ 그림 11.8B 초파리에서 머리-꼬리 축이 결정되는 초기 발달의 주요 단계

11.9 연구진들은 특정 유전자 발현을 모니터링할 수 있다

연결 생물학자들은 기능을 하는 개체 내에서 유전자들이 서로 어떻게 작용하는지 연구하고 있다. 이미 다수의 총유전체(whole genome) 염기서열이 밝혀졌기 때문에(12.17절 참조), 대규모 유전자 집단의 발현을 연구하는 것이 가능하다. 예를 들어, 연구진들은 서로 다른 조직(예: 암 조직과 정상 조직)에서 또는 서로 다른 발달 단계에서 각기 어떤 유전자가 전사되는지 조사할 수 있다.

유전성 질환에 중요한 역할을 하는 유전자를 발견했다고 가정해 보자. 먼저 이 유전자가 우리 몸의 어느 세포에서 발현되는지, 즉 이 유전자에 상응하는 mRNA가 개체의 어느 부분에서 발견되는지 파악하고 싶을 것이다. 핵산의 한 가닥이 이에 상보적인 다른 가닥과 염기쌍 결합하는 원리를 이용한 **핵산혼성화(nucleic acid hybridization)** 기술을 이용하면 mRNA를 찾을 수 있다. 핵산탐지자(nucleic acid probe)라고 불리는 상보적 분자는 짧은 합성 단일가닥의 핵산으로, DNA 또는 RNA이다. 예를 들어, 만약 관심 있는 mRNA의 염기서열 중 일부가 CUCAUCAC이면, 단일가닥 탐지자의 염기서열은 GAGTAGTG 서열을 포함한다. 혼성화 과정의 일부로 탐지자 분자를 형광으로 표지하여 현미경으로 관찰하면 탐지자가 빛을 발한다. 이 탐지자를 조직에 적용하면 세포에 있는 모든 상보적인 mRNA에 결합한다(**그림 11.9A**). 여러 탐지자를 서로 다른 형광염료로 표지하면 한 번에 여러 유전자를 조사할 수 있다.

연구진들은 하나 또는 몇 개의 유전자만 연구하는 대신 한꺼번에 많은 유전자, 심지어 유전자 전체를 조사할 수 있다. 유전체 전체 수준에서의 발현 연구는 DNA 마이크로어레이를 사용하면 가능하다. DNA 칩 또는 유전자 칩으로 불리는 **DNA 마이크로어레이(DNA microarray)**는 소량의 다양한 많은 단일가닥 DNA 조각으로 이루어져 있다. 각 DNA 조각을 유리슬라이드 위의 작은 홈에 결합시킨다. 홈은 좁은 간격의 배열, 즉 격자모양으로 배열되어 있다. 가능한 DNA 조각들은 한 개체의 유전체에 있는 모든 유전자를 포함하도록 한다.

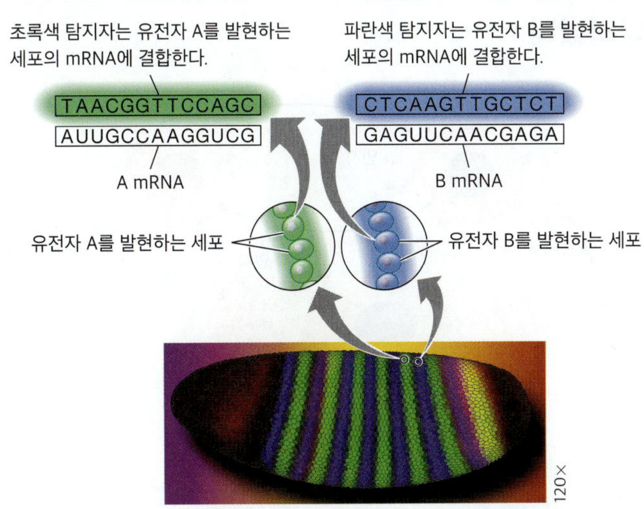

▲ **그림 11.9A** 핵산혼성화 기술을 이용한, 초파리 배아에서의 유전자 발현 장소의 결정

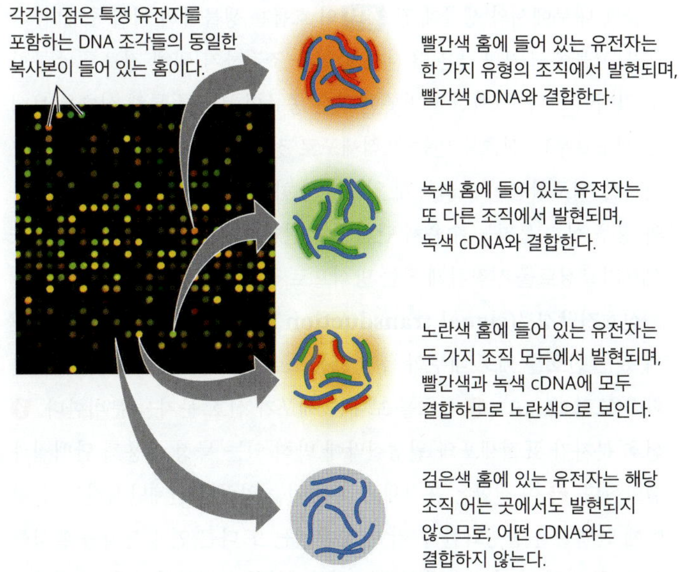

▲ **그림 11.9B** 두 가지 서로 다른 조직에서의 유전자 발현 양상을 보여주는 DNA 마이크로어레이

관심 있는 세포나 조직에서 특정 시점에 만들어지는 모든 mRNA를 DNA 마이크로어레이에 넣을 수 있다. mRNA를 역전사효소(RNA 주형으로부터 DNA를 합성하는 바이러스 효소, 10.20절 참조) 및 형광 뉴클레오타이드와 혼합하여 빛을 발하는 단일가닥 DNA 조각의 혼합물을 만든다. 이러한 조각은 제각각 mRNA 중 하나에 상보적이기 때문에 상보적 DNA(complementary DNA, cDNA)라고 지칭한다. 따라서 형광물질로 표지된 cDNA는 특정 시기에 특정 세포에서 활발히 전사되고 있는 모든 유전자를 나타낸다. 형광으로 표지된 cDNA 혼합물을 마이크로어레이의 각 홈에 넣는다. 만약 cDNA 혼합물 속의 어떤 분자가 마이크로어레이의 특정 지점에 있는 DNA에 상보적이면, 이 cDNA는 해당 DNA와 결합하여 마이크로어레이에서 감지 가능한 빛을 발하게 된다. 대부분의 경우 2개의 표본(예: 두 가지 조직)의 cDNA를 서로 다른 색을 발하는 분자로 표지한 뒤 동일한 마이크로어레이에서 확인한다(**그림 11.9B**). 조직에서 얻은 마이크로어레이에서 형광을 발하는 지점들을 서로 비교하면 어떤 유전자가 어느 조직에서 전사되는지 확인할 수 있다.

DNA 마이크로어레이는 의학연구에 활용될 큰 가능성을 가지고 있다. 한 예로, DNA 마이크로어레이 자료를 통해 다양한 유형의 백혈병을 17가지 유전자들의 활성도에 따라 특정 아형으로 분류할 수 있다는 사실이 밝혀졌다. 모든 암환자를 대상으로 자신의 암과 관련된 특정 돌연변이를 찾아내기 위해 DNA 마이크로어레이 분석을 받는 것이 표준 치료방법이 될 수도 있다.

? DNA 마이크로어레이를 통해 무엇을 알 수 있는가?

■ 연구대상인 특정 세포에서 어떤 유전자가 활성화(전사)되는지 알 수 있다.

11.10 세포는 유전자 발현을 변화시킴으로써 이웃하는 세포에 반응한다

생물계 내부에서와 생물계 간 **정보**의 흐름은 생물학의 핵심 주제다. 다세포 생물에서 세포들은 유전자 발현을 조절하기 위해 정보를 소통할 수 있어야 한다. 단백질을 비롯한 많은 종류의 분자를 통해 신호를 보내는 세포로부터 신호를 받는 표적세포로 정보를 전달하는 세포 간 신호전달은 세포활동이 조화롭게 일어나게 하는 중요한 기작이다. 대부분의 경우 신호 분자는 수용체 단백질에 결합하여 유전자 스위치를 켜는 신호전달경로를 시작하게 하는 방식으로 작용한다.

신호전달경로(signal transduction pathway)는 표적세포 표면에 있는 신호를 세포 내부의 특정 반응으로 전환하는 일련의 분자적 변화다(**그림 11.10**). ❶ 신호를 보내는 세포가 신호 분자를 분비한다. ❷ 신호 분자가 표적세포의 원형질막에 박혀 있는 특정 수용체 단백질과 결합한다. ❸ 이 결합은 표적세포 내에 있는 일련의 연계단백질들 중 첫 번째 단백질을 활성화한다. 각 연계 분자는 또 다른 연계 분자를 활성화한다. ❹ 가장 마지막 연계 분자는 전사인자를 활성화하며 ❺ 이 전사인자는 특정 유전자의 전사를 일으킨다. ❻ mRNA가 번역되어 신호가 요구하는 기능을 수행할 단백질이 만들어진다.

신호전달경로는 많은 세포 기능에 매우 중요한 역할을 한다. 생물학을 공부하는 내내 신호전달경로의 중요성을 몇 번이고 반복해서 보게 될 것이다. 세포주기조절계를 학습할 때 신호전달경로에 대해 이미 알아보았으며(8.8절), 이 장 뒷부분에서 암에 대해 설명할 때(예: 11.17절 참조), 그리고 동물(26장)과 식물(33장) 호르몬의 기능을 살펴볼 때에도 신호전달경로와 어떠한 연관이 있는지 알아볼 것이다.

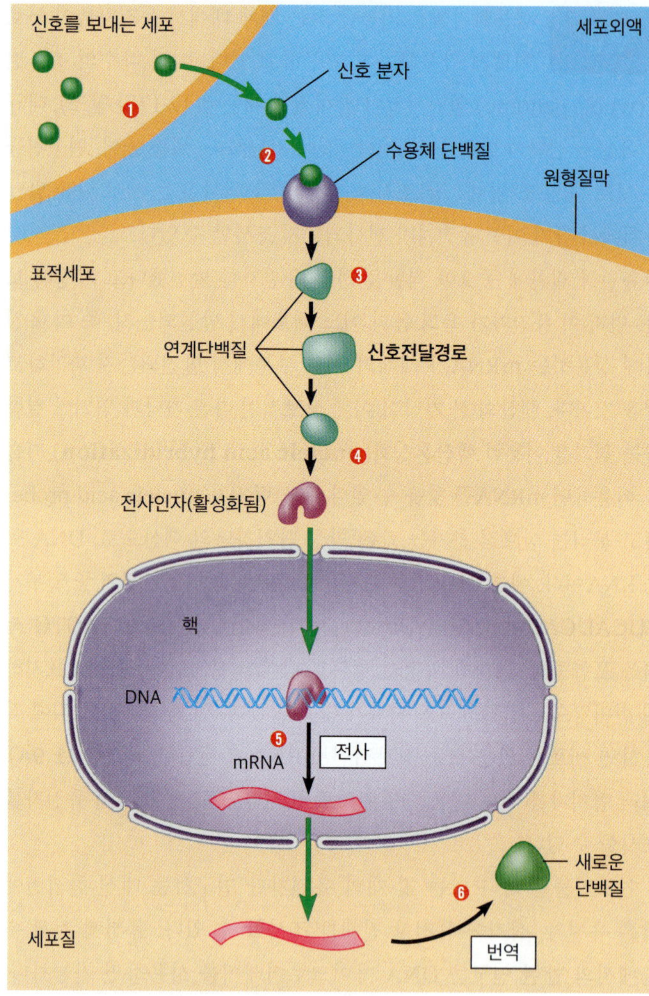

▲ **그림 11.10** 유전자 스위치를 켜는 신호전달경로

? 유전자 스위치를 켜려면 신호 분자가 실제로 표적세포 안으로 들어가야 하는가?

■ 그렇지 않다. 신호 분자가 표적세포 외막에 있는 수용체 단백질과 결합하면 전사인자가 활성화되는 신호전달경로가 촉발된다.

11.11 세포의 신호전달체계는 생명체의 진화 초기에 나타났다

진화 연관성 11.10절에서 설명했듯이, 세포는 표적세포의 유전자 발현에 영향을 주는 분자를 분비함으로써 다른 세포와 소통할 수 있다. 이러한 신호체계는 지구에 있는 생명체들 사이에 얼마나 널리 퍼져 있으며, 얼마나 오래되었을까? 미생물은 지구 생명체의 진화과정에서 세포신호전달이 어떠한 역할을 했는지 단서를 제공하므로 미생물들 간의 의사소통 체계를 살펴보면 이러한 질문에 대해 답할 수 있다.

수천 년 동안 사람들이 빵과 포도주, 맥주를 만드는 데 사용해 온 효모 사카로마이세스 세레비아제(*Saccharomyces cerevisiae*)의 경우 이 세포들이 '대화'하는 방식의 하나는 교배다. 효모세포는 화학신호를 통해 자기의 교배 상대를 구분한다. 효모에는 두 종류의 성, 즉 교배형

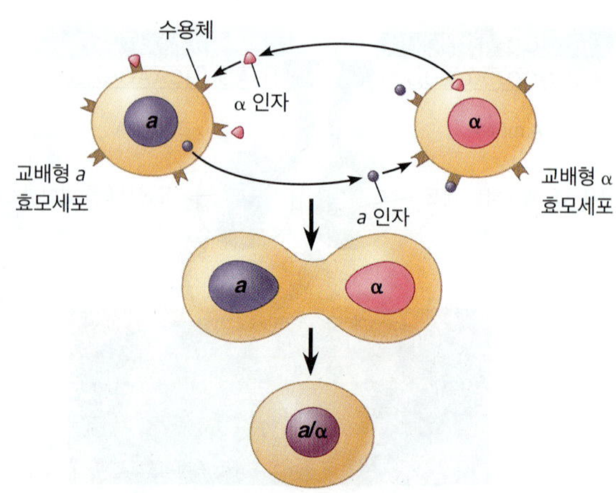

▲ **그림 11.11** 교배 중인 효모세포들 간의 의사소통

(mating type) a와 α가 있다(**그림 11.11**). 교배형 a 세포는 인근 α 세포의 특정 수용체 단백질과 결합할 수 있는 a 인자(●)라는 화학신호를 분비한다. 동시에 α 세포는 α 인자(●)를 분비하며 이는 a 세포에 있는 수용체와 결합한다. 2개의 교배인자는 실제로 표적세포에 들어가지 않고도 세포들이 서로를 향해 자라게 하며, 다른 세포 변화를 일으킨다. 그 결과, 서로 반대되는 유형의 두 세포가 융합 또는 교배를 한다. 새로이 생성된 a/α 세포는 원래의 두 세포에 있는 모든 유전자를 포함하고 있으며, 이러한 유전자 조합은 후속 세포분열에 의해 생성되는 자손에게 장점으로 작용한다.

여러 종에 걸친 광범위한 연구에 따르면 효모와 포유류에 있는 신호전달분자 체계는, 이 두 생물 그룹의 마지막 공통조상이 10억 년보다 더 이전에 살았음에도 불구하고 서로 놀랍도록 유사하다. 이러한 유사성과 더불어 최근에 밝혀진 박테리아와 식물 신호체계 간의 유사성으로 미루어 볼 때 오늘날 사용되고 있는 세포-신호전달 기작의 초기 유형은 다세포 생물이 지구에 나타나기 훨씬 전에 진화했음을 시사한다. 과학자들은 고대 원핵생물과 단세포 진핵생물에서 신호 기작이 먼저 진화한 후 다세포 후손에서 새로운 용도에 맞게 적응된 것으로 생각한다.

? 효모 교배형이 결합하는 것을 어떤 관점에서 '교배'라고 하는가?

■ 이 과정을 통해 2개의 부모형 반수체 세포들이 만나 유전적으로 섞인 이배체 세포가 생성되기 때문이다.

식물과 동물의 복제

11.12 식물복제는 분화된 세포가 모든 유전적 잠재력을 갖고 있음을 보여준다

이 장의 가장 중요한 핵심 중 하나는 대부분의 세포는 자신의 유전자 중 아주 일부만 발현한다는 것이다. 모든 유전자가 존재함에도 불구하고 일부는 발현되지 않고 스위치가 꺼져 있다면 발현되지 않는 유전자는 영구적으로 비활성화된 것일까? 아니면 모든 유전자(발현되지 않은 유전자까지 포함)가 여전히 발현될 수 있는 잠재력을 가지고 있을까?

이 질문에 접근하는 한 가지 방법은 분화된 세포를 자극하여 이로부터 완전히 새로운 개체를 만들 수 있는지 확인하는 것이다. 식물에서는 이러한 능력이 보편적이다. 실제로 식물 일부를 조금 잘라 키워본 적이 있다면 분화된 식물 세포가 세포분열을 거쳐 성체 식물의 모든 조직을 만드는 것을 보았을 것이다. **그림 11.12**에 설명한 기술을 사용하면 하나의 식물에서 얻은 세포로부터 유전적으로 동일한 수백 혹은 수천 개의 식물을 생산할 수 있다. 예를 들어, 당근에서 확보한 세포를 배양배지로 옮기면 하나의 세포가 분열을 시작하여 최종적으로 원래의 개체와 유전적으로 동일한 성체 식물로 성장할 수 있다. 이러한 잠재력을 갖고 있는 세포를 **전능성(totipotent)**을 가진 세포라고 하며, 이러한 세포는 개체를 구성하는 모든 종류의 특화된 세포를 만들 수 있다. 이 장 도입부에서 설명했듯이, 한 부모로부터 무성생식에 의해 생성된 개체를 **클론(clone, 복제)**이라고 한다. 이런 맥락에서 클론은 무성생식(즉, 정자와 난자의 융합을 수반하지 않는 단일 개체의 번식)에 의해 만들어진 개체를 지칭한다.

▼ **그림 11.12** 분화된 뿌리 세포로부터 당근의 성장

식물복제는 농업 분야에서 광범위하게 사용되고 있다. 씨 없는 식물(예: 씨 없는 포도나 수박)은 유성생식으로 번식할 수 없으므로 이러한 식품을 대량생산할 수 있는 수단은 복제뿐이다. 난초와 같은 식물은 인공적으로 잘 번식하지 못하기 때문에 복제가 상업적으로 생산할 수 있는 유일한 방법이다. 또한 복제는 높은 과실 수확량이나 질병에 대한 저항성과 같은 바람직한 형질을 가진 식물을 만드는 데도 이용되어 왔다.

수십 년 동안 연구진들은 이러한 복제가 동물에서도 가능한지 궁금해했다. 분화가 동물 세포의 유전적 잠재력을 손상시키지 않는다는 증거는 손실된 신체 일부가 다시 자라는 자연적인 현상인 **재생(regeneration)**에서 뚜렷이 볼 수 있다. 예를 들어, 도롱뇽이 다리를 잃으면 남아 있는 다리 그루터기의 특정 세포가 여러 유형의 세포를 형성할 수 있는 형태로 되돌아간다. 그 이후 이 세포들이 분열하여 특정 세포로 분화하여 새로운 다리가 만들어진다. 많은 동물, 특히 무척추동물(예: 불가사리)은 손실된 신체 일부를 재생할 수 있다. 해면동물을 비롯한 비교적 단순한 몇몇 동물에서는 분화된 세포를 분리시킨 후 미분화시켜 이로부터 하나의 완전한 개체를 만들 수 있다(27.1절 참조). 동물 세포가 완전한 유전적 잠재력을 가지고 있다는 추가적인 증거는 뒤에서 다룰 주제인 복제 실험에서 알아보자.

? 분화된 세포로부터 새로운 식물체를 복제하는 것은 분화가 유전체의 비가역적인 변화보다는 유전자 발현의 조절에 기반한다는 견해를 어떻게 지지하는가?

■ 복제는 완전히 분화된 식물 세포에도 모든 유전자가 여전히 존재한다는 것을 보여준다.

11.13 핵이식으로 동물을 복제할 수 있다

과학적 사고 이 장 도입부에서 설명했듯이, **핵이식(nuclear transplantation**, 그림 11.13)을 통해 동물을 복제하는 것이 가능해졌다. 핵이식은 ❶ 난자의 핵이나 접합자의 핵을 ❷ 성체 체세포의 핵으로 대체한다. 핵이식을 받은 세포가 적절하게 자극을 받으면 세포분열을 시작할 수 있다. ❸ 분열을 시작한 지 며칠 후, 반복된 세포분열에 의해 약 100개의 세포로 이루어진 속이 빈 공 모양의 배반포가 형성된다. ❹ 복제될 동물이 포유류인 경우, 배반포를 대리모의 자궁에 착상시킨다. 이렇게 만들어지는 복제동물은 핵을 제공한 공여자와 유전적으로 동일한 클론이 될 것이다. 살아 있는 새로운 생명체의 탄생을 초래하는 이런 유형의 복제 과정을 **생식복제(reproductive cloning)**라고 한다.

핵이식은 1950년대에 개구리 배아에서 얻은 세포를 이용하여 처음으로 수행되었다. 이후 수십 년이 지나 과학자들은 배아세포에서 시작하여 포유류를 성공적으로 복제했다. 그러나 아주 어린 배아로만 복제가 가능했고, 공여자의 핵이 늙은 것일수록 동물복제에 성공할 확률이 낮아진다는 사실도 알게 되었다.

1996년 윌머트(Ian Wilmut)와 그의 동료들이 성체세포로부터 최초의 포유류인 돌리(Dolly)라는 이름의 양을 복제하면서 복제의 획기적인 발전이 이루어졌다. 이들은 어떻게 돌리를 성공적으로 복제할 수 있었을까? 윌머트와 그의 동료들은 세포주기 동안에 염색체에 생기는 중요한 변화들을 관찰한 결과, 핵이식 시에 공여핵과 핵을 받을 난자의 세포주기 단계가 일치해야 한다는 가설을 세웠다. 연구진들은 두 세포의 상태를 동기화하기 위해 핵공여자인 포유류의 젖샘세포와 핵수여자 난자를 정상적으로 필요한 영양분의 1/20만 함유하는 성장배지에서 배양했다. 기아상태에 직면한 모든 세포는 세포주기의 휴면상태인 G_0기로 진입했다(8.8절 참조). 그다음 휴면상태의 난자로부터 핵을 제거하고, 이 난자를 휴면상태의 젖샘세포에서 얻은 핵과 융합한 뒤 전기충격을 가하여 자극했다. 며칠 동안 성장시킨 배아를 대리모 양의 자궁에 착상시켰으며, 배아 중 하나가 돌리로 발달했다.

윌머트와 그의 동료들이 실시한 선도적인 복제 연구는 과학적으로 성공하기 위해서는 수많은 실패가 수반된다는 사실을 보여준다. 수십 번의 실패 끝에 스코틀랜드 연구팀은 총 277개의 접합자를 만들었으나, 이 중 29개만 성공적으로 착상되었으며 최종적으로 단 한 마리의 양만 태어났다.

돌리는 동물 세포의 분화가 유전자 자체의 영구적인 변화가 아니라 유전자 발현에 변화가 일어나기 때문이라는 것을 보여주었다. 이 결론은 많은 실용적 의미를 담고 있다. 돌리의 획기적인 탄생 이후로 쥐, 고양이, 말, 소, 당나귀, 돼지, 토끼, 개, 원숭이를 포함한 많은 포유동물이 복제되었다. 굳이 동물을 복제하는 이유는 무엇일까? 질병조사와 같은 과학적 연구는 대조군 동물이 실험군과 유전적으로 동일할 때 더 효과적이다. 또한 동물복제는 생산성이 높은 개체들로만 구성된 무리를 얻게 하므로 농업을 향상시킬 수 있다. 제약 업계에서는 잠재적으로 가치 있는 약품을 생산하기 위해 포유류를 복제하는 실험을 하고 있다. 예를 들어, 연구진들은 사람에게 면역거부 반응을 일으킬 수 있는 단백질을 암호화하는 유전자가 결핍된 돼지를 복제했으며, 이 돼지로부터 얻은 장기는 향후 생명을 구하는 이식이 필요한 환자에게 사용될 수 있다.

보존생물학자들은 멸종위기에 있는 희귀종이나 심지어 멸종된 종을 생식복제하여 개체를 복원할 수 있기를 희망한다. 실제로 과학자들은 캘리포니아 샌디에이고에 복제를 위한 목적으로 900여 종의 멸종위기 동물표본을 극저온으로 보관하는 '냉동 동물원(Frozen Zoo)'을 운영하고 있다. 작은 유럽계 양인 야생 무플런(mouflon), 아시아 황소인 가우르(gaur), 회색 늑대 등 희귀 동물들이 이미 복제되었다. 그러나 일부 과학자들은 복제와 관련된 문제점들을 더 잘 이해할 때까지는 자연서식지 보존을 비롯한 종 보존 방법에 노력을 집중해야 한다고 주장한다. 한편 비평가들은 복제는 유전적 다양성을 증가시키지 못하므로 자연번식에 비하면 멸종위기종에 유익하지 못하다고 명확히 지적하고 있다.

복제 동물은 건강할까?

동물을 복제할 때 고려해야 할 또 다른 사항은 복제된 자손의 건강이다. 복제동물은 수정란이 발달하여 태어난 동물보다 건강하지 못하다는 증거가 점점 더 많이 나오고 있다. 돌리는 나이가 훨씬 많은 양에게만 나타나는 폐질환으로 인한 합병증을 앓다가 2003년도에 안락사되었다. 이 품종의 기대 수명은 12년이지만 돌리가 사망할 당시의 나이는 겨우 6살이었다. 다른 복제동물도 관절염, 비만, 폐렴, 간 부전, 조기 사망에 취약한 것으로 나타났다. 최근 연구에 따르면 염색질의 메틸화(11.2절 참조)가 복제동물의 건강문제와 직결된 것으로 보인다. 복제된 배아에서 유래한 세포의 DNA는 같은 종의 정상 배아에서 유래한 동등한 세포의 DNA와 다른

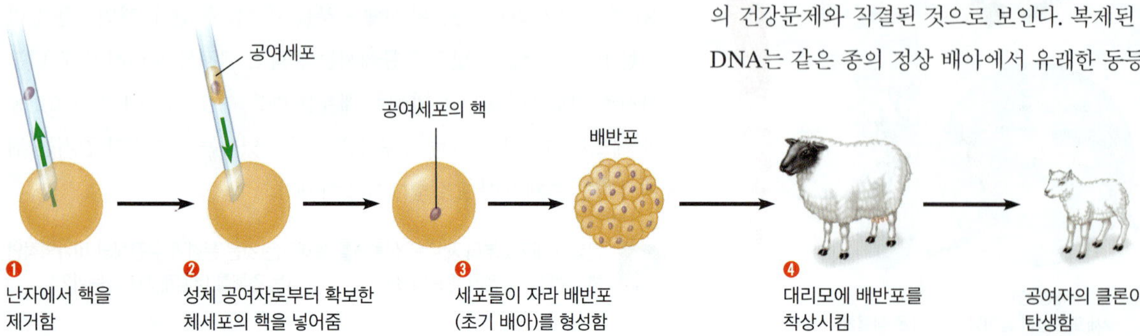

◀ **그림 11.13** 핵이식을 통한 생식복제

메틸화 패턴을 갖는다는 사실이 밝혀졌다. DNA 메틸화는 유전자 발현을 조절하는 데 도움을 주므로 메틸기의 위치가 잘못되면 정상적인 배아발달에 필요한 유전자 발현을 방해할 수 있다. 따라서 연구진들은 공여핵의 염색질을 새로 수정된 난자의 염색질과 같아지도록 인위적으로 '젊어지게' 할 수 있는지 여부를 연구하고 있다.

포유류 복제에 성공하면서 사람도 복제될 수 있을 것이라는 기대감이 높아졌다. 하지만 비평가들은 사람을 복제하는 것은 실용적, 윤리적인 측면에서 많은 장애물이 있다고 지적한다. 실제로 동물복제는 매우 어렵고 비효율적이어서 복제 배아 중 극히 일부(통상 10% 미만)만 이 정상적으로 발달하며, 발달이 완료된 복제동물도 자연적으로 태어난 동물보다 건강하지 못하다. 윤리적으로도 사람 복제를 허용할 것인지 그리고 허용해야 한다면 어떤 상황일 때 허용할 것인가에 대한 논의는 아직 정립되지 않았다. 다음 절에서 다룰 주제인 치료용 복제의 결과에 대해서도 윤리적인 의문이 제기되고 있다.

? 양 복제 역사를 되돌아볼 때 사람 복제를 추구해서는 안 된다고 판단되는 이유는 무엇인가?

■ 복제 양 돌리 한 마리가 탄생하기까지 수백 번의 실패가 있었다. 따라서 사람을 대상으로 이러한 실험을 하는 것은 윤리적인 문제가 있다.

11.14 치료용 복제를 통해 의학적 활용 잠재력이 큰 줄기세포를 만들 수 있다

연결 자연적인 유성생식을 통해 만들어지거나 또는 핵이식 방법으로 생성된 배반포(그림 11.13 참조)는 **배아줄기세포(embryonic stem cells, ES cells)**를 제공한다. 배아에 있는 배아줄기세포는 몸 전체에 있는 약 200가지의 특화된 세포들로 분화한다. 배아줄기세포를 실험실에서 배양하면 무한정 분열할 수 있다. 특정 성장인자 첨가와 같은 적절한 조건을 제공하면 배아줄기세포의 유전자 발현에 변화를 유도하여 특정 세포유형으로 분화시킬 수 있다(**그림 11.14**). 질병을 치료하기 위한 배아줄기세포 생산이 목표인 복제 과정을 **치료용 복제(therapeutic cloning)**라고 한다.

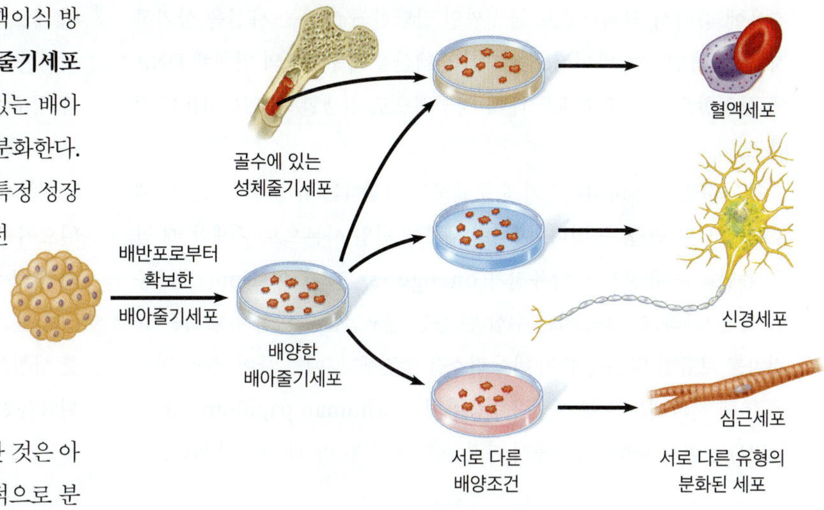

▲ **그림 11.14** 줄기세포를 이용한 치료용 복제

연구용으로 사용 가능한 줄기세포는 배아줄기세포가 유일한 것은 아니다. 출생 시 탯줄(제대)과 태반에서 채취한 혈액에는 부분적으로 분화한 줄기세포들이 포함되어 있다. 2005년에 의사들은 적합한(그러나 관련이 없는) 공여자의 제대혈로부터 얻은 줄기세포를 치명적인 신경계 유전질환인 크라베병(Krabbe's disease)에 걸린 몇몇 아기에 주입하여 일부 아기를 치료하는 데 성공했다. 그러나 현재까지 시도된 제대혈 요법은 대부분 성공하지 못했다.

성인의 몸에도 분열하지 못하는 특화된 세포가 필요할 때 이를 대체해 주는 줄기세포가 있다. **성체줄기세포(adult stem cell)**는 배아줄기세포보다 분화 여정을 따라 더 멀리 와 있기 때문에 몇 가지 관련 유형의 세포만 생성할 수 있다. 성체 동물은 극소수의 줄기세포만 가지고 있지만, 과학자들은 다양한 조직으로부터 이러한 줄기세포를 찾아내어 분리하는 방법을 배우고 있으며, 경우에 따라 배양하여 성장시키려고 노력 중이다. 예를 들어, 골수에는 모든 종류의 혈액세포를 만들 수 있는 줄기세포를 포함하여 여러 가지 유형의 줄기세포가 포함되어 있다. 골수 기증자로부터 얻은 성체줄기세포는 유전질환이나 방사선 항암치료로 인해 면역계가 파괴된 환자를 위한 면역세포 공급원으로 오랫동안 사용되어 왔다.

치료용 복제의 궁극적인 목표는 손상되거나 병든 장기를 치료하기 위해 세포를 공급하는 것이다. 예를 들어, 일부 사람들은 언젠가 척수 손상이나 심장마비로 인해 손상된 세포를 대체하는 데 배아줄기세포가 사용될 것으로 기대하고 있다. 실제로 현재 미국에서만 4,500건 이상의 줄기세포 관련 임상시험이 진행 중이다. 하지만 아직은 초기 단계며, 성공 사례도 드물다.

배아줄기세포를 채취하려면 배아를 파괴해야 하기 때문에 치료용 복제 시행의 윤리적 문제에 대해 의견이 분분하다. 성체줄기세포는 배아조직 손상 없이 채취가 가능하므로 성체줄기세포를 사용하는 것은 배아줄기세포에 비해 논란의 여지가 적다. 또한 연구진들은 성체세포를 재프로그래밍해 배아줄기세포처럼 작동하도록 함으로써 또 다른 유형의 줄기세포 공급원을 만들었다. 그러나 연구진들 대다수는 보다 다재다능하고 자연적인 배아줄기세포만이 사람의 건강을 획기적으로 향상시킬 수 있는 '최적 표준'이라고 생각한다. 줄기세포에 관한 연구는 유전자 발현 조절에 대해 이해할 필요가 있음을 강조한다. 다음 절에서는 사람의 건강(암)과 관련하여 유전자 조절의 또 다른 중요성에 대해 알아보고자 한다.

? 자연에서 배아줄기세포는 성체줄기세포와 어떻게 다른가?

■ 배아줄기세포는 우리 몸을 구성하는 모든 종류의 세포로 될 수 있으나, 성체줄기세포는 몇 가지 관련 유형의 세포만 생성할 수 있다.

암에 대한 유전학적 기초

11.15 암은 세포분열을 조절하는 유전자에 돌연변이가 생겨 발생한다

암은 세포 성장을 정상적으로 제한하는 조절 기작이 오작동하는 질병이다(8.9절 참조). 이러한 오작동은 대개 유전자 발현의 변화로 인해 발생하는 경우가 많다.

암세포의 비정상적인 행동은 세포주기와 세포주기의 조절 또는 정상세포를 암세포로 변화시키는 데 유전자가 어떤 역할을 하는지가 알려지기 수년 전에 이미 관찰되었다. 암에 관한 수수께끼를 풀 수 있는 초기 단서 중 하나는 1911년 닭에서 암을 유발하는 바이러스를 발견한 것이다. 바이러스는 DNA 또는 RNA 분자가 단백질로 둘러싸인 그리고 경우에 따라서 외피막으로 둘러싸인 간단한 구조라는 사실을 상기하자. 암을 유발하는 바이러스는 자신의 핵산을 숙주세포의 염색체 DNA에 삽입함으로써 숙주세포 내에 영구적으로 기생할 수 있다(10.17절 참조).

암을 유발하는 바이러스가 숙주세포로 삽입하는 유전자는 정상인 세포를 암으로 만들 수 있다. 이처럼 세포에 단일 사본으로 존재할 때 암을 유발하는 유전자를 **암유전자(oncogene**, 그리스어로 onco는 '종양'이란 뜻)라고 한다. 지난 수십 년 동안 연구진들은 암을 유발하는 유전자를 보유한 많은 종류의 바이러스를 발견했다. 예를 들어, 성적 접촉을 통해 전파되는 일부 사람유두종바이러스(human papillomavirus, HPV)는 여러 유형의 암, 특히 가장 흔한 자궁경부암과 관련이 있다.

원암유전자 1976년 미국의 분자생물학자인 비숍(Michael Bishop), 바머스(Harold Varmus)와 동료 과학자들은 1911년 발견된 암을 유발하는 닭 바이러스에 닭의 정상적인 유전자의 변형된 형태인 암유전자가 포함되어 있다는 놀라운 사실을 발견했다. 이후 지속적인 연구를 통해 사람을 포함한 많은 동물의 유전체에 암유전자로 전환될 수 있는 유전자가 존재함을 알게 되었다. 이처럼 암유전자가 될 가능성이 있는 정상세포의 유전자를 **원암유전자(proto-oncogene)**라 한다. (원암유전자라는 용어는 혼동될 수 있어, 이를 발견한 과학자들은 "원암유전자는 정상적이고 건강한 유전자지만 만약 변화가 생기면 암을 유발하는 암유전자가 될 수 있다"라고 반복해서 설명한다.) 세포는 바이러스로부터 암유전자를 얻거나 또는 세포가 가지고 있는 원암유전자들 중 하나에 돌연변이가 일어날 경우 암유전자를 갖게 된다.

원암유전자의 정상적인 역할에 대해 연구한 결과, 많은 원암유전자들이 세포주기에 영향을 주는 단백질을 암호화한다는 사실을 알게 되었다. 이러한 단백질이 적절한 시기에 적절한 양으로 정상적으로 기능을 수행할 경우, 세포분열과 세포분화를 적절히 조절하는 데 도움을 준다. 그러나 이 단백질에 변화가 생기면 통제불능의 성장을 초래할 수 있다.

정상세포에서 필수적인 기능을 수행하는 원암유전자가 어떻게 암을 일으키는 암유전자로 되는 것일까? 일반적으로 암유전자는 원암유전자의 단백질 생성물이 많이 만들어지게 하거나 또는 각 단백질 분자의 활성을 증가시키는 유전적 변화로 인해 생긴다. **그림 11.15A**는 암유전자를 생성할 수 있는, DNA에 생긴 세 가지 종류의 변화를 보여준다. 특정 원암유전자가 세포분열을 촉진하는 단백질인 성장인자를 암호화한다고 가정해 보자. 그림 왼쪽은 원암유전자 자체에 돌연변이(녹색)가 생겨 세포분열을 촉진하는 기능이 정상 단백질보다 더 강화된 과활성 단백질을 암호화하는 암유전자가 생성된다. DNA 복제 과정이나 재조합에 오류가 생기면 그림 중앙에 표시된 것처럼 유전자 복사본이 여러 개 생성되며, 이 복사본들이 모두 전사되고 번역되어, 세포분열을 자극하는 정상 단백질이 과잉생성된다. 그림의 오른쪽은 돌연변이가 유전자 자체가 아니라 유전자를 조절하는 부위에 발생한 경우다. 예를 들어, 프로모터에 돌연변이가 생기면 유전자가 정상보다 더 자주 전사되며, 정상적인 단백질이 과잉생성된다. 결과적으로 이 세 가지 경우 모두 정상적인 유전자 발현 양상에 변화가 생겨 세포가 과도하게 분열하도록 자극을 받게 된다.

▶ **그림 11.15A** 원암유전자로부터 암유전자가 만들어지는 방법(모두 과도한 세포 성장을 초래함)

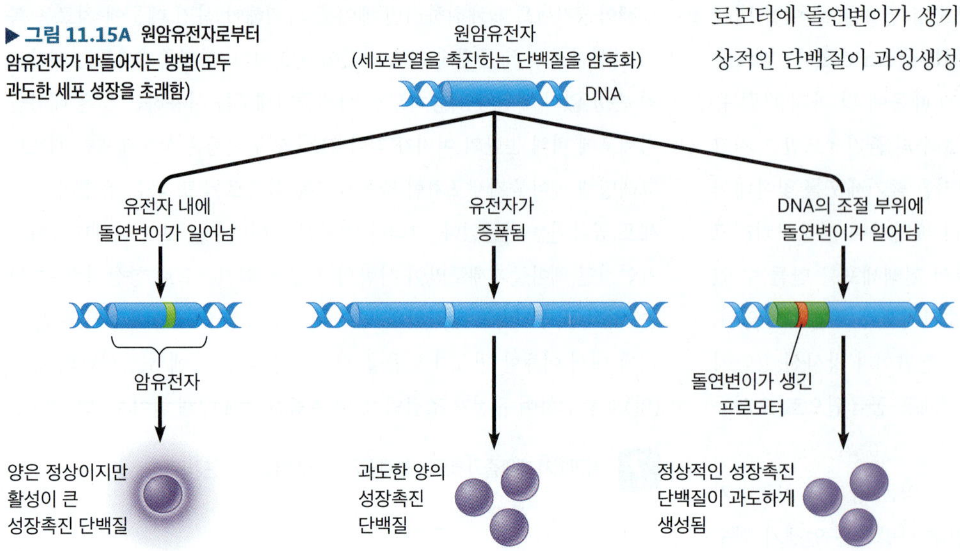

종양억제유전자 세포에는 세포분열을 정상적으로 촉진하는 단백질을 만드는 유전자뿐만 아니라 세포분열을 억제하는 정상 단백질을 만드는 유전자도 있다. 이러한 유전자는 세포가 무절제하게 성장하는 것을 막는 단백질을 암호화하므로 **종양억제유전자(tumor-**

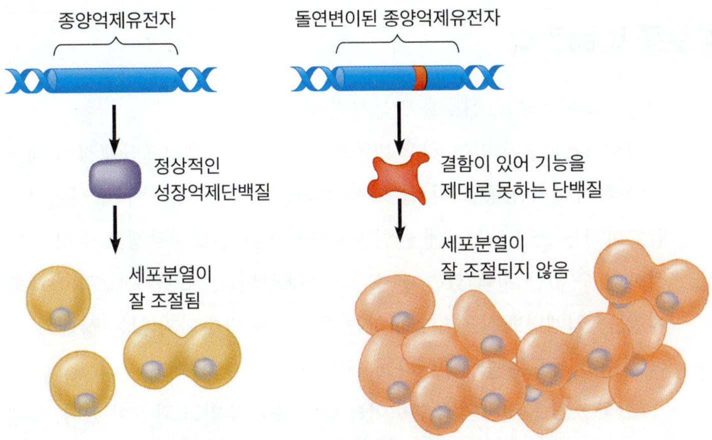

▲ **그림 11.15B** 종양억제유전자에 발생한 돌연변이의 영향

suppressor gene)라고 불린다. 종양억제 단백질의 정상적인 활성을 감소시키는 돌연변이가 일어나면 암이 발병할 수 있다(**그림 11.15B**). 최근에 과학자들은 손상된 DNA를 복구하는 기능이 있는 새로운 종양억제유전자 그룹을 발견했다. 이러한 유전자에 변이가 생기면 암을 유발하는 다른 돌연변이들이 축적될 가능성이 더 높아진다.

이러한 DNA 돌연변이는 어떻게 질병의 진행으로 이어질까? 다음 절에서 이 질문에 대해 생각해 보자.

? 원암유전자는 암유전자와 어떤 연관이 있는가?

■ 원암유전자는 정상 유전자이지만, 돌연변이가 일어날 경우 암을 유발하는 암유전자가 될 수 있는 유전자를 말한다.

11.16 유전자변이가 여러 번 일어나면 암이 발생한다

미국에서만 올해 10만 명 이상이 결장(큰창자의 주요 부분)에 암이 발생할 것으로 예상된다. 가장 잘 연구된 암 유형 중 하나인 대장암은 암의 발생 원리와 관련된 중요한 사실, 즉 본격적인 암세포가 되려면 체세포 돌연변이가 한 번 이상 필요하다는 것을 보여준다. 다른 많은 종류의 암과 마찬가지로 악성(다른 부위로 확산되는) 대장암의 발달은 점진적으로 일어난다(암과 관련된 용어는 8.9절 참조).

그림 11.16A는 대장암을 예로 들어 체세포 돌연변이로 인해 암이 점진적으로 진행하는 과정을 보여준다. ❶ 대장암은 암유전자가 발생하거나 혹은 돌연변이로 인해 암유전자가 활성화되어 대장의 내벽에 있는 정상적인 세포들이 비정상적으로 자주 분열할 때 시작된다. ❷ 이후 종양억제유전자의 불활성화와 같은 DNA 돌연변이가 추가적으로 일어나 대장의 벽에 작은 양성종양(폴립, polyp)을 자라게 한다. ❸ 더 많은 돌연변이가 일어나면 결국 다른 곳으로 전이(확산)될 가능성이 있는 악성종양이 된다. 이처럼 암 발생까지 여러 번의 돌연변이(실질적으로 대개 6회 정도)가 필요하므로 암이 발생하는 데 오랜 시간이 걸린다.

따라서 악성종양은 돌연변이들이 점진적으로 축적되어 원암유전자가 암유전자로 전환되고 종양억제유전자가 파괴(녹아웃, knock out) 되는 과정으로 진행된다. 세포가 완벽하게 암이 되려면 DNA 수준에서 여러 가지 변화가 일어나야 한다. **그림 11.16B**에 하나 또는 그 이상의 돌연변이가 일어나 세포분열이 증가한 세포 및 암세포(빨간색)를 정상적인 세포(황갈색)와 서로 다른 색으로 표시하여 구분했다. 암을 촉진하는 돌연변이(염색체의 빨간색 띠)가 일어나면 해당 변이는 그 세포로부터 만들어지는 모든 딸세포에 전달된다.

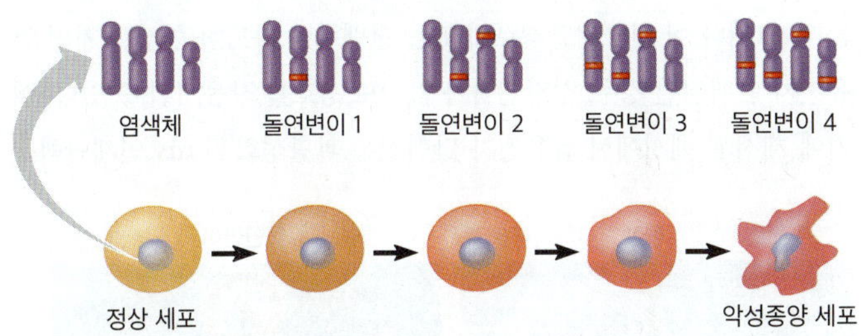

▲ **그림 11.16B** 암세포에서의 돌연변이 축적 과정

본격적인 암은 여러 번의 체세포 돌연변이를 거쳐 발생한다는 사실은 왜 나이가 들면서 암발생률이 증가하는지를 잘 설명해 준다. 사람이 사는 동안 돌연변이가 축적되어 암이 발생한다면, 오래 살수록 암에 걸릴 확률은 당연히 높아진다. 암 연구진들은 암을 유발하는 돌연변이 목록을 꾸준히 만들어 공공 데이터베이스에 저장하고 있다. 이러한 자료는 치료 전략을 개선시키고 언젠가는 치료법도 제시해 줄 것이다.

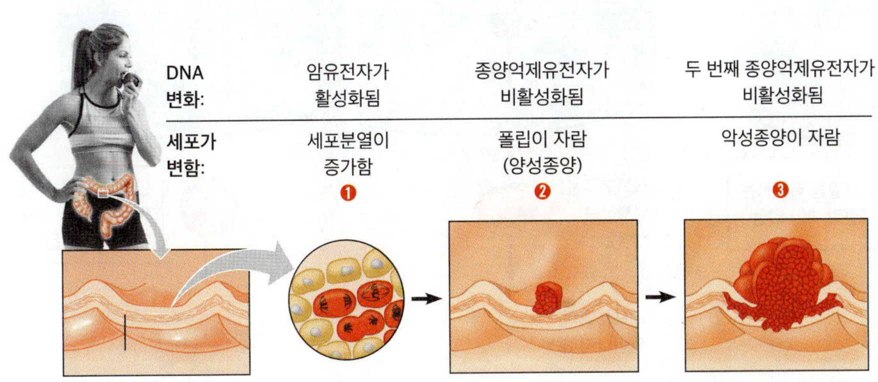

▲ **그림 11.16A** 대장암의 전형적인 발생 단계

? 상피세포, 즉 체강을 덮고 있는 세포는 자주 교체되기 때문에 몸의 다른 부위의 체세포들보다 더 자주 분열한다. 그렇다면 상피세포의 경우 다른 종류의 체세포들보다 암이 될 확률이 더 높을까 낮을까?

■ 세포분열이 더 자주 일어날수록 돌연변이가 더 자주 발생하여 암 발생 가능성이 높아지게 된다.

11.17 결함이 있는 단백질은 정상적인 신호전달경로를 방해한다

신호전달경로는 세포주기에 영향을 주는 단백질이 합성되게 한다. 아래 그림(흰색 박스 안의 내용 제외)은 두 가지 유형의 신호전달경로를 보여준다. **그림 11.17A**는 세포분열을 촉진하는 신호경로다. 초기 신호는 성장인자(●)로, 이 신호를 받은 표적세포의 궁극적인 반응은 세포분열을 자극하는 단백질 생산이다. 이와 대조적으로, **그림 11.17B**는 성장억제인자(▼)가 표적세포에 작용하여 세포분열을 억제하는 단백질이 만들어지는 억제경로를 보여준다. 두 경우 모두 새로 만들어진 단백질은 세포주기조절계의 구성요소와 상호작용하여 기능을 수행한다.

이제 표적세포에 암을 유발하는 돌연변이가 일어나면 어떤 일이 일어나는지 살펴보자. 그림 11.17A의 흰색 박스는 *ras*라는 원암유전자에 돌연변이가 일어나 발생한 암유전자로부터 만들어진 단백질 생성물을 강조해서 보여준다. *ras* 유전자의 정상적인 생성물은 연계단백질이다. 정상적인 경우 이와 같은 촉진경로는 성장인자가 없으면 작동하지 않는다. 그러나 이 신호전달경로에 있는 단백질이 과도한 활성을 가진 암유전자 단백질인 경우, 성장인자가 없어도 경로를 작동시킬 수 있다. 여기에 제시된 예시에서 암유전자 단백질은 과활성화된 *ras* 연계단백질 변종으로서 스스로 신호를 발생시킨다.

그림 11.17B에 있는 흰색 박스는 돌연변이 종양억제단백질이 세포분열에 어떻게 영향을 미치는가를 보여준다. 이 경우 필수 전사인자를 암호화하는 *p53* 유전자에 돌연변이가 일어나 신호전달경로에 의해 활성화될 수 없는 결함 있는 전사인자가 생성된다. 그 결과, 그림 아래쪽에 있는 억제단백질을 암호화하는 유전자가 발현되지 않는 상태가 되어 과도한 세포분열이 일어나게 된다.

*ras*와 *p53* 유전자의 돌연변이는 많은 종류의 암과 관련이 있다. 실제로 *ras* 돌연변이는 사람에게 생기는 암의 약 30%에서 발견되며, *p53* 돌연변이는 50% 이상에서 발견된다. 다음 절에서는 암을 유발하는 돌연변이가 생기게 하는 발암물질에 대해 알아보자.

? 암유전자의 작용과 종양억제유전자에 발생한 암 유발 돌연변이의 작용을 비교해 보자.

■ 암유전자는 신호전달경로를 통해 세포분열을 촉진하는 비정상적인 단백질을 암호화하며, 종양억제유전자에 발생한 돌연변이는 결함 있는 단백질을 만들어 세포분열을 억제하는 기능을 정상적으로 하지 못하게 된다.

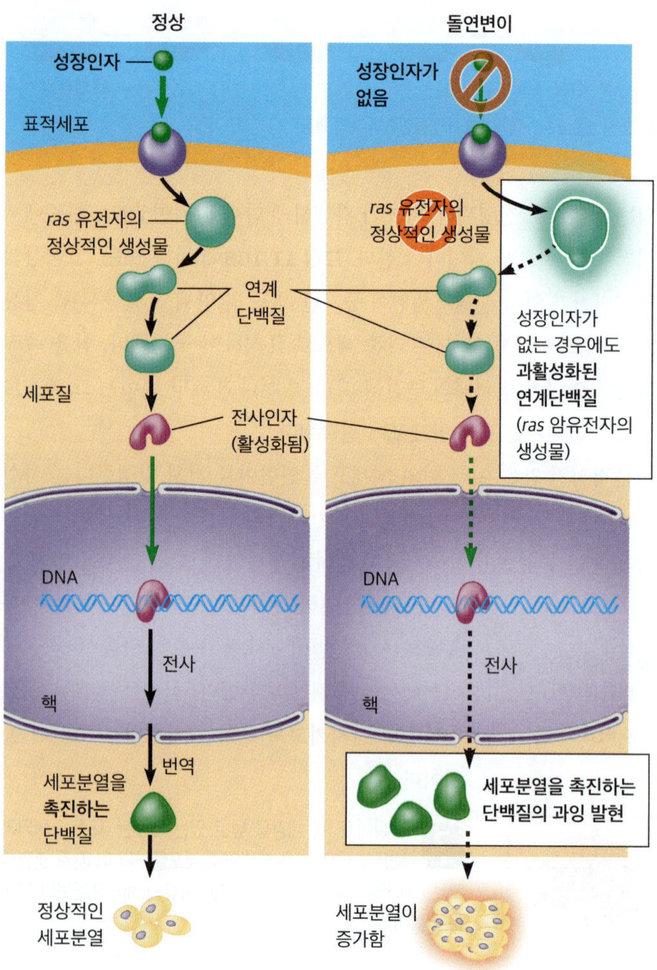

▲ **그림 11.17A** 신호전달 촉진경로와 암유전자 단백질의 영향

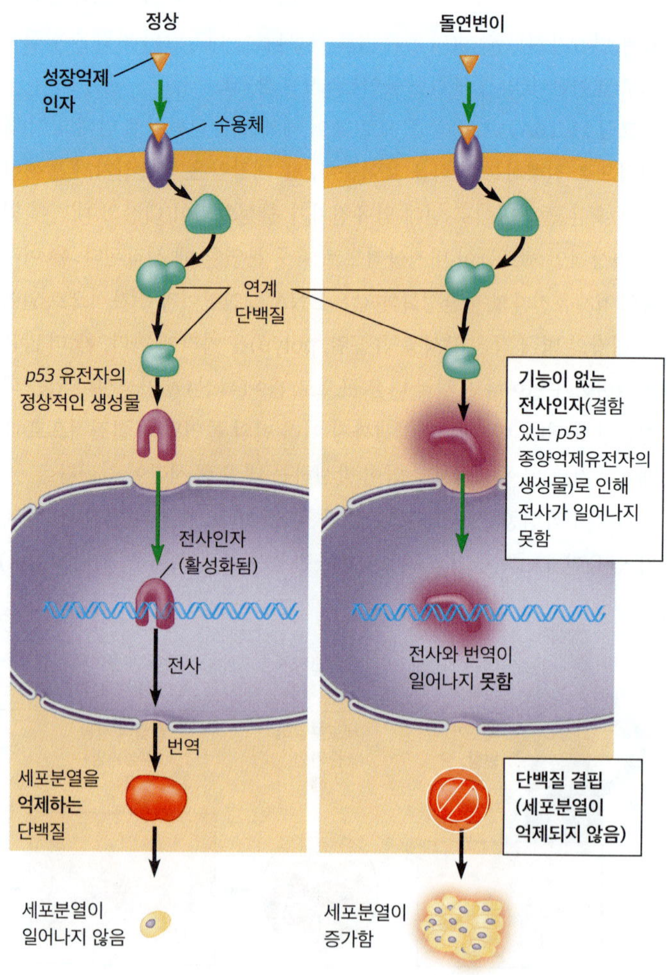

▲ **그림 11.17B** 신호전달 억제경로와 결함이 있는 종양억제단백질의 영향

11.18 생활습관을 바꾸면 암 발병 위험을 줄일 수 있다

연결 암은 대부분의 선진국에서 심장질환에 이어 두 번째로 많은 주요 사망 원인이다. 최근 몇 년 동안 대장암, 자궁경부암, 자궁암 등 특정 형태의 암으로 인한 사망률은 감소했지만, 전체 암 사망률은 증가 추세이며, 현재 10년에 약 1%씩 증가하고 있다. **그림 11.18**은 미국에서의 다양한 종류의 암으로 인한 사망률과 암과 관련된 위험인자에 대한 자료를 보여준다.

대부분의 암은 환경요인에 의해 돌연변이가 일어나 발생한다. DNA를 변형시켜 세포를 암으로 만드는 물질을 **발암물질(carcinogen)**이라고 한다. 돌연변이를 일으키는 물질인 돌연변이원(mutagen)은 대부분 발암물질이다. 예를 들어, 돌연변이를 유발하는 태양의 자외선에 노출되면 흑색종이라는 치명적인 암을 비롯하여 피부암을 유발하는 것으로 알려져 있다.

단일 물질 중 암유발 사례가 가장 많고 유발하는 암의 종류도 훨씬 다양한 물질은 담배다. 담배는 폐암의 주요 원인이며, 다른 어떠한 암보다 더 많은 사람들이 폐암으로 인해 사망한다(2018년에 약 15만 명의 미국인이 폐암으로 사망). 흡연이나 때로는 음주를 동반한 흡연은 폐암 외에도 여러 가지 다른 종류의 암을 유발한다. 거의 모든 경우에서 담배가 암의 주된 원인이지만, 씹는 담배처럼 연기가 없는(무연) 담배 제품도 구강암 및 인후암과 연관이 있다.

음식의 선택이 일부 암 위험을 크게 감소시킨다는 증거들이 점점 많아지고 있기 때문에 발암물질을 피하는 것만이 암을 예방하는 방법은 아니다. 예를 들어, 통곡물 빵 4쪽, 곡물 시리얼 1컵, 사과 1개, 당근 1/2컵을 합친 양과 비슷한 20~30 g의 식물성 섬유소를 매일 섭취하고 동시에 동물성 지방 섭취를 줄이면 대장암 예방에 도움이 된다. 또한 과일과 채소에 함유된 비타민 C, E, 그리고 비타민 A와 관련된 특정 화합물을 비롯한 물질들도 다양한 종류의 암 발생을 방지해 준다는 증거가 있다. 양배추와 브로콜리, 콜리플라워 같은 배추과 식물에는 아직은 정확히 어떤 물질인지 모르지만, 암 예방에 도움이 되는 물질이 매우 풍부한 것으로 알려져 있다.

여러 분야에서 암과의 전쟁을 하고 있으며, 현재 상황은 낙관적이다. 특히 일상생활에서 우리의 선택을 통해 가장 흔한 형태의 암에 걸릴 위험을 줄이고 생존율을 증가시킬 수 있다는 사실은 매우 고무적이다. 흡연하지 않고 적절한 운동을 하며, 햇빛에 과다하게 노출되지 않도록 하고 고섬유질 및 저지방 식단을 먹는 것은 모두 암 예방에 도움이 될 수 있다. 또한 그래프의 파란색 원에서 볼 수 있듯이, 피부암과 구강암(건강검진), 유방암(자가 검진 및 고위험군 여성의 경우 유방촬영술), 전립선암(직장수지검사), 자궁경부암(자궁경부 조직검사), 고환암(자가 검사), 대장암(대장내시경 검사) 등 7종의 암은 쉽게 발견할 수 있는 암이다. 따라서 정기적으로 병원을 방문하면 종양을 조기에 발견하여 치료 성공률을 상당히 높일 수 있다.

? 그림 11.18에 제시된 암 분석 자료에서 검진 가능한 암 중 가장 많은 사람이 사망하는 암 종류는 무엇인가?

■ 대장암이 다른 어떤 검진 가능한 암보다 사망률이 더 높다.

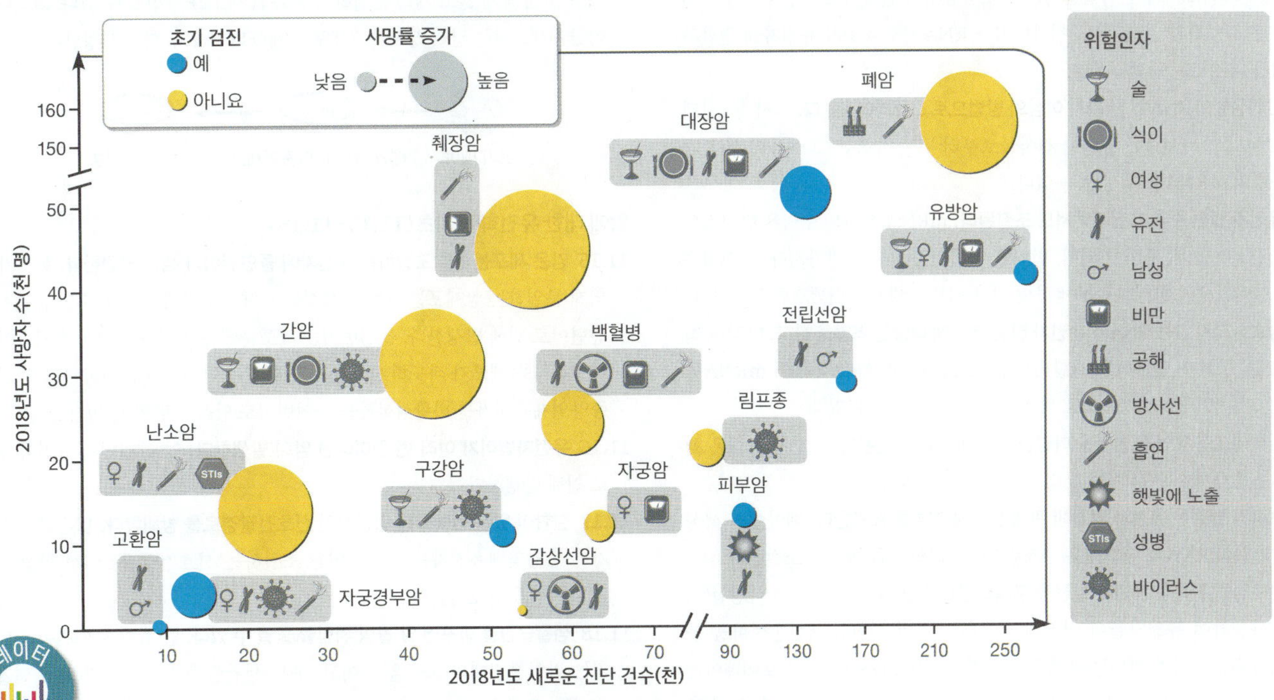

데이터 시각화

▲ **그림 11.18** 2018년도 미국인에서의 다양한 유형의 신규 암 발병 건수 및 암으로 인한 사망률

자료: American Cancer Society, *Cancer Facts & Figures*. Atlanta, American Cancer Society, 2018.

CHAPTER

11 복습

개념 복습하기

유전자 발현의 조절(11.1~11.11)

11.1 DNA와 상호작용하는 단백질이 환경 변화에 반응하여 원핵생물의 유전자 발현을 조절한다. 원핵생물에서는 연관된 효소를 암호화하는 유전자들이 오페론이라는 단위로 함께 조절되는 경우가 많다. 조절단백질은 DNA의 조절염기서열에 결합한다.

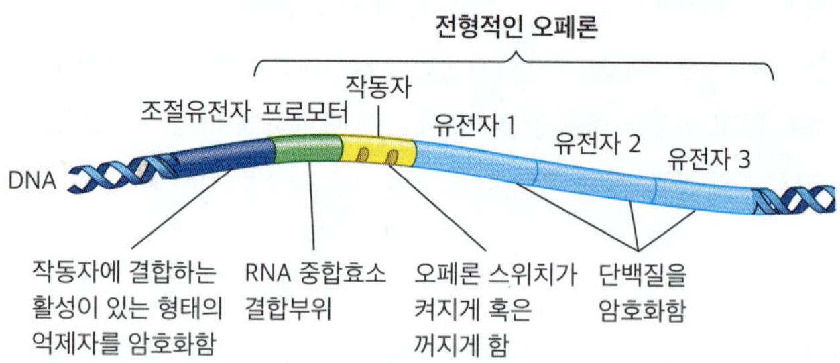

11.2 염색체 구조와 화학적 변형은 유전자 발현에 영향을 준다. 다세포 진핵생물에서는 각 세포 유형마다 서로 다른 유전자 조합이 활성화되기 때문에 세포의 종류에 따라 서로 다른 단백질이 만들어진다. 염색체는 DNA가 히스톤 단백질 주위를 감아 구슬 모양의 뉴클레오솜을 형성한다. DNA 압축은 전사인자가 DNA에 접근하지 못하게 막음으로써 유전자 발현을 억제한다. DNA 압축의 한 예로, 암컷 포유류 세포에서 일어나는 X 염색체 비활성화가 있다. DNA 염기 또는 히스톤 단백질의 화학적 변형은 후성유전을 초래할 수 있다.

11.3 진핵세포의 전사는 단백질복합체에 의해 조절된다. 다양한 조절단백질들이 DNA와 그리고 조절단백질들끼리 상호작용하여 진핵세포 유전자가 전사되게 혹은 전사되지 않게 한다. 전사인자는 RNA 중합효소가 유전자에 결합하는 것을 촉진하는 단백질이다.

11.4 진핵생물의 RNA는 한 가지 이상의 방법으로 스플라이싱된다. 전사 후, 선택적 RNA 스플라이싱은 동일한 전사물로부터 두 가지 혹은 그 이상의 서로 다른 유형의 mRNA를 생성할 수 있다.

11.5 유전자 발현은 후기 단계에서도 조절된다. mRNA 분자의 수명은 단백질의 양을 결정하는 데 도움이 되며, 번역에 관련된 인자도 마찬가지다. 단백질은 어떤 방식으로든 활성화되어야 하며, 최종적으로 세포는 단백질을 분해한다.

11.6 암호화되지 않는 RNA가 유전자 발현 조절에 다양한 역할을 한다. 다양한 작은 RNA 분자가 단백질과 결합하면 mRNA 분자와 쌍을 이루어 mRNA를 분해하거나 번역을 방해함으로써 유전자 발현을 막을 수 있다.

11.7 진핵세포의 유전자 발현은 다양한 기작에 의해 조절된다. 유전자 발현은 핵과 세포질 내에서 여러 가지 방법으로 조절될 수 있다.

11.8 초파리 발생은 유전자 발현에 관해 알아볼 기회를 제공한다. 배아에서 생성되는 일련의 RNA와 단백질은 수정란으로부터의 동물 발달을 조절한다.

11.9 연구진들은 특정 유전자 발현을 모니터링할 수 있다. 과학자들은 다양한 기술을 사용하여 유전자들이 어떻게 작용하는지 연구한다. 핵산혼성화를 통해 표적 유전자가 발현되는 세포를 식별할 수 있다. DNA 마이크로어레이는 특정 세포에서 어떤 유전자가 발현되는지에 대한 자료를 수집할 수 있게 해준다.

11.10 세포는 유전자 발현을 변화시킴으로써 이웃하는 세포에 반응한다.

11.11 세포의 신호전달체계는 생명체의 진화 초기에 나타났다. 생명체들 간의 유사성을 보면 신호전달경로가 지구에서 생명역사 초기에 진화했음을 알 수 있다.

식물과 동물의 복제(11.12~11.14)

11.12 식물복제는 분화된 세포가 모든 유전적 잠재력을 갖고 있음을 보여준다. 클론은 무성생식으로 만들어진 개체다. 따라서 한 부모와 유전적으로 동일하다.

11.13 핵이식으로 동물을 복제할 수 있다. 공여세포로부터 얻은 DNA를 핵이 제거된 난자에 삽입하면 DNA 공여자의 클론인 초기 배아를 얻을 수 있다. 대리모에 배반포를 착상시키면 복제된 포유류가 탄생할 수 있다.

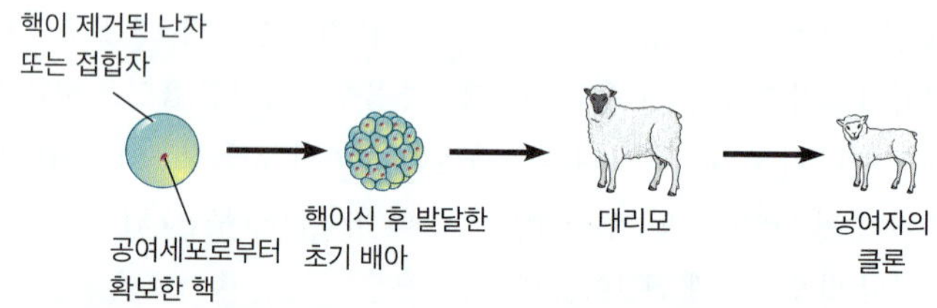

11.14 치료용 복제를 통해 의학적 활용 잠재력이 큰 줄기세포를 만들 수 있다. 치료용 복제의 목표는 배아줄기세포를 만드는 것이다. 이러한 세포는 다양한 치료목적으로 사용될 수 있다. 배아줄기세포와 마찬가지로 성체줄기세포도 배양 시에 죽지 않고 계속 분열하며 분화된 세포를 생성할 수 있다. 그러나 배아줄기세포와는 달리 성체줄기세포는 제한된 세포 유형만 생성한다.

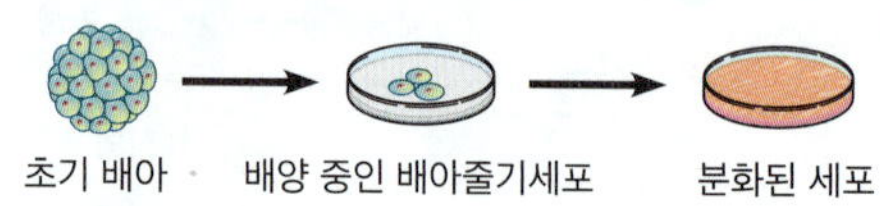

암에 대한 유전학적 기초(11.15~11.18)

11.15 암은 세포분열을 조절하는 유전자에 돌연변이가 생겨 발생한다. 통제가 안 되게 분열하는 암세포는 단백질 생성물이 세포주기에 영향을 주는 유전자 돌연변이로 인해 발생한다. 돌연변이는 세포분열을 촉진하는 정상 유전자인 원암유전자를 세포가 과도하게 분열하도록 하는 암유전자로 변화시킬 수 있다. 종양억제유전자를 비활성화하는 돌연변이도 암을 유발할 수 있다.

11.16 유전자변이가 여러 번 일어나면 암이 발생한다. 암은 일련의 유전자 변이로 인해 발생한다.

11.17 결함이 있는 단백질은 정상적인 신호전달경로를 방해한다. 많은 원암유전자와 종양억제유전자는 세포분열을 조절하는 신호전달경로에서 활성이 있는 단백질을 암호화한다.

11.18 생활습관을 바꾸면 암 발병 위험을 줄일 수 있다. 암 유발 돌연변이를 일으키는 발암물질에의 노출을 줄이고, 바른 생활습관을 선택하면 암 위험률을 줄이는 데 도움이 될 수 있다.

개념 연결하기

1. 다음 개념도를 완성하여 유전자 조절에 대한 지식을 테스트해 보자.

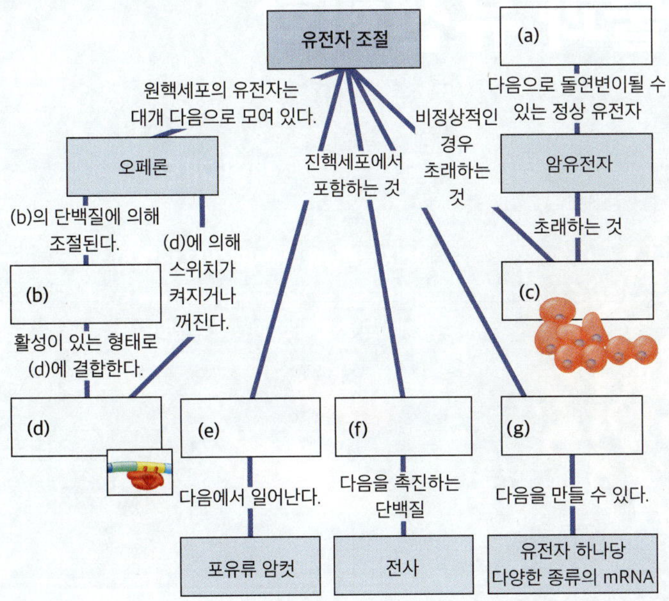

학습 평가하기

1단계 : 지식과 이해력 평가

2. 다음 중 진핵세포가 유전자 발현을 조절하기 위해 가장 많이 사용하는 기작은?
   a. 전사 조절
   b. 선택적 스플라이싱
   c. mRNA 가공
   d. 단백질 가공
3. 다음 중 세포분열을 증가시킬 수 있는 돌연변이는?
   a. 성장 억제 신호전달경로의 과활성 연계단백질
   b. 성장 촉진 신호전달경로에 연계단백질이 없는 돌연변이
   c. 성장 촉진 신호전달경로에 전사인자가 없는 돌연변이
   d. 성장 촉진 신호전달경로에서 과활성화된 연계단백질
4. 다음 중 배아줄기세포와 성체줄기세포의 확실한 차이점은?
   a. 실험실에서 배양 시 성체줄기세포만이 죽지 않고 계속 분열한다.
   b. 자연상태에서는 배아줄기세포만 개체의 다른 모든 유형의 세포를 만들 수 있다.
   c. 성체줄기세포만 배양 시 분화할 수 있다.
   d. 배아줄기세포는 배양 시 일반적으로 성체줄기세포보다 성장시키기 더 어렵다.

2단계 : 응용과 분석력 평가

5. 다음 중 DNA 마이크로어레이를 사용할 때 유전자 발현에 대한 분석이 불가능한 것은? (이유도 설명하시오.)
   a. 많은 유전자의 발현을 한 번에 분석
   b. RNA의 세포 내 국소화 분석
   c. 조직 간 유전자 발현 비교
   d. 특정 암 하위 유형 분석(mRNA를 세포 또는 조직에서 추출한다.)
6. 돌연변이 호미오유전자를 가진 초파리에게 어떤 일이 일어날 수 있는가?
   a. 죽을 것이다.
   b. 큰 신체 부위가 추가로 발생할 수 있다.
   c. 큰 체절이 누락될 수 있다.
   d. 잘못된 위치에 한 쌍의 다리를 가지고 태어날 수 있다.
7. 대부분의 암은 원암유전자의 단일 돌연변이로부터 발생하는가?
8. 흰 쥐의 난소에서 난자를 얻어 핵을 제거한다. 그 후 검은색 성체 쥐의 간세포에서 핵을 취해 핵이식 방법을 이용하여 이를 핵이 제거된 난자로 삽입한다. 약간의 자극을 가한 후 새로운 접합자가 분열하여 초기 배아가 되면 이 배아를 갈색 쥐의 자궁에 착상시킨다. 몇 주 후, 아기 쥐 한 마리가 태어난다. 이 쥐의 색깔은 어떤 색일까? 그리고 그 이유는 무엇 때문일까?
9. 돌연변이는 *lac* 오페론의 기능을 변화시킬 수 있다(11.1절 참조). 다음 돌연변이가 젖당이 있을 때와 없을 때 오페론의 기능에 어떤 영향을 미칠지 예측해 보시오.
   a. 조절유전자에 돌연변이가 일어나 억제자가 젖당에 결합하지 못하게 됨
   b. 작동자에 돌연변이가 일어나 억제자가 작동자에 결합하지 못하게 됨
   c. 조절유전자에 돌연변이가 일어나 억제자가 작동자에 결합하지 못하게 됨
   d. 프로모터에 돌연변이가 일어나 RNA 중합효소가 프로모터에 결합하지 못하게 됨
10. 돌리의 클론을 만드는 데 세 마리의 양이 사용되었다. 검은 얼굴의 양은 난자를 제공했고, 흰색 얼굴의 양은 핵을 채취하기 위한 젖샘세포를 제공했으며, 검은 얼굴의 양은 대리모 역할을 했다. 얼굴색이 유전으로 결정된다면 돌리의 얼굴은 어떤 색일까?

3단계 : 종합평가

11. DNA 복구 유전자는 진핵생물 세포주기 조절에 직접적으로 관여하지 않지만, 돌연변이는 여러 종류의 암 발생과 관련이 있는 경우가 많다. 왜 그런지 설명하시오.
12. 다이옥신이라는 화학물질은 일부 화학물질 제조 공정의 부산물로 생성된다. 이 물질은 베트남 전쟁 당시 초목에 살포된 고엽제인 에이전트 오렌지에 포함되어 있었다. 따라서 전쟁 중 이 물질에 노출된 군인들에게 미치는 영향에 대한 논란이 계속되고 있다. 동물실험 결과, 다이옥신은 생명체에 치명적일 수 있으며, 기형아 출산, 암, 장기 손상, 면역 억제 등을 유발할 수 있는 것으로 나타났다. 그러나 다이옥신이 사람에게 미치는 영향은 확실하지 않으며, 동물실험에서도 결론을 내리지 못하고 있다. 연구진들은 다이옥신이 세포에 들어가서 단백질과 결합한 후, 세포의 DNA에 결합한다는 사실을 발견했다. 이 기작이 다이옥신의 다양한 영향을 설명하는 데 어떤 도움이 되는가? 또한 특정 개인이 다이옥신에 노출되어 질병에 걸린 것인지 여부를 어떻게 판단할 수 있을까?
13. **과학적 사고** 각 과학자는 다른 과학자들의 연구를 바탕으로 일하는 광범위한 과학자 집단의 일원이다. 과학적 발전은 종종 새로운 기술의 응용이나 기존 문제에 대한 새로운 기술의 적용에 의존한다. 윌머트는 기존 복제 방법에서 어떤 점을 개선하여 성체세포로부터 돌리를 성공적으로 복제할 수 있었는가?

CHAPTER 12

DNA 기술과 유전체학

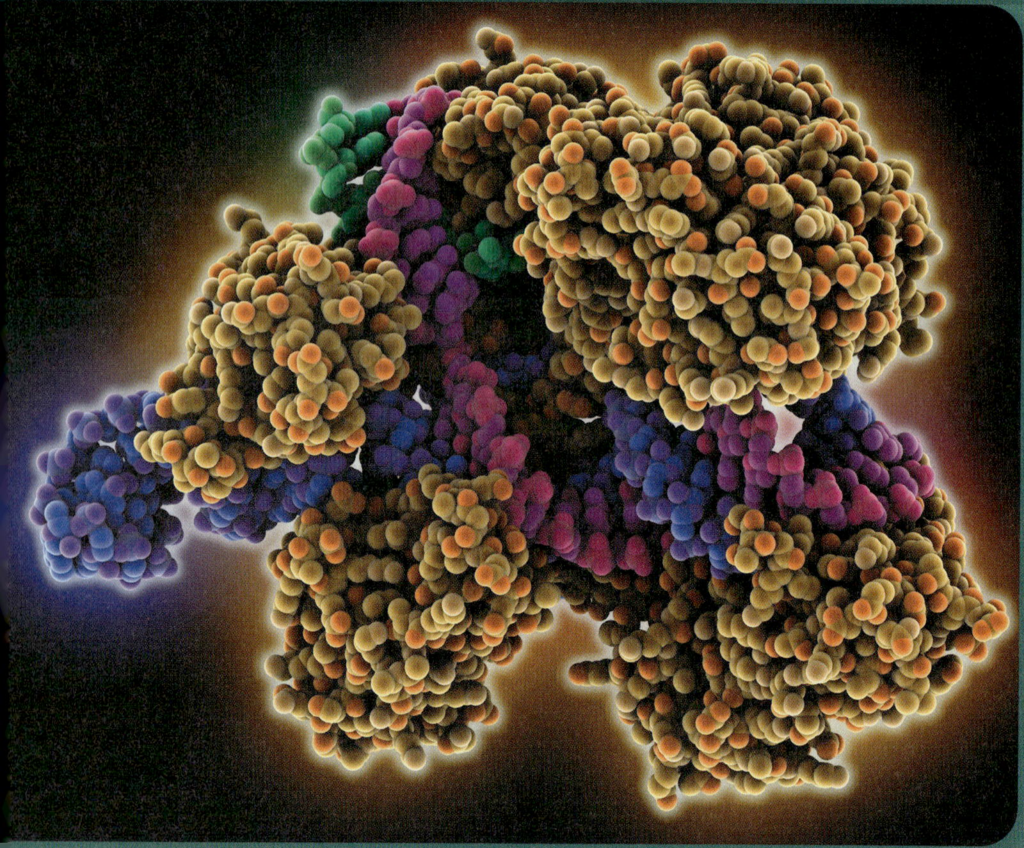

핵심 개요

유전자클로닝과 유전자편집(12.1~12.5)

다양한 실험실 기술을 사용하여 DNA 분자를 복제하고, 조합하고, 편집할 수 있다.

유전자변형생물(12.6~12.10)

형질전환된 세포와 식물, 동물은 농업과 의학 분야에 사용된다.

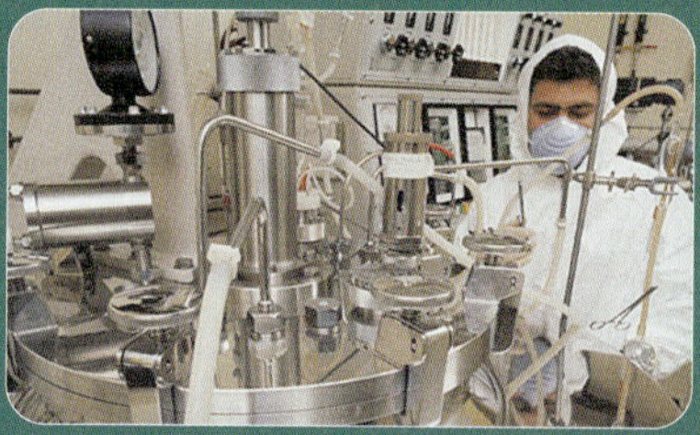

DNA 감식(12.11~12.15)

유전자표지자를 이용하면 DNA 시료가 특정 개인과 확실하게 일치하는지 알아낼 수 있다.

유전체학과 생물정보학(12.16~12.21)

생물의 염기서열 정보에 관한 연구는 귀중한 자료를 제공한다.

12.0 DNA 기술로 생명을 살릴 수 있다

뒤센근위축증(Duchenne muscular dystrophy, DMD)은 근육 기능에 필수적인 단백질인 디스트로핀을 암호화하는 유전자에 돌연변이가 생겨 발생하는 치명적인 유전질환이다. 근력 약화는 시간이 지남에 따라 악화되어 걷지 못하게 되며, 결국에는 숨을 쉬기도 불가능해진다. 이 병은 치명적이지만 치료를 받으면 수명을 연장할 수 있다.

뒤센근위축증 치료는 최근 개발된 유전자편집 기술로 가능성이 있을 수 있다(12.5절 참조). 연구자들은 개 근육에 유전자를 전달하기 위해 인체에 무해한 바이러스를 사용했다. 유전자편집 수술을 받은 개는 수술 후 몇 주일 이내에 디스트로핀 수치가 정상 수준으로 회복되어 대형 포유류도 뒤센근위축증 치료가 가능하다는 것이 입증되었다. 연구진은 장기적인 효과를 위해 개를 모니터링하고 있으며, 사람 임상시험에 이 치료법을 제공할 수 있기를 희망하고 있다.

DNA 기술은 의학적 응용 외에도 다양한 방식으로 우리 삶에 영향을 미치고 있다. 새로운 품종의 유전자변형생물이 식량자원에 도입되고 있고, DNA 감식은 법의학 분야를 변화시켰으며, 생물정보학은 생물학적 연구 및 역사와 진화 연구에 자료를 제공하고 있다. 이 장에서는 이러한 DNA 기술이 어떻게 응용되는지에 대해 설명한다. 또한 사용되는 기술, 적용 방법, DNA 기술로 인해 제기되는 사회적·법적·윤리적 문제도 살펴볼 것이다.

유전자클로닝과 유전자편집

12.1 유전자는 재조합 플라스미드에서 복제될 수 있다

유용한 제품을 만들기 위해 생물체나 그 구성요소를 이용하는 **생명공학(biotechnology)**은 현대에 등장한 기술처럼 보이지만, 실제로는 문명 초기로 거슬러 올라간다. 조상들은 맥주와 빵을 만들기 위해 효모를 사용했고 가축, 개 및 기타 동물을 선택적으로 육종했다. 그러나 오늘날 생명공학이라는 용어를 사용할 때는 일반적으로 유전물질을 연구하고 조작하는 현대 실험실 기술인 **DNA 기술(DNA technology)**을 지칭한다. 예를 들어, 과학자들은 이러한 방법을 사용하여 한 생물체에서 유전자를 추출하여 다른 생물체로 옮길 수 있으며, 대장균을 비롯한 세균, 파파야, 물고기 등 다른 생물 종 간에 유전자를 효과적으로 옮길 수 있다.

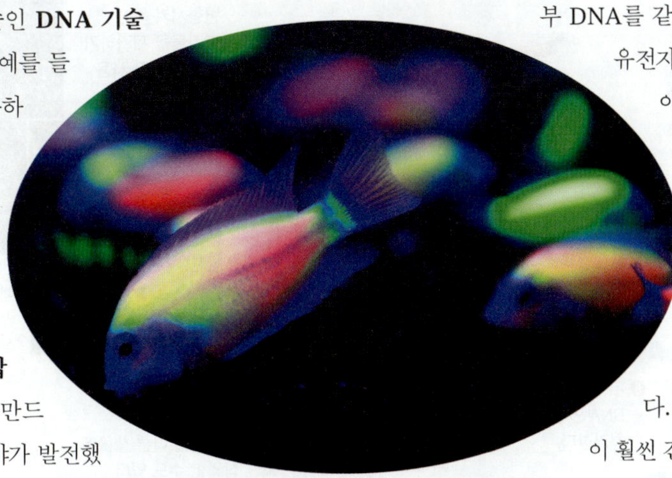

▲ **그림 12.1A** 해파리(자포동물)로부터 확보한 유전자를 이동시켜 만든 빛을 발하는(발광) 수족관 물고기(*Amatitlania nigrofasciatus*, 시클리드의 일종)

1970년대에 실험실에서 **재조합 DNA(recombinant DNA)**를 만드는 방법이 발명되면서 생명공학 분야가 발전했다. 서로 다른 두 가지 공급원(종종 다른 종)의 DNA 조각을 시험관에서 결합하면 단일 DNA 분자인 재조합DNA가 형성된다. 오늘날 유전자재조합DNA 기술은 실용적인 목적을 위해 유전자를 직접 변형하는 **유전공학(genetic engineering)**에 널리 사용되고 있다. 과학자들은 박테리아를 유전자 조작하여 항암제부터 살충제에 이르기까지 여러 유용한 화학물질을 대량생산하고 있다. 또한 박테리아에서 식물로, 또는 한 동물 종에서 다른 동물 종으로 유전자를 옮기기도 한다(**그림 12.1A**).

실험실에서 유전자를 조작하기 위해 생물학자들은 종종 훨씬 더 큰 박테리아 염색체와는 별도로 복제되는, 작은 원형의 DNA 분자인 **플라스미드(plasmid)**를 사용한다(10.23절 참조). 플라스미드는 일반적으로 몇 개의 유전자만 가지고 있으며, 박테리아로 쉽게 옮겨질 수 있고 한 세대에서 다음 세대로 전달된다. 또한 플라스미드는 거의 모든 유전자를 운반하도록 쉽게 조작할 수 있기 때문에, 원하는 DNA 조각의 동일한 복사본을 대량으로 생산하는 **DNA 클로닝(DNA cloning)** 기술의 핵심 도구로 이용된다. 과학자들은 DNA 클로닝을 통해 많은 유용한 생성물을 대량생산할 수 있다.

전형적인 유전공학에서 직면하는 도전과제에 대해 생각해 보자. 한 제약회사의 분자생물학자가 고부가가치인 단백질 V라는 가상의 물질을 암호화하는 유전자를 발견했으며, 이 단백질을 대규모로 제조한다고 가정해 보자. 이 과정은 '건초더미에서 바늘 찾기'와 같은 어려운 도전이다. 관심 있는 유전자는 훨씬 더 긴 DNA 분자들 사이에 끼어 있는 비교적 작은 조각이다. **그림 12.1B**는 원하는 유전자를 대량생산하기 위해 유전자클로닝 기술을 어떻게 사용할 수 있는지 보여준다.

우선, 생물학자는 두 종류의 DNA, 즉 ❶ 유전자 운반체인 **벡터(vector)** 역할을 할 박테리아 플라스미드(보통 대장균, *E. coli*에서 추출)와 ❷ 다른 생물에서 유래한 유전자 *V*를 비롯하여 다른 원치 않는 일부 DNA를 같이 포함하고 있는 DNA를 분리한다. 유전자 *V*를 포함하는 DNA는 다른 박테리아, 식물, 사람을 제외한 동물, 심지어 실험실에서 배양한 사람의 조직 등 다양한 공급원에서 얻을 수 있다.

❸ 그다음 플라스미드와 유전자 *V* DNA를 모두 DNA를 절단하는 효소로 처리한다. 이때 플라스미드의 한 자리만 절단하는 효소를 선택한다. ❹ 일반적으로 플라스미드보다 서열이 훨씬 긴 관심 있는 공급원 DNA는 여러 조각으로 잘릴 수 있으며, 그중 한 조각만 유전자 *V*를 가지고 있다. 그림에서는 하나의 DNA 조각과 하나의 플라스미드만 처리하는 것을 보여주지만, 실제로는 대부분이 유전자 *V*를 포함하고 있지 않는 수백만 개의 플라스미드와 DNA 조각을 동시에 처리한다.

❺ 두 공급원, 즉 플라스미드와 표적 유전자에서 잘라낸 DNA 조각을 섞는다. 플라스미드의 단일가닥 말단은 표적 DNA 조각의 상보적 말단과 염기쌍 결합을 한다(DNA 염기쌍 규칙에 관해서는 10.3절 참조). ❻ **DNA 연결효소(DNA ligase)**는 두 DNA 분자를 공유결합으로 연결한다. 세포가 DNA 복제 시에 사용하는 이 효소(10.4절 참조)는 'DNA 이어붙이기' 효소로, 인접한 뉴클레오타이드 사이에 공유결합 형성을 촉매하여 DNA 두 가닥을 연결한다. 그 결과 생성된 플라스미드는 재조합DNA 분자가 된다.

❼ 표적 유전자가 포함된 재조합 플라스미드를 박테리아와 혼합한다. 적절한 조건에서 박테리아는 형질전환을 통해 플라스미드 DNA를 받아들인다(10.22절 참조). ❽ 재조합 박테리아가 반복적인 세포주기를 통해 번식하여 유전적으로 동일한 세포들의 집단인 **클론(clone)**을 형성한다. 이 클론의 각 박테리아는 유전자 *V*의 복사본을 가지고 있다. 이처럼 DNA 클로닝이 유전자가 포함된 DNA 조각을 포함할 때(그림에서처럼), 이를 **유전자클로닝(gene cloning)**이라고 한다. 이 예시에서 생물학자는 최종적으로 시장성 있을 만큼 충분한 양으로 단백질 V를 생산하기 위해 세포클론을 키울 것이다.

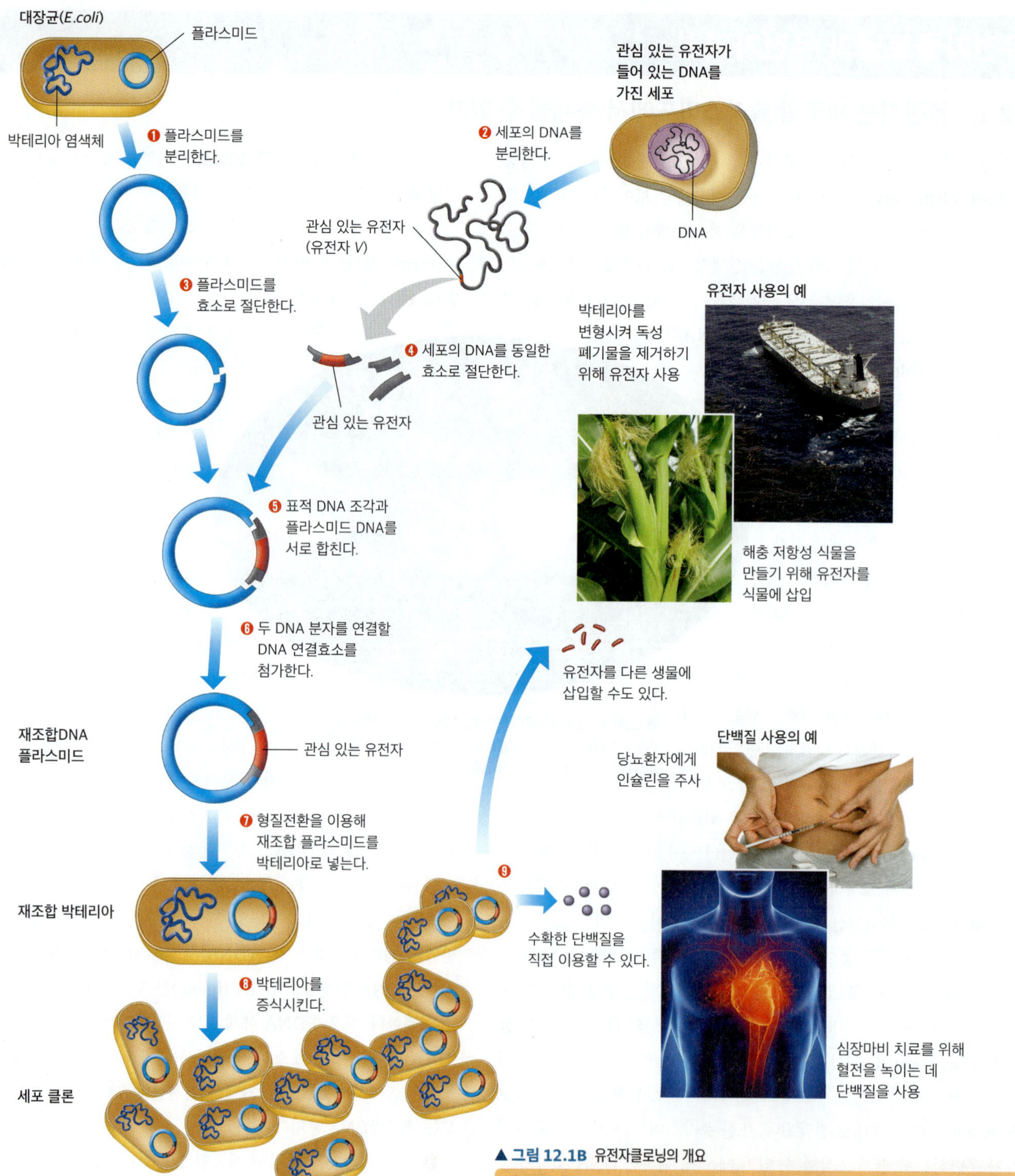

▲ **그림 12.1B** 유전자클로닝의 개요

시도해 보기 그림 오른쪽 위에 있는 관심 유전자(빨간색) 위에 손가락을 올려놓은 뒤, 표시된 전체 과정에서 해당 유전자의 경로를 따라가 보자.

❾ 유전자클로닝은 두 가지 기본적인 목적으로 사용할 수 있다. 유전자 복사본 그 자체는 즉각적인 생성물이 될 수 있으며, 추가적인 유전공학 프로젝트에 사용될 수 있다. 예를 들어, 한 식물 종에 존재하는 해충 저항성 유전자를 클로닝하여 다른 종의 식물로 옮길 수 있다. 또 다른 경우, 복제된 유전자의 단백질 생성물을 수확하여 사용하기도 한다. 예를 들면 인슐린과 같이 의학적으로 사용되는 단백질은 재조합 박테리아를 사용하여 대량으로 수확이 가능하다.

다음 4개의 절에서는 그림 12.1B에 정리한 방법에 대해서 논의해 보기로 하자. 각 기술에 대해서 설명할 때마다 이 그림을 참조하면 매우 유용할 것이다.

? 그림 12.1B에 제시된 예에서 벡터는 무엇인가?

■ 대장균(*E. coli*)에서 분리한 플라스미드

개념 시각화 12.2 DNA를 자르고 붙이기 위해 효소를 이용한다

실험실에서 DNA를 어떻게 이용하는지 이해하려면 효소가 DNA를 어떻게 자르고 붙이는지 알아야 한다. DNA를 자르는 도구는 **제한효소**(restriction enzyme)라는 박테리아 효소다. 생물학자들은 수백 가지의 서로 다른 제한효소를 발견했으며, 각각의 제한효소는 **제한효소자리**(restriction site)라는 독특한 짧은 DNA 염기서열을 인식한다. 제한효소는 제한효소자리에 결합한 후, 한 쌍의 매우 특이적인 분자 가위처럼 서열 내 정확한 지점에서 DNA의 두 가닥을 절단하여 **제한효소절편**(restriction fragment)이라는 DNA 조각을 생성한다. 동일한 제한효소는 항상 같은 위치에서 특정 DNA 분자의 모든 복사본을 절단한다. 일단 절단된 DNA의 제한효소절편은 DNA연결효소로 서로 이어 붙여질 수 있다. 여기에 설명된 기술은 서로 다른 공급원에서 유래된 DNA를 결합하는 많은 유전공학 기술의 기초다.

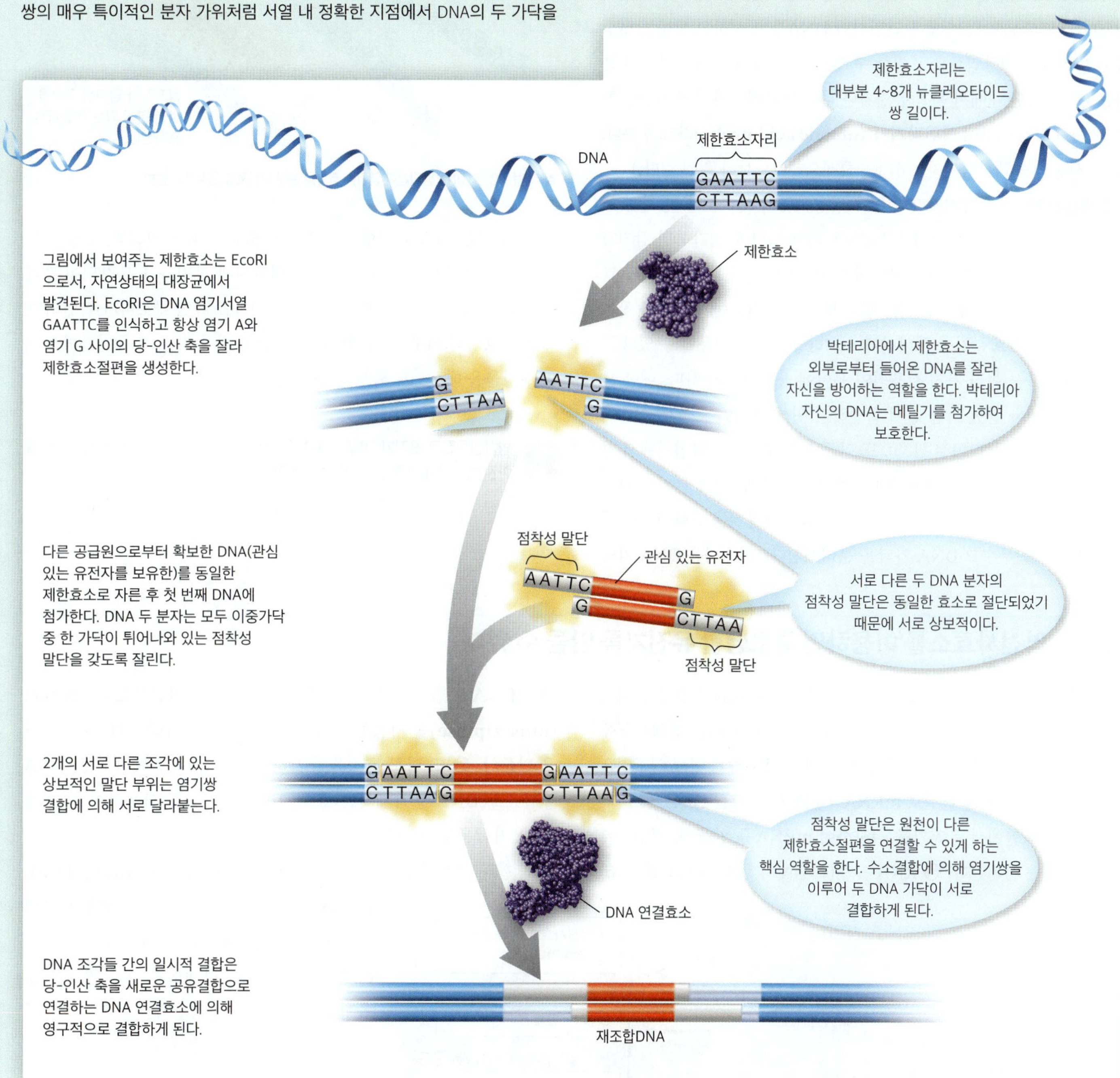

시도해 보기 제한효소 Hind III는 염기서열 AAGCTT를 인식한 후 2개의 A 사이를 절단한다. 효소가 절단하기 전과 후의 이중가닥 염기서열을 그려보시오.

? 점착성 말단이란 무엇인가?

■ DNA 조각의 짝을 이루고 있지 않은 단일가닥 영역으로, 이와 상보적인 단일가닥 부분과 수소결합할 수 있는 DNA 조각의 말단 부위

12.3 핵산탐지자는 특정 DNA 조각을 표지할 수 있다

종종 연구진은 훨씬 더 큰 DNA 집단 내에서 특정 DNA 조각(예: 그림 12.1B의 4단계에서 빨간색으로 표시된 유전자를 포함하는 조각)을 찾고 싶을 수 있다. 유전자의 뉴클레오타이드 서열 일부라도 알고 있다면 이 정보를 유용하게 이용하여 찾을 수 있다. 예를 들어, 가상의 유전자가 TAGGCT 서열을 포함하고 있다면, 생화학자는 이에 상보적인 염기서열(ATCCGA)을 갖는 짧은 단일가닥 DNA를 합성하고 이를 방사성 동위원소 또는 형광염료로 표지할 수 있다. 이렇게 표지된 상보적인 분자는 DNA 집단 내에서 특정 유전자나 다른 뉴클레오타이드 서열을 찾는 데 사용되기 때문에 **핵산탐지자(nucleic acid probe)**라고 부른다. (실제 사용되는 핵산탐지자는 6개 뉴클레오타이드보다 훨씬 길다.)

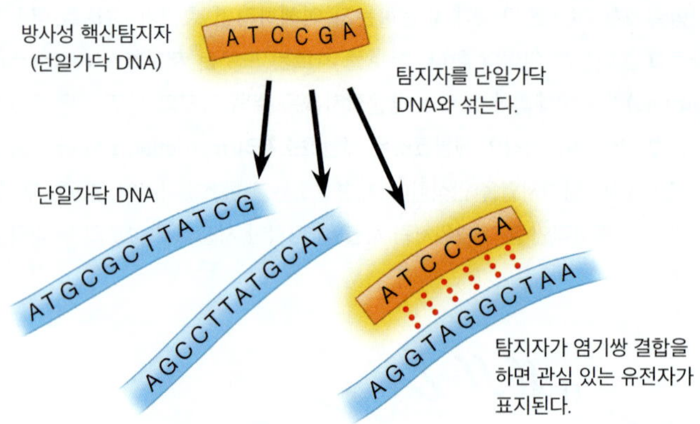

▲ 그림 12.3 DNA 탐지자가 염기쌍 결합을 통해 유전자를 표지하는 방법

그림 12.3은 핵산탐지자가 어떻게 작용하는지 보여준다. 방사성 동위원소로 표지된 DNA 탐지자를 DNA 가닥 집단에 첨가하면 탐지자는 원하는 유전자에 존재하는 상보적인 염기서열과 수소결합을 함으로써 원하는 분자를 표지한다. 이와 같은 탐지자는 원하는 유전자를 찾기 위해서 많은 DNA 분자를 한꺼번에 스크리닝하는 데 적용할 수 있다.

핵산탐지자는 여러 가지 실용적인 분야에 응용이 가능하다. 예를 들어, 많은 유전자 발현을 한 번에 확인하기 위해 DNA 마이크로어레이에 사용할 수 있다(11.9절 참조). 또 다른 기술에서는 배양접시에서 자라는 박테리아 콜로니(클론) 위에 여과지를 올린 후 살짝 눌러 여과지에 각 콜로니를 이루는 세포가 묻어나게 한다. 여과지를 화학적으로 처리하여 세포를 부수고 DNA 가닥을 분리시킨다. 그런 다음 DNA 가닥이 붙어 있는 여과지를 탐지자가 들어 있는 용액에 담그면, 관심 있는 유전자를 가진 박테리아 콜로니는 여과지에 탐지자가 부착되어 쉽게 식별할 수 있도록 표지된다. 원하는 유전자를 가진 콜로니가 확인되면, 해당 콜로니의 세포를 더 배양하여 관심 유전자 또는 그 유전자의 단백질 생성물을 대량으로 확보할 수 있다.

? 방사성물질로 표지된 DNA 탐지자를 이용하여 연구진은 어떻게 특정 유전자를 가진 박테리아 클론을 찾아낼 수 있는가?

■ 탐지자 분자는 상보적 DNA 염기서열을 갖고 있는 관심 있는 유전자를 포함하는 세포에만 결합하여 표지하기 때문이다.

12.4 역전사효소를 이용하면 클로닝할 유전자를 만들 수 있다

연구진들은 종종 비암호 인트론(non-coding intron)이 길게 늘어서 있는 진핵생물 유전자를 인트론을 제거하는 도구가 없는 원핵세포에서 클로닝하고자 하는 경우가 많다. 이 문제를 극복하기 위해 연구진은 클로닝하기 위한 시작 물질로 mRNA를 사용한다(그림 12.4). ❶ 선택된 세포가 핵 안에서 유전자를 전사하여 mRNA를 만들면, 시험관에서 mRNA를 분리한다. ❷ RNA 주형(그림에서 금색, 10.20절 참조)에서 DNA를 합성할 수 있는 바이러스 효소인 **역전사효소(reverse transcriptase)**를 사용하여 mRNA로부터 단일가닥의 DNA 전사물을 만든다. ❸ 또 다른 효소를 추가하여 mRNA를 분해하고 ❹ DNA 중합효소(DNA를 복제하는 효소, 10.5절 참조)를 사용하여 두 번째 DNA 가닥을 합성한다.

그 결과 생성된 DNA를 **상보적 DNA(complementary DNA, cDNA)**라고 하며, 이 cDNA는 선택한 세포에서 mRNA로 전사된 유전자들만 만들어진다. cDNA는 뇌세포나 간세포와 같은 특정 세포 유형에서 특수 기능을 담당하는 유전자를 연구하는 데 유용하다(11.9절 참조).

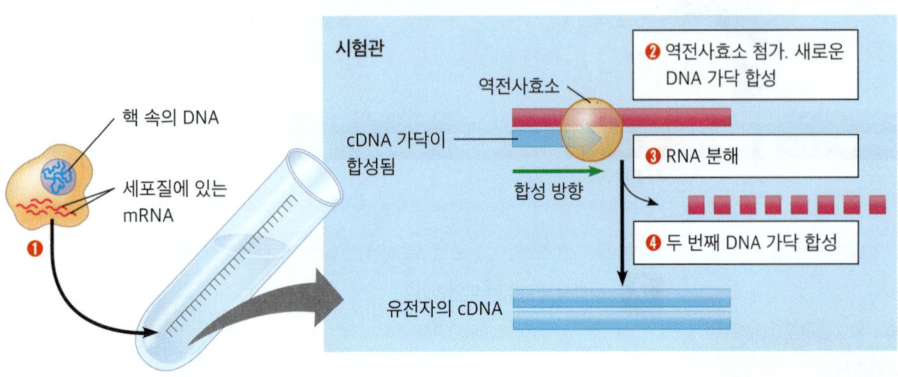

▲ 그림 12.4 진핵세포 mRNA로부터 상보적 DNA(cDNA) 만들기

? cDNA를 만들 때 바이러스 효소를 사용하는 것이 중요한 이유는 무엇인가?

■ 바이러스 효소인 역전사효소는 RNA로부터 DNA를 만든다. 그러나 대부분의 세포에는 이 효소가 없다.

12.5 새로운 기술을 이용하여 특정 유전자를 편집할 수 있다

앞의 4개의 절에서 연구진들이 유전자를 시험관(*in vitro*, 살아 있는 세포 외부)에서 어떻게 클로닝하는지 배웠다. 최근 몇 년 동안 살아 있는 세포 내에서 특정 유전자를 편집할 수 있는 DNA 기술의 매우 중요한 기술이 개발되었다. 살아 있는 세포 내에서 유전자의 뉴클레오타이드 서열을 변경하면 유전자의 기능을 밝히거나 질병을 일으키는 유전적 돌연변이를 교정할 수 있다. 유전자편집을 위한 강력한 새 기술인 크리스퍼(CRISPR-Cas9) 시스템은 유전공학 분야에서 가장 중요한 도구 중 하나로 급부상하고 있다.

CRISPR-Cas9 시스템은 제한효소 및 그 외 다른 많은 DNA 기술 도구와 마찬가지로 원핵세포에 있는 자연적 구성요소로 발견되었다. 과학자들은 박테리아 유전체 안에 짧은반복서열 DNA의 반복된 구간 사이에 서로 다른 길이의 '스페이서 DNA(spacer DNA)'가 있다는 사실을 발견했다. 그들은 각 스페이서 서열이 세포를 감염시킨 특정 바이러스의 DNA와 일치한다는 것을 발견했다. 박테리아 단백질인 Cas는 반복된 염기서열과 연관이 있으며, 바이러스 DNA를 식별하고 절단하여 바이러스 감염으로부터 박테리아를 방어할 수 있게 한다.

Cas9이라는 특정 Cas 단백질은 이중가닥 DNA 분자를 절단한다는 점에서 제한효소(12.2절 참조)와 유사하다. 그러나 제한효소는 한 가지 특정 DNA 서열만 인식하는 반면, Cas9 단백질은 특정 RNA 분자가 지시하는 모든 서열을 절단한다. Cas9은 유도미사일과 같으며, RNA 분자를 유도 장치로 사용한다. 그 결과 Cas9은 가이드 RNA와 상보적인 모든 DNA 서열의 두 가닥을 절단한다.

과학자들은 Cas9-가이드 RNA 복합체(Cas9-guide RNA complex)를 변경하고자 하는 세포에 넣어 Cas9의 자연적인 기능을 조사할 수 있었다. 유전자를 비롯한 표적 DNA 염기서열과 상보적이 되도록 복합체의 가이드 RNA를 만든다. Cas9이 표적 DNA의 양쪽 가닥을 자른 후, DNA수선효소(DNA repair enzyme)가 표적 DNA를 다시 연결할 때 그 사이에 뉴클레오타이드를 무작위로 삽입하여 연결하므로, 대개는 기능이 없는 유전자가 만들어진다. 이 기술은 특정 유전자를 '녹아웃(무력화)'시키는 데 매우 좋은 방법이다. 연구자들은 돌연변이 세포 또는 개체를 관찰함으로써 녹아웃된 유전자의 기능을 파악할 수 있다.

CRISPR-Cas9 시스템은 유전자를 녹아웃시키는 것 외에 유전자를 편집하는 데 사용할 수 있다(**그림 12.5**). 연구자들은 정상 기능을 가진 유전자 한 조각을 Cas9-가이드 RNA 복합체와 함께 도입할 수 있다. Cas9이 표적 DNA를 자른 후, 수선효소가 정상 DNA를 주형으로 사용하여 절단지점에서 표적 DNA를 복구한다. 이러한 방식으로 CRISPR-Cas9 시스템은 CRISPR-Cas9 시스템이 작동하는 모든 세포에서 워드 프로세서의 '찾아 바꾸기' 기능처럼 마주치는 모든 세포에 있는 돌연변이를 수정할 수 있다.

2014년, 한 연구팀이 CRISPR-Cas9 시스템의 편집 기술을 이용하여 쥐의 유전적 결함을 치료했다. 장기의 기능장애 및 발달장애를 초래하는 타이로신혈증(tyrosinemia)은 유전자 결함으로 인해 아미노산 타이로신(tyrosine) 대사가 잘못되어 발생하는데, 연구진은 살아 있는 쥐의 세포를 조작하여 결함 있는 유전자를 교정함으로써 이 질병을 치료했다. 2015년, 한 연구팀은 근육 기능에 필수적인 단백질인 디스트로핀을 암호화하는 유전자에 돌연변이를 지닌 쥐를 대상으로 연구를 진행했다. 연구진은 Cas9-가이드 RNA 복합체를 운반하는 바이러스를 쥐에 감염시켰다. 이 바이러스는 쥐의 근육세포를 감염시켜 디스트로핀 돌연변이가 있는 유전자 영역을 제거했다. 돌연변이가 제거된 유전자는 정상적으로 기능하는 디스트로핀 단백질을 생산하여 쥐의 근육이 제대로 기능할 수 있게 되었다. 연구진은 뒤센근위축증을 일으키는 디스트로핀 돌연변이 유전자를 가진 사람에게서도 CRISPR-Cas9 시스템 기술을 적용할 수 있게 되기를 희망하고 있다.

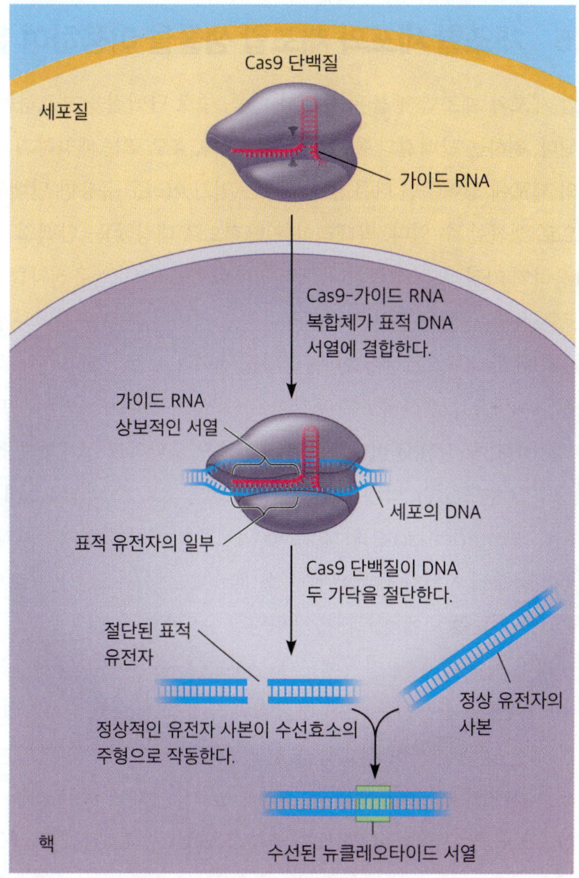

▲ **그림 12.5** CRISPR-Cas9 시스템을 이용한 유전자편집

CRISPR-Cas9 시스템을 사람에게 적용하기 위해서는 아직 해결해야 할 문제가 많지만, 이 기술은 전 세계 연구진과 의사들의 큰 관심을 모으고 있다. 다음 절에서는 유전자변형이 활용되는 몇 가지 방법을 살펴보자.

? CRISPR-Cas9 시스템은 유전자클로닝과 어떻게 다른가?

■ 유전자클로닝은 유전자를 정확히 복제하는 반면, 크리스퍼 유전자가위는 유전자를 변형한다.

12.6 재조합 세포와 재조합 생물을 이용하여 유전자 생성물을 대량생산할 수 있다

재조합 세포와 재조합 생물은 유전자 제품, 주로 단백질을 제조하는 데 사용된다. 원하는 단백질의 유전자를 박테리아, 효모 또는 배양하기 쉬운 종류의 세포에 넣어주면 다른 방법으로는 얻기 어려운 유용한 단백질을 대량으로 생산할 수 있다. 박테리아(일반적으로 대장균)는 단백질 생산에 사용하기 가장 좋은 생물이다. 박테리아의 주요 장점은 유전자클로닝 벡터로 사용할 수 있는 플라스미드를 가지고 있으며, 빠르고 저렴하게 대형 배양기에서 대량으로 배양할 수 있다는 점이다. 또한 박테리아는 특정 단백질을 대량으로 생산하도록 조작할 수 있으며, 경우에 따라서는 단백질을 성장배지에 직접 분비함으로써 생산물을 수확하고 정제하는 작업을 간소화할 수도 있다. 박테리아는 인슐린, 성장호르몬, 탁솔(Taxol) 및 인터루킨-2(interleukin-2)와 같은 암 치료제를 포함한 부가가치가 큰 사람 의약품부터 치즈와 가공 과일 주스 제조 및 동물 사료용 셀룰로오스 분해에 사용되는 효소에 이르기까지 다양한 용도로 사용된다.

박테리아 사용의 여러 장점에도 불구하고, 단백질 제품을 생산하기 위해 진핵세포를 사용하는 것이 바람직하거나 꼭 필요한 경우가 있다. 단백질 생산을 위해 가장 선호하는 진핵생물은 빵과 맥주를 만드는 데 사용되는 효모인 *Saccharomyces cerevisiae*다. 수세기 동안 제빵사와 양조업자들이 알고 있듯이, 효모는 배양하기 쉽다. 때로는 진핵생물의 단백질을 만들고 분비하기 위해서는 박테리아보다 효모가 더 유용하기도 하다. *S. cerevisiae*는 현재 B형 간염 백신, 말라리아 치료제, 암과 바이러스 감염 치료에 사용되는 인터페론(interferon) 등 의약품에 사용되는 여러 단백질을 생산하는 데 사용되고 있다. 2015년, 과학자들은 박테리아, 식물, 동물의 유전자 23개를 효모로 옮겨서 만든 재조합 균류가 당(sugar)을 진통제 성분인 하이드로코돈(hydrocodone)으로 전환한다고 발표했다.

일부 유전자 생성물을 만들기 위해 포유류 세포를 사용하기도 한다. 포유류 세포가 정상적으로 분비하는 단백질은 대다수가 당단백질, 즉 당 사슬이 붙어 있는 단백질이다. 포유류 세포만이 당을 제대로 부착할 수 있기 때문에 이러한 생성물을 만들기 위해서는 포유류 세포를 사용해야 한다. 예를 들어, 현재 실험실 배양에서 자라는 재조합 포유류 세포는 심장마비 후 투여되는 약물인 조직 플라스미노겐 활성인자(tissue plasminogen activator, TPA)를 생산하는 데 사용되고 있다. 적혈구 생성을 자극하는 호르몬인 사람적혈구생성인자(erythropoietin, EPO)를 생산하는 데도 포유류 세포가 사용된다. EPO는 빈혈치료제로서 생명을 구할 수 있다.

제약 연구자들은 재조합세포를 사용하는 것 외에도 동물이나 식물을 통째로 이용하여 유전자 생성물을 대규모로 생산한다. 원하는 사람 단백질을 만드는 일부 유전자를 다른 포유류에 삽입하기도 한다. 그 결과

▲ **그림 12.6** 젖에서 사람 혈액단백질이 분비되도록 유전자가 조작된 염소

재조합 동물의 젖에서 재조합된 유전자에 의해 암호화한 단백질을 얻을 수도 있다. 예를 들어, 부적절한 혈액응고 방지에 도움이 되는 사람 단백질인 항트롬빈(antithrombin) 유전자를 염소 유전체에 삽입했다(**그림 12.6**). 이 동물의 젖에서 항트롬빈 단백질을 분리한 후, 환자에게 주입함으로써 수술이나 출산 시 생명을 위협하는 혈전의 위험을 줄일 수 있게 되었다. 또한 AAT라는 사람 단백질을 생산하도록 양을 유전자변형시켰으며, 이렇게 얻은 단백질은 유전성 폐기종 환자 치료에 사용될 수 있다. 다른 포유동물들 또한 사람 질병의 모델로 사용하거나 가축의 건강을 개선하기 위해 유전자변형되고 있다.

필요한 의약품을 생산하는 데 유전자재조합이 유일하거나 최적의 방법일 경우 재조합유전자를 가진 동물을 생산하기도 한다. 재조합DNA를 사용하여 만든 동물을 유전자변형동물(genetically engineered animal)이라고 한다. 유전자변형동물은 유용하지만, 생산이 어렵고 비용이 많이 든다. 통상적으로 생명공학 회사는 많은 수의 동물 배아에 원하는 DNA를 주입한 다음, 이를 대리모에 이식하는 것으로 시작한다. 유전자변형동물이 성공적으로 만들어지면 이 동물을 복제할 수도 있다. 그 결과 유전적으로 동일한 무리, 즉 의료용으로 희귀한 생물학적 물질을 생산하는 '팜(pharm)' 동물의 '공장'이 탄생할 수 있게 된다. 다음 절에서는 DNA 기술의 의학적 적용에 대해 계속 살펴보자.

? 왜 사람의 모든 단백질을 대장균(*E. coli*)에서 합성할 수 없을까?

■ 박테리아는 당 그룹이 첨가되어야 하는 단백질과 같은 일부 단백질을 제대로 만들 수 없기 때문이다.

12.7 DNA 기술은 제약 산업과 의학 분야를 변화시키고 있다

연결 지금까지 살펴봤듯이, DNA 기술은 의약품 생산에 널리 사용되지만, 다른 의학 분야에도 적용되고 있다. 여기서는 다양한 DNA 기술이 어떻게 질병을 치료하고 확인하며 예방하는 데 사용될 수 있는지 알아보자.

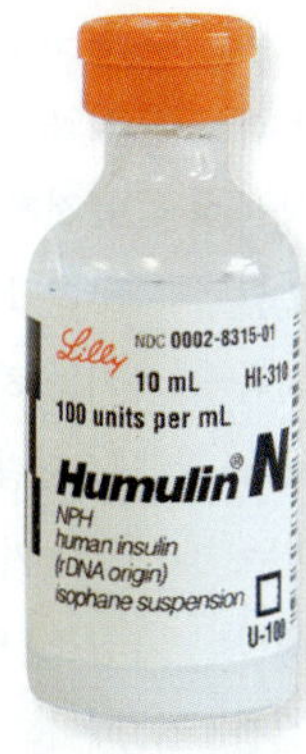

▲그림 12.7A 박테리아에 의해 생산된 사람 인슐린

질병 치료 재조합세포를 이용하여 만든 두 가지 생성물로 사람 인슐린과 사람성장호르몬이 있다. 인슐린은 이자(췌장)에서 분비되는 호르몬으로, 혈액 내 포도당 수치를 조절하는 데 도움을 준다. 제1형 당뇨병 환자는 매일 인슐린 주사를 맞아야 한다. 1982년 이전에는 주로 도축된 돼지와 소에서 인슐린 호르몬을 얻었다. 동물에서 추출한 인슐린은 화학적으로 유사하지만, 사람 인슐린과 완전히 일치하지 않아 일부 사람들에서 알레르기 반응을 일으킨다. 이러한 문제는 유전공학을 통해 사람 인슐린을 만들고 분비하는 박테리아를 개발함으로써 대부분 해결되었다. 1982년 박테리아에 의해 생산된 사람 인슐린인 휴물린(Humulin, **그림 12.7A**)은 미국 식품의약국(FDA)의 승인을 받은 최초의 재조합DNA 의약품이다. 오늘날에는 박테리아의 액체 배양액으로 가득 채워진 거대한 배양기에서 24시간 내내 생산되고 있으며, 전 세계 400만 명 이상의 당뇨병 환자가 이 방법으로 만들어진 인슐린을 사용하고 있다.

사람성장호르몬(HGH) 치료는 이 호르몬의 양이 부족하여 왜소증을 가지고 태어난 어린이들에게 큰 도움이 된다. 다른 동물에서 얻은 성장호르몬은 사람에게 효과가 없기 때문에, 역사적으로 HGH 결핍증 어린이들은 시체에서 추출한 극히 소량의 값비싼 호르몬에 의존해야 했다. 그러나 1985년 분자생물학자들은 인공적으로 HGH 유전자를 만들었으며, 실험실에서 만든 이 유전자를 이용하여 HGH를 생산하는 재조합 대장균을 만들었다. 재조합 박테리아에서 얻은 사람성장호르몬은 현재 널리 사용되고 있다.

식물 또한 재조합 약물을 생산하는 데 사용될 수 있다. 식물 세포는 배양을 통해 쉽게 성장하기 때문에 동물 세포보다 배양 조건이 까다롭지 않다. 더욱이 식물 세포는 사람을 감염시키는 바이러스에 오염될 가능성이 낮아 안전성을 높이는 데 도움이 된다. 배양된 당근세포를 지방분해에 관여하는 효소를 만드는 데 사용하고 있는데, 이 효소는 고셔병(Gaucher's disease)이라는 희귀한 사람 유전질환을 치료하는 데 사용된다.

▼그림 12.7B B형 간염 백신 생산에 사용되는 장치

질병 진단 DNA 기술은 진단 도구로 사용될 수 있다. DNA 분석을 이용하여 낫모양적혈구빈혈증, 혈우병, 낭포성섬유증, 헌팅턴병을 포함한 많은 유전질환의 증상이 나타나기 전에, 심지어는 출생 전에도 검사 대상자가 질병 유전자를 가지고 있는지 확인이 가능하다. 또한 열성 대립유전자로 인해 무증상이어도 보인자를 확인하는 것이 가능하다(9.9절 참조).

DNA 기술을 이용하면 질병 발생의 원인이 되는 미생물을 정확히 찾아낼 수 있다. 예를 들어, DNA 분석은 에이즈를 유발하는 HIV처럼 찾기 어려운 바이러스를 추적하고 식별하는 데 도움이 된다. 미국 질병통제예방센터는 DNA 기술을 사용하여 식중독 발생의 원인이 되는 정확한 박테리아 균주를 파악함으로써 정기적으로 관계 당국이 보다 엄격한 식품 안전 조치를 발표하고 시행할 수 있도록 한다.

질병 예방 백신 개발에도 DNA 기술이 도움이 되고 있다. **백신(vaccine)**은 주로 박테리아나 바이러스와 같이 병원체를 약독화시킨 변이체(돌연변이체) 또는 유도체로, 면역계를 자극하여 해당 병원체에 대한 지속적인 방어력을 갖추도록 함으로써 질병을 예방한다(24.3절 참조). 홍역, 볼거리, 소아마비 등 많은 바이러스성 질병의 경우 예방접종(백신)이 질병을 예방할 수 있는 유일한 의학적 방법이다.

백신 생산을 위한 한 가지 방법은 병원체의 표면에 있는 단백질 분자를 대량으로 생산하기 위해 유전자변형세포 또는 생물을 이용하는 것이다. 이 방법은 간 기능 저하를 초래하거나 치명적일 수 있는 간 질환인 B형 간염에 대한 백신을 만드는 데 사용되었다. **그림 12.7B**는 백신의 주성분인 B형 간염 바이러스의 표면 단백질 유전자를 운반하도록 조작된 효모세포를 배양 중인 배양기를 보여준다.

백신 개발에 사용되는 또 하나의 DNA 기술은 질병을 일으키는 병원체의 유전자 중 하나 혹은 그 이상을 변경시켜 무해한 인공적인 돌연변이체를 만드는 것이다. 이와 같은 무해한 돌연변이체를 소위 생백신(live vaccin)으로 사용하면 체내에서 증식하여 강력한 면역반응을 일으킬 수 있다.

유전공학은 의학 분야를 빠르게 변화시켰으며 현재도 그 영향력은 계속되고 있다. 그러나 이러한 새로운 기술은 다음에 살펴볼 것처럼 다른 방식으로 우리 삶에 영향을 미친다.

? 인슐린과 사람성장호르몬은 모두 천연 생성물인데, 유전공학을 이용하여 만드는 이유는 무엇인가?

■ DNA 기술을 이용하면 자연적으로 얻을 수 있는 양보다 훨씬 더 많은 양을 만들 수 있기 때문이다.

12.8 유전자변형생물은 농업을 변화시키고 있다

연결 고대부터 사람들은 더 유용한 농작물을 만들기 위해 선택적으로 육종해 왔다(식물 토착화에 대한 논의는 31장 참조). 오늘날 과학자들은 농업에 중요한 식물과 동물의 생산성을 향상시키기 위해 기존의 전통적인 육종 프로그램을 DNA 기술로 대체하고 있다. 과학자들은 인위적인 방법으로 하나 또는 그 이상의 유전자를 획득한 생물체, 즉 **유전자변형생물(genetically modified organisms, GMOs)**의 다양한 품종을 만들었다. 오늘날 미국에서는 옥수수, 대두, 면화 및 여러 주요 농작물의 대다수가 GMO다. 한 생물에서 다른 생물(일반적으로 다른 종)로 유전자를 옮겨 만들어진 재조합 생물을 **형질전환생물(transgenic organism)**이라고 한다.

식물 세포에 새로운 유전자를 도입하는 데 주로 사용되는 운반체는 일반적인 토양 박테리아인 아그로박테리움(*Agrobacterium tumefaciens*)의 플라스미드인 Ti 플라스미드다(**그림 12.8A**). ❶ 원하는 형질을 만드는 유전자(빨간색으로 표시)를 플라스미드의 변형된 형태에 제한효소와 DNA연결효소를 이용하여 삽입한다. ❷ 그다음 재조합 플라스미드를 식물 세포로 넣으면 새로운 유전자를 운반하는 DNA가 식물 염색체로 삽입된다. ❸ 마지막으로, 재조합 세포를 배양하여 식물로 성장시킨다.

매일 약 8억 명의 사람들이 영양실조에 직면하고 있으며, 4만 명이 기아로 사망하고 있다. GMO 농작물로 식량 생산성, 유통기한, 해충저항성, 농작물의 영양가 등을 개선하면 수많은 굶주린 사람들을 도울 수 있다. 인도에서는 자연적이긴 하지만, 희귀한 염분저항성 유전자를 벼에 삽입하여 바닷물보다 염도가 세 배나 높은 물에서도 자라는 새로운 품종의 벼를 개발하여, 가뭄이 심하거나 홍수가 많은 지역에서도 식량을 재배할 수 있게 되었다. 호주에서도 염분이 많은 토양에서 밀 수확량을 증가시키기 위해 유사한 연구가 진행 중이다. 2000년에 몇 가지 수선화 유전자를 이용하여 만든 형질전환 품종인 황금쌀(golden rice)은 인체에서 비타민 A를 만드는 데 사용되는 베타-카로틴이 함유된 노란색 쌀을 생산한다(**그림 12.8B**). 새로운 품종(황금쌀 2)은 옥수수 유전자를 사용하여 베타-카로틴 함량을 더욱 높였다. 황금쌀은 비타민 A 결핍으로 실명하는 매년 25만 명의 어린이들의 실명 예방에 도움이 될 것이다.

연구자들은 농업에 적용하는 것 외에도 의료용으로 사용할 사람 단백질을 생산하는 식물을 만들었다. 최근 개발된 형질전환 벼 균주는 개발도상국의 심각한 문제인 유아 설사병 치료를 위한 수분 보충제에 사용할 수 있는 우유단백질 유전자를 가지고 있다. 현재 진행 중인 또 다른 의약품 관련 연구로는 낭포성섬유증 치료를 위한 유전자변형 옥수수 그리고 간염 치료를 위한 개구리밥이 있다. 이러한 개발 시도가 유망해 보이기는 하지만, 아직까지 식물이 만든 어떠한 약물도 사람이 사용하도록 승인받지는 못했다.

▲ **그림 12.8B** 황금쌀

농업 분야 연구진들은 유전자클로닝(12.6절 참조) 또는 크리스퍼(CRISPR-Cas9) 시스템(12.5절 참조)을 이용하여 배아의 핵을 유전적으로 변형시킨 형질전환동물을 만들고 있다. 이렇게 조작된 배아를 대리모에게 외과적으로 이식한 후, 배아가 성공적으로 발달하면 그 결과 탄생하는 동물은 새로운 또는 변형된 유전자를 보유하게 된다.

형질전환동물의 목표는 종종 더 좋은 품질의 양털을 가진 양을 얻거나 더 빨리 성숙하는 소를 만드는 것과 같은 전통적인 육종 목표와 동일하다. 2006년에 연구진들은 돼지에 선형동물의 특정 유전자를 넣어 건강에 해로운 지방산은 적고 건강한 오메가-3 지방산이 4~5배 많은 고기를 생산하는 형질전환 돼지를 만들었다. 2015년에는 젖소의 유전자를 앵거스(Angus) 소의 유전자로 교체시켜 뿔이 없는 젖소 품종을 만듦으로써 황소들이 뿔 제거 시 받는 고통에서 벗어나게 해주었다. 유사한 유전자편집 기술은 염소(육용 및 캐시미어 양모용으로), 돼지(축산 및 애완용으로), 개 등의 품종을 개선하는 데 사용되고 있다. 또한 대서양 연어에 치누크 연어(Chinoouk salmon)로부터 확보한 성장호르몬 유전자의 활성이 큰 프로모터를 첨가하여 유전자를 변형시켰다. 치누크 연어 유전자로 변형된 연어는 기존 연어보다 절반의 시간 안에 성숙하고 두 배까지 성장한다. 2015년 말, FDA는 이러한 GMO 연어가 기존 연어만큼 안전하고 영양가가 높다며 미국 소비자들에게 판매할 수 있도록 승인했다(물론 매장 진열대에 오르기까지는 몇 년이 걸릴 수도 있을 것이다). 이는 미국에서 형질전환동물 제품이 식품으로 판매되는 것을 허용한 최초의 사례다. 그러나 다음 절에서 설명하겠지만, GMO가 사람이나 환경에 안전하지 않다고 우려하는 사람들도 있다.

? 우리가 오늘 형질전환 식물이나 동물을 섭취했을 확률은 얼마나 될까?

■ 미국에 거주하는 경우 형질전환식물을 섭취했을 가능성은 높지만, 형질전환동물을 섭취했을 가능성은 매우 낮다.

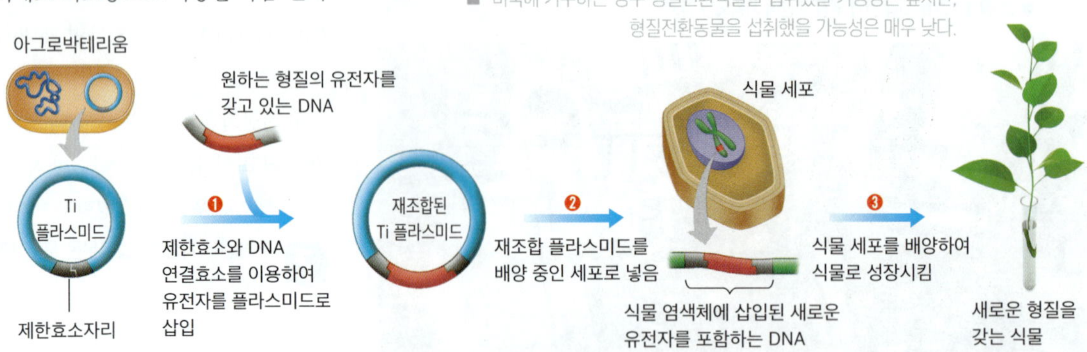

▶ **그림 12.8A** Ti 플라스미드를 이용한 식물 유전공학

12.9 유전자변형생물의 사용은 의문과 우려를 불러일으킨다

과학적 사고 과학자들은 DNA 기술의 위력을 깨닫자마자 잠재적 위험에 대해 우려하기 시작했다. 초기의 우려는 재조합DNA 기술이 새로운 병원체를 만들 수 있다는 가능성에 집중되었다. 과학자들은 악성 미생물 생성을 막기 위해 엄격한 실험실 안전 및 격리 절차, 형질전환생물이 실험실 밖에서는 생존할 수 없도록 유전적으로 불구화, 위험한 특정 실험의 금지 등 일련의 지침을 만들었다. 오늘날 대부분 대중의 관심은 식품에 사용되는 GMO에 집중되어 있다.

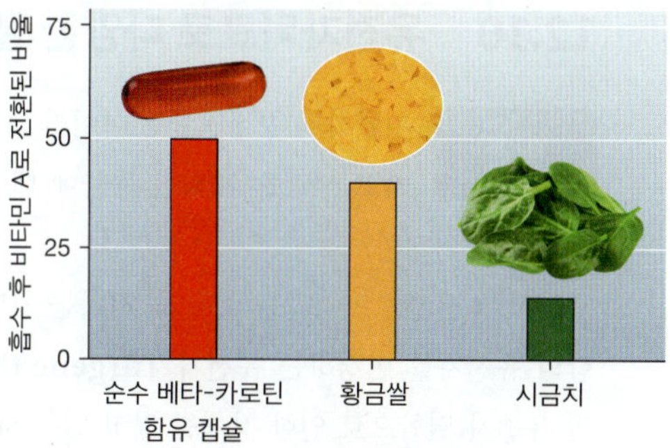

▶그림 12.9 다양한 공급원으로부터 베타-카로틴을 섭취한 후 생성된 비타민 A 측정치 비교

자료: G. Tang et al., Beta-carotene in Golden Rice is as good as beta-carotene in oil at providing vitamin A to children, *American Journal of Clinical Nutrition* 96: 658-64 (2012).

유전자변형생물은 안전한가?

사람에 대한 안전성 유전자변형생물은 영양가가 더 많거나 생산 비용이 저렴하기 때문에 농작물 생산에 이용된다. 하지만 이러한 이점이 GMO를 섭취하는 사람들의 건강을 해치지는 않을까? 이와 같은 복잡한 질문을 조사할 때 과학자들은 종종 각각의 장단점이 있는 여러 가지 실험 방법을 사용한다. 2012년의 한 동물 연구에서는 104마리의 돼지를 두 그룹으로 나누어 실험했다. 첫 번째 그룹은 39%의 GMO 옥수수가 포함된 사료를 먹였고, 다른 그룹은 이와 비슷한 성분을 가진 비GMO 옥수수를 먹였다. 돼지의 건강상태는 단기(31일), 중기(110일), 그리고 정상적인 한 세대 수명에 걸쳐 측정됐다. 연구 결과에 따르면 두 그룹 간에 유의미한 차이가 없었으며, 도축된 돼지에서 외래 DNA 흔적이 발견되지 않았다.

돼지가 사람의 소화관련 연구를 위한 좋은 모델 생명체이지만, 비평가들은 GMO의 사람에 대한 안전성에 대한 결론을 도출하기 위해서는 사람을 대상으로 한 자료가 필요하다고 주장한다. 중국과 미국 과학자들이 사람을 대상으로 공동으로 수행한 연구 결과가 2012년에 발표되었다. 68명의 중국 학생(6~8세)에게 황금쌀, 시금치(베타-카로틴의 천연 공급원), 또는 순수 베타-카로틴이 함유된 캡슐을 섭취하도록 한 후, 21일 동안 혈액을 채취하여 각 식품 공급원으로부터 체내에서 생성되는 비타민 A의 양을 측정했다. 실험 결과, 황금쌀과 캡슐의 베타-카로틴은 모두 비슷한 효율로 체내에서 비타민 A로 전환된 반면, 시금치의 베타-카로틴은 상대적으로 훨씬 적은 양의 비타민 A를 생성했다(**그림 12.9**). 그 결과를 통해 GMO 쌀이 실제로 비타민 A 결핍을 예방하는 데 효과적일 수 있다는 결론을 얻었다.

긍정적인 연구 결과에도 불구하고 이 연구는 큰 파장을 일으켰다. 중국 당국은 이 연구를 비윤리적인 '스캔들'이라고 부르며 미국 과학자들이 중국 학생들을 실험 대상으로 삼았다고 논평했다. 이에 대해 프로젝트 책임자들은 중국과 미국 모두에서 적절한 허가와 동의를 받았다고 반박했다. 하지만 이 논란은 사람의 안전에 대한 연구 수행의 어려움을 보여준다. 이는 동물대상 연구 결과를 사람에게 적용하는 데는 한계가 있으며 사람을 대상으로 연구하는 것은 비윤리적일 수 있기 때문이다. 현재까지 GMO 식품이 사람의 건강을 해친다고 입증한 연구는 없으며, 시중에 유통되는 GMO 식품이 안전하다는 데 과학자들은 대체로 동의한다. 그러나 GMO가 사람의 건강에 미치는 장기적인 영향(있는 경우)을 측정하는 것은 아직 불가능하다.

환경 안전성 GMO 작물에의 신중한 접근을 지지하는 사람들은 형질전환식물이 인근 야생지역에 서식하는 관련 종에 새로운 유전자를 전달하여 자연 생태계 구성을 교란할 수 있다고 우려한다. GMO 작물 비판론자들은 실제로 유전자변형 농작물에 있는 유전자가 인근 야생종으로 의도하지 않게 전달되는 것을 보여주는 연구 결과를 제시하고 있다. 그러나 GMO 찬성자들은 이러한 이동으로 인한 지속적이거나 해로운 영향은 입증되지 않았으며, 일부 GMO(예를 들어, 기름 유출을 분해하도록 설계된 박테리아)는 환경에 적극적으로 도움이 될 수 있다고 반박한다.

표기 옥수수와 대두를 포함하여 미국에서 재배되는 주요 작물의 대부분이 유전자변형 작물임에도 불구하고, 미국에서는 GMO로 만든 제품에 이를 표기할 의무가 없다. 미국에 사는 사람은 오늘 GMO가 함유된 식품을 먹었을 가능성이 있지만, 표기 의무가 없기 때문에 확실하게 알 수는 없다. 현재 전 세계 많은 나라에서 미량 이상의 GMO가 함유된 식품에 대한 표기가 요구되고 있다. 표기를 옹호하는 사람들은 정보 제공 시 소비자가 GMO 식품에 노출되기를 원하는지 여부를 스스로 결정할 수 있다고 지적한다. 그러나 유전자변형을 지지하는 일부 생명공학자들은 전통적인 육종 기술로 생산된 '형질전환' 농작물이 시장에 출시될 때는 비슷한 요구가 없었다고 반박한다. 예를 들어, 수십 년 전 자연에서는 교배하지 않는 두 식물인 밀과 호밀의 유전체를 조합하여 만든 라이밀(triticale, 주로 동물 사료로 사용되지만, 일부는 사람의 식품에도 사용되는 농작물)도 현재 특별한 표기 없이 전 세계에서 판매되고 있다.

과학자들과 일반 대중은 사례별로 GMO의 잠재적 이익과 위험성을 비교 검토해야 한다. 가장 좋은 방법은 비합리적으로 두려워하거나 맹목적으로 낙관만 하기보다는 확실한 과학적 정보를 바탕으로 신중하게 결정을 내리는 것이다.

? 사람의 건강에 대해 알기 위해 사람과 동물대상 연구를 모두 진행해야 하는 이유는 무엇인가?

■ 동물의 경우, 식단과 생활방식을 면밀히 통제할 수는 있지만, 동물을 대상으로 한 연구 결과를 사람에게 직접 적용하지 못할 수 있다.

12.10 유전자치료로 다양한 질병을 치료할 수 있게 될 것이다

연결 지금까지 형질전환된 바이러스, 박테리아, 효모, 식물, 그리고 사람을 제외한 동물에 대해 알아보았다. 형질전환된 사람은 어떨까?

사람 유전체를 조작하는 이유 중 하나는 치료를 위해 질병에 걸린 사람의 유전자를 변경하는 **유전자치료(gene therapy)**를 위해서다. 단일 유전자 결함으로 인한 장애를 앓고 있는 사람의 경우, 그 사람의 세포에 정상 대립유전자를 삽입하여 결함 유전자를 대체하거나 보완할 수 있다. 일단 정상 대립유전자가 발현되면 단 한 번의 치료로 영구적인 치료가 가능할 수 있다.

유전자치료가 영구적이 되려면 사람이 살아 있는 내내 증식하는 세포에 정상 대립유전자가 전달되어야 한다. 따라서 혈액과 면역계의 모든 세포를 만드는 줄기세포가 들어 있는 골수세포(뼈속질)가 가장 좋은 후보다(**그림 12.10**). ❶ 건강한 사람의 정상 유전자를 클로닝하여 RNA로 전환한 다음, 무해한 바이러스의 RNA 유전체에 삽입한다. ❷ 환자로부터 골수세포를 채취하여 재조합바이러스로 감염시킨다. ❸ 이 바이러스는 사람의 정상 유전자를 포함한 자신 유전체를 DNA 형태로 세포의 염색체 DNA에 삽입한다. ❹ 그다음 유전자변형된 세포를 다시 환자에게 주입한다. 정상 유전자가 환자의 체내에서 전사되고 번역되어 원하는 단백질을 생성하게 된다. 재조합세포는 환자의 몸에서 일생 동안 증식하고 단백질을 꾸준히 생산하여 환자가 치료될 것이다.

유전자치료의 가능성이 아직까지 실제 성과로 이어지지는 않았지만, 몇 가지 성공 사례가 있다. 2000년부터 2011년까지 면역계 발달을 저해하는 결함 유전자로 인해 발생하는 치명적인 유전병인 중증복합면역결핍증(SCID)으로 인해 보호 '풍선' 안에서 살아야 했던 어린이 22명이 유전자치료를 통해 완치되었다. SCID 환자는 효과가 60%에 불과한 골수이식으로 치료하지 않는 한, 정상적이라면 방어가 가능한 미생물에 감염되어 대부분이 빠르게 사망한다. 하지만 유전자치료로 완치된 SCID 환자들은 심각한 치료 부작용으로 인해 치료를 받은 환자 중 4명은 백혈병에 걸렸고, 1명은 삽입된 유전자가 환자의 혈구세포를 암으로 바꿔 사망했다.

퇴행성 신경질환과 헤모글로빈 유전자와 관련된 혈액 질환을 포함한 세 가지 종류의 질병이 일부 환자들에게서만 유전자치료로 성공적으로 치료되었다. 2009년도 시행된 유전자치료 임상시험은 레베르 선천성 흑암시(Leber's congenital amaurosis, LCA)라는 질병에 관한 것이었다. LCA 중 한 종류를 앓고 있는 사람은 눈에서 빛을 감지하게 하는 색소인 로돕신이 비정상이다. 이러한 사람들은 광수용기 세포가 서서히 죽어 진행성 실명을 유발한다. 연구진들은 어린이 환자의 한쪽 눈에 정상 유전자를 가진 바이러스를 한 번 주사함으로써 눈의 시력이 개선되고 때로는 정상적인 기능을 할 수 있을 정도로 충분히 개선된다는 것을 발견했다.

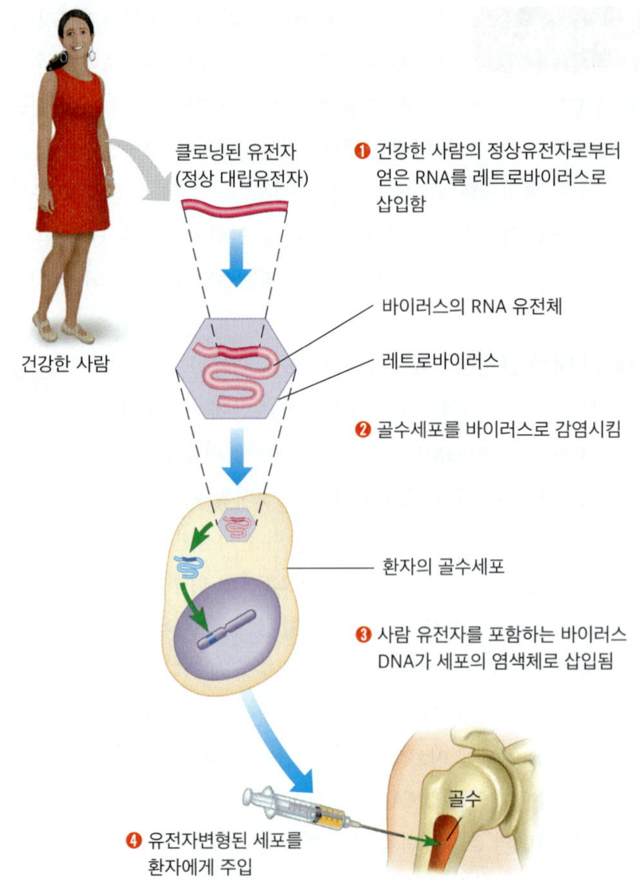

▲ **그림 12.10** 유전자치료 절차의 한 가지 유형

유전자치료는 판단하기 어려운 윤리적 문제를 제기한다. 일부 연구진들은 위에서 설명한 유전자 전달이 장기 이식과 근본적인 차이가 없다고 보는데, 두 행위 모두 미래 세대에 전혀 영향을 미치지 않기 때문이다. 그러나 이미 실험동물에서 성공한 생식세포 또는 접합자의 유전자 조작을 고려할 때 윤리적 질문은 훨씬 더 까다로워진다. 이러한 조작은 미래 세대의 유전적 계보를 영구적으로 바꾸는 변화를 초래할 수 있기 때문이다. 우리는 자녀와 후손의 유전적 결함을 제거하려고 노력해야 할까? 일부 비평가들은 이런 식으로 사람 유전자를 조작하면 사람 개체군의 유전자 구성을 의도적으로 통제하려는 우생학으로 이어질 수 있다고 우려한다. 진화론적 관점에서 유전적 다양성은 시간에 따라 환경조건이 변화해도 종이 생존하려면 반드시 필요한 요소다. 어떤 조건에서는 해로운 유전자가 또 다른 조건에서는 유리할 수 있다(낫모양적혈구빈혈증 대립유전자가 한 가지 예다. 9.13절 참조). 우리는 미래에 우리에게 해가 될 수도 있는 유전적 변화를 감수할 의향이 있는가? 우리는 이러한 질문에 조만간 직면해야 할 수 있다.

? 유전자치료에 바이러스를 사용할 경우 안전에 대한 우려는 없는가?

■ 환자 염색체 DNA에 바이러스 DNA가 삽입되면 암이 발생할 수 있다.

DNA 감식

12.11 유전자표지자 분석으로 유전자감식을 할 수 있다

현대 DNA 기술은 범죄현장 수사 및 기타 법적 절차를 위해 수집한 증거를 과학적으로 분석하는 **법의학(forensics)** 분야를 빠르게 변화시켰다. 법의학에서 가장 중요한 적용 분야는 DNA 표본을 분석하여 DNA가 누구에게서 나온 것인지 확인하는 작업인 **DNA 감식(DNA profiling)**이다.

범죄현장에서 채취한 것과 용의자로부터 채취한, 2개의 DNA 시료가 있다고 가정해 보자. 두 DNA 시료가 같은 사람에게서 나온 것인지 어떻게 확인할 수 있을까? 두 시료의 전체 유전체를 비교할 수도 있지만, 이러한 접근 방식은 비실용적이며 많은 시간과 비용이 필요하다. 대신 과학자들은 유전체에 있는 사람마다 다른 염기서열인 유전자표지자를 비교한다.

그림 12.11은 DNA 감식과 관련된 전형적인 수사의 개요를 보여준다. ❶ 먼저 범죄현장, 용의자, 피해자 또는 기타 증거물에서 DNA가 포함된 시료를 확보한다. ❷ 다음으로, 각 DNA 시료에서 선택된 표지자를 증폭(여러 번 복제)하여 검사에 필요한 대량의 DNA를 확보한다. ❸ 마지막으로 증폭된 DNA 표지자를 비교하여 각 시료가 누구에게서 나온 것인지 확인한다. 다음 4개의 절에서는 이러한 과정을 수행하는 방법에 대해 자세히 살펴본다.

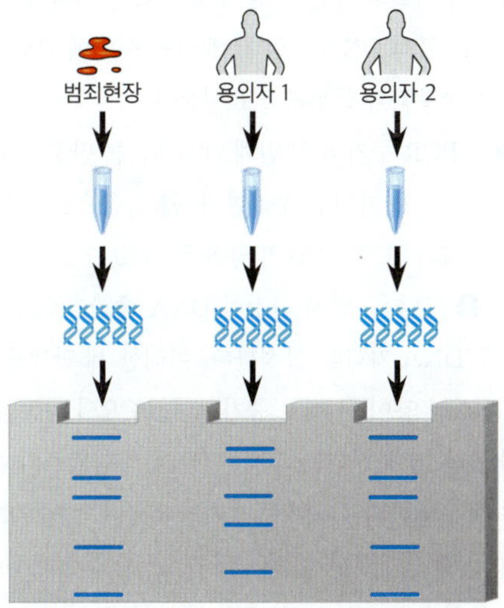

▲ **그림 12.11** DNA 감식의 개요

? 그림 12.11에 제시된 자료에서 범죄현장에 DNA를 남긴 용의자는 누구인가?

■ 용의자 2. 용의자 2의 DNA와 범죄현장에서 얻은 DNA 표지자의 수와 위치가 일치하기 때문이다.

12.12 중합효소연쇄반응(PCR)은 DNA염기서열 증폭에 사용된다

중합효소연쇄반응(polymerase chain reaction, PCR)은 실험실에서 DNA 분자의 특정 부분을 표적으로 하여 빠르게 증폭(복제하여 수를 늘림)하는 기술이다. 자동화된 PCR을 사용하면 소수의 DNA 분자로 시작하여 단 몇 시간 만에 수십억 개의 DNA 분자 복사본을 생성할 수 있으며, 이를 통해 DNA 감식을 할 수 있는 충분한 양의 DNA를 만들 수 있다.

PCR의 원리는 매우 간단하다(**그림 12.12**). 세 단계로 이루어진 주기가 연쇄적으로 반응하여 각 주기마다 동일한 DNA 분자집단이 두 배로 늘어난다. DNA의 특정 부위만 증폭하고 다른 부위는 증폭하지 않는 핵심 이유는 표적 부위의 각 끝에 있는 서열과 상보적인 서열을 갖는,

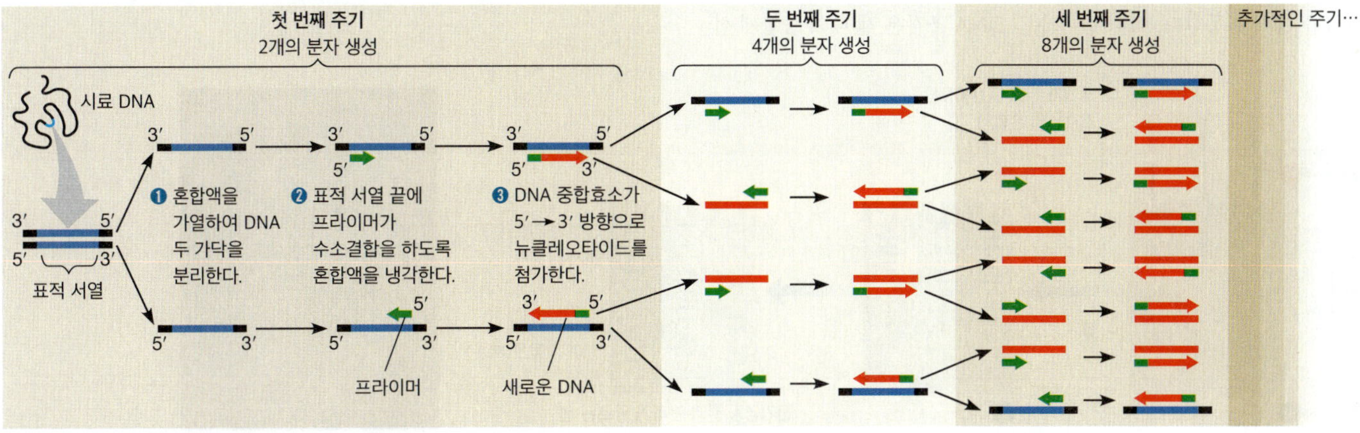

▲ **그림 12.12** PCR에 의한 DNA 증폭

시도해 보기 각 주기당 15분이 걸리는 경우, 6시간 후에 존재할 원본 DNA 분자의 복사본 수를 계산해 보자.

화학적으로 합성된 짧은(보통 15~20 뉴클레오타이드 길이) 길이의 단일가닥 DNA를 **프라이머(primer)**로 사용하기 때문이다. 하나의 프라이머는 표적 서열의 한쪽 끝에 있는 한 가닥에 상보적이고, 두 번째 프라이머는 서열의 다른 쪽 끝에 있는 다른 가닥에 상보적이다. 따라서 프라이머는 표적 DNA의 양 끝에 있는 서열에 결합하여, 증폭될 DNA 분자의 시작부분과 끝부분을 표시한다.

❶ 각 PCR 주기의 첫 번째 단계에서는 반응혼합물을 가열하여 DNA 이중나선의 두 가닥을 분리한다. ❷ 다음으로 반응혼합물을 식혀, 프라이머 분자가 표적 DNA의 양쪽 끝에 있는 염기서열에 수소결합하도록 한다. ❸ 그다음, 열에 안정한 DNA 중합효소가 프라이머를 연장하여 새로운 DNA 가닥을 합성한다. 이러한 세 단계를 반복하면, 각 주기마다 DNA의 양이 두 배로 증가한다. PCR의 자동화는 각 주기가 시작될 때의 높은 열에 견디는 특별한 DNA 중합효소가 온천에 서식하는 박테리아에서 발견되었기 때문에 가능해졌다. 일반 DNA 중합효소는 각 주기의 가열 단계에서 변성(구조가 풀림)되기 때문에, 이처럼 열에 안정적인 중합효소가 없으면 PCR이 불가능하다.

극미량의 DNA만 존재하거나 DNA가 부분적으로 분해된 상태여도 PCR로 증폭이 가능하다. 매우 민감한 반응의 핵심은 프라이머다. 프라이머는 표적 DNA와 관련된 서열에만 결합하기 때문에, DNA 중합효소는 원하는 DNA 부위만 복제한다. 다른 DNA는 프라이머에 결합하지 않으므로 DNA 중합효소에 의해 복제되지 않는다.

PCR은 생물학 연구와 생명공학에서 광범위하게 사용되는 기술 중 하나다. PCR은 다양한 종류의 DNA 조각을 증폭하는 데 사용되고 있다. 예를 들어, 2,000~3,000년 전 이집트의 미라, 4만 년 전 냉동된 매머드, 3,000만 년 전 식물 화석, 범죄현장에서 발견된 지문이나 소량의 혈액, 조직, 정액에서 얻은 DNA, 유전질환의 신속한 산전진단을 위한 단일 배아세포의 DNA, 바이러스에 감염된 세포에서 HIV처럼 검사하기 어려운 바이러스 유전자를 검출하는 등 다양한 DNA를 증폭하는 데 PCR이 이용된다.

? PCR은 왜 DNA 전체가 아닌 특정 영역만 증폭하는가?

■ 프라이머가 증폭해야 할 부위의 양쪽 끝에 있는 DNA 서열과 결합하므로 그 사이 영역의 DNA만 증폭된다.

12.13 젤 전기영동을 이용하여 DNA 분자를 크기별로 분리할 수 있다

많은 DNA 기술이 크기, 전하 또는 기타 물리적 특성에 따라 고분자(일반적으로 단백질 또는 핵산)를 분리하는 방법인 **젤 전기영동(gel electrophoresis)**에 의존한다. 젤은 해초에서 추출한 탄수화물 중합체인 아가로오스로 만든 얇은 직사각형의 젤리 같은 물질이다. 아가로오스는 전깃줄 같은 실이 얽혀 있기 때문에 분자 체(sieve) 역할을 할 수 있다.

그림 12.13은 세 가지 서로 다른 시료에서 얻은 DNA 혼합물을 분리하기 위해 젤 전기영동을 사용하는 방법을 간략하게 보여준다. 각각의 DNA 시료를 젤의 한쪽 끝에 있는 별도의 홈(구멍)에 넣는다. 젤을 플라스틱 보관 트레이 내의 액체에 담근다. 전원 공급장치의 음극을 DNA 시료가 들어 있는 젤 쪽에 연결하고, 양극은 젤의 반대편 쪽에 부착한다. 모든 DNA 분자는 인산기가 음전하를 띠므로(PO_4^-, 10.2절 참조) 양극을 향해 이동한다. 이때 길이가 긴 DNA 조각은 젤 내의 중합체 섬유에 의해 이동이 억제되므로 짧은 조각보다 더 천천히 움직이게 된다. 시간이 지남에 따라 짧은 DNA 분자는 긴 DNA 조각보다 젤을 통해 더 멀리 이동한다. 따라서 젤 전기영동은 DNA 조각을 길이에 따라 분리하며, 짧은 분자는 양극 쪽으로 빠르게 이동한다.

전류가 꺼지면 젤의 각 '줄'에 일련의 띠가 남게 되는데, 각 띠는 길이가 동일한 DNA 분자들의 모임이다. 띠는 염색이나 사진 필름에 노출(DNA가 방사능으로 표지된 경우) 또는 형광측정(DNA가 형광염료로 표지된 경우)을 통해 확인할 수 있다.

? 전기영동 중에 DNA 분자가 양극으로 이동하는 원인은 무엇인가? 큰 DNA 분자가 작은 분자보다 더 천천히 움직이는 이유는 무엇인가?

■ DNA의 인산기가 음전하를 띠므로 양극으로 끌리게 되며, 이때 긴 DNA 조각은 짧은 조각보다 젤 속에 있는 섬유들의 엉킴으로 인해 이동에 더 많은 제약을 받아 천천히 이동한다.

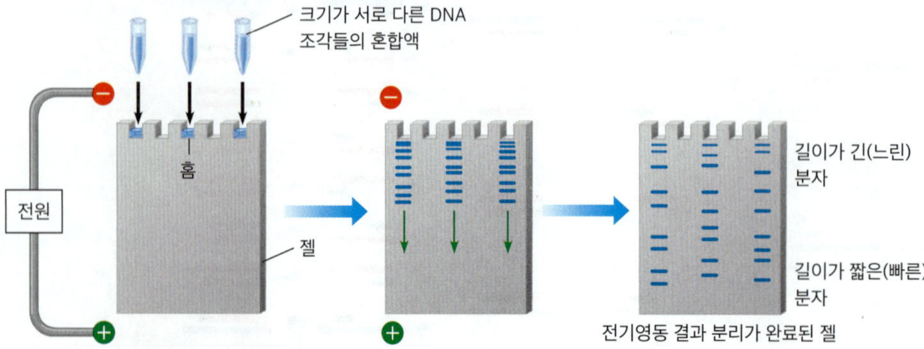

▲ **그림 12.13** 젤 전기영동 결과 얻은 DNA 띠. 각 띠는 동일한 길이의 수천 개의 DNA 조각으로 구성되어 있다.

시도해 보기 가장 짧은 DNA 분자가 젤의 양극 끝 쪽에 위치하게 되는 이유를 설명하시오.

12.14 짧은반복서열(STR) 분석은 DNA 감식에 사용된다

앞서 중합효소연쇄반응(PCR)과 젤 전기영동에 의한 DNA 증폭에 대해 배웠으니, 이 두 기술을 결합하여 어떻게 DNA 프로파일(DNA profile)을 얻을 수 있는지 알아보자. 이 방법은 수십 개의 짧은 반복된 DNA서열을 분석하는 것이다. **반복서열 DNA(repetitive DNA)**는 유전체에서 여러 개의 복사본으로 존재하는 뉴클레오타이드 서열로 구성되며, 사람의 유전자 사이에 있는 대부분의 DNA가 이 유형에 속한다. 반복서열 DNA의 일부 영역은 개인마다 상당히 다르다.

DNA 감식에 사용되는 반복서열은 짧은 염기서열이 연속으로 여러 번 반복되어 배열된 것으로, 이러한 일련의 반복을 **짧은반복서열(short tandem repeat, STR)**이라고 한다. 예를 들어, 한 사람은 유전체의 한 위치에서 AGAT 염기서열이 12번 연속으로 반복되고, 또 다른 위치에 GATA 서열이 45번 연속으로 반복되고 있을 수 있다. 하지만 다른 사람은 같은 위치에 동일한 서열을 가지고 있지만, 반복 횟수가 다를 수 있다. 법의학자는 유전체에서 사람마다 가장 다를 가능성이 높은 STR에 집중하여 사람들의 유전체를 비교한다.

STR 분석(STR analysis)은 유전체 내 특정 자리의 STR 서열의 길이를 비교하는 DNA 감식의 한 방법이다. 현재 법의학 및 법률 시스템에서 표준으로 하는 DNA 감식은 유전체 전체에 흩어져 있는 13개 자리에서 4개의 뉴클레오타이드로 된 특정 DNA 서열의 반복된 횟수를 비교한다. 각 자리의 STR은 일반적으로 3~50번 연속으로 반복된 서열을 가지고 있는데, 그 횟수는 사람마다 매우 다양하다. 실제로 표준 절차에 사용되는 일부 STR은 사람 집단에서 최대 80가지의 다른 형태로 나타나며, 각 형태마다 반복 횟수가 다르다. 미국에서는 각 부위의 반복 횟수를 연방수사국(FBI)에서 관리하는 통합 DNA 색인시스템(CODIS)이라는 데이터베이스에 등록하고 있다. 전 세계의 사법기관은 CODIS에 접속하여 범죄현장이나 용의자로부터 확보한 DNA 시료가 등록된 사람의 것과 일치하는지 확인할 수 있다.

그림 12.14A에 표시된 2개의 DNA 시료를 생각해 보자. 위쪽은 범죄현장에서 채취한 것이고 아래쪽은 용의자로부터 채취한 것이다. 두 조각은 첫 번째 자리에서 동일한 반복 횟수를 가지고 있다. 4개의 뉴클레오타이드 서열인 AGAT(주황색으로 표시)가 7번 반복한다. 그러나 두 번째 자리는 반복 횟수가 다르다. 범죄현장의 DNA에서는 GATA(보라색으로 표시)가 8번 반복하는 반면, 용의자 DNA는 13번 반복하고 있다. 과학자는 DNA 감식을 위해 중합효소연쇄반응(PCR)을 사용하여 STR 자리를 포함하는 DNA 영역을 특이적으로 증폭한다. 이는 STR 자리 옆에 있는 뉴클레오타이드 서열과 일치하는 프라이머를 사용하면 가능하다. 그 결과 얻은 DNA 분자는 젤 전기영동으로 비교한다.

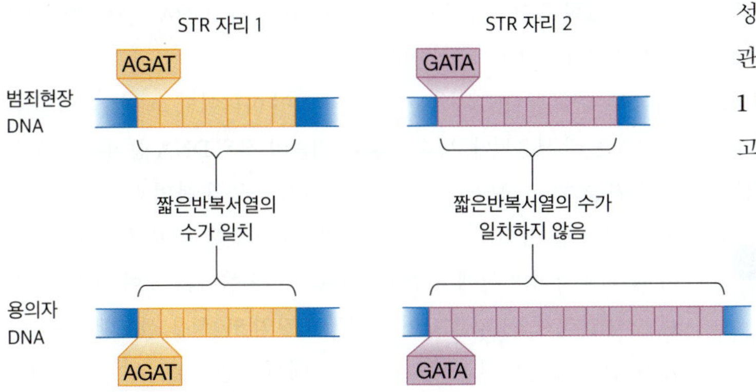

▲ 그림 12.14A 범죄현장에서 확보한 DNA 시료의 대표적인 두 가지 STR 자리

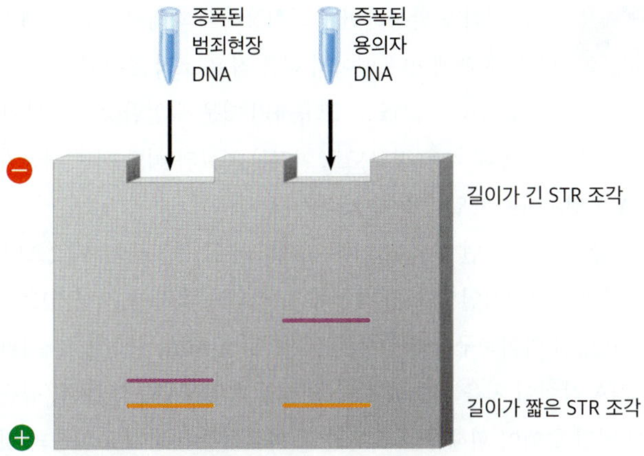

▲ 그림 12.14B 그림 12.14A의 STR로부터 얻은 DNA 분석 결과

그림 12.14B는 그림 12.14A의 STR 조각에서 생성된 전기영동 결과를 보여준다. 띠 위치의 차이는 DNA 조각의 길이가 다르다는 것을 반영한다. (실제 DNA 감식에서 얻는 결과는 여기에 표시된 것보다 훨씬 더 복잡하다.) 그림의 결과는 범죄현장의 DNA가 용의자에게서 나온 것이 아니라는 증거를 제공한다. 전기영동 결과는 DNA 분자 혼합물 간의 유사점뿐만 아니라 차이점도 확인할 수 있게 해준다. 따라서 DNA 감식 자료를 통해 무죄인지 또는 유죄인지에 대한 증거를 확보할 수 있다.

DNA 감식 결과를 얼마나 신뢰할 수 있을까? 13개의 STR 자리로 구성된 표준 CODIS 정보를 올바르게 사용할 경우, 무작위로 선택된 혈연관계가 없는 개인들이 동일한 STR 분석자료를 가질 확률은 100억분의 1 미만이다. 이러한 이유로 현재 STR 분석은 결정적인 증거로 인정받고 있다.

? STR이란 무엇이고, STR 분석이란 무엇인가?

■ STR은 유전체에 있는 짧은 뉴클레오타이드 반복서열의 반복된 횟수가 서로 다른 영역이고, STR 분석은 서로 다른 DNA 시료가 동일한 STR을 가지고 있는지 확인하는 기술이다.

12.15 DNA 감식은 많은 법의학 조사에서 증거를 제공한다

연결 강력 범죄가 발생하면 범죄현장이나 피해자 또는 가해자의 옷에 체액이나 떨어져 나온 작은 조직 조각이 남을 수 있다. 모든 사람의 DNA염기서열은 고유하기 때문에(일란성 쌍둥이 제외), DNA 감식을 통해 높은 정확도로 이러한 시료와 해당 시료 제공자의 DNA가 일치하는지 알아낼 수 있다.

DNA 감식은 1986년 도입된 이후 법의학의 표준 도구가 되었으며, 많은 사건에서 결정적인 증거를 제공했다. 일부는 악명 높은 사건도 있다. 1995년, 전 미식축구 스타인 심슨(O. J. Simpson) 살인 사건 재판에서 DNA 감식이 처음 대중의 주목을 받았다. DNA 분석 결과, 심슨의 차에 있던 혈액이 피해자의 것이었고, 범죄현장의 혈액도 심슨의 것임이 입증되었다. (하지만 이 사건의 배심원단은 DNA 증거만으로는 충분하지 않다고 판단했고, 심슨은 무죄 판결을 받았다.) 2011년 테러리스트 지도자 라덴(Osama bin Laden)이 사망한 지 몇 시간 만에 아프가니스탄의 한 군 연구소는 시신에서 채취한 조직을 빈 라덴의 친척들로부터 이전에 확보해 놓았던 시료와 비교했다. 사망자 얼굴을 확인하고 목격자 진술까지 확보했지만, 결정적인 증거는 DNA가 일치한다는 것이었으며 이로써 악명 높은 테러리스트에 대한 수사가 공식적으로 종결되었다.

DNA 증거는 유죄뿐만 아니라 무죄를 입증할 수도 있다. 억울한 유죄 판결을 뒤집는 비영리 단체인 무죄프로젝트(Innocence Project)의 변호사들은 1989년 이후 사형수 17명을 포함하여 340명 이상의 유죄 판결을 받은 범죄자들을 DNA 기술과 법률 작업을 통해 무죄로 석방했다. **표 12.15**는 강간과 살인 혐의로 억울하게 유죄 판결을 받고 사형 선고를 받은 워싱턴(Earl Washington) 사례에 대한 자료다. 유죄 판결을 받고 16년이 지나, STR 분석 결과 그는 무죄라는 결론이 나왔다. 표는 피해자에게서 발견된 정액, 워싱턴 자신의 정액, 워싱턴 사건과 관련이 없는 다른 사건으로 유죄 판결을 받고 감옥에 있던 다른 남성의 정액 등 세 가지 샘플에서 세 가지 STR 표지자의 반복 횟수를 나타낸 것이다. 모든 사람은 2개의 염색체를 가지고 있기 때문에 각 STR 부위는 2개의 반복 횟수로 표시된다. 이 자료와 다른 STR 자료(제시하지 않음)로 워싱턴은 무죄를 선고받았으며, 다른 남성이 살인을 저지른 범인임이 밝혀졌다. 그 외에도 140여 건 이상의 사건에서 DNA 감식을 통해 진범을 찾아낼 수 있었다.

얼 워싱턴

표 12.15 워싱턴을 무죄로 석방하게 한 STR 분석 자료

시료	STR 표지자 1	STR 표지자 2	STR 표지자 3
피해자의 정액	17, 19	13, 16	12, 12
워싱턴	16, 18	14, 16	11, 12
틴슬리	17, 19	13, 16	12, 12

DNA 감식은 희생자 식별에도 사용될 수 있다. 2001년 9월 11일 세계무역센터에 대한 테러 공격 이후 신원확인을 위한 역사상 가장 큰 규모의 노력이 감행되었다. 법의학자들은 수년 동안 2만 개가 넘는 희생자 유해 시료를 분석했다. 참사 현장에서 채취한 조직 시료의 DNA 프로파일을 희생자(의학적인 이유로 이전에 조직을 확보한 경우) 또는 희생자의 가까운 친척의 조직의 것과 대조했다. 세계무역센터 현장에서 확인된 희생자 중 절반 이상이 DNA 증거만으로 신원이 확인되어 슬픔에 잠긴 많은 가족들에게 어느 정도 해결의 실마리를 제공했다. 2010년에는 15년 전 보스니아에서 대량 학살되어 묻혀 있던 전쟁 범죄 희생자의 유해를 확인하는 데 DNA 분석이 사용되었다. 2015년도에는 2차 세계대전 초기에 진주만에서 사망한 신원 미확인 군인 61구에 해당하는 유골의 신원을 확인하기 위해 DNA 분석을 했다. 자연재해로 인한 희생자의 신원 확인에도 DNA 감식이 사용될 수 있다. 2004년 쓰나미가 남아시아를 강타한 후, 대부분 외국인 관광객이었던 수백 명의 희생자를 식별하는 데도 DNA 감식이 사용되었다.

DNA 감식은 범죄사건 외에도 다양하게 이용된다. 예를 들어, 자녀와 아버지로 추정되는 사람의 DNA를 비교하면 친자 관계를 확인할 수 있다. 때로는 친자 관계가 역사적 관심사가 되기도 한다. 제퍼슨(Thomas Jefferson) 혹은 그의 가까운 남성 친척이 노예 여성 헤밍스(Sally Hemings)와의 사이에서 아이를 낳았다는 사실이 DNA 감식을 통해 증명되었다. 마찬가지로 2015년에는 하딩(Warren G. Harding) 대통령이 재임하는 시절에 그의 아이를 낳았다고 주장한 한 여성의 자식을 검사한 결과 사실로 확인되기도 했다. 훨씬 더 거슬러 올라가면, DNA 감식의 놀라운 사례 중 하나는 영국 체다지역 인근 동굴에서 발견된 9,000년 된 유골인 체다인(Cheddar Man)의 경우다. 유골의 치아에서 DNA를 추출하여 분석한 결과, 체다인은 동굴에서 불과 0.5마일 떨어진 곳에 살았던 현직 교사의 직계 조상(약 300세대)으로 밝혀졌다. 최근에는 '소울의 대부'인 브라운(James Brown)의 전직 백업 가수였던 한 여성이 브라운 사망 후 자신의 아이가 브라운의 아들이라고 주장하며 그의 유산을 상대로 소송을 제기했는데, DNA 친자 확인 검사 결과 그녀의 주장이 입증되었다.

DNA 분석은 DNA 시료가 사람의 것이 아니어도 그 시료의 출처를 탐지하는 데 사용된다. 밀수된 동물 제품의 경우 DNA 분석을 통해 식별이 가능하므로 보호지역에서 멸종위기 동물의 불법포획을 막을 수 있다. 예를 들어, 2014년 인도에서 밀렵꾼의 손톱 밑에서 채취한 조직이 죽은 호랑이의 살에서 얻은 DNA와 일치한다는 것이 DNA 감식을 통해 밝혀져 3명의 호랑이 밀렵꾼이 징역 5년형을 선고받았다. 2만 7,000년 전에 살았던 시베리아 매머드에서 추출한 DNA가 현대 아프리카 코끼리의 DNA와 98.6% 동일하다고 밝힌 2005년도 연구처럼 동물도 연구 대상이 될 수 있다.

DNA 감식이 많은 수사 사건에서 결정적인 증거를 제공하지만, 이 방법이 완벽한 것은 아니다. 불충분한 자료, 사람의 실수 또는 결함이 있는 증거로 인해 문제가 발생할 수 있다. DNA 감식의 과학적인 점은 반박할 수 없지만, 사람에 의해 발생할 요인들은 여전히 혼란을 야기할 수 있다.

? 무죄와 유죄를 판단할 때 DNA 감식이 유용한 이유는 무엇인가?

■ DNA 감식은 조사하려는 DNA 시료가 특정한 개인에게서 나온 것인지 아닌지를 거의 확실하게 증명할 수 있다. 따라서 DNA 감식은 유죄 또는 무죄를 뒷받침하는 증거를 제공할 수 있다.

유전체학과 생물정보학

12.16 작은 DNA 조각은 염기서열을 직접 분석할 수 있다

DNA 감식은 다양한 짧은반복서열에 대한 STR의 반복된 횟수를 결정함으로써 뉴클레오타이드 서열의 차이를 간접적으로 식별하게 한다(12.14절 참조). 그러나 DNA 시료의 염기서열을 직접 결정할 수도 있다. 예를 들어, 범죄현장에서 확보한 혈구세포의 모든 DNA를 염기서열분석하는 것은 비실용적이지만, 상보적 염기쌍 원리를 이용하면 작은 DNA 분자의 완전한 뉴클레오타이드 서열을 결정할 수 있다. 이 과정을 DNA 염기서열분석(DNA sequencing)이라고 한다.

2001년 무렵부터 대략 300개의 뉴클레오타이드로 이루어진 DNA 조각의 염기서열을 수천에서 수십만 개까지 동시에 분석할 수 있는 '차세대 염기서열분석(next-generation sequencing)' 기술이 개발되었다. 표준 차세대 염기서열분석 절차는 먼저 분석할 DNA를 조각으로 자른 다음, 자동화된 기계를 사용하여 각 조각을 서열분석한다. 차세대 염기서열분석을 수행하는 기계(**그림 12.16**, 아래)에서는 한 가닥의 DNA 주형가닥을 고정하고, 한 번에 하나의 뉴클레오타이드씩 상보적인 가닥을 합성하면서 염기서열을 분석할 수 있는 DNA 중합효소 및 기타 시약을 첨가한다. 특화된 화학기술을 통해 전자모니터에서 4개의 뉴클레오타이드 중 어떤 것이 참가되었는지 식별함으로써 서열을 결정한다.

그림 12.16의 위 그림은 DNA 한 조각에 대한 차세대 염기서열분석 자료다. DNA 염기서열을 읽으려면 X(가로)축의 왼쪽부터 시작한다. 각 막대의 색은 어떤 DNA 염기가 발견되었는지를 나타낸다. 막대의 높이는 해당 뉴클레오타이드가 얼마나 많이 연속적으로 나타났는지를 알려준다. (Y축의 괄호를 주목하자.) 이 자료는 왼쪽부터 하나의 C, 하나의 T, 2개의 G, 2개의 A, 즉 CTGGAA임을 보여준다.

이 기술은 빠르고 저렴하여 하루에 20억 개 이상의 뉴클레오타이드를 서열분석할 수 있다! 이러한 분석 방법은 '고속대량처리 DNA 기술(high-throughput)'의 한 예로, 현재 전체 유전체와 같은 방대한 DNA 시료의 서열을 분석하는 연구에 사용된다.

최근 들어, 과학자들은 차세대 염기서열분석 기술을 개선하거나 대체할 수 있는 기술을 개발했다. 과학자들은 매우 긴 단일 DNA 분자의 서열을 분석할 수 있는 '3세대 염기서열분석' 기술을 연구하고 있다. 이 기술은 전류를 흘려보내는 동안 막에 있는 아주 작은 구멍(나노기공)을 통해 DNA 단일가닥을 이동시키면서 질소함유 염기를 하나씩 읽는 것이다. 염기의 종류마다 조금씩 다른 시간 동안 전류의 흐름이 차단되어 뉴클레오타이드 하나씩 염기서열을 결정할 수 있다.

2015년, 과학자들이 1년간 사용하고 검토한 끝에 최초의 나노기공 염기서열분석기가 시장에 출시되었다. 이 장치는 작은 직사각형의 초콜릿바 크기며, USB 포트를 통해 컴퓨터에 연결할 수 있다. 관련 소프트웨어를 사용하면 서열을 즉시 확인하고 분석할 수 있다. 이는 염기서열분석 속도를 높이고 비용을 절감하는 동시에 실험실을 벗어나 현장에서 바로 사용할 수 있다.

차세대와 3세대 염기서열분석 기술은 더 빠르고 더 저렴한 염기서열분석의 새로운 시대를 열어가고 있다. 이러한 서열분석 기술을 논리적이고 극단적으로 적용하면 다음 절에서 살펴볼 주제인 전체 유전체에도 사용할 수 있을 것이다.

? 3세대 염기서열분석이 차세대 염기서열분석보다 잠재적으로 더 효율적인 이유는 무엇인가?

■ 3세대 염기서열분석은 하나의 긴 DNA 분자를 대상으로 하는 반면, 차세대 염기서열분석은 많은 작은 분자를 이어 붙이는 방식이기 때문이다.

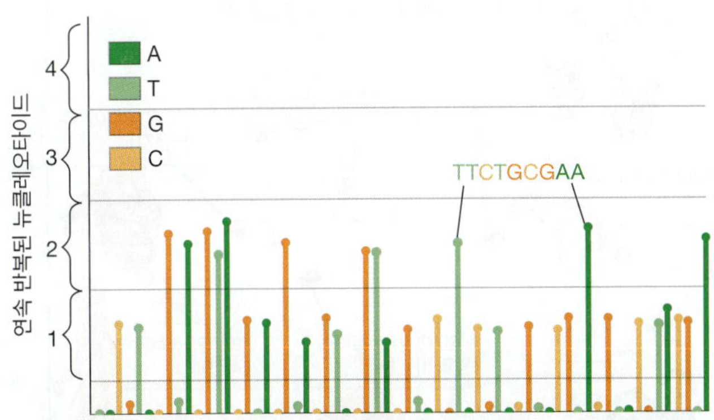

◀ **그림 12.16** 연속적인 뉴클레오타이드를 서로 다른 색상으로 구분한 차세대 염기서열분석 자료

시도해 보기 그림에 제시된 전체 DNA 조각의 DNA 염기서열을 적어보시오.

12.17 유전체학은 전체 유전체에 대한 과학적 연구다

1995년 한 과학자 팀이 폐렴, 뇌수막염 등 사람의 여러 질병을 일으키는 박테리아인 헤모필루스 인플루엔자(*Haemophilus influenzae*) 유전체 전체의 뉴클레오타이드 서열을 결정했다. 완전한 한 세트의 유전자 집합(유전체)을 연구하는 **유전체학(genomics)**이 탄생한 것이다. 이후 연구진들은 DNA 기술 도구와 기술을 이용하여 여러 종의 유전체에 대한 상세한 지도를 만들었다(**그림 12.17**). 유전체학 연구의 첫 번째 대상은 상대적으로 DNA가 적은 박테리아였다. 예를 들어, *H. influenza* 유전체는 180만 개의 뉴클레오타이드로 이루어지며, 유전자는 1,709개에 불과하다. 그러나 유전체학 연구자들의 관심은 곧 훨씬 더 큰 유전체를 가진 더 복잡한 생물로 향했다. 현재까지 수천 종의 유전체 서열이 완성되었으며, 수만 종의 유전체 서열 작업이 진행 중이다. 완성된 유전체에는 수천 종의 박테리아(일부는 의학적으로 중요), 200여 종의 고세균, 그리고 곰팡이류, 식물, 동물을 포함한 수백 종의 진핵생물이 포함된다.

염기서열이 밝혀진 최초의 진핵생물은 단세포 생물인 효모(*Saccharomyces cerevisiae*)고, 서열이 밝혀진 최초의 다세포 생물은 선형동물인 꼬마선충(*Caenorhabditis elegans*)이다. 서열이 밝혀진 다른 동물로는 초파리(*Drosophila melanogaster*)와 실험용 쥐(*Mus musculus*)가 있다. 또한 십자화과의 하나인 애기장대(*Arabidopsis thaliana*) 그리고 벼의 한 품종(세계에서 가장 경제적으로 중요한 작물 중 하나인 *Oryza sativa*)을 비롯한 식물의 유전체 서열도 결정되었다.

그림에서 볼 수 있듯이, 유전체는 그 크기와 유전자 수에 따라 상당히 다양하다. 원핵생물은 일반적으로 유전체의 크기가 작고 진핵생물 유전체는 크기가 크지만, 유전체의 크기와 개체의 크기, 복잡성 또는 외형 사이에 연관성은 없다. 유전자의 수 또한 생물에 따라 상당히 다양하다. 다시 말해, 원핵생물의 유전자 수가 진핵생물보다 적은 경향이 있지만, 늘 일치하지는 않는다. 그림 12.17은 유전자 밀도(유전체 100만 뉴클레오타이드당 유전자 수)가 생물에 따라 상당히 다양하며, 체계적으로 일치하지 않음을 보여준다.

왜 이처럼 많은 생물들의 유전체 지도를 작성하는 것일까? 모든 생물의 유전적 특성을 결정하는 유전 **정보**가 저장된 궁극적인 저장소인 유전체가 유전적 특성에 대한 열쇠를 쥐고 있기 때문이다. 모든 유전체는 그 자체로 흥미로울 뿐만 아니라, 비교 분석을 통해 생물체 간의 진화적 관계에 대한 귀중한 자료를 제공할 수 있다. 다양한 생물들의 유전체 지도는 비교를 통해 사람 유전체를 해석하는 데 도움이 된다. 예를 들어, 과학자들이 사람 유전체에서 이미 그 기능이 알려진 효모 유전자와 유사한 뉴클레오타이드 서열을 발견했다면, 효모 유전자로부터 사람에 있는 해당 서열의 기능에 대한 중요한 단서를 얻을 수 있을 것이다. 실제로 사람의 여러 질병을 유발하는 유전자의 역할은 효모의 대응 유전자를 연구함으로써 확인되었다. 실제로 서로 다른 생물체들 간에 많은 유전자가 놀라울 정도로 유사한 것으로 밝혀지고 있으며, 일부 연구진들은 초파리가 '날개를 가진 작은 사람'으로 생각된다는 농담을 하기도 한다.

? 유전체가 크면 항상 더 많은 유전자를 가지고 있을까?

■ 그렇지 않다. 예를 들어, 벼와 쥐의 유전체를 비교해 보라.

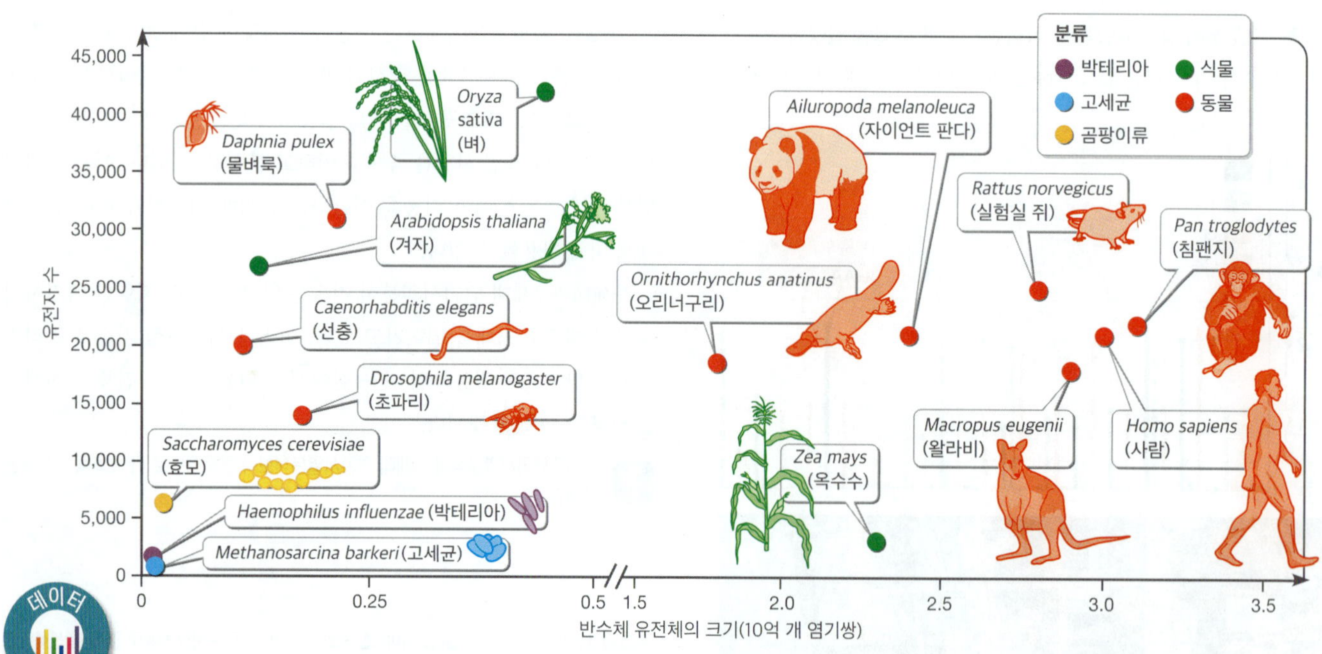

▲ **그림 12.17** 염기서열이 결정된 유전체. 유전자 수가 개체의 복잡성과 일치하지 않는다는 점에 주목하자.

12.18 사람유전체사업으로 사람 유전체 대부분이 유전자로 이루어져 있지 않다는 사실이 밝혀졌다

연결 **사람유전체사업(Human Genome Project, HGP)**은 사람의 유전체에 있는 모든 DNA 뉴클레오타이드 서열을 결정하고 모든 유전자의 위치와 서열을 파악하기 위해 대규모의 공공 자금이 지원된 대규모 과학 사업이었다. 1990년에 시작된 HGP는 2003년에 완료되어 99.999%의 정확도로 사람 유전체 99% 이상이 결정되었다. (사람 유전체 내에는 염기서열이 미결정된 아주 작은 부분들이 수백 개 있는데, 이처럼 염기서열이 잘 읽히지 않는 부분의 의미가 아직 명확하지 않다.)

사람의 반수체 염색체(22개의 상염색체와 성염색체 하나)에는 약 30억 쌍의 뉴클레오타이드가 들어 있다. 그 DNA 양이 얼마나 되는지 감을 잡기 위해, 이 책에 인쇄된 글자처럼 사람 유전체의 뉴클레오타이드 서열(A, T, C, G)을 늘어놓으면 책이 18층 높이로 쌓일 정도가 되니, 그 양이 얼마나 많은지 짐작할 수 있을 것이다! 이처럼 엄청난 양의 DNA를 가지고 있으니, 사람 유전체에는 매우 많은 수의 유전자가 포함되어 있을 것으로 생각될 수 있다. 하지만 유전체 해독에서 가장 놀라웠던 점은 사람 유전체가 비교적 적은 수의 유전자를 포함하고 있다는 사실이다. 현재 추정되는 사람의 유전자 수는 2만 1,000개 미만으로, 이는 선충에서 발견되는 수와 매우 비슷하다. 그렇다면 사람의 복잡성을 어떻게 설명할 수 있을까? 이 질문에 대한 해답의 일부는 선택적 RNA 스플라이싱이다(11.4절 참조). 과학자들은 전형적인 사람 유전자가 여러 개의 서로 다른 폴리펩타이드를 만드는 것으로 생각한다.

대부분의 복잡한 진핵생물과 마찬가지로 사람도 전체 DNA 중 아주 일부분(약 1.5%)만 단백질, tRNA 또는 rRNA를 암호화하는 유전자를 포함한다(**그림 12.18**). 대부분의 다세포 진핵생물은 단백질을 암호화하지 않는 DNA 양이 엄청 많으며, 사람 DNA의 약 98.5%가 단백질을 암호화하지 않는다. 그런데 종들 간의 비교를 통해 사람, 집쥐, 생쥐의 유전체 세 가지 종 모두에 단백질을 암호화하지 않는, 염기서열이 동일한 약 500개의 DNA 영역이 있다는 사실이 밝혀졌다. 이는 단백질을 암호화하지 않는 영역에 중요한 기능이 있음을 강력하게 시사한다.

사람 DNA의 약 1/4은 인트론(뉴클레오타이드의 비암호 부분, 10.10절 참조)과 프로모터, 인핸서 및 마이크로RNA와 같은 유전자 조절서열로 구성되어 있다(11장 참조). 기능 있는 유전자 사이에 위치한 나머지 염기서열은 오랜 시간 동안 돌연변이가 축적되어 더 이상 기능 있는 단백질을 만들지 못하는 독특한(단일 복사본) 비암호 DNA다.

유전체의 유전자들 사이에 있는 대부분 DNA는 뉴클레오타이드 서열이 많이 반복되고 있는 반복서열 DNA로 구성되어 있다. 이 DNA 중 일부 반복되는 서열은 짧으며, 예를 들어 DNA 감식에 사용되는 STR이 이에 해당한다(12.14절 참조). 짧은 반복 DNA가 수천 번 늘어선 부분이 염색체의 동원체와 텔로미어에서 두드러지게 나타나는 것으로 미루어, 이들 DNA는 염색체 구조에 중요한 역할을 할 것으로 생각된다.

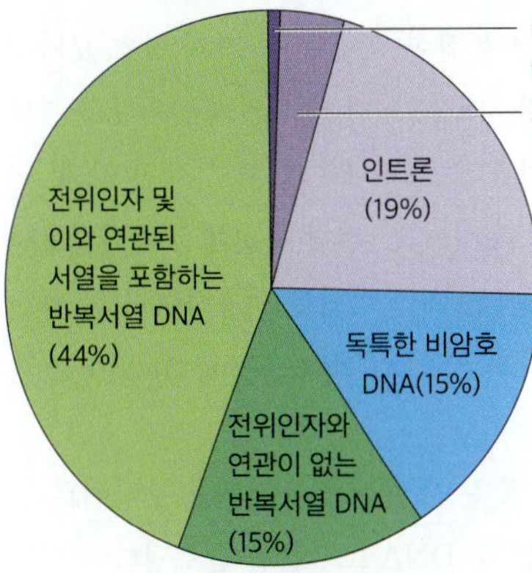

◀ **그림 12.18**
사람 유전체의 구성

두 번째 유형의 주요 반복서열 DNA는 반복되는 각 뉴클레오타이드 서열이 수백 개에 달하는 길이며, 그 복사본은 유전체 전체에 흩어져 있다. 이러한 서열의 대부분은 염색체 내의 한 위치에서 다른 위치로, 심지어 염색체들 사이에서도 이동하는 DNA 조각인 전위인자(transposable element, '점핑 유전자')와 관련된 것으로 생각된다.

사람 유전체의 완전한 지도가 완성되면 얻을 수 있는 잠재적 혜택은 엄청나다. 예를 들면, 수백 개의 질병 관련 유전자가 이미 확인되었다. 한 가지 예로, 점점 더 심하게 몸을 떨게 되는 뇌질환인 파킨슨병(Parkinson's disease)은 유전자에 돌연변이가 일어나 발생한다. 최근까지 파킨슨병은 유전적 요소가 없는 것으로 알려져 있었지만, HGP를 통해 일부 파킨슨병의 경우 특정 유전자와 연관되어 있음을 보여주는 유전자지도가 작성되었다. 흥미롭게도 이 유전자에 의해 암호화되는 단백질의 변형된 형태가 알츠하이머병(Alzheimer's disease)과도 연관되어 있어, 이전에는 알려지지 않았던 두 뇌질환 사이의 연관성을 시사한다. 또한 동일한 유전자가 집쥐의 후각과 금화조의 노래 학습에도 관여하는 것으로 추정된다. 이처럼 종들 간의 비교를 통해 사람 뇌에서 정상 단백질이 어떠한 기능을 수행할지에 대한 단서를 발견할 수 있다. 결국 이러한 지식은 파킨슨병을 앓고 있는 50만 명의 미국인 환자들을 치료하는 데 사용될 수 있을 것이다.

HGP와 관련하여 "누구의 유전체로 염기서열이 밝혀진 것일까?" 하고 궁금했을 것이다. 최초로 서열이 밝혀진 사람 유전체는 사실 여러 사람으로부터 수집한 DNA를 사용했다. 거의 같은 시기에 한 생명공학 회사에서 자사 사장의 유전체를 분석했다. 이러한 서열은 개인 간의 차이와 유사성을 비교할 수 있도록 표준 역할을 한다. 2007년부터는 다른 여러 사람들의 개인적인 유전체를 분석하기 시작했는데, 첫 번째는 DNA 구조의 공동 발견자인 왓슨(James Watson)의 것이었다. 이러한 서열분석은 사람의 특성에 영향을 미치는 모든 유전적 변이에 대한 정보를 수집하는 데 도움을 준다. 염기서열 자료의 양이 점점 증가하면 종 내에서의 개인들 간의 변이도 설명할 수 있게 될 것이다.

? 반수체 사람 유전체는 약 ________개의 염기쌍과 ________개의 유전자가 서로 다른 ________개의 염색체에 퍼져 있다.

■ 30억, 21,000, 24(22개의 상염색체 + 2개의 성염색체)

12.19 전체 유전체 무차별클로닝에 의한 유전체 염기서열분석으로 풍부한 자료를 신속하게 제공할 수 있다

사람유전체사업의 서열을 밝히는 복잡한 작업은 두 가지 상호 보완적인 경로를 따라 진행되었다. 초기 경로는 이미 축적된 사람의 유전정보를 기반으로 한 단계적인 방법이었다. 그러나 사업이 시작된 지 몇 년 후, 분자생물학자 벤터(J. Craig Venter)는 **전체 유전체 무차별클로닝(whole-genome shotgun)**이라는 대안 방법을 사용하여 사람 유전체 서열 전체를 분석하는 셀레라 지노믹스(Celera Genomics)라는 회사를 설립했다.

전체 유전체 무차별클로닝 방법은 먼저 전체 유전체를 무작위로 절단하여 작은 DNA 조각으로 만든 후 DNA 조각들을 클로닝하여 서열을 분석한다(**그림 12.19**). 그다음, 지도를 작성하는 소프트웨어가 염색체마다 수백만 개의 서로 겹치는 짧은 서열들을 하나의 연속된 서열로 조합하고, 최종적으로 전체 유전체 서열로 정렬하여 맞춘다.

전체 유전체 무차별클로닝 방법은 빠르고 상대적으로 저렴하지만, 최근 연구진들이 사용하는 여러 염기서열분석 방법 중 하나에 불과하다. 고속대량처리 염기서열분석 기술(12.16절) 개발로 인해 전체 유전체를 서열화하는 속도가 크게 향상되고 비용도 감소했다. 최초의 사람 유전체 서열분석에 13년의 기간과 1억 달러의 비용이 들었지만, 생명공학 회사는 이제 1,000달러 미만의 비용으로 불과 몇 시간 만에 개인의 유전체 서열을 분석할 수 있다! 이렇게 많은 유전체 자료를 어떻게 이해할 수 있을까? 이것이 바로 다음 절에서 알아볼 생물정보학 분야가 다루는 과제다.

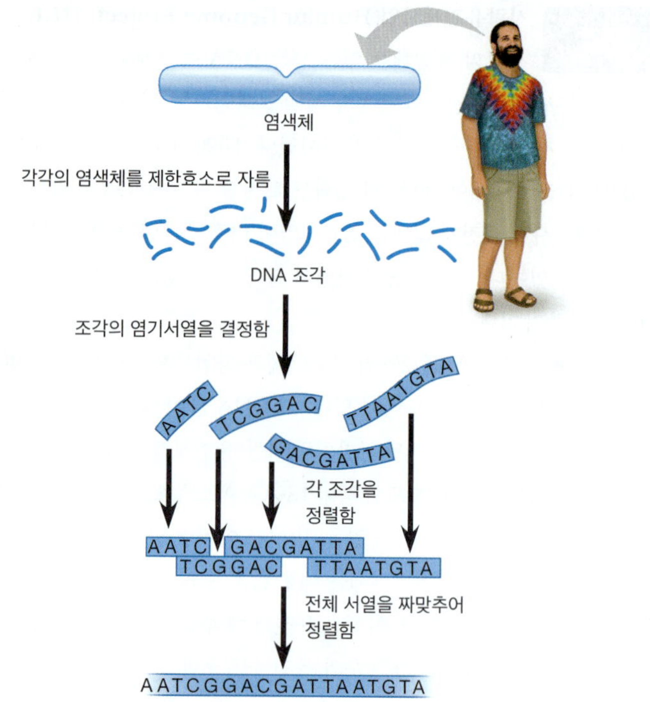

▲ **그림 12.19** 전체 유전체 무차별클로닝 방법

? 기존 방법과 비교했을 때 전체 유전체 무차별클로닝 방법의 가장 큰 장점은 무엇인가?

■ 이전의 유전체 염기서열분석 방법보다 빠르고 저렴하다.

12.20 생물정보학 분야는 유전체에 대한 우리의 이해를 넓혀준다

유전체 프로젝트에서 쏟아져 나오는 염기서열 자료를 수집하고 분석하기 위해 생물학적 자료의 저장 및 분석에 계산 방법을 적용하는 **생물정보학(bioinformatics)**이 발전하게 되었다. 실험실, 민간 기업, 정부지원 기관은 자료를 유지 관리하며, 과학자들이 서열 자료를 분석할 수 있도록 소프트웨어도 제공한다. 예를 들어, 미국 국립생물정보센터(NCBI)는 유전자은행(GenBank)에 있는 염기서열 자료에 접근할 수 있도록 다양한 도구가 포함된 웹사이트를 제공한다. 2016년 기준으로, 유전자은행에는 2,000억 개 이상의 염기쌍이 저장되어 있다. 유전자은행은 지속적으로 업데이트되고 있으며, 인터넷을 통해 무료로 이용이 가능하고, 여기에 포함된 자료의 양은 약 18개월마다 두 배가 되는 것으로 추정된다.

NCBI 웹사이트에서 제공되는 소프트웨어 프로그램 중 하나인 BLAST를 사용하면 유전자은행의 모든 염기서열을 염기별로 하나씩 비교할 수 있다(**그림 12.20**). 특정 유전자를 연구하는 연구자는 같은 종의 서로 다른 유전자 혹은 다른 종의 유전자 중에서 관심 있는 유전자와 유사한 영역을 검색할 수 있다. 또 다른 프로그램은 여러 종의 DNA

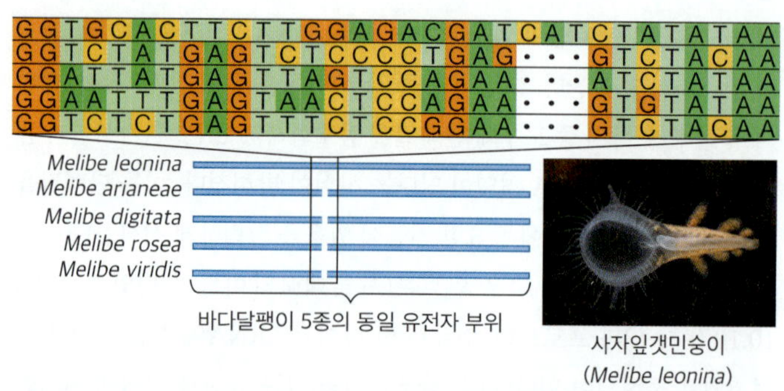

자료: J. L. Sevigny et al., The mitochondrial genomes of the nudibranch mollusks, *Melibe leonina* and *Tritonia diomedea*, and their impact on gastropod phylogeny, *PLoS ONE* 10: e0127519 (2015).

▲ **그림 12.20** 뉴클레오타이드 서열의 정렬. 사자잎갯민숭이(*Melibe leonina*)에는 다른 네 가지 종에서 발견되는 결실이 없다는 사실에 주목하자.

염기서열을 비교하며, 이러한 서열 관계에 따라 진화계통수 형태로 도표화할 수 있게 해준다.

유전체학 분야의 성공으로 과학자들은 유전체에 의해 암호화된 전체 단백질 세트인 **단백질체(proteomes, 프로티옴)**에 대한 체계적인 연구를 시작하게 되었는데, 이를 **단백질체학(proteomics)**이라고 한다. 실질적으로 유전자가 아니라 단백질이 세포 대부분의 활동을 수행하기 때문에 과학자들은 세포와 생물이 어떻게 기능하는지 이해하기 위해 생물체 내에서 단백질이 언제 그리고 어디서 생성되며, 이러한 단백질이 어떻게 상호작용하는지 연구할 필요가 있다. 생물학의 가장 중요한 주제 중 하나인 상호작용이 생물학적 시스템에 미치는 영향을 이제는 유전자 수준에서 조사할 수 있다. 엄청난 수의 단백질과 그 생산을 제어할 수 있는 무수한 방법을 고려할 때, 전체 단백질 세트를 조립하고 분석하는 작업은 실험적으로 매우 어려울 것이다. 그러나 지속적인 기술의 발전으로 이러한 과제를 해결할 수 있는 도구가 제공되기 시작했다.

? 유전자보다 단백질 연구가 세포의 작동 원리를 이해하는 데 도움이 되는 이유는 무엇인가?

■ 세포가 실제로 일을 수행할 수 있게 하는 것은 단백질이며, 하나의 유전자가 여러 단백질을 생산할 수 있기 때문이다.

12.21 유전체는 사람 진화의 실마리를 쥐고 있다

진화 연관성 연구자들은 유전자은행과 같은 데이터베이스를 사용하여 여러 종의 유전체 서열을 비교함으로써 종간의 진화 관계에 대한 가설을 확인할 수 있다. 두 종에 있는 동일한 유전자의 서열이 비슷할수록 두 종은 진화의 역사과정에서 더 밀접하게 연관되어 있을 것이다.

2005년, 연구진들은 생물의 진화계통수에서 우리와 가장 가까운 친척인 침팬지(*Pan troglodytes*)의 유전체 서열을 완성했다. 침팬지와 사람 DNA를 비교한 결과, 두 유전체는 단일 염기 치환에 의해서는 1.2%밖에 차이가 나지 않았고, 광범위한 영역의 삽입이나 결실로 인해서는 2.7%의 차이가 났다. 분석 결과, 사람에 있는 중복서열의 1/3이 침팬지 유전체에는 존재하지 않으며, 이 중복 중 일부는 사람의 질병과 관련된 영역을 포함하고 있는 것으로 나타났다. 이러한 분석 결과는 사람과 침팬지에게 있어 두 유전체가 서로 다른 진화 경로를 통해 가도록 휩쓴 강력한 힘이 있었을 가능성에 대한 단서를 제공한다.

우리는 사람과 침팬지 사이에 각기 다른 독특한 유전자와 유전자 종류는 어떤 것이 있는지 얼마나 알고 있을까? 생물학자들은 진화 분석을 통해 사람에서 더 빨리 진화한 여러 유전자를 밝혀냈다. 그중에는 말라리아와 결핵 방어에 관여하는 유전자 그리고 뇌의 크기를 조절하는 유전자가 있다. 사람 계통(human lineage)에서 빠르게 변화한 유전자 중 하나는 언어와 발성에 관여하는 유전자인 *FOXP2*다. 사람과 침팬지에서 *FOXP2* 유전자의 차이는 침팬지가 아닌 사람만이 말로 의사소통을 할 수 있는 능력을 갖도록 영향을 미쳤을 것이다.

침팬지가 현존하는 종들 중에서 우리와 가장 가까운 생물학적 친척이지만, 과거에는 훨씬 더 가까운 종이 있었다. 네안데르탈인(*Homo neanderthalensis*, **그림 12.21**)은 최소 30만 년 전에 유럽과 아시아에 출현했으며, 약 3만 년 전까지 생존했다. 현생인류(*Homo sapiens*, 호모 사피엔스)는 대략 20만 년 전에 아프리카에서 처음 등장하여 약 5만 년 전 유럽과 아시아로 퍼져나갔으므로(19.14절 참조), 현생인류와 네안데르탈인은 오랜 기간 공존했을 가능성이 크다.

2013년에 과학자들은 시베리아 동굴에서 발견된, 13만 년 전의 여성 네안데르탈인 발가락 뼈에서 DNA를 추출하여 전체 유전체를 염기서열분석했다. 유전체 분석 결과, 네안데르탈인은 현재의 인간, 즉 호모 사피엔스와는 다른 별개의 종이며, 침팬지보다 훨씬 가까운 친척이라는 사실이 확인되었다. 추가 분석 결과, 네안데르탈인과 호모 사피엔스가 교배한 것으로 밝혀졌다. 2014년 연구에 따르면, 유럽과 아시아계 현생인류 중 상당수가 약 7만 년 전에 네안데르탈인으로부터 머리카락, 손톱, 피부의 구조 성분인 케라틴 단백질 생산에 영향을 미치는 유전자를 물려받았다는 사실이 밝혀졌다. 또한 젖당분해효소 유전자를 분석한 결과, 네안데르탈인도 대부분의 현생인류와 마찬가지로 성인이 되었을 때 유당불내증(유당분해효소 결핍증)이 있었던 것으로 나타났다(3장 참조).

▲ **그림 12.21** 3만 6,000년 된 두개골을 기반으로 복원된 네안데르탈인 여성

사람 유전체를 네안데르탈인 및 침팬지 유전체와 비교하는 것은 사람 유전체에 대해 더 많이 알기 위한 노력의 일환이며, 유전체 연구는 다른 종으로 확장되고 있다. 이러한 연구는 건강, 생태학, 진화 등 생물학의 모든 측면에 대한 우리의 이해를 발전시킬 것이다. 예를 들어, 박테리아, 고세균, 진핵생물의 완성된 유전체 서열을 비교하면 생명체는 세 가지 기본 영역으로 이루어져 있다는 이론(다음 단원에서 논의할 주제)을 뒷받침할 수 있다.

? 종들 간에 유전자의 뉴클레오타이드 서열을 비교하는 것은 어떻게 진화에 대한 통찰력을 제공할 수 있는가?

■ 유전자 서열의 유사성은 진화적 연관성과 상관관계가 있으며, 유전적 유사성이 클수록 더 최근의 공통조상을 공유한다는 것을 반영한다.

CHAPTER 12 복습

개념 복습하기

유전자클로닝 및 유전자편집(12.1~12.5)

12.1 유전자는 재조합 플라스미드에서 복제될 수 있다. 유전자클로닝은 유용한 제품을 만들기 위해 생물체 또는 그 구성요소를 조작하는 생명공학의 한 응용분야다. 연구진들은 박테리아 플라스미드를 조작하여 다른 생물의 유전자를 포함하도록 할 수 있다. 그다음 이러한 재조합 플라스미드를 박테리아에 삽입한다. 재조합 박테리아가 클론으로 증식하면 외부 유전자도 복제되어 유전자 복사본 또는 그 단백질 생성물을 수확할 수 있다.

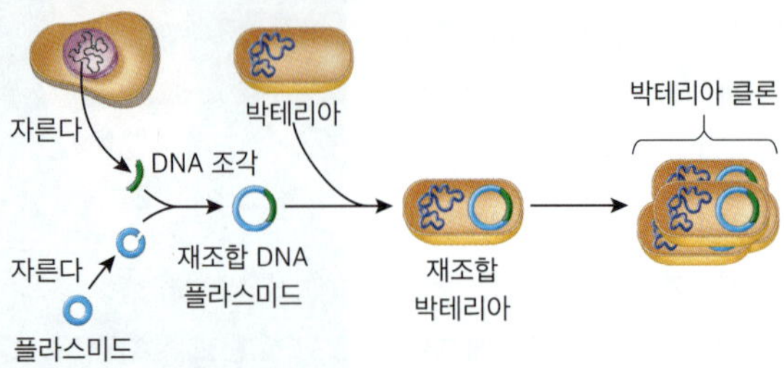

12.2 DNA를 자르고 붙이기 위해 효소를 이용한다. 제한효소는 특정 DNA 염기서열을 절단하여 제한효소절편을 형성한다. DNA 연결효소(DNA ligase)는 DNA 조각을 서로 '이어 붙인다'.

12.3 핵산탐지자는 특정 DNA 조각을 표지할 수 있다. 표지된 짧은 단일가닥 DNA 분자는 원하는 뉴클레오타이드 서열을 표지할 수 있다.

12.4 역전사효소를 이용하면 클로닝할 유전자를 만들 수 있다. cDNA는 정해진 시기에 특정 세포에서 전사되는 유전자를 확인하는 데 사용될 수 있다.

12.5 새로운 기술을 이용하여 특정 유전자를 편집할 수 있다. CRISPR-Cas9 시스템을 통해 살아 있는 세포의 특정 유전자를 표적으로, 해당 유전자를 제거하거나 편집할 수 있다.

유전자변형생물(12.6~12.10)

12.6 재조합 세포와 재조합 생물을 이용하여 유전자 생성물을 대량생산할 수 있다. 박테리아, 효모, 배양 세포 및 동물 몸 전체를 유전자변형하여 의료 및 기타 용도의 제품을 만들 수 있다.

12.7 DNA 기술은 제약 산업과 의학 분야를 변화시키고 있다. 연구진들은 약물 생산과 질병의 진단 그리고 백신을 생산하기 위해 DNA 기술을 사용한다.

12.8 유전자변형생물은 농업을 변화시키고 있다. 많은 중요한 농작물이 유전자변형되고 있다.

12.9 유전자변형생물의 사용은 의문과 우려를 불러일으킨다. 과학자들은 DNA 기술이 사람과 환경 안전에 미칠 수 있는 잠재적 위험을 조사하고 있다.

12.10 유전자치료로 다양한 질병을 치료할 수 있게 될 것이다. 살아 있는 사람의 결함 있는 유전자를 정상 유전자로 바꾸어주는 유전자치료는 결함 유전자를 치료할 수 있다는 가능성을 보여주지만, 실제 성공 사례는 드물다.

DNA 감식(12.11~12.15)

12.11 유전자표지자 분석으로 유전자감식을 할 수 있다. 유전물질을 연구하고 조작하는 방법인 DNA 기술은 법의학 분야에 혁명을 일으켰다. DNA 감식으로 2개의 DNA 시료가 동일한 개체에서 나온 것인지 여부를 확인할 수 있다.

12.12 중합효소연쇄반응(PCR)은 DNA 염기서열 증폭에 사용된다. 중합효소연쇄반응은 DNA 시료를 증폭하는 데 사용된다. 원하는 서열의 양쪽 끝에 위치한 특정 프라이머를 사용하면 DNA 시료의 특정 부위만 복제할 수 있다.

12.13 젤 전기영동을 이용하여 DNA 분자를 크기별로 분리할 수 있다.

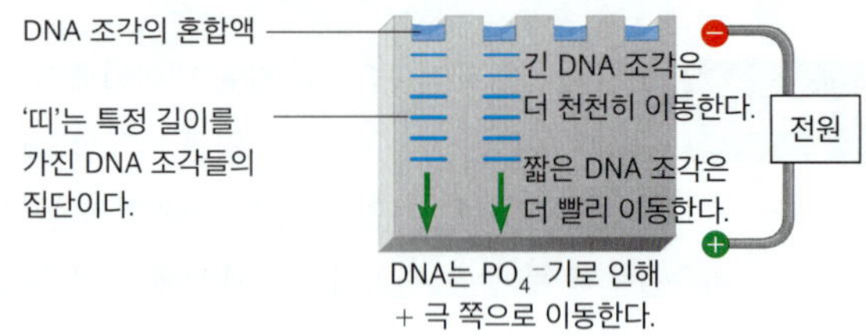

12.14 짧은반복서열(STR) 분석은 DNA 감식에 사용된다. 짧은반복서열은 여러 번 연속으로 반복되는 짧은 뉴클레오타이드 서열을 포함하는 DNA의 한 부분이다. STR 분석을 통한 DNA 감식에는 13가지의 STR을 증폭하고 정량화하는 작업이 포함된다.

12.15 DNA 감식은 많은 법의학 조사에서 증거를 제공한다. 범죄 해결, 친자 확인, 피해자 신원 확인 등 다양한 분야에 DNA 감식이 응용되고 있다.

유전체학과 생물정보학(12.16~12.21)

12.16 작은 DNA 조각은 염기서열을 직접 분석할 수 있다. 차세대 및 3세대 염기서열분석 기계는 비교적 짧은 DNA의 염기서열을 빠르게 결정할 수 있다.

12.17 유전체학은 전체 유전체에 대한 과학적 연구다. 유전체학 연구진들은 많은 원핵생물 및 진핵생물 유전체의 서열을 분석했다. 사람이 아닌 생물의 유전체는 그 자체로 흥미로울 뿐만 아니라 사람 유전체와 비교도 할 수 있다.

12.18 사람유전체사업으로 사람 유전체 대부분이 유전자로 이루어져 있지 않다는 사실이 밝혀졌다. 사람유전체사업의 자료에 따르면, 사람 유전체는 2만 1,000개 미만의 유전자와 엄청난 양의 단백질을 암호화하지 않는 DNA를 포함하고 있으며, 이 중 대부분은 반복서열 DNA로 구성되어 있다.

12.19 전체 유전체 무차별클로닝에 의한 유전체 염기서열분석으로 풍부한 자료를 신속하게 제공할 수 있다. 현대의 유전체 분석은 많은 작은 DNA 조각을 동시에 염기서열분석하고 배열하는 전체 유전체 무차별클로닝 분석법에 의존하고 있다.

12.20 생물정보학 분야는 유전체에 대한 우리의 이해를 넓혀준다. 생물학적 자료를 분석하기 위해 계산적 방법을 사용하는 생물정보학은 DNA 염기서열 및 단백질에 관한 대량의 자료를 분석하는 데 사용된다.

12.21 유전체는 사람 진화의 실마리를 쥐고 있다. 사람과 진화적으로 가장 가까운 친척인 영장류의 유전체 서열을 비교하면 사람 진화에 대한 통찰력을 얻을 수 있다.

개념 연결하기

1. 소량의 DNA가 발견되었다고 가정해 보자. 이 DNA를 연구하기 위해 수행할 수 있는 일련의 DNA 기술을 개략적으로 설명한 다음, 주어진 다이어그램을 완성해 보자.

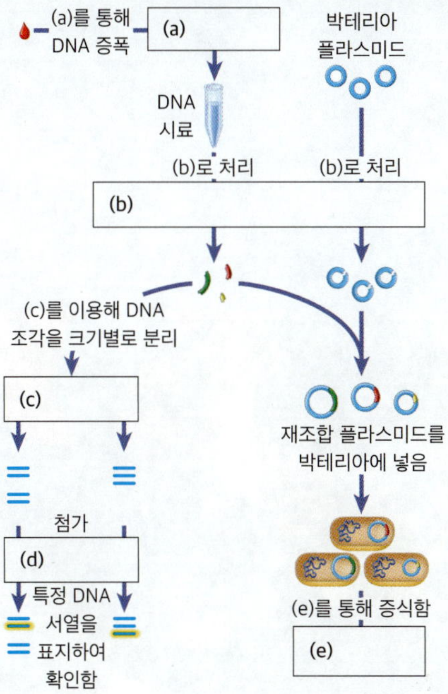

학습 평가하기

1단계: 지식과 이해력 평가

2. CRISPR-Cas9 시스템은 어떤 구성요소로 인해 특이성이 있는가?
   a. Cas9 단백질　　b. 표적 DNA의 염기서열
   c. DNA 수선에 사용되는 주형　　d. 가이드 RNA
3. 다음 중 사람의 진화를 연구하는 데 가장 적합한 기법은?
   a. 짧은반복서열의 분석　　b. 플라스미드로의 유전자클로닝
   c. 차세대 염기서열분석　　d. CRISPR-Cas9에 의한 유전자편집
4. 한 고생물학자가 400년 전 멸종된 도도새의 보존된 피부에서 아주 적은 양의 유기물질을 얻었다. 이 학자가 확보한 DNA를 살아 있는 조류의 DNA와 비교할 경우, 다음 중 검사할 수 있는 DNA의 양을 늘리는 데 가장 유용한 방법은 무엇인가?
   a. 제한효소절편 분석　　b. 중합효소연쇄반응
   c. 분자 탐지자를 활용한 분석　　d. 전기영동
5. 대략적으로, 사람 DNA의 몇 %가 단백질이나 RNA를 암호화하는가?
   a. 90%　　b. 50%　　c. 10%　　d. 1.5%

2단계: 응용과 분석력 평가

6. 전형적인 제한효소로 DNA 분자를 자르면, 두 가닥의 잘린 부위가 달라 DNA 조각의 끝이 단일가닥이 된다. 이러한 말단 부위가 재조합 DNA 작업에 유용한 이유는 무엇인가?
   a. 세포가 효소에 의해 생성된 조각을 인식할 수 있게 한다.
   b. DNA 복제의 시작점 역할을 한다.
   c. 잘린 조각은 상보적인 말단을 가진 다른 조각과 결합한다.
   d. 연구진들이 이 조각을 분자 탐지자로 사용할 수 있게 한다.
7. CRISPR-Cas9 시스템과 같은 유전자편집 기술은 유전자치료에 어떻게 활용될 수 있는가?
8. 재조합DNA 기술은 특정 유전자의 여러 복사본을 얻거나 특정 유전자가 생산하는 유용한 단백질을 얻는 두 가지 주요 목적을 위해 박테리아를 맞춤 제작하는 데 사용된다. 의학 및 농업 분야에서 각각의 적용 사례를 제시해 보시오.
9. 한 생화학자가 사람의 세포에서 혈액응고 단백질을 암호화하는 유전자를 찾으려고 한다. 혈액응고 유전자 일부분의 뉴클레오타이드 서열이 CTGGACTGACA라는 것을 알고 있다면, 원하는 유전자를 분리하기 위해 사용할 수 있는 가능한 방법을 간략히 설명해 보시오.

3단계: 종합평가

10. 한 생물학자가 사람 세포에서 유전자를 분리하여 플라스미드에 넣은 뒤, 그 플라스미드를 박테리아에 삽입했다. 그러나 박테리아가 새로운 단백질을 만들었지만, 그 단백질은 사람 세포에서 정상적으로 생성되는 단백질과는 전혀 달랐다. 그 이유는 무엇인가? (답에 대해 설명하시오.)
    a. 박테리아가 형질전환되었기 때문
    b. 유전자에 점착성 말단이 없었기 때문
    c. 사람 유전자가 인트론을 포함하고 있어서
    d. 유전자가 처음부터 합성되지 않았기 때문
11. 중합효소연쇄반응(PCR)은 생명공학에서 가장 널리 이용되는 기술 중 하나다. PCR 과정은 DNA 복제의 생물학적 과정을 기반으로 한다. PCR을 수행하는 데 필요한 것은 무엇이며, PCR이 세포의 DNA 복제와 어떤 점에서 다른가?
12. 현재 많은 박테리아, 식물, 동물 등 다양한 생물 종의 유전체 서열이 완전히 밝혀졌다. 이 정보는 어떻게 사람 유전체에 대한 이해를 높이는 데 사용될 수 있는가?
13. 오늘날 형질전환 식물과 동물을 만드는 것은 매우 쉽다. 이러한 재조합 DNA 기술 사용으로 인해 제기되는 안전 및 윤리적 문제는 무엇인가? 유전자변형생물을 환경에 도입할 때 발생할 수 있는 위험에는 어떤 것이 있는가? 이러한 분야의 결정을 과학자들에게 맡기는 것에 대해 찬성하는 이유와 반대하는 이유는 무엇인가? 기업 소유주와 경영진에게 결정권을 주는 것은 어떠한가? 또한 더 많은 일반 대중이 의사결정에 참여하는 것에 찬성하는 이유와 반대하는 이유는 무엇인가? 이러한 결정이 우리에게 어떤 영향을 미칠 수 있는가? 이러한 결정은 어떻게 내려져야 한다고 생각하는가?
14. 미래에는 유전자치료를 통해 사람의 다양한 질환을 치료하거나 완치할 수 있을지도 모른다. 유전자치료가 성공하기 위해서는 치료할 질환에 대해 무엇을 알아야 하며, 극복해야 할 장벽에는 어떤 것들이 있는가?
15. 유전자검사가 보편화되면서 개인의 유전자 정보를 어떻게 사용해야 하는지에 의문이 제기되고 있다. 예를 들어, 고용주나 잠재적 고용주가 그러한 정보에 접근할 수 있어야 할까? 접근이 가능해야 한다면 그 이유는 무엇이며, 허용해서는 안 된다면 그 이유는 무엇인가? 보험회사는 해당 정보를 이용할 수 있어야 할까? 찬성과 반대 이유는 무엇인가? 또한 정부가 유전자 파일을 보관해야 할 이유가 있을까? 결함 유전자를 공유할 수도 있는 친척에게 그 위험성을 알려줄 의무가 있는가? 유전자 결함으로 인해 유전적 낙오자로 분류될까 봐 검사를 피하는 사람이 있을 수 있지 않을까? 아니면 본인의 의사와는 달리 강제로 검사를 받아야 할 수도 있지 않을까? 유전자검사를 신중하게 진행해야 하는 다른 이유에는 또 무엇이 있을까?
16. **과학적 사고** 과학자들은 연구 배경에 따라 다양한 방법을 사용하여 가설을 조사한다. 특히 사람의 영양에 관한 연구(예: GMO 식품이 건강에 어떤 영향을 미치는지에 관한 연구)는 논란의 소지가 있다. GMO 옥수수가 기존 옥수수보다 덜 건강한지 확인하기 위해 가상으로 사람의 영양 연구를 설계할 수 있을까? 실험 설계를 방해하고 결과를 혼동시킬 수 있는 실제로 존재할 실질적인 문제를 식별할 수 있는가?

UNIT 3 |

진화의 개념

▲ **살충제를 연구하는 과학자**

웰젤(Kevin Welzel) 박사는 캘리포니아 리버사이드 대학에서 천연 살충제를 이용, 개미 외래종을 제어할 방법을 연구하고 있다. 또한 할리우드 영화 제작에 전문가 자문도 하고 있다(13.7절 참조).

▲ **영화제작자**

올슨(Randy Olson, 사진의 왼쪽)은 진화를 비롯한 과학적 이슈에 대한 일반인의 이해를 돕는 영화의 대본을 쓰고 감독도 한다.

▲ **자연과학자**

자연과학자인 파센디니(Bethany Facendini)는 캘리포니아 버클리에 있는 틸덴 공원에서 동물의 자기방어 방법을 설명하는 프로그램의 일부로 아이들에게 스컹크에 대해 설명하고 있다(13.13절 참조).

CHAPTER

13 개체군의 진화 방식

핵심 개요

다윈의 진화론(13.1~13.7)

다윈의 진화론으로 생물의 적응 및 통일성과 다양성을 설명할 수 있다.

개체군의 진화(13.8~13.11)

유전자 변이는 개체군 내에서 진화를 가능하게 한다.

소진화 메커니즘(13.12~13.18)

자연선택, 유전적 부동, 유전자 흐름 등이 유전자 풀을 변화시킬 수 있으며, 자연선택은 적응적 진화로 이어진다.

13.0 생물다양성은 진화의 산물이다

지구상의 생명체는 놀랍도록 다양하다. 소노란 사막과 같은 건조한 지역에서도, 드물게 내리는 비에 꽃을 피우는 수백 종의 식물을 포함하여 수천 종의 생물이 서식하고 있다(사진 참조). 180만 이상의 종(species)이 확인되었으며, 과학자들은 수백만 종이 더 발견될 것으로 생각한다. 생물의 다양성은 현재 살아 있는 생물종이 지금과는 다른 과거 조상종의 후손이라는, 진화론(theory of evolution)으로 설명될 수 있다. 진화에 대한 연구를 위해 우리는 수억 년 전 과거에서부터 현재에 이르는 생물들의 생활사(life history)를 추적한다. 진화는 지금 이 순간에도 여러분과 가까운 곳에서 일어나고 있다. 이 장에서는 진화에 강력한 힘이 환경이라는 것을 알게 될 것이다. 자연적 변화뿐만 아니라 인간의 활동은 생물의 환경을 변화시켜 눈에 띄는 빠른 진화를 가져올 수 있다.

진화에 대한 이해는 생명체의 분자를 탐구하는 것부터 생태계 분석에 이르기까지 모든 생물학에 대한 이해의 폭을 넓혀준다. 이 장에서는 다윈의 영원한 유산으로서의 진화에 대한 연구로 시작할 것이다. 더불어, 다윈이 제안한 진화의 메커니즘인 자연선택의 핵심을 자세히 살펴본다.

다윈의 진화론

13.1 항해는 다윈이 진화론의 틀을 잡는 데 도움이 되었다

진화론에 대해 들어본 적이 있다면 아마도 다윈(Charles Darwin)에 대해서도 들어보았을 것이다. 다윈은 200여 년 전에 태어났지만, 그의 업적은 엄청난 영향을 미쳐, 많은 생물학자들이 그의 생일(2월 12일, 에이브러햄 링컨의 생일과 동일)을 기념하며 과학에 기여한 그의 업적을 기리고 있다. 다윈의 가장 유명한 저서이자 흔히 《종의 기원(*On the Origin of Species*)》으로 불리는 《자연선택에 의한 종의 기원(*On the Origin of Species by Means of Natural Selection*)》이 출간되면서 진화생물학의 시대가 열리게 되었다.

다윈의 문화적 과학적 배경 다윈의 초기 경력에는 미래의 명성을 짐작할 수 있는 힌트가 전혀 없었다. 소년 시절 그는 자연에 매료되었다. 자연에 관한 책을 읽지 않을 때는 낚시와 사냥 및 곤충 채집에 열중했다. 그는 당시 그 사회 계층의 젊은이들이 받는 전형적인 교육을 받았다. 저명한 의사였던 다윈의 아버지는 자연주의학자(naturalist)인 아들에게 미래가 보이지 않자 의대에 보냈다. 그러나 의학은 지루했고 마취 이전 시대인 당시 수술이 끔찍했던 다윈은 의대를 그만두었다. 그러자 그의 아버지는 아들이 성직자가 되기를 바라며 케임브리지 대학교에 입학시켰다.

당시의 문화적·과학적 상황도 다윈에게 지구와 생명에 대한 전통적인 관점을 심어주었다. 대부분의 과학자들은 그리스 철학자 아리스토텔레스의 견해였던, 종은 진화하지 않는 고정적이고 영구적인 형태라는 관점을 일반적으로 받아들였다. 유대-기독교 문화는 각 형태의 생명이 현재의 형태로 개별적으로 창조되었다는 성경 창세기의 문자적 해석으로 이 생각을 더욱 강화시켰다. 1600년대에 종교학자들은 성경의 기록을 근거로 지구의 나이를 6,000년으로 추정했다. 따라서 당시 서구 세계의 지적 풍토는 모든 생명체는 비교적 최근에 생겨났으며 형태가 변하지 않는다는 생각이 주류를 이루고 있었다.

다윈의 사고가 급진적으로 바뀐 것은 대학 졸업 후 그의 생활이 어린 시절의 관심사로 돌아가면서 시작되었다. 22세에 다윈은 잘 알려지지 않은 남미 해안의 장기 탐험을 위해 해도를 작성하기 위한 측량선 HMS 비글호(Beagle)를 타고 항해에 나섰다(**그림 13.1A**).

다윈의 바다 항해 비글호 항해 5년 동안 다윈은 대부분의 시간을 해안에서 보내며 수천 개의 화석과 살아 있는 동식물의 표본을 수집했다. 또한 관찰한 내용을 상세히 일기로 기록했다. 온대기후의 작은 나라에서 온 한 자연주의학자(현장 생물학자)에게 처음 보는 엄청나게 다양한 다른 대륙의 생물들은 놀라운 일이었다. 그는 브라질의 정글, 아르헨티나의 초원, 안데스 산맥의 우뚝 솟은 봉우리, 남미 남단의 황량하고 추운 땅 등 다양한 환경에 적절하게 적응한 식물과 동물의 특징을 꼼꼼히 기록했다.

다윈은 생물 간 유사성은 환경의 유사성보다 지리적 근접성으로 더 잘 예측할 수 있음을 발견했다. 예를 들어, 남아메리카의 온대 지역에

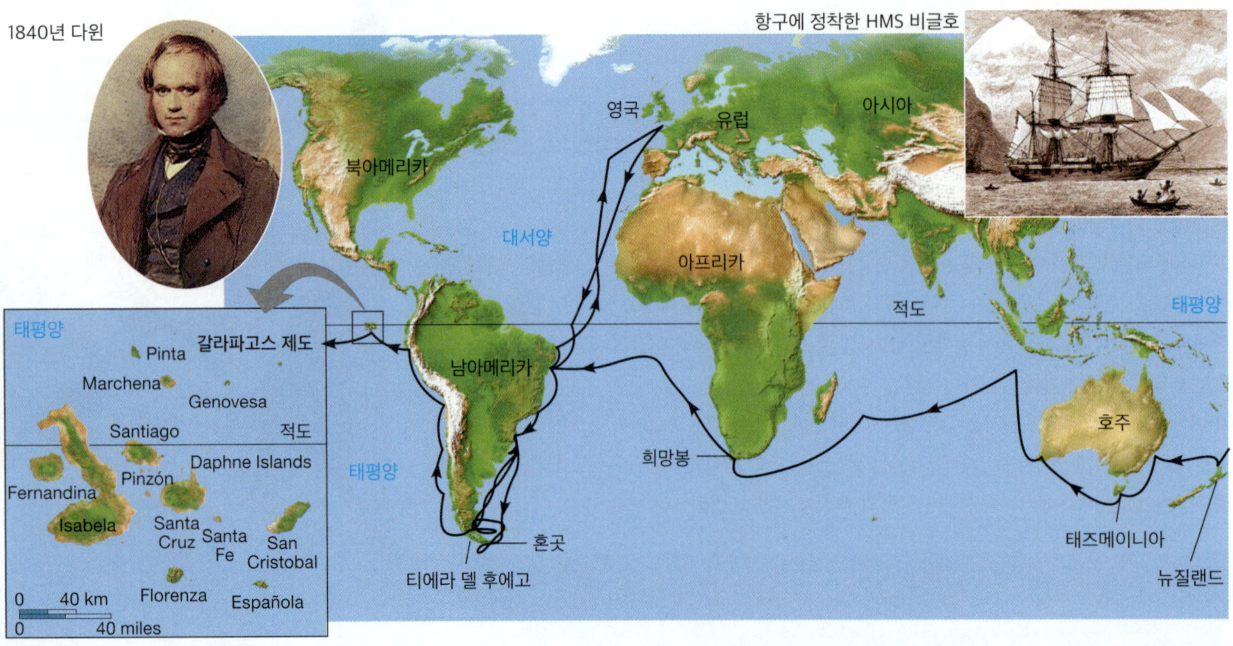

▲ **그림 13.1A** 비글호 항해(1831~1836). 젊은 찰스 다윈과 그가 항해한 배

사는 동식물은 유럽의 온대 지역에 사는 종보다 같은 대륙의 열대 지역에 사는 종과 더 비슷했다. 그리고 다윈이 발견한 남아메리카 화석들은 당시 살아 있던 종과는 뚜렷이 달랐지만, 당시의 남아메리카 대륙의 동식물과 확실히 닮아 있었다. 예를 들어, 그는 살아 있는 아르마딜로(armadillo) 종의 갑옷과 비슷한 얇은 판(plate) 갑옷 화석을 수집했다. 고생물학자(paleontologist)들은 이후, 폭스바겐 비틀 자동차 크기의, 이 갑옷을 가졌던 멸종된 생물인 아르마딜로를 재구현했다.

▲ **그림 13.1B** 갈라파고스 제도 주변 해역의 해양 이구아나

▲ **그림 13.1C** 갈라파고스 제도의 독특한 서식동물 중 하나인 거대거북

다윈은 특히 갈라파고스 제도에 있는 생물들의 지리적 분포에 흥미를 느꼈다. 갈라파고스는 남아메리카 태평양 연안에서 약 900 km 떨어진 비교적 젊은 화산섬이다. 이 외딴 섬에 서식하는 대부분의 동물은 세계 어느 곳에서도 발견되지 않지만, 남아메리카의 종과는 유사했다. 예를 들어, 다윈은 갈라파고스의 해양 이구아나(수영을 돕는 납작한 꼬리를 가진)가 이 섬과 남아메리카 본토에 사는 육지 이구아나와 다르면서도 유사하다는 사실을 발견했다(**그림 13.1B**). 또한 각 섬에는 각 섬마다 독특한 다양한 거대거북이 살고 있었다. 이 섬들은 스페인어로 '거북(galápago)'을 뜻하는 갈라파고스로 명명되었다(**그림 13.1C**).

다윈은 항해 중에 스코틀랜드의 지질학자 라이엘(Charles Lyell)이 새로 출간한 《지질학의 원리(*Principles of Geology*)》에 큰 영향을 받았다. 이 책은 지구가 수백만 년에 걸친 오랜 세월 동안 점진적인 지질학적 작용에 의해 형성되었고, 오늘날까지 계속되고 있는 있다는 사례를 제시했다. 칠레 해안선의 일부가 지진에 의해 거의 1미터 가까이 상승한 것을 목격한 다윈은, 자연의 힘이 지구 표면을 점진적으로 변화시켰으며 이러한 힘이 여전히 작동하고 있다는 사실을 깨달았다. 따라서 다윈이 안데스 산맥의 높은 곳에서 발견한 바다 달팽이 화석은, 지진과 같은 산맥을 형성하는 자연적인 힘에 의해, 해수면으로부터 들어 올려진 것일 수 있다.

다윈이 영국으로 돌아왔을 때, 그는 지구와 지구의 모든 생명체가 불과 수천 년 전에 특별히 창조되었다는 것을 심각하게 의심하기 시작했다. 그는 자신의 관찰을 되돌아보고, 수집한 자료를 분석하고, 동료들과 자신의 연구에 대해 토론하면서, 자신이 관찰한 자료들을 바탕으로 현재의 종은 고대 조상의 후손으로, 어떤 면에서는 여전히 서로 닮았다는 가설(hypothesis)로써 더 잘 설명된다는 결론을 내렸다. 다윈은 진화를 시간에 따라 변이가 누적된 '변이의 유전(descent with modification)'이라고 불렀다. 진화라는 개념을 창안한 것은 다윈이 아닙니다. 다른 과학자들도 시간이 지남에 따라 개체가 변화한다는 생각을 탐구하고 있었다. 그러나 다른 과학자들과는 달리 다윈은 생명체가 어떻게 진화하는지에 대한 과학적 메커니즘을 제시했다. 그는 **자연선택(natural selection)**으로 명명한 이 과정을 통해 특정 형질을 가진 개체는 그렇지 않은 개체보다 생존과 번식 가능성이 더 높다고 설명했다. 그는 조상 개체군의 후손들이 수백만 년에 걸쳐 다양한 서식지로 퍼져가면서 특정 환경에 적합한 특정 생활 방식에 맞는 **적응(adaptation)**으로 다양한 변이를 누적했다는 가설을 세웠다.

다윈의 저술 1840년대 초, 다윈은 자연선택에 의한 진화론의 주요 특징을 설명하는 장문의 논문을 작성했다. 그러나 자신의 아이디어가 논란을 일으킬 수 있다는 것을 깨달은 그는 출판을 미루었다. 미루는 동안에도 다윈은 자신의 가설을 뒷받침하는 증거를 계속 수집했다. 1858년, 인도네시아에서 현장 조사를 하던 영국의 자연주의학자 월리스(Alfred Russel Wallace)도 다윈의 가설과 거의 동일한 가설을 생각해 냈다. 월리스의 연구가 먼저 발표될 가능성에 직면한 다윈은 마침내 자신의 논문을 과학계에 공개했다.

이듬해 다윈은 생물학, 지질학, 고생물학 분야의 관찰과 실험을 통해 얻은 수백 페이지에 달하는 증거와 완벽한 논리로 자신의 가설을 뒷받침하는 《종의 기원》을 출간했다. 종의 기원에 제시된 진화가설은 이후 150년 이상의 연구를 통해 검증되고 확인되었다. 따라서 과학자들은 다윈의 진화개념인 자연선택에 의한 진화를 **이론(theory)**으로 받아들였는데, 이는 하나의 가설 이상으로 범위가 넓고, 새로운 가설을 생성했으며, 여러 증거에 의해 증명된 광범위하게 받아들여지는 해설적 개념이기 때문이다.

다음으로는, 살아 있는 종은 현재의 종과 다른 조상 종의 후손이라는 다윈의 **진화(evolution)**론에 대한 증거들을 살펴본다. 그리고 다윈이 《종의 기원》에서 주장한 두 번째 주요 요점, 즉 자연선택이 진화적 변화의 메커니즘이라는 점을 다룰 것이다. 이 메커니즘이 어떻게 작동하는지에 대한 현재의 이해를 바탕으로, 다윈의 진화에 대한 정의를 '세대에서 세대로 이어지는 개체군(population)에서의 유전적 변화'로 확장하고자 한다.

? 다윈이 진화를 뜻하기 위해 어떤 문구를 사용했는가? 이것은 무엇을 뜻하는가?

■ 변이의 유전. 하나의 조상 종이 다양한 환경에 적응하며, 많은 후손 종으로 다양화될 수 있다.

13.2 화석 연구는 진화에 대한 강력한 증거를 제공한다

과거에 살았던 생물의 흔적이나 유골인 화석은 과거와 현존 생물의 차이와 많은 종이 멸종(extinction)했다는 사실을 보여준다. 죽은 생물의 유기 물질은 보통 빠르게 부패하지만, 척추동물의 뼈와 이빨 또는 조개와 달팽이의 껍질 등 무기질이 풍부한 동물의 단단한 부분은 화석으로 남을 수 있다. 예를 들어, **그림 13.2A**의 화석화된 머리뼈(skull)는 약 150만 년 전 아프리카에 살았던 인류의 초기 친척 중 하나인 호모 이렉투스(*Homo erectus*)의 것이다.

▲ 그림 13.2A *Homo erectus*의 머리뼈

▲ 그림 13.2B 암모나이트 주형화석

일부 화석은 실제 생물체의 잔해가 아니다. **그림 13.2B**에서 볼 수 있는 3억 7,500만 년 전의 화석은 오늘날의 노틸러스(nautilus)와 유사한 껍질을 가진 해양 동물인 암모나이트(ammonite)의 주형(cast)이다(그림 18.9E 참조). 주형은 퇴적물에 남겨진 죽은 생물체가 분해되면서 생성된 빈 공간에 물에 녹은 무기질이 채워질 때 형성된다. 무기질이 굳어지면서 생물체의 복사품이 만들어진다. 화석은 생물체가 부패한 후에도 남아 있는 자국(imprinting)일 수도 있다. 발자국이나 구멍을 판 흔적, 화석화된 대변(coprolite, 화석화된 배설물)으로 고대 생물의 행동을 알 수 있다.

드물게는 부드러운 부분을 포함한 생물체 전체가 박테리아와 곰팡이류가 사체를 분해하지 못하는 매질에 갇힌 경우도 있다. 호박(화석화된 나무 수지)에 갇힌 곤충이나, 얼음 속에 얼거나 늪지에 보존된 매머드, 들소, 선사 시대 사람 등이 그 예다.

많은 화석들이 바다, 호수, 늪 또는 기타 수생 서식지의 바닥에 가라앉은 모래나 진흙으로 형성된 고운 입자의 퇴적암에서 발견된다. 새로운 퇴적층이 오래된 퇴적층을 덮고 압축되면서 **지층(strata)**이라는 암석층으로 만들어진다. 특정 지층의 화석에서 지층이 형성될 당시 그 지역에 살았던 일부 생물의 모습을 엿볼 수 있다. 새로운 지층은 오래된 지층 위에 만들어지기 때문에 화석이 발견된 지층에 따라 화석의 상대적 연대도 알 수 있다. 즉, 퇴적암 층에서 화석이 나타나는 순서는 지구 생명체에 대한 역사적 기록이 된다.

▲ 그림 13.2C 몰타 고조섬의 퇴적암 지층상

때로 침식으로 상부(새로운) 지층이 깎여 나가면서 아래에 묻혀 있던 더 깊은(오래된) 지층이 드러나게 되면, 화석을 연구하는 **고생물학자(paleontologist)**들은 아주 오래된 화석에 접근할 수도 있다. **그림 13.2C**는 몰타(Malta)의 고조섬(Gozo island)에 있는 퇴적암의 층상을 보여준다. 노출된 암석의 모든 층은 3,000만~3,500만 년 전인 신생대 제3기(Tertiary period) 동안에 형성된 것이다. 광물 조성과 매장된 화석들은 층마다 달라서 몰타 군도의 지질학적·생물학적 진화를 자세히 보여준다.

물론 암석 지층에 나타나는 순서대로 새겨진, 수백만 년의 지질학적 시간에 걸친 진화의 연대기인 **화석 기록(fossil record)**은 불완전하다. 지구의 많은 생물은 화석 형성에 유리한 지역에 살지 않았고, 암석에 형성된 많은 화석은 나중에 지질학적 과정에 의해 왜곡되거나 파괴되기도 했다. 또한 보존된 모든 화석을 고생물학자가 접근할 수 있는 것도 아니다. 그러나 이러한 한계에도 불구하고 화석 기록은 놀라울 정도로 상세하다.

? 화석 기록이 가장 적은 생물체 유형은 무엇이라고 생각하는가? 그렇게 생각하는 이유는 무엇인가?

■ 딱딱한 부분이 없는 해파리, 버섯 등의 생물이나 퇴적암이 형성되지 않은 지역에 살았던 생물들이다.

13.3 과도기적 형태의 화석은 다윈의 진화론을 뒷받침한다

과학적 사고 《종의 기원》에서 다윈은 매우 다른 생물 그룹을 연결하는 과도기적 형태의 화석이 존재할 것이라고 예측했다. 예를 들어, 그는 고래가 육지에 사는 포유류에서 진화했다는 가설을 세웠다. 이 가설이 맞다면, 수생 서식지에 완전히 적응하기까지 일련의 변화를 보여주는 포유류 계통의 화석이 있어야 한다. 다윈은 이러한 예측을 검증할 증거를 가지고 있지 못했지만, 이후 수천 개의 화석이 발견되면서 어류에서 양서류로의 전환(19.4절 참조), 조상 공룡에서 유래한 새의 기원(19.7절 참조), 파충류 조상에서 포유류의 진화 등 많은 동식물 그룹의 진화적 기원이 밝혀졌다. 다윈이 오늘날 살아 지난 수십 년 동안 발견된 증거로 고래가 육상 포유류에서 기원했다는 사실이 현재까지 가장 잘 알려진 진화적 전환 중 하나라는 것을 알게 된다면 매우 기뻐했을 것이다.

고래는 돌고래(dolphin)와 상괭이(porpoise)를 포함하는 고래목(cetaceans)에 속하는 동물이다. 고래는 오리발 형태의 앞다리가 있지만 뒷다리는 없다. 고래류가 네발 달린 육상 동물에서 진화했다면, 과도기적으로 뒷다리와 골반뼈가 줄어든 형태를 가질 것이다. 1960년대에 고생물학자들은 몇 안 되는 화석을 바탕으로 고래의 조상이 발굽이 있는 늑대 같은 육식동물이라는 가설을 세웠다.

1970년대 후반부터 고생물학자들은 파키스탄과 이집트에서 이 가설을 검증할 일련의 놀라운 과도기적 화석 증거를 발견했다. **그림 13.3**은 뒷다리와 골반뼈가 점진적으로 감소하는 다섯 종의 화석을 보여준다. 5,000만 년 전의 파키세투스(*Pakicetus*, '파키스탄의 고래')는 늑대 크기의 육식동물로, 체형과 긴 팔다리가 육지 동물과 비슷했다. 그러나 고래류 특유의 가운데귀(middle ear, 중이) 구조를 포함한 다른 골격적 특징은 수중 환경에 적응한 것으로 추정된다. 약 4,800만 년 전의 암불로세투스(*Ambulocetus*, '걷는 고래')는 현대 고래와 육지에 살던 조상 사이의 완벽한 중간 형태다. 앞다리의 관절은 육지에서 이동했음을 암시하지만, 강력한 꼬리와 커다란 노 모양의 뒷발은 헤엄칠 수 있는 능력을 암시한다. 비교적 짧은 팔다리와 긴 발가락을 가진 물갈퀴 모양의 발을 가진 4,600만 년 전의 로도세투스(*Rodhocetus*) 화석은 수영에 적응했음이 더 분명하게 드러난다. 4,000만~3,500만 년 전에 살았던 화석속(fossil genus)에 속하는 도루돈(*Dorudon*) 화석은 수생 생물로의 전환을 완료한 상태다. 노처럼 생긴 앞다리의 손목과 팔꿈치 관절은 걷는 데 사용할 수 없었을 것이다. 뒷다리는 작았고, 현대 고래처럼 작게 남아 있는 골반도 척추뼈와 연결되지 않았다.

고생물학자들은 발견된 새로운 화석은 이전의 가설과 일치했고, 고래가 실제로 늑대와 같은 육식동물에서 유래했다는 사실을 더욱 확신하게 되었다. 한편 분자생물학자들은 DNA 분석을 통해 살아 있는 동물 간의 관계를 추론하는 또 다른 가설을 시험하고 있었다. 그들은 돼지, 사슴, 낙타 등 발굽이 갈라진 대부분 초식동물인 포유류 그룹에 속하는 하마가 고래와 밀접한 관계가 있다는 사실을 발견했다. 따라서 이들은 고래와 하마가 모두 갈라진 발굽을 가진 조상의 후손이라는 가설을 세웠다. (갈라진 발굽은 발굽이 2개의 발가락으로 갈라진 형태다.)

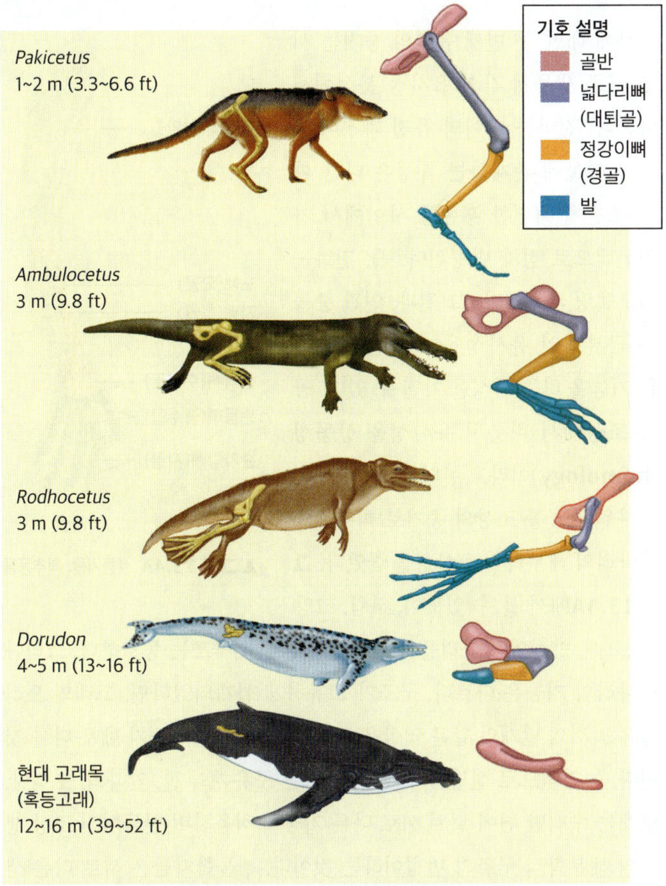

▲ **그림 13.3** 바다생물로의 전환. 동물의 뼈의 위치에 유의하자(원비율로 그리지 않음).

시도해 보기 그림에 제시된 동물들을 나열하고, 각 동물의 뒷다리의 구조가 그 기능을 어떻게 반영하는지 설명해 보시오.

고생물학자들은 다른 결과에 당황했지만, 새로운 증거에 대한 열린 마음은 과학의 특징이다. 그들은 문제를 해결할 수 있는 화석을 찾는 데 관심을 돌렸다. 발굽을 가진 포유류는 독특한 발목뼈를 가지고 있다. 고래의 조상이 늑대 같은 육식동물이었다면, 발목뼈의 모양은 오늘날 대부분의 포유류와 비슷할 것이다. 2001년에 발견된 2개의 화석이 그 해답을 제시했다. 파키세투스와 로도세투스는 모두 2개의 발굽을 가진 포유류(우제류)의 특징적인 발목뼈를 가지고 있었다. 과학계에서 종종 그러하듯이, 여러 다른 종류의 증거가 쌓이면서 과학자들은 고래의 진화적 기원에 대해 더욱 확신하고 있다.

? 과학자들은 육상 포유류와 수생 포유류 사이의 과도기적 종의 화석이 어떤 해부학적 특징을 가질 것으로 예측했을까?

■ 뒷다리와 골반뼈 감소

13.4 상동성은 진화에 대한 강력한 증거를 제공한다

진화에 대한 두 번째 유형의 증거는 서로 다른 생물체 간의 유사성 분석에서 나온다. 진화는 변이의 유전 과정이다. 조상 생물에 존재하는 특성은 다른 환경 조건에 직면한 후손들 사이에서 자연선택으로 점차 변형된다. 즉, 진화는 리모델링 과정이다. 그 결과, 연관 종들은 근본적인 유사성을 가지면서도 다른 기능을 하는 특성을 가질 수 있다. 공통 조상에서 비롯된 유사성을 **상동성**(**homology**)이라고 한다.

다윈은 공통 조상의 증거로 척추동물 앞다리의 해부학적 유사성을 꼽았다. **그림 13.4A**에서 볼 수 있듯이, 사람, 고양이, 고래, 박쥐의 앞다리를 구성하는 기본 골격구조는 동일하다. 그러나 앞다리의 기능은 다르다. 구조가 고유하게 설계되었다면, 고래의 오리발은 박쥐의 날개와 같은 역할을 하지 않으므로 그 구조가 매우 다를 것이다. 논리적으로 설명하자면, 서로 다른 포유류의 팔, 앞다리, 오리발, 날개는 수백만 년에 걸쳐 서로 다른 기능에 적응하며 만들어진 조상 생물의 해부학적 구조의 변형이라는 것이다. 생물학자들은 서로 다른 생물체에서 발견되는 기능은 다르지만, 공통 조상으로 인해 해부학적 구조가 유사한 기관을 **상동기관**(**homologous structure**)이라고 부른다.

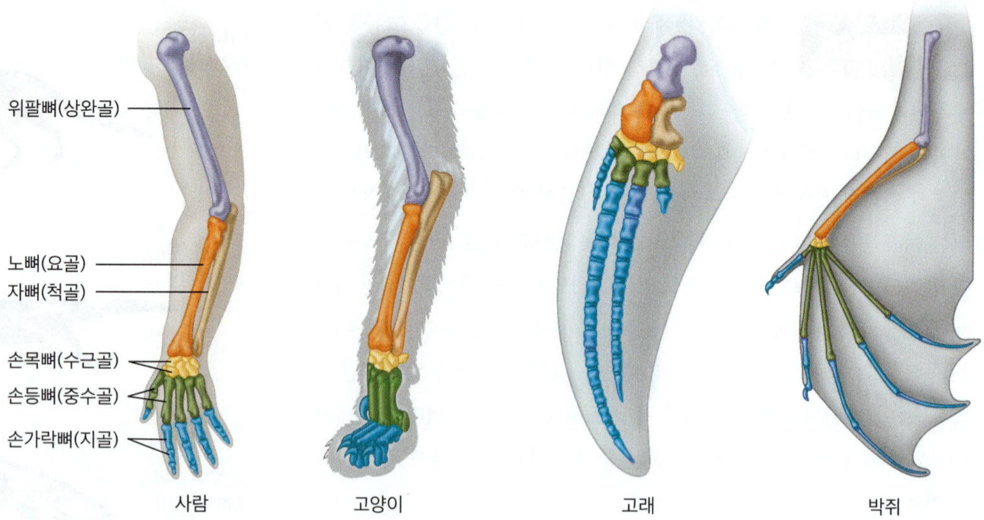

▲ **그림 13.4A** 상동기관: 척추동물 앞다리

유전자와 유전자 발현의 분자적 기초를 연구하는 **분자생물학**(**molecular biology**)의 발전으로 오늘날의 과학자들은 다윈보다 상동성에 대해 훨씬 더 깊이 이해하게 되었다. 부모로부터 물려받은 DNA에 자신의 유전적 배경이 기록되어 있는 것처럼, 각 종의 진화적 역사는 조상 종으로부터 물려받은 DNA에 기록되어 있다. 두 종이 서열이 거의 일치하는 상동유전자를 가지고 있다면, 이 서열은 비교적 최근의 공통 조상으로부터 유래했을 것으로 생각된다. 반대로, 종간 서열 차이가 클수록 마지막 공통 조상이 더 오래된 것으로 간주한다. 생물학자들은 다양한 생물체 간의 분자 비교를 통해, 이전 절에서 고래의 기원에 대해 배운 것처럼, 진화적 분화로 계통수(tree of life)의 주요 가지가 만들어진다는 가설을 만들었다.

모든 생명체는 서로 연관되어 있다고 생각한 다윈의 가설은 매우 대담한 것이었다. 이 주장에 대한 강력한 증거는 분자생물학에서 나왔다. 모든 형태의 생명체는 DNA와 RNA라는 동일한 유전 언어를 사용하며, RNA 3염기가 아미노산으로 번역되는 유전암호가 본질적으로 보편적이라는 것이다. 따라서 모든 종은 이 암호를 사용한 공통 조상의 후손일 가능성이 높다. 이러한 상동성으로 인해 유전자로 조작된 박테리아에서 사람 인슐린이나 사람 성장호르몬과 같은 사람의 단백질이 생산될 수 있다(12.7절 참조). 그러나 분자적 상동성은 유전암호를 공유하는 것 이상이다. 예를 들어, 사람과 박테리아와 같이 서로 다른 생물도 매우 먼 공통 조상으로부터 물려받은 상동유전자를 공유하고 있다.

상동성을 이해하면서 수수께끼 같은 관찰도 설명할 수 있게 되었다. 예를 들어, 서로 다른 동물 종의 초기 발생 단계를 비교하면, 성체에서는 볼 수 없는 유사점이 발견된다. 발달의 어느 시점에서 모든 척추동물 배아(embryo, 배)는 항문 뒤쪽에 꼬리를 가지고 있고, 인두(목구멍)에는 인두주머니(pharyngeal pouch)라는 구조가 있다. 이 주머니는 상동기관으로, 발생이 진행되면서 물고기에서는 아가미로, 사람에서는 귀의 일부와 목으로 발달하며 궁극적으로 매우 다른 기능을 갖게 된다. **그림 13.4B**에서 새의 배아(왼쪽)와 사람 배아(오른쪽)의 인두주머니와 꼬리를 주의해서 보자.

가장 흥미로운 상동성은 생물에서 기능이 미미하거나 전혀 중요하지 않은 '흔적' 구조에서 볼 수 있다. 이러한 **흔적 구조**(**vestigial**

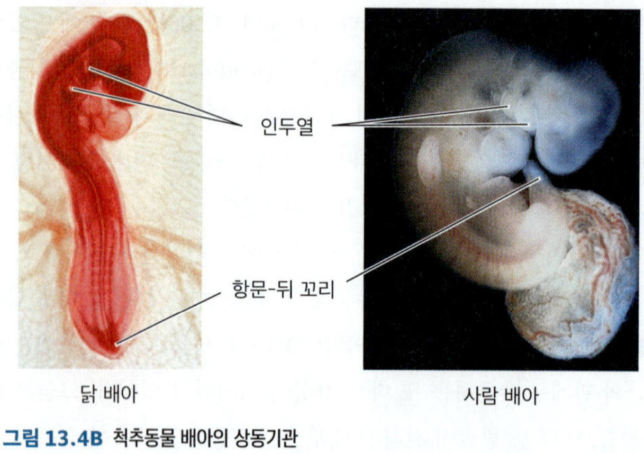

▲ **그림 13.4B** 척추동물 배아의 상동기관

structure)는 개체의 조상에서는 중요한 기능을 수행했던 특징의 잔재다. 예를 들어, 고대 고래의 작은 골반과 뒷다리뼈는 걸었던 조상의 흔적이다. 다른 예는 눈이 보이지 않는 동굴 물고기의 비늘 아래에 묻혀 있는 눈의 잔해로, 이는 시각을 가졌던 조상의 흔적이다.

생물은 다른 연관된 종의 상동유전자는 완전한 기능을 가지고 있음에도 불구하고, 자체의 유전자는 기능이 없는 유전자를 보유할 수도 있다. 과학자들은 사람에서 이러한 불활성화된 유사유전자(pseudogenes)를 다수 확인했다. 그러한 유전자 중 하나는 비타민C를 만드는 데 사용되는 GLO로 알려진 효소를 암호화하는 유전자다. 거의 모든 포유류는 포도당에서 이 필수 비타민을 합성하는 대사 경로를 가지고 있다. 사람과 기타 영장류는 이 경로의 첫 세 단계를 수행하는 유전자는 기능을 가지고 있지만, GLO 유전자는 불활성화되어 비타민C를 만들지 못하게 되었고, 건강을 유지하려면 충분한 양을 음식으로 섭취해야 한다.

다음으로는, 상동성이 진화의 계보를 추적하는 데 어떻게 도움이 되는지 살펴본다.

? 날아다니는 곤충과 새의 날개는 같은 기능을 하지만 상동성이 없다. 이는 무엇을 의미할까?

■ 이는 곤충과 새의 날개가 서로 다른 원래 구조에서 독립적으로 진화했다는 것을 의미한다.

13.5 진화계통수의 진화 패턴을 상동성으로 알 수 있다

다윈은 생명의 역사를, 나무둥지에서 여러 나뭇가지가 나오듯 공통 조상에서 여러 후손 종이 나오는, 하나의 나무로 보았던 최초의 학자다(그림 14.1 참조). 생물학자들은 이러한 유전 패턴을 **진화계통수(evolutionary tree)**로 표현한다. 최근에는 종종 위로 서 있는 것이 아니라 누워 있는 형태의 진화계통수를 만들기도 한다.

해부학적 및 분자적 상동기관은 이러한 나무의 가지 순서를 결정하는 데 사용될 수 있다. 유전암호와 같은 일부 상동적 특성은 오랜 과거의 조상으로 거슬러 올라가기 때문에 모든 종이 공유한다. 반면에 최근에 진화한 특성은 더 작은 개체군 내에서만 공유된다. 예를 들어, 그리스어로 4개를 뜻하는 테트라(tetra)와 발(pod)에서 명칭이 유래한 사지동물(tetrapod)은 그림 13.4A에 보이듯이, 기본 사지 뼈 구조를 공유하고 있지만, 그 조상은 그렇지 않다.

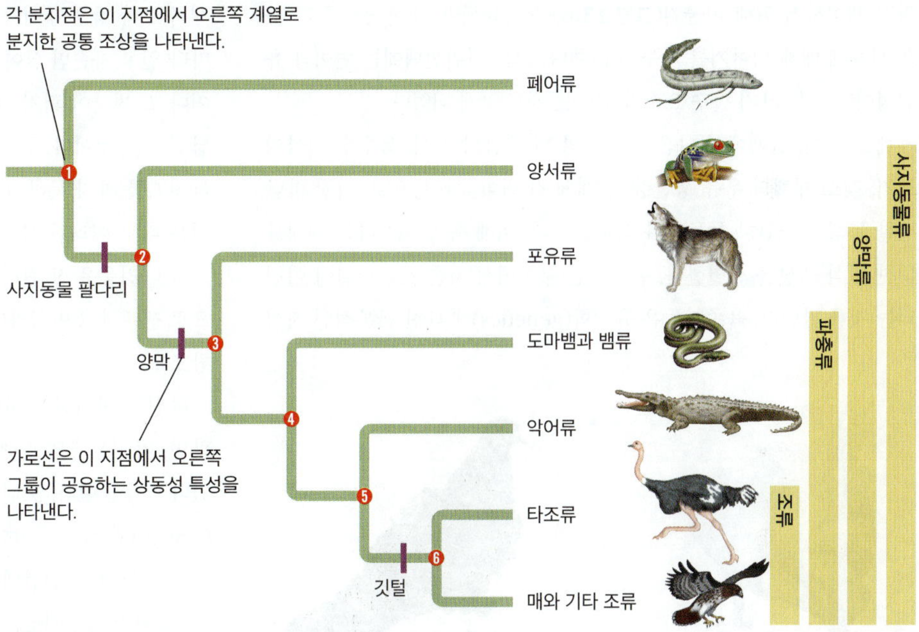

▲ **그림 13.5** 사지동물과 그들의 가장 가까운 친척인 폐어류의 진화계통수

그림 13.5는 사지동물(조류를 포함한 양서류, 포유류, 파충류)과 이들의 가장 가까운 친척인 폐어류의 진화계통수다. 이 그림에서 각 분지점(branch point, 분기점)은 공통 조상에서 나온 후손 종이 갈라진 지점이다. 예를 들어, 폐어류(lungfishes)와 모든 사지동물은 조상 ❶의 후손이고, 악어와 조류는 조상 ❺의 후손이다. 이 계통수에서는 세 가지 상동성을 보라색 가로막대로 보여준다. 사지동물 팔다리 및 양막(amnion, 배아 보호막), 그리고 깃털이다. 사지동물 팔다리는 조상 ❷에 존재했으므로 그의 모든 후손에서 발견된다. 양막은 조상 ❸에만 존재했으므로 포유류와 파충류만 공유한다. 깃털은 조상 ❻에만 존재했으므로 조류에서만 발견된다.

진화계통수는 진화적 계통의 패턴에 대한 현재의 이해를 반영하는 가설이다. 그림 13.5의 나무와 같은 일부 계통수는 화석, 해부학, 분자 데이터에 의해 강력하게 뒷받침된다. 반면, 일부 계통수는 데이터가 거의 없기 때문에 추측에 많이 의존한다.

지금까지 진화를 변이의 유전으로 보는 다윈의 관점에 대해 알아보았으나, 다음은 그가 제시한 생명 진화의 메커니즘, 즉 자연선택에 대해 살펴보려 한다.

? 그림 13.5의 진화계통수를 참고할 때, 양서류는 폐어류나 포유류 중 누구와 더 밀접한 관련이 있는가?

■ 이 그룹들의 가장 최근 공통 조상을 찾아보자. 양서류는 폐어류(조상 ❶)보다 포유류와 더 최근의 공통 조상(조상 ❷)을 공유하므로 포유류와 더 밀접하게 연관된다.

13.6 다윈은 진화의 메커니즘으로 자연선택을 제안했다

생물학에 대한 다윈의 가장 큰 공헌은 생명이 어떻게 진화하는지를 설명한 것이다. 그는 종은 오랜 시간에 걸쳐 점진적으로 형성된다고 생각했기 때문에, 직접적 관찰을 통해 새로운 종의 진화를 연구할 수 없다는 것을 알고 있었다. 하지만 그는 점진적 변화를 끌어내는 식물과 동물 육종가들이 사용하는 방법에서 통찰력을 얻었다.

모든 가축화된 식물과 동물은 야생 조상으로부터 선택적으로 번식된 산물이다. 예를 들어, 오늘날 재배되는 야구공 크기의 토마토는 블루베리보다 훨씬 작았던 페루의 조상과는 매우 다르며, 닥스훈트는 교배 조상인 늑대와 거의 닮지 않았다. 토착화된 동식물을 선택적으로 교배하여 자손에게 바람직한 형질이 나타나도록 하는 **인위선택(artificial selection)**이 진화의 변화를 이해하는 열쇠라고 생각한 다윈은 이를 직접 체험하기 위해 비둘기(**그림 13.6**)를 사육했다. 또한 농부들과 가축 사육에 대해 이야기를 나누기도 했다. 그는 인위선택에는 변이와 유전성이라는 두 가지 필수 요소가 있다는 것도 알게 되었다.

예를 들어, 한배에서 나온 강아지의 털 색깔의 차이, 옥수수 이삭의 크기, 젖소 개체의 우유 생산량 등 개체 간 변이를 바탕으로, 가장 바람직한 특성을 조합한 동물이나 식물을 얻기 위해 육종가는 다음 세대를 위한 번식 대상을 선별한다. 유전이란 부모에서 자손으로 형질이 이전되는 것을 말한다. 육종가들은 유전학(genetics)에 대한 근본적인 지식이 부족했음에도 오랫동안 인위적인 선택에서 유전의 중요성을 이해하고 있었다.

▲ **그림 13.6** 인위선택: 바위 비둘기에서 나온 멋진 비둘기 품종

생물을 분류하기 위해 공통 형질에 주목했던 대부분의 자연주의학자들과 달리, 다윈은 개체 간의 변이를 주의 깊게 관찰했다. 그는 자연 개체군 내 개체들은 적지만, 측정 가능한 차이가 있다는 것을 알고 있었다. 그렇다면 자연에서는 어떤 힘이 다음 세대 번식을 위한 대상을 선택하는 육종가의 역할을 하는 것일까?

다윈은 질병, 기근, 전쟁 등 인류가 겪는 고통의 대부분이 식량 공급과 기타 자원보다 빠른 인구 증가 때문이라 주장한 경제학자 맬서스(Thomas Malthus)의 논문에서 영감을 얻었다. 다윈은 맬서스의 아이디어를 동식물 집단에 적용했다. 그는 한정된 자원이 지탱할 수 있는 개체 수보다 많은 개체가 생산되면 생존을 위한 투쟁이 일어나고, 각 세대마다 일부 자손만 살아남는다고 추론했다. 수많은 알을 낳고, 새끼가 태어나고, 씨앗이 퍼져 나가지만, 극히 일부만이 발달을 완료하고 자손을 남긴다는 것이다. 나머지는 잡아먹히거나 굶주리거나 병에 걸리거나 짝짓기를 하지 못하거나 기타 이유로 번식하지 못한다. 자연선택의 본질은 바로 이러한 불균등한 생식이다. 먹이를 구하거나 포식자를 피하거나 어려움을 잘 견디는 신체적 조건의 형질을 가진 개체는 더 성공적으로 생존하고 번식하며, 이러한 적응 형질을 자손에게 전달한다(1.9절 참조).

다윈은 인위적인 선택이 비교적 짧은 기간에 많은 변화를 가져오는 반면, 자연선택은 수백, 수천 세대를 걸쳐야 종을 상당히 변화시킬 수 있다고 추론했다. 오랜 시간에 걸쳐 집단에는 환경에 잘 적응하는 형질(trait)이 누적될 것이다. 그러나 환경이 변하거나 개체가 새로운 환경으로 이동하면, 자연선택은 새로운 조건에 적응하는 형질을 선택하게 되고, 그 과정에서 때로는 완전히 새로운 종이 탄생하는 변화를 일으킨다.

자연선택에 의한 진화에 대해 세 가지 핵심 사항을 강조할 필요가 있다. 첫째, 자연선택은 개개 생물과 환경 간의 상호작용을 통해 일어나지만, 각 개체는 진화하지 않는다. 진화하는 것은 개체들의 집단인 개체군으로, 시간이 지남에 따라 집단 내 어떤 적응 형질은 더 보편화되고 어떤 형질은 변화하거나 사라지게 된다.

둘째, 자연선택은 유전될 수 있는 형질만 증폭시키거나 감소시킬 수 있다. 물론 개체는 일생 동안 환경과의 상호작용을 통해 변화하며, 획득한 특성은 그 개체의 생존에 도움이 될 수 있다. 그러나 생물의 생식세포에 그 유전자가 입력되지 않았다면, 그 후천적 특성은 자손에게 전달될 수 없다. 즉, 챔피언 여성 보디빌더가 근육질 아기를 낳는 것은 아니다.

셋째, 진화는 목표 지향적이지 않으며, 완벽하게 적응한 개체가 만들어지지도 않는다. 특정 형질을 가진 개체를 생산하기 위해 사람이 의도적으로 시도하는 것이 인위선택이라면, 자연선택은 장소와 시간에 따라 달라지는 환경적 요인에 의한다. 특정 상황에서 유리한 형질이 다른 상황에서는 쓸모없거나 심지어 해로울 수도 있다. 그리고 앞으로 다루겠지만, 적응은 종종 타협이다. 이제 자연선택의 몇 가지 예를 살펴보자.

? 인위선택과 자연선택을 비교해 보자.

■ 인위선택에서는 사람이 바람직한 형질을 선택하고 그 형질을 가진 개체만 번식시킨다. 자연선택에서는 환경이 그 선택을 한다. 환경에 가장 적합한 형질을 가진 개체가 가장 성공적으로 생존하고 번식하며, 그 적응 형질을 자손에게 전달한다.

13.7 과학자들은 자연선택이 작동하는 것을 관찰할 수 있다

자연환경을 살펴보면, 생물체가 환경에 맞게 적응된 자연선택의 산물들을 볼 수 있다. 하지만 자연선택이 실제로 작동하는 것을 볼 수 있을까?

실제로 생물학자들은 수천 건의 연구를 통해 진화의 변화를 기록해 왔다. 대표적인 예가 피터 그랜트(Peter Grant)와 로즈메리 그랜트(Rosemary Grant)가 학생들과 함께 갈라파고스 제도의 핀치새를 대상으로 30년 이상 수행한 연구 결과다(14.9절 참조). 이들은 연구의 일환으로 땅핀치새(ground finch) 개체군의 부리 크기 변화를 측정했다. 이 새는 주로 작은 씨앗을 먹는다. 건조한 해에 씨앗이 부족하게 되면, 새들은 더 큰 씨앗을 먹어야 한다. 더 크고 강한 부리를 가진 새가 먹이활동에 유리하고 생식 성공률이 높아지게 되는데, 그랜트와 연구진의 연구 결과, 개체군의 평균 부리 길이가 증가하는 것을 발견했다. 비가 많은 해에는 부리가 작을수록 작은 씨앗을 먹는 데 더 효율적이므로 평균 부리 길이가 감소하는 것을 발견했다.

수백 종의 곤충 종에서 살충제 저항성이 진화하는 것은 자연선택이 작동하는 불편한 예다. 살충제는 농작물을 먹거나 질병을 옮기는 곤충을 죽인다. 해충을 방제하기 위해 새로운 유형의 살충제가 사용될 때마다 비슷한 상황이 발생하는데(**그림 13.7**), 처음에는 비교적 적은 양으로도 대부분의 곤충을 죽이지만, 계속 뿌리면 효과는 점점 떨어진다. 첫 번째 살충제 살포에서 살아남은 유전적으로 내성이 있는 소수의 개체들은 화학적 공격에서 살아남을 수 있는 대립유전자(그림에서 붉은색으로 표시된 유전자의 변이 형태)를 가지고 있다. 살충제가 개체군의 대부분을 죽이더라도, 살아남은 저항성 개체는 번식하여 살충제 저항성 대립유전자를 자손에게 전달한다. 그 결과 살충제 내성 개체의 비율은 매 세대마다 증가한다.

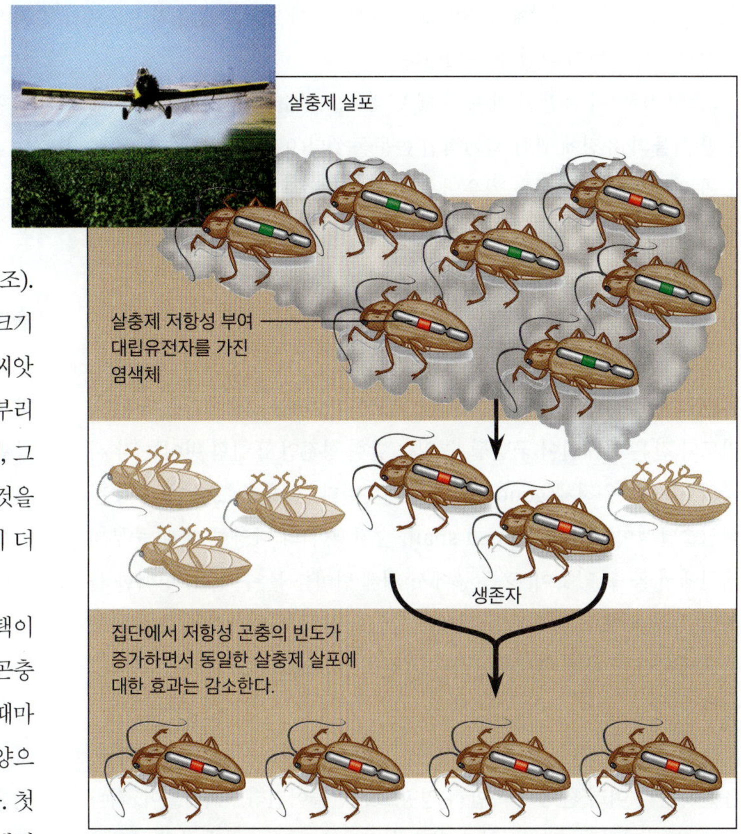

▲ **그림 13.7** 곤충 개체군의 살충제 저항성 진화

시도해 보기 그림 13.7과 비슷한 그림을 그리면서 머릿니에 대한 일반의약품 치료가 실패하는 이유를 설명해 보시오.

모기, 벼룩, 빈대와 같은 가정의 해충을 방제하려는 시도에서도 비슷한 결과가 나타날 수 있다. 예를 들어, 많은 지역에서 처방전 없이 구입할 수 있는 머릿니(head lice) 퇴치제는 더 이상 효과가 없다. 자연선택으로 인해 이들에 대한 살충제 내성을 가진 '슈퍼 머릿니'의 개체군이 생겨났기 때문이다.

이러한 진화적 적응의 예에서 자연선택에 대한 두 가지 중요한 점이 부각된다. 첫째, 자연선택은 창조적 메커니즘이라기보다 편집 과정에 가깝다는 점이다. 살충제는 곤충의 생존에 필요한 새로운 대립유전자를 만들지 않는다. 살충제의 존재는 집단 내 이미 존재하던 특정 대립유전자를 가진 곤충의 자연선택을 유도한다. 둘째, 자연선택은 시간과 장소에 따라 달라지며, 다양한 개체군에서 그 당시 그 지역의 환경에 적절한 특정 유전형질을 선호한다. 환경이 변하면 다른 형질이 선호될 수 있다.

다음 몇 개의 절에서 진화의 유전방식에 대해 좀 더 자세히 살펴보자.

? 어떤 의미에서 자연선택은 창작 과정보다 편집 과정에 더 가깝다고 할 수 있을까?

■ 자연선택은 필요에 따라 유익한 형질을 만들어내는 것이 아니라 현재 환경에 가장 적합한 형질을 가진 개체를 선택함으로써 개체군의 변이를 '편집'한다.

개체군의 진화

13.8 돌연변이와 유성생식은 진화를 가능하게 하는 유전적 변이를 만든다

다윈은 《종의 기원》에서 지구상의 생명체가 오랜 시간에 걸쳐 진화해 왔다는 증거를 제시하고, 일부 유전형질을 다른 형질보다 선호하는 자연선택이 그 변화의 주요 메커니즘이라고 제안했다. 그러나 그는 개체 간 변이의 원인을 설명할 수 없었고, 그러한 변이가 부모에서 자손으로 어떻게 전달되는지 설명할 수 없었다.

《종의 기원》이 출간된 지 불과 몇 년 후, 멘델(Gregor Mendel)은 완두콩 식물의 유전에 관한 획기적인 논문을 썼다(9.2절 참조). 멘델은 수도원 정원에서 완두콩을 키우면서 자연선택에 필요한 유전 작용을 발견했다. 비록 멘델의 연구의 중요성이 멘델이나 다윈 생전에는 인정받지 못했지만, 1900년 멘델 연구가 재발견되면서 진화의 기반이 되는 유전적 차이에 대한 이해의 발판이 마련되었다.

유전적 변이 우리는 군중 속에서 친구를 알아보는 데 어려움이 없다. 외모와 같은 개개인이 구별될 수 있는 발현 형질인 표현형 변이는 각 사람의 고유한 유전체(genome)에서 비롯한다. 실제로 **그림 13.8**의 갈색입술달팽이(brown-lipped snail, 숲달팽이)의 다양한 색과 줄무늬 패턴에서 볼 수 있듯이, 모든 종에서 개체 변이를 볼 수 있다. 명백한 물리적 차이 외에도 대부분의 개체는 농약을 분해하는 효소와 같이 분자 수준에서만 관찰될 수 있는 많은 표현형(phenotype) 변이를 가지고 있다.

물론 집단의 모든 변이가 유전되는 것은 아니다. 표현형은 유전되는 유전자형과 여러 환경의 복합적 영향으로 만들어진다. 예를 들어, 치아를 희고 가지런하게 하는 치과 치료를 받았다고 해서 자손에게 아름다운 치아를 물려주는 것은 아니다. 변이의 유전적 요소만이 자연선택과 관련 있다.

▲ **그림 13.8** 갈색입술 달팽이 개체군의 변이

개체군에서 다양한 특성(character)의 대부분은 여러 유전자의 복합적 영향으로 만들어진다. 예를 들어, 사람의 키는 여러 유전자의 영향으로 매우 작은 개체에서 매우 큰 개체까지 다소 연속적으로 변화하는 표현형을 만들어낸다(9.14절 참조). 이와 대조적으로 멘델의 자주색 또는 흰색 완두콩 꽃이나 사람의 혈액형과 같은 특성은 단일 유전자좌위(gene locus)에 의해 결정되며, 서로 다른 대립유전자가 뚜렷한 표현형을 결정한다. 그렇다면 이러한 대립유전자는 어디에서 유래할까?

돌연변이 새로운 대립유전자는 DNA의 뉴클레오타이드 서열로 암호화된 유전자 정보의 변화, 즉 **돌연변이(mutation)**에 의해 발생한다. 따라서 돌연변이는 진화의 원료가 되는 유전적 변이의 궁극적인 공급원이다. 그러나 다세포 생물에서는 생식세포(gamete, 배우자)를 생산하는 세포 내 돌연변이만이 자손에게 전달되어 개체군의 유전적 다양성에 영향을 미칠 수 있다.

낫모양적혈구질환(겸상적혈구질환, 9.13절 참조)처럼 단백질을 암호화하는 유전자 내 하나의 뉴클레오타이드 정도의 작은 변화도 표현형에 중대한 영향을 미칠 수 있다. 생물체는 수천 세대에 걸친 지나간 과거 선택의 결과적 산물이며, 페이지의 글자 몇 개를 무작위로 바꿔도 이야기가 달라지지 않는 것처럼, DNA의 무작위 변화로 유전체가 개선될 가능성은 그리 높지 않다. 실제로, 단백질의 기능에 영향을 미치는 돌연변이는 해로울 가능성이 높다. 그러나 드물게 돌연변이 대립유전자가 개체의 환경에 대한 적응력을 향상시키고 생식적 성공을 촉진시킬 수 있다. 한때 불리했던 돌연변이가 새로운 조건에서 유리한 것이 되는 종류의 효과는 환경이 변화할 때 일어날 가능성이 더 높다. 예를 들어, 집파리에 살충제 DDT에 대한 내성을 부여하는 돌연변이는 개체의 성장률도 감소시킨다. DDT가 도입되기 전, 이 돌연변이는 파리에게 불리한 조건이다. 그러나 DDT가 환경의 일부가 된 후 돌연변이 대립유전자는 장점이 되었고, 자연선택에 의해 파리 개체군에서 그 빈도가 증가했다.

한꺼번에 많은 유전자를 삭제, 파괴 또는 재배열하는 염색체 돌연변이는 거의 확실하게 해로울 수 있다. 그러나 감수분열의 오류로 만들어지는 하나의 유전자나 작은 DNA 조각의 중복(duplication)은 유전적 변이의 중요한 공급원이 될 수 있다. 중복된 DNA 조각이 여러 세대에 걸쳐 존재할 수 있다면, 원유전자의 기능에는 영향을 미치지 않는 중복된 사본에 돌연변이가 누적되면서 새로운 기능을 가진 새로운 유전자가 탄생할 수 있다. 이 과정은 진화에 중요한 역할을 했을 수 있다. 예를 들어, 포유류의 먼 조상은 냄새를 감지하는 유전자가 하나밖에 없었는데,

이후 이 유전자는 반복적으로 중복되었다. 그 결과, 쥐는 약 1,300개의 서로 다른 후각 수용체 유전자를 가지게 되었다. 이러한 극적인 증가로 다양한 냄새를 구별할 수 있게 되었고, 이는 초기 포유류의 진화에 도움이 되었을 것으로 추정된다. 그리고 무척추동물 조상으로부터 척추동물로의 진화는 발달을 조절하는 유전자의 반복적인 중복과 연관이 있다.

원핵생물은 돌연변이로 빠른 유전자 변이를 만들어낼 수 있다. 박테리아는 매우 빠르게 증식하기 때문에 유익한 돌연변이는 몇 시간 또는 며칠 만에 빈도가 증가될 수 있다. 또한 박테리아는 각 유전자에 대해 하나의 대립유전자를 가지는 반수체이기 때문에 새로운 대립유전자의 영향이 즉시 나타날 수 있다.

동물과 식물의 돌연변이 발생률은 한 세대당 평균 10만 개 유전자당 1개 정도다. 이러한 생물의 경우, 낮은 돌연변이율, 세대 간 긴 시간 간격, 이배체 유전체 등으로 인해 한 세대에서 다음 세대로의 유전적 변이에 돌연변이는 대부분 큰 영향을 미치지 않는다.

유성생식 성적으로 번식하는 생물에서 개체군의 유전적 변이는 대부분 각 개체가 물려받은 대립유전자의 독특한 조합으로 인해 발생한다. (물론 이러한 다양한 대립유전자의 기원은 과거의 돌연변이다.)

유성생식(sexual reproduction)에서는 매 세대마다 기존 대립유전자의 새로운 조합이 다음 세 가지 무작위적 요인으로 만들어진다. 교차, 제1 감수분열 중기에서 상동염색체의 독립적인 배열, 무작위적 수정(8.15절과 8.17절 참조)이 그것이다. 감수분열 중, 부모로부터 물려받은 한 쌍의 상동염색체는 서로 교차하여 일부 유전자를 교환한다. 생식세포를 만들 때, 각 상동염색체는 다른 염색체 쌍과 무관하게(독립적으로) 분리되어 이동한다. 그 결과, 한 개체에서 만들어지는 생식세포들의 유전자 조성은 매우 다양해진다. 마지막으로, 짝짓기 중 정자와 난자는 무작위적으로 결합하므로 접합자(zygote)는 고유한 대립유전자 조합을 가지게 된다.

다음은 유전적 변이가 진화의 필수요소인 이유를 알아본다.

? 유전적 변이의 궁극적인(원초적인) 공급원은 무엇인가? 유성생식으로 번식하는 개체군에서 대부분의 유전적 변이 공급원은 무엇인가?

■ 돌연변이. 유성생식 중 만들어지는 대립유전자의 독특한 조합

13.9 진화는 개체군에서 일어난다

진화에 대한 일반적인 오해 중 하나는 개개의 생물이 일생 동안 진화한다는 것이다. 자연선택이 개체에게 작용하는 것은 사실이다. 각 개체의 형질 조합은 생존과 생식의 성공에 영향을 미친다. 그러나 자연선택에 의한 진화적 영향은 시간의 흐름에 따라 개체군의 변화에서만 분명하게 나타난다.

개체군(population)이란 같은 지역에 살고 있고, 잠재적으로 교배할 수 있는, 같은 종의 개체들의 집합이다. 진화는 개체군에서 여러 세대에 걸친 특정 유전형질의 빈도의 변화로 측정할 수 있다. 살충제를 살포한 지역에서 내성 곤충의 비율이 증가하는 것이 한 예다. 자연선택은 살충제 저항성 대립유전자를 가진 곤충을 선호했고, 이 곤충은 비저항성 개체보다 더 많은 자손을 남기며 개체군의 유전적 구성을 변화시킨다.

같은 종이지만 유전물질의 교환이 전혀 또는 거의 발생하지 않을 정도로 지리적으로 서로 격리된 서로 다른 개체군이 있을 수 있다. 이러한 격리는 **그림 13.9**처럼, 서로 다른 호수나 섬에 갇힌 개체군에서 흔히 볼 수 있다. 예를 들어, 갈라파고스 거북의 각 개체군은 각각의 섬에 국한되어 있다. 모든 개체군이 이렇게 뚜렷한 경계부위를 가지고 있는 것은 아니지만, 일반적으로 한 개체군의 구성원은 상호 교배하기 때문에 다른 개체군의 구성원보다 서로 더 가깝게 연관되어 있다.

개체군 수준에서 진화를 연구할 때, 생물학자들은 **유전자 풀(gene pool)**에 초점을 맞춘다. 유전자 풀이란 개체군이 가지고 있는 모든 유전자좌위(유전자 자리)에 있는 모든 유형의 대립유전자의 총합을 의미한다. 유전자 풀 내 대부분의 유전자좌위에는 둘 이상의 대립유전자가 있다. 예를 들어, 모기의 한 개체군에 DDT를 분해하는 효소를 암호화하는(code, 코드) 대립유전자와 그렇지 않은 효소를 암호화하는 두 대립유전자가 있다고 가정해 보자. DDT가 살포된 밭에 사는 개체군에서는 저항성 효소 대립유전자의 빈도가 증가할 것이고, 다른 대립유전자의 빈도는 감소할 것이다. 개체군 내 대립유전자의 상대적 빈도가 여러 세대에 걸쳐 변화할 때, 진화는 가장 작은 규모로 일어나고 있는 것이다. 이러한 유전자 풀의 변화를 흔히 **소진화(microevolution)**라고 한다.

다음 절에서는 개체군에서 진화가 일어나고 있는가를 검증하는 방법에 대해 알아본다.

? 하나의 개체는 왜 진화할 수 없는가?

■ 진화는 시간이 지남에 따라 개체군의 유전적 구성에 변화가 생기는 것을 말한다. 개체의 유전자 구성은 일생 동안 거의 변하지 않는다.

▲ **그림 13.9** 고립된 개체군이 있는 알래스카의 호수

13.10 하디-바인베르크 방정식으로 개체군의 진화 여부를 검증할 수 있다

소진화가 어떻게 작동하는지 이해하기 위해, 먼저 진화가 일어나지 않는, 즉 유전자 풀이 변하지 않는 단순한 개체군을 가정해 보자. 그리고 이 가상의 이구아나 개체군에 다른 물갈퀴를 가진 두 개체가 존재한다고 가정해 보자(**그림 13.10A**). 또한 발 물갈퀴는 하나의 유전자에 의해 만들어지고, 물갈퀴가 없는 발(W)의 대립유전자가 물갈퀴가 있는 발(w)의 대립유전자에 대해 완전우성(complete dominance)이라고 가정해 보자. 열성대립유전자(w)는 여러 세대를 지나면서 점점 줄어드는 것처럼 보이고, 우성대립유전자(W)는 점점 '우세'해지면서 그 수가 많아지는 대립유전자로 보이기 쉽다(9.3절 참조). 그러나 사실 이런 일은 일어나지 않는다. 유성생식에서 대립유전자의 뒤섞임은 일어나지만, 개체군의 유전적 조성이 바뀌지는 않는다. 즉, 대립유전자가 다른 두 생식세포로 분리되며, 수정에 의해 다른 조합으로 결합되는 사건이 반복된다 해도 어떤 요인이 작용하지 않는 한, 유전자 풀에서 각 대립유전자의 빈도는 일정하게 유지된다. 이러한 상태를, 1908년 독립적으로 도출한 두 과학자의 이름을 따서 **하디-바인베르크 평형(Hardy-Weinberg equilibrium)**이라고 한다.

▲ **그림 13.10A** 발 물갈퀴가 있거나 없는 상상의 이구아나

하디-바인베르크 평형을 검증하기 위해 가상의 이구아나 개체군의 두 세대를 살펴보자. **그림 13.10B**는 원개체군의 유전자 풀에 있는 대립유전자의 빈도를 보여준다. 총 500마리의 동물이 있는데, 이 중 320마리는 유전자형 WW(물갈퀴 없는 발)를, 160마리는 이형접합 유전자형 Ww(물갈퀴 없는 발, 물갈퀴 없는 대립유전자 W가 우성이므로)를, 그리고 20마리는 유전자형 ww(물갈퀴 있는 발)를 가지고 있다. 세 유전자형의 비율 또는 빈도는 그림 13.10B의 중간에 표시되었다. $WW(\frac{320}{500})$의 경우 0.64, $Ww(\frac{160}{500})$의 경우 0.32, $ww(\frac{20}{500})$의 경우 0.04.

개체군에서 유전자형 빈도를 알면, 각 대립유전자의 빈도를 계산할 수 있다. 이구아나는 이배체 생물이기 때문에 500마리의 개체군에는 발 유형에 대한 총 1,000개의 대립유전자가 있다. 대립유전자(W) 대립유전자 수는 WW 이구아나의 수($2 \times 320 = 640$)와 Ww 이구아나의 수(160)를 더하면 된다. 따라서 총 대립유전자(W) 수는 800개다. 대립유전자(W)의 빈도를 p라 하면 빈도는 $\frac{800}{1,000}$, 즉 0.8이다. 이와 비슷한 방법으로 대립유전자(w 대립유전자)의 빈도를 계산할 수 있는데, 이 빈도를 q라고 하면 0.2다. 대립유전자 빈도를 나타낼 때 종종 문자(p)와 (q)를 사용한다. $p + q = 1$임에 주목하자. 개체군에서 한 유전자에 대한 모든 대립유전자를 더한 빈도는 1이어야 한다. 즉, 대립유전자가 2개만 존재하고, 한 대립유전자의 빈도를 알고 있다면 다른 대립유전자의 빈도를 계산할 수 있다.

부모 개체군의 이구아나가 생식세포를 형성하면 어떻게 될까? 감수분열이 끝날 때, 각 생식세포는 발 유형에 대한 대립유전자 W 또는 w 중 하나만 가지게 되고, 이 두 대립유전자의 빈도는 부모집단의 유전자 풀에서의 빈도와 같을 것이다(W는 0.8, w는 0.2).

그림 13.10C는 이러한 생식세포에서의 대립유전자 빈도와 곱셈법칙(9.7절 참조)을 사용하여 다음 세대에 세 가지 유전자형의 빈도를 계산하는 퍼넷사각형(Punnett square)을 보여준다. (배우자 풀에서 2개의 W 대립유전자가 결합하여) WW 개체를 생산할 확률은 $p \times p = p^2$ 또는 $0.8 \times 0.8 = 0.64$. 따라서 다음 세대에 WW 이구아나의 빈도는 0.64가 된다. 마찬가지로, ww 개체의 빈도는 $q^2 = 0.04$가 될 것이다. 이형접합(heterozygous) 개체 Ww의 경우, 정자 또는 난자 중 누가 우성 대립유전자를 제공하는지 여부에 따라 두 가지 방식으로 유전자형이 형성될 수 있다. 즉, Ww의 빈도는 $2pq = 2 \times 0.8 \times 0.2 = 0.32$다. 이 빈도가

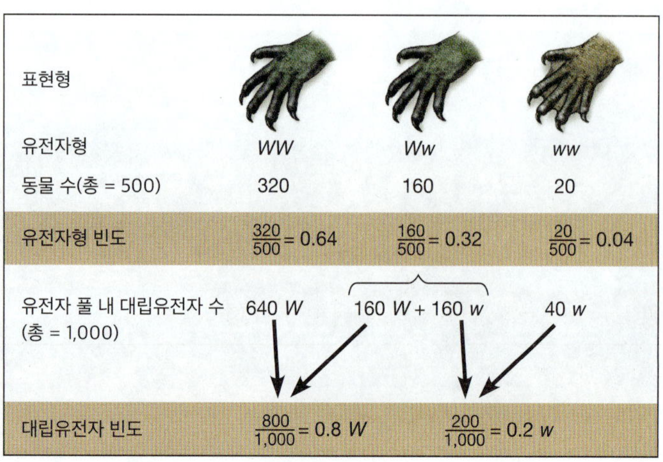

▲ **그림 13.10B** 가상의 이구아나 원개체군의 유전자 풀

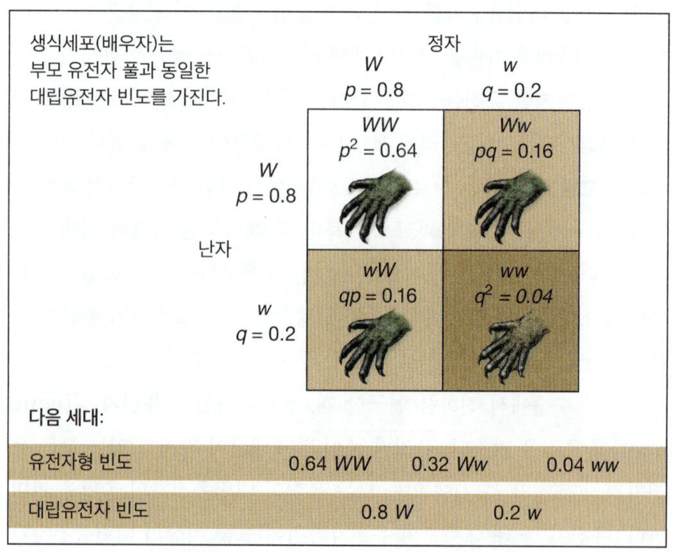

▲ **그림 13.10C** 상상의 이구아나에서 다음 세대 유전자 풀

어디서 본 듯하지 않은가? 부모세대와 다음 세대에서 세 가지 유전자형의 빈도가 동일하기 때문이다.

마지막으로, 이 새로운 세대의 대립유전자의 빈도는 어떨까? 유전자형 빈도는 부모 개체군과 동일하기 때문에 대립유전자 빈도(p)와 대립유전자(q)도 역시 동일하다. 실제로 여러 세대에 걸쳐 대립유전자와 유전자형의 빈도를 추적해도 결과는 계속 같을 것이다. 따라서 이 개체군의 유전자 풀은 평형 상태(하디-바인베르크 평형)에 있다.

이제 유전자 풀에 있는 대립유전자의 빈도로부터 개체군의 유전자형의 빈도를 계산하는 일반적인 공식을 작성해 보자. 가상의 이구아나 개체군에서 대립유전자(p)의 빈도는 0.8이고, 대립유전자(q)의 빈도는 0.2다. $p + q = 1$임을 다시 기억하자. 또한 그림 13.10B와 13.10C에서 보면 개체군에서 가능한 세 가지 유전자형의 빈도가 모두 1로 합산되는 것을 알 수 있다(즉, $0.64 + 0.32 + 0.04 = 1$). 이 관계를 하디-바인베르크 방정식으로 상징적으로 나타낼 수 있다.

$$\underset{\text{우성동형접합자 빈도}}{p^2} + \underset{\text{이형접합자 빈도}}{2pq} + \underset{\text{열성동형접합자 빈도}}{q^2} = 1$$

개체군이 하디-바인베르크 평형에 있으면 대립유전자와 유전자형 빈도는 세대를 거듭해도 일정하게 유지된다. 개체군의 대립유전자 빈도를 변화시키기 위해 유성생식의 재조합 과정 외의 다른 요소가 필요하다. 유전자 풀을 변화시킬 수 있는 인자를 알아내는 한 가지 방법은 먼저 유전적 평형이 유지되기 위해 충족되어야 하는 조건을 파악하는 것이다. 개체군이 하디-바인베르크 평형에 있으려면 다섯 가지 주요 조건을 충족해야 한다.

1. 매우 큰 개체군. 개체군이 작을수록 대립유전자 빈도가 한 세대에서 다음 세대로 우연히 변동할 가능성이 높다.
2. 개체군 간 유전자 흐름(gene flow)이 없다. 개체가 특정 개체군으로 들어오거나 나갈 때 대립유전자가 추가되거나 제거되므로 유전자 풀이 바뀐다.
3. 돌연변이 없음. 돌연변이는 대립유전자를 바꾸거나 유전자를 결실 또는 복제함으로써 유전자 풀을 변화시킨다.
4. 무작위 짝짓기. 개체가 짝짓기에 선호가 있는 경우, 예를 들어 근친교배와 같이, 배우자의 무작위 혼합이 일어나지 않는다면 유전자형 빈도가 변하게 된다.
5. 자연선택 없음. 개체의 불균등한 생존과 생식적 성공(자연선택)은 대립유전자 빈도를 변화시킬 수 있다.

실제 개체군에서는 다섯 가지 조건이 모두 충족되는 경우가 매우 드물기 때문에 대립유전자와 유전자형 빈도는 종종 변한다. 하디-바인베르크 방정식은 개체군에서 진화가 일어나고 있는지 여부를 검증하는 데도 사용될 수 있다. 이 방정식은 다음에서 살펴볼 것처럼 의학적으로도 응용될 수 있다.

? 유성생식으로 번식하는 거대 개체군에서 유전자 흐름, 돌연변이 및 자연선택 중 여러 세대 동안 대립유전자와 유전자형 빈도를 변화시킬 가능성이 가장 낮은 것은 어느 것인가? 그렇게 생각하는 이유는 무엇인가?

■ 돌연변이. 돌연변이는 드물기 때문에 한 세대에서 다음 세대로 이어지는 대립유전자 및 유전자형 빈도에 미치는 영향은 작을 가능성이 높다.

13.11 하디-바인베르크 방정식은 공중보건 과학에 유용하다

연결 공중보건 과학자들은 하디-바인베르크 방정식을 사용하여 얼마나 많은 사람들이 특정 유전질환에 대한 대립유전자를 가지고 있는지 추정한다. 페닐케톤뇨증(PKU)은 아미노산 페닐알라닌을 분해하지 못하는 유전적 질환으로, 치료하지 않으면 뇌 손상을 초래할 수 있다. 미국에서는 태어나는 신생아 1만 명 중 1명이 PKU를 가지고 태어나기 때문에 신생아를 대상으로 정기적인 검진을 한다. PKU를 가지는 경우라도 페닐알라닌 섭취를 제한하는 식단을 엄격하게 준수하면 PKU와 관련된 건강 문제를 예방할 수 있다. 페닐알라닌을 함유하는 인공 감미료인 아스파탐(aspartame)과 같은 성분이 포함된 포장 식품에는 반드시 이를 명확하게 표시해야 한다(**그림 13.11**).

PKU는 열성 대립유전자로 인해 발생하므로 PKU를 가지고 태어난 개인의 빈도는 하디-바인베르크 방정식의 q^2 항에 해당한다. 출생 1만 명당 1명의 PKU가 발생한다고 가정하면 $q^2 = 0.0001$. 따라서 이 개체군에서 PKU에 대한 열성 대립유전자의 빈도는 0.0001의 제곱근, 즉 0.01이다. 그리고 우성 대립유전자의 빈도(p)는 $1 - q$, 즉 0.99가 된다. PKU를 가지고 있지는 않지만 자손에게 PKU 대립유전자를 전달할 수 있는 이형접합 보인자(carrier)의 빈도는 $2pq$로, $2 \times 0.99 \times 0.01$, 즉 0.0198이 된다. 따라서 이 방정식을 통해 미국 인구의 약 2%(정확히는 1.98%)가 PKU 대립유전자 보인자라는 것을 알 수 있다. 유해한 대립유전자의 빈도를 추정하는 것은 유전질환을 다루는 모든 공중보건 프로그램의 일부다.

▲ **그림 13.11** PKU 환자에 대한 주의사항

? 하디-바인베르크 방정식(p^2, $2pq$ 또는 q^2)에서 PKU라는 질병에 대한 대립유전자가 없는 개인의 빈도에 해당하는 항은?

■ PKU 대립유전자가 없는 개인의 빈도는 p^2

소진화 메커니즘

13.12 자연선택, 유전적 부동, 유전자 흐름은 소진화를 일으킬 수 있다

13.10절의 하디-바인베르크 평형에 대한 다섯 가지 조건을 충족하지 못하면, 개체군의 대립유전자 빈도가 변하는 소진화가 일어난다. 돌연변이에 의해 새로운 유전자나 새로운 대립유전자가 만들어지지만, 이들은 무작위적이고 드물게 일어나므로 유성생식으로 번식하는 생물의 개체군 내에서는 대립유전자 빈도에는 거의 영향을 미치지 못한다. 무작위적이 아닌 짝짓기는 동형접합 및 이형접합 유전자형의 빈도에 영향을 미칠 수 있지만, 일반적으로 그 자체로는 대립유전자 빈도에 영향을 미치지 않는다. 진화적 변화의 세 가지 주요 원인은 자연선택, 유전적 부동 및 유전자 흐름이다.

자연선택 자연선택이 없는, 즉 개체군 내 모든 개체의 번식 능력이 동등한, 하디-바인베르크 평형 조건은 자연상태에서는 결코 충족되지 않을 것이다. 개체군은 다양한 개체로 구성되며, 일부 개체는 다른 개체보다 더 많은 자손을 남긴다. 가상의 이구아나 개체군에서 물갈퀴가 있는 발(유전자형 *ww*)을 가진 개체가 물갈퀴가 없는 개체보다 더 효율적으로 헤엄치고 먹이를 잡는다면 더 잘 생존할 것이며, 더 많은 새끼를 낳을 수 있다. 그 결과 한 세대에서 다음 세대로 넘어갈 때, 유전자 풀의 *w* 대립유전자의 빈도가 증가할 것이고, 유전적 평형이 깨질 수 있다.

유전적 부동 동전을 1,000번 던져 앞면이 700번, 뒷면이 300번이 나온다면 그 동전을 의심하게 될 것이다. 하지만 동전을 10번 던지고 앞면이 7번, 뒷면이 3번으로 나온다면 그 결과는 당연한 것으로 보일 것이다. 표본이 작을수록 우연으로 이론적 결과가, 즉 머리와 꼬리가 같은 수로 나올 가능성은 낮아진다. 이 논리를 개체군의 유전자 풀에 적용해 보자. 개체군의 크기가 클수록 한 세대에서 다음 세대로 대립유전자의 빈도는 더 안정적으로 유지된다. 그러나 우연한 사건으로 인해 한 세대가 다음 세대로 넘어갈 때, 대립유전자의 빈도가 예측할 수 없을 정도로 변동하는 **유전적 부동(genetic drift)**이라는 과정이 일어날 수 있다. 개체군이 작을수록 유전적 부동이 영향을 미칠 가능성은 더 높다. 실제로 이러한 우연한 변동으로 인해 작은 개체군에서 대립유전자가 사라지기도 한다. 개체군에 큰 영향을 미칠 수 있는 두 유형의 유전적 부동은 병목효과와 창시자효과를 일으키는 상황이다.

태풍, 홍수, 화재와 같은 재앙으로 인해 많은 수의 개체가 죽는 경우, 살아남은 개체군은 원개체군과 동일한 유전적 구성을 갖지 않을 가능성이 높다. 이러한 급격한 개체군 크기의 감소를 **병목효과(bottleneck effect)**라고 한다. 병을 흔들어 구슬 몇 개를 꺼낼 때와 유사하게(**그림 13.12A**), 특정 대립유전자(보라색 구슬)는 원집단보다 생존집단에서 더 높은 빈도로 존재할 수 있고, 다른 대립유전자(녹색 구슬)는 더 낮은 빈도로 존재할 수 있으며, 일부(주황색 구슬)는 전혀 존재하지 않을 수 있다. 개체군이 급격하게 감소한 후, 부동의 영향이 크지 않을 정도로 개체군의 크기가 커질 때까지 우연에 의한 유전적 부동은 여러 세대를 걸쳐 계속될 수 있다. 병목을 통과한 개체군이 궁극적으로 그 크기를 회복하더라도, 개체군이 작을 때 발생한 유전적 부동의 결과 만들어진 유전적 변이의 다양성은 낮은 수준으로 지속될 수 있다.

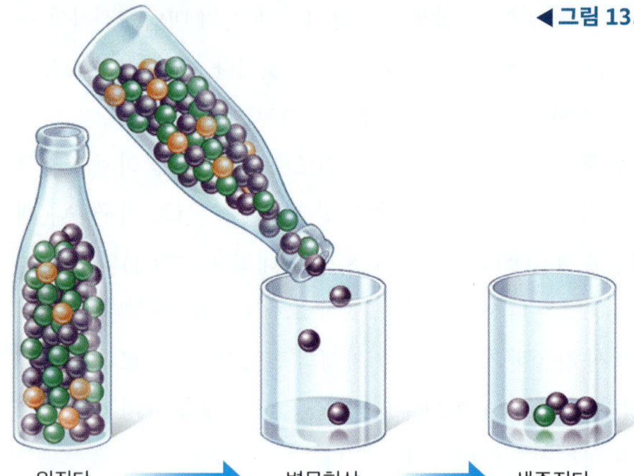

◀ **그림 13.12A** 병목효과

병목효과를 이해하는 것이 중요한 이유 중 하나는, 남획과 서식지 파괴와 같은 사람의 활동이 다른 생물종에게 심각한 병목현상을 일으킬 수 있기 때문이다. 병목현상의 영향을 받는 종의 예로는 멸종위기에 처한 플로리다 표범, 아프리카 치타, 대초원 닭 등이 있다(**그림 13.12B**). 한때 일리노이주 대초원에는 수백만 마리의 닭이 살았다. 그러나 서식지가 농지 및 기타 용도로 전환되면서 1993년에는 그 수가 약 50마리로 급감했다. 난자 부화율이 급격히 낮아진 것은 병목현상으로 인한 유전적 부동으로 개체군의 유전적 변이는 감소되었고, 해로운 대립유전자의 빈도는 증가되었기 때문으로 추정된다. 과거 북아메리카가 원산지였던 아프리카 치타의 운명도 비슷했다. 약 1만 년 전 홍적세(Pleistocene) 말기, 즉 대형 척추동물의 대량멸종이 일어났던 마지막 빙하기에서 살아남은 치타들은 유라시아를 거쳐 아프리카로 이주해야만 했다. 아프리카 치타와 그 조상들은 두 번의 유전적 병목을 경험했는데, 첫 번째는 대량멸종이

▶ **그림 13.12B** 대초원 닭(*Tympanuchus cupido*)

고, 두 번째는 사냥으로 인한 것이다. 이들은 병목현상으로 인해 개체 수가 줄어든 결과, 번식할 때 가까운 친척과 짝짓기를 해야만 했다. 현재 아시아에 1종, 아프리카에 4종 등 총 5개의 아종(subspecies)이 존재한다. 이들 개체군은 변화하는 환경에서 장기 생존과 적응에 필요한 유전적 변이를 5% 미만으로 유지하고 있다.

소수의 개체가 섬이나 다른 새로운 서식지에 군락을 형성할 때도 유전적 부동이 발생할 수 있으며, 이를 **창시자효과(founder effect)**라고 한다. 이주민의 집단이 작을수록 이들의 유전적 구성이 떠나온 큰 개체군의 유전자 풀과 같을 가능성은 낮아진다.

소수의 식민지 개척자가 정착하면서 이루어진 일부 사람들의 집단에서 보이는 상대적으로 높은 빈도의 유전질환은 창시자효과 때문으로 해석된다. 예를 들어, 1814년 15명의 사람들이 대서양 한가운데 있는 작은 섬으로 이루어진 트리스탄 다 쿠냐(Tristan da Cunha)에 정착했다. 아마도 식민지 주민 중 1명이 진행성 실명 형태인 망막색소변성증(retinitis pigmentosa)에 대한 열성 대립유전자를 가지고 있었을 것으로 추정된다. 1960년대에도 여전히 그 섬에 살고 있던 240명의 후손 중 4명이 망막색소변성증을 앓고 있었고, 최소 9명이 이 대립유전자의 이형접합 보인자로 알려졌다. 이러한 대립유전자의 빈도는 트리스탄 다 쿠냐의 창립자들이 이주해 온 영국에서 보다 10배나 더 높은 수치다.

유전자 흐름 특정 개체군에서 대립유전자 빈도의 변화는 **유전자 흐름(gene flow)**의 결과일 수 있다. 생식능력이 있는 개체가 개체군 사이 이동하거나 배우자(예: 식물 꽃가루)가 개체군 사이를 이동하면서 대립유전자가 추가되거나 사라질 수 있다. 유전자 흐름은 개체군 간의 차이를 줄이는 경향이 있다. 예를 들어, 최근 사람들이 더 자유롭게 전 세계를 이동하게 되면서 과거 고립되었던 사람의 집단에 유전자 흐름이 발생하게 되었고, 이는 중요한 소진화 요인이 되고 있다.

일리노이주의 대초원 닭으로 돌아가 유전자 흐름이 이들의 운명을 어떻게 개선시켰는지 살펴보자. 낮은 유전적 다양성을 해결하기 위해 과학자들은 인근 주에서 총 271마리의 닭을 일리노이 개체군에 추가했다. 이 전략은 효과가 있었다. 새로운 대립유전자가 개체군에 유입되면서 난자 부화율이 90% 이상으로 향상되었다.

? 서로 다른 서식지에 사는 개체군 간의 유전자 흐름이 어떻게 각 개체군의 지역 환경에 대한 적응을 방해할 수 있을까?

■ 특정 서식지에서 유익하지 않을 수 있는 대립유전자가 도입되면 그곳에 사는 개체군이 현지 조건에 완전히 적응하지 못할 수 있다.

13.13 자연선택은 일관되게 적응적 진화를 이끄는 유일한 메커니즘이다

유전적 부동, 유전자 흐름, 심지어 돌연변이도 소진화를 일으킬 수 있다. 그러나 이러한 사건은 개체군이 환경에 더 잘 적응하는 결과를 우연에 의해서만 가져올 수 있다. 반면, 자연선택에서는 유전적 변이(돌연변이와 유성생식)를 일으키는 사건들만 무작위로 일어날 뿐, 환경에 더 잘 적응한 개체가 생존하고 번식할 가능성이 높아지는 선택 과정은 무작위적이 아니다. 따라서 자연선택만이 일관되게 적응적 진화, 즉 개체와 환경이 더 잘 맞도록 진화하는 결과를 가져온다.

생물체의 적응에는 놀라운 예가 많다. 그 예로서 갈라파고스 제도에 잘 서식할 수 있게 적응한 푸른발부비(blue-footed booby)의 구조와 기능을 살펴보자(**그림 13.13**). 어뢰처럼 유선형으로 되어 있는 새의 몸과 부리는 최대 24 m(75피트 이상) 높이에서 아래에 있는 얕은 물속으로 잠수할 때 마찰을 최소화한다. 물에 닿은 후 부비는 고속 잠수를 멈추기 위해 커다란 꼬리를 브레이크로 사용한다. 물갈퀴가 있는 커다란 발은 훌륭한 오리발이 되어 물속을 빠른 속도로 헤엄치며 나갈 수 있어 물고기를 사냥할 때 큰 도움이 된다.

이러한 적응은 자연선택의 결과다. 자연선택으로 특정 대립유전자가 다른 대립유전자에 비해 지속적으로 선호되면서 개체와 환경 간의 적합성을 향상시킨다. 그러나 환경은 시간이 지남에 따라 변할 수 있다. 결과적으로, 생물체와 환경 사이의 '좋은 일치'란 움직이는 타깃이며, 적응 진화는 지속적이고 역동적인 과정이다.

자연선택에 대해 좀 더 자세히 살펴보자. 일반적으로 사용되는 '적자생존(survival of the fittest)'이라는 표현을 개체 간의 직접적인 경쟁을 의미하는 것으로 받아들이면 오해의 소지가 있다. 짝짓기 특권을 얻기 위해 개체끼리 뿔을 세우거나 전투를 벌이는 동물 종도 있다. 그러나 일반적으로 생식적 성공은 더 미묘하고 수동적이다. 다양한 나방 개체군을 보면 특정 개체가 다른 개체보다 더 많은 자손을 생산할 수 있었던 것은, 포식자로부터 자신을 더 잘 숨길 수 있는 날개 색깔 때문이다. 야생화 식물 개체군에서는 꽃의 색상, 모양 또는 향기의 약간의 변화로 더 많은 수분매개자를 끌어들이기 때문에 번식 성공에 차이를 가져올 수 있다. 한 개체가 다른 개체에 비해 다음 세대의 유전자 풀에 상대적으로 더 많이 기여하게 되면 특정 환경에서 특정 형질의 **상대적 적응도(relative fitness)**가 높아진다. 진화의 맥락에서 가장 적응도가 높은 개체란 가장 많은 수의, 생존 가능하고, 번식 능력이 있는 자손을 생산하여, 다음 세대에 가장 많은 유전자를 물려주는 개체다.

▲ **그림 13.13** 푸른발부비(*Sula nebouxii*)

? '적자생존'이라는 표현이 생물학에서 상대적 적응도라는 정의와 어떻게 다른지 설명해 보시오.

■ 생존만으로는 생식의 성공을 보장할 수 없다. 개체의 상대적 적응도는 번식 능력이 있는 자손의 수에 따라 결정되며, 따라서 다음 세대의 유전자 풀에 대한 상대적 기여도를 결정한다.

개념 시각화 13.14 자연선택은 세 가지 방식으로 개체군을 변화시킬 수 있다

진화적 적응이란 유전자와 관련 있지만, 환경에 직접적으로 노출되는 것은 개체의 신체적 특성, 물질대사, 행동과 같은 표현형이다. 자연선택에 의해 어떤 표현형이 선호되는지에 따라 개체군에서 세 가지 결과가 나타날 수 있다. **방향성 선택**(directional selection)은 한쪽의 극단적인 표현형을 가진 개체에 불리하게 작용하여 개체군의 전체 구성을 변화시키는 경우다. **안정화 선택**(stabilizing selection)은 중간 표현형을 선호하는 경우에 발생한다. **분단성 선택**(disruptive selection)은 일반적으로 표현형 범위의 양쪽 극단에 있는 개체들이 중간 표현형을 가진 개체들보다 더 유리한 환경조건에서 일어난다. 아래 그림은 털 색깔에 유전적 변이가 있는 가상의 쥐 개체군을 사용하여 각 선택 방식이 표현형 분포에 미치는 영향을 시각화한 것이다. 페이지 하단의 그래프는 자연 개체군에서 각 선택의 예를 보여준다.

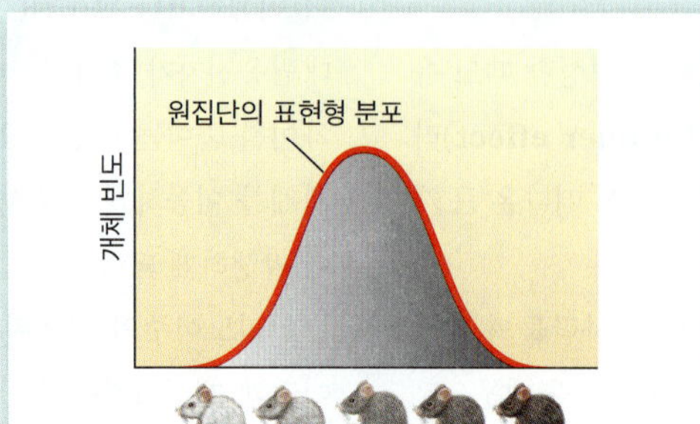

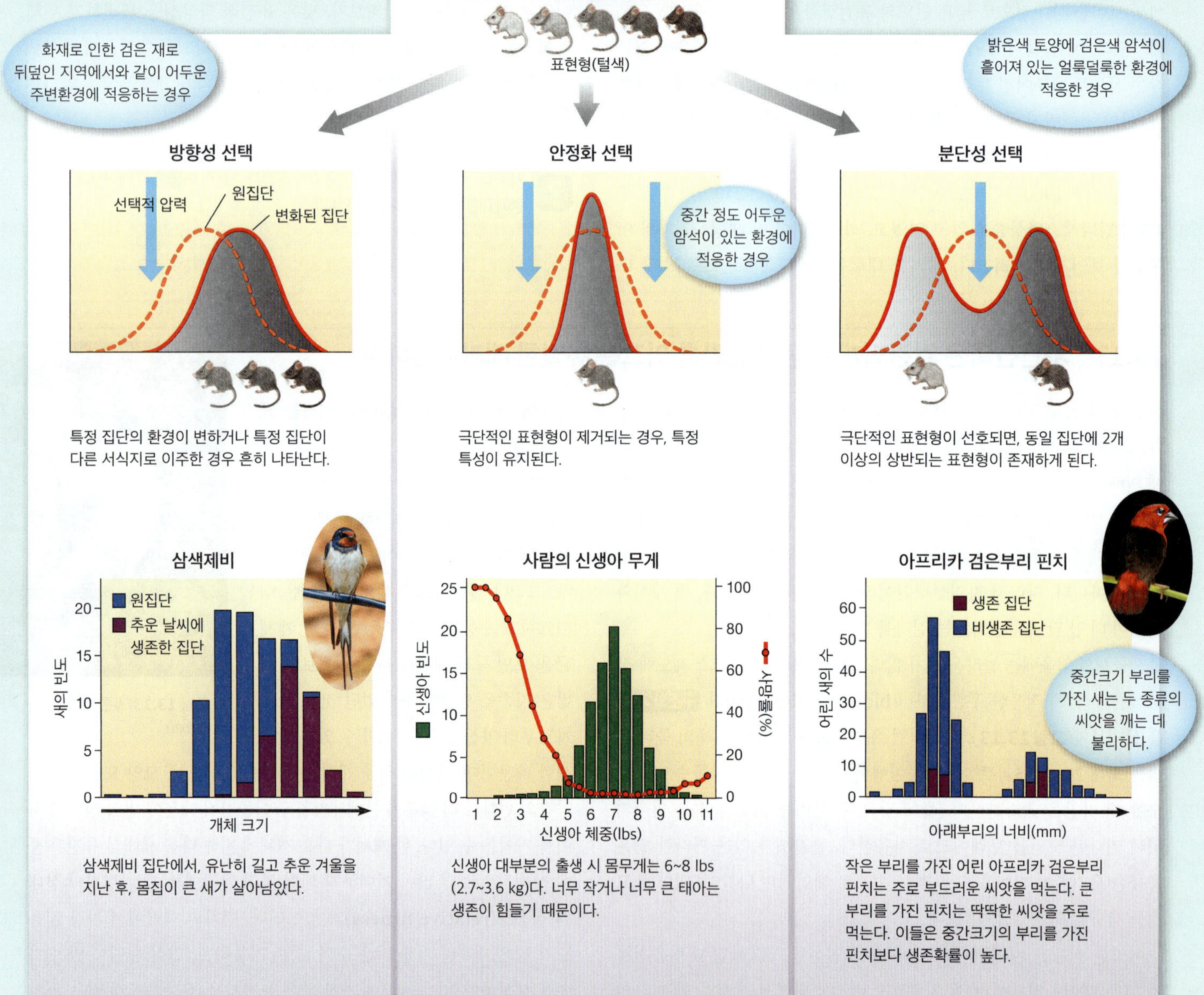

? 그림 13.8의 달팽이에서 뚜렷한 색상 변화를 가져온 것은 어떤 유형의 선택 때문일까?

■ 분단성 선택

13.15 성선택은 수컷과 암컷 사이에 표현형 차이를 가져올 수 있다

다윈은 특정 형질을 가진 개체가 다른 개체보다 짝을 얻을 확률이 높은 자연선택의 한 유형인 **성선택(sexual selection)**을 최초로 연구한 학자다. 동물 종에서 수컷과 암컷은 분명히 다른 생식 기관을 가지고 있다. 그러나 이들은 또한 생식이나 생존과 직접 관련이 없는 눈에 띄는 차이인 2차 성징(secondary sexual characteristics)을 보인다. **성적 이형(sexual dimorphism)**이라 불리는 이러한 외모의 차이는 종종 크기 차이로 나타나지만, 사자의 갈기나 새의 화려한 깃털과 같은 장식의 형태일 수도 있다(**그림 13.15A**). 적어도 척추동물에서는 수컷이 일반적으로 더 화려하다.

일부 종에서는 개체들이 짝을 짓기 위해 동성의 구성원과 직접적으로 경쟁한다(**그림 13.15B**). 이러한 유형의 성선택을 동성 내 선택(intrasexual selection)이라고 한다(대부분 수컷). 경쟁은 육체적 전투를 포함할 수도 있지만, 의식화된 전시가 더 자주 일어난다(35.19절 참조). 동성 내 선택은 승리한 개체가 한 무리의 상대 짝을 모두 차지하는 경우에 자주 발견된다.

더 흔한 유형의 성선택은 짝선택 또는 성간선택(intersexual selection)으로, 한쪽 성(보통 암컷)의 개체들이 짝을 까다롭게 선택한다. 암컷은 가장 크거나 화려한 장식을 가진 수컷에게 매력을 느끼는 경우가 가장 많다. 공작의 꼬리에 있는 화려한 깃털이 바로 이런 '나를 선택해 달라'는 신호의 예다. 다윈이 흥미를 느낀 것은, 이와 같이 짝을 끌어당기는 특징 중 일부는 적응력과는 무관해 보이며, 실제로는 위험을 초래할 수 있다는 점이었다. 예를 들어, 화려한 깃털은 포식자에게 수컷 새를 더 잘 보이게 할 수 있다. 그러나 이러한 2차 성징이 수컷이 짝을 얻는 데 도움이 된다면, 가장 다윈적인 이유, 즉 생식적 성공을 향상시키기 때문에 세대에 걸쳐 강화될 것이다. 암컷이 특정 외모나 행동에 따라 짝을 선택할 때마다 암컷은 그 선택에 영향을 준 대립유전자를 지속시키고, 그 특정 표현형을 가진 수컷은 자신의 대립유전자를 영속할 수 있게 된다.

암컷이 짝을 까다롭게 선택하는 것의 장점은 무엇일까? 한 가지 가설은 암컷이 '좋은 유전자'와 연관성이 있는 수컷 형질을 선호한다는 것이다. 여러 조류 종에서 암컷이 선호하는 밝은 부리나 긴 꼬리와 같은 형질이 수컷의 전반적인 건강과 관련이 있다는 연구 결과도 있다. 회색 청개구리에서도 '좋은 유전자' 가설이 검증되었다. 암컷 개구리는 긴 짝짓기 소리를 내는 수컷과 교미하는 것을 선호한다(**그림 13.15C**). 연구진은 야생 회색 청개구리에서 난자를 수집한 후, 각 암컷의 난자 중 절반은 노래를 길게 부르는 수컷의 정자로, 나머지는 짧게 부르는 수컷의 정자로 수정시켰다. 길게 부르는 수컷 개구리의 자손은 짧게 부르는 수컷에서 나온 이복형제보다 더 크고, 더 빨리 성장했으며, 더 잘 살아남았다. 수컷의 짝짓기 노래 시간은 수컷의 전반적인 유전적 질을 나타내는 것으로 보이며, 암컷의 배우자 선택 기준은 수컷이 '좋은 유전자'를 가지고 있다는 것을 보여주는 형질에 기초한다는 가설을 뒷받침한 것이다.

▲ **그림 13.15A** 극단적인 성적 이형(수컷 공작과 암컷 공작)

▲ **그림 13.15B** 두 수컷 엘크 사이의 짝짓기 경쟁

▲ **그림 13.15C** 짝을 부르는 수컷 청개구리

다음으로 방향성 선택 개념으로 돌아가 질병을 일으키는 미생물의 약물 내성 진화에 초점을 맞춘다.

? 가장 정교한 장식을 가진 수컷이 가장 많은 짝을 얻을 수 있다. 그런 짝을 선택하는 것이 암컷에게 어떻게 유리할까?

■ 정교한 장식은 좋은 건강, 즉 좋은 유전자를 암컷에게 전달한다는 신호가 될 수 있으며, 이는 암컷의 자손에게도 전달될 수 있다.

13.16 약물 내성 미생물의 진화는 심각한 공중보건 문제다

진화 연관성 항생제는 감염성 미생물을 죽이는 약물이다. 항생제가 나오기 전에는 백일해와 같은 세균성 질환으로 사망하는 경우가 많았고, 면도날에 베인 상처나 장미 가시에 긁힌 상처 같은 사소한 상처도 치명적인 감염으로 이어질 수 있었다. 1940년대에 최초로 널리 사용된 항생제인 페니실린이 도입되면서 인류 건강의 새로운 시대가 열렸다. 치명적이었던 많은 질병이 갑자기 쉽게 치료될 수 있게 되었다.

의학 전문가들은 최근 진화 과정으로 인해 항생제 시대가 종식될 수 있다고 우려하고 있다. 살충제가 내성 곤충을 선별하는 것과 마찬가지로, 항생제는 내성 박테리아를 선별한다. 항생제 분해효소를 암호화하는 유전자나 항생제 결합부위를 변화시키는 돌연변이는 박테리아와 그 자손들에게 해당 항생제에 내성을 부여한다. 여기서도 자연선택의 무작위적 측면과 무작위적이 아닌 측면을 모두 볼 수 있다. 유전자 돌연변이는 무작위적이나 항생제 내성 표현형에 유리한 환경은 무작위적이 아닌 선택적이다. 말라리아 개체군에서 클로로퀸 내성균이 진화하는 것에도 같은 설명이 적용될 수 있다. 자연선택에 의해 아르테미시닌(artemisinin)의 효능이 사라지는 것도 시간 문제일 뿐이다.

항생제 내성의 급속한 진화는 항생제의 광범위한 사용과 오용에 의해 촉진되었다. 축산업자들은 가축의 성장과 질병 예방을 위해 동물 사료에 항생제를 첨가하는데, 이 과정에서 표준 항생제에 내성을 가진 박테리아가 선택될 수 있다. 의사도 항생제를 과다 처방할 수 있다. 환자는 몸이 나아지는 듯하면 약 복용을 중단할 수 있는데, 그 결과 약물에 잘 죽지 않는 돌연변이체 박테리아가 생존하고 증식될 수 있다. 이러한 박테리아에 돌연변이가 거듭되면 본격적인 항생제 내성으로 이어질 수 있다.

메티실린 내성 황색 포도상구균(methicillin-resistant *Staphylococcus aureus*, MRSA)으로 알려진 강력한 '슈퍼버그(superbug)'의 등장은 항생제의 효과가 줄어들 수 있다는 첫 신호였다. '포도상구균'으로 불리는 황색포도상구균이 의료시설에서 흔히 발견되는 이유는 이러한 곳에서 항생제 남용에 의한 자연선택이 강하게 일어나기 때문이다. 포도상구균 감염은 운동 시설, 학교, 군대 막사와 같은 집단적 환경에서도 종종 발생한다. 때로 포도상구균 감염은 비교적 경미한 피부 질환을 일으키지만, 박테리아가 혈류에 침입하면 치명적일 수 있다. 최근 예방적 조치가 강화되면서 의료 시설에서의 심각한 MRSA로 인한 사망자는 감소했지만, MRSA는 여전히 공중보건에 심각한 위협이 되고 있다.

의학 및 제약 연구자들은 여러 방면에서 강력한 진화의 힘에 맞서 싸우고 있다. 2013년 미국 질병통제센터(Centers for Disease Control, CDC)는 미국에서 매년 200만 명 이상의 사람들이 약물 내성 미생물에 감염되고, 2만 3,000명의 사망자가 발생한다고 보고했다. CDC는 공중보건에 긴급하거나 심각한 위협이 되는 15가지 미생물을 확인했다. 일부 감염은 의료 시설과 관련이 있으며, 일부 감염은 오염된 음식이나 물, 성적 접촉 또는 감염된 사람의 호흡관에서 배출된 비말에 의해 전염된다. **그림 13.16**은 항생제 내성 균주에 의한 여러 질병의 감염 추정 비율을 보여준다.

진화가 어떻게 질병을 퇴치하려는 노력을 방해할까?

? "항생제가 내성 박테리아를 만들었다."는 문장이 틀린 이유를 설명하시오.

■ 항생제를 사용한다고 해서 박테리아가 새로운 대립유전자를 만드는 것은 아니다. 항생제 사용으로 박테리아 개체군에 이미 자연적으로 존재하던 내성 대립유전자의 빈도가 증가되었다.

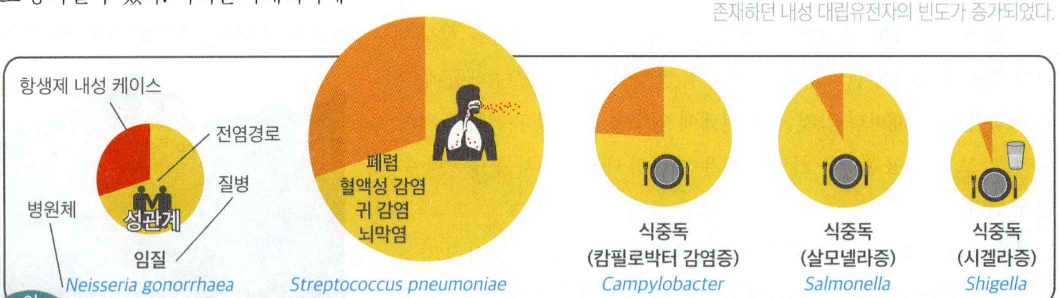

데이터 시각화

▲ **그림 13.16** 항생제 내성 박테리아로 인한 긴급(빨간색) 또는 심각한(주황색) 위협. 원 크기는 총 감염 건수를 나타내며, 조각은 항생제 내성 균주에 의한 감염 비율을 나타낸다.

자료: Centers for Disease Control and Prevention, cdc.gov.

13.17 이배체와 균형선택은 유전적 변이를 유지시킨다

자연선택이 개체군 내의 변이에 작용하면서 개체군은 그 환경에서 더 잘 적응한다. 하지만 모든 불리한 변이 유전자형이 자연선택으로 제거되지 못하는 이유는 무엇일까? '가장 좋은' 대립유전자가 다음 세대로 전달되는 데 반해 적응력이 떨어지는 대립유전자가 제거되지 않는 이유는 무엇일까? 자연선택에 의한 개체군의 변이가 줄어드는 경향을 상쇄하는 것은 변이를 유지하려는 메커니즘이 있기 때문으로 밝혀졌다.

대부분의 진핵생물은 이배체다. 두 세트의 염색체를 갖는 것은 개체군이 유전적으로 균일해지는 것을 방지하는 데 도움이 된다. 자연선택은 표현형에 작용하므로 열성 대립인자가 동형접합인 열성 표현형 개체만 영향을 받는다. 이형접합체에 존재하는 열성 대립유전자는 사실상 자연선택으로부터 보호된다. 이형접합체에 열성 대립유전자를 '숨겨두면' 현재 조건에서는 선호되지 않지만, 환경이 바뀌면 유리할 수도 있는 거대한 대립유전자 풀이 유지될 수 있다.

어떤 경우에는 자연선택에 의해 유전적 변이가 줄어들지 않고 보존되는 경우도 있다. 자연선택에 의해 한 개체군에서 두 가지 이상의 표현형의 빈도가 안정적으로 유지될 때 **균형선택(balancing selection)**이 일어난다.

이형접합자 이점(heterozygotic advantage)은 균형선택의 한 유형으로, 이형접합자 개체가 동형접합자보다 생식 성공률이 더 높은 결과, 개체군의 한 유전자에 대해 2개 이상의 대립유전자가 유지되는 것을 말한다. 이형접합자 이점의 한 예는 낫모양적혈구(sickle-cell) 헤모글로빈을 가지면 말라리아에 저항성이 생기는 것이다(9.13절 참조). 낫모양적혈구 대립유전자의 빈도는 일반적으로 서아프리카와 같이 말라리아가 주요 사망 원인인 지역에서 가장 높다(**그림 13.17**). 이형접합자는 매우 심각한 말라리아에 대한 저항성을 가지지만, 정상 헤모글로빈 동형접합 대립유전자를 가진 개인은 말라리아에 민감하다. 낫모양적혈구 대립유전자를 동형접합으로 가지는 사람은 낫모양적혈구빈혈증으로 인해 생존에는 불리하지만, 이 유전자는 약 1만 년 전 처음 등장한 치명적인 질병에 대한 사람들의 진화적 반응이다. 이형접합자들도 건강에 문제가 있을 수 있기 때문에, 이 역시 그리 이상적인 해결책은 아니다. 그러나 적응은 종종 타협을 동반한다.

개체군의 일부 유전 변이는 생식적 성공에 거의 또는 전혀 영향을 미치지 않을 수도 있다. 그러나 유전자 풀에 들어 있는 변이 중 일부만이 생식적 성공에 영향을 미친다고 해도, 유전자 변이는 자연선택과 이것이 가져오는 적응 진화를 위한 막대한 자원이 된다.

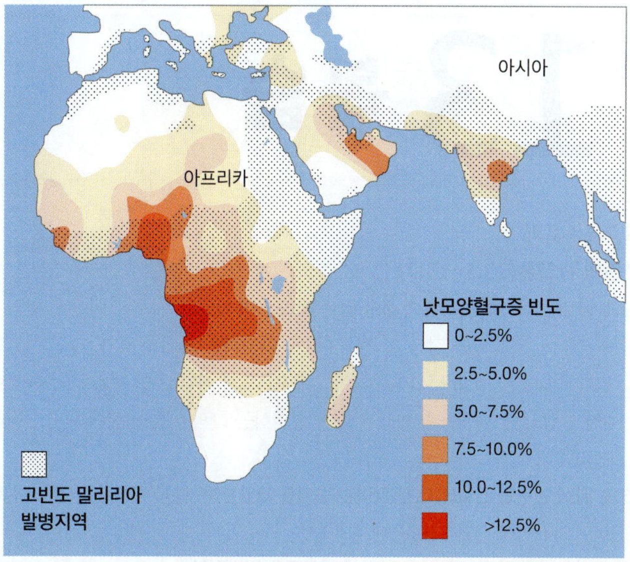

자료: A.C. Allison, Abnormal Hemoglobins and Erythrovute Enzyme-Deficiency Traits, Genetic Variation in Human Populations, G.A. Harrison, ed. Oxford, *Elsevier Science* (1961).

▲ 그림 13.17 말라리아와 낫모양적혈구 대립유전자 지도

? 이배체 생물 개체군보다 반수체 생물 개체군에서 자연선택에 의해 유전자 변이가 감소하는 경향이 더 높은 이유는 무엇인가?

■ 반수체 생물은 모든 대립유전자가 표현형으로 발현되므로 자연선택에 의해 선별된다.

13.18 자연선택은 완벽한 개체를 만들 수 없다

자연선택이 적응으로 이어지지만, 자연에는 생활사가 이상적으로 '설계'되지 않은 것처럼 보이는 개체가 많은데, 거기에는 몇 가지 이유가 있다.

1. 선택은 기존의 변이에만 작용할 수 있다. 자연선택은 이용 가능한 표현형 중에서 가장 적합한 변이형만을 선호한다. 이 변이형이 가장 이상적인 형질이 아닐 수 있다. 새롭고 유리한 대립유전자가 필요에 따라 생겨나지 않는다.
2. 진화는 역사적 제약에 의해 제한된다. 각 종은 조상 형태에서 변형된 자손이다. 진화에 의해 조상의 구조가 폐기되고 전혀 새로운 복잡한 구조가 구축되는 것은 아니다. 다만, 기존의 구조가 새로운 상황에 맞게 변형될 뿐이다. 따라서 새와 박쥐의 걷는 다리가 2개밖에 없는 이유는 네발 달린 조상으로부터 진화하면서 기존의 앞다리가 비행을 위한 새로운 기능을 갖게 되었기 때문이다.
3. 적응은 종종 타협이다. 각 개체는 다양한 일을 해야 한다. 푸른발부비는 바다에서 먹이를 좇아 헤엄칠 때 물갈퀴 달린 발을 사용하지만, 적응은 종종 타협이다. 각 개체는 다양한 일을 해야 한다. 푸른발부비는 바다에서 먹이를 좇아 헤엄칠 때 물갈퀴 달린 발을 사용하지만, 이 같은 발은 육지에서 움직이기에는 서투를 수밖에 없다.
4. 우연, 자연선택, 환경적 요인이 상호작용한다. 우연적 사건이 종종 개체군의 유전적 구성에 영향을 미친다. 폭풍이 곤충을 바다 건너 섬으로 날려 보내지만, 반드시 새로운 환경에 가장 적합한 개체를 이동시키는 것은 아니다. 작은 개체군에서는 유전적 부동으로 인해 유익한 대립유전자가 손실될 수 있다. 또한 환경이 해마다 예측할 수 없을 정도로 변하게 된다면, 생물과 환경 간의 충분한 적응 진화가 일어나기 어려울 수도 있다.

이러한 모든 제약 조건으로 인해 완벽한 개체를 만드는 진화를 기대할 수는 없다. 자연선택은 '보다 나은 것'을 기준으로 작동한다. 진화의 증거는 적응뿐만 아니라 진화로 인해 만들어진 불완전한 생물에서도 볼 수 있다.

? 사람의 신체적 다양성과 운동 능력의 상당 부분은 유연한 팔다리와 관절 덕분이다. 하지만 우리는 접질림(염좌), 인대파열, 탈구 등의 부상을 입기 쉽다. 왜 그럴까?

■ 적응은 타협이다. 구조적 보강보다는 민첩성을 선택한 타협의 결과다.

CHAPTER 13 복습

개념 복습하기

다윈의 진화론(13.1~13.7)

13.1 항해는 다윈이 진화론의 틀을 잡는 데 도움이 되었다. 다윈의 이론은 변하지 않는 종이 살고 있는 젊은 지구라는 오랜 관념과는 크게 달랐다. 다윈은 모든 생명체가 공통 조상으로 연결되어 있으며, 오랜 시간 동안 변화하는 환경에 대한 후손들이 적응을 누적해 왔다고 설명하는 그의 이론을 변이의 유전이라고 불렀다.

13.2 화석 연구는 진화에 대한 강력한 증거를 제공한다. 화석 기록은 생물이 진화해 온 역사적 순서를 보여준다.

13.3 과도기적 형태의 화석은 다윈의 진화론을 뒷받침한다.

13.4 상동성은 진화에 대한 강력한 증거를 제공한다. 구조적 및 분자 상동성은 진화 관계를 밝혀준다.

13.5 진화계통수의 진화 패턴을 상동성으로 알 수 있다.

13.6 다윈은 진화의 메커니즘으로 자연선택을 제안했다.

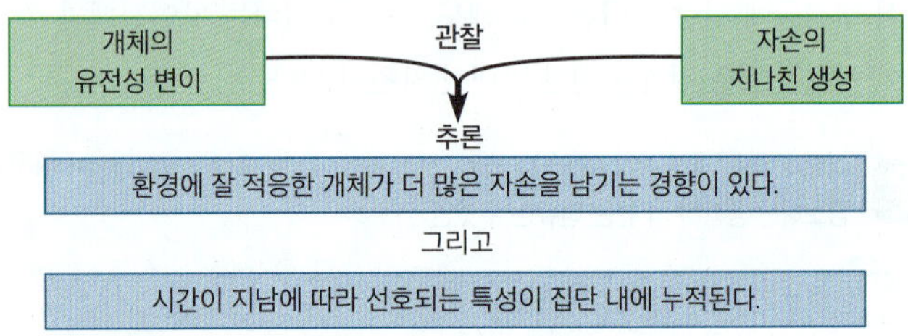

13.7 과학자들은 자연선택이 작동하는 것을 관찰할 수 있다.

개체군의 진화(13.8~13.11)

13.8 돌연변이와 유성생식은 진화를 가능하게 하는 유전적 변이를 만든다.

13.9 진화는 개체군에서 일어난다. 소진화는 개체군의 유전자 풀에서 대립유전자의 빈도가 변화하는 것을 말한다.

13.10 하디-바인베르크 방정식으로 개체군의 진화 여부를 검증할 수 있다. 하디-바인베르크 평형은 개체군이 크고, 짝짓기가 무작위적이며, 돌연변이, 유전자 흐름, 자연선택이 없을 경우 대립유전자 및 유전자형 빈도는 일정하게 유지되는 상태다.

대립유전자 빈도	$p + q = 1$
유전자형 빈도	$p^2 + 2pq + q^2 = 1$

(p^2: 우성동형접합자, $2pq$: 이형접합자, q^2: 열성동형접합자)

13.11 하디-바인베르크 방정식은 공중보건 과학에 유용하다.

소진화 메커니즘(13.12~13.18)

13.12 자연선택, 유전적 부동, 유전자 흐름은 소진화를 일으킬 수 있다. 병목효과와 창시자효과는 유전적 부동을 가져올 수 있다.

13.13 자연선택은 일관되게 적응적 진화를 이끄는 유일한 메커니즘이다. 상대적 적응도(적합도)는 한 개체가 다음 세대의 유전자 풀에 기여하는 상대적 기여도를 말한다. 자연선택의 결과로 개체군에서 유리한 형질이 증가한다.

13.14 자연선택은 세 가지 방식으로 개체군을 변화시킬 수 있다.

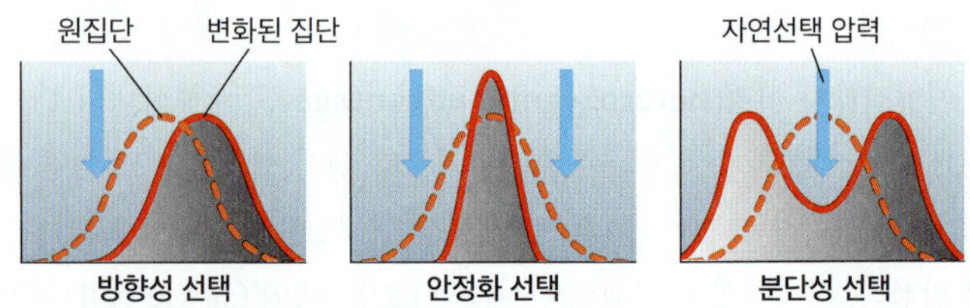

13.15 성선택은 수컷과 암컷 사이에 표현형 차이를 가져올 수 있다. 개체의 2차 성징은 짝짓기에서 유리할 수 있다.

13.16 약물 내성 미생물의 진화는 심각한 공중보건 문제다.

13.17 이배체와 균형선택은 유전적 변이를 유지시킨다. 이배체는 열성 대립유전자를 '숨겨' 변이를 존속시킨다. 균형선택은 이형접합체 이점으로 인해 발생할 수 있다.

13.18 자연선택은 완벽한 개체를 만들 수 없다. 자연선택은 이용 가능한 변이에만 작용할 수 있고, 해부학적 구조는 조상 형태의 변형으로, 적응은 종종 타협이며, 우연과 자연선택, 환경이 상호작용한다.

개념 연결하기

1. 다윈이 제안한 진화의 메커니즘을 포함한 다윈의 변이의 유전 이론의 핵심을 정리해 보자.
2. 개체군 내에서 진화적 변화의 잠재적 원인을 설명하는 아래 개념도를 완성해 보시오.

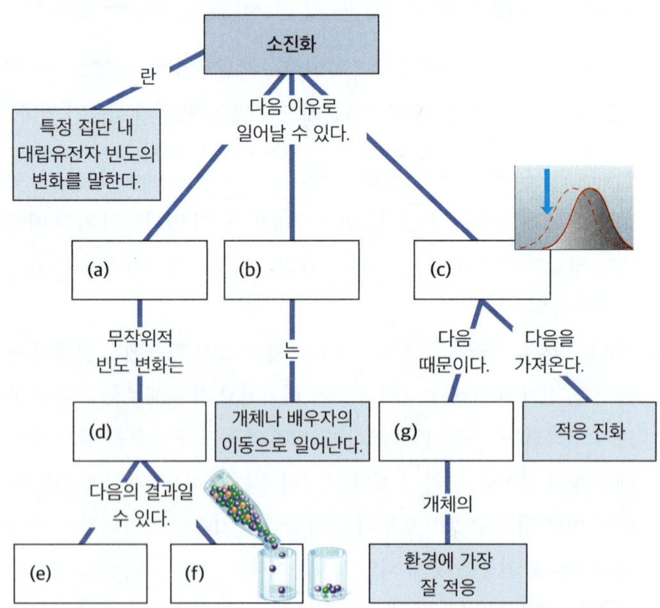

학습 평가하기

1단계 : 지식과 이해력 평가

3. 자연선택에 근거한 다윈의 진화론에 영향을 준 것이 아닌 것은?
   a. 토착화된 생물에서 크고 비교적 빠른 변화를 가져오는 인위적 선택
   b. 점진적인 지질 변화에 관한 라이엘의 《지질학 원리》
   c. 화석과 살아 있는 개체의 비교
   d. 유전법칙을 설명한 멘델의 논문
4. 자연선택은 '적자생존'으로 설명되기도 한다. 다음 중 개체의 적응성을 가장 잘 측정하는 것은?
   a. 번식 능력이 있는 자손 생산 능력
   b. 같은 종의 다른 동물과 싸워 이기는 능력
   c. 극한의 환경을 견딜 수 있는 능력
   d. 많은 식량을 만들거나 얻을 수 있는 능력
5. 강우량이 불규칙한 지역에서 한 생물학자가 특정 종의 나무 중 작은 잎 대립유전자를 가진 나무는 건조한 해에 번식이 잘되고, 큰 잎에 대립유전자를 가진 식물은 습한 해에 번식이 잘된다는 사실을 발견했다. 이 상황은,
   a. 나무 개체군에서 유전적 부동을 가져올 것이다.
   b. 나무 개체군의 안정화 선택을 가져올 것이다.
   c. 나무 개체군의 유전적 변이가 보존될 것이다.
   d. 나무 개체군의 균일성을 유도할 것이다.
6. 대립유전자가 열성이고 동형접합체는 번식하기 전 죽는다면,
   a. 대립유전자는 약 1,000년 후에 자연선택에 의해 개체군에서 제거될 것이다.
   b. 대립유전자는 이형접합체에서 선택되지 않기 때문에 개체군에 낮은 빈도로 남아 있을 가능성이 높다.
   c. 동형접합성 열성 유전자형의 적합도는 0이다.
   d. b와 c 모두 정답
7. 대립유전자가 2개인 개체군에서 대립유전자(b)의 빈도는 0.4다. 개체군이 하디-바인베르크 평형에 있다면, 우성 표현형을 가진 개체의 빈도는 얼마인가?
   a. 0.16
   b. 0.36
   c. 0.48
   d. 0.84
8. 3TC 약물로 치료한 지 몇 주 만에 HIV 환자들은 전적으로 3TC 내성 바이러스만을 가지게 된다. 이 결과를 어떻게 가장 잘 설명할 수 있을까?
   a. HIV는 표면 단백질을 변화시켜 백신에 내성을 가질 수 있다.
   b. 환자는 내성 바이러스에 재감염된 것이 틀림없다.
   c. 치료 시작 시점에 약물 내성 바이러스가 몇 개 존재했고, 자연선택으로 인해 그 빈도가 증가했다.
   d. HIV는 약물에 반응하여 약물 내성 버전의 효소를 만들기 시작했다.

2단계 : 응용과 분석력 평가

9. 1700년대 후반, 암석을 폭파하여 도로와 철도를 건설할 수 있는 기계가 발명되어 암석의 깊은 층이 드러나게 되었다. 이러한 발전이 고생물학에 어떤 도움을 줄 것으로 기대되는가?
10. 개체군의 특정 대립유전자가 특정 환경에 대해 적응적인지 중립적인지를 어떻게 연구할 수 있을까?
11. 1800년대 초 프랑스의 자연주의자 라마르크(Jean Baptiste Lamarck)는 화석과 현생 생물의 관계를 가장 잘 설명할 수 있는 것은 생명이 진화한다는 것이라고 제안했다. 그는 개체가 자신의 신체 부위를 사용하거나 사용하지 않음으로써 형질을 변화시키고 그 변화를 자손에게 전달할 수 있다고 제안했다. 예를 들어, 그는 기린의 조상이 잎에 닿기 위해 나무 위로 점점 더 높이 뻗어 목이 길어졌다고 제안했다. 현재의 과학 지식의 관점에서 라마르크의 가설을 평가해 보자.
12. 낫모양적혈구질환은 열성 대립유전자에 의해 발생한다. 아프리카의 일부 지역에서는 50명 중 약 1명(2%)이 이 질병에 걸린다. 하디-바인베르크 방정식을 사용하여 해당 지역에서 낫모양적혈구 대립유전자 보인자인 아프리카인의 비율을 계산하시오. (힌트: $q^2 = 0.02$)
13. 자연선택이 작동하면 가장 적합한 유전자형이 가장 많은 자손을 생산하여 적응한 대립유전자의 빈도는 높아지고, 덜 적응한 대립유전자는 제거됨으로써 유전적 단일성을 가져올 것이라는 것은 논리적으로 보인다. 그러나 개체군 내에는 여전히 많은 유전적 다양성이 존재한다. 이러한 다양성에 기여하는 인자가 무엇인지 설명하시오.

3단계 : 종합평가

14. **과학적 사고** 고래류는 육상 조상으로부터 진화한 완전한 수생 포유류다. 고래류의 호흡기에 대한 정보를 수집하고 이것이 13.18절의 '진화는 과거의 제약에 의해 제한된다'는 내용과 어떻게 부합하는지 설명해 보시오.
15. 새는 바위 위에서 달팽이를 부수고 부드러운 몸통을 먹은 후 껍질을 남긴다. 달팽이 개체군에는 줄무늬가 있는 달팽이와 줄무늬가 없는 달팽이의 두 가지 형태가 존재한다. 한 지역에서 과학자들이 살아 있는 달팽이와 깨진 껍질을 모두 세보았다. 그들의 데이터는 아래에 요약되어 있다.

	줄무늬 있음	줄무늬 없음	합계	줄무늬 있는 %
살아 있는 개체 수	264	296	560	47.1
껍질이 깨진 개체 수	486	377	863	56.3

어떤 달팽이 형태가 이 환경에 더 잘 적응한 것 같은가? 그렇게 생각하는 이유는 무엇인가? 줄무늬 달팽이와 줄무늬가 없는 달팽이의 빈도가 앞으로 어떻게 변할지 예측해 보자.

16. '과학적 창조론(scientific creationism)'과 '지적 설계(intelligent design)'를 옹호하는 사람들은 진화론 교육을 금지하거나, 동등한 시간만큼 과학 수업에서 생명의 기원과 역사에 대한 다른 의견을 가르칠 것, 또는 교과서에 진화론이 '단지 이론일 뿐'이라는 조항의 삽입 등을 교육청에 요구하고 있다. 그들은 학생들이 성경이 말하는 것처럼 모든 종이 신에 의해 창조되었다는 생각, 또는 생물이 매우 복잡하고 잘 적응되어 있기 때문에 지적 설계자에 의해 창조되었을 것이라는 생각을 진화론과 함께 다루는 것이 공정하다고 주장한다. 과학 과목에서 진화에 대한 대안적인 견해를 가르쳐야 한다고 생각하는가? 아니면 반대하는가? 본인의 의견에 대한 근거를 제시하며 설명하시오.

CHAPTER

14 종의 기원

핵심 개요

종 정의하기(14.1~14.3)

종은 구성원이 번식능력이 있는 자손을 생산할 수 있는 개체군으로 정의될 수 있다.

종분화 메커니즘(14.4~14.11)

종분화는 지리적 격리가 있든 없든, 종을 분리하는 생식적 장벽이 일어나기만 하면 일어날 수 있다.

14.0 종의 정의는 생식 가능성이다

남아메리카 태평양 연안에 위치한 갈라파고스 제도에는 약 12종의 거대 거북을 포함하여 지구상 어디에서도 볼 수 없는 수많은 동식물이 서식하고 있다. 1971년 외로운 조지(Lonesome George, 위 사진)의 발견으로 한 줄기 희망의 빛이 보이기 전까지, 생물학자들은 첼로노이드스(*Chelonoidis abingdonii*) 거북 종이 포획과 서식지 파괴로 인해 멸종했다고 생각했다. 조지가 가까운 친척 종의 암컷과 짝짓기를 했다면, 그의 자손을 통해 *C. abingdonii*의 유전학적 유산이 보존될 수 있었을 것이다. 아쉽게도 수년간의 짝짓기 시도는 결국 실패로 돌아갔다. 조지는 암컷 두 마리와 짝짓기를 했고, 이후 알을 낳았지만 부화한 알은 하나도 없었다. 외로운 조지가 2012년에 죽으면서, 조지는 이 종의 마지막 개체가 되었다.

외로운 조지의 이야기는 종을 교배 능력으로 정의하는 생물학적 종개념을 보여준다. 이 장에서는 종의 개념에 대해 더 자세히 살펴본다. 또한 한 종이 2개 이상의 종으로 분리되는 진화 과정인 종분화에 대해서도 알아본다. 갈라파고스 제도의 놀랍도록 다양한 고유 종을 포함하여 지구상의 생명체가 놀랍게 다양해진 데에는 종분화의 영향이 크다.

종 정의하기

14.1 종의 기원은 생물학적 다양성의 원천이다

갈라파고스 제도에 도착한 다윈은 바다에서 새로 생겨난 지형을 탐험하고 싶었다. 그는 이 화산섬들이 지질학적으로 젊음에도 불구하고, 세계 어느 곳에서도 볼 수 없는 식물과 동물로 가득 차 있다는 사실에 주목했다. 그는 섬과 마찬가지로 이러한 종들도 비교적 새로운 종이라는 것을 깨달았다. 그는 일기에 이렇게 적었다. “공간적으로든 시간적으로든 우리는 지구상에 새로운 생물이 처음으로 등장한 그 위대한 사실, 즉 신비 중의 신비에 어느 정도 가까워진 것 같다.”

다윈은 그의 중요한 저서 제목을 《자연선택에 의한 종의 기원》으로 지었지만, 그의 진화 이론의 대부분은 개체군이 환경에 점진적으로 적응하는 자연선택의 역할에 초점을 맞췄다. 우리는 이 과정을 한 세대에서 다음 세대로 넘어가는 개체군의 유전자 풀(gene pool)의 변화, 즉 소진화(microevolution)라고 부른다(13.9절 참조). 그러나 만약 소진화가 일어난 모든 것이라면, 지구에는 최초 생명체의 가장 잘 적응한 후손만 살아 있을 것이다.

다윈을 매료시킨 ‘신비 중의 신비’는 한 종이 2개 이상의 종으로 갈라지는 과정인 **종분화(speciation)**였다. 그는 생물의 역사를 하나의 줄기에서 가장 어린 나뭇가지 끝까지 여러 가지가 뻗어 나가는 나무로 상상했다(**그림 14.1**).

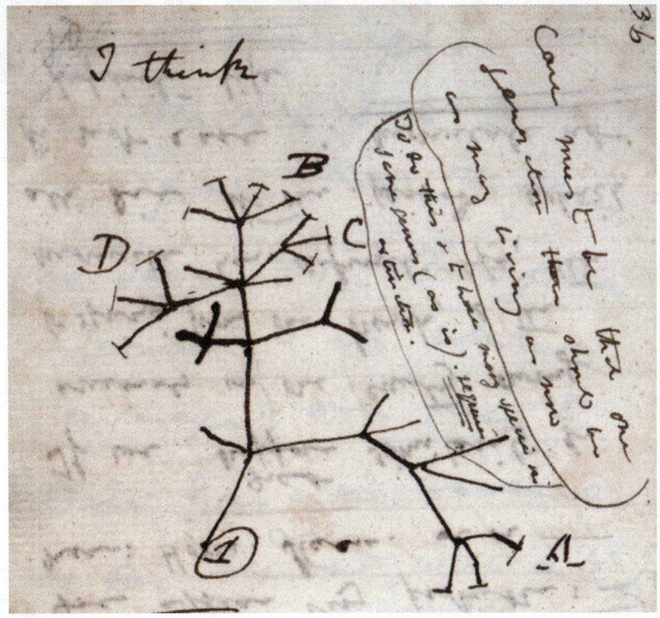

▲ **그림 14.1** 다윈이 고심하며 종의 기원에 대해 그린 스케치

종분화가 일어날 때마다 생물의 다양성은 증가한다. 35억 년에 걸쳐 하나의 조상 종이 2개 이상의 서로 다른 종을 만들고, 그 종은 다시 새로운 계통으로 분화하고, 다시 분화하여 현재 지구에 살고 있거나 한때 살았던 수백만 종에 이르렀다. 이러한 종의 기원은 생물의 다양성과 통일성을 모두 설명한다. 한 종이 2개로 갈라질 때, 새로운 종은 공통 조상의 후손으로 서로 많은 특징을 공유하기 때문이다.

? 소진화는 종분화와 어떻게 다를까?

■ 소진화는 개체군 내에서 일어나는 진화적 변화를 말하며, 종분화는 개체군이 부모 종에서 갈라져 새로운 종이 될 정도로 충분히 변화할 때 일어난다.

14.2 종을 정의하는 방법에는 여러 가지가 있다

종(species)이라는 단어는 라틴어로 ‘종류’ 또는 ‘모양’을 뜻하며, 실제로 어린아이들도 장미와 민들레, 개와 고양이 등 동식물을 외모의 차이로 구별하는 법을 배운다. 독특한 생물의 형태라는 종의 기본 개념은 직관적으로 보이지만, 보다 공식적인 정의를 내리는 것은 그리 쉬운 일이 아니다.

많은 경우 두 종의 차이는 분명하다. 하지만 어떤 경우에는 두 종의 차이가 눈에 잘 띄지 않는 경우도 있다. 예를 들어, **그림 14.2A**의 두 새는 거의 똑같아 보이지만 왼쪽의 새는 큰뒷부리갈매기(*Larus marinus*)이고, 오른쪽의 새는 작은뒷부리갈매기(*Larus fuscus*)로 서로 다른 종이다. 이 두 갈매기는 소리와 행동이 서로 다르기 때문에 각 종은 같은 종의 개체끼리만 번식하는 서로 다른 종이다.

▲ **그림 14.2A** 두 종의 유사성: 큰뒷부리갈매기(왼쪽)와 작은뒷부리갈매기(오른쪽)

같은 종의 구성원은 얼마나 비슷할까? 많은 종의 개체들은 외모가 크게 다르지 않은 제한적 변이를 보이는 반면, 예를 들어 우리 인간과 같은, 일부 종은 매우 다양해 보인다. 우리 종(**그림 14.2B**에서 일부 보여줌)은 신체적 다양성에도 불구하고, 모두 같은 종인 호모 사피엔스(*Homo sapiens*)에 속한다.

▲ **그림 14.2B** 동일 종 내 다양성

생물학적 종개념 그렇다면 생물학자들은 종을 어떻게 정의할까? 이 책에서 주로 사용하는 종의 정의는 **생물학적 종개념(biological species concept)**이다. 이는 **종(species)**을 자연에서 구성원들이 상호 교배하여 생식능력이 있는 자손(이들 또한 자손을 생식할 수 있는)을 생산할 수 있는 잠재력을 가진 개체군의 집단으로 정의한다. 맨해튼의 사업가가 몽골의 낙농가를 만날 가능성은 낮지만, 두 사람이 우연히 만나 짝짓기를 한다면 생식능력이 있는(fertile) 성인으로 성장할 수 있는 아이를 낳을 수 있다는 뜻이다. 이처럼 한 생물 종의 구성원(member)은 적어도 잠재적으로 생식(reproduction)이 가능하다. 반대로, 한 종을 다른 종과 구별하는 것은 생식의 비호환성이다. 두 종의 구성원이 생존 가능하고 생식능력이 있는 자손을 생산하지 못하게 막는 장벽의 존재를 **생식적 격리(reproductive isolation)**라고 한다.

생식적 격리만으로 종을 식별하는 것은 생각보다 복잡할 수 있다. 뚜렷이 서로 다른 종이라도 종종 교배가 가능하다. 뚜렷이 다른 두 종에서 만들어진 자손을 **잡종(hybrid)**이라고 한다. 예를 들어, 회색곰(*Ursus arctos*)과 북극곰(*Ursus maritimus*)의 잡종 자손을 '그롤라 곰(grolar bears)'이라고 부른다(**그림 14.2C**). 동물원에서 이 두 종이 교배하는 것이 알려져 있었다. 북극 빙하가 녹으면서 두 종의 접촉이 빈번해지면서, 야생에서 수많은 그롤라 곰이 발견되고 있다.

회색곰

북극곰

잡종 '그롤라' 곰

▲ **그림 14.2C** 두 종의 곰의 잡종

생물학적 종개념을 적용하는 것이 문제가 되는 다른 사례도 있다. 예를 들어, 지금은 화석을 통해서만 알 수 있는 생물들이 한때 교배를 할 수 있었는지 여부를 판단할 방법이 없다. 또한 무성생식을 하는 원핵생물과 같은 생물에도 이 기준은 쓸모가 없다. 이러한 한계로 인해 특정 상황에서는 다른 종개념이 유용하다.

종의 기타 정의 유성생식 생물, 무성생식 생물, 화석 등 대부분의 생물은 주로 모양, 크기, 기타 형태와 같은 물리적 특성을 기준으로 분류한다. 현재까지 명명된 180만 종의 대부분을 식별하는 데 이러한 **형태적 종개념(morphological species concept)**이 사용되었다. 이 개념의 장점은 무성생식 생물과 화석에도 적용될 수 있고, 교배 가능성에 대한 정보가 필요하지 않다는 점이다. 그러나 이 접근법의 단점은 주관적인 기준에 의존하므로, 과학자들이 종의 구별에 사용하는 특징에 대해 서로 동의하지 않을 수 있다는 것이다.

또 다른 종 정의인 **생태학적 종개념(ecological species concept)**은 생물 군집(biological community)에서 특정 역할을 하는 고유한 적응상태에 초점을 맞춰 생태적 지위(ecological niche) 측면에서 종을 식별한다. 예를 들어, 생김새는 비슷한 두 종의 물고기라도 먹이의 종류 또는 서식하는 수심에 따라 구분될 수 있다.

마지막으로 **계통학적 종개념(phylogenetic species concept)**에서는 종을, 공통 조상을 공유하며, 계통수(tree of life)에서 한 가지를 이루는, 가장 작은 개체군으로 정의한다. 생물학자들은 형태, DNA염기서열분석 또는 생화학 경로와 같은 특성을 다른 종과 비교하면서 특정 종의 계통학적 역사를 추적한다. 이러한 유형의 분석은, 일반적으로 비슷해 보이지만 서로 다른 종으로 간주될 만큼 다른, 여러 그룹들을 구분할 수 있다. 물론 다른 종으로 구별하는 데 필요한 차이가 얼마인가에 대해 합의하는 것은 여전히 어려운 과제다.

각 종의 정의는 여러 상황과 목적에 따라 유용하게 사용할 수 있다. 그러나 생식적 격리를 통해 특정 생물 집단이 어떻게 나타나고 유지되는가에 초점을 맞추기 위해서는 생물학적 종개념이 도움이 된다. 생식적 격리는 많은 종의 진화에 필수적인 요소이므로 다음에서 더 자세히 살펴보고자 한다.

? 무성생식 종과 유성생식 종 모두에 적용할 수 있는 종의 개념은 무엇인가? 설명해 보시오.

■ 형태적 종개념, 생태학적 종개념, 계통적 종개념. 이들은 모두 생식적 격리라는 기준에 의존하지 않기 때문에 무성생식 종에도 사용될 수 있다.

개념 시각화 14.3 생식적 장벽으로 종이 분리된다

파리는 분명히 개구리나 양치류와 짝짓기를 하지 않는다. 그러나 매우 연관된 종들의 교배를 막는 것은 무엇일까? 서로 다른 종에 속하는 개체들 사이 성공적 교배를 막는 생식적 격리에는 하나 이상의 유형이 있다.

종의 유전자 풀을 격리하는 다양한 유형의 생식적 장벽이 접합자(수정란) 형성 전후 어디에 존재하는지에 따라 수정 전 또는 수정 후로 분류할 수 있다. **수정 전 장벽(prezygotic barrier)**은 종간의 교미 또는 수정이 일어나지 않는다. **수정 후 장벽(postzygotic barrier)**은 접합자가 형성된 후에 작동한다.

수정 전 장벽

격리 유형

수생 가터뱀(*Thamnophis atratus*)

서식지 격리
(대상을 만날 기회의 부족)

육상 가터뱀(*Thamnophis sirtalis*)

종 사이에 뚜렷하게 구별되는 물리적 격리는 보이지 않는다. 다만 동일 지역의 다른 서식지에 살고 있다.

늦은 겨울에 교배하는 동부 점박이 스컹크(*Spilogale putorius*)

시간적 격리
(교배시간이나 계절이 다름)

가을에 교배하는 서부 점박이 스컹크(*Spilogale gracilis*)

시간적 격리는 서로 다른 시기에 꽃을 피우거나, 하루 중 다른 시간대에 꽃을 피우는 식물들에서 종종 일어난다.

우아한 구애춤을 추는 푸른발 부비(*Sula nebouxii*)

행동적 격리
(구애행동의 차이)

다른 구애 행동을 하는 가면 부비(*Sula dactylatra*)

다른 예로서, 수컷 반딧불이는 특정 리듬을 가진 반짝이는 빛을 발산하는데, 같은 종의 암컷만이 그 리듬에 반응한다.

구부러진 긴 부리를 가진 벌새에 의해 수분되는 헬리코니아(*Heliconia pogonantha*)

기계적 격리
(생식기 구조의 상호 부적합성)

짧고 곧은 부리를 가진 벌새로 수분되는 헬리코니아(*Heliconia latispatha*)

수분자는 특정 꽃의 수술에서 꽃가루를 채취하여 다른 꽃의 암술로 이동시킨다. 꽃의 특성은 수분매개자와 꽃 사이 최적의 적응 결과다.

수정 후 장벽

자색 성게
(*Strongylocentrotus purpuratus*)

배우자 격리
난자와 정자 또는 꽃가루와 암술머리의 분자적 상호 부적합성

붉은 성게(*Strongylocentrotus franciscanus*)

성게는 생식세포를 바다로 방출한다. 생식세포 표면에는 다른 종의 생식세포가 붙지 못하도록 방해하는 단백질이 있다.

잡종 생존력 감소
부모 유전자의 부적절한 상호작용으로 발달이나 생존력이 손상

일부 도롱뇽 종은 교배 가능하나 이들의 자손은 완전한 발생을 하지 못하거나, 사진에서 보여주는 것과 같이 약하여 생식기까지 살아남지 못한다.

잡종의 생식력 저하
잡종은 건강하나 생존가능한 자손을 만들지 못함

말과 당나귀의 잡종인 노새는 건강하나 생식력은 없다.

잡종 약세
잡종은 생존가능하고 생식력이 있으나 그다음 세대가 약하고 생식력이 없음

왼쪽과 오른쪽 벼는 모두 잡종이며 생식력이 있다. 그러나 이들의 다음 세대는 (중간) 생식력이 없다.

부모 종의 염색체 수나 구조가 다르다면, 잡종 개체는 감수분열 시 정상적 생식세포를 만들지 못할 수 있다.

? 같은 호수에 매우 연관된 두 마리의 물고기가 살고 있지만, 한 마리는 해안선을 따라 먹이활동을 하고, 다른 한 마리는 깊은 물속 바닥에서 먹이활동을 한다. 이것은 _______ 장벽으로, _______ 격리의 예다.

■ 수정 전, 서식지

종분화 메커니즘

14.4 지리적 고립이 종분화로 이어지는 경우 이지역성 종분화라 한다

새로운 종의 기원에서 중요한 사건은 같은 종의 개체군 사이에 유전자 흐름(gene flow)이 중단되는 것이다. **이지역성 종분화(allopatric speciation)**는 한 집단의 일부 소집단이 지리적으로 고립될 때 일어난다. (allopatric은 그리스어로 '다른'을 뜻하는 allos와 '고향'을 뜻하는 patra에서 유래했다.) 유전자 풀이 분리된 개체군은 독자적인 진화 과정을 따를 수 있다. 자연선택(natural selection), 유전적 부동(genetic drift), 돌연변이(mutation)로 만들어진 대립유전자 빈도의 변화가 다른 개체군으로부터 유입되는 대립유전자의 유전자 흐름으로 희석되지 않기 때문이다. 지리적 고립에 의해 분리된 개체군을 이지역성 개체군(allopatric population)이라고 한다.

개체군의 격리는 여러 지질학적 변화로 일어날 수 있다. 예를 들어, 큰 호수가 가라앉으면서 여러 개의 작은 호수가 생기게 되면, 특정 어류 개체군이 고립될 수 있다. 하천의 흐름이 바뀌면 하천을 건널 수 없는 동물의 개체군도 분리될 수 있다. 오랜 시간 흐르는 강에 의해 바위가 깎여 깊은 협곡이 생기면, 양쪽 거주자들을 분리할 수도 있다. 대륙 자체가 분리되어 이동하는 더 큰 규모의 변화도 일어날 수 있다. 부모 개체군으로부터 지리적으로 고립된 일부 개체가 외딴 지역에 군락을 형성하며 이지역성 종분화가 일어날 수도 있다.

다른 지역에 분리된 개체군 사이 유전자 흐름이 차단되려면 얼마나 큰 지리적 장벽이 필요할까? 답은 개체 또는 배우자(gamete, 생식세포)의 이동 능력에 따라 달라진다. 새, 퓨마, 코요테는 강과 협곡을 쉽게 건너갈 수 있다. 또한 이 정도의 장벽은 바람에 날려 이동하는 다양한 나무의 꽃가루나 꽃식물의 씨앗에게는 장벽이 되지 않는다. 반대로 작은 설치류는 협곡이나 넓은 강이 강력한 장벽으로 느껴질 수 있다. 그랜드 캐니언과 콜로라도강(**그림 14.4A**)은 두 종의 영양다람쥐를 분리했다. 해리스 영양다람쥐(*Ammospermophilus harrisii*)는 남쪽 가장자리에 서식한다. 불과 몇 킬로미터 떨어진, 깊고 넓은 협곡으로 분리된, 북쪽 가장자리에는 가까운 친척인 흰꼬리 영양다람쥐(*Ammospermophilus leucurus*)가 살고 있다.

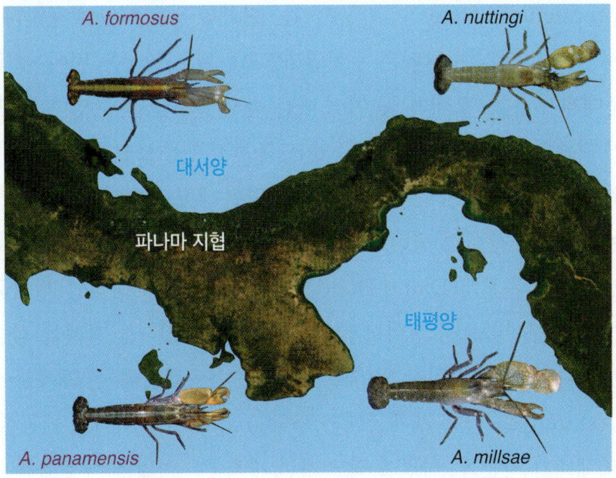

▲ **그림 14.4B** 도화새우종의 이지역성 종분화: 파나마 지협에 의해 분리된 15쌍의 새우종 중 2쌍의 새우종만 보여준다.

이지역성 종분화가 일어난 증거를 보여주는 연구 결과는 많다. 흥미로운 예로, 남미와 북미를 잇는 육지 다리인 파나마 지협에 서식하는, 알페우스(*Alpheus*) 속에 속하는 30종의 도화새우(snapping shrimp)를 들 수 있다(**그림 14.4B**). 도화새우는 권총처럼 생긴 커다란 집게발로 고압의 충격파를 발사하여 먹이를 기절시키는 독특한 포획 방법 때문에 붙여진 이름이다. 형태학적 및 유전학적 데이터에 따르면 이 새우는 15쌍의 종으로 분류되는데, 각 쌍의 종은 서로 가장 가까운 친척이다. 한 쌍의 두 종을 살펴보면, 한 종은 지협의 대서양 쪽에 살고 다른 한 종은 태평양 쪽에 살고 있다. 이는 도화새우의 조상 종이 지리적으로 분리되면서 이지역성 종분화가 일어났음을 강력하게 시사한다.

? 지질학적 증거에 따르면, 파나마 지협은 약 300만 년 전에 서서히 닫혔다. 유전자 분석 결과, 900만 년에서 300만 년 전에 다양한 종의 새우가 생겨났으며, 가장 깊은 물에 사는 종이 먼저 갈라진 것으로 나타났다. 이 결과를 어떻게 해석할 수 있을까?

■ 깊이 서식하는 종이 먼저 2개의 고립된 개체군으로 분리되어 새로운 종으로 분화되었을 것이다.

▲ **그림 14.4A** 지리적으로 고립된 영양다람쥐의 이지역성 종분화

14.5 개체군이 다양해짐에 따라 생식적 장벽이 나타날 수 있다

지리적 고립으로 종분화의 기회가 주어지지만, 반드시 새로운 종으로 이어지지는 않는다. 14.3절에서 설명했듯이, 종분화는 생식적 장벽(reproduction barrier)이 만들어지는 변화를 겪을 때만 발생한다. 이러한 장벽이 생기는 원인은 무엇일까? 고립된 개체군은 먹이 공급원, 수분매개자 유형, 포식자 등 여러 다른 환경에 노출될 수 있다. 자연선택이 기존의 변이에 작용할 수도 있고, 유전적 부동 또는 돌연변이의 결과로 개체군의 형질이 변하여 생식적 장벽이 생겼을 수도 있다.

실험실에서 생식적 격리로 인한 진화에 성공한 논문이 발표되었다. 예일 대학교의 도드(Diane Dodd)는 다른 환경에 적응하는 개체군들이 변화의 부산물로서 생식적 장벽이 생성될 수 있다는 가설을 검증하기로 했다. 도드는 다양한 먹이로 초파리를 사육했는데, 한 개체군에는 녹말(starch)을, 다른 개체군에는 엿당(maltose)을 먹이로 제공했다. 약 40세대가 지난 후, 녹말을 먹고 자란 개체군은 녹말을 더 효율적으로 소화했고, 엿당을 먹고 자란 개체군은 엿당을 더 효율적으로 소화했다.

그 후 도드는 다양한 개체군에 속하는 초파리를 상호 교배해 보았다. **그림 14.5A**는 그 결과 중 일부다. '녹말 집단'의 초파리와 '엿당 집단'의 초파리를 섞었을 때, 같은 먹이 공급원에서 자란 초파리들끼리 교미 빈도가 높았다(왼쪽 상자). 심지어 동일한 먹이로 자란 두 다른 개체군의 초파리를 섞었을 때도 교미 빈도는 높았다. 대조군 실험으로 녹말에 적응한 다른 두 개체군에서 유래한 초파리를 섞었더니(오른쪽 상자), 동일 개체군에서 유래한 초파리 사이 교배 빈도나, 먹이가 같지만 다른 개체군에서 유래한 초파리 사이 교배 빈도는 유사했다. 실험군에서 나타난 짝짓기 선호도는 수정 전 장벽의 한 예다. 적은 수지만, 일부 엿당 초파리와 녹말 초파리가 교미를 하고 있으므로 생식적 장벽이 완벽했던 것은 아니다. 동종 개체군이 다른 환경에 적응함에 따라 생식적 격리가 진행 중에 있었던 것이다.

식물에서는 수분매개자(pollinator)의 선호도가 생식적 장벽을 만들 수 있다. 조상 종 개체군의 환경이 벌보다 벌새(hummingbird)가 많거나 또는 그 반대 상황에 있었을 수 있다. 꽃의 색깔과 모양은 자연선택을 통해 가장 흔한 수분매개자를 끌어들이는 방식으로 진화했을 것이고, 이러한 변화는 나중에 두 개체군이 같은 지역을 공유하게 된 경우에도 종의 분리에 영향을 줄 것이다. 예를 들어, 시에라네바다의 동일 지역에는 밀접하게 연관된 두 종의 원숭이꽃(monkey flower)이 발견되지만, 이들은 거의 교배하지 않는다. 호박벌은 분홍색 꽃이 피는 미물루스 르위시(*Mimulus lewisii*)를 선호하고, 벌새는 붉은 꽃이 피는 카디날리스(*Mimulus cardinalis*)를 선호한다. 과학자들은 실험적으로 이 두 종의 꽃 색깔 대립유전자를 바꾸어 보았다. 그 결과, 벌새들은 일반적으로 분홍색 꽃을 피우는 정상 *M. lewisii*보다 연한 주황색 꽃(**그림 14.5B**)을 피우는 *M. lewisii*를 훨씬 자주 방문했다. 반대로 호박벌은 정상적인 붉은 꽃 식물보다 핑크색 꽃을 피우는(*M. lewisii* 대립유전자를 가진) *M. cardinalis* 개체를 방문하는 일이 더 많았다. 따라서 꽃 색깔의 변화가 수분매개자 선호도에 영향을 미치고, 이는 이 두 종 사이에 생식적 장벽을 제공한 것이다.

다음에서는 개체군이 지리적으로 분리되어 있지 않은 경우에도 생식적 장벽이 발생할 수 있음을 알아본다.

? 갈라파고스 핀치 디피실리스(*Geospiza difficilis*) 암컷은 같은 섬 수컷의 노래에는 반응하지만, 다른 섬 수컷의 노래는 무시한다. 이 연구 결과를 어떻게 해석할 수 있을까?

■ 이러한 이지역성(지리적으로 분리된) 핀치 개체군에서 생식적 행동 장벽이 발생하기 시작했다.

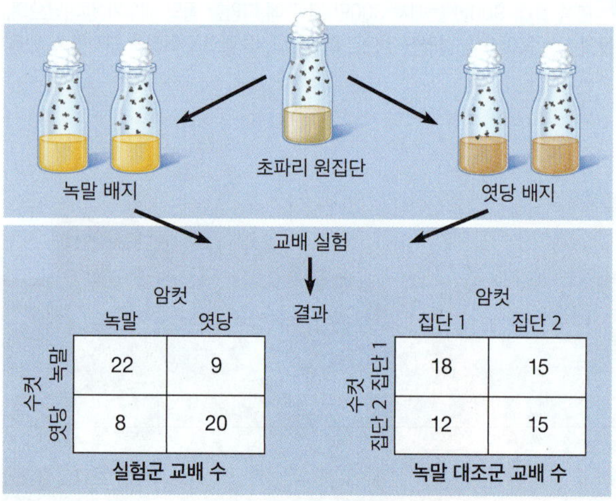

▲ **그림 14.5A** 다양한 먹이 공급원에 적응한 실험실 초파리 개체군의 생식 장벽의 진화

시도해 보기 위 실험이 어떻게 수행되었는지 설명하고, 결과를 해석해 보시오.

▲ **그림 14.5B** 원숭이꽃(*Mimulus*)의 색상 변경이 수분매개자 선택에 미치는 영향

14.6 동지역성 종분화는 지리적 고립 없이 일어난다

동지역성 종분화(**sympatric speciation**, 그리스어로 syn은 '함께', patra는 '고향'을 의미)란 부모 종과 같은 지리적 영역 내에서 새로운 종이 나타나는 것이다. 다배체성(polyploidy), 서식지 분화, 성선택(sexual selection)은 동일한 지역에 존재하는 개체군에서 유전자 흐름을 감소시킬 수 있는 요인이다.

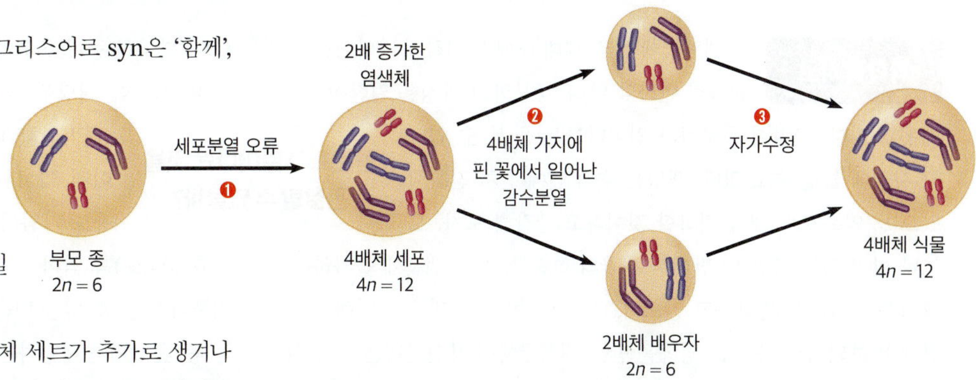

▲ **그림 14.6A** 다배체성으로 일어나는 동지역성 종분화

많은 식물 종은 세포분열 중 우연하게 염색체 세트가 추가로 생겨나는, 동지역성 종분화로 만들어졌다. 이렇게 형성된 새로운 종은 **다배체**(**polyploid**)다. 즉, 이들의 세포는 2개 이상의 완전한 염색체 세트를 가지고 있다. **그림 14.6A**는 하나의 2배체 부모 종에서 4배체 식물($4n$, 4세트의 염색체를 가진)이 생길 수 있는 한 가지 방법을 보여준다. ❶ 염색체 복제 후 세포분열(cell division)에 실패하면 세포의 염색체가 두 배로 늘어날 수 있다. ❷ 이 $4n$ 세포로 나뭇가지를 만들면, 그 가지에서 피는 꽃은 2배체 생식세포를 생산할 것이다. ❸ 자가수정은 식물에서 흔히 일어나는 일인데, 자가수정이 일어나면 4배체 접합자를 만들게 되고 결과적으로 4배체 식물이 만들어진다. 4배체 식물이 자가수분이나 또 다른 4배체와 교배하게 되면, 이제 교배가능한 4배체 자손을 생산할 수 있는 식물이 만들어진다. 그러나 4배체 식물이 부모 식물과 교배하면 번식능력이 있는 자손을 생산할 수 없다. 즉, 4배체 식물의 배수체($2n$) 생식세포와 이배체 부모의 반수체(n) 생식세포가 융합하면 3배체($3n$) 자손을 생산하기 때문이다. 홀수 개의 염색체는 감수분열 중에 상동염색체(homologous chromosome) 쌍을 형성할 수 없기 때문에 3배체(triploid) 식물은 불임이다. 결과적으로, 4배체($4n$) 식물은 부모 종과 생식적 격리가 일어나게 되어 새로운 종이 된다.

그러나 대부분의 다배체 종은 서로 다른 두 종의 교잡(hybridization)으로 인해 발생한다. **그림 14.6B**는 이러한 일이 어떻게 일어날 수 있는지를 보여주는 한 가지 예다. ❶ 서로 다른 두 종의 반수체 생식세포가 연합되는 경우를 가정해 보자. 그 결과 생성된 잡종은 염색체 수가 홀수이므로($n = 5$), 불임이다. ❷ 그러나 많은 식물의 경우 잡종도 무성적으로 번식할 수 있다. ❸ 이후 세포분열의 오류로 염색체 복제가 발생하면, 염색체가 2배체인 세포가 될 수 있다($2n = 10$). 이제 염색체는 감수분열 중 쌍을 이룰 수 있고, 반수체 생식세포가 생성될 수 있으며, 따라서 번식력이 있는 다배체 종이 형성된다. 이 새로운 종은 이번에는 다른 두 부모 종과는 생식적으로 격리된다. 생물학자들은 진화적 시간으로 볼 때 순간적인, 지난 150년 동안 이러한 메커니즘을 통해 생겨난 여러 식물 종을 확인했다.

동물에서도 다배체 종분화가 일어날까? 가끔은 일어나는 것으로 보인다. 예를 들어, 회색 청개구리(그림 13.15C 참조)는 이런 방식으로 진화한 것으로 추정된다. 그러나 동물의 동지역성 종분화는 다배체성보다는 서식지 분화 또는 성선택을 통해 일어날 가능성이 더 높다. 동아프리카 빅토리아 호수에는 시클리드(cichlids)라고 불리는 수백 종의 작은 물고기가 있는데, 이들의 분화에는 서식지 차이와 성선택이 모두 관여했을 것으로 보인다. 다양한 먹이 공급원을 이용하는 적응으로 인해, 시클리드 원개체군에서 서로 다른 소그룹이 진화했을 수 있다. 만약 먹이 공급원의 서식지가 다르다면, 개체군 간의 짝짓기가 드물어지고, 다른 자원에 적응한 개체군들의 유전자 풀이 격리될 것이다. 다음 절에서 다루게 될 것처럼, 밝은색 물고기의 종분화는 암컷이 색을 기준으로 짝을 선택하는 성선택 유형에 의해 주도되었을 수도 있다. 이러한 배우자 선택은, 새로 형성되는 종의 유전자 풀을 격리하는 생식 장벽 형성에 기여할 수 있다. 물론 두 동종 집단 내 생식적 장벽 형성에 서식지 분화와 성선택이 함께 작용할 수도 있다.

? 14.3절의 생식적 장벽을 다시 살펴볼 때, 생존가능하고 번식능력이 있는 배수체 식물과 그 부모 종을 격리하는 장벽은 무엇인가?

■ 잡종의 번식능력 감소

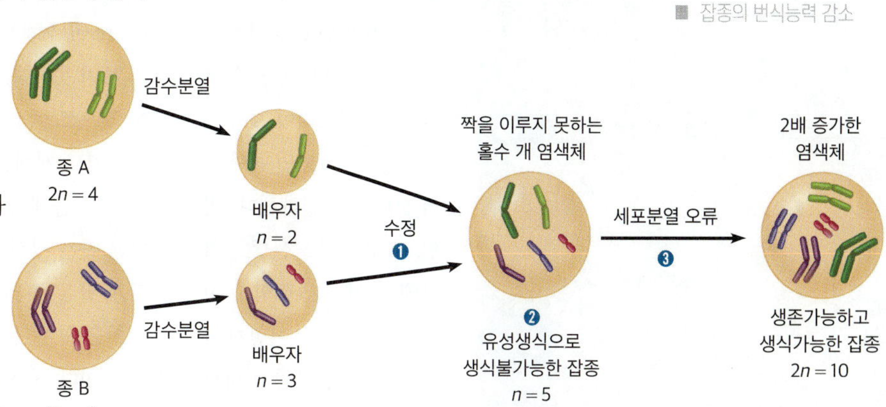

▲ **그림 14.6B** 서로 다른 두 종에서 다배체를 생산하는 동지역성 종분화

시도해 보기 이 그림에 표시된 과정에 의해 생성된 새로운 종이 그림 14.6A에 표시된 과정에 의해 생성된 새로운 종과 어떻게 다른지 설명해 보시오.

14.7 성선택이 종분화로 이어질 수 있다

과학적 사고 한 개체군에서 몇 세대 내에 뚜렷하게 나타나는 소진화적 변화와 달리, 종분화의 과정은 일반적으로 매우 느리다. 따라서 종분화가 일어나는 것을 볼 수 있다는 사실에 놀랄 수도 있다. 생명은 수억 년에 걸쳐 진화해 왔으며, 앞으로도 계속 진화할 것이라고 생각해 보자. 오늘날 살고 있는 종은 이 방대한 시간의 한순간, 즉 스냅숏에 불과하다. 환경은 계속해서 변화하고 있으며, 때로는 사람의 영향으로 인해 급격하게 변화되기도 하므로, 영향을 받는 개체군에서 자연선택은 계속 일어나게 된다. 이렇게 변화하는 개체군 중 일부는 결국 종분화로 이어질 수 있다고 가정하는 것이 합리적이다. 생물학자들은 개체군이 나뉘는 과정을 연구함으로써 종분화의 과정을 들여다볼 수 있다. 서로 다른 식량 자원을 이용하거나 서로 다른 서식지에서 번식하면서 개체군이 달라지는 사례로 최소 24건 이상이 발표된 바 있다.

종분화가 일어나는 것을 관찰할 수 있을까?

개체군이 분화할 수 있는 또 다른 수단은 성선택이다(13.15절 참조). 성선택은 특정 형질을 가진 개체가 짝을 얻을 가능성이 더 높아지는 자연선택의 한 유형이다. 생물학자들은 수컷이 암컷을 유인하는 방법이나 암컷이 짝을 선택하는 방법의 차이로 인해 분화되는 여러 동물 개체군을 확인했다. 성선택은 생식적 성공에 직접적인 영향을 미치기 때문에 개체군 내 유전자 흐름을 방해할 수 있으며, 따라서 동지역성 종분화의 중요한 요인이 될 수 있다.

생물학자들은 최근에 나타난 종 연구를 통해 종분화 과정에 대한 가설을 검증할 수도 있다. 빅토리아 호수에 사는 시클리드(cichlid)의 다양화를 가져온 성선택의 역할에 대한 일련의 연구를 살펴보자(**그림 14.7A**).

시클리드는 열대 호수와 강에 서식하는 어류다. 이들은 무지개 빛깔의 다양한 색을 가지고 있어 수족관 업계에서 매우 인기 있는 어류다. 진화생물학자들 사이에서는 놀라운 종분화로 유명하다. 동아프리카의 큰 호수에서 1,000종 이상의 시클리드가 생겨나는 데 10만 년도 걸리지 않았기 때문이다. 이 호수 중 가장 큰 빅토리아 호수에는 약 1만 5,000년 동안 거의 500종이 진화했다. 반면, 전 유럽의 모든 호수와 강에는 약 525종의 물고기가 살고 있다. 어떻게 하나의 수역이 이렇게 다양한 어류를 품을 수 있었을까? 답은 부분적으로는 환경적 이질성에서 찾을 수 있다. 다양한 종이 호수의 바위 해안, 진흙 바닥 또는 개방된 물에서 서식하기에 적합하게 적응했다. 특이적 먹이활동에 의한 적응도 다양하다. 예를 들어, 조류(algae)를 갉아먹는 종, 달팽이를 깨물어 먹는 종, 잎을 먹는 종, 곤충을 먹는 종, 물고기를 사냥하는 종 등이 있다.

▲ **그림 14.7A** 빅토리아 호수를 보여주는 동아프리카 지도

Pundamilia nyererei

Pundamilia pundamilia

▲ **그림 14.7B** *P. nyererei*와 *P. pundamilia* 수컷

성선택을 통한 종분화에 결정적인 역할을 하는 주된 빛의 파장이나 물의 투명도와 같은 시각적 환경도 이질적이다.

빅토리아 호수에는 색깔만 다른, 밀접하게 연관된 여러 쌍의 시클리드 종이 있다. 번식기 푼다밀리아 니에레레이(*Pundamilia nyererei*) 수컷은 밝은 붉은색 등과 등지느러미를 가지고 있다. 반면, 푼다밀리아(*Pundamilia pundamilia*) 수컷은 금속성 청회색을 띤다(**그림 14.7B**). 과학자들은 암컷이 붉은색 또는 푸른색 짝을 선호하는 성선택이 생식적 격리로 이어질 것이라는 가설을 세웠다. 이 가설에 대한 증거를 살펴보자.

푼다밀리아 암컷은 밝은색 수컷을 선호한다. 실험실에서 수행한 짝-선택 실험(mate-choice experiment)에 따르면, *P. nyererei* 암컷은 파란색 수컷보다 빨간색 수컷을, *P. pundamilia* 암컷은 빨간색 수컷보다 파란색 수컷을 선호하는 것으로 나타났다. 또한 *P. nyererei* 암컷의 시각은 청색광보다 적색광에, *P. pundamilia* 암컷은 청색광에 더 민감하게 반응하는 것으로 나타났다. 과학자들은 또한 이러한 색채 민감도가 유전된다는 사실을 입증했다.

위에서 언급했듯이 빅토리아 호수의 시각적 환경은 다양하다. 빛이 물을 통과할 때 부유 입자는 짧은 파장(파란색)을 선택적으로 흡수하고 산란하기 때문에, 깊이가 깊어질수록 빛은 점점 더 붉은색을 띠게 된다. 따라서 깊은 수심에서 붉은색에 민감한 시각을 가진 암컷은 빨간색 *P. nyererei* 수컷을 잘 볼 수 있지만, 청색광에 민감한 암컷은 이 수컷을 거의 보지 못한다. 따라서 과학자들은 두 종이 호수의 다른 지역에서 번식할 것으로 예상했고, 실제로 그러했다. 생물학자들이 빅토리아 호수의 시클리드 개체군을 표본 조사한 결과, *P. nyererei*는 붉은색이 투과하는 깊은 물에서 번식하는 반면, *P. pundamilia*는 푸른 수컷이 밝게 빛나는 얕은 서식지에서 번식하는 것을 발견했다. 서로 다른 환경에 서식하게 된 두 종은 짝짓기 행동으로 더욱 다르게 분화되어 갔을 것이다.

최근 몇 년 동안 새로운 환경적 요인이 시클리드에 극적인 영향을 미치고 있다. 교잡이 만연하게 일어나면서 수많은 시클리드 종이 유전적으로 동질화되고 있다. 14.10절에서 그 이유를 다룰 것이다.

? *P. nyererei*와 *P. pundamilia*의 성선택이 생식적 격리로 이어졌다는 결론을 뒷받침하는 증거는 무엇일까?

■ 실험실에서 수행된 짝-선택 실험, 두 종의 암컷의 시각의 차이, 번식 지역의 차이

14.8 고립된 섬은 종종 종분화의 전시장이다

연쇄적이며 고립된 섬에는 종종 독특한 종이 서식하는 경우가 많다. 물리적으로 다양한 서식지를 가지며, 진화할 수 있을 만큼 충분히 멀리 떨어져 있지만, 때때로 개체군이 이동할 수 있을 만큼 가까운 섬들은 종종 여러 차례에 걸친 종분화가 일어나는 장소가 된다. 공통 조상으로부터 다양한 종이 진화하는 것을 **적응방산(adaptive radiation)**이라고 한다.

에콰도르 서쪽으로 약 900 km 떨어진 갈라파고스 제도는 세계 최고의 적응방산 쇼케이스 중 하나다. 각 섬은 500만~100만 년 전 수중 화산에 의해 만들어진 불모의 섬이었으나, 다른 섬과 남미 본토에서 해류와 바람을 타고 떠내려온 식물, 동물, 미생물에 의해 서서히 덮여 갔다.

오늘날 갈라파고스 제도에는 지구상 어디에서도 볼 수 없는 수많은 식물, 달팽이, 파충류, 새가 서식하고 있다. 예를 들어, 여기에는 다윈이 비글호를 타고 세계 일주 항해를 하는 동안 채집했다고 해서 다윈의 핀치새라고 불리는, 밀접하게 연관된 14종의 핀치새가 서식하고 있다(13.1절 참조). 이 새들은 여러 면에서 서로 닮았지만, **구조와 기능**의 상관관계의 한 예인 먹이활동 습관과 먹는 것에 특화된 부리에 차이가 있다. 이들은 곤충, 크고 작은 씨앗, 선인장 열매, 심지어 다른 종의 알 등 다양한 먹이를 먹는다. 딱따구리 핀치(woodpecker finch)는 선인장 가시나 나뭇가지를 도구로 사용하여 나무에서 곤충을 캐낸다. 휘파람 핀치(warbler finch)의 가늘고 뾰족한 부리는 작은 곤충을 포획하는 데 매우 적합하다. 그림 14.8은 특정 먹이에 적응한 독특한 부리를 가진 몇 가지 새를 보여준다.

섬 중 하나에 군락을 형성했을 작은 조상 개체군에서 어떻게 다윈의 핀치들이 진화했을까? 섬에 완전히 고립된 최초의 개체군은 새로운 환경에 적절히 적응하면서 자연선택에 의해 크게 변화했고, 결국 새로운 종이 되었을 것이다. 이후 이 종의 몇몇 개체가 이웃 섬으로 이동했을 수 있으며, 그곳에서 이 새로운 창시자 집단은 다른 조건의 자연선택을 통해 또 다른 새로운 종이 될 만큼 충분히 변화했을 수 있다. 생식적 장벽으로 종이 구별될 수 있게 된 후, 이 새들 중 일부가 첫 번째 섬에 다시 정착하게 되었고, 원래의 조상 종과 공존하게 되었을 가능성이 있다. 갈라파고스의 여러 섬에서 여러 번의 집단형성과 종분화가 연이어 일어났을 것이다.

오늘날 갈라파고스 제도에는 여러 종의 핀치새가 살고 있으며, 일부 섬에는 10종에 달하는 핀치새가 서식하고 있다. 다윈의 핀치새의 적응방산의 효과는 다양한 종류의 부리뿐만 아니라 서식지에서도 차이를 보인다. 일부는 나무에 살고 다른 일부는 대부분의 시간을 땅에서 보낸다. 종 특이적 노래로 인한 생식적 격리 역시 종분화에 도움이 된다. 그러나 때때로 수컷이 다른 종의 노래를 부를 때 이종 교배가 일어난다. 예를 들어, 어미를 잃은 선인장 핀치새(cactus finch) 새끼는 선인장 핀치새가 아닌 이웃의 노래를 배울 수 있다.

다음 절에서는 다윈의 핀치새 진화에 대해 자세히 살펴본다.

씨앗을 먹는 핀치(중간 땅 핀치)

도구를 사용하여 곤충을 잡아먹는 핀치(딱따구리 핀치)

곤충을 먹는 핀치(휘파람 핀치)

▲ 그림 14.8 갈라파고스 핀치의 부리 모양과 크기 차이의 예. 각각 특정 먹이에 적응한 새들

? 고립되었지만 연쇄적으로 있는 섬들이 적응방산의 기회를 제공하는 이유를 설명해 보시오.

■ 섬에 우연하게 군락이 형성될 때, 종종 포식자는 없고 새로운 자원이 제공될 수 있다. 기존의 변이에 작용하는 자연선택을 통해 군락을 형성한 개체군은 새로운 서식지에 적응하고 새로운 종으로 진화할 수 있다. 이후 인근 섬에 군락을 형성하게 되면서 적응과 유전적 부동에 의한 추가적인 기회를 얻게 되면 추가적인 종분화로 이어질 수 있다.

14.9 장기 현장연구는 다윈 핀치새의 진화를 기록한다

진화 연관성 이전 절에서 배운 것처럼, 다윈의 부리는 다양한 먹이 공급원에 적응되어 있다. 이러한 특수화는 어떻게 진화했을까? 형태학적·지리적·유전학적 연구로 새로운 종이 언제 어떻게 출현했는지에 대한 풍부한 데이터를 얻을 수 있다. 또한 진화생태학자 피터(Peter)와 로즈메리 그랜트(Rosemary Grant)가 이끈 놀라운 현장연구는 부리 크기에 대한 자연선택의 영향을 실시간으로 기록했다(13.7절 참조).

그랜트와 학생들은 40년 동안 갈라파고스의 외딴 섬인 다프네 메이저섬에서 핀치새를 연구해 왔다(**그림 14.9A**). 100에이커(약 40만 제곱미터)에 불과한 작은 섬의 크기 덕분에, 이들은 섬에 서식하는 식물과 동물에 대한 완전한 데이터를 수집할 수 있었다. 연구진은 모든 중간 크기의 땅핀치(ground finch, 그림 14.8)를 포획하고 각 새의 부리의 깊이, 폭, 길이를 포함한 개체군의 표현형 변화를 기록했다. 추가 연구를 통해 이러한 부리 특성이 유전성이 높다는 것도 확인했다. 과학자들은 각 새에게 고유한 표식을 하여 그 새가 생산한 생존가능한 자손의 수, 즉 생식 성공률을 관찰할 수 있었다.

험준한 경사면과 얇은 토양을 가진 다프네섬은 중간 크기의 땅핀치에게 먹이를 제공하는 식물이 살기에는 까다로운 서식지다. 기후는 대조적인 두 계절이 번갈아 나타난다. 대부분 비가 내리는 우기에는 식물이 꽃을 피우고 씨앗을 풍부하게 생산한다. 사막과 같은 건기에는 씨앗이 그리 많지 않다. 이러한 핀치 환경을 수치화하기 위해, 그랜트와 학생들은 먹이 씨앗의 가용성에 대한 데이터를 기록했다. 또한 씨앗의 크기와 씨앗을 부수는 데 필요한 힘의 양을 결합한 공식을 사용하여 씨앗의 강도를 수치화했다.

그랜트 부부가 연구를 시작한 지 몇 년 후, 갈라파고스에는 극심한 가뭄이 발생했다. 1977년 다프네섬에는 24 mm의 비가 내렸다. 이 극단적인 환경 변화는 핀치새들에게는 치명적이었지만, 연구자들에게는 행운이었다. 가뭄이 시작되기 전부터 데이터 수집을 시작했기 때문에, 연구진은 자연선택이 핀치 개체군에 미치는 영향을 추적할 수 있었다. 건기에 씨앗 생산량이 급감하자 건기 동안 핀치새를 지탱할 먹이가 부족해졌다(**그림 14.9B**). 작고 부드러운 씨앗의 공급이 고갈된 후, 씨껍질이 두껍고 갈라지기 힘든 가장 단단한 씨앗만이 핀치새들의 유일한 먹이가 되었다. 따라서 이 먹이 자원을 이용할 수 있는 능력을 가진 새들이 생존할 가능성이 더 높았다.

▲ 그림 14.9A 피터와 로즈메리 그랜트가 다프네 메이저에서 중간 땅핀치에 대한 데이터를 수집하고 있다.

자연선택이 다프네섬의 중간 땅핀치 개체군에 어떤 영향을 미쳤을까? 1976년 6월에 존재했던 성체 1,200마리 중 15%만이 가뭄에서 살아남았다. 그해 새들은 번식을 하지 않았고, 이전 번식기에 생산된 새끼들은 거의 모두 죽었다. 1978년 우기가 시작되면서 강수량이 정상 수준으로 돌아오면서, 가뭄에서 살아남은 새들은 번식을 재개했다. **그림 14.9C**는 가뭄 전후의 중간 땅핀치 개체군의 씨앗 분쇄력을 보여주는 평균 부리 깊이를 보여준다. 이 강력한 자연선택 기간 동안 개체군에서는 더 큰 부리를 가진 새의 비율이 증가했다.

그랜트 연구팀이 다프네섬에서 연구를 계속 진행하는 동안에도, 핀치 개체군의 선택을 유발하는 여러 번의 가뭄과 기타 환경 변화가 관찰되었다. 이러한 강력한 선택의 시간들은 다윈 핀치새의 빠른 적응방산을 설명하는 열쇠일 수 있다.

과학자들은 다윈 핀치의 유전체 서열을 분석하여 부리의 놀라운 다양성에 대한 유전적 근거를 밝히기 시작했다. 예를 들어, 2015년에 과학자들은 부리 형성과 관련된 유전자 *ALX1*의 두 가지 변이를 발견했다. *ALX1* 변이 중 하나는 단단한 씨앗을 깨뜨릴 수 있는 무디고 튼튼한 부리 유전자다. 다른 변이를 가진 새는 땅에서 작은 씨앗을 집어 올리는 데 더 적합한 길고 뾰족한 부리를 가지는 경향이 있었다. 일부 종은 부리 유형에 관련된 하나의 *ALX1* 변이체만 가졌지만, 중간 크기의 땅핀치는 부리 모양이 중간이며 두 가지 *ALX1* 변이체를 모두 가지고 있었다. 과학자들은 또한 배아 발달 중 유전자 발현 시기와 위치 차이가 다윈 핀치새의 부리 다양성에 기여한다는 사실을 발견했다(15.11절 참조).

? 부리 형태가 유전된다는 사실을 규명하는 것이 중요한 이유는 무엇일까?

■ 자연선택은 유전되는 형질을 수정할 수 있다.

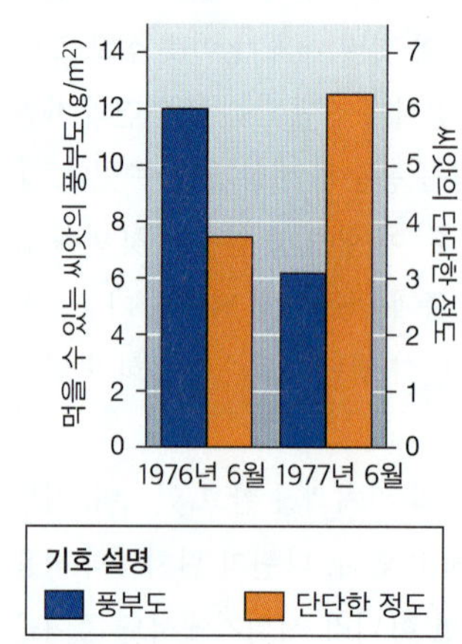

▲ 그림 14.9B 1976년과 1977년 우기가 끝날 때 구할 수 있는 식량

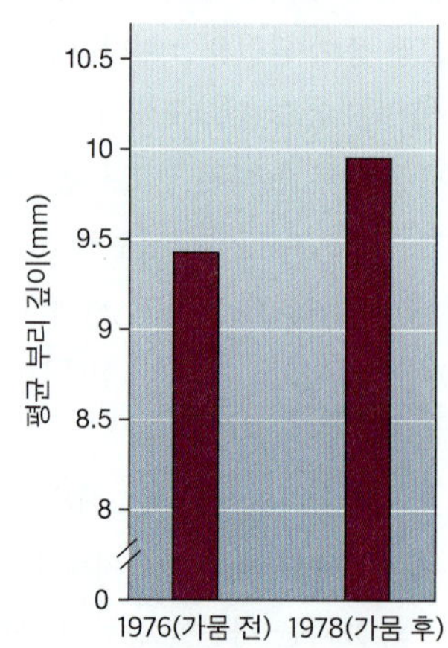

▲ 그림 14.9C 먹이 공급원에 따른 부리 깊이에 대한 선택의 증거

자료: P. Boag and P. Grant, Intense selection in a population of Darwin's finches in the Galapagos, *Science 214*: 82-5 (1981); P. Grant and B. Grant, *Forty Years of Evolution: Darwin's Finches on Daphne Major Island*, 60-4. Princeton, Princeton University Press 2014.

14.10 잡종형성지역은 생식적 격리를 연구할 수 있는 기회를 제공한다

밀접하게 연관된 종이지만 분리되었던 개체군이 다시 서로 접촉하면 어떻게 될까? 생식 장벽이 두 종을 분리할 수 있을 만큼 충분히 강할까? 아니면 두 종이 교배하여 하나가 될까? 생물학자들은 서로 다른 종의 구성원이 만나 교미하여 적어도 일부 잡종 자손을 생산하는 지역인 **잡종형성지역(hybrid zone,** 잡종지역)을 연구하여 이러한 질문에 답하려고 시도한다.

그림 14.10A는 조상 종부터 시작하여 잡종형성지역이 형성되는 과정을 보여준다. ❶ 한 종의 다른 세 개체군은 유전자 흐름으로 연결되어 있다. ❷ 유전자 흐름에 대한 장벽이 한 개체군을 분리한다. ❸ 시간이 지남에 따라 이 개체군은 다른 두 개체군으로 갈라진다. ❹ 이후 잡종형성지역에서 유전자 흐름이 다시 만들어진다. 시간이 지남에 따라 이 잡종형성지역에서 발생할 수 있는 결과를 생각해 보자.

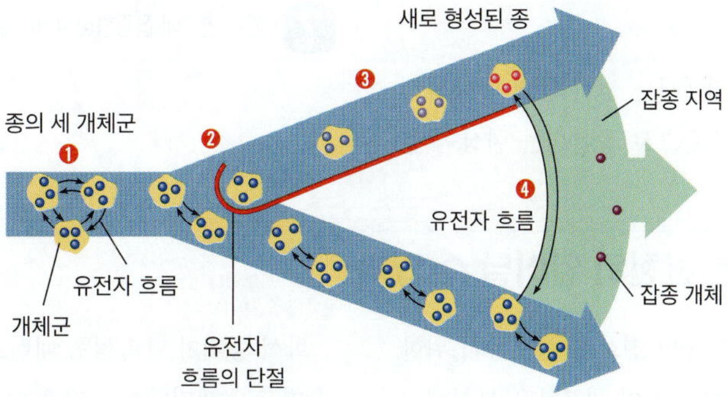

▲ 그림 14.10A 잡종형성지역 형성

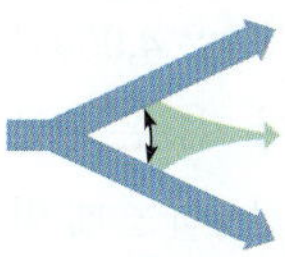

강화 잡종 자손이 두 부모 종보다 덜 적합할 때, 우리는 자연선택이 생식 장벽을 강화하며 부적합한 잡종의 형성을 감소시킬 것으로 예상할 수 있다. 그리고 종이 겹치는 곳(즉, 종들이 공존하는 장소)에서는 종간의 장벽이 더 강화될 것으로 예상할 수 있다.

▲ 그림 14.10B 생식적 장벽 강화

예를 들어, **그림 14.10B**에 표시된 밀접한 연관이 있는 목도리딱새(collared flycatcher)와 얼룩딱새(pied flycatcher)를 살펴보자. 이 두 종의 개체군이 중복되지 않는다면(즉, 다른 지역에 서식할 때), 두 종의 수컷은 흑백색으로 서로 매우 비슷하다(그림 14.10B의 왼쪽 참조). 그러나 두 종의 개체군이 같은 지역에 존재하면(동지역성일 때), 수컷 목도리딱새는 흰색 패치가 확장되었지만 여전히 검은색인 반면, 수컷 얼룩딱새는 둔탁한 갈색이 된다(그림 14.10B의 오른쪽 참조). 그림 하단의 사진은 두 마리의 얼룩딱새를 보여주는데, 왼쪽 사진은 목도리딱새와 겹치지 않는 개체군에서의 사진이고 오른쪽 사진은 두 종이 공존하는 지역의 수컷 사진이다. 과학자들이 짝 선택 실험을 진행했더니, 암컷 딱새에게 모양이 비슷한 이지역성 개체군에서 유래한 두 수컷을 제시하면 종종 선택의 실수를 한다. 그러나 암컷에게 생김새가 다른 동지역성 개체군의 수컷을 제시했을 때는 다른 종의 짝을 선택하지 않았다. 따라서 이 두 종의 개체군이 겹칠 때 생식 장벽이 강화된다.

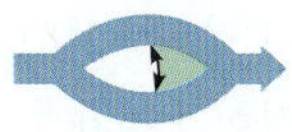

융합 종 사이의 생식 장벽이 약한 상태에서 두 종이 잡종형성지역에서 접촉하면 어떤 일이 일어날까? 많은 유전자 흐름이 발생하여 종분화 과정이 역전되어 두 종이 하나로 융합될 수 있다.

이러한 상황은 14.7절에서 논의한 빅토리아 호수의 시클리드 종들 사이에서도 일어나고 있다. 1980년대 이후 빅토리아 호수에서는 200종에 달하는 시클리드가 사라졌다. 일부 종은 도입된 포식자인 나일 농어에 의해 멸종되었다. 그러나 나일 농어의 먹이가 되지 않는 많은 종도 사라지고 있다. 빅토리아 호수 기슭의 개발로 인한 오염으로 물이 탁해졌기 때문이다. 물의 투명도가 시클리드의 성선택에 어떤 영향을 미치는지 이해하려면, 다양한 조명에서 눈이 어떻게 작동하는지 생각해 보자. 밝은 빛에서는 색을 구별하기 쉽지만 어두운 방에서는 구별하기 어렵다. *P. nyererei* 또는 *P. pundamilia* 암컷이 붉은 수컷과 푸른 수컷을 구별하지 못하면 어떻게 될까? 행동적 장벽이 무너진다. 교배를 통해 생존가능한 잡종 자손이 많이 생산되고, 한때 분리되어 있던 부모 종의 유전자풀이 연합하여 두 종이 하나의 교잡종으로 융합된다(**그림 14.10C**).

Pundamilia 잡종 '탁한 물'

▲ 그림 14.10C 융합: 탁한 물이 있는 지역에서 자란 *P. nyererei*와 *P. pundamilia*의 잡종

서로 다른 종의 고유 대립유전자를 하나의 유전자 풀에 섞는 교잡화는 개체군의 유전적 변이를 증가시켜 자연선택이 작용할 수 있는 표현형 변이를 증가시킬 수 있다. 최근 빅토리아 호수의 오염이 크게 줄어들면서 종 다양성까지는 아니지만 시클리드 개체 수가 반등했다. 환경 조건이 계속 개선된다면 생물학자들은 시클리드 다양성의 새로운 적응방산을 연구할 수 있는 기회를 가질 수 있을 것이다.

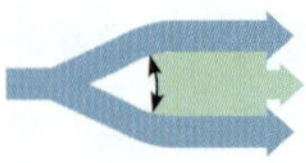

안정화 잡종형성지역에서는 생식 장벽이 강화되거나 유전자 풀이 단일 종으로 융합되는 현상이 일어날 것을 예측할 수 있다. 그러나 많은 잡종형성지역은 상당히 안정적이며 잡종이 계속 만들어진다. 이러한 잡종으로 개체군 사이에 약간의 유전자 흐름이 허용되지만, 각 종의 고유성은 유지된다. 때때로 교차교배(interbreed)가 일어나는 두 종의 핀치새가 서식하는 섬(14.8절 참조)은 안정적인 잡종형성지역의 한 예다.

? 진화 연구에 잡종형성지역이 흥미로운 이유는 무엇일까?

■ 잡종은 두 부모 종의 다양한 형질을 물려받을 수 있다. 시간이 지남에 따라 그들의 운명과 성공을 연구하면, 해당 환경에서 선택되거나 선택되지 않는 대립유전자, 특성 또는 특성 조합에 대한 아이디어를 얻을 수 있다.

14.11 종분화는 빠르게 또는 천천히 일어날 수 있다

생물학자들은 현장에서 관찰하면서, 진행 중인 진화를 연구하기 위한 실험을 고안하고 있다. 그러나 진화에 대한 증거의 대부분은 화석에서 나온다. 화석 기록은 종분화의 과정에 대해 무엇을 말해줄까?

많은 화석 종은 특정 암석층에서 갑자기 나타나 여러 층상(지층)에 걸쳐 거의 변하지 않은 채 존재하다가 갑자기 사라지기도 한다. 고생물학자들은 비교적 짧은 기간의 갑작스러운 변화(단속) 이후 거의 변하지 않는 형태가 긴 기간 동안 유지되는 것(평형)을 설명하기 위해 **단속평형(punctuated equilibria)**이라는 용어를 만들었다. **그림 14.11**(위)은 두 계통의 나비가 단속평형 패턴으로 진화하는 과정을 보여준다. 한번 나타난 나비 종은 거의 변하지 않는다는 것을 알 수 있다.

어떤 화석 종들은 오랜 기간에 걸쳐 점진적으로 분화한 것으로 보인다. 그림 14.11(아래)에서 볼 수 있듯이, 조상 개체군에 차이가 점차 누적되어 새로운 종(오른쪽 맨 끝 두 나비로 표시)으로 점진적으로 진화해 나간다.

화석 증거가 단속평형 패턴으로 보일 수도 있지만, 종은 보이는 것만큼 빠르게 생겨나지 않았을 수도 있다. 어떤 종이 500만 년 동안 생존했지만 그 특징적 변화는 처음 5만 년 동안 대부분 일어났다고 가정해 보자. 이렇게 짧은 기간은 화석 지층에서 구별할 수 없는 경우가 많다. 그리고 많은 종들이 그렇듯이 새로운 종이 고립된 작은 개체군에서 유래했다면 그 화석이 발견될 확률은 낮다.

새로운 종이 형성되는 시점과 그 개체군이 또 다른 새로운 종을 생산할 수 있을 만큼 분화되는 시점인 종분화 사건 사이의 총기간은 얼마나 될까? 84개의 동식물 그룹을 대상으로 한 조사에서 이 시간은 4,000년에서 4,000만 년까지 다양했다. 전체적으로 종분화 사이 기간은 평균 650만 년이었다. 이러한 긴 기간은 지구상의 생명체가 진화하는 데 엄청난 시간이 걸렸다는 것을 말해준다.

지금까지 살펴본 것처럼 종분화는 작은 차이에서 시작될 수 있다. 그러나 종분화가 반복적으로 일어나면서 차이가 누적되어 결국에는 네 발 달린 육상동물에서 고래류로 진화하는 것처럼 조상과 크게 다른 새로운 그룹이 탄생될 수 있다(13.3절 참조). 화석에 기록된 극적인 변화는 반복적인 종분화와 멸종의 누적 효과일 것이다. (이러한 거시적 진화의 변화는 다음 장의 주제다.)

▲ **그림 14.11** 종분화의 속도에 대한 두 가지 모델

? 단속평형 모델로 어떻게 새로운 종과 오래된 종을 연결하는 과도기 화석의 상대적 희귀성을 설명할 수 있을까?

■ 종분화가 비교적 짧은 시간에 일어나거나 고립된 작은 개체군에서 일어난 경우, 한 종에서 다른 종으로의 전환은 화석 기록에서 찾아보기 어려울 수 있다.

CHAPTER 14 복습

개념 복습하기

종 정의하기(14.1~14.3)

14.1 종의 기원은 생물학적 다양성의 원천이다. 한 종이 2개 이상의 종으로 나뉘는 과정인 종분화는 생명의 통일성과 다양성을 모두 설명한다.

14.2 종을 정의하는 방법에는 여러 가지가 있다. 생물학적 종개념에 따르면, 같은 종은 구성원이 서로 교배하여 번식능력이 있는 자손을 생산할 수 있지만, 다른 종의 구성원과는 교배하지 못하는 개체군의 집단이다. 이 개념은 생식적 격리를 강조한다. 대부분의 생물은 관찰 가능한 형질, 즉 형태적 종개념에 따라 분류된다.

14.3 생식적 장벽으로 종이 분리된다. 이러한 장벽은 종의 유전자 풀을 분리하고 교배를 방지한다.

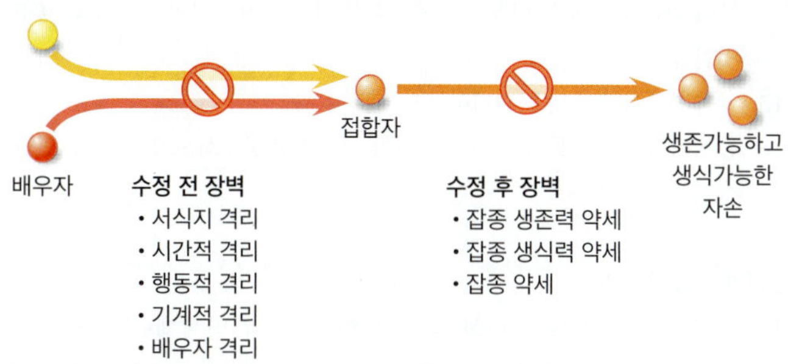

종분화 메커니즘(14.4~14.11)

14.4 지리적 고립이 종분화로 이어지는 경우 이지역성 종분화라 한다. 지리적으로 다른 개체군과 분리된 작은 개체군은 자연선택, 돌연변이, 유전적 부동에 의해 유전자 풀이 변화하면서 유전적으로 독특해질 수 있다.

14.5 개체군이 다양해짐에 따라 생식적 장벽이 나타날 수 있다. 연구자들은 초파리 개체군이 서로 다른 먹이 공급원에 적응하면서 생식적 격리가 시작되는 것을 발표했고, 원숭이꽃 종을 분리하는 데 도움이 되는 수분매개자 선택에 관여하는 꽃 색깔 유전자를 확인했다.

14.6 동지역성 종분화는 지리적 고립 없이 일어난다. 많은 식물 종은 세포분열의 오류로 인해 염색체 수가 복제되는 다수성으로 진화해 왔다. 일반적으로 짝 선택과 관련된 서식지 분화와 성선택은 동지역성 종분화로 이어질 수 있다.

14.7 성선택이 종분화로 이어질 수 있다. 연구자들은 시클리드의 급속한 다양화를 통해 성선택을 통한 종분화에 대한 통찰력을 얻었다.

14.8 고립된 섬은 종종 종분화의 전시장이다. 고립된 섬 연쇄에서 고립, 종분화, 재식민화 현상이 반복되면서 세계 다른 곳에서는 볼 수 없는 종의 적응방산이 일어난다.

14.9 장기 현장연구는 다윈 핀치새의 진화를 기록한다. 다프네 메이저섬에서 핀치새를 연구하는 연구원들은 자연선택이 표현형 변이에 미치는 영향을 실시간으로 정량화했다.

14.10 잡종형성지역은 생식적 격리를 연구할 수 있는 기회를 제공한다. 잡종형성지역은 서로 다른 종의 개체군이 겹쳐서 적어도 일부 잡종 자손을 생산하는 지역이다. 시간이 지남에 따라 강화가 생식 장벽을 강화하거나, 종간의 유전자 흐름이 증가함에 따라 융합이 종분화 과정을 역전시킬 수 있다. 안정된 잡종형성지역에서는 제한된 수의 잡종 자손이 계속 생산된다.

14.11 종분화는 빠르게 또는 천천히 일어날 수 있다. 단속평형은 조상 종에서 새로운 종이 나타날 때 급격한 변화가 일어나지만, 나머지 기간 동안 상대적으로 거의 변화하지 않는 진화 패턴을 설명한다. 어떤 경우에는 종이 더 점진적으로 진화한 것으로 보인다. 종분화 사이의 시간 간격은 수천 년에서 수천만 년까지 다양하다.

개념 연결하기

1. 이 그림이 나타내는 두 가지 유형의 종분화는 무엇인가? 각 유형에 대해, 새로운 종들 사이에 어떻게 생식 장벽이 발생할 수 있는지 설명해 보시오.

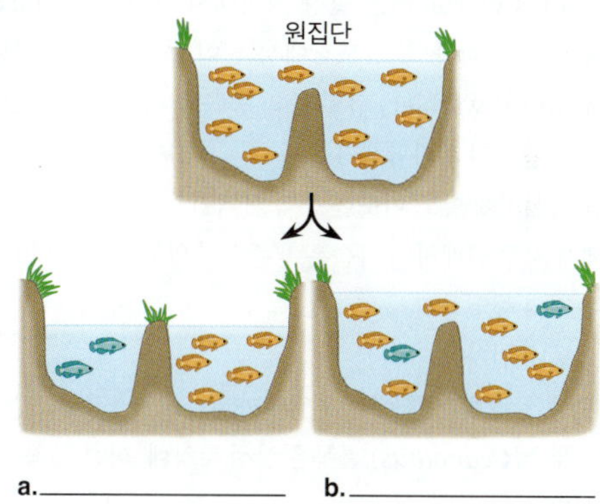

2. 다음 개념도의 빈칸에 적절한 용어를 넣으시오.

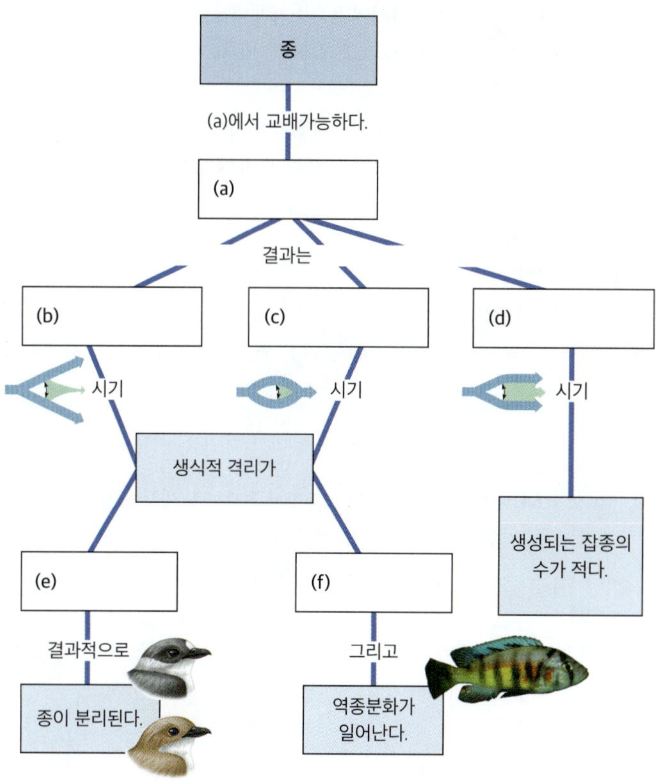

학습 평가하기

1단계 : 지식과 이해력 평가

3. 열대림에서 새로운 식물 종을 식별하는 현장 생물학자에게 가장 유용한 종의 개념은?
   a. 생물학적
   b. 생태학적
   c. 형태적
   d. 계통 발생적
4. 무성생식을 하며 밀접하게 관련된 두 식물 종은 형태학적으로 매우 유사하지만 서로 다른 환경에서 살고 있다. 어떤 종개념을 이들에게 적용할 수 있을까?
   a. 계통적 종개념
   b. 생물학적 종개념
   c. 생태적 종개념
   d. 형태적 종개념
5. 한때 조류 도감에서는 머틀 휘파람새(myrtle warbler)와 오두본 휘파람새(Audubon's warbler)를 일정 지역에서 나란히 서식하는 별개의 종으로 분류했다. 그러나 최근 도감에서는 이 두 종을 노란엉덩이휘파람새(yellow-rumped warbler) 단일 종의 동쪽과 서쪽 형태로 표시하고 있다. 아마도 이 두 종류의 휘파람새가 ________ 때문일 것이다.
   a. 비슷한 서식지에 살고 비슷한 음식을 먹기
   b. 자연에서 자주 교배하며 자손은 생존력이 있고 번식능력이 있기
   c. 외관이 거의 동일하기
   d. 많은 공통 유전자가 있기
6. 다음 중 수정 후 장벽의 한 예는 무엇일까?
   a. 한 세노투스(*Ceanothus*) 관목은 산성 토양에, 다른 관목은 알칼리성 토양에 산다.
   b. 청둥오리와 흰뺨검둥오리는 1년 중 다른 시기에 짝짓기를 한다.
   c. 표범개구리의 두 종은 짝짓기 울음소리가 다르다.
   d. 두 종의 지모초(jimsonweed)의 교잡으로 태어난 개체는 다음 번식기 전에 항상 죽는다.
7. 생물학자들은 하와이의 여러 섬에서 500종 이상의 초파리를 발견했는데, 모두 단일 조상 종의 후손인 것으로 보인다. 이 예가 보여주는 것은?
   a. 다수성
   b. 시간적 격리
   c. 적응방산
   d. 동지역성 종분화
8. 염색체를 20개 가진 식물과 10개를 가진 두 식물 종이 교잡했다. 잡종은 아마도 ________개의 염색체 수를 가지게 될 것이다.
   a. 20　　b. 15
   c. 10　　d. 30
9. 말($2n = 64$)과 당나귀($2n = 62$)는 짝짓기를 하여 노새를 낳을 수 있다. 노새의 체세포에는 몇 개의 염색체가 있을까?
   a. 31　　b. 62
   c. 63　　d. 126
10. 말과 당나귀가 교잡하여 새로운 종을 형성하지 못하게 막는 것은 무엇일까?
    a. 제한된 잡종 번식능력　　b. 제한된 잡종 생존력
    c. 잡종 약세　　d. 생식세포 격리
11. 잡종형성지역에서 생산된 잡종이 양쪽 부모 종과 서로 교배할 수 있고, 부모 종의 구성원들처럼 생존하고 번식할 수 있다면, 예측할 수 있는 것은?
    a. 잡종형성지역은 안정적일 것이다.
    b. 동지역성 종분화가 일어날 것이다.
    c. 생식 장벽을 강화하면 부모 종을 분리할 수 있다.
    d. 생식 장벽이 줄어들고 두 부모 종이 융합할 것이다.
12. 다음 중 이지역성 종분화에 기여하지 않는 인자는?
    a. 한 개체군이 부모 개체군으로부터 지리적으로 격리된다.
    b. 분리된 개체군은 작고 유전적 부동이 발생한다.
    c. 격리된 개체군은 부모 개체군과는 다른 선택 압력에 노출된다.
    d. 두 개체군 사이의 유전자 흐름은 계속 발생한다.

2단계 : 응용과 분석력 평가

13. 한 종 내의 변이, 지리적으로 고립된 개체군, 무성 생물, 화석 생물 등에서 종을 명확하게 정의하기 어렵게 만드는 이유를 설명하시오.
14. 곤충 종 A, B, C의 분산 능력은 각각 좋음, 보통, 나쁨이다. 이 중 여러 섬이 모여 있는 군도에서 이지역성 종분화가 일어날 가능성이 가장 높은 종은 무엇인가?
15. 단속평형이란 무엇을 의미하는가?
16. 동지역성 종분화를 일으키는 인자가 이지역성 종분화도 일으킬 수 있을까? 설명해 보시오.

3단계 : 종합평가

17. 미국에서 재배하는 면화 식물은 총 52개의 염색체를 가지고 있다($2n = 52$). 각 세포에는 13쌍의 큰 염색체와 13쌍의 작은 염색체가 있다. 구대륙 면화 식물은 26개의 큰 염색체($2n = 26$)를 가지고 있다. 미국의 야생 목화는 모두 작은 염색체 26개를 가지고 있다. 재배된 미국산 면화의 기원을 설명할 수 있는 검증 가능한 가설을 제안해 보시오.
18. **과학적 사고** 빅토리아 호수의 탁한 물이 시클리드 종 감소에 어떻게 영향을 주는지 설명하시오. 이러한 오염된 물이 새로운 종의 형성에 어떤 영향을 미칠 수 있을까?
19. 북극여우(*Vulpes lagopus*)는 스칸디나비아에서 멸종위기에 처했다. 최근 야생에 서식하는 북극여우의 개체 수는 수백 마리에 불과하다. 실제로 노르웨이, 스웨덴, 핀란드에는 200마리 미만의 개체만 남아 있을 것으로 추정된다. 북극여우는 밀렵, 기후변화, 더 크고 강한 붉은여우(*Vulpes vulpes*)와의 경쟁으로 인해 위협을 받고 있다. 이에 노르웨이와 스웨덴은 스칸디나비아 북극여우를 살리기 위한 번식 프로그램을 시작했다. 북극여우는 붉은여우와 가끔 짝짓기를 통해 생존가능하고 적어도 부분적으로 번식능력이 있는 자손을 낳는 것으로 알려져 있다. 북극여우는 유럽에서 멸종위기종으로 지정되어 있지만, 붉은여우와 교배가 가능하다는 사실은 북극여우가 '순수한' 종이 아니라는 것을 시사하며 멸종위기종으로서의 지위에 의문을 제기할 수도 있다. 또한 러시아 북부와 스칸디나비아 외 극지방에서는 멸종위기에 처하지 않았다. 북극여우는 여전히 스칸디나비아에서 보존 조치를 취할 가치가 있다고 생각하는가, 아닌가? 그렇게 생각하는 이유는 무엇인가?

CHAPTER 15 진화 역사 추적하기

15.0 진화를 통해 어떻게 새로운 구조가 생겨날까

새의 깃털과 비행은 구조와 기능의 결합이다. 사진에서 보이는 갈색 펠리컨을 비롯 깃털은 새의 비행에 필수적인 요소다. 비행하는 깃털 중앙에 있는 축은 시작점에서 끝으로 뻗고 있고, 축에서 미늘(barb)이라는 별도의 가는 섬유가 나온다. 각 미늘은 지퍼의 이빨과 같은 역할을 하는 작은 고리로 다음 미늘과 연결되어 있다. 그 결과 단단하면서도 유연한 미늘이 촘촘히 연결된 시트가 만들어진다. 비행 중에는 다양한 깃털의 모양과 배열로 양력이 생성되고, 공기의 흐름을 원활하게 하며, 방향조절과 균형이 만들어진다. 이렇게 복잡한 구조가 어떻게 진화했을까? 이 장 뒷부분에서 이 질문에 대한 답을 찾게 되겠지만, 우선 한 가지 단서를 제공하면, 지구상에서 깃털을 가진 최초의 동물은 새가 아니라 공룡이었다.

파충류 계열에서 탄생한 조류는 종 수준 이상의 진화적 변화인 대진화의 한 예다. 이 장에서는 대진화를 일으키는 몇 가지 메커니즘을 살펴보고, 과학자들이 생명의 다양성을 어떻게 진화적 상관관계로 체계화하는지 알아보고자 한다. 이러한 광범위한 주제에 접근하기 위해 가장 기본적인 질문부터 시작해 보자. 지구의 생명은 어떻게 처음 생겨났을까?

핵심 개요

초기 지구와 생명의 기원(15.1~15.3)

초기 지구에서 생명체가 어떻게 생겨났는지에 대한 4단계 가설을 과학적 실험을 통해 테스트할 수 있다.

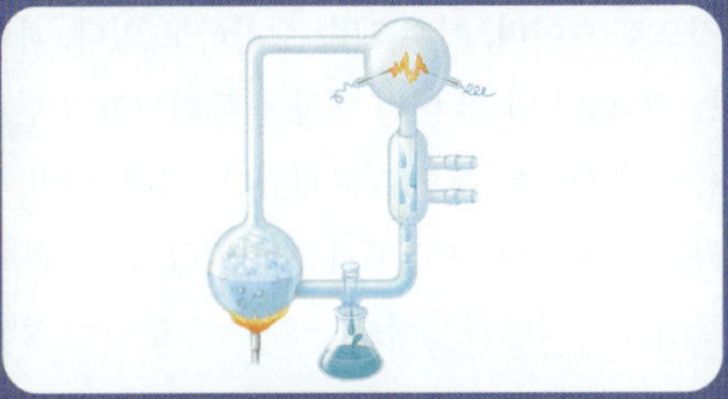

생명의 역사에서 주요 사건(15.4~15.6)

화석 기록과 방사성 연대 측정법으로 생명체의 역사에서 중요한 사건에 대한 지질학적 기록을 정립할 수 있다.

대진화 메커니즘(15.7~15.13)

대륙이동, 대량멸종, 적응방산, 발생연관 유전자의 변화 등이 모두 대진화에 기여했다.

계통발생과 생명수(15.14~15.19)

종의 진화 역사는 화석, 상동성, 분자계통분류학을 사용하여 재구성되었다.

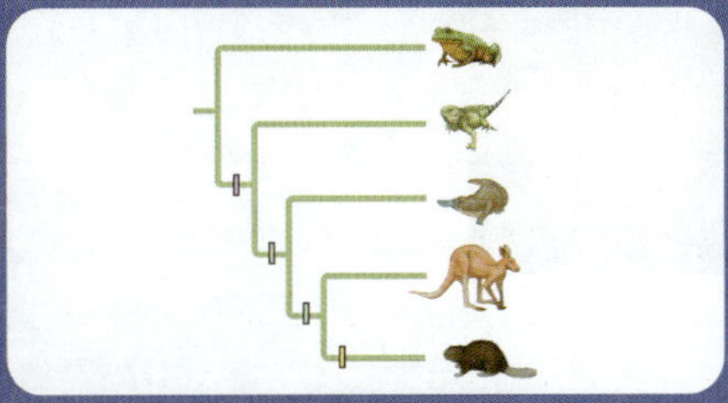

초기 지구와 생명의 기원

15.1 초기 지구의 조건이 생명의 기원을 가능하게 했다

지구는 태양 주위를 도는 8개의 행성 중 하나이며, 태양은 은하수에 있는 수십억 개의 별 중 하나다. 은하수는 다시 우주에 존재하는 수십억 개의 은하 중 하나다. 우리 태양과 가장 가까운 별은 40조 킬로미터나 떨어져 있다. 우주는 항상 그렇게 널리 퍼져 있었던 것은 아니다. 물리학자들이 가지고 있는 증거에 따르면, 우주가 현재와 같은 형태로 존재하기 전에는 모든 물질이 하나의 덩어리에 집중되어 있었다고 한다. 이 덩어리는 120억 년에서 140억 년 전쯤 '빅뱅(big bang)'과 함께 폭발한 것으로 보이며, 이후 계속 팽창하고 있다. 과학적 증거에 따르면, 지구는 약 46억 년 전 어린 태양을 둘러싸고 있던 거대한 소용돌이 먼지 구름에서 형성된 것으로 밝혀졌다. 기체, 먼지, 암석이 서로 충돌하고 달라붙으면서 더 큰 천체가 형성되었고, 더 큰 천체는 중력으로 더 많은 물질을 끌어당겨 결국 지구와 다른 행성이 형성되었다.

초기 지구의 조건 운석의 충돌과 중력에 의한 압축으로 엄청난 열이 발생되면서, 젊은 행성인 지구는 아마도 용융된 덩어리로 시작되었을 것이다. 그 후 이 덩어리는 다양한 밀도의 층으로 나뉘고, 밀도가 가장 낮은 물질은 지구 표면의 얇은 지각을 만들었다.

약 40억 년 전 초기 지구에 운석의 충돌이 줄어들기는 했지만, 지구의 조건은 오늘날과는 매우 달랐다. 최초의 대기는 질소와 그 산화물, 이산화탄소, 메탄, 암모니아, 수소, 황화수소 등 화산 폭발로 방출된 다양한 화합물과 함께 수증기가 짙게 깔려 있었을 것으로 추정된다. 지구가 서서히 냉각되면서 수증기는 바다로 응축되었다. 젊은 지구의 대기는 오늘날 우리가 알고 있는 대기와 매우 달랐을 뿐만 아니라 번개, 화산 활동, 자외선도 훨씬 더 강렬했다.

생명은 언제 시작되었을까 지구에 생명체가 존재했다는 최초의 증거는 약 35억 년 전의 화석에서 찾을 수 있다. **그림 15.1**은 이러한 화석 중 하나를 보여준다. 큰 그림은 당시 지구의 모습을 예술가의 상상으로 표현한 것이다. 이 그림에는 이미 생명체가 존재하고 있는데, 해안에 무수한 '디딤돌'이 바로 그것이다. **스트로마톨라이트(stromatolite)**라고 불리는 이 암석들은 고대 광합성 원핵생물(prokaryote)에 의해 만들어진 것이다. 그림에서 보이는 스트로마톨라이트 화석에서 볼 수 있듯이, 이 암석들은 층상구조다. 이 층상구조는 원핵생물이 퇴적물을 결합하여 얇은 막을 형성한 다음, 표면으로 이동하여 새로운 층을 시작하는 방식으로 만들어졌다. 오늘날에도 호주 서부의 샤크 베이(Shark Bay) 같은 얕고 염분이 많은 일부 해안에서 광합성 원핵생물에 의한 이와 유사한 층상 매트가 형성되고 있다.

▼ **그림 15.1** 약 30억 년 전 지구의 모습(삽입: 화석화된 스트로마톨라이트의 단면 사진)

광합성은 단순한 과정이 아니므로, 고대 스트로마톨라이트를 형성한 생물처럼 복잡한 생물이 진화하기까지는 상당한 시간이 경과했을 가능성이 높다. 이 원핵생물이 35억 년 전에 살았다는 증거는 더 단순한 형태의 생물체가 훨씬 더 일찍 39억 년 전에 나타났을 것이라는 가설을 강하게 뒷받침한다.

생명은 어떻게 생겨났을까 고대 그리스 시대부터 1800년대까지 일반적으로 생명체는 무생물에서 자연적으로 생성되었다고 믿었다. 예를 들어, 많은 사람들은 파리는 썩은 고기에서, 물고기는 바다 진흙에서 나온다고 믿었다. 하지만 1862년 프랑스 과학자 파스퇴르(Louis Pasteur)의 실험을 통해 모든 생명체는 기존의 생명체가 증식(번식)하는 방식으로만 생겨난다는 사실이 확인되었다. 파스퇴르는 현존하는 생명체의 자연 발생에 대한 논쟁을 종식시켰지만, 생명체가 처음 어떻게 생겨났는지에 대한 질문은 다루지 않았다. 화석 증거가 없는 이 질문에 답하기 위해 과학자들은 자신들의 예측을 검증할 가설을 세웠다.

과학자들은 매우 단순한 세포가 초기 지구의 화학적·물리적 과정인 네 가지 주요 단계를 거쳐 생성되었을 것이라는 가설을 세웠다.

1. 아미노산 및 질소 염기와 같은 작은 유기 분자의 무생물적(비생물적) 합성
2. 이러한 작은 분자들이 연결되어 단백질과 핵산과 같은 중합체(polymer) 형성(3.3절 참조)
3. 이러한 분자들을 포장하고, 주변 환경으로부터 내부 화학을 다르게 유지시켜 주는, 막(membrane)을 가진 물방울 모양의 '원시세포(protocell)' 생성
4. 마지막으로, 유전(inheritance)을 가능하게 해주는 자기-복제(self-replicating) 분자의 탄생

다음 두 절에서는 이 네 가지 단계 각각에 대한 실험적 증거를 살펴본다.

? 스트로마톨라이트는 35억 년 전 생성된 것인데, 이것이 어떻게 생명체가 35억 년 이전에 생겨났다는 것을 암시할까?

■ 35억 년 전 광합성 원핵생물이 존재했다면, 그보다 훨씬 이전에 더 단순한 비광합성 원핵세포가 존재했을 것이다.

15.2 유기 분자가 무생물적으로 합성될 수 있다는 것이 실험적으로 증명되었다

과학적 사고 유기 분자(organic molecule)는 생명체의 구조와 기능에 필수적이지만, 지구와 대기는 무기 분자로 구성되어 있다. 최초의 유기 분자는 어떻게 생겨났을까?

1920년대 러시아 화학자 오파린(A. I. Oparin)과 영국 과학자 할데인(J. B. S. Haldane)은 독자적인 실험으로, 초기 지구의 조건에서 유기 분자가 생성되었을 수 있다고 발표했다. 이들은 풍부한 산소를 가지고 있는 현재 지구의 조건으로는 유기화합물의 자연적 합성이 불가능하다고 추론했다. O_2는 강력한 산화물질(oxidizing agent)로서 화학결합을 방해하는 경향이 있기 때문이다. 그러나 광합성 원핵생물이 O_2를 대기에 방출하기 전 지구는, 환원적(전자를 추가하는) 대기를 가졌을 것이다. 무생물적 유기화합물 합성에 필요한 에너지는 번개와 강한 자외선으로부터 왔을 수 있다.

1953년 당시 노벨상 수상자였던 우레이(Harold Urey) 연구실에서 대학원생이었던 밀러(Stanley Miller)는 오파린-할데인 가설을 실험했다. 밀러는 **그림 15.2**와 같은 장치를 고안했다. 플라스크의 데워진 물은 원시 바다를 나타낸다. ❶ 가열된 물의 일부는 기화되어 높이 있는 두 번째 플라스크로 이동한다. ❷ 두 번째 플라스크의 '대기(atmosphere)'는 당시 과학자들이 원시지구에 다량 존재했다고 생각한 수증기, 수소가스(H_2), 메탄(CH_4), 암모니아(NH_3) 같은 기체로 채워졌다. 그리고 번개와 유사하게 플라스크에 있는 전극에서 스파크를 방출했다. ❸ 차가운 물이 순환하는 응축기는 대기를 냉각시켜 물과 용해된 화합물을 작은 바다로 다시 내보낸다. ❹ 밀러는 이 장치를 통해 순환하는 물질의 표본을 주기적으로 수집, 화학분석을 했다.

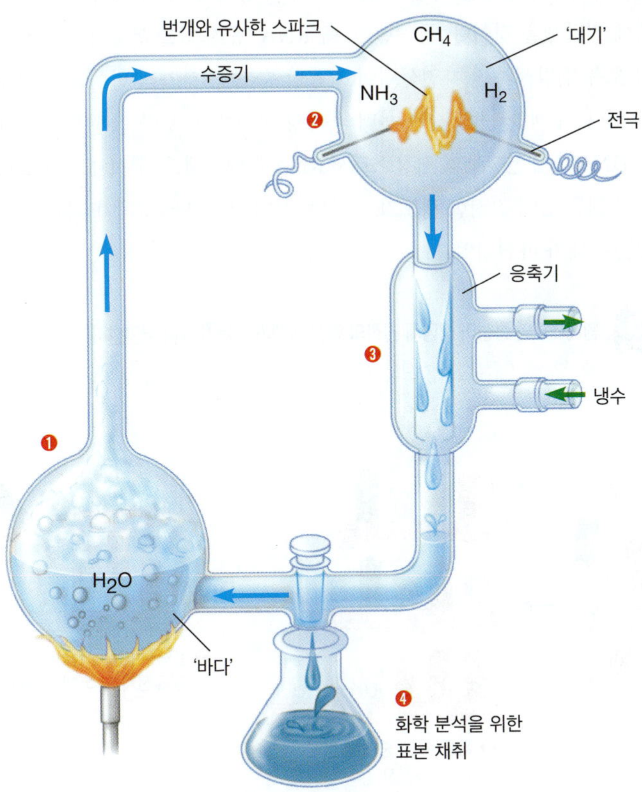

▲ **그림 15.2** 밀러의 1953년 실험에서 유기화합물의 합성을 보여주는 그림

밀러는 탄화수소(탄소와 수소의 긴 사슬)와 단백질을 구성하는 일부 아미노산을 포함, 생물체에서 흔히 볼 수 있는 다양한 유기 분자를 확인했다. 생명을 이루는 분자가 무기 전구체에서 자연적으로 생겨났을 수 있다는 최초의 증거인 그의 연구 결과는 전 세계의 주목을 받았다. 이후 많은 실험실에서 다양한 대기 혼합물을 사용하여 유기화합물이 생성되는 밀러의 고전적인 실험을 재현했다.

최근 연구 결과에 따르면, 초기 대기는 한때 가정했던 것만큼 환원력이 강하지 않았을 것이라고 한다. 그러나 이러한 대기를 사용한 실험 결과에서도 유기 분자가 생성되어 밀러의 결과를 확인시켜 주었다. 그리고 초기 대기(화산 구멍 주변과 같은 지역)에 존재했던 작은 '고립지역(pocket)'은 환원적이었을 가능성이 있다. 2008년, 밀러가 화산 조건을 모방하여 설계했던 실험에서 나온 일부 표본을 밀러의 전 대학원생이 발견했다. 현대적 장비를 사용해 이 표본을 재분석하여, 합성된 유기화합물을 다시 확인한 결과, 밀러의 화산 조건 모방 실험에서는 실제로 22개의 아미노산이 생성되었던 것이 밝혀졌다. 이는 1953년 원실험의 대기중에 생성된 11개의 아미노산보다 훨씬 많은 양이었다. (밀러 당시 사용 가능한 분석 방법으로는 5개의 아미노산만 발견되었다.)

과학자들은 지구에 있는 유기 분자의 기원에 대한 다양한 가설들을 지속적으로 제시하고 있다. 일부 과학자들은 뜨거운 물과 무기질이 심해로 분출되는 지각의 틈새인 수중 화산이나 심해 열수구(hydrothermal vents)에서 생명체가 시작되었을 수 있다는 가설을 연구하고 있다. 이러한 환경은 현존하는 생명체가 생존할 수 있는 가장 극단적인 환경 중 하나지만, 생명체를 이루는 초기 화학 자원을 제공했을 수도 있다.

운석이 지구 최초의 유기 분자 공급원이었다는 또 다른 가설도 있다. 1969년 호주에서 발견된 지구에 떨어진 45억 년 전 운석의 조각에는 80여 종의 아미노산이 포함되어 있었고, 일부는 다량으로 존재하고 있었다. 최근 연구에 따르면 이 운석에는 지질, 단당류 및 우라실(uracil) 염기와 같은 질소 염기를 포함한 여러 주요 유기 분자도 포함되어 있었다. 화학 분석 결과 이러한 유기화합물은 지구에서 오염된 것은 아닌 것으로 밝혀졌다.

초기 지구의 유기 분자 기원에 대한 연구는 계속될 것이다. 다음은 최초의 세포 탄생 단계에 대한 과학자들의 가설에 대해 살펴보고자 한다.

? 지구의 초기 대기에 대한 새로운 증거를 추가하여 밀러의 장치를 바꾼다면 무엇을 바꾸겠는가?

■ 두 번째 플라스크의 가스 혼합물(그림 15.2에서 2로 표시된 것)

15.3 최초의 세포는 중합체, 원시세포, 자기-복제 RNA 형성의 단계를 거쳐 만들어졌을 것이다

작은 유기 분자의 무생물적 합성은 생명 기원의 첫 단계였을 것이다. 그러나 초기 지구에서 중합체 합성, 원시세포 형성, 자기-복제 RNA의 3단계가 일어날 수 있었다는 증거는 무엇일까?

중합체의 무생물적 합성 세포에서 단량체(monomer)를 연결하여 중합체(polymer)를 만드는 반응은 효소의 촉매작용으로 일어난다. 그러나 효소 없이도 이런 일이 일어날 수 있을까? 과학자들은 희석된 아미노산 또는 RNA 단량체 용액을 뜨거운 모래, 점토, 암석에 떨어뜨리는 방법으로 실험실에서 중합체를 만들어냈다. 열에 의해 물이 기화되면서 단량체 용액이 농축되고, 그중 일부는 순간적으로 사슬 형태로 서로 결합했다. 초기 지구에서 파도에 의해 유기물 단량체가 용암이나 뜨거운 암석에 부딪치면서 비슷한 반응이 일어났을 수 있고, 만들어진 폴리펩타이드(polypeptide)나 기타 중합체는 다시 바다로 흘러갔을 수 있다.

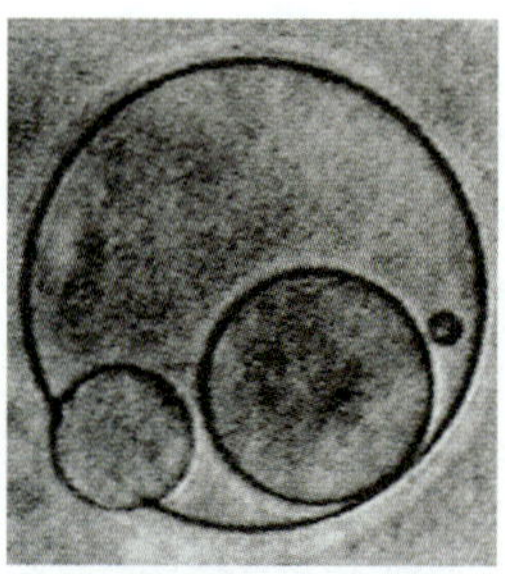
LM 700×

▲ **그림 15.3A** 지질로 만들어진 막을 가진 작은 소포는 더 작은 소포를 '생성'한다.

원시세포의 형성 생명 기원의 핵심 단계는 유기 분자가 막으로 둘러싸인 구획 내에 모아지고 주변과 분리된 것이었을 것이다. 실험실에서 지질과 물을 혼합하면 작은 막으로 둘러싸인 주머니, 즉 소포(vesicle)가 형성된다는 것을 보여주었다(5.2절 참조). 이 혼합물에 초기 지구에 흔했을 것으로 추정되는 점토를 첨가하면 소포형성은 더 빠른 속도로 일어난다. 이 점토(clay)의 표면에 유기 분자가 농축되면 상호작용은 더 쉽게 일어난다. **그림 15.3A**에서 형성된 작은 물방울에서 볼 수 있듯이, 이렇게 무생물적으로 만들어진 소포는 성장하고 분열(번식)할 수 있다. 과학자들은 RNA나 기타 분자가 부착되어 있는 점토 입자가 소포로 흡수할 수 있음을 보여주었다. 이와 유사한 방식으로 초기 지구의 원시세포는 주변 환경과 다른 내부환경(internal environment)을 만들고 번식하며 유지할 수 있었을 것이다.

자기-복제 RNA 오늘날의 세포는 유전정보를 DNA로 저장하고, 그 정보를 RNA로 전사(transcription)한 다음, RNA 메시지를 단백질로 번역(translation)한다. 이 DNA → RNA → 단백질 체계는 매우 복잡하지만(10장 참조), 훨씬 더 단순한 과정이 조금씩 개선되면서 점진적으로 생겨났을 것이다.

최초의 유전자는 어떤 모습이었을까? 한 가지 가설은 자기-복제하는 짧은 가닥의 RNA라는 것이다. 실험실에서 뉴클레오타이드(nucleotide) 단량체가 우연하게 짧은 RNA 분자로 조립되는 것이 밝혀졌다. 또한 RNA 단량체가 포함된 용액에 RNA 사슬을 첨가하면, 첫 RNA 분자 일부와 상보적(complementary)인 새로운 RNA 사슬이 조립되기도 한다. 초기 지구에서 일어났던 시나리오를 **그림 15.3B**와 같이 상상할 수 있다. ❶ RNA 단량체가 점토 입자에 달라붙어 농축된다. ❷ 일부 단량체가 우연히 결합하여 최초의 작은 '유전자(gene)'를 형성한다. ❸ 이 유전자 일부에 상보적인 RNA 사슬이 조립된다. 이어 새롭게 만들어진 RNA 사슬이 또 다른 RNA 조립의 주형으로 사용된다면 원유전자의 복사본이 생성된다.

이 복제 과정은 RNA 분자가 자기-복제의 촉매 역할을 하기 때문에 가능했을 것이다. RNA가 효소와 유사한 기능을 수행할 수 있는 **리보자임(ribozyme)**의 발견은 이 가설을 뒷받침한다. 따라서 '닭과 달걀'의 역설과 비슷하게, 유전자와 효소 중 어느 것이 먼저 나타났는지에 대한 질문은 두 기능을 모두 가진 RNA 분자로 해결될 수 있다. 과학자들은 RNA가 초기 유전자와 촉매분자 역할을 모두 수행하는, 생명 진화의 가상의 시기를 'RNA 세계(RNA world)'라고 부른다.

2013년, 과학자들은 자기-복제가 가능한 RNA를 소포가 둘러싸고 있는 원시세포를 만드는 데 성공했다. 초기 지구에서 일부 원시세포가 자기-복제를 하는 RNA 분자를 가지면서 자연선택으로 이들의 특성이 다듬어지기 시작했을 것이다. 다른 세포보다 더 효율적으로 성장하고 번식하는 유전정보를 가진 세포는 그 수가 증가하고, 그 능력을 다음 세대에 전달했을 것이다. 돌연변이, 즉 RNA '유전자'를 복제하는 과정에서 오류가 발생하면 자연선택이 작용할 수 있는 추가적 변이를 가져올 수 있다. 수백만 년에 걸친 선택의 특정 시점에서, 보다 안정적인 분자인 DNA가 유전정보의 저장소로서 RNA를 대체했고, 원시세포는 모호한 경계를 넘어 진정한 세포가 되었다. 이제 다양한 생명체가 진화할 수 있는 무대가 마련되었다.

? 원시세포의 형성이 생명체 진화의 핵심 단계가 되는 이유는 무엇일까?

■ 분자의 혼합물을 구획으로 분리하면 유기 분자가 농축되고 화학반응이 촉진될 수 있다. 자기-복제 '유전자'가 나타난 후에는 자연선택이 원시세포에 작용될 수 있다.

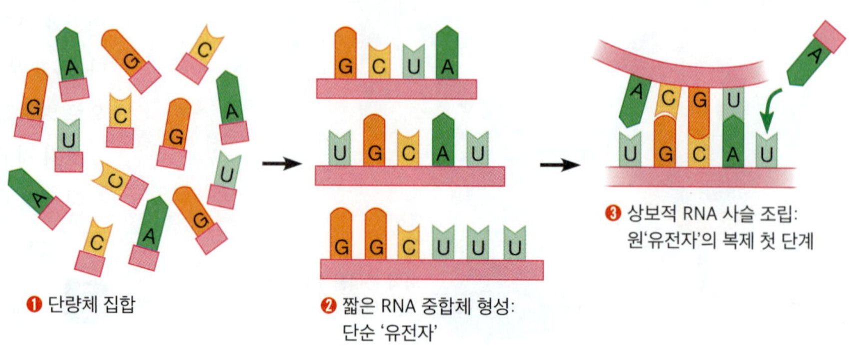

▲ **그림 15.3B** 최초의 유전자 기원에 대한 가설

생명의 역사에서 주요 사건

15.4 단세포 및 다세포 생물의 기원과 육지에서의 군락 형성은 생명의 역사에서 중요한 사건이다

이제 종(species) 수준 이상의 진화적 변화인 **대진화(macroevolution)**에 대해 알아보고자 한다. 대진화는 일련의 종분화 사건을 통한 새로운 생물 그룹의 등장, 생물의 다양성에 영향을 주는 대량멸종(mass extinction), 그리고 그 이후의 회복을 모두 포함한다. **그림 15.4**는 46억 년 전 지구의 기원부터 현재까지의 연대기를 보여준다. 지구의 역사는 지질학적 시간으로 4개의 누대(eon)로 나눈다. 명왕누대(Hadean), 시생누대(Archaean)와 원생누대(Proterozoic)는 약 40억 년 동안 지속되었고, 현생누대(Phanerozoic)는 마지막 5억 년이 해당된다.

원핵생물의 기원 가장 초기의 생명체에 대한 증거는 15.1절에서 다룬 스트로마톨라이트 화석에서 찾을 수 있다. 원핵생물(그림 15.4의 금색 띠)은 최소 35억 년 전부터 약 20억 년 전까지 지구의 유일한 거주자였다. 이 기간 동안 원핵생물에 의한 **에너지와 물질** 변화는 생물권(biosphere)에 되돌릴 수 없는 영향을 주었다. 원핵생물의 광합성 결과 발생한 산소는 바다에 포화되고, 27억 년 전부터는 대기 중에 나타나기 시작했다(녹색 막대). 22억 년 전에 이르러, 대기 중의 산소 분자(O_2)가 급격히 증가하기 시작했다. 이 호기성(aerobic) 환경에서 살 수 없었던 원핵생물 종은 멸종했지만, 일부 종은 혐기성(anaerobic) 서식지에서 살아남았다. 그리고 O_2를 사용, 유기 분자로부터 에너지를 수확하는 세포호흡(cellular respiration)의 진화로 다른 원핵생물들이 번성하기 시작했다.

단세포 진핵생물의 기원 널리 알려진 가장 오래된 진핵생물(eukaryote) 화석은 약 18억 년 전의 것이다(주황색 막대). 보다 복잡한 진핵생물 세포는 산소호흡(aerobic respiration)이나 광합성을 할 수 있는, 작은 원핵세포가 더 큰 세포 안에 자리를 잡으면서 생겨났다(4.15절). 최초의 진핵생물이 나타난 후, 다양한 단세포 진핵생물이 생성되었고, 현재까지 번성하고 있다.

다세포 진핵생물의 기원 다양화의 물결은 다양한 조류(algae), 식물, 곰팡이류 및 동물의 기원이 된 다세포 형태의 탄생으로 이어졌다. 가장 오래된 것으로 알려진 다세포 진핵생물 화석은 12억 년 전에 살았던 비교적 작은 조류(하늘색 막대)의 화석이다.

약 6억 년 전에 이르러 더 크고 다양한 다세포 생물이 화석 기록에 등장한다. 다양한 형태의 동물이 크게 증가한 시기는 5억 3,500만~5억 2,500만 년 전으로, 캄브리아기 대폭발(Cambrian explosion, 밝은 파란색 막대)로 알려진 기간이다.

육지에서의 군락 형성 화석 증거에 따르면, 10억 년 전 광합성 원핵생물이 습한 육지 표면을 덮고 있었다. 그러나 더 큰 형태의 생물은 약 5억 년 전(보라색 막대)이 되어서야 육지에 군락을 형성(colonize)하기 시작했다(보라색 막대).

식물은 곰팡이와 함께 육지에 군락을 형성했다. 오늘날에도 대부분의 식물의 뿌리에는 물과 무기물의 흡수를 돕는 곰팡이(fungus, 균류)가 연합하고 있으며, 곰팡이는 그 대가로 영양분을 공급받는다.

가장 널리 퍼져 있고 다양한 육상동물은 절지동물(arthropod, 특히 곤충과 거미)과 사지동물(tetrapod, 4개의 부속지를 가진 척추동물)이다. 사람도 사지동물에 속하지만, 사람 계열은 후발주자로 약 600만~700만 년 전에 다른 영장류와 계열이 나뉘면서 나타났고, 현생 사람 종은 약 19만 5,000년 전에 생겨났다고 한다. 지구 역사의 시계를 시간으로 그린다면, 사람은 0.2초 전에 등장한 것이다! 다음 두 절에서는 지구 역사에서 이러한 주요 사건이 일어난 지질학적 시간을 과학자들이 어떻게 결정했는지 살펴본다.

? 육지는 얼마나 오랫동안 생명체가 없었으며, 새로운 군락의 정착자들이 발견한 것은 무엇인가?

■ 원핵생물이 육지에 군락을 형성하는 데는 약 36억 년이 걸렸고, 더 큰 생명체가 형성되는 데는 5억 년이 더 걸렸다. 정착생물들은 토양도, 식물도, 생태계도 없는 빈 캔버스를 발견했다.

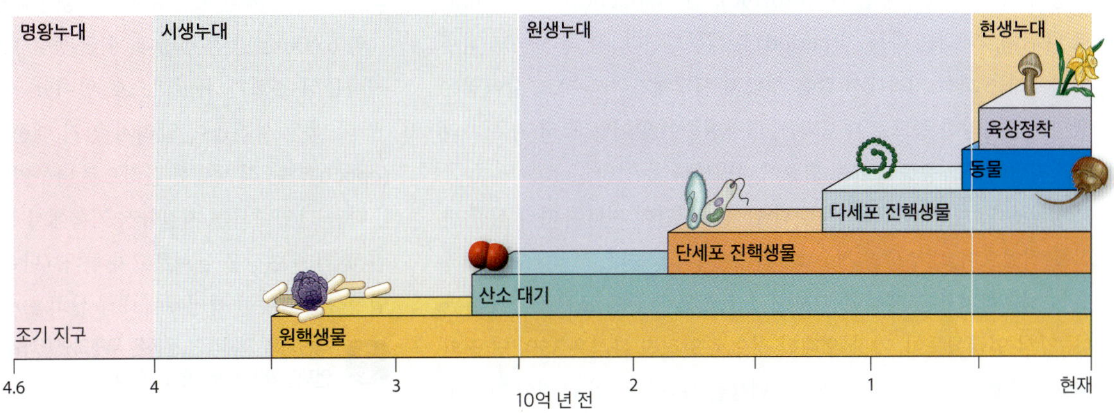

▲ 그림 15.4 지구 생물의 역사에서 주요 사건들

15.5 암석과 화석의 실제 연대는 지질학적 시간의 기준이 된다

지질학자들은 암석과 암석에 포함된 화석의 연대를 결정하기 위해 여러 가지 기법을 사용한다. 가장 자주 사용되는 방법은 **방사성 연대 측정법(radiometric dating)**으로, 방사성 동위원소(radioactive isotope, 불안정한 형태의 원소, 2.3절 참조)의 붕괴에 기초한 방법이다. 화석에는 생물체가 살아 있을 때 축적한 원소(element)의 동위원소(isotope)가 포함되어 있다. 예를 들어, 살아 있는 생물은 흔한 동위원소인 탄소-12와 방사성 동위원소인 탄소-14를 대기 중에 존재하는 것과 같은 비율로 가지고 있다. 생물이 죽으면 탄소 축적을 멈추는데, 조직 내 안정한 탄소-12는 변하지 않는 반면, 탄소-14는 붕괴되어 다른 원소로 바뀌기 시작한다. 붕괴 속도를 반감기(half-life)로 표현하는데, 반감기는 표본에 있는 동위원소의 50%가 붕괴하는 데 걸리는 시간이다. 탄소-14의 반감기는 5,730년이므로 시료에 있는 탄소-14의 절반은 약 5,730년 만에 붕괴하고, 나머지 탄소-14의 절반은 그 후 5,730년 동안 붕괴하는 식으로 붕괴한다(**그림 15.5**). 방사성 동위원소의 반감기와 화석의 방사성 동위원소와 안정적 동위원소의 비율을 분석하면 화석의 연대를 결정할 수 있다.

탄소-14는 최대 약 7만 5,000년 전의 비교적 젊은 화석의 연대 측정에 유용하다. 반감기가 더 긴 방사성 동위원소는 더 오래된 화석의 연대 측정에 사용된다.

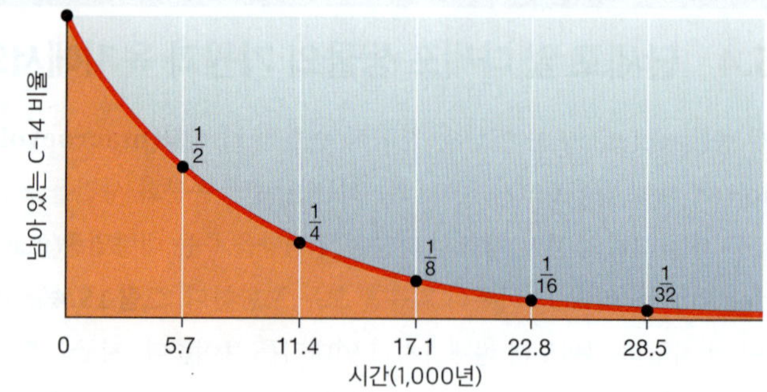

▲ **그림 15.5** 탄소-14를 이용한 방사성 연대 측정법

훨씬 더 오래된 화석의 나이를 추정하는 데는 간접적인 방법을 사용한다. 예를 들어, 반감기가 13억 년인 칼륨-40(potassium-40)은 수억 년 된 화산암의 연대 측정에 사용될 수 있다. 화석의 나이는 화석이 발견된 지층의 위와 아래 암석층의 나이를 통해 유추할 수도 있다.

과학자들은 암석과 화석의 연대 측정을 통해 지구의 역사에 대한 지질학적 기록을 구축해 왔다.

? 화석화된 머리뼈에 남아 있는 탄소-14의 비율은 1/64로 밝혀졌다. 그림 15.5를 사용했을 때, 이 화석의 나이는 얼마인가?

■ 약 34,230천 년 전

15.6 화석 기록은 생명 역사의 기록이다

화석 기록은 화석이 암석 지층에 나타나는 순서로, 진화적 역사의 기록 보관소다(13.2절 참조). 지질학자들은 암석과 화석의 서열과 연대를 바탕으로, **표 15.6**에 표시된 것처럼 **지질학적 기록(geologic record)**을 확립했다. 그림 15.4에서 보았듯이, 지구의 역사는 명왕누대, 시생누대, 원생누대, 현생누대의 4개의 누대로 나눈다. 표 15.6의 연대표는 이러한 각 시대의 길이와 나이(100만 년 단위)를 보여준다. 표에서 마지막 5억 4,100만 년에 불과한 현생누대는 다세포 진핵생물의 진화에서 중요한 사건들을 보여주기 위해 더 크게 확대되어 있다. 현생누대는 다시 고생대(Paleozoic), 중생대(Mesozoic), 신생대(Cenozoic) 3대(era)로 나뉘며, 각 대는 다시 기(period)로 세분화된다. 각 대 사이의 경계지점에서는 화석 기록에서 많은 형태의 생명체가 사라지고, 살아남은 생명체는 다양한 종으로 대체되는, 대량멸종이 일어난다. 각 기 사이의 경계지점에서는 종종 소규모 멸종이 나타난다.

명왕누대, 시생누대, 고생누대의 암석은 시간이 지남에 따라 심한 변화를 겪었으며, 대부분의 경우 화석이 보이지 않는다. 그럼에도 불구하고 고생물학자들은 생물의 역사에서 오래된 사건을 조각조각 모아왔다. 앞서 언급했듯이, 가장 오래된 것으로 알려진 화석은 35억 년 전의 원핵생물 화석이며, 가장 오래된 진핵생물 화석은 18억 년 전의 것이다. 에디아카라기(Ediacaran, 6억 3,500만~5억 4,100만 년 전)의 지층에는 다세포 조류와 연체동물의 다양한 화석이 남아 있다.

약 5억 4,100만 년 전의 고생대('고대 동물') 시대의 암석에는 현재의 생물을 탄생시킨 계통의 화석뿐만 아니라 다른 많은 계통의 멸종된 화석이 남아 있다. 고생대 초기에는 거의 모든 생물이 수생 생물이었지만, 약 4억 년 전에는 식물과 동물이 육지에 성공적으로 정착하고 있었다.

중생대('중간 동물') 시대는 공룡을 비롯한 파충류(reptile) 화석이 풍부하기 때문에 파충류의 시대라고도 불린다. 중생대에는 또한 최초의 포유동물(mammal)과 속씨식물(angiosperms)이 등장했다. 조류의 한 계통을 제외하고, 공룡류는 중생대 말기에 멸종되었다.

약 6,600만 년 전 신생대('최근 동물') 초에는 포유류, 조류, 곤충, 속씨식물의 진화가 폭발적으로 일어났다. 신생대는 이전 시대보다 훨씬 더 많은 사건들이 알려져 있기 때문에, 이 표에서는 신생대를 세(epoch)라는 더 세밀한 간격으로 나누었다.

다음 단원에서는 지질학적 기록에서 볼 수 있는 뚜렷한 변화를 일으킨 몇 가지 현상을 살펴보고자 한다. (단원 4에서는 지구에서 진화해 온 엄청나게 다양한 생명체에 대해 살펴볼 것이다.)

? 석탄기의 지배적인 동물은 무엇이었을까? 겉씨식물이 우세 식물이었던 시기는 언제인가? (힌트: 표 15.6 참조)

■ 양서류. 겉씨식물은 트라이아스기와 쥐라기(2억 5,200만~1억 4,500만 년 전) 동안 우세했다.

표 15.6 지질학적 기록

누대의 상대적 지속기간	대	기	세	시기(100만 년 전)	생명 역사의 주요 사건
현생누대	신생대	제4기	현세	0.01	역사시대
			홍적세	2.6	빙하기. *Homo*속의 기원
		제3기	선신세	5.3	두 발로 걷는 사람 조상의 출현
			중신세	23	포유류와 속씨식물의 지속적 방산. 사람의 직접조상 출현
			점신세	34	여러 영장류 출현
			시신세	56	속씨식물의 우세 증가. 가장 현존하는 포유류 목의 지속적 방산
			효신세	66	포유류, 조류, 수분곤충의 주요 방산
	중생대	백악기		145	꽃식물(겉씨식물)의 출현과 다양성. 이 시기 말에 대부분의 공룡을 비롯, 다양한 생물이 멸종
		쥐라기		201	겉씨식물이 우세 식물로 지속. 공룡이 우세하고 다양화
		트리아스기		252	솔방울을 만드는 식물(겉씨식물)이 경관 지배. 공룡 진화 및 방산. 포유류 출현
	고생대	페름기		299	파충류 방산. 대부분의 현존하는 곤충그룹 출현. 이 시기 말 대부분의 해양과 육상생물이 멸종
		석탄기		359	관다발식물 형태가 방대한 숲을 이룸. 첫 씨식물 출현. 파충류 출현. 양서류 우세
		데본기		419	경골어류의 다양화. 첫 사지동물과 곤충 출현
		실루리아기		444	초기 관다발식물의 다양화
		오르도비스기		485	해양 조류가 풍부해짐. 다양한 곰팡이, 식물, 동물이 육상 정착
		캄브리아기		541	많은 동물문(캄브리아 대폭발)이 급격히 증가하고 다양화됨
원생누대		에디아카라기		635	다양한 조류와 연체 무척추동물 출현
				1,800	가장 오래된 진핵세포 화석 출현
				2,500	
시생누대				2,700	대기에 산소 농도가 증가하기 시작
				3,500	가장 오래된 원핵세포 화석 출현
				4,000	지구 표면에 가장 오래된 암석 출현
명왕누대				약 4,600	지구의 탄생

대진화 메커니즘

15.7 대륙이동은 대진화에 중요한 역할을 했다

지구 생명의 역사에서 일어난 큰 사건인 대진화는 화석 기록으로 알 수 있다. 이 절에서는 판구조론, 대량멸종, 적응방산 같은 진화적 변화를 가져온 몇 가지 현상을 살펴본다.

판구조론 1만 년마다 우주에서 지구를 촬영한 사진을 한 장씩 이어 붙인다면 멋진 영화 한 편이 될 것이다. 지금 우리가 살고 있는 대륙은 '언제나 그랬던 것처럼' 보이지만, 대륙은 시간이 흐르면서 움직여왔다. 약 15억 년 전 다세포 진핵생물이 탄생한 이후 10억 년, 6억 년, 2억 5,000만 년 전 세 차례에 걸쳐 지구의 전 대륙이 합쳐져 초대륙을 형성했다가 또 나뉘었다. 대륙이 나뉠 때마다 대륙의 모양도 변했다. 지질학자들은 지금부터 약 2억 5,000만 년 후 대륙은 다시 합쳐져 새로운 초대륙을 형성할 것으로 생각하고 있다.

대륙과 해저는 지각이라고 하는 지구의 얇은 바깥층을 이룬다. 지각은 맨틀(mantle)이라는 뜨겁고 점성이 있는 물질을 덮고 있다. 외핵(outer core)은 액체이고, 내핵(inner core)은 고체다(**그림 15.7A**). **판구조론(plate tectonics)**에 따르면, 지구의 지각은 불규칙한 모양의 거대한 판(**그림 15.7B**의 검은색 윤곽선)으로 나뉘며, 이 판은 본질적으로 밑에 있는 맨틀 위에 떠 있다. 대륙이동설에 따르면, 판의 이동은 맨틀의 움직임에 의한 것이다(그림의 검은색 화살표). 어떤 경우에는 판들이 서로 멀어진다. 예를 들어, 북미와 유럽은 1년에 약 2 cm의 속도로 서로 멀어지고 있다. 어떤 경우에는 2개의 판이 서로 미끄러지듯 겹치는데, 이러한 지역에서는 지진이 자주 발생한다. 또 다른 경우에는 2개의 얇은 판이 충돌한다. 이 경우 대규모 상승이 일어나며, 판의 경계부위를 따라 산맥이 형성될 수 있다. 그림 15.7B의 빨간색 점은 격렬한 지질 활동이 일어나는 지역으로, 대부분 판 경계와 관련 있다.

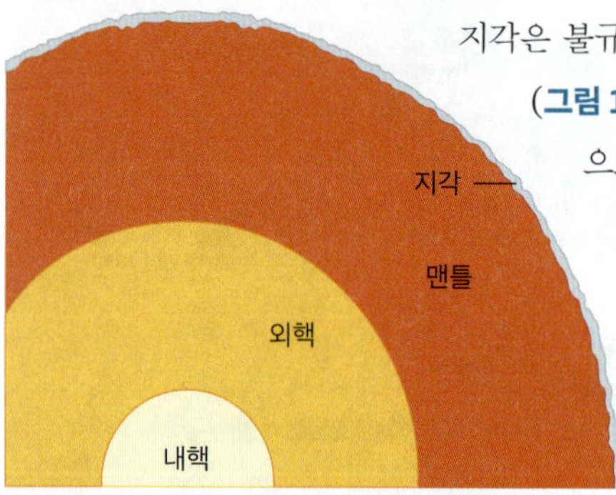

▲ **그림 15.7A** 지구의 단면도(지각은 실제보다 두껍게 표시)

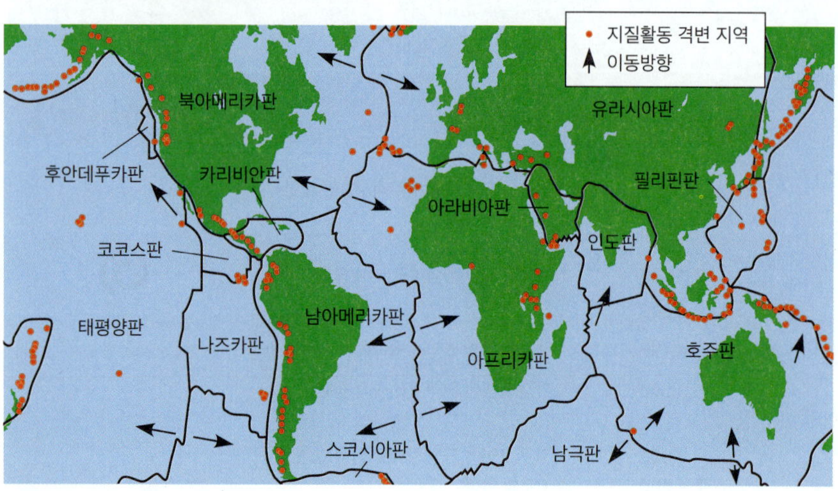

▲ **그림 15.7B** 지구의 지각판(판구조론)

대륙이동의 결과 지구 역사 전반에 걸쳐 대륙이동(continental drift)으로 지구의 모양이 만들어졌고, 생물이 사는 서식지를 변화시켰다. **그림 15.7C**는 중생대와 신생대 생물에 큰 영향을 준 대륙의 움직임을 보여준다. ❶ 약 2억 5,000만 년 전 고생대 말기, 판의 이동으로 이전에 분리되어 있던 모든 대륙은 '모든 땅'이라는 뜻의 **판게아(Pangaea)**라고 불리는 초대륙이 만들어졌다. 대륙이 합쳐지면서 해저는 깊어지고, 해수면은 낮아지고, 얕은 연안 바다에서는 물이 빠져나갔다. 지금과 마찬가지로, 당시에도 대부분의 해양 생물 종은 얕은 바다에 서식했는데, 서식지의 대부분이 파괴된 것이다. 광활한 대륙의 내륙은 춥고 건조했다. 판게아의 형성은 전반적인 물리적 환경과 기후에 엄청난 영향을 미쳤다. 화석 기록에서 알 수 있듯이, 생물학적 다양성의 모양이 바뀌었다. 많은 종이 멸종위기에 내몰렸지만, 위기에서 살아남은 생물에게는 새로운 기회가 주어졌다.

중생대에 판게아가 분리되기 시작하면서, 엄청난 지리적 격리가 일어났다. 대륙이 떨어져 나가면서, 이전에 이웃했던 생물과 격리된 채 거대한 섬과 같은 다른 대륙에 존재하게 된 생물들은 별도의 진화의 무대에 서게 되었다. ❷ 판게아는 처음 로라시아(Laurasia)와 곤드와나(Gondwana)라고 불리는 북쪽과 남쪽 대륙으로 나뉘었다. ❸ 약 6,600만 년 전인 중생대 말기에는 현재와 같은 대륙의 형태가 갖춰지기 시작했다. 당시 마다가스카르는 분리되어 있었지만, 인도는 여전히 큰 섬이었다. 그러다 약 4,500만 년 전 인도판이 유라시아판과 충돌했고, 판의 경계부위에서 느리고 꾸준한 부딪침으로 지구에서 가장 높고 젊은 산맥인 히말라야가 형성됐다. ❹ 대륙은 오늘날에도 계속 이동하고 있으며 히말라야는 여전히 매년 약 1 cm씩 높아지고 있다.

대륙의 연합과 분리의 역사로 생물의 과거와 현재 분포를 연구하는 **생물지리학(biogeography)**의 많은 패턴이 설명된다. 예를 들어, 마다가스카르섬에 사

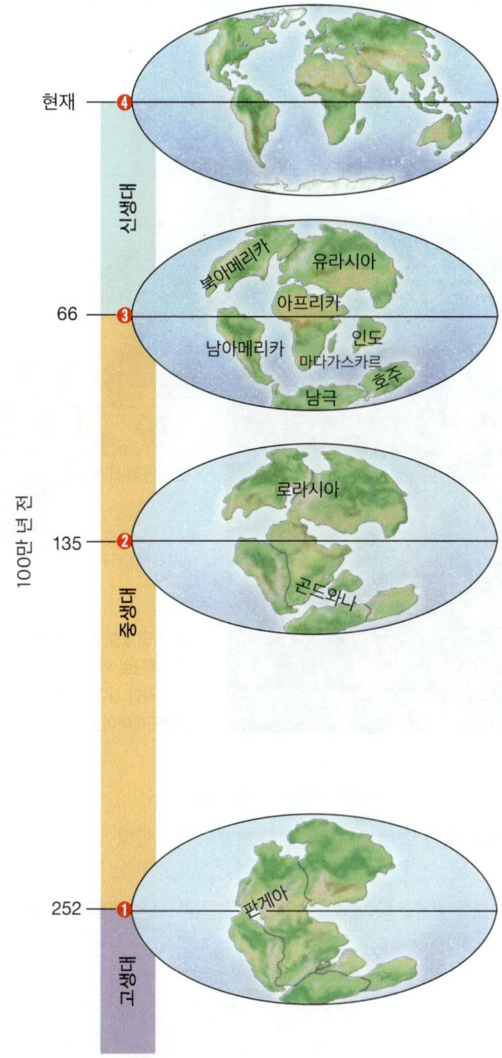

▲ **그림 15.7C** 현생누대에 일어난 대륙이동

시도해 보기 표 15.6을 참조하여 대륙이 1, 2, 3에 표시된 상태에 있는 동안 생명의 역사에서 중요한 사건들을 찾아보자.

는 거의 모든 동물과 식물은, 마다가스카르가 아프리카와 인도에서 분리된 후, 조상 개체군에서 다양화된 독특한 종들이다. 갈라파고스 제도에서와 마찬가지로 많은 그룹에서 적응방산이 일어났다(14.8절 참조). 예를 들어, 현재 마다가스카르에 서식하는 50여 종의 여우원숭이(lemurs)는 하나의 공통 조상으로부터 지난 4,000만 년 동안 진화된 것이다.

캥거루, 코알라, 웜뱃(wombat)과 같은, 어미 몸 밖의 주머니에서 새끼의 배아 발달이 완성되는 포유류인, 유대류(marsupials)의 미스터리는 대륙이동으로 설명될 수 있다. 호주와 인근 섬에는 대부분 전 세계 어디에서도 발견되지 않는 200여 종의 유대류가 서식하고 있다(**그림 15.7D**).

전 세계적으로는, 새끼가 어미의 자궁에서 발달을 완료하는 태반포유류인 진수류(eutherian)가 우세한 것에 반해, 호주에서만 유대류가 우세한 이유는 무엇일까? 현재 세계 지도를 보면, 유대류가 이 섬 대륙에서만 진화했다고 생각할 수 있다. 하지만 유대류는 호주에만 있는 동물이 아니다. 100종 이상의 종이 중남미에 살고 있고(**그림 15.7E**), 북미에는 버지니아 주머니쥐(Virginia opossum, **그림 15.7F**)를 포함한 몇 종만이 서식하고 있다. 유대류의 분포는 대륙이동의 맥락에서만 이해된다. 대륙이 합쳐졌을 때 유대류가 생겨났을 것이다. 화석 증거에 따르면, 유대류는 현재 아시아에서 탄생했고, 대륙이 남극과 연결되어 있는 당시 남미 끝까지 분산되었다. 유대류는 대륙이동으로 남극과 호주가 분리되기 전 호주로 이주했기 때문에, 이들이 마치 거대한 '떠다니는' 뗏목에 있는 것처럼 보이게 된 것이다. 다른 대륙에서는 대부분의 유대류가 멸종한 반면, 호주에서는 초기에 살았던 소수의 진수류가 멸종했다. 호주에 고립된 유대류는 진화하고 다양해지면서 다른 대륙의 진수류와 같이 유사한 생태학적 역할을 담당하게 된 것이다.

대륙이동은 살아 있는 생물뿐 아니라 멸종된 생물의 지리적 분포에 대한 퍼즐도 풀어준다. 예를 들어, 고생물학자들은 현재 3,000 km의 바다로 분리되어 있는 서아프리카와 브라질에서 같은 종의 페름기 민물 파충류 화석을 발견했다.

다음 절에서는 지구 지각판의 움직임과 관련된 몇 가지 위험에 대해 살펴본다.

? 유대류가 아시아에서 시작되어 남미를 거쳐 호주에 도착했다면, 고생물학자들은 어디에서 유대류 화석을 찾아야 할까? (힌트: 그림 15.7C 참조)

■ 남극 대륙

▲ **그림 15.7D** 호주 유대류, 그레이터 빌비(*Macrotis lagotis*)

▲ **그림 15.7E** 멕시코 쥐(*Marmosa mexicana*)

▲ **그림 15.7F** 새끼를 가진 버지니아 주머니쥐 암컷(*Didelphis virginiana*)

15.8 판구조는 사람의 생명을 위태롭게 할 수 있다

연결 지각판이 움직이면 대륙이 충돌하고 쌓여 산맥이 만들어질 뿐만 아니라 화산과 지진이 발생하기도 한다. 지각판의 경계부위는 이러한 지질 활동의 빈도가 매우 높은 곳이다. 캘리포니아의 잦은 지진은 태평양판과 북미판이 서로 비비듯 충돌하며, 경계부위에서, 지질학자들이 스트라이크-슬립 단층(strike-slip fault)이라고 부르는 악명 높은 샌앤드레이어스 단층(San Andreas Fault)을 따라 움직인 결과다(**그림 15.8**). 지난 세기 동안 이 지역에서는 1906년 샌프란시스코 지진과 1989년 샌프란시스코 인근의 로마 프리에타 지진 등 두 차례의 강진이 발생했다.

이러한 스트라이크-슬립 단층에서 2개의 얇은 판이 서로 부드럽게 미끄러져 지나가지 않는다. 종종 두 판은 단층을 따라 충분한 압력이 쌓일 때까지 한곳에 붙어 있다가, 갑자기 많은 양의 땅이 앞으로 튀어나오면서 엄청난 양의 에너지를 방출한다. 이때 주변 지역이 움직이거나 흔들리게 된다. 아이티섬에서 2010년 1월에 발생한 규모 7.0의 대지진의 원인 역시 땅 아래 스트라이크-슬립 단층 때문이었다. 아이티에서는 북미판이 카리브해판을 서쪽으로 밀고 이동하고 있다(그림 15.7B 참조). 해저 지진은 4개의 지각판이 만나 지진 활동이 잦은 일본에서 2011년 발생한 대규모 쓰나미와 같은 거대한 파도를 일으킬 수 있다.

화산은 지각 아래에서 뜨겁고 용융된 암석, 화산재 및 가스가 빠져나오는 파열 현상이다. 화산은 지각판이 서로 미끄러져 지나가는 것이 아니라 갈라지거나 합쳐지는 곳에서 흔히 발견된다. 서기 79년 이탈리아 남부의 베수비오 화산이 폭발하여 폼페이를 화산재에 묻은 것처럼, 화산은 엄청난 파괴를 일으킬 수 있다. 하지만 다음 절에서 살펴보듯이, 화산은 지역의 생명 그 이상을 위태롭게 할 때도 있다.

◀**그림 15.8** 로스앤젤레스에서 북서쪽으로 약 160 km 떨어진 두 지각판 사이의 경계인 샌앤드레이어스 단층의 조감도

? 화산은 보통 생명을 파괴한다. 그러나 해저 화산으로 생물에게 새로운 기회가 주어질 수도 있을까?

■ 갈라파고스와 하와이 제도와 같이 생명이 진화할 수 있는 새로운 육지(섬)를 만드는 경우

15.9 다섯 번의 대량멸종이 진화 과정을 바꾸었다

변화하는 세상에서 멸종은 피할 수 없는 일이다. 실제 화석 기록에 따르면, 지금까지 살았던 대부분의 종은 멸종되었다. 서식지가 파괴되거나, 불리한 기후 변화로 인해, 또는 새로운 포식자나 경쟁자의 진화와 같은 생물 군집의 변화로 인해 종이 멸종될 수 있다. 멸종은 항상 일어나지만 멸종 속도는 일정하지 않다.

화석 기록을 보면 지구 환경 변화가 너무 급격하고 파괴적이어서, 비교적 짧은 시간에 지구 생물 종의 50% 이상이 사라진 5번의 대량멸종이 있었다. 이 중 페름기(Permian)와 백악기(Cretaceous) 말기의 대량멸종이 가장 많은 주목을 받고 있다.

페름기 멸종 약 2억 5,200만 년 전에 일어난 고생대와 중생대의 경계부위에서 일어난 페름기 멸종은 해양 동물 종의 약 96%, 육상 생물의 최소 70%가 사라진 사건이다. 이 대량멸종은 지질학적 시간으로 볼 때 50만 년이 채 안 되는 짧은 시간, 어쩌면 수천 년 만에 순식간에 일어났다.

페름기 대량멸종이 일어난 시기는, 현재 시베리아에서 일어나는 것과 유사하게, 화산 폭발이 광범위하게 일어나는 시기였다. 용암을 분출하고 화산재와 유해 가스를 대기로 내보내는 것 외에도, 화산 폭발은 많은 이산화탄소를 생성하여 지구 기후를 약 6℃ 정도 높였던 것으로 추정된다. 적도와 극지방의 온도 차이가 줄어들면서, 바닷물의 혼합이 느려지고 해양의 용존 산소 농도가 급격히 떨어졌을 것이다. 산소 부족으로 많은 해양 생물이 죽고, 유독한 부산물인 황화수소의 방출은 혐기성 박테리아의 성장을 촉진했을 것이다. 황화수소 가스가 물 밖으로 나오면서 만들어진 산성강수(acid precipitation)로 인해, 육지 식물과 동물이 죽었을 것이다. 따라서 페름기 멸종에는 여러 인자가 연쇄반응을 통해 영향을 미쳤을 가능성이 높다.

백악기 멸종 약 6,600만 년 전 백악기 말, 전체 해양 생물종의 절반 이상과 많은 계열의 육상 동식물의 엄청난 수의 종이 사라졌다. 그 당시 약 1억 5,000만 년 동안 공룡(dinosaur)은 육지를 지배했고, 익룡

▲ 그림 15.9 백악기 대량멸종에 대한 충돌가설

(pterosaur)은 공중을 지배했다. 백악기 대량멸종 이후 익룡과 거의 모든 공룡이 사라지고, 한 계열의 후손인 조류(bird)만 남았다.

백악기 대량멸종의 원인에 대한 한 가지 단서는 중생대와 신생대의 퇴적물 사이 이리듐(iridium)이 풍부한 얇은 점토층에서 찾을 수 있다. 이리듐은 지구에서는 매우 희귀하지만 가끔 지구로 떨어지는 운석이나 기타 외계 물체에서는 흔히 발견되는 원소다. 백악기 경계부위의 암석에는 일반적으로 지구에 존재하는 수준보다 몇 배나 많은 이리듐이 함유되어 있다. 대부분의 고생물학자들은 소행성(asteroid)이나 대형 혜성(comet)이 지구에 충돌했을 때 대기 중으로 솟구친 거대한 먼지 구름의 낙진에 의해 이리듐층이 만들어졌을 것으로 생각한다. 이 먼지 구름은 빛을 차단하고 수개월 동안 지구 기후를 심각하게 교란했을 것이다.

그러한 소행성의 증거가 있을까? 멕시코 유카탄반도 근처의 카리브해에서 6,600만 년 전 충돌로 만들어진 분화구인 칙술루브(Chicxulub) 대형 분화구가 발견되었다(**그림 15.9**). 폭이 약 180 km인 이 분화구는 지름 10 km의 물체에 의해 만들어졌을 것으로 추정된다. 분화구의 말굽 모양과 퇴적암의 파편 패턴은 소행성이나 혜성이 남동쪽에서 낮은 각도로 충돌했음을 말해준다. 그림 15.9는 충돌과 그 즉각적인 영향, 즉 뜨거운 수증기와 파편 구름으로 인해 몇 시간 내에 북미의 대부분의 식물과 동물이 죽었을 수 있다는 가설을 바탕으로 그려진 것이다. 이 충돌은 2차 세계대전 당시 일본에 투하된 핵폭탄의 10억 배 이상의 에너지를 방출한 것으로 추정된다.

2010년 3월, 국제 과학자 팀은 백악기 멸종에 대한 20년간의 연구를 되돌아보고 소행성이 멸종을 촉발했다는 소행성가설을 지지했다. 그럼에도 불구하고 다른 원인일 가능성과 이 중대한 생태학적 재앙의 복합적이고 상호 연관된 영향에 대한 연구는 계속될 것이다.

여섯 번째 대량멸종? 현재 인간의 활동은 많은 종이 멸종위기에 처할 정도로 지구 환경을 변화시키고 있다(38장에서 다룰 것이다). 지난 400년 동안 1,000종 이상이 멸종된 것으로 알려져 있다. 과학자들은 이 속도는 화석 기록에 나타난 일반적인 속도의 100~1,000배에 달한다고 추정한다.

우리는 지금 여섯 번째 대량멸종의 한가운데 있을까? 2011년에 발표된 광범위한 분석에서 과학자들은 '빅 5' 대량멸종에 대한 화석 기록의 데이터와 현대의 데이터를 비교했다. 그들은 현재의 생물다양성 손실은 아직 대량멸종에는 해당하지 않지만, 대량멸종 직전에 와 있다는 결론을 내렸다. 현재 멸종위급(critical risk of extinction)종까지 멸종된다면, 지구를 대량멸종의 시기로 몰아넣을 수 있다는 것이다. 멸종 위험도가 낮은 범주에 속하는 멸종위기종(endangered species)이나 멸종취약종(threatened species)까지 포함한다면 상황은 더욱 암울해진다. 수십만 년에 걸쳐 진행된 고대의 대량멸종과는 달리, 인간이 주도하는 여섯 번째 대량멸종은 불과 몇 세기 만에 완료될 수 있다.

대량멸종의 결과 그 원인이 무엇이든 대량멸종은 심각한 영향을 미친다. 종의 손실은 생태계의 인프라를 형성하는 복잡한 관계망의 붕괴를 초래하여 생태계의 붕괴를 초래할 수 있다. 진화의 계열은 한번 사라지면 다시 나타나지 않는다. 진화의 방향이 영원히 바뀌게 되는 것이다. 6,600만 년 전에 살았던 초기 영장류 조상이 백악기 대량멸종으로 사라졌거나, 대형 포식 공룡 몇 마리가 멸종하지 않았다면 무슨 일이 벌어질지 생각해 보라!

대량멸종 후 생명체가 회복하는 데 얼마나 걸릴까? 화석 기록에 따르면, 생명체의 다양성이 이전 수준으로 회복되는 데는 일반적으로 500만~1,000만 년이 걸리는 것으로 나타났다. 어떤 경우에는 훨씬 더 오래 걸리기도 하는데, 페름기 대량멸종 이후 해양 생물군이 회복하는 데 약 1억 년이 걸렸다. 그러나 화석 기록은 파괴의 창조적 측면도 보여준다. 다음에서 살펴보듯이, 대량멸종은 새로운 집단이 우위를 점하는 적응방산의 길을 열어줄 수 있다.

? 사라진 생명체의 비율로 볼 때, 해양 환경에 가장 큰 영향을 미친 대량멸종 사건은 무엇일까?

■ 페름기 멸종(해양 생물의 96%가 전멸)

15.10 적응방산은 생명의 다양성을 증가시킨다

적응방산(adaptive radiation)은 공통 조상으로부터 많은 새로운 종이 진화하는 진화적 변화의 시기로, 종종 미개척지의 새로운 지역에 군락이 형성된 후 발생한다(14.8절 참조). 대규모의 적응방산은 각 대량멸종 이후 생존자들이 그들의 지위(community)에서 비어 있는 생태적 역할이나 생태적 지위(ecological niche)에 적응하면서 일어난다. 예를 들어, 화석 증거에 의하면 6,600만 년 전 육상 공룡류가 멸종한 후 포유류가 극적인 적응방산을 진행했음을 보여준다(**그림 15.10**). 당시 포유류는 1억 년 이상 존재했지만, 대부분 작은 생물이었으며 다양성이 제한적이었다. 초기 포유류는 더 크고 다양한 공룡류에게 잡아먹히거나 경쟁에서 밀렸을 수 있다. 공룡류(조류 계통 제외)가 사라지면서 포유류는 다양성과 크기 면에서 크게 확장되어 공룡이 차지했던 생태학적 역할을 채우게 되었다.

한 개체군이 미사용 자원을 이용할 수 있게 하는 진화적 혁신이 나타난 후에도 적응방산이 일어난다. 육상 식물의 진화적 역사가 한 예다(17.1절에서 다룰 것이다). 새로운 주요 적응 또한 곤충과 사지동물에 의한 육지 군락 형성을 촉진한다(19.4절 참조). 적응방산에서 비롯된 생물은 그 자체가 다른 집단에서 다양화를 촉진하는 자원이 될 수 있다. 예를 들어, 육상 식물의 증식은 식물의 수분이나 식물을 먹는 곤충의 일련의 적응방산을 촉발하여, 오늘날 곤충을 지구상에서 가장 다양한 동물 그룹으로 만드는 데 기여했다.

지금까지 지질학적·환경적 영향에 대해 살펴봤으니, 이제는 대진화의 생물학적 메커니즘에 대해 살펴보자.

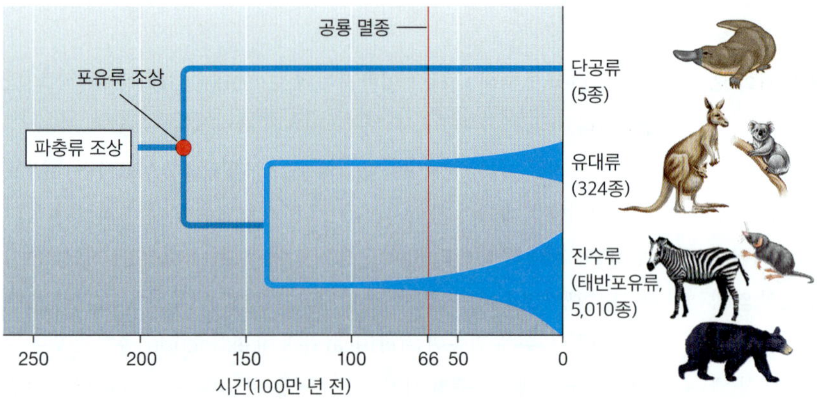

▲ **그림 15.10** 포유류의 적응방산(넓어지는 선은 종의 증가를 반영)

? 왜 다른 곳보다 호주 대륙에서 유대류가 더 다양해졌을까? (힌트: 15.7절 참조)

■ 호주에서 진수류는 멸종했다. 유대류는 진화하고 다양해지면서 유대류가 담당했던 생태학적 역할을 대신했다.

15.11 발생을 조절하는 유전자는 진화에 중요한 역할을 한다

화석 기록은 생명체의 역사에서 어떤 중요한 사건들이 언제 일어났는지 알려준다. 대륙이동, 대량멸종, 적응방산은 이러한 변화가 어떻게 일어났는지에 대한 큰 그림을 제공한다. 그러나 최근 화석 기록에서 보이는 변화의 근간이 되는 기본적인 생물학적 메커니즘을 조금 더 잘 이해할 수 있게 되었다.

진화생물학과 발생생물학의 접점인 약칭 **'이보-디보(evo-devo)'**를 연구하는 과학자들은 사소한 유전적 변화가 어떻게 종간의 주요한 형태적 차이로 확대될 수 있는지 연구하고 있다. 발달을 프로그래밍하는 유전자는 접합자가 성체로 발달할 때 생물의 형태, 변화 속도, 시기 및 공간적 패턴을 제어한다. 이러한 유전자 중 상당수는 진화의 역사를 통해 보존되어 온 것으로 보인다. 동일하거나 매우 유사한 유전자가 여러 계통의 발생에 관여한다.

속도 및 시기 변화 놀랍게도 많은 진화적 변화는 발달 사건의 속도나 시기의 변화로 인한 결과다. **그림 15.11A**는 도롱뇽인 악솔로틀(axolotl)의 사진으로, 조상 종에서는 어린 시절 특징이었던 구조가 성체에도 유지되는 현상인 **유형진화**(**paedomorphosis**, 그리스어 paedos는 '아이', morphosis는 '형성'을 의미)를 설명한다. 대부분의 도롱뇽 종은 아가미를 가지는 수생 유충이 폐를 가진 육상 성체가 될 때 변태(metamorphosis)를 한다. 악솔로틀은 아가미와 기타 유충의 특징을 유지하면서 성적으로 성숙한 성체로 성장하는 도롱뇽이다.

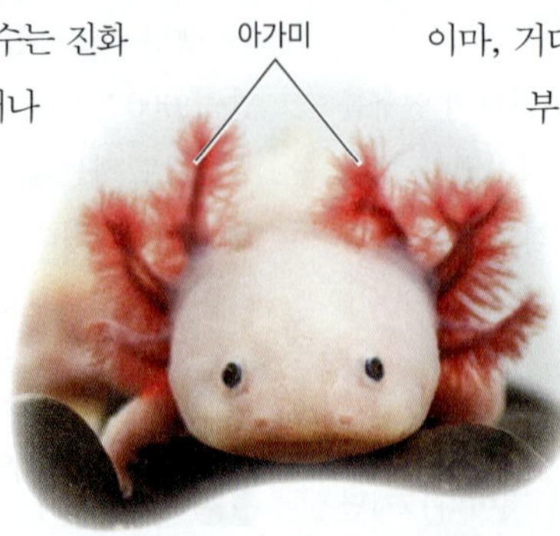

▲ **그림 15.11A** 악솔로틀, 도롱뇽의 일종

다른 신체 부위의 상대적 성장에 약간의 변화가 있어도 성인의 형태는 크게 달라질 수 있다. **그림 15.11B**의 두개골과 사진에서 볼 수 있듯이, 사람과 침팬지는 성체보다 태아 시기가 훨씬 유사하다. 성체 침팬지는 발달이 진행되면서 턱의 성장이 가속화되어 길쭉한 머리뼈, 경사진 이마, 거대한 턱이 만들어진다. 사람 계열에서는 두개골의 다른 부위보다 턱의 성장이 느려지는 유전적 변화로 인해 성인의 머리 비율이 여전히 어린아이(그리고 아기 침팬지)와 비슷하다. 큰 머리뼈와 복잡한 뇌는 인간의 가장 두드러진 특징 중 하나다. 출생 후 침팬지는 뇌의 성장이 느린 것에 비해, 사람의 뇌는 생후 첫 1년 동안 태아의 뇌처럼 빠른 속도로 계속 성장한다.

공간 패턴의 변화 초파리에서 한 쌍의 날개나

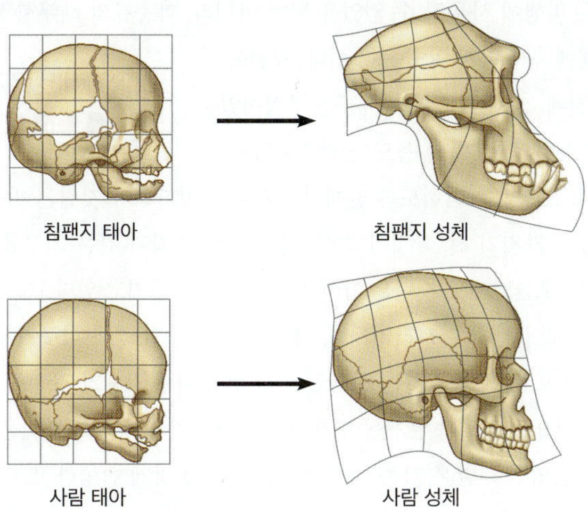

▲ **그림 15.11B** 침팬지와 사람 두개골 모양 비교

다리가 발생하는 위치와 같은 기본적인 특징을 결정하는 것은 주조절 유전자(master control gene)인 호미오유전자(homeotic gene)이다(11.8절 참조). 호미오유전자의 변화 또는 이러한 유전자가 발현되는 방법이나 위치의 변화는 신체 형태에 큰 영향을 미칠 수 있다. 예를 들어, 다리가 4개인 도마뱀과 같은 조상에서 진화한 뱀에 대해 생각해 보자. 과학자들은 사지동물에서 2개의 호미오유전자의 특정 발현 패턴 양상은 앞다리와 갈비뼈가 있는 척추를 형성하는 반면, 이 두 유전자의 발현 패턴이 달라지면서 뱀처럼 갈비뼈는 있지만 사지는 없는 척추를 발달시킨다는 것을 발견했다(그림 30.3C 참조).

새로운 유전자와 유전자의 변화 유전자 중복의 결과, 발달에 관여하는 유전자가 새롭게 생겨나면, 새로운 신체 유형의 탄생을 가능하게 한다. 예를 들어, 무척추동물인 초파리는 주요 신체 부위의 발달을 지시하는 여러 호미오유전자가 모여 있는 1개의 클러스터(cluster)를 가지고 있다. 척추동물인 쥐 역시 염색체 위 초파리와 동일한 순서로 배열된, 동일한 신체부위의 발달을 지시하는 유사한 유전자를 가지고 있다(그림 27.14B 참조). 그러나 척추동물인 쥐는 이러한 유전자 클러스터가 4개나 있다. 이들 유전자 클러스터는 무척추동물에서 척추동물로 진화하는 과정 중 일어난 2번의 중복(duplication)에 의해 만들어진 것으로 보인다. 이렇게 중복된 유전자에서 돌연변이가 일어나면서 척추, 턱, 팔다리와 같은 새로운 척추동물의 특성이 생겨났을 수 있다.

유전자 조절의 변화 과학자들은 생물체의 형태 변화는, 종종 발달 유전자 조절에 영향을 미치는 돌연변이로 인해 발생한다는 사실을 발견했다. 방금 설명했듯이, 뱀의 앞다리가 없는 것도 이러한 유전자 발현의 변화와 연관성이 있는 것으로 알려졌다.

이러한 유형의 유전자 조절(gene regulation) 변화에 대한 추가 증거는 세 가시가 있는 스티클백 물고기(stickleback fish)에 대한 연구에서 볼 수 있다. 캐나다 서부의 이 물고기는 바다와, 지난 1만 2,000년 동안 해안선이 후퇴하면서 형성된 호수에도 서식한다. 바다 개체군은 일종의 갑옷 같은 뼈판과 포식성 물고기를 저해하는 골반 가시를 가지고 있다. 포식성 물고기가 없고 칼슘이 부족한 호수에 사는 3개의 가시를 가진 스티클백은 갑옷과 골반 가시가 줄어들거나 없다. 가시를 만드는 데 필요한 칼슘은 한정적이기 때문에, 포식자가 없는 경우 가시가 없는 스티클백이 선택적 이점을 가질 수 있다. **그림 15.11C**는 바다와 호수에서 채집한 스티클백의 표본으로, 뼈판과 가시를 강조하기 위해 염색을 한 것이다.

과학자들은 가시의 발생에 영향을 미치는 핵심 유전자를 확인했다. 호수 개체군의 가시 감소가 유전자 자체의 변화 때문일까, 아니면 유전자가 발현되는 위치의 변화 때문일까? 두 개체군에서 이 유전자는 동일하며, 두 개체군 모두 배아(embryo)의 입 부위와 기타 조직에서 발현되는 것으로 밝혀졌다. 그러나 이 핵심 유전자는 바다 스티클백의 골반 발생 부위에서는 발현되지만, 호수 스티클백 골반 부위에서는 발현되지 않는 것으로 나타났다. 이 예는 발달 중 신체의 일부 부위에서는 유전자의 발현이 일어나고, 다른 부위에서는 발현되지 않음으로써 형태적 변화가 일어날 수 있음을 보여준다.

? 연구에 따르면 많은 신체 형태의 차이는 발달 유전자 자체의 뉴클레오타이드 서열의 변화가 아닌 유전자 조절의 변화로 인해 발생한다고 한다. 어떤 경우에 그러할까?

■ 서열의 변화는 해당 유전자가 발현되는 모든 곳에서 유전자 기능에 영향을 미칠 수 있으며, 잠재적으로 해로운 영향을 미칠 수 있다. 유전자 발현 조절의 변화는 발달 중인 배아에서 특정 영역으로 제한될 수 있다.

▲ **그림 15.11C** 바다(위)와 호수(아래)의 스티클백 물고기를 뼈판과 가시가 잘 보이도록 염색했다. (호수 물고기에는 화살표 지점에 골반 가시가 없다.)

15.12 새로운 형질은 여러 방법으로 나타날 수 있다

진화 연관성 점진적 변화라는 다윈의 이론이 눈과 같은 복잡한 구조나 날개와 같은 새로운 신체 구조(즉, 새로운 종류의 구조)의 진화를 어떻게 설명할 수 있는지 살펴보자. 대부분의 복잡한 구조는 동일한 기본 기능을 가진 좀 더 단순한 형태에서 점진적으로 진화한 개선의 과정이다.

척추동물과 오징어의 놀라운 카메라 같은 눈을 생각해 보자. 이 복잡한 눈은 독립적으로 진화했지만, 두 눈의 기원은 단순한 조상 광수용기 세포 덩어리에서 시작하여 각 상황에서 자신에게 유익한 일련의 점진적인 변형을 통해 일어난 것을 알 수 있다. 실제로 빛-감지 세포의 진화적 기원은 동일한 것으로 보이며, 척추동물과 무척추동물 모두에서 눈을 가진 동물은 눈의 발달을 조절하는 동일한 주조절 유전자를 공유한다.

그림 15.12는 오늘날 생존하는 연체동물(mollusc)의 눈 구조가 얼마나 복잡한지 보여준다. 삿갓조개(limpets)는 단순한 색소세포(pigmented cell) 덩어리로 빛과 어둠을 구별할 수 있으며, 그림자가 드리우면 바위에 더 단단히 달라붙어 먹힐 위험을 줄이는 행동적 적응을 한다. 어떤 연체동물은 렌즈나 다른 초점 조절 수단이 없지만 빛의 방향을 감지할 수 있는 눈술잔(eyecup)을 가지고 있다. 복잡한 눈을 가진 연체동물의 경우, 이 기관은 아마도 작은 적응 단계로 진화했을 것이다.

눈은 진화의 역사를 통해 시각이라는 기본 기능을 유지해 왔지만, 원래 한 가지 역할을 수행하던 구조가 점차 다른 기능을 획득하면서 독특한 진화를 가져왔을 수도 있다. 특정 상황에서 진화했지만, 다른 기능을 가지도록 채택되는 구조물을 굴절적응(exaptation)이라고 한다. 굴절적응이 미래의 사용을 예상하고 구조가 진화한다는 의미는 아니다. 자연선택은 미래를 예측할 수 없으며, 현재 처해진 상황에서 기존 구조를 개선할 수 있을 뿐이다. 새로운 특징은 일련의 중간 단계를 거쳐 점진적으로 발생할 수 있으며, 각 단계는 개체의 당시 상황에서 특정 기능을 한다.

깃털의 진화는 굴절적응의 좋은 예다. 일부 고생물학자들은 무시무시한 티라노사우루스(*Tyrannosaurus rex*)를 포함한 모든 공룡류의 계통에 깃털이 있었다는 가설을 세운다. 그러나 이들 화석에서 보이는 깃털은 비행에 사용될 수 없었을 뿐만 아니라, 파충류의 해부학적 구조도 비행에 적합하지 않았을 것이다. 깃털이 날기 전에 진화했다면 그 기능은 무엇이었을까? 깃털의 첫 번째 용도는 단열이었을 수 있다. 표면적을 넓히도록 날개처럼 길어진 앞다리와 깃털은 비행이라는 기능을 가지기 전, 짝짓기 의식, 체온 조절, 위장과 같은 기능을 했을 수 있다. (오늘날에도 깃털은 이러한 기능을 모두 가지고 있다.) 최초의 비행은 땅에서 짧게 미끄러지거나, 나무에 사는 종의 경우 나뭇가지에서 나뭇가지로 짧게 활공하는 정도였을 것이다. 비행 자체가 장점이 되자, 자연선택으로 깃털과 날개를 부가적인 기능에 맞게 점차 개조했을 것이다.

어떻게 새로운 구조가 진화를 통해 생겨날까?

펭귄의 오리발은 기존 구조를 다른 기능에 맞게 변형한 또 다른 예다. 펭귄은 날지는 못하지만, 변형된 날개가 강력한 노가 되어 강하고 빠른 수중 수영을 할 수 있다.

? 굴절적응의 개념이 미래의 환경 변화를 예상하여 구조가 진화한다는 것을 의미하지 않는 이유를 설명하시오.

■ 새로운 환경에서 새로운 기능이나 추가 기능을 위해 구조가 선택될 수 있지만, 그 구조는 이전 환경에서 적응하여 만들어진 것이기 때문이다.

▲ **그림 15.12** 연체동물의 다양한 눈 구조

15.13 진화의 경향성이 진화가 목표 지향적이라는 것을 의미하지 않는다

화석 기록은 많은 종의 진화에, 예를 들어 몸 크기가 커지거나 작아지는 경향이 있음을 보여준다. 약 5,500만 년 전에 살았던 히라코테리움(*Hyracotherium*)으로 알려진 조상으로부터 뚜렷한 경향을 가지고 진화된 현대 말(*Equus* 속)을 살펴보자. 크기가 큰 개 정도였던 히라코테리움은 앞발에 발가락이 4개, 뒷발에 발가락이 3개였다. 이빨은 관목과 나무를 먹는 데 적응되어 있었다. 반면 오늘날의 말은 양쪽 발(발굽)에 발가락이 하나씩만 있고 이빨은 풀을 뜯어먹도록 변형되었다.

말의 계열은 점차 몸집이 커지고, 발가락 수가 줄어들고, 방목에 적응한 이빨을 가지도록 되어 있었을까? **그림 15.13**은 말의 화석 기록을 보여주는데, 세로 막대는 각 그룹이 존속했던 기록에 남겨진 기간을 나타낸다. 그림 15.13의 아래에서 위로 노란색으로 강조 표시된 화석 종을 따라가다 보면, 현대의 말은 히라코테리움에서 일련의 중간 형태를 거쳐 에쿠스까지 한 방향으로 진화한 것으로 보인다. 그러나 오늘날 알려진 모든 말 화석을 살펴보면, 경향이 그리 뚜렷해 보이지는 않는다. 에쿠스 속은 실제로 일련의 종분화를 통해 후손을 이어왔으나, 모든 종이 발가락이 하나뿐인 대형 방목마로 진화한 것은 아니었다. 오늘날의 말은 여러 갈래로 갈라진 가지를 가진 하나의 진화계통수에서 유일하게 살아남은 나뭇가지일 뿐이다.

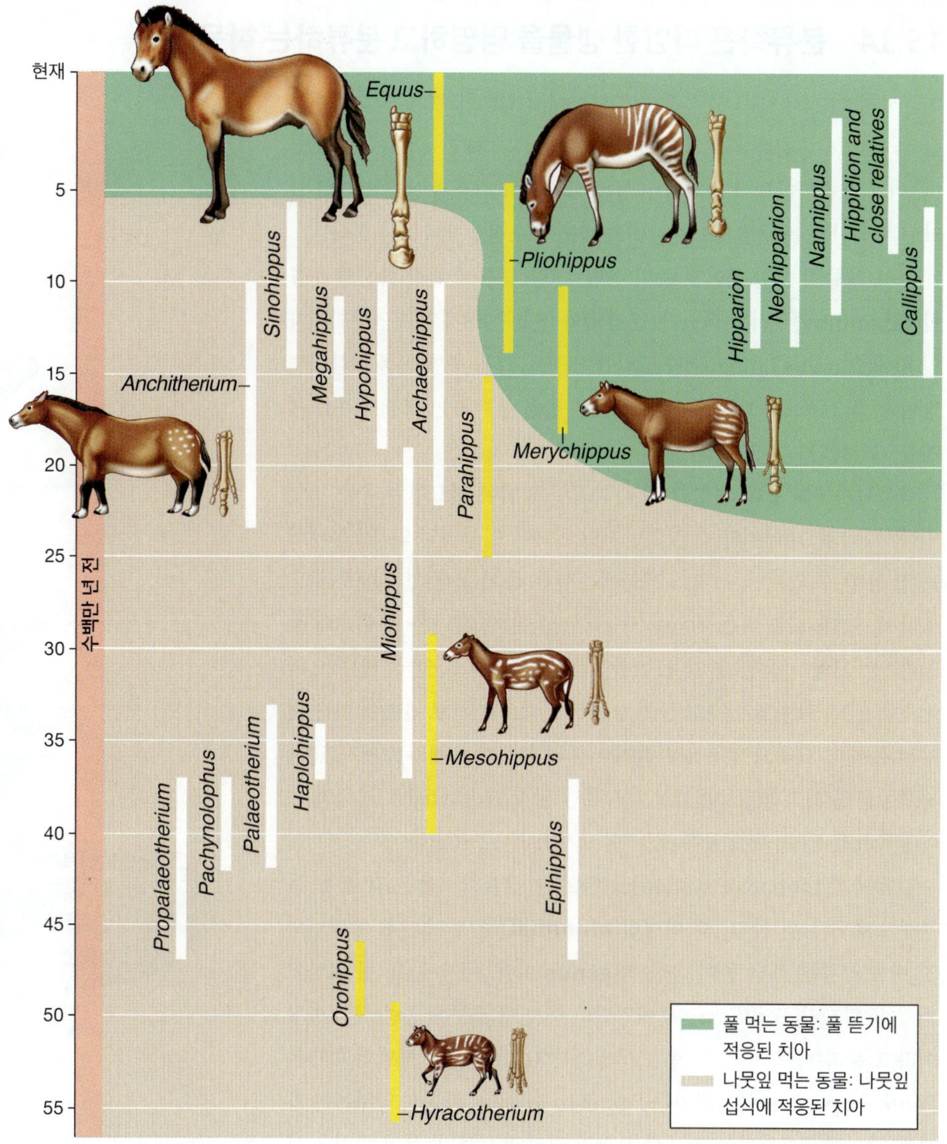

▲ **그림 15.13** 말의 분기적 진화

그러나 분지적 진화(branching evolution, 분기적 진화)가 실제 방향성 진화 추세로 이어질 수도 있다. 장기적인 방향성 진화에 대한 한 가지 모델은 개체의 진화처럼 종의 진화를 이해하는 것이다. 예를 들어, 종분화는 새로운 개체의 탄생으로, 멸종은 개체의 죽음으로, 그리고 기존 종에서 새로운 종이 만들어지는 것은 살아남은 개체에서 유래한 자손 개체로 이해하는 것이다. 이러한 종 선택 모델에 따르면, 개체들의 불균등한 생식(번식)으로 소진화가 일어나듯이, 대진화 역시 특정 종의 생존이나 새로운 종의 탄생이 균등하지 않기 때문에 일어난다는 것이다. 다르게 표현하자면, 새로운 종을 가장 많이 생성하는 종이 주된 진화 추세의 방향을 결정한다는 것이다.

진화적 경향은 자연선택으로 인한 직접적 영향의 결과일 수도 있다. 예를 들어, 신생대 중반에 초원이 확장되기 시작했고, 포식자를 피할 수 있는 빠르게 달리는 말의 조상이 더 확실히 선택되었을 것이다. 초원이 없었다면 이러한 경향은 일어나지 않았을 것이다.

그 원인이 무엇이든, 진화적 경향이 특정 목표를 향해 진화가 진행된다는 것을 의미하지는 않는다는 점을 인식하는 것이 중요하다. 진화는 생물과 현재 환경 간의 상호작용의 결과다. 조건이 변하면 겉으로 보이는 추세는 멈추거나 심지어 역전될 수도 있다.

마지막 절에서는 생물학자들이 생명의 놀라운 다양성을 어떻게 진화계통수로 정리하는지 살펴보고자 한다.

? 포유류 진화의 한 경향은 뇌의 크기가 커지는 방향이다. 종 선택 모델을 사용하여 이러한 방향성이 어떻게 일어날 수 있는지 설명하시오.

■ 뇌가 큰 종은 작은 뇌를 가진 종보다 멸종하기 전까지 더 오래 지속했고, 더 많은 '자손' 종을 낳았다.

15.14 분류학은 다양한 생물을 명명하고 분류하는 학문이다

지금까지 이 장에서는 지구 생명의 역사에서 일어난 주요 진화적 변화를 살펴보고, 대진화 과정의 근간이 되는 몇 가지 메커니즘을 살펴보았다. 이제 생물학자들이 진화의 유형을 사용하여 지구에 살고 있거나 살았던 수백만 종을 구별하고 분류하는 방법에 초점을 맞추고자 한다.

먼저, 생물학의 한 분야로 종의 식별, 명명, 분류에 관한 학문인 **분류학(taxonomy)**부터 시작한다. 분류학의 기초는 18세기 자연주의학자인 린네(Carolus Linneus)가 도입한 체계로, 그는 종에 이름을 붙이는 방법과, 점진적으로 더 많은 생물군 내의 종을 분류하는 계층적 분류 체계를 고안했다.

생물학자들이 종을 명명할 때 과학적인 방법이 필요한 이유는 무엇일까? 다람쥐, 데이지와 같은 일반적인 이름은 일상적인 의사소통에서는 잘 통할 수 있지만, 각각의 생물에는 많은 종이 속해 있기 때문에 모호할 수 있다. 또한 다른 지역에 사는 사람들은 서로 다른 종에 대해 동일한 일반명을 사용할 수 있다. 예를 들어, 스코틀랜드, 영국, 텍사스, 미국 동부에서 '블루벨'이라고 불리는 꽃은 실제로는 서로 관련이 없는 네 가지 종이다. 그리고 일부 일반적인 이름은 확실히 오해의 소지가 있다. 자포동물인 해파리(jellyfish), 갑각류인 닭새우(crayfish), 곤충인 은어(silver fish) 등 세 동물은 모두 '물고기(fish)'로 불린다.

린네체계(Linnaean system)를 따르면, 생물학자들은 각 종을 두 부분으로 구성된 학명, 즉 **이명법(binomial)**을 부여한다. 이명법의 첫 번째 부분은 해당 종이 속한 **속(genus)**이다. 예를 들어, 큰 고양이의 속은 판테라(*Panthera*)다. 이명법의 두 번째 부분은 종종 특정 별칭이라고 불리며, 속 내의 각 종을 구별하는 데 사용된다. 표범의 학명은 *Panthera pardus*이고, 사자는 *Panthera leo*이다. 학명의 앞부분은 가까운 친척이 공유한다는 점에서 사람의 성과 유사하다. 특정 별칭은 사람의 이름과 유사하다. 친척이 아닌 사람들도 같은 이름을 갖는 경우가 많다. 예를 들어 '표범'을 뜻하는 라틴어 'pardus'는 점을 가지는 다양한 종의 두 번째 이름인 경우가 많다. 표범 두꺼비의 학명은 *Opsanus pardus*이고, 거미의 학명은 *Maratus pardus*다. 따라서 종의 이름을 지을 때는 두 부분을 함께 사용해야 한다. 속명의 첫 글자는 대문자를 사용하며, 이명법은 이탤릭체로 표기한다. 생물학자들은 처음에는 생물의 학명을 완전한 이름을 사용하지만, 이후 속명은 첫 글자만 사용하는 경우가 많다(예: *P. pardus*).

린네는 또한 종을 점점 더 포괄적인 범주의 계층으로 그룹화하는 시스템을 도입했다. 이 분류의 첫 번째 단계는 이명법에 내장되어 있다. 예를 들어, *Panthera* 표범 속에는 사자(*Panthera leo*), 호랑이(*Panthera tigris*), 재규어(*Panthera onca*)라는 세 종이 포함된다. 속 내의 종을 분류하는 것을 넘어 린네체계는 점차 더 넓은 범주의 분류로 확장된다. 관련 속을 같은 **과(family)**에 배치하고, 과는 **목(order)**으로, 목은 **강(class)**으로, 강은 **문(phylum)**으로, 문은 **계(kingdom)**로, 계는 **영역(domain)**으로 묶어준다.

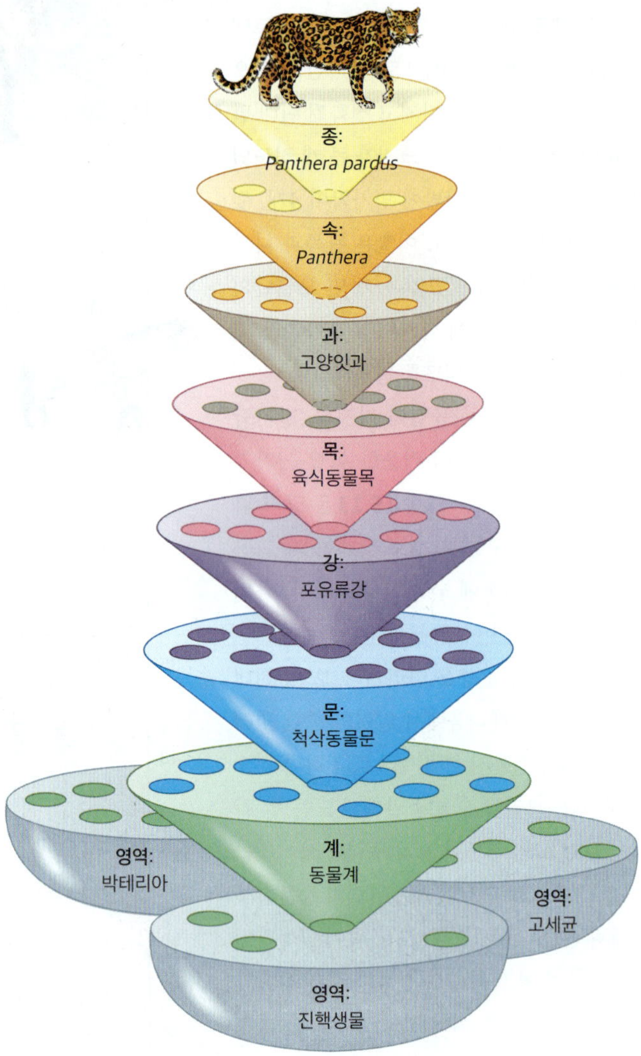

▲ **그림 15.14** 표범의 계층적 분류

그림 15.14는 표범의 예를 사용하여 이 일련의 계층을 보여준다. 표범과 표범 속의 나머지 세 구성원은 그림에서 작은 노란색 원으로 표시되어 있다. 표범 속은 여러 고양이 속과 살쾡이와 캐나다 스라소니가 속하는 스라소니(*Lynx*) 속과 함께 고양잇과(Felidae)에 속한다. 고양잇과는 늑대와 코요테를 포함하는 늑댓과(Canidae) 및 기타 과와 함께 육식동물목(Carnivora)에 속한다. 육식동물목은 많은 다른 목들과 함께 포유류강(Mammalia)으로 묶어 그룹화된다. 포유류강은 척삭동물문(phylum Chordata)에 속하며(15.17절 참조), 이는 동물계(Animalia)에 그리고 동물계는 다른 4개의 계와 함께 진핵생물 영역에

속한다. 예를 들어, 고양잇과 또는 포유류강과 같은 모든 수준의 분류학적 단위를 **분류군(taxon)**이라고 한다.

특정 생물이 이 계층적 체계에서 정확히 어디에 속하는지 아는 것이 우리의 질서 감각을 만족시킬 수 있지만, 종을 더 높은(더 포괄적인) 분류군으로 분류하는 것은 궁극적으로 주관적이다. 이러한 포괄적 그룹은 일반적으로 모든 계열의 동일한 분류군에 적용될 수 있는 정량적 방법이 아닌, 분류학자가 선택한 형태학적 특성(morphological character)에 의해 정의되기 때문이다.

? 그림 15.14의 분류를 볼 때, 우리는 표범과 얼마나 많은 점을 공유하는가?

■ 분류학적으로 우리는 표범과 동일한 영역과 강에 속한다. 표범과 사람은 모두 포유류강에 속하지만, 동일 목에 속하지는 않는다.

15.15 상동성에 기반한 계통발생학은 진화의 역사를 반영한다

다윈 이후 생물학자들은 단순한 분류를 넘어 진화적 관계를 반영하는 분류를 목표로 삼았다. 즉, 어떤 개체에 이름을 붙이고 분류하는 방식은 그 개체가 생물의 진화계통수(evolutionary tree) 내에서 차지하는 위치를 반영해야 한다. 한 종 또는 한 그룹의 종의 진화 역사를 **계통발생(phylogeny**, 그리스어로 phylon은 '부족'을, genesis, '기원'을 의미)이라고 한다. 분류학을 포함하는 **계통분류학(systematics)**은 생물을 분류하고 진화 관계를 파악하는 데 중점을 두는 생물학 분야다.

생물학자들은 전통적으로 종의 진화 역사에 대한 가설을 설명하기 위해 **계통수(phylogenetic tree)**를 사용한다. 이러한 가지를 가지는 표는 포괄적 그룹 내에 들어 있는 그룹들의 수직적 분류를 반영한다. **그림 15.15A**는 육식동물목에 속한의 분류와 이들 분류군 간의 가능한 진화 관계를 '목'으로 보여줌으로써 분류와 계통발생 사이의 연관성을 보여준다. 이러한 계통수는 특정 종이 언제 진화했는지가 아닌, '종'들의 가장 최근 공통 조상에서 유래한 자손의 패턴을 보여주는 점에 유의하자.

계통수를 구성하기 위해 계통학자들은 화석 기록의 증거를 포함, 관련 생물체에 대한 형태학적 및 분자학적 데이터를 수집한다. 공통 조상에서 유래한 주요한 특징만이 진화적 유연관계를 말해주기 때문이다.

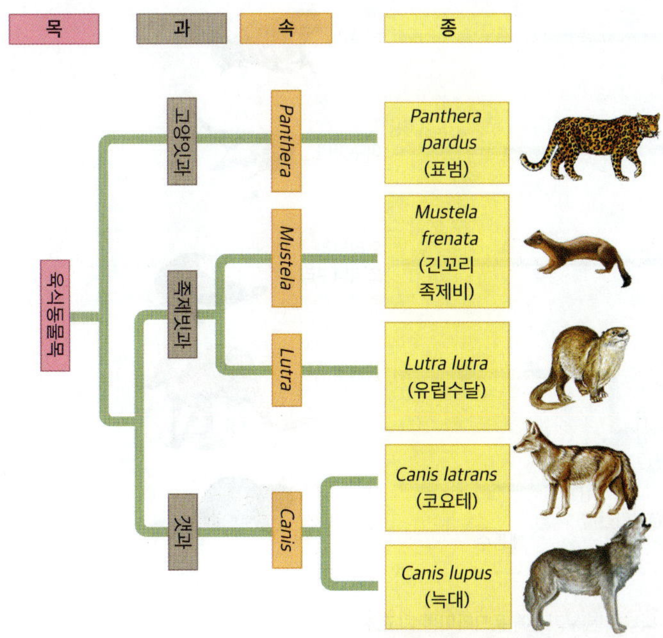

▲ **그림 15.15A** 분류와 계통발생의 관계

공통 조상에서 기인하는 유사성은 상동성(homology)이라고 불린다(13.4절 참조). 형태학적 상동성의 한 예로 포유류의 앞다리뼈가 동일한 것은 공통 조상으로부터 유래했기 때문이다. 마찬가지로 유전자도 공통 조상의 후손이라면 상동성이 있다.

▲ **그림 15.15B** 호주 '두더지'(위)와 북미 두더지(아래)

계통발생을 구성할 때 혼란을 야기할 수 있는 잠재적 원인은 수렴진화로 인한 생물 간의 유사성이다. **수렴진화(convergent evolution)**는 유사한 환경과 자연선택으로, 진화적으로 서로 다른 계통의 생물에서 유사한 적응을 만들어낼 때 발생한다. 수렴진화로 인한 유사성을 **상사성(analogy)**이라고 한다. 예를 들어, **그림 15.15B**의 두더지 같은 두 동물은 외형이 매우 유사하다. 둘 다 앞발이 크고 눈이 작으며 코에 보호용 두툼한 피부 패드가 있다. 이러한 구조와 기능에서의 유사성에도 불구하고 호주의 두더지(위)는 유대류이고, 북미의 두더지(아래)는 진수류다. 유전학과 화석 증거에 따르면, 이 두 동물의 마지막 공통 조상은 1억 4,000만 년 전에 살았다고 한다. 사실 그 조상과 대부분의 후손은 두더지(mole)와 비슷하지 않다. 이 두 두더지 혈통은 구멍을 파는 생활 방식에 각각 적응하면서 상사적 형질이 독립적으로 진화한 것이다.

분자 비교와 화석 증거 외에도 상동성과 상사성을 구별하는 또 다른 단서는 비교 대상 구조의 복잡성을 비교하는 것이다. 예를 들어, 사람과 침팬지의 두개골(그림 15.11B 참조)은 많은 뼈가 서로 융합된 것으로, 이 둘의 조합된 두개골 뼈는 하나하나 거의 완벽하게 일치한다. 이러한 복잡한 구조가 서로 다른 기원을 가지고 있을 가능성은 거의 없다. 두 두개골의 발생에 관여하는 유전자는 공통의 조상으로부터 물려받았을 가능성이 높으며, 이러한 복합한 구조가 상동성을 가지게 된 것이다.

? 그림 15.15A의 계통수에 묘사된 두 종 중 가장 가까운 공통 조상을 가진 것은?

■ 동일 '속'에 속하는 코요테와 늑대

15.16 계통수를 만들 때 공유하는 특징을 사용한다

생물학자들은 한 집단의 진화 역사를 재구성할 때 먼저 진화적 관계를 반영하는 상동성이 있는 특징을 그렇지 않은 상사적 특징과 구별한다. 그런 다음 이러한 상동성 특성을 사용하여 계통발생을 추론한다.

분기계통학 계통을 구성하는 데 가장 널리 사용되는 방법을 분기계통학이라고 한다. **분기계통학(cladistics**, 분기학)에서 생물들은 공통 조상에 따라 그룹화된다. 조상 종과 모든 진화적 후손으로 이루어진 **계통군(clade**, '가지'를 뜻하는 그리스어 clados에서 유래)은 생명수에서 뚜렷한 가지로 만들어진다. 조상과 자손으로 구성된 '속', '과' 또는 더 넓은 분류군 등 포괄적인 그룹을 **단일계통군(monophyletic**, '단일 부족'의 의미)이라고 한다. 따라서 계통군을 식별하면 진화의 분기 패턴을 반영하는 분류 체계를 고안할 수 있다.

분기계통학은 '공통 조상으로부터 변이된 후손'이라는 다윈의 개념에 기반한다. 종은 조상과 공통된 특성을 가지고 있지만, 조상과 다른 특성도 가지고 있다. 따라서 계통학자들은 두 가지 유형의 특성에 초점을 맞춘다. **공통조상형질(shared ancestral character)**은 특정 계통군의 구성원이 공통적으로 가지는 특성이지만, 그 계통군이 아니더라도 공통 조상으로부터 유래한 집단이면 다 공유하는 특징이다. 예를 들어, 모든 포유류는 척추를 가지고 있지만, 척추가 있다고 해서 포유류와 다른 척추동물을 구별하지는 못한다. 척추뼈는 포유류 계통군이 다른 척추동물에서 분화되기 이전부터 존재했기 때문이다. **공통파생형질(shared derived character)**은 특정 계통군의 구성원에서 공통적으로 나타나지만, 그 조상에서는 발견되지 않는 것으로, 해당 계통군만의 진화적 특이성이다. 공통파생형질로 계통군이 구별되며, 따라서 계통수에서 특정 분기점이 된다.

공유하는 특성을 이용한 계통발생 추론 공통파생형질을 사용하여 계통수를 구성하는 방법을 간단한 예를 사용하여 보여주고자 한다. **그림 15.16A**의 표는 특성 집합의 존재(1로 표시) 또는 부재(0으로 표시)에 따라 다섯 종류의 동물을 비교한다. 개구리는 이러한 특성을 하나도 가지고 있지 않음을 알 수 있다. 여기서 네 종류 동물 그룹인 **내집단(ingroup)**으로 상호 밀접한 연관이 있지만, 양서류를 대표하는 개구리는 우리가 연구하는 이들과는 다른 계열의 종인 **외집단(outgroup)**이다. 이 예에서 개구리와 다른 네 종류 동물은 모두 사지동물(사지가 4개인 척추동물)이라는 점에서 서로 연관이 있다. 4개 집단의 구성원은 서로 비교하고, 또 외집단과 비교함으로써, 척추동물 진화에서 각각의 공통파생형질이 처음 나타난 계통군을 결정할 수 있다. 그런 다음 이 정보를 사용해 진화 관계를 추론할 수 있다.

이 예시를 단계별로 살펴보자. 내집단의 네 종류의 동물은 모두 양막(amnion)을 가지고 있다. 양막은 액체로 채워진 배아(embryo, 배)를 둘러싸는 막이다. 외집단에는 이 특성이 없다. 이제 다음 특성인 털과 젖샘을 생각해 보자. 이 특성은 외집단(개구리)과 이구아나에는 없지만, 다른 모든 내집단(오리부리 오리너구리, 캥거루, 비버)에는 존재한다. 털과 젖샘은 포유류 특유의 진화적 혁신인 공통파생형질이다.

표의 세 번째 특성은 암컷 부모의 자궁 내에서 자손이 발생하는 임신이다. 개구리는 알을 물속으로 방출하고, 이구아나와 대부분의 다른 파충류는 껍질이 있는 알을 낳는다. 즉, 외그룹과 이구아나에서는 임신이 없다. 오리부리 오리너구리도 임신이 없으며, 이 역시 껍질이 있는 알

분류

특성	개구리	이구아나	오리부리 오리너구리	캥거루	비버
양막	0	1	1	1	1
털, 젖샘	0	0	1	1	1
임신	0	0	0	1	1
긴 임신기간	0	0	0	0	1

특성 표

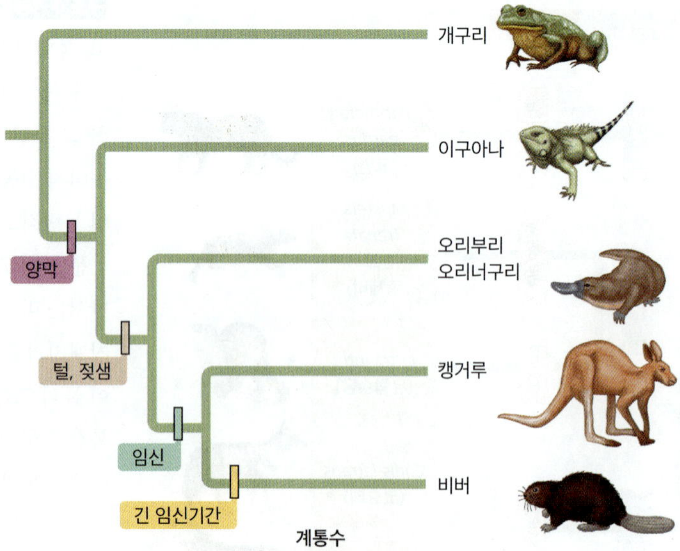

▲ **그림 15.16A** 분기계통학을 이용한 계통수 구축하기

시도해 보기 외집단과 내집단에 이름을 붙여보자. 캥거루와 비버의 가장 최근 공통 조상을 나타내는 분기점에 동그라미를 치고, 이 분기점을 정의하는 파생된 특성의 이름을 적어보시오.

을 낳는다. 이러한 사실을 종합해 볼 때, 오리부리 오리너구리가 포유류 계통군의 초기 분기점이라고 추론할 수 있다. 실제로 이 가설은 구조적, 화석 및 분자 증거에 의해 강력하게 뒷받침된다. 마지막 특성은 자손이 자궁 내에서 배아 발달을 완료하는 긴 임신기간으로, 비버의 경우가 여기에 해당한다. 캥거루는 임신기간이 매우 짧아서 어미의 배 주머니에서 수유를 하면서 배아 발달을 완료한다.

이제 특성 표의 데이터를 계통수로 전환할 수 있다. 이러한 계통수는 일련의 양방향 분기점으로 구성된다(13.5절 참조). 각 분기점은 공통 조상으로부터 두 그룹이 갈라져 나와 새로운 공통파생형질이 만들어지는 곳이다. 공통파생형질의 분포를 추적함으로써 이러한 동물 그룹의 분기 순서와 진화 관계를 추론할 수 있다.

최소가정분석법 과학의 여러 분야에서 유용한 **최소가정분석법(parsimony)**은 관찰된 현상에 대해 가장 단순한 설명을 채택하는 것이다. 계통학자들은 최소가정분석법의 원리를 사용하여 가장 적은 수의 진화적 변화를 필요로 하는 계통수를 구성한다. 예를 들어, 비버와 캥거루 모두 암컷의 자궁에서 배아 발생이 시작되기 때문에, 최소가정분석법에 의하면 비버가 오리너구리보다 캥거루와 더 밀접한 관련이 있다는 가설로 이어진다. 캥거루 계통에서 한 번, 비버 계통에서 독립적으로 또 다시 한 번, 임신이 두 번 진화했을 가능성도 있지만, 이 설명은 더 복잡하기 때문에 가능성이 낮다. 전형적인 계통학적 분석은 그림 15.16A의 예보다 훨씬 더 복잡한 데이터 세트를 포함하며, 종종 DNA 염기서열도 비교분석한다. 따라서 계통학자들은 최소가정분석법으로 계통수를 구성하도록 설계된 컴퓨터 프로그램을 사용한다.

가설로서의 계통수 계통학자들은 진화 역사를 재구성하기 위해 구조적 및 발달적 특징, 분자 데이터, 행동 특성 등 다양한 종류의 증거를 사용한다. 하지만 아무리 훌륭한 계통수라 해도 이용 가능한 증거를 바탕으로 가장 가능성이 높은 가설만을 반영할 뿐이다. 새로운 데이터가 축적되면 가설이 수정되고 새로운 계통수가 그려질 수 있다.

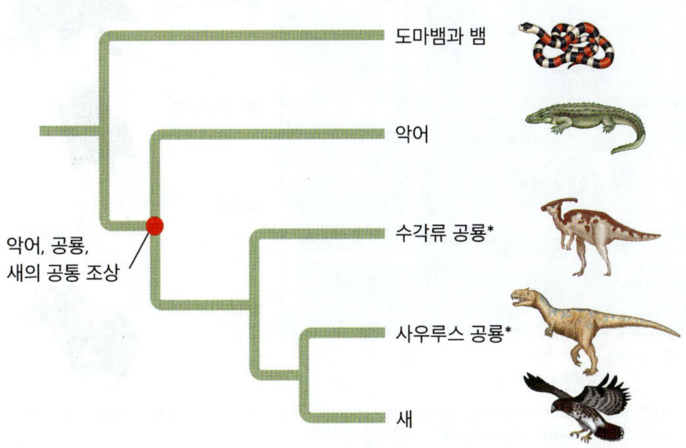

▲ **그림 15.16B** 파충류의 계통수(* 표시는 멸종된 혈통)

다시 그린 계통수의 예는 **그림 15.16B**와 같다. 전통적인 척추동물 분류학에서 악어, 뱀, 도마뱀 및 기타 파충류는 파충류강(Reptilia)으로 분류된 반면, 새는 별도의 조류강(Aves)에 배치되었다. 이 경우 파충류 계통군과 조류 계통군은 조상 종과 그 후손이 모두 포함되는 단일계통군으로 볼 수 없다. 그러나 그림 15.16B에 표시된 계통수를 뒷받침하는 많은 증거들에 의해 조류가 파충류 계통군에 속한다는 것이 알려졌다.

계통수를 가설로 생각하면 예측과 검증에 계통수를 사용할 수 있다. 예를 들어, 계통발생이 정확하다면 밀접하게 관련된 두 그룹의 생물체가 공유하는 특징은 공통 조상에게 존재해야 한다. 이 추론을 사용하여 공룡류에 대해 할 수 있는 새로운 예측을 생각해 보자. 그림 15.16B의 나무에서 볼 수 있듯이, 새의 가장 가까운 살아 있는 친척은 악어다. 새와 악어는 많은 특징을 공유한다. 심장은 4개의 방으로 이루어져 있고, 영역권을 지키고, 짝을 찾기 위해 '노래'를 부르며(악어의 '노래'는 울음소리에 가깝지만), 둥지를 짓는다. 새와 악어 모두 부화를 통해 알을 돌보고 따뜻하게 보살핀다. 새는 알 위에 앉아서 부화하는 반면, 악어는 목으로 알을 덮는다. 새와 악어가 공유하는 특징은 공통 조상(그림 15.16B의 빨간색 원으로 표시)과 그 후손 모두에게 있었을 것이라고 추론하면서, 생물학자들은 공룡이 4개의 방으로 이루어진 심장을 가졌고, 노래하고, 둥지를 짓고, 알을 품었을 거라는 가설을 세웠다.

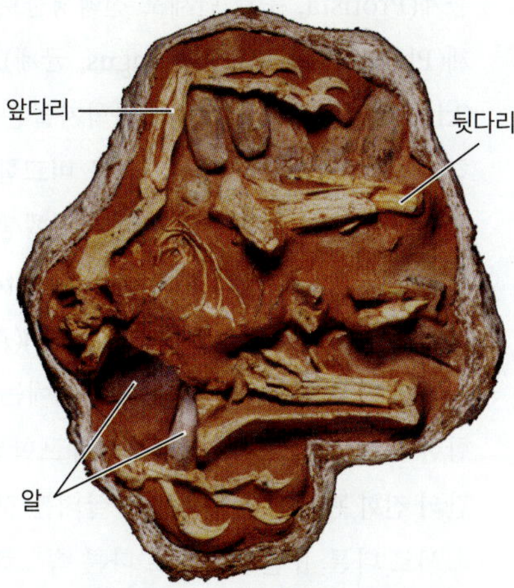

▲ **그림 15.16C** 오비랍토르와 알의 화석 유골. 알을 둘러싸고 있는 뼈의 방향을 보면 공룡이 알을 품거나 보호하다가 죽은 것으로 추정된다.

심장과 같은 내장기관은 화석화되는 경우가 드물고, 당연히 공룡이 노래를 불렀는지 여부도 판단하기는 어렵다. 그러나 화석화된 공룡 둥지가 발견되었다. **그림 15.16C**는 알을 품거나 보호하다가 모래폭풍에 휩쓸려 죽은 것으로 추정되는 오비랍토르(*Oviraptor*) 공룡의 화석이다. 공룡이 둥지를 짓고 부화를 했다는 가설은 다른 종의 공룡이 알을 돌보는 모습을 보여주는 화석이 추가적으로 발견되면서 더욱 지지를 받고 있다.

한 개체와 그 친척에 대해 더 많이 알수록, 우리는 그 개체의 계통발생을 더 정확하게 그릴 수 있다. 다음 절에서는 분자생물학이 진화의 역사를 추적하는 데 중요한 데이터를 어떻게 제공하는지 살펴본다.

? 포유류강에 해당하는 더 큰 계통군 내 특정 포유류를 구별하기 위해 털이 유용한 특성이 아닌 이유는 무엇일까?

■ 털은 모든 포유류에 공통적으로 나타나는 공통 조상 형질이므로 다른 포유류 하위 그룹을 구분하는 데 도움이 되지 않는다.

15.17 개체의 진화 역사는 유전체에 기록되어 있다

공통 조상으로부터 갈라진 시간이 가까울수록, 두 종의 DNA염기서열은 더 유사해야 한다. 두 종이 서로 다른 진화의 길을 걸어온 시간이 길수록 두 종의 DNA는 더 많이 달라졌을 것으로 예상된다.

분자계통분류학 DNA나 다른 분자를 사용하여 관련성을 추론하는 **분자계통분류학(molecular systematics)**이라는 방법은 계통발생 연구에 활력을 주었고 많은 진화 관계를 밝혀냈다. 분자계통분류학의 초기 영향 중 하나는 계 수준 이상의 새로운 분류 범주인 영역(domain)을 추가하게 된 것이다. 이전의 분류 체계는 원핵생물계(Monera), 원생생물계(Protista, 주로 단세포 진핵생물로 주로 구성된 다양한 계), 식물계(Plantae), 곰팡이계(Fungus, 균계), 동물계(Animalia)의 다섯 계(kingdom)를 인정했는데, 과학자들은 리보솜 RNA(rRNA, 10.12절 참조)의 뉴클레오타이드 서열을 비교함으로써, 한때 박테리아로 분류되었던 많은 원핵생물이 사실은 진핵생물과 더 밀접한 관련이 있음을 증명했다. **3영역 체계(3-domain system)**는 원핵생물을 두 영역, **박테리아영역(Bacteria)**과 **고세균영역(Archaea)**으로 구분한다. 세 번째 영역인 진핵생물영역(Eukarya)에는 곰팡이계, 식물계, 동물계를 포함한 모든 진핵생물과 원생생물이 포함된다. (15.19절에서 이러한 그룹 간의 진화 관계에 대해 자세히 살펴볼 것이다.)

서로 다른 유전자가 서로 다른 속도로 진화한다는 것이 밝혀진 후, 과학자들은 분자계통분류학을 사용하여, 장기와 단기를 모두 포괄하는 계통수를 구성할 수 있게 되었다. 리보솜 RNA(ribosomal RNA, rRNA)를 지정하는 DNA는 상대적으로 천천히 변하기 때문에, 이 유전자의 DNA염기서열을 비교하는 것은 수억 년 전에 갈라진 분류군 간의 연관관계를 조사하는 데 유용하다. 예를 들어, rRNA 유전자에 대한 연구에 따르면, 곰팡이류는 녹색 식물보다 동물과 더 밀접한 연관이 있으며, 이는 형태학적 비교만으로는 확실히 추론할 수 없는 사실이다.

이와는 대조적으로 미토콘드리아 DNA(mtDNA)는 상대적으로 빠르게 진화하므로, 보다 최근의 진화 사건을 조사하는 데 사용할 수 있다. **그림 15.17**은 아래에서 설명하는 한 가지 예외를 제외하고 mtDNA 분석에 기반한 곰의 계통발생 가설을 보여준다. 그림 15.17의 계통수에는 화석 증거와 분자 데이터를 기반으로 이들의 분리가 언제 발생했는지 추정할 수 있는 연대가 포함되어 있음을 주목하자. (지금까지 살펴본 대부분의 계통수는 계통이 갈라진 상대적인 순서만 나타내며, 그 사건의 시기는 보여주지 않았다.)

mtDNA는 사람의 개체군을 연구하는 데도 사용되었다. 예를 들어, 과학자들은 아메리카 원주민 그룹 간의 관계를 연구하기 위해 mtDNA 서열을 사용했다. 이들의 연구는 애리조나의 피마족, 멕시코의 마야족, 베네수엘라의 야노마미족이 약 1만 5,000년 전 아시아에서 아메리카 대륙으로 베링 랜드 브리지를 건너온 첫 번째 이민자의 후손으로 상호 밀접한 연관이 있다는 초기 증거를 뒷받침한다.

유전체학(genomics)의 급속한 발전(12.17절 참조)으로 계통학자들이 이용할 수 있는 데이터의 양이 크게 확대되었고, 많은 진화 관계가 밝혀졌다. 예를 들어, 불곰과 북극곰은 밀접한 연관이 있으며 심지어 교배도 가능하다(그림 14.2C 참조. 회색곰은 불곰의 아종이다). 유전학적 증거에 따르면 북극곰과 불곰은 별개의 종이지만, 두 종이 갈라진 시기에 대한 대략적 추정치는 60만 년에서 500만 년 전으로 다양했다. 2014년, 연구진은 89마리 곰의 전체 유전체를 분석한 결과를 발표했다. 이 방대한 데이터 세트로 그림 15.17에서 볼 수 있듯, 두 종은 34만 3,000년에서 47만 9,000년 전인 아주 최근에 분화되었음을 보여줄 수 있었다.

유전체학 진화 새로운 분자 기술을 통해 유전체가 어떻게 진화했는지에 대한 통찰력을 얻게 되면서 흥미로운 사실들이 밝혀지고 있다. 사

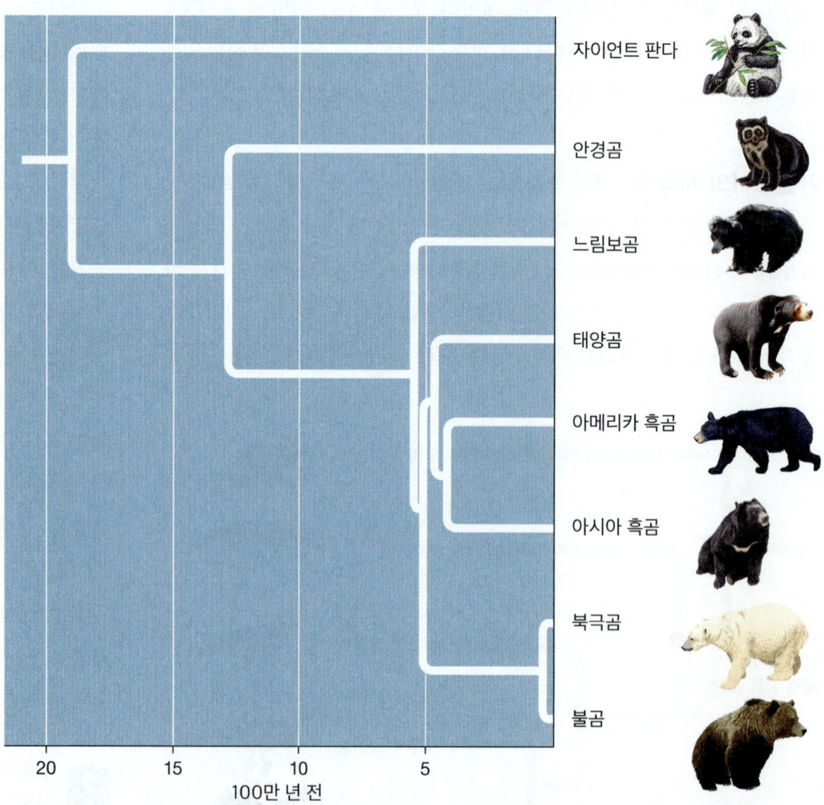

자료: J. Krause et al., Mitochondrial genomes reveal an explosive radiation of extinct and extant bears near the Miocene-Pliocene boundary, *BMC Evolutionary Biology* 8: 220-31 (2008).

▲ **그림 15.17** 미토콘드리아 DNA를 기반으로 한 곰과(Ursidae)의 계통수(계통발생 나무)

람과 침팬지의 유전체는 놀라울 정도로 유사하다. 더욱 놀라운 사실은 진화적 거리가 다양하게 다른 상동성 유전자(공통 조상의 후손 종이 공유하는 유사한 유전자)가 광범위하게 존재한다는 것이다. 사람과 쥐의 유전자는 정확히 동일하지는 않지만, 99%는 감지할 수 있을 정도로 상동성이 있다. 그리고 사람 유전자의 50%는 효모(yeast)의 유전자와 상동성이 있다. 이 놀라운 공통점은 모든 생명체가 많은 생화학적·발생학적 경로를 공유하고 있음을 보여주며, 다윈의 '변이의 유전'이라는 이론을 더욱 강하게 뒷받침한다.

유전자 중복은 유전체의 유전자 수를 증가시켜, 추가적인 진화적 변화를 위한 추가적인 기회를 제공하기 때문에 진화에서 특히 중요한 역할을 해왔다(15.11절 참조). 최근 과학자들은 분자 기술을 통해 이러한 중복의 진화적 역사, 즉 어느 계통에서 발생했는지, 시간이 지남에 따라 여러 유전자가 서로 어떻게 갈라졌는지 추적할 수 있게 되었다.

유전체 비교를 통해 알 수 있는 또 다른 흥미로운 사실은, 유전자의 수가 생물의 복잡성과 같은 속도로 증가하지 않았다는 것이다. 효모는 단순한 단세포 진핵생물에 불과하고, 사람은 복잡한 뇌와 200여 종의 조직으로 구성된 신체를 가지고 있다. 그러나 사람의 유전자 수는 효모의 약 네 배밖에 되지 않는다. 많은 사람 유전자가 효모보다 더 다재다능하다는 증거가 나오고 있지만, 이러한 다재다능함의 메커니즘을 설명하는 것은 흥미로운 과학적 과제로 남아 있다.

? 곰팡이류가 식물과 더 밀접한 관련이 있는지 동물과 더 밀접한 관련이 있는지 결정에 rRNA의 DNA가 유용한 이유는 무엇일까?

■ rRNA를 지정하는 DNA는 매우 느리게 변화하기 때문에 오래전에 갈라진 개체들의 연관관계를 연구하는 데 유용하다.

15.18 분자시계는 진화의 시간을 추적하는 데 도움이 된다

두 그룹이 분리된 기간이 길수록 유전자의 분화도 커진다. 예를 들어, 상어와 참치는 4억 2,000만 년 이상 분리된 진화의 길을 걸어온 반면, 돌고래와 박쥐는 약 6,000만 년 전에 갈라졌다. 돌고래와 박쥐는 분명한 차이가 있음에도 불구하고 이들의 상동유전자는 상어와 참치의 유전자보다 훨씬 더 유사하다. 실제로 분자 변화는 형태의 변화보다 시간을 더 잘 추적하게 해준다. 생물학자들은 일부 유전자 또는 유전체의 특정 영역이 일정한 속도로 변화를 누적한다는 사실을 발견했다. 이러한 결과로 주어진 양의 진화적 변화에 필요한 시간을 추정하는 **분자시계(molecular clock)**를 사용하게 되었다.

화석 기록에서 진화적 분기가 일어난 시기와 그 사이 뉴클레오타이드 변화의 차이를 그래프화하여 신뢰할 수 있는 평균 변화율을 보이는 유전자의 분자시계를 만들 수 있다. 이렇게 만들어진 그래프를 이용하면 화석 기록에 기록되지 않은 다른 진화 사건들이 일어난 시간도 추정할 수 있다.

분자시계는 지금까지 다양한 사건에 사용되어 왔다. 2011년에 발표된 흥미로운 사례 중 하나로, 과학자들은 사람의 몸니(**그림 15.18**)와 머릿니의 분화를 연구했다. 머릿니는 피를 빨아먹는 작은 곤충으로 대부분의 포유류 종의 털 속에 서식한다. 인류 진화 초기에 체모가 없어지고, 옷을 입지 않았던 피부로 인해 피할 곳이 없었던 기생생물인 머릿니는 머리로 이동했다. 옷이 새로운 서식지를 제공하자 개체군은 머릿니와 몸니의 두 가지 유형으로 나뉘었고, 각각은 서식지에 맞는 적응을 했다. (군중니는 진화적으로 다른 역사를 가지고 있으며, 다른 속에 속하는 구성원이다.) 연구진은 머릿니와 몸니의 서로 다른 네 가지 DNA염기서열분석 데이터를 비교한 결과, 인류가 옷을 입기 시작한 것은 8만 3,000년에서 17만 년 전으로 추정했다.

일부 생물학자들은 분자 변화 속도가 시기마다, 유전자마다, 개체 및 그룹마다 다를 수 있기 때문에 분자시계의 정확성에 대해 회의적인 시각을 가지고 있다. 어떤 경우에는 하나 또는 몇 개의 유전자가 아닌 많은 유전자로 분자시계를 보정함으로써 문제를 피할 수 있다. 한 연구진은 658개 유전자의 서열 데이터를 사용하여 거의 6억 년의 척추동물 진화를 포괄하는 분자시계를 만들었다. 이들의 분화 시간 추정치는 화석 기반 추정치와 거의 일치했다. 많은 화석 기록은 약 5억 5,000만 년 전으로 거슬러 올라가는 데 불과하지만, 분자시계는 10억 년 이상 전 발생한 진화적 분지의 연대 측정에도 사용되었다. 그러나 이 추정치는 그 모든 시간 동안 시계가 일정하게 작동했다는 가정에 기초하므로, 따라서 이러한 추정치는 매우 불확실하다.

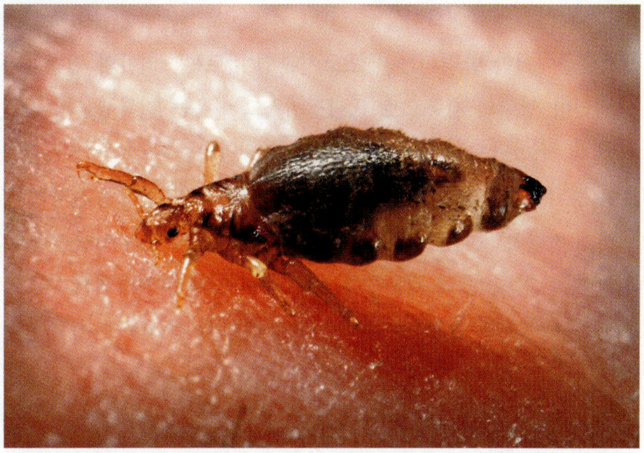

▲ **그림 15.18** 인체 이(*Pediculus humanus humanus*)

진화론은 모든 생명체에는 공통 조상이 있다고 주장한다. 분자계통분류학은 모든 생명체를 다음 절에 다루고자 하는, 포괄적인 생명수로 연결하는 데 도움을 준다.

? 분자시계란 무엇인가? 그러한 시계의 사용의 기초가 되는 가정은 무엇인가?

■ 분자시계는 DNA 변화의 수를 기반으로 진화 사건의 실제 시간을 추정한다. 이는 유전체의 일부 영역이 일정한 속도로 진화한다는 가정을 기반으로 한다.

15.19 생명수 구축은 현재 진행형이다

진화계통수는 진화의 역사에 관한 가설이다. 모든 가설과 마찬가지로 새로운 증거에 따라 수정되거나 경우에 따라 거부되기도 한다. 최근 몇 년 동안 분자 기술과 미생물 연구의 새로운 기술의 발달로 새로운 데이터가 눈사태처럼 쏟아져 나왔고, 분기계통학은 계통수 구성에 새로운 접근 방식을 가져왔다.

15.17절에서 언급했듯이, 3영역 체계는 생명수의 주요 개정 내용이다. 이 분류 체계는 원핵생물인 박테리아와 고세균을 두 영역으로 구분한다(**그림 15.19A**). 세 번째 영역인 진핵생물 영역은 모든 진핵생물을 포함하며, 여기에는 곰팡이류, 식물계, 동물계가 포함된다. 그림 15.19A에서 보라색으로 표시된 원생생물도 진핵생물 영역에 속한다. 그림에서 보는 것처럼, 원생생물은 단일계통군이 아니므로 단일 계로 간주할 수 없다. 새로운 데이터가 매우 빠르게 누적되고 있지만, 원생생물의 분류와 계통발생에 관한 문제는 아직 해결되지 않았다(16.13절 참조).

진핵생물에서만 발견되는 세포소기관인 미토콘드리아와 엽록체가 왜 박테리아 영역의 계통으로 표시될까? 그 이유는 진핵생물의 기원이 훨씬 더 작고 단순한 원핵생물에서 시작되었다는 사실에 있다. **그림 15.19B**는 주로 rRNA 유전자에 기반한 진화계통수로, 이 유전자는 매우 느리게 변화하기 때문에 멀리 떨어져 있는 생물체 간의 상동성을 여전히 알아낼 수 있다. 이 계통수를 보면 ❶ 생명체의 역사에서 최초의 주요 분화는 박테리아가 다른 두 영역으로 분화된 것이다. 이어서 진핵생물 영역과 고세균이 분화되었음을 보여준다.

그러나 세 영역의 완전한 유전체를 비교하면, 특히 생명의 초기 역사 동안 서로 다른 영역의 생물체 간에 상당한 유전자 교류가 있었음을 알 수 있다. 이는 플라스미드 교환과 바이러스 감염(10.22절과 10.23절 참조)과 같은 메커니즘을 통해 유전자가 한 유전체에서 다른 유전체로 옮겨지는 과정인 **수평적 유전자 전달(horizontal gene transfer)**과 심지어 서로 다른 생물체의 융합을 통해서도 일어났다. 그림 15.19B는 미토콘드리아 조상과 진핵생물 조상 사이의 두 가지 중요한 수평적 유전자 전달을 보여준다. 하나는 ❷ 미토콘드리아 조상과 진핵생물 조상 간 유전자 전달이고, 다른 하나는 ❸ 엽록체 조상과 녹색 식물 조상 사이의 유전자 전달이다. 즉, 진핵세포의 미토콘드리아와 엽록체에는 박테리아 영역(4.15절 참조)의 계통에서 유래한 DNA가 포함되어 있다.

그림 15.19B는 진핵생물 영역은 약 28억 년 전 고세균에서 분화된 원핵생물 계열에서 진화했다는 한 분자적 증거에 기초한 것이다. 그러나 최근의 유전자 분석에 따르면 진핵생물의 조상은 고세균이라고 한다.

다음 장에서는 35억 년 전 생명체가 처음 생겨난 이래, 지구에 서식한 엄청나게 다양한 생물에 대해 살펴보고자 한다.

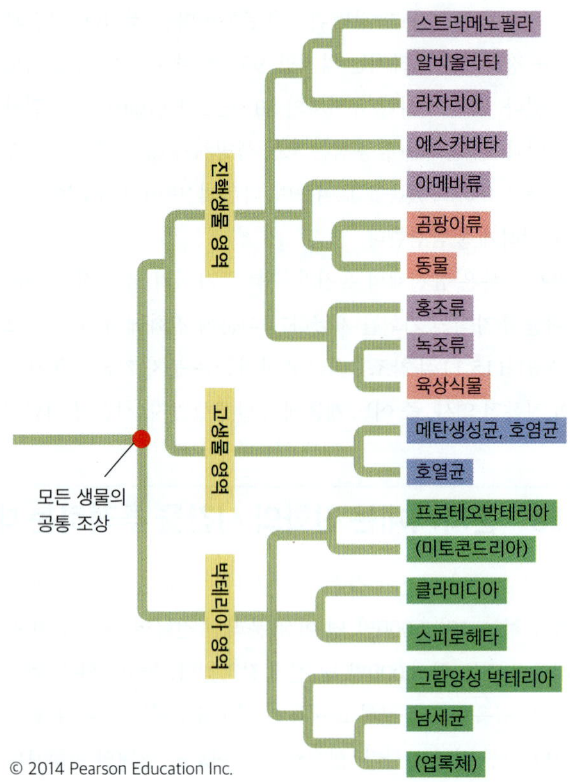

▲ **그림 15.19A** 생명의 세 가지 영역(각 영역의 주요 분야 중 일부만 표시됨)

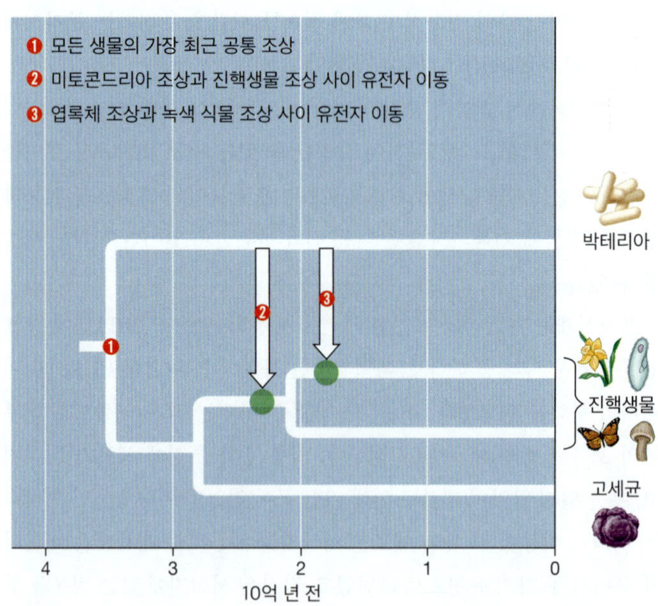

▲ **그림 15.19B** 생명의 역사에서 수평적 유전자 전달의 두 가지 주요 사건(시간은 불확실)

? 그림 15.19A가 옳다면, 동물과 가장 밀접한 관련이 있는 원생생물은?

■ 아메바

CHAPTER 15 복습

개념 복습하기

초기 지구와 생명의 기원(15.1~15.3)

15.1 초기 지구의 조건이 생명의 기원을 가능하게 했다. 지구는 약 46억 년 전에 형성되었다. 원핵생물에 의해 형성된 스트로마톨라이트 화석은 35억 년 전으로 거슬러 올라간다.

15.2 유기 분자가 무생물적으로 합성될 수 있다는 것이 실험적으로 증명되었다.

15.3 최초의 세포는 중합체, 원시세포, 자기-복제 RNA 형성의 단계를 거쳐 만들어졌을 것이다. 자연선택은 자기-복제 분자를 가진 원시세포에 작동했을 수 있다.

생명의 역사에서 주요 사건(15.4~15.6)

15.4 단세포 및 다세포 생물의 기원과 육지에서의 군락 형성은 생명의 역사에서 중요한 사건이다.

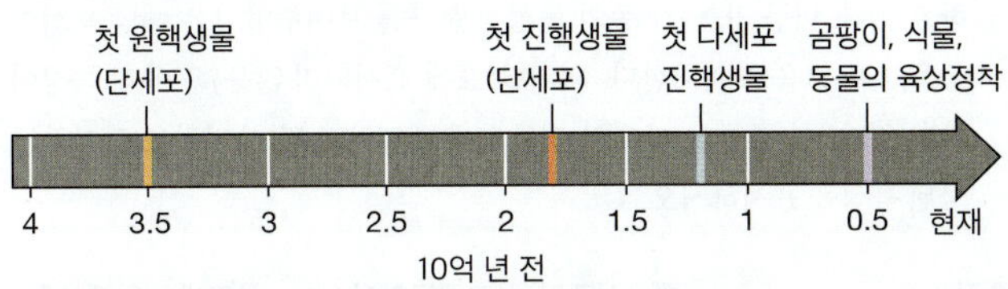

15.5 암석과 화석의 실제 연대는 지질학적 시간의 기준이 된다. 방사성 연대 측정법으로 암석과 화석의 연대를 측정할 수 있다.

15.6 화석 기록은 생명 역사의 기록이다. 지질학적 기록에서 시대와 주기는 생명체의 주요 전환에 의해 구분되며, 종종 멸종으로 인해 발생한다.

대진화 메커니즘(15.7~15.13)

15.7 대륙이동은 대진화에 중요한 역할을 했다. 판게아의 형성과 분열은 생물의 분포와 다양화에 영향을 미쳤다.

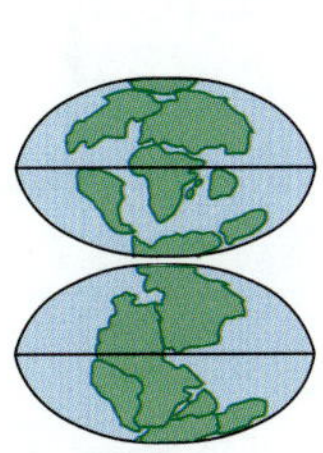

15.8 판구조는 사람의 생명을 위태롭게 할 수 있다. 화산과 지진은 종종 지구의 판의 경계부위에서 발생한다.

15.9 다섯 번의 대량멸종이 진화 과정을 바꾸었다. 페름기 멸종은 극심한 화산 활동과 관련 있다. 대부분의 공룡류를 포함한 백악기 멸종은 소행성의 충돌로 인해 발생했을 수 있다.

15.10 적응방산은 생명의 다양성을 증가시킨다. 많은 새로운 종의 기원은 종종 대량멸종, 새로운 서식지의 군락 형성, 새로운 적응의 진화에 뒤따른다.

15.11 발생을 조절하는 유전자는 진화에 중요한 역할을 한다. '이보-디보(evo-devo)'는 진화와 발달 생물학을 결합한 용어다. 발달 유전자의 수, 서열 또는 조절에 변화가 생기면 새로운 형태가 진화할 수 있다.

15.12 새로운 형질은 여러 방법으로 나타날 수 있다. 복합한 구조는 동일한 기본 기능을 가진 단순한 버전에서 단계적으로 진화하거나, 기존 구조가 새로운 기능에 점진적으로 적응하는 방식으로 진화한 결과일 수 있다.

15.13 진화의 경향성이 진화가 목표 지향적이라는 것을 의미하지 않는다. 진화의 경향성은 변화하는 환경 속에서 일어난 종 선택이나 자연선택의 결과일 수 있다.

계통발생과 생명수(15.14~15.19)

15.14 분류학은 다양한 생물을 명명하고 분류하는 학문이다. 분류학자들은 각 종에 이명법(속과 종의 이름)을 부여한다. 속은 점점 더 넓은 범주로 분류된다.

15.15 상동성에 기반한 계통발생학은 진화의 역사를 반영한다. 진화계통수는 진화 관계에 대한 가설이다. 상동기관과 분자 서열은 계통발생을 결정하는 데 사용되는 공통 조상이 있었다는 증거가 된다.

15.16 계통수를 만들 때 공유하는 특징을 사용한다. 분기계통학은 공통파생형질을 사용해 계통군을 정의한다. 최소가정분석법은 가장 적은 진화적 변화를 필요로 한다.

15.17 개체의 진화 역사는 유전체에 기록되어 있다. 분자계통분류학은 분자 비교를 통해 계통수를 구축한다. 상동성 유전자는 멀리 떨어진 종에서도 발견된다.

15.18 분자시계는 진화의 시간을 추적하는 데 도움이 된다. 일정한 속도로 변화하는 DNA 영역을 사용하여 과거 사건이 일어난 시간을 추정할 수 있다.

15.19 생명수 구축은 현재 진행형이다. 생물은 현재 세 가지 영역으로 분류된다: 박테리아 영역, 고세균 영역, 진핵생물 영역. 생명의 초기 역사에는 진핵생물의 기원이 된 수평적 유전자 전달을 포함, 여러 차례의 수평적 유전자 전달이 일어났다.

개념 연결하기

1. 아래 그림을 사용하여 생명의 기원이 되었을 수 있는 단계에 대해 설명하시오.

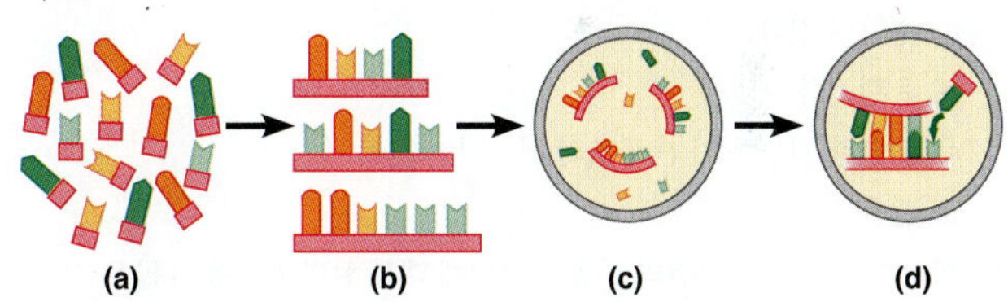

2. 계통분류학에 대한 개념도를 작성하시오.

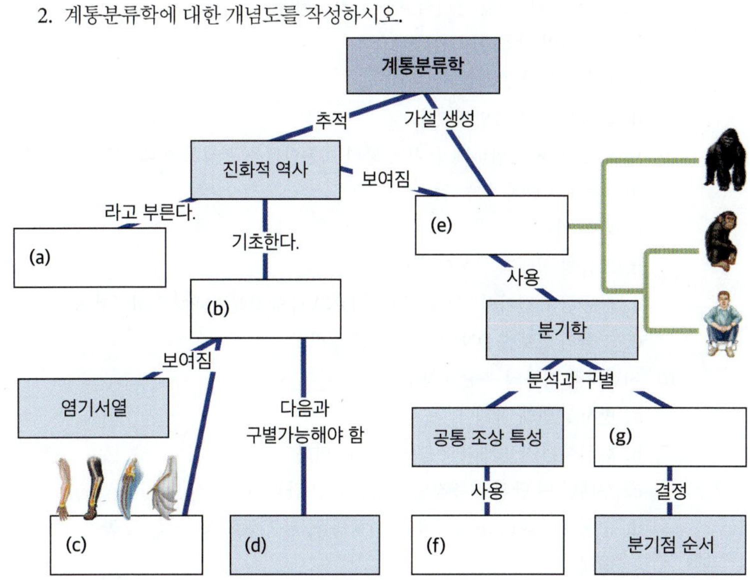

학습 평가하기

1단계 : 지식과 이해력 평가

3. 타임머신을 30억 년 전으로 설정하고 시작 버튼을 누른다. 먼지가 걷히면 창밖을 내다본다. 다음 중 곧 보게 될 것으로 예상되는 장면은 무엇인가?
   a. 우주의 가스와 먼지 구름
   b. 물 속의 녹색 쓰레기
   c. 생명이 없는 척박한 땅과 물
   d. 끝없이 펼쳐진 붉고 뜨거운 용암
4. 다음 중 캄브리아기 폭발에 대한 설명 중 틀린 것은?
   a. 다세포 진핵생물의 시대가 도래한 것이다.
   b. 5억 3,500만 년 전에 시작되었다.
   c. 1,000만 년 동안 지속되었다.
   d. 이 기간 동안 다양한 동물 형태가 발생했다.
5. 인도의 동물과 식물은 인근 동남아시아의 종과는 매우 다르다. 왜 그럴까?
   a. 인도는 한때 바다로 덮여 있었지만 아시아는 그렇지 않았다.
   b. 인도는 다른 아시아 국가들과 분리되는 과정에 있다.
   c. 인도의 생명은 고대 화산 폭발로 인해 전멸했다.
   d. 인도는 약 4,500만 년 전까지만 해도 별개의 대륙이었다.
6. 적응방산을 촉진하는 것이 아닌 것은?
   a. 대량멸종으로 텅 비어버린 생태적 적소
   b. 경쟁자가 거의 없는 고립된 지역의 군락 형성
   c. 기후의 점진적인 변화
   d. 새로운 적응
7. 부레는 물고기가 부력을 유지하는 데 도움이 되는 기체로 채워진 주머니다. 증거에 따르면, 초기 물고기는 원시 폐로 공기를 삼켜 정체된 물에서 생존하는 데 도움이 되었다고 한다. 조상 물고기의 폐에서 부레가 진화한 것은 ________의 예다.
   a. 경향성 진화
   b. 유형진화
   c. 동일한 기능을 가진 구조의 점진적인 개선
   d. 탈출
8. 백악기 대량멸종 직전의 포유류 상태에 대한 설명으로 옳지 않은 것은?
   a. 그들은 광범위한 생태적 지위를 차지했다.
   b. 다양성이 낮았다.
   c. 1억 년 동안 존재했다.
   d. 그들은 작은 생명체였다.
9. 다음 중 매우 밀접하게 관련된 종의 계통발생을 결정하는 데 가장 좋은 데이터를 제공할 수 있는 것은?
   a. 화석 기록
   b. 그들의 형태적 차이와 유사점
   c. 상동성 유전자와 미토콘드리아 DNA의 뉴클레오타이드 서열 비교
   d. 그들의 리보솜 DNA염기서열분석 비교
10. 지질학적 기록의 주된 구분점은 ________ 이다.
    a. 방사성 연대 측정
    b. 화석화된 생명체의 유형에 뚜렷한 변화
    c. 수백만 년 단위로 측정된 일정한 시간 간격
    d. 순서대로 나타난 원핵생물, 진핵생물, 원생생물, 동물, 식물, 곰팡이류의 형태

2단계 : 응용과 분석력 평가

11. 소진화와 대진화의 차이점을 설명하시오.
12. 아프리카(유포르비아)와 북아메리카(선인장)의 사막 식물은 물리적으로 서로 닮았지만(둘 다 가지가 있는 즙이 많은 줄기를 가짐), 유전학적으로는 서로 다른 계열에 속한다. 그 이유는 무엇일까?
13. 다윈의 변형의 유전 개념으로, 눈과 같은 복잡한 구조의 진화는 어떻게 설명될 수 있을까?
14. 많은 발생을 조절하는 유전자는 진화적 역사를 통해 보존되어 왔다. 이 사실이 자연선택과 어떤 관련이 있는가?
15. 생명수의 초기 가지를 결정하기 위해 어떤 유형의 분자적 비교가 사용되었는지 설명하시오.

3단계 : 종합평가

16. 측정 결과, 발굴한 화석화된 두개골의 탄소-14 : 탄소-12 비율이 현생 동물 두개골의 약 1/8에 불과한 것으로 나타났다. 화석의 대략적인 나이는 얼마인가? (탄소-14의 반감기는 5,730년이다.)
17. 한 고생물학자가 세 가지 공룡과 가장 초기의 조류인 시조새의 화석을 비교하고 있다. 다음 표는 각 종의 특성적 분포를 보여주며, 1은 해당 특성이 있음을, 0은 없음을 의미한다. 외집단(표에 표시되지 않음)은 아래 특성이 하나도 없다. 이 종들을 아래의 계통수에 배열하고 각 분기점을 정의하는 파생된 특성을 표시하시오.

특질	벨로시랩터	코엘로피시스	시조새	알로사우루스
속이 빈 뼈	1	1	1	1
세 손가락 손	1	0	1	1
반달 모양의 손목 뼈	1	0	1	0
뒤집힌 첫 번째 발가락	0	0	1	0

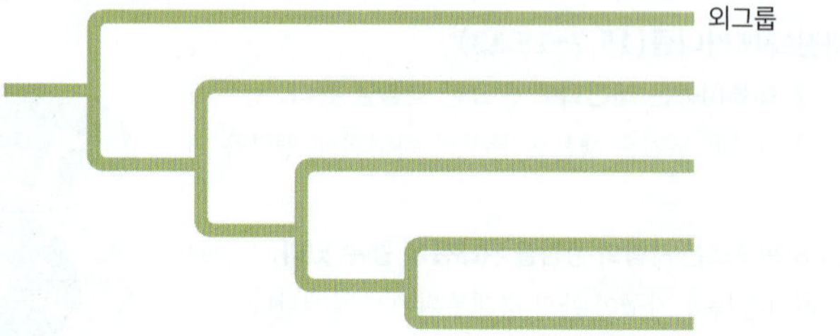

18. **과학적 사고** 1953년 스탠리 밀러의 실험 결과가 발표되었을 때, 그 결과는 전 세계 언론의 헤드라인을 장식했다. 대중은 밀러가 시험관에서 생명을 창조함으로써 지구상의 생명체가 어떻게 시작되었는지에 대한 해답을 얻었다고 생각했다. 그러나 과학자들은 밀러의 실험이 최종적인 해답도, 생명의 탄생에 대한 레시피도 아니라는 사실을 알고 있었다. 오히려 생명의 기원에 대한 오랜 가설을 처음으로 시험한 것에 불과했다. 15.2절의 정보(그리고 원하는 경우 추가 연구)를 예로 들어, 자연의 작동방법을 이해하기 위한 과학의 연구방법이 시간이 따라 어떻게 진보하는지 자세히 논리적으로 설명하시오. (1.7절 참조)

UNIT 4 | # 생물다양성의 진화

▲ **수족관 다이버**

루이지애나주 뉴올리언스에 있는 오듀본 아메리카 수족관에서 다이버가 가오리에게 먹이를 주고 있다 (19.3절 참조).

▲ **동물사육사**

샌프란시스코 공원 및 휴양지 관리국의 랜달 박물관에서 동물 사육사 모수르(Dominic Mosur)가 수리부엉이의 몸무게를 재고 있다(19.7절 참조).

▲ **고인류학자**

스미소니언 박물관의 고인류학자인 포비너(Briana Pobiner)는 초기 조상들이 무엇을 먹고 살았는지 이해하기 위해 케냐에서 죽은 야생 사자의 뼈를 연구한다(19.11~19.14절 참조).

CHAPTER

16 미생물: 원핵생물과 원생생물

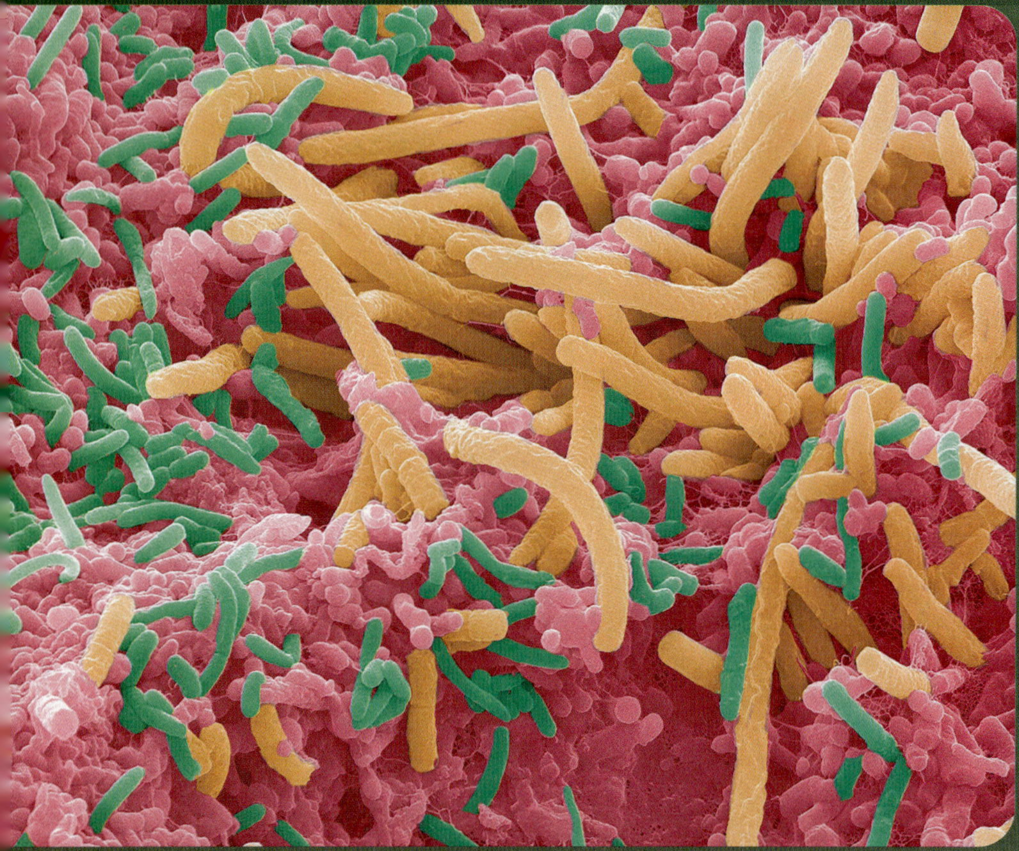

핵심 개요

원핵생물(16.1~16.11)

가장 작은 생물로 알려진 원핵생물은 놀라울 정도로 다양하다.

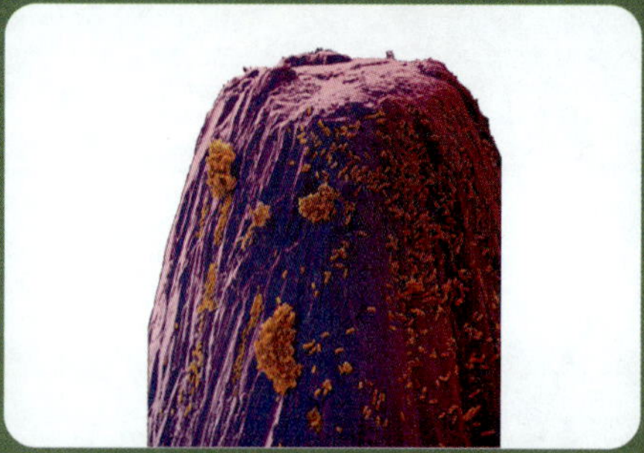

원생생물(16.12~16.19)

원생생물은 진핵생물이다. 대부분은 단세포의 현미경적 미생물이지만, 일부 원생생물은 다세포다.

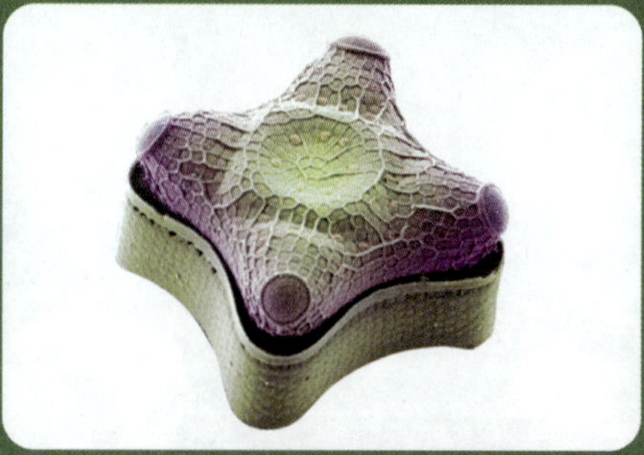

16.0 우리 몸에는 다양한 미생물 군집이 서식하고 있다

우리 몸에 수조 개의 개별 세포가 있다는 것은 알고 있지만, 그 세포가 모두 '나'만의 것이 아니라는 사실을 알고 있는가? 사실 우리 몸 안팎에 존재하는 미생물(원핵생물, 원생생물, 곰팡이류)은 적어도 우리 자신의 세포 수만큼이나 많다. 피부, 입, 비강, 소화기, 비뇨생식기 등은 이러한 미생물의 주요 서식처다. 예를 들어, 사진은 혀 표면에 위치한 박테리아를 보여준다. 우리는 생후 2년 동안 미생물군집을 획득하는데 이후 상당히 안정적으로 유지한다. 그러나 현대인의 삶은 이러한 안정성을 흔들고 있다. 항생제를 복용하고, 물을 정수하고, 음식을 살균하고, 균이 주변 환경에 침범하지 못하도록 애쓰고, 피부와 치아를 닦고 문지르면서 이러한 군집(community)의 구성을 변화시키고 있다. 과학자들의 가설에 의하면 미생물 군집의 파괴는 감염성 질환에 대한 감수성을 증가시키고, 천식과 기타 알레르기, 크론병(Crohn's disease), 심지어 비만과 같은 질환의 원인이 될 수 있다고 한다.

이 장에서는 사람과 미생물 간 상호작용의 장점과 단점에 대해 알아보고자 한다. 또한 놀라운 다양성을 보이는 지구 최초의 생명체인 원핵생물과 원생생물의 일부 예를 살펴볼 것이다. 원생생물은 단세포 진핵생물, 다세포 식물, 곰팡이, 동물 사이의 연결고리다.

원핵생물

16.1 원핵생물은 다양하고 널리 분포한다

이 장 전반부에서는 진핵생물과 근본적으로 다른 세포 조직을 가진 생물, 즉 원핵생물에 대해 다룰 것이다(4.3절과 4.4절 참조). 진핵세포(eukaryotic cell)는 막으로 둘러싸인 핵과 여러 다른 세포소기관을 가지고 있는 반면, 원핵세포(prokaryotic cell)는 이러한 구조적 특징이 많지 않다. 또한 원핵생물은 일반적으로 진핵생물보다 크기가 훨씬 작다. **그림 16.1**의 유색 주사현미경 사진에서 핀(보라색) 위에 덮여 있는 수많은 박테리아(주황색 점)를 보면 대부분의 원핵생물의 크기에 대한 아이디어를 얻을 수 있다. 대부분의 원핵세포는 1~5 μm 범위의 지름을 가지며, 대부분의 진핵생물(10~100 μm)보다 훨씬 작다.

원핵생물은 작은 크기에도 불구하고 우리 세계에 막대한 영향을 미친다. 다세포 생물의 몸 안팎을 비롯, 생명이 있는 곳이라면 어디에서나 발견된다. 원핵생물의 총생물량(biomass)은 모든 진핵생물의 최소 10배에 달한다! 과학자들은 **메타유전체학(metagenomics)**이라는 강력한 새 접근법을 이용하여 이제 막 원핵생물 다양성의 정도를 조사하기 시작했다. 연구자들은 토양, 물 또는 인체와 같은 특정 환경에서 샘플을 수집하고 그 안에 포함된 DNA를 분리하고 서열을 분석한다. 그런 다음 컴퓨터 프로그램으로 해당 환경에 존재하는 개별 종의 모든 유전체를 조합하는데, 이를 **미생물군유전체(microbiome)**라고 한다.

16.0절에서 우리 몸 안팎에 서식하는 **미생물군(microbiota)**을 연구하는 메타유전체학이라는 흥미로운 응용 기술에 대해 알아보았다. 우리 개개인은 수백 가지의 다양한 원핵생물 종과 균주를 보유하고 있으며, 그중에는 이로운 영향을 주는 예도 있다. 예를 들어, 장에 서식하는 일부 미생물은 필수비타민을 공급하고 소화할 수 없는 일부 음식물 분자에서 영양을 추출할 수 있도록 해준다. 또한 원핵생물은 병원균의 침입으로부터 신체를 보호한다.

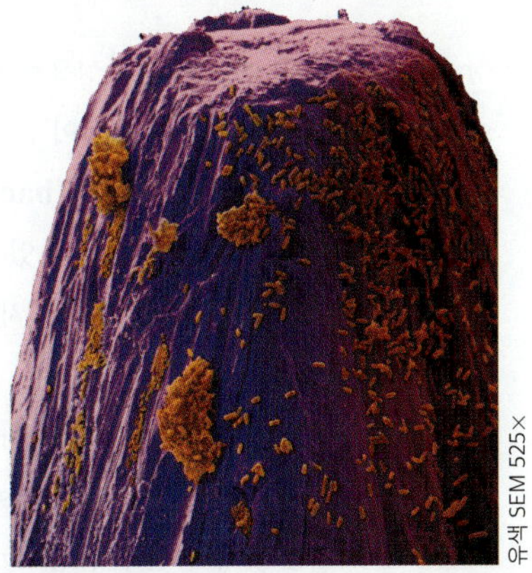

▶ **그림 16.1** 핀 끝의 박테리아

메타유전체학은 환경보존에 필수적인 원핵생물 군집에 대한 연구에도 큰 도움이 된다. 원핵생물은 죽은 생물체와 기타 유기 폐기물을 분해함으로써 필수적인 화학 원소를 환경으로 돌려보낸다. 또한 식물과 다른 생물들이 질소를 이용할 수 있도록 해주는 질소 순환(nitrogen cycle)에서 없어서는 안 될 구성 요소다. 만약 원핵생물이 사라진다면, 생명을 유지하는 화학적 순환이 멈추고 모든 형태의 진핵생물은 생존하지 못할 것이다. 반대로 진핵생물이 존재하지 않는다 해도, 원핵생물은 한때 그러했듯, 확실하게 10억 년 이상 지구에서 홀로 살아갈 것이다.

물론 모든 원핵생물이 유익한 것은 아니다. 16.10절에서는 질병을 일으키는 원인균인 박테리아 **병원균(pathogen)**에 초점을 맞춘다.

다음 몇 개의 절에서는 원핵생물이 성공할 수 있었던 특징에 대해 알아보고, 원핵생물의 다양성에 대해 살펴볼 것이다. 원핵생물은 **고세균(Archaea)**과 **박테리아(Bacteria)**로 크게 분류되는데(15.17절), 이 둘은 매우 다르다.

? 우리 몸 안팎에 살고 있는 박테리아 세포의 수는 우리 몸을 구성하는 진핵생물 세포의 수보다 더 많다. 왜 우리는 이 수조 개의 세포에 대해 알지 못할까?

■ 우리는 우리 몸의 진핵세포도 개별적으로 감지할 수 없는데, 박테리아 세포는 그보다 훨씬 작다. 또한 우리는 미생물군과 공존하도록 적응돼 있다.

16.2 외형적 특징은 원핵생물의 성공에 기여한다

원핵생물의 다양성은 모양, 세포벽, 편모와 같은 부속지(projection) 등 외형적 특징에서 분명하게 드러난다. 이러한 특징은 원핵생물을 식별하는 데 유용할 뿐만 아니라 이들이 주어진 환경에서 생존하는 데 도움이 된다.

세포 모양 원핵생물을 식별할 때 현미경으로 세포 모양을 확인하는 것은 중요한 단계다. **그림 16.2A**의 현미경 사진은 가장 흔한 세 가지 유형의 원핵세포 모양을 보여준다. 구형 원핵세포를 **구균(coccus)**이라고 한다. 왼쪽 사진에서와 같이 연쇄적으로 발생하는 구균을 연쇄상구균(streptococcus, streptos는 그리스어로 '꼬인다'를 의미)이라고 한다. 사람에서 패혈성인후염(strep throat)을 일으키는 박테리아가 연쇄

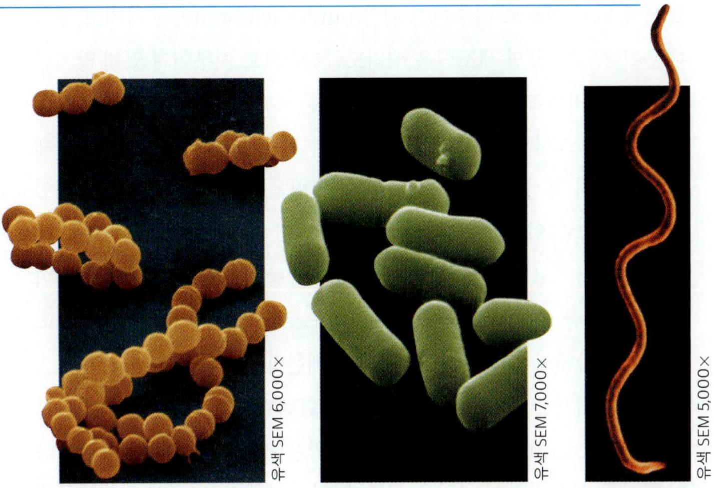

▲ **그림 16.2A** 원핵생물의 세 가지 일반적인 형태

상구균이다. 다른 구균은 군집성으로, 이를 포도상구균(staphylococci, staphyle은 그리스어로 '포도송이'를 의미)이라고 한다.

막대 모양의 원핵생물을 **간균(bacillus)**이라고 한다. 대부분의 간균은 그림 16.2A의 가운데 사진에 있는 대장균(*E. coli*) 세포처럼 단독으로 존재한다. 그러나 일부 종에서 세포는 쌍으로 또는 연결된 실처럼(filamentous) 존재한다.

세 번째 원핵세포 모양은 코르크 따개처럼 나선형이다. 비교적 짧고 딱딱한 나선형 원핵생물을 스피릴라(spirilla)라고 하고, 그림 16.2A의 오른쪽에 보이는 것과 같은 라임병(Lyme disease)을 일으키는 길고 유연한 세포를 스피로헤타(spirochete)라고 한다. 매독을 일으키는 박테리아도 스피로헤타다. 스피로헤타는 원핵세포 기준으로는 (매우 가늘지만) 매우 긴 0.5 mm 길이도 있다.

세포벽 거의 모든 원핵생물은 다양한 환경에서 살 수 있는 특징인 세포벽(cell wall)을 가지고 있다. 세포벽은 세포를 물리적으로 보호하고 저장성(hypotonic) 환경에서 세포가 파열되는 것을 방지한다(5.5절 참조). 박테리아의 세포벽은 두 가지 일반적인 유형으로 나뉘는데, 과학자들은 **그람염색(Gram stain)**이라는 기술을 사용하여 이를 구별한다(**그림 16.2B**). 그람-양성(gram-positive) 박테리아는 두꺼운 **펩티도글리칸(peptidoglycan)**층을 가진 비교적 단순한 벽을 가지고 있다. 펩티도글리칸은 짧은 폴리펩타이드가 당(sugar)과 교차 연결된 독특한 중합체다. 그람-음성(gram-negative) 박테리아의 벽은 다르게 염색된다. 펩티도글리칸층이 얇지만 더 복잡하며, 탄수화물에 결합된 지질로 이루어진 외막(outer membrane)을 가지고 있기 때문이다. 고세균의 세포벽은 펩티도글리칸으로 이루어져 있지 않지만 그람-양성 또는 그람-음성으로 염색된다.

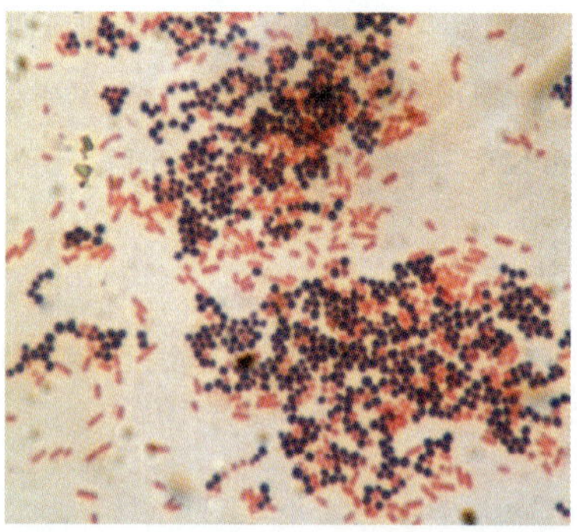

▲ **그림 16.2B** 그람-양성(보라색) 및 그람-음성(분홍색) 박테리아

의학에서 그람염색은 종종 박테리아를 검출하고 어떤 유형의 항생제를 처방할지 결정하기 위해 사용된다. 질병을 일으키는 박테리아 중 일반적으로 그람-양성균보다 그람-음성균이 더 위협적이다. 그람-음성 박테리아가 가지고 있는 외막 지질 분자가 종종 독성을 나타내기 때문이다. 또한 그람-음성 외막은 인체의 공격으로부터 박테리아를 보호하고, 항생제가 박테리아에 침투하는 것을 방해한다.

많은 원핵생물 세포벽은 다당류 또는 단백질로 이루어진 끈적끈적한 층인 협막(capsule)으로 덮여 있다. 협막은 원핵생물이 고체 표면이나 다른 개체에 부착하여 군락을 이룰 수 있게 해준다. 병원성 원핵생물의 협막은 또한 숙주 면역계의 공격을 막아줄 수 있다. **그림 16.2C**에 표시된 연쇄상구균(*Streptococcus*)의 협막은 균이 사람의 호흡기 상피세포(이 이미지에서는 편도선 세포)에 부착할 수 있게 해준다.

▶ **그림 16.2C**
박테리아가 협막으로 숙주세포에 부착한다.

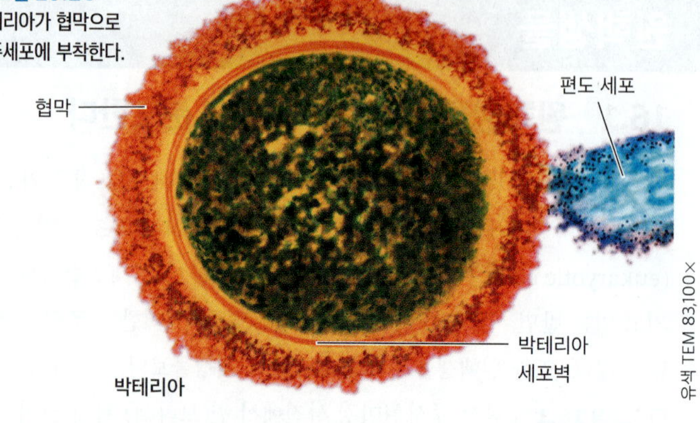

부속지 일부 원핵생물에는 세포벽 바깥으로 확장된 외부 구조가 있다. 많은 원핵생물은 환경의 화학적 또는 물리적 신호에 반응하여 움직일 수 있는 편모(flagella)를 가지고 있다. 예를 들어, 편모를 가진 원핵생물은 영양분이나 다른 종의 구성원을 향해 이동하거나, 독성 물질을 피해 멀리 이동할 수 있다. 편모는 세포 표면 전체에 산재해 있기도 하고, 세포의 한쪽 또는 양쪽 끝에 집중돼 있기도 하다. 진핵세포(4.18절에서 설명)의 편모와 달리, 원핵생물 편모는 미세소관(microtubule)이 없는 노출된 단백질 구조다. **그림 16.2D** TEM의 편모 박테리아는 대장균이다.

그림 16.2D는 또한 일부 원핵생물이 표면이나 서로 달라붙을 수 있도록 해주는 **선모(fimbriae)**라고 하는 털 모양의 부속지를 보여준다. 많은 병원성 박테리아가 선모를 이용하여 숙주세포에 부착하고 군락을 형성한다. 예를 들어, 성병인 임질(gonorrhea)을 일으키는 임질균(*N. gonorrhoeae*)은 선모를 사용하여 생식 기관의 세포에 부착한다. 임질균은 정자 세포에 부착하여 성관계 중 여성의 난관으로 이동할 수 있으며, 이 좁은 난관이 감염되면 여성의 생식능력이 손상될 수 있다.

? 현미경으로 '포도상구균' 감염을 일으키는 구균과 인후염을 일으키는 구균을 어떻게 구별할까?

■ 포도상구균은 세포가 덩어리로 보이며, 연쇄상구균은 사슬모양의 세포를 볼 수 있다.

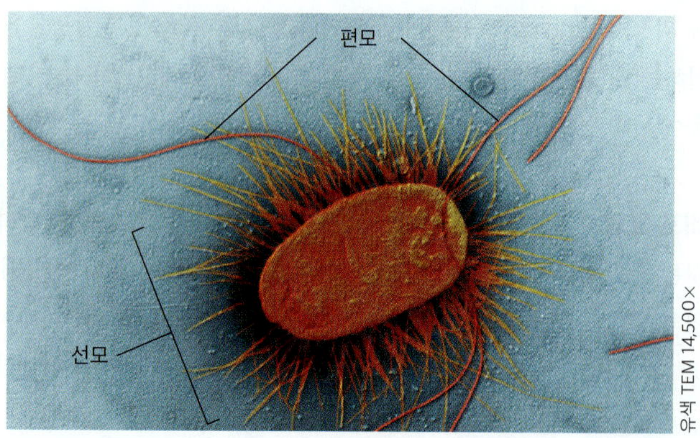

▲ **그림 16.2D** 편모와 선모를 모두 가진 박테리아

16.3 원핵생물의 개체군은 환경의 변화에 빠르게 적응할 수 있다

원핵생물이 성공적인 큰 이유는 유리한 환경에서 확실히 빠르게 번식할 수 있는 잠재력이다. 이분법(8.2절 참조)으로 분열하는 원핵세포는 하나의 세포가 2개의 세포로, 이어 4개, 8개, 16개가 된다. 대부분의 원핵생물은 다음 세대를 만드는 데 1~3시간이 걸리지만, 일부 종은 최적의 조건에서 단 20분 만에 다음 세대를 만들 수 있다. 이 속도로 증식이 계속된다면 1개의 원핵생물은 단 3일 만에 지구보다 더 큰 군락을 형성할 수 있다!

식중독을 일으키는 살모넬라균(*Salmonella*)은 익히지 않은 가금류(poultry)에서 흔히 발견되지만, 그 숫자가 너무 작아서 증상을 일으키지 않는 경우가 많다. 냉장 보관하면 증식 속도는 느려지지만 멈추지는 않는다. 만약 익히지 않은 가금류를 주방의 따뜻한 환경에 방치하면 박테리아가 빠르게 번식하여 위험한 수준의 개체군 크기에 도달할 수 있다. 마찬가지로 조리대, 도마, 주방 도구에 남아 있는 박테리아도 계속 번식할 수 있다. 따라서 가금류는 완전히 익히고(내부 온도가 약 74℃가 되면 안전하다), 익히지 않은 가금류와 접촉한 모든 것은 비누와 뜨거운 물 또는 항균 세정제로 세척해야 한다.

이분법으로 분열할 때마다 DNA가 먼저 복제되는데 이때 우연히 돌연변이(mutation)가 발생한다. 그 결과, 빠르게 증식하는 원핵생물 개체군에서는 많은 유전적 변이(genetic variation)가 만들어진다. 환경이 변화할 때 유리한 대립유전자(allele)를 가진 개체는 새로운 조건을 빠르게 선점할 수 있다. 예를 들어, 항생제에 노출된 박테리아 개체군에서 항생제 내성균이 선택될 수 있다(13.16절 참조).

원핵세포의 DNA 양은 평균적으로 진핵세포의 약 1/1,000에 불과하다. 전형적인 원핵생물은 하나의 긴 원형 염색체(chromosome)를 가지고 있다(**그림 16.3A**). (세포 내 이것은 특정 영역에 모여 있다. 그림 4.3 참조) 또한 많은 원핵생물은 염색체와 독립적으로 복제되는 플라스미드(plasmid)라고 하는 작은 원형 DNA 분자를 추가로 가지고 있다(10.23절 참조). 일부 플라스미드는 특정 조건에서 원핵생물 생존에 유리한 유전자를 가지고 있다. 예를 들어, 플라스미드는 항생제 내성을 제공하거나, 드물게 만나는 영양소의 대사에 관여하거나, 기타 '비상' 기능을 가질 수 있다. 많은 원핵생물은 동일 종 사이, 심지어 다른 종 간에도, 플라스미드를 이동시킬 수 있는 능력을 가지고 있어 환경 변화에 대해 빠르게 적응할 수 있다.

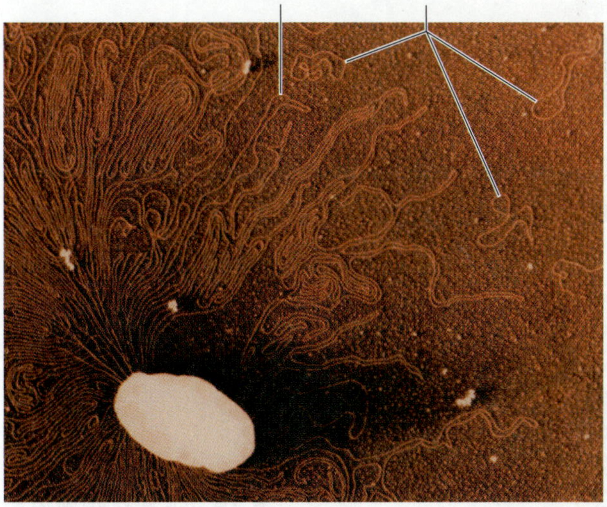

▲ **그림 16.3A** 파열된 박테리아 세포에서 방출된 DNA

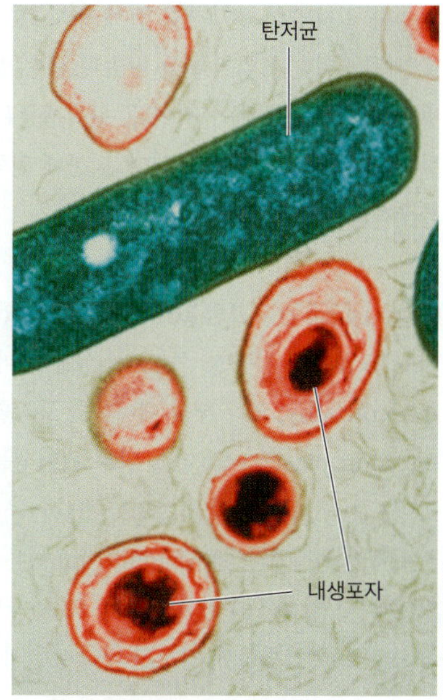

▲ **그림 16.3B** 탄저균의 내생포자

만약 음식이나 수분이 고갈되는 등 환경 조건이 매우 나빠져 활발한 물질대사를 유지할 수 없게 되면, 일부 원핵세포는 **내생포자(endospore)**라는 특수한 저항 세포를 형성할 수 있다. 내생포자는 원세포 내부에서 생성되며, 두꺼운 보호막으로 염색체의 사본을 둘러싸고 있다. 내생포자에 탈수가 일어나면 물질대사가 중단되고, 원세포는 죽는다. 내생포자가 환경이 좋아졌다는 신호를 받으면 수분을 흡수하고 성장을 재개한다. **그림 16.3B**는 소, 양, 사람에게 탄저병을 일으키는 박테리아인 탄저균(*Bacillus anthracis*)의 내생포자를 보여준다.

내생포자는 어떤 종류의 외상에도 살아남을 수 있으며, 일부는 수십 년, 심지어 수 세기 동안 휴면 상태로 남아 있을 수도 있다. 이러한 내성 세포는 대부분 끓는 물에서도 죽지 않기 때문에 오염된 지역에서 포자를 제거하기 어렵다. 1942년 탄저균 실험에 사용됐던 스코틀랜드 연안의 한 섬은 탄저균 내생포자를 제거하기 위해 수 톤의 포름알데하이드(formaldehyde)를 뿌리고 엄청난 양의 표토를 제거하고도, 48년 후에야 마침내 안전하다고 공시됐다. 식품 통조림 산업에서는 잠재적으로 치명적인 보튤리눔독소증(botulism)을 일으키는 보툴리눔균(*Clostridium botulinum*)과 같은 위험한 박테리아의 내생포자를 죽이기 위해 식품을 고압 증기로 110~150℃(230~300℉)까지 가열한다.

원핵생물의 성공에 기여하는 또 다른 특징은 다음 절에서 살펴볼 영양섭취 방법의 다양성이다.

? 원핵생물의 개체군에서 빠른 번식이 높은 유전적 변이를 일으키는 이유는 무엇인가?

■ DNA가 복제될 때마다 자연적인 돌연변이가 발생할 수 있다.

16.4 원핵생물은 엄청난 영양 다양성을 가지고 있다

엄청나게 다양한 원핵생물을 체계적으로 구별하는 한 가지 방법은 세포활동을 위한 에너지 획득 방법과, 유기 분자를 만들기 위한 탄소 획득 방식에 따라 분류하는 것이다. 원핵생물은 진핵생물보다 훨씬 더 다양한 영양 다양성을 가지고 있다. 덕분에 원핵생물은 지구의 거의 모든 구석구석에 서식할 수 있다.

에너지 공급원 **그림 16.4**에서 볼 수 있듯이 원핵생물은 두 가지 에너지 공급원을 사용할 수 있다. 식물과 마찬가지로 원핵성 광영양생물(phototrophs) 역시 햇빛 에너지를 포착할 수 있다. 원핵세포에는 엽록체(chloroplast)가 없지만, 일부 원핵생물은 광합성이 일어나는 틸라코이드(thylakoid) 막을 가지고 있다.

원핵성 화학영양생물(chemotrophs)은 황화수소(H_2S), 원소 상태의 황(S)이나 철분(Fe) 함유 화합물 또는 암모니아(NH_3)와 같은 유기 분자 또는 무기화합물에 저장된 에너지를 사용한다.

탄소 공급원 무기물 공급원에서 스스로 유기화합물(organic compound)을 만들 수 있는 생물을 독립영양생물(autotroph)이라고 한다(7.1절 참조). 식물과 일부 원핵생물 및 원생생물은 독립영양생물로 이산화탄소(CO_2)로부터 탄소 원자를 얻는다. 대부분의 원핵생물과 동물, 곰팡이류 및 일부 원생생물은 종속영양생물(heterotroph)로, 다른 생물이 가지고 있는 유기화합물로부터 탄소 원자를 얻는다.

영양방식 생물이 에너지와 탄소를 얻는 방법에 따라 영양방식을 다음과 같이 나눈다.

광독립영양생물(photoautotroph)은 이산화탄소에서 탄소를 얻고, 햇빛을 에너지로 사용한다. 그림 16.4에 표시된 오실라토리아(*Oscillatoria*)와 같은 남세균(cyanobacteria)은 광독립영양생물이다. 식물과 마찬가지로 남세균은 엽록소 *a*(chlorophyll *a*)를 사용, 광합성을 하고 부산물로 O_2를 생산한다.

광종속영양생물(photoheterotroph)은 햇빛에서 에너지를 얻지만 탄소 원자는 유기물 공급원에서 얻는다. 이 특이한 영양방식은 자색비황세균(purple nonsulfur bacteria)이라고 불리는 몇 가지 유형의 박테리아에서만 발견된다. 그림 16.4에서 보여준 로도슈도모나스(*Rhodopseudomonas*)를 비롯한 많은 종류가 수중 퇴적물에서 발견된다.

화학독립영양생물(chemoautotroph)은 무기화합물에서 에너지를 수확하고 CO_2의 탄소를 사용하여 유기 분자를 만든다. 햇빛에 의존하지 않기 때문에 화학독립영양생물은 생명체가 살 수 없을 것 같은 환경에서도 번성할 수 있다. 해저 1.6 km 이하의 바다에서 뜨거운 물과 뜨거운 가스가 솟구치는 열수구(hydrothermal vents) 근처 화학독립영양생물은 황 화합물을 에너지원으로 사용한다. 이들이 해수에 녹아 있는 CO_2로부터 생성하는 유기 분자로 바다의 다양한 동물 군집들이 살아간다. 그림 16.4에 보여주는 화학독립영양생물은 지표면 100 m 아래에 있는 암석층 사이에 살고 있다. 화학독립영양생물은 토양과 같이 보다 일반적인 서식지(habitat)에서도 발견된다.

화학종속영양생물(chemoheterotroph)은 유기 분자로부터 에너지와 탄소를 모두 얻는 생물로, 원핵생물에서 가장 규모가 크고 다양하다. 일부 화학종속영양 원핵생물은 거의 모든 유기물을 먹이로 사용한다.

? 사람의 영양방식을 설명하는 용어는 무엇인가?

■ 화학종속영양

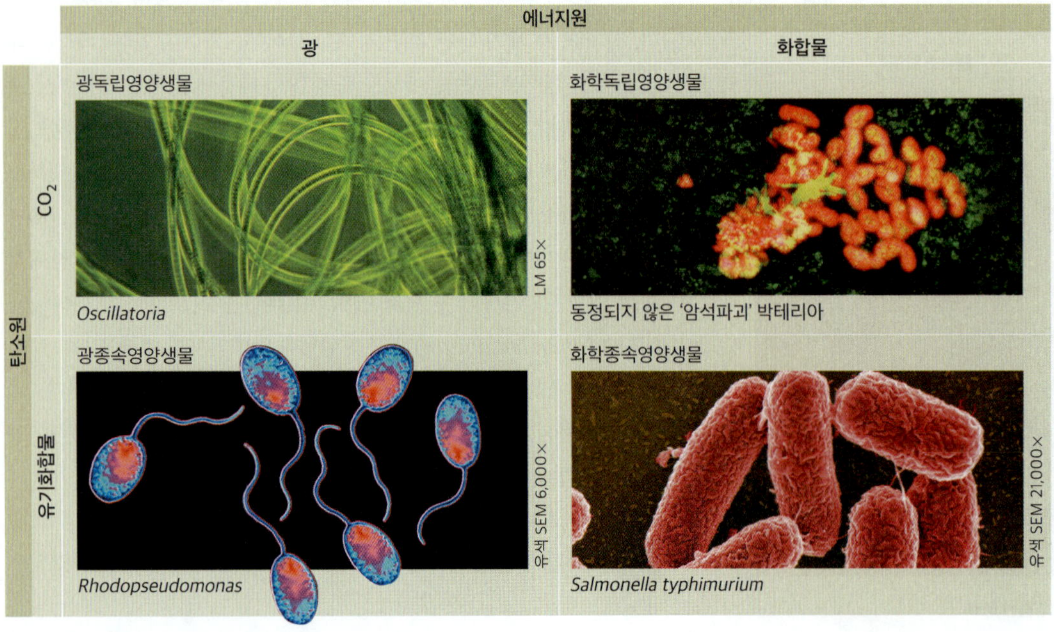

◀**그림 16.4** 원핵생물의 에너지 및 탄소 공급원

16.5 생물막은 복합적 미생물 연합체다

연결 많은 자연 환경에서 원핵생물은 **생물막(biofilm)**이라고 하는 고도로 조직화된 군락으로 표면에 부착한다. 생물막은 한 종 또는 여러 종의 원핵생물로 구성될 수 있으며, 원생생물과 곰팡이류도 포함될 수 있다. 생물막은 암석, 토양, 유기물(살아 있는 조직 포함), 금속, 플라스틱 등 거의 모든 물체 위에 형성될 수 있다. 치아에도 생물막이 있다. 치태(dental plaque)는 충치를 유발할 수 있는 생물막이다. 생물막은 단단한 기반이 아닌 예를 들어 고인 물의 표면에도 형성될 수 있다.

생물막은 원핵세포가 주변 세포를 집단으로 끌어들이는 신호 분자가 분비되면서 만들어지기 시작한다. 집단이 충분히 커지면 세포 집단은 끈적끈적한 물질을 생성하여 물체에 접착하므로 생물막을 제거하기 매우 어렵게 만든다. 예를 들어, 박박 문질러 청소하지 않은 배수구 주변에서 발견되는 생물막은 흐르는 물만으로는 씻어낼 수 없을 정도로 단단하다. 생물막이 더 커지고 복잡해지면 미생물의 '도시'가 된다. 이들은 화학 신호를 사용하여 **정보** 소통, 군집 구성원들의 분업, 침입자에 대한 방어 및 기타 활동 등을 조율한다. 생물막이 만드는 통로(channel)는 영양분이 내부의 세포에 도달하고 노폐물이 빠져나갈 수 있도록 하므로 그 안에서 다양한 환경이 발달하게 된다.

생물막은 사람에게 질병을 일으키는 박테리아에서 흔히 볼 수 있다. 예를 들어, 귀 감염과 요로 감염은 종종 생물막을 형성하는 박테리아의 감염 결과다. 낭포성 섬유증(cystic fibrosis) 환자는 폐에 생물막을 형성하는 박테리아성 폐렴에 취약하다. 의료용 관(catheter), 인공관절, 심박조율기 등 의료 기기에도 유해 박테리아의 생물막이 형성될 수 있다. 생물막의 복잡성으로 인해 이러한 감염은 특히 퇴치하기가 어렵다. 항생제가 세포를 싸고 있는 바깥층을 침투하지 못할 수도 있어서 군집의 대부분이 그대로 살아남을 수 있다. 예를 들어, 일부 생물막 박테리아는, 페니실린이 내부로 확산되는 속도보다 더 빠르게, 분해효소를 생성한다.

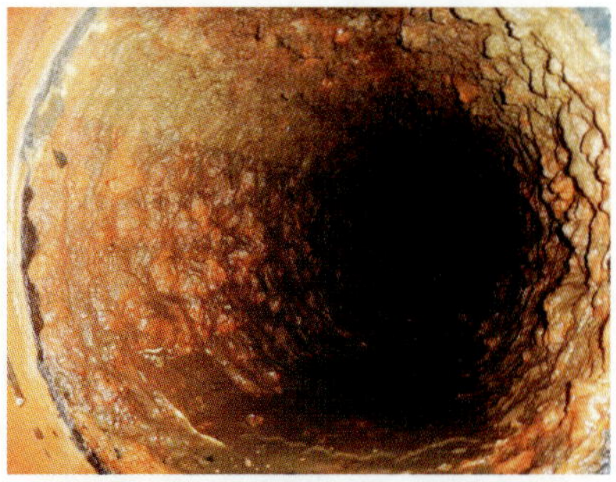

▲ 그림 16.5 관 내부를 오염시키는 생물막

환경에서 형성되는 생물막도 근절하기 어려울 수 있다. 다양한 산업에서 관(pipe)을 막고 부식시키며, 필터와 배수구를 껌처럼 만들고, 선박 선체를 덮는 생물막을 제거하기 위해 매년 수십억 달러를 들이는 노력을 감수한다(**그림 16.5**). 상수도 배관의 생물막은, 식수의 유해한 미생물을 제거하는 가장 일반적인 방법인 염소 처리에서도 살아남을 수 있다. 예를 들어, 수도관에서 발견된 콜레라를 일으키는 박테리아인 비브리오 콜레라(*Vibrio cholera*)가 만드는 생물막은 식수 염소 처리에 일상적으로 사용되는 농도보다 10~20배 높은 수준의 염소에도 견딜 수 있는 것으로 나타났다.

? 생물막을 근절하기 어려운 이유는 무엇인가?

■ 생물막은 자신이 존재하는 표면에 달라붙고, 생물막을 구성하는 세포끼리 서로 달라붙으며, 세포의 바깥층이 생물막 내부로 항균 물질이 침투하는 것을 막을 수 있다.

16.6 원핵생물은 환경 정화에 도움을 준다

연결 원핵생물이 널리 퍼지고 성공할 수 있었던 특성, 즉 영양의 다양성, 적응력, 생물막 형성 능력은 환경 오염물질을 정화하는 데도 유용하다.

생물정화(bioremediation)는 토양, 공기 또는 물에서 오염물질을 제거하기 위해 생물을 사용하는 것이다. 원핵생물 분해자는 폐수 처리장의 핵심 요소다. 처리되지 않은 하수는 먼저 일련의 거름망과 분쇄기에 통과시킨 후 액체 폐기물에서 고형 물질을 가라앉힌다. 이후 슬러지라고 불리는 이 고형 물질에 박테리아와 고세균을 포함한 혐기성 원핵생물 배양액을 서서히 첨가한다. 미생물에 의해 유기물이 분해된 슬러지는 매립지에 매립되거나 비료로 사용된다.

액체 폐기물은 슬러지와 별도로 처리된다. **그림 16.6A**에서는 액체 폐기물을 처리하는 방법 중 하나인 살수여과시설(trickling filter system)을 보여준다. 긴 수평 관이 천천히 회전하면서 액체 폐기물을 두꺼운 암석층으로 이루어진 필터로 분사한다. 암석에서 자라는 호기

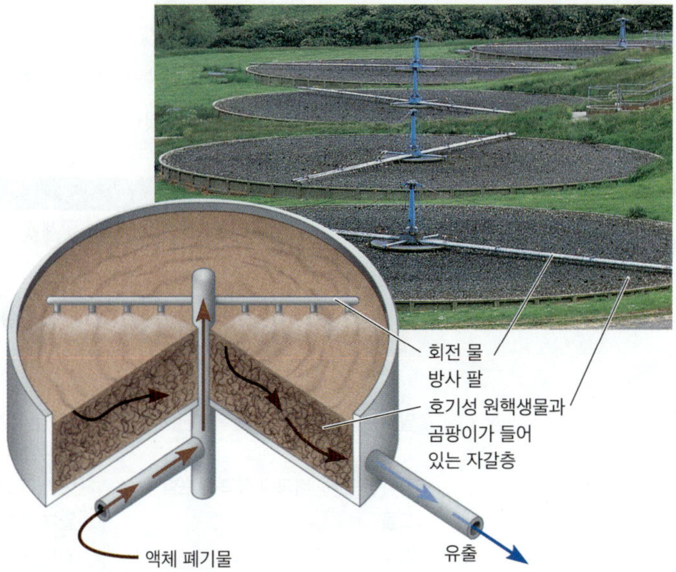

▲ 그림 16.6A 하수처리장의 살수여과시설

성 박테리아와 곰팡이로 이루어진 생물막이 폐기물에 녹아 있는 대부분의 유기물을 제거한다. 암반에서 유출되는 액체는 멸균 처리된 후 보통 강이나 바다로 방출된다.

생물정화는 토양과 물에 방출된 독성 화학물질을 정화하는 데도 유용한 도구가 되었다. 오염된 토양과 물에는 기름, 용매 또는 살충제와 같은 오염물질을 분해할 수 있는 자연 발생 원핵생물이 존재하는 경우가 많아서, 오염물 처리에 이러한 미생물의 활동을 촉진하는 방법을 사용하기도 한다. **그림 16.6B**는 멕시코만에서 발생한 재앙적 석유 유출 사고 현장에서 비행기가 화학 분산제를 뿌리는 사진이다. 이 화학물질은 기름기 많은 접시를 닦는 세제처럼 기름을 더 작은 방울로 분해하여 미생물이 공격할 수 있는 표면적을 넓혀준다.

▲ **그림 16.6B** 멕시코만 기름 유출 사고에 살포되는 화학 분산제

? 독성 화학물질의 유입이 폐수 처리장의 하수 처리 능력에 어떤 영향을 미칠 수 있는가?

■ 독성 화학물질에 의해 원핵생물 분해자가 죽으면 하수 속 유기물이 분해되지 않는다.

16.7 원핵생물 진화에서 주된 두 가지는 박테리아와 고세균이다

앞서 다룬 것처럼, 원핵생물은 영양방식과 서식지 면에서 놀라운 다양성을 보인다. 분자유전학의 발전으로 원핵생물 다양성의 또 다른 놀라운 사실이 밝혀졌다. 많은 원핵생물이 다른 원핵생물보다 진핵생물과 더 밀접하게 연관된다는 것이다. 이러한 결과를 바탕으로, 과학자들은 생명의 역사에서 최초의 주요 분화는 공통 조상으로부터 박테리아(Bacteria, 현재 박테리아 영역으로 분류)의 분화라는 가설을 세웠다. 고세균 영역(Archaea)과 진핵생물 영역(Eukarya)의 분리는 이후 나타났다(그림 15.19B 참조).

세 영역의 주요 차이점 중 일부는 유전자 발현을 위한 세포 기구와 관련이 있다(**표 16.7**). 원핵생물 사이의 뚜렷한 분화에 대한 첫 번째 단서는 리보솜 RNA(ribosomal RNA, rRNA) 서열에서 볼 수 있다. 다른 차이점으로는 RNA 합성을 촉매하는 효소인 RNA 중합효소(RNA polymerase)의 차이와 유전자 내 인트론(intron)의 존재 여부다. 박테리아와 고세균의 세포벽과 세포막도 뚜렷이 다르다. 예를 들어, 박테리아 세포벽은 독특한 구조의 폴리펩타이드인 펩티도글리칸을 가지고 있다(16.2절 참조). 흥미로운 것은 표에 나열된 대부분의 특징에서 고세균은 박테리아만큼이나 진핵생물과도 공통점이 많다는 것이다.

메타유전체학 기술로 과학자들은 실험실에서 키우기 어려운 방대한 수의 원핵생물 종을 연구할 수 있게 됐고, 원핵생물 계통발생에 대한 새로운 통찰력을 얻게 됐다. 일부 생물학자들은 이 데이터를 통해 진핵생물이 고세균 조상으로부터 유래했으며, 따라서 고세균 영역과 진핵생물 영역을 하나의 영역으로 통합해야 한다고 제안하기도 했다. 최근 북극해 깊은 곳의 열수구 근처에서 채취한 퇴적물을 메타유전체학으로 분석한 결과, 다른 고세균보다 진핵생물과 더 밀접한 관련이 있는 한 그룹이 확인됐는데, 이 그룹은 고세균과 진핵생물을 연결하는 과도기적 형태일 가능성이 있다. 이 발견은 흥미롭지만 결론에 도달하기 위해서는 더 많은 연구가 수행돼야 할 것이다.

이제까지 원핵생물의 일반적인 특징과 그들의 눈부신 성공의 근간이 되는 특징에 대해 알아보았다. 다음은 원핵생물의 다양성에 대해 살펴보고자 한다. 먼저 고세균 영역부터 살펴보자.

? 박테리아와 고세균은 공유하지만 진핵생물과는 공유하지 않는 특성은 무엇인가?

■ 핵과 다른 막으로 둘러싸인 세포소기관이 없는 원핵세포

표 16.7 박테리아, 고세균, 진핵생물 영역 간 차이점

특성	박테리아	고세균	진핵생물

rRNA 서열	일부는 박테리아에서만 독특한 서열	일부는 고세균에서만 독특한 서열. 일부는 진핵생물 서열과 동일	일부는 진핵생물에서만 독특한 서열. 일부는 고세균과 동일
RNA 중합효소	하나만 존재. 비교적 작고 단순함	여러 개 존재. 복잡한 구조	여러 개 존재. 복잡한 구조
인트론	드묾	일부 유전자에 있음	있음
DNA 히스톤	없음	일부 종에는 있음	있음
세포벽 펩티도글리칸	있음	없음	없음

16.8 고세균은 극한 환경 및 여러 서식지에서 번성한다

고세균 영역의 구성원은, 다른 생물체가 거의 생존할 수 없는 곳을 포함하여 많은 서식지에 풍부하게 존재한다. 극한 환경에 서식하는 고세균은 생존과 번식을 효과적으로 할 수 있도록 적응된 특이한 단백질과 여러 분자를 가지고 있다. 과학자들은 이러한 적응에 대해 이제 막 알아가기 시작했다.

유타주의 그레이트솔트 호수, 사해 또는 해수를 증발시켜 소금을 생산하는 지역과 같은 염분이 높은 지역에서는 '소금을 좋아하는' **극호염균(extreme halophile)**이라고 불리는 고세균이 번성한다. 많은 종이 물의 염도가 15~30%일 때 번성하며, 더 높은 염분 농도에서도 견딜 수 있다. 대부분의 세포는 염분 농도가 약 3%인 고장액(hypertonic)인 바닷물에서도 쪼그라들기 때문에, 고세균은 다른 생물과의 경쟁이 거의 없다. 극도로 염분이 높은 지역들에서 극호염균의 고밀도 성장과 다채로운 색소로 인해 붉은색, 보라색 또는 노란색으로 변하기도 한다.

열을 좋아하는 **극호열균(extreme thermophile)** 고세균은 매우 뜨거운 물에서 번성하며, 일부는 해수면 물의 끓는점인 100℃ 이상의 심해 열수구 주변에 살기도 한다! 다른 호열성 동물들은 산성(acid) 지역에서도 잘 자란다. 옐로스톤 국립공원에 많이 있는 뜨거운 산성 웅덩이의 선명한 색은 그 안에 서식하는 고세균 때문이다(**그림 16.8A**). 이러한 생물 중 하나인 설포로버스(*Sulfolobus*)는 유황 또는 유황과 철분의 화합물을 산화할 때 나오는 에너지를 사용할 수 있는데, 이러한 기작은 수십억 년 전 최초의 세포가 사용한 것과 유사할 수도 있다.

▲ **그림 16.8A** 옐로스톤 국립공원의 그랜드프리즘 웅덩이에서 자라는 호열성 주황색과 노란색의 고세균 군락

메탄생성균(methanogen)은 혐기성(산소가 부족한) 환경에서 살며 노폐물로 메탄을 배출하는 고세균이다. 대부분 호수나 늪의 바닥에 있는 혐기성 진흙에서 번성한다. 습지 가스라고도 불리는 메탄이 늪에서 부글부글 끓는 것을 본 적이 있을 것이다. 혐기성 조건에서 번성하는 메탄생성균으로 인해 고형 폐기물 매립지에서는 다량의 메탄이 발생한다. 많은 지자체에서 이 메탄을 포집하여 에너지 공급원으로 사용한다(**그림 16.8B**). 소, 사슴, 그리고 셀룰로오스에 크게 의존하는 여러 동물의 소화관에도 많은 수의 메탄생성균이 서식하고 있다. 메탄은 온실가스이기 때문에(7.14절 참조) 매립지와 가축은 지구 온난화에 크게 영향을 준다.

▲ **그림 16.8B** 매립지에서 가스를 모으는 관

고세균은 온난한 지역, 특히 해양에서 번성한다. 고세균은 모든 수심에서 서식하는데, 수면 아래 150 m 이상 수심에서는 상당한 비중의 원핵생물이 고세균이며, 1,000 m 이하에서는 총 원핵생물의 절반을 차지한다. 따라서 고세균은 지구에서 가장 거대한 서식지에서 가장 풍부한 세포 유형 중 하나다.

박테리아는 지난 한 세기 동안 대부분의 연구의 대상이 되어왔기 때문에 고세균에 비해 훨씬 더 많은 것이 알려져 있다. 최근 고세균의 생태학적·진화적 중요성이 부각됐고, 이 영역에 대한 연구를 통해 생명의 역사와 생태계에서 미생물의 역할에 대해 더 많은 놀라운 사실이 밝혀질 것으로 기대된다.

? 일부 고세균은 '호극성생물'이라고 불린다. 왜 그럴까?

■ 다른 개체가 살기에는 너무 덥거나 너무 염분이 많거나 산성인 극한 환경에서도 잘 자랄 수 있기 때문이다.

16.9 박테리아에는 다양한 원핵생물이 속한다

박테리아 영역은 현재 유전자 서열 비교를 기반으로 5개의 그룹으로 나뉜다. 이 절에서는 각 그룹의 다양성 중 일부의 예를 살펴보고자 한다.

프로테오박테리아(proteobacteria)는 모두 그람-음성이며 특정 rRNA 서열을 공유한다. 그러나 이 그룹의 다른 특징들은 매우 다양하다. 예를 들어, 네 유형의 영양 형태가 모두 나타난다.

화학종속영양성 프로테오박테리아로는 콜레라를 유발하는 비브리오 콜레라(*Vibrio cholerae*)와 같은 병원체가 있다. 사람과 기타 포유류의 장에 흔히 서식하는 대장균도 이 그룹에 속한다.

광독립영양생물인 티오마르가리타 나미비엔시스(*Thiomargarita namibiensis*, **그림 16.9A**)는 H_2S을 사용, CO_2로부터 유기 분자를 생성한다. 사진에 보이는 작은 녹색 입자는 황 폐기물이다. 로도슈도모나스(*Rhodopseudomonas*, 그림 16.4 참조)를 포함한 기타 프로테오박테리아는 광종속영양생물로 CO_2를 당으로 전환할 수 없다.

니트로소모나스(*Nitrosomonas*)와 같은 화학독립영양생물인 토양 박테리아는 무기 질소 화합물을 산화하여 에너지를 얻는다. 이들 및 이와 관련된 프로테오박테리아는 식물이 이용하는 질소를 공급하는 화학적 순환에 필수적이다.

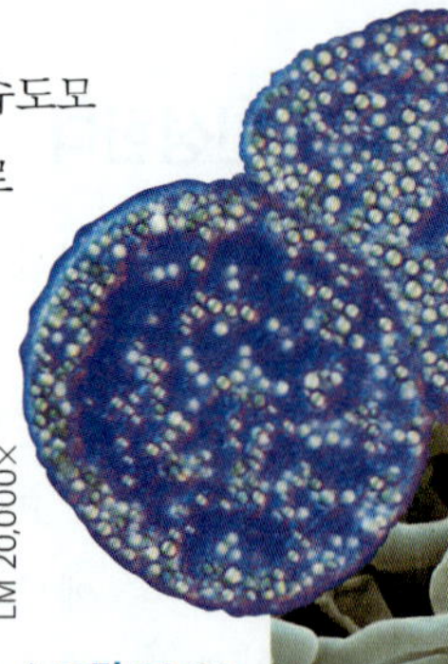

▲ **그림 16.9A** *Thiomargarita namibiensis*

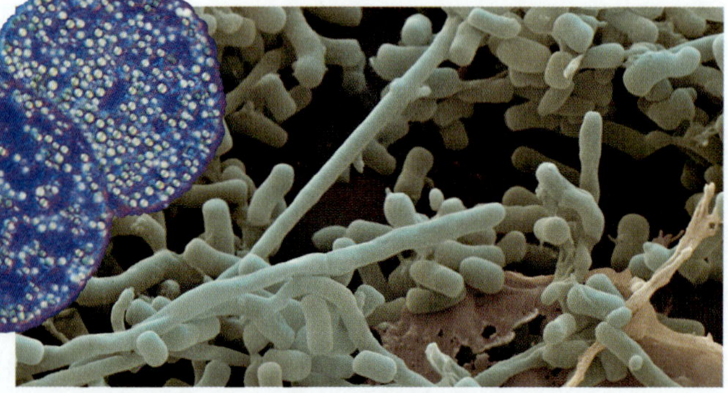

▲ **그림 16.9B** *Streptomyces*, 많은 항생제의 공급원

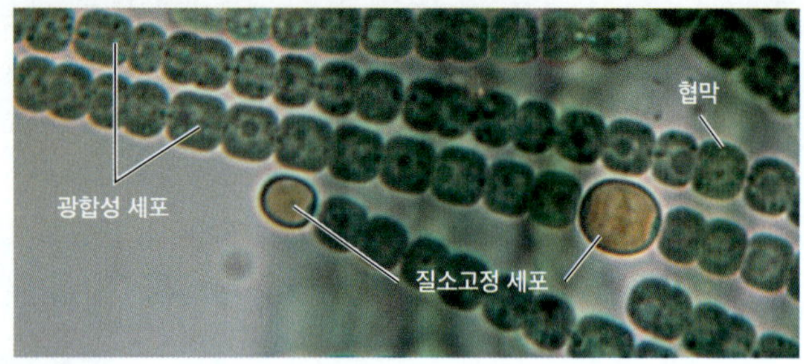

▲ **그림 16.9C** *Anabaena*, 섬유성 남세균

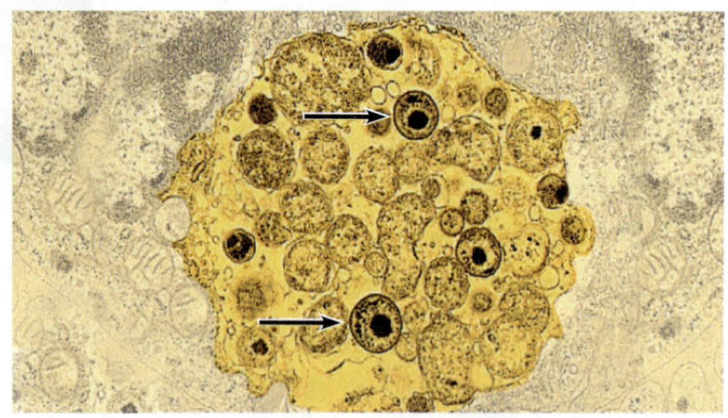

▲ **그림 16.9D** 동물 세포 내부의 *Chlamydia* 세포(화살표)

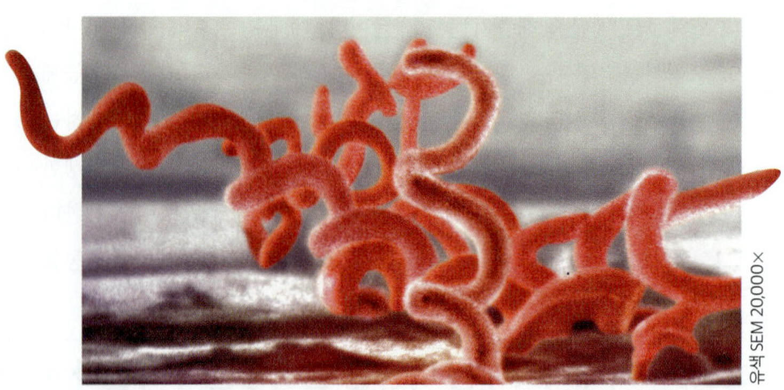

▲ **그림 16.9E** 매독을 유발하는 스피로헤타인 *Treponema pallidum*

프로테오박테리아에는 숙주인 진핵생물에 공생하는 종도 포함된다. **공생**(**symbiosis**)은 두 종 이상의 생물체가 밀접한 관계를 맺는 것을 말하며, 내공생(endosymbiosis)은 한 종의 생물체가 다른 종의 내부에 서식하는 것을 말한다. 과학자들은 진핵생물의 미토콘드리아는 호기성 프로테오박테리아가 내공생을 하면서 진화되었다는 가설을 세운다(4.15절 참조). 메주콩이나 완두콩 같은 콩과 식물의 뿌리혹(root nodule)에 서식하는 내공생 프로테오박테리아는 대기 중의 질소 기체를 숙주가 사용할 수 있는 형태로 변환시킨다(37.21절 참조).

두 번째 주요 박테리아 그룹인 **그람-양성 박테리아**(**gram-positive bacteria**)는 다양성 면에서 프로테오박테리아와 대적할 만하다. 그중 한 하위 그룹인 방선균류(actinomycetes, 그리스어로 mykes는 '곰팡이'를 의미)는 세포들이 가지를 가진 사슬과 같은 군락을 형성한다(방선균은 한때 곰팡이로 오인되었다). 방선균은 토양에서 매우 흔하며 유기물을 분해한다. **그림 16.9B**에서 보이는 토양에 서식하는 스트렙토마이세스(*Streptomyces*) 속 박테리아는 제약 회사에서 스트렙토마이신을 포함하여 여러 항생제의 공급원으로 배양된다. 그람-양성 박테리아에는 병원균인 포도상구균과 연쇄상구균뿐만 아니라 탄저균(*Bacillus anthracis*)과 같은 많은 독립된 종도 포함된다(그림 16.3B 참조).

남세균(**cyanobacteria**)은 식물처럼 산소를 생성하는 광합성을 하는 유일한 원핵생물 그룹이다. 남세균은 담수나 해양 생태계의 생물에게 막대한 양의 식량을 제공한다. **그림 16.9C**의 아나베나(*Anabaena*)와 같은 일부 남세균 종은 질소를 고정하는 특수 세포를 만들기도 한다. 많은 남세균 종은 곰팡이류, 이끼, 다양한 해양 무척추동물과 같은 다른 생물체와 공생관계를 맺는다. 진핵생물의 엽록체는 내공생하던 남세균으로부터 유래했을 가능성이 높다.

진핵생물 숙주세포 안에 서식하는 **클라미디아**(**chlamydia**)는 네 번째 박테리아 그룹이다(**그림 16.9D**). 클라미디아 트라코마티스(*Chlamydia trachomatis*)는 개발도상국에서 실명의 흔한 원인균이며, 미국에서 가장 흔한 성병인 비임균성 요도염(nongonococcal urethritis)의 원인균이기도 하다.

다섯 번째 그룹인 **스피로헤타**(**spirochete**)는 세포 내 회전하는 섬유를 사용하여 주변 환경을 나선형으로 돌아다니는 나선형 박테리아다. 일부 스피로헤타는 악명 높은 병원균이다. **그림 16.9E**에 표시된 트레포네마 팔리둠(*Treponema pallidum*)은 매독을 유발하고 보렐리아 부르도페리(*Borrelia burgdorferi*)는 라임병을 유발한다.

? *Thiomargarita namibiensis*는 남세균과 어떤 점이 비슷한가?

■ 둘 다 광독립영양생물이다.

16.10 일부 박테리아는 질병을 일으킨다

연결 사람을 포함한 모든 생물은 병원성 박테리아에 거의 항시 노출된다. 우리 몸의 방어 기능으로 대부분의 경우 병원균은 인체에 영향을 미치지는 못한다. 그러나 때로 병원균이 체내에 자리를 잡고 질병을 일으키는 경우도 있다. 인체에 정상적으로 서식하는 일부 박테리아도 영양 부족이나 바이러스 감염으로 인해 면역계(immune system)가 손상되면 병을 일으킬 수 있다.

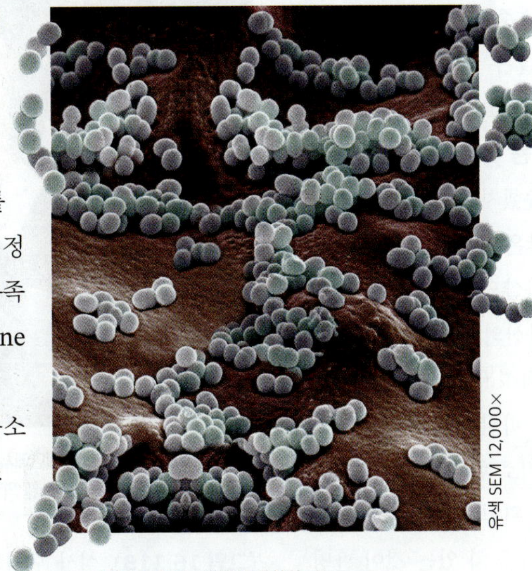

▲ **그림 16.10A** 외독소 생산자, *S. aureus*

대부분의 박테리아는 외독소 또는 내독소 독소를 생성하여 질병을 일으킨다. **외독소(exotoxin)**는 박테리아 세포가 주변 환경으로 분비하는 단백질이다. 잘 알려진 가장 강력한 독소가 여기에 포함된다. 예를 들어, **그림 16.10A**에 표시된 포도상구균은 여러 가지 외독소를 생성한다. 황색포도상구균(*Staphylococcus aureus*)은 피부와 비강에서 흔히 발견되지만, 상처를 통해 체내로 들어가면 심각한 질병을 일으킬 수 있다. 황색포도상구균의 외독소 중 하나는 침입하는 박테리아를 공격하는 백혈구를 파괴하여 메티실린 내성 황색포도상구균(meticillin-resistant *S. aureis*; 13.16절 참조)의 특징인, 피부에 고름으로 가득 찬 돌기를 만든다. 음식도 *S. aureus* 외독소에 오염될 수 있는데, 이 독소는 100만분의 1 그램으로도 구토와 설사를 유발할 정도로 강력하다.

내독소(endotoxin)는 그램-음성 박테리아 외막의 지질 성분으로, 세포가 죽거나 면역 세포에 의해 잡아먹힐 때 방출된다. 모든 내독소는 발열, 통증, 때로는 위험한 혈압의 저하를 일으키는 패혈성 쇼크(septic shock)와 같은 일반적인 증상을 유발한다. 세균성 수막염(meningitis)을 일으키는 나이세리아 메닌자이티스(*Neisseria meningitidis*)의 내독소에 의해 유발되는 패혈성 쇼크는 건강한 사람도 수일 또는 수 시간 내에 사망에 이를 수 있다. 이 박테리아는 밀접하게 접촉하는 사람들 사이에서 쉽게 전염되기 때문에, 많은 대학들은 학생들이 이 질병에 대한 예방접종(백신)을 하도록 요구한다. 식중독을 일으키는 종인 살모넬라균(*Salmonella*)은 내독소를 생성하는 박테리아의 또 다른 예다.

질병발생 잠재력 때문에 일부 박테리아는 생물학 무기로 사용되기도 한다. 탄저균을 일으키는 탄저균(*B. anthracis*)과 보툴리눔균(*C. botulinum*) 외독소는 가장 위험한 위협으로 간주되는 생물학 무기 중 하나다.

탄저균은 농업 지역의 토양에서 흔히 발견되는 강한 내생포자를 형성한다(그림 16.3B 참조). 탄저균을 '무기화'한다는 것은 공기 중에 쉽게 분산되는 내생포자를 제조하여 상대 집단이 이를 마시도록 하는 것이다. 내생포자가 폐에서 발아하고 박테리아로 증식하게 되면 치사 수준까지 혈액에 누적되는 외독소를 생성한다. 항생제는 박테리아를 죽일 수는 있지만 이미 체내에 있는 독소를 제거할 수는 없다. 따라서 무기화된 탄저균은 사망률이 매우 높다.

보툴리눔균으로 만들어지는 무기는 살아 있는 미생물이 아니라 이 균이 생산하는 외독소인 보툴리눔(botulinum)이다. 보툴리눔은 현재까지 알려진 가장 치명적인 독이다. 1온스가 조금 넘는 30 g의 순수한 독소만으로도 미국 내 모든 사람을 사망에 이르게 할 수 있다. 보툴리눔은 근육 수축을 유발하는 신경 신호의 전달을 차단하여 호흡에 필요한 근육을 마비시킨다. 이 효과를 잘 이용하면 주름을 유발하는 안면 근육을 이완시킬 수 있다(**그림 16.10B**).

? 외독소와 내독소를 비교해 보자.

■ 외독소는 병원균이 분비하는 단백질이며, 내독소는 병원균의 외막 성분이다.

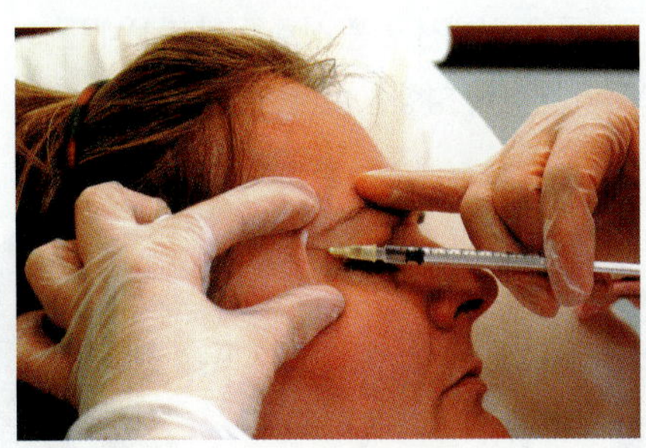
◀ **그림 16.10B** 미량의 보툴리눔이 함유된 보톡스를 주사하여 주름을 완화시킨다.

16.11 위에 존재하는 미생물군은 건강과 질병에 영향을 미친다

과학적 사고 장 도입부에서 우리 몸에는 무해하거나 심지어 유익한 수조 개의 박테리아가 있다는 사실을 다루었고, 이전 절에서는 질병을 일으키는 박테리아에 대해 다루었다. 과학자들은 어떤 박테리아가 어떤 박테리아인지 어떻게 판단할까?

특정 박테리아가 질병의 원인이라는 가설을 검증하려면 연구자는 네 가지 조건을 만족시켜야 한다. 19세기 후반 미생물학자 코흐(Robert Koch)가 공식화한 이 가설 테스트 방법은 코흐의 가설(Koch's postulates)로 알려져 있다. 사람의 질병이라면, 과학자는 (1) 질병의 모든 경우에서 대상 박테리아를 찾을 수 있어야 하고, (2) 질병에 걸린 사람으로부터 박테리아를 분리해 순수 배양할 수 있어야 하며, (3) 배양한 박테리아를 건강한 대상(일반적으로 동물)에 주입했을 때 질병을 일으키는 것을 보여주어야 하며, (4) 실험적으로 감염된 대상에서 해당 박테리아를 분리해 낼 수 있어야 한다. 1980년대 호주의 미생물학자 마샬(Barry Marshall)은 만성 위염(궤양으로 이어질 수 있는 위 내벽의 염증)이 박테리아인 파일로리균(*Helicobacter pylori*)에 의해 발생한다는 가설을 세웠고, 이러한 기준을 충족해야 한다는 것을 알았다.

마샬은 여러 해 동안 처음 두 가지 요건은 충족했지만, 동물을 감염시키려는 그의 노력은 성과를 거두지 못했다. 마샬은 자신의 가설을 뒷받침하는 증거를 계속 보여주었지만, 과학계는 마샬의 아이디어에 회의적이었고, 연구비 확보에도 어려움을 겪었다. 자신의 연구로 간단한 치료법이 나올 수 있음에도, 수많은 환자들이 소화성 (위)궤양으로 생명을 위협받는 합병증으로 고생하는 것을 보면서, 마샬은 급진적인 조치를 취하기로 결심했다. 즉, 자신에게 실험을 하기로 한 것이다. 그는 위험한 파일로리균 배양액을 마셨고, 며칠 후 그는 위염(코흐의 가설 중 3단계)에 걸렸고, 그의 위벽은 파일로리균으로 가득 차 있는 것이 판명됐다(4단계). 이후, 마샬은 항생제로 감염을 치료했다. 그의 연구는 이후 계속 진행됐고 다른 과학자들도 후속 연구를 진행했다. 마샬이 배양액을 마신 몇 년 후부터 항생제는 궤양 환자의 표준 치료법이 됐다(**그림 16.11A**).

마샬의 획기적인 연구 이후 과학자들은 사람과 파일로리균의 관계가 적어도 5만 년 전 이상 오래된 것이며 복잡하다는 것을 알게 됐다. 특정 유전자 균주만이 궤양을 일으키고, 다른 균주는 우리 미생물군의 무해한 구성원이기 때문이다. 실제로 일부 과학자들은 파일로리균이 없으면 문제가 발생할 수 있다는 가설도 세우고 있다. 50년 전에는 대부분의 미국인들이 파일로리균을 가지고 있었지만, 보균자는 꾸준히 감소하고 있다. 과학자들은 보균자 감소와 비만율 증가 사이 연관 가능성을 조사하고 있다. 파일로리균은 위에서 공복 신호를 뇌로 보내는 그렐린(ghrelin)이라는 호르몬의 생산에 영향을 미치는 것으로 생각된다 (**그림 16.11B**). 식사 후에는 그렐린 생산량이 감소하여 식사를 멈추어야 하는데, 연구에 따르면 파일로리균이 없는 경우 식사 후 그렐린 분비의 지속이 연관이 있다고 한다. 즉, 뇌가 저녁 식사를 했다는 신호를 받지 못해 과식으로 이어진다는 것이다. 파일로리균의 부재와 체질량지수(body mass index, BMI) 증가 사이의 연관성이 있다는 연구 결과도 제시됐다.

미생물이 체중 감량의 열쇠일까?

▲ **그림 16.11A** 소화성 궤양에서의 *H. pylori*(삽입)의 역할을 발견한 배리 마샬(왼쪽)과 공동 연구자 로빈 워렌이 2005년 노벨 의학상을 수상한 후 기념촬영을 하고 있다.

미생물을 이용한 간단한 비만 치료법이 곧 나올까? 아마도 아닐 것이다. 파일로리균은 인체의 복잡한 생태계 내에서 다양한 미생물 군집의 한 구성원에 불과하다. 지금까지 밝혀진 결과는 흥미롭지만, 과학적 조사의 초기 단계인 예비적이고 잠정적이며 때로는 모순되기도 하는 특징이 있다.

? 최근 연구에 따르면 생후 6개월 이전에 항생제 치료를 받은 영아는 3세 때 과체중이 될 가능성이 더 높았다고 한다. 이러한 결과는 파일로리균의 부재가 비만을 유발하는 요인이라는 가설을 뒷받침하는가?

■ 이 증거는 체내 미생물 군집 교란이 비만을 유발하는 요인이라는 가설(다른 설명도 가능)을 잠정적으로 뒷받침하지만, 이 연구는 구체적으로 파일로리균을 조사하지는 않았다.

▲ **그림 16.11B** 그렐린이 배고픔에 미치는 영향

시도해 보기 그림을 사용하여 비만과 *H. pylori*균의 연관성 가설을 설명하시오.

원생생물

16.12 원생생물은 매우 다양한 진핵생물의 집합체다

원생생물(protist)은 대부분 다양한 단세포 진핵생물들이다. 한동안 생물학자들은 모든 원생생물을 원생생물계(Protista)라는 하나의 계(kingdom)로 분류했지만, 최근 이 생물들이 진핵생물 영역 내에서 여러 다른 계에 속해 있음이 분명해졌다. 다양한 그룹 간 진화적 관계에 대한 우리의 지식은 여전히 완전하지 못하지만, 원생생물은 식물, 동물 또는 곰팡이류가 아닌 진핵생물을 지칭하는 편리한 용어로 여전히 유용하다.

원생생물은 다양한 방법으로 영양을 얻는다(**그림 16.12A**). 일부 원생생물은 독립영양생물로서 광합성을 통해 먹이를 생산하며, 이들을 **조류(algae)**라고 한다(분류학적으로 의미가 없지만 또 다른 유용한 용어다). 그림 16.12A의 왼쪽에 보여준 것을 포함하여 많은 조류는 다세포다. 일반적으로 원생동물(protozoa)이라고 불리는 다른 원생생물은 종속영양생물로서, 박테리아나 기타 원생생물을 먹이로 한다. 종속영양생물 중 일부는 곰팡이류와 유사하며 흡수를 통해 유기 분자를 얻고, 일부는 기생한다. **기생생물(parasite)**은 살아 있는 숙주로부터 영양을 얻으며, 숙주에 해를 입힌다. 그림 16.12A의 가운데에 표시된 지아르디아(*Giardia*)는 사람에 기생하는 생물이다. 또 다른 원생생물은 빛과 영양분의 가용성에 따라 광합성과 종속영양을 모두 할 수 있는 **혼합영양생물(mixotroph)**이다. 그림 16.12A의 오른쪽에 있는 유글레나(*Euglena*)가 한 예다.

원생생물의 서식지는 다양하다. 대부분의 원생생물은 수생생물이며 토양이나 잎사귀와 같은 거의 모든 습기가 있는 육상 서식지에서 발견된다. 일부는 다양한 숙주의 몸 안에 서식하기도 한다. 예를 들어, **그림 16.12B**는 흰개미 장내의 내부공생생물인 원생생물 중 하나를 보여준다. 흰개미의 내부공생생물은 흰개미가 먹은 목재의 질긴 셀룰로오스를 분해한다. 이러한 원생생물 중 일부는 셀룰로오스를 대사하는 또 다른 내부공생 원핵생물을 자체 내 가지고 있기도 하다.

진핵생물인 원생생물은 어떤 원핵생물보다 더 복잡하다. 그들의 세포는 막으로 둘러싸인 핵(여러 개의 염색체를 포함하는)과 진핵생물의 특징인 기타 세포 소기관(organelles)을 가지고 있다. 원생동물 세포의 편모와 섬모(cilia)는 또 다른 전형적인 진핵

Caulerpa, 녹조류 / *Giardia*, 기생생물 / *Euglena*

▶ **그림 16.12A** 원생생물의 영양방식

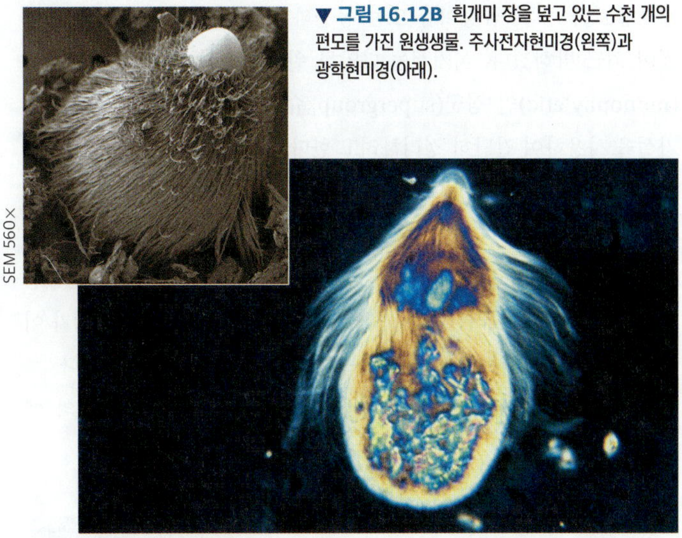

▼ **그림 16.12B** 흰개미 장을 덮고 있는 수천 개의 편모를 가진 원생생물. 주사전자현미경(왼쪽)과 광학현미경(아래).

생물 특징인 (9 + 2)인 미세소관 패턴을 가지고 있다(4.18절 참조).

대부분의 원생생물은 단세포이기 때문에 가장 단순한 진핵생물로 간주되는 것이 당연해 보인다. 그러나 많은 원생생물의 세포는 세계에서 가장 정교한 세포 중 하나다. 원생생물은 단세포이기는 하지만 동물이나 식물과 같이 완전한 한 개체이기 때문에 이러한 수준의 세포 복잡성은 그리 놀라운 일이 아니다.

원생생물은 매우 다양하여 분류하기 어렵다. 원생동물과 조류와 같은 직관적인 분류는 계통발생학적으로 의미가 없다. 이들 분류에 사용되는 영양방식은 다양한 계통에서 진화해 왔기 때문이다. 다음 절에서는 최근 분자 연구에 근거한 원생생물의 계통발생에 대한 현재 가설 중 하나를 살펴보고자 한다.

? '원생생물'에 대한 일반적인 정의는 무엇인가?

■ 동물, 곰팡이류 또는 식물이 아닌 진핵생물

16.13 다양한 원생생물은 상군으로 분류한다

최근의 유전적 또는 세포학적 연구는 원생생물 분류의 기초를 흔들고 있다. 원생생물에는 여러 계통군이 존재하며, 일부 계통군은 다른 원생생물보다 식물, 곰팡이류 또는 동물과 더 밀접하게 관련돼 있다는 것이 최근 밝혀졌다. 여기서는 다양한 원생생물을 4개의 단일계통군(monophyletic)인 '상군(supergroup, 슈퍼그룹)'으로 묶는 현재의 한 가설을 사용하여 간단히 정리하려고 한다. 상군은 린네의 계층적 분류체계(15.14절 참조)에서 어떤 분류군(taxon)과도 같지 않다. 오히려 계통분류학자들은 자의적 체계를 부여하지 않기 위해 이 용어를 선택했는데, 이는 독립적으로 뛰어난 경력을 가진 음악적 슈퍼그룹을 인용한 기발한 선택이다. 이러한 분류 중 일부에 대해서는 일반적인 합의가 이루어지고 있지만, 원생생물의 분류는 아직도 많은 일이 진행 중이다.

그림 16.13은 각 진핵생물 상군에 속하는 계통군(clade)의 예를 포함하는 단순화된 계통수를 보여준다. 가장 크고 다양한 슈퍼그룹은 SAR로, 3개의 원생생물 계통군을 포함한다[**스트라메노필라(Stramenopila)**, **알베올라타(Alveolata**, 피하낭류), **리자리아(Rhizaria)**]. SAR과 마찬가지로 엑스카바타(Excavata) 상군에는 원생생물만 포함된다. 단편모생물 상군(Unikonta, 유니콘타)에는 원생생물뿐만 아니라 곰팡이류와 동물도 포함되며, 육상식물은 원시색소체생물(Archaeplastida, 아키플라스티다)에 속한다. 이러한 관계에 대해서는 16.19절에서 자세히 알아보고자 한다. 하지만 우선 각 상군 내의 다양한 원생생물을 살펴보자.

? 그림 16.13에서 동물과 가장 밀접한 관련이 있는 원생생물 계통군은? 육상식물과 가장 밀접한 관련이 있는 원생생물 계통군은?

■ 아메바류, 녹조류

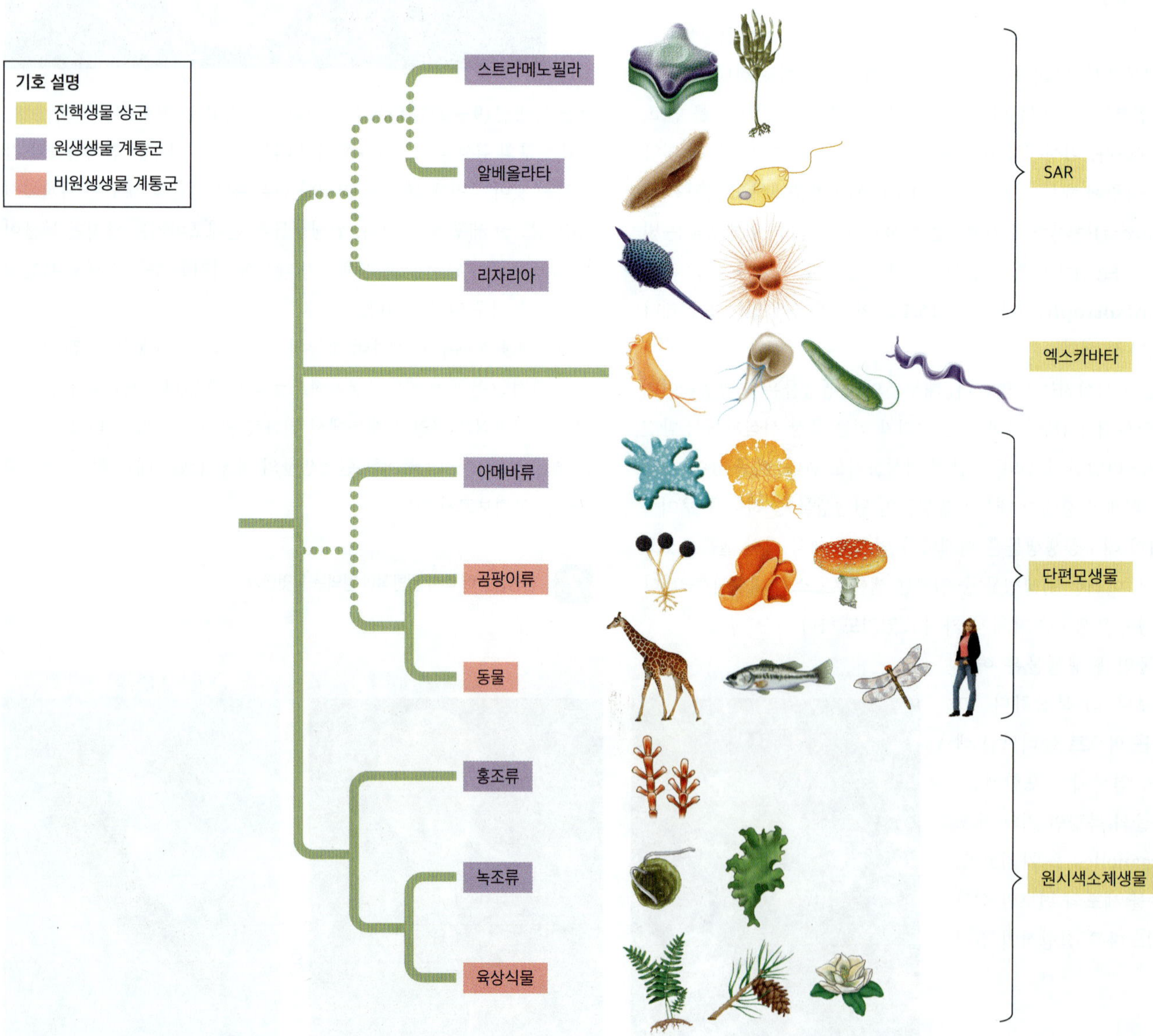

▲ **그림 16.13** 단순화된 진핵생물 계통발생. 점선은 추가 증거가 나올 때까지 잠정적인 진화 관계를 나타낸다.

16.14 SAR 상군은 원생생물의 다양성을 잘 보여준다

원생생물 다양성의 예는 최근 유전체학 연구를 기반으로 단일계통군으로 제안된 SAR 상군에서 시작된다. **'SAR'**은 이 거대하고 매우 다양한 그룹을 구성하는 3 계통군인 스트라메노필라, 알베올라타 그리고 리자리아의 약자다.

스트라메노필라 **규조류(diatom)**와 갈조류는 독립영양 스트라메노필라에 속하는 두 가지 예다. 지구상에서 가장 중요한 광합성 생물 중 하나인 단세포 조류 규조류는 규소(silica)를 포함하는 독특한 유리질 세포벽을 가지고 있다. 규조류의 세포벽은 신발 상자의 바닥과 뚜껑처럼 서로 맞는 2개의 반쪽으로 구성돼 있다(**그림 16.14A**). 담수와 해양 환경 모두에서 규조류가 풍부하게 존재하며, 이 현미경적 미생물인 규조류가 생산하는 유기분자는 모든 수중 환경에서 식량의 주요 공급원이 된다. 일부 규조류는 탄수화물뿐만 아니라 지질 방울의 형태로 식량을 저장한다. 지질은 풍부한 에너지 공급원일 뿐만 아니라, 부력을 만들어 규조류가 햇빛을 받는 수면 가까이 떠 있도록 해준다. 화석화된 규조류가 대량 축적되면 규조토로 알려진 두꺼운 퇴적물이 만들어진다. 이 퇴적물은 여과물질 또는 갈거나 연마하는 물질로 사용하기 위해 채굴된다.

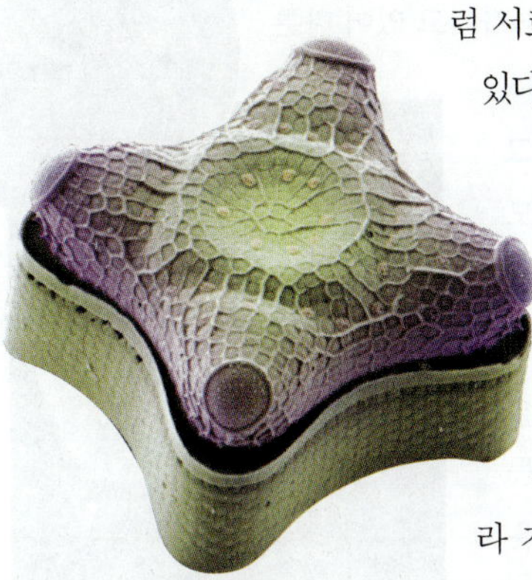

▲ **그림 16.14A** 단세포 조류인 규조류

갈조류(brown algae)는 크고 복잡한 스트라메노필라다. 갈조류의 특징적인 갈색은 엽록체에 있는 일부 색소 때문이다. 모두 다세포이며 대부분 해양성이다. 갈조류에는 일반적으로 **해조류(seaweed, 해초)**라고 불리는 많은 종이 포함된다. 여기서 해조류라는 단어는 큰 다세포 몸을 가지고 있지만, 대부분의 식물에서 볼 수 있는 뿌리, 줄기, 잎이 없는 해양성 조류를 지칭한다(일부 홍조류와 녹조류 역시 해조류로 불린다). **그림 16.14B**는 캘리포니아 해안에서 **켈프(kelp)**라고 불리는 갈조류의 수중층을 보여준다. 뿌리 같은 구조물에 의해 해저에 고정된 켈프는 15층 건물보다 높은 60 m 높이까지 자랄 수 있다. 물고기, 바다사자, 해달, 회색고래 등이 이 켈프 '숲'을 먹이활동 장소로 자주 이용한다.

▲ **그림 16.14B** 갈조류: 켈프 '숲'

▲ **그림 16.14C** 호박을 썩히는 *Phytophthora* 물곰팡이

물곰팡이(water mold)는 일반적으로 담수 서식지에서 죽은 식물과 동물을 분해하는 종속영양생물인 단세포성 스트라메노필라다. 많은 종이 곰팡이와 비슷하기 때문에 분자 비교를 통해 원생생물과의 친족관계가 밝혀지기 전까지 물곰팡이는 곰팡이류로 분류됐다. 기생하는 물곰팡이는 때때로 물고기의 피부나 아가미에서 자란다. 물곰팡이에는 '식물 파괴자'라는 뜻의 그리스어 어원에서 유래한 악명 높은 파이토프토라(*Phytophthora*) 속과 같은 식물 기생생물도 포함된다. 파이토프토라의 한 종은 1800년대 중반 아일랜드에서 엄청난 기근을 일으킨 감자 역병의 원인이 되는 질병을 일으켰다. 파이토프토라는 토마토, 카카오(초콜릿의 원료), 호박과에 속하는 구성원을 포함하여 여러 많은 농작물에도 역병을 일으킨다(**그림 16.14C**).

알베올라타 **쌍편모충류(dinoflagellate)**에는 단세포 독립영양생물, 종속영양생물, 혼합영양생물 등 다양한 그룹이 속해 있으며, 해양이나 담수 플랑크톤(수중 환경에서 표류하는 생물 군집)에 매우 흔한 구성원이기도 하다. 독립영양생물인 쌍편모충류의 폭발적인 번식으로 때때로 따뜻한 연안 해역이 분홍빛 주황색으로 물들여지는데, 이를 '적조(red tide)'라고 한다. 이러한 쌍편모충류 중 일부는 신경 독소를 생성한다. 2018년 플로리다 해안에서 발생한 대규모 적조로 물고

▲ **그림 16.14D** 멕시코만에서 적조로 죽은 물고기

기, 매너티(manatee, 바다소), 돌고래, 바다거북 등 수천 마리의 동물이 죽었다(**그림 16.14D**). 산호초를 형성하는 산호의 세포 속에는 한 속(genus)의 쌍편모충류가 존재하며, 산호가 사용하는 에너지의 절반 이상을 공급한다. 이러한 조류 파트너가 없다면 산호는 산호초 군집의 화려한 다양성을 지원하는 먹이, 생활 공간 및 은신처를 제공하는 거대한 산호초를 만들고 유지할 수 없다.

알베올라타에는 또한 세포입(cell mouth, 구강홈)으로 먹이를 쓸어 넣거나 이동에 사용하는 섬모를 가지고 있는 **섬모충류(ciliate)**도 속해 있다. 이 단세포 원생생물 그룹에는 종속영양생물과 혼합영양생물이 포함돼 있다. 생물학 실험실에서 흔히 볼 수 있는 담수 원생생물 짚신벌레(*Paramecium*, **그림 16.14E**)를 본 적이 있을 것이다. 짚신벌레는 많은 섬모충류와 마찬가지로 섬모를 파도처럼 박동하며 헤엄친다. 다른 섬모충류는 세포의 길이를 따라 다발로 배열된 섬모를 사용해 수면 위를 '기어다닌다'.

또 다른 알베올라타에 속하는 그룹에는 사람에게 심각한 질병을 일으키는 기생생물도 있다. 예를 들어, 말라리아를 일으키는 플라스모디움(*Plasmodium*)은 매년 50만 명의 목숨을 앗아간다. *Plasmodium*의 복잡한 생활사 중 일부 단계는 특정 종의 모기에서 일어나며, 모기가 사람에게 기생생물을 전파한다.

▲ **그림 16.14E** 세포 표면에 섬모가 분포하는 담수 섬모충류인 짚신벌레(사진에는 다른 단세포 생물도 포함돼 있다.)

리자리아 리자리아에 속하는 가장 큰 두 그룹인 유공충류와 방산충류는 아메바라고 불리는 생물에 속한다. **아메바(amoeba)**는 세포의 일시적인 확장으로 만들어지는 **위족(pseudopodium)**으로 이동하고 먹이활동을 한다. 여러 많은 다른 분류학적 그룹에 속하는 생물들도 이러한 이동 및 먹이활동 수단을 사용하지만, 리자리아에 속하는 대부분의 아메바는 관(tube)이나 잎 모양(lobe-shape)이 아닌, 실 모양의 위족을 가지고 있어 다른 아메바와 구별된다.

유공충류(foraminiferans, 그림 16.14F)는 바다와 담수에서 모두 발견된다. 이들은 탄산칼슘에 의해 굳어진 유기물로 만들어진 테스트(test)라 불리는 다공성 껍질을 가지고 있다. 먹이활동과 운동 기능을 하는 위족은 테스트의 작은 구멍을 통해 뻗어 나와 있다(그림 16.14F, 삽입 참조). 확인된 유공충류의 90%는 화석생물이다. 퇴적암의 구성요소인 화석화된 테스트는 세계 각지에서 발견되는 암석의 나이를 일치시키는 데 훌륭한 표지자가 된다.

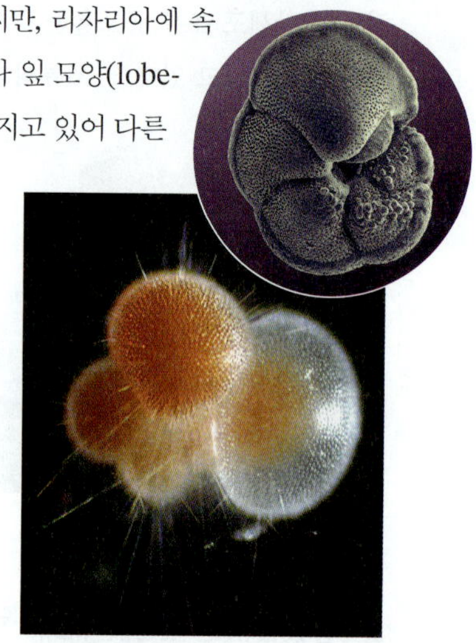

▲ **그림 16.14F** 유공충류(삽입된 SEM은 유공충류 테스트를 보여준다.)

유공충류와 마찬가지로 **방산충류(radiolarians)**도 무기질 지지 구조를 가지는데, 방산충류는 규소로 만들어진 내부 골격을 가진다(**그림 16.14G**). 유공충류와 마찬가지로 방산충류 세포는 유기질로 만들어진 테스트로 둘러싸여 있다. 대부분의 방산충류 종은 해양성이다. 이들이 죽으면 유공충류와 마찬가지로 딱딱한 부분이 바다 밑바닥에 가라앉아 퇴적물의 일부가 된다. 일부 지역에서는 방산충류가 매우 풍부해 방산충류 진액으로 알려진 퇴적물의 두께가 수백 미터에 달한다.

? 스트라메노필라, 알베올라타, 리자리아 중 어떤 그룹에 독립영양생물이 포함되는가?

■ 스트라메노필라: 규조류, 갈조류. 알베올라타: 쌍편모충류. 리자리아: 없음

▲ **그림 16.14G** 방산충류 뼈대

16.15 조류가 재생 가능한 에너지 공급원이 될 수 있을까

연결 화석연료에 들어 있는 '화석'이 무엇인지 궁금한 적이 있는가? 화석은 수억 년 전에 살았던 생물체의 유기적 잔해다. 석탄은 원시 식물에서 형성된 반면, 규조류는 석유의 주요 공급원으로 생각된다(17.4절 참조). 그러나 빠른 소비로 인해 전 세계에서 쉽게 구할 수 있는 화석연료의 공급이 고갈되고 있다.

기업가들은 최근 규조류 등 조류의 지질 방울을 재생 가능한 에너지원으로 주목하고 있다. 우리가 화석연료에서 추출하는 에너지도 원래는 광합성 과정을 통해 생물체에 저장돼 있던 것이다. 수백만 년을 기다려야 할 이유가 있을까? 조류를 대규모로 재배할 수 있다면, 그 기름을 수확해 바이오디젤로 가공할 수 있을 것이다. 빛, 이산화탄소, 영양분이 공급되면 단세포 조류는 빠르게 번식한다. 한 시나리오에서는 실내에서 밀폐된 환경조건이 엄격하게 조절되는 '생물반응기(bioreactor)' 배양기에서 조류를 재배하는 것이다(**그림 16.15**). 폐쇄형 생물반응기뿐만 아니라 야외 연못을 사용하는 실외 시스템도 개발되고 있다.

▲ **그림 16.15** 생물반응기의 녹조류

조류를 이용한 산업 규모의 바이오연료 생산이 현실화되기까지 극복해야 할 기술적 장애물이 많다. 연구자들은 수백 종의 조류 중 가장 생산성이 높은 종을 찾아내고 대량 배양 방법에 적합한지 테스트해야 한다. 추가 연구를 통해 과학자들은 유전공학을 통해 성장률이나 기름 생산량과 같은 바람직한 특성을 개선할 수 있을 것이다. 또한 제조업체는 조류를 수확하고 기름을 추출 및 처리하는 비용 효율적인 방법을 개발해야 한다. 그럼에도 불구하고 미래에는 조류 동력 자동차가 등장할 수도 있다.

? 단세포 조류의 어떤 특징이 바이오연료 생산에 매력적인 후보가 될 수 있는가?

■ 빠른 번식. 식량 작물 재배에 농지가 필요하지 않다.

16.16 일부 엑스카바타 상군은 변형된 미토콘드리아를 가지고 있다

원생생물의 두 번째 상군으로 '**엑스카바타(Excavata)**'의 명칭은 그룹의 일부 구성원이 가진 '홈이 파진(excavated)' 먹이 구멍을 가졌다는 특징에서 유래했다. 많은 엑스카바타 생물은 전자전달계가 결여된 변형된 미토콘드리아를 가지고 있어서 해당과정과 같은 혐기성 경로를 사용해 에너지를 추출한다. 종속영양 엑스카바타로는 그림 16.12B에서 보여준 흰개미 내부공생자가 있다. 독립영양과 혼합영양을 모두 수행하는 유글레나(그림 16.12A 참조)도 여기에 속한다.

일부 엑스카바타는 기생생물이다. 지아르디아(*Giardia intestinalis*, 그림 16.12A 참조)는 심한 설사를 일으키는 흔한 수인성 기생생물이다. 사람들은 기생생물이 포함된 대변으로 오염된 물을 마실 때 지아르디아에 감염되는 경우가 가장 흔하다. 예를 들어, 호수나 강에서 수영하다가 감염된 동물의 대변에 오염된 물을 실수로 마시거나, 등산객도 깨끗해 보이는 개울에서 오염된 물을 마실 수 있다(물을 끓이면 지아르디아를 죽일 수 있다).

또 다른 엑스카바타인 트리코모나스(*Trichomonas vaginalis*, **그림 16.16A**)는 매년 약 400만 건의 새로운 감염을 일으키는 흔한 성병을 일으키는 기생생물이다. 이 기생생물은 편모와 물결 모양 막 부분을 움직이며 생식기관을 이동한다. 여성의 경우, 이 원생생물은 질 안을 감싸는 세포에 서식하는 백혈구와 박테리아를 먹이로 삼는다. *T. vaginalis*는 수컷 생식기관 내관세포도 감염시키지만, 먹이가 제한적이기 때문에 개체군 수가 매우 적다. 따라서 수컷은 일반적으로 감염 증상이 없지만 여성 파트너를 반복적으로 감염시킬 수 있다. 유일한 치료법은 메트로니다졸(metronidazole)이라는 약물뿐이다. 놀랍게도, 특히 대학 캠퍼스에서 약 내성 *T. vaginalis*균이 진화하고 있는 것으로 보인다.

엑스카바타 트리파노소마(*Trypanosoma*) 속의 구성원은 곤충을 통

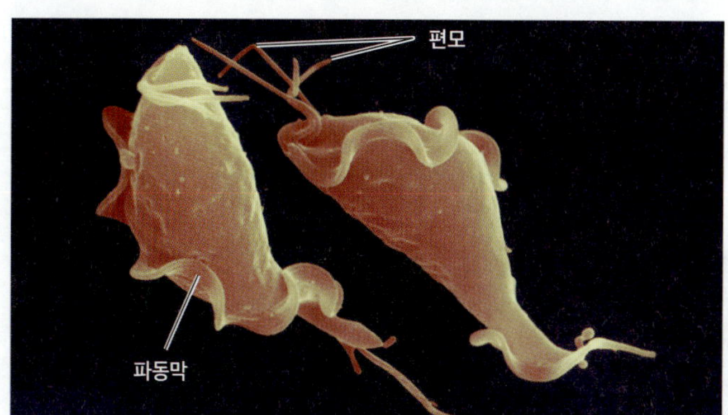

▲ **그림 16.16A** 기생생물 엑스카바타인 *T. vaginalis*

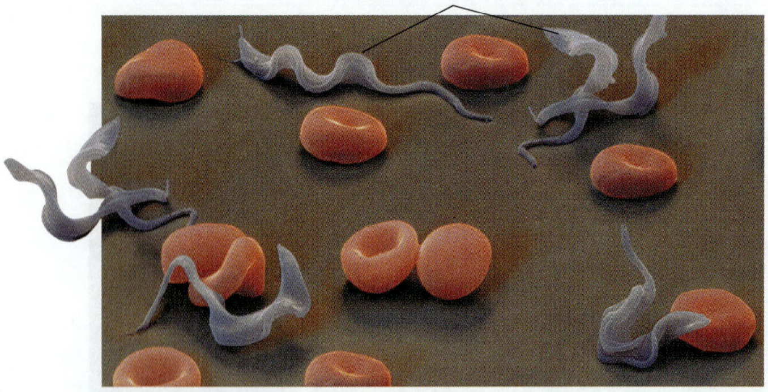

▲ 그림 16.16B 기생생물 엑스카바타인 *Trypanosoma*(혈액 세포 포함)

해 사람에게 전염될 수 있는 기생생물이다. 예를 들어, **그림 16.16B**에 보여주는 트리파노좀은 치명적일 수 있는 질병인 수면병을 일으키는데, 이는 아프리카 체체파리(tsetse fly)에 의해 전파된다. 사진의 구불구불한 '지렁이 형태'는 트리파노좀 세포이며, 동그란 세포는 사람의 적혈구다.

? 유글레나와 트리코모나스의 영양방식은 어떻게 다른가?

■ 유글레나는 혼합영양생물이고 트리코모나스는 엄밀히 말해 종속영양생물이다.

16.17 단편모생물 상군에는 곰팡이 및 동물과 밀접한 관련이 있는 원생생물이 속한다

단편모생물(Unikonta) 상군에는 잘 정립된 두 계통군이 들어 있다. 하나는 원생생물인 **아메바류(amoebozoan)**이고 다른 하나는 동물과 곰팡이를 포함하는 계통군(그림 16.19A 참조)이다. 이 절에서 아메바류에 대해 다룬 다음, 이 장의 마지막 절에서 두 번째 계통군으로 돌아가고자 한다.

많은 종의 자유생활 아메바, 일부 기생 아메바 및 점액성 곰팡이(slime mold)를 포함한 아메바류는 관 또는 잎 모양 위족을 가지고 있다. **그림 16.17A**의 아메바는 조류를 섭취할 준비를 하고 있다. 이 아메바는 위족으로 먹이 주위를 아치형으로 둘러싼 후 이를 식포(food vacuole)로 만든다(그림 5.9 참조). 자유생활 아메바는 연못이나 해저의 바위, 나뭇가지, 진흙 위로 기어다닌다. 기생하는 아메바 종으로는 치명적인 설사 질환인 아메바성 이질을 일으키는 것이 있다.

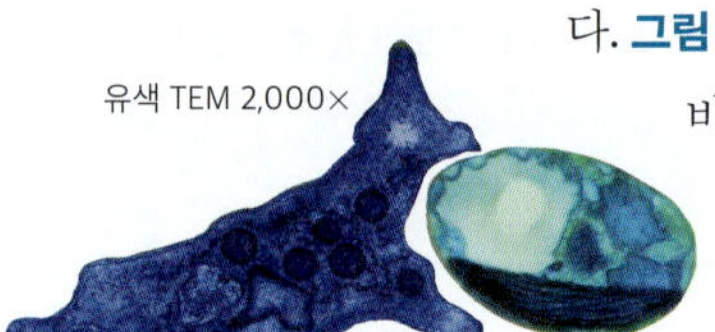

▲ 그림 16.17A 해조류 세포를 섭취하기 시작하는 아메바

그림 16.17B의 죽은 통나무 위를 기어오르는 노란색 성장체는 **원형질성점균류(plasmodial slime mold)**라는 아메바류다. 이 원생생물은 축축하고 썩어가는 유기물이 있는 곳에서 흔히 볼 수 있으며 종종 밝은 색소를 띠고 있다. 그림 16.17B의 이 생물은 크고 많은 가지를 가지고 있지만, 다세포 생물은 아니다. 이것은 원형질막으로 분리되지 않은 세포질 내 여러 개의 핵을 가진 **원형질체(plasmodium)**다(이 단어를 말라리아를 일으키는 *Plasmodium*과 혼동하지 않도록 하자). 원형질성점균류의 핵은 대부분 동시에 유사분열을 진행하기 때문에 세포주기의 자세한 분자적 연구에 많이 사용된다.

▲ 그림 16.17B 원형질성 점균류: *Physarum*

원형질체점균은 흥미로운 **구조와 기능**의 예다. 토양과 썩은 통나무 사이로 위족을 내보내고 성장하면서 식세포작용(phagocytosis)으로 먹이를 삼킨다. 원형질체 내에는 미세한 통로가 있고 이 통로를 통해 세포질은 먼저 한 방향으로 흐른 후 다시 다른 방향으로 흐르면서 흐름에 파동이 생기는데, 이것은 아마도 영양분과 산소를 분배하는 데 도움이 될 것이다. 음식과 물이 부족하면 원형질체점균은 성장을 멈추고 포자를 생산하는 생식 구조(그림 16.17B의 삽입 그림에 표시)로 분화한다. 조건이 유리해지면 포자는 반수체 세포를 방출하며, 이들이 융합해 접합자(zygote)를 형성하면서 생활사는 계속된다.

세포성점균류(cellular slime mold) 역시 썩은 통나무나 썩은 유기물에서 흔히 볼 수 있다. 대부분의 경우, 이 생물은 독립된 아메바형 세포로 존재한다. 먹이가 부족하면 아메바형 세포가 서로 뭉쳐서 민달팽이 같은 덩어리를 형성하고 짧은 시간 동안 돌아다닌다. 그런 다음 일부 세포는 말라서 줄기를 형성하고, 포자로 발달하는 다른 세포의 무성생식 구조를 지탱한다. **그림 16.17C**에 표시된 세포성점균류 딕티오스텔리움(*Dictyostelium*)은 세포 분화의 근간이 되는 유전학적 메커니즘과 화학적 변화를 연구하는 연구자들에게 유용한 모델 생물이다.

▲ 그림 16.17C 세포성점균류인 *Dictyostelium*의 아메바형 세포의 집합체(왼쪽)와 생식 구조

? 원형질성점균류의 원형질체와 세포성점균류의 민달팽이는 어떻게 다른가?

■ 원형질체란 다세포가 아니다. 많은 핵을 가진 하나의 세포질 덩어리를 말하며, 세포성점균류의 민달팽이 같은 단계는 여러 많은 세포로 구성돼 있다.

16.18 원시색소체생물 상군에는 홍조류, 녹조류, 육상식물이 포함된다

원시색소체생물(Archaeplastida) 상군의 거의 모든 구성원은 독립영양생물이다. 독립영양생물은 내공생으로 엽록체로 진화한 남세균에 의해 생겨난 것으로 생각된다(4.15절 참조). 이 원시 원생생물 후손은 수중 먹이그물망의 주된 광합성 생물인 홍조류와 녹조류로 진화했다. 원시색소체생물에는 육상식물도 포함되는데, 식물은 녹조류로부터 진화했다.

▲ 그림 16.18A 딱딱한 홍조류

대부분의 **홍조류(red algae)**는 열대의 따뜻한 연안 해역에 서식하고 있다. 홍조류의 붉은색은 엽록소의 녹색을 가리는 보조색소로 인해 만들어진 것이다. 몇몇 종은 단세포이지만, 대부분의 홍조류는 다세포다. 다세포 홍조류는 일반적으로 부드럽지만, 일부는 세포벽이 딱딱하고 가루 같은 퇴적물로 둘러싸여 있다 (그림 16.18A). 딱딱한 종류는 산호초에서 흔히 볼 수 있으며, 딱딱한 부분은 산호초를 형성하고 유지하는 데 중요한 역할을 한다. 다른 홍조류는 상업적으로 중요하다. 아이스크림, 초콜릿 우유, 푸딩 등 많은 제품을 안정화시키는 데 사용되는 젤인 카라기난(carrageenan)은 홍조류 종에서 추출한 것이다. 김밥을 싸는 데 사용되는 김도 홍조류다. 실험실에서 박테리아를 키우는 기질로 사용되는 다당류인 한천(agar)도 홍조류에서 유래한다.

연두색 엽록체로 인해 명명된 **녹조류(green algae)**에는 단세포 또는 군락을 이루는 종과 다세포 해조류가 포함된다. 그림 16.18B의 왼쪽 현미경 사진은 담수 호수와 연못에서 흔히 볼 수 있는 단세포 조류인 클라미도모나스(*Chlamydomonas*)를 보여준다. 이 조류는 2개의 편모에 의해 물속을 헤엄친다(이중편모 세포로 불린다). 오른쪽에 보이는 볼복스(*Volvox*)는 군락을 이루는 녹조류다. 각각의 볼복스 군락은 수백 또는 수천 개의 이중편모 세포로 구성된 속이 빈 공과 같다. 편모가 움직이면서 군락은 물속에서 천천히 굴러떨어진다. 여기에 보이는 큰 군락 중 일부는 나중에 방출될 작은 자손 군락을 포함한다.

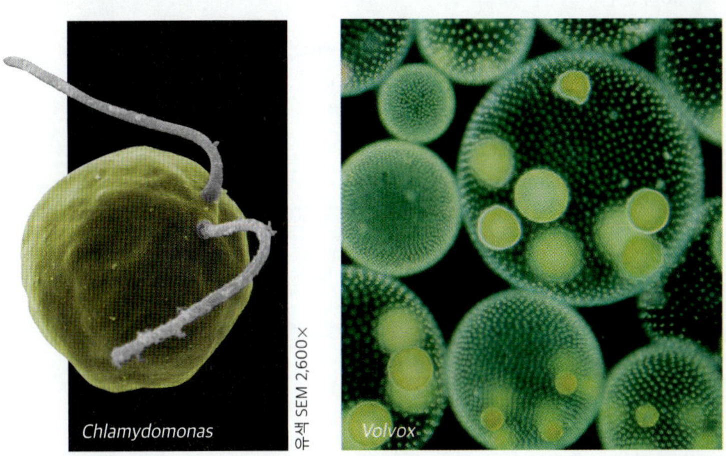

▲ 그림 16.18B 녹조류, 단세포(왼쪽)와 군락(오른쪽)

갈파래(*Ulva*), 즉 바다 상추는 다세포 녹조류다. 많은 다세포 조류 및 모든 육상식물과 마찬가지로 갈파래는 **세대교번(alternation of generations)**을 하는 복잡한 생활사를 가지고 있다(그림 16.18C). 이러한 유형의 생활사에서는 다세포 이배체($2n$) 형태와 다세포 반수체(n) 형태가 번갈아 나타난다. 그림에서 다세포 이배체는 포자를 생성하기 때문에 **포자체(sporophyte)**라고 불린다. 포자체 세대는 배우자를 생산하는 다세포 반수체인 **배우체(gametophyte)**라고 불리는 반수체 세대와 번갈아 가며 나타난다. 울바에서 배우체와 포자체는 염색체 수는 다르지만 사진에서 보는 것과 같이 모양이 동일하다. 반수체 배우체는 유사분열(mitosis)에 의해 배우자를 생성하고, 배우자의 융합으로 포자체 세대가 시작된다. 그리고 포자체 세포는 감수분열(meiosis)을 거쳐 반수체인 편모 포자를 생성한다. 포자가 바다 밑바닥에 가라앉아 배우체로 발달하면 생활사가 완성된다. (17장에서는 육상식물의 세대교번에 대해 배울 것이다.)

? 세대교번 생활사에서 배우체와 포자체의 염색체 수는 어떻게 다른가?

■ 배우체는 반수체(n), 포자체는 이배체($2n$)다.

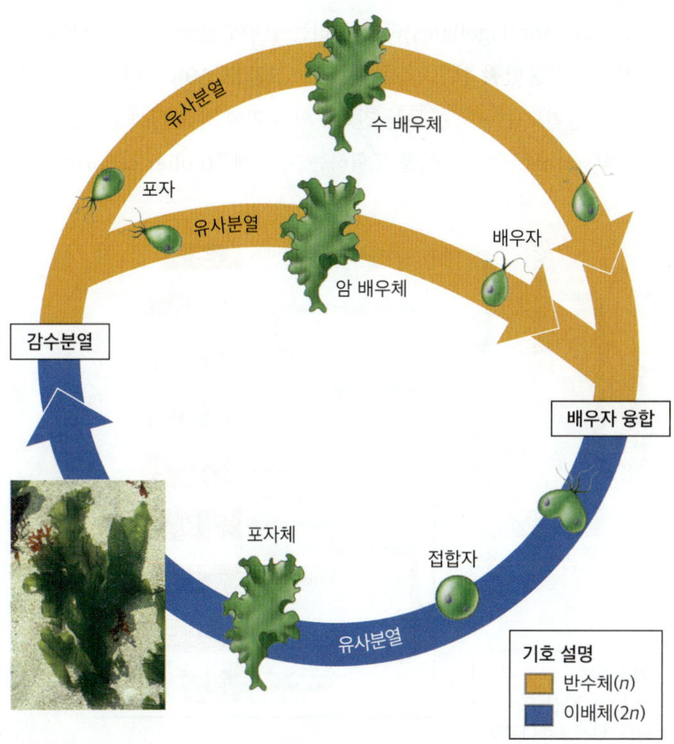

▲ 그림 16.18C 다세포 녹조류, *Ulva*의 생활사

시도해 보기 별도의 종이에 생활사 중 반수체와 이배체 구조의 이름을 적어보시오.

16.19 다세포성 생물은 진핵생물에서 여러 번에 걸쳐 나타났다

진화 연관성 복잡성이 증가하면 더 많은 변이가 가능해지는 경우가 많다. 진핵생물 세포의 탄생은 새로운 형태의 생명체가 나타나는 진화적 방사로 이어졌다. 이 장에서 살펴본 것처럼, 구조적으로 복잡한 진핵생물인 단세포 원생생물은 단순한 원핵생물보다 훨씬 더 다양한 형태를 가지고 있다. 다세포 생물의 진화는 구조적인 면에서 또 다른 문턱값(역치)을 돌파한 것이다.

해조류, 식물, 동물, 대부분의 곰팡이류와 같은 다세포 생물은 단세포 생물과 근본적으로 다르다. 단세포 생물에서는 모든 생명 활동이 단일 세포 내에서 이루어진다. 반면 다세포 생물에서는 다양한 기능을 수행하는 상호의존적인 다양한 특수 세포가 있다. 예를 들어, 일부 세포는 개체의 형태를 만드는 반면, 다른 세포는 먹이를 만들거나 조달하고, 물질을 운반하고, 이동을 가능하게 하거나 번식한다.

이 장에서 살펴본 바와 같이, 다세포 생물은 세 가지 다른 조상 계통, 즉 스트라메노필라(갈조류), 단편모생물 상군(곰팡이와 동물), 원시색소체생물 상군(홍조류, 녹조류, 식물)으로 진화해 왔다. **그림 16.19A**는 모두 다세포인 육상 식물과 동물 그리고 대부분 다세포인 곰팡이류의 초기 계통발생에 대한 현재의 가설을 요약한 것이다.

한 가설에 따르면, 2개의 독립적 단편모생물 상군 계통이 곰팡이와 동물로 이어졌다고 한다. 분자시계(molecular clock, 15.18절 참조)에 근거해 과학자들은 동물과 곰팡이의 조상이 10억 년 이전에 갈라진 것으로 추정한다. 형태학적 증거와 분자학적 증거를 종합해 볼 때, 동정편모충류(choanoflagellates)라고 불리는 단편모생물 그룹이 동물의 가장 가까운 생물학적 친척으로 추정된다. **그림 16.19B**의 아래쪽 절반을 보면, 동정편모충 세포는 동물 진화수의 뿌리에 가장 가까운 그룹인 해면동물(sponge)에서 먹이를 포획하는 '동정세포(collar cells)'와 매우 흡사하다. 다른 동물에서도 비슷한 세포가 발견됐지만 곰팡이류나 식물에서는 발견되지 않았다. 일부 동정편모충류는 독립적인 세포들이 서로 느슨하게 붙어 있는 군락으로 살아간다. 과학자들은 살아 있는 동물의 공통 조상은 그림 16.19B에 보여준 것과 유사한 군집성 고착생활을 하는 동정편모충이었을 것이라고 가정한다.

곰팡이는 단편모생물의 다른 그룹에서 발생했을 것으로 생각된다. 분자 증거에 따르면 조류와 박테리아를 먹이로 하는 단세포 원생생물 그룹인 뉴클리어리드(nucleariids) 아메바가 곰팡이의 가장 가까운 친척이라고 한다(그림 16.19B 위쪽).

차축조류(charophytes)는 육상식물의 가장 가까운 친척이다(그림 16.19A 상단). 약 5억 년 전, 호수 가장자리에 살던 녹조류가 원시 식물로 발달하면서 육지로의 이동이 시작됐을 것이다. 다음 장에서는 식물이 육지로 이동하는 긴 진화의 과정과 육지에서의 다양화를 추적하고자 한다. (그 후 18장에서는 동물의 진화에 대한 이야기를 이어갈 것이다.)

? 다세포 생물은 단세포 생물과 근본적으로 어떤 점이 다른가?

■ 단세포 생물은 하나의 세포 안에서 개체의 모든 기능이 수행된다. 다세포 생물에서는 다양한 기능을 수행하는 특수 세포들이 있다.

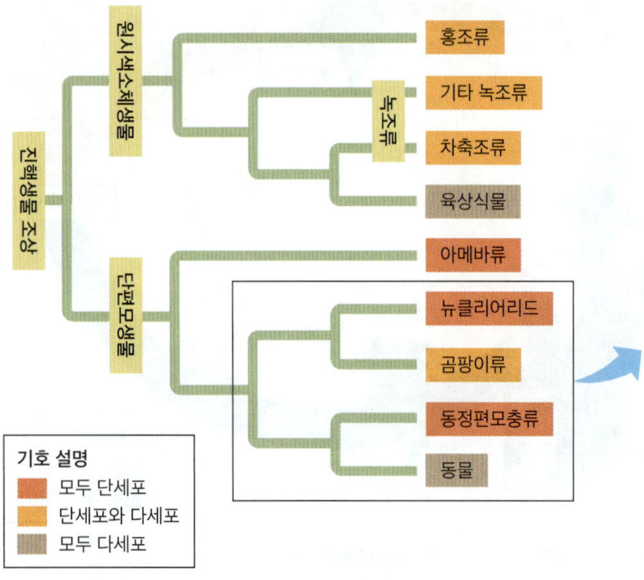

▲ **그림 16.19A** 식물, 곰팡이류, 동물의 계통발생에 대한 가설

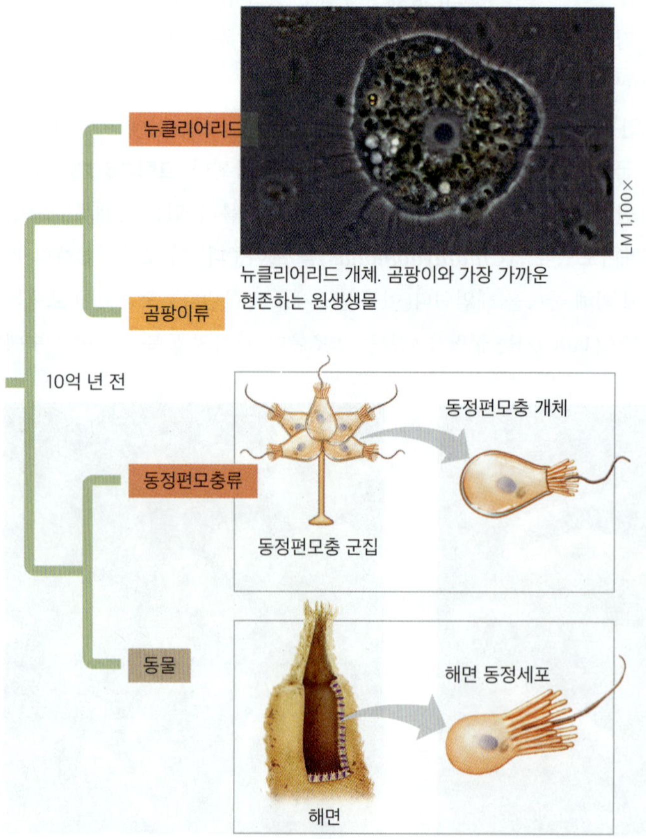

▲ **그림 16.19B** 균류(위)와 동물(아래)의 가장 가까운 살아 있는 원생생물의 친척

CHAPTER 16 복습

개념 복습하기

원핵생물(16.1~16.11)

16.1 원핵생물은 다양하고 널리 분포한다. 원핵생물은 가장 많은 생물이다. 크기는 작지만 환경과 인간의 건강에 막대한 영향을 미친다.

16.2 외형적 특징은 원핵생물의 성공에 기여한다. 원핵생물은 모양과 그람염색에 대한 반응에 따라 분류할 수 있다. 거의 모든 원핵생물은 세포벽을 가지고 있다. 다른 특징으로는 끈적끈적한 협막, 편모 또는 선모 등이 있다.

16.3 원핵생물의 개체군은 환경의 변화에 빠르게 적응할 수 있다. 원핵생물 개체군의 빠른 성장은 많은 유전적 변이를 일으켜 변화하는 환경에서도 개체군이 지속될 가능성을 높인다. 일부 원핵생물은 혹독한 환경에서도 휴면 상태를 유지하는 내생포자를 형성하기도 한다.

16.4 원핵생물은 엄청난 영양 다양성을 가지고 있다.

영양방식	에너지원	탄소원
광독립영양	태양광	CO_2
화학독립영양	무기화합물	
광종속영양	태양광	유기화합물
화학종속영양	유기화합물	

16.5 생물막은 복합적 미생물 연합체다. 원핵생물은 표면에 부착해 박멸하기 어려운 생물막 군집을 형성해 의료와 환경적 문제를 일으킨다.

16.6 원핵생물은 환경 정화에 도움을 준다. 원핵생물은 하수처리시설 등 생물정화에 자주 사용된다.

16.7 원핵생물 진화에서 주된 두 가지는 박테리아와 고세균이다.

16.8 고세균은 극한 환경 및 여러 서식지에서 번성한다. 고세균 영역에는 혐기성 조건에서 잘 자라는 극호염균, 극호열균, 메탄생성균이 포함된다.

16.9 박테리아에는 다양한 원핵생물이 속한다. 박테리아 영역은 현재 크게 프로테오박테리아, 그람-양성 박테리아, 남세균, 클라미디아, 스피로헤타의 다섯 가지 그룹으로 분류된다.

16.10 일부 박테리아는 질병을 일으킨다. 병원성 박테리아는 종종 외독소 또는 내독소를 생성해 질병을 일으킨다. 탄저균을 일으키는 종 같은 특정 박테리아와 보톡스 같은 박테리아 독소는 생물학적 무기로 사용될 수 있다.

외독소

세포가 분비

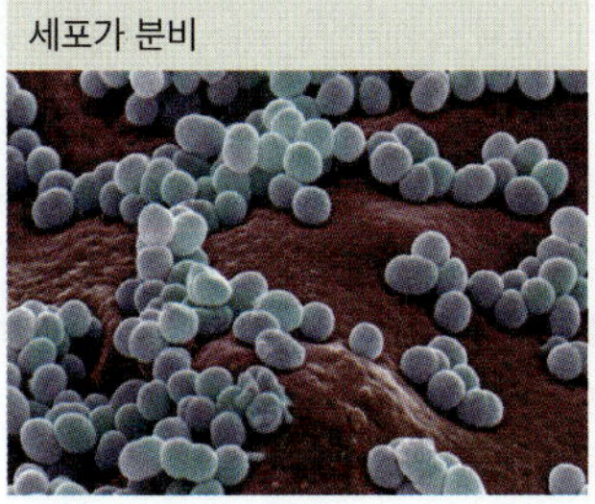

Staphylococcus aureus

내독소

그람-음성 세포막 성분

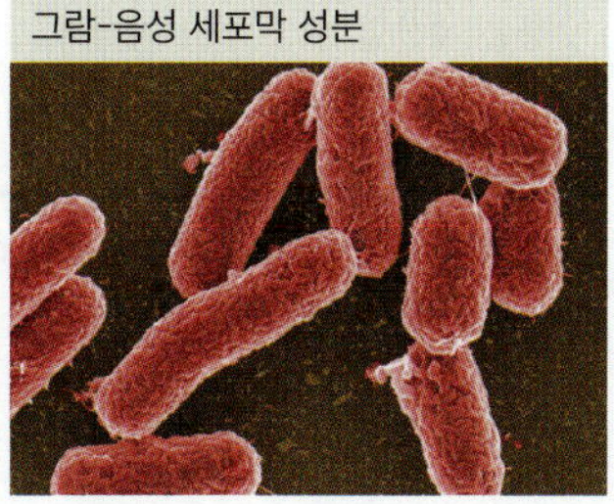

Salmonella typhimurium

16.11 위에 존재하는 미생물군은 건강과 질병에 영향을 미친다. 배리 마샬은 코흐의 가설을 사용해 소화성 궤양이 보통 헬리코박터라는 박테리아에 의해 발생한다는 것을 보여주었다. 최근 연구자들은 *H. pylori*가 위 미생물군에서도 유익한 역할을 할 수 있다는 사실을 알아내기 시작했다.

원생생물(16.12~16.19)

16.12 원생생물은 매우 다양한 진핵생물의 집합체다. 원생생물은 대부분 단세포 진핵생물로, 다양한 수중 또는 습한 서식지에서 발견된다. 원생동물은 독립영양생물, 종속영양생물 또는 혼합영양생물일 수 있다.

16.13 다양한 원생생물은 상군으로 분류한다. 원생생물 계통발생은 잠정적이다. 현재 하나의 가설은 4개(SAR 상군, 엑스카바타 상군, 단편모생물 상군, 원시색소체생물 상군)의 단일계통군인 상군을 인정한다.

16.14 SAR 상군은 원생생물의 다양성을 잘 보여준다. 이 상군을 구성하는 3개의 계통군은 스트라메노필라(규조류, 갈조류, 물곰팡이 등), 알베올라타(유공충류, 섬모충류, 특정 기생생물 등) 그리고 리자리아(유공충류, 방사충류 등)다.

16.15 조류가 재생 가능한 에너지 공급원이 될 수 있을까? 과학자들은 바이오연료의 공급원으로 규조류와 기타 조류를 재배하는 방법을 연구하고 있다.

16.16 일부 엑스카바타 상군은 변형된 미토콘드리아를 가지고 있다. 일부 엑스카바타는 미토콘드리아가 변형된 혐기성 원생생물로 기생하는 지아르디아, 트리코모나스 바지날리스, 트리파노소마 등이 있다. 다른 엑스카바타는 혼합영양생물인 유글레나와 흰개미 내부공생생물이 있다.

16.17 단편모생물 상군에는 곰팡이 및 동물과 밀접한 관련이 있는 원생생물이 속한다. 단편모생물 상군 원생동물에는 잎 모양 위족을 가진 아메바, 원형질성점균류, 세포성점균류가 포함된다. 균류와 동물도 단편모생물 상군에 속한다.

16.18 원시색소체생물 상군에는 홍조류, 녹조류, 육상식물이 포함된다. 대부분 다세포인 홍조류는 산호초의 구조에 기여하는 종과 상업적으로 가치가 있는 종을 포함한다. 녹조류는 단세포, 군락 또는 다세포일 수 있다. 많은 조류는 반수체 배우체와 이배체 포자체 세대가 번갈아 일어난다. 원시색소체생물에는 육상식물도 포함되며, 이는 차축조류라고 불리는 녹조류 그룹과 가장 밀접한 관련이 있다.

16.19 다세포성 생물은 진핵생물에서 여러 번에 걸쳐 나타났다. 다세포 생물은 다양한 기능에 특화된 세포를 가지고 있다. 다세포성은 스트라메노필라(갈색조류), 단편모생물(곰팡이류와 동물), 원시색소체생물(홍조류와 식물)의 조상 계통에서 진화했다.

개념 연결하기

1. 세포벽, 협막, 편모, 선모, 내생포자가 어떻게 원핵생물의 성공에 기여했는지 설명하시오.
2. 다세포 생물의 기원에 대한 현재 가설을 보여주는 계통수의 빈칸을 채우시오.

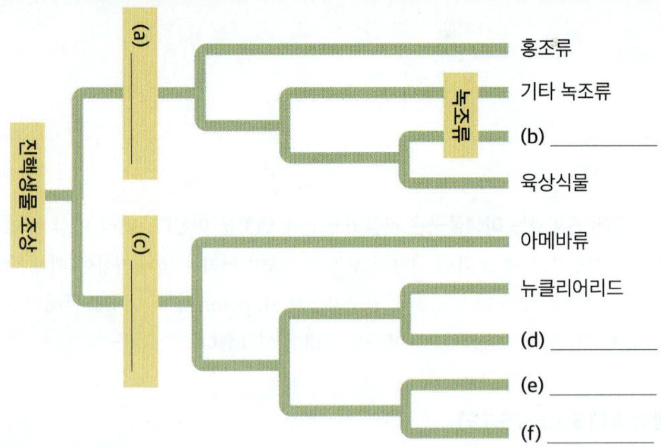

학습 평가하기

1단계 : 지식과 이해력 평가

3. 광독립영양생물은 에너지 공급원으로 ________을/를, 탄소 공급원으로 ________을/를 사용한다.
   a. 햇빛, CO_2
   b. 무기 화학물질, CO_2
   c. 햇빛, 유기화합물
   d. 유기화합물, 유기화합물
4. 새로운 생명체가 발견됐다. 실험 결과 단세포이고, 독립영양생물이며, 펩티도글리칸을 함유한 세포벽을 가지고 있는 것으로 밝혀졌다. 이 증거에 근거해 이 생물은 다음 중 어느 것으로 분류돼야 하는가?
   a. 조류
   b. 고세균
   c. 원생생물
   d. 박테리아
5. 염분이 매우 많은 환경에서도 생존할 수 있는 고세균 그룹은 무엇인가?
   a. 호열균
   b. 호메탄균
   c. 호염균
   d. 호산균
6. 다음 중 SAR 상군의 구성원이 해당 계통군과 잘못 짝 지어진 것은?
   a. 스트라메노필라 — 갈조류
   b. 알베올라타 — *Plasmodium*과 같은 기생생물
   c. 알베올라타 — 쌍편모충류
   d. 리자리아 — 규조류
7. 다음 중 식중독을 일으키는 내독소를 생성할 가능성이 가장 높은 것은?
   a. *Clostridium botulinum*
   b. *Bacillus anthracis*
   c. *Helicobacter pylori*
   d. *Salmonella typhimurium*
8. 원핵생물 개체군이 환경 변화에 빠르게 적응할 수 있는 이유를 설명하시오.
9. 편모와 선모는 박테리아와 고세균에 어떻게 도움이 되는가?
10. *Chlamydomonas*는 단세포 녹조류다. 단세포인 광합성 박테리아와는 어떻게 다른가? 아메바 같은 원생동물과 어떻게 다른가? 갈파래(*Ulva*) 같은 더 큰 녹조류와는 어떻게 다른가?

2단계 : 응용과 분석력 평가

11. 파상풍을 일으키는 박테리아는 끓는 온도보다 훨씬 높은 온도에서 장시간 가열해야만 사멸할 수 있다. 이것으로 보아 파상풍 박테리아는
    a. 펩티도글리칸을 함유한 세포벽을 가지고 있다.
    b. 내독소를 분비한다.
    c. 독립영양생물이다.
    d. 내생포자를 생성한다.
12. 다음 중 박테리아가 사람에게 궤양을 일으킨다는 가설을 시험할 수 있는 실험은 어느 것인가? (각 실험에는 대조군이 포함돼 있다고 가정한다.) 실험 결과가 어떤 증거를 제공할 수 있는지 설명하시오.
    a. 궤양 환자의 위에서 발견되는 미생물을 확인한다.
    b. 궤양 환자 그룹을 항생제로 치료한다.
    c. 궤양 환자 그룹을 엄격한 저산성 식단에 배치한다.
    d. 궤양 환자에서 위액을 얻어 쥐에게 먹인다.
13. '산호백화현상(coral bleaching)'으로 알려진 과정에서 수온이 높아지면 산호가 정상적으로 세포 내에 존재하는 쌍편모충류를 배출시킨다. 산호백화현상은 산호초에 어떤 영향을 미치는가?

3단계 : 종합평가

14. 소화관에는 건강과 질병에 중요한 역할을 하는 약 10조~100조 개의 미생물이 서식하고 있다. 장내 미생물군의 낮은 다양성은 비만, 당뇨병, 장 질환과 같은 질환과 관련이 있다. 이러한 복잡한 미생물 군집에 장애가 발생하면 병원성 박테리아에 의한 심각한 감염도 발생할 수 있다. 장 건강을 회복할 수 있는 한 가지 방법은 대변 이식(건강한 공여자의 대변 용액을 장내 미생물 구성의 변화가 필요한 수혜자에게 투여하는 것)이다. 과학 문헌을 검토해 대변 이식이 어떤 상황에서 가장 많이 사용되는지, 그리고 치료 과정으로서 얼마나 효과적인지 알아보자. 좋은 출발점은 다음 리뷰다(https://www.ncbi.nlm.nih.gov/pmc/articles/PMC4749851/).
15. 자급자족이 가능한 달 기지를 설계하는 팀에 속해 있다고 상상해 보자. 지구에서 건축 자재, 장비, 생물체를 공급받으면 기지는 무기한으로 작동할 것으로 예상된다. 팀원 중 한 명이 기지로 보내지는 모든 것을 멸균 처리해 어떤 종류의 박테리아도 존재하지 않도록 하자는 제안을 했다. 이것이 좋은 생각이라고 생각하는가? 환경에서 모든 박테리아를 제거할 경우 어떤 결과가 초래될지 예측하시오.
16. 화석연료의 연소로 인해 대기 중에 CO_2가 축적되는 것은 지구 온난화의 주요 원인으로 간주된다(7.14절 참조). 바다의 규조류와 다른 미세 조류는 소량의 철분을 필요로 하는 광합성으로 대량의 대기 중 CO_2를 사용함으로써 이러한 축적을 막을 수 있다. 전문가들은 철분(iron) 부족이 해양의 조류 성장을 제한할 수 있다고 의심하고 있다. 일부 과학자들은 CO_2 축적을 줄이기 위한 한 가지 방법으로 바다에 철분을 투여하는 것을 제안했다. 철분은 조류의 성장을 촉진해 더 많은 CO_2를 공기에서 제거할 수 있다. 충분히 넓은 지역에 철분 가루를 뿌려주면 대기의 CO_2 수준을 크게 줄일 수 있다. 이 접근법을 시도해 볼 가치가 있다고 생각하는가? 찬성하는 이유는 무엇이며 반대하는 이유는 무엇인지 설명하시오.

CHAPTER

17 다양한 식물과 곰팡이의 진화

핵심 개요

식물 진화와 다양성(17.1~17.2)

다양한 적응을 통해 식물은 육지에서 살 수 있게 됐다.

세대교번과 식물의 생활사(17.3~17.11)

식물의 생활사에는 반수체 배우체와 이배체 포자체 세대가 번갈아 나타난다.

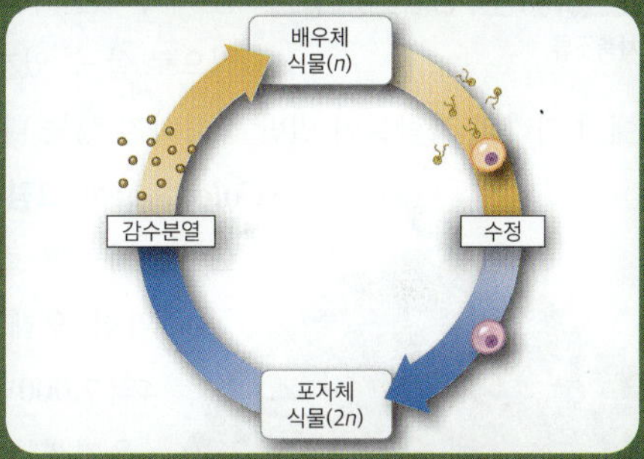

곰팡이의 다양성(17.12~17.19)

곰팡이는 흡수를 통해 영양분을 얻는 다양한 종류의 생물이다. 많은 곰팡이는 복잡한 생활사를 가지고 있다.

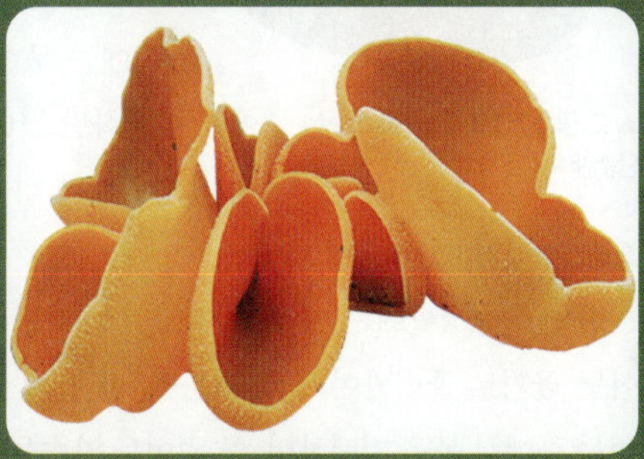

17.0 식물과 곰팡이가 함께 세상을 먹여 살린다

우리에게 풍성한 열매, 맛있는 채소, 영양가 높은 곡식을 제공하는 것은 식물이지만, 식물은 혼자서 모든 것을 해내지 못한다. 대부분의 식물은 공생하는 곰팡이의 도움을 받는데, 공생하는 곰팡이는 식물 세포 내에 작고 덤불 같은 돌기를 만들고 뿌리로 균사를 내린다. 식물은 이러한 밀접한 관계로 만들어진 곰팡이 뿌리(균근)의 방대한 지하 균사 네트워크를 통해 유입되는 물과 무기질을 이용할 수 있게 된다. 식물은 보답으로 곰팡이에게 당과 기타 유기 분자를 공급한다. 오렌지(위 사진), 딸기, 토마토, 옥수수, 밀 등 우리가 먹는 거의 모든 식물의 성장은 이 보이지 않는 곰팡이 파트너의 도움을 받는다. 또한 커피와 초콜릿 재료인 카카오도 균근의 덕을 톡톡히 보고 있다. 모든 식물의 90% 이상이 이러한 관계를 가지고 있으니, 식량 식물의 뿌리곰팡이에 대한 의존도가 특이한 것은 아니다.

이 장 뒷부분에서 다루겠지만, 과학자들은 식물의 육지 정착에 결정적 역할을 한 것은 식물과 곰팡이 사이의 상호 유익한 공생이었다고 생각한다. 식물과 곰팡이 계열은 10억 년 전에 갈라졌지만, 이 장에서는 식물계의 진화와 함께 곰팡이의 다양성에 대해 살펴보고자 한다.

식물 진화와 다양성

17.1 식물은 육지생활에 적응하였다

식물과 차축조류(charophyte)라고 불리는 녹조류는 공통 조상으로부터 진화한 것으로 생각된다(16.19절). 식물과 마찬가지로 차축조류는 광합성 진핵생물이며, 대부분 복잡한 다세포 생물이다(**그림 17.1A**). 앞으로 다루겠지만 조류(algae)로부터 분화된 후 식물은 많은 적응적 진화로 육지에서 생존과 번식이 가능하게 됐다. 수족관의 아나카리스(*Anacharis*) 같은 수초를 포함한 일부 식물 그룹은 진화하는 동안 다시 수생 서식지로 돌아갔다. 그러나 대부분의 식물은 육상 환경에서 살고 있다.

▲ **그림 17.1A** *Chara*, 정교한 차축조류

식물의 조상인 조류는 5억 년 전 호수나 해안 염습지의 축축한 가장자리를 카펫처럼 덮고 있었을 것이다. 이러한 얕은 물 서식지는 때때로 건조해지기 쉬웠기에, 주기적인 가뭄에도 살아남을 수 있는 조류가 자연선택에 유리했을 것이다. 일부 종은 계속되는 적응으로 물 바깥에서도 영구적으로 살 수 있게 됐을 것이다. 호수 주변에서 자라는 사람들이 별반 좋아하지 않는 다세포 군락인 콜레오케테(*Coleochaete*, **그림 17.1B**)는 현대의 녹조류로서 초기 식물 조상과 유사할 수 있다.

▲ **그림 17.1B** *Coleochaete*, 단순한 차축조류

가장 오래된 육상식물 화석은 약 4억 7,000만 년 된 것으로, 이때까지 육지생활에 대한 적응은 계속되고 있었다. 최초로 육상 서식지에 정착한 육상식물의 획기적 진화는 새로운 지평을 열었다. 초기 식물은 새로운 환경에서 번성했을 것이다. 육지에는 무한한 햇빛이 있었고, 대기에는 이산화탄소(CO_2)가 풍부했으며, 초기에는 병원균과 식물을 먹는 동물이 상대적으로 적었기 때문이다.

반면 육상생활에는 여러 가지 도전 과제도 있었다. 육상생물은 물이 아닌 공기로 둘러싸여 있기 때문에, 세포 내 수분을 유지하고, 부력이 없는 곳에서 몸을 지탱하며, 물 없이도 자손을 번식하고 분산시킬 수 있어야 한다. 비운동성 생물인 식물은 또한 자신의 몸을 토양에 고정하고 토양과 공기에서 모든 자원을 얻어야 한다. 따라서 물에서 육지로 전환하는 조류는 구조와 생활사에 근본적인 변화가 필요했다.

그림 17.1C는 카라(*Chara*) 같은 다세포 조류가 이끼, 양치류, 소나무 같은 식물과 어떻게 다른지 비교한 것이다. 많은 조류는 부착기(holdfast)로 고정돼 있지만, 일반적으로 단단한 조직이 없고 주변 물에 의해 몸이 지탱된다. 조류는 몸 전체가 물에서 직접 CO_2 및 무기질을 얻고, 개체의 거의 모든 세포가 빛을 받아 광합성을 할 수 있다. 편모가 있는 정자는 헤엄쳐서 난자와 수정하고 번식하며, 자손도 물에 의해 분산된다.

수분 유지 대부분의 육상식물의 지상부는 수분 손실을 방지하는 왁스 같은 큐티클(cuticle)로 덮여 있다. 기체교환은 큐티클을 통해 일어날 수 없으므로, CO_2 및 O_2는 기공(stomata)으로 불리는 작은 구멍을 통해 잎 표면으로 확산된다(7.2절 참조). 기공을 이루는 두 세포는 기공의 개폐를 조절한다. 기공은 일반적으로 햇빛이 있는 동안 열려 기체교환이 일어나며, 그 외의 시간에는 닫혀 증발에 의한 수분 손실을 방지한다.

두 장소로부터 자원 획득 전형적인 식물은 토양과 공기라는 두 가지 매우 다른 매체에서 화학물질을 얻어야 한다. 물과 무기질 영양소는 주로 토양에 있고, 빛과 CO_2는 지상에 있다. 대부분의 식물은 뿌리, 줄기, 잎과 같은 뚜렷한 기관을 가지고 있어 이러한 자원 문제를 해결한다. 이러한 육지생활에 대한 적응은 **구조와 기능**의 관계를 잘 보여준다.

식물의 뿌리는 식물을 토양에 고정하고, 토양에서 물과 무기질 영양분을 흡수한다. 땅 위 식물의 줄기에 달린 잎은 공기의 이산화탄소(CO_2)와 햇빛으로 광합성을 할 수 있다. 뿌리와 줄기 끝 주변에는 세포분열을 일으키는 **끝눈분열조직(apical meristem**, 정단분열조직)이 있다. 식물의 뿌리와 줄기가 길어지고 가지를 뻗으면 토양과 공기 중 자원에 대한 노출이 최대화된다.

식물은 지하부인 뿌리에서 지상부인 잎으로 물과 무기질을 전달하고, 잎에서는 생성된 당분을 몸 전체로 분배할 수 있어야 한다. 양치류, 소나무, 꽃식물을 포함한 대부분의 식물에서는, 두꺼운 벽을 가진 세포로 만들어진 가는 관으로 이루어진 **관다발조직(vascular tissue)**이 식물 전체에 망처럼 뻗어 있다(그림 17.1C에서 빨간색). **그림 17.1D**의 아스펜 잎 조각 사진에서 관다발조직의 섬세한 통로를 볼 수 있다. 관다발조직에는 두 가지 유형이 있다. 하나는 뿌리에서 물과 무기질을 운반하는 죽은 세포로 구성된 현미경적으로 작은 **물관(xylem)**이다. 다른 하나는 살아 있는 세포로만 구성된 **체관(phloem)**으로 식물 전체에 당을 분배한다. 정교한 관다발조직을 가진 식물과 달리 이끼는 복잡한 수송 시스템이 없다(일부 이끼는 단순한 관다발조직을 가지고 있다). 관다발이 없는 무관다발(nonvascular) 식물은 토양에서 잎으로 물과 무

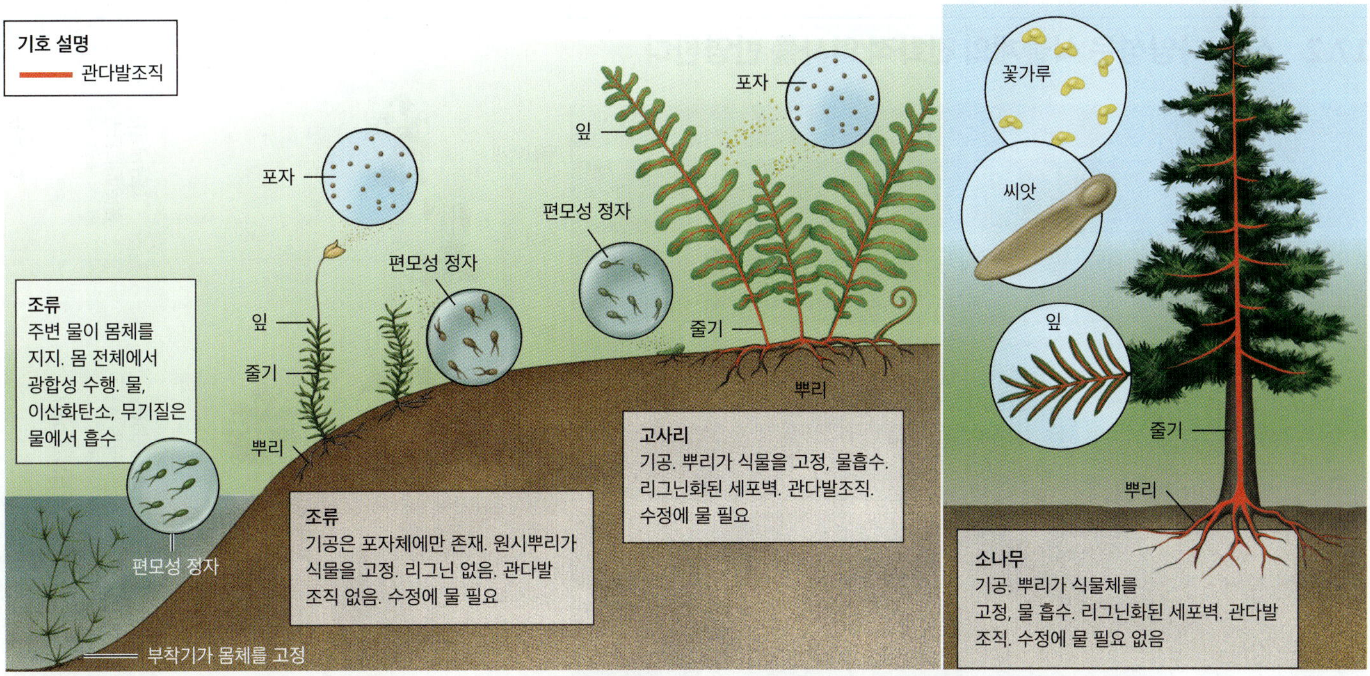

▲ **그림 17.1C** 다세포 녹조류인 카라의 수생 적응과 이끼, 고사리, 소나무의 육상 적응의 비교

시도해 보기 대표적 생물인 다세포 조류, 이끼, 고사리, 소나무의 수분 유지, 자원 획득, 지지, 생식, 분산을 위한 적응을 보여주는 표를 작성해 보자.

기질의 이동에 한계가 있어 높이 자라기 힘들다.

식물체 지지 공기는 물보다 식물체를 지지하는 힘이 약하므로, 식물은 중력의 힘에 저항해 스스로를 지탱할 수 있어야 한다. 일부 식물 조직의 세포벽은 **리그닌(lignin)**이라는 화합물로 두꺼워지고 강화돼 있다. 관다발조직이 없는 이끼 등의 식물은 리그닌으로 강화된 세포벽이 없기 때문에 높이 성장할 수 없는 또 하나의 이유가 된다.

번식 및 분산 육지에서의 생식(reproduction, 번식)은 복잡한 문제를 수반한다. 카라와 기타 조류의 경우, 배우자(gamete, 생식세포)와 자손은 주변의 물에 의해 습도가 유지될 수 있다. 그러나 식물은 배우자와 발달 중인 배아(embryo, 배)가 공기 중에서 건조해지지 않도록 보호해야 한다. 초기 육상식물과 마찬가지로, 이끼와 양치류는 **배우자낭(gametangium)**이라고 불리는 암수 구조물에서 배우자를 생산하는데, 배우자낭은 배우자를 생산하는 세포를 보호세포가 둘러싼 구조물이다. 난자는 암컷 배우자낭에 들어 있으며, 물막을 헤엄쳐 다니는 정자에 의해 수정된다. 결과적으로 이끼와 양치류는 습한 환경에서만 번식할 수 있다. 소나무와 꽃식물은 정자 생성 세포 구조물인 **꽃가루(polllen)**를 가진다. 꽃가루는 바람이나 동물에 의해 난자 가까이로 운반되며, 정자와 난자의 결합에는 수분이 필요하지 않다.

▲ **그림 17.1D** 잎의 관다발 네트워크

모든 식물에서, 수정된 난자(접합자)는 모체에 붙어 영양을 공급받으면서 배아로 발달한다. 이 다세포 의존성 배아로 인해 식물을 **유배식물(embryophytes**, phyte는 '식물'의 의미)이라 부르고, 이는 조류와 구별하는 근거가 된다.

모든 식물의 생활사는 난자와 정자를 생산하는 반수체 세대와 **포자낭(sporangium)**이라는 보호 구조물 안에서 포자를 생산하는 이배체 세대가 교대로 번갈아 일어난다. **포자(spore)**는 다른 세포와 융합하지 않고도 새로운 개체로 발달할 수 있는 세포를 말한다. 초기의 육상식물은 단단한 벽으로 둘러싸인 포자로 분산된 반면, 현대의 이끼와 양치류는 여전히 포자를 가지고 있다. 소나무와 꽃식물은 씨앗(종자)으로 자손을 생산한다. 씨앗은 배아를 포함하는 정교한 구조물로, 비바람으로부터 잘 보호되고 바람이나 동물에 의해 분산된다. 포자로 자손을 분산시키는 식물을 흔히 씨 없는(seedless, 비종자) 식물이라고 한다.

? 식물이 키가 자랄 수 있는 적응은 무엇일까?

■ 지하부에서 지상부로 또는 그 반대로 물질을 운반하는 관다발조직. 구조적 지지력을 제공하는 리그닌화된 세포벽

17.2 식물 다양성은 식물계의 진화적 역사를 반영한다

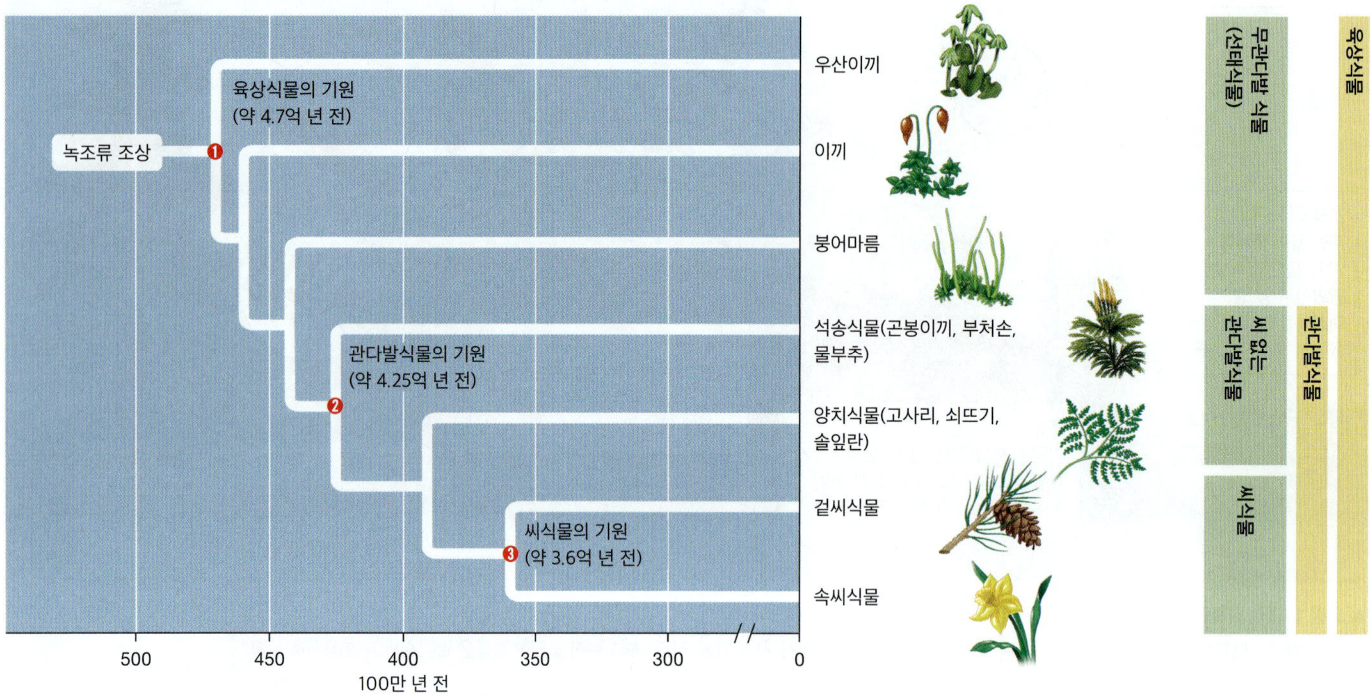

▲ **그림 17.2A** 식물 진화에서 일어난 몇 가지 주요 사건

그림 17.2A는 식물계의 역사에서 몇 가지 주요 사건을 강조하고, 생존한 식물 계통 간 연관 관계에 대해 보편적인 견해를 반영한다.

❶ 약 4억 7,000만 년 전 조류 조상으로부터 식물이 유래한 후, 초기 분화를 통해 이끼(moss), 우산이끼(liverworts), 붕어마름(hornwort) 등 씨없는 무관다발 식물이 생겨났다(**그림 17.2B**). 일반적으로 **선태식물(bryophytes)**이라고 불리는 이 식물들은 식물모체에 끝눈분열조직과 배아가 남아 있다는 점에서 다른 식물과 비슷하지만, 진정한 뿌리와 잎이 없다. 리그닌화된 세포벽이 없어서 직립 성장하는 선태식물을 충분히 지탱하지 못한다.

이끼매트에는 실제로 많은 식물이 빽빽하게 모여 자란다. 좁은 공간에 사람들이 옹기종기 모여 있는 것처럼 서로가 서로를 지탱하고 있는 것이다. 매트는 스펀지처럼 물을 머금고 있다. 다른 선태식물은 땅에 납작하게 자란다. 빽빽한 매트에서 자라는 식물은 비 또는 이슬이 남긴 물 막 사이로 편모성 정자가 헤엄쳐 이동해 수정이 가능하다.

이끼

우산이끼

붕어마름

▲ **그림 17.2B** 선태식물

❷ **관다발식물(vascular plant)**은 약 4억 2,500만 년 전에 나타났다. 리그닌으로 단단해진 관다발조직은 강한 지지력을 제공해 줄기가 땅에서 똑바로 서고 키가 크게 자랄 수 있게 해주었다. 일반적으로 **씨 없는 관다발식물(seedless vascular plant**, 비종자 관다발식물) 이라고 불리는 관다발식물의 두 계통군(clade)으로는 곤봉이끼와 같은 석송식물(lycophytes)과 널리 분포하는 고사리와 같은 양치식물(monilophytes)이 있다(**그림 17.2C**). 양치식물은 잘 발달한 뿌리를 가지고 있고 줄기가 단단하다. 양치식물은 온대림에서 흔히 볼 수 있지만 열대림에서 가장 다양하다. 나무 양치식물이라고 불리는 일부 열대 양치식물의 경우, 곧게 뻗은 줄기가 몇 미터 높이까지 자랄 수 있다. 그러나 양치류와 곤봉이끼는 선태식물과 마찬가지로 수정을 위해 습한 조건을 필요로 하며, 바람에 의해 운반되는 포자로 자손을 분산시킨다.

❸ 씨앗을 가진 최초의 관다발식물은 약 3억 6,000만 년 전에 진화했다. 오늘날 씨식물(종자식물) 계통은 약 29만 종의 살아 있는 식물 중 90% 이상을 차지한다. 식물이 육상 서식지에서 다양화할 수 있었던 것은 씨앗과 꽃가루라는 핵심적 적응 때문이다. **씨앗(seed)**은 보호 덮개 안에 영양분과

곤봉이끼(석송식물)

고사리(양치류)

▲ **그림 17.2C** 씨 없는 관다발식물

자카란다 나무

강아지풀, 풀 종류

▲ **그림 17.2E** 속씨식물

함께 포장된 배아로 구성된다. 이 생존 보따리는 식물 배아가 널리 분산할 수 있도록 해주었다. 17.1절에서 다룬 것처럼, 정자 생성 세포를 이동시키는 꽃가루는 물 없이도 난자를 생산하는 부분과 접촉할 수 있게 되었다. 단 몇 cm 정도만 헤엄칠 수 있는 편모성 정자와 달리 꽃가루는 먼 거리를 이동할 수 있다.

겉씨식물(gymnosperm, 그리스어로 '노출된'을 뜻하는 gymnos와 '씨'를 뜻하는 sperma에서 유래)은 가장 먼저 나타난 씨식물 중 하나였다. 겉씨식물의 씨앗은 특수한 방에서 생산되지 않기 때문에 "노출된"이라고 불린다. 겉씨식물의 가장 큰 계통군은 솔방울을 만드는 나무로, 주로 소나무, 가문비나무, 전나무 같은 침엽수(conifer, '솔방울을 가진'의 의미)다. 드물기는 하지만 관상용 은행나무, 손바닥 모양의 소철, 에페드라(*Ephedra*) 속의 사막 관목(**그림 17.2D**)도 겉씨식물의 예다. 겉씨식물은 중생대 공룡류와 함께 번성했다.

식물 진화의 가장 최근 중요한 사건은, 적어도 1억 4,000만 년 전, **속씨식물(angiosperms**, 그리스어로 angion은 '용기', sperma는 '씨'의 의미)의 출현이다. 꽃은 보호된 방 안에서 씨앗이 발달하는 복잡한 생식 구조다. 약 25만 종의 현존하는 대부분의 식물은 속씨식물이며, 여기에는 풀, 꽃이 피는 관목, 꽃나무 등 다양한 식물이 포함된다(**그림 17.2E**).

요약하면, 육지생활에 대한 네 가지 주요 적응으로 식물계의 주요 계통이 구별된다. (1) 모든 식물에는 의존적 배아가 존재한다. (2) 리그닌화된 관다발조직은 대부분의 현존하는 식물 계열의 주요 특징이다. (3) 씨앗은 현존하는 식물계에서 우세종인 현존하는 모든 겉씨식물과 속씨식물 계열에서 발견된다. (4) 꽃은 속씨식물 계열의 특징이다. 다음 절에서 다루겠지만, 식물의 생활사를 통해 식물 진화에 대한 더 자세한 내용을 알 수 있다.

? 꽃, 종자, 보호된 배아, 관다발조직 중 모든 식물이 공유하는 형질은 어떤 것인가?

■ 부모 식물에 보호된 배아

▼ **그림 17.2D** 겉씨식물

은행나무

소철류

에페드라(마황)

침엽수

개념 시각화 17.3 식물의 생활사에서는 반수체와 이배체 세대가 번갈아 나타난다

식물은 우리와 매우 다른 생활사를 가지고 있다. 사람은 각 부모로부터 한 세트씩 받은 두 세트의 염색체를 가진 이배체 개체다(8.12절). 사람의 생활사에서는 유일한 반수체 단계는 배우자(정자와 난자)다. 식물은 **세대교번**(alternation of generations)을 한다. 뚜렷한 다세포 형태의 이배체 및 반수체 단계를 가진다.

반수체 세대 개체는 배우자(생식세포)를 생산하므로 이를 **배우체**(gametophyte)라고 한다. 이배체 세대 개체는 포자를 생산하며 이를 **포자체**(sporophyte)라고 한다. 식물의 생활사에서 이 두 세대는 번갈아 가며 서로를 만든다. 이끼를 비롯한 모든 무관다발 식물에서는 배우체가 생활사에서 더 크고 분명한 단계다. 대부분의 식물과 양치류는 포자체가 지배하는 생활사를 가지고 있다. 현재 모든 씨식물을 포함하여 모든 식물의 약 95%는 포자체가 우세한 생활사를 가지고 있으며, 모든 식물의 생활사는 여기에서 보여주는 패턴을 따른다. ⟶

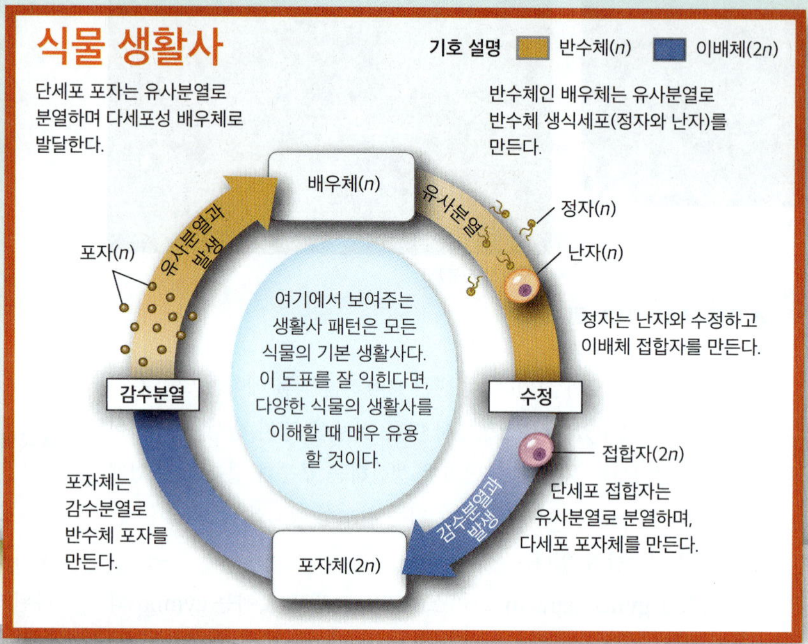

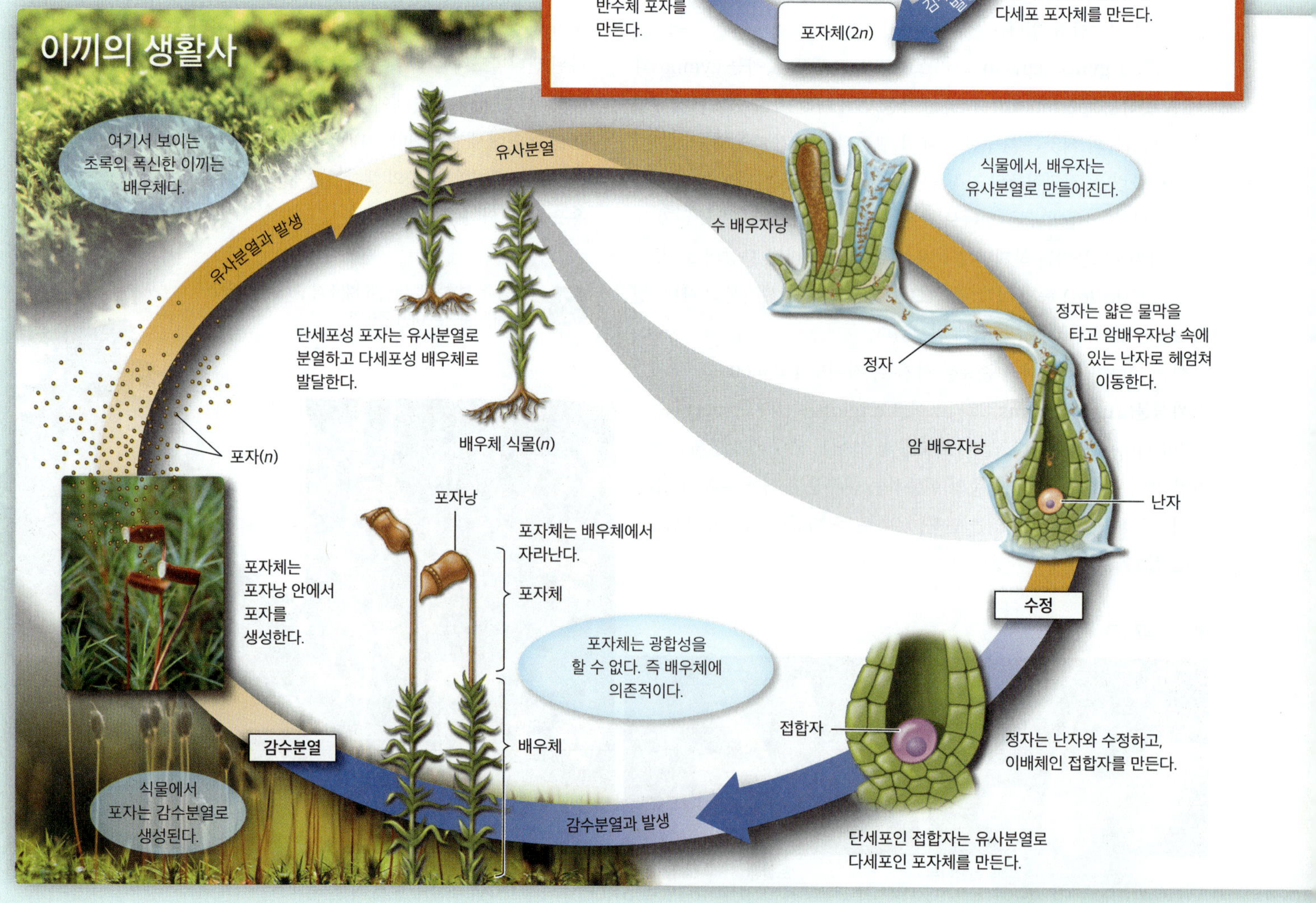

양치류의 생활사

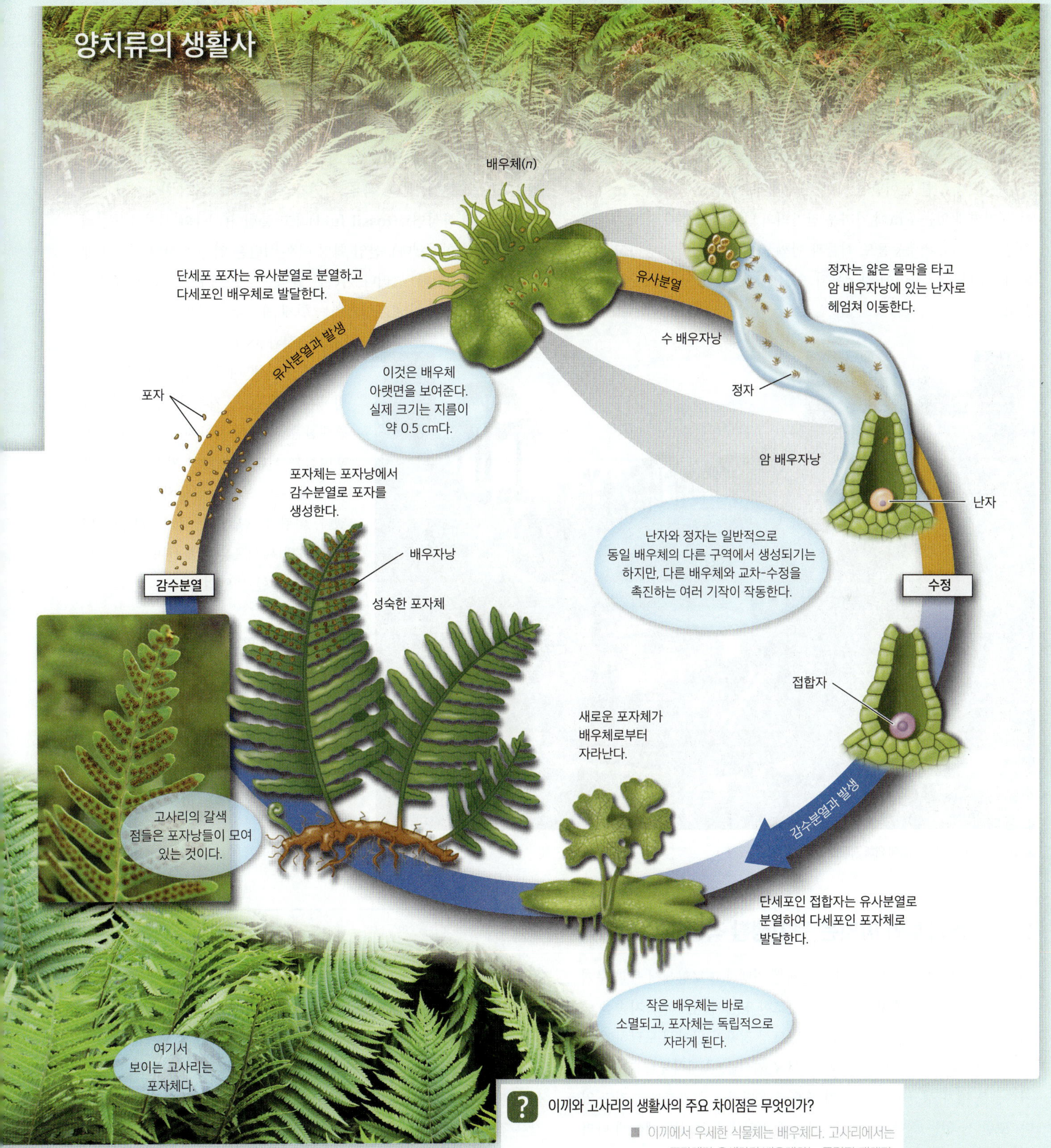

? 이끼와 고사리의 생활사의 주요 차이점은 무엇인가?

■ 이끼에서 우세한 식물체는 배우체다. 고사리에서는 포자체가 우세하며 배우체와는 독립된 개체다.

17.4 씨 없는 관다발식물은 광활한 '석탄 숲'을 지배한다

약 3억 5,900만~2억 9,900만 년 전 석탄기(Carboniferous, 라틴어로 carbo는 '석탄', fer는 '함유한'을 의미) 동안 곤봉이끼 같은 석송식물과 고사리 같은 양치류로 대표되는 씨 없는 관다발식물 두 계통군은 현재 유라시아와 북미의 저지대 습지의 광대한 숲에서 번성했다. 당시 이 두 대륙은 적도에 가까웠고, 따뜻하고 습한 기후로 인해 초목이 무성하게 번성할 수 있었다.

그림 17.4는 화석 증거를 바탕으로 예술가의 눈으로 이러한 숲 하나를 재구성한 그림이다. 가장 가까이 양치식물이 보인다. 대부분의 큰 나무는 12층 건물 높이만큼 자란 거목의 석송식물로 지름이 2 m 이상이다(지면에 있는 1 m에 가까운 잠자리의 날개로 그 상대적 크기를 추측할 수 있다). 척추동물도 식물과 함께 육상 서식지에 적응하고 있었으며, 이 나무들 사이에 양서류와 초기 파충류가 살고 있었다(19.4절 참조).

이 거대한 늪지 숲은 광합성으로 CO_2에서 유래한 많은 양의 탄소를 유기 분자로 고정시켰고, 대기 중의 CO_2 수준은 극적으로 감소됐다. 대기 중 열을 가두는 CO_2가 감소하면서 지구는 냉각됐다. 광합성은 엄청난 양의 유기 물질을 생성했다. 식물은 죽으면서 늪에 빠졌으나 완전히 썩지는 않았다. 그들의 유해는 토탄(peat)이라는 두꺼운 유기 퇴적물을 형성했다. 이후 바닷물이 늪을 덮고, 해양 퇴적물이 토탄을 덮었으며, 압력과 열에 의해 토탄은 점차 식물 화석으로 이루어진 검은 퇴적암인 석탄으로 변했다. 석탄기의 석탄 퇴적층은 지금까지 형성된 것 중 가장 널리 분포한다. 석탄, 석유, 천연가스는 고대 생물의 잔해에서 형성됐기 때문에 **화석연료(fossil fuel)**라고 불린다(석유와 천연가스는 해양 생물에서 형성됐다). 산업 혁명 이후 석탄은 인류 사회의 중요한 에너지 공급원이었다. 그러나 이러한 화석연료를 태우면서 대기 중으로 방출되는 CO_2 및 기타 온실가스는 현재 기후 온난화의 원인이 되고 있다(38.3절과 38.4절 참조).

▲ **그림 17.4** 씨 없는 식물에 의해 지배됐던 사라진 숲의 재구성

석탄기 말에 지구 기온이 떨어지면서 빙하가 형성됐고, 기후가 건조해지면서 광대한 늪과 숲이 사라지기 시작했다. 기후변화는 석탄기 늪에서 씨 없는 식물과 함께 자라던 초기 씨식물에게는 기회가 됐다. 바람에 흩날리는 꽃가루와 보호된 씨로 인해 씨식물은 건조한 땅에서도 생활사를 완성할 수 있었다.

? 석탄기의 열대 늪의 숲이 어떻게 지구 냉각에 기여했을까?

■ 풍부한 식물들의 광합성은 열을 가두는 기체인 대기 중 이산화탄소(CO_2)를 감소시켰다.

17.5 꽃가루와 씨앗은 육지생활 적응의 핵심이다

관다발조직의 진화로 육지에서 식물체를 지탱하고 토양에서 물과 무기물을 얻는 문제는 해결됐다. 그러나 건조한 땅에서 생식하고 자손을 증식하는 과제는 여전히 남아 있었다. 편모성 정자가 난자에 도달하기 위해 수분이 필요한 씨 없는 식물과 달리 겉씨식물, 속씨식물로 분류되는 씨식물은 정자 생산 세포를 공기 중으로 운반하는 꽃가루를 가지고 있다. 또한 씨 없는 식물의 자손은 반수체인 단세포 포자로 세상에 나와 독립적으로 배우체로서 생존할 수 있어야 다음 세대의 포자체를 생산할 수 있다. 씨식물은 성장 준비가 완료된 차세대 포자체를 세상에 내보낸다. 겉씨식물의 생활사를 통해 이러한 적응에 대해 살펴보자.

씨식물에서는 포자, 난자, 정자, 접합자(수정란) 및 배아를 포함한 모든 생식 단계가 포자체 내의 특수 구조물에 들어 있다. 소나무나 침엽수 같은 겉씨식물에서는 이 구조를 솔방울이라고 부른다. **그림 17.5A**에서 솔방울의 세로 단면을 보면, 솔방울이 두꺼운 잎을 가진 짧은 줄기와 닮았다는 것을 알 수 있다. 닮았다는 것이 그리 놀라운 일은 아니다. 솔방울은 생식 기능을 하는 변형된 줄기이기 때문이다. 비늘이라고 불리는 잎과 같은 구조물에는 감수분열로 포자를 생성하는 포자낭이 들어 있다. 그러나 씨 없는 식물과 달리 씨식물의 포자는 방출되지 않으며, 포자는 포자체의 보호 속에서 배우체를 생성한다.

씨식물의 수컷 생식 구조에서 반수체 포자는 단단한 벽 안에 둘러싸인 수 배우체(male gametophyte)인 꽃가루 알갱이로 발달한다. 모든 침엽수와 많은 꽃나무를 포함한 많은 식물들은 수백만 개의 미세한 꽃가루를 거대한 구름처럼 방출한다. 봄비가 내린 후 자동차를 덮거나 웅덩이에 노란 꽃가루가 떠다니는 것을 본 적이 있을 것이다. 이 꽃가루가 적절한 암컷 구조물에 떨어지면, **수분(pollination)**으로 불리는 과정 중 유사분열을 하고 정자를 생성한다. 씨식물에서는 정자는 더 축소돼 하나의 핵(nucleus)에 불과하다.

▲ **그림 17.5A** 암 솔방울(위)과 수 솔방울(아래)

암컷 생식 구조에서 반수체 포자는 **밑씨(ovule)**로 발달한다. 밑씨는 난자를 생산하는 암컷 배우체다(**그림 17.5B**). 수분이 이루어지면 꽃가루는 작은 관을 만들어 밑씨로 들어가 정자 핵을 방출하는데 이때 수정이 일어난다. 즉, 수분과 수정은 별개의 사건인 것이다. 생성된 이배체 접합자는 유사분열을 거쳐 포자체 배아가 된다. 밑씨와 그 주변 조직은 배아, 광합성이 가능할 때까지 배아를 유지할 수 있는 영양분 그리고 단단한 **씨껍질(seed coat**, 종피)로 구성된 씨앗으로 성숙한다. 소나무를 포함한 많은 식물에서 씨껍질은 날개 같은 구조로 확장돼 바람을 타고 씨앗을 부모 식물로부터 멀리 퍼트린다. 17.8절에서 씨의 분산을 위한 다른 적응에 대해 살펴본다.

다음에서는 모든 식물 중에서 가장 다양하고 지리적으로 널리 분포하는 꽃식물의 생식적 적응을 살펴보고자 한다. 속씨식물은 오늘날 대부분의 경관을 지배하고 있으며, 이들의 놀라운 성공은 꽃 때문이다.

? 꽃가루와 씨앗은 종자식물의 생식성공률을 어떻게 높이는가?

■ 꽃가루는 물 없이도 정자를 난자로 이동시킨다. 씨앗은 식물의 배아를 보호하고, 영양을 공급하며, 분산을 돕는다.

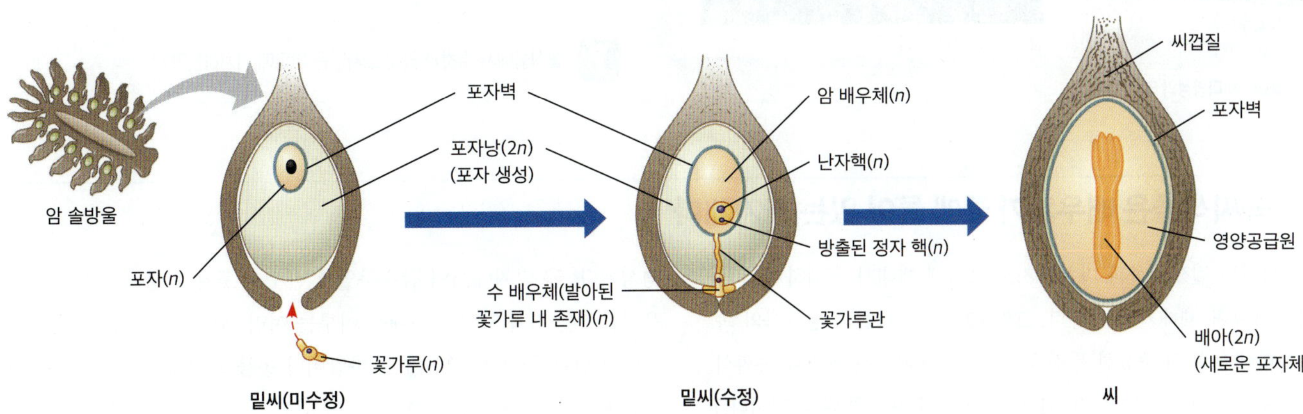

▲ **그림 17.5B** 겉씨식물의 밑씨에서 씨가 만들어지는 과정

17.6 꽃은 속씨식물 생식의 핵심요소다

속씨식물만큼 성생활을 과시하는 생물은 없을 것이다(**그림 17.6A**). 장미에서 벚꽃에 이르기까지 꽃은 수분과 수정의 장소다. 솔방울처럼 꽃도 암수 포자낭과 배우체가 분리돼 있고, 수분과 수정을 포함한 유성생식의 메커니즘도 비슷하다. 솔방울과 마찬가지로 꽃도 짧은 줄기에 변형된 잎이 달린 형태다. 그러나 **그림 17.6B**에서 볼 수 있듯이, 그 변형은 솔방울의 비늘과는 상당히 다르다. 꽃의 구조는 다른 기능을 위해 고도로 전문화돼 있으며, 구조물은 꽃 아래쪽 꽃턱(receptacle, 화탁)에 동그랗게 부착돼 있다. 원의 바깥쪽 층에는 일반적으로 녹색인 **꽃받침(sepal)**이 있어서 꽃이 열리기 전까지 꽃을 둘러싸고 있다. 꽃받침이 벗겨지면 다음 층은 **꽃잎(petal)**으로, 이것은 종종 눈에 잘 띄며 동물 수분매개자를 끌어들인다. 17.10절에서 자세히 살펴보겠지만, 화려한 꽃잎은 속씨식물이 압도적인 성공을 거둔 주요 이유다.

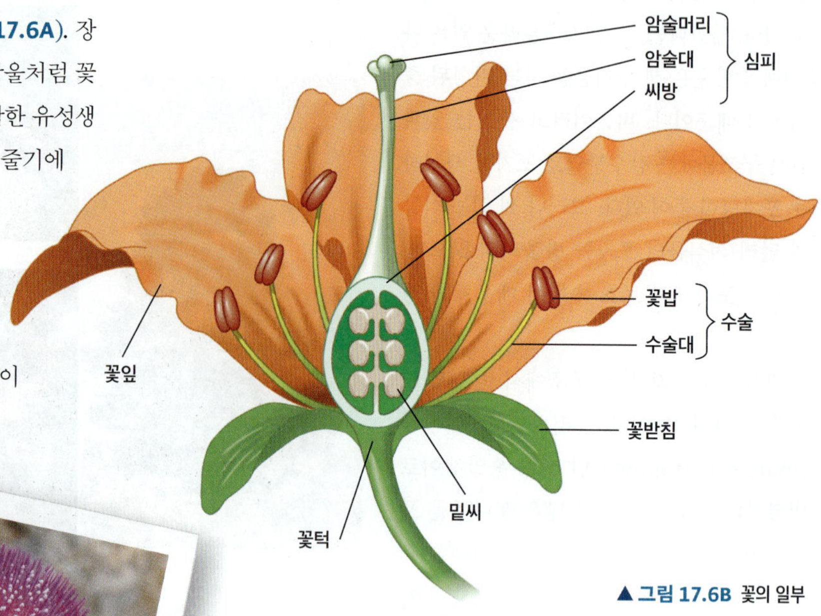

▲ 그림 17.6B 꽃의 일부

▲ 그림 17.6A 꽃 다양성의 몇 가지 예

꽃의 꽃잎을 떼어내면 **수술대(stamen)**가 드러난다. 각 수술의 꼭대기에 있는 주머니인 **꽃밥(anther)**에는 수컷 포자낭이 들어 있으며, 꽃가루를 방출하게 된다. 꽃의 중앙에는 암컷의 생식 구조인 **심피(carpel)**가 있다. 심피에는 암술머리(stigma)와 암술대(style), 그리고 난자를 둘러싸고 있는 속씨식물 특유의 적응 구조인 **씨방(ovary)**이 있다. 꽃의 씨방을 잘라보면 하얀 달걀 모양의 밑씨를 볼 수 있다. 소나무와 마찬가지로 각 밑씨는 암컷 배우체를 생산하고 최종적으로 씨앗이 될 포자낭을 가지고 있다. 씨방은 열매로 성숙해 씨앗의 분산을 돕는다. 다음 절에서는 속씨식물에서 세대교번이 어떻게 진행되는지 살펴보고자 한다.

? 꽃식물에서 수컷과 암컷 포자낭은 어디에 위치하는가?

■ 수컷 포자낭은 꽃밥에, 암컷 포자낭은 밑씨에 들어 있다.

17.7 속씨식물은 배우체가 꽃에 들어 있는 포자체다

속씨식물에서도 겉씨식물과 마찬가지로 포자체 세대가 우세하며 식물체 내에서 배우체 세대가 진행된다. **그림 17.7**은 꽃식물의 생활사와 속씨식물 진화에서 특히 중요한 특징을 강조한다. (이러한 특징과 속씨식물의 중복수정에 대해서는 31.9~31.13절에서 더 자세히 다룰 것이다.) 그림 17.7의 상단에 있는 '감수분열' 상자에서 시작해 ❶ 꽃밥 속에서 감수분열이 진행되면 반수체 포자가 생성되고, 수 배우체, 즉 꽃가루가 형성된다. ❷ 밑씨에서의 감수분열로 반수체 포자가 생성되고, 이들은 유사분열을 거쳐 암컷 배우체를 이루는 여러 개의 세포를 만든다. 그중 하나가 난자가 된다. ❸ 수분은 바람이나 동물에 의해 운반된 꽃가루가 암술머리에 떨어질 때 일어난다.

겉씨식물에서와 마찬가지로 꽃가루관에서 난자까지 관이 자라고, 정자가 난자와 수정해 ❹ 접합자를 형성한다. 또한 겉씨식물에서와 마찬가지로 ❺ 각 난자에서 씨앗이 발달한다. 각 씨앗은 영양분이 들어 있는 배아(새로운 포자체)와 난자를 둘러싼 조직에서 유래한 씨껍질로 구성된다. 씨앗이 발생하는 동안, ❻ 씨방의 벽이 두꺼워져 씨앗을 둘러싸는 열매가 만들어진다. 조건이 좋으면 ❼ 씨앗이 **발아(germination)**해 자라기 시작한다. 광합성을 시작할 수 있을 때까지 배아는 자라는 동안 씨앗에서 공급되는 양분을 사용한다. 성숙한 포자체 식물로 성장하면 생활사는 완성된다.

바람보다 꽃가루를 더 안정적으로 운반하는 동물들을 유인하는 꽃의 진화는 속씨식물 적응의 핵심요소다. 속씨식물의 성공은 또한 빠른 번식 능력으로 향상됐다. 속씨식물의 수정은 보통 수분 후 약 12시간 후면 일어나기 때문에 단 며칠 또는 몇 주 만에 씨앗을 생산할 수 있다. 일반적으로 소나무는 씨앗을 생산하는 데 수년이 걸린다. 빠른 종자 생산은 특히 생육 기간이 극히 짧은 사막과 같은 혹독한 환경에서 유리하다.

다음 절에서 볼 수 있듯이 속씨식물의 성공에 기여하는 또 다른 특징은 씨앗을 보호하고 분산시키는 데 도움이 되는 열매의 발생이다.

? 수분과 수정의 차이점은 무엇인가?

■ 속씨식물에서 수분은 바람이나 동물에 의해 꽃가루가 수술에서 심피 끝으로 이동하는 것을 말한다. 수정은 난자와 정자가 결합하는 것으로, 정자는 꽃가루관에서 자라서 난자와 접촉한 후 꽃가루관에서 방출된다.

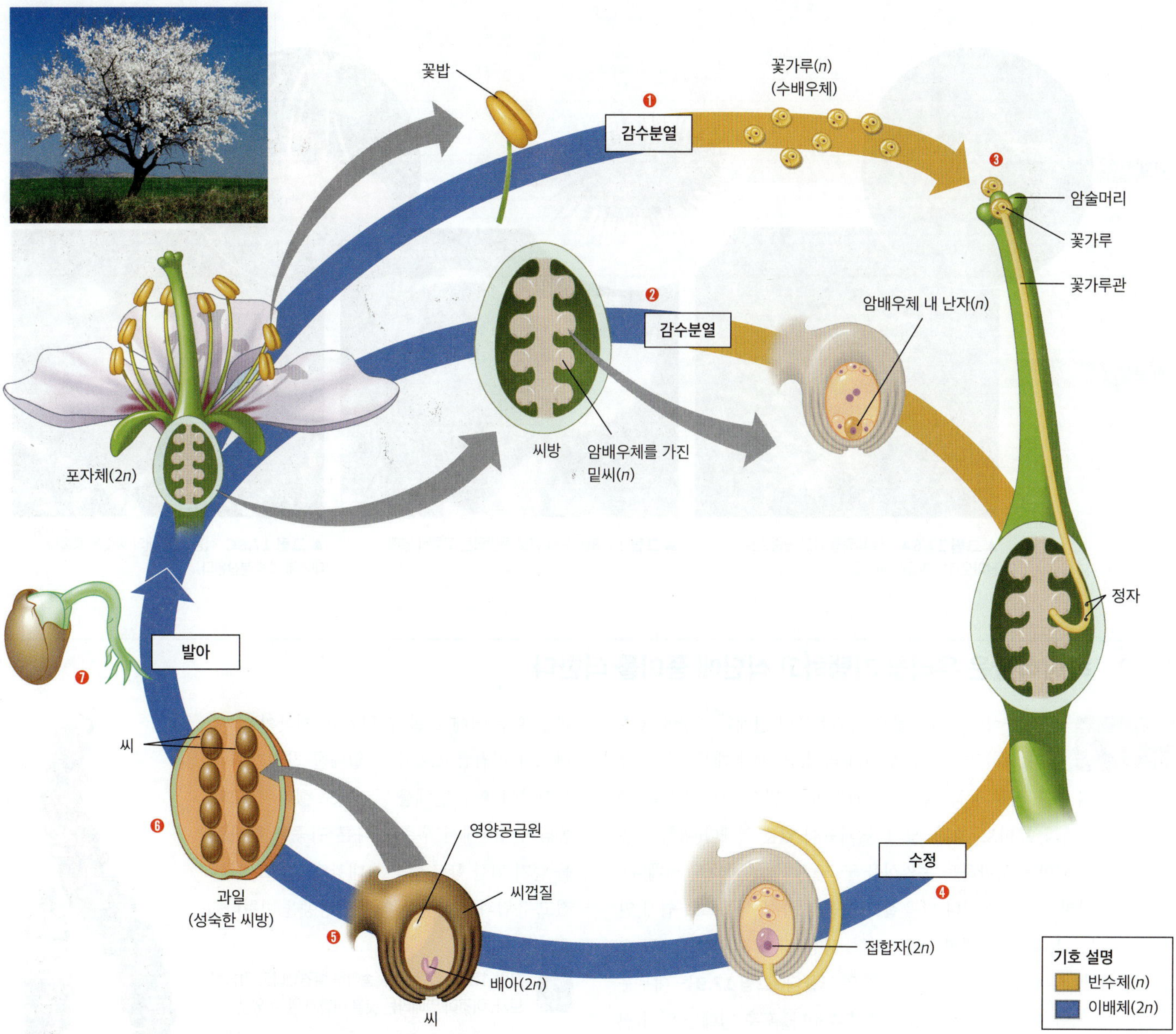

▲ **그림 17.7** 속씨식물의 생활사

시도해 보기 본문에서 동그라미로 표시된 숫자를 발견할 때마다 그림에서 해당 숫자를 찾아 설명된 구조를 확인하시오.

17.8 열매의 구조는 종자 분산 기능을 반영한다

꽃의 익은 구조인 **열매(fruit)**는 씨앗 분산에 도움을 주는 적응이다. 일부 속씨식물은 씨를 분산하기 위해 바람에 의존한다. 예를 들어, 민들레의 열매(**그림 17.8A**)는 작은 씨앗을 낙하산처럼 바람의 흐름을 타고 부모 식물로부터 멀리 운반한다. 열매 또는 씨껍질의 바깥층이 갈고리처럼 변형돼 있는 일부 속씨식물은 동물에 올라탈 수 있다. 예를 들어, 코클버(cocklebur) 식물의 열매(**그림 17.8B**)는 수 킬로미터 이동한 후 열매가 벌어지고 씨앗을 방출한다.

많은 속씨식물은 동물의 먹이로 매력적인, 풍성하며 식용 가능한 열매를 생산한다. 씨앗이 발생하는 동안 이 열매는 녹색이며 녹색 잎에 효과적으로 위장된다. 열매가 익으면 빨간색이나 노란색과 같은 밝은색으로 변해 새와 포유류에게 자신의 존재를 알린다. **그림 17.8C**의 박새는 열매를 먹으면 열매의 과육 부분은 소화되지만, 대부분의 단단한 씨앗은 소화관을 무사히 통과한다. 새는 열매를 먹은 곳에서 약간 떨어진 곳에 천연 비료와 함께 씨앗을 묻어놓을 수 있다.

열매에 씨앗이 분산되는 것은 속씨식물이 성공한 주요 이유 중 하나다. 사람도 열매와 씨앗을 광범위하게 사용해 왔다.

? 열매란 무엇인가?

■ 성숙한 꽃의 씨방. 씨앗을 담고, 보호하며, 씨앗의 분산을 돕는 구조물이다.

▲ **그림 17.8A** 산들바람을 타고 공중으로 날아오르는 민들레 씨앗들

▲ **그림 17.8B** 동물 털로 운반되는 코클버 열매

▲ **그림 17.8C** 식용 과일 내의 씨앗은 동물의 대변에 의해 분산된다.

17.9 속씨식물은 우리를 지탱하고 식단에 풍미를 더한다

연결 우리는 식량의 대부분을 속씨식물의 열매와 씨앗에 의존한다. 옥수수, 쌀, 밀과 기타 곡식. 전 세계 대부분의 사람들과 가축의 주요 식량 공급원은 마른 과일이다. 많은 식량 작물은 사과, 체리, 오렌지, 토마토, 호박, 오이 등 과육이 있는 열매다(과학적 용어로 열매란 씨앗을 포함하는 속씨식물 구조물로 일부 채소도 열매다). 대부분의 사람들은 곡식이나 다육질 과일을 식물성 식품으로 쉽게 인식할 수 있지만, 육두구, 계피, 커민, 정향, 생강, 감초 같은 향신료도 속씨식물에서 나온다는 사실을 아는 사람은 드물다. **그림 17.9**는 대부분의 미국인 식탁에서 볼 수 있는 조미료인 후추다. 후추 열매는 익기 전에 수확한 다음 말려서 가루로 만들거나 통째로 '통후추'로 판매한다. 중세 유럽에서는 후추 열매가 화폐로 사용될 정도로 귀했다. 집세와 세금을 후추 열매로 낼 수 있었고, 재산의 한 형태로서 지참금으로 후추 열매를 가져가거나 유언장에 후추 열매를 남기기도 했다. 인도와 동남아시아에서 후추와 다른 귀중한 향신료를 얻기 위한 항로 탐색은 대항해 시대로 이어졌고 유럽과 세계사에 영원한 영향을 미쳤다.

? 그림 17.9와 같은 후추 송이를 발견했다고 가정해 보자. 이것이 열매라는 것을 어떻게 알 수 있을까?

■ 각 열매에는 씨앗이 들어 있다.

▶ **그림 17.9** *Piper nigrum* 열매

17.10 동물에 의한 수분은 속씨식물의 진화에 영향을 미쳤다

진화 연관성 꽃이라면 화려한 꽃잎과 달콤한 향기를 떠올리지만 모든 꽃에 이러한 요소가 있는 것은 아니다. 예를 들어, **그림 17.10A**의 붉은 단풍나무(red maple)는 수술은 많지만 꽃잎은 없다(심피는 다른 꽃에 달려 있다). 이 꽃과 **그림 17.10B**의 크고 선명한 색의 매발톱꽃(columbine)을 비교해 보자. 이렇게 정교한 꽃을 만들기 위해 매발톱꽃은 엄청난 양의 에너지를 소모하지만, 꽃의 색깔이나 향기에 이끌린 수분매개자(pollinator)가 같은 종의 다른 꽃으로 꽃가루를 옮기면 그 투자가 보상을 받는다. 반면에 붉은 단풍나무는 수분 방법으로 훨씬 덜 확실한 방법인 바람에 분산시키는 방법을 사용하기 때문에 많은 수의 꽃가루를 만드는 데 더 많은 에너지를 소비한다. 두 종 모두 서로 다른 곳에 자원을 투자했지만, 이 모두 결국 생식적 성공을 위한 수분에 필요한 적응인 것이다.

▲ **그림 17.10A** 꽃가루가 바람에 실려 날아다니는 붉은 단풍나무의 꽃

식물학자들은 속씨식물의 약 90%가 꽃가루 이동에 동물을 이용한다고 추정한다. 새, 박쥐, 다양한 종류의 곤충(특히 벌, 나비, 나방, 딱정벌레)이 수분매개자 역할을 한다. 꽃은 고에너지 액체인 꿀을 제공하고, 이 동물들은 먹이를 찾아 꽃을 방문한다. 화려한 꽃잎과 매혹적인 냄새는 수분매개자에게 먹이가 있음을 표시하는 표지판이다.

꽃이 제공하는 단서는 특정 유형의 수분매개자의 시각과 후각에 따라 달라진다. 예를 들어 새는 밝은 빨간색과 주황색 꽃에 끌리며 특정 향기에는 끌리지 않는 반면, 대부분의 딱정벌레는 과일 냄새에 끌리지만 색에는 무관심하다. 벌이 수분한 꽃의 꽃잎에는 꿀로 안내하는 대비되는 색상의 안내선이 표시돼 있을 수 있다. 일부 꽃에서 꿀 안내선은 사람과 대부분의 다른 동물에게는 보이지 않지만 꿀벌에게는 쉽게 보이는 전자기 스펙트럼 중 하나인 자외선을 반사하는 색소다. 박쥐나 나방과 같이 밤에 날아다니는 동물에 의해 수분이 되는 꽃은, 일반적으로 밤에 쉽게 찾을 수 있는 크고 밝은색의, 향기가 강한 꽃을 가지고 있다. 일부 꽃은 송장파리나 딱정벌레 같은 수분매개자를 유인하기 위해 썩은 고기 냄새를 풍기기도 한다.

▲ **그림 17.10B** 화려한 매발톱꽃

많은 꽃은 생식의 성공률을 더욱 높이기 위해, 도착한 수분매개자가 꽃가루를 효과적으로 전달시키는 추가적 적응을 한다. 예를 들어, 꿀의 위치는 꽃가루 수집과 떨굼을 극대화할 수 있도록 방문자의 자세를 조작할 수 있다. **그림 17.10C**의 스카치빗자루꽃(scotch broom flower)의 수술은 꿀벌이 꿀을 수확할 때 수술이 아치를 이루어 벌 위에 닿도록 돼 있다. 꿀벌이 여기서 채집한 꽃가루 중 일부는 다음 방문하는 다른 꽃의 암술머리에 묻게 된다. 매발톱꽃과 기타 많은 꽃의 꿀은 나비, 나방, 새, 일부 벌과 같이 긴 혀를 가진 수분매개자들만 도달할 수 있다.

▲ **그림 17.10C** 꿀을 먹으며 스카치빗자루꽃에서 꽃가루를 모으는 꿀벌

수분은 같은 종의 구성원 사이에서 꽃가루 이동이 일어날 경우에만 일어난다. 그러나 한 종의 꽃만 방문하는 수분매개자는 상대적으로 드물다. 생물학자들은 수분매개자가 한 종을 계속 방문할 때 이익이 더 많을 것이라는 가설을 세웠다. 수분매개자가 특정 꽃에서 꿀을 추출하는 방법을 배우려면 시행착오를 통해 시간이 걸리기 때문이다. 예를 들어 곤충은 한 번에 하나의 추출 기술만 기억할 수 있다. 따라서 수분매개자는 꿀 추출 기술을 습득한 직후 동일한 단서를 가진 다른 꽃을 방문하면 먹이를 더 잘 얻을 수 있다. 자연선택은 꽃이 수분매개자의 종에 대한 충실도를 높이는 방향으로 적응하도록 일어났을 것이다. 예를 들어, 일부 식물 종은 꿀에 카페인을 첨가해 수분매개자의 충실도를 강화할 수 있다. 최근 연구에 따르면, 카페인은 꿀벌이 꿀을 보상으로 제공한 꽃의 향기를 기억하는 능력을 촉진시키는 것으로 나타났다.

꽃의 특성은 수분매개자를 유인하기 위한 적응이지만, 우리에게는 즐거움의 원천이기도 하다. 사람들은 많은 종의 나무를 포함하여 꽃식물을 다양한 목적으로 사용한다. 하지만 다음 절에서 살펴볼 것처럼 우리 삶에서 식물의 가장 본질적인 역할은 식량이다.

? 그림 17.10B의 매발톱꽃에는 어떤 유형의 수분매개자가 끌릴 것이라고 생각하는가?

■ 꽃이 붉고 긴 관형 꽃 관이므로 혀가 긴 새

17.11 식물 다양성은 세계 식량 공급의 미래에 필수적이다

연결 식물은 항상 사람의 중요한 식량이었지만, 식물성 식품을 얻는 방식은 많이 변화해 왔다. 초기 인류는 이용 가능한 모든 식용 식물 종을 이용했을 것이며, 아마도 지금의 수렵 채집인처럼 계절이 바뀔 때마다 다른 식물을 먹었을 것이다. 농업의 발달로 세계 각지의 사람들은 가장 맛있고 재배하기 쉬운 종을 정착시켰고, 인위적인 선택을 통해 세대를 거듭하며 점차 생산성을 높였다. 현대 농업에서 식물 육종 기술은 가장 바람직한 특성을 가진 소수의 유전자형을 선택함으로써 식량 식물의 다양성 풀(pool)이 더욱 좁아졌다. 현재 전 세계 인구의 대부분은 특정 재배 기술을 필요로 하는 쌀, 밀, 옥수수, 콩 등의 품종을 식량으로 사용하고 있다.

농업도 경관(landscape)을 변화시켰다. 수천 년 동안 인구가 증가하면서 농장을 만들기 위해 숲은 벌목되고 불태워졌다. 지속 불가능한 농업 관행으로 인해, 심각하게 황폐화된 광활한 경작지를 대체하기 위해 삼림 벌채는 최근 더욱 가속화되고 있다. 그러나 더 많은 토지를 농지로 전환하는 것만이 미래를 위한 적절한 식량 공급을 보장하는 유일한 방법은 아니다. 새로운 농작물을 개발하고 기존 농작물을 개선할 수 있는 가능성은 식물 다양성에서 나올 수 있다.

일부 특정 지역 사람들이 채집해 사용하는 수백 종의 영양가 있는 과일, 견과류, 곡식 중에서 새로운 작물이 나올 수 있다. 최근 잠재적 식량 공급원에 대한 연구에서 과학자들은 아프리카에서 토착화시킬 수 있거나 특정 지역에서 생산이 적합한 수십 종의 야생 식물을 확인했다(**그림 17.11A**). 유망한 후보로는 초콜릿 베리, 진저브레드 자두, 원숭이 오렌지 등 흥미로운 이름의 열매가 있다. 또한 일부 지역에서는 특히 척박한 농업지대에서 생산이 증가될 잠재력이 있는 고유한 토착화(domesticated) 또는 반토착화된(semi-domesticated) 식물들이 발견됐다. 예를 들어, 일부 아프리카 곡식은 열과 가뭄에 잘 견디며, 다른 곳에서 재배되는 곡식보다 척박한 토양에서 더 잘 자라는 것도 많다. 어떤 종은 연간 강수량이 70 mm 미만인 모래 언덕에서 자랄 정도로 강건하다!

전통적인 육종 방법이나 생명공학(biotechnology)을 사용해, 이상적이지 않은 조건에서도 농작물이 잘 자랄 수 있도록 개량하는 것도 또 다른 좋은 접근 방식이다. 식물이 염분이 많은 토양에서 자라거나, 해충 저항성이 높거나, 열과 가뭄을 견딜 수 있게 하는 등의 유용한 유전자도 있다. 하지만 그러한 유전자는 어디에서 찾을 수 있을까? 모든 농작물은 원래 야생 조상으로부터 유래했다. 그러므로 그 조상과 가까운 친척은 현대 농작물을 강화하는 데 사용할 수 있는 유전적 다양성의 풍부한 원천이 될 수 있다.

농작물 다양화를 위한 이 두 가지 접근 방식은, 서식지 파괴로 인한 자연에서의 식물 다양성의 지속적인 감소로 인해 힘을 잃고 있다. 농지 조성을 위한 벌목 이외의 벌목, 채굴, 대기 오염으로 인해 숲이 사라지고 있다. 도로는 광활한 땅을 너무 작은 조각으로 쪼개어 다양한 종이 살기 어렵게 만든다(**그림 17.11B**). 그 결과, 잠재적으로 토착화될 수 있는 종들이 오히려 사라지고 있다. 농작물 종의 많은 야생 친척뿐 아니라, 귀중한 유전적 다양성의 유전자 풀도 사라지고 있다. 이러한 손실은 생물다양성 감소가 사람의 미래에 미치는 영향을 보여주는 한 가지 예에 불과하다(이 문제와 가능한 해결책에 대해서는 38장에서 다시 다룰 것이다).

▲ **그림 17.11A** 토착화가 가능한 야생 과일인 마룰라(왼쪽)와 나탈 자두(오른쪽)

? 식물 다양성의 손실이 세계의 미래 식량 공급에 영향을 미칠 수 있는 두 가지 이유를 말해 보시오.

■ 잠재적 식량 식물이 사라질 수 있다. 야생 조상이나 농작물의 가까운 친척이 가지고 있던 잠재적으로 유용한 유전자를 잃을 수 있다.

▲ **그림 17.11B** 아마존 열대 우림의 위성 사진('물고기 뼈' 패턴은 농부와 벌목꾼이 이 지역에 왔을 때 숲을 가로질러 만든 도로망이다.)

17.12 곰팡이는 음식물을 몸 밖에서 소화한 후 흡수한다

잔디밭에 돋아난 버섯, 나무에 작은 선반처럼 붙어 있는 구름버섯, 남은 음식에 뿌옇게 붙어 있는 곰팡이 등, 한 번쯤은 **곰팡이계(kingdom Fungi**, 균계) 구성원을 보았을 것이다. 눈에 보이는 형태는 다르지만, 이 곰팡이들은 모두 같은 방식으로 기질에서 먹이를 얻는다. 모든 곰팡이는 **흡수(absorption)**를 통해 영양분을 얻는 종속영양생물이다. 이들은 강력한 효소를 분비해 고분자(macromolecule)를 단량체(monomer)로 분해한 다음, 작은 영양 분자를 세포 내로 흡수한다. 예를 들어, 빵 위에서 자라는 곰팡이는 효소를 분비하고, 분비된 효소가 빵의 녹말을 포도당 분자로 분해하면, 곰팡이 세포가 이 포도당을 흡수한다. 일부 곰팡이는 식물의 주요 구조 성분인 셀룰로오스와 리그닌을 소화하는 효소를 생산한다. 따라서 곰팡이는 대부분의 생태계에서 필수적인 분해자다.

곰팡이의 먹이활동 구조는 **균사(hypha)**라고 하는 실 모양의 필라멘트로 이루어진 네트워크다. 균사는 자라면서 반복적으로 가지를 내어 **균사체(mycelium)**로 알려진 덩어리를 형성한다(그림 17.12A). 그림 17.12B에서와 같은 흔히 곰팡이로 알고 있는 '우산'은 촘촘하게 포장된 균사로 이루어진 생식 구조다. 이러한 유형의 곰팡이의 경우, 버섯은 식량 공급원 전체에 뻗어 있는 눈에 보이지 않는 균사체에서 작은 새싹이 돋아나는 형태로 발생한다. 싹(bud)이 충분히 발달하면 물을 빠르게 흡수하고(예를 들어, 비가 내린 후) 이때 발생한 수압으로 버섯이 표면으로 튀어나온다. 지상에서 버섯은 특수한 균사의 끝에 포자라는 작은 생식세포를 생성하고, 포자는 기류를 타고 분산된다.

▲ **그림 17.12A** 떨어진 침엽수 바늘잎 위 균사체

곰팡이 균사는 세포벽으로 둘러싸여 있다. 셀룰로오스 세포벽을 가진 식물과 달리 대부분의 곰팡이는 곤충의 외부 골격에서 발견되는 키틴과 동일한 강하고 유연한 질소 함유 다당류인 **키틴(chitin)**으로 만들어진 세포벽을 가지고 있다. 대부분의 곰팡이에서 균사는 여러 세포가 연결된 사슬이다. 그러나 세포와 세포 사이 벽은 리보솜, 미토콘드리아, 심지어 핵도 이동할 수 있을 만큼 큰 구멍이 있는 격벽(cross-wall)이다. 일부 곰팡이는 격벽이 전혀 없고 하나의 세포질 덩어리 안에 많은 핵을 가지고 있다.

곰팡이는 먹이를 찾아 뛰거나 날 수 없다. 그러나 균사체는 경이로운 속도로 성장해 먹이 공급원 전체에 가지를 뻗고 균사를 새로운 영역으로 확장함으로써 이동성 부족을 보완한다. 예를 들어, 그림 17.12B의 버섯 아래 통나무를 살펴보면 나무 전체에 균사 가닥이 뻗어 있는 것을 볼 수 있다. 균사체는 구조와 기능의 관계를 보여주는 좋은 예다. 균사는 가늘고 길게 자라기 때문에, 곰팡이는 소화효소를 분비하고 음식물을 흡수할 수 있는 넓은 표면적을 확보할 수 있다.

모든 곰팡이가 분해자는 아니다. 일부 곰팡이는 다른 생물체와 공생하며 살아간다. **뿌리곰팡이(mycorrhiza**, 근균)로 불리는 곰팡이와 식물 뿌리 사이의 공생은 특히 중요하다(17.0절 참조). 일부 뿌리곰팡이류의 균사는 식물 뿌리 세포 사이로 균사를 뻗지만, 어떤 종은 뿌리를 둘러쌀 뿐 살아 있는 세포를 관통하지 않는다. 어떤 종류의 뿌리곰팡이든 모두 토양에서 인과 다른 필수 무기질을 흡수해 식물이 사용할 수 있도록 해준다. 식물은 광합성을 통해 생산한 당을 곰팡이에게 영양으로 공급해 상호 유익한 관계를 형성한다. 식물과 뿌리곰팡이의 파트너십은 초기 육상식물의 성공에 결정적인 역할을 한 것으로 생각된다. 이 주제는 17.18절에서 살펴볼 것이다. 그리고 17.19절에서는 살아 있는 식물이나 동물에서 일방적으로 영양분을 얻는 **기생성(parasitic)** 곰팡이에 대해 다룬다.

? 곰팡이가 음식을 소화하고 흡수하는 방식과 사람이 음식을 먹고 소화하는 방식을 대조해 보자.

■ 곰팡이는 체외로 효소를 분비해 외부에서 음식물을 분해하고, 결과로 만들어진 작은 영양분을 흡수하는 소화를 한다. 반면, 사람을 비롯한 대부분의 동물은 비교적 큰 덩어리의 음식을 먹고 체내에서 음식물을 소화한다.

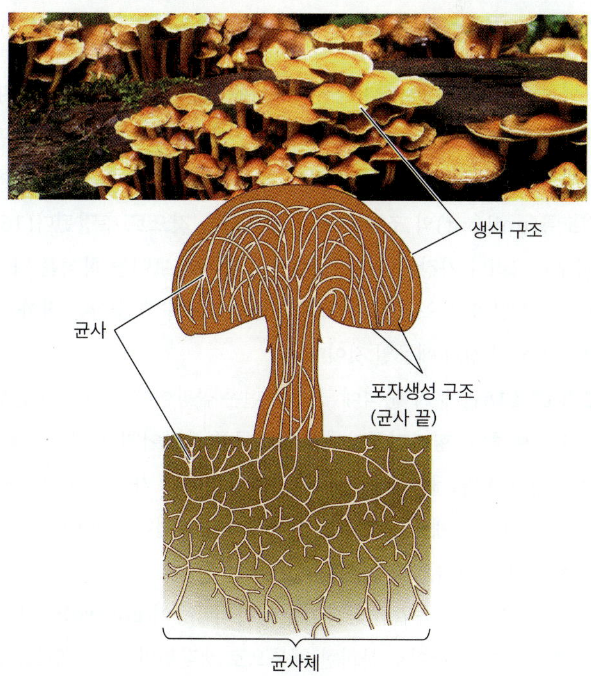

▲ **그림 17.12B** 곰팡이의 생식 및 먹이활동 구조

17.13 곰팡이는 무성생식과 유성생식 주기 모두에서 포자를 생성한다

곰팡이의 번식은 일반적으로 바람이나 물에 의해 먼 거리까지 쉽게 운반되는 방대한 수의 반수체 포자를 방출하는 방식으로 이루어진다. 먹이가 있는 습한 곳에 떨어진 포자는 발아해 유사분열을 통해 새로운 반수체 곰팡이를 생성한다. 그러나 **그림 17.13**에서 볼 수 있듯이 포자는 유성 또는 무성 생식 모두 가능하다.

많은 곰팡이에서 유성생식은 서로 다른 교배형(mating type)의 균사체 사이에서 일어난다. 각 균사체에서 나온 균사는 신호 분자를 방출하고 서로를 향해 성장한다. ❶ 균사가 만나면 세포질이 융합된다. 그러나 세포질이 융합하더라도 보통 '부모(parent)' 핵이 곧바로 융합하지는 않는다. 따라서 많은 곰팡이는 하나의 세포에 유전적으로 서로 다른 2개의 반수체 핵을 가지는 **이핵체 단계(heterokaryotic stage)**를 가진다(그리스어로 '다른 핵'을 의미). ❷ 부모 핵이 융합하기까지는 몇 시간, 며칠, 심지어 수 세기가 지날 수 있으며, 두 핵이 융합된 이배체 상태는 일반적으로 매우 짧게 존재한다. ❸ 접합자는 감수분열을 거쳐 반수체 포자를 생성한다. 다음 절에서 다루겠지만, 이러한 포자 형성 구조는 곰팡이 종류에 따라 독특해 곰팡이 분류에 사용된다.

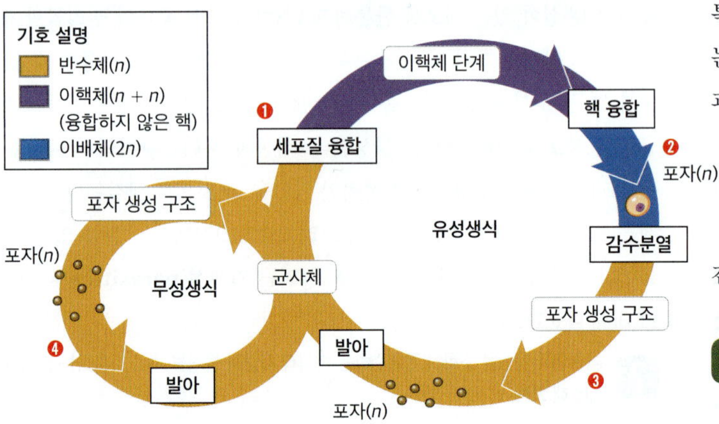

▲ 그림 17.13 일반적인 곰팡이 생활사

무성생식에서 ❹ 포자 생산 구조는 이핵체 단계도 감수분열도 거치지 않은 반수체 균사체에서 발생한다. 유성생식으로 번식하는 많은 곰팡이들도 무성생식으로 포자를 생산할 수 있다. 뿐만 아니라, 무성생식은 비공식적으로 **불완전균류(imperfect fungi)**로 알려진 일부 곰팡이에서 유일한 포자 생산 수단이다. 일반적으로 곰팡이나 효모라고 불리는 다수의 곰팡이는 불완전균류다. **곰팡이(mold)**라는 용어는 종종 특수한 균사의 끝에서 포자를 생성해 무성생식을 하는, 빠르게 성장하는 곰팡이를 말한다. 이 친숙한 카펫과 같은 곰팡이는 종종 숙성된 과일과 빵, 잘 청소하지 않는 샤워실에 나타난다. **효모(yeast)**라는 용어는 모든 단세포 곰팡이를 의미한다. 효모는 무성적으로 세포분열을 하여 증식하며, 종종 부모세포에서 작은 '새싹'이 떨어져 나오는 출아(budding) 방식으로 번식한다. 효모는 식물 수액이나 동물 조직과 같은 액체 또는 습한 서식지에서 서식한다.

? 곰팡이의 이핵체 단계는 무엇인가?

■ 하나의 세포 내 다른 두 부모로부터 유래한 두 핵이 융합되지 않은 상태로 들어 있는 단계다.

17.14 곰팡이는 다섯 가지 그룹으로 분류된다

곰팡이를 연구하는 생물학자들은 10만 종 이상의 균류를 기술했지만, 최근 메타유전체학(metagenomics) 연구에 따르면 이 숫자는 곰팡이 다양성의 10% 미만일 뿐이라고 한다. 곰팡이와 동물은 약 10억 년 이전 단편모류(unikont)의 조상에서 갈라져 나온 것으로 추정된다(16.19절 참조). 그러나 가장 오래된, 확실히 곰팡이로 보이는 화석은 약 4억 6,000만 년 전의 것으로, 아마도 육상 곰팡이의 수생 조상은 작아서 화석화가 잘되지 않기 때문일 것이다.

그림 17.14A는 분자 분석에 근거한 현존 곰팡이에 대한 계통발생의 가설을 보여준다. 항아리곰팡이와 접합균류로 이어지는 여러 개의 선은 이 그룹이 단일계통군(monophyletic)이 아닐 가능성이 있음을 나타낸다. 하지만 현재 대부분의 생물학자들은 여전히 곰팡이류를 여기에 표시된 다섯 가지 곰팡이류로 구별한다.

편모 포자를 가진 유일한 곰팡이인 **항아리곰팡이(chytrids**, 병꼴균)는 가장 초기에 곰팡이로 분화한 계통으로 생각된다. 호수, 연못, 토양에서 흔히 볼 수 있다. 일부 종은 분해자이며, 다른 종은 기생생물로 식물 또는 동물에 기생한다. 예를 들어, 과학자들은 대량의 양서류 종이 멸종한 이유가 항아리곰팡이에 의한 전염성이 강한 질병과 관련이 있

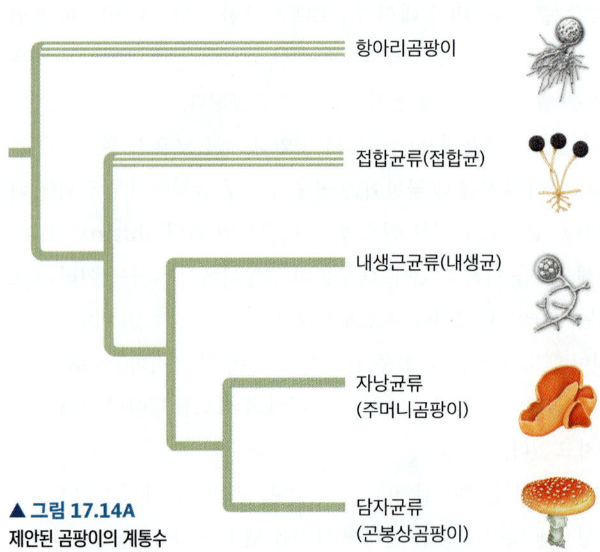

▲ 그림 17.14A
제안된 곰팡이의 계통수

▲ **그림 17.14B** 접합균류: 검은빵곰팡이

▲ **그림 17.14C** 내생근균류: 뿌리 세포의 수지상

다고 생각한다. 다른 항아리곰팡이는 양이나 소 같은 동물의 내장에서 식물성 물질 분해에 도움이 되는 유익한 공생체다.

접합균류(zygomycete)는 접합자가 감수분열을 통해 반수체 포자를 생산하는 접합포자낭(zygosporangium)을 가지고 있는 것이 특징이다. 이 그룹은 매우 다양하며, 검은빵곰팡이(**그림 17.14B**)와 같이 빠르게 자라는 곰팡이와 복숭아, 딸기, 고구마 같은 농산물을 썩게 하는 곰팡이 등이 여기에 속한다. 일부 접합균류는 동물에 기생한다.

라틴어로 사구체를 의미하는 glomer에서 이름이 유래한 **내생근균류(glomeromycetes)**는 균사가 식물 뿌리 세포에 침입해 균근(mycorrizae, 곰팡이뿌리)을 형성한다. 여기서 균사는 수지상(arbuscules)으로 알려진 작은 나무 모양의 구조로 가지를 친다(**그림 17.14C**). 모든 식물의 약 80%가 내생근균류와 이러한 공생 파트너십을 맺고 있으며, 내생근균류는 식물에 인산염과 기타 무기질을 공급하는 대신 유기 영양분을 대가로 받는다.

식용 곰보버섯

컵곰팡이

▲ **그림 17.14D** 자낭균류

버섯

댕구알버섯

선반곰팡이

▲ **그림 17.14E** 담자균류

자낭균류(ascomycetes) 또는 **주머니곰팡이(sac fungi)**는 포자를 생성하는 주머니 모양의 구조물인 자낭(asci, 그리스어로 '주머니'를 의미)에서 명칭이 유래했으며, 유성생식을 한다. 이들은 다양한 해양, 담수 및 육상 서식지에 서식하며 단세포 효모에서부터 정교한 곰보버섯(morel)이나 컵곰팡이에 이르기까지 크기가 다양하다(**그림 17.14D**). 자낭균류에는 가장 파괴적인 식물 병원균이 포함돼 있다. 다른 자낭균류는 녹조류 또는 남세균(cyanobacteria)과 함께 지의류(lichen)라고 하는 공생관계를 이루며, 이는 17.17절에서 다룰 것이다.

곰팡이라고 하면 버섯(mushroom), 댕구알버섯(puff ball) 또는 선반곰팡이(shelf fungus)를 떠올릴 것이다(**그림 17.14E**). 이들은 **담자균류(basidiomycete)**에 속한다. 담자균류라는 명칭은 라틴어로 '작은 받침대'라는 뜻의 담자기(basidium)라고 불리는 곤봉 모양의 포자 생성 구조에서 유래했다. 많은 담자균류종은 목재에서 발견되는 리그닌을 분해하는 데 탁월해 분해자로서의 핵심적인 역할을 한다. 예를 들어, 선반곰팡이는 종종 약하거나 손상된 나무의 목재를 분해하고 나무가 죽은 후에도 목재를 계속 분해한다. 담자균류에는 17.19절에서 다루는 두 가지 특히 파괴적인 녹병과 깜부기병을 일으키는 식물 기생생물인 곰팡이가 포함된다.

? 곰팡이 진화에서 가장 먼저 갈라진 것으로 여겨지는 항아리곰팡이의 진화 이유는 무엇일까?

■ 항아리곰팡이는 균류의 조상인 곰팡이의 특징인 편모 포자를 가진 유일한 곰팡이다.

17.15 곰팡이는 생태계에서 매우 중요하다

연결 곰팡이는 식물과 함께 육지로 이동한 이래로 육상 군집의 주요 구성원이었다. 균근의 공생 파트너인 곰팡이는 식물에 필수영양소를 공급하며 자연 생태계와 농업에서 매우 중요한 역할을 한다.

곰팡이는 원핵생물과 함께 생태계에서 유기물을 분해하고 식물 성장에 필수적인 영양소를 환경에 다시 공급하는(**상호작용**의 예) 필수 분해자다. 공기 중에는 매우 많은 곰팡이 포자가 존재하므로, 잎이 떨어지거나 곤충이 죽으면 포자로 덮이고 곰팡이 균사가 바로 침투를 시작한다(**그림 17.15**). 만약 갑자기 숲의 곰팡이와 원핵생물이 분해를 멈춘다면 낙엽, 통나무, 대변, 죽은 동물이 숲 바닥에 쌓이지만, 토양에서 빼앗긴 원소가 분해를 통해 보충되지 않아 식물이나 이들 식물을 먹는 동물은 굶어 죽게 된다.

▲ **그림 17.15** 자갈 사이 자라는 곰팡이 균사체

거의 모든 유기(탄소 함유) 물질은 곰팡이에 의해 소비될 수 있다. 제2차 세계대전 당시 동남아시아와 태평양 섬의 습한 열대는 목재나 면과 같은 천연 섬유를 곰팡이가 분해하기에 이상적인 조건이었다. 그 결과 포장 상자, 군복, 텐트 등이 빠르게 분해돼 군대의 보급에 문제가 발생했다. 곰팡이는 합성물질은 잘 분해하지 못하지만, 일부 곰팡이는 살충제 DDT나 암을 유발하는 특정 화학물질을 포함한 독성 오염물질을 분해하는 유용한 능력을 가지고 있다. 과학자들은 또한 석유 제품을 소화할 수 있는 곰팡이를 사용해 기름 유출과 기타 화학 오염물질을 제거하는 연구를 하고 있다.

? 곰팡이가 육상 생태계에서 하는 필수적인 역할 두 가지를 말하시오.

■ 뿌리곰팡이는 식물이 토양에서 영양분을 얻도록 도와준다. 토양곰팡이는 죽은 동물, 낙엽 및 기타 유기물을 분해할 때 식물 성장에 비료가 되는 영양분을 방출한다.

17.16 곰팡이는 많은 실용적인 용도를 가진다

연결 곰팡이는 다양한 요리에도 사용된다. 대부분의 사람들은 버섯을 먹어본 적이 있지만, 지하에 사는 곰팡이의 생식 구조를 섭취하고 있다는 사실을 깨닫지 못했을 수도 있다. 로크포르(Roquefort)와 블루 치즈(blue cheese)를 포함한 특정 치즈의 독특한 풍미는 숙성에 사용되는 곰팡이에서 비롯된다(**그림 17.16A**). 트러플(truffle)은 나무 뿌리와 관련된 특정 균류(뿌리곰팡이류)에 의해 생산되며, 미식가들에게 높은 평가를 받고 있다. 그리고 사람은 수천 년 동안 알코올 음료를 생산하고 빵을 부풀리는 데 효모를 사용해 왔다.

▲ **그림 17.16A** 블루 치즈

곰팡이는 의학적으로도 가치가 있다. 박테리아인 방선균(16.9절 참조)과 마찬가지로 일부 곰팡이는 세균성 질병을 치료하는 항생제를 생산한다. 실제로 최초로 발견된 항생제는 페니실린으로, 페니실리움(*Penicillium*)이라는 흔한 곰팡이가 만들어낸 항생제다. **그림 17.16B**에서 박테리아가 자라는 지역과 곰팡이 사이 빈 공간은 페니실리움에서 생성된 항생제가 박테리아인 포도상구균(*Staphylococcus aureus*)의 성장을 억제하는 지역이다.

곰팡이는 분자생물학과 생명공학 연구에서 많이 사용된다. 과학자들은 분자유전학 연구에 배양과 조작이 쉬운 진핵생물인 효모를 자주 사용한다. 효모는 또한 연구 및 의료용으로 사람의 단백질을 생산하기 위한 유전자 변형 생물로 이용된다.

곰팡이는 바이오연료를 생산하는 데도 중요한 역할을 할 수 있다. 짚, 특정 풀, 목재와 같이 사람이나 가축의 먹이로 사용될 수 없는 식물이나 식물성 물질에서 바이오연료를 추출하는 데 매우 이상적으로 이용될 수 있을 것이다. 이러한 식물성 물질은 주로 큰 분자인 셀룰로오스와 리그닌으로 구성돼 있는데, 이들은 바이오연료를 만들 수 있도록 작은 분

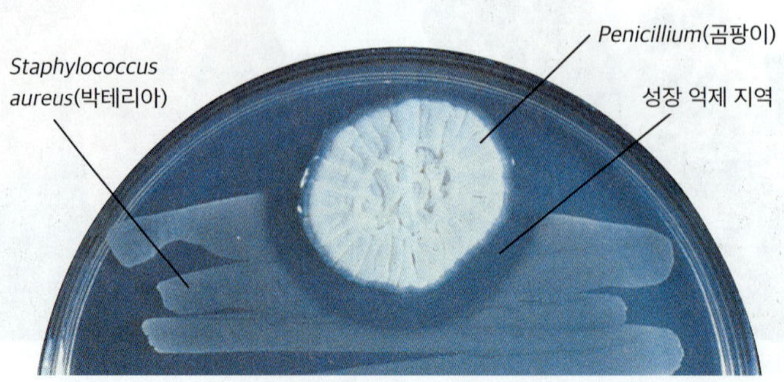

▲ **그림 17.16B** *Penicillium*과 박테리아의 배양

자로 분해하는 것이 어렵다. 과학자들은 최근 가장 단단한 식물성 물질을 분해할 수 있는 효소를 생산하는 다양한 곰팡이를 조사하고 있다. 백색부후곰팡이(white rot fungi, 리그닌을 효소로 분해하면 목재의 갈색을 하얗게 표백하기 때문에 붙혀진 이름)라고 불리는 담자균류는 이러한 효소를 제공할 수 있는 유망한 후보다(**그림 17.16C**).

? 곰팡이가 자연 환경에서 생산하는 항생제의 기능은 무엇이라고 생각하는가?

■ 항생제는 미생물, 특히 영양분과 기타 자원을 놓고 곰팡이와 경쟁하는 원핵생물의 성장을 차단할 수 있다.

▲ **그림 17.16C** 백색부후곰팡이

17.17 지의류는 곰팡이와 광합성 생물의 공생체다

그림 17.17A의 바위는 곰팡이 균사 덩어리 안에 수백만 개의 미세한 녹조류 또는 남세균이 공생하는 살아 있는 **지의류(lichens)**로 덮여 있다. 이 공생생물들은 매우 밀접하게 얽혀 있어 마치 하나의 개체처럼 보인다. 이러한 연합은 어떻게 이루어질까? 지의류를 형성하는 곰팡이의 균사 끝이 적절한 파트너와 접촉하면, 균사는 빠르게 덩굴손 네트워크로 가지를 치고 조류 세포를 둘러싸며 급격히 성장한다(**그림 17.17B**). 곰팡이는 광합성 파트너와의 공생에서 양분을 공급받으므로 항상 이득을 얻는다. 실제로 지의류를 형성하는 능력을 가진 곰팡이는 자연에서 단독으로 번성하는 경우가 거의 없다. 연구에 의하면, 많은 지의류의 곰팡이 균사체는 물과 무기질을 흡수하고 유지하는 데 도움이 되는 적절한 서식지를 제공하기 때문에 조류나 남세균도 혜택을 받는다.

▲ **그림 17.17A** 해안 바위에서 흔히 볼 수 있는 두 종의 지의류

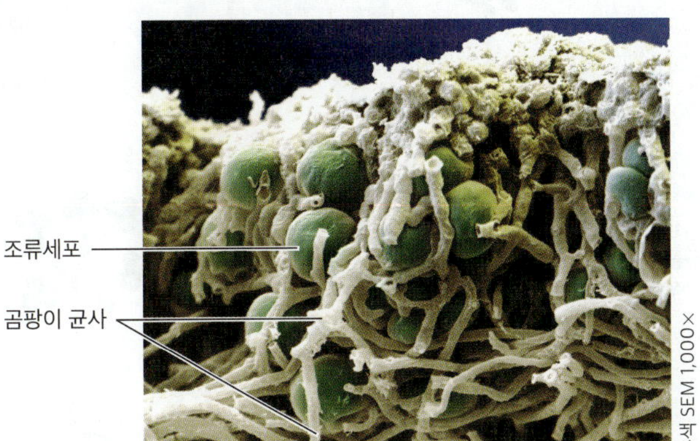

▲ **그림 17.17B** 지의류에서 곰팡이와 조류 파트너 사이의 긴밀한 관계

다른 지의류의 경우, 이 관계가 광합성 파트너에게 유익한지 아니면 곰팡이에게만 유리한지는 명확하지 않다. 어떤 경우든 두 공생체는 너무 완벽하게 얽혀 있어 지의류는 마치 하나의 개체인 것처럼 이름이 붙여졌다.

지의류는 견고해 흙이 거의 또는 전혀 없는 곳에서도 살 수 있다. 따라서 새로운 땅에서 중요한 개척자 역할을 한다. 지의류는 작은 바위 틈새에서 자라는데, 지의류가 분비하는 산(acid)이 바위를 토양으로 분해하기 때문에 향후 식물이 자랄 수 있는 길을 열어준다. 일부 지의류는 혹독한 추위에도 견딜 수 있어서 북극 툰드라를 덮고 있는 지의류도 있다. 순록은 알래스카의 겨울 먹이활동 장소에서 자라는 순록 '이끼'로 알려진 지의류를 먹는다(**그림 17.17C**).

▲ **그림 17.17C** 순록 이끼, 지의류

지의류는 극심한 가뭄에도 견딜 수 있다. 이끼는 조건이 좋을 때 급격하게 성장하는 기회주의자다. 지의류는 비가 오면 빠르게 물을 흡수하고 빠른 속도로 광합성을 한다. 건조한 공기에서는 탈수돼 광합성이 멈출 수 있지만 지의류는 어느 정도 무기한으로 살아남는다. 어떤 지의류는 수천 년 이상 된 것으로, 이는 가장 오래된 식물과 곰팡이의 수명에 필적한다.

지의류는 강인한 생명력만큼이나 대기 오염을 견디지 못하는 경우도 많다. 대부분의 무기질을 먼지나 빗방울에 녹아 있는 화합물 형태로 공기에서 얻기 때문에 지의류는 대기 중 오염물질에 매우 민감하다. 지의류의 죽음은 종종 해당 지역의 대기 질이 악화되고 있다는 신호다.

? 지의류의 곰팡이는 파트너로부터 어떤 이점을 얻을 수 있을까?

■ 조류 또는 남세균이 광합성으로 생성하는 당 분자를 얻는다.

17.18 뿌리곰팡이는 식물의 육상 정착에 도움을 주었을 것이다

과학적 사고 곰팡이와 작은 광합성 생물의 연합으로 지의류는 새로운 땅을 개척하는 데 잘 적응할 수 있었다. 식물이 육상 서식지에 정착을 시작했을 때도 지의류는 개척자였다. 물가에서 멀리 떨어진 곳의 조건은 가혹했다. 토양에서 물과 부족한 무기질 영양분을 식물이 얻을 수 있도록 곰팡이가 도와주었기에 식물의 육상 진입을 촉진할 수 있었을까? 과학자들은 식물의 육상으로의 진입에 곰팡이와의 공생이 결정적이었다고 생각한다. 이 가설을 검증하기 위해 과학자들은 현재의 뿌리와 곰팡이 관계, 초기 육상식물의 화석, 분자유전학 등 세 가지 증거를 추적했다.

▲ **그림 17.18A** *Aglaophyton*, 초기 육상식물

17.14절에서 다룬 것처럼, 모든 식물 종의 약 80%가, 뿌리 세포에 수지상이라는 덤불 같은 구조를 형성하는 뿌리곰팡이인 내생근균류와 공생관계를 맺는다. 또한 수목균류(arbuscular fungi)가 현존하는 우산이끼 및 붕어마름과도 연합하는 것으로 보아, 내생근균류가 초기 식물의 특징인 진정한 뿌리가 없는 반수체 식물과도 성공적인 관계를 형성할 수 있음을 보여준다(17.2절 참조). 현재 거의 모든 주요 식물 계통이 뿌리곰팡이와 연합체를 이룬다는 것은 식물과 곰팡이 공생이 오래전 시작됐음을 시사한다.

이 가설을 뒷받침하는 화석 증거는 스코틀랜드의 라이니 처트(Rhynie chert)로 알려진 암석에서 나왔다(chert는 미세한 입자의 퇴적암을 일컫는다). 식물과 곰팡이의 섬세한 연합이 그대로 보존돼 있어, 놀랍게도 4억 년 전 생태계의 모습을 볼 수 있다. **그림 17.18A**는 라이니 처트의 초기 육상식물인 아글라오파이톤(*Aglaophyton*)을 재구성한 것이다. 이 작은 식물은 잎과 뿌리가 없었지만, 아글라오파이톤 화석의 극히 얇은 단면을 현미경으로 조사한 결과 식물 세포 사이에 곰팡이 균사가 감겨 있는 것을 발견했다. 일부 세포에서는 살아 있는 균사체에서 볼 수 있는 것과 동일한 수지상도 발견됐다(그림 17.14C 참조). 라이니 처트 및 여러 곳에서 추가로 발견된 화석 증거로 내생근균류의 고대 기원이 밝혀졌다.

분자유전학을 이용한 연구는 또 다른 증거를 제시했다. 공생관계를 맺기 위해서는 잠재적 파트너가 먼저 서로를 인식하고 수용하는 신호를 주고받음으로써 서로를 식별해야 한다. 과학자들은 식물이 곰팡이와의 분자 '악수'를 암호화하는 심(*sym*) 유전자라고 불리는 세 가지 유전자를 연구했다. 최근 논문에서 과학자들은 육상식물의 모든 주요 계통에서 *sym* 유전자가 발견된다고 보고했다. 이러한 결과는 이 유전자가 육상식물의 공통 조상에 존재했음을 의미한다. 또한 세 유전자의 분석을 기반으로 한 계통발생적 연구는 그림 17.2A에 표시된 일반적으로 받아들여지는 계통발생과 거의 동일하다는 것이 입증됐다.

식물에 대한 *sym* 유전자의 중요성에 대한 가설에 의하면, 오랜 시간 동안 이 유전자의 기능은 거의 변하지 않았을 것이라고 추측했다. 즉, 우산이끼의 *sym* 유전자는 꽃식물의 *sym* 유전자와 유사하게 작동해야 한다. **그림 17.18B**는 과학자들이 ❶ 기능이 없는 유전자를 가진 돌연변이 속씨식물인 아그로박테리움(*Agrobacterium*, 그림 12.8A 참조)에 우산이끼의 *sym* 유전자를 도입시켜 예측을 테스트한 실험이다. 유전자 도입 후 과학자들은 ❷ 형질전환된 식물의 뿌리와 돌연변이체 식물의 대조군 뿌리에 각각 곰팡이 포자를 접종했다. 몇 주 후 ❸ 형질전환 식물에는 곰팡이뿌리가 나타났는데, 대조군 식물에는 곰팡이뿌리가 없었다. 이러한 결과는 우산이끼 *sym* 유전자가 정상적으로 작동한다는 것을 말해준다.

곰팡이가 세상을 먹여 살릴까?

곰팡이뿌리의 진화 역사를 조사함으로써 과학자들은 농업 환경에서 이러한 관계가 어떻게 시작돼 식물이 주요 무기물을 얻고 환경적 스트레스를 견딜 수 있는지에 대한 통찰력을 얻고 있다. 이러한 지식은 특히 지속 가능한 농업 방법을 개발하는 데 매우 중요하다. 또한 풍성한 수확을 거두기 위해서는 식물과 곰팡이 중 어느 한쪽의 공로만 인정할 수 없다는 사실을 강조한다.

? 이 절에서 논의한 화석 증거는 어떤 예측을 테스트하는가?

■ 식물-곰팡이 공생이 육지의 식물 군락 형성에 결정적이었다면 이러한 연관성은 초기 육상식물에서 발견돼야 한다.

▼ **그림 17.18B** 오랜 세월 동안에도 *sym* 유전자가 거의 변하지 않는다는 예측을 검증한다.

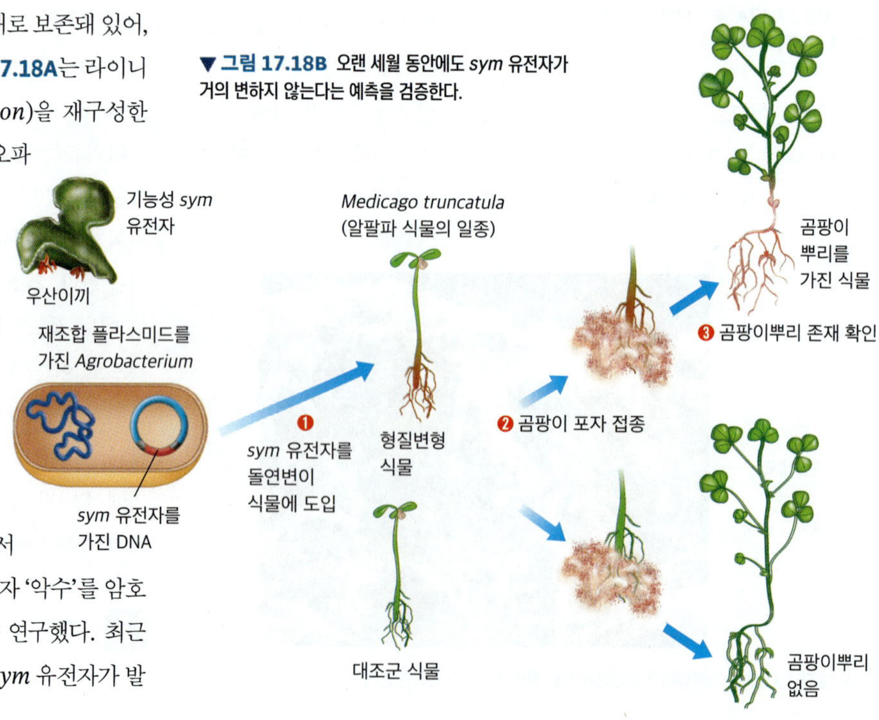

17.19 기생성 곰팡이는 식물과 동물에 해를 끼친다

연결 이전 절에서 곰팡이는 많은 생태학적·경제적 이점을 가지고 있다고 했지만 일부 종은 해롭다. 알려진 10만 종의 곰팡이 중 약 30%는 주로 식물에 기생하거나 병원균으로 살아간다. 어떤 경우에는 곰팡이가 말 그대로 경관을 바꾸기도 한다. 1926년, 가구를 만들기 위해 유럽에서 보내진 통나무를 통해 네덜란드 느릅나무병을 일으키는 곰팡이가 실수로 미국으로 유입되었다(이 이름은 이 병이 처음 발견된 곳이 네덜란드였기 때문에 붙여진 것이며 사실 이 곰팡이는 아시아에서 유래했다). 수십 년에 걸쳐 미국 동부에 있는 느릅나무의 약 70%가 이 곰팡이에 의해 소실됐다. **그림 17.19A**에 있는 것과 같은 영국 느릅나무(다른 종)는 더 심각한 피해를 입었다. 그들은 완전히 전멸했다. DNA 분석 결과, 영국의 느릅나무는 모두 유전적으로 동일하며, 2,000년 전 로마인이 영국에 가져온 단일 조상으로부터 무성생식을 통해 증식된 것으로 밝혀졌다. 그 결과 이 나무들은 모두 네덜란드 느릅나무병에 똑같이 취약한 것으로 밝혀졌다.

많은 곰팡이는 막대한 경제적 손실을 초래하는 심각한 농업 해충이다. 예를 들어, 매년 전 세계 과일 수확량의 10%에서 50%가 곰팡이의 공격으로 인해 손실된다. 일반적으로 한 종의 유전적으로 동일한 개체가 서로 가깝게 심어져 있는 농작물 재배지는 질병 확산에 이상적인 조건을 갖추고 있다. 곡물 작물에는 곰팡이병(smut)과 녹병(rust) 등 다양한 곰팡이성 질병이 흔하게 발생한다. **그림 17.19B**에 표시된 옥수수 이삭은 옥수수깜부기병(corn smut)이라는 담자균에 감염돼 있다. 혹이라고 알려진 칙칙한 성장물은 균사로 이루어져 있으며, 이 균사는 성장 중인 옥수수 알맹이를 침입해 결국 옥수수 알맹이를 대체한다. 혹이 성숙하면 터지면서 수천 개의 검은색 포자를 방출한다. 대부분의 농부들은 옥수수깜부기병을 박멸하기 위해 노력하지만, 일부 농부들은 이 해충에 대한 희망의 끈을 발견했다. 중앙아메리카 일부 지역에서는 이 곰팡이를 요리해 '위틀라코체(huitlacoche)'라는 별미로 먹는다. 최근 과학자들이 화학 성분을 분석한 결과, 옥수수깜부기병에 걸린 열매에는 건강한 영양소가 가득하다는 사실을 발견했다. 미국의 미식가들은 최근 위틀라코체를 알게 되면서 감염된 옥수수에 엄청난 가격을 기꺼이 지불하고 있다.

▼ **그림 17.19A** 네덜란드 느릅나무병의 영향을 받지 않은 호주의 멋진 영국 느릅나무

▲ **그림 17.19B**
옥수수깜부기병

식량 작물을 공격하는 곰팡이 중 일부는 사람에게 독성이 있다. 호밀, 밀, 귀리 등 여러 종류의 곡물은 **그림 17.19C**에 표시된 호밀의 종자 끝에 검은색으로 보이는 에르고트(ergots)라고 하는 곰팡이에 감염될 수 있다. 에르고트에 감염된 곡식으로 만든 밀가루를 섭취하면 신경 경련, 환각, 심지어 사망까지 초래할 수 있다. 에르고트에서 몇 가지 독소가 분리됐다. 그중 하나인 라세르그산(lysergic acid)은 환각제인 LSD의 원료가 되는 물질이다.

▲ **그림 17.19C**
호밀 에르고트

약 500여 종의 곰팡이가 사람 및 기타 동물에 기생하는 것으로 알려져 있다. 지난 10년 동안 여러 대륙에서 사람을 감염시키는 새로운 곰팡이균인 캔디다 아우리스(*Candida auris*)가 여기저기서 발견됐다. 캔디다 아우리스는 중환자에게 빠르게 확산돼 혈액, 심장, 뇌를 감염시키고 30~60%는 사망에 이를 수 있다. 전 세계적으로 캔디다 아우리스가 창발한 것은 기후변화로 인한 기온 상승과 관련이 있는 것으로 추정되며, 이로 인해 곰팡이균이 사람을 감염하는 적응을 할 수 있게 된 것으로 보인다.

피부의 곰팡이성 질환에는 피부에 고리형 붉은 반점이 나타나기 때문에 이름 붙여진 백선(ringworm)이 있다. 백선균은 거의 모든 피부 표면을 감염시킬 수 있으며, 심한 가려움증과 때때로 물집을 일으킨다. 한 종의 곰팡이는 발을 공격해 무좀을 일으킨다. 또 다른 종은 운동선수들에게 심한 가려움증으로 고통을 주기도 한다.

질 감염을 일으키는 캔디다 알비칸스(*Candida albicans*)는 기회감염균이다. 이 알비칸스는 사람에서 정상적으로 존재하는 미생물(정상 미생물군)이지만 항생제에 의해 체내 미생물 군집이 파괴되는 등 환경이 변화하게 되면, 알비칸스가 무분별하게 증식해 문제를 일으킨다.

곰팡이는 지금까지 다룬 세 번째 진핵생물 그룹이다(원생생물과 식물은 처음 두 그룹이었다). 여러 증거가 곰팡이가 진핵생물의 네 번째이자 가장 다양한 진핵생물 그룹인 동물을 낳은 단편모생물(unikont)에서 진화했다는 것을 강하게 시사한다. 다음 장에서는 동물에 대해 알아본다.

? 사람에게 영향을 미치는 곰팡이 감염 세 가지를 말하시오.

■ 백선(무좀), 칸디다 아우리스, 칸디다 알비칸스(효모 감염)

CHAPTER

17 복습

개념 복습하기

식물 진화와 다양성(17.1~17.2)

17.1 식물은 육지생활에 적응하였다.

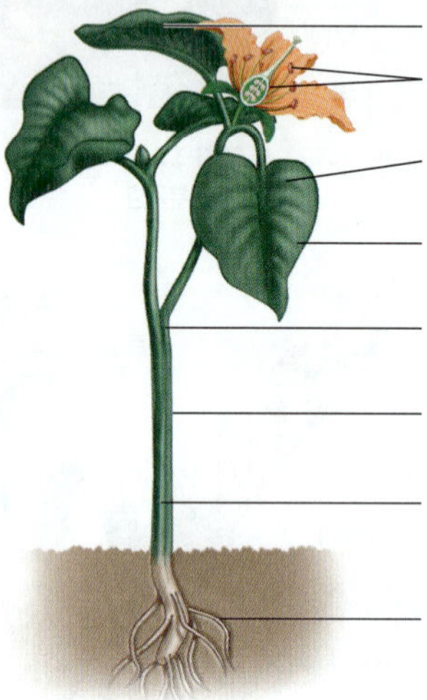

17.2 식물 다양성은 식물계의 진화적 역사를 반영한다. 선태식물에는 이끼, 붕어마름, 우산이끼 등이 있다. 관다발식물은 지지하는 전도조직을 가지고 있다. 양치류는 편모 정자를 가진 비종자 관다발식물이다. 종자식물은 정자를 운반하는 꽃가루를 가지고 있으며 종자 속의 배를 보호한다. 소나무 같은 겉씨식물은 솔방울에서 씨앗을 생산한다. 속씨식물의 씨앗은 보호 씨방 내에서 발생한다.

세대교번과 식물의 생활사(17.3~17.11)

17.3 식물의 생활사에서는 반수체와 이배체 세대가 번갈아 나타난다. 반수체 배우체는 유사분열을 통해 난자와 정자를 생성한다. 접합자는 감수분열을 통해 반수체 포자를 생성하는 이배체 포자체로 발전한다. 포자는 배우체로 성장한다. 이끼의 생활사는 배우체가 지배한다. 양치류는 대부분의 식물과 마찬가지로 포자체가 지배하는 생활사를 가지고 있다. 이끼와 양치류 모두 정자가 난자로 헤엄쳐 간다.

17.4 씨 없는 관다발식물은 광활한 '석탄 숲'을 지배한다.

17.5 꽃가루와 씨앗은 육지생활 적응의 핵심이다. 종자식물에서 생식에는 수분이 필요하지 않으며, 꽃가루는 수 배우체를 암 배우체에게 전달한다. 접합자는 포자체 배로 발달하고, 난자는 저장된 음식과 보호막을 가진 씨앗이 된다.

17.6 꽃은 속씨식물 생식의 핵심요소다. 꽃은 보통 꽃받침, 꽃잎, 수술(꽃가루 생성), 심피(난자 생성)로 구성된다.

17.7 속씨식물은 배우체가 꽃에 들어 있는 포자체다. 포자체는 독립적이며, 꽃 속에 작고 의존적인 배우체가 보호돼 있다. 난자는 씨앗이 되고 난소는 열매가 된다.

17.8 열매의 구조는 종자 분산 기능을 반영한다.

17.9 속씨식물은 우리를 지탱하고 식단에 풍미를 더한다.

17.10 동물에 의한 수분은 속씨식물의 진화에 영향을 미쳤다. 꽃은 색깔과 향기로 수분매개자를 유인한다. 방문한 수분매개자는 꿀과 꽃가루로 보상을 받는다.

17.11 식물 다양성은 세계 식량 공급의 미래에 필수적이다. 멸종과 서식지 파괴로 식물 다양성이 사라지면 잠재적인 농작물 종과 귀중한 유전자를 잃게 된다.

곰팡이의 다양성(17.12~17.19)

17.12 곰팡이는 음식물을 몸 밖에서 소화한 후 흡수한다. 곰팡이는 외부에서 먹이를 소화하고 그 결과 영양분을 흡수하는 종속영양생물(진핵생물)이다. 곰팡이는 일반적으로 균사체라고 하는 실 모양의 균사 덩어리로 구성된다.

17.13 곰팡이는 무성생식과 유성생식 주기 모두에서 포자를 생성한다. 일부 곰팡이에서는 반수체 균사의 융합이 두 부모의 핵을 포함하는 이핵체 단계를 만든다. 핵이 융합된 후 감수분열은 반수체 포자를 생성한다.

17.14 곰팡이는 다섯 가지 그룹으로 분류된다. 곰팡이는 원생생물의 조상으로부터 진화했다. 곰팡이 그룹에는 병꼴균, 항아리곰팡이, 내생근균류, 자낭균류 및 담자균류가 포함된다.

17.15 곰팡이는 생태계에서 매우 중요하다. 곰팡이는 필수 분해자이며 곰팡이뿌리를 만든다.

17.16 곰팡이는 많은 실용적인 용도를 가진다. 일부 곰팡이는 음식이나 항생제를 제공한다.

17.17 지의류는 곰팡이와 광합성 생물의 공생체다. 광합성을 하는 생물은 조류 또는 남세균이다.

17.18 뿌리곰팡이는 식물의 육상 정착에 도움을 주었을 것이다. 식물과 곰팡이의 공생이 육상식물의 진화를 촉진했다는 가설은 현재의 뿌리곰팡이와의 관계, 초기 육상식물의 화석, 분자 상동성 등 세 가지 증거를 조사해 검증한다.

17.19 기생성 곰팡이는 식물과 동물에 해를 끼친다 .

개념 연결하기

1. 이 약식 도표에서 네 가지 주요 식물 그룹과 세 가지 주요 분지점에서 주요 육상생활 적응의 특징을 알아보시오.

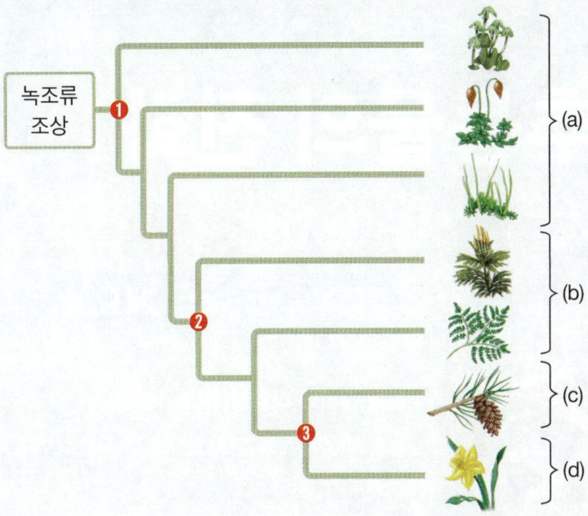

2. 사진에서 보이는 구름은 무엇인가? 각 구름과 관련된 생활사 단계를 설명하시오.

(a) 소나무, 겉씨식물 (b) 댕구알버섯, 곤봉곰팡이류

학습 평가하기

1단계 : 지식과 이해력 평가

3. 다음 중 씨앗이 있는 식물은 무엇인가?
   a. 붕어마름
   b. 석송식물
   c. 겉씨식물
   d. 선태식물
4. 다음 중 관다발식물은 무엇인가? (그렇게 생각하는 이유를 설명하시오.)
   a. 우산이끼
   b. 이끼
   c. 붕어마름
   d. 석송식물
5. 종자식물의 난자는 씨방에서 수정되고 난자는 ________(으)로 발달한다.
   a. 씨앗
   b. 포자
   c. 열매
   d. 포자체
6. 다음 중 곰팡이의 생활사 중 이배체 핵을 갖는 것은?
   a. 무성생식 중에 생성되는 포자
   b. 유성생식 중에 생성되는 포자
   c. 이핵세포
   d. 접합자
7. 다음 중 다른 모든 용어를 포함하는 용어는 무엇인가?
   a. 속씨식물
   b. 겉씨식물
   c. 관다발식물
   d. 양치식물
   e. 씨식물
8. 곰팡이의 생식 구조인 균사체를 구성하는 것은 무엇인가?
   a. 곰팡이뿌리
   b. 균사
   c. 가지
   d. 씨
9. 다음 중 버섯을 생산하는 곰팡이를 포함하는 그룹은 무엇인가?
   a. 접합균류
   b. 내생근균류
   c. 자낭균류
   d. 담자균류

2단계 : 응용과 분석력 평가

10. 육지에서의 생활과 물속에서의 생활에 대한 적응의 측면에서 씨식물과 조류를 비교해 보자.
11. 동물은 꽃식물의 번식을 어떻게 도울까? 동물은 어떻게 혜택을 받을까?
12. 곰팡이는 생태계에서 어떤 생태학적 역할을 할까?

3단계 : 종합평가

13. 트러플은 특정 나무 종과 곰팡이뿌리를 형성하는 자낭균류의 곰팡이로, 음식에 맛있는 향을 더해 미식가들에게 높은 평가를 받고 있다. 트러플은 땅속에서 자라기 때문에 찾기 어렵고, 사람의 코는 트러플을 찾을 수 있을 만큼 민감하지 않다. 하지만 많은 동물이 트러플을 잘 사냥하고 이 곰팡이를 열심히 섭취한다. 이 곰팡이는 왜 균류를 먹는 동물을 유인하는 향기를 내는 것일까?
14. 1986년 4월, 우크라이나 체르노빌의 원자력 발전소에서 발생한 사고로 방사능 낙진이 수백 마일에 걸쳐 흩어졌다. 방사선의 생물학적 영향을 평가할 때, 과학자들은 이끼가 특히 피해를 모니터링할 수 있는 유기체로서 가치가 있다는 것을 발견했다. 10.16절에서 언급했듯이, 방사선은 돌연변이를 일으켜 생물체에 손상을 입힌다. 다른 그룹의 식물에 비해 이끼에 대한 방사선의 유전적 영향을 관찰하는 것이 더 빠른 이유를 설명하시오. 원전 사고 직후에 실험을 하고 있다고 상상해 보자. 화분에 심은 이끼식물을 실험 유기체로 사용해 유기체가 방사선 공급원으로부터 멀어질수록 돌연변이의 빈도가 감소한다는 가설을 검증하는 실험을 설계하시오.
15. **과학적 사고** 17.18절에서 배운 것처럼, 뿌리곰팡이와의 공생관계는 현존하는 거의 모든 식물 계통에서 발견된다. 이끼는 주요 예외로, 대부분의 이끼는 근균과의 연관성이 없다. 뿌리곰팡이가 식물이 육상에서 군락을 형성하는 데 중요한 요소였다고 가정하고, 오늘날 이끼 계통에 뿌리곰팡이가 없는 이유를 설명하시오.

CHAPTER

18 다양한 무척추동물의 진화

핵심 개요

동물 진화와 다양성(18.1~18.4)

동물의 몸체계와 분자 데이터를 사용해 계통수를 구축할 수 있다.

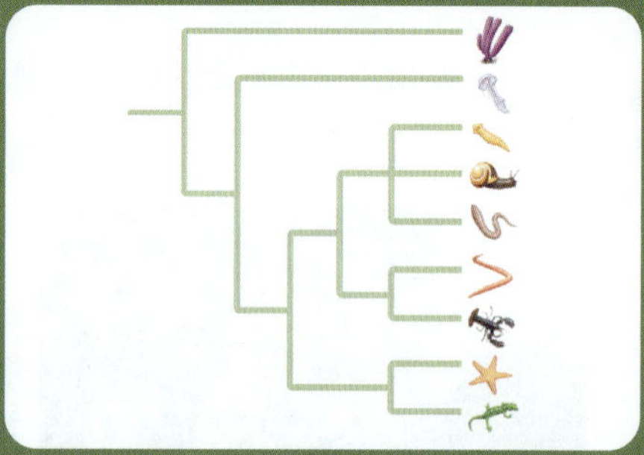

무척추동물 다양성(18.5~18.16)

이 장에서는 모든 동물의 압도적 다수를 차지하는 무척추동물에 대해 다룬다.

18.0 곤충은 동물 다양성의 훌륭한 예다

곤충의 종류가 엄청나게 다양하다는 사실을 알고 있는가? 곤충의 다양성은 모양과 크기, 서식지, 식습관, 짝짓기 습관 및 기타 특성에서 볼 수 있다. 예를 들어, 가장 길다고 알려진 종인 대벌레(walking stick)는 가장 작은 종인 기생벌(parasitic wasp)에 비해 3,500배가 넘는 엄청난 몸길이를 가지고 있다. 곤충은 어떤 식량자원도 먹을 준비가 돼 있다. 1마일 밖에서도 죽은 동물의 냄새를 맡을 수 있는 날파리는 도착한 지 몇 분 내에 알을 낳고, 이 알은 시체를 먹는 구더기로 부화한다. 화분에 물을 많이 주게 되면 축축한 토양에서 자라는 조류와 곰팡이를 먹는 곰팡이각다귀(fungus gnats)가 모여들 수 있다. 그리고 우유풀(milkweed)을 심으면 꽃에서 꿀을 빨아먹는 대왕나비(monarch butterflies)를 볼 수도 있다.

100만 종 이상의 이름을 가진 곤충은 동물 다양성의 대표적인 예다. 동물계에는 척추가 없는 무척추동물을 비롯해 약 35개의 문(phylum)이 있으나, 이 장에서는 대표적 9개의 동물 문만 살펴보고자 한다. 이들만 해도 산호에서 갑오징어 및 척삭동물에 이르기까지 눈부시게 다양한 형태를 만나게 될 것이다. 또한 곤충의 놀라운 성공 비결에 대해서도 볼 수 있을 것이다. 하지만 우선 동물이 무엇인지 정의해 보기로 하자!

동물 진화와 다양성

18.1 동물이란 무엇인가

동물은 (몇 가지 예외를 제외하고) 섭취를 통해 영양분을 얻는 다세포 종속영양성 진핵생물이다. **그림 18.1A**는 바위비단뱀이 가젤을 섭취하기 시작한 모습을 보여준다. **섭취(ingestion)**는 음식을 먹는 것을 의미한다. 이러한 영양 섭취 방식은 몸 밖에서 먹이를 소화한 후 영양분을 흡수하는 곰팡이와 대조된다. 동물은 먹이를 섭취한 후 체내에서 음식을 소화(digestion)한다. 먹이는 죽은 것일 수도 있고 살아 있는 것일 수도 있으며, 개체 전체일 수도 있고, 개체의 일부일 수도 있다.

동물은 또한 독특한 구조와 전문성을 가진 세포를 가지고 있다. 동물 세포에는 식물이나 곰팡이와 같은, 지지력을 제공하는 세포벽이 없다. 동물 세포는 세포의 구조 단백질과 독특한 유형의 세포연접(intercellular junction, 4.20절 참조)으로 붙어 있다. 구조 단백질로 가장 많은 것은 콜라겐(collagen)이다. 또한 가장 단순한 동물을 제외하고, 모든 동물은 움직임을 위한 근육 세포와 자극을 전달하는 신경 세포를 가지고 있다.

동물의 생식과 발생에는 독특한 특징이 있다. **그림 18.1B**의 불가사리의 생활사에서 볼 수 있듯이, 대부분의 동물은 이배체이며 유성생식으로 번식한다. 난자와 정자만 유일한 반수체 세포(haploid cell)다. ❶ 암수 성체는 감수분열을 통해 반수체 배우자(gamete, 생식세포)를 만들고, ❷ 난자와 정자는 융합해 접합자(zygote)를 생성한다. ❸ 접합자는 유사분열(mitosis)로 분열해 ❹ 초기 배아(embryo, 배)인 **포배(blastula)**를 형성하는데, 포배는 일반적으로 세포로 만들어진 속이 빈 공과 같은 형태다. ❺ 불가사리와 대부분의 동물에서는 포배의 한 쪽이 안쪽으로 밀려 들어가며 생긴 형태인 **낭배(gastrula)**를 형성한다. ❻ 낭배기(gastrulation) 중 만들어지는 안쪽 주머니는 소화관이 되며, **내배엽(endoderm)**으로 불리는 세포층이 소화관 내부를 감싸고 있다. 배아는 또한 동물의 외부를 덮는 세포층인 **외배엽(ectoderm)**을 가지고 있으며, 일부 동물 문에서는 외배엽에서 중추신경계(central nervous system)가 만들어진다. 대부분의 동물은 세 번째 배아 층인 **중배엽(mesoderm)**에서 근육과 대부분의 내장기관을 형성한다.

낭배기 이후 많은 동물은 바로 성체로 발달한다. 불가사리와 같은 동물들은 발달하는 동안 일단 ❼ 하나 이상의 **유충(larva)** 단계를 거친다. 유충이란 성체 동물과 다른 형태를 가진 미성숙 개체를 말한다. ❽ 유충은 성적으로 번식이 가능한 성충으로 신체형태가 바뀌는 **변태(metamorphosis)**라는 큰 변화를 겪는다.

접합자에서 성체 형태로의 발달은 여러 호미오유전자(homeotic gene)들이 모여 있는 유전자 클러스터에 의해 조절된다(11.8절과 15.11절 참조). 이들 주조절유전자(master control gene)에 대한 연구는 이 장에서 다루고자 하는 다양한 형태의 동물들의 계통발생학적 관계를 조사하는 데도 도움이 된다.

▲ **그림 18.1A** 동물의 생활 방식, 섭취

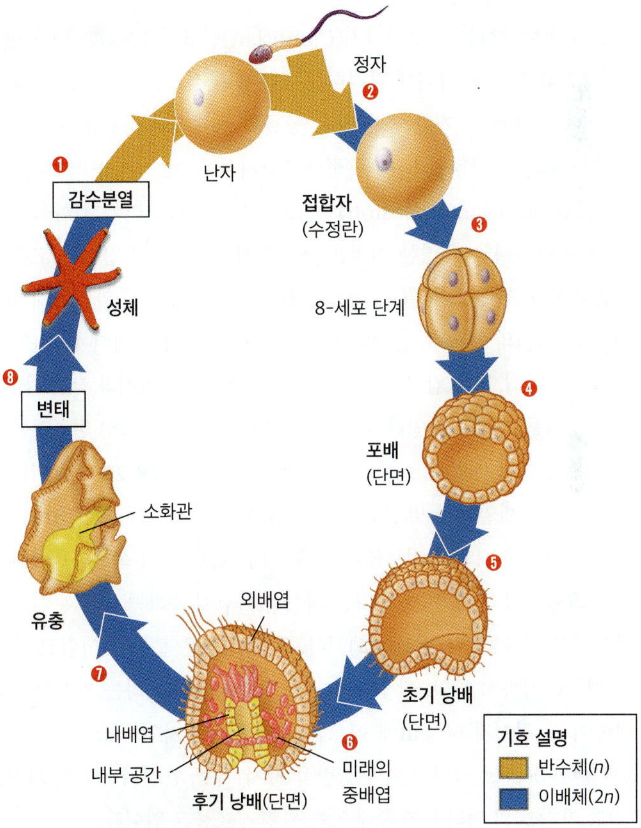

▲ **그림 18.1B** 불가사리의 생활사

시도해 보기 빈 종이에 동물의 발생 단계인 접합자-포배-낭배-유충의 단계를 적고 각 단계를 설명해 보자.

? 동물의 독특한 특징을 나열하시오.

■ 다세포 진핵생물, 음식 섭취(종속영양), 세포벽의 부재, 독특한 세포 연접, 신경 및 근육 세포(일반적으로), 유성생식과 독특한 배아 단계를 가진 생활사, 독특한 발생연관 호미오유전자, 생활사 중 생식세포만 반수체

18.2 동물의 다양화는 5억 년 전에 시작됐다

동물 계열은 약 7억 7,000만 년 전 단편모생물(unikont)의 조상으로부터 갈라진 것으로 추정된다. 이 조상생물은 동물의 가장 가까운 친척인 현대의 군락성 원생동물인 동정편모충류(choanoflagellate)와 유사했을 것이다. 그러나 이러한 초기 동물의 기원을 밝힌 분자생물학적 데이터에도 불구하고, 지금까지 발견된 가장 오래된 동물 화석은 약 5억 6,000만 년 전인 에디아카라기(Ediacaran) 말기의 화석이다. 이 화석은 1940년대에 호주의 에디아카라 언덕에서 처음 발견됐다. 이후 아시아, 아프리카, 북미에서도 비슷한 화석이 발견됐다. 이들은 모두 모양이 다양하고 길이가 1 cm에서 1 m에 이르는 부드러운 몸체를 가진 동물의 인상화석(impression)이다(**그림 18.2A**). 화석 중 일부는 해면동물(sponge)이나 자포동물(cnidarian)과 같이 오늘날에도 여전히 존재하는 무척추동물 그룹에 속하지만, 대부분은 어떤 생물체와도 연관성이 없는 것으로 보인다.

동물의 다양화는 캄브리아기(Cambrian)인 5억 3,500만 년 전에서 5억 2,500만 년 전 사이에 급격히 가속화됐던 것으로 보인다. 진화론적으로 매우 짧은 이 기간 동안 많은 동물의 몸체계와 새로운 동물 문에 속하는 화석이 나타났기 때문에 생물학자들은 이 시기를 캄브리아기 대폭발(Cambrian explosion)이라고 부른다. 캄브리아기 화석이 가장 많이 나타나는 유명한 지역은 브리티시컬럼비아의 입자가 고운 퇴적암층이다. 버제스셰일(Burgess Shale)은 잘 알려진 완벽하게 보존된 동물 화석의 보고다. 균일하게 부드러운 몸을 가진 에디아카라기 동물들과는 달리, 많은 캄브리아기 동물들은 껍질이나 가시와 같은 단단한 신체 부위를 가지고 있었다. 이러한 화석 중 다수는 확실히 현존하는 동물 그룹과 연관이 있다. 예를 들어, 과학자들은 **그림 18.2B**에 보여준 것처럼 버제스셰일에서 발견된 종의 1/3 이상을 절지동물(arthropod)로 분류했다(현재의 절지동물에는 게, 새우, 곤충 등이 속한다). 이 재구성한 그림에서 눈에 띄는 또 다른 화석은 사람이 속하는 동물 문의 초기 구성원인 척삭동물(Chordata)이다. 일부 화석은 분류가 어렵고, 일부는 이상하기까지 하다. 할루시게니아(*Hallucigenia*)라는 가시가 많은 생물이나, 길이가 60 cm에 이르는 강력한 포식자인 아노말로카리스(*Anomalocaris*, 그림의 왼쪽 절반을 차지)처럼, 완전히 기괴한 화석도 있다. 이 동물의 머리 아래쪽에 있는 원형 구조물은 입이다.

캄브리아기 대폭발의 원인은 무엇일까? 과학자들은 점점 더 복잡해지는 포식자-먹이 관계, 대기 중의 산소 증가 등 여러 가설을 제시했다. 그러나 급격한 다양화의 원인이 무엇이든, 복잡한 신체를 만드는 유전자인 일군의 호미오유전자가 이미 존재하고 있었을 가능성이 높다. 여러 동물 문에서 보이는 다양한 신체형태는 일반적으로 발달 중 배아에서 발현되는 호미오유전자의 위치와 시기와 관련이 있다(15.11절 참조). 동물 다양성의 진화와 관련된 이러한 주조절유전자의 역할은 18.13절에서 자세히 살펴볼 것이다.

Dickinsonia costata(폭 약 8 cm)

Spriggina floundersi(길이 약 3 cm)

▲ **그림 18.2A** 에디아카라 화석

▲ **그림 18.2B** 캄브리아기 초기의 화석을 바탕으로 그린 그림. 화석 할루시게니아(삽입)

(정확한 숫자에 대해 계통학자들의 의견은 분분하지만) 35개 정도의 동물 문 중 척추를 가진 **척추동물(vertebrate)**은 단 하나의 문으로 분류된다. 약 96%의 동물이 속하는 대부분의 동물은 척추가 없는 동물인 **무척추동물(invertebrate)**이다. 이제 생물학자들이 이 방대하고 다양한 동물을 분류하기 위해 사용하는 해부학적 특징 몇 가지를 살펴보자.

? 에디아카라기와 캄브리아기 동물 화석의 주된 두 가지 차이점은 무엇인가?

■ 에디아카라기 동물들은 모두 부드러운 몸체를 가졌고, 캄브리아기 동물들은 껍질과 같은 단단한 부분을 가졌다. 에디아카라기 동물 중에는 현존하는 동물과 분류학적 연관성이 있는 동물이 거의 없는 반면, 많은 캄브리아기 동물은 현존하는 그룹과 연관성이 뚜렷하다.

18.3 동물은 특징적인 기본 '몸체계'를 가진다

생물학자들이 동물을 분류하는 한 가지 방법은 몇 개의 일반적인 신체구조, 즉 '몸체계(body plan)'에 기초하는 것이다. 다음 절에서 다루겠지만, 생물학자들은 동물 그룹 간의 계통발생 관계를 유추할 때 몸체계의 차이를 살펴본다.

몸체계의 두드러진 특징 중 하나는 대칭성이다. **방사대칭(radial symmetry)**에서는 신체 부위가 자전거 바큇의 바큇살처럼 중앙에서 방사형을 이룬다.

좌우대칭(bilateral symmetry) 동물은 좌우가 거울처럼 대칭을 이루며, 뚜렷한 **앞쪽(anterior**, 머리), **뒤쪽(posterior**, 꼬리), **등쪽(dorsal**, 위쪽), 그리고 **배쪽(ventral**, 아래쪽)을 가지고 있다. 몸체계는 조직구조에서도 다양하다. 조직(tissue)이란 공통된 기능이나 구조 또는 기능과 구조 모두를 공유하는 세포들의 통합된 모임이다. 해면동물에는 조직이 없지만, 다른 동물에서는 낭배기 중 형성된 세포층(그림 18.1B 참조)이 조직과 기관을 형성한다. 3개의 배아 조직층을 가진 동물의 경우, 낭배기 중에 처음 만들어지는 구멍이 항문이나 입이 되는데, 이 역시 몸체계의 또 다른 특징이다.

대칭 유형

방사대칭동물은 중앙축에서 어떤 가상의 면으로 잘라도 거울 같은 이미지로 나뉠 것이다.

배아 발생

세 층의 조직층을 가진 동물은 배아발생 후기 양상에 따라 두 그룹으로 나뉜다. **원구동물**(protostome)은 낭배기에 처음으로 형성되는 구멍이 입으로 발달한다. **후구동물**(deuterostome)에서 이 구멍은 항문이 되며, 입은 두 번째 구멍에서 만들어진다(그림에서 보여주지 않음).

더불어, 세 조직층을 가진 대부분의 동물은 **체강**(body cavity)을 가진다.

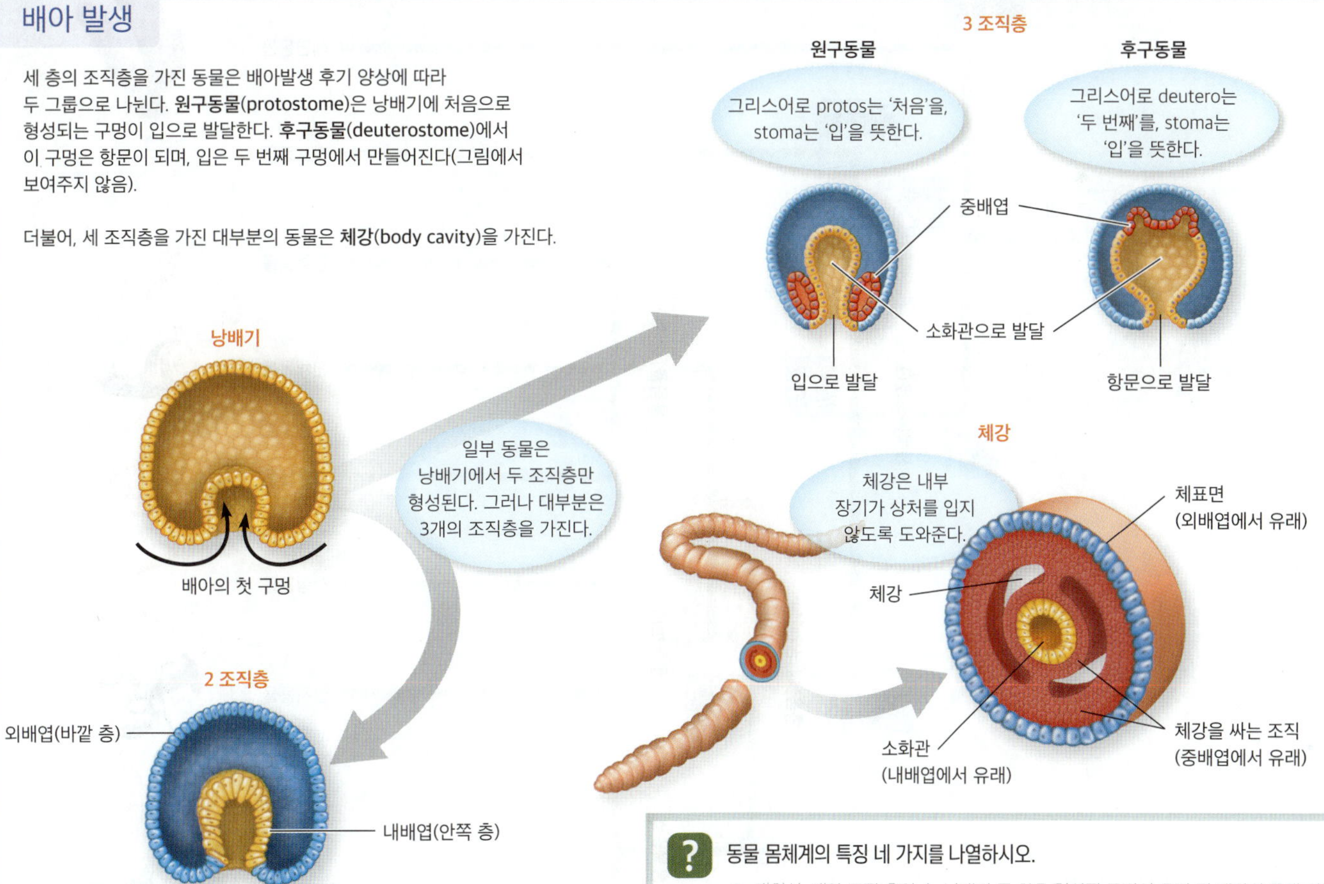

? 동물 몸체계의 특징 네 가지를 나열하시오.

■ 대칭성, 배아 조직 층의 수, 낭배기 중 처음 형성된 구멍의 운명 및 체강의 존재 여부

18.4 몸체계와 분자생물학적 결과를 바탕으로 동물의 계통수를 만들 수 있다

전통적으로 생물학자들은 몸체계의 특징과 화석 기록의 증거를 바탕으로 계통발생학적 분류를 했다. DNA염기서열분석과 같은 새로운 분자생물학적 데이터는 이러한 추정을 검증할 수 있는 새로운 기회를 제공했다. 그리고 과학자들은 새로운 최근 정보를 반영해 동물 계통수(phylogenetic tree)를 수정했다. **그림 18.4**는 9개의 주요 동물 문의 진화적 역사에 대한 최근 가설을 반영한 것이다.

그림 18.4의 맨 왼쪽에 있는 가상의 조상은 군락성 원생동물이다(16.19절 참조). 이 계통수의 각 분지점(branch point)은 공통파생형질(shared derived character)을 보여준다. 연대는 최근의 분자시계(molecular clock) 연구에 근거한 것이다(15.18절 참조). 첫 번째 분지점은 조직이 없는 해면동물과 조직을 가진 동물인 **진정후생동물**(**Eumetazoa**, '진정동물') 계통군의 분화다. 진정후생동물은 신체적 대칭성과 낭배기에 형성되는 세포 층의 수에 따라 2개의 뚜렷한 계열로 나뉜다. 자포동물(Cnidaria) 문의 구성원은 방사대칭이며, 2개의 세포 층을 가지고 있다. 대부분의 동물 문은 좌우대칭을 가진 **좌우대칭동물**(**Bilateria**)에 속한다.

좌우대칭동물은 촉수담륜동물, 탈피동물, 후구동물의 세 가지 주요 계통으로 분화됐다. 편형동물, 연체동물, 환형동물 및 그림에서 보여주지 않은 기타 많은 계통군을 포함하는 **촉수담륜동물**(**Lophotrochozoa**) 계통은 유전적 유사성을 기초해 분류됐다. 이 계통의 특이한 이름은 이 계통에 속하는 일부 동물 문의 먹이기관[예: 촉수관(lophophore)]과 연체동물과 환형동물에서 발견되는 담륜자유생(trochophore larva)에서 유래했다(그림 18.9B 참조). **탈피동물**(**Ecdysozoa**)에는 동물이 성장하기 위해 반드시 벗겨야 하는 외부 골격을 가진 선형동물과 절지동물이 포함된다. 극피동물이라는 명칭은 탈피(ecdysis)라고 불리는 이 껍질을 벗기는 과정에서 유래했다. 대부분의 촉수담륜동물과 극피동물은 발생 중 입이 먼저 생긴다. 극피동물과 척삭동물을 포함하는 **후구동물**(**Deuterostomia**)계열에 속하는 동물은 모두 발생 중 입이 나중에 생긴다.

이제까지 동물의 다양성을 정리하는 전체적 윤곽을 살펴보았다. 다음에서는 각 동물 문의 고유한 특징을 살펴보고 몇 가지 예를 살펴보고자 한다.

? 좌우대칭동물과 자포동물을 구분하는 공통파생형질은 무엇인가?

■ 좌우대칭

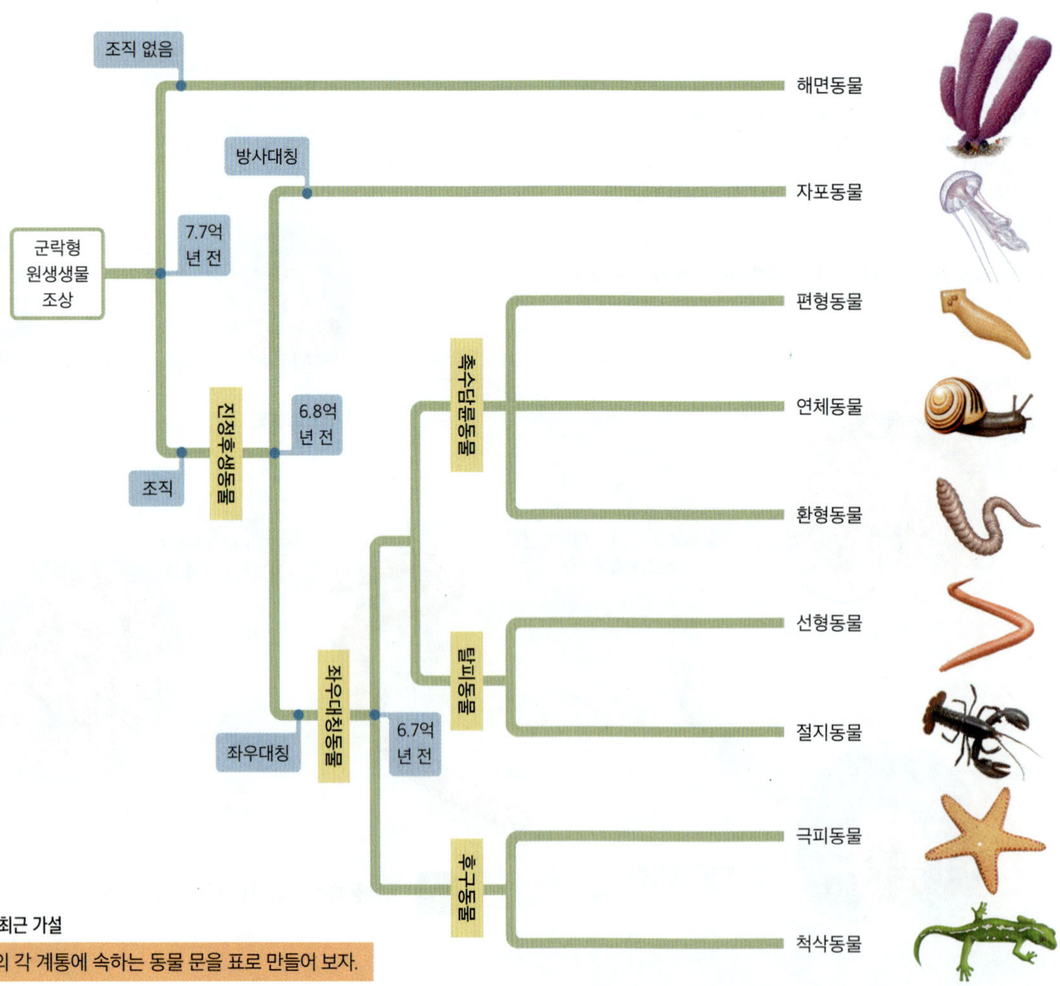

▲ **그림 18.4** 동물 계통발생의 최근 가설

시도해 보기 좌우대칭동물의 각 계통에 속하는 동물 문을 표로 만들어 보자.

18.5 해면동물은 비교적 단순하고 다공성인 몸체를 가지고 있다

해면동물(sponges)은 해면동물 문(phylum Porifera)의 모든 동물 중에서 가장 단순한 동물이다. 해면은 신경이나 근육이 없고, 개별 세포가 환경의 변화를 감지하고 반응할 수 있다. 대부분의 종은 해양에 서식하지만 일부는 민물에서도 발견된다. 일부 해면동물은 방사대칭이지만 대부분은 몸의 대칭이 없다. 해면동물의 크기와 내부 구조는 다양하다. 예를 들어, **그림 18.5A**에 표시된 보라색 관과 같은 해면동물은 높이가 1.5 m에 달할 수 있다. 높이가 약 1~3 cm에 불과한 작은 해면동물인 사이파(*Scypha*)의 몸체는 단순한 주머니처럼 생겼다. 하늘색 꽃병 해면동물은 체벽(body wall)이 불규칙하게 접힌 모양을 하고 있다.

단순한 해면동물은 구멍이 많은 두꺼운 벽으로 이루어진 주머니와 비슷하다(Porifera는 라틴어로 '구멍을 가진'을 의미한다). 물은 구멍을 통해 중심강(central cavity)으로 들어가고 더 큰 구멍을 통해 밖으로 흘러나온다(**그림 18.5B**). 더 복잡한 해면동물은 여러 갈래의 수로를 가지고 있다.

해면동물의 몸체는 젤라틴 영역으로 분리된 두 층의 세포로 구성돼 있다. 세포층을 이루는 세포들은 느슨하게 결합돼 있기 때문에 진정한 조직으로 간주되지 않는다. 구조가 단순함에도 불구하고, 해면동물의 특수 세포는 구조와 기능의 연관성을 잘 보여준다. 내부 세포층은 **동정세포(choanocytes**, 그림 18.5B의 황갈색 세포)로 불리는 편모를 가진 '칼라(collar)' 세포로 이루어져 있고, 이들은 물을 몸 바깥으로 쓸어 내는 데 도움을 준다. 유연한 단백질인 해면질(spongin)과 무기질 입자인 스피큘(spicules)로 이루어진 몸을 지탱하는 골격 섬유(노란색)는 몸 중간층을 돌아다니는 **아메바세포(amoebocyte**, 파란색)가 만든다. 대부분의 해면동물은 두 가지 유형의 골격 성분을 모두 가지고 있지만, 목욕용 스펀지를 만드는 일부 해면동물은 해면질만 가지고 있다.

해면동물은 먹이 포획 구조를 이용해 통과하는 물속 먹이를 먹는 동물로 대표적인 **부유물 섭식자(suspension feeder)**다. 해면동물은 다공성 몸을 통해 들어오는 물에 떠다니는 먹이를 모아 먹는다. 100 g 정도의 성장에 필요한 먹이를 얻기 위해 해면동물은 약 1,000 kg의 바닷물을 여과해야 한다. 동정세포는 편모바닥을 둘러싸고 있는 둥근 칼라 막에 점액질이 있다. 이 점액고리에 먹이가 부착되면 식세포작용(phagocytosis)으로 먹이를 삼킨다(5.9절 참조). 아메바세포는 동정세포로부터 식포에 포장된 먹이를 받아 소화한 후, 다른 세포에 영양을 전달한다.

해면동물 성체는 제자리에 고정돼 있는 **고착성(sessile)**으로 포식자를 피해 도망치지 못한다. 과학자들은 해면동물이 병원균, 기생생물 및 포식자를 제어하기 위해 독소 및 항생제와 같은 방어 화합물을 생성한다는 사실을 발견했다. 이러한 화합물 중 일부는 신약으로 유용할 수 있다.

생물학자들은 해면동물 계통이 동물계로 발달한 매우 초기의 다세포 생물이라고 생각한다. 해면의 동정세포와 현존하는 동정편모충의 세포는 유사하며(그림 16.19B 참조), 분자생물학적 증거 역시 해면동물이 군락성 원생동물 조상으로부터 진화했다는 것을 뒷받침한다. 해면동물은 조직을 가지고 있지 않기 때문에, 이 책에서 다루는 동물 문 중 유일하게 진정후생동물에 속하지 않는다. 다음 절에서는 가장 단순한 진정후생동물에 대해 다룬다.

? 해면동물이 동물계의 가장 초기에 출현한 동물이라고 생각되는 이유는 무엇인가?

■ 해면은 조직이 없으며, 동정세포는 편모를 가진 원생생물과 유사하다.

▲ **그림 18.5A** 해면동물 하늘색 꽃병 해면

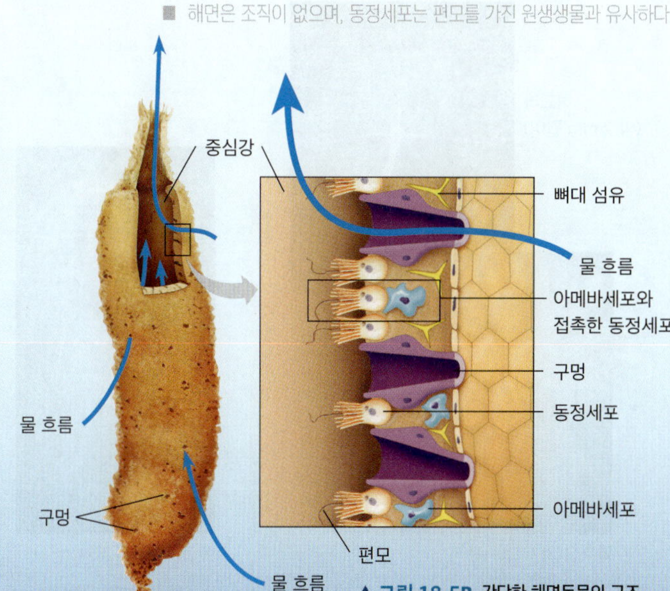

▲ **그림 18.5B** 간단한 해면동물의 구조

18.6 자포동물은 촉수와 자포세포를 가진 방사대칭동물이다

진정후생동물 중 가장 먼저 분화된 계통 중 하나는 히드라, 말미잘, 산호, 해파리 등이 속하는 자포동물 문이다. **자포동물(cnidarian)**은 방사대칭이고 2개의 조직층에서 유래한 몸체가 특징이다. 대부분의 자포동물은 바깥쪽 상피(epidermis)층과 소화강을 싸고 있는 안쪽 세포층(inner cell layer)으로 이루어진 단순한 몸체를 가지고 있다. 점액질로 채워진 중간구역에는 아메바형 세포가 흩어져 있기도 하다. 자포동물에는 가장 단순한 형태의 수축성 조직과 신경이 존재한다.

자포동물은 두 종류의 방사대칭 체형을 가지고 있다. 담수 연못과 호수에서 흔히 볼 수 있는 히드라류와 말미잘은 한쪽 끝에 촉수(tentacle)가 튀어나오는 원통형 몸체를 가지고 있다. 이러한 몸 구조를 **폴립형(polyp)**이라고 한다(**그림 18.6A**). 다른 유형의 자포동물은 **그림 18.6B**에서 해파리로 예시된 **메두사형(medusa)**이다. 폴립형은 대부분 고정돼 있는 반면, 메두사형은 물속에서 자유롭게 움직인다. 메두사형은 우산 모양의 아래쪽 가장자리에 촉수가 드리워져 있다. 일부 해파리(jellies)는 지름이 2 m 가까이 되는 우산모양의 끝에 60~70 m 길이의 촉수가 매달려 있지만, 대부분 해파리의 지름은 2~40 cm 정도다. 일부 자포동물은 폴립 단계와 메두사 단계를 순차적으로 거치는 생활사를 가지고 있기도 하다. 어떤 자포동물은 메두사형으로만 존재하며, 히드라나 말미잘 등과 같이 폴립형으로만 존재하는 것도 있다.

자포동물은 꽃처럼 보이지만, 촉수를 이용해 작은 동물이나 원생생물을 잡아먹는 육식동물이다. 폴립형의 입은 위쪽에 있고, 중앙에 방사형 촉수가 있다(그림 21.3A 참조). 메두사형은 몸의 중앙에 입이 있다. 입은 음식물이 소화되는 **위수강(gastrovascular cavity**, 라틴어로 gaster는 '복부', vas는 '혈관'을 의미)이라는 다기능 공간으로 연결된다. 입은 신체의 유일한 구멍으로, 소화되지 않은 음식물과 기타 노폐물이 배출되는 출구이기도 하다. 위수강 내 액체는 안쪽 세포에 영양분과 산소를 순환시키고 대사 노폐물을 제거한다. 즉, 위수강은 혈관 역할도 한다(23.1절 참조). 위수강 내 액체의 압력은 몸을 지탱하고, 물이 들어 있는 풍선처럼 자포동물의 체형을 만들어준다. 입을 다물어 위수강의 크기를 고정시킨 후, 체벽에 있는 근육 세포를 수축하면 몸을 짧게 또는 길게 만들 수 있다. 일부 폴립형은 이러한 수축으로 움직임을 만들 수 있다.

자포동물 문(phylum Cnidaria, 그리스어로 cnide는 '쐐기'를 의미)은 특징적인 쏘는 **자포세포(cnidocyte)**로 인해 붙여진 이름이다. 자포세포는 방어의 기능도 하고 먹이를 잡는 역할도 한다. 자포세포는 가느다란 실을 감아둔 캡슐을 가지고 있다(**그림 18.6C**). 이 실이 방사되면 먹이를 찌르거나 감을 수 있다. 일부 대형 해양 자포동물은 쏘는 실을 사용해 물고기를 잡는다. 상자해파리(cubozoan)라고 불리는 자포동물 그룹은 독성이 강한 자포세포를 가지고 있다. 호주 북부 해안에서 발견되는 바다말벌(sea wasp) 상자해파리는 지구상에서 가장 치명적인 생물이다. 한 마리가 최대 60명의 사람을 죽일 수 있는 독을 생산할 수 있다.

산호는 단단한 외부 골격을 분비하는 폴립형 자포동물(그림 37.4 참조)이다. 이전 세대의 골격 위에 다음 세대가 쌓아 올려지면서 우리가 산호초라 부르는 특징적인 형태의 '바위'를 만든다. 산호는 침식과 동물로부터 산호초 구조를 유지하기 위해 필요한 에너지인 당을 공생하는 조류로부터 얻는다.

? 자포동물의 위수강의 세 가지 기능은 무엇인가?

■ 소화, 순환(산소, 영양소, 노폐물 운반), 신체적 지지 및 운동 기능

히드라
(약 2 mm 길이)

말미잘(약 6 cm 폭)

▲ **그림 18.6A** 폴립형

해양 해파리(약 6 cm 폭)

▲ **그림 18.6B** 메두사형

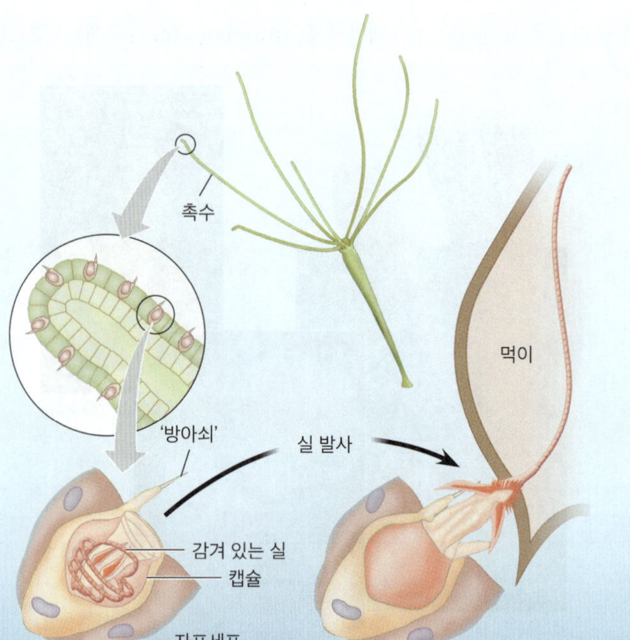

▲ **그림 18.6C** 자포세포 작용

18.7 편형동물은 가장 단순한 좌우대칭동물이다

편형동물 문(phylum Platyhelminthes, 그리스어 platys는 '납작한', helmis는 '지렁이'를 의미)의 **편형동물(flatworm)**은 좌우대칭동물 계열인 촉수담륜동물에 속한다. 다른 좌우대칭동물처럼 편형동물은 좌우대칭이며 3개의 조직층을 가지고 있다. 그러나 체강(body cavity)은 없다(18.3절 참조). 평편하며 종종 리본처럼 생긴 이 동물은 길이가 약 1 mm부터 20 m에 이르며 해양, 담수 및 습한 육상 서식지에 서식한다. 자유생활하는 동물도 있고 기생생물도 있다. 자포동물과 마찬가지로 대부분의 편형동물은 입구가 하나만 있는 위수강을 가지고 있다. 위수강의 섬세한 그물망으로 동물 전체에 먹이를 분배한다.

편형동물에는 크게 세 가지 그룹이 있다. 대표적인 **자유생활 편형동물(free-living flatworms)**은 플라나리아(planarians, **그림 18.7A**)로, 담수 연못이나 하천의 바위 밑바닥에 서식한다. 플라나리아는 머리 양쪽에 빛에 민감한 한 쌍의 눈술잔(eyecup)과 화학물질을 감지하는 덮개(flap)가 있고, 밀집된 신경세포 덩어리인 단순한 뇌와, 몸 전체의 작은 신경과 연결된 한 쌍의 신경삭(nerve cord)을 가지고 있다. 뇌, 감각 기관 및 입이 몸의 앞쪽에 위치한 것은 좌우대칭동물의 특징이다. 이러한 배열이 어떻게 이동을 도와주는지 생각해 보자. 동물은 이동할 때 머리가 먼저 나가므로, 눈과 다른 감각 기관이 먼저 환경과 접촉한다. 플라나리아는 의외로 몸의 중간 배쪽(그림과 같이)에서 돌출된 근육으로 이루어진 관 끝에 있는 입을 통해 먹이를 빨아들인다.

편형동물의 두 번째 그룹인 **흡충류(fluke)**는 다른 동물에 기생하는 기생생물이다. 많은 흡충류는 숙주에 부착하는 흡반(sucker)을 가지며 몸체는 튼튼한 보호 덮개가 싸고 있다. 이 동물의 거의 모든 내부는 생식 기관이 차지하고 있다.

많은 흡충류는 자손이 새로운 숙주에게 확산될 수 있도록 복잡한 생활사를 가지고 있다. 유충은 중간 숙주에서 발달한 후 최종 숙주를 감염하고, 최종 숙주에서 성충으로 살아간다. 예를 들어, 주혈흡충(schistosomes)이라고 불리는 혈액에 사는 흡충류는 생활사의 일부를 달팽이에서 보낸다. 최종 숙주는 사람이다. 이 기생충의 난자가 장기와 모세혈관을 막게 되면 심각한 증상을 겪는다. 미국에서는 주혈흡충이 발견되지 않았지만, 전 세계적으로 매년 2억 명 이상의 사람들이 이 기생충에 감염되고 있다.

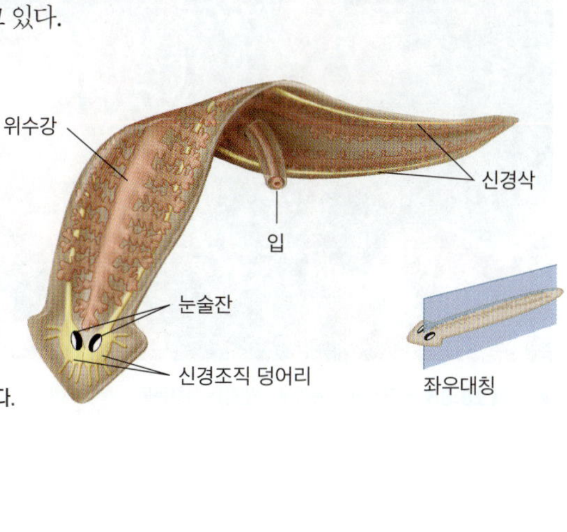

▶ **그림 18.7A**
자유생활 편형동물인 플라나리아. 대부분은 길이가 약 5~10 mm다.

촌충류(tapeworm)는 또 다른 기생성 편형동물 그룹이다. 촌충 성충은 사람을 포함한 척추동물의 소화관에 서식한다. 플라나리아나 흡충류와 달리, 대부분의 촌충은 반복적인 단위로 이루어진 매우 긴 리본 모양의 몸체를 가진다. **그림 18.7B**는 두절(scolex)이라고 불리는 앞쪽 끝을 보여준다. 갈고리와 흡반으로 무장된 두절은 **구조와 기능**의 좋은 예로 숙주의 창자 벽에 단단히 부착해 연동운동으로 음식물이 이동할 때 휩쓸리지 않는다. 입이 없는 것에 주목할 필요가 있다. 숙주의 장에는 부분적으로 소화된 음식물이 많아서, 촌충은 소화관이 없더라도 체표면을 통해 영양분을 흡수하기만 하면 된다. 영양분을 섭취하는 다른 동물과 달리, 이러한 기생생활에 적응한 촌충은 18.1절의 동물 정의에서 예외가 된다. 두절 뒤에는 암수 생식 구조로 채워진 단위구조가 반복적으로 연결돼 있는 긴 띠 구조를 가지고 있다. 뒤쪽에 있는 단위구조는 성숙한 알로 가득 차 있으며 대변과 함께 숙주의 몸 밖으로 배출된다.

기생성 흡충류와 마찬가지로 촌충은 복잡한 생활사를 가지고 있으며, 보통 2개 이상의 숙주를 가지고 있다. 대부분의 종은 숙주의 포식자-먹이 관계를 이용한다. 예를 들어, 양이나 토끼와 같은 종은 촌충 알이 오염된 풀을 먹을 때 감염될 수 있다. 이러한 숙주에서 발달한 촌충의 유충은 감염된 동물을 잡아먹는 포식자(예: 코요테 또는 개)를 감염한다. 성충은 감염된 포식자의 창자에서 발달한다. 사람이 현미경적 크기의 촌충 유충에 감염된 익지 않은 쇠고기, 돼지고기 또는 생선을 먹게 되면 촌충에 감염될 수 있다.

편형동물문은 흔히 벌레(worm)로 불리는 세 가지 주요 동물 문 중 하나에 불과하다. 다음 절에서는 회충에 대해, 18.10절에서는 체절성(segmented) 벌레에 대해 다룬다.

? 편형동물과 자포동물은 대칭이 다르다. 편형동물은 _______ 대칭이지만, 자포동물은 _______대칭이다. 그러나 두 문의 동물은 모두 _______을/를 가지고 있다.

■ 양측, 방사형, 위수강

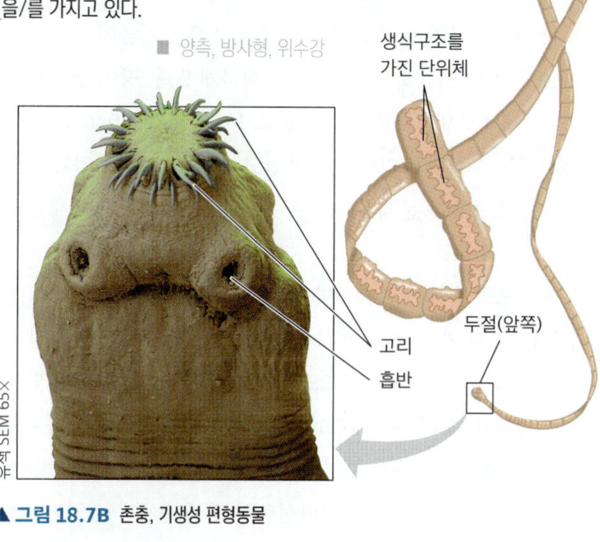

▲ **그림 18.7B** 촌충, 기생성 편형동물

18.8 선충류는 체강과 완전소화관을 가지고 있다

회충(roundworm)이라고도 불리는 **선충류(nematode)**는 선형동물문(plylum Nematoda)에 속한다. 좌우대칭동물인 이 동물은 3개의 조직층을 가진 배아를 갖는다. 편형동물과는 달리 회충은 액체로 채워진 체강과 2개의 열린 구멍을 가진 소화관을 가지고 있다.

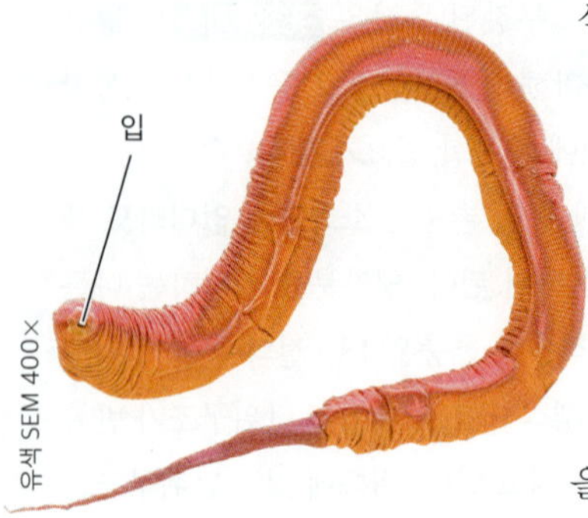

▲ 그림 18.8A 자유생활 선형동물

선충류는 머리가 뭉툭하고 꼬리가 가늘어지는 원통형태다. 선충의 크기는 1 mm 미만에서 1 m 이상까지 다양하다. 선충의 외부는 **큐티클(cuticle)**이라고 불리는 여러 겹의 질긴 물질이 몸을 덮고 있어 몸체가 마르는 것을 막아준다. **그림 18.8A**에서 코듀로이 코트처럼 보이는 것이 큐티클이다. 기생생물에서 큐티클은 숙주의 소화계로부터 선충을 보호하는 역할을 한다. 선충은 성장하면서 주기적으로 큐티클을 벗겨내고(탈피), 더 큰 새 큐티클을 만든다. 따라서 선충류는 좌우대칭동물 계통의 극피동물계통 동물에 속한다.

그림 18.8A에서 선충의 앞쪽 끝에 있는 뭉툭한 입을 볼 수 있다. 선충류는 입에서 꼬리 끝 근처의 항문까지 관처럼 뻗어 있는 **완전소화관(complete digestive tract)**을 가지고 있다. 음식물은 소화계의 한 방향으로만 이동되고 처리된다. 완전소화관을 가진 동물의 경우, 앞쪽 소화관은 음식물과 효소를 섞어주고, 뒤쪽은 영양분을 흡수한 후 노폐물을 처리한다. 소화관의 각 부분이 특정 기능에 특화되는 이러한 분업으로 소화 과정은 보다 효율적으로 작동하게 된다.

선충의 체강 내 액체는 소화관에서 흡수한 영양분을 몸 전체로 분배한다. 세로근육(longitudinal muscle)은 유압과 협동해 수축하며 채찍질 같은 움직임을 만들어낸다.

명명된 선충류는 약 2만 5,000종에 달하지만, 전체 종의 수는 50만 종에 이르는 것으로 추산된다. 선충은 썩은 유기물이 있는 곳이라면 거의 모든 곳에 서식하며, 그 수가 엄청나게 많다. 땅에 떨어져 있는 썩은 사과 1개에서 9만 마리가 발견됐고, 1에이커(약 4,046 m^2)의 표토(top soil)에는 수십억 마리의 선충이 살고 있다. 선충은 토양과 호수 및 바다 바닥에서 중요한 분해자다. 일부는 포식자로서 다른 미세한 동물을 잡아먹기도 한다.

연구모델 생물인 이쁜꼬마선충(*Caenorhabditis elegans*)을 제외하면 대부분의 자유생활을 하는 선형동물에 대해서는 알려진 바가 거의 없다. 사람은 무려 약 37조 2,000억 개의 세포로 이루어져 있지만, 이쁜꼬마선충의 성체는 단 1,000여 개의 세포로 이루어져 있다. 생물학자들은 발달 중인 배아에서 분열하는 모든 세포를 추적해 성충을 이루는 각 세포의 기원을 알아냈다. 꼬마선충의 전 유전체의 서열이 밝혀지면서, 유전자가 어떻게 동물의 발달, 신경계 기능, 심지어 일부 노화 기작까지 조절하는가에 대한 연구가 진행 중이다.

많은 선충류는 식물의 축축한 조직과 동물의 체액 및 조직에서 기생생물로서 번성한다(**그림 18.8B**). 알려진 가장 큰 선충은 고래에 기생하는 것으로 길이가 7 m 이상이다! 많은 종이 식물의 뿌리를 공격하거나 동물에 기생하는 심각한 농업 해충이다. 개의 심장사상충(heart worm)은 흔한 기생충으로, 개에게 치명적이며 고양이와 흰족제비 같은 다른 반려동물에게도 감염될 수 있다. 모기가 감염된 숙주의 피를 빨고 또 다시 다른 동물의 피를 빨면서 혈액에 있는 심장사상충 알이 전염된다. 개의 심장사상충 감염은 미국 전역에서 특히 남동부 지역에서 많이 발견된다. 예방약을 정기적으로 복용하면 개의 심장사상충은 예방될 수 있다.

사람은 최소 50종의 선충류의 숙주이며, 다수가 질병을 일으킨다. 예를 들어, 트리키넬라 스피랄리스(*Trichinella spiralis*)는 사람을 포함한 많은 포유류에게 선모충증(trichinosis)이라는 질병을 일으킨다. 사람들은 보통 덜 익힌 돼지고기나 어린 유충이 들어 있는 곰과 같은 야생동물을 섭취할 때 이 기생충에 감염된다. 고기를 적절하게 가열해 조리하면 유충을 죽일 수 있다. 또 다른 예로는 세계적으로 수백만 명의 사람들을 감염시키는 십이지장충(hookworms)이 있다. 십이지장충은 창자 벽에 달라붙어 혈액을 빨아먹는다. 길이가 약 1 cm 정도로 작지만, 십이지장충에 심하게 감염되면 심각한 빈혈을 일으킬 수 있다.

선형동물처럼 다양하고 널리 분포하는 동물들의 신체 형태는 매우 다양할 것이라고 예상할 수 있다. 그러나 사실은 그 반대로, 대부분의 종은 매우 비슷하게 생겼다. 이와는 대조적으로, 다음에 살펴볼 연체동물 문에 속하는 동물은 신체 형태가 매우 다양하다.

? 완전소화관의 장점은 무엇인가?

■ 소화관의 여러 부위가 기능에 따라 특화될 수 있다.

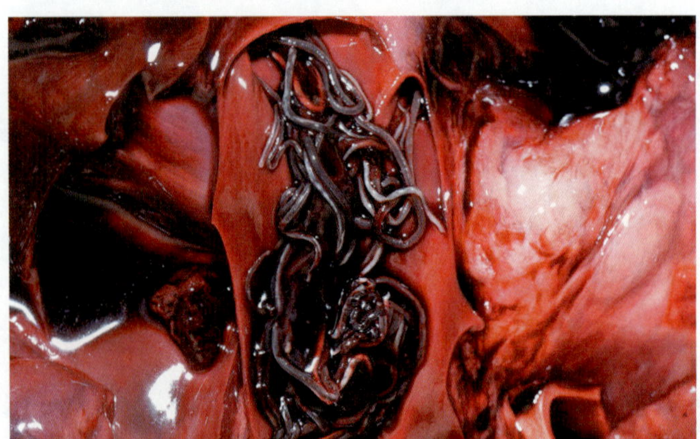
▲ 그림 18.8B 돌고래의 대동맥에 기생하는 선형동물

18.9 공통된 몸체계의 변형으로 다양한 연체동물이 만들어진다

달팽이, 굼벵이, 굴, 조개, 문어, 오징어는 연체동물 문(phylum Mollusca)으로 알려진 매우 다양한 동물 중 일부 예에 불과하다. **연체동물(molluscs**, 라틴어로 molluscus는 '부드러운'의 의미)은 연체라는 이름의 유래처럼 부드러운 몸을 가진 동물이지만 대부분 단단한 껍질에 의해 보호된다.

문어와 조개처럼 서로 다른 모양의 동물이 어떻게 같은 문에 속하는지 의아하겠지만, 문어와 기타 연체동물은 조상으로부터 유래한 몇 가지 유사성을 가지고 있다. **그림 18.9A**의 연체동물의 기본 몸체계를 보면, 운동 기능을 하는 근육질 **발(foot**, 그림의 회색), 대부분의 내장기관을 포함하는 **내장부(visceral mass**, 주황색), 조개와 달팽이 같은 연체동물에서 내장부를 덮고 껍질을 분비하는 주름진 조직인 **외투막(mantle**, 보라색)의 세 부분으로 이루어져 있다. 많은 연체동물에서 외투막은 내장부 바깥으로 확장돼 물로 채워진 외투강(mantle cavity)을 만드는데, 이곳에는 아가미(그림 18.9A의 왼쪽)가 들어 있다.

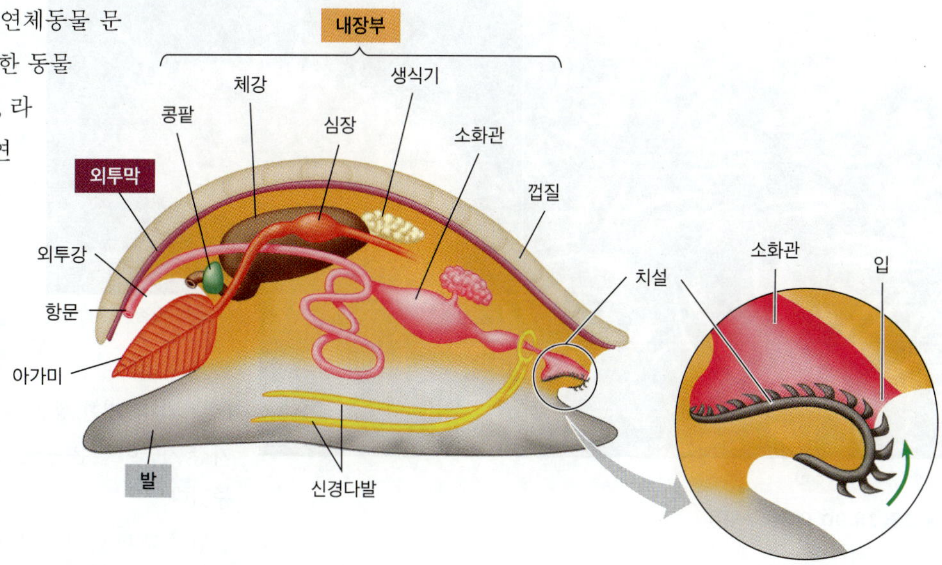

▲ **그림 18.9A** 연체동물의 일반적인 몸체계

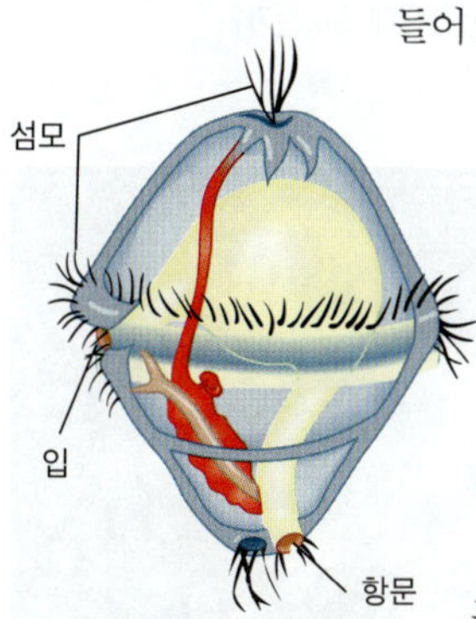

▲ **그림 18.9B** 담륜자 유충

그림 18.9A는 많은 연체동물에서 볼 수 있는, 먹이를 긁어모으는 **치설(radula)**이라는 독특한 기관을 보여준다. 예를 들어, 달팽이의 경우, 치설은 입에서 뻗어 나와 바위 위 조류를 포클레인처럼 앞뒤로 긁어모은다. 수족관 유리 벽에 붙은 달팽이가 풀을 뜯는 모습을 보면 치설이 어떻게 작동하는지 볼 수 있다.

대부분의 연체동물은 암수가 다르며, 생식기관은 내장부에 위치한다. 연체동물을 좌우대칭동물계열로 분류하는 이유는, 많은 해양 연체동물이 섬모충과 같은 유충기를 가지기 때문이다(**그림 18.9B**).

연체동물은 편형동물이나 선충류와는 달리 체강(그림 18.9A의 갈색)을 가지며, 복잡한 기관과 기관계를 가지고 있다. 예를 들어, 연체동물은 혈액을 펌프질해 영양분과 산소를 몸 전체에 분배하는 **순환계(circulatory system)**를 가지고 있다.

연체동물의 이러한 기본 신체구조는 여덟 가지 주요 계통군에서 현저히 다르게 진화했다. 가장 다양한 세 가지 계통군은 복족류(달팽이와 민달팽이 등), 이패류(조개, 가리비, 굴 등), 두족류(오징어와 문어 등)다.

복족류 연체동물 중 가장 큰 그룹은 **복족류(gastropod**, 그리스어로 gaster는 '복부'를, pod는 '발'을 의미)로 민물, 바닷물, 육지에서 발견된다. 사실 복족류는 육지에 사는 유일한 연체동물이기도 하다. 대부분의 복족류는 위협을 받을 때 몸을 보호할 수 있는 나선형 껍질을 가지고 있다. **그림 18.9C**에서 보는 육상 달팽이처럼 많은 복족류는 머리 위 촉수 끝에 눈이 있다. 육상 달팽이는 수생 연체동물에서 보이는 전형적인 아가미가 없으며, 대신 외투강의 내벽이 폐 역할을 해 공기와 가스를 교환한다.

대부분의 복족류는 해양성이며, 다양한 조개껍질을 가지고 있다. 그

바다 민달팽이(길이 약 5 cm)
육상 달팽이
▲ **그림 18.9C** 복족류

가리비(직경 약 7 cm)

홍합(길이 약 6 cm)

▲ **그림 18.9D** 이패류(부족류)

러나 민달팽이(slugs)는 특이하게도 진화 과정에서 외투막과 껍질을 잃었다. 그림 18.9C의 왼쪽에 있는 민달팽이의 길고 화려한 돌기는 아가미 역할을 한다.

이패류 **이패류(bivalve**, 부족류, 라틴어로 bi는 '2개'의 valva는 '문짝'을 의미)에는 조개, 굴, 홍합, 가리비 등 다양한 종이 속한다. 이들은 경첩으로 서로 맞물린 2개의 껍질을 가지고 있다. 대부분의 이패류는 부유물 섭식자다. 외투강에는 먹이활동과 기체교환에 사용되는 아가미가 있다. 점액으로 덮인 아가미는 물속에 떠다니는 미세한 먹이 입자를 붙들고 섬모가 입자를 입으로 쓸어 담는다. 대부분의 이패류는 모래나 진흙에 서식하며 고착생활을 한다. 근육질의 발은 땅을 파고 몸을 고정하는 데 사용될 수 있다. 홍합은 강하고 끈끈한 점액성 실을 분비해 바위, 부두, 선박 등에 부착한다(**그림 18.9D**). 그림 18.9D의 가리비는 장난감 가게에서 판매하는 기계식 인조 이빨처럼 껍질을 펄럭이며 바다 바닥을 이동할 수 있다. 경첩이 달린 2개의 껍질 사이 외투막의 가장자리에 여러 개의 눈이 있는 것을 볼 수 있다.

두족류 **두족류(cephalopod**, 그리스어로 kephale는 '머리'를, pod는 '발'을 의미)는 복족류나 이패류와 달리 빠르고 민첩한 포식자의 생활 방식에 적응했다. **그림 18.9E**의 앵무조개(chambered nautilus)는 오래된 두족류의 후손으로 외부 껍질을 가지고 있지만, 다른 두족류들은 껍질이 작고 (오징어처럼) 내부에 있거나, 아예 (문어처럼) 없기도 하다. 애완용 새를 키우는 경우, 칼슘 공급원으로 두족류 갑오징어의 '뼈'로 불리는 내부 껍질을 새장에 걸어놓기도 한다. 두족류는 부리와 같은 턱과 치설을 사용해 먹이를 부수거나 찢어 먹는다. 여러 개의 긴 촉수와 같은 발 안쪽에는 먹이를 포획하는 입이 있다.

그림 18.9E의 문어는 해저에서 게와 다른 먹이를 찾아 돌아다닌다. 또한 문어는 외투강으로 물을 끌어들인 다음, 근육질 사이펀을 통해 강제로 분출하면서 빠르게 이동할 수 있다. 많은 두족류와 마찬가지로, 문어는 인상적인 색 변화로 소통과 위장을 하며 놀랍도록 다양한 행동을 보여준다.

두족류가 이동성 포식자로서 성공할 수 있었던 것은 큰 뇌와 정교한 감각 기관 때문이다. 두족류의 눈은 동물계에서 가장 복잡한 감각 기관 중 하나다. 눈에는 빛을 집중시키는 수정체(렌즈)와 선명한 상을 맺는 망막을 가지고 있다. 문어는 무척추동물 중 가장 지능이 높은 동물로 꼽히며 실험실에서 놀라운 학습 능력을 보여주었다.

남극 대륙 근처 심해에 서식하는 대왕오징어는 무척추동물 중 가장 큰 동물이다. 과학자들은 대왕오징어의 전체 길이가 평균 약 13 m, 무게는 최대 500 kg에 달할 것으로 추정하고 있다. 팔과 2개의 확장 가능한 촉수에는 360도 회전할 수 있는 날카로운 갈고리가 달려 있어 먹이를 단단히 붙잡을 수 있다. 지름이 35 cm에 달하는 이 거대한 오징어의 눈은 동물계에서 가장 크다.

? 달팽이, 조개, 오징어는 각각 연체동물의 어떤 그룹에 속하는가?

■ 복족류, 이패류, 두족류

문어(껍질 없음)

앵무조개(지름 약 21 cm)

▲ **그림 18.9E** 두족류

18.10 환형동물은 체절을 가진 동물이다

고리가 연속적으로 붙은 것처럼 보이는 분절된 몸체는 촉수담륜동물의 세 번째 그룹인 환형동물 목(phylum Annelida, anellus는 라틴어로 '고리'를 의미)의 특징이다. 긴 몸체를 일련의 반복되는 단위인 체절로 나누는 **체절(segmentation)**은 복잡한 동물의 진화에 중추적인 역할을 했다. 체절화된 몸은 유연성과 이동성을 높여주며, 이동에 유리한 적응으로 인해 진화됐을 것이다. 전형적인 **환형동물(annelid)**인 지렁이는 유연한 체절로 이루어진 몸으로 땅속을 기어다니거나 파고 들어갈 수 있다.

그림 18.10A는 지렁이의 체절을 보여준다. 내부의 체강은 막으로 된 차단벽으로 분리돼 있고(여기서는 일부만 자세히 보여줌), 내부의 많은 신체 구조는 각 체절에서 반복된다. 신경계는 각 체절의 배쪽에 위치한 신경세포다발로 이루어진 배쪽신경삭(ventral nerve cord)과 단순한 뇌로 이루어져 있다. 액체 노폐물을 처리하는 배설기관(녹색)도 각 체절에서 반복된다(이 그림에는 몇 개만 표시됨). 그러나 입에서 항문에 이르는 소화관은 하나의 관으로 차단벽을 통과한다.

다음 절에서 다룰 예정인 대부분의 연체동물과 모든 절지동물을 포함하는 많은 무척추동물은, 조직과 기관이 잠겨 있는 공간으로 열린 혈관을 통해 체액이 순환되는, **개방순환계(open circulatory system)**를 가지고 있다. 반면 환형동물과 척추동물에서 몸 전체에 영양분과 산소를 분배하는 혈액은 혈관만 순환하는 **폐쇄순환계(closed circulatory system)**를 가지고 있다. 왼쪽 아래 그림에서 볼 수 있듯이 지렁이 순환계는 등쪽과 배쪽에 주된 혈관이 있고, 이것은 각 체절의 혈관과 연결돼 있다. 혈액을 순환시키는 '심장'은 단순히 확장된 등쪽 혈관과 앞쪽 체절에 위치한 5쌍의 혈관이다.

각 체절에는 세로근육(종주근)과 돌림근육(환상근)이 있고, 지렁이는 이 두 종류의 근육의 수축을 협동적으로 조절해 움직인다(그림 30.1D 참조). 근육은 각 체절의 체강 내 체액의 압력과 연동하며 움직인다. 또한 각 체절에는 구멍을 파는 데 견인력을 제공하는 네 쌍의 뻣뻣한 강모(bristle)가 있다.

지렁이는 암수한몸(hermaphrodite, 자웅동체)이다. 즉, 하나의 개체가 수컷과 암컷의 생식 구조를 모두 가지고 있다. 그러나 자신의 난자와 정자는 수정하지 않는다. 짝짓기를 하는 지렁이는 서로 반대 방향을 향하도록 몸을 정렬하고 정자를 교환한다. 수정은 바로 일어나지 않고, 그림 18.10A에서 보이는, 지렁이의 두껍게 보이는 특수 기관에서 점액으로 만든 고치가 분비될 때 일어난다. 고치는 지렁이를 따라 미끄러지면서 자신의 난자와 파트너로부터 받은 정자를 붙든다. 이후 떨어져 나온 고치는 땅에서 배 발생을 시작한다.

지렁이는 흙을 먹으며, 흙이 소화관을 통과할 때 영양분을 추출한다. 소화되지 않은 물질은 소화관에서 분비된 점액과 섞여 항문을 통해 대변으로 배출된다. 지렁이는 땅을 갈아주고 지렁이의 대변은 토양의 질

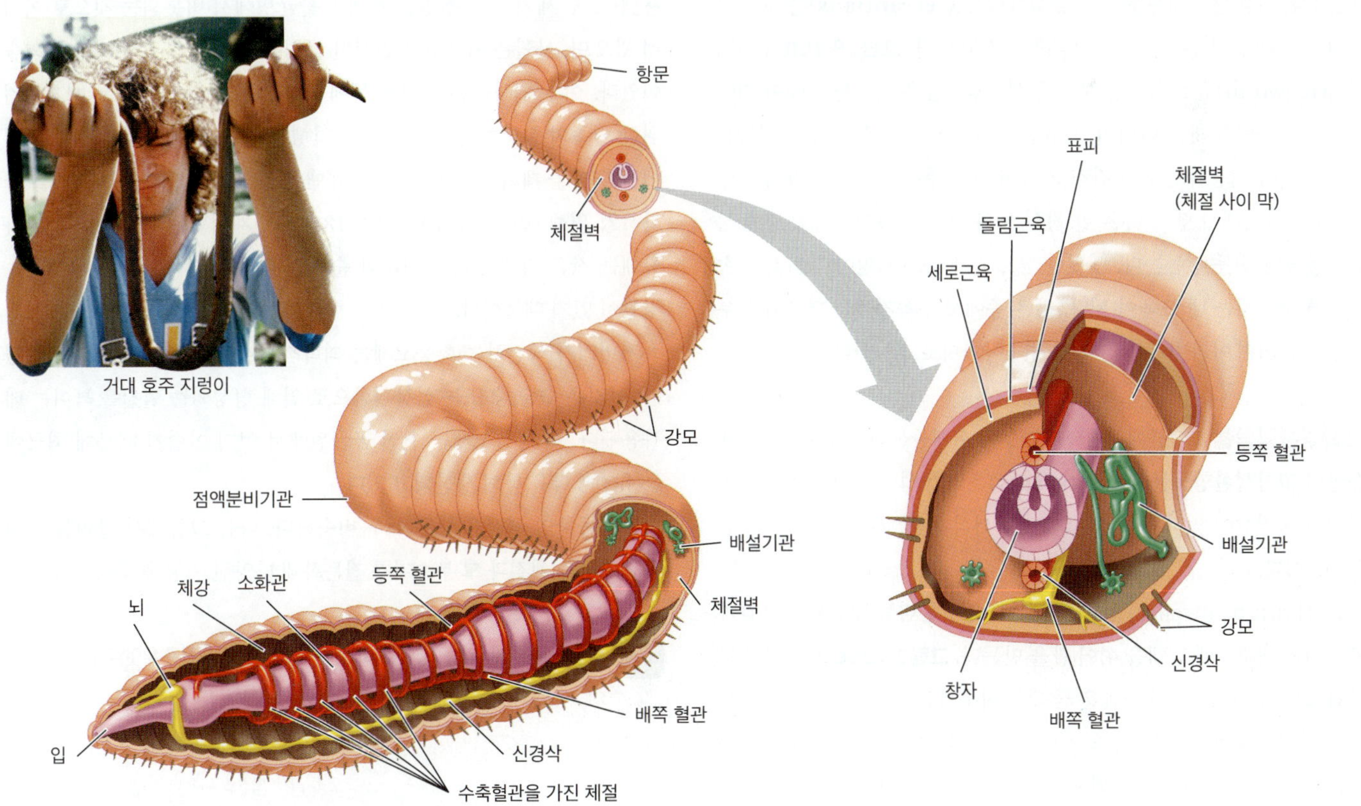

▲ 그림 18.10A 지렁이의 체절 및 내부 구조

모래지렁이

▲ **그림 18.10B** 이동성환형동물

환자의 피를 뽑는
의학적으로 유용한
거머리

군집성 관-서식 환형동물

▲ **그림 18.10C** 정착성환형동물

을 개선하므로 농부와 정원사에게 매우 중요하다. 다윈은 영국 농지 1에이커(약 4,000평방미터)에 약 5만 마리의 지렁이가 있으며, 연간 18톤의 배설물을 생산한다고 추정했다.

환형동물의 길이는 1 mm 미만에서 3 m(호주의 거대 지렁이)까지 다양하며, 습한 토양, 바다, 대부분의 담수 서식지에서 발견된다. 최근 분자학적 증거를 통해 환형동물의 두 가지 주요 계통군이 확인됐다. 이동성환형동물(Errantia, 고대 프랑스어로 errant는 '여행'의 의미)과 고착성환형동물(Sedentaria, 라틴어로 sedere는 '앉다'라는 뜻)이라는 이름에서 보듯이 매우 다른 생활 방식을 가지고 있다.

이동성환형동물 대부분의 **이동성환형동물(errantians)**은 해양성이며 활발하게 이동하는 생활 방식을 가지고 있다. **그림 18.10B**의 갯지렁이(ragworm)를 포함한 일부 이동성환형동물은 퇴적물 속에서 기어 다니거나 구멍을 파고 다니며, 자유롭게 헤엄치는 경우도 있다. 이들은 먹이를 찾아 이동하기 위한 감각 기관이 잘 갖추어진 머리를 가지고 있다. 각 팔다리에서 뻗어 나온 한 쌍의 노와 같은 부속지는 많은 이동성환형동물의 운동을 돕는다. 뻣뻣한 강모 부속지는 지렁이가 퇴적물 속에서 꿈틀거리는 데 도움이 된다. 많은 종에서 부속지에는 혈관이 풍부하게 공급되며 아가미와 연결돼 있거나 아가미로 기능한다.

고착성환형동물 이름에서 알 수 있듯이 환형동물의 또 다른 주요 계통군인 **고착성환형동물(sedentarians)**은 이동성에 비해 이동능력이 떨어지는 경향이 있다. 지렁이, 많은 관-서식 동물, 거머리는 고착성환형동물이다.

관-서식(tube-dweller) 동물은 탄산칼슘을 분비하거나 모래 조각과 부서진 조개껍질에 점액을 섞어 관을 만든다. **그림 18.10C**에 표시된 동물과 같은 일부 관-서식 동물은 군락을 이루기도 한다. 관의 입구에 보이는 깃털과 같은 촉수는 관 속 지렁이의 머리에서 나온다. 촉수는 부유하는 먹이 입자를 붙드는 점액으로 덮여 있으며, 또한 기체교환 기능도 한다.

거머리(leech)는 피를 빨아먹는 습성으로 악명이 높다. 그러나 대부분의 종은 달팽이나 곤충과 같은 작은 무척추동물을 잡아먹는 자유생활 육식동물이다. 대부분의 거머리는 민물에 서식하지만, 몇 종은 해양과 열대의 습한 땅에 서식한다. 거머리의 길이는 1~30 cm다.

일부 흡혈 거머리는 면도날 같은 턱을 이용해 동물의 피부를 찢는다. 거머리는 상처 부위에 마취제와 항응고제를 분비하기 때문에 숙주는 보통 이러한 공격을 느끼지 못한다. 거머리는 자신의 몸무게의 10배가 넘는 많은 양의 혈액을 빨아먹는다. 거머리는 한 번의 식사로, 몇 달 동안 먹지 않고 버틸 수 있다.

1920년대까지만 해도 의사들은 사혈을 제거하기 위해 거머리를 사용했다. 수 세기 동안 질병은 체액의 불균형에서 비롯되는 것으로 여겨져 왔으며, 사혈은 원래의 자연적인 균형을 회복하기 위해 고안된 의술이었다. 이후 의사들은 사혈을 몸에 쌓인 독소나 '나쁜 피'를 제거하기 위한 일종의 봄맞이 청소 정도로 생각했다. 여전히 거머리는 멍든 조직에서 혈액을 제거하거나, 수술 후 꿰맨 손가락이나 발가락의 부기를 완화하기 위해 종종 사용된다(그림 18.10C). 재접합된 손가락이나 발가락에는 작은 정맥이 다시 자라나 순환을 재개할 때까지 혈액이 고이는 경향이 있기 때문이다.

거머리가 생산하는 항응고제는 의학적으로도 유용한 것으로 입증됐다. 이것은 수술 중 또는 심장질환으로 인해 형성되는 혈전을 녹이는 데 사용된다. 이 항응고제는 천연 공급원에서 얻기 어렵기 때문에 최근에는 유전공학을 통해 생산되고 있다.

환형동물의 체절은 모두 매우 비슷하다. 다음 그룹에서 살펴볼 절지동물에서는 체절과 그 부속지가 전문화돼 다양한 기능을 수행한다.

? 촌충과 흡혈 거머리는 기생생물이다. 이 둘의 주요 차이점은 무엇일까?

■ 둘 다 반복되는 체절로 이루어져 있지만, 촌충의 체절은 대부분 생식 기관으로 채워져 있으며, 동물의 뒤쪽 끝에서 체절이 떨어져 나온다. 촌충은 체강이 없는 편형동물로 기생생활을 하며 위수강도 없다. 거머리는 체강과 완전한 소화관을 가지고 있다.

18.11 절지동물은 관절이 있는 부속지와 겉뼈대를 가진 체절동물이다

가재, 바닷가재, 게, 따개비, 거미, 진드기, 곤충과 같은 **절지동물**(**arthropod**)은 100만 종이 넘는 것으로 확인됐다. 생물학자들은 전 세계 절지동물 개체 수를 약 10억(10^{18}) 마리로 추정하고 있다! 종 다양성, 지리적 분포, 개체 수 측면에서 볼 때 절지동물은 가장 성공적인 동물 문으로 보인다.

이름이 말해주듯, 절지동물의 다양성과 성공은 주로 체절, 단단한 외골격, 관절로 연결된 부속지와 관련이 있다(arthron은 그리스어로 '관절', pod는 '발'을 의미). **그림 18.11A**의 바닷가재(lobster) 그림에서 볼 수 있듯이, 절지동물은 감각수용, 방어, 먹이활동, 보행 및 수영에 다양하게 적응된 부속지를 가지고 있다. 부속지를 포함한 절지동물의 몸을 보호하는 **겉뼈대**(**exoskeleton**, 외골격)로 덮여 있고, 겉뼈대는 부속지를 움직여주는 근육의 부착점을 제공한다. 외골격은 단백질과 다당류인 키틴(chitin)으로 단단하게 굳어진 무생물적 외피인 큐티클이다. 외골격은 뇌를 수용하고 보호하기 위해 머리 주위에는 두껍게 형성돼 있으며, 다리 관절과 같은 위치에서는 종이처럼 얇고 유연하다. 절지동물이 성장함에 따라 주기적으로 오래된 외골격을 벗고 더 큰 외골격을 만들어야 하는데, 이 과정을 **탈피**(**molting**, 또는 ecdysis)라고 한다. 절지동물은 선형동물과 함께 좌우대칭동물 계열에 속하는 탈피동물(ecdysozoan) 계열이다.

몸 전체에 비슷한 체절이 있는 환형동물과 달리, 대부분의 절지동물의 몸은 발생 과정에서 뚜렷한 그룹의 여러 개의 체절이 융합돼 만들어진, 머리, 가슴(흉부) 및 복부를 가지고 있다. 바닷가재를 포함한 일부 절지동물의 경우는, 머리와 가슴의 겉뼈대가 부분적으로 융합돼 머리가슴부(cephalothorax, 두흉부)라는 신체 부위를 형성한다. 각 체절 그룹은 각기 다른 기능을 가지도록 특화돼 있다. 가재의 머리에는 감각 더듬이, 눈, 그리고 배쪽에 여러 관절로 이루어진 입틀(mouthpart, 구부)이 있다. 가슴에는 한 쌍의 방어용 부속지인 집게(pincer)와 보행에 필요한 네 쌍의 다리가 있다. 복부에는 수영을 위한 부속지가 있다.

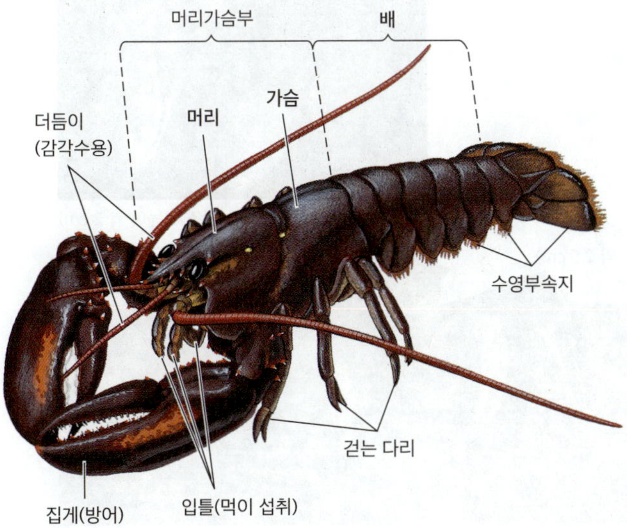

▲ **그림 18.11A** 절지동물인 바닷가재의 구조

대부분의 연체동물과 마찬가지로, 절지동물은 관 모양의 심장이 짧은 동맥을 통해 장기가 잠겨 있는 공간으로 액체를 순환시키는 개방순환계를 가지고 있다. 기체교환 기관은 다양하다. 대부분의 수생 생물은 아가미를 가지고 있으며, 육상 곤충은 몸 전체에 가지를 뻗고 있는 공기주머니를 가지고 있다(22.4절 참조).

화석과 분자 증거에 따르면, 살아 있는 절지동물은 진화 초기에 갈라진 세 가지 주요 계통(협각류, 다족류, 범갑각류)의 후손이다. 이 절의 그림은 각 계통의 대표적 동물을 보여준다.

협각류 그리스어로 '발톱'을 뜻하는 chele와 '뿔'을 뜻하는 keras의 합성어인 **협각류**(**chelicerates**)는 발톱 모양의 먹이활동 부속지 때문에 붙여진 이름이다. 협각류의 몸은 머리가슴부와 복부로 이루어져 있으며, 더듬이(antenna)가 없다. **그림 18.11B**는 미국 대서양과 걸프 연안에서 흔히 볼 수 있는 협각류인 말발굽게(horseshoe crab)를 보여준다. 수억 년 동안 거의 변화 없이 살아남은 이 종은, 약 3억 년 전 바다에 풍부했던 해양 협각류에서 유일하게 살아남은 '살아 있는 화석'이다.

살아 있는 대부분의 협각류는 전갈, 거미, 진드기(tick), 털진드기(mite) 등을 포함하는 **거미류**(**arachnid**, 주형강류)다. 전갈(**그림 18.11C**)은 야행성 사냥꾼이다. 전갈의 조상은 초기 육상식물을 먹는 초식성 절지동물을 잡아먹은, 최초의 육식동물 중 하나였다. 전갈은 방어와 먹이 포획을 위해 커다란 집게를 가지고 있으며, 꼬리 끝에는 독침이 있다. 전갈은 주로 곤충과 거미를 먹으며, 사람은 찌르거나 밟을 때만 공격한다. 사람에게 위험한 종은 몇 안 되지만, 그럼에도 불구하고 쏘이면 고통스럽다.

다양한 거미류 중 하나는 거미다. 거미는 곤충을 사냥하거나 복부에 있는 특수 샘에서 만들어지는 가는 거미줄에 곤충을 가둔다(그림

▲ **그림 18.11B** 말발굽게(최대 약 30 cm 너비)

아프리카 노란다리 전갈
(길이 약 11 cm)

검은 독거미
(폭 약 1 cm)

집먼지진드기
(길이 약 0.4 mm)

▲ **그림 18.11C** 거미류

18.11C, 중앙 참조). 진드기류는 거미류에 속하는 또 다른 큰 그룹이다. 그림 18.11C의 오른쪽은 집먼지진드기(dust mite)의 현미경 사진으로, 우리 가정에서 흔히 볼 수 있는 쓰레기처리자다. 카펫이나 침대 밑에 형성되는 먼지 뭉치 몇 cm^2에서 이 미세한 동물 수천 마리가 번식할 수 있다. 집먼지진드기는 전염병을 옮기지는 않지만 많은 사람이 알레르기를 가지고 있다.

다족류 **다족류(myriapod)**는 몸의 대부분에 걸쳐 반복되는 비슷한 모양의 체절이 있고, 겉으로 보아 환형동물과 비슷하지만, 관절이 있는 다리로 인해 절지동물로 구별된다. 이들은 모두 육상동물이다. **노래기류(millipede, 그림 18.11D)**는 체절당 두 쌍의 짧은 다리를 가지고 있으며, 썩은 식물체를 먹는다. **지네류(centipede, 그림 18.11E)**는 육식동물로 한 쌍의 독 발톱은 방어에 사용되거나, 바퀴벌레나 파리와 같은 먹이를 마비시키는 데 사용된다. 지네의 각 체절에는 한 쌍의 긴 다리가 있다.

범갑각류 최근 증거에 따르면 갑각류와 곤충은 하나의 계통군으로 추정되며, 계통학자들은 이 계통군을 **범갑각류(Pancrustacea)**라고 명명했다. **갑각류(crustacean)**는 거의 모두 수생동물이다. 수많은 따개비, 게, 새우, 가재와 바닷가재가 이 그룹에 속한다(**그림 18.11F**). 따개비는 탄산칼슘을 함유한 단단한 껍질인 큐티클을 가진 해양 갑각류로, 큐티클로 인해 한때 연체동물로 분류됐다. 따개비는 껍질에서 관절이 있는 부속지를 돌출시켜 물속에서 먹이를 걸러낸다. 대부분의 따개비는 바위, 배의 선체, 말뚝, 심지어 고래에도 부착을 한다. 따개비가 만들어내는 접착제는 지금까지 발명된 어떤 접착제보다 강력하다. 다른 갑각류로는 많은 물고기와 고래의 먹이인 작은 요각류(copepod)와 크릴(krill)이 있다.

다음 절에서는 다른 모든 절지동물을 합친 것보다 수가 더 많은 곤충을 살펴본다.

? 절지동물의 공통적인 특징을 나열하시오.

■ 체절, 외골격, 관절을 가진 특화된 부속지

◀ **그림 18.11D**
노래기류(길이 약 7 cm)

▲ **그림 18.11E** 인도 자이언트 호랑이 지네(길이가 16 cm에 달할 수 있음)

삿갓조개(높이 약 2 cm)

달랑게
(폭 약 2.5 cm)

▲ **그림 18.11F** 갑각류

18.12 곤충은 가장 성공적인 동물이다

진화 연관성 곤충의 진화적 성공은 다른 어떤 동물 집단과도 비교할 수 없는 수준이다. 100만 종 이상의 곤충이 확인됐으며, 이는 전체 동물 종의 거의 75%를 차지한다. 곤충학자들은 아직 전체 곤충 종의 절반도 확인되지 않은 것으로 생각하고 있으며, 일부에서는 3,000만 종까지 있을 수 있다고 주장하기도 한다. 곤충은 전 세계에 분포하며 열악한 육상 환경에서도 살아남을 수 있는 놀라운 능력을 가지고 있다. 민물 서식지에서도 곤충이 번성했지만, 갑각류가 지배적인 바다에서는 곤충이 많지 않다.

▼ **그림 18.12A** 유럽 코뿔소 딱정벌레의 완전변태

곤충의 놀라운 성공에는 어떤 특징이 있을까? 한 가지 해답은 다른 절지동물과 공유하는 특징(몸의 체절, 외골격, 관절로 연결된 부속지)에 있다. 다른 주요 특징으로는 비행, 방수 코팅된 큐티클, 복잡한 생활사 등이 있다. 또한 많은 곤충은 세대 주기가 짧고 많은 자손을 낳는다. 예를 들어, 가장 널리 분포하는 모기 종인 빨간집모기(*Culex pipiens*)는 세대 시간이 약 10일 정도이며, 암컷 한 마리가 일생 동안 수백 개의 알을 낳을 수 있다. 따라서 자연선택이 빠르게 작용해 생식 우위를 제공하는 대립유전자가 개체군에 빠르게 자리 잡을 수 있다.

왜 이렇게 곤충이 많을까?

생활사 곤충의 성공 인자 중 하나는 유충(larva)에서 성충으로 성장하는 동안 신체 형태가 다르게 바뀌는, 변태를 가지는 생활사다. 성충만이 성적으로 성숙하고 날개가 있다. 딱정벌레, 파리, 벌, 나방과 나비를 포함한 곤충 종의 80% 이상이 **완전변태(complete metamorphosis)**를 거친다. 유충 단계(나방과 나비의 유충인 애벌레, 파리 유충인 구더기 등)는 먹이를 먹고 성장하는 데 특화돼 있다. 유충은 성장하면서 일반적으로 여러 번 탈피를 하고 껍질에 둘러싸여 먹이를 먹지 않는 번데기(pupa)가 된다. 번데기 단계는 보관됐던 배아 세포 덩어리에서 성체 몸이 만들어지는 단계다. 번데기에서 태어난 성충은 생식과 분산에 특화돼 있다. 성충과 유충은 서로 다른 먹이를 먹기 때문에 더 넓은 범위의 자원을 이용할 수 있고 세대 간 경쟁을 피할 수 있다. **그림 18.12A**는 수컷의 머리에 있는 뿔 때문에 이름이 붙여진 장수풍뎅이(*Oryctes nasicornis*)의 유충, 번데기, 성충을 보여준다.

다른 곤충 종은 번데기를 형성하지 않고 여러 번의 탈피를 통해 유충에서 성충으로 전환하는 **불완전 변태(incomplete metamorphosis)**를 한다. 메뚜기와 바퀴벌레를 포함한 일부 종에서는 어린 형태가 성충과 비슷하다. 다른 종에서는 신체 형태와 생활 방식이 매우 다르다. 예를 들어, 잠자리의 유충은 수생이지만 성충은 육지에 산다.

조립식 몸체계 다른 절지동물과 마찬가지로 곤충도 머리, 가슴, 배라는 특수한 신체 구조를 가지고 있다(**그림 18.12B**). 이러한 구조는 발생 과정에서 배아 체절이 융합되면서 만들어진다. 발생 초기에는 배아 체절이 서로 동일하다. 그러나 서로 다른 체절에서 서로 다른 유전자가 발현되면서 체절이 분화되고, 3개의 뚜렷한 신체 부위와 더듬이, 입틀, 다리, 날개(11.8절 참조)를 포함한 다양한 부속지가 생겨난다. 곤충의 몸체계는 본질적으로 조립식(modular)이다. 배아의 각 체절은 다른 체절과 독립적으로 발달하는 별도의 구조물이다. 그 결과, 호미오유전자 발현을 변화시키는 돌연변이는 다른 체절에는 영향을 주지 않고 특정 체절이나 그 부속지의 구조를 변화시키게 된다. 예를 들어, 메뚜기의 진화 중 가슴 체절 하나에서 일어난 유전 **정보**의 변화로 특수하게 뛰는 다리가 만들어졌지만, 이 변화는 다른 2개의 다리를 만드는 체절에는 영향을 미치지 않았다. 날개, 더듬이, 입틀 모두 비슷한 방식으로 진화했는데, 호미오유전자의 발현 시기와 위치의 변화로 독립적인 체절이 특화된 것이다(15.11절 참조). 곤충의 놀라운 다양화의 대부분은 특수한 기능에 적응한 부속지의 변형에서 비롯됐다.

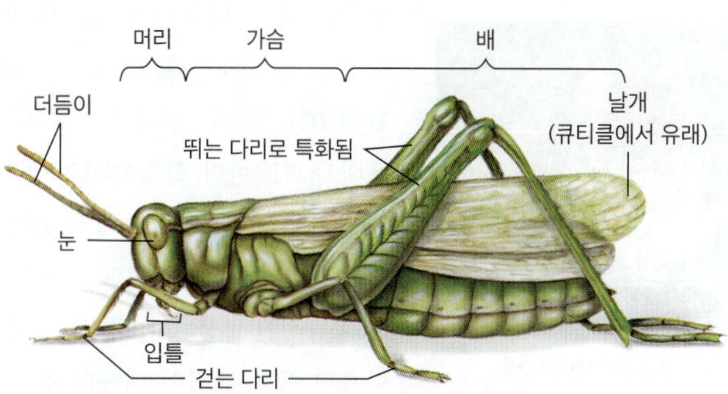

▲ **그림 18.12B** 메뚜기에서 볼 수 있는 곤충의 조립식 몸체계

▲ **그림 18.12C** 놀라운 유사성

머리에는 일반적으로 한 쌍의 감각 더듬이, 한 쌍의 눈, 여러 쌍의 입틀이 있다. 입틀은 특정 종류의 먹이에 적합하도록 적응됐다. 예를 들어, 식물을 씹거나(메뚜기), 먹이를 물고 찢거나(사마귀), 체액을 빨아먹거나(집파리), 식물(진딧물)이나 동물(모기)의 체액을 빨아먹는 등이다. 꽃식물(flowering plants)이 등장하면서 꿀을 먹는 적응이 유리해졌다(17.10절 참조). 이러한 입틀의 다양성으로, 곤충은 생각할 수 있는 거의 모든 먹이를 이용하게 됐다.

대부분의 성충은 걷기, 뛰기, 먹이 잡기, 땅을 파거나 물 위에서 노를 젓는 데 적응할 수 있는 세 쌍의 다리를 가지고 있다. 곤충은 날 수 있는 유일한 무척추동물이며, 대부분의 성충은 한 쌍 또는 두 쌍의 날개를 가지고 있다(벼룩과 같은 일부 곤충은 날개가 없다). 분산 가능하고 포식자를 피할 수 있는 효과적인 수단인 비행은 곤충의 성공에 중요한 요인이었다. 곤충의 날개는 큐티클이 확장된 것으로, 다리와는 무관하다. 이와 대조적으로 새와 박쥐의 날개는 팔이 변형된 것이다. 결과적으로 이 동물들은 한 쌍의 걷는 다리를 가지므로 일반적으로 땅 위에서는 서툴다.

보호색 많은 곤충 그룹에서 신체 구조의 적응은 보호색과 연관이 있다. 곤충을 포함한 많은 동물은 배경과 조화를 이루는 색 패턴으로 위장을 한다. 하지만 곤충은 더듬이, 다리, 날개, 몸통을 변형하는 정교한 변장도 한다. 나뭇가지, 잎, 새 배설물 등을 닮은 곤충들이 그 예다(**그림 18.12C**). 일부는 심지어 척추동물을 흉내 내기도 한다. **그림 18.12D**의 '뱀'은 실제로는 매나방(hawk moth) 나비류에서 흔히 볼 수 있다. 등쪽의 색은 효과적인 위장이다. 하지만 교란을 받으면 몸을 뒤집어 배쪽의 뱀 같은 눈을 드러내고, 심지어 더 잘 속이려 가슴을 부풀린다. 척추동물의 눈을 닮은 '눈점'은 여러 나방과 나비류에서 흔히 볼 수 있다. **그림 18.12E**는 일반적으로 부엉이나비(owl butterfly)로 알려진 속의 한 구성원을 보여준다. 이 큰 '눈'이 번쩍이면 잠재적 포식자들을 놀라게 한다. 다른 종의 경우, 눈반점은 포식자의 공격을 중요한 신체 부위에서 벗어나게 한다.

▲ **그림 18.12D** 매나방 유충

이 복잡한 색채 패턴이 어떻게 진화됐을까? 눈점이 진화하는 유전학적 메커니즘은 특수한 부속지가 진화하는 메커니즘과 매우 유사하다는 것이 밝혀졌다. 나비 날개는 배아의 체절과 유사한 조립식 구조를 가지고 있다. 각 부분은 다른 부분과 독립적으로 변화할 수 있으므로 독특한 패턴을 가질 수 있다. 그리고 부속지의 전문화와 마찬가지로, 눈반점도 발달 과정 중 다양한 패턴의 호미오유전자 발현으로 인해 발생한다.

다음 절에서 다룰 것으로, 생물학자들은 곤충의 몸체계의 진화 연구를 통해 생명체의 놀라운 다양성을 만들어낸 유전학적 메커니즘에 대한 귀중한 통찰력을 얻게 됐다.

? 불완전변태와 완전변태를 비교하시오.

■ 완전변태에는 번데기 단계가 있고, 불완전변태에는 번데기 단계가 없다.

▲ **그림 18.12E** 부엉이나비(왼쪽)와 긴귀부엉이(오른쪽)

18.13 동물의 몸을 만드는 유전자는 오래된 유전자다

과학적 사고 특수한 부속지를 가지는 엄청나게 다양한 독특한 체절을 가진 절지동물의 몸체계는 이 동물 문의 진화적 성공에 핵심적인 요소다. 이 몸체계는 어떻게 진화했을까? 과학자들은 동물의 발달을 지시하는 주조절유전자인 호미오유전자를 비교해 테스트할 수 있는 몇 가지 가설을 세웠다. 한 가설은 호미오유전자의 수가 증가하면서 절지동물의 체절과 부속지 유형이 다양해졌다는 것이다. 이 가설에 따르면 절지동물의 조상은, 적은 수의 호미오유전자에 의해 발달이 조절돼 소수의 체절 유형을 가지고 있었고, 새로운 체절 및 부속지 유형은 절지동물 계열에서 유래한 새로운 호미오유전자에 의해 생겨났다는 것이다.

이 가설을 검증하기 위해, 한 과학자 팀은 절지동물과 이들의 가장 가까운 친척인 우단지렁이(velvet worm)의 호미오유전자를 비교했다. 우단지렁이는 이 책에서 다루지 않은 작은 동물 문 중 하나에 속한다. 우단지렁이는 통통한 더듬이와 짧고 동일한 보행에 사용되는 많은 부속지를 가지고 있다. **그림 18.13A**에서 볼 수 있듯이 절지동물과 우단지렁이는 공통 조상의 후손으로, 동일한 호미오유전자 세트를 물려받았다. 연구 결과 우단지렁이는 절지동물과 같은 호미오유전자 세트를 가지고 있었고, 계통이 나뉜 후에도 유전자가 추가로 만들어진 것은 없었다. 따라서 연구진은 절지동물의 체절 다양성은 새로운 호미오유전자의 출현으로 인한 것이 아니라는 결론을 내렸다.

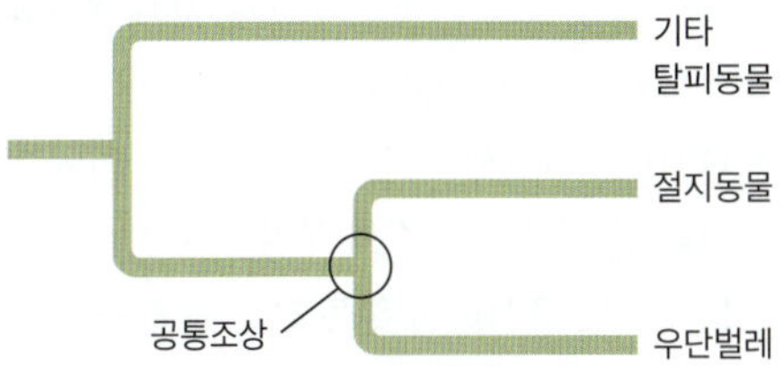

▲ **그림 18.13A** 우단지렁이와 절지동물의 관계

또 다른 가설은 호미오유전자 발현 조절의 변화, 즉 유전자의 전사(transcription)와 단백질로의 번역(translation)이 일어나는 시간과 장소의 변화가, 절지동물의 체절 및 부속지 형태의 다양성을 가져왔다는 것이다. 이러한 발생 중 유전자의 발현 변화는 상당한 형태학적 변화를 초래하는 것으로 알려져 있다(15.11절 참조).

이 가설을 검증하기 위해 과학자들은 지네와 우단지렁이의 배아에서 유전자 발현 패턴을 비교했다(**그림 18.13B**). 그림의 녹색으로 염색된 지역은 부속지 형성에 관여하는 호미오유전자의 발현 양상으로, 지네류와 우단지렁이뿐만 아니라, 광범위한 분류군 모두에서 비슷한 패턴으로 발현된다. 붉은색으로 염색된 신체 부위는 절지동물과 그 가까운 동물에게만 있는 2개의 호미오유전자 발현 패턴이다(녹색과 빨간색이 겹치는 부분은 노란색으로 표시된다). 그림에서 보듯이 우단지렁이는 몸의 뒤쪽 끝에만 붉은 유전자가 발현된다. 지네와 다른 절지동물을 살펴보면, 유전자 발현 위치와 각기 다른 체절 유형 사이의 경계가 일치한다. 예를 들어, 지네의 T1 체절에서는 독집게가 발생하고, T2 체절에서는 첫 번째 다리가 만들어진다. 이 결과는 절지동물의 다양화가 호미오유전자 발현 조절의 변화로 일어났다는 가설을 뒷받침한다.

이러한 실험은 새로운 구조와 새로운 유형의 동물의 진화가 일어나는 데 새로운 유전자를 필요로 하는 것은 아니라는 것을 보여주었다. 즉, 새로운 형태를 만들어내는 유전적 차이는, 이미 존재하는 호미오유전자가 발현되는 시기와 위치를 조절하는 DNA 조각에 있다는 것이다. 동물의 형태를 결정하는 것은 유전자 존재 유무가 아니라 유전자의 발현 양상이다.

다음 절에서는 동물계에서 가장 기이한 신체 형태인 별모양, 공모양, 관모양을 가진 극피동물 문을 다룬다.

? 과학자들은 우단지렁이와 절지동물이 동일한 세트의 호미오유전자를 공유한다는 사실을 발견했다. 이 결과로 어떤 결론이 도출됐을까?

■ 다양한 절지동물 체절 유형의 진화는 새로운 유전자가 생겨났기 때문이 아니다.

▲ **그림 18.13B** 지네와 우단지렁이의 배아에서 호미오유전자의 발현(T1과 T2 체절은 염색된 배아에서 뚜렷하게 구별된다.)

18.14 극피동물은 가시가 있는 피부, 속뼈대 그리고 움직임을 위한 수관계를 가지고 있다

불가사리, 모래성게, 성게와 같은 **극피동물(echinoderm)**은 움직임이 느리거나 고착성 해양동물이다. 대부분은 성체가 되면 방사대칭을 이룬다. 예를 들어, 불가사리는 외부와 내부 모두 수레바퀴의 바큇살처럼 중앙에서 방사형으로 뻗어 나오는 구조를 가진다. 그러나 유충 단계는 좌우대칭으로, 극피동물이 자포동물이나 좌우대칭이 절대 나타나지 않는 다른 동물과는 밀접한 관련이 없다는 것을 말해준다.

그리스어의 echin은 '가시'를, derma는 '피부'를 뜻하는 명칭에서 알 수 있듯이, 극피동물 문에 속하는 불가사리나 성게와 같은 동물들은 돌기나 가시를 가지고 있다. 이들은 동물의 얇은 피부 아래에 **속뼈대(endoskeleton**, 내골격) 또는 내부 골격을 형성하는 단단한 칼슘 함유 판에서 만들어진 것이다.

극피동물의 독특한 **수관계(water vascular system)**는, 관족(tube feet)이라고 불리는 돌출된 다리 끝까지 뻗어 있는, 물로 채워진 통로의 네트워크다(**그림 18.14A**). 관족은 운동, 먹이활동, 기체교환 기능을 한다. 불가사리는 흡입 빨판과 같은 관족을 사용해 해저에서 천천히 몸을 이동한다. 입은 몸의 중앙에 위치하고 있다. 불가사리가 좋아하는 먹이인 굴이나 조개를 만나면, 관족으로 양쪽 조개껍질을 움켜쥐고 이들의 근육이 지쳐서 껍질이 열릴 때까지 잡아당긴다(**그림 18.14B**). 그런 다음 불가사리는 위(stomach)를 바깥으로 꺼내 껍질이 열린 조개 안으로 밀어 넣는다. 불가사리의 위는 연체동물 껍질 안에 있는 부드러운 먹이를 소화하고, 식사가 끝나면 불가사리는 빈 껍질에서 위를 빼낸다.

불가사리를 비롯한 일부 극피동물은 기관의 재생이 가능하다. 팔 하나가 떨어져도 쉽게 다시 재생된다.

불가사리와는 달리 성게는 구형이며 팔이 없다. 하지만 성게는 지구본처럼 생긴 몸통에 작은 구멍을 통해 돌출되는 다섯 줄의 관족을 가지고 있다. **그림 18.14C**를 자세히 보면 성게의 등뼈 사이에 실처럼 긴 관족이 돌출돼 있는 것을 볼 수 있다. 성게는 관족을 밀면서 움직인다. 성게는 또한 운동을 돕는 척추를 회전시키는 근육을 가지고 있다. 육식성인 불가사리와 달리 대부분의 성게는 조류(algae)를 먹는다.

이 밖에도 거미불가사리(brittle stars)는 긴 팔을 휘젓듯 이동하며, 바다백합(sea lily, 바다나리)은 몸통을 기질에 부착하며, 해삼(sea cucumber)은 다른 극피동물과 별반 유사하지 않은 긴 몸체를 가진 특이한 동물이다.

극피동물은 많은 독특한 특징을 가지고 있지만, 배아 발달은 다른 동물과 유사하다. 18.3절과 18.4절에서 보았듯이, 발생 패턴의 차이에 근거해 생물학자들은 극피동물과 척삭동물(척추동물 포함)을 하나의 계열로 분류하며, 후구동물인 좌우대칭동물 계통군으로 분류한다. DNA 증거 역시 극피동물은 연체동물, 환형동물, 절지동물과 같은 선구동물보다 사람이 속한 척삭동물 문과 더 밀접함을 보여주었다. 다음 절에서는 척삭동물의 특징을 살펴본다.

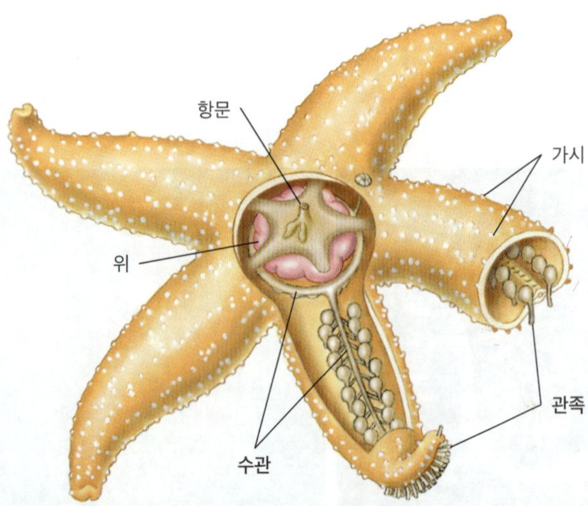

▲ **그림 18.14A** 불가사리의 수관계(수로와 관족, 위에서 본 모양)

? 극피동물의 골격과 절지동물의 골격을 대조하시오.

■ 극피동물은 속뼈대가 있고 절지동물은 겉뼈대가 있다.

▲ **그림 18.14B** 조개를 먹고 있는 불가사리

▲ **그림 18.14C** 성게

18.15 사람이 속한 척삭동물 문에는 네 가지 특징이 있다

무척추동물의 다양성에 관한 장에서 사람이 속한 그룹을 다루는 것이 놀라울 수도 있다. 그러나 척추동물은 무척추동물의 조상으로부터 진화했으며, 척삭동물 문(phylum Chordata)은 여전히 무척추동물의 독특한 특징을 공유하고 있다. 척삭동물의 배아, 그리고 종종 성체는 (1) **등쪽 빈 신경삭(dorsal, hollow nerve cord)**을 가지며, (2) 소화관과 신경삭 사이에 위치한 유연하고 지지력이 있는 긴 **척삭(notochord)**이 위치하며, (3) 입 바로 뒤 인두에 **인두열(pharyngeal slit)**이 위치하며, (4) 근육질의 **항문뒤꼬리(post-anal tail)** 등을 가지고 있다. 그림 18.15A와 그림 18.15B에서 이 네 가지 특징을 볼 수 있다. 두 척삭동물, 즉 창고기류와 피낭류는 척추가 없기 때문에 무척추 척삭동물이다.

창고기류(lancelet)는 바다 모래에 사는 작은 칼날 모양의 척삭동물이다(**그림 18.15A**). 먹이활동을 할 때 창고기는 머리를 위로 하고 뒷걸음질하듯 꿈틀거리며 모래 속으로 들어간다. 섬모를 사용해 물을 입 안으로 끌어들이고, 인두열을 통해 분비된 점액성 그물이 부유하는 먹이 입자를 포착한다. 먹이는 창자로 운반돼 소화된다.

창고기는 척삭동물의 네 가지 특징을 명확하게 보여준다. 또한 몸을 좌우로 구부리는 체절 근육을 가지고 있어 느린 헤엄치는 동작을 만들어낸다. 이러한 일련의 근육은 창고기가 체절을 가졌다는 증거다. 척삭동물에만 있는 특징은 아니지만, 몸의 체절도 척삭동물의 특징이다.

성체 **피낭류(tunicates)**는 고착성 동물이며, 일반적으로 척삭동물처럼 보이지 않는 작은 주머니처럼 보인다(**그림 18.15B**). 피낭류는 바위나 선박에 부착하는 경우가 많으며, 산호초에서 흔히 볼 수 있다. 성체에는 척삭, 신경삭 또는 꼬리의 흔적이 없지만, 먹이활동에 사용되는 인두열은 뚜렷이 보인다. 그러나 피낭류 유충은 올챙이처럼 헤엄치는 생물로, 네 가지 독특한 척삭동물의 특징을 모두 가지고 있다.

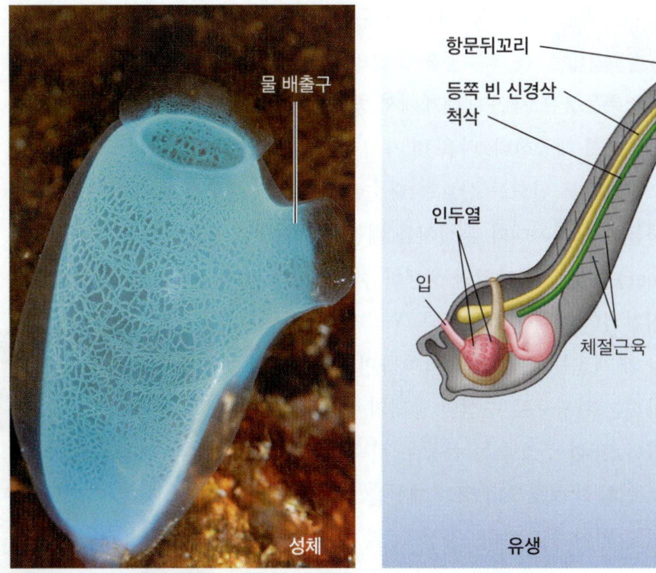

▲ **그림 18.15B** 피낭류

피낭류는 부유물 섭식자다. 바닷물은 성체 상단의 구멍을 통해 들어와 큰 구멍인 인두열을 지나 몸 옆의 출구 사이펀을 통해 다시 바다로 나간다(그림 18.15B의 사진 참조). 창고기에서와 마찬가지로, 먹이 입자는 점액으로 만든 그물에 포획된 후 장에서 소화된다. 위협을 받으면 출구 사이펀을 통해 물줄기를 쏘아 올리기 때문에 피낭류는 종종 우렁쉥이(sea squirts)라고 불린다.

무척추동물과 척추동물은 어떤 관계를 가지고 있을까? 창고기류는 척삭동물 계통의 가장 초기 계통일 가능성이 높으며, 조상 척삭동물의 모습은 창고기와 비슷했을 수 있다. 연구에 따르면 창고기의 신경삭 앞쪽 끝에서 척추동물 뇌의 주요 영역을 만드는 유전자가 동일하며 또한 동일한 패턴으로 발현된다는 사실이 밝혀졌다. 그러나 분자적 증거에 따르면 척추동물의 가장 가까운 살아 있는 친척은 피낭류다.

무척추 척삭동물은 네 가지 척삭동물의 특징을 파악하는 데 도움이 됐다. 사람이 속한 척추동물의 진화를 탐구하기 전에 무척추동물이 사람에게 유익한 몇 가지 이유를 살펴보자.

▲ **그림 18.15A** 창고기(5~15 cm 길이)

? 창고기와 같은 무척추 척삭동물은 어떤 네 가지 특징을 공유하는가?

■ 사람의 배아와 무척추 척삭동물은 모두 (1) 등쪽 빈 신경삭, (2) 척삭, (3) 인두열, (4) 항문뒤꼬리를 가지고 있다.

18.16 무척추동물 다양성은 가치 있지만 위협받는 자원이다

연결 동물의 대다수는 무척추동물이지만, 더 크고 카리스마 있는 척추동물에 밀려 그 중요성을 간과하기 쉽다. 하지만 무척추동물은 자연 생태계에서 중요한 역할을 하며 사람에게도 귀중한 서비스를 제공한다. 다음 몇 가지 예를 살펴보자.

산호초를 만드는 산호는 단순한 몸체에도 불구하고 수백 종의 다른 생물에게 지지대와 은신처를 제공하는 거대한 구조물인 산호초(coral reef)는 동물 다양성의 생생한 전시장이다. 또한 산호초는 인간에게도 직접적인 혜택을 제공한다. 우리가 먹는 어류와 조개류는 산호초에 서식하며, 해안 지역 사회는 관광으로 수십억 달러의 수익을 창출한다. 또한 산호초는 폭풍우 시 침식과 홍수로 인한 피해로부터 해안 재산을 보호하는 자연 장벽이기도 하다. 점점 더 많은 과학자들이 새로운 의약품과 기타 유용한 물질을 산호초에서 찾고 있다. 이미 에이즈, 백혈병, 말기 유방암 치료에 사용되는 화합물을 비롯한 여러 약물이 해면동물이 생산하는 화학물질을 기반으로 만들어졌다. 과학자들은 또한 변형된 치설로 먹이를 찌르는 포식성 해양 복족류인, 산호초에 서식하는 청자고둥(cone snails)의 독에서 강력한 진통제를 개발했다(**그림 18.16A**). 이 밖에도 해양동물에서 추출한 수백 가지 화합물의 의약적 가능성도 연구되고 있다. 신약 외에도 산호초에 서식하는 생물들이 생산하는 물질은 화장품, 생명공학 및 기타 산업에 유용하게 응용될 수 있다. 그러나 많은 과학자들은 이러한 잠재적 부를 탐구할 시간이 얼마 남지 않았다고 우려한다. 산호초를 이루는 산호의 거의 1/3이 기후변화, 해양의 산성화(2.15절 참조), 오염, 해안 개발 및 기타 요인으로 인한 바다 온난화로 인해 멸종위기에 처해 있다.

▲ **그림 18.16A** 청자고둥(*Conus*속)

산호초가 다양성으로 눈부신 반면, 담수 홍합(**그림 18.16B**)은 돌로 착각할 정도로 눈에 잘 띄지 않는다. 이 연체동물의 대부분은 개울과 강에 서식하며, 바위에 붙어 있거나 퇴적물 속에 파묻혀 있다. 대부분의 다른 이패류와 마찬가지로 홍합은 부유물 섭식자다. 홍합 한 마리는 크기에 따라 하루에 최대 약 30리터의 물을 여과하며, 유기물과 미생물 입자를 섭취할 수 있다. 이 여과 과정은 자연 생태계의 수질을 개선하고, 사람이 사용하는 물처리 비용을 줄여준다. 대부분의 홍합은 오염에 취약해 홍합의 폐사는 독성 오염이나 수질 악화의 조기 경보다. 북미는 세계에서 가장 다양한 민물 홍합이 서식하는 곳이다. 그러나 이 중 많은 종이 멸종했으며, 현재 75%에 가까운 종이 사람의 활동으로 인해 멸종위기에 처해 있다. 댐, 오염, 토양 침식으로 인한 퇴적 등에 의한 서식지 파괴와 황폐화 등이 홍합 개체군 감소의 주요 원인이다. 또한 북미 수로에 퍼진 외래종 홍합, 특히 얼룩말홍합(zebra mussel)과 쿠아가홍합(quagga mussels)이 토착 종을 대체했고, 그 결과 민물 홍합이 제공하는 자연 여과 시스템이 급격히 감소하고 있다.

▲ **그림 18.16B** 민물 진주홍합(*Margaritifera margaritifera*)

대부분의 꽃식물은 동물, 주로 곤충(17.10절에서 다룸)에 의해 수분이 일어난다. 농작물도 예외는 아니다. 전 세계 식량 공급원인 농작물의 1/3이 수분매개자에 의존하는 것으로 추정된다. 미국에서는 멜론, 사과, 복숭아, 호박과 같은 과일과 채소의 생산이, 대부분 유럽에서 수입된 꿀벌의 수분에 의존하고 있다(**그림 18.16C**). 최근 몇 년 동안 기생생물, 병원균, 특정 살충제 등의 인자가 토착화된 꿀벌의 높은 사망률과 관련이 있는 것으로 밝혀졌다. 토종 꿀벌의 개체군 감소는, 농업과 개발로 인해 꿀벌이 먹이로 의존하는 야생화의 감소에 따른 서식지 손실의 결과일 가능성이 높다. 일부 지역의 농부들은 이 중요한 일꾼인 꿀벌 개체군을 늘리고 이들을 농작물로 끌어들이고자 꽃을 심기도 한다.

이 절에서 설명한 사례는 지구의 생물다양성으로부터 우리가 얻는 혜택 중 극히 일부에 불과하다(이 주제는 38장에서 다시 다룰 것이다).

? **산호초를 만드는 산호, 담수 홍합, 벌이 사람에게 제공하는 '서비스'에 대해 간략하게 설명해 보자.**

■ 다양한 유용한 동물이 살 수 있는 구조물 제공, 여과를 통한 수질 개선, 농작물의 수분매개자 역할 등

▶ **그림 18.16C**
꿀벌(*Apis mellifera*)이 꽃가루를 모으는 모습

CHAPTER

18 복습

개념 복습하기

동물 진화와 다양성(18.1~18.4)

18.1 동물이란 무엇인가? 동물은 독특한 세포 구조와 전문성을 가지고 있으며 섭취를 통해 영양분을 얻는 다세포 진핵생물이다. 동물의 생활사와 배아 발생도 동물을 다른 개체 그룹과 구별한다.

18.2 동물의 다양화는 5억 년 전에 시작됐다. 가장 오래된 동물 화석은 에디아카라기 말기의 것으로 약 5억 6,000만 년 전의 것이다. 동물의 다양화는 5억 3,500만 년 전에서 5억 2,500만 년 전 캄브리아기 대폭발 동안 급속히 가속화됐다.

18.3 동물은 특징적인 기본 '몸체계'를 가진다. 몸체계는 조직층 수(2개 또는 3개), 대칭성(방사대칭 또는 좌우대칭), 체강 존재 여부, 배아 발생(선구동물 또는 후구동물) 등에 따라 달라질 수 있다.

18.4 몸체계와 분자생물학적 결과를 바탕으로 동물의 계통수를 만들 수 있다.

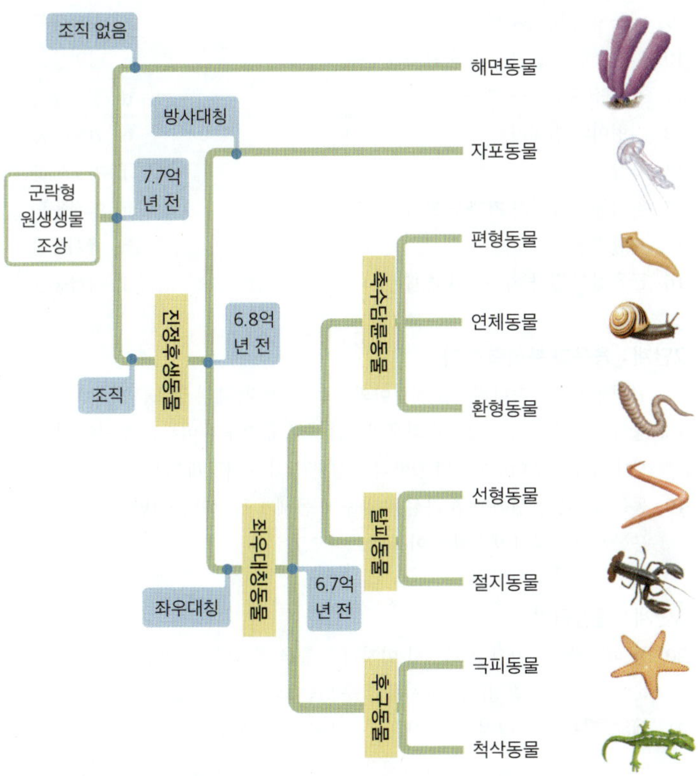

무척추동물 다양성(18.5~18.16)

18.5 해면동물은 비교적 단순하고 다공성인 몸체를 가지고 있다. 해면동물 문의 구성원은 진정한 조직을 가지고 있지 않다. 편모성 동정세포는 체내 구멍을 통과하는 물에서 음식물을 걸러낸다.

18.6 자포동물은 촉수와 자포세포를 가진 방사대칭동물이다. 자포동물의 구성원은 조직과 위수강을 가지고 있다. 그들의 두 가지 신체 형태는 폴립(히드라)과 메두사형(해파리)이다.

18.7 편형동물은 가장 단순한 좌우대칭동물이다. 편형동물 문의 구성원은 소화관과 바깥쪽 체벽 사이에 체강이 없는 좌우대칭성 동물이다. 플라나리아는 위수강과 단순한 신경계를 가지고 있다. 흡충류와 촌충은 복잡한 생활사를 가진 기생 편형동물이다.

18.8 선충류는 체강과 완전소화관을 가지고 있다. 선충류 문의 구성원은 주기적으로 벗겨지는 보호 큐티클로 덮여 있다. 많은 선충류(지렁이 같은)는 자유생활 분해자이며, 다른 선충류는 식물 또는 동물 기생생물이다.

18.9 공통된 몸체계의 변형으로 다양한 연체동물이 만들어진다. 연체동물 문의 구성원은 복족류(달팽이, 민달팽이 등), 이패류(조개, 홍합 등), 두족류(낙지, 오징어 등)를 포함한다. 모두 근육질의 발과 내장을 둘러싸고 있는 외투막을 가지고 있으며 껍질을 분비할 수 있다. 많은 연체동물은 치설로 먹이활동을 한다.

18.10 환형동물은 체절을 가진 동물이다. 환형동물 문의 계통은 이동성환형동물(주로 이동성이 있고 해양성)과 정착성환형동물(지렁이, 거머리, 많은 관-서식 동물 등 이동성이 적은 동물)이다.

18.11 절지동물은 관절이 있는 부속지와 겉뼈대를 가진 체절동물이다. 절지동물의 계통은 거미류(거미와 같은 거미류), 다족류, 범갑각류(대부분 수생 갑각류와 육상 곤충)로 나뉜다.

18.12 곤충은 가장 성공적인 동물이다. 곤충의 발생에는 종종 변태가 포함된다. 곤충은 세 부분(머리, 가슴, 배)으로 이루어진 몸과 세 쌍의 다리를 가지고 있으며, 대부분 날개를 가지고 있다. 호미오유전자의 발현 시기와 위치의 진화적 변화에 따른 특수한 부속지와 보호색 무늬는 이 그룹의 성공에 중요한 역할을 했다.

18.13 동물의 몸을 만드는 유전자는 오래된 유전자다. 동물의 다양성 진화에 있어 호미오유전자 조절의 변화는 중요한 인자였다.

18.14 극피동물은 가시가 있는 피부, 속뼈대 그리고 움직임을 위한 수관계를 가지고 있다. 불가사리와 같은 극피동물 문의 구성원은 성체가 되면 방사대칭을 가진다.

18.15 사람이 속한 척삭동물 문에는 네 가지 특징이 있다. 척삭동물은 등쪽 빈 신경삭, 딱딱한 척삭, 인두열, 근육질의 항문뒤꼬리를 가지고 있다. 가장 단순한 척삭동물은 해양 무척추동물인 창고기와 피낭류로, 인두열을 이용하여 부유물 섭식 먹이활동을 하는 동물이다.

18.16 무척추동물 다양성은 가치 있지만 위협받는 자원이다.

개념 연결하기

1. 아래 표에는 이 장에서 조사된 9개의 동물 문의 일반적인 이름이 나와 있다. 각 문에 대해 주요 특징과 대표적인 몇 가지를 나열하시오.

문	특성	대표적인 예
해면동물		
자포동물		
편형동물		
선형동물		
연체동물		
환형동물		
절지동물		
극피동물		
척삭동물		

2. 아래 각 그림에 표시된 배아 발생의 패턴을 확인하고, 이 패턴을 나타내는 문(문들)의 이름을 적어보시오.

a.

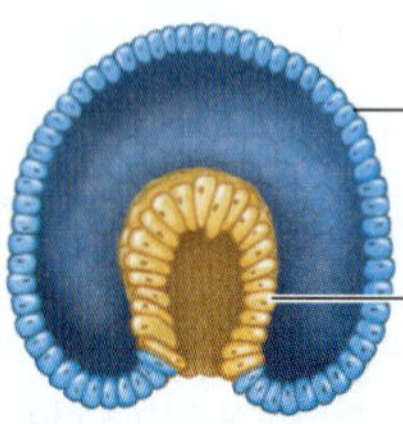

b.

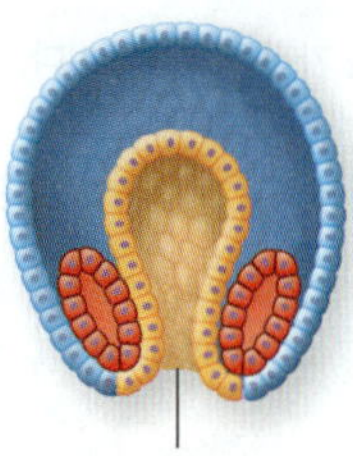

c.

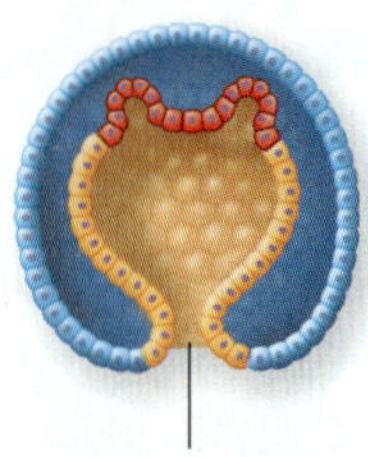

학습 평가하기

1단계 : 지식과 이해력 평가

3. 다음 중 동물의 특성을 나타내는 데 일반적으로 사용되지 않는 것은?
   a. 대칭(방사대칭 또는 좌우대칭)
   b. 체강의 존재
   c. 세포벽의 존재
   d. 배아동물 발생(선구동물 또는 후구동물)
4. 존은 연못에서 한 생물체를 발견했는데, 그는 그것이 민물 해면동물이라고 생각한다. 그의 친구 리즈는 수생 곰팡이처럼 보인다고 생각한다. 이 생물체가 동물인지 곰팡이인지 어떻게 판단할 수 있을까?
   a. 헤엄칠 수 있는지 확인한다.
   b. 독립영양생물인지 종속영양생물인지 알아본다.
   c. 진핵생물인지 원핵생물인지 확인한다.
   d. 현미경으로 세포벽을 살펴본다.
5. 다음 중 방사대칭동물은? (그 이유도 설명하시오.)
   a. 아메바
   b. 지렁이
   c. 해파리
   d. 연체동물
6. 다음 동물군 중 배 발생이 선구동물이 아니며 좌우대칭이 아닌 동물군은?
   a. 편형동물
   b. 환형동물
   c. 선형동물
   d. 극피동물
7. 분자생물적 비교로 선충류와 절지동물은 극피동물로 분류된다. 극피동물로 명명되는 이유는 무엇인가?
   a. 완전소화관
   b. 몸 체절
   c. 외골격 탈피
   d. 좌우대칭

왼쪽의 각 설명을 오른쪽의 해당 용어와 일치시키시오.

8. 척추동물이 속함
9. 메두사형 및 폴립형 신체 형태
10. 완전소화관을 가진 가장 단순한 동물
11. 가장 단순한 동물 그룹
12. 지렁이와 거머리
13. 가장 큰 문
14. 척삭동물의 가장 가까운 친척
15. 체강 부족
16. 근육질의 발과 외투막의 존재

a. 환형동물
b. 선형동물
c. 해면동물
d. 절지동물
e. 편형동물
f. 자포동물
g. 연체동물
h. 극피동물
i. 척삭동물

2단계 : 응용과 분석력 평가

17. 편형동물인 플라나리아와 지렁이의 소화관, 체강, 체절 구조를 비교하시오.
18. 방사대칭인 동물 문 2개와 좌우대칭인 동물 문 2개의 이름은 무엇인가? 방사대칭과 좌우대칭동물의 일반적인 생활 방식은 어떻게 다른가?
19. 동물의 계통발생에 대한 가설을 세울 때 몸체계 특징의 증거만 사용해도 충분한가? (그렇게 생각하는 이유를 쓰시오.)

3단계 : 종합평가

20. 한 해양생물학자가 해저에서 미지의 동물을 찾았다. 이 생물이 어떤 동물 문에 속하는지 결정하는 데 사용할 수 있는 몇 가지 특징을 나열하시오.
21. **과학적 사고** 18.13절에서 설명한 실험 중 하나에서, 과학자들은 절지동물이 성공한 이유인 몸체계가 새로운 유전자의 탄생의 결과라는 가설을 검증하고자 한다. 절지동물과 우단지렁이의 진화적 관계를 보여주는 그림을 그리고, 이 가설을 검증하기 위해 우단지렁이가 좋은 선택인 이유가 무엇인지 설명하시오. 어떤 결과가 이 가설을 뒷받침할 수 있었을까?

CHAPTER

19 다양한 척추동물의 진화

핵심 개요

척추동물 진화와 다양성(19.1~19.8)

척삭동물의 주요 계통군은 경첩이 달린 턱, 두 쌍의 팔다리, 육지에 적응한 알, 젖과 같은 특징이 있다.

영장류 다양성(19.9~19.10)

사람과 다른 영장류는 정면을 바라보는 눈을 가지며, 어깨와 고관절이 자유롭고, 마주 보는 엄지손가락을 가지는 등 많은 공통점이 있다.

호미닌 진화(19.11~19.17)

진화계통수에서 사람이 속한 호미닌 계열에는 멸종된 종이 약 20종 있다.

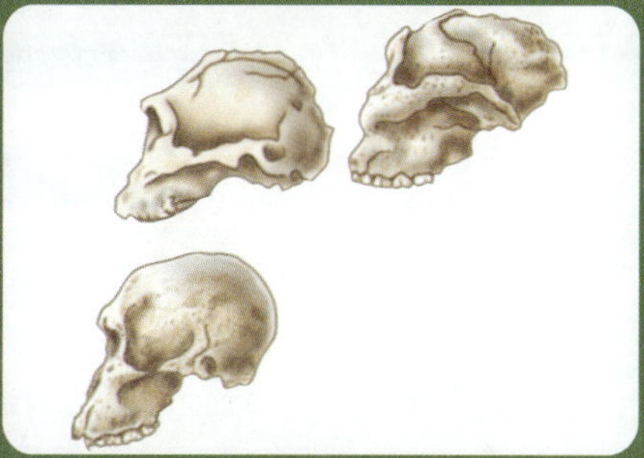

19.0 척추동물이 진화하는 동안 다양한 형태의 신체가 나타났다

지구상에서 가장 많은 동물은 무척추동물이지만, 우리 대부분은 우리와 더 가까운 친척인 척추동물과 더 친숙하다. 척추동물이라는 명칭은 등골격을 구성하는 일련의 뼈인 척추에서 유래한 것으로, 지난 5억 년 동안 진화해 왔다. 최초의 척추동물은 작고 날씬한 물속 동물이다. 그러나 이들은 현대의 지구에서 헤엄치고, 기어다니고, 걷거나 날아다니는 동물과는 거의 닮은 점이 없다. 척추동물은 1억 5,000만 년 동안 바다에만 국한돼 살았다. 여기서 이들은 환상적인 여러 형태와 크기로 다양화됐다. 약 3억 6,500만 년 전, 한 계열의 척추동물이 사지를 가지도록 진화해 육지로 진출했고, 더욱 다양하게 발달하는 발판이 마련됐다(사진 참조). 현재는 어류, 양서류, 파충류, 포유류를 포함해 5만 7,000여 종의 척추동물이 존재한다. 이들 외에도 수천 종 이상이 나타났다가 한동안 존재하고 멸종했는데, 이들이 존재했던 기록은 화석화된 뼈나 기타 흔적을 통해 볼 수 있다.

이 장에서는 척추동물의 다양성을 살펴보며 동물계로의 여행을 이어가고자 한다. 이 장 후반부에서는 두 발로 걷고, 크고 정교한 뇌를 가지도록 진화해 마침내 지구를 지배하게 된 영장류의 조상을 살펴볼 것이다.

척추동물 진화와 다양성

19.1 공통파생형질로 척삭동물의 주요 계통군을 정의한다

생물학자들은 해부학적·분자적·화석적 증거를 조합해 척삭동물(chordate)의 진화에 대한 가설을 만들었다. **그림 19.1**은 척삭동물의 주요 계통군에 대한 최근 가설을 바탕으로 계통군(clade)을 정의하는 공통파생형질(shared derived character)을 보여준다. 이 가설에 의하면 척삭동물에서 가장 먼저 분지된 것은 창고기(lancelet)다.

앞 장에서 본 것을 떠올리면, 몸의 등쪽을 따라 단단하게 들어찬 세포로 이루어진 유연한 막대인 척삭(notochord)은 척삭동물의 핵심적 특징이다(18.15절 참조). 창고기와 피낭류(tunicates)는 무척추동물로, 척삭은 이들의 유일한 지지 골격이다. 반면 **척추동물(vertebrate)**은 **척추뼈(vertebrae)**라고 불리는 일련의 뼈로 구성된 **척추(vertebral column)**와 머리뼈(skull)를 가지는 것이 특징이다. 대부분의 척추동물에서 척추뼈는 척삭의 지지 기능뿐 아니라, 신경삭(nerve cord)도 둘러싸고 있다. 머리뼈는 뇌를 보호하는 용기다. 즉, 골격은 중요한 신경계를 둘러싸고 있는 것이다. 척추동물은 유연한 연골(cartilage) 또는 단단한 뼈(bone)와 연골의 조합으로 이루어진 속뼈대(endoskeleton, 내골격)를 가지고 있다. 뼈와 연골은 대부분 무기물로 이루어져 있다. 그러나 동물의 속뼈대가 성장할 수 있는 것은 살아 있는 세포가 이러한 무기물을 분비하기 때문이다.

다음으로 일어난 중요한 전환점은 새로운 먹이활동의 기회를 열어준 턱의 생성이다. 골격을 지탱하는 근육질의 잎사귀형 지느러미(lobe-fin)가 나타난 후, 폐(lung, 허파) 또는 폐의 파생기관이 진화되면서 육지생활의 가능성이 열렸다. 두 쌍의 팔다리를 가진, 턱이 있는 척추동물인 **사지동물(tetrapod)**은 최초의 육상 척추동물이다. **양막류(amniote)**의 진화, 즉 사지동물이 육지에 적응한 알(egg)을 가지게 되면서 육지로의 전환은 완성됐다.

다음 몇 개의 절에서는 턱이 없는 칠성장어부터 어류, 사지동물, 양막류에 이르는 척추동물을 통해 이러한 주요 전환점을 중점적으로 살펴보고자 한다.

? 포유류가 속하는 계통군의 계통적 서열을 나열하시오.

■ 척삭동물, 척추동물, 턱 있는 척추동물, 사지동물, 양막류

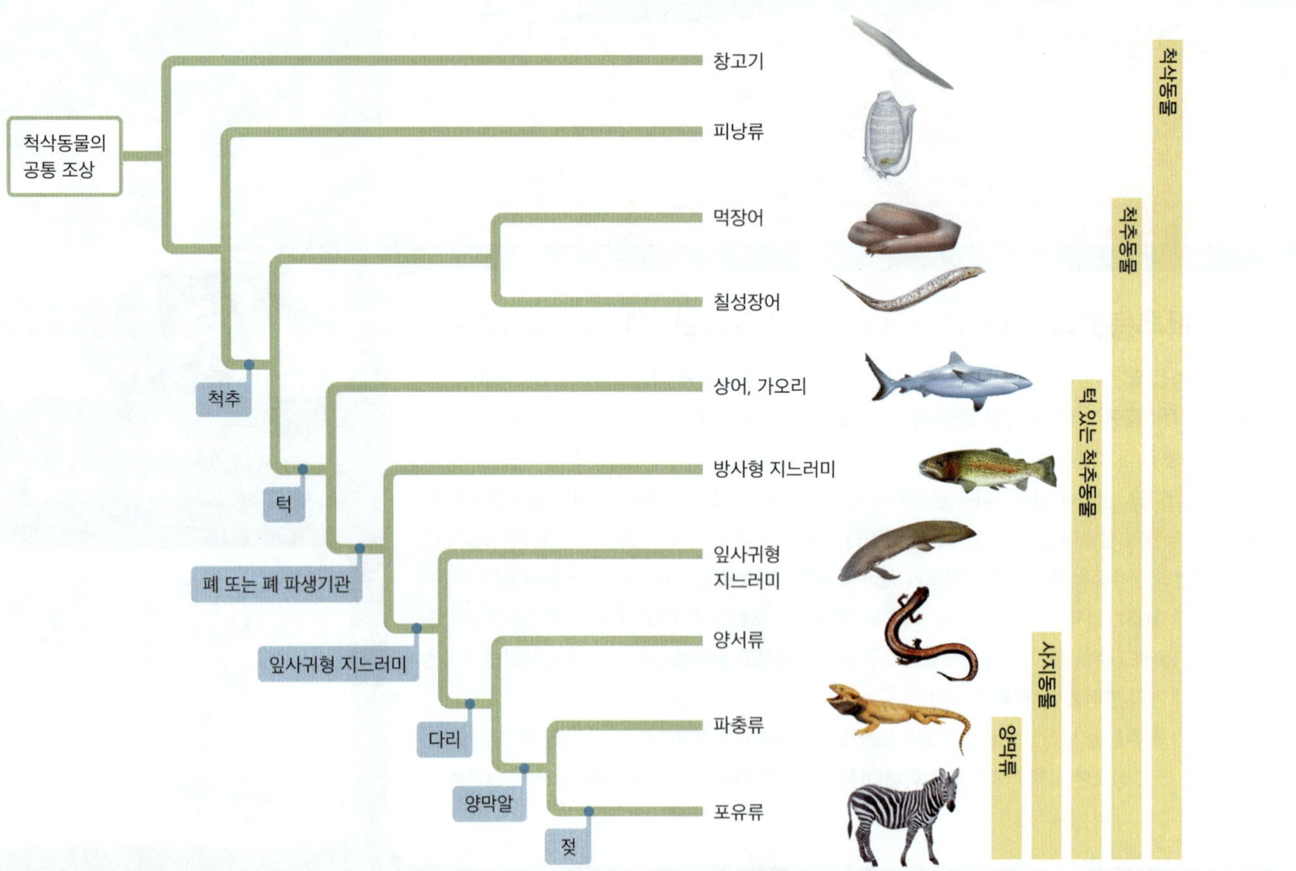

▲ **그림 19.1** 공통파생형질을 보여주는 척삭동물의 계통수

시도해 보기 각 그룹에 속하는 척삭동물(척추동물, 턱을 가진 동물, 사지동물, 양막류)의 계통군을 나열하시오.

19.2 먹장어와 칠성장어는 경첩이 달린 턱이 없다

살아남은 척추동물로 가장 오래된 것은 먹장어(hagfish)와 칠성장어(lampreys)다. 이 그룹의 성체에서 신체의 주요 지지대는 척삭이다. 척추뼈는 척삭을 따라 배열된 단순한 연골에 불과하다. 이 기초적인 구조는 먹장어에서는 전혀 신경삭을 보호하지 못하며, 칠성장어에서는 부분적으로만 보호한다.

오늘날 먹장어(약 30종)는 차갑고 어두운 해저에서 죽거나 죽어가는 척추동물을 먹는다(**그림 19.2A**). 이들은 거의 앞을 보지 못하지만 후각과 촉각이 뛰어나다. 이들은 동물의 뚫린 구멍을 통해 들어가거나, 혀의 날카로운 이빨 같은 구조물을 이용해 구멍을 판 후, 살을 잡아 찢는 방식으로 먹이를 먹는다. 먹장어는 가는 꼬리를 매듭으로 묶은 다음, 지렛대처럼 매듭을 앞으로 밀면서 먹잇감의 몸에 단단히 고정하기도 한다. 매듭을 짓는 것은 포식자에 대항하는 행동이기도 하다. 먹장어는 위협을 받으면 몸 옆구리에 있는 특수 샘에서 엄청난 양의 점액을 뿜어낸다. 이 끈적끈적한 점액은 공격하는 물고기의 입과 아가미를 막아 질식시킬 수 있다. 위험이 지나가면, 먹장어는 몸을 매듭처럼 묶은 후 매듭을 앞으로 밀면서 점액층을 벗겨낸다.

그물을 사용하는 어부들에게 먹장어는 매우 잘 알려져 있다. 예민한 화학적 감각을 가진 먹장어는 미끼와 덫에 걸린 물고기를 재빨리 감지한다. 많은 어부들은 물고기를 먹고 있는 먹장어들과 점액과 뒤섞인 물고기로 가득한 쓸모없는 그물을 건져 올린 경험을 가지고 있다. 하지만 최근 먹장어가 경제적으로 중요해졌다. 고기뿐 아니라 이들의 가죽은 인조 '장어가죽' 벨트, 지갑, 부츠를 만드는 데 상업적으로 사용되기 시작했기 때문이다. 수십 년 동안 먹장어를 남획한 결과 아시아 어장이 고갈되자 이 산업은 북미로 옮겨갔다. 북미 서해안에서 일부 먹장어 개체군이 고갈되자 다시 이들은 새로운 먹장어를 얻기 위해 동해안과 남미로 눈을 돌리고 있다.

칠성장어의 종류는 약 38종에 불과하다(**그림 19.2B**). 칠성장어의 유충은 창고기와 비슷하다(그림 18.15A 참조). 이들은 담수 하천에 서식하는 부유물 섭식자로, 대부분의 시간을 퇴적물 속에 파묻혀 지낸다. 대부분의 칠성장어는 성어가 되면 바다나 호수로 이동한다.

많은 종의 칠성장어는 기생생물이다. 칠성장어의 입(그림 19.2B, 삽입 참조)만 보아도 이 기생동물이 무엇을 하는지 짐작할 수 있다. 칠성장어는 물고기의 옆구리에 달라붙어 날카로운 혀로 피부를 뚫고 들어가 피식자의 혈액과 조직을 먹는다. 운하를 통해 오대호로 침입한 이 탐욕스러운 척추동물은 빠르게 번식하면서 물고기 개체군을 감소시켰다. 1960년대부터 호수로 유입되는 하천에 칠성장어 개체 수를 줄이는 화학물질을 처리하면서 물고기 개체군이 회복되고 있다.

▲ **그림 19.2A** 먹장어의 점액 샘

▲ **그림 19.2B** 입(삽입)을 벌리고 있는 칠성장어

? 먹장어와 칠성장어의 척추뼈는 다른 척추동물의 척추뼈와 어떻게 다른가?

■ 척삭은 성체에게 존재하며 신체를 지탱한다. 척추는 신경삭을 둘러싸고 있지 않은 작은 연골 막대에 불과하다.

19.3 상어, 가오리 및 잎사귀형 지느러미 어류는 아가미와 한 쌍의 지느러미를 가진 턱이 있는 척추동물이다

화석 기록에 의하면, 턱을 가진 척추동물은 약 4억 4,000만 년 전 오르도비스기 중기에 나타났고, 이후 점점 다양해졌다. 지느러미 쌍과 꼬리로 먹이를 쫓아 헤엄칠 수 있게 됐고, 진흙을 빨아먹거나 부유물 섭식을 하는 대신 다양한 먹이를 잡아먹을 수 있는 턱이 생겼기 때문으로 추정된다. 살아 있는 대부분의 척추동물인 상어, 어류, 양서류, 파충류(새 포함), 포유류는 경첩으로 연결된 2개의 막대와 같은 뼈가 턱을 지탱하고 있다.

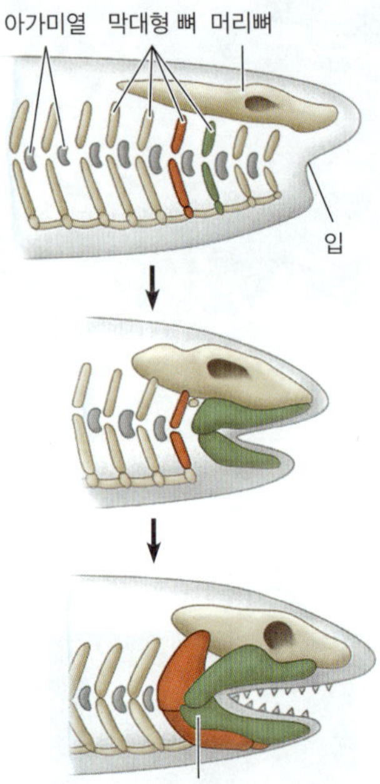

▲ **그림 19.3A** 척추동물 턱의 기원에 대한 가설

이 경첩이 달린 턱은 어디에서 유래했을까? 한 가설에 따르면, 인두열 앞쪽의 지지골격이 변형돼 진화됐다고 한다. **그림 19.3A**의 맨 위쪽 그림은 가상의 조상에 존재했을 아가미열(gill slit)을 지지했을 막대모양 골격을 보여준다. 이 아가미열의 주요 기능은 부유하는 먹이 입자를 가두는 것이었다. 아래 두 그림은 이들이 턱으로 진화되면서 일어났을 변화를 보여준다. 빨간색과 초록색 구조물을 따라가다 보면 입 근처의 두 쌍의 막대형 뼈가 턱과 그 지지대가 된 것을 볼 수 있다. 나머지 아가미열은 부유물 섭식 먹이활동에 더 이상 필요하지 않게 되면서 기체교환 구조로 남게 됐다.

아가미와 한 쌍의 지느러미를 가진, 턱이 있는 척추동물의 세 계열은 흔히 어류라고 불린다. '물렁뼈 물고기(cartilage fish)'라는 뜻의 연골어류인 상어와 가오리는 1억 년 동안 거의 변하지 않았다. 그림 19.1에서 볼 수 있듯이, 폐 또는 폐 파생구조물은 방사형 지느러미 어류와 잎사귀형 지느러미 어류를 포함하는 계통군에서 보이는 공통파생형질이다. 튼튼한 뼈로 지탱되는 근육질 지느러미는 잎사귀형 지느러미 어류의 또 다른 특징이다.

연골어류 상어와 가오리 같은 **연골어류(chondrichthyes)**는 주로 연골로 이루어진 유연한 골격을 가지고 있다. 가장 거대한 상어는 작고 떠다니는 플랑크톤을 먹는 부유물 섭식자이지만, 대부분의 상어는 유선형의 몸, 강력한 턱, 칼날 같은 이빨을 가진 능숙한 포식자로서 빠르게 헤엄친다(**그림 19.3B**). 상어는 예리한 시각과 예민한 후각을 가지고 있다. 머리에는 주변 동물의 근육 수축으로 발생하는 미세한 전기장을 감지할 수 있는 기관인 전기감지기가 있다. 상어를 비롯한 대부분의 수중 척추동물은 양 옆에 줄지어 있는 감각기관인 **측선계(lateral line system)**를 가지고 있는데, 측선계는 수압의 변화를 민감하게 감지하며 근처에서 헤엄치는 동물들이 발생시키는 미세한 진동을 감지할 수 있다.

▲ **그림 19.3B** 연골어류인 모래톱 상어

◀ **그림 19.3C** 연골어류인 쥐가오리(manta ray)

상어의 몸은 넓은 바다에서 헤엄치기에 적합하도록 유선형으로 돼 있지만, 가오리는 해저에서 생활하기에 적합하도록 만들어졌다. 몸은 등쪽으로 납작하고 눈은 머리 위쪽에 있다. 일단 자리를 잡으면 넓은 가슴지느러미로 몸 위로 모래를 씌우고 하루 종일 반쯤 파묻힌 채로 누워 지낸다. 가오리의 꼬리에는 날카로운 가시가 있고 밑부분에 독샘이 있다. 가오리가 흔한 곳에서 수영하는 사람이나 다이버는 숨어 있는 가오리를 밟거나 너무 가까이 다가가지 않도록 주의해야 한다. 쏘이면 고통스럽고 드물게는 치명적일 수 있다.

가장 큰 가오리는 바닷속을 헤엄쳐 다니면서 플랑크톤을 걸러 먹는다(**그림 19.3C**). 이 물고기 중 일부는 지느러미 길이가 최대 6 m에 이르는 정말 거대한 물고기다. 입 앞에 길게 뻗은 지느러미로 인해 괴물물고기(devilfish)라는 이름이 붙은 이 물고기는 물속에서 부유물 섭식 먹이활동에 유용하다.

방사형 지느러미 어류 우리에게 친숙한 참치, 송어, 금붕어 등이 속하는 **방사형 지느러미 어류(ray-finned fish)**의 골격은 단단한 칼슘인산염으로 강화된 조직인 뼈대로 만들어져 있다. 지느러미는 얇고 유연한 방사형 골격에 의해 지지된다. 대부분의 경우 피부는 납작한 비늘로 덮여 있으며, 분비된 점액으

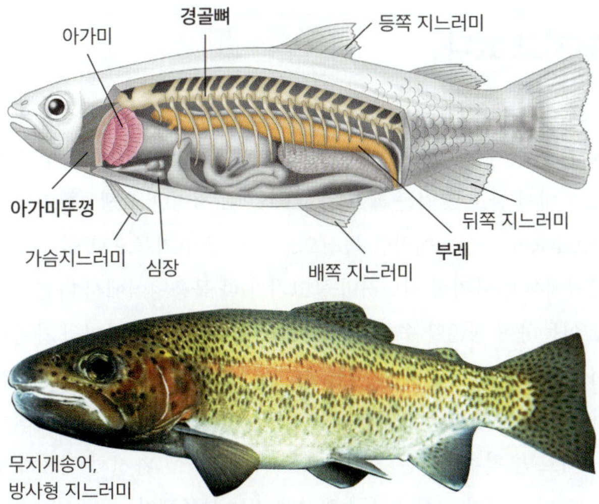

▲ **그림 19.3D** 방사형 지느러미 어류의 해부학적 특징

로 코팅돼 있어 헤엄치는 동안 항력을 줄여준다.

그림 19.3D는 무지개송어와 같은 방사형 지느러미 어류의 주요 특징을 강조해 보여준다. 머리의 양쪽에는 **아가미뚜껑(operculum)**이라는 보호 덮개가 아가미를 덮고 있다. 아가미뚜껑을 움직이면 물고기는 헤엄치지 않더라도 숨쉬기를 할 수 있다(일반적으로 아가미 위로 물을 통과시키는 상어는 숨쉬기를 위해 헤엄을 쳐야 한다). 또한 방사형 지느러미 어류는 부력 유지에 도움이 되는 폐 부속기관, 즉 기체로 채워진 주머니인 **부레(swim bladder)**를 가지고 있다. 부레는 풍선 모양의 폐에서 진화한 것으로, 얕은 물에 살던 조상 물고기가 아가미에 의한 기체교환을 보충하기 위해 사용했을 것으로 보인다.

실루리아기에 잎사귀형 지느러미와 함께 나타난 방사형 지느러미 어류에는 2만 7,000여 종이 속하는데, 그 종의 수가 어떤 척추동물보다 많다. 그리고 더 많은 종이 계속 발견되고 있다. 이들은 지구상의 거의 모든 수생 서식지에 적응했다. 이들의 기본적인 신체 구조는 뛰어난 기동성, 속도, 효율적인 먹이활동 등을 부여하도록 진화됐고, 특수한 신체 형태, 지느러미, 먹이 등이 다른 다양한 여러 그룹이 나타났다. **그림 19.3E**에서 보여주는 생물들은 이번 주제인 **구조와 기능**을 보여주는 다양한 예다. 복어가 항상 뾰족한 비치볼 같지는 않다. 포식자를 막고자 할 때만 가시를 세우고 몸을 부풀린다. 해마의 작은 지느러미는 빽빽한 해초 사이에서 움직이는 데 도움이 되며, 긴 꼬리는 지지대를 잡는 데 사용된다. 해마는 특이한 생식 방법을 가지고 있다. 암컷은 수컷의 복부 주머니에 난자를 저장하는데, 난자가 수컷의 정자에 의해 수정되면, 주머니 안에서 수정란의 발생이 일어난다. 가자미의 납작한 몸은 해저에서 거의 눈에 띄지 않는다. 피부의 색소 세포에 의해 피부 색을 배경과 일치시키는 뛰어난 위장술을 가진다. 두 눈이 머리 위쪽에 있는 것을 주목하자. 넙치나 다른 가자미류의 유충은 머리 위에 2개의 눈이 있다. 발생과정 중 하나의 눈이 위쪽으로 이동해 다른 눈과 합류한다.

잎사귀형 지느러미 물고기 잎사귀형 지느러미(**lobe-fin**)의 공통파생형질은 근육질의 가슴지느러미와 골반지느러미에 있는 일련의 막대 모양 뼈다. 데본기에는 연안 습지에 살았으며, 잎사귀형 지느러미를 사용해 수중에서 '걸었을' 것으로 추정된다. 오늘날에는 세 가지 계열의 잎사귀형 지느러미가 생존한다. 실러캔스(coelacanth)는 한때 멸종된 것으로 여겨졌던 심해 서식 어류다. 남반구에서 사는 일부 속(genus)을 대표하는 폐어류는 일반적으로 정체된 물에 서식하고, 인두(pharynx)에 연결된 폐로 공기를 삼켜 호흡한다(**그림 19.3F**). 마지막으로 세 번째 척삭동물 계열인 사지동물은 데본기 중기에 육지생활에 적응해 육상 척추동물을 탄생시켰다. 이는 다음 절에서 다룬다.

? 방사형 지느러미 어류의 부레는 어떤 구조에서 진화했는가?

■ 조상 종의 단순 폐

▲ **그림 19.3E** 다양한 방사형 지느러미 어류

시도해 보기 각 물고기에 대해 그 기능에 맞는 구조의 예를 설명하시오.

▲ **그림 19.3F** 잎사귀형 지느러미 폐어(약 1 m 길이)

19.4 새로운 화석 발견으로 사지동물 진화의 공백이 채워지고 있다

진화 연관성 데본기 말에 일련의 잎사귀형 지느러미 물고기들이 육지에서 체중을 지탱할 수 있는 팔다리와 발을 가지면서, 턱뼈를 가진 척추동물로 정의되는 사지동물(tetrapod, 그리스어로 '네발'을 의미)을 탄생시켰다. 육지생활에 대한 적응은 척추동물 역사에서 중요한 사건이었으며, 이후의 양서류, 포유류, 파충류(새 포함) 등 모든 척추동물은 이 초기 육지 정착자의 후손이다.

수생 환경과 육상 환경의 극단적인 차이에 대응 식물의 몸과 생활사가 바뀌었다(17.1절 참조). 식물과 마찬가지로 척추동물도 육지에서 기체교환, 수분 보존, 구조적 지지, 생식과 관련된 장애와 직면했다. 이 외 척추동물은 다른 문제도 해결해야 했다. 물속에서 작동하던 감각 기관을 공기를 통해 전달되는 자극을 받는 구조로 적응하거나 대체해야 했다. 무엇보다 결정적으로 새로운 운동수단이 필요했다.

잎사귀형 지느러미 물고기는 오랫동안 사지동물의 가장 가까운 조상으로 여겨져 왔다. 다육질의 한 쌍의 지느러미 뼈는 사지동물의 팔다리 뼈와 상동성이 있으며, 현대의 잎사귀형 지느러미 물고기 중 일부는 공기에서 산소를 얻는 폐를 가지고 있다. 저명한 고생물학자인 로머(Alfred Romer)는 이러한 특징으로 말미암아 가뭄으로 줄어든 수생 서식지에서 잎사귀형 지느러미 물고기가 한 물웅덩이에서 다른 물웅덩이로 이동하며 생존할 수 있게 됐다는 가설을 세웠다. 로머의 가설로 데본기 환경에서 짧은 거리를 힘들게 기어 이동하는 물고기와 가장 잘 이동하는 물고기가 생식에도 성공하는 모습을 상상할 수 있다. 이러한 가설에 따르면 척추동물은 점진적으로 육상생활에 완전히 적응하게 됐다. 그러나 이러한 전환에 대한 화석 증거는 부족했다.

수십 년 동안 가장 많은 정보를 제공했던 화석은, 3억 8,500만 년 전의 확실하게 물고기로 보이는 유스테놉테론(*Eusthenopteron*)과 3억 6,500만 년 전에 살았고 발달된 사지동물 특징을 가진 이치티오스테가(*Ichthyostega*)였다(**그림 19.4A**). 이치티오스테가의 방사형 지느러미 꼬리와 오리발 같은 뒷다리는 물속에서 상당한 시간을 보냈음을 말해주지만, 손가락처럼 작은 뼈가 잘 발달한 앞다리와 힘 있는 어깨는 육상에서도 운동이 가능했음을 보여준다. 이치티오스테가는 어깨뼈가 머리뼈와 직접 연결된 잎사귀형 지느러미 물고기의 어깨뼈와 달리, 목이 있어 육상생활에 유리한 특징을 가지고 있다. 유스테놉테론과 이치티오스테가는 지느러미가 사지로 전환하는 과정에 있는 멀리 떨어진 두 지점의 화석이다. 하지만 그 사이에는 무슨 일이 있었을까?

최근 그 공백을 채우는 화석이 발견되기 시작했다. 과학자들은 3억 8,500만 년 전의 유스테놉테론보다 사지동물과 더 유사한 잎사귀형 지느러미 물고기인 판데리치티스(*Panderichthys*)와 같은 화석이 발견된 것이다(그림 19.4A 참조). 긴 주둥이와 납작한 체형, 머리 위에 눈이 있는 판데리치티스는 악어와 비슷하게 생겼다. 이들은 아가미와 폐를 가지며, 머리뼈 위쪽에 물이 들어갈 수 있는 구멍이 있어 얕은 수심에서 서식했을 가능성이 있다. 물고기의 방사형 지느러미와 같은 한 쌍의 지느러미를 가지고

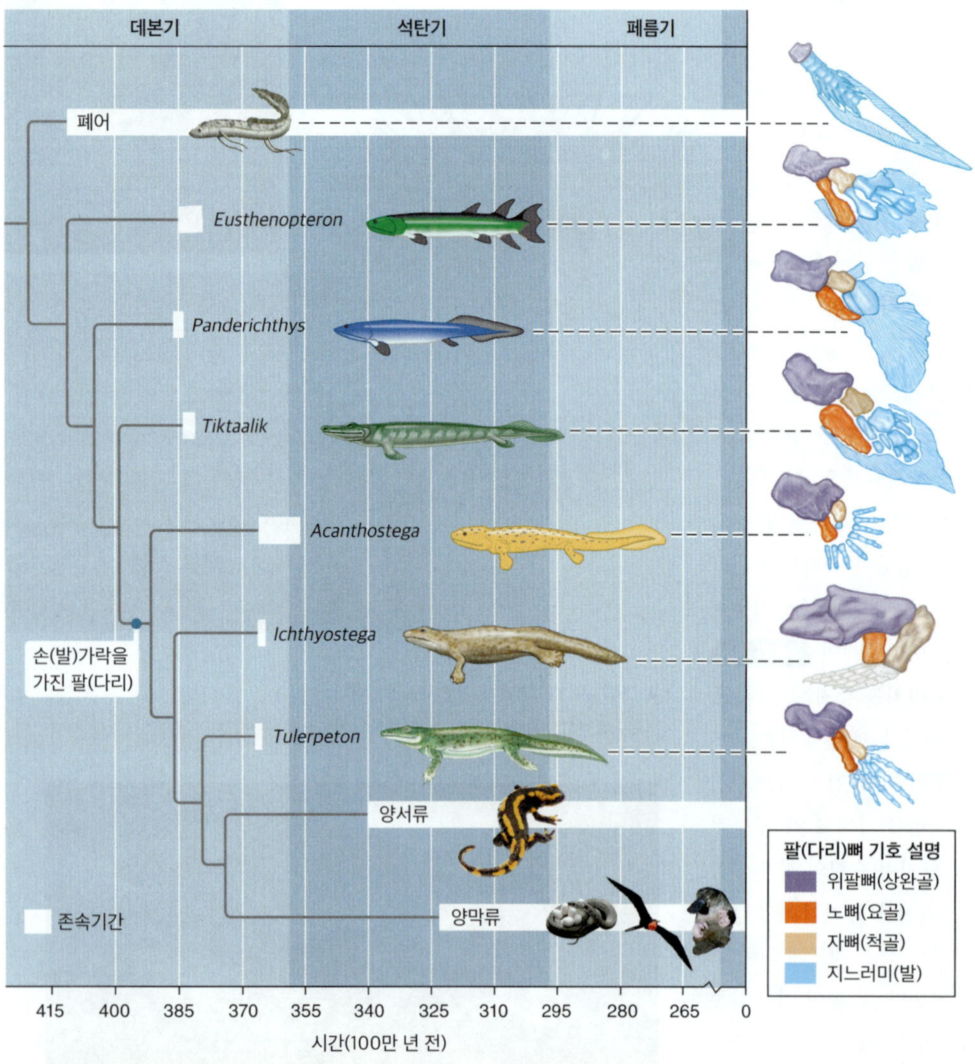

▲ **그림 19.4A** 사지동물 진화의 과도기적 형태 중 일부

시도해 보기 판데리치티스, 틱타알릭, 아칸토스테가의 앞다리가 어떻게 다른지 설명하시오.

있었지만, 등쪽과 뒷지느러미는 없어졌고, 꼬리지느러미는 유스테놉테론보다 훨씬 작았다. 머리뼈의 특정 특징들은 사지동물의 그것과 더 비슷했다. 목은 없었지만, 앞다리와 두개골을 연결하는 뼈는 물고기와 사지동물의 중간 형태였다. 판데리치티스는 얕은 물속을 헤쳐 나갈 때 지느러미를 지렛대처럼 바닥에 대고 앞으로 나아갈 수 있을 것이다. 물고기는 물고기였지만 사지동물 같은 물고기였던 것이다.

물고기를 닮은 사지동물인 아칸토스테가(*Acanthostega*)의 발견은 사지동물의 진화에 대한 과학자들의 생각을 뒤집어 놓았다. 이치티오스테가와 마찬가지로 아칸토스테가는 목이 있었고, 척추(등뼈)와 머리뼈(두개골)를 강화하는 구조적 변형이 있었으며, 발가락이 달린 4개의 팔다리를 가졌다. 그러나 그 팔다리는 육지에서 동물을 지탱할 수 없었을 것이고, 갈비뼈는 물 밖에서 폐가 찌그러지는 것을 막을 수 없었을 것이다. 놀랍게도 최초의 사지동물은 물을 찾아 웅덩이에서 웅덩이로 몸을 끌고 다니면서 점차 다리가 진화한 폐를 가진 물고기가 아니었다는 것이다. 대신 목과 4개의 팔다리를 가진 물고기로, 머리를 물 위로 들어 올려 공기 중의 산소를 호흡할 수 있었을 것이다. **그림 19.4B**는 예술가가 그린 아칸토스테가의 상상화다.

최근 고생물학자들은 사지동물 진화에 대한 증거에 또 하나의 중요한 연결고리를 추가했다. 그들은 이전 표본의 날짜와 서식지 정보를 사용하면, 데본기 후반의 특정 기간 동안 얕은 강 환경의 퇴적물에서 형성된 암석에서 과도기 화석을 발견할 수 있을 것으로 예측했다. 이들은 당시에 적도 근처에 위치했던 북극 캐나다에서 적합한 지역을 찾아 수색했다. 여기에서 이들은 틱타알릭(*Tiktaalik*, 이 지역 누나부트 이누이트 부족의 언어로 '큰 민물고기'라는 뜻)이라는 이름의 놀라운 동물 화석 몇 점을 발견했다. 이 표본들은 정교하게 보존돼 물고기와 유사한 비늘까지 선명하게 볼 수 있었다. 틱타알릭은 판데리치티스와 아칸토스테가 사이의 경계에 걸쳐 있었다(그림 19.4A 참조). 노처럼 생긴 앞다리는 지느러미와 발의 일부였다. 방사형 지느러미는 발가락으로 대체되지 않았다. 관절은 동물을 지탱하는 역할을 했을 뿐 걸을 수 있게 하지는 못했을 것이다. 물고기처럼 아가미가 잘 발달돼 있었지만 목은 사지동물처럼 생겼다(그림 22.5 참조). 완벽한 중간 형태였다.

화석 기록에서 수집한 초기 사지동물의 이미지를 염두에 두고, 이들의 진화를 이끈 환경적 조건에 대해 살펴보자. 1억 년 전에 식물이 이 땅에 군락을 형성했고, 절지동물이 그 뒤를 이었다. 틱타알릭이 등장할 당시 얕은 물에는 뿌리가 있는 수생식물과 함께 쓰러진 나무와 육상식물의 잔해가 있는 다양한 생물에게 먹이와 쉼터를 제공하는 복잡한 환경이었을 것이다. 몸길이가 1 m에 달하는 틱타알릭과 같은 포식자도 충분히 먹이를 찾을 수 있었을 것이다. 하지만 따뜻하고 고인 물은 산소함량이 낮다. 머리를 물 밖으로 들어 올려 공기 호흡을 통해 산소를 보충할 수 있다는 점은 이점이 됐을 것이다.

오랜 기간 물 밖에서 살 수 있게 적응하면서 사지동물은 빠르게 다양해졌다. 석탄기 늪지 숲에는 먹이와 산소가 풍부했기 때문이다(17.4절 참조). 육지에 정착한 많은 사지동물 계열 중 하나에서 현대 양서류가 진화했다.

? 아칸토스테가는 과학자들의 사지동물 진화에 대한 개념을 어떻게 바꾸었는가?

■ 최초의 사지동물은 이전에 생각했던 것보다 더 물고기처럼 생겼다는 것을 보여주었다. 그들은 육지에서 시간을 보내지 않았다.

▲ **그림 19.4B** 얕은 물에서 살며 공기를 호흡할 수 있었던 물고기 같은 사지동물, *Acanthostega*

19.5 양서류는 두 쌍의 팔다리를 가진 척추동물인 사지동물이다

양서류(amphibian)에는 도롱뇽, 개구리, 맹꽁이 등이 속한다. 오늘날 일부 도롱뇽은 완전히 수생이지만, 육지에 사는 도롱뇽은 몸을 좌우로 구부려서 초기 육상 사지동물의 걸음걸이와 비슷하게 걷는다(**그림 19.5A**). 개구리는 강력한 뒷다리를 이용해 지형을 따라 뛰어다니는 등 육상 이동에 더 특화돼 있다. 맹꽁이(**그림 19.5B**)는 거의 앞을 보지 못하며 다리도 없다. 하지만 이들은 다리를 가진 조상으로부터 진화한 것으로, 구멍을 파는 생활 방식에 적합하도록 적응한 것이다.

▲ **그림 19.5A** 불 도롱뇽

대부분의 양서류는 습한 서식지에서 발견되며, 촉촉한 피부에서도 기체교환을 하며 폐를 보완한다. 양서류의 피부에는 보통 독샘이 있어 방어 역할을 할 수 있다. 독침개구리는 특히 치명적인 독을 가지고 있으며, 선명한 색채로 잠재적 포식자에게 경고를 보낸다(**그림 19.5C**).

▲ **그림 19.5B** 카실리안

그리스어로 양서류는 '이중생활을 한다'는 뜻으로, 많은 개구리가 가지는 변태를 가리키는 말이다. 개구리는 대부분의 시간을 육지에서 보내지만 물속에서 알을 낳는다. 번식기에는 많은 종이 짝짓기 울음소리로 공기를 가득 채운다. **그림 19.5D**에서 볼 수 있듯이 개구리 알은 젤리 같은 물질로 포장돼 있다. 따라서 알이 마르지 않으려면 습기로 둘러싸여 있어야 한다. 올챙이라고 불리는 유충 단계는 수생 조류를 먹으며, 다리가 없고, 아가미를 가지며, 물고기와 비슷한 측선계와 긴 지느러미 꼬리를 가지고 있다(**그림 19.5E**). 올챙이는 개구리로 변하는 과정에서 급격한 변태를 한다. 어린 개구리가 육지로 기어 올라와 육지에서 곤충을 먹는 생명을 이어갈 때는 아가미 대신 4개의 다리와 공기 호흡을 하는 폐를 갖게 된다(그림 19.5C 참조). 그러나 모든 양서류가 이러한 이중생활을 하는 것은 아니다. 일부 종은 엄격하게 육상생활을 하고, 다른 종은 물에서만 생활한다. 두꺼비(toad)는 일반적으로 피부가 거칠고 육상 서식지에서만 사는 개구리를 지칭할 때 사용하는 용어다.

지난 30년 동안 동물학자들은 양서류 개체군의 급격한 전 세계적인 감소를 경고하고 있다. 알려진 양서류 종의 약 1/3이 멸종위기에 처해 있다. 서식지 손실, 기후변화, 병원성 곰팡이균의 확산 등 다양한 원인이 양서류 개체 수 감소에 영향을 미치고 있다(17.14절 참조).

양서류는 육지에 정착한 최초의 척추동물이다. 초기 양서류는 아마도 석탄기의 울창한 숲에서 곤충과 다른 무척추동물을 잡아먹었을 것이다(그림 17.4 참조). 그 결과, 양서류는 매우 널리 분포하고 다양해져서 석탄기를 양서류의 시대라고 부르기도 한다. 그러나 양서류는 탈수에 취약해 분포에 제한이 있었다. 우리가 다룰 다음 척추동물 계통군인 양막류는 완전히 육지에서 생활사를 완성할 수 있도록 진화했다.

? 양서류는 어떤 면에서 육상생활에 완전히 적응하지 못했는가?

■ 알은 탈수로부터 잘 보호되지 않으며, 많은 종이 수생 유충 형태를 가지고 있고, 피부는 방수가 되지 않아 기체교환을 위해 촉촉한 상태를 유지해야 한다.

▲ **그림 19.5C** 성체 독침개구리

▼ **그림 19.5D** 개구리 알. 올챙이는 각 젤리 공의 중앙에서 발생한다.

▶ **그림 19.5E** 변태를 겪고 있는 올챙이

19.6 파충류는 육상에서 적응된 알을 가진 사지동물인 양막류다

파충류(새 포함)와 포유류는 양막류(amniote)다. 이 계통군의 주요 파생 특성은 양막성 알이다(그림 19.6A). **양막알(amniotic egg)**은 배아의 몸의 일부가 아닌 양막으로 불리는 특수한 배외막을 가지고 있다. 알에서 양막(amnion)은 배아를 둘러싸고 있는 액체로 채워진 주머니다(그림 19.6B). 난황주머니(yolk sac)에는 달걀 노른자처럼 발생 중인 배아를 위한 풍부한 영양분이 들어 있다. 추가 영양소는 알부민('달걀 흰자')에서 얻을 수 있다. 융모막(chorion)과 요막(allantois)은 배아가 산소호흡을 위해 공기에서 산소를 얻고 생성된 이산화탄소를 처리할 수 있도록 한다. 요막은 다른 대사 노폐물을 처리하는 주머니이기도 하다. 배아와 그 생명유지 시스템을 둘러싼 방수 껍질 덕분에 파충류는 육지에서 생활사를 완성할 수 있었던 최초의 척추동물이다. 17.2절에서 살펴본 것처럼 씨앗은 식물의 진화에서도 비슷한 역할을 했다.

양막류 계통군인 **파충류(reptile)**에는 도마뱀, 뱀, 거북이, 악어, 새와 더불어 대부분의 공룡과 같은 멸종된 여러 그룹이 속해 있다. 새를 제외한다면 도마뱀은 가장 많고 다양한 파충류다. 도마뱀과 밀접한 연관이 있는 뱀은 조상이 구멍을 파는 생활 방식에 적응하면서 사지를 잃게 됐을 것이다. 거북은 진화한 이후 거의 변하지 않았지만, 이들의 조상 계열은 여전히 확실하지 않다. 악어과(crocodilians) 동물인 악어(crocodile)와 앨리게이터(alligator)는 살아 있는 파충류 중 가장 큰 동물로, 바다 악어는 길이가 최대 6.3 m(리무진 길이)에 달하고 무게가 1톤에 달한다. 악어는 대부분의 시간을 물속에서 보내며 위로 향한 콧구멍을 통해 공기 호흡을 한다.

▲ 그림 19.6A 알을 낳는 유럽 풀뱀

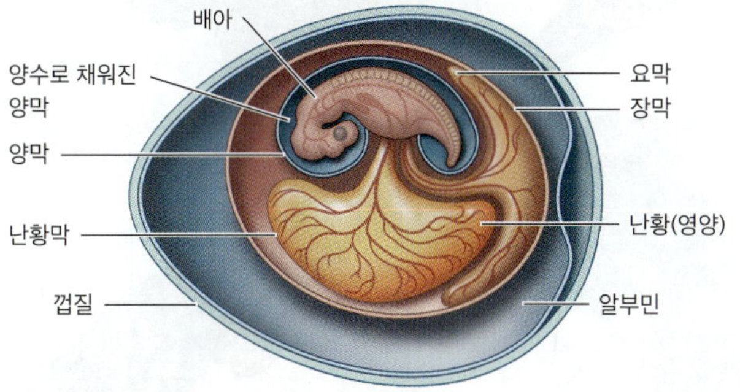

▲ 그림 19.6B 양막알

시도해 보기 파충류가 육지에서 생활사를 완성할 수 있게 알의 각 구조가 하는 역할을 확인하고 설명하시오.

파충류는 방수 껍질로 보호되는 양막알 외에도 양서류에는 없는 육상생활에 대한 몇 가지 다른 적응을 했다. 견고한 단백질인 케라틴으로 방수 처리된 비늘로 덮여 있는 파충류의 피부는 몸이 건조해지지 않도록 막아준다. 파충류는 건조한 피부로 숨을 쉴 수 없으므로 대부분의 산소를 폐에서 얻는다.

도마뱀, 뱀, 악어, 거북은 물질대사를 통해 체온을 유지하지 않기 때문에 '냉혈동물'이라고 불리기도 한다. 그러나 환경적 정보를 통해 체온을 조절할 수 있는 행동을 유도할 수 있다. 예를 들어, 서늘한 아침, 파충류는 따뜻한 바위에 앉아 햇빛을 쬐면서 체온을 올릴 수 있다(그림 19.6C). 동물은 너무 더워지면 그늘을 찾는다. 스스로 대부분의 열을 생성하지 않고 외부로부터 열을 흡수하는 동물을 **외온성(ectothermic,** 그리스어로 ektos는 '외부'를, therme는 '열'을 의미)이라고 하는데, 이는 냉혈이라는 용어보다 더 적절한 용어다. 외온성 동물은 에너지 소모량이 적기 때문에 파충류는 먹이가 부족한 사막에 잘 적응한다.

양서류와 마찬가지로 파충류도 한때는 지금보다 훨씬 더 우위를 차지하는 동물이었다. 양서류가 쇠퇴한 후 파충류 계통은 급속히 증가돼 2억 년 동안 지속된 왕국을 이루었다. 가장 다양한 그룹인 공룡류는 육지에 서식한 동물 중 가장 큰 동물이었다. 대부분의 공룡류는 약 6,600만 년 전 대량멸종 시기에 멸종했다. 유일하게 살아남은 공룡류 계열의 후손은 오늘날 우리가 새(조류)로 알고 있는 파충류다.

? 양막알이란 무엇인가?

■ 배아가 액체로 채워진 양막 주머니에서 발달하고 노른자로부터 영양을 공급받는 알

▲ 그림 19.6C 햇빛을 쬐는 턱수염도마뱀

19.7 새는 비행을 위해 적응을 한 깃털 달린 파충류다

▲ 그림 19.7A 비상하는 군함새

새(**bird**, 조류)는 깃털과 비행을 위한 적응을 한 파충류 계통군이다. 새의 앞다리는 깃털로 덮인 날개로 개조돼 공중에서 양력과 기동성을 제공하는 에어포일(airfoil, 익형) 역할을 한다(그림 30.1E 참조). 가슴뼈를 따라 중앙 융기부에 고정된 커다란 비행 근육이 동력을 제공한다. **그림 19.7A**의 항해하는 군함새(frigate bird)와 같은 일부 종은 기류를 타고 날아오르는 데 적응된 날개를 가지고 있어서 가끔씩만 날개를 펄럭인다. 벌새와 같은 다른 새들은 기동성은 뛰어나지만 공중에 머물기 위해서는 거의 지속적으로 날개를 퍼덕여야 한다. 날지 못하는 새로는 세계에서 가장 큰 새인 타조와 호주에서 가장 큰 토종 새인 에뮤가 있다.

비행을 위해 무게를 줄이는 데 여러 특징이 도움이 된다. 오늘날의 새는 이빨이 없고, 꼬리는 몇 개의 작은 척추뼈로만 지탱되며, 깃털은 속이 비어 있고, 뼈는 벌집 구조로 돼 있어 튼튼하지만 가볍다. 예를 들어, 군함새의 날개 길이는 2 m가 넘지만 전체 골격의 무게는 약 113 g에 불과하다.

날기 위해서는 많은 양의 에너지가 필요하므로, 오늘날의 새는 높은 물질대사율을 가지고 있다. 다른 파충류와 달리 물질대사 중 발생하는 열을 이용해 일정한 따뜻한 체온을 유지하는 **내온동물**(**endothermic**)이다. 단열성 깃털은 따뜻한 체온을 유지하는 데 도움이 된다. 높은 물질대사율을 뒷받침하기 위해 새는 심장의 방이 4개로 이루어져 있으며, 매우 효율적인 순환계를 가지고 있고, 새의 폐는 포유류의 폐보다 공기에서 산소를 추출하는 데 훨씬 더 효율적이다.

비행에는 예민한 감각과 미세한 근육 조절도 필요하다. 새는 척추동물 중 가장 뛰어난 시력을 가지고 있으며, 뇌의 시각과 운동 영역이 잘 발달돼 있다.

새는 일반적으로 특히 번식기에는 매우 복잡한 행동을 보인다. 구애에는 종종 정교한 의식이 수반된다. 예를 들어, 그림 19.7A의 수컷 군함새는 목에 있는 붉은색 주머니를 거대한 풍선처럼 부풀려 암컷을 유혹하고 유인한다. **그림 19.7B**의 철새인 두루미는 다른 종류의 구애 행동을 한다. 많은 종의 새들은 수컷과 암컷이 번갈아 가며 알을 품고 새끼를 먹여 키운다. 일부 새는 매년 먼 거리를 이동해 먹이활동이나 번식을 하는 지역을 바꾼다.

▲ 그림 19.7B 철새인 두루미의 구애 행동

강력한 증거에 따르면 새는 수각류(theropod)라고 불리는 작은 두발 공룡의 계통에서 진화한 것으로 알려져 있다. **그림 19.7C**는 1억 5,000만 년 전의 화석을 바탕으로 가장 오래되고 가장 원시적인 새인 시조새(*Archaeopteryx*, 그리스어로 archaios는 '고대', pteryx는 '날개'를 의미)를 예술가가 재구성한 것이다. 현존하는 새처럼 깃털이 달린 날개를 가지고 있지만, 이빨과 날개발톱 그리고 척추가 많은 꼬리는 당시의 작은 두발 공룡에 가까웠다. 지난 10년 동안 중국 고생물학자들은 시조새보다 500만~1,000만 년 앞선 화석을 포함하여 많은 깃털 달린 수각류 화석을 발굴했다. 이러한 발견은 파충류의 비늘과 같은 깃털이 동력 비행보다 훨씬 이전에 진화했음을 시사한다. 초기의 깃털은 단열이나 구애 표시의 기능을 했을 수 있다. 이러한 화석이 더 많이 발견됨에 따라 과학자들은 비행의 진화에 대한 새로운 통찰력을 얻고 있다.

? 비행을 촉진하는 새의 적응을 나열하시오.

■ 체중 감소, 높은 물질대사, 효율적인 호흡기 및 순환계, 에어포일 모양의 깃털 달린 날개, 좋은 시력

▲ 그림 19.7C 멸종된 시조새

19.8 포유류는 털이 있고 젖을 생산하는 양막류다

양막류에는 크게 두 가지 계열이 있는데, 하나는 파충류로 진화한 계통군이고 다른 하나는 포유류를 생산한 계통군이다. **포유류(mammal)**를 구별하는 두 가지 특징은 털과 젖을 생산하는 젖샘(mammary gland)이다. 포유류는 새와 마찬가지로 내온동물이다. 털은 따뜻한 체온을 유지하는 데 도움이 되는 단열 기능을 제공한다. 효율적인 호흡기와 순환계(4개의 방으로 이루어진 심장을 가진)는 내온동물의 특징인 높은 물질대사를 뒷받침한다. 다양한 종류의 음식을 섭취하도록 적응한 이빨의 분화도 포유류의 특징으로, 이빨의 종류에 따라 자르기, 뚫기, 부수기, 갈기 등에 특화돼 있다. 포유류의 3대 계통인 단공류(알을 낳는 포유류), 유대류(주머니를 가진 포유류), 진수류(태반포유류)는 번식 패턴에서 차이가 있다.

▲ 그림 19.8A 단공류: 오리부리 오리너구리와 갓 부화한 새끼

현존하는 알을 낳는 포유류 중 **단공류(monotremes)**로 알려진 것은 바늘두더지(echidnas, 가시개미핥기)와 오리부리를 가진 오리너구리(platypus)뿐이다. 오리너구리 암컷은 보통 2개의 알을 낳고 둥지에서 알을 품는다. 부화 후 새끼 오리너구리는 어미의 털에 분비된 젖을 핥아 먹는다(그림 19.8A).

다른 모든 포유류는 부화하지 않고 태어난다. 배아는 모체 안에서 발생하며 모체의 혈액으로부터 직접 영양분을 공급받는다. 포유류 배아는 양막을 포함해 양막알에서 발견되는 것과 상동적인 배외막을 생성하며, 체액으로 채워진 양막은 보호 주머니로서의 기능을 유지한다. 융모막, 난황주머니, 요막은 포유류와 파충류에서 서로 다른 기능을 한다(27.15절 참조). 배아의 막은 자궁 내막과 결합해 **태반(placenta)**을 형성하는데, 이를 통해 모체의 혈액으로부터 영양분이 배아의 혈액으로 확산된다.

유대류(marsupials)는 임신 기간이 짧고 태아는 작게 태어나 어미의 젖꼭지에 붙어 발달을 완료한다. 수유 중인 새끼는 보통 외부 주머니에 보관된다(그림 19.8B). 거의 모든 유대류는 호주, 뉴질랜드, 중남미에서 서식한다. 주머니쥐는 유일한 북미 유대류다. **진수류(eutherians)**는 완전히 발달한 살아 있는 새끼를 낳는 포유류다. 유대류의 태반보다 더 복잡한 태반을 만들고, 새끼는 태반에 붙어 있는 어미의 자궁에서 배아 발달을 완료하기 때문에 흔히 **태반포유류(placental mammal)**라고 불린다. 그림 19.8C에서 갓 태어난 얼룩말의 몸에 붙어 있는 커다란 은빛 막이 바로 양막이다. 코끼리, 설치류, 토끼, 개, 소, 고래, 박쥐, 사람 등이 모두 진수류에 속한다.

최초의 진정한 포유류는 약 2억 년 전에 생겨났으며, 아마도 야행성 곤충을 먹는 작은 포유류였을 것이다. 살아 있는 포유류의 세 가지 주요 그룹 중 단공류는 가장 오래된 혈통이다. 유대류와 진수류는 약 1억 4,000만 년 전에 갈라졌다. 중생대 포유류는 오늘날의 다람쥐 정도 크기로 매우 작은 곤충 섭식 동물이었다. 그러나 백악기 말 대형 공룡이 멸종한 후 포유류는 적응방산을 겪으며 대형 육상 초식동물을 비롯한 포식자, 박쥐, 돌고래와 고래 같은 수생 포유류가 생겨났다. 사람은 원숭이, 유인원 등과 함께 포유류 목인 영장류에 속한다. 다음 절부터 사람 진화에 대해 알아보고자 한다.

? 포유류의 두 가지 특징은 무엇인가?

■ 털과 젖을 생산하는 젖샘

▲ 그림 19.8B 단공류: 새끼를 주머니에 넣은 동부 회색 캥거루

▲ 그림 19.8C 진수류: 신생아가 있는 얼룩말

영장류 다양성

개념 시각화 19.9 많은 영장류의 특성은 나무 생활에 적응한 것이다

포유류 목 영장류(primate)에는 여우원숭이(lemurs), 늘보원숭이(lorises), 원숭이(monkey), 유인원(apes)이 포함된다. 영장류의 계통수는 19.10절에 나와 있다. 최초의 영장류는 아마도 공룡이 지구를 지배했던 6,500만 년 전 이전에 나타난 작은 수목성(나무에 사는) 포유류였을 것이다. 현존하는 대부분의 영장류는 수목성이며, 영장류의 신체는 나무 생활에 필요한 사항에 따라 자연선택적으로 다듬어진 여러 가지 특징을 가지고 있다. 사람은 나무에서 살지는 않았지만, 사람의 몸에는 수목 조상으로부터 진화한 많은 특성이 남아 있다.

영장류 다양성

독특한 영장류 특성

여우원숭이와 늘보원숭이는 초기 나무에서 생활하던 유인원과 유사해 보인다. 이들의 특성은 영장목의 특성을 보여준다.

- 짧은 코: 눈은 얼굴 전면에 가까이 위치
- 유연한 어깨와 엉덩이 관절
- 이동이 매우 자유로운 5개의 손가락과 발가락
- 유연한 엄지손가락

◀ 여우원숭이와 매우 가까운 호리호리한 늘보원숭이

나무 사이로 이동하는 데 중요한 특성인 깊이인식능력이 눈의 위치로 향상되었다.

유연한 관절로 나뭇가지 사이를 매달리거나 이동하기 쉬워졌다.

손과 발은 물건을 잡고 음식 조리가 가능해졌다.

▶ 여우원숭이의 일종인 코쿠렐 시파카

진원류

진원류는 원숭이와 유인원을 포함하는 그룹이다. 진원류는 완전히 마주 보는 손가락을 가진다. 즉 엄지손가락과 함께 4개의 손가락 끝이 서로 마주칠 수 있다. 원숭이와 대부분의 유인원에서 마주 보는 엄지는 '강한 악력'으로 잡는 힘을 부여한다. 사람은 더 섬세한 조절 능력을 부여하는 독특한 엄지 뼈 구조를 갖는다.

원숭이

원숭이는 팔과 다리의 길이가 거의 같다. 구대륙(아프리카, 아시아)원숭이와 신대륙(아메리카) 원숭이는 300만 년 이상 독립적으로 진화했다.

구대륙원숭이

- 많은 종이 나무에 살지만, 일부는 땅에 산다.
- 콧구멍이 아래를 향하고 있다.
- 붙드는 힘이 있는 꼬리가 없다.

꼬리가 붙드는 힘이 없다.

▶ 사자꼬리원숭이

신대륙원숭이

- 모두 나무에 산다.
- 콧구멍이 옆으로 열려 있다. 서로 떨어져 있다.
- 다수가 길고 잡는 힘이 있는 꼬리를 가진다.

코의 위치를 주의해 보라.

◀ 금색사자 타마린

잡는 힘이 좋은 꼬리는 나뭇가지를 잡도록 특화되었다.

▲ 붉은 울부짖는 원숭이

유인원

유인원에는 긴팔원숭이, 오랑우탄, 고릴라, 침팬지, 그리고 사람이 속한다. 대부분 유인원은 꼬리가 없으며, 상대적으로 긴 팔과 짧은 다리를 가진다. 다른 영장류와 비교해 몸 크기에 비해 뇌가 크다. 그 결과 이들의 행동은 더욱 유연하다.

◀ 오랑우탄은 수줍음이 많은 유인원으로 수마트라와 보르네오의 우림에서 살아간다. 이들은 대부분의 시간을 나무에서 보내며, 4개의 긴 팔다리로 몸을 지탱한다.

▶ 긴팔원숭이는 9종이 존재하며, 모두 나무 위에서 살며 동남아시아에서 발견된다. 긴팔원숭이는 가장 작고, 가벼우며 가장 유연한 유인원이다.

▼ 고릴라는 가장 큰 유인원이다. 일부 수컷은 키가 180 cm 이상이고 몸무게는 180 kg 이상이다. 이들은 모두 아프리카 열대 우림에서만 발견된다. 고릴라는 일반적으로 20여 마리로 이루어진 그룹으로 살아간다. 이들은 대부분의 시간을 땅에서 보낸다.

큰 발가락이 다른 발가락과 매우 떨어져 있는 것을 주의해 보라. 이것은 나뭇가지를 잡도록 적응한 것으로 사람을 제외한 모든 영장류에서 발견된다.

고릴라는 뒷다리로 곧추 설 수 있다. 그러나 이들이 네 다리로 걸을 때, 손가락 마디가 땅에 닿는다.

▼ 침팬지는 열대 아프리카에 사는 보노보와 매우 유사한 종이다. 이들은 머리가 좋으며 의사소통능력과 사회성이 있다.

▶ 사람의 몸은 많은 유인원의 특성을 가지고 있다. 우리의 가장 큰 특징은 크고 영리한 뇌로 우리의 기원까지도 연구할 수 있게 되었다.

? 유인원과 원숭이는 신체적으로 어떻게 다른가?

■ 원숭이는 앞다리가 뒷다리와 거의 같은 길이다. 유인원은 상대적으로 팔이 길고 다리가 짧다.

19.10 사람 이야기는 영장류의 유산에서 시작된다

그림 19.10A의 계통수에서 볼 수 있듯이 살아 있는 영장류는 크게 세 그룹으로 나뉜다. 열대 아프리카 및 남부 아시아의 늘보원숭이와 갈라고원숭이(bush baby)는 여우원숭이와 함께 한 그룹에 속한다.

안경원숭이(tarsiers)는 영장류의 두 번째 그룹에 속한다. 동남아시아에만 있으며, 야행성 나무에 사는 이 작은 영장류는 납작한 얼굴에 큰 눈을 가지고 있다(**그림 19.10B**). 화석 증거에 따르면 안경원숭이는 여우원숭이-늘보원숭이-갈라고원숭이 그룹보다는 세 번째 영장류 그룹인 진원류와 더 가까운 것으로 나타났다.

진원류(anthropoid, 그리스어로 '사람'을 뜻하는 anthropos와 '형태'를 뜻하는 eidos의 합성어)에는 원숭이와 유인원이 포함된다. 그림 19.10A에서 볼 수 있듯이 화석 기록에 따르면 인류는 약 5,500만 년 전에 다른 영장류와 갈라지기 시작했음을 알 수 있다. 긴팔원숭이(gibbons), 오랑우탄, 고릴라, 침팬지(및 보노보) 그리고 사람을 포함하는 유인원 계열은 약 2,500만 년 전에 구대륙원숭이(Old World monkey)에서 분화됐다.

분자학적 증거에 따르면 침팬지와 고릴라는 다른 유인원보다 사람과 더 밀접하게 연관돼 있다. 특히 사람과 침팬지는 유전체가 99% 동일할 정도로 밀접한 연관이 있다. 하지만 600만~700만 년 전 마지막 공통 조상으로부터 두 계열이 갈라진 이후 사람과 침팬지의 유전체는 독립적으로 진화해 왔다. 유인원 화석은 극히 드물어서 사람의 조상에 대해 거의 알지 못한다. 그러나 440만 년 전 유인원인 아르디피테쿠스 라미두스(*Ardipithecus ramidus*)의 골격 특징을 연구한 과학자들은, 두 계통이 갈라진 이후 침팬지와 같은 현대의 유인원이 상당한 진화를 해왔다는 결론을 내렸다.

◀ **그림 19.10B** 뚜렷한 영장류 그룹의 구성원인 안경원숭이

? 진원류 범주에 속하는 유인원의 다섯 가지 그룹은 무엇인가?

■ 긴팔원숭이, 오랑우탄, 고릴라, 침팬지 그리고 사람

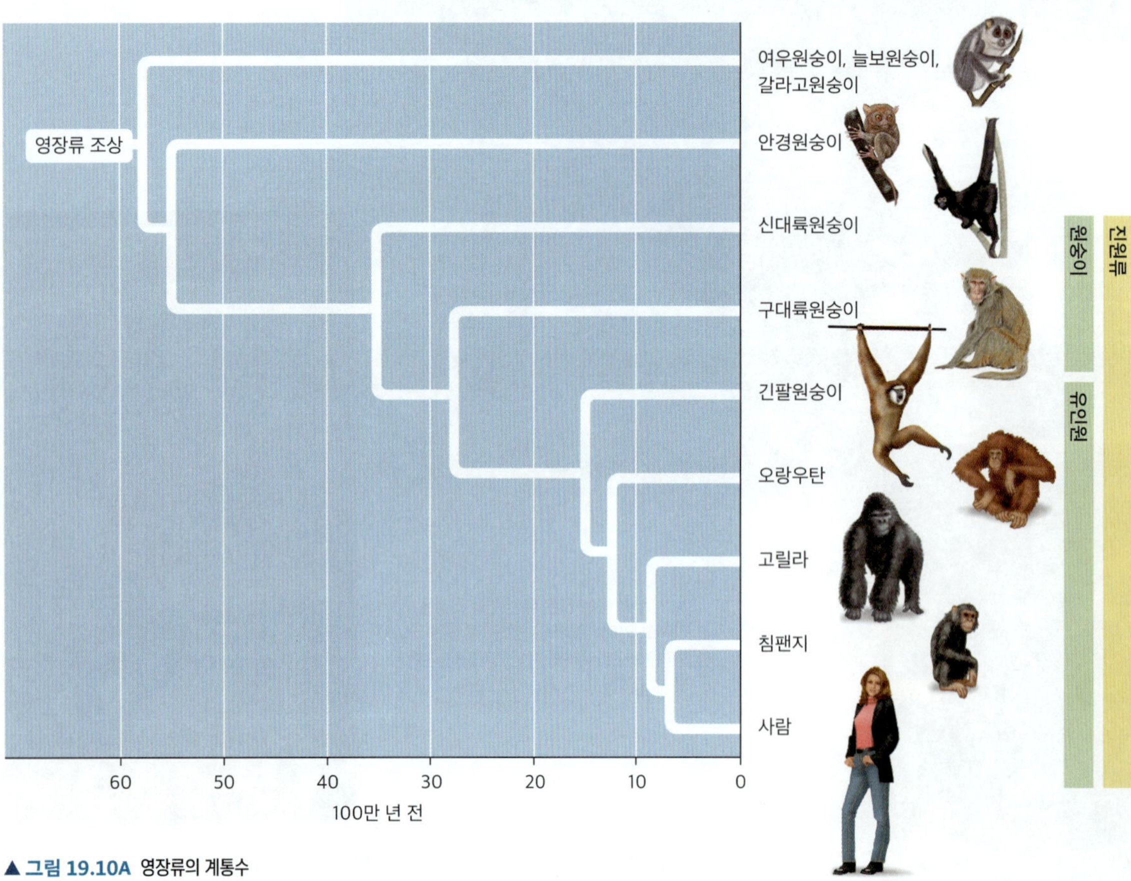

▲ **그림 19.10A** 영장류의 계통수

호미닌 진화

19.11 영장류 계통수의 호미닌 가지에는 여러 종이 공존했다

사람의 기원과 진화를 연구하는 **고인류학(paleoanthropology)**은, 사람과 침팬지 계열이 공통 조상으로부터 갈라져 나온 이후 나타난, 작은 생물학적 역사의 조각에 초점을 맞추고 있다. 고인류학자들은 진화 계통수(evolutionary tree)의 사람의 가지에서 침팬지보다 사람과 더 밀접한 약 20종의 멸종된 **호미닌(hominin)** 화석을 발굴했다. 이 화석들을 살펴보면, 초기 호미닌들은 사람과 다른 유인원들이 구별되는 많은 특성을 가지고 있었으며, 이러한 특성이 호모 사피엔스(*Homo sapiens*)만의 특성이 아니라는 것을 보여주었다.

수천 개의 호미닌 화석이 발견됐고, 새로운 화석이 발견될 때마다 인류 진화의 이야기가 새롭게 밝혀지고 있다. 그러나 고인류학자들은 호미닌의 분류와 계통학적 관계에 대해 여전히 활발한 논쟁을 벌이고 있다. 따라서 **그림 19.11**에서는 일부 호미닌들을 그림 19.10A와 같은 도표식 계통수가 아닌 연대기로 보여준다. 세로 막대는 현재 화석 기록을 통해 알려진 각 종이 존재했던 대략적인 시기를 나타낸다.

그림 19.11을 보며 사람의 계통발생에 대해 즉시 내릴 수 있는 한 가지 추론은, 호모사피엔스가 호미닌에서 바로 진화하지 않았다는 것이다. 때로는 여러 호미닌 종이 공존했고, 일부는 새로운 계열로 진화하지 못한 종점이었을 것이다.

지금까지 발견된 호미닌 중 가장 오래된 사헬란트로푸스 차덴시스(*Sahelanthropus tchadensis*)는 약 650만 년 전, 즉 사람과 침팬지 계통이 갈라질 무렵에 살았다. 하지만 지금까지 발견된 호미닌 화석의 연대는 대부분 400만 년 미만이다. 따라서 지난 15년 동안 국제 과학자 팀이 공들여 발굴하고 재구성한 440만 년 전 아르디피테쿠스 라미두스(*Ardipithecus ramidus*) 화석은 초기 호미닌 진화에 대한 전례 없는 관점을 제시하고 있다. 아르디피테쿠스는 손과 발의 평평한 부분으로 나뭇가지를 걸어다녔으며, 나무 사이를 이동하는 숲속 동물이었다. 땅 위에서도 똑같이 움직일 수 있었으며, 골격의 특징으로 보아 직립 보행을 한 것으로 추정된다.

호미닌의 다양성은 400만 년에서 200만 년 전 사이에 극적으로 증가했다. 호모(*Homo*)라는 우리 속(genus)에 포함되는 첫 번째 화석은 이 시기에 속한다. 100만 년 전 *Homo*에는 하나의 종만 남았다. 결국 우리 자신을 제외한 모든 *Homo* 종은 멸종한 것이다.

? 그림 19.11에 나타난 화석 증거에 근거한다면, 170만 년 전에는 몇 개의 호미닌 종이 공존했을까?

■ 5개. *P. boisei, P. robustus, H. habilis, H. ergaster, H. erectus*

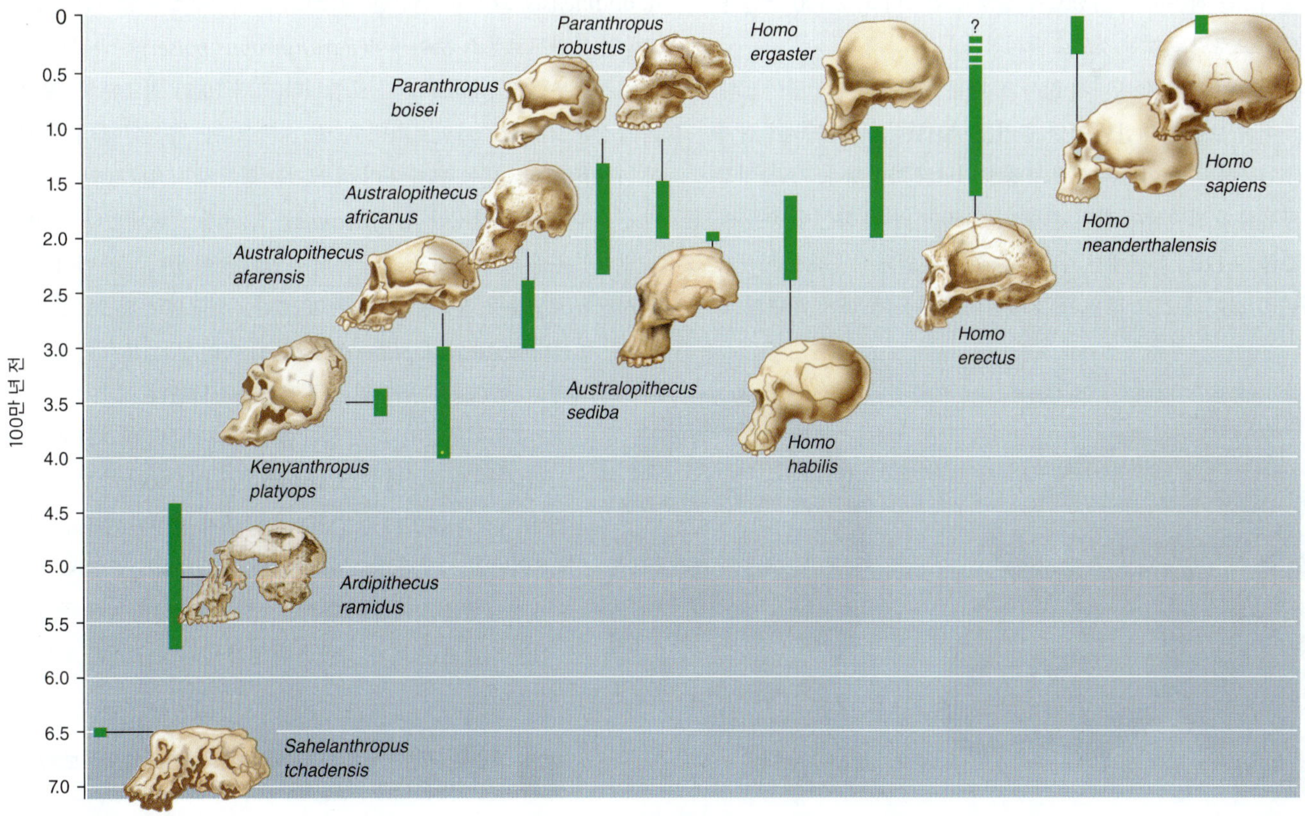

▲ **그림 19.11** 일부 호미닌 종의 연대기

19.12 오스트랄로피테쿠스는 이족 보행이었고 작은 뇌를 가졌다

현대의 사람과 침팬지는 두 가지 주요 특징에서 분명한 차이가 있다. 사람은 이족 보행(직립 보행)을 하고 뇌가 훨씬 더 크다는 점이다. 이러한 특징은 언제 등장했을까? 20세기 초, 고인류학자들은 호미닌과 유인원이 구별되기 시작한 초기 변화는 뇌 크기가 커진 것이라는 가설을 세웠다. 호미닌의 지능 증가로 음식 채집 방법, 자손의 양육, 사회적 상호작용의 변화가 생긴 이후 이족 보행 및 기타 적응이 나타났다는 것이다.

뇌 크기에 대한 이 가설의 검증에 필요한 증거는 호미닌 화석에서 찾을 수 있다. 호미닌의 두개골로 뇌 크기를 알 수 있고, 직립 보행의 증거는 팔다리와 골반 구조를 조사해 찾을 수 있다. 이족 보행에 대한 또 다른 단서는 척수(spinal cord)가 빠져나가는 두개골 바닥의 구멍 위치다. 침팬지와 주로 네발 동물인 다른 종에서는 척수가 두개골 뒤쪽에서 눈이 정면을 향할 수 있는 각도로 빠져나온다(**그림 19.12A**, 왼쪽). 사람을 포함한 이족 보행 동물에서는 척수가 두개골 바닥에서 나오기 때문에 머리를 몸 바로 위에 올려놓을 수 있다(그림 19.12A, 오른쪽).

이 가설을 입증할 수 있는 확실한 증거는 1973년에 발굴됐다. 에티오피아 아파르 지역에서 한 고인류학자 팀이 300만 년 이상 된 이족 보행 호미닌의 무릎 관절을 발견했다. 이듬해에 같은 연구진이 324만 년 전 여성의 상당히 많은 뼈를 발견하고 '루시(Lucy)'라는 별명을 붙였다. 루시와 이후 발견된 수백 개의 유사한 화석들은 오스트랄로피테쿠스 아파렌시스(*Australopithecus afarensis*)로 분류됐다. 화석에 따르면 아파렌시스는 작은 뇌를 가졌고 두 발로 걸었으며 최소 100만 년 동안 하나의 종으로만 존재한 것으로 밝혀졌다.

루시가 발견된 지 얼마 지나지 않아 또 다른 고인류학 연구팀이 고대 호미닌의 이족 보행에 대한 독특한 증거를 발견했다. 동아프리카 탄자니아에서 연구하던 중 이들은 직립 보행 호미닌과 하이에나, 기린, 여러 멸종된 포유류의 발자국이 같이 존재하는 360만 년 된 화산재 층을 발견했다(**그림 19.12B**). 화산재가 가라앉은 후 비로 인해 축축해진 화산재 위로 나란히 걸어간 크고 작은 두 호미닌의 발자욱이, 마치 해변의 젖은 모래에 남듯이 화산재에 깊은 파임을 남겼다. 시멘트와 같은 물질로 이루어진 화산재는 얼마 지나지 않아 굳어졌고, 이후 화산 폭발로 만들어진 더 많은 화산재에 의해 묻혔다. 이 고대 경관을 거닐고 있는 호미닌은 당시 이 지역에 살았던 오스트랄로피테쿠스(*A. afarensis*)일 가능성이 있지만, 확실하게 알 수는 없다.

▲ 그림 19.12B 초기 호미닌의 이족 보행의 증거: 고대 화산재에 새겨진 발자국

오스트랄로피테쿠스의 여러 다른 종도 이족 보행을 한 것으로 밝혀졌는데, 여기에는 *A. africanus*와 *A. anamensis*, 그리고 '건장한' 오스트랄로피테쿠스로 알려진 연관된 그룹인 파란트로푸스 보이세이(*Paranthropus boisei*)와 파란트로푸스 로부스투스(*P. robustus*)가 포함된다(그림 19.11 참조). 하지만 다른 특징을 보면 오스트랄로피테쿠스는 사람보다는 유인원에 더 가까웠다. *A. africanus*의 몸 크기 대비 뇌 크기는 침팬지와 거의 같았다. 사람의 팔은 다리보다 짧지만 *A. africanus*는 그 비율이 반대였다. 손가락과 발가락은 우리에 비해 길고 구부러져 있어서 이 종이 나무에서 상당한 시간을 보냈음을 짐작할 수 있다. 2010년에 최근 추가된 오스트랄로피테쿠스 세디바(*Australopithecus sediba*) 속의 분석 결과 이들은 다른 작은 뇌를 가진 두 발 달린 이족 보행을 설명했다.

고인류학자들은 이족 보행이 매우 오래된 특성이라고 확신하고 있다. 아르디피테쿠스(*Ardipithecus*)는 400만 년 전에 두 발로 걸었다(19.11절 참조). 지금까지 발견된 가장 오래된 호미닌인 사헬란트로푸스(*Sahelanthropus*)도 직립 보행이 가능했을 것이라는 증거가 있다. 사람의 또 다른 주요 특성인 비대해진 뇌가 사람의 계열에서 나타난 것은 훨씬 후의 일이다.

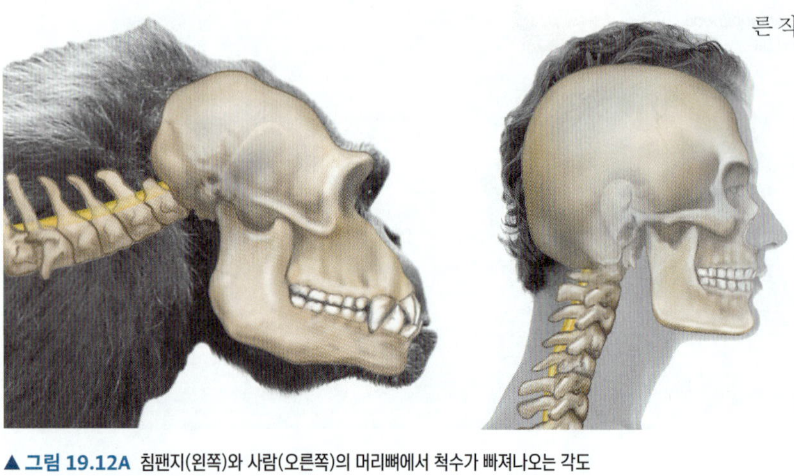

▲ 그림 19.12A 침팬지(왼쪽)와 사람(오른쪽)의 머리뼈에서 척수가 빠져나오는 각도

? 고인류학자들은 어떻게 화석 머리뼈만으로 한 종이 이족 보행을 했다고 결론을 내릴 수 있을까?

■ 척수가 머리뼈에서 나오는 구멍의 위치를 보고

19.13 더 커진 뇌는 호모 진화의 표식이다

고인류학자들은 화석 머리뼈의 용량을 측정해 뇌의 크기를 추정할 수 있으며, 이는 신체 크기와 비교하면 동물의 지능을 대략적으로 알 수 있다. 호모 사피엔스의 뇌 용적은 평균 1,300 cm^3로 오스트랄로피테쿠스의 약 3배에 달한다(**그림 19.13A**). 고인이 된 진화생물학자 굴드(Stephen Jay Gould)는 "인류는 먼저 일어섰고 나중에 똑똑해졌다." 고 말한 바 있다.

오스트랄로피테쿠스의 뇌는 400~450 cm^3로 너무 작아 *Homo* 속의 구성원으로 인정하기 어려웠는데, 어느 정도 크면 충분히 큰 것일까? 인간과 같은 뇌 능력과 유인원과 같은 뇌 능력을 구별하는 것은 무엇일까? 한 고인류학 연구팀은 호미닌 화석과 함께 조잡한 석기를 발견했을 때, 도구를 만든 호미닌은 우리와 같은 사람 중 하나일 것이라 판단하고 이 호미닌을 호모 하빌리스(*H. habilis*, '편리한 사람')라 명명했다. 510~690 cm^3의 뇌 용적은 오스트랄로피테쿠스보다 크지만, 일부 과학자들은 *Homo* 속에 포함시킬 만큼 충분히 크다고 생각하지 않았다. 이후 약 160만 년에서 240만 년 사이의 많은 하빌리스 화석이 발견됐는데, 일부는 다른 화석보다 인간과 더 비슷해 보인다.

190만~100만 년 전에 살았던 호모 에르가스터(*H. ergaster*)는 호미닌 진화의 새로운 단계로 기록된다. 750~850 cm^3에 이르는 더 큰 뇌 크기를 가진 에르가스터는 더 정교한 석기 도구를 만들었다. 사지 비율은 현생 인류와 비슷했다. 짧고 곧은 손가락은 나무에 오르지 않았음을 나타내며, 길고 가느다란 다리와 고관절은 장거리 보행에 잘 적응돼 있었다. 에르가스터 화석은 원래 다른 종인 호모 이렉투스(*H. erectus*)의 초기 구성원으로 생각됐다. 이렉투스('직립 인간')의 경우 평균 뇌 크기가 940 cm^3까지 커져 에르가스터의 뇌 크기와 겹치는 범위에 있다. *H. erectus*의 구성원은 아프리카를 넘어 그 범위를 확장한 최초의 호미닌이었다. 아프리카 이외의 지역에서 발견된 호미닌 화석 중 가장 오래된 것은 조지아에서 발견된 180만 년 전의 이렉투스다. 그 외 중국과 인도네시아에서도 발견됐다. 대부분의 화석 증거에 의하면 이렉투스가 20만 년 전후 어느 시점에 멸종된 것으로 보인다.

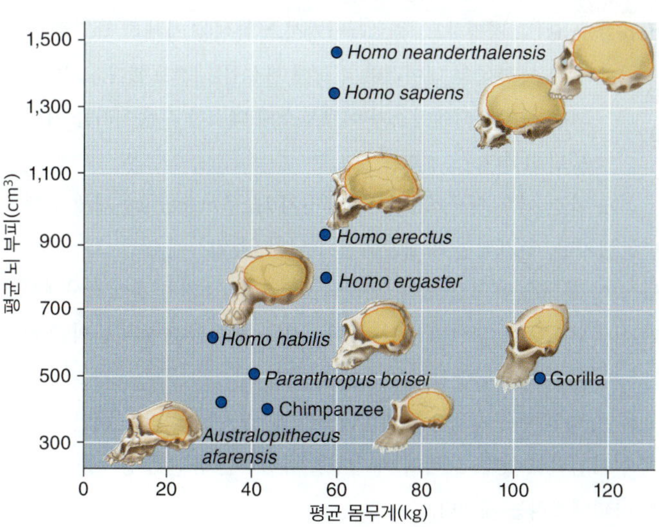

▲ **그림 19.13A** 진원류의 뇌 부피와 체중의 비교

▲ **그림 19.13B** 화석 발견으로 유추한 네안데르탈인의 활동 범위

흔히 네안데르탈인이라고 불리는 호모 네안데르탈렌시스(*H. neanderthalensis*)는 아마도 가장 잘 알려진 호미닌일 것이다. 그들은 우리보다 훨씬 큰 뇌를 가졌으며 돌과 나무로 만든 도구로 큰 사냥감을 사냥했다. 네안데르탈인은 35만 년 전부터 유럽에 살았고 이후 근동 지역으로 퍼져나갔지만(**그림 19.13B**), 4만 년에서 2만 8,000년 전에 멸종했다.

150년 전 독일 네안데르 계곡에서 네안데르탈인 화석이 발견된 이후, 사람들은 네안데르탈인이 우리와 어떤 관련이 있는지 궁금해했다. 그들은 유럽인의 조상이었을까? 가까운 사촌일까? 아니면 완전히 다른 진화의 일부일까? 연구진이 네안데르탈인과 현생 인류의 미토콘드리아 DNA염기서열분석을 비교한 결과, 네안데르탈인은 유럽인의 조상이 아니라는 사실이 밝혀졌다. 사람과 네안데르탈인의 마지막 공통 조상은 약 40만 년 전에 살았던 것으로 밝혀졌다. 연구자들은 네안데르탈인의 핵 유전체 서열을 분석해 네안데르탈인과 일부 *H. sapiens* 집단 간 교배 증거를 발견했다. 이러한 유전적 교류로 인해 유럽인과 아시아인은 약 2%에 해당하는 네안데르탈인의 유전체를 갖게 됐다. 네안데르탈인의 DNA를 분석한 결과 이 흥미로운 호미닌에 대한 몇 가지 세부 사항도 밝혀졌다. 예를 들어, 적어도 일부 네안데르탈인은 붉은 머리, 창백한 피부, O형 혈액형을 가졌다. 연구자들은 또한 현생 인류와 네안데르탈인을 구별하는 특정 유전자와 유전자 조절 서열을 확인했다. 이와 같은 단서는 과학자들이 *H. sapiens* 진화에서 중요했던 유전적 차이점을 이해하는 데 도움이 될 것이다.

다음 절에서는 우리 종인 *H. sapiens* 기원과 전 세계적인 확산에 대해 살펴본다.

? 뇌 부피가 커지는 순서대로 다음 호미닌을 배치해 보자. *Australopithecus, H. erectus, H. ergaster, H. habilis, H. sapiens*.

■ *Australopithecus, H. habilis, H. ergaster, H. erectus, H. sapiens*

19.14 호모 사피엔스는 아프리카에서 기원하여 전 세계로 퍼져 나갔다

화석과 DNA 연구의 증거는 우리 종인 호모 사피엔스가 어떻게 출현해 전 세계로 퍼져나갔는지에 대한 설득력 있는 가설을 지지하고 있다.

사람의 조상은 아프리카에서 시작됐다. 에티오피아에서 발견된 우리 종의 결정적인 특징을 가진 가장 오래된 화석은 16만 년과 19만 5,000년 전의 것으로 알려져 있다. 인간의 기원에 대한 유전학적 증거 역시 화석에서 도출된 결론을 뒷받침한다. 현생 인류가 네안데르탈인보다 서로 더 밀접한 연관이 있음을 보여주는 것 외에도, DNA 연구에 의하면, 유럽인과 아시아인이 더 최근의 공통 조상을 공유하고 있으며, 많은 아프리카 계열이 사람의 계통수의 초기 가지라는 것을 말하고 있다. 이러한 발견은 모든 현존하는 사람의 조상은 아프리카에서 유래한 호모 사피엔스라는 것을 강하게 시사한다.

이 결론은 모계로 유전되는 미토콘드리아 DNA와 아버지로부터 아들에게 전달되는 염색체(Y)의 분석에 의해 더욱 뒷받침된다. 이 연구에 따르면 현생 인류는 모두 약 16만~20만 년 전에 살았던 공통 조상으로부터 미토콘드리아 DNA를 물려받았다. 염색체(Y)의 돌연변이는 오늘날 살아 있는 남성의 조상과 관계를 추적하는 표지자 역할을 할 수 있다. 연구자들은 다양한 지역 남성의 염색체(Y 염색체)를 비교함으로써 아프리카의 공통 조상으로부터의 분화를 추론할 수 있었다.

이러한 증거는 우리 종이 아프리카에서 한 번 또는 여러 번 나타났고, 먼저 중동으로 퍼진 다음 아시아의 다른 지역과 유럽, 호주 그리고 마지막으로 신대륙으로 분산됐음을 시사한다.

호모 사피엔스가 지리적으로 빠르게 확장한 것은 무엇에 의해 촉진됐을까? 개체 수가 증가하면서 개체군의 범위가 점차 확장됐을 것이다. 아프리카에서 우리 종이 진화하면서 새로운 지역의 여행과 성공적인 군락 형성은 사람의 인지 능력이 발달했기 때문으로 보인다. 네안데르탈인과 다른 호미닌은 정교한 도구를 제작할 수 있었지만, 우리가 알 수 있는 한 창의성은 거의 없었고 상징적 사고 능력도 별로 없었다. 이와 대조적으로, 연구자들은 사피엔스는 진화하면서 점점 더 정교한 사고를 했다는 증거를 발견했다(**그림 19.14**). *H. sapiens*가 전 세계로 퍼져 나가면서 개체군은 새로운 환경에 적응했다. 결과적으로 사람들 사이의 일부 차이는 그들의 오래된 조상에 기인한다. 19.16절에서 그러한 적응 중 하나를 살펴보겠다.

? *H. sapiens*가 아프리카에서 기원했다는 증거는 무엇인가?

■ 화석 및 미토콘드리아 DNA와 염색체 DNA의 분석

▲ **그림 19.14** 프랑스 쇼베 동굴에서 발견된 약 3만 년 전 *H. sapiens*가 만든 예술 작품

19.15 새로운 발견은 호미닌의 역사에 대한 새로운 의문을 제기한다

과학적 사고 인류 초기 조상의 화석은 상대적으로 희소하기 때문에, 새로운 발견이 있을 때마다 인류 진화에 대한 우리의 이해에 흥미진진한 새로운 차원을 더할 수 있는 잠재력을 가지고 있다. 가장 놀라운 발견 중 하나는 2004년 인도네시아 플로레스섬에서 연구자들이 '호빗'이라는 별명을 얻게 된 작은 성인 여성의 거의 완전한 골격을 발굴한 것이었다. 호빗의 머리뼈는 작은 크기에도 불구하고(**그림 19.15**), 호모 사피엔스와 유사한 특징을 보였다. 또한 '호빗'은 석기 도구를 만들어 사용한 것으로 보인다. 가장 놀라운 점은 호모 사피엔스가 인도네시아에 살던 1만 8,000년 전 동시대에 호빗이 살았을 수 있다는 점이다.

호빗들은 누구인가?

최초의 '호빗' 골격을 발견한 연구진은 호모 에렉투스 개체군에서 섬의 난쟁이 형태로 진화한, 이전에 알려지지 않은 새로운 사람 종이라는 가설을 세웠다. 이러한 유형의 동물 진화에 대한 선례가 있다. 생물학자들은 섬에 고립된 집단에서 사슴, 코끼리, 하마 등의 난쟁이 개체군을 발견한 바 있다. 연구진은 새로운 호미닌을 호모 플로레시엔시스(*H. floresiensis*)로 명명하고, 플로레시엔시스 화석을 자세히 측정하고 이렉투스 화석의 데이터와 비교해 가설을 테스트했다. 그들의 결과는 플로레시엔시스가 이렉투스의 왜소한 후손이라는 가설을 뒷받침했다.

최초 발견 이후 연구자들은 약 14명의 *H. floresiensis* 개체의 뼈를 발굴했지만, 추가적인 두개골은 발견되지 않았다. 수많은 고인류학자들이 이 화석을 분석한 결과 일부 학자들은 이 증거가 플로레시엔시스가 이렉투스보다 더 일찍 살았던, 아직 밝혀지지 않은 호미닌의 후손이라는 다른 가설을 뒷받침한다고 보고 있다.

한편, 다른 연구자들은 호빗이 전혀 다른 종이 아니라는 대안 가설을 계속 시험하고 있다. 오히려 뼈 기형을 유발하는 유전적 장애를 가진 호모 사피엔스라는 것이다.

과학자들은 플로레시엔시스의 기원에 대한 어떤 가설이 옳은지 어떻

▲ **그림 19.15** 성인 '호빗'(*Homo floresiensis*)의 머리뼈

게 판단할 수 있을까? 바로 더 많은 증거를 축적하는 것이다. 일부 연구자들은 플로레시엔시스가 발견된 지점을 계속 발굴하고 있지만(그림 19.15), 다른 연구자들은 추가 위치로 수색 범위를 넓히고 있다. 가장 유용한 정보는 두 번째 두개골을 찾거나 DNA를 추출하고 분석할 수 있는 뼈나 치아를 발굴하는 데서 나올 수 있다. 한편 호빗족에 대한 미스터리는 계속되고 있다.

? '호빗'을 발견한 사람들이 호모 속의 구성원이라는 가설을 세우게 된 특징은 무엇인가?

■ 인간과 유사한 머리뼈의 특징과 석기의 명백한 사용

19.16 사람의 피부색은 다양한 양의 햇빛에 대한 적응을 반영한다

진화 연관성 오늘날의 다양한 사회에서 피부색은 개인 간 가장 두드러진 차이점 중 하나다(**그림 19.16A**). 수 세기 동안 사람들은 이러한 차이가 보다 근본적인 유전적 차이를 반영한다고 생각했지만, 현대의 유전자 분석은 이러한 가정을 확실하게 반증했다. 피부색 차이에 대한 진화론적 설명이 있을까? 가설을 세우기 위해 과학자들은 사람의 피부색이 지역적으로 다양하다는 관찰에서 출발했다. 열대 지역 토착민은 북반구 사람보다 피부 색소가 더 짙다.

피부색은 특수한 피부 세포에서 생성되는 멜라닌이라는 색소에서 비롯된다. 우리 모두는 멜라닌을 생성하는 세포를 가지고 있지만, 밝은색의 피부를 가진 사람들은 이 세포가 덜 활성화돼 있다. 멜라닌은 가시광선을 흡수해 어두운색으로 보이는 것 외에도 자외선(UV) 파장도 흡수한다. 우리는 자외선이 돌연변이를 일으킨다는 것을 알고 있지만(11.18절 참조), 피부에도 다른 영향을 미친다.

자외선 방사선은 피부에서 비타민D의 합성을 촉매하는 데 도움이 된다. 이 비타민은 적절한 뼈 발달에 필수적이므로 임산부와 어린이가 충분한 양을 섭취하는 것이 특히 중요하다. 멜라닌은 자외선을 차단함으로써 비타민D 합성을 방해한다. 적도 아프리카에서 진화한 검은 피부의 사람은 비타민D를 만들기에 충분한 자외선을 받지만, 북위도 지역은 햇빛을 덜 받는다. 아프리카에서 북쪽으로 이주한 사람의 피부 색소(멜라닌)가 사라진 것은 피부가 적절하게 자외선을 받아 비타민D를 충분히 생성할 수 있도록 도와줬을 것으로 추정된다.

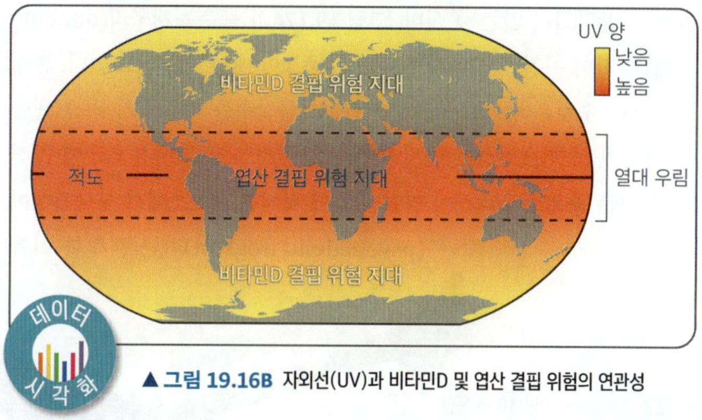

▲ **그림 19.16B** 자외선(UV)과 비타민D 및 엽산 결핍 위험의 연관성

애초에 사람의 피부는 왜 어두운색으로 진화했을까? 자외선은 태아 발달과 정자형성과정에 필수적인 비타민인 엽산(folic acid)을 분해한다. 연구자들은 멜라닌이 열대의 강렬한 햇빛으로부터 엽산을 보호하기 때문에 어두운 피부가 선택됐을 것이라는 가설을 세운다. 다양한 피부 색소의 진화는 엽산 보호와 비타민D 생산 사이의 평형을 제공했을 가능성이 높다(**그림 19.16B**).

피부색은 자연선택의 산물이었기 때문에 비슷한 환경에서는 비슷한 정도의 색소가 만들어졌다. 넓게 분포된 개체군들은 서로의 연관성과 무관하게 동일한 적응을 가질 수 있다. 따라서 피부색은 계통학적 관계를 판단하는 데 유용한 특성이 아니다.

▲ **그림 19.16A** 다양한 피부색

? 왜 엽산 분해가 북위도의 밝은 색소를 가진 사람들에게는 선택되지 않았을까?

■ 북위도에서는 자외선이 열대보다 덜 강하기 때문에 엽산 수치에 악영향을 미치지 않았다.

19.17 동물 다양성에 대한 우리의 지식은 아직 완전하지 않다

연결 유럽의 자연주의자들이 아프리카, 아시아, 호주, 북남미를 처음 탐험하기 시작했을 때 이전에는 볼 수 없었던 수천 종의 생물을 발견했다. 수 세기에 걸친 과학적 탐사 끝에 미생물이나 곤충 같은 작은 개체만 남았다고 생각할 수도 있다. 하지만 새로운 생태계를 탐험하고 새로운 종을 발견하는 시대는 아직 끝나지 않았다. 실제로 오지에 대한 접근성이 개선되고 새로운 지도제작 기술 덕분에 발견의 속도가 더욱 빨라지고 있다. 매년 수백 종의 척추동물을 포함해 수천 종의 생물이 처음으로 설명되고 있다.

인도 서부 해안을 따라 1,600 km에 걸쳐 평행으로 뻗어 있는 산맥인 웨스턴 가츠(Western Ghats)는 세계 최고의 생물다양성 집중지역(biodiversity hot spot)으로 손꼽히는 곳 중 하나다. 수천 종의 동물 중 200여 종의 양서류가 서식하고 있으며, 그중 대부분은 세계 어느 곳에서도 발견되지 않는 종이다. **그림 19.17A**의 춤추는개구리(dancing frog)와 같이 이전에는 알려지지 않은 종들이 매년 발견되고 있다. 춤추는개구리 수컷은 발가락 사이의 화려한 물갈퀴를 과시하기 위해 뒷발을 뻗는 등의 퍼포먼스로 암컷의 관심을 끌려고 노력한다. 최근에 발견된 또 다른 종은 인도네시아 암본 연안에 위치한 산호초에서 환각씬벵이(psychedelic frogfish)라는 적절한 이름을 가진 개구리다(**그림 19.17B**). 새로운 영장류 종의 발견은 극히 드물지만, 최근 마다가스카르에서 두 종의 여우원숭이와 탄자니아, 미얀마, 브라질, 볼리비아, 페루 동부 히말라야에서 여러 종의 새로운 원숭이를 포함해 몇 종의 새로운 영장류가 발견됐다. **그림 19.17C**에 보이는 원숭이는 콩고의 정글 깊은 곳에서 한 사냥꾼에 의해 발견됐다. 그는 이 원숭이를 자신의 마을로 데려왔고, 최근 이 지역에서 현장 조사를 하던 과학자가 이 원숭이를 발견했다.

모든 대륙과 다양한 서식지에서 이전에 알려지지 않은 종이 거의 매일 보고되고 있다. 그리고 연구자들은 이제 막 바다의 경이로운 다양성을 탐구하기 시작했다. 80개국의 과학자들이 10년간 협력한 해양생물 센서스에서는 6,000여 종의 새로운 생물이 발견됐다고 보고했다. 새로운 기술을 통해 과학자들이 심해 서식지를 조사할 수 있게 되면서 수천 종의 생물이 더 발견될 것으로 예상된다. 최근의 탐험에서도 남극 주변 바다에서 수백 종의 새로운 종을 발견했으며, 남극의 빙산이 붕괴되면서 연구자들은 이전에는 보이지 않던 해저의 생명체를 처음으로 엿볼 수 있게 됐다.

새로운 종이 기술되면 분류학자들은 그 종의 물리적·유전적 특성에 대해 가능한 한 많은 것을 배우고 린네체계의 적절한 그룹에 배정한다. 그 결과 대부분의 새로운 종은 영역(domain)부터 속(genus)까지 일련의 이름을 자동으로 얻게 된다. 그러나 모든 종에는 고유한 식별자가 있으며, 이를 선택하는 영광은 발견자에게 있다. 종의 이름은 서식지나 주목할 만한 특징에 따라 붙여지는 경우가 많다.

생물다양성을 조사하는 많은 프로젝트를 수행하는 보존 단체를 위한 기금 마련을 위해 최근 발견된 종의 이름 지을 권리가 경매에 부쳐져 새로운 변신을 시도했다. 새로운 원숭이 종의 이름을 지을 수 있는 권리는 낙찰자에게 65만 달러(한화 약 6억 원)에 주어졌고, 10종의 새로운 물고기 이름을 짓는 영예를 얻기 위해 기부자들은 200만 달러(한화 약 23억 원) 이상을 지출했다. 새로운 새우 종의 이름을 지을 수 있는 최고 입찰가는 2,900달러로, 더 적은 예산으로도 명명권을 구매할 수 있다. 경매를 통해 얻은 수익금은 새로운 탐험을 위한 자금과 새로 발견된 종의 서식지 보존을 위해 사용된다. 많은 경우, 이러한 발견은 도로와 정착지가 새로운 영역권으로 더 멀리 뻗어 나가면서 이루어진다. 그 결과 많은 종이 발견 직후 멸종위기종이 된다. (38장에서 생물다양성에 대한 다양한 위협에 대해 살펴볼 것이다.)

▶ **그림 19.17A** 지난 10 년 동안 인도 서부 가트에서 발견된 이 속의 14종 중 하나인 춤추는개구리

▲ **그림 19.17B** 최근 인도네시아 암본에서 발견된 환각씬벵이

▲ **그림 19.17C** 콩고민주공화국 중앙에서 발견된 새로운 원숭이 종, 레술라(Lesula)

? 최근 발견되는 새로운 종의 수가 증가하는 이유는 무엇인가?

■ 기술, 사람의 활동영역이 야생 지역으로 넓어짐

CHAPTER
19 복습

개념 복습하기

척추동물 진화와 다양성(19.1~19.8)

19.1 공통파생형질로 척삭동물의 주요 계통군을 정의한다.

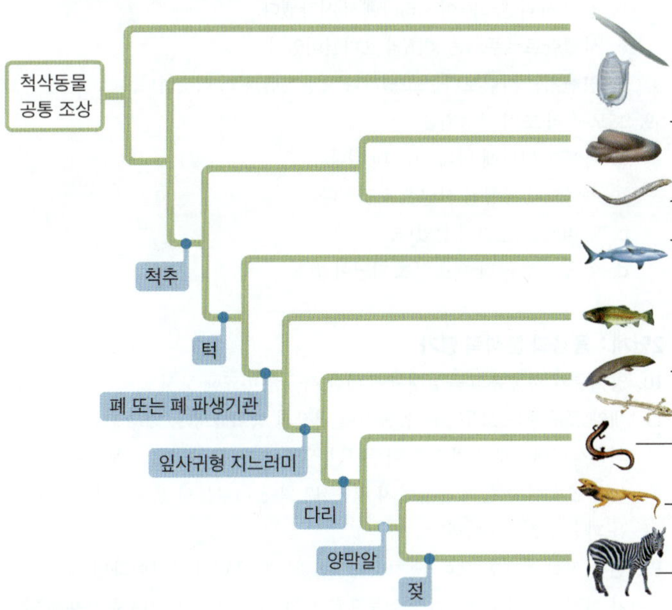

19.2 먹장어와 칠성장어는 경첩이 달린 턱이 없다.

19.3 상어, 가오리 및 잎사귀형 지느러미 어류는 아가미와 한 쌍의 지느러미를 가진 턱이 있는 척추동물이다.

19.4 새로운 화석 발견으로 사지동물 진화의 공백이 채워지고 있다.

19.5 양서류는 두 쌍의 팔다리를 가진 척추동물인 사지동물이다.

19.6 파충류는 육상에서 적응된 알을 가진 사지동물인 양막류다.

19.7 새는 비행을 위해 적응을 한 깃털 달린 파충류다.

19.8 포유류는 털이 있고 젖을 생산하는 양막류다.

영장류 다양성(19.9~19.10)

19.9 많은 영장류의 특성은 나무 생활에 적응한 것이다. 영장류는 6,500만 년 전에 작은 수목 포유류로 진화했다. 영장류의 특성에는 유연한 관절, 유연한 손가락으로 잡는 손과 발, 짧은 주둥이, 깊이 인지를 촉진시키는 앞을 향하는 눈 등이 있다.

19.10 사람 이야기는 영장류의 유산에서 시작된다. 살아 있는 영장류의 세 그룹은 갈라고원숭이, 늘보원숭이, 여우원숭이 그리고 진원류(원숭이와 유인원)다. 다른 영장류보다 뇌가 큰 유인원에는 긴팔원숭이, 오랑우탄, 고릴라, 침팬지, 사람이 포함된다.

호미닌 진화(19.11~19.17)

19.11 영장류 계통수의 호미닌 가지에는 여러 종이 공존했다. 고인류학자들은 침팬지보다 사람과 더 밀접한 관련이 있는 약 20종의 멸종된 호미닌 종을 발견했다. 이 종들 중 일부는 동시에 살았다.

19.12 오스트랄로피테쿠스는 이족 보행이었고 작은 뇌를 가졌다.

19.13 더 커진 뇌는 호모 진화의 표식이다. 호모 속(genus)에는 더 큰 뇌와 도구 사용의 증거를 가진 호미닌이 포함된다. 호모 에르가스터는 하빌리스보다 더 큰 뇌를 가졌다. 에르가스터보다 더 큰 뇌를 가진 이렉투스는 아프리카 밖으로 퍼져 나간 최초의 호미닌이었다.

19.14 호모 사피엔스는 아프리카에서 기원하여 전 세계로 퍼져 나갔다. 과학자들은 화석과 DNA 연구의 증거를 통해 초기 인류의 역사를 추적할 수 있게 됐다.

19.15 새로운 발견은 호미닌의 역사에 대한 새로운 의문을 제기한다. 인도네시아에서 발견된 호모 플로레시엔시스라는 이름의 소형 호미닌 화석에 대한 해석이 논란이 되고 있다.

19.16 사람의 피부색은 다양한 양의 햇빛에 대한 적응을 반영한다. 인간의 피부색 변화는 아마도 신체의 엽산 필요와 비타민D 합성 필요의 균형을 맞추는 자연선택의 결과일 것이다.

19.17 동물 다양성에 대한 우리의 지식은 아직 완전하지 않다.

개념 연결하기

1. 아래의 영장류 계통수에서 그룹 (a)~(e)를 채우시오. 이 그룹 중 어느 것이 진원류이고 어느 것이 유인원인가?

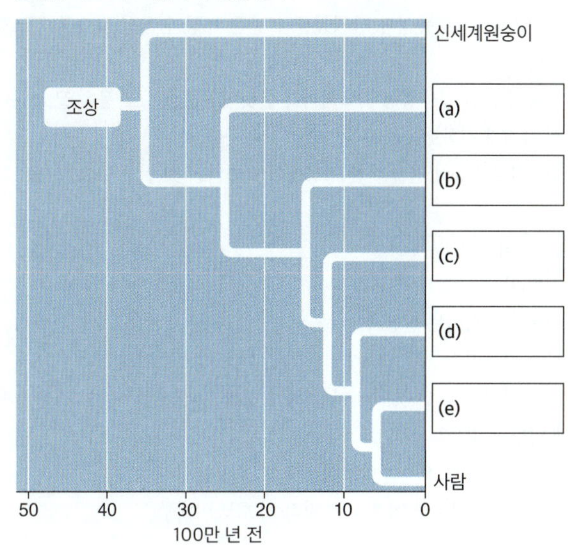

2. 아래의 척삭동물 계통수에서 각 계통을 정의하는 공통파생형질을 기입하시오.

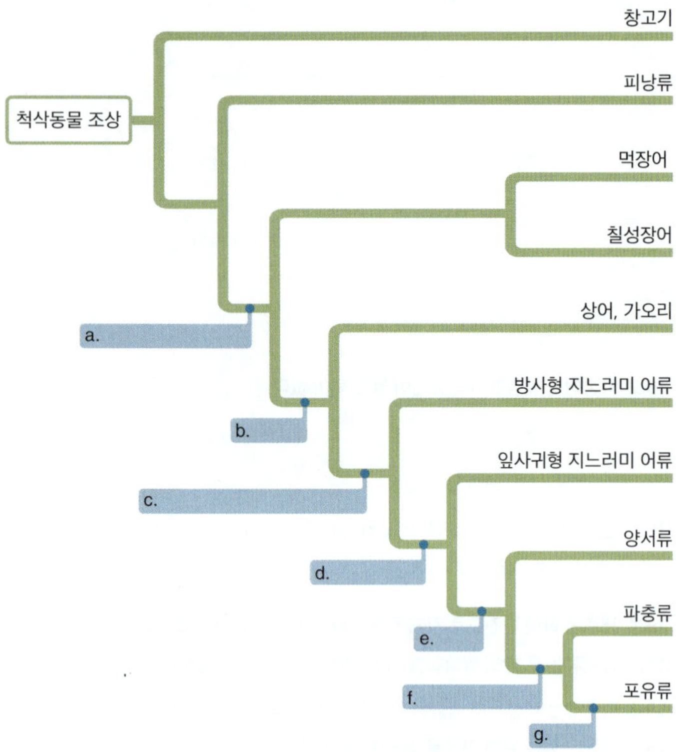

학습 평가하기

1단계 : 지식과 이해력 평가

3. 다음 척추동물 문 중 척주를 가지고 있는 가장 단순한 구성원은?
   a. 창고기　　b. 먹장어
   c. 칠성장어　　d. 양서류
4. 사지동물 진화를 연구하는 과학자들에게 틱타알릭 화석이 흥미로운 발견이었던 이유는 무엇일까?
   a. 현재까지 발견된 개구리 같은 동물 중 가장 오래된 동물이다.
   b. 이 연구 결과는 사지동물이 이전에 생각했던 것보다 훨씬 더 일찍 육지에 성공적으로 군락을 형성했음을 보여준다.
   c. 물고기와 같은 특성과 사지동물과 같은 특성이 거의 비슷하게 조합돼 있다.
   d. 가뭄이 들면 잎사귀형 지느러미가 연못에서 연못으로 몸을 끌고 다니면서 사지가 진화했음을 결정적으로 보여준다.
5. 화석에 따르면 호미닌을 다른 영장류와 구별하는 첫 번째 주요 특성은 무엇인가?
   a. 더 큰 뇌
   b. 직립 자세
   c. 깊이를 인식하는 전방 주시 눈
   d. 도구 만들기
6. 다음 중 가장 오래된 것부터 가장 최근 것까지 가능한 사람의 조상을 올바르게 나열한 것은?
   a. 호모 이렉투스, 오스트랄로피테쿠스, 호모 하빌리스
   b. 오스트랄로피테쿠스, 호모 하빌리스, 호모 이렉투스
   c. 오스트랄로피테쿠스, 호모 이렉투스, 호모 하빌리스
   d. 호모 에르가스터, 호모 이렉투스, 호모 네안데르탈렌시스
7. 다음 중 이 땅에 최초로 군락을 형성한 척삭동물은?
   a. 양서류　　b. 파충류
   c. 유두동물　　d. 양막류
8. DNA 연구는 다음 중 어느 것을 뒷받침하는가?
   a. 오스트랄로피테쿠스라고 불리는 그룹의 구성원들은 아프리카에서 최초로 이주한 사람들이다.
   b. 호모 사피엔스는 아프리카에서 시작됐다.
   c. 사헬란트로푸스는 최초의 호미닌이었다.
   d. 침팬지는 사람보다는 고릴라나 오랑우탄과 더 비슷하다.
9. 호모 속의 초기 구성원은
   a. 다른 호미닌에 비해 뇌가 더 컸다.
   b. 아마도 공룡류를 사냥했을 것이다.
   c. 약 400만 년 전에 살았다.
   d. 이족 보행을 한 최초의 호미닌이었다.

2단계 : 응용과 분석력 평가

10. 양서류와 파충류의 육상생활에 대한 적응을 비교해 보시오.
11. 새와 포유류는 모두 내온동물이며 심장의 방이 4개다. 대부분의 파충류는 외온성이며 3개의 방으로 이루어진 심장을 가지고 있다. 생물학자들은 왜 새를 포유류와 함께 분류하지 않을까? 최근 대부분의 생물학자들은 왜 새를 파충류로 간주할까?
12. 인간 진화에 대한 오해 중 하나는 "침팬지가 우리의 조상이라면 왜 침팬지가 여전히 존재할까?"라는 질문으로 표현된다. 그림 19.10A를 사용해 답을 설명하시오.
13. 영장류 조상의 어떤 진화로 사람이 도구를 만들고 사용할 수 있게 됐는가?
14. 사람의 피부색 변이를 자외선(UV) 방사선의 변화에 대한 적응으로서 설명하는 가설을 정리하시오.

3단계 : 종합평가

15. 좋은 과학적 가설은 기존의 증거에 기반하고 테스트 가능한 예측으로 이어진다. 틱타알릭을 발견한 고생물학자들은 어떤 가설을 테스트했는가? 그들은 과도기적 형태의 화석을 어디서 발견할지 예측하기 위해 어떤 증거를 사용하는가?
16. 사람 종이 다른 동물들보다 그 수와 분포가 더 크게 확장될 수 있었던 이유를 설명하시오.
17. 인류학자들은 아프리카에서 400만~800만 년 전의 화석이 발견될 수 있는 지역을 찾는 데 관심을 갖고 있다. 왜 그럴까?
18. **과학적 사고** 과학자들은 호모 플로레시엔시스의 화석을 측정해 무게는 약 32.5 kg, 뇌의 부피는 약 420 cm^3로 추정했다. 이 값을 그림 19.13A의 그래프에 그리시오. 뇌 부피와 체중의 관계가 가장 비슷한 호미닌은? 이 정보는 호모 플로레시엔시스가 호모 이렉투스의 난쟁이 형태라는 가설을 뒷받침하는가, 아니면 다른 가설을 뒷받침하는가? 이에 대해 설명하시오.

UNIT 5 | # 동물: 형태와 기능

▲응급처치 팀

구급요원과 의사가 어린이에게 호흡보조장치를 사용하고 있다(22.6절 참조).

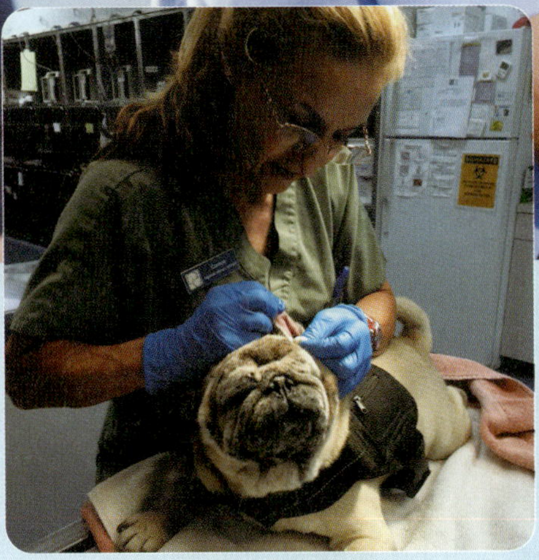

▲수의 기술자

카펜터(Corene Carpenter)가 애완 퍼그를 도와 귀를 닦고 소독하고 있다(29.4절 참조).

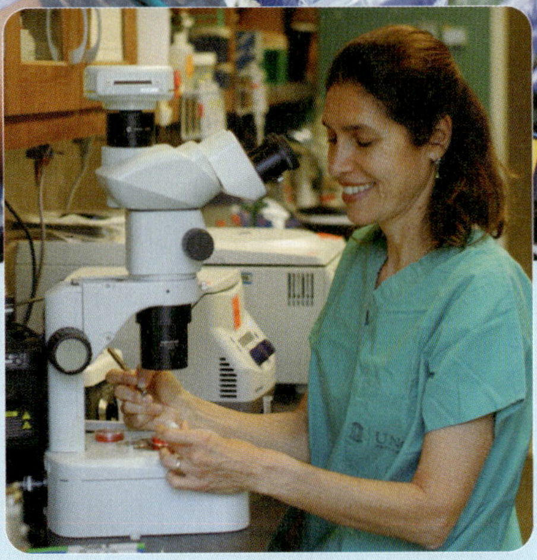

▲불임 전문의

라모스(Silvia Ramos)가 시험관 수정을 위해 수집한 생쥐의 난모 세포를 분류하고 있다. 사람의 시험관 수정의 경우, 이 과정은 엄격한 무균 상태에서 수행된다(27.18절 참조).

CHAPTER

20 동물의 구조와 기능의 통합

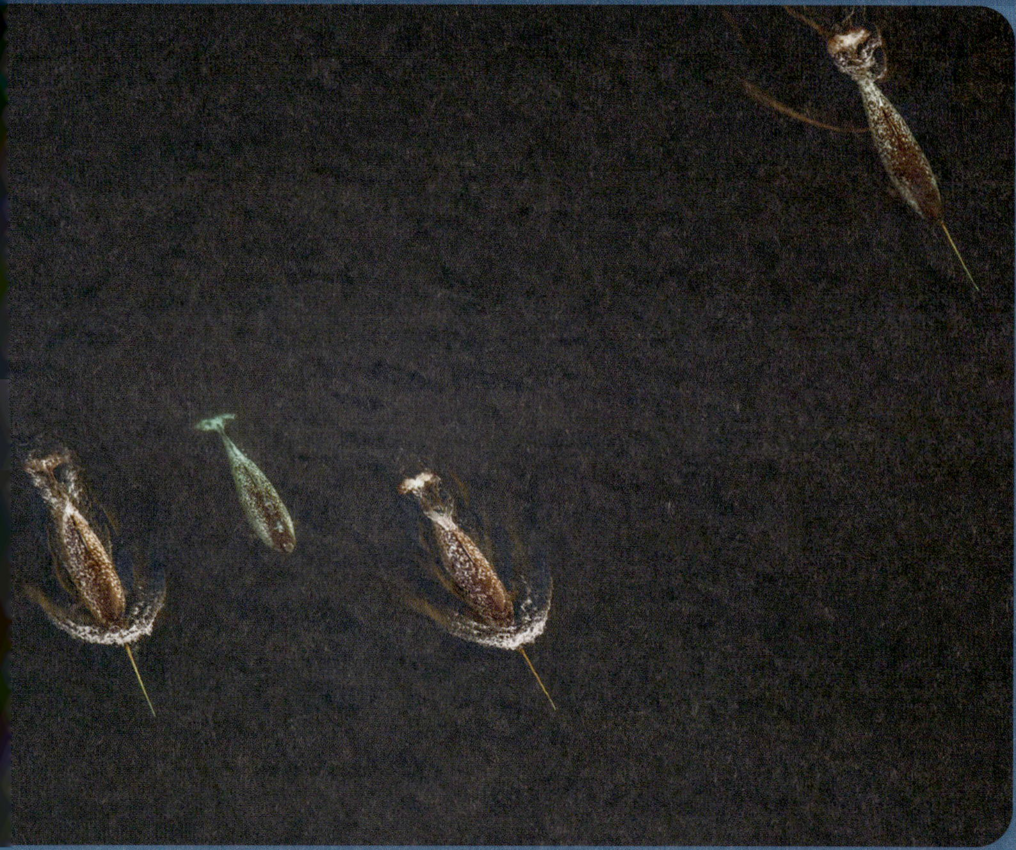

20.0 진화는 완벽하지 않다

동물들은 왜 그렇게 생겼을까? 위쪽의 일각고래는 왜 긴 엄니가 하나만 있을까? 기린의 목이 6피트인 이유는 무엇일까? 우리가 신기하게 여길 수 있는 신체 구조는 사실 동물의 생존과 번식 가능성을 높여주는 적응(adaptation)의 결과다. 일각고래는 엄니를 이용해 먹이를 기절시켜 먹을 수 있고, 기린은 목이 길어 다른 동물이 도달할 수 없는 나뭇잎에 닿을 수 있다. 구조와 기능의 상관관계는 생물학의 가장 중요한 주제 중 하나다.

이 단원에서는 동물이 직면하는 다양한 도전의 관점에서 신체의 구조와 기능을 살펴본다. 동물은 영양분과 산소를 얻고, 노폐물을 배설하고, 번식하고, 감염과 싸우고, 환경을 감지하고 대응할 수 있어야 살아갈 수 있다. 이러한 요구에 대응하는 다양한 방법을 보여주는 적응은 진화 과정에서 기능에 구조가 맞춰지는 자연선택에 의한 것이다.

진화를 통해 완벽한 동물이 만들어진다고 생각할 수도 있지만, 수많은 사례를 보면 동물의 구조는 기능하기에 '충분히 좋은' 것일 뿐 궁극적인 설계는 아니다. 이제 기린의 긴 목에 있는 후두신경을 통해 이 내용을 자세히 살펴보자.

핵심 개요

동물 조직의 구조와 기능(20.1~20.7)

동물의 구조 체계는 세포와 조직에서 시작되며, 이들의 형태는 기능과 서로 관련이 있다.

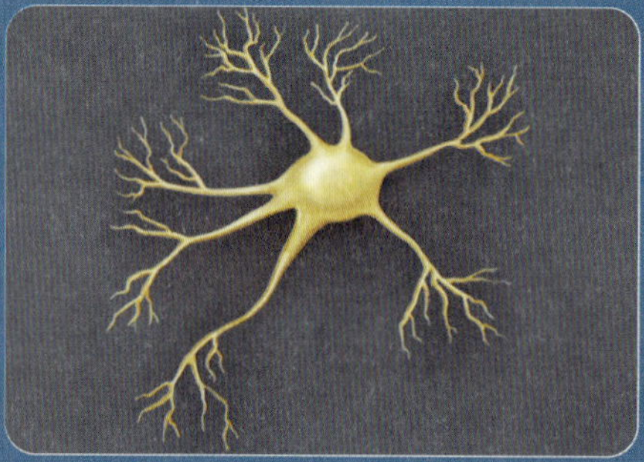

기관 및 기관계(20.8~20.12)

조직은 기관을 형성하고, 기관은 기능적으로 통합되어 기관계를 형성한다.

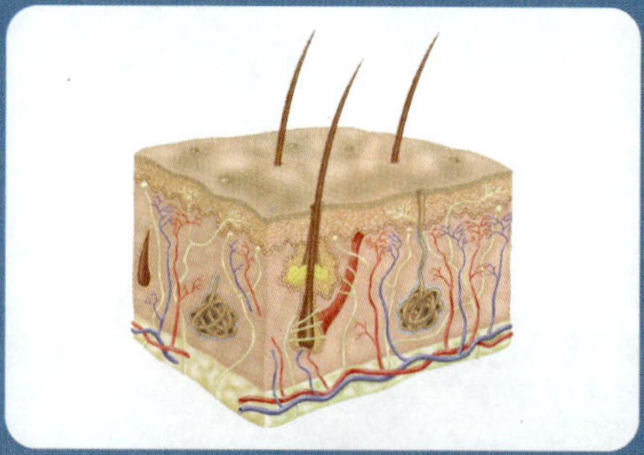

체외교환과 체내조절(20.13~20.15)

복잡한 동물은 환경과 교류하는 내부 표면을 가지고 있다. 되먹임작용을 통해 항상성을 유지한다.

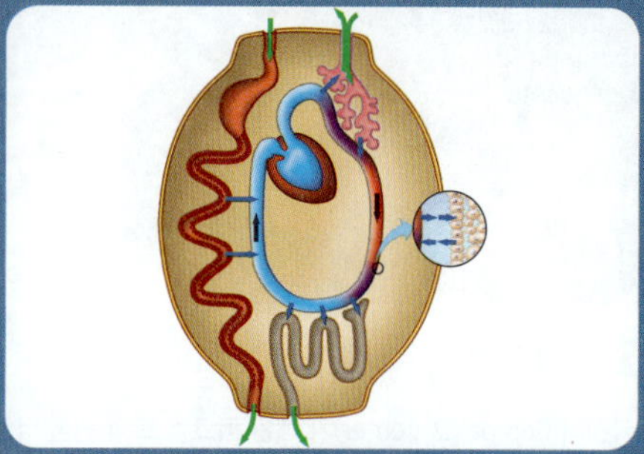

동물 조직의 구조와 기능

20.1 동물의 형태는 완벽하지 않다

진화 연관성 기린의 엄청나게 긴 후두신경(laryngeal nerve)은 뇌에서 목을 따라 내려가 대동맥(aorta)이라는 가슴의 주요 혈관을 돌고, 다시 목으로 올라와 기린의 발성, 호흡, 삼킴에 영향을 주는 목 근육에 연결되어 이들을 자극한다(**그림 20.1A**). 기린의 후두는 뇌에서 불과 1피트 정도 떨어져 있다. 그렇다면 기린의 후두신경은 왜 이 15피트의 긴 길이를 가져야 할까? 이에 대한 해답은 진화와 관계가 있는데, 특히 현존하는 구조는 이전 구조로부터 나온다는 원리와 관련이 있다. 기린과 사람을 포함하여 네 다리를 가진 모든 척추동물에서 후두신경이 어떻게 진화했는지 살펴보자.

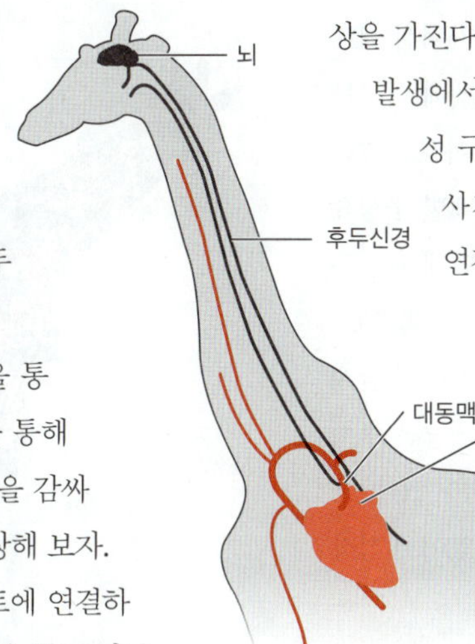

▲ **그림 20.1A** 기린 목의 긴 후두신경

사지동물(tetrapod)의 후두신경은 자연선택을 통해 길이가 달라지게 되었는데, 이 과정은 비유를 통해 설명될 수 있다. **그림 20.1B**의 왼쪽과 같이 책상을 감싸고 콘센트에 꽂혀 있는 전등의 느슨한 전선을 상상해 보자. 책상을 콘센트에서 멀리 이동할 때 전등을 콘센트에 연결하는 방법에는 두 가지가 있다. 첫 번째 방법은 전선을 뽑고 전등에서 콘센트까지 직접 연결되도록 다시 꽂는 것인데, 이 재배치의 경우 전등의 조명이 일시적으로 꺼지게 된다. 두 번째 방법은 전선을 꽂은 채로 책상을 밀어 이동하는 것이다. 이 방법에서는 책상을 이동하고 전선을 정리하는 동안 조명은 계속 켜져 있지만, 전선은 책상을 감싸고 있는 상태로 유지된다. 이제 기린과 다른 사지동물의 배아발생을 살펴보자. 배아단계에서 이 동물들의 후두신경은 책상을 감싸고 있는 전선처럼 대동맥을 감싸고 있다. 성장하면서 목이 길어지고 대동맥과 목 사이의 거리가 멀어지면(책상이 벽에서 멀어지는 것처럼) 후두신경은 끊어졌다가 다시 연결되지 않고 길이가 길어진다. 따라서 사지동물에서 후두신경의 길이는 목의 길이와 직접적인 관련이 있다.

후두신경의 놀라운 길이는 진화의 주요 개념을 잘 보여준다. 자연선택을 거치면서 조상 생물의 구조는 후손 생물에서 변형되어 작동할 수 있다. 어류와 사지동물의 초기 배아는 매우 유사하여 두 생물이 공통 조상을 가진다는 증거가 된다. 척추동물 배아발생에서 후두신경은 뇌와 하나의 미완성 구조(어류에서는 아가미가 되고 사지동물에서는 후두가 되는)를 연결한다. 초기 배아에서 이 신경이 대동맥 아래를 지나게 된다. 어류는 목이 없어서 어른이 되었을 때도 뇌, 대동맥, 아가미가 비교적 가깝게 붙어 문제가 되지 않는다. 그러나 사지동물에서는 대동맥이 결과적으로 가슴에 위치하게 되는데, 가슴은 뇌에서 꽤 멀리 떨어져 있다. 그러므로 사지동물의 길어진 후두신경은 적응의 결과다.

진화를 통해 완벽한 형태의 동물이 나타날 수 있을까?

실제로 후두신경의 길이는 사람은 약 3피트이고, 기린은 그 5배 이상이다. 과학자들은 목이 긴 공룡은 이 신경의 길이가 120피트 이상이었을 것으로 추정한다! 다른 모든 동물의 구조와 마찬가지로 후두신경도 완벽하지는 않다. 단지 기능하는 데 충분할 뿐이다.

? 자연선택 과정에서 사지동물의 후두신경이 일직선의 짧은 신경 대신 길고 고리가 있는 긴 신경으로 발생한 이유를 설명하시오.

■ 뇌에서 목으로 바로 (더 짧게) 연결하려면 이 신경이 끊어졌다가 다시 연결돼야 하는데 이는 생존과 양립할 수 없다.

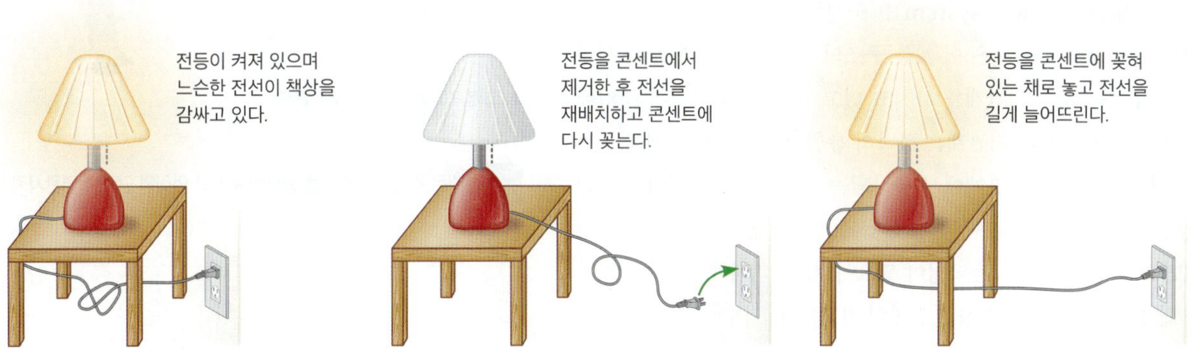

▲ **그림 20.1B** 기린 후두신경의 진화적 적응에 대한 유사한 예

20.2 동물체 속 조직화의 모든 단계에서 구조는 기능에 적합하다

구조와 기능을 논의할 때 생물학자들은 해부학과 생리학을 구별하곤 한다. **해부학(anatomy)**은 생물체 구조의 형태를 연구하고, **생리학(physiology)**은 그 구조의 기능을 연구한다. 해부학을 전공하는 생물학자라면 기린의 목에 있는 근육과 뼈의 배열에 관심을 가질 것이고, 생리학자라면 기린의 근육이 어떻게 움직이는지를 연구할 것이다. 접근 방식은 다를지 몰라도, 두 과학자는 모두 생물학의 통일된 주제 중 하나인 구조와 기능 사이의 관련성을 더 잘 이해하기 위해 노력한다.

생물계는 계층적 단계로 구성되어 있다. 1단원에서는 분자에서 세포로 이어지는 과정을 살펴보았다. 이제 동물의 세포에서 개체에 이르는 단계들을 살펴보자. (6단원에서는 식물의 동일한 단계를 알아보고, 7단원에서는 개체에서 생태계에 이르기까지 알아본다.) 각 단계별 구성요소들의 구조와 기능의 조직화와 상호작용의 결과로, 이전 단계에는 존재하지 않았던 새로운 특성이 나타난다는 것을 상기하자(1.3절 참조).

그림 20.2는 동물의 구조적 단계를 보여준다. A부분은 첫 번째 단계인 하나의 세포를 보여준다. 기린의 심장 근육세포의 주요 기능은 수축이며, 그 기능을 수행하는 단백질 섬유들이 정밀하게 정렬되어 있다. 근육 속 각각의 세포는 가지를 치면서 다른 세포와 연결되어 있어서 심장의 모든 근육세포가 통합된 수축을 할 수 있다.

세포는 모여서 두 번째 구조적 단계인 **조직(tissue)**을 형성한다(B부분). 조직은 공통된 기능을 수행하는 유사한 세포들이 모인 집단이다. 조직의 세포는 그 구조가 특정 작업(이 예에서는 통합된 수축)을 수행할 수 있도록 분화되어 있다.

C부분은 기관 단계를 보여준다. **기관(organ)**은 두 가지 이상의 조직으로 구성되어 있으며, 함께 특정 작업을 수행한다. 심장에는 근육조직 외에도 신경조직, 상피조직, 결합조직 등 세 가지 조직이 더 있다. 여기서 심장이 혈액을 밀어내는 능력이 이전 단계인 개별 조직의 통합된 작용으로부터 나온 새로운 특성이라는 것을 알 수 있다.

D부분은 기관계를 보여준다. **기관계(organ system)**는 여러 기관으로 구성되며, 하나 이상의 중요한 신체 기능을 함께 수행한다. 심장은 혈액 및 혈관—동맥(artery), 정맥(vein), 모세혈관(capillary)—과 함께 **순환계(circulatory system)**를 구성한다.

E부분에서 보여지는 것은 이 계층 구조의 최종 단계인 개체, 즉 생명체다. 생명체는 많은 기관계를 가지고 있고, 각 기관계는 특정 작업에 특화되어 있지만, 모든 기관계는 하나의 통합된 단위로서 함께 작동한다. 기린의 순환계는 호흡계에서 공급되는 산소와 소화계에서 공급되는 영양분 없이는 작동할 수 없다. 실제로 기린이 높은 나무의 잎을 먹으려면 여러 기관계의 공동작업이 필요하며, 각 기관계는 세포, 조직, 기관 단계에서의 새로운 특성의 발현이 필요하다.

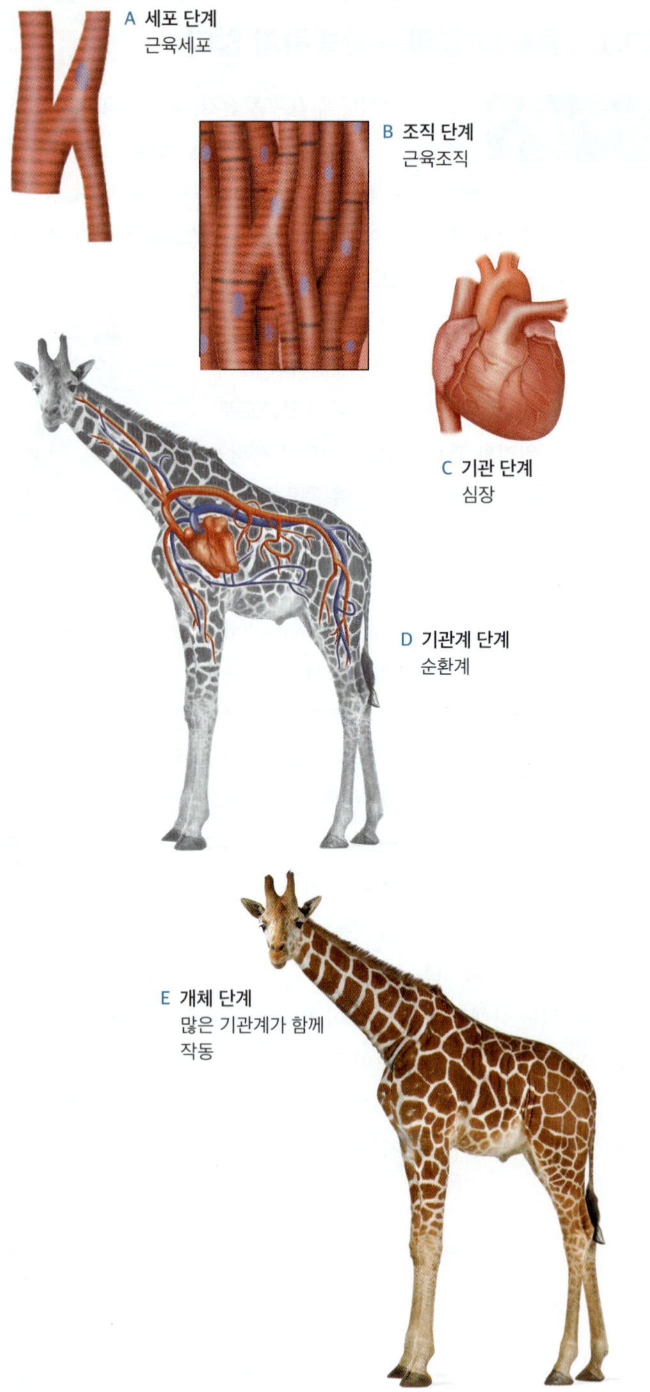

▲ 그림 20.2 동물의 구조적 단계

? 새로운 특성의 발현을 알파벳 문자와 언어의 단계와 연관시켜 보시오.

■ 글자는 단어로, 단어는 문장으로, 문장은 단락으로, 단락은 에세이로 배열되며 각 단계마다 더 복잡한 의미가 등장한다. 마찬가지로 세포는 조직으로, 조직은 기관으로, 기관은 기관계로, 기관계는 개체로 단계적으로 나아가며, 각 단계마다 더 복잡한 구조와 기능이 등장한다.

20.3 조직은 공통된 구조와 기능을 가진 세포 집단이다

거의 모든 동물에서 체세포는 모여서 조직이 된다. 조직(tissue)이라는 말은 '천을 짜다'라는 뜻을 가진 라틴어에서 유래했으며, 실제로 피부 아래의 결합조직(connective tissue)과 같은 조직은 무생물 섬유와 살아 있는 세포로 짠 천과 비슷하다. 일부 조직의 세포들은 끈적끈적한 접착제 같은 물질에 의해 서로 붙어 있는데, 신경조직(nervous tissue) 안에서 서로 소통하는 신경세포들이 이런 방식으로 서로 붙어 있다. 창자를 감싸고 있는 상피조직(epithelial tissue)과 같은 조직에서는 인접한 원형질막(plasma membrane) 사이의 특이연접(special junction)에 의해 세포가 함께 붙어 있게 된다(4.20절 참조). 세포가 서로 결합하는 방식과 조직의 전반적인 구조는 그 조직의 특정 기능과 관련이 있다.

기본 건축 자재의 조합의 차이로 다른 모양의 집이 지어지는 것처럼, 서로 다른 기관과 특수한 신체 부위는 제한된 종류의 세포와 조직의 다양한 조합으로 만들어진다. 예를 들어, 폐와 혈관은 뚜렷하게 구별되는 기능을 가지고 있지만, 그 내벽은 기본적으로 같은 종류의 조직으로 덮여 있다.

우리 몸은 상피조직, 결합조직, 근육조직, 신경조직 등 크게 네 가지 종류의 조직으로 구성되어 있다. 이제 이 조직들의 구조와 기능에 대해 살펴보자.

? 창자의 상피세포는 '밀착연접(tight junction)'에 의해 서로 붙어 있다. 이 세포의 기능과 이 연접은 어떤 관련이 있을까?

■ 밀착연접은 소화관의 내용물이 창자의 상피세포 사이로 새는 것을 막아 내강에 머물도록 한다.

20.4 상피조직은 체표면을 덮고 기관과 내강을 감싼다

상피조직(epithelial tissue, 단수 epithelium)은 세포들이 빽빽하게 늘어선 얇은 층으로, 체표면을 덮고 내부 기관과 강의 내벽을 감싸고 있다. [암에 걸렸다면 그 암은 상피조직에서 발생했을 가능성이 높다. 전체 암의 거의 80%가 이 유형에 속하며, 이를 악성종양(carcinoma)이라고 한다.] 촘촘하게 들어선 세포들은 보호 장벽을 형성하기도 하고, 경우에 따라 반대편에 있는 액체나 공기와 물질교환할 수 있는 표면을 형성하기도 한다. 상피의 한쪽은 섬유단백질과 끈적끈적한 다당류로 구성되어 있는 세포외바탕질(extracellular matrix)이라는 짙게 염색되는 깔개(매트)에 붙어 있다. 정단표면(apical surface, 꼭대기면)이라고 하는 다른 쪽은 기관의 외부 또는 관이나 통로의 내부와 맞닿아 있다.

상피조직은 몇 개의 세포층으로 이루어졌는지와 정단표면의 세포 모양에 따라 분류된다. 하나의 세포층으로 이루어진 상피를 단순상피(simple epithelium)라 하고, 여러 개의 세포층으로 이루어진 상피를 중층상피(stratified epithelium)라고 한다. 세포의 모양은 달걀 프라이처럼 납작한 편평(squamous)상피, 주사위 모양의 입방(cuboidal)상피, 곧추세운 벽돌모양의 원주(columnar)상피 등이 있다. **그림 20.4**는 상피의 여러 예를 보여주는데, 상피세포는 분홍색으로 표현되어 있다.

각 상피의 구조는 그 기능과 연결된다. 단순편평상피(**A부분**)는 얇고 물질이 새어 나오기 쉬워서 확산을 통한 물질교환에 적합하다. 모세혈관과 폐의 공기주머니 안을 감싸고 있다.

입방상피와 원주상피의 세포들은 모두 비교적 많은 양의 세포질을 가지고 있어 물질을 분비하거나 흡수하는 역할을 수행하기에 적합하다. **B부분**은 콩팥에서 관을 형성하는 입방상피를 보여준다. 이러한 상피는 갑상샘과 침샘 같은 분비샘에서도 발견된다. 단순원주상피(**C부분**)는 소화액을 분비하고 영양분을 흡수하는 창자 안을 감싸고 있다. 일부 원주상피세포는 정단표면에 미세융모(microvilli)라는 작고 빽빽한 돌기를 가지고 있는데, 흡수에 관여하는 표면적이 증가해 있으며, 일부 다른 세포는 상피 표면을 따라 물질을 이동시키는 섬모(cilia)라는 긴 운동성 돌기를 가지기도 한다. 호흡관은 그 안이 섬모상피로 둘러싸여 있는데, 들숨에 들어 있는 먼지, 꽃가루와 기타 입자는 상피가 분비하는 점액(mucus)에 걸리고 섬모의 움직임에 의해 호흡기 밖으로 내보내진다.

D부분은 중층편평상피로 여러 층으로 이루어져 있으며, 신체 바깥의 피부나 입과 식도의 내벽과 같이 마찰에 의해 손상되기 쉬운 표면을 감싸고 있다. 중층편평상피는 세포외바탕질 근처의 세포가 분열하면서 빠르게 재생된다. 새 세포는 정

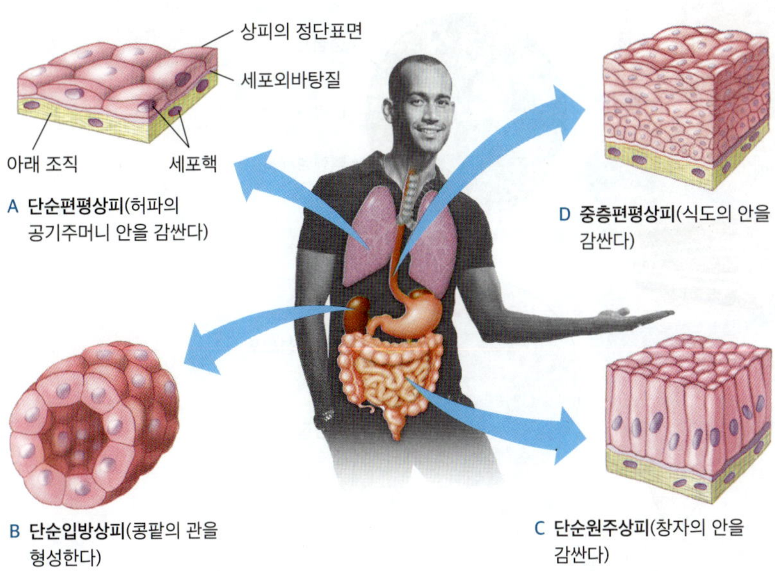

▲그림 20.4 상피조직의 종류

단표면 쪽으로 이동하면서 오래된 세포가 떨어져 나간다. 우리 몸에서는 하루에 5억 개에 가까운 피부 세포들이 떨어져 나가는데, 이는 연간 수 킬로그램에 달한다!

? 모든 종류의 상피조직이 가지고 있는 공통점은 무엇인가?

■ 모든 상피조직은 세포외바탕질 위에 촘촘하게 들어선 세포로 구성되어 있다. 이들은 신체구조를 감싸는 보호 장벽이나 교환표면을 형성한다.

20.5 결합조직은 다른 조직을 결합하고 지지한다

상피조직과 달리 **결합조직(connective tissue)**에는 바탕질(matrix, 기질) 전반에 걸쳐 세포들이 산발적으로 흩어져 있다. 이 세포들은 바탕질을 만들어 분비하는데, 이 바탕질은 일반적으로 액체, 젤리 또는 고체 속에 일종의 섬유그물이 들어 있는 모양을 하고 있다. 결합조직은 크게 여섯 가지 종류로 분류되며, **그림 20.5**는 팔에 있는 각 종류의 현미경 사진과 그 위치를 보여준다.

성긴 결합조직(loose connective tissue)은 우리 몸에 가장 널리 퍼져 있는 결합조직으로, 그 바탕질에는 묽은 액체 속에 섬유들이 성글게 얽혀 있다(**A부분**). 많은 섬유가 밧줄같이 강한 단백질인 콜라겐(collagen)으로 구성되어 있다. 다른 섬유는 좀 더 신축성이 있어 조직을 강하면서도 탄력 있게 만든다. 성긴 결합조직은 주로 상피를 그 아래에 있는 조직에 결합시키고 장기를 제자리에 고정하는 역할을 한다. 그림은 피부 바로 아래에 있는 성긴 결합조직을 보여준다.

섬유성 결합조직(fibrous connective tissue, B부분)은 바탕질에 콜라겐 섬유가 조밀하게 밀집되어 있어 그 강도가 매우 강하다. 이 조직은 근육을 뼈(bone)에 부착하는 힘줄(tendon)과 관절에서 뼈와 뼈를 연결하는 인대(ligament)를 형성한다.

지방조직(adipose tissue, C부분)은 느슨한 섬유와 체액으로 이루어진 매우 성긴 바탕질 안에 크고 밀집된 지방세포 덩어리로 구성되며, 지방을 저장한다. 이 조직은 신체를 감싸 열 손실을 차단하며 에너지를 저장한다. 각 지방세포에는 큰 지방방울이 있는데, 지방이 저장되면 부풀어 오르고 지방이 연료로 사용되면 오그라든다.

연골(cartilage, 물렁뼈, **D부분)**은 강하면서도 유연한 뼈대 물질로, 바탕질은 고무 같은 물질에 파묻혀 있는 콜라겐 섬유로 되어 있다. 연골은 일반적으로 뼈 끝을 둘러싸서 충격을 흡수한다. 또한 귀와 코의 모양을 유지하고 척추(vertebra) 사이를 보호하는 디스크를 형성한다.

뼈(bone, E부분)는 칼슘, 마그네슘, 인산염으로 이루어진 단단한 무기질에 콜라겐 섬유가 묻혀 있는 바탕질을 갖는다. 섬유와 무기질의 조합은 뼈를 튼튼하게 만들어 쉽게 부서지지 않도록 한다. 뼈의 치밀한 부분에는 동심원 모양의 바탕질 단위가 반복되며, 각 단위에는 혈관과 신경이 지나가는 중심관(central canal)이 있다. 뼈는 '살아 있는' 것처럼 보이지 않을 수 있지만, 실제 살아 있는 세포를 포함하며, 신체가 성장하면서 함께 성장하고 부러지면 스스로 회복할 수도 있다.

혈액(blood, F부분)은 다른 결합조직과는 달리 신체 전반으로 물질을 운반하는 역할을 한다. 혈액의 세포외바탕질을 혈장(plasma)이라고 하는데, 이 혈장은 물, 염 그리고 용해된 단백질로 구성되어 있다. 혈장 속에는 산소를 운반하는 적혈구(red blood cell), 감염에 대한 방어 기능을 하는 백혈구(white blood cell), 그리고 혈액 응고를 돕는 혈소판(platelet)들이 떠다닌다.

? 혈액이 결합조직으로 분류되는 이유는 무엇일까?

■ 혈장이라고 부르는 비세포성 바탕질로 둘러싸인 세포의 집단으로 구성되어 있기 때문이다.

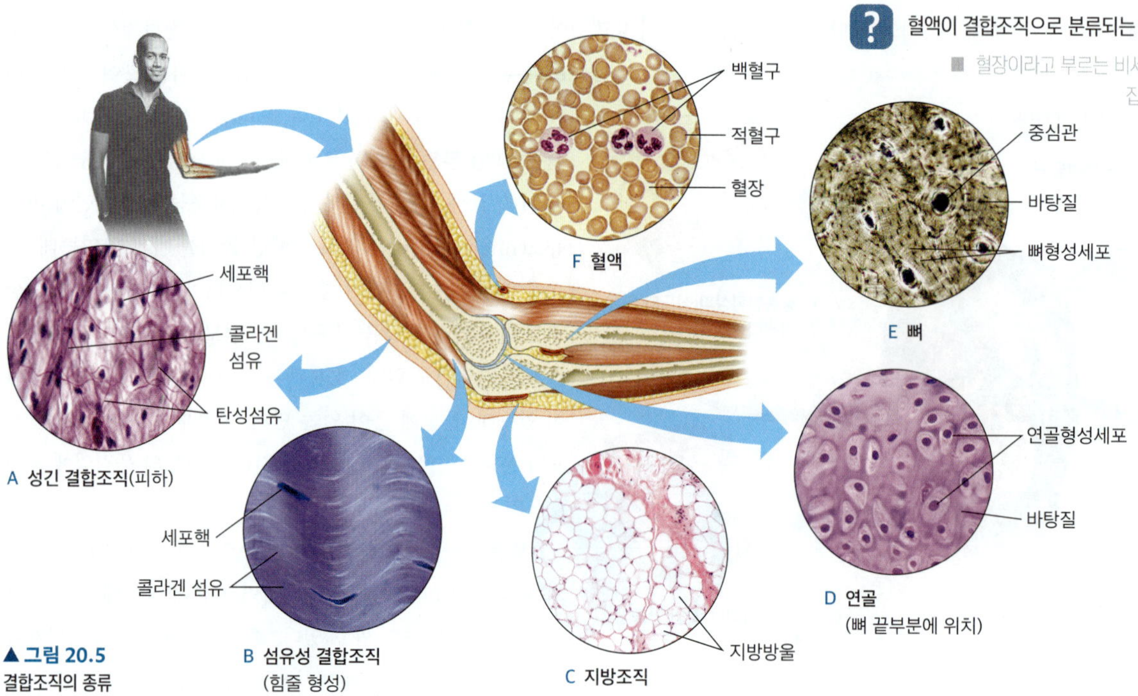

▲ 그림 20.5
결합조직의 종류

20.6 근육조직은 움직임에 작용한다

근육조직(muscle tissue)은 거의 모든 동물에서 가장 풍부한 조직이다. 근육조직은 근육섬유(muscle fiber, 근섬유)라고 불리는 기다란 세포로 구성되어 있는데, 각 근육섬유는 수축 단백질을 많이 함유하고 있다. **그림 20.6**은 3개의 척추동물 근육조직의 현미경 사진을 보여준다.

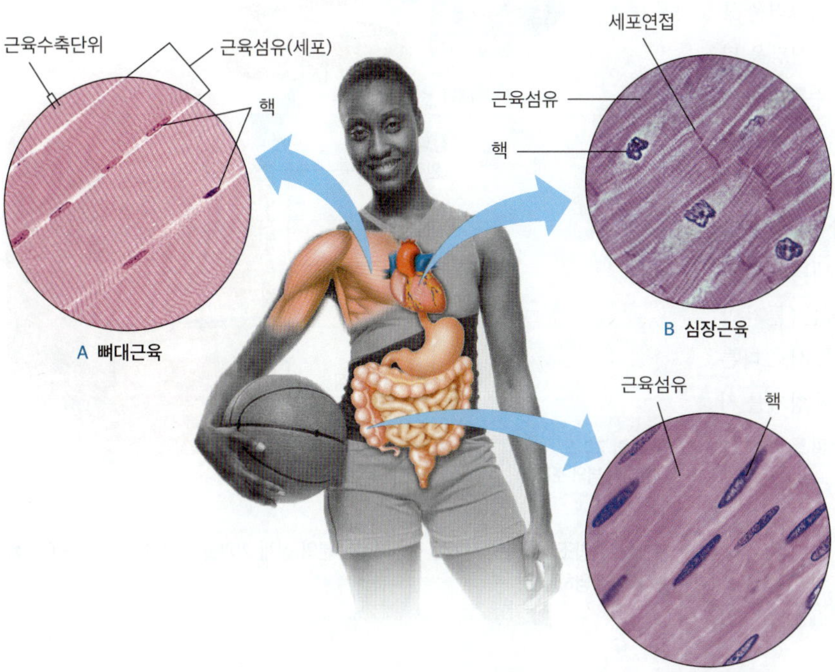

▲ **그림 20.6** 세 종류의 근육조직

뼈대근육(skeletal muscle, 골격근, **A부분**)은 힘줄에 의해 뼈에 붙어 있으며, 캥거루가 뛰거나 새가 날아가는 등과 같은 신체의 수의적 움직임을 담당한다. 뼈대근육섬유의 길이를 따라 수축 단백질이 배열되어 있어 세포가 가로줄무늬가 있는 모양을 띠게 된다.

심장근육(cardiac muscle, B부분)은 심장의 수축조직을 형성한다. 심장은 대부분이 근육으로 구성되어 있다. 심장근육은 뼈대근육처럼 줄무늬가 있지만, 불수의적으로 조절된다. 즉, 심장은 의식적으로 조절할 수 없다. 심장근육섬유는 분지되어 있으며, 특이연접으로 서로 연결된다. 이 연결을 통해 심장이 박동할 때 수축신호가 세포에서 세포로 빠르게 전달된다.

민무늬근육(smooth muscle, 평활근, **C부분)**은 줄무늬가 없다. 민무늬근육은 소화관, 동맥(artery) 및 기타 내부 기관의 벽에 분포한다. 그것은 창자(intestine, 장)를 통과하는 음식물의 이동과 같은 불수의적 신체 활동을 담당한다. 민무늬근육세포는 뼈대근육보다 천천히 수축하지만, 뼈대근육보다 더 오랜 시간 동안 수축을 지속할 수 있다.

? 심장박동을 조절하는 불수의 근육은 무엇인가?

■ 심장근육

20.7 신경조직은 정보소통망을 형성한다

신경조직(nervous tissue)은 자극을 감지하고 정보를 빠르게 전달한다. 신경조직은 뇌(brain)와 척수(spinal cord), 그리고 신체 전반에 신호를 전달하는 신경에서 발견된다.

신경조직의 구조적 및 기능적 단위는 신경세포 또는 **뉴런(neuron)**으로, 독특하게도 전기신경신호를 전달하는 데 특화되어 있다. **그림 20.7**에서 보듯이, 뉴런은 세포체(세포의 핵과 다른 세포소기관을 포함하는)와 여러 개의 가느다란 돌기로 구성된다. 가지돌기(dendrite, 수상돌기)와 세포체는 다른 뉴런들로부터 신경자극(impulse, 신호)을 받는다. 축삭(axon)은 종종 신경 속에 다발로 존재하는데, 다른 뉴런이나 효과기세포(근육세포 같은)에 신호를 전달하여 효과기마다의 방식으로 반응하도록 한다. 뉴런에 의한 신호전달은 생물학적 **정보**의 흐름을 보여주는 한 예다.

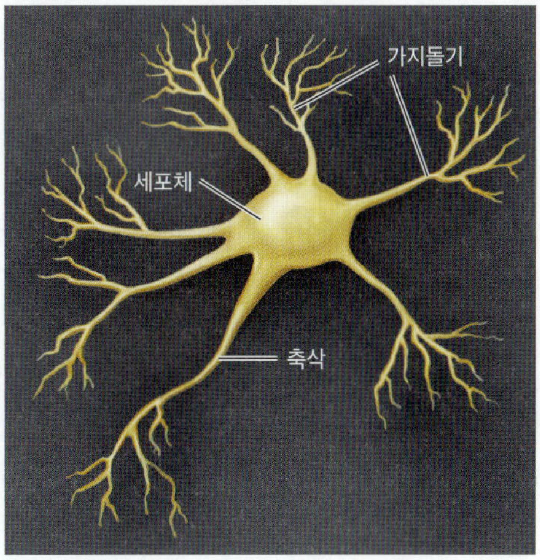

▲ **그림 20.7** 하나의 뉴런

뉴런은 마치 합창단과 함께 노래하는 솔리스트와 같아서, 주변에는 훨씬 많은 수의 지지세포들이 분포한다. 이러한 지지세포 중 일부는 뉴런을 감싸고 절연하여 신경신호가 더 빨리 전달되도록 한다. 다른 세포들은 뉴런에 영양을 공급하고 뉴런 주변의 체액을 조절하는 역할을 한다.

? 허리에서 발가락까지 이어지는 축삭의 긴 길이는 뉴런의 기능과 어떤 관련이 있을까?

■ 긴 축삭은 먼 거리를 거쳐 직접 특정 근육세포에 신경신호를 전달할 수 있다.

기관 및 기관계

20.8 기관은 조직으로 구성된다

아주 단순한 동물을 제외한 모든 동물에서 여러 조직들이 모여 특정 기능을 수행하는 기관을 구성한다. 앞에서 살펴본 것처럼, 심장은 근육조직, 상피조직, 결합조직, 신경조직으로 구성되어 있다. 심장의 각 공간을 감싸고 있는 상피조직은 혈액이 새는 것을 방지하고 매끄러운 표면을 형성하여 혈액이 잘 흐를 수 있도록 한다. 결합조직은 심장을 탄력 있게 만들고 그 벽을 강하게 만든다. 뉴런은 심장근육의 수축을 조절한다.

작은창자를 보여주는 **그림 20.8**에서 보듯이 일부 장기에서는 조직이 층을 이루고 있다. 작은창자(small intestine, 소장)의 내강은 소화액을 분비하고 영양분을 흡수하는 원주상피로 둘러싸여 있다. 내벽의 표면적을 넓혀주는 손가락 모양의 돌기들도 보인다. 상피 아래에는 (돌기 안까지) 결합조직이 있는데, 이 조직 안에는 혈관이 분포한다. 서로 다른 방향으로 배열된 두 층의 민무늬근(평활근)은 음식물을 밀어 창자를 지나가게 한다. 민무늬근 바깥으로는 또 다른 결합조직과 상피조직이 둘러싸고 있다.

기관은 그것을 구성하고 있는 조직보다 더 높은 수준의 구조를 나타내며, 그 구성 조직 중 어느 하나만으로는 수행할 수 없는 기능을 수행한다. 이 기능은 조직 간의 통합된 협동작용에서 비롯된다.

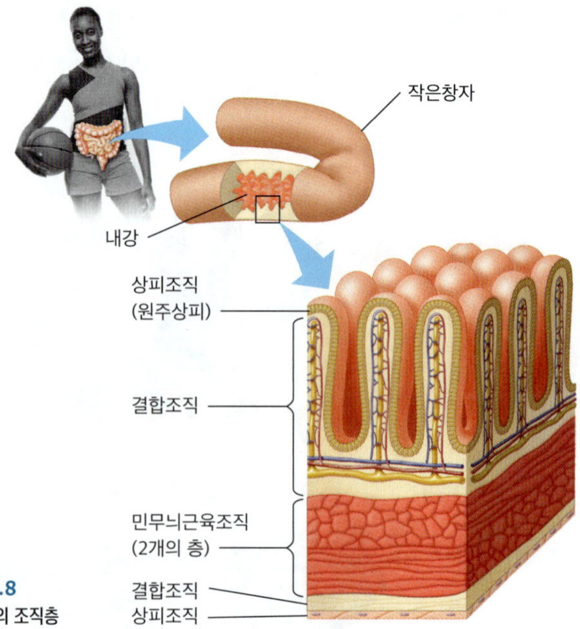

▶ **그림 20.8**
작은창자 벽의 조직층

? 결합조직을 손상시키는 질병이 대부분의 신체 기관을 손상시킬 수 있는 이유를 설명하시오.

■ 결합조직은 대부분의 기관을 구성하는 요소다.

20.9 생명공학자들은 이식용 기관을 만들기 위해 노력한다

연결 세계보건기구(WHO)는 2014년에 12만 건의 기관이식이 수행되었다고 보고했는데, 이는 전 세계 수요의 10%에 불과하다. 기관을 인공으로 제작할 수 있다면 더 많은 이식이 이루어질 수 있겠지만, 앞에서 배운 것처럼 기관은 여러 조직으로 이루어진 고도로 조직화된 복잡한 3차원 구조체다. 그렇다면 과학자들은 어떻게 기관을 만들고 있을까?

타지마할의 복제품을 만든다고 가정해 보자. 이를 위해서는 먼저 내부 뼈대부터 시작하는 것이 가장 쉬울 것이다. 일부 과학자들은 풍선 모양의 뼈대에서 방광 세포를 배양하여 기관을 만들고자 했다. 실험실에서 키운 방광은 사람에게 성공적으로 이식되었다. 그러나 많은 기관은 방광보다 더 복잡한 구조를 가지고 있다. 과학자들은 기초부터 뼈대를 만드는 대신 동물 사체의 심장을 세제로 씻어 세포를 제거하면 결합조직 바탕질로 구성된 뼈대를 남길 수 있다는 사실을 발견했다(**그림 20.9**). 세포가 제거된 결합조직은 혈관 외벽을 둘러싸고 있는 작은 관까지도 그대로 유지될 정도로 심장의 모양을 그대로 유지하고 있다. 이 뼈대에 성체줄기세포(심장의 특화된 세포로 분화하는 유전정보를 담고 있는 미분화된 세포)를 심는다. 실험실에서 뼈대와 줄기세포로 만든 심장은 박동하기는 하지만, 완전한 기능을 할 수 있도록 하려면 더 많은 것을 알아야 한다. 일부 과학자들은 언젠가 세포가 제거된 돼지 심장이 병든 사람의 심장을 대체하는 날이 올 것으로 예측한다.

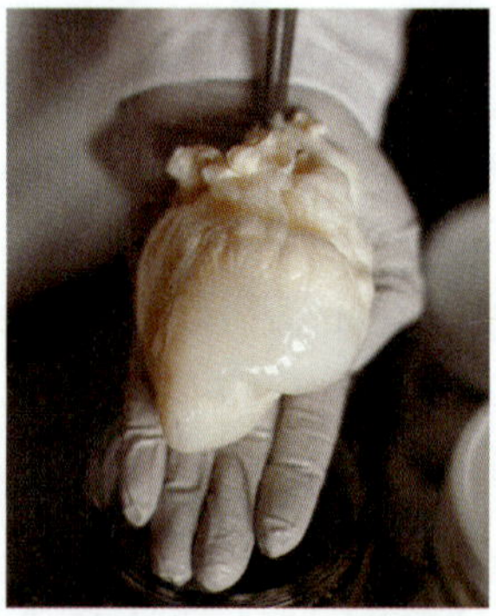
▲ **그림 20.9** 세포가 제거된 돼지 심장

다른 연구자들은 다른 방법으로 기관을 만들고자 한다. 이들은 3D 프린터를 사용하여 컬러프린터가 작동하는 방식으로 다양한 종류의 세포 현탁액을 떨어뜨린다. 층층이 인쇄됨에 따라 기관과 유사한 세포로 구축된 3차원 구조가 만들어진다. 이 방법으로 콩팥과 박동하는 초보적인 심장도 만들었지만, 아직 이 기관들은 신경, 혈관 및 기타 조직이 올바르게 구성되어 있지 않아 사람에게 사용할 수 없다.

? 사람의 기관(trachea)을 세포를 제거한 후 줄기세포로 재건하여 이식하는 데 성공했다. 심장보다 기관이 더 쉽게 성공한 이유는 무엇일까?

■ 기관은 심장보다 구조와 기능이 덜 복잡한 단순한 파이프 역할을 하기 때문이다.

20.10 기관계는 함께 작동하여 생명체의 기능을 수행한다

하나의 기관을 만들기 위해 여러 조직이 필요한 것처럼, 신체의 기능을 수행하기 위해서는 기관들이 기관계로 통합되어야 한다(**그림 20.10**). 예를 들어, 사람의 소화계(digestive system)를 생각해 보자. 이는 다양한 종류의 음식을 씹고, 작은창자의 주름진 표면은 표면적을 크게 늘려 소화와 흡수를 돕고, 큰창자의 끝에는 배설물을 임시로 저장하는 장소가 있다. 이러한 길이에 따라 나타나는 기능의 조정(씹기, 소화와 흡수, 배설물 저장)은 짧은 시간의 식사로부터 영양분을 추출하여 지속적인 대사 수요를 충족시키는 일종의 적응이다.

두 페이지에서 신체를 구성하는 12개의 기관계를 살펴보면서 생명체가 기능을 수행하는 능력은 모든 신체 기관계의 조직화, 상호작용 및 통합이 함께 작용하여 나타나는 결과라는 것을 기억하자. 실제로 전체는 부분의 합보다 크다. 예를 들어, 음식에서 추출한 영양소는 이를 배포하는 순환계의 역할이 없다면 신체 세포에게는 아무 쓸모가 없을 것이다. 이는 해부학과 생리학을 배우면서 접하게 되는 생물학의 주요 주제인 시스템생물학(systems biology) 내 **상호작용**의 많은 예 중 하나에 불과하다.

? 다른 모든 기관계를 조절하는 데 가장 직접적으로 관여하는 기관계 2개는 무엇인가?

■ 신경계와 내분비계

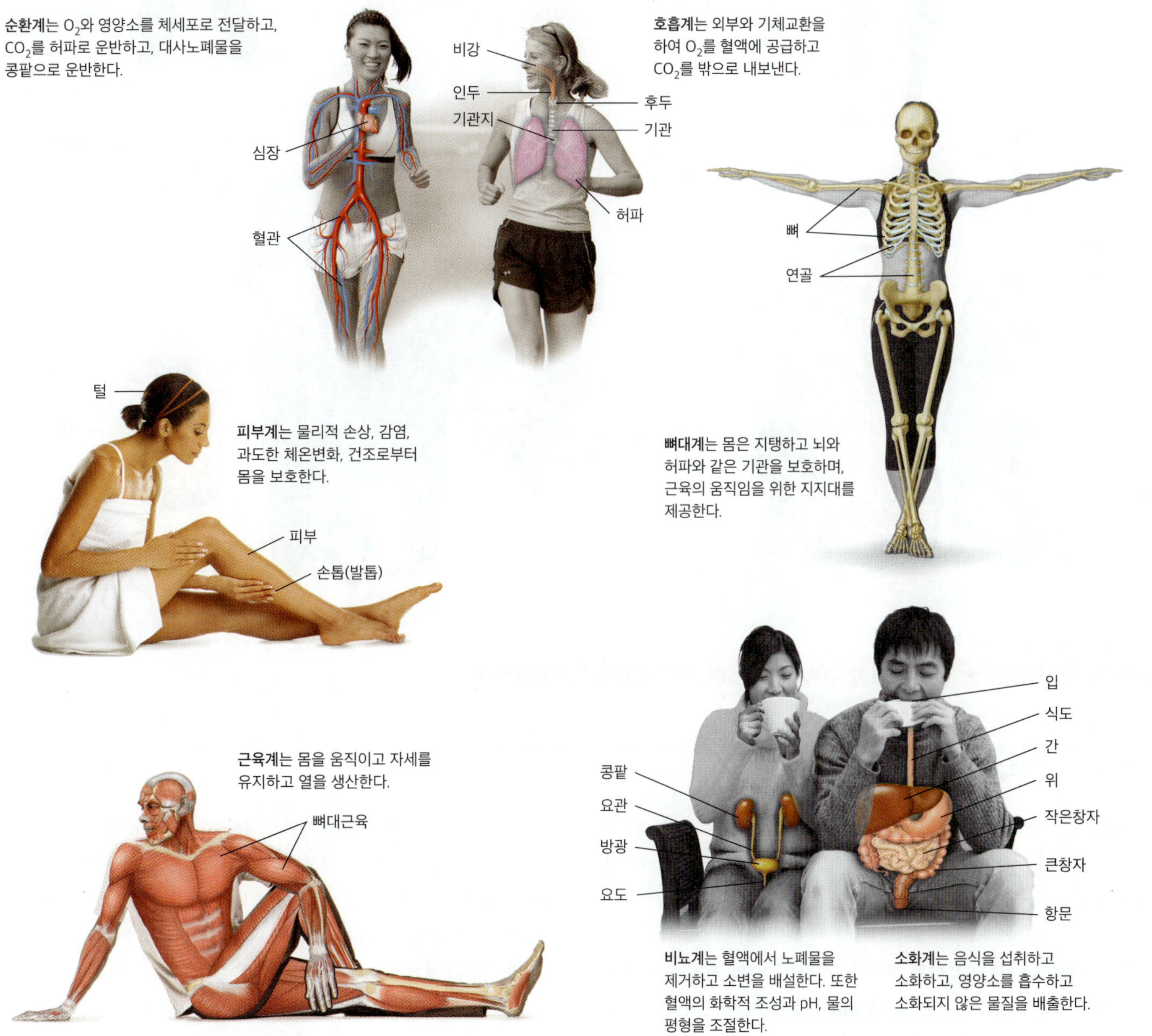

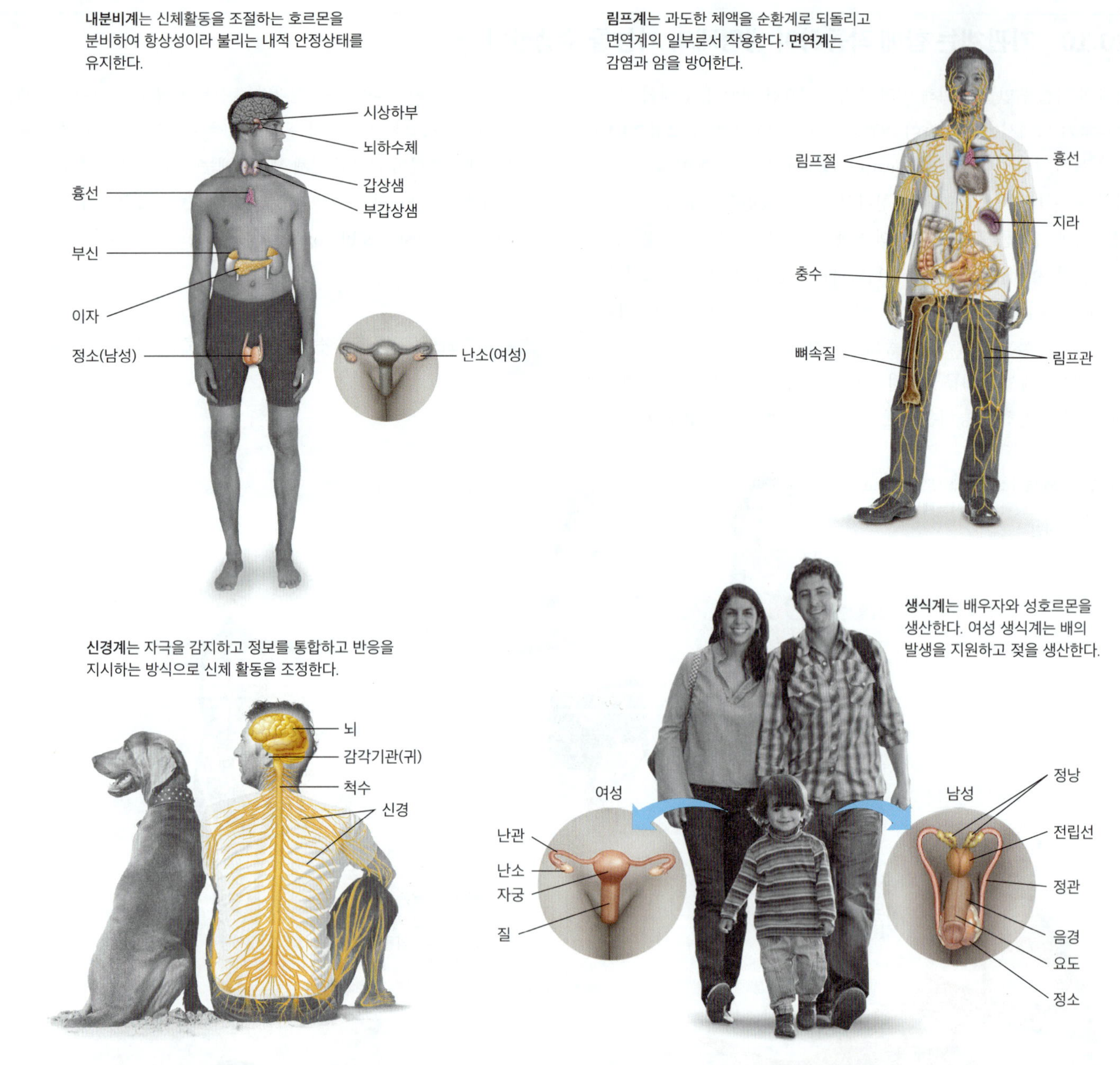

▲ **그림 20.10** 사람 기관계와 구성요소

시도해 보기 신경계와 근육계처럼 2개의 기관계를 선택하고, 이들 사이의 상호작용에 대해 설명해 보자.

20.11 피부계는 신체를 보호한다

20.10절에서 소개한 기관계 중 대부분은 5단원의 다른 장에서 더 자세히 살펴보기로 하고, 여기서는 피부, 털, 손발톱으로 구성된 피부계(integumentary system)에 대해 간략히 살펴보자.

피부 **그림 20.11**에서 보이는 것처럼, 피부는 표피와 진피 두 층으로 구성된다. 가장 바깥 세포층인 **표피(epidermis)**는 여러 층의 편평한 세포로 이루어진 중층편평상피다(20.4절 참조). 표피의 바닥 근처에서는 세포분열이 빠르게 일어나 체표면에서 지속적으로 마모되는 피부세포를 보충한다. 이 새로운 세포는 그 아래에 새로운 세포가 추가되면서 표피에서 위로 밀려나면서, 케라틴(keratin)이라는 섬유단백질로 채워지고 방수성 당지질(glycolipid)을 분비한다. 이 방수표면은 탈수로부터 신체를 보호하고 미생물의 침투를 방지한다. 표면에 있는 세포는 결국 죽지만, 마모에 의해 벗겨지기 전까지 최대 2주 동안 피부 표면에 단단히 결합된 상태로 유지된다. 이러한 지속적인 과정을 통해 표피

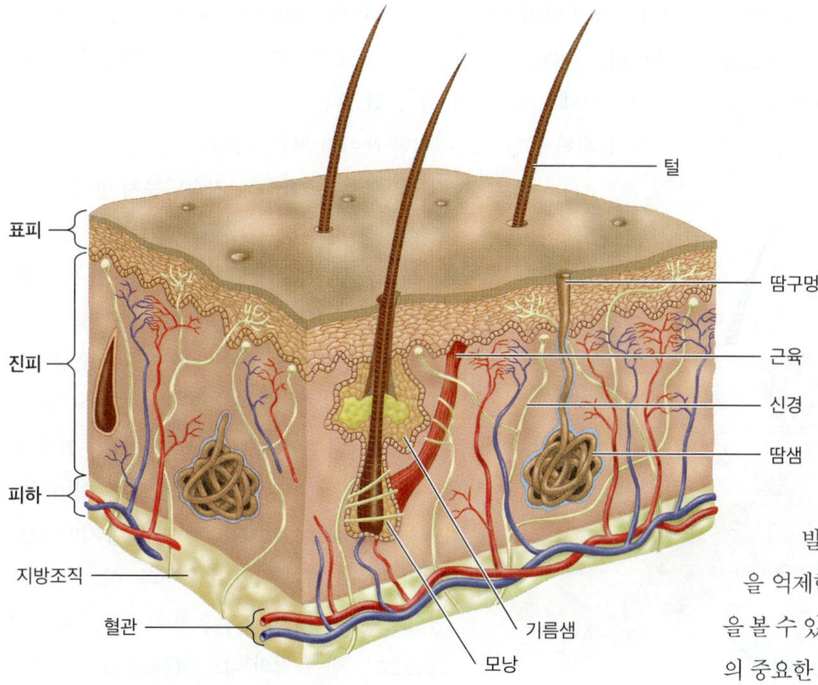

▲ **그림 20.11** 피부계의 주요 기관인 피부의 단면

는 몇 주마다 새로운 표피로 교체된다.

진피(dermis)는 피부의 안쪽 층으로, 많은 수의 탄력 있는 탄성섬유와 강력한 콜라겐 섬유를 가진 상당히 치밀한 결합조직으로 구성된다. (나이가 들면 이 층이 얇아져서 피부에 주름이 생기고 처지게 된다.) 진피에는 모낭, 기름샘, 땀샘, 근육, 신경, 혈관이 분포한다. 진피에 있는 풍부한 작은 혈관과 250만 개의 땀샘은 온도 조절이라는 중요한 기능을 수행한다. 또한 진피에는 "피부에 닿는 물건이 너무 뜨겁거나 차갑거나 날카롭지 않은가?"와 같은 중요한 환경 정보를 뇌에 제공하는 감각수용기(sensory receptor)가 있다(그림 29.3A 참조). 촉각수용기(touch receptor)는 음식을 씹고, 도구를 조작하고, 어둠 속에서 길을 찾는 데 도움을 준다. 피부 아래에는 지방조직층인 피하(hypodermis)가 있다. (피하는 피하주삿바늘로 일부 백신과 약물을 주입하는 부위다.)

칼슘 흡수에 필요한 비타민 D의 합성은 피부의 대사기능 중 하나다. 자외선(UV)은 표피 아래층에 있는 세포에서 콜레스테롤(cholesterol)의 유도체가 비타민 D로 전환되는 반응을 촉진한다. 이 합성을 위해서는 충분한 햇빛이 필요하다. 열대보다 햇빛이 덜 강한 고위도 지역에서는 피부색이 옅은 개체가 비타민 D를 더 많이 만들 수 있어 자연선택에 의하면 생존에 더 유리하다. 하지만 햇빛은 태아 발생에 필수적인 비타민인 엽산을 파괴하여 피해를 줄 수도 있다. 과학자들은 피부에 멜라닌이라는 색소가 존재하는 것은 열대지역에서 엽산의 체내 저장고를 보호하기 위한 적응이라고 추측한다. 이와 같이 사람의 피부색은 비타민 D 합성과 엽산 보호 사이의 균형을 반영한다(19.16절 참조).

털과 손발톱 포유류에서 털(hair, 모발)은 피부계의 중요한 구성요소다. 털은 모낭(hair follicle)에서 형성되는 죽은 세포(납작하고 각질로 채워진)로 만들어진 줄기다. 기름샘은 모낭과 연관되어 있어서 그 분비물이 모발을 매끄럽게 하고, 주변 피부환경을 조절하며, 세균의 성장을 억제한다. 그림 20.11의 모낭을 보면 신경말단이 감싸고 있는 것을 볼 수 있다. 모낭은 털의 미세한 움직임조차도 신경계에 전달하는 등의 중요한 감각기능을 수행하기도 한다. (머리카락을 가볍게 만져보면 이러한 민감성을 느낄 수 있다.)

털은 대부분의 포유류에서 몸을 보온하지만, 사람은 보온이 머리에 국한되어 있다. 육상 포유류는 추위에 반응하면 털을 들어 올리는데, 이는 공기층을 가두어 털의 보온력을 높인다. 그림에서 모낭을 다시 한번 보자. 여기에 붙어 있는 근육은 추울 때 털을 올리는 역할을 한다. 그 결과로 나타나는 '소름(goose bump)'은 털북숭이 조상으로부터 물려받은 털 세우기의 흔적이다.

피부계의 마지막 구성요소는 손톱과 발톱으로, 이 방어적 엄호물 역시 케라틴으로 구성되어 있다. 손톱은 미세한 조작을 가능하게 한다(긴장할 때 물어뜯는 데도 유용하다). 다른 포유류에서는 발가락이 발톱이나 발굽으로 끝나기도 한다.

피부계는 동물을 환경으로부터 둘러싸고 보호하지만, 이 기관계와 관련이 있는 기능장애도 있다. 다음에는 탈락된 세포와 기름으로 모낭이 막히면 어떤 일이 일어나는지 살펴보자.

? 털의 기능에 기여하는 모낭과 연관된 3개의 구조를 설명하시오.

■ 신경 종말은 털의 움직임을 감지하고, 근육은 털을 올리며 (사람에게는 소름을 일으키지만 다른 포유류에게는 따뜻함을 느끼게 한다), 기름샘은 윤활 및 항균 분비물을 만든다.

20.12 잘 설계된 실험은 과학적 질문을 해결할 수 있다

과학적 사고 레이저 치료로 여드름을 치료한 10대의 치료 전후 사진을 본 적이 있다고 상상해 보자. 광고에서는 이 치료가 효과적이며 1~2년 동안 지속될 수 있다고 주장한다. 결과는 놀라워 보이지만 사람들은 회의적이다. 소비자로서 우리는 포장지, 정보매체, 온라인 팝업 광고, 기타 광고 등을 통한 광고의 홍수 속에서 살아가고 있다. 이러한 광고의 타당성에 대해 지혜로운 결정을 내리려면 과학자처럼 데이터를 평가해야 한다.

여드름의 생물학적 특성 여드름(acne)은 기름을 생성하는 모낭(모공이라고도 함)이 죽은 세포와 기름으로 막히면서 발생한다(**그림 20.12A**). 모공이 막히면 *Propionibacterium acnes*라는 세균이 모낭에 갇히게 된다. 모낭이 진피 안으로 터지고 면역계에서 백혈구가 모여들면, 모공에 염증이 생겼다고 한다(24.2절 참조). 이것은 뾰루지가 되어 곧 고름으로 채워진다. 염증성 여드름은 미국에서 5,000만 명이 겪고 있는 흔한 질환이다. 이것은 수년 동안 지속될 수 있으며 때로 불안과 우울증을 유발하기도 한다. 여드름을 치료하는 방법으로는 생성되는 기름의 양 줄이기, 죽은 피부 세포 벗겨내기, 여드름균(*P. acnes*) 죽이기 등 여러 가지가 있다.

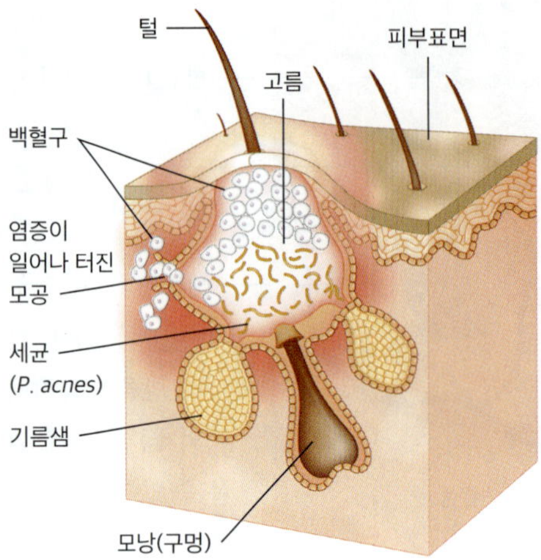

▲ **그림 20.12A** 여드름의 해부학

레이저 치료의 효과 어떤 실험이 레이저 치료가 효과적이고 오래 지속되는 여드름 치료법이라는 것을 확인해 줄 수 있을까? 여드름이 5개 이상 있는 19명을 대상으로 한 연구를 생각해 보자. **그림 20.12B**의 그래프와 같이, 세 번의 레이저 치료 후 모든 참가자의 총 여드름 수가 현저히 감소했다. 이 데이터는 설득력이 있어 보이지만, 과학자처럼 행동하면 이 연구에 대조군(치료를 받지 않았지만 비교를 위해 사용된 개인)이 포함되어 있지 않다는 것을 발견할 수 있다. 대조군이 없다면 레이저 치료를 받지 않은 개인의 여드름도 똑같이 감소했는지를 확인할 수 없다. 또한 이 연구는 변수를 통제하지 못했다. 참가자들은 연구 기간 동안 여드름 치료제를 계속 사용하도록 허용되었다. 여러 변수(예: 여드름 크림 및 의약품과 함께 레이저 치료)가 아닌 단일 변수(이 경우 레이저 치료)만을 조사하는 연구가 이상적이다. 마지막으로, 이 연구는 치료 후 개인을 추적하지 않았기 때문에 효과가 오래 지속되는지 알 수 없었다.

잘 설계된 실험을 통해서만 레이저 치료가 효과적인지, 그리고 치료가 끝난 후에도 효과가 지속되는지 알 수 있다. 연구 시작 전 일정 기간 동안 다른 여드름 약이나 치료를 받지 않은(원치 않는 변수를 제거한) 29명의 참가자를 대상으로 한 두 번째 연구를 생각해 보자. 이 연구에는 대조군도 포함되었다. 각 참가자의 얼굴을 무작위로 치료 면과 대조 면으로 나누었다. 편견을 배제하기 위해 이 연구는 단일 맹검으로 진행되었는데, 참가자들은 어느 쪽이 치료받은 쪽인지 알았지만 여드름을 세는 과학자는 알지 못했다. 여드름은 유형별로 분류되어 치료 전후에 측정되었다. **그림 20.12C**는 한 유형의 여드름(붉고 고름이 없는 여드름)이 현저하게 감소한 것을 보여준다. 이러한 감소는 일시적이었으며 몇 주 동안 지속되었다. 다른 유형의 여드름은 얼굴의 양쪽에서 차이가 없었다. 이러한 데이터는 레이저 치료가 몇 주 동안 한 가지 유형의 여드름을 감소시키는 데 어느 정도 효과적임을 시사한다.

? 여드름을 세는 과학자가 얼굴의 어느 쪽을 치료했는지 모르는 것이 왜 중요할까? 어느 쪽을 치료했는지 아는 것이 결과에 어떻게 영향을 줄 수 있을까?

■ 과학자는 의도치 않게 치료받은 쪽이 더 개선된 것으로 평가할 수 있는데, 이는 치료의 예상 결과이기 때문이다.

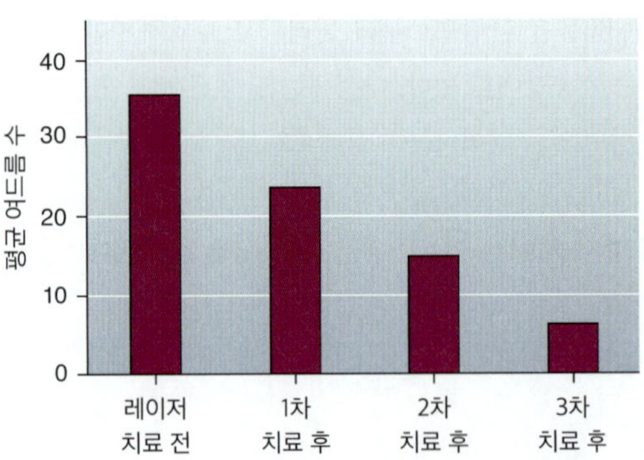

자료: P. M. Friedman et al., Treatment of inflammatory facial acne vulgaris with the 1450-nm diode laser: A pilot study, *Dermatologic Surgery* 30: 147-51 (2004).

▲ **그림 20.12B** 통제되지 않은 연구에서 레이저 요법 치료 전후의 여드름 감소

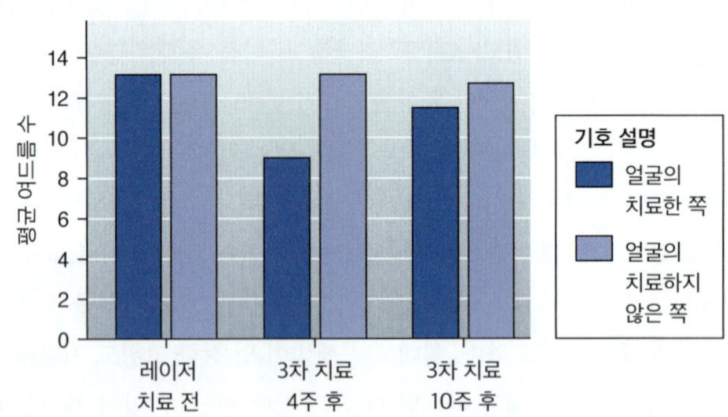

자료: J. S. Orringer et al., Photodynamic therapy for acne vulgaris: A randomized, controlled, split-faced clinical trial of topical animolevulinic acid and pulsed dye therapy, *Journal of Cosmetic Dermatology* 9: 28-34 (2010).

▲ **그림 20.12C** 통제된 무작위 단일 맹검 연구에서 레이저 치료 전후의 여드름 하위 유형의 감소

20.13 구조적 적응으로 환경과의 교류가 강화된다

모든 생명체는 열린계로, 주변 환경과 **에너지와 물질**을 교환한다. 예를 들어 사람은 산소, 물, 음식물을 섭취하고 그 대가로 이산화탄소를 내뿜고, 대소변을 배설하고, 땀을 흘리고, 열을 방출한다. 환경과의 물질교환은 개별 세포의 수준까지 도달되어야 한다. 수용액에 녹아 있는 물질이 세포의 원형질막(plasma membrane)을 가로질러 이동하면서 교환이 일어난다.

체외교환 민물 히드라는 체벽이 두 겹의 세포로 되어 있다(아래 그림). 바깥층은 수중 환경과 접촉하고, 안쪽 층은 주머니처럼 생긴 체강(body cavity) 안의 액체에 담겨 있다. 이 체강 속 액체는 히드라의 입 안팎으로 순환한다. 따라서 모든 체세포는 수중 환경과 직접 물질을 교환한다.

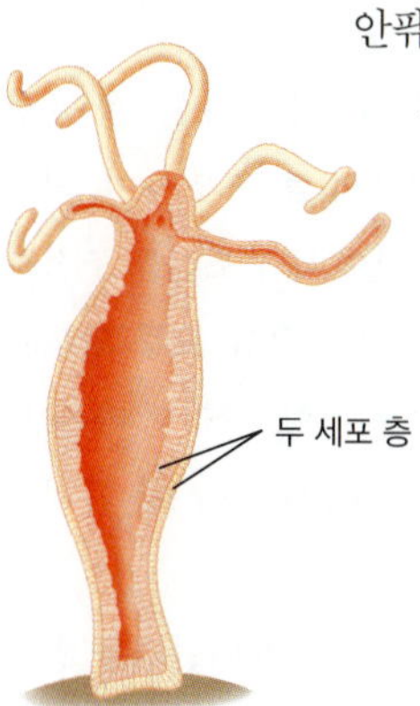

환경과의 교류를 극대화하는 또 다른 방법은 납작하고 얇은 형태다. 예를 들어, 촌충(그림 18.7B 참조)이라는 기생충은 길이가 수 미터에 이르지만, 매우 얇아서 대부분의 세포가 숙주의 창자 속 액체(세포의 영양 공급원이 된다)에 잠겨 있다.

히드라의 주머니 같은 몸이나 촌충의 종이처럼 얇은 몸은 단순한 신체 구조를 가진 동물에게 적합하다. 그러나 대부분의 동물은 빽빽하게 들어찬 세포 덩어리로 구성되어 있으며, 전체 부피에 비해 상대적으로 작은 외부 표면을 가진다. (표면적과 부피의 관계에 대한 자세한 내용은 4.2절 참조) 극단적인 예로, 고래의 부피와 외부 표면적의 비율은 히드라 같은 작은 동물에 비해 수십만 배나 작다. 그럼에도 불구하고 고래의 모든 세포는 체액으로 젖어 있어야 하고, 산소와 영양분을 공급받아야 하며, 노폐물을 처리할 수 있어야 한다. 이 모든 것이 어떻게 가능할까?

체내교환 가지가 많거나 주름진 표면은 환경과의 효율적인 교환을 위한 진화적 적응이다. 고래를 포함한 거의 모든 복잡한 동물에서 주름진 표면은 외부가 아니라 몸 안에 있어, 피부계에 의해 탈수나 손상으로부터 보호된다. 사람의 경우 소화계, 호흡계, 순환계가 몸 안의 교환 표면을 담당하는데, 이들은 각각 피부의 25배가 넘는 표면적을 가진다. 실제로 사람 몸 안에서 세포와 혈액 사이의 교환이 일어나는 모든 모세혈관을 일렬로 늘어놓으면 지구를 한 바퀴 돌 수 있을 정도다!

그림 20.13A는 치밀하고 복잡한 동물의 네 기관계를 보여주는 모식도다. 각 기관계에는 크고 분화된 체내교환표면이 있다. 순환계는 다른 세 시스템 간에 물질을 운반하는 중심적인 역할을 하기 때문에 가운데에 배치되었다. 파란색 화살표는 순환계와 다른 시스템 간의 물질교환을 나타낸다.

사실 혈액과 조직 및 기관 세포 사이에서 직접적인 교환이 일어나지는 않는다. 체세포는 **세포사이액(interstitial fluid**, 간질액)이라는 용액에 담겨 있는데(그림 20.13A의 원형 확대 참조), 이를 통해 교환이 이루어진다. 즉, 혈액에서 체세포로, 또는 그 반대로 물질이 이동하기 위해서는 세포사이액을 거쳐야 한다.

소화계, 특히 작은창자는 내벽의 주름과 돌기로 인해 표면적이 매우 넓다(그림 20.8 참조). 영양분은 이 넓은 표면적을 감싸고 있는 세포로 흡수된다. 그런 다음 세포사이액을 통과하여 모세혈관으로 전달되는데, 이 모세혈관은 소화 표면과 물질교환망(exchange network)을 형성한다. 이 시스템은 매우 효과적이어서 충분한 영양분이 순환계로 이동하여 체내 나머지 세포를 먹여 살린다.

비뇨계의 콩팥은 상피로 이루어진 관으로 가득 채워져 있어 교환면

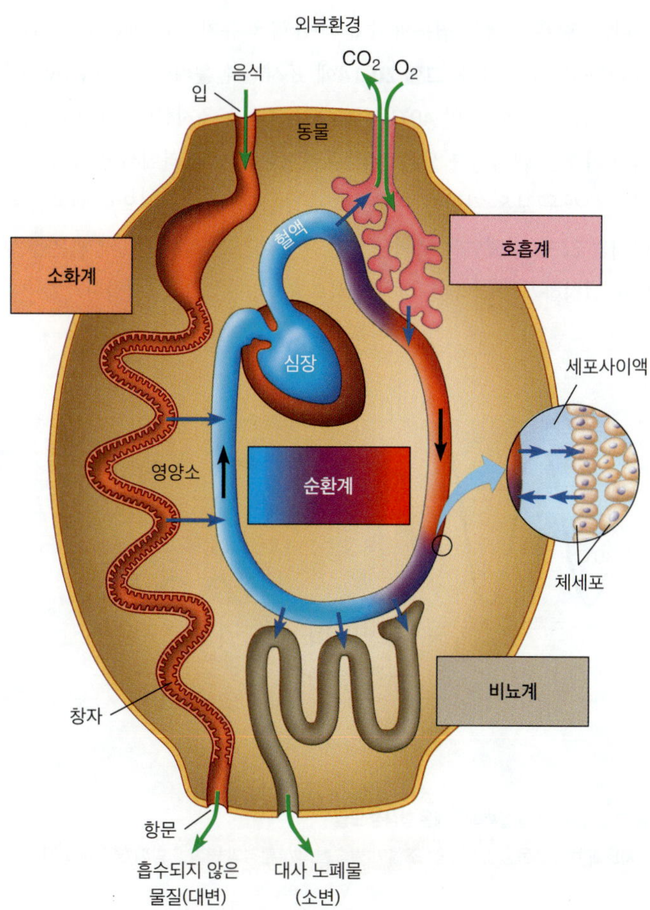

▲ **그림 20.13A** 복잡한 동물의 환경과 세포 사이의 간접적 교환을 보여주는 모식도

시도해 보기 기관계 사이의 상호관계를 중심으로 이 그림을 소리 내어 설명해 보자.

적이 매우 넓다. 모세혈관에 둘러싸인 배설관은 혈액이 몸 전체에서 가져온 대사 노폐물을 추출한다. 혈액에서 나온 노폐물은 배설관으로 이동하여 소변을 통해 몸 밖으로 배출된다.

또한 호흡기는 순환계와 기체를 교환하는 거대한 내부 표면적을 가지고 있다. **그림 20.13B**에 표시된 것처럼, 미세하게 갈라진 기관과 모세혈관이 밀접하게 연결되어 있어 두 기관계 사이의 기체교환이 쉽게 일어날 수 있다.

그림 20.13A와 20.13B는 모두 동물생물학의 두 가지 기본 개념을 분명히 보여준다. 첫째, 복잡한 신체(대부분의 세포가 외부환경과 직접 접촉하지 않는)를 가진 모든 동물은 교환표면 역할을 하는 내부 구조를 가지고 있어야 한다. 둘째, 기관계는 서로 연결되어 있으며, 생명체로 기능하기 위해서는 이들의 통합된 상호작용이 이루어져야 한다.

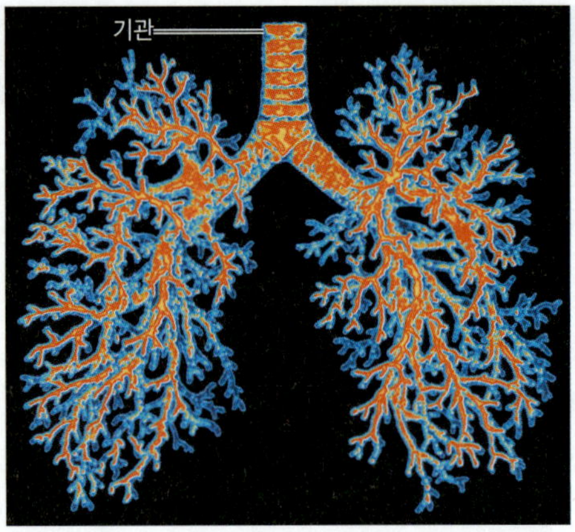

▲ 그림 20.13B 사람 폐의 미세하게 갈라진 기관(파란색)과 혈관(빨간색)

? 폐, 작은창자, 콩팥의 구조와 환경과의 교환 기능은 어떤 관련이 있을까?

■ 이 기관들은 모두 물질의 교환이 일어날 수 있는 표면적을 크게 증가시키는 수많은 돌기 또는 관을 가지고 있다.

20.14 동물은 체내환경을 조절한다

동물에게는 두 가지 환경이 중요한데, 하나는 동물을 둘러싼 외부환경이고 다른 하나는 세포가 실제로 살고 있는 체내환경(internal environment)이다. 척추동물의 체내환경은 세포 주변 공간을 채우고 있는 세포사이액이다. 많은 동물은 체내환경을 비교적 일정하게 유지한다. 사람은 체액의 염분과 수분의 균형을 유지하고, 체온도 약 37℃(98.6℉)를 유지한다. **그림 20.14**에 표시된 흰올빼미(snowy owl)와 같은 새는 겨울에도 약 40℃(104℉)의 체온을 유지한다. 이 새는 먹이에서 나오는 에너지를 사용하여 체온을 올리며, 부리에서 발까지 이어지는 두꺼운 보온 깃털을 가지고 있다. 도마뱀은 자체적으로 체온을 올리지는 않지만, 햇볕을 쬐거나 그늘에서 휴식을 취함으로써 체온을 상당히 일정하게 유지하며, 체액의 염분과 수분 평형도 조절한다.

▲ 그림 20.14 흰올빼미의 체온 항상성 모델

시도해 보기 동물의 내부적 조절이 필요한 외부환경의 변화를 함께 생각해 보자.

체내환경이라는 개념은 '일정한 상태'를 의미하는 **항상성(homeostasis)**의 원리에 속한다. 그림 20.14에서 볼 수 있듯이, 외부환경의 조건은 종종 크게 변하지만, 항상성 기작이 내부조건을 조절하면서 동물 체내환경의 변화는 훨씬 작다. 조류와 포유류 모두 외부환경의 큰 변화에도 불구하고 체온과 염분 및 수분 평형, 그리고 다른 요인들을 좁은 범위 내에서 유지하는 조절계(control system)를 가지고 있다.

동물의 체내환경은 항상 조금씩 변한다. 항상성은 체내환경을 변화시키려는 외부 힘과 그 변화에 대항하는 내부의 조절 기작이 상호작용하는 역동적인 상태다. 내부환경의 변화를 줄이거나 역전시키는 조절 기작을 **음성되먹임(negative feedback)**이라고 하는데, 혈액 내 포도당 농도를 조절하는 과정이 그 예다(26.8절 참조).

이와 반대로, **양성되먹임(positive feedback)**은 어떤 변화가 그 변화를 더 크게 증폭시키는 것이다. 상처에서 출혈을 막기 위해 혈전을 형성하는 것과 아기를 밀어낼 수 있을 만큼 강한 자궁수축을 일으키는 것은 양성되먹임에 의한 작용의 예다(23.14, 27.17절 참조).

동물의 항상성 조절계는 체내환경을 생명 대사작용이 일어날 수 있는 범위 내에서 유지한다. 다음은 항상성 유지의 주요 기작인 음성되먹임에 대해 자세히 살펴본다.

? 그림 20.13A를 돌아보자. 순환계가 항상성에 기여하는 방법에는 어떤 것이 있는가?

■ 혈액은 소화기, 호흡기, 비뇨기계와의 교환을 통해 체세포를 둘러싼 세포사이액의 물질이 적절한 균형을 유지하도록 돕는다.

20.15 항상성은 음성되먹임에 의존한다

대부분의 항상성 조절 기작은 음성되먹임을 기반으로 한다. 실내온도를 조절하는 간단한 예를 통해 음성되먹임체계의 각 부분을 알아보자. 온도조절기는 쾌적한 온도에 맞춰져 있다. 실내온도가 이 설정온도 아래로 내려가면 온도조절기의 감지기가 이를 감지하고 작동하여 난방기를 켠다. 이 반응은 열을 발생시켜 낮아진 온도를 올린다. 실내온도가 설정온도까지 올라가면 온도조절기는 난방기를 끈다. 생리학자들은 이 온도조절기를 조절중추라고 부르며, 이 조절중추는 자극(설정온도 이하 또는 이상인 실내온도)을 감지하고 반응을 유발한다.

동물의 항상성을 유지하는 조절중추는 대부분 뇌에 있다. 뇌의 한 부분인 시상하부(hypothalamus)는 음식 섭취, 수면, 심장박동, 호르몬 농도, 체온과 같은 활동을 조절한다. 시상하부는 온도조절기처럼 체온을 유지하는 기구를 켜고 끄는 방식으로 설정점(set point)과의 차이에 반응한다. **그림 20.15** 상단에서 볼 수 있듯이 시상하부는 체온이 설정점(약 37℃) 이상으로 올라간 것을 감지하면 냉각 기작을 활성화시켜 땀이 나게 하거나 피부의 혈관을 확장시킨다. 체온이 정상으로 돌아오면 시상하부는 냉각 기작을 끈다. 체온이 설정점 이하로 떨어지면(그림의 하단) 시상하부는 열을 발생시키기 위해 몸을 떨고, 열 손실을 줄이기 위해 혈관을 수축시키는 등 온열 기작을 활성화하며, 정상 온도로 돌아오면 이 기작을 끈다.

이 단원의 각 장에서 신체의 기관계를 자세히 살펴보면서 상호작용이라는 주제 중 하나인 항상성에 관한 많은 예를 보게 될 것이다. 또한 1장에서 소개한 구조와 기능과 같은 다른 주제에 대한 예도 많이 찾아볼 수 있다.

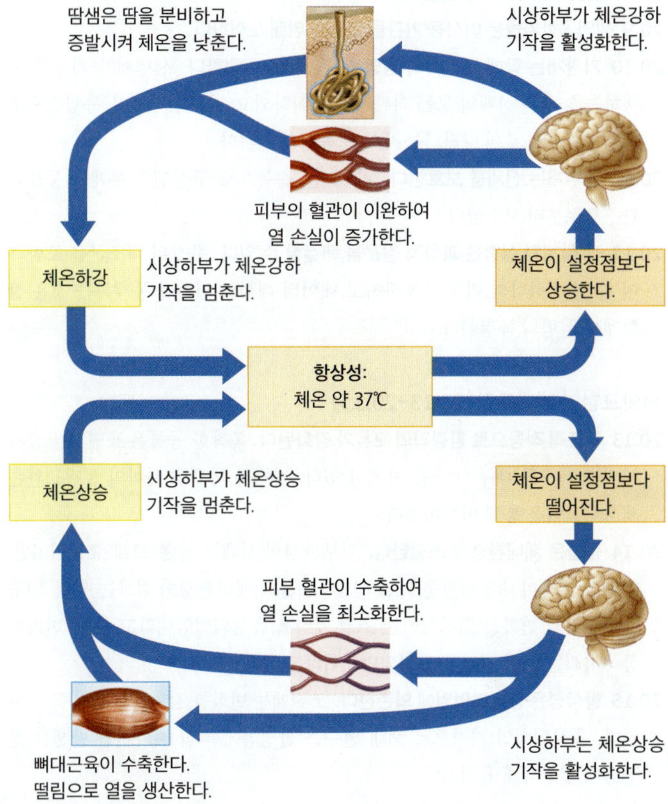

▲ **그림 20.15** 체온의 되먹임 조절

? 항상성 조절 기작이 어떻게 음성되먹임에 기반하는지 설명하시오.

■ 시상하부는 우리 몸의 설정온도와의 차이가 감지되면 그 차이를 없애고 설정점으로 되돌리기 위한 기작을 자극한다.

CHAPTER 20 복습

개념 복습하기

동물 조직의 구조와 기능(20.1~20.7)

20.1 동물의 형태는 완벽하지 않다. 구조는 기능하기에 '충분히 좋은' 것이다.

20.2 동물체 속 조직화의 모든 단계에서 구조는 기능에 적합하다.

20.3 조직은 공통된 구조와 기능을 가진 세포 집단이다.

작용	20.4 상피조직은 체표면을 덮고 기관과 내강을 감싼다.	20.5 결합조직은 다른 조직을 결합하고 지지한다.	20.6 근육조직은 움직임에 작용한다.	20.7 신경조직은 정보 소통망을 형성한다.
구조	치밀하게 늘어선 얇은 층	세포외바탕질 속에 흩어져 있는 세포	수축 단백질을 함유하고 있는 긴 세포(섬유)	가지를 많이 뻗은 뉴런과 지지세포
예	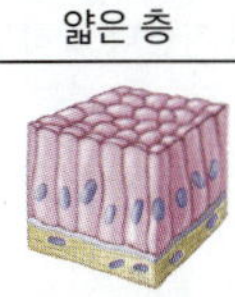 원주상피	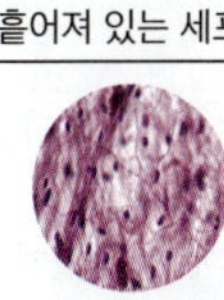 성긴 결합조직	 뼈대근육	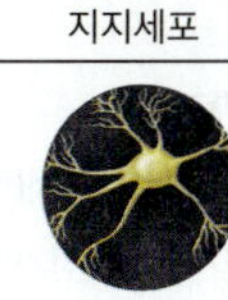 뉴런

기관 및 기관계(20.8~20.12)

20.8 기관은 조직으로 구성된다.

20.9 생명공학자들은 이식용 기관을 만들기 위해 노력한다.

20.10 기관계는 함께 작동하여 생명체의 기능을 수행한다. 생명체가 기능을 수행하는 능력은 신체의 모든 기관계가 조직화되고, 상호협력하며, 통합적으로 함께 작동함으로써 나타나는 새로운 특성의 결과다.

20.11 피부계는 신체를 보호한다. 피부, 털, 손톱으로 구성된 피부계는 동물을 환경으로부터 보호한다.

20.12 잘 설계된 실험은 과학적 질문을 해결할 수 있다. 무작위 대조군을 포함하여 한 번에 하나의 변수를 조사하고 데이터 해석의 편향을 통제하는 것은 잘 설계된 실험의 특징이다.

체외교환과 체내조절(20.13~20.15)

20.13 구조적 적응으로 환경과의 교류가 강화된다. 복잡한 동물은 표면적을 증가시키는 특수한 내부 구조를 가지고 있다. 혈액과 체세포 사이의 물질교환은 세포사이액을 통해 이루어진다.

20.14 동물은 체내환경을 조절한다. 외부환경의 상태는 종종 크게 요동치지만, 항상성 기작이 내부상황을 조절하면서 동물의 체내환경의 변화는 훨씬 작다. 체내환경의 변화를 역전시키는 조절 기작을 음성되먹임이라고 하며, 변화를 증폭시키는 조절 기작은 양성되먹임이라고 한다.

20.15 항상성은 음성되먹임에 의존한다. 조절계는 변화를 감지하고 반응을 지시한다. 음성되먹임 기작으로 체내 변수는 설정점에서 작은 차이만 발생할 뿐 상당히 일정하게 유지된다.

개념 연결하기

1. 이 장에서는 다음의 몇 가지 주요 개념을 설명했다. 1) 구조는 기능과 연관성이 있다. 2) 동물의 몸에는 각 단계마다 새로운 특징이 나타나는 조직화의 단계가 있다. 3) 복잡한 몸은 교환 표면적을 증가시키는 구조적 적응을 갖는다. 아래 그림에 표시된 작은창자의 조직 층에 이름을 적고, 이 그림으로 위 세 가지 개념을 설명하시오.

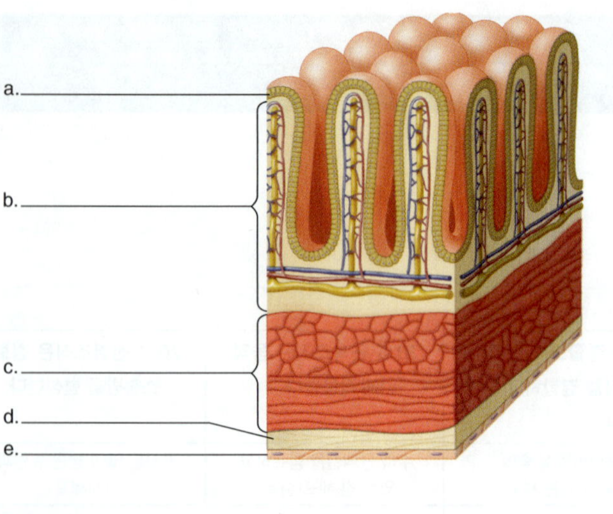

학습 평가하기

1단계 : 지식과 이해력 평가

2. 참인가, 거짓인가? 인체의 각 세포는 적어도 한 층의 상피세포에 의해 혈액으로부터 분리되어 있다. (답을 설명하시오.)

3. 다음 중 외부환경과 물질을 교환하지 않는 신체 기관계는?
   a. 호흡계
   b. 내분비계
   c. 소화계
   d. 배설계

4. 음성되먹임 기작에 대한 설명으로 옳은 것은?
   a. 항상성 유지에 가장 많이 관여한다.
   b. 열을 발생시키는 난방기와 유사하다.
   c. 새와 포유류에서만 발견된다.
   d. 위 보기 모두

5. 피부의 중층편평상피, 뇌의 뉴런, 폐 안을 감싸는 단순편평상피, 두개골의 뼈 등 각 조직의 구조가 그 기능에 어떻게 적합한지 간략히 설명하시오.

6. 복잡한 동물의 몸이 환경과 물질을 교환하기 위해 어떻게 구축되어 있는지 설명하시오. 이러한 특징은 모든 동물에서 공유되는가?

2단계 : 응용과 분석력 평가

7. 다음 중 항상성의 예가 아닌 것을 고르고 그 이유를 설명하시오.
   a. 식사 후 혈당 수치를 낮추기 위한 인슐린 분비
   b. 추운 날 체온보존을 위한 떨기
   c. 달리는 동안 더 빨리 숨쉬기
   d. 북유럽인에서 창백한 피부의 진화

8. 횡격막은 공기가 폐 안팎으로 이동하는 것을 돕는 커다란 근육이다. 호흡은 뇌에 의해 자동으로 제어되지만, 숨을 참거나 더 깊게 숨을 쉬도록 선택할 수 있다. 횡격막을 구성하는 근육의 종류를 추론하고 그 이유를 설명하시오.

9. "오징어의 눈은 어두운 깊은 바닷속에서도 볼 수 있도록 완벽하게 설계되었다."라는 내용의 블로그를 읽었다. 이 장에서 논의한 예를 인용하여 블로그에서 "완벽한 설계"라는 문구를 사용한 것에 대한 논평을 간단히 기술하시오.

3단계 : 종합평가

10. **과학적 사고** 새로운 여드름 크림의 효과를 알아보기 위한 연구에서 참가자들은 3개월 동안 크림을 사용하는 그룹과 아무 치료법도 사용하지 않는 그룹 중 하나로 배정되었다. 참가자들은 매주 자신의 여드름이 얼마나 심하다고 생각하는지 1~10점 척도로 평가하는 일지를 작성하도록 요청받았다. 이 연구의 잘 설계된 측면과 한계점을 기술하고, 그 한계를 극복하기 위해 무엇을 개선해야 하는지를 기술하시오.

11. 오랜 시간 함께 더운 날씨에 달리기를 한 후, 친구가 체온을 더 빨리 낮추려면 앉아서 식히기보다는 시원한 물통에 머리를 담그는 것이 좋다고 말한다. 이에 대해 어떻게 생각하는가? 얼음처럼 차가운 물이 체온이 정상으로 돌아오는 속도에 어떤 영향을 미칠지에 대한 가설을 세우고 그 가설을 어떻게 시험할 것인지 기술하시오.

12. 언덕이 많은 지형에서 자동차를 운전하는 동안 시속 55마일의 일정한 속도를 유지한다고 하면, 이것이 항상성의 개념을 어떻게 설명하는지 짧게 서술하시오.

CHAPTER 21

영양과 소화

핵심 개요

먹이 섭취와 처리(21.1~21.3)

동물은 먹이를 섭취해 특화된 구역에서 소화하고, 영양물질을 흡수하며, 노폐물을 제거한다.

사람 소화계(21.4~21.13)

음식물은 입, 위, 창자에서 연속적으로 처리된다.

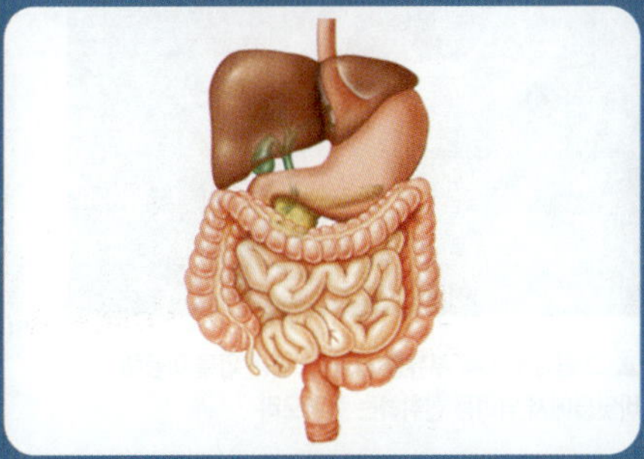

영양(21.14~21.21)

건강한 식단은 활동의 연료가 되고 유기 구성요소 및 필수영양소를 제공한다.

21.0 과학적 접근을 통한 체중 감량 방법은 무엇인가

검색 엔진에 '다이어트 계획'을 입력하면 엄청난 양의 정보가 나온다. 체중 감량은 성장 산업이다. 미국인 7명 중 1명은 매년 다이어트를 한다. 미국 성인의 1/3 이상이 비만(고도비만)이며, 이로 인해 미국에서 매년 30만 명 이상이 비만과 그 합병증으로 사망한다.

안타깝게도 체중 감량 계획 효과에 대한 신뢰할 수 있는 데이터를 찾는 것은 쉽지 않다. 수많은 유행 다이어트가 난무하는 가운데 어떤 것이 과학적 근거가 있고 어떤 것이 가짜 과대 광고인지 구분하기는 어려울 수 있다. 자신의 식습관에 대해 알고 싶다면 소화계의 구조와 기능을 명확히 이해하는 것이 필요하다.

모든 동물은 에너지를 공급하고 필수영양소를 얻고 새로운 분자, 세포 및 조직을 생성하는 데 사용되는 유기 구성 물질(organic building blocks)을 얻기 위해 음식을 섭취해야 한다. 다른 동물과 마찬가지로 우리 몸도 우리가 먹은 음식물로 구성된다. 건강과 외모는 식단의 질과 소화계의 적절한 기능에 따라 달라진다. 이 장에서는 동물이 음식을 처리하는 다양한 방법에 대한 개요부터 시작해 사람의 소화와 영양에 대해 중점적으로 설명하고자 한다. 그 과정에서 건강을 유지하는 데 필요한 비율로 올바른 음식을 섭취하고 있는지 생각하게 될 것이다.

먹이 섭취와 처리

21.1 동물은 다양한 방법으로 먹이를 얻고 섭취한다

모든 동물은 죽거나 살아 있는 유기물의 전체 또는 그 일부를 먹는다. 그러나 일반화하기는 어려울 정도로 동물의 먹이는 매우 다양하다. 가축, 고릴라, 달팽이 같은 **초식동물(herbivore)**은 주로 식물과 조류(algae)를 먹는다. 사자, 거미, 고래와 같은 **육식동물(carnivore)**은 주로 다른 동물을 먹는다. 사람, 까마귀, 바퀴벌레 등 **잡식동물(omnivore)**은 식물과 동물을 골고루 섭취한다. 이러한 분류는 동물이 주로 먹는 음식의 종류로 구분한 것으로, 대부분의 동물은 주로 먹는 먹이 이외의 음식을 때때로 섭취하기도 한다. 예를 들어 사슴은 주로 초식동물이지만 가끔 새의 알을 먹기도 한다.

동물은 무엇을 먹는지 외에 먹는 방법도 다양하다. 동물들 사이에서는 크게 네 가지 유형의 먹이활동(feeding) 메커니즘이 진화해 왔다. 많은 수생동물은 주변 매개물에서 먹이 입자를 포획하는 동물인 **부유물 섭식자(suspension feeder)**로 분류된다(18.5절 참조). 예를 들어, 쥐가오리는 직사각형의 커다란 입을 크게 벌리고 헤엄쳐 다니며 새우, 크릴새우, 작은 게를 대량으로 섭취한다(**그림 21.1A**). 다른 많은 부유물 섭식자는 해면동물을 포함한 무척추동물로, 구멍을 통해 영양분을 함유한 물을 빨아들인다.

▲ **그림 21.1A** 부유물 섭식자: 넓은 입을 이용해 바닷물에서 먹이를 섭취하는 쥐가오리

기질 섭식자(substrate feeder)는 먹이 내부 또는 먹이 위에 살면서 그것을 먹는다. **그림 21.1B**는 나방의 유충인 잎나방 애벌레를 보여준다. 잎에 있는 어두운 반점은 애벌레가 먹이를 먹고 남긴 배설물의 흔적이다. 다른 기질 섭식자로는 동물의 사체에 구멍을 파는 구더기(파리 유충)와 흙을 먹으며 부분적으로 썩은 유기물을 소화해 토양에 공기가 통하게 하고 비옥하게 하는 데 도움을 주는 지렁이가 있다.

▲ **그림 21.1B** 기질 섭식자: 참나무 잎 안의 연한 조직을 먹으면서 나아가는 애벌레

액체 섭식자(fluid feeder)는 살아 있는 숙주로부터 영양분이 풍부한 액체를 빨아들인다. 예를 들어, 진딧물은 식물의 설탕 수액을 빨아들이며, 모기와 같은 흡혈곤충은 속이 빈 바늘 같은 관을 이용해 동물을 찌른다. **그림 21.1C**의 암컷 모기는 사람의 피를 먹어 배에 가득 채웠다. (암컷 모기만 동물의 피를 빨아먹고 수컷은 식물의 과즙을 먹고 산다.) 이런 골칫거리인 동물과 달리, 일부 액체 섭식자는 실제로 숙주에게 도움이 되는 경우도 있다. 예를 들어, 벌새와 꿀벌은 꿀로 먹이활동을 하면서 꽃가루를 꽃과 꽃 사이로 옮긴다.

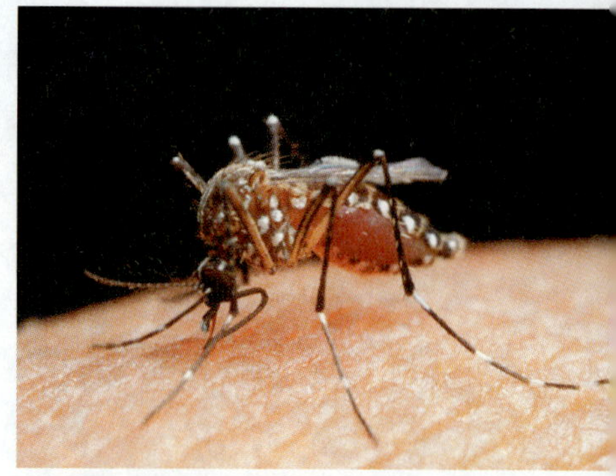

▲ **그림 21.1C** 액체 섭식자: 혈액을 빨아먹는 모기

사람을 포함한 대부분의 동물은 많은 양의 먹이를 섭취하는 **대량섭식자(bulk feeder)**다. **그림 21.1D**는 회색 왜가리가 먹이를 통째로 삼킬 준비를 하는 모습을 보여준다. 대량섭식자는 촉수, 집게, 발톱, 독이 있는 송곳니, 턱 또는 이빨을 사용해 먹이를 죽이거나 고기나 초목 조각을 찢어 먹을 수 있다. 먹이의 종류나 먹이활동 기작이 무엇이든, 먹이 처리 과정은 다음에 살펴볼 4단계로 진행된다.

? 빈대는 포유류의 피부를 뚫고 혈액을 빨아들여 영양분을 섭취한다. 그들의 먹이 범주와 먹이활동 기작의 유형을 말하시오.

■ 육식동물 및 액체 섭식자

▲ **그림 21.1D** 대량섭식자: 물고기를 삼킬 준비를 하는 왜가리

21.2 개요: 먹이 처리과정은 4단계로 진행된다

지금까지 동물이 무엇을 먹고 어떻게 먹이활동을 하는지에 대해 알아보았다. **그림 21.2A**에서 볼 수 있듯이, ❶ **섭취(ingestion)** 행위는 먹이 처리의 4단계 중 첫 번째 단계에 불과하다. 두 번째 단계인 ❷ **소화(digestion)**는 신체가 흡수할 수 있을 만큼 작은 분자로 먹이를 분해하는 단계다. 소화는 일반적으로 2단계로 진행된다. 첫째, 음식물이 기계적으로 더 작은 조각으로 분해되어 화학작용에 사용할 수 있는 표면이 증가된다. 이빨이 있는 동물은 씹거나 찢는 과정을 통해 큰 음식 덩어리를 작은 조각으로 분해한다.

두 번째 단계는 특정 효소에 의해 음식물이 화학적으로 분해되는 과정이다. 화학적 소화가 필요한 이유는 동물은 음식물의 단백질, 탄수화물, 지방 및 핵산을 직접 사용할 수 없기 때문이다. 이러한 분자는 너무 커서 막을 통과해 동물의 세포로 들어갈 수 없다. 또한 대부분의 먹이 분자는 동물의 몸을 구성하는 분자와 다르다. 모든 유기체는 동일한 구조입자(예: 동일한 20개의 아미노산)를 사용해 거대분자를 만들기 때문에, 먹이로 섭취된 물질은 각각의 구조입자로 분해된 다음 자신의 몸을 구성하는 자체 분자(예: 단백질)로 재조립된다.

소화 과정에서는 먹이의 고분자를 단량체(monomer)로 분해하여 먹이에 포함된 구성성분을 신체가 이용할 수 있도록 한다. **그림 21.2B**에서 볼 수 있듯이 단백질은 아미노산으로, 다당류와 이당류는 단당류로, 핵산은 뉴클레오타이드와 그 구성성분으로 분해된다. 지방은 그 구성성분인 글리세롤과 지방산으로 분해된다. 그런 다음 동물은 이러한 작은 분자를 사용해 탈수중합반응을 통해 필요한 특정 거대분자를 만들 수 있다.

먹이 처리의 세 번째 단계인 ❸ **흡수(absorption)**에서 소화관 안을 감싸고 있는 세포가 아미노산과 단당류 같은 작은 분자의 생성물을 흡수한다. 소화관에서 흡수된 영양소는 혈액을 타고 조직세포로 이동해 세포의 큰 분자를 만드는 데 사용되거나 에너지를 생성하기 위해 더 분해된다. 이러한 과정은 생명체의 몸에서 지속적으로 일어나는 **에너지와 물질** 변형을 보여주는 좋은 예다. 신체가 즉시 사용하는 양보다 훨씬 많은 양을 섭취하는 동물의 경우, 많은 영양소 분자가 지방으로 전환되어 저장된다. 먹이 처리의 마지막 단계인 ❹ **제거(elimination)**에서 소화되지 않은 물질이 소화계 밖으로 배출된다.

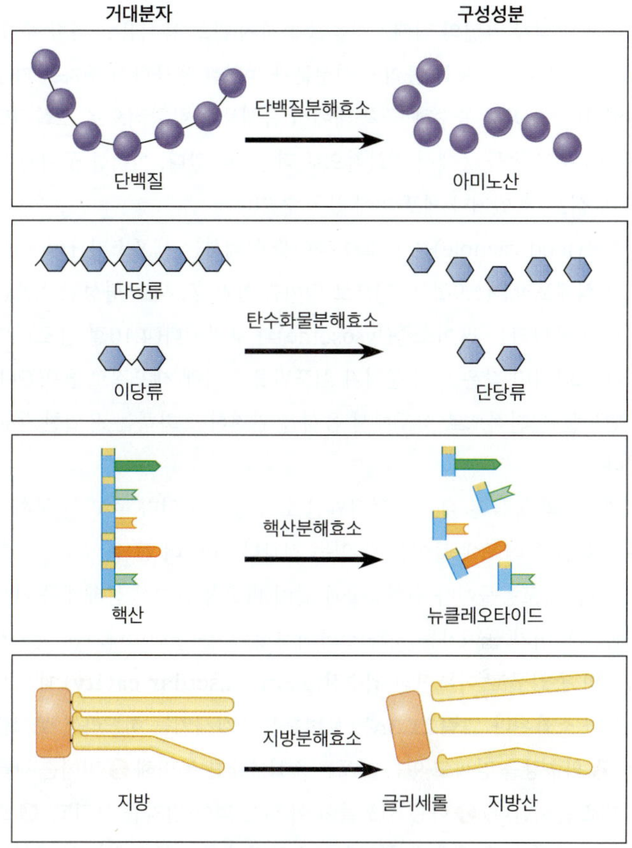

▲ **그림 21.2B** 화학적 소화: 거대 유기 분자를 그 구성요소로 분해하는 과정

❓ 지방 소화 후 형성되는 두 가지 유형의 성분은 무엇인가?

■ 글리세롤과 지방산

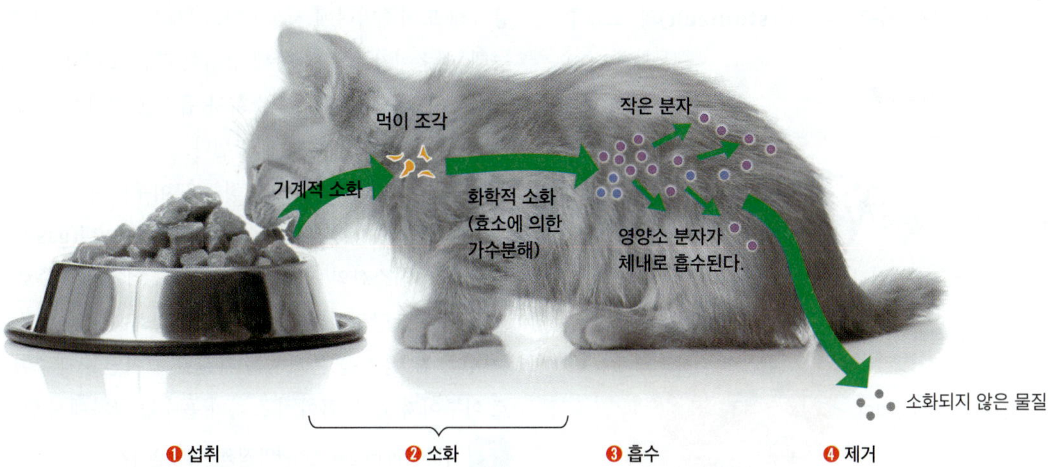

▲ **그림 21.2A** 먹이 처리과정의 네 가지 주요 단계

21.3 소화는 전용구역에서 일어난다

동물은 어떻게 자신의 신체조직을 소화하지 않고 음식을 소화할 수 있을까? 소화효소는 동물 몸의 구성성분과 동일한 생물학적 분자를 가수분해한다. 그러나 특수한 구획 내에서 음식물이 화학적으로 소화되도록 대부분의 동물 종에서 진화적으로 적응되어 왔다. 이러한 구획은 세포 내(식포)에 있거나 세포 외에 있을 수 있다.

식포(food vacuole)는 효소가 먹이를 분해하는 세포소기관이다. 세포가 식세포작용(5.9절 참조)으로 먹이를 삼킨 후, 새로 형성된 식포는 효소를 포함하는 라이소좀(lysosome)과 융합된다(4.10절 참조). 먹이가 소화되면 작은 먹이 분자가 식포막을 통과해 세포질로 들어간다. 해면동물은 전적으로 식포에서 음식을 완전히 소화하는 유일한 동물이다.

대부분의 동물은 세포로 둘러싸인 소화 공간이 있다. 이러한 구획을 통해 동물은 식포에 들어갈 수 있는 것보다 훨씬 더 큰 음식물을 삼킬 수 있다. 자포동물이나 편형동물과 같이 비교적 단순한 몸체계를 가진 동물은 먹이가 들어가는 것과 소화되지 않은 분비물이 나가는 출구가 하나의 출입구로 이루어진 **위수강(gastrovascular cavity)** 내에서 먹이가 소화된다. **그림 21.3A**는 물벼룩을 소화시키는 히드라를 보여준다. ❶ 위수강을 감싸고 있는 세포는 소화효소를 분비해 ❷ 먹이를 작은 입자로 분해한다. ❸ 다른 세포들이 이 작은 먹이 입자를 삼키고, ❹ 소화가 세포의 식포 내에서 완료된다. 소화되지 않은 물질은 단일 출입구를 통해 다시 밖으로 배출된다.

대부분의 동물은 한쪽 끝에는 입이 있고 다른 쪽 끝에는 항문이 있는 2개의 출입구 사이로 뻗어 있는 **소화관(alimentary canal** 또는 gut)을 가지고 있다. 음식물은 한 방향으로만 이동하기 때문에 관의 특수한 영역에서 단계적으로 영양분을 소화하고 흡수할 수 있다.

입으로 들어온 음식물은 보통 **인두(pharynx)** 또는 목구멍으로 넘어간다. 종에 따라서 **식도(esophagus)**는 먹이를 모이주머니, 위 또는 모래주머니로 이동시킨다. **모이주머니(crop)**는 먹이를 부드럽게 만들어 저장하는 주머니와 같은 기관이다. **위(stomach)**와 **모래주머니(gizzard)**는 음식을 휘젓고 갈아주는 근육 기관으로, 음식을 일시적으로 저장할 수도 있다. 화학적 소화와 영양소 흡수는 주로 **창자(intestine)**에서 일어난다. 소화되지 않은 물질은 **항문(anus)**을 통해 배출된다.

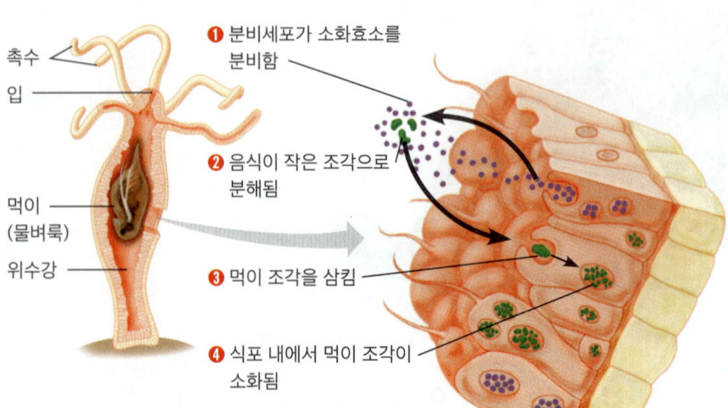

▲ **그림 21.3A** 히드라의 위수강 내 소화

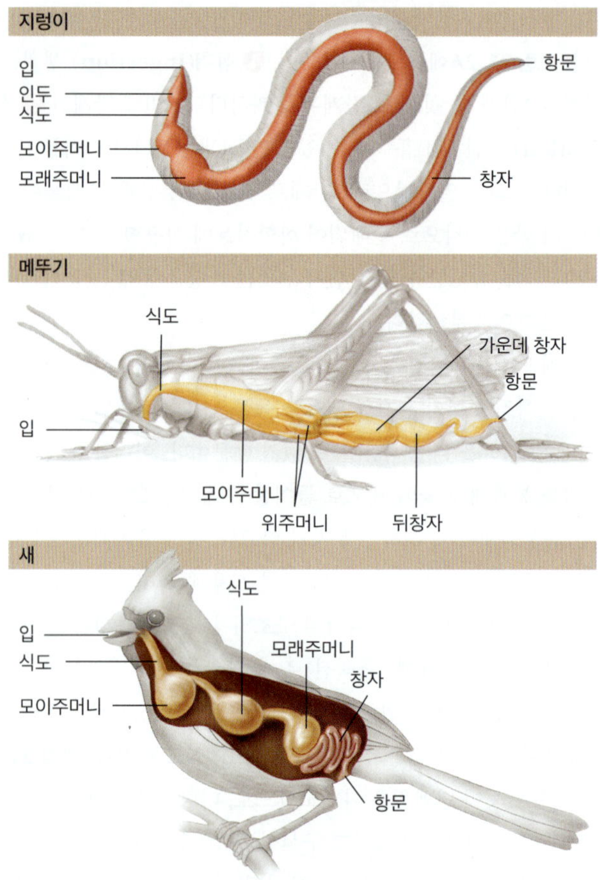

▲ **그림 21.3B** 소화관의 세 가지 예

그림 21.3B는 소화관의 세 가지 예를 보여준다. 지렁이의 소화관에는 입을 통해 음식을 빨아들이는 근육성의 인두가 있다. 음식은 식도를 통과해 모이주머니에 저장된다. 기계적 소화는 모래주머니에서 일어나는데, 지렁이가 음식과 함께 섭취한 작은 모래와 자갈 조각의 도움으로 음식을 분쇄한다. 화학적 소화와 흡수는 창자에서 일어나며, 소화되지 않은 물질은 항문을 통해 배출된다.

메뚜기에게도 먹이를 저장하는 모이주머니가 있다. 메뚜기의 소화는 대부분 가운데 창자에서 일어나는데, 위주머니(gastric pouch)라고 불리는 돌기가 소화와 흡수 기능을 한다. 뒤창자는 주로 수분을 재흡수하고 배설물을 압축한다. 많은 새들의 소화관은 음식물을 저장하는 모이주머니, 위, 음식을 분쇄하는 자갈로 채워진 모래주머니 등 3개의 방으로 이루어져 있다. 화학적 소화와 흡수는 창자에서 일어난다.

? 위수강과 비교해 소화관의 장점은 무엇인가?

■ 소화관에는 소화와 흡수를 순차적으로 수행할 수 있는 특수한 영역이 있다.

사람 소화계

21.4 사람 소화계는 소화관과 부속 기관으로 구성된다

그림 21.4는 우리 몸의 소화계에 대해 소개하는 그림이다. 사람의 소화관(그림 왼쪽에 검은색으로 표기)과 그 부속 기관인 쓸개, 간, 이자 및 3쌍의 침샘(그림 오른쪽에 파란색으로 표기)을 보여준다. 샘은 관(얇은 튜브)을 통해 소화관으로 들어가는 화학물질을 분비한다.

우리는 입, 즉 **구강(oral cavity**, 입안)에서 음식을 섭취하고 씹은 다음 혀를 사용해 음식물을 인두로 밀어 넣는다. 일단 삼키면 소화관을 감싸고 있는 평활근이 수축과 이완을 번갈아 가며 움직이는 **연동운동(peristalsis)**을 통해 소화관을 통해 음식물은 밀어내진다(21.6절 참조). 누워 있는 상태에서도 음식물을 처리하고 소화할 수 있게 하는 것이 연동운동이다. 음식물을 씹은 후 인두에서 식도를 거쳐 위로 넘어가는 데는 5~10초가 걸린다.

오른쪽 확대 그림에서 볼 수 있듯이 근육성의 고리 모양 밸브인 **괄약근(sphincter**, 조임근)이 위로 음식물이 들어오고 나가는 것을 조절한다. 위의 통로를 조절하는 괄약근은 위를 닫는 끈처럼 작용해 위산과 효소가 소화를 시작하기에 충분한 시간인 약 2~6시간 동안 음식물을 위 속에 머무르게 한다. 소화와 영양소 흡수의 최종 단계는 5~6시간에 걸쳐 작은창자(small intestine, 소장)에서 이루어진다. 소화되지 않은 물질은 대장을 통해 천천히 이동하며(12~24시간 소요), 대변은 직장에 저장됐다가 항문을 통해 배출된다.

다음 몇몇 절에서 사과와 크래커, 치즈와 같은 간식이 소화관을 따라 이동하면서 각 처리 장소에서 어떻게 처리되는지 자세히 살펴보고자 한다.

? 국제우주정류장에서 일하는 우주비행사들은 무중력 상태에서 식사를 해야 한다. 이러한 조건에서 음식은 어떻게 입에서 위로 전달될까?

■ 연동운동은 중력을 필요로 하지 않으며 식도를 따라 음식물을 밀어낸다.

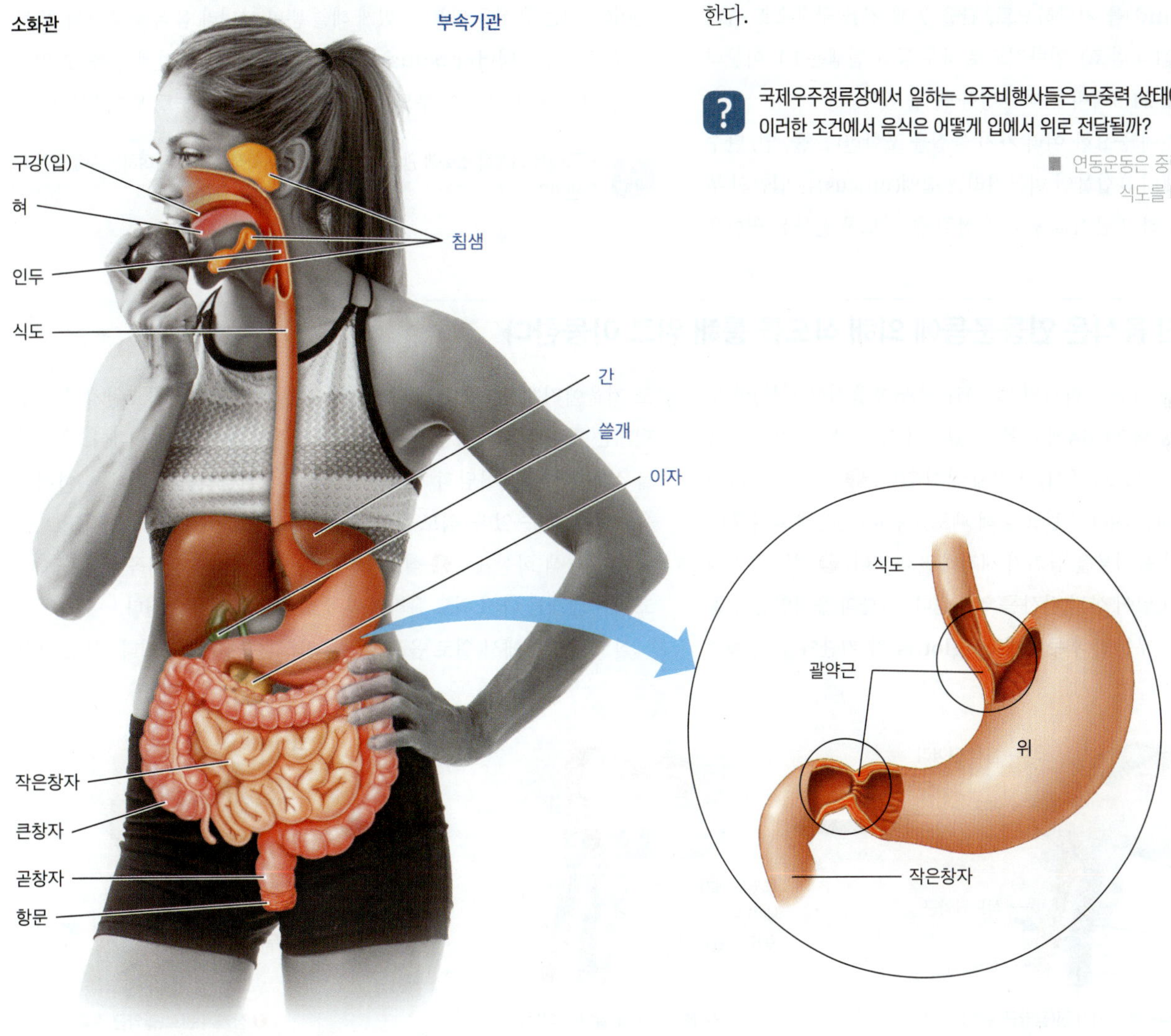

▲ **그림 21.4** 사람의 소화계

시도해 보기 빈 종이에 사람 소화관의 모든 부분을 순서대로 적어보자.

21.5 소화는 구강에서 시작된다

우리가 음식을 섭취하고 소화를 시작하는 곳은 구강(oral cavity, 입안)이다. 치아가 음식물을 자르고, 부수고, 갈아내면서 기계적 소화가 시작된다. 음식을 잘게 부수면 삼키기 쉬워지고 더 많은 음식물 표면이 소화효소에 노출된다. **그림 21.5**에서 볼 수 있듯이 부수는 작용을 돕는 여러 종류의 치아가 있다. 정면에서 시작해 한쪽으로 이동하면 칼날 모양의 2개의 앞니가 있다. 이 앞니는 사과를 깨물 때 사용한다. 두 번째 앞니 뒤에는 뾰족한 송곳니가 하나 있다(송곳니는 육식동물에서 훨씬 크며, 늑대의 송곳니를 생각하면 큰 먹이를 죽이고 찢을 수 있음을 알 수 있다). 다음으로 2개의 작은 어금니와 3개의 어금니가 음식물을 갈고 부수는 역할을 한다. 사과, 치즈, 크래커를 분쇄할 때 이 어금니를 사용한다. '사랑니'인 세 번째 어금니는 모든 사람에게 있는 것은 아니며, 어떤 경우에는 다른 치아를 밀어내므로 뽑아내야 한다.

음식물을 먹기 전에 음식에 기대감이나 음식이 있다는 생각은 3쌍의 **침샘(salivary gland)**을 자극하므로, 관을 통해 침을 구강으로 흘러나오게 된다(그림 21.4 참조). 일반적으로 하루 동안 침샘은 1 L 이상의 침을 분비한다. 그림 21.5에서 관의 구멍을 볼 수 있다.

침은 음식물 처리에 중요한 여러 가지 물질을 포함한다. 물, 염, 탄수화물-단백질 복합체의 혼합물인 미끈거리는 점액(mucus)은 입안의 부드러운 내벽을 보호하고 음식물을 쉽게 삼킬 수 있도록 윤활유 역할을 한다. 완충용액은 음식물을 중화시켜 충치 예방에 도움을 준다. 항균제는 음식물과 함께 입안에 들어오는 많은 박테리아를 죽인다. 또한 침에는 소화효소인 아밀레이즈(amylase)가 들어 있어 크래커의 전분을 화학적으로 분해해 이당류인 엿당으로 분해하는 소화를 시작한다.

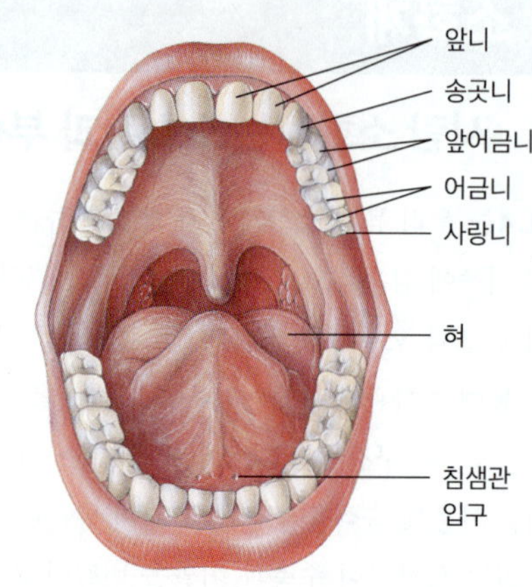

▲ **그림 21.5** 사람의 구강

구강에서 눈에 띄는 기관은 혀로, 맛봉오리(미뢰)로 덮여진 근육성 기관이다. 혀는 음식을 맛볼 수 있게 해줄 뿐만 아니라 음식을 조작해 공 모양의 부드러운 **덩어리(bolus)**로 만들 수 있다. 다음 절에서 볼 수 있듯이, 삼키는 동안 혀는 이 부드러운 음식 덩어리를 인두로 밀어 넣는다.

? 구강에서 기계적 소화에 관여하는 구조물과 화학적 소화에 관여하는 구조물은 무엇인가?

■ 기계적 소화: 치아, 화학적 소화: 침샘

21.6 삼켜진 음식은 연동운동에 의해 식도를 통해 위로 이동한다

인두 또는 목구멍은 식도(소화계의 일부)와 기관(호흡계의 일부)의 두 통로로 열려 있다. **그림 21.6A**에서 볼 수 있듯이 식도 입구는 일반적으로 괄약근(파란색 화살표로 표시)에 의해 닫혀 있다. ❶ 공기는 후두(성대)로 들어가고 성대를 지나 기관을 통해 폐로 흐른다(검은색 화살표).

이 상황은 우리가 음식물을 삼키기 시작하면 바뀐다. ❷ 혀는 음식덩어리를 인두로 밀어 넣어 삼킴 반사를 일으킨다. 기관의 움직임은 연골성 문처럼 튀어나온 부분인 **후두덮개(epiglottis)**가 기관의 입구 쪽으로 기울어지게 된다. 마치 위험한 교차로에서 도로안전요원처럼 후두덮개는 기관을 폐쇄해 음식물이 식도로 내려갈 수 있도록 한다. 음식물을 삼킬 때 후두(아담의 사과라고도 함)가 흔들리는 동작에서 이러한 움직임을 볼 수 있다. 식도 괄약근이 이완되고 음식 덩어리가 식도로 들어간다(녹색 화살표). ❸ 식도 괄약근은 음식 덩어리 위쪽에서 수축하고 후두덮개는 다시 위로 올라가면서 호흡관이 다시 열린다.

식도는 인두에서 위로 음식물을 운반하는 근육성 관이다. 식도 상단

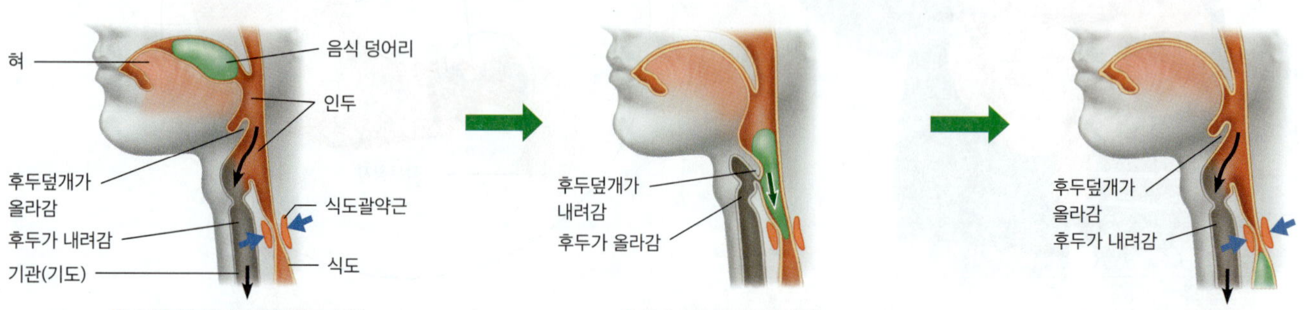

▲ **그림 21.6A** 사람의 삼키기 반사

시도해 보기 후두앞(아담의 사과)에 손을 대고 삼켜보자. 이 그림의 세 단계를 따르면서 자신의 목구멍에서 일어나는 상황을 시각화해 보자.

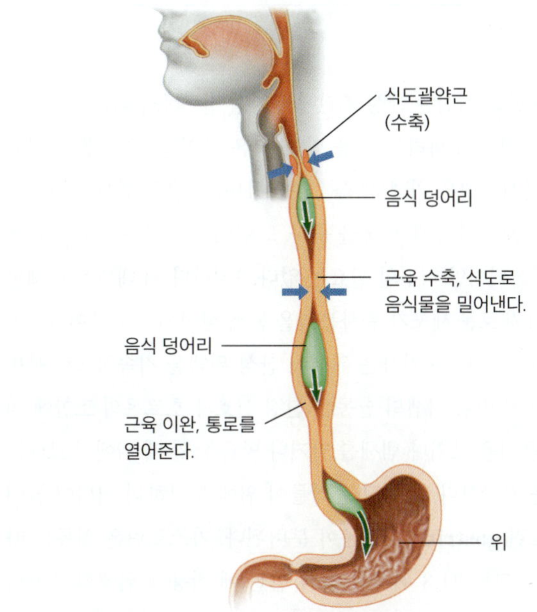

▲ **그림 21.6B** 세 지점에서 관찰한 음식 덩어리가 식도를 통과하는 모습

의 근육은 자발적으로 조절되므로 자발적으로 삼키는 행위를 시작한다. 그러나 나머지 부분 식도의 평활근은 무의식적인 수축이 이어진다(근육 수축-연동운동-위를 향해 음식 덩어리를 짜내기). **그림 21.6B**는 어떠한 음식 덩어리가 식도를 통과하는 모습을 세 곳에서 연속적으로 보여준다. 근육 수축은 음식 덩어리가 위에 도달될 때까지 파동으로 계속된다. 소화 중인 음식물이 창자에 도달할 때 연동운동에 의해 음식물이 계속 이동한다.

식도는 **구조와 기능**의 관계를 잘 보여주는 좋은 예다. 식도는 음식 덩어리를 수용하기 위해 늘어날 수 있는 단단하면서도 탄력 있는 결합조직, 연동운동을 수행하는 돌림 및 세로 민무늬근의 층, 삼키는 동안 마모된 세포를 보충하는 중층상피 내벽으로 이루어져 있다. 식도의 길이는 종에 따라 다르다. 예를 들어, 물고기는 식도가 피해 가야 할 폐(lung, 허파)가 없으므로 매우 짧다. 그리고 기린(**그림 21.6C**)의 식도가 매우 길다는 것은 놀랍지 않을 것이다.

▲ **그림 21.6C**
기린의 182 cm 목

? 음식이 '잘못된 관으로 내려갈 때' 기관에서는 어떤 일이 일어나는가?

■ 후두덮개의 위치가 잘못되면 음식물이 식도가 아닌 기관으로 들어가 강한 기침 반사를 유발한다.

21.7 하임리히 구명법은 생명을 구할 수 있다

연결 이전 절에서 살펴본 것처럼, 호흡과 삼키는 작용은 후두덮개에 의해 정교하게 조절되지만, 때때로 삼키는 메커니즘이 제대로 작동하지 않을 때가 있다. 음식을 너무 빨리 먹거나 완전히 씹지 않고 삼키는 경우에 그럴 수 있다. 또는 어린아이가 식도를 통과하기에 너무 큰 장난감을 삼키는 경우도 그러하다. 이러한 사고로 인두나 기관이 막히게 되고 기관이 막히면 공기가 기도로 유입되지 않아 질식할 수 있다. 몇 분 안에 호흡이 회복되지 않으면 뇌 손상이나 사망에 이르게 된다.

질식하는 사람을 구하기 위해서는 목에 걸린 이물질을 신속하게 제거하고 공기가 흐르도록 해야 한다. 1970년대 헨리 하임리히(Henry Heimlich) 박사가 고안한 하임리히 구명법(Heimlich maneuver)을 사용하면 이 작업을 수행할 수 있다.

이 구명법을 수행하려면 환자의 뒤에 서서 팔로 환자의 허리에 감는다. 한 손으로 주먹을 쥐고 환자의 상복부, 즉 가슴우리(흉곽) 바로 아래에 올려놓는다. 그런 다음 반대쪽 손을 주먹 위에 올려놓고 환자의 복부를 빠르게 위로 밀면서 누른다. 정확히 했을 때 횡격막이 강제적으로 올라가면서 기도에서 공기가 밀려 나아간다. 마치 빨대 안의 종이뭉치를 빼내기 위해 바람을 빨대로 불어넣는 것과 같다. 이물질이 환자의 기도에서 강제로 제거될 때까지 이 과정을 반복한다(**그림 21.7**). 또한 각자 자신의 주먹이나 의자 등받이를 사용해 공기를 위로 밀어내서 기관에서 물체를 제거할 수도 있다.

▲ **그림 21.7** 질식 환자를 구하기 위한 하임리히 구명법

? 하임리히 구명법 중에 음식물이 목구멍에서 빠져나오는 원인은 무엇인가?

■ 폐에서 배출되는 공기의 압력

21.8 위는 음식을 저장하고 위산과 효소로 음식을 분해한다

우리가 끊임없이 먹지 않아도 되는 제일 큰 이유는 위를 가지고 있기 때문이다. 아코디언처럼 접힌 주름과 탄력성이 뛰어난 벽으로 구성된 위는 약 2 L(½갤런 이상)의 음식과 음료를 수용하도록 늘어날 수 있으며, 보통 몇 시간 동안 배고픔을 느끼지 않는다.

위에서 일부 화학적 소화가 일어난다. 위는 단백질 소화효소, 점액, 강한 산으로 구성된 **위액(gastric juice)**이라는 소화액을 분비한다. 위액의 pH는 약 2 정도로, 쇠못을 녹일 수 있을 정도로 산성이며, 음식과 함께 삼킨 대부분의 세균과 미생물을 죽일 수 있다. 위산의 기능 중 하나는 음식 내의 세포를 분해하고 단백질을 변성(분해)시키는 것이다.

위벽의 안쪽 표면은 고도로 접혀 있으며 관 모양의 위샘으로 이어지는 구멍이 점점이 박혀 있다(**그림 21.8**). 위샘에는 위액의 다양한 성분을 분비하는 세 가지 유형의 세포가 있다. 점액 세포(짙은 분홍색으로 표시)는 점액을 분비해 위벽을 감싸고 있는 상피세포를 미끄럽게 하고 보호한다. 벽세포(parietal cell, 노란색)는 수소와 염소 이온을 분비하며, 이는 위 속에서 결합해 염산(HCl)을 형성한다. 주세포(chief cell, 연한 분홍색)는 펩신(pepsin)의 불활성화형인 펩시노겐(pepsinogen)을 분비한다.

가장 오른쪽에 있는 그림은 펩신이 어떻게 생성되는지를 보여준다. ❶ 펩시노겐과 HCl이 위로 분비된다. ❷ 다음으로, HCl은 일부 펩시노겐을 펩신으로 전환한다. ❸ 그런 다음 펩신 자체는 연쇄 반응을 시작해 더 많은 펩시노겐을 활성화한다. 이 일련의 사건은 한 과정의 최종 산물이 더 많은 최종 산물의 형성을 촉진하는 양성 되먹임작용의 한 예다.

이 활성화된 펩신의 기능은 무엇일까? 펩신은 단백질의 화학적 소화를 시작한다. 펩신은 단백질의 폴리펩타이드를 더 작은 폴리펩타이드로 쪼개며, 이 작은 폴리펩타이드는 작은창자에서 더 잘게 분해된다. 대부분의 효소와 달리 펩신은 산성 조건에서 가장 잘 작동한다.

위액이 위 내벽을 소화하는 것을 막는 것은 무엇일까? 불활성 상태로 분비되는 펩시노겐은 위샘 세포를 보호하며, 점액은 펩신과 산으로부터 위 내벽을 보호하는 데 도움을 준다. 그럼에도 불구하고 위 상피는 지속적으로 침식되지만 걱정할 필요는 없다. 3일마다 위 내벽을 대체할 수 있을 만큼의 새로운 세포가 유사분열을 통해 생성되기 때문이다.

위를 보호하는 또 다른 기작은 위샘이 산성 위액을 지속적으로 분비하지 않는다는 것이다. 위샘의 활동은 신경 신호와 호르몬의 조합에 의해 조절된다. 음식을 보거나 냄새를 맡거나 맛을 느낄 때 뇌에서 보내는 신호가 위샘을 자극한다. 그리고 음식물이 위에 도착하면 위벽이 늘어나면서 **가스트린(gastrin)** 호르몬이 분비된다. 가스트린은 혈류를 따라 순환하며 위(그림 21.8 위쪽의 녹색 점선)에 작용해 위액의 추가적인 분비를 자극한다. 하루에 최대 3 L의 위액이 분비될 수 있다.

위액이 너무 많이 분비되는 것을 방지하는 것은 무엇일까? 위 내용물이 너무 산성화되면 가스트린의 분비가 억제된다. 혈중 가스트린 양이 감소하면 위샘은 위액을 덜 분비하게 된다. 이것은 음성 되먹임작용의 한 예다(20.15절 참조).

위 근육은 약 20초마다 수축해 위 내용물을 섞는다. 우리가 몇 시간 동안 아무것도 먹지 않았다면 위 근육 수축이 강할 수 있는데, 이러한 수축을 배고픔으로 느끼게 된다. 위 안에 음식이 있으면 이러한 수축은 음식과 펩신을 혼합한다. 방금 삼킨 사과, 크래커, 치즈 간식 등으로 들어간 음식물은 곧 영양성분이 풍부한 산성 죽인 **유미즙(chyme)**이 된다. 위와 소장 사이의 괄약근은 유미즙이 아래로 통과되는 것을 조절하는데, 이 유미즙은 위를 떠나 한 번에 조금씩 소장으로 들어간다. 일반적으로 식사 후 위가 완전히 비워지는 데는 2~6시간이 걸린다. 위가 비

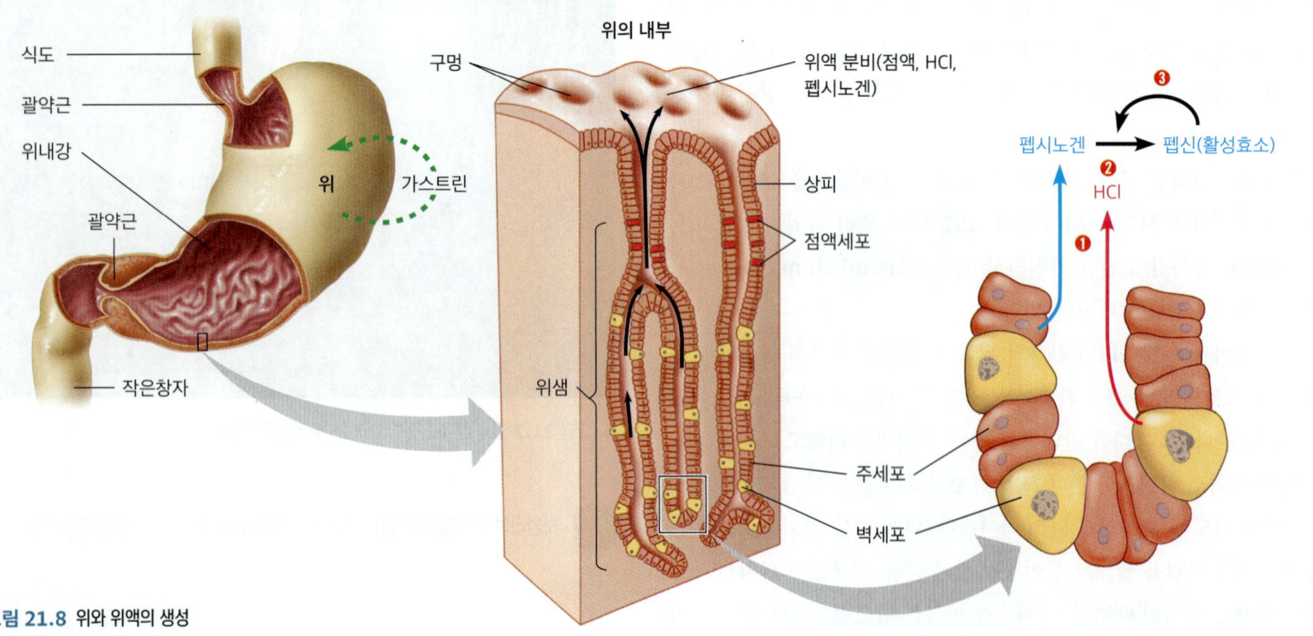

▲ **그림 21.8** 위와 위액의 생성

워진 후 위 근육이 수축하면 위에서 '꼬르륵' 소리가 난다.

21.10절에서 간식의 소화에 대해 계속 살펴볼 것이다. 먼저 몇 가지 소화장애에 대해 살펴보고자 한다.

? 증류수에 녹인 단백질이 들어 있는 시험관에 펩시노겐을 넣으면 단백질이 거의 분해되지 않는다. 단백질 소화를 촉진하기 위해 시험관에 어떤 무기물을 첨가해야 하는가? 이 무기물은 어떠한 작용을 하는가?

■ 염산이나 다른 종류의 산은 불활성 펩시노겐을 활성형인 펩신으로 전환해 단백질의 소화가 시작되며 더 많은 펩시노겐이 활성화된다.

21.9 소화기 질환에는 위산 역류와 위궤양이 포함된다

연결 식도와 위 사이의 입구는 일반적으로 음식이 도착할 때까지 닫혀 있어 위액의 강한 산으로부터 식도의 섬세한 조직을 보호한다. 그러나 때때로 위산 역류가 발생한다. 유미즙이 식도 하부로 역류하면 우리가 속쓰림이라고 말하는 느낌이 들게 된다. 이는 '식도 화상(esophagus-burn)'이라고 부르는 것이 더 적절하다. 일부 사람들은 위산 역류가 자주 그리고 심하게 발생해 식도 내벽이 손상되는데, 이를 위식도역류병(gastroesophageal reflux disease, GERD)이라고 한다. GERD를 치료하기 위해서 환자에게 금연, 금주, 체중 감량, 소량 식사, 식사 후 2~3시간 동안 눕지 않기, 침대머리를 높게 해 잠을 잘 것을 권장한다. 위식도역류병을 치료하는 약물로는 위산 분비를 줄이는 제산제와 산 생성을 막는 펩시드 AC(Pepcid AC) 또는 프릴로섹(Prilosec) 등이 있다. 하부 식도 괄약근을 강화하는 수술이 마지막 치료법이 될 수 있다.

위벽은 점액으로 덮여 있어 정상적으로 위벽을 보호하고 있지만, 위궤양이라는 노출성 궤양이 위벽에 생길 수 있다. 위궤양의 증상은 일반적으로 상복부에 심한 통증을 일으키는데, 종종 식사 후 몇 시간 후에 발생한다. 수십 년 동안 의사들은 심리적 스트레스로 인한 과도한 산 분비가 궤양을 유발한다고 잘못 생각했다. 하지만 1982년 마샬(Barry Marshall)과 워렌(Robin Warren) 연구원은 헬리코박터 파일로리(*Helicobacter pylori*)라는 산에 내성이 있는 박테리아의 감염이 궤양을 일으킨다고 보고했다. 마샬은 헬리코박터 파일로리균이 든 쇠고기 수프를 마시고 위에 가벼운 위염이 발생함을 통해 자신의 주장을 증명했다. 결국 헬리코박터 파일로리균은 궤양과 위염의 90%에 관여하는 것으로 밝혀졌다. 마샬과 워렌은 이 발견으로 2005년 노벨상을 수상했지만(16.11절 참고), 이러한 연구자 스스로에게 시행하는 실험적 방법은 절대 시도하지 않는 것이 좋다!

이 박테리아는 어떻게 궤양을 일으킬 수 있을까? 위장의 낮은 pH에서 대부분의 미생물은 죽지만 헬리코박터 파일로리균은 죽지 않는다. 이 종은 점액 아래에 구멍을 파고 들어가 유해한 화학물질을 방출한다. 헬리코박터 파일로리균의 증식으로 위를 보호하는 점액의 국소적 손실과 위를 감싸는 세포의 손상을 초래하는 것으로 보인다. 감염과 싸우기 위해 수많은 백혈구가 위벽으로 이동하며, 이는 위염을 유발한다. 위궤양은 세포가 재생되는 속도보다 더 빠르게 펩신과 염산에 의해 세포가 파괴되는 경우 발생한다. 결국 위벽은 실제로 구멍이 생길 정도로 침식될 수 있다. 이 구멍은 생명을 위협하는 복부 내 감염이나 내부 출혈로 이어질 수 있다. 다행스럽게도 일반적으로 항생제와 비스무트(Pepto-Bismol의 활성 성분) 약물을 조합으로 투여했을 때 박테리아를 제거하고 위궤양을 치료할 수 있다.

하지만 위에 서식하는 박테리아가 모두 해로운 것은 아니다. 사실 사람의 소화관에 있는 대부분의 박테리아는 상리공생(mutualistic symbiosis)의 원리를 보여주는데, 두 종 간 이 상호작용은 두 종 모두에게 유익하다(37.2절 참고). 예를 들어, 일부 장내 박테리아는 비타민을 생산하고 장 상피세포의 발달을 조절한다. 박테리아는 영양분을 지속적으로 공급받고 숙주 내에서 안정적인 환경을 얻게 된다. 최근 메타유전체학(metagenomics, 16.1절 참고)과 같은 연구 기술은 사람의 소화계에 서식하는 **미생물군유전체(microbiome,** 세균 군집)를 구성하는 400여 종의 세균에 대한 지식을 크게 확장시켰다. 최근의 한 미생물군유전체 연구에 의해 헬리코박터 파일로리 감염이 위의 다른 모든 세균 종을 거의 완전히 제거한다는 사실이 밝혀졌다(**그림 21.9**). 특정 질병과 관련된 미생물군유전체의 차이에 대한 이러한 연구는 새롭고 보다 효과적인 치료법 개발에 대한 가능성을 제시한다.

? 대부분의 미생물과 달리 궤양을 유발하는 종은 매우 낮은 ________ 환경에서도 번식한다.

■ pH

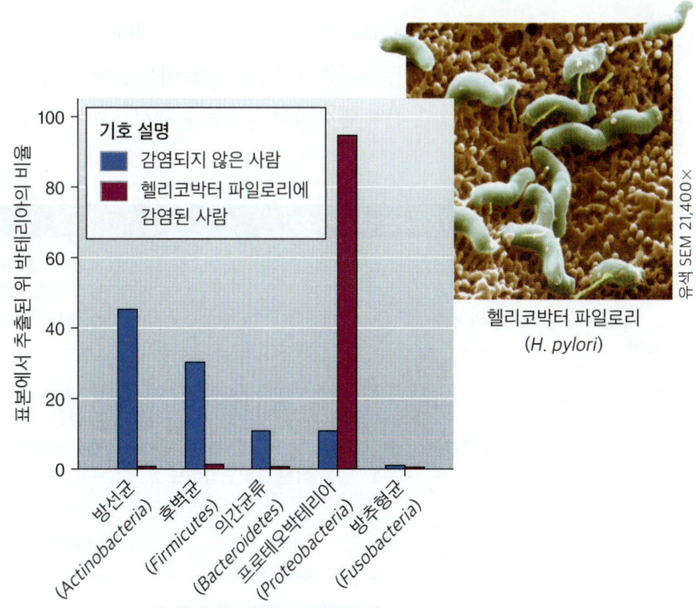

▲ **그림 21.9** 헬리코박터 파일로리 감염 유무에 따른 사람 위의 미생물군유전체 비교 (프로테오박테리아 문)

21.10 작은창자는 화학적 소화 및 영양소 흡수의 주요 기관이다

사과와 크래커, 치즈를 곁들인 간식으로 돌아가 생각해 보자. 이 음식이 위에서 작은창자로 내려간 후에는 어떻게 될까? 소화관을 통과하면서 음식물은 기계적으로 작은 조각으로 부수어지고 소화액과 섞여 걸쭉한 수프와 비슷한 상태가 된다. 화학적으로, 크래커의 녹말 소화는 입에서 시작되고(아밀레이즈에 의해), 치즈 속 단백질 분해는 위(펩신에 의해)에서 시작된다. 나머지 간식의 큰 분자에 대한 소화는 **작은창자(small intestine**, 소장)에 있는 효소에 의해 이루어진다. 길이가 6 m가 넘는 작은창자는 소화관 중 가장 긴 기관이지만, 폭은 약 2.5 cm에 불과하다. 또한 화학적 소화와 영양분을 혈액 내로 흡수하는 주요 기관이다.

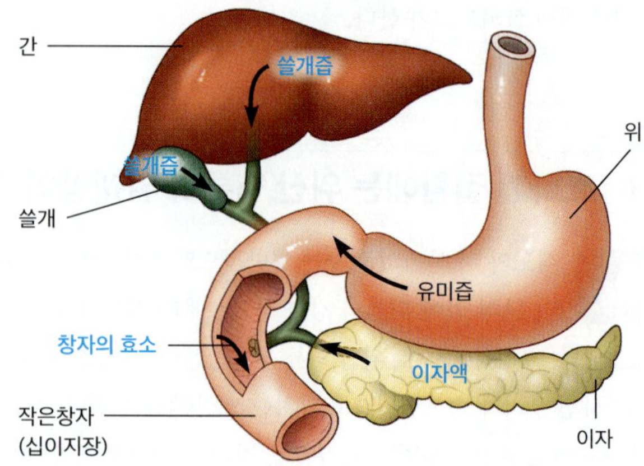

▲ 그림 21.10A 십이지장과 연관된 소화 기관

소화효소와 쓸개즙의 공급원 작은창자의 처음 25 cm 정도가 **십이지장(duodenum**, 샘창자)을 형성한다. 이곳에서 위에서 방출된 유미즙이 이자, 간, 쓸개 및 작은창자 세포에서 분비되는 소화액과 섞이게 된다(그림 21.10A). **이자(pancreas**, 췌장)는 소화효소와 알칼리성 용액의 혼합물인 이자액을 만들어 작은창자로 분비하며 유미즙 산성도를 중화시킨다(26장에서 배우겠지만, 이자는 또한 혈당 수치를 조절하는 호르몬을 합성한다).

다른 많은 기능(21.11절 참조) 외에도 **간(liver)**은 **쓸개즙(bile**, 담즙)이라는 화학적 혼합물을 생성한다. 쓸개즙에는 지방을 작은 방울로 분해하는 유화제(세제)로 작용하는 쓸개즙 염이 포함돼 있어 지방이 소화효소에 의해 더 잘 분해되도록 도와준다. **쓸개(gallbladder**, 담낭)는 작은창자에서 필요할 때까지 쓸개즙을 저장하고 농축한다. 유미즙에 반응해 십이지장에서 생성되는 호르몬은 간과 쓸개에서 쓸개즙의 방출을 촉진하고 이자에서 소화액을 분비하도록 자극한다.

쓸개 내에서 쓸개즙이 결정화돼 담석을 형성하면 쓸개나 쓸개관을 막아서 통증을 유발할 수 있다. 담석증의 유일한 치료법은 쓸개를 외과적 수술로 제거하는 것인데, 간에서 여전히 쓸개즙을 생성하고 분비하기 때문에 소화 기능에는 장기적인 영향을 받지 않는다.

작은창자의 소화 표 21.10은 탄수화물, 단백질, 핵산, 지방 등 네 가지 유형의 큰 분자가 작은창자에서 소화되는 데 작용하는 효소를 요약한 것이다. 각 유형 분자의 소화에 대해 살펴볼 때, 표는 관련된 효소(파란 글씨)를 추적하는 데 도움이 된다.

크래커에 포함돼 있는 탄수화물의 소화는 구강에서 시작돼 작은창자에서 완료된다. 이자 아밀레이즈는 다당류를 가수분해하여 이당류인 엿당으로 분해한다. 그런 다음 말테이즈(maltase)는 엿당을 단당류인 포도당으로 분해한다. 말테이즈는 이당류를 가수분해하는 데 특이적인 효소군 중 하나로 특이적으로 작용한다. 예를 들어, 설탕분해효소(sucrase)는 설탕을 가수분해하고, 젖당분해효소(lactase)는 우유와 치즈에 많이 함유된 젖당을 분해한다. 소화되지 않은 젖당은 흡수될 수 없으므로 큰창자로 들어간다. 큰창자의 세균은 젖당을 분해하고 메탄과 같은 가스를 방출한다. 이로 인해 젖당불내증(lactose intolerance)과 관련된 복부 팽만감을 포함한 불편한 증상을 유발한다(3.16절 참조).

작은창자는 또한 위에서 시작된 단백질 소화를 완료한다. 이자와 십이지장은 폴리펩타이드를 아미노산으로 완전히 분해하는 효소를 생성한다. 트립신(trypsin)과 키모트립신(chymotrypsin)은 폴리펩타이드를 더 작은 폴리펩타이드로 분해한다. 그런 다음 펩티데이즈(peptidase)라고 불리는 여러 종류의 효소가 이 작은 폴리펩타이드에서 아미노산을 하나씩 차례로 잘라

표 21.10 작은창자에서 일어나는 화학적 소화

	효소		효소	
탄수화물				
녹말	이자의 아밀레이즈 →	엿당(및 다른 이당류)	말테이즈, 설탕분해효소, 젖당분해효소 등 →	단당류
단백질				
폴리펩타이드	트립신, 키모트립신 →	작은 폴리펩타이드	다양한 펩티데이즈 →	아미노산
핵산				
DNA와 RNA	핵산분해효소 →	뉴클레오타이드	다른 효소들 →	질소염기, 당, 인산
지방				
지방덩어리	쓸개즙 →	(유화된)지방 입자	지방분해효소 →	지방산과 글리세롤

낸다. 이 효소 팀은 함께 작용해 단일 효소보다 훨씬 빠르게 단백질을 소화시킨다.

또 다른 효소 팀인 핵산분해효소(nuclease)는 핵산을 가수분해한다. 이자의 핵산가수분해효소는 DNA와 RNA(섭취한 음식물의 세포에 존재함)를 단위체인 뉴클레오타이드로 분리한다. 그런 다음 뉴클레오타이드는 다른 효소에 의해 질소 염기, 당, 인산염으로 분해된다.

지방은 물에 녹지 않고 큰 입자로 뭉치는 경향이 있기 때문에 지방의 소화는 특별한 문제다. 이 문제는 어떻게 해결될까? 첫째, 쓸개즙염이 작은 지방 방울을 분리하고 코팅하는데, 이를 유화작용(emulsification)이라고 한다. 작은 방울이 많으면 표면적이 증가돼 지방 분자를 지방산과 글리세롤로 분해하는 이자 효소인 지질분해효소(lipase)의 작용이 쉬워진다.

유미즙과 소화액의 혼합물이 십이지장을 통과할 때쯤 음식물의 화학적 소화가 거의 완료된다. 작은창자의 나머지 주요 기능은 영양분을 흡수하는 것이다.

작은창자에서의 흡수 효소에 의한 가수분해가 진행되는 동안 연동운동에 의해 유미즙과 소화액의 혼합물은 작은창자를 따라 이동한다. 대부분의 소화는 십이지장에서 완료되며, 작은창자의 나머지 부위인 공장(jejunum, 빈창자)과 회장(ileum, 돌창자)은 영양분이 흡수되는 주요 부위다. 구조적으로 작은창자는 영양분을 흡수하는 임무에 매우 적합하다. 그림 21.10B에서 볼 수 있듯이, 작은창자의 내벽에는 **융모(villi**, 단수는 villus)라고 불리는 손가락 모양의 작은 돌기가 많은 커다란 원형 주름이 있다. 융모 표면의 각 상피세포에는 **미세융모(microvilli)**라고 불리는 많은 미세한 돌기가 있다. 이러한 주름과 돌기에 의해 영양분이 흡수되는 표면적이 증가한다. 실제로 작은창자 내벽의 표면적은 약 300 m^2로 테니스 코트 크기와 맞먹는 거대한 크기다! 이 거대한 표면적은 영양소 흡수율을 크게 증가시키는 진화적으로 적응된 결과다.

각 융모는 모세혈관 망으로 둘러싸여 있다. 아미노산과 당을 포함한 많은 영양소가 장 상피에서 모세혈관의 얇은 벽을 통과해 확산에 의해 혈액으로 전달된다. 다른 영양소는 농도기울기(concentration gradient)에 역행해 상피세포로 능동수송된다. 또한 작은 림프관(그림에서 노란색으로 표시)이 각 융모의 중심부를 관통하는 것을 볼 수 있는데, 이 림프관들은 림프계의 일부다(24.4절 참조). 지방산과 글리세롤이 상피세포에 흡수된 후, 지방으로 재결합되고, 이 지방은 단백질로 코팅돼 림프관으로 운반되며 결과적으로 혈액으로 이동한다. 영양분이 가득한 이 혈액은 간으로 운반된다. 다음 절에서 자세히 살펴보고자 한다.

? 음식물 분자는 실제로 어느 시점에서 우리 몸의 세포에 들어가게 되는가?

■ 작은창자의 융모 상피세포로 흡수되는 동안

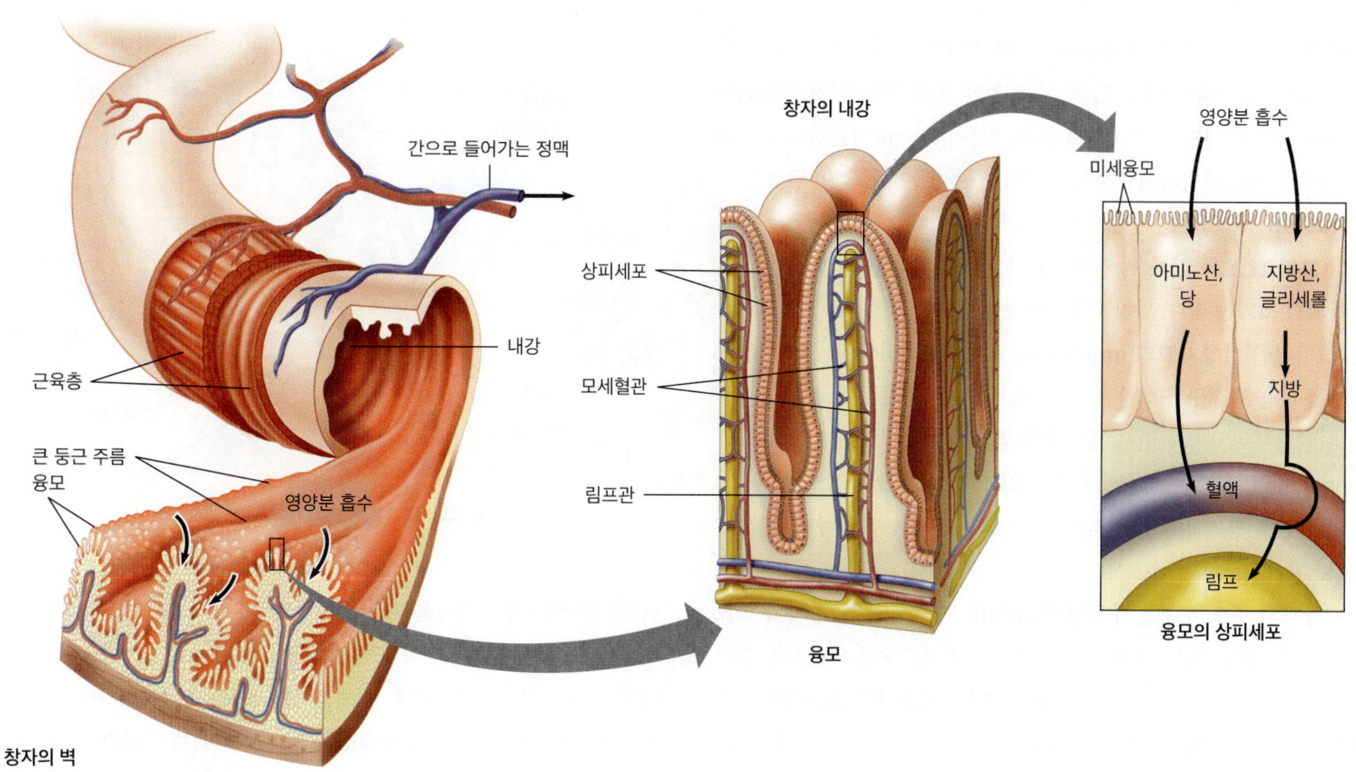

▲ 그림 21.10B 작은창자의 구조와 기능

21.11 간은 창자에서 나온 혈액을 처리하고 해독한다

간은 우리 몸에서 창자와 심장 사이의 전략적 장소에 위치해 있다. 작은창자와 대장의 모세혈관은 정맥으로 모여 **간문맥**(**hepatic portal vein**)으로 흘러 들어간다(그림 21.11). 이 큰 혈관은 혈액을 간으로 운반해 장에서 흡수된 영양분을 간이 먼저 이용할 수 있도록 한다. 간은 혈액에서 과도한 포도당을 글리코겐(다당류)으로 전환해 간세포에 저장한다. 간은 글리코겐의 저장과 혈액으로의 포도당 방출의 균형을 맞추는 작용을 통해 물질대사 조절에 중요한 역할을 한다.

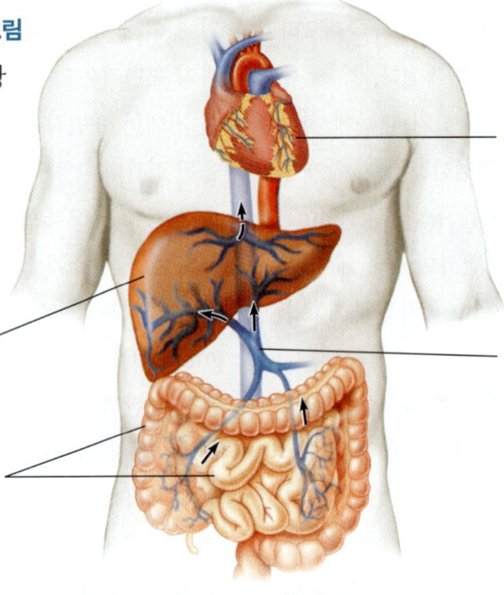

▲ 그림 21.11 창자에서 간으로 혈액을 운반하는 간문맥

간은 또한 섭취한 많은 영양소를 새로운 물질로 전환한다. 다시 말하면, 간을 떠나는 혈액은 간으로 들어간 혈액과는 매우 다른 영양소 구성을 가질 수 있다. 예를 들어, 간세포는 혈액 응고와 혈액의 삼투압 균형 유지에 중요한 혈장 단백질을 합성하며, 지방과 콜레스테롤을 조직세포로 운반하는 지질단백질 등 많은 필수 단백질을 합성한다. 여러분의 식사에 너무 많은 칼로리가 포함돼 있으면 간에서 지방으로 전환해 체내에 저장한다.

몸의 중앙에 위치해, 소화관에서 흡수된 물질을 변형하고 독성물질을 해독한 후 혈액을 통해 몸의 다른 나머지 부분으로 운반한다. 알코올 및 기타 약물과 같은 독소를 비활성 형태로 전환해 소변으로 배출한다(다양한 약물에 대한 소변 검사로 이러한 분해 생성물을 확인한다). 그러나 알코올을 해독하거나 일부 일반 의약품 및 전문 의약품을 처리하는 과정 동안 간세포는 손상될 수 있다. 알코올과 아세트아미노펜을 같이 복용하면 간세포에 매우 해롭다.

지금까지 음식물이 작은창자까지 소화되는 과정을 살펴보았고, 이제 다음 절의 주제인 큰창자의 작용을 알아보자.

? 간은 어떤 두 신체 시스템 사이에서 중개자 역할을 하는가?

■ 간은 소화계에서 받은 혈액을 처리해 순환계로 내보낸다.

21.12 큰창자는 물을 흡수하고 대변을 단단하게 한다

음식물이 큰창자에 도달했을 때는 대부분의 영양소가 흡수된 상태다. 그런 다음 큰창자는 남아 있는 것을 처리한다. **큰창자**(**large intestine**, 대장)는 길이가 약 1.5 m, 지름이 5 cm(작은창자의 2배)다. 작은창자와 큰창자의 T자형 연접에는 괄약근이 있으며, **막창자**(**cecum**, 맹장)라는 작은 주머니로 들어가는 통로를 조절한다(그림 21.12). 다른 많은 포유류와 비교해 볼 때 사람 막창자의 크기는 작다. 막창자의 끝에 손가락처럼 생긴 작은 주머니인 **막창자꼬리**(**appendix**, 충수)에는 면역에 기여를 하는 백혈구가 대량 들어 있다. 막창자꼬리와 큰창자의 연결부위가 막히면서 세균이 감염되면 막창자꼬리염(appendicitis, 맹장염)이 발생할 수 있다. 이 경우 일반적으로 감염 확산을 방지하기 위해 막창자꼬리를 제거하는 응급 수술이 필요하다.

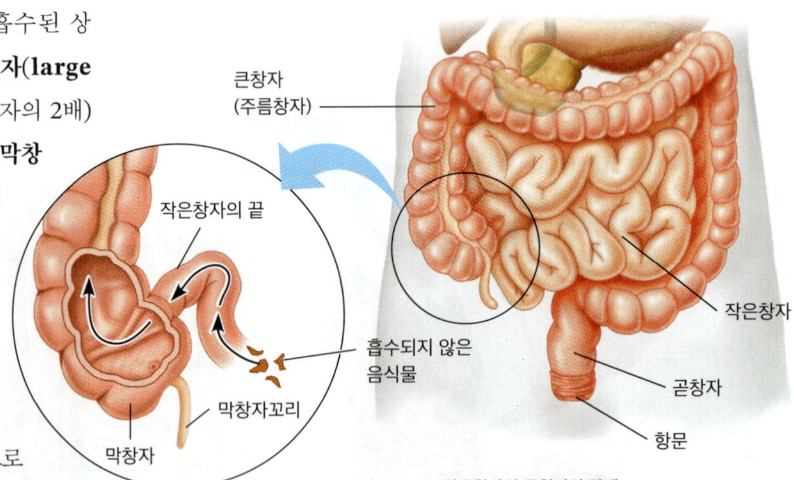

▲ 그림 21.12 작은창자와 큰창자의 관계

큰창자의 주요 부분은 **주름창자**(**colon**, 결장)다. 주름창자의 주요 기능 중 하나는 작은창자에서 시작된 수분의 재흡수를 완료하는 것이다. 우리는 매일 약 2 L의 물을 섭취하고 7 L의 소화액을 소화관으로 분비한다. 이 물의 90% 이상은 작은창자에서 삼투현상을 통해 혈액으로 다시 흡수되며 나머지는 대부분 주름창자에서 흡수된다.

소화계의 배설물인 **대변**(**feces**)은 수분이 흡수되면서 점점 단단해져 연동운동에 의해 큰창자를 따라 이동한다. 이 배설물이 주름창자의 길이를 따라 이동하는 데는 약 12~24시간이 걸린다. 대변은 주로 소화가 되지 않는 식물의 섬유질(예: 사과의 셀룰로오스)과 큰창자에 정상적으로 서식하는 엄청난 수의 원핵생물(미생물무리)로 구성된다. 대장균과 같은 일부 큰창자 박테리아는 비타민B와 비타민K를 포함한 중요한 여러 가지 비타민을 생산하며, 이러한 물질은 혈액으로 흡수돼 우리 몸의 필요한 비타민양을 보충한다.

대변은 배설될 때까지 주름창자의 마지막 부분인 **곧창자(rectum,** 직장)에 저장된다. 주름창자의 수축은 배변 충동을 유발한다. 2개의 직장 괄약근 중 하나는 자발적으로 작용하고, 다른 하나는 무의식적으로 작용하는 괄약근이 항문의 개구부를 조절한다. 자발적 괄약근이 이완되면 곧창자의 수축으로 대변이 배출된다.

예를 들어 바이러스나 박테리아 감염 등으로 큰창자 내벽이 자극을 받으면 큰창자의 수분 재흡수 효율이 떨어지고 설사가 발생할 수 있다. 반대 문제인 변비는 연동운동이 대변을 너무 느리게 움직여 너무 많은 수분이 흡수되면 대변이 너무 단단해지면서 발생한다. 변비는 종종 식물 섬유질이 충분히 포함되지 않은 식사로 인해 발생한다.

? 장기간 항생제 치료가 비타민K 결핍을 유발할 수 있는 이유를 설명하시오.

■ 항생제는 결장에서 비타민K를 합성하는 박테리아를 죽일 수 있다.

21.13 척추동물 소화계의 진화적 적응은 음식과 관련 있다

진화 연관성 동물계에는 소화계의 흥미로운 진화적 적응이 많이 있다. 이러한 적응은 종종 동물의 식습관과 연관성이 있다. 크고 확장 가능한 위는 식사 간격이 길고 먹이를 잡았을 때 가능한 한 많이 먹어야 하는 육식동물의 일반적인 적응 형태다. 예를 들어, 200 kg의 사자는 한 끼에 40 kg의 고기를 섭취할 수 있다! 이런 잔치가 끝나면 사자는 며칠 동안 다시 사냥을 못할 수도 있다.

진화적 적응은 동물의 소화관 길이를 비교해 보면 명확하게 나타난다. 일반적으로 초식동물과 잡식동물은 몸 크기에 비해 육식동물보다 소화관의 길이가 길다. 세포벽이 있는 식물은 육류보다 소화가 어렵기 때문에 더 많은 소화 시간이 필요하고 영양소 흡수를 위한 표면적이 넓도록 소화관의 길이가 긴 방향으로 진화돼 왔다. 예를 들어, 전형적인 소의 창자는 사람보다 약 7배 더 길다.

대부분의 초식동물은 많은 수의 박테리아 및 원생생물이 서식하는 특별한 방을 가지고 있으며, 이는 상리공생의 한 형태다(37.4절 참조). 동물은 식물의 셀룰로오스를 소화하는 데 필요한 효소가 부족하다. 미생물이 셀룰로오스를 단순 당으로 분해하면 동물은 그 당을 직접 흡수하거나, 미생물을 소화해서 영양분을 얻는다.

예를 들어 말, 코끼리, 코알라 등 많은 초식 포유류의 막창자에는 셀룰로오스를 분해하는 소화 미생물이 서식한다. **그림 21.13**은 육식동물인 코요테의 소화관과 초식동물인 코알라의 소화관을 비교한 것이다. 이 두 포유류의 크기는 거의 비슷하지만 코알라의 장은 훨씬 더 길며, 같은 크기의 동물 중 막창자(약 2 m)의 길이가 가장 길다. 코알라는 맹장에 있는 박테리아의 작용으로 유칼립투스 나무의 잎에서 거의 모든 영양분과 물을 얻는다.

토끼와 일부 설치류의 경우, 셀룰로오스를 분해하는 박테리아는 큰창자와 막창자에 대부분 서식한다. 이 미생물에 의해서 생성된 많은 영양소는 처음에는 영양분 흡수의 주요 부위인 작은창자를 거치지 않기 때문에 대변을 통해 손실된다. 토끼와 설치류는 대변의 일부를 다시 먹음으로써 소화관을 통해 이러한 영양소를 흡수할 수 있다. 두 번째 소화 과정을 거친 토끼의 대변인 '펠릿(pellets)'은 더 작으며 다시 먹지 않는다.

소, 양, 사슴을 포함하는 **되새김동물(ruminant,** 반추동물)의 소화계는 초식성 식단에 대한 가장 정교한 적응을 통해 진화해 왔다. 되새김동물의 위에는 공생 미생물이 서식하는 4개의 방이 있다. 소와 같은 되새김동물은 주기적으로 처음 2개의 방에서 역류해서 되돌아온 음식물을 되새김질해서 식물 섬유질을 미생물에 더 많이 노출시켜 소화시킨다. 그런 다음 되새김질한 음식물을 삼켜 위의 마지막 방으로 이동해 소화가 완료된다. 소는 실제로 미생물이 생산하는 영양분과 함께 미생물을 소화해 많은 영양분을 얻는다. 미생물은 매우 빠르게 번식하기 때문에 이러한 지속적인 손실에도 불구하고 그 수가 안정적으로 유지된다.

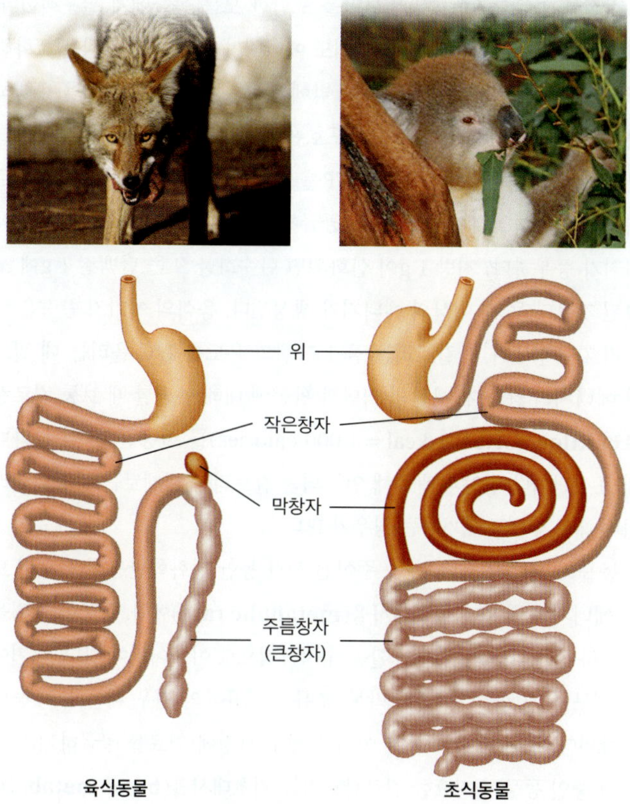

▲ **그림 21.13** 육식동물(코요테)과 초식동물(코알라)의 소화관

? 초식동물의 긴 소화관의 장점 두 가지는 무엇인가?

■ 소화가 어려운 식물성 물질의 처리 시간을 늘리고 영양소 흡수를 위한 표면적을 넓혀준다.

21.14 동물의 먹이는 충분한 에너지를 공급해야 한다

이 장에서, 소화를 통해 음식물의 큰 분자를 장 세포가 흡수할 수 있는 형태로 분해하는 과정을 살펴보았다. 체내로 흡수된 음식물의 작은 분자는 (1) 세포 활동을 위한 화학 에너지, (2) 거대분자를 위한 유기 구성 분자, (3) 건강을 유지하기 위한 필수영양소, 이 세 가지 요건을 충족해야 한다. 이번 절과 다음 두 절에서는 적절한 식단의 이러한 측면을 살펴보고자 한다.

적절한 연료를 얻는 것은 사람을 포함한 모든 동물에게 필수적이다. 예를 들어, 우리는 이 책을 읽는 데도 에너지가 필요하다. 간식을 소화하고, 학교에 가기 위해 걸어가고, 이 밖에 신체가 하는 모든 활동을 수행하기 위해서 에너지가 필요하다. 세포호흡은 음식물에서 얻은 유기 분자를 산화해 신체의 에너지 통화인 ATP를 생성한다(6장 참조). 일반적으로 세포는 탄수화물과 지방을 연료 공급원으로 사용한다. 지방은 특히 에너지가 풍부하다. 지방 1 g이 산화되면 탄수화물 또는 단백질 1 g에 포함된 것보다 두 배 이상의 에너지가 생성된다. 음식의 에너지 함량은 칼로리로 측정된다. 1 칼로리는 물 1 그램의 온도를 1°C 올리는 데 필요한 에너지의 양이다. 사람의 식단과 활동에 대해 논의할 때 보통 **킬로칼로리(kilocalories**, 1 kcal = 1,000 calories)를 사용한다. 식품 라벨에 표시되거나 영양과 관련해 언급되는 칼로리는 실제로는 킬로칼로리이며 대문자 C로 표기하는 경우가 많다.

동물의 에너지 소비율, 즉 주어진 시간 동안 생화학반응에 사용된 모든 에너지의 합계가 **물질대사율(metabolic rate)**이다. 동물이 생명을 유지하려면 여러 가지 신체 활동이 지속적으로 이루어져야 한다. 여기에는 세포 유지, 숨쉬기, 심장 박동, 조류와 포유류의 경우 체온 유지 등이 포함된다. 주어진 시간 동안 이러한 필수 과정에 연료를 공급하기 위해 휴식 중인 동물이 필요한 킬로칼로리를 **기초대사율(basal metabolic rate, BMR)**이라고 한다. 사람의 BMR은 성인 여성의 경우 하루 평균 1,300~1,500 kcal, 성인 남성의 경우 하루 평균 1,600~1,800 kcal 정도다. 즉, 활동을 전혀 하지 않는 성인이 몸을 유지하는 데만 하루 약 1,500 kcal가 필요하다는 뜻이다. 이 에너지의 약 60%는 환경으로 발산되는 열로 손실되는데, 사람이 많은 방은 금방 더워지는 것도 이 때문이다. 이 책을 읽는 것조차도 추가적인 활동이므로 BMR 이상으로 에너지를 소비한다. 활동량이 많을수록 실제 물질대사율이 높아져 우리 몸이 하루에 사용하는 에너지가 많아진다. 활동량의 차이 외에도 신체 크기, 나이, 스트레스 수준, 유전 등의 요인에 따라 물질대사율이 다르다.

그림 21.14에 표시된 예는 몇 가지 일반적인 음식에 함유된 에너지 양과 몇 가지 일반적인 활동의 30분 동안 소모되는 에너지 양을 보여준다. 사용량보다 더 많은 에너지를 섭취하면 어떻게 될까? 세포는 여분의 에너지를 버리지 않고 다양한 형태로 저장한다. 간과 근육은 포도당 분자의 중합체인 글리코겐의 형태로 에너지를 저장한다. 우리 몸은 대부분 약 하루 동안의 기초 대사량을 공급하기에 충분한 글리코겐을 저장한다. 이것이 일부 운동선수가 '탄수화물 로딩(carbo load)'을 하는 이유다. 운동경기가 시작되기 하루 전날 탄수화물을 많이 섭취하면 바로 연소할 수 있는 글리코겐 에너지가 간에 공급된다. 또한 신체는 여분의 에너지를 지방으로 저장한다. 음식물 섭취가 부족할 경우, 평균적으로 사람이 필요한 1일 대사량은 0.3 kg 체지방으로 공급할 수 있다. 따라서 대부분의 건강한 사람은 몇 주 동안 굶어도 버틸 수 있을 만큼 충분한 지방을 저장하고 있다. 21.19절에서 지방 저장과 그 결과에 대해 설명한다. 하지만 먼저 식단에서 반드시 공급해야 하는 필수영양소에 대해서 생각해 보자.

? 물질대사율과 기초대사율의 차이점은 무엇인가?

■ 물질대사율은 단위 시간 동안 모든 활동에 사용된 총에너지이며, 기초대사율은 휴식 중인 동물이 단위 시간 동안 생명의 기본 작용을 유지하는 데 필요한 최소한의 열량이다.

▲ **그림 21.14** 일반적인 음식 내의 칼로리(kcal)는 일상적인 활동으로 소모된다.

21.15 동물의 먹이에는 필수영양소가 반드시 포함돼야 한다

동물의 먹이는 연료와 생체 유기 구성 분자를 제공하는 것 외에도 동물이 필요하지만 합성할 수 없는 물질인 **필수영양소(essential nutrient)**를 공급해야 한다. 다시 말해, 식단에 필수영양소가 부족하면 질병에 걸리게 된다. 필수영양소에는 필수지방산, 필수아미노산, 비타민, 무기질 등이 있다. 어떤 영양소는 모든 동물에게 필수적인 반면, 어떤 영양소는 특정 종에게만 필요하다. 예를 들어, 비타민C는 사람과 다른 영장류에게 필수영양소지만, 대부분의 동물은 비타민C를 합성할 수 있으므로 섭취할 필요가 없다.

사람에게 건강한 식단이란 살코기, 달걀, 견과류, 콩류의 적당한 단백질과 통곡물, 채소, 과일 및 칼슘이 풍부한 식품을 포함한 것이다. 영양학자들은 주로 건강한 체중을 유지하기 위해 지방과 당, 소금의 섭취를 제한할 것을 권장한다. 이 절에서는 필수영양소의 두 가지 중요한 그룹인 지방산과 아미노산을 살펴보고자 한다.

필수지방산 우리 몸을 구성하는 세포는 지방산에 글리세롤과 같은 다른 분자를 결합해 지방과 기타 지질을 합성한다(3.8절 참조). 우리 몸은 필요한 대부분의 지방산을 합성할 수 있다. 우리가 합성할 수 없는 **필수지방산(essential fatty acid)**은 반드시 음식물을 통해 섭취해야 한다. 필수지방산 중 하나인 리놀레산(오메가-6 지방산 계열 중 하나)은 세포막의 인지질 일부를 만드는 데 사용된다. 우리는 필수지방산을 만들 수 없지만 식물은 합성할 수 있다. 식물성 식품(씨앗, 곡식, 채소)은 일반적으로 우리에게 충분한 양의 필수지방산을 제공하므로, 결핍되는 경우는 많지 않다. 예를 들어, 필수지방산인 α-리놀렌산은 종자유(카놀라 및 아마 오일 등)에서 얻을 수 있다.

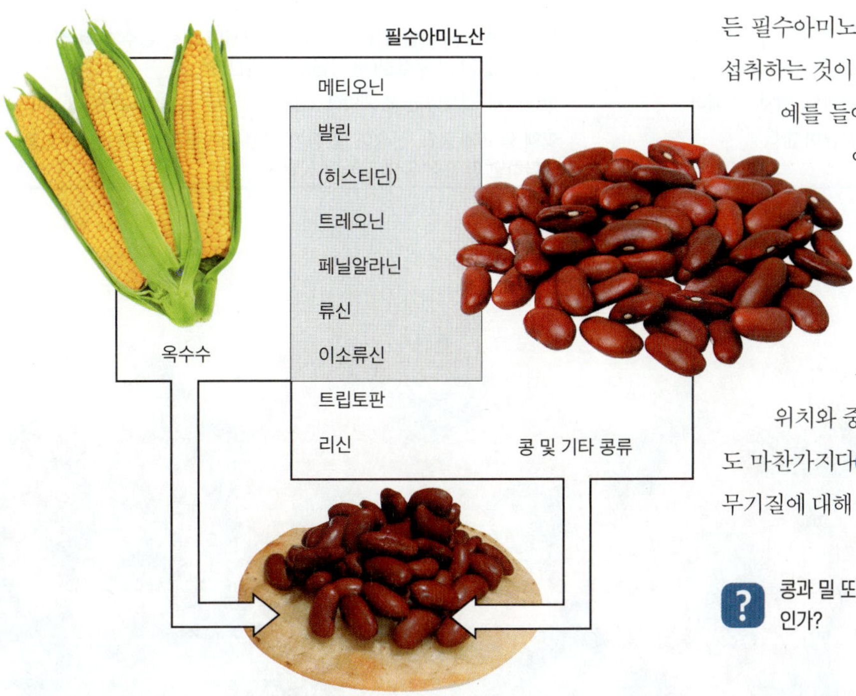

▲ 그림 21.15A 채식 식단의 필수아미노산

필수아미노산 단백질은 20가지 종류의 아미노산으로 생성된다. 성인은 이 중 12개의 아미노산을 다른 화합물로부터 합성할 수 있다. 나머지 8종류 아미노산은 **필수아미노산(essential amino acid)**이라고 하며 음식을 통해 섭취해야 한다. 유아에게는 아홉 번째 필수아미노산으로 히스티딘이 필요하다. 필수아미노산 중 한 가지라도 결핍되면 단백질 합성이 손상돼 단백질 결핍증이 발생할 수 있다.

▲ 그림 21.15B 이 중동 주식에는 콩(후무스의 병아리콩)과 곡물(피타빵의 밀)이 포함된다.

식품마다 함유된 아미노산 비율은 다르다. 모든 필수아미노산을 섭취하는 가장 간단한 방법은 육류나 달걀, 우유, 치즈와 같은 동물성 부산물을 섭취하는 것이다. 이러한 제품의 단백질은 모든 필수아미노산을 적절하게 제공하기 때문에 '완전'하다고 한다. 대조적으로, 대부분의 식물 단백질은 하나 이상의 필수아미노산이 결핍돼 있어 불완전하다. 채식주의자라면(선택에 의해서 또는 세계 인구의 많은 부분은 경제적 이유에서), 영양 섭취의 핵심인 모든 필수아미노산을 함께 공급받기 위해서는 다양한 식물성 단백질을 섭취하는 것이 중요하다.

예를 들어, 콩과 옥수수를 함께 먹으면 채식주의자는 모든 필수아미노산을 공급받을 수 있다(그림 21.15A). 콩류(콩, 땅콩, 대두 등)와 곡식(밀, 옥수수, 쌀 등)을 함께 섭취하는 것은 적절한 균형을 유지할 수 있게 하는 경우가 많다. 대부분의 민족에서 단백질 결핍을 예방하는 균형 잡힌 식단을 섭취하고 있다. 라틴 아메리카의 주식인 쌀과 콩이 그 예이며, 미국의 주식인 땅콩버터 샌드위치와 중동에서 즐겨 먹는 병아리콩으로 만든 후무스와 피타 빵도 마찬가지다(그림 21.15B). 다음 절에서는 필수영양소 중 비타민과 무기질에 대해 살펴보고자 한다.

? 콩과 밀 또는 쌀과 밀 중 모든 필수아미노산을 제공하는 식단의 식품 조합은 무엇인가?

■ 콩과 밀

21.16 사람의 식단에는 비타민과 무기질이 포함돼야 한다

비타민(vitamin)은 우리의 식단에 아주 소량으로 필요한 유기 분자다. 비타민에 따라 1일 필요량은 약 0.01~100 mg이다. 이 양이 얼마나 적은지 상상해 보기 위해서 약 1 g의 작은 땅콩을 생각해 보면 100 mg은 작은 땅콩의 1/10이고 어떤 비타민 요구량은 그것의 1/10,000에 불과하다! 예를 들어, 비타민 한 스푼은 거의 100만 명의 사람들에게 하루 필요량을 충족시킬 수 있다.

표 21.16A에는 13가지 필수 비타민과 주요 식품이 나와 있다. 비타민은 크게 수용성과 지용성의 두 가지 종류로 분류된다.

수용성 비타민에는 비타민B군과 비타민C가 있으며, 많은 비타민B군은 체내에서 대사 과정에 반복적으로 사용되는 효소의 촉매 기능을 가능하게 하는 조효소(coenzyme)로 작용한다. 비타민C는 결합조직 생성에 필요하다. 지용성 비타민에는 비타민A, D, E, K가 있는데, 비타민A 결핍은 흰쌀을 주 식단으로 살아가는 사람들 사이에서 많이 발생하며, 비타민A가 부족하면 실명이나 사망에 이를 수 있다. 비타민D는

표 21.16A 사람에게 필요한 비타민

비타민	주요 식이 공급원	흥미로운 사실
수용성 비타민		
비타민B_1(티아민)	돼지고기, 콩류, 땅콩, 통곡물	정제된 곡물(예: 광택이 나는 흰쌀)에는 티아민이 부족해 결핍되면 각기병의 원인이 된다.
비타민B_2(리보플라빈)	유제품, 내장육, 농축된 곡물, 야채	결핍 시 광 공포증(빛에 대한 혐오감)과 피부 균열을 유발한다.
비타민B_3(니아신)	견과류, 육류, 생선, 곡물	고용량은 콜레스테롤을 낮춘다. 결핍 시 치명적인 질병인 펠라그라병을 유발한다.
비타민B_5(판토텐산)	육류, 유제품, 곡물, 과일, 채소류	조효소 A의 성분으로 결핍 시 드물지만 피로를 유발할 수 있다.
비타민B_6(피리독신)	육류, 채소, 통곡물, 우유, 콩류	아미노산 대사에 사용되는 조효소. 결핍증은 드물다.
비타민B_7(비오틴)	콩류, 대부분의 채소, 육류, 우유, 달걀노른자	대부분의 사람들은 장 미생물에 의해 적절한 양이 공급된다.
비타민B_9(엽산)	녹색 채소, 오렌지, 견과류, 콩류, 통곡물	임신 중 기형아 발생률을 반으로 줄여 가임기 여성을 위한 보충제로 추천된다.
비타민B_{12}(코발라민)	동물성 제품: 육류, 달걀, 유제품	채식주의자는 충분한 B_{12} 섭취에 주의해야 한다. 결핍 시 일부 장 질환(예: 크론병)이 유발될 수 있다.
비타민C(아스코르브산)	감귤류, 브로콜리, 토마토, 피망, 딸기	결핍 시 괴혈병을 유발한다(긴 항해시대에는 심각한 문제였다).
지용성 비타민		
비타민A(레티놀)	짙은 녹황색 채소 및 과일, 유제품	시각 색소의 구성성분. 결핍 시 시력 상실, 과잉 시 황색/주황색 피부와 간 손상을 유발할 수 있다.
비타민D	강화 유제품, 달걀노른자	햇빛을 받으면 사람의 피부에서 만들어지며 칼슘 흡수와 뼈 형성을 돕는다. 결핍 시 구루병(뼈 기형)을 유발한다.
비타민E(토코페롤)	녹색 잎 채소, 식물성 기름, 견과류, 씨앗, 밀 배아	항산화제. 세포막 손상 예방에 도움. 결핍증은 드물게 나타난다.
비타민K	녹색 채소, 차. 주름창자 내 세균이 만듦	혈액 응고에 중요. 신생아 및 장기 항생제 복용자는 결핍될 수 있음. 과다하면 간 손상 유발 가능이 있다.

표 21.16B 사람에게 필요한 무기질		
무기질*	주요 식이 공급원	흥미로운 사실
칼슘(Ca)	유제품, 짙은 녹색 채소, 콩류	뼈와 치아 형성, 혈액 응고, 신경 및 근육 기능에 필요하며, 특히 30세 미만 여성에서 결핍 시 노년기에 골밀도 감소와 골다공증을 유발할 수 있다(30.5절 참고).
인(P)	유제품, 육류, 곡물류	ATP와 모든 핵산의 구성성분으로, 결핍 시 신체 쇠약과 칼슘 손실을 초래한다.
황(S)	다양한 공급원의 단백질	단백질 합성에 필요하며 결핍 시 성장 장애를 유발할 수 있다.
칼륨(K)	육류, 유제품, 많은 과일과 채소, 곡물	신경 기능을 돕기 때문에 결핍 시 신체 쇠약 또는 마비를 유발할 수 있다.
염소(Cl)	식용 소금	결핍 시 근육 경련이 발생할 수 있다.
나트륨(Na)	식용 소금	적절한 수분 균형에 필요. 평균 미국인은 필요한 나트륨양의 약 20배를 섭취하며, 과다 섭취는 고혈압 및 일부 형태의 암과 관련이 있다.
마그네슘(Mg)	통곡물, 녹색 잎 채소	효소 보조인자로 작용. 결핍 시 신경계 장애를 유발한다.
철분(Fe)	육류, 달걀, 콩류, 통곡물, 녹색 잎 채소	적혈구의 산소 운반 단백질인 헤모글로빈의 구성성분, 결핍(임산부에게 흔함)은 빈혈, 쇠약, 면역력 저하를 유발한다.
불소(F)	식수, 차, 해산물	충치 예방에 도움
요오드(I)	해산물, 요오드화된 소금	갑상샘호르몬의 구성성분. 결핍 시 갑상샘이 부어오르는 갑상샘종을 유발할 수 있다.

* 추가로 필요한 미량의 무기질은 크롬(Cr), 코발트(Co), 구리(Cu), 망간(Mn), 몰리브덴(Mo), 셀레늄(Se), 아연(Zn) 등이다.

피부가 햇빛에 노출될 때 다른 분자로부터 합성할 수 있기 때문에 음식을 통한 섭취 필요량은 사람에 따라 다르다.

무기질(mineral)은 하루에 1 mg 미만에서 약 2,500 mg까지 소량으로 필요한 무기 영양소다. **표 21.16B**는 우리 몸에 필요한 무기질의 종류에 대해 보여준다. 처음 7가지 무기질은 하루에 200 mg(작은 땅콩의 약 2/10) 이상의 양이 필요하다. 나머지 무기질은 소량으로 필요하다.

다른 척추동물과 마찬가지로 사람은 골격의 뼈대를 구성하고 유지하기 위해 상대적으로 많은 양의 칼슘과 인을 필요로 한다. 철분은 헤모글로빈을 구성하는 데 필요하며, 요오드는 물질대사율을 조절하는 갑상샘호르몬의 구성성분이다. 전 세계적으로 요오드 결핍은 심각한 신체 건강 문제를 초래하며(2.2절 참고), 예방 가능한 발달장애의 주요 원인으로 지목되고 있다.

나트륨, 칼륨, 염소는 신경 기능에 중요하며 세포의 삼투압 평형을 유지하는 데 도움이 된다. 대부분의 사람들은 필요 이상으로 많은 양의 소금(염화나트륨)을 섭취한다. 많은 포장식품과 간식에는 짠맛이 나지 않더라도 다량의 나트륨이 함유돼 있다. 예를 들어, 저지방 블루베리 머핀 하나에 나트륨 일일 권장 섭취량의 40% 이상이 포함되기도 한다.

균형 잡힌 식단에는 일반적으로 충분한 비타민과 무기질이 포함되며 우리 몸에 필요한 영양소의 가장 좋은 공급원으로 여겨진다. 이러한 식단은 과학위원회가 결정한 매일 권장되는 영양소 최소 섭취량인 **1일영양권장량(Recommended Dietary Allowances, RDA)**을 충족시킨다. 미 농무부는 특정한 인구집단에 대한 구체적인 권장사항, 즉 50세 이상의 사람들을 위한 비타민, 임산부에게는 엽산, 피부가 어두운 사람(비타민의 합성이 차단)과 햇빛에 불충분하게 노출된 사람에게는 추가적 비타민D를 권고하고 있다.

비타민 복용량에 대한 주제는 열띤 논쟁을 불러일으켰다. 어떤 사람들은 RDA의 비타민 권장량이 너무 낮게 설정돼 있다고 주장하고, 일부 사람들은 비타민을 대량으로 섭취하면 건강에 도움이 된다고 믿는다. 일반적으로 과잉 섭취한 수용성 비타민은 소변으로 배출된다. 그러나 고용량의 니아신은 간 손상을 유발하는 것으로 나타났으며, 다량의 비타민C는 위장 장애를 일으킬 수 있다. 과도한 양의 지용성 비타민은 체지방에 축적된다. 따라서 이러한 비타민의 과다 복용은 독성 영향을 미칠 수 있다. 또한 무기질을 과도하게 섭취하면 해로울 수 있다. 예를 들어, 공급되는 물에 철분이 특히 많이 포함된 아프리카 일부 지역에서는 인구의 10%가 철분 과부하로 인해 간 손상을 입는다고 한다.

그럼에도 불구하고 비타민과 무기질과 관련된 건강 문제는 대부분 결핍으로 인해 발생한다. 식품 선택이 잘못됐거나 공급이나 자원이 부족해 적절한 양의 신선한 과일과 채소를 포함하지 않는 식단은 건강에 필요한 영양소를 공급하지 못할 가능성이 높다는 것을 기억하자. 다음 절에서는 식품 라벨의 정보를 해석해 여러분의 식단에 결핍된 영양소가 있는지 확인하는 방법을 알아보고자 한다.

? 위의 표를 보고, 장내 세균에 의해 합성되는 지용성 비타민과 수용성 비타민을 각각 한 가지씩 고르시오.

■ 지용성 비타민(비타민K), 수용성 비타민(비타민 B_7)

21.17 식품 라벨은 영양 정보를 제공한다

연결 FDA는 포장 식품 라벨에 두 가지 구획의 정보를 제공하도록 요구한다. 하나는 가장 많은 양(무게 기준)의 성분부터 가장 적은 양까지 성분을 나열한다. 다른 구획에는(**그림 21.17**) 질병이나 건강한 식단에서 강조되는 주요 영양소에 대한 정보를 제공한다. 이 구획에는 각 영양소의 1회 제공량 기준 함량과 2,000 kcal 식단 기준으로 한 1일 영양소 기준치(필요량 또는 제한량)의 백분율로 표시돼 있다. 나열된 영양 정보는 제공량에 맞게 조정해야 한다(예: 샌드위치에 빵 두 조각을 사용하는 경우 모든 값을 두 배로 늘림). FDA 규정은 수시로 변경된다. 2018년 버전의 라벨에는 칼로리와 제공량을 더 눈에 띄게 인쇄하고, 미국인의 식습관을 정확하게 반영하기 위해 용기당 제공량을 업데이트하고, 첨가한 당분의 성분을 제공하는 등의 변경 사항이 있다.

식품 라벨에는 1일 총필요량과 한도에 대한 정보도 제공된다. 예를 들어, 2,000 kcal 식단을 섭취하는 사람은 최소 25 g의 식이섬유와 첨가된 당분을 200 kcal 미만으로 섭취해야 한다. 식품 라벨을 읽으면 식품을 선택하는 데 도움이 될 수 있지만, 나열된 모든 권장 사항은 '모두에게 두루 적용되도록 만든' 대략적인 지침이라는 점을 명심해야 한다.

Nutrition Facts
Serving Size 2/3 cup (55g)
Servings Per Container About 8

Amount Per Serving	
Calories 230	Calories from Fat 72
	% Daily Value*
Total Fat 8g	**12%**
Saturated Fat 1g	**5%**
Trans Fat 0g	
Cholesterol 0mg	**0%**
Sodium 160mg	**7%**
Total Carbohydrate 37g	**12%**
Dietary Fiber 4g	**16%**
Sugars 12g	
Protein 3g	
Vitamin A	10%
Vitamin C	8%
Calcium	20%
Iron	45%

*Percent Daily Values are based on a 2,000 caloirie diet. Your daily values may be higher or lower depending on your calorie needs:

	Calories:	2,000	2,500
Total Fat	Less than	65g	80g
Sat Fat	Less than	20g	25g
Cholesterol	Less than	300mg	300mg
Sodium	Less than	2,400mg	2,400mg
Total Carbohydrate		300g	375g
Dietary Fiber		25g	30g

Nutrition Facts
8 servings per container
Serving size 2/3 cup (55g)

Amount per serving	
Calories	**230**
	% Daily Value*
Total Fat 8g	**10%**
Saturated Fat 1g	**5%**
Trans Fat 0g	
Cholesterol 0mg	**0%**
Sodium 160mg	**7%**
Total Carbohydrate 37g	**13%**
Dietary Fiber 4g	**14%**
Total Sugars 12g	
Includes 10g Added Sugars	**20%**
Protein 3g	
Vitamin D 2mcg	10%
Calcium 260mg	20%
Iron 8mg	45%
Potassium 235mg	6%

*The % Daily Value (DV) tells you how much a nutrient in a serving of food contributes to a daily diet. 2,000 calories a day is used for general nutrition advice.

▲ **그림 21.17** 2018년 이전(왼쪽) 및 2018년 이후(오른쪽) 형식의 식품 라벨

? 그림 21.17에서 1회 제공량의 총탄수화물 37 g 중 천연 당분은 몇 g 포함돼 있는가?

■ 2 g(총당분 12 g − 첨가 당분 10 g)

21.18 영양 결핍에는 여러 가지 원인이 있을 수 있다

연결 우리의 식단에서 칼로리가 부족하거나 필수영양소가 한 가지 이상 부족하면 어떻게 될까? 결과는 잘못됐거나 부족한 식습관으로 인한 건강 문제인 **영양실조(malnutrition)**가 발생한다. 영양실조는 영양분 섭취가 부족하거나 대사 또는 소화계질환과 같은 질병으로 인해 발생할 수 있다.

미국 인구의 세 배에 가까운 전 세계 8억 명 이상의 사람들이 기아에 시달리고 있으며, 매일 5세 미만 어린이 1만 4,000명이 굶어 죽어가고 있다. 가뭄이나 전쟁과 같은 위기로 인해 식량 공급이 중단되거나 빈곤으로 인해 충분한 식량을 확보하지 못할 때 칼로리 섭취가 부족한 영양 부족이 발생할 수 있다.

가장 일반적인 유형의 영양실조는 단백질 결핍으로, 하나 이상의 필수아미노산 섭취가 불충분해서 발생한다. 동물성 식품은 필수아미노산의 가장 신뢰할 수 있는 원료이지만, 이러한 식품은 가격이 비싸다. 경제적으로 어쩔 수 없이 쌀이나 감자와 같은 단일 식물을 주식으로 거의 모든 칼로리를 얻을 수밖에 없는 사람들은 필수아미노산이 결핍된다. 단백질 결핍의 가장 큰 희생자는 어린이들이며, 그들이 생존하더라도 신체적으로나 정신적으로 발달장애로 남을 가능성이 높다. 이 증후군은 '버림받은 자'를 뜻하는 가나어에서 유래한 콰시오르코르(kwashiorkor, 단백질열량부족증)라고 불리며, 아이들이 동생이 태어난 후 젖을 떼고 전분이 많은 식단으로 바뀌고 나면 발병하는 질병이다(**그림 21.18**).

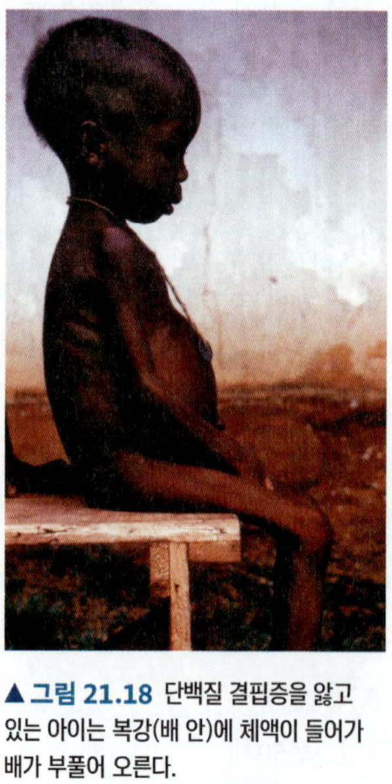

▲ **그림 21.18** 단백질 결핍증을 앓고 있는 아이는 복강(배 안)에 체액이 들어가 배가 부풀어 오른다.

때로는 영양 부족을 스스로 초래하기도 한다. 수백만 명의 터키인이 실제로 저체중임에도 불구하고 체중 증가에 대한 극심한 두려움으로 인해 스스로 절식을 하는 섭식장애인 신경성식욕부진증으로 고통을 받는다. 신경성폭식증은 폭식 후 구토를 하거나, 완하제를 남용해 배출을 하기도 하며, 과도한 운동을 하는 행동 패턴이다. 두 섭식장애 모두 체중에 대한 집착이라는 특징을 보이며 심각한 건강 문제와 심지어 사망까지 초래할 수 있다.

영양실조는 항상 빈곤이나 장애와 관련이 있는 것은 아니며, 영양가가 거의 없는 정크푸드(junk food)를 지속적으로 섭취할 때도 발생할 수 있다. 따라서 영양실조와 비만이 동시에 나타날 수 있다. 다음 절에서는 이러한 식습관을 진화론적 관점에서 살펴보고자 한다.

? 영양실조는 항상 음식에 대한 접근성이 부족해 발생하는가?

■ 아니다. 음식을 먹을 수 있는 사람이라도 (섭식장애와 마찬가지로) 여전히 영양실조 상태거나, 과식했지만 충분한 영양소가 부족할 수 있다.

21.19 비만의 문제는 우리의 진화적 배경을 반영한다

진화 연관성 **비만**(**obesity**)은 체중과 키의 비율, 즉 **체질량지수**(**body mass index, BMI**)의 값이 지나치게 높은 것으로 정의된다(**그림 21.19A**). 일반적으로 BMI가 25~29이면 과체중, 30 이상이면 비만으로 간주한다. 전체 미국인의 약 1/3은 비만이고, 또 다른 1/3은 과체중(정상과 비만 사이에 있는 BMI)이다. 비만은 2형 당뇨병, 심장혈관질환, 결장암 및 유방암 등의 건강 문제를 유발한다. 비만으로 인해 매년 30만 명이 사망하는 것으로 추정된다.

비만인이 늘어나면서 체중 조절 문제의 원인과 가능한 치료법에 대한 과학적 연구가 증가하고 있다. 유전은 비만의 한 가지 요인으로, 체중 조절을 위해 어떤 사람들은 다른 사람들보다 더 열심히 노력해야 하는 이유를 설명하는 데 도움이 된다. 비만을 더 잘 이해하기 위해 과학자들은 식욕과 우리 몸의 지방 저장을 조절하는 신호 경로를 연구하고 있다. 체중 조절 호르몬을 암호화하는 수십 개의 유전자가 확인됐다. 우리는 비만인 중 유전적으로 이러한 체중 조절 기작에 문제가 있는 사람들이 차세대의 약물로 치료될 가능성이 있다는 낙관적인 견해를 가지고 있다. 그러나 체중 조절을 위한 신체 시스템의 복잡성으로 인해서 현재까지 효과적인 치료법이 개발되지 못하고 있다.

사람의 체중 조절에 대해 잘 연구된 성분 중 하나는 포유류에서 장기적으로 식욕을 조절하는 호르몬인 렙틴(leptin)이다. 렙틴은 지방 세포에서 생성된다. 지방조직의 양이 증가하면 혈액 내 렙틴 수치가 상승하고, 이는 일반적으로 뇌에 식욕을 억제하라는 신호로 작용한다. 반대로 체지방이 감소하면 렙틴 수치가 감소해 뇌로 식욕 증가 신호를 보낸다. 과학자들은 렙틴 유전자의 결함을 물려받은 생쥐가 매우 비만해진다는 사실을 발견했다(**그림 21.19B**). 또한 렙틴이 결핍된 비만 생쥐에 렙틴을 주입하면 치료할 수 있다는 사실도 확인했다.

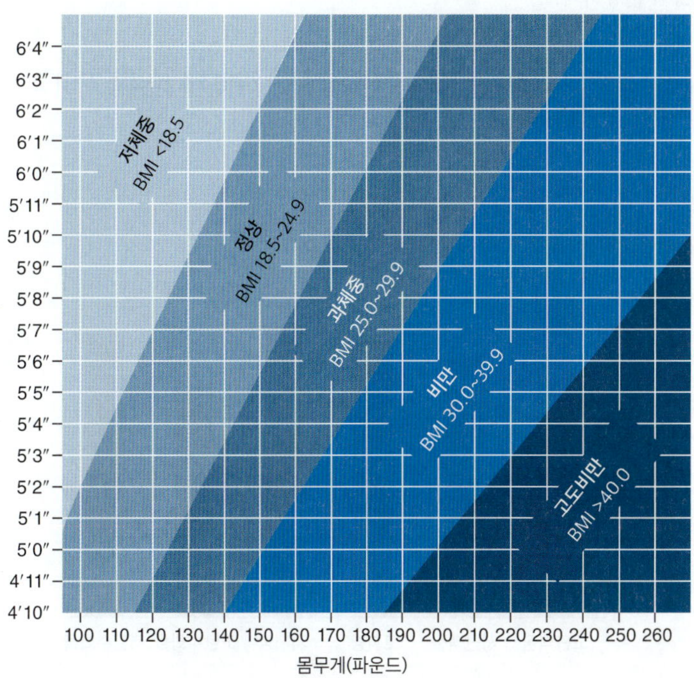

▲ **그림 21.19A** 체질량지수(BMI): 건강한 체중의 척도 중 하나

시도해 보기 자신의 BMI를 찾고, 각 범주에 속하기 위해 얼마나 체중을 늘리거나 줄여야 하는지 계산해 보자.

렙틴 유전자는 사람도 가지고 있어서 생쥐에서 렙틴 결핍 돌연변이가 발견되자 큰 관심이 모아졌다. 실제로 돌연변이 렙틴 유전자를 물려받은 비만 아동은 렙틴 치료 후 체중이 감소하는 결과를 확인했다. 그러나 상대적으로 비만인 중 이러한 돌연변이 렙틴 유전자를 가진 사람은 거의 없다. 실제로 대부분의 비만인은 비정상적으로 높은 수준의 렙틴을 가지고 있는데, 이는 렙틴이 지방조직에서 생성되므로 당연한 결과다.

현재 우리가 겪고 있는 비만과의 싸움은 진화의 역사에서 비롯된 결과일 수 있다. 우리 대부분은 감자튀김, 햄버거, 치즈, 아이스크림 등 지방이 많은 음식을 갈망한다. 지방 축적은 오늘날에는 건강에 해로울 수 있지만, 과거 진화 과정에서는 유리한 점이었을 수도 있다. 많은 사람들이 안정적인 식량 공급을 받을 수 있었던 것은 지난 100년 전부터다. 아프리카 사바나에 살았던 우리의 과거 조상들은 수렵 채집인이었고, 단백질이 풍부한 고기를 가끔씩 먹기도 했지만 겨우 살아갈 정도의 음식만 먹으며 살아갔을 것이다. 이러한 잔치와 굶주림의 삶에서 자연선택은, 어쩌다 있는 기름진 음식을 구할 수 있는 순간에 폭식할 수 있는 사람들이 살아가기에 유리했을 수 있다. 잔치 기간 동안 지방 저장을 촉진하는 유전자를 갖는 사람들은 그렇지 않은 사람보다 기근에서 살아남을 가능성이 더 높았을 수 있다.

따라서 지방과 당에 대한 현대인의 기호는 진화 역사에서 선택적 이점이 반영된 것일 수도 있다. 이것이 건강에 좋지 않다는 것을 알면서도, 다음 기근에 대비해 비축하는 고대의 생존 습관을 극복하기는 어려운 일이다.

? 렙틴 호르몬은 어떤 두 가지 방식으로 식욕을 조절하는가? 다음 중 비만인에게서 렙틴이 작동하지 않는 것으로 보이는 방식은 무엇인가?

■ 지방조직의 감소로 인한 렙틴의 감소는 식욕을 자극하고, 체지방 증가로 인해 생성되는 높은 수준의 렙틴은 식욕을 억제한다. 두 번째 기작이 일부 사람들에게는 작동하지 않는 것으로 보인다.

▲ **그림 21.19B** 식욕 억제 호르몬인 렙틴 유전자에 결함이 있는 생쥐(왼쪽), 정상 생쥐(오른쪽)

21.20 과학자들은 체중 감량 주장을 검증하기 위해 다양한 방법을 사용한다

과학적 사고

과학적인 접근을 통한 체중 감량 방법은 무엇인가?

도입부에서 설명했듯이, 우리 모두는 매우 다양한 체중 감량에 대한 주장에 둘러싸여 있다. 최근 몇 년 동안 많은 인기 있는 체중 감량 방법은 탄수화물 섭취를 줄이는 데 초점을 맞추고 있다. '저탄수화물' 식단을 따르는 사람들은 종종 식단에서 설탕, 빵, 과일, 감자를 빼고 대신 치즈, 견과류, 육류로 대체한다. 이러한 식단은 인기가 급증하고 있다. 실제로 미국인들은 저탄수화물 다이어트 보조제와 식품에 연간 150억 달러를 지출한다.

하지만 다이어트 계획에 대한 주장의 타당성을 어떻게 평가할 수 있을까? 영양학 분야에서는 이러한 질문을 조사한다. 많은 영양학 연구는 역학 조사를 통해 집단 내에서 사람의 건강과 질병을 연구한다. 역학 연구를 통해 건강과 식단 사이의 연관성을 찾을 수 있었다. 예를 들어, 2011년에 발표된 한 연구에서는 건강한 캐나다 성인 4,451명의 체질량지수(BMI, 그림 21.19A 참고)를 측정하고 매일 자체 보고를 통해 그들의 식단을 추적했다(**표 21.20**). 참가자들은 얼마나 많은 탄수화물을 섭취했는지(하루에 섭취한 탄수화물 그램으로 측정)에 따라 사분위수로 분류됐다. 이 역학 연구 결과, 탄수화물을 가장 적게 먹는 하위 사분위수(탄수화물을 가장 적게 먹는 사람)의 비만율이 가장 높았고, 탄수화물을 가장 많이 먹는 상위 사분위수의 비만율이 낮은 것으로 나타났다. 즉, 탄수화물 섭취량이 많을수록 비만 위험이 낮아지는 것으로 나타났다. 이 연구에서 저탄수화물 다이어트는 체중 감량이 아닌 체중 증가를 초래했다! 이러한 데이터를 어떻게 해석해야 할까?

역학 조사에서 중요한 사실 중 하나는 과학자들이 상관관계(이 경우, 낮은 탄수화물 섭취량이 더 높은 비만 위험과 연관됨)와 인과관계(저탄수화물 식단이 체중 증가를 유발함)를 구분해야 한다는 것이다. 두 인자가 서로 영향을 미치는 것처럼 보인다고 해서 실제로 영향을 미친다는 의미는 아니다. 그렇다면 저탄수화물 다이어트의 유용성에 대한 결론을 어떻게 도출할 수 있을까?

이러한 혼란을 없애기 위한 한 가지 방법은 역학 조사처럼 연구자의 인위적인 개입 없이 자연스러운 행동만을 관찰하는 것이 아니라, 연구 참여자의 조건을 조절하는 통제된 실험을 수행하는 것이다. 예를 들어, 2009년 하버드 공중보건대학 연구진이 수행한 연구에서는 과체중 성인 811명을 대상으로 총 섭취 칼로리 중 지방, 단백질, 탄수화물 비율이 서로 다른 식단 중 하나를 섭취하도록 했다. 모든 식단의 하루 평균 총칼로리는 같았지만, 그 칼로리의 원천(지방, 단백질, 탄수화물)은 그룹에 따라 다르게 했다. 2년 후, 총 체중 감소량을 기록하고 식단 간 비교를 실시했다(**그림 21.20**).

이 데이터는 두 가지 흥미로운 사실을 보여준다. 첫째, 모든 그룹의 구성원은 2년의 실험 기간 동안 적당하게 체중이 감소했다. 둘째, 모든 그룹에서 비슷한 양의 체중이 감소했다. 실제로 그룹 간 체중 감소량에는 통계적으로 유의미한 차이가 없었다. 각 식단의 총칼로리는 같았고, 칼로리 공급원(예: 탄수화물 대 지방)에 관계없이 동일한 체중 감소를 가져왔다. 이 데이터는 탄수화물(또는 지방이나 단백질)을 줄이거나 한 종류의 음식을 많이 먹는 것이 아니라 칼로리를 줄이는 것이 체중 감소를 가져온다는 것을 시사한다. 이러한 관점에서 보면 앞서 설명한 역학 연구의 데이터가 좀 더 이해가 된다. 탄수화물 섭취량이 가장 높은 사람(상위 사분위수)이 총 칼로리 섭취량이 가장 낮고 비만 비율이 가장 낮은 것으로 나타났다.

전체적인 교훈은 놀라울 정도로 간단하다. 체중을 줄이려면 칼로리 소비를 줄이자. 여기에 적당한 운동을 통해 더 많은 칼로리를 태운다. 따라서 가장 합리적인 슬로건은 이것이다. 체중을 줄이려면 덜 먹고 더 많이 운동하자!

표 21.20 탄수화물 섭취와 비만

탄수화물 섭취량별 순위	하위 사분위수	제2 사분위수	제3 사분위수	상위 사분위수
탄수화물 섭취량 (그램/일)	179	234	269	319
총칼로리(kcal/일)	2,214	2,313	2,303	2,140
과체중 또는 비만 비율(%)(BMI ≥ 25)	65%	54%	51%	51%

자료: A. T. Merchant et al., Carbohydrate intake and overweight and obesity among healthy adults, *Journal of the American Dietetic Association* 109: 1165-72 (2009). Data taken from within paper and a subset of Table 2.

? 총 칼로리 섭취량과 체중 감소 사이의 상관관계와 인과관계를 제시하는 2개의 문장을 작성하시오.

■ 1. 적은 칼로리 섭취와 체중 감량은 함께 진행된다.
2. 칼로리 섭취를 줄이면 체중이 감소한다.

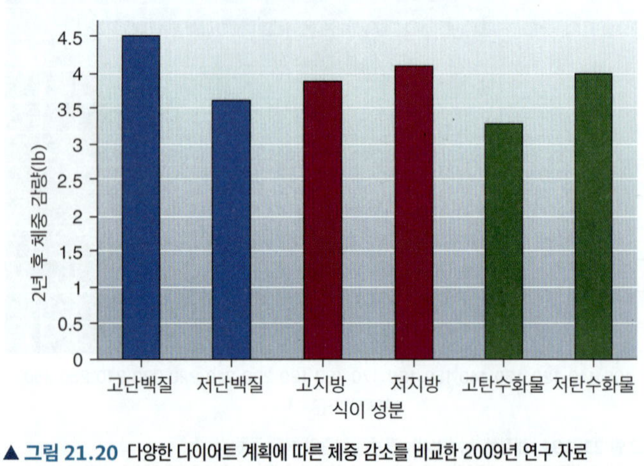

▲ **그림 21.20** 다양한 다이어트 계획에 따른 체중 감소를 비교한 2009년 연구 자료

자료: F. M. Sacks et al., Comparison of weight-loss diets with different compositions of fat, protein, and carbohydrates, *The New England Journal of Medicine*, 360: 589 (2009). Data taken from Figure 1.

21.21 식단은 심장혈관질환 및 암 발생에 영향을 줄 수 있다

▲ 그림 21.21 건강에 도움이 되는 식품

연결 식단은 단지 체형만이 아니라 훨씬 더 많은 것에 영향을 미친다. 또한 심장혈관질환과 암을 비롯한 심각한 질병의 발병 위험에 중요한 역할을 한다. 가족력과 같은 심장혈관질환과 관련된 일부 위험 요인은 피할 수 없지만, 흡연, 운동 부족, 식습관 등 다른 위험 요인은 행동에 의해 영향을 받는다. 예를 들어, 포화 지방이 많은 식단은 높은 혈중 콜레스테롤과 관련이 있으며, 이는 다시 심장혈관질환과 관련이 있다.

콜레스테롤은 입자의 형태, 즉 수천 분자의 콜레스테롤과 다른 지질이 단백질에 결합된 형태로 혈액을 통해 운반된다. **저밀도 지질단백질(low-density lipoprotein, LDL)**이라고 불리는 콜레스테롤 운반 입자의 혈중 수치가 높으면 일반적으로 혈관 막힘, 고혈압 및 심장마비 발생 경향과 연관성이 있다. LDL과 달리 **고밀도 지질단백질(high-density lipoprotein, HDL)**이라고 불리는 콜레스테롤 입자는 혈관 막힘의 위험을 감소시킬 수 있는데, 이는 HDL이 과도한 콜레스테롤을 간으로 운반해 분해하기 때문이다. 일부 연구에 따르면 LDL을 줄이면서 HDL을 유지 또는 증가시키면 심장혈관질환의 위험이 낮아진다고 한다. '좋은' 콜레스테롤 수치를 높이려면 어떻게 해야 할까? 운동을 더 많이 하면 HDL 수치가 높아지는 경향이 있다. 흡연은 HDL 수치를 낮추는 것으로 밝혀졌기 때문에 금연을 해야 한다.

'나쁜' 콜레스테롤을 낮추려면 어떻게 해야 할까? LDL 수치를 높이는 경향이 있는 포화 지방이 많은 식단을 피해야 한다. 포화 지방은 달걀, 버터와 같은 유제품, 대부분의 육류에서 발견된다. 포화 지방은 인위적으로 포화('수소화')된 식물성 기름에서도 발견된다. 식물성 기름을 고체화하는 수소화 공정으로 트랜스지방이라는 지방 유형을 생성한다. 트랜스지방의 건강 위험성이 밝혀지면서 2018년까지 모든 일부 수소화된 경화유를 식품에서 제거해야 한다는 새로운 요구사항으로 이어졌다(3.9절). 반면, 연어와 같은 지방이 많은 생선, 특정 견과류, 대부분의 액체 식물성 기름에서 발견되는 것과 같은 불포화 지방을 주로 섭취하면 LDL 수치를 낮추고 HDL 수치를 높이는 데 도움이 된다. 이러한 기름은 또한 항산화 효과가 있어 혈관 막힘을 예방하는 데 도움이 되는 비타민E와 심장혈관질환을 예방하는 것으로 보이는 오메가-3 지방산의 중요한 공급원이기도 하다.

식단은 특정 암 발생 위험에도 영향을 미치는 것으로 보인다(11.18절 참고). 일부 연구에 따르면 지방이나 탄수화물이 많은 식단과 유방암 발병률 사이에 연관성이 있는 것으로 나타났다. 포화 지방이나 붉은 고기가 풍부한 식단은 주름창자암(결장암)과 전립샘암의 발생과 관련이 있다. 다른 음식은 암을 예방하는 데 도움이 될 수 있다. 예를 들어, 일부 과일과 채소(**그림 21.21**)에는 항산화제, 즉 자유 라디칼(free radical)로 알려진, 손상 분자로부터 세포를 보호하는 데 도움이 되는 화학물질이 풍부하다. 특히 항산화 물질이 풍부한 식품으로는 베리류, 콩류, 견과류, 말린 과일, 녹차 및 홍차, 적포도주, 다크 초콜릿 등이 있다. 항산화 식품과 암 사이의 연관성은 과학자들에 의해 여전히 논의 중이다.

과학자들에 의해서 영양과 건강을 연구하는 데 많은 진전이 있었음에도 불구하고, 둘 사이의 연관성을 입증하는 통제된 실험을 설계하는 것은 종종 어려운 일이다. 참가자의 건강을 해칠 수 있는 실험은 명백히 비윤리적이다. 일부 연구는 연구자의 개입 없이 참가자가 보고한 음식 섭취량에 의존할 수밖에 없으며, 또한 참가자 기억의 정확성이 결과에 영향을 미칠 수 있다. 21.20절에서 배운 것처럼 과학자들은 특정 음식 문화 또는 생활 방식과 집단의 건강 특성과의 연관성을 연구하는 역학 연구를 종종 수행한다. 예를 들어, 프랑스에 사는 많은 사람들은 고지방 식단을 섭취하고 와인을 마시지만, 미국인보다 비만과 심장병 발병률이 낮다. 연구자들은 이와 같은 명백한 모순을 발견하면, 그러한 다른 변수를 통제하고 관찰 결과의 원인이 되는 인자를 찾아보고자 시도한다. 예를 들어, 프랑스인이 식사량이 적고, 보다 신선하고 덜 가공된 음식을 더 많이 먹고, 간식을 덜 먹는다는 것이다.

대규모의 통제된 임상시험에서도 결과가 모순되거나 결정적이지 않을 수 있다. 예를 들어, 폐경 후 여성 약 4만 9,000명을 대상으로 8년간 진행된 연구에 따르면 저지방 식단은 유방암과 대장암의 위험을 감소시키는 결과를 얻는 데 실패했으며, 심장혈관질환 발생률에도 영향을 미치지 않는 것으로 나타났다. 그러나 저지방 식단을 섭취한 그룹에서는 저밀도 지질단백질과 콜레스테롤 수치가 약간 감소했다.

음식과 건강의 관계는 복잡하며, 우리는 아직 많은 것을 조사해야 한다. 미국암협회(American Cancer Society, ACS)는 **표 21.21**의 식단 지침을 따르고 신체 활동을 병행하면 암 위험을 낮추는 데 도움이 될 수 있다고 제안한다. 미국암협회의 주요 권장 사항은 '식물에서 유래한 다양한 건강 식품을 섭취하는 것'이다.

표 21.21 암 위험 감소를 위한 식이 지침

평생 동안 건강한 체중을 유지한다.
다양한 과일과 채소를 매일 다섯 가지 이상 섭취한다.
가공된(정제된) 곡식보다는 통곡물을 선택한다.
가공육과 붉은 육류의 섭취를 제한한다.
알코올성 음료를 마시는 경우 하루 최대 1~2잔(1잔 = 맥주 355 ml, 와인 120 ml 또는 80% 증류주 45 ml)으로 제한한다.

? 혈중 콜레스테롤이 심장혈관계에 미치는 악영향을 최소화하려면 LDL은 (높이고/낮추고), HDL은 (높이는/낮추는) 것이다.

■ 낮추고, 높이는

CHAPTER

21 복습

개념 복습하기

먹이 섭취와 처리(21.1~21.3)

21.1 동물은 다양한 방법으로 먹이를 얻고 섭취한다. 동물은 초식동물, 육식동물 또는 잡식동물일 수 있으며 부유물, 기질, 액체 또는 대량섭식을 통해 먹이를 얻을 수 있다.

21.2 개요 : 먹이 처리과정은 4단계로 진행된다. 4단계는 섭취, 소화, 흡수, 제거다.

21.3 소화는 전용구역에서 일어난다. 음식물은 식포, 입구가 하나인 위수강, 또는 입에서 항문까지 이어지는 소화관에서 특수한 부위를 따라 소화될 수 있다.

사람 소화계(21.4~21.13)

21.4 사람 소화계는 소화관과 부속 기관으로 구성된다. 연동운동의 리드미컬한 근육 수축은 소화관을 통해 음식물을 짜낸다.

21.5 소화는 구강에서 시작된다. 치아는 음식물을 잘게 부수고, 침은 음식물을 적시고, 침 속의 효소는 녹말의 가수분해를 시작한다. 혀는 음식 덩어리를 인두로 밀어 넣는다.

21.6 삼켜진 음식은 연동운동에 의해 식도를 통해 위로 이동한다. 삼킴 반사는 음식물을 식도로 이동시키고 기관으로 넘어가지 않도록 한다.

21.7 하임리히 구명법은 생명을 구할 수 있다. 이 처치는 질식 시 인두 또는 기관에서 음식물을 제거할 수 있다.

21.8 위는 음식을 저장하고 위산과 효소로 음식을 분해한다. 위액의 펩신은 단백질을 소화하기 시작한다.

21.9 소화기 질환에는 위산 역류와 위궤양이 포함된다.

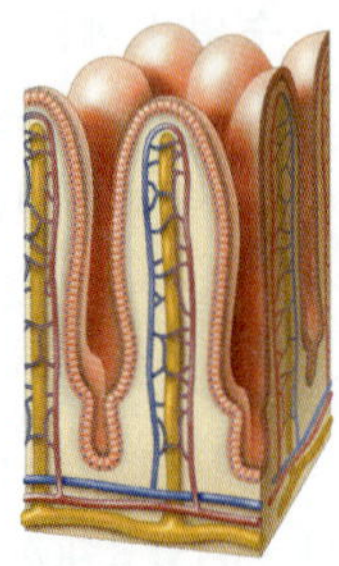

21.10 작은창자는 화학적 소화 및 영양소 흡수의 주요 기관이다. 이자와 장벽의 세포에서 나오는 효소가 음식물 분자를 소화한다. 간에서 만들어져 쓸개에 저장되는 쓸개즙은 지방을 유화시켜 효소의 작용을 도와준다. 장 내벽의 주름과 손가락 모양의 융모(미세융모)는 흡수된 영양분이 모세혈관과 림프관으로 이동하는 면적을 넓혀준다.

21.11 간은 창자에서 나온 혈액을 처리하고 해독한다. 간은 혈액의 영양소 수준을 조절하고, 알코올과 약물을 해독하며, 혈액 단백질을 합성한다.

21.12 큰창자는 물을 흡수하고 대변을 단단하게 한다. 주름창자에 있는 일부 박테리아는 비타민을 생산한다. 대변은 배설되기 전에 곧창자에 저장된다.

21.13 척추동물 소화계의 진화적 적응은 음식과 관련 있다. 초식동물은 육식동물보다 소화관이 길고 셀룰로오스 분해 미생물을 수용하는 구획을 가지고 있을 수 있다.

영양(21.14~21.21)

21.14 동물의 먹이는 충분한 에너지를 제공해야 한다. 식단은 화학 에너지, 생합성을 위한 원료, 필수영양소를 제공해야 한다. 에너지 소비율인 물질대사율에는 기초대사율(BMR)과 다른 활동에 사용되는 에너지가 포함된다.

21.15 동물의 먹이에는 필수영양소가 반드시 포함돼야 한다. 필수지방산은 식단에서 쉽게 얻을 수 있다. 8가지 필수아미노산은 동물성 단백질 또는 식물성 식품의 조합에서 얻을 수 있다.

21.16 사람의 식단에는 비타민과 무기질이 포함돼야 한다. 비타민은 유기 영양소이며, 대부분 조효소로 작용한다. 무기질은 다양한 역할을 하는 무기질 영양소다. 다양한 식단은 일반적으로 이러한 영양소에 대한 RDA를 충족한다.

21.17 식품 라벨은 영양 정보를 제공한다.

21.18 영양 결핍에는 여러 가지 원인이 있을 수 있다. 영양소나 칼로리가 부족한 식단인 영양실조는 심각한 건강 문제를 일으킬 수 있다. 단백질 결핍은 전 세계적으로 영양실조의 가장 흔한 원인이다.

21.19 비만의 문제는 우리의 진화적 배경을 반영한다. 비만(너무 높은 체질량지수로 정의)의 급격한 증가는 운동 부족과 지방이 많은 음식의 풍요로움과 관련이 있으며, 부분적으로는 지방 비축이라는 진화적 이점에서 비롯된 것일 수 있다.

21.20 과학자들은 체중 감량 주장을 검증하기 위해 다양한 방법을 사용한다. 역학은 식단과 개체군의 건강 특성을 연관시킨다. 특정 다이어트 계획의 효과를 확인하기 위해 통제된 실험을 사용할 수 있다.

21.21 식단은 심장혈관질환 및 암 발생에 영향을 줄 수 있다. HDL과 LDL의 비율은 식단의 영향을 받는다.

개념 연결하기

1. 아래 그림에서 사람의 소화계의 각 부분을 표시하고, 각 기관과 샘의 기능을 설명하시오.

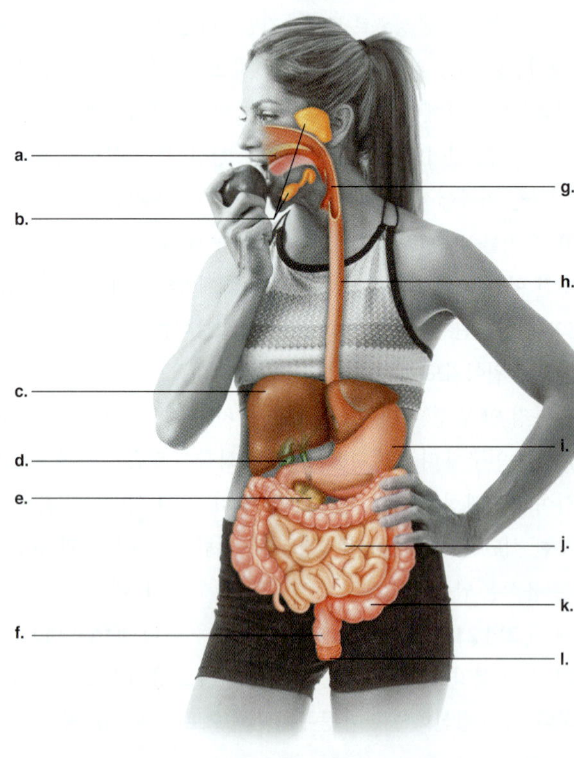

2. 건강한 식단을 통해 충족되는 동물의 영양 요구량을 요약한 다음 표를 완성하시오.

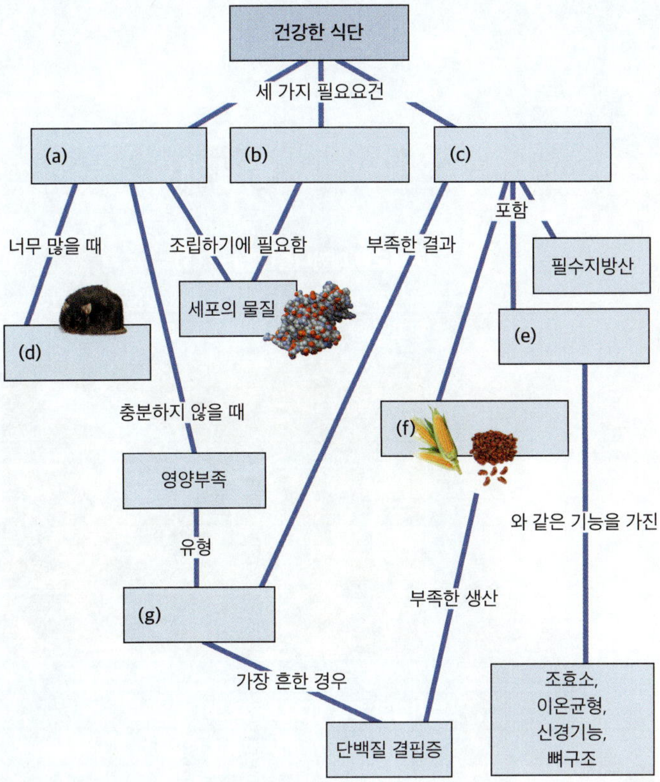

학습 평가하기

1단계 : 지식과 이해력 평가

3. 기질 섭식자인 지렁이는
   a. 주로 무기질 기질을 먹고 산다.
   b. 토양에서 작은 개체를 걸러낸다.
   c. 많은 양의 음식을 섭취하는 대량섭식자다.
   d. 부분적으로 썩은 유기물을 토양으로부터 얻는다.
4. 위액의 과도한 분비는 ________에 의해 감소할 수 있다.
   a. 혈중 가스트린 수치의 증가
   b. 혈중 가스트린 수치의 감소
   c. 좋아하는 음식을 보거나, 냄새를 맡거나, 맛보는 것
   d. 단백질이 풍부한 음식이 식도에서 위로 들어가는 것을 억제하는 것
5. 다음 중 물질과 구성하는 무기질이 일치하는 것은?
   a. 헤모글로빈—황
   b. 갑상샘호르몬—요오드
   c. 핵산—철
   d. 단백질—인

2단계 : 응용과 분석력 평가

6. 다음 중 틀린 설명은?
   a. 포화 지방이 많은 식단은 높은 혈중 콜레스테롤과 관련이 있다.
   b. HDL은 간으로 운반돼 과도한 콜레스테롤을 분해한다.
   c. LDL은 혈관을 막고 심장마비를 일으키는 경향이 있다.
   d. 식물성 기름을 탈수소화하면 고형화돼 트랜스지방이 생성되며 건강에 위험을 초래할 수 있다.
7. 항생제와 비스무트의 조합이 박테리아 성장으로 인한 위궤양에 효과적인 치료법으로 간주되는 이유는 무엇인가?
   a. 박테리아를 제거해 치유를 촉진한다.
   b. 펩신의 분비를 막는다.
   c. 위식도역류병의 문제를 완화한다.
   d. 과도한 염산 분비를 방지한다.
8. 땅콩버터와 잼 샌드위치에는 탄수화물, 단백질, 지방이 함유돼 있다. 샌드위치를 먹으면 어떤 일이 일어나는지 설명하시오. 섭취, 소화, 흡수 및 제거에 대해 설명하시오.
9. 오른쪽 영양성분 라벨을 참고해 질문에 답하시오.
   a. 1컵 제공량에는 하루 지방 권장량의 몇 퍼센트가 들어 있는가?
   b. 이 제품은 비타민A와 칼슘의 좋은 공급원인가? 설명해 보시오.
   c. 지방은 그램당 9칼로리를 생성한다. 포화 지방 그램과 하루 영양소 기준치(%)를 기준으로 하루 2,000칼로리 식사를 하는 사람이 섭취해야 하는 포화 지방의 상한선(그램 및 칼로리 단위)을 계산하시오.

Nutrition Facts
8 servings per container
Serving size 2/3 cup (55g)

Amount per serving	
Calories	**230**
	% Daily Value*
Total Fat 8g	**10%**
Saturated Fat 1g	**5%**
Trans Fat 0g	
Cholesterol 0mg	**0%**
Sodium 160mg	**7%**
Total Carbohydrate 37g	**13%**
Dietary Fiber 4g	**14%**
Total Sugars 12g	
Includes 10g Added Sugars	**20%**
Protein 3g	
Vitamin D 2mcg	10%
Calcium 260mg	20%
Iron 8mg	45%
Potassium 235mg	6%

* The % Daily Value (DV) tells you how much a nutrient in a serving of food contributes to a daily diet. 2,000 calories a day is used for general nutrition advice.

3단계 : 종합평가

10. 비만을 유발하는 기름진 음식을 먹고 싶은 욕구는 자연선택을 통해 어떻게 진화해 왔을까?
11. 의사들이 심장혈관질환 환자에게 불포화 지방이 많은 음식을 섭취하라고 조언하는 이유는 무엇인가?
12. 언론은 특정 식품, 건강 보조 식품 및 식단의 장점과 위험성에 대한 수많은 주장과 반론을 보도한다. 언론에서 전하는 영양 정보에 따라 식습관을 수정한 적이 있는가? 수정한 이유는, 또는 수정하지 않았다면 그 이유는 무엇인가? 그러한 영양 주장이 타당한지 어떻게 평가해야 하는가?
13. 미국인의 15%가 항상 충분한 식량을 확보하지 못하는 것으로 추정된다. 전 세계적으로 10억 명 이상의 사람들이 밤에 배고픈 채 잠들며, 최근 수십 년 동안 수백만 명의 사람들이 굶어 죽었다. 전쟁, 농작물 수확량 감소, 전염병으로 인해 식량이 부족한 경우도 있다. 하지만 많은 사람들은 식량 부족의 원인이 식량 생산 부족이 아니라 불평등한 식량 분배에 있다고 말한다. 국가는 자국민을 먹일 책임이 있는가? 다른 나라 국민에게 식량을 나누어줄 책임이 있는가? 세계 기아를 줄이기 위해 여러분은 무엇을 할 수 있다고 생각하는가?
14. **과학적 사고** 몇 가지 인간의 형질과 관련해 상관관계와 인과관계의 연관성을 생각해 보자. 예를 들어, 주근깨와 빨간 머리는 상관관계가 있는가? 인과관계가 있는가? 이 개념은 사람의 영양 연구와 어떤 관련이 있는가? 비만과 관련된 사람들 내에서 상관관계가 있는가? 각각을 설명해 보시오.

CHAPTER

22 기체교환

핵심 개요

기체교환 메커니즘(22.1~22.5)

기체교환은 아가미, 기관계, 폐와 같은 호흡기관의 얇고 습한 표면에서 일어난다.

사람의 호흡계(22.6~22.9)

공기는 가지 관을 통해 폐로 이동하여 기체가 혈액과 교환된다.

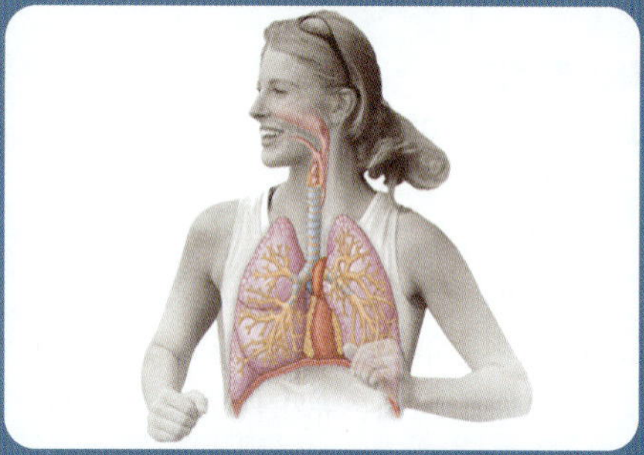

인체 내 기체의 운반(22.10~22.12)

순환계는 O_2를 신체 조직으로 운반하고 CO_2를 폐로 되돌려 보낸다.

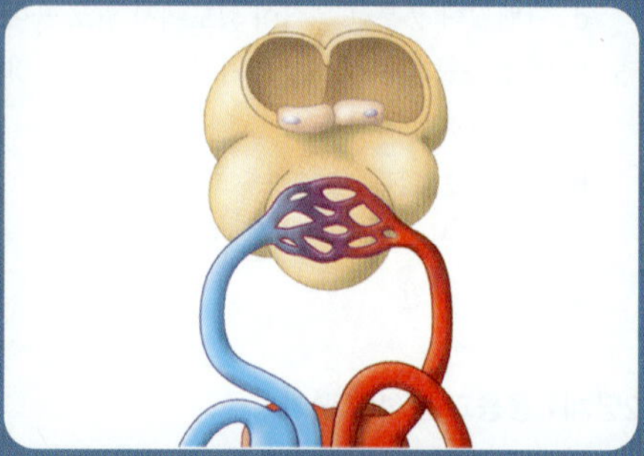

22.0 전자담배의 안전성에 대한 추가 조사가 필요하다

1965년 담뱃갑에 경고 문구가 처음 등장하기 전에는 흡연이 무해한 즐거움으로 널리 여겨졌다. 그러나 연구자들은 흡연이 미국에서 예방 가능한 질병과 사망의 주요 원인이라는 사실을 결정적으로 밝혀냈다.

사진 속 담배와 같은 전자담배는 흡연의 쾌감을 주는 니코틴이 포함된 액체를 기화시키는 배터리 구동식 장치다. 전자담배는 연소하는 담배의 독성 연기를 없애기 때문에 많은 흡연자가 보다 안전한 대안으로 전자담배를 채택하고 있다. 그러나 니코틴은 중독성이 강하고 청소년과 젊은 성인의 뇌 발달에 장기적인 영향을 미칠 수 있다. 또한 전자담배의 향을 내는 데 사용되는 일부 화학물질은 호흡기 질환과 관련이 있는 것으로 알려져 있다. 전자담배는 흡연으로 인한 치명적인 피해에 대한 해결책일까, 아니면 아직 밝혀지지 않은 건강 위험을 초래할까? 이러한 질문에 대한 확실한 해답을 얻으려면 수년간의 연구가 필요할 수 있다.

기체교환은 동물과 동물의 환경 사이에서 O_2와 CO_2가 교환되는 것을 말한다. 이 장에서는 동물에서 진화한 다양한 유형의 기체교환 시스템을 살펴본다. 그런 다음 사람의 호흡기 시스템을 자세히 살펴본다.

기체교환 메커니즘

22.1 사람의 기체교환은 호흡, 기체 운반 및 신체 세포와의 교환을 말한다

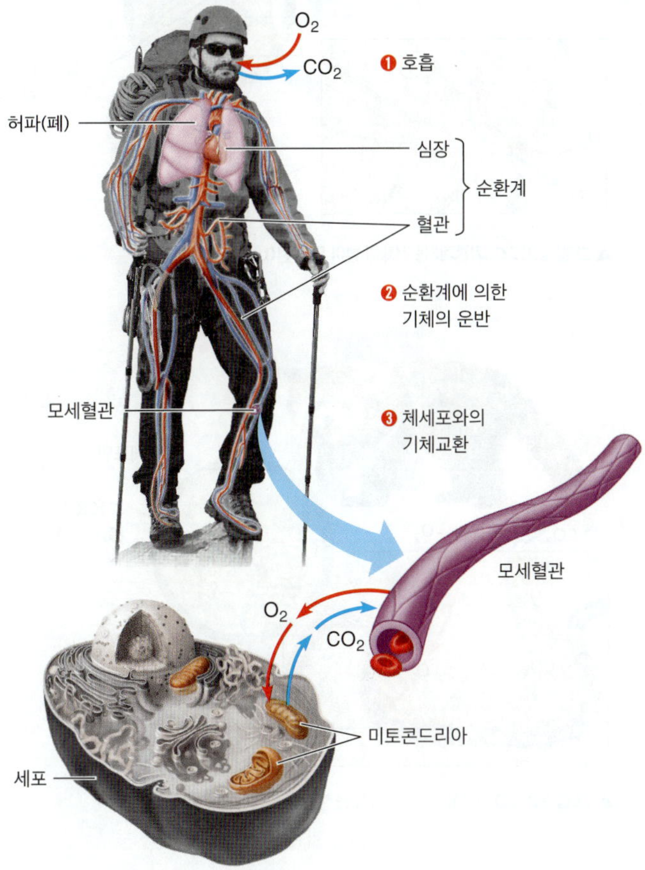

▲ **그림 22.1** 사람의 기체교환의 세 단계

유기체와 환경 사이의 산소(O_2)와 이산화탄소(CO_2)의 교환인 **기체교환(gas exchange)**을 통해 소화계가 제공하는 음식물 분자로부터 에너지를 수확할 수 있다. **그림 22.1**은 사람과 폐를 가진 다른 동물의 기체교환의 세 단계에 대한 개요를 보여준다.

❶ 호흡(숨쉬기): 숨을 들이마시면 크고 촉촉한 내부 표면이 폐로 들어오는 공기에 노출된다. O_2는 폐를 감싸고 있는 세포를 가로질러 주변 혈관으로 퍼진다. 동시에 CO_2는 혈액에서 폐로 확산된다. 숨을 내쉴 때 CO_2는 몸에서 빠져나간다.

❷ 순환계에 의한 가스 운반: 혈액 속으로 확산된 O_2는 적혈구의 헤모글로빈에 달라붙는다. 그림의 붉은 혈관은 O_2가 풍부한 혈액을 폐에서 신체 조직의 모세혈관으로 운반하고 있으며, CO_2 또한 혈액으로 운반되어 조직에서 다시 폐로 운반되어 그림에 표시된 파란색 혈관을 통해 운반된다.

❸ 체세포와 기체교환: 세포는 혈액에서 O_2를 흡수하여 CO_2를 혈액으로 방출한다. 미토콘드리아에서 일어나는 세포호흡 과정에서 O_2는 연료의 단계적 분해에서 최종 전자수용체다(6.5절 참조). 이 과정에서 세포 활동에 동력을 제공하는 ATP가 생성되며, CO_2와 H_2O은 노폐물이다.

우리가 숨을 쉴 때 일어나는 기체교환을 흔히 호흡이라고 하는데, 이 교환을 세포호흡(cellular respiration)과 혼동하지 말자. 세포호흡은 O_2의 지속적인 공급과 CO_2의 폐기가 필요하다. 기체교환은 우리 몸의 세포에 서비스를 제공하는 데 있어 호흡계와 순환계가 모두 관여한다.

? 사람은 O_2 없이는 몇 분 이상 생존할 수 없다. 왜 그런가?

■ 세포가 기능하기 위해 충분한 ATP를 생성하려면 세포호흡을 위해 O_2를 꾸준히 공급해야 한다. ATP가 충분하지 않으면 세포와 생명체는 죽는다.

22.2 동물은 촉촉한 체표면을 통해 O_2와 CO_2를 교환한다

동물의 신체에서 환경과의 기체교환이 일어나는 부분은 호흡표면(respiratory surface)으로 구성되어 있으며, 모든 세포와 마찬가지로 원형질막이 젖어 있어야 제대로 기능할 수 있다. 따라서 호흡표면은 항상 촉촉하다.

기체교환은 확산에 의해 일어난다. 호흡표면의 표면적은 신체의 모든 세포가 충분히 O_2를 접촉할 수 있을 만큼 충분히 커야 한다. 일반적으로 세포 한 층이 호흡표면을 형성한다. 이 얇고 촉촉한 층은 O_2가 순환계나 신체 조직으로 빠르게 확산해서 들어가거나 CO_2를 밖으로 내보낼 수 있다.

그림 22.2 A~D는 외부 환경과의 기체교환이 일어나는 네 가지 유형의 호흡기 구조를 단순화한 형태로 보여준다. 각 그림에서 원은 호흡표면을 통과하는 동물의 신체 단면을 나타낸다. 노란색 영역은 호흡표면을 나타내고, 녹색의 바깥쪽 원은 기체교환에 거의 또는 전혀 역할을 하지 않는 체표면을 나타낸다. 네모로 확대된 그림은 호흡표면에서 일어나는 기체교환을 보여준다.

일부 동물은 표피 전체를 기체교환에 사용한다. **그림 22.2A**의 지렁이가 그 예다. 단면도는 지렁이의 체표면(body surfaces) 전체가 노란색으로 표시되어 있으며 기체교환 표면으로 사용한다. 산소는 피부 바로 아래에 있는 얇은 벽의 모세혈관(capillary)으로 이루어진 조밀한 네트워크로 확산된다. 지렁이와 다른 피부로 호흡하는 동물은 체표면 전체를 촉촉하게 유지해야 하기 때문에 습한 곳이나 물속에서 살아야 한다. 피부로만 숨쉬는 동물은 일반적으로 몸집이 작고, 길고 가늘거나

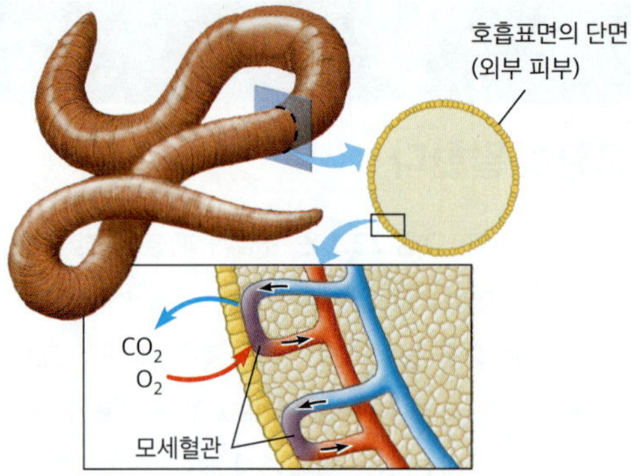

▲ **그림 22.2A** 피부: 외부 체표면

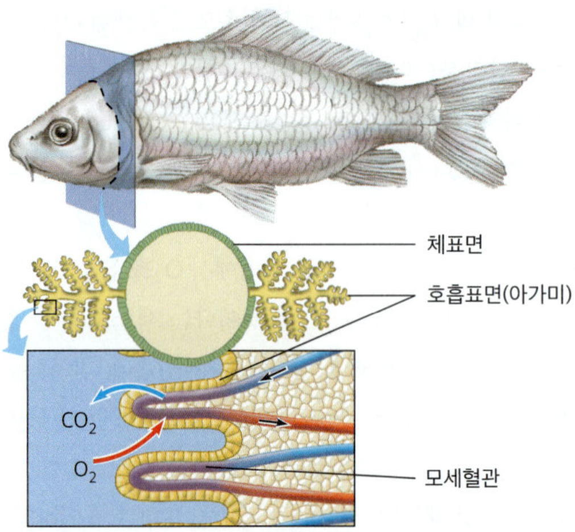

▲ **그림 22.2B** 아가미: 체표면의 연장선

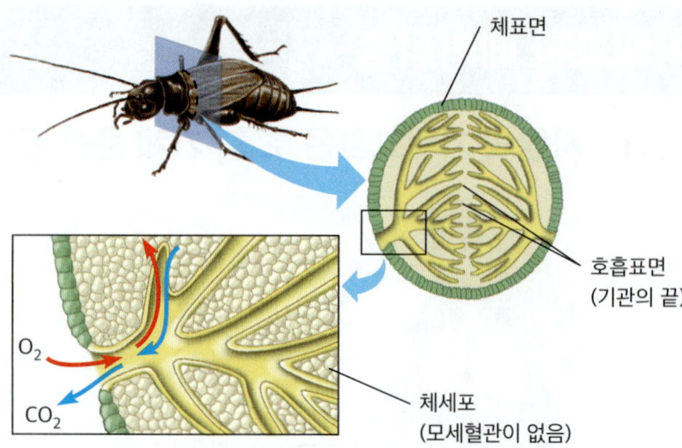

▲ **그림 22.2C** 기관계: 몸 전체에 뻗어 있는 관(tube)

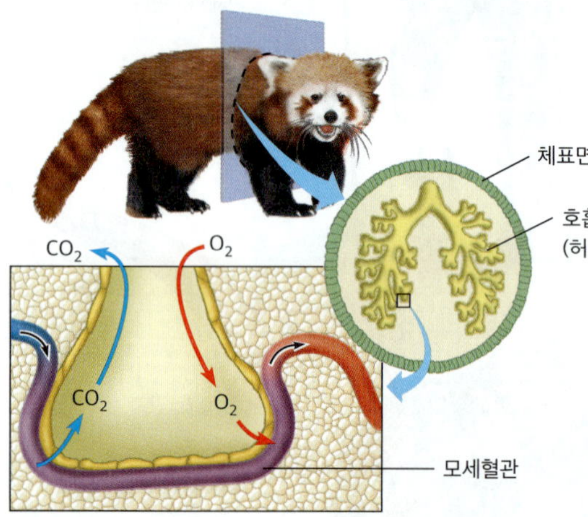

▲ **그림 22.2D** 폐(허파): 내부의 얇은 벽으로 둘러싸인 주머니

납작한 형태가 많다. 이러한 형태는 호흡표면과 체적의 비율이 높기 때문에 몸의 모든 세포가 충분한 기체교환을 할 수 있다.

대부분 동물의 피부 표면은 몸 전체에 기체교환을 할 수 있을 만큼 충분히 넓지 않다. 대신, 신체의 특정 부분은 넓은 표면적을 가진 고도로 분지된 호흡표면으로 적응되었다. 이러한 기체교환 기관에는 아가미, 기관계, 폐가 있다. 많은 동물은 호흡표면을 통한 물이나 공기의 흐름인 **환기량(ventilation)**을 개선하는 적응을 가지고 있다. 예를 들어, 방사형 지느러미 어류(그림 19.3D 참조)의 아가미뚜껑(operculum)의 움직임은 아가미 위로 물을 통과시킨다. 이 흐름을 증가시키면 O_2의 신선한 공급과 CO_2의 제거가 보장된다.

아가미(gill)는 일부 환형동물, 연체동물, 갑각류, 어류를 포함한 대부분의 수생 동물에서 진화했다. 아가미는 기체교환에 특화된 체표면의 연장 또는 돌출부위다. 많은 해양 벌레는 각 체절(body segment)에서 뻗어 있는 덮개 모양의 아가미를 가지고 있다. 조개와 가재의 아가미는 몸의 한쪽에 위치해 있다. 어류(**그림 22.2B**)는 머리 양쪽에 깃털처럼 생긴 아가미가 있다. 확대한 그림에서 볼 수 있듯이, 아가미 표면을 통해 물과 혈액 사이에서 가스가 확산된다. 수생 동물의 호흡표면은 주변의 물로 확장되기 때문에 표면을 촉촉하게 유지하는 것은 문제가 되지 않는다.

대부분의 육상 동물은 호흡표면이 몸 밖으로 돌출되어 있지 않고 몸 안으로 접혀 있다. 접힌 표면은 좁은 관을 통해서만 공기에 개방되는데, 이는 호흡표면의 세포가 기능하는 데 필수적인 수분을 유지하도록 도와주는 구조다.

곤충의 **기관계(tracheal system, 그림 22.2C)**는 끝 부분에 호흡표면을 형성하는 얇고 촉촉한 상피를 가진 내부 관으로 이루어진 광범위한 분지 시스템이다. 22.4절에서 다루겠지만, 가장 작은 가지들은 체세포와 직접 기체를 교환한다. 따라서 곤충의 기체교환은 순환계의 도움이 필요하지 않다.

대부분의 육상 척추동물은 촉촉한 상피로 안을 감싸는 내부 주머니인 **허파(lung, 폐)**를 가지고 있다(**그림 22.2D**). 그림에서 알 수 있듯이 폐의 내부 표면은 광범위하게 세분화되어 넓은 호흡표면을 형성한다. 기체는 순환계에 의해 폐와 신체 세포 사이로 운반된다.

다음 몇 개의 절에서는 아가미, 기관, 허파를 더 자세히 살펴본다.

? 아가미 또는 허파의 호흡기 표면 구조는 그 기능에 어떻게 부합하는가?

■ 이러한 호흡표면은 촉촉하고 얇기 때문에 기체가 호흡표면을 가로질러 밀접하게 연결된 모세혈관 안팎으로 쉽게 퍼져 나갈 수 있다. 모세혈관은 고도로 분지되거나 세분화되어 있어 교환할 수 있는 넓은 표면적을 제공한다.

22.3 아가미는 수중 환경에서의 기체교환에 적응해 있다

물에는 용존 기체로서 O_2가 포함되어 있다. 그러나 물에 녹아 있는 O_2의 농도는 같은 부피의 공기에 있는 O_2의 약 3%에 불과할 정도로 낮다. 그리고 물이 따뜻하고 염분이 많을수록 O_2 함유량이 적다. 따라서 어류의 아가미, 특히 따뜻한 바다에 사는 크고 활동적인 어류의 아가미는 주변의 물에서 충분한 양의 O_2를 얻기 위해 매우 효율적이어야 한다. 이 효율성은 **역류교환**(**countercurrent exchange**), 즉 반대 방향으로 흐르는 두 유체 사이에서 산소와 같은 물질이 이동하는 과정을 통해 제공된다. 이 경우 유체는 물과 혈액이다.

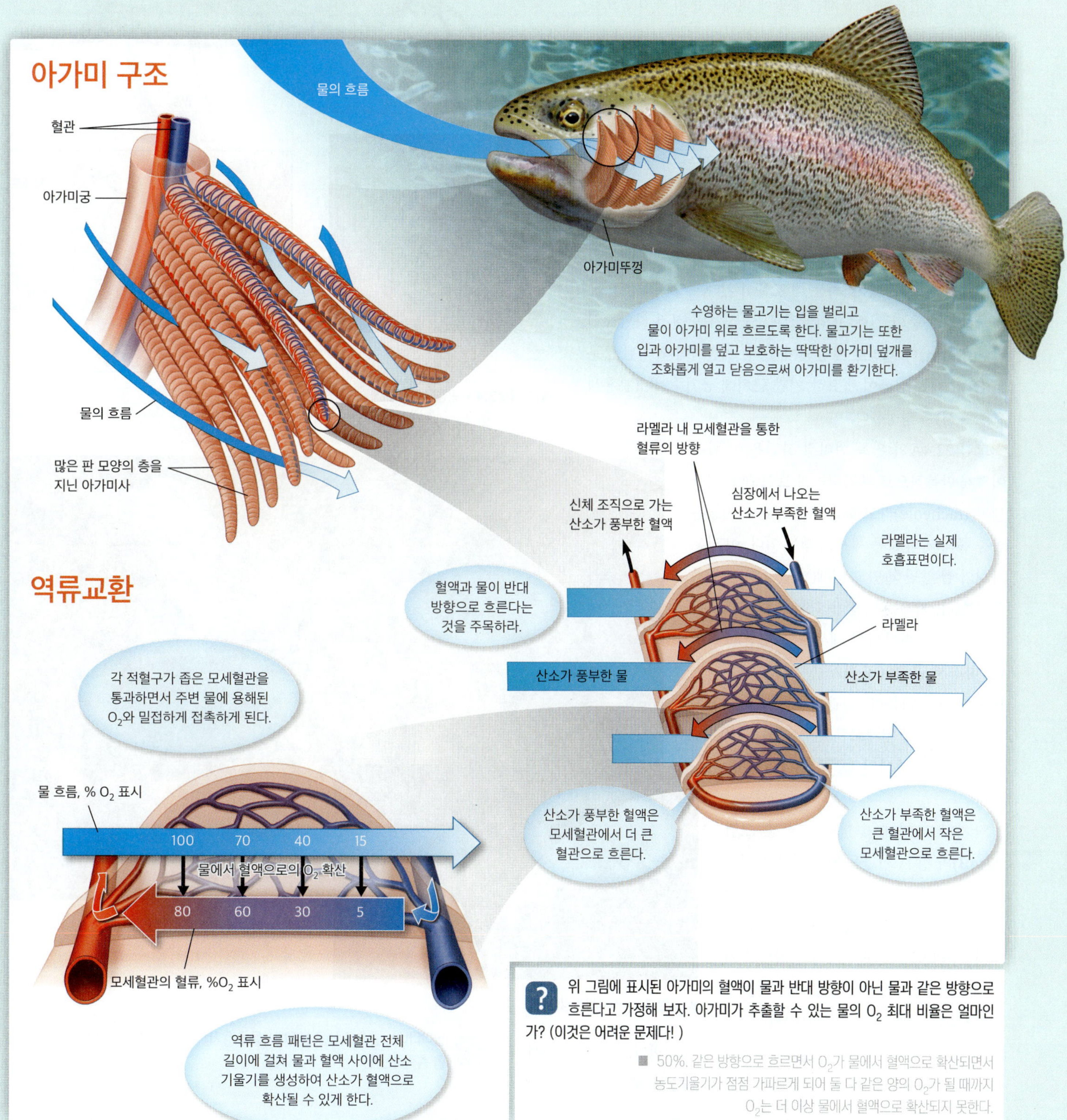

? 위 그림에 표시된 아가미의 혈액이 물과 반대 방향이 아닌 물과 같은 방향으로 흐른다고 가정해 보자. 아가미가 추출할 수 있는 물의 O_2 최대 비율은 얼마인가? (이것은 어려운 문제다!)

■ 50%. 같은 방향으로 흐르면서 O_2가 물에서 혈액으로 확산되면서 농도기울기가 점점 가파르게 되어 둘 다 같은 양의 O_2가 될 때까지 O_2는 더 이상 물에서 혈액으로 확산되지 못한다.

22.4 곤충의 기관계는 공기와 체세포 사이의 직접적인 교환을 제공한다

공기를 마시면 두 가지 큰 이점이 있다. 공기는 물보다 훨씬 높은 농도의 O_2를 함유하고 있으며, 공기는 물보다 훨씬 가볍고 이동하기 쉽다. 따라서 육상 동물은 호흡표면을 환기하는 수생동물보다 훨씬 적은 에너지를 소비한다. 그러나 공기로 호흡하는 동물이 직면한 주요 문제는 증발에 의해 수분이 공기 중으로 손실된다는 것이다.

몸 안의 작은 가지 관 끝에 호흡표면이 있는 곤충의 기관계는 증발로 인한 수분 손실을 크게 줄여준다. **그림 22.4A**는 메뚜기의 기관계를 보여준다. 그림 오른쪽 하단의 부풀려진 모습에서 볼 수 있듯이 **기관(tracheae)**이라고 하는 가장 큰 관은 몸통을 따라 간격을 두고 외부 개구부에 연결되어 있다. 각 기관의 끝에는 곤충이 수분을 보존하기 위해 개구부의 크기를 조절할 수 있는 밸브가 있다. 건조한 기후에서는 입구를 둘러싼 털도 수분 손실을 최소화하는 데 도움이 된다.

기관은 곤충의 겉뼈대(외골격)를 구성하는 질긴 다당류인 키틴(chitin)의 고리로 보강되어 있다. 기관지의 확대된 부분은 O_2의 대량 공급이 필요한 기관 근처에 공기주머니(분홍색으로 표시)를 형성한다.

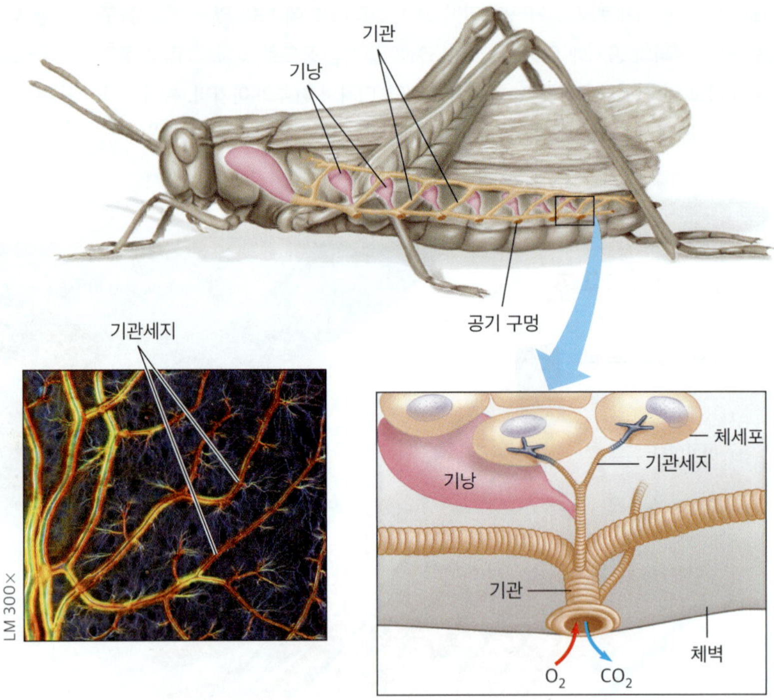

▲ 그림 22.4A 곤충의 기관계

그림 22.4A의 왼쪽 현미경 사진은 이 관이 어떻게 반복적으로 분기되는지 보여준다. 기관세지(tracheole)라고 하는 가장 작은 가지들은 곤충 몸의 거의 모든 세포로 뻗어 있다. 이 작은 가지의 끝은 닫혀 있고 액체(그림의 파란색)가 들어 있다. 기체는 이 끝을 감싸고 있는 촉촉한 상피를 통해 확산되어 체세포와 직접 교환된다. 따라서 곤충의 순환계는 가스를 운반하는 데 관여하지 않는다. 기관계의 미세하게 분지된 구조와 직접 기체교환 기능 사이의 연관성은 이번 주제인 **구조와 기능**의 좋은 예다.

▲ 그림 22.4C 비행 중인 메뚜기

▲ 그림 22.4B 애벌레 나방

작거나 느리게 움직이는 곤충(**그림 22.4B**)의 경우, 기관을 통한 확산은 세포호흡을 유지하기에 충분한 O_2가 유입된다. 큰 곤충은 풀무처럼 기관을 압축하고 확장하는 리드미컬한 신체 움직임으로 기관계를 환기할 수 있다. 비행 중인 곤충(**그림 22.4C**)은 매우 높은 물질대사율을 가지며, 정지 상태보다 10~200배 더 많은 O_2를 소비한다. 많은 곤충에서 비행 근육의 수축과 이완이 번갈아 가며 기관계를 통해 공기를 빠르게 펌프질을 한다.

? 날아다니는 곤충은 높은 물질대사율을 유지하기 위해 어떻게 늘어난 산소 요구량을 충족하는가?

■ 비행 근육의 리드미컬한 수축과 이완이 펌프 역할을 하여 기체교환의 증가율을 높인다.

22.5 허파의 진화는 사지동물의 육지에의 상륙을 촉진했다

진화 연관성 척추동물이 육지에 군락을 형성한 것은 생명의 역사에서 중요한 이정표 중 하나였다. 지느러미에서 다리가 진화한 것은 신체 설계의 가장 명백한 변화일 수 있지만, 허파 호흡이 정교해진 것도 그에 못지않게 중요했다. 지느러미에서 다리로 진화하는 과정에서 골격의 변화는 의심할 여지 없이 필요했지만, 육지에서 호흡하기 위한 허파의 진화에도 골격의 변화가 필요했다. 흥미롭게도, 현재의 화석 증거는 사지동물(tetrapod) 조상의 앞지느러미와 어깨 뼈(shoulder girdle)의 초기 변화가 얕은 물속의 어류가 공기를 마시기 위해 몸을 위로 밀어 올릴 수 있는 호흡 적응이었을 수 있다는 가설을 뒷받침한다.

고생물학자들은 사지동물의 진화에서 수많은 과도기적 형태를 발견했다(19.4절 참조). 일부 연구자들이 농담 삼아 "발이 달린 어류(fishapods)"라고 부르는 사지동물이 얕은 물에서 처음 진화한 것은 분명해 보인다. 이 고대 형태는 아가미와 허파를 모두 가지고 있었다. 그들의 화석에서 분명한 공기 호흡을 위한 적응은 강하고 길쭉한 주둥이를 가진 평평한 두개골과 근육질의 목과 어깨를 포함하여 동물이 물에서 벗어나 지지대가 없는 공기 중으로 머리를 들어 올릴 수 있게 해주었다. 아래턱의 강화는 초기의 공기 호흡 사지동물이 허파를 부풀리기 위해 사용했을 것으로 추정되는 펌프질 동작을 촉진했을 수 있으며, 오늘날 개구리는 여전히 이 펌프질 동작을 사용하고 있다. 3억 7,500만 년 전의 틱타알릭(*Tiktaalik*) 화석(**그림 22.5**)은 이러한 공기 호흡에의 적응의 일부를 보여준다.

▲ **그림 22.5** 틱타알릭 화석과 살아 있는 동물의 모습을 재구성한 모습

육지에 출현한 최초의 사지동물은 양서류, 파충류(조류 포함), 포유류의 세 가지 주요 계통으로 나뉘었다. 대부분의 양서류는 작은 허파를 가지고 있으며 체표면을 통한 가스 확산에 크게 의존한다. 파충류와 포유류는 기체교환을 위해 폐에 의존한다. 일반적으로 폐의 크기와 복잡성은 동물의 물질대사율, 따라서 산소 요구량과 상관관계가 있다. 예를 들어, 높은 물질대사율로 높은 체온을 유지하는 조류와 포유류의 허파는 비슷한 크기의 양서류 및 조류를 제외한 파충류(nonbird)의 폐보다 교환 표면적이 훨씬 넓고 물질대사율이 훨씬 낮다.

다음은 포유류의 호흡기를 살펴본다.

? 공기 호흡을 위한 적응은 사지동물의 진화와 어떻게 연결될 수 있는가?

■ 화석 증거에 따르면 목, 어깨뼈, 팔다리 뼈의 변화는 초기 사지동물 조상이 물 위로 머리를 들어 공기를 마시는 데 도움이 되었을 수 있다.

사람의 호흡계

22.6 포유류에서 가지가 있는 관은 흉강에 위치한 허파로 공기를 전달한다

모든 포유류와 마찬가지로 폐는 가슴, 즉 가슴안(chest cavity, thoracic cavity, 흉강)에 위치하고 있으며 이를 지지하는 가슴우리(rib cage, 흉곽)에 의해 보호된다. **가로막(diaphragm**, 횡격막)이라고 불리는 근육으로 인해 가슴안은 배안(abdominal cavity, 복강)과 분리되어 있다. 가로막이 허파의 환기를 어떻게 돕는지는 22.8절에서 다룬다.

그림 22.6은 사람의 호흡기를 보여준다(방향을 위해 식도 및 심장과 함께). 공기는 콧구멍을 통해 호흡기로 들어온다. 공기는 코털에 의해 걸러지고, 따뜻해지고, 축축해지고, 비강(nasal cavity)의 미로 같은 공간을 흐르면서 냄새물질을 맡는다. 입을 통해 공기를 들이마실 수도 있지만, 입으로 호흡하는 것은 비강에서 공기를 처리할 수 없다.

비강이나 입에서 공기는 공기와 음식물이 통과하는 공통 통로인 **인두(pharynx)**로 들어간다. 음식을 삼키면 **후두(larynx**, 호흡관의 윗부분)가 위로 이동하고 **후두덮개(epiglottis)**가 **기관(trachea**, windpipe)의 입구, 즉 기도로 기울어진다(그림 21.6A 참조). 나머지 시간에는 숨쉬기를 위해 인두의 공기 통로가 열려 있다.

후두는 흔히 소리상자라고 불린다. 숨을 내쉴 때 나오는 공기는 후두에 있는 한 쌍의 **성대(vocal cord)**를 지나가게 되고, 성대를 늘리는 근육을 자발적으로 긴장시켜 진동시킴으로써 소리를 낼 수 있다. 성대가 팽팽하게 늘어나서 매우 빠르게 진동할 때 고음을 낼 수 있다. 성대가 덜 긴장하면 천천히 진동하여 저음을 낸다.

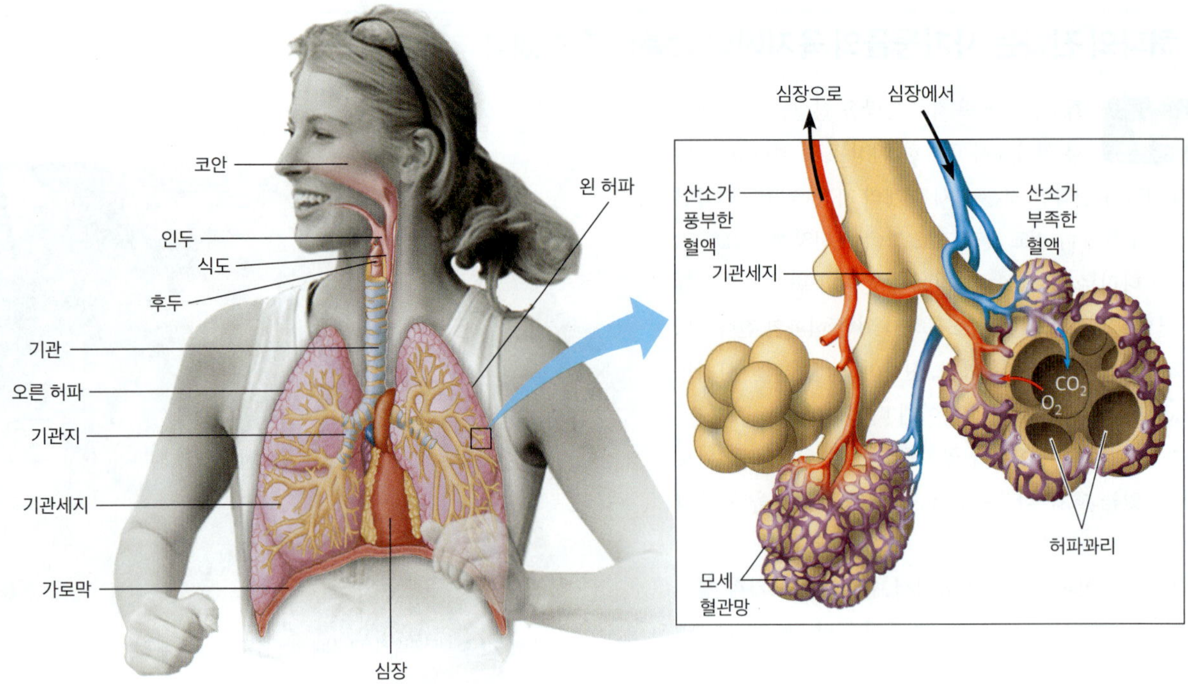

▲ **그림 22.6** 인체 호흡계(왼쪽)의 해부학과 허파꽈리의 세부 구조(오른쪽)

시도해 보기 손가락을 사용하여 코 통로에서 모세혈관까지의 공기 경로를 따라가면서 각 구조의 이름과 설명을 적어보시오.

후두에서 공기는 기관으로 들어간다. 고리 모양의 물렁뼈는 후두와 기관의 벽을 보강하여 기도 부분을 개방된 상태로 유지한다. 기관은 2개의 **기관지(bronchi**, 단수는 bronchus)로 갈라져 각 허파로 연결된다. 허파 안의 기관지는 **기관세지(bronchiole)**라고 불리는 더 가늘고 미세한 관으로 반복적으로 분기된다. 기관지염은 이 작은 관에 염증이 생기고 수축되어 호흡이 어려워지는 질환이다.

그림 22.6의 오른쪽 확대 그림에서 볼 수 있듯이, 기관지는 **허파꽈리(alveoli**, 단수는 alveolus, 폐포)라고 불리는 포도송이 같은 공기주머니의 집합체로 이루어져 있다. 허파에는 이러한 작은 주머니가 수백만 개씩 들어 있다. 허파꽈리의 표면적을 모두 합치면 약 100제곱미터로 피부의 50배에 달한다. 각 허파꽈리의 안쪽 표면에는 얇은 상피세포층이 늘어서 있다. 흡입된 공기가 허파꽈리에 도달하면 O_2가 상피세포의 축축한 막에 용해된다. 그런 다음 상피를 가로질러 각 허파꽈리를 둘러싸고 있는 촘촘한 모세혈관망으로 퍼져 나간다. 모세혈관과 허파꽈리 사이의 이러한 밀접한 연관성은 CO_2 또한 모세혈관에서 허파꽈리의 상피를 지나 허파꽈리로, 그리고 마지막으로 날숨으로 퍼져 나갈 수 있게 한다.

호흡기의 주요 기관지는 섬모로 덮인 촉촉한 상피와 얇은 점액막으로 둘러싸여 있다. 섬모와 점액은 호흡기의 청소 시스템이다. 움직이는 섬모는 먼지, 꽃가루 및 기타 오염물질이 갇힌 점액을 인두 위로 이동시켜 삼키게 한다.

호흡기관의 문제 허파꽈리는 매우 작고 벽이 얇아서 표면장력으로 인해 촉촉한 표면이 달라붙을 수 있기 때문에 **표면활성제(surfactant)**라는 특수한 분비물이 없으면 허파꽈리가 부풀어 오를 수 없다. 표면활성제의 생산은 태아 발달 후기까지 시작되지 않기 때문에 예정일보다 6주 이상 일찍 태어난 아기는 흡입 시 허파꽈리를 부풀리는 데 어려움을 겪는 경우가 많다. 이러한 미숙아를 치료하기 위해 인공 표면활성제를 호흡관을 통해 투여한다.

허파꽈리는 공기 중에 있는 오염물질에 매우 취약하다. 방어하는 백혈구가 허파꽈리를 돌며 외부 입자를 삼켜버린다. 하지만 너무 많은 미세먼지가 허파꽈리에 도달하면 이 작은 주머니의 섬세한 내벽이 손상되고 기체교환 효율이 떨어진다. 연구에 따르면 미세 입자에 대한 노출과 조기 사망 사이에는 상당한 연관성이 있는 것으로 나타났다. 대기 오염과 담배 연기는 이러한 폐를 손상시키는 입자의 두 가지 근원이다.

이러한 오염물질에 노출되면 폐에 지속적인 자극과 염증을 유발하여 만성 폐쇄성 폐질환(chronic obstructive pulmonary disease, COPD)으로 이어질 수 있다. 만성 폐쇄성 폐질환은 만성 기관지염과 폐기종의 두 가지 주요 상태를 말한다. 폐기종에서는 허파꽈리의 섬세한 벽이 영구적으로 손상되고 허파꽈리가 숨을 내쉴 때 공기를 배출하는 데 도움이 되는 탄력을 잃게 된다. 만성 폐쇄성 폐질환은 폐의 환기 및 기체교환 기능을 모두 심각하게 손상시킨다. 환자는 호흡곤란, 기침, 잦은 허파 감염을 경험한다. 만성 폐쇄성 폐질환은 미국에서 장애와 사망의 주요 원인이다.

? 기관지에 먼지나 꽃가루가 흡입되지 않도록 하는 것은 무엇인가?

■ 기도 내벽에는 섬모와 끈적끈적한 점액이 있어 호흡으로 들어온 오염물질을 가둔다. 섬모의 운동은 오염물질이 묻은 점액을 인두로 이동시켜 삼키게 함으로써 기관지를 이물질로부터 보호하는 역할을 한다.

22.7 경고: 흡연은 건강에 해롭다

과학적 사고 흡연과 건강 사이의 관계에 대한 연구는 시간이 지남에 따라 과학자들이 질문에서 시작하여 잠정적인 대답으로 나아가고 거의 확실하게 말할 수 있는 결론에 도달하는 방법을 보여주는 예다. 흡연의 영향에 대한 조사는 폐암(lung cancer) 발생이 가파르게 증가하는 원인을 찾기 위해 시작되었다(그림 22.7). 1900년 이전에는 폐암은 전체 암 발생의 1% 미만을 차지하는 희귀한 질환이었다. 1940년에는 폐암이 암 사망의 두 번째 주요 원인이 되었다. 통계학자들이 폐암의 증가를 추적하면서 과학자들은 자동차 교통량 증가, 1918년 인플루엔자 대유행, 산업 화학물질에의 노출 등 가능한 원인을 고려하기 시작했다. 그러나 폐암 환자를 치료하는 의사들은 폐암 환자의 매우 높은 비율이 흡연자라는 것을 관찰했다. 연구자들은 흡연이 폐암 발병률 증가의 원인이라는 가설을 검증하기 시작했다.

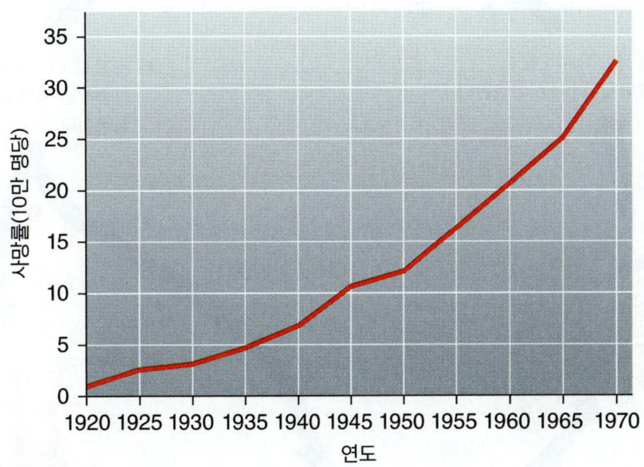

▲ **그림 22.7** 호흡기 계통의 암으로 인한 사망률

전자담배가 건강에 미치는 영향에 대해 얼마나 알고 있는가?

1964년, 여러 차례의 연구를 통해 축적된 과학적 증거를 바탕으로 미국 공중보건국장은 담배에 경고 문구를 표기할 것을 권고했다. 수많은 동물 실험을 통해 담배 연기에서 발견되는 화합물의 영향을 시험했다. 과학자들은 약 30건의 후향적 연구와 110만 명 이상 남성의 건강을 추적한 수십 년에 걸친 전향적 연구(1.5절 참조)에서 수천 명의 흡연자와 비흡연자의 세포, 조직, 기관의 생리학적 기능과 구조적 변화를 비교했다. 결론은 흡연이 폐암을 유발할 수 있다는 가설을 압도적으로 뒷받침했다. 담뱃갑에 건강 경고 문구가 처음 등장한 이후 수십 년 동안 수천 건의 연구를 통해 이러한 결론이 입증되었다.

22.0절에서 읽은 것처럼 많은 사람들이 전자담배를 일반 담배의 더 안전한 대안으로 여긴다. 담배는 건강에 심각한 위험을 초래하기 때문에 전자담배로 전환하는 흡연자에게는 사실일 수 있다. 하지만 전자담배는 무해할까? 담배 흡연이 폐암과의 연관성이 의심되기 전에도 수십 년 동안 널리 퍼져 있었으며, 그 연관성을 확실하게 입증하는 데 수십 년의 연구가 필요했다는 점을 고려해야 한다. 연구자들은 이제 막 전자담배와 관련된 잠재적 건강 위험을 조사하기 시작했다. 따라서 오늘날의 전자담배 사용자는 향후 전자담배의 영향에 대한 후향적 연구에서 통계가 될 수 있다.

? 흡연과 폐암 발생 사이의 연관성을 입증하는 증거는 무엇인가?

■ 동물 및 사람 대상 연구에 따르면 담배 연기에서 발견되는 화학물질이 세포 수준에서 생리학적 변화를 일으켜 폐암을 일으킬 수 있다고 한다.

22.8 음압호흡은 폐를 환기시킨다

호흡(breathing)은 들숨과 날숨을 번갈아 가며 허파를 환기시키는 것이다. 숨을 들이쉬고 내쉴 때 공기가 지속적으로 이동하면서 호흡표면의 높은 O_2 및 낮은 CO_2 농도를 유지한다. 사람과 다른 포유류의 경우, 환기는 공기를 허파로 끌어들이는 시스템인 **음압호흡(negative pressure breathing)**에 의해 발생한다.

음압호흡은 어떻게 작동할까? 핵심은 허파의 부피를 변화시켜 압력 기울기를 만드는 것이다(기체가 가하는 압력은 부피에 반비례한다는 것을 화학 시간에 배운 것을 기억할 것이다). 숨을 들이마시는 동안 갈비뼈 사이의 근육이 수축하여 갈비뼈가 위쪽으로 움직이고 가로막이 수축하여 아래쪽으로 이동한다(그림 22.8). 이러한 수축으로 인해 가슴우리의 부피가 확장된다. 자연적인 탄성을 가진 허파는 가슴우리와 함께 팽창한다. 허파꽈리의 기압이 감소하여 대기압보다 낮아지는데, 이 기작을 음압호흡이라고 부르는 이유다. 압력이 높은 영역에서 압력이

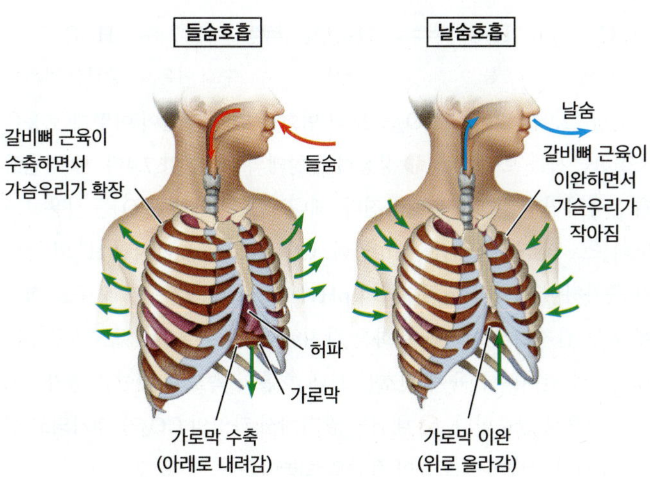

▲ **그림 22.8** 음압호흡

시도해 보기 그림을 사용하여 공기가 허파로 들어오고 나가는 원인을 설명하시오.

낮은 영역으로 이동하는 공기는 주변 대기에서 콧구멍을 통해 허파로 흘러 들어간다.

날숨은 압력 기울기를 반전시킨다. 갈비뼈 근육과 가로막이 이완되어 가슴우리의 부피가 줄어든다. 허파는 이완되고 늘어나지 않은 자세로 돌아간다. 그 결과 허파꽈리의 기압이 증가하면 공기가 호흡관을 통해 몸 밖으로 배출된다.

사람은 매년 400만에서 1,000만 번 숨을 쉰다. 조용히 숨을 쉴 때 각 호흡에 들어가는 공기의 양은 약 500밀리리터(mL)다. 호흡할 때마다 들이마시고 내뱉을 수 있는 최대 공기의 양을 **폐활량(vital capacity)**이라고 한다. 대학생 여성과 남성의 경우 각각 평균 약 3.4 L와 4.8 L다. 허파는 실제로 폐활량보다 더 많은 공기를 보유하고 있다. 허파꽈리가 완전히 붕괴되지 않기 때문에 최대한 많은 공기를 내뿜어도 폐에는 잔류공기가 남아 있게 된다. 폐는 나이가 들거나 폐기종과 같은 질병으로 인해 탄력성을 잃게 되면 날숨으로 빠져나가는 공기가 줄어들고, 폐활량을 희생하여 잔류공기량이 증가한다.

? 들숨은 능동적인 과정(노력이 필요한)인 반면 날숨은 일반적으로 수동적인 이유를 설명하시오.

■ 숨을 들이마실 때는 근육 수축을 통해 가슴우리가 확장되고, 숨을 내쉴 때는 근육이 이완된다.

22.9 호흡은 자동으로 제어된다

의식적으로 숨을 참거나 더 빠르고 깊게 숨을 쉴 수 있지만, 대부분의 경우 호흡은 불수의적(involuntary) 메커니즘에 의해 제어된다. 뇌의 일부인 연수(medulla oblongata)라는 부위의 신경회로는 호흡 리듬을 설정하는 한 쌍의 제어센터를 형성한다(**그림 22.9**). 수질에서 나오는 신경은 가로막과 갈비뼈 근육이 수축하도록 신호를 보내 숨을 들이마시게 한다. 숨을 들이마시는 사이에 근육이 이완되고 숨을 내쉰다. 휴식 중일 때는 이러한 신경 신호로 인해 분당 약 10~14회의 흡입이 이루어진다.

호흡조절중추(breath control center)는 체내환경의 변화에 대한 **정보**를 이용해 호흡 속도를 신체의 산소 요구량에 맞게 조정한다. 수질의 감지기는 뇌와 척수를 둘러싸고 있는 뇌척수액(cerebrospinal fluid)의 pH를 혈액 내 CO_2 수준을 나타내는 지표로 모니터링한다. pH를 이런 방식으로 사용할 수 있는 이유는 혈액 안의 CO_2가 뇌척수액의 pH를 결정하는 주요 인자이기 때문이다. CO_2는 혈액에서 뇌척수액으로 퍼져 나가 물과 반응하여 탄산(H_2CO_3)을 형성한다. H_2CO_3은 아래 그림과 같이 수소 이온(H^+)과 중탄산 이온(HCO_3^-)으로 분해된다.

$$CO_2 + H_2O \rightleftharpoons H_2CO_3 \rightleftharpoons H^+ + HCO_3^-$$

이산화탄소 / 물 / 탄산 / 수소 이온 / 중탄산 이온

그림 22.9는 혈액 내 CO_2 농도의 변화에 따라 수질이 어떻게 호흡을 조절하는지를 보여준다. ❶ 정상적인 혈액의 pH는 약 7.4다. ❷ 격렬하게 운동하면 물질대사가 빨라진다. 체내 세포는 더 많은 O_2를 사용하고 노폐물로 더 많은 CO_2를 생성한다. CO_2 농도가 높아지면 H^+의 농도가 증가하여 혈액과 뇌척수액의 pH가 낮아진다. ❸ 수질과 주요 혈관에 있는 감지기가 이러한 변화를 감지한다. ❹ 수질의 호흡조절중추는 가로막과 갈비뼈 근육에 신호를 보내 호흡의 속도와 깊이를 증가시키는 방식으로 반응한다. ❺ 내쉬는 공기에서 과잉의 CO_2가 제거되고 혈액의 pH가 상승하며 호흡이 정상으로 돌아온다.

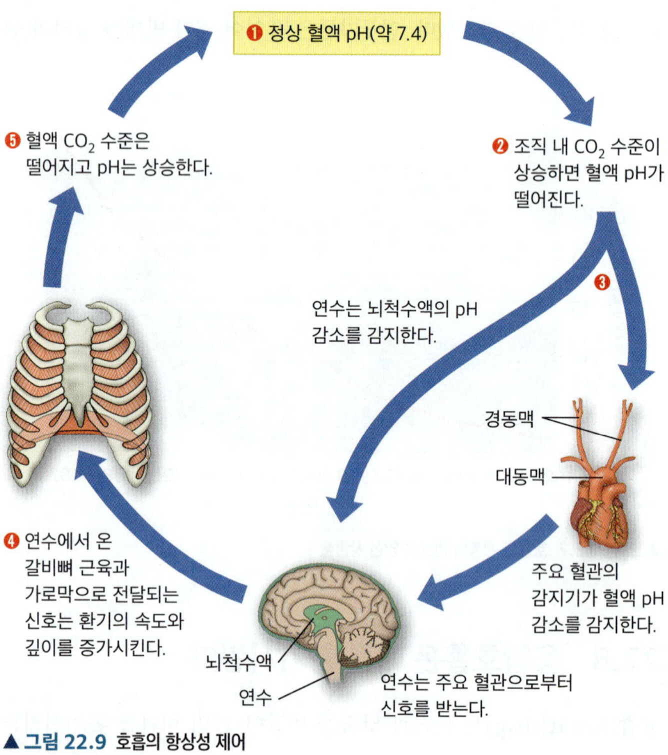

▲ **그림 22.9** 호흡의 항상성 제어

혈액 내 O_2 농도는 일반적으로 호흡조절중추에 거의 영향을 미치지 않는다. 그러나 센서는 심장을 떠날 때 동맥혈의 O_2 농도를 모니터링한다. O_2 농도가 매우 낮아지면 이 센서가 호흡조절중추에 신호를 보내고 호흡조절중추는 호흡 속도와 깊이를 증가시키는 방식으로 반응한다. 이러한 반응은 예를 들어 대기압이 너무 낮아 정상적인 호흡으로는 충분한 O_2를 얻을 수 없는 높은 고도에서 발생할 수 있다.

호흡수는 허파꽈리 모세혈관을 통해 혈액을 운반하는 순환계의 활동과도 조화를 이루어야 한다. 다음 절에서는 기체교환에서 순환계의 역할에 대해 알아본다.

? 운동 중 O_2의 필요성 증가는 호흡조절중추에서 어떻게 조절되는가?

■ 운동하는 동안 세포는 혈액에 더 많은 CO_2를 방출하여 탄산을 형성하고 혈액의 pH를 낮춘다. 호흡중추는 pH 감소를 감지하고 자극을 보내 호흡 속도를 증가시켜 더 많은 O_2를 공급한다.

인체 내 기체의 운반

22.10 혈액은 호흡 기체를 운반한다

산소는 허파에서 신체의 다른 모든 조직으로 어떻게 이동하고 이산화탄소는 조직에서 폐로 어떻게 이동하는가? 이러한 질문에 답하기 위해 조금 앞서서 인체 순환계의 기본 조직(23장의 주제)을 살펴볼 필요가 있다.

그림 22.10은 순환계의 주요 구성요소와 기체교환에서의 역할을 보여주는 도표다. 그림 중앙에 있는 심장부터 시작하겠다. 심장의 한쪽은 산소가 부족한 혈액(파란색)을 처리한다. 다른 쪽은 산소가 풍부한 혈액(빨간색)을 처리한다. 그림의 왼쪽 아래에서 볼 수 있듯이, 산소가 부족한 혈액은 신체 조직의 모세혈관에서 심장으로 되돌아간다. 심장은 이 혈액을 허파의 허파꽈리 모세혈관으로 펌프질한다. 허파꽈리의 공기와 모세혈관의 혈액(그림 위쪽) 사이에서 기체교환이 이루어진다. CO_2를 잃고 O_2를 얻은 혈액은 다시 심장으로 돌아와 신체 조직으로 펌핑된다.

모세혈관과 그 주변 세포 사이의 기체교환은 기체가 압력의 기울기를 따라 확산되면서 일어난다. 공기와 같은 기체의 혼합물은 압력을 가한다. 탄산음료 캔을 열 때마다 캔에 들어 있는 CO_2의 압력이 방출되는 것을 보면 기체 압력의 증거를 볼 수 있다. 혼합물에 포함된 각 종류의 기체는 혼합물 전체 압력의 일부를 차지한다. 따라서 각 기체에는 **분압(partial pressure)**이라는 것이 있다. 각 종류의 기체 분자는 다른 기체와 독립적으로 자신의 분압의 기울기를 따라 확산한다. 예를 들어 그림 아래쪽의 O_2는 분압이 높은 영역에서 낮은 영역으로 확산하기 때문에 산소가 풍부한 혈액에서 세포사이액(interstitial fluid, 간질액)을 거쳐 조직 세포로 이동한다. 조직 세포는 세포호흡으로 O_2를 소비하면서 기울기를 유지한다. 세포호흡의 노폐물로 생성된 CO_2는 자체 분압 기울기를 따라 조직 세포 밖으로 나가 모세혈관으로 확산된다. 분압 기울기의 고저에 의한 확산(높은 곳에서 낮은 곳으로)은 허파꽈리에서의 기체교환도 설명한다.

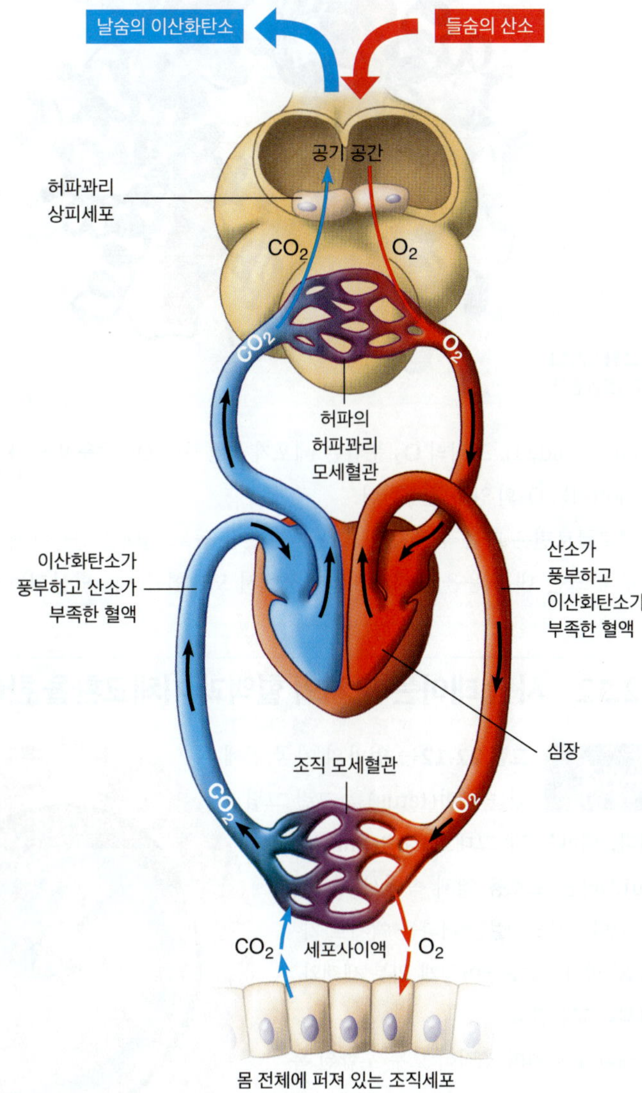

▲ **그림 22.10** 체내 기체 운반 및 교환

? 기체교환의 기본이 되는 물리적 과정은 무엇인가?

■ 각 기체의 분압 기울기에 따른 확산

22.11 헤모글로빈은 O_2와 CO_2를 운반하고 혈액을 완충한다

산소는 물에 잘 녹지 않으며, 대부분의 동물은 호흡색소(respiratory pigment)라는 단백질에 결합된 O_2를 운반한다. 이 분자는 독특한 색을 띠기 때문에 색소라는 이름이 붙었다. 많은 연체동물과 절지동물은 구리를 함유한 파란색의 색소를 가지고 있다. 거의 모든 척추동물과 많은 무척추동물은 철분을 함유한 **헤모글로빈(hemoglobin)**을 갖고 있는데, 이것이 O_2와 결합하면 붉은색으로 변한다.

각 적혈구에는 약 2억 5,000만 개의 헤모글로빈 분자로 가득 차 있다. 헤모글로빈 분자는 **그림 22.11**에서 보라색 음영으로 표시된 두 가지 유형의 폴리펩타이드 사슬 4개로 구성되어 있다. 각 폴리펩타이드에는 헴(heme, 그림에서 빨간색)이라는 화학 그룹이 부착되어 있으며, 그 중심에는 철 원자(회색)가 있다. 각 철분 원자는 하나의 O_2 분자와 결합한다. 따라서 모든 헤모글로빈 분자는 최대 4개의 O_2 분자를 운반할 수 있다. 헤모글로빈은 허파에서 O_2를 적하하여 몸의 조직으로 운반한다. 그곳에서 헤모글로빈은 세포의 O_2 요구에 따라 O_2의 일부 또는 전부를 내

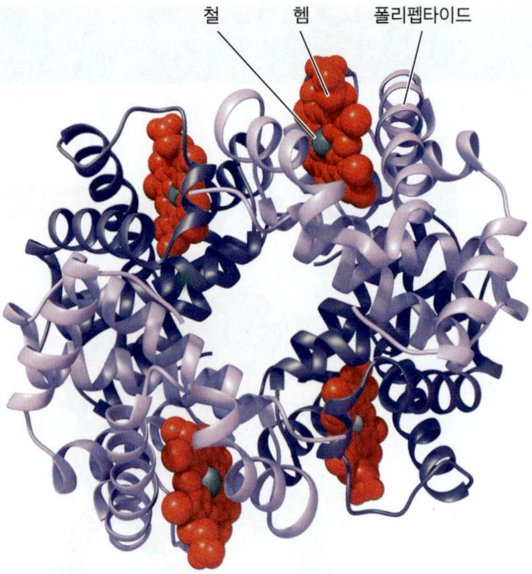

▲ 그림 22.11
헤모글로빈 분자

린다(unloaded). 조직의 O_2 분압은 세포가 사용하는 O_2 양을 반영하고 내려지는 O_2의 양을 결정한다.

헤모글로빈은 다목적 분자다. CO_2의 운반을 돕고 혈액을 완충용액으로 만드는 데 도움을 준다. 조직 세포에서 모세혈관으로 확산되는 CO_2의 대부분은 적혈구로 들어가며, 일부는 헤모글로빈과 결합한다. 나머지는 물과 반응하여 탄산(H_2CO_3)을 형성한 다음, 22.9절에 표시된 것처럼 수소 이온과 중탄산 이온(HCO_3^-)으로 분리된다. 이 반응으로 생성된 대부분의 H^+는 헤모글로빈과 결합하여 혈액의 pH 변화를 최소화한다. 중탄산 이온은 혈장(plasma)으로 확산되어 허파로 운반된다.

혈액이 허파의 모세혈관을 통해 흐르면 반응이 역전된다. 중탄산 이온이 H^+와 결합해 탄산을 형성하고, 탄산은 CO_2와 물로 전환되며, CO_2는 혈액에서 허파꽈리로 확산돼 날숨과 함께 몸 밖으로 빠져나간다.

우리는 혈류가 허파와 신체 조직 세포 사이에서 O_2와 CO_2를 어떻게 운반하는지 살펴봤다. 다음 절에서는 두 순환계 간의 기체교환이라는 특별한 경우를 고려한다.

? 혈액 내 대부분의 O_2는 ________ 세포 안에 있는 ________에 결합되어 운반되고, 반면에 대부분의 CO_2는 주로 혈장 안에서 ________ 이온의 형태로 운반된다.

■ 적혈구, 헤모글로빈, 중탄산

22.12 사람 태아는 모체의 혈액과 기체교환을 한다

연결 **그림 22.12**는 엄마의 자궁 안에 있는 태아(fetus)를 그린 그림이다. 태아는 말 그대로 양수(amniotic fluid)라는 보호용 액체 속에서 떠다니고 있다. 기능이 없는 허파는 액체로 가득 차 있다. 태아는 어떻게 외부 세계와 기체를 교환할까?

태아와 모체의 조직이 모두 포함된 복합 기관인 태반(placenta)을 통해 이루어진다. 태아의 탯줄에 있는 혈관에서 태반으로 뻗어 나온 모세혈관이 거대한 망을 형성한다. 이 모세혈관은 태반을 순환하는 모체 혈액과 기체를 교환하고, 산모의 순환계는 이 기체를 허파로 운반한다. 태아의 O_2 흡수를 돕는 태아의 헤모글로빈은 성인의 헤모글로빈보다 O_2와 더 강하게 결합한다.

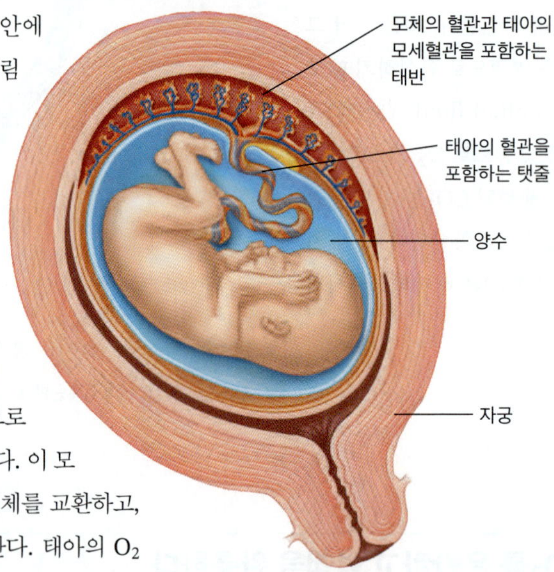

▲ 그림 22.12 자궁 속의 태아와 태반

흡연이 임신 중 건강에의 위협으로 간주되는 이유 중 하나는 태반에 도달하는 산소 공급을 최대 25%까지 감소시키기 때문이다. 낮은 산소 농도는 태아의 발달과 성장을 지연시켜 조산, 저체중아 출산, 뇌와 폐 결함의 발생률을 높인다. 담배 연기를 피하면 산모와 아기 모두의 건강을 보호할 수 있다.

아기가 태어나면 어떤 일이 일어나는지 살펴보자. 분만 직후, 산모와 태반의 기체교환이 중단되고 아기의 허파가 작동하기 시작한다. 이때 이산화탄소가 신호 역할을 한다. 태아에서 태반으로 CO_2가 확산되는 것을 멈추자마자 태아 혈액의 CO_2 농도가 상승한다. 그 결과 혈액의 pH가 떨어지면서 태아에 있는 뇌의 호흡조절중추가 자극되고 신생아는 헐떡이며 첫 숨을 쉰다.

사람의 탄생과 그에 수반되는 기체교환 메커니즘의 급격한 변화는 놀라운 사건이다. 태아가 양수에 떠다니면서 모체 혈액과 기체교환을 하던 것에서 직접 공기를 호흡하는 것으로 거의 즉각적으로 전환하려면 호흡계의 놀라운 적응이 필요하다. 또한 앞서 살펴본 바와 같이 호흡기의 기체교환 기능을 지원하는 순환계의 적응도 필요하다.

? 태아의 헤모글로빈은 어떻게 태반을 통해 산모에서 태아로 O_2의 전달을 촉진시키는가?

■ 태아 헤모글로빈은 성인 헤모글로빈보다 O_2에 대한 친화력이 더 크기 때문에 모체 혈액에서 태아 혈액으로 O_2를 끌어당기는 데 도움이 된다.

CHAPTER 22 복습

개념 복습하기

기체교환 메커니즘(22.1~22.5)

22.1 사람의 기체교환은 호흡, 기체 운반 및 신체 세포와의 교환을 말한다. 기체교환은 개체와 환경 사이에서 O_2와 CO_2의 교환으로, 세포호흡을 위해 O_2를 제공하고 노폐물인 CO_2를 제거한다.

22.2 동물은 촉촉한 체표면을 통해 O_2와 CO_2를 교환한다. O_2와 CO_2의 확산이 일어나려면 호흡표면이 얇고 촉촉해야 한다. 일부 동물은 피부 전체를 기체교환 기관으로 사용한다. 대부분의 동물에서는 아가미, 기관계 또는 폐가 기체교환을 위한 넓은 호흡표면을 제공한다.

22.3 아가미는 수중 환경에서의 기체교환에 적응해 있다. 아가미는 물에 용해된 O_2를 흡수한다. 어류에서의 기체교환은 환기와 물과 혈액의 역류 흐름에 의해 촉진된다.

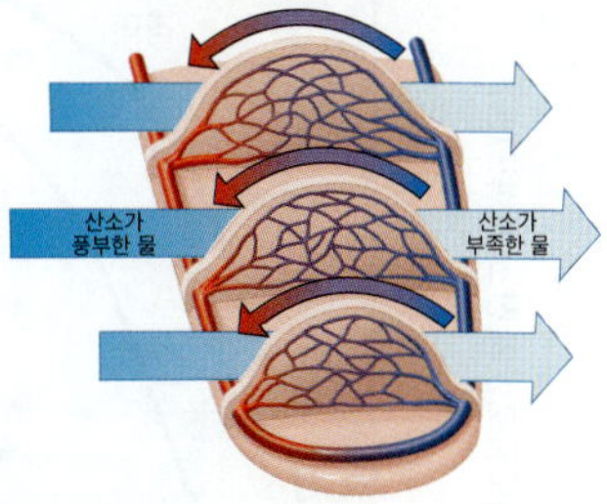

22.4 곤충의 기관계는 공기와 체세포 사이의 직접적인 교환을 제공한다. 미세하게 분지된 관의 망은 O_2를 체세포로 직접 운반하고 CO_2를 체세포로부터 멀리 이동시킨다.

22.5 허파의 진화는 사지동물의 육지에의 상륙을 촉진했다. 공기 호흡을 하는 어류 골격의 적응은 초기 사지동물이 육지로 상륙하는 데 도움이 되었을 수 있다.

사람의 호흡계(22.6~22.9)

22.6 포유류에서 가지가 있는 관은 흉강에 위치한 허파로 공기를 전달한다. 흡입된 공기는 인두와 후두를 통해 기관, 기관지, 기관세지를 지나 허파꽈리로 전달된다. 호흡 통로의 점액과 섬모는 허파를 보호한다.

22.7 경고 : 흡연은 건강에 해롭다. 수천 건의 연구를 통해 축적된 증거에 따르면 흡연은 폐암 및 기타 호흡기 질환을 유발하는 것으로 나타났다.

22.8 음압호흡은 폐를 환기시킨다. 갈비뼈 근육과 가로막의 수축으로 가슴우리가 확장되어 허파꽈리의 기압을 낮추고 공기를 허파로 끌어들인다.

22.9 호흡은 자동으로 제어된다. 뇌의 호흡조절중추는 혈액 내의 CO_2 농도를 나타내는 뇌척수액의 pH를 감지하고 이에 반응하여 호흡을 신체 요구에 맞게 조절한다. 혈액의 pH가 떨어지면 호흡의 속도와 깊이가 증가한다.

인체 내 기체의 운반(22.10~22.12)

22.10 혈액은 호흡 기체를 운반한다. 심장은 산소가 부족한 혈액을 펌프질하여 허파로 보내고, 허파에서는 O_2를 흡수하고 CO_2를 내보낸다. O_2가 풍부한 혈액은 심장으로 돌아와 신체 세포로 펌핑되는데, 신체의 세포에서 O_2를 제거하고 CO_2를 흡수한다.

22.11 헤모글로빈은 O_2와 CO_2를 운반하고 혈액을 완충한다.

22.12 사람 태아는 모체의 혈액과 기체교환을 한다. 태아의 헤모글로빈은 태반에서 모체 혈액의 산소 전달을 촉진한다. 출생 시 태아 혈액의 CO_2 농도가 상승하면 호흡조절중추가 자극을 받아 호흡을 시작한다.

개념 연결하기

1. 다음 개념도를 완성하여 기체교환의 몇 가지 개념을 복습하자.

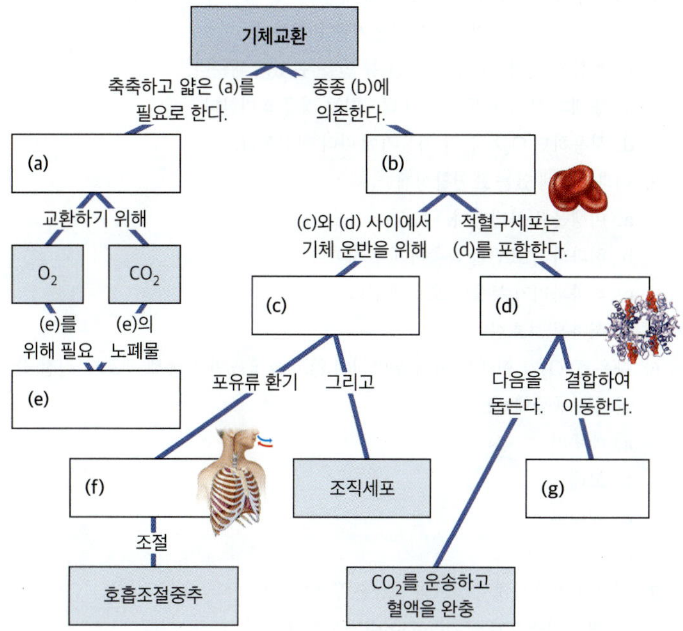

2. 사람 호흡계 부위의 명칭을 붙이시오.

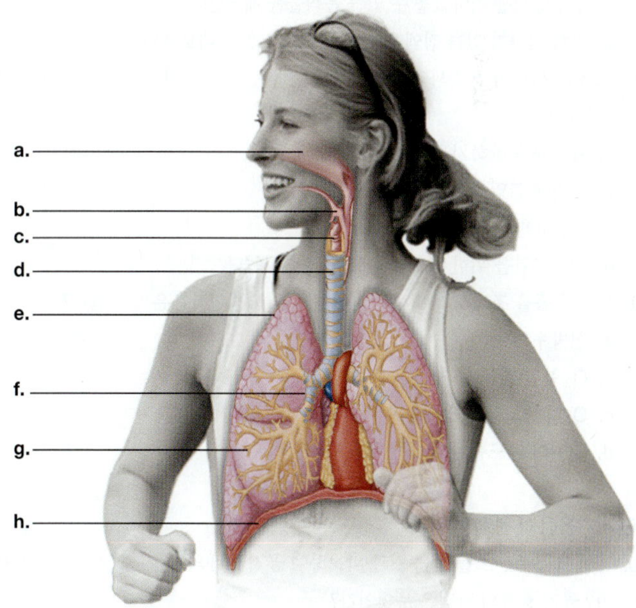

학습 평가하기

1단계 : 지식과 이해력 평가

3. 호흡기 계통에서 실제 기체교환이 일어나는 부위는?
   a. 흉막
   b. 후두
   c. 인두
   d. 허파꽈리
4. 어류의 아가미에서 역류 기체교환은
   a. 확산을 촉진시키는 농도기울기를 유지한다.
   b. 어류가 헤엄치지 않고도 O_2를 얻을 수 있게 해준다.
   c. 혈액과 물의 흐름 속도가 다르다는 것을 의미한다.
   d. 사용하면 O_2가 분압 기울기에 따라 확산된다.
5. 허파꽈리에 있는 표면활성제는
   a. 미생물을 차단한다.
   b. 허파꽈리 표면을 촉촉하게 유지한다.
   c. 허파꽈리가 부풀어 오르게 한다.
   d. 허파를 보호한다.
6. 다음 중 O_2가 혈액에 의해 운반되지 않고 호흡표면을 통해 세포로 직접 확산되는 생물체는?
   a. 메뚜기
   b. 고래
   c. 지렁이
   d. 쥐
7. 기관과 기관지에서 섬모의 기능은 무엇인가?
   a. 허파 안팎으로 공기를 쓸어내는 역할을 한다.
   b. 기체교환을 위한 표면적을 늘린다.
   c. 후두덮개를 지나갔을 수 있는 음식물을 제거한다.
   d. 갇힌 입자가 있는 점액을 호흡관 밖으로 쓸어 내보낸다.
8. 포유류 허파의 허파꽈리, 어류의 아가미사, 곤충의 기관은 어떤 공통점이 있는가?
   a. 가스를 운반하기 위해 순환계를 사용한다.
   b. 체벽에 함입된 호흡표면이 있다.
   c. 역류교환을 한다.
   d. 기체교환을 위한 넓고 습한 표면적을 갖는다.
9. 뇌가 호흡을 조절하기 위해 사용하는 주요 되먹임작용은 무엇인가?
   a. 심박수
   b. O_2 분압
   c. O_2의 농도를 나타내는 혈액의 pH
   d. CO_2의 농도를 나타내는 혈액의 pH

2단계 : 응용과 분석력 평가

10. 물에서 용존산소를 얻는 것과 비교하여 공기 호흡의 두 가지 장점은 무엇인가? 공기 호흡의 단점은 무엇인가?
11. O_2 분자가 공기 중에서 팔의 근육세포로 이동하는 경로를 추적하고, 그 과정에서 관련된 모든 구조의 이름을 붙이시오.
12. 태아의 기능하지 않는 허파를 보완하기 위해 태반과 태아의 헤모글로빈은 서로 협력하여 기체교환을 촉진한다. 출생 시 모체와의 태반 기체교환이 중단되면 신생아의 허파는 어떤 신호를 받아 즉시 기능을 발휘하게 되는가?

3단계 : 종합평가

13. 분압은 혼합물 내 기체의 상대적인 양을 반영하며 수은 밀리미터(mm Hg) 단위로 측정된다. 라마는 남미 안데스 산맥이 원산지다. 라마가 사는 대기 중의 산소분압(P_{O_2})은 해수면 P_{O_2}의 약 절반 수준이다. 그 결과 라마 허파의 P_{O_2}은 약 50 mmHg인 반면, 해수면에 있는 사람 허파의 P_{O_2}는 약 100 mmHg이다.

    헤모글로빈의 해리곡선은 P_{O_2} 값이 증가할 때 포화도(헤모글로빈에 결합된 O_2의 양)의 비율을 나타낸다. 아래 그래프에서 볼 수 있듯이 라마와 사람의 헤모글로빈의 해리곡선은 서로 다르다. 이 두 곡선을 비교하고 라마의 헤모글로빈이 어떻게 공기가 '희박한' 곳에서 생활하기 위한 적응인지 설명하시오.

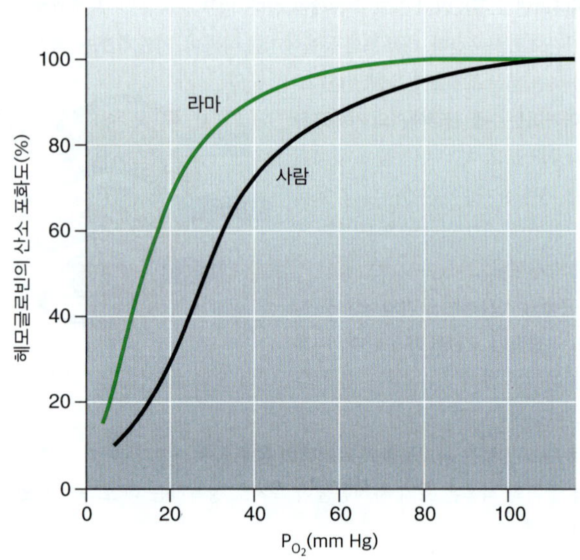

14. 대학 입학 첫날에 불안감을 느낄 수 있다. 불안 발작이 일어나기 쉬운 사람은 심박수가 증가하고 얕지만 빠른 호흡을 하는 등의 증상을 알아차리기 시작한다. 이런 상황에서 산소와 이산화탄소 분압과 혈액의 pH가 정상 수치에서 어떻게 변할 것으로 예상하는가? 이를 어떻게 빠르고 쉽게 제어할 수 있는가?
15. 스쿠버 다이버들은 바다 표면으로 올라갈 때 천천히 그러나 지속적으로 숨을 내쉬어야 한다. 허파의 압력과 부피의 반비례관계와 수중의 압력이 수면보다 높다는 사실을 염두에 두고, 상승하는 동안 숨을 참는 것이 왜 해로울 수 있고 어떤 결과를 초래할 수 있는지 설명하시오.
16. **과학적 사고** 전자담배는 공중 보건 당국에게 딜레마를 안겨준다. 전자담배는 일반 담배보다 독성 화학물질을 적게 배출하기 때문에 담배를 끊고 싶지만 여전히 니코틴을 갈망하는 사람들에게는 더 안전한 대안이 될 수 있다. 반면에 전자담배는 청소년의 니코틴 중독을 조장할 수 있다. 과학적 증거를 평가해 보시오. 전자담배는 담배를 끊는 데 효과적인 보조제인가? 전자담배가 청소년에게 특히 해롭다는 주장을 뒷받침하는 증거는 무엇인가? 미국 질병통제센터 웹사이트는 시작하기 좋은 곳이다. cdc.gov/tobacco/basic_information/e-cigarettes/.

CHAPTER

23 순환

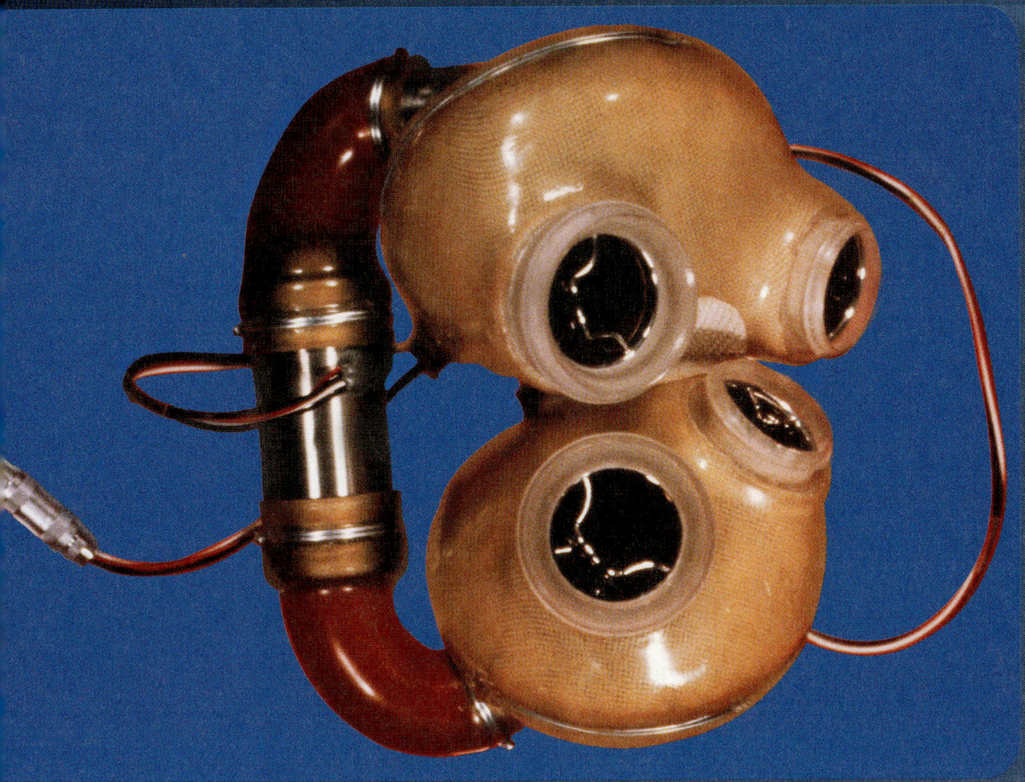

핵심 개요

순환계(23.1~23.2)

내부 수송계는 교환표면과 체세포 사이에 물질을 운송한다.

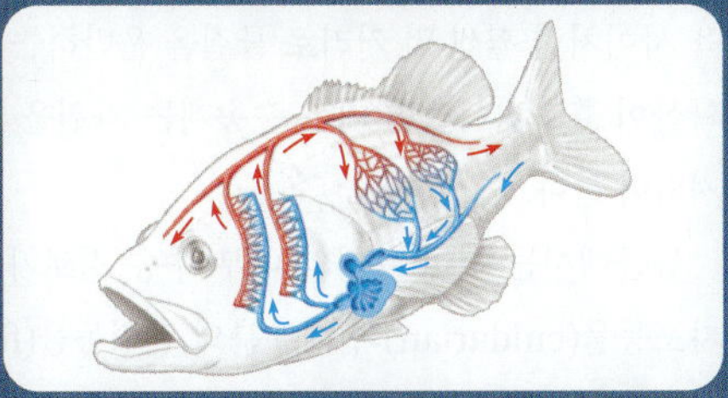

사람의 심장혈관계와 심장(23.3~23.6)

심장은 허파순환과 전신순환을 통해 혈액을 운송한다.

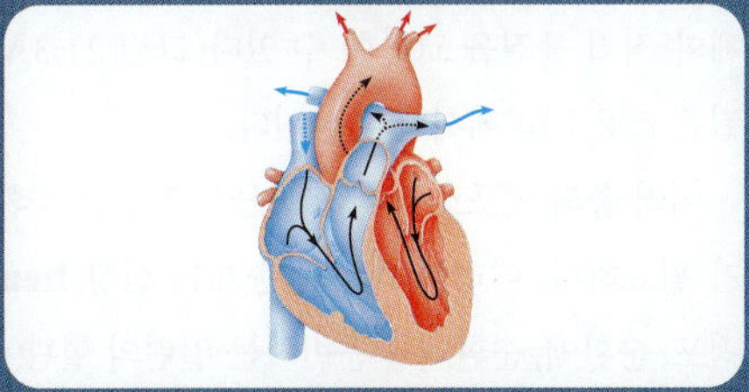

혈관의 구조와 기능(23.7~23.11)

혈액은 동맥을 통해 모세혈관으로 흘러 체내 세포와 교환이 일어나고, 다시 정맥을 통해 심장으로 돌아간다.

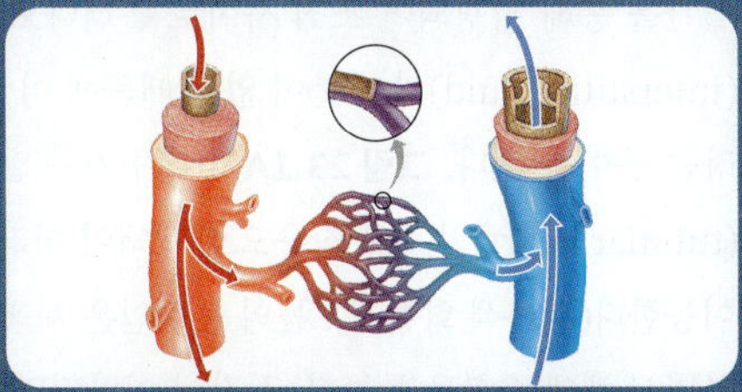

혈액의 구조와 기능(23.12~23.15)

혈액은 혈장 속에 떠다니는 세포로 구성되는데, 적혈구는 산소를 운반하고 백혈구는 감염과 싸우며 혈소판은 혈액 응고 기능을 한다.

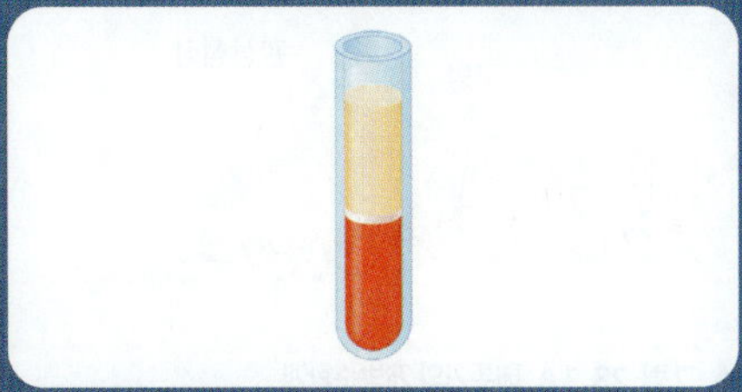

23.0 심장은 특별한 펌프다

간단히 말해 심장은 펌프다. 배관과 전기가 필요하지 않은 이 구조는 매우 간단해서 발명가들은 실제 심장을 대체할 수 있는 인공 심장을 만들었다. (위 사진은 1982년 환자에게 이식된 최초의 성공한 인공 심장 모습이다.)

하지만 심장은 평범한 기계가 아니다. 심장은 하루에 10만 번 이상 수축과 이완을 반복하며 쉴 새 없이 움직인다. 일반적인 심장은 1분에 약 5 L의 혈액을 펌프질한다. 운동 활동과 같이 수요가 많을 때는 분당 35 L까지 박출량이 증가할 수 있다. 혈액은 폐쇄된 혈관을 통해 신체의 모든 조직으로 흐르며 허파에서는 산소를, 소화관에서는 영양분을 공급하고 노폐물을 수거해 처리한다. 신체의 모든 부분은 이 중요한 액체의 지속적인 공급에 의존한다. 콩팥이나 허파를 잃어도 생존할 수 있지만, 상대적으로 적은 수의 심장 세포가 죽으면 치명적일 수 있다.

이 장에서는 다양한 동물의 순환계에 대한 조사로 시작한다. 그런 다음 사람의 심장혈관계로 눈을 돌려 심장, 혈관, 혈액의 구조와 기능에 대해 살펴본다.

순환계

23.1 순환계는 모든 신체 조직과의 교류를 촉진한다

동물은 생명을 유지하기 위해 영양분을 섭취하고, 기체교환을 하고, 노폐물을 처리해야 하며, 이러한 요구는 궁극적으로 신체의 모든 세포로 확장된다. 대부분의 동물에서 이러한 기능은 **순환계(circulatory system)**에 의해 촉진된다. 그림 20.13A에서 보았듯이 몸이 너무 크거나 너무 복잡해서 확산만으로 이러한 교환이 일어나기 어려운 동물에게는 순환계가 필요하다. 몇 층의 세포보다 더 먼 거리, 즉 산소가 허파와 뇌 사이를 이동해야 하는 거리나 영양분이 작은창자와 팔다리의 근육 사이처럼 훨씬 먼 거리로 물질을 운반하는 데는 확산이 부적합하다. 확산이 효과적이려면 내부 수송계는 자원을 세포에 충분히 가깝게 가져와야 한다.

동물에서는 여러 유형의 내부 수송 경로가 진화해 왔다. 예를 들어, 자포동물(cnidarian)과 대부분의 편형동물(flatworm)에서 중앙에 위치한 **위수강(gastrovascular cavity)**은 소화와 몸 전체에 물질을 분배하는 역할을 모두 수행한다. 히드라의 체벽(body wall)은 두 세포 두께에 불과하기 때문에 모든 세포는 동물을 둘러싼 물이나 위수강의 액체와 직접 물질을 교환할 수 있다(그림 21.3A 참조). 영양분과 기타 물질은 짧은 거리에서만 확산된다.

여러 층의 세포로 구성된 동물은 진정한 순환계(circulatory system)가 필요하다. 이러한 내부 수송계는 **심장(heart)**이라고 불리는 근육성 펌프, 순환액, 순환액을 운반하는 일련의 혈관(vessel)으로 구성된다.

동물에는 두 가지 기본 유형의 순환계가 진화해 왔다. 대부분의 무척추동물과 모든 절지동물(arthropod)을 포함한 많은 무척추동물은 **개방순환계(open circulatory system)**를 가지고 있다. 체액은 개방된 혈관을 통해 펌핑되어 조직 사이로 흘러나오고, 순환액과 세포사이액(interstitial fluid)의 구분이 없기 때문에 이 시스템에 '개방(open)'이라는 용어를 썼다. **그림 23.1A**의 메뚜기와 같은 곤충에서는 관상심장(tubular heart)의 펌프 작용으로 체액이 머리와 몸의 나머지 부분으로 이동한다(검은색 화살표). 몸의 움직임은 체액이 체세포와 물질을 교환하면서 체액 순환을 돕는다. 심장이 이완되면 액체는 여러 개의 구멍을 통해 들어간다. 각 구멍에는 심장이 수축할 때 닫히는 밸브가 있어 순환하는 액체의 역류를 방지한다. 곤충에서 호흡 가스는 순환계가 아닌 기관계에 의해 체세포로 전달된다(22.4절 참조).

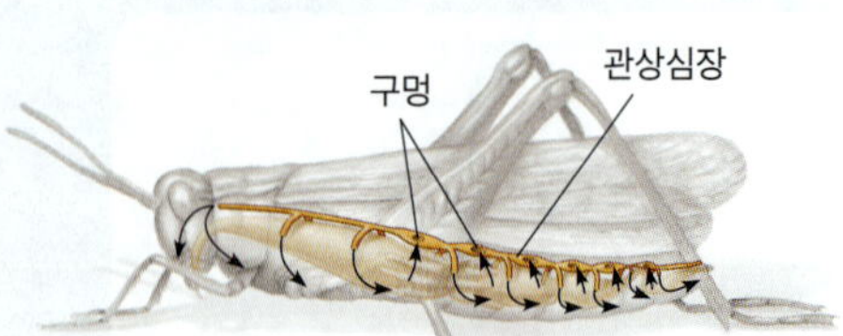

▲ 그림 23.1A 메뚜기의 개방순환계

지렁이, 오징어, 문어, 척추동물(우리 몸과 같은) 등은 모두 **폐쇄순환계(closed circulatory system)**를 가지고 있다. 순환액인 **혈액(blood)**이 혈관에 갇혀 있어 혈액과 세포사이액이 분리되어 있기 때문에 '닫혀(폐쇄되어) 있다'고 한다. 혈관은 세 가지 종류가 있다. **동맥(artery)**은 심장에서 신체 기관과 조직으로 혈액을 운반하고, **정맥(vein)**은 혈액을 심장으로 되돌려 보내며, **모세혈관(capillary)**은 각 조직 내에서 동맥과 정맥 사이에서 혈액을 운반한다. 척추동물의 순환계는 흔히 **심장혈관계(cardiovascular system**, 심장이란 뜻의 그리스어 kardia와 혈관이라는 뜻의 라틴어 vas에서 유래)라고 불린다. 심장혈관계의 혈관은 얼마나 길까? 모든 혈관을 끝에서 끝까지 일렬로 늘어놓으면 지구의 적도를 두 바퀴 돌 수 있을 정도다.

어류의 심장혈관계(**그림 23.1B**)는 폐쇄순환계의 몇 가지 주요 특징을 보여준다. 어류의 심장에는 2개의 주요 방(chamber)이 있다. **심방(atrium**, 복수형은 atria)은 정맥에서 혈액을 공급받고 **심실(ventricle)**은 큰 동맥(대동맥)을 통해 아가미로 혈액을 펌프질한다. 이 책에서 폐쇄순환계를 묘사한 모든 그림에서 빨간색은 산소가 풍부한 혈액, 파란색은 산소가 부족한 혈액을 나타낸다. 아가미 모세혈관을 통과한 후, 산소가 풍부한 혈액은 큰 동맥으로 흘러 몸의 다른 모든 부위로 운반된다. 큰 동맥은 모세혈관을 만드는 작은 혈관인 **소동맥(arteriole)**으로 갈라진다. **모세혈관망(capillary bed)**이라고 불리는 모세혈관의 네트워크는 신체의 모든 기관과 조직에 분포한다. 모세혈관의 얇은 벽은 혈액과 세포사이액 간의 화학적 교환이 일어난다. 모세혈관은 **소정맥(venule)**으로 모아지고, 정맥은 다시 더 큰 정맥으로 모아져 혈액을 심장으로 되돌려 보낸다.

다음 절에서는 다양한 척추동물의 심장혈관계를 비교한다.

? 개방순환계와 폐쇄순환계의 주요 차이점은 무엇인가?

■ 개방순환계의 혈관은 심장에서 몸속을 거쳐 다시 심장으로 돌아오는 폐쇄순환을 형성하지 않으며, 폐쇄순환계의 혈액처럼 순환액이 세포사이액과 분리되어 있지 않다.

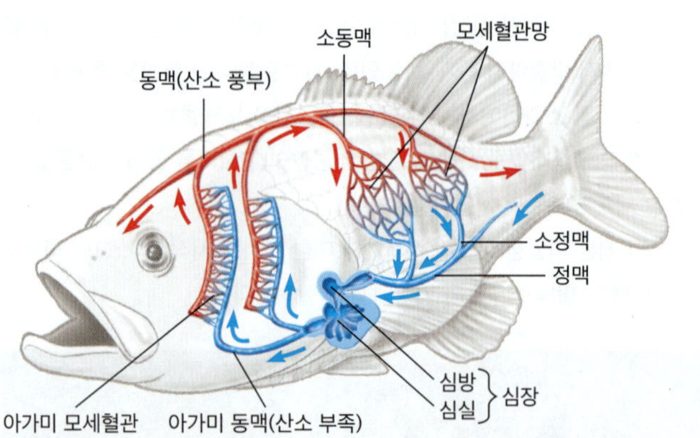

▲ 그림 23.1B 어류의 폐쇄순환계

시도해 보기 심실에서 시작하여 심방으로 끝나는 순환계를 통해 혈액의 흐름을 추적해 보시오.

23.2 척추동물 심장혈관계는 진화과정을 반영한다

진화 연관성 척추동물이 육지에 상륙한 것은 생명의 역사에서 중요한 사건이다. 수생 척추동물이 육상 생활에 적응하면서 거의 모든 기관계에 큰 변화가 일어났다. 그중 하나가 아가미 호흡에서 허파 호흡으로의 변화였으며, 이러한 변화는 심장혈관계의 중요한 변화를 동반했다.

그림 23.1B와 **그림 23.2A**에 나타낸 바와 같이, 혈액은 어류의 심장을 통해 몸 전체를 한 번만 통과하는데, 이를 **단일순환(single circulation)**이라고 부른다. 심실에서 펌핑된 혈액은 가장 먼저 아가미 모세혈관으로 이동한다. 좁은 아가미 모세혈관을 통해 혈액이 흐르면서 혈압이 상당히 떨어진다. 동맥은 아가미에서 산소가 풍부한 혈액을 조직과 장기의 모세혈관으로 운반하고, 이 혈액은 다시 심장의 심방으로 되돌아간다. 동물의 헤엄치는 움직임은 혈액을 몸 전체로 운반하는 데 도움이 된다.

단일 순환으로는 허파의 모세혈관을 거쳐 육상 척추동물의 체내 모세혈관으로 혈액을 이동시키기에 충분한 압력을 공급할 수 없다. 혈액이 허파에서 압력을 잃은 후 한 번 더 펌핑되어 신체 기관으로 더 활발하게 흐르게 된 진화적 적응을 **이중순환(double circulation)**이라고 하는데, 혈액이 폐에서 압력을 잃은 후 다시 펌핑된다. **허파순환(pulmonary circuit**, 폐순환)은 심장과 허파의 기체교환 조직 사이에, **전신순환(systemic circuit**, 체순환)은 심장과 몸의 나머지 부분 사이에 혈액을 운반하는 역할을 한다.

그림 23.2B에서 이 두 순환의 예를 볼 수 있다. (그림에서 동물의 심장의 오른쪽이 왼쪽에 있는 것을 볼 수 있다. 페이지에서 몸을 마주 보고 있는 것처럼 계를 그리는 것이 일반적이다.) 개구리와 다른 양서류(amphibian)는 심장이 3개의 방으로 이루어져 있다. 우심방은 신체 기관의 체모세혈관(systemic capillaries)에서 되돌아오는 혈액을 받는다. 심실은 허파와 피부의 모세혈관망으로 혈액을 펌핑한다. 허파와 얇고 촉촉한 피부를 가로질러 기체교환이 일어나기 때문에 이를 허파피부순환(pulmocutaneous circuit, 폐피부순환)이라고 한다. 산소가 풍부한 혈액은 좌심방으로 되돌아간다. 두 심방에서 나온 혈액은 하나의 심실에서 섞이지만, 산소가 부족한 혈액은 대부분 허파순환을 하고, 산소가 풍부한 혈액은 대부분 전신순환으로 전환한다.

거북이, 뱀, 도마뱀의 3개의 방으로 이루어진 심실은 부분적으로 나뉘어 있어 혈액의 혼합이 덜 일어난다. 악어는 심실이 완전히 분리되어 있다.

모든 조류와 포유류(**그림 23.2C**)에서 심장은 2개의 심방과 2개의 심실로 구성된 4개의 방으로 이루어져 있다. 심장의 오른쪽은 산소가 부족한 혈액만 처리하고, 왼쪽은 산소가 풍부한 혈액만 받아 펌프질한다. 강력한 4개의 방으로 이루어진 심장은 내온동물(endothermic animal)인 조류와 포유류의 높은 물질대사율을 지원하기 위한 진화적 적응이다(19.7절). 내온동물은 같은 크기의 외온동물(ectothermic animal)보다 약 10배 많은 에너지를 사용한다. 따라서 이들의 순환계는 훨씬 더 많은 연료와 산소를 신체 조직에 전달해야 한다. 이 요구 사항은 별도의 전신 순환과 허파 순환을 통해 많은 양의 혈액을 펌프질할 수 있는 심장에 의해 충족된다. 조류와 포유류는 서로 다른 파충류 조상의 후손으로, 4개의 방으로 이루어진 심장은 독립적으로 진화했는데, 이는 자연선택이 비슷한 도전에 대응하여 유사한 적응을 선호하는 수렴진화(convergent evolution)의 한 예다.

? 어류의 단일순환과 육상 척추동물의 이중순환 간의 차이점은 무엇인가?

■ 어류의 경우 혈액은 아가미 모세혈관에서 체내 모세혈관으로 이동한 후 심장으로 되돌아간다. 육상 척추동물에서는 혈액이 허파로 이동한 후 다시 심장으로 돌아와 전신순환을 거친다.

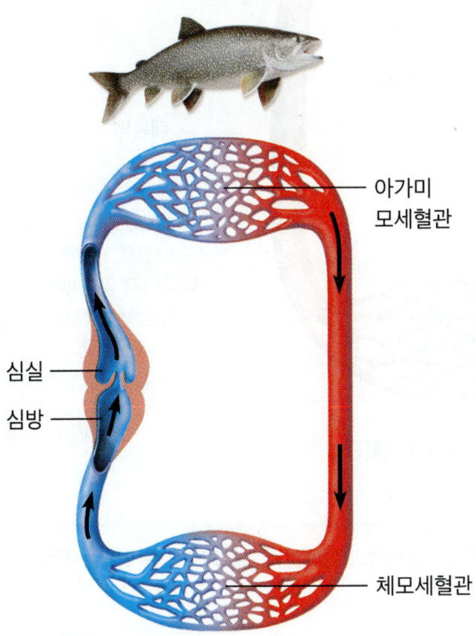

▲ **그림 23.2A** 어류의 단일순환과 2개의 방으로 이루어진 심장

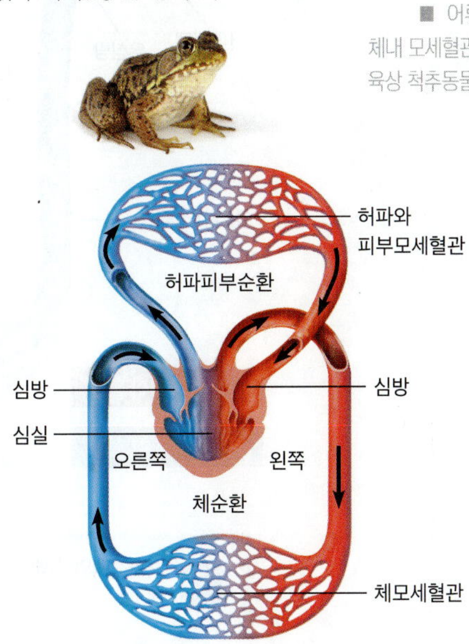

▲ **그림 23.2B** 양서류의 이중순환과 3개의 방으로 이루어진 심장

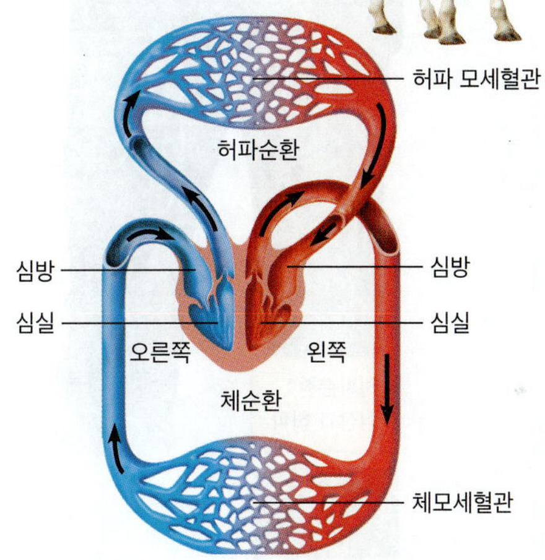

▲ **그림 23.2C** 조류나 포유류의 이중순환과 4개의 방으로 이루어진 심장

개념 시각화

23.3 사람의 심장혈관계는 포유류의 이중순환을 보여준다

사람의 심장혈관계를 통한 혈액의 흐름에 대한 도표를 공부하자. 왼쪽 이미지는 허파순환(노란색)과 전신순환(녹색)을 가리킨다. 오른쪽 이미지의 노란색과 녹색 화살표도 이러한 순환을 나타낸다. 순환을 통해 혈액의 경로를 추적하려면 심실에서 시작하여 순차적으로 숫자를 따라가면 된다. 허파순환에서 **허파동맥**(pulmonary artery, 폐동맥)은 산소가 부족한 혈액을 허파로 운반한다. 혈액은 허파에서 산소가 풍부한 혈액을 가져오는 **허파정맥**(pulmonary vein, 폐정맥)을 통해 다시 심장으로 흘러 들어간다. 전신순환에서 산소가 풍부한 혈액은 **대동맥**(aorta)을 통해 심장을 빠져나간다. 신체 조직으로 이동한 후, 상체에서 산소가 부족한 혈액을 심장으로 되돌려 보내는 것은 **위대정맥**(superior vena cava, 상대정맥)이고, 하체에서 산소가 부족한 혈액을 되돌려 보내는 것은 **아래대정맥**(Inferior vena cava, 하대정맥)이다.

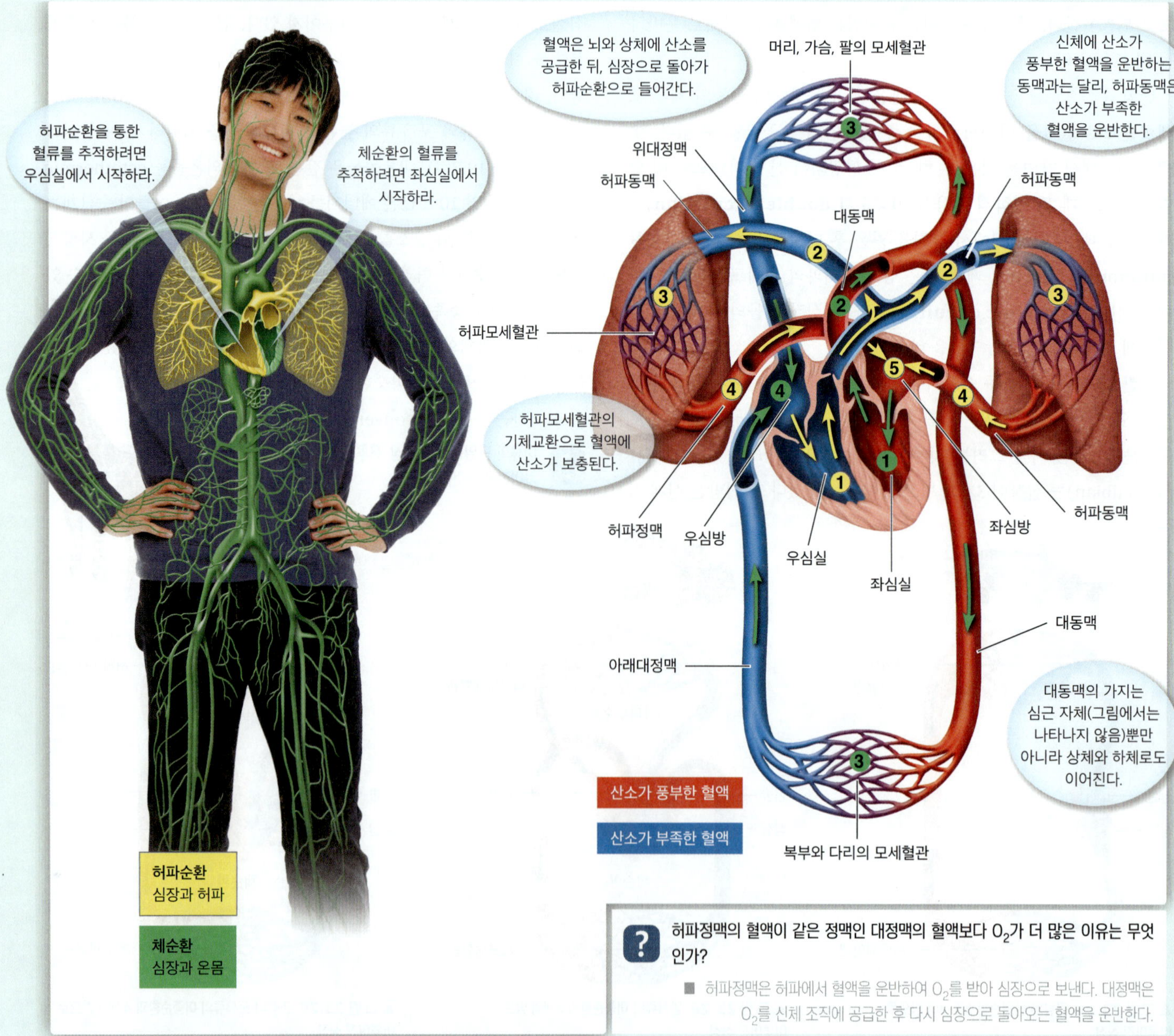

? 허파정맥의 혈액이 같은 정맥인 대정맥의 혈액보다 O_2가 더 많은 이유는 무엇인가?

■ 허파정맥은 허파에서 혈액을 운반하여 O_2를 받아 심장으로 보낸다. 대정맥은 O_2를 신체 조직에 공급한 후 다시 심장으로 돌아오는 혈액을 운반한다.

23.4 심장은 율동적으로 수축하고 이완한다

순환계의 중심인 4개의 방으로 이루어진 심장의 방에 대해 자세히 살펴보자. 심장은 주먹만 한 크기로, 가슴뼈 바로 아래에 있는 주머니에 둘러싸여 있다. 대부분이 심장근육(cardiac muscle) 조직으로 구성되어 있다. **그림 23.4A**는 심장이 산소가 부족한 혈액은 허파로, 산소가 풍부한 혈액은 온몸으로 각각 동시에 펌프질하면서 혈액이 이동하는 경로를 보여준다. 허파와 몸으로 혈액을 펌프질하는 심실의 벽이 심방보다 훨씬 두껍다. 벽이 얇은 심방은 심장으로 돌아온 혈액을 모아 아래 심실로 보내는데, 이 작업은 큰 힘을 필요로 하지 않는다.

혈액이 심장을 통해 한 방향으로 흐르게 하는 것은 무엇일까? 결합조직으로 만들어진 덮개 모양의 판막은 각 방의 출구에 위치한다. 심방과 심실 사이의 판막을 **방실판막(atrioventricular valve, AV)**이라고 하며, 각 심실의 출구에는 **반월판막(semilunar valve)**이 있다. 이 밸브는 한쪽에서 밀면 열리고 다른 쪽에서 밀면 닫히기 때문에 역류를 방지한다.

청진기로 두 세트의 심장 판막이 닫히는 소리를 듣거나 친구의 가슴에 귀를 대면 들을 수 있다. 소리 패턴은 "럽-덥, 럽-덥, 럽-덥"이다. "럽(lub)" 소리는 닫힌 방실 판막에 대한 혈액의 반동에서 나온다. "덥(dup)"은 닫힌 반월판막에 대한 혈액의 반동에 의해 발생한다. 결함이 있는 판막을 통해 혈액이 역류하면 심장 잡음(heart murmur)이라는 비정상적인 소리를 낼 수 있다.

심장은 **심장주기(cardiac cycle)**로 알려진 리듬에 따라 수축과 이완을 반복한다. 심장이 수축하면 혈액을 펌프질하고, 이완하면 혈액이 심장의 방을 채운다. **그림 23.4B**는 이 주기를 보여준다. ❶ **이완기(diastole)**라고 하는 단계에서는 심장이 이완되고 혈액이 심장의 4개의 방 모두로 흘러 들어간다. 혈액은 대정맥에서 우심방으로, 허파정맥에서 좌심방으로 들어간다. 방실판막은 열려 있고 반월판막은 닫힌다. 심실은 이완기 동안 혈액으로 거의 채워진다.

심장주기의 수축 단계를 **수축기(systole)**라고 한다. ❷ 수축기는 심방이 먼저 매우 짧게 수축하여 심실이 혈액으로 완전히 채우는 것으로 시작된다(심방 수축기). ❸ 그런 다음 심실이 수축한다(심실 수축기). 수축의 힘에 의해 방실판막이 닫히고 반월판막이 열리며 혈액이 대동맥으로 흘러간다. 3단계의 녹색 화살표가 나타내는 것처럼 수축기의 후반부에서는 혈액이 이완된 심방으로 흐른다.

좌심실은 온몸으로 혈액을 펌프질하기 때문에 우심실보다 더 큰 힘으로 수축한다. 그림 23.4A에서 좌심실의 벽이 더 두터운 것을 볼 수 있다. 그러나 두 심실은 같은 양의 혈액을 펌프질한다. 각 심실이 분당 펌프질하는 혈액의 양을 **심박출량(cardiac output)**이라고 한다. 이 양은 심실이 수축할 때마다 펌프질되는 혈액의 양(일반인의 경우 약 70 mL 또는 $\frac{1}{4}$컵 조금 넘는 양)에 **심박수(heart rate**, 분당 박동 수)를 곱한 값과 같다. 평균 안정한 상태에서 심박수가 분당 72회라고 가정했을 때, 심박출량은 70 mL/회 × 72회/분 = 5 L/분으로 우리 몸의 총혈액량과 비슷하다. 따라서 혈액 한 방울은 단 1분 만에 전신성 순환을 완전하게 이동할 수 있다.

다음 절에서는 심장주기의 제어에 대해 알아본다.

? 적당한 운동을 하는 동안 심장박출량은 분당 15 L까지 올라갔고, 심박수는 분당 100회까지 올라갔다. 이때 좌심실이 펌프질한 혈액의 양을 계산하시오.

■ 15,000 mL/분 ÷ 100 회/분 = 150 mL/회

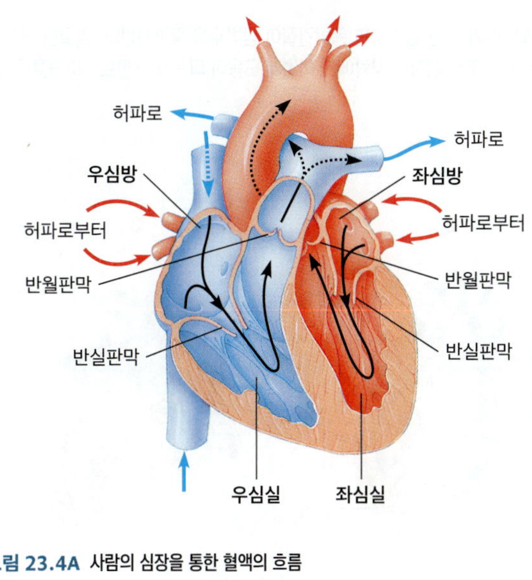

▲ **그림 23.4A** 사람의 심장을 통한 혈액의 흐름

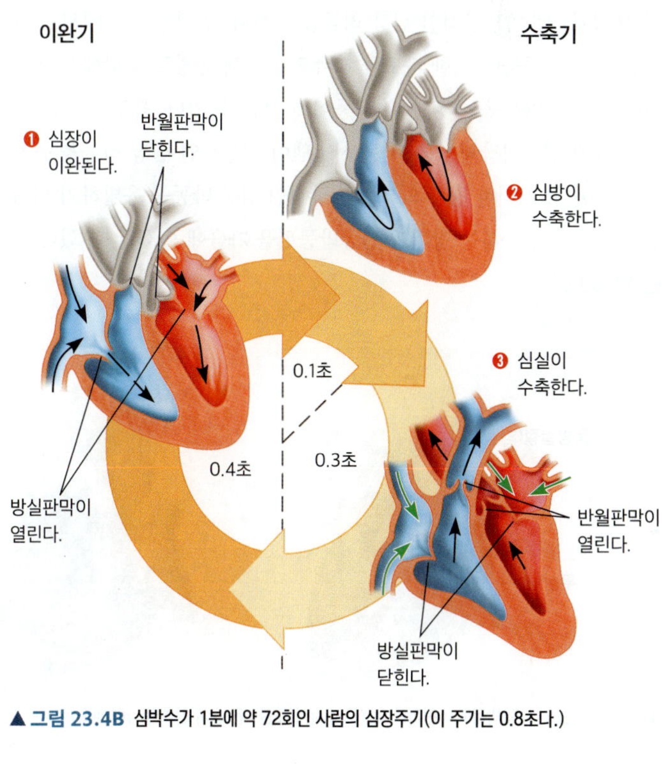

▲ **그림 23.4B** 심박수가 1분에 약 72회인 사람의 심장주기(이 주기는 0.8초다.)

23.5 동방결절은 심장 박동의 속도를 조절한다

앞 절에서 배운 것처럼, 심장의 각 방의 수축과 이완은 정확한 순서와 타이밍에 따라 이루어져야 혈액을 온몸으로 펌프질할 수 있다. 운동신경(motor neuron)의 신호에 반응하여 수축하는 뼈대근육세포와 달리, 심장근육세포는 신경계의 신호 없이도 스스로 수축할 수 있다. 심장세포의 수축은 어떻게 조정되어 하나의 통합된 단위로 심장이 박동할 수 있을까? 그 해답은 심장의 모든 근육세포가 수축하는 속도를 설정하는 **동방결절**[**SA(sinoatrial) node**] 또는 심장 박동원(pacemaker)을 구성하는 세포들에 있다. 동방결절을 오케스트라의 지휘자라고 생각하면 된다.

우심방의 벽에 위치한 동방결절은 전기 자극을 생성한다. 이러한 신호는 심장근육세포 사이의 특수한 연접을 통해 빠르게 퍼진다(20.6절 참조). **그림 23.5A**의 각 부분을 노란색으로 따라가면 심장에서 일어나는 전기적 사건의 순서를 확인할 수 있다. ❶ 동방결절에서 나온 신호는 양쪽 심방으로 빠르게 퍼져 양쪽 심방이 일제히 수축한다. ❷ 자극은 우심방과 우심실 사이에 위치한 **방실결절**[**AV(atrioventricular) node**]이라는 중계 지점으로 전달된다. 방실결절은 심실이 수축하기 전에 약 0.1초(심방을 완전히 비우는 데 걸리는 시간) 동안 신호를 지연시킨다. ❸ 그런 다음 특수한 심장근육섬유(주황색으로 표시된)가 심장의 정점(심첨)으로 신호를 보내며 ❹ 심실벽을 통해 신호를 전달하여 심장에서 혈액을 밀어내는 강한 수축을 유발한다.

심장의 전기 자극은 전극으로 피부에서 감지할 수 있을 만큼 강하며, 심전도(ECG 또는 EKG)로 기록된다. 심전도는 부정맥을 감지하고 식별할 수 있다. 부정맥은 너무 느리거나 빠른 심박수, 심방 또는 심실의 세동(떨림) 등 비정상적인 심장 리듬을 말한다. 건강한 심장에서도 카페인과 같은 약물에 의한 과도한 자극으로 인해 동방결절 밖에서 세포 집단이 심장 박동을 생성할 때 세동이 발생할 수 있다. 특정 종류의 심장 질환에서는 심장의 자가 박동 시스템이 정상적인 심장 리듬을 유지하지 못한다. 이러한 경우 의사는 정상적인 심장 박동을 유발하기 위해 전기 신호를 방출하는 장치인 인공박동원을 가슴에 이식할 수 있다(**그림 23.5B**).

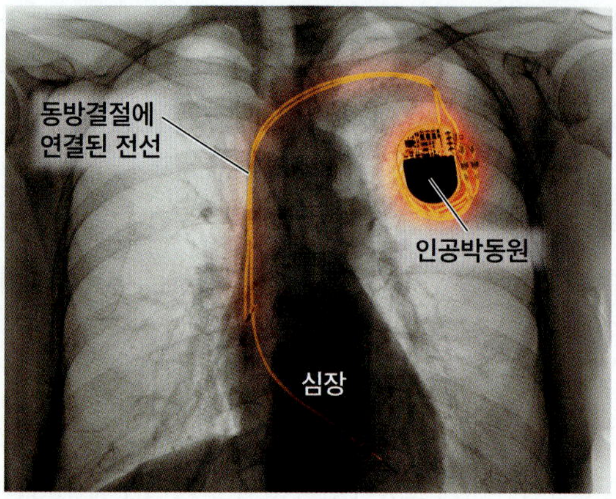

▲ **그림 23.5B** 가슴에 이식된 인공박동원

심장마비(heart attack)가 일어난 동안 동방결절이 정상적인 리듬을 유지하지 못하는 경우가 많다. 제세동기(automatic external defibrillator, AED)로 가슴에 전기 충격을 가하면 동방결절이 재설정되어 심장 기능이 정상적으로 회복될 수 있다. 자동 외부제세동기의 가용성이 높아지면서 수천 명의 생명을 구했다. 병원용 제세동기와 달리 AED는 일반인이 사용할 수 있도록 설계되었으며 공항, 영화관, 쇼핑몰 등 공공장소에서 쉽게 접근할 수 있는 곳에 배치되어 있다.

다양한 신호가 동방결절을 조절하는 데 도움이 된다. 서로 반대되는 영향을 미치는 두 세트의 신경은 생리학과 감정적 신호에 따라 이 심장 박동기의 속도를 높이거나 낮추도록 지시할 수 있다. 심박수는 또한 스트레스를 받을 때 분비되는 '공격-또는-도피(fight-or-flight)' 호르몬인 에피네프린(epinephrine)과 같은 호르몬의 영향을 받는다(26.10절 참조). 심박수가 증가하면 '싸우거나 도망가는 데 필요한' 근육에 더 많은 혈액을 공급할 수 있다.

? 혈액의 pH가 약간 감소하면 동방결절이 심박수를 증가시킨다. 격렬한 운동을 하는 동안 이 조절 기작이 사람에게 어떻게 도움이 되는가? (힌트: 22.9절 참조)

■ 격렬한 운동은 혈액의 CO_2 농도를 증가시켜 pH를 떨어뜨린다. 심박수가 빨라지면 O_2가 풍부한 혈액을 신체 조직으로 공급하고, CO_2가 풍부한 혈액을 허파로 보내 CO_2를 제거한다. (이 메커니즘은 또한 호흡 속도를 빠르게 한다.)

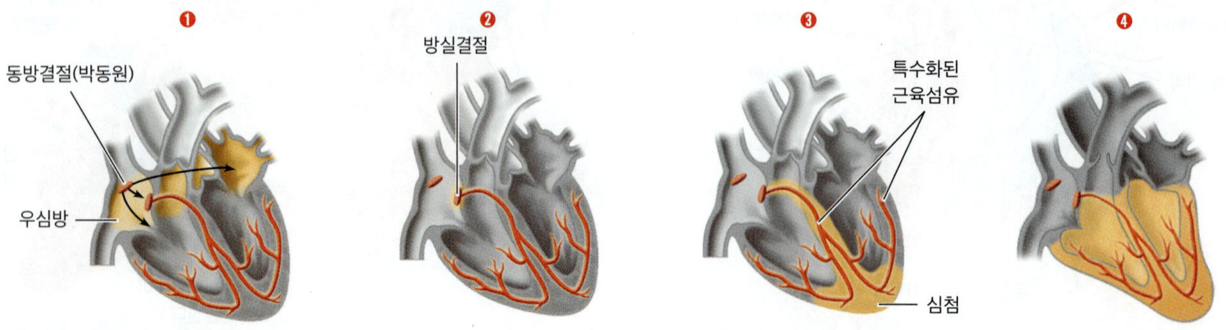

▲ **그림 23.5A** 심장 박동에서 전기적 이벤트의 순서(노란색은 전기 신호를 나타낸다.)

23.6 심장병은 어떻게 치료해야 하는가

과학적 사고 다른 모든 세포와 마찬가지로 심장근육세포도 생존을 위해 영양분과 산소가 풍부한 혈액이 필요하다. 실제로 심장은 하루에 10만 번 이상 수축하기 때문에 그 요구량은 매우 높다. 혈액이 대동맥을 통해 심장에서 빠져나가면, 즉시 여러 관상동맥(**그림 23.6A**에서 빨간색으로 표시)이 분기되어 심장 근육에 영양분을 공급한다. 이 혈관들 중 하나 이상이 완전히 막히면 심장근육세포는 빠르게 죽는다(그림 23.6A의 회색 영역). 심근경색이라고도 하는 **심장마비(heart attack)**는 일반적으로 이러한 막힘의 결과로 심장 근육조직이 손상되거나 죽는 것이다. 심장마비 후에는 손상된 심장이 혈액을 펌프질하는 능력이 심각하게 손상될 수 있다.

심장이 왜 그렇게 중요한 기관일까?

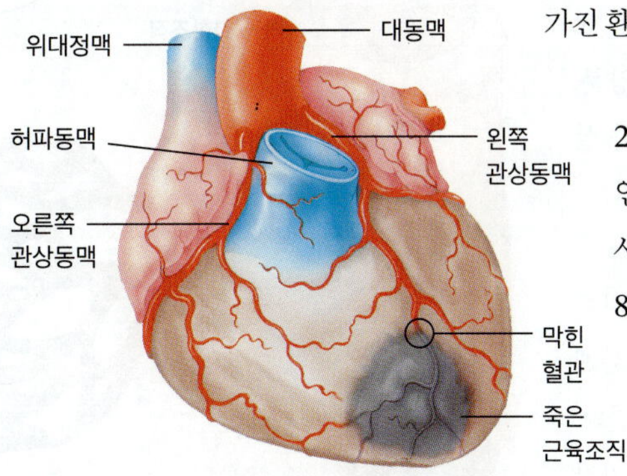

▲ **그림 23.6A** 관상동맥이 막혀 심장마비가 발생하는 경우

미국 내 전체 사망의 절반 이상이 **심혈관질환(cardiovascular disease)**, 즉 심장과 혈관의 장애로 인해 발생한다. **뇌졸중(stroke)**은 머리의 동맥이 터지거나 막혀서 혈액의 O_2가 부족해져 뇌조직이 죽는 것을 말한다. 심장마비나 뇌졸중의 갑작스러운 발생은 대부분의 피해자의 동맥이 만성 심장혈관질환인 **동맥경화(atherosclerosis**, 그리스어 athero는 '반죽', sclerosis는 '딱딱해진다'를 의미)에 의해 점차적으로 손상을 입었기 때문이다. 이 질환이 진행되는 동안 동맥 내벽에 플라크라고 불리는 지방 침전물이 발생하여 혈액이 흐를 수 있는 통로가 좁아진다(**그림 23.6B**).

관상동맥의 동맥경화는 관상동맥질환(coronary artery disease, CAD)으로 알려져 있다. 관상동맥 안에 있는 플라크가 파열되어 혈전을 만듦으로써 혈관을 막고 심장마비를 일으킬 수 있는 위험성이 있다. 혈관을 영상으로 촬영하거나 관상동맥의 흐름을 측정하는 다양한 기술은 의사에게 환자의 관상동맥 건강에 대한 풍부한 데이터를 제공한다.

동맥경화를 치료하기 위해 의사는 약물을 사용하거나 스텐트(stent)라는 그물관을 삽입하여 좁아진 동맥을 확장하는 혈관성형술(angioplasty)과 같은 수술적 시술을 시행할 수 있다(**그림 23.6C**). 스텐트의 이점이 수술의 위험보다 더 큰가? 이 질문에 답하기 위해 과학자들은 관상동맥질환 환자 2,287명을 대상으로 무작위 연구를 실시했다. 2007년에 발표된 COURAGE 연구 결과, 약물 치료와 혈관성형술을 받은 환자는 약물 치료만 받은 환자보다 더 오래 살지 못하는 것으로 나타났다. 이러한 예상치 못한 결과는 혈관성형술이 관상동맥질환 환자의 수명을 연장하는 데 효과적이지 않다는 것을 나타내는 것으로 보였다. 과학의 본질이 그렇듯, 이 연구는 더 많은 의문을 불러일으켰다. 가장 심한 막힘을 가진 환자가 덜 심한 막힘을 가진 환자보다 혈관성형술의 혜택을 더 많이 받을 수 있는가?

FAME-2로 알려진 또 다른 대규모 연구는 2010~2012년에 수행되었다. 이 연구는 COURAGE 연구보다 더 정확하게 막힌 정도를 측정하는 기술을 사용했다. 변수를 더 잘 통제하기 위해 과학자들은 888명의 환자를 등록했으며, 모두 동맥이 심하게 좁아진 환자들이었다. 환자들은 무작위로 두 그룹에 배정되어 절반은 혈관성형술과 약물 치료를 받고 나머지 절반은 약물 치료만 받았다. 과학자들은 응급 혈관성형술, 심장마비 또는 사망과 같은 '1차 결과 사건'이 발생한 모든 환자에 대한 데이터를 수집했다. 2년이 지난 시점에서 연구진은 두 그룹 간에 사망과 심장마비 발생률에 차이가 없음을 발견했다. 그러나 혈관성형술을 받은 그룹은 입원 및 응급 수술 건수가 현저히 적었다. 이 시점에서 과학자들은 중증 관상동맥질환 환자를 약만 투여하는 그룹에 계속 배정하는 것은 비윤리적이라고 판단하여 즉시 새 환자의 등록을 중단했다.

두 연구의 결과가 서로 모순되는 것처럼 보일 수 있지만, 이는 과학이 발전하는 전형적인 방식이다. COURAGE 연구를 통해 얻은 지식이 없었다면 과학자들은 관상동맥질환 중증도가 결과에 미치는 영향에 대해 보다 구체적인 질문을 던질 수 없었을 것이다. 이 두 연구를 종합하면, 가장 심각한 관상동맥질환 환자만 수술 후보가 되어야 한다는 증거를 제공한다. 이러한 연구는 의사가 각 환자의 상태를 치료하는 최선의 치료 방법에 대해 근거에 기반한 결정을 내리는 데 도움이 된다.

? COURAGE와 FAME-2는 동일한 가변 혈관성형술에 대해 조사했다. 두 연구 참여자의 차이가 어떻게 다른 결과로 이어졌을까?

■ COURAGE는 더 광범위한 질병을 가진 환자를 등록한 반면, FAME-2는 질병 중증도를 통제하고 중증 관상동맥질환 환자만 조사했다.

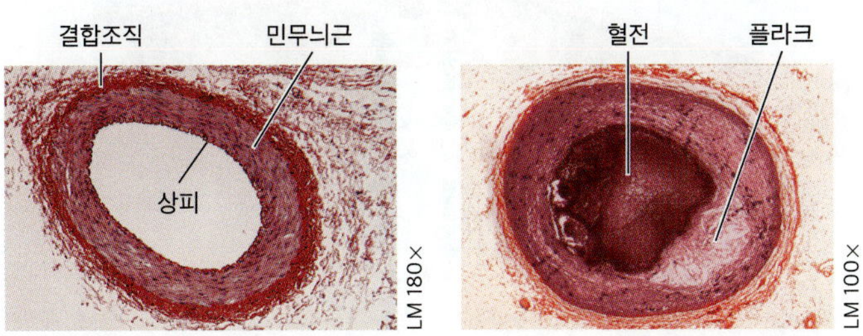

▲ **그림 23.6B** 동맥경화: 정상 동맥(왼쪽). 플라크에 의해 부분적으로 폐쇄된 동맥(오른쪽)

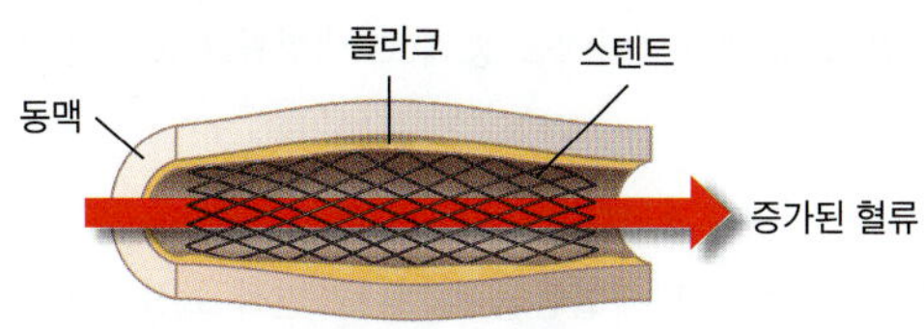

▲ **그림 23.6C** 막힌 동맥을 넓히기 위해 삽입된 스텐트

혈관의 구조와 기능

23.7 혈관의 구조는 기능에 적합하다

지금까지 **구조와 기능**의 중심 주제인 심장혈관계의 '펌프'에 대해 살펴보았으며, 이제는 '관(tube)'에 대해 알아보자. 구체적으로 세 가지 종류의 혈관인 동맥, 모세혈관, 정맥의 구조와 기능을 비교해 보겠다. **그림 23.7A**에서 볼 수 있듯이 모든 혈관은 상피로 이루어져 있으며, 관의 크기와 구조가 다른 것은 물질을 운반하고 신체 조직과 교환하는 각기 다른 역할을 반영한다. 혈관은 O_2, 영양분, 노폐물을 세포사이액으로 운반함으로써 조직 세포가 살아가는 체내환경을 일정하게 유지하는 데 도움을 준다.

동맥 동맥의 주요 기능은 심장에서 허파와 신체의 다른 부위로 혈액을 운반하는 것이다. 혈액이 심장에서 힘차게 빠져나오면 동맥으로 들어간 다음 소동맥으로 들어간다. 그림 23.7A에서 볼 수 있듯이 동맥은 모든 혈관 중 가장 두꺼운 벽을 가지고 있어 심장에서 펌프질하는 혈액의 빠른 흐름과 높은 압력을 수용하기 위해 강도와 탄력을 제공한다. 탄성섬유가 있는 결합조직의 바깥층은 혈관이 늘어나고 줄어들 수 있게 해준다. 동맥과 소동맥 벽의 민무늬근은 호르몬과 신경계의 신호에 반응하여 혈관을 좁히거나 넓힌다. 이러한 혈관의 수축 또는 이완은 신체의 다른 부분으로 가는 혈액의 흐름을 조절한다.

모세혈관 다른 유형의 혈관과 달리 모세혈관은 세포외바탕질로 둘러싸인 상피세포의 단일 층으로만 구성된다(그림 20.4 참조). 이러한 구조는 모세혈관의 고유한 기능인 교환에 적합하다. **그림 23.7B**의 현미경 사진은 민무늬근 세포가 산소와 영양분이 풍부한 혈액을 운반하는 모세혈관 사이에 밀접한 연관성을 갖고 있다는 것을 강조하고 있으며, 이는 또한 신체 조직과의 긴밀한 연결을 통해 교환을 촉진한다.

그림 23.7C는 분자가 모세혈관의 혈액에서 조직 세포로 확산되는 경로를 보여준다. 세포는 세포사이액에 잠겨 있다. O_2 및 영양소(●)와 같은 분자는 모세혈관에서 세포사이액(아래쪽 화살표)으로 확산된 다음 세포사이액에서 조직 세포로 확산된다(20.13절 참조). 모세혈관은 세포에 O_2와 영양분을 공급하는 것 외에도 물질대사에서 나온 노폐물을 수거한다. 그림 23.7C의 위쪽 화살표는 CO_2와 기타 노폐물 분자(●)가 조직 세포 밖으로, 세포사이액을 통해, 모세혈관으로 확산되는 것을 나타낸다.

정맥 혈액은 조직의 모세혈관을 빠져나가면서 소정맥으로 들어간 다음 정맥으로 들어간다. 소정맥과 정맥의 주요 기능은 허파와 신체의 다른 부위에서 심장으로 혈액을 운반하는 것이다. 속도와 압력은 동맥보다 정맥에서 낮으며, 이는 정맥의 벽이 동맥보다 얇다는 구조에서 알 수 있다(그림 23.7A). 큰 정맥에는 단방향 밸브 역할을 하는 판막(flap)이 있어 혈액이 심장 쪽으로만 흐르도록 한다.

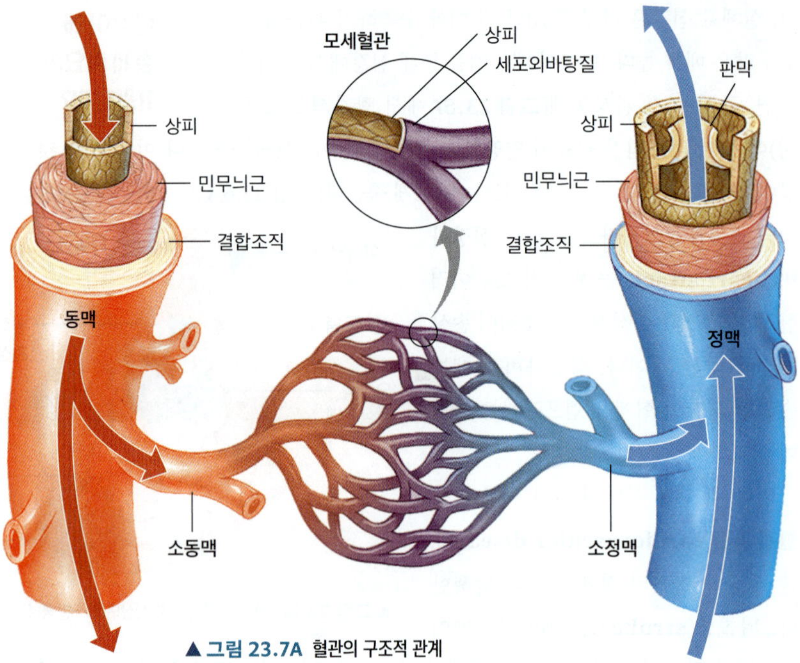

▲ **그림 23.7A** 혈관의 구조적 관계

? 동맥의 구조는 그 기능과 어떤 관련이 있는가?

■ 동맥은 심장에서 받는 혈액의 빠른 흐름과 높은 압력을 견디기 위해 늘어나거나 줄어들 수 있는 두꺼운 벽을 가지고 있다.

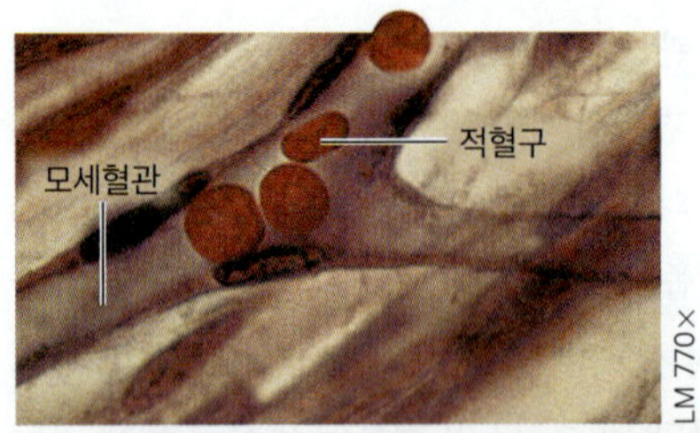

◀ **그림 23.7B** 민무늬근 조직의 모세혈관

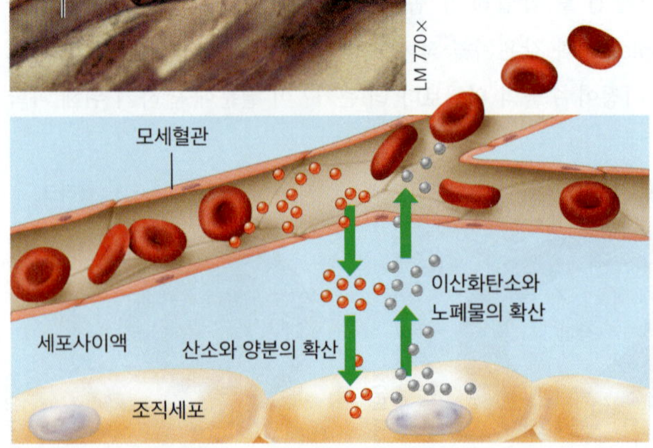

▲ **그림 23.7C** 혈액과 조직세포 사이의 확산

23.8 혈압과 혈류속도는 혈관의 구조와 배열을 나타낸다

혈관의 구조를 살펴봤으니 이제 혈관을 통해 혈액을 이동시키는 힘에 대해 알아보자.

혈압 혈압(**blood pressure**)은 혈액이 혈관벽에 가하는 힘이다. 심장의 펌프 작용에 의해 생성되는 혈압은 심장에서 동맥과 소동맥을 통해 모세혈관망으로 혈액의 흐름을 유도한다.

심실이 수축하면 혈액이 소동맥으로 흐를 수 있는 속도보다 더 빨리 동맥으로 흐르게 된다. 이로 인해 동맥의 탄력 있는 벽이 늘어난다. **맥박(pulse)**을 측정하여 심박수를 잴 때 동맥이 율동적으로 늘어나는 것을 느낄 수 있다. **그림 23.8A** 위쪽 그래프에서 동맥에서의 압력(수은 밀리미터, mmHg로 표시)이 증가하는 것을 볼 수 있다. 심실의 수축으로 인해 발생하는 압력을 수축기 혈압(systolic pressure)이라고 한다. 이완기에는 탄력 있는 동맥이 다시 수축하여 혈액의 압력을 유지하고 혈액이 소동맥과 모세혈관으로 지속적으로 흐르게 한다. 위쪽 그래프의 압력 강하가 이완기 혈압(diastolic pressure)을 나타낸다.

그림 23.8A 가운데에 있는 그림은 혈액이 대동맥에서 동맥을 거쳐 모세혈관으로, 다시 정맥을 통해 대정맥으로 흐를 때 혈관의 상대적인 크기와 수를 보여준다. 혈압은 대동맥과 동맥에서 가장 높으며, 혈액이 소동맥으로 들어가면서 급격하게 떨어진다. 이러한 압력 강하는 주로 혈액과 수백만 개의 소동맥과 모세혈관벽 사이의 마찰로 인한 혈류 저항에 의해 발생한다.

동맥의 혈압은 대동맥으로 흐르는 혈액의 양과 소동맥의 좁은 구멍으로 흐르는 혈류의 제한에 따라 달라진다. 소동맥의 민무늬근은 동맥에서 나오는 혈액의 흐름에 영향을 미친다. 근육이 이완되면 소동맥이 확장되고 혈액이 더 쉽게 흐르게 되어 혈압이 떨어지게 된다. 신체적·정서적 스트레스는 이러한 혈관을 수축시키는 신경 및 호르몬 신호를 유발하여 혈압을 상승시킬 수 있다. 항상성 메커니즘은 순환계에 대한 요구가 변화함에 따라 심장박출량과 소동맥 개구부의 변화를 조정하여 적절한 혈압을 유지한다.

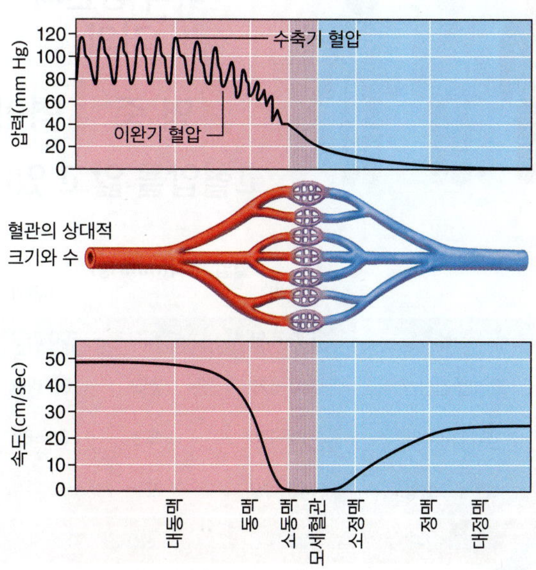

▲ 그림 23.8A 혈관의 혈압 및 속도

시도해 보기 혈관의 구조(가운데)가 혈압(위)과 혈류속도(아래)에 어떤 영향을 미치는지 설명하시오.

혈액의 속도 혈액의 속도(cm/sec로 표시)는 그림 23.8A의 아래쪽 그래프에 나와 있다. 그림에서 볼 수 있듯이 속도는 동맥에서 급격히 감소하고 모세혈관에서 거의 0에 가깝게 떨어졌다가 정맥에서 속도가 빨라진다. 이러한 변화를 설명하는 것은 무엇일까? 큰 동맥이 더 작고 많은 소동맥으로 나뉘기 때문에, 여러 혈관의 단면적의 총합이 그 혈관으로 연결되는 하나의 동맥의 지름보다 훨씬 더 커진다. 만약 동맥 하나에 소동맥이 하나만 있다면, 정원 호스에 좁은 노즐을 추가하면 물이 더 빨리 흐르는 것처럼 혈액이 소동맥을 통해 더 빨리 흐르게 될 것이다. 하지만 동맥 하나당 소동맥이 많기 때문에 호스에서 노즐을 떼어낸 것과 같은 효과가 나타난다. 구멍의 지름을 늘리면 유속이 감소한다.

모세혈관의 단면적은 가장 넓고 모세혈관에서의 혈액 속도는 가장 느리다. 모세혈관의 안정적이고 여유로운 혈액의 흐름은 신체 세포와의 물질 교환을 촉진시켜 준다.

혈액이 정맥에 도달하면 그 압력은 거의 0에 가깝게 떨어진다. 혈액은 수백만 개의 작은 소동맥과 모세혈관을 통과할 때 너무 많은 저항에 부딪혀 더 이상 펌프질하는 심장의 힘으로 추진되지 않는다. 그렇다면 혈액은 어떻게 심장으로 되돌아갈까? 신체가 움직일 때마다 근육은 정맥을 통해 혈액을 짜듯이 밀어낸다. **그림 23.8B**는 정맥이 흔히 뼈대근육 사이에 끼어 있는 모습을 보여준다. 판막은 혈액이 심장 쪽으로만 흐르도록 한다. 호흡은 또한 혈액을 심장으로 되돌리는 데 도움이 된다. 숨을 들이마시면 가슴우리 안 압력의 변화로 인해 심장 근처의 큰 정맥이 확장되고 채워진다.

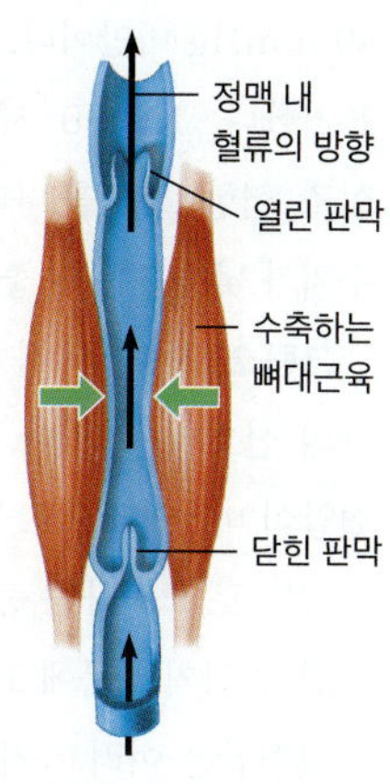

▲ 그림 23.8B 정맥의 혈류

혈압은 심혈관 건강의 핵심 지표이기 때문에 대부분의 병원 방문 시 혈압을 정기적으로 측정한다. 다음 절에서는 혈압이 어떻게 측정되는지 살펴본다.

? 정맥의 혈압이 0으로 떨어지면 혈액이 소정맥에서 정맥으로 흐를 때 혈액의 속도가 빨라지는 이유는 무엇인가?

■ 정맥의 총지름이 소정맥보다 작다. 노즐이 호스의 입구를 좁히면 물이 더 빨리 흐르는 것처럼 속도가 증가한다.

23.9 혈압을 측정하면 심혈관 문제를 발견할 수 있다

연결 **그림 23.9A**는 혈압계 또는 혈압측정 압박대(cuff)를 사용하여 혈압을 측정하는 방법을 보여준다. ❶ 압박대는 큰 동맥에 접근할 수 있는 위쪽 팔을 감싸고 있다. 압박대는 동맥을 닫고 아래팔로 가는 혈류를 차단할 수 있을 만큼 압력이 강해질 때까지 부풀려진다. ❷ 청진기를 사용하여 압박대가 서서히 수축되면서 수축된 동맥 벽에서 혈류의 진동을 듣는다. 동맥을 통해 피가 뿜어져 나오는 첫 번째 소리는 동맥의 압력이 압박대에 가해진 압력 바로 아래로 떨어졌다는 것을 나타낸다. 이 시점의 압력이 수축기 혈압이다. 동맥을 통해 혈액이 고르지 않게 흐르는 소리는 이완기 동안 압박대의 압력이 동맥의 압력 아래로 떨어질 때까지 계속된다. ❸ 이제 혈액이 동맥을 통해 지속적으로 흐르고 혈류 소리가 멈춘다. 이 시점의 수치가 이완기 혈압이다. 혈압을 측정하는 디지털 기기는 비슷한 방식으로 작동하지만, 센서가 진동을 감지하여 전기 신호로 변환한다.

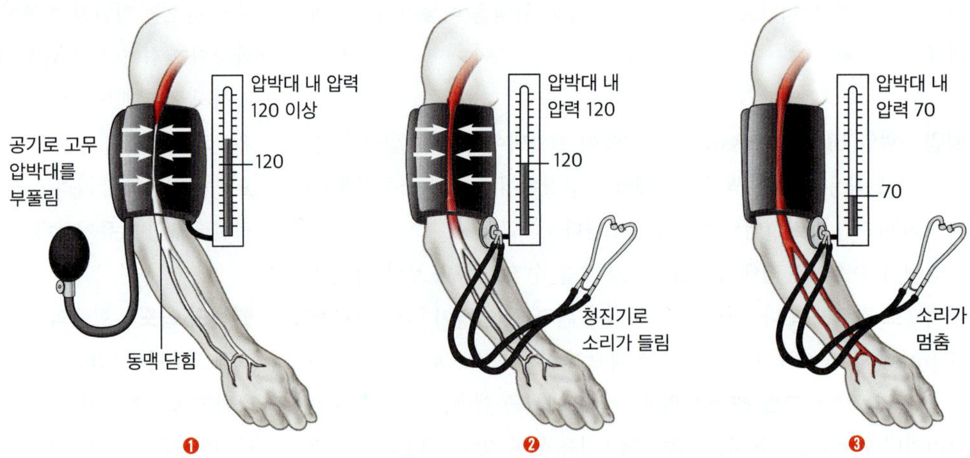

자료: "Description of High Blood Pressure," National Heart, Lung, and Blood Institute, April 20, 2016, http://www.nhlbi.nih.gov/health/health-topics/topics/hbp/

▲ **그림 23.9A** 혈압 측정. 이 경우 수축기 혈압은 120 mmHg, 이완기 혈압은 70 mmHg이다.

시도해 보기 이 그림을 사용하여 수축기 혈압과 이완기 혈압을 측정하는 방법을 설명하시오.

성인의 최적 혈압은 수축기 혈압은 120 mmHg 미만, 이완기 혈압은 80 mmHg 미만이다. 혈압은 일반적으로 두 값 사이에 슬래시를 넣어 표기한다: 120/80. 저혈압이 심각한 기저 질환(예: 내분비 장애, 영양실조, 심한 출혈)을 나타낼 수 있는 드문 경우를 제외하고는 일반적으로 수치가 낮을수록 더 좋은 것으로 간주한다.

그림 23.9B에서 볼 수 있듯이, 정상범위보다 높은 혈압은 심혈관 질환의 신호일 수 있다. **고혈압(hypertension)**은 수축기 또는 이완기 혈압이 비정상적으로 높은 상태를 유지하는 질환이다. 고혈압은 수년 동안 겉으로 드러나는 증상이 없는 경우가 많지만 심각한 건강 문제를 일으킬 수 있기 때문에 고혈압을 '침묵의 살인자'라고 부르기도 한다.

고혈압은 여러 가지 방식으로 심장혈관계에 해를 끼친다. 혈압이 상승하면 심장이 몸 전체에 혈액을 펌프질하기 위해 더 열심히 일해야 하며, 시간이 지남에 따라 좌심실이 커질 수 있다. 관상동맥 혈액 공급이 이러한 근육량 증가의 요구를 따라가지 못하면 심장 근육이 약해진다. 또한 몸 전체의 동맥 벽에 가해지는 힘이 증가하면 작은 파열이 발생할 수 있다. 그 결과 염증은 플라크 형성을 촉진하여 동맥경화를 악화시키고(23.6절 참조) 혈전 형성의 위험을 증가시킨다. 장기간의 고혈압은 심장마비, 심장병, 뇌졸중의 주요 원인이며 신장의 동맥과 소동맥을 손상시킬 수 있기 때문에 신부전의 원인이 되기도 한다.

대부분의 환자에서 고혈압의 정확한 원인은 확실하게 밝혀지지 않았지만, 일부는 유전적 요인을 갖는 경향이 있다. 고혈압을 앓고 있는 부모가 있는 경우 고혈압이 발생할 가능성이 더 높다. 식이, 비만, 당뇨병, 흡연, 스트레스, 연령 증가와 같은 다른 많은 요인도 위험 요인으로 작용한다.

다행히도 심장 건강에 좋은 식단 섭취, 금연, 과도한 음주(하루 2잔 이상) 피하기, 규칙적인 운동(대부분의 날에 30분 정도의 적당한 활동), 건강한 체중 유지 등 특정 생활 습관의 변화는 거의 모든 사람의 고혈

혈압 수치(mmHg)

	수축기		이완기
정상	120 미만	이고	80 미만
고혈압 전단계	120~129	이고	80 미만
1단계 고혈압	130~139	또는	80~89
2단계 고혈압	140 이상	또는	90 이상
고혈압 위기	180 이상	이고/또는	120 이상

데이터 시각화

자료: "The Facts About High Blood Pressure," American Heart Association (2017), https://www.heart.org/en/health-topics/high-blood-pressure/the-facts-about-high-blood-pressure

▲ **그림 23.9B** 고혈압과 관련된 사실과 수치

압을 예방하거나 조절할 수 있다. 많은 사람들이 염분을 고혈압과 연관 짓지만, 염분은 일부 사람들에게만 고혈압을 유발하는 인자다. 생활 습관 변화로 혈압이 낮아지지 않는다면 몇 가지 효과적인 항고혈압약이 있다.

? 처음으로 친구의 혈압을 측정했는데 140/90이라는 수치가 나왔다. 그가 고혈압이라고 생각하는가?

■ 그렇다. 그러나 다양한 요인으로 인해 첫 수치가 부정확하게 높게 나올 수 있으므로 지속적으로 고혈압을 확인하려면 더 많은 측정이 필요하다.

23.10 소동맥과 전모세혈관 괄약근은 혈액의 분포를 조절한다

23.8절에서 배운 것처럼 소동맥 벽의 민무늬근은 동맥에서 소동맥으로 흐르는 혈류에 대한 저항을 변화시켜 혈압에 영향을 미친다. 민무늬근이 소동맥을 수축하거나 확장함에 따라 소동맥의 지름은 여러 기관의 모세혈관으로 혈액이 분포하는 데 영향을 미친다. 항상 우리 몸의 모세혈관 중 약 5~10%에만 혈액이 흐르고 있다. 그러나 각 조직에는 많은 모세혈관이 있기 때문에 신체의 모든 부위에 항상 혈액이 공급된다. 뇌, 심장, 콩팥, 간과 같은 몇몇 기관의 모세혈관은 보통 전체 혈액의 용량을 모두 운반한다. 그러나 다른 많은 부위에서는 필요에 따라 혈액이 한 곳에서 다른 곳으로 전환됨에 따라 혈액 공급이 달라진다.

그림 23.10은 모세혈관으로의 혈액의 흐름을 조절하는 두 번째 메커니즘을 보여준다. 이 그림의 양쪽 부분에는 혈액이 소동맥에서 소정맥(venule)으로 직접 흐르는 주관 통로(thoroughfare channel)라는 모세혈관이 있음을 알 수 있다. 이 통로는 항상 열려 있다. 모세혈관망 입구에 위치한 민무늬근의 고리는 **전모세혈관 괄약근(precapillary sphincter)**이라고 불리며, 혈액이 가지 모세혈관(branching capillaries)으로 통과하는 것을 조절한다. 그림에서 볼 수 있듯이, ❶ 전모세혈관 괄약근이 이완된 상태에서는 혈액이 모세혈관망을 통해 흐른다. ❷ 괄약근이 수축하면 모세혈관망을 우회한다.

예를 들어, 식사 후에는 소화관 벽에 있는 전모세혈관 괄약근이 이완되어 많은 양의 혈액이 모세혈관망을 통과하게 된다. 소화의 생성물은 혈액으로 흡수되어 몸의 나머지 부분으로 전달된다. 격렬한 운동 중에는 소화관의 많은 모세혈관이 닫히고, 혈액이 골격근에 더 넉넉하게 공급된다. 이것이 바로 식사 직후 심한 운동이 소화불량이나 복통을 유발하는 이유 중 하나다(그리고 엄마가 항상 말씀하신 것처럼 식사 후 너무 빨리 수영을 하면 안 되는 이유이기도 하다).

피부로 가는 혈류의 조절은 체온을 조절하는 데 도움이 된다. 피부로의 혈액 공급이 증가하면 운동으로 인해 발생하는 과도한 열을 방출하는 데 도움이 된다.

국소적으로 생성되는 신경 자극, 호르몬 및 화학물질은 모세혈관망으로의 혈액 흐름을 조절하는 민무늬근의 수축에 영향을 미친다. 예를 들어, 상처 부위의 세포에서 방출되는 화학물질 히스타민은 민무늬근의 이완을 유발하여 혈류를 증가시키고 감염과 싸우는 백혈구의 공급을 증가시킨다.

다음으로 혈액이 모세혈관을 통해 흐를 때 물질이 어떻게 교환되는지 알아본다.

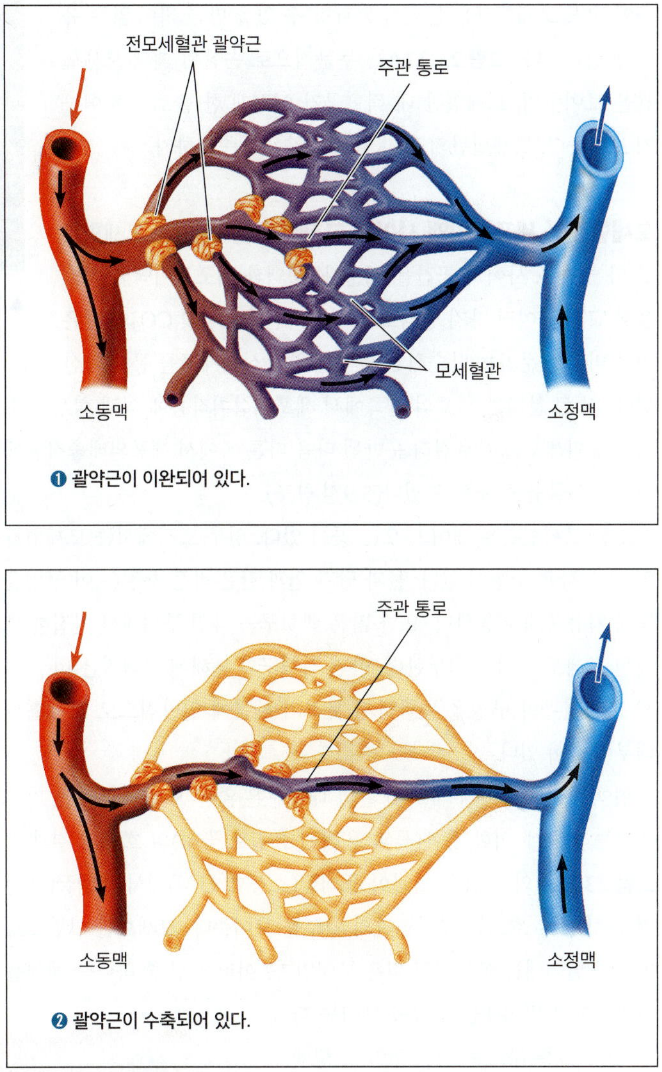

▲ **그림 23.10** 전모세혈관 괄약근에 의한 모세혈관 혈류의 조절

? 모세혈관망으로의 혈액 분배를 제한하는 두 가지 기작은 무엇인가?

■ 동맥이 수축하여 모세혈관망에 도달하는 혈액이 적어지고, 전모세혈관 괄약근이 수축하여 혈액이 모세혈관망이 아닌 통로만을 통해 흐르게 된다.

23.11 모세혈관 벽을 통해 물질의 이동이 일어난다

순환계는 신체의 조직으로 물질을 운반하는 역할을 한다. 이러한 물질에는 O_2, 영양소, CO_2, 노폐물이 포함된다. 이러한 물질의 교환은 순환계의 가장 중요한 기능이므로 그 과정을 좀 더 자세히 살펴보자.

혈액과 세포사이액 사이의 물질 교환은 모세혈관 벽을 통해 이루어진다. 모세혈관은 물질이 통과할 수 있을 만큼 벽이 얇은 유일한 혈관이다. **그림 23.11A**는 부분적으로 손상된 폐의 모세혈관을 보여주며, 모세혈관 내 적혈구가 어떻게 한 줄로 움직이는지 보여준다. 모세혈관의 벽이 얼마나 얇은지 주목하자.

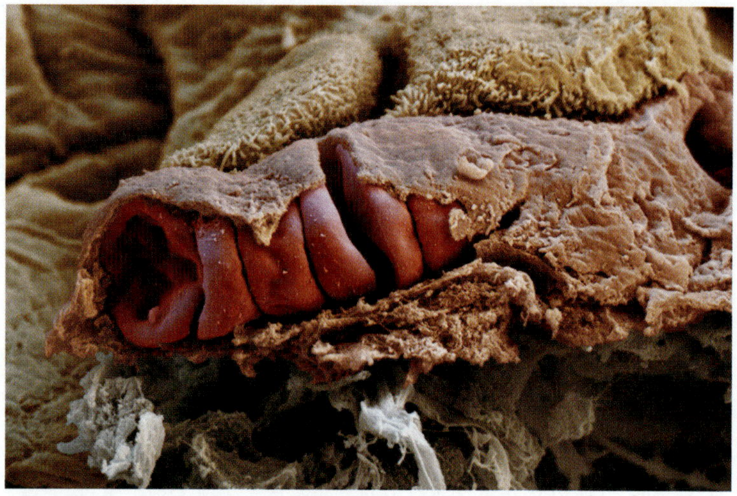

▲ **그림 23.11A** 폐 모세혈관의 주사전자현미경 사진

모세혈관과 세포사이액 사이의 교환 세포사이액은 모세혈관과 다른 세포 사이의 공간을 채운다. 혈액과 세포사이액 사이의 물질 교환은 여러 가지 방식으로 이루어진다. O_2 및 CO_2와 같은 일부 비극성 분자는 단순히 모세혈관 벽의 상피세포를 통해 확산된다. 더 큰 분자는 세포의 한쪽에서 세포내섭취작용에 의해 형성된 소포로 상피세포를 가로질러 운반된 다음 다른 쪽에서 세포외배출작용에 의해 내용물을 방출할 수 있다(5.9절 참조).

또한 모세혈관은 새어 나오는 곳이 있다. 일부 조직에서는 모세혈관의 벽에 작은 구멍이 있다. 물과 당과 염과 같은 작은 용질은 이 구멍을 통해 자유롭게 이동한다. 또한 많은 백혈구는 감염 부위에서 인접한 모세혈관 세포 사이로 침투한다. 반면 적혈구와 용해된 단백질은 너무 커서 모세혈관의 구멍을 통과하지 못하기 때문에 일반적으로 모세혈관 내부에 남아 있다.

혈액과 세포사이액 사이 교환의 대부분은 얇은 모세혈관 벽을 가로지르는 압력에 의한 유체(물과 용해된 용질로 구성)의 흐름의 결과다. **그림 23.11B**의 그림은 혈액이 동맥끝(소동맥 근처)에서 정맥끝(소정맥 근처)으로 흐르는 모세혈관의 일부를 보여준다. 모세혈관 안팎으로 액체를 밀어내는 활동적인 힘은 무엇일까? 이러한 힘 중 하나는 체액을 바깥쪽으로 밀어내는 경향을 보이는 혈압이다. 다른 하나는 삼투압으로, 혈액이 세포사이액보다 용질의 농도가 높기 때문에 액체를 뒤로 당기는 경향이 있다. 혈액에 용해된 단백질은 이러한 높은 용질 농도의 대부분을 차지한다. 평균적으로 혈압이 반대되는 힘보다 커서 모세혈관에서 체액을 잃는다.

림프계를 통한 체액의 반환 우리 몸은 매일 약 4~8 L의 체액을 모세혈관에서 주변 조직으로 잃는다. 손실된 체액은 모세혈관 사이에 섞여 있는 작은 혈관 네트워크로 구성된 림프계(lymphatic system)에서 흡수한다(그림 23.11B 참조). 이 혈관으로 확산된 후, 림프(lymph)라고 불리는 이 액체는 목의 큰 정맥과 연결된 관을 통해 순환계로 되돌아간다(그림 24.4에서 림프계의 그림을 볼 수 있다). 따라서 순환계와 림프계는 함께 작용하여 전체 개체의 조직 내 체액 평형을 유지한다. 이 두 시스템 간의 연결은 이번 주제인 시스템 간 **상호작용**의 좋은 예다.

심장과 혈관의 구조와 기능에 대해 살펴봤으니 이제 혈액의 구성에 대해 알아보자.

? 림프관이 막힌 사람은 장기적으로 어떤 영향을 미칠 수 있는가?

■ 모세혈관을 떠난 체액 중 일부가 림프계에서 회수되지 못하고 신체 조직에 축적되기 시작하면서 부종(endema)이라는 질환이 발생하게 된다.

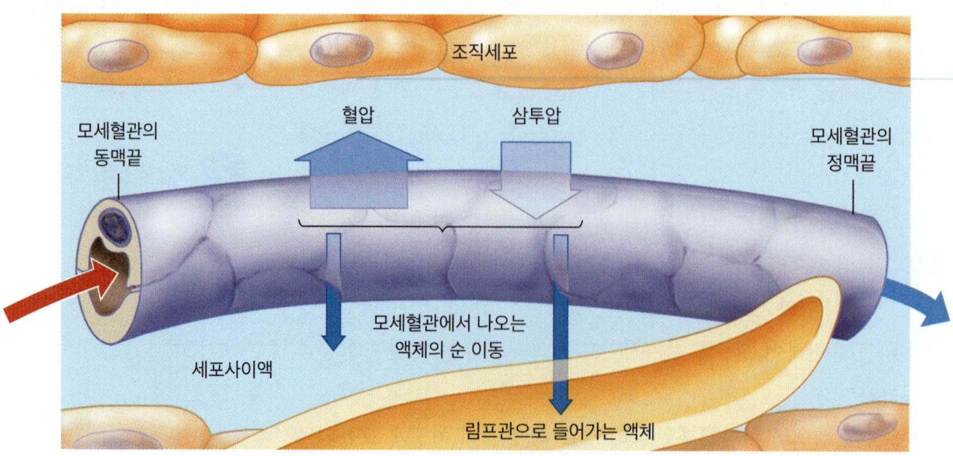

▲ **그림 23.11B** 모세혈관에서 림프혈관으로의 액체 이동

혈액의 구조와 기능

23.12 혈액은 혈장에 부유하는 적혈구와 백혈구로 구성된다

우리 몸에는 약 5 L의 혈액이 있다. 혈액은 **혈장(plasma)**이라는 액체에 부유하는 여러 유형의 세포로 구성되어 있다. 혈액 샘플을 채취하면 원심분리기에서 샘플을 회전시켜 혈장으로부터 세포를 분리할 수 있다. 혈액 부피의 약 45%를 차지하는 세포성분(세포 및 세포 조각)은 원심분리기 시험관의 바닥, 즉 투명한 황색의 혈장 아래에 가라앉는다(그림 23.12).

혈장은 약 90%가 물이다. 많은 용질 중에는 용해된 이온 형태의 무기염이 있다. 이러한 이온(전해질이라고도 함)의 기능에는 혈액의 pH를 약 7.4로 유지하고 혈액과 세포사이액 사이의 삼투압 평형을 유지하는 것이 포함된다.

알부민을 포함한 혈장 단백질은 완충용액 역할을 하며 삼투압 평형을 유지하는 데 도움을 준다. 피브리노겐(fibrinogen)은 혈액 응고 기능을 하는 혈장 단백질이며, 면역글로불린(immunoglobulin)은 면역에 중요한 역할을 하는 단백질이다. 아포지질단백질(apolipoprotein)은 단백질과 결합해야만 혈액을 이동할 수 있는 불용성 지질을 호위하는 단백질이다.

혈장에는 영양분, 노폐물, O_2, CO_2, 호르몬과 같이 신체의 한 부분에서 다른 부분으로 이동하는 다양한 물질도 포함되어 있다.

혈장에 부유하는 세포에는 **백혈구(white blood cell** 또는 leukocyte)와 **적혈구(red blood cell)**의 두 가지 종류가 있다. 또한 혈장에는 혈액 응고 과정에 관여하는 세포 조각인 **혈소판(platelet)**도 부유한다.

그림 23.12와 같이 백혈구에는 **단핵구(monocyte)**, **호중구(neutrophile)**, **호염구(basophile)**, **호산구(eosinophile)**, **림프구(lymphocyte)** 등 다섯 가지 주요 유형이 있다. 이들의 집단적 기능은 감염과 싸우는 것이다. 예를 들어, 단핵구와 호중구는 박테리아를 포식하고 소화하는 **식세포(phagocyte)**다(24.1절 참조). 백혈구는 실제로 대부분의 시간을 감염과의 전쟁이 벌어지는 림프계와 세포사이액을 통해 이동하며 보낸다.

적혈구는 에리트로사이트(erythrocyte)라고도 한다. 적혈구의 구조는 산소를 운반하는 주요 기능에 적합하다. 사람의 적혈구는 작은 오목한 원반 모양으로, 측면보다 중앙이 더 얇다. 작은 크기와 모양 덕분에 산소가 확산될 수 있는 표면적이 넓다. 성숙한 적혈구에는 핵이 없기 때문에 헤모글로빈을 담을 수 있는 공간이 더 넓다. 각각의 작은 적혈구에는 약 2억 5,000만 개의 헤모글로빈 분자가 포함되어 있으므로 약 10억 개의 산소 분자를 운반할 수 있다. 혈액 한 방울에는 약 2,500만 개의 세포(한 방울은 약 50 μL)가 들어 있으니, 5 L의 혈액에는 약 25조 개의 적혈구가 있다는 뜻이다. 얼마나 많은 산소가 혈액을 통해 이동하고 있는지 생각해 보자!

? 적혈구는 혈액에서 어떻게 분리되는가?

■ 원심분리기에서 혈액을 회전시키면 적혈구가 시험관 바닥에 가라앉게 된다.

혈장(55%)	
성분	주요 기능
물	기타 물질을 운반하는 용매
이온(예: 나트륨, 칼슘, 칼륨, 마그네슘, 염화물 및 중탄산염)	삼투압 균형, pH 완충 및 간질액의 이온 농도 유지
혈장 단백질	
알부민	삼투압 균형 및 pH 완충
피브리노겐	응고
면역글로불린(항체)	방어
아포지단백질	지질 수송
혈액으로 운반되는 물질 영양소(예: 포도당, 지방산, 비타민) 신진대사의 노폐물 호흡기 가스(O_2 및 CO_2) 호르몬	

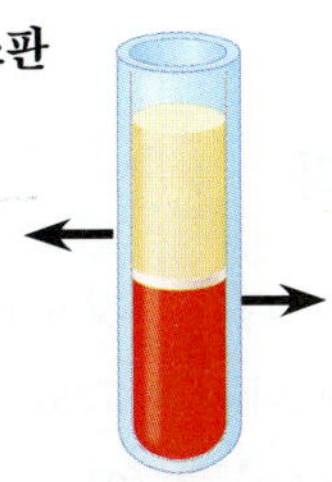

세포 요소(45%)		
세포 유형	수 혈액 μL(mm^3)당	기능
백혈구	5,000~1만	방어와 면역
혈소판	25만~40만	혈액 응고
적혈구	500~600만	O_2 및 일부 CO_2의 수송

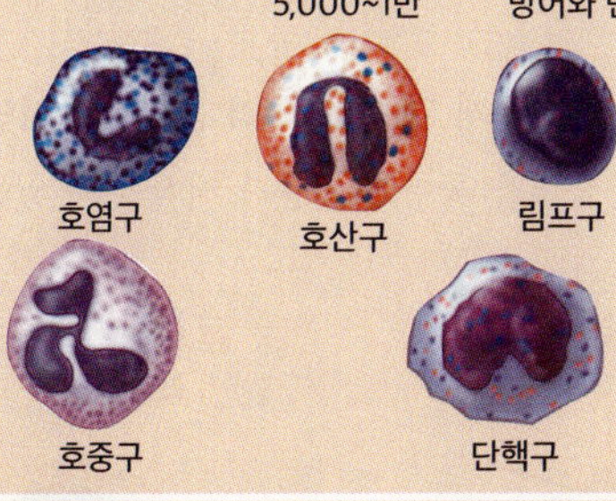

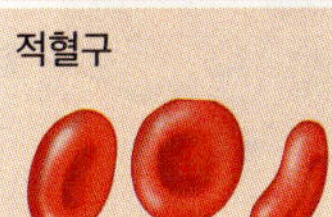

▲ 그림 23.12 혈액의 구성

23.13 적혈구가 너무 적거나 너무 많으면 건강에 해로울 수 있다

연결 건강한 신체 기능을 위해서는 적절한 수의 적혈구(**그림 23.13**)가 필수적이다. 적혈구는 3~4개월 동안 순환한 후 분해되고 그 분자가 재활용된다. 헤모글로빈에서 제거된 철분의 대부분은 골수로 되돌아가고, 골수에서는 초당 200만 개라는 놀라운 속도로 적혈구가 형성된다.

비정상적으로 적은 양의 헤모글로빈 또는 적은 수의 적혈구는 **빈혈(anemia)**이라고 하는 상태다. 빈혈 환자는 신체 세포에 충분한 산소가 공급되지 않기 때문에 지속적으로 피곤함을 느낀다. 빈혈은 과도한 출혈, 비타민 또는 무기질 결핍, 특정 형태의 암을 포함한 다양한 요인으로 인해 발생할 수 있다. 철분 결핍이 가장 흔한 원인이다. 여성은 월경 중 출혈 때문에 남성보다 철분 결핍이 발생할 가능성이 더 높다.

▲ **그림 23.13** 사람의 적혈구

골수에서의 적혈구 생산은 혈액을 통해 조직에 도달하는 산소의 양에 민감한 음성되먹임작용에 의해 조절된다(적혈구 생산은 혈액을 통해 조직에 도달하는 산소의 양에 민감하게 반응한다). 조직에 충분한 산소가 공급되지 않으면 신장은 **적혈구 생성인자(erythropoietin, EPO)**라는 호르몬을 생성하여 골수를 자극함으로써 적혈구를 더 많이 생성하도록 한다. 신장 투석을 받는 환자는 신장에서 적혈구생성인자를 충분히 생산하지 못하기 때문에 적혈구 수치가 매우 낮은 경우가 많다. 유전자 조작 EPO는 이러한 환자뿐만 아니라 빈혈을 자주 겪는 암 및 에이즈 환자들에게도 큰 도움이 되었다.

산소 농도가 낮은 고지대에 사는 사람들의 생리적 적응 중 하나는 더 많은 적혈구를 생산하는 것이다. 많은 운동선수들이 이러한 효과를 누리기 위해 높은 고도에서 훈련한다. 그러나 다른 운동선수들은 특정 물질이나 기술을 사용하여 혈액의 산소 수용력을 증가시킴으로써 불공정한 이점을 추구한다('혈액 도핑'이라고 알려진 절차). 합성 적혈구를 주사하면 정상 적혈구의 양을 45~65%까지 늘릴 수 있다. 적혈구를 뽑아 저장했다가 경기 전에 다시 주입하는 것도 적혈구의 수를 증가시킨다.

체육위원회는 다양한 방법을 사용하여 혈액 도핑 테스트를 실시한다. 최근 몇 년 동안 투르 드 프랑스 7회 우승자인 랜스 암스트롱(Lance Armstrong)을 비롯한 많은 유명 러너와 사이클리스트가 이러한 약물 양성 반응이 나와 기록과 출전권을 모두 박탈당했다. 하지만 더 심각한 결과가 초래될 수도 있다. 일부 선수의 경우 격렬한 운동으로 인한 탈수와 적혈구 수 증가로 이미 농축된 혈액이 결합되어 혈액 응고, 뇌졸중, 심부전, 심지어 사망과 같은 심각한 의학적 문제를 일으킬 수 있다. 실제로 혈액 도핑은 수십 명의 운동선수를 사망에 이르게 한 원인으로 지목되고 있다.

? 적혈구 수를 늘리면 지구력과 속도가 향상되는 이유는 무엇인가?

■ 적혈구 수가 증가하면 혈액의 산소 수용력이 증가하여 활동하는 근육에 산소가 더 많이 공급된다.

23.14 혈전은 혈관이 다쳤을 때 누출을 막는다

때때로 베이거나 긁히는 상처를 입어도 피가 나지 않는 것은 혈관이 다쳤을 때 활성화되는 자가 봉합 물질이 혈액에 포함되어 있기 때문이다. 이러한 봉합 물질은 혈소판과 혈장 단백질 **피브리노겐(fibrinogen)**이다.

부상을 입으면 어떻게 되는가? 우리 몸의 즉각적인 반응은 손상된 혈관을 수축시켜 출혈을 줄이고 치유가 시작될 수 있는 시간을 확보하는 것이다. **그림 23.14A**는 응고 과정의 단계를 보여준다. ❶ 혈관을 감싸고 있는 상피(황갈색으로 표시)가 손상되면 혈관벽의 결합조직이 혈액에 노출된다. 혈소판(보라색)은 노출된 조직에 빠르게 달라붙어 주변의 혈소판을 끈적끈적하게 만드는 화학물질을 방출한다. ❷ 곧 끈적끈적한 혈소판 뭉친 덩어리가 마개(plug)를 형성하여 추가적인 출혈을 빠르게 막아준다. 뭉친 혈소판에서 방출된 혈액 응고 인자는 반응을 증폭시키는 연쇄반응을 일으키며, 이는 양성되먹임작용의 예다. 응고 과정은 궁극적으로 혈액이 주변 조직으로 누출되는 것을 방지하는 강화된 패치를 형성한다. (혈관 내부의 딱지라고 생각하면 된다.) 이 복잡한 과정에서 활성화된 효소는 피브리노겐을 **피브린(fibrin)**이라는 실 같은 단백질로 변환한다. ❸ 피브린의 실(흰색)이 마개를 강화하여 혈병(fibrin clot)을 형성한다.

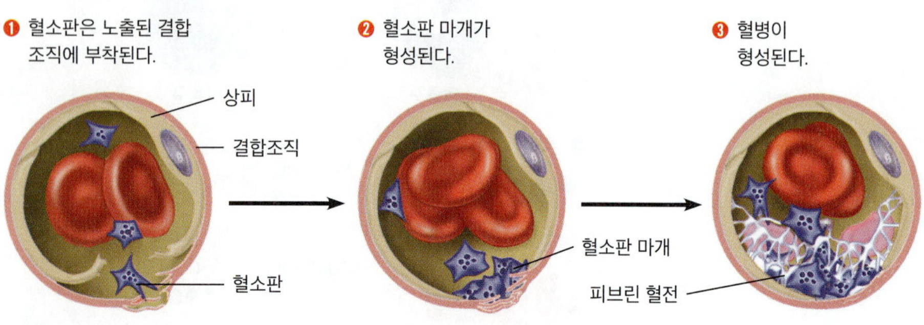

▲ **그림 23.14A** 혈액 응고 작용

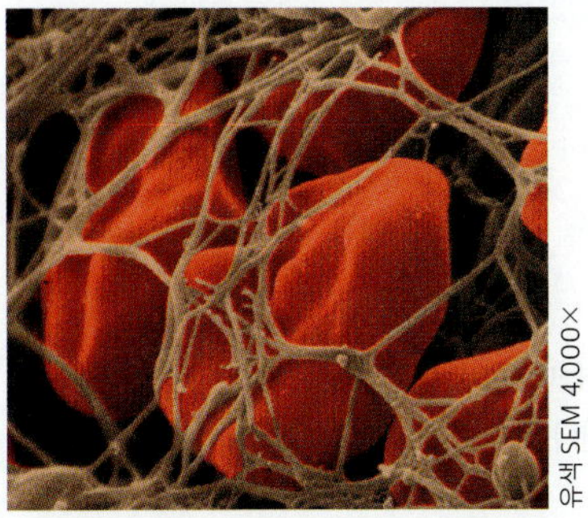

▲ 그림 23.14B 혈병

그림 23.14B는 혈병의 현미경 사진이다. 피브린 혈전이 형성된 후 1시간 이내에 혈소판이 수축하여 손상된 혈관의 찢어진 가장자리를 서로 가깝게 끌어당긴다. 혈소판에서 방출되는 화학물질은 민무늬근과 결합조직의 세포분열을 자극하여 치유 과정을 시작한다.

응고 메커니즘은 매우 중요하기 때문에 결함이 생기면 생명을 위협할 수 있다. 응고에 필요한 단백질 중 하나 이상이 결핍된 사람(혈우병)은 경미한 부상으로도 과도한 출혈, 때로는 치명적인 출혈을 일으킬 수 있다. 다른 사람들에게는 부상이 없는데도 핏덩이(피떡, blood clot)가 형성되는 것이 문제가 될 수 있다. 혈병이 혈관 내에 형성되면 혈액의 흐름을 막을 수 있다. 혈전(thrombus)이라고 불리는 이러한 응고는 심장이나 뇌의 혈관을 막으면 위험할 수 있다(23.6절 참조). 아스피린, 헤파린, 와파린은 심장마비나 뇌졸중 위험이 있는 환자의 바람직하지 않은 응고를 방지하는 항응고제다.

? 혈전 형성에서 혈소판의 역할은 무엇인가?

■ 혈소판은 노출된 결합조직에 달라붙어 혈소판 마개가 형성되고 혈병으로 이어지는 경로를 활성화하는 데 도움이 되는 다양한 화학물질을 방출한다. (또한 일부 화학물질은 다른 방식으로 치유를 촉진하기도 한다.)

23.15 줄기세포는 혈액 세포 질환에 대한 잠재적 치료법을 제공한다

연결 갈비뼈, 등뼈, 가슴뼈, 골반뼈 등 안에 들어 있는 적색 뼈속질(bone marrow, 골수)은 미분화된 성체 줄기세포가 혈액 세포로 분화하는 해면조직이다(11.14절 참조). **줄기세포(stem cell)**가 분열할 때 하나의 딸세포는 줄기세포로 남아 있고 다른 딸세포는 특수한 기능을 수행할 수 있다.

그림 23.15에서 볼 수 있듯이, 골수 내 줄기세포는 림프계 줄기세포와 뼈속질계 줄기세포라는 두 가지 유형의 줄기세포를 생성한다. 림프 줄기세포는 두 가지 유형의 림프구를 생성하며, 이 림프구는 면역계에서 기능한다(24.5절 참조). 뼈속질 줄기세포는 다른 백혈구, 혈소판, 적혈구로 분화할 수 있다. 줄기세포는 일생 동안 필요한 모든 혈액 세포를 지속적으로 생산한다.

백혈병(leukemia)은 백혈구에 생기는 암이다. 암세포가 통제할 수 없이 자라기 때문에 백혈병 환자는 비정상적으로 많은 수의 백혈구를 가지고 있으며, 대부분은 결함이 있다. 이 과도하게 많은 세포는 적혈구와 혈소판으로 발달하는 뼈속질 세포를 몰아내어 심한 빈혈과 혈액 응고 장애를 일으킨다.

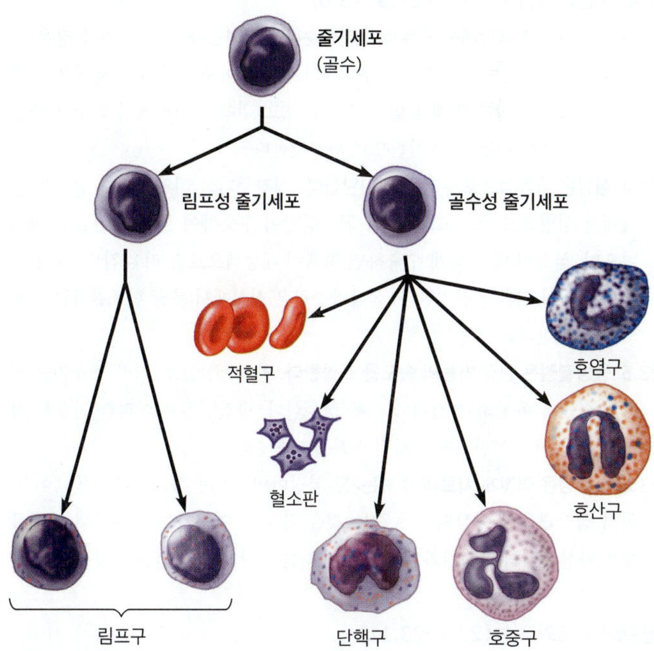

▲ 그림 23.15 줄기세포에서 혈액 세포의 세포분화

백혈병은 일반적으로 치료하지 않으면 치명적이며, 모든 경우가 표준 암 치료인 방사선 및 화학요법에 반응하는 것은 아니다. 대체 치료법은 암이 발생한 뼈속질을 완전히 파괴하고 이를 건강한 뼈속질로 대체하는 것이다. 30개 정도의 줄기세포를 주입하면 혈액과 면역계를 다시 채울 수 있다. 환자는 자신의 뼈속질로 치료할 수 있다. 환자의 뼈속질을 채취하여 가능한 한 많은 암세포를 제거하도록 처리한 다음 다시 주입한다. 또는 적합한 공여자가 뼈속질을 제공할 수도 있다. 기증자는 종종 친척이며, 친척이 아닌 사람은 세포 표면의 단백질이 매우 다양하기 때문에 면역이 일치할 가능성이 적다(24.16절 참조). 국립 뼈속질 기증자 프로그램은 비혈연 간 기증자 매칭을 지원하며, 약 2/3가 성공한다.

줄기세포 연구는 큰 가능성을 가지고 있으며, 백혈병은 뼈속질 줄기세포로 치료할 수 있는 여러 혈액 질환 중 하나에 불과하다. 비정상적인 헤모글로빈으로 인해 발생하는 겸상적혈구질환도 뼈속질 이식을 통해 완치가 가능하다. 많은 성공에도 불구하고 뼈속질 이식 중에 심각한 합병증이 발생할 수 있으며 완전한 회복에는 수개월이 걸릴 수 있다. (다음 장에서는 면역계에서 백혈구의 다양한 역할에 대해 알아본다.)

? 백혈병과 같은 질병에서 총 백혈구 수가 증가하면 어떻게 빈혈이 생길 수 있는지 설명하시오.

■ 과다한 백혈구는 일부 뼈속질 세포가 적혈구로 형질전환하는 것을 억제한다. 이러한 세포의 결핍으로 인해 헤모글로빈이 부족하면 빈혈이 발생한다.

CHAPTER 23 복습

개념 복습하기

순환계(23.1~23.2)

23.1 순환계는 모든 신체 조직과의 교류를 촉진한다. 위수강은 소화와 운반 기능을 모두 수행한다. 개방순환계에서 심장은 개방된 혈관을 통해 체액을 펌핑하여 조직 세포를 직접 접촉한다. 폐쇄순환계에서 심장은 동맥을 통해 모세혈관을 거쳐 정맥으로, 다시 심장으로 이동하는 혈액을 펌프질한다.

23.2 척추동물 심장혈관계는 진화과정을 반영한다. 2개의 방으로 이루어진 어류의 심장은 단일순환으로 혈액을 펌프질한다. 육상 척추동물은 허파순환과 전신순환으로 이중순환을 한다. 양서류와 많은 파충류는 심장의 방이 3개이고, 조류와 포유류는 4개의 방을 가지고 있다.

사람의 심장혈관계와 심장(23.3~23.6)

23.3 사람의 심장혈관계는 포유류의 이중순환을 보여준다. 포유류의 심장은 벽이 얇은 2개의 심방과 벽이 두꺼운 2개의 심실로 이루어져 있다. 심장의 오른쪽은 산소가 부족한 혈액을 받아 펌프질하고, 왼쪽은 허파에서 산소가 풍부한 혈액을 받아 다른 모든 기관으로 펌프질한다.

23.4 심장은 율동적으로 수축하고 이완한다. 심장주기의 이완기에는 혈액이 정맥에서 심방으로 흐르고, 수축기에는 심방이 수축하여 혈액을 심실로 밀어 넣으며, 심실이 더 강하게 수축하면 혈액이 대동맥으로 밀려 나간다. 심장 판막은 혈액의 역류를 방지한다. 심장박출량은 심실에서 분당 펌프질하는 혈액의 양을 말한다.

23.5 동방결절은 심장 박동의 속도를 조절한다. 방실결절 또는 심박 조율기는 심방의 수축을 유발하는 전기 신호를 생성한다. 방실결절은 이러한 신호를 심실로 전달한다. 심전도는 전기적 변화를 기록한다.

23.6 심장병은 어떻게 치료해야 하는가? 심장마비는 일반적으로 관상동맥이 막혀서 심장근육이 손상되거나 죽는 것을 말한다. 연구자들은 무작위 연구를 통해 관상동맥의 동맥경화 환자를 치료하는 가장 좋은 방법을 결정한다.

혈관의 구조와 기능(23.7~23.11)

23.7 혈관의 구조는 기능에 적합하다.

23.8 혈압과 혈류속도는 혈관의 구조와 배열을 나타낸다. 혈압은 심장박출량과 혈관의 저항에 따라 달라진다. 혈압은 동맥에서 가장 높다. 혈류속도는 모세혈관에서 가장 느리다. 골격근 수축과 한 방향으로 흐르게 하는 판막은 정맥을 통해 혈액이 심장으로 이동하도록 유지한다.

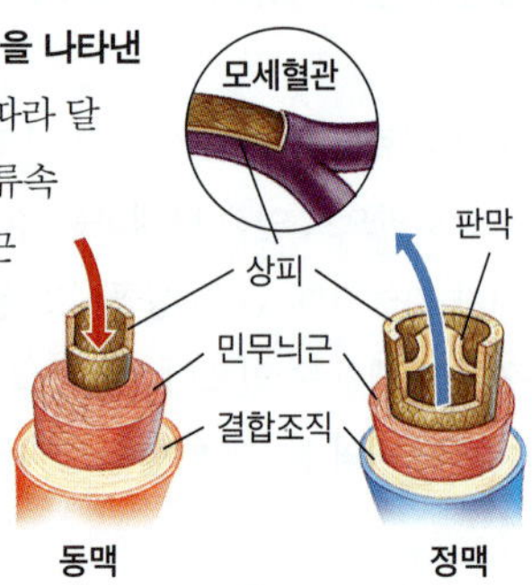

23.9 혈압을 측정하면 심혈관 문제를 발견할 수 있다. 혈압은 수축기 혈압과 이완기 혈압으로 측정한다. 고혈압은 대부분의 경우 조절할 수 있는 심각한 심혈관 질환이다.

23.10 소동맥과 전모세혈관 괄약근은 혈액의 분포를 조절한다. 소동맥 전모세혈관 괄약근의 수축은 모세혈관망을 통한 혈류를 조절한다.

23.11 모세혈관 벽을 통해 물질의 이동이 일어난다. 혈압은 체액과 작은 용질을 동맥 말단의 모세혈관에서 밀어낸다. 모세혈관에서 손실된 체액은 림프관을 통해 순환계로 되돌아간다.

혈액의 구조와 기능(23.12~23.15)

23.12 혈액은 혈장에 부유하는 적혈구와 백혈구로 구성된다. 혈장에는 다양한 무기 이온, 단백질, 영양소, 노폐물, 가스, 호르몬 등이 포함되어 있다. 적혈구는 헤모글로빈에 결합된 O_2를 운반한다. 백혈구는 감염과 싸운다.

23.13 적혈구가 너무 적거나 너무 많으면 건강에 해로울 수 있다. 적혈구생성인자라는 호르몬은 적혈구 생산을 조절한다.

23.14 혈전은 혈관이 다쳤을 때 누출을 막는다. 혈소판은 손상된 혈관의 결합조직에 달라붙어 피브리노겐을 피브린으로 전환하여 누출을 막는 혈전을 형성한다.

23.15 줄기세포는 혈액 세포 질환에 대한 잠재적 치료법을 제공한다. 혈액 줄기세포는 모든 유형의 혈액 세포를 생성하며, 혈액 세포 질환을 치료하기 위해 이식할 수 있다.

개념 연결하기

1. 다음 그림을 사용하여 사람의 심장혈관계를 통한 혈액의 흐름을 살펴보자. 표시된 부분에 이름을 명시하고, 산소가 풍부한 혈액을 운반하는 혈관을 강조해서 표시한 다음, 우심실의 1부터 시작하여 1부터 10까지 동그라미에 번호를 붙여 혈액의 흐름을 추적하시오. (오른쪽과 왼쪽 허파 모세혈관, 몸의 윗부분과 아랫부분의 모세혈관처럼 두 위치가 같은 경로에 있을 때는 같은 번호를 부여한다.)

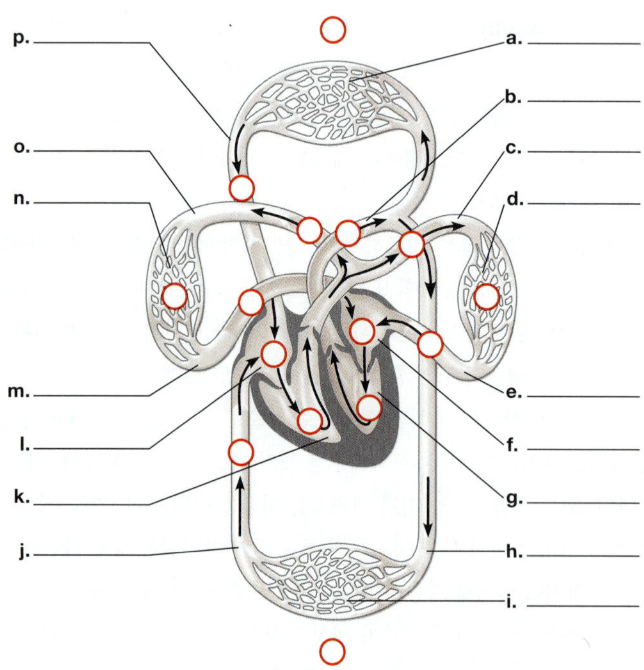

학습 평가하기

1단계 : 지식과 이해력 평가

2. 혈압은 ____________에서 가장 높고, 혈액은 ____________에서 가장 느리게 움직인다.
   a. 정맥, 모세혈관
   b. 동맥, 모세혈관
   c. 정맥, 동맥
   d. 동맥, 정맥
3. 다음 중 심장주기에 대한 설명 중 맞는 것은?
   a. 심방 및 심실 이완기는 심장주기에서 가장 긴 부분이다.
   b. 심실 수축기가 심방 수축기에 선행한다.
   c. 심실 수축기는 심장주기의 가장 짧은 단계다.
   d. 심방 수축기는 심실 수축기와 동시에 발생한다.
4. 다음 중 사람의 심장혈관계와 어류의 심장혈관계의 주요 차이점은 무엇인가?
   a. 사람의 심장은 2개의 방이 있고, 어류의 심장은 4개의 방이 있다.
   b. 사람의 혈액 순환은 2개의 순환이 있고, 어류의 혈액 순환은 하나의 순환이 있다.
   c. 사람 심장의 방들을 심방과 심실이라고 한다.
   d. 사람의 혈관계는 닫힌계이고 어류의 혈관계는 열린계이다.
5. 폴의 혈압은 150/90이다. 150은 ______________을/를 나타내고 90은 ______________을/를 나타낸다.
   a. 좌심실의 압력, 우심실의 압력
   b. 심실의 수축 중 압력, 심장의 이완 중 압력
   c. 전신성, 허파순환 압력
   d. 동맥의 압력, 정맥의 압력
6. 다음 중 응고 과정의 마지막 단계에 중요한 단백질은 무엇인가?
   a. 적혈구생성인자
   b. 피브린
   c. 헤모글로빈
   d. 알부민
7. 혈액을 공급하는 동맥보다 소동맥에서 혈액이 더 느리게 흐르는 이유는?
   a. 정맥으로 통하는 통로가 막혀 혈액의 흐름이 느려지는 경우가 많아서
   b. 괄약근이 있어 모세혈관망으로의 흐름을 제한해서
   c. 소동맥이 동맥보다 좁아서
   d. 소동맥이 총체적으로 동맥보다 단면적이 더 넓어서
8. 다음 중 개방순환계와 폐쇄순환계에 대한 진술 중 옳지 않은 것은?
   a. 두 시스템 모두 일종의 심장이 있어 체내 순환계를 통해 순환액을 펌프질한다.
   b. 개구리는 개방순환계를 갖고, 다른 척추동물은 폐쇄순환계를 갖는다.
   c. 폐쇄순환계에서는 혈액과 세포사이액이 분리되어 있지만, 개방순환계에서는 구분할 수 없다.
   d. 두 계통의 혈액 순환 중 일부는 신체 움직임으로 인해 발생한다.
9. 허파정맥에서 시작하여 심장을 거쳐 몸속을 돌아 다시 허파정맥으로 돌아오는 혈액의 경로를 추적하시오. 혈액이 통과하는 심장의 방과 혈관의 종류를 순서대로 이름을 붙여 추적하자.

2단계 : 응용과 분석력 평가

10. 혈액이 한 번에 신체의 모든 모세혈관에 공급된다고 가정해 보자. 이후 일어날 일은?
    a. 혈압이 급격히 떨어진다.
    b. 혈류에 대한 저항력이 증가한다.
    c. 혈액이 모세혈관을 통해 너무 빠르게 이동한다.
    d. 심장으로 돌아가는 혈액의 양이 증가한다.
11. 다리의 정맥 내부에 혈전이 생기면 순환계를 통해 이동할 수 있다. 혈전이 혈류를 차단할 수 있는 첫 번째 모세혈관망은 어디인가?
12. 모세혈관의 구조가 주변의 세포사이액과 물질을 교환하는 기능과 어떤 관련이 있는지 설명하시오. 그 교환이 어떻게 일어나는지 설명하시오.
13. 오른쪽 그림은 원심분리기에서 회전한 혈액 샘플이다. 이 시험관 상단의 황색 액체와 하단의 짙은 빨간색 부분에서 찾을 수 있는 성분을 최대한 완벽하게 나열하시오.

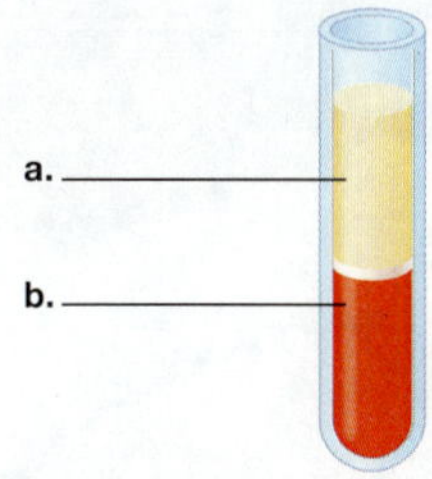

3단계 : 종합평가

14. 일부 아기는 좌심실과 우심실 사이의 벽에 작은 구멍이 있는 상태로 태어난다. 이것이 심장에서 전신순환으로 펌핑되는 혈액의 산소 함량에 어떤 영향을 미칠 수 있는가?
15. 콩팥 투석을 받고 있는 존은 운동 후 매우 피곤하다고 친구들에게 말한다. 친구들이 이 피곤함이 투석과 관련이 있는지 의논하던 중 존은 문제를 되돌릴 수 있다는 누군가의 말을 듣는다. 이러한 상태가 어떻게 관련되어 있으며 어떻게 치료할 수 있는지 설명하시오.
16. **과학적 사고** 23.6절에 설명된 연구는 정부 기관과 주요 제약 및 의료용품 회사에서 자금을 지원받았다. 심장병 연구를 위한 NIH의 지원금은 연간 총 12억 달러가 넘는다. 제약회사 같은 민간 기업, 기부자 지원 비영리 단체 또는 정부 기관이 심장병 연구에 자금을 지원하는 방식에 대해 더 많은 정보를 수집하고 의견을 제시하시오. 자신의 관점을 주장하는 에세이를 작성하시오.
17. 생리학자들은 목 길이가 거의 10 m에 달했던 공룡류의 심혈관 적응에 대해 추측하고 있다. 그러한 동물은 머리를 완전히 들어 올렸을 때 뇌로 혈액을 공급하기 위해 거의 760 mmHg의 수축기 혈압이 필요했을 것이다. 일부 분석에 따르면 공룡의 심장이 그런 압력을 발생시킬 만큼 강력하지 않았기 때문에 목이 긴 공룡은 높은 곳의 잎사귀를 먹기 위해 고개를 들기보다는 땅에 가까이 붙어 먹이활동을 했을 것이라는 추측이 제기되기도 한다. 과학자들은 또한 공룡이 파충류와 같은 심장을 가졌는지, 아니면 조류와 같은 심장을 가졌는지에 대해서도 논쟁을 벌이고 있다. 대부분의 현대 파충류는 심방이 하나뿐인 3개의 방으로 이루어진 심장을 가지고 있다. 공룡류의 혈통에서 진화한 조류는 4개의 방으로 이루어진 심장을 가지고 있다. 일부 과학자들은 목이 긴 공룡의 순환 기능이 공룡류가 4개의 방으로 된 심장을 가졌을 것이라는 증거를 제공한다고 믿는다. 그들은 왜 이렇게 결론을 내렸는가?

CHAPTER

24 면역계

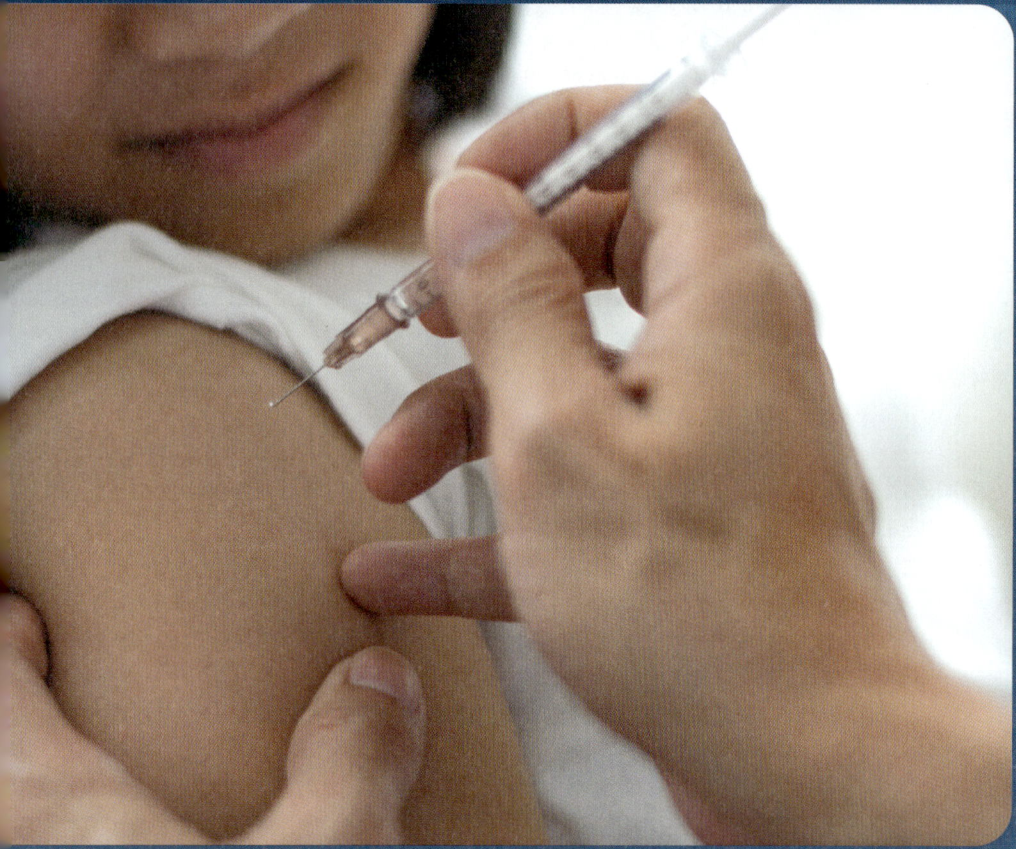

핵심 개요

선천면역(24.1~24.2)
모든 동물은 침입자로부터 몸을 보호하기 위해 준비된 면역 방어체계를 가지고 있다.

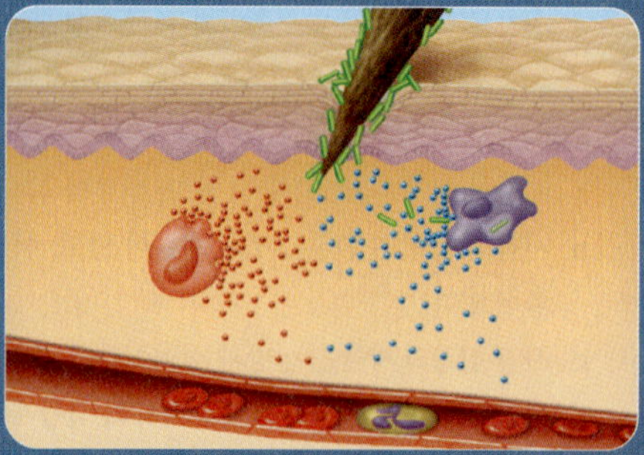

적응면역(24.3~24.16)
척추동물은 특정 병원균에 특이적인 면역체계를 가지고 있다.

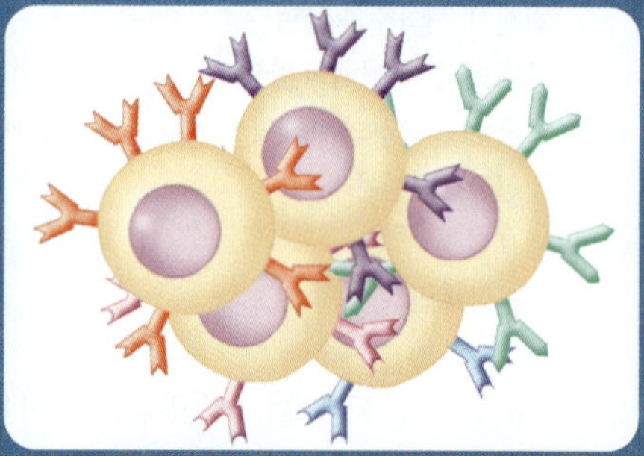

면역계 이상(24.17~24.18)
과도하거나 약화된 면역반응은 가벼운 증상에서 심각한 경우까지 다양한 문제를 일으킬 수 있다.

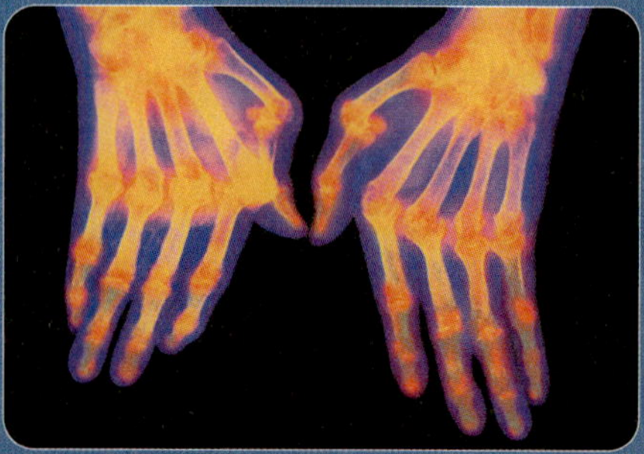

24.0 사라졌던 질병이 다시 유행할 수 있다

불과 수십 년 전만 해도 홍역은 전 세계적으로 매년 100만 명 이상의 사망자를 냈으며, 그중 상당수가 어린아이였다. 하지만 2000년에 이르러 미국에서 홍역은 바이러스 백신 덕분에 사실상 퇴치되었다. 백신은 해가 없는 감염원으로, 면역계를 자극하여 장기적인 방어력을 갖추도록 하는 데 사용된다. 홍역이 사라진 것처럼 보였기 때문에 일부 미국인들은 자녀에게 예방접종을 하지 않기로 결정했다.

해외에서 온 여행자를 통해 바이러스가 이러한 사회에 유입되면 어떻게 될까? 2014년 캘리포니아, 2018년 뉴욕, 2019년 오리건주 포틀랜드에서 발생한 것과 같은 집단 감염이 발생할 수 있다. 이 지역에서는 사람들이 예방접종을 거부했기 때문에 미국의 다른 지역에 비해 백신 접종률이 훨씬 낮았다.

이 발병 사례에서 알 수 있듯이, 홍역을 비롯한 전염병은 근절된 것처럼 보이더라도 예방접종률이 떨어지면 다시 유행할 수 있다.

이 장에서는 우리 몸의 면역체계가 어떻게 질병을 일으키는 물질을 인식하고 공격하는지에 대해 알아본다. 일부 방어 기작은 선천적인 것으로, 침입자에 대항하기 위해 항상 배치되어 대기하고 있다. 다른 면역 방어는 적응성 방어이며, 홍역이나 독감을 유발하는 바이러스와 같은 특정 감염원을 인식해야만 공격할 수 있다.

선천면역

24.1 모든 동물은 선천면역을 가지고 있다

우리 환경에는 **병원균(pathogen)**, 즉 박테리아, 곰팡이류, 바이러스 및 기타 질병을 유발하는 인자가 가득하다. 그럼에도 우리가 항상 병에 걸리지 않는 것은 질병을 일으키는 원인 물질에 대한 신체의 방어체계인 **면역계(immune system)** 덕분이다. 모든 동물의 면역계는 **선천면역(innate immunity**, 내재면역)을 가지고 있다. 선천면역은 감염 즉시 활성화되며, 같은 병원균에 노출된 적이 있는지 여부와 관계없이 동일하게 방어한다(그림 24.1A).

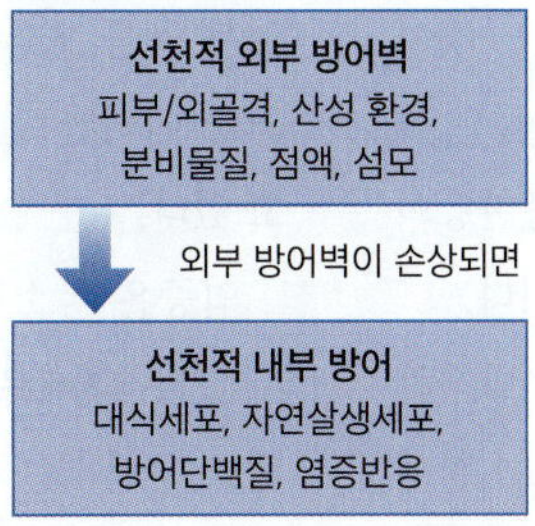

▲ 그림 24.1A 선천면역계의 개요

무척추동물의 선천면역 무척추동물은 선천면역에만 전적으로 의존한다. 예를 들어, 곤충은 박테리아와 바이러스를 차단하는 튼튼하고 건조한 장벽인 겉뼈대(exoskeleton, 외골격)를 가지고 있다. 이러한 외부 방어막을 뚫고 침입한 병원균은 낮은 산성 pH와 항균 분자와 같은 내부 방어체계를 만나게 된다. 그림 24.1B에서 보여주듯이, 체액 내에 돌아다니는 면역세포는 외부 물질을 섭취하고 소화하는 **식세포작용(phagocytosis)**을 할 수 있다. 식세포작용 과정에서 ❶ 병원균을 세포 내로 유입하고 ❷ 액포(vacuole)로 둘러싼다. ❸ 액포와 리소좀(lysosome)이 융합하고 ❹ 병원균은 리소좀 효소에 의해 파괴된다. ❺ 병원균의 파편은 세포외배출작용(exocytosis)에 의해 방출된다.

척추동물의 선천면역 척추동물에서는 선천면역과 최근에 진화한 적응면역이 함께 작용한다. 포유류의 선천적 방어에는 피부와 점막 같은 외부 장벽이 포함된다. 피부와 점막에는 수천 종의 미생물군(microbiota)이 존재하는데, '좋은' 미생물 종의 균형이 해로운 미생물의 번식을 막을 수 있다. 점막은 소화계, 호흡계, 생식계, 비뇨계 등 외부 환경에 노출된 내부 표면을 감싸고 있다. 이러한 점막조직에서 생성되는 점액도 방어 기능을 한다. 점액에는 외부입자를 잡아 가두고 해로운 미생물을 죽이는 방어 단백질이 포함되어 있다. 기도 안쪽에 분포하는 섬모는 점액에 갇힌 입자를 쓸어내어 폐에서 제거한다.

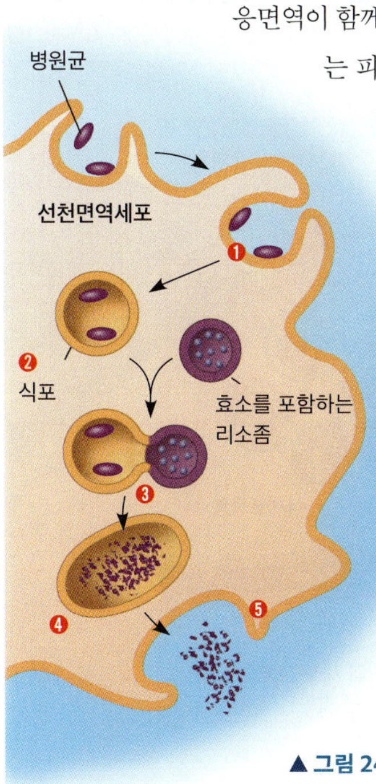

▲ 그림 24.1B 식세포작용에 의한 병원균의 파괴

피부의 상처를 통해 침입하는 병원균과 같이 장벽을 뚫고 들어오는 병원균은 두 가지 유형의 선천면역세포인 자연살생세포와 식세포를 만나게 된다. 이 두 가지 모두 백혈구로 분류된다(23.12절 참조). **자연살생세포(natural killer cell)**는 암세포와 바이러스에 감염된 세포를 인식하여 세포의 사멸을 유도하는 화학물질을 방출한다.

대부분의 선천면역세포는 식세포다. 식세포의 두 가지 주요 유형은 호중구와 대식세포다. **호중구(neutrophil)**는 체내에서 가장 많이 존재하는 백혈구로, 혈액을 순환하며 감염된 부위의 조직으로 들어간다. **대식세포(macrophage**, 'big eater')는 세포사이액을 떠다니며 만나는 모든 박테리아 및 바이러스를 잡아먹는 대형 식세포다. 식세포는 표면 수용체를 갖는데 이 수용체는 광범위한 병원균들의 공통적인 외부 분자 조각에 결합한다. 예를 들어, 한 종류의 수용체는 특정 바이러스군의 특이적인 핵산의 한 형태인 이중가닥 RNA에 결합한다. 또 다른 종류의 수용체는 박테리아 편모의 주요 단백질인 플라젤린(flagellin)에 결합한다(4.3절 참조). 적은 종류의 수용체를 사용하여 많은 종류의 병원균을 빠르게 인식하고 파괴할 수 있다.

척추동물 선천면역의 또 다른 구성요소에는 감염된 미생물을 직접 공격하거나 미생물의 번식을 방해하는 방어 단백질이 포함된다. 예를 들어, **인터페론(interferon)**은 바이러스 감염을 억제하는 단백질이다. 바이러스에 감염된 체세포는 인터페론 단백질을 분비하여 주변의 감염되지 않은 세포에서 바이러스 증식을 억제하는 물질이 생산되도록 유도한다. 이러한 방식으로 인터페론은 체내에서 조직세포 사이에 바이러스가 확산되는 것을 막는다.

척추동물의 추가적인 선천면역에는 다른 방어체계와 상호 보완적으로 작용하는 약 30가지 단백질 그룹인 **보체계(complement system)**가 있다. 불활성 형태로 혈액을 순환하는 이 단백질은 많은 미생물 표면의 물질에 의해 활성화된다. 그 결과 일련의 연속반응을 통해 침입한 세포를 용해하거나 터뜨릴 수 있다(24.10절). 일부 보체 단백질은 침입자에 부착해서 식세포작용을 촉진하고, 다른 일부는 화학적 신호로 작용하여 감염 부위에 더 많은 면역 세포를 유인하며, 또 다른 일부는 염증반응을 유발하는 데 도움을 준다. 염증반응에 대해서는 다음 절에서 설명한다.

? 식세포는 병원균을 어떻게 인식할까?

■ 식세포는 많은 바이러스에서 발견되는 이중가닥 RNA와 같이 병원균 그룹에 공통적인 분자를 인식하는 표면 수용체를 가지고 있다.

24.2 염증반응은 손상된 조직을 소독한다

벌레에 물리고 나면 어떻게 되는가? 피부가 빨갛게 부어오르고 열이 나면서 주변 부위보다 따뜻해진다. 즉, 우리 몸의 선천면역 중 주요 구성 요소인 **염증반응(inflammatory response)**을 경험하고 있는 것이다. 벌레에 물리든, 미생물에 의한 것이든 바늘에 찔리는 것과 같은 물리적 손상처럼 조직에 손상이 생기면 이 반응이 유도된다. 염증반응의 주요 기능은 우리 몸에서 손상된 조직을 소독하고 청소하는 것이다.

그림 24.2는 가시에 찔려 피부가 박테리아에 감염되었을 때 발생하는 일련의 염증반응 과정을 보여준다. ❶ 박테리아는 대식세포를 활성화하여, 감염 부위로 혈류량을 증가시키는 물질을 대식세포가 분비하도록 한다. 손상 부위에서 **비만세포(mast cell**, 결합조직에 존재하는 백혈구)는 **히스타민(histamine)**을 분비한다. ❷ 히스타민은 주변 모세혈관을 확장시켜 혈관벽으로 체액이 통과하기 쉽게 만든다. 따라서 모세혈관에서 새어 나온 체액이 감염된 조직으로 스며들게 되며 혈장에 존재하는 응고 단백질이 세포사이액으로 이동하게 된다(23.14절). 이 응고단백질은 혈소판과 함께 감염된 부위에서 국소적으로 혈전을 생성하여 주변 조직으로의 감염 확산을 방지하고 상처 부위의 재생이 시작될 수 있게 한다. 박테리아에 의해 활성화되는 보체 단백질은 식세포를 상처 부위로 유인한다. 느슨해진 혈관벽의 세포 사이를 통해 많은 호중구가 혈액에서 조직 공간으로 이동한다. 이러한 국소적인 혈류, 혈장 및 세포의 증가는 염증의 특징반응인 발진(redness), 열(heat) 및 부종(swelling)을 유발한다.

❸ 상처 부위로 이동한 호중구는 박테리아와 박테리아나 물리적 손상에 의해 죽은 조직 세포의 잔해를 삼켜버린다. 이 과정에서 많은 호중구가 죽으며(또는 단순히 수명을 다하는 것), 그 잔해도 삼켜 소화된다. 감염 부위에 고름이 보일 수 있는데, 이는 주로 죽은 백혈구, 모세혈관에서 새어 나온 액체 및 기타 세포 잔해로 이루어져 있다.

염증은 자연스러운 방어작용이지만 비정상적으로 오랜 기간 동안 지속되는 만성염증은 해로울 수 있다. 관절염, 심장병, 알츠하이머병 및 일부 암을 포함한 다양한 질환이 만성염증과 관련이 있다. 과학자들은 최근 이러한 질환의 발생에 만성염증의 역할을 규명하기 위해 노력하고 있다.

염증은 국소적으로 일어나기도 하지만, 광범위하게 온몸에 퍼질 수도 있다. 때때로 미생물이 직접 혈액으로 유입되거나 혈류를 통해 몸 전체로 운반되는 독소를 생성하기도 한다. 우리 몸은 다양한 염증반응으로 대응하게 된다. 예를 들어, 수 시간 내에 혈액을 순환하는 백혈구의 수가 몇 배나 증가할 수 있는데, '백혈구 수'의 증가는 특정 감염을 진단하는 한 가지 방법이다. 전신성 감염에 대한 또 다른 반응은 발열이다. 독소 자체가 열을 유발할 수 있으며, 대식세포가 우리 몸의 '온도 조절기'가 높은 온도로 설정되도록 하는 물질을 생산하기도 한다. 매우 높은 고열은 위험하지만, 적당한 열은 식세포작용을 자극하고 조직의 재생을 촉진한다. 아스피린과 이부프로펜 같은 항염증제는 정상적인 염증반응을 약화시켜 부종과 열을 줄여주는 데 도움이 된다.

어떤 혈액 내 세균 감염은 압도적인 전신성 염증반응을 일으켜 패혈성 쇼크(septic shock)라는 상태를 초래한다. 이 반응은 전신의 모세혈관에 영향을 미치며, 혈액에서 조직으로 체액이 유출되게 하여 혈압이 낮아지게 되므로 궁극적으로 중요한 장기로의 혈액 순환 장애 및 장기 부전으로 이어질 수 있다. 국소 염증은 손상된 부위를 치료하는 데 반드시 필요한 요소이지만, 만성적이거나 광범위한 염증은 매우 치명적일 수 있다.

? 모세혈관 구조의 변화가 염증반응의 기능에 어떠한 도움이 되는가?

■ 모세혈관이 느슨해지면서 호중구가 혈액에서 빠져나와 감염된 조직으로 들어가 병원균을 파괴한다.

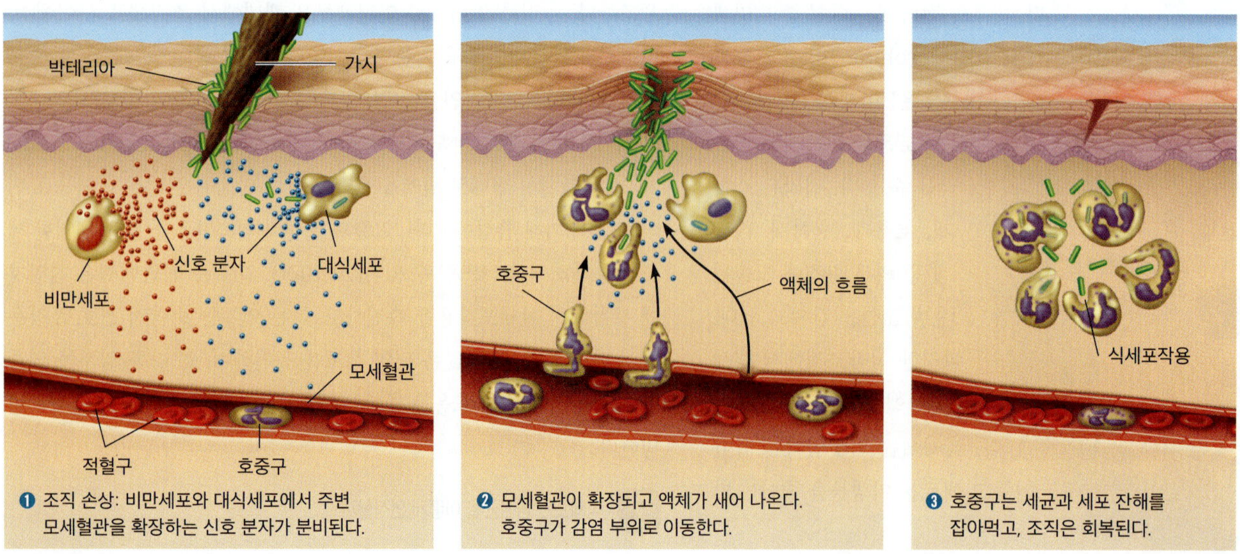

▲ **그림 24.2** 염증반응

적응면역

24.3 적응면역반응은 특정 침입자를 방어한다

지금까지 공부한 방어체계는 '기성품(off the rack)'처럼 즉시 사용 가능한 형태로 미리 준비되어 있어 선천성이라고 불린다. 즉, 선천면역은 항상 대기하고 있으며 현재의 형태로 사용될 준비가 되어 있다. **그림 24.3**에서 설명했듯, 외부 방어벽과 선천적인 내재 방어가 병원균을 막지 못할 경우, 각각의 특정 침입자에 대해 '맞춤제작된' 적응면역이 두 번째 방어선을 제공한다. 후천성면역(acquired immunity)이라고도 불리는 **적응면역(adaptive immunity)**은 특정 병원균에 노출되었을 때만 활성화되는, 척추동물에서만 발견되는 방어체계다. 따라서 선천면역과 달리 적응면역은 이전에 어떤 병원균에 노출되었는지에 따라 개개인마다 차이가 있다. 선천면역에 비해 활성화되는 속도는 느리지만, 적응면역반응은 병원균에 대해 매우 특이적인, 즉 어떤 감염원에는 작용하지만 다른 감염원에는 작용하지 않는 강력한 방어력을 제공한다. 또한 염증 및 보체계와 같은 일부 선천면역반응을 증폭시킬 수 있다.

적응면역반응을 유도하는 모든 분자를 **항원(antigen)**이라고 한다. 항원은 바이러스, 박테리아, 곰팡이 포자, 꽃가루, 집 먼지 또는 이식된 장기의 세포 표면과 같은 입자의 표면에서 튀어나온 비자기 분자(nonself molecule)다. 항원은 박테리아가 분비하는 독소와 같이 세포 외액으로 방출되는 물질일 수도 있다. 면역계는 항원을 감지하면 침입자를 직접 공격하거나 항체를 생산하는 세포의 수를 증가시켜 대응한다. **항체(antibody)**는 혈장에서 발견되는 면역 단백질로 특정 종류의 항원에 결합하여 그 침입자의 영향을 억제한다[항원(antigen)이라는 단어는 적응면역반응을 일으키는 외부물질을 의미하는 '항체 생성(antibody-generating)'의 줄임말이다]. 특정 항원에 대해 만들어진

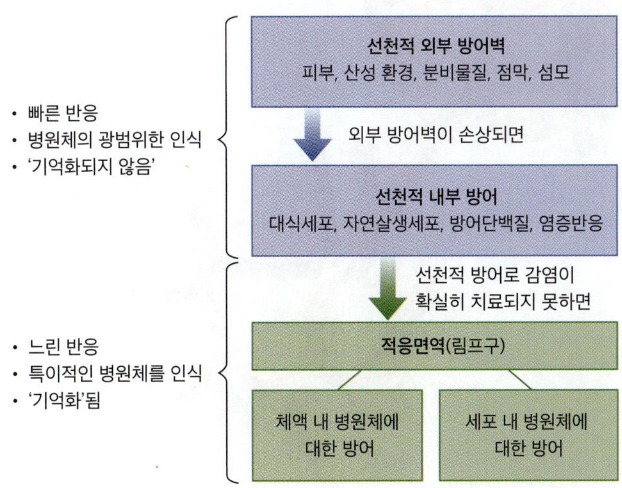

▲ **그림 24.3** 척추동물 면역계의 개요

시도해 보기 누군가 여러분에게 기침을 했을 때 일어나는 선천면역과 적응면역 반응에 대해 설명해 보자.

방어세포와 항체는 그 항원에 특이적이다. 다시 말하면 이 항체는 다른 외부물질에 대해서는 효과가 없다.

적응면역은 놀라운 '기억력'을 가지고 있다. 수십 년이 지났어도 이전에 만났던 항원을 '기억'하고 이후 재노출 시 더 빠르고 강력하게 반응할 수 있다. 예를 들어, 수두 대상포진 바이러스(varicella zoster virus)는 수두를 유발하지만, 한번 바이러스에 감염된 사람은 일반적으로 다음에 다시 바이러스에 노출되어도 발병에 대한 내성을 갖게 된다. 면역계는 바이러스의 특정 분자를 '기억'한다. 바이러스가 다시 체내에 침입하면 적응면역반응은 원래보다 훨씬 빠르게 결정적인 공격을 가하여 일반적으로 증상이 나타나기 전에 바이러스를 파괴한다. 따라서 적응면역반응에서는 선천면역과 달리 외부 물질에 노출되면 그 후로부터 동일 물질에 대한 반응이 강화된다.

적응면역은 일반적으로 항원에 자연적으로 노출, 즉 감염되었을 때 형성되지만, 소위 면역화라고 하는 **예방접종(vaccination)**에 의해서도 얻어진다. 이 과정에서 면역계는 비활성화 된 박테리아 독소, 죽거나 약화된 미생물 또는 미생물 조각 등으로 안전하게 변형시킨 병원성 미생물이나 미생물의 일부 성분으로 구성된 **백신(vaccine)**을 마주하게 된다(이 장 도입부에서 설명한 HPV 백신은 바이러스의 표면 단백질로 만들어졌다). 백신은 이 무해한 항원에 대해서 면역계가 방어력을 갖추도록 자극하며, 실제 병원체와 유사한 항원을 가지고 있기 때문에 실제 병원균에 대해서도 효과적이다. 예방접종을 받으면 실제 미생물에 노출될 경우 면역계가 빠르게 반응한다. 이러한 방어 효과는 평생 지속될 수 있다.

항원이 우리 몸에 자연적으로(독감에 걸린 경우) 또는 인위적으로(독감 백신을 맞은 경우) 체내에 들어와 사람의 면역계가 능동적으로 항체를 만들어 면역력을 갖게 되는 것을 **능동면역(active immunity)**이라고 한다. 또한 이미 만들어진 항체를 투여받는 **수동면역(passive immunity)**을 획득할 수도 있다. 예를 들어, 태아는 태반을 통해 엄마의 항체를 얻고, 출생 후 모유를 통해 항체를 전달받는다. 뱀에 물린 경우, 이전에 뱀독에 노출된 다른 동물에서 추출한 항독소(antivenom)를 직접 주입하여 뱀독의 영향을 중화시킬 수 있다. 수동면역은 항체를 투여받은 사람의 면역계가 항원에 의해 직접 자극되지 않기 때문에 일시적이다. 이때 면역력은 항체가 존재하는 동안만 유지되며, 몇 주 또는 몇 달 후에 이러한 항체 단백질은 분해되어 체내에서 재활용된다.

는 적응면역을 담당하는 백혈구다. 림프구는 혈액뿐만 아니라 다음에 살펴볼 림프계에서도 발견된다.

? 뱀에 물려 해독 주사를 맞은 환자는 평생 그 독에 대한 면역을 갖게 될까?

■ 아니다. 항독에는 다른 숙주가 독에 반응하여 생성된 항체가 포함되어 있으나, 이 경우 기억세포를 생성하지 않으며 수동면역을 제공한다.

24.4 림프계는 감염 시 중요한 전쟁터가 된다

림프계(lymphatic system)는 선천면역과 적응면역에 모두 관여한다. 그물망 구조의 림프관(vessel), 수많은 **림프절(lymph node**, 대식세포와 림프구로 가득 찬 작은 구형의 기관), 골수 및 다른 여러 기관으로 구성된다(**그림 24.4**). 림프관은 조직세포를 둘러싸고 있는 세포사이액과 비슷하지만 산소가 적고 영양분이 적은 액체인 **림프(lymph)**를 운반한다.

림프계는 순환계와 밀접한 관련이 있다. 대부분의 감염원은 순환계로 유입된다. 그곳에서 감염원은 림프계로 운반되어 일반적으로 걸러지게 되며 걸러진 림프액은 다시 순환계로 되돌아간다. 따라서 림프계는 조직액을 순환계로 되돌려 보내는 기능과 감염원에 대응하는 두 가지 주요 기능을 가지고 있다.

순환 기능 모세혈관망을 통해 혈액에서 조직 사이로 스며 나간 소량의 체액은 모세혈관으로 바로 들어가지 않고 림프관을 통해 혈액으로 되돌아간다(23.11절). 그림 24.4(오른쪽 아래 그림)는 조직 공간에서 가지를 친 림프관에 의해 체액을 흡수하는 과정을 보여준다. 복잡하게 얽힌 그물망 구조가 이 기능을 촉진한다. 체액은 모세혈관 사이에 분포되어 있는 작은 모세 림프관의 막힌 끝을 통해서 림프계로 확산되어 들어간다.

림프액은 모세 림프관에서 점점 더 큰 림프관으로 모인다. 결국 림프액은 가슴의 정맥과 합쳐지는 2개의 림프관을 통해 순환계로 다시 들어간다. 림프관은 림프액이 역류되는 것을 방지하는 판막을 가지고 있다는 점에서 정맥과 유사하다(그림 23.7A 참조). 또한 정맥과 마찬가지로 림프관은 주로 골격근의 운동에 의존하여 림프액을 짜주어 흐르게 한다.

면역 기능 우리 몸이 감염과 싸우고 있을 때 림프기관은 주요 전쟁터가 된다. 림프액은 그림 24.4(오른쪽 위)에 있는 림프절과 같은 림프 기관을 순환하면서 우리 몸 어디든 있을 감염 부위에서 미생물, 미생물의 일부 및 독소를 운반한다. 림프 기관에 들어가면 그곳에 영구적으로 상주하는 대식세포가 선천면역반응의 일부로 침입자를 제거할 수 있다. 림프절은 엄청난 수의 방어 세포로 가득 채워져 있으므로, 목이나 겨드랑이의 '부은 림프샘'이 관찰되면 의사는 감염의 징후로 판단하기도 한다. 림프절의 많은 방어 세포는 적응면역반응을 담당하는 림프구다.

? 큰 림프관 막힘의 주요 증상은 무엇인가?

■ 조직의 체액 축적(부종)

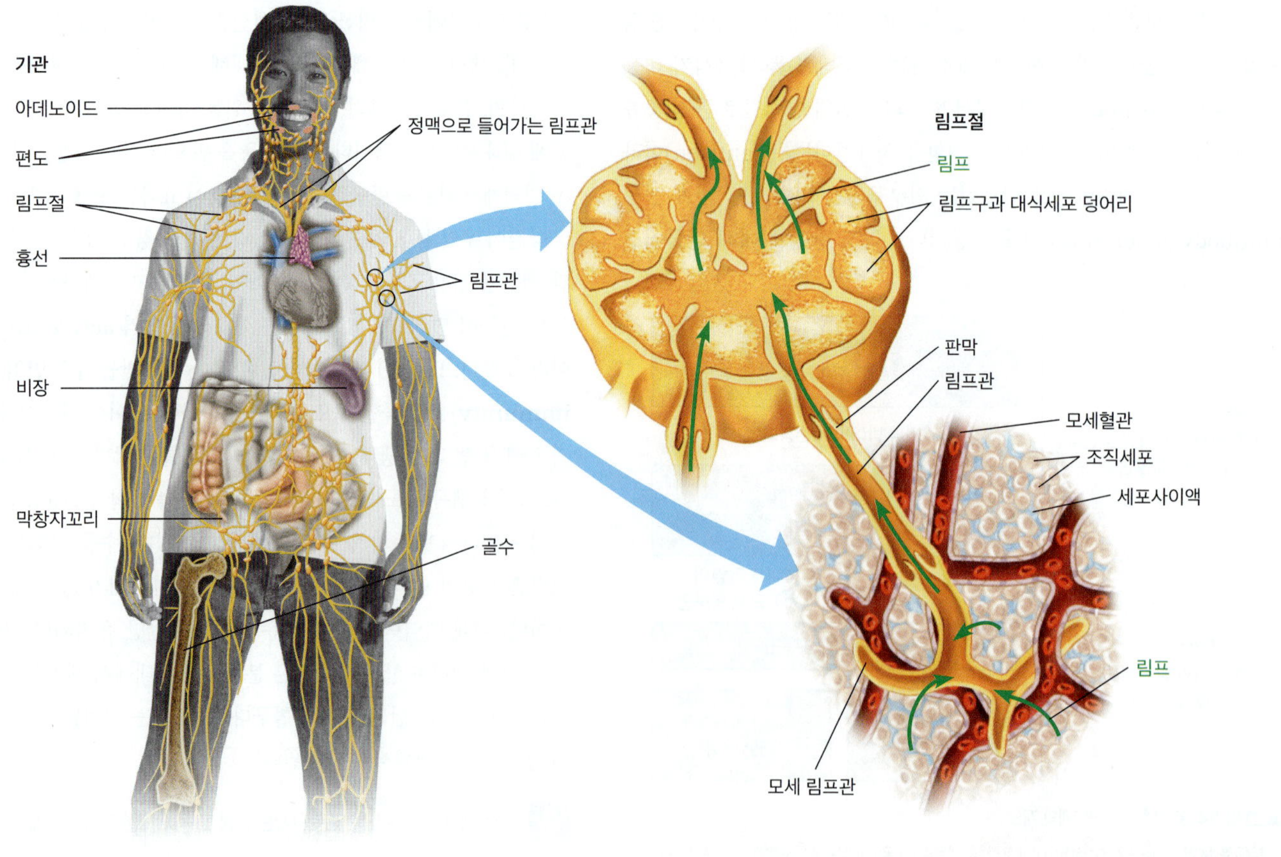

▲ **그림 24.4** 사람 림프계

24.5 림프구는 이중 방어를 한다

모든 혈액 세포와 마찬가지로 림프구는 골수의 줄기세포(조혈모세포)로부터 만들어진다(23.15절 참조). **그림 24.5A**에서 볼 수 있듯이, 일부 미성숙 림프구는 골수에서 계속 분화 발달하여 **B 세포(B cell)** 또는 B 림프구(B lymphocyte)로 된다. 다른 미성숙 림프구는 심장 위의 샘인 흉선(thymus, 가슴샘)으로 이동하여 **T 세포(T cell)** 또는 T 림프구(T lymphocyte)로 분화된다. B 세포와 T 세포는 이중 방어작용을 통해 체액과 세포의 감염을 방어한다.

B 세포 및 T 세포 분화 골수에서 B 세포가, 흉선에서 T 세포가 발달하는 과정에서 세포의 원형질막에 결합하는 특이적인 단백질이 많이 합성되고 다양한 림프구로 분화된다. 그림 24.5A에 표시된 것처럼 이러한 단백질 분자는 세포 표면에서 돌출되어 있다. 이 단백질은 특정 유형의 항원과 결합할 수 있는 **항원수용체(antigen receptor)**다. 각 세포는 항원에 노출되기 이전에 이미 항원수용체를 가지고 있다.

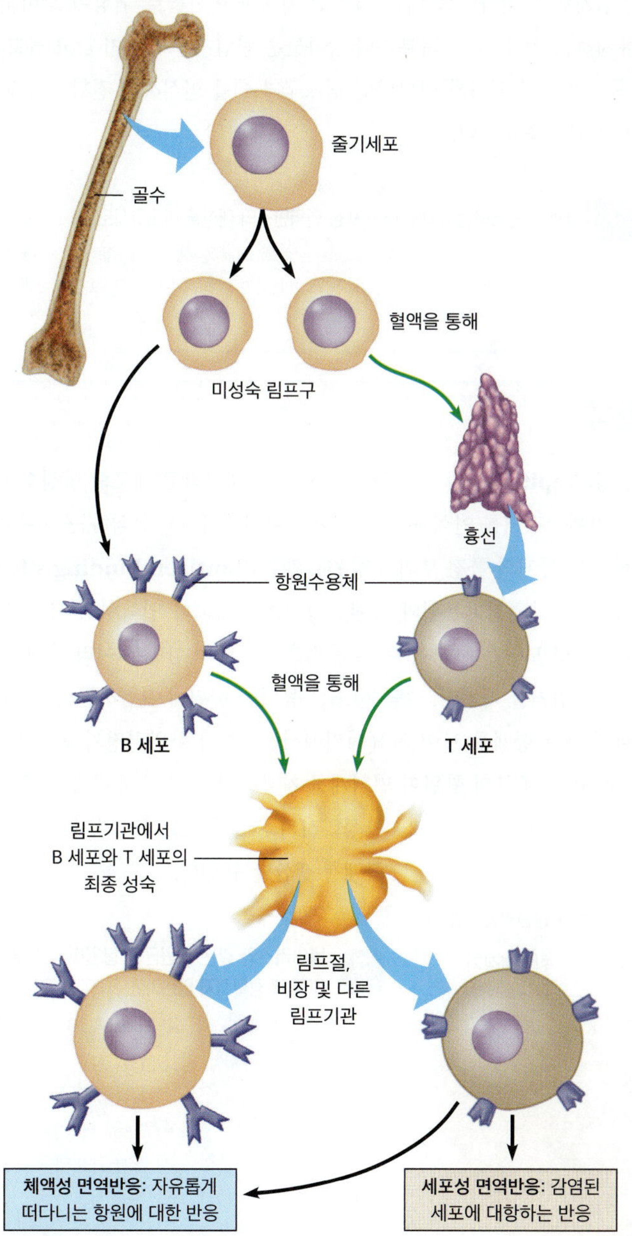

▲ **그림 24.5A** B 세포와 T 세포의 발달

시도해 보기 B 세포와 T 세포의 발달과정을 비교해 보자.

하나의 림프구 표면의 모든 항원수용체는 동일하며 특정 항원을 인식한다. **그림 24.5B**는 서로 다른 림프구(이 경우, B 세포)에 있는 항원수용체를 보여준다. 그림은 몇 개의 항원수용체가 있는 것처럼 보여주지만, 실제 개별 림프구 표면에는 약 10만 개의 동일한 항원수용체가 존재한다. 각 개인은 엄청나게 다양한 B 세포와 T 세포가 발달되어 있다. 과학자들은 우리가 환경을 통해 접할 수 있는 거의 모든 가능한 항원을 인식하고 결합할 수 있을 만큼 수백만 가지의 서로 다른 종류의 림프구를 가지고 있다고 추정한다. 특정 항원을 인식하도록 유전적으로 계획된, 적은 수의 모든 종류의 림프구는 우리 몸에서 대기하고 있다. 정보의 개념과 신호를 받아들여 어떻게 반응으로 이어지는지 다시 생각해 보자. 면역계에서 림프구의 항원수용체는 이 장의 나머지 부분에서 공부하게 될 여러 가지 반응을 개시한다.

B 세포와 T 세포의 항원수용체가 발달하면, 이 림프구는 골수와 흉선을 떠나 혈류를 통해 림프절, 비장 및 기타 림프계로 이동한다. 많은 B 세포와 T 세포가 이러한 기관에서 상주하며 우리 몸의 외부 장벽을 뚫고 들어온 감염원들과 만나게 된다. 모세 림프관은 거의 모든 신체 조직으로 뻗어 있기 때문에 우리 몸을 감염시키는 박테리아나 바이러스는 결국 림프에 들어가 림프 기관으로 운반된다. 24.7절에서 설명하겠지만, 림프 기관 내의 B 세포 또는 T 세포는 특정 항원과 처음 만나면, 더욱 분화하여 면역계의 완전히 성숙한 구성요소가 되어 반응할 준비를 하고 있다.

체액성 및 세포성 면역반응 적응면역반응의 B 세포와 T 세포는 체액과 세포 안의 병원균과 싸우는 두 가지 방어 기작을 수행한다. 첫 번째 종류의 반응은 B 세포에 의한 **체액성 면역반응(humoral immune response)**으로, 체액에 존재하는 세균과 바이러스에 대해 방어한다. 이 반응에서 B 세포는 혈액과 림프로 떠다니는 항체를 분비한다[체액성 반응이라고 하는 이유는 혈액과 림프를 오래전에는 '체액(humor)'이라고 했기 때문이다]. 24.3절에서 설명했듯이, 체액성 면역반응은 특정 항원에 대해 면역된 사람의 항체가 포함된 혈장을 면역되지 않은 사람에게 주입함으로써 수동적으로 전달될 수 있다. 24.10절에서 설명하겠지만, 항체는 침입자와 결합하여 침입자를 표시한다. 그 결과 생성된 항원-항체 복합체는 식세포에 의해 쉽게 인식되어 파괴 및 처리된다.

두 번째 유형의 적응면역인 T 세포에 의한 **세포성 면역반응(cell-mediated immune response)**은 체세포 내의 감염에 대한 방어작

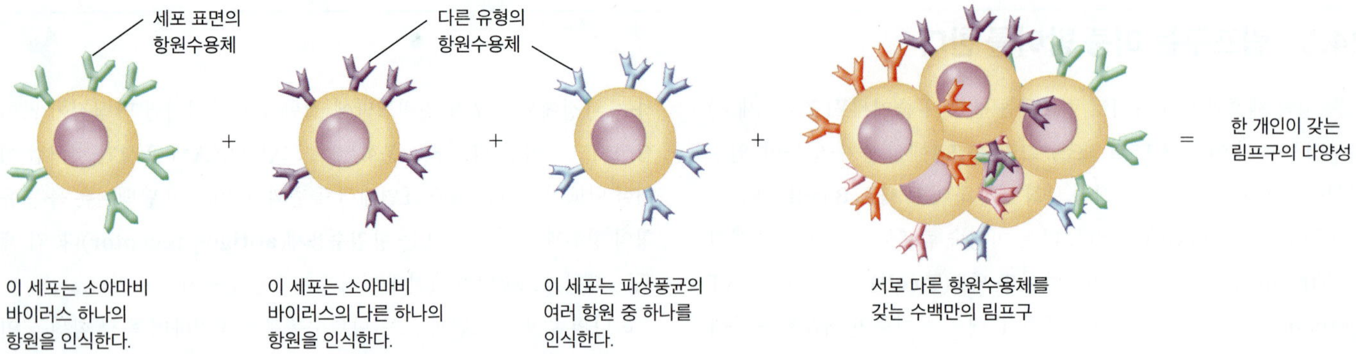

▲ 그림 24.5B 개체의 림프구의 다양성(각 세포의 항원수용체에 대해 다른 색으로 표시됨)

용을 한다. B 세포가 만드는 항체에 의한 체액성 반응과는 달리, 이 세포성 반응은 방어 T 세포(defensive T cell) 작용의 결과다. 방어 T 세포는 박테리아나 바이러스에 감염된 조직 세포를 파괴한다.

모든 T 세포가 방어 T 세포로 기능하지는 않는다. 일부 유형의 T 세포는 다른 백혈구에 의한 식세포작용을 촉진하고, B 세포가 항체를 생산하도록 자극함으로써 간접적으로 작용한다. 그림 24.5A 아래쪽의 화살표에서 알 수 있듯이, 일부 T 세포는 세포성 면역반응과 체액성 면역반응 모두에 관여한다.

면역계의 B 세포와 T 세포는 극히 일부만 이용되지만, 필요하다면 언제나 사용할 수 있도록 항상 준비되어 있다. 마치 면역계가 한 종류의 침입자만 인식하도록 미리 결정된 거대한 병사들로 구성된 상비군을 유지하는 것과 같다. 대부분의 병사들은 침입자를 만나지 않고 놀고 있다. 그러나 침입자가 나타나면 림프구가 이를 인식하고 결합하며 동시에 지원군을 부른다.

? 체액성 면역반응의 대상과 세포성 면역반응의 대상을 비교하시오.

■ 체액성 면역반응은 체액 속에 있는 병원균에 대항하여 작용하고, 세포성 면역반응은 감염된 세포를 공격한다.

24.6 항원수용체와 항체는 항원의 특정 영역에 결합한다

체액성 면역반응과 세포성 면역반응은 모두 림프구가 항원을 인식하면서 시작된다. B 세포는 항원에 직접 결합하는 반면, T 세포의 인식에는 추가적인 단계가 필요하다. 여기서는 B 세포와 항체에 결합하는 항원에 대해 자세히 살펴본다(구조적으로 유사하여 B 세포에서 생성되는 항체는 자유롭게 떠다니는 B 세포 항원수용체로 생각할 수 있다).

항원은 일반적으로 숙주 동물의 물질이 아니다. 대부분의 항원은 바이러스나 외부 세포의 표면에서 튀어나온 단백질 또는 큰 다당류다. 일반적인 예로는 바이러스의 외피단백질 분자, 박테리아의 협막(capsule)이나 세포벽의 일부, 원생생물 및 기생충과 같은 다른 생물의 표면 세포에 있는 거대분자 등이다(특정 미생물을 항원이라고 부르기도 하지만 이는 잘못된 표현이다. 왜냐하면 대부분의 경우 미생물은 여러 종류의 항원성 분자를 가지고 있기 때문이다). 동일 종이거나 혹은 다른 종의 서로 다른 개체의 혈액 세포 또는 조직 세포도 항원성 분자에 속한다. 항원은 체액에 녹아 있기도 하는데, 이러한 유형의 외부 분자에는 박테리아 독소 및 벌독이 포함된다.

항원의 표면에 노출된 작은 영역을 **항원결정기(epitope**, 에피토프)라고 한다. 항체처럼 B 세포의 항원수용체는 항원결정기를 인식하고 결합한다. 항원결정기를 인식하는 항원수용체 또는 항체의 특정 부위를 **항원결합부위(antigen-binding site)**라고 한다. 항원결합부위와 항원결정기는 자물쇠와 열쇠처럼 서로 맞는 상보적인 모양을 하고 있다. 일반적으로 하나의 항원은 여러 가지 다른 항원결정기를 가진다. 그림 24.6은 동일한 항원에 결합하는 두 종류의 서로 다른 항체를 보여준다(여기에서는 3개의 항원결정기를 가진다). 따라서 한 종류의 항원이 면역계를 자극하여 여러 가지 다른 림프구를 활성화시켜 궁극적으로 여러 가지 서로 다른 항체를 생산할 수 있다.

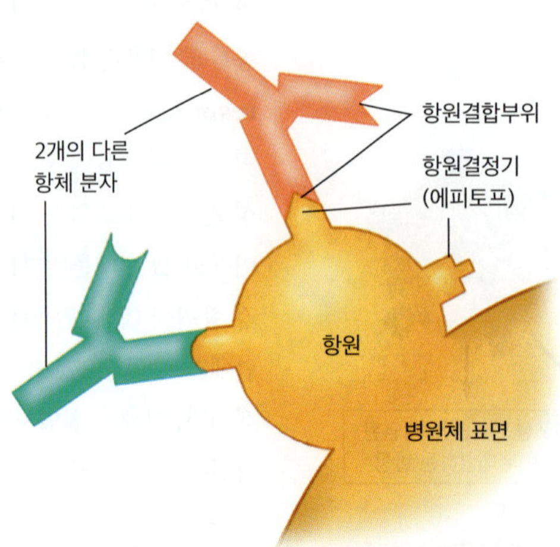

▲ 그림 24.6 항원결정기에 결합한 항체

? 바이러스와 같은 병원균을 항원이라고 부르는 것이 왜 정확하지 않은가?

■ 항원은 병원균 전체가 아니라 병원균 표면의 화학 성분일 수 있는 분자이기 때문에 정확하지 않다. 하나의 병원균에는 여러 항원이 있을 수 있으며, 각 항원에는 여러 항원결정기가 있을 수 있다.

24.7 클론 선택은 특정 항원에 대한 방어력을 동원한다

체액성 면역반응과 세포성 면역반응은 모두 **클론 선택**(clonal selection)이라는 과정을 통해 다양한 항원에 대해 방어한다. 체내에서 항원은 다양한 B 림프구와 T 림프구 집단과 만나게 된다. 그러나 하나의 특정 항원은 해당 항원에 특이적인 수용체를 가진 소수의 림프구와 상호작용한다. 항원에 의해 활성화되면 이러한 림프구는 증식하게 되며, 따라서 항원을 인식하고 이에 반응하도록 '선택된' 수천 개의 세포로 구성된 클론(유전적으로 동일한 세포집단)을 형성한다. 이 중 일부 세포는 **효과기세포**(effector cell)로 감염원에 즉각적으로 작용할 수 있게 활성화된다. 반면, **기억세포**(memory cell)로 알려진 다른 세포는 잠복상태로 머물러 있으며, 항원에 다시 노출되면 면역계를 활성화하는 작용을 한다. 이러한 항원에 의한 림프구의 복제, 즉 클론 선택은 감염에 대한 적응면역반응의 중요한 단계다. 아래 그림은 체액성 면역반응에서 B 세포를 이용한 클론 선택을 보여준다(또한 T 세포도 세포성 면역반응에서 클론 선택이 일어난다).

클론 선택의 단계

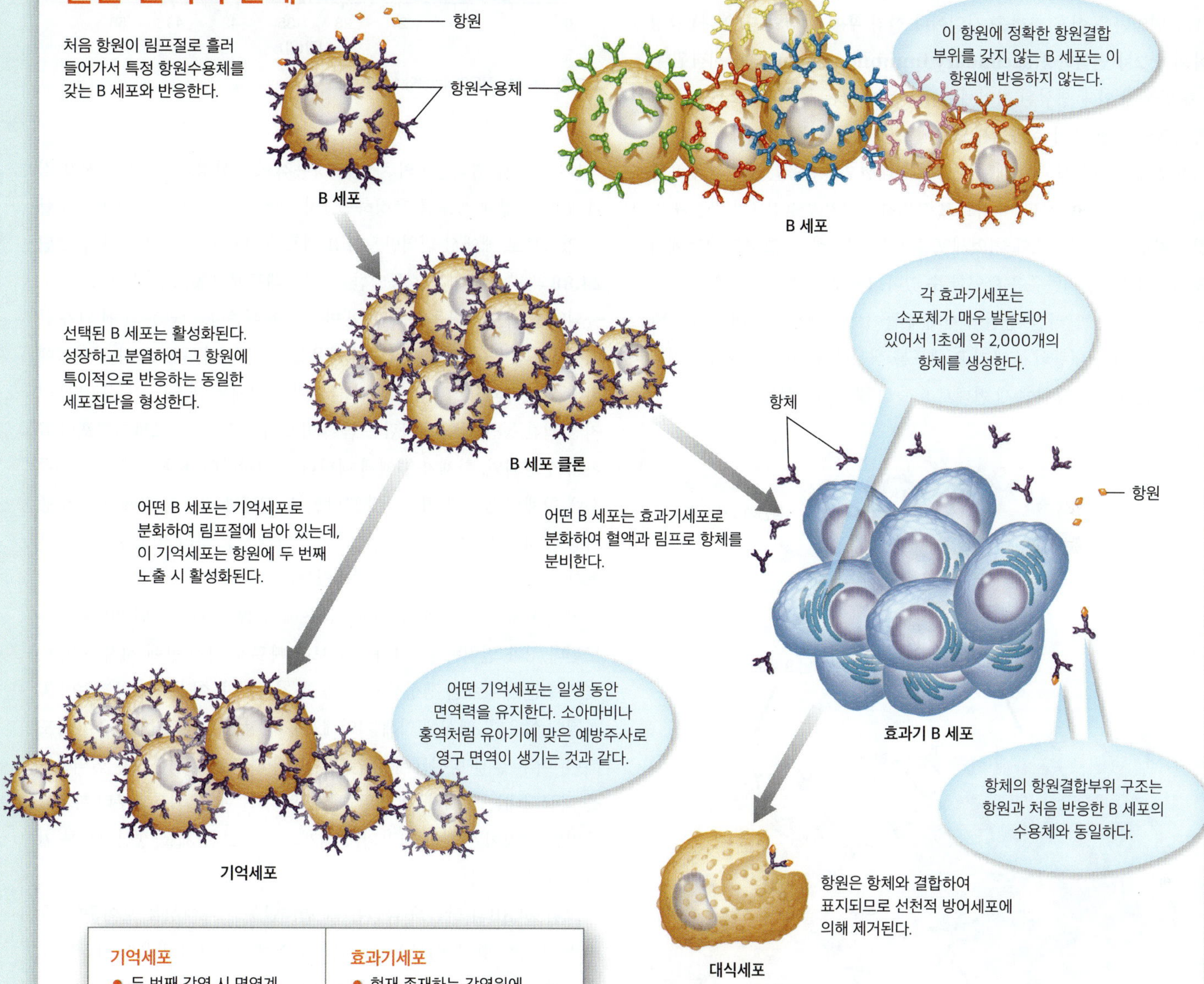

기억세포	효과기세포
● 두 번째 감염 시 면역계 활성화를 돕는다.	● 현재 존재하는 감염원에 매우 효과적으로 대응한다.
● 수십 년간 수명이 유지된다.	● 4~5일간 반응하고 사멸된다.

? 면역계는 어떻게 필요할 때만 강화되는가?

■ 클론 선택을 통해 자극 항원에 특이적인 수용체를 가진 세포만 선택을 받아 증식된다.

24.8 1차 및 2차 면역반응은 속도, 강도 및 지속 시간이 다르다

1차 면역반응(primary immune response)은 특정 항원이 체내에 처음 들어왔을 때 선택적으로 림프구를 활성화시킬 때 일어난다. 소수의 림프구만 활성화되기 때문에 이러한 적응면역의 초기 반응은 느리다. 효과기세포가 혈액과 림프에 항체를 분비하는 데 감염을 극복할 수 있을 만큼 충분한 양의 항체를 생성하기까지 수일이 걸린다. 적응면역의 특징은 특정 항원에 대한 기억화임을 다시 생각해 보자. 1차 면역반응에서 클론 선택에 의해 생성된 기억세포는 그 병원균에 재노출되면 방어 기능을 수행한다.

1차 반응에서 생성된 기억세포가 동일한 항원에 두 번째 노출되면(1차 면역반응 이후 가까운 시일이나 한참 후에 발생할 수 있다) 활성화되어, **2차 면역반응(secondary immune response)**이 시작된다. 1차 반응에 의해 생성된 기억세포가 빠르게 클론 선택과정으로 항원에 특이적인 수천 개의 효과기세포를 빠르게 형성하게 된다. 대규모의 기억세포 풀이 활성화되기 때문에 항원에 대한 2차 반응은 소수의 림프구로 시작된 1차 반응보다 더 빠르고 강력하다. 2차 반응은 1차 반응과 마찬가지로, 효과기세포와 기억세포를 모두 생성한다. **그림 24.8A**에서 B 세포의 2차 면역반응을 확인할 수 있다. 1차 반응에 의해 생성된 기억 B 세포의 풀은 '알려진' 항원이 체내에 들어오면 높은 수준의 항체를 빠르게 분비하는 대량의 효과기 B 세포를 생성한다. 이렇게 생성된 기억 B 세포는 동일한 항원에 세 번째로 노출될 경우 활성화된다.

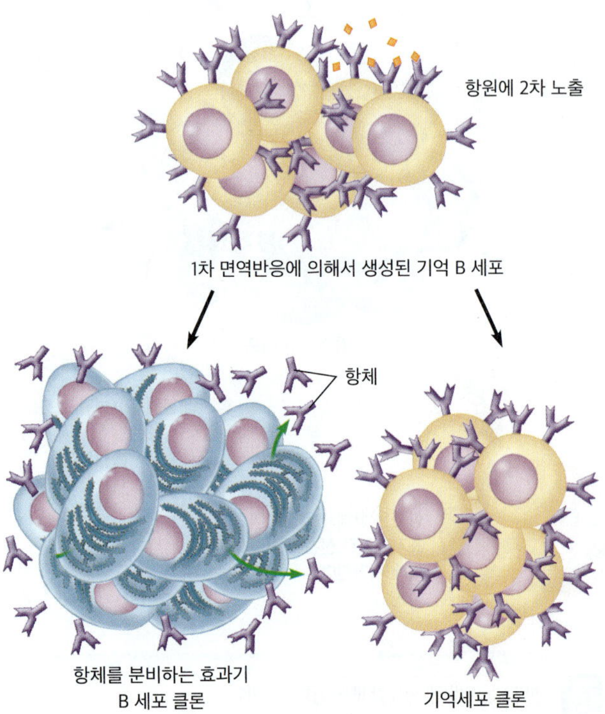

▲ **그림 24.8A** 2차 면역반응

시도해 보기 병원균이 두 번째 침입 시 기억세포가 있으면 어떤 이점이 있는지 설명해 보시오.

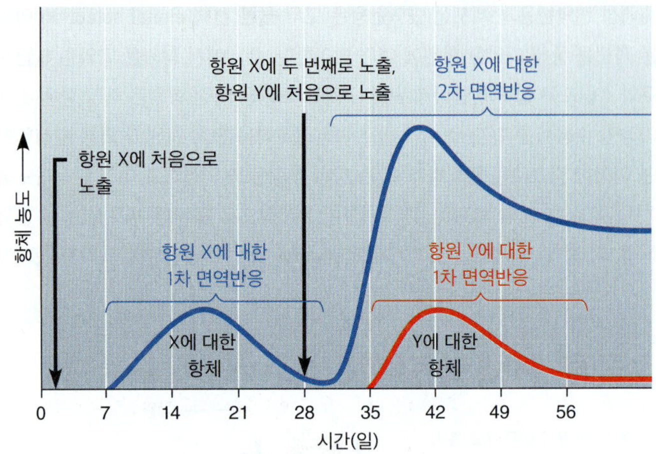

▲ **그림 24.8B** 적응면역반응의 1차 및 2차 반응

1차 및 2차 면역반응의 차이는 정량적으로 설명할 수 있다. 시간 경과에 따른 항체 농도를 측정하면 1차 반응과 2차 반응을 쉽게 구분할 수 있으므로 체액성 면역반응의 B 세포를 예로 살펴보고자 한다. **그림 24.8B**의 파란색 곡선은 동일한 항원(그래프에서 X로 표시)에 두 번 노출되었을 때 일어나는 두 단계의 반응을 보여준다. 그래프의 맨 왼쪽 끝에서 1차 반응이 바로 시작되지 않음을 알 수 있다. 림프구가 항원 X에 의해 활성화되고 효과기세포의 클론이 형성되는 데 며칠이 걸린다. 이 지연 기간 동안 감염된 사람은 몸이 아프게 된다. 일단 효과기세포의 클론이 형성되면, 항체가 혈액에 나타나기 시작하여 최초 노출 후 2~3주 후에 항체의 농도가 최고치에 도달한다. 혈액과 림프의 항체 농도가 증가함에 따라 병의 증세가 일반적으로 약해지고 사라진다. 1차 반응은 효과기세포가 사멸함에 따라 가라앉는다.

항원 X에 두 번째 노출되면(그래프에서 28일째) 2차 면역반응이 유도된다. 2차 면역반응은 1차 반응보다 빠르게 며칠 안에 시작되며, 더 높은 수준의 항체를 생성하고, 더 오래 지속된다. 이것이 예방접종이 효과적인 이유다. 백신에 의해 기억세포를 생성하는 1차 면역반응이 유도되면, 이후 실제 병원균에 감염되었을 때 빠르고 강력한 2차 면역반응을 이끌어내는 것이다. 백신은 능동면역의 한 예로, 외부로부터 항체를 주입받는 것이 아니라 사람의 면역계가 스스로 항체를 생산하도록 자극하기 때문이다.

그림 24.8B의 빨간색 곡선은 각 면역반응의 특이성을 보여준다. 우리 몸이 다른 항원(Y)에 노출되면 항원 Y에 대한 1차 반응이 나타난다. Y에 대한 반응은 이전의 X에 의한 반응에 의해 활성화되거나 감소되지 않는데, 이러한 점이 적응면역반응의 특이성을 보여주는 것이다.

? 수두와 같은 특정 질병을 아동기 질병으로 지칭하는 면역학적 근거는 무엇인가?

■ 어린 시절에 가장 자주 발생하는 이 병에 한번 걸리면, 일반적으로 일생 동안 이 병에 대한 면역력이 생기기 때문이다.

24.9 항체의 구조는 그 기능과 일치한다

항체는 사실상 독자적으로 병원균을 직접 죽이지 못한다. 대신 항체는 병원균과 결합하여 항원-항체 복합체를 형성함으로써 병원균을 표시한다. 항원-항체 복합체는 항원과 항체의 항원결합부위 사이의 약한 화학결합으로 연결되어 있다. 이러한 방식으로 항원이 항체에 의해 표시되면 면역계의 다른 구성요소가 이를 파괴시킨다.

항원-항체 복합체의 구조 항체는 체액성 면역반응에서 두 가지 연관된 기능을 수행한다. 첫째, 특정 항원을 인식하고 결합하며 둘째, 해당 항원이 제거되는 것을 돕는다. 이 두 가지 기능은 항체의 분자 구조에 의해 촉진되며, 이는 **구조와 기능** 중심 주제의 예다.

그림 24.9A는 항체의 구조를 간단히 보여준다. 하나의 항체 분자는 4개의 폴리펩타이드 사슬이 Y자 모양으로 결합된 형태로 구성된다. Y의 각 팔 끝부분은 항원결합부위로 항원을 인식하고 결합하는 기능을 담당한다. 항체에 따라 항원결합부위의 3차원적 형태가 매우 다양해서 림프구의 다양성을 나타낸다. 이러한 다양성에 의해 체액성 면역체계가 거의 모든 종류의 항원과 결합할 수 있다.

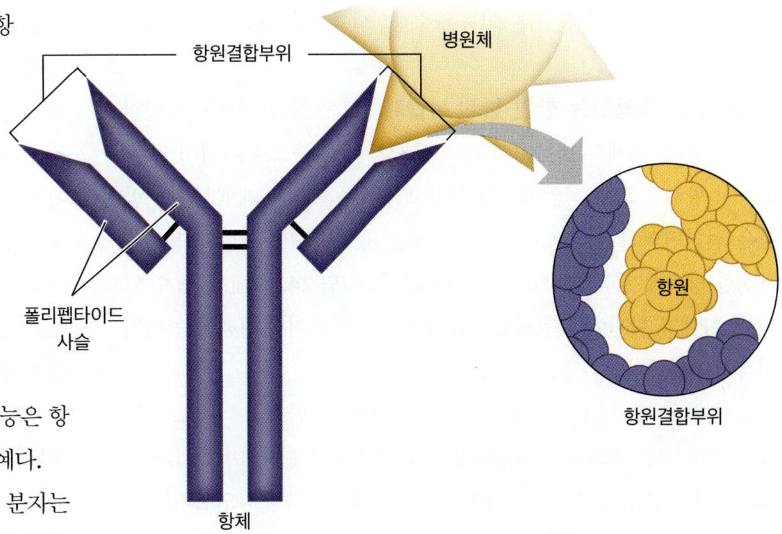

▲ **그림 24.9A** 항체의 구조 및 항원결합부위와 특이적인 항원의 결합

항체의 줄기 부분은 결합된 항원의 처리를 매개하는 역할을 한다. 우

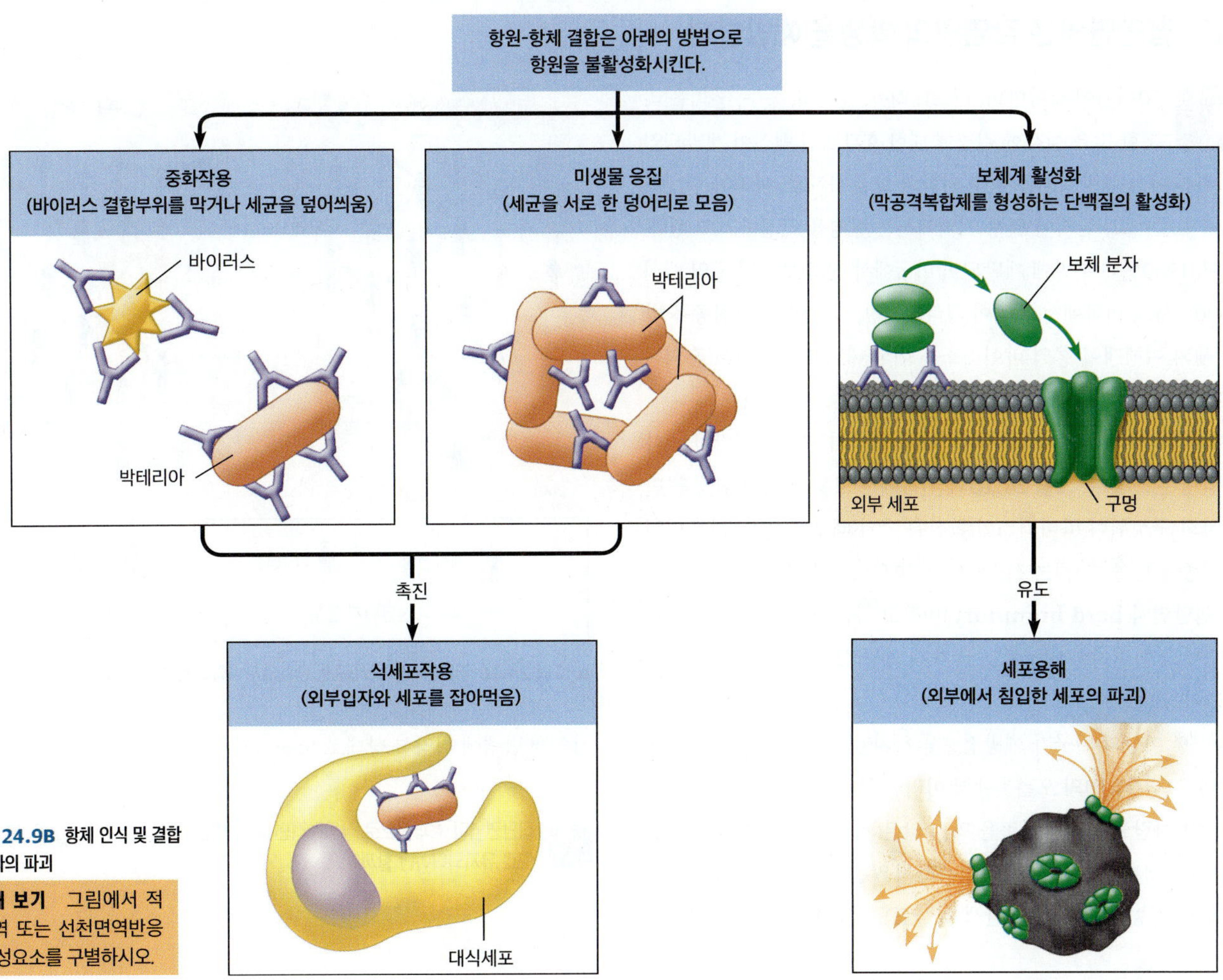

▲ **그림 24.9B** 항체 인식 및 결합 후 침입자의 파괴

시도해 보기 그림에서 적응면역 또는 선천면역반응의 구성요소를 구별하시오.

리 몸에서 항체가 분포하는 장소와 작용 방식에 따라 줄기에 있는 폴리펩타이드의 구조가 다르다. 그러나 모든 종류의 항체는 침입자를 표시하여 제거한다는 동일한 기본 기능을 수행한다.

선천면역과 작용하는 항원-항체 복합체 모든 항체 기작은 특이적 인식 및 부착 단계와 비특이적 파괴 단계의 두 부분으로 나뉘어 있다. 따라서 항체에 의한 침입자를 인식하고 결합하는 적응 체액성 면역반응은 선천면역의 구성요소인 식세포작용 및 보체계와 함께 작용해야 완전한 방어체계를 형성할 수 있다(24.1절). **그림 24.9B**에서 볼 수 있듯이, 항체가 항원에 결합하면 침입자를 무력화하거나 파괴하는 여러 기작이 촉진된다.

항원-항체 복합체는 두 가지 방식으로 선천면역반응의 식세포 기능을 활성화한다. 중화작용(neutralization)에서 항체는 바이러스나 박테리아의 표면 단백질에 결합하여 병원균이 숙주세포를 감염시키는 능력을 차단하고 대식세포가 쉽게 인식할 수 있는 구조를 제시한다. 이로 인해 침입자가 식세포작용에 의해 쉽게 잡아먹힌다. 또 다른 항체 메커니즘은 바이러스, 박테리아 또는 외부에서 침투한 진핵세포를 응집(agglutination)시키는 것이다. 각 항체는 적어도 2개의 항원결합부위를 가지고 있기 때문에 항체는 병원균 덩어리를 함께 응집시킬 수 있다. 응집된 세포들은 식세포에 쉽게 잡아먹힌다.

항원-항체 복합체는 식세포작용 외에도 또 다른 선천면역반응인 보체계의 작용을 촉진한다. 그림 24.9B의 오른쪽에서 항체와 외부 세포의 결합이 보체 단백질을 활성화하는 것을 보여준다. 보체 단백질이 처음 활성화되면, 순차적으로 여러 보체 단백질이 외부 세포의 원형질막에 막공격복합체(membrane attack complex)를 형성하며 구멍이 만들어지고 물과 이온이 세포 내로 밀려 들어간다. 세포는 부풀어 오르고 결국 용해되거나 터진다. 항원-항체 복합체에 의해 활성화된 다른 보체 단백질은 화학적 경보 신호로 작용하여 감염 부위에 더 많은 면역 세포를 유인하고 염증을 촉진한다.

다양한 구조로 인해 항체는 체액에 있는 거의 모든 항원을 인식하고 결합할 수 있다. 다음 절에서는 적응 반응이 체액으로 유입된 침입자를 어떻게 처리하는지 알아보기 전에 백신에 의한 적응면역반응에 대해 살펴본다.

? 적응 체액성 면역반응이 우리 몸의 선천면역과 어떻게 상호작용하는가?

■ 항체는 체액성 면역반응에서 파괴할 특정 항원을 표시하고, 선천면역의 구성요소인 식세포와 보체계가 항원을 파괴한다.

24.10 집단면역은 감염병의 발생을 예방한다

연결 20세기에 소아마비, 디프테리아, 볼거리, 수두, 홍역을 비롯한 많은 심각한 질병에 대한 효과적인 백신이 개발되었다. 광범위한 아동 예방접종은 현대 의학의 성공 사례로, 이러한 질병의 빈도를 크게 줄이고, 심지어 일부 지역에서는 질병을 근절하기도 했다. 예를 들어, 1950년대 후반에 개발되어 미국에서 널리 보급된 홍역 백신으로 2000년까지 미국에서 홍역이 사라졌지만, 그 이후 예방접종을 받지 않은 해외 여행객이 홍역 바이러스를 미국 내로 들여오면서 홍역이 발생했다.

미국에서는 대부분의 사람들이 예방접종을 받기 때문에 심각한 소아 질병의 발병은 드물다. **그림 24.10**의 왼쪽에서 보듯이, 예방접종을 받은 지역사회 구성원이 바이러스의 확산을 막기 때문에 영유아, 노인처럼 예방접종을 받을 수 없는 사람들도 질병으로부터 보호를 받게 되는 것이다. **집단면역(herd immunity)**이라고 하는 이러한 지역사회 보호는 공립학교 어린이를 대상으로 국가가 의무적으로 예방접종을 실시하는 근거가 된다.

그러나 5% 이상의 인구가 예방접종을 하지 않으면 집단면역이 실패할 수 있다. 그림 24.10의 오른쪽에서 이러한 실패 경우를 볼 수 있는데, 많은 건강한 사람들이 예방접종을 받지 않은(회색) 지역사회를 나타낸다. 이 경우 감염된 개인은 백신을 접종하지 않은 개인과 교류하면서 질병을 전파할 가능성이 높다(빨간색 화살표). 집단면역이 되지 않으면 감염병 발생에 취약한 상태로 노출되기 쉽다.

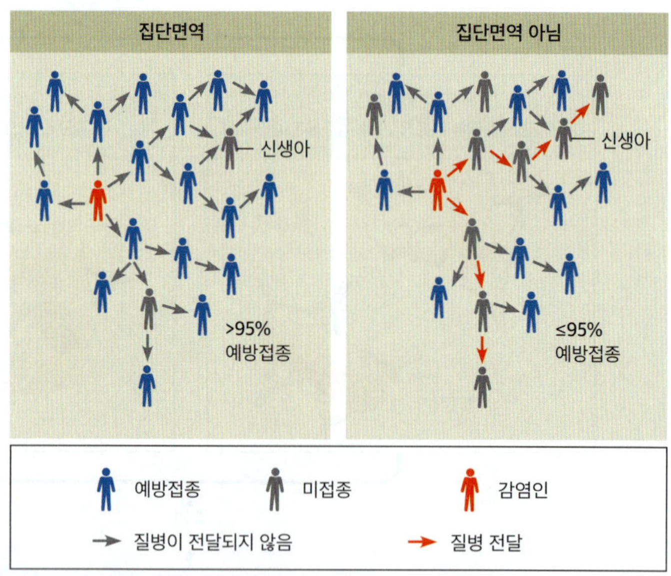

▲ **그림 24.10** 집단면역이 예방접종을 받지 않은 사람을 보호하는 방법

? 집단면역이 효과적으로 작용하려면 특정 병원균에 대한 면역 수준이 몇 % 이상으로 유지되어야만 할까?

■ 95

24.11 독감의 집단면역은 왜 어려운가

과학적 사고 **어떤 사람들이 독감 예방접종을 받지 않으며, 그 이유는 무엇인가?** 여러분은 작년에 독감 백신을 맞았는가? 미국 질병통제예방센터(CDC)에서 매년 발표하는 데이터에 따르면, 여러분과 주변 사람들이 계절성 예방접종을 맞았을 확률은 50% 미만인 것으로 나타났다. **그림 24.11A**는 최근 몇 년간 미국 성인 인구 중 독감 바이러스 백신 접종률을 보여준다. 유아기의 백신 접종과는 달리, 대부분의 성인에게 독감 백신 접종은 선택 사항이다. 따라서 보건 전문가들은 백신을 접종한 사람과 접종하지 않은 사람에 대한 데이터를 조사하는 것이 공중보건에 도움이 된다는 것을 알게 되었다.

2010년에 성인 4,000여 명을 대상으로 실시한 설문조사에서 사람들이 예방접종을 하지 않는 이유에 대한 생각을 알 수 있었다. 그해에 예방접종을 받지 않은 사람들의 가장 큰 이유는 "필요하지 않아서"였다. 많은 사람들은 본인이 독감에 감염되더라도 충분히 견딜 수 있을 만큼 건강하다고 생각하지만, 이는 지역사회의 모든 사람을 보호하는 집단면역 목표를 간과하고 있는 것이다. 취약 계층인 어린이, 노인, 임산부는 독감으로 인한 사망자의 대부분을 차지한다. 21.10절에서 배웠듯이, 충분한 비율의 사람들이 예방접종을 받은 경우에만 집단면역으로 질병의 유행을 예방할 수 있다. 과학자들 사이에 집단면역에 필요한 독감 예방접종 인구의 정확한 비율에 대해 의견이 일치하지 않지만, 70% 정도로 추정된다. 이 정보와 그림 24.11A의 자료를 연결해 보면, 예방접종률을 높여야 할 필요성이 명확하게 드러난다.

공중보건, 통계, 철학 분야 전문가를 포함하는 미네소타 대학교의 연구팀은 해당 주에 거주하는 사람들이 집단면역에 대해 알고 있는지, 또한 집단면역에 대해 알게 되면 독감 예방접종 여부를 결정하는 데 영향을 미칠 것인지에 의문을 갖게 되었다. 2016년 8월에 열린 박람회에서 4일 동안 연구팀은 일반 대중을 대상으로 설문조사를 했다. **그림 24.11B**는 설문조사에서 나온 몇 가지 질문을 보여주는데, 참가자들에게 집단면역에 대한 정보를 제공하기 전과 후에 동일한 질문을 하는 것에 중점을 두고 있다.

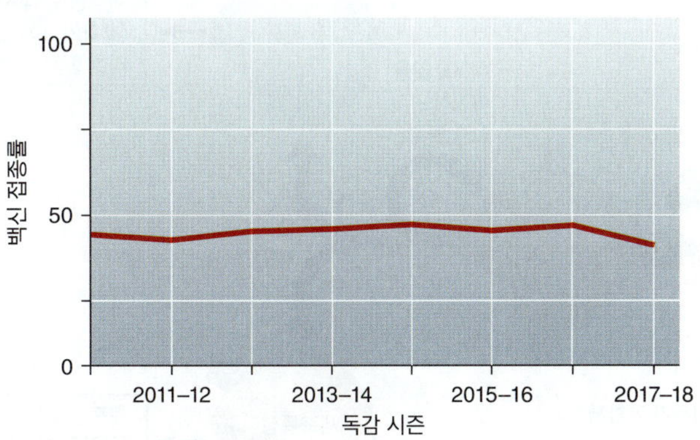

자료: "Estimates of Influenza Vaccination Coverage among Adults—United States, 2017-18 Flu Season," Centers for Disease Control and Prevention, October 25, 2018, www.cdc.gov/flu/fluvaxview/coverage-1718estimates.htm

▲ 그림 24.11A 미국 성인의 독감 백신 접종률

연구진은 그림 24.11B의 첫 번째 질문에서 조사 대상자의 약 63%인 대부분의 사람들이 선택지 'a'를 선택해 집단면역에 대해 잘 알고 있는 것으로 나타났다. 사전에 잘 알지 못했던 사람들 중 예방접종을 받을 계획이 있는 사람은 7.5% 증가했으며, 이는 통계적으로 유의미한 증가다.

집단면역의 가치 이 연구 결과는 사람들에게 집단면역에 대해 교육하는 것이 백신 접종에 대한 의사결정에 영향을 미칠 수 있음을 보여준다. 그러나 사람들의 태도를 바꾸는 것과 행동을 바꾸는 것은 다르며, 이 연구에 참여한 사람들이 실제로 백신을 맞았는지 여부는 알 수 없다. 더 많은 사람들이 독감 백신을 접종하기 전까지는 독감 바이러스로 인한 사망자 수에 큰 변화가 없을 것으로 보인다.

현재 독감은 미국 내 주요 사망 원인 상위 10위 안에 들 정도로 많은 사망자를 발생시키며, 2015년에는 5만 1,000명 이상이 독감 및 그 합병증으로 사망했다. 같은 해에 당뇨병으로 인한 사망자는 8만 명, 간 질환으로 인한 사망자는 4만 명이다. 그럼에도 불구하고 많은 사람들이 독감이 위험하지 않다고 생각하는 것 같다!

사망 원인 상위를 차지하는 질환 중에 유일하게 독감은 예방접종이 가능하지만, 해마다 낮은 독감 백신 접종률이 문제가 되고 있다. 이번 연구를 통해 독감 백신에 대한 대중의 태도를 과학적으로 접근하여 예방접종률 향상을 위한 해결책도 알게 되었다.

? 이 연구에 참가한 사람들이 집단면역에 대한 지식 습득을 통해 2016년 미네소타의 독감 예방접종률에 어떤 영향을 미쳤는가?

■ 알 수 없다. 더 많은 사람들이 백신 접종을 계획하고 있다고 답했지만, 실제로 접종했는지 확인하기 위한 추적 조사는 하지 않았다.

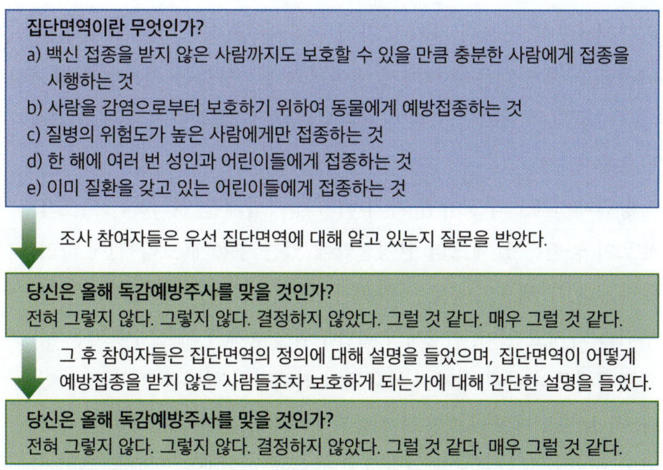

자료: J. Logan et al., "What have you HEARD about the HERD?" Does education about local influenza vaccination coverage and herd immunity affect willingness to vaccinate? *Vaccine* 25: 4118-4125 (2018).

▲ 그림 24.11B "집단면역에 대해 들어본 적이 있는가?" 연구에서 제시된 조사문항 중 일부

시도해 보기 몇몇 친구나 가족들에게 집단면역에 대해 설명하고 이 설문조사 문항을 제시해 보자.

24.12 보조 T 세포는 체액성 및 세포성 면역반응을 자극한다

체액성 면역반응의 항체를 생산하는 B 세포는 적응면역반응의 한 축을 담당한다. 체액성 면역반응은 혈액, 림프, 세포사이액 등 우리 몸의 세포 외부에 있는 침입자를 식별하고 파괴하는 데 도움을 준다. 그러나 모든 바이러스를 포함한 많은 침입자는 세포로 들어가 그곳에서 번식한다. 이미 세포 내부에 침입한 병원균과 싸우는 것은 **세포독성 T 세포** (**cytotoxic T cell**)에 의한 세포성 면역반응으로 이 내용은 24.13절에서 설명한다.

T세포의 한 유형인 **보조 T 세포**(**helper T cell**)는 체액성 면역반응과 세포성 면역반응을 모두 촉진하지만, 직접 반응을 수행하지 않는다. 대신, 보조 T 세포의 신호는 병원균을 중화시키는 항체를 생산하도록 유도하며, 감염된 세포를 죽이는 세포독성 T 세포를 활성화한다. 보조 T 세포의 역할은 면역에서 매우 중요하기 때문에 보조 T 세포가 기능하지 않으면 사실상 면역반응이 일어나지 않는다(24.14절 참조).

보조 T 세포가 적응면역반응을 활성화하려면 두 가지 요건이 충족되어야 한다. 첫째, T 세포의 항원수용체에 특이적으로 결합할 수 있는 외부 항원이 존재해야 한다. 둘째, 이 항원이 **항원제시세포**(**antigen presenting cell**)의 표면에 제시되어야 한다. 항원제시세포의 두 가지 유형은 대식세포와 B 세포다.

전형적인 항원제시세포인 대식세포의 경우를 살펴보고자 한다. **그림 24.12A**에서 볼 수 있듯이, ❶ 대식세포는 미생물이나 다른 외부 입자를 섭취하여 조각, 즉 외부 항원(△)으로 분해한다. ❷ **자기단백질** (**self protein**: 자신에게 속한 단백질)에 속하는 대식세포의 특수 단백질(🝖)에 외부 항원, 즉 **비자기 분자**(**nonself molecule**)를 결합한다. ❸ 대식세포는 자기단백질과 외부 항원의 결합, 즉 자기-비자기 복합체(self-nonself complex)를 표면에 표시한다. ❹ 보조 T 세포는 항원제시세포에 표시된 자기-비자기 복합체(🝖)를 인식하고 결합한다. 이러한 이중 인식은 은행에서 대여금고에 사용하는 시스템과 유사하다. 즉, 금고를 열려면 고객이 가지고 있는 열쇠와 함께 은행의 열쇠가 필요하다.

항원제시세포의 고유한 자기-비자기 복합체를 인식하는 보조 T 세포의 능력은 T 세포의 원형질막에 있는 수용체(보라색)에 따라 달라진다. T 세포 수용체는 항원과 자기단백질을 위한 2개의 결합부위를 가지고 있어, 이 2개의 결합부위를 통해 T 세포 수용체는 항원제시세포의 자기-비자기 복합체의 전체적인 형태를 인식할 수 있다. 각 보조 T 세포의 수용체가 항원제시세포 표면의 오직 한 종류의 자기-비자기 복합체에만 결합하기 때문에 면역반응은 매우 특이적이다.

T 세포 수용체가 자기-비자기 복합체에 결합하면 보조 T 세포가 활성화된다. 몇 가지 종류의 신호에 의해 이 활성화를 촉진할 수 있다. 항원제시세포에서 분비되면 신호 분자(파란 화살표)가 보조 T 세포로 확산되어 보조 T 세포를 자극한다.

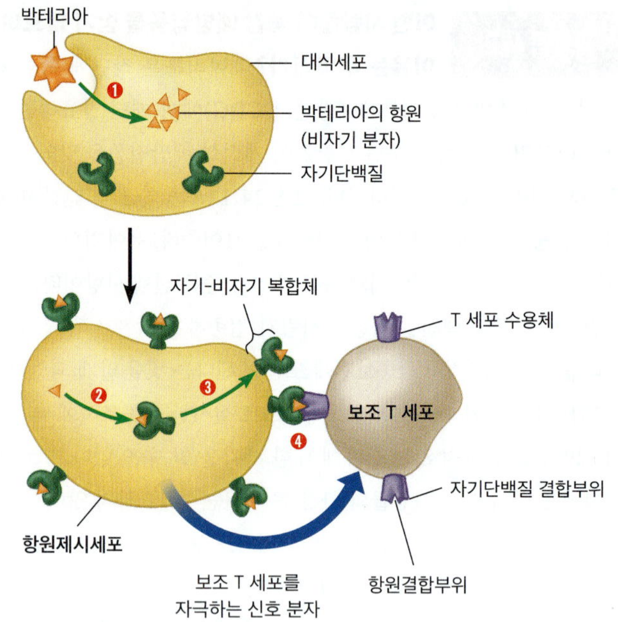

▲ **그림 24.12A** 보조 T 세포의 활성화

그림 24.12B에서 볼 수 있듯이, 활성화된 보조 T 세포는 면역반응을 촉진하는 작용을 하는데, 그중 가장 중요한 기능은 자극 단백질의 분비다. 보조 T 세포에 의해서 분비된 신호 분자(파란 화살표)는 크게 세 가지 효과가 있다. ❶ 첫째, 보조 T 세포의 클론 선택을 자극하여 기억세포와 추가적인 효과기세포를 생성한다. 둘째, ❷ 신호 분자는 B 세포를 활성화하여 체액성 면역반응을 자극한다. 셋째, ❸ 신호는 다음 주제인 세포성 면역반응의 세포독성 T 세포의 활성을 자극한다.

? 하나의 보조 T 세포가 어떻게 체액성 면역과 세포 매개 면역을 모두 자극할 수 있을까?

■ 자극 단백질을 분비하여 B 세포와 세포독성 T 세포를 모두 활성화시킨다.

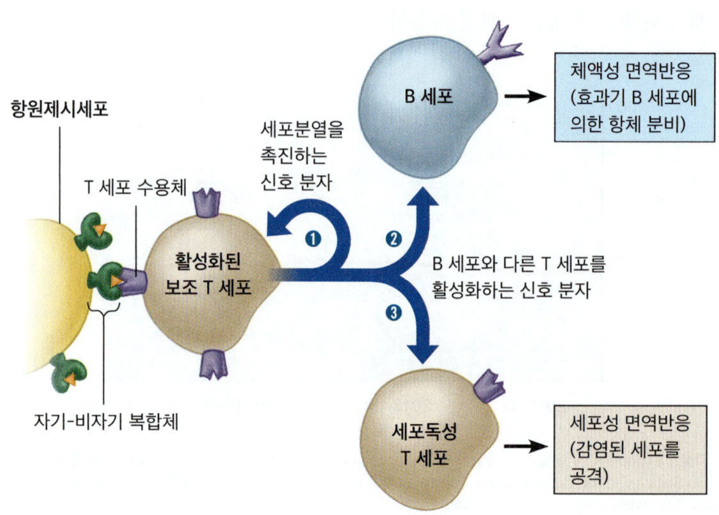

▲ **그림 24.12B** 활성화된 보조 T 세포의 역할

24.13 세포독성 T 세포는 감염된 체세포를 파괴한다

보조 T 세포는 세포독성 T 세포를 활성화한다. 일단 활성화되면 클론 선택이 일어나고, 효과기세포 집단이 감염된 체세포를 식별하여 죽인다. 세포독성 T 세포는 어떤 세포가 침입자를 품고 있는지 어떻게 인식할까? 감염된 세포는 침입 병원균의 조각을 표면의 자기단백질에 부착하여 자기-비자기 복합체를 형성함으로써 자신의 감염 여부를 노출한다. 감염된 세포의 자기-비자기 복합체는 맞는 수용체를 가진 세포독성 T 세포에게 붉은 깃발과 같은 역할을 한다.

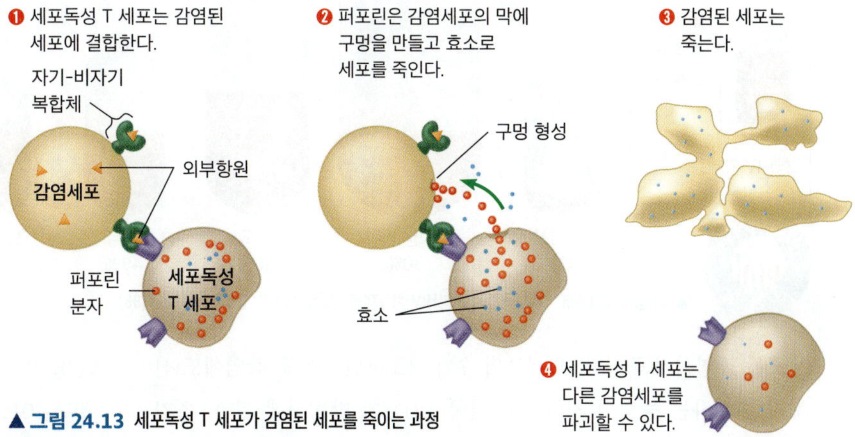

▲ **그림 24.13** 세포독성 T 세포가 감염된 세포를 죽이는 과정

그림 24.13에서 보듯이, ❶ 맞는 수용체를 가진 세포독성 T 세포가 감염된 체세포와 결합한다. T 세포는 결합된 체세포에 작용하는 여러 독성 단백질을 합성하는데, 그중 하나가 퍼포린(perforin,)이라는 단백질이다. ❷ 퍼포린은 T 세포에서 방출되어 감염된 세포의 원형질막에 결합하며 그 안에 구멍을 형성한다. T 세포 효소( )는 세포내섭취를 통해 감염된 세포로 들어가고 감염된 세포의 단백질을 분해한다. ❸ 단백질이 분해되면 감염된 세포는 죽게 되며, 세포의 죽음으로 병원균이 증식할 공간이 없어진다. 또한 감염된 세포의 병원균은 방출되어 순환하는 항체와 결합하므로 폐기된다. ❹ 세포독성 T 세포는 이동하다가 같은 병원균에 감염된 다른 세포를 죽일 수 있다.

세포독성 T 세포는 일부 암의 확산으로부터 우리의 몸을 보호하는 역할을 한다. 사람 암의 약 15~20%는 바이러스에 의해 발생한다. 예를 들어 간암을 유발할 수 있는 B형 간염 바이러스, 림프종(림프구 암)을 유발하는 엡스타인-바 바이러스(Epstein-Barr virus) 및 HPV가 있다. 이러한 바이러스가 세포에 유입되면 바이러스 단백질이 감염된 세포의 표면에 노출되고, 세포독성 T 세포가 이를 인식할 수 있게 된다. 그러면 세포독성 T 세포가 감염된 세포를 파괴하여 암세포의 증식을 막을 수 있다.

? T 세포 수용체와 B 세포 표면의 항원수용체를 비교 설명하시오.

■ 두 수용체 모두 특정 항원에 결합한다. B 세포 수용체는 체액을 떠다니는 항원을 인식한다. T 세포 수용체는 항원이 세포 표면에 '자기' 표지자와 함께 제시될 때만 항원을 인식한다.

24.14 HIV는 보조 T 세포를 파괴하여 신체의 방어력을 약화시킨다

연결 **후천성면역결핍증(acquired immunodeficiency syndrome, AIDS)**은 **사람면역결핍바이러스(human immunodeficiency virus, HIV)**의 감염으로 발생한다. HIV는 다양한 세포를 감염시킬 수 있지만, 주로 보조 T 세포를 공격한다(**그림 24.14A**). HIV에 의해 보조 T 세포의 수가 감소하면 세포성 면역반응과 체액성 면역반응이 모두 심각하게 손상되어 감염에 대항하는 신체의 능력이 크게 저하된다.

HIV는 어떻게 보조 T 세포를 파괴하는가? HIV는 정액, 혈액 또는 모유와 같은 체액을 통해 사람과 사람 간에 전파된다. HIV가 혈액 내로 들어오게 되면 바이러스 표면의 단백질이 보조 T 세포 표면의 단백질과 결합된다. T 세포에 부착된 HIV는 T 세포 내에서 증식을 시작한다. 숙주세포인 보조 T 세포 내에서 HIV의 RNA 유전체가 역전사(reverse transcription)되어 새로운 DNA를 합성하며, 이 DNA는 T 세포의 유전체에 삽입된다(10.20절 참조). 이 바이러스 유전체는 T 세포 내에서 새로운 바이러스의 생성을 조절할 수 있으며, 하루에 최대 1,000개 또는 그 이상의 바이러스를 생산할 수 있다. 결과적으로 바이러스 증식에

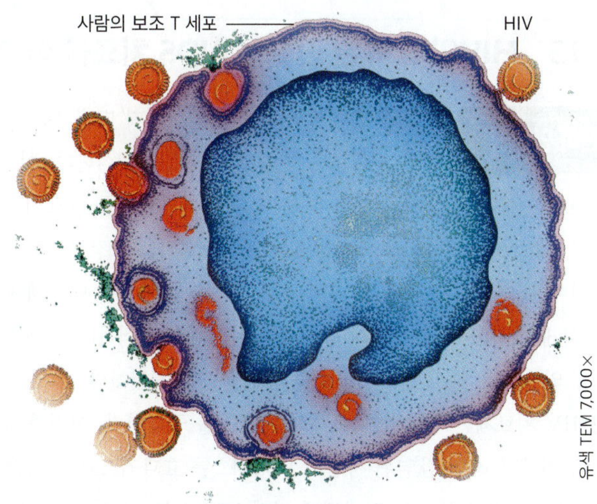

▲ **그림 24.14A** HIV의 공격을 받는 사람의 보조 T 세포

따른 손상 효과와 세포독성 T 세포의 작용으로 숙주인 보조 T 세포는 죽게 된다.

HIV가 혈액으로 방출되면 HIV는 체내를 순환하면서 다른 보조 T

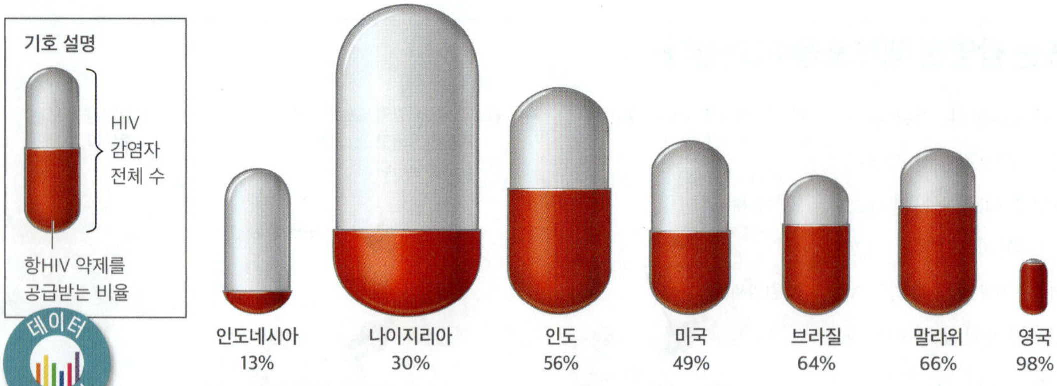

▲ **그림 24.14B** 일부 국가에서 항HIV 치료제를 공급받는 HIV 양성 성인 비율(%)

세포를 감염시켜 죽인다. T 세포의 수가 감소하면 가벼운 감염에도 신체가 대응하는 능력이 저하되고 결국 AIDS가 발병하게 된다. 초기 HIV 감염 후 본격적인 AIDS 증상이 나타나기까지 10년 이상 걸릴 수도 있다.

면역계 손상으로 인해 AIDS 환자는 건강한 면역력을 가진 사람들은 걸리지 않는 **기회감염(opportunistic infection)**이나 암 등의 질환에 잘 걸리게 된다. 예를 들어, *Pneumocystis carinii*라는 흔한 곰팡이는 건강한 사람에게는 감염질환을 잘 일으키지 않는다. 하지만 AIDS 환자는 이 곰팡이 감염으로 심한 폐렴이 유발되며 죽음에 이르게 될 수 있다. 매우 드문 피부암인 카포시 육종(Kaposi's sarcoma)은 예전에는 노인이나 항암 화학 요법을 받는 환자들에게서만 볼 수 있었으나 최근에는 AIDS 환자들에게서 가장 흔하게 나타난다.

1981년 AIDS 유행이 처음 알려진 이래, 전 세계적으로 약 3,900만 명이 AIDS로 사망했다. 현재 약 3,500만 명이 HIV/AIDS를 가지고 살아가고 있다. AIDS는 현재 완치가 불가능하지만, 항HIV 치료제는 HIV의 증식과 AIDS 진행을 수년간 늦추어 거의 대부분의 환자가 정상적으로 생활할 수 있다. 그러나 **그림 24.14B**에서 볼 수 있듯이, 전 세계적으로 HIV 감염자 중 대다수가 항HIV 치료제를 처방받지 못한다.

HIV 감염 예방을 위해 약물, 백신, 교육에 중점을 두고 있다. 약물 개발로 인해 산모에서 아이로의 HIV 전염률이 급격히 감소했다. 2012년, FDA는 감염 위험이 높은 사람들을 위한 최초의 HIV 예방약을 승인했다. 24.15절에서 설명하듯이, 수십 년간의 노력과 수십억 달러의 비용 지출에도 불구하고 AIDS 백신은 여전히 개발하기 어려운 상황이다.

현재까지 가장 효과적인 예방법은 교육이다. 사람들은 혈액에 직접적인 노출되는 것(특히, 정맥 주사 바늘 재사용을 통한)을 피하도록 교육받는다. 보균자 엄마에게는 아기에게 질병을 전염시키지 않도록 예방 조치를 가르친다. 성교를 통해서 HIV가 전염되는 것을 방지하기 위해 콘돔의 사용을 교육한다. 건강한 성생활을 통해서 수백만 명의 생명을 구할 수 있다.

? HIV는 선천면역에 어떤 영향을 미치는가?

■ HIV는 선천면역 세포에 직접적인 영향을 미치지 않지만, 주로 선천성 반응을 개시하는 데 필요한 보조 T 세포에 영향을 미친다. 따라서 보조 T 세포가 없으면 병원균에 대한 적응 반응이 시작될 수 없다.

24.15 HIV의 급속한 진화는 AIDS 치료를 어렵게 한다

진화 연관성 HIV가 번식함에 따라 돌연변이가 발생하며, 그중 일부는 새로운 변종 바이러스를 생성한다. 실제로 바이러스는 복제 과정에서 매우 빠른 속도로 돌연변이를 일으키는데, 역전사효소(reverse transcriptase)는 오류를 고치는 교정능력이 없기 때문이다(10.20절). 이러한 돌연변이 바이러스 중 일부는 면역계에 의해서 쉽게 제거되지 않고 우리 몸에서 살아남아서 증식하며 추가 돌연변이를 일으킨다. 따라서 바이러스는 숙주 몸에서 진화한다.

항HIV 치료제는 활발하게 복제하는 HIV를 공격한다. 이러한 약물을 적절히 복용하면 감염된 사람의 바이러스를 효과적으로 억제할 수 있다. 그러나 약물 복용을 건너뛰게 되면 HIV가 복제되어 바이러스가 변이될 가능성이 높아지며, 약물에 의해 더 이상 억제되지 않는 새로운 바이러스 변종이 생성될 수 있다. 바이러스 변종은 한 약물에 내성을 갖게 되지만, 다른 약물에 의해 영향을 받을 수 있으므로 일반적으로 환자들은 다약제 요법을 받게 된다. 하지만 안타깝게도 이미 다약제 요법에 대한 내성을 갖는 HIV 변종이 생기고 있다.

놀랍게도 새로 감염된 환자에서 약물 내성 HIV 균주가 발견되고 있는데, 이는 HIV가 변화하는 환경, 즉 약물 치료제가 널리 사용되는 환경에 자연선택을 통해 이미 적응했음을 보여준다. 즉, 항HIV 약물의 지속적인 사용으로 인해 약제 내성 균주가 한 사람에서 다른 사람으로 전파되고 있는 것이다. 이러한 약물의 사용을 줄여 약물 내성의 진화를 늦추기 위해 과학자들은 새로 감염된 환자를 항HIV 약물로 즉시 치료해야 하는지, 아니면 증상이 나타날 때까지 기다렸다가 약물을 처방하는 것이 안전한지 고려하고 있다. 이 기간 동안 내성 바이러스가 돌연변이를 일으켜 다시 약물에 민감해질 수 있기 때문이다. 따라서 의료과학 분야와 끊임없이 진화하는 HIV와의 전쟁은 계속되고 있다.

? HIV는 어떻게 그렇게 빠른 속도로 돌연변이를 일으킬 수 있는가?

■ RNA 역전사효소는 실수를 바로잡는 능력이 부족하기 때문이다.

24.16 면역계는 우리 세포의 분자 지문에 따라 달라진다

림프구가 자기 분자를 인식하는 능력, 즉 자기와 비자기 분자를 구별하는 능력이 있기 때문에 적응면역은 건강한 자기 세포를 해치지 않으면서 외부 침입자와 싸울 수 있다. 각 개인의 세포는 표면에 고유한 자기 단백질을 가지고 있으며, 이는 면역계가 인식하는 분자적 '지문'을 제공한다. 림프구는 자기 항원을 포함하여 무수히 많은 항원을 감지하기 위해 발달한다. 림프구는 흉선과 골수에서 성숙하면서 자기 항원에 노출되고, 자기 분자와 결합하는 수용체를 가진 림프구는 선택적으로 파괴되거나 비활성화되어 외부 분자에 반응하는 림프구만 남게 된다. 그 결과, 성숙한 면역계의 림프구는 자신의 세포나 분자를 공격하지 않는다.

면역계는 자신의 세포를 미생물 세포와 구별하는 것 외에도 다른 사람의 세포와도 구별할 수 있다. 12개 이상의 유전자에 주요 자기단백질인 **주조직 적합성 복합체(major histocompatibility complex, MHC)** 분자에 대한 정보가 포함되어 있다(그림 24.12와 24.13에 표시된 초록색 자기단백질은 MHC 유전자에 의해 암호화된 것이다). 사람 집단의 MHC 유전자에 대해 100개 이상의 대립유전자(allele)가 존재하기 때문에 일란성 쌍둥이를 제외하고 완전히 일치하는 MHC 자기단백질 세트를 갖는 것은 거의 불가능하다.

외부 항원을 인식하는 면역계의 능력이 항상 우리에게 유리하게 작용하는 것은 아니다. 어떤 사람이 다른 사람의 장기나 조직을 이식받으면, 수혜자의 T 세포가 공여자 세포의 MHC 분자를 외부물질로 인식한다. 세포성 면역반응이 일어나서 세포독성 T 세포에 의해 이식된 세포가 파괴된다. 거부 반응을 최소화하기 위해 의사는 수혜자의 자기단백질과 최대한 일치하는 자기단백질을 가진 공여자를 찾는다. 가장 좋은 경우는 화상 환자가 신체의 다른 부위에서 떼어낸 피부를 이식받을 때처럼 환자 자신의 조직을 이식하는 것이다. 그 밖에는 일란성 쌍둥이가 가장 가깝고, 그다음은 형제자매다. 또한 의사들은 이식에 대한 면역반응을 억제하기 위해 약물을 사용하기도 한다. 안타깝게도 이러한 약물은 감염 및 암에 대한 면역력도 동시에 저하시킬 수 있다.

? 세포의 MHC 표면 표지자는 어떤 의미에서 지문과 유사한가?

■ MHC('자기') 분자 세트는 각 개인마다 고유하다는 점에서 지문과 유사하다.

면역계 이상

24.17 면역계 질환은 자신을 공격하거나 약화된 면역반응에 의해 발생한다

연결 우리 몸의 면역계는 잠재적으로 해로운 침입자로부터 우리를 보호하고, 그 후에는 항상성을 유지하는 점에서 매우 효과적으로 운영된다. 그러나 때때로 면역계가 오작동하여 면역질환이 발생하기도 한다.

자가면역질환(autoimmune disorder)은 면역계가 우리 몸의 일부 자기 분자에 대해 공격할 때 발생한다. 전신 홍반성 난창(systemic lupus erythematosus)인 루푸스(lupus)는 B 세포가 조직세포의 정상적인 분해로 방출되는 히스톤이나 DNA와 같은 광범위한 자기 분자에 대한 항체를 생성한다. 루푸스는 피부 발진, 발열, 관절염, 콩팥 기능 장애 등의 특징을 나타낸다. 류마티스 관절염은 또 다른 항체 매개 자가면역질환으로 면역계가 관절 안을 감싸고 있는 얇은 조직층인 윤활막(synovium)을 공격한다. 류마티스 관절염의 증상으로는 관절의 연골조직과 뼈의 손상으로 고통스러운 염증이 생긴다(그림 24.17). 제1형(인슐린 의존성) 당뇨병(26.9절 참조)에서는 췌장의 인슐린 생성 세포가 세포독성 T 세포에 의해 공격받는다. 다발성 경화증(multiple sclerosis, MS)에서는 T 세포가 많은 뉴런의 일부를 둘러싸고 있는 수초(myelin sheath)를 공격하여(그림 28.2 참조) 근육 마비를 일으킨다. 소화관의 만성염증질환인 크론병(Crohn's disease)은 창자를 둘러싼 세포들에 대한 자가면역반응으로 인해 발생한다.

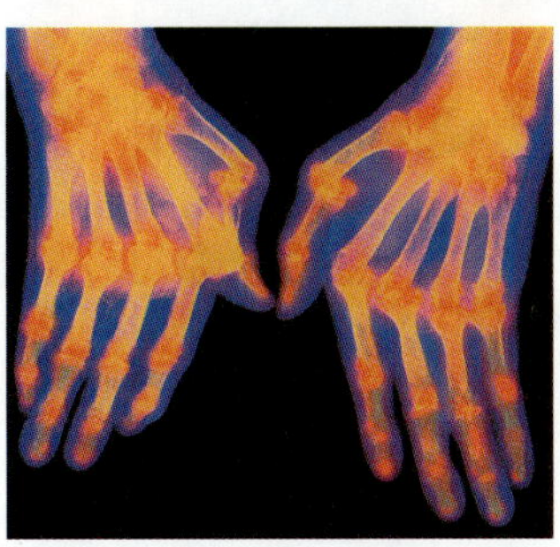

▲ 그림 24.17 류마티스 관절염을 앓고 있는 손의 X선 사진

유전적 요인과 환경적 요소 모두가 자가면역질환의 발병에 영향을 미친다. 많은 자가면역질환이 남성보다 여성에게 더 많이 발생한다. 여성은 남성에 비해 다발성 경화증과 류마티스 관절염에 걸릴 확률이 2~3배, 루푸스에 걸릴 확률은 9배 더 높으며, 이러한 성에 따른 발병 차이의 원인은 활발한 연구와 논의가 이루어지고 있는 분야다.

자가면역질환 치료를 위한 대부분의 약물은 전반적인 면역력을 억제하거나 특정 증상을 완화시킨다. 그러나 과학자들은 이러한 질환과 면역계의 정상적인 작동에 대해 더 많이 알게 되면서 보다 효과적인 치료법을 개발할 수 있기를 희망하고 있다.

자가면역질환과는 달리, **면역결핍성질환(immunodeficiency disorder)**은 면역반응이 손상되었거나 없어져 면역계가 약화되어 일어난다. 따라서 면역결핍성질환을 가지고 태어난 사람들은 감염에 매우 취약하다. 중증 복합 면역결핍증(severe combined immunodeficiency, SCID)의 경우 T 세포나 B 세포가 모두 없거나 불활성화되어 있다. SCID 환자는 사소한 감염에도 매우 취약하다. 최근까지 이들의 유일한 생존 방법은 멸균된 플라스틱 '버블' 안에서 생활하거나 정상적인 기능을 갖는 림프구를 지속적으로 공급할 수 있는 골수 이식을 받는 것이었다. 연구자들은 이 질병에 대한 유전자치료(gene therapy)를 시도해 왔으며, 일부 성공을 거두었다(12.10절 참조).

면역결핍은 AIDS처럼 후천적으로 발생할 수도 있다. 후천성 면역결핍의 또 다른 예로는 림프계를 손상시키고 면역계를 저하시킬 수 있는 암의 일종인 호지킨병(Hodgkin's disease)이 있다. 방사선 치료와 많은 암에 사용되는 항암 치료 약물도 면역결핍을 유발할 수 있다.

신체적 또는 정신적 스트레스가 면역력에 영향을 미친다는 증거들이 있다. 정신적 스트레스는 호르몬, 신경계 신호 및 면역계의 **상호작용**을 변화시켜 면역 기능을 저하시킨다. 반대로, 적당한 운동과 하루 8시간 이상의 수면은 감염에 대한 감수성을 낮춰 면역 기능을 향상시킬 수 있다.

? SCID 환자에게 제1형 당뇨병이 발생할 것으로 예상하는가? 그 이유를 설명해 보자.

■ 발생하지 않는다. 1형 당뇨병에서는 세포독성 T 세포가 췌장의 인슐린 생산 세포를 공격하는데, SCID 환자는 기능적인 T 세포가 없기 때문에 발생할 수 없다.

24.18 알레르기는 특정 환경적 항원에 대한 과잉반응이다

연결 **알레르기(allergy)**는 우리 주변의 항원에 대한 과민반응이다. 알레르기를 일으키는 항원을 **알레르기원(allergen)**이라고 한다. 일반적인 알레르기원에는 꽃가루나 집먼지 진드기의 분비물에 단백질 분자가 포함된다. 고양이와 개에 알레르기가 있는 많은 사람들은 실제로 동물이 자신을 핥을 때 털에 묻은 동물의 타액에 있는 단백질로 인해 알레르기가 생기는 것이다. 알레르기 반응은 일반적으로 매우 적은 양의 알레르기원에 반응하여 빠르게 발생한다. 반응은 콧속, 기관지 및 피부 등 우리 몸의 여러 부위에서 발생할 수 있다. 증상으로는 재채기, 콧물, 기침, 쌕근거림, 가려움증 등이 있다.

알레르기 증상은 **그림 24.18**에서 보이듯이, 2단계 반응으로 발생한다. 첫 번째 단계인 민감화(sensitization)는 꽃가루와 같은 알레르기원에 우리 몸이 처음 노출되었을 때 발생한다. ❶ 알레르기원이 혈류에 유입되면 알레르기원에 특이적인 수용체를 가진 효과기 B 세포에 결합한다. ❷ 그후 B 세포는 클론 선택을 통해 증식하고 이 알레르기원에 대한 다량의 항체를 분비한다. ❸ 이러한 항체 중 일부는 염증반응을 유발하는 히스타민과 같은 화학물질을 생성하는 비만세포의 표면에 부착된다(24.2절).

알레르기 반응의 두 번째 단계는 동일한 알레르기원에 다시 노출되었을 때 시작된다. 알레르기원이 체내로 들어와 ❹ 비만세포에 부착된 항체에 결합한다. ❺ 이로 인해 비만세포가 히스타민을 방출하여 혈관이 확장되고 체액이 빠져나가게 되고, 코 점막과 피부의 가려움증과 눈물이 나게 한다. **항히스타민제(antihistamine)**는 이러한 히스타민의 작용을 억제하여 일시적으로 알레르기반응을 완화시키는 약물이다.

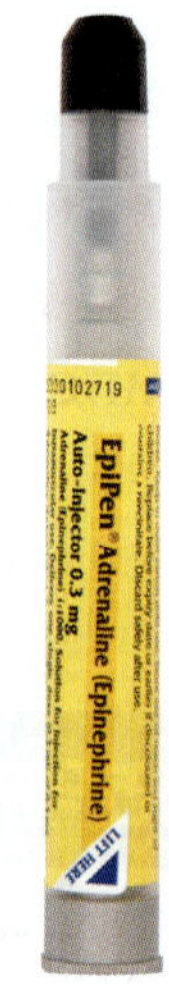

알레르기는 환절기에 불편을 느끼는 정도에서부터 생명을 위협하는 심각한 반응까지 다양하다. 아나필락시스 쇼크(anaphylactic shock)는 매우 위험한 알레르기 반응이다. 벌독, 페니실린, 땅콩 또는 조개류와 같은 특정 알레르기원에 극도로 민감한 사람들에게서 발생할 수 있다. 이러한 알레르기원과 접촉하면 비만세포가 염증성 화학물질을 방출해 기도를 수축시키고 혈관을 갑자기 확장시킨다. 혈관이 확장되면 혈압이 생명에 지장을 줄 정도로 급격하게 떨어져 쇼크 상태가 된다. 다행히 아나필락시스 쇼크는 에피네프린(epinephrine) 호르몬 주사로 치료가 가능하다. 심한 알레르기가 있는 사람은 에피펜(EpiPen) 같은 에피네프린 자동주사기를 휴대하는 경우가 많다.

? 자가면역질환과 알레르기는 모두 면역계의 잘못된 반응이다. 잘못된 반응은 어떻게 시작되는가?

■ 자가면역반응에서는 자기 분자가 반응을 유도하고, 알레르기에서는 무해한 항원이 반응을 유도한다.

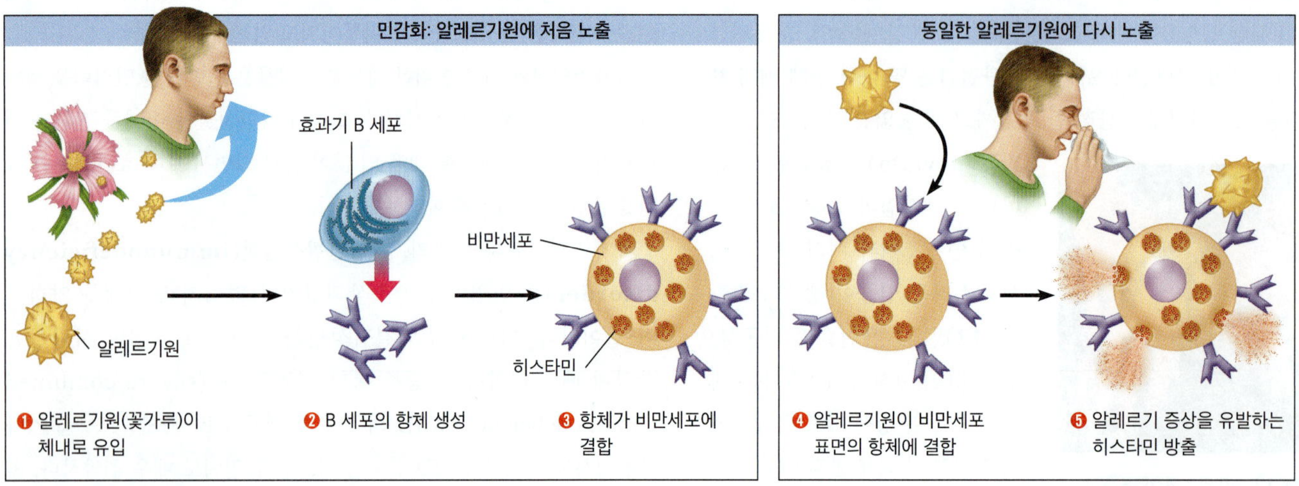

▲ **그림 24.18** 알레르기 반응의 두 단계

CHAPTER 24 복습

개념 복습하기

선천면역(24.1~24.2)

24.1 모든 동물은 선천면역을 가지고 있다. 선천적 방어에는 장벽, 식세포 및 항균 단백질이 포함된다.

24.2 염증반응은 손상된 조직을 소독한다. 조직 손상은 조직을 소독하고 추가 감염을 억제할 수 있는 염증반응을 유도한다.

적응면역(24.3~24.16)

24.3 적응면역반응은 특정 침입자를 방어한다. 감염과 예방접종은 적응면역을 유도한다.

24.4 림프계는 감염 시 중요한 전쟁터가 된다. 림프관은 신체 조직에서 체액을 모아서 림프액을 생성하여 혈액으로 되돌려 보낸다. 림프 기관은 감염과 싸우는 백혈구로 가득 차 있다.

24.5 림프구는 이중 방어를 한다. 각각 다른 막수용체를 가진 수백만 종류의 B 세포와 T 세포가 림프계에서 침입자에 대응하기 위해 기다리고 있다.

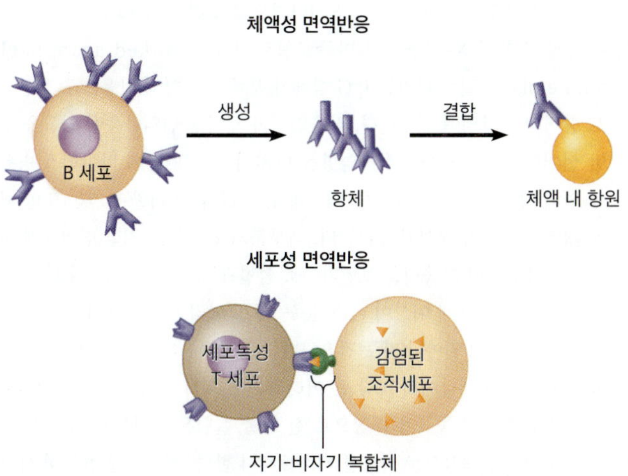

24.6 항원수용체와 항체는 항원의 특정 영역에 결합한다. 항체와 항원수용체가 결합하는 항원 부위를 '항원결정기'라고 한다.

24.7 클론 선택은 특정 항원에 대한 방어력을 동원한다. 항원이 체내에 들어오면 항원에 특이적인 수용체를 가진 림프구만 활성화한다. 선택된 세포는 해당 항원에 대한 방어에 특화되어 있으나, 수명이 짧은 효과기세포의 클론으로 증식하고 또한 장기 면역을 부여하는 기억세포로 증식한다.

24.8 1차 및 2차 면역반응은 속도, 강도 및 지속 시간이 다르다. 항원에 처음 노출되면 1차 반응이 일어난다. 두 번째 노출에서는 기억세포가 더 빠르고, 더 강하고, 더 오래 지속되는 반응을 시작한다.

24.9 항체의 구조는 그 기능과 일치한다. 항체에는 특정 항원에 결합하는 항원결합부위가 있다. 항체가 외부 세포의 표면 항원과 결합하면 침입자를 제거하는 선천적 반응을 돕는다.

24.10 집단면역은 감염병의 발생을 예방한다. 한 지역의 대부분 사람들이 예방접종을 받으면 질병이 확산되지 않는다.

24.11 독감의 집단면역은 왜 어려운가?

24.12 보조 T 세포는 체액성 및 세포성 면역반응을 자극한다. 항원제시세포는 외부 항원(비자기 분자)과 조직 세포의 자기단백질 중 하나를 보조 T 세포에 제시한다. 보조 T 세포의 수용체는 자기-비자기 복합체를 인식하고, 상호작용을 통해 보조 T 세포를 활성화시킨다. 따라서 보조 T 세포는 세포성 면역반응의 세포독성 T 세포와 체액성 면역반응의 B 세포를 활성화시킬 수 있다.

24.13 세포독성 T 세포는 감염된 체세포를 파괴한다. 세포독성 T 세포는 자기-비자기 복합체를 통해 감염된 체세포를 인식한 후 세포의 사멸을 유도한다.

24.14 HIV는 보조 T 세포를 파괴하여 신체의 방어력을 약화시킨다.

24.15 HIV의 급속한 진화는 AIDS 치료를 어렵게 한다.

24.16 면역계는 우리 세포의 분자 지문에 따라 달라진다. 사람의 세포 표면에는 고유한 자기단백질 집단이 존재한다.

면역계 이상(24.17~24.18)

24.17 면역계 질환은 자신을 공격하거나 약화된 면역반응에 의해 발생한다. 자가면역질환의 경우 면역세포는 자기 분자를 공격한다. 면역결핍성질환에서는 면역계 구성성분이 부족하여 감염이 자주 발생한다.

24.18 알레르기는 특정 환경적 항원에 대한 과잉반응이다.

개념 연결하기

1. 신체 방어에 관한 주요 개념을 요약한 개념도를 완성하시오.

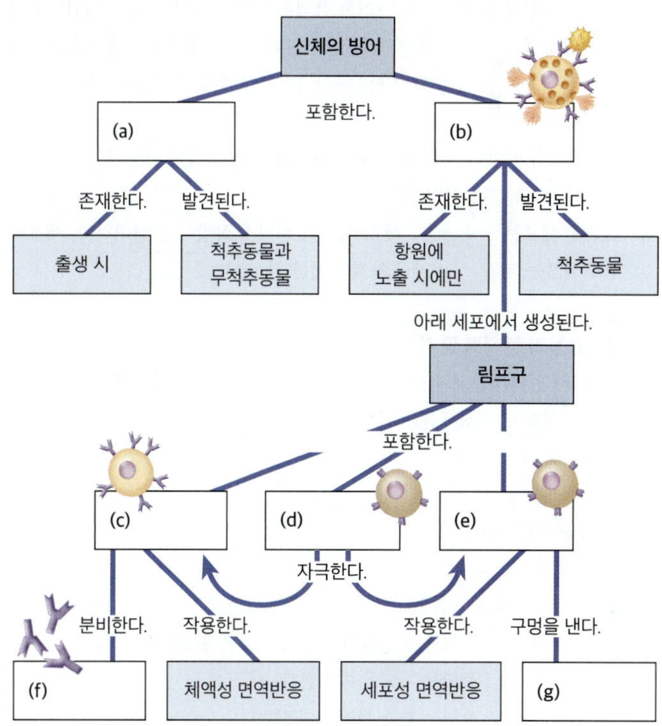

학습 평가하기

1단계 : 지식과 이해력 평가

2. 다음 중 신체의 선천적 내부 방어 기능 중 하나가 아닌 것은?
   a. 방어 단백질
   b. 점막
   c. 자연살생세포
   d. 식세포
3. 항원에 의해 B 세포가 활성화되어 증식하고 항체가 생성되는 과정은 무엇인가?
   a. 세포 매개 면역
   b. 선천면역
   c. 클론 선택
   d. 수동면역
4. 다음 중 B 세포와 세포독성 T 세포가 침입자에 대처하는 방식의 차이점을 가장 잘 설명하는 것은?
   a. B 세포는 능동면역, T 세포는 수동면역을 담당한다.
   b. B 세포는 공격을 위해 항체를 내보내고, 특정 T 세포는 스스로 공격할 수 있다.
   c. T 세포는 1차 면역반응을, B 세포는 2차 면역반응을 담당한다.
   d. B 세포는 세포성 면역반응을 담당하고, T 세포는 체액성 면역반응을 담당한다.
5. 세포독성 T 세포가 감염된 체내 세포를 인식할 수 있는 이유는 무엇인가?
   a. 감염된 세포는 외부 항원을 제시하기 때문에
   b. 감염된 세포는 항원을 생성하기 때문에
   c. 감염된 세포는 혈액으로 항체를 방출하기 때문에
   d. 보조 T 세포가 먼저 파괴하기 때문에
6. HIV가 어떻게 전염되는지, 그리고 감염된 사람의 면역계 세포가 HIV에 의해 어떻게 영향을 받는지 설명하시오. HIV 전염을 예방하는 가장 효과적인 방법은 무엇인가? AIDS가 다른 바이러스성 질병에 비해 특히 치명적인 이유는 무엇인가?
7. 염증이란 무엇인가? 어떻게 신체를 보호하는가? 염증이 선천면역의 일부로 간주되는 이유는 무엇인가?
8. 보조 T 세포는 ________ 세포의 자기-비자기 복합체를 인식하고, 세포독성 T 세포는 ________ 세포의 복합체를 인식한다.

2단계 : 응용과 분석력 평가

9. AIDS는 면역계를 표적으로 하는 HIV 감염으로 인해 발생하는 질환이다. 어떤 유형의 면역 장애를 유발하는가?
   a. 알레르기 반응
   b. 자가면역질환
   c. 과장된 면역반응
   d. 면역결핍성질환
10. 다음 중 옳지 않은 설명은?
    a. 아나필락시스 쇼크는 히스타민 주사로 치료할 수 있다.
    b. 아나필락시스 쇼크는 기도를 수축한다.
    c. 아나필락시스 쇼크는 혈관 확장을 유발한다.
    d. 아나필락시스 쇼크는 위험한 알레르기 반응이다.
11. 독감 예방 주사를 생애 초기에 한 번만 맞아야 하는 것이 아니라 매해 맞아야 하는 이유를 설명하시오.
12. **과학적 사고** 백일해는 박테리아 감염에 의해 발생하며, 증상은 몇 주 동안 지속되는 심한 기침으로 폐렴과 사망으로 이어지는 경우도 있다. 백일해 예방접종은 만 5세까지 총 5회 접종을 완료해야 한다. 2010년에 캘리포니아에서 백일해 대발병(outbreak)이 발생했는데, "예방접종을 완료한 어린이 중, 2~7세 어린이 1만 명당 약 36명, 8~12세 어린이 1만 명당 245명에게 백일해가 발생되었다."라는 뉴스 보도가 있었다. 이 데이터에 대한 설명과 그 설명에 근거한 공중보건 해결책을 제시하시오.
13. 룸메이트가 벌에 쏘인 후 심한 알레르기 반응을 일으켜 병원으로 급히 이송되었다. 치료를 받고 퇴원한 후, 지역 생물 전문가인 당신에게 무슨 일이 있었는지 설명해 달라고 요청했다. 그녀는 "어떻게 이런 일이 일어날 수 있는지 모르겠어. 전에도 벌에 쏘인 적이 있는데 아무런 반응이 없었어."라고 말했다. 벌에 쏘인 후 심한 알레르기 반응을 일으킨 원인과 이전에는 왜 반응이 없었는지 설명하시오.

3단계 : 종합평가

14. 노약자나 예방접종을 받기에 너무 어린 아이들을 치명적인 질병으로부터 적절히 보호하기 위해서 인구의 95%가 예방접종을 받아야 한다. 그러나 예방접종률이 95%라고 해도 질병이 전염되지 않는다고 100% 보장할 수는 없다. 집단면역이 실패할 수 있는 시나리오를 그려보자.
15. 유전적 질환인 X-연관 무감마글로불린혈증(X-linked agammaglobulinemia)에 걸린 환자는 IgG 항체가 부족하고 항체 반응으로 정상적으로 방어되는 감염에 취약하다. 적응면역의 체액성 면역반응에 영향을 주지만 선천면역의 1차 반응에는 영향을 미치지 않기 때문에 바이러스 병원균에 의해 감염되기 전까지 진단하는 게 쉽지 않다. 이러한 환자는 또한 백신에 대한 면역력이 형성되지 않는다. 대부분의 환자는 동일한 병원균에 의한 감염이 재발되며 가족력을 보인다. 폐, 심혈관 및 신경계 이상과 함께 림프조직, 귀, 코, 인후에 이상이 나타날 수 있다. 이러한 환자에게 어떤 유형의 치료가 필요하고 얼마나 자주 필요하다고 생각하는지 설명하시오.
16. 항HIV 치료제 개발에서 가장 큰 어려움은 HIV가 사람에게만 감염된다는 사실이다. 따라서 동물을 대상으로 한 약물 실험은 불가능하며, 대신 자발적인 피검자를 대상으로 약물을 테스트해야 한다. 개발도상국(특히 사하라 사막 이남의 아프리카와 동남아시아)은 HIV 감염률이 가장 높다. 따라서 제약 회사들은 이러한 지역에서 연구를 자주 수행한다. 일부 사람들은 제약 회사가 경제적으로 취약한 사람들을 이용해 막대한 이익을 얻는다고 우려하며 이러한 실험을 비난한다. 다른 사람들은 이러한 실험이 궁극적으로 모든 사람에게 도움이 될 새롭고 저렴한 약을 찾을 수 있는 유일한 방법이라고 반박한다. 개발도상국에서 항HIV 약물 임상시험을 둘러싼 윤리적 문제는 무엇이라고 생각하는가? 어느 쪽의 주장이 더 도덕적으로 설득력이 있다고 생각하는가?

CHAPTER

25 체온조절과 수분평형

핵심 개요

체온조절(25.1~25.3)

동물의 체온조절은 항상성 유지에 중요하다.

삼투조절과 배설(25.4~25.9)

동물은 체액 내 수분, 용질, 노폐물의 농도를 조절한다.

25.0 먹이활동 중 체온 과열을 방지하는 모기의 행동

모기가 침을 찌르거나, 피를 빨거나, 또는 무는 것으로 알고 있다. 전 세계적으로 모기는 모지스(호주), 무스티크(프랑스어권), 엔톤톤트(가나), 윈쯔(중국) 등 다양한 이름으로 불린다. 이름이 무엇이든 간에 이 작은 곤충은 매년 다른 어떤 동물보다 더 많이 사람을 죽인다. 과학자들은 모기가 옮기는 치명적인 질병을 예방하기 위해 모기에 대해 가능한 많은 것을 알아내기 위해 노력하고 있다. 예를 들어 얼룩날개모기(*Anopheles*, 위 사진 참조) 암컷은 먹이활동을 하는 동안 기생원충을 전염시켜 물린 사람의 몸을 쇠약하게 하거나 종종 치명적인 질병인 말라리아를 유발한다.

모기는 체온을 일정하게 유지할 수 없기 때문에 따뜻한 혈액을 급하게 섭취하면 몸이 과열될 위험이 있다. 이 장에서 알 수 있듯이 과학자들은 모기에서 몸의 과열을 방지하며, 심지어 모기 안에 사는 치명적인 기생충의 생존성을 촉진시킬 수 있는 행동을 발견했다.

이 장에서는 두 종류의 항상성을 살펴본다. 첫 번째는 얼룩날개모기의 예에서 보이는 체온조절을 살펴보고, 두 번째는 물과 용질의 유입과 배출을 통해 체액 평형을 유지하는 삼투조절에 대해 살펴본다. 이를 통해 모기와 마찬가지로 대부분의 동물은 체내 온도와 수분량을 최적의 범위로 유지하는 항상성 조절 기작을 통해서 외부 환경의 변화에서 생존할 수 있다는 것을 알게 될 것이다.

체온조절

25.1 동물의 체온조절은 항상성 유지에 도움이 된다

동물이 외부 온도 변화에도 불구하고 체내 온도를 최적의 범위로 유지하는 항상성 메커니즘인 **체온조절(thermoregulation)**은 생존에 필수적인 요소다. 생명 활동의 대부분은 체온 변화에 민감하게 반응한다. 체온조절은 체온을 적정 범위 내로 유지하여 외부 온도가 크게 변동하는 경우에도 세포 내 효소 반응이 정상적으로 작동할 수 있게 한다.

체온은 체내 물질대사 또는 외부 환경에 의해서 조절된다. 사람과 다른 포유류와 새는 대부분 물질대사에서 발생하는 열에 의해 몸을 따뜻하게 하는 **내온동물(endothermic)**이다. 반면 많은 파충류, 어류, 그리고 대부분의 무척추동물은 대부분의 열을 외부 환경으로부터 공급받는 **외온동물(ectothermic)**이다. 그러나 내온동물과 외온동물이 완전히 분리되어 있는 것은 아니다. 예를 들어 펭귄은 주로 내온동물이지만, 외온동물인 도마뱀처럼 햇볕에 의해 몸을 따뜻하게 할 수 있다.

열은 온도가 높은 물체에서 온도가 낮은 물체로 흐른다. 이러한 이유로 동물은 거의 항상 체온이 올라가거나 내려간다. 열의 교환은 네 가지 방식으로 이루어진다(**그림 25.1**). 전도(conduction)는 가깝게 접촉하고 있는 물체 사이에 열이 전달되는 것이다. 그림에서 볼 수 있듯이 따뜻한 바위(빨간색 화살표)에서 전도된 열은 도마뱀의 체온을 상승시킨다. 복사(radiation)는 전자기파의 방출로, 직접 접촉하지 않는 물체 간에 열을 전달할 수 있다. 그림에서 태양의 복사열은 도마뱀의 등을 따뜻하게 하고, 도마뱀은 자신의 열 일부를 환경(노란색 화살표)으로 방출한다. 대류(convection)는 공기나 액체가 표면 위로 이동하여 열이 전달되는 것을 말한다. 그림에서 산들바람이 불어 도마뱀의 꼬리(주황색 화살표)에서 열이 올라가는 것을 볼 수 있다. 증발(evaporation)은 액체 표면에서 분자가 기화되는 현상이다. 액체가 기체로 변하면서 열을 흡수하여 증발하는 표면을 냉각시킨다. 그림에서 도마뱀은 콧구멍에서 수분이 증발(파란색 화살표)하면서 열이 손실된다.

▲ **그림 25.1** 열교환 기작

? 더운 날 땀을 흘리며 선풍기를 켰다면, 어떤 두 가지 메커니즘이 더위를 식히는 데 기여한 것인가?

■ 증발(땀의 증발), 대류(선풍기 팬에 의해 움직이는 공기)

25.2 체온조절은 열의 획득과 손실의 균형을 유지하도록 적응되어 왔다

내온동물과 많은 외온동물은 외부 온도의 변동에도 불구하고 내부 온도를 최적의 범위 내에서 상당히 일정하게 유지한다. 동물의 체온조절을 돕는 적응은 크게 다섯 가지로 분류할 수 있다.

대사에 의한 열 생산 세포호흡에서는 음식물의 화학 에너지가 세포의 주요 에너지원인 ATP로 전환된다. 이 과정에서 에너지 일부가 열로 손실된다(5.10절 참조). 모든 살아 있는 세포에서 생성되는 열, 즉 대사열은 동물을 따뜻하게 하고 전도, 복사, 대류, 증발을 통해 환경으로 손실되는 열을 상쇄한다. 근육 세포가 수축할 때와 같이 세포가 더 많은 일을 할수록 대사열 생산이 증가한다. 운동할 때 몸이 따뜻해지는 이유도 바로 이 때문이다. 동면하는 곰 같은 일부 포유류는 겨울에 움직이지 않고도 대사열 생산을 증가시키는데, 이는 미토콘드리아에 의한 열 생산과 ATP 합성의 짝풀림(uncouple) 때문이다(6.10절 참조). 음식물의 화학 에너지가 대사열로 전환되는 것은 **에너지와 물질**에 관한 본 책 주제의 한 예다.

단열 포유류와 조류의 주요 체온조절 적응은 털, 깃털, 지방 같은 단열재로 이루어지며, 동물의 열이 환경으로 복사되는 것을 줄여준다. 대부분의 육상 포유류와 조류는 추위에 반응하여 털이나 깃털이 증가하여 따뜻한 피부 옆에 공기층을 가두어 단열을 개선한다. (사람의 경우 털은 거의 없지만 근육이 털을 세워 소름이 돋는데, 이는 털이 있었던 옛 조상의 흔적이다.) 열은 공기보다 물에서 더 빨리 전달되기 때문에 이 같은 현상은 수중환경에서 더 심각하게 나타난다. 물개와 펭귄 같은 해양 포유류, 그리고 새는 피부 아래에 두꺼운 지방층을 형성하여 이러한 열 손실을 막는다.

순환계 적응 순환계는 신체 중심부와 체표면 사이의 열 흐름 경로를 제공한다. 표면으로의 혈류를 변화시키거나 심부 내에 열을 가두는 적응은 체온조절에 중요한 역할을 한다.

열 손실은 피부로 흐르는 혈액의 양이 변하면 달라질 수 있다. 새나 포유류(그리고 일부 외온동물)에서는 외부 온도에 따라 신경 신호에 의해 표면 혈관이 수축 또는 확장된다(20.15절 참조). 표면 혈관이 수축하면 따뜻한 우리 몸 중심에서 체표면으로 흐르는 혈액의 양이 줄어들어 열

◀**그림 25.2** 역류열교환

시도해 보기 역류열교환을 통해 동맥에서 정맥으로 열이 전달되는 원리를 설명하시오.

손실 속도가 감소한다. 반대로, 확장된 표면 혈관은 열 손실을 증가시킨다.

그림 25.2는 많은 조류와 포유류의 팔다리에서 발견되는 순환 적응을 보여준다. **역류열교환(countercurrent heat exchange)**으로 따뜻한 혈액과 차가운 혈액은 인접한 2개의 혈관에서 서로 반대 방향으로 흐른다. 몸의 중심부에서 나온 따뜻한 혈액(빨간색)은 다리를 따라 흐르면서 차가워진다. 그러나 따뜻한 혈액을 운반하는 동맥은 차가운 혈액(파란색)을 몸의 중심부로 다시 운반하는 정맥과 밀접하게 접촉해 있다. 그림의 검은색 화살표에서 볼 수 있듯이, 나란히 있는 이 혈관의 전체 길이를 따라 따뜻한 혈액에서 차가운 혈액으로 열이 전달된다(열은 항상 더 따뜻한 곳에서 더 차가운 곳으로 흐르기 때문이다). 다리에서 몸 중심으로 흐르는 혈액은 따뜻해져 중심 체온을 유지하는 데 도움이 된다. 동시에 발 쪽으로 이동하는 혈액의 온도는 내려간다.

증발에 의한 열 방출 많은 동물은 체온을 낮추거나 높여야 하는 환경에서 살고 있다. 증발에 의해 체온을 낮추는 것은 물이 몸의 표면에서 열을 흡수하면서 일어나는데, 물이 증발하면서 몸의 열이 내려간다. 사람의 경우, 땀을 분비하고 이 땀이 증발하면서 체온이 내려간다. 헐떡이는 동물(개 등)의 경우, 혀와 입 표면에서 수분이 증발하면 몸을 식히는 데 도움이 된다.

행동적 반응 모든 동물은 환경에 반응하여 행동을 통해 체온을 조절한다. 사막의 도마뱀 같은 일부 동물은 추울 때는 햇볕을 쬐어 몸을 따뜻하게 하고, 더울 때는 서늘하고 습한 곳이나 굴로 들어간다. 많은 동물은 물속으로 들어가거나 코끼리의 경우 자신의 몸에 물을 뿌리는데, 이는 대류에 의해 즉각적으로 열이 방출되고 증발에 의해 일정 시간 동안 계속 체온을 낮추기 위함이다. 코끼리는 큰 귀를 펄럭여서 대류에 의한 열 발산을 증가시킨다. 일부 새와 나비는 계절에 따라 더 적합한 기후로 이동하며, 사람은 추울 때 옷을 입는다.

? 동물의 역류열교환과 물고기 아가미의 산소역류교환을 비교하여 설명하시오(22.3절 참조).

■ 두 경우 모두 역류교환으로 혈관의 전체 길이에 따라 일어나는 이동을 촉진시킨다. 열교환은 한 혈관에서 다른 혈관으로 열을 전달하는 것이고, 아가미는 물과 혈관 사이에서 산소를 전달하는 것이다.

25.3 물방울 보유는 모기의 체온조절을 돕는다

과학적 사고 25.0절에서 배운 것처럼, 암컷 모기는 따뜻한 혈액을 섭취할 때 몸의 열이 올라가는 생리적 문제에 직면한다. 과학자들은 일부 모기가 먹이활동을 하는 동안 혈액이 섞인 액체 한 방울을 배설하고, 이것이 복부에 붙어 있는 것을 관찰했다. 이 '물방울 보유(drop-keeping)' 현상은 모기가 식물에서 과즙을 빨아먹을 때는 나타나지 않고 혈액을 먹을 때만 발생한다는 연구 결과를 통해, 과학자 클로에 라혼데르(Chloé Lahondère)는 이 행동이 증발에 의해서 체온을 떨어뜨린다는 가설을 세웠다.

라혼데르는 이 연구에서 모기가 혈액을 빨아들일 때의 열화상 이미지를 비교했다. 연구에서 일부 모기는 물방울을 형성했지만(**그림 25.3**), 그렇지 않은 모기도 있었다. 라혼데르는 물방울을 만드는 모기의 복부가 물방울이 없는 모기의 복부보다 훨씬 더 차갑다는 것을 발견했고, 이는 자기의 가설을 뒷받침하는 증거가 됐다.

흥미롭게도 말라리아를 일으키는 기생원충은 물방울 보유 현상을 보이는 얼룩날개모기(*Anopheles*)에서만 살도록 진화했다. 과학자들은 물방울 보유 현상이 기생원충을 치명적인 온도로부터 보호해, 모기가 다음 희생자를 물었을 때 사람에게 전염될 수 있을 만큼 오래 살아남을 수 있도록 하는 것으로 추정하고 있다. 이를 통해 말라리아 질병이 전달되는 과정을 이해하면 매년 수백만 명을 질병으로부터 예방할 수 있는 전략으로 이어질 수 있다.

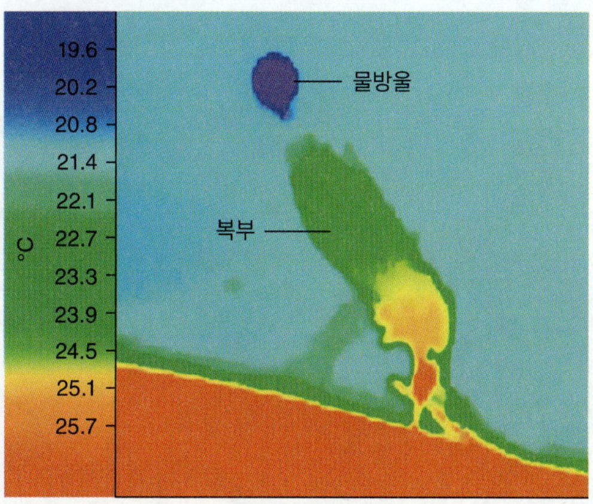

▲**그림 25.3** 피를 빨아먹는 암컷 모기의 열화상 이미지

? 피를 빨아먹는 모기에게서 물방울을 제거하면 모기의 체온이 어떻게 될지 예상하시오.

■ 체온이 상승한다.

개념 시각화 25.4 동물은 삼투조절로 수분과 용질의 균형을 유지한다

모든 동물은 생존을 위해 체내 수분과 용질(염, NaCl 같은 물에 용해된 물질)의 농도를 일정 범위 내로 유지해야 한다. 동물은 두 가지 방법으로 수분 균형을 유지할 수 있다. 첫 번째 방법은 **삼투순응자**(osmoconformer)로 체액을 주변 환경과 동일한 용질 농도로 유지하는 것이다. 해파리, 연체동물, 오징어, 불가사리를 포함한 대부분의 해양 무척추동물은 삼투순응자로, 이 동물의 체액은 바닷물과 용질 농도가 동일하다.

두 번째 방법은 외부 환경과 독립적인 내부 용질 농도를 갖는 **삼투조절자**(osmoregulator)다. 담수 및 육지에 서식하는 동물과 많은 해양 무척추동물은 삼투조절자다. 동물은 **삼투조절**(osmoregulation) 과정을 통해 세포와 체내 용질의 농도를 조절하고, 수분의 과도한 흡수나 손실을 방지한다. 다음 그림에서 볼 수 있듯이 바닷물, 민물, 또는 육지에 사는 동물은 각기 다른 방법으로 삼투 농도를 조절한다.

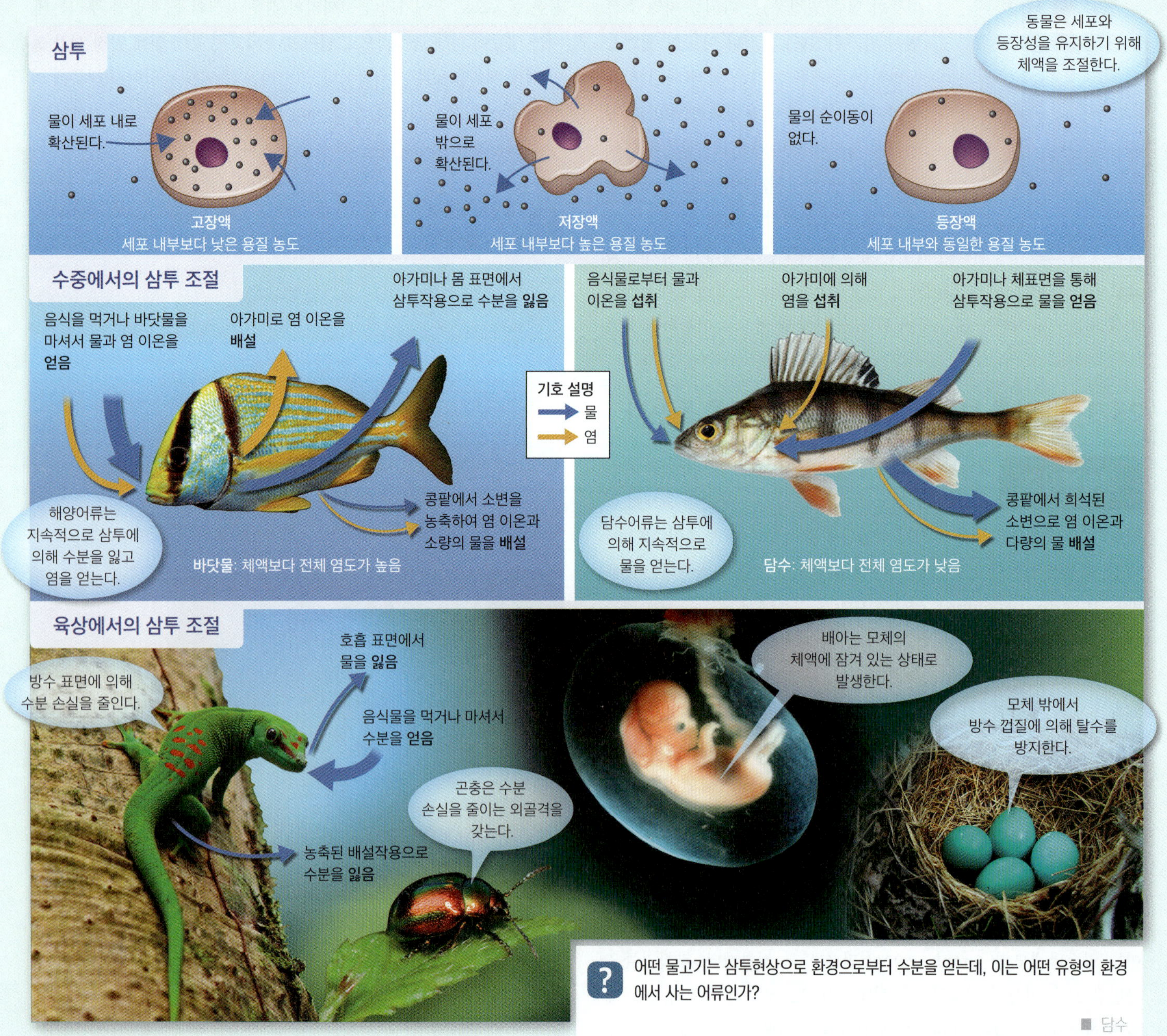

? 어떤 물고기는 삼투현상으로 환경으로부터 수분을 얻는데, 이는 어떤 유형의 환경에서 사는 어류인가?

■ 담수

25.5 동물이 질소 노폐물을 처리하는 방법은 다양하게 진화했다

진화 연관성 대부분의 대사성 노폐물은 물에 녹여 체외로 배출해야 하기 때문에 노폐물 처리는 삼투조절의 중요한 측면이다. 대사 과정에서 단백질과 핵산이 분해되어 생성되는 질소 노폐물 같은 여러 가지 독성 부산물이 생성된다. 동물이 이러한 대사 산물을 몸 밖으로 배출하는 것을 **배설(excretion)**이라고 한다. 질소 노폐물의 유형과 질소 노폐물을 배설하는 방법은 동물의 진화 역사 및 서식지와 관련이 있다.

▶ **그림 25.5A**
해파리(*Mastigias papua*)

암모니아 대부분의 수생동물은 질소 노폐물을 **암모니아(ammonia, NH_3)** 형태로 처리한다. 암모니아는 독성이 강해 체내에 저장하기 어렵지만, 용해성이 강하고 세포막을 통해 빠르게 확산된다. 동물이 물로 둘러싸여 있으면 암모니아가 세포와 몸 밖으로 쉽게 확산된다. 플라나리아(planarian)나 해파리 같은 작은 연체동물(**그림 25.5A**)은 몸 전체 표면을 통해 암모니아를 배설한다. 물고기는 주로 아가미의 얇은 막을 통해 암모니아를 배설한다.

암모니아는 독성이 매우 강하기 때문에 매우 낮은 농도만 견딜 수 있으며, 매우 희석된 상태로 배출된다. 대부분의 육상동물이 일상적으로 암모니아를 배설하는 데 필요한 양만큼의 수분이 손실되는 것은 매우 위험하다. 대신 많은 동물은 암모니아를 체내에 안전하게 저장할 수 있도록 독성이 적은 화합물로 전환한다. 동물이 암모니아를 독성이 적은 화합물로 전환하는 데는 에너지가 소모된다.

요소 **그림 25.5B**에서 볼 수 있듯이 포유류, 대부분의 양서류, 상어, 일부 경골어류는 주로 **요소(urea)**로 질소 노폐물을 배설한다. 수용성 형태의 질소 노폐물인 요소는 척추동물의 간에서 암모니아와 이산화탄소를 결합하는 대사 회로에 의해 생성된다. 질소 노폐물을 요소로 배설할 때의 가장 큰 장점은 독성이 매우 낮다는 것이다. 일부 동물은 환경 조건에 따라 암모니아와 요소로 전환하여 배설할 수 있다. 예를 들어 일부 두꺼비종은 물속에 있는 올챙이일 때는 암모니아를 배설하여 에너지를 절약하지만, 육지에 사는 성체가 되면 수분 손실을 줄이기 위해 주로 요소를 배설한다.

요산 곤충, 육지 달팽이, 많은 종류의 파충류 및 조류는 암모니아를 **요산(uric acid)**으로 전환하여 수분 손실을 거의 완벽하게 방지한다. 암모니아 및 요소와 달리 요산은 불용성 침전물이므로 희석하는 데 물이 사용되지 않는다. 또한 요산은 비교적 독성이 없는 질소 노폐물로, 체내에서 안전하게 운반 및 저장될 수 있으며 배설계에 의해 주기적으로 방출된다. 대부분 요산은 반고체 상태로 배설된다. (조류 배설물의 흰색 물질은 대부분 요산이다.) 동물은 요소를 배설하는 것보다 요산을 배설하는 데 더 많은 에너지를 소비하지만, 이 많은 에너지를 소비하는 비용과 몸의 수분을 절약하는 이익이 균형을 이룬다.

동물의 생식 유형은 요소 또는 요산 배설 여부에 영향을 미친다. 요소는 껍질이 없는 양서류의 알에서 확산으로 제거되거나 포유류의 태아에서 모체의 혈액으로 운반될 수 있다. 그러나 새와 다른 파충류가 낳는 껍질이 있는 알(shelled egg)은 확산이 불가능하다. 따라서 요산을 질소 노폐물로 배설하는 동물은 선택적으로 유리하게 진화된 것이다. 요산은 배아 용액(embryonic solution)에서 침전되어 동물이 부화할 때까지 알 안에 독성이 없는 고체로 존재한다.

지금까지 동물이 환경에 따라 수분, 용질, 질소 노폐물을 교환 처리하는 다양한 방식에 대해 살펴보았다. 다음 절부터는 사람에 초점을 맞춰서 사람 배설계의 주요 기능인 삼투조절과 노폐물의 배설에 대해 알아보자.

? 바다거북은 요소와 암모니아를 모두 배설하지만, 육지거북은 주로 요산을 배설한다. 이러한 차이를 설명할 수 있는 것은 무엇인가?

■ 껍질을 벗긴 알을 가진 육상 파충류에서는 요산 형태로 노폐물 배설이 진화했지만, 바다거북은 에너지를 절약하는 암모니아와 요소의 형태로 자연선택이 이루어졌다.

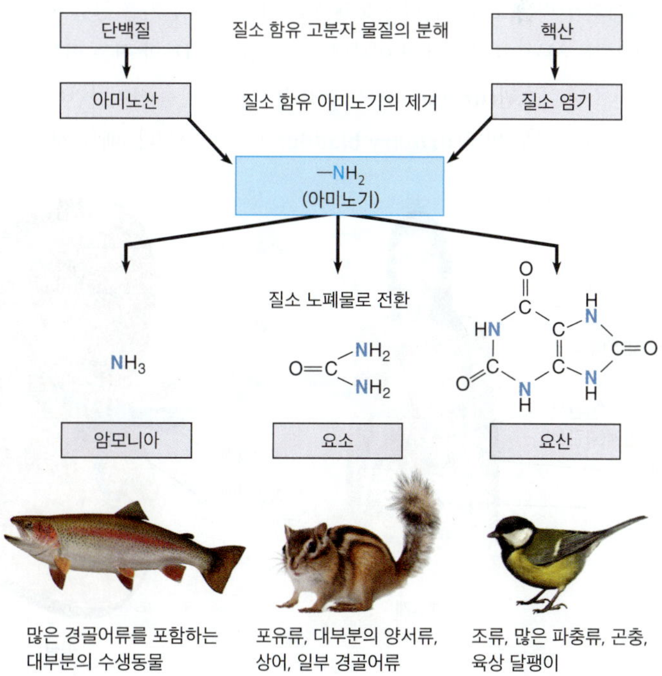

▲ **그림 25.5B** 질소 함유 대사 노폐물

25.6 배설계는 항상성 유지에 몇 가지 중요한 역할을 한다

어떤 환경에서도 동물이 생존하려면 필요한 수분과 노폐물 배설 사이의 정확한 균형이 이루어져야 한다. 배설계는 체액 내 수분과 용질의 양을 조절하면서 소변을 형성하고 배설하는 항상성의 중심 역할을 한다.

사람의 경우 배설계의 주요 처리 센터는 2개의 콩팥(kidney, 신장)이다. 콩팥은 복부 뒤쪽에 위치한 주먹보다 작은 크기의 치밀한 조직으로 구성된 기관이다. 세뇨관(tubule)이라고 불리는 약 80 km의 작은 관이 콩팥을 채우고 있으며, 콩팥은 용질, 수분, 노폐물의 교환을 위한 넓은 표면적을 갖고 있다. (세뇨관을 처음부터 끝까지 늘어놓으면 전체 길이를 걷는 데 약 15시간이 걸린다!) 세뇨관에는 작은 모세혈관의 복잡한 망상구조가 매우 밀접하게 연결되어 있다.

사람의 몸속에는 약 5 L의 혈액만 들어 있지만, 이 혈액은 순환을 반복하기 때문에 매일 약 1,100~2,000 L의 혈액이 콩팥의 모세혈관을 통과한다. 이렇게 엄청난 양의 혈액이 순환하는 동안 콩팥은 약 180 L의 액체를 여과하는데, 이를 **여과액(filtrate)**이라고 한다. 여과액은 물, 요소, 포도당, 아미노산, 이온, 비타민 등 여러 가지 유용한 용질로 구성되어 있다. 여과액을 모두 배설하면 필수영양소가 손실되고 탈수가 빠르게 진행된다. 대신 콩팥은 여과액을 처리하여 요소를 농축하고 대부분의 수분과 유용한 용질을 재활용한다. 보통 하루 동안 노폐물이 포함된 농축된 여과액인 약 1.5 L의 **소변(urine)**만 배설한다.

그림 25.6A의 왼쪽 부분은 배설계에 대한 개요를 보여준다. 여과할 혈액은 빨간색으로 표시된 콩팥동맥(renal artery, 신장동맥)을 통해 각 콩팥으로 들어가고, 혈액은 파란색으로 표시된 콩팥정맥(renal vein, 신장정맥)을 통해 콩팥을 빠져나간다. **여과(filtration)**하는 동안 혈액의 압력은 모세혈관벽을 통해 물과 다른 작은 분자를 콩팥 세뇨관의 시작 부분으로 밀어내어 여과액을 형성한다. 여과의 최종 변화된 산물인 소변은 **요관(ureter)**이라는 관을 통해 각 콩팥을 빠져나간다.

두 요관은 모두 **방광(urinary bladder)**으로 배출된다. 배뇨 시 소변은 **요도(urethra)**라는 관을 통해 방광에서 배출되는데, 여성은 질(vagina) 근처, 남성은 음경(penis)을 통해 외부로 배출된다. 방광과 요도의 접합부에 있는 괄약근(sphincter, 조임근)이라는 근육 고리가 소변의 흐름을 조절한다.

그림 25.6A의 중앙에 표시된 것처럼 콩팥은 바깥쪽인 **콩팥겉질(renal cortex**, 신장피질)과 안쪽인 **콩팥속질(renal medulla**, 신장수질)의 두 가지 주요 영역으로 이루어져 있다. 또한 각 콩팥에는 **네프론(nephron)**이라고 하는 약 100만 개의 작은 기능 단위가 있으며, 그 중 하나가 그림의 오른쪽 부분에 표시되어 있다. 콩팥의 기능을 미니어처로 수행하는 네프론은 혈액에서 소량의 여과액을 추출한 다음, 이 여과액을 훨씬 적은 양의 소변으로 처리한다. 네프론은 하나의 접힌 세뇨관과 관련 혈관으로 구성된다. 혈관과 세뇨관 사이의 복잡한 연관성은 네프론의 기능과 여과액 정제의 핵심이다. 콩팥 내 네프론의 위치에 주목하자. 네프론의 혈액을 걸러내는 부분은 콩팥겉질(밝게 표시된 부분)에 위치한 **보먼주머니(Bowman's capsule)**라고 불리는 컵 모양의 부푼 구조다. 네프론은 콩팥속질(진하게 표시된 부분)로 연결된 후 다시 콩팥겉질로 고리(loop)를 이루며, 콩팥겉질을 통과해 **집합관(collecting duct)**과 만난다. 집합관을 통해 소변은 콩팥속질을 통과하여 콩팥깔때기(renal pelvis, 신우)로 이동한다.

기본적인 해부학적 구조를 설명했으니 이제 네프론과 그 혈관을 자세히 살펴봄으로써 혈액과 여과액이 이동하는 경로를 따라가 보자(**그림 25.6B**). (그림에서는 작은 검은색 화살표로 혈액의 흐름을, 작은 녹색 화살표로 여과액의 흐름을 표시했다.) 혈액은 콩팥동맥의 한 가지에서 네프론으로 들어와 **사구체(glomerulus**, 복수형은 glomeruli, 토리)라고 불리는 모세혈관 덩어리로 흘러 들어간다. 사구체와 주변의 보먼주머니가 네프론의 혈액 여과 장치를 구성한다. 여기서 혈압은 사구체 모세혈관에 있는 혈액의 수분과 용질을 보먼주머니의 벽을 가로질

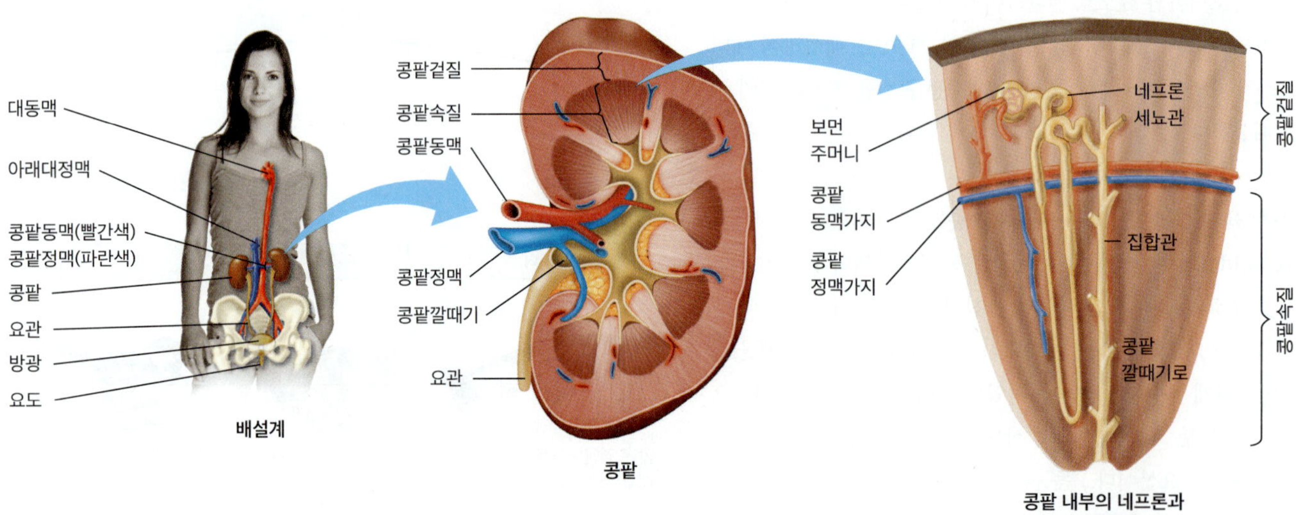

▲ **그림 25.6A** 사람의 배설계

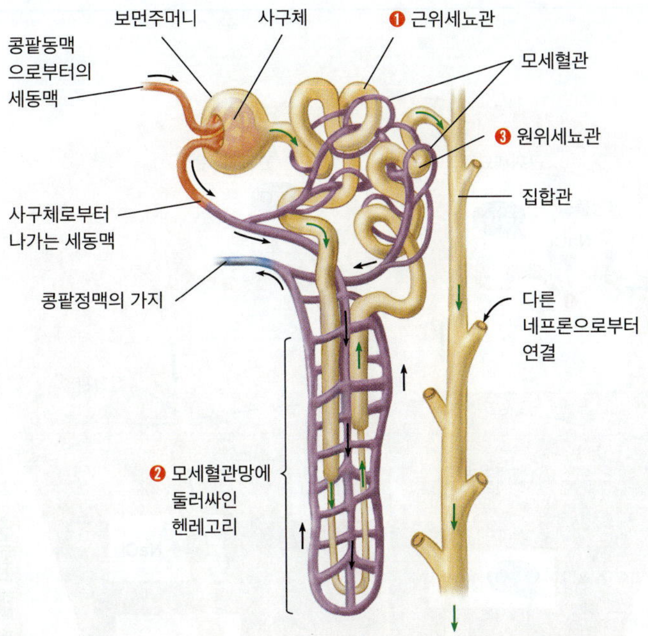

▲ **그림 25.6B** 네프론의 상세 구조

시도해 보기 네프론에서 여과액의 흐름과 관련된 모세혈관을 통한 혈액의 흐름을 설명하시오.

러 네프론 세뇨관으로 밀어 넣는다. 이 과정에서 혈액 세포와 혈장단백질 같은 큰 분자는 모세혈관에 남고, 나머지 여과액이 생성된다.

보먼주머니로부터 여과액은 네프론 세뇨관으로 흘러 들어가 처리된다. 공정 과정은 네프론의 세 영역에서 일어난다. ❶ **근위세뇨관(proximal tubule**, 토리쪽세관), ❷ 모세혈관 망상구조와 머리핀 고리를 형성하는 **헨레고리(loop of Henle)**, ❸ **원위세뇨관(distal tubule**, 먼쪽세관. 보먼주머니에서 가장 멀리 떨어져 있어 원위라고 부름). 원위세뇨관은 집합관으로 연결되므로 여러 개의 네프론에서 생성된 소변이 집합관으로 모인다. 처리된 여과액 또는 소변은 콩팥의 많은 집합관에서 콩팥깔때기로 들어간 다음, 요관을 통해 방광으로 이동한다.

사구체 모세혈관에 남아 있는 혈액 세포, 큰 단백질, 체액은 보먼주머니를 통해 세동맥(arteriole, 소동맥)으로 빠져나간다. 이 세동맥을 손가락으로 추적해 보면 세동맥이 네프론의 세뇨관을 둘러싸고 있는 모세혈관망(network)으로 가지를 형성하고 있는 것을 볼 수 있다. 혈액과 여과액 사이의 필수적인 물질 교환은 모세혈관과 세뇨관이 가까이 위치하므로 일어날 수 있다. 결국 모세혈관은 콩팥정맥의 가지로 합류한다.

그림 25.6C에는 네프론 세뇨관과 모세혈관 사이의 중요한 연관성이 설명되어 있다. 여과 후에 여과액은 막을 가로지르는 물질 수송을 통해 추가로 처리된다. **재흡수(reabsorption)** 과정으로 물과 포도당, 아미노산, 염, 기타 이온을 포함한 유용한 용질은 여과액에서 다시 회수되어 상피세포와 모세혈관벽을 통해 혈액으로 되돌아간다. 재흡수는 캔이나 병을 일반쓰레기통에서 분리하여 다른 쓰레기와 함께 버리지 않고 재활용하는 방식과 유사하다. 이와는 대조적으로, 일부 물질은 **분비(secretion)**라고 불리는 과정에서 혈액에서 여과액으로 운반된다. 예를 들어 혈액에 H^+가 과다할 경우, 이 이온이 여과액으로 분비되어 혈액의 pH를 조절하는 데 도움을 준다. 분비는 또한 혈액에서 특정 약물과 기타 독성물질을 제거한다. 재흡수와 분비에서 수분과 용질은 세포사이액(interstitial fluid, 간질액)을 통과하여 세뇨관과 모세혈관 사이를 이동한다(23.7절 참조). 다음 절에서는 재흡수와 분비에서 막을 통해 수송되는 과정을 살펴볼 것이며, 이는 물질이 처음 여과된 후 우리 몸에서 배설되기 전에 꼭 거쳐야 하는 과정이다.

결과적으로 여과, 재흡수, 분비 등의 과정을 거쳐 생성되는 노폐물이 포함된 소변은 콩팥을 거쳐서 요관, 방광, 요도를 통해 몸 밖으로 배출된다.

? 콩팥에서 여과를 통해 네프론 세뇨관으로 들어가는 액체와 소변의 조성은 ________와/과 ________에 의해 다르다.

■ 재흡수, 분비

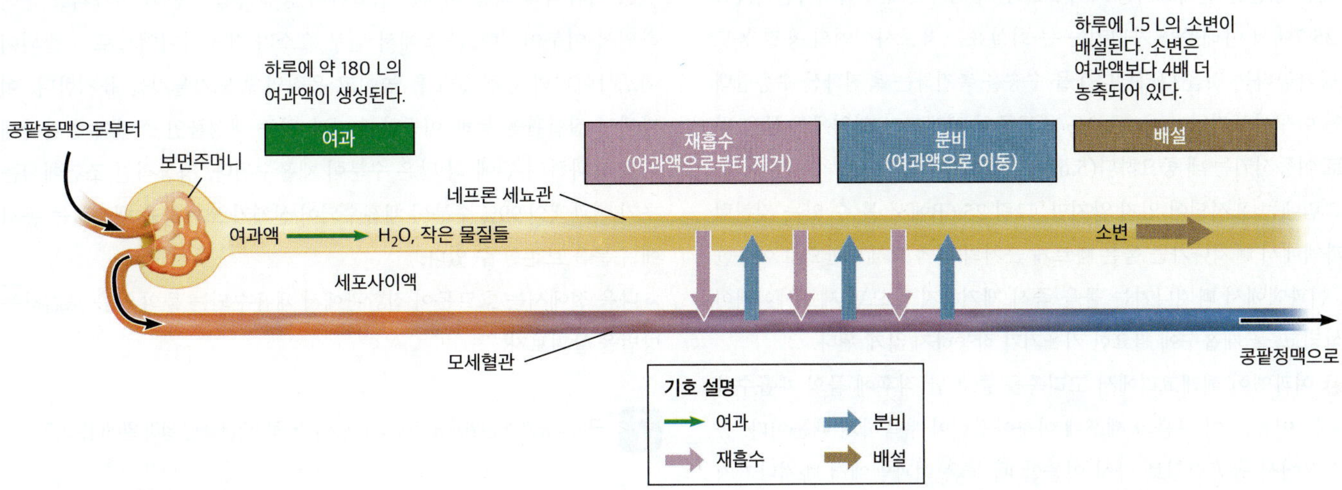

▲ **그림 25.6C** 배설계의 주요 과정

25.7 콩팥은 수분을 보존하는 기관이다

콩팥은 매일 생성되는 180 L의 여과액 중 거의 99%를 재흡수한다. 이러한 효율적인 수분 재흡수는 네프론의 해부학적인 구조와 여과액이 콩팥겉질과 콩팥속질을 통과하는 경로와 관련이 있다. 실제로 콩팥은 중심 주제인 **구조와 기능**의 대표적인 예다. 앞에서 배웠듯이, 물은 막을 통해 능동적으로 움직이는 것이 아니라 수동적으로 흐른다. 콩팥은 용질을 이동시켜 여과액에서 물을 회수하고, 그다음 삼투현상(osmosis)과 촉진확산(facilitated diffusion)을 통해 물을 재이용한다. 이 과정을 **그림 25.7**에서 추적해 보면 네프론의 구조가 소변을 농축하는 기능과 어떻게 연관되어 있는지 자세히 살펴볼 수 있다.

❶ 포도당, 아미노산, NaCl, 기타 중요한 용질의 재흡수는 대부분 근위세뇨관에서 일어난다. 이러한 용질이 여과액에서 세포사이액으로 이동함에 따라 삼투현상에 의해 물이 같은 방향으로 이동한다. 물은 용질 농도가 낮은 용액에서 더 높은 용액으로 이동한다는 것을 기억해 보자(5.4절). 여과액에 있는 물의 약 65%는 근위세뇨관에서 재흡수된다. 여과액이 네프론의 나머지 부분과 집합관을 통과할 때, 용질 농도의 기울기는 여과액에서 세포사이액으로의 수분 재흡수를 더 가능하게 한다. 여과액을 따라가면서 이 중요한 용질 기울기가 어떻게 유지되는지 알아보자.

❷ 헨레고리는 여과액을 콩팥속질 깊숙이 운반한 다음, 다시 콩팥겉질로 운반한다. 여과액의 용질 농도가 콩팥속질의 세포사이액보다 낮기 때문에 물은 헨레고리를 따라 흐르면서 여과액에서 빠져나간다. (그림 25.7에서 아래쪽을 가리키는 큰 화살표는 세포사이액의 용질 농도가 증가한다는 것을 나타낸다.) 물 수송을 촉진하는 촉진확산 수송단백질인 아쿠아포린(aquaporin)은 네프론의 헨레고리 영역에서 물을 밖으로 이동시키는 데 중요하다(5.6절).

그림에는 표시되어 있지 않지만, 그림 25.6B에서 볼 수 있는 것처럼 여과액에서 빠져나가는 물은 빠르게 근처의 혈액 모세혈관으로 이동한다. 여과액에서 빠져나가는 물을 즉시 제거하지 않으면 세포사이액이 희석되고, 물 재흡수에 필요한 기울기가 작동하지 않게 된다.

❸ 여과액이 헨레고리에서 고리쪽을 돌고 난 직후에 물의 재흡수가 멈추는 이유는 이 부분의 세포에 아쿠아포린이 부족하기 때문이다. 콩팥속질에서 콩팥겉질로 다시 이동할 때 물은 여과액에서 빠져나가지 않지만, NaCl은 밖으로 이동한다. 이러한 NaCl의 수송은 콩팥속질의 세포사이액 내 용질 농도를 높게 유지하는 데 일차적으로 기여한다.

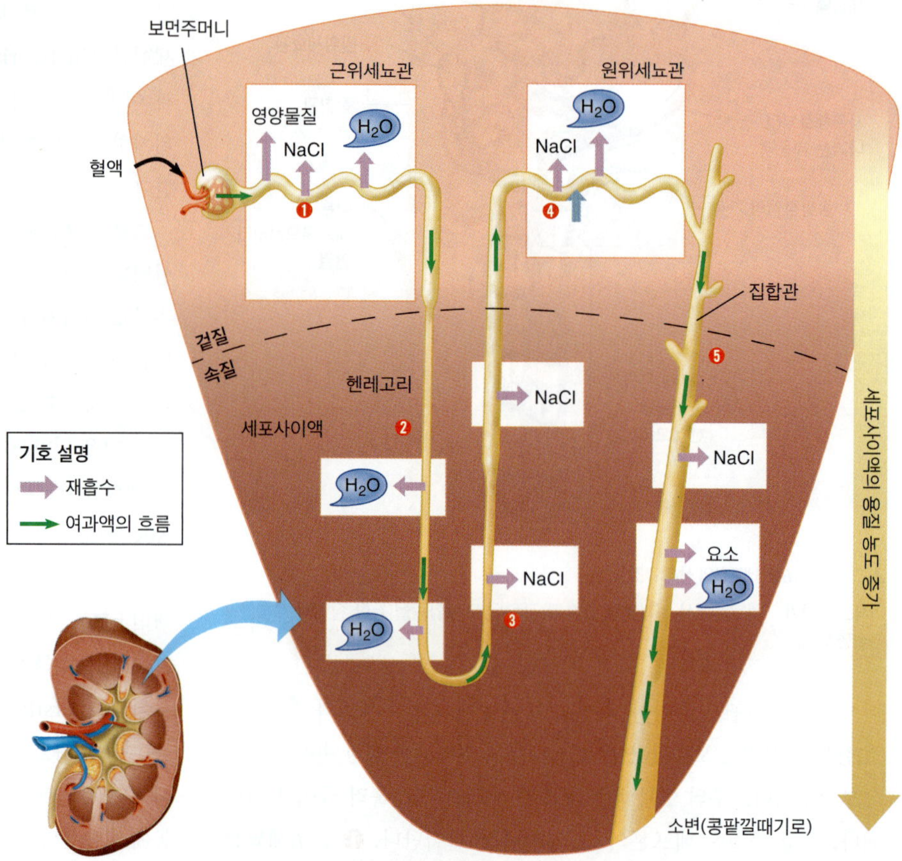

▲ **그림 25.7** 콩팥의 소변 농축 과정

시도해 보기 손가락으로 여과액의 경로를 따라가면서 각 위치에서 무슨 일이 일어나고 있는지 설명하시오.

❹ 원위세뇨관에서 물은 삼투현상에 의해 다시 여과액으로 빠져나가고, NaCl과 기타 용질도 재흡수된다.

❺ 여과액의 최종 처리는 집합관이 콩팥속질을 통해 여과액을 운반하면서 이루어진다. 속질에서 일부 요소가 세포사이액으로 누출되어 세포사이액의 용질 농도를 높이고 용질의 농도기울기를 유지한다. 여과액이 집합관을 통해 이동함에 따라 최종 생성물인 소변이 콩팥깔때기로 통과하기 전에 더 많은 수분이 재흡수된다. 정상적인 조건에서는 초기 여과액의 99% 수분이 재흡수되어 신체가 노폐물을 배출하는 동시에 수분을 보존할 수 있다.

다음 절에서는 호르몬이 집합관에서 재흡수되는 물의 양을 조절하는 방법을 살펴보자.

? 근위세뇨관과 원위세뇨관에서의 재흡수가 중단되면 어떤 일이 일어나는가?

■ 필요한 용질과 수분이 소변으로 손실되어 우리 몸에 필요한 물질이 고갈된다.

25.8 호르몬은 배설계의 조절 기능을 한다

신체 시스템 중 **상호작용**의 대표적인 예로 콩팥, 뇌, 호르몬은 함께 작용하여 마시는 물의 양에 큰 변동이 있어도 체내의 용질 농도를 유지한다. 항상성은 콩팥의 집합관에 작용하는 호르몬의 농도 변화를 통해 유지된다.

땀을 흘려 수분을 잃으면 어떻게 되는지 생각해 보자. 탈수가 시작되면 체액의 용질 농도가 설정점(set point) 이상으로 올라간다(20.15절 참조). 용질 농도가 너무 높아지면 뇌의 수용체는 뇌하수체에 **항이뇨호르몬(antidiuretic hormone, ADH)**을 혈액으로 분비하도록 신호를 보낸다. ADH는 콩팥의 집합관에 있는 상피세포의 ADH 수용체와 결합해 원형질막의 아쿠아포린 단백질의 수를 일시적으로 증가시킨다. 아쿠아포린 단백질은 수분 통로를 형성하므로, 그 결과 집합관에 의한 물의 재흡수가 증가한다. 이렇게 재흡수가 증가하면 혈액의 수분량이 증가하고, 배설되는 수분량은 감소한다(결과적으로 소변이 농축된다). 소변 색이 짙다는 것은 물을 충분히 마시지 않았다는 것을 의미한다.

반대로 물을 많이 마시면 체액의 용질 농도가 너무 묽어져 설정점 이하로 떨어진다. 이에 반응하여 ADH의 혈중 농도가 떨어지며, 아쿠아포린의 수가 감소한다. 이로 인해 집합관에서 여과액으로부터 수분 재흡수가 줄어들어 묽은 소변이 생성된다. 이 과정으로 많은 양의 물을 섭취하는 경우 소변이 맑은 색인 것을 알 수 있다. [소변량이 증가하는 것을 이뇨(diuresis)라고 하며, ADH는 이에 대항하여 작용하기 때문에 항이뇨호르몬이라는 이름이 붙었다.]

알코올 같은 이뇨제는 ADH의 분비를 억제하여 소변으로의 과도한 수분 손실을 초래하는 물질이다. 술을 마시면 소변을 더 자주 보게 되고, 이로 인한 탈수는 숙취 증상의 원인이 된다. 카페인도 이뇨 작용을 하므로 커피, 차, 또는 콜라를 마시면 곧바로 소변을 보게 되는 것을 경험한 적이 있을 것이다.

콩팥의 조절 기능은 ADH와 다른 호르몬에 의한 정교한 견제와 균형 시스템에 의해 제어된다. (호르몬에 의한 모든 신체 조절 시스템의 조정에 대한 내용은 26장에서 다룬다.)

? 이뇨제로 분류되는 일부 약물은 집합관의 상피세포에서 물의 투과도를 감소시킨다. 이것은 콩팥 기능에 어떤 영향을 미치는가?

■ 집합관에서 수분 재흡수가 감소하므로, 이뇨제는 소변으로 수분 배출을 증가시킨다.

25.9 콩팥 투석으로 생명을 구할 수 있다

연결 사람은 콩팥 1개만 기능이 정상적이어도 생명을 유지할 수 있다. 하지만 양쪽 콩팥이 모두 망가지면 독성 노폐물이 쌓이고 혈액의 이온 농도, 혈액의 pH, 혈압 조절이 되지 않아 바로 죽음에 이르게 된다. 다행히도 콩팥의 일부 기능은 인공적으로 수행할 수 있다.

콩팥 질환자의 의료적 처치 중 **투석(dialysis)**은 네프론의 작용을 대체하는 기계로 혈액을 걸러내는 치료다(**그림 25.9**). 콩팥의 네프론처럼 투석기는 혈액의 작은 분자를 분류해 일부는 유지하고 다른 물질은 제거한다. 환자의 혈액은 펌프를 사용해 정맥에서 선택적 투과막(selectively permeable membrane)으로 만들어진 튜브를 통해 빼낸다. 정상인 콩팥에서 네프론 주위 세포사이액의 화학적 구성과 유사한 투석 용액에 이 튜브를 담근다. 혈액이 용액의 흐름과 반대 방향으로 튜브를 통과하면서 용질 기울기에 의해 요소 같은 노폐물과 과도한 이온이 혈액 밖으로 빠져나간다. (동시에 필요한 염분과 특정 이온은 혈액 속으로 확산된다.) 이 투석기는 노폐물이 쌓인 사용한 투석액을 일정하게 내버린다.

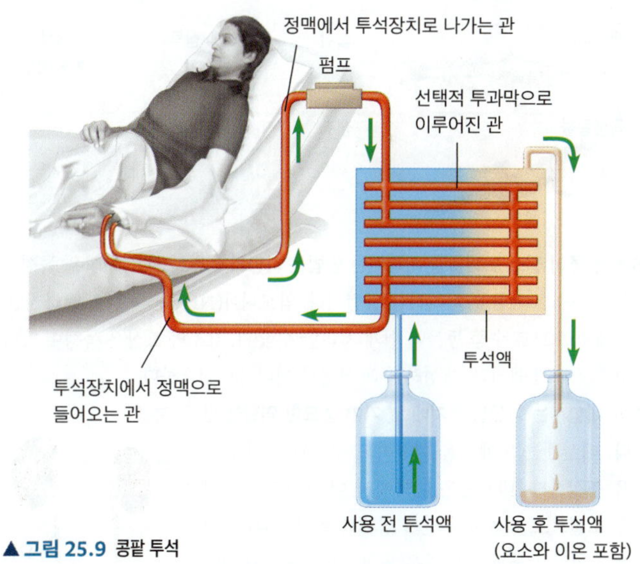

▲ **그림 25.9 콩팥 투석**

투석 치료는 신부전 환자의 생명 유지에 필수적인 치료다. 그러나 이 치료는 비용이 많이 들고 시간이 많이 소요되며(주 3회 4~6시간), 평생 또는 환자가 콩팥 이식을 받을 때까지 계속해야 한다.

살아 있는 적합한 공여자(일반적으로 가까운 친척) 또는 사후 장기 기증자의 콩팥을 신부전 환자에게 이식할 수 있다. 그러나 안타깝게도 콩팥이 필요한 사람의 수는 이식 가능한 콩팥의 수보다 훨씬 많다. 미국에서 콩팥 기증을 기다리는 평균 대기 기간은 3.5년이라고 알려져 있다. 콩팥 질환은 다른 원인도 있지만 대부분 고혈압과 당뇨병으로 인해 발생한다.

? 투석과 그림 25.2의 열교환 과정의 유사점은 무엇인가?

■ 두 가지 경우 모두 역류교환으로, 물질이 이동하는 데 유리한 농도를 형성한다.

CHAPTER

25 복습

개념 복습하기

체온조절(25.1~25.3)

25.1 동물의 체온조절은 항상성 유지에 도움이 된다. 내온동물은 주로 물질대사를 통해 체온을 유지하고, 외온동물은 주변 환경으로부터 열을 흡수한다. 환경과의 열교환은 전도, 대류, 복사, 증발에 의해 발생한다.

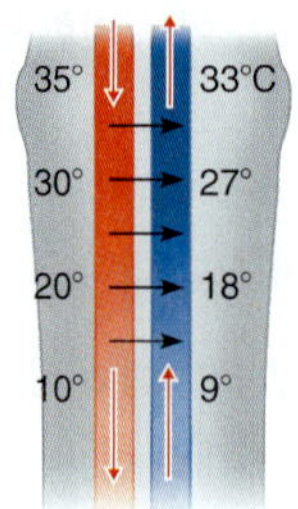

25.2 체온조절은 열의 획득과 손실의 균형을 유지하도록 적응되어 왔다. 체온조절을 위한 적응에는 대사적 열 생산, 단열, 순환계 적응, 증발에 의한 열 방출, 행동적 반응이 포함된다.

25.3 물방울 보유는 모기의 체온조절을 돕는다.

삼투조절과 배설(25.4~25.9)

25.4 동물은 삼투조절로 수분과 용질의 균형을 유지한다. 삼투순응자는 바닷물과 몸 내부의 삼투 농도가 동일하다. 삼투조절자는 몸의 삼투 농도를 조절한다. 동물은 방수 장벽과 발생 과정의 적응을 통해 수분을 보존한다.

	수분 획득	수분 손실	염
담수어류 	삼투	배설	능동수송
해양어류 	섭취	삼투	배설, 능동배출
육상동물 	섭취	증발, 배설계	

25.5 동물이 질소 노폐물을 처리하는 방법은 다양하게 진화했다. 배설은 독성이 있는 질소 노폐물을 처리하는 방법이다. 암모니아(NH_3)는 독성이 강하지만, 물에 녹으므로 수중 동물이 쉽게 처리할 수 있다. 요소와 요산은 독성이 약하고 축적되기 쉽지만, 생성하는 데 상당한 에너지가 필요하다.

25.6 배설계는 항상성 유지에 몇 가지 중요한 역할을 한다. 배설계는 노폐물을 배설하고 수분과 용질 균형을 조절한다. 네프론은 혈액에서 여과 과정을 거친 후 소변으로 배설하기 전에 정제를 한다. 여과 과정에서 혈압은 물과 많은 작은 용질을 네프론으로 밀어낸다. 재흡수에서는 물과 유용한 용질이 여과액으로부터 다시 유입된다. 분비 과정에서 과량의 H^+와 독성물질이 여과액에 첨가된다. 배설에서 소변은 콩팥에서 요관을 통해 방광에 저장된 후 요도를 통해 배출된다.

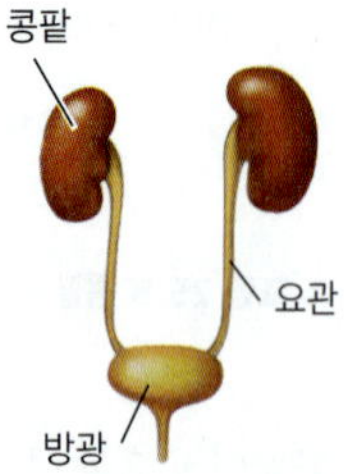

25.7 콩팥은 수분을 보존하는 기관이다. 여과액에 있는 수분은 대부분 근위세뇨관에서 재흡수된다. 세포사이액의 용질 농도기울기에 의해 추가로 수분이 보존된다.

25.8 호르몬은 배설계의 조절 기능을 한다. 항이뇨호르몬(ADH)은 콩팥에서 배설되는 수분의 양을 조절하는 호르몬 중 하나다.

25.9 콩팥 투석으로 생명을 구할 수 있다. 투석기는 혈액에서 노폐물을 제거하고 용질의 농도를 유지한다.

개념 연결하기

1. 이 장의 세 가지 주요 주제를 보여주는 다음 그림의 빈칸을 채우시오.

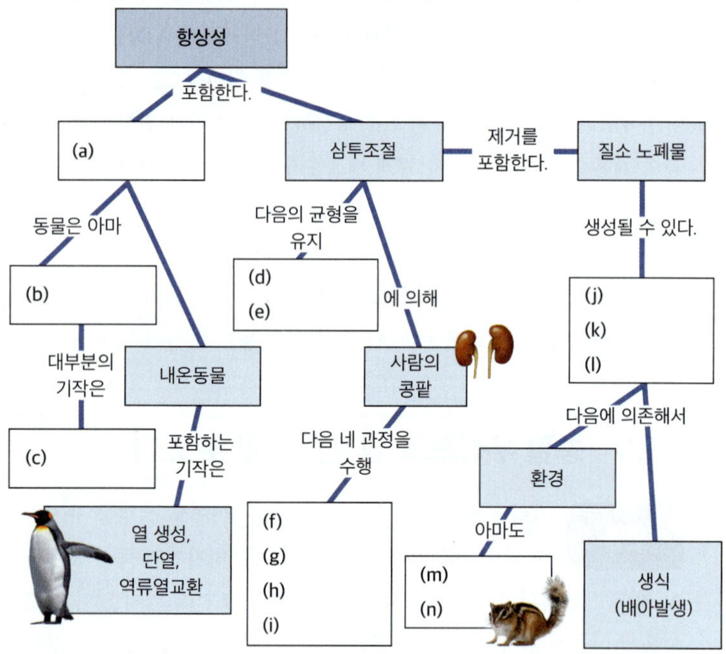

2. 네프론에서 소변이 생성되는 모식도에서의 네 가지 과정의 명칭을 적고 각 과정에서 이동하는 물질을 나열하시오.

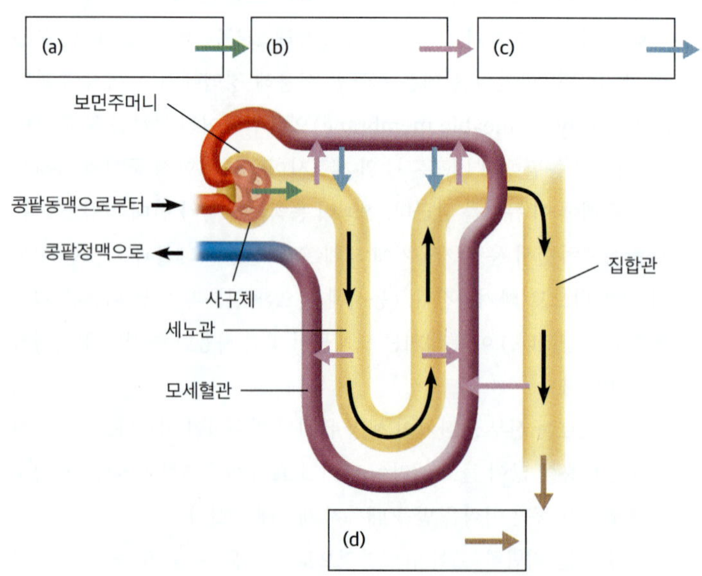

학습 평가하기

1단계 : 지식과 이해력 평가

3. 다음 중 환경에 대한 열 손실률을 줄이기 위한 적응방법이 아닌 것은 무엇인가?
   a. 깃털 또는 털
   b. 체표면 혈관으로의 혈류량 증가
   c. 펭귄의 무리
   d. 역류열교환
4. 포도당, 아미노산, 염, 기타 중요한 용질은 콩팥의 ________ 부위에서 여과액으로부터 재흡수된다.
   a. 콩팥속질
   b. 근위세뇨관
   c. 집합관
   d. 원위세뇨관
5. 혈액의 pH를 유지하기 위한 현상은 무엇인가?
   a. NaCl이 배설되고 H^+는 혈액으로 재흡수된다.
   b. 요소가 분비되고 NaCl은 혈액으로 배설된다.
   c. 요소가 배설되고 NaCl은 세포사이액으로 분비된다.
   d. H^+ 이온이 분비되고 HCO_3^-는 세포사이액으로 재흡수된다.
6. 조류와 곤충은 요산을 배설하는 반면, 포유류와 대부분의 양서류는 주로 요소를 배설한다. 노폐물로서 요산의 가장 큰 장점은 무엇인가?
   a. 요산은 가장 단순한 분자다.
   b. 요산을 생성하는 데 필요한 에너지가 적다.
   c. 요산을 배출하는 데 필요한 물의 양이 줄어든다.
   d. 요산을 배출하는 데 더 많은 용질이 제거된다.
7. 담수어류에서 예측할 수 있는 것은 무엇인가?
   a. 아가미를 통해 용질을 능동수송한다.
   b. 다량의 묽은 소변을 생성한다.
   c. 비늘과 점액층으로 덮여 있어 환경으로 수분 손실이 감소한다.
   d. 위 보기 모두

다음 혈액의 각 성분(왼쪽)을 콩팥에서 처리되는 현상(오른쪽)과 연결하시오. (각 선택지는 두 번 이상 사용할 수 있다.)

8. 물	a. 여과되며 대부분 소변으로 배설된다.
9. 포도당	b. 혈액에 남아 있다.
10. 혈장단백질	c. 여과되며 대부분 재흡수된다.
11. 독성물질과 약물	d. 분비되고 배설된다.
12. 적혈구	
13. 요소	

2단계 : 응용과 분석력 평가

14. 해변에 누워 있다고 상상하자. 매우 따뜻한 날이고, 한낮이 되자 덥다는 기분이 들기 시작한다. 바다에 몸을 담그자 시원함을 느낀다. 여러분은 ________에 의해 열을 획득했고, ________로 열을 손실했다.
    a. 복사, 전도
    b. 복사, 대류
    c. 대류, 증발
    d. 전도, 증발
15. 네프론에서 선택적이지 않은 것은 무엇인가?
    a. 분비
    b. 재흡수
    c. 여과
    d. 염의 수동수송적 확산
16. 연어가 바다에서 강으로 이동할 때 연어의 체내 수분과 염분 조절을 비교하시오.
17. 체온이 37°C 이상으로 올라가면 위험한 이유는 무엇인가?
18. 같은 크기의 내온동물 중 한 종류는 육식동물이고, 다른 한 종류는 초식동물이다. 이 동물에서 질소 노폐물의 생성량이 많은 것은 어느 쪽인지 설명하시오.
19. 일부 이뇨제는 국제올림픽위원회가 운동선수에게 사용을 금지한 약물 목록에 포함되어 있다. 이뇨제는 어떤 작용을 하는가? 레슬링과 같이 체급이 경쟁의 일부인 스포츠에서 이뇨제 사용이 경쟁자에게 어떤 불공정한 이익을 줄 수 있는지 예측해 보시오.

3단계 : 종합평가

20. 체온이 높지만 비교적 안정적인 체온을 유지하는 대형 열대 파충류를 연구하고 있다고 하자. 이 동물이 내온동물인지 외온동물인지 결정해 보시오.
21. **과학적 사고** 25.3절의 실험에서 대조군과 실험군을 설명하고, 측정할 종속변수를 서술한 후, 결과를 요약하시오.
22. 돌고래는 차가운 물로부터 몸을 보호하는 두꺼운 절연층이 있지만, 지느러미는 예외다. 돌고래의 지느러미가 얼지 않는 이유를 설명할 수 있는 가설을 제안하고, 가설을 증명할 수 있는 실험은 어떤 것이 있을지 설명하시오. (돌고래 지느러미의 온도를 측정할 수 있는 장비가 있다고 가정한다.) 이 가설이 맞다면 어떤 결과를 기대할 수 있는가?
23. 1847년 독일의 생물학자 크리스티안 베르그만(Christian Bergmann)은 고위도(적도에서 멀리 떨어짐)에 사는 포유류와 조류가 저위도에 사는 다른 동물보다 평균적으로 몸이 더 크다는 것을 발견했다. 진화적 관점에서 이 결과를 설명하시오.
24. 신부전 환자는 1주일에 3번 정도 투석을 받아야 한다. 투석 치료는 비용과 시간이 많이 소요되기 때문에 많은 사람이 콩팥 이식을 선호한다. 사후 장기를 기꺼이 기증한다는 사람이 기증자 등록부에 많이 등록되어 있다. 그렇다면 의사들은 왜 기증자 등록부에 있는 사망자 중 일치자에 의존하지 않고 가족 안에서 기증을 요청하는 것인가?
25. 과학자들은 집합관 세포의 막에 삽입된 아쿠아포린의 양이 ADH의 수치에 따라 변한다는 사실을 발견했다. ADH의 수치와 아쿠아포린의 양에 미치는 영향 사이의 상관관계 그래프를 그리시오. 또한 탈수와 수분 공급 상황에서 ADH와 아쿠아포린의 관계가 어떻게 나타나는지 설명하시오.

CHAPTER

26 호르몬과 내분비계

핵심 개요

화학적 조절의 특징(26.1~26.3)

호르몬은 전혀 다른 두 가지 기작을 통해 세포에 영향을 끼친다.

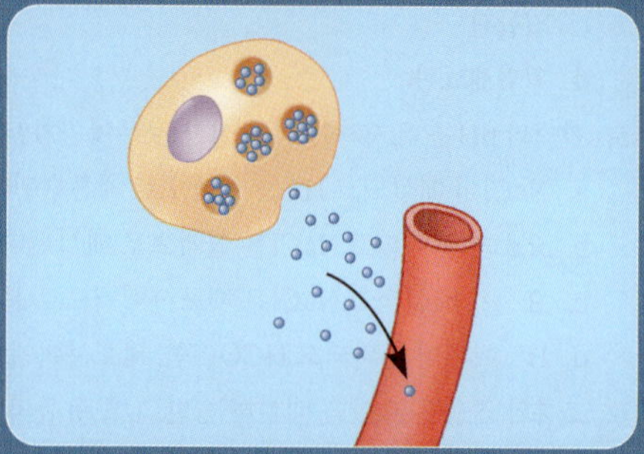

척추동물의 내분비계(26.4~26.5)

시상하부는 많은 다른 내분비샘을 통제한다.

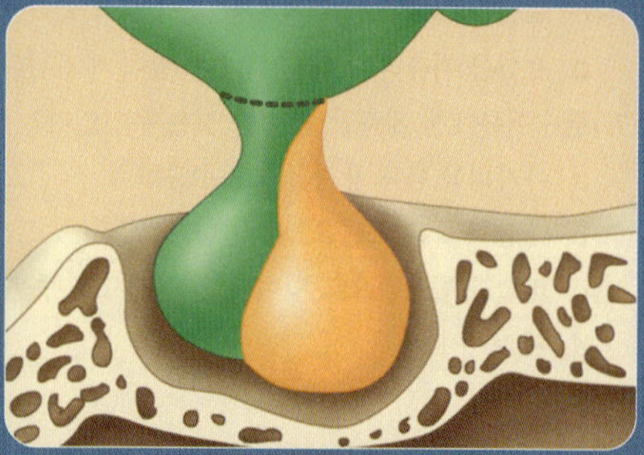

호르몬과 항상성(26.6~26.12)

호르몬은 되먹임작용을 통해 신체의 변화를 조절한다.

26.0 일부 오염물질은 환경호르몬이다

널리 사용되는 제초제와 일반 플라스틱 물병의 공통점은 무엇일까? 그것은 둘 다 환경호르몬(endocrine disruptor)이라는 화학물질을 함유하고 있을 수 있다는 것이다. 환경호르몬은 화학적 신호를 통해 수많은 동물의 신체 기능을 조절하는 내분비계를 방해해 척추동물에 해를 끼칠 수 있는 물질이다. 많은 제초제에 들어 있는 환경호르몬인 아트라진(atrazine)은 농장에서 유출되는 물에서 발견되는데, 이 물은 지하 및 지표 저수지로 유입된다. 또 다른 환경호르몬인 비스페놀 A(BPA)는 병, 통조림, 기타 식품 및 식수용기의 안을 감싸는 많은 플라스틱에 사용된다.

아트라진은 척추동물의 번식에 문제를 일으키는 것으로 알려져 있다. 특히 양서류가 이 오염물질에 민감한데, 양서류는 피부가 얇고 투과성이 높아 이 오염물질이 쉽게 흡수되기 때문이다. 아트라진이 야생의 개구리에게 어떤 영향을 미치는지 알아보기 위해 과학자들은 실험실에서 성장 중인 개구리를 낮은 농도의 화학물질에 노출시키는 실험을 시행했다. 이 장 뒷부분에서 이러한 연구 중 하나의 결과를 살펴본다.

이 장에서는 내분비계의 화학적 신호인 호르몬에 대한 개요부터 내분비계의 구성요소를 살펴본다. 그 과정에서 호르몬 불균형의 결과도 일부 다룰 것이다.

화학적 조절의 특징

26.1 화학적 신호와 전기적 신호가 신체 기능을 조정한다

항상성(homeostasis)을 유지하고 다른 통합된 기능을 수행하려면 동물의 체세포들이 서로 소통해야 한다. 이는 두 가지 주요 기관계인 내분비계와 신경계를 통한 화학적 신호와 전기적 신호의 전달을 통해 이루어진다. **내분비계(endocrine system)**는 상호작용하는 분비샘과 조직으로 구성되는데, 신체 기능을 작동시키고 유지하는 화학물질을 생산하여 분비한다. 내분비세포는 혈류를 타고 신체의 모든 부분으로 이동하는 **호르몬(hormone)**이라는 화학적 신호를 내보낸다. 신경계에서는 주로 전기적 신호를 이용하며 뉴런이라는 신경세포를 통해 전달된다.

내분비계는 몸 전체에 영향을 주는 점진적인 변화를 조정하는 데 적합하다. 예를 들어, 호르몬은 탈수, 혈당 저하, 스트레스와 같은 자극에 대한 신체의 반응을 조정한다. 호르몬은 또한 장기적 발생과정을 조절하기도 하는데, 올챙이가 개구리로 변태(metamorphosis)하는 것이나 성적 성숙에 따른 신체 및 행동 변화 등이 그 예라 할 수 있다. 신경계는 환경에 대한 즉각적이고 빠른 반응을 취하는 데 적합하다. 예를 들어, 개구리가 파리를 잡을 때 혀를 튕기는 것은 빠른 신경신호에 의해 촉발된다.

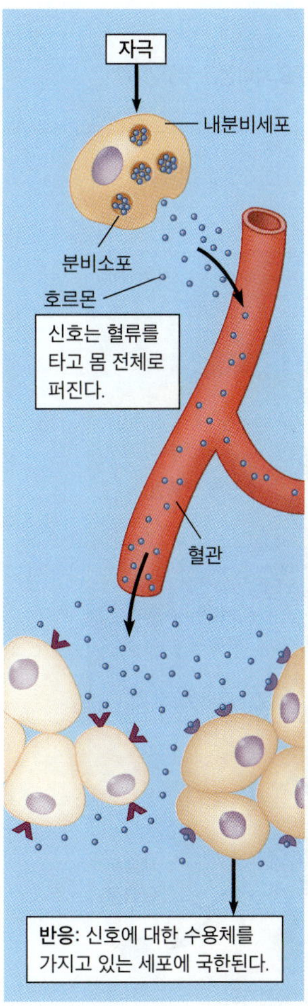

▲ **그림 26.1A** 내분비계의 신호전달

호르몬은 주로 **내분비샘(endocrine gland)**이라는 기관에서 만들어지고 분비된다. 척추동물 내분비샘의 예로는 성장과 생식을 조절하는 뇌하수체(pituitary gland)와 물질대사를 조절하는 갑상샘(thyroid gland)이 있다. **그림 26.1A**는 내분비 신호 전송의 과정을 묘사한 것이다. 내분비세포 안에 있는 막으로 둘러싸인 분비소포(secretory vesicle)는 호르몬으로 가득 차 있다(◦⁘). 내분비세포가 호르몬을 분비하면, 분비된 호르몬은 혈관 안으로 퍼져 간다. 이제 호르몬은 순환계를 통해 신체의 모든 부분으로 퍼지지만, **표적세포(target cell)**라고 불리는 특정 유형의 세포만이 특정 호르몬에 대한 수용체를 가지고 있다. 표적세포의 위치에 따라 호르몬은 신체 내 한 곳에서만 작용할 수도 있고, 신체 곳곳에서 작용할 수도 있다.

내분비계와 신경계의 신호는 전송, 속도 및 지속 시간에서 서로 다르게 기능하도록 적응되었다. 호르몬은 혈액을 통해 신체의 모든 위치로 이동하는 반면, 전기 신호는 **그림 26.1B**에서 보듯이 뉴런을 따라 특정 세포로 이동하는 별도의 경로를 가지고 있다. 두 가지 유형의 신호 모두 먼 거리를 이동하여 표적세포에 도달할 수 있지만, 신경계에서만 신호를 전달하는 뉴런과 반응하는 표적세포가 직접 연결(특이연접을 통해)된다. 호르몬이 혈류로 유출되어 표적조직으로 운반되는 데는 수초가 걸리지만, 전기적 신호는 순식간에 전달된다. 호르몬은 혈류에 몇 분 또는 몇 시간 동안 남아 있을 수 있기 때문에 내분비계의 효과는 오래 지속된다. 반면, 뉴런의 전기적 신호는 1초도 지속되지 않으며, 그 효과는 순간적이다.

내분비계와 신경계는 특정 세포와 신호를 공유하기도 한다. **신경분비세포(neurosecretory cell)**라고 불리는 특별한 뉴런은 이 두 계 모두에서 기능을 수행한다. 모든 뉴런과 마찬가지로 신경분비세포도 전기 신호를 전달하지만, 호르몬을 만들어 혈액으로 분비하기도 한다. (26.5절에서 자세히 알아보자.) 신경분비세포와 마찬가지로 일부 화학물질은 내분비계와 신경계 모두에서 작용한다. 이러한 '이중 임무' 신호는 내분비계에서는 호르몬으로, 신경계에서는 단기 신호로 작용한다. 예를 들어, 에피네프린(epinephrine, 아드레날린)은 척추동물에서 두 가지 기능을 한다. 부신(adrenal gland)에 의해 혈액으로 분비되면 신체가 빠른 대처를 할 수 있도록 준비시키는 호르몬으로 작용한다. 그러나 신경계의 뉴런에서 분비될 때 에피네프린은 한 뉴런에서 다른 뉴런으로 또는 뉴런에서 다른 종류의 반응 세포로 정보를 전달하는 화학물질, 즉 신경전달물질(neurotransmitter)로 작용한다(28.7절 참조).

내분비계와 신경계는 모두 자극에 반응하여 신체 기능을 조정하는데, 이것은 **정보**라는 주제를 설명한다. 신경계에 대한 논의는 여기에서 줄이고, 이제 호르몬에 대해 더 깊이 알아보자.

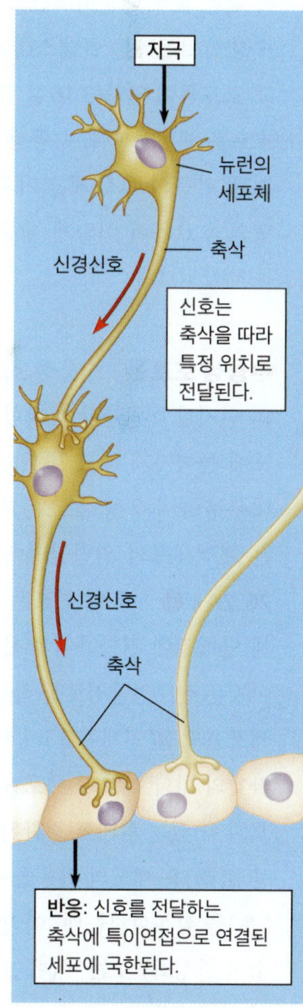

▲ **그림 26.1B** 신경계의 신호전달

? 호르몬이 신체의 모든 세포에 도달한다면 왜 일부 세포만 특정 호르몬에 반응할까?

■ 표적세포라고 불리는 세포만이 특정 호르몬을 인식하는 수용체를 가지고 있다.

시도해 보기 내분비계 및 신경계의 신호전달에서 전송, 속도, 지속 시간 등을 비교하시오.

26.2 호르몬은 두 가지 주요 신호 기작을 통해 표적세포에 작용한다

호르몬 신호는 수용(reception), 신호전달(signal transduction), 반응(response)의 세 단계로 작동한다. 신호의 수용은 호르몬이 표적세포 표면 또는 안에 있는 특정 수용체 단백질과 결합하면서 발생한다. 각 표적세포의 수용체는 특정 신호를 인식하는 독특한 모양을 가지고 있어 **구조와 기능**의 연관성을 보여주는 예라고 할 수 있다. 신호분자가 수용체 단백질에 결합하면, 표적세포 안에서 신호전달이 일어나면서 신호가 다른 형태로 변환된다. 그 결과, 세포의 활동의 변화, 반응이 일어난다. 예를 들어, 심장근육세포는 에피네프린에 반응하여 세포수축에 변화가 일어나서 심장박동이 빨라진다. 반면, 간세포는 에피네프린에 반응하여 글리코겐을 분해해서 에너지 공급원인 포도당을 체세포에 공급한다.

호르몬은 화학적 특성에 따라 두 종류로 분류된다. 물에 잘 녹는 친수성 호르몬에는 폴리펩타이드(단백질)와 변형된 아미노산 등이 있다. 내분비샘에서 생성되는 호르몬은 대부분 수용성이다. 갑상샘과 생식기관과 같은 몇몇 내분비샘만이 지용성 호르몬을 생산한다. 기름에 녹는 소수성 호르몬에는 콜레스테롤로부터 만들어지는 작은 분자인 스테로이드 호르몬이 있다(3.10절 참조). 생식기관과 부신겉질만이 스테로이드 호르몬을 생성한다. 수용성 호르몬과 지용성 호르몬은 모두 수용, 신호전달, 반응의 세 단계를 거쳐 작동하지만, 그 방식은 서로 다르다. 각 유형의 호르몬이 어떻게 세포 반응을 유도하는지 살펴보자.

수용성 호르몬 수용성 호르몬은 원형질막의 인지질 이중층을 통과할 수 없어 표적세포에 들어가지 않고 세포 변화를 일으킨다. 대부분의 수용성 호르몬의 수용체 단백질은 표적세포의 원형질막에 묻혀 있다(**그림 26.2A**). ❶ 수용성 호르몬 분자(○)가 수용체 단백질에 결합하여 이를 활성화한다. ❷ 이것은 신호전달경로를 작동시키고, 일련의 세포단백질(연계물질)이 변화하면서 세포 바깥의 화학 신호가 세포 안에서 반응을 일으킬 수 있는 형태로 전환된다. ❸ 최종 연계물질(●)은 세포의 반응을 수행하는 단백질(▲)을 활성화하는데, 이 반응은 세포질(효소의 활성화) 또는 핵(유전자 발현 조절)에서 일어난다.

지용성 호르몬 수용성 호르몬은 원형질막에 있는 수용체와 결합하는 반면, 지용성 호르몬은 인지질로 이루어진 이중층을 통과하여 세포 안에 있는 수용체와 결합한다. **그림 26.2B**와 같이 ❶ 지용성 호르몬(▼)은 확산에 의해 세포 안으로 들어간다. 해당 세포가 표적세포라면, 호르몬(❷)은 세포질 또는 핵에 있는 열린 수용체 단백질과 결합한다. 수용성 호르몬처럼 중계단백질로 신호전달경로를 촉발하는 것이 아니라, 일반적으로 호르몬-수용체 복합체(hormone-receptor complex) 자체가 호르몬 신호의 전달을 수행한다. 이 복합체는 유전자활성자인 전사인자(transcription factor) 또는 억제자로서 작용한다(11.3절 참조). ❸ 호르몬-수용체 복합체는 핵에 있는 DNA의 특정 부위에 부착한다. ❹ 이 복합체가 DNA에 결합하면 유전자조절이 자극되어 유전자가 켜지거나(특정 유전자의 RNA로의 전사를 촉진) 꺼진다.

지금까지 호르몬이 몸 전체에 정보를 전달하는 방식에 대해 살펴봤다. 이제부터는 정상적인 호르몬 신호가 혼란에 빠지면 어떤 일이 일어나는지 알아보자.

? 지용성 호르몬과 수용성 호르몬의 작용에서 두 가지 주요 차이점은 무엇인가?

■ 지용성 호르몬은 세포 내부의 수용체와 결합하고, 수용성 호르몬은 원형질막 수용체와 결합한다. 지용성 호르몬은 유전자 발현에 영향을 미치고, 수용성 호르몬은 유전자 발현에 영향을 미치거나 다른 영향을 미칠 수 있다.

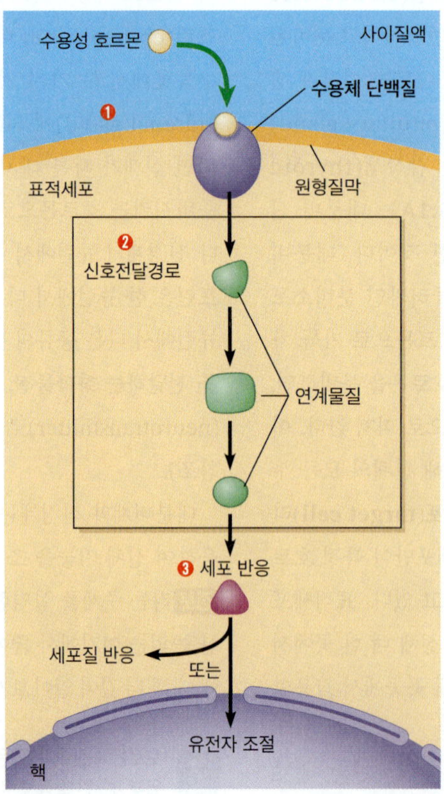

▲ 그림 26.2A 원형질막 수용체에 결합하는 수용성 호르몬

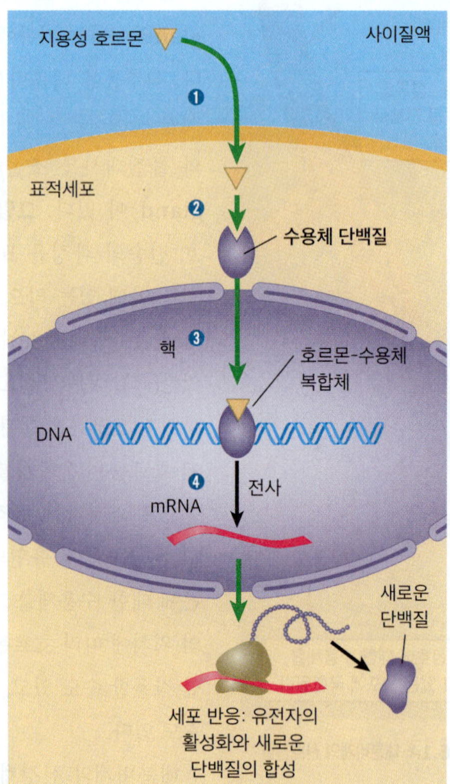

▲ 그림 26.2B 세포 내 수용체에 결합하는 지용성 호르몬

26.3 널리 사용되는 제초제가 수컷 개구리를 탈웅성화한다

과학적 사고

오염물질은 동물의 내분비계에 어떤 영향을 미칠까?

이 장 초반에 설명한 것처럼, 거의 모든 사람이 제초제의 성분인 아트라진과 식음료 용기에 들어 있는 BPA에 일상적으로 노출되어 있다. 이 화학물질들은 내분비계의 정상적인 기능을 방해하는 물질인 **환경호르몬(endocrine disruptor)**의 예다. 이런 화학물질은 잠재적으로 동물 세포에 들어가 성호르몬(성장, 발생, 생식주기, 성행동을 조절하는 호르몬)의 정상적인 비율을 변화시킬 수 있다.

화학적 오염물질이 특정 생물학적 영향을 일으키는지 여부를 확인하기 위해 과학자들은 통제된 연구를 활용한다. 그러한 연구 중 하나가 버클리에 있는 캘리포니아 대학교의 헤이즈(Tyrone B. Hayes)와 그의 동료들에 의해 수행되었다. 그들은 양서류가 발생 중에 아주 낮은 농도라도 아트라진에 장기간 노출되면 생식 기능에 부정적인 영향이 나타날 것이라는 가설을 검증했다.

먼저, 과학자들은 일부 수컷 개구리를 3년 동안 매우 낮은 수준의 아트라진에 노출시켰다. 그런 다음 아트라진에 노출된 수컷과 대조군 수컷 개구리를 같은 수로 해서 암컷 개구리가 있는 웅덩이에 넣었다. 모든 수컷의 몸무게는 비슷했다. 이제 수컷이 암컷을 차지하기 위해 경쟁하는 짝짓기 대회가 준비됐다. 짝짓기 성공 여부는 어떻게 측정했을까? 과학자들은 짝짓기 행동 중에 수컷 개구리가 앞다리로 암컷을 잡는 행동, 즉 짝짓기 포옹(amplexus)에 성공하는 횟수를 각 개구리별로 기록했다(**그림 26.3A**). 이 '포옹'을 하는 동안 수컷 개구리는 보통 난자를 수정하고, 그와 동시에 암컷은 물속으로 난자를 배출한다. **그림 26.3B**는 이 짝짓기 경쟁에서 대조군과 아트라진에 노출된 수컷을 비교한 것이다. 그림에서 볼 수 있듯이 대조군 수컷은 16마리 중 11마리가 짝짓기 포옹에 성공한 반면, 아트라진에 노출된 수컷은 16마리 중 2마리만이 짝짓기 포옹에 성공했다.

▲ **그림 26.3A** 암컷 위에 올라타 짝짓기 포옹 중인 수컷 개구리

과학자들은 짝짓기 행동의 실패와 낮은 테스토스테론(testosterone) 수치 사이에 연관성이 있는지 궁금했다. (26.7절에서 살펴보겠지만, 테스토스테론은 암컷보다 수컷에서 더 높은 농도로 발견되는 성호르몬이다.) **그림 26.3C**는 각 집단에서 테스토스테론 수치가 낮은 수컷의 비율을 보여준다. 결론은 무엇일까? 대조군보다 아트라진에 노출된 실험군에서 더 많은 수컷들이 테스토스테론 결핍을 가지고 있었다. 또한 테스토스테론 수치가 낮은 수컷은 짝짓기 포옹에 성공하지 못했다. 이러한 데이터는 앞의 가설을 뒷받침하여, 아트라진을 처리한 개구리의 짝짓기 행동 감소와 테스토스테론 결핍은 아트라진이 수컷 개구리의 생식 기능에 부정적인 영향을 미친다는 것을 입증했다. 놀랍게도 아트라진에 노출되었을 때 유전적으로 수컷인 개구리의 10%가 완전히 탈웅성화되어, 난자를 생산할 수 있는 암컷이 되었다!

헤이즈의 연구에 사용된 아트라진의 농도는 야생에 서식하는 일부 양서류의 환경적 조건과 일치했다. 양서류 개체수는 수십 년 동안 감소해 왔으며, 이 연구는 그 감소의 일부가 짝짓기 성공률이 감소했기 때문일 수 있음을 시사한다. 행동과 호르몬 연구는 지역 환경, 음식 및 식수에 있는 화학물질의 장기적이고 의도치 않은 영향을 파악하는 데 유용하다.

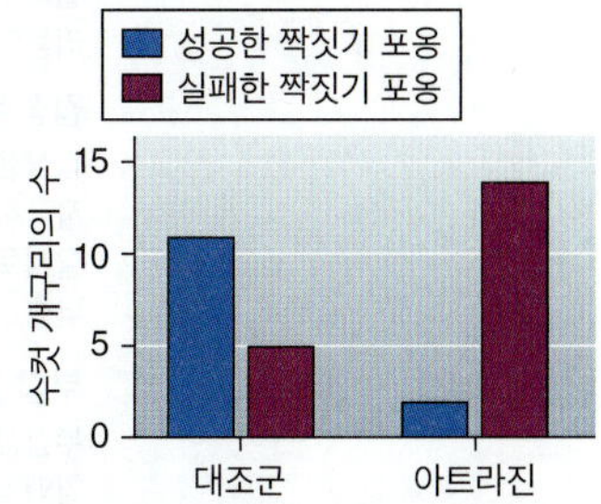

자료: T. B. Hayes et al., Atrazine induces complete feminization and chemical castration in male African clawed frogs (*Xenopus laevis*), *Proceedings of the National Academy of Sciences* 107: 10 (2010).

▲ **그림 26.3B** 대조군과 아트라진에 노출된 수컷의 짝짓기 행동

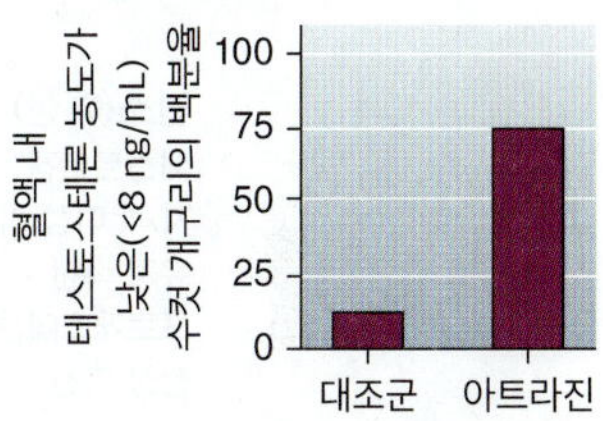

자료: T. B. Hayes et al., Atrazine induces complete feminization and chemical castration in male African clawed frogs (*Xenopus laevis*), *Proceedings of the National Academy of Sciences* 107: 10 (2010).

▲ **그림 26.3C** 대조군과 아트라진에 노출된 수컷의 테스토스테론 수치

? 암컷을 두고 경쟁하는 수컷 개구리의 몸무게가 모두 비슷하다는 것이 왜 중요할까?

■ 체중과 아트라진 노출이 모두 변수로 작용하면 결론을 내리기가 더 어려울 것이다. 몸집이 작은 수컷은 아트라진 노출 여부와 관계없이 몸집이 큰 수컷과 직접 경쟁할 때 성공률이 떨어질 수 있다.

척추동물의 내분비계

26.4 척추동물의 내분비계는 12개 이상의 주요 샘으로 구성되어 있다

일부 내분비샘은 갑상샘처럼 기본적으로 호르몬을 혈액으로 분비하도록 특수화되어 있다. 다른 내분비샘들은 이자처럼 내분비 기능과 비내분비 기능을 모두 가지고 있어 이중 역할을 수행한다. 또, 위와 심장 같은 다른 기관은 기본적으로 비내분비 기관이지만 호르몬을 분비하는

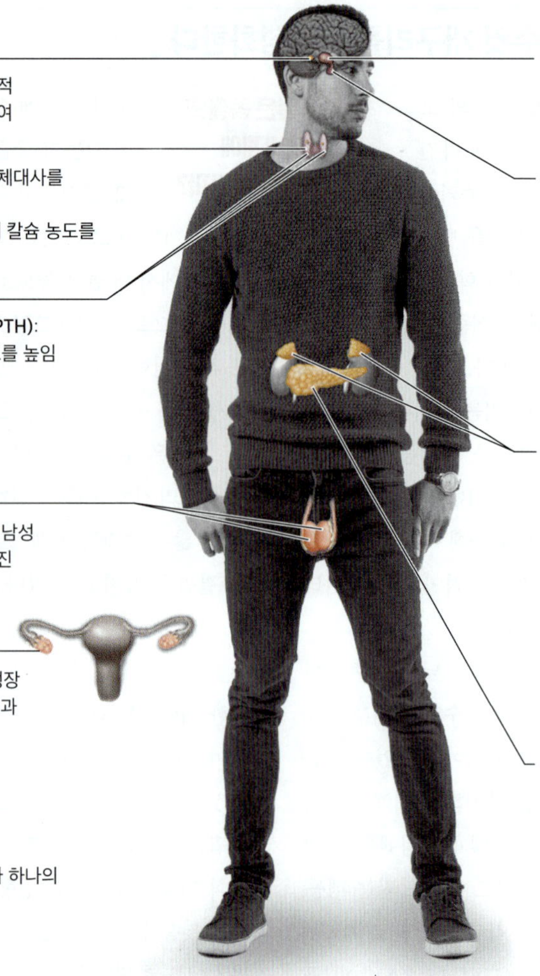

▲ **그림 26.4** 주요 내분비샘과 그 호르몬

세포를 가지고 있다. 예를 들어, 위는 위액의 분비를 자극하는 가스트린(gastrin) 호르몬을 분비한다(21.8절).

그림 26.4는 사람의 주요 내분비샘의 위치와 이 샘에서 만들어지는 주요 호르몬을 보여준다. 그림에서는 주요 내분비샘과 호르몬만 다루며 다른 호르몬 분비 구조는 포함되지 않았다는 점에 유의하자.

내분비샘이 호르몬을 생성하도록 자극하는 것은 무엇일까? 어떤 내분비샘의 경우, 특정 이온과 영양소 농도의 변화가 자극이 된다. 예를 들어, 4개의 원반 모양의 부갑상샘(parathyroid gland)은 낮은 칼슘 농도에 대한 반응으로 부갑상샘호르몬(parathyroid hormone)을 혈액으로 방출하여 칼슘 농도를 올린다. (칼슘 농도가 낮으면 치명적일 수 있는 골격근육의 경련성 수축을 초래할 수 있다.) 부신(adrenal gland)과 같은 내분비샘은 신경계에 의해 직접 자극을 받는다. 스트레스가 심한 상황이 발생하면, 신경자극이 부신속질을 자극하여 에피네프린과 노르에피네프린을 혈액으로 분비하여 신체가 급격한 행동을 할 수 있도록 준비시킨다. 호르몬은 내분비샘도 자극할 수 있다. 예를 들어, 26.5절에서 살펴볼 뇌하수체전엽은 시상하부에서 생성되는 호르몬에 의해 자극된다.

내분비샘에서 생성되는 호르몬은 광범위한 영향을 미친다. 여기에는 대사와 특정 이온 및 영양소 농도의 조절, 생식, 성장 및 발생의 관리, 스트레스와 환경에 대한 대응 등이 있다. 호르몬 효과의 구체적인 예로 송과샘을 살펴보자.

송과샘(pineal gland)은 뇌의 중심 근처에 있는 완두콩 크기의 조직 덩어리다. 송과샘은 환경적 빛의 상태와 생물학적 리듬, 특히 수면-각성 일주기 리듬(circadian rhythm)을 연결하는 호르몬인 멜라토닌(melatonin)을 합성하고 분비한다. 송과샘의 멜라토닌 분비는 눈과 연결된 빛 자극을 받는 뇌의 뉴런 집단에 의해 제어된다. 때로 '어둠의 호르몬'이라고도 불리는 멜라토닌은 밤에 분비되며 수면을 촉진한다. 주행성(낮 활동) 동물에서 멜라토닌 생산은 한밤중에 최고치에 달한 후 서서히 감소한다. 밤에 증가하는 천연 멜라토닌이 수면을 촉진하는 데 중요한 역할을 한다는 좋은 증거가 있지만, 멜라토닌이 신체 세포에 미치는 영향과 수면-각성 주기가 어떻게 조절되는지는 아직 정확히 알지 못한다.

특정 항상성 기작에서 호르몬의 역할에 초점을 맞추기 전에 시상하부와 뇌하수체라는 2개의 샘을 자세히 살펴보겠다. 뇌의 한 부분인 시상하부는 신경계와 내분비계를 통합하는 데 중심적인 역할을 한다.

? 호르몬을 분비하는 기관은 그림 26.4에 표시된 샘 외에 어떤 것이 있을까?

■ 심장과 위와 같은 비내분비 기관도 호르몬을 분비한다.

26.5 뇌하수체와 밀접하게 연관되어 있는 시상하부는 신경계와 내분비계를 연결한다

시상하부(**hypothalamus,** 그림 26.5A)는 내분비계의 주요 조절중추다. 시상하부는 뇌의 일부로서 외부환경과 체내환경에 대한 정보를 신경으로부터 전달받는다. 그러면 시상하부는 그에 대응하여 적절한 신경 또는 내분비 신호를 보낸다. 신경계와 내분비계의 연결은 신체가 항상성을 유지할 수 있도록 돕는다. 이것은 이 책의 주제인 기관계들 사이의 상호작용의 훌륭한 예다.

시상하부에서 생산된 호르몬은 바로 뇌하수체를 통제하고, 뇌하수체는 다시 수많은 신체 기능에 영향을 미치는 호르몬들을 분비한다. 마치 기업의 최고경영자(CEO)가 관리자들에게 지시를 내리듯, 시상하부는 뇌하수체를 통해 다른 샘에 지시를 전달함으로써 내분비계를 통제한다.

완두콩 크기의 **뇌하수체**(**pituitary gland**)는 2개의 뚜렷한 부분, 즉 후엽과 전엽으로 구성되어 있다(그림 26.5A). 그림에서 녹색으로 표시된 **뇌하수체후엽**(**posterior pituitary**)은 신경조직으로 구성되어 있으며, 사실 시상하부의 연장이다. 뇌하수체후엽은 시상하부에서 합성된 두 가지 호르몬을 저장하고 분비한다. 반면, **뇌하수체전엽**(**anterior pituitary**)은 호르몬을 합성하고 분비하는 내분비샘이다. 이 호르몬 중 일부는 다른 내분비샘의 활동을 조절한다.

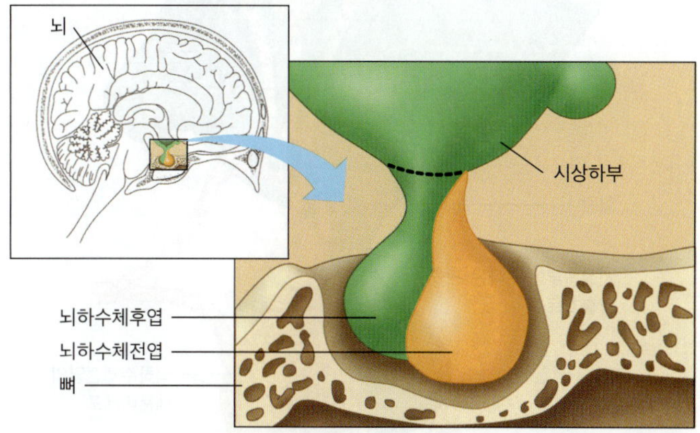

▲ 그림 26.5A 시상하부와 뇌하수체의 위치

뇌하수체후엽 내분비계와 신경계 사이의 상호 연결은 시상하부와 뇌하수체 사이의 관계를 살펴보면 분명히 드러난다. 그림 26.5B에서 알 수 있듯이, 일련의 신경분비세포가 시상하부에서 뇌하수체후엽으로 돌기를 뻗어 구조적, 기능적으로 연결되어 있다. 이 세포들은 옥시토신(oxytocin)과 항이뇨호르몬(ADH)이라는 호르몬을 합성한다. 이 호르몬( )은 신경분비세포를 따라 뇌하수체후엽으로 이동되어 저장된다. 그런 다음 호르몬은 혈관으로 방출되어 신체의 먼 위치로 운반된다. 옥시토신은 출산 시 자궁 근육을 수축시키고, 수유 시 젖샘이 젖을 내보내도록 한다. ADH는 콩팥세관의 세포가 물을 재흡수하도록 도와 신체가 수분을 보유해야 할 때 소변의 양을 줄인다(25.8절 참조). 몸에 수분이 너무 많으면 시상하부는 뇌하수체후엽에서 ADH의 방출을 늦춘다.

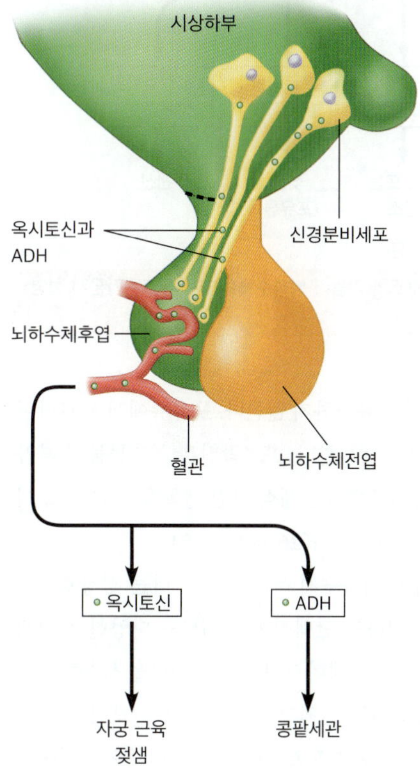

◀ 그림 26.5B 뇌하수체후엽의 호르몬

뇌하수체전엽 그림 26.5C는 시상하부에 있는 다른 종류의 신경분비세포를 보여준다. 이 세포들은 뇌하수체전엽에 연결되는 짧은 혈관으로 방출호르몬과 억제호르몬( )이라는 두 가지 종류의 호르몬을 분비한다. **방출호르몬**(**releasing hormone**)은 뇌하수체전엽을 자극하여 하나 또는 그 이상의 특정 호르몬을 분비하도록 하고, **억제호르몬**(**inhibiting hormone**)은 뇌하수체전엽에 작용하여 하나 또는 그 이상의 특정 호르몬 분비를 멈추도록 유도한다. 시상하부 방출호르몬에 반응하여 뇌하수체전엽은 여러 가지 호르몬을 합성하여 방출한다( ).

뇌하수체전엽에서 분비되는 많은 단백질 호르몬은 다른 내분비샘을 자극하여 호르몬을 생산함으로써 광범위한 신체 활동에 영향을 미친다. **갑상샘자극호르몬**(**thyroid-stimulating hormone, TSH**)은 갑상샘의 호르몬 생산을 조절하여 갑상샘호르몬의 신체대사에 대한 영향을 조절한다. 부신겉질자극호르몬(adrenocorticotropic hormone, ACTH)은 부신겉질을 자극하여 수분균형과 물질대사에 영향을 미치는 호르몬을 분비한다. 여포자극호르몬(follicle-stimulating hormone, FSH, 난포자극호르몬)과 황체형성호르몬(luteinizing hormone, LH)은 모두 고환과 난소를 자극하여 생식호르몬을 생성한다. 다른 여러 뇌하수체전엽 호르몬과 달리 **프로락틴**(**prolactin,**

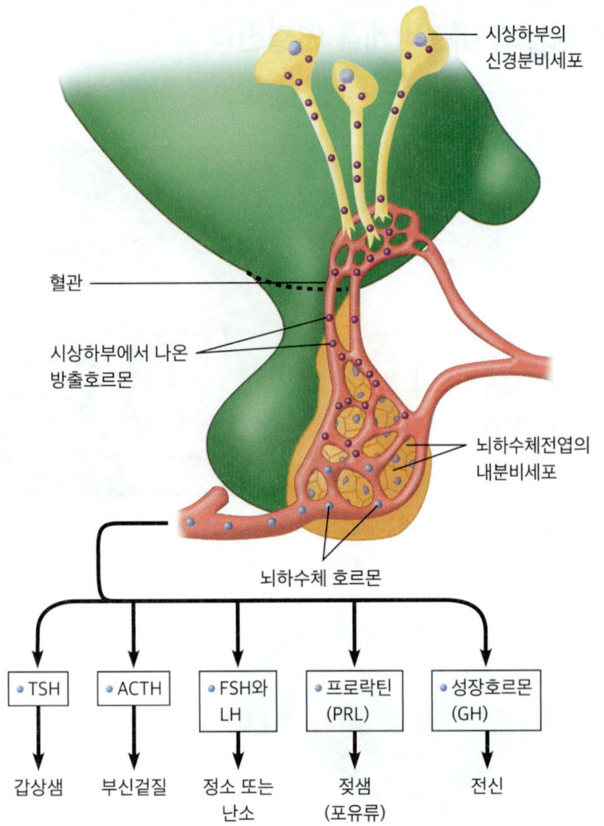

▲ **그림 26.5C** 뇌하수체전엽의 호르몬

시도해 보기 뇌하수체전엽의 구조와 기능이 뇌하수체후엽과 어떻게 다른지 설명하시오.

PRL)은 다른 호르몬의 분비를 유도하지 않는다. 포유류에서 프로락틴은 젖샘을 직접 자극하여 젖을 생산한다. 프로락틴은 척추동물에 따라 다른 영향을 미쳐서 새와 양서류에서는 생식 관련 행동을 촉진하고, 어류에서는 수분균형 조절 등에 관여한다(26.11절 참조).

매우 광범위한 효과를 가진 뇌하수체 분비물 중 하나는 **성장호르몬(growth hormone, GH)**이라는 단백질이다. GH는 다양한 표적세포들에서 단백질 합성을 촉진하고 에너지 대사에 체지방을 사용하도록 조장한다. 어린 포유류에서 GH는 신체의 모든 부분의 발생과 성장을 촉진한다. 어린 시절에 GH가 높은 농도로 지속되면 거인증으로 이어질 수 있는데, 이의 흔한 원인은 뇌하수체 종양이다. 반대로 어린 시절에 GH가 너무 적으면 뇌하수체 왜소증으로 이어질 수 있다. 이러한 왜소증은 GH가 결핍된 어린이에게 성장호르몬을 투여함으로써 예방할 수 있다. 오늘날, 사람 GH는 재조합 DNA 기술을 사용하여 쉽게 생산할 수 있다(12.6절). 사람 GH의 가용성이 증가함에 따라 안타깝게도 노화 과정을 늦추려는 노인들과 근육을 키우려는 운동선수들이 이를 남용하고 있다. 그러나 GH가 노화를 예방하거나 근육량 증가가 근력 증가로 이어진다는 증거는 거의 없다. GH의 남용은 위험할 수 있으며 관절 부종, 당뇨병, 심장 합병증을 유발할 수 있다.

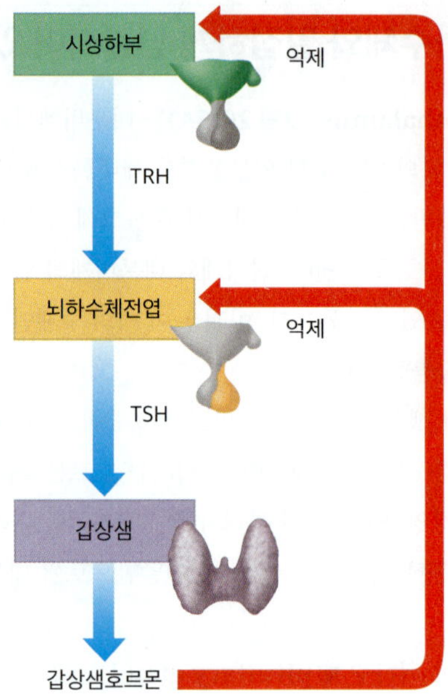

▲ **그림 26.5D** 갑상샘호르몬 분비 조절

시상하부와 뇌하수체의 되먹임 조절 **그림 26.5D**는 시상하부에서 지시하는 호르몬의 단계적 전달경로의 한 예로, 시상하부, 뇌하수체전엽, 갑상샘 사이의 관계를 보여준다. 시상하부가 **TRH(TSH-releasing hormone)**라고 하는 방출호르몬을 분비하면, TRH는 뇌하수체전엽을 자극하여 갑상샘자극호르몬(TSH)을 생산하도록 한다. 갑상샘은 TSH의 영향을 받아 커지고 갑상샘호르몬을 혈액으로 분비한다. 갑상샘호르몬은 대부분의 신체 세포의 대사율(metabolic rate)을 증가시켜 몸을 따뜻하게 한다. 시상하부는 환경적 신호를 받는데, 예를 들어, 기온이 낮으면 TRH 분비가 증가하는 경향이 있다. 항상성은 TRH-TSH-갑상샘호르몬 단계적 전달경로의 정확한 조절로 유지된다. 그림 26.5D의 빨간색 화살표에서 알 수 있듯이, 음성되먹임 기작으로 갑상샘호르몬의 분비가 조절된다. 혈액 내 갑상샘호르몬이 증가하면 시상하부와 뇌하수체전엽에 작용하여 TRH와 TSH 분비를 억제하고 결과적으로 갑상샘호르몬 합성이 억제된다.

시상하부에 대해 배운 내용을 정리하는 데 있어 직장의 '명령체계'를 생각하면 도움이 될 것이다. CEO의 지시를 받는 관리인이 직원들에게 다양한 업무를 수행하라고 지시하는 것처럼, 시상하부의 지시를 받는 뇌하수체전엽과 후엽은 다른 여러 조직과 내분비샘을 자극해 특정 기능을 수행하도록 한다. 이 경로는 엄격하게 통제되며 음성되먹임작용으로 항상성을 유지한다. 이제 다음 몇 개의 절에서 내분비가 신체 활동을 어떻게 조절하는지를 살펴보자.

? 시상하부의 신경분비세포가 분비하는 것은 무엇인가?

■ 뇌하수체후엽에 저장되어 있다가 방출되는 옥시토신과 ADH, 뇌하수체전엽에 작용하는 방출호르몬 및 억제호르몬이다.

26.6 갑상샘은 발생과 물질대사를 조절한다

여러 내분비샘과 그 분비에 대해 살펴보았으니, 이제 **갑상샘(thyroid gland)**이 조절하는 신체 기능을 자세히 알아보자. 갑상샘은 목에 위치하며 후두(성대) 바로 아래에서 기관(trachea)을 감싸고 있다. **갑상샘호르몬(thyroid hormone)**은 몇 가지 중요한 항상성 기능을 수행하고 신체의 거의 모든 조직에서 대사를 촉진한다.

갑상샘호르몬의 기능 갑상샘호르몬이라는 단어는 실제로 매우 유사한 두 가지 호르몬을 말하는데, 둘 다 요오드를 포함한다. 이 중 하나인 티록신(thyroxine)은 요오드 원자가 4개 포함되어 있어 T_4, 다른 하나는 요오드 원자가 3개 포함되어 있어 T_3이라고 불린다. 갑상샘호르몬은 성장과 성숙에 중요한 역할을 한다. 개구리를 예로 들면, 갑상샘호르몬은 엄격한 수생생물인 올챙이가 육지에서 많은 시간을 보내는 개구리 성체로 변하는 과정에서 일어나는 신체 조직의 대대적인 재조직화를 촉발한다(그림 26.6A). 갑상샘호르몬은 포유류에서도 마찬가지로 뼈와 신경세포의 발생, 혈압, 심박수, 근육 긴장도, 소화 및 생식 기능의 유지 등에 중요한 역할을 한다. 갑상샘호르몬은 전신에 걸쳐 산소 소비량과 세포대사를 증가시키는 경향이 있다.

▲ **그림 26.6A** 올챙이가 성체 개구리로 성숙하는 과정은 갑상샘호르몬에 의해 조절된다.

갑상샘호르몬의 불균형 갑상샘호르몬의 항상성이 유지되지 않으면(혈액 내 너무 많거나 너무 적으면) 심각한 대사 장애가 발생할 수 있다. 혈액 내 갑상샘호르몬이 과다하게 분비되면(갑상샘기능항진증) 더위를 많이 타고, 땀을 많이 흘리며, 짜증을 잘 내고, 고혈압이 생기고, 체중이 감소할 수 있다. 갑상샘기능항진증(hyperthyroidism)의 가장 흔한 형태는 그레이브스병으로, 안구 뒤에 체액이 축적되어 눈이 튀어나오는 것이 전형적인 증상이다.

반대로 갑상샘호르몬이 부족하면(갑상샘기능저하증) 체중 증가, 무기력증, 추위를 잘 견디지 못하는 증상 등이 나타날 수 있다. 갑상샘기능저하증(hypothyroidism)은 신체 자체의 방어 세포가 갑상샘 조직을 파괴하는 자가면역반응으로 인한 경우가 가장 흔하다. 노화도 갑상샘 기능에 영향을 미쳐, 고령자에서 종종 경미한 갑상샘기능저하증이 나타나기도 한다.

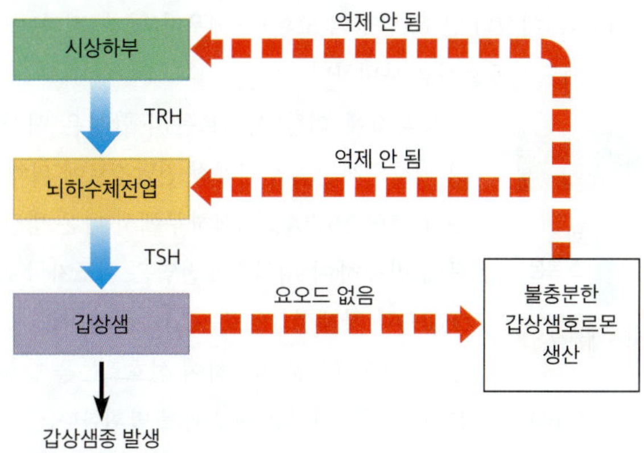

▲ **그림 26.6B** 요오드 결핍이 갑상샘종을 유발하는 과정

갑상샘기능저하증은 식단의 부조화로 발생할 수도 있다. 예를 들어, 어린 시절에 심한 요오드 결핍을 겪으면 골격 성장이 지연되고 정신발달이 손상되는 질환이 발생할 수 있다. 성인에서 요오드 섭취가 부족하면 갑상샘이 커지는 **갑상샘종(goiter)**이 발생할 수 있다(그림 2.2A 참조). 왜 요오드가 부족하면 갑상샘이 커질까? 요오드 원자는 갑상샘호르몬의 구성성분으로, 갑상샘은 요오드가 충분하지 않으면 충분한 양의 호르몬을 합성할 수 없다. 갑상샘호르몬이 부족하면 갑상샘 활동을 조절하는 되먹임고리의 작용이 중단된다(그림 26.6B). 혈액은 TRH와 TSH 분비를 억제하기에 충분한 양의 호르몬이 전달되지 않아 TSH가 계속 갑상샘의 성장을 자극하게 되어 갑상샘이 비대해진다.

다행히도 갑상샘기능저하증과 항진증은 모두 성공적으로 치료할 수 있다. 예를 들어, 많은 갑상샘종은 식단에 요오드를 추가하는 것만으로도 치료할 수 있다. 바닷물은 요오드의 풍부한 공급원이라서, 바다 근처에 사는 사람들은 토양에 요오드가 풍부하고 요오드가 풍부한 해산물을 많이 섭취하기 때문에 갑상샘종 환자가 매우 드물다. 요즘은 식용소금에 요오드가 첨가되면서 과거에 비해 갑상샘종이 줄어들었지만, 일부 개발도상국에서는 여전히 많은 사람들에게 영향을 미치고 있다. 갑상샘기능항진증의 치료는 갑상샘에 요오드가 축적된다는 사실을 이용한다. 환자가 소량의 방사성 요오드가 들어 있는 용액을 마시면, 이 방사성 요오드가 일부 갑상샘 세포를 죽인다. 이 '방사성 혼합제'는 갑상샘의 생산량을 줄이고 증상을 완화하기에 충분한 만큼의 세포만을 죽인다.

? 갑상샘기능항진증을 앓고 있는 임산부가 방사성 요오드 치료를 받고 있다. 이것은 태아에게 위험할까?

■ 그렇다. 방사성 요오드가 태아의 갑상샘에 축적되어 갑상샘의 기능을 떨어뜨릴 수 있다.

26.7 생식소는 성호르몬을 분비한다

성호르몬은 갑상샘호르몬처럼 성장과 발달에 중요한 역할을 한다. 생식주기와 성행위도 성호르몬에 의해 조절된다. 성분비샘이기도 한 **생식소(gonad**, 여성의 난소, 남성의 고환)는 배우자(난자, 정자)를 생산하는 것 외에도 성호르몬을 분비한다.

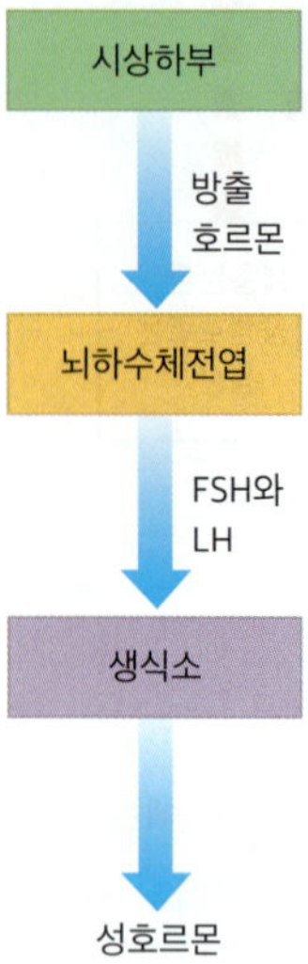

▲ 그림 26.7A 성호르몬 생산의 조절

생식소에 의한 성호르몬의 합성은 시상하부와 뇌하수체전엽의 단계적 전달경로에 의해 조절된다(그림 26.7A). 시상하부에서 나온 방출호르몬에 반응하여 뇌하수체전엽은 여포자극호르몬(FSH)과 황체형성호르몬(LH)을 분비한다. 이들은 난소나 고환을 자극하여 성호르몬을 합성하고 분비하는 등 여러 가지 효과를 발휘한다.

포유류의 생식소는 에스트로겐, 프로게스테론, 안드로겐 등 세 가지 주요 스테로이드 성호르몬을 생성한다. 암컷과 수컷은 세 가지를 다 가지고 있지만 그 비율이 다르다. 암컷은 안드로겐 대비 에스트로겐의 비율이 높다. 사람에서 **에스트로겐(estrogen)**은 여성의 생식기관을 보존하고 유방과 넓은 엉덩이 등 여성적 특징의 발달을 촉진하는 역할을 한다. 이 장 도입부에서 살펴본 2개의 환경호르몬인 아트라진과 BPA는 에스트로겐을 닮은 합성화학물이다. 26.3절에서 이러한 종류의 물질에 노출된 수컷 개구리가 탈웅성화되는 것을 보았다. 모든 포유류에서 **프로게스테론(progesterone)**은 주로 배가 착상하고 유지되도록 자궁을 준비하고 보존하는 데 관여한다.

일반적으로 **안드로겐(androgen)**은 수컷 생식기관의 발달과 유지를 자극하는데, 주요 안드로겐은 **테스토스테론(testosterone)**이다. 수컷은 에스트로겐 대비 안드로겐의 비율이 높다. 사람의 경우, 발생 7주 차에 남성 배아에서 생성되는 안드로겐은 배아가 여성이 아닌 남성으로 발달하도록 배아를 자극한다. 사춘기 동안에는 고농도의 안드로겐이 저음의 목소리, 수염, 큰 뼈대근육과 같은 남성적 특징의 발달을 유발한다.

성호르몬의 불균형은 성적 특징의 발달을 복잡하게 만들 수 있다. 그림 26.7B는 안드로겐 무감각 증후군이라는 X-연관 열성 형질을 가진 가족의 가계도를 보여준다. 이 장애는 안드로겐의 하나인 테스토스테론의 수용체에 결함이 있는 것으로, 테스토스테론이 표적세포에 들어가기는 하지만 핵에 있는 수용체와 결합하지 못한다. 따라서 표적세포는 혈액에 있는 테스토스테론에 반응하지 않는다. 이 장애를 가진 개체는 유전적으로 남성(XY)이지만 X 염색체에 열성 대립유전자(X^a)를 가지고 있다. 안드로겐 무감각 증후군을 가진 개체는 여성 외부생식기를 가지고 태어나지만 배 안에는 남성 고환을 가지고 있다. 남성의 외부 생식기와 여성의 난소는 발달하지 않는다. 사춘기 때에도 얼굴에 수염이 나고 목소리가 깊어지는 등의 남성적 특징이 나타나지 않으며, 오히려 가슴확대를 경험하게 된다. 그림 26.7B에 표시된 가계도에서 남성은 사각형, 여성은 원으로 표시되어 있으며, 유전학적으로는 남성이지만 표현형으로는 여성에 가까운 개체, 즉 안드로겐 무감각 증후군을 가진 개체는 사각형 안에 검은 원으로 표시되어 있다. 안드로겐 무감각 증후군은 성호르몬이나 그 수용체가 오작동할 때 발생하는 여러 질환 중 하나다.

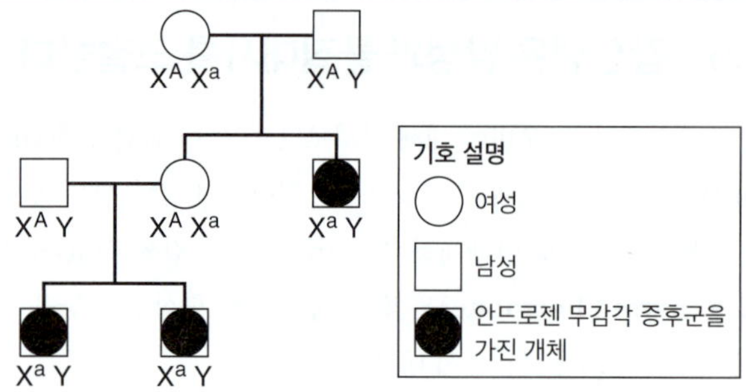

▲ 그림 26.7B 안드로겐 무감각 증후군 가계도

연구에 따르면 안드로겐에 의한 성 분화과정은 모든 척추동물에서 매우 유사한 방식으로 일어나며, 이는 안드로겐이 진화 초기부터 이러한 역할을 수행했음을 시사한다. 테스토스테론은 사람뿐만 아니라 다른 척추동물에서도 수컷 성징에 영향을 미친다. 예를 들어, 테스토스테론은 코끼리 물범 수컷의 공격적인 행동, 수컷 명금류의 지저귐 증가, 수컷 사슴과 엘크의 뿔 발생 등을 유발한다(그림 26.7C).

지금까지 생식소와 갑상샘의 기능과 항상성을 유지하는 데 그들의 역할에 대해 알아보았다. 다음 두 절에서는 혈당 농도 평형을 유지하는 데 있어 중요한 이자와 그 역할에 대해 알아본다.

? 시상하부가 호르몬 생산을 관리하는 방식을 기초로, 어떻게 안드로겐 생산이 억제되는지를 예측하시오.

■ 음성되먹임에 의해 억제된다. 혈액 내 안드로겐 수치가 높으면 시상하부에 의한 방출호르몬과 뇌하수체전엽의 FSH와 LH 생산이 억제된다(그림 27.4C 참조).

▲ 그림 26.7C 엘크(*Cervus canadensis*) 암컷(왼쪽 세 마리)과 수컷(오른쪽 한 마리)

개념 시각화 26.8 이자호르몬은 혈당 농도를 조절한다

이자(pancreas, 췌장)는 이중 기능을 가진 샘이다. 소화효소를 소장으로 분비하고, **인슐린**(insulin)과 **글루카곤**(glucagon)이라는 두 가지 단백질 호르몬을 혈액으로 분비한다. 이 호르몬들은 혈액 내 포도당의 농도를 조절하여 전신을 순환하는 포도당의 양을 조절한다. 포도당은 동물 세포의 에너지원이라는 것을 상기하면서 이제 혈당이 어떻게 조절되는지 살펴보자.

이자 전체에 흩어져 있는 내분비 세포의 무리를 이자섬(pancreatic islet)이라고 한다. 각 섬 안에는 인슐린을 생산하는 베타세포와 글루카곤을 생산하는 알파세포가 있다. 인슐린과 글루카곤은 **길항호르몬**(antagonistic hormone)이라고 하는데, 이는 한쪽의 효과가 다른 쪽의 효과와 반대되기 때문이다.

인슐린과 글루카곤 분비의 평형으로 포도당의 항상성 '설정점'이 유지된다. 2개의 음성되먹임 기작이 혈액 내 포도당 양을 관리한다. 한 되먹임 기작은 인슐린 방출을 통해 포도당 농도를 낮추는 반면, 다른 되먹임 기작은 글루카곤 방출을 통해 포도당 농도를 올린다. 인슐린이 혈액에 있으면 거의 모든 세포에서 포도당을 흡수하고, 여분의 포도당은 간과 근육세포에 글리코겐(glycogen)이라는 다당류로 저장된다. 혈액에 글루코겐이 있으면 저장된 글리코겐이 분해되어 포도당이 혈액으로 되돌아오게 된다. 아래 그림은 사람의 혈당 조절을 설명해 준다.

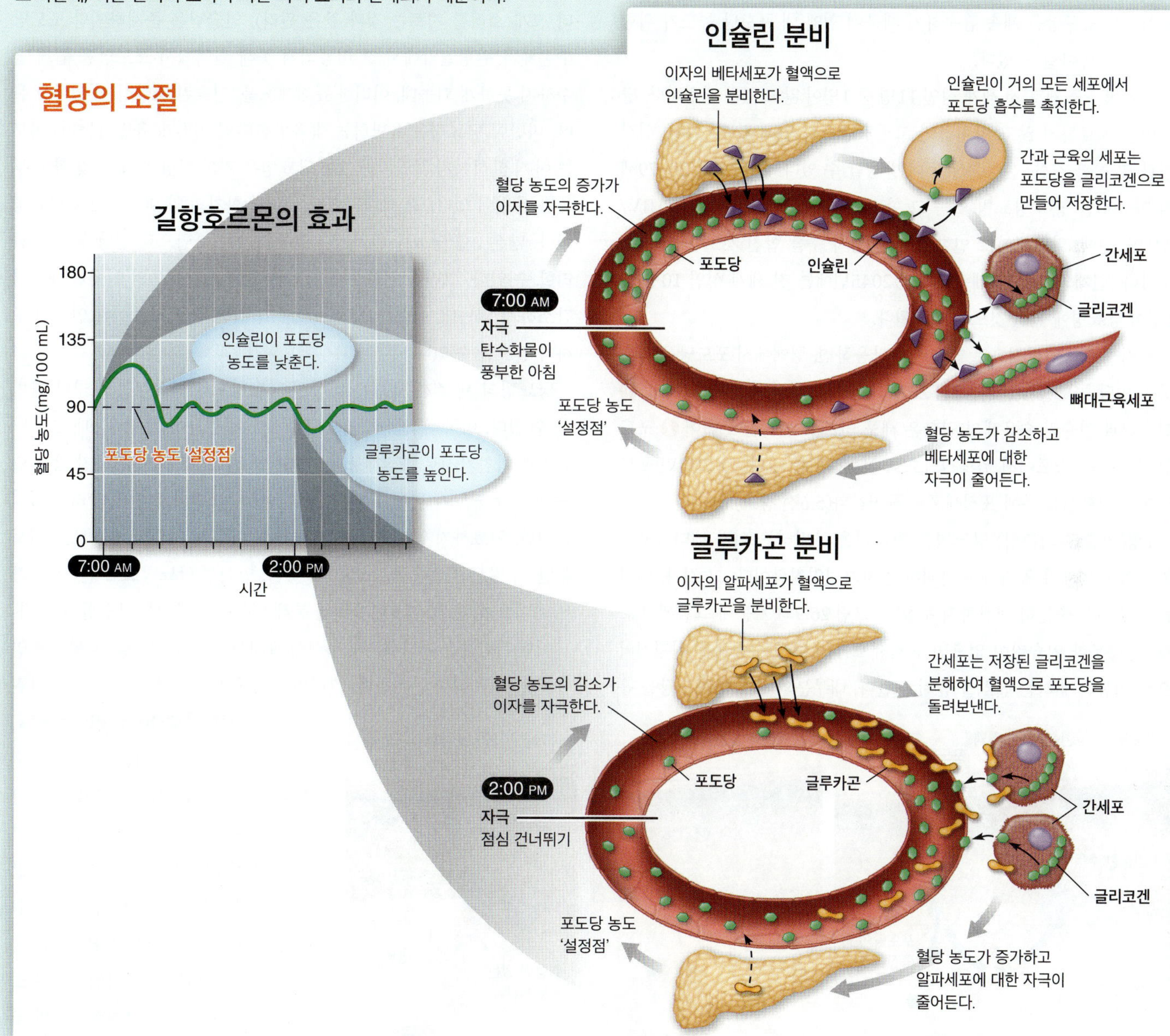

? 만약 어떤 사람의 베타세포가 작동하지 않는다면 어떻게 될까?

■ 인슐린이 생성되지 않아 체세포들이 자극을 받지 못해 포도당을 흡수하지 않을 것이다.

26.9 당뇨병은 흔한 내분비장애다

연결 모든 항상성 기작에서 조절의 불균형은 유해한 결과로 나타날 수 있다. **당뇨병(diabetes mellitus)**은 몸이 인슐린을 생산하거나 사용하는 능력을 상실하여 혈액으로부터 포도당 흡수가 잘 안되어 발생하는 심각한 호르몬 장애다. 당뇨병은 결과적으로 혈당의 상승 또는 **고혈당증(hyperglycemia)**을 초래한다. 당뇨병 환자의 경우, 혈액에 포도당이 충분함에도 불구하고 세포들은 혈액에서 충분한 포도당을 얻을 수 없다. 따라서 연료가 부족한 세포는 지방과 단백질이라는 몸의 다른 공급원을 연소시켜야 한다. 한편, 소화계는 섭취한 음식에서 포도당을 계속 흡수하기 때문에 혈액 내 포도당 농도가 위험할 정도로 높아질 수 있다.

당뇨병은 실제로 전 세계 성인 11명 중 1명이 앓고 있는 질병이다. 당뇨병을 치료하지 않고 방치하면 고혈당증으로 인해 탈수, 실명, 심장혈관 및 콩팥 질환, 신경손상 등이 발생할 수 있다. 2017년에 20~79세의 약 400만 명이 당뇨병 또는 그 합병증으로 사망했으며, 이는 HIV/AIDS, 결핵, 말라리아로 인한 연간 사망자 수를 합친 것보다 더 많은 숫자다. 현재의 추세가 계속된다면 2045년에는 전 세계 성인 10명 중 1명이 당뇨병에 걸릴 것으로 예상된다.

표적세포는 일반적으로 인슐린에 반응하면, 혈액에서 포도당을 흡수하여 혈당 농도를 낮춘다. **그림 26.9**의 왼쪽 그림에서 볼 수 있듯이, ❶ 인슐린과 인슐린 수용체의 결합은 세포 안으로 신호를 보내어 ❷ 포도당 수송체가 소포에서 원형질막으로 이동하도록 한다. ❸ 그러면 포도당이 촉진확산을 통해 표적세포로 들어간다(5.6절 참조).

1형(인슐린-의존성) 당뇨병은 인슐린을 분비하는 이자 베타세포를 자신의 면역계가 공격하여 파괴하는 자가면역질환이다. 그 결과, 이자는 인슐린을 충분히 생산하지 못한다. 그림 26.9의 가운데 그림에서 보듯이, 충분한 인슐린이 없으면 표적세포는 포도당 수송체를 원형질막으로 이동하게 하는 신호를 받지 못한다. 대부분의 세포가 포도당을 흡수하지 못하게 되면서 혈액 내 포도당 농도는 계속 높아진다. 1형 당뇨병은 어린 시절에 많이 발생한다. 사람의 몸은 베타세포를 재생할 수 없어서, 1형 환자는 치료를 위해 매일 사람 인슐린을 여러 번 투여해야 한다.

2형 당뇨병(인슐린-비의존성 당뇨병)에서는, 인슐린은 만들어지지만, 인슐린 신호가 표적세포 내부로 정상적으로 전달되지 않는다(그림 26.9 오른쪽 그림). 종종 이자 베타세포는 더 많은 양의 인슐린을 생산함으로써 온전하지 못한 신호전달에 적응한다(귀마개를 착용한 사람이 더 크게 소리를 지르는 것과 같은 원리). 인슐린은 존재하지만 포도당 수송체가 원형질막에서 잘 이용되지 못해 혈액에서 포도당을 쉽게 흡수하지 못하게 되는데, 이러한 표적세포를 '인슐린 저항성'이 있다고 한다. 비만이 당뇨병을 유발하는지(유발한다면 어떻게 유발하는지) 여부는 아직 밝혀지지 않았지만, 2형 당뇨병은 거의 항상 과체중 및 활동 부족과 관련이 있다. 전 세계적으로 당뇨병 환자의 약 90%가 2형 당뇨병이다. 많은 2형 당뇨병 환자들은 운동과 식이요법으로 혈당 농도를 관리할 수 있다. 그러나 질환이 진행됨에 따라 베타세포의 인슐린 생산이 감소하게 되는데, 이때는 혈당을 낮추기 위해 경구 약물이나 인슐린 주사가 필요할 수 있다.

당뇨병의 세 번째 유형은 임신성 당뇨병으로 임산부는 누구나 발병할 수 있다. 미국 내 임산부의 약 4%에서 이 질환이 발생하는데, 2형 당뇨병과 마찬가지로 표적세포가 인슐린에 정상적으로 반응하지 않아 혈중 포도당 농도가 높게 유지된다. 임신성 당뇨병의 원인은 알려져 있지 않지만, 치료하지 않고 방치하면 뱃속의 아기가 위험할 정도로 커져서 분만 시 많은 어려움을 초래할 수 있다. 임신성 당뇨병으로 진단되더라도 식이요법, 운동, 인슐린 주사를 통해 대부분의 문제를 예방할 수 있다.

어떤 사람들은 베타세포의 활성이 과해서 당을 섭취했을 때 혈액에 인슐린을 너무 많이 분비한다. 그러면 혈당 농도가 정상보다 훨씬 낮아질 수 있다. **저혈당증(hypoglycemia)**이라고 불리는 이 상태는 보통 식사 후 2~4시간 후에 발생하며 배고픔, 쇠약감, 발한 등을 동반할 수 있다. 심한 경우 뇌에 포도당이 충분히 공급되지 않으면 경련을 일으키고 의식을 잃고 심하면 사망할 수도 있다. 저혈당증은 흔하지 않으며, 대부분의 저혈당증은 소량의 식사를 더 자주 섭취함으로써 조절할 수 있다.

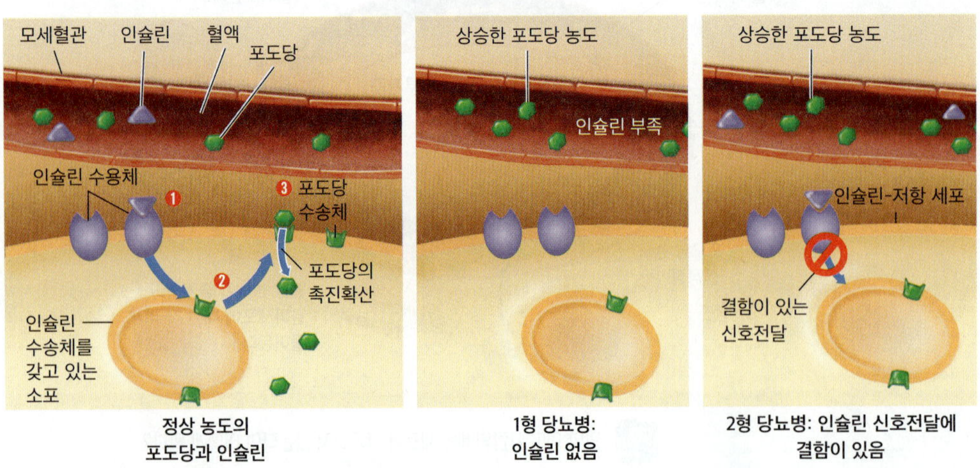

▲ **그림 26.9** 1형 당뇨병과 2형 당뇨병의 비교

시도해 보기 이 그림을 기억하여 빈 종이에 그려보고 설명해 보자.

? 1형 당뇨병 환자에게 인슐린을 너무 많이 주사하면 어떻게 될까?

■ 저혈당증이 일어나 경련과 사망으로 이어질 수 있다.

26.10 부신은 스트레스에 반응할 준비를 하도록 한다

내분비계에는 **부신(adrenal gland)**이 포함되는데, 부신은 각 콩팥 위에 하나씩 2개가 있다. **그림 26.10**(왼쪽 위에 삽입된 그림)에서 볼 수 있듯이, 각 부신은 **부신속질(adrenal medulla**, 부신수질)이라는 중앙 부분과 **부신겉질(adrenal cortex**, 부신피질)이라는 바깥 부분의 두 샘이 서로 융합된 형태로 구성되어 있다. 부신속질과 부신겉질은 모두 신체가 스트레스에 반응할 수 있도록 하는 호르몬을 분비한다. 그러나 두 샘은 반응을 유발하는 스트레스 유형, 분비하는 호르몬의 종류 및 그 호르몬의 표적에 차이가 있다.

부신속질 부신속질은 신체가 갑작스러운 행동에 대비하도록 하는 호르몬을 분비하여 신체적 위협, 운동 또는 추위에 대한 노출 등에 의한 스트레스에 빠르게 반응할 수 있도록 한다. 이 호르몬은 긴박한 상황에 대비하여 신체를 준비시키기 때문에 흔히 '공격-또는-도피(fight-or flight)' 호르몬이라고도 불린다. 위험을 감지하면 심장이 더 빨리 뛰고 피부에 소름이 돋는 것을 느낀 적이 있을 것이다. 예고 없는 시험과 같은 예기치 않은 위협에 직면하면 이러한 스트레스 증상이 나타날 수 있다. 극도의 쾌락과 같은 긍정적인 감정도 같은 효과를 일으킬 수 있다. 이러한 반응은 부신속질에서 분비되는 두 가지 호르몬, **에피네프린(epinephrine**, 아드레날린)과 **노르에피네프린(norepinephrine**, 노르아드레날린)에 의해 촉발된다.

부정적이건 긍정적이건 간에 스트레스성 자극은 시상하부의 특정 신경세포를 활성화한다. ❶ 이 세포는 척수를 통해 부신속질로 신경신호를 보내고 ❷ 부신은 이에 자극받아 에피네프린과 노르에피네프린을 혈액으로 분비한다. 이 두 호르몬은 간세포가 포도당을 방출하도록 하고 세포활동에 사용될 연료를 더 많이 만들도록 한다. 또한 혈압, 호흡, 대사율을 높여 신체가 실행을 준비할 수 있도록 한다. 또한 에피네프린과 노르에피네프린은 혈류 패턴을 변화시켜 일부 기관은 더 활발하게, 다른 기관은 덜 활발하게 만든다. 예를 들면, 에피네프린은 뇌와 골격근의 혈관을 확장시켜 스트레스에 대한 민첩성과 근육의 반응을 증가시킨다. 동시에 이 호르몬은 다른 곳의 혈관을 수축시켜 빠른 스트레스 반응에 즉각적으로 관여하지 않는 소화와 같은 활동을 감소시킨다.

부신겉질 부신겉질은 저혈당이나 혈액량 및 혈압 감소와 같은 스트레스에 활성화된다. 신경세포 신호에 반응하는 부신속질과 달리 부신겉질은 호르몬 신호에 반응한다. 그림 26.10과 같이 ❸ 시상하부에서 방출호르몬을 분비하면 ❹ 뇌하수체전엽 내 표적세포가 자극되어 부

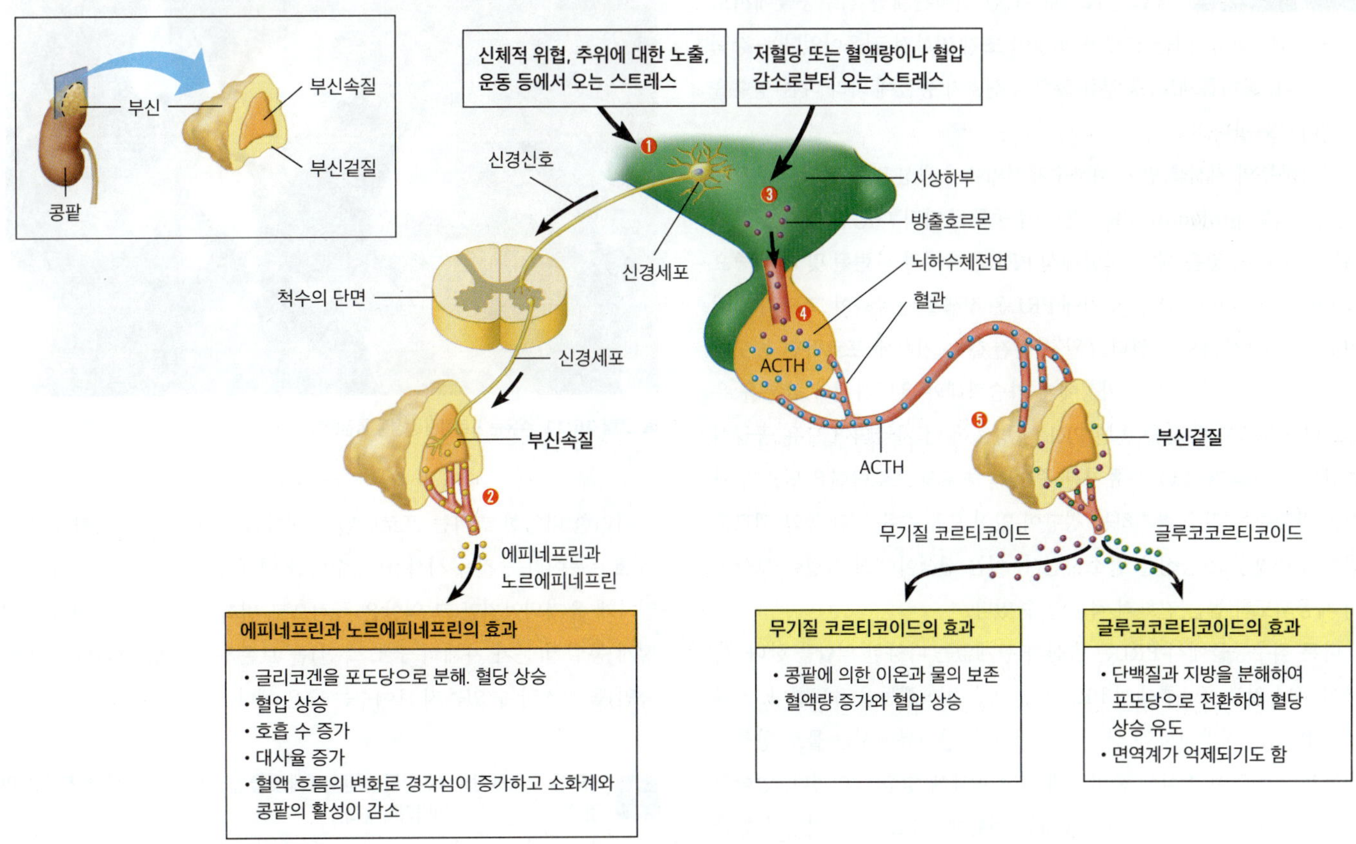

▲ **그림 26.10** 부신이 서로 다른 스트레스 자극에 대한 몸의 반응을 조절하는 방법

시도해 보기 부신속질과 부신겉질의 자극과 반응을 대조하는 표를 만들어 보자.

신겉질자극호르몬(adrenocorticotropic hormone, ACTH)을 분비한다. ❺ ACTH는 부신겉질 세포를 자극하여 **코르티코스테로이드(corticosteroid)**라고 불리는 스테로이드 호르몬을 합성하고 분비하도록 한다. 이 중 사람에서 중요한 것은 무기질 코르티코이드와 글루코코르티코이드 두 가지다.

무기질 코르티코이드(mineralocorticoid)는 주로 염분과 수분 평형에 작용한다. 이 호르몬 중 하나인 알도스테론(aldosterone)은 콩팥을 자극해 나트륨 이온과 물을 재흡수하도록 하여, 전체적으로 혈액량을 늘리고 혈압을 올린다.

글루코코르티코이드(glucocorticoid)는 주로 세포 연료를 동원하는 기능을 한다. 글루코코르티코이드는 단백질같이 탄수화물이 아닌 물질로부터 포도당 합성을 촉진한다. 간이 글리코겐 저장고에서 공급할 수 있는 것보다 더 많은 포도당을 체세포가 소비하면, 글루코코르티코이드는 뼈대근육의 단백질 분해를 자극하고, 여기서 만들어진 아미노산들이 간에서 포도당을 만드는 데 사용될 수 있게 한다. 이렇게 하면 혈액에 사용할 수 있는 포도당이 더 많아지고, 스트레스에 반응할 때 이를 세포 연료로 사용할 수 있다.

글루코코르티코이드 농도가 매우 높으면 염증반응을 포함한 신체의 방어 시스템이 억제될 수 있다(24.2절 참조). 이러한 이유로 의사들은 관절염이나 운동 부상과 같은 심각한 염증 치료에 글루코코르티코이드를 사용하곤 한다. 그러나 장기간에 걸친 글루코코르티코이드 경구제의 투여는 면역계를 약화시키고, 쉽게 멍이 들고, 뼈가 약해지며, 체중이 늘고, 근육이 소실되고, 당뇨병에 걸릴 위험이 증가하는 등의 부작용이 발생할 수 있다. 글루코코르티코이드를 염증 부위에 주사하는 것이 좀 더 안전하기는 하지만, 여전히 잠재적으로 위험할 수 있다. 이 치료를 받으면 일반적으로 통증은 가라앉지만 근본적인 원인은 그대로 남아 있다. 통증을 가리는 것은 조직이 손상되었다는 통증의 신호를 은폐하는 것이다.

? 사람이 얼음 호수에 빠지면 부신속질과 부신겉질 중 어느 샘이 자극을 받아 호르몬을 생성할까?

■ 부신속질. 추위에 노출되는 것은 신체적 위협과 운동과 마찬가지로 부신속질을 자극한다.

26.11 하나의 호르몬이 다른 동물에서는 다른 기능을 수행할 수 있다

진화 연관성 호르몬은 모든 척추동물에서 중요한 역할을 하며, 똑같은 호르몬이 먼 친척관계인 척추동물에서도 발견되기도 한다. 이는 호르몬 조절이 초기 진화적 적응이었다는 강력한 증거다. 흥미롭게도, 동일한 화학적 신호가 동물에 따라 다른 영향을 나타내기도 한다.

시상하부의 지시를 받아 뇌하수체전엽에서 생성 및 분비되는 호르몬인 프로락틴(prolactin, PRL)은 척추동물에 따라 다양한 효과를 나타내는 호르몬의 좋은 예다. 사람에서 PRL은 출산과 관련된 몇 가지 중요한 기능을 수행한다. 임신 후기에 PRL은 젖샘을 자극하여 그 크기가 커지고 젖을 생산하도록 한다. (월경 직전 짧은 기간에 프로락틴 농도가 급상승하는데, 이는 일부 여성에게 가슴확대와 유방확대와 압통을 유발한다.) 신생아가 젖을 빨면 PRL의 방출이 더 자극되어 모유 공급이 증가한다(**그림 26.11**). 수유기간 중 높은 농도의 프로락틴은 난소가 난자를 방출하는 것을 방지하는 경향이 있어 모유 수유 기간 동안 새로운 임신이 발생할 가능성을 감소시킨다. 이는 신생아에게 적절한 보살핌이 제공되도록 돕는 진화적 적응일 수 있다.

다른 척추동물에서 PRL은 출산과 관계없는 다양한 역할을 한다. 사람이 아닌 일부 포유류에서 PRL은 둥지를 짓는 행동을 유도한다. 조류에서 PRL은 지방대사와 생식을 조절한다. 양서류에서는 물로 향하는 행동을 자극하여 번식을 준비하게 하고 변태에 영향을 미친다. 연어와 같이 바닷물과 민물 사이를 이동하는 어류에서 PRL은 아가미와 콩팥에 작용하여 염분과 수분 평형을 조절하도록 도움을 준다.

▲ **그림 26.11** 수유는 프로락틴 생성을 촉진한다.

이러한 다양한 효과는 프로락틴이 진화를 통해 기능이 다양해진 고대 호르몬이라는 것을 시사한다. 수백만 년에 걸쳐 프로락틴 분자는 동일하게 유지되었지만 그 역할은 극적으로 변화했는데, 이는 진화가 어떻게 통일성(분자 자체의 구조 측면)을 보존하고 다양성(다양한 역할 측면)을 촉진할 수 있는지 보여주는 좋은 예다.

? PRL은 모유 생산을 촉진한다. 신생아에게 젖을 빨리면 PRL 생산이 촉진된다. 이것은 ________ 되먹임의 예다.

■ 양성

26.12 호르몬은 사회적 행동을 조장하기도 한다

연결 사람과 개는 서로에게 강한 유대를 형성할 수 있으며 수천 년 동안 그렇게 해왔다. 길들여진 개의 도움을 받는 사냥으로 식량 공급이 증가하기 때문에, 개와 사람의 사회적 유대를 촉진하는 생물학적 요인이 인류 진화에 있어 중요할 수 있다는 것이 개와 사람의 관계를 그럴듯하게 만든다. 개를 '인간의 가장 친한 친구'로 만드는 것은 무엇일까? 최근 과학자들은 사람과 개의 관계에서 옥시토신 호르몬의 역할에 대해 연구하고 있다.

옥시토신(oxytocin)은 자궁 수축과 모유 배출에 관여하는 역할 외에도 포유류의 사회적 행동(social behavior)에도 중요한 역할을 한다. 예를 들어, 옥시토신은 모성애를 유발한다. 처녀 암컷 쥐에 옥시토신을 주입하면, 관계없는 새끼에 대한 강한 모성 행동(예: 새끼를 핥고 새끼 위로 웅크리는 행동)이 시작된다. 옥시토신은 사람에서 어미와 자식 사이의 사회적 애착과도 관련이 있다. 옥시토신은 아이를 낳은 엄마가 아기의 눈을 응시할 때 그 농도가 상승한다. 그러면 아기의 옥시토신 수치도 상승하여 아기도 엄마를 응시하게 된다. 이러한 상호 응시는 점점 더 많은 옥시토신의 생산을 유발하고 강한 정서적 유대감을 조장하는 것으로 생각된다.

사람이 반려견과 상호작용을 할 때도 옥시토신이 유사하게 증가하는 것으로 나타났다. 한 연구에 따르면 개 주인이 반려견의 긴 시선을 받았을 때 옥시토신 농도가 300% 증가했으며, 이러한 증가는 남녀 모두에서 발생했다. 호르몬 반응은 상호적이어서 개에서도 역시 암수 상관없이 옥시토신 농도가 증가했다. 그러니 다음에 여러분의 귀여운 강아지가 여러분을 헌신적으로 쳐다볼 때 여러분의 반응을 조장하는 생물학적 원리에 대해 생각해 보자. 옥시토신이 엄마가 아기를 보살피도록 유도하는 것처럼, 반려견의 머리도 쓰다듬게 만드는 것은 아닐까?

? 옥시토신은 신경계의 신호에 반응하여 분비된다. 전기적 신호를 전달하고 호르몬도 생산하는 세포는 어떤 세포일까?

■ 신경분비세포. 시상하부에서 뇌하수체후엽까지 뻗어 있는 신경분비세포다.

CHAPTER 26 복습

개념 복습하기

화학적 조절의 특징(26.1~26.3)

26.1 화학적 신호와 전기적 신호가 신체 기능을 조정한다. 내분비계의 화학적 신호(호르몬)는 신체의 점진적인 변화를 조절한다. 이와 대조적으로 신경계의 전기적 신호는 즉각적인 반응을 조정한다.

26.2 호르몬은 두 가지 주요 신호 기작을 통해 표적세포에 작용한다.

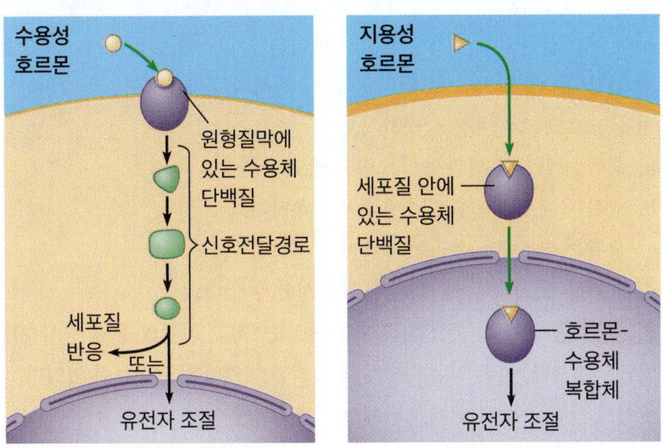

26.3 널리 사용되는 제초제가 수컷 개구리를 탈웅성화한다. 제초제 아트라진은 내분비 기능을 방해하기 때문에 환경호르몬이라고 불린다.

척추동물의 내분비계(26.4~26.5)

26.4 척추동물의 내분비계는 12개 이상의 주요 샘으로 구성되어 있다.

26.5 뇌하수체와 밀접하게 연관되어 있는 시상하부는 신경계와 내분비계를 연결한다.

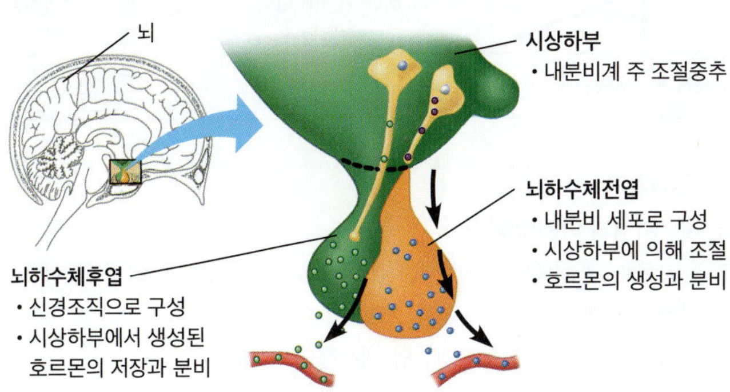

호르몬과 항상성(26.6~26.12)

26.6 갑상샘은 발생과 물질대사를 조절한다. 갑상샘호르몬은 동물의 발생과 물질대사를 조절한다. 음성되먹임 작용은 이 호르몬의 혈액 내 농도를 유지한다.

26.7 생식소는 성호르몬을 분비한다. 에스트로겐, 프로게스테론, 안드로젠은 시상하부와 뇌하수체의 신호에 반응하여 생식소에서 생성되는 스테로이드계 성호르몬이다.

26.8 이자호르몬은 혈당 농도를 조절한다.

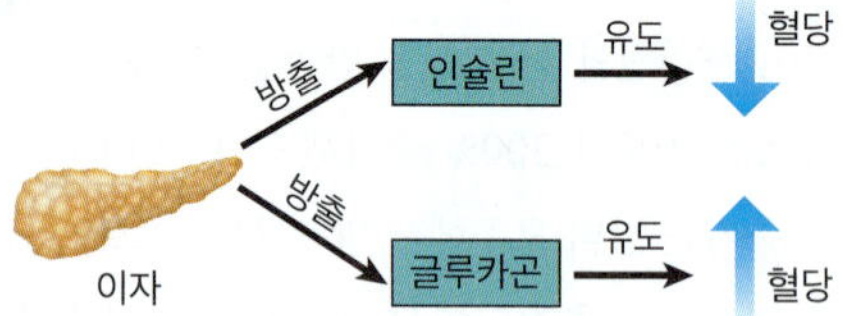

26.9 당뇨병은 흔한 내분비장애다. 당뇨병은 인슐린이 부족하거나 세포가 이에 반응하지 못해서 발생한다.

26.10 부신은 스트레스에 반응할 준비를 하도록 한다. 시상하부의 신경 신호는 부신속질을 자극하여 에피네프린과 노르에피네프린을 분비시키고, 이는 빠르게 '공격-또는-도피' 반응을 촉발한다. 뇌하수체에서 분비되는 ACTH는 부신피질에서 글루코코르티코이드와 무기질 코르티코이드를 분비하게 하여 혈압과 에너지를 높인다.

26.11 하나의 호르몬이 다른 동물에서는 다른 기능을 수행할 수 있다. 호르몬에 따라 다양한 기능이 진화해 왔다.

26.12 호르몬은 사회적 행동을 조장하기도 한다.

개념 연결하기

1. 이 장의 주요 개념이 표시된 지도를 완성해 보자.

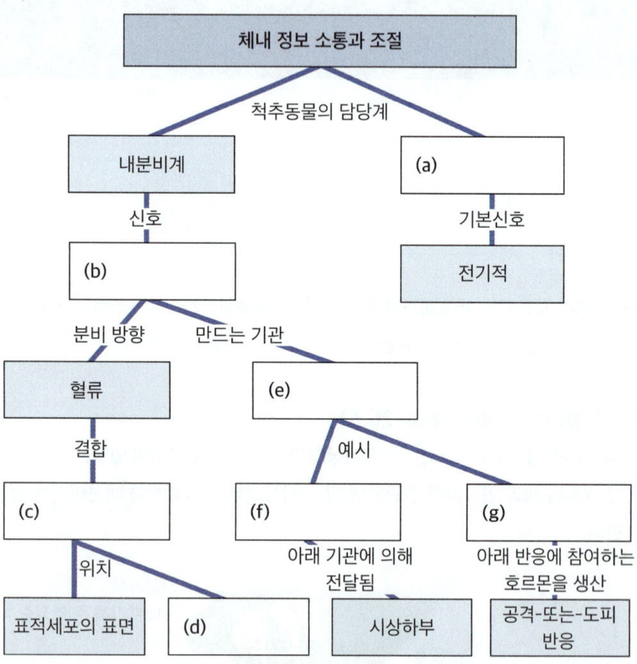

학습 평가하기

1단계 : 지식과 이해력 평가

2. 호르몬과 그 호르몬이 생성되는 샘 그리고 표적세포에 미치는 영향이 정확하게 일치하는 것은?
   a. 갑상샘호르몬: 뇌하수체전엽, 대사를 조절한다.
   b. 프로락틴: 뇌하수체전엽, 혈중 칼슘 농도를 높인다.
   c. 안드로젠: 갑상샘, 남성 성징을 조장한다.
   d. 정답 없음
3. 몸이 혈액 내 포도당 농도를 비교적 일정하게 유지할 수 있는 것은
   a. 인슐린과 글루카곤의 길항 작용으로 인해 발생한다.
   b. 인슐린과 글루카곤의 상승 작용으로 인한 것이다.
   c. 인슐린과 글루카곤의 작용기작이 모두 양성되먹임 작용에 기반하고 있기 때문이다.
   d. 인슐린은 글루카곤이 혈류로 포도당 방출을 자극하는 것을 억제하기 때문이다.
4. 시상하부가 뇌하수체에 작용하여 신체 기능을 조절하는 방법을 설명해 보자. 뇌하수체전엽과 뇌하수체후엽의 조절은 어떻게 다른가?
5. 에피네프린과 노르에피네프린이 혈액과 혈관에 미치는 영향 세 가지를 나열하시오.

2단계 : 응용과 분석력 평가

6. 내당검사에서는 포도당이 풍부한 용액을 마신 후 주기적으로 혈당 농도를 측정한다. 아래의 가상의 그래프를 사용하여 당뇨병 환자와 건강한 사람의 검사 결과를 비교하시오.

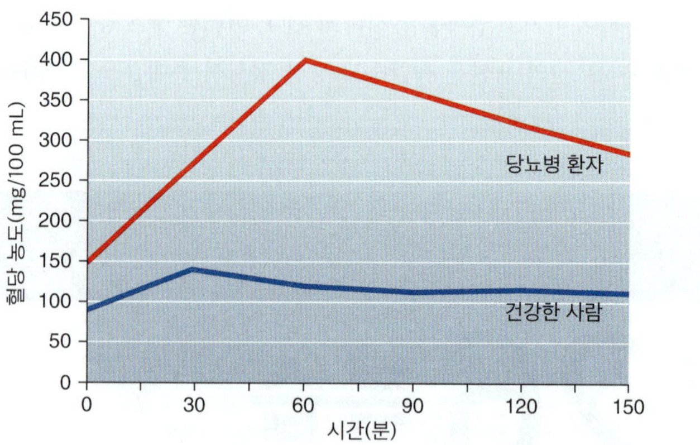

7. 햄스트링 부상을 치료하기 위해 의사는 부신속질과 부신겉질 중 어디에서 분비되는 호르몬을 사용할 것을 권장할까?
8. 다음 중 비슷한 기능을 가지고 신체에 작용하는 호르몬 두 가지를 고르고 그 이유를 설명하시오.
   a. ADH
   b. 옥시토신
   c. 글루카곤
   d. 알도스테론

3단계 : 종합평가

9. 생쥐는 정기적으로 먹이를 주는 한 건강을 유지한다. 식사 후에는 혈당 농도가 약간 올라갔다가 정상 농도로 떨어진다. 그러나 금식하거나 운동을 하면 혈당이 위험할 정도로 떨어진다. 이 생쥐의 문제를 가장 잘 설명하는 가설을 고르고 그 이유를 설명하시오.
   a. 생쥐는 인슐린-의존성 당뇨병을 앓고 있다.
   b. 생쥐는 세포에 인슐린 수용체가 부족하다.
   c. 생쥐는 세포에 글루카곤 수용체가 부족하다.
   d. 생쥐는 포도당에서 글리코겐을 합성할 수 없다.
10. **과학적 사고** 헤이즈의 실험 결과(26.3절)는 최고 권위의 동료 심사 저널에 발표되었지만, 이후 실험 타당성에 이의를 제기하는 사람들이 있었다. 외부 출처를 사용하여 누가 이 결과에 이의를 제기했는지 알아보자.

CHAPTER

27 생식과 배아 발생

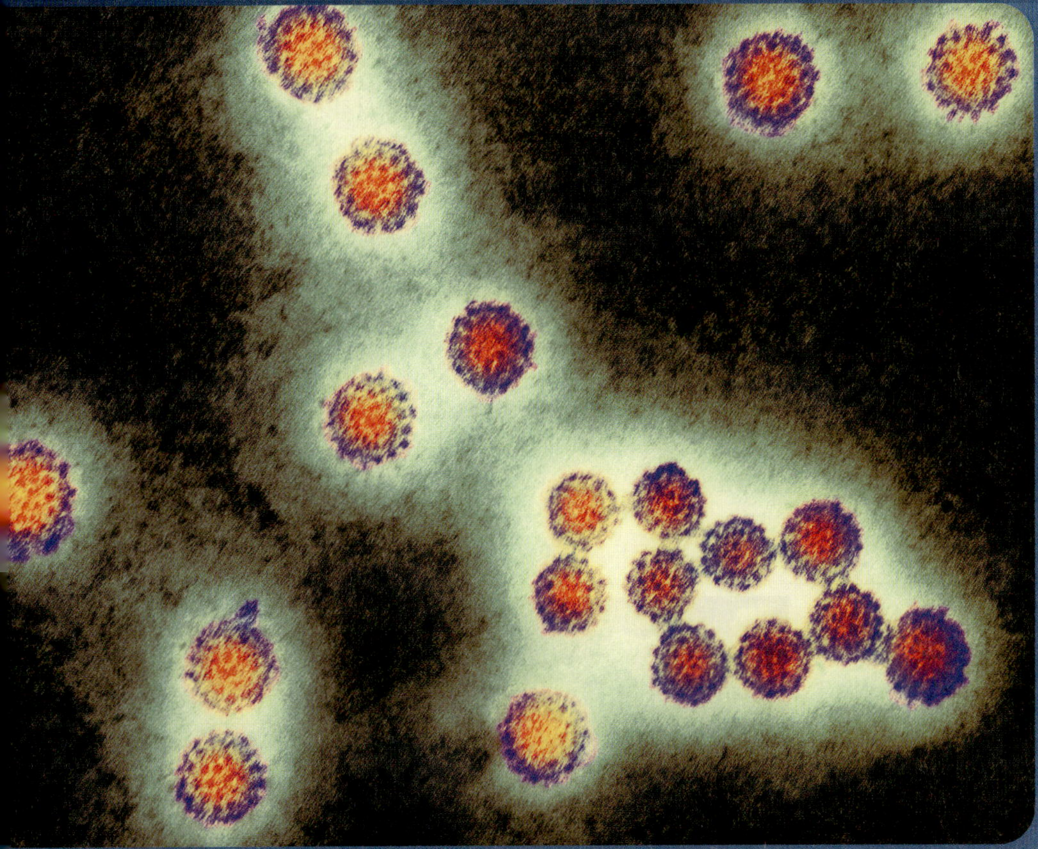

핵심 개요

무성생식과 유성생식(27.1~27.2)

어떤 동물은 무성생식을 할 수 있지만, 대부분은 난자와 정자의 수정에 의한 유성생식을 한다.

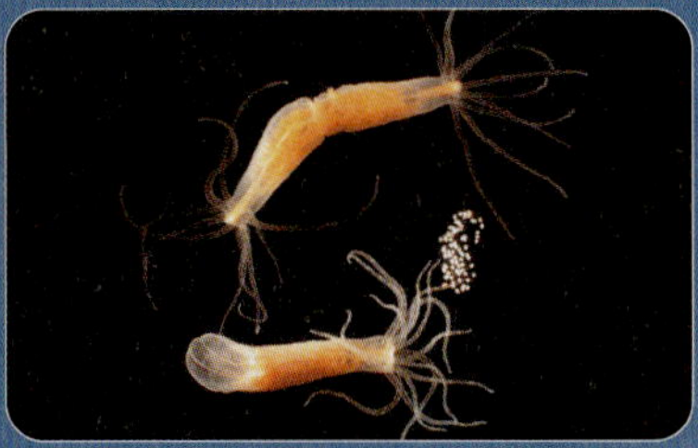

사람의 생식(27.3~27.8)

남성과 여성의 생식계는 배우자를 생산하고 저장하며 전달하는 구조를 가지고 있다.

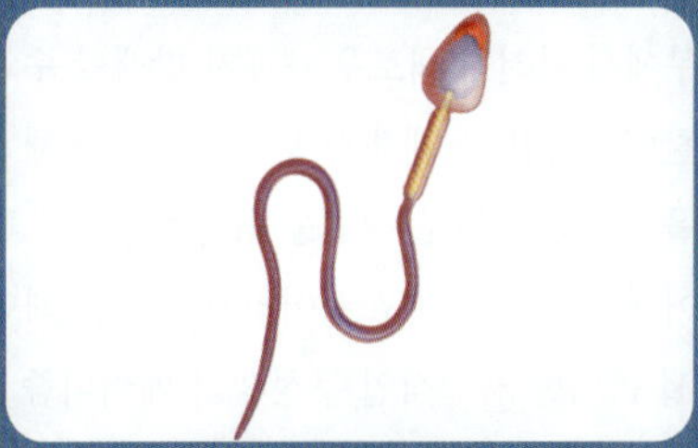

배아 발생의 원리(27.9~27.14)

접합자는 정교하게 조절되는 일련의 과정을 통해 배로 발달한다.

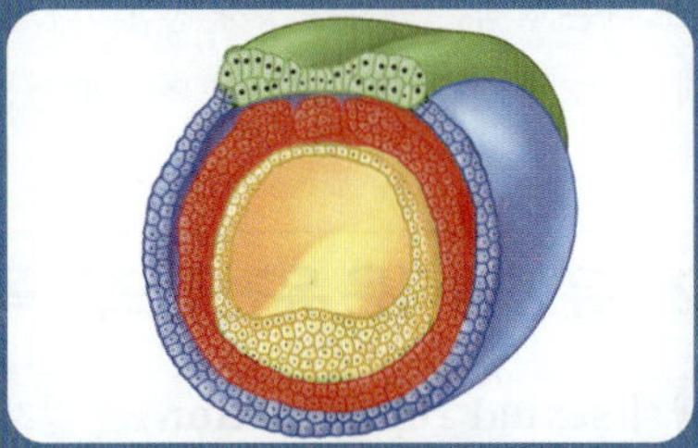

사람의 발생(27.15~27.18)

사람의 태아는 9달 동안 자궁에서 발달한다.

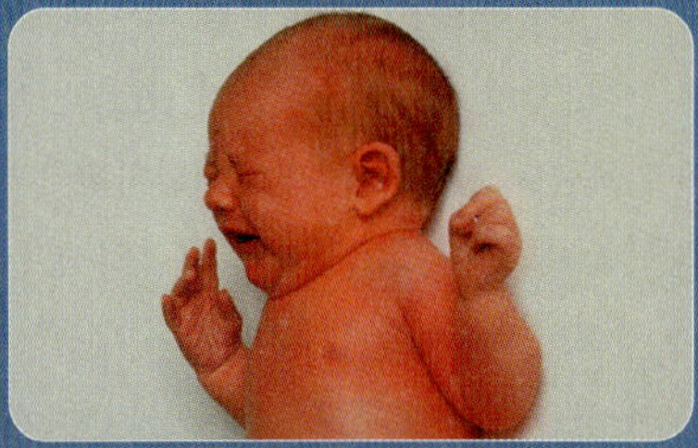

27.0 바이러스성 성병은 평생 지속될 수 있다

박테리아, 원생생물(protist), 심지어 곰팡이류에 의해서도 성병(STI)이 발생할 수 있다. 하지만 바이러스로 인한 성병은 최악이다. 예를 들어 사람유두종바이러스(HPV, 위 현미경 사진에 표시)는 수십 가지의 변종이 있으며, 미국에서 가장 흔한 성병이다. 일부 변종은 생식기 사마귀를 유발하고, 다른 변종은 거의 모든 자궁경부암의 원인이 된다.

성병을 일으키는 바이러스는 일단 체내에 침입하면 적절한 표적세포를 인식할 때까지 돌아다닌다. 바이러스는 세포를 감염시킨 후 오랜 기간 휴면 상태로 남아 있을 수 있다. 세포 안에 숨어 있는 이러한 능력 때문에 바이러스성 성병은 박멸하기가 매우 어렵다. 또한 바이러스성 성병은 치료할 수 없기 때문에 평생 지속된다.

그렇다면 성병을 예방할 수 있는 방법은 무엇인가? 금욕 또는 라텍스 콘돔의 적절한 사용 같은 안전한 성생활로 감염을 예방하는 것이 최선의 방법이다. 성병에 대해서는 이 장 뒷부분에서 다시 살펴보겠다. 그러나 먼저, 동물의 다양한 생식 방법에 대한 간략한 소개로 시작하여 사람의 생식계를 자세히 살펴보고자 한다. 그런 다음 배아 발생과 탄생의 과정에 대해 논의할 것이다. 그 과정에서 본 주제가 우리 건강에 어떤 영향을 미치는지 다시 한번 살펴볼 수 있다.

무성생식과 유성생식

27.1 무성생식은 유전적으로 동일한 개체를 생산한다

모든 개별 동물의 수명은 비교적 짧지만, 종은 기존 개체에서 새로운 개체를 만들어내는 **생식(reproduction)**을 통해 이 시간적 한계를 뛰어넘는다. 동물은 매우 다양한 방식으로 번식하지만, 크게 무성생식과 유성생식의 두 가지 방식이 있다.

무성생식(asexual reproduction)은 한 부모가 유전적으로 동일한 자손을 만드는 것을 말한다. 동물에서는 여러 가지 유형의 무성생식이 발견된다. **그림 27.1A**의 히드라 같은 많은 무척추동물은 부모로부터 새로운 개체가 자라나서 결국 분리되는 출아를 통해 무성생식을 한다. **그림 27.1B**에 표시된 말미잘은 부모가 거의 같은 크기의 2개 이상의 자손으로 분리되는 분열(fission) 과정을 거친다. 무성생식은 부모의 몸이 여러 조각으로 쪼개지는 분열과 손실된 신체 부위가 다시 자라는 재생의 두 단계 과정으로 이루어질 수도 있다. 예를 들어 불가사리(sea star)의 경우, 잘려 나간 팔과 중앙 몸통의 일부에서 완전히 새로운 개체가 발생할 수 있다(그림 8.1B 참조). 따라서 팔이 5개인 한 개체가 무성생식을 통해 몇 주 만에 5마리의 자손을 낳을 수 있다. 일부 해면동물(sponge)의 경우, 하나의 해면을 철망에 밀어내 만들어진 세포 덩어리가 새로운 해면으로 다시 자랄 수 있다. (여기서 논의한 자연적인 무성생식 메커니즘 외에도 많은 종이 인공적인 무성생식의 대상이 되어왔다. 11.12~11.13절의 복제 논의 참조)

▲ **그림 27.1A** 출아를 통한 히드라의 무성생식

자연에서 무성생식은 몇 가지 잠재적 이점이 있다. 우선, 장소를 이동하지 않거나 고립되어 사는 동물이 짝을 찾지 않고도 자손을 생산할 수 있다. 또 다른 장점은 난자와 정자 생산이나 짝짓기에 시간과 에너지가 낭비되지 않기 때문에 많은 자손을 빠르게 생산할 수 있다는 것이다. 무성생식은 특정 유전자형을 충실하고, 정확하고, 빠르게 보존한다. 따라서 유전적으로 환경에 잘 적응하는 동물이 개체군을 빠르게 확장하고 가용 자원을 활용하는 데 효과적인 방법이 될 수 있다.

무성생식의 잠재적 단점은 유전적으로 균일한 개체군을 생성한다는 것이다. 이러한 개체는 특정 환경에서 번성할 수 있다. 그러나 환경이 변화하여 불리해지면(예를 들어 자연재해나 새로운 포식자로 인해) 모든 개체가 똑같이 영향을 받아 전체 개체군이 멸종할 수 있다.

? 어떤 종류의 환경이 무성생식하는 생물에게 유리한가? 그 이유는 무엇인가?

■ 지역 환경에 잘 적응한 유전자형이 자손에게 계속 유지되기 때문에 안정된 환경이 무성생식에 유리하다.

▲ **그림 27.1B** 분열에 의한 말미잘의 무성생식

27.2 유성생식은 유전적으로 독특한 자손을 생산한다

유성생식(sexual reproduction)은 정자와 난자의 결합인 **수정(fertilization)** 과정을 통해 자손을 만드는 것이다. 정자와 난자는 모두 **배우자(gamete)**로, 반수체(n) 염색체 세트를 가진 성세포다. 수컷 배우자, 즉 **정자(sperm)**는 비교적 작은 세포로, 채찍 모양의 편모를 통해 움직인다. 암컷 배우자, 즉 **난자(egg)**는 훨씬 더 큰 세포로, 스스로 움직이지 못한다. 난자와 정자가 결합하면 2배체($2n$) **접합자(zygote)**, 즉 수정란을 형성한다. (8장에서 사람의 경우 $n = 23$ 및 $2n = 46$이라는 것을 참고하자.) 접합자, 즉 그것이 발생하여 만들어진 새로운 개체는 난자와 정자를 통해 부모로부터 물려받은 독특한 유전자 조합을 가진다.

대부분의 동물은 주로 유성생식을 통해 번식하며, 이는 자손 간 유전적 변이를 증가시킨다. 8.15절과 8.17절에서 설명한 것처럼 감수분열과 무작위 수정에 의해 유전적으로 다양한 개체가 만들어질 수 있다. 그리고 이러한 변이는 자연선택에 의한 진화의 원재료가 된다. 유성생식에서 유전자의 재편성에 의해 생성된 변이는 변화하는 환경에 더 잘 적응할 수 있게 해준다. 다시 말해, 환경이 갑작스럽게 또는 급격하게 변화할 때 유성생식을 통해 생산된 다양한 자손 중 일부가 살아남아 번식할 확률이 유전적으로 매우 유사한 자손보다 더 높다.

▲ **그림 27.2A** 작은별말미잘(*Nematostella vectensis*)의 무성생식(왼쪽)과 유성생식(오른쪽)

무성생식과 유성생식을 모두 할 수 있는 동물은 두 가지 방식 모두에서 이점을 얻는다. **그림 27.2A**에서 같은 종의 말미잘 두 마리를 볼 수 있는데, 왼쪽의 말미잘은 무성생식을 통해 번식하고, 오른쪽의 말미잘은 난자를 방출한다. 다른 많은 해양 무척추동물도 두 가지 방식으로 번식할 수 있다. 이러한 이중 생식 능력이 유리한 이유는 무엇인가? 일부 동물은 먹이가 풍부하고 수온이 적당해서 빠른 성장과 발달에 유리할 때 무성생식을 한다. 무성생식은 일반적으로 추운 기온이 겨울이 다가오고 있다는 신호를 보내거나 먹이 공급이 줄어들거나 서식지가 마르기 시작할 때까지 계속된다. 조건이 변하면 동물은 유성생식으로 전환하여 유전적으로 다양한 개체를 생산하고, 일부 자손이 새로운 조건에 잘 적응할 수 있는 적응력을 가질 확률을 높인다.

유성생식은 장점이 있지만, 움직이지 않는 동물이나 고립되어 사는 동물에게는 짝을 찾아야 한다는 문제가 있다. 한 가지 해결책은 각 개체가 암컷과 수컷의 생식기관을 모두 가지고 있는 **암수한몸**(**hermaphrodite**, 자웅동체)이다. 촌충 같은 일부 암수한몸은 자신의 난자를 수정할 수 있으나, 다른 암수한몸 동물은 상대 배우자가 필요하다. 예를 들어 **그림 27.2B**의 두 지렁이처럼 암수한몸이 짝짓기를 할 때, 각 동물은 서로 정자를 주고받는다. 각 자웅동체는 수컷과 암컷으로 번식하기 때문에 두 개체 모두 짝짓기를 할 수 있다. 이 번식 방식은 한 개체의 난자만 수정하는 짝짓기보다 두 배나 많은 자손을 낳을 수 있다.

▲ **그림 27.2B** 암수한몸 지렁이의 짝짓기

수정 기작은 유성생식에서 매우 중요하다. 많은 수생 무척추동물과 대부분의 어류 및 양서류는 **체외수정**(**external fertilization**)을 한다. 부모가 배우자를 물속으로 방출하면 수컷과 암컷이 신체 접촉을 하지 않고도 수정이 일어날 수 있다. 이는 난자와 정자가 동시에 수정이 가능해야 하므로 타이밍이 매우 중요하다. 많은 종의 경우, 온도와 낮의 길이 같은 환경적 단서나 개체가 방출하는 화학적 신호에 의해 전체 개체군이 한꺼번에 배우자를 방출하게 되는데, 이를 산란(spawning)이라고 한다. 개체군 전체에서 체외수정이 동기화되지 않을 경우, 개체는 특정한 구애 행동을 보일 수 있다. 예를 들어 많은 어류, 양서류 및 일부 해양 무척추동물은 수컷과 암컷이 동시에 배우자를 방출하는 특정 의식을 가지고 있다. 이러한 짝짓기 의식 중 하나로는 수컷 투구게가 암컷 위를 오르는 교미의식 같은 것이 있다(**그림 27.2C**).

체외수정과 달리 **체내수정**(**internal fertilization**)은 정자가 암컷의 생식관 안이나 근처에 주입되어 생식관 내에서 배우자가 합쳐질 때 발생한다. 거의 모든 육상동물은 체내수정을 하는데, 이는 건조한 외부 환경에서도 정자가 난자에 도달할 수 있도록 하기 위함이다. 체내수정을 위해서는 일반적으로 교미, 즉 성교가 필요하다. 또한 배우자를 저장하고 운반하는 기관과 교미를 촉진하는 기관을 포함한 복잡한 생식기관이 필요하다. 다음 절에서는 특정 육상동물, 즉 사람이 유성생식을 할 수 있는 복잡한 생식계의 구조에 대해 살펴볼 것이다.

? 유전자 구성 측면에서 유성생식과 무성생식의 결과로 생긴 자손의 가장 중요한 차이점은 무엇인가?

■ 유성생식의 자손은 유전적으로 다양한 반면, 무성생식의 자손은 유전적으로 동일하다.

▲ **그림 27.2C** 난자와 정자의 방출을 자극하는 행동을 하는 대서양 투구게

27.3 여성의 생식기관에는 난소와 배우자를 전달하는 구조가 있다

남성과 여성 생식기관의 해부학적 차이에 초점을 맞추는 경향이 있지만, 몇 가지 중요한 유사점이 있다. 남녀 모두 배우자를 생산하는 기관인 한 쌍의 **생식소(gonad)**를 가지고 있다. 또한 남녀 모두 배우자를 저장하고 전달하는 관과 짝짓기를 가능하게 하는 구조가 있다. 이번 절과 다음 절에서는 여성 생식계의 구조에서 시작하여 사람 생식기관의 해부학적 특징을 살펴본다.

여성의 생식소인 **난소(ovaries**, 단수는 ovary)는 각각 길이가 약 1인치이며, 표면이 울퉁불퉁하다(**그림 27.3A**). 울퉁불퉁 튀어나온 돌기는 **난포(follicle**, 여포)로, 각각 발달 중인 하나의 난자 세포와 영양을 공급하고 보호하는 세포로 구성되어 있다. 또한 난포 세포는 여성 호르몬인 에스트로겐을 생성한다.

여성은 100만~200만 개의 난포를 가지고 태어나지만, 가임기 동안 수백 개의 난자 세포만을 방출한다. 사춘기부터 1개(드물게는 2개 이상)의 난포가 성숙하여 약 28일마다 미성숙 난자 세포를 방출하는데, 이 과정을 **배란(ovulation)**이라고 한다. 이러한 월경 주기는 보통 50세 전후에 발생하는 폐경기에 도달할 때까지 계속된다.

배란 후 난소 내에 남은 난포는 난소 내에서 성장하여 **황체(corpus luteum)**라는 내분비 조직 덩어리를 형성하는데, 그림 27.3A의 왼쪽 난소에서 황체를 볼 수 있다. 황체는 임신 중 자궁내막을 유지하는 데 도움이 되는 호르몬인 프로게스테론뿐만 아니라 에스트로겐을 추가로 분비한다. 방출된 난자가 수정되지 않으면 황체는 퇴화하고, 다음 주기 동안 새로운 난포가 성숙한다. 배란과 여성 호르몬 주기에 대해서는 이후 절에서 더 자세히 설명한다.

그림 27.3A에서 각 난소는 나팔관이라고도 하는 **난관(oviduct**, 수란관) 입구 옆에 있는 것을 볼 수 있다. 난관 입구는 손가락 모양의 돌기가 있는 깔때기와 비슷하다. 돌기는 난소 표면에 닿아 있지만, 실제로 난소는 난관 입구와 작은 간격을 두고 분리되어 있다. 배란이 일어나면 난자 세포는 그 공간을 가로질러 난관으로 들어가 섬모가 자궁을 향해 쓸어내린다. 정자가 있는 경우, 난관의 윗부분에서 수정이 일어날 수 있다. 그 결과 접합자가 분열을 시작하여 난관 내에서 이동하면서 배아가 된다.

자궁(uterus)은 임신이 이루어지는 곳이다. 임신 경험이 없는 여성의 자궁은 약 75 센티미터 정도(배를 거꾸로 세운 크기와 모양)에 불과하지만, 임신 중에는 태아가 발달하면서 상당히 커진다. 자궁은 두꺼운 근육벽으로 이루어져 있으며, 자궁 안쪽 내막인 **자궁내막(endometrium**, 자궁속막)에는 혈관이 풍부하게 공급된다. 자궁내막에 배아가 착상하고 그곳에서 발생이 완료된다. 수정란이 처음 분열한 후부터 신체 구조가 나타나기 시작할 때까지의 발달 단계, 즉 사람의 경우 약 8주까지를 **배아(embryo)**라고 한다. 8주부터 출생할 때까지 발달하는 사람은 **태아(fetus)**라고 한다.

자궁은 정상적인 임신이 일어나는 부위다. 그러나 약 1%의 확률로 배아가 다른 곳에 착상하여 **자궁외임신(ectopic pregnancy)**이 발생한

▶ 그림 27.3A 여성 생식계의 정면 해부도(윗부분)

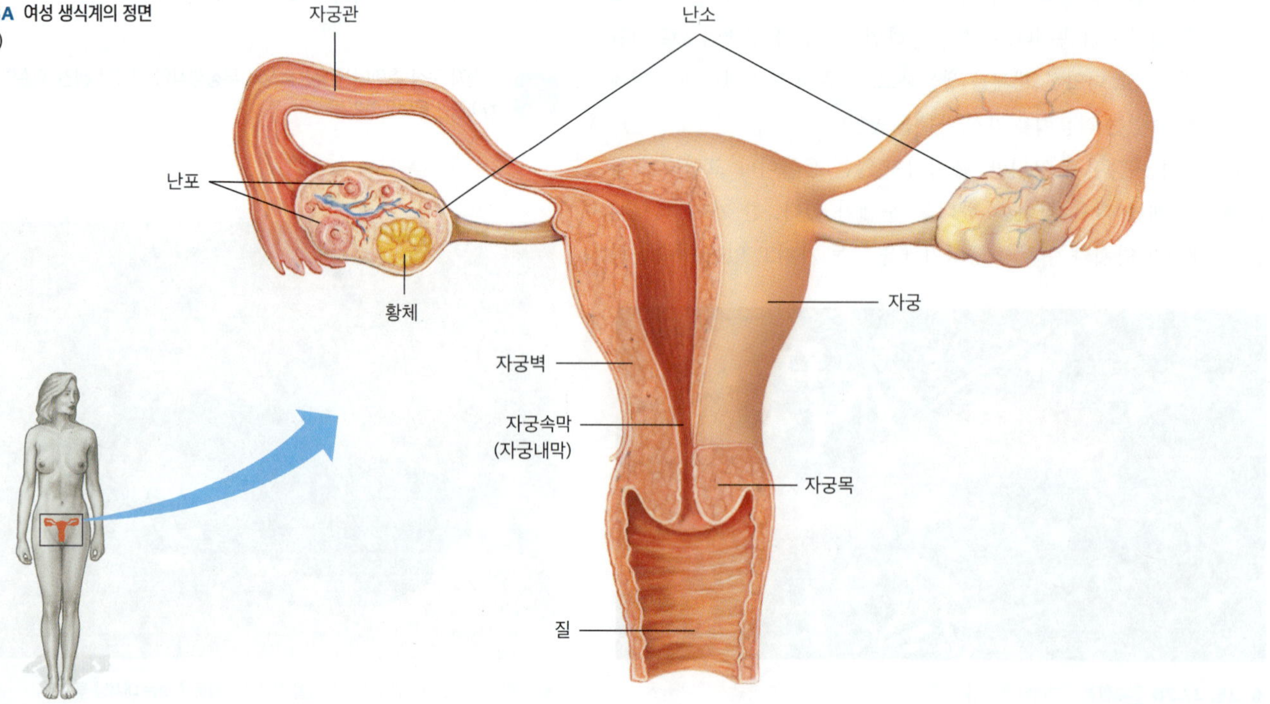

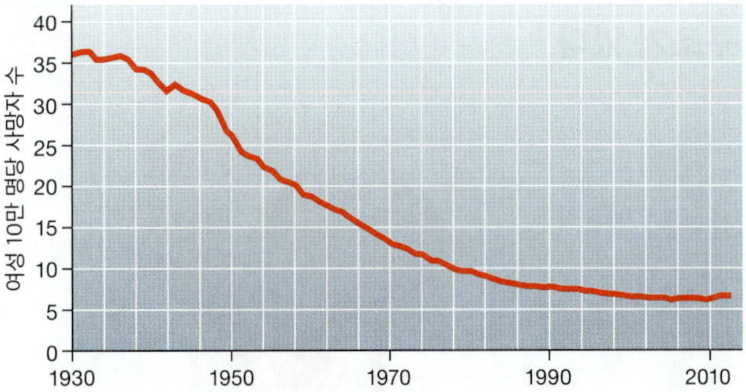

▲ **그림 27.3B** 자궁경부암과 자궁암으로 인한 미국 여성 10만 명당 사망자 수

다. 대부분의 자궁외임신은 난관에서 발생하며, 이는 난관 임신이라고 한다. 자궁외임신은 외과적 개입이 필요한 심각한 응급 상황이며, 그렇지 않으면 주변 조직이 파열되어 심한 출혈을 일으키고 심지어 산모가 사망할 수도 있다.

자궁의 아래쪽에 있는 좁은 목이 **자궁경부(cervix)**이며, 질로 열려 있다. 여성은 자궁경부 주변의 세포를 떼어내 현미경으로 자궁경부암의 징후를 검사하는 자궁경부 세포진 검사(Pap test)를 주기적으로 받는 것이 좋다. 자궁경부암 검사를 통해 자궁경부암을 조기에 발견하여 성공적으로 치료할 수 있는 확률이 크게 높아진다. 자궁경부암 검사가 1930년대에 도입된 이후 널리 사용되면서 미국에서 자궁경부암과 자궁암으로 인한 사망률이 크게 감소했다(**그림 27.3B**).

자궁경부는 아기가 태어나는 산도 역할을 하며, 벽은 얇지만 튼튼하고 근육질인 **질(vagina)**로 연결된다. 질은 또한 성관계 중 정자의 저장소이기도 하다. 질 입구 근처의 분비샘은 성적 흥분 중에 점액을 분비하여 질을 부드럽게 하고 성교를 돕는다.

그림 27.3C(측면도)에서 여성 생식계의 상세한 해부도를 볼 수 있다. **외음부(vulva)**는 외부 여성 생식기를 통칭하는 용어다. 질은 소변이 배설되는 관인 요도 입구의 바로 뒤에 외부로 열려 있는 것을 볼 수 있다. 한 쌍의 가느다란 피부 주름인 **소음순(labia minora)**이 입구의 경계를 이루고, 한 쌍의 두껍고 지방이 많은 융기인 **대음순(labia majora)**이 질 입구를 보호한다. 처녀막(hymen)이라고 불리는 얇은 조직 조각이 질 입구를 부분적으로 덮고 있으며, 성관계나 격렬한 신체활동을 할 경우 파열된다.

여러 여성 생식 구조는 성적 흥분에 중요하며, 이러한 구조의 자극은 매우 즐거운 감각을 유발할 수 있다. 질, 소음순, 그리고 **음핵(clitoris)**이라고 불리는 작은 발기 기관은 모두 성행위 중에 혈액으로 충혈되고 커진다. 음핵은 앞부분이 둥근 귀두(glans)와 이를 지지하는 짧은 본체(shaft), 귀두를 덮고 있는 음경꺼풀(prepuce, 포피) 등으로 구성되어 있다. 그림 27.3C에서 파란색은 성교 시 혈액으로 채워지는 음핵 내의 해면질 발기 조직을 강조 표시한 것이다. 음핵, 특히 귀두는 엄청난 수의 신경 말단을 가지고 있어 접촉에 매우 민감하다. 여성의 생식계 구조에 대한 세부사항을 염두에 두면서 다음 절을 읽으면 남성의 생식기와 많은 유사점을 발견할 수 있을 것이다.

? 수정은 어디에서 이루어지는가? 태아는 어느 기관에서 자라는가?

■ 난관, 자궁

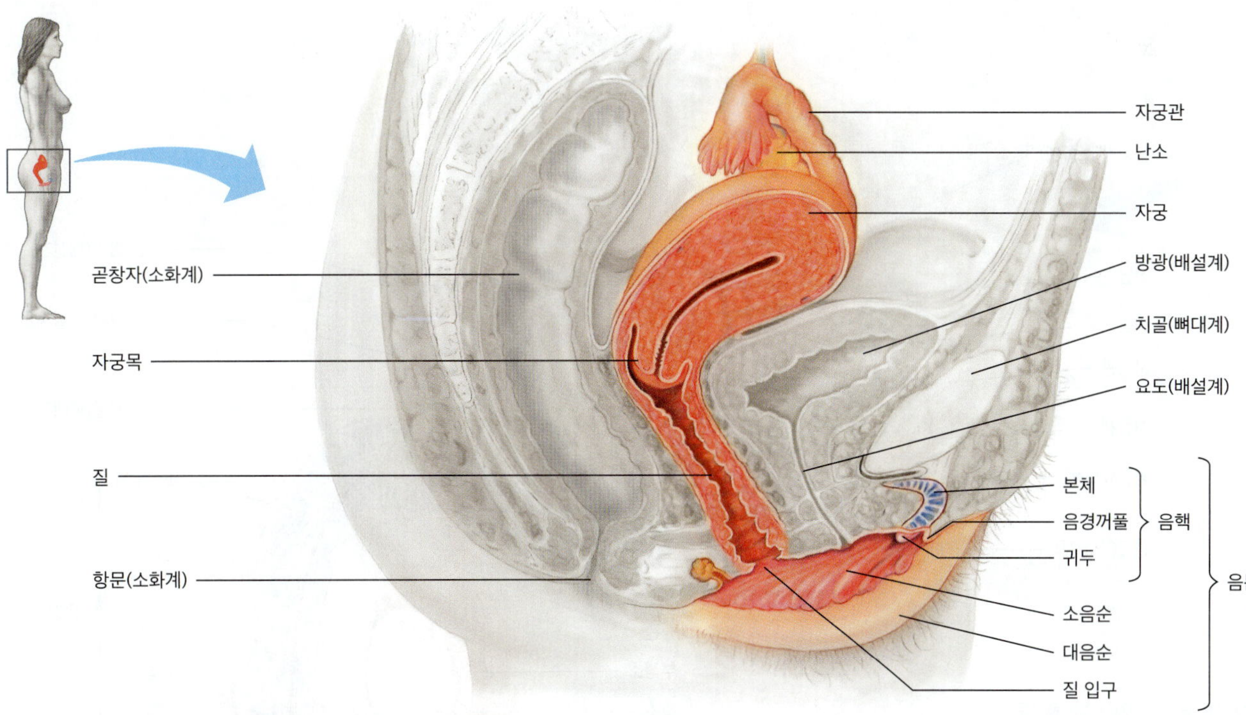

▲ **그림 27.3C** 여성 생식계의 측면 해부도

시도해 보기 이 그림의 각 구조와 그림 27.3A(정면도)의 구조를 연결하시오.

27.4 남성의 생식기관에는 정소와 배우자를 전달하는 구조가 있다

그림 27.4A와 그림 27.4B는 각각 남성 생식기관의 정면도와 측면도를 보여준다. 남성 생식소 또는 **정소**(**testes**, 단수는 testis)는 각각 복강의 바깥쪽 **음낭**(**scrotum**)이라는 주머니에 들어 있다. 음낭 안에 있는 정소를 **고환**(**testicle**)이라고 한다. 사람을 비롯한 많은 포유류의 정자는 체온이 높으면 최적의 상태로 발달할 수 없는데, 음낭은 정자를 형성하는 세포를 2℃ 정도 낮게 유지해 정상적으로 기능할 수 있게 한다. 추운 환경에서는 음낭 주변의 근육이 수축하여 고환을 몸쪽으로 당겨 적절한 온도를 유지한다.

이제 수컷의 고환 중 하나에서 나온 정자의 경로를 추적해 보겠다. 정자는 각 정소에서 나와 정자를 저장하는 **부정소**(**epididymis**)라고 하는 꼬불꼬불한 관을 따라 지나게 되는데, 이때 정자가 발달한다. 정자는 음경에서 정자가 포함된 액체를 배출하는 **사정**(**ejaculation**) 시 부정소를 떠난다. 이때 정자는 근육 수축에 의해 **정관**(**vas deferens**)이라는 또 다른 관으로 밀려나간다. 정관[정관절제술(vasectomy)의 대상, 27.8절 참조]은 배 위쪽으로 올라가서 방광을 휘감으며, 방광 옆에서 분비샘의 짧은 관인 정낭과 합류한다. 두 관이 합쳐져 짧은 사정관(ejaculatory duct)을 형성하고, 이 사정관은 다른 쪽 정소에서 정자를 운반하는 관과 합류한다. 양쪽 사정관은 소변과 정자가 (서로 다른 시간에) 음경을 통해 외부로 방출되는 요도로 연결된다. 따라서 여성과 달리 남성은 생식계와 비뇨기계가 직접 연결되어 있다.

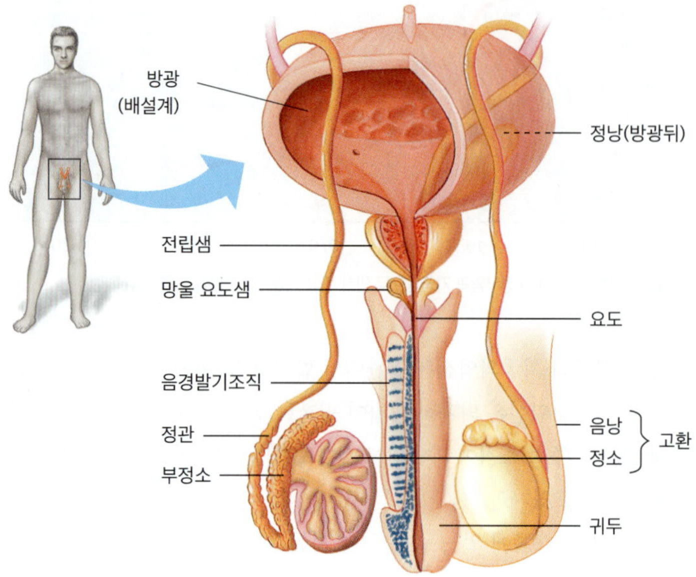

▲ 그림 27.4A 남성 생식계의 정면 해부도

남성의 생식기관에는 고환과 관 외에도 정낭, 전립샘, 전립샘샘의 세 가지 분비샘이 있다. 2개의 **정낭**(**seminal vesicle**)은 점액과 과당이 포함된 진한 액체를 분비하는데, 이는 정자가 여성 생식기관을 통과할 때 사용하는 에너지의 대부분을 제공한다. **전립샘**(**prostate gland**)은 정자에 영양을 공급하는 묽은 우윳빛 액체를 분비한다. 전립샘은 40세

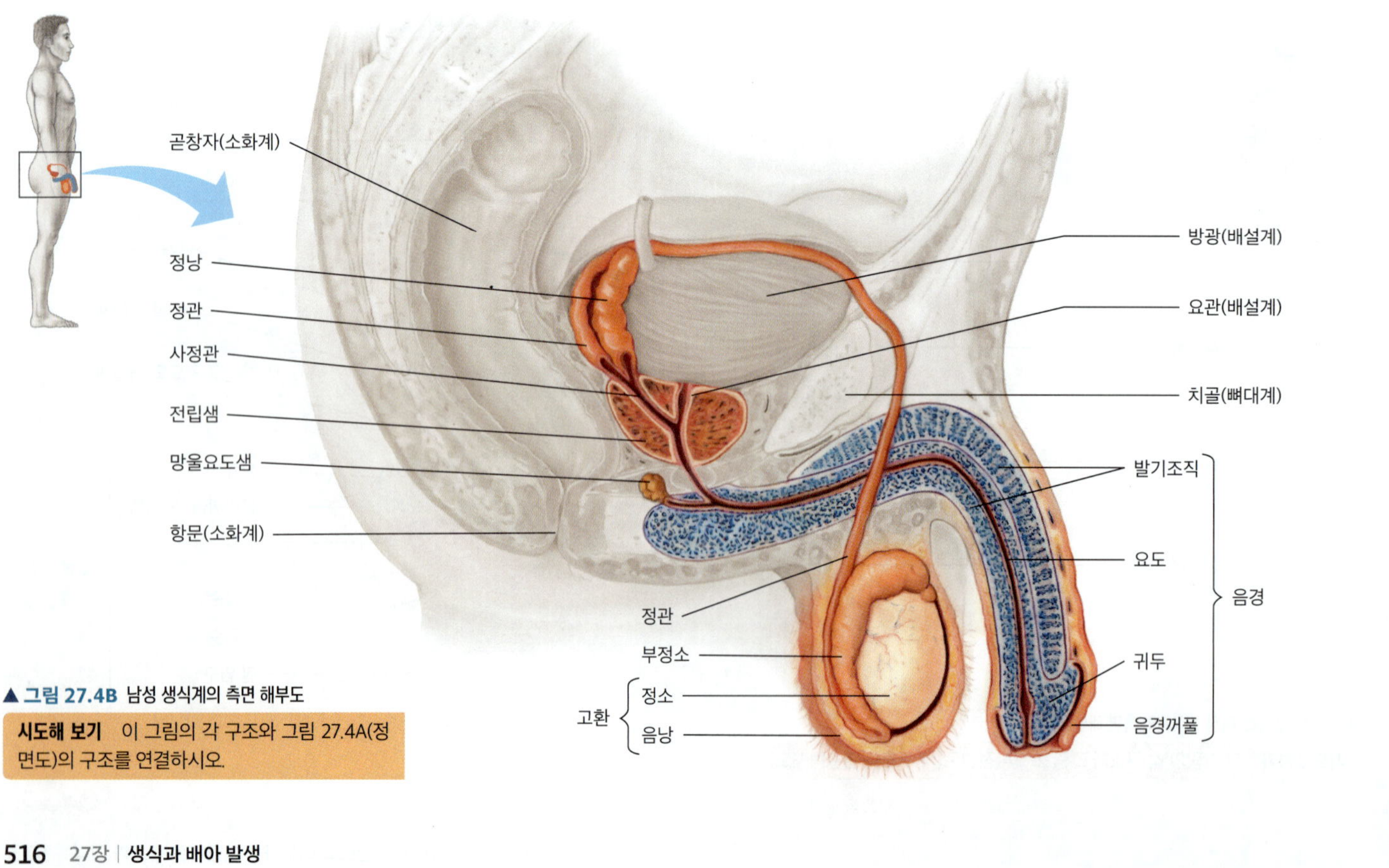

▲ 그림 27.4B 남성 생식계의 측면 해부도

시도해 보기 이 그림의 각 구조와 그림 27.4A(정면도)의 구조를 연결하시오.

이상 남성에게 가장 흔한 의학적 문제의 원인이며, 전립샘암은 전 세계적으로 두 번째로 흔하게 진단되는 암으로, 진단된 모든 암의 15%를 차지한다. 2개의 **전립샘(bulbourethral gland)**에는 알칼리성 투명한 점액이 분비된다. 이 액체는 사정 전에 분비되지만 일부 정자를 운반할 수 있기 때문에 사정 전에 음경을 빼는 것이 믿을 만한 피임 방법은 아니다.

분비샘에서 분비물이 정자와 합쳐져 **정액(semen)**을 이루며, 성교 시 오르가슴에 이르렀을 때 음경으로부터 사정된다. 오르가슴은 생식기관이 리듬성을 가지고 불수의적으로 수축하는 과정이다. 전형적으로 1번 사정할 때 약 2~5 mL(1찻숟가락)의 정액이 배출된다. 정액의 5%만이 정자이며(일반적으로 2억~5억 개), 나머지 95%의 정액은 다양한 분비샘에서 분비되는 액체로 구성된다. 정액의 알칼리성은 요도에 있는 소변의 산성도와 균형을 맞추고 질의 산성 환경을 중화하여 정자를 보호하고 운동성을 증가시킨다.

사람의 **음경(penis)**은 원통 모양의 발기 조직으로 구성되어 있다(그림 27.4A와 27.4B에서 파란색 표시). 여성의 음핵과 마찬가지로 음경은 매우 민감한 귀두 또는 머리를 지탱하는 축으로 구성되어 있다. 포피라고 불리는 피부 주름이 귀두를 덮고 있으며, 포피는 포경 수술이라는 외과적 절차를 통해 제거될 수 있다. 발기 조직은 변형된 정맥과 모세혈관에서 파생된다. 성적 흥분 동안 발기 조직은 동맥에서 공급되는 혈액으로 채워진다. 조직이 채워지면서 압력의 증가로 혈액이 빠져나가는 정맥이 닫히고 음경이 커진다. 그 결과로 만들어지는 발기는 성관계 중 음경을 질에 삽입하는 데 필수적이다.

발기부전[impotence, erectile dysfunction(ED)]은 발기가 되지 않는 상태를 말한다. 발기부전에는 여러 가지 원인이 있을 수 있으며, 어느 정도는 남성 노화 과정의 정상적인 부분이다. 일시적인 발기부전은 알코올이나 약물 사용 또는 심리적 문제로 인해 발생할 수 있다. 영구 발기부전은 신경계 또는 순환계 문제로 인해 발생할 수 있다. 일부 남성은 산화질소(NO) 가스의 작용을 촉진시키는 비아그라 같은 약물로 발기부전을 치료한다. 뉴런에 의해 발기 조직으로 방출된 산화질소는 음경 혈관의 평활근을 이완시켜 혈관을 넓히는 역할을 한다. 이는 발기 조직으로의 혈액 흐름을 증가시켜 발기를 촉진한다. 비아그라는 산화질소의 작용을 종결시키는 효소를 억제해 그 효과를 높이고, 발기 달성과 유지를 촉진시키는 작용을 한다. 더 심각한 발기부전의 경우 음경 임플란트로 치료할 수 있다.

사정의 과정은 단계적으로 진행된다. 성적 흥분이 정점에 이르면 여러 분비샘의 근육 수축이 요도로 분비물을 밀어내고, 부정소에서 정자를 밀어낸다. 동시에 방광 기저부의 괄약근이 수축하여 소변이 방광에서 요도로 누출되는 것을 방지한다. 또 다른 괄약근도 수축하여 요도에서 음경으로 들어가는 입구를 막는다. 따라서 두 괄약근 사이의 요도 부분은 정액으로 채워지고 팽창한다. 사정의 두 번째 단계인 배출 단계에서는 음경 바닥의 괄약근이 이완되어 정액이 음경으로 들어간다. 동시에 음경 기저부 주변과 요도를 따라 일련의 강한 근육 수축이 일어나면서 정액을 몸 밖으로 배출한다.

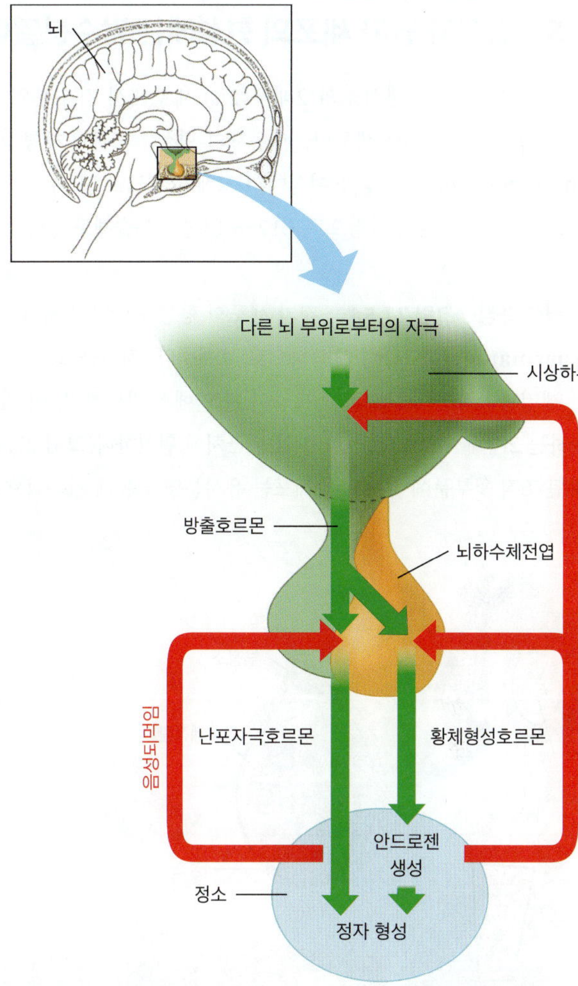

▲ 그림 27.4C 시상하부 호르몬에 의한 정소의 조절

시상하부와 뇌하수체에서 분비되는 호르몬은 고환의 정자 생산을 조절한다(**그림 27.4C**). 시상하부의 방출호르몬은 뇌하수체 전엽(anterior pituitary)에서 난포자극호르몬(follicle-stimulating hormone, FSH)과 황체형성호르몬(luteinizing hormone, LH)의 방출을 조절한다(26.5절 참조). FSH는 고환의 정자 생산을 증가시키고, LH는 안드로젠(androgen)과 주로 테스토스테론(testosterone)의 분비를 촉진한다. 안드로젠은 정자 생산을 자극한다. 또한 혈액으로 운반된 안드로젠은 음성되먹임 기작(빨간색 화살표)에 의해 항상성(homeostasis)을 유지하여 FSH와 LH의 분비를 모두 억제한다. 고환은 이러한 화학적 조절계의 통제하에 사춘기부터 노년기까지 매일 수억 개의 정자를 생산한다. 다음에는 인체가 어떻게 정자와 난자를 만드는지 알아볼 것이다.

? 부정소, 정소, 요도, 정관 중 정자가 이동하는 기관을 올바른 순서대로 나열하시오.

■ 부정소, 정소, 정관, 요도

27.5 정자와 난자 세포의 형성에는 감수분열이 필요하다

정자와 난자는 모두 생식소의 2배체($2n$) 세포에서 감수분열을 통해 발생하는 반수체(n) 세포다. 배우자의 형성, 즉 **배우자형성과정(gametogenesis)**은 남성과 여성에서 크게 다르므로 그 과정을 따로 살펴볼 것이다. (토론의 배경으로 8.12~8.14절을 복습해도 좋다.)

정자형성과정 그림 27.5A는 정자 세포의 형성과 발달인 **정자형성과정(spermatogenesis)**을 개략적으로 보여준다. 정자는 고환 내부에 있는 세정관이라는 꼬불꼬불한 모양의 관 안에서 발달한다. 이 과정을 시작하는 2배체 세포는 세정관의 외벽 근처에 위치한다(그림 27.5A의 확대된 조직 윗부분에 있음). 이 세포는 유사분열을 통해 지속적으로 증식하며, 매일 약 300만 개의 제1정모세포로 분화한다. 제1정모세포의 제1 감수분열은 각각 반수체의 염색체 수를 가진 2개의 2차 정자 세포($n = 23$)를 생성한다. 그런 다음 제2 감수분열은 각각 반수체 수의 염색체를 가진 4개의 세포를 형성한다. 정자 세포는 이러한 각 반수체 세포의 분화에 의해 발달하고, 점차 세정관의 중앙으로 밀려난다. 거기서부터 부고환으로 이동하여 성숙하고 운동성을 가지며, 사정될 때까지 저장된다. 남성의 정자형성과정은 약 10주가 걸린다. 정자 세포는 지속적으로 스스로를 보충하기 때문에 정모세포가 끊임없이 공급되어 남성은 평생 계속해서 정자를 생산할 수 있다.

난자형성과정 그림 27.5B의 오른쪽은 성숙한 난자의 발생, 즉 **난자형성과정(oogenesis)**을 보여준다. 대부분의 과정은 난소에서 일어난

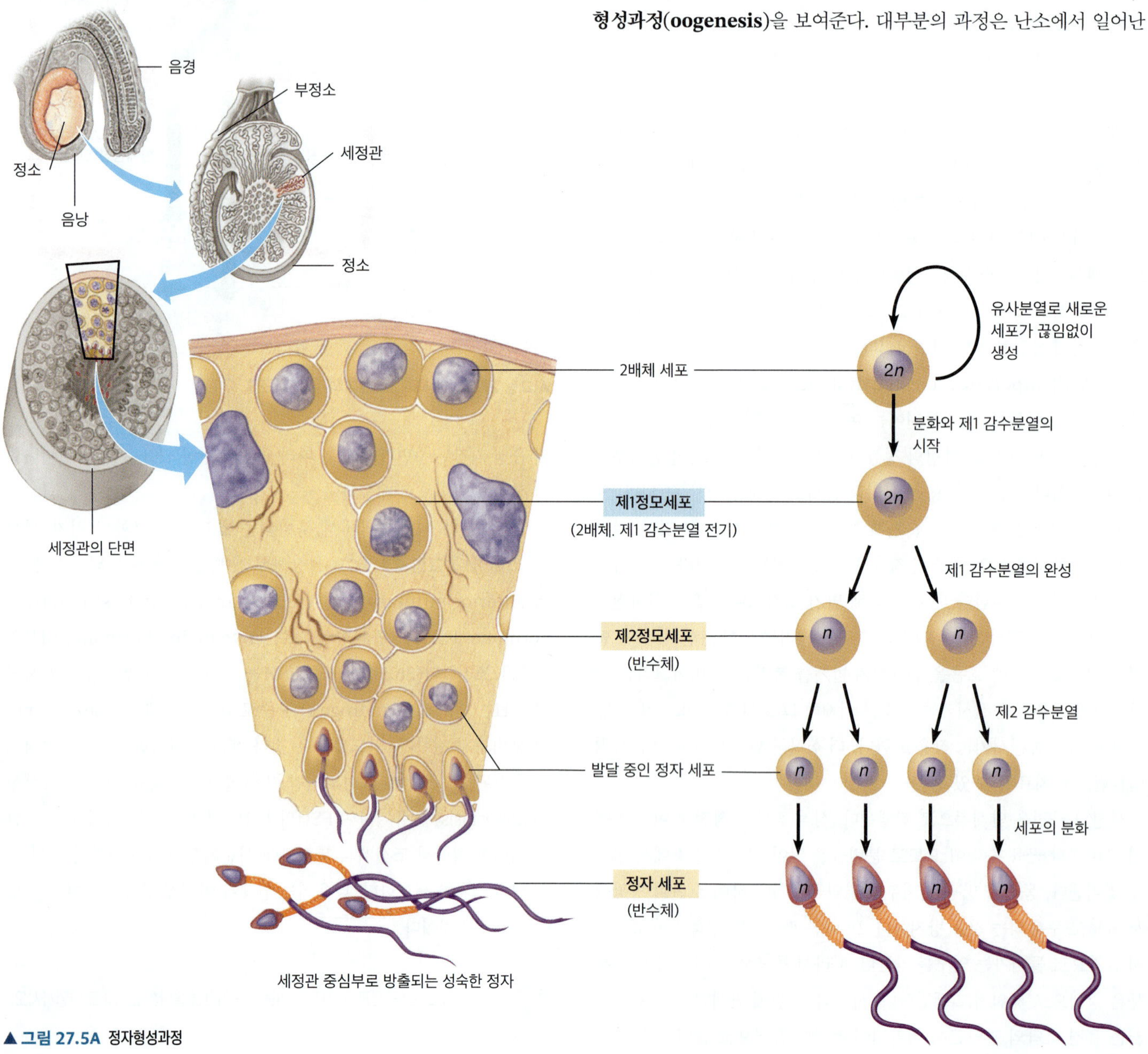

▲ 그림 27.5A 정자형성과정

다. 난자형성과정은 실제로 출생 전에 시작되며, 발달 중인 난포의 2배체 세포가 감수분열을 시작한다. 태어날 때 각 난포는 제1 감수분열 전기에 멈춰 있는 2배체 세포, 즉 제1난모세포의 상태로 존재한다. 제1난모세포는 호르몬에 의해 더 발달하도록 자극을 받을 수 있다. 사춘기와 폐경기 사이에는 약 28일마다 뇌하수체에서 분비되는 FSH가 휴면 중인 난포 중 하나를 자극해 난포가 발달하게 한다. 난포가 커지고, 그 안에 있는 제1난모세포가 제1 감수분열을 완료하고 제2 감수분열을 시작한다. 그런 다음 감수분열은 중기에 다시 중단된다. 제1 감수분열에서 세포질의 분열은 불균등하게 이루어지며, 하나의 제2난모세포가 거의 모든 세포질을 수용한다. 제1극체라고 불리는 2개의 딸세포 중 더 작은 세포는 세포질을 거의 받지 않는다.

배란 중에 난소에서는 제2난모세포가 방출된다. 이 난모세포가 수란관으로 들어가서 정자를 만나면 제2난모세포가 감수분열을 완료한다. 제2 감수분열도 불균등하여 두 번째 극성체와 성숙한 난자를 생성한다. 그런 다음 성숙한 난자의 반수체 핵은 정자 세포의 반수체 핵과 융합하여 접합자를 생성할 수 있다.

그림 27.5B에는 표시되어 있지 않지만, 첫 번째 극체는 2개의 세포를 형성하는 감수분열을 겪을 수도 있다. 이 극체와 두 번째 극체는 사실상 세포질이 거의 없고 빠르게 퇴화하여, 성숙한 난자는 거의 모든 세포질과 원래의 2배체 세포에 포함된 대부분의 영양분과 세포소기관을 남긴다.

그림 27.5B의 왼쪽은 난소를 잘라낸 모습이다. 그림에는 하나만 표시되어 있지만, 실제 난소에는 수천 개의 휴면상태의 난포가 있으며, 각 난포에는 제1난모세포가 들어 있다. 일반적으로 한 번에 하나의 난포만 분열을 한다. 난포가 성숙함에 따라 제1 감수분열이 일어난다. 제2난모세포가 형성될 때쯤 뇌하수체호르몬(LH)이 배란을 유발하고, 난포가 파열되어 제2난모세포가 배출된다. 그런 다음 파열된 난포는 황체로 발달한다. 수정이 일어나지 않으면 황체는 다른 난포가 발달하기 전에 퇴화한다.

정자형성과정과 난자형성과정의 비교 정자형성과정과 난자형성과정은 둘 다 반수체 배우자를 생성한다는 점에서 비슷하다. 그러나 이 두 과정은 세 가지 중요한 점에서 서로 다르다. 첫 번째는 각 과정에서 생성되는 배우자의 수다. 난자형성과정에서는 감수분열을 겪은 각 2배체 세포에서 단 하나의 성숙한 난자만 생성된다. 난자형성과정의 또 다른 생성물인 극체는 퇴화되는 반면, 정자형성과정에서는 감수분열의 네 가지 생성물이 모두 성숙한 배우자로 발달한다. 둘째, 사춘기부터 죽을 때까지 정자형성과정은 계속되는 반면, 난자형성과정의 유사분열은 출생 전에 완료되고 성숙한 난자 생산은 폐경기(menopause)에 중단된다. 셋째, 난자형성과정은 긴 '휴면' 기간을 갖는 반면, 정자형성과정은 쉼 없이 성숙한 정자를 생성한다.

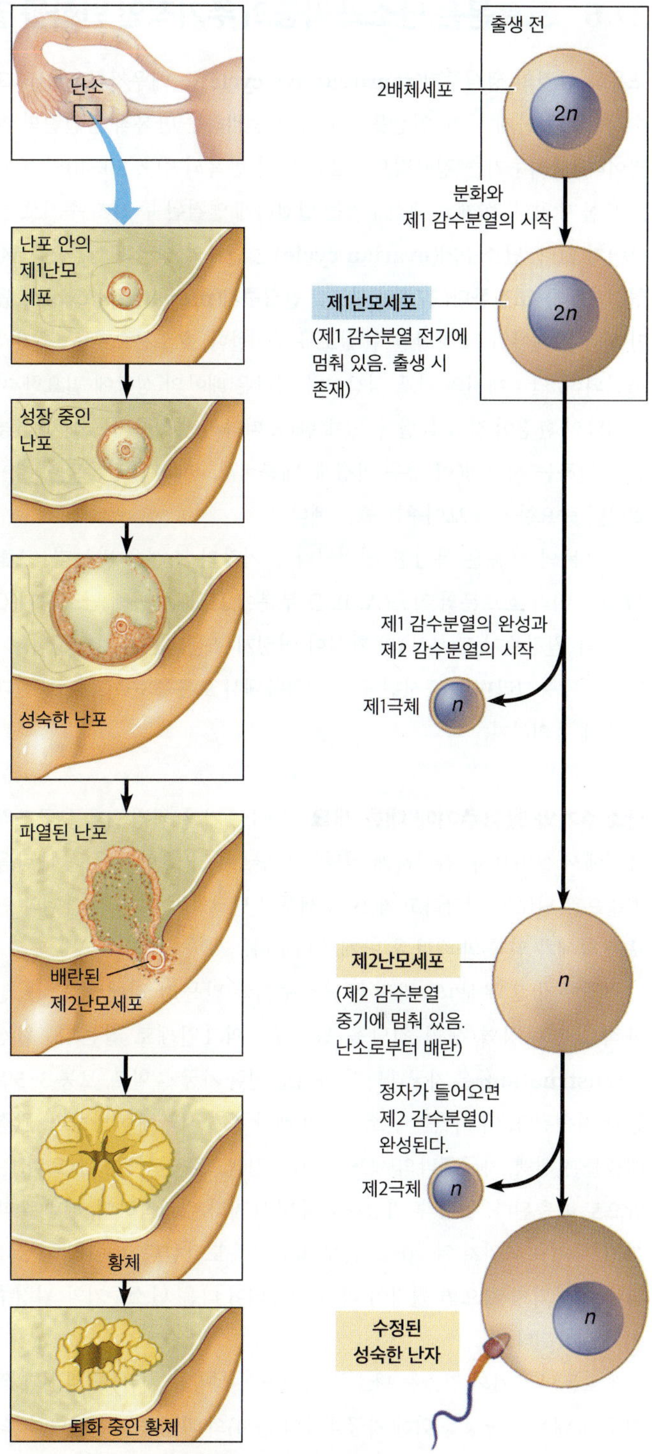

▲ **그림 27.5B** 난자형성과정과 난소 난포의 발생

시도해 보기 이 그림을 그림 27.5A와 비교하고, 정자가 형성될 때와 난자가 형성될 때 감수분열이 어떻게 진행되는지 세 가지 차이점을 설명하시오.

? 여성의 난소에서 난자를 외과적으로 제거하면 그 난자는 어떤 감수분열 단계에 있는가?

■ 난소 내의 난자(제2난모세포)는 제2 감수분열 중기에 정체되어 있다.

27.6 호르몬은 난소와 자궁의 주기적인 변화를 일치시킨다

포유류 암컷의 **생식주기(reproductive cycle)**는 배우자를 생산하고 수정이 가능하게 하며, 임신을 위해 몸을 준비하는 반복적인 일련의 과정이다. 생식주기는 평균적으로 28일마다 반복되지만, 20~40일 주기도 드물지 않다. 실제로 생식주기는 밀접하게 연결된 두 가지 주기로 이루어져 있다. **난소주기(ovarian cycle)**는 난자의 성장과 방출인 난자형성과정을 조절한다(27.5절 참조). **월경주기(menstrual cycle)** 동안 자궁은 배아가 잘 착상할 수 있도록 준비한다. 호르몬으로 두 주기가 조절되며, 난소에서의 난포 성장이나 배란은 배아의 성장에 필요한 자궁내막의 환경이 잘 맞물릴 수 있게 한다. 따라서 생식주기는 신체 기능을 조절하는 시스템(이 경우 신경계, 내분비계, 생식계) 간 **상호작용**이 얼마나 중요한지를 보여주는 좋은 예다.

호르몬의 작용은 복잡한 되먹임작용 기작의 조절을 받는다. **그림 27.6**은 여러 호르몬의 작용(A, B, D 부분에 표시)을 통해 난소주기(C 부분)와 월경주기(E 부분)의 활성이 어떻게 조율되는지 보여준다. 이 그림에서 동그라미로 표시된 숫자는 왼쪽에서 오른쪽 순서로 진행된다는 점에 유의하자.

난소주기와 월경주기에 대한 개요 난소주기와 월경주기를 구조적 측면에서 살펴보자. 간단하게 설명하면 난소주기(그림의 C)는 배란을 기준으로 난포가 성장하고 제2난모세포가 발달하는 배란 전 단계와 난포가 황체가 된 후의 배란 후 단계로 나뉜다.

월경주기(E 부분)의 과정은 난소주기와 맞물려 일어난다. ❶ 일반적으로 여성의 생리 첫날을 월경주기의 1일째로 잡는다. **월경(menstruation)**은 자궁내막의 파괴로 인한 자궁 출혈로, 보통 3~5일 동안 지속된다. 이 시기는 난소주기의 배란 전기 시작에 해당한다. 월경 배출물은 혈액, 자궁내막의 세포 덩어리, 점액으로 구성되어 있으며, 질 밖으로 배출된다. 월경 후 자궁내막이 다시 자라기 시작하며, 배란될 때까지 계속 두꺼워져 약 20~25일에 최고치에 도달한다. 배아가 자궁내막에 착상되지 않으면 월경이 다시 시작되어 다음 난소주기와 월경주기가 시작된다.

호르몬의 증가와 감소는 난소주기(난포의 성장과 배란)의 과정과 월경주기(배아의 착상을 위한 자궁내막의 준비)의 과정을 조율한다. 뇌의 시상하부에서 분비되는 방출호르몬은 두 가지 뇌하수체 호르몬인 FSH와 LH의 분비를 조절한다. FSH, LH, 에스트로겐, 프로게스테론의 혈중 농도 변화는 난소주기와 월경주기의 과정과 일치한다.

배란 전 호르몬 변화 그림 27.6의 A 부분에서 시상하부의 방출호르몬이 뇌하수체 전엽을 자극하여 ❷ FSH와 LH의 생산량을 증가시키는 것을 볼 수 있다. 이름 그대로 ❸ FSH는 난포의 성장을 자극하여 사실상 난소주기를 시작하게 한다. 차례로 난포는 에스트로겐을 분비한다. 배란 전 단계의 초기에는 난포가 작고(C 부분) 상대적으로 적은 에스트로겐을 분비한다(D 부분). 난포가 성장함에 따라 ❹ 점점 더 많은 에스트로겐을 분비하고, 상승하지만 여전히 상대적으로 낮은 수준의 에스트로겐은 뇌하수체에 음성되먹임작용을 한다. 이로 인해 배란 전 단계(B 부분)의 대부분에서 FSH와 LH의 혈중 농도가 낮게 유지된다. 배란이 다가오면 호르몬 수치가 급격하게 변화하여 배란 직전에 에스트로겐이 최고치에 도달한다(D 부분). 이렇게 높은 수준의 에스트로겐은 시상하부(A 부분의 녹색 화살표)에 양성되먹임작용을 일으켜 ❺ 뇌하수체가 FSH와 LH를 다량 분비하게 만든다. 그림의 B 부분과 D 부분을 비교해 보면, 에스트로겐이 최고치에 이른 직후에 FSH와 LH의 수준이 급상승한다는 것을 알 수 있다. 이는 그림 위에 종이를 올려놓고 오른쪽으로 천천히 밀어보면 알 수 있다. 그림을 펼치면 난포가 커지고 에스트로겐 수치가 최고치에 이르는 것을 볼 수 있으며, 거의 즉시 FSH와 LH가 급상승하는 것을 볼 수 있다. ❻ 그런 다음 정점 바로 오른쪽에 배란을 나타내는 점선이 보인다.

배란과 그 후의 호르몬 변화 LH는 제1 감수분열을 완결하여 난포의 제1난모세포를 제2난모세포로 전환시킨다. 또한 여러 가지 효소에 작용하여 난포를 파열시켜 배란이 일어나게 하고, 파열된 난포에서 황체의 발생을 촉발한다(따라서 황체형성호르몬이라는 이름이 붙었다). 또한 황체에서 에스트로겐과 프로게스테론의 분비를 촉진한다. 그림의 D 부분에서 배란 후 프로게스테론이 최고치에 이르며, 에스트로겐이 두 번째(더 낮고 넓은) 최고치에 이르는 것을 볼 수 있다.

배란 후 혈중 에스트로겐과 프로게스테론의 높은 수치는 난소와 자궁 모두에 강한 영향을 미친다. 이 두 호르몬의 조합은 시상하부와 뇌하수체에 음성되먹임작용을 일으켜 ❼ FSH와 LH 수치를 떨어뜨린다. FSH와 LH가 떨어지면 배란 후 난포가 발달하지 못하고 배란이 일어나지 않게 된다. 또한 LH가 떨어지면 황체가 점차 퇴화한다. 배란 후기가 거의 끝나갈 무렵, 배아가 자궁에 착상하지 않는 한 황체는 에스트로겐과 프로게스테론의 분비를 멈춘다. ❽ 이 두 호르몬의 혈중 농도가 감소함에 따라 시상하부는 다시 뇌하수체를 자극하여 FSH와 LH를 더 많이 분비함으로써 새로운 주기가 시작된다.

월경주기 조절 월경주기의 호르몬 조절은 난소주기보다 더 간단하다. 월경주기(E 부분)는 에스트로겐과 프로게스테론만으로 직접 조절된다. 그림의 D 부분과 E 부분을 비교하면 이러한 호르몬의 영향을 확인할 수 있다. 주기의 5일째부터 에스트로겐과 나중에 프로게스테론의 수치가 증가하여 자궁내막이 두꺼워지기 시작한다. 이 호르몬 수치가 떨어지면 자궁내막이 탈락하기 시작한다. 곧 월경이 시작되며 그 첫날이 새로운 주기 1일에 해당된다.

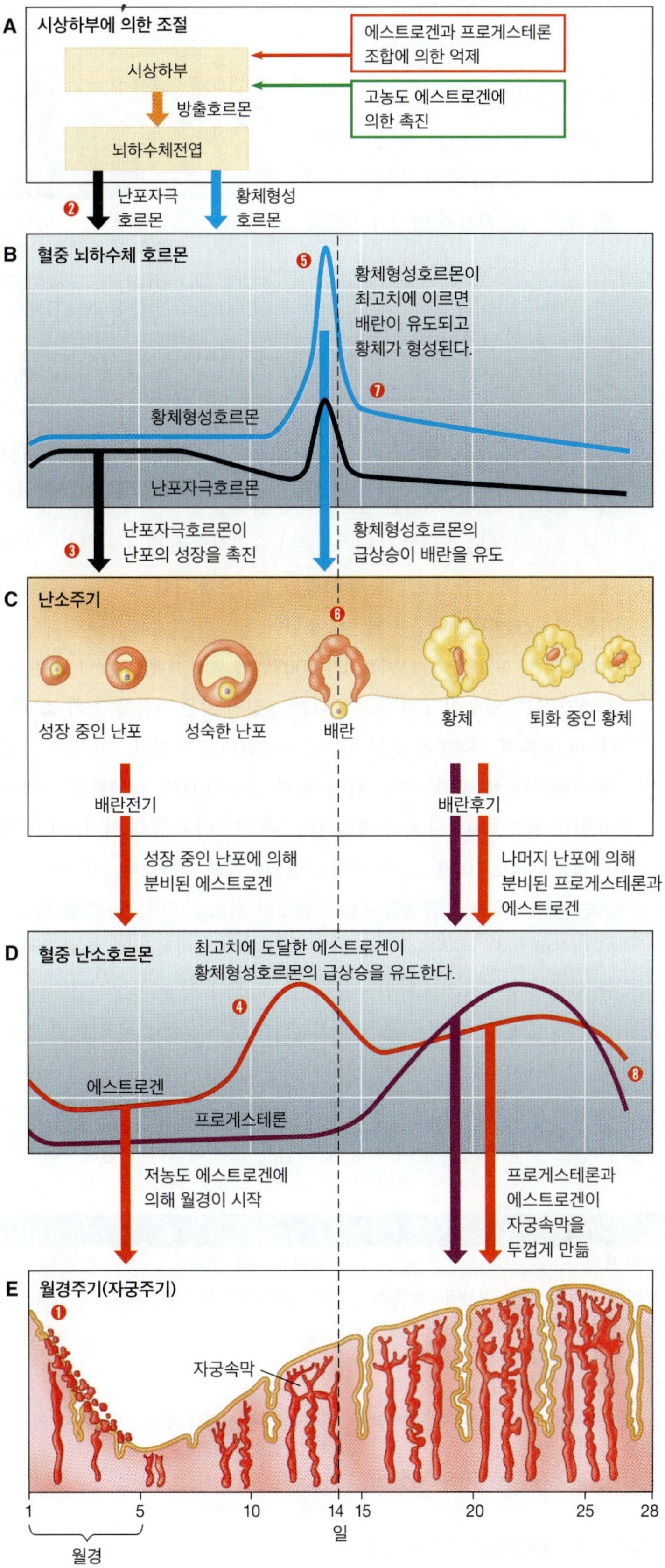

▲ 그림 27.6 여성의 생식주기. E 아래쪽의 날짜에 주목하자. 이 날짜는 B~D에도 적용된다.

임신과 피임의 효과 지금까지의 생식주기에 대한 설명은 수정이 일어나지 않았다고 가정한다. 수정과 임신이 일어나면 난소주기와 월경주기는 당분간 중단된다. 임신 초기에 자궁내막에 착상된 배아는 사람 융모막 생식소자극호르몬(hCG, 임신 초기에 대한 논의는 27.15절 참조)이라는 호르몬을 분비한다. 이 호르몬은 황체를 유지하여 프로게스테론과 에스트로겐을 계속 분비하게 함으로써 자궁내막을 온전하게 유지한다. 대부분의 가정용 임신 테스트기는 여성의 소변에서 hCG를 검출하는 방식으로 작동한다. (27.15~27.16절에서 임신 과정에 대해 다시 알아보자.)

인위적으로 호르몬을 섭취하면 임신기간과 유사하게 호르몬 농도를 지속적으로 높게 유지할 수 있다. 사실 가장 효과적인 **피임(contraception)** 방법은 바로 이런 방식으로 난자 세포의 방출을 방해하는 것이다. 가장 일반적으로 처방되는 **경구피임제(oral contraceptive)**, 즉 피임약은 합성 에스트로겐과 합성 프로게스테론 유사 호르몬인 프로제스틴을 결합한 것이다. 이러한 호르몬의 다양한 조합은 주사(Depo-Provera) 또는 피부 패치로도 제공된다. 피임약의 기작은 뇌하수체에 의한 FSH와 LH의 방출을 막는 난소주기의 음성되먹임을 모방한다. LH 방출을 방지하면 배란이 차단된다. 또한 피임약에 들어 있는 낮은 농도의 에스트로겐에 의한 FSH 분비를 억제하여 난포가 발생하는 것을 방지함으로써 배란이 중단되어 임신을 막을 수 있다.

또 다른 호르몬 피임약은 프로제스틴만 함유하고 있다. 프로제스틴은 여성의 자궁경부 점막을 두꺼워지게 해서 정자가 자궁으로 들어가는 것을 차단한다. 또한 프로제스틴은 배란 빈도를 감소시키고, 수정이 일어날 경우 착상을 하지 못하도록 자궁내막에 변화를 일으킨다. 이 피임약은 3개월 동안 지속되는 주사로 투여하거나 매일 정제로 복용해야 한다.

호르몬 피임약은 해로운 부작용과 유익한 부작용이 모두 있다. 비흡연자의 경우 일부 심혈관 질환의 위험을 약간 증가시키는 반면, 정기적으로 흡연하는 여성의 경우 상당히 크게(3~10배) 증가시킨다. 경구피임제는 임신의 위험을 제거하며, 피임약을 복용하는 여성의 사망률은 임산부의 약 절반 정도다. 피임약은 또한 난소암과 자궁내막암의 위험을 감소시킨다.

? 월경의 시작을 유발하는 두 가지 호르몬의 변화는 무엇인가?

■ 에스트로겐과 프로게스테론의 수치가 떨어진다. 이러한 변화는 시상하부와 뇌하수체에 대한 이러한 호르몬의 음성되먹임작용으로 인해 발생한다. LH의 감소는 황체의 퇴화로 이어진다.

27.7 성병은 성행위에 의해 전염된다

과학적 사고

성병(sexually transmitted infection, STI)은 STD(sexually transmitted disease)라고도 하며, 성적 접촉에 의해 전파되는 병원균에 의해 발생한다. **표 27.7**에는 미국에서 가장 흔한 성병이 감염원 유형별로 정리되어 있다.

모든 성병이 똑같이 치료되는 것은 아니다. 박테리아, 원생동물, 진균류(곰팡이류)에 의해 발생하는 성병은 약물로 치료할 수 있지만, 바이러스성 성병은 치료가 불가능하다. 세균성 성매개감염병의 경우 영구적인 손상이 발생하기 전에 조기에 치료를 받아야 한다. 가장 흔한 세균성 성병은 **클라미디아(chlamydia)**다. 클라미디아는 눈에 보이는 증상이 없는 '침묵의 성병'인 경우가 많기 때문에 공중보건 문제를 야기한다. 남성의 경우 장기적인 합병증은 드물지만, 여성은 감염자의 약 40%가 골반염증성질환을 앓게 되는데, 이는 난관을 막거나 자궁에 상처를 입혀 불임을 유발할 수 있다. 클라미디아는 일반적으로 항생제 1회 복용으로 치료할 수 있다.

미국인 5명 중 1명은 구강 구순 포진을 일으키는 바이러스의 변종인 단순 포진 바이러스 2형(HSV-2)에 의해 발생하는 **음부포진(genital herpes)**에 감염되어 있다(10.18절 참조). 노출 후 약 1주일 후에 외부 생식기에 물집이 처음 나타난다. 며칠이 지나면 물집은 딱지로 변해 떨어진다. 대부분의 발병은 흉터를 남기지 않고 몇 주 이내에 치유되나, 바이러스는 인근 신경 세포에 잠복해 있다. 수개월 또는 수년 후, 바이러스가 다시 나타나 새로운 궤양을 일으켜 성교 파트너에게 바이러스를 전염시킬 수 있다. 발병 기간 동안 금욕하고 콘돔을 사용하며 항바이러스제를 사용하면 감염 확산을 줄일 수 있다. 그러나 다른 바이러스성 성병과 마찬가지로 음부포진 감염은 평생 지속된다.

사람유두종바이러스(human papillomavirus, HPV)는 성적으로 전염되는 또 다른 바이러스다. 2006년 생식기 사마귀를 예방하고 자궁경부암의 70%를 유발하는 HPV 균주에 의한 감염을 예방할 수 있는 백신이 출시됐다(24.11절 참조).

HIV(10.20절과 24.14절 참조)로 인한 에이즈(AIDS)는 오늘날 전 세계, 특히 아프리카와 아시아 개발도상국에서 가장 큰 보건 문제 중 하나다. 하지만 미국에서도 매년 5만 명의 새로운 감염자가 발생하고 있으며, 이 중 1/3은 이성 간 접촉으로 인해 발생한다. 라텍스 콘돔은 HIV 확산을 예방하는 데 도움이 될 수 있다. 콘돔은 얼마나 효과적인가? 이러한 질문에 대한 답을 찾는 것은 통제된 실험이 논리적으로나 윤리적으로 비현실적이기 때문에 어렵다. 대신 유사한 그룹의 사람들이 어떻게 다른 행동을 나타내는가를 기록하는 관찰연구에 의존해야 한다.

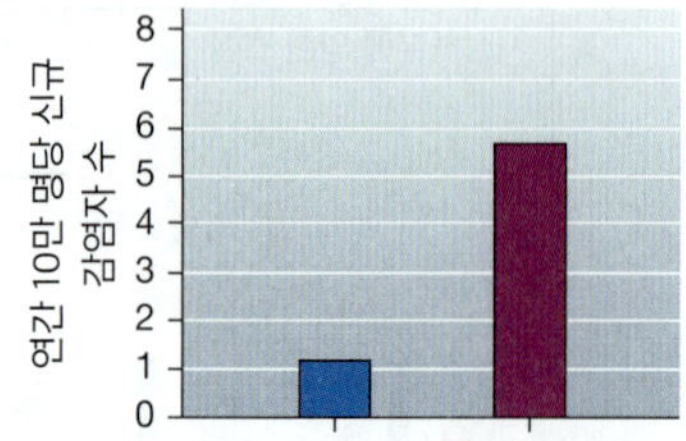

▲ **그림 27.7 감염된 파트너에서 감염되지 않은 파트너로의 HIV 전염률에 대한 콘돔 사용의 효과**

자료: S. C. Weller and K. Davis-Beaty, Condom effectiveness in reducing heterosexual HIV transmission, *Cochrane Database of Systematic Reviews* 4: 1-24 (2007).

성매개감염병에 대해 무엇을 할 수 있는가?

UN의 세계보건기구(WHO)가 2007년에 발표한 한 연구에서 한 파트너가 HIV 양성이고 다른 파트너는 그렇지 않은 커플을 추적 조사했다. 이 커플 중 587명은 항상 콘돔을 사용한다고 답했고, 276명은 콘돔을 전혀 사용하지 않는다고 답했다. 각 그룹의 HIV 감염률을 알아보기 위해 연간 100명당 신규 감염 건수, 즉 파트너와 함께 지내는 1년 동안 평균적으로 100명 중 몇 명이 감염되는지를 계산했다. 데이터에 따르면 콘돔 사용으로 감염률이 80% 감소한 것으로 나타났다(**그림 27.7**). 이 연구와 다른 연구들은 콘돔이 HIV 확산을 예방하는 데 효과적이지만, 완벽하지는 않은 수단임을 분명히 보여준다.

많은 성매개감염병은 조기에 치료하면 효과적으로 치료할 수 있으나, 치료하지 않고 방치하면 장기적인 문제를 일으키거나 심지어 사망에 이를 수도 있다. 성행위가 활발한 사람은 누구나 정기적인 건강 검진을 받고 성병 검사를 받아야 하며, 의심 증상이 나타나면 경미하더라도

표 27.7 미국에서 흔한 성병

질병	미생물	주요 증상 및 효과	원인 및 치료
클라미디아(chlamydia)	클라미디아(*Chlamydia trachomatis*)	생식기 분비물, 배뇨통. 종종 여성에게는 증상이 없음. 골반염증성질환(PID)	세균성 성병은 항생제로 치료할 수 있음
임질(gonorrhea)	임질(*Neisseria gonorrhoeae*)	생식기 분비물, 배뇨통. 때때로 여성에게는 증상이 없음. 골반염증성질환(PID)	
음부포진(genital herpes)	단순 포진 바이러스 2형(때때로 1형)	생식기의 물집, 배뇨통, 피부 염증. 자궁경부암과 관련 있음	바이러스성 성병의 증상은 치료할 수 있지만, 치료제는 없음
생식기 사마귀(genital warts)	유두종 바이러스(papillomavirus)	통증 없는 생식기의 종양. 일부 균주는 암과 관련 있음	
에이즈(AIDS)와 HIV 감염	HIV	면역계의 파괴, 다른 감염에 대한 감수성 증가(24.14절 참조)	
트리코모나스증(trichomoniasis)	트리코모나스 바지날리스(*Trichomonas vaginalis*)	질염, 가려움증, 분비물. 보통 남성에게는 증상이 없음	원충성 성병은 약물로 치료할 수 있음
칸디다증[효모(yeast) 감염]	칸디다 알비칸스(*Candida albicans*)	질염, 가려움증, 분비물. 성교 없이 빈번히 발생	곰팡이 성병은 항진균제로 치료할 수 있음

즉시 치료를 받아야 한다. 성병은 청소년과 청년층에서 가장 많이 발생하며, 감염의 약 2/3가 25세 미만에게서 발생한다. 성병의 확산을 방지하는 가장 좋은 방법은 금욕이지만, 차선책으로 HIV 연구에서 입증된 바와 같이 라텍스 콘돔이 '안전한 성관계'를 위한 최선의 방지책이다.

? 과학자들이 HIV 감염률을 조사하기 위해 관찰 연구에만 의존해야 하는 이유는 무엇인가?

■ 인간의 성적 행동을 통제하는 실험을 하는 것은 명백히 비윤리적이기 때문에 과학자들은 그 결과만을 관찰한다.

27.8 피임은 원치 않는 임신을 예방할 수 있다

연결 피임(contraception)은 의도적으로 임신을 예방하는 것이다. 임신 과정의 여러 단계를 방해하는 다양한 형태의 피임이 있다. **그림 27.8**은 여러 가지 피임 방법을 실패율에 따라 가장 신뢰할 수 있는 방법(위)부터 가장 신뢰할 수 없는 방법(아래)으로 분류한 목록이다.

금욕은 유일하게 완전히 효과적인 피임 방법이지만, 다른 방법도 다양한 정도로 효과적이다. 정자가 난자에 도달하는 것을 방지하는 수술인 외과적 불임(sterilization)은 매우 믿을 만하다. 여성은 난관에서 짧은 부분을 제거하고 나머지 끝을 묶어 정자가 난자로 가는 경로를 차단하는 **자궁관결찰(tubal ligation)**을 받을 수 있다. 남성은 **정관절제술(vasectomy)**을 받을 수 있는데, 이는 정관(vas deferens)에서 한 부분을 잘라내어 정자가 요도에 도달하는 것을 방지하는 수술이다. 불임은 영구적이지만 때때로 수술로 되돌릴 수 있다. **자궁내 피임기구(intrauterine device, IUD)**는 의료진이 자궁 안에 삽입하는 T 모양의 장치다. IUD는 안전하고, 임신을 예방하는 데 매우 효과적이며, 언제든지 제거할 수 있다.

피임의 또 다른 방법은 난자의 방출을 차단하는 것이다. 경구피임제는 합성 에스트로겐과 합성 프로게스테론을 여러 가지 방법으로 조합하여 만든다. 호르몬 피임약은 주사(Depo-Provera), 임플란트, 피부 패치 등 다양한 방법이 있다. 호르몬 피임약을 꾸준히 복용하면 임신 기간에 일정한 호르몬 농도를 유지해 배란이 중지되어 임신을 막을 수 있다.

차단식 피임법(barrier method)은 정자와 난자의 결합을 막는 방법이다. **콘돔(condom)**은 주로 라텍스로 만든 피임 기구로, 음경 위나 질 안에 착용한다. 격벽은 자궁경부를 덮는 돔 모양의 고무 가로막으로, 몸에 맞게 하려면 의사에게 진단을 받아야 한다. 차단 장치는 정자를 죽이는 화학물질인 **살정제(spermicide)**와 함께 사용할 때 더 효과적이며, 살정제만 단독으로 사용하는 것은 신뢰할 수 없다.

자연피임법(natural family planning) 또는 리듬법이라고도 불리는 가임기 인지법은 수정 가능성이 가장 높은 배란 전후 며칠 동안 성관계를 자제하는 것을 말한다. 하지만 생식주기의 길이는 달마다 일정하지 않고, 정자는 여성 생식기관 내에서 3~5일 동안 생존할 수 있기 때문에 가임기 인지법은 별로 믿을 만한 방법이 아니다. 사정 전에 질에서 음경을 빼는 것도 성적 쾌감의 절정 전에 일부 정자가 방출될 수 있기 때문에 효과적이지 않다.

이미 피임되지 않은 성관계가 발생한 경우 긴급한 피임을 위해 일부

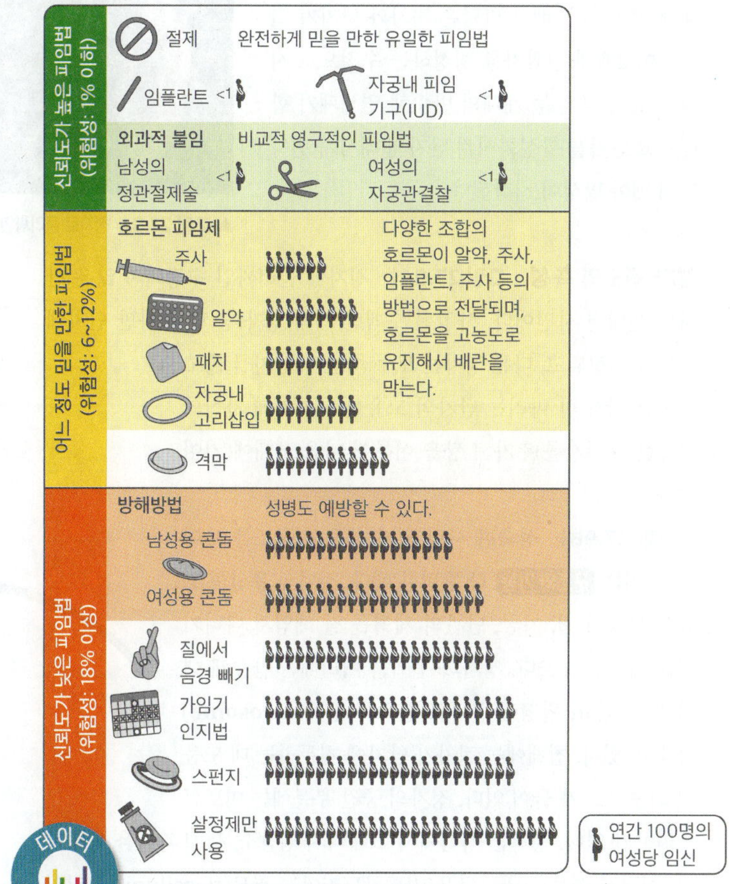

▲ **그림 27.8** 다양한 형태의 피임법과 신뢰도

제형의 고용량 피임약을 응급으로 사용할 수 있으며, 이를 **모닝 애프터 필(morning after pill, MAP)**이라고 한다. MAP는 15세 이상이면 처방전 없이 구입할 수 있지만, 심각한 부작용이 있을 수 있으므로 응급 상황에서만 사용해야 한다. 이미 임신이 된 경우, RU486(미페프리스톤)이라는 약물로 진행 중인 임신을 중단시키는 낙태를 유도할 수 있다. 이 또한 심각한 부작용이 있을 수 있으므로 RU486은 반드시 의료 전문가가 제공해야 하며, 여러 번 병원을 방문해야 한다.

피임은 성생활을 하는 모든 사람에게 건강과 안전의 중요한 문제다. 자세한 내용은 의료 전문가와 상담해야 한다. 금욕 외에도 콘돔은 원치 않는 임신과 성병의 위험을 모두 줄일 수 있는 유일한 수단이라는 점을 기억해야 한다.

? 수정과 성병을 모두 예방하는 피임 방법은 무엇인가?

■ 차단식 피임법

배아 발생의 원리

27.9 수정은 접합자를 생성하고 배아 발생을 촉발한다

앞의 6개의 절에서는 사람 생식기관의 해부학적 구조와 생리에 초점을 두었다. 다음 6개의 절에서는 생식의 결과인 배아의 형성과 발달에 대해 살펴본다. 배아 발달은 정자와 난자가 결합하여 2배체 접합자를 형성하는 수정으로 시작된다. 수정은 두 개체의 반수체 염색체가 합해지고 난자를 활성화시켜 난자의 대사가 변하면서 배아 발생이 시작된다.

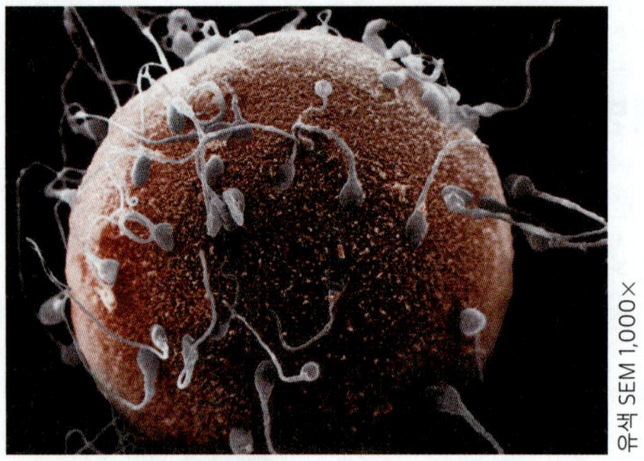

▲ 그림 27.9A 정자로 둘러싸인 사람 난자 세포

정자 세포의 특성 **그림 27.9A**는 정자에 둘러싸인 수정되지 않은 난자의 현미경 사진이다. 사정된 수백만 개의 정자 중 단 하나만 난자에 들어가 수정되고, 다른 정자는 모두 죽는다. 난자를 뚫고 들어간 정자 한 마리는 난자의 고유한 유전자에 자신의 고유한 유전자를 추가해 쌍을 이루어 다음 세대에 기여한다.

그림 27.9B는 성숙한 사람 정자 세포의 구조를 보여준다. 이는 **구조와 기능** 간 뚜렷한 예다. 정자의 유선형 모양은 암컷의 질, 자궁, 난관의 체액을 잘 헤엄쳐 다니기 위해 적응된 구조다. 정자의 두꺼운 머리에는 반수체 핵이 들어 있고, 원형질막 바로 안쪽에 **첨체(acrosome)**가 붙어 있다. 첨체에는 정자가 난자에 침투하는 데 도움이 되는 효소가 들어 있다. 정자의 중간 부분에는 미토콘드리아가 있다. 정자는 정액에서 고에너지 영양소, 특히 과당을 흡수한다. 이렇게 연료를 공급받은 미토콘드리아는 편모(flagellum) 꼬리의 움직임을 위한 ATP를 제공한다. 정자가 난자에 도달할 때쯤이면 정자가 사용할 수 있는 에너지의 대부분을 소모한 상태다. 그러나 성공적인 정자는 난자를 관통하여 난자의 세포질에 핵을 넣는다.

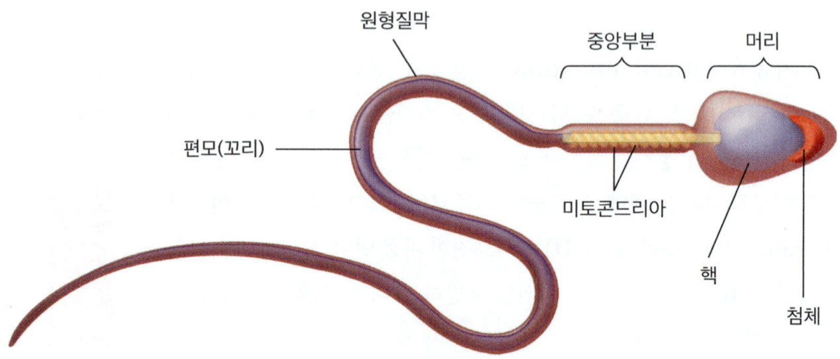

▲ 그림 27.9B 사람 정자 세포의 구조

수정 과정 **그림 27.9C**는 수정 과정에서 일어나는 일련의 사건을 요약하고, **그림 27.9D**는 수정이 일어나는 순서를 설명한다. 이 두 그림은 모두 성게(극피동물, 18.14절 참조)의 수정을 기반으로 한 것으로, 이에 대한 많은 연구가 진행됐다. 사람을 포함한 다른 동물에서도 비슷한 과정이 일어난다. 그림은 정자의 수정 활동을 추적하고 있다. 정자핵이 난자핵에 도달하려면 난자의 젤리층(노란색으로 표시), 비텔린층(분홍색)이라고 불리는 당단백질 중간 영역, 난자 세포의 원형질막 등 세 가지 장벽을 통과해야 한다.

그림에 표시된 단계를 따라가 보자. ❶ 정자가 난자의 젤리층과 접촉하면 정자의 첨체가 세포외배출작용에 의해 효소를 분비한다(5.9절 참조). ❷ 효소 분자는 젤리를 분해하여 구멍을 낸다. ❸ 정자 머리의 연장 부분이 젤리 외피를 관통하고, 그 끝에 있는 종 특이적 단백질 분자가 난자 세포의 특정 수용체와 결합한다. 따라서 종이 다른 정자와 난자는 결합할 수 없다. 이 특이성은 특히 다른 종의 정자가 물속에 존재할 수 있기 때문에 수정이 외부에서 이루어질 때(해양 생물이 산란할 때처럼) 중요하다. 특이적 결합이 일어난 후, 정

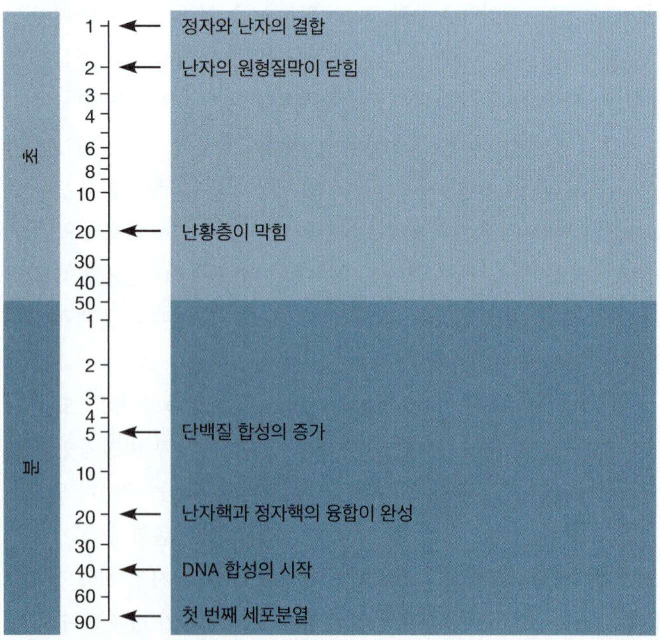

▲ 그림 27.9C 성게의 수정 과정의 시간표

자는 난황층을 통과하여 ❹ 정자의 원형질막이 난자의 막과 융합한다. 두 막의 융합으로 ❺ 정자의 핵은 난자로 들어갈 수 있다.

정자와 난자 원형질막의 융합은 난자에서 여러 가지 중요한 변화를 일으키는데, 이 중 두 가지 변화는 다른 정자가 난자에 들어가는 것을 막는다. 막이 융합된 후 약 1초가 지나면 난자 원형질막 전체는 다른 정자 세포가 침투할 수 없게 된다. 잠시 후 ❻ 난황층이 딱딱해지면서 원형질막에서 분리된다. 이 틈은 빠르게 물로 채워지고 정자는 난황층을 뚫을 수 없게 된다. 만약 이러한 현상이 일어나지 않고 난자가 둘 이상의 정자에 의해 수정되면, 그 결과 생성되는 접합자핵에는 염색체가 너무 많아져 접합자가 정상적으로 발달할 수 없다.

❼ 정자핵이 난자에 들어간 지 약 20분 후, 정자와 난자핵이 융합한다. 곧 엄청난 성장과 발달에 대비하여 DNA 합성이 시작되고 세포호흡이 빨라진다. 그림 27.9C의 시간표에서 볼 수 있듯이, 약 90분 후에 첫 번째 세포분열이 일어나며 수정 단계가 끝난다.

정자는 접합자에 염색체만 제공했을 뿐 다른 것은 거의 제공하지 않는다. 접합자의 세포질과 다양한 세포소기관은 모두 난자를 통해 어미로부터 제공받는다. 다음 절에서는 접합자가 새로운 동물로 발달하는 과정을 추적할 것이다.

? 체외수정을 하는 수생동물의 경우, 난자 세포의 단백질 수용체가 특히 중요한 이유는 무엇인가?

■ 난자의 단백질 수용체는 정자의 종 특이적 단백질과 일치하기 때문에 다른 종의 정자와 난자가 수정하지 못하게 한다.

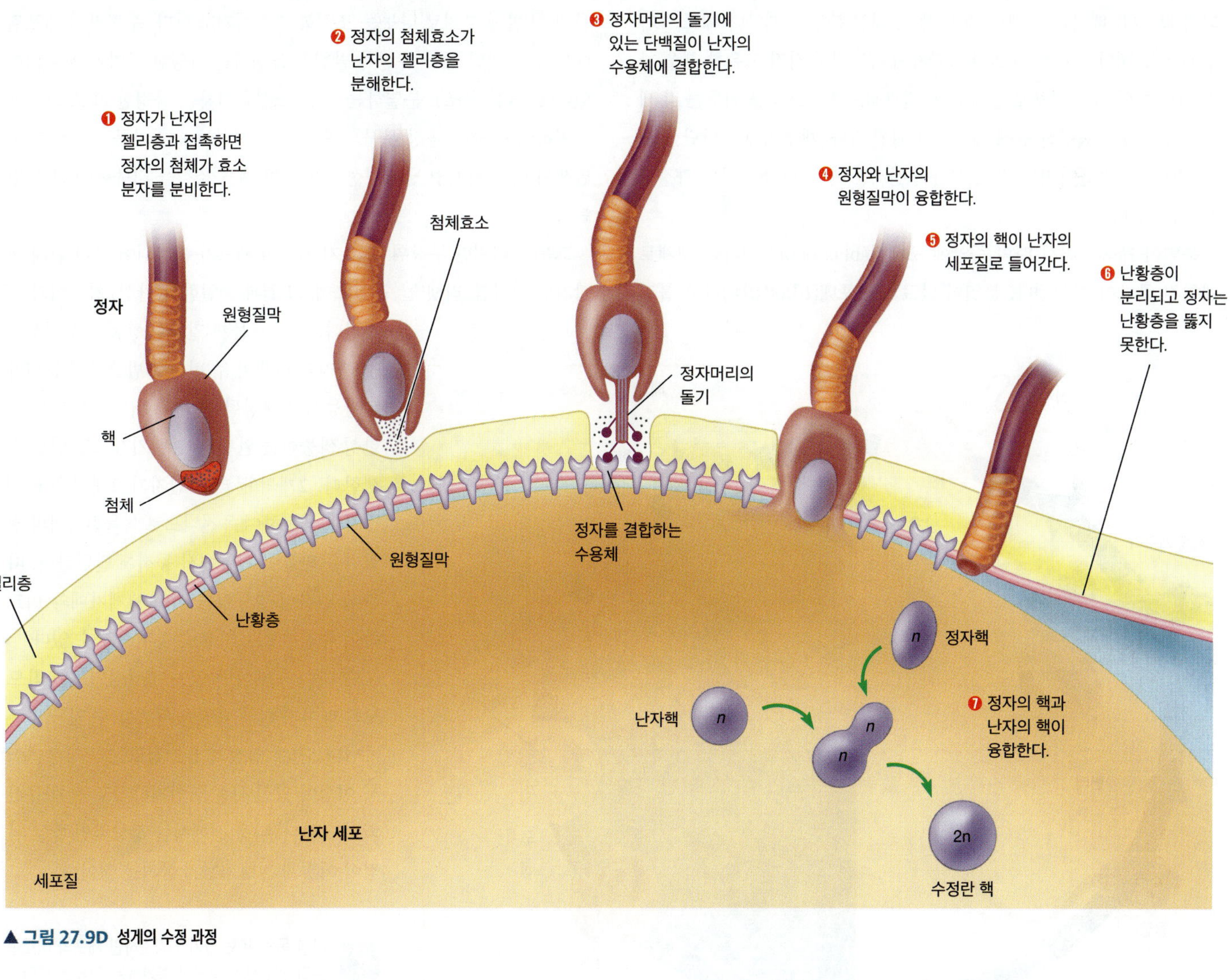

▲ **그림 27.9D** 성게의 수정 과정

27.10 수정란은 분열을 계속하여 포배를 형성한다

한 동물 개체는 수천, 수백만, 심지어 수조 개의 세포로 구성되어 복잡한 조직과 기관으로 정밀하게 이루어져 있다. 이러한 전환에는 놀라울 정도로 세심하게 조절된 세포분열과 특수화가 필요하다. **그림 27.10**은 개구리를 예로 들어 주요 단계를 요약한 것으로, 사람에게서도 비슷한 과정이 일어난다. 이 절에서는 첫 번째 단계인 분열에 초점을 맞출 것이다. 이후 절에서는 후속 단계를 살펴볼 것이다.

발생은 다세포 덩어리를 생성하는 일련의 빠른 **세포분할(cleavage)**로 시작된다. 접합자가 처음으로 분열한 후, 이를 배아(embryo)라고 한다. 난자에 저장된 영양분이 분열하는 세포에 영양을 공급한다. DNA 복제, 유사분열(mitosis, 체세포 분열), 세포질 분열은 빠르게 일어나지만, 유전자 전사는 사실상 일어나지 않아 새로운 단백질은 거의 합성되지 않는다. 배아는 크게 커지지 않고, 대신 분열할 때마다 세포 수가 두 배로 늘어나면서 한 세포인 접합자의 세포질이 각각 고유한 핵을 가진 여러 개의 작은 세포로 분할된다. 결과적으로 세포구를 이루는 각 세포는 접합자를 형성한 원래 세포보다 훨씬 작다. 개구리에서 단단한 세포 덩어리가 만들어지는 데 몇 시간이 걸리는 반면, 사람은 분열 과정에 4일이 걸린다.

분열이 계속되면서 배의 중앙에 포배강(blastocoel)이라는 액체로 채워진 공간이 형성된다. 분열이 완료되면 **포배(blastula)**라고 불리는 속이 빈 세포 덩어리가 생긴다. 사람 배반포(개구리 포배에 해당)에서 제거한 세포는 연구에 유용한 재료이다(11.14절 참조). 이러한 세포를 배아 줄기세포라고 한다. 배아 줄기세포는 아직 분화되지 않았기 때문에 손상이나 질병으로 소실된 거의 모든 종류의 성숙한 세포로 분화하여 대체할 수 있는 큰 치료 잠재력을 가진다. 하지만 배아 줄기세포를 채취하는 것은 배아를 파괴하는 것이기 때문에 윤리적 문제가 제기된다. 배아 줄기세포를 이용한 연구는 생물학적 연구에서 매우 활발한 분야로 남아 있다. (실험실에서 배아 줄기세포를 만드는 방법은 11.14절 참조)

분열은 초기 배아 발생에 두 가지 중요한 기능을 한다. 단세포 접합자로부터 다세포 배아, 즉 배반포를 생성한다. 또한 분열은 다세포 배아를 여러 발생 부위로 나누는 조직화 과정이기도 하다. 수정란의 세포질에는 초기 발달 동안 유전자 발현을 조절하는 다양한 분자가 포함되어 있다(11.8절 참조). 분열하는 동안 조절유전자는 특정한 세포 그룹에 위치하여 나중에 특정 부분의 형성을 지시하는 유전자를 활성화한다. 발생의 다음 단계인 낭배형성은 배아의 세포 조직을 더욱 정교하게 만든다.

드문 일이지만 무작위로, 초기 배아의 세포가 분리되어 마치 원래 접합자인 것처럼 '리셋'될 수 있으며, 그 결과 동일한(일란성) 쌍둥이가 발생한다. 극히 드물게 일란성 쌍둥이를 생성하는 분리와 리셋이 두 번째로 발생하여 동일한 세쌍둥이가 생성될 수 있다. 비일란성 또는 이란성 쌍둥이는 완전히 다른 기작으로 인해 발생한다. 2개의 분리된 난자가 2개의 분리된 정자와 융합하여 유전적으로 독특한 2개의 접합자를 만들어 자궁에서 동시에 발달한다. 따라서 일란성 쌍둥이는 어떤 형제자매와 비교하여 유전적으로 더 비슷하다고 볼 수 없다.

단 하나의 배아만 있는 정상적인 경우라도 모든 배아가 발생 과정을 완료할 수 있는 것은 아니다. 전체 임신의 1/3 정도는 비정상이어서 여성이 임신 사실을 인지하기도 전에 유산되기도 한다. 다음 절에서는 정상적인 발달 과정이 어떻게 진행되는지 살펴볼 것이다.

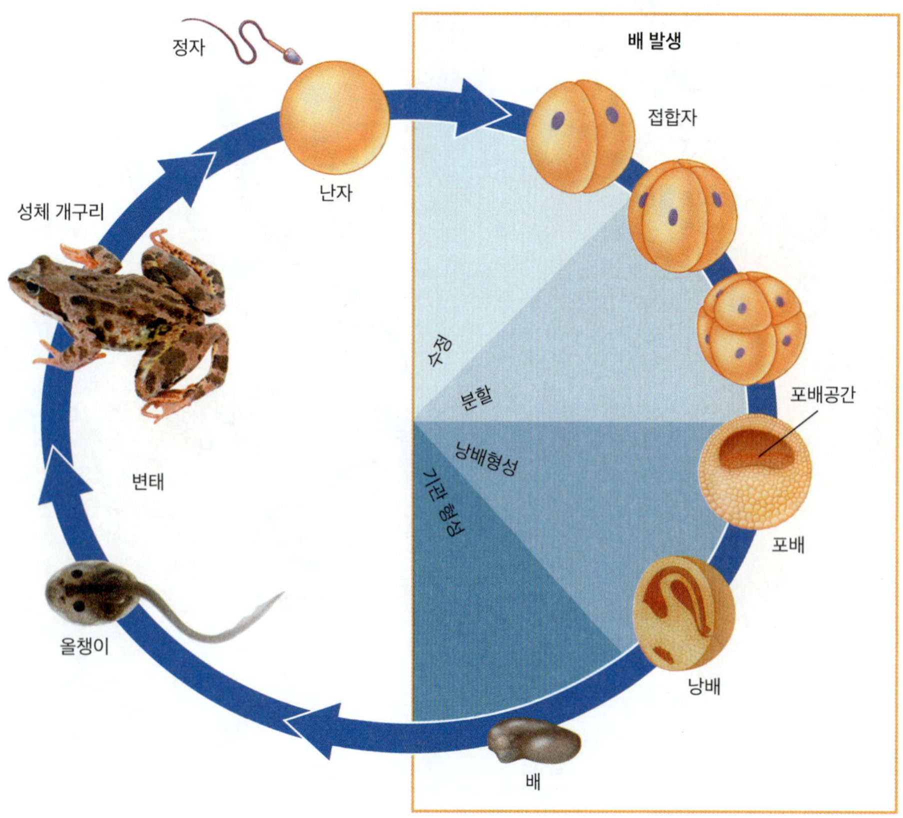

▲ **그림 27.10** 개구리의 발생 단계

? 분열 동안 세포 크기가 감소하면 세포의 미토콘드리아에 산소 공급이 증가하는 이유는 무엇인가? (힌트: 표면적의 효과를 고려하자.)

■ 작은 세포는 세포 부피에 비해 원형질막 표면적이 더 넓어 환경으로부터 세포질로의 산소 확산을 촉진한다.

27.11 낭배형성은 3배엽의 배아를 형성한다

분열 후에는 세포분열 속도가 급격히 느려진다. 그런 다음 세포는 배아 발달의 두 번째 주요 단계인 **낭배형성(gastrulation)**으로 들어간다. 낭배형성 동안 세포는 나중에 모든 기관과 조직을 형성할 수 있는 새로운 위치를 차지한다. 낭배형성이 진행됨에 따라 배아는 3배엽 시기인 **낭배(gastrula)**로 전환된다.

낭배형성에 의해 생성되는 3개의 층은 외배엽, 내배엽, 중배엽이라는 배아 조직이다. **외배엽(ectoderm)**은 낭배의 바깥층을 형성한다. **내배엽(endoderm)**은 배아 소화관을 형성한다. 그리고 **중배엽(mesoderm)**은 외배엽과 내배엽 사이에 위치한다. 궁극적으로 이 세 가지 세포층이 성체의 모든 부위로 발달한다. 예를 들어 신경계와 피부의 바깥층(표피)은 외배엽에서, 소화관의 가장 안쪽 내벽은 내배엽에서, 그리고 신장, 심장, 근육, 피부의 안쪽층(진피) 같은 대부분의 다른 장기와 조직은 중배엽에서 발달한다. **표 27.11**에는 세 가지 주요 배아 조직층으로부터 발생하는 척추동물의 주요 기관과 조직이 나와 있다.

낭배형성의 메커니즘은 종에 따라 조금씩 다르다. **그림 27.11**의 위쪽은 이전 절에서 설명한 대로 분열에 의해 형성된 개구리 포배를 보여준다. 개구리 포배는 서로 다른 크기의 세포로 이루어져 있으며, 부분적으로 속이 빈 공 모양이다. 한쪽 끝의 세포(동물극, animal pole)는 반대쪽 끝의 세포(식물극, vegetal pole)보다 작다. 그림의 세 가지 색은 외배엽(파란색), 중배엽(빨간색), 내배엽(노란색)으로, 그림 하단의 낭배에서 주요 세포층을 형성하는 포배 내의 세포 영역을 나타낸다. (각 층은 한 층 이상의 세포층을 가질 수 있다.)

낭배형성 동안 세포는 3개의 층을 형성할 새로운 위치로 이동한다(그림 27.11의 중앙에 있는 검은색 화살표 참조). 포배의 한쪽에 포배구(blastopore)라고 하는 작은 홈이 나타나면 낭배형성이 시작된다. 바깥층의 세포는 배반포에서 안쪽으로 말려 들어가고, 미래의 내배엽(노란색)은 단순한 소화강을 둘러싼다. 한편 외배엽(파란색)을 형성할 세포는 배아 표면의 더 많은 부분으로 아래쪽으로 퍼지고, 중배엽(빨간색)을 형성할 세포는 배아 내부의 얇은 층으로 퍼지기 시작하여 다른 두 층 사이의 중간층을 형성한다.

표 27.11 3배엽의 배아로부터 생성되는 기관과 조직	
배엽	성인의 기관과 조직
외배엽	피부의 표피, 입과 직장의 상피 내벽, 표피의 감각 수용체, 눈의 각막과 수정체, 신경계
내배엽	소화관의 상피 내벽(입과 직장 제외), 호흡관의 상피 내벽, 간, 췌장, 갑상샘, 부갑상샘, 흉선, 요도와 방광 및 생식계의 내벽
중배엽	골격계, 근육계, 순환계, 배설계, 생식계(배우자 형성 세포 제외), 피부 진피, 체강 내막

그림 하단에 표시된 것처럼 세포 이동으로 인해 3개의 층으로 된 배아가 형성되면 낭배형성이 완료된다. 외배엽은 표면의 대부분을 덮고 있으며, 중배엽은 외배엽과 내배엽 사이에 층을 형성한다.

동물 종마다 낭배형성의 세부사항은 다르지만, 모든 종에서 동일한 일반적인 기작으로 진행된다. 이러한 일이 일어나는 시간은 종마다 다르다. 개구리의 경우 분열과 낭배형성은 함께 약 15~20시간이 걸린다.

? 배아 발달 과정 중 초기의 가장 중요한 두 단계는 포배를 형성하는 ________ 와/과 ________을/를 형성하는 ________이다.

■ 분열, 낭배, 낭배형성

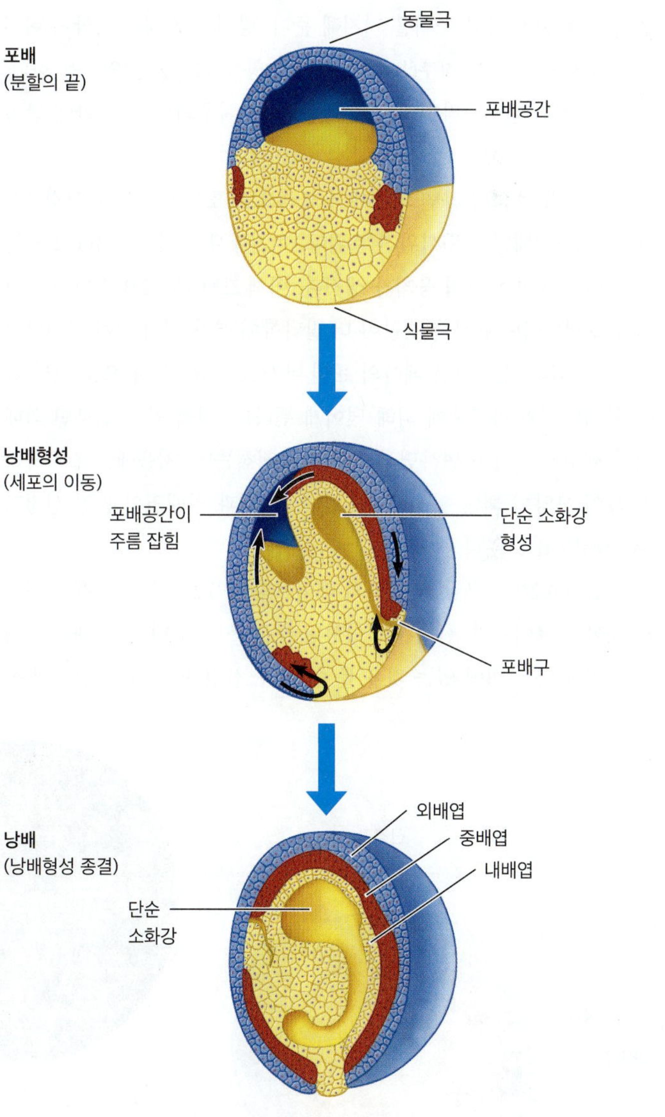

▲ **그림 27.11** 개구리 낭배의 발생

27.12 기관은 낭배기 이후 형성되기 시작한다

배아를 3개의 층으로 조직화하는 과정에서 낭배형성은 동물의 형성을 위한 단계를 설정한다. 외배엽, 내배엽, 중배엽이 형성되면 각 층의 세포는 조직과 배아기관으로 분화하기 시작한다. **그림 27.12A**의 잘라낸 그림은 낭배형성이 완료된 후 몇 시간 후에 개구리 배아에 나타나는 발달 구조를 보여준다.

그림 27.12A의 배아에는 지난 절에서 설명한 낭배 단계에는 없던 두 가지 구조가 있다. 중배엽에는 **척삭(notochord)**이라는 기관이 발달하고, 외배엽에는 속이 빈 신경다발이 될 구조가 형성되기 시작한다(녹색으로 표시된 부분). 척삭과 등쪽의 속이 빈 신경다발은 척삭동물의 두 가지 특징이라는 것을 기억하자(18.15절 참조).

연골과 유사한 물질로 만들어진 척삭은 배아 길이의 대부분에 걸쳐 뻗어 발생 중인 다른 조직을 지지해 준다. 발생 후기에는 척삭 주변에 중배엽 세포가 모여 척추(backbone)를 형성하는 중심 역할을 한다. 척삭은 출생 전에 사라지지만, 일부는 성인 척추의 디스크 안에 남아 있다.

그림 27.12A의 잘라낸 그림에서 녹색으로 표시된 부분은 신경판이라고 하는 외배엽이 두꺼워진 부위다. 여기에서 신경주름이라고 하는 한 쌍의 뚜렷한 외배엽 융기가 생긴다. 이제 **그림 27.12B**의 일련의 그림을 보면 신경주름과 신경판이 더 발달함에 따라 어떤 일이 일어나는지 알 수 있다. 신경판은 배아의 표면 아래로 가라앉는 관으로 말려 들어가 외배엽의 바깥층에 의해 덮이게 된다. 그림을 자세히 보면 외배엽의 세포가 모양이 변하면서 안쪽으로 접히는데, 처음에는 길쭉하다가 쐐기 모양이 되는 것을 볼 수 있다. 그 결과 외배엽의 관인 **신경관(neural tube)**은 나중에 뇌와 척수가 된다.

그림 27.12C는 그림 27.12A의 배아보다 약 12시간 더 오래된 개구리 배아를 보여주며, 신경관이 형성된 것을 볼 수 있다. 그림에서 신경관은 척삭 바로 위에 있는 것을 볼 수 있다. 신경관, 척삭, 소화강의 상대적 위치를 통해 개구리의 기본 몸체계를 미리 살펴볼 수 있다. 척수는 척삭을 대체할 척추의 등쪽(위쪽)에 자리 잡고 있으며, 소화관은 척추의 배쪽(아래쪽)에 있다. 이것이 모든 척추동물의 기관이 정렬되는 기본 구조다.

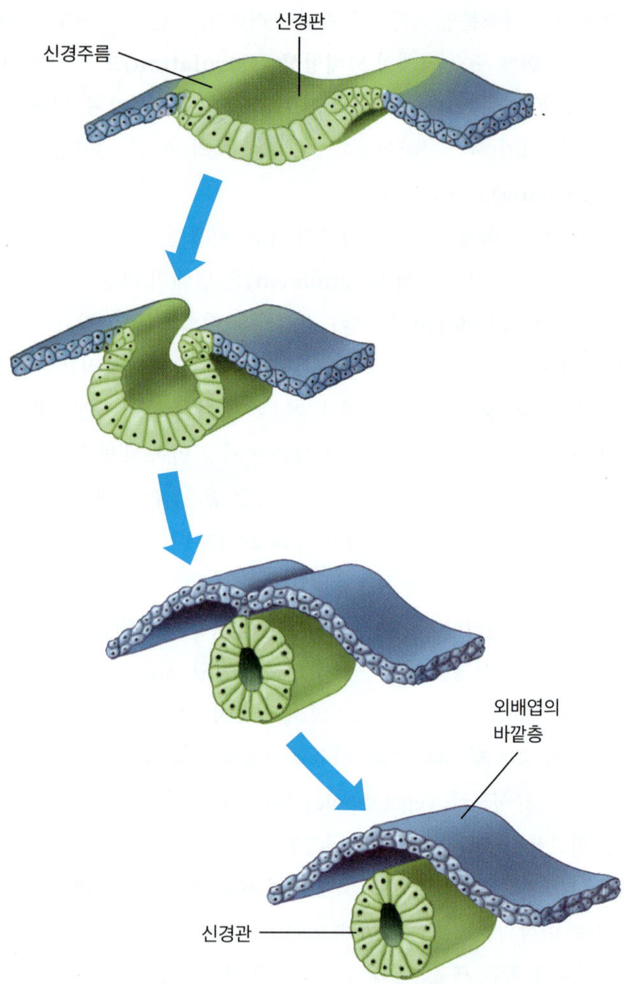

▲ **그림 27.12B** 신경관의 형성

이러한 과정의 중요성은 배아 조직 간 잘못된 신호로 인해 발생하는 인간의 선천적 기형에서 볼 수 있다. 예를 들어 척추갈림증(spina bifida)은 태아 발달의 첫 달에 신경관이 닫히지 않고 척추가 제대로 형성되지 않아 발생하는 질환이다. 척추갈림증을 가지고 태어난 영아는 종종 영구적인 신경 손상을 입어 하반신 마비가 된다. 비타민 엽산은 척추갈림증의 발생률을 낮추는 것으로 알려져 있어 가임기 여성은 엽산을 충분히 섭취하는 것이 좋으며, 임산부는 엽산 보충제를 복용하는 것이 좋다.

그림 27.12C는 개구리 배아에서 신경관과 소화강의 모습 외에도 몇 가지 다른 근본적인 변화를 보여준다. 옆모습을 보여주는 현미경 사진

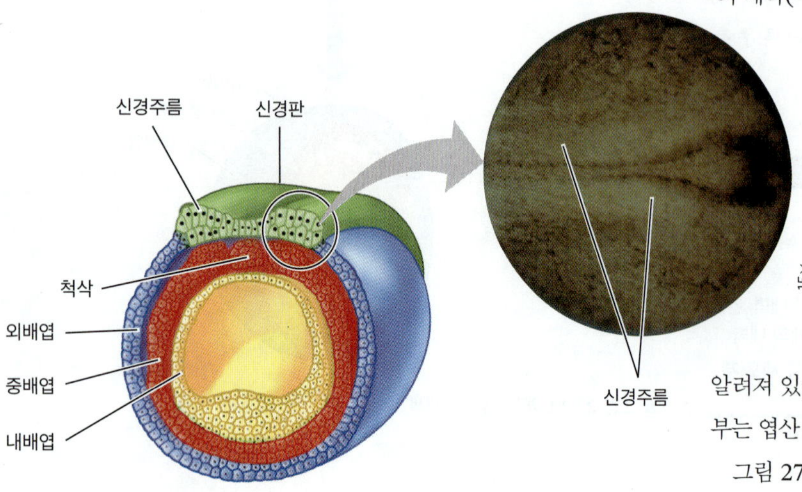

▲ **그림 27.12A** 개구리에서 기관 발달의 시작: 척삭, 신경주름, 신경판

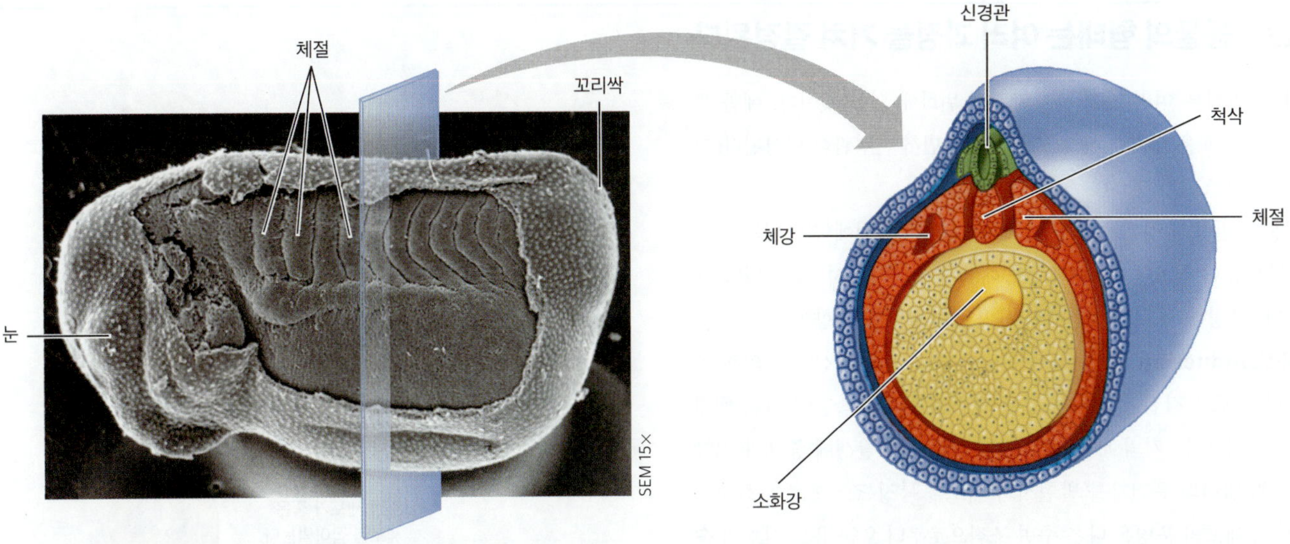

▲ 그림 27.12C 완성된 신경관과 체절, 체강을 가진 배의 측면(왼쪽)과 단면(오른쪽)

에서 배아가 길어지고, 눈과 꼬리(꼬리싹이라고 함)의 형성이 시작되는 것을 볼 수 있다. 이 그림은 체절이라 불리는 안쪽의 융기선을 보여주기 위해서 외배엽을 조금 벗겨놓은 것이다. 체절은 중배엽의 덩어리로, 척추의 척추뼈와 관련 근육 같은 절편 구조(반복되는 단위로 구성)가 만들어질 곳이다. 횡단면 그림에서 체절 옆의 중배엽이 속이 빈 공간인 **체강(coelom)**이 발생하고 있는 것을 볼 수 있다. 체절된 신체 부위와 체강은 모든 척삭동물의 기본 특징이다.

이 절과 이전 2개의 절에서 동물이 형태를 갖추기 시작하면서 일어나는 일련의 변화를 살펴보았다. 요약하면, 배아 발달의 핵심 단계는 분열(1개의 수정란에서 다세포의 포배가 되는 과정), 낭배형성(배가 3개의 고유한 층을 가진 낭배로 조직화되는 과정), 기관 형성(3개의 배아 조직층에서 배의 기관을 생성하는 것) 단계다. 이 세 단계는 거의 모든 동물에게서 동일하게 발생한다.

그림 27.12C에 표시된 단계를 넘어 개구리의 발생 과정을 따라가면 몇 시간 내에 근육 반응과 심장 박동을 관찰하고 혈액이 순환하는 아가미를 볼 수 있으며, 꼬리싹에서는 꼬리지느러미가 자란다. 개구리 발생의 후기 단계는 매우 다양하지만, 많은 종에서 발달이 시작된 후 5~8일이 지나면 올챙이의 모든 신체 조직과 기관이 외배엽, 중배엽, 내배엽의 세포에서 나오는 것을 볼 수 있다. 결국 올챙이의 구조(**그림 27.12D**)는 성체 개구리의 조직과 기관으로 변하게 된다.

배아 발생 과정을 관찰하면 하나의 작은 세포인 수정란이 고도로 구조화된 다세포 동물로 탄생하는 과정에서 일어나는 엄청난 변화를 이해할 수 있다. 예를 들어 우리 몸은 약 200조 개의 세포로 이루어진 복잡한 조직이며, 이 모든 세포는 이 문장의 끝에 있는 마침표보다 작은 수정란에서 생겨났다. 이 놀랍도록 복잡한 배열이 어떻게 이루어졌는지 알아내는 것은 생물학의 가장 큰 도전 과제 중 하나다. 발달생물학자들은 배아를 실험적으로 조작하는 연구와 세포생물학 및 분자생물학을 결합한 연구를 통해 발달의 기초가 되는 메커니즘을 밝혀내기 시작했다. 다음 절에서는 이러한 기작 중 몇 가지를 살펴본다.

? 배아 내에서 모든 문(phylum)의 구성원에게 공통으로 나타나는 등쪽의 속이 빈 신경다발은 무엇으로부터 만들어지는가?

■ 뇌와 척수가 되는 신경관은 등쪽 외배엽 판에서 안쪽으로 접혀서 내부 관을 형성하면서 발생한다.

▲ 그림 27.12D 성체 초기의 특징을 가진 올챙이

27.13 동물의 형태는 여러 과정을 거쳐 결정된다

동물의 배 발생은 여러 가지 세포학적인 변화에 의한 것이다. 예를 들어, 앞 절에서 배운 것처럼 세포 모양이 변하면서 신경관이 형성된다(그림 27.12B 참조).

대부분의 발생 과정은 인접한 세포와 세포 층 사이에 전달되는 신호를 따르는데, 이 신호는 배아 세포가 해야 할 일과 그 시기를 정확하게 알려준다. 특정한 세포군이 인접한 세포군의 발생에 영향을 미치는 기작을 **유도(induction)**라고 한다. 유도는 확산 가능한 신호에 의해 매개되거나 세포가 직접 접촉하는 경우 세포 표면 상호작용에 의해 매개될 수 있다. 유도는 거의 모든 조직과 기관의 초기 발생에 중요한 역할을 하는데, 일련의 유전자를 발현시켜 세포를 특정 조직으로 분화시키는 것이다. 세포의 운명은 다른 주변 조직으로부터 오는 유도 신호의 순서에 의해 결정된다. 예를 들어, 눈의 수정체는 정확히 예정된 시간에 외배엽과 중배엽 세포의 유도 신호가 있어야 형성된다. 기관이 형성되기 시작하면서 일련의 유도 신호를 통해 세포가 점점 더 특수화된다.

세포의 이동도 발생에 필수적이다. 예를 들어 배아 내 세포는 낭배형성 동안 세포 돌기를 폈다 구부렸다 해서 '기어가는' 방식으로 이동하는데, 이는 아메바형 세포의 위족(pseudopodia)과 유사하다(16.17절 참조). 이동하는 세포는 목적지 근처 세포가 분비하는 유도성 화학 신호를 따라 이동할 수 있으며, 이동하는 세포가 목적지에 도달하면 표면 단백질을 통해 비슷한 세포를 인식할 수 있다. 세포는 서로 만나면 당단백질을 분비하여 세포를 제자리에 붙인다. 마지막으로, 세포는 특정 조직의 특성을 가지면서 분화한다.

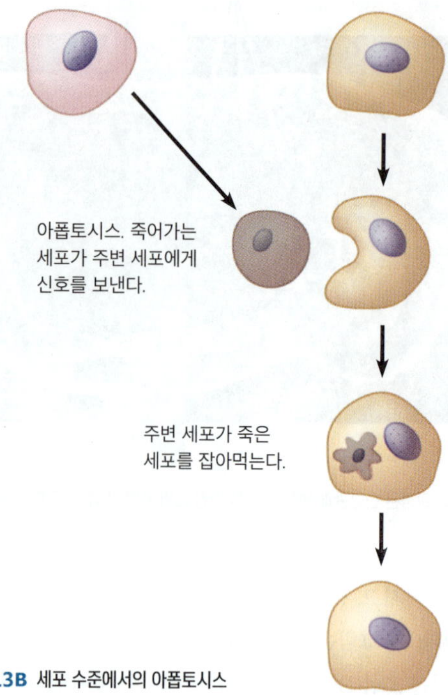

▶ 그림 27.13B 세포 수준에서의 아폽토시스

또 다른 중요한 발달 과정은 세포가 예정된 시간에 자살하도록 프로그래밍된 **아폽토시스(apoptosis**, 세포자살)다. 동물 세포는 활성화되면 자신을 죽이는 능력을 가진 단백질을 만든다. 사람의 경우, 손과 발이 발달할 때 특정 세포가 적절한 시기에 죽어야 손가락과 발가락 사이에 공간이 생긴다(**그림 27.13A**). **그림 27.13B**에서 왼쪽의 세포는 자살 단백질이 활성화되어 수축하고 죽는다. 한편, 죽어가는 세포에서 나오는 신호는 인접한 세포를 식세포작용을 하도록 만든다. 이 세포는 죽은 세포를 집어삼키고 소화하여 배에 유해한 잔해가 없도록 한다.

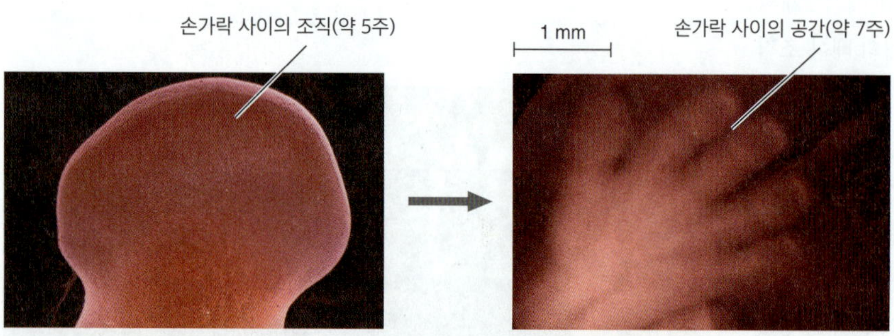

▲ 그림 27.13A 발생 중인 사람의 손에서 일어나는 아폽토시스

? 배 유도 과정에서 종종 신호전달경로가 관여한다. 신호전달경로의 역할은 무엇인가?

■ 세포가 전달받은 화학적 신호와 그에 따른 유전자 발현 및 기타 세포의 반응 변화를 매개한다.

27.14 배 발생 동안의 패턴형성은 오래된 유전자에 의해 조절된다

진화 연관성 지금까지 개별 기관의 형성에 대해 살펴보았다. 그렇다면 팔다리 같은 좀 더 큰 신체 구조의 형성은 어떻게 이루어지는가? 동물의 주요 부위가 형성되는 과정을 패턴형성(pattern formation)이라 하며, 특수화된 기관과 조직이 모두 제자리에 위치하여 동물의 체형이 결정되는 것을 말한다. 연구에 따르면 주조절유전자(master control gene, 11.8절과 15.11절 참조)는 배아에서 다른 세포와 비교하여 세포의 위치를 알려주는 화학 신호에 반응한다. 이러한 위치 신호에 따라 어떤 주조절유전자가 발현될지 결정되고, 결과적으로 어떤 신체 부위가 형성될지가 결정된다. 연구에 따르면 이러한 제어 유전자는 동물의 진화 초기에 생겨났기 때문에 다양한 동물 종에서 비슷한 역할을 하는 것으로 밝혀졌다. 발달 과정의 진화를 연구하는 생물학 분야를 진화발달생물학, 줄여서 이보-디보(evo-devo)라고

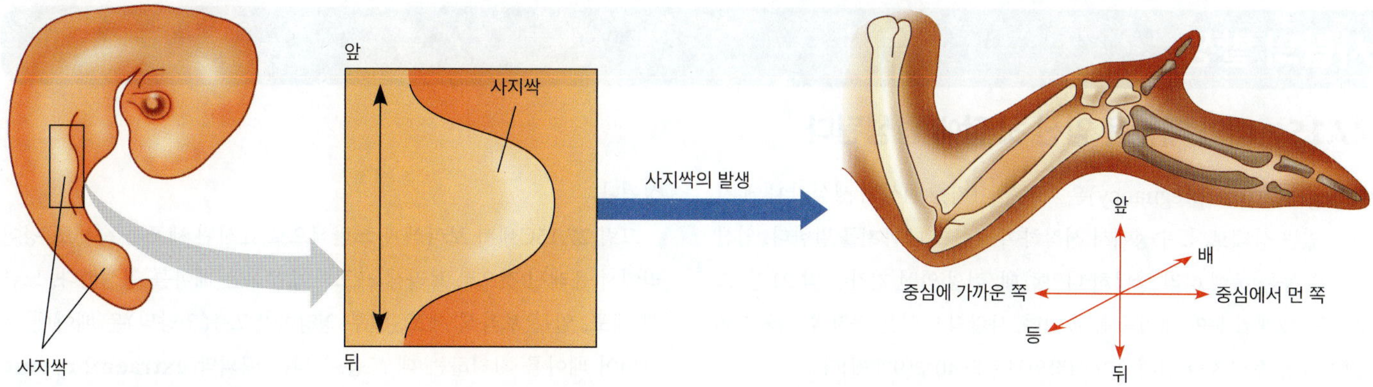

▲ 그림 27.14A 날개의 정상적인 발생

한다.

새의 날개 같은 척추동물의 팔다리는 사지싹(limb bud)이라고 하는 배아 구조에서 시작된다(그림 27.14A). 뼈나 근육 같은 병아리 날개의 각 구성요소는 근위-원위 축('어깨-손끝' 축), 앞쪽-뒤쪽 축('엄지-작은 손가락' 축), 등쪽-배측 축('너클-손바닥' 축)의 세 축을 기준으로 정확한 위치와 방향을 가지고 발달한다. 팔다리 싹 안에 있는 배아 세포는 이 세 축을 따라 위치를 나타내는 위치 정보에 반응한다. 이 정보가 있어야만 세포의 유전자가 해당 세포의 특정 위치에서 정상적인 분화에 필요한 단백질의 합성을 지시한다.

호미오유전자(homeotic gene)는 비슷한 유전자의 집합으로 다양한 생물에서 배아 패턴형성에 직접적으로 기여한다. 초파리의 호미오유전자를 연구하는 학자들은 모든 호미오유전자가 180개의 뉴클레오타이드로 이루어진 공통 염기서열이 있다는 사실을 발견했다. 이후 효모, 식물, 사람 등 조사된 거의 모든 진핵생물에서 매우 유사한 서열이 발견됐다. 심지어 일부 원핵생물에서도 이러한 서열이 발견됐다. 이러한 뉴클레오타이드 서열을 **호미오박스(homeobox)**라고 하며, 각각은 호미오유전자에 의해 암호화되는 단백질의 60개 아미노산 구간으로 번역된다. 호미오박스 폴리펩타이드 조각은 DNA의 특정 서열에 결합하여 다른 유전자 그룹을 켜거나 끌 수 있게 한다.

그림 27.14B는 상당히 다른 두 동물인 초파리와 쥐에서 호미오박스를 가진 호미오유전자의 염색체 위치와 발생학적 기능이 얼마나 유사한지를 보여준다. 염색체의 각 색깔 띠는 호미오유전자를 나타낸다. 초파리에서는 모든 호미오유전자가 하나의 염색체에서 발견된다. 쥐와 다른 포유류는 4개의 서로 다른 염색체에 동일하거나 유사한 유전자 세트를 가지고 있다. 색깔 부호는 이러한 유전자가 발현되는 배의 부분과 그 결과로 발생하는 성체 부위를 나타낸다. 이 유전자는 모두 파리와 쥐에서 본질적으로 동일하며, 예외적으로 덜 유사한 부위는 검은 띠로 표시했다. 이러한 유사성은 이러한 호미오유전자의 원래 버전이 생명의 역사에서 매우 일찍 발생했으며, 이 유전자가 동물 진화의 오랜 세월 동안 놀랍도록 변하지 않았음을 시사한다. 이처럼 다양한 생물에 존재함으로써 호미오유전자는 생물학의 중심 주제 중 하나인 공유된 진화 역사로 인한 다양성 속의 통일성을 보여준다.

발생 연구의 주요 목표는 접합자의 뉴클레오타이드 서열에 암호화한 1차원적 정보가 어떻게 동물의 3차원 형태 발달을 지시하는지를 알아내는 것이다. 패턴형성을 위해서는 세포가 위치마다 다른 환경적 단서를 감지하고 해석해야 한다. 세 가지 축을 따라 함께 작용하는 이러한 단서는 세포가 발달하는 기관의 3차원 영역에서 어디에 있는지 알려준다. 다음 2개의 절에서는 사람의 발생 과정의 결과를 살펴보자.

? 어떻게 팔다리싹에서 벌써 패턴형성이 일어나는가?

■ 동물의 주요 축인 앞쪽-뒤쪽, 등쪽-배측, 근위-원위 축은 이미 초기 배아 단계에서 결정되어 있다.

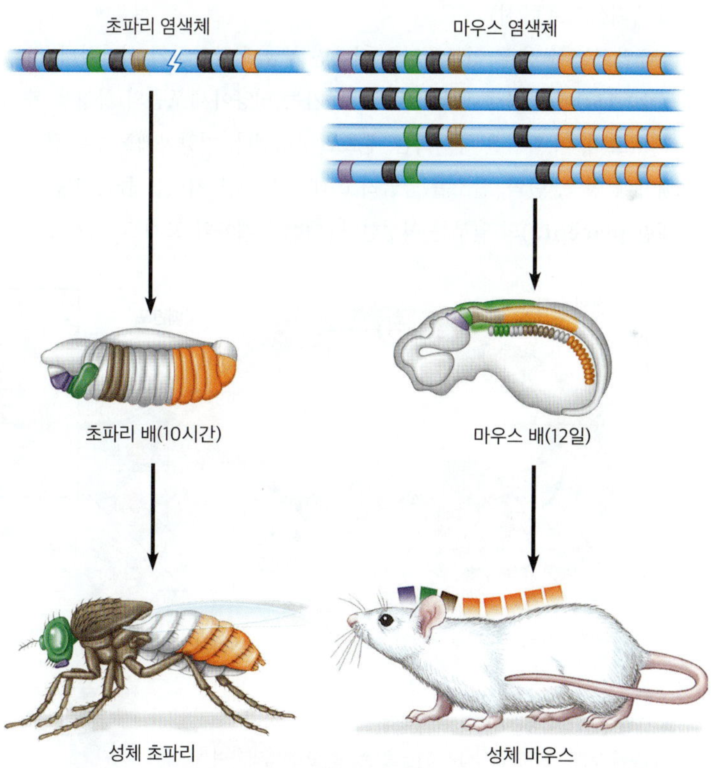

▲ 그림 27.14B 초파리와 마우스의 호미오유전자 비교

27.15 배와 태반은 임신 첫 달에 형성된다

임신(gestation, pregnancy)은 자라는 아기를 여성의 생식기 내에 지니고 있는 상태로서, 수정에서 시작하여 출산할 때까지를 말한다. 임신 기간은 동물 종에 따라 상당히 다양한데, 쥐의 임신 기간은 약 21일, 코끼리는 22개월 동안 새끼를 품고 있다. 사람의 임신은 수정 후 평균 266일(38주), 즉 마지막 월경주기 시작일로부터 40주(9개월)다.

발생의 개요 이 절의 그림은 사람 발생의 첫 달 동안 일어나는 변화를 보여준다. 그림 27.15C~27.15F의 오른쪽 하단에 삽입된 각 단계별 배(embryo)의 실제 크기를 보여준다.

사람의 **임신(conception)**은 자궁관에서 일어난다(**그림 27.15A**). 수정 후 약 24시간이 지나면 분열이 시작되며, 배아가 난관을 따라 자궁으로 이동하면서 계속된다. 수정 후 약 1주일이 지나면 배아는 자궁에 도달하고, 분열을 계속해서 약 100개의 세포를 생성한다. 배아는 이제 **배반포(blastocyst**, 그림 27.10의 개구리 배반포에 해당하는 포유류의 세포)라고 불리는 속이 빈 구형 세포다.

사람 배반포(**그림 27.15B**)는 액체로 채워진 공간, 배아를 형성할 속세포덩어리(inner cell mass, 내세포괴), 영양아세포층이라고 하는 바깥쪽 세포층으로 이루어져 있다. 영양아세포층(trophoblast)은 배반포가 자궁내막에 착상할 수 있도록 도와주는 효소를 분비한다(모든 그림에서 회색으로 표시).

배반포는 수정 후 약 1주일이 지나면 자궁에 착상하기 시작한다. **그림 27.15C**에서 자궁내막으로 퍼져나가는 영양아세포층의 확장을 볼 수 있으며, 이 확장은 증식하는 세포로 구성된다. 영양아세포층은 결국 배아에 영양, 면역, 산소를 공급하고 대사 노폐물 처리를 돕는 기관인 **태반(placenta)**의 일부를 형성한다. 태반은 배아와 모체 조직으로 구성된다.

그림 27.15C에서 보라색과 노란색으로 표시된 세포는 속세포 덩어리에서 유래된 것으로 보라색 세포의 대부분은 배아를 형성한다. 노란색 세포, 일부 보라색 세포, 일부 영양아세포층(영양막)은 배아에 부착되어 배아를 지지하는 데 도움이 되는 **배외막(extraembryonic membrane)**이라는 네 가지 구조를 생성한다. **그림 27.15D**에서 이 중 3개의 막, 즉 양막(보라색 세포에서), 난황주머니(노란색 세포에서), 융모막(부분적으로 영양아세포에서)이 형태를 갖추기 시작하는 것을 볼 수 있다. 이후 단계(**그림 27.15E**)는 난황주머니의 연장선상에서 네 번째 배외막인 요막이 발달하는 모습을 보여준다.

그림 27.15D에 표시된 단계인 낭배형성은 임신 후 9일이 지나면 진행된다. 이미 3개의 배아 층인 외배엽(파란색), 내배엽(노란색), 중배엽(빨간색)이 만들어져 있다. 배아 자체는 그림 27.15E에 표시된 3개의 배엽층에서 발생한다. 외배엽 층은 배아 피부의 바깥 부분과 신경계를 형성한다. 그림에서 볼 수 있듯이 외배엽 층은 양막과 연결되어 있다. 마찬가지로 배아의 소화관은 난황주머니와 연속된 내배엽 층에서 발생한다. 그 밖의 다른 기관은 중간층인 중배엽에서 만들어진다.

배외막의 역할 **그림 27.15F**는 수정 후 약 한 달이 지난 배아가 생명유지 시스템을 갖추고, 주로 4개의 배외막으로 구성된 모습을 보여준다. 이 시기에는 **양막(amnion)**이 배를 둘러싸고 있을 정도로 성장한

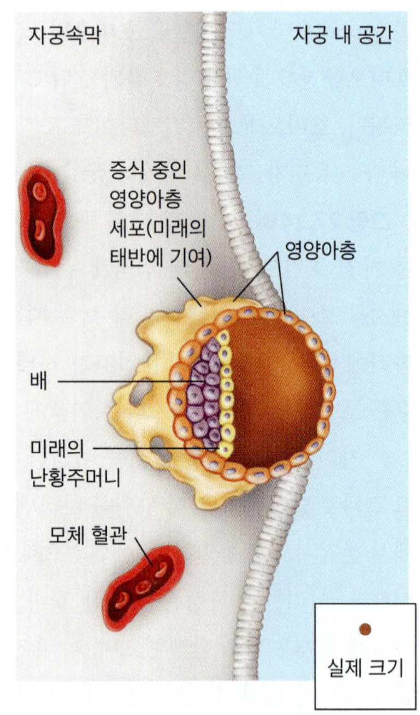

▲ **그림 27.15C** 착상 중(약 7일)

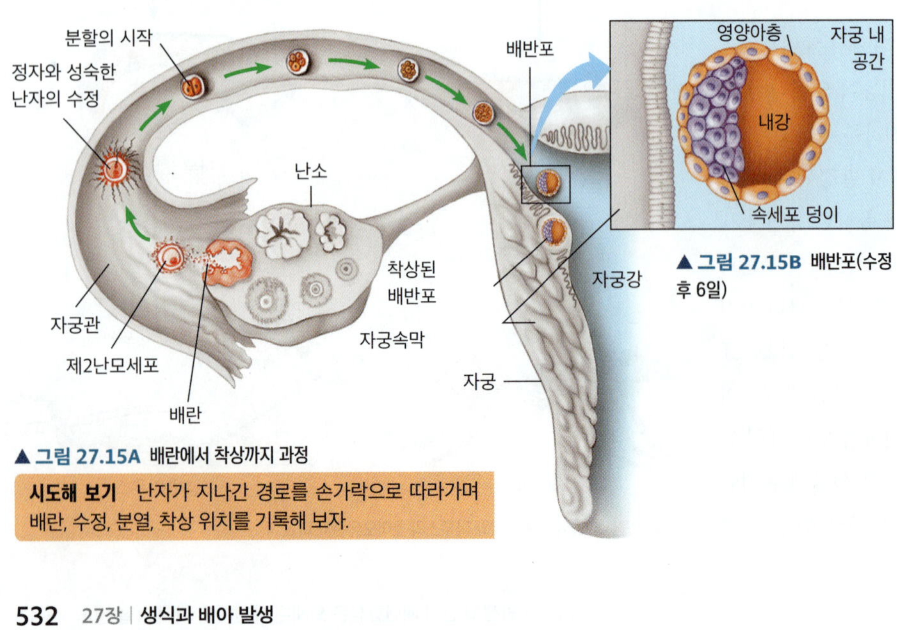

▲ **그림 27.15B** 배반포(수정 후 6일)

▲ **그림 27.15A** 배란에서 착상까지 과정

시도해 보기 난자가 지나간 경로를 손가락으로 따라가며 배란, 수정, 분열, 착상 위치를 기록해 보자.

다. 양막강은 배아를 둘러싸고 보호하는 액체로 채워져 있다. 양막은 일반적으로 출산 직전에 파열되고 양수는 산모의 질을 통해 흘러나온다. 많은 불안한 예비 부모들은 산모의 '양수가 터지면' 깜짝 놀라게 되는데, 이는 보통 병원에 갈 때가 됐다는 신호로 받아들여진다.

조류와 다른 파충류에서는 난황주머니가 알 속의 난황을 둘러싸고 있다(그림 19.6B 참조). 어미의 몸 밖에서 껍질로 둘러싸인 알 안에 고립된 채로 성장하는 파충류는 태반이 아닌 난황에서 영양을 얻는다. 사람과 대부분의 다른 포유류에서는 **난황주머니(yolk sac)**에 노른자가 없지만, 조류의 난황주머니와 유사한 기관이어서 같은 이름이 붙여졌다. 포유류의 경우, 난황주머니는 작으나 배아의 첫 번째 혈액 세포를 생성하며, 나중에 배아 안으로 이동한다.

요막(allantois) 역시 포유류에서는 크기가 작으며, 태아와 태반 사이의 생명줄인 탯줄의 일부를 형성한다. 또한 요막은 배의 방광의 일부를 형성한다. 새와 다른 파충류에서는 요막이 배 주변으로 확장되어 배설물 처리 기능을 한다.

가장 바깥쪽에 있는 배외막인 **융모막(chorion)**은 배와 다른 배외막을 완전히 둘러싸고 있으며, 태반의 일부가 된다. 융모막의 세포는 임신 초기 몇 달 동안 난소의 황체에서 에스트로겐과 프로게스테론의 생산을 유지하는 사람 융모막 **생식소자극호르몬(human chorionic gonadotropin, hCG)**이라는 호르몬을 분비하는데, 이 호르몬은 임신 초기에 태아의 생리를 조절하는 역할을 한다. 이 호르몬이 없으면 월경이 발생하고 배가 자연적으로 유산된다. 산모의 혈액 내 hCG 수치가 워낙 높아 일부는 소변으로 배설되며 임신 테스트를 통해 검출할 수 있다.

태반 그림 27.15D를 다시 보면 융모막 바깥쪽에 울퉁불퉁한 돌기가 있는 것을 볼 수 있다. 그림 27.15E에서는 이 부분이 더 자라 **융모막 융모(chorionic villi)**를 형성하며 중배엽이 들어 있다. 그림 27.15F에서는 중배엽 세포가 융모막 융모에서 배아 혈관으로 형성된 것을 볼 수 있다. 이 단계가 되면 태반이 완전히 발달한다. 융모막에서 시작하여 바깥쪽으로 뻗어 있는 태반은 융모막 융모와 모체 자궁내막의 혈관이 밀접하게 연결된 복합 기관이다. 실제로 융모막 융모는 모체의 혈액이 모여 있는 작은 연못에 담겨 있으나 모체의 혈액과 배의 혈액은 직접 접촉하지 않는다. 대신 융모막 융모는 모체의 혈액에서 영양분과 산소를 흡수하고, 빨간색으로 표시된 융모막 혈관을 통해 이러한 물질을 배아에게 전달한다. 파란색으로 표시된 융모막 혈관은 배에서 나온 노폐물을 운반한다. 노폐물은 엄마의 혈류로 확산되어 엄마의 콩팥에서 배설된다.

배아와 모체 조직으로 구성된 태반은 태아와 모체 사이의 영양분, 가스, 배설물의 노폐물 교환을 매개하는 중요한 기관이다. 태반은 모체와 배아 사이의 물질 교환을 조절하지만, 모체의 혈액 속에 순환하는 물질로부터 배아를 항상 보호할 수는 없다. 예를 들어 독일 홍역 바이러스, HIV 같은 여러 바이러스가 태반을 통해 전달될 수 있다. 독일 홍역은 심각한 선천적 결함을 유발할 수 있으며, HIV에 감염된 아기는 치료가 없을 경우 대개 몇 년 안에 에이즈로 사망한다. 처방약이든 아니든 대부분의 약물도 태반을 통과하며, 많은 약물이 태아에게 해를 끼칠 수 있다. 알코올, 담배 연기 속의 화학물질 및 기타 약물은 유산과 선천적 결함의 위험을 증가시킨다.

? 임신 초기 검사로 여성의 소변 또는 혈액에서 hCG를 검사하는 이유는 무엇인가?

■ 이 호르몬은 태반의 벽에 착상된 후 배의 융모막에서 분비되는 호르몬이기 때문이다.

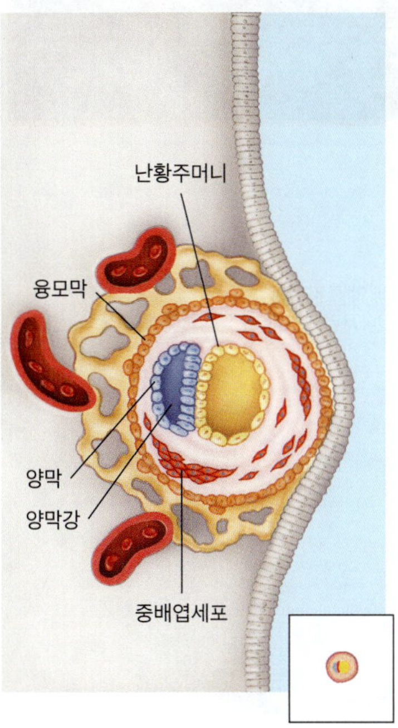

▲ 그림 27.15D 배엽과 배외막 형성의 시작(9일)

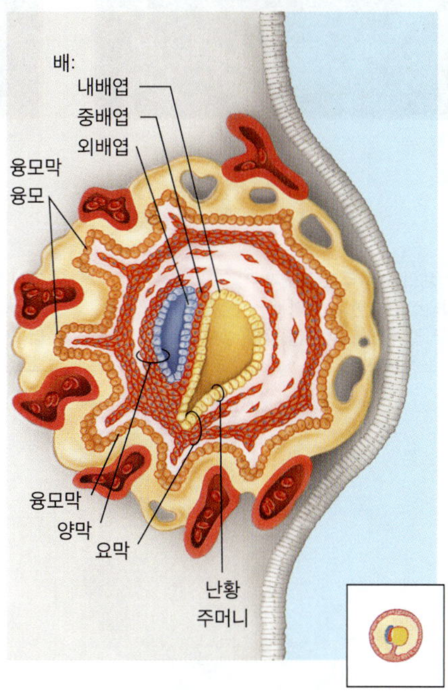

▲ 그림 27.15E 3배엽 배와 네 종류의 배외막(16일)

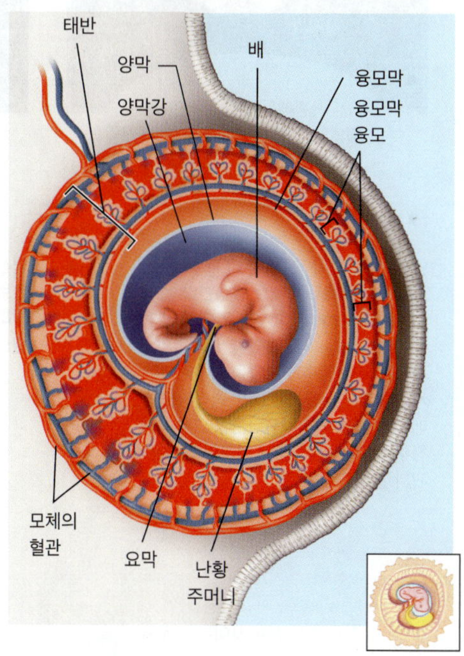

▲ 그림 27.15F 태반 형성(31일)

개념 시각화

27.16 사람의 임신은 3분기로 나눌 수 있다

사람의 경우, 수정에서 출산까지 발생하는 기간인 임신은 약 3개월씩 총 **3기** (**trimester**)로 나뉜다.

제1분기

모체와 배 모두에게 가장 급격한 변화가 일어나는 시기. 이 시기 동안 배는 방사선이나 약물, 알코올 같은 손상에 특히 민감하며, 선천성결손증이나 유산을 유발할 수있다.

제2분기

제1분기와 같은 극적인 변화보다는 태아의 크기가 증가하고 사람의 형태가 좀 더 다듬어진다.
태아가 눈을 뜨고, 이가 나며, 뼈가 단단해지기 시작한다.
태반이 프로게스테론을 분비해 스스로를 튼튼하게

인체 발생의 일정표

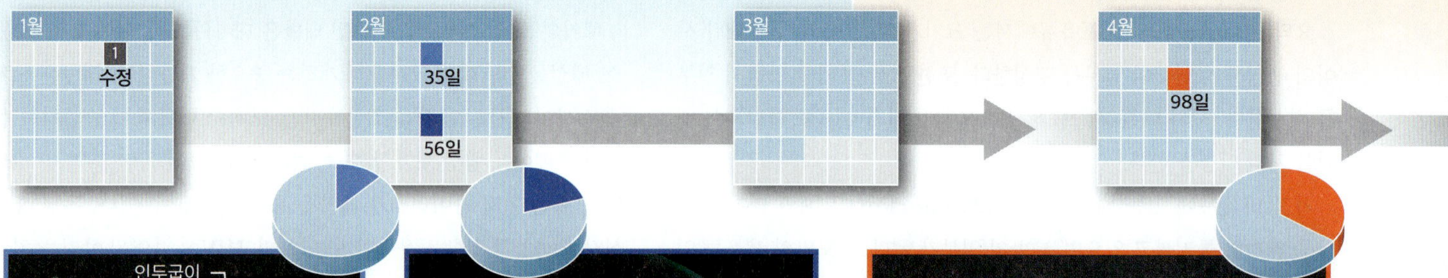

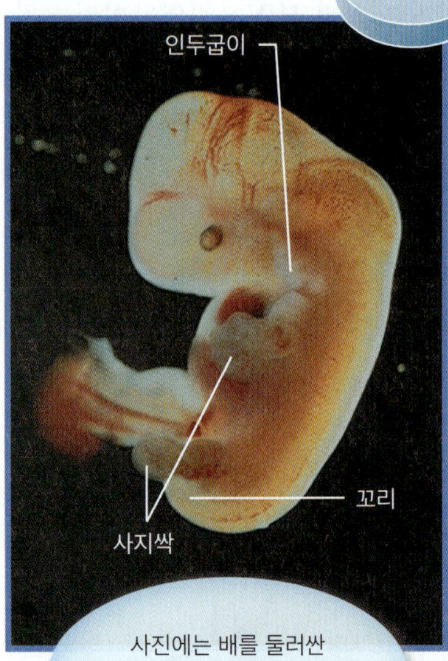

사진에는 배를 둘러싼 배외막과 배를 태반에 연결하는 탯줄은 보이지 않는다.

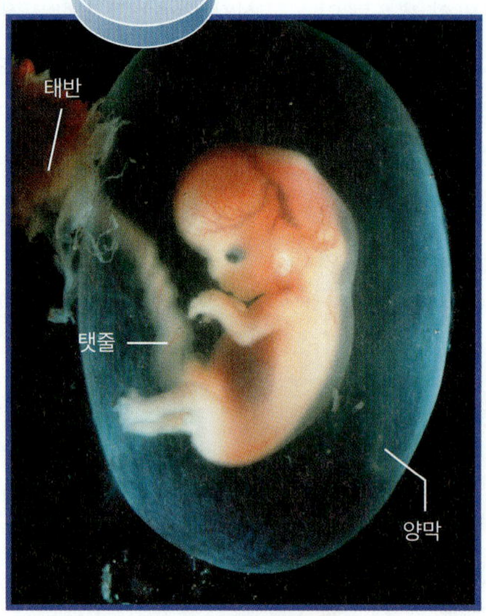

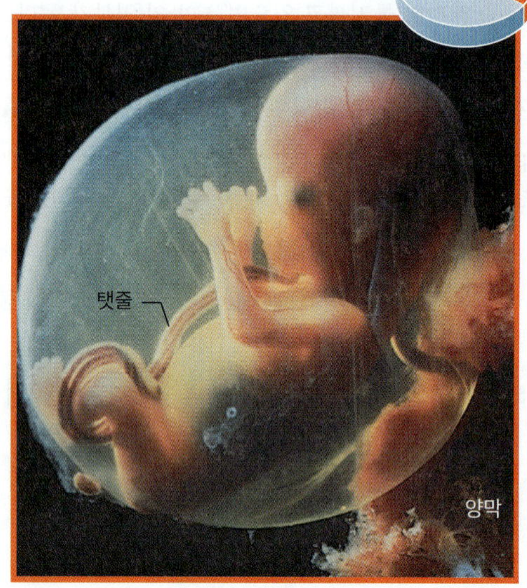

임신 5주: 1개의 세포로부터 매우 조직화된 다세포의 배로 발생한다. 배의 길이는 약 7 mm이며, 중배엽에서 발생한 척삭과 체강을 가지고 있다. 외배엽의 관에서 뇌와 척수가 모양을 갖추기 시작하며, 인두굽이는 모든 척삭동물의 배 발생과정 중에 나타나는 것으로 육상 척추동물에서는 나중에 목구멍과 가운데 귀의 일부가 된다.

임신 8주: 성체의 모든 주요 구조가 초보적인 형태로 존재한다. 태아는 팔다리를 움직일 수 있고 머리를 돌릴 수 있으며 얼굴 표정을 짓는다.

임신 14주: 초기 배의 특징들이 다듬어지며, 태아는 사람의 모습과 더욱 가까워진다.

실제 사이즈: 7 mm

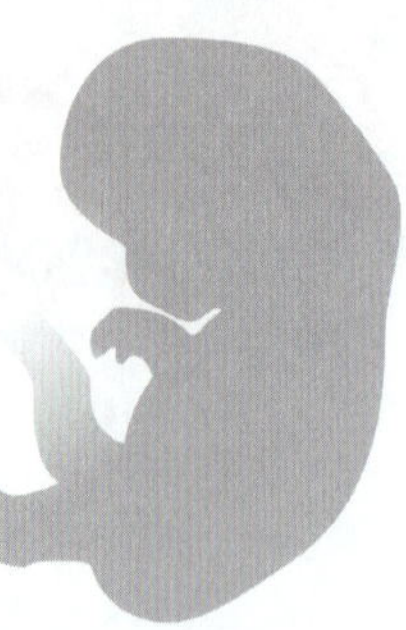

4 cm

6 cm

만들고(황체의 프로게스테론 분비가 정지), 동시에 hCG 분비를 멈추며 황체는 더 이상 임신 유지에 필요하지 않아 퇴화한다.

제3분기

태아의 성장이 매우 빨라져서 보호받고 있던 자궁 밖으로 나가도 생존할 수 있는 힘을 얻는다. 24주 이전에 미숙아로 태어나도 생존은 가능하지만 출생 후 특별한 보호조치가 필요하다. 태아가 자라 자궁이 태아 주위로 확장되면, 산모의 복부에 있는 기관들이 압박을 받아 소변을 자주 보게 되고 소화장애와 요통이 발생한다.

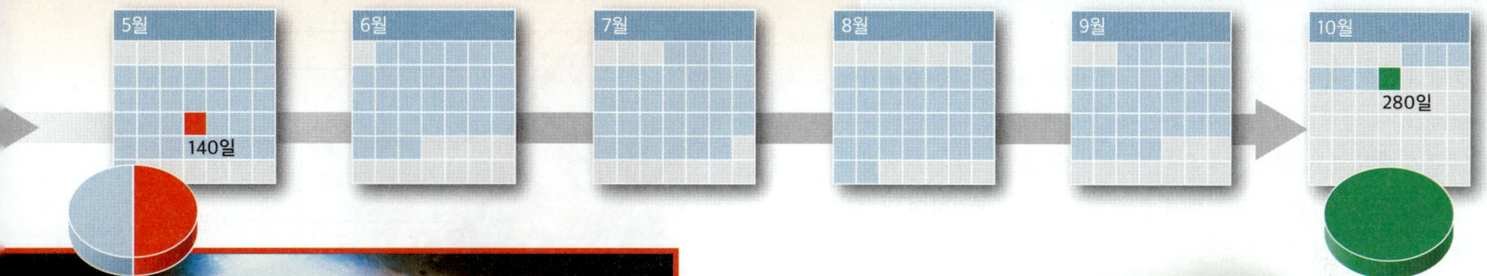

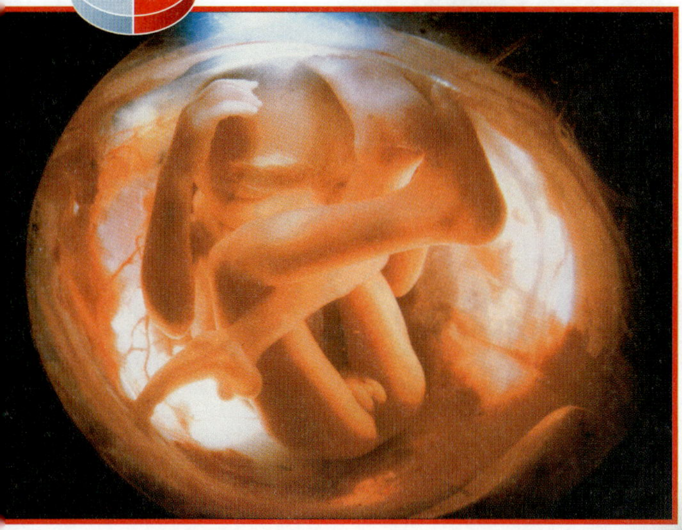

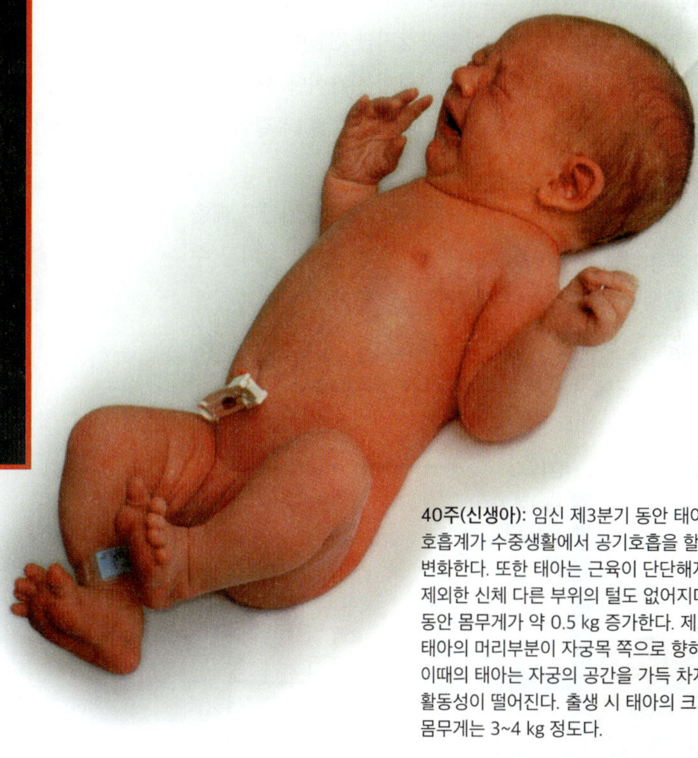

임신 20주: 태아는 길이가 약 19 cm, 무게가 약 0.5 kg 정도로 눈썹과 속눈썹이 다 만들어진 아기의 얼굴을 가진다. 팔, 다리, 손가락, 발가락 등은 길어지고, 손톱, 발톱도 생기며 온몸이 솜털로 덮인다. 이 시기의 태아는 매우 활동적이어서 산모는 태아가 발길질을 한다고 느끼며, 산모의 배가 눈에 띄게 커진다. 태아는 자궁의 한정된 공간의 크기 때문에 태아자세라고 하는 모습으로 무릎에 대고 구부리고 있게 된다.

40주(신생아): 임신 제3분기 동안 태아의 순환계와 호흡계가 수중생활에서 공기호흡을 할 수 있도록 변화한다. 또한 태아는 근육이 단단해지고, 머리를 제외한 신체 다른 부위의 털도 없어지며, 마지막 4주 동안 몸무게가 약 0.5 kg 증가한다. 제3분기말에 태아의 머리부분이 자궁목 쪽으로 향하게 회전한다. 이때의 태아는 자궁의 공간을 가득 차지하게 되어 활동성이 떨어진다. 출생 시 태아의 크기는 약 50 cm, 몸무게는 3~4 kg 정도다.

? 어떤 약물은 임신 초기에 종종 산모가 임신 사실을 인지하기도 전에 태아에게 가장 심각한 손상을 입힌다. 그 이유는 무엇인가?

■ 순환계나 신경계 같은 기관계는 임신 제1분기 초기에 발달하기 시작하여 이러한 약물에 민감하기 때문이다.

27.17 분만은 호르몬과 기타 화학적 신호에 의해 유도된다

자궁에서 아기를 배출하는 일련의 과정을 **분만(labor)**이라고 한다. 이 과정에서 여러 호르몬이 중요한 역할을 한다(**그림 27.17A**). 그중 하나가 에스트로겐으로서, 임신 마지막 주에 산모의 혈액에서 가장 높은 수준에 도달한다. 에스트로겐의 중요한 역할은 자궁 세포에 수많은 옥시토신 수용체를 형성하도록 유도하는 것이다. 태아의 세포도 옥시토신이라는 호르몬을 생성하고, 임신 말기에는 산모의 뇌하수체에서 점점 더 많은 양의 옥시토신을 분비한다. 옥시토신은 자궁벽의 평활근을 자극하여 분만의 특징인 일련의 강하고 리드미컬한 수축을 일으킨다. 또한 자궁 근육 세포가 더 많이 수축하도록 자극하는 화학적 조절자인 프로스타글란딘을 만들도록 태반을 자극한다.

분만 유도는 변화를 증폭시키는 기작인 양성되먹임작용(positive feedback)에 의해 조절된다. 이 경우 옥시토신과 프로스타글란딘은 자궁 수축을 유도하고, 자궁 수축은 더 많은 옥시토신과 프로스타글란딘이 분비되도록 자극한다. 그 결과 수축 강도가 꾸준히 증가하여 강력한 근육 수축으로 절정에 달하면 아기를 자궁에서 밀어내는 것이다.

그림 27.17B는 분만의 세 단계를 보여준다. 이 과정이 시작되면 자궁경부가 서서히 열린다. ❶ 첫 번째 단계인 확장기는 진통이 시작된 후 자궁경부가 약 10 cm까지 완전히 확장될 때까지의 시간이다. 확장기는 분만 중 가장 긴 단계로, 6~12시간 지속되며 때로는 훨씬 더 길어지기도 한다.

❷ 자궁경부가 완전히 확장되어 아기를 분만하기까지의 기간을 배출단계(expulsion stage)라고 한다. 약 1분 동안 지속되는 강한 자궁 수축이 2~3분마다 발생하며, 산모는 복부 근육으로 밀거나 누르고 싶은 충동을 느끼게 된다. 약 20분에서 1시간(또는 상당히 더 길 수도 있음) 이내에 유아는 자궁과 질에서 강제로 아래로 내려와 밖으로 나온다.

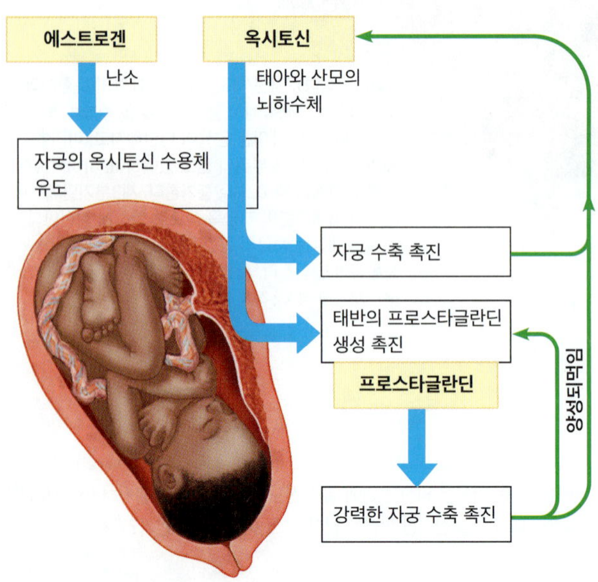

▲ **그림 27.17A** 호르몬에 의한 분만의 유도

아기가 태어나면 의사나 조산사(또는 긴장한 아빠)가 탯줄을 클램프로 고정하고 자른다. ❸ 마지막 단계는 일반적으로 아기가 태어난 후 15분 이내에 태반이 나오는 것으로 '후산(afterbirth)'이라 한다.

호르몬은 아기와 태반이 나온 후에도 계속해서 중요한 역할을 한다. 프로게스테론과 에스트로겐의 수치가 감소하면 자궁이 임신 전의 상태로 돌아가기 시작한다. 또한 신생아가 젖을 빨고 출생 후 프로게스테론 수치가 떨어지면 뇌하수체는 프로락틴과 옥시토신을 분비한다. 이 두

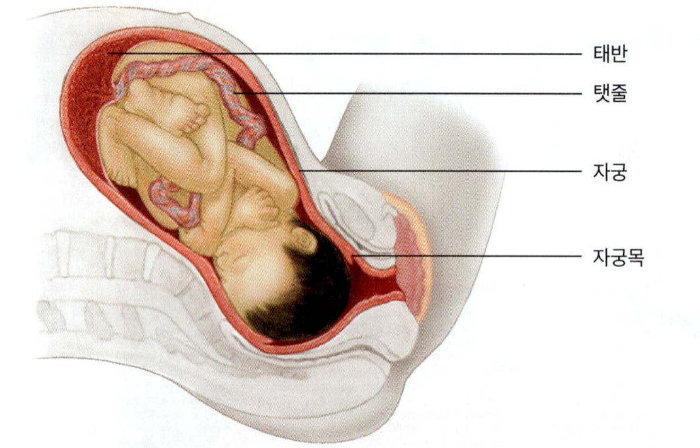

❶ 자궁목의 이완

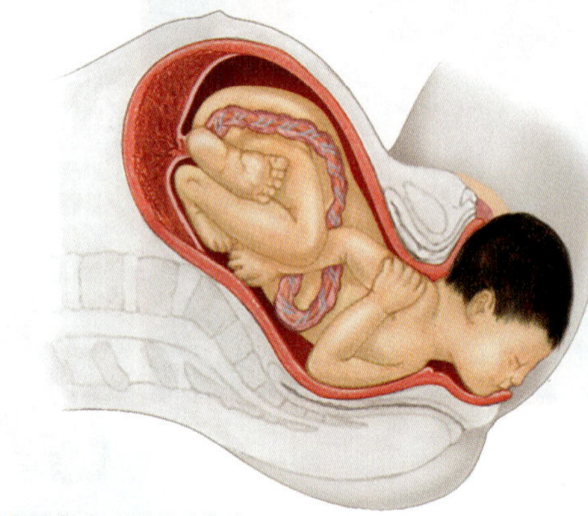

❷ 배출기: 신생아의 출산

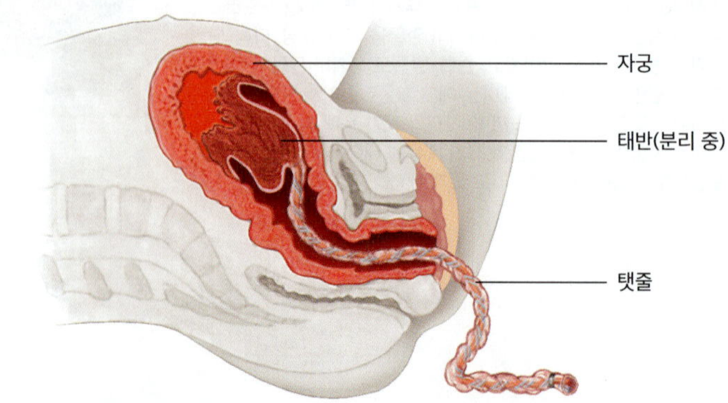

❸ 태반의 배출

▲ **그림 27.17B** 분만의 세 단계

호르몬은 젖샘에서 젖의 생산과 분비(lactation)를 촉진한다. 처음에는 단백질과 항체가 풍부한 초유라는 황색을 띤 액체가 분비되며, 2~3일 후에는 일반 젖 생산이 시작된다. 영아기와 유아기 내내 이 장에서 설명한 것과 같은 발달 과정은 계속해서 체형을 형성한다.

? 분만의 시작은 ________의 이완으로 표시된다.

■ 자궁경부

27.18 생식기술의 발전으로 임신 가능성이 더욱 높아지고 있다

연결 아이를 원하는 부부의 약 15%는 12개월 동안 피임이 없는 성관계 후에도 임신하지 못한다. **불임(infertility)**이라고 하는 이러한 상태에는 여러 가지 원인이 있을 수 있다. 어떤 경우에는 남성의 고환이 충분한 정자를 생산하지 못하거나('낮은 정자 수'), 생산된 정자에 결함이 있을 수 있다. 다른 경우에는 발기를 달성하거나 유지할 수 없는 발기부전으로 인해 불임이 발생한다(27.4절 참조). 여성 불임은 난자 부족, 배란 실패, 난관 막힘(흔히 성병 때문에 생긴 상처에 의해 일어남)으로 인해 발생할 수 있다. 일부 여성은 임신은 가능하지만 자궁에서 배아를 성장시키지 못하며, 여러 번의 유산으로 인해 심리적으로 고통을 겪을 수 있다.

생식기술은 불임의 치료에 많은 도움이 될 수 있다. 정자 생산 부족은 남성의 음낭이 너무 따뜻해서 발생하는 경우가 많기 때문에 음낭을 몸에 밀착시키는 팬티에서 통이 넓은 내의로 속옷을 바꾸는 것이 도움이 된다. 남성의 정자 수가 여전히 적은 경우 정자를 채취하여 농축하여 여성의 자궁에 주입할 수 있다. 남성의 정자 수가 적거나 전혀 없는 경우, 부부는 정자은행에 기증된 다른 남성의 정자를 사용할 수 있다.

여성의 정상적인 난자가 제대로 배출되지 않는 경우 호르몬 주사로 배란을 유도할 수 있다. 이러한 치료는 종종 쌍둥이, 세쌍둥이 등 다태임신으로 이어지기도 한다. 여성 자신의 난자가 없는 경우, 공여자로부터 난자를 채취해 수정시켜 자궁에 주입하기도 한다. 정자는 기증자에게 아무런 위험 없이 채취할 수 있지만, 난자 채취는 수술을 수반하기 때문에 기증하는 여성에게 약간의 고통과 위험이 따른다. 이러한 이유로 난자 기증자는 시간과 불편함에 대한 대가로 수천 달러를 받는 경우가 많다.

여성이 난자를 생산하지만 임신을 유지할 수 없는 경우 부부는 대리모를 고용할 수도 있으며, 대리모와 법적 계약을 맺어야 한다. 그러나 많은 경우에 심각한 윤리적·법적 문제가 발생할 수 있기 때문에 대리모를 제한하는 법률이 있다.

많은 불임 부부는 **보조생식기술(assisted reproductive technology)**이라고 불리는 수정 시술을 받는다. 이 시술에서는 여성의 난소를 다량의 호르몬으로 자극한다. 그런 다음 난자(제2난모세포)를 외과적으로 분리하여 수정시킨 후 여성의 몸으로 다시 넣어준다. 이러한 시술에서 얻은 난자, 정자, 배아를 나중에 임신 시도를 위해 냉동 보관할 수 있다.

가장 일반적인 보조 생식술은 **시험관수정(in vitro fertilization, IVF)**으로, 여성의 난자를 배양 접시에 넣고 정자와 혼합한 후 약 5일간 배양하여 수정란이 배반포로 발달하도록 하는 것이다(그림 27.18). 이때 배반포에서 손상이 가지 않도록 세포를 제거하여 가족 내 유전질환 같은 유전학적 이상 여부를 검사할 수 있다. 선별 검사를 통과한 배반포는 여성의 자연적인 난소주기와 일치하는 시기에 여성의 자궁에 조심스럽게 넣어준다.

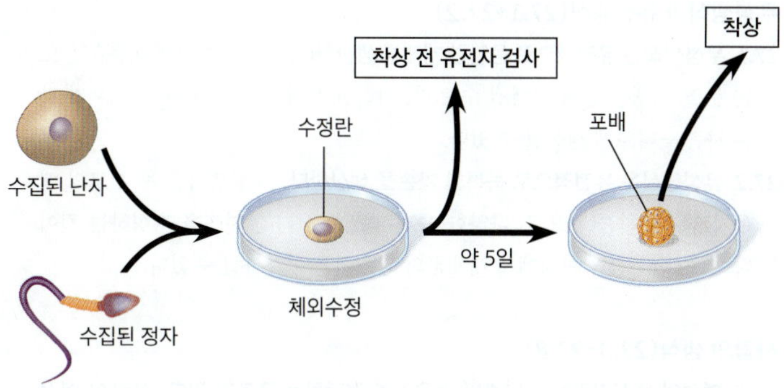

▲ 그림 27.18 시험관수정

시험관수정의 결과로 발생하는 이상은 매우 드문 것으로 보이지만, 일부 연구에 따르면 저체중아 출산과 선천적 결함 발생률이 높다는, 작지만 중요한 위험이 있는 것으로 나타났다. 이러한 위험과 높은 비용(성공 여부에 관계없이 일반적으로 시도당 1만 달러)에도 불구하고 시험관수정은 최근 세계 도처의 의료센터에서 시행되고 있으며, 매년 수천 명의 아기가 이 기술로 태어난다.

이 장에서는 유성생식의 단세포 산물인 수정란이 모든 기관계를 갖춘 새로운 개체로 변하는 과정을 살펴봤다. 이러한 기관계 중 가장 먼저 발생하는 기관계 중 하나는 신경계다. 다음 장에서는 신경계가 내분비계와 함께 어떻게 기능하여 모든 신체를 조절하는지 살펴볼 것이다.

? 시험관수정을 통한 출산에 어떻게 3명까지 관련될 수 있는지 설명하시오.

■ 한 여성(1)이 남성(2)의 정자와 다른 여성(3)의 성숙한 난자를 이용해 만든 배아로 임신을 할 수 있다.

CHAPTER

27 복습

개념 복습하기

무성생식과 유성생식(27.1~27.2)

27.1 무성생식은 유전적으로 동일한 개체를 생산한다. 무성생식은 출아, 분열, 또는 분열/재생을 통해 진행될 수 있다. 이러한 생식 방식을 통해 한 개체가 많은 자손을 빠르게 생산할 수 있다.

27.2 유성생식은 유전적으로 독특한 자손을 생산한다. 유성생식은 두 부모의 배우자가 융합하는 것으로, 다양한 유전적 조합을 가진 자손을 형성하는 것이다. 이는 변화하는 환경에서 개체군의 생존력을 증가시킬 수 있다.

사람의 생식(27.3~27.8)

27.3 여성의 생식기관에는 난소와 배우자를 전달하는 구조가 있다. 사람의 여성 생식기관은 한 쌍의 난소, 배우자를 운반하는 관, 자궁 및 성교를 위한 구조로 구성된다. 여성의 난소에는 난자를 키우고 성호르몬을 생성하는 난포가 있다. 난관은 난자를 자궁으로 운반하여 수정란이 발달한다. 자궁은 질로 열려 있고, 질은 성교 중에 음경을 받아들이며 산도 역할을 한다.

27.4 남성의 생식기관에는 정소와 배우자를 전달하는 구조가 있다. 남성의 정소는 정자를 생산하며, 사정 시 관을 통해 배출된다.

27.5 정자와 난자 세포의 형성에는 감수분열이 필요하다. 정자형성과정과 난자형성과정은 각각 정자와 난자를 생산한다. 고환에서는 원시 정자 세포가 지속적으로 만들어지며, 이 2배체 세포는 감수분열을 거쳐 4개의 반수체 정자를 형성한다. 여성의 경우, 매달 1개의 제1난모세포가 제2난모세포를 형성하고, 이 난모세포가 정자와 만나게 되면 감수분열을 완료하여 성숙한 난자가 된다. 그런 다음 성숙한 난자의 반수체 핵은 정자의 반수체 핵과 융합하여 2배체 접합자를 형성한다.

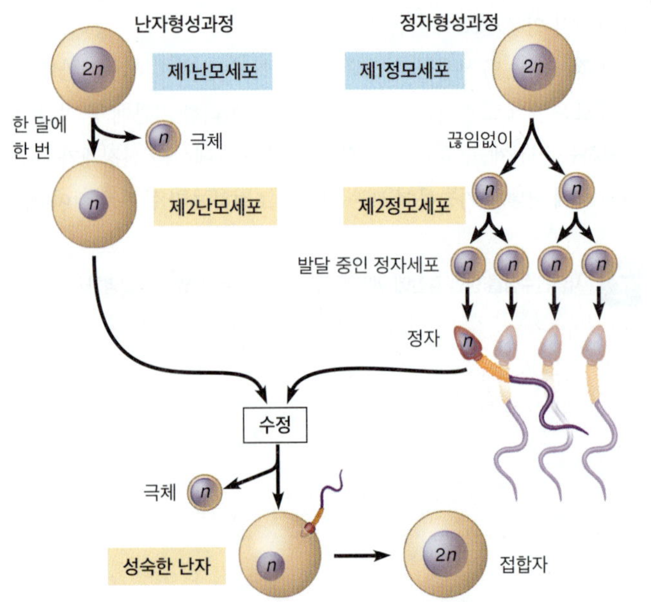

27.6 호르몬은 난소와 자궁의 주기적인 변화를 일치시킨다. 시상하부는 약 28일마다 뇌하수체 전엽에 신호를 보내 난포의 성장과 배란, 즉 난자의 방출을 유발하는 난포자극호르몬(FSH)과 황체형성호르몬(LH)을 분비하도록 한다. 난포는 황체가 되어 에스트로겐과 프로게스테론을 모두 분비한다. 이 두 호르몬은 자궁내막이 두꺼워지도록 자극하여 자궁이 착상을 준비하도록 한다. 또한 시상하부를 억제하여 FSH와 LH 분비를 감소시킨다. 난자가 수정되지 않으면 LH의 감소로 황체가 파괴되고 호르몬 분비가 차단된다. 이것은 월경, 자궁내막의 파괴를 촉발한다. 그런 다음 시상하부와 뇌하수체가 다른 난포를 자극하여 새로운 주기가 시작된다. 수정이 일어나면 배에서 나온 호르몬이 자궁내막을 유지하고 월경을 억제한다.

27.7 성병은 성행위에 의해 전염된다. 박테리아에 의한 성병은 치료할 수 있지만, 바이러스성 성병은 단지 증상만을 조절할 수 있다.

27.8 피임은 원치 않는 임신을 예방할 수 있다. 여러 가지 형태의 피임으로 임신을 방지할 수 있으며, 성공률은 다양하다.

배아 발생의 원리(27.9~27.14)

27.9 수정은 접합자를 생성하고 배아 발생을 촉발한다. 수정하는 동안 정자는 난자의 외피를 뚫는 효소를 방출한다. 정자 표면 단백질이 난자 수용체 단백질과 결합하고, 정자와 난자 원형질막이 융합하여 두 핵이 합쳐진다. 난자막의 변화는 추가적인 정자의 유입을 막고, 수정된 난자는 배아로 발달한다.

27.10 수정란은 분열을 계속하여 포배를 형성한다. 분열은 일련의 빠른 세포분열을 통해 포배를 생성하는 과정이다.

27.11 낭배형성은 3배엽의 배아를 형성한다. 낭배형성에서 세포는 이동하여 미완성의 소화강과 세 배엽의 세포층을 형성한다.

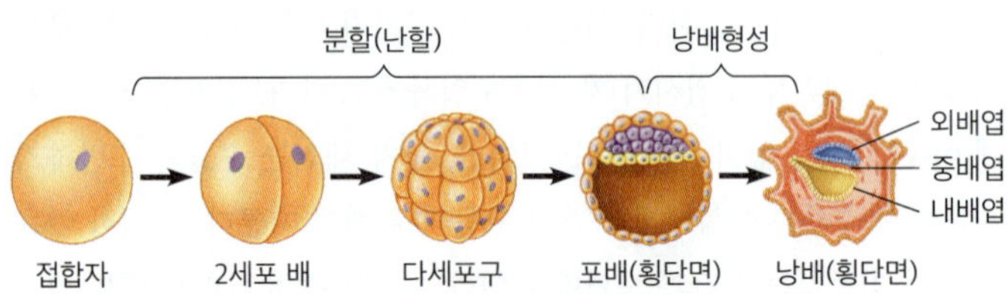

27.12 기관은 낭배기 이후 형성되기 시작한다. 낭배형성 후, 3개의 배아 조직층은 특정 기관계를 형성한다.

27.13 동물의 형태는 여러 과정을 거쳐 결정된다. 세포의 형태 변화, 세포 이동, 아폽토시스의 결과로 조직과 기관이 발달하는 배아에서 형태를 갖추게 된다. 인접한 세포와 세포층은 화학적 신호를 통해 서로의 세포분화에 영향을 준다.

27.14 배 발생 동안의 패턴형성은 오래된 유전자에 의해 조절된다. 기관이나 조직이 제자리에 위치하여 만들어지는 것을 패턴형성이라고 하며, 배 안의 화학물질의 공간적 변이에 대한 유전자의 반응에 의해 결정된다. 호미오유전자는 동물 진화사의 초창기에 출현했던 염기서열인 호미오박스를 가지고 있다.

사람의 발생(27.15~27.18)

27.15 배와 태반은 임신 첫 달에 형성된다. 사람의 발생은 난관에서 수정으로 시작된다. 분열은 배반포를 생성하며, 배반포의 속세포 덩어리가 배아가 된다. 배반포의 바깥층인 영양아세포층은 자궁벽에 착상한다. 낭배형성이 일어나고 3개의 배아 층에서 기관이 발달한다. 한편, 4개의 배외막, 즉 양막, 융모막,

난황주머니, 요막이 발달한다. 태반의 융모막은 모체 혈액에서 음식과 산소를 흡수한다.

27.16 사람의 임신은 3분기로 나눌 수 있다. 가장 급격한 변화는 임신 제1기에 일어난다. 8주가 되면 배아를 태아라고 부른다. 임신 2기와 3기는 성장과 출산을 준비하는 시기다.

27.17 분만은 호르몬과 기타 화학적 신호에 의해 유도된다. 에스트로겐은 자궁을 옥시토신에 더 민감하게 만들고, 옥시토신은 프로스타글란딘과 함께 작용하여 분만을 시작하게 한다. 자궁경부가 확장되고 강한 근육 수축에 의해 아기가 밀려나오고 태반이 뒤따른다.

27.18 생식기술의 발전으로 임신 가능성이 더욱 높아지고 있다. 시험관수정은 실험실에서 난자를 추출하여 수정시키는 것이다. 그 결과 탄생한 배아를 여성의 자궁에 이식한다.

개념 연결하기

1. 아래 그래프는 사람의 난소주기 동안 뇌하수체와 난소 호르몬의 상승과 하강을 나타낸다. 각 호르몬(A~D)의 이름, 그리고 이 호르몬과 관련된 생식 과정(P~S)을 쓰시오. A~D의 경우 난포자극호르몬(FSH), 황체형성호르몬(LH), 에스트로겐, 프로게스테론 중에서 선택하시오. P~S의 경우 배란, 난포 성장, 월경, 황체 발생 중에서 선택하시오. 임신이 되면 이 그래프의 오른쪽이 어떻게 달라지며, 이 변화를 유발하는 다른 호르몬은 무엇인가?

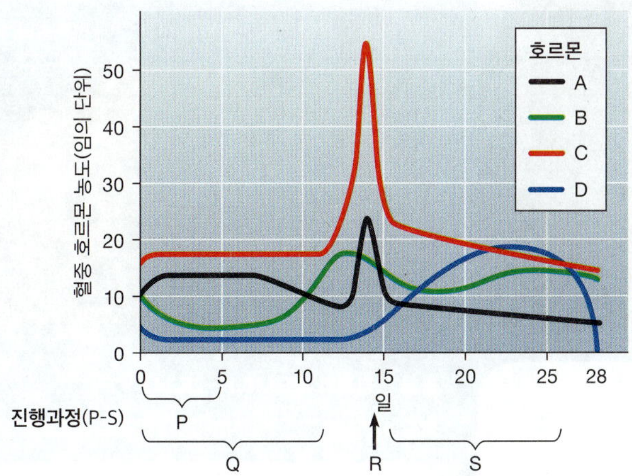

학습 평가하기

1단계 : 지식과 이해력 평가

각 기능을 우측의 구조와 바르게 연결하시오.

2. 황체로 변한다. a. 정관
3. 여성 생식소 b. 전립샘
4. 정자 형성이 일어나는 장소 c. 자궁내막
5. 사람의 수정 장소 d. 정소
6. 사람의 임신 장소 e. 난포
7. 정자의 관 f. 자궁
8. 정액 분비 g. 난소
9. 자궁 안쪽 h. 난관

2단계 : 응용과 분석력 평가

10. 난소주기 동안 배란 직전에 에스트로겐 수치가 급격히 상승하는 것은 무엇을 위한 필수 과정인가?
 a. FSH와 LH의 수치 감소
 b. 뇌하수체가 LH와 FSH의 분비 촉진
 c. 자궁내막 두꺼워짐
 d. 황체 퇴화
11. 한 실험에서 한 연구자가 개구리 낭배 바깥쪽의 조직 일부를 주황색 형광 염료로 착색했으며, 배가 정상적으로 발달했다. 이 올챙이를 자외선 아래에 놓았을 때 다음 중 어느 것이 밝은 주황색으로 빛나겠는가? (이유를 설명하시오.)
 a. 심장
 b. 이자
 c. 뇌
 d. 위
12. 정자에 흡수된 과당의 대부분은 어떤 용도로 사용되는가?
 a. 편모 꼬리를 움직임
 b. 접합자 형성
 c. 난자에 침투하기 위한 효소 방출
 d. 난자의 수용체와 결합
13. 정기적인 저용량 복합 경구피임법을 복용 중인 20세 여성이 호르몬이 아닌 다른 피임 방법을 찾고 있다. 효과적이고 신뢰할 수 있는 피임 방법은 무엇인가?
 a. 살정제
 b. 자궁 내 피임기구
 c. 격벽
 d. 주사(Depo-Provera)
14. 파충류(조류 포함)와 포유류의 배아에는 배외막체계가 있다. 이 막의 기능은 무엇이며, 물고기와 개구리 배아는 막 없이 어떻게 생존할 수 있는가?

3단계 : 종합평가

15. 정자형성과정과 난자형성과정을 비교해 보자. 두 과정은 어떤 점에서 비슷하고, 어떤 점에서 다른가?
16. 배아에서 신경세포는 척수에서 자라나서 나중에 제어하게 될 근육과 연결된다. 이 세포가 어디로 가야 하고 어떤 세포와 연결할지 '아는' 방법에 대해 이 장에서 설명한 기작은 무엇인가?
17. 개구리 배아가 발달함에 따라 신경관은 개구리의 등이 될 외배엽에서 척삭 바로 위쪽을 따라 형성된다. 이 과정을 연구하기 위해 연구자는 척삭 조직을 약간 추출하여 개구리의 배가 정상적으로 발달할 외배엽 아래에 삽입했다. 연구자는 이 실험을 통해 무엇을 알려고 하는 것인가? 가능한 결과를 예측해 보시오. 실험대조군은 무엇이라고 생각하는가?
18. 많은 나라에서 불임 부부는 대리모와 법적 계약을 맺고 아이를 낳는다. 아이에게 잠재적인 선천적 결함이 발견되면 부모에게 임신을 중단할 수 있는 자유가 주어져야 한다고 생각하는가? 임신한 대리모가 낙태를 거부하거나 약물 남용이나 알코올 중독에 빠지면 계약을 파기해야 하는가?
19. **과학적 사고** 사람의 건강과 관련된 가설을 조사하는 데는 어려움이 있다. 에이즈에 대한 잠재적인 백신을 개발했다고 가정해 보자. 질병의 특성을 고려할 때 모든 실험은 사람을 대상으로 진행해야 하는데, 윤리적이면서도 효과적인 실험을 설계할 수 있는가?

CHAPTER

28 신경계

핵심 개요

신경계 구조와 기능(28.1~28.2)

뉴런은 감각 입력을 받아들이고 분석하여 반응을 내보낸다.

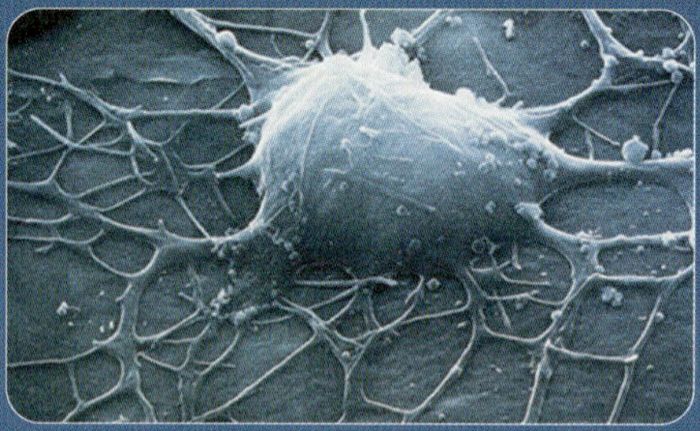

신경신호와 신호전달(28.3~28.10)

신경신호는 전기 신호로, 막을 가로질러 이동하는 이온에 의해 생성되고 화학신호를 통해 신경 간에 이동한다.

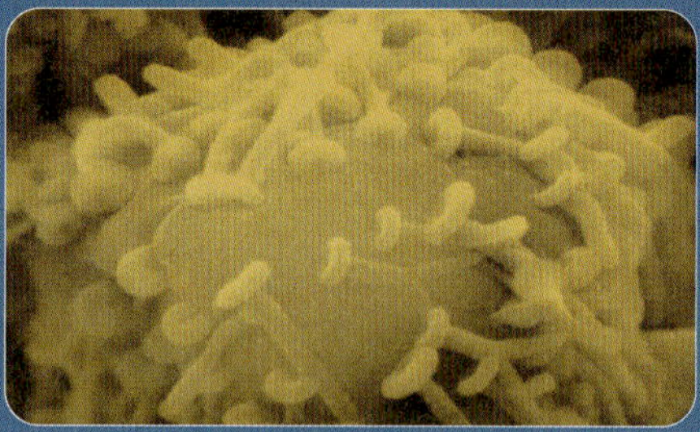

동물 신경계의 개요(28.11~28.14)

척추동물 신경계는 구조적·기능적 체계로 이해할 수 있다.

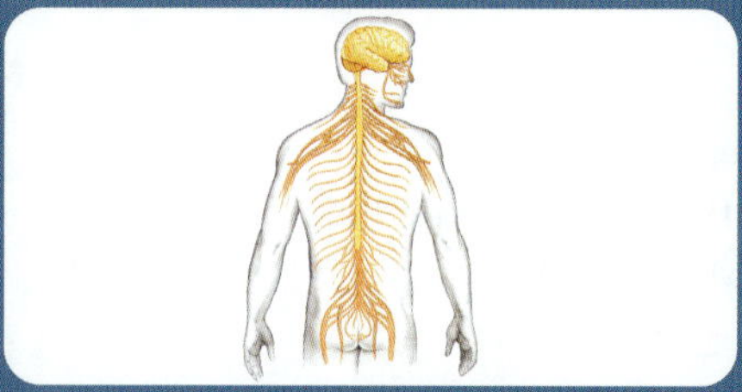

사람의 뇌(28.15~28.21)

현대의 연구 기술은 뇌의 영역별 상호작용이 활동과 행동을 어떻게 조절하는지 보여준다.

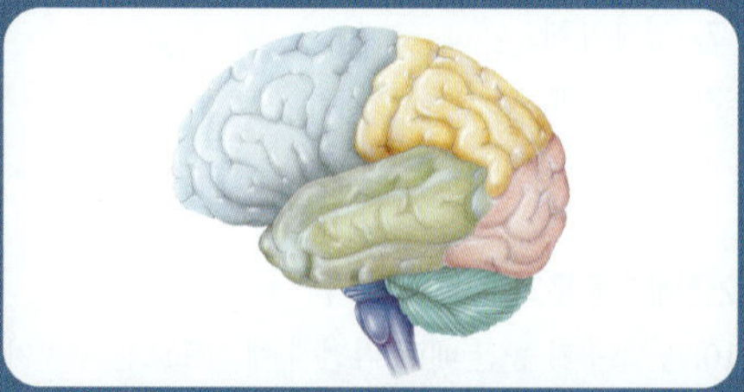

28.0 항우울제의 효과는 확실하지 않다

미국 국립정신보건원(National Institute of Mental Health)에 따르면 매년 2,000만 명 이상의 미국인이 우울증으로 고통받는다고 한다. 우울증은 위 사진에서 볼 수 있듯이 지속적인 슬픔, 에너지 감소, 즐거운 활동에 대한 흥미 상실을 특징으로 하는 정신장애다. 체중과 수면 패턴의 변화, 자살 충동 같은 증상이 동반되기도 한다.

오늘날 임상적(의학적으로 진단된) 우울증을 치료하는 약물인 항우울제는 미국에서 세 번째로 가장 많이 처방되는 약이다. 12세 이상의 미국인 10명 중 약 1명은 프로작(Prozac), 졸로프트(Zoloft), 팍실(Paxil) 같은 항우울제를 복용하고 있다. 항우울제의 광범위한 사용에도 불구하고 항우울제의 효과에 대한 의문이 제기되고 있다. 많은 연구에서 우울증을 성공적으로 치료한다고 보고했지만, 그 효과에 대한 연구는 확실하지 않다. 따라서 대중의 판단은 논문에 실린 연구에 편향되어 영향을 받을 수 있다.

이 장 후반부에서 편향적 출판 문제에 대해 알아볼 것이다. 먼저 뉴런이 서로 정보소통을 하기 위해 어떻게 신호를 주고받는지 알아보고, 그 이후 사람의 신경계를 중심으로 다양한 척추동물 신경계를 살펴볼 것이다.

신경계 구조와 기능

28.1 신경계는 감각 입력을 받아들이고 분석하여 적절한 명령을 내보낸다

동물의 신체 기능을 조정하는 두 가지 주요 기관계는 내분비계와 신경계다. 내분비계는 일반적으로 느리고 보다 지속적인 반응을 유도하는 반면(26.1절), **신경계(nervous system)**는 신체 기능을 빠르게 조절한다. 신경계 내에서의 소통은 전기적 및 화학적 신호를 통해 정보를 전달하는 신경세포인 **뉴런(neuron)**에 의존한다. 뉴런은 핵과 다른 세포 소기관이 들어 있는 **세포체(cell body)**와 신호를 전달하는 길고 가느다란 돌출부로 구성되어 있다. 각 뉴런은 수천 개의 다른 뉴런과 통신하여 네트워크를 형성함으로써 학습하고, 기억하고, 주변 환경을 인지하고, 움직일 수 있게 해준다.

몇 가지 예외가 있지만, 일반적으로 신경계는 해부학적으로 크게 두 가지로 분류된다. **중추신경계(central nervous system, CNS)**는 뇌와 척수(척추동물의 경우)로 구성된다. **말초신경계(peripheral nervous system, PNS)**는 중추신경계로 정보를 받고 보내는 뉴런으로 구성된다. 말초신경계의 뉴런은 서로 묶여 결합조직으로 둘러싸여 **신경(nerve)**을 형성한다. 또한 말초신경계에는 **신경절(ganglia**, 단수는 ganglion)을 포함하는데, 신경절은 뉴런의 세포체가 모여 있는 집합체로 척수를 따라 분포하거나, 신경절이 작용하는 기관 가까이 또는 그 기관 내에 존재한다. 말초신경계를 구성하는 방대한 정보소통망은 신경을 통해 들어오고 나가는 수천 개의 신호를 처리하고 머리끝부터 발끝까지 신체의 모든 영역을 조절한다.

신경계는 정보라는 주제를 설명하는 세 가지 상호 연결된 기능을 가진다(**그림 28.1A**). 즉 **감각 입력(sensory input)**은 피부의 촉각 감지 세포 같은 감각수용기로부터 말초신경계를 통해 중추신경계로 전달되는 신호의 흐름이다. 뇌와 척수에서의 **통합(integration)**은 감각 신호를 분석 및 해석하고 적절한 반응을 계획하는 것이다. **운동 출력(motor output)**은 통합 중추에서 말초신경계를 통해 신체의 반응을 수행하는 근육 세포나 샘 세포 같은 **효과기세포(effector cell)**로 신호가 전달되는 것이다. 감각 입력과 운동 출력의 통합은 일반적으로 선형 관계가 아니라, 그림 28.1A의 원형 화살표처럼 이 정보를 상호 교류하고 처리하는 뉴런망을 포함한다.

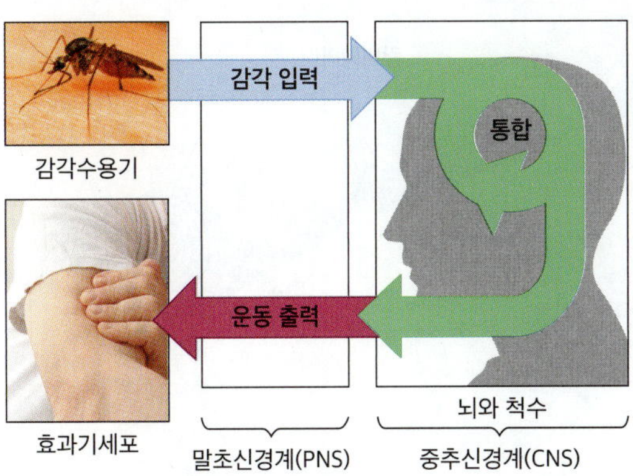

▲ **그림 28.1A** 신경계의 정보 흐름

뉴런은 기능에 따라 세 가지 유형이 있으며 이는 신경계의 세 가지 주요 기능에 해당한다. **감각뉴런(sensory neuron)**은 감각수용기로부터 중추신경계로 신호를 전달한다. **사이뉴런(interneuron**, 개재뉴런)은 데이터를 통합하여 적절한 신호를 다른 사이뉴런이나 운동뉴런에 전달한다. 마지막으로 **운동뉴런(motor neuron)**은 중추신경계에서 효과기세포로 신호를 전달한다.

뉴런과 신경계 구조 및 기능 사이의 관계는 **반사(reflex)**, 즉 자극에 대한 자동 반응을 일으키는 비교적 단순한 회로에서 가장 쉽게 알 수 있다. **그림 28.1B**는 무릎 반사를 보여준다. (그림에서 파란색, 녹색, 보라색의 작은 공은 뉴런의 세포체를 나타내고, 연결된 색깔의 선은 뉴런의 돌출부를 나타낸다.) 고무망치로 무릎의 힘줄을 치면 넙다리네갈래근(대퇴사두근)이 늘어난다. ❶ 감각수용기가 근육이 늘어난 것을 감지하고 ❷ 감각뉴런이 이 정보를 척수로 전달한다. 척수로 전달된 정보는 중추신경계에서 ❸ 운동뉴런으로 그리고 ❹ 하나 이상의 사이뉴런으로 전달된다. 이 운동뉴런이 전달한 신호에 반응하여 넙다리네갈래근이 수축하여 다리가 앞으로 뻗게 된다. 동시에, 사이뉴런의 신호에 반응하는 또 다른 운동뉴런은 반대편 햄스트링근육의 수축을 억제하고 이완시켜 넙다리네갈래근의 작용이 방해되지 않도록 한다(30.7절 참조). 그림 28.1B에는 각 기능 유형의 뉴런이 하나만 표시되어 있지만, 대부분의 신체 활동에는 각 유형의 많은 뉴런이 관여한다.

? 누군가 발바닥을 간지럽히면 발목이 자동으로 구부러진다. 이 반사가 일어나는 동안 정보 흐름을 위해 사이뉴런, 감각뉴런, 운동뉴런을 올바른 순서로 나열하시오.

■ 감각뉴런 → 사이뉴런 → 운동뉴런

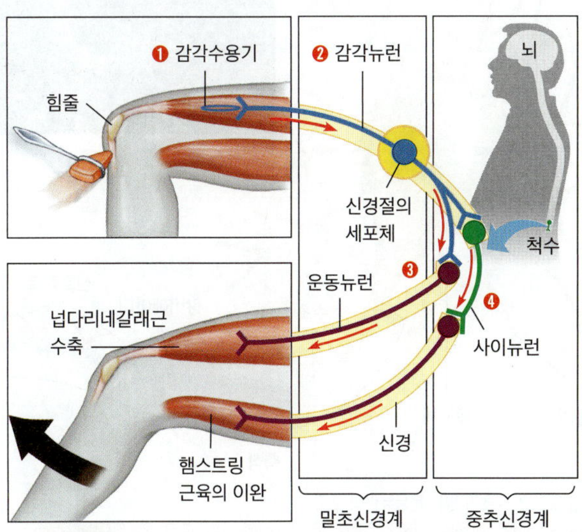

▲ **그림 28.1B** 무릎 반사

28.2 뉴런은 신경계의 기능적 단위다

정보를 받고 전달하는 뉴런의 기능은 그 구조에 따라 달라지는데, 이는 **구조와 기능**이라는 주제의 또 다른 예시가 된다. 척수에서 골격근으로 신호를 전달하는 운동뉴런의 세포 구조는 **그림 28.2**에 나와 있다.

몸을 구성하는 다른 세포와 마찬가지로 뉴런은 일상적인 기능을 수행하므로, 이러한 기능과 관련된 세포소기관(핵, 소포체, 미토콘드리아 등)이 **세포체(cell body)** 내에 존재한다. 그러나 다른 유형의 세포와 달리 전형적인 뉴런에서는 두 가지 형태의 돌기, 많은 수의 가지돌기와 하나의 축삭이 존재한다. 그중 하나인 **가지돌기(dendrite**, 수상돌기, 그리스어로 dendron은 '나무'라는 뜻)는 길이가 짧고 그 수가 많으며 나뭇가지 모양으로 가지를 치고 있는 형태로, 다른 뉴런으로부터 신호를 받아 이 정보를 세포체에 전달한다. 이와 대조적으로 **축삭(axon)**은 일반적으로 길이가 길며, 다른 뉴런이나 효과기세포로 신호를 전달한다. 척수에서 발의 근육 세포에 이르는 축삭처럼 1 m가 넘는 긴 축삭도 존재한다.

그림 28.2에서 보듯이 축삭의 끝에는 가지가 많이 있다. 전형적인 형태의 축삭은 수백 또는 수천 개의 가지가 있으며, 각 가지의 맨 끝에는 **시냅스말단(synaptic terminal)**이 있다. 시냅스말단과 다른 세포 사이의 연결부위를 **시냅스(synapse)**라고 하며, 시냅스에서는 전기적 또는 화학적 신호가 다른 뉴런이나 효과기세포로 전달된다.

뉴런은 신경계의 일부분에 지나지 않는다. 정상적인 기능을 하려면 모든 척추동물과 대부분의 무척추동물의 뉴런은 **신경교세포(glia**, 교세포)라는 지지 세포가 필요하다. 신경교세포는 유형에 따라 뉴런에 영양을 공급하거나, 뉴런의 축삭을 절연하거나, 뉴런을 둘러싼 세포 외액의 항상성 유지를 돕기도 한다. 사람의 뇌에는 신경교세포와 뉴런의 수가 거의 비슷하게 존재한다.

그림 28.2는 말초신경계에서 발견되는 슈반세포(Schwann cell)라고 하는 신경교세포의 한 종류를 보여준다. 많은 척추동물에서 신호를 빠르게 전달하는 축삭은 대부분의 길이를 따라 두꺼운 절연물질로 둘러싸여 있는데, 이는 많은 전선을 덮고 있는 플라스틱 절연과 유사하다. **수초(myelin sheath)**라고 불리는 이 절연물질은 뉴런을 따라 신호가 빠르게 전달되도록 한다. 구슬목걸이와 비슷한 수초는 일련의 슈반세포('구슬')로 구성되어 있으며, 각각 축삭을 여러 번 감싸고 있다. **랑비에마디(node of Ranvier**, 랑비에결절)라고 불리는 슈반세포 사이의 틈새는 축삭을 따라 신경신호가 재생(시간이 소요되는 과정)될 수 있는 유일한 지점이다. 그 밖의 다른 부위에서는 수초가 축삭을 절연하여 신호를 보존하고 빠르게 움직일 수 있도록 한다. 따라서 수초로 둘러싸인 유수신경의 축삭(myelinated axon)을 따라 이동할 때 신경신호가 마디에서만 재생되어야 한다. 그 결과 축삭의 길이를 따라 지속적으로 신호가 재생되는 경우보다 속도가 훨씬 빠르다. 사람의 신경계에서 신호는 150 m/sec(시속 330마일 이상)의 속도로 유수신경의 축삭을 따라 전달될 수 있다. 수초가 없다면 신호 전달에 10배 이상의 시간이 소요될 것이다.

몸을 쇠약하게 만드는 자가면역질환인 다발성 경화증은 수초의 중요성을 잘 보여준다. 다발성 경화증은 개인의 면역계에 의해 수초가 점차 파괴되어 발생한다. 그 결과 신호 전도, 근육 조절, 뇌 기능이 점진적으로 상실된다.

뉴런의 기본 구조를 기억하면서 뉴런이 전달하는 신호에 대해 자세히 살펴볼 것이다.

? 뉴런의 구조는 정보를 수신하고 전달하는 기능과 어떤 관련이 있는가?

■ 가지돌기는 다른 뉴런으로부터 신호를 받아 이 정보를 세포체로 보낸다. 그 후 신호는 세포체에서 돌출된 구조인 축삭을 따라 다른 세포로 전달된다.

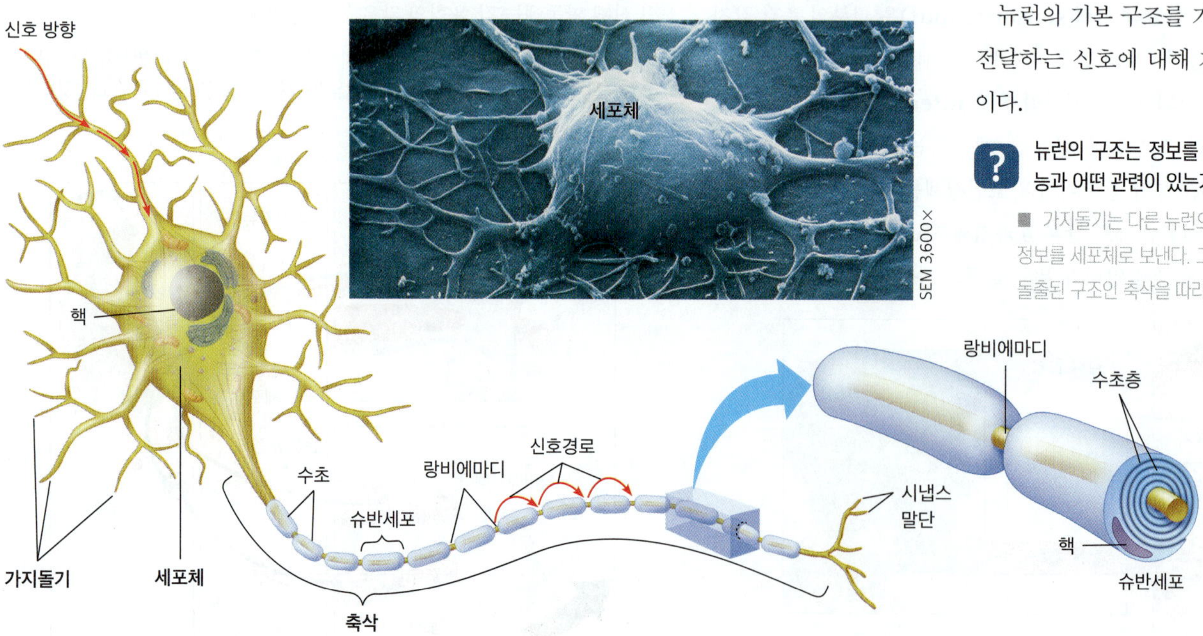

▲ **그림 28.2** 수초가 있는 운동뉴런의 구조

시도해 보기 뉴런을 구성하는 각 구조의 기능을 설명하는 표를 만드시오.

28.3 신경 기능은 뉴런막 안과 밖의 전하 차이에 따라 좌우된다

신경신호를 이해하려면 먼저 신호를 전달하지 않고 있는 휴지기 뉴런을 살펴보아야 한다. 휴지기의 뉴런은 신체의 한 부분에서 다른 부분으로 신호를 보내는 데 사용할 수 있는 위치에너지(5.10절 참조)를 가진다. **막전위(membrane potential)**라고 불리는 이 위치에너지는 뉴런의 원형질막 안과 밖의 전하 차이로 존재한다. 양전하와 음전하를 띤 이온의 불균등한 분포로 인해 세포 내부는 세포 외부에 비해 상대적으로 음전하를 띤다. 반대 전하는 서로 끌어당기기 때문에 세포막은 건전지처럼 반대 전하를 서로 분리해 놓음으로써 에너지를 저장한다. 뉴런이 저장한 에너지의 강도(전압)는 측정이 가능하다. 휴지기 뉴런의 원형질막에 걸리는 전압을 **휴지전위(resting potential)**라고 한다. 뉴런은 약 −70 mV의 휴지전위를 가지며, 이는 손전등용 건전지 전압의 약 5% 수준이다.

휴지전위는 뉴런의 원형질막을 가로지르는 이온 농도기울기(concentration gradient) 때문에 발생한다(**그림 28.3** 참조). 대부분의 뉴런에서 칼륨 이온(K^+)의 농도는 세포 내부가 더 높고, 나트륨 이온(Na^+)의 농도는 세포 외부가 더 높다. **나트륨-칼륨 펌프(sodium-potassium pumps**, Na^+-K^+ 펌프)는 ATP의 에너지를 사용하여 3개의 Na^+을 밖으로 내보내고 2개의 K^+을 안쪽으로 이동시킴으로써 이온의 농도기울기를 유지시킨다(5.8절 참조). 막을 관통하는 구멍인 **이온통로(ion channel)**도 휴지전위를 형성하는 데 기여한다. 휴지기의 세포막에는 열려 있는 K^+ 통로는 많지만 Na^+ 통로는 몇 개만 열려 있다. 따라서 Na^+이 뉴런막을 통해 안쪽으로 이동하는 것보다 K^+이 뉴런막 바깥쪽으로 더 쉽게 확산된다. 양전하를 띤 K^+이 세포 밖으로 더 많이 확산됨에 따라 세포 내부는 외부에 비해 정전기적으로 더 음전하를 띠게 된다. 막을 사이에 두고 형성된 전위차가 휴지전위다.

뉴런의 내부가 점점 더 음전하를 띠지 않도록 하는 것은 무엇인가? 마치 줄다리기를 하듯 화학적 농도기울기로 인해 뉴런 밖으로 나가는 K^+의 순 흐름은 내부의 전기적 인력에 의해 방해된다. 세포 내부의 과도한 음전하가 양전하를 띤 K^+이 세포 밖으로 계속 흘러 나가는 것을 방해하는 힘으로 작용한다. 따라서 휴지전위는 −70 mV에서 안정화된다.

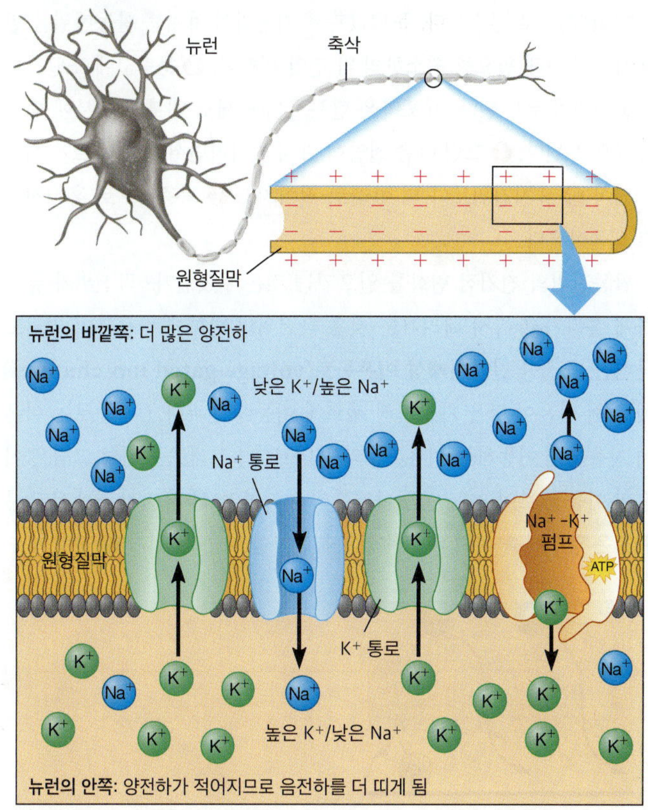

▲ **그림 28.3** 휴지전위가 생성되는 방법

시도해 보기 그림에서 각 막 단백질 또는 펌프를 통과하는 이온을 따라가 보고, 이온의 움직임이 어떻게 휴지전위에 기여하는지 설명하시오.

중요한 점은 특정 이온에 대한 막의 투과성이 변하면 막전위는 휴지전위와는 다르게 변화된다는 것이다. 신경계의 거의 모든 전기 신호의 기반이 되는 막전위의 변화를 살펴보자.

? 휴지기 뉴런의 막에서 갑자기 Na^+의 투과성이 증가하면 Na^+이 세포 안으로 빠르게 이동한다. 이 경우 막전위는 어떻게 변화하는가?

■ 양전하를 띤 Na^+이 세포로 들어가므로 전압이 상승해 정전기적으로 음전하를 덜 띠게 된다.

28.4 신경신호는 막전위의 변화로 시작된다

손전등을 켜면 건전지에 저장된 위치에너지를 이용해 전등빛이 밝아진다. 비슷한 방식으로 뉴런의 원형질막을 자극하면 막전위 에너지를 사용하여 신경신호를 생성한다. **자극(stimulus)**은 신경신호를 발생시키는 모든 요인으로, 예를 들면 빛, 소리, 무릎을 두드리는 물리적 충격, 다른 뉴런으로부터 받은 화학적 신호 등이 포함된다. **그림 28.4**에 요약된 신경신호 전달 과정은 사람을 포함한 거의 모든 동물의 뉴런에 적용된다.

그림 중앙의 그래프는 **활동전위(action potential)**를 생성하는 전기적 변화를 나타내는 것으로, 막전위의 드라마틱한 변화는 축삭을 따라 신경신호를 전도한다. 이 그래프는 자극이 가해진 막의 한 부위에서 일어난 전기적인 변화를 시간(1/1,000초 동안)에 따라 기록한 것이다. ❶ 그래프는 휴지전위(−70 mV)에서 시작된다. 뉴런막을 사이에 두고 바깥쪽보다 안쪽이 더 음전하를 띠는 분극화된(polarized) 시기다. ❷ 충분히 큰 자극이 가해지면, 전압이 문턱값(threshold, 역치, 이 경우 −55 mV)으로 상승한다. 문턱값과 휴지전위의 차이는 활동전위를 발생시키기 위해 필요한 최소한의 막 전압 변화다. ❸ 문턱값에 도달하면 활동전위가 유발된다. 세포막은 탈분극되어 세포 내부가 외부에 대해 양성으로 된다. ❹ 그런 다음 전압이 다시 떨어지면서 막이 빠르게 재분극되어 ❺ 휴지전위보다 더 아래로 떨어지고 ❶ 최종적으로 휴지전위로 되돌아온다.

활동전위의 전기적 변화를 일으키는 것은 무엇인가? 막전위가 급격하게 올라가고 다시 내려가는 것은 막전위의 변화에 반응하여 열리고 닫히는 구조인 **전압개폐성 이온통로(voltage-gated ion channel)**에 의해 이온이 막을 가로질러 빠르게 이동한 결과다. (이 통로는 이온이 자유롭게 이동하는 이온통로와는 다르다.) 그래프 주위의 그림은 이온의 이동을 보여준다. 왼쪽 아래부터 시작하여, ❶ 휴지기 막에서 외부환경은 양전하를 띠며 내부환경은 음전하를 띠는 상태다. ❷ 자극이 주어지면 막에 있는 몇 개의 전압 개폐성 Na^+ 통로를 열게 되고, 소량의 Na^+이 축삭 안으로 유입된다. 이 결과 막의 안쪽 표면이 음전하를 약간 덜 띠게 된다(탈분극, depolarization). 자극이 충분히 강해지면 충분한 수의 통로가 열려 전압이 문턱값까지 올라간다. ❸ 일단 문턱값에 도달하면 더 많은 통로가 열리면서 더 많은 Na^+이 세포 안으로 확산된다. 점점 더 많은 Na^+이 유입되면서 전압은 최고점(peak)에 이르게 된다. ❹ 최고점 전압에서 전압 개폐성 Na^+ 통로는 닫히고 불활성화된다. 반면에 전압 개폐성 K^+ 통로가 열리면서 K^+이 빠르게 확산되어 나간다. 이 결과 그래프가 하강한다(재분극, repolarization). ❺ K^+ 통로가 상대적으로 느리게 닫히기 때문에 휴지전위 아래까지 막전위가 내려간다. ❻ 막은 다시 휴지전위 상태로 되돌아온다. 전형적인 포유류 뉴런에서 이 전체 과정은 불과 수 밀리초밖에 걸리지 않으며, 이는 뉴런이 1초 동안 수백 개의 신경신호를 생성할 수 있음을 의미한다.

? 활동전위 정점의 생성은 양성되먹임과 음성되먹임 중 어느 예에 해당하는가?

■ 전압 개폐성 Na+ 통로가 열리면 막전위가 변하고, 이 변화로 인해 더 많은 통로가 열리게 된다. 이것은 양성되먹임 기작의 한 예다.

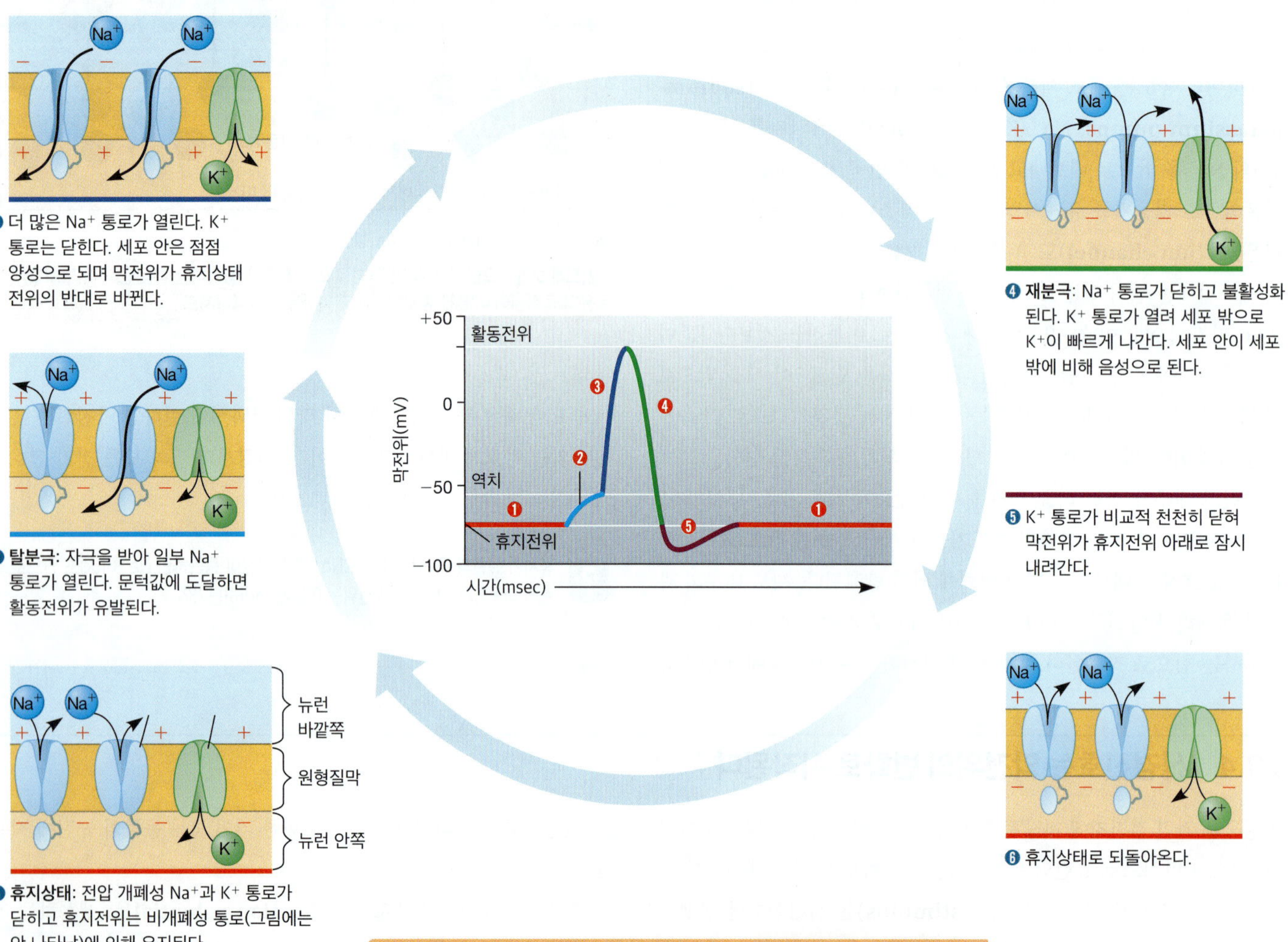

시도해 보기 자료를 따라 막전위가 올라가고 내려갈 때 관여하는 이온의 움직임을 설명하면서 그림 중앙의 그래프를 다시 그리시오.

▲ 그림 28.4 활동전위의 전기적 변화와 이온 흐름

28.5 활동전위는 축삭을 따라 스스로 전파된다

활동전위는 국소적인 전기적 사건으로, 뉴런을 따라 특정 위치에서 휴지전위의 급격한 변화를 일으킨다. 축삭에서 활동전위가 생성되는데, 일반적으로 축삭과 세포체가 만나는 곳에서 활동전위가 시작된다. 장거리 신호로 기능하기 위해서는 이 국소적인 사건이 축삭을 따라 세포체에서 시냅스말단으로 전도되어야 한다. 활동전위는 축삭을 따라 스스로 재생(전파)된다. 이 활동전위의 효과는 일렬로 서 있는 도미노 중 첫 번째 도미노를 넘어뜨리는 것과 유사하다. 첫 번째 도미노 블록 자체가 줄을 따라 이동하지는 않지만, 첫 번째 블록의 넘어짐이 다음 블록으로 연결되어 한 번에 하나씩 줄의 끝까지 릴레이식으로 전달된다.

그림 28.5의 3단계는 신경신호가 왼쪽에서 오른쪽으로 전달될 때 축삭의 일부에서 일어나는 변화를 보여준다. 먼저 맨 왼쪽의 축삭 영역에만 집중해 보자. ❶ 파란색 부분의 축삭 영역에 전압 개폐성 Na^+ 통로가 열려 Na^+이 안쪽으로 밀려 들어와( ) 활동전위가 발생한다. 이는 그림 28.4의 그래프(2단계)의 상승 부위에 해당한다. ❷ 같은 영역의 전압 개폐성 K^+ 통로가 열리면서 K^+이 축삭 밖으로 확산된다( ). 이때 축삭의 이 영역에 있는 전압 개폐성 Na^+ 통로는 비활성화되어 닫히고 막전위는 하강한다. ❸ 잠시 후, 이 부위에서 축삭막(제일 왼쪽) 영역에서는 활동전위의 징후가 보이지 않는데, 이곳의 축삭막이 휴지전위로 되돌아가기 때문이다.

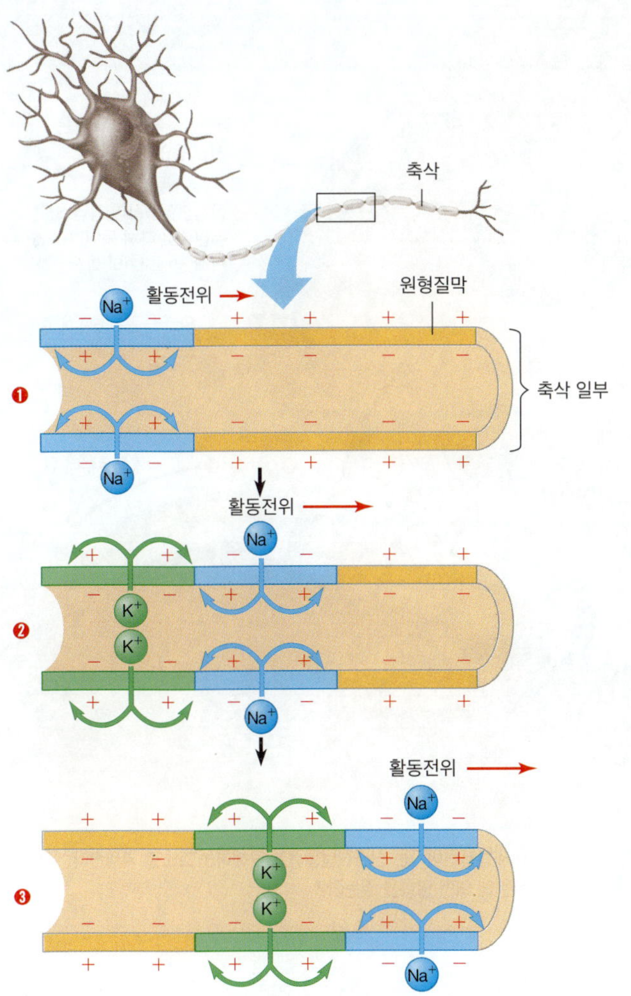

▲ **그림 28.5** 활동전위가 축삭을 따라 전파되는 과정

이제 이러한 전기적 변화가 어떻게 신경신호의 '도미노 효과'로 이어지는지 살펴보자. 그림 28.5의 1단계에서 축삭의 파란색 부분은 첫 번째 활동전위와 연관하여 Na^+이 세포 안으로 유입되어 일어난 전기적 변화가 국소적으로 퍼지는 것을 나타낸다. 이러한 변화는 인접한 영역에서 문턱값에 도달할 만큼 충분히 커서 전압 개폐성 Na^+ 통로가 열리게 된다. 그 결과, 두 번째 활동전위가 생성된다(2단계의 파란색 부분은 현재 1단계의 오른쪽에 위치함). 같은 방식으로 3단계에서 세 번째 활동전위가 생성되고, 각 활동전위는 축삭을 따라 또 다른 활동전위를 생성한다(그림에서 왼쪽에서 오른쪽으로 이동). 그 결과, 신경 자극이 세포체에서 시냅스말단으로 이동한다. 축삭이 수초에 둘러싸여 있으면 자극이 더 빠르게 전파된다는 것을 기억하자. 전압 개폐성 Na^+ 통로는 랑비에마디에서만 국한되어 있으며, 따라서 이러한 통로를 여닫는 과정은 유수신경의 축삭에서는 제한된 수의 위치에서만 일어난다.

활동전위는 축삭을 따라 세포체에서 시냅스말단으로 한 방향으로만 전파된다. 왜 다른 방향으로는 진행되지 않을까? 축삭에서의 국소적인 전기적 변화는 파란색 화살표에서 알 수 있듯이 축삭의 양쪽으로 퍼져 나간다. 그러나 Na^+ 통로가 닫혀 있어 불활성화되어 있는 재분극 영역에서는, 이러한 변화에 의해서 전압개폐성 Na^+ 통로가 열리지 않으므로 활동전위가 생성될 수 없다(그림 28.4의 4단계). 따라서 K^+이 축삭 밖으로 방출되는 영역(그림 28.5의 녹색)에서는 활동전위가 생성될 수 없다. 결과적으로, 활동전위에 의해서 축삭막을 탈분극시킨 Na^+의 유입은 그 직후에 또 다른 활동전위를 생성할 수 없다. (도미노의 사슬을 생각해 보자.)

활동전위는 실무율(all-or-none)의 법칙을 따른다. 즉, 활동전위는 전위를 일으키는 자극의 크기와 상관없이 문턱값에 도달하기만 하면 동일하게 생성된다. 그렇다면 활동전위는 어떻게 서로 다른 강도의 정보(예: 큰 소리와 작은 소리)를 중추신경계에 전달하는가? 그것은 바로 자극의 강도에 따라 활동전위의 빈도(frequency)가 변화하기 때문이다(29.1절). 예를 들어 귀에서 뇌를 연결하는 뉴런에서는 큰 소리가 작은 소리보다 초당 더 많은 활동전위를 생성한다.

앞의 3개의 절에서 신경신호가 하나의 뉴런을 따라 어떻게 전파되는지 알아보았다. 다음에는 신호가 한 뉴런에서 다른 뉴런으로 어떻게 전달되는지 살펴볼 것이다.

? 재분극 영역에서 축삭의 내부가 어떻게 더 음전하를 띠게 되는지 설명하시오.

■ 재분극 동안 양전하를 띤 K^+이 열려 있는 전압 개폐성 K^+ 통로를 통해 빠져나간다. 동시에 Na^+은 세포 내부로 들어오는 것을 차단하여 내부는 더욱 음전하를 띠게 된다.

28.6 뉴런은 시냅스에서 서로 소통한다

활동전위가 뉴런 끝에 도달하면 어떤 일이 일어나는가? 이 신호는 전기적 또는 화학적 시냅스에서 신호 수용 세포로 전달된다. 신호를 받아들이는 세포는 다른 뉴런일 수도 있고 근육 세포나 내분비 세포 같은 효과기세포일 수도 있다.

전기 시냅스에서 전류는 세포를 연결하는 간극연접(gap junction, 4.20절)을 통해 하나의 뉴런에서 시냅스후 세포(신호 수용 세포)로 직접 흐른다. 그 결과, 시냅스후 세포는 빠르게 자극된다. 예를 들어 사람의 심장에서 전기 시냅스는 안정적이고 율동적인 심장근 수축을 유지하는 데 도움이 된다.

대부분의 시냅스는 화학적 시냅스다. 전기적 시냅스와 달리 화학적 시냅스는 시냅스전 뉴런과 시냅스후 세포 사이에 시냅스틈(synaptic cleft)이라고 불리는 좁은 틈이 있다. 이 틈은 사람 머리카락 굵기의 약 1/1,000 정도로 매우 좁지만, 활동전위가 시냅스후 세포로 직접 퍼지는 것을 막는다. 대신, 전기신호인 활동전위는 먼저 **신경전달물질(neurotransmitter)** 분자로 구성된 화학신호로 변환된다. 이후 화학신호는 시냅스후 세포에서 활동전위를 생성한다. 아래 그림은 활동전위가 화학적 시냅스에 도달할 때 발생하는 사건을 보여준다.

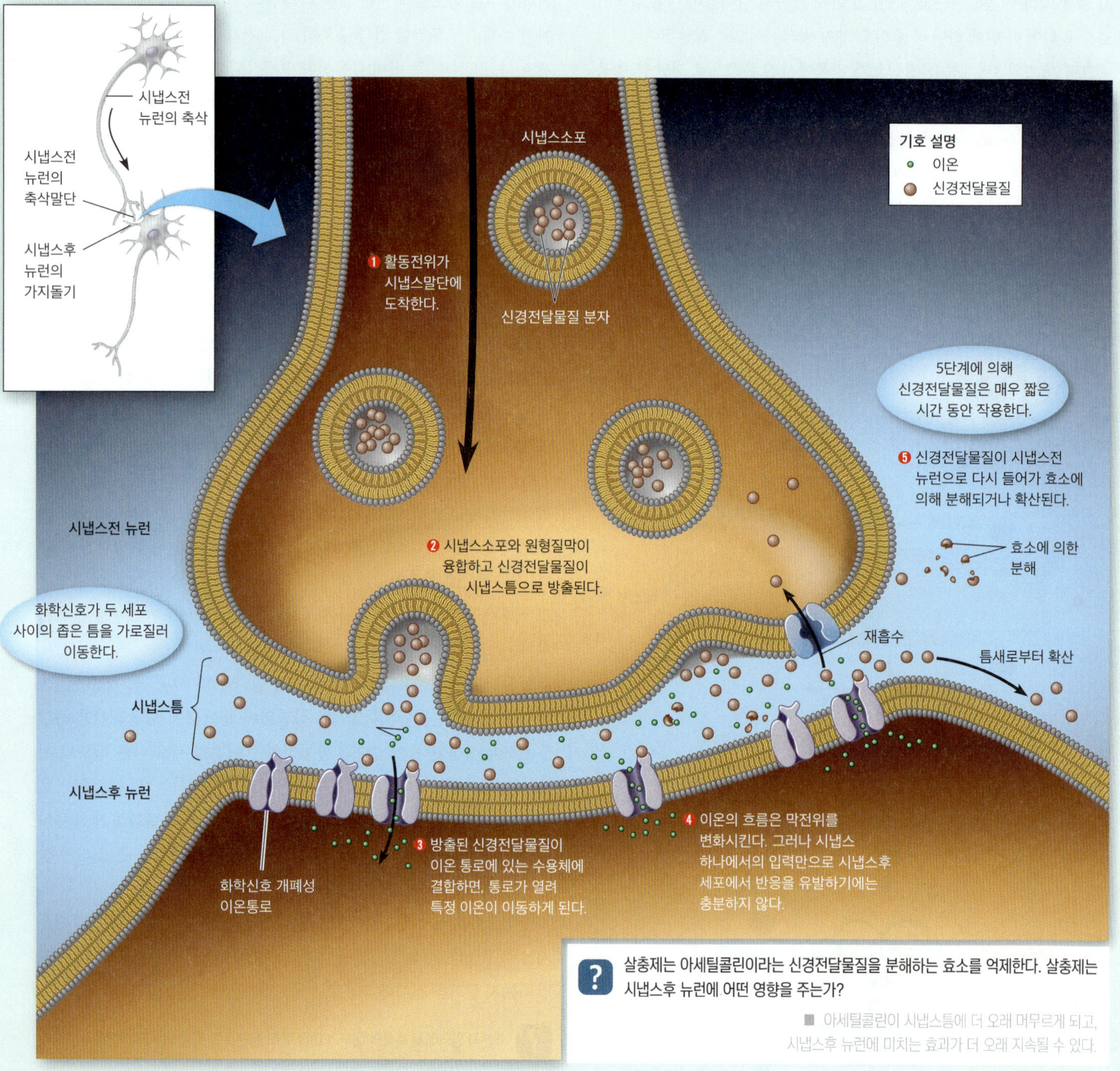

? 살충제는 아세틸콜린이라는 신경전달물질을 분해하는 효소를 억제한다. 살충제는 시냅스후 뉴런에 어떤 영향을 주는가?

■ 아세틸콜린이 시냅스틈에 더 오래 머무르게 되고, 시냅스후 뉴런에 미치는 효과가 더 오래 지속될 수 있다.

28.7 화학적 시냅스는 복잡한 정보를 처리할 수 있다

그림 28.7의 그림과 현미경 사진에서 볼 수 있듯이, 하나의 뉴런은 다른 수많은 뉴런과 상호작용을 한다. 실제로 한 뉴런은 가지돌기와 세포체에 위치한 수천 개의 시냅스말단(그림의 빨간색과 녹색)에 의해 연결된 수백 개의 다른 뉴런으로부터 신경전달물질을 통해 정보를 받을 수 있다. 시냅스전 뉴런마다 분비되는 신경전달물질의 종류나 양이 다르기 때문에 입력되는 신호는 매우 다양할 수 있다. 뉴런의 원형질막은 작은 회로기판과 비슷하며, 정보를 신경전달물질 분자 형태로 받아들여 처리한다. 이 매우 정교하고 살아 있는 회로기판에 의해 신경계는 자극에 대한 모든 자료를 처리하여 적절한 반응을 실행할 수 있다.

신경전달물질은 실제로 시냅스후 세포에서 어떤 작용을 하는가? 28.6절에서 보았듯이 신경전달물질이 수용체와 결합하면 시냅스후 세포의 원형질막에 이온 통로가 열린다. 신경전달물질의 효과는 신경전달물질에 의해 열리는 막 통로의 종류에 따라 달라진다. 예를 들어 Na^+ 통로를 여는 신경전달물질은 시냅스후 세포에서 활동전위를 유발할 수 있다. 이러한 효과를 흥분성(그림의 녹색)이라고 한다. 이와 대조적으로, 많은 신경전달물질은 시냅스후 세포에서 활동전위가 발생하는 경향을 감소시키는 이온 통로(Cl^-을 세포 안으로 유입하거나 K^+을 방출하는 통로)를 연다. 이러한 효과를 억제성(그림의 빨간색)이라고 한다. 흥분성 신호와 억제성 신호의 효과는 그 크기가 다를 수 있다. 일반적으로 시냅스후 세포의 수용체에 결합하는 신경전달물질 분자가 많을수록, 그리고 시냅스가 시냅스후 뉴런의 축삭 기저부에 가까울수록 효과가 강하게 나타난다.

시냅스후 뉴런의 원형질막은 여러 다른 시냅스전 뉴런으로부터 흥분성 및 억제성 신호를 모두 받을 수 있다. 흥분성 신호가 합쳐져서 막전위를 문턱값까지 올릴 만큼 충분히 강하면, 시냅스후 세포에서 활동전위가 생성된다. 그런 다음 해당 뉴런은 받아들인 모든 정보를 합한 속도로 축삭을 따라 다른 세포로 신호를 전달한다. 활동전위가 실무율을 따르기 때문에 신호 빈도가 중요하다. 정보를 받은 각각의 새로운 시냅스후 세포는 다른 모든 정보와 함께 이 정보를 차례대로 처리한다.

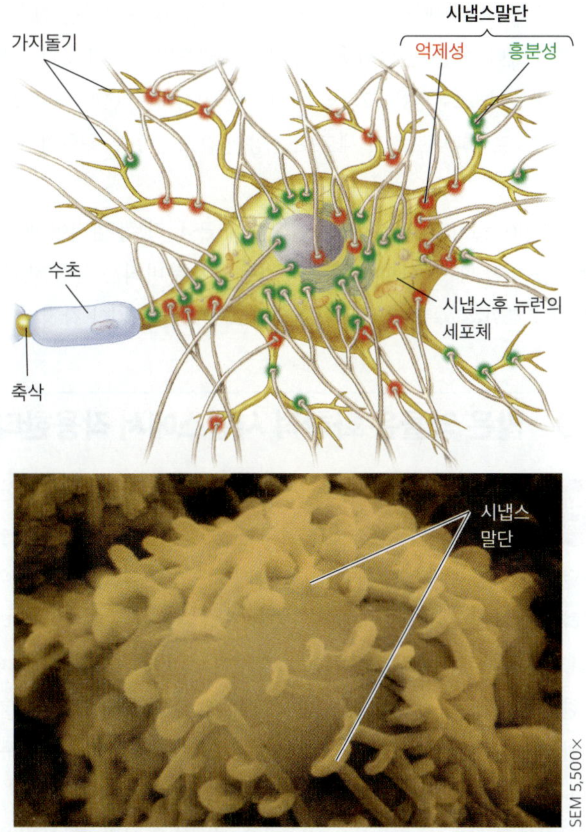

▲ **그림 28.7** 뉴런 하나가 받는 여러 시냅스 입력

? 흥분성 신호와 억제성 신호가 활동전위를 유발하는 것과 관련하여 시냅스후 세포의 막전위를 어떻게 변화시키는지 비교하시오.

■ 흥분성 신호의 신경전달물질은 Na^+ 통로를 열어 시냅스후 세포의 막전위를 문턱값에 가깝게 한다. 억제성 신호의 신경전달물질은 K^+ 또는 Cl^- 통로를 열어 세포의 막전위를 문턱값보다 더 떨어지게 한다.

28.8 다양한 작은 분자는 신경전달물질로 작용한다

100가지가 넘는 신경전달물질은 화학적 시냅스를 통해 한 방향으로 정보를 전달하는 역할을 한다. 이러한 작은 분자들이 조절하는 생리적 과정의 범위를 파악하기 위해 몇 가지 예를 살펴볼 것이다.

신경전달물질인 **아세틸콜린(acetylcholine)**은 운동뉴런에 의해 방출되어 골격근을 활성화하며(30.10절 참조), 내부 장기와 샘(gland)에 영향을 미치는 말초신경계의 뉴런과 기억, 학습, 각성에 영향을 주는 중추신경계의 뉴런에 의해 방출된다. 아세틸콜린은 시냅스후 세포에 있는 수용체의 종류에 따라 흥분성이거나 억제성일 수 있다. 예를 들어 아세틸콜린은 골격근을 수축시키지만, 심장근육의 수축 속도는 늦춘다. 보툴리눔 독소(상품명 보톡스)는 보툴리누스 식중독을 일으키는 박테리아에 의해 만들어지며 아세틸콜린의 방출을 억제한다. 미용 시술에서는 이마와 눈가, 입가에 소량의 보톡스를 주입하여 해당 부위의 근육 수축을 방해하여 웃을 때 생기는 주름이나 이마의 주름이 덜 생기도록 한다.

두 가지 신경전달물질, 글루탐산(glutamate)과 GABA(gamma aminobutyric acid)는 중추신경계 전체에서 많이 방출된다. 글루탐산은 주로 흥분성 시냅스에 작용하며 장기기억(long-term memory)을 형성하는 데 중요한 역할을 한다. GABA는 중추신경계에 있는 대부분의 억제성 시냅스에서 작용하는 신경전달물질이다.

노르에피네프린(norepinephrine), 세로토닌(serotonin), 도파민(dopamine)은 화학적으로 유사하다. 노르에피네프린은 말초신경계와 중추신경계에서 흥분성 신경전달물질로 작용하며 호르몬으로도 기능한다(26.10절 참조). 세로토닌과 도파민은 수면, 기분, 주의력, 학습에 영향을 준다. 이 세 가지 신경전달물질의 불균형은 다양한 신경질환과 관련이 있다. 예를 들어 퇴행성 질환인 파킨슨병은 뇌의 도파민 부족으로 발생하며, 조현병은 도파민의 과도한 활성과 관련이 있다(28.21절). 또한 노르에피네프린과 세로토닌 양의 감소는 일부 유형의 우울증과 관련이 있는 것으로 보인다.

엔도르핀(endorphin)은 외상성 상해나 근육 피로, 심지어 매우 매운 음식을 먹을 때 등 다양한 자극에 반응하여 분비되는 신경전달물질이다. 엔도르핀은 통증 감각을 감소시키고 행복감과 기타 감정적 효과를 유발한다. 따라서 어떤 사람은 신체적 또는 정서적 스트레스가 심할 때 통증을 거의 느끼지 못하거나 전혀 느끼지 못한다고 보고한다.

용해된 기체인 산화질소(nitric oxide, NO)도 신경전달물질로 작용할 수 있다. 남성의 성적 흥분 시 특정 뉴런은 음경의 발기 조직에서 혈관으로 NO를 방출하고, 이 NO가 발기를 유도한다. (발기부전 치료제인 비아그라는 이러한 NO의 효과를 촉진한다. 27.4절 참조)

? 뉴런이 특정 신경전달물질의 영향을 받는지 여부를 결정하는 것은 무엇인가?

■ 특정 신경전달물질의 영향을 받으려면 뉴런이 해당 신경전달물질에 대한 특정 수용체를 가져야 한다.

28.9 많은 약물은 화학적 시냅스에서 작용한다

연결 카페인, 니코틴, 알코올 같은 일반적인 약물을 포함한 많은 향정신성 약물은 뇌의 수십억 개의 시냅스에 있는 신경전달물질의 작용에 영향을 미친다. 카페인은 일반적으로 활동전위를 억제하는 억제성 신경전달물질의 효과를 상쇄하여 각성 작용을 나타내며, 니코틴은 아세틸콜린 수용체와 결합하여 활성화함으로써 자극제로 작용한다. 알코올은 신경전달물질인 GABA의 억제 효과를 증가시키는 강력한 억제제다. 시냅스에서 정보 전달이 느려지면서 알코올 중독 증상이 나타나게 된다.

정신질환을 치료하는 데 사용되는 많은 처방약은 신경전달물질의 효과를 변화시킨다. 디아제팜(발륨)과 알프라졸람(자낙스) 같은 항불안제는 GABA 수용체를 활성화하여 억제성 시냅스에서 신경전달물질의 효과를 증가시킨다. 또한 어떤 약물은 수용체에 결합하여 수용체를 차단함으로써 신경전달물질의 효과를 감소시킬 수 있다. 예를 들어 조현병 치료에 사용되는 일부 약물은 신경전달물질인 도파민 수용체를 차단하여 시냅스후 세포에 대한 흥분 효과를 감소시킨다.

우울증 치료에 사용되는 선택적 세로토닌 재흡수 억제제(selective serotonin reuptake inhibitor, SSRI) 같은 약물은 신경전달물질의 '재흡수'를 억제하는 방식으로 작용한다. 신경전달물질인 세로토닌은 시냅스후 뉴런의 수용체와 결합한다. **그림 28.9**(왼쪽 그림)에서 볼 수 있듯이, 세로토닌이 수용체에서 방출된 후 시냅스틈의 세로토닌 수송단백질을 통해 다시 시냅스전 뉴런으로 들어가 재활용된다. SSRI는 세로토닌 수송단백질(오른쪽 그림)을 차단하여, 이 기분 전환 신경전달물질이 시냅스틈에서 작용할 수 있는 시간이 길어지므로 시냅스후 뉴런에 영향을 더 주게 된다.

메틸페니데이트(리탈린)와 아데랄(복합약) 등 주의력결핍 과잉행동장애(ADHD) 치료에 사용되는 일부 약물은 도파민과 노르에피네프린의 신경전달물질 재흡수를 차단하여 주의력을 증가시킬 수 있다. 간혹 아데랄을 '공부 잘하는 약(study drug)'으로 남용하는 학생들이 있는데, 이는 발작과 심장 문제를 야기하므로 매우 위험할 수 있다.

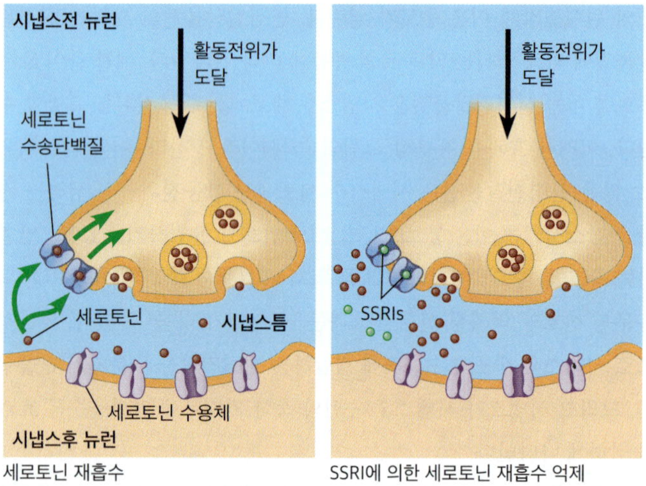

자료: "Antidepressants prevent hierarchy destabilization induced by lipopolysaccharide administration in mice: a neurobiological approach to depression" by Daniel W. H. Cohn, et al., from *Annals of the New York Academy of Sciences*, July 2012, Volume 1262. Copyright © 2012 by The New York Academy of Sciences. Reprinted with permission of Wiley Inc.

▲ **그림 28.9** 시냅스에서 SSRI의 효과

불법적인 약물은 어떠한가? 코카인, 헤로인, 모르핀, 마리화나 등 많은 약물은 보상과 관련된 뇌의 영역에 영향을 미친다. 보상 경로는 먹고 마시는 것과 같이 생존을 증가시키는 행동에 의해 자연적으로 자극된다. 도파민이 방출되고 쾌락을 느끼게 되며 행동이 보강되어 반복된다. 위에서 언급한 약물은 각각 독특한 작용 기작을 가지고 있지만, 모두 뇌의 보상 영역에서 도파민의 활성을 증가시킨다. 안타깝게도 뇌의 보상 경로를 활성화하는 약물은 남용될 경우 심각한 결과, 심지어 죽음까지 초래할 수 있다.

이 절에서 언급한 약물은 몸에 다양한 영향을 미친다. 다음 절에서는 한 약물 그룹인 SSRI의 유효성에 대해 살펴볼 것이다.

? 시냅스후 세포의 흥분성 신호를 촉진하는 신경전달물질의 수용체를 차단하면 활동전위가 더 빈번하게 발생하는가, 혹은 덜 빈번하게 발생하는가? 그 이유는 무엇인가?

■ 덜 빈번하게 발생한다. 흥분 효과를 가진 신경전달물질이 수용체와 결합하지 못하면 이온 통로가 덜 열리게 되어 세포의 막전위가 문턱값에 도달하지 못한다.

28.10 발표된 자료들은 긍정적인 결과에 편향되어 있다

과학적 사고

이 장 도입부에서 설명했듯이 우울증은 미국에서 만연한 기분장애다. 항우울제는 이 흔한 질환에 널리 처방되고 있으며, SSRI는 가장 많이 사용되는 항우울제다. 우울증은 기분을 조절하는 세로토닌의 뇌 결핍으로 인해 발생한다는 것이 SSRI 사용의 기본 가설이다. 28.9절에서 설명한 바와 같이, SSRI는 신경전달물질인 세로토닌의 재흡수를 차단하여 세로토닌이 시냅스후 세포에 미치는 효과를 연장시킨다(본질적으로 시냅스에서의 세로토닌 수치를 증가시킨다).

SSRI의 광범위한 사용은 1987년 미국 식품의약국(FDA)에서 프로작(Prozac)이 승인되면서 시작됐다. 오늘날 12세 이상의 미국인 10명 중 약 1명이 항우울제를 복용하고 있다. 이러한 약물의 효과를 확인하기 위해 연구자들은 우울증을 겪고 있는 개인을 대상으로 임상 연구를 진행했다. 잘 설계된 연구에서는 표본집단의 크기가 크며 참가자에게 약물 또는 대조군(위약)을 무작위로 투여한다. 또한 잘 설계된 연구는 이중 맹검으로 진행되어 환자나 연구자 모두 누가 시험 약물을 받고 누가 위약을 받는지 알지 못하도록 하여 선입견을 줄인다. (연구자들은 나중에 데이터 분석 과정에서 이를 알게 된다.) 맹검 연구는 환자가 시험 약물이 아닌 설탕 알약을 투여받았음에도 불구하고 자신의 상태가 개선됐다고 인식하는 위약효과를 제거하는 데 도움이 된다. FDA 승인을 받으려면 임상시험을 통해 특정 SSRI가 위약보다 우울증 치료에 더 효과적이라는 것을 입증해야 한다.

과학자들의 연구 결과는 다른 동료 과학자의 심사를 거쳐 전문 학술지에 발표된다. 하지만 일부 연구 결과가 제출되지 않거나 출판이 승인되지 않는다면 어떻게 되는가? 이 경우 발표된 연구 결과만으로 약물 효과에 대한 정보를 얻게 되므로 오도될 수 있다. 특히 유의미한 결과나 긍정적인 결과를 보여주는 연구는 그렇지 않은 연구보다 출판될 가능성이 더 높으며, 이러한 현상을 출판 편향이라고 한다. 2008년 의학저널《*The New England Journal of Medicine*》에 발표된 SSRI에 대한 보고서같이 약물 효능에 대한 연구에서 이러한 편향을 정량화할 수 있다.

그림 28.10에서 과학자들이 1987~2004년에 수행된 74건의 항우울제 임상시험 데이터를 검토한 것을 볼 수 있다. FDA는 이 중 약 절반인 38건을 긍정적, 즉 약물의 효과를 입증한 연구로 간주했다. 이 긍정적 연구 38건 중 1건을 제외한 모든 연구가 발표됐다. 나머지 36건의 연구는 FDA에서 부정적이거나 또는 판단 불가한 것으로 분류했다. 부정적인 결과를 보고한 연구는 단 3건만 발표됐다. 또한 과학자들은 부정적이거나 또는 판단 불가한 결과를 보고한 11건의 연구가 계산 오류로 인해 잘못 집계되어 출판물에서는 긍정적인 결과로 제시된 것을 발견했다. 전체적으로 발표된 연구 51개 중 48개는 긍정적인 결과를 보고한 것이다.

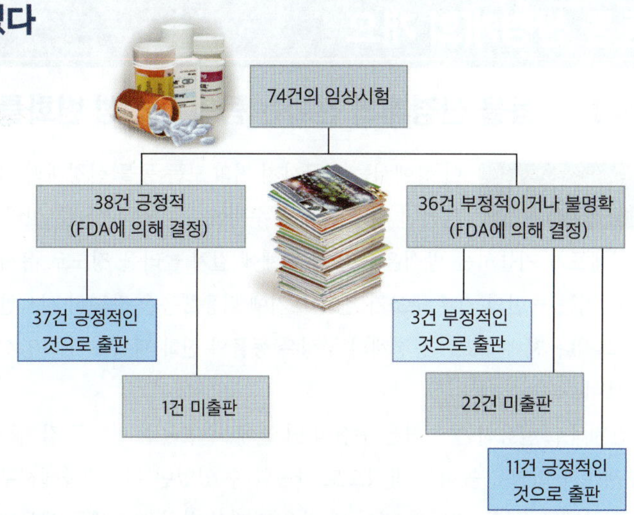

▲ **그림 28.10** 항우울제의 효과에 관한 연구의 출판 편향성

출판 편향이 중요한 이유는 무엇인가? 특정 종류의 결과만 공개된 경우 주장의 타당성을 평가하는 것은 거의 불가능하다. 예를 들어, 발표된 연구 결과만 읽은 의사는 부작용이 있어도 보고되지 않았기 때문에 효과가 없거나 심지어는 해로운 약을 처방할 수 있다. 다행히 2007년 FDA는 FDA가 규제하는 제품의 모든 임상시험을 시작할 때 등록하도록 하는 정책을 마련했다. 또한 새로운 연구는 완료 후 1년 이내에 일반 대중이 접근할 수 있어야 하며, 더 이상 과학자와 의사만 데이터를 이용할 수 없게 됐다. 따라서 이제는 여러 연구의 결과를 취합하는 데 사용되는 통계적 방법인 메타분석(meta-analysis)에 발표되지 않은 자료도 포함될 것이다.

항우울제는 효과가 있을까?

메타분석은 가장 엄격하고 잘 설계된 SSRI 연구를 평가하는 데 사용됐다. SSRI가 경증 또는 그리 심각하지 않은 우울증 환자에게는 거의 효과가 없지만, 중증 우울증 환자에게는 많은 도움이 된다는 증거가 늘어나고 있다. 20년 이상 축적된 SSRI의 효과에 대한 데이터를 바탕으로 과학자들은 세로토닌 결핍이 우울증을 유발한다는 가설을 재검토하고 있다. 다양한 범주의 우울증 환자로부터 수집된 데이터는 우울증의 원인이 여러 가지이며, 보통 정도의 우울증 원인이 중증 우울증과 다르다는 것을 보여준다.

과학자들은 우울증에 대해 더 많은 것을 알아내기 위해 신경계의 다른 분자 경로를 계속 연구하고 있다. 광범위한 임상시험 결과에 대한 접근으로 과학자들이 이러한 분자 경로를 표적으로 설계된 신약을 평가하는 데 도움이 될 것이다. 또한 의사들이 환자에게 적절한 약을 처방할 수 있을 것이다.

? 메타분석에 따르면 환자를 중등도 우울증과 중증 우울증으로 분류하는 것이 항우울제의 효과에 영향을 미칠 수 있다고 한다. SSRI 임상 연구에서 참가자를 분류하기 위해 검토할 수 있는 다른 변수는 무엇인가?

■ 고려해야 할 다른 변수로는 참가자의 나이와 성별, 항우울제 복용 기간, 복용 용량, 약물의 브랜드, 다른 약물과의 상호작용 가능성, 식단, 우울증 병력 등이 있다.

동물 신경계의 개요

28.11 동물 신경계의 진화는 몸의 대칭성 변화를 반영한다

진화 연관성 이 장에서는 지금까지 거의 모든 동물 신경계의 기본적인 기작을 세포 수준에서 자세히 살펴보았다. 신경세포가 기능하는 방식은 동물계 전체에 걸쳐 놀라울 정도로 유사하며, 이는 뉴런의 기본 구조가 진화 초기에 적응했음을 강력히 시사한다. 그러나 전체적으로 신경계의 구성은 동물의 진화 과정에서 다양성을 보여준다.

감지하고 반응하는 능력은 수십억 년 전에 이미 환경 변화를 감지하고 생존과 번식을 높이는 방식으로 반응할 수 있었던 원핵생물에서부터 시작됐다. 이후, 간단한 인지 및 반응 과정의 변형은 다세포 생물에게 체세포 간 서로 소통할 수 있는 기작을 갖게 했다. 화석 증거에 따르면 5억 년 전에 동물이 환경을 감지하고 빠르게 움직일 수 있게 해주는 뉴런시스템이 현재의 형태로 존재했음을 알 수 있다.

동물 진화계통수(그림 18.4 참조)에서 가장 초기에 나타난 동물, 예를 들어 해면동물에는 신경계가 없다. 신경계가 가장 먼저 진화한 문(phylum)은 자포동물(cnidarian) 문이다. 히드라, 해파리, 기타 자포동물은 뉴런이 몸 전체에 걸쳐 거미줄처럼 상호 연결된 시스템인 **신경망(nerve net**, **그림 28.11A**)을 가진다. 신경망의 뉴런은 소화강의 수축, 촉수의 움직임, 기타 기능을 조절한다.

자포동물과 성체 극피동물(echinoderm)의 신경계는 방사형이며 중앙화되어 있지 않다. 불가사리와 다른 많은 극피동물은 각 팔에 방사형 신경으로 중앙 신경 고리에 연결된 신경망을 가지고 있는데 이 조직은 퍼져 있는 신경망보다 복잡한 운동을 조절하는 데 더 적합하다. 예를 들어 불가사리가 한 방향으로 움직일 수 있도록 하는 수백 개의 관족(tube feet)이 조화롭게 움직이는 것과 같은 복잡한 움직임을 조절할 수 있다.

동물과 그 신경계의 진화에 있어 좌우대칭형의 출현은 중요한 분기점을 나타낸다. 좌우대칭동물은 일반적으로 감각 기관과 뇌가 있는 머리부터 새로운 자극에 먼저 반응하고 환경을 뚫고 움직이는 경향이 있다. 편형동물(flatworm)은 좌우대칭의 가장 단순한 동물로, 좌우대칭형을 진화적으로 뒷받침하는 두 가지 특징, 즉 신경계가 머리 쪽에 집중되는 진화적 경향인 **두화(cephalization)**와 말초신경계와 뚜렷이 구분되는 중추신경계가 존재하는 **중앙화(centralization)**가 모두 나타난다. 예를 들어 **그림 28.11B**의 플라나리아는 여러 개의 신경절(뉴런의 무리)로 이루어진 작은 뇌와 2개의 평행한 신경삭(nerve cord)이 있다. 신경삭은 동물의 움직임을 조절하는 가늘고 긴 신경 다발이다. 이러한 요소는 동물계에서 가장 단순하고 명확한 중추신경계를 구성한다. 신경삭 사이에 보이는 가로신경(transverse nerve)은 몸 양쪽 사이의 움직임을 조정한다.

좀 더 진화한 동물에서 중추신경계는 복잡하게 진화했다. 예를 들어 거머리의 뇌(**그림 28.11C**)는 편형동물의 뇌보다 더 많은 수의 뉴런이 집중되어 있으며, 거머리의 배쪽 신경삭은 체절(body segment)에 따라 배열된 신경절을 포함한다. **그림 28.11D**의 곤충은 여러 개의 신경절이 합쳐져서 이루어진 뇌를 가지며, 배쪽 신경삭에도 몸의 각 체절당 하나의 신경절이 있다. 이러한 각 신경절은 해당 체절의 근육 활동을 지시한다.

연체동물은 자연선택에 의해 동물의 신경계 구조와 환경과의 상호작용이 어떻게 연관되어 있는지 잘 보여주는 예다. 조개 같은 고착생활을 하거나 느리게 움직이는 연체동물은 두화가 거의 없거나 전혀 없으며 상대적으로 단순한 감각 기관을 가진다. 반면 오징어는 비교적 큰 뇌(**그림 28.11E**)와 복잡한 눈과 빠른 신호전달을 위한 거대한 축삭을 가지는데, 이는 오징어처럼 활발한 포식 생활을 하는 동물에게 적합하다. 실제로 1940년대에 오징어의 거대 축삭(지름 최대 1 mm)을 이용하여 신경 신호 전달을 처음으로 연구할 수 있었다.

다음의 여러 절에서는 척추동물 아문(subphylum)의 진화된 복잡한 신경계에 대해 살펴볼 것이다.

? 자연선택이 개체의 신경계 조직에 미치는 영향은 무엇인가?

■ 자연선택은 환경과의 상호작용에 따라 생물체의 신경계 구조와 조직이 연관되어 있음을 알 수 있다. 예를 들어 오징어의 비교적 큰 뇌와 복잡한 눈, 거대한 축삭을 따라 빠르게 신호를 보내는 것은 오징어의 활발한 포식 생활과 잘 연관되어 있다.

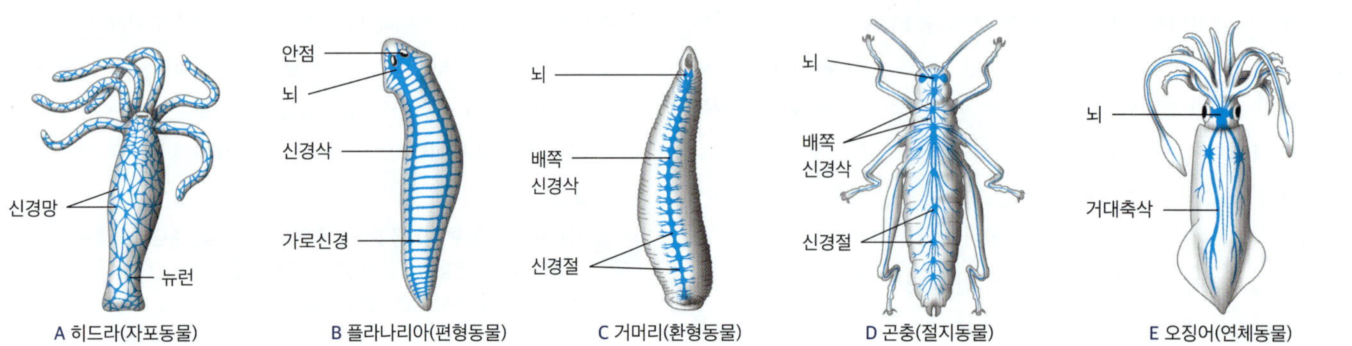

▲ **그림 28.11** 무척추동물 신경계(크기에 비례하지 않음)

28.12 척추동물의 신경계는 고도로 중앙화되어 있다

척추동물의 신경계는 그 구조와 정교함이 동물에 따라 다양하다. 예를 들어 돌고래와 사람의 신경계는 개구리나 물고기의 신경계보다 구조적으로 훨씬 복잡하며 강력한 통합 기능을 가진다. 그러나 모든 척추동물의 신경계는 기본적으로 유사하며, 모두 중추신경계와 말초신경계의 구분이 뚜렷하고 중앙화가 잘되어 있다. 모든 척추동물의 경우 뇌와 척수가 중추신경계를 이루며, 신경계의 나머지는 말초신경계다(**그림 28.12A**). **척수(spinal cord)**는 척추뼈로 둘러싸인 등쪽 신경삭으로 뇌와 정보를 주고받으며 특정 자극(예: 뜨거운 팬에서 손을 떼는 것)에 대한 간단한 반응을 통합한다. 신경계의 주 조절 중추인 **뇌(brain)**는 신체가 원활하게 기능하도록 유지하는 항상성 중추와 감각 기관에서 오는 정보를 통합하는 감각 중추, 감정과 지성의 중추(적어도 사람의 경우)를 포함한다. 뇌는 또한 근육에 운동 명령을 내보내기도 한다.

중추신경계에는 방대한 혈관망이 분포한다. 뇌 모세혈관의 상피세포 사이의 밀착연접(tight junction, 4.20절)은 필수 영양물질과 산소는 뇌 안으로 자유로이 들어갈 수 있게 하지만, 몸의 다른 부위로부터의 대사 노폐물 같은 많은 화학물질은 들어가지 못하도록 차단한다. 이 선택적 메커니즘을 혈뇌장벽(blood-brain barrier)이라고 하며, 뇌의 화학적 환경이 일정하게 유지된다.

중추신경계는 액체로 채워진 뇌 안의 공간인 뇌실(ventricle)과 척수의 중심관(central canal)이 있다(**그림 28.12B**). 이 액체는 **뇌척수액(cerebrospinal fluid)**으로 동맥혈이 여과되어 뇌에서 생성된다. 중심관과 뇌실을 순환한 후 다시 정맥으로 빠져나가는 뇌척수액은 영양분과 호르몬을 공급하고 노폐물을 제거하는 역할을 한다. 또한 뇌척수막(meninges)이라는 결합조직 층이 뇌와 척수를 보호한다. 포유류의 경우 뇌척수액이 뇌척수막 층 사이를 순환하며 중추신경계를 물리적 충격으로부터 보호하는 완충작용을 한다. 뇌척수액이 박테리아나 바이러스에 감염되면 뇌척수막에 염증이 생길 수 있는데, 이를 뇌수막염(meningitis)이라고 한다. 바이러스성 뇌수막염은 일반적으로 해롭지 않지만, 세균성 뇌수막염은 항생제로 치료하지 않으면 심각한 결과를 초래할 수 있다. 척수막 사이의 공간에 가는 바늘을 삽입하는 시술인 요추천자(spinal tap)를 통해 뇌척수액을 채취하는 방법으로 감염 여부를 검사한다.

뇌와 척수는 모두 백질과 회백질로 구성되어 있다(그림 28.12B). **백질(white matter**, 백색질)은 주로 축삭으로 이루어져 있으며, 축삭의 수초가 하얀색이어서 중추신경계의 이 부분이 밝은색을 띠게 된다. **회백질(gray matter**, 회색질)은 주로 신경세포체와 이를 지지하는 신경교세포로 구성된다.

그림 28.12A에 표시된 뇌신경과 같이 중추신경계에서 뻗어 나온 신경은 말초신경계의 일부다. 다음 절에서는 척추동물의 말초신경계에 대해 자세히 살펴볼 것이다.

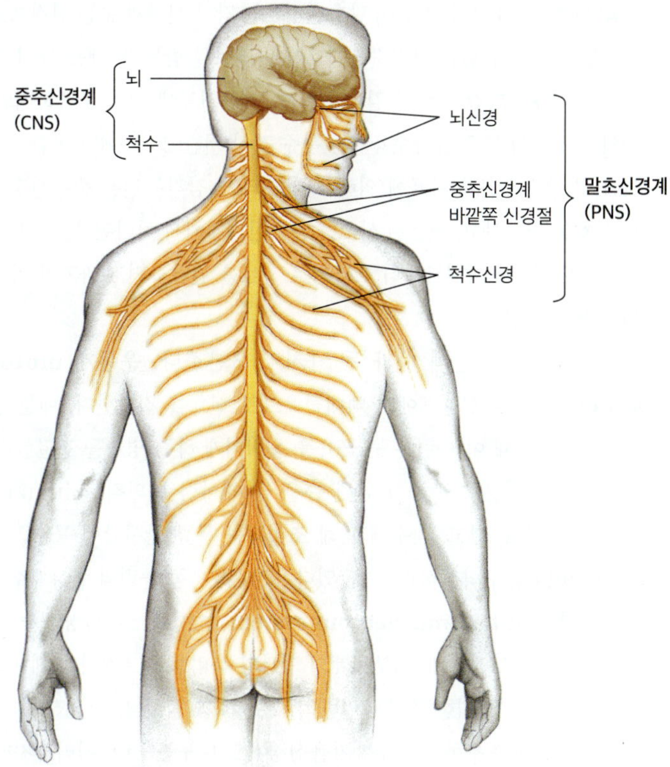

▲ **그림 28.12A** 척추동물의 신경계(뒷면)

? 척수에서 시작해서 발가락에서 끝나는 신경은 중추신경계의 일부인가? 왜 그런지 설명하시오.

■ 아니다. 뇌와 척수만이 중추신경계를 구성한다. 발가락에 연결되는 신경은 말초신경계의 일부다.

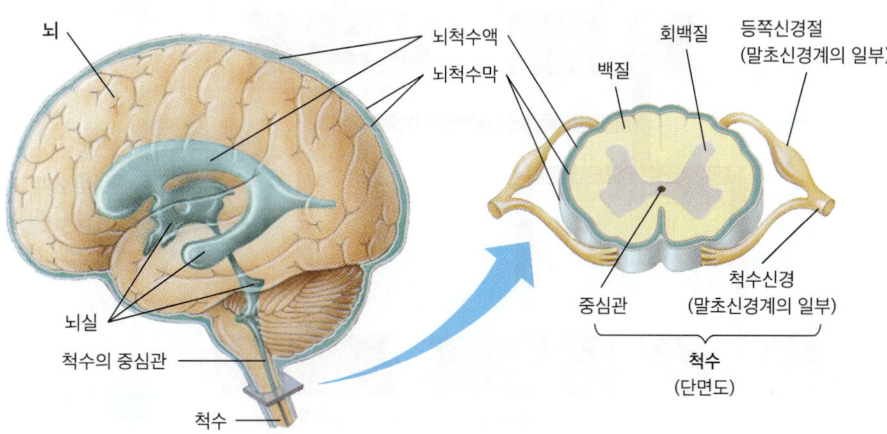

▲ **그림 28.12B** 척추동물 중추신경계의 뇌척수액으로 채워진 공간과 회백질, 백질

28.13 척추동물의 말초신경계는 기능에 따라 구분된다

그림 28.13에서 볼 수 있듯이 말초신경계는 감각 신경과 운동 신경으로 구성된다. 감각뉴런은 감각수용기로부터 정보를 받는다. 예를 들어 피부의 촉각수용기같이 일부 감각수용기는 몸 전체에 널리 분포하지만, 눈의 빛수용기 같은 감각수용기는 특수 감각 기관(29장)에만 국한되어 있다. 감각수용기가 자극에 의해 활성화되면, 감각뉴런은 중추신경계로 신호를 전달하고, 전달된 신호는 중추신경계에서 처리된다. 그 후 운동뉴런은 중추신경계로부터 효과기로 정보를 전달하면 효과기가 자극에 반응하게 된다.

운동뉴런은 기능에 따라 두 가지로 구분한다. **운동계(motor system)**는 중추신경계에서 뼈대근육으로 신호를 전달한다. 예를 들어 글을 읽을 때 이 뉴런은 눈 근육을 움직이게 하는 명령을 전달한다. 골격근의 조절은 질문하기 위해 손을 들 때처럼 수의적(voluntary, 자발적)일 수도 있고, 척수에 의해 조절되는 무릎 반사같이 불수의적(involuntary, 무의식적)일 수도 있다. 또 다른 운동 출력의 구성요소인 **자율신경계(autonomic nervous system)**는 평활근과 심장근육, 소화계, 심혈관계, 배설계, 내분비계의 기관과 분비샘을 조절하여 체내환경을 조절한다. 이러한 조절은 일반적으로 불수의적이다.

말초신경계를 운동신경계와 자율신경계로 나누는 것이 편리하지만, 이 두 신경계가 함께 작용해야만 항상성이 유지된다는 것을 기억해야 한다. 예를 들어 체온이 떨어지면 뇌는 자율신경계에 신호를 보내 표면 혈관을 수축시켜 열 손실을 줄이는 것과 동시에 운동 신경계에도 신호를 보내 떨림을 유발하여 열 생산을 증가시킨다.

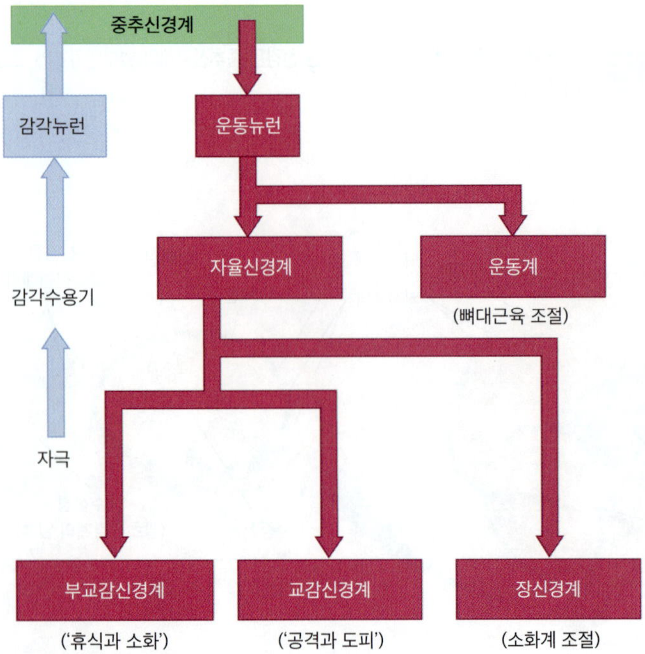

▲ 그림 28.13 척추동물 말초신경계의 기능적 분류

그림 28.13에서 볼 수 있듯이 자율신경계는 세 가지 신경계인 부교감신경계, 교감신경계, 장신경계로 구성된다. 부교감신경계와 교감신경계는 대부분의 신체 기관에서 길항작용(서로 반대되는) 효과를 나타낸다.

부교감신경계(parasympathetic division)는 몸의 에너지를 얻고 보존하는 활동('휴식과 소화')을 할 수 있도록 한다. 예를 들어 부교감신경계의 신호는 침샘, 위, 이자 등의 소화 기관을 자극하고, 심박수를 감소시키며, 간의 글리코겐 생성을 증가시킨다.

교감신경계(sympathetic division)의 뉴런은 싸우거나 도망치거나 격렬한 게임에서 경쟁하는 것과 같이 신체가 에너지를 소비하는 강렬한 활동('공격-도피' 반응)을 위해 신체를 준비시킨다. 교감 신호는 소화 기관을 억제하고, 기관지를 확장시켜 더 많은 공기가 통과할 수 있도록 하며, 심박수를 높이고, 빠른 에너지를 생성하기 위해 간에서 혈액으로 포도당을 방출하도록 자극하고, 부신에서 에피네프린과 노르에피네프린 호르몬을 분비하도록 유도한다.

'공격-도피' 반응과 휴식 상태는 반대의 극단이다. 통상적으로 몸은 대부분의 기관이 교감신경과 부교감신경 신호를 모두 받아들이므로 몸은 중간 수준에서 작동한다. 시스템 내에서 서로 반대되는 신호는 기관의 활동을 적절한 수준으로 조절하는데, 이는 이번 주제인 시스템에서의 **상호작용**이라는 주제에 부합하는 예다. 그러나 일부 신체 기능을 조절할 때 두 신경계가 서로 반대되는 작용을 하기보다는 서로 보완하는 역할을 한다. 예를 들어 성교하는 동안 남성에게서는 부교감신경계에 의해 발기가 촉진되고 교감신경계에 의해 사정이 자극된다.

교감신경과 부교감신경 뉴런은 중추신경계의 서로 다른 영역에서 나오며, 서로 다른 신경전달물질을 이용한다. 부교감신경계의 뉴런은 척수의 아래 부위에서 나오며, 대부분의 뉴런은 표적 기관과의 시냅스에서 아세틸콜린을 분비한다. 대조적으로 교감신경계의 뉴런은 척수의 중간 부위에서 나오고 대부분 표적 기관에서 노르에피네프린을 분비한다.

자율신경계 중 **장신경계(enteric division)**는 소화관, 이자, 쓸개에 있는 뉴런망으로 이루어져 있다. 이러한 기관 내에서 장신경계의 뉴런은 평활근의 활동을 조절하여 연동운동과 소화 기관의 분비를 조절한다. 장신경계는 독립적으로 기능할 수도 있지만, 일반적으로 교감신경계와 부교감신경계에 의해 조절을 받는다.

다음 절에서는 구조적으로 가장 높은 신경계인 뇌에 대해 자세히 살펴볼 것이다.

? 부교감신경계가 억제되면 사람의 맥박은 어떤 영향을 받는가?

■ 부교감신경계의 신호가 심박수를 느리게 하기 때문에 부교감신경계를 억제하면 맥박이 빨라진다.

28.14 척추동물의 뇌는 신경관의 앞쪽 세 부위가 부풀어 생겨났다

척추동물의 네 가지 특징 중 하나인 등쪽의 속이 빈 신경삭으로부터 척추동물 신경계가 발생하는 과정을 살펴봄으로써 동물 신경계의 개요를 끝마치려고 한다(18.15절 참조). 모든 척추동물의 초기 배아 발달 과정에서 좌우대칭으로 부풀어 올라 **앞뇌(forebrain**, 전뇌), **중간뇌(midbrain)**, **뒤뇌(hindbrain**, 후뇌)가 신경관의 앞쪽 끝에서 발생한다(**그림 28.14**). 척추동물의 진화 과정에서 앞뇌와 뒤뇌는 구조적으로 또는 기능적으로 세분화되어 독특한 영역으로 분화된다. 서로 다른 척추동물에서 이 영역의 상대적 크기는 특정 뇌 기능의 차이와 연관성이 있다. 3개월 된 태아의 그림에서 이러한 영역을 볼 수 있으며, 28.15절에서 각 영역의 기능을 살펴볼 것이다.

배아의 뇌 영역	태아 이후의 뇌 구조
앞뇌	대뇌
	간뇌(시상, 시상하부, 뇌하수체 후엽, 송과샘)
중간뇌	중뇌
뒤뇌	뇌교, 소뇌
	연수

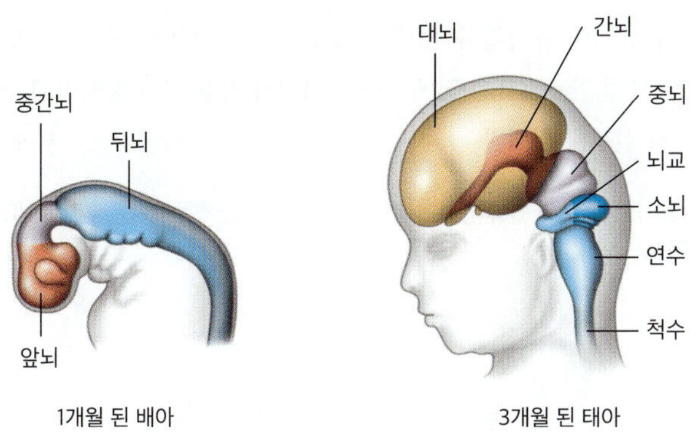

▲ **그림 28.14** 사람 뇌의 배아 발생

조류와 포유류에서 볼 수 있는 뇌 진화의 또 다른 경향은 어류와 양서류 같은 다른 척추동물 그룹에서 발견되는 것보다 몸에 비해 뇌의 크기가 매우 크다는 것이다. 또한 조류와 포유류의 앞뇌는 뇌의 대부분을 차지한다. 정교한 행동을 보이는 조류와 포유류는 인지 및 통합을 담당하는 앞뇌 영역인 대뇌의 크기가 더욱 크다. 사람의 경우, 태아 발달 2~3개월 중에 앞뇌가 빠르게 자라 커다란 대뇌가 된다. 다음에 살펴보겠지만 대뇌는 왼쪽 대뇌반구와 오른쪽 대뇌반구로 불리는 2개의 반구로 나뉘어 발달한다.

포유류의 뇌는 발생 과정에서 대뇌의 바깥쪽 영역인 **대뇌겉질(cerebral cortex**, 대뇌피질)이 확장된다. 대뇌겉질은 지각, 수의적 운동, 학습에 필수적이다. 쥐나 생쥐 같은 작은 포유류에서는 대뇌의 바깥층이 매끄럽지만, 큰 포유류의 경우에는 주름이 많이 잡혀 있다. (그림 28.15A에서 사람의 대뇌겉질에 주름이 있는 것을 보자.) 이러한 주름은 부피 증가 없이도 대뇌의 표면적을 넓혀준다. 표면적의 증가는 진화적으로 유리한 점이 있는데, 대뇌겉질이 넓을수록 복잡한 행동과 정교한 감각 지각 및 의사소통 능력을 지원하기 위한 신경 회로가 더 많아지기 때문이다. 사람의 경우, 대뇌겉질의 '주름'은 발달 과정 6개월경에 형성된다.

많은 과학자들이 다양한 동물 종과 심지어 사람 내에서도 대뇌겉질의 구조와 조직화가 인지와 어떻게 관련되어 있는지 이해하기 위해 노력하고 있다. 28.16절에서는 대뇌겉질의 여러 영역별 기능을 알아보고 사람의 지능과 어떻게 관련되어 있는지 알아볼 것이다. 그 이전에 사람 뇌의 전반적인 구조와 기능에 대해 먼저 살펴본다.

? 척추동물의 진화 과정에서 가장 많이 변화한 뇌 영역은 어디인가?

■ 대뇌, 특히 대뇌겉질

사람의 뇌

28.15 사람의 뇌는 살아 있는 슈퍼컴퓨터의 구조와 같다

사람의 뇌는 약 860억 개의 복잡하게 조직된 뉴런과 지지세포로 구성된 구조로 항상 활동하고 있으며, 가장 정교한 컴퓨터보다 더 강력한 능력을 갖추고 있다. **그림 28.15A**는 배아 발달기의 뇌의 3개 영역을 완전히 발달한 성인의 뇌에서 보여준다. **표 28.15**는 뇌의 주요 구조와 기능을 요약한 것이다.

뒤뇌에 해당하는 **연수(medulla oblongata**, 숨뇌), **뇌교(pons**, 다리뇌), 중뇌는 **뇌간(brainstem**, 뇌줄기)이라고 하는 뇌의 기능적 단위를 이룬다. (이 구조는 그림에서 *로 표시되어 있다.) 척수의 앞쪽 끝에 위치한 뇌간은 척추동물의 뇌에서 진화적으로 볼 때 오래된 부분 중 하나다. 뇌간은 여러 유형의 감각 정보를 받아 통합하여 앞뇌의 특정 영역으로 보낸다. 뇌간은 또한 걷기나 등산 같은 몸 전체를 쓰는 신체 움직임을 조정한다.

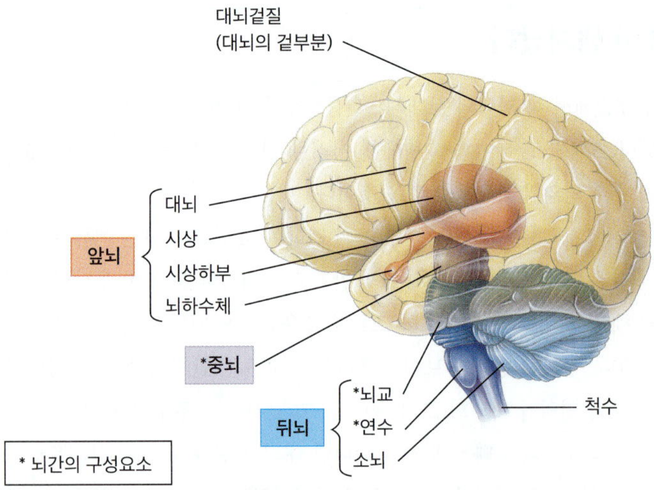

▲ **그림 28.15A** 사람 뇌의 주요 구조

시도해 보기 뇌의 각 구조마다 카드를 만들어 앞면에는 해부학 구조를 그리고, 뒷면에는 기능을 적으시오.

뒤뇌의 일부인 **소뇌(cerebellum**, 옅은 파란색)는 몸의 운동을 계획하는 중추이며, 또한 학습과 의사결정 및 운동 반응을 기억하는 역할도 한다. 소뇌는 청각기관과 시각기관으로부터의 정보뿐만 아니라 관절의 위치와 근육의 길이에 대한 감각 정보도 받아들인다. 또한 대뇌가 내려보내는 운동 명령에 대한 정보를 받아들여, 이 정보를 이용하여 몸의 움직임과 균형을 통합해서 조정한다. 손과 눈의 협동적 반응은 이러한 소뇌의 조절 기능의 한 예다. 소뇌가 손상되면 눈은 움직이는 사물을 따라갈 수 있지만, 물체가 정지할 때 물체와 같은 위치에서 멈추지 못한다.

가장 정교한 통합 중추는 앞뇌에서 나온 시상, 시상하부, 대뇌다. **시상(thalamus)**에는 감각 정보를 대뇌겉질로 전달하는 뉴런의 세포체가 대부분 포함되어 있다. 시상은 먼저 자료를 항목별로 분류하고(예: 손에서 오는 모든 촉각 신호), 일부 신호는 억제하고 다른 신호는 증진시킨다. 또한 시상은 감각 정보를 적절한 상위 뇌 중추로 보내어 해석 및 통합되도록 한다.

시상하부(hypothalamus)는 몸의 체온조절 중추이며 생체시계로 작용한다. 시상하부는 뇌하수체를 조절함으로써 배고픔과 갈증을 조절하고, 성행위와 짝짓기 행동에 중요한 역할을 하며, 공격-도피 반응을 일으킨다. 시상하부는 또한 뇌하수체후엽 호르몬과 뇌하수체전엽에 작용하는 방출호르몬을 합성하는 기관이기도 하다(26.5절).

시상하부에 있는 뉴런 집단은 몸의 내부 시계인 **생체시계(biological clock)** 역할을 한다. 생체시계는 눈에서 시각적 입력(특히 낮-밤 주기)을 받아 수면-각성 주기 같은 생체 활동의 1일 주기인 **일주기성 리듬(circadian rhythm)**을 유지한다. 다양한 종을 대상으로 한 연구에 따르면, 환경 신호가 없는 경우에도 생체시계는 유지되는 것을 알 수 있다. 예를 들어 사람은 환경적 단서가 없는 인위적인 환경에 놓여도, 생체시계와 일주기성 리듬은 개인 간 차이가 거의 없이 약 24시간 11분의 주기를 유지한다.

사람 뇌에서 가장 크고 복잡한 부분인 대뇌(cerebrum)는 오른쪽과 왼쪽 **대뇌반구(cerebral hemisphere)**로 구성되어 있으며(그림 28.15B), 각 반구는 신체의 반대쪽을 담당한다. **뇌들보(corpus callosum**, 뇌량)라고 불리는 굵은 신경섬유띠는 대뇌반구 간 정보소통을 책임진다. 뇌들보 아래에는 뉴런의 무리인 **바닥핵(basal nuclei**, 기저핵)이 있다. 바닥핵은 운동 조절에 중요한 역할을 하는 신경세포로 바닥핵이 손상되면 움직일 수 없다. 파킨슨병은 바닥핵이 퇴화하여 발생한다(28.21절 참조). 다음 절에서는 대뇌에서 가장 넓은 영역인 대뇌겉질에 대해 살펴볼 것이다.

? 표 28.15에 열거된 뇌 부분 중에서 호흡 조절에 중요한 역할을 하는 부위는 어디인가?

■ 뇌교와 연수

표 28.15 사람 뇌의 주요 구조

뇌의 구조	주요 기능
뇌간	다른 뇌 중추로부터 자료를 주고받음. 항상성 유지를 도움. 큰 규모의 신체 움직임 조정
연수	호흡, 순환, 삼킴, 소화 등의 조절
뇌교	호흡 조절
중뇌	청각 자료를 받아들이고 통합. 시각반사 조정. 감각 자료를 상위 뇌 중추로 전달
소뇌	신체 운동의 조정. 학습과 운동반응의 기억
시상	감각 자료를 대뇌로 보내는 입력 센터. 대뇌로 들어오는 모든 감각 자료의 분류 및 그룹화
시상하부	항상성 조절 중추. 뇌하수체 조절. 생체시계
대뇌	정보의 정교한 통합. 기억, 학습, 언어, 정서. 복잡한 행동 반응의 계획

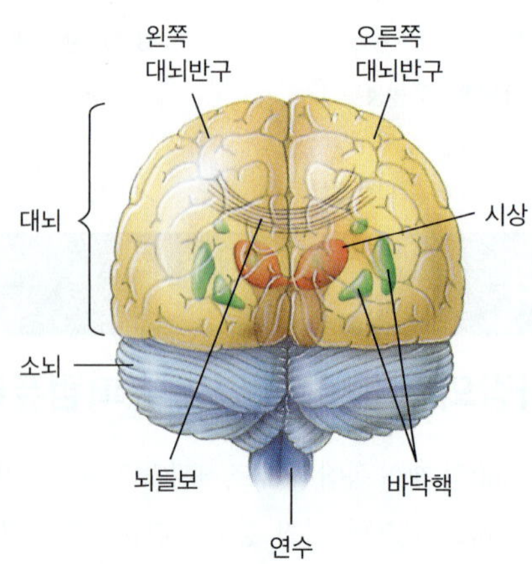

▲ **그림 28.15B** 뇌의 뒷면

28.16 대뇌겉질은 수의운동과 인지 기능을 조절한다

주름이 많은 사람의 대뇌겉질은 그 두께가 연필심 굵기보다 얇은 5 mm도 안 되지만, 사람 전체 뇌 질량의 약 80%를 차지한다. 대뇌겉질은 복잡한 신경 회로를 통해 추론과 수학 능력, 언어 능력, 상상력, 예술적 재능, 개성 등 인간의 가장 두드러진 특징을 만들어낸다. 대뇌겉질은 눈, 귀, 코, 맛봉오리(미뢰), 촉각수용기로부터 받은 정보를 조합하여 실제로 무언가를 보고, 듣고, 냄새 맡고, 맛보고, 만질 때 인식하는 감각 지각을 만들어낸다. 또한 수의운동을 시작하게 한다.

대뇌의 다른 부분과 마찬가지로 대뇌겉질은 뇌들보로 연결된 오른쪽과 왼쪽으로 나뉘어 있다. 대뇌겉질은 4개의 엽으로 나뉘는데, 가까운 머리뼈의 이름을 따서 이마엽(frontal lobe, 전두엽), 마루엽(parietal lobe, 두정엽), 관자엽(temporal lobe, 측두엽), 뒤통수엽(occipital lobe, 후두엽)으로 부른다. 각각의 엽은 **그림 28.16A**에 서로 다른 색으로 표시되어 있다. 과학자들은 각 엽의 여러 기능 영역을 확인했다. 감각 영역은 감각 정보를 받아 처리하고, 연합 영역은 정보를 통합하며, 운동 영역은 신체의 다른 부위에 명령을 전달한다.

대뇌겉질의 여러 영역은 정보를 받아들여서 통합하고 전달하기 위해 상호작용을 한다. 길을 가다가 차에 치이지 않기 위해 뒤로 물러날 때 뇌에서 어떤 일이 일어나는지 생각해 보자. 눈으로 들어온 정보는 감각 영역인 시각겉질에서 받아들여, 감각 입력을 처리하는 영역인 시각 연합겉질로 전달되어 움직이는 물체가 '자동차'로 인식하게 해준다. 일단 처리된 정보는 앞이마겉질(prefrontal cortex, 전전두엽 피질)과 공유되어 결과를 평가하고 행동을 계획하는 데 도움을 준다. 최종적으로 운동겉질은 뼈대근육에 명령을 내려 길에서 뒤로 물러서게 한다.

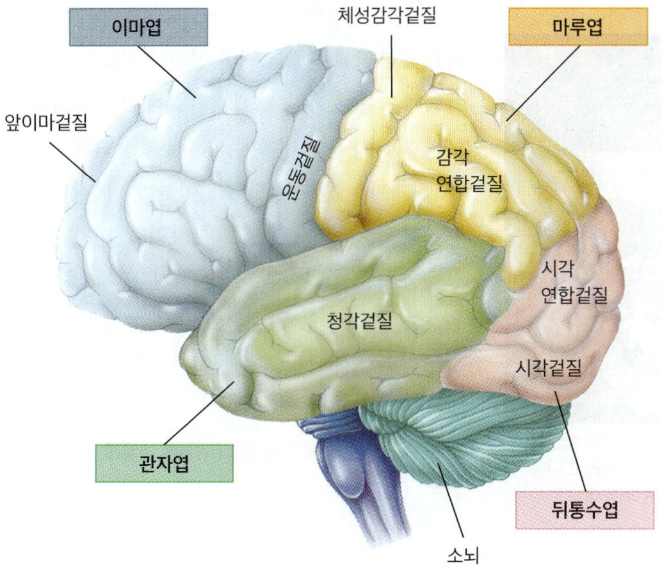

▲ **그림 28.16A** 왼쪽반구 대뇌겉질의 네 가지 엽과 기능 영역

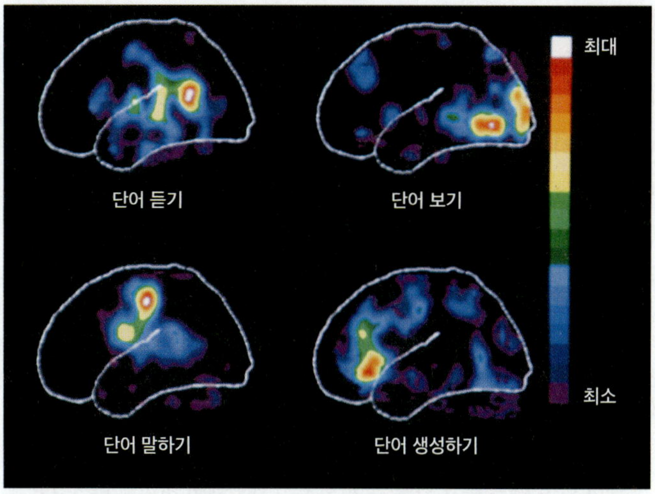

▲ **그림 28.16B** 말하기와 관련된 네 가지 활동 중 양전자 방출 단층촬영(PET)으로 측정한 사람의 왼쪽 뇌 활성도

뇌 영상 촬영의 발전으로 신경생물학자들은 특정 인지 활동 중에 기능하는 뇌의 영역을 지도화할 수 있게 됐다. 예를 들어 대뇌겉질의 영상은 언어에서 기능하는 여러 영역을 밝혀냈다(**그림 28.16B**). 이 그림은 단어 듣기, 단어 보기, 단어 말하기, 단어 생성하기 등 네 가지 서로 다른 활동 중에 가장 활발한 뇌의 4개 영역을 보여준다.

언어 활동 중 가장 활발한 영역 중 일부는 뇌의 왼쪽에 있다. 왼쪽 대뇌반구는 또한 수학과 논리적 연산에 관여한다. 반면 오른쪽 대뇌반구는 얼굴과 패턴 인식, 공간 관계, 비언어적 사고에 왼쪽 반구보다 더욱 우세적으로 기능한다. 이러한 오른쪽과 왼쪽 대뇌반구 간 기능 차이를 뇌의 **편측성(lateralization)**이라고 한다.

2014년 미국의 과학자들이 뇌의 모든 활동 영역 지도를 역동적으로 작성하고, 뇌 활동을 측정하며, 이 활동이 어떻게 사고와 행동으로 바뀌는지 연구하기 위해 BRAIN(Brain Research through Advancing Innovative Neurotechnologies) 뇌 과학 연구 프로젝트를 출범했다. 이 프로젝트의 규모는 인간을 달에 보내는 프로젝트와 견줄 정도다. 신경과학 연구의 미래에 대해 생각해 보기 이전에 먼저 과학자들이 뇌 기능을 알아내기 위해 사용하는 몇 가지 장비에 대해 살펴볼 것이다.

? 시각 정보와 관련된 대뇌겉질의 연합영역의 기능은 무엇인가?

■ 시각겉질의 감각 영역은 시각 자극을 받아 시각 연합겉질로 전달한다. 시각 연합겉질은 감각적 시각 자극을 처리하여 인식하는 데 도움을 준다.

28.17 뇌 손상과 뇌 수술은 뇌의 기능을 알 수 있게 한다

연결 사람 뇌의 생리학은 정교하게 복잡하여 생물학 전체에서 가장 연구하기 어려운 분야 중 하나다. 그 어떤 동물 모델이나 컴퓨터 시뮬레이션으로도 복잡한 기능을 정확하게 예측하기 어렵다. 뇌를 시각화하는 새로운 기술을 통해 연구자들은 뇌의 특정 부분을 다양한 활동과 연관시킬 수 있다. 그러나 뇌에 대해 밝혀진 것의 대부분은 뇌 손상, 질병 또는 수술로 인해 변형된 뇌를 가진 사람들로부터 얻은 것이다. 과학자들은 이러한 '망가진 뇌'를 연구함으로써 건강한 뇌가 어떻게 작용하는지에 대한 정보를 얻게 됐다.

잘 알려진 첫 번째 연구 사례는 철도건설 감독관이었던 게이지(Phineas Gage)의 경우다. 1848년 폭발사고로 인해 90 cm 길이의 철도 쇠막대가 게이지의 머리를 강타했다. 이 사고로 약 5.9 kg의 쇠막대가 그의 왼쪽 빰을 뚫고 왼쪽 눈의 뒤쪽을 관통하여 머리뼈 바깥으로 빠져나왔다. 놀랍게도 게이지는 사고에서 살아났고, 지적 능력에도 문제가 없었다. 그는 사고 이후 몇 년 동안 마차를 모는 직업을 가졌으며 농장에서 일했다. 그러나 비열하고 충동적인 성향을 보이는 등 성격에 변화가 나타났다.

당시 게이지의 상태를 살펴왔던 의사는 이러한 성격 변화를 감지하기는 했지만, 그 당시의 뇌에 대한 과학적 지식으로는 변화의 원인을 설명하기 어려웠다. 게이지가 사망한 후 의사는 그의 머리뼈와 쇠막대를 그대로 보존했으며, 1994년 한 연구팀이 이 두개골을 이용해 뇌 손상에 관한 컴퓨터 모델을 만들었다(**그림 28.17A**). 마침내 현대적 분석을 통해 게이지의 행동 변화를 설명할 수 있게 됐다. 막대가 그의 뇌 이마엽을 관통했으며, 이마엽 손상을 입은 사람들은 종종 비합리적인 의사 결정을 내리고 감정 처리가 어려워진다. 28.20절에서 배우겠지만, 정서 반응 시 감정과 관련이 있는 뇌 영역인 변연계가 감정 반응 중에 이마엽과 상호작용을 한다.

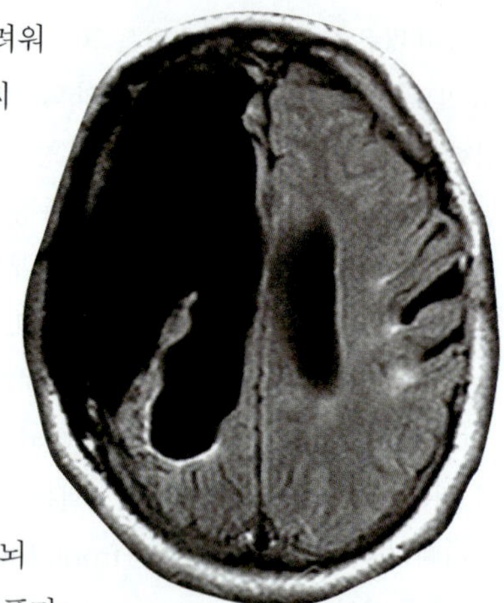

▲ **그림 28.17B** 대뇌반구 절제술을 받은 환자의 X선 사진

1950년대에 몇몇 신경외과 의사들의 연구를 시작으로 뇌 수술 중 대뇌겉질의 많은 기능 영역이 확인됐다. 대뇌겉질에는 통증을 감지하는 세포가 없기 때문에 신경외과 의사는 두피를 마취한 후 환자가 깨어 있는 상태에서 이 부위를 수술할 수 있다. 대뇌겉질의 일부는 해가 없는 전극으로 자극할 수 있으므로 특정 부위를 자극할 경우 다른 감각을 경험하게 하거나 기억을 떠올리게 할 수 있다. 연구자들은 의식이 있는 환자에게 질문하는 것만으로도 그 효과에 대한 정보를 얻을 수 있다.

뇌 수술 중 가장 큰 외과적 변형은 시상, 뇌간, 바닥핵 같은 깊은 구조를 제외한 뇌의 절반 대부분을 제거하는 대뇌반구 절제술(hemispherectomy, **그림 28.17B**)이다. 이 수술은 질병, 비정상적인 발달 또는 뇌졸중으로 인해 대뇌반구 중 한쪽에서 발생하는 중증의 발작 증세를 완화시키기 위해 시행한다. 뇌의 반쪽만 절제하는 대뇌반구 절제술을 받은 환자들은 놀라울 정도로 빠르게 회복되어 몇 주 안에 퇴원하는 경우가 많다. 수술 반대쪽 몸 부분은 부분적으로 마비된 상태로 남아 있지만 지적 능력은 저하되지 않는다. 수술로 제거된 쪽에서 담당했던 고도의 뇌 기능은 반대쪽에 의해서 조절되기 시작한다. 환자가 어릴수록(5~6세 이하가 이상적임) 회복이 빠르고 완쾌될 확률도 높아진다. 대뇌반구 절제술 후에도 발달이 되는 것은 뇌가 스스로 '재사용하는' 놀라운 능력이 있기 때문인데, 이에 대해서는 다음 절에서 살펴볼 것이다.

게이지의 왼쪽 빰으로 들어가 두개골로 나온 철로용 쇠막대

▲ **그림 28.17A** 쇠막대가 머리를 관통한 피니어스 게이지와 사고에 대한 1994년도 컴퓨터 모델

? 과학자들은 뇌 수술 중 뇌 기능을 어떻게 조사할 수 있는가?

■ 대뇌겉질에는 통각수용기가 없기 때문에 의사가 수술 중 뇌 영역을 자극하면 환자들이 의식이 있는 상태에서 감각이나 기억을 말하게 된다.

28.18 신경계는 신경 연결을 재구성할 수 있다

한때는 나이가 들어감에 따라 뉴런 사이의 연결이 고정된다고 생각했었지만, 과학자들은 최근 신경계가 재구성될 수 있는 능력이 있으며, 그 대부분은 시냅스에서 일어난다는 것을 알고 있다. 신경계가 재구성되는 능력을 **뉴런 가소성(neuronal plasticity)**이라고 한다. 신경망 재구성은 정상적인 발달 과정으로 학습과 기억 저장에 중요한 부분이다. 뉴런 가소성은 또한 외상 후 복구 과정에도 중요한 역할을 할 수 있다. 재구성은 개개인이 다양한 환경에서 고유한 경험을 하기 때문에 지속적으로 진행되는 과정이다.

뇌의 '배선'이 재구성될 때 구체적으로 어떤 일이 일어나는가? 한 뉴런이 다른 뉴런을 자극하면 두 뉴런 사이의 연결이 강화된다. **그림 28.18**에서 보듯이, ❶ 시냅스전 뉴런(N_1)으로부터의 활동전위가 다른 뉴런을 반복적으로 자극한다. 시냅스에서 이러한 높은 빈도의 활동은 ❷ 시냅스후 뉴런으로부터 축삭 말단을 추가로 모집하는 것을 유도한다. 예를 들어 매일 피아노를 연습하면 일부 뉴런 간 연결이 강화된다. "사용하라. 그렇지 않으면 잃게 된다."라는 말은 그림에서 다른 시냅스전 뉴런(N_2)에 어떤 일이 일어나는지 이해하는 데 도움이 된다. ❸ 시냅스에서 활동전위가 없으면 ❹ 시냅스후 뉴런과의 기능적 연결이 끊어진다. 일생 동안 일어나는 시냅스의 역동적인 강화와 약화로 뇌의 배선은 매우 다양하게 변화한다.

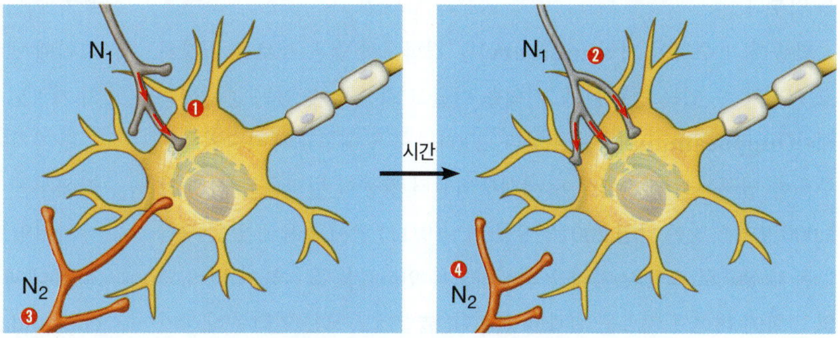

▲ **그림 28.18** 뉴런 가소성: 시냅스에서의 활동 수준과 관련된 시냅스 연결의 변화

뉴런 가소성에 문제가 발생하면 자폐장애를 일으킬 수 있다. 자폐증은 아동기 초기에 시작되며 제한적이고 반복적인 행동을 보일 뿐만 아니라 의사소통과 사회적 상호작용에 장애가 있다. 자폐증의 경우 시냅스에서 활동 의존적 재구성이 이루어지지 않는다는 증거가 증가하고 있다.

뇌의 구조를 이해하고 뇌의 다양성이 어디에서 비롯되는지에 대한 부분적인 이해를 바탕으로 각성, 감정, 기억 같은 뇌의 복잡한 기능에 대해 살펴볼 것이다.

? 밤에 잠을 충분히 자지 못할 때의 결과를 예측해 보시오.

■ 학습과 기억의 통합적인 결핍 및 뇌에 독소가 축적된다.

28.19 수면은 뇌가 활동적인 상태다

강의를 듣거나 책을 읽다가 졸아본 적이 있는 사람이라면 누구든지 주의력이나 정신적 각성은 빠르게 변할 수 있다는 것을 알 수 있다. 이러한 전환은 각성과 수면을 조절하는 뇌간과 대뇌에 의해 조절된다. 각성은 외부 세계를 자각하고 있는 상태다. 이에 대응하는 것은 수면으로, 외부 자극을 받았지만 의식적으로 인식하지 못하는 상태다.

겉으로 보이는 것과는 달리 수면 중에도 뇌는 활동적인 상태다. **그림 28.19**에서 볼 수 있듯이 두피의 여러 부위에 전극을 부착하여 뇌파라고 하는 전기적 활동의 패턴을 뇌전도(electroencephalogram, EEG)에 기록할 수 있다. 이러한 기록은 뇌가 수면의 여러 단계를 거치면서 뇌파의 빈도가 변화한다는 것을 보여준다. REM(rapid eye movement, 빠른안구운동) 수면 단계에서는 뇌파가 깨어 있는 상태와 비슷하게 빠르고 불규칙하다. REM 수면 중에 대부분의 꿈을 꾸는데, 보통 하룻밤에 각각 5~50분씩 약 6번 정도 꿈을 꾼다.

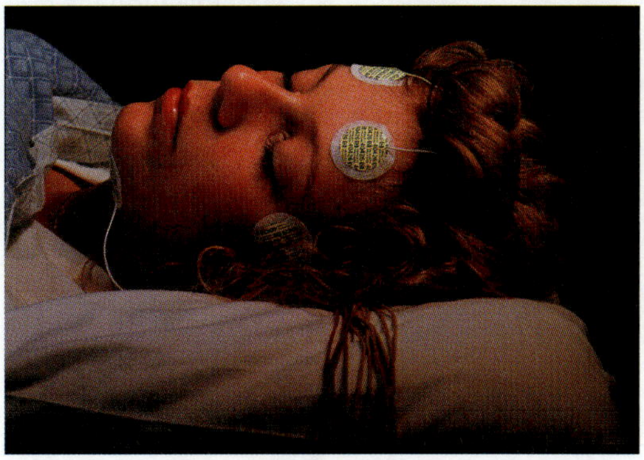

▲ **그림 28.19** 뇌파도(EEG) 검사 중인 수면 연구 참여자

수면은 생존에 필수적인 요소다. 일반적으로 성인은 매일 밤 7~8시간 정도 잠을 자야 한다고 알려져 있다. (한 연구에 따르면 대학생의 약 70%가 수면 부족이라고 한다.) 수면의 기능을 이해하는 것은 여전히 관심 있는 연구 과제다. 한 가지 가설은 수면이 학습과 기억의 통합에 관여한다는 것이다. 학습 중에 활성화된 뇌의 영역이 수면 중에 다시 활성화될 수 있다는 실험 결과들은 이러한 가설을 지지해 준다. 또 다른 가설은 수면이 회복 작용을 한다는 것이다. 과학자들은 수면 중에 뇌척수액이 더 빠르게 순환함으로써 낮 동안의 활동으로 발생한 노폐물을 제거한다는 사실을 최근에 발견했다. 하루 종일 손님을 맞이했던 집처럼, 수면은 손님이 떠난 후 청소하고 쓰레기를 버리는 것과 같을 수 있다.

? 수면 중이어도 뇌가 활동적인 상태라는 증거는 무엇인가?

■ 뇌파도 분석으로 수면 중에 활동성 뇌파를 볼 수 있었다.

28.20 대뇌변연계는 감정과 기억에 관여한다

변연계(limbic system)는 뇌의 여러 부분을 포함하는 기능적 영역이다. 사람의 감정, 행동, 동기 부여, 기억의 대부분은 변연계에 의존한다. 변연계는 유아 양육이나 다른 사람과 정서적으로 유대감을 형성하는 등의 행동에 중요하다. 웃음과 울음을 일으키는 일차적 감정은 변연계에 의해 조절되며 섭식, 공격성, 성욕 같은 뇌간이 조절하는 기본적인 생존 기작에 정서적 '느낌'을 부여한다. 변연계와 대뇌겉질의 이마엽(복잡한 학습, 추론, 성격에 관여하는 영역) 사이의 긴밀한 상호작용은 의식적인 사고에 대해 정서적으로 반응하게 한다.

변연계의 기능적 단위는 **그림 28.20**에서 황금색으로 표시된 시상과 시상하부, 그리고 그 주위를 2개의 고리 모양으로 감싸는 대뇌겉질의 일부로 형성된다. 대뇌에 있는 2개의 구조물인 편도체와 해마도 변연계의 일부다.

학습에 필수적인 **기억(memory)**은 경험에서 얻은 정보를 저장하고 회상할 수 있는 능력이다. 기억을 만들고 회상할 수 있는 능력에는 **해마(hippocampus)**가 관여한다. 2004년 뉴욕 대학교의 과학자들이 주도한 연구에서 테러범들이 세계무역센터 쌍둥이 빌딩을 공격해 약 3,000명이 사망한 날인 2001년 9월 11일(9/11) 당시 뉴욕에 있던 사람들을 대상으로 그날의 기억을 회상하도록 인터뷰를 요청하여 뇌 영역의 변화에 대한 흥미로운 결과를 얻었다. 놀랍게도 모든 인터뷰 대상자가 그 사건에 대한 자신의 이야기를 하는 동안 해마가 매우 활성화됐다. 인터뷰 대상자의 일부인 맨해튼 시내, 즉 무너지는 쌍둥이 빌딩과 매우 가까운 곳에 있었던 사람들은 뇌의 다른 영역인 편도체에서도 높은 활동을 보였다. **편도체(amygdala)**는 정서적 기억을 저장하는 데 핵심적인 역할을 한다. 감각 자료는 기억여과기로 작용하는 편도체에 모이며, 기억해야 할 정보를 특정 순간의 사건이나 감정과 하나로 연결하여 표지한다. 9월 11일 테러 당시 뉴욕 도심에 있었던 뉴요커들은 소리, 냄새, 광경에 대한 생생한 감각적 기억을 가지고 있다.

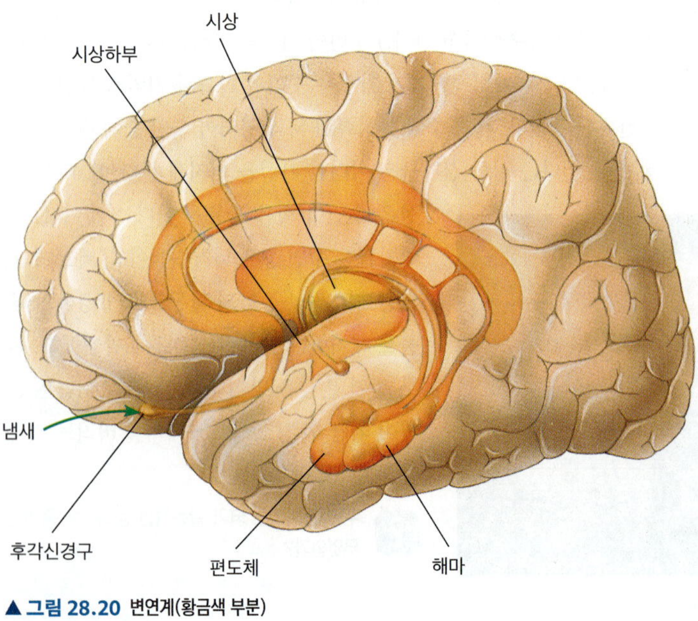

▲ **그림 28.20** 변연계(황금색 부분)

어떤 냄새를 맡으면 그로 인해 '냄새 기억'을 떠올리게 된다는 사실에서 감정과 기억 모두에서 변연계가 중요한 역할을 한다는 것을 알 수 있다. 어떤 냄새를 맡았을 때 갑자기 어렸을 때 있었던 일이 떠오르는 것을 경험해 본 적이 있을 것이다. 그림 28.20에서 볼 수 있듯이, 코의 신호는 변연계와 연결된 후각신경구를 통해 뇌로 들어간다. 따라서 특별한 냄새는 감정 반응과 기억을 즉시 일으킬 수 있다.

단기기억(short-term memory)은 그 명칭이 의미하는 것처럼, 짧은 시간(대략 몇 분 정도)만 지속된다. 전화번호를 조회한 직후에 바로 전화를 걸 수 있는 것이 단기기억이다. 하지만 전화번호를 조회한 지 몇 주가 지난 후 또는 그보다 더 오랜 시간이 지난 후에도 그 전화번호를 기억해 낼 수 있다. 이는 **장기기억(long-term memory)**에 전화번호가 저장되어 있기 때문이다.

단기기억과 장기기억은 모두 대뇌겉질에 정보를 저장한다. 단기기억에서는 해마에 형성된 임시 연결을 통해 정보에 접근한다. 정보가 장기기억으로 옮겨질 때, 이러한 임시 연결은 대뇌겉질 자체 내의 연결로 대체된다. 앞 절에서 설명한 것처럼, 이러한 기억 강화(memory consolidation)의 일부는 수면 중에 일어나는 것으로 생각된다.

단기기억에서 장기기억으로의 정보 전달은 이전에 학습하여 장기기억으로 저장되어 있던 자료와 연습을 통한 새로운 데이터가 연합되면 촉진된다. 예를 들어 생물학의 핵심 주제를 이미 잘 이해하고 있거나 일상생활과 연결할 수 있다면 생물학의 상세한 내용을 더 쉽게 배울 수 있다.

생물학 과정의 단계를 의식적으로 떠올리는 것처럼, 신발 끈을 묶거나 자전거를 탈 때 그 방법의 단계를 의식적으로 떠올리지 않고도 할 수 있다. 운동 활동은 특정 정보를 의식적으로 기억하지 않고도 반복을 통해 학습된다. 기술기억(skill memory)은 한번 학습되면 배운 것을 잊어버리지 않는다. 기술기억을 형성하는 과정은 사실기억(factual memory)을 형성하는 과정과 다른가? 연구에 따르면 새로운 기술을 배우려면 뉴런의 새로운 연결이 필요하며, 이는 생명 초기에 뇌가 발달하고 성장할 때 일어나는 현상과 유사하다. 반대로 전화번호나 어떤 사실, 장소 등을 기억하는 것은 뉴런 연결 강도의 변화에 의존한다. 신경생물학자들의 연구에 따르면 이러한 변화는 시냅스전 뉴런에서 시냅스후 뉴런으로의 지속적인 활동이 시냅스후 뉴런의 시냅스에 존재하는 신경전달물질 수용체의 종류에 변화를 유도할 때 발생할 수 있다고 한다.

지금까지 뇌의 구조와 기능에 대해 살펴보았다. 이 장의 마지막 절에서는 뇌에 영향을 미치는 몇 가지 장애와 그 증상 및 치료법에 대해 알아볼 것이다.

? 단기기억에서 장기기억으로 정보를 옮기는 데 도움이 되는 요인은 무엇인가?

■ 연습, 이전에 학습한 자료 연결, 수면

28.21 뇌 생리의 변화는 신경장애를 일으킬 수 있다

연결 신경장애(신경계 질환)는 사회에 엄청난 부담을 안긴다. 신경장애의 예로는 앞서 설명한 우울증, 조현병, 양극성 장애, 알츠하이머병, 파킨슨병, 만성 외상성 뇌병증 등이 있다. 이러한 질환은 아직 완치할 수는 없지만 여러 가지 치료법이 나와 있다.

조현병 전 세계 인구의 약 1%가 앓고 있는 **조현병(schizophrenia)**은 환자가 현실을 왜곡해서 인식하는 정신병적 증상이 특징인 심각한 정신장애다. 조현병 증상으로는 환각(환자만 들을 수 있는 '목소리' 등), 망상(일반적으로 편집증), 무딘 감정, 산만함, 의욕 상실, 구두 의사 표현의 어려움을 포함한다. 일반적으로 알려진 것과는 달리 조현병 환자가 반드시 '분열된 인격'을 보이는 것은 아니다. 조현병에는 여러 가지 형태가 있으며, 이들이 각기 다른 장애를 나타내는지 아니면 동일한 기저 질환의 변형인지 여부는 불분명하다.

조현병의 생리적 원인은 밝혀지지 않았지만, 이 질환은 유전적 요소가 강한 것으로 알려져 있다. 일란성 쌍생아를 대상으로 한 연구에 따르면, 쌍둥이 중 한 명에게 조현병이 있으면 다른 한 명이 조현병에 걸릴 확률이 50%다. 일란성 쌍둥이는 유전자가 동일하므로, 이 연구 결과는 유전자와 더불어 강력한 환경적 요인이 조현병에 관여한다는 것을 의미한다. 그러나 어떠한 환경적 요인인지 밝혀지지는 않았다.

일반적으로 조현병의 주요 증상을 완화할 수 있는 여러 치료법이 있지만, 심각한 부작용이 있는 경우가 있다. 이러한 치료법은 도파민을 신경전달물질로 사용하는 뇌 경로에 초점이 맞추어져 있다. 조현병과 관련된 유전자 돌연변이를 확인하면 이 질병의 원인을 새롭게 이해할 수 있으며, 결과적으로 부작용이 거의 없는 효과적인 치료법을 알아낼 수 있을 것이다.

양극성 장애 **양극성 장애(bipolar disorder)**, 즉 조울증(manic-depressive disorder)은 감정의 극단적 변화가 특징이며, 인구의 약 2.5%가 앓고 있다. 조증기(manic phase)에는 강한 자존감, 왕성한 에너지와 끊임없는 생각의 흐름, 극도의 수다스러움, 부적절한 모험, 무분별한 소비의 특징이 나타난다. 경미한 양극성 장애의 조증기는 때때로 뛰어난 창의성과 관련이 있으며, 일부 유명한 예술가, 음악가, 작가들(반 고흐, 베토벤, 헤밍웨이 등)은 조증기에 왕성한 작품활동을 했다고 한다. 양극성 장애의 우울기(depressive phase)에는 즐거움을 느끼는 능력 저하, 의욕 상실, 수면 장애, 자신이 가치가 없다고 여기는 것 등이 특징이다. 양극성 장애 환자는 자살로 인한 사망 위험성이 상당히 높다. 리튬 같은 기분안정제는 조증과 우울 증상을 모두 치료하는 데 사용된다. 환자는 보통 수년 동안 기분 안정제를 복용해야 한다.

양극성 장애의 발생에는 유전적 요소가 있지만, 조현병과 마찬가지로 환경적인 영향도 강하다. 특히 어린 시절의 심한 스트레스가 중요한 요인이 될 수 있다.

알츠하이머병 정신 기능의 저하 또는 치매의 한 형태인 **알츠하이머병(Alzheimer's disease, AD)**은 혼란과 기억력 상실이 특징이다. 나이가 들면서 발병률이 급격히 증가한다. 65세 이상 인구의 약 10명 중 1명이 알츠하이머병을 앓고 있지만, 85세 이상으로 범위를 한정하면 약 1/3이 알츠하이머병을 앓고 있다. 따라서 현대 의학의 발전으로 사람의 수명이 길어짐에 따라 인구에서 알츠하이머병 환자의 비율 또한 증가하고 있다. 알츠하이머병은 진행성으로, 환자는 점차 신체 기능이 저하되어 결국에는 옷 입고, 목욕하고, 식사를 할 때 다른 사람의 도움이 필요하게 된다. 또한 거의 나쁜 쪽으로 성격 변화도 나타난다. 환자는 종종 사람, 심지어 가족 구성원조차 알아볼 수 없게 되며, 그들을 의심하고 적대시하기도 한다.

현재 알츠하이머병 진단은 신경심리학적 임상 검사와 뇌 영상을 조합하여 이루어진다. 진행이 많이 된 알츠하이머 환자의 영상은 뇌의 병리학적 특징을 보인다. 즉, 뇌의 광범위한 부위에서 뉴런이 죽고 뇌 조직이 종종 위축되어 있다. **그림 28.21A**는 알츠하이머병 후기 환자의 뇌(분홍색)를 정상인의 뇌(회색)와 겹쳐놓은 뇌 영상으로, 위축된 것을 볼 수 있다. 뇌 스캔은 알츠하이머병의 초기 단계를 진단하는 데는 크게 도움이 되지 않는다. 질병의 어느 단계에 있는가를 진단하는 것은 부검 시에만 정확히 확인할 수 있다. 알츠하이머병 진단을 확실하게 해주는 특징 두 가지는 엉킴(tangle)과 플라크(plaque, 반)다. 엉킴은 뉴런 내부에 있는 타우(tau)라는 단백질이 뭉친 다발이다. 타우는 정상적으로 뉴런 내 미세소관을 따라 영양분의 이동을 조절하는 역할을 하지만, 이 다발이 형성되면 정상적인 영양분 수송을 방해하므로 세포를 죽게 만드는 것으로 보인다. 플라크는 뉴런 바깥에서 발견되는 펩타이드의 일종인 베타아밀로이드(beta-amyloid)의 응집체로, 플라크는 시냅스에서 뉴런이 소통하는 것을 방해하고 뉴런의 사멸을 유도하는 것으로 보인다. 과학자들은 현재 알츠하이머 환자의 혈액이나 뇌척수액을 채취하여 베타아밀로이드 축적이나 뉴런 사멸을 확인함으로써 알츠하이머를 조기에 진단할 수 있는 방법을 찾고 있다.

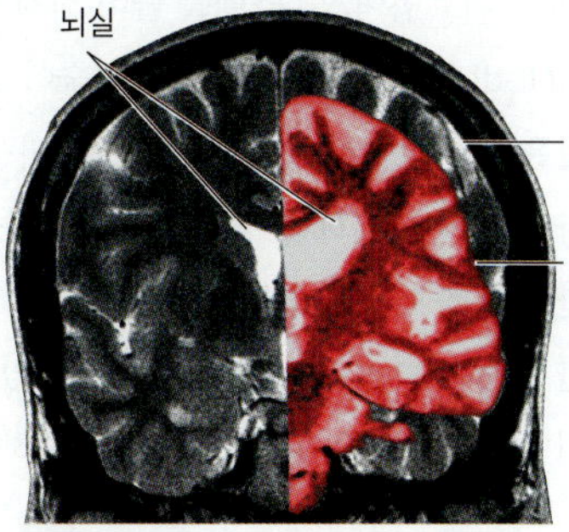

▲ **그림 28.21A** 건강한 사람의 이마엽 MRI 영상(회색)과 진행이 많이 된 알츠하이머병 환자의 영상(분홍색)을 겹쳐놓은 사진

노령화 외에도 환경과 유전적 요인이 알츠하이머병 발생 위험을 변화시킬 수 있다. 심혈관 위험 요인(신체 활동 부족, 비만, 흡연 등)이 있으면 알츠하이머병에 걸릴 확률이 높아진다는 증거가 있다. 또한 알츠하이머 병력이 있는

친척이 있는 사람은 그렇지 않은 경우보다 발병 위험이 더 높다. 유전자 검사의 새로운 시대와 더불어 아포지질단백질 E(apolipoprotein E) 유전자(*APOE*)가 주목을 받고 있다. 아포지질단백질 E는 혈액 내 콜레스테롤을 제거하는 데 관여하는 단백질이다. 이 유전자에는 세 가지 대립유전자 *APOE-2*, *APOE-3*, *APOE-4*가 있으며, 사람은 각 부모로부터 하나의 대립유전자를 물려받으므로 여섯 가지 유전자형이 가능하다. 알츠하이머병 환자의 약 2/3가 적어도 하나의 *APOE-4* 대립유전자를 가지고 있으며, *APOE-4*는 알츠하이머병의 위험 인자로 작용하는 것으로 보인다. 그러나 *APOE-4* 대립유전자를 가진 사람 중 일부는 발병하지 않으므로 *APOE-4* 대립유전자만으로는 알츠하이머병을 완전히 예측할 수 없다. 다른 유전자와 환경 요인 또한 알츠하이머병의 위험 인자로 고려해야 한다.

현재 알츠하이머병의 진행을 멈추게 하는 것은 물론 진행 속도를 늦출 수 있는 치료법은 없다. 최근 첫 번째 베이비붐 세대가 65세를 넘어서면서 2030년대 후반에는 알츠하이머병 환자 수가 두 배로 늘어날 것으로 예상된다. 이러한 고령화로 인해 더 많은 보살핌이 필요해짐에 따라 건강관리 체계는 엄청난 압박을 받게 될 것이다.

파킨슨병 미국 내에서 약 100만 명이 앓고 있는 **파킨슨병(Parkinson's disease)**은 운동성 장애로, 움직임을 시작하기 어렵고 동작이 느려지며 몸이 경직되는 특징이 있는 질환이다. 환자는 마스크를 쓴 것 같은 무표정한 얼굴을 하고 근육이 떨리며, 균형을 잘 잡지 못하고 구부정한 자세로 발을 질질 끌며 걷는다. 파킨슨병은 알츠하이머병과 마찬가지로 진행성 질환이며 나이가 들수록 위험이 증가한다. 65세에서는 약 1%, 85세에서는 약 5%의 발병률을 보인다.

파킨슨병의 증상은 운동 조절에 관여하는 중뇌의 뉴런이 죽으면서 발생한다. 이 뉴런은 정상적으로 바닥핵에 있는 시냅스에서 도파민을 방출한다. 이 질병 자체는 환경적 및 유전적 요인의 조합으로 인해 발생하는 것으로 보인다. 유전 요인이 관여할 것이라는 증거로는 파킨슨병 발병률이 높은 일부 가계에서 정상적인 뇌 기능에 중요한 단백질을 암호화하는 유전자의 돌연변이가 발견된 것이다.

현재 파킨슨병을 완치할 수는 없지만, 증상을 조절하는 데 도움이 될 수 있는 치료법이 있다. 예를 들어 신경전달물질 도파민의 전구체인 L-도파(L-dopa) 약물치료나 외과수술이 포함된다. 또 한 가지 가능한 치료법은 실험실에서 줄기세포를 도파민을 분비하는 뉴런으로 발달시켜 환자의 뇌에 이식하는 방법이다. 파킨슨병과 유사한 상태의 동물에 이러한 세포를 이식한 실험에서 운동 조절 능력을 회복시킬 수 있었다. 이러한 재생 의학이 사람에게도 효과가 있는지에 대한 여부는 현대 뇌 연구의 최첨단에서 밝힐 중요한 과제 중 하나다.

만성 외상성 뇌병증 **만성 외상성 뇌병증(chronic traumatic encephalopathy, CTE)**은 반복적인 뇌 외상, 특히 뇌진탕으로 인해 발생하는 알츠하이머병과 유사한 증상을 보이는 치매의 한 형태다. 1920년대 후반에 권투 선수들에게서 처음 발견된 이 질환은 최근에는 축구 선수와 머리에 부상을 입은 다른 운동선수들에게서 많이 발견된다. 초기 증상으로는 우울증과 충동 조절 능력 상실 등이 있으며, 결국 파킨슨병, 기억 상실 및 치매 같은 증상이 나타난다. 만성 외상성 뇌병증 환자는 부검 당시 뉴런 내부에 타우 단백질 축적이 관찰되어, 이는 알츠하이머병에서 보이는 것과 유사하다. 하지만 뇌의 다른 위치에서, 일반적으로 더 이른 나이에 나타난다. 2009년 26세 나이에 교통사고로 사망한 미국 풋볼 리그 신시내티 벵갈스팀의 리시버인 크리스 헨리(Chris Henry, 그림 28.21B)는 만성 외상성 뇌병증으로 진단받은 가장 어린 풋볼 리그 선수 중 한 명이다. 뇌진탕 후 이 병증이 언제 어떻게 발생하는지에 대한 많은 의문이 남아 있기 때문에, 수많은 선수들이 자신들이 사망한 후에 뇌를 기증하여 연구에 사용하도록 하고 있다.

▲ **그림 28.21B** 크리스 헨리, 전 신시내티 벵갈스팀 소속

뇌졸중 뇌의 퇴행이 알츠하이머병, 파킨슨병, 만성 외상성 뇌병증의 뚜렷한 증상을 나타내려면 수년에서 수십 년이 걸린다. 이와는 대조적으로 뇌졸중의 경우 증상이 갑자기 나타난다. **뇌졸중(stroke)**은 산소 부족으로 인해 뇌의 신경조직이 죽는 것으로, 보통 머리의 동맥이 파열되거나 막혀서 발생한다. 얼굴의 한쪽 또는 한쪽 팔이나 다리가 마비되거나 약화되는 것은 뇌졸중이 일어나고 있다는 신호다. 또 다른 증상으로는 갑작스러운 혼란이나 갑자기 말하거나 보거나 걸을 수 없게 된다. 이러한 증상은 파열과 막힘으로 인해 뇌의 기능 영역 중 어느 부분이 손상됐는지와 관련이 있다.

뇌졸중은 미국에서 주요 사망 원인이다. 뇌졸중의 대부분은 혈관에 혈전이 생겨 뇌로 가는 혈류를 차단하기 때문에 발생한다. 막힌 혈관을 치료하기 위해 뇌졸중 환자에게 혈전을 녹이는 약물을 투여한다. 세포가 빠르게 죽으므로 뇌졸중 환자를 치료할 때는 1분 단위로 시간을 측정한다. 뇌 손상을 최소화하거나 완전한 회복을 위해서는 3시간 이내에 혈전 용해제를 처치해야 한다. 당뇨병, 고혈압, 흡연, 심장질환, 고콜레스테롤 등은 뇌졸중을 조절하거나 줄일 수 있는 위험 요인이다.

신경계 질환의 생물학적 기초를 밝히는 것은 현대 생물학에서 가장 어려운 과제 중 하나이며, 신경계의 많은 부분이 여전히 미스터리로 남아 있다.

? 권투 선수나 운동선수가 머리에 부상을 입는다면, 만성 외상성 뇌병증이 발병한다고 생각하는가?

■ 이들은 만성 외상성 뇌병증 발병 위험이 높지만 뉴런에 타우 단백질이 축적되는 정도, 뇌진탕의 정도 등 다른 요인도 영향을 미칠 수 있다.

CHAPTER 28 복습

개념 복습하기

신경계 구조와 기능(28.1~28.2)

28.1 신경계는 감각 입력을 받아들이고 분석하여 적절한 명령을 내보낸다.

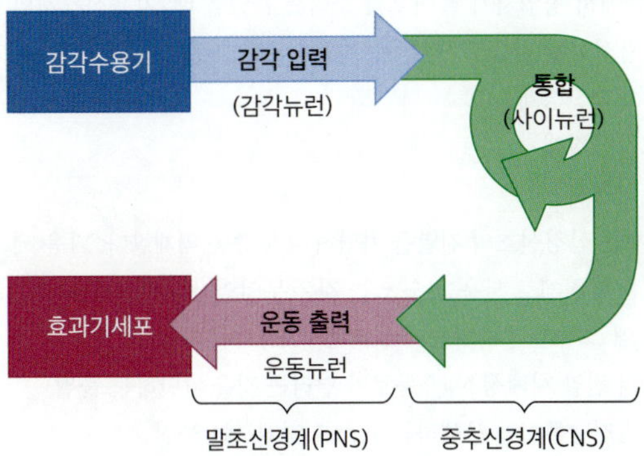

28.2 뉴런은 신경계의 기능적 단위다. 뉴런의 구조는 신호를 전달하는 독특한 기능에 적합하다.

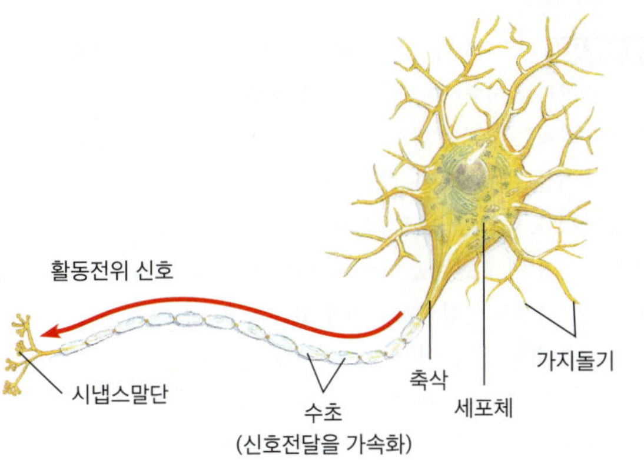

신경신호와 신호전달(28.3~28.10)

28.3 신경 기능은 뉴런막 안과 밖의 전하 차이에 따라 좌우된다. 휴지기 뉴런의 원형질막은 휴지전위라는 전압을 가지며, 이는 뉴런막 표면의 안쪽(세포질)이 음전하를 띠는 데 반해 외부가 양전하를 가짐으로써 발생한다.

28.4 신경신호는 막전위의 변화로 시작된다. 자극은 막 특정 부분의 투과성을 변화시켜 이온이 통과할 수 있게 되므로 막전위가 변화된다. 신경신호, 즉 활동전위는 막전위가 휴지전위로부터 최고치까지 오른 후 다시 휴지전위로 되돌아가는 막전위의 큰 변화다.

28.5 활동전위는 축삭을 따라 스스로 전파된다. 활동전위는 축삭을 따라 한 방향으로 스스로 전파된다. 활동전위는 실무율 법칙을 따른다. 자극의 강도에 따라 활동전위의 빈도(그러나 강도는 변하지 않음)는 달라진다.

28.6 뉴런은 시냅스에서 서로 소통한다. 뉴런 간 또는 뉴런과 효과기세포 간 신호전달은 시냅스라고 불리는 연결부위에서 일어난다. 전기적 시냅스에서는 전기 신호가 세포 사이를 직접 통과한다. 화학적 시냅스에서는 시냅스전 뉴런 세포가 화학적 신호, 즉 신경전달물질을 분비하여 시냅스틈을 가로질러 시냅스후 세포 표면의 특정 수용체와 결합한다.

28.7 화학적 시냅스는 복잡한 정보를 처리할 수 있다. 일부 신경전달물질은 시냅스후 세포를 흥분시켜서 문턱값에 근접하게 한다. 반면, 세포의 활동전위 발생 능력을 억제하는 신경전달물질도 있다. 하나의 세포는 여러 뉴런으로부터 서로 다른 신호를 받을 수 있으며, 결과적으로 세포는 흥분과 억제의 총합으로 신경신호를 전달할 것인지 아닌지를 결정하게 된다.

28.8 다양한 작은 분자는 신경전달물질로 작용한다.

28.9 많은 약물은 화학적 시냅스에서 작용한다. 일반적인 많은 약물은 뇌의 민감한 화학 반응에 영향을 미칠 수 있다.

28.10 발표된 자료들은 긍정적인 결과에 편향되어 있다.

동물 신경계의 개요(28.11~28.14)

28.11 동물 신경계의 진화는 몸의 대칭성 변화를 반영한다. 방사대칭형 동물의 신경계는 거미줄처럼 배열된 뉴런으로 구성된 신경망을 가진다. 좌우대칭인 동물들에게서 나타나는 진화적 경향은 신경계가 머리끝에 집중되는 두화와 원시적 뇌와 신경삭을 포함한 중추신경계의 중앙화를 포함한다.

28.12 척추동물의 신경계는 고도로 중앙화되어 있다. 중추신경계는 뇌와 척수로 구성된다.

28.13 척추동물의 말초신경계는 기능에 따라 구분된다.

중추신경계(CNS)	뇌
	척수
말초신경계(PNS)	감각 입력: 감각기가 자극을 받아서 중추신경계로 전달
	운동 출력: 중추신경계로부터 자극을 받아서 효과기로 전달 • 운동계: 근육을 수의적으로 조절 • 자율신경계: 기관을 불수의적으로 조절 - 부교감신경계: 휴식과 소화 - 교감신경계: 공격과 도피 - 장신경계: 소화계

28.14 척추동물의 뇌는 신경관의 앞쪽 세 부위가 부풀어 생겨났다. 척추동물 뇌의 진화는 뒤뇌, 중간뇌, 앞뇌의 확대와 세분화를 포함한다.

사람의 뇌(28.15~28.21)

28.15 사람의 뇌는 살아 있는 슈퍼컴퓨터의 구조와 같다. 중간뇌와 뒤뇌의 일부는 앞뇌의 시상, 시상하부와 더불어 상위 뇌 중추와 정보를 주고받는 기능을 한다. 이 부위는 항상성 기능을 조절하고, 몸의 자세를 추적하며, 감각 정보를 분류한다. 앞뇌 중 대뇌는 뇌에서 가장 크고 복잡한 부위다. 대뇌의 통합력은 대부분 대뇌겉질에 있다.

28.16 대뇌겉질은 수의운동과 인지 기능을 조절한다. 감각 영역은 감각기관으로부터 정보를 받아 처리하고, 연합 영역은 정보를 통합하며, 운동 영역은 신체 부위에 명령을 전달하여 움직이게 한다.

28.17 뇌 손상과 뇌 수술은 뇌의 기능을 알 수 있게 한다.

28.18 신경계는 신경 연결을 재구성할 수 있다. 활동에 따라 시냅스가 강화되거나 약화되는 능력을 뉴런 가소성이라 한다.

28.19 수면은 뇌가 활동적인 상태다. 뇌파 빈도는 수면의 모든 단계에서 뇌가 활

동적임을 보여준다.

28.20 대뇌변연계는 감정과 기억에 관여한다. 변연계는 대뇌겉질, 시상, 시상하부에 있는 통합 센터다.

28.21 뇌 생리의 변화는 신경장애를 일으킬 수 있다. 신경장애는 현실에 대한 인지를 왜곡시킬 수 있으며(조현병), 기분에 영향을 미칠 수 있다(양극성 장애). 뉴런 손상과 뉴런 사멸로 인한 뇌 기능 저하는 알츠하이머병, 파킨슨병, 만성 외상성 뇌병증, 뇌졸중 같은 질병의 특징이다.

개념 연결하기

1. 신경계를 잘 이해했는지 확인하기 위해 다음 그림의 각 부분에 맞는 용어를 중추신경계, 효과기세포, 사이뉴런, 운동뉴런, 말초신경계, 감각뉴런, 감각수용기, 척수, 시냅스 중에서 선택하시오.

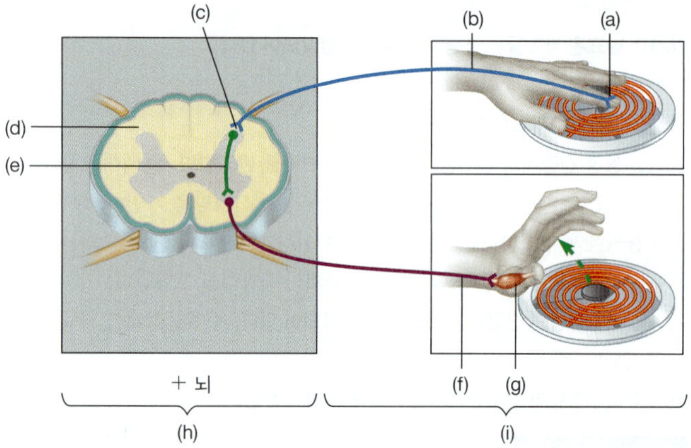

학습 평가하기

1단계 : 지식과 이해력 평가

2. 뉴런의 내부는 외부보다 양이온의 농도가 낮다. 막전위는 양전하를 띠는가, 아니면 음전하를 띠는가?
3. 제시한 기능과 관련된 뇌 구조를 빈칸에 써 넣으시오.
   a. 만약 ________이/가 절단되면 오른쪽과 왼쪽 대뇌반구가 서로 소통할 수 없다.
   b. ________은/는 정서적 기억을 저장하는 데 도움이 된다.
   c. 사람 뇌 무게의 대부분을 차지하는 것은 고도로 주름이 진 ________(으)로, 이는 ________의 바깥 부위다.
   d. ________은/는 손과 눈의 협응을 담당한다.
   e. ________에는 생체시계 역할을 하는 뉴런 집단이 분포한다.
4. 신경신호가 뉴런의 한쪽 끝에서 다른 쪽 끝으로 뉴런의 길이를 따라 이동하는 원인은 무엇인가? 신경신호란 정확히 무엇인가? 신경신호는 왜 뒤로는 가지 못하는가? 신경신호는 시냅스를 통과하여 한 뉴런에서 다른 뉴런으로 어떻게 전달되는가? 이 질문에 대해 간략히 답하시오.

2단계 : 응용과 분석력 평가

5. 조(Joe)는 실수로 뜨거운 팬에 손이 닿아 팔을 뒤로 젖혔다. 그리고 잠시 후 불에 덴 듯한 통증을 느꼈다. 조가 통증을 느끼기도 전에 팔이 움직였다는 사실을 어떻게 설명할 수 있는가?
   a. 변연계가 순간적으로 통증을 억제했지만, 결국에는 중요한 통증 신호가 통과했다.
   b. 이 반응은 통증 신호가 뇌에 도달하기 전에 발생하는 척수 반사다.
   c. 운동뉴런은 유수신경이지만 감각뉴런은 그렇지 않으므로 신호는 근육으로 더 빨리 전달된다.
   d. 이러한 상황은 실제로는 가능하지 않다. 뇌는 사람이 반응하기 전에 통증을 인식한다.
6. 현관문에서 침입자가 들어오는 소리를 들었을 때, 자율신경계의 어느 신경계가 활성화될 것으로 생각하는가?
   a. 부교감신경계
   b. 교감신경계
   c. 장신경계
7. 마취제는 신경신호의 전달을 차단하여 통증을 억제한다. 다음 세 가지 화학물질 중 마취제로 사용할 수 있는 것은 무엇인가? (해당하는 것을 모두 선택하고, 왜 그렇게 생각하는지 설명하시오.)
   a. 막의 전압 개폐성 Na^+ 통로가 열리는 것을 차단하는 물질
   b. 신경전달물질을 분해하는 효소를 억제하는 물질
   c. 신경전달물질 수용체를 차단하는 물질

3단계 : 종합평가

8. **과학적 사고** 많은 수의 우울증 환자를 대상으로 선택적 세로토닌 재흡수 억제제(SSRI)를 시험하자는 제안서가 FDA에 제출됐다. 무작위 배정을 통해 절반의 환자는 아무런 약도 투여하지 않는 대조군으로, 절반의 환자는 알약 형태의 약물을 투약했다. 두 그룹의 환자들은 매일 자신의 기분 변화를 기록에 남겼다. 이 실험 설계에서 어떤 오류가 있는가?
9. 한 연구자가 미세 전극을 이용해 달팽이의 뇌에 있는 4개의 뉴런(다음 표의 A, B, C, D)에서 신경신호를 기록했다. A, B, C 뉴런은 모두 D 뉴런에게 신호를 전달할 수 있다. 아래 표는 세 가지 실험에서 달팽이를 다른 방식으로 자극하여 각 신경세포에서 초당 전달되는 신경신호의 수를 기록한 것이다. 각 실험 결과의 차이를 간략히 설명하시오.

	A	B	C	D
	신호횟수/초			
실험 #1	50	0	40	30
실험 #2	50	0	60	45
실험 #3	50	30	60	0

자료: E. R. Kandel and L. Tauc, Input organization of two symmetrical giant cells in the snail brain, *Journal of Physiology* 183: 269-86 (1966).

10. 신도시의 택시 운전기사 그룹을 대상으로 학습에 대한 뉴런 가소성의 역할을 조사하는 실험을 설계하시오. 기사들의 뇌 영상을 통해 회백질의 부피 변화를 측정할 수 있다고 가정한다.

CHAPTER

29 감각

29.0 동물이 지구 자기장을 감지하는 방법에 대해서는 많은 것이 알려지지 않았다

우리가 다른 동물처럼 세상을 감지할 수 있다면, 그동안 많은 것을 놓치고 있었다는 것을 알 수 있을 것이다. 예를 들어 꿀벌은 꽃의 자외선 패턴을 보며, 상어는 전기장의 변화를 감지하고, 철새와 회유어(migratory fish)는 자기 수용(magnetoreception)이라고 하는 과정으로 지구의 자기장을 감지한다.

자기 수용의 놀라운 예로, 위에 보이는 붉은바다거북(*Caretta caretta*)의 이동을 생각해 보자. 붉은바다거북은 북미 동부의 해변에서 알에서 부화하고 바다로 기어간다. 본능적으로 바다거북은 바다에서 수천 마일을 이동한 후 알을 낳을 때가 되면 암컷은 부화했던 해변으로 돌아간다. 지도나 나침반 또는 스마트폰 없이도 바다거북은 먼 곳을 이동해 다시 집으로 돌아가는데, 이것이 어떻게 가능할까? 과학자들은 동물이 자기장에 반응한다는 실험을 통해 사실을 입증했지만, 바다거북이나 다른 동물이 어떻게 자기장을 감지하는지 잘 알지 못한다.

이 장 뒷부분에서는 과학자들이 자기 감지를 탐구하기 위해 어떤 노력을 하고 있는지 살펴보고자 한다. 하지만 먼저 자기장이든 단맛이든 어떤 자극이 감지되고 궁극적으로 뇌에서 어떻게 처리되는지에 대한 일반적인 모델을 살펴볼 것이다.

핵심 개요

감각수용(29.1~29.3)

동물의 감각은 감각수용기 세포가 감지한 자극 감지로 시작된다.

청각 및 평형감각(29.4~29.6)

사람의 귀에는 소리와 몸의 움직임을 감지하는 기관이 있다.

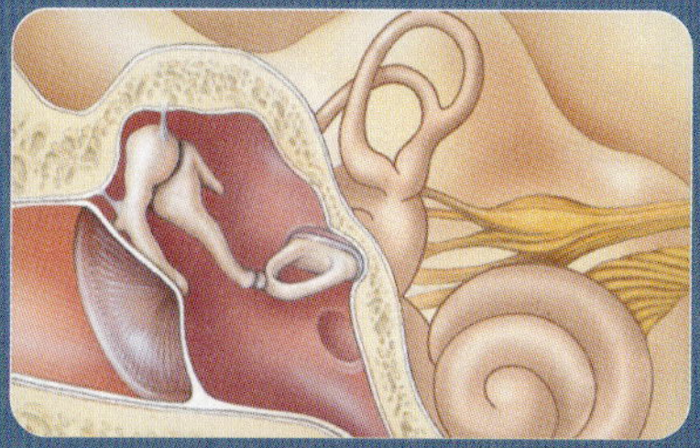

시각(29.7~29.10)

척추동물의 눈은 하나의 렌즈가 광수용기 세포에 이미지의 초점을 맞춘다.

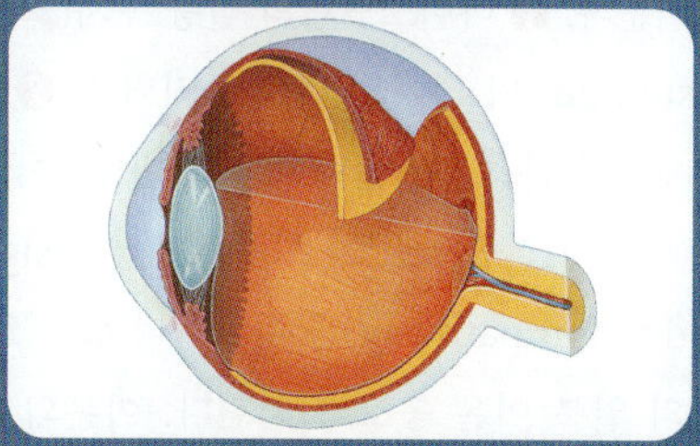

미각과 후각(29.11~29.13)

혀와 코에 있는 화학수용기는 화학물질을 감지한다.

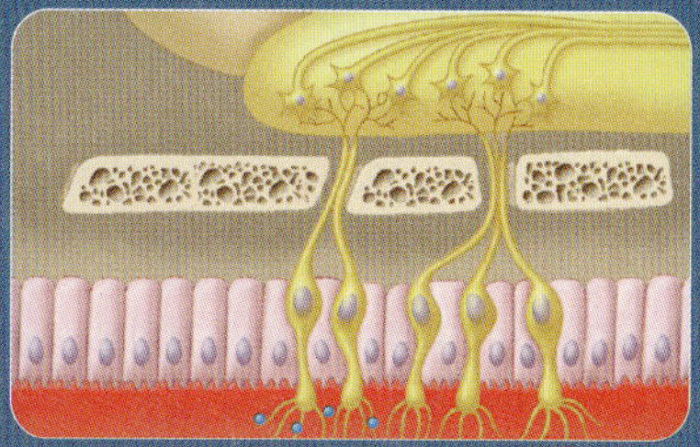

감각수용

29.1 감각수용기는 자극을 활동전위로 변환한다

빛과 소리 같은 주변 환경의 자극은 신경 신호를 뇌로 보낼 수 있다. 뇌가 이 정보를 해독하면 "너무 밝다" 또는 "처음이다"와 같은 인식이 이루어진다. 이제 감각 자극이 지각되는 4단계 과정인 수용, 전환, 전달, 처리 과정에 대해 집중적으로 알아보고자 한다.

자극은 외부 또는 내부 환경의 상태에 맞추어 조정되는 특수한 뉴런 또는 독특한 세포인 **감각수용기(sensory receptor)**에 의해 감지된다. 예를 들어, 눈에는 빛을 감지하는 감각수용기가 있고 귀 안의 수용기는 음파를 감지한다. 동물은 다양한 감각수용기를 사용해 광범위한 자극을 감지하지만, 모든 경우의 효과는 이온 통로(ion channel)를 열거나 닫는 것이다. 그 결과 막을 가로지르는 이온의 흐름에 변화가 생기면 막전위(membrane potential)가 달라진다. 막전위는 세포의 원형질막을 가로지르는 전하의 차이라는 것을 기억하자(28.3절 참조).

자극의 수용은 두 번째 단계인 **감각전환(sensory transduction)**을 일으키거나, 또는 자극이 수용기 전위(receptor potential)로 전환된다. **그림 29.1A**는 아이스크림을 먹을 때 이러한 과정이 어떻게 일어나는지 보여준다. ❶ 아이스크림의 설탕 분자(⁘)는 맛봉오리(taste bud, 미뢰)에서 먼저 감지되고, ❷ 미각 수용기 세포의 원형질막에 박혀 있는 단맛 수용기와 결합한다. 이 결합으로 ❸ 신호전달경로(signal transduction pathway)를 야기하며 ❹ 이로 인해 막의 일부 이온 통로가 열린다. 이온의 흐름에 변화가 생기면 감각수용기 세포에 **수용기 전위(receptor potential)**라는 전하차가 생긴다.

자극이 전환되면 신호가 중추신경계로 전달(transmission)되는 3단계 과정이 일어난다. 맛봉오리의 예로 돌아가보면, ❺ 각 수용기 세포는 중추신경계로 확장되는 감각뉴런과 화학적 시냅스를 형성한다. '달콤한' 자극이 수용기 전위로 전달되면 시냅스에서 신경전달물질이 분비된다. 신경전달물질은 감각뉴런에서 활동전위를 유발하고, 활동전위는 축삭을 따라 뇌로 이동한다.

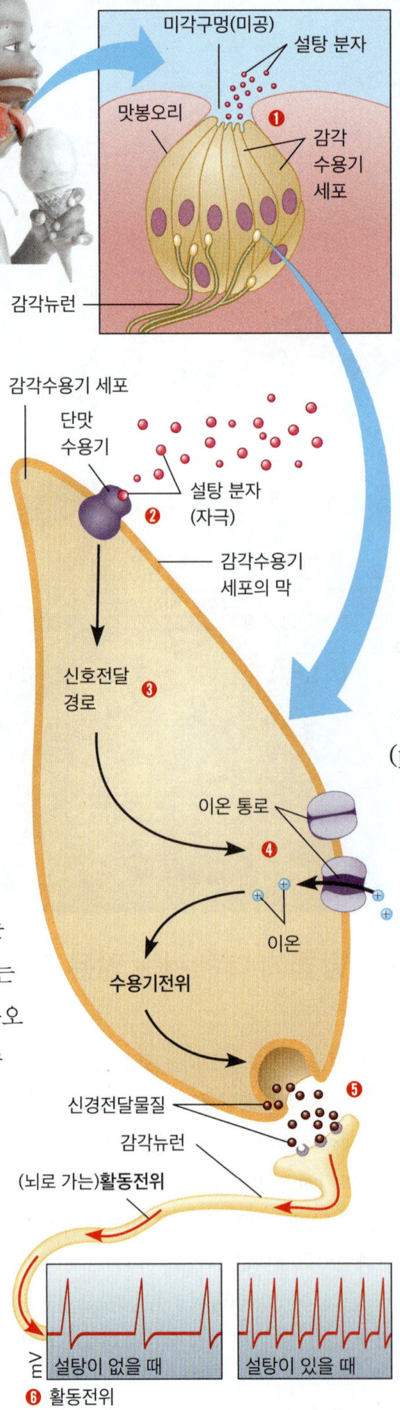

▲ **그림 29.1A** 맛봉오리에서의 감각전환

시도해 보기 사탕 한 조각을 친구에게 주고, 친구가 사탕을 먹는 동안 단맛을 느끼는 데 관련된 기작을 설명하시오.

대부분의 경우 수용기 세포는 신경전달물질(⁘)을 시냅스로 지속적으로 분비해 활동전위를 꾸준히 유발한다. ❻ 왼쪽 그래프는 미각수용기가 설탕 분자를 감지하지 못할 때 감각뉴런이 활동전위를 보내는 속도를 보여준다. 강한 수용기 전위를 유발할 만큼의 충분한 설탕 분자가 존재하면, 수용기 세포는 평소보다 더 많은 신경전달물질을 방출한다. 신경전달물질의 증가는 감각뉴런의 활동전위 발생률을 증가시킨다(오른쪽 그래프에서 볼 수 있음). 자극이 강할수록 수용기 전위가 커지고, 수용기 세포에서 더 많은 신경전달물질이 방출되며, 감각뉴런은 더 자주 뇌로 활동전위를 전달하게 된다.

네 번째 단계는 활동전위가 감각뉴런을 통해 중추신경계에 도달할 때 발생한다. 신경 회로가 이러한 신호를 처리해 자극에 대한 지각(perception)을 하게 한다. 뇌는 뇌에 도달하는 활동전위의 속도로 자극의 강도(적당히 단가 아니면 매우 단가처럼)를 해석한다.

시간이 지남에 따라 자극에 대한 수용체의 민감도가 서서히 약해질 수 있다. 처음에는 아주 강하게 느꼈던 어떤 냄새가 시간이 지남에 따라, 냄새물질이 그 자리에 있음에도 불구하고 냄새가 사라진 것처럼 느꼈던 경험이 있을 것이다. 또는 수영장의 물이 처음 물에 들어갈 때는 충격적으로 차갑게 느껴지지만 익숙해지면 그다지 차갑지 않은 것처럼 느껴본 적이 있을 것이다. 이를 **감각적응(sensory adaptation)**이라고 하는데, 일부 감각수용기가 반복적으로 자극을 받으면 덜 민감해지는 경향을 말한다. 수용기가 덜 민감해지면 활동전위를 더 적게 유발하고, 뇌로의 정보 전달이 감소하며, 결국 그 자극을 인식하지 못하게 된다. 감각적응은 피부에 닿는 옷의 느낌과 같은 익숙한 자극에 대해 신체가 반응하지 않도록 한다.

활동전위의 속도를 통해 자극의 강도를 인지하는 방법을 살펴보았다. 그렇다면 다른 맛, 냄새 혹은 빛의 색깔과 같은 다양한 자극은 어떻게 구별해 인지할까? 이 질문에 답하기 위해 단맛과 짠맛을 생각해 보자. **그림 29.1B**에서 보라색 감각수용기 세포는 설탕에만 반응하고, 녹색 수용기 세포는 소금에만 반응한다. 설탕을 감지하는 세포의 감각뉴런은 뇌에서 소금을 감지하는 세포의 감각뉴런과는 다른 뉴런과 시냅스를 이룬다. 따라서 뇌는 자극을 받는 특정 뉴런에 따라 서로 다른 맛을 구별한다. 그림의 그래프에서 볼 수 있듯이, 우리는 음식을 한 입 먹으면 그 안에 설탕과 소금이 들어 있음을 감지할 수 있으며 동시에 단맛과 짠맛의 정도를 인지할 수 있다.

미각과 마찬가지로 우리의 다른 감각은 다양한 특수 수용기에서 비롯되며, 각 수용기는 특정 종류의 자극을 감지해 뇌의 특정 뉴런에 신호를 전달한다. 이러한 특수성 덕분에 우리는 주변 환경에서 엄청나게 광범위한 자극을 인지할 수 있다.

감각 경로의 주요 단계는 자극의 수용, 감각전환, 전달과 처리다. 감각수용기에서 뇌로의 정보 흐름은 **정보**라는 핵심 주제의 또 다른 예다.

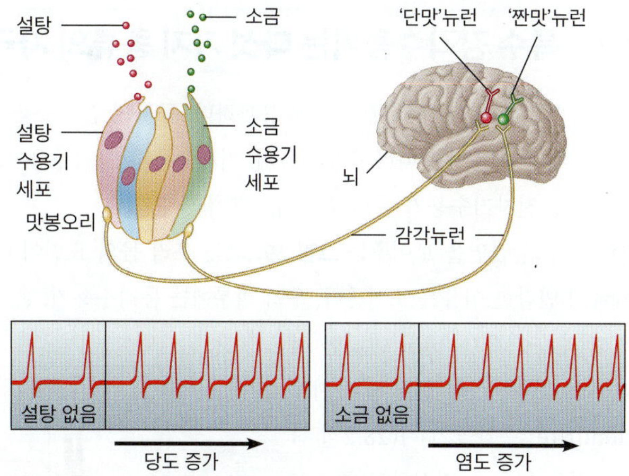

▲ **그림 29.1B** 미각 감각을 전달하는 활동전위

? 감각전환은 무엇을 의미할까?

■ 감각수용기 세포에 의해서 자극이 전기적 신호(수용기전위)로 변환되는 것

29.2 자기 감각 수용 모델은 불완전하다

과학적 사고

감각 경로의 단계는 사람의 감각에 대해서는 잘 알려져 있지만, 우리가 감지하지 못하는 동물의 감각에 대해서는 잘 알려져 있지 않다. 예를 들어, 과학자들은 도입부에서 설명한 것처럼 조류, 어류, 붉은바다거북과 같은, 계절에 따라 이동하는 동물이 지구의 자기장을 어떻게 감지하는지 아직 밝혀내지 못했다. 정보 흐름의 첫 단계인 자극수용조차도 자기 감각수용기 세포의 위치가 모호하기 때문에 알려지지 않았다. 자기장은 신체 조직을 투과할 수 있기 때문에 자기 감각 세포는 동물의 몸 어디든 위치할 수 있다. 그러나 이러한 수용기 세포는 극소수일 가능성이 높다.

동물은 지구 자기장을 어떻게 감지할까?

계절에 따라 이동하는 동물에 대한 관찰을 통해 동물이 자기장을 감지하는 방법에 대한 몇 가지 대안적인 가설이 제기됐다. 한 가설은 지구 자기장의 변화가 감각수용기 세포의 생화학적 반응에 영향을 미친다는 것이다. 2015년 과학자들이 다양한 동물 종에서 지구 자기장에 대한 센서 역할을 하는 것으로 보이는 단백질을 확인하면서 이 생화학적 가설에 대한 강력한 지지가 이루어졌다. 또 다른 주요 가설은 감각수용기 세포에 지구 자기장을 기준으로 회전하는 자성 무기질인 자철석(magnetite)이 포함돼 있다는 것이다(자철석은 나침반 바늘에 사용되는 자성이 강한 금속이다). 이러한 다양한 가설이 상호 배타적일 필요는 없다. 예를 들어, 일부 조류의 자기 인식은 눈의 감각 세포 내 생화학 반응과 부리의 감각 세포에서 자철석의 움직임에 의해 수행되는 것으로 알려졌다.

여러 연구를 통해 붉은바다거북, 비둘기, 무지개송어에서 자철석의 존재가 발견됐다. 하지만 자철석 결정이 지름이 약 50 nm로 작기 때문에 자철석을 함유한 각각의 세포를 찾는 것은 어려운 일이었다. 2012년에 과학자들은 자성을 가진 세포를 식별하는 기발한 방법을 고안했다. 그들은 무지개송어의 코 조직(자기 수용기 세포가 있는 것으로 의심되는 부위)에서 세포를 분리하고, 그 세포를 액체에 매달아 회전 자기장에 노출시켰더니 몇 개의 세포가 회전했다(**그림 29.2**). 이 연구진은 회전하는 세포에 자철석이 포함돼 있을 것으로 예측하고, 전자현미경으로 세포를 검사한 결과 실제로 자철석 입자가 존재하는 것을 확인했다.

▲ **그림 29.2** 자철석 함유 세포의 분리 및 조사

과학을 연구하는 과정은 반복과 협업에 의존한다는 사실을 기억하자. 2015년에 다른 연구진들에 의해 무지개송어에서 회전하는 세포를 분리했지만 내부에서 자철석의 증거를 발견하지 못했다. 그들은 이전 실험에서 설명한 입자는 단순히 환경의 오염물질이라고 결론지었다. 따라서 자철석을 함유한 감각수용기 세포를 찾는 작업은 계속되고 있다.

? 자기 수용에 관한 두 가지 가설 중 과학계에서 더 많은 지지를 받고 있는 것은 무엇인가?

■ 현재는 생화학적 모델을 뒷받침하는 증거가 더 많다.

29.3 특수 감각수용기는 다섯 가지 종류의 자극을 감지한다

자기장은 여러 유형의 자극 중 하나에 불과하다. 동물의 감각수용기는 반응하는 자극의 유형에 따라 온도수용기, 기계수용기, 통각수용기, 화학수용기 및 전자기수용기 등 다섯 가지로 분류할 수 있다.

사람 피부의 단면을 보여주는 **그림 29.3A**는 우리 몸의 표면이 다양한 자극에 민감한 이유를 보여준다. 우리 피부에는 통각수용기, 온도수용기, 기계수용기가 있다. 이러한 각 수용기는 감각뉴런의 변형된 가지돌기(dendrite, 수상돌기)다(28.2절 참조). 뉴런은 자극을 인식하고 중추신경계로 활동전위를 전달한다. 다시 말해서 피부의 각 수용기는 수용기 세포와 감각뉴런의 역할을 모두 수행한다. 압력수용기와 같은 일부 가지돌기는 하나 또는 그 이상의 결합조직(그림의 보라색 영역)으로 둘러싸여 있다. 통각수용기를 비롯한 다른 수용기들의 가지돌기는 노출돼 있다.

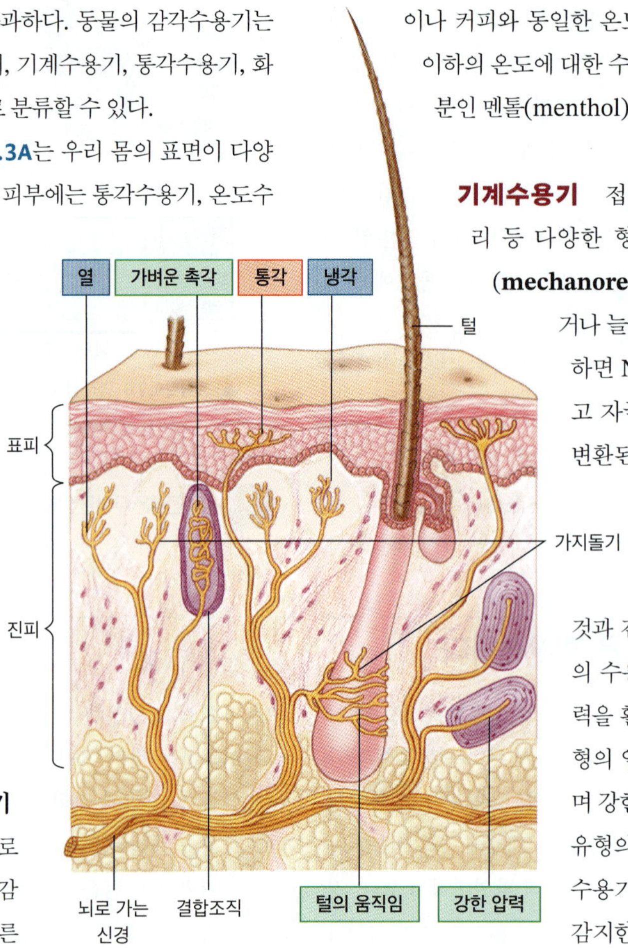

▲ **그림 29.3A** 사람 피부의 감각수용기

온도수용기 피부에서는 **온도수용기(thermoreceptor**, 그림에서 파란색으로 표시)라는 센서가 뜨겁거나 차가운 것을 감지한다. 신체 깊숙한 곳에 위치한 또 다른 온도수용기는 혈액의 온도를 모니터링한다. 시상하부는 신체의 체온조절기 역할을 하는 곳으로, 피부 표면과 몸 깊숙한 곳에 위치한 온도수용기로부터 활동전위를 수신해 포유류나 조류의 체온을 일정한 범위 내로 유지시킨다(20.15절 참조).

일부 뱀은 온도수용기를 통해 최대 1 m 떨어진 곳의 따뜻한 먹이에서 방출되는 적외선을 감지할 수 있다. 뱀의 구멍 기관(pit organ, **그림 29.3B**)에 있는 특수한 온도수용기는 열 정보를 뇌로 전송하고, 뇌는 열 영상을 시각적 영상과 겹쳐서 보여준다.

흥미롭게도 고추의 매운맛을 내는 화학물질인 캡사이신은 뜨거운 국이나 커피와 동일한 온도수용기를 활성화시킨다. 또한 28°C 이하의 온도에 대한 수용기는 '시원한' 맛으로 느끼는 식물성분인 멘톨(menthol)에 의해서도 활성화된다.

▲ **그림 29.3B** 뱀의 열 감지 구멍 기관

기계수용기 접촉, 압력, 늘어남, 움직임 또는 소리 등 다양한 형태의 기계적 에너지가 **기계수용기(mechanoreceptor)**를 자극해 원형질막을 구부리거나 늘려서 장력을 유발한다. 막의 모양이 변하면 Na^+이나 K^+에 대한 투과성이 높아지고 자극의 기계적 에너지가 수용기 전위로 변환된다.

그림 29.3A의 기계수용기는 초록색으로 표시했다. 한 가지 유형의 기계수용기는 옷이 몸에 닿는 것과 같은 가벼운 접촉을 감지한다. 이 유형의 수용기는 아주 미세한 기계적 에너지 입력을 활동전위로 변환할 수 있다. 또 다른 유형의 압력 센서는 피부 깊숙한 곳에 위치하며 강한 압력에 의해 자극을 받는다. 세 번째 유형의 기계수용기인 털 밑바닥에 있는 촉각수용기(touch receptor)는 털의 움직임을 감지한다. 고양이가 어둠 속에서 수염을 어떻게 사용하는지 궁금한 적이 있는가? 뻣뻣한 수염의 밑바닥에 있는 촉각수용기는 매우 민감해서 접촉하는 물체를 감지할 수 있다. 또 다른 유형의 기계수용기(그림에 보이지 않음)는 우리 몸의 뼈대근육(skeletal muscle, 골격근)에서 발견된다. 근육 길이의 변화를 감지하는 **신장수용기(stretch receptor)**로 신체 부위의 자세를 모니터링한다.

털세포(hair cell)라고 불리는 다양한 기계수용기는 음파 및 액체 속에서의 다른 형태의 움직임을 감지한다. 이 감각기의 센서인 '털'은 특수한 유형의 섬모 또는 미세융모와 같은 세포 돌기다. 감각털은 수압의 변화를 감지하는 물고기의 옆줄(lateral line, 측선) 수용기처럼 수용기 세포의 표면에서 외부 환경으로 돌출될 수 있다(19.3절 참조). 또는 감각털은 사람의 속귀(inner ear, 내이)에서와 같이 내부의 액체로 채워진 구획과 접촉할 수도 있다.

그림 29.3C는 털세포의 작동 원리를 보여준다. ❶ 휴지상태의 수용기 세포로부터 시작해 ❷ 체액의 움직임에 의해 털이 한 방향으로 구부러지면, 털은 세포막을 신장시켜서 특정 이온에 대한 투과성을 증가시킨다. 이로 인해 털세포는 더 많은 신경전달물질을 분비하고 감각뉴런의 활동전위 생성 속도를 증가시킨다. ❸ 털이 반대 방향으로 구부러지

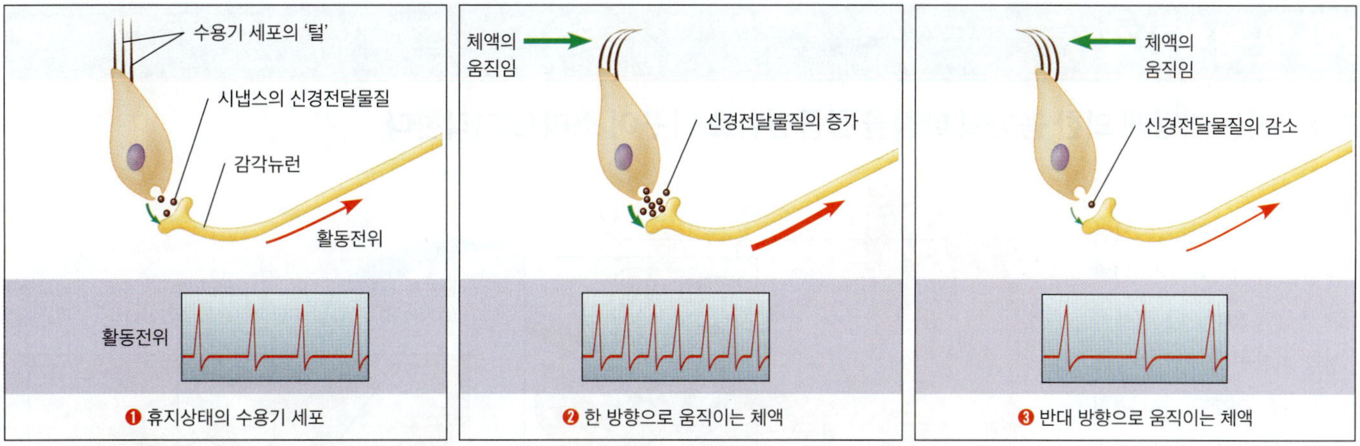

▲ **그림 29.3C** 털세포에 의한 기계적 자극인식

면 이온 투과성이 감소하고, 털세포는 더 적은 양의 신경전달물질을 분비해 활동전위의 속도가 감소한다. 털세포가 청각과 평형감각에 모두 관여하며 이에 대해서는 뒤에서 살펴보고자 한다.

통각수용기 극심한 압력이나 온도 또는 특정 화학물질은 동물의 조직에 손상을 줄 수 있다. 동물은 이러한 유해한 자극을 식별하기 위해 **통각수용기(pain receptor)**가 존재한다. 통증은 종종 부상이나 질병이 있음을 나타내며 동물이 안전한 곳으로 피하도록 한다. 통각수용기 밀도는 피부에서 가장 높지만(그림 29.3A의 분홍색으로 표지), 일부 통각수용기는 다른 기관과 연관돼 있어서 인후통이나 복통을 감지할 수 있다. 때로는 동물의 몸에서 생성되는 화학물질이 통증을 증가시킨다. 예를 들어, 손상된 조직에서 프로스타글란딘(prostaglandin)을 생성하는데, 이는 통각 수용기의 민감도를 증가시켜 통증을 증가시킨다. 아스피린과 이부프로펜은 프로스타글란딘 합성을 억제해 통증을 감소시킨다.

화학수용기 **화학수용기(chemoreceptor)**는 신체 내부 환경의 화학물질을 감지하는 수용기와 외부 환경의 화학물질에 반응하는 코와 맛봉오리의 감각수용기를 포함한다. 예를 들어, 우리 몸의 일부 동맥에 있는 내부 화학수용기 센서는 혈액 내 산소(O_2)량의 변화를 감지할 수 있다. 뇌의 삼투수용기(osmoreceptor)는 혈액의 총 용질 농도 변화를 감지하며, 혈액 용질 농도가 증가하면 갈증을 자극한다.

동물계에서 가장 민감한 화학수용기 중 하나는 상어의 콧구멍 내부에 있다(**그림 29.3D**). 이 전설적인 화학수용기는 10억 개의 물방울 속에서 약 한 방울 정도의 피도 감지할 수 있다! 놀랍게도 상어의 전체 뇌 질량 중 많은 부분이 이 감각에 할당돼 있다. 상어는 후각을 이용해 자기의 먹잇감에서 나는 냄새를 향해 수영함으로써 사냥을 한다.

전자기수용기 전기, 자기 또는 다양한 파장의 빛 형태의 에너지는 **전자기수용기(electromagnetic receptor)**에 의해 감지될 수 있다. 예를 들어 상어는 주둥이에 있는 구멍 내부에 전기수용기(electroreceptor)가 있어서 먹잇감의 근육에서 발생하는 전기장을 감지할 수 있다. 상어의 예민한 후각과 물의 움직임을 감지하는 옆줄계(lateral line system, 측선계)의 조합으로 상어는 매우 유능한 포식자가 될 수 있다.

29.2절에서 설명한 것처럼 철새와 물고기를 포함한 많은 동물이 지구 자기장을 이용해 스스로 방향을 찾는 것으로 보인다. 그러나 자기장을 지각하는 세포학적 기초는 아직 밝혀지지 않고 있다.

광수용기(photoreceptor)는 가장 일반적인 전자기수용기로, 전자기 스펙트럼의 가시광선 또는 자외선 부분에서 빛 에너지를 감지한다(그림 7.6A 참조). 동물은 다양한 광수용기가 진화해 왔다. 동물마다 차이는 있으나 모든 광수용기는 빛을 흡수하는 유사한 색소 분자를 포함하고 있다는 증거로 모든 광수용기는 상동기관으로 보인다(공통 조상을 가짐). 29.7절에서는 동물에서 발견되는 다양한 유형의 눈을 알아볼 것이다. 먼저 사람의 청각과 평형감각에 대해 살펴보고자 한다.

? 사람의 감각(시각, 미각, 청각, 후각)을 담당하는 수용기 유형은 각각 무엇인가?

■ 광수용기, 화학수용기, 기계수용기, 화학수용기

▲ **그림 29.3D** 먹잇감 포획을 위해 냄새와 물의 움직임을 감지하는 상어

청각 및 평형감각

29.4 귀는 기압에 의한 음파의 파장을 활동전위로 바꾸어 소리로 지각한다

사람의 귀는 2개의 분리된 기관, 즉 청각을 담당하는 기관과 균형을 유지시켜 주는 기관으로 구성돼 있다. 이 절에서는 청각 기관의 구조와 기능을 살펴본 다음, 29.5절에서 평형감각에 대해 알아보자. 두 기관 모두 동일한 기본 원리, 즉 액체로 채워진 관 내부에 있는 털세포(기계수용기)에 있는 긴 돌기가 자극을 받아서 일어난다.

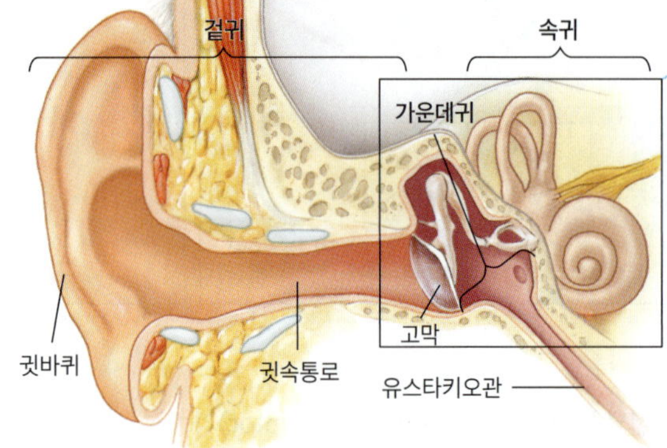

▲ **그림 29.4A** 사람의 귀

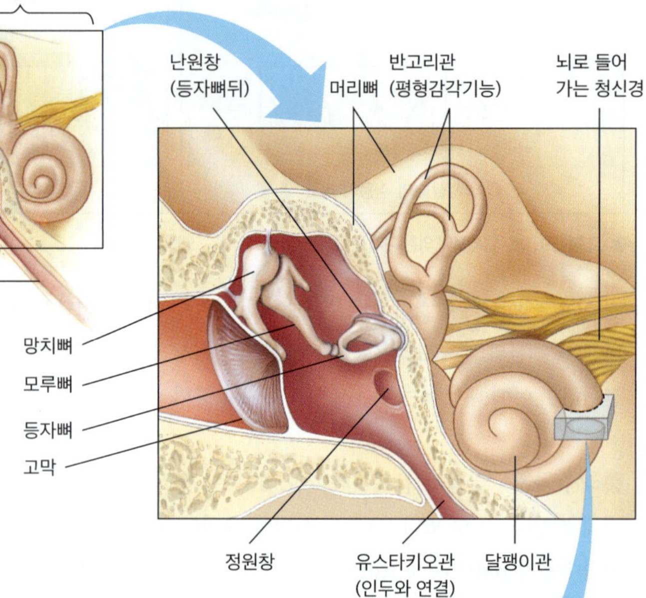

▲ **그림 29.4B** 가운데귀와 속귀

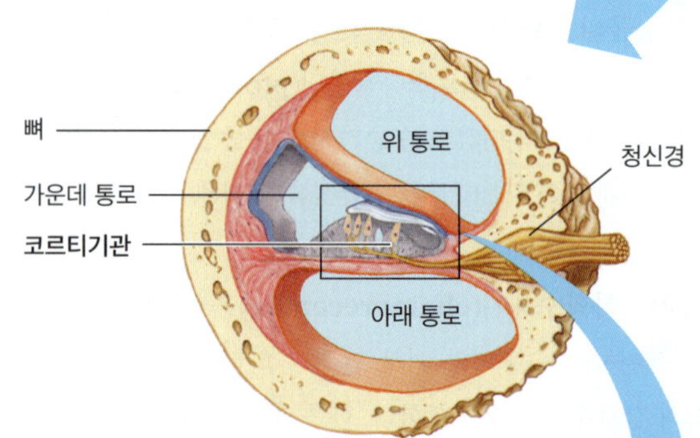

▲ **그림 29.4C** 달팽이관의 단면

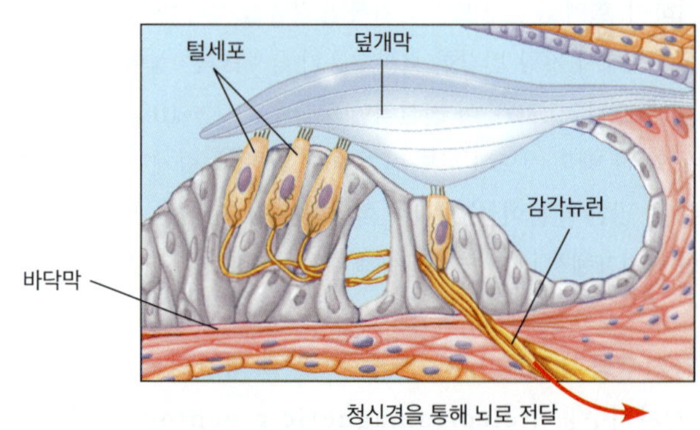

▲ **그림 29.4D** 코르티기관

구조 귀는 겉귀, 가운데귀 그리고 속귀 세 부분으로 이루어져 있다(**그림 29.4A**). **겉귀(outer ear**, 외이)는 우리가 흔히 '귀'라고 부르는 덮개 모양의 귓바퀴(pinna)와 귓속통로(auditory canal, 청관)로 구성돼 있다. 귓바퀴와 귓속통로는 음파를 모아 겉귀와 **가운데귀(middle ear**, 중이)를 구분하는 얇은 조직인 **고막(eardrum)**으로 보낸다(**그림 29.4B**). 겉귀와 가운데귀는 흔한 감염 부위로, '수영인의 귀'는 겉귀에서 발생하고 어린이에게 흔히 발생하는 중이염은 가운데귀에서 발생한다.

음파가 고막에 부딪히면 고막이 진동하고, 그 진동은 망치뼈(malleus, 추골), 모루뼈(incus, 침골), 등자뼈(stapes, 등골)라는 3개의 작은 뼈에 전달된다. 등자뼈는 머리뼈에 막으로 덮인 구멍인 난원창(oval window, 타원창)과 연결돼 있는데, 이 구멍을 통해 진동이 속귀로 전달된다. 가운데귀는 인두(목구멍의 뒤쪽)와 연결되는 **유스타키오관(Eustachian tube)**이라는 통로로 열려 있는데, 유수타키오관은 고막 양쪽의 기압이 동일하게 유지되도록 한다. 압력이 같지 않으면 고막이 늘어나 자연스럽게 진동하지 못하므로 소리가 잘 들리지 않고, 때로는 통증을 유발하기도 한다. 이러한 압력의 불균형은 높은 산에 차를 몰고 올라갈 때와 같이 고도가 변하면 발생한다. 침을 꿀꺽 삼키거나 하품을 하면 유스타키오관이 열리고 압력이 균등하게 된다.

속귀(inner ear, 내이)는 머리뼈 속에 있는 액체로 채워진 방(chamber)들로 구성돼 있다. 소리의 진동이나 머리의 움직임은 액체를 움직이게 한다. 방들 중의 하나인 **달팽이관(cochlea**, 와우각관, cochlea는 라틴어로 '달팽이'라는 뜻)은 돌돌 말려 있는 기다란 관이다. **그림 29.4C**의 달팽이관 단면에서 보듯이 달팽이관 내부에는 액체로 채워져 있는 3개의 통로가 있다. 실질적인 청각 기관인 **코르티기관(organ of Corti)**은 가운데 통로 안에 위치한다. 코르티기관을 구성하는 털세포들은 가운데 통로의 아랫부분인 **바닥막(basilar membrane**, 기저막)에 배열돼 있다. 이 털세포가 귀의 감각수용기다. **그림 29.4D**의 확대된 구조에서 볼 수 있듯이, 덮개막(tectorial membrane)이라고 하는 돌기가 가운데 통로의 벽에서 천막과 같은 모양으로 뻗어 있다. 털세포의 끝이 그 위에 있는 덮개막과 맞닿아 있는 것에 주목하자. 감각뉴런은 털세포의 아래쪽에서 시냅스를 형성하고 청신경을 통해 뇌로 활동전위를 전달한다.

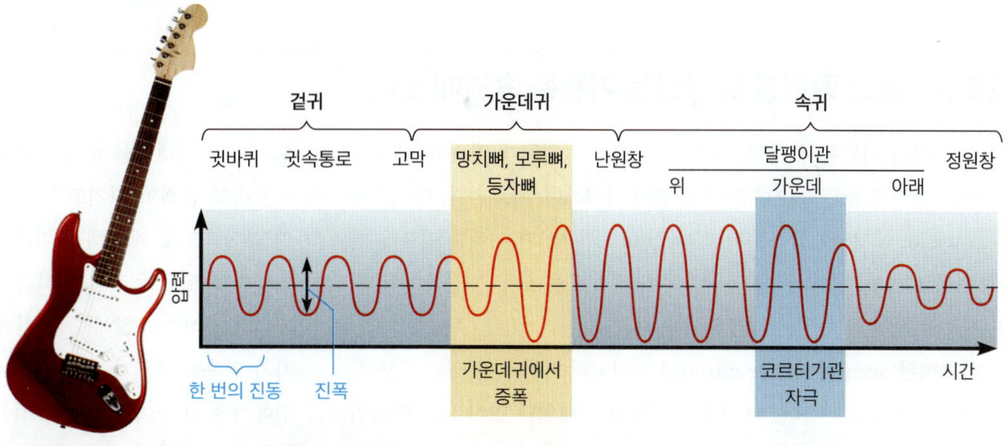

▲ 그림 29.4E 귀로 전달되는 음파의 진동 경로

시도해 보기 손가락으로 테이블을 가볍게 두드려 소리를 낸 다음, 소리가 귀를 통해 어떻게 움직이는지 설명하고, 크게 두드릴 때와 비교하시오.

청각 이제 귀의 각 부분이 어떻게 청각에 작용하는지를 살펴보자. 음파는 공기 중에서 압력 파동으로 이동하며 겉귀의 귓바퀴와 귓속통로에 의해 모아진다. 이 압력파는 소리와 똑같은 진동수(frequency)로 고막을 진동시킨다(**그림 29.4E**). 초당 진동수는 헤르츠(Hz) 단위로 표시한다.

고막에서 시작된 진동은 가운데귀의 망치뼈, 모루뼈, 등자뼈를 거쳐 난원창으로 전달되면서 약 20배 정도 증폭된다. 난원창의 진동은 속귀의 액체에 압력파를 만든다(진동이 증폭되지 않으면 속귀 내의 압력파는 더 약해진다). 압력파는 난원창에서 달팽이관의 위통로를 통해 달팽이관 끝에 도달한 뒤 아래통로를 통해 되돌아간다.

압력파가 달팽이관 내의 액체에 전달되면 압력파는 바닥막을 진동시킨다. 이 진동으로 인해 털세포의 머리카락 같은 돌기들이 그 위에 있는 덮개막에 스치듯 닿았다가 밀어내기를 반복한다. 털세포의 돌기가 구부러지면 원형질막의 이온 통로가 열리고, 양이온이 세포 내로 들어온다. 그 결과, 털세포는 수용기 전위가 발생하고 감각뉴런과의 시냅스에서 더 많은 신경전달물질을 방출한다. 그 후 감각뉴런은 청신경을 통해 더 많은 활동전위를 뇌로 보내게 된다. 압력파는 바닥막을 진동시킨 후 정원창(round window, 난원창과 유사한 막)에 도달하면 약화된다.

소리의 크기와 높낮이 뇌는 청신경 활동전위의 발생률 증가로 소리를 감지한다. 그렇다면 소리의 크기는 어떻게 감지될까? 소리가 클수록 소리가 발생시키는 압력파의 진폭(높이)이 커진다. 귀에서 압력파의 진폭이 커지면 달팽이관의 액체가 더욱 활발하게 진동하고, 털세포가 더욱 많이 구부러져 감각뉴런에서 활동전위가 더 자주 만들어지게 된다.

소리의 높낮이는 음파의 진동수에 따라 달라진다. 소프라노가 부르는 고음은 고주파를 생성하고, 베이스가 내는 저음은 저주파를 생성한다. 그렇다면 달팽이관은 어떻게 소리의 높낮이를 구별할까? 핵심은 바닥막이 길이에 따라 균일하지 않다는 것이다. 난원창에 가까운 끝은 상대적으로 좁고 딱딱한 반면, 달팽이관 끝인 반대쪽은 더 넓고 유연하다. 그 결과, 바닥막의 각 부위마다 진동의 특정 빈도에 대한 민감도가 다르다. 또한 각 부위는 축삭에 의해 대뇌겉질(cerebral cortex, 대뇌피질)의 다른 위치로 연결된다. 결과적으로 음파가 바닥막의 특정 영역을 진동시키면 피질의 특정 부위가 자극을 받는다. 뇌는 이 정보를 해석해 특정 음높이의 소리를 인식하게 된다.

젊은 사람들은 20~2만 Hz 범위의 음높이를 들을 수 있다. 나이가 들면서 8세 정도부터 점차적으로 털세포가 감소하는데, 일반적으로 고주파 소리를 감지하는 털세포가 먼저 소실된다(컴퓨터로 다양한 고주파 소리를 생성한 뒤, 다른 연령대의 가족 구성원이 어떤 음역을 들을 수 있는지 알아볼 수 있다). 개는 사람보다 높은 4만 Hz까지 높은 음을 들을 수 있으며, 박쥐는 10만 Hz의 고음을 내고 들을 수 있다.

청각 상실 청각장애(deafness, 난청)는 귀가 소리를 전달하지 못하는 것으로, 이는 중이염, 고막 파열 또는 가운데귀 뼈의 경화(일반적으로 나이가 들면서 흔히 발생하는 문제)로 인해 발생할 수 있다. 감각수용기 또는 감각뉴런의 손상으로 인해 청각장애가 발생할 수도 있다. 85 데시벨(dB) 이상의 소리에 자주 또는 장기간 노출되면 털세포가 손상되거나 파괴될 수 있으며, 이 세포는 절대로 복구되지 못한다(이러한 이유로 전문가들은 이어폰으로 음악을 하루에 60분 이상 넘지 않게, 그리고 60% 이하의 볼륨으로 듣는 것이 좋다고 권장한다). 신체 구조 중 코르티기관만큼 민감한 부분이 거의 없기 때문에 청각장애가 점진적으로 진행되며 영구적이다. 하지만 최근에는 청각을 상실한 많은 사람들이 소리를 전기 자극으로 변환해 청신경을 직접 자극하는 장치인 인공 달팽이관을 이식받고 있다.

? 털세포가 바닥막을 따라 다른 위치에서 굽어지는 원인은 무엇이며, 이러한 차이가 소리의 인지에 어떤 영향을 미치는가?

■ 서로 다른 진동수의 소리는 바닥막의 다른 부위를 진동시킨다. 털세포가 바닥막을 따라 다양한 부위에서 구부러지면 활동전위가 뇌의 다른 영역에 도달하게 되고 다른 뉴런에 의해 처리되므로 서로 다른 소리로 인지된다.

29.5 몸의 평형을 담당하는 기관은 속귀에 있다

속귀의 여러 기관은 움직임, 자세 및 평형을 감지하게 해준다. 액체로 채워진 이 구조들은 달팽이관 바로 옆에 위치하며, 반고리관, 타원주머니(utricle, 난형낭), 둥근주머니(saccule, 구형낭)가 이러한 기능을 한다(**그림 29.5**). 평형감각을 담당하는 모든 구조는 모두 동일한 방법인, 털세포의 털이 굽는 원리로 작동한다.

반고리관(semicircular canals)은 머리의 회전 속도 또는 각도 움직임의 변화를 감지한다. 이 관은 수직면으로 배열돼 있어 모든 방향의 움직임을 감지할 수 있다. 각 반고리관의 바닥에는 털세포들이 모여 있으며, 털세포의 털이 팽대정(cupula)이라고 불리는 젤라틴 구조 속으로 돌출돼 있다. 우리가 머리를 어느 방향으로 회전할 때, 반고리관 속의 액체는 진하고 끈끈하므로 머리가 움직이는 속도보다 액체는 더 느리게 흐른다. 결과적으로 액체가 팽대정을 눌러 털세포의 털이 구부러진다. 머리를 빠르게 회전할수록 압력이 커지고 뇌로 전달되는 활동전위의 빈도가 높아진다. 일정한 속도로 계속해서 머리를 회전하면 반고리관의 액체가 머리와 동일한 속도로 움직이기 시작하고 팽대정의 압력이 감소한다. 하지만 커피가 저어주지 않아도 컵 안에서 계속 회전하는 것처럼, 회전하다 갑자기 멈추면 액체가 계속 움직이며 털세포를 자극한다. 이것이 놀이공원에서 회전 놀이기구를 타거나 빠른 속도로 빙글빙글 돌 때 느끼는 것처럼, 속귀 내의 액체가 계속 움직이는 상황에서 가만히 서 있으려고 하면 왜 어지러움을 느끼는지를 설명해 준다.

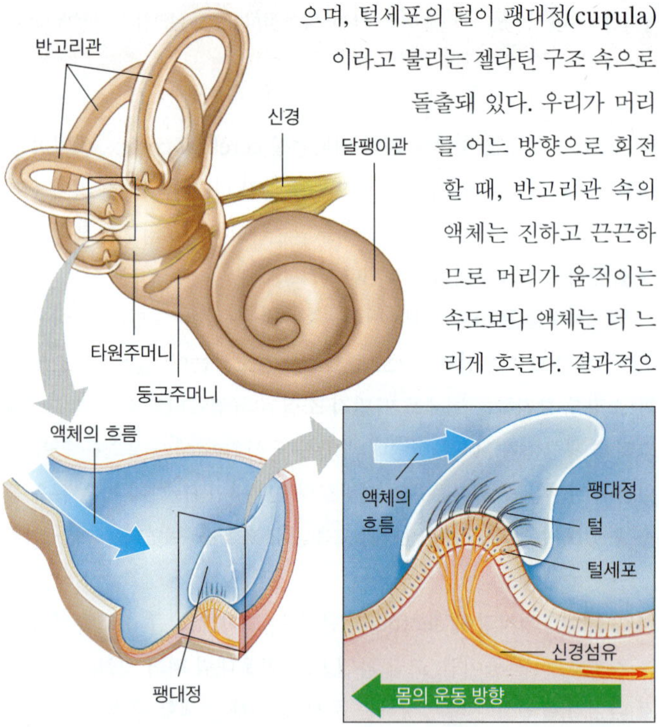

▲ **그림 29.5** 속귀의 평형감각기관

움직이지 않아도 움직이고 있는 것처럼 지각될 수 있는데, 알코올을 과도하게 섭취한 경우가 그 예다. 혈액에서 속귀로 확산되는 알코올은 반고리관 액체의 밀도를 감소시킨다. 가벼워진 액체에서 팽대정은 상대적으로 더 무거워지므로 털세포가 더욱 휘게 된다. 따라서 사람이 침대에 누워 있을 때조차도 "방이 빙빙 돌고 있다"고 지각할 수 있다.

타원주머니와 둥근주머니에 있는 털세포 무리는 중력에 따른 머리의 위치를 감지한다. 이 세포의 털은 작은 탄산칼슘 입자가 많이 들어 있는 젤라틴 물질 안으로 돌출돼 있다. 머리의 위치가 바뀌면 이 무거운 젤라틴 물질이 털을 다른 방향으로 구부러지게 해 뇌로 활동전위가 전달되는 속도를 증가 또는 감소시킨다. 뇌는 변화된 활동전위의 흐름을 해석해 머리의 새로운 위치를 결정한다.

평형 감각수용기는 뇌가 머리의 위치와 움직임을 결정하는 데 필요한 정보를 제공한다. 이 자료를 근거로 뇌는 뼈대근육에 명령을 보내고 몸의 균형을 유지할 수 있게 된다.

? 우리의 청각과 평형감각에는 어떤 유형의 수용기 세포가 공통적으로 존재하는가?

■ 기계수용기인 털세포

29.6 멀미의 원인은 무엇인가

연결 사람들은 배, 비행기, 자동차를 탈 때 어지러움과 메스꺼움을 느낄 수 있는데 이를 멀미(motion sickness)라고 한다. 대부분 사람들은 바다에서 폭풍우가 치거나 비행 중 난기류를 만났을 때만 멀미를 느끼지만, 어떤 사람들은 자동차나 버스를 타는 것만으로도 멀미를 한다. 멀미는 뇌가 속귀의 평형감각 수용기로부터 받은 신호가 눈으로부터 받은 시각 신호와 다를 때 발생하는 것으로 보인다. 예를 들어 민감한 사람이 움직이는 배 안에 있을 때, 내이의 평형 감각수용기에서 나오는 신호는 몸이 움직이고 있다는 것을 알려준다. 이러한 신호와 달리 눈은 우리 몸이 선실과 같은 정지된 환경에 있다고 뇌에 알려줄 수 있다. 결국 상반되는 신호의 차이로 인해 멀미를 느끼게 된다. 눈을 감고 있거나 안정된 수평선을 바라보면 멀미 증상이 완화될 수 있다. 많은 멀미 환자들은 증상을 완화하기 위해 드라마민(Dramamine)과 같은 진정제를 먹기도 한다. 진정제는 평형 감각수용기에서 뇌로 신호가 들어가는 것을 억제한다.

멀미를 하는 사람 3명 중 1명은 부모로부터 이러한 형질(trait)을 물려받았을 가능성이 높다. 그러나 멀미반응을 일으키는 유전자를 찾는 작업은 이제 시작에 불과하다. 최근 8만 명의 유전체와 설문조사에 대한 답변을 분석한 결과, 멀미와 연관성이 있는 35가지 유전자를 찾아내었다. 이러한 유전자의 변이가 생길 경우 멀미를 더 심하게 하는지를 결정하기 위해서는 아직 많은 연구가 필요하다.

? 비행 중 난기류로 인해 멀미를 겪는 사람에게 진정제가 어떻게 도움이 될 수 있는지 설명하시오.

■ 진정제는 시각과 평형감각 사이의 상충되는 신호를 억제해 환자에게 안도감을 준다.

시각

29.7 동물의 눈은 여러 가지 유형으로 진화했다

진화 연관성 동물이 빛을 감지하는 데 사용하는 기관은 매우 다양하지만(그림 15.12 참조), 모두 빛을 흡수하는 색소 분자를 포함하는 감각 세포인 광수용기를 포함하고 있다. 여러 동물 종을 비교하면, 배아 발생 과정에서 광수용기가 어느 위치에서 어느 시기에 발달하는지를 지정하는 유전자와 빛을 감지하는 기작에 통일성이 있음을 알 수 있다.

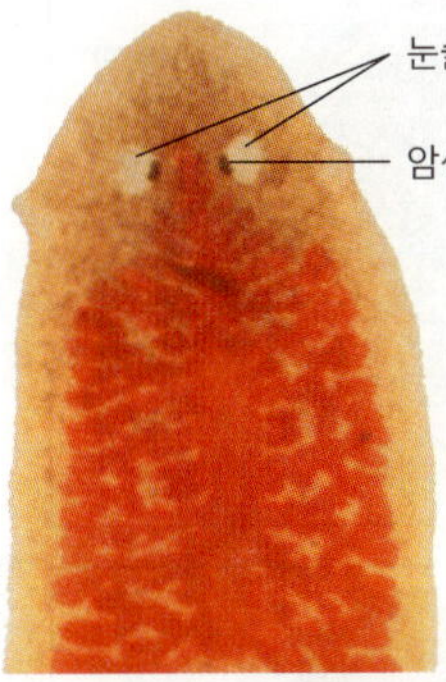

▲ 그림 29.7A 플라나리아의 눈술잔

빛을 감지하는 간단한 기관 중 하나는 무척추동물의 **눈술잔(eyecup)**으로, 자유생활 편형동물인 플라나리아에서 볼 수 있다(그림 29.7A). 플라나리아의 눈술잔은 오목하며, 어두운색을 띤 색소 세포에 의해서 부분적으로 빛이 차단되는 광수용기 세포가 있다. 빛은 색소 세포가 빛을 차단하지 않는 쪽에서만 눈술잔으로 들어갈 수 있다. 두 눈술잔의 입구가 서로 반대 방향을 향하고 있기 때문에 동물은 빛이 어느 방향에서 오는지 구별할 수 있으며, 이는 빛을 피해 어두운 은신처를 찾아야 하는 동물에게 유용하다.

겹눈 진화 과정을 거치면서 이미지를 형성할 수 있는 두 가지 주요한 유형의 눈이 진화했다. **겹눈(compound eye)**은 일부 무척추동물, 특히 곤충과 갑각류에서 볼 수 있는데, 수천 개의 빛 감지기인 낱눈(ommatidium)으로 이루어져 있다(그림 29.7B). 각 낱눈은 시야의 작은 부분에서 빛을 포착하는 자체적인 초점 조절 기능이 있는 수정체를 가지고 있다. 해당 동물의 뇌는 모든 낱눈에서의 데이터를 조합해 모자이크 이미지를 만든다. 겹눈은 매우 예민한 움직임 감지기로, 날아다니는 곤충이나 포식자의 위협을 자주 받는 작은 동물에게 중요한 이점을 제공한다. 대부분의 곤충의 겹눈은 또한 뛰어난 색채 영상을 만든다. 꿀벌과 같은 일부 종은 자외선(사람에게는 보이지 않음)을 볼 수 있어 꿀이 있는 특정 꽃을 찾도록 도와준다.

▲ 그림 29.7B 수천 개의 낱눈으로 구성된 파리의 겹눈(사진에서 낱눈이 반복된 패턴으로 보임)

홑눈 이미지를 형성할 수 있는 두 번째 유형의 눈인 **홑눈(single-lens eye)**은 일부 무척추동물과 모든 척추동물에서 발견된다. 홑눈은 이 두 그룹에서 서로 독립적으로 진화했지만 유전학적 기반은 유사하다.

그림 29.7C는 사람의 홑눈을

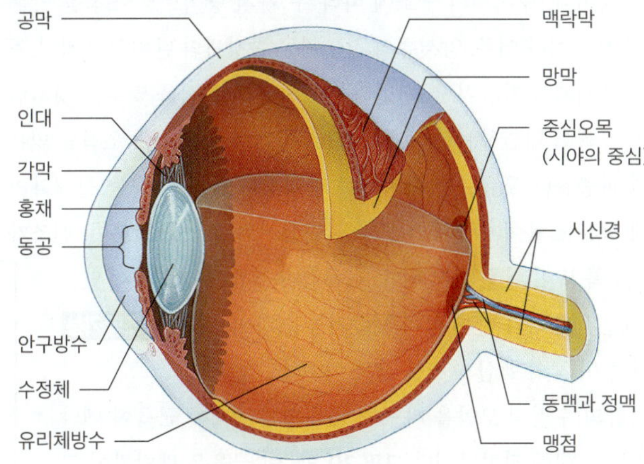

▲ 그림 29.7C 척추동물의 홑눈

보여준다. 공막(sclera)이라고 하는 단단하고 희끄무레한 결합조직 층이 안구(eyeball)를 둘러싸고 있다. 눈은 액체로 채워진 2개의 방으로 나뉜다. 물 같은 안구방수(aqueous humor)가 앞쪽 방을 채우고, 안구의 나머지 부분에는 젤리 같은 유리체방수(vitreous humor)가 들어 있다. 방수액은 눈의 모양을 유지하도록 도와준다. 또한 안구방수는 순환하면서 영양분과 산소를 공급하고 노폐물을 배출하는 역할을 한다.

눈 앞쪽에서는 공막이 투명한 **각막(cornea)**이 되며, 각막은 빛을 투과시켜 초점을 맞추는 역할을 한다. 공막 아래에는 맥락막(choroid)이라는 색소층이 있다. 맥락막의 앞쪽은 도넛 모양의 **홍채(iris)**를 형성하며, 홍채는 눈 중앙에 있는 구멍인 **동공(pupil)**을 둘러싸고 있다. 홍채는 카메라의 셔터처럼 동공의 크기를 변화시켜 빛을 더 많이 또는 더 적게 들여보내는 역할을 한다. 동공을 통과한 빛은 **수정체(lens)**를 통과한다. 이 렌즈는 수많은 광수용기 세포로 구성된 **망막(retina)**에 빛을 집중시킨다. 광수용기 세포는 망막의 초점 중심부인 **중심오목(fovea)**에 매우 밀집돼 있다. 망막의 광수용기 세포는 빛 에너지를 전환시키며, 활동전위는 시신경의 감각뉴런을 통해 뇌의 시각 중추로 전달된다.

과학자들은 사람의 눈과 관련해 특이한 점이 있음을 발견했다. 시신경은 뇌로 가는 도중에 망막의 구멍을 통과하는데, 그 결과 망막에는 광수용기 세포가 없는 영역['맹점(blind spot)'이라고 알려진 부분]이 생긴다. 맹점에서는 빛을 감지할 수 없지만, 사람은 시야가 겹치는 2개의 눈을 가지고 있기 때문에 끊어짐 없이 이미지를 인식할 수 있다. 오징어에서 발견되는 무척추동물의 홑눈에는 맹점이 없다. 상당히 기능적인 사람의 눈은 진화가 '완벽한 디자인'을 만들어내지 못한다는 것을 보여준다. 해부학적 구조는 생명체가 생존하기에 충분할 만큼만 잘 작동하면 된다(20.1절 참조).

? 사람의 눈에서 홍채의 중요성은 무엇일까?

■ 홍채는 빛이 더 많이 또는 더 적게 들어오도록 동공의 크기를 조절한다.

29.8 사람의 눈은 수정체의 모양을 변화시켜 초점을 맞춘다

수정체의 기능은 광선을 굴절시켜 망막의 광수용기에 빛이 모이도록 하는 것이다. 수정체의 구조에 따라 두 가지 방식으로 초점을 맞출 수 있다. 오징어나 어류, 양서류의 경우에는 수정체의 탄력성이 작다. 돋보기를 물체에서 가까이 또는 멀리 이동하면서 초점을 맞추는 것처럼 이 경우 근육이 단단한 수정체를 앞뒤로 움직여 이미지에 초점을 맞춘다. 반면 파충류나 포유류는 수정체가 탄력성이 있어서, 보는 물체와의 거리에 따라 근육이 수정체의 모양을 변화시켜 초점을 맞춘다. 렌즈가 두꺼울수록 빛이 더욱 휘게 된다. 이처럼 수정체는 탄력성이 있는지 없는지에 따라 다른 방식으로 기능을 하며, 이는 **구조와 기능**이라는 이 책의 핵심 주제를 잘 보여준다.

사람의 수정체 모양을 바꾸는 근육은 수정체를 근육에 매달아주는 인대를 잡아당긴다(**그림 29.8**). 이 근육은 맥락막에 고정돼 있다. 눈이 가까운 물체에 초점을 맞추면 이 근육이 수축해 맥락막을 수정체 쪽으로 당겨 인대의 장력이 감소한다. 인대가 느슨해지면 그림 29.8의 위 그림과 같이 탄력 있는 수정체가 두껍고 둥글게 된다. 이 변화는 원근조절(accommodation)이라 하며, 가까운 물체에서 발산되는 광선을 굴절시켜 초점을 맞출 수 있게 해준다.

멀리 있는 물체에서 들어온 빛은 평행하게 들어오기 때문에 굴절이 덜 돼도 망막에 초점이 맺힌다(그림 29.8 아래). 눈이 먼 물체에 초점을 맞추면 수정체를 조절하는 근육이 이완되고 맥락막이 수정체에서 멀어진다. 이로 인해 아래 그림과 같이 인대가 팽팽하게 당겨지므로 탄력성을 가진 수정체는 납작해진다.

수정체가 납작해지면서 두께가 얇아지면 빛이 많이 휘지 않는다. 따라서 멀리 있는 물체에 초점을 맞출 수 있다. 적어도 사람의 눈은 이러한 방식으로 작동한다. 다음 절에서는 이러한 눈의 작동이 잘되지 않는 경우와 이를 교정하는 방법에 대해서 살펴보고자 한다.

? 물고기의 눈이 초점을 맞추는 것과 사람의 눈이 초점을 맞추는 것은 어떻게 다른가?

■ 물고기 눈에서는 근육이 딱딱한 수정체를 앞뒤로 움직여 초점을 맞추는 반면 사람의 눈에서는 근육이 수정체의 모양을 변화시켜 조절한다.

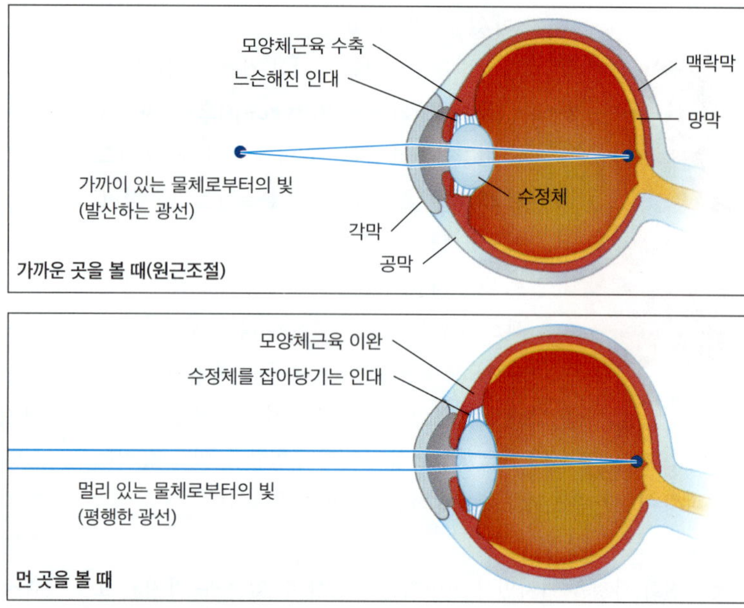

▲ **그림 29.8** 사람의 수정체가 빛에 초점을 맞추는 방법

시도해 보기 책에 있는 몇몇 단어를 응시한 후 먼 곳을 바라보자. 이 두 가지 상황에서 우리의 눈이 어떻게 조절되는지 설명하시오.

29.9 인공 렌즈나 수술로 시력을 교정할 수 있다

연결 시력검사표를 읽음으로써 미세한 차이를 구별할 수 있는 눈의 능력인 **시력(visual acuity)**을 측정한다. 시력검사 시 검사관은 가독성을 측정하기 위해서 20피트(약 6 m)의 거리에서 한 번에 한쪽 눈씩, 한 줄의 글자를 읽도록 요청한다. 이 작업을 정확하게 수행할 수 있다면 양쪽 눈의 시력이 정상(20/20)인 것이다. 즉, 20/20는 20피트 거리에서 읽도록 제작된 검사표의 글자를 20피트의 거리에서 읽을 수 있는 시력을 갖고 있다는 의미다.

20/10의 시력은 정상보다 좋은 시력으로, 20/20의 시력을 가진 사람이 10피트 거리에서만 읽을 수 있는 글자를 20피트 거리에서도 읽을 수 있다는 뜻이다. 반면 20/50의 시력은 정상보다 나쁜 시력이다. 이 경우 정상 시력을 가진 사람이 50피트 거리에서 읽을 수 있는 글자를 읽으려면 20피트 거리에 서 있어야 한다.

가장 흔한 시력 문제 중 세 가지가 근시, 원시, 난시다. 이 세 가지 모두 초점을 맞추는 데 문제가 있으며 인공 수정체로 쉽게 교정할 수 있다. **근시(nearsightedness**, myopia라고도 함)인 사람은, 가까운 거리는 잘 보이지만 멀리 있는 물체에 초점을 잘 맞추지 못한다(손상되지 않은 시력의 유형에 따라 명명됐음에 주목하라). 근시 안구(**그림 29.9A**)는 안구의 길이가 정상보다 길며, 수정체가 그것을 보상하기에는 충분히 평평해지지 못해 멀리 있는 물체의 상이 망막에 초점을 맺지 못하고 망막 앞쪽에 맺힌다. 근시는 바깥쪽 가장자리보다 가운데가 더 얇은 안경이나 콘택트렌즈로 교정할 수 있다. 교정렌즈는 멀리 있는 물체에서 들어오는 광선이 눈에 들어올 때 발산시킨다. 그러면 눈의 수정체에 의해 형성된 초점이 망막에 맺히게 된다.

원시(farsightedness, hyperopia라고도 함)는 근시와 반대되는 경우다. 안구의 길이가 정상보다 짧아 수정체가 망막 뒤에 상이 맺힐 때 발생한다(**그림 29.9B**). 원시인 사람은 먼 물체는 정상적으로 보이지만

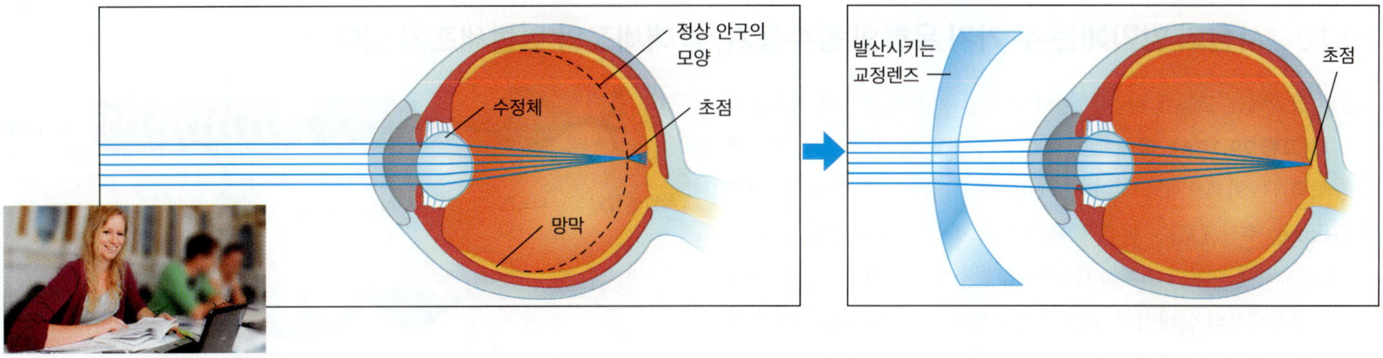

▲ **그림 29.9A** 근시(안구가 너무 긴 경우)

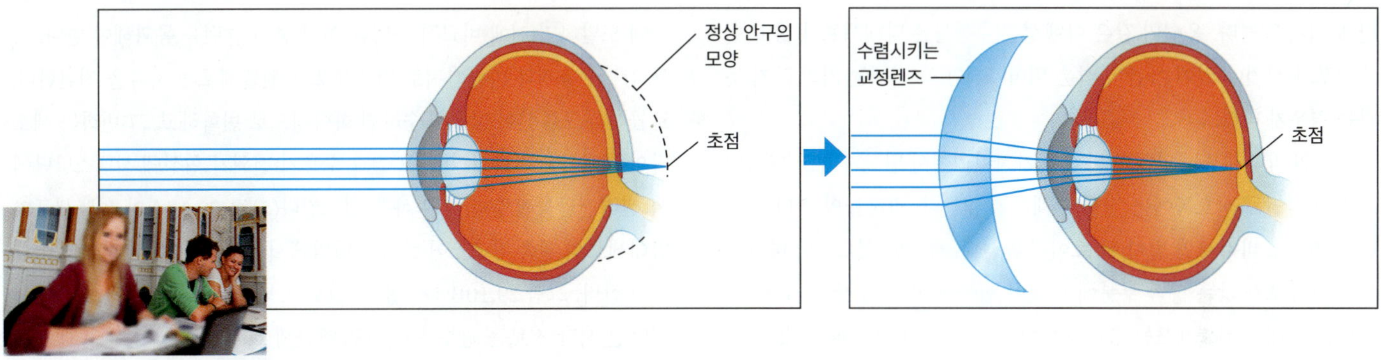

▲ **그림 29.9B** 원시(안구가 너무 짧은 경우)

가까운 물체에는 초점을 맞추지 못한다. 바깥쪽 가장자리보다 가운데가 두꺼운 교정렌즈는 가까운 물체의 광선이 눈에 들어오기 전에 약간 수렴하도록 해 원시를 보정한다.

난시(astigmatism)는 수정체 또는 각막의 모양이 휘어서 생기는 시야가 흐려지는 시력장애로, 광선이 고르게 수렴되지 않아 망막의 한 지점에 초점이 맺히지 않는다. 난시는 눈의 비대칭을 보완해 주도록 만든 비대칭 렌즈로 교정할 수 있다.

시력장애를 치료하기 위한 방법으로 수술이 있다. 레이저 각막 절삭 가공성형술(라식수술, laser-assisted in situ keratomileusis, LASIK)은 레이저를 사용해 각막의 모양을 바꾸고 초점을 맞추는 능력을 변화시킨다. 라식시술은 보편적이며 다양한 시력 문제를 교정하기 위해 시행된다.

몇 가지 시력 문제는 노화 과정과 관련돼 있다. 그중 하나는 원시의 한 형태인 노안(presbyopia)이다. 눈의 수정체는 대략 40대 중반부터 탄력이 떨어진다. 그 결과 수정체는 점차 가까운 물체에 초점을 맞추는 능력을 잃게 되고 안경 없이는 독서가 어려워진다.

모든 미국인의 약 절반이 75~80세 사이에 백내장을 겪는다. **백내장(cataract)**은 수정체가 혼탁해지는 질환으로(**그림 29.9C**), 한쪽 또는 양쪽 눈에서 발생한다. 수정체는 나이가 들면서 엉겨 붙는 경향이 있는 단백질이 있으며, 이 단백질이 엉겨 붙으면 혼탁함을 일으킨다. 망막에 도달하는 빛의 양이 줄어들어 이미지와 색이 흐릿해진다. 상태가 진행됨에 따라 시력이 감소한다. 백내장의 위험 요인으로는 정상적인 노화 과정 외에도 가족력, 흡연, 당뇨병, 햇빛에 대한 과도한 노출 등이 있다. 선글라스를 착용하고 흡연을 피하면 백내장 발생을 줄일 수 있다. 백내장은 수정체를 인공 수정체로 교체하는 수술로 교정이 가능하다.

녹내장(glaucoma)은 시신경에 손상을 초래하는 질병군을 말한다. 대부분의 녹내장은 안구방수의 과잉으로 인해 눈의 압력이 증가해 발생한다. 상태가 진행됨에 따라 압력은 시신경을 손상시켜 영구적으로 시력 손상을 초래한다. 이러한 시력 상실은 수술이나 인공 수정체로는 치료할 수 없다. 녹내장 발생 위험은 나이가 들수록 증가하며 가족력, 당뇨병, 근시 또는 원시도 위험 요인이다. 다행히 정기적인 안과 검사를 통해 안압 상승을 감지할 수 있다. 녹내장이 발견되면 매일 안약 치료를 통해 액체의 양을 줄이고 안압을 낮춰 시력 상실을 예방할 수 있다.

? 인공수정체로 녹내장을 치료할 수 없는 이유는 무엇인가?

■ 녹내장은 수정체의 결함이 아니라 안구방수가 쌓여 발생하는 질환이기 때문에 인공적으로 수정체를 교체한다고 해서 치료할 수 있는 질환이 아니다.

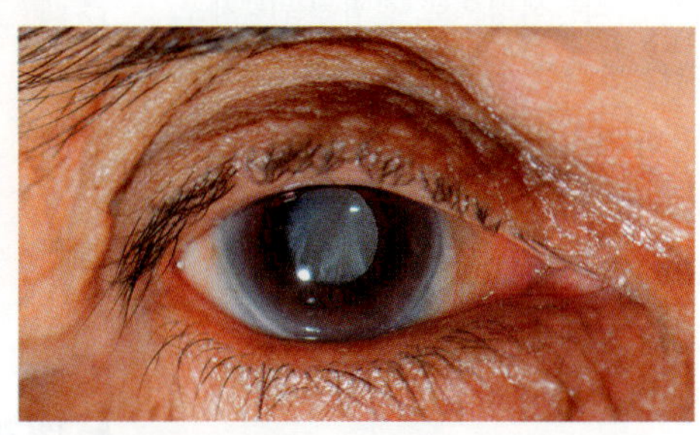

▲ **그림 29.9C** 백내장

29.10 사람의 망막에는 두 가지 유형의 광수용기, 막대세포와 원뿔세포가 있다

사람의 망막에는 모양에 따라 이름이 붙여진 두 가지 유형의 광수용기가 있다(**그림 29.10A**). **막대세포(rod**, 간상세포)는 빛에 매우 민감해 검은색, 흰색, 회색으로만 보이지만 어두운 곳에서도 볼 수 있다. **원뿔세포(cone**, 추상세포)는 밝은 빛에 자극을 받아 색을 구분할 수 있지만, 야간 시력에는 거의 기여하지 못한다. 척추동물이 가지고 있는 막대세포와 원뿔세포의 상대적인 수는 그 동물이 낮과 밤 중 어느 시간에 활동적인지 여부와 상관관계가 있다. 사람과 같은 주행성 척추동물은 막대세포보다 원뿔세포가 더 많아 낮에는 잘 볼 수 있지만 어두운 밤에는 잘 보이지 않는다. 올빼미 같은 야행성 척추동물은 막대세포가 많고 원뿔세포가 적거나 없어 야간 시력은 뛰어나지만 색 인지는 거의 하지 못하는 경우가 많다.

사람의 막대세포는 망막의 바깥쪽 가장자리에서 밀도가 높고 망막의 초점 중심인 중심오목에는 전혀 존재하지 않는다. 밤하늘의 희미한 별을 정면으로 바라보면 별이 잘 보이지 않는다. 하지만 옆으로만 바라보면 막대세포가 많은 망막 부분에 별빛이 집중돼 별을 더 잘 볼 수 있다. 이와는 반대로 원뿔세포는 중심오목에 가장 밀집돼 있기 때문에(약 15만/mm^2), 낮에는 관심 있는 물체를 정면으로 바라볼 때 가장 선명하게 보인다.

그림 29.10A에서 볼 수 있듯이, 각 막대세포와 원뿔세포는 빛을 흡수하는 시각색소를 포함하는 막으로 된 원반(disk)이 정렬돼 있다. 막대세포에는 **로돕신(rhodopsin)**이라는 시각색소가 포함돼 있다(로돕신은 비타민A에서 유래되므로 비타민A가 결핍되면 '야맹증'을 일으킬 수 있다). 흥미롭게도 로돕신의 아미노산 하나에 변화가 생기면 자외선 범위의 빛에 반응하게 되는데, 이 차이로 인해 많은 종의 새가 사람보다 다 넓은 범위의 시력을 갖는다.

원뿔세포에는 **포톱신(photopsin)**이라는 시각색소가 있다. 사람의 원뿔세포는 세 가지 유형이 있으며, 각각 다른 종류의 포톱신을 함유한다. 이 세포를 청색 원뿔, 녹색 원뿔, 적색 원뿔이라고 부르는데, 이는 포톱신에 가장 잘 흡수되는 색을 지칭하는 것이다. 우리가 수많은 색을 인식할 수 있는 이유는 각각의 특정 색에서 나오는 빛이 세 가지 원뿔세포를 독특한 양상으로 자극하기 때문이다. 색맹(colorblindness)은 하나 혹은 그 이상의 원뿔세포가 결핍될 경우 발생한다. 가장 흔한 유형은 적록색맹으로, 결핍된 원뿔세포의 유형에 따라 빨간색과 녹색이 두 가지 색 중 한 가지 색(빨강 또는 녹색)으로만 보인다.

그림 29.10B는 빛이 눈으로 들어와 망막의 세포층을 통과하는 경로를 보여준다. 막대세포와 원뿔세포의 끝이 망막 뒤쪽에 묻혀 있는 것을 볼 수 있다. 빛은 막대세포와 원뿔세포의 색소에 도달하기 전에 비교적 투명한 여러 층의 뉴런을 통과해야 한다. 모든 감각수용기와 마찬가지로 막대세포와 원뿔세포는 자극을 전환한다. 로돕신과 포톱신이 빛을 흡수하면 화학적으로 변화하고, 그 변화는 세포막의 투과성을 변화시킨다. 그 결과 수용기 전위가 형성돼 시냅스말단에서 신경전달물질 분비에 변화를 일으킨다(그림 29.10A의 원뿔세포와 막대세포의 왼쪽 참조). 이 변화는 망막에서 복잡한 통합 과정이 일어나도록 한다. 그림 29.10B에서 볼 수 있듯이, 막대세포와 원뿔세포에 의해 전달된 시각 정보는 광수용기 세포(빨간색 화살표)에서 뉴런의 네트워크를 통해 전달된다. 광수용기 세포와 뉴런 사이, 그리고 뉴런과 뉴런 사이에 있는 수많은 시냅스를 주목하자. 이 시냅스 미로에서 통합돼 이미지를 선명하게 하고 밝은 영역과 어두운 영역 사이의 대비를 증가시키는 데 도움이 된다. 활동전위는 부분적으로 통합된 정보를 시신경을 통해 뇌로 전달한다. 두 눈에서 나오는 시각 입력이 대뇌겉질의 여러 처리 센터에서 더 통합될 때 3차원 지각(우리가 실제로 보는 것)이 발생한다.

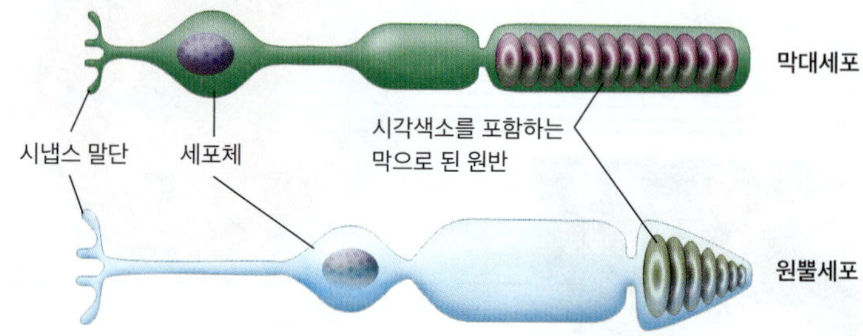

▲ **그림 29.10A** 광수용기 세포

? 야간 시야가 대부분 컬러가 아닌 회색 음영으로 표시되는 이유를 설명하시오.

■ 막대세포는 원뿔세포보다 빛에 더 민감하므로 낮은 강도의 빛은 원뿔세포보다 막대세포를 훨씬 더 많이 자극한다. 막대세포는 색을 감지하지 못한다.

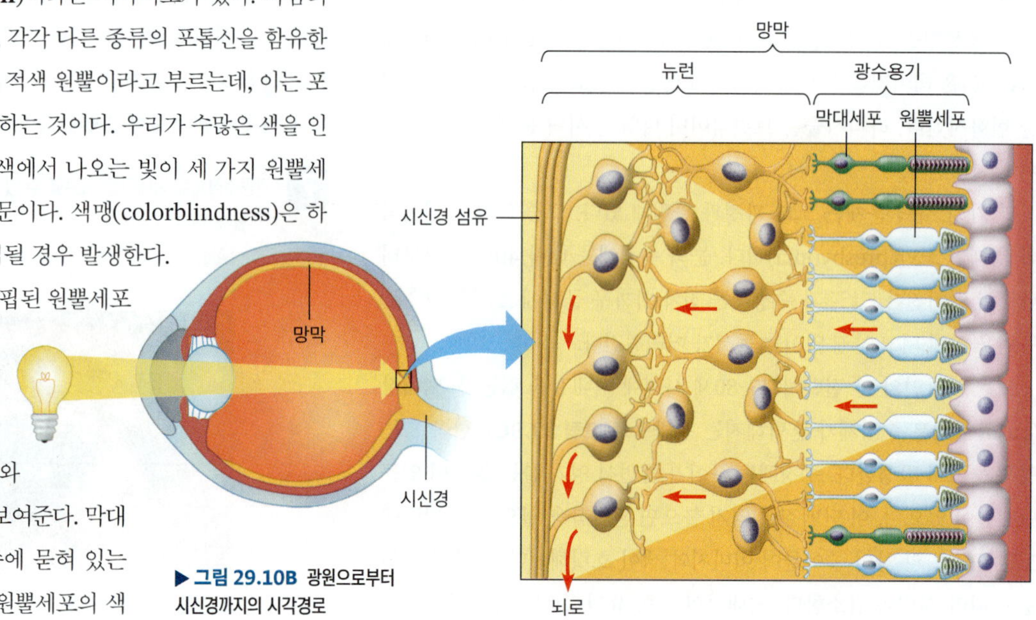

▶ **그림 29.10B** 광원으로부터 시신경까지의 시각경로

미각과 후각

29.11 미각 및 후각 수용기는 용액 또는 공기 중에 존재하는 화학물질을 감지한다

후각과 미각은 환경의 화학물질을 감지하는 수용기 세포에 의존한다. 미뢰의 화학수용기는 용액 속의 분자를 감지하고, 코의 화학수용기는 비강을 덮는 점액에 용해되는 공기 중의 분자를 감지한다.

후각(냄새)수용기(olfactory receptor)는 비강 위쪽에 있는 감각뉴런으로 축삭을 따라 직접 뇌의 후각신경구(olfactory bulb)로 신호를 전달한다(**그림 29.11**). 이 화학수용기 끝에서 나온 섬모가 코 속의 점액 쪽으로 노출돼 있다. 냄새물질(●)이 이 부위로 확산돼 점액에 용해되면 섬모의 특이적인 수용체 단백질과 결합한다. 이 결합으로 막이 탈분극되고 활동전위를 생성한다(빨간색 화살표). 뇌가 이 신호를 통합해 냄새를 감지한다. 사람은 수천 가지의 서로 다른 냄새를 구별할 수 있다.

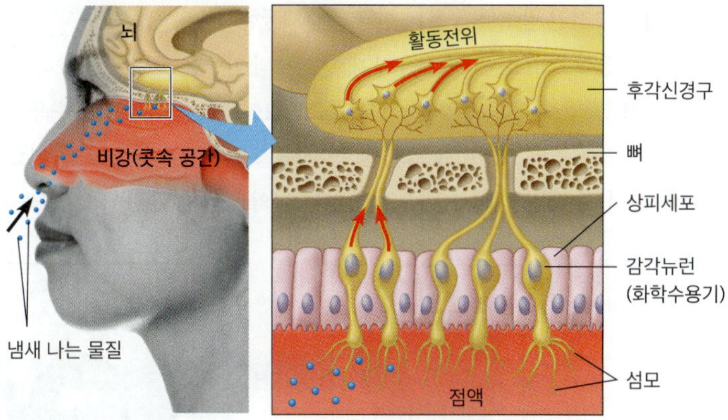

▲ **그림 29.11** 사람의 후각

많은 동물은 생존을 위해 후각에 크게 의존하며, 대부분의 포유류는 사람보다 훨씬 더 뛰어난 후각을 가지고 있다. 냄새는 먹이나 배우자의 존재 또는 위험에 대해 시각보다 더 많은 정보를 제공한다. 이와는 대조적으로 사람은 일반적으로 후각보다 시각과 청각에 더욱 집중하는 경향이 있다.

포유류의 미각수용기 세포는 혀의 맛봉오리에 위치하는 감각세포다. 단맛, 신맛, 짠맛, 쓴맛 등 네 가지 기본적인 미각 외에 다섯 번째 맛인 감칠맛('우마미'라고도 하며 이는 일본어로 '맛있는 맛'이라는 뜻임)은 아미노산인 글루탐산에 의한다. 우마미는 고기, 치즈 및 기타 단백질이 풍부한 음식에서 흔히 느낄 수 있는 고소한 풍미다. 혀의 어느 부위든 맛봉오리가 있는 부위에서는 다섯 가지 맛 중 어떠한 맛도 감지할 수 있다(따라서 혀의 '맛지도'는 오해의 소지가 있을 수 있다). 각각의 미각세포는 한 가지 종류의 미각수용기를 가지고 있으므로 다섯 가지 맛 중 한 가지 맛만 감지한다.

미각과 후각의 수용기와 뇌 경로는 서로 독립적이지만, 이 두 감각은 상호작용한다. 실제로 우리가 맛이라고 인식하는 것의 대부분은 냄새이며, 감기에 걸리면 맛에 대한 인지가 저하되는 것을 경험해 본 적이 있을 것이다. 미각과 후각이 함께 작용해 맛의 풍미를 미묘하게 느끼도록 하는 것은 시스템 내에서의 **정보**란 주제의 좋은 예다.

? 미각수용기와 후각수용기의 세포 구조와 기능의 주요 차이점은 무엇인가? (힌트: 29.1절 참조)

■ 미각수용기는 신경전달물질을 방출하며 그 신호는 감각뉴런에 의해 뇌로 활동전위를 전달한다. 후각수용기는 그 자체로 감각뉴런이다.

29.12 누군가에게는 고수가 비누 맛이 나는가

연결 고수풀(*Coriandrum sativum*)의 잎은 고수로 알려져 있으며, 남아시아와 라틴 아메리카 요리에 흔히 사용되는 식재료다. 많은 사람들이 고수의 맛을 좋아하지만, 그 맛을 좋아하지 않는 사람들은 고수를 혐오할 정도로 싫어한다. 실제로 유명한 요리사 줄리아 차일드(Julia Child)는 고수 공포증을 가지고 있었다.

고수를 싫어하는 사람들은 공통적으로 고수가 비누 맛이 난다고 하는 것으로, 과학자들은 이 허브에 대한 강한 혐오감이 유전적 요인에 근거한다고 가정했다. 형질이 유전자에 의해 영향을 받는 정도를 알아내기 위한 고전적인 접근 방식은 쌍둥이를 비교하는 것이다. 수백 명의 쌍생아를 대상으로 고수에 대한 반응을 조사한 연구에서, 동일한 유전체를 가진 일란성 쌍둥이의 80%가 고수에 대한 기호가 같다는 사실을 발견했다. 반면, 유전체의 절반을 공유하는 이란성 쌍둥이의 50%만이 고수에 대한 기호가 동일했다. 이 연구를 비롯한 유사한 연구들에서 고수의 맛을 지각하는 데 유전적 요소가 강하게 작용한다는 것을 확실히 보여주었다.

최근 연구에 따르면, 고수가 비누 맛이 난다고 느끼도록 하는 원인 중 일부는 두 가지 후각수용기와 하나의 쓴맛수용기 유전자의 변이에 의한 것으로 밝혀졌다. 여러분은 고수를 좋아하는가 아니면 싫어하는가?

? 일란성 쌍둥이의 고수에 대한 기호도가 이란성 쌍둥이보다 유사하지 않았다면, 이 결과는 무엇을 의미하는가?

■ 이는 유전자보다는 환경이 고수에 대한 기호도를 형성하는 데 큰 역할을 했다는 것을 시사한다.

29.13 요약: 중추신경계는 자극을 반응으로 연결한다

28장과 29장에서 정보 수집과 처리 과정에 대해 알아보았다. 감각수용기는 동물이 위험을 피하고, 먹이와 짝을 찾고, 항상성을 유지해 생존하는 데 필수적인 정보를 동물의 신경계에 제공한다.

택시 경적 소리 같은 큰 소음에 대한 신체의 반응을 고려하면 우리 몸의 정보 흐름 순서를 요약할 수 있다(**그림 29.13**). 속귀의 감각수용기 세포가 수천분의 1초 내에 소리를 전환하고, 활동전위가 신호를 뇌로 전달한다. 수백만 개의 시냅스로 구성된 뇌의 방대한 뉴런 네트워크는 정보를 통합해 다시 활동전위의 형태로 명령 신호를 내보낸다. 이 명령은 운동뉴런을 통해 근육으로 전달되고, 고개를 돌려 소리 나는 쪽을 바라보게 된다(다음 장에서는 근육이 신경계로부터 받은 명령을 어떻게 수행하는지 살펴본다).

? 우리가 큰 소리를 듣고 고개를 돌릴 때 관여하는 세 가지 유형의 뉴런은 무엇인가? (힌트: 28.1절 참조)

■ 감각뉴런, 사이뉴런, 운동뉴런

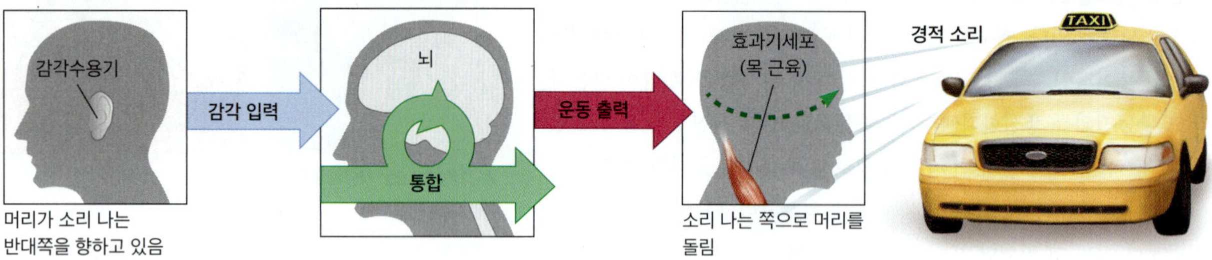

▶ **그림 29.13**
상호 연결된 신경계의 세 가지 기능

CHAPTER 29 복습

개념 복습하기

감각수용(29.1~29.3)

29.1 감각수용기는 자극을 활동전위로 변환한다. 감각수용기는 자극을 감지하는 특수화된 세포다. 감각전환은 자극 에너지를 수용기 전위로 변환하고, 수용기 전위는 활동전위를 유발해 뇌로 전달되며 활동전위는 뉴런의 회로에 의해 처리된다. 활동전위 빈도는 자극의 강도와 연관이 있다.

29.2 자기 감각 수용 모델은 불완전하다.

29.3 특수 감각수용기는 다섯 가지 종류의 자극을 감지한다. 온도수용기는 뜨겁거나 차가운 것을 감지한다. 기계수용기는 접촉과 같은 기계적 에너지에 반응한다. 통각수용기는 위험한 자극을 감지하고 화학수용기는 화학물질에 반응하며, 전자기수용기는 전기, 자기 또는 빛에 반응한다.

청각 및 평형감각(29.4~29.6)

29.4 귀는 기압에 의한 음파의 파장을 활동전위로 바꾸어 소리로 지각한다. 사람의 귀는 음파를 겉귀와 고막을 거쳐 가운데귀의 여러 뼈 그리고 속귀의 달팽이관에 있는 액체에 전달한다.

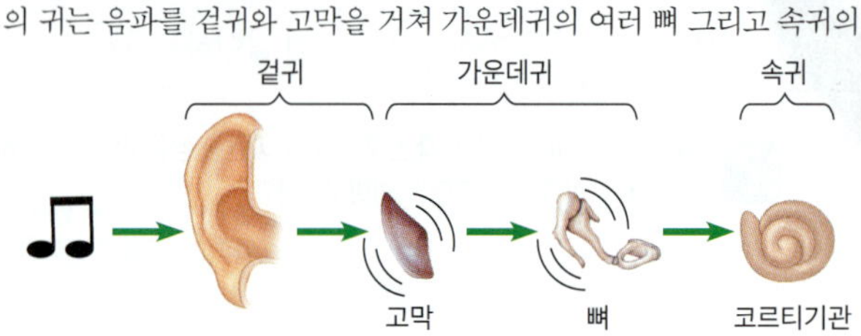

액체의 압력파는 코르티기관의 털세포를 막에 부딪쳐 뇌로 가는 신경 신호를 일으킨다. 소리가 클수록 더 많은 활동전위가 발생하고, 음높이에 따라 코르티기관의 다른 부위가 자극된다.

29.5 몸의 평형을 담당하는 기관은 속귀에 있다. 속귀에 위치한 반고리관과 타원주머니와 둥근주머니는 몸의 위치와 움직임을 감지한다.

29.6 멀미의 원인은 무엇인가? 속귀로부터 오는 신호와 눈에서 오는 신호가 다르면 멀미가 생길 수 있다.

시각(29.7~29.10)

29.7 동물의 눈은 여러 가지 유형으로 진화했다. 동물의 눈은 빛의 세기와 방향을 감지하는 단순한 눈술잔에서 많은 수정체가 달린 곤충의 겹눈, 오징어와 사람을 포함한 척추동물의 홑눈 등 다양하다.

29.8 사람의 눈은 수정체의 모양을 변화시켜 초점을 맞춘다. 눈이 가까운 물체에

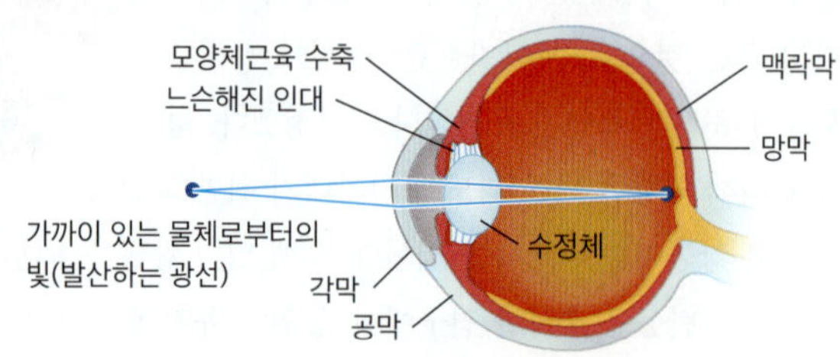

초점을 맞추면 탄력이 있는 수정체는 두껍고 둥글게 변한다. 눈이 멀리 있는 물체에 초점을 맞추면 수정체는 납작해진다.

29.9 인공 렌즈나 수술로 시력을 교정할 수 있다. 근시와 원시는 초점이 망막 위에 맺히지 않아서 발생한다. 교정렌즈는 광선을 굴절시켜 이러한 문제를 보완해 준다. 일부 눈 질환은 나이가 들면서 더 빈번하게 발생한다.

29.10 사람의 망막에는 두 가지 유형의 광수용기, 막대세포와 원뿔세포가 있다. 막대세포는 빛이 희미한 곳에서 회색의 음영을 볼 수 있게 하며, 원뿔세포는 빛이 밝을 때 색깔을 볼 수 있게 한다.

미각과 후각(29.11~29.13)

29.11 미각 및 후각 수용기는 용액 또는 공기 중에 존재하는 화학물질을 감지한다. 미각과 후각은 특정 분자와 결합하는 화학수용기에 의존한다. 미각수용기는 다섯 가지 미각을 생성한다. 후각 감각뉴런은 비강을 덮고 있다.

29.12 누군가에게는 고수가 비누 맛이 나는가?

29.13 요약: 중추신경계는 자극을 반응으로 연결한다. 신경계는 감각 정보를 받아 통합한 다음 적절한 근육 반응이 일어나도록 명령한다.

개념 연결하기

1. 감각수용기를 요약한 다음 개념도를 완성하자.

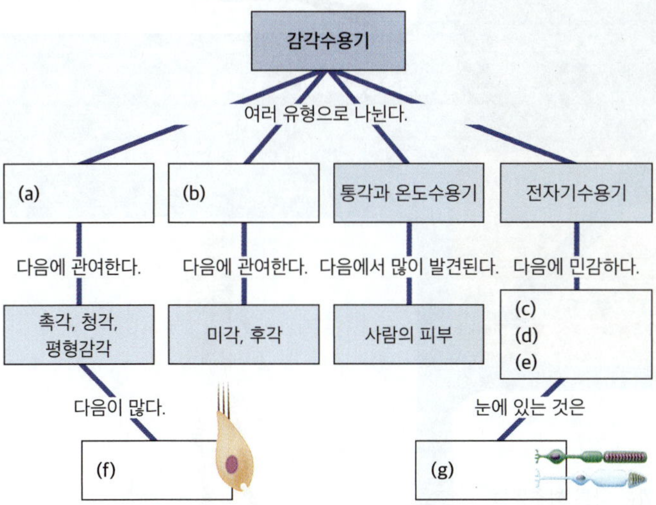

학습 평가하기

1단계: 지식과 이해력 평가

2. 다음 중 눈 질환과 그 원인이 올바르게 짝 지어진 것은 무엇인가?
   a. 근시, 짧은 안구
   b. 원시, 긴 안구
   c. 난시, 비정상적인 모양의 수정체
   d. 백내장, 비정상적인 모양의 각막
3. 다음 중 프로스타글란딘에 민감한 수용기는 무엇인가?
   a. 통각수용기
   b. 화학수용기
   c. 광수용기
   d. 신장수용기
4. 상어의 측면에 있는 옆줄계와 사람 귀의 달팽이관에 있는 수용기 세포의 공통점은 무엇인가?
   a. 털세포를 사용해 소리나 압력파를 감지한다.
   b. 평형감각기관이다.
   c. 전자기수용기를 사용해 유체의 압력파를 감지한다.
   d. 입자를 사용해 위치 변화를 신호하고 수용기 세포를 자극한다.
5. 책에서 눈을 떼고 멀리 있는 물체에 초점을 맞추면 모양체 근육은 ________되고, 수정체는 망막에 상을 맺기 위해 ________ 된다.
   a. 이완, 평평하게
   b. 이완, 더 둥글게
   c. 수축, 평평하게
   d. 수축, 더 둥글게
6. 뇌는 소리의 크기와 높낮이를 어떻게 결정하는가?

2단계: 응용과 분석력 평가

7. 80세의 존슨 씨는 점점 청력이 약해지고 있다. 의사는 청력검사를 하기 위해 진동하는 소리굽쇠를 존슨 씨의 머리뼈 뒤쪽에 바짝 붙였다. 이렇게 하면 머리뼈를 통해 진동이 전달돼 달팽이관의 액체가 움직이게 된다. 존슨 씨는 이런 방식으로 소리굽쇠의 소리를 들을 수 있었지만, 소리굽쇠를 머리뼈에서 떼어내 귀에서 몇 인치만 떨어트려 놓으면 소리굽쇠의 소리를 들을 수가 없었다. 존슨 씨는 어디에 문제가 있을까? (답에 대한 이유를 설명하시오.)
   a. 뇌로 가는 청신경
   b. 달팽이관의 털세포
   c. 가운데 귀의 뼈
   d. 달팽이관의 액체
8. 롤러코스터를 숨 막히게 타고 나면 내리고 나서 잠시도 가만히 서 있기가 어려울 정도로 머리가 어지럽고 현기증이 날 수 있다. 이런 현상은 왜 발생하는가?
9. 오른쪽 눈을 감고 왼쪽 눈으로 아래 이미지의 +기호를 보자. 약 60 cm 떨어진 거리에서 시작해 +를 보면서 머리를 천천히 가까이 가져가 보자. +기호에 가까이 다가가면 점은 어떻게 보이는가? 이러한 활동은 눈 구조의 어떤 특성을 보여주는가?

3단계: 종합평가

10. 막전위를 y축으로, 시간을 x축으로 하는 그래프를 그린 후, 쓴맛이 없을 때 발생하는 활동전위와 사람이 쓴맛을 느낄 때 발생하는 활동전위를 그래프에 그리시오.
11. **과학적 사고** 부화한 바다거북 새끼들이 지구 자기장을 이용해 이동한다는 사실을 알고 있다. 이 바다거북은 모래밭에서 바다로 이동할 때도 달로부터 오는 빛 신호를 사용할까? 이 질문에 답하기 위한 실험을 설계하시오.
12. 어두운 조명이나 이불 아래에서 손전등을 사용해 책을 읽어본 적이 있는가? 어른들이 희미한 조명에서 책을 읽으면 눈이 피곤해지고 시력이 나빠진다고 꾸중하셨다면 이것은 맞는 걸까? 또한 매우 밝은 빛도 눈에 해로울 수 있다고 생각하는가?

CHAPTER

30 동물의 움직임

핵심 개요

움직임과 이동(30.1~30.2)

이동에는 근육과 뼈대의 조화로운 상호작용이 필요하다.

척추동물 뼈대(30.3~30.6)

척추동물은 유사한 뼈대를 가지고 있지만, 고대 초기구조가 다양한 기능에 맞게 변화되는 구조적 적응이 일어났다.

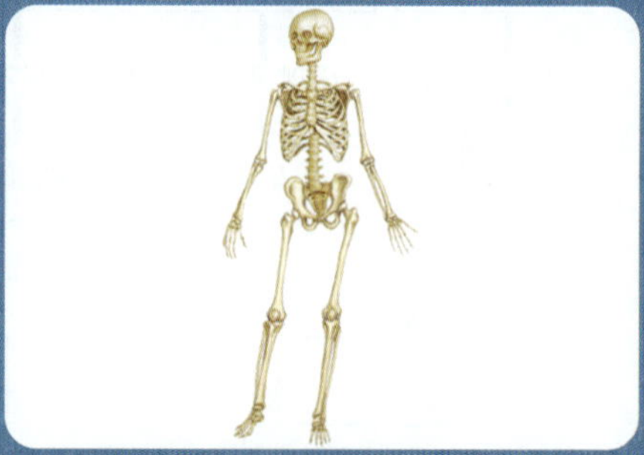

근육수축과 움직임(30.7~30.12)

근육은 뼈대와 함께 작동하여 몸을 움직인다. 각 근육세포는 자체 수축장치를 가지고 있다.

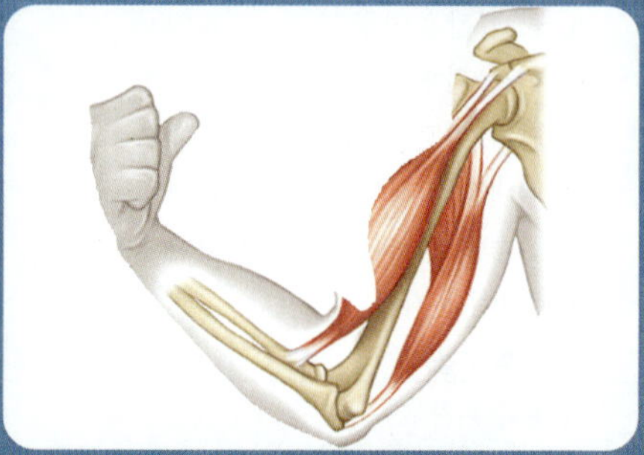

30.0 근육계와 뼈대계가 함께 작동한다

전력 질주하는 말은 달리기 위해 태어난 동물의 훌륭한 예다. 말의 다리는 사람을 포함한 다른 척추동물의 그것과 동일한 뼈대 성분으로 구성되어 있다. 그러나 현대 말의 조상이 평원에서 진화하면서, 발의 뼈가 길어져서 한 번에 23피트(약 7미터)까지 갈 수 있는 길고 가느다란 다리로 변형되었다. 대부분의 동물에서 긴 다리의 장점은 다리를 움직이는 데 필요한 근육 무게의 증가—근육은 매우 무겁다—때문에 상쇄된다. 그러나 마디뼈(cannon)라고 불리는 말의 변형된 발은 가벼운 힘줄만 가지고 있다. 이와 함께 근육계와 뼈대계의 다른 적응의 결과, 말은 속도와 지구력 모두에서 뛰어나다.

대부분의 동물은 한 장소에서 다른 장소로 움직이는 이동을 할 수 있다. 말과 같이 재빠르게 움직이는 동물이 있는 반면, 달팽이나 거북이같이 매우 느린 동물도 있다. 이동 방식도 다양해서, 달리거나 걷는 동물도 있고, 기거나 뛰거나 날거나 수영하는 동물도 있다. 거의 모든 이동방식은 다양하지만 공통된 주제를 갖고 있는데, 그것은 바로 근육계와 골격계가 협력하여 작동한다는 것이다. 이 장에서는 동물의 움직임 유형과 이를 뒷받침하는 뼈대계를 살펴본다. 또한 사람의 근육계와 뼈대계에 대해서도 알아보자.

움직임과 이동

30.1 이동을 위해서는 마찰과 중력을 극복하기 위한 에너지가 필요하다

움직임은 동물의 뚜렷한 특징이다. 사물에 부착하여 살아가는 동물들도 몸을 움직인다. 모든 유형의 동물의 움직임에는 근본적인 유사점이 있다. 세포 수준에서 보면, 모든 형태의 움직임은 단백질 섬유가 서로 어긋나게 움직이는, 에너지를 소비하는 과정이다. 근육세포의 수축과 아메바운동은 미세섬유를 기반으로 하며, 섬모와 편모는 미세소관이 주요 구성요소다(4.18절 참조).

대부분의 동물은 자유롭게 움직일 수 있다. 한 장소에서 다른 장소로 움직이는 에는 동물을 머물러 있도록 하는 두 가지 힘, 즉 마찰력과 중력을 극복할 수 있는 에너지가 필요하다. 이 두 가지 힘의 상대적 중요성은 환경에 따라 다르다. 물은 밀도가 높아 물을 가로지르면서 움직이는 신체에 상당한 저항을 주기 때문에 수생동물은 마찰력을 극복하는 데 많은 에너지를 써야 한다. 물은 동물의 체중 대부분 또는 전부를 받쳐주기 때문에 중력은 큰 문제가 되지 않는다. 육지에서는 공기가 동물의 몸을 받쳐주지 않기 때문에 중력이 극복해야 할 주요 과제다. 육상동물이 걷거나 달리거나 깡총깡총 뛸 때, 다리 근육은 동물이 앞으로 나가면서 넘어지지 않게 하는 데 에너지를 소비한다. 반면, 공기는 너무 빠르게 움직이지만 않으면 움직이는 동물에게 거의 저항을 주지 않는다. 마찰은 동물의 몸과 지면 사이의 접촉 지점으로 제한된다. 이제 동물 이동의 주요 방식에 대해 살펴보자.

헤엄(수영) 동물은 다양한 방식으로 헤엄친다. 예를 들어, 많은 곤충은 사람과 같이 다리를 노처럼 사용하여 물을 밀어내는 방식으로 헤엄친다. 오징어, 가리비와 일부 해파리는 물을 빨아들였다가 분출하는 제트 추진 방식으로 헤엄친다. 물고기는 몸과 꼬리를 좌우로 움직이며 헤엄친다(**그림 30.1A**). 고래와 기타 수생 포유류는 몸과 꼬리를 위에서 아래로 물결모양으로 움직이면서 이동한다. 물개, 돌고래, 펭귄과 많은 물고기들의 유선형 모양은 물의 마찰을 줄여 빠른 유영을 도와주는 적응의 하나다.

▲ 그림 30.1A 물고기의 수영

걷기와 달리기 걷는 동물은 걸음마다 각 다리를 교대로 움직이며 발과 지면 사이의 마찰을 극복한다. 균형을 유지하기 위해 네발 동물은 천천히 걸을 때 보통 세 발을 항상 땅에 딛고 걷는다. 새나 사람 같은 두발 동물은 땅에서 덜 안정적이기는 하지만, 걸을 때 적어도 한 발의 일부를 땅에 딛고 있다. 달리는 네발 동물은 한 걸음마다 2개 또는 3개의 다리를 움직인다. 어떤 걸음걸이에서는 모든 발이 동시에 땅에서 떨어지기도 한다(**그림 30.1B**). 달리는 속도에서는 발과 지면의 접촉보다는 달리는 자전거가 균형을 유지하는 것처럼 운동량이 몸의 자세를 안정시킨다.

▲ 그림 30.1B 전속력으로 달리는 개

깡총 뛰기(도약) 캥거루와 같은 일부 동물은 주로 깡총깡총 뛰어(hopping) 이동하는데(**그림 30.1C**), 이는 여러 설치류에서도 독립적으로 진화한 독특한 이동 방식이다. 캥거루의 뒷다리에 있는 큰 근육은 큰 힘을 발휘하고, 많은 에너지를 생성한다. 다리의 힘줄(근육과 뼈를 연결하는)은 캥거루가 착지할 때 외다리 죽마의 스프링처럼 순간적으로 에너지를 저장한다. 점프 높이가 높을수록 죽마가 착지할 때 스프링이 더 단단하게 눌리는 것처럼 캥거루가 더 높이 점프할수록 착지 시 더 큰 에너지가 힘줄에 저장된다. 이렇게 저장된 에너지는 다음 깡총 뛰기에 밀어 올리는 힘을 제공하면서, 동물이 이동하는 데 소모되는 에너지의 총량을 줄여준다. 쉬고 있을 때 캥거루는 꼬리와 두 뒷발이 모두 땅에 닿게 하면서 똑바로 앉는다. 이 자세는 동물의 몸을 안정하게 만들어 자세 유지에 에너지가 거의 들지 않는다.

외다리 죽마의 비유는 다른 많은 육상동물에게도 그대로 적용된다. 곤충, 말 또는 사람의 다리에 있는 힘줄은, 깡총 뛰는 캥거루보다는 적은 양이기는 하지만 걷거나 달리는 동안 일시적으로 에너지를 간직한다.

▲ 그림 30.1C 캥거루의 깡총 뛰기

기기(포복) 다리가 없거나 매우 짧은 동물은 땅을 따라 몸을 질질 끌고 기면서 움직인다. 몸의 많은 부분이 땅에 닿아 있기 때문에 중력보다는 마찰을 극복하는 데 주로 에너지가 사용된다. 많은 뱀은 몸 전체를 좌우로 물결치면서 빠르게 기어간다. 몸 아래쪽에 있는 크고 움직이는 비늘의 도움으로 뱀은 땅을 밀면서 앞으로 나아간다. 보아뱀과 비단뱀은 근육으로 배 비늘을 땅에서 들어 올려 앞으로 기울인 다음 다시 땅을 뒤로 밀어내는 방식으로 일직선으로 앞으로 기어간다.

지렁이는 연동운동(peristalsis)으로 기어가는데, 이것은 머리에서 꼬리로 이어지는 근육수축 파동에 의해 만들어지는 움직임이다. (21.6절에서 연동운동이 소화관을 통해 음식물을 이동시키는 방법을 살펴보았다.) 동물이 연동운동으로 움직이려면 몸을 늘리는 근육과 줄이는 근육이 필요하다. 또한 몸을 땅에 고정하는 수단과 수성뼈대(30.2절에서 자세히 설명)도 필요하다. **그림 30.1D**에서 보듯이, 지렁이의 몸 둘레를 둘러싸고 있는 돌림근육이 수축하면, 체액으로 채워진 체절들 중 일부 영역이 오그라들면서 길어지게 된다. 동시에 몸의 길이를 따라 달리는 세로근육은 다른 영역을 짧고 두껍게 만든다. 몸 아래에 있는 뻣뻣한 강모는 육상화의 스파이크처럼 땅을 움켜쥐고 정지마찰을 제공한다. (손가락으로 지렁이의 배를 만져보면 수염처럼 느껴지는 강모를 확인할 수 있다.) ❶ 지렁이의 머리와 꼬리 끝의 체절들은 짧고 굵으며(세로근육이 수축), 강모로 땅에 고정되어 있다. 머리 바로 뒤의 체절들은 얇고 길고(돌림근육 수축), 강모는 땅에서 떨어져 있다. ❷ 머리 체절들의 돌림근육이 수축하면서 머리가 앞으로 움직인다. 머리 바로 뒤와 꼬리 근처의 체절들은 이제 두꺼운 상태로 강모로 고정되어 있어 머리가 뒤로 미끄러지는 것을 방지한다. ❸ 머리 체절이 다시 두꺼워지면서 시작 지점보다 앞쪽의 새로운 위치에서 바닥에 고정되어 있다. 지렁이의 꼬리 쪽 체절은 이제 지면에 대한 고정을 풀어 앞으로 당겨진다.

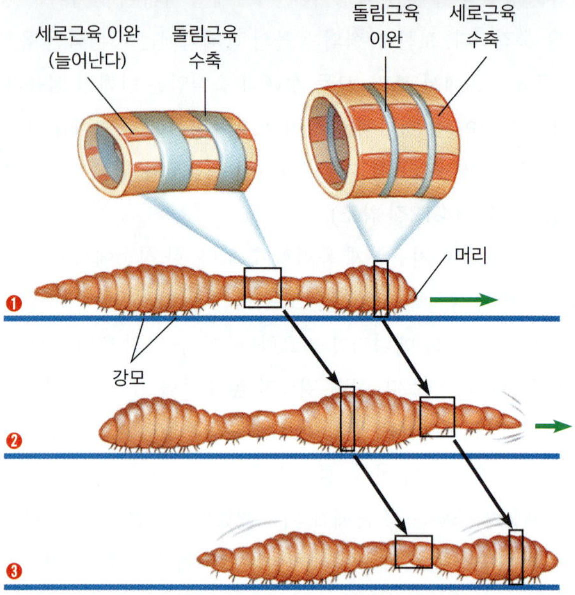

▲ **그림 30.1D** 연동운동으로 기는 지렁이

새는 빠른 속도로 아주 긴 거리를 비행할 수 있다. 가장 빠른 새인 칼새(swift)는 시속 170 km(105마일)로 날 수 있다. 가장 긴 거리를 이동하는 새는 극제비갈매기로, 매년 북극과 남극 사이를 왕복한다.

동물의 근육계는 마찰과 중력을 극복할 수 있는 힘을 공급한다. 그러나 움직임과 이동은 근육과 뼈대계의 조화로운 상호작용을 통해 이루어진다. 다음 절에서는 뼈대계(skeletal system, 골격계)가 움직임에 어떻게 관여하는지 알아보자.

? 동물이 움직이기 위해 극복해야 하는 힘의 측면에서 수영과 걷기를 대조해 보자.

■ 물속을 헤엄치는 동물에게 마찰은 이동을 방해하지만, 부력 때문에 중력은 거의 영향을 미치지 않는다. 그러나 땅 위를 걷는 동물에게 공기의 마찰은 큰 영향을 주지 않지만, 그 동물은 중력에 대항하여 스스로를 지탱해야 한다.

날기(비행) 동물의 많은 문(phylum)에는 기거나 걷거나 뛰는 종이 있으며, 수영하는 종은 거의 모든 문에 들어 있다. 그러나 날기는 단지 일부인 곤충, 파충류(새 포함), 포유류 중 박쥐 등에서만 진화했다. 그중에 몸집이 큰, 날 수 있는 파충류들이 수백만 년 전에 멸종하면서 새와 박쥐만이 날 수 있는 척추동물로 남게 되었다.

동물이 하늘을 날기 위해서는 날개가 중력을 완전히 극복할 수 있을 만큼 충분한 '양력'을 발생시켜야 한다. 비행의 핵심은 날개의 모양이다. 비행기의 날개를 포함한 모든 유형의 날개는 날개골(airfoil) 구조로 되어 있어, 공기의 흐름을 변화시켜 양력을 만들어낸다. **그림 30.1E**에서 볼 수 있듯이 날개골은 앞쪽 가장자리가 뒤쪽 가장자리보다 두꺼우며, 윗면이 다소 볼록하고 아랫면은 평평하거나 오목하다. 이 모양은 날개 위를 통과하는 공기가 날개 아래를 통과하는 공기보다 더 긴 거리를 이동하도록 한다. 그 결과, 날개 위쪽의 공기 분자 사이의 공간이 아래에 있는 공기 분자 사이의 공간보다 더 커져서 날개 아래의 공기압이 더 커지게 된다. 이 압력 차이로 인해 날 수 있는 양력이 발생한다.

▲ **그림 30.1E** 비행 중인 캐나다 두루미

30.2 뼈대는 지지, 운동, 보호 기능을 한다

뼈대는 많은 기능을 한다. 뼈대가 없으면 동물은 움직일 수 없으며, 몸을 지탱하기 어려워 대부분의 육상동물의 몸은 체중 때문에 축 처지게 될 것이다. 물에 사는 동물들도 모양을 유지해 주는 뼈대가 없으면 형체 없는 덩어리가 될 것이다. 또한 뼈대는 동물의 연약한 부위를 보호하기도 한다. 예를 들어, 척추동물의 머리뼈는 뇌를 보호하고, 갈비뼈는 가슴우리(rib cage, 흉곽)를 형성하여 심장과 폐를 둘러싸고 보호한다.

뼈대에는 수성뼈대, 겉뼈대, 속뼈대의 세 가지 주요 유형이 있으며, 세 가지 유형 모두 여러 기능을 갖는다.

수성뼈대 수성뼈대(**hydrostatic skeleton**)는 압력이 있는 밀폐된 신체 구획 안을 채우고 있는 액체로 이루어진다. 이것은 일반적으로 익숙한 딱딱한 재료로 만들어진 뼈대와는 매우 다르지만, 그럼에도 불구하고 수성뼈대는 몸의 모양을 만들어주고 근육 활동을 지지한다. 또한 충격을 완화시켜 신체부위를 보호한다.

체절동물인 지렁이는 체액으로 채워진 체강을 가지는데, 이 체강은 분리된 구획으로 나뉘어 있다(그림 18.10A 참조). 이 체절들 속 액체가 수성뼈대로서 작용하는데, 수성뼈대에 작용하는 돌림근육과 세로근육의 작용으로 30.1절에서 설명한 연동운동이 일어난다.

▲ **그림 30.2A** 히드라 수성뼈대의 두 가지 상태

히드라나 해파리와 같은 자포동물(cnidarian)도 수성뼈대를 가지고 있다. 예를 들어, 히드라(**그림 30.2A**)는 체벽에 수축성 세포가 있어 물이 채워진 위수강(gastrovascular cavity)에 압력을 가하여 몸의 형태를 바꿀 수 있다(18.6절 참조). 히드라가 입을 다물면 위수강을 둘러싼 수축성 세포가 수축하면서 몸이 길어지는데(그림 30.2A, 왼쪽), 이것은 지렁이가 돌림근육이 수축할 때 몸이 길어지는 것과 유사하다. 이 동작으로 촉수도 펼쳐진다. 히드라는 종종 이 자세로 몇 시간 동안 앉아 촉수로 옭아맬 수 있는 작은 벌레나 갑각류와 같은 먹이를 기다린다. 히드라가 공격을 받거나 하면 입이 열리고 물이 흘러나온다. 동시에 체벽에 세로로 늘어선 수축성 세포가 수축하면서 몸이 짧아진다(그림 30.2A, 오른쪽).

수성뼈대는 많은 수생동물에게 그리고 연동운동으로 기거나 구멍을 파는 육상동물에게 잘 맞게 작동한다. 수성뼈대를 가진 동물은 대부분 부드럽고 유연하다. 예를 들어, 히드라는 몸과 촉수를 펼칠 수도 있고, 몸을 확장하여 위수강보다 큰 먹이도 삼킬 수 있다. 지렁이가 흙을 뚫고 구멍을 뚫을 수 있는 것은 몸이 유연하고 수성뼈대를 가지고 있기 때문이다. 마찬가지로, 관속에 사는 환형동물은 늘릴 수 있는 몸과 수성뼈대(그림 18.10C 참조)를 가지고 있어 먹이활동과 기체교환을 위해 튜브 밖으로 뻗었다가 위협을 받으면 빠르게 다시 튜브 안으로 들어갈 수 있다. 그러나 수성뼈대는 걷기와 같이 동물의 몸을 땅에서 띄우는 지상 이동은 지지하지 못한다.

겉뼈대 다양한 수생동물과 육상동물이 단단한 외부 뼈대, 즉 **겉뼈대**(**exoskeleton**, 외골격)를 가지고 있다. 겉뼈대는 곤충, 거미, 게와 같은 갑각류를 포함하는 절지동물문의 특징이다(18.11절 참조). 절지동물의 겉뼈대는 다당류인 키틴(chitin)과 단백질로 이루어진 층으로 구성된 단단한 덮개다. 근육은 겉뼈대 안쪽 표면으로 마디와 판에 붙어 있으며, 다리 관절의 겉뼈대는 얇고 유연하여 움직일 수 있다. 게 다리를 먹는다는 것은 겉뼈대를 갈라 그 안에 있는 맛있는 근육을 꺼내 먹는 것이다.

절지동물의 겉뼈대는 무생물물질로 이루어져 있어 동물과 함께 성장하지 않는다. 동물이 성장하려면 주기적으로 겉뼈대를 벗고(탈피) 더 큰 겉뼈대로 교체해야 한다(**그림 30.2B**). 종에 따라 다르지만, 대부분의 곤충은 성충이 되기까지 4~8회 탈피(molt)를 한다. 일부 곤충과 가재나 게와 같은 일부 절지동물은 주기적으로 탈피를 하면서 일생 동안 계속 성장한다.

절지동물은 어떤 종류든 반드시 겉뼈대를 갖추고 있다. 예를 들어, 새로 탈피한 게는 이전 겉뼈대 안쪽에 형성된 부드럽고 탄력 있는 겉뼈대

▲ **그림 30.2B** 절지동물의 겉뼈대: 탈피하는 게

로 덮여 있다. 탈피한 게는 바로 공기나 물을 들이마시며 몸을 부풀린다. 그러면 새 겉뼈대는 부풀려진 상태에서 단단해지고, 동물은 더 성장할 수 있는 공간을 갖게 된다. 부드러운 껍질을 가진 게를 먹어본 경험이 있다면, 새 겉뼈대가 씹을 수 있을 정도로 부드러운 이 짧은 시기에 잡은 것이다. 상상할 수 있는 것처럼 새로 탈피한 절지동물은 잡아먹히기 쉽다. 갑옷이 약할 뿐만 아니라 일반적으로 이동능력도 떨어져서인데, 부드러운 겉뼈대가 근육의 온전한 활동을 지지할 수 없기 때문이다.

해변에서 흔히 볼 수 있는 대합, 달팽이, 고둥(**그림 30.2C**)과 같은 연체동물의 껍질도 겉뼈대다. 이 껍질은 체벽이 얇은 판처럼 펼쳐진 구조인 외투막(mantle)에서 분비된다. 연체동물은 성장하면서 탈피하지 않고, 껍질 바깥쪽 가장자리를 넓히면서 껍질 지름을 키운다. 키틴질로 이루어진 절지동물의 겉뼈대와는 달리 연체동물의 껍질은 탄산칼슘이라는 무기질로 만들어져 있다. 따라서 많은 해양 연체동물은 껍질을 만드는 데 필요한 탄산염 이온의 농도를 감소시키는 해양의 산성화에 취약하다(2.15절 참조).

▲ **그림 30.2D** 살아 있는 성게(왼쪽)와 성게의 속뼈대(오른쪽)

속뼈대 속뼈대(**endoskeleton**, 내골격)는 동물의 부드러운 조직 사이에 위치한 딱딱하거나 질긴 지지 요소로 구성된다. 예를 들어, 해면동물은 질긴 단백질 섬유 구조물이나 무기질을 함유한 입자들로 강화되어 있는데, 보통 이 입자들은 미세하고 뾰족하며 칼슘염이나 규소와 같은 무기물질로 만들어져 있다. 불가사리, 성게를 비롯한 대부분의 극피동물은 피부 아래에 단단한 판으로 이루어진 속뼈대를 가지고 있다(18.14절 참조). 살아 있는 성게는 움직이는 가시밖에 보이지 않는데, 이 가시는 근육에 의해 속뼈대에 붙어 있다(**그림 30.2D**). 가시가 제거된 죽은 성게를 보면 이 판들이 모여 단단한 뼈대 덮개를 형성하는 것을 확인할 수 있다(그림 30.2D, 오른쪽).

▲ **그림 30.2C** 연체동물 별보배고둥(바다 달팽이)의 겉뼈대

척추동물은 연골 또는 연골과 뼈(경골)의 조합으로 구성된 속뼈대를 가지고 있다(20.5절 참조). 척추동물의 주요 혈통 중 하나인 상어는 칼슘으로 강화된 연골(cartilage, 물렁뼈)로 된 속뼈대를 가진다. **그림 30.2E**는 일반적인 척추동물의 경우를 보여준다. 경골어류와 육상 척추동물처럼 개구리 뼈대는 대부분 뼈로 구성되어 있다. 개구리 뼈대와 대부분의 다른 척추동물의 뼈대에는 연골도 포함되어 있는데, 연골은 유연성이 요구되는 부위에 주로 분포한다. 이제 속뼈대에 대해 자세히 알아보자.

? 겉뼈대와 속뼈대의 장단점을 비교하시오.

■ 겉뼈대는 신체 부위를 더 잘 보호할 수 있지만, 동물이 성장하기 위해서는 보통 탈피를 해야 한다.

▲ **그림 30.2E** 척추동물 개구리의 속뼈대에 있는 뼈(미색)와 연골(파란색)

척추동물의 뼈대

30.3 척추동물의 뼈대는 고대 원형의 변형이다

진화 연관성 척추동물의 뼈대계는 네발 동물이 육지에서 정착할 수 있도록 구조적 지지와 이동 수단을 제공했다(19.4절 참조). 계속적인 진화를 통해 양서류, 파충류(조류 포함), 포유류 등 다양한 동물군이 나타났다. 각 동물군은 그 뼈대의 같은 부위에 여러 변형들이 나타나면서 다양한 형태를 갖게 되었다. 육지에 살던 조상으로부터 진화한 포유류인 고래와 돌고래의 뼈대조차도 같은 원형에서 나온 변이다.

모든 척추동물은 몸의 축, 즉 몸통을 지탱하는 **몸통뼈대**(**axial skeleton**, **그림 30.3A**의 주황색)를 가진다. 몸통뼈대는 뇌를 둘러싸고 보호하는 두개골, 척수를 둘러싸고 있는 척주(척추), 그리고 대부분의 척추동물에서 폐와 심장을 둘러싸고 있는 가슴우리로 구성된다.

척추동물의 결정적인 특징인 척추(backbone)는 척추뼈들이 늘어선 모양을 하고 있으며, 척추뼈는 디스크라고 하는 단단한 연골판에 의해 연결된다. 척추뼈의 수는 종에 따라 달라서, 사람은 24개지만 비단뱀은 400개가 있다. 모든 척추뼈는 동일한 기본 구조를 가지지만 척추에서의 위치에 따라 그 모양이 조금씩 차이가 있다. 해부학자들은 척주(vertebral column)를 **그림 30.3B**에서 보는 것처럼 머리를 지탱하는 목뼈(cervical, 경추), 갈비뼈와 연결된 등뼈(thoracic, 흉추), 허리뼈(lumbar, 요추), 엉치뼈(sacral, 천추), 꼬리뼈(coccygeal, 미추)로 나눈다. 사람의 경우 엉치뼈들이 모여 하나의 뼈로 융합되어 있다. 사람의 작은 꼬리뼈들은 부분적으로 융합되어 있다.

대부분의 척추동물은 **팔다리뼈대**(**appendicular skeleton**, 그림 30.3A의 회백색)를 가지고 있으며, 이는 팔다리 뼈와 이를 몸통뼈대에 고정하는 뼈로 구성된다. 육상 척추동물에서 어깨이음뼈와 골반이음뼈는 앞다리와 뒷다리의 뼈를 지지하는 기반을 제공한다. 동일한 뼈의 변형된 형태는 팔, 다리, 지느러미 또는 날개 등 모든 척추동물의 사지에서 발견된다(그림 13.4A 참조). 척추동물은 이런 다양한 팔다리를 이용하여 다양한 형태의 이동을 할 수 있다.

뱀을 포함한 몇몇 척추동물은 진화하는 동안 팔다리를 잃었다. 어떻게 이런 일이 일어났을까? 한 가설에 따르면, 앞다리가 없는 것은 척주의 변화로 인한 결과다. 척추뼈의 모양은 척주를 만드는 배아조직 덩어리에서 발현되는 주조절유전자(호미오유전자)의 양상에 의해 결정된다. 척추뼈의 분화를 지시하는 호미오유전자(homeotic gene)는 *Hoxc6*와 *Hoxc8* 두 유전자인데, 이들은 갈비뼈와 연결되는 등뼈의 발

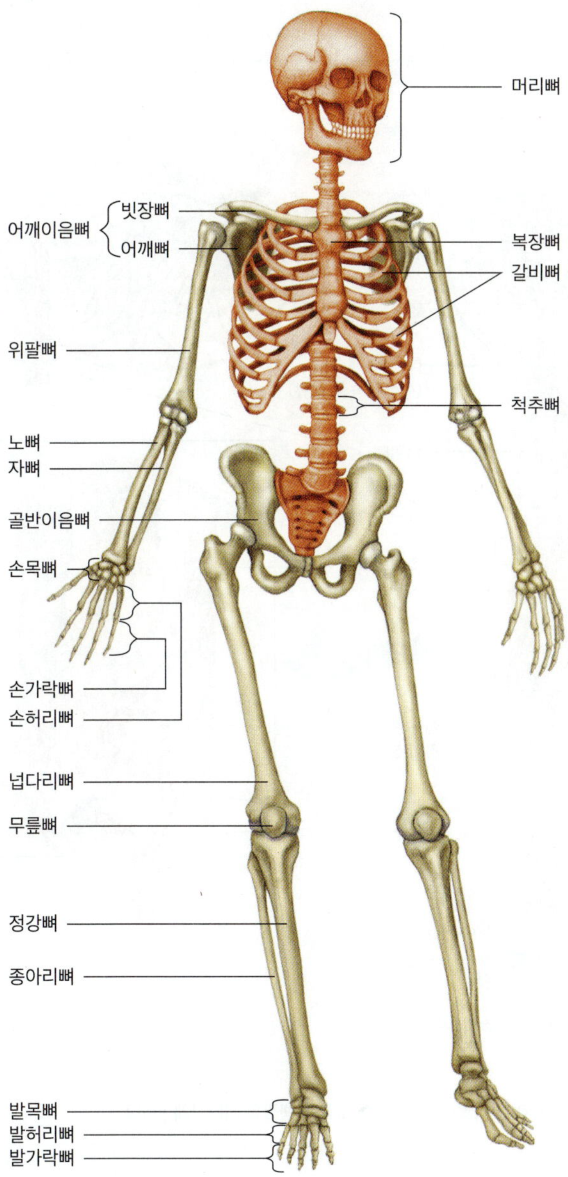

▲ **그림 30.3A** 사람의 뼈대

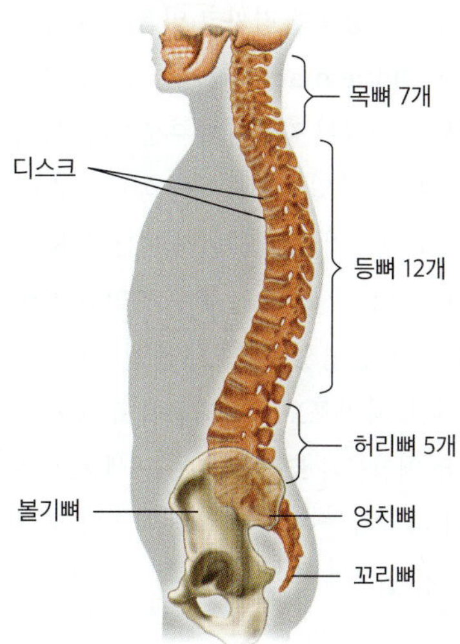

◀ **그림 30.3B** 사람의 척추 및 척추뼈의 분류

생과 관련이 있다. 과학자들은 비단뱀과 닭에서 이 유전자들의 발현을 비교해 보았다. **그림 30.3C**는 *Hoxc6*(빨간색), *Hoxc8*(파란색) 또는 둘 다(보라색)를 발현하는 배아 조직으로부터 형성된 척추뼈의 범위를 보여준다.

비단뱀의 경우, *Hoxc6*와 *Hoxc8* 모두 척주의 거의 전체 길이에 걸쳐 발현했다. 결과적으로, 비단뱀은 머리 바로 뒤에 있는 척추뼈가 등뼈이고, 목뼈가 없다. 반면, 닭은 여러 개의 목뼈를 가지고 있으며, *Hoxc6* 발현이 시작되는 곳에서 끝나는데, 그곳은 등뼈가 시작되는 곳이기도 하다. 척추동물의 앞다리는 목뼈와 등뼈의 경계부위에서 발생한다. 따라서 목뼈가 없으면 앞다리가 형성되지 않는다. 그러나 뱀이 어떻게 팔다리를 잃었는지에 대한 의문은 아직 해결되지 않았다. 또 다른 종에 대한 연구를 통해 뱀 뼈대의 배아 발생을 결정짓는 다른 기작이 밝혀지면서 새로운 가설들이 연구되고 있다.

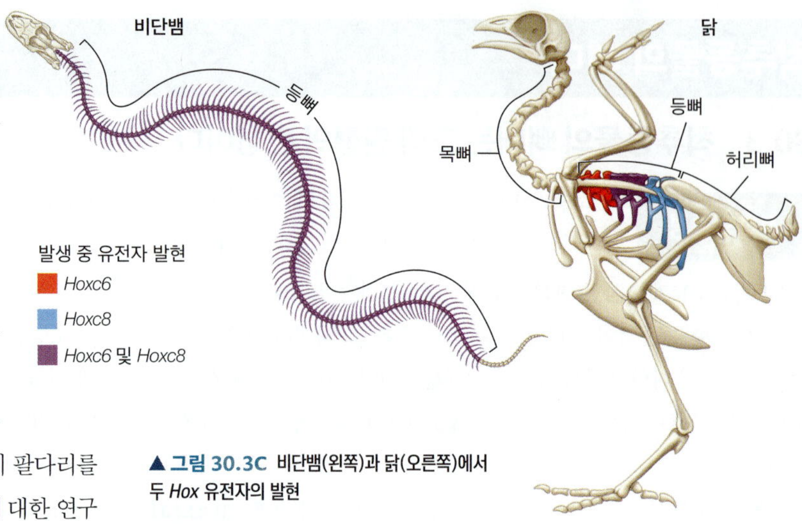

▲ **그림 30.3C** 비단뱀(왼쪽)과 닭(오른쪽)에서 두 *Hox* 유전자의 발현

? 몸통뼈대의 구성요소는 무엇인가?

■ 머리뼈, 척주, 가슴우리

30.4 뼈는 복잡한 살아 있는 기관이다

"뼈처럼 건조하다"는 표현을 문자 그대로 받아들여서는 안 된다. 뼈는 실제로 여러 종류의 촉촉하고 살아 있는 조직으로 구성된 복잡한 기관이다. **그림 30.4**는 사람의 위팔뼈(humerus, 상완골)를 보여준다. 분홍색으로 표시된 섬유성 결합조직(오른쪽 아래 확대된 상자)이 바깥 표면 대부분을 덮고 있다. 이 조직은 골절이 발생했을 때 새로운 뼈가 형성되는 것을 돕는다. 얇은 연골판(파란색)은 움직이는 관절에 적합한 말랑말랑한 표면을 형성하여 뼈의 끝이 서로 미끄러질 때 이를 보호한다. 뼈 자체에는 살아 있는 세포가 있어 주위에 바탕질을 분비한다. 뼈의 바탕질은 칼슘, 인산염, 마그네슘으로 이루어진 단단한 무기질과 그 속에 박혀 있는 유연한 콜라겐 섬유로 이루어져 있다(그림 20.5 참조). 콜라겐은 뼈를 유연하고 잘 부러지지 않게 유지하며, 단단한 무기질 바탕질은 압력을 견디게 한다.

이 긴 뼈의 굴대는 치밀뼈(compact bone)로 이루어져 있는데, 이는 치밀한 구조를 일컫는다. 치밀뼈가 중심강을 둘러싸고 있음을 주목하라. 중심강에는 **황색뼈속질(yellow bone marrow**, 황골수)이 있는데, 이것은 혈액에 의해 뼈로 운반되어 저장된 지방이 대부분이다. 뼈의 끝, 즉 머리는 바깥쪽에는 치밀뼈로 된 층이 있고 안쪽에는 해면뼈로 된 층이 있는데, 해면뼈란 작은 구멍으로 채워져 있어 붙여진 이름이다. 이 구멍에는 적혈구(그림에 표시되지 않음)를 생산하는 특수 조직인 **적색뼈속질(red bone marrow**, 적골수)이 들어 있다(23.15절 참조).

모든 살아 있는 조직이 그런 것처럼, 뼈 세포도 대사작용을 수행한다. 뼈의 통로를 통해 뻗어 있는 혈관은 영양분과 조절 호르몬을 세포로 운반하고 노폐물을 제거한다. 혈관과 나란히 뻗어 있는 신경은 뼈와 혈액 사이의 물질 이동을 조절하는 데 도움을 준다.

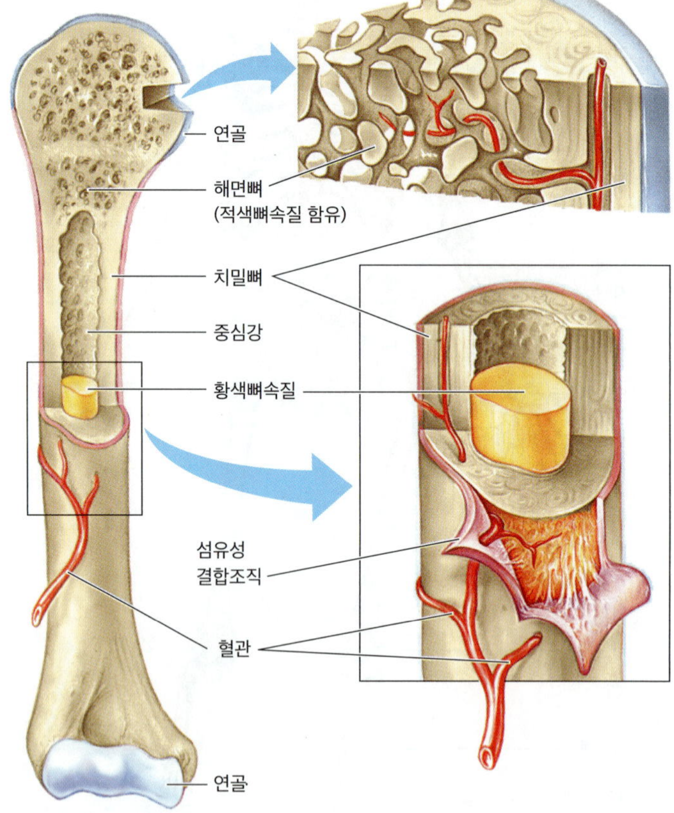

▲ **그림 30.4** 팔뼈의 구조

? 무엇이 황색뼈속질과 적색뼈속질의 색깔을 나타나게 할까?

■ 황색뼈속질에는 지방이 저장되고 적색뼈속질은 적혈구가 만들어지는 부위다.

30.5 건강한 뼈는 스트레스를 견디고 손상을 치유한다

연결 뼈는 일상생활에서 끊임없이 스트레스를 받고 있으며, 운동이나 육체 노동 중에는 더 강한 스트레스를 받는다. 금속에 작은 스트레스가 쌓이면 부러지듯이, 뼈에 과도한 피로가 쌓이면 '스트레스 골절'이라고 하는 미세한 균열이 발생할 수 있다. 예를 들면, 종이 클립을 반복적으로 구부리면 금속이 피로해지고 결국 부러지는 것과 같다. 그러나 금속과 달리 뼈는 살아 있는 역동적인 조직으로 구성되어 있다. 세포들은 지속적으로 뼈의 오래된 바탕질을 제거하고 새로운 물질로 대체한다. 스트레스 골절은 이러한 복구 과정이 뼈에 가해지는 스트레스의 양을 따라잡지 못할 때만 발생한다. 보통 운동선수는 문제를 알아채고 치유를 위한 시간을 가질 수 있다. 그러나 경주마의 경우에는 피로에 지친 뼈가 경주 중에 갑자기 부러지기 전까지 스트레스 손상을 알아차리지 못할 수 있다.

뼈가 견디는 힘을 초과하는 외부 힘을 받으면 뼈가 부러질 수 있다. 전 세계에서 50세를 넘긴 약 1억 5,800만 명의 인구가 아래팔 및 고관절 골절 고위험군에 속한다. 이 수치는 2040년에는 두 배로 증가할 것으로 예상된다. 이러한 골절의 대부분은 돌연한 충격이나 약해진 뼈로 인해 발생한다. 안전벨트, 헬멧, 보호대 등 적절한 보호 장비를 착용하면 고강도 충격으로부터 뼈를 보호할 수 있다.

다행히도 활동적인 사람들의 경우, 부러진 뼈가 저절로 치유될 수 있다. 의사는 뼈를 원래의 위치로 정리하고, 고정하여 몸의 정상 뼈형성세포들이 파손을 치료할 수 있도록 한다. 부목이나 깁스는 손상 부위를 보호하고 움직임을 방지하기 위해 사용된다. 골절이 심각한 경우에는 얇은 판, 막대 또는 나사를 삽입하여 부러진 조각을 고정하는 수술을 통하여 치료할 수 있다. 그러나 뼈가 심하게 손상되거나 병들어 치료하기 어려운 경우에는 뼈를 교체해야 한다. 예를 들어, 부러진 고관절은 티타늄 또는 코발트 합금으로 만든 인공 관절로 교체할 수 있다. 연구자들은 최근 환자 또는 시체에서 얻은 조직을 이식하거나 합성 중합체를 사용하는 등의 새로운 뼈 이식 방법을 개발하고 있다.

뼈에 구멍이 많고 약하면 뼈가 부러질 위험이 커진다. **그림 30.5A**는 건강한 뼈 조직(왼쪽)과 골다공증으로 인해 침식된 뼈 조직(오른쪽)을 비교하여 보여준다. **골다공증(osteoporosis)**은 뼈질량이 감소하고 뼈 조직이 구조적으로 붕괴되는 것이 특징이다. 이러한 약화는 뼈 유지 과정의 불균형, 즉 뼈 물질이 파괴되는 속도가 대체하는 속도를 초과하는 데서 비롯된다. 뼈 유지의 정상 기작은 뼈의 사용에 반응하기 때문에 걷기나 달리기와 같은 체중 부하 운동은 뼈를 튼튼하게 한다. 반면, 사용하지 않으면 뼈가 가늘어진다. 튼튼한 뼈를 위해서는 칼슘의 적절한 섭취와 충분한 비타민 D가 필요한데, 이 둘은 모두 뼈 교체에 반드시 필요하다(21.16절 참조).

최근까지 골다공증은 폐경기 이후 여성에서 주로 일어나는 문제로 여겨졌다. 폐경기가 되면 정상적인 뼈 유지에 기여하는 에스트로겐 수치가 감소한다(**그림 30.5B**). 골다공증은 여전히 많은 노인 여성에게 심각한 건강 문제로 남아 있지만, 남성과 젊은 사람들에서도 문제가 되고 있다. 의사들은 최근 몇 년 동안 어린이와 청소년의 골절이 급격히 증가하고 있다는 점에 주목했다. 많은 과학자들은 이것이 젊은이들의 운동량이 적고, 식단에서 칼슘이 적으며, 햇빛 노출로 만들어지는 비타민 D가 부족해서라고 생각한다. 뼈의 밀도가 증가하는 시기(약 30세까지)에 운동과 충분한 칼슘 및 비타민 D를 섭취하는 것이 나이가 든 후의 골다공증을 예방하는 출발점이다.

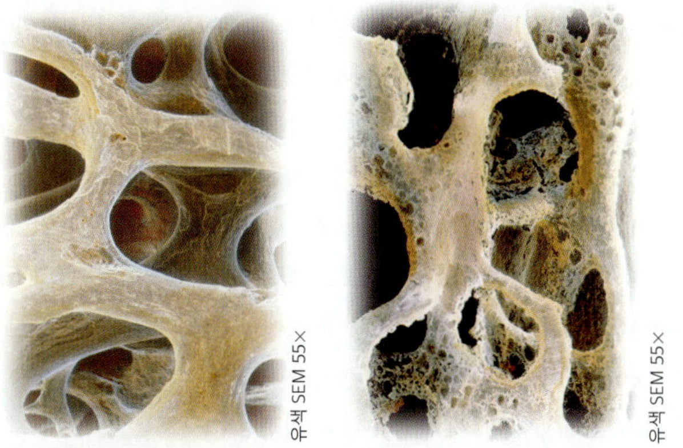

▲ **그림 30.5A** 건강한 해면뼈 조직(왼쪽)과 골다공증으로 손상된 뼈 조직(오른쪽)

흡연과 같은 다른 생활습관도 골다공증의 원인이 될 수 있다. 유전적 요소도 강하기 때문에 어머니나 할머니가 골다공증 환자인 젊은 여성은 특히 뼈 건강을 유지하는 데 신경을 써야 한다. 골다공증 치료에는 칼슘과 비타민 D 보충제, 골 손실을 늦추는 약물 그리고 운동 등이 있다.

? 폐경기 이후 여성에게 골절이 더 잘 발생하는 이유는 무엇일까?

■ 폐경기가 되면 뼈질량 유지에 관여하는 에스트로겐 수치가 감소한다. 따라서 여성의 낮은 골질량으로 골다공증이 발생하고 골절의 가능성이 높아진다.

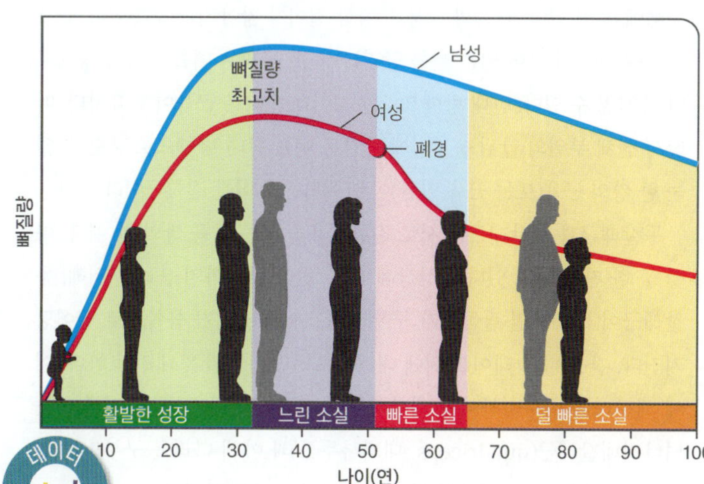

▲ **그림 30.5B** 사람 생애주기에 따른 뼈질량 변화

30.6 관절이 있어 다양한 유형의 동작이 가능하다

척추동물 뼈대의 많은 능력의 대부분은 다양한 관절에서 비롯된다. **인대(ligament)**라고 하는 강한 섬유성 결합조직의 띠는 움직일 수 있는 관절을 형성하는 뼈들을 함께 고정한다. **절구관절(ball-and-socket joint)**은 위팔뼈가 팔이음뼈와 이어지는 곳(**그림 30.6**, 왼쪽)과 넓다리뼈가 골반이음뼈와 결합하는 곳에서 볼 수 있다. 이러한 관절이 있어 팔과 다리를 돌리거나 여러 방향으로 움직일 수 있다. **경첩관절(hinge joint)**은, 경첩이 문을 열고 닫을 수 있게 해주는 것처럼, 한 평면 안에서 움직임을 가능하게 해준다. 경첩관절로는 팔꿈치(그림 30.6, 가운데)와 무릎이 있는데, 이 관절은 빠른 회전동작으로 관절이 옆으로 비틀릴 수 있는 배구, 농구, 테니스와 같은 스포츠에서 부상을 당하기 쉽다.

중쇠관절(pivot joint)은 팔꿈치에서 아래팔을 회전할 수 있게 해준다(그림 30.6, 오른쪽). 첫 번째 경추뼈와 두 번째 경추뼈 사이의 중쇠관절은 "아니요."라고 말할 때 하는 동작과 같이 머리를 좌우로 움직일 수 있게 해준다. 관절의 뼈들이 움직이는 힘은 근육에서 나온다. 이제 근육에 대해 살펴보자.

? 사람의 절구관절이 있는 부위에 말은 경첩관절을 가지고 있다. 이것이 사람과 말의 관절이 할 수 있는 움직임에 어떤 영향을 미칠까?

■ 경첩관절은 다리의 움직임을 한 평면으로 제한하기 때문에 말은 사람보다 유연성이 떨어진다.

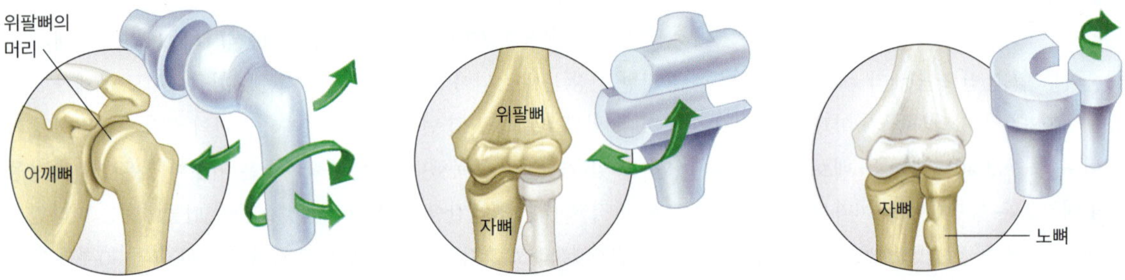

◀ **그림 30.6** 관절의 세 종류

근육수축과 움직임

30.7 움직임에는 뼈대와 근육의 상호작용이 있다

그림 30.7은 근육이 어떻게 뼈와 상호작용하여 움직임을 만드는지를 보여준다. 근육은 **힘줄(tendon)**에 의해 뼈에 연결되어 있다. 예를 들어, 그림에 표시된 두갈래근(bicep, 이두근)과 세갈래근(tricep, 삼두근)의 위쪽 끝은 어깨뼈에 고정되어 있다. 이 근육의 아래쪽 끝은 아래팔뼈에 붙어 있다. 근육의 작용은 항상 길이가 짧아지는 수축이다. 근육은 수축하면서 붙어 있는 뼈를 당기는데, 이 근육은 뼈를 한쪽 방향으로만 움직일 수 있다. 반대 방향으로 움직이려면 다른 근육이 필요하다. 따라서 신체 부위의 앞뒤 움직임에는 같은 뼈를 반대 방향으로 당길 수 있는 한 쌍의 근육(또는 근육 집단)이 관여하는데 이를 길항근이라 한다.

두갈래근과 세갈래근은 서로 길항작용을 하는 근육 쌍의 한 예다. 마실 물 한 잔을 들고 있다고 상상해 보자. 잔을 입술까지 올리기 위해, 두갈래근이 수축하면 팔꿈치가 구부러지고 아래팔뼈가 몸쪽으로 끌어당겨진다. 잔을 다시 테이블 위에 내려놓으려면 아래팔을 내려야 한다. 이제 세갈래근이 수축하여 아래팔뼈를 아래로 당긴다. 아래 다리를 펴는 넙다리네갈래근(quadriceps, 대퇴사두근)과 아래 다리를 구부리는 넓다리뒤근육(hamstring)도 길항작용을 하는 근육 쌍이다.

개미처럼 아주 작은 동물부터 코끼리처럼 거대한 동물까지 모든 동물은 뼈대의 일부를 움직이기 위해 서로 반대되는 힘을 가하는 한 쌍의 길항근을 가지고 있다. 다음으로 근육의 구조가 근육의 수축 능력을 어떻게 설명하는지 살펴보자.

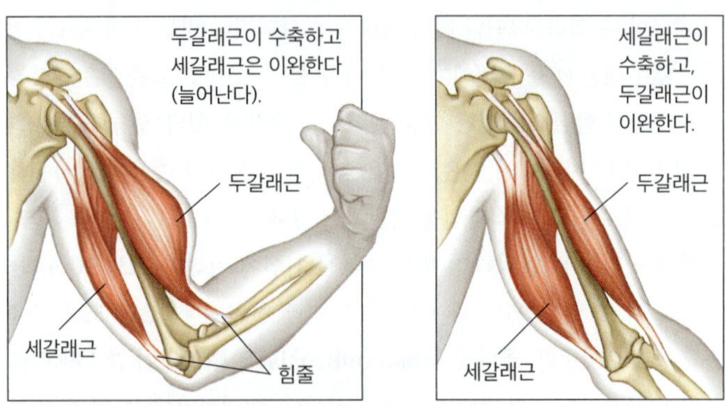

▲ **그림 30.7** 사람 팔의 근육이 뼈를 위아래로 당기는 길항작용

? 근육을 강화하기 위해 운동할 때 팔다리를 구부리고 펴는 동작 모두에 저항을 가하는 것이 중요한 이유는 무엇일까?

■ 길항근을 강화할 수 있기 때문이다.

30.8 각 근육세포에는 자신만의 수축장치가 있다

뼈대근육계(skeletal muscle system, 골격근육계)는 **구조와 기능**의 관계를 잘 보여준다. 몸의 각 근육은 평행섬유의 단계적 구조로 이루어져 있는데, 이 단계는 근육 자체에서 점점 더 작아져서 몸을 움직이게 하는 단백질 분자에까지 이른다.

그림 30.8은 뼈대근육의 조직화 단계를 보여준다. 그림 위쪽에 표시된 것처럼, 근육은 서로 평행하게 배열된 많은 **근육섬유(muscle fiber)**—전형적인 사람 두갈래근의 경우 약 25만 개—로 구성되어 있다. 각 근육섬유는 하나의 긴 원통형 세포로 많은 핵을 가지고 있다. 근육섬유의 부피는 대부분 단백질 **액틴(actin)**과 **미오신(myosin)**을 포함하는 단백질 다발인 **근육원섬유(myofibril,** 근원섬유) 수백 또는 수천 개가 차지하고 있다. 뼈대근육은 광학현미경으로 보면 단백질의 배열이 근육원섬유의 길이를 따라 반복되는 줄무늬 모양을 볼 수 있기 때문에 가로무늬근(striated muscle)이라고도 불린다. 그림 30.8의 근육원섬유 그림 아래에는 줄무늬 모양의 한 단위를 보여주는 전자현미경 사진이 있는데, 이를 **근육원섬유마디(sarcomere,** 근절)라고 한다. 근육원섬유마디는 근육원섬유에서 Z선이라고 하는 2개의 어둡고 좁은 선 사이의 영역을 말한다. 각 근육원섬유는 긴 일련의 근육원섬유마디로 구성된다. 기능적으로 근육원섬유마디는 근육원섬유의 수축장치로서 근육섬유가 작동하는 기본단위다.

그림 30.8의 하단에 있는 근육원섬유마디 그림은 현미경 사진에서 보이는 구조를 구분한 것이다. 가로줄무늬의 모양은 주로 액틴 분자로 구성된 **가는섬유(thin filament)**와 미오신 분자로 구성된 **굵은섬유(thick filament)**가 교대로 띠를 이룬 결과다. Z선은 인접한 가는섬유를 연결하는 단백질로 되어 있다. 각 Z선을 둘러싼 밝은 띠는 가는섬유로만 이루어져 있다. 근육원섬유마디 중앙에 있는 어두운 띠는 굵은섬유가 있는 곳이다. 가는섬유의 액틴 분자는 구형의 단백질로 긴 가닥을 형성한다. 가는섬유에는 액틴 외에도 근육수축을 조절하는 데 중요한 역할을 하는 트로포닌(troponin)과 트로포미오신(tropomyosin)이라는 단백질이 포함되어 있다. 다음 절에서 배우겠지만, 굵은섬유와 가는섬유의 배열은 근육원섬유마디, 나아가 전체 근육이 수축하는 데 중요한 역할을 한다.

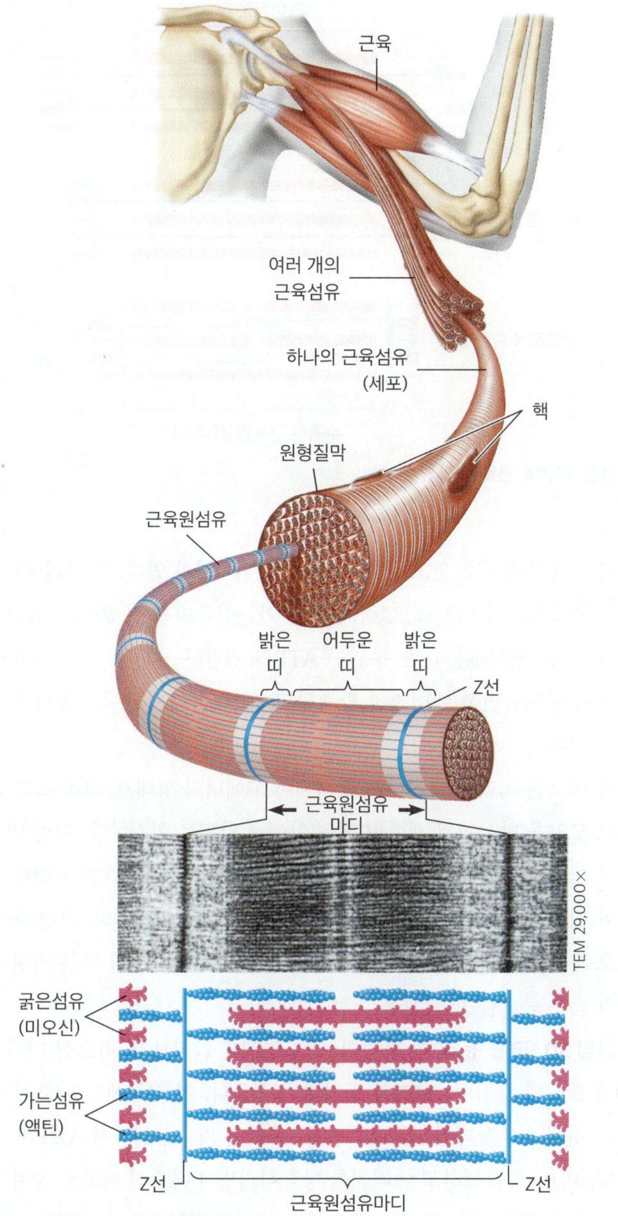

▲**그림 30.8** 뼈대근육의 수축 장치

? 2개의 Z선 사이의 영역인 ________ 은/는 ________ 의 기능적 수축 단위다.

■ 근육원섬유마디, 근육원섬유

30.9 근육수축은 가는섬유가 굵은섬유를 타고 미끄러지면서 일어난다

근육원섬유마디의 구조는 그 기능과 어떤 관련이 있을까? 근육수축의 활주모델(sliding-filament model)에 따르면, 근육원섬유마디는 그것의 가는섬유가 굵은섬유를 따라 미끄러지지면서 수축한다. **그림 30.9A**는 이완된 근육, 수축 중인 근육, 끝까지 수축한 근육의 근육원섬유마디를 간략하게 보여주는 그림이다. 수축하는 근육원섬유마디에서 Z선 및 가는섬유(파란색)가 이완된 근육보다 서로 더 가까워진 것을 볼 수 있다. 근육이 완전히 수축하면 가는섬유의 가운데가 겹쳐진다. 수축은 굵은섬유와 가는섬유의 길이는 변화시키지 않고 근육원섬유마디를 짧게 만든다. 모든 근육원섬유마디가 수축하게 되면 근육의 길이는 휴식 때보다 약 35% 정도 짧아질 수 있다.

미오신은 움직임의 엔진 역할을 한다. 각 미오신 분자는 긴 '꼬리'와 구형의 '머리'를 가지고 있다. 굵은섬유에 있는 미오신 분자의 꼬리는

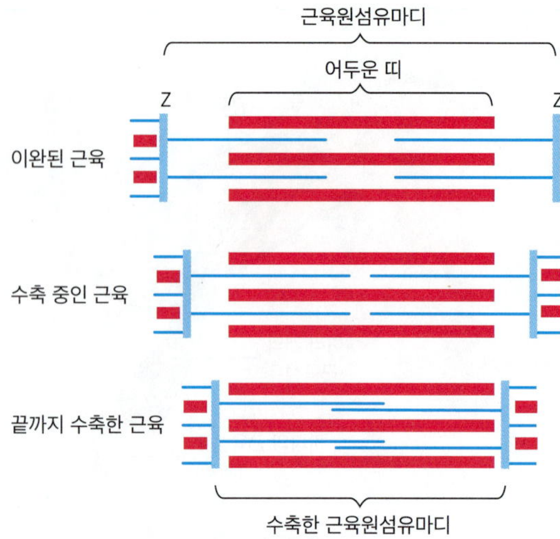

▲ **그림 30.9A** 근육수축의 활주모델

서로 평행하게 붙어 있고, 머리는 옆으로 튀어나와 있다. 각 머리에는 2개의 결합부위가 있는데, 그중 하나는 가는섬유의 액틴 분자의 결합부위와 꼭 들어맞는다. 다른 부위는 ATP와 결합하는데, 이 부위는 ATP를 가수분해하면서 에너지를 방출하고, 그 에너지가 근육수축의 원동력이 된다.

각 미오신 머리는 저에너지 형태에서 고에너지 형태로, 그리고 그 역으로 모양을 바꾸면서 제한된 범위 안에서 앞뒤로 회전한다. 이런 변화가 일어나는 동안, 미오신 머리는 가는섬유 쪽으로 회전하면서 액틴 분자와 결합하고, 남은 회전 범위만큼 가는섬유를 끌어당긴다. 그런 다음, 미오신 머리는 액틴 분자를 풀어주고, 시작 위치로 돌아가 다른 액틴 분자와 같은 동작을 반복한다.

그림 30.9B를 통해 이 과정의 주요 단계를 살펴보자. 미오신 머리는 ❶에 표시된 것처럼 ATP의 분자와 결합한다. 이 시점에서 미오신 머리는 저에너지 상태다. ❷ 미오신은 ATP를 가수분해하여 ADP와 인산염(P)으로 분해하고 에너지를 방출시키면서 미오신 머리를 펼쳐 고에너지 형태가 된다. 펼쳐진 미오신은 액틴의 결합부위에 달라붙어 두 섬유 사이에 연결다리(cross-bridge)를 형성한다. ❸ ADP와 P가 떨어져 나오면서 미오신 머리는 회전하며 저에너지 형태로 돌아온다. 이 회전 동작을 힘찬 움직임(power stroke)이라고 하며, 가는섬유를 근육원섬유마디의 중앙으로 끌어당긴다.

연결다리는 ❹ 다른 ATP 분자가 미오신 헤드에 결합할 때까지 그대로 유지된다. ATP가 결합되면 연결다리가 끊어지고, 전체 과정이 반복된다. 다음 힘찬 움직임에서 미오신 머리는 가는섬유의 이전 분자보다 앞선(Z선에 가까운) 액틴 분자에 달라붙는다. 수축하는 근육에서 이 순서(분리, 연장, 부착, 당김, 분리)는 반복적으로 발생한다. 그림에는 하나의 미오신 머리만 표시되어 있지만, 전형적인 굵은섬유에는 약 300개의 머리가 있으며, 각 머리는 초당 5회 정도 가는섬유와 붙었다 떨어졌다 할 수 있다. 각 굵은섬유에 있는 수백 개의 미오신 머리의 연합활

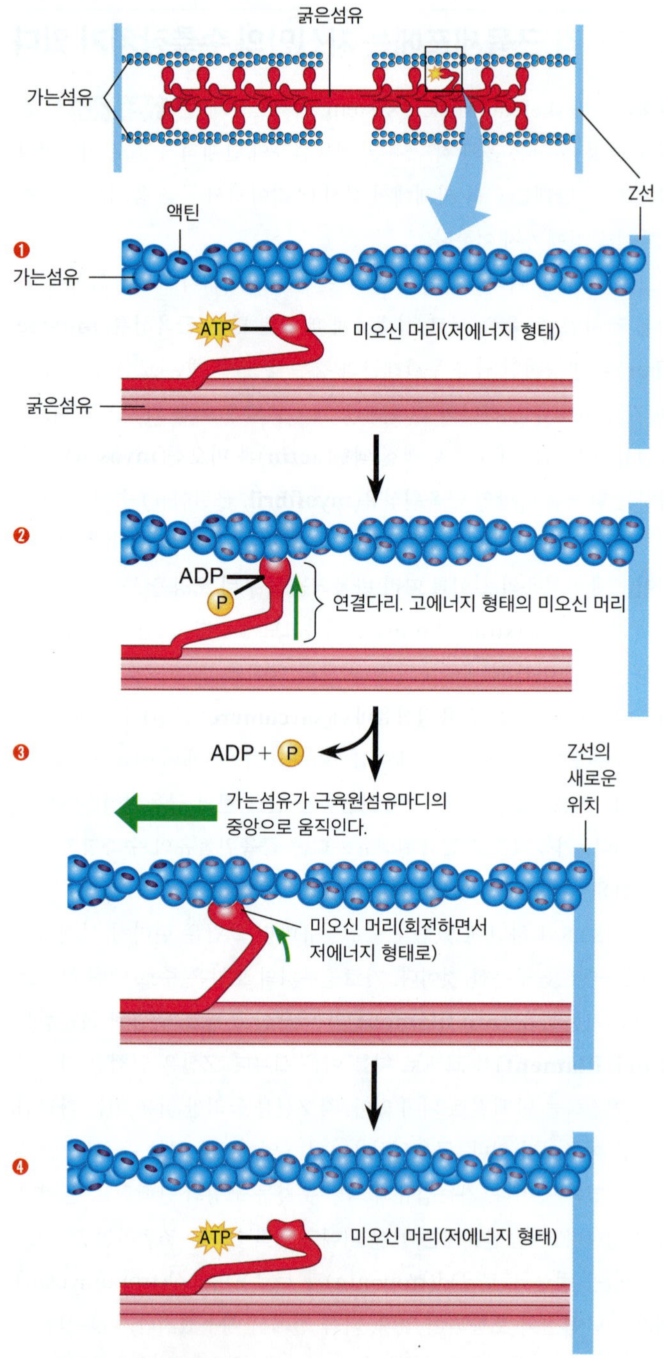

▲ **그림 30.9B** 활주설 기작

시도해 보기 그림의 각 단계에서 미오신 머리의 작용을 설명하시오.

동은 가는섬유를 근육원섬유마디의 중심을 향해 끌어당긴다. 충분한 ATP가 존재하는 한 이 과정은 근육이 완전히 수축하거나 수축 신호가 멈출 때까지 계속된다.

? 근육이 수축하는 동안 근육원섬유마디의 어느 부위가 짧아지는가?

■ 가는섬유가 근육원섬유마디의 중심을 향해 당겨지면서 밝은 띠는 짧아지고 심지어 사라지기도 한다.

30.10 운동뉴런은 근육수축을 자극한다

ATP가 있음에도 불구하고 근육이 수축하는 것을 막는 것은 무엇일까? 근육수축을 시작하고 유지하기 위해서는 운동뉴런(motor neuron)에 의해 전달되는 중추신경계의 신호가 필요하다. 이것은 기관계 사이의 **상호작용**의 한 예다. 운동뉴런이 활동전위를 전달하면, 그 시냅스말단(synapse terminal)은 신경전달물질인 아세틸콜린(acetylcholine)을 방출한다. 이 신경전달물질은 확산으로 시냅스를 가로질러 근육섬유의 원형질막에 도달하고, 활동전위(action potential)를 일으킨다(**그림 30.10A**).

근육섬유의 원형질막은 두 가지 점에서 특이한데, 그 하나는 뉴런의 원형질막과 유사하게 전기적으로 흥분할 수 있어 활동전위를 전파할 수 있다는 것이다. 다른 하나는 원형질막이 가로소관(transverse tubule, T소관)이라고 불리는 함입구조로 근육섬유 깊숙이 확장되어 있다는 것이다. 그 결과, 운동뉴런이 근육섬유에서 활동전위를 유발하면, 그 활동전위는 표면에만 퍼지는 것이 아니라 세포 깊숙한 곳까지 전체로 퍼지게 된다. 가로소관(T tubule)은 근육섬유 내에서 서로 연결된 세관의 망구조인 소포체(ER, 그림 30.10A의 파란색) 가까이 위치한다. 활동전위는 ER의 통로를 열어 칼슘 이온(Ca^{2+})을 세포기질(cytosol)로 방출한다.

근육섬유가 휴식 상태에 있을 때는 조절 단백질인 트로포미오신(tropomyosin)과 트로포닌(troponin)이 액틴 분자의 미오신 결합부위를 차단하고 있다. **그림 30.10B**에서 보는 것처럼, 트로포미오신 두 가닥이 가는섬유를 감싸면서 결합부위에 대한 접근을 막는다. 이 부위가 막혀 있는 동안에는 근육섬유가 수축할 수 없다. Ca^{2+}이 트로포닌과 결합하면, 트로포미오신이 미오신 결합부위에서 멀어지면서 수축이 일어나게 된다. 이 수축은 세포기질에 Ca^{2+}이 충분한 동안 계속된다. 운동뉴런이 근육섬유에 활동전위를 보내는 것을 멈추면, ER이 Ca^{2+}을 세포기질 밖으로 퍼내어 세포기질 내 Ca^{2+} 농도가 감소하면서, 액틴 분자의 결합부위가 다시 차단되고, 근육원섬유마디는 수축을 멈추고 근육은 이완된다.

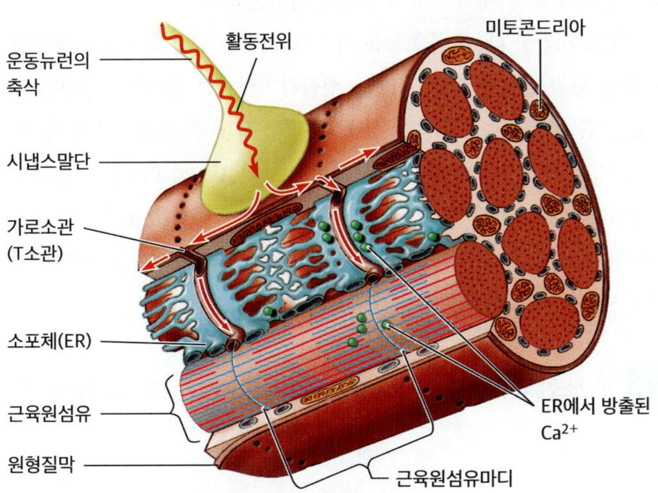

▲ **그림 30.10A** 운동뉴런이 근육수축을 자극하는 방법

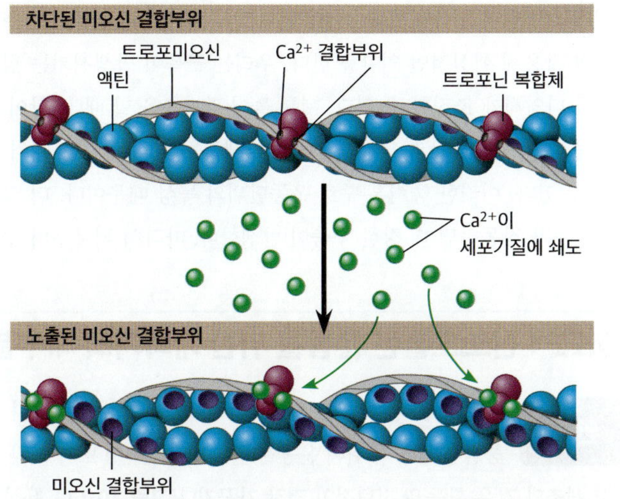

▲ **그림 30.10B** 가는섬유에서 일어나는 액틴과 조절 단백질 그리고 Ca^{2+} 간의 상호작용

시도해 보기 그림 30.10A를 시작으로 활동전위가 근육섬유에 도달한 후부터 근육섬유가 이완될 때까지 일어나는 일을 설명하시오.

종아리 근육과 같은 큰 근육은 약 100만 개의 근육섬유로 구성되어 있다. 그러나 종아리 근육에는 약 500개의 운동뉴런만이 연결되어 있다. 각 운동뉴런은 축삭을 가지며, 이 축삭은 가지를 뻗어 근육 전체에 퍼지면서 많은 근육섬유와 시냅스를 형성한다. 이에 따라 종아리에서 하나의 운동뉴런의 활동전위 하나는 약 2,000개의 근육섬유를 동시에 수축시킨다. 하나의 운동뉴런과 그 뉴런이 제어하는 모든 근육섬유를 **운동단위(motor unit)**라고 한다. **그림 30.10C**는 2개의 운동단위를

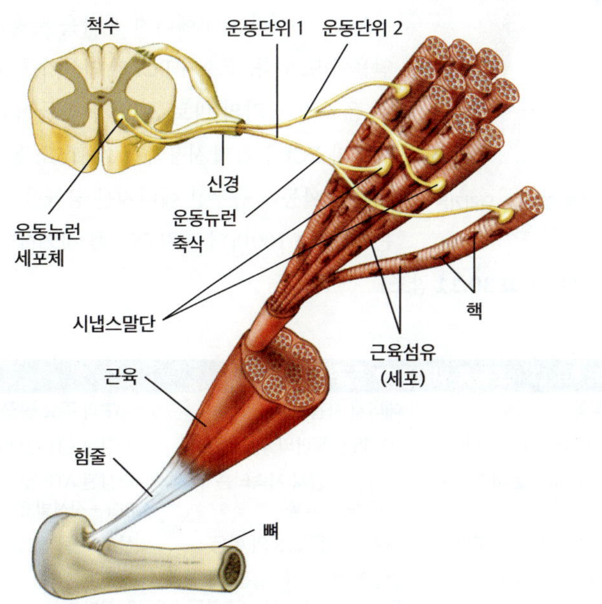

▲ **그림 30.10C** 운동뉴런과 그 뉴런이 제어하는 근육섬유로 구성되는 운동단위

보여준다. 하나는 2개의 근육섬유(그림의 운동단위 1)를 제어하고, 다른 하나(운동단위 2)는 3개의 근육섬유를 제어한다.

개개의 뉴런과 근육세포들이 운동단위로 구성되는 이 조직화는 전체 근육의 작용에 핵심적인 역할을 한다. 우리는 근육이 발생시키는 힘의 크기를 다양하게 조절할 수 있다. 예를 들어 팔씨름을 할 때, 시합이 진행되는 동안 두갈래근과 세갈래근에서 발생하는 힘의 크기를 여러 번 바꿀 수 있다. 이러한 능력은 주로 운동단위의 특성 때문이다. 더 많은 운동단위가 작동하면 더 강한 수축이 발생한다. 따라서 뇌로부터 수축하라는 지시를 받는 운동단위의 수에 따라 포크를 들어 올릴 정도의 작은 힘을 가할 수도 있고, 무거운 책을 들어 올릴 정도의 큰 힘을 가할 수도 있다. 눈의 움직임을 조절하는 근육과 같이 정밀한 제어가 필요한 근육에서는 하나의 운동뉴런이 하나의 근육섬유만을 제어하기도 한다.

? 소포체는 어떻게 근육수축을 조절할까?

■ ER은 Ca^{2+}을 흡수하고 방출하면서 미오신과 액틴의 결합에 필요한 Ca^{2+}의 세포기질 내 농도를 조절한다.

30.11 산소호흡은 운동을 위한 에너지의 대부분을 공급한다

연결 많은 사람이 수영복 시즌을 앞두고 몸매를 유지하거나 체중을 감량하기 위해 운동을 한다. 조깅, 수영 또는 기타 유산소 체조와 같은 활동은 전형적인 건강 가꾸기다(**그림 30.11**). 유산소 운동은 체중을 유지하거나 감량하는 데 효과적인 방법으로, 최소한 섭취한 칼로리만큼 소모하는 것이 목표다. 소모되는 칼로리는 운동의 강도와 지속시간에 따라 달라진다(그림 6.4 참조). 운동 중 소비되는 대부분의 에너지는 근육의 움직임, 특히 근육원섬유마디 수축 중에 형성된 연결다리를 끊으면서 그 다음의 힘찬 움직임에 에너지를 공급하는 데 사용된다. 여기서는 이 에너지를 칼로리가 아닌 ATP로 표현한다.

▲ **그림 30.11** 달리기는 좋은 유산소 운동이다.

근육에는 매우 적은 양의 ATP가 있다. ATP는 근육에 저장되어 있는 포스포크레아틴(phospho-creatine, PCr, 인산크레아틴이라고도 한다)이라는 고에너지 분자를 사용하여 얻을 수도 있다. 효소가 PCr의 인산기를 ADP로 옮기면서 거의 바로 ATP가 만들어진다. ATP와 PCr을 함께 사용하면 10~15초 동안의 격렬한 활동에 충분한 에너지를 공급할 수 있는데, 이는 100미터 전력 질주를 하기에 충분한 양이다(**표 30.11** 참조).

표 30.11 운동을 위한 ATP 공급원

운동	에너지 사용량	ATP의 주요 공급원
100 m 달리기, 역도	10~15초 동안의 격렬한 활동	저장된 ATP 및 PCr
200 m 또는 400 m 달리기	단기간에 걸쳐 지속되는 강도 높은 활동	저장된 ATP 및 PCr + 젖산발효
조깅, 장거리 달리기	장기간 낮은 강도의 활동	산소호흡
테니스, 스쿼시, 축구	간헐적인 격렬한 활동이 포함된 장기간 낮은 강도의 활동	산소호흡 및 젖산발효

유산소 운동에 필요한 ATP의 대부분은 산소를 필요로 하는 유산소호흡(aerobic respiration)에서 나오는데, 이 과정에서 에너지가 풍부한 포도당이 분해되면서 ATP가 생성된다(6.3절 참조). 근육에는 혈관이 풍부하여 산소와 포도당을 공급하고 산소호흡의 부산물인 CO_2를 내보낸다. 운동 중에는 호흡과 심박수가 증가하여 기체교환을 빠르게 한다. 미오글로빈(myoglobin)은 근육에서 발견되는 헤모글로빈과 유사한 단백질로, 유산소호흡에 필요한 산소를 공급할 수 있다. ATP 요구량이 산소 공급으로 만들어지는 ATP 양을 초과하게 되면, 근육섬유는 젖산발효라는 혐기성 과정을 실행하기도 한다(6.12절 참조). 젖산발효 또한 포도당으로부터 시작된다. 발효는 유산소호흡보다 두 배 더 빠르게 진행되지만, 유산소호흡에서 공급받을 수 있는 ATP의 일부만 공급하며, 약 1분 동안만 수축을 지속할 수 있다.

ATP 생산에 필요한 포도당은 혈류에서 공급받고, 근육조직은 글리코겐을 저장한다(3.7절 참조). 근육세포는 이를 분해하여 더 많은 포도당을 공급할 수 있다. 간도 글리코겐을 저장하며, 포도당을 혈액으로 내보낼 수 있다. 몸은 또한 지방을 연료 공급원으로 동원할 수 있지만 지방산 분해에서 ATP를 수확하는 과정이 너무 느려 운동 강도 증가에 따른 수요를 따라갈 수 없다. 일반 운동선수는 글리코겐 저장량이 적정량보다 많아 운동 중 대사 연료가 부족할 위험은 없다.

운동을 시작할 때, 유산소호흡 기구가 증가된 ATP 요구량을 충족할 수 있을 만큼 충분한 양의 ATP를 생산하기까지는 수 분이 걸린다. 근육은 처음 몇 분 동안 발생한 '산소 부채'를 운동 후에 갚아야 한다. 예를 들어, 달리기가 끝난 후에도 근육이 소모된 ATP와 PCr을 보충하고 미오글로빈을 산소를 함유한 상태로 회복시키기 위해 호흡과 심박수가 한동안 빠르게 유지된다. 산소는 또한 발효에 의해 생성된 젖산의 대사에도 사용된다.

? 유산소호흡과 젖산발효의 과정에 필요한 물질, ATP 생산량, 속도 등을 비교해 보자.

■ 유산소호흡에는 포도당과 O_2가 필요하고, 발효에는 포도당이 필요하지만 O_2는 필요 없다. 유산소호흡은 발효보다 더 많은 ATP 분자를 생성하는 반면, 발효는 ATP를 더 빨리 생성한다.

30.12 근육섬유의 특징이 운동 성과에 영향을 미친다

과학적 사고 최근 개발된 기술을 통해 과학자들은 근육 구조 및 기능과 관련된 특정 유전자좌위를 찾아냈다. 이 유전자들 중 하나인 *ACTN3*에 대한 유전자 검사는 개인이 특정 유형의 운동에 타고난 강점을 가지고 있는지 예측하는 수단으로 이용된다. 이 주장이 타당한지를 평가하기 전에 먼저 근육섬유의 어떤 차이가 운동 성과에 영향을 미치는지 살펴보자.

유전자 검사로 운동 능력을 예측할 수 있을까?

근육을 구성하는 섬유가 모두 똑같지는 않다. '빠른 연축근육섬유(fast-twitch fiber, 속근섬유)'는 수축이 빠르고 강력하지만 빨리 피로해진다. '느린 연축근육섬유(slow-twitch fibers, 지근섬유)'는 반복적인 수축을 지속할 수 있고 피로가 느리게 오지만 수축의 힘이 덜 강력하다. 느린 근육섬유와 빠른 근육섬유의 특성이 **표 30.12A**에 요약되어 있다. 느린 근육섬유와 빠른 근육섬유의 일부 특징을 가지는 제3의 근육섬유도 풍부하다. 근육섬유의 종류와 관련된 특징 대부분은 근육섬유가 에너지가 풍부한 분자로부터 ATP를 만들기 위해 우선적으로 사용하는 경로를 반영한다. 각 근육에는 일반적으로 여러 가지 종류의 근육섬유들이 혼합되어 있으며, 대체로 그 근육이 수행하는 활동과 연관이 있다.

빠른 근육섬유와 느린 근육섬유는 서로 다른 형태의 미오신을 함유하고 있으며, ATP를 가수분해하는 속도도 서로 다르다. 근육수축 동안 ATP 소모가 빠를수록 ATP를 공급하는 데 필요한 대사 과정도 빨라져야 한다. 빠른 연축근육섬유는 연결다리를 빠르게 돌리면서 강력한 수축을 일으키지만, ATP를 매우 빠르게 소모한다. 느린 연축근육섬유에서 발견되는 미오신에서는 ATP 가수분해가 훨씬 더 느리게 일어난다. 연결다리가 만들어지고 끊어지는 속도가 느리면 더 지속적이지만 덜 강력한 수축이 발생한다.

*ACTN3*는 빠른 연축근육섬유 속 Z선의 주요 성분인 단백질 α-액티닌-3(α-actinin-3)을 암호화하는데, 이 단백질은 인접한 근육원섬유마디에서 나오는 가는섬유를 고정한다. *ACTN3*에는 기능을 하는 단백질을 암호화하는 대립유전자(*R*)와 그렇지 않은 대립유전자(*r*)의 두 대립유전자가 있다. 따라서 α-액티닌-3을 생성하려면 적어도 하나의 *R* 대립유전자가 필요하다.

2003년에 발표된 연구에 따르면, 한 연구팀은 *ACTN3*의 변이가 운동 수행 능력의 요인이라는 가설을 세웠다. 빠른 연축근육섬유는 단거리 달리기를 위해 땅을 박차고 나가거나, 무거운 역기를 들거나, 방망이를 휘두를 때와 같이, 짧고 폭발적인 움직임에 동력을 제공하는 강력한 수축이 필요한 운동 종목에서 중요한 역할을 한다. α-액티닌-3의 존재가 그 사람이 순발력 종목에서 뛰어난 능력을 발휘할 수 있게 하는 핵심 요인일까?

사람을 대상으로 하는 연구를 위해 과학자들은 종종 특정 특징이 다른 참가자 무리를 비교한다. 연구진은 운동 종목에 대한 α-액티닌-3의 영향에 대한 가설을 검증하기 위해 정예 운동선수 301명의 *ACTN3* 유전자형과 비운동선수 436명으로 구성된 대조군의 유전자형을 비교했다. 선수들은 단거리 달리기나 수영과 같이 순발력이 필요한 종목과 조정이나 장거리 자전거, 장거리 달리기와 같은 지구력 종목의 전문운동선수로 분류됐다. 그 결과가 **표 30.12B**에 나와 있다. 빠른 연축근육섬유에 의해 성공적인 성과가 좌우되는 순발력 운동선수의 90% 이상이 α-액티닌-3을 생성할 수 있는 능력을 가지고 있었다(유전자형 *RR* 또는 *Rr*).

과학적 검증을 위한 절차로, 이후 수많은 연구가 최초의 연구를 되풀이하고 확장했다. 이러한 12개 이상의 연구에 대한 메타 분석은 *R* 대립유전자 보유, 특히 *RR* 유전자형 보유가 순발력 운동선수에게 더 흔하다는 가설을 지지한다. 따라서 *ACTN3* 유전자형에 대한 유전자 검사는 운동 잠재력에 대한 한 가지 정보를 제공한다. 그러나 신체 능력은 *ACTN3* 외에도 많은 유전자와 많은 다른 인자의 영향을 받는다.

표 30.12A 근육섬유의 특성

특징	느린 근육섬유	빠른 근육섬유
수축 속도	느림	빠름
피로 속도	피로가 느리게 옴	피로가 빨리 옴
ATP를 만드는 기본 경로	세포호흡(유산소)	발효(무산소)
미오글로빈 함량	높음	낮음
미토콘드리아와 모세혈관	많음	적음

표 30.12B *ACTN3*의 유전자형 빈도(%)

집단	*RR*	*Rr*	*rr*
순발력	49.5	44.9	5.6
지구력	30.9	45.4	23.7
대조군	29.8	51.8	18.4

자료: N. Yang et al., ACTN3 genotype is associated with human elite athletic performance, *American Journal of Human Genetics* 73: 627-31 (2003).

? 단백질 α-액티닌-3에 대한 어떤 사실이 과학자들에게 *ACTN3* 유전자형이 순발력 종목에서 운동선수의 성공에 영향을 미칠 수 있다는 가설을 세우게 했을까?

■ α-액티닌-3은 빠른 연축근육섬유에서만 발견되며, 이는 순발력 종목에 필요한 강력한 수축에 중요한 역할을 한다.

CHAPTER 30 복습

개념 복습하기

움직임과 이동(30.1~30.2)

30.1 이동을 위해서는 마찰과 중력을 극복하기 위한 에너지가 필요하다. 헤엄치는 동물은 물에 의해 지지되지만 마찰 때문에 속도가 느려진다. 땅에서 걷거나 뛰거나 달리는 동물은 마찰의 영향을 덜 받지만 중력에 대항하여 몸을 지탱해야 한다. 구멍을 파거나 기어가는 동물은 마찰을 극복해야 한다. 이들은 좌우로 물결치는 운동이나 연동운동으로 움직인다. 새, 박쥐, 날아다니는 곤충의 날개는 날개골 모양으로, 중력을 극복할 수 있는 충분한 양력을 발생시킨다.

30.2 뼈대는 지지, 운동, 보호 기능을 한다. 지렁이와 자포동물은 몸의 닫힌 구획에서 압력을 받고 있는 수성뼈대를 가지고 있다. 겉뼈대는 절지동물의 키틴질로 된 관절이 있는 뼈대와 같이 딱딱한 외부 덮개다. 척추동물의 속뼈대는 연골과 뼈로 구성된다.

척추동물의 뼈대(30.3~30.6)

30.3 척추동물의 뼈대는 고대 원형의 변형이다. 척추동물 뼈대는 몸통뼈대(두개골, 척추뼈, 갈비뼈)와 팔다리뼈대(어깨이음뼈, 앞다리, 골반이음뼈, 뒷다리)로 구성된다. 이 기본 몸체계는 유전자조절의 변화를 통해 많은 변형된 형태로 진화했다.

30.4 뼈는 복잡한 살아 있는 기관이다. 뼈 끝에 있는 연골은 관절을 보호한다. 혈관과 신경에 의해 지원을 받는 뼈세포는 유연한 단백질 섬유와 단단한 무기질로 이루어진 바탕질 안에 들어 있다. 긴 뼈에는 지방을 저장하는 중심강이 있고 그 끝에는 해면뼈가 있다. 해면뼈에는 혈액 세포가 만들어지는 적색 뼈속질이 들어 있다.

30.5 건강한 뼈는 스트레스를 견디고 손상을 치유한다. 뼈 세포는 일생 동안 뼈를 계속 교체하고 수리한다. 약하고 구멍이 많은 뼈를 특징으로 하는 뼈 질환인 골다공증은 뼈의 파괴가 대체를 초과할 때 발생한다.

30.6 관절이 있어 다양한 유형의 동작이 가능하다.

근육수축과 움직임(30.7~30.12)

30.7 움직임에는 뼈대와 근육의 상호작용이 있다. 길항작용을 하는 근육 쌍은 서로 반대되는 움직임을 만든다. 근육은 수축할 때만 일을 수행한다.

30.8 각 근육세포에는 자신만의 수축장치가 있다. 근육섬유, 즉 세포는 굵은섬유와 가는섬유 단백질이 겹쳐져 있는 다발인 근육원섬유 다발로 구성된다. 굵은섬유와 가는섬유가 반복되는 근육원섬유마디가 수축 단위다.

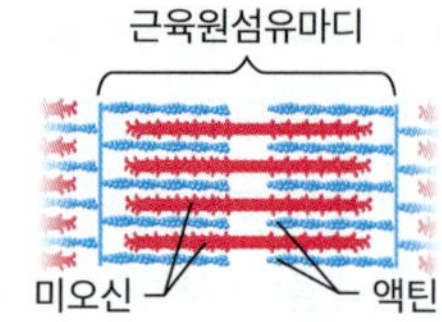

30.9 근육수축은 가는섬유가 굵은섬유를 타고 미끄러지면서 일어난다. 근육수축의 활주모델에 따르면, 굵은섬유의 미오신 머리는 ATP를 가수분해하여 고에너지 상태로 펼쳐진다. 그런 다음 머리는 액틴 분자의 결합부위에 달라붙어 가는섬유를 근육원섬유마디 중앙으로 끌어당긴다.

30.10 운동뉴런은 근육수축을 자극한다. 운동뉴런은 근육수축을 시작하게 하는 활동전위를 전달한다. 뉴런과 뉴런이 제어하는 근육섬유들이 운동단위를 구성한다. 시냅스말단에서 방출된 신경전달물질 아세틸콜린은 근육세포에 활동전위를 촉발하고, 이는 T소관을 따라 근육세포의 중심부까지 전달된다. 소포체에서 방출된 칼슘 이온은 조절단백질 트로포미오신을 액틴의 미오신 결합부위에서 멀리 이동시킴으로써 근육수축이 시작된다.

30.11 산소호흡은 운동을 위한 에너지의 대부분을 공급한다. 유산소호흡을 하려면 포도당과 산소가 지속적으로 공급되어야 한다. 무산소호흡인 발효 과정은 유산소호흡보다 더 빨리 ATP를 생산할 수 있지만, 생산되는 ATP는 적다.

30.12 근육섬유의 특징이 운동 성과에 영향을 미친다. 근육섬유를 느린 연축근육섬유와 빠른 연축근육섬유로 분류하는 것은 ATP 생성에 사용되는 주 경로를 기준으로 한다. *ACTN3*에 의해 암호화되는 단백질인 α-액티닌-3은 빠른 연축근육섬유에서만 발견된다. *ACTN3* 유전자형은 특정 운동 활동에서의 성공을 예측할 수 있다.

개념 연결하기

1. 동물의 움직임에 대한 개념도를 완성해 보자.

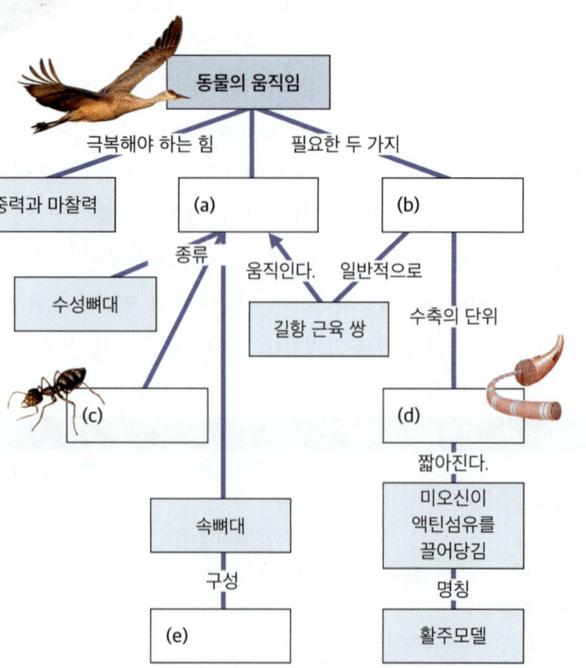

학습 평가하기

1단계 : 지식과 이해력 평가

2. 움직일 수 있는 관절에서 뼈의 끝부분은 ____________이다.
   a. 무기질
   b. 뼈 바탕질
   c. 연골
   d. 콜라겐 섬유
3. 팔 근육과 다리 근육은 길항작용을 하는 쌍으로 배열되어 있다. 이것이 기능에 어떤 영향을 미칠까?
   a. 근육 중 하나가 다친 경우 보완 기능을 한다.
   b. 한 쌍의 근육 중 한쪽은 밀고 다른 쪽은 당긴다.
   c. 하나의 운동뉴런이 두 가지를 모두 제어할 수 있다.
   d. 근육이 반대되는 움직임을 만들 수 있다.
4. 다음 중 중력이 가장 적은 영향을 미치는 것은 무엇인지 고르고 그 이유를 설명하시오.
   a. 연어
   b. 뱀
   c. 참새
   d. 메뚜기
5. 팔꿈치와 무릎을 이루는 관절은 다음 중 어느 것인가?
   a. 절구관절
   b. 중쇠관절
   c. 움직일 수 없는 관절
   d. 경첩관절
6. 다음 동물 중 뼈대의 유형과 정확히 일치하는 것은?
   a. 파리 — 속뼈대
   b. 지렁이 — 겉뼈대
   c. 가재 — 겉뼈대
   d. 꿀벌 — 수성뼈대
7. 개가 빠르게 달릴 때 몸의 자세를 안정화하는 것은?
   a. 좌우 파동
   b. 힘줄에 저장된 에너지
   c. 발과 지면의 접촉
   d. 그 추진력
8. 근육수축에서 칼슘의 역할은 무엇인가?
   a. 조절 단백질과 결합하면 단백질이 움직이면서 액틴 결합부위가 미오신 머리에 노출된다.
   b. 수축을 위한 에너지를 제공한다.
   c. 근육이 이완될 때 수축을 차단한다.
   d. 근육섬유 내부의 굵은섬유에서 미오신 분자의 머리를 형성한다.
9. 근육섬유 A는 주로 무산소호흡으로 ATP를 만드는 반면, 근육섬유 B는 주로 유산소호흡으로 ATP를 만든다. 다음 중 이들 섬유에 대해 옳게 설명한 것을 고르고 그 이유를 설명하시오.
   a. 근육섬유 A는 미오글로빈이 B보다 더 많다.
   b. 근육섬유 B는 A보다 더 빨리 피로해진다.
   c. 근육섬유 A는 미토콘드리아가 B보다 적다.
   d. 근육섬유 B는 A보다 훨씬 빠르게 수축한다.
10. 다음 중 근육의 구조에 대한 설명으로 옳은 것은?
    a. 근육의 굵은섬유는 미오신과 트로포닌으로 구성되어 있다.
    b. 근육원섬유마디 부위는 굵은섬유로만 이루어져 있다.
    c. Z선 주변의 밝은 띠에는 가는섬유만 포함되어 있다.
    d. 근육원섬유는 여러 다발의 근육섬유로 구성되어 있다.

2단계 : 응용과 분석력 평가

11. 종 수와 개체 수 모두에서 곤충은 가장 성공적인 육상동물이다. 곤충의 겉뼈대가 육지에서 살아가는 데 어떻게 도움이 되는지 설명하시오. 겉뼈대가 있으면 어떤 단점이 있는지 기술하시오.
12. 올빼미가 급강하하여 발톱으로 생쥐를 잡고 다시 자리로 날아간다. 부엉이의 날개가 어떻게 중력의 아래쪽 당김을 극복하고 위로 날아갈 수 있는지 설명하시오.
13. 순수혈통(순종) 말 농장이 가장 많이 밀집한 곳은 켄터키의 블루글래스 지역이다. 이 지역의 석회암 토양에서 자라는 잔디는 특히 칼슘이 풍부하다. 이 잔디는 챔피언십 경주마의 발달에 어떤 영향을 미칠까?
14. 팔을 구부릴 때 활동전위로 시작하여 근육의 수축으로 끝나는 과정을 설명하시오. 강한 수축과 약한 수축은 어떻게 다른가?
15. 다음 문장을 설명하시오. "척추동물 뼈대는 하나의 원형에서 변형된 것이다."

3단계 : 종합평가

16. 백혈병 환자는 종종 뼈속질을 이식받는다. 적색뼈속질과 황색뼈속질 중 백혈병 환자에게 유용한 것을 선택하고 그 이유를 설명하시오.
17. 지렁이의 몸은 액체로 채워진 여러 개의 구획으로 이루어져 있으며, 각 구획에는 세로근육과 돌림근육이 있다. 그러나 회충은 체액으로 채워진 하나의 강이 몸을 차지하고 있으며, 몸 전체 길이를 가로지르는 세로근육만 있다. 회충의 움직임이 지렁이의 움직임과 어떻게 다른지 예측하여 기술하시오.
18. 사람이 죽으면 근육이 경직되어 제자리에 고정되는데, 이를 강직이라고 한다. 사후강직은 근육세포에 더 이상 ATP가 공급되지 않기 때문에 발생한다(호흡이 멈추면 ATP 합성이 중단됨). 또한 칼슘은 죽어가는 세포로 자유롭게 흘러 들어간다. 결국에는 생물학적 분자가 분해되기 때문에 강직은 사라지게 된다. 죽음 직후 칼슘의 존재와 ATP의 부족이 왜 근육을 이완되게 하지 않고 강직되게 하는지를 30.9절과 30.10절에서 설명한 수축 기작을 참고하여 설명하시오.
19. **과학적 사고** 친구가 자녀의 *ACTN3* 유전자형 검사를 받았다고 가정해 보자. 30.12절에 설명된 연구를 검토한 후, 이 검사 결과를 해석할 때 어떤 주의사항을 제시하겠는가?

UNIT 6

식물: 형태와 기능

▲ 식물생태학자

한 연구원이 높이와 너비가 크게 자라는 호주산 유칼립투스 나무를 조사하고 있다(31.8절 참조).

▲ 식물원 큐레이터

프란치스카 코엘료(Fransisca Coelho)가 전시 담당 부사장으로 근무하는 뉴욕식물원에서 전시를 위해 난초를 바구니에 심고 있다(32.15절 참조).

▲ 원예사

캘리포니아 월넛크릭(Walnut Creek) 에 있는 루스 밴크로프트(Ruth Bancroft) 식물원의 큐레이터인 브라이언 켐블(Brian Kemble)이 알로에 식물에 수분을 해주어 잡종 자손을 생산하고 있다(31.10절 참조).

CHAPTER

31 식물의 구조, 생장 및 생식

핵심 개요

식물의 구조와 기능(31.1~31.6)

식물체는 조직, 기관 및 기관계로 분류된 특수 세포로 구성되어 있다.

식물의 생장(31.7~31.8)

모든 식물은 1차 생장을 통해 길이가 길어지고, 목본 식물은 2차 생장을 통해 나무가 굵어진다.

꽃식물의 생식(31.9~31.16)

속씨식물의 유성생식에는 수분, 열매와 씨의 발생, 씨 분산, 발아, 생장 등이 포함된다.

31.0 농업은 고대로부터 시작되었다

식물을 빼놓고 인류 문명을 이야기하는 것은 불가능하다. 사람들은 항상 식량, 연료, 쉼터, 의복 및 기타 수많은 생활 필수품을 식물에 의존해 왔다. 인류 문명 발전에서 가장 중요한 사건은 약 1만 년 전, 사람들이 처음으로 식물을 토착화(domestication)한 사건이다. 농경은 곧 전 세계 대부분 사람들의 생활방식으로 유목생활을 대체했다. 사진 속 커피 농장에서 볼 수 있듯이 토착화는 잉여 식량의 생산, 도시 건설, 현대적 생활방식의 출현을 가능하게 했다.

식물과 인간의 관계에서 가장 최근의 변화는 유전공학(genetic engineering)을 사용하여 식물과 박테리아와 같은 다른 종 사이에 유전자를 옮기는 것이다. 그 결과 탄생한 유전자변형생물(GMO)은 유용성을 향상시키는 새로운 형질의 조합을 나타낸다.

이러한 역사에서 알 수 있듯이 식물은 인간의 복지에 필수적인 존재다. 속씨식물, 즉 꽃식물이 식물계의 90% 이상을 차지하므로 이 단원에서는 속씨식물을 중점적으로 다룬다. 이 장에서는 속씨식물의 구조, 생장, 생식에 대해 살펴볼 것이다. 그 과정에서 식물의 농업적 이용에 뿌리를 두고 논의한다.

31.1 농작물의 토착화는 인류 역사의 흐름을 바꿨다

과학적 사고

농업은 얼마나 오래되었나?

밀은 전 세계적으로 소비되는 전체 식량의 약 20%를 차지하는 가장 중요한 농작물 중 하나다. 증거에 따르면 밀은 최초로 재배된 야생 작물 중 하나였다. 토착화된 밀의 기원은 티그리스강과 유프라테스강 상류 근처의 "비옥한 초승달"이라고 불리는 중동 지역으로 거슬러 올라간다. 과학자들은 어떻게 농업이 시작된 특정 시기와 장소를 정확히 찾아낼 수 있을까?

고고식물학자들은 고대 유적지에 남겨진 씨나 식물 조각과 같은 식물 유물을 연구한다. 식물은 인간의 선택에 의해 유전적으로 변형되면서 물리적 변화를 겪기 때문에 토착화는 측정 가능한 흔적을 남긴다. 예를 들어, 야생 밀과 경작 밀 품종은 씨가 수술대에 붙어 있는 방식과 같은 식물 해부학의 몇 가지 변화로 구분할 수 있다. 고고식물학자들은 많은 고대 정착지에서 밀 표본을 수집하여 식물 부분의 구조를 조사하고 방사성 연대 측정법(radiometric dating)을 통해 연대를 결정했다(15.5절 참조). 데이터에 따르면 약 1만 년 전 이전에는 인간의 정착지에서 발견된 밀은 모두 야생 품종이었다고 한다. 약 1만 년 전부터 야생 밀은 토착화된 품종으로 대체되기 시작했다. 그 후 수천 년에 걸쳐 토착화된 품종은 점차 야생 품종을 대체해 나갔다(**그림 31.1A**). 오늘날 전 세계에서 재배되는 거의 모든 밀은 토착화된 품종이다.

식물학자는 다양한 방법을 사용하여 다른 농작물들이 토착화한 시기와 장소를 결정했다. 바나나, 참마, 고추 같은 많은 열대 식물은 습한 기후에서 빨리 썩어 거의 남지 않기 때문에 특히 어려움을 겪는다. 그러나 미세한 녹말(starch) 알갱이는 석기나 도자기 파편과 같은 정착지 안팎에서 남을 수 있다. 녹말을 저장하는 식물 세포소기관인 아밀로플라스트(amyloplast, 전분립)의 크기와 분포를 현미경으로 분석하면 야생 품종과 경작 품종의 차이를 구분할 수 있다.

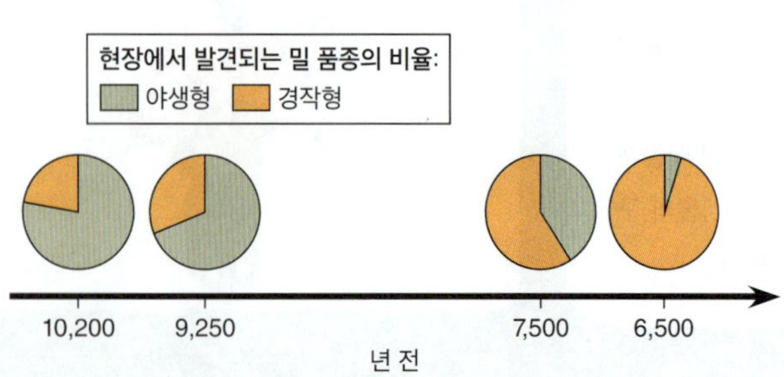

자료: K. Tanno and G. Willcox, How fast was wild wheat domesticated? *Science* 311: 1886 (2006).

▲ **그림 31.1A** 여러 고대 정착지에서 발견된 야생 밀과 토착화된 밀의 비율

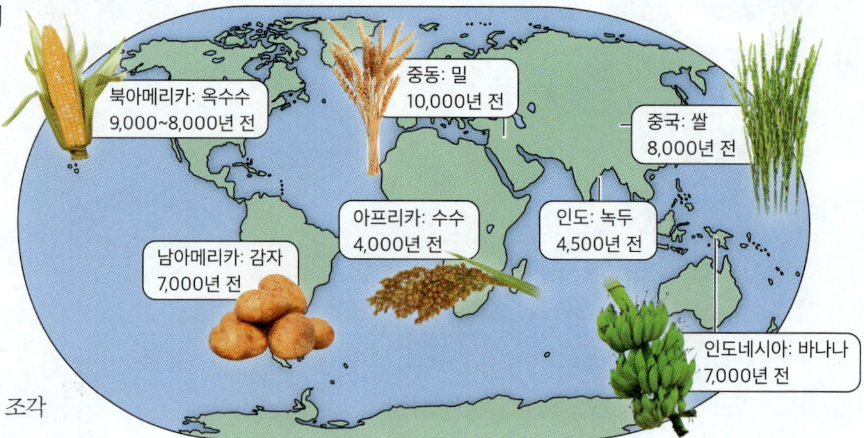

자료: Adaptation of map "Multiple Birth" from "Seeking Agriculture's Ancient Roots" by Michael Balter, from *Science*, June 2007, Volume 316(5833). Copyright © 2007 by AAAS. Reprinted with permission.

▲ **그림 31.1B** 일부 주요 식량 작물의 토착화

유전자 분석은 토착화의 시기와 장소를 정확히 파악하는 데도 사용할 수 있다. 예를 들어, 테오신테(teosinte)라는 야생종이 현대의 옥수수로 토착화되면서 여러 유전자가 돌연변이를 겪은 것으로 알려져 있다. 이러한 유전자는 줄기(stalk)의 숫자나 식물 내에 양분을 저장하는 방법과 같이 야생 품종과 경작 품종을 구별하는 형질에 영향을 미친다. 유전자 변화 속도에 대한 표준 추정법(분자시계라고도 함, 15.18절 참조)을 사용하면 토착화의 시간과 장소를 대략적으로 추정할 수 있다. 이러한 유전학적 분석에 따르면 옥수수는 약 9,000년 전 멕시코 남부에서 처음으로 토착화된 것으로 나타났다.

식물학자들은 고고학적·해부학적·미시적·유전학적 증거를 종합하여 작물 토착화에 대한 전체적인 지도와 연대를 구성할 수 있다. 북미와 남미, 아프리카, 인도, 중국, 인도네시아 등 전 세계에서 수천 년에 걸쳐 주식 작물의 최초 토착화와 관련된 유적지가 발견되었다(**그림 31.1B**). 고대 농업의 뿌리에 대한 조사는 과학자들이 광범위한 결론을 도출하기 위해 다양한 출처에서 여러 증거를 종합하는 방법을 이용한다.

더 많은 증거가 수집됨에 따라 식물학자들은 농작물의 토착화가 현대 인류 문명의 발전에 어떻게 기여했는지에 대한 이해를 계속 심화해 나갈 것이다. 우리 사회에서 식물의 중요성을 염두에 두고 다음 5개 절에서 속씨식물의 구조를 살펴볼 것이다.

? 고고학 유적지에서 나온 식물 유물을 조사하여 밀의 토착화를 정확히 찾아냈다. 왜 이러한 접근방식이 모든 식물에 적용될 수 없는가?

■ 일부 유형의 식물(예: 바나나)은 오래 지속되지 않는 연한 조직만 남긴다.

31.2 속씨식물에 속하는 두 가지 주요 그룹은 외떡잎식물과 쌍떡잎식물이다

속씨식물(angiosperm, 피자식물)은 1억 년 이상 이 땅을 지배해 왔으며, 오늘날 약 25만 종의 꽃식물(flowering plant, 현화식물)이 살고 있는 것으로 알려져 있다. 우리가 먹는 음식의 대부분은 수백 종의 토착화된 꽃식물에서 나온다. 이러한 식품에는 비트, 당근과 같은 뿌리, 사과, 견과류, 베리류, 호박 같은 나무와 덩굴의 열매, 완두콩, 땅콩, 콩 같은 콩과 식물의 열매와 씨, 밀, 쌀, 옥수수 같은 풀의 열매인 곡식(곡물)이 있다.

식물학자들은 몇 가지 구조적 특징에 따라 속씨식물을 두 가지 주요 계통군(진화적으로 관련된 그룹)인 외떡잎식물과 쌍떡잎식물로 분류한다(**그림 31.2**). 외떡잎식물과 쌍떡잎식물이라는 이름은 식물 배아(embryo)의 첫 번째로 나는 잎을 가리킨다. 이 배아 잎을 **떡잎(cotyledon)**이라고 한다. **외떡잎식물(monocot)**의 배아에는 하나의 떡잎이 있고, **쌍떡잎식물(eudicot)**의 배아에는 2개의 떡잎이 있다.

외떡잎식물에는 난초, 대나무, 야자수, 백합, 모든 풀이 속해 있다. 그림 31.2의 왼쪽 상단에서 씨 안에 있는 하나의 떡잎을 볼 수 있다. 외떡잎식물의 잎, 줄기, 꽃, 뿌리도 특징적이다. 대부분의 외떡잎식물은 잎맥(leaf vein)이 평행하게 나 있다. 외떡잎식물 줄기에는 관다발조직(물과 양분을 운반하는 내부 조직)이 다발로 조직화되어 흩어져 있는 패턴으로 배열되어 있다. 대부분의 외떡잎식물의 꽃은 꽃잎과 다른 부분이 3의 배수로 배열되어 있다. 외떡잎식물 뿌리는 토양 표면 아래에 펼쳐진 얕은 섬유질 시스템, 즉 수염뿌리를 형성한다. 대부분의 뿌리가 토양의 윗부분 몇 센티미터에 있기 때문에 외떡잎식물, 특히 풀은 훌륭한 덮개 역할을 하고 토양 침식을 줄이는 데 도움이 될 수 있다. 따라서 섬유질로 된 뿌리계(root system, 뿌리부)는 강수량이 적은 얕은 토양에 잘 적응한다.

많은 작물(거의 모든 과일과 채소 등), 대부분의 관상용 식물, 대부분의 관목과 나무를 포함한 대부분의 꽃식물은 쌍떡잎식물이다[겉씨식물(gymnosperm, 나자식물)인 원뿔형 침엽수와 같은 벌거벗은 씨 식물은 제외]. 그림 31.2의 왼쪽 하단에 있는 씨에서 전형적인 쌍떡잎식물의 2개의 떡잎을 볼 수 있다. 쌍떡잎식물의 잎에는 여러 갈래의 잎맥 네트워크가 있고, 줄기(stem)에는 관다발(vascular bundle)이 고리 모양으로 배열되어 있다. 쌍떡잎식물의 꽃은 일반적으로 꽃잎과 다른 부분이 4 또는 5의 배수로 있다. 민들레를 뽑아본 적이 있다면 알겠지만, 원뿌리(taproot)라고 불리는 쌍떡잎식물의 크고 수직으로 뻗은 뿌리는 흙 속 깊숙이 뻗어 있다. 원뿌리는 지하수가 깊은 토양에 잘 적응하여 식물을 키가 크게 자랄 수 있게 해준다.

앞의 동물 단원에서 살펴본 것처럼, 구조를 자세히 살펴보면 그 기능을 알 수 있는 경우가 많다. 반대로 기능은 '논리'적인 구조에 대한 통찰력을 제공한다. 다음 절에서는 식물 구조와 기능 간의 연관성에 대해 자세히 살펴본다.

? 외떡잎식물과 쌍떡잎식물이라는 용어는 씨에서 발달하는 배의 ________수를 나타낸다.

■ 떡잎

▲ **그림 31.2** 외떡잎식물과 쌍떡잎식물의 비교

시도해 보기 각 식물의 떡잎을 손가락으로 따라가며 외떡잎식물인지 쌍떡잎식물인지 구별하시오.

31.3 전형적인 식물체는 뿌리, 줄기, 잎의 세 가지 기본 기관을 갖는다

식물의 몸은 대부분의 동물과 마찬가지로 기관계(organ system)로 분류된 수많은 기관을 갖고 있다. **기관(organ)**은 특정 기능을 함께 수행하는 여러 유형의 조직으로 구성된다. 이번 절과 다음 절에서는 가장 친숙한 식물 기관에 초점을 맞춘다. 그런 다음 구조적 계층을 따라 내려가면서 식물 조직(31.5절)을 살펴본 다음 개별 세포(31.6절)를 살펴볼 것이다. 이 일련의 절에서는 식물체의 모든 단계에서 **구조와 기능** 사이의 관계에 초점을 맞출 것이다.

식물의 기본 구조는 육상에서 서식하는 생물의 진화사를 반영한다. 대부분의 식물은 매우 다른 두 가지 환경에서 자원을 끌어와야 한다. 땅 아래에서 물과 무기질(mineral)을 흡수하는 동시에 지상에서 CO_2 및 빛을 얻어야 한다. **그림 31.3**에 표시된 일반적인 꽃식물과 같은 육상 식물의 지하 뿌리와 지상부(줄기 및 잎)는 이러한 중요한 기능을 수행한다. 뿌리와 새싹 중 어느 쪽도 다른 한쪽 없이는 생존할 수 없다. 대부분의 뿌리는 어둠 속에 있고 엽록체가 없기 때문에 광합성을 하는 잎과 줄기에서 운반되는 당과 기타 유기 양분이 없으면 굶어 죽을 것이다. 반대로 지상부는 뿌리가 토양에서 흡수한 물과 무기질에 의존한다.

뿌리(root)는 식물을 토양에 고정하고, 무기질과 수분을 흡수 및 운반하며, 탄수화물을 저장하는 기관이다. 식물의 모든 뿌리가 함께 모여 **뿌리계(root system)**를 형성한다. 뿌리 끝 부분에는 **뿌리털(root hair)**이라고 불리는 손가락 모양의 작은 돌기가 무수히 많아 뿌리의 표면적을 넓혀 물과 무기질을 효율적으로 흡수할 수 있게 한다. 그림 맨 오른쪽에서 볼 수 있듯이 뿌리털은 뿌리 표피 세포(뿌리 바깥층에 있는 세포)에서 손가락처럼 뻗어 나온 돌기다. 식물을 파헤치면 식물의 섬세한 뿌리털이 손상되는 경우가 많기 때문에 이미 자란 식물을 다치지 않고 옮기는 것은 어렵다.

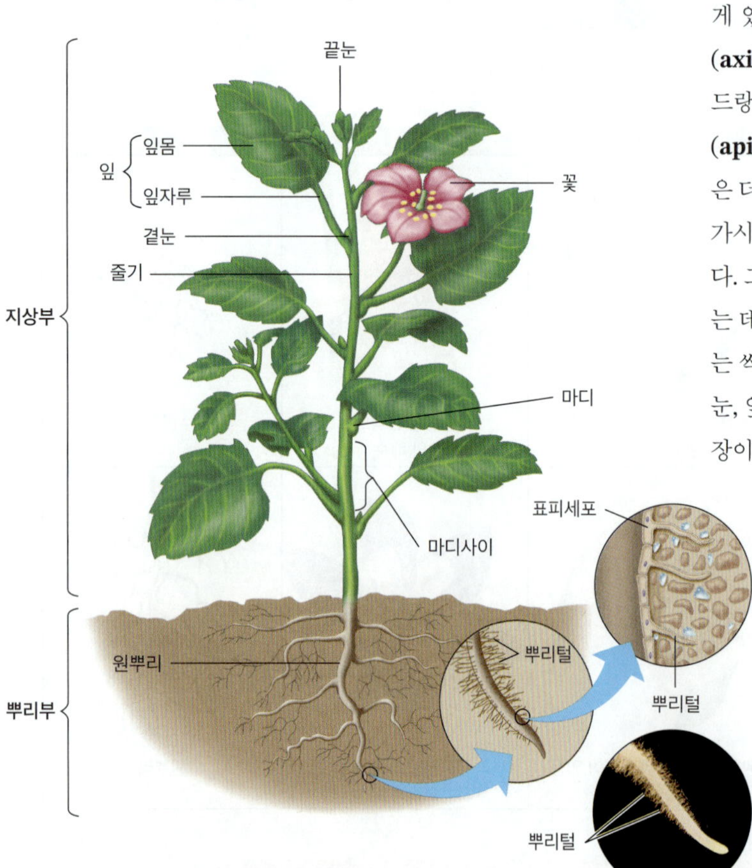

▲ **그림 31.3** 꽃식물의 몸체계

식물의 **지상계(shoot system**, 지상부)는 줄기, 잎, 번식을 위한 구조물로 구성되며 속씨식물에서는 그 구조물이 꽃으로 이루어져 있다. **줄기(stem)**는 잎과 새싹을 맺는 식물 기관이다. 줄기는 일반적으로 땅 위에 있으며, 잎을 지탱하고 분리하여 광합성을 촉진하며 잎과 생식을 담당하는 꽃을 분리한다. 나무의 경우 줄기는 줄기와 가장 작은 잔가지를 포함한 모든 가지를 말한다. 줄기에는 잎이 붙어 있는 지점인 **마디(node)**가 있으며 마디와 마디 사이에는 **마디사이(internode)**가 있다. **잎(leaves)**은 대부분의 식물에서 주요 광합성 기관이지만 녹색 줄기도 광합성을 수행한다. 대부분의 잎은 납작한 잎과 잎과 줄기의 마디를 연결하는 줄기, 즉 **잎자루(petiole**, 엽병)로 구성된다.

식물의 눈(bud)은 아직 발달하지 않은 어린싹(shoot)이다. 식물 줄기가 길이생장을 할 때, 줄기의 끝에 있는 **끝눈(terminal bud, apical bud)**에는 생장하는 잎과 일련의 마디와 마디사이가 빽빽하게 있다. 잎과 줄기가 형성하는 굽은 부분에 하나씩 있는 **겨드랑이눈(axillary bud**, 곁눈)은 보통 휴면 상태다. 많은 식물에서 끝눈은 겨드랑이눈의 생장을 억제하는 호르몬을 생산하는데, 이를 **끝눈우성(apical dominance**, 정단우성)이라고 한다(33.4절 참조). 끝눈우성은 더 크게 자라는 데 자원을 집중함으로써 식물의 빛에 대한 노출을 증가시키는 진화적 적응이다. 이것은 식물이 빽빽한 곳에서 특히 중요하다. 그러나 가지가 나는 것은 또한 새싹 시스템의 환경 노출을 증가시키는 데 중요하며 특정 조건에서 곁눈이 자라기 시작한다. 일부는 꽃이 피는 싹으로 발달하고 다른 일부는 비생식 가지로 발달하는데 자체의 끝눈, 잎 및 겨드랑이눈으로 된다. 끝눈을 제거하면 보통 겨드랑이눈의 생장이 촉진된다. 이것이 바로 과일나무를 가지 치는 일과 집에서 키우는 식물을 '꼬집는(pinching back) 것'이 식물을 더 덤불처럼 만드는 이유다.

그림 31.3은 식물 구조의 개요를 보여 주지만 속씨식물의 엄청난 다양성을 나타내는 것은 결코 아니다. 다음으로 뿌리, 줄기, 잎의 기본 구조에 대한 몇 가지 변이를 간략히 살펴본다.

? 전형적인 식물에서 발견되는 두 가지 기관계와 세 가지 기본 기관을 말하시오.

■ 뿌리계와 지상계. 뿌리, 줄기, 잎.

31.4 많은 식물은 변형된 뿌리, 줄기, 잎을 갖고 있다

연결 진화의 역사를 거치면서 뿌리, 줄기, 잎의 세 가지 기본적인 식물 기관은 다양한 기능에 적응해 왔다. 농업의 출현 이후, 인간은 인위선택의 일종인 선택적 육종을 통해 식물 구조에 더 많은 영향을 주었다. 우리에게 친숙한 많은 식품은 식물의 기관을 확대하거나 변형한 것이다. 예를 들어 당근, 순무, 사탕수수, 고구마는 모두 녹말과 같은 탄수화물 형태로 음식을 저장하는 특이하게 큰 원뿌리를 가지고 있다(**그림 31.4A**). 식물은 꽃을 피우고 열매를 생산할 때 저장된 탄수화물을 소비한다. (뿌리 작물은 영양 가치가 극대화되는 개화 전에 수확한다.)

▼ **그림 31.4A** 사탕무 식물의 변형된 뿌리

그림 31.4B는 변형된 줄기의 세 가지 예를 보여준다. 딸기는 땅 위를 따라 자라는 덩굴(stolon 또는 runner, 기는줄기)이라는 수평줄기를 가지고 있다. 덩굴은 길이를 따라 마디에 작은 식물체(plantlet)가 형성되므로 식물은 무성생식을 할 수 있다. 붓꽃(iris)을 캐거나 신선한 생강을 요리해 본 적이 있다면 줄기의 변형된 모습을 본 적이 있을 것이다. 이런 식물의 크고 갈색의 뿌리 같은 구조물은 사실 토양 표면 바로 아래에서 자라는 수평 줄기인 **뿌리줄기(rhizome**, 근경)다. 뿌리줄기는 양분을 저장하고, 새싹이 있으면 새로운 식물을 형성할 수도 있다. 정원사는 약 3년에 한 번씩 붓꽃의 뿌리줄기를 파내어 쪼갠 후 다시 심어 여러 개의 동일한 식물을 얻을 수 있다. 감자는 저장에 특화된 **덩이줄기(tuber**, 우리가 먹는 감자)라고 불리는 뿌리 끝이 확대된 구조를 갖고 있다. 감자의 '눈'은 심으면 자랄 수 있는 덩이줄기의 곁눈으로, 감자를 쉽게 번식할 수 있게 해준다. 반면에 식물의 **구근(bulb)**은 부풀어 오른 잎을 달고 있는 지하의 줄기로, 양분을 저장하는 역할을 한다. 양파 껍질을 벗길 때 짧은 줄기에 붙어 있는 잎의 층을 제거하는 것이다.

▲ **그림 31.4C** 황금술통선인장(*Echinocactus grusonii*)의 변형된 잎(spine, 가시)

식물의 잎도 매우 다양하다. 풀과 다른 많은 외떡잎식물은 잎자루가 없는 긴 잎을 가지고 있다. 셀러리와 같은 일부 쌍떡잎식물은 우리가 먹는 줄기인 잎자루가 엄청나게 크다. **덩굴손(tendrils)**이라는 변형된 잎은 완두콩과 같은 덩굴식물이 단단한 구조물에 달라붙는 데 도움을 준다. (포도 덩굴손과 같은 일부 덩굴손은 변형된 줄기다.) 선인장(**그림 31.4C**)의 가시는 식물이 먹히지 않도록 보호하는 변형된 잎이다. 선인장의 주요 부분은 큰 녹색 줄기로, 광합성을 하고 물을 저장하는 데 적응되어 있다.

지금까지는 육안으로 식물을 살펴봤다. 다음으로 식물을 해부하여 식물 조직을 현미경으로 살펴본다.

? 선인장 가시는 식물 잎의 전형적인 기능에서 어떻게 벗어날 수 있는가?

■ 대부분의 잎과 달리 선인장 가시는 광합성을 하는 주요 부위가 아니다.

딸기

붓꽃

감자

▲ **그림 31.4B** 세 가지 종류의 변형 줄기: 기는줄기, 뿌리줄기, 덩이줄기

31.5 세 가지 조직계가 식물의 몸을 구성한다

대부분의 동물의 기관과 마찬가지로 식물의 기관에는 특징적인 기능을 가진 조직이 있다. **조직(tissue)**은 특수한 기능을 함께 수행하는 세포의 집단이다. 예를 들어, **물관(xylem)**은 뿌리에서 물과 용해된 무기물을 위로 운반하는 반면, **체관(phloem)**은 잎이나 저장 조직에서 당과 기타 유기 영양소를 식물의 다른 부분으로 운반한다.

조직계(tissue system)는 식물 내에서 기능적 단위로, 하나 이상의 조직으로 구성된다. 뿌리, 줄기, 잎 등 각 식물 기관은 표피(dermal), 관다발(vascular), 기본(ground) 조직계의 세 가지 조직계로 구성된다. 각 조직계는 식물체 전체에 걸쳐 연속적이지만 잎, 줄기, 뿌리에서는 조직계가 다르게 배열되어 있다(**그림 31.5**). 각 식물 기관의 적절한 기능은 세 가지 조직계 간의 **상호작용**에 달려 있다.

표피조직계(dermal tissue system, 그림에서 갈색으로 표시)는 식물의 외부를 보호하는 덮개다. 우리 표피와 마찬가지로 물리적 손상과 감염성 생물에 대한 첫 번째 방어선을 형성한다. 비목본식물에서 표피조직계는 **표피(epidermis)**라고 불리는 단단히 뭉친 세포의 단일층으로 구성된다. 잎과 대부분의 줄기에서 표피세포는 수분 손실을 방지하는 데 도움이 되는 **큐티클(cuticle)**이라는 왁스(wax)를 분비한다. 모든 식물체에서 발견되는 두 번째 조직계는 **관다발조직계(vascular tissue system**, 보라색)다. 이는 물관과 체관으로 구성되어 있으며 뿌리계와 지상부 사이에서 지지와 장거리 수송을 제공한다. 표피조직계나 관다발조직계도 아닌 조직은 **기본조직계(ground tissue system**, 노란색)를 구성한다. 기본조직계는 어린 식물의 대부분을 차지하며, 표피와 관다발조직계 사이의 공간을 채운다. 관다발조직 내부에 있는 기본조직을 **수(pith)**, 관다발 조직 외부에 있는 기본조직을 **피층(cortex)**이라고 한다. 기본조직계는 광합성, 저장, 지지 등 다양한 기능을 가지고 있다.

그림 31.5를 확대한 그림은 전형적인 어린 식물의 뿌리, 줄기, 잎에서 세 가지 조직계가 어떻게 조직되어 있는지 보여준다. (나중에 더 생장한 뿌리와 줄기를 살펴본다.) 왼쪽 하단 그림은 어린 쌍떡잎식물 뿌리의 세 가지 조직계의 단면을 보여준다. 토양에서 흡수된 물과 무기질은 표피를 통해 들어와야 한다. 뿌리의 중심부에는 **관다발중심주(vascular cylinder)**가 있는데 수레바퀴의 바큇살처럼 중앙에서 방사형으로 뻗어 나온 물관세포들의 단면과 그 사이사이를 체관세포들이 채우고 있다. 관다발중심주와 표피 사이에 있는 뿌리의 기본조직계는 전부 피층으로 이루어져 있다. 피층세포는 양분을 녹말로 저장하고 표피를 통해 뿌리로 들어온 무기질을 흡수한다. 피층의 가장 안쪽 층은 한 층으로 된 원통형의 세포층이 **내피(endodermis)**다. 내피는 피층과 관다발조직 사이의 물질 통과를 조절하는 선택적 장벽이다(32.2절에서 볼 수 있음).

그림 31.5의 오른쪽 아래는 어린 외떡잎식물 뿌리의 단면을 보여준다. 외떡잎식물 뿌리는 쌍떡잎식물의 뿌리와 몇 가지 유사점이 있다. 큰 피층(기본조직)의 외부를 둘러싸고 있는 표피와 중앙에 관다발중심주다. 그러나 외떡잎식물 뿌리의 관다발 조직은 세포들의 중심부가 물관과 체관의 고리로 둘러싸여 있다.

그림 31.5의 중앙에서 볼 수 있듯이, 쌍떡잎식물의 어린 줄기는 외떡잎식물의 줄기와 상당히 다르게 보인다. 2개의 줄기 모두 관다발조직계가 있는데 수많은 **관다발(vascular bundle)**로 배열되어 있다. 그러나 외떡잎식물 줄기에서는 관다발이 흩어져 있는 반면, 대부분의 쌍떡잎식물에서는 고리 모양으로 배열되어 있다. 이 고리는 기본조직을 피층과 수로 분리한다. 피층은 관다발의 고리와 표피 사이의 공간을 채운다. 수는 줄기의 중앙을 채우며 종종 양분의 저장에 중요하다. 외떡잎식물 줄기에서는 관다발이 고리 모양을 형성하지 않기 때문에 기본조직은 피층과 수로 분리되지 않는다.

그림 31.5의 오른쪽 위는 전형적인 쌍떡잎식물 잎의 세 가지 조직계가 배열한 모습을 보여준다. 표피에는 **기공(stomata**, 단수는 stoma)이라고 불리는 작은 구멍이 있어 주변의 공기와 잎 내부에 있는 광합성 세포들 사이에서 CO_2와 O_2의 교환이 이루어진다. 또한 식물에서 손실되는 대부분의 수증기는 기공을 통과한 것이다. 각 기공에는 기공의 개폐를 조절하는 특수한 표피세포인 2개의 **공변세포(guard cell)**가 양쪽에 있다.

잎의 기본조직계는 **잎살조직(mesophyll)**이라고 부르며, 상부표피와 하부표피 사이에 끼어 있다. 잎살조직은 주로 광합성에 특화된 세포로 구성되어 있다. 그림의 녹색 구조가 엽록체다. 이 쌍떡잎식물을 보면, 엽록체 아래쪽 세포들이 느슨하게 배열되어 있고, CO_2와 O_2가 순환하는 미로 같은 공기로 된 공간이 있는 것을 볼 수 있다. 이 공간은 외부 공기와의 기체교환이 일어나는 기공 부근에서 특히 넓다. 많은 외떡잎식물과 일부 쌍떡잎식물 잎에서는 잎살조직이 위쪽과 아래쪽으로 뚜렷하게 배열되어 있지 않다.

외떡잎식물과 쌍떡잎식물 모두에서 잎의 관다발조직계는 **잎맥(vein)**의 네트워크로 구성되어 있다. 그림 31.5에서 볼 수 있듯이, 각 잎맥은 세포로 구성된 보호 덮개로 둘러싸인 물관과 체관으로 구성된 관다발이다. 줄기의 관다발과 연속된 잎맥의 물관과 체관은 잎의 광합성 조직과 밀접하게 접촉하고 있다. 이들을 통해 토양으로부터 물과 무기질 양분을 공급받고, 잎에서 만들어진 당을 식물 전체로 운반한다. 관다발 구조는 또한 잎의 모양을 지지하는 뼈대 역할을 한다.

지난 세 절에서는 기관과 조직 수준에서 식물의 구조를 살펴봤다. 다음 절에서는 식물 세포를 살펴보면서 식물의 구조적 계층에 대한 자세한 내용을 살펴본다.

? 사람 신체의 각 구조인 순환계, 표피, 지방조직(체지방)에 가장 유사한 식물 조직계의 이름을 말하시오.

■ 관다발조직계, 표피조직계, 기본조직계

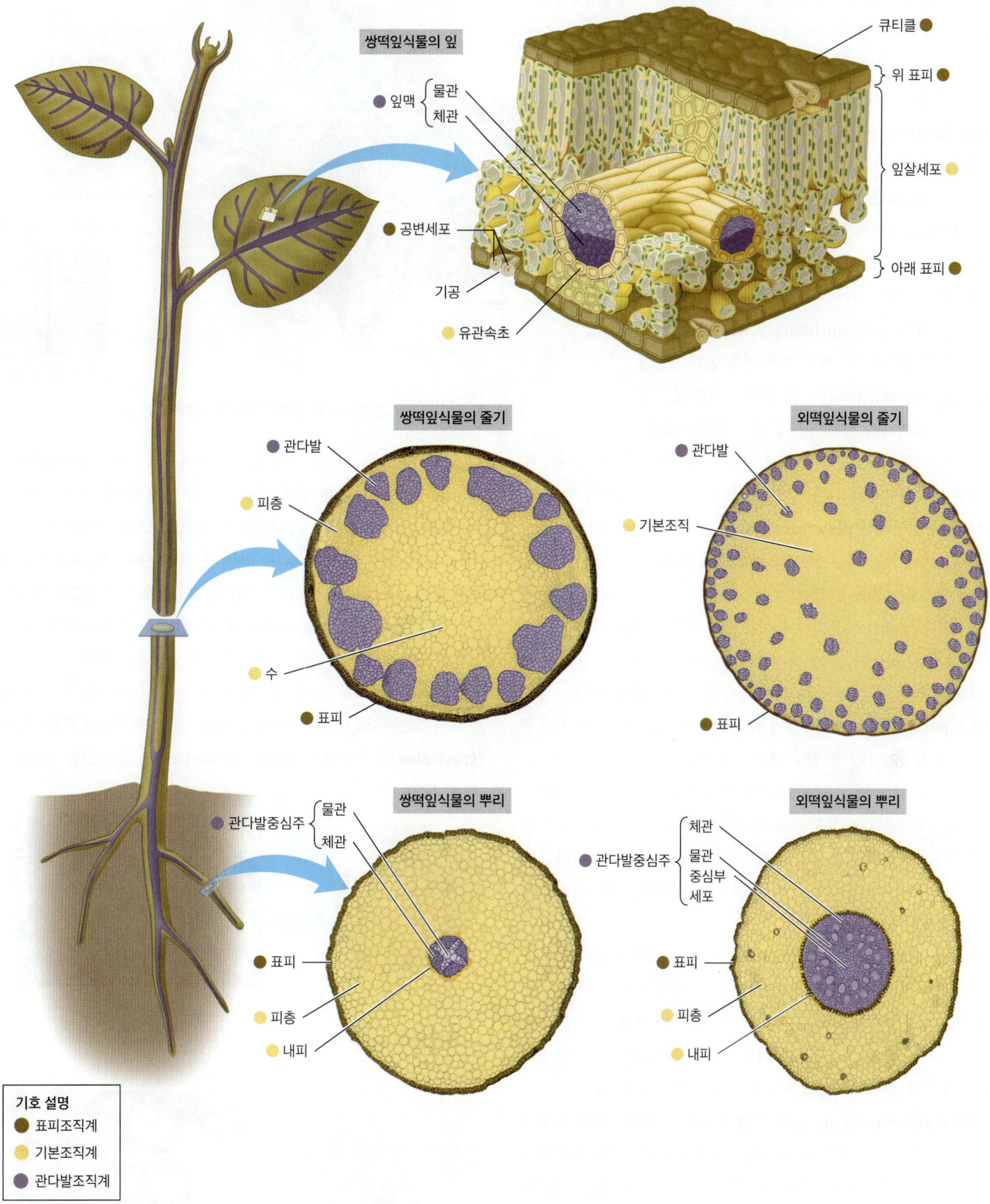

▲ **그림 31.5** 세 가지 식물 조직계

시도해 보기 그림 31.2를 다시 참조하여 이 그림에서 분명하게 드러나는 외떡잎식물과 쌍떡잎식물의 구조적 차이점을 파악하시오.

31.6 식물 세포는 구조와 기능이 다양하다

대부분의 식물 세포는 다른 진핵생물 세포와 공유하는 특징(4.4절 참조) 외에도 세 가지 독특한 구조를 가지고 있다(그림 31.6A). 광합성 부위인 엽록체, 세포의 팽팽함(단단함)을 유지하는 데 도움이 되는 액체를 포함하는 큰 중심액포(central vacuole), 원형질막을 둘러싸고 있는 탄수화물인 셀룰로오스(cellulose)로 만들어진 보호 기능을 하는 세포벽(cell wall)이다.

그림 31.6A의 오른쪽 확대 그림은 두 세포와 인접한 세포벽을 강조한다. 많은 식물 세포, 특히 구조적인 지지를 제공하는 세포는 두 부분으로 구성된 세포벽을 가지고 있으며, 1차 세포벽(primary cell wall)이 먼저 형성되고 원형질막과 1차 벽 사이에 더 단단한 2차 세포벽(secondary cell wall)이 형성된다. 식물 조직에서 인접한 세포의 1차 세포벽은 중간 라멜라(middle lamella)라는 끈적끈적한 층에 의해 서로 붙어 있다. 세포벽이 상대적으로 얇은 부위인 막공(pit)은 인접한 세포 사이로 물이 이동할 수 있도록 한다. **원형질연락사(plasmodesmata**, 단수는 plasmodesma)는 인접한 세포벽에 있는 열린 통로(channel)로, 세포질과 다양한 분자가 세포에서 세포로 이동할 수 있다.

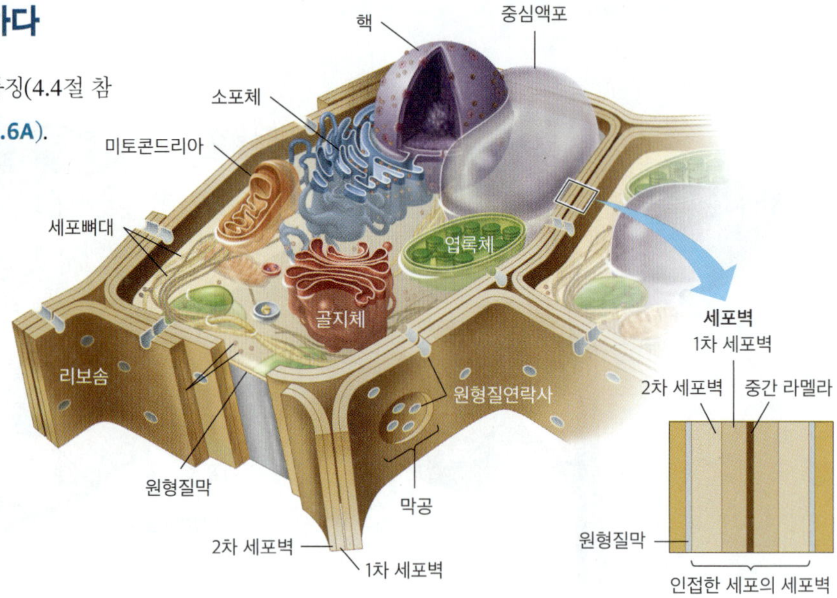

▲ **그림 31.6A** 인접한 세포의 세포벽에 중점을 둔 식물 세포의 구조

식물 세포의 구조와 세포벽의 특성은 종종 세포의 주요 기능과 연관이 있다. 그림 31.6B~31.6F에 표시된 다섯 가지 주요 유형의 식물 세포를 고려할 때 특정 기능을 가능하게 하는 구조적 적응에 주목하자.

유세포(parenchyma cell, 그림 31.6B)는 대부분의 식물에서 가장 풍부한 세포 유형이다. 보통 얇고 유연한 1차 세포벽만 가지고 있다. 유세포는 광합성, 양분 저장, 다양한 유기 분자의 합성 등 식물 대부분의 대사 기능을 수행한다. 대부분의 유세포는 상처를 회복하는 등 특정 조건하에서 다른 유형의 식물 세포로 분열하고 분화할 수 있다. 실험실에서는 심지어 단일 유세포로부터 식물 전체를 재생하는 것도 가능하다(31.14절에서 볼 수 있음).

후각세포(collenchyma, 그림 31.6C)는 2차 세포벽이 없다는 점에서 유세포와 비슷하지만, 1차 세포벽이 불규칙하게 두꺼워져 있다. 이 세포는 활발하게 자라는 부분을 유연하게 지지하며, 종종 어린 줄기와 잎자루의 표면 바로 아래[예: 셀러리 줄기의 '끈(string)']에 후각세포가 있다. 이 살아 있는 세포는 줄기와 잎이 자라면서 길어진다.

후벽세포(sclerenchyma cell, 그림 31.6D)는 일반적으로 목재의 중요한 화학 성분인 리그닌(lignin)으로 강화된 두꺼운 2차 세포벽을 가진다. 성숙한 후벽세포는 신장할 수 없어서 길이 생장이 멈춘 식물 부위에서만 발견된다. 성숙한 후 대부분의 후벽세포는 죽고, 남은 세포벽은 건물 내부의 철골처럼 식물을 지지하는 단단한 '뼈대'를 형성한다.

그림 31.6D는 두 가지 유형의 후벽세포를 보여준다. 하나는 **섬유세포(fiber cell)**라고 불리는데, 길고 가늘며 보통 가닥으로 배열되어 있다. 섬유세포가 풍부한 일부 식물 조직은 상업적으로 중요한데, 예를 들어 대마(hemp)의 섬유는 밧줄과 의류를 만드는 데 사용되며 아마(flax)의 섬유는 리넨(linen)을 짜는 데 사용된다. 섬유세포보다 짧은 **보강세포(sclereid)**는 두껍고 불규칙하며 매우 단단한 2차 세포벽을 가진다. 견과류와 씨껍질(seed coat, 종피)에 단단함을 부여하고 배의 부드러운 조직에 거친 질감을 주는 것이 바로 보강세포다.

속씨식물의 목질 조직에는 두 가지 유형의 관모양으로 된 물을 이동시키는 세포(water-conducting cell, 물이동세포)인 **헛물관(tracheids)**과 **물관요소(vessel elements)**가 있다(그림 31.6E). 둘

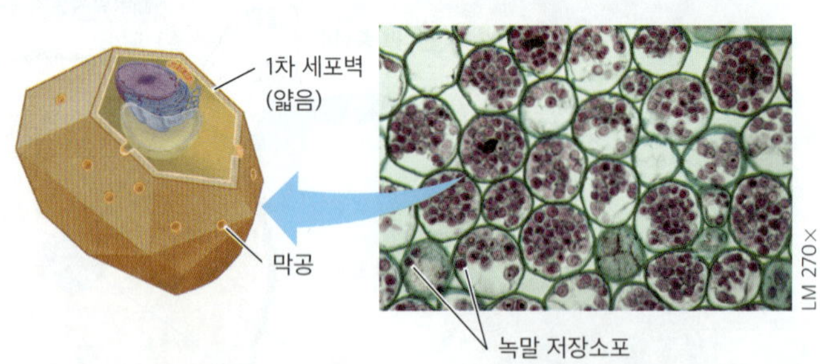

▲ **그림 31.6B** 유세포

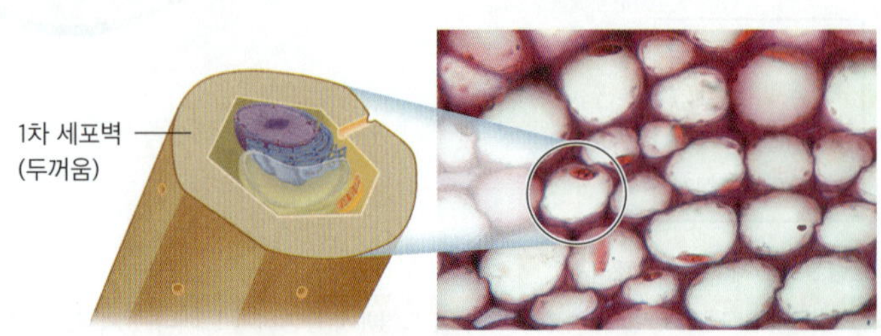

▲ **그림 31.6C** 후각세포

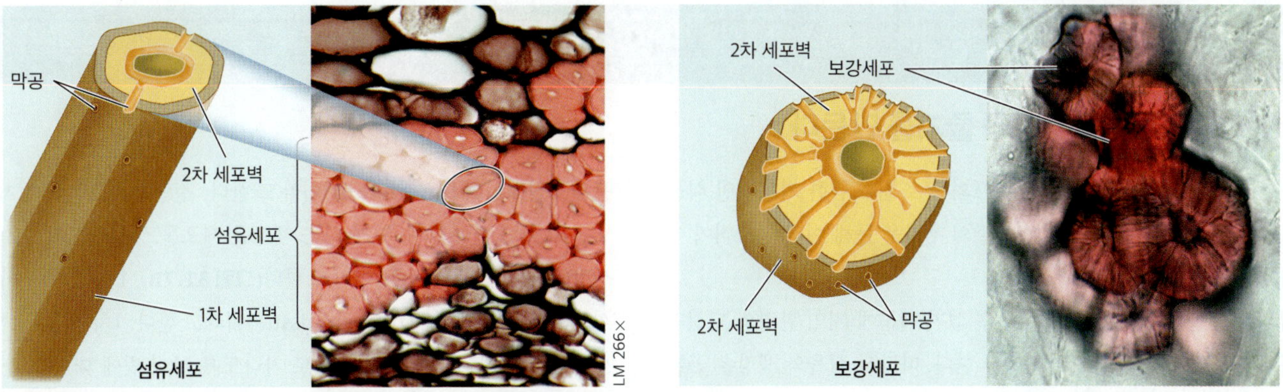

▲ **그림 31.6D** 후벽세포: 섬유(왼쪽)와 보강세포(오른쪽)

다 리그닌을 함유한 단단한 2차 세포벽을 가진다. 헛물관은 끝이 가늘어지는 길고 얇은 세포다. 물관요소는 헛물관보다 더 넓고, 더 짧으며, 끝이 덜 가늘다. 끝에서 끝까지 정렬된 헛물관 또는 물관요소의 연속은 뿌리에서 줄기와 잎으로 물을 운반하는 관 시스템을 형성한다. 관은 속이 비어 있는데, 이는 성숙하면 헛물관과 물관요소가 모두 죽고 세포벽만 남기 때문이다. 물은 헛물관과 물관요소의 벽에 있는 막공과 물관요소의 끝 벽에 있는 구멍을 통해 통과한다. 두껍고 단단한 벽을 가진 이 물관세포는 지지대 역할도 한다.

체관요소(sieve-tube element 또는 sieve-tube member)로 알려진 양분을 이동시키는 세포(food-conducting cells, 양분이동세포)도 체관 조직의 일부로 관을 형성하며 끝에서 끝까지 배열되어 있다(그림 31.6F). 그러나 물이동세포와 달리 체관요소는 성숙기에 핵과 리보솜을 포함한 대부분의 세포소기관을 잃지만 여전히 살아 있다. 성숙에 따른 세포 내용물의 감소는 양분이 세포를 더 쉽게 통과할 수 있도록 해준다. 체관요소 사이의 벽 끝에 있는 **체판(sieve plate)**에는 체관을 따라 세포에서 세포로 체관액이 흐를 수 있도록 하는 구멍이 있다. 각 체관요소 옆에는 수많은 원형질연락사에 의해 체관요소에 연결된 **반세포(companion cell)**가 있다. 반세포는 단백질을 생산하고 모든 체관요소에 수송함으로써 여러 체관요소에 작용할 수 있다.

이제 식물의 구조적 계층 구조에서 가장 낮은 단계인 세포에 도달했으니 다시 위로 올라가서 복습해 보자. 식물의 세포는 특징적인 기능을 가진 조직으로 분류된다. 예를 들어, 뿌리에서 물과 용해된 무기물을 위로 운반하는 물관요소와 헛물관은 물관을 구성한다. 목질 조직과 물관 조직은 지지 역할을 하는 후벽세포, 다양한 물질을 저장하는 일부 유세포와 함께 관다발 조직계로 구성된다. 이 조직계는 식물체를 구조적으로 지지하고 수분과 양분을 식물체 전체로 운반한다. 관다발조직계, 표피조직계, 기본조직계는 뿌리, 줄기 및 잎과 같은 모든 식물 기관을 연결한다.

? 특정 조건에서 다음 세포 유형 중 어떤 세포 유형이 목록에 있는 다른 모든 세포를 생성할 수 있는지 구별하시오: 후각세포, 보강세포, 유세포, 물관요소, 반세포.

■ 유세포

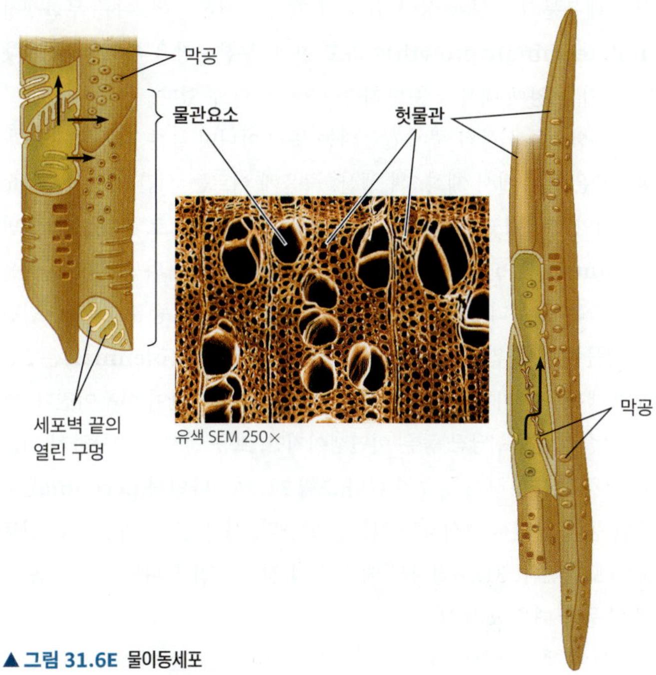

▲ **그림 31.6E** 물이동세포

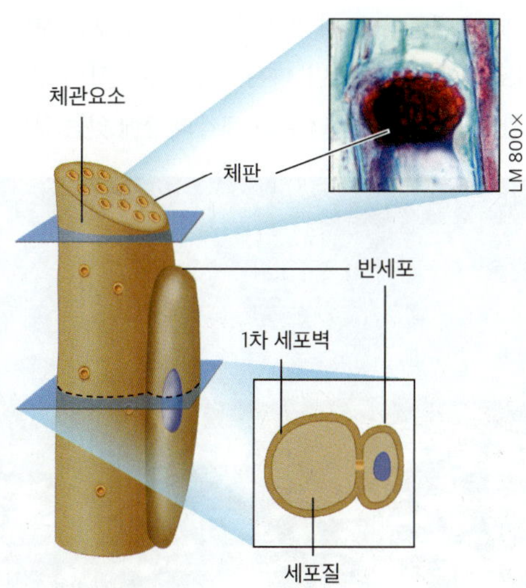

▲ **그림 31.6F** 체관요소와 그 반세포

식물의 생장

31.7 1차 생장은 뿌리와 줄기를 만든다

지금까지 성숙한 식물의 조직과 세포의 구조를 포함한 기본적인 식물 해부학에 대해 알아보았다. 이제 식물의 생장을 통해 이러한 조직이 어떻게 생겨나는지 살펴보자.

식물은 동물처럼 장소를 이동할 수 없기 때문에 지역 환경의 도전과 기회에 대응하여 생장을 변화시켜야 한다. 따라서 식물의 생장은 근본적인 면에서 동물의 생장과 다르다. 대부분의 동물은 일정 크기에 도달하면 생장을 멈추는 **유한생장(determinate growth)**을 한다. 그러나 대부분의 식물은 살아 있는 한 계속 생장하는데, 이를 **무한생장(indeterminate growth)**이라고 한다. 무한생장을 통해 식물은 햇빛, 공기, 토양에 대한 노출을 지속적으로 늘릴 수 있다.

무한생장은 식물이 죽지 않는다는 뜻이 아니며 물론 식물은 죽는다. 꽃식물은 발아에서 개화, 씨 생산, 죽음에 이르는 시간인 생활사(life cycle)의 길이에 따라 일년생, 이년생 또는 다년생으로 분류한다. **일년생(annual)**은 한 해 또는 생장기간 동안 씨에서 나와 성숙과 번식을 하고 죽는다. 우리의 가장 중요한 식량 작물(곡식 및 콩류 포함)은 일년생 식물이며, 수많은 야생화도 마찬가지다. **이년생(biennial)**은 2년 안에 생활사를 마치며, 보통 2년째에 개화와 씨 생산이 이루어진다. 비트, 파슬리, 순무, 당근 등은 이년생이지만, 보통 첫해에 수확하기 때문에 꽃을 보지 못하는 경우가 많다(**그림 31.7A**). **다년생(perennial)**은 수년 동안 살면서 번식하는 식물을 말한다. 여기에는 나무, 관목, 일부 풀이 포함된다. 31.16절에서 배우게 될 것처럼 일부 다년생 식물은 수천 년 동안 매우 오래 살 수 있다.

식물이 계속 생장할 수 있는 이유는 조건이 허락할 때 분열하여 길어지고 분화되는 새로운 세포를 생성하는 **분열조직(meristem)**이라는 끊임없이 분열하는 미분화된(undifferentiated, unspecialized) 조직을 가지고 있기 때문이다. 이 분열의 산물 중 일부는 분열조직에 남아 더 많은 세포를 생산하는 반면, 다른 일부는 분화하여 생장하는 식물의 조직과 기관에 통합된다. 뿌리 끝과 새싹의 끝에 있는 분열조직을 **정단분열조직(apical meristem)**이라고 한다. 정단분열조직에서 세포분열은 식물이 길어질 수 있게 하는 새로운 세포를 생성하는데, 이를 **1차 생장(primary growth)**이라고 한다(**그림 31.7B**). 1차 생장에 의해 생성된 조직을 1차 조직(primary tissue)이라고 한다. 1차 생장은 뿌리가 토양을 밀어내고 새싹이 위쪽으로 자라도록 하여 빛에 대한 노출을 증가시키고 CO_2를 더 많이 받을 수 있게 해준다. 정단분열조직은 뿌리와 새싹을 모두 길게 만들지만, 각 기관의 1차 생장 기작에는 중요한 차이점이 있다.

그림 31.7C는 양파 뿌리를 잘라낸 단면에서의 1차 생장을 보여준다. 뿌리 끝은 골무 모양을 한 **뿌리골무(root cap)**로 덮여 있으며, 이는 섬세하고 활발하게 분열하는 정단분열조직의 세포를 보호한다. 길이생장은 뿌리 끝 바로 뒤에서 일어나며, 여기에는 1차 생장의 연속적인 단계에 있는 세포의 세 구역이 있다. 뿌리 끝에서 위로 올라가면서 세포분열대(zone of cell division), 신장대(zone of elongation), 분화대(zone of differentiation)라고 한다. 이 세 영역의 세포는 서로 겹치지만 뚜렷한 경계가 없다.

세포분열대는 뿌리 정단분열조직과 이로부터 유래한 세포를 포함한다. 이 영역에서 새로운 뿌리 세포가 생성되며, 여기에는 뿌리골무 세포도 포함된다.

신장대에서 뿌리 세포는 원래 길이의 10배 이상까지 길게 자란다. 이

▲ **그림 31.7A** 이년생 당근은 뿌리가 아닌 씨를 수확하기 위해 재배한다.

▲ **그림 31.7B** 1차 생장은 식물의 새싹과 뿌리가 길어지는 것을 말한다.

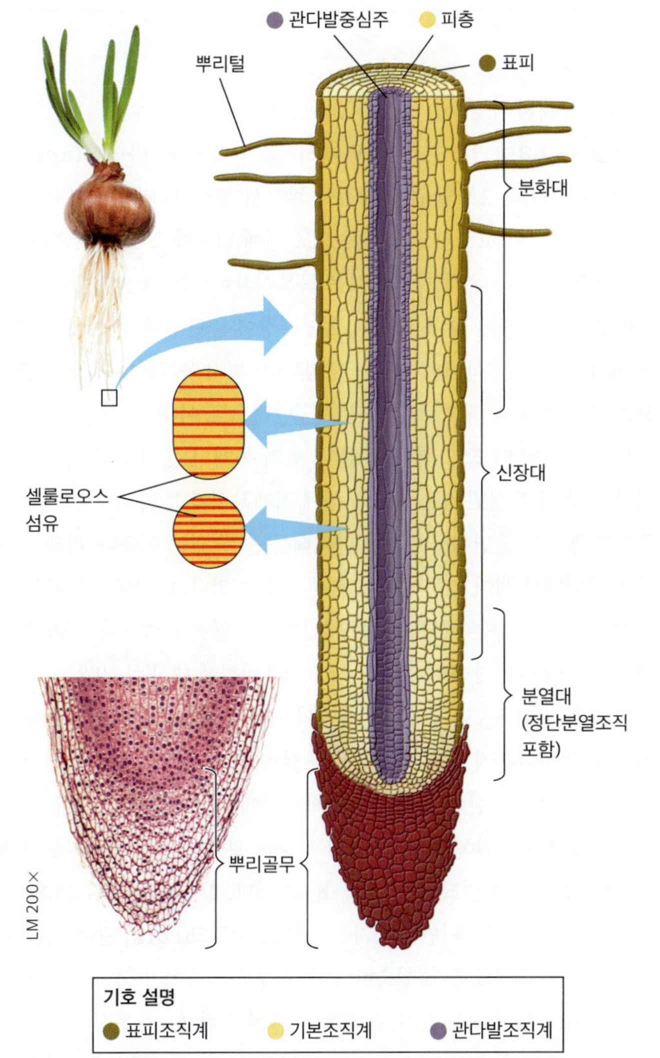

▲ **그림 31.7C** 뿌리의 1차 생장

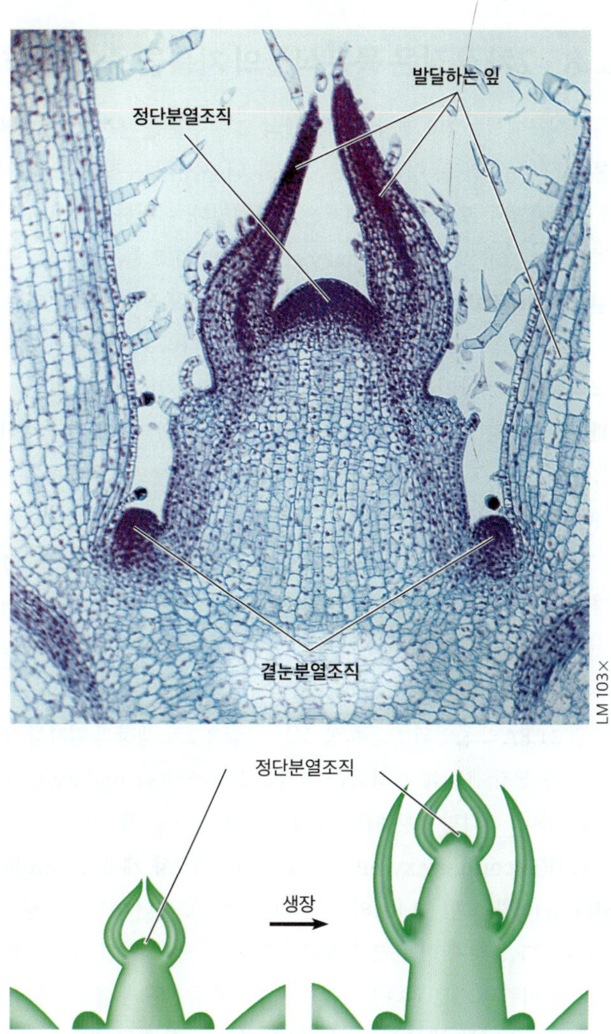

▲ **그림 31.7D** 새싹의 1차 생장

영역의 세포 신장은 뿌리 끝을 토양 깊숙이 밀어 넣는 것이 이 영역의 세포 신장이다. 세포가 모든 방향으로 균등하게 확장되는 것이 아니라 길어지는 이유는 세포벽에 셀룰로오스 섬유의 원형 띠가 평행하게 배열되어 있기 때문이다. 뿌리 왼쪽에 표시된 확대 그림은 이것이 어떻게 작동하는지 보여준다. 세포는 물을 흡수하여 길어지고, 세포가 길어지면서 셀룰로오스 섬유(빨간색으로 표시)가 마치 확장되는 아코디언처럼 분리된다. 셀룰로오스 섬유는 쉽게 늘어나지 않기 때문에 세포의 폭은 크게 확장될 수 없다.

성숙한 식물의 세 가지 조직계(표피, 기본, 관다발)는 분화대에서 발달을 완료한다. 관다발중심주의 세포는 1차 물관(primary xylem)과 1차 체관(primary phloem)으로 분화한다. 세포의 분화, 즉 세포의 구조와 기능이 전문화되는 것은 차등적 유전자 발현(differential gene expression)의 결과다(11.7절 참조). 예를 들어, 관다발중심주의 세포는 특정 유전자가 켜져 특정 단백질로 발현되는 반면, 다른 유전자는 꺼져 있기 때문에 1차 물관 또는 1차 체관으로 발달한다.

그림 31.7D에 있는 현미경 사진은 자라는 싹 끝의 가장 위쪽 한 쌍의 곁눈 바로 아래까지 세로로 잘라낸 단면을 보여준다. 끝눈(terminal bud) 끝에 있는 돔 모양의 분열 세포 덩어리인 정단분열조직을 볼 수 있다. 이 분열조직 바로 아래에서 신장이 일어나고, 신장하는 세포는 뿌리에서처럼 아래쪽이 아닌 위쪽으로 정단분열조직을 밀어 올린다. 정단분열조직이 위로 올라갈 때 일부 세포는 뒤에 남게 되고, 이들은 잎의 밑부분에서 새로운 곁눈분열조직(axillary bud meristem)이 된다.

그림 31.7D의 아래쪽 그림은 새싹의 생장에 있어 두 단계를 보여준다. 왼쪽에 표시된 단계는 현미경 사진과 같다. 오른쪽에 표시된 나중 단계에서는 밑에 있는 세포가 길어지면서 정단분열조직이 위로 밀려 올라가고, 새로 난 잎의 기저부에 새로운 곁눈분열조직이 남게 된다.

1차 생장은 식물의 길이 방향 생장을 설명한다. 많은 식물의 줄기와 뿌리도 굵기가 증가하며, 다음 절에서는 이것이 일반적으로 어떻게 일어나는지 살펴본다.

? 한 커플이 성숙한 나무의 줄기 1 m 위에 이니셜을 새겼다. 10년 후 이 이니셜은 위쪽으로 이동했는가? 설명하시오.

■ 이니셜은 줄기정단부(shoot tip)에서만 길이가 늘어나므로 위쪽으로 이동하지 않는다.

31.8 2차 생장은 목본식물의 지름을 증가시킨다

비목본식물에서는 1차 생장이 식물체의 모든 부분을 생산한다. 그러나 목본식물(나무, 관목, 덩굴 등)은 길이와 더불어 지름(직경)이 자라며, 1차 생장이 멈춘 오래된 부위에서는 두꺼워진다. 이러한 줄기와 뿌리의 굵기 증가를 **2차 생장(secondary growth)**이라고 하는데, 이는 **측생 분열조직(lateral meristem)**에서 분열하는 세포의 활동으로 인해 발생한다. 이 분열 세포는 뿌리와 줄기의 길이를 따라 관다발형성층과 코르크형성층으로 알려진 2개의 원통으로 배열되어 있다.

관다발형성층(vascular cambium)은 1차 물관과 1차 체관 사이에 있는 얇은 원통 모양의 분열조직 세포다. 두께는 세포 1개에 불과하지만, 관다발형성층은 전적으로 2차 생장(secondary growth)을 담당한다. **그림 31.8A**의 왼쪽에 있는 줄기는 관다발형성층을 제외하고는 1차 생장을 하는 어린 줄기와 거의 동일하다(그림 31.5에 있는 쌍떡잎식물의 줄기와 비교해 보라). 2차 생장은 관다발형성층의 양쪽에 관다발조직층이 추가되는 것을 포함한다.

그림 31.8A의 중앙과 오른쪽에 있는 그림은 2차 생장의 결과를 보여준다. 2차 생장에 의해 생성되는 조직을 2차 조직(secondary tissue)이라고 한다. 관다발형성층은 2개의 새로운 조직을 생성한다. 내부에 **2차 물관(secondary xylem)** 그리고 외부에 **2차 체관(secondary phloem)**이다(그림 31.8A의 중앙 그림 참조). 매년 관다발형성층은 이전 층보다 둘레가 더 큰 2차 체관과 2차 물관을 생성한다(오른쪽 그림 참조). 이런 식으로 관다발형성층은 뿌리와 줄기를 두껍게 만든다.

2차 물관은 나무, 관목 또는 덩굴의 **목재(wood)**를 구성한다. 수년에 걸쳐 나무 줄기는 관다발형성층이 2차 물관을 층층이 만듦에 따라 점점 더 두꺼워진다. 2차 물관의 세포는 리그닌이 풍부한 두꺼운 벽을 가지고 있어 목재의 특징적인 경도와 강도를 제공한다.

그림 31.8B에 있는 단면그림에서 볼 수 있듯이 나이테(annual growth ring)는 2차 물관이 겹겹이 쌓여서 생긴다. 이 층은 1년 동안 관다발형성층의 고르지 않은 활동으로 인해 나이테로 보인다. 미국 대부분 지역과 같은 온대 지역에 사는 목본식물에서는 매년 겨울 동안 관다발형성층이 휴면 상태가 되고, 2차 생장이 중단된다. 봄에 2차 생장이 재개되면 초기 목재의 원통이 형성된다. 초기 목재는 처음으로 발생하는 새로운 물관 세포로 구성되며, 일반적으로 여름 후반에 생성되는 것보다 직경이 더 크고 벽이 더 얇다. 초기 목재의 큰 세포와 이전 생장기가 끝날 때 생성된 작은 세포 사이에 경계부위가 보인다. 이것이 나무 줄기와 뿌리의 단면에서 뚜렷한 나이테를 볼 수 있는 이유다. 따라서 나무의 나이테를 세어 나무의 나이를 추정할 수 있다. 나이테의 두께는 기후 조건과 그에 따른 해당 연도의 계절별 생장량을 반영한다. 실제로 오래된 나무의 나이테 패턴은 최근 지구 기후변화에 대한 증거다.

이제 그림 31.8A로 돌아가서 줄기의 외부에 있는 관다발형성층에 어떤 일이 일어나는지 살펴보자. 물관과 달리 외부 조직은 수년에 걸쳐 축적되지 않는다. 대신 줄기의 지름이 확장됨에 따라 떨어져 나간다.

그림 31.8A의 왼쪽 그림에서 1차 생장의 결과물인 표피와 피층이 어린 줄기의 외부를 덮고 있는 것을 볼 수 있다. 2차 생장(그림 31.8A의 가운데 그림)이 시작되면 표피가 벗겨지고 **코르크(cork**, 갈색)라는 새로운 외층으로 대체된다. 성숙한 코르크 세포는 죽어 있고 두꺼운 왁스벽을 가지고 있어 수분 손실, 물리적 손상 및 병원균으로부터 줄기의 기저조직을 보호한다. 코르크는 **코르크형성층(cork cambium**, 연한 갈색)이라는 분열조직에 의해 생성되며, 이는 피층의 유세포로부터 처음

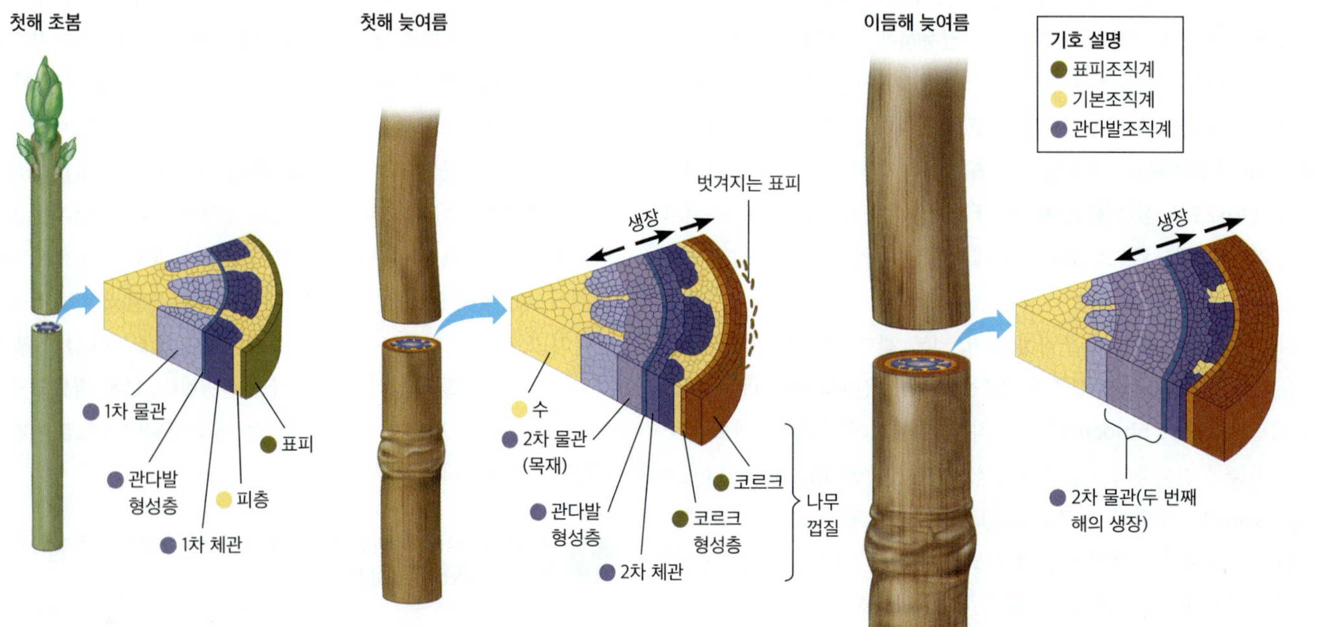

▲ **그림 31.8A** 목본 쌍떡잎식물 줄기의 2차 생장

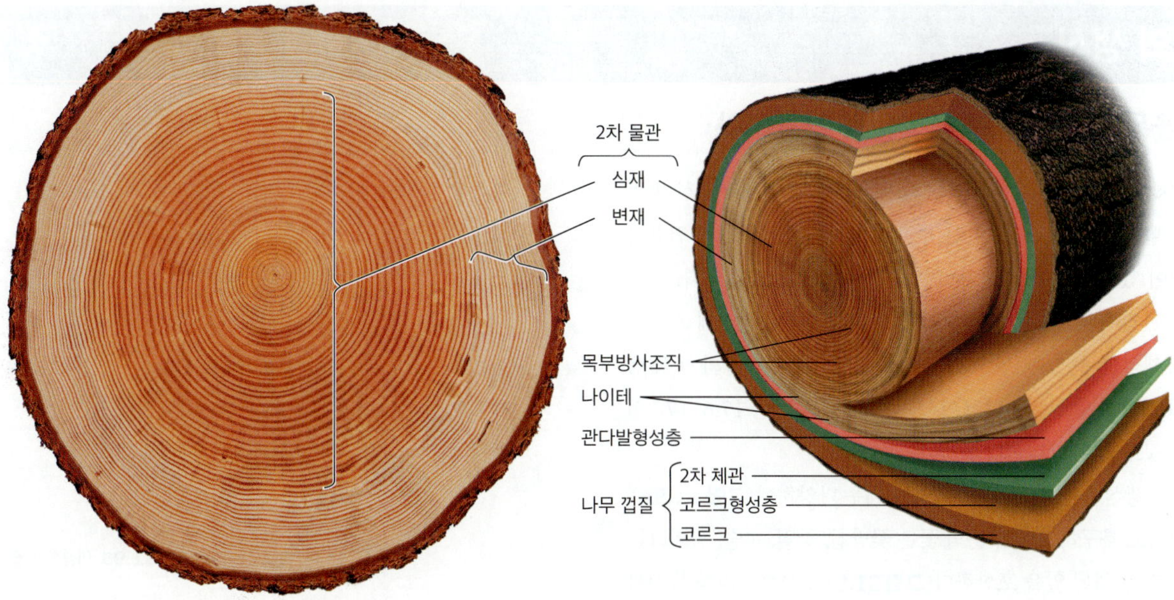

▲ **그림 31.8B** 통나무의 해부학

형성된다. 줄기가 두꺼워지고 2차 물관이 확장됨에 따라 많은 나무 줄기에서 갈라지고 벗겨지는 껍질에서 볼 수 있듯이 원래의 코르크와 코르크형성층이 바깥쪽으로 밀려나 떨어져 나가는 것이다. 안쪽에는 새로운 코르크형성층이 형성된다. 피층이 남아 있지 않으면 체관의 유세포에서 코르크형성층이 형성된다.

관다발형성층 외부의 모든 부위를 **나무 껍질**(**bark**, 수피)이라고 한다. 나무 껍질의 주요 구성요소는 2차 체관, 코르크형성층 및 코르크다(그림 31.8B, 오른쪽). 가장 어린 2차 체관(관다발형성층 옆)은 당을 수송한다. 오래된 2차 체관은 코르크형성층과 마찬가지로 죽는다. 바깥쪽으로 밀려난 코르크형성층에서 생성된 조직과 코르크 세포는 나무 껍질의 일부로 떨어져 나갈 때까지 줄기를 보호한다. 2차 생장에 발맞춰 코르크형성층은 어린 2차 체관에서 계속 재생하여 코르크가 꾸준히 공급된다.

그림 31.8B의 왼쪽에 보이는 통나무(log)는 수십 년 동안 2차 생장한 결과다. 이와 같은 줄기의 대부분은 죽은 조직이다. 그 안에 살아 있는 조직은 오른쪽 그림에서 통나무의 중앙에서 방사상으로 뻗어 나온 관다발형성층, 가장 어린 2차 체관, 코르크형성층, 그리고 **목부방사조직**(**wood rays**)에 있는 세포들이다. 목부방사조직은 물과 양분을 운반하고 유기 양분을 저장하며 상처 회복을 돕는 유세포로 구성되어 있다. 줄기의 중앙에 있는 **심재**(**heartwood**)는 오래된 2차 물관 층으로 구성되어 있다. 이 세포들은 더 이상 물을 운반하지 않으며, 수지(resin)와 기타 화합물로 막혀 있어 심재를 썩지 않게 한다. 심재는 물을 전도하지 않기 때문에 큰 나무는 줄기의 중심이 비어 있어도 생존할 수 있다(**그림 31.8C**). 연한색의 **변재**(**sapwood**)는 물관액(수액)을 전도하는 어린 2차 물관이다.

▲ **그림 31.8C** 1930년대부터 심재를 뚫어 터널을 뚫고도 살아남은 거대한 세쿼이아 나무

건축용 목재부터 고급 가구, 악기, 종이, 단열재, 그리고 테레빈유, 알코올, 인공 바닐라 향료, 방부제 등 수많은 화학물질에 이르기까지 수천 가지의 유용한 제품이 목재에서 만들어진다. 목재가 유용한 이유는 강도, 경도, 가벼움, 높은 단열성, 내구성, 가공성 등 목재만의 독특한 성질의 조합 때문이다. 많은 경우 목재를 대체할 수 있는 좋은 소재는 없다. 예를 들어 나무로 만든 오보에가 플라스틱 오보에보다 훨씬 더 풍부한 소리를 낸다. 아까시나무(locust tree) 목재로 만든 울타리 기둥은 금속보다 땅속에서 훨씬 더 오래 있을 수 있다. 볼 베어링은 때때로 유창목(lignum vitae, 열대지방의 참나무)이라는 매우 단단한 목재로 만들어지기도 한다. 금속 베어링과 달리 천연 오일이 목재에 완전히 침투하기 때문에 윤활이 필요하지 않다.

어떤 의미에서 목재는 많은 육상동물의 골격과 유사하다. 나무가 육지에서 똑바로 서 있고 해마다 계속 생장하여 때로는 엄청난 높이에 도달할 수 있는 것은 진화적 적응이다. 다음 몇몇 절에서는 식물이 육지에서 살 수 있도록 하는 몇 가지 추가적인 적응, 즉 번식을 촉진하는 적응에 대해 설명한다.

? 터널이 중심부를 관통한 후에도 일부 큰 나무는 왜 살아남을 수 있는가?

■ 오래된 나무의 중심부는 더 이상 식물을 통해 물질을 운반하지 않는 심재로 구성되어 있다. 따라서 나무를 해치지 않고 중심부를 제거할 수 있다.

꽃식물의 생식

31.9 꽃은 속씨식물의 유성생식 기관이다

상수리나무(sawtooth oak)는 단지 더 많은 도토리를 만들기 위한 방법일 뿐이라는 말이 있다. 실제로 어떤 유기체의 진화적 적합성은 건강하고 번식능력이 있는 자손을 생산할 수 있는 능력으로만 측정된다. 따라서 진화론적 관점에서 볼 때 식물의 모든 구조와 기능은 생식에 기여하는 기작으로 해석할 수 있다. 앞으로 남은 절에서는 속씨식물의 생식 생물학에 대해 간략하게 살펴본다. (이 내용이 처음 등장한 17.6~17.7절을 복습하는 것도 좋은 방법이다.)

속씨식물의 생식하는 싹인 꽃은 모양이 매우 다양하다(**그림 31.9A**). 이러한 변이에도 불구하고 대부분의 꽃은 꽃받침, 꽃잎, 수술, 심피라는 네 가지 유형의 변형된 잎을 포함한다(**그림 31.9B**). 꽃봉오리를 둘러싸고 보호하는 **꽃받침(sepal)**은 일반적으로 다른 꽃 기관보다 녹색이며 잎과 비슷하다(장미꽃봉오리 바닥에 녹색으로 둘러싸인 녹색의 '잎'을 상상해 보라). **꽃잎(petal)**은 종종 화려하고 향기가 있어 수분매개자에게 꽃을 광고한다. 수술과 심피는 각각 정자와 밑씨를 포함하는 생식기관이다.

수술(stamen)은 꽃술(filament, 수술대)과 그 끝에 달린 **꽃밥(anther**, 약)으로 구성되어 있다. 꽃밥 안에는 감수분열을 통해 꽃가루(pollen, 화분)가 생성되는 주머니가 있다. 꽃가루 알갱이에는 정세포로 발달하는 세포가 들어 있다.

심피(carpel)는 길고 가느다란 목(style)이 있으며 그 끝에는 꽃가루를 붙잡는 끈적끈적한 **암술머리(stigma)**가 있다. 심피의 바닥은 하나 이상의 **밑씨(ovule**, 배주)를 포함하는 **씨방(ovary**, 자방)이며, 여기에는 각각 발달 중인 난자(egg cell)와 지지 세포가 들어 있다. **암술(pistil)**이라는 용어는 때때로 단일 심피 또는 2개 이상의 융합된 심피 그룹을 지칭한다.

◀**그림 31.9A** 꽃 모양의 일부 변형

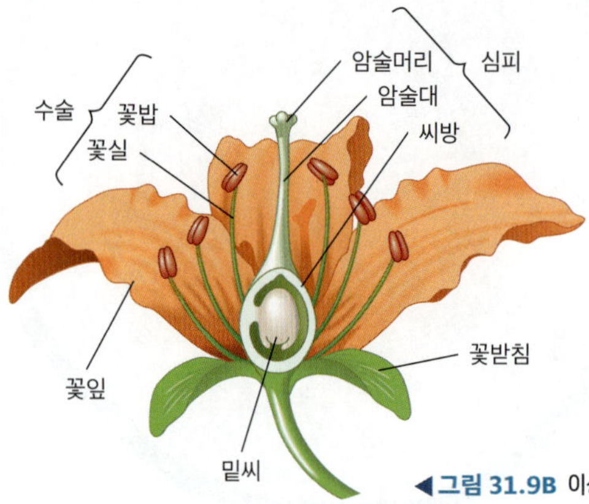

◀**그림 31.9B** 이상적인 꽃의 구조

그림 31.9C는 전형적인 속씨식물의 생활사를 보여준다. ❶ 꽃 속의 밑씨에서 수정(fertilization)이 일어난다. ❷ 씨방이 열매로 발달함에 따라, ❸ 밑씨는 배아와 양분을 담고 있는 **씨(seed)**로 발달한다. 열매는 씨를 보호하고 씨를 분산하는 데 도움을 준다. ❹ 씨는 적절한 서식지에서 **발아(germination**, 생장 시작)하고, ❺ 배는 어린 식물로 발달하며, 어린 식물은 성숙한 식물로 생장하는 등 생활사가 완성된다.

다음 4개의 절에서는 속씨식물 생활사의 주요 단계를 더 자세히 살펴본다. 여기에 제시된 기본 주제에는 여러 가지 변이가 있음을 알게 될 것이다.

? 꽃가루는 ______의 ______안에서 발달한다. 밑씨는 ______의 ______안에서 발달한다.

■ 꽃밥, 수술, 씨방, 심피

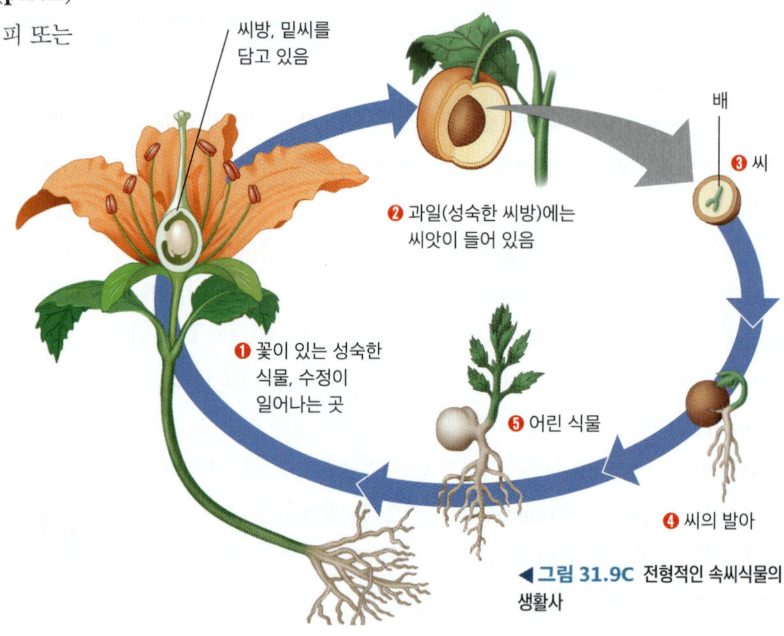

◀**그림 31.9C** 전형적인 속씨식물의 생활사

31.10 꽃가루와 밑씨가 발달한 뒤 수정이 이루어진다

식물의 생활사는 반수체(n)와 이배체($2n$) 세대가 서로 번갈아 가며 생성하는 세대교번(alternation of generations)을 하는 것이 특징이다(그림 31.10). 이배체 식물체를 **포자체(sporophyte)**라고 한다. 포자체는 꽃밥과 밑씨라는 특수한 구조물을 만들며, 여기서 세포는 감수분열을 거쳐 포자(spore)라고 하는 반수체 세포를 생성한다. 그런 다음 각 포자는 유사분열(mitosis)을 통해 분열하여 식물의 반수체 세대인 다세포 **배우체(gametophyte)**가 된다. 배우체는 유사분열을 통해 배우자(gamete)를 생성한다. 수정이 되면 암수 배우체의 생식세포가 결합하여 이배체(diploid)인 접합자(zygote)가 된다. 접합자가 유사분열을 통해 분열하여 새로운 포자체로 발달하면 생활사가 완성된다. 속씨식물에서는 포자체가 우세한 세대다. 즉 배우체보다 더 크고, 더 분명하며, 더 오래 살 수 있다.

꽃가루로 발달하는 세포(male gametophyte, 수배우체)는 꽃밥 안에서 발견된다. ❶ 각 세포는 먼저 감수분열을 거쳐 4개의 반수체 포자를 형성한다. ❷ 그런 다음 각 포자는 유사분열을 통해 분열하여 꽃가루관 세포(tube cell)와 생식세포(generative cell)라고 하는 2개의 반수체 세포를 형성한다. 생식세포는 꽃가루관 세포로 들어가서 그 주위에 두꺼운 벽을 형성한다. ❸ 이로써 꽃밥에서 꽃가루가 방출될 준비가 된 것이다.

대부분 꽃의 씨방 안에는 여러 개의 밑씨가 있지만 그림의 위쪽에는 하나만 표시되어 있다. 밑씨는 중앙 세포(central cell, 금색)를 포함하며, 그 주위를 작은 세포(노란색)로 된 보호 덮개가 둘러싸고 있다. ❶ 중심 세포가 커지고 감수분열을 거쳐 4개의 반수체 포자를 생성한다. 포자 중 3개는 보통 퇴화하지만, 살아남은 포자는 커지고 ❷ 유사분열을 통해 분열하여 **배낭(embryo sac)**으로 알려진 다세포 구조를 생성한다. 포자체에 의해 생성된 여러 층의 보호 세포(노란색)로 둘러싸인 배낭은 암배우체(female gametophyte)다. 이 주머니에는 2개의 반수체인 핵을 가진 큰 중앙 세포가 있다. 다른 세포 중 하나는 수정될 준비가 된 반수체인 난자다.

❸ 수정으로 이어지는 첫 번째 단계는 꽃밥에서 암술머리로 꽃가루를 옮기는 **꽃가루받이(pollination, 수분)**다. 대부분의 속씨식물은 곤충(주로 벌), 새 또는 다른 동물에 의존하여 꽃가루를 옮긴다. 그러나 풀과 많은 나무와 같은 일부 식물의 꽃가루는 바람에 의해 날아간다(일부 사람들에게 꽃가루 알레르기를 유발한다).

꽃가루받이 후 꽃가루는 암술머리에서 발아한다. 그 속의 꽃가루관 세포는 꽃가루관을 만들어 씨방을 향해 아래쪽으로 자란다. 한편, 생식세포는 유사분열을 통해 분열하여 2개의 정세포를 형성한다. ❹ 꽃가루관이 밑씨의 아래쪽에 도달하면 밑씨 안으로 들어가 2개의 정세포를 배낭 근처에 배출한다. ❺ 하나의 정세포는 난자와 수정하여 이배체인 접합자를 형성한다. 다른 하나는 배낭의 큰 이배체 중심 세포에 반수체 핵

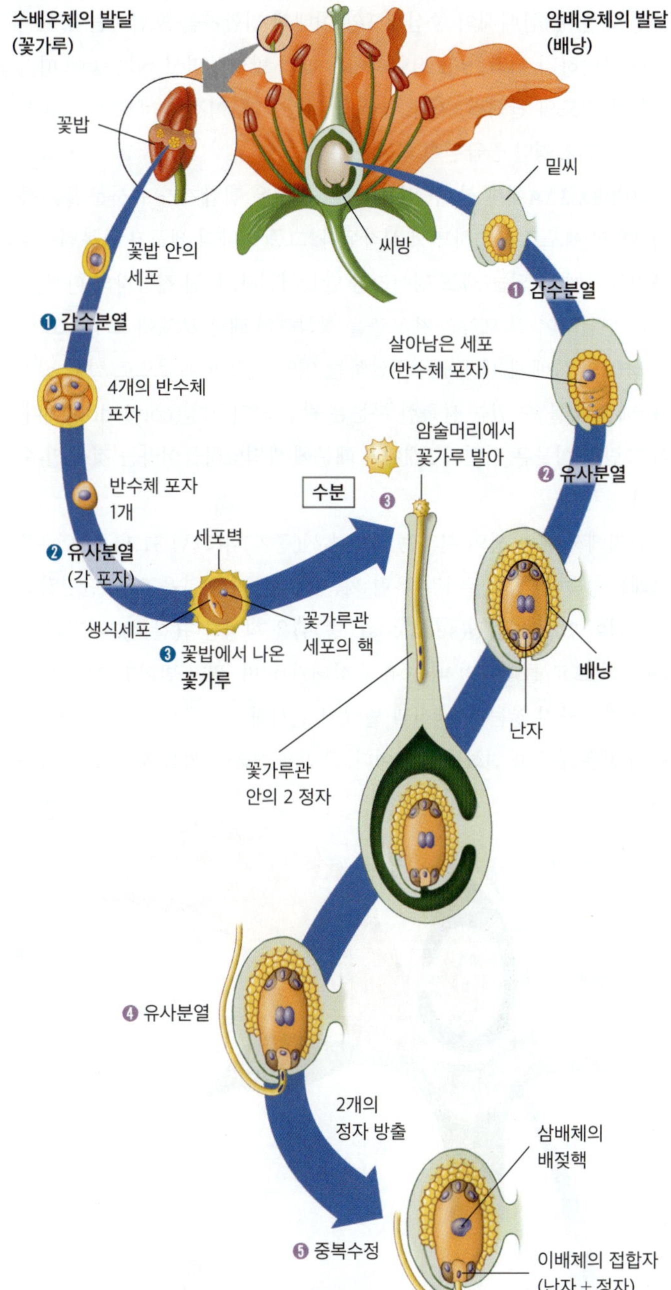

▲ 그림 31.10 속씨식물 배우체의 발달 및 수정

을 제공한다. 삼배체($3n$) 핵을 가진 이 세포는 **배젖(endosperm)**이라는 양분 저장 조직을 생성한다.

배낭의 한 핵이 다른 2개의 정세포와 결합하는 것을 **중복수정(double fertilization)**이라고 하며, 그 결과 생성되는 배젖은 속씨식물만의 고유한 특징이다. 배젖은 수정란이 들어 있는 밑씨에서만 발달하므로 속씨식물이 양분을 낭비하는 것을 방지할 수 있다.

? 중복수정의 두 가지 생성물은 무엇인가?

■ 접합자와 배젖

31.11 밑씨는 씨로 발달한다

수정을 한 후 삼배체의 중심세포와 이배체 접합자를 포함하는 밑씨는 씨로 발달하기 시작한다. 접합자에서 배가 발달하면서 씨는 종에 따라 다양한 정도의 단백질, 기름, 녹말을 저장한다. 이것이 바로 씨가 많은 동물의 주요 영양 공급원이 되는 이유다.

그림 31.11A에서 볼 수 있듯이, 배 발생은 접합자가 유사분열을 통해 2개의 세포로 분열하면서 시작된다. 그중 하나의 세포가 반복적으로 분열하면 배가 되는 세포 덩어리가 만들어진다. 한편 접합자의 다른 세포는 분열하여 실 모양의 세포층을 형성하여 배를 모체에 고정하고 배를 중앙의 삼배체 세포에서 발달하는 영양 물질인 배젖으로 밀어 넣는다. 배에서 볼 수 있는 불룩한 부분은 발달 중인 떡잎(cotyledon)이다. 이 그림의 식물은 떡잎이 2개이기 때문에 쌍떡잎식물이라는 것을 알 수 있다.

밑씨에서 배 발생의 결과는 성숙한 씨(종자)다(그림 31.11A, 오른쪽 아래). 성숙이 거의 끝나갈 무렵 씨는 대부분의 수분을 잃고 단단하고 저항력이 있는 **씨껍질(seed coat**, 종피)을 형성한다(갈색). 배젖의 양분(금색)으로 둘러싸인 배는 휴면 상태가 되며, 씨가 발아할 때까지 더 이상 발달하지 않는다. 생장과 발달이 일시적으로 중단되는 상태인 씨의 휴면은 중요한 진화적 적응이다. 휴면은 식물이 씨를 분산할 수 있는 시간을 주고, 온도와 수분 등 생존에 유리한 환경적 조건이 갖춰질 때에만 새로운 세대가 자라기 시작할 기회를 높인다.

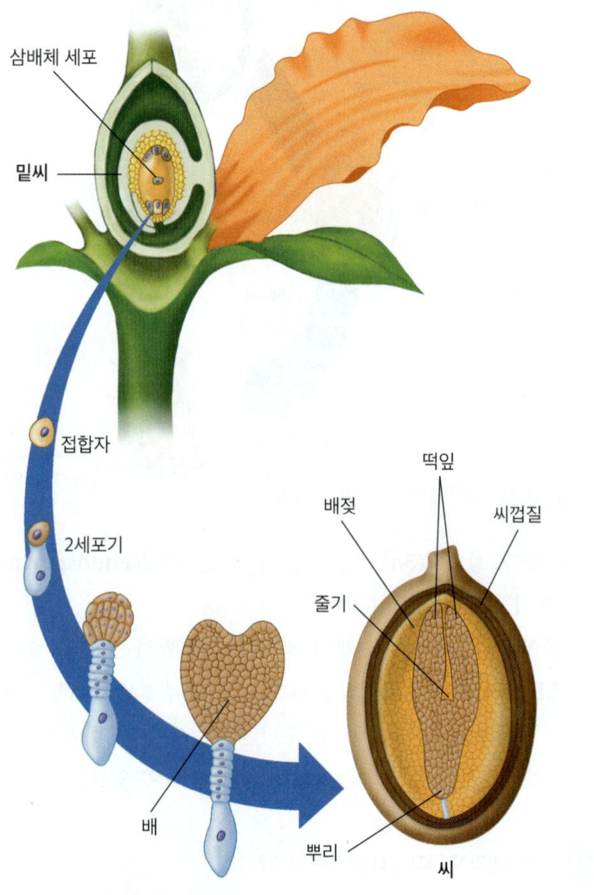

▲ 그림 31.11A 쌍떡잎식물의 배 발생

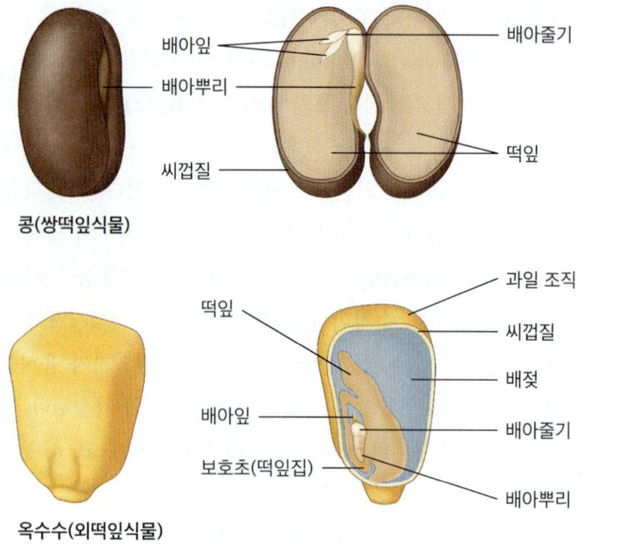

▲ 그림 31.11B 쌍떡잎식물과 외떡잎식물의 씨 구조

휴면 중인 배에는 각각 정단분열조직이 장착된 아주 작은 뿌리와 줄기가 들어 있다. 씨가 발아한 후 식물이 살아 있는 한 정단분열조직은 1차 생장을 지속한다. 배에는 또한 궁극적으로 표피, 기본 및 관다발조직계를 형성할 세포가 들어 있다.

그림 31.11B는 진정 쌍떡잎식물과 외떡잎식물 씨의 내부 구조를 대조적으로 보여준다. 쌍떡잎식물(그림에서 콩)에서 배는 2개의 두꺼운 떡잎이 있는 길쭉한 구조다. 배의 뿌리(embryonic root)는 떡잎이 배의 나머지 부분에 부착되는 지점 바로 아래에서 발달한다. 한 쌍의 작은 배의 잎(embryonic leaf) 끝에 달린 배의 줄기(embryonic shoot)는 부착 지점 바로 위에서 발달한다. 콩 씨에는 배젖이 없는데, 그 이유는 씨가 형성되면서 떡잎이 배젖의 양분을 흡수하기 때문이다. 양분은 발아할 때 떡잎에서 배로 전달되기 시작한다.

외떡잎식물의 예인 옥수수 낟알은 실제로 하나의 씨가 들어 있는 열매다. 그림에서 보이는 낟알의 가장 바깥쪽을 덮고 있는 껍질을 제외한 모든 것이 씨다. 이 덮개는 말린 과일 조직, 즉 씨방의 이전 벽이며 씨껍질과 단단히 결합되어 있다. 콩과 달리 옥수수 씨는 큰 배젖과 하나의 얇은 떡잎이 있다. 떡잎은 발아하는 동안 배젖의 양분을 흡수한다. 또한 콩과 달리 옥수수의 배뿌리(radicle)와 싹에는 각각 보호초(protective sheath)가 있다.

? 씨에서 배젖의 역할은 무엇인가?

■ 배젖은 발달 중인 배에 양분을 공급한다.

31.12 씨방은 열매로 발달한다

앞의 두 절에서는 포자체(sporophyte) 식물의 꽃에서 밑씨가 씨로 변하기까지 속씨식물의 생활사를 살펴보았다. 밑씨에서 씨가 발달하는 동안 수정에 의한 호르몬 변화로 꽃의 씨방이 자라면서 두꺼워지고 성숙하여 열매가 된다. **열매(fruit**, 과일)는 성숙한 씨방이 씨를 보호하며 모체로부터 씨를 분산시키는 선박(vessel) 역할을 하는 것이다. 열매는 일반적으로 성숙한 씨방으로 구성되지만 다른 꽃 부분도 포함될 수 있다. 완두콩 꼬투리(pod)는 완두콩이 들어 있는 열매다(**그림 31.12A**). 쉽게 알아볼 수 있는 과일로는 복숭아, 오렌지, 체리 등이 있다. 쉽게 알아볼 수 없는 과일로는 토마토, 가지, 고추 등이 있다.

▲ **그림 31.12A** 완두콩 식물의 열매인 콩깍지에는 완두콩이 들어 있다.

그림 31.12B는 완두콩 꽃의 각 부분과 콩깍지가 되는 부분을 대조해서 보여준다. 씨방의 벽이 콩깍지가 된다. 씨방 안에 있는 밑씨는 씨로 발달한다. 꼬투리 끝에 있는 작은 실 모양의 구조물은 꽃 심피의 윗부분에 남아 있는 것이다. 꽃의 꽃받침은 종종 녹색 꼬투리의 바닥에 붙어 있다. 완두콩은 보통 이 열매의 발달 단계에서 수확한다. 꼬투리가 더 발달하면 건조하고 갈색으로 변하며 갈라져 씨가 방출된다.

그림 31.12C의 예에서 볼 수 있듯이 성숙한 과일은 과육이 있거나 건조할 수 있다. 오렌지, 자두, 포도는 익는 동안 씨방 벽이 부드러워지는 다육질 과일의 예다. 마른 과일(dry fruit)에는 견과류와 콩 등(성숙기에 씨방 벽 또는 콩깍지가 완전히 마르는 과일)이 포함된다. 식물에 붙어 있는 상태에서 수확한 풀의 건조하고 바람에 흩어지는 열매는 사람들의 중요한 주식이다. 밀, 쌀, 옥수수 등의 곡식 낟알은 씨로 착각하기 쉽지만, 실제로는 각각 겉껍질(씨방의 이전 벽)이 마른 열매로, 그 안에 있는 씨의 씨껍질에 달라붙어 있다.

열매의 다양한 적응은 씨를 분산하는 데 도움이 된다(17.8절 참조). 단풍나무(그림 31.12C의 중앙 근처에서 볼 수 있음)나 민들레 같은 일부 꽃식물의 씨는 연이나 프로펠러와 같은 기능을 하는 과일 안에 들어 있어 바람에 의해 분산을 촉진시키는 적응을 한다. 코코넛과 같은 일부 열매는 물에 의한 분산에 적응해 있다. 그리고 많은 속씨식물은 씨를 운반하기 위해 동물에 의존한다. 이러한 식물 중 일부는 동물의 털(또는 사람의 옷)에 달라붙는 돌기 모양으로 변형된 열매를 가지고 있다. 다른 속씨식물은 일반적으로 영양가가 높고 단맛이 나며 선명한 색을 띠는 식용 열매를 생산하여 익었음을 알린다. 동물이 열매를 먹으면 열매의 과육 부분은 소화되지만, 단단한 씨는 보통 동물의 소화관을 통과한다. 동물은 열매를 먹은 곳에서 수 킬로미터 떨어진 곳에 씨를 양분과 함께 이동시키는 셈이다.

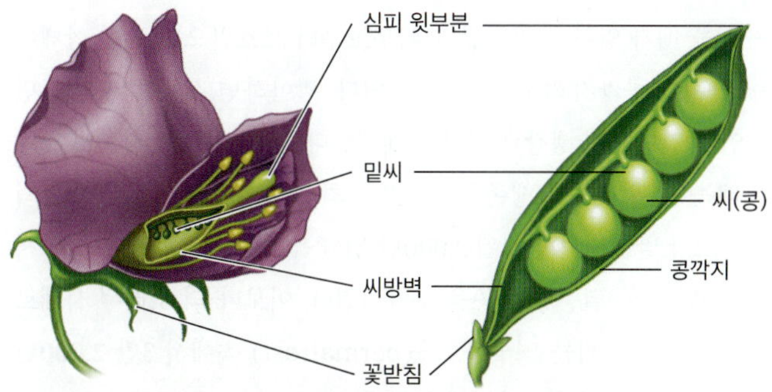

▲ **그림 31.12B** 완두콩 식물의 꽃과 열매의 대조

시도해 보기 토마토와 호박을 채소보다는 과일이라고 부르는 것이 더 정확한 이유를 설명해 보시오.

▲ **그림 31.12C** 다육질(위)과 견과류(아래) 모음

? 씨는 ________와/과 대응되고, ________은/는 씨방에 대응된다.

■ 밑씨, 열매

31.13 씨가 발아하면서 생활사는 계속된다

씨는 식물 배가 양분을 공급받고 외부로부터 보호받으며 휴면 상태에 있는 '탈출용 콩깍지'라고 생각할 수 있다. 발아하면 식물은 씨의 휴면기 동안 중단되었던 생장과 발달을 재개한다. 씨에 의해 안전하게 둘러싸인 배는 꽤 오랫동안 생존할 수 있다. 최근 과학자들은 헤롯 대왕의 궁전 고고학 발굴에서 발견된 2,000년 된 중동 대추야자의 씨를 발아시켜 1,500년 이상 멸종했던 종을 부활시켰다. 이보다 더 오래된 사례로 시베리아 야생화 씨는 영구동토층(permafrost) 속에서 3만 2,000년 동안 휴면 상태로 있다가 발아에 성공했다.

발아는 보통 씨가 물을 흡수할 때 시작된다. 수분을 머금은 씨가 팽창하면서 씨껍질이 터진다. 물의 유입은 배의 생장을 다시 시작하는 물질대사의 변화를 촉발한다. 효소가 배젖이나 떡잎에 저장된 양분을 소화하기 시작하고, 이 양분은 배의 생장 영역으로 운반된다.

그림 31.13A에서 콩의 배의 뿌리(쌍떡잎식물)가 먼저 나오고 발아하는 씨에서 아래쪽으로 자라는 것을 볼 수 있다. 다음으로 배의 싹이 나오고 그 끝 근처에 갈고리(hook)가 생긴다. 갈고리는 연약한 줄기정단부가 거친 흙을 뚫고 위로 올라갈 때 아래쪽으로 잡아주어 보호한다. 새싹이 토양 표면을 뚫고 나오면 빛이 갈고리를 자극하여 곧게 펴지면서 끝부분이 토양 밖으로 부드럽게 들어 올려진다. 그러면 첫 번째 잎이 줄기정단에서 뻗어 나와 광합성을 통해 양분을 만들기 시작한다. 떡잎은 토양에서 나와 잎과 같은 광합성을 할 수 있는 구조가 된다. 완두콩과 같은 다른 많은 식물에서는 떡잎이 토양에 남아 분해된다.

옥수수와 다른 외떡잎식물은 발아할 때 다른 기작을 사용한다(**그림 31.13B**). 싹을 둘러싼 보호초가 위로 밀려 올라와 토양을 뚫고 나온다. 그런 다음 줄기정단부는 보호초가 제공하는 터널을 통해 자란다. 옥수수 떡잎은 토양에 남아 분해된다.

야생에서는 연약한 어린 식물 중 극히 일부만이 번식할 수 있을 만큼 오래 버틴다. 엄청난 수의 씨를 생산하면 생물의 생존 확률을 높일 수 있다. 일반적으로 유성생식보다 간단하고 자손에게 덜 위험한 무성생식은 식물 번식의 대체 수단으로, 다음에 살펴볼 것이다.

? 발아 후 어린 식물의 초기 생장을 위해 추가로 세포를 제공하는 분열조직은 무엇인가?

■ 새싹과 뿌리의 정단분열조직

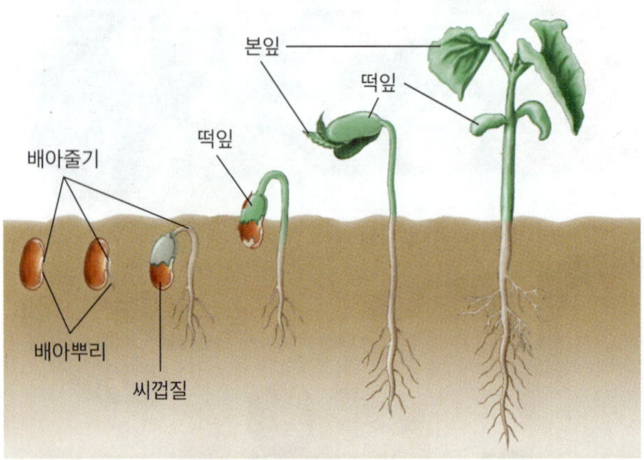

▲ 그림 31.13A 콩 발아(쌍떡잎식물)

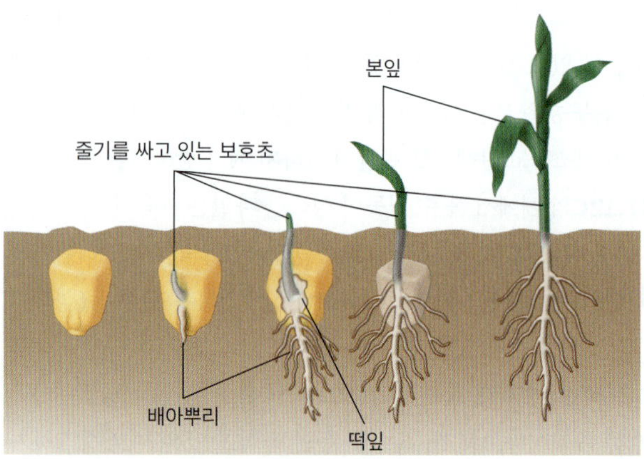

▲ 그림 31.13B 옥수수 발아(외떡잎식물)

31.14 무성생식은 식물 클론을 만든다

자신의 손가락을 잘라낸 후 그 손가락이 생장하고 발달하여 자신과 똑같은 모습으로 변하는 것을 지켜본다고 상상해 보자. 만약 이것이 가능하다면, 그 결과는 무성생식으로 생산된, 유전적으로 동일한 생물체 또는 생물 집단인 **클론(clone)**이 될 것이다. 사람에게는 무성생식이 일어나지 않지만 식물에서는 일어날 수 있다.

속씨식물과 다른 식물에서 무성생식(식물 번식이라고도 함)은 평생 동안 생장할 수 있는 능력의 연장이다. 식물의 분열조직은 무한정 생장을 지속할 수 있다. 또한 유세포는 다양한 유형의 세포로 분열하고 분화할 수 있다.

▲ 그림 31.14A 마늘 구근

자연에서 식물의 무성생식은 종종 **절편생장(fragmentation)**, 즉 부모 식물을 전체 식물로 발전하는 부분으로 분리하는 것을 말한다. 마늘 구근(**그림 31.14A**)은 실제로 저장 기능을 하는 지하 줄기다. 하나의 큰 구근이 여러 부분으로 조각난 것을 마늘쪽(clove, 인편)이라고 한다. 각 마늘쪽은 일부에서 나오는 녹색 싹에서 알 수 있듯이 별도의 식물을 생성할 수 있다. 흰색의 종이처럼 얇은 보호막은 줄기에 붙어 있는 잎이다.

그림 31.14B와 같이 포플러 나무 숲은 하나의 부모의 뿌리계에서 무성생식을 하여 수백 그루의 후손 나무들을 구성한 것일 수 있다. (서로 다른 부모로부터 자란 숲 사이의 유전적 차이로 인해 단풍이 드는 시기가 달라진다.)

많은 식물은 유성 및 무성 생식을 모두 할 수 있다. 무성생식은 어떤 이점을 제공할 수 있는가? 우선, 특히 건강한 부모 식물은 자기와 똑같이 건강한 많은 사본을 복제할 수 있다. 또한 유성생식으로 생산된 새로운 어린 식물은 매우 연약하지만, 부모 식물의 성숙한 조각에서 무성생식으로 생산된 자손은 훨씬 더 강하여 생존 가능성이 더 높다. 그리고 식물이 고립된 경우(따라서 수분될 가능성이 낮음) 무성생식이 유일한 번식 수단일 수 있다.

▲ 그림 31.14B 포플러 나무 숲

? 토양의 구성이 지속적으로 변화하는 곳에서 일반적으로 어떤 생식 방식(유성 또는 무성 생식)이 더 유리한가? 왜 그런가?

■ 유성생식. 자손 사이에 유전적 변이를 발생시켜 변화하는 환경에 적응할 수 있는 잠재력을 강화하기 때문이다.

31.15 식물 복제는 중요한 농업 기술이다

연결 식물의 무성생식 능력은 농부에게 많은 수의 식물을 생산할 수 있는 많은 기회를 제공한다. 실제로 많은 중요한 농작물이 식물 복제에 의존하고 있다. 예를 들어, 대부분의 과일나무와 관엽식물은 꺾꽂이를 통해 무성생식한다. 몇몇 식물은 뿌리에서 나오는 싹(라즈베리 등)이나 지하 줄기(감자 등) 조각에서 번식한다. 양조용 포도와 같은 일부 과일나무와 포도나무는 한 식물의 눈을 밀접한 관련이 있는 식물에 접목하여 번식시킨다. 그림 31.15A는 수확량이 많은 살구 줄기를 해충 저항성 계통의 줄기에 접목하는 농부를 보여준다.

식물은 실험실에서 무성 번식할 수도 있다. 예를 들어, 제라늄은 성숙한 식물에서 잘라낸 몇 개의 분열조직 세포에서 양분과 호르몬이 포함된 생장 배지에서 배양하여 키울 수 있다(그림 31.15B). 이 방법을 사용하면 하나의 식물을 수천 개의 클론으로 복제할 수 있다. 난초와 대량 식재에 사용되는 특정 소나무는 일반적으로 이러한 방식으로 번식한다.

▲ 그림 31.15A 살구나무의 줄기를 다른 품종의 뿌리에 접목하는 모습

▲ 그림 31.15B 시험관 클로닝

세포 배양 방법을 통해 연구자들은 유전자 조작 식물 세포에서 식물을 재배할 수도 있다(12.8절 참조). 외부 유전자를 하나의 유세포에 도입한 다음 세포가 증식하여 새로운 식물로 발달하도록 배양한다. 이렇게 탄생한 유전자변형생물체(genetically modified organism, GMO)는 정상적으로 생장하고 번식할 수 있다. 농업 역사상 가장 빠르게 기술 이전된 사례 중 하나로 농부들이 GMO 작물을 상업적으로 채택한 것이지만, 논란이 없는 것은 아니다(12.9절 참조).

GMO 식물이 제기하는 문제 외에도 현대 농업은 잠재적으로 심각한 문제에 직면해 있다. 오늘날의 거의 모든 농작물은 유전적 다양성이 거의 없다. 실제로 우리는 대부분의 농작물을 단일재배(monoculture)로 재배하며, 넓은 면적의 땅에서 단일 품종의 식물을 재배한다. 이러한 조건을 고려할 때 식물학자들은 소수의 질병이 넓은 농작물 재배 지역을 황폐화시킬 수 있다고 우려한다. 이에 대응하여 식물 육종가들은 새로운 잡종을 번식시키는 데 사용할 수 있는 다양한 식물 품종의 씨를 보관하는 '유전자 은행'을 유지하기 위해 노력하고 있다.

? 양조용 포도의 한 품종을 다른 품종에 접목하는 것이 유리한 이유는 무엇인가?

■ 한 품종은 바람직한 형질을 가진 뿌리를 가지고 있는 반면 다른 품종은 다른 바람직한 형질을 가진 줄기가 자랄 수 있다.

31.16 진화적 적응은 일부 식물이 매우 오래 살 수 있도록 도와준다

진화 연관성 일부 식물은 매우 오래 생존할 수 있다. 예를 들어 캘리포니아 북부와 오리건 남부에서만 발견되는 해안 세쿼이아(*Sequoia sempervirens*)는 수령이 2,000~3,000년으로 추정된다. 그러나 이 미국 삼나무들은 다른 나무에 비하면 어린 나무에 불과하다. **그림 31.16**에 보이는 나무는 4,600년 된 브리슬콘 소나무(bristlecone pine tree, *Pinus longaeva*)다. 브리슬콘 소나무는 미국 서부 6개 주(사진 속의 나무는 캘리포니아 화이트산 지역에 서식)에서만 발견된다. 또 다른 브리슬콘 소나무인 므드셀라(Methuselah)는 지구에서 가장 오래된 생명체로 알려져 있다. 이 나무의 위치는 나무를 보호하기 위해 비밀에 부치고 있다.

▲ **그림 31.16** 캘리포니아에서 자라는 고대 브리슬콘 소나무

긴 수명은 생식 기회를 늘려 진화적 적합성을 촉진시키는 역할을 한다. 식물의 어떤 진화적 적응이 나무를 그렇게 오래 살 수 있도록 도와주는가? 대부분의 성체 식물과 마찬가지로 성체 나무는 분열조직을 보유하고 있어 일생 동안 지속적으로 생장하고 수선할 수 있다. 따라서 나무는 외상이나 질병으로 인해 손실되거나 손상된 기관을 대체할 수 있다. 또한 두꺼운 목재는 곤충, 질병, 심지어 미국 삼나무와 세쿼이아를 보호하는 두꺼운 나무 껍질처럼 주기적인 화재로부터 보호할 수 있다.

? 많은 식물의 긴 수명을 위해 분열조직의 존재가 필수적인 이유는 무엇인가?

■ 식물의 분열조직은 일생 동안 여러 유형의 세포를 생성할 수 있다.

CHAPTER 31 복습

개념 복습하기

식물의 구조와 기능(31.1~31.6)

31.1 농작물의 토착화는 인류 역사의 흐름을 바꿨다. 농작물에 대한 인간의 토착화는 수천 년에 걸쳐 전 세계 여러 곳에서 일어났다.

31.2 속씨식물에 속하는 두 가지 주요 그룹은 외떡잎식물과 쌍떡잎식물이다. 이 두 그룹은 씨 잎의 수와 뿌리, 줄기, 잎, 꽃의 구조가 다르다.

31.3 전형적인 식물체는 뿌리, 줄기, 잎의 세 가지 기본 기관을 갖는다. 꽃식물의 구조는 토양과 공기 모두에서 자원을 끌어올 수 있게 해준다.

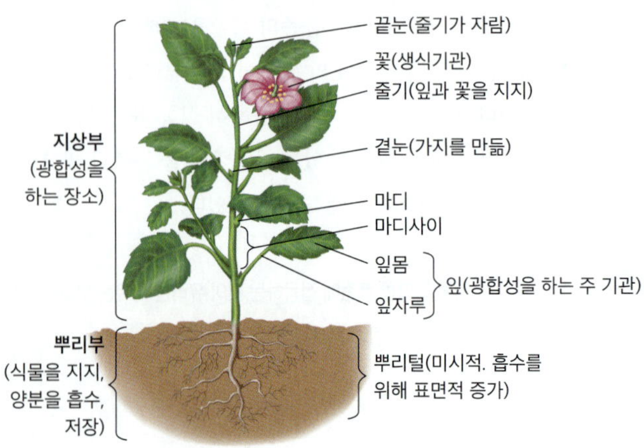

31.4 많은 식물은 변형된 뿌리, 줄기, 잎을 갖고 있다.

31.5 세 가지 조직계가 식물의 몸을 구성한다. 뿌리, 줄기, 잎은 각각 표피조직, 관다발조직, 기본조직으로 구성되어 있다. 표피조직은 식물을 덮고 보호한다. 잎의 표피조직에는 기공, 기공과 함께 기체와 수증기의 교환을 환경과 조절하는 공변세포가 있다. 관다발조직계에는 지지와 수송 기능을 하는 물관과 체관이 있다. 목질은 물과 용해된 무기질을 운반하고, 체관은 당을 운반한다. 기본조직계는 저장, 광합성 및 지지 기능을 한다.

31.6 식물 세포는 구조와 기능이 다양하다. 식물 세포의 주요 유형은 유세포, 후각세포, 후막세포(섬유세포와 보강세포), 물이동세포(헛물관 및 물관 요소), 양분이동세포(체관요소 및 동반 세포) 등이 있다.

식물의 생장(31.7~31.8)

31.7 1차 생장은 뿌리와 줄기를 만든다. 식물의 생장은 분열조직, 즉 미분화된 분열 세포의 영역에서 시작된다. 뿌리의 끝과 새싹의 끝눈과 곁눈에 있는 정단분열조직은 새로운 세포를 생성하여 1차 생장을 시작한다. 세포가 길어지고 분화하면서 뿌리나 싹은 길어진다.

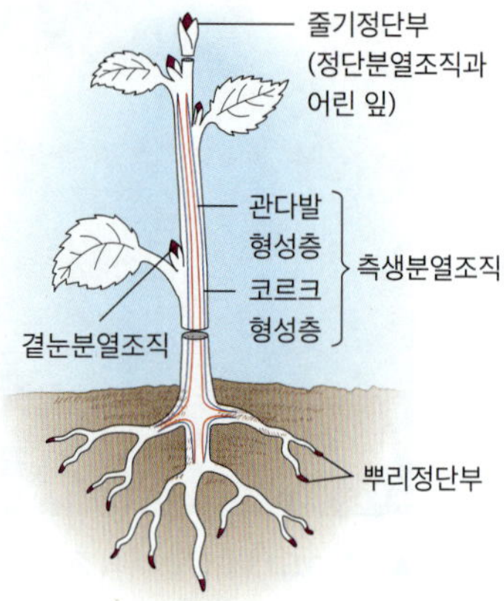

31.8 2차 생장은 목본식물의 지름을 증가시킨다. 식물의 지름이 증가하는 것을 2차 생장이라고 하는데, 이는 관다발형성층이라고 불리는 원통형 분열조직 세포층에서 세포분열이 일어나면서 발생한다. 관다발형성층은 줄기 안쪽 표면 옆에 2차 물관 또는 목재 층을 추가하여 줄기를 두껍게 만든다. 관다발형성층 바깥쪽에는 2차 체관, 코르크형성층, 코르크형성층에서 생성되는 코르크 세포가 나무 껍질이 되어 식물을 보호한다.

꽃식물의 생식(31.9~31.16)

31.9 꽃은 속씨식물의 유성생식 기관이다. 속씨식물의 꽃은 꽃받침, 꽃잎, 수술, 심피로 구성된다. 꽃가루는 수술의 끝인 꽃밥에서 발생한다. 심피의 끝인 암술머리는 꽃가루를 받아들인다. 심피의 밑바닥에 있는 씨방에는 난자를 생산하는 밑씨가 들어 있다.

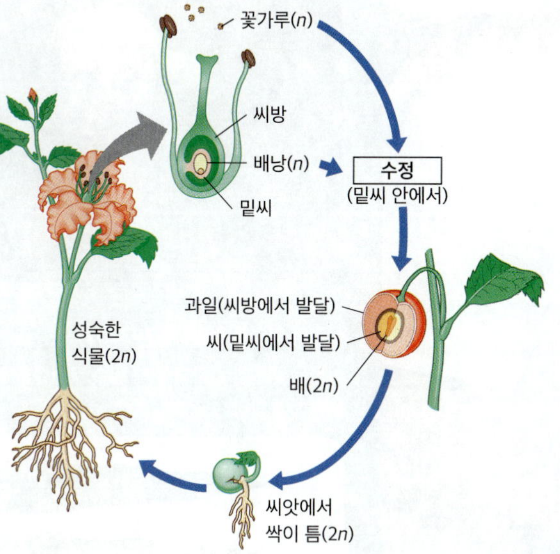

31.10 꽃가루와 밑씨가 발달한 뒤 수정이 이루어진다. 반수체 포자는 밑씨와 꽃밥 안에 형성된다. 꽃밥의 포자는 수배우체가 되어 정세포를 생성한다. 밑씨의 포자는 암배우체인 배낭이 된다. 각 배낭에는 하나의 난자세포가 있다. 꽃가루받이는 꽃가루가 암술머리에 붙는 것을 말한다. 꽃가루관은 밑씨를 향해서 자라고, 정세포가 꽃가루관을 통과해 난자와 $2n$의 중앙 세포와 모두 수정한다. 이 과정을 중복수정이라고 한다.

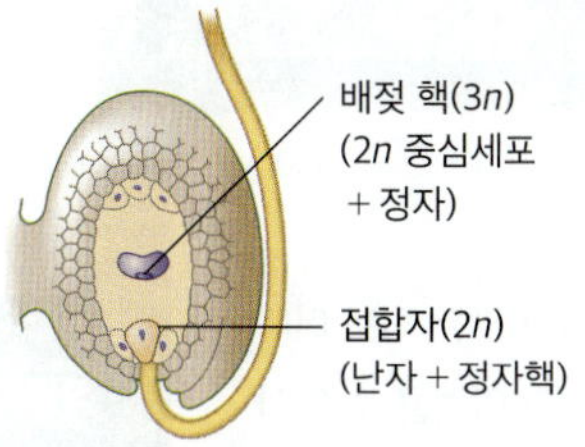

31.11 밑씨는 씨로 발달한다. 수정 후 밑씨는 씨가 되고, 그 안에 있는 수정란이 분열하여 배가 된다. 수정된 다른 세포는 배아를 위한 양분을 저장하는 배젖으로 발달한다.

31.12 씨방은 열매로 발달한다. 열매는 씨를 보호하고 분산하는 데 도움을 준다.

31.13 씨가 발아하면서 생활사는 계속된다. 씨는 물을 흡수하고 팽창하면 발아하기 시작한다. 배는 생장을 재개하고 배젖에서 양분을 흡수한다. 배의 뿌리가 나오고 새싹이 위로 밀고 잎을 확장한다.

31.14 무성생식은 식물 클론을 만든다. 무성생식은 뿌리부의 분열 또는 파생물에 의해 발생될 수 있다.

31.15 식물 복제는 중요한 농업 기술이다. 식물을 절단하거나 식물 조직 조각을 이용해 무성적으로 번식하면 농업 생산성을 높일 수 있지만 유전적 다양성은 감소한다.

31.16 진화적 적응은 일부 식물이 매우 오래 살 수 있도록 도와준다. 분열조직이 만들어내는 지속적인 생장과 빽빽한 목재가 제공하는 보호는 일부 나무가 수천 년을 살 수 있도록 도와준다.

개념 연결하기

1. 뿌리계, 뿌리털, 지상계, 잎, 잎자루, 잎, 줄기, 마디, 마디사이, 꽃 사이의 관계를 보여주는 그림 또는 개념도를 작성하시오.

학습 평가하기

1단계 : 지식과 이해력 평가

2. 속씨식물에서 각 꽃가루는 2개의 정세포를 생성한다. 이 정세포는 어떤 역할을 하는가?
   a. 각각은 서로 다른 난세포와 수정한다.
   b. 하나는 난세포와 수정하고 다른 하나는 예비로 보존한다.
   c. 둘 다 하나의 난세포와 수정한다.
   d. 하나는 난세포와 수정하고, 다른 하나는 저장된 양분으로 발달하는 세포와 수정한다.
3. 다음 중 외떡잎식물을 설명하지 않는 것은?
   a. 평행 잎맥　　b. 섬유질 뿌리
   c. 3의 배수로 된 꽃 부분　　d. 고리 모양으로 배열된 관다발조직
4. 다음 중 변형된 줄기가 아닌 것은?
   a. 땅속줄기　　b. 기는줄기
   c. 덩이줄기　　d. 덩굴손

5~8번 문제는 선택지 a~d와 짝을 이루며, 선택지는 여러 번 선택될 수 있다.

5. 코르크가 형성하는 자리　　a. 관다발형성층
6. 물관이 수지로 막힘　　b. 나무 껍질
7. 나무의 가장 오래된 부분　　c. 변재
8. 2개의 새로운 조직을 생성　　d. 심재

2단계 : 응용과 분석력 평가

9. 어린 줄기와 잎자루에서 발견될 가능성이 가장 높은 세포 유형은 무엇인가? 그 기능을 설명하시오.
10. 유전자 분석으로 밀이 처음 토착화된 시기를 어떻게 정확히 알 수 있는가?
11. 꽃에서 열매는 어떻게 발달하는가?
12. 셀러리 줄기, 땅콩, 딸기, 양상추, 비트 중 각각을 섭취할 때 식물의 어떤 부분을 섭취하는가?

3단계 : 종합평가

13. 기후변화가 휴면 씨에 어떤 영향을 미칠 수 있는가?
14. 일년생 식물에 좋은 환경은 어떤 유형인가?
15. **과학적 사고** 31.1절에서는 여러 가지 조사 방법을 사용하여 중요한 농작물의 토착화 시기와 장소를 조사한다. 어떤 증거가 가장 신뢰할 만하다고 생각하는가? 그 이유는 무엇인가?

CHAPTER

32 식물의 영양과 이동

핵심 개요

식물 영양의 흡수와 이동(32.1~32.6)

식물은 물, 무기질, CO_2, 당 등 생장에 필요한 물질을 흡수하고 이동시킨다.

식물의 영양과 토양(32.7~32.12)

식물은 적절한 건강을 위해 필수 무기질을 섭취하고 운반해야 한다.

식물의 영양과 공생(32.13~32.15)

식물과 박테리아, 곰팡이류, 동물 등 다른 종류의 유기체 사이의 다양한 관계가 진화해 왔다.

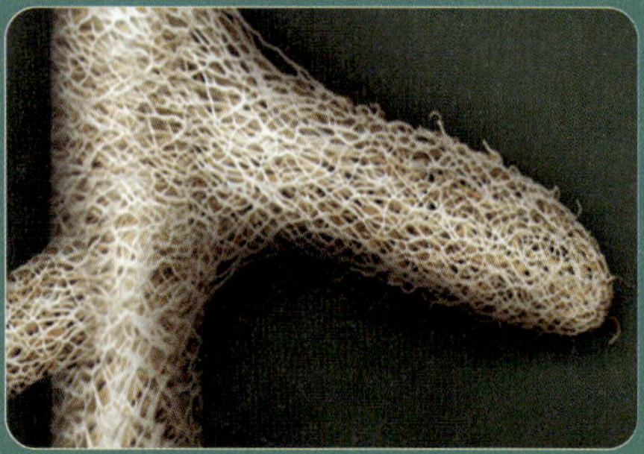

32.0 유기농업의 가치를 생각해야 한다

슈퍼마켓의 농산물 코너를 둘러보면 반짝이는 붉은 고추, 구근 모양의 보라색 가지, 향기로운 허브 더미, 다양한 모양과 색깔의 과일 등 매우 다양한 농산물을 볼 수 있다. 이 중에서 선택하기가 어려울 수 있다. 하지만 현대 소비자는 또 다른 선택에 직면하게 된다. 유기농 농산물을 사야 할까, 아니면 일반 농산물을 사야 할까?

미국에서 유기농이라는 명칭을 붙이기 위해서는 농작물과 이를 먹는 사람, 농작물이 자라는 환경의 건강을 보장하기 위한 지침에 따라 재배되고 가공된 식품이어야 한다. 이러한 철학을 바탕으로 미국 유기농업 산업은 지난 10년간 매년 20%의 성장률을 기록하며 가장 빠르게 성장하는 농업 분야 중 하나가 됐다.

식물이 우리와 환경의 건강에 어떻게 기여하는지 더 잘 이해하려면 식물 생리학의 기본을 이해해야 한다. 이 장에서는 식물이 토양과 공기에서 물과 필수영양소를 얻고, 뿌리, 줄기, 잎을 통해 이러한 물질을 이동시킬 수 있도록 하는 진화적 적응을 살펴볼 것이다. 논의하는 동안 유기농 라벨의 의미를 포함해 식물의 영양이 우리 건강에 미치는 여러 가지 방법을 고려할 것이다.

32.1 식물은 공기, 물, 토양에서 영양분을 얻는다

작은 씨앗에서 자라나는 식물을 보고 있으면 어디서 그 모든 물질이 오는지 궁금해진다. 식물의 몸을 구성하는 물질의 출처는 어디일까? 토양? 물? 공기?

아리스토텔레스는 토양이 식물 생장에 필요한 모든 물질을 제공한다고 생각했다. 17세기 의사인 헬몬트(Jan Baptista van Helmont)는 가설을 검증하기 위해 실험을 수행했다. 그는 91 kg의 흙이 담긴 화분에 버드나무 묘목 한 그루를 심었다. 5년 후 버드나무는 76.8 kg의 나무로 자랐지만 화분에서 사라진 흙은 0.06 kg에 불과했다. 헬몬트는 버드나무가 주로 물을 먹고 자랐다는 결론을 내렸다. 한 세기 후, 영국의 생리학자 헤일스(Stephen Hales)는 식물은 대부분 공기로 영양을 공급받는다는 가설을 세웠다.

식물 영양에 관한 초기의 가설은 모두 사실로 밝혀졌으며, 공기, 물, 토양이 모두 식물 생장에 기여한다(**그림 32.1A**). 식물의 잎은 공기 중 CO_2를 흡수하며, 실제로 식물 건조 중량의 약 96%는 주로 CO_2로 구성된 유기물이다. 한편, 식물은 토양에서 물, 무기질(무기 이온), 약간의 산소를 얻는다.

식물이 공기와 토양에서 흡수하는 물질은 어떻게 될까? 식물이 광합성을 통해 만드는 당은 탄소, 산소, 수소의 원소로 구성돼 있다. 광합성에 사용되는 탄소와 산소는 대기 중의 CO_2에서, 수소는 물 분자(7.3절 참조)에서 나온다. 식물 세포는 필요한 다른 모든 유기 물질을 구성하는 데 광합성으로 만든 당을 사용하지만, 주로 탄수화물을 위해 사용한다. 예를 들어 **그림 32.1B**의 거대한 세쿼이아 나무의 줄기는 주로 세포벽의 셀룰로오스와 같은 당 유도체로 구성돼 있다.

식물은 세포호흡을 사용해 자신이 만든 당 중 일부를 분해해 O_2를 소비하는 과정에서 에너지를 얻는다. 식물의 잎은 공기 중에서 O_2를 일부 흡수하지만, 그림 32.1A에는 이를 표시하지 않은 이유는 식물이 실제로 O_2의 순 생산자이므로 사용하는 것보다 더 많은 양의 가스를 방출하기 때문이다. 광합성 중에 물이 분해되면 O_2 가스가 생성돼 잎을 통해 방출된다. 그림 32.1A에서 식물의 뿌리가 토양에서 흡수한 O_2는 토양으로 확산된 대기 중의 O_2이며, 뿌리 자체의 세포호흡에 사용된다.

식물이 뿌리에서 잎으로 물을 이동시키는 능력과 몸의 특정 부위에 당을 이동하는 능력은 진화적 적응의 놀라운 업적이다. 그림 32.1B는 극단적인 예로, 세쿼이아의 가장 윗부분 잎은 뿌리에서 100 m 이상 위에 있을 수 있다. 다음 4개의 절에서는 식물체 전체에서 물, 용해된 무기질 영양소 및 당의 이동을 살펴볼 것이다.

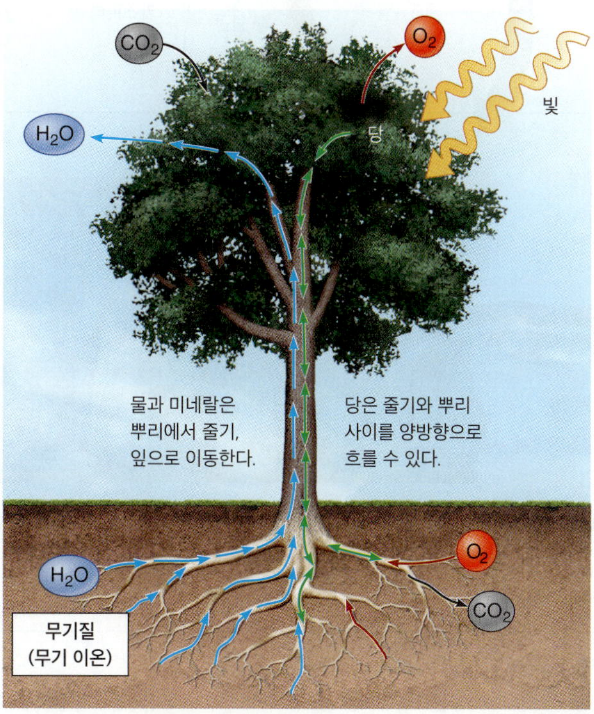

▲ **그림 32.1A** 식물 영양의 흡수와 이동

? 토양에서 가장 많이 얻는 무기질은 무엇인가?

■ 물

▼ **그림 32.1B** 광합성의 산물인 해안 세쿼이아(*Sequoia sempervirens*)

32.2 뿌리 세포의 원형질막은 용질의 흡수를 조절한다

수천 개의 뿌리털에 의해 표면적이 엄청나게 확장된 식물 뿌리는 토양에서 물과 무기물을 추출하는 놀라운 능력을 가지고 있다(**그림 32.2A**). 뿌리털은 뿌리를 덮고 있는 표피 세포의 변형이라는 것을 기억하자(31.3절 참조). 뿌리털은 영양분을 함유한 토양과 접촉하는 표면적이 넓어 실제로 해바라기 식물 한 그루의 뿌리털을 끝에서 끝까지 늘어놓으면 몇 킬로미터까지 뻗을 수 있다.

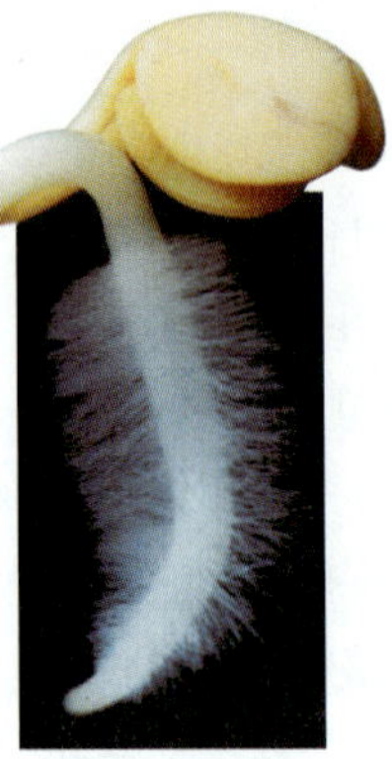

▲ **그림 32.2A**
무 어린 식물의 뿌리털

식물 뿌리에 들어가는 모든 물질은 용액 상태다. 물과 용질이 토양에서 식물 전체로 이동하려면 뿌리의 표피와 피층을 통과한 다음 뿌리의 관다발에 있는 물을 전도하는 물관으로 이동해야 한다. 물과 용질이 토양에서 물관으로 이동하는 모든 경로는 뿌리 세포의 원형질막 일부를 통과해야 한다. 원형질막은 선택적 투과성이 있기 때문에 특정 용질만 물관에 도달한다. 이 원형질막의 선택성은 토양에서 필요한 무기질을 운반하고 불필요하거나 독성이 있는 많은 물질을 차단하는 확인점을 제공한다.

그림 32.2B의 아래쪽에서 물관으로 가는 두 가지 가능한 경로를 볼 수 있다. 긴 파란색 화살표는 세포 내 경로를 나타낸다. 물과 선택된 용질은 표피 세포의 세포벽과 원형질막을 통과한다(보통 뿌리털을 통해). 뿌리 내의 세포는 뿌리 세포의 세포질을 하나의 연속적인 용액으로 연결하는 원형질연락사라는 통로로 서로 연결돼 있다. 따라서 일단 표피 세포 내부에 들어간 용액은 다른 원형질막을 통과하지 않고 세포에서 세포로 안쪽으로 이동해 서로 연결된 세포질을 통해 관다발중심주까지 확산할 수 있다. 관다발중심주에 있는 세포뿐만 아니라 내피 세포도 용액을 세포벽으로 내보내고, 이로부터 용액은 물관으로 들어간다(연보라색).

그림 32.2B의 긴 분홍색 화살표는 다른 경로를 나타낸다. 이 경로는 세포외 경로이며, 용액은 뿌리 세포의 친수성 벽과 세포외 공간을 따라 안쪽으로 이동하지만 표피 또는 피층 세포의 세포질로 들어가지 않는다. 용액은 원형질막을 통과하지 않으며, 용액이 내피에 도달할 때까지 용질의 선택이 없다. 여기서 연속적인 왁스로 된 장벽인 **카스파리 띠(Casparian strip)**는 물과 용질이 세포벽을 통해 물관으로 들어가는 것을 막고, 대신 원형질막을 가로질러 내피세포로 들어가도록 한다(짧은 파란색 화살표). 이온의 선택은 표피가 아닌 내피세포 막에서 일어난다. 선택된 용질과 물이 내피세포에 들어가면 이들은 물관으로 들어갈 수 있다.

실제로 물과 용질은 그림 32.2B의 두 가지 경로만 따르는 경우는 거의 없다. 이들은 이러한 경로의 조합을 취할 수 있으며, 물관으로 가는 도중에 수많은 원형질막과 세포벽을 통과할 수 있다. 그러나 카스파리 띠 때문에 비선택적 경로는 존재하지 않으며, 물과 용질은 어느 시점에서 선택적 투과성을 갖는 원형질막을 반드시 통과해야 한다. 즉, 어떤 용질도 확인되지 않고 관다발조직으로 들어가지 않으며, 모두 적어도 하나의 확인점을 통과해야 한다. 다음으로, 물과 무기질이 뿌리에서 줄기로 물관 안에서 어떻게 위로 이동하는지 살펴보자.

? 카스파리 띠의 기능은 무엇인가?

■ 세포벽을 통한 접근을 차단하고 모든 무기질이 선택적 투과성을 가진 원형질막을 통과하도록 함으로써 용질이 세포막으로 통과하는 것을 조절한다.

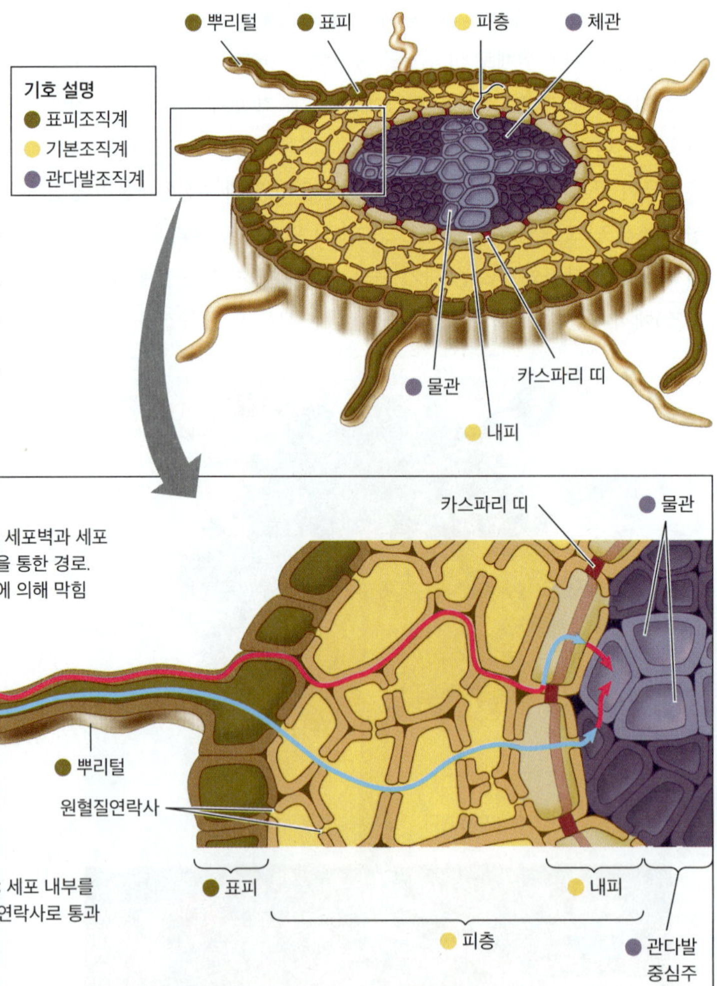

▲ **그림 32.2B** 토양에서 뿌리까지 물과 용질의 경로

시도해 보기 손가락으로 두 경로를 따라 물관으로 향하는 경로를 추적하시오. 각각의 경로가 결국 교차돼야만 조절이 가능한 원형질막으로 이어진다는 것을 알아보자.

32.3 증산은 물관을 통해 물을 끌어올린다

식물은 토양에서 물과 용해된 무기질을 지속적으로 공급받아야 한다. 이것은 뿌리에서 지상계(shoot system)를 통해 잎으로 흐르는 물과 무기 영양소의 용액인 물관액(xylem sap, 수액)으로 제공된다. 물관액은 잎에서 수분이 증발해 손실되는 증산(transpiration)에 의해 물관 조직 내의 매우 얇은 관을 통해 흐른다. 물관액의 이동은 물 분자의 응집력(cohesion)과 부착력(adhesion)에 의해 이루어지며 식물의 에너지 소비를 필요로 하지 않는다.

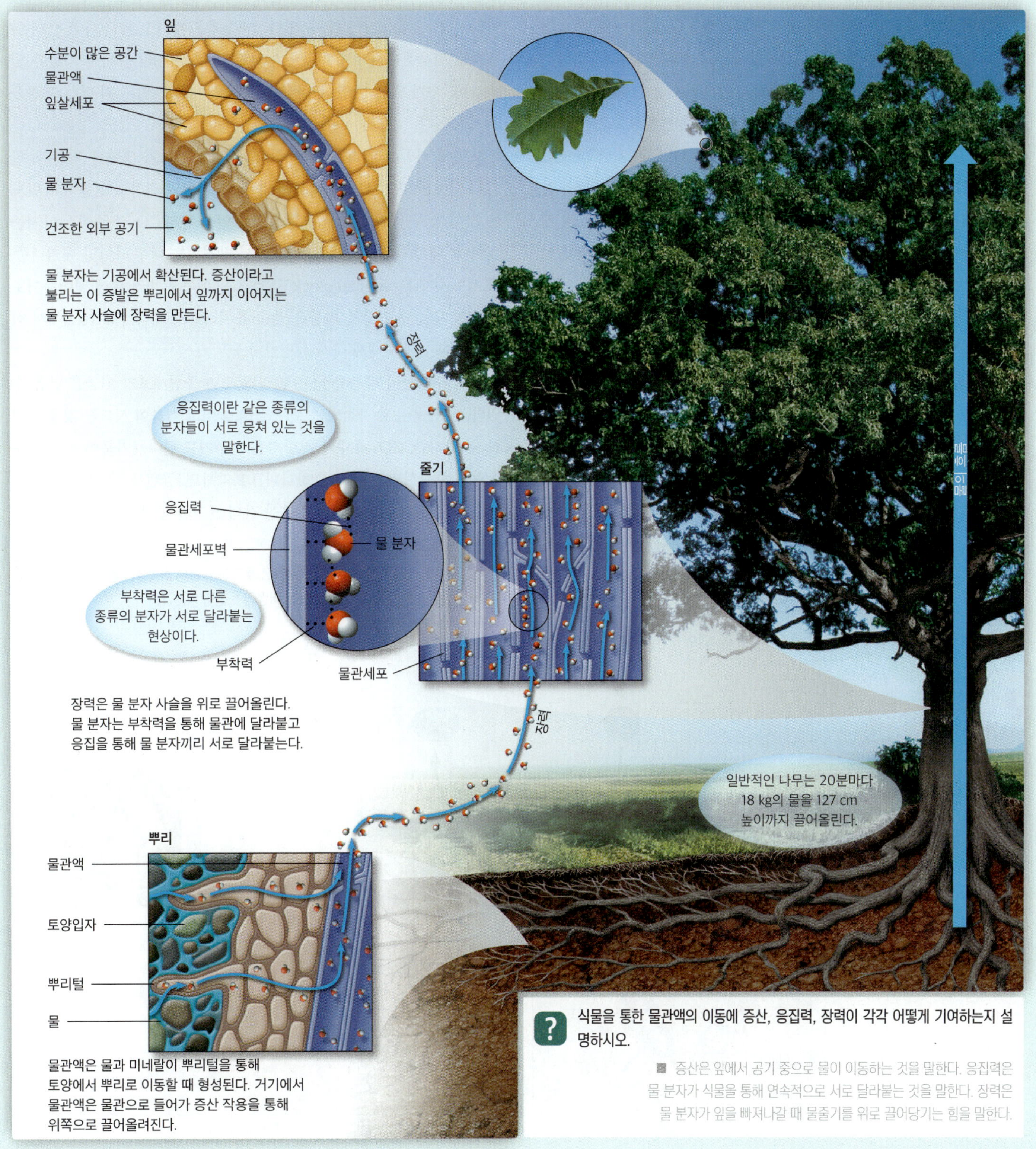

? 식물을 통한 물관액의 이동에 증산, 응집력, 장력이 각각 어떻게 기여하는지 설명하시오.

■ 증산은 잎에서 공기 중으로 물이 이동하는 것을 말한다. 응집력은 물 분자가 식물을 통해 연속적으로 서로 달라붙는 것을 말한다. 장력은 물 분자가 잎을 빠져나갈 때 물줄기를 위로 끌어당기는 힘을 말한다.

32.4 공변세포는 증산을 제어한다

넓은 잎 표면적과 같이 광합성을 증가시키는 적응은 증산에 의한 수분 손실을 증가시킨다는 심각한 단점이 있다. 따라서 식물이 물을 엄청나게 필요로 하는 것은 광합성을 위해 CO_2와 O_2의 충분한 교환을 필요로 하는 지상계가 낳은 결과다. 토양에서 손실된 수분을 대체할 수 있을 만큼 빠르게 물이 올라오면 증산은 문제가 되지 않는다. 그러나 토양이 건조해져 잎으로 공급되는 물의 양보다 잎에서 증산하는 양이 더 많아지면 식물은 시든다. 식물에 수분을 보충하지 않으면 식물은 죽게 된다.

열리고 닫힐 수 있는 잎의 기공은 식물이 변화하는 환경 조건에 따라 증산속도를 조절하는 데 도움이 되는 진화적 적응이다. 각 기공 옆에 있는 한 쌍의 공변세포는 모양을 변화시켜(**그림 32.4**) 두 세포 사이의 간격을 벌리기 위해 부풀어 오르거나 간격을 닫기 위해 수축함으로써 개구부를 제어한다. 기공을 열고 닫음으로써 공변세포는 식물의 광합성 요구사항과 수분 보존 요구사항의 균형을 유지한다.

실제로 공변세포가 모양을 변화시켜 기공을 열거나 닫게 하는 원인은 무엇일까? 공변세포가 이웃 세포(밝은 회색)로부터 칼륨 이온(K^+, 빨간색 점)과 물(파란색 화살표)을 얻으면(그림 32.4의 왼쪽) 기공이 열린다. 공변세포는 K^+을 적극적으로 흡수한다. 이렇게 능동적으로 용질을 수송한 후 삼투현상에 의해 물이 들어온다. 공변세포의 액포에 물이 들어가면 세포는 더욱 팽윤해져 구부러진다. 공변세포가 팽윤해지면 세포벽의 구조로 인해 공변세포들이 바깥쪽으로 구부러지게 된다. 그 결과 두 세포 사이의 간격(기공)의 크기가 증가한다. 반대로, 공변세포에서 K^+이 나가면 삼투현상에 의해 수분을 잃어 수축되고 덜 구부러져 두 세포 사이의 공간이 좁아진다(그림의 오른쪽).

많은 식물에서 공변세포는 낮 동안 기공을 열어두어 대기 중의 CO_2가 잎으로 들어와 햇빛이 있을 때 광합성을 계속할 수 있도록 한다. 그러나 기공을 여는 데는 상충관계가 있다. 식물은 또한 증산을 통해 수분을 잃게 된다. 광합성에 필요한 빛이 없는 밤에는 CO_2가 필요 없어져서 많은 식물이 기공을 닫아 물을 절약한다. 따라서 식물은 환경의 변화에 따라 수분 손실을 조절할 수 있다. 이 상충관계는 또한 진화적 선택 압력으로 작용한다. (햇빛은 풍부하지만 물은 적은)많은 사막 식물은 잎의 기공 수가 적은 반면, 많은 늪지 식물(반대 조건)은 더 많은 기공을 가지고 있다.

새벽에 기공이 열리는 데는 최소 세 가지 인자가 영향을 미친다. 한 가지 인자는 빛으로, 공변세포를 자극해 K^+을 축적하고 팽윤하게 만드는 것이다. 두 번째 인자는 광합성으로 인해 잎의 CO_2 수준이 낮아지는 것이다. 세 번째 인자는 공변세포에서 발견되는 내부 타이밍 메커니즘, 즉 생체시계(biological clock)로 식물을 어두운 벽장 속에 넣어두어도 기공은 매일 열고 닫는 리듬을 계속 유지하는 것이다. (33.10절에서 식물의 생체시계에 대해 다시 설명한다.)

낮에도 식물이 수분을 너무 빨리 잃으면 공변세포가 기공을 닫을 수 있다. 이 반응은 추가적인 수분 손실을 줄이고 식물이 시드는 것을 방지할 수 있지만, CO_2 흡수와 광합성을 늦추기도 한다. (가뭄이 농작물 수확량을 감소시키는 이유 중 하나다.) 요약하면, 공변세포는 다양한 자극을 통합해 순간순간 광합성과 증산 간의 균형을 중재한다.

? 일부 잎 곰팡이는 공변세포가 K^+을 축적하게 하는 화학물질을 분비한다. 이것이 곰팡이가 식물을 감염시키는 데 어떻게 도움이 되는가?

■ 공변세포 안에 K^+이 축적되면 기공이 계속 열려 있게 된다. 그러면 곰팡이가 기공을 통해 잎 내부로 자랄 수 있다.

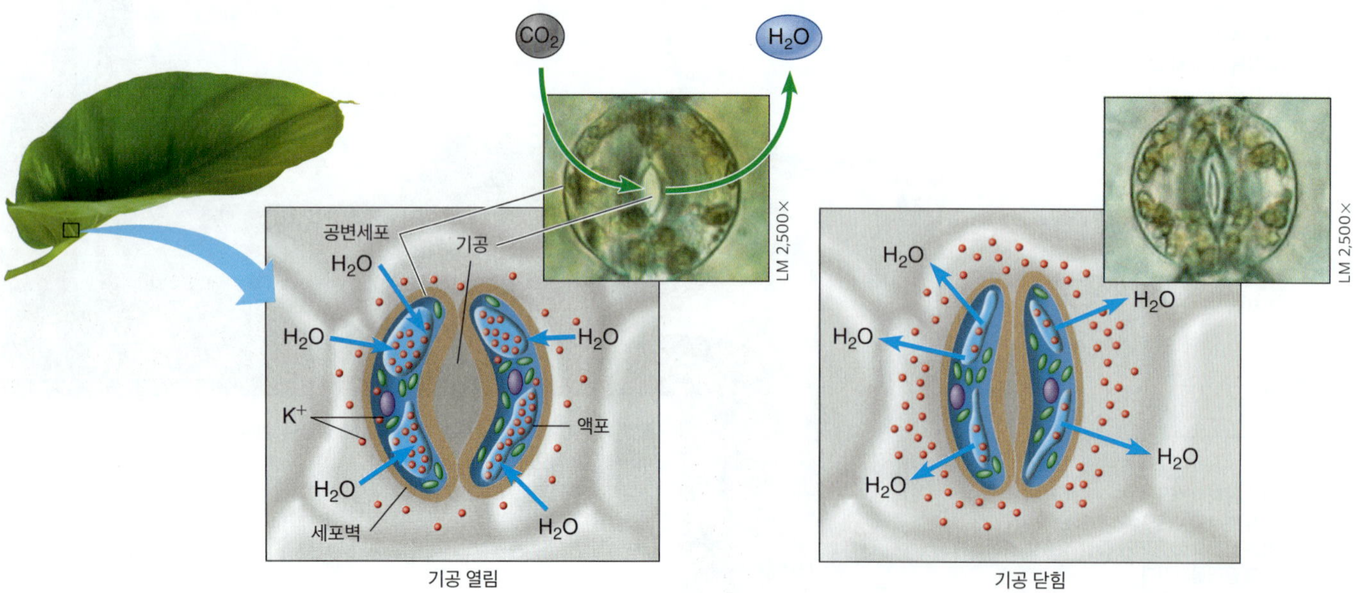

▲ 그림 32.4 공변세포가 기공을 제어하는 방법

32.5 체관은 당을 운반한다

식물에는 두 가지 별도의 수송 시스템인 물관(32.3절의 주제)과 체관이 있다. 물관은 물관액(물과 용해된 무기물)을 운반하는 반면, 체관의 주요 기능은 광합성의 산물을 만들거나 저장한 기관에서 필요한 곳으로 운반하는 것이다. 속씨식물의 체관에는 체관요소라고 불리는 양분이동세포가 있다. 이 세포들은 긴 관으로 끝에서 끝까지 배열돼 있으며, 체판(sieve plate)이 인접한 관의 끝을 분리한다(**그림 32.5A**). 체관의 구멍은 이러한 살아 있는 세포의 세포질을 하나의 연속적인 용액으로 연결한다. 따라서 한 세포에서 다른 세포로 당이 많은 액체가 자유롭게 흐를 수 있다. 식물의 한 부분에서 다른 부분으로 이동하는 동안 **체관액(phloem sap)**에는 무기 이온, 아미노산, 호르몬이 포함될 수 있지만, 주요 용질은 일반적으로 이당류인 설탕이다.

뿌리에서 잎으로 위쪽으로만 흐르는 물관액과 달리 체관액은 식물 전체에서 다양한 방향으로 이동한다. 그러나 체관요소는 항상 당 공급원에서 당 수용원으로 당을 운반한다. **당 공급원(sugar source)**은 광합성을 하거나 녹말의 분해에 의해 당을 생산하는 기관이다. 잎은 대부분의 성숙한 식물에서 주요 당 공급원이다. **당 수용원(sugar sink)**은 당을 소비하거나 저장하는 기관이다. 생장하는 뿌리, 새싹, 줄기 및 열매는 당 수용원이다. 덩이줄기 또는 구근과 같은 저장 기관은 계절에 따라 공급원 또는 당 수용원이 될 수 있다. 식물이 여름에 탄수화물을 비축할 때 덩이줄기는 당 수용원이다. 식물이 봄에 휴면에서 깨고 나면, 녹말이 당으로 분해돼 식물의 자라는 줄기 정단부(shoot tip)로 운반되기 때문에 같은 덩이줄기가 당 공급원이 된다. 따라서 체관의 각 양분이동관에는 공급원 끝과 수용원 끝이 있지만 계절이나 식물의 발달 단계에 따라 바뀔 수 있다.

체관액이 당 공급원에서 당 수용원으로 흐르는 원인은 무엇일까? 단

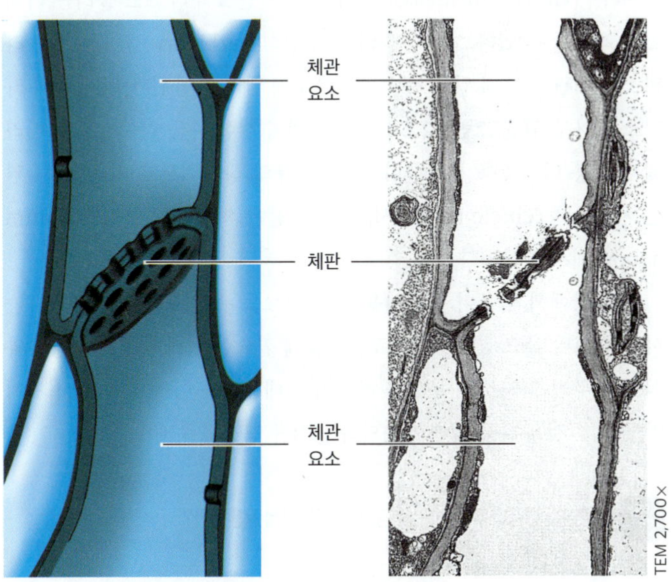

▲ **그림 32.5A** 양분이동세포(체관)

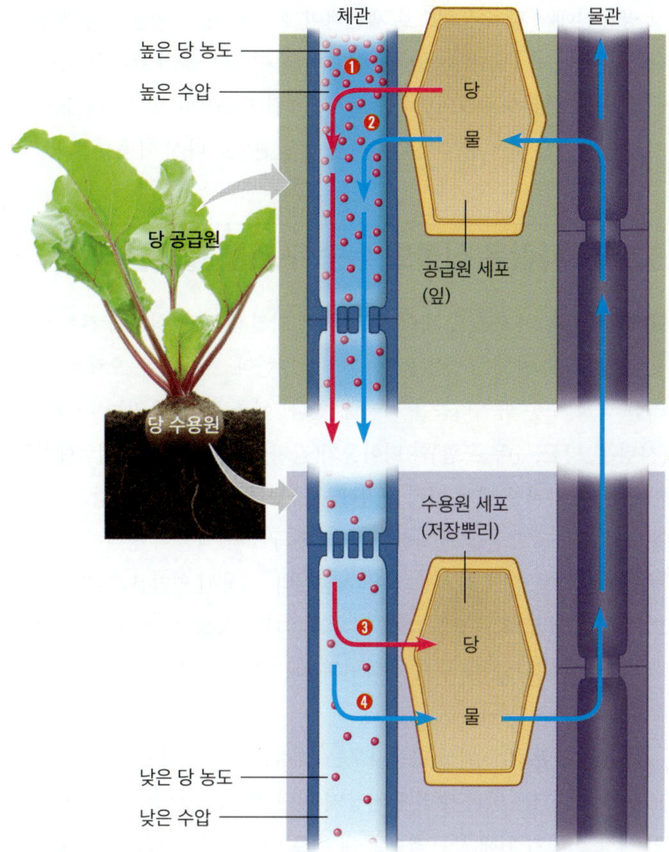

▲ **그림 32.5B** 당 공급원에서 당 수용원으로의 식물 체관의 압력 흐름(그리고 물관을 통한 공급원으로의 물의 회귀)

순히 확산이라면, 체관액의 이동 거리는 1년에 1 m 미만이므로 키가 큰 나무 내에서 유용한 이동 수단이 되기에는 너무 긴 시간이 필요할 것이다. 분명히 다른 힘이 관여한다. 이 힘은 사탕무 식물을 예로 들어 **그림 32.5B**에 표시된 **압류설(pressure flow mechanism)**로 설명할 수 있다. 체관에 그려진 분홍색 점들은 당 분자를 나타내며, 위에서 아래로 농도 기울기를 확인할 수 있다. 파란색은 체관액의 수압 기울기를 나타낸다.

당 공급원(이 예에서는 사탕무 잎)에서 ❶ 당은 능동 수송을 통해 광합성 세포에서 체관으로 적하된다. 당 공급원 끝의 당 적하는 체관 내부의 용질(당)의 농도를 높인다. ❷ 높은 용질 농도는 삼투현상에 의해 물을 물관으로 끌어들인다. 물관에서 체관으로 물이 안쪽으로 흐르면 물관의 공급원 끝에서 수압이 상승한다.

당 수용원(이 경우 사탕무 뿌리)에서 당과 물은 모두 체관을 빠져나간다. ❸ 당이 체관을 빠져나가면서 당 수용원 끝의 용질 농도가 낮아지면, ❹ 물이 삼투현상에 의해 뒤따르면서 관의 수압이 낮아진다. 그런 다음 물은 다시 물관으로 들어가 잎으로 돌아간다.

압류설은 식물 내 위치에 관계없이 체관액이 항상 당 공급원에서 당

수용원으로 흐르는 이유를 설명한다. 체관의 당 공급원 끝에서 수압이 형성되고 당 수용원 끝에서 그 압력이 감소하면 수압의 기울기를 따라 당 공급원에서 당 수용원으로 체관액이 흐르게 된다. 체관은 물뿐만 아니라 용질이 자유롭게 이동하게 한다. 따라서 당은 물과 같은 속도로 당 공급원에서 당 수용원으로 이동한다. 그림 32.5B의 오른쪽에 표시된 것처럼 물관은 물을 당 수용원에서 당 공급원으로 다시 이동시킨다.

? 체관액을 움직이는 힘과 물관액을 움직이는 힘을 대조하시오.

■ 체관의 당 공급원 끝에서 당의 적하와 그로 인한 삼투압 흐름에 의해 압력이 발생해 체관으로 물이 유입된다. 이 압력은 당 공급원 끝에서 체관의 당 수용원 끝으로 체관액을 밀어낸다. 반대로 증산은 당기는 힘을 발생시켜 물관액의 상승을 유도한다.

32.6 사람은 식물의 수송 구조를 활용한다

연결 마지막 몇 개의 절은 물, 무기질 및 당이 식물체 전체로 운반되는 방법을 자세히 설명한다. 사람들은 오랫동안 이러한 식물 수송 메커니즘을 이용해 왔다. 예를 들어, 우리는 저장뿌리(사탕무, 당근, 순무 포함)와 덩이줄기(감자, 참마, 카사바—미국에서는 자주 먹지 않지만 세계 여러 나라에서 중요한 식량인 작물) 같은 당 수용원인 식물 구조물을 수확한다. 이러한 구조는 식물이 생장하는 동안 당을 저장할 수 있도록 하는 적응 기능이다. 저장된 영양분은 햇빛을 모으는 잎이 없을 때 생장을 다시 시작하는 데 사용할 수 있다. 식물 생장이 다시 시작되기 전에 수확을 하면 우리는 저장된 당을 먹게 되고 이는 우리의 생장을 돕는다.

북미의 넓은 지역에서 단풍나무는 늦겨울에 휴면에 들어간다. 추위로부터 보호되는 땅속 뿌리에 저장돼 있던 녹말은 당으로 분해돼 새 잎의 생장을 돕기 위해 물관액을 통해 위로 이동한다. 아메리카 원주민들은 나무의 바깥 변재부에 작은 관(tube)을 넣어 이 흐름을 활용하는 방법을 배웠다. 관을 통해 떨어지는 물관액을 수집하고(**그림 32.6A**) 끓여서 설탕과 기타 성분을 농축할 수 있다. 약 40배 정도 농축되면 단풍나무(maple) 시럽이 완성된다. 현대의 단풍나무 시럽 산업은 한 종의 나무, 즉 단단풍(*Acer saccharum*)에 의존하지만 소규모 생산자는 다른 단풍나무 종을 사용할 수 있다. 유럽의 일부 지역에서는 자작나무도 비슷하게 채취해 수액을 직접 또는 발효 후 사용한다.

다른 식물들은 채취할 때 경제적으로 유용한 물질을 수송한다. 사막에 서식하는 알로에 베라(*Aloe vera*)의 물관액은 진정 및 보습 젤로 사용되며 요구르트와 같은 식품의 재료로도 사용된다. 열대지역에서는 고무나무(*Hevea brasiliensis*)를 두드려 천연 고무라고도 불리는 라텍스를 채취할 수 있다. 초식동물의 초식 섭식(herbivory)을 줄여주는 라텍스는 체관 외부에 있는 특수 체관요소에 담겨 운반된다. 유백색의 라텍스는 나무 껍질(**그림 32.6B**)을 절단해 수집한 다음 화학적으로 처리해 상업용 라텍스를 생산한다. 다른 종류의 상업적으로 가치 있는 껌은 치클 나무(chicle tree)에서, 모르핀 같은 의약품은 양귀비(opium poppy)에서 생산된다.

▲ **그림 32.6A** 단풍나무 물관액 수집

▲ **그림 32.6B** 고무나무, *Hevea brasiliensis*에서 채취되는 라텍스

이전 장에서 식물이 광합성을 통해 원료를 유기 분자로 전환한다는 사실을 배워 알고 있다(7장 참조). 식물에 필요한 무기 영양소의 종류와 식물이 무기 영양소로 무엇을 하는지에 대해서는 아직 많이 알려지지 않았다. 이것은 다음 절에서 논의하는 식물 영양의 주제다.

? 이른 봄, 단풍나무 뿌리는 당 공급원인가, 당 수용원인가?

■ 저장된 당이 다른 곳으로 이동하기 때문에 뿌리가 당 공급원이 되는 것이다.

32.7 식물의 건강은 모든 필수영양소를 흡수하는 데 달려 있다

복잡한 유기물 식품을 먹어야 하는 동물과 달리, 식물은 CO_2와 무기물만으로 생존하고 생장하는 식물, 즉 독립영양생물이다(7.1절 참조). 식물이 공기에서 CO_2를 흡수하고, 토양에서 물과 무기 이온을 흡수하고, 유기화합물을 합성하는 능력은 식물의 생존뿐만 아니라 사람과 다른 동물의 생존에도 필수적이다.

그림 32.7은 전형적인 식물체를 구성하는 영양소와 각 영양소가 식물의 건조 중량에 기여하는 비율, 그리고 이들이 수행하는 몇 가지 기능을 요약한 것이다. 식물이 생활사를 완료하기 위해, 즉 씨앗에서 자라서 다른 세대의 씨앗을 생산하기 위해 환경으로부터 영양소를 얻어야 하는 경우 영양소는 **필수원소(essential element)**로 간주된다. 연구자는 영양소가 필수원소인지 어떻게 확인할 수 있을까? 수경재배(hydroponic culture)라는 방법은 뿌리를 무기질 용액에 담가서 흙 없이 식물을 재배하는 것이다. 용액에서 특정 원소를 제거함으로써 연구자는 그 원소가 식물에 필수적인지 여부를 판단할 수 있다. 용액에서 빠진 원소가 필수적인 원소라면, 이 원소가 부족하면 완전한 영양소가 있는 배지에서 자란 대조 식물과 비교했을 때 식물이 비정상적으로 보일 것이다. 대부분의 영양소 연구는 농작물과 관엽식물을 대상으로 이루어졌으며, 대부분의 재배되지 않은 식물의 영양소 요구량에 대해서는 알려진 바가 거의 없다.

식물이 상대적으로 많은 양을 필요로 하는 아홉 가지 필수원소를 **다량영양소(macronutrient)**라고 부른다. 아홉 가지 다량영양소 중 탄소, 산소, 수소, 질소, 황, 인, 이렇게 여섯 가지가 식물 건조 중량의 거의 98%를 차지한다. 나머지 세 가지 다량영양소인 칼슘, 칼륨, 마그네슘은 나머지 1.7%를 차지한다.

식물이 아주 소량으로 필요로 하는 필수영양소를 **미량영양소(micronutrient)**라고 한다. 염소, 철, 망간, 붕소, 아연, 구리, 니켈, 몰리브덴 등 식물 건조 중량의 약 0.3%를 차지하는 여덟 가지 미량영양소는 모든 식물이 사용한다. (이러한 영양소를 그림 2.1B에 표시된 인체 내 원소와 비교하면 대부분의 영양소가 동물에게도 필수적이라는 것을 알 수 있다.) 일부 식물은 아홉 번째 원소(나트륨)를 필요로 한다. 몇몇 미량영양소는 반응을 촉매할 때 효소와 협력하는 보조인자(cofactor)로 작용한다(5.14절 참조). 미량영양소는 일반적으로 반복해서 사용할 수 있으므로 식물은 이러한 원소를 극소량만 필요로 한다. 예를 들어, 몰리브덴의 요구량은 매우 적어서 건조 식물 재료의 수소 원자 6,000만 개당 이런 희귀원소의 원자 1개만 존재한다. 그러나 몰리브덴이나 다른 미량영양소가 결핍되면 식물이 약해지거나 죽을 수 있다.

? 특정 식물 종에 특정 화학원소가 미량영양소로 필요한지 테스트하기 위해 수경재배 실험을 진행한다. 유리 용기가 완전히 깨끗한 것이 왜 중요한가?

■ 미량영양소는 극소량만 필요하기 때문에 실험 플라스크에 아주 적은 양의 흙이 있어도 테스트하려는 원소가 충분히 포함돼 있어 정상적인 생장을 방해하고 결과를 무효화할 수 있다.

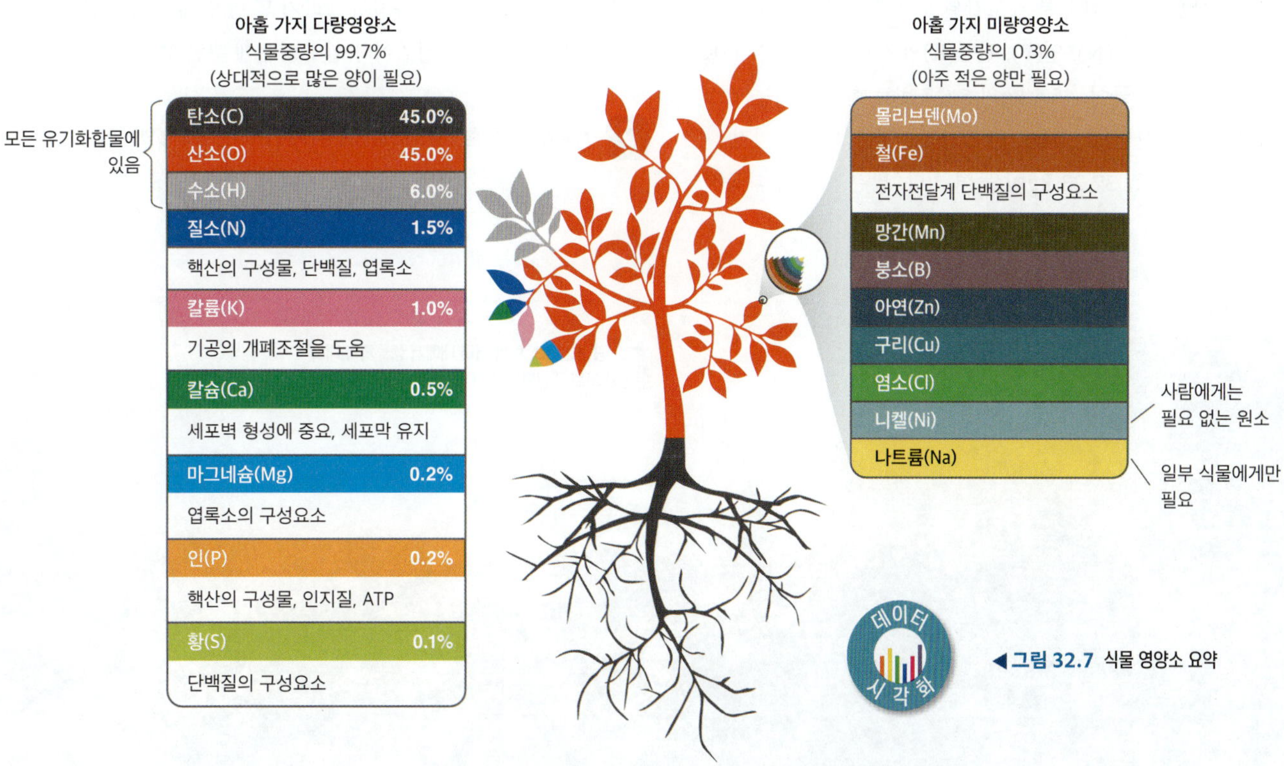

◀**그림 32.7** 식물 영양소 요약

32.8 비료는 영양소 결핍을 예방하는 데 도움이 될 수 있다

연결 토양의 질, 특히 영양분의 가용성은 식물의 건강에 영향을 미치며, 농작물의 경우 우리가 먹는 영양의 질에 영향을 미친다(실제로 우리가 먹는 것이 곧 우리다!). **그림 32.8A**는 건강한 옥수수 잎(위)과 다양한 영양소 결핍을 겪고 있는 식물의 잎 세 장을 보여준다. 이러한 무기질 부족은 식물의 생장을 저해할 수 있으며, 생장 저해 식물이 곡식을 생산할 경우 영양가가 낮을 가능성이 높다. 이런 식으로 식물의 영양 결핍은 가축이나 사람에게 전달될 수 있다.

영양 결핍의 증상은 종종 특징적이다. 따라서 많은 재배자들은 육안으로 진단할 수 있으며, 실험실에서 토양과 식물 샘플을 화학적으로 분석해 확인할 수 있다. 주립대학에서 운영하는 농업기술센터에서 이러한 서비스를 제공하는 경우가 많다.

질소 부족은 식물에서 가장 흔한 영양 문제다. 토양은 일반적으로 총 질소가 부족하지 않지만 식물이 사용할 수 있는 질소 화합물인 용존 질산염 이온(NO_3^-)과 암모늄 이온(NH_4^+)이 부족한 경우가 많다. 질소 결핍의 징후로는 생장 부진과 오래된 잎 끝부터 황록색 잎이 나타난다(그림 32.8A, 위쪽에서 두 번째 잎 참조). 식물에 일반적으로 결핍되는 다른 영양소로는 인과 칼륨이 있다.

영양 결핍이 진단되면 일반적으로 문제를 해결하는 것은 간단하다. **비료(fertilizer)**는 식물의 생장을 촉진하기 위해 토양을 통해 식물에 공급되는 화합물이다. 비료에는 무기질 비료와 유기질 비료의 두 가지 기본 유형이 있다. 무기질 비료(광물질 비료라고도 함)에는 자연적으로 발생하는 무기질 화합물(예: 채굴된 석회석 또는 인산염 암석) 또는 합성 무기질 화합물(예: 질산암모늄)이 포함될 수 있다. 무기질 비료는 다양한 제형으로 제공되지만 대부분은 고갈된 토양에서 가장 자주 부족한 세 가지 영양소인 질소(N), 인(P), 칼륨(K)의 상대적 양인 'N-P-K 비율'을 강조한다. 예를 들어, 45.4 kg의 5-6-7 비료 한 봉지에는 질소(보통 암모늄 또는 질산염) 2.27 kg, 인 2.72 kg, 칼륨(보통 무기질 칼륨) 3.18 kg과 충전물질 37.23 kg이 들어 있다. 많은 작물이 다목적 5-5-5 배합의 효과를 받지만, 일부 식물은 특별한 비료 배합에서만 잘 자란다.

▲ **그림 32.8A** 옥수수 잎에서 볼 수 있는 가장 흔한 무기질 결핍

유기 비료는 분해된 유기물 토양의 혼합물인 **퇴비(compost)**와 같이 생물학적으로 유래된 생성물로 구성된다. (유기 비료는 유기농 인증을 받았거나 받지 않았을 수 있으며, 이는 제품이 엄격한 지침을 충족한다는 것을 의미한다. 32.11절 참조) 많은 정원사는 독립형 퇴비 더미 또는 밀폐된 퇴비 통에 잎, 풀잎, 마당 쓰레기, 부엌 찌꺼기(고기, 지방, 뼈는 제외)를 추가한다. 시간이 지나면서 식물성 물질은 자연적으로 발생하는 미생물, 곰팡이류, 동물에 의해 분해된다(**그림 32.8B**). 가끔씩 뒤집어주고 물을 주면 퇴비화 과정이 빨라져 몇 달 안에 퇴비가 만들어진다. 그런 다음 퇴비를 야외 정원이나 실내 화분에 뿌릴 수 있다.

? 식물에서 가장 흔한 영양소 결핍은 무엇인가? 어떤 징후가 있는가?

■ 질소 결핍, 생장 부진과 잎 황변

▼ **그림 32.8B** 퇴비 더미 내에서 생물체의 대사 활동에 의해 생성되는 증기

32.9 비옥한 토양은 식물 생장을 돕는다

▲ **그림 32.9A** 풀 아래 보이는 3개의 토양층

기후와 함께 식물이 특정 장소에서 잘 자랄 수 있는지를 결정하는 주요 요인은 토양의 질이다. 비옥한 토양은 식물 뿌리가 충분한 양의 물과 용존 영양분을 흡수할 수 있는 조건을 제공해 식물이 풍성하게 생장할 수 있도록 지원한다.

그림 32.9A에 표시된 것과 같이 깊은 구멍이나 도로 절단면에서는 뚜렷한 토양층을 볼 수 있다. 절단면에서는 층(horizon)이라고 하는 3개의 뚜렷한 토양층(soil layer)을 볼 수 있다. **표토(topsoil)**, 즉 A층은 다양한 크기의 암석 입자, 살아 있는 유기체, 그리고 죽은 유기체, 대변, 낙엽 및 기타 유기물이 분해돼 부분적으로 부패한 유기물의 잔재물인 **부식질(humus)**이 혼합돼 있다. 표토는 광범위한 풍화(동결 및 건조 등)와 침식의 영향을 받는다. 표토의 암석 입자는 물과 무기 이온이 결합된 넓은 표면적을 제공하는 동시에 식물 뿌리로 확산될 수 있는 산소를 포함하는 공기 공간을 형성한다. 비옥한 표토에는 놀랍도록 다양한 종류와 수의 박테리아(찻숟가락당 약 50억 개), 조류 및 기타 원생생물, 곰팡이류가 서식하고 있다. 지렁이, 회충, 구멍을 파는 곤충과 같은 작은 동물도 있다. 이 생물들은 식물의 뿌리와 함께 토양을 느슨하게 하고 통기성을 높이며, 살아가고 죽으면서 토양에 유기물을 공급한다. 거의 모든 식물은 유기물을 뿌리가 흡수할 수 있는 무기 이온으로 분해하기 위해 토양에 있는 박테리아와 곰팡이류에 의존한다. 부식질은 영양분을 공급하는 것 외에도 물을 유지하는 동시에 식물 뿌리에 공기가 잘 통하도록 표토의 다공성을 유지하는 경향이 있다. 표토는 유기물이 풍부하기 때문에 식물 생장에 가장 중요한 역할을 한다. 식물 뿌리는 A층에서 자라 나와 보통 다음 층인 B층으로 뻗어 나간다.

토양의 B층에는 표토보다 훨씬 적은 수의 생물과 훨씬 적은 유기물이 포함돼 있으며 풍화 작용을 덜 받는다. 토양수에 용해된 미세한 점토 입자와 영양분은 표토에서 흘러내려 B층에 축적되는 경우가 많다. C층은 주로 부분적으로 부서진 암석으로 구성돼 있으며 토양 상층의 원료 물질 역할을 한다.

그림 32.9B는 뿌리털, 토양수, 표토 사이의 연관성을 보여준다. 뿌리털은 입자를 둘러싸고 있는 물과 직접 접촉하고 있다. 토양수는 용해된 무기 이온을 포함하는 용액이다. 토양 속 공기 공간에서 산소가 물로 확산된다. 뿌리는 이 토양수를 흡수한다.

양이온교환(cation exchange)은 뿌리털이 특정 양전하를 띤 이온(cation, 양이온)을 흡수하는 메커니즘이다. 칼슘(Ca^{2+}), 마그네슘(Mg^{2+}), 칼륨(K^+) 같은 무기 양이온은 음전하를 띤 토양 입자 표면에 전기적 인력으로 달라붙는다. 이러한 양전하를 띠는 양이온은 폭우나 관개 시 양전하를 띠는 영양분이 유실되는 것을 방지하는 데 도움이 된다. 양이온교환(**그림 32.9C**)에서 뿌리털은 수소 이온(H^+)을 토양 용액으로 방출한다. 수소 이온은 토양 입자 표면의 양이온을 대체하고, 뿌리털은 이를 흡수할 수 있다.

질산염(NO_3^-)과 같은 음이온(anion)은 양이온과 달리 일반적으로 토양 입자에 단단히 결합하지 않는다. 결합되지 않은 이온은 식물이 쉽게 이용할 수 있지만 토양에서 빠르게 배출되는 경향이 있다.

암석이 분해되고 유기물이 축적돼 토양이 비옥해지는 데는 수 세기가 걸릴 수 있다. 토양 비옥도의 손실은 가장 시급한 환경 문제다.

? 뿌리는 어떻게 양이온인 무기질 영양소의 가용성을 적극적으로 증가시키는가?

■ 토양 입자에서 양이온을 대체하는 수소 이온을 분비함으로써

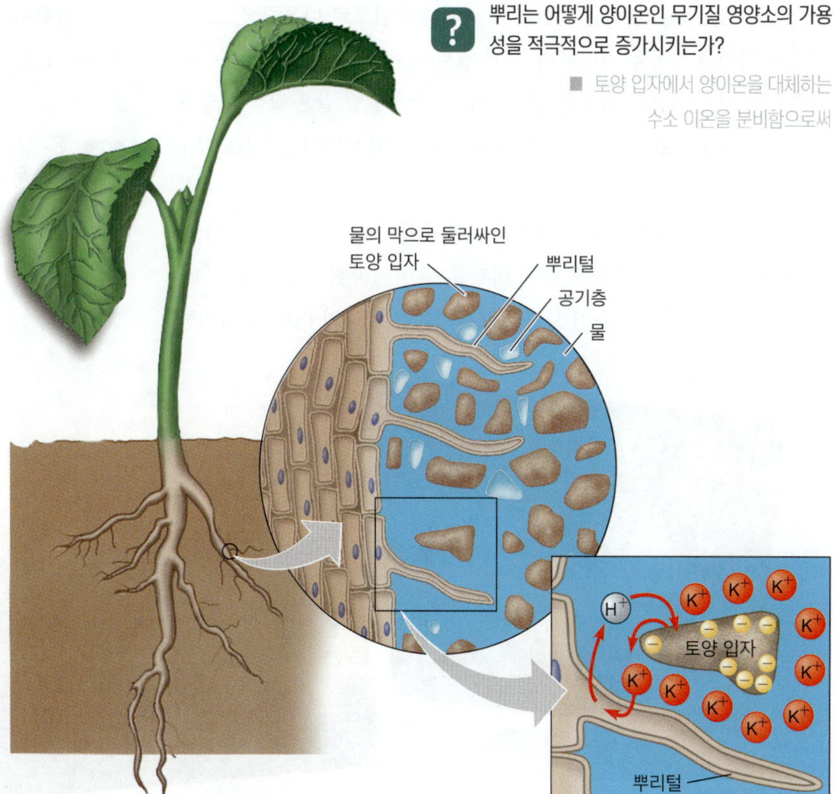

▲ **그림 32.9B** 토양 속 뿌리털을 확대한 그림

▲ **그림 32.9C** 양이온교환

32.10 토양 보존은 인류의 생존에 필수적이다

연결 인류의 생존은 토양에 달려 있다. 그러나 이 중요한 자원은 전 세계적으로 위협받고 있다. 인구가 계속 증가하고 더 많은 토지가 경작됨에 따라 토양 비옥도를 보존하는 농업 관행은 우리의 생존에 필수적인 요소가 되고 있다. 토양 보존의 세 가지 중요한 목표는 적절한 관개, 침식 방지, 신중한 비료 시비이다.

관개는 사막을 정원으로 바꿀 수 있지만, 건조한 지역에서 농사를 짓는 것은 수자원을 크게 낭비하는 일이다. 전 세계적으로 담수 사용량의 약 75%가 농작물 관개에 사용되고 있다. 부적절한 관개는 매우 낭비적일 수 있으며, 지하수의 과도한 추출은 다양한 환경 문제를 일으킬 수 있다(**그림 32.10A**). 낭비적으로 밭에 물을 뿌리는 대신, 현대의 관개는 종종 식물 뿌리 근처의 토양으로 물을 천천히 떨어뜨리는 천공관을 사용한다. 이 분사 관개는 물을 덜 사용하고 식물이 물을 효율적으로 흡수할 수 있으며 증발과 배수로 인한 물의 손실을 줄인다.

토양이 날아가거나 씻겨 내려가는 침식은 바람이나 하천에 의해 영양분이 운반되기 때문에 토양 황폐화의 주요 원인이다. 1930년대 수십 년에 걸친 부적절한 농업 기술과 수년간의 가뭄 끝에 미국 대평원은 엄청난 양의 표토를 휩쓸어가는 파괴적인 먼지 폭풍을 겪었다(**그림 32.10B**). 그 결과 경제적·인적 측면에서 막대한 피해를 입힌 이 재앙은 존 스타인벡의 소설《분노의 포도(*The Grapes of Wrath*)》에서 불멸의 명작으로 남을 만큼 미국을 재건했다.

오늘날 농부들은 침식을 제한하기 위해 방풍림으로 나무를 심고, 경사진 언덕에 농작물을 재배하며, 물과 표토의 유출을 늦추는 데 도움이 되는 등고선 방식으로 작물을 경작한다. 알팔파나 밀 같은 작물은 일반적으로 더 넓은 간격으로 심는 옥수수나 다른 작물보다 좋은 지표 덮개를 제공하고 토양을 더 잘 보호한다.

선사시대 농부들은 동물이 배변한 곳에서 풀이 더 빨리 자라고 더 푸르게 자라는 것을 발견한 후 밭에 비료를 주기 시작했을 것이다. 분뇨, 어분, 퇴비는 분해되는 유기 물질을 포함하는 일반적인 비료다. 이러한 물질의 영양분을 식물이 이용하기 위해서는 박테리아와 곰팡이류가 유기물을 뿌리가 흡수할 수 있는 무기 영양분으로 분해해야 한다. 오늘날 선진국에서는 대부분의 농부들이 채굴하거나 산업 공정으로 제조한 무기질이 포함된 상업적으로 생산된 무기질 비료를 사용한다. 이러한 비료에는 보통 농장과 정원 토양에 가장 일반적으로 결핍된 다량영양소인 질소, 인, 칼륨이 풍부하게 함유돼 있다.

식물이 토양에서 추출하는 무기질 영양소는 자연에서 추출한 것이든 화학공장에서 만든 것이든 형태는 동일하다. 차이점은 자연 유래 비료는 영양분을 서서히 방출하는 반면, 무기질 상업용 비료의 영양분은 즉시 사용할 수 있다는 것이다. 하지만 무기질 비료의 영양분은 물에 녹기 때문에 토양에 오래 머무르지 못하는 단점이 있다. 밭이 무기질 비료로 과잉 시비돼 식물이 과잉 영양분을 흡수하지 못할 때 문제가 발생한다. 과도한 영양분은 종종 빗물이나 관개에 의해 토양에서 흘러 나온다. 호수로 영양분이 유출되면 조류의 수가 갑자기 증가해 산소가 고갈돼 물고기와 다른 동물이 죽게 될 수 있다(**그림 32.10C**, 37.22절 참조).

농업 연구자들은 값비싼 비료 사용을 줄이면서 농작물 수확량을 유지할 수 있는 방법을 개발하고 있다. 한 가지 접근 방식은 영양 결핍이 임박했지만 손상이 발생하기 전에 재배자에게 알려주는 '스마트' 식물을 유전공학적으로 설계하는 것이다. 그러한 식물 중 하나는 식물 조직의 인 함량이 감소할 때 잎 세포가 푸른 색소를 생성하도록 하는 유전자를 포함한다. 이 똑똑한 식물의 잎이 푸른 색조를 띠면 농부는 인을 함유한 비료를 추가해야 할 때라는 것을 알 수 있다.

? 유기물을 함유한 비료가 일반적으로 무기질 비료보다 수자원을 덜 오염시키는 이유는 무엇인가?

■ 유기물이 함유된 비료는 분해되면서 무기질 영양분을 서서히 방출하기 때문에 영양분이 지하수로 흘러 나가거나 하천이나 호수로 흘러갈 가능성이 적다.

▲ **그림 32.10A** 관개용 지하수 과다 사용으로 인한 싱크홀 발생

▲ **그림 32.10B** 1930년대 미국 대평원의 먼지 폭풍

▲ **그림 32.10C** 인근 육지에서 사용한 과도한 비료가 포함된 유출수는 갑작스러운 조류의 번식을 일으켜서 호수의 산소를 고갈시켜 다른 생명체를 죽일 수 있다.

32.11 유기농법은 건강 증진을 위한 원칙을 따른다

과학적 사고

유기농법(organic farming)은 자연적인 방법(윤작, 흙을 덮어주는 작물 심기, 유기물로 토양 개량, 합성 비료 사용을 거의 또는 전혀 하지 않음)을 통해 토양의 질을 유지하고, 합성 농약에 주로 의존하지 않고 해충의 포식자에게 서식지를 제공하며, 유전자변형생물을 피함으로써 생물 다양성을 증진하는 농법이다. 미국 농무부(USDA)에서 승인한 기관이 매년 실시하는 검사는 적절한 관행, 정확한 기록 보관, 유기농 농장과 인접한 재래식 농장 사이의 완충 지대를 보장한다(이는 유기농 밭과 재래식 밭의 식물 간 교차 수정을 방지하는 데 도움이 된다). 유기농업의 주요 목표는 토양, 물 또는 유전적 다양성을 고갈시키지 않고 환경적으로 안전하며 수년 동안 동일한 방식으로 실천할 수 있는 농법을 수용하는 시스템인 **지속가능한 농업(sustainable agriculture)**을 달성하는 것이다.

유기농 농작물이 기존 농작물보다 영양가가 더 높을까?

많은 유기농 농부들의 궁극적인 목표는 토양에서 뽑아낸 만큼을 토양에 복원해 풍요롭고 자생력 있는 밭을 만드는 것이다. 많은 사람들이 환경을 보호하고 더 자연적으로 생산된 식품에 대한 수요 증가에 부응하기 위해 유기농업을 선택했다. 환경과 식품에 사용되는 합성 화학물질이 적고 농장 노동자와 야생동물이 잠재적인 독소에 노출될 위험이 적다는 점 등 유기농업의 이점은 분명하다.

그러나 유기농 표시가 건강상의 이점을 보장하는 것은 아니다. 유기농으로 재배한 식품이 관행적으로 재배한 식품보다 영양소 구성이 더 높은지에 대한 과학적 합의는 아직 없다. 예를 들어, 2001년 미국의 한 연구에 따르면 유기농 과일에는 일반 과일보다 비타민C가 27% 더 많이 함유돼 있다고 한다. 그러나 2009년 이탈리아의 한 연구에서는 유기농으로 재배한 토마토가 일반 토마토보다 비타민C가 더 적다는 사실을 발견했다. 과학계와 일반 소비자는 모순적으로 보이는 데이터에 직면했을 때 어떻게 결론을 내릴 수 있을까? 결과가 서로 다른 수많은 독립적인 연구에 직면했을 때 과학자들은 메타분석(meta-analysis, 여러 연구의 결과를 하나의 통계 분석으로 결합하는 연구, 즉 연구 결과에 대한 연구)을 수행해 가설을 검증할 수 있다.

2011년 호주 과학자들은 유기농 재배법과 일반 재배법으로 생산된 식품의 미량영양소 구성에 초점을 맞춘 메타분석을 발표했다. 이 메타분석에서는 1980년부터 2007년 사이에 수행된 연구를 대상으로 대조군(즉, 비교 대상 식품이 같은 계절에 재배 및 수확돼 비슷한 수준의 신선도에서 분석된 식품)이 적절히 포함됐는지 여부를 선별했다. 27년 동안 수행된 1,440건의 미량영양소 비교 중 908건(22가지 미량영양소 포함)이 적절한 대조군을 사용한 것으로 밝혀졌다. 연구진은 이러한 연구에서 수집한 데이터(**표 32.11**)를 바탕으로 대다수의 연구(51%)에서 유기농 농산물의 영양소 함량이 더 높다는 결론을 내렸다. 그러나 유기농 농산물에 대한 긍정적인 결과는 미미했다.

영양학자들은 농산물을 수확, 취급 및 포장하는 방법과 같은 추가적인 요인이 재배 방법만큼이나 식품의 영양소 함량에 큰 영향을 미칠 수 있다고 경고한다. 그리고 과일과 채소는 재배 방법에 관계없이 건강한 식단의 중요한 부분이라는 사실을 결코 잊어서는 안 된다.

? 메타분석이란 무엇인가? 메타분석에는 독창적인 연구가 포함되는가?

■ 메타분석은 다른 여러 연구의 결과를 종합해 분석하는 연구다. 새로운 연구가 포함되지 않는다.

표 32.11 각 결과를 보고한 연구의 비율

미량영양소	유기농 농산물에서 현저히 높음	비유기농 농산물에서 현저히 높음	큰 차이 없음
모든 무기질	51	39	10
모든 비타민	50	45	5
모든 영양소	51	40	9

자료: D. Hunter et al., Evaluation of the micronutrient composition of plant foods produced by organic and conventional agricultural methods, *Critical Reviews in Food Science and Nutrition* 51: 571-82 (2011).

32.12 유전공학은 농작물의 수확량과 영양가를 높일 수 있다

연결

전 세계 어딘가에서는 약 2초마다 한 명이 기아로 사망한다. 이 사망률은 정말 엄청난 수치다. 식물 생명공학(biotechnology)을 옹호하는 사람들은 유전공학이 세계 기아의 비극을 극복할 수 있는 열쇠라고 믿는다. 식량 생산을 가장 제한하는 자원은 농사에 적합한 토지의 가용성이다. 인구 규모는 꾸준히 증가하는 반면 농지는 점점 줄어들고 있다. 따라서 농작물 수확량 증대는 식물 생명공학의 주요 목표다.

농부들이 유전자변형생물체를 농작물로 상업적으로 채택하는 것은 농업에서 가장 빠르게 발전한 분야다. 가장 흔한 유전자변형 작물은 아마도 박테리아(*Bacillus thuringiensis*)의 유전자를 포함하는 형질전환된(transgenic) 품종의 면화와 옥수수일 것이다. 이 형질전환 유전자는 여러 가지 심각한 해충을 효과적으로 방제하는 박테리아 단백질(BT 독소)을 암호화한다. 이러한 식물 품종을 사용하면 농작물에 화학 살충제를 살포할 필요성을 크게 줄일 수 있다. BT 독소는 사람에게 무해하지만, 부분적으로는 이로운 곤충에 미치는 영향에 대한 우려로 인해 그 사용에 대해 논란이 있다.

특정 제초제에 내성이 있는 면화, 옥수수, 대두, 사탕무, 밀의 형질전환 품종 개발에도 상당한 진전이 있었다. 이러한 식물을 재배하면 생산

▲ 그림 32.12 인도 연구자 스와판 다타가 형질전환 벼를 연구하고 있다.

비용을 줄일 수 있으며 농부들은 형질전환 식물을 손상시키지 않는 제초제로 잡초를 제거할 수 있다. 이는 토양 침식을 유발할 수 있는 경작을 줄일 수 있다. 연구자들은 또한 질병에 대한 저항력이 강화된 식물을 설계하고 있다. 예를 들어, 널리 사용되는 여름 호박 품종은 세 가지 식물 바이러스에 대한 저항성을 유전자의 변형을 통해 가짐으로써 이러한 병원균이 만연한 지역에서도 재배될 수 있다.

농작물의 영양 품질을 개선하는 데도 유전공학이 사용되고 있다. 비타민A의 합성을 증가시키는 몇 가지 외래 유전자를 가진 형질전환 품종인 황금쌀(golden rice)은 현재 개발 및 평가 중에 있다(**그림 32.12**, 12.8절도 참조). 유전공학은 단백질이 풍부한 옥수수, 밀, 쌀의 새로운 품종을 만들어냈다. 단백질 결핍은 전 세계적으로 가장 흔한 형태의 영양실조이기 때문에 이러한 변형 농작물은 특히 중요할 수 있다. 그러나 이러한 '슈퍼' 품종의 식물 중 상당수는 질소에 대한 수요가 높으며, 일반적으로 값비싼 상업용 비료의 형태로 공급된다. 따라서 고단백 농작물을 가장 필요로 하는 국가는 일반적으로 고단백 농작물을 재배할 여력이 가장 적은 국가다.

형질전환 작물이 환경과 사람 건강에 미칠 수 있는 잠재적 영향에 대한 논쟁이 계속되고 있다(12.9절 참조). 물론 형질전환 작물 개발에 대한 결정은 반사적 공포나 맹목적인 낙관론이 아닌 건전한 과학에 근거해야 한다.

? 농작물의 단백질 함량에 대한 연구가 전 세계적으로 인류 건강에 중요한 이유는 무엇인가?

■ 가장 흔한 형태의 영양실조는 단백질 결핍이며, 식물은 전 세계 대부분의 사람들에게 가장 중요한 단백질 공급원이기 때문이다.

식물의 영양과 공생

32.13 대부분의 식물은 질소 공급을 위해 박테리아에 의존한다

질소 결핍은 식물에서 가장 흔한 영양 문제다. 기체 질소(N_2)는 공기의 80%를 차지하지만 식물은 이 형태의 질소를 사용할 수 없다. 식물이 사용하려면 N_2를 암모늄(NH_4^+) 또는 질산염(NO_3^-)으로 전환해야 한다.

토양 내에서 박테리아는 대기 중의 N_2 또는 유기물에서 암모늄과 질산염의 생산을 촉진한다. **그림 32.13**에서 볼 수 있듯이, 질소고정 박테리아(nitrogen fixing bacteria)라고 불리는 특정 토양 박테리아는 대기 중의 N_2를 암모니아(NH_3)로 변환하는데, 이는 **질소고정(nitrogen fixation)**이라고 하는 물질대사 과정이다. 토양에서 암모니아는 H^+를 흡수해 암모늄 이온(NH_4^+)을 형성한다. 두 번째 박테리아 그룹인 암모늄화 박테리아(ammonifying bacteria)는 유기물을 분해해 토양의 암모늄 공급에 추가한다.

식물 뿌리는 질소를 암모늄으로 흡수할 수 있다. 그러나 식물은 주로 질산염(NO_3^-)의 형태로 질소를 얻는다. 암석이 풍화되면 질산염이 토양으로 일부 방출된다. 그러나 더 많은 것은 질산화 박테리아(nitrifying bacteria)라고 하는 세 번째 토양 박테리아 그룹에 의해 토양의 암모늄이 만들어진다. 질산염이 뿌리에 흡수되면 식물 세포 내의 효소가 질산염을 다시 암모늄으로 전환한 다음 아미노산으로 통합한다.

이 세 가지 유형의 박테리아가 없다면 농작물은 충분한 질소를 얻을 수 없다. 사실 이런 박테리아들의 상호관계는 모든 산업 비료를 합친 것보다 더 많은 가용 질소를 식물에 제공한다. 식물이 토양에서 질소를 얻는 수단은 **에너지와 물질**의 변환이 모든 생태계의 근간을 이루는 좋은 예시다.

? 박테리아를 죽이는 화합물을 식물 주변 토양에 처리하면 어떤 위험이 있는가?

■ 이 화합물은 식물에 질소를 공급하는 토양 박테리아를 죽여 질소 결핍을 일으킬 수 있다.

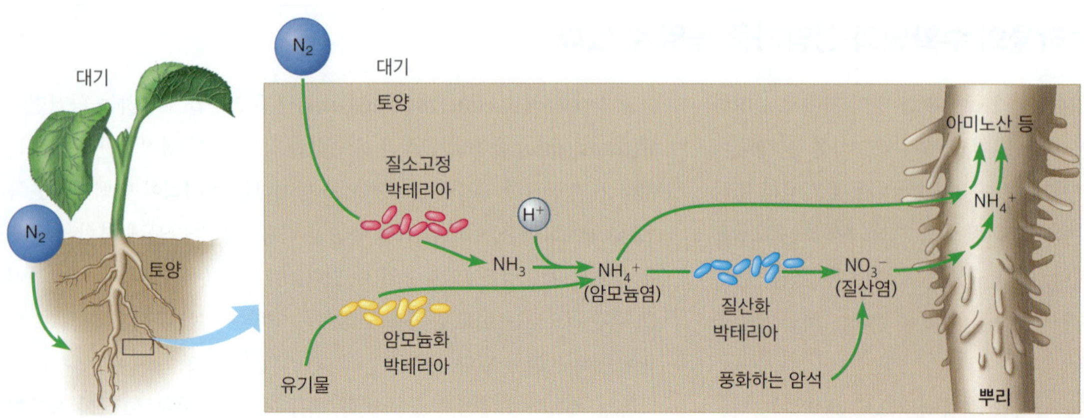

▲ 그림 32.13 식물에 질소를 공급하는 박테리아의 역할

시도해 보기 식물에 질소를 공급하는 데 관여하는 박테리아의 세 가지 유형 각각에 이름을 붙이고 그 작용을 설명하시오.

32.14 식물과 다른 종류의 유기체 사이에 상호 유익한 관계가 진화했다

진화 연관성 부족할 수 있는 영양분은 토양에 의존하기 때문에 식물의 뿌리는 흡수할 수 있는 넓은 표면적을 가져야 한다. 앞서 살펴본 바와 같이 뿌리털은 식물 뿌리의 표면적을 크게 증가시킨다. 살아 있는 식물 종의 약 80%는 진균류(곰팡이류)와 협력해 더 많은 흡수 표면을 얻는다.

그림 32.14A의 그림은 나무 뿌리의 일부가 균사로 뒤틀린 매트(mat)로 덮여 있는 것을 보여준다. 뿌리와 곰팡이는 함께 **뿌리곰팡이(mycorrhiza**, 균근)라고 하는 상호 유익한 상리공생 관계를 형성한다. 곰팡이는 숙주식물에서 공급하는 당을 꾸준히 공급받는다. 그 대가로 곰팡이는 물을 흡수할 수 있는 표면적을 늘리고 토양에서 인과 다른 무기물을 선택적으로 흡수해 식물에 공급한다. 또한 뿌리곰팡이는 뿌리가 자라고 가지를 뻗도록 자극하는 생장인자와 토양 속 병원균으로부터 식물을 보호하는 항생제를 분비하기도 한다.

뿌리와 곰팡이 사이의 공생 관계의 진화는 식물이 땅에서 성공적으로 군락을 형성(colonization)하는 데 중요한 단계였다. 이에 대한 증거는 일부 초기 식물의 화석화된 뿌리에서 발견되는데, 이 뿌리에는 이미 뿌리곰팡이가 포함돼 있었음을 보여준다. 육상 생태계가 젊었을 때는 토양에 영양분이 그다지 풍부하지 않았을 것이다. 식물의 뿌리보다 무기물 흡수에 더 효율적인 뿌리곰팡이가 개척 식물에 영양을 공급하는 데 도움이 됐을 것이다. 오늘날에도 버려진 농지나 침식된 산비탈과 같이 영양분이 부족한 토양에 처음 정착한 식물로는 대개 뿌리곰팡이가 많이 군락을 이루고 있다.

그러나 뿌리는 적절한 균류에 노출된 경우에만 뿌리곰팡이로 변형될 수 있다. 예를 들어, 한 환경에서 씨앗을 채취해 외부 토양에 심으면 식물의 자연적인 뿌리곰팡이 파트너가 없기 때문에 식물에 영양실조의 징후가 나타날 수 있다. 농부들은 적절한 균류의 포자를 종자에 접종함으로써 이 문제를 피할 수 있다.

식물은 곰팡이류 외에 다른 생물체와도 공생 관계를 형성한다. 일부 식물 종은 질소고정 박테리아와 긴밀한 관계를 유지한다. 예를 들어, 완두콩, 콩, 땅콩, 알팔파 등 콩과 식물 뿌리에는 그림 32.14B 오른쪽에 보이는 것과 같이 혹(nodule)이라고 불리는 부풀어 오른 부위가 있다.

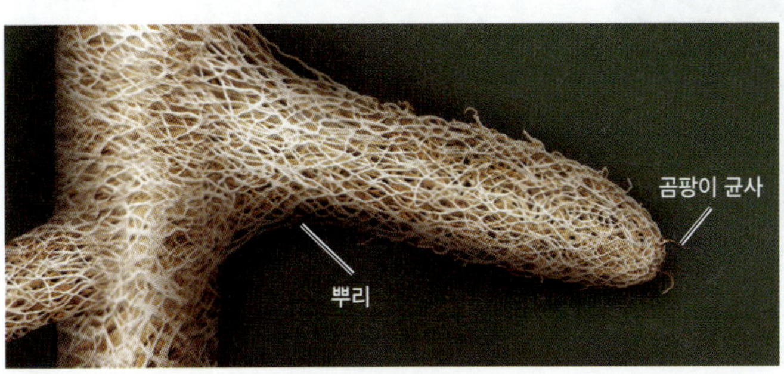

▲ 그림 32.14A 나무 뿌리 균근의 일부

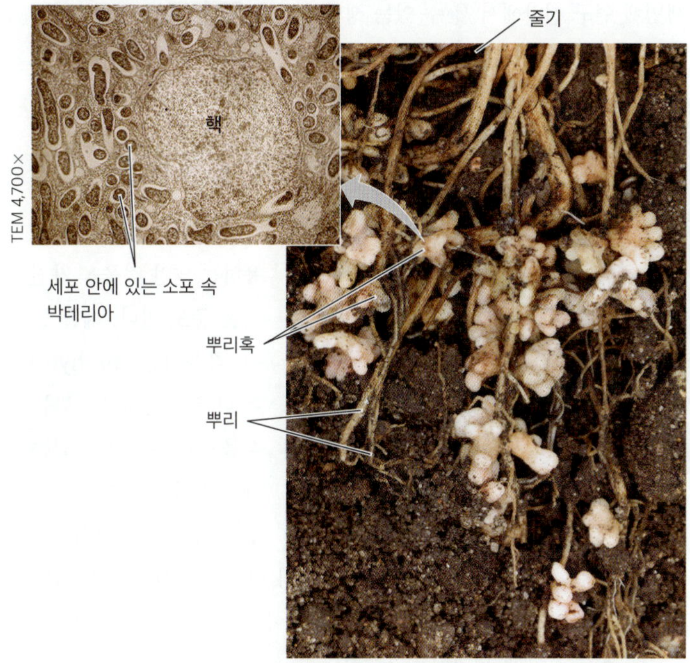

▲ 그림 32.14B 완두콩 식물의 뿌리혹

이 혹 안에는 식물 세포가 뿌리혹 박테리아(*Rhizobium*, '뿌리에서 생활한다'는 의미) 속의 질소고정 박테리아에 감염돼 있다. 뿌리혹 박테리아는 뿌리 세포(그림 왼쪽의 현미경 사진에서 볼 수 있음)에 의해 형성된 소포(vesicle)에 존재한다. 각 콩과 식물은 특정 뿌리혹 박테리아 균주와 관련이 있다. 다른 질소고정 박테리아는 오리나무와 같이 콩과 식물이 아닌 특정 식물의 뿌리혹에서 발견된다.

식물과 질소고정 박테리아의 관계는 상호 공생 관계다("당신이 내 등을 긁으면 나도 당신의 등을 긁어줄게요."). 식물은 박테리아에게 탄수화물과 기타 유기화합물을 제공한다. 박테리아는 대기 중의 N_2를 식물이 쉽게 사용할 수 있는 형태인 암모늄 이온(NH_4^+)으로 전환하는 촉매 역할을 하는 효소를 가지고 있다. 조건이 좋으면 뿌리혹 박테리아는 질소를 너무 많이 고정시켜 혹이 NH_4^+을 과잉 분비해 토양의 비옥도를 높인다. 이것이 농부들이 한 해에는 옥수수와 같은 비콩과 식물을 심고 다음 해에는 알팔파와 같은 콩과 식물을 심는 윤작(crop rotation)을 실천하는 이유 중 하나다. 콩과 작물을 갈아엎어 '녹색퇴비(green manure)'로 분해시켜 비료의 필요성을 줄일 수 있다.

이 장 마지막 절에서는 식물의 특이한 영양 적응에 대해 알아본다.

? 뿌리혹의 질소고정 박테리아는 식물과의 공생 관계에서 어떤 이점을 얻을 수 있는가?

■ 박테리아는 식물에서 생산된 유기 영양분을 공급받는다.

32.15 식물계에는 착생식물, 기생생물, 식충식물이 있다

생명체 연구 전반에서 볼 수 있는 생명체 간의 **상호작용**이라는 주제는 식물계에서 잘 드러난다. 앞서 설명한 것처럼, 거의 모든 식물 종은 토양 곰팡이류나 박테리아 또는 둘 다와 공생 관계를 맺고 있다. 드물기는 하지만 다른 유기체를 이용하는 영양 적응을 가진 식물 종도 있다. 예를 들어, 착생식물(epiphyte)은 다른 식물에서 자라는 식물로, 보통 살아 있는 나무의 가지나 줄기에 고정돼 자란다. 착생식물의 예로는 박쥐난속(staghorn fern) 고사리와 여러 종류의 난초가 있다(**그림 32.15A**). 착생식물은 자체적으로 먹이를 생산하고 비로부터 물과 무기질을 흡수한다.

▲ **그림 32.15A** 코스타리카의 국화인 착생식물 카틀레야 난(*Cattleya skinneri*)

착생식물과 달리 기생식물(parasite)은 살아 있는 숙주로부터 물, 당분, 무기질을 흡수한다. 많은 종이 숙주 식물에 뿌리를 내리고 있다. **그림 32.15B**는 실새삼(dodder)이라는 기생식물을 보여준다(녹색 식물에 감겨 있는 노란주황색 실). 실새삼은 광합성을 할 수 없으며, 숙주의 혈관 조직에 닿는 뿌리를 사용해 다른 식물 종으로부터 유기 분자를 얻는다.

▲ **그림 32.15B** 피클위드(pickle weed)에서 자라는 실새삼(*Cuscuta salina*)

그림 32.15C는 크리스마스 시즌에 전통적으로 문 위에 붙이는 식물인 겨우살이(mistletoe)에 기생하는 참나무의 일부를 보여준다. 여기에 보이는 잎은 모두 겨우살이이며, 참나무는 겨울 동안 잎을 잃었다. 겨우살이는 광합성을 하지만 숙주 나무의 관다발에서 물관액을 빨아들여 영양분을 보충한다.

▲ **그림 32.15C** 참나무에서 자라는 겨우살이

몇몇 식물은 식충식물(carnivore)이다. 이들은 질소와 기타 영양분이 부족한 산성 습지나 기타 서식지에서 자란다. 이러한 산성 토양에서는 유기물이 매우 느리게 분해돼 식물 뿌리가 흡수할 수 있는 무기질소가 거의 없다. 식충식물은 곤충과 다른 작은 동물을 죽이고 소화시킴으로써 대부분의 질소와 일부 무기질 영양소를 얻는다.

▲ **그림 32.15D** 파리를 가두는 끈끈이주걱 식물(*Drosera intermedia*)

▲ **그림 32.15E** 파리를 잡는 파리지옥(*Dionaea muscipula*)

끈끈이주걱(sundew) 식물은 변형된 잎을 가지고 있으며, 각 잎에는 촉수 모양의 털이 많이 나 있다(**그림 32.15D**). 털 끝에 있는 끈적끈적한 당이 곤충을 유인해 포획한다. 곤충이 있으면 털이 구부러지고 잎이 먹이를 감싸게 된다. 그러면 털은 소화효소를 분비하고 식물은 곤충이 소화될 때 방출되는 영양분을 흡수한다.

파리지옥(Venus flytrap, 비너스파리잡이, **그림 32.15E**)은 작은 곤충, 주로 개미와 메뚜기 주위에서 빠르게 닫히는 덫(trap)으로 작용하는 잎이 있다. 곤충이 이 잎 안쪽을 걷다가 감각 털에 닿으면 덫이 닫힌다. 그러면 잎은 소화효소를 분비하고 먹이에서 영양분을 흡수한다.

곤충을 질소 공급원으로 사용하는 것은 식충식물이 대부분의 다른 식물이 살 수 없는 토양에서 번성할 수 있도록 하는 영양 적응이다. 다행히도 동물에게는 이러한 포식자-먹이 반전이 드물게 일어난다!

? 착생식물과 기생식물의 차이점은 무엇인가?

■ 착생식물은 다른 식물에서 자라지만 영양분을 흡수하지 않고, 기생식물은 숙주로부터 수분과 영양분을 흡수한다.

CHAPTER 32 복습

개념 복습하기

식물 영양의 흡수와 이동(32.1~32.6)

32.1 식물은 공기, 물, 토양에서 영양분을 얻는다. 식물이 자라면서 뿌리는 토양에서 물, 무기질(무기 이온), 일부 O_2를 흡수한다. 잎은 공기 중 이산화탄소를 흡수한다.

32.2 뿌리 세포의 원형질막은 용질의 흡수를 조절한다. 뿌리털은 뿌리의 흡수 표면적을 크게 증가시킨다. 물과 용질은 세포를 통과하거나 세포 사이를 통과해 뿌리의 표피와 피층으로 이동할 수 있다. 그러나 모든 물과 용질이 상부로 이동하기 위해서는 내피에 있는 세포의 선택적 투과성을 가진 원형질막을 통과해야만 물관(물이동세포)으로 들어갈 수 있다.

32.3 증산은 물관을 통해 물을 끌어올린다. 물과 용해된 무기 영양분으로 구성된 물관액이 가장 높은 나무의 꼭대기까지 이동하는 데에는 물의 부착력, 응집, 증발 등의 물리적 힘이 관여한다.

32.4 공변세포는 증산을 제어한다. 공변세포는 모양을 변화해 낮에는 기공을 열어두고(증산 허용), 밤에는 기공을 닫아 과도한 수분 손실을 방지한다(과도한 수분 손실 방지).

32.5 체관은 당을 운반한다. 체관은 광합성으로 만들어진 당을 운반한다. 당 공급원에서 당이 체관에 적하되면 물이 뒤따르면서 관의 압력이 높아진다. 당 수용원에서 당이 제거되면 물이 뒤따른다. 당 공급원의 압력 증가와 당 수용원의 압력 감소로 인해 체관액이 당 공급원에서 당 수용원으로 흐르게 된다.

32.6 사람은 식물의 수송 구조를 활용한다. 많은 유용한 생성물이 식물 내에서 운반되면서 수확된다.

식물의 영양과 토양(32.7~32.12)

32.7 식물의 건강은 모든 필수영양소를 흡수하는 데 달려 있다. 식물은 주변 환경으로부터 필요한 화학원소(무기 영양소)를 얻어야 한다. 탄소와 질소 같은 다량영양소는 주로 유기 분자를 만드는 데 많은 양이 필요하다. 철분과 아연을 포함한 많은 미량영양소는 효소의 보조인자로 작용한다.

32.8 비료는 영양소 결핍을 예방하는 데 도움이 될 수 있다. 영양 결핍은 종종 적절한 비료를 사용해 해결할 수 있다.

32.9 비옥한 토양은 식물 생장을 돕는다. 비옥한 토양은 작은 암석과 점토 입자가 섞여 있어 물과 이온을 보유하고 O_2가 식물 뿌리로 퍼질 수 있도록 한다. 부식질은 영양분을 공급하고 토양 비옥도를 높임으로써 유기체의 생장을 지원한다. 질산염(NO_3^-) 같은 음이온은 토양 입자에 결합하지 않기 때문에 식물이 쉽게 이용할 수 있다. 그러나 음이온은 토양에서 빠르게 떨어지는 경향이 있다. 양이온은 토양 입자에 달라붙는다. 양이온교환에서 뿌리털은 H^+를 방출해 토양 입자에서 양이온을 대체시키고, 뿌리털은 유리 양이온을 흡수한다.

32.10 토양 보존은 인류의 생존에 필수적이다. 물을 절약하는 관개, 침식 제어, 제초제와 비료의 신중한 사용은 좋은 토양 관리의 한 측면이다.

32.11 유기농법은 건강 증진을 위한 원칙을 따른다. 유기농 인증을 받으려면 일련의 엄격한 지침에 따라 식품을 재배하고 가공해야 한다. 유기농으로 재배한 농작물이 더 많은 영양소를 함유하고 있는지에 대한 질문은 많은 연구의 주제다. 이러한 경우 메타분석을 사용해 여러 조사의 데이터를 결합할 수 있다.

32.12 유전공학은 농작물의 수확량과 영양가를 높일 수 있다. 연구자들은 DNA 기술을 통해 수확량과 영양가가 향상된 신품종 농작물을 개발하고 있다.

식물의 영양과 공생(32.13~32.15)

32.13 대부분의 식물은 질소 공급을 위해 박테리아에 의존한다. 다른 생물체와의 관계는 식물이 영양분을 얻는 데 도움이 된다. 토양의 박테리아는 대기 중의 N_2를 식물이 사용할 수 있는 형태로 변환시킨다.

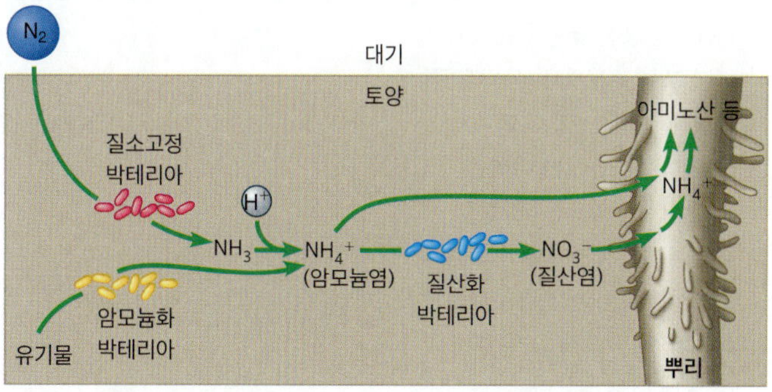

32.14 식물과 다른 종류의 유기체 사이에 상호 유익한 관계가 진화했다. 많은 식물은 뿌리와 곰팡이 사이의 상호 유익한 관계인 뿌리곰팡이를 형성한다. 곰팡이 실(균사)의 네트워크는 식물의 영양분과 수분 흡수를 증가시키고, 곰팡이는 식물로부터 일부 영양분을 공급받는다. 콩과 식물과 다른 특정 식물은 뿌리에 질소고정 박테리아가 서식하는 뿌리혹이 있다.

32.15 식물계에는 착생식물, 기생생물, 식충식물이 있다. 착생식물은 다른 식물에서 자라는 식물을 말한다. 기생식물은 숙주식물에서 영양분을 빨아들인다. 식충식물은 곤충을 소화해 질소를 얻는다.

개념 연결하기

1. 이 개념도의 빈칸을 채워 식물의 수송과 관련된 주요 개념을 정리해 보자.

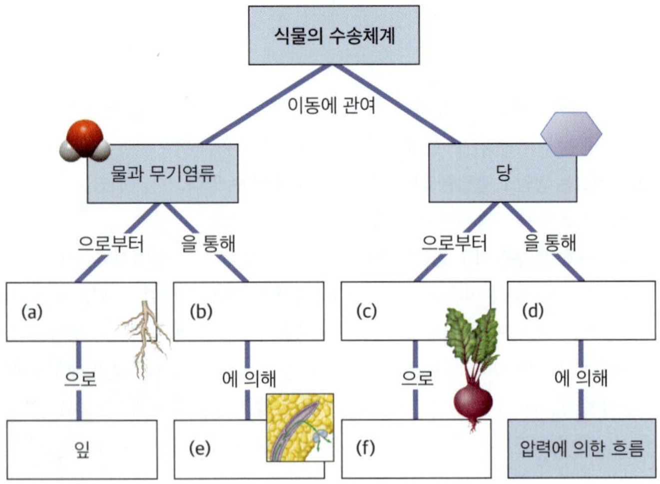

학습 평가하기

1단계: 지식과 이해력 평가

2. 다음 영양소 중 식물에 가장 적게 필요한 것은?
   a. 산소
   b. 인
   c. 탄소
   d. 철분
3. 다음 중 식물에 사용할 수 있는 질소 공급을 만드는 데 기여하지 않는 토양 박테리아의 활동은?
   a. 대기 중의 질소고정
   b. 암모늄 이온을 질산염 이온으로 전환하는 과정
   c. 죽은 동물의 분해
   d. 아미노산이 단백질로 조합되는 과정
4. 식충식물은 곤충을 잡음으로써 ______하는 데 필요한 ______을/를 얻는다. (가장 옳은 답을 고를 것)
   a. 건조한 토양에서 사는 데, 물
   b. 당을 만드는 데, 질소
   c. 단백질을 만드는 데, 인
   d. 단백질을 만드는 데, 질소
5. 천연 재료에서 추출한 비료를 사용할 때의 장점은?
   a. 합성비료와는 다른 무기질을 가진다.
   b. 토양에 더 오래 유지된다.
   c. 물에 더 잘 녹는다.
   d. 더 농축돼 있다.

2단계: 응용과 분석력 평가

6. 덥고 건조한 날에 공변세포가 식물의 수분 손실을 제한하는 방법을 설명하시오. 이것이 식물에 어떻게 해로울 수 있는가?
7. 증산은 습도가 낮고 온도가 높을 때 가장 빠르지만, 일부 식물에서는 빛에 대한 반응으로도 증가하는 것으로 보인다. 특정 작물을 연구하는 한 과학자가 구름의 양과 빛의 강도가 자주 변하는 12시간 동안 표와 같은 데이터를 기록했다. (증산량은 시간당 잎 면적 1제곱미터당 물의 그램 수다.)

시간	온도(℃)	습도(%)	빛 (최대 태양광의 %)	증산속도 ($g/m^2 \cdot hr$)
오전 8시	14	88	22	57
9시	14	82	27	72
10시	21	86	58	83
11시	26	78	35	125
오후 12시	27	78	88	161
1시	33	65	75	199
2시	31	61	50	186
3시	30	70	24	107
4시	29	69	50	137
5시	22	75	45	87
6시	18	80	24	78
7시	13	91	8	45

이 데이터는 빛이 강할 때 식물이 더 많이 증산한다는 가설을 뒷받침하는가? 그렇다면 그 효과는 온도와 습도와 무관한가? 자신의 답을 설명하시오. (힌트: 각 열에서 전체적인 경향을 찾은 다음, 각 행에서 또는 열 사이의 데이터를 비교하자.)

8. 특정 유형의 곰팡이류는 식물에 질병을 일으킨다. 이 문제를 제어하는 데 사용할 수 있는 다양한 항진균 스프레이가 있다. 일부 정원사는 질병의 징후가 분명하지 않은 경우에도 식물에 지속적으로 항진균제를 뿌린다. 이것이 식물에 어떻게 해로울 수 있는가?

3단계: 종합평가

9. 구입한 사과에 "유기농"이라고 표시돼 있다면 어떻게 재배됐는지에 대해 알 수 있는가? 사과의 영양 함량에 대해서는 어떠한가?
10. 산성비에는 과량의 수소 이온(H^+)이 포함돼 있다. 산성비의 한 가지 효과는 칼슘 이온(Ca^{2+}), 칼륨 이온(K^+), 마그네슘 이온(Mg^{2+}) 같은 식물 영양소를 토양에서 고갈시키는 것이다. 산성비가 왜 토양에서 이러한 영양소를 씻어내는지 설명하는 가설을 제시하시오. 가설을 어떻게 검증할 수 있는가?
11. 콜로라도, 애리조나, 캘리포니아를 포함한 건조한 서부 주에서 물을 가장 많이 사용하는 산업은 농업이다. 이 주에서 인구가 증가함에 따라 물을 둘러싼 도시와 농촌 지역 간의 갈등이 계속되고 있다. 도시 성장을 위한 물 공급원을 확보하기 위해 도시들은 농부들로부터 물 사용권을 구매하고 있다. 이는 도시가 더 많은 물을 확보할 수 있는 가장 저렴한 방법이며, 일부 농부들은 농작물 재배보다 물을 팔아 더 많은 돈을 벌 수 있다. 이러한 추세로 인해 발생할 수 있는 결과에 대해 토론하시오. 이것이 모든 관계자들에게 물을 배분하는 최선의 방법인가? 그 이유는?
12. **과학적 사고** 적절한 과학적 조사의 가장 중요한 성질 중 하나는 반복성이다. 그러나 32.11절에서 논의한 바와 같이, 일반 농산물과 유기농 농산물의 영양 함량을 비교하는 연구에서는 때때로 모순된 결과가 도출되기도 한다. 이러한 불균일한 결과를 설명할 수 있는 몇 가지 가능한 혼란 인자를 말하시오.

CHAPTER

33 식물의 조절계

핵심 개요

식물 호르몬(33.1~33.8)

화학 신호는 식물의 체내에서 일어나는 많은 중요한 작용을 조절하는 데 도움이 된다.

자극에 대한 반응(33.9~33.13)

식물은 다양한 방식으로 환경적 자극에 반응한다.

33.0 식물은 화학무기를 사용할 수 있다

커피 한 잔은 수백만 명의 미국인에게 하루의 시작을 알리는 필수품이다. 커피의 매력은 무엇일까? 맛, 향, 따뜻함? 아니면 카페인이 주는 각성 효과? 원두커피는 커피나무 속(*Coffea*)에 속하는 식물의 씨로 만들어진다. 아프리카에서 시작된 커피는 최근 전 세계 50여 개 열대국가(사진 속 케냐를 포함)에서 재배 및 수확되고 있다.

분명 우리는 커피와 농업의 관계로부터 혜택을 받고 있다. 하지만 카페인은 식물에 어떤 이득을 제공할까? 카페인은 많은 초식동물에게 독성이 있다. 다시 말해, 카페인은 마치 후추 스프레이처럼 식물을 위한 자기 방어 화학물질로 작용한다. 따라서 당신이 느끼는 아침 흥분은 방목하는 동물이 커피 식물을 먹지 못하도록 커피나무가 자신을 보호하려는 진화적 적응의 부산물일 수 있다.

동물에게 미치는 영향이 무엇이든, 호르몬과 같은 화학적 신호는 식물의 생명에 매우 중요하다는 것을 알고 있다. 이 장에서는 먼저 식물 호르몬이 식물의 생장, 개화, 열매 발생에 어떻게 영향을 미치는지 살펴본다. 그런 다음 환경적 자극이 식물에 미치는 영향에 대해 논의한다. 마지막으로 식물이 자신을 방어하는 방법에 대해 알아본다.

식물 호르몬

33.1 여러 과학자들의 일련의 실험을 통해 식물 호르몬이 발견되었다

과학적 사고 많은 관엽식물이 햇빛을 향해 자라는 것을 본 적이 있는가?(**그림 33.1A**) 식물 기관이 자극을 향해 또는 자극으로부터 멀어지는 생장 반응을 **굴성**(**tropism**)이라고 한다. 빛에 반응하여 기관이 생장하는 것을 **굴광성**(**phototropism**)이라고 한다. 어린 식물과 성숙한 식물의 새싹이 광합성을 일으키는 햇빛을 향해 자라도록 하는 굴광성은 진화적으로 분명한 이점을 가진다.

식물은 어떻게 환경 자극에 반응하여 생장 방식을 바꿀 수 있을까? 동물(26장 참조)과 마찬가지로 식물의 신체 전반적 반응은 **호르몬**(**hormone**)에 의해 제어된다. 호르몬은 신체의 한 부분에서 생성되어 다른 부분으로 운반되는 화학 신호로, 표적세포(target cell)에 작용하여 기능을 변화시킨다. 한 과학자 그룹은 수십 년에 걸쳐 빛에 대한 식물의 반응을 연구했다. 서로의 연구를 바탕으로 이 그룹은 공동으로 최초의 식물 호르몬을 발견하고 특성을 규명했다.

▲ **그림 33.1A** 빛을 향해 자라는 칼라 백합 (*Zantedeschia aethiopica*)

줄기정단부가 빛을 감지함을 보여주는 실험 1800년대 후반 찰스 다윈(Charles Darwin)과 그의 아들 프란시스 다윈(Francis Darwin)은 굴광성에 관한 최초의 실험을 수행했다. 그들은 어린 풀의 줄기정단부가 있는 경우에만 빛을 향해 구부러지는 것을 관찰했다. **그림 33.1B**의 다섯 가지 풀 식물은 다윈 부자의 연구 결과를 요약한 것이다. 먼저, 다윈은 대조 식물이 빛을 향해 구부러지는 것을 확인했다. 잔디 싹의 끝부분을 제거했을 때는 싹이 빛을 향해 휘어지지 않았다. 다음으로 그들은 싹의 끝에 불투명한 모자(cap)를 씌웠을 때도 싹이 똑바로 유지되는 것을 발견했다. 그러나 싹의 끝에 투명한 모자를 씌우거나 기저부에 불투명한 보호막을 씌우면(오른쪽의 마지막 두 싹) 싹은 정상적으로 휘어졌다. 다윈 부자는 싹의 끝 부분이 빛을 감지하는 역할을 한다고 결론을 내렸다. 그들은 또한 생장 반응, 즉 싹의 구부러짐이 끝 부분 아래에 있는 세포에서 일어난다는 것을 알아냈다. 그들은 어떤 화학적 신호가 끝 부분에서 아래쪽으로 싹의 생장 영역으로 이동해야 한다는 가설을 세웠다.

수십 년 후 덴마크의 식물학자 보이센-옌센(Peter Boysen-Jensen)은 다윈의 화학 신호 아이디어를 추가로 검증했다(**그림 33.1C**). 한 모종 그룹에서 보이센-옌센은 줄기정단부와 아래쪽 부분 사이에 한천 조각을 삽입했다. 한천 조각은 줄기정단부와 아래쪽 부분 사이의 직접적인 접촉은 막았지만 화학물질이 확산되는 것을 허용했다. 한천 조각이 있는 모종은 빛을 향해 구부러지는 정상적인 행동을 보였다. 두 번째 모

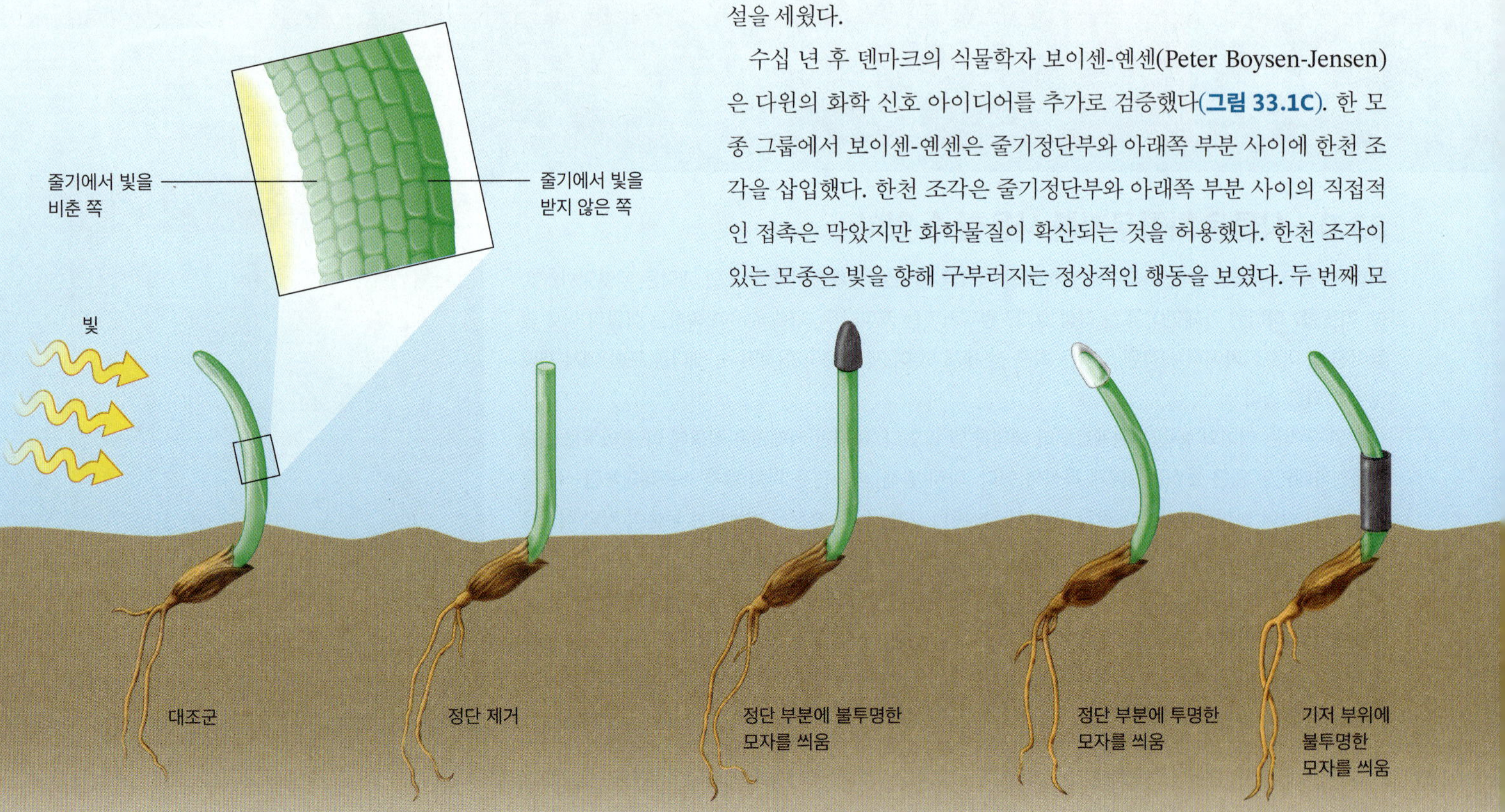

▲ **그림 33.1B** 다윈의 굴광성 실험: 줄기정단부에 의한 빛의 인지와 화학 신호에 대한 증거(1880)

종 세트에서 보이센-옌센은 줄기정단부 아래에 얇은 운모 조각을 삽입했다. 운모는 불투과성 장벽이며, 이렇게 운모로 처리된 어린 식물은 굴광성 반응이 없었다. 이 실험은 굴광성 신호가 식물체를 통해 확산되는 화학물질이라는 가설을 뒷받침했다.

화학 신호물질의 분리 1926년 네덜란드의 대학원생 웬트(Frits Went)는 보이센-옌센의 기술을 수정하여 풀의 굴광성에 대한 화학적 메신저를 추출했다. **그림 33.1D**에서 볼 수 있듯이 먼저 어린 잔디의 끝 부분을 잘라낸 후 한천 조각 위에 끝 부분을 올려놓았다. 그는 줄기정단부에서 나온 화학물질(그림의 분홍색)이 한천 조각으로 확산되어 한천 조각이 줄기정단부를 대신할 수 있을 것이라고 추론했다. 빛의 영향을 없애기 위해 어둠 속에 보관한 한천 조각이 끝이 없는 어린 식물에 미치는 영향을 실험했다. ❶ 먼저, 처리된 한천 조각을 어린 식물의 정단 끝 부분의 중앙에 올려놓았다. 이 식물은 똑바로 위로 자랐다. 또한 거의 자라지 않은 대조군의 어린 식물보다 더 빨리 자랐다. 웬트는 한천 조각이 줄기정단부에서 생성된 화학 신호물질을 흡수했고, 이 화학물질이 줄기로 전달되어 생장을 자극한 것으로 결론지었다. ❷ 그런 다음 한천 조각을 끝이 없는 다른 어린 식물 정단 끝 부분의 중앙에서 벗어난 곳에 놓았다. 이 식물은 마치 빛을 향해 자라는 것처럼 화학물질이 담긴 한천 조각이 있는 쪽에서 구부러졌다. ❸ 화학물질이 없는 한천 조각을 대조군 어린 식물 어디에 올려놓아도 식물은 더 이상 자라지 않았다. 웬트는 한천 조각 안에 줄기정단부에서 생성된 화학물질이 들어 있고, 이 화학물질이 줄기를 따라 내려가면서 생장을 촉진하며, 어두운 쪽에 생장 촉진 화학물질의 농도가 높기 때문에 줄기가 빛을 향해 휘어진다는 결론을 내렸다. 그는 이 화학적 메신저를 옥신(auxin)이라고 불렀다. 1930년대에 생화학자들은 옥신의 화학 구조를 밝혀냈다.

빛을 향해 자라는 식물을 현미경으로 관찰하면 굴광성의 근간이 되는 세포 메커니즘을 알 수 있다. 그림 33.1B의 왼쪽은 한쪽에서 들어오는 빛을 향해 휘어지는 어린 식물을 보여준다. 확대해 보면 알 수 있듯이, 어린 식물의 어두운 쪽에 있는 세포는 밝은 쪽에 있는 세포보다 더 길고, 실제로는 더 빨리 길어졌다. 세포의 생장 속도가 다르기 때문에 줄기가 빛을 향해 구부러진 것이다. 어린 식물의 사방에서 균일하게 조명을 비추거나 어둠 속에 두면 모든 세포가 비슷한 속도로 늘어나기 때문에 어린 식물은 곧게 위로 자란다.

이 절에서 설명한 초기 실험을 바탕으로 식물학자들은 줄기정단부에서 내려오는 옥신의 비대칭적 분포로 인해 어두운 쪽의 세포가 밝은 쪽의 세포보다 더 빨리 길어진다는 가설을 세웠다. 그러나 풀이 아닌 다른 식물을 대상으로 한 연구가 항상 이 가설을 뒷받침하는 것은 아니다. 예를 들어, 한쪽에서 비추는 빛이 해바라기나 다른 쌍떡잎식물의 줄기에 옥신의 비대칭적 분포를 유발한다는 증거는 없다. 그러나 줄기에 빛이 비추는 쪽에는 생장 억제자로 작용할 수 있는 물질의 농도가 더 높다.

옥신의 발견은 다양한 식물 호르몬의 발견을 촉진했다. 다음 6개 절에서는 주요 식물 호르몬과 식물의 삶에서 호르몬이 하는 역할에 대해 소개한다.

? 1926년 웬트의 실험은 1913년 보이센-옌센의 실험을 어떻게 기반으로 삼았는가?

■ 보이센-옌센은 확산 가능한 화학물질이 생장 반응의 원인이라는 사실을 밝혀냈지만, 웬트는 이 화학물질을 (한천 조각에서) 분리한 최초의 사람이었다.

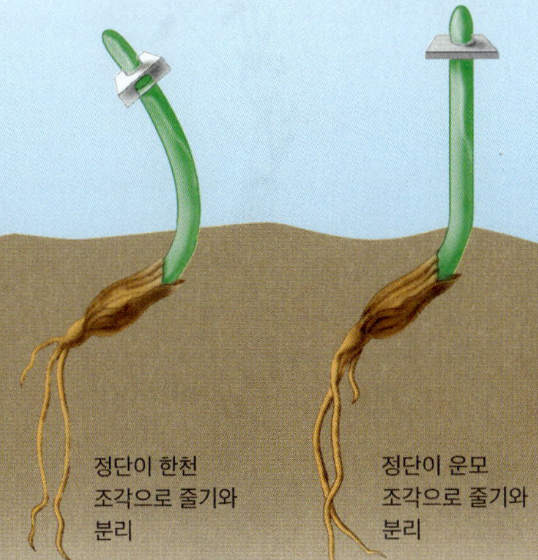

▲ **그림 33.1C** 보이센-옌센의 실험: 화학적 신호가 싹의 굽힘을 일으킨다는 증거(1913)

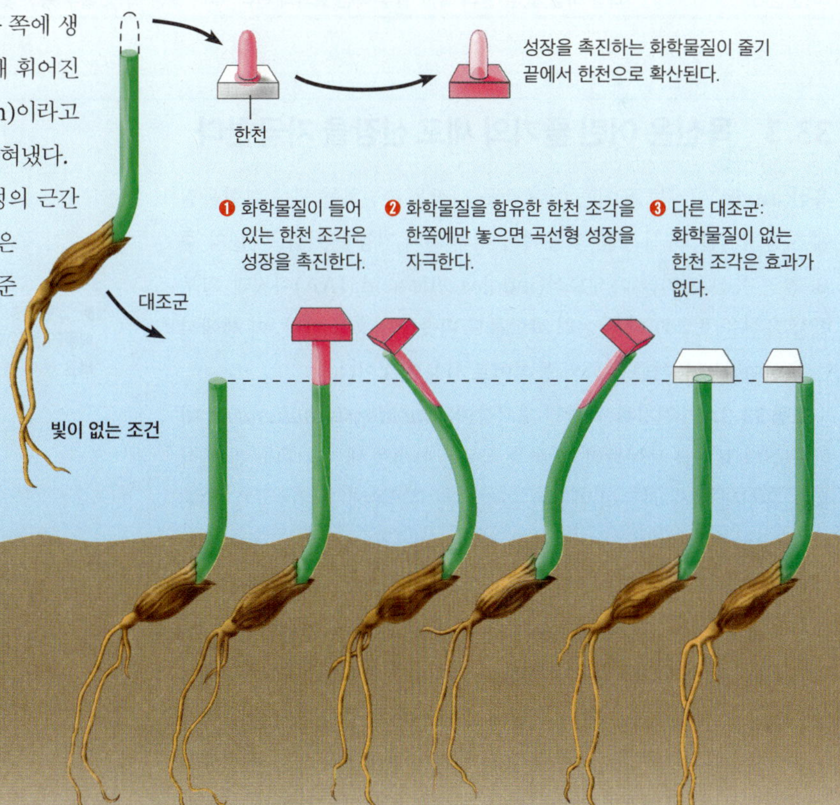

▲ **그림 33.1D** 웬트의 실험: 화학 신호의 분리(1926)

33.2 식물학자들은 몇 가지 주요 호르몬 유형을 밝혀냈다

호르몬은 식물에게 환경에 대한 **정보**를 다양한 기관에 전달하여 식물의 생명에 필수적인 반응을 조절하는 능력을 제공한다. 식물 호르몬은 매우 낮은 농도로 생성되지만, 소량의 호르몬으로도 생장과 발달에 큰 영향을 미칠 수 있다. 호르몬이 특정 수용체에 결합하면 호르몬 신호를 증폭하고 세포 내에서 하나 이상의 반응을 유도하는 신호전달경로(signal transduction pathway, 11.10절 참조)가 작동한다. 일반적으로 식물 호르몬은 세포의 분열, 신장 및 분화에 영향을 미쳐 생장과 발달과 같은 식물의 전반적인 활동을 조절한다.

식물학자들은 처음에 다섯 가지 주요 유형의 식물 호르몬(**표 33.2**)을 확인했으며, 이들은 모두 세포분열과 신장을 자극하거나 억제하여 생장에 영향을 미친다. 그러나 최근에는 표에 나열된 호르몬 중 일부가 실제로 관련된 호르몬의 그룹을 대표한다는 것이 밝혀졌다. 또한 표에 나열된 것 외에도 중요한 식물 호르몬이 있다는 것도 알고 있다. 예를 들어, 브라시노스테로이드(brassinosteroids)는 줄기와 어린 식물에서 세포 신장과 분열을 유도하는 스테로이드 호르몬이다. 브라시노스테로이드의 효과는 옥신과 매우 유사하여 식물 생리학자들이 이를 구분하는 데 수년이 걸렸다.

표 33.2에서 알 수 있듯이 각 호르몬(또는 호르몬 그룹)은 작용 부위, 농도 및 식물의 발달 단계에 따라 다양한 효과를 나타낼 수 있다. 대부분의 상황에서 한 종류의 호르몬이 단독으로 작용하지는 않는다. 대신, 일반적으로 식물의 생장과 발달을 조절하는 것은 여러 호르몬의 균형, 즉 상대적인 농도다. 이러한 상호작용은 표에 나열된 호르몬의 기능을 조사하면서 분명해질 것이다.

? 호르몬은 수용체와 결합하여 ________을/를 개시하여 세포 반응을 유도한다.

■ 신호전달경로

표 33.2 식물 호르몬의 주요 유형

호르몬(절)	주요 기능	식물에서 생산되거나 발견되는 곳
옥신(33.3)	줄기 신장 자극. 뿌리 생장, 분화, 가지 형성에 영향을 미침. 열매의 발달. 정단 우성. 굴광성 및 굴중성. 잎의 탈리 지연	끝눈분열조직, 어린 잎, 생장하는 씨와 열매 발달
사이토키닌(33.4)	뿌리 생장 및 분화에 영향을 미침. 세포분열 및 생장 촉진. 발아 촉진. 잎 노화 지연	뿌리에서 만들어져 다른 기관으로 운반
지베렐린(33.5)	새싹 발달, 줄기 신장 및 잎 생장 촉진. 개화, 과일의 발달 및 씨 발아 촉진	끝눈과 뿌리, 어린 잎, 발달하는 씨의 분열조직
앱시스산(33.6)	생장 억제. 건기 동안 기공 폐쇄. 씨의 휴면 유지. 잎의 노화 촉진	잎, 줄기, 뿌리, 열매 등 모든 주요 기관
에틸렌(33.7)	과일 숙성 및 잎 탈리 촉진. 일부 옥신 효과와 반대. 뿌리 형성 촉진. 일부 종의 꽃 형성 촉진	숙성 과일, 줄기의 마디, 노화된 잎과 꽃, 상처

33.3 옥신은 어린 줄기의 세포 신장을 자극한다

옥신(auxin)이라는 용어는 어린 식물 신장을 촉진하는 모든 화학물질에 사용되지만, 옥신은 꽃 식물에서 여러 가지 기능을 한다. 식물의 주요 천연 옥신은 인돌 아세트산(indoleacetic acid, IAA)이지만 일부 합성 옥신을 포함한 다른 여러 화합물도 비슷한 작용을 한다. 이 책에서는 옥신이라는 용어를 IAA와 동의어로 사용할 것이다.

그림 33.3A는 겨자과 식물인 애기장대(*Arabidopsis thaliana*)에 대한 옥신의 효과를 보여준다. 오른쪽 식물은 야생형 애기장대다. 왼쪽 식물은 옥신에 대한 식물의 반응을 조절하는 유전자에 돌연변이가 있다. 이 돌연변이의 결과로 옥신에 대한 식물의 반응이 차단되어 생장이 둔화되었다.

줄기 끝에 있는 끝눈분열조직(31.7절 참조)은 옥신 합성의 주요 부위다. 옥신은 줄기정단부에서 아래로 향해 한쪽 방향으로만 이동하며 세포에서 세포로 이동한다. 흥미롭게도 이 한쪽 방향의 흐름은 중력과 무관하며, 식물을 거꾸로 키우면 옥신은 같은 방향으로 흐른다는 사실이 실험을 통해 밝혀졌다. 옥신은 이동하면서 세포의 수용체와 결합한다. 이 결합은 세포를 길게 만들어 줄기의 생장을 촉진하는 신호를 생성

▶ **그림 33.3A** 옥신의 효과: 야생형 애기장대 식물(오른쪽)과 옥신 생산이 부족한 식물(왼쪽)의 비교

한다.

옥신은 어떻게 식물 세포를 길게 만들까? 한 가지 가설은 옥신이 세포벽을 약화시켜 신장을 시작한다는 것이다(**그림 33.3B**). 줄기의 신장대(zone of elongation)에서 ❶ 옥신은 원형질막 내의 단백질을 자극하여 양성자를 세포벽으로 내보낸다. ❷ 이렇게 하면 세포벽 내의 산성도(pH)가 낮아지고, 셀룰로오스 섬유 사이의 연결을 약화시키는 효소가 활성화된다. ❸ 세포벽이 약해지면 더 많은 수분이 세포 안으로 들어가 세포가 길어질 수 있다. 옥신은 또한 세포 안의 세포질의 양을 증가시키고 더 많은 세포벽 물질을 만드는 단백질의 생산을 자극한다. 세포가 세포벽을 재건하고 확장함에 따라 더 커진 세포의 크기는 영구적으로 유지된다.

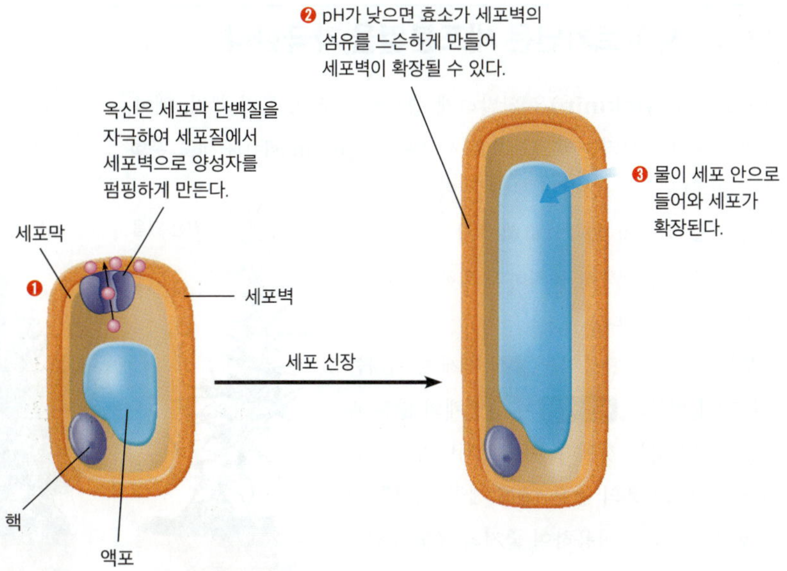

▲ **그림 33.3B** 옥신에 대한 반응으로서 세포 신장

옥신은 특정 농도 범위 내에서만 줄기의 세포 신장을 촉진한다. 특정 농도 이상에서 옥신은 일반적으로 옥신의 효과를 상쇄하는 호르몬인 에틸렌의 생산을 유도하여 세포 신장을 억제할 수 있다(33.7절 참조). 세포 신장에 대한 옥신의 이러한 효과는 동일한 화학 전달 물질이 농도에 따라 다른 효과를 나타낼 수 있음을 보여준다. 실제로 베트남 전쟁의 악명 높은 고엽제인 에이전트 오렌지(agent orange)를 포함한 일부 제초제에는 호르몬 과다 처리로 식물을 죽이는 고농도의 합성 옥신이 포함되어 있다.

옥신은 세포 신장을 자극하여 줄기와 뿌리를 길게 만드는 것 외에도 여러 가지 다른 효과를 일으킨다. 예를 들어, 옥신은 관다발형성층에서 세포분열을 유도하여 줄기 부피 성장을 촉진한다(31.8절 참조). 또한 줄기정단부에서 생성되는 옥신은 생장하는 식물의 전반적인 가지의 패턴을 조절하는 데 도움이 된다. 가지가 무성한(따라서 비생산적인) 줄기는 옥신의 이동을 감소시켜 가지 아래의 곁가지가 자라도록 자극한다. 인돌부티르산(indolebutyric acid, IBA)이라는 천연 옥신은 이식 중에 뿌리의 발생을 촉진하는 데 사용된다. 분리된 잎이나 줄기를 인돌부티르산이 함유된 '발근분말(root powder)'에 담그면 새로운 뿌리가 형성되는 경우가 많다(**그림 33.3C**).

▲ **그림 33.3C** 절단에서 뿌리 발생을 촉진하는 데 사용되는 옥신

상업적으로 중요한 옥신의 효과는 열매 발생을 촉진하는 것이다. 예를 들어, 온실에서 재배되는 토마토는 수분매개자가 부족하기 때문에 일반적으로 야외에서 재배되는 토마토보다 씨가 적다. 이로 인해 온실 식물에서 열매가 제대로 발달하지 않을 수 있다. 실내 식물에서 정상적인 열매 발생을 유도하기 위해 재배자들은 토마토 덩굴에 합성 옥신을 살포해 온실에서도 상업용 토마토를 재배할 수 있게 됐다. 농부들은 또한 수분되지 않은 식물에 합성 옥신을 뿌려 과일의 생장을 촉진하여 씨 없는 오이와 가지를 생산한다.

? 식물 세포벽의 pH를 측정할 수 있는 미세전극이 있다고 가정해 보자. 이 전극을 사용하여 옥신이 세포 신장을 자극한다는 가설을 어떻게 검증할 수 있는가?

■ 이 가설은 세포에 옥신을 첨가하면 세포벽의 pH가 낮아질(더 산성화될) 것이라고 예측한다. pH 전극으로 이 예측을 테스트하려면 옥신이 있을 때(실험군)나 없을 때(대조군) 세포벽의 pH를 측정하면 된다.

33.4 사이토키닌은 세포분열을 자극한다

사이토키닌(cytokinin)은 활발하게 생장하는 조직, 특히 뿌리, 배아, 열매 등에서 생성되는 호르몬으로 세포분열(cytokinesis)과 세포 분화를 촉진한다. 또한 단백질 분해를 억제하여 잎과 꽃의 노화를 지연시킨다. 따라서 화초업자는 자른 식물을 신선하게 유지하기 위해 사이토키닌 분자를 사용한다.

생물학 연구를 관통하는 중심 주제 중 하나는 생물학적 성분의 상호작용이 생명체의 많은 과정을 주도한다는 것이다. 사이토키닌과 옥신은 이러한 상호작용의 좋은 예를 제공하는데, 이 두 호르몬은 함께 작용하여 줄기의 끝눈이 곁눈의 생장을 억제하는 능력인 끝눈우성(apical dominance, 정단우성)을 조절하기 때문이다 (31.3절 참조). **그림 33.4**에 있는 2개의 로즈마리 식물은 같은 나이다. 왼쪽 식물은 중심줄기에 온전한 끝눈이 있고, 오른쪽 식물은 몇 주 전에 중심줄기의 끝눈을 제거했다. 왼쪽 식물에서는 끝눈우성이 곁눈의 생장을 억제했다. 결과적으로 싹의 높이는 자랐지만 측면으로 가지를 많이 뻗지 않았다. 오른쪽 식물에서는 중심줄기에 끝눈이 없어 곁눈이 활성화되어 가지가 더 많이 자라며 덤불이 되었다.

▲ **그림 33.4** 옥신과 사이토키닌의 작용으로 인한 로즈마리 식물의 끝눈우성

끝눈우성에 대한 호르몬 조절을 설명하는 한 가지 가설은 옥신과 사이토키닌이 길항작용(각각의 작용이 다른 작용에 반대하는 작용)으로 곁눈의 생장을 조절한다는 것이다. 이 견해에 따르면, 끝눈에서 만들어져 줄기를 타고 내려온 옥신이 직접 곁눈의 생장을 억제하여 곁가지(lateral branching)를 희생시키면서 줄기가 길어지게 한다. 한편, 뿌리에서 만들어진 사이토키닌은 줄기의 표적 조직을 향해 물관액과 함께 위로 이동한다. 사이토키닌은 곁눈이 생장을 시작하도록 신호를 보냄으로써 옥신의 작용에 대응한다. 따라서 옥신과 사이토키닌의 비율은 곁눈 억제를 조절하는 데 중요한 인자로 간주된다. 많은 관찰과 실험이 이 가설을 지지한다.

그러나 옥신의 효과는 부분적으로 간접적인 것으로 보인다. 최근 연구에 따르면 줄기를 타고 내려오는 옥신이 새로 발견된 식물 호르몬의 합성을 촉발하여 곁눈의 생장을 억제하는 것으로 나타났다. 식물학자들은 아직 이 퍼즐의 모든 조각을 맞추지 못했을 가능성이 높다. 끝눈우성에서 식물 호르몬의 역할은 여전히 활발한 연구 분야다.

? 대표적인 가설에 따르면, 곁눈의 휴면 또는 생장 상태는 곁눈 생장을 억제하는 ________와/과 뿌리에서 위로 이동하면서 곁눈 생장을 촉진하는 ________의 상대적 농도에 따라 달라진다고 한다.

■ 옥신, 사이토키닌

33.5 지베렐린은 줄기 신장에 영향을 미치며 그 외에도 다양한 효과가 있다

아시아의 농부들은 논에 있는 벼의 일부가 너무 길게 자라 곡식을 생산하기도 전에 쓰러지는 현상을 오랫동안 관찰해 왔다. 1926년 일본 과학자들은 그 원인을 지베렐라(*Gibberella*) 속의 곰팡이에서 찾았다. 1930년대까지 과학자들은 이 곰팡이가 **지베렐린(gibberellin)**이라는 화학물질을 분비해 벼 줄기를 지나치게 길게 만든다는 사실을 밝혀냈다. 1950년대에 연구자들은 지베렐린이 식물에 자연적으로 존재하며, 생장 조절자라는 사실을 발견했다. 지베렐라 곰팡이균에 감염된 벼는 지베렐린이 너무 많이 분비된다.

1950년대 이후 생물학자들은 식물에서 100가지가 넘는 지베렐린을 발견했지만, 특정 종은 몇 가지만 사용한다. 어린 뿌리와 잎은 지베렐린 생산의 주요 부위다. 지베렐린의 주요 효과 중 하나는 줄기와 잎의 세포 신장과 세포분열을 촉진하는 것이다. 실제로 특정 난쟁이 식물 품종은 지베렐린 처리 후 정상 높이로 자란다(**그림 33.5A**). [멘델이 연구한 왜소한 완두콩 식물(9.2절 참조)은 지베렐린의 과소 생산을 유발하는 돌연변이 때문에 표현형이 나타난다.] 지베렐린에 의한 줄기 신장은 또한 줄기의 빠른 생장인 추대(bolting)를 유발할 수 있다(**그림 33.5B**). 추대는 일반적으로 식물(특히 상추와 파슬리)의 맛을 떨어뜨리기 때문에 정원사를 실망시킬 수 있다.

▲ **그림 33.5A** 지베렐린으로 완두콩 식물의 왜소증 되돌리기

많은 식물에서 열매가 발달하기 위해서는 옥신과 지베렐린이 모두 존재해야 한다. 지베렐린의 가장 중요한 상업적 응용은 씨 없는 포도 품종인 톰슨(Thompson) 종의 생산에 있다. 지베렐린은 마디사이를 길게 만든다. 그 결과 지베렐린을 처리한 포도는 더 크고 송이(cluster)에서 더 멀리 떨어져 자란다(**그림 33.5C**).

지베렐린은 또한 많은 씨의 발아를 촉진한다. 빛이나 낮은 온도에 노출되는 등 발아를 위해 특별한 환경

조건이 필요한 많은 씨에 지베렐린을 뿌려주면 발아한다. 자연에서 씨의 지베렐린은 아마도 환경적 신호와 배의 생장을 새롭게 하는 물질대사 과정 사이의 연결고리일 것이다. 예를 들어, 풀의 씨에 물이 공급되면 씨 속의 배가 지베렐린을 방출하여 씨 안에 저장된 영양분을 동원하여 발아를 촉진한다. 일부 식물에서 지베렐린은 다음에 설명할 또 다른 호르몬인 앱시스산과 길항작용을 하는 것으로 보인다.

◀그림 33.5B 높은 수준의 지베렐린의 결과물인 파슬리 식물 추대

▲그림 33.5C 지베렐린을 처리한 포도(왼쪽)와 처리하지 않은 포도(오른쪽)

? 지베렐린의 생장호르몬으로서의 역할을 고려할 때 왜 왜소 돌연변이에 대한 이형접합 식물(정상 유전자 사본 하나와 돌연변이 유전자 사본 하나를 가진 식물)은 정상 크기가 되는 것이 합리적인가?

■ 호르몬은 보통 극소량으로도 강한 반응을 이끌어내기에 충분하기 때문에, 하나의 기능하는 유전자 사본을 가진 이형접합 식물은 정상적인 생장을 위해 충분한 지베렐린을 생산할 수 있다.

33.6 앱시스산은 식물의 많은 과정을 억제한다

1960년대에 나무의 눈 휴면을 연구 중인 한 연구 그룹과 목화 열매의 탈리(낙과)를 탐구 중인 다른 연구팀은 같은 화합물인 **앱시스산**(**abscisic acid, ABA**)을 개별적으로 분리해 냈다. 아이러니하게도 앱시스산은 더 이상 휴면이나 잎의 탈리에서 주된 역할을 하는 것으로 생각되지 않지만, 다른 기능에서 매우 중요한 식물 호르몬이다. 지금까지 연구한 생장 자극 호르몬인 옥신, 사이토키닌, 지베렐린과 달리 앱시스산은 생장을 둔화시킨다. 앱시스산은 종종 생장호르몬의 작용을 상쇄하며, 식물의 반응을 결정하는 것은 종종 하나 이상의 생장호르몬에 대한 앱시스산의 비율이다.

식물의 생장을 늦추는 것이 언제 유리할까? 새로 방출된 씨를 생각해보자. 가을에 뿌려진 씨가 즉시 발아하지 못하고 겨울의 추운 기온에 의해 죽는 이유는 무엇일까? 씨의 휴면은 빛, 온도, 수분의 조건이 유리할 때만 발아할 수 있도록 하는 진화적 적응이다. 씨가 성숙하는 동안 앱시스산 농도가 증가하면 발아를 억제하고 씨가 성숙에 수반되는 극심한 탈수를 견디는 데 도움이 되는 단백질의 생산을 유도한다. 많은 종류의 휴면하는 씨는 어떤 식으로든 앱시스산이 제거되거나 비활성화되어야만 발아한다. 다년생 로즈마리와 대황 같은 일부 식물의 씨는 앱시스산의 비활성화를 유발하기 위해 추위에 장기간 노출되어야 한다. 이 식물들에서는 겨울 동안 앱시스산의 분해가 봄에 씨를 발아시키는 데 필요하다. 일부 사막 식물(**그림 33.6**의 캘리포니아산 야생화 등)의 씨는 폭우가 씨에서 앱시스산을 씻어내 발아할 수 있을 때까지 수년 또는 수십 년 동안 메마른 토양에서 휴면 상태를 유지한다.

이전 절에서 살펴본 것처럼 지베렐린은 씨의 발아를 촉진한다. 따라서 많은 식물에서 앱시스산과 지베렐린의 비율에 따라 씨가 휴면 상태로 남을지 아니면 발아할지가 결정된다.

휴면에서의 역할 외에도 앱시스산은 식물이 가뭄을 견딜 수 있게 하는 주요 내부 신호다. 식물이 시들기 시작하면 앱시스산이 잎에 축적되어 기공을 빠르게 닫게 한다(32.4절 참조). 기공이 닫히면 증산이 감소하고 더 이상의 수분 손실을 방지할 수 있다. 경우에 따라 물 부족은 지상계보다 먼저 뿌리계에 스트레스를 줄 수 있다. 뿌리에서 잎으로 운반되는 앱시스산은 '조기 경보 시스템'으로 기능할 수 있다.

? 앱시스산의 작용은 지금까지 이 장에서 논의한 다른 호르몬의 작용과 어떤 면에서 길항적인가?

■ 앱시스산은 생장을 억제하는 반면 다른 호르몬(옥신, 사이토키닌, 지베렐린)은 모두 생장을 촉진한다.

▼그림 33.6 비가 온 뒤 피어나는 캘리포니아 모하비 사막에 만발한 꽃

33.7 에틸렌은 과일의 숙성과 노화를 촉진한다

1800년대에는 석탄 가스 가로등에서 누출된 가스로 인해 인근 나무의 잎이 빨리 낙엽이 지는 현상이 발생했다. 1901년 과학자들은 이 현상이 석탄 연소의 가스 부산물인 **에틸렌(ethylene)** 때문이라는 사실을 입증했다. 현재 우리는 식물이 자체적으로 에틸렌을 생성하여 과일의 숙성 및 프로그래밍된 세포 사멸(programmed cell death, apoptosis)을 포함한 다양한 노화 반응을 유발한다는 사실을 알고 있다. 에틸렌은 또한 가뭄, 홍수, 상처 및 감염과 같은 스트레스에 대한 반응으로 생성된다.

▲ 그림 33.7A 복숭아에서 나온 에틸렌이 바나나 숙성에 미치는 영향

열매 숙성 덜 익은 과일은 일반적으로 시큼하고 딱딱하며 식욕을 돋우지 못하는데, 이는 초식동물로부터 발달 중인 씨를 보호하기 위한 적응이다. 열매에서 에틸렌의 생산이 급증하면 열매가 익기 시작하고, 이는 더 많은 에틸렌 생산을 유발하여 방출된 가스의 양성되먹임작용(positive feedback)을 일으킨다. 그리고 에틸렌은 기체이기 때문에 과일에서 과일로 퍼질 수 있다. 상한 사과 하나가 전체 사과를 망칠 수 있다! 숙성 과정에는 과일을 부드럽게 만드는 효소에 의한 분해, 과일을 달콤하게 만드는 녹말과 산(acid)의 당으로의 전환이 포함된다. 익어가는 과일에서 새로운 향기와 색이 생성되면 동물이 과일을 먹고 나중에 성숙한 씨를 분산시키는 동물들을 끌어들인다.

일부 과일은 에틸렌 가스가 축적되도록 봉지에 넣어 보관하면 더 빨리 익힐 수 있다. 그림 33.7A는 바나나 2개를 봉지에 넣어 같은 기간 다른 조건으로 보관한 경우와 에틸렌을 방출하는 복숭아와 함께 보관한 경우를 보여준다. 숙성한 복숭아에서 방출된 에틸렌으로 인해 바나나가 더 빨리 익었다. 예를 들어, 상업적 규모에서 많은 종류의 과일(토마토)은 녹색으로 수확한 후 에틸렌 가스가 주입된 거대한 저장통에서 숙성시킨다. (일부 사람들은 합성 에틸렌에 노출되지 않은 자연적으로 '덩굴에서 숙성된' 토마토의 맛을 선호한다.)

다른 경우에는 재배자가 열매의 숙성을 늦추기 위한 조치를 취한다. 저장된 사과는 종종 에틸렌 합성을 억제하고 에틸렌이 축적되는 것을 방지하는 CO_2를 주입한다. 이런 식으로 가을에 수확한 사과는 이듬해 여름에 판매하기 위해 저장할 수 있다.

잎의 탈리 과일이 익어가는 것과 마찬가지로 낙엽수에서 가을마다 일어나는 변화, 즉 색이 변하고 잎이 마르고 떨어지는 것은 노화 과정이다. 나뭇잎이 녹색을 잃는 이유는 가을이 되면 엽록소가 분해되기 때문이다. 단풍은 가을에 새로 생긴 붉은 색소와 잎에 이미 존재했지만 짙은 녹색 엽록소에 가려져 있던 노란색과 주황색 색소가 노출되면서 생기는 현상이다. 가을에 잎이 떨어지는 것은 나무가 겨울에 건조해지지 않도록 돕는 적응이다. 잎이 없으면 나무는 뿌리가 얼어붙은 땅에서 물을 흡수할 수 없는 시기에 증발로 인한 수분 손실을 줄일 수 있다. 낙엽이 떨어지기 전에 잎에서 많은 필수원소를 회수하여 줄기에 저장했다가 이듬해 봄에 새 잎으로 재활용할 수 있다.

단풍잎이 떨어지면 잎의 기저부분이 줄기에서 분리된다. 분리가 일어나는 부위를 떨켜층(abscission layer)이라고 한다. 그림 33.7B에서 볼 수 있듯이, 떨켜층은 벽이 얇은 유조직세포의 좁은 띠로 이루어져 있으며, 효소가 세포벽을 소화할 때 더욱 약해진다. 잎은 종종 바람의 도움을 받아 무게에 의해 떨켜층이 분리되면서 떨어진다. 잎이 떨어지기 전에 떨켜층 옆의 세포는 줄기에 잎 흉터(leaf scar, 엽흔)를 형성한다. 흉터를 덮는 죽은 세포는 감염성 유기체로부터 식물을 보호하는 데 도움이 된다.

옥신은 탈리를 방지하고 잎의 물질대사를 유지하는 데 도움을 준다. 그러나 잎이 노화되면 옥신의 생산량이 줄어든다. 한편, 세포는 에틸

▼ 그림 33.7B 잎의 기저부에 있는 떨켜층

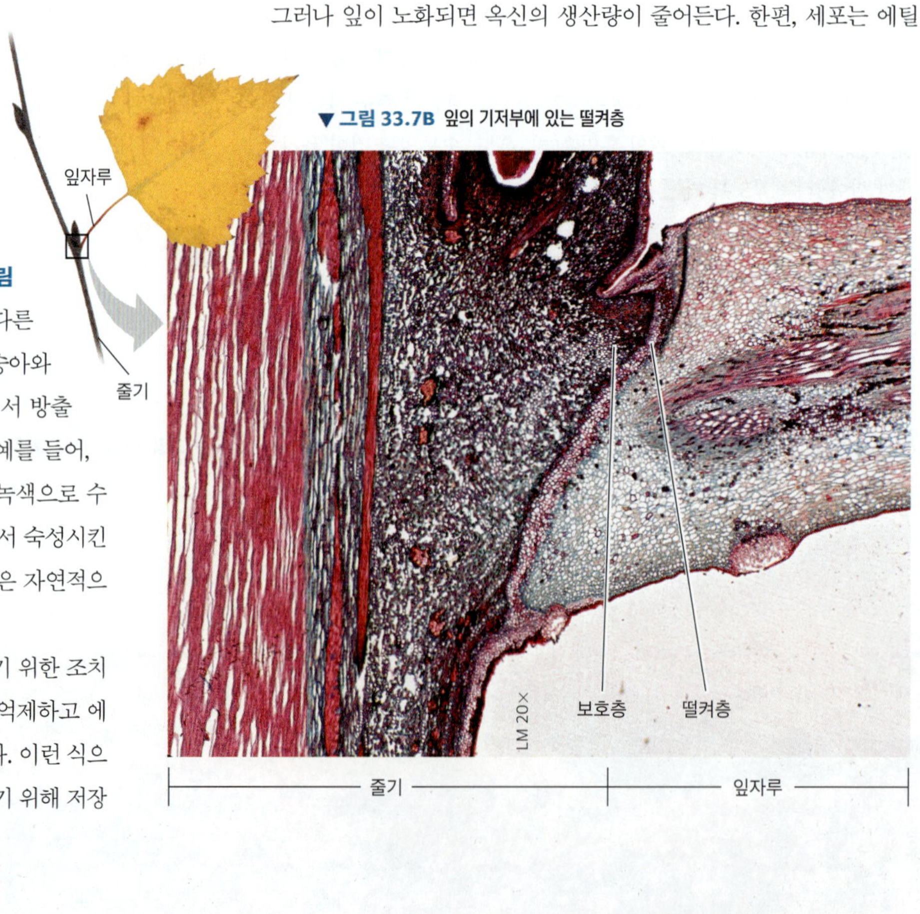

렌을 생성하기 시작하여 탈리층의 형성을 촉진한다. 에틸렌은 이 층에서 세포벽을 소화하는 효소의 합성을 촉진하여 떨켜층이 분리될 수 있도록 준비한다.

지금까지 식물 호르몬의 주요 유형에 대해 알아보았다. 그러나 식물 행동에 대한 주제로 넘어가기 전에 이러한 화학 조절자의 농업적 용도에 대해 살펴보자.

? 식물학자들은 에틸렌을 "노화 호르몬"이라고도 부른다. 이 용어의 근거는 무엇인가?

■ 과일의 숙성, 잎의 탈리 등 에틸렌의 많은 기능은 세포의 노화와 같은 변화와 관련이 있다.

33.8 식물 호르몬은 농업용으로 많이 사용된다

연결 식물 호르몬에 대해 아직 배울 것이 많지만, 우리가 알고 있는 것 대부분은 농업에 직접 적용된다. 이미 언급했듯이, 과일 숙성의 제어와 씨 없는 과일의 생산이 이 화학물질의 두 가지 주요 용도다. 또한 농부들은 식물 호르몬을 통해 식물이 열매를 떨어뜨리는 시기를 조절할 수 있다. 예를 들어, 오렌지와 자몽 나무가 열매를 따기 전에 열매를 떨어뜨리는 것을 방지하기 위해 합성 옥신이 자주 사용된다. **그림 33.8**은 한 과일 재배 농부가 과수원에 옥신을 뿌리는 모습이다. 옥신은 너무 많은 양을 사용하면 식물이 더 많은 에틸렌을 방출하도록 자극하여 과일이 더 빨리 익고 떨어질 수 있기 때문에 옥신의 양을 주의 깊게 조절해야 한다. 실제로 과일 낙과를 촉진하기 위해 다량의 옥신을 사용하기도 한다. 예를 들어 사과와 올리브 나무의 경우 일부 과일에 옥신을 뿌려 조기에 떨어지게 하여 남은 과일이 더 크게 자라도록 할 수 있다. 에틸렌은 복숭아와 자두에도 비슷하게 사용되며, 딸기, 포도, 체리에 뿌려서 과일을 느슨하게 해 기계로 쉽게 따도록 하기도 한다.

지베렐린은 옥신과 함께 씨 없는 과일을 생산하는 데 사용된다(33.5절에서 언급). 다른 종류의 식물에 초기 단계에서 지베렐린을 살포하면 씨 생산 촉진이라는 반대 효과를 가질 수 있다. 당근, 비트, 양배추와 같은 많은 이년생 식물은 지베렐린을 다량 살포하면 보통의 경우처럼 2년차가 아닌 생육 첫해에 꽃을 피우고 씨를 생산하도록 유도할 수 있다.

▲ **그림 33.8** 조기 열매 낙과 방지를 위한 옥신 사용

식물 호르몬에 대한 연구는 제초제 개발에도 사용되었다. 가장 널리 사용되는 제초제 중 하나는 합성 옥신 2,4-D로, 식물 생장을 조절하는 호르몬의 정상적인 균형을 깨뜨린다. 외떡잎식물은 이 제초제를 빠르게 비활성화할 수 있지만, 쌍떡잎식물은 그렇지 못해 옥신 과다 살포로 죽게 된다. 따라서 2,4-D는 잔디밭이나 곡식 밭에서 민들레와 기타 넓은 잎 쌍떡잎 잡초를 선택적으로 제거하는 데 사용할 수 있다. 농부는 제초제를 농경지에 살포함으로써 잡초 방제에 필요한 경작량을 줄일 수 있으므로 토양 침식, 연료 소비 및 노동비용을 줄일 수 있다.

현대 농업은 합성 화학물질의 사용에 크게 의존하고 있다. 잡초를 방제하기 위해 화학적으로 합성된 제초제와 과일의 생장과 보존을 돕는 합성 식물 호르몬이 없다면 식량 생산량이 줄어들고 식량 가격이 상승할 수 있다. 동시에 식품 생산에 특정 합성 화학물질을 많이 사용하면 환경과 건강에 위험을 초래할 수 있다는 우려가 커지고 있다. 이러한 화학물질 중 하나는 2,4-D 합성 부산물인 다이옥신(dioxin)이다. 2,4-D 자체는 포유류에 해를 끼치는 것으로 밝혀지지 않았지만, 다이옥신이 환경으로 누출되면 실험동물에게 기형동물 출산, 간 질환, 백혈병 등을 유발하는 심각한 위험요소다. 또한 많은 소비자는 합성 호르몬을 사용해 생산된 식품이 자연에서 자란 식품보다 맛이나 영양이 떨어질 수 있다고 우려한다. 그러나 현재 유기농 식품(32.11절 참조)은 생산 비용이 상대적으로 비싸다. 우리의 식량을 어떻게 재배해야 하는지에 대한 문제는 경제성과 윤리를 모두 포함한다. 문제를 일으킬 수 있는 합성 화학물질을 사용하여 값싸고 풍부한 식품을 계속 생산해야 할 것인가, 아니면 결과적으로 식품이 덜 풍부하고 더 비쌀 수 있음을 인식하고 이러한 잠재적 유해 물질이 없는 농업에 더 많은 노력을 기울여야 할 것인가?

? 농작물에 옥신을 살포할 때 농부가 살포량 측면에서 특히 주의해야 하는 이유는 무엇인가?

■ 같은 호르몬이라도 농도에 따라 효과가 달라질 수 있기 때문에 농가는 원하는 효과를 얻기 위해 살포량을 조절해야 한다.

자극에 대한 반응

33.9 굴성은 식물의 생장을 환경 자극을 향해 또는 환경적 자극으로부터 멀어지게 한다

식물 내에서 신호를 전달하는 호르몬을 조사했다면, 이제 식물이 환경의 물리적 자극에 어떻게 반응하는지에 초점을 맞춰보자. 식물은 물이나 햇볕이 잘 드는 곳으로 이동할 수 없으며, 씨가 흙에 거꾸로 떨어지면 스스로 똑바로 세울 수 없다. 대신 식물은 발달 및 생리학적 기작을 통해 환경적 자극에 대응할 수 있는 능력을 진화시켜 왔다. 굴성(tropism)반응은 식물의 일부가 자극을 향해 자라거나[양성 굴성반응(positive tropism)] 자극으로부터 멀어지게 하는 방향성 생장 반응[음성 굴성반응(negative tropism)]이다.

빛에 대한 반응 33.1절에서는 빛을 향한 식물 줄기의 생장, 즉 굴광성에 대해 알아보았다. 굴광성의 기작은 줄기의 어두운 쪽에서 세포 신장이 더 빠르게 일어나는 것이다. 어린 풀 식물에서 빛의 자극과 세포 신장 반응을 연결하는 신호는 옥신이다. 연구진은 잔디의 줄기에 한쪽에서 빛을 비추면 옥신이 밝은 쪽에서 어두운 쪽으로 줄기정단부를 가로질러 이동한다는 사실을 밝혀냈다. 줄기정단부에는 빛을 감지하는 단백질 색소가 들어 있어 어떻게든 옥신 수송에 영향을 미치는 분자에게 '신호'를 전달한다. (광수용체에 대해서는 33.12절에서 설명한다.)

중력에 대한 반응 중력에 반응하는 식물의 방향성 생장인 **굴중성(gravitropism)**은 씨가 어떻게 땅에 떨어지든 줄기는 위로 자라고(음성적 굴중성) 뿌리는 아래로 자라는(양성적 굴중성) 이유를 설명해 준다. **그림 33.9A**의 옥수수 어린 식물은 모두 어둠 속에서 발아했다. 왼쪽의 어린 식물은 그대로 두었는데, 싹이 위로 곧게 자라고 뿌리가 아래로 곧게 자란 것을 볼 수 있다. 오른쪽의 어린 식물도 같은 방법으로 발아시켰지만, 이틀 후 옆으로 돌려서 줄기와 뿌리가 수평이 되도록 했다. 사진을 찍었을 때 줄기는 다시 위로 향하여 중력에 대한 음성적인 반응을 보였고 뿌리는 아래로 향하여 양성 굴중성 반응을 나타냈다.

식물이 아래에서 위로 올라가는 방법에 대한 한 가지 가설은 중력이 밀도가 높은 녹말 알갱이가 들어 있는 특수 세포소기관을 세포의 아래 지점으로 끌어당긴다는 것이다(**그림 33.9B**). 이러한 세포소기관의 비대칭적 분포는 세포가 옥신을 재분배하도록 신호를 보낼 수 있다. 이 효과는 뿌리가 있는 식물에서 알려져 있다. 뿌리의 밑부분에 옥신 농도가 높으면 세포의 신장이 억제된다. 윗부분의 세포가 계속 신장하면 뿌리는 아래쪽으로 구부러진다. 이러한 굴성은 뿌리가 곧게 자랄 때까지 계속된다.

◀ **그림 33.9A**
옥수수 어린 식물의 굴중성

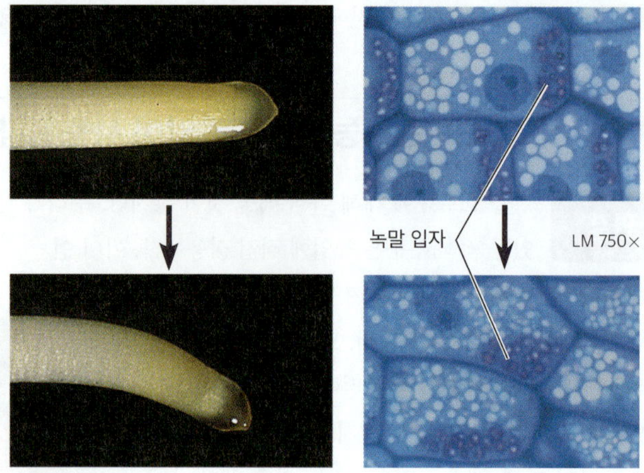

▲ **그림 33.9B** 녹말 입자의 움직임에 반응(오른쪽)하여 아래로 구부러진 옥수수 뿌리(왼쪽 현미경 사진)

접촉에 대한 반응 완두콩 식물의 덩굴손(tendril, 변형된 잎)이 지지대에 닿아 감싸는 것을 보면 접촉에 반응하는 방향성 생장인 **굴촉성(thigmotropism)**임을 알 수 있다(**그림 33.9C**). 덩굴손은 물체에 닿을 때까지 곧게 자란다. 그런 다음 접촉은 덩굴손의 반대편에 있는 세포를 자극하여 서로 다른 속도로 자라게 하고(접촉 부위는 느리게), 덩굴손이 지지대 주위를 감싸도록 만든다. 대부분의 덩굴식물은 단단한 물체에 닿으면 감고 움켜쥐는 방식으로 반응하는 덩굴손을 가지고 있다. 이러한 식물은 굴촉성을 통해 햇빛을 향해 자라면서 이러한 물체를 지지대로 사용할 수 있다.

▲ **그림 33.9C** 완두콩 식물의 덩굴손의 굴촉성

모든 굴성은 식물의 생장이 환경과 조화를 이루도록 도와준다. 다음 절에서는 식물도 환경과 시간에 적응하는 방법이 있다는 것을 배운다.

? 양성과 음성 굴성의 차이점은 무엇인가? 각각의 예를 드시오.

■ 관엽식물이 햇빛을 향해 자라는 것처럼 자극을 향해 생장하는 것이 양성 굴성이고, 줄기가 중력을 거슬러 위로 자라는 것처럼 자극을 피해 생장하는 것이 음성 굴성이다.

33.10 식물에는 내부 시계가 있다

사람의 맥박, 혈압, 체온, 세포분열 속도, 혈구 수, 각성 상태, 성욕, 소변 성분, 물질대사율은 모두 시간에 따라 리듬을 타며 변동한다. 식물도 리듬에 따른 행동을 보이는데, 기공의 개폐(32.4절 참조)와 저녁에 잎이나 꽃을 접었다가 아침에 펴는 많은 종의 '수면 운동(sleep movement)'이 그 예다. 이러한 주기적 변화 중 일부는 우주 궤도 공전과 같이 인위적으로 일정한 조건에서도 계속되는데, 이는 식물에 시간을 감지하는 능력이 내재되어 있음을 의미한다.

내재된 생체 리듬 알려진 환경 변수에 의해 조절되지 않는 약 24시간의 내재적 생물학적 주기를 **일주기성 리듬(circadian rhythm)**이라고 한다. 일주기성 리듬은 유기체가 환경적 신호로부터 보호받는 경우에도 지속된다. 예를 들어 콩과 식물은 일정한 빛이나 지속적인 어둠이 유지되더라도 거의 같은 간격으로 수면 운동을 나타낸다. 따라서 일주기성 리듬은 일출과 일몰 같은 외부 자극의 유무에 관계없이 발생한다. 다양한 생물을 대상으로 한 연구에 따르면 **생체시계(biological clock)**로 알려진 생체 내부의 시계에 의해 일주기성 리듬이 조절되는 것으로 나타났다.

▲ 그림 33.10 콩과 식물의 수면 운동

생체시계는 환경 신호가 없어도 시간을 계속 표시하지만, 정확히 24시간 주기에 맞춰져 있으려면 매일 환경으로부터의 신호가 필요하다. 이는 선천적으로 타고난 일주기성 리듬이 일반적으로 24시간 주기와 다소 다르기 때문이다. 그림 33.10에 보여주는 콩과 식물을 생각해 보자. 콩과 식물의 잎은 일반적으로 정오에는 수평을 이루고 자정에는 아래로 접혀 있다. 그러나 이 식물을 어둠 속에 두면 수면 움직임이 약 26시간의 주기로 바뀐다.

낮과 밤의 빛과 어둠의 주기는 일반적으로 생체시계를 외부 세계와 정확하게 동기화하는 단서를 제공한다. 그러나 생체시계는 빛/어둠 주기의 갑작스러운 큰 변화에 즉시 적응할 수 없다. 우리는 비행기를 타고 여러 시간대를 교차할 때 이 문제를 직접 관찰한다. 목적지에 도착하면 시차(jet lag)가 발생하고 체내 시계가 벽에 걸린 시계와 동기화되지 않는다. 여러 시간대를 가로질러 식물을 옮길 때도 비슷한 시차가 발생한다. 예를 들어 식물은 원래 위치의 시계와 동기화된 잎의 움직임을 나타낸다. 식물과 여행자 모두 시계를 재설정하는 데는 보통 며칠이 걸린다.

생체시계의 본질 생체시계란 무엇일까? 사람과 다른 포유류의 경우, 시계는 뇌의 시상하부(hypothalamus)에 있는 신경세포다발 안에 위치한다(28.15절 참조). 그러나 식물을 포함한 대부분의 다른 유기체의 경우, 시계가 어디에 있는지 또는 어떤 종류의 세포가 관여하는지에 대해서는 거의 알려져 있지 않다. 대표적인 가설은 식물의 생물학적 시간 유지에는 되먹임작용을 통해 자가 생산을 조절하는 단백질을 합성하는 '시계 유전자'가 관여할 수 있다는 것이다. 단백질이 충분한 농도로 축적되면 자신의 유전자를 끈다. 단백질 농도가 떨어지면 전사가 다시 시작된다. 그 결과 대략 24시간 동안 단백질의 농도가 주기를 이루며 시계처럼 순환하는 것이다! 일부 연구에 따르면 이러한 분자 메커니즘은 모든 진핵생물에 공통적일 수 있다고 한다. 그러나 이 분야에 대해서는 아직 많은 연구가 진행 중이다.

온도는 대부분의 대사 과정에 큰 영향을 미치지만, 생체시계와 생체시계가 조절하는 일주기성 리듬에는 거의 영향을 미치지 않는다. 어떻게든 생체시계는 온도 변화를 보상한다. 외부 온도의 상승과 하강에 따라 속도가 빨라지거나 느려지는 시계는 신뢰할 수 없는 시계가 되기 때문에 이러한 조정은 필수적이다.

생체시계에 대한 질문에 답하기 위해서는 시계와 시계가 제어하는 과정을 구분하는 것이 중요하다. 잎의 수면 운동을 생체시계의 '시곗바늘'로 생각할 수 있지만, 그것이 시계 자체의 본질은 아니다. 콩과 식물의 잎을 몇 시간 동안 묶어 움직이지 못하게 할 수 있다. 그러나 풀어주면 잎은 하루 중 시간에 적합한 상태로 되돌아가려고 서두를 것이다. 따라서 우리는 유기체의 리듬 활동을 방해할 수 있지만, 그 생체시계는 계속 작동한다. 다음 절에서는 식물의 내부 생체시계와 외부 환경 사이의 인터페이스에 대해 자세히 알아본다.

? 식물의 생체시계는 충분한 농도로 축적되면 자신의 유전자를 차단하는 단백질 합성에 의해 제어된다는 가설이 있다. 이러한 메커니즘은 어떤 종류의 되먹임작용을 나타내는가?

■ 어떤 과정(이 경우, 단백질)의 결과가 그 과정(유전자의 전사 및 번역)을 차단하는 음성되먹임이다.

33.11 식물은 광주기를 측정하여 계절을 감지한다

수분매개자가 나타나기 전에 꽃을 피우는 식물이나 한겨울에도 새 잎을 피우는 나무를 상상해 보자. 그러한 식물은 심각한 불이익을 당할 것이다. 개화, 씨의 발아, 휴면의 시작과 종료는 모두 식물 발달의 단계로, 일반적으로 1년 중 특정 시기에 발생한다. 즉, 식물의 생활사는 환경적 계절의 리듬 주기와 불가분의 관계에 있다. 따라서 생체시계는 계절적 사건뿐만 아니라 일상적인 사건에도 영향을 미쳐야 한다. 식물이 계절을 감지하는 데 가장 자주 사용하는 환경적 자극은 낮과 밤의 상대적 길이인 **광주기(photoperiod)**다.

광주기에 의해 개화가 촉발되는 식물은 크게 두 그룹으로 나뉜다. 한 그룹인 **단일식물(short-day plant)**은 일반적으로 빛의 기간이 짧아지는 늦여름, 가을 또는 겨울에 꽃을 피운다. 국화나 포인세티아가 단일식물의 대표적인 예다. 반면, 시금치, 상추, 무, 많은 곡식류와 같은 **장일식물(long-day plant)**은 보통 빛의 기간이 길어지는 늦봄이나 초여름에 꽃을 피운다. 예를 들어 시금치는 낮이 14시간 이상 지속될 때만 꽃을 피운다. 민들레, 토마토, 벼와 같은 일부 식물은 낮의 길이에 관계없이 특정 성숙 단계에 도달하면 꽃을 피우는 중일식물(day-neutral plant)이다.

1940년대에 연구자들은 개화 및 광주기에 대한 다른 반응이 실제로는 연속적인 낮의 길이가 아니라 연속적인 어둠의 길이에 의해 제어된다는 사실을 발견했다. 즉, '단일'식물은 어둠이 충분히 오래 지속될 때만 꽃을 피우고, '장일'식물은 어둠의 기간이 충분히 짧을 때만 꽃을 피운다는 것이다. 따라서 두 가지 유형을 '긴 밤'식물과 '짧은 밤'식물이라고 부르는 것이 더 적절할 것 같다. 그러나 낮 길이라는 용어는 식물 생물학 문헌에 확고하게 묻혀 있는 용어이므로 여기서는 이 용어를 사용하겠다.

그림 33.11은 밤 길이 효과에 대한 증거와 단일식물과 장일식물의 개화 반응의 차이를 보여준다. 그림의 위쪽 부분은 단일식물을 나타낸다. 위쪽의 단일식물은 임계 길이(약 14시간, 가운데 막대 표시)를 초과하는 연속적인 암흑 기간에 노출될 때까지 꽃을 피우지 않는 것을 알 수 있다. 연속적인 어둠이 중요하다. 광주기의 야간 부분이 잠깐이라도 빛의 섬광에 의해 중단되면(세 번째 막대에 표시된 것처럼) 단일식물은 꽃을 피우지 않는다. 짧은 어둠에 노출되어 광주기의 주간 부분이 끊어지면 효과가 없다.

꽃집에서는 이러한 단일식물에 대한 정보를 활용해 제철에 피지 않는 꽃을 우리에게 선사한다. 예를 들어 포인세티아는 보통 가을에 피는 단일식물이지만, 긴 밤마다 번쩍이는 빛을 비춰 긴 밤 하나를 짧은 밤 2개로 만들어 11~12월 홀리데이 시즌까지 개화를 늦출 수 있다. 부활절 백합은 또한 부활절의 정확한 날짜가 음력에 따라 변동하기 때문에 농부들은 해마다 5주 정도 차이가 날 수 있는 특정 시기에 개화하도록 조절한다.

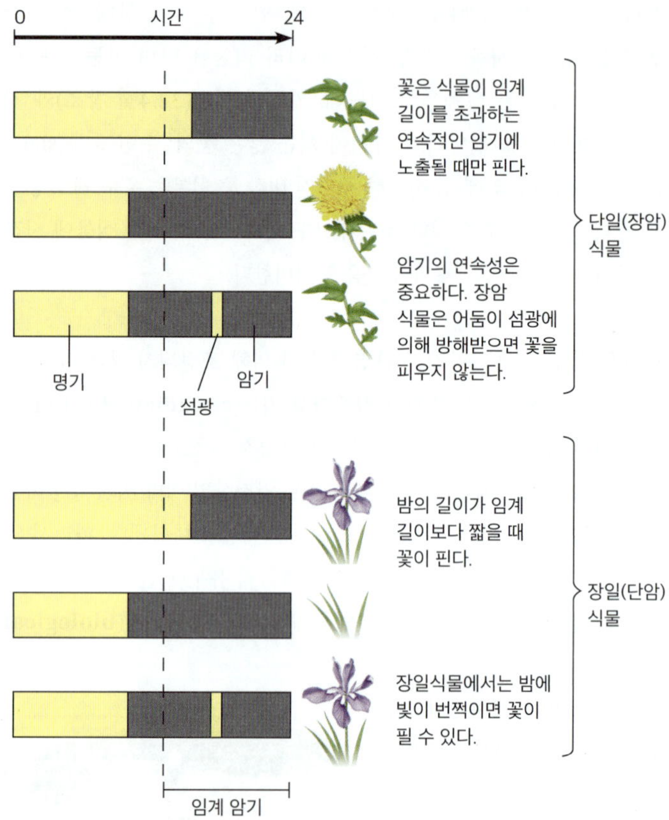

▲ **그림 33.11** 단일 및 장일 식물에서 개화의 광주기 제어

시도해 보기 각 경우에 대해 검은색 막대의 길이(연속적인 어둠)를 개화 발생 여부와 연관시켜 보자.

그림 33.11의 아래쪽은 밤의 길이가 장일식물에 미치는 영향을 보여준다. 이 경우 밤의 길이가 임계 길이보다 짧을 때(이 예에서는 이 그룹의 위쪽 막대에서 볼 수 있듯이 10시간 미만) 개화가 일어난다. 어두운 간격이 너무 길면 개화(이 그룹의 중간 막대)가 일어나지 않는다. 또한 밤 동안의 섬광에 의해 장일식물에서 개화가 유도될 수 있다(아래쪽 막대).

대부분의 식물 종에는 임계 밤의 길이가 있지만, 이 임계 밤의 길이가 개화에 미치는 영향은 식물의 종류에 따라 다르다. 단일식물의 경우, 임계 밤의 길이는 개화에 필요한 최소한의 어둠 시간으로, 어둠이 짧으면 개화가 이루어지지 않는다. 장일식물에서 이 임계 밤의 길이는 개화에 필요한 최대 어둠의 시간이며, 어둠이 적을수록 개화가 촉진된다.

? 특정 단일식물은 봄에 꽃을 피우지 않는다. 짧은 어둠의 중단이 봄의 긴 빛의 기간을 2개의 짧은 빛의 기간으로 나눈다고 가정해 보자. 어떤 결과가 예측되는가?

■ 식물은 여전히 꽃을 피우지 않는데, 이는 개화의 광주기 조절에서 중요한 것은 낮의 길이가 아니라 밤의 길이이기 때문이다.

33.12 파이토크롬은 생체시계를 설정하는 데 도움이 되는 빛 감지기다

광주기가 식물의 계절적 반응을 결정한다는 발견은 또 다른 질문으로 이어진다. 식물은 어떻게 광주기를 측정할까? 아직 밝혀내야 할 것이 많지만 파이토크롬이라는 광수용체가 그 해답의 일부가 될 수 있다. **파이토크롬(phytochrome)**은 빛을 흡수하는 성분을 가진 단백질이다.

파이토크롬은 빛의 다양한 파장이 씨의 발아에 미치는 영향에 대한 연구 중에 발견되었다. 많은 종류의 씨는 빛의 조건이 최적에 가까울 때만 발아하는데, 이는 어린 식물의 생존 확률을 높이는 적응이다. 660 nm 파장의 적색광이 발아를 증가시키는 데 가장 효과적인 것으로 밝혀졌다. 원적색광 범위(730 nm, 사람의 가시광선 가장자리에 가까운)의 빛은 발아를 억제했다. 또한 연구진은 씨가 마지막으로 노출되는 빛이 씨의 반응을 결정한다는 사실을 발견했다. 즉, 적색광과 원적색광의 효과는 서로 뒤바뀔 수 있다는 것이다.

파이토크롬은 어떻게 빛의 파장에 따라 다르게 반응하는가? 이 능력의 핵심은 파이토크롬 분자가 구조가 약간 다른 두 가지 형태 사이를 오가며 변화한다는 것이다(**그림 33.12A**). P_r으로 알려진 한 형태는 적색광을 흡수하여 P_{fr} 형태로 빠르게 변환된다. 다른 하나는 P_{fr}로 알려진 형태로 원적색광을 흡수하여 P_r 형태로 변환된다. 이 $P_r \leftrightarrow P_{fr}$ 상호 변환은 식물의 생명에서 빛에 의해 유발되는 다양한 이벤트를 제어하는 스위치 역할을 한다.

매일 밤 새로운 파이토크롬 분자가 합성되지만 P_r 형태로만 합성된다. 따라서 일몰 후 계속되는 어둠 속에서 P_r 형태의 분자가 천천히 축적된다. 일출 무렵에는 거의 모든 파이토크롬이 P_r 형태로 존재한다. 일출 후 들어오는 붉은 파장의 햇빛은 대부분 P_{fr}로 빠르게 전환되는데, 햇빛에는 적생광과 원적색광이 모두 포함되어 있지만 P_{fr}로의 전환이 P_r로의 전환보다 빠르기 때문에 햇빛에서는 P_{fr}와 P_r의 비율이 증가한다. 매일 새벽에 갑자기 P_{fr}이 증가하는 것이 식물의 생체시계를 재설정하는 것이다. 파이토크롬과 생체시계의 상호작용을 통해 식물은 밤과 낮의 경과를 측정할 수 있다. 이를 통해 식물의 생체시계는 낮과 밤 길이의 계절적 변화를 감지하면 씨 발아, 개화, 휴면의 시작 및 끝과 같은 반응을 신호로 보내며, 이 과정에서 식물의 생체시계는 광주기를 모니터링한다.

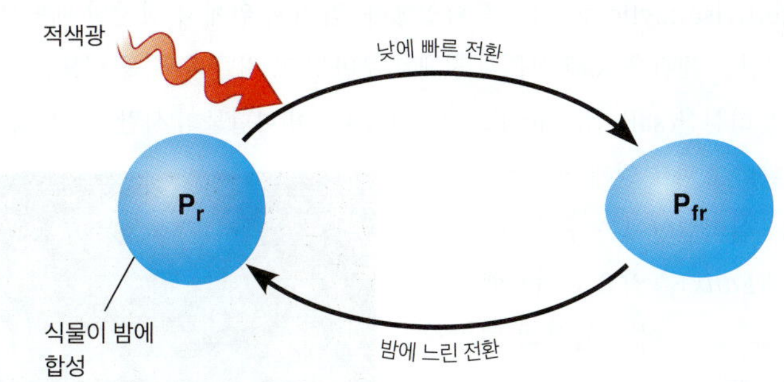

▲ **그림 33.12A** 낮/밤 주기에 걸친 두 가지 형태의 파이토크롬의 상호 전환

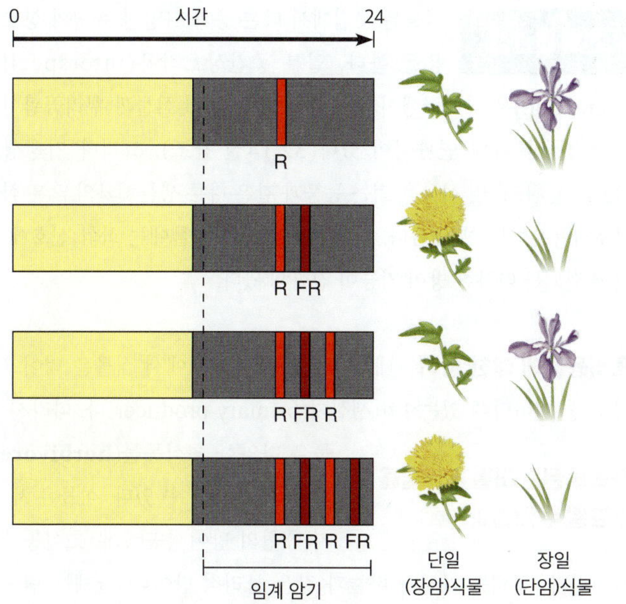

▲ **그림 33.12B** 적색광 및 원적색광 빛의 가역적 효과

시도해 보기 이 그림의 오른쪽에 있는 식물의 이미지를 가린 다음, 표시된 네 가지 조건 각각에 대해 어떤 식물이 꽃을 피울지 예측해 보시오.

이 파이토크롬 스위치의 효과는 **그림 33.12B**에 나와 있다. 위쪽 막대는 이전 절에서 중요 암흑기에 빛의 섬광을 받는 단일식물과 장일식물 모두에 대해 본 결과를 보여준다. 조명 플래시의 문자 R은 적색광을 나타낸다. 다른 3개의 막대는 원적색광(FR)의 섬광이 개화에 미치는 영향을 보여준다. 두 번째 막대는 어둠의 주기를 방해하는 적색광 섬광의 효과가 후속 원적색광 섬광에 의해 역전될 수 있음을 보여준다. 두 유형의 식물 모두 밤의 길이가 중단되지 않은 것처럼 행동한다. 아래쪽 두 막대는 식물이 적색광 또는 원적색광의 섬광을 몇 번 받더라도 마지막 섬광의 파장만이 식물의 밤 길이 측정에 영향을 미친다는 것을 나타낸다.

식물은 또한 굴광성 및 새벽에 기공이 열리는 것과 같은 빛에 민감한 식물 반응을 제어하는 청색광 광수용체 그룹을 가지고 있다. 빛은 식물의 삶에서 특히 중요한 환경 요인이며, 빛에 대한 식물의 반응을 매개하는 다양한 수용체와 신호 경로가 진화해 왔다.

? 파이토크롬 분자는 식물이 매일 새벽을 인식하는 데 어떻게 도움이 되는가?

■ 파이토크롬 분자는 밤 동안 주로 P_r 형태다. 새벽에는 햇빛의 붉은 파장을 흡수하기 때문에 P_r이 P_{fr}로 갑자기 변환되어 신호를 보낸다.

33.13 초식동물과 전염성 미생물에 대한 방어는 식물에서 진화했다

진화 연관성 식물은 군집에서 다른 종과 다양한 유형의 상호작용을 한다. 일부 종간상호작용(interspecific interaction)은 상리공생이기도 한데, 예를 들어 식물과 뿌리곰팡이에 있는 진균류와의 연관성이 있다(32.14절 참조). 그러나 기생생물(32.15절 참조) 및 식물을 먹는 동물과 같은 다른 생물체와의 많은 식물 상호작용은 식물에 해롭다. 자연선택을 통해 식물에는 화학 신호에 의해 조절되는 다양한 방어 기능이 진화해 왔다.

초식동물에 대한 방어 대부분의 육상 생태계에서 식물은 먹이그물의 가장 밑바닥에 있는 1차 생산자(primary producer)다. 따라서 식물은 다양한 **초식동물(herbivores)**의 공격을 받을 수 있다. 식물은 세 가지 유형의 방어 수단으로 초식동물을 저지한다. 첫째는 가시나 바늘과 같은 물리적 방어다. 둘째는 혐오감이나 독성물질 같은 화학적 방어다. 예를 들어, 일부 식물은 카나바닌(canavanine)이라는 아미노산을 생성한다. 카나바닌은 일반적으로 단백질을 만드는 데 사용되는 20가지 아미노산 중 하나인 아르기닌과 유사하다. 곤충이 카나바닌이 함유된 식물을 먹으면 아르기닌 대신 카나바닌 분자가 곤충의 단백질에 결합한다. 카나바닌은 단백질의 모양과 기능을 변화시킬 정도로 아르기닌과 다르기 때문에 곤충은 해를 입는다. 초식동물에게 해로운 식물에서 생성되는 다른 방어 화합물로는 카페인(장 도입부 참조), 천연 고무(32.6절 참조), 심지어 양귀비에서 발견되는 것과 같은 아편(**그림 33.13A**) 등이 있다.

화학물질은 어떻게 식물을 보호할 수 있을까?

▲ **그림 33.13A** 손상 후 독성 화학물질을 방출하는 양귀비(*Papaver somniferum*)

초식동물에 대한 세 번째 보호 유형으로, 일부 식물은 특정 종류의 동물을 유인하는 화학물질을 방출하여 초식동물을 죽인다. 예를 들어, 기생충 말벌(풀쐐기)이라는 곤충은 식물을 먹이로 하는 애벌레를 죽일 수 있다(**그림 33.13B**). ❶ 애벌레가 식물을 물면, 식물에 대한 물리적 손상과 애벌레의 타액에 있는 화학물질의 조합이 ❷ 식물 세포 내의 신호전달경로를 촉발한다. 이 경로는 특정 세포 반응으로 이어진다. ❸ 말벌을 유인하는 ❹ 가스의 합성 및 방출이 일어난다. ❺ 말벌은 애벌레에게 자신의 알을 주입한다. 알이 부화하면 말벌 유충은 애벌레 숙주에서 나와 애벌레를 잡아먹어 죽인다. 일부 종에서는 방어 화학물질의 방출이 주변의 영향을 받지 않은 식물에게 신호를 보내 자체 보호 화합물을 방출하도록 할 수도 있다.

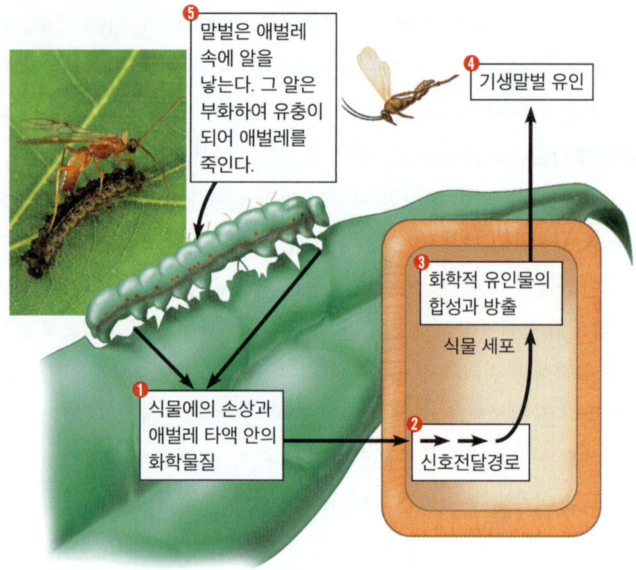

▲ **그림 33.13B** 초식동물에 대한 식물 반응으로서 말벌의 유인

병원균에 대한 방어 식물은 동물과 마찬가지로 병원성 미생물(바이러스, 박테리아, 곰팡이류)에 감염되어 조직을 손상시키거나 심지어 식물을 죽일 수 있다. 감염에 대한 식물의 첫 번째 방어선은 식물 표피의 물리적 장벽이다. 그러나 미생물은 상처를 통해 또는 기공과 같은 자연적인 구멍을 통해 이 장벽을 통과할 수 있다.

병원균이 침입하면 식물은 2차 방어선 역할을 하는 화학물질로 대응한다. 예를 들어, 감염은 식물 세포벽의 화학적 변화를 자극하여 벽을 단단하게 만들어 식물 내 미생물의 확산을 늦춘다. 또한 이러한 화학적 신호 중 일부는 감염된 부위의 식물 세포가 스스로를 파괴하여 감염의 확산을 제한한다. 이러한 국소 반응은 **그림 33.13C**와 같이 잎에 눈에 보이는 병변을 만들 수 있다.

감염으로 손상된 식물 세포는 죽기 전에 미생물을 죽이는 화학물질을 방출하여 주변 세포가 유사한 화학적 방어를 수행하도록 신호를 보낸다. 연구자들은 이러한 경보 화학물질 중 하나가 메틸살리실산(methylsalicylic acid)임을 확인했다. 감염 부위에서 생성된 메틸살리실산은 체관을 통해 식물체 전체로 운반된다. 전달 후 식물 세포는 이를 살리실산(salicylic acid)으로 전환한다. 이 화합물의 사람에 대한 통증 완화 효과로 인해 초기 문화권에서는 살리실산이 풍부한 버드나무 껍질(*Salix*)을 약으로 사용했으며, 아스피린은 이 화합물의 화학적 유도체다.

▲ **그림 33.13C** 눈에 보이는 병변(흰색 영역)이 있는 감염된 담배 잎

방어선이 무너지면 식물에서 식물로 질병이 퍼질 수 있다. 이러한 질병의 유행은 식물에 의존하는 인

간에게 엄청난 문제를 일으킬 수 있다. 예를 들어, 1840년대 아일랜드의 감자 기근은 감자 역병이라는 미생물이 주식인 감자를 감염시켰기 때문에 발생했다. 밤나무 마름병과 참나무 돌연사 같은 다른 질병은 전체 경관과 군집구조를 변화시켰다. 식물 전염병은 종종 식물이나 식물 제품이 전 세계로 운송되어 저항성이 자연적으로 진화하지 않은 새로운 영역으로 질병을 퍼뜨리는 데서 발생한다. 캠핑객들에게 지역 장작을 멀리 떨어진 공원으로 가져가지 말라고 경고하는 이유도 바로 이 때문이다. 글로벌 교역이 증가함에 따라 식물 전염병은 더 흔해질 것이다. 이러한 위협에 맞서기 위해 식물학자들은 식물이 자연적으로 자신을 보호하는 방법을 이해하여 새로운 상황에 적용할 수 있는 교훈을 얻기 위해 경쟁하고 있다.

식물이 위협에 대응하기 위해 화학 신호를 사용하는 것은 매일 종 사이에서 일어나는 수많은 상호작용 중 하나에 불과하다. 다음 단원에서는 전체 생태계 수준에서 생명체와 환경의 상호작용에 대해 계속 살펴본다.

? 사람이 수확하고 섭취하는 식물에서 생성되는 방어성 화합물 두 가지를 말하시오.

■ 카페인과 살리실산

CHAPTER 33 복습

개념 복습하기

식물 호르몬(33.1~33.8)

33.1 여러 과학자들의 일련의 실험을 통해 식물 호르몬이 발견되었다. 호르몬은 식물 세포와 조직의 활동을 조절한다. 다윈 등이 수행한 실험에 따르면 풀의 줄기정단부가 빛을 감지하여 줄기가 자라는 부위로 신호를 전달하는 것으로 나타났다.

33.2 식물학자들은 몇 가지 주요 호르몬 유형을 밝혀냈다. 소량의 호르몬은 신호전달경로를 촉발하여 식물의 생장과 발달을 조절한다.

33.3 옥신은 어린 줄기의 세포 신장을 자극한다. 식물은 줄기의 끝에 있는 끝눈분열조직에서 옥신을 생성한다. 옥신은 세포벽을 약화시켜 세포가 물을 흡수할 때 세포가 늘어날 수 있도록 하는 작용을 한다.

33.4 사이토키닌은 세포분열을 자극한다. 뿌리, 배아, 열매에서 생성되는 사이토키닌은 세포분열을 촉진한다. 뿌리에서 나오는 사이토키닌은 끝눈분열조직에서 나오는 옥신의 효과를 상쇄시켜 아래쪽 곁눈이 가지로 발달하도록 한다.

33.5 지베렐린은 줄기 신장에 영향을 미치며 그 외에도 다양한 효과가 있다. 지베렐린은 줄기와 잎의 생장과 열매의 발달을 촉진한다. 배에서 방출된 지베렐린은 씨가 발아하는 초기에 일부 기능을 한다.

33.6 앱시스산은 식물의 많은 과정을 억제한다. 앱시스산은 발아를 억제한다. 앱시스산과 지베렐린의 비율에 따라 씨가 휴면 상태로 남을지 발아할지가 결정되는 경우가 많다. 많은 식물의 씨는 앱시스산이 비활성화되거나 씻겨 내려갈 때까지 휴면 상태로 남아 있다.

33.7 에틸렌은 과일의 숙성과 노화를 촉진한다. 과일 세포가 노화되면 에틸렌 기체를 방출하여 성숙을 앞당긴다. 주로 낮이 짧아짐에 따라 발생하는 옥신과 에틸렌의 비율 변화는 낙엽수에서 가을색 변화와 낙엽의 손실을 유발한다.

33.8 식물 호르몬은 농업용으로 많이 사용된다. 옥신은 열매의 낙과를 지연시키거나 촉진할 수 있다. 옥신과 지베렐린은 씨 없는 열매를 생산하는 데 사용된다. 2,4-D라는 합성 옥신은 잡초를 죽인다. 이러한 화학물질 사용의 안전성에 대한 의문이 제기되고 있다.

자극에 대한 반응(33.9~33.13)

33.9 굴성은 식물의 생장을 환경 자극을 향해 또는 환경적 자극으로부터 멀어지게 한다. 식물은 환경의 변화를 감지하고 이에 반응한다. 식물이 자극을 향해 또는 자극으로부터 멀어지게 하는 생장 반응이 바로 굴성이다.

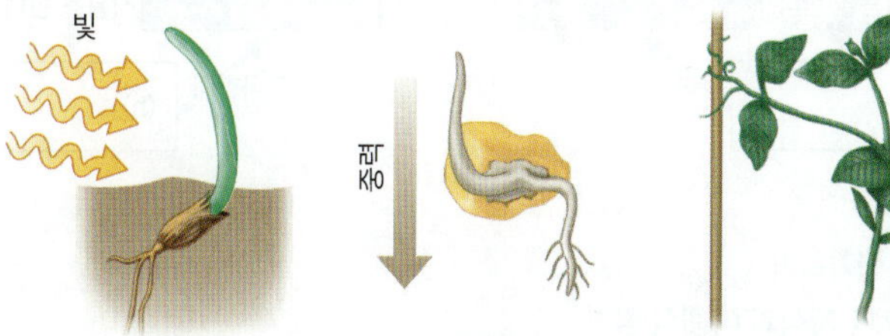

빛에 반응하여 구부러지는 굴광성은 어린 잔디 식물에서 줄기의 밝은 쪽에서 어두운 쪽으로 옥신이 이동하여 발생한다. 중력에 대한 반응인 굴중성은 줄기와 뿌리의 아래쪽에 세포소기관이 침강하여 발생하며, 이는 호르몬 분포에 변화를 일으킬 수 있다. 접촉에 대한 반응인 덩굴손은 덩굴이 물체 주위를 감싸는 현상을 일으킨다.

33.10 식물에는 내부 시계가 있다. 내부 생체시계는 식물의 수면 운동과 기타 하루 주기를 조절한다. 일주기성 리듬이라고 불리는 이러한 주기는 환경적 신호가 없어도 약 24시간 주기로 지속되지만, 낮과 밤을 동기화하기 위해서는 그러한 신호가 필요하다.

33.11 식물은 광주기를 측정하여 계절을 감지한다. 개화 시기는 밤과 낮의 상대적인 길이인 광주기에 대한 계절적 반응 중 하나다.

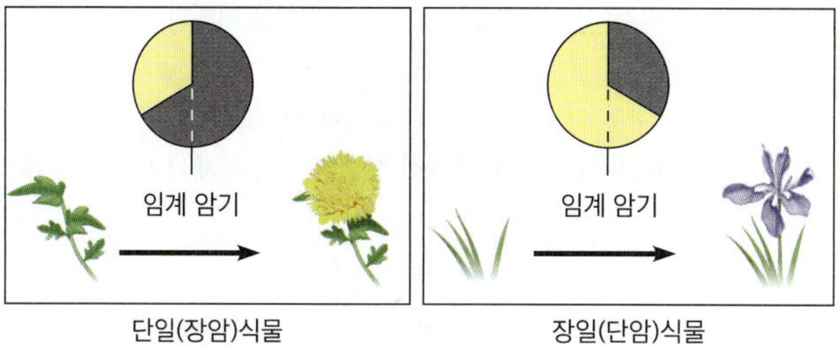

단일(장암)식물 장일(단암)식물

33.12 파이토크롬은 생체시계를 설정하는 데 도움이 되는 빛 감지기다. 파이토크롬이라는 빛을 흡수하는 단백질은 식물이 생체시계를 설정하고 광주기를 모니터링하는 데 도움을 줄 수 있다.

33.13 초식동물과 전염성 미생물에 대한 방어는 식물에서 진화했다. 식물은 가시와 같은 물리적 장벽과 독성이 있거나 포식자를 유인하는 화학물질을 사용하여 초식동물로부터 자신을 보호한다. 감염에 대한 방어에는 미생물을 죽이는 화학물질과 식물체를 통해 전달되는 경보 신호가 있다.

개념 연결하기

1. 다섯 가지 주요 식물 호르몬(옥신, 사이토키닌, 지베렐린, 앱시스산, 에틸렌)에 대한 지식을 각 글자가 적힌 상자에 하나의 호르몬을 연결 지어 시험해 보자. (일부 호르몬은 2개 이상의 상자와 연결되기도 한다.)

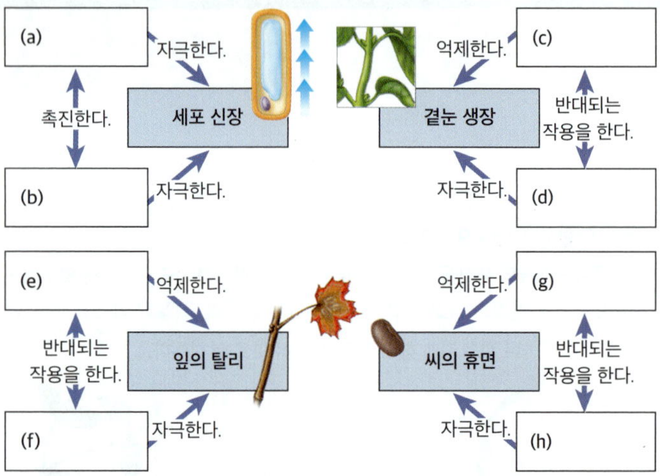

학습 평가하기

1단계: 지식과 이해력 평가

2. 올바른 용어를 선택하여 빈칸을 채우시오: 발달, 환경, 생장, 신호.
   식물 호르몬은 ______ 및 ______ 같은 일반적인 기능을 조절한다. 그들은 ______에 대한 ______을/를 식물의 다른 부분에 전달한다.
3. 옥신은 다음에 의해 줄기가 빛을 향해 구부러지게 한다.
   a. 줄기의 어두운 면에 있는 세포를 수축시킨다.
   b. 줄기의 어두운 면에 생장을 촉진한다.
   c. 조명이 비추는 쪽의 세포를 수축시킨다.
   d. 줄기의 조명이 있는 쪽에서 생장을 촉진한다.
4. 가을에는 과일과 잎자루에서 ______의 양이 증가하고 ______의 양이 감소하여 식물에서 과일과 잎이 떨어진다.
   a. 에틸렌, 옥신 b. 지베렐린, 앱시스산
   c. 사이토키닌, 앱시스산 d. 옥신, 에틸렌
5. 식물 호르몬은 ______의 활동에 작용하여 영향을 미친다.
   a. 유전자 b. 막
   c. 효소 d. 유전자, 막, 효소
6. 나무 그루터기에는 종종 눈과 새싹이 형성된다. 눈과 새싹의 형성을 촉진하는 호르몬은 무엇인가?
   a. 옥신 b. 사이토키닌
   c. 앱시스산 d. 에틸렌
7. 식물은 파이토크롬을 사용하여 ______을/를 감지한다.
   a. 광주기 b. 하루의 시간
   c. 굴광성 d. 일주기성 리듬

연결 짓기

각 정의를 올바른 용어와 연결하시오.

8. 빛을 향한 싹의 구부러짐	a. 파이토크롬
9. 접촉에 대한 생장 반응	b. 광주기
10. 약 24시간의 주기	c. 수면 운동
11. 개화를 조절하는 데 도움이 되는 색소	d. 일주기성 리듬
12. 밤과 낮의 상대적 길이	e. 굴촉성
13. 중력에 대한 생장 반응	f. 굴광성
14. 밤에 식물 잎의 접힘	g. 굴중성

2단계: 응용과 분석력 평가

15. 어떤 장일식물은 낮의 길이가 12시간 미만일 때만 꽃을 피운다. 다음 중 꽃을 피우는 원인은 무엇인가?
    a. 밤 9시간, 낮 15시간, 7시간 후 1분간의 어둠
    b. 낮 8시간, 밤 16시간, 8시간 후 백색광의 섬광
    c. 밤 13시간, 낮 11시간, 6시간 후 1분간의 어둠
    d. 낮 12시간, 밤 12시간, 6시간 후 적색광의 깜박임
16. 사과를 장기간 보관하려면 공기 순환이 잘되는 곳에 보관하는 것이 가장 좋다. 이유를 설명하시오.
17. 관엽식물의 끝눈을 제거하면 관엽식물이 더 덤불이 되는 이유를 짧은 문장으로 기술하시오.

3단계: 종합평가

18. 식물원 관리인은 새로 온 야간 경비원에게 국화(단일식물)가 꽃을 피우려는 방에 들어가지 말라고 지시한다. 그런데 자정 무렵 경비원이 실수로 국화 방의 문을 열고 잠시 불을 켠다. 이것이 국화에 어떤 영향을 미치는가? 경비원은 어떻게 실수를 바로잡을 수 있는가?
19. 한 식물학자는 열대 관목이 애벌레의 공격을 받을 때 특이한 패턴을 관찰했다. 애벌레가 잎을 먹은 후에는 근처의 잎을 건너뛰고 조금 떨어진 곳에 있는 잎을 공격하는 것이었다. 단순히 잎을 제거해도 근처에서 같은 변화가 일어나지 않았다. 식물학자는 손상된 잎이 다른 잎에 신호를 보내는 화학물질을 내보낸다고 의심했다. 이 가설을 어떻게 검증할 수 있는가?
20. 다음 시나리오를 상상해 보자. 한 식물학자가 식물 호르몬의 효과를 모방한 합성 화학물질을 개발했다. 이 화학물질을 수확하기 전에 사과에 뿌려서 껍질에 형성된 천연 왁스가 벗겨지는 것을 방지할 수 있었다. 이렇게 하면 사과가 더 빛나고 더 진한 붉은색을 띠게 된다. 농부들이 사과에 이 화학물질을 사용하기 전에 어떤 종류의 질문에 답해야 한다고 생각하는가? 과학자는 이러한 질문에 대한 답을 어떻게 찾을 수 있는가?
21. **과학적 사고** 옥신의 발견은 과학자들이 서로의 연구를 바탕으로 어떻게 발전해 나가는지를 보여주는 좋은 예다. 이 장에서 논의한 세 연구자 집단(다윈 부자, 보이센-옌센, 웬트) 각각에 대해 그들이 발견한 것을 한 문장으로 요약해서 쓰시오. 이 중 한 사람을 옥신의 발견자로 인정한다면 누구일까?

UNIT 7

생태학

▲ 야생지역 근로자

시에라 클럽 직원들이 몬태나주 셀웨이-비터루트 야생지대의 산책로를 복원하여 방문객들이 침엽수림과 활엽수림, 초원 등 이 지역의 다양한 생태계를 엿볼 수 있도록 돕고 있다(34.13~34.15절 참조).

▲ 자연보호구역 관리자

뉴욕주 핑거레이크 토지 신탁의 제이슨 고먼(Jason Gorman)이 자연 서식지를 유지하고 침입종을 모니터링하고 있다 (37.13절 참조).

▲ 현장 생물학자

연방 과학 기관인 미국 지질조사국의 생물학자가 콜로라도강에 서식하는 멸종위기종인 혹등고래를 잡고 있다(38.7절 참조).

CHAPTER 34

생물권: 지구의 다양한 환경에 대한 개론

핵심 개요

생물권(34.1~34.5)

생물권 내 생물의 분포와 풍요로움은 환경의 생물과 무생물 구성요소의 영향을 받는다.

수생 생물군계(34.6~34.7)

수생 생물군계를 해양 또는 담수로 분류하는 것은 염 농도에 따라 결정된다.

육상 생물군계(34.8~34.18)

육상 생물군계의 분포는 주로 온도와 강우량에 의해 결정된다.

34.0 생태학 연구는 우리가 살고 있는 지구를 이해하도록 도와준다

지구 궤도에서 바라본 지구의 모습은 우리를 지탱하는 지구에 대한 독특한 관점을 제공한다(사진). 지구 상공 수 킬로미터의 대기권부터 바다 깊은 곳까지 이어지는 생물권은 생명체가 살고 있는 지구의 모든 영역이다. 사진은 또한 지구가 우주에서 고립되어 있음을 보여준다. 생물권은 광활하지만 유한하기도 하다. 지구를 자세히 들여다보면 인간의 활동으로 인한 광범위한 변화를 알 수 있다. 도시, 농장, 고속도로가 경관을 변화시켰지만, 눈에 보이는 이러한 징후는 우리가 미치는 영향의 광대하고 대부분 보이지 않는 빙산의 일각에 불과하다.

환경 문제는 오늘날 우리가 직면한 가장 시급한 문제 중 하나다. 어떻게 하면 미래 세대의 필요를 충족할 수 있는 능력을 손상시키지 않으면서 현재 사람들의 필요를 충족하는 방식으로 지구의 자원을 관리할 수 있을까? 인간의 건강 관리를 위해 신체의 구조와 기능에 대한 학습이 필요한 것처럼, 건강한 환경을 보존하려면 개체군, 군집 및 생태계의 구조와 기능에 대한 이해가 필요하다. 이 단원에서는 생물체와 환경 간의 상호작용을 연구하는 과학적 학문인 생태학의 원리에 대해 학습한다. 지구의 다양한 환경에 대한 탐구부터 시작해 보자.

34.1 생태학자들은 여러 단계에서 생물이 환경과 상호작용하는 방식을 연구한다

그리스어로 '집'을 뜻하는 oikos에서 유래한 **생태학(ecology)**은 생물과 환경 간의 상호작용에 대한 과학적 연구다. 생태학자들은 생물체의 분포와 풍부함, 즉 어디에 얼마나 많은 개체가 살고 있는지를 설명한다. 환경은 복잡하기 때문에 생물은 잠재적으로 다양한 변수에 의해 영향을 받을 수 있다. 생태학자들은 이러한 변수를 크게 두 가지 유형, 즉 생물적 인자와 무생물적 인자로 분류한다. **생물적 인자(biotic factor)**는 해당 지역의 모든 생물을 포함하는 것으로, 환경의 살아 있는 구성요소다. **무생물적 인자(abiotic factor)**는 환경의 비생물적 구성요소로, 온도, 이용 가능한 에너지 형태, 물, 영양분과 같은 물리적·화학적 요인을 말한다. 생물체가 살아가는 특정 환경인 **서식지(habitat)**에는 주변 환경에 존재하는 생물적 인자와 무생물적 인자가 포함된다.

예상할 수 있듯이 현장 연구는 생태학의 기본이다. 그러나 생태학자들은 조건을 단순화하고 조절할 수 있는 실험실 연구를 통해 가설을 테스트하기도 한다. 일부 생태학자들은 이론적 접근 방식을 취하여 현장에서 수행하기 불가능한 대규모 실험을 시뮬레이션할 수 있는 수학적 및 컴퓨터 모델을 고안하기도 한다.

생태학자들은 여러 단계에서 **상호작용**을 연구한다. 연구자들이 히말라야 산맥의 고산 초원의 생태학을 어떻게 조사할 수 있는지 생각해 보자. **개체(organism)** 수준에서는 한 종류의 생물체가 생리적 기능 또는 행동을 통해 환경의 도전과 기회에 어떻게 대처하는지 조사할 수 있다. 예를 들어, 이 단계에서 일하는 생태학자는 히말라야 청색양귀비(*Meconopsis betonicifolia*, **그림 34.1A**)가 영하의 기온과 짧은 낮이라는 무생물적 환경에 적응하는 과정을 연구할 수 있다.

생태학의 또 다른 연구 수준은 특정 지역에 서식하는 같은 종의 집단인 **개체군(population)**이다. 특정 히말라야 고산 초원에 서식하는 청색양귀비는 개체군을 구성할 수 있다(**그림 34.1B**). 청색양귀비를 연구하는 생태학자는 화학 영양분의 가용성이나 종자 분산 등 개체군 규모에 영향을 미치는 인자를 조사할 수 있다.

세 번째 단계인 **군집(community)**은 잠재적인 상호작용을 할 수 있을 만큼 가까운 곳에 사는 모든 생물 개체군, 즉 환경의 모든 생물적 인자의 집합체다. 특정 고산 초원에 있는 모든 생명체는 군집을 구성한다(**그림 34.1C**). 이 단계에서 일하는 생태학자는 양귀비에 대한 식물 포식자의 영향이나 양귀비와 다른 식물 간의 토양 영양분 경쟁과 같은 종간 상호작용(interspecies interactions)에 초점을 맞출 수 있다.

생태학 연구의 네 번째 단계인 **생태계(ecosystem)**에는 환경의 생물적 요소와 무생물적 요소가 모두 포함된다(**그림 34.1D**). 생태계 수준에서 중요한 질문은 화학물질이 어떻게 순환하는지, 그리고 생물과 주변 환경 간에 에너지 흐름이 어떻게 이루어지는지에 관한 것이다. 고산 초원의 경우, 생태계 수준의 질문 중 하나는 "썩어가는 식물의 분해로 인해 무기 영양분이 얼마나 빠르게 방출되는가?"다.

▲ **그림 34.1A** 개체

▲ **그림 34.1B** 개체군

◀ **그림 34.1C** 군집

◀ **그림 34.1D** 생태계

일부 생태학자들은 생태계의 배열인 **경관(landscape)**을 연구함으로써 더 넓은 관점을 취한다. 경관은 일반적으로 공중에서 볼 때 특징적인 패치로 보인다. 예를 들어, 히말라야 고산 초원은 침엽수림과 활엽수림을 포함하는 산악 경관의 일부다. 경관적 관점에서 보면 생태계의 경계가 뚜렷한 것이 아니며, 한 경관에 속한 여러 생태계 사이에서 에너지, 물질, 개체가 교환될 수 있다는 것을 알 수 있다.

지구 상공 수 킬로미터의 대기권에서 바다 깊은 곳까지 이어지는 **생물권(biosphere)**은 생명체가 살고 있는 지구의 모든 곳을 의미한다. 생물권은 우리 모두의 고향이며, 이 단원을 통해 배우겠지만 우리의 행동은 생물권 전체에 영향을 미친다.

? 그림 34.1D에 표시된 생물적 인자와 무생물적 인자를 나열하시오.

■ 생물적 인자에는 동물과 식물(청색양귀비, 풀)이 포함된다. 무생물 인자에는 토양, 온도, 강수량 등이 포함된다.

34.2 생태학은 환경 문제에 대한 통찰력을 제공한다

과학적 사고 1950년대에 환경에 대한 지배적인 관점에서 본 '자연'은 가축을 길들이는 것처럼 인간의 목적을 위해 길들여지고 통제되어야 하는 힘이라고 여겨졌었다. 사람들은 전염병의 종식과 농업 생산성의 무한한 증가를 약속하는 새로운 기술에 매료되었다. 화학 살충제는 열광적으로 받아들여진 혁신이었다. 가장 널리 사용된 화학물질은 말라리아를 옮기는 모기, 발진티푸스, 페스트 등 농작물 해충과 질병을 옮기는 곤충을 퇴치하는 살충제인 DDT였다. 곤충에 대한 놀라운 살충력에도 불구하고 DDT는 사람을 포함한 척추동물에는 무해한 것으로 간주되었다(**그림 34.2A**).

그러나 1950년대 후반에는 화학 살충제의 광범위한 사용에 대한 열띤 논쟁이 벌어졌다. 소비자들은 식품에 잔류하는 화학물질에 대해 의문을 제기했다. 낙농가들은 인근 농작물에 대한 항공 살포로 인해 우유가 오염된 것을 발견했다. 어류 및 야생동물 전문가들은 민간 시민들과 함께 새, 물고기, 기타 동물이 살충제에 해를 입었다는 수십 건의 보고를 모았다. 이러한 사례 중 일부에서는 한때 흔하게 볼 수 있었던 새들이 그 지역에서 사라지기도 했다. 놀랍게도 과학자들은 살충제가 사용된 곳에서 수천 마일 떨어진 척추동물의 지방 조직에 소량의 살충제가 축적되어 있다는 사실을 발견했다. 심지어 모유에서도 DDT가 검출되었다.

왜 생태학을 공부하는가?

과학자들은 살충제를 살포한 후에도 DDT가 토양이나 물에 오랫동안 남아 있다는 사실도 발견했다. 예를 들어, 한 연구에서는 느릅나무에 질병을 퍼뜨리는 딱정벌레를 방제하기 위해 지난 몇 년 동안 살포된 DDT와 대학 캠퍼스 내 새들의 죽음과의 연관성을 연구했다. 이 논문은 새들이 토양에서 썩어가는 DDT에 오염된 잎을 먹은 지렁이를 먹었을 때 유해한 양에 이르는 독을 섭취한 것으로 추정했다.

다른 과학자들은 다른 육상 생태계뿐만 아니라 수생 생태계에서도 DDT 사용과 동물 사이에 유사한 연관성이 있다고 보고했다. 특히 맹금류가 취약한 것으로 나타났는데, 유럽과 북미에서 대머리독수리, 물수리, 매와 같은 포식성 조류의 개체군이 급격히 감소했다(**그림 34.2B**). 연구에 따르면 DDT를 포함한 살충제로 인해 이들 종의 알 껍질이 비정상적으로 얇아지고 깨지기 쉬워졌다고 한다.

▲ **그림 34.2A** 1945년 뉴욕 존스 비치에서 모기 방제를 위해 DDT를 살포하는 모습

결론의 확실성을 평가하는 것은 과학의 중요한 부분이다. DDT에 대한 초기 증거의 대부분은 고립된 관찰과 연관성으로 구성되었기 때문에 결정적이지 않았다. 하지만 수많은 단서가 축적되면서 철저한 연구가 필요한 문제가 지적되었다.

▲ **그림 34.2B** 매(*Falco peregrinus*)

▲ **그림 34.2C** 레이첼 카슨

연구자들은 과학 저널에 연구 결과를 발표하여 DDT의 광범위한 사용에 대한 우려에 대해 과학적 근거를 문서화했다. 또한 과학자들은 일반 대중과의 소통을 통해 사람들이 현재 이슈를 이해하도록 돕기도 한다. 1962년 《침묵의 봄(*Silent Spring*)》이라는 책이 출간되면서 살충제 문제에 대한 대중의 관심이 높아졌다. 이 책의 저자 레이첼 카슨(Rachel Carson, **그림 34.2C**)은 과학적 주제를 독자들에게 생생하게 전달하는 재능을 발휘하여 대중을 토론의 장으로 끌어들였다. 전직 해양 생물학자이자 미국 어류 및 야생동물 관리국 소속 작가였던 카슨은 광범위한 살충제 사용의 결과에 대한 증거를 수집했다. 카슨은 수년 동안 환경에 잔류하는 독성 화학물질을 대량으로 살포하는 항공 살포 캠페인이 무모하다고 판단, 생태계의 안전을 고려한 새로운 해충 방제 접근법을 주장했다. 살충제로 인한 문제에서 출발한 대중의 인식은 광범위한 환경 문제로의 관심으로 발전했다. 그 결과 1970년대에는 오염을 억제하고 환경을 정화하기 위한 여러 가지 새로운 법률이 제정되었다. 38장에서는 현재 환경적 이슈에 대해 살펴본다.

생태학은 환경 문제를 해결하는 데 필요한 이해를 제공할 수 있다. 그러나 이러한 문제는 가치와 윤리에 기반한 의사결정이 필요하기 때문에 생태학자들만으로는 해결할 수 없다. 환경 문제를 분석하고 더 나은 실천을 위한 계획을 세우는 것은 생태학의 기본 개념을 이해하는 것에서 시작되므로, 지금부터 생태학에 대해 알아보자.

? 생태학자들만으로는 환경 문제를 해결할 수 없는 이유는 무엇인가?

■ 생태학은 의사결정 과정에 정보를 제공할 수 있지만, 환경 문제 해결은 과학의 영역을 벗어난 윤리적·경제적·정치적 판단을 수반한다.

34.3 생물권 내의 물리 및 화학적 인자가 생물에 영향을 미친다

산꼭대기부터 해저까지 다양한 서식지에서 생명이 번성한다는 것을 배웠다. 각 장소에 서식하는 생명체가 성공하려면 그 환경에 존재하는 무생물 인자에 적응해야 한다.

에너지 공급원 생명은 **에너지와 물질**의 전환에 의존한다. 따라서 모든 생명체는 살아가기 위해 에너지 공급원이 필요하다. 광합성 과정에서 포착된 햇빛에서 나오는 태양 에너지는 대부분의 생태계에 동력을 공급한다. 나무 아래 그늘 때문에 숲 바닥에서 자라는 식물들 사이에서 빛에 대한 치열한 경쟁을 유발하기도 하지만, 육상 생태계에서 햇빛 부족이 식물 성장을 제한하는 경우는 드물다. 그러나 많은 수중 환경에서는 빛이 균일하게 공급되지 않는다. 미생물과 부유 입자, 그리고 물 자체는 빛을 흡수하여 특정 깊이 이상으로는 빛이 침투하지 못하도록 막는다. 그 결과 대부분의 광합성은 수면 근처에서 일어난다.

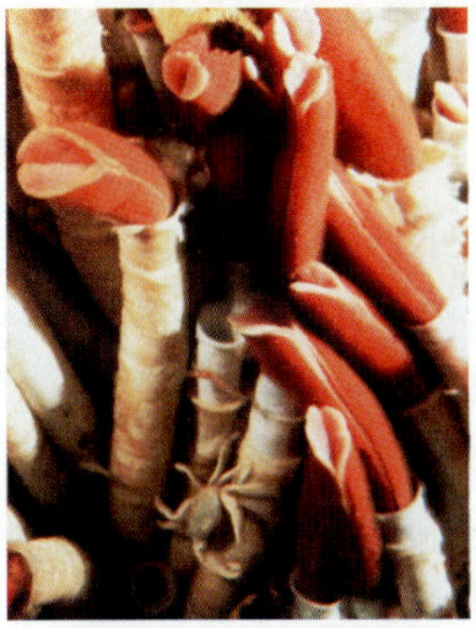

▲ **그림 34.3A** 거대한 서관충

동굴이나 열수구 같은 어두운 환경에서는 무기 화학물질에서 에너지를 추출하는 박테리아가 생태계의 동력이 된다. 유황 박테리아는 열수구(hydrothermal vents) 군집에서 이러한 기능을 수행한다. 이곳에 사는 동물 중 일부는 유황 박테리아를 직접 먹이로 삼고, 또 다른 동물은 몸 안에 사는 박테리아로부터 영양분을 얻는다. 예를 들어, **그림 34.3A**의 거대한 서관충의 붉은 끝부분은 물에서 산소와 황화합물을 얻는 호흡표면이다. 이 몸의 특수 기관에 사는 박테리아는 황화물에서 많은 에너지를 얻는다. 이 동물은 길이가 2 m 이상까지 자랄 수 있다.

온도 온도는 물질대사에 미치는 영향 때문에 중요한 무생물 인자다(5.14절 참조). 0℃에 가까운 온도에서 충분히 활발한 대사를 유지할 수 있는 생물은 거의 없으며, 45℃ 이상의 온도는 대부분의 생물의 효소를 파괴한다. 그러나 일부 종(species)은 특별한 적응을 통해 이 온도 범위 밖에서도 살 수 있다. 예를 들어, 온천에 사는 고세균은 매우 높은 온도에서 최적으로 작동하는 효소를 가지고 있다. 포유류와 **그림 34.3B**의 흰올빼미(snowy owl)와 같은 조류는 주변 환경보다 상당히 따뜻한 체온을 유지할 수 있어서 광범위한 온도 범위에서 활동할 수 있다. 주변 환경으로부터 열을 흡수하여 체온을 조절하는 양서류와 파충류는 분포 범위가 더 제한적이다.

물 물은 모든 생명체에 필수적인 요소다. 따라서 육상 생물에게 탈수는 큰 위협이다. 방수막은 식물과 척추동물이 육지에서 성공할 수 있게 해준 핵심적인 진화적 적응이었다(17.1절과 19.6절 참조). 수생 생물은

▼ **그림 34.3B** 흰올빼미

물로 둘러싸여 있는데 그들이 겪는 문제는 용질의 농도다. 담수 생물은 저장액 속에서 사는 반면, 해양 생물의 환경은 고장액이다. 동물은 다양한 기작을 통해 체액 평형을 유지한다(25.4절 참조).

무기 영양소 식물, 조류, 광합성 박테리아를 포함한 광합성 생물의 분포와 풍부함은 질소나 인과 같은 무기 영양소의 가용성에 따라 달라진다. 식물은 토양에서 이러한 영양소를 얻는다. 토양 구조, pH, 영양소 함량은 종종 식물의 분포를 결정하는 데 중요한 역할을 한다. 많은 수생 생태계에서 질소와 인이 부족하면 조류와 광합성 박테리아의 성장이 제한된다.

기타 수생 인자 육상 생태계가 아닌 수생 생태계에서는 몇 가지 무생물 인자가 중요하다. 육상 생물은 공기 중 산소를 풍부하게 공급받지만 수생 생물은 물에 녹아 있는 산소에 의존해야 한다. 예를 들어 송어와 같은 일부 어종은 높은 수준의 용존 산소를 필요로 한다. 따뜻하거나 정체된 물보다 차갑고 빠르게 흐르는 물의 산소 함량이 높다. 염분, 해류, 조류도 수생 생태계에 영향을 미칠 수 있다.

기타 지상 인자 육지에서 바람은 종종 중요한 무생물 인자다. 바람은 증발을 통해 개체의 수분 손실을 증가시킨다. 그 결과 증발냉각이 늘어나게 되면(25.2절 참조) 더운 여름날에는 유리할 수 있지만, 겨울에는 위험한 한랭을 유발할 수 있다. 일부 생태계에서는 화재가 자주 발생하여 많은 식물이 이러한 교란에 적응했다.

다음으로 한 동물종과 그 환경의 무생물적 및 생물적 인자 사이의 상호작용을 살펴본다.

? **히말라야 고산 초원에서는 새와 포유류는 발견되지만 파충류와 양서류는 왜 발견되지 않는가?**

■ 양서류와 파충류는 외온성(25.1절 참조)으로서 고산 서식지의 추운 기온을 견딜 수 있는 적응 능력을 가지고 있지 않다.

34.4 생물은 자연선택을 통해 무생물적 및 생물적 인자에 적응한다

진화 연관성 생태학의 근본적인 목표 중 하나는 생물의 분포를 설명하는 것이다. 특정 장소에 어떤 생물종이 존재한다는 것은 두 가지로 설명할 수 있다. 그 종은 그 지역에 살던 조상으로부터 진화했을 수도 있고, 그 지역에 도착한 후 생존할 수 있었기 때문에 그 지역으로 분산되었을 수도 있다. 이 멋진 가지뿔영양(*Antilocapra americana*, **그림 34.4**)은 100만 년 전 북아메리카의 평원과 관목 사막을 돌아다닌 조상의 후손이다. 이 동물은 다른 곳에서는 발견되지 않으며 아프리카의 많은 영양 종과는 먼 친척 관계에 있을 뿐이다. 조상들의 무생물적 및 생물학적 환경에서 어떤 선택적 인자가 오늘날 북미를 배회하는 가지뿔영양에서 볼 수 있는 적응을 만들어냈을까?

가지뿔영양의 현재 서식지는 조상들의 서식지와 마찬가지로 건조하고 바람이 많이 불며 매일, 계절에 따라 극심한 온도 변화를 겪는다. 이러한 조건에서 생존하고 번식할 수 있는 개체는 다음 세대로 대립유전자를 전달하는 자손을 남겼다. 따라서 우리는 현재의 가지뿔영양의 성공에 기여한 많은 적응이 조상들의 성공에도 기여했을 것이라고 추론할 수 있다. 예를 들어, 속이 빈 털로 이루어진 두꺼운 털은 공기를 가두어서 추운 날씨에 동물에게 단열효과를 준다. 겨울에 와이오밍이나 콜로라도 지역을 운전하다 보면 영하의 기온에서도 야외에서 먹이 찾기를 하는 이 동물의 무리를 볼 수 있다. 더운 날씨에는 뻣뻣한 털을 들어 올려 체온을 방출한다.

▲ **그림 34.4** 가지뿔영양

동물이 먹는 음식과 이를 위협하는 포식자를 포함하는 생물학적 환경은 개체군의 생존과 번식을 결정하는 인자이기도 하다. 가지뿔영양의 주요 먹이는 작은 활엽수, 풀, 관목이다. 시간이 지남에 따라 가지뿔영양의 조상들이 이러한 먹이 공급원을 더 효율적으로 이용할 수 있는 특성이 자연선택을 통해 확립되었다. 그 결과 이들의 이빨은 질긴 식물 재료를 물고 씹는 데 특화되어 있다. 소의 위와 마찬가지로 이들의 위에는 셀룰로오스를 분해하는 박테리아가 들어 있다. 가지뿔영양이 식물을 먹으면 박테리아가 셀룰로오스를 소화하고, 동물은 대부분의 영양분을 박테리아로부터 얻는다.

가지뿔영양의 진화 역사에서 많은 환경적 인자가 상당히 일관되게 유지되었지만, 한 가지 측면은 크게 변했다. 약 1만 2,000년 전까지만 해도 가지뿔영양의 주요 포식자 중 하나는 아마도 아프리카 치타와 일부 유사성을 지닌 발빠른 고양잇과에 속한 아메리칸 치타였을 것이다. 지금은 멸종된 아메리칸 치타는 사자, 재규어, 7인치나 되는 송곳니를 가진 고양이와 함께 홍적세 북아메리카의 사나운 포식자 중 하나였다. 생태학자들은 치타의 추격에 따른 선택 압력이 가지뿔영양의 엄청난 속도로 이어졌다는 가설을 세웠는데, 이는 오늘날 주요 포식자인 늑대보다 훨씬 빠르다. 최고 속도는 97 km/h로, 아프리카 대륙에서 가장 빠른 포유류이며, 성체 가지뿔영양은 최소 30분 동안 64 km/h의 속도를 유지할 수 있다. 늑대는 이들의 엄청난 속도를 따라잡을 수 없기 때문에 일반적으로 늙거나 질병으로 약해진 영양을 잡아먹는다.

넓은 초원에 사는 많은 대형 초식동물과 마찬가지로, 가지뿔영양도 무리를 지어 살면서 보호를 받는다. 한 마리가 달리기 시작하면 흰 엉덩이 패치가 다른 무리 구성원에게 위험을 알리는 역할을 한다. 황갈색과 흰색의 털 덕분에 위장이 가능하고, 먼 거리에서도 움직임을 감지할 수 있는 예리한 눈은 포식자를 발견하고 따돌리는 데 도움이 되는 또 다른 적응이다. 이처럼 먼 과거에 자연선택에 의해 형성된 적응은 오늘날에도 포식자로부터 자신을 보호하는 역할을 한다.

만약 가지뿔영양의 환경이 크게 변했다면, 현재의 성공에 기여한 적응이 유리하지 않았을 수 있다. 예를 들어, 강우량이 증가하여 나무가 잘 자라면 포식자가 더 쉽게 숨을 수 있고 가까운 거리에서 먹이를 포식할 수 있는 숲으로 평원이 바뀌었다면 포식자를 피하기 위한 가지뿔영양의 적응이 더 이상 효과적이지 않을 수 있다. 따라서 개체군을 지역 환경 조건에 적응시키는 과정에서 자연선택은 생물의 분포를 제한할 수 있다.

다음 절에서는 지구 기후 패턴이 생물 분포에 영향을 미치는 주요 무생물 인자인 온도와 강수량을 어떻게 결정하는지 살펴본다. 이 단원의 다른 장에서 환경의 생물적 구성요소를 더 자세히 살펴본다.

? 적응 진화에서 환경의 역할은 무엇인가?

■ 환경(무생물 인자와 생물적 인자를 모두 포함)에 가장 적합한 표현형을 가진 개체는 다음 세대에 대립유전자를 전달할 것이다. 하지만 다른 표현형을 가진 개체는 그렇지 않을 수도 있다. 예를 들어, 생물학적 환경에 늑대가 포함된다면, 최고 속도로 달릴 수 없는 가지뿔영양은 무리 속의 다른 개체들에 비해 번식할 수 있을 만큼 오래 살지 못할 것이다.

34.5 지역 기후는 육상 군집의 분포에 영향을 미친다

특정 지역에 특정 생물이나 생물 군집의 서식 여부를 결정하는 요인을 묻는다면, 그 지역의 기후, 특히 온도와 강수량이라고 답할 것이다. 지구의 기후 패턴은 주로 태양에서 오는 복사 에너지와 우주에서의 행성 운동에 의해 결정된다.

그림 34.5A는 지구의 곡률 때문에 태양 에너지가 고르지 않게 분포되어 있음을 보여준다. 태양 광선은 적도 지역에 가장 직접적으로(수직으로) 다다른다. 적도에서 멀어지면 광선은 지구 표면에 비스듬히 비춘다. 결과적으로 같은 양의 태양 에너지가 더 넓은 지역에 퍼진다. 따라서 적도 근처의 특정 육지나 바다는 북위나 남위에 있는 비슷한 지역보다 더 많은 열을 흡수한다.

1년의 계절은 지구가 태양을 공전할 때 지구의 축이 기울어져 있기 때문에 발생한다. 예를 들어 **그림 34.5B**에서 볼 수 있듯 북반구는 6월에 태양 쪽으로 기울어져 북반구에서는 여름의 낮이 길다. 그러나 이 기간 동안 남반구에서는 낮이 짧아 겨울이 된다. 반대로 12월에는 남반구가 태양 쪽으로 기울어져 남반구에서는 여름이 되고 북반구에서는 겨울이 된다. 적도를 둘러싼 위도 23.5° 북회귀선과 23.5° 남회귀선 사이의 지역인 **열대(tropics)**는 태양 복사의 연간 유입량이 가장 많고 계절적 변화가 가장 적은 지역이다. 적도로부터 북극권과의 사이와 남극권과의 사이의 위도인 **온대지역(temperate zone)**에서 뚜렷한 계절적 변이가 발생한다.

그림 34.5C는 적도 부근의 강렬한 태양 복사열이 전 세계 강우와 바람의 패턴에 미치는 영향 중 일부를 보여준다. 화살표는 공기의 움직임을 나타낸다. 열대 지방의 높은 온도는 지구 표면의 수분을 증발시키고 따뜻하고 습한 기단이 상승하여 극지방으로 흐르게 한다. 상승하는 공기가 차가워지면 수분을 보유하는 능력이 감소한다. 수증기는 구름으로 응축되어 비가 내린다. 1년 내내 높은 기온과 풍부한 강우량은 열대우림이 적도 근처에 집중되어 있는 이유를 대부분 설명한다.

적도 상공에서 수분을 잃은 높은 고도의 공기는 적도에서 2개의 반대 방향으로 퍼져 나간 후 냉각되어 북위와 남위 약 30°에서 다시 하강한다. 이렇게 하강하는 건조한 공기는 대지의 수분을 흡수한다. 따라서 북아프리카의 사하라 사막과 아라비아 반도의 아라비아 사막 등 세계의 거대한 사막 대부분이 이 위도에 위치해 있다. 건조한 공기가 하강하면서 일부는 적도 쪽으로 다시 퍼진다. 이 움직임은 열대를 지배하는 차가운 무역풍을 만든다. 공기가 적도 쪽으로 다시 이동하면서 따뜻해져 수분을 흡수한 후 다시 상승한다.

그림 34.5C에서 하강하는 공기 중 일부는 북위와 남위 30° 이상의 위도로 향하는 것을 볼 수 있다. 처음에는 이 공기층이 수분을 흡수하지만 위도가 높아질수록 냉각되면서 수분을 떨어뜨리는 경향이 있다. 그 결과 북쪽과 남쪽 온대지역, 특히 위도 60° 부근은 상대적으로 습한 경향이 있다.

그림 34.5D는 **우세풍(prevailing wind)**이라고 하는 전 지구적인

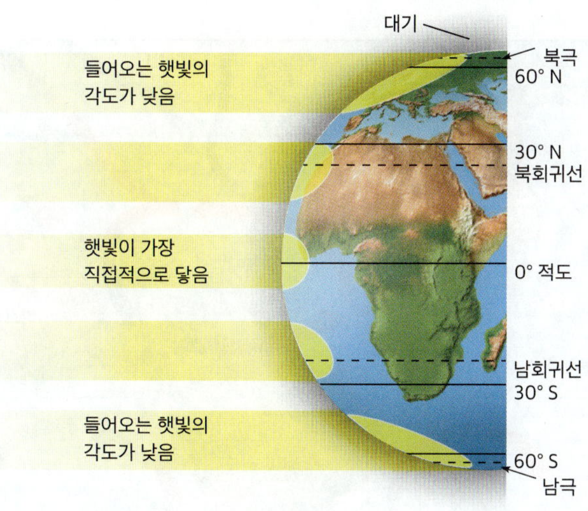

▲ **그림 34.5A** 위도에 따라 달라지는 태양 복사 양상

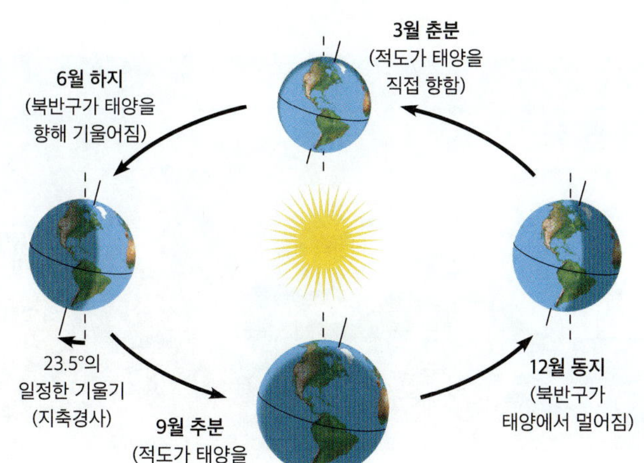

▲ **그림 34.5B** 기울어진 지구축으로 인해 생기는 계절

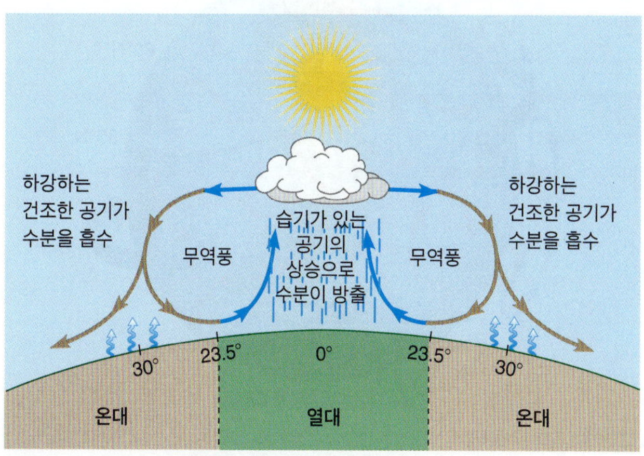

▲ **그림 34.5C** 고르지 않은 가열로 인해 생기는 비와 바람

주요 공기 움직임을 보여준다. 우세풍(분홍색 화살표)은 기단의 상승과 하강(파란색과 갈색 화살표)과 지구 자전(회색 화살표)의 복합적인 효과로 인해 발생한다. 지구는 구형이기 때문에 다른 위도보다 지름이 가장 큰 적도에서 표면이 더 빠르게 움직인다. 열대에서는 빠르게 움직이는 지구 표면이 수직으로 순환하는 공기를 편향시켜 무역풍이 동쪽에서 서쪽으로 불게 한다. 온대지역에서는 느리게 움직이는 지표면이 서쪽에서 동쪽으로 부는 바람인 편서풍을 생성한다.

우세풍, 지구의 자전, 지표수의 불균등한 가열, 대륙의 위치와 모양이 결합하여 **해류(ocean current)**, 즉 바다 표면의 강과 같은 흐름 패턴이 만들어진다(그림 34.5E). 해류는 지역 기후에 큰 영향을 미친다. 예를 들어, 걸프 해류는 멕시코만에서 북쪽으로 따뜻한 물을 순환시켜 실제로는 더 남쪽에 있지만 그린란드 해안에서 남쪽으로 흐르는 래브라도 해류에 의해 냉각되는 뉴잉글랜드 해안보다 영국 서해안의 겨울철 기후를 더 따뜻하게 만든다.

지형도 지역 기후에 영향을 미칠 수 있다. 고도가 1,000 m 높아질 때마다 기온이 약 6℃씩 낮아지는데, 산에 올라본 적이 있다면 이 효과를 경험해 보았을 것이다. **그림 34.5F**는 산이 강수량에 미치는 영향을 보여준다. 이 그림은 캘리포니아주 전역의 주요 지형을 나타내지만 산맥은 다른 곳에서도 비슷한 영향을 미친다. 캘리포니아는 온대지역으로 우세한 바람이 편서풍이다. 태평양에서 습한 공기가 유입되어 가장 서쪽의 산맥(해안 산맥)을 만나면 위로 흐르고 높은 고도에서 냉각되어 많은 양의 물을 떨어뜨린다. 세계에서 가장 키가 큰 나무인 해안 세쿼이아(redwoods)가 이곳에서 번성한다. 더 내륙으로 갈수록 공기가 높은 산(시에라네바다)으로 이동하면서 강수량이 다시 증가한다. 세계에서 가장 깊은 스노팩(snowpacks) 중 일부가 이곳에서 발생한다. 시에라 동쪽에는 강수량이 적고, 하강하는 건조한 공기가 수분을 흡수한다. 비 그림자(rain shadow)라고 불리는 이 효과는 예를 들어 네바다 중부의 대부분을 덮고 있는 사막과 해안 산맥에서 내륙에 위치한 다른 사막의 원인이 된다.

기후 및 기타 환경의 무생물적 요인은 생물의 전 세계적 분포를 제어한다. 이러한 무생물 인자의 영향으로 육지 또는 수역의 광범위한 지리적 영역을 차지하는 주요 유형의 생태적 연합체인 **생물군계(biome)**가 형성된다. 육상 생물군계는 주로 온도와 강수량에 의해 결정되며, 비슷한 기후를 가진 지역에서는 유사한 식물과 동물 유형의 집합이 발견된다. 수생 생물군계는 다양한 무생물 인자에 의해 정의되며, 주요 구분은 염분을 기준으로 한다. 바다, 조간대, 산호초, 강어귀 등을 포함하는 해양 생물군계는 일반적으로 염분 농도가 3% 내외인 반면, 담수 생물군계(호수, 하천 및 강, 습지)는 일반적으로 염분 농도가 1% 미만이다. 다음 두 절에서는 여러 수생 생물군계에 대해 설명한다.

? 북반구에서 여름이 찾아오는 이유는 무엇인가?

■ 태양 주위를 공전하는 궤도면에 대한 지구 축의 각도가 고정되어 있기 때문에 북반구는 연간 공전 궤도 중 여름철에 해당하는 부분 동안 태양 쪽으로 기울어져 있다.

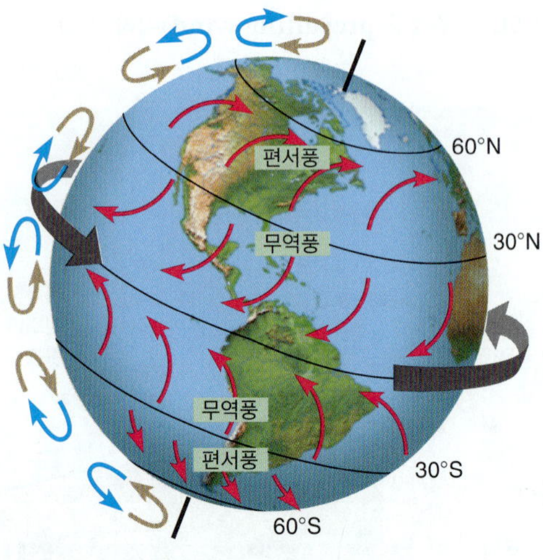

▲ 그림 34.5D 우세풍의 패턴

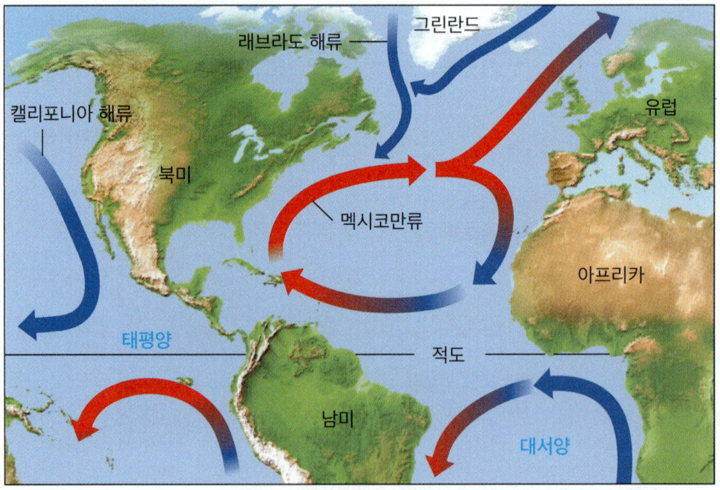

▲ 그림 34.5E 대서양 해류(빨간색 화살표는 온난화 해류, 파란색 화살표는 냉각 해류를 나타냄)

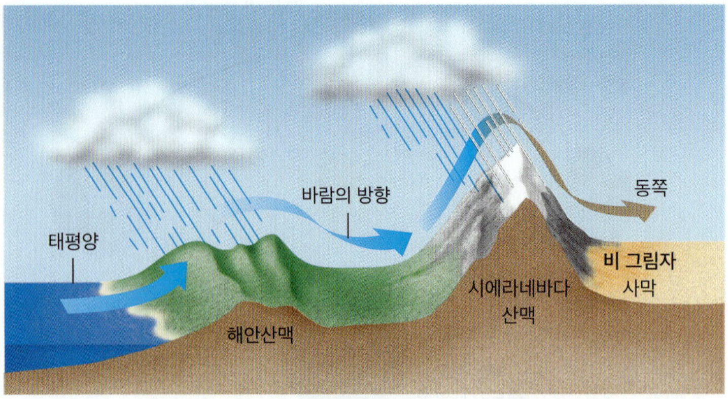

▲ 그림 34.5F 산맥이 강우에 미치는 영향(캘리포니아)

수생 생물군계

34.6 햇빛과 기질은 해양 생물 분포에 중요한 인자다

광활한 바다를 바라보고 있으면 지구상에서 가장 균일한 환경이라고 생각할 수 있다. 하지만 해양 생태계는 밤과 낮의 차이만큼이나 다를 수 있다. 열수구가 있는 가장 깊은 바다는 항상 어둡다. 반면 선명한 산호초는 전적으로 햇빛에 의존한다. 해안 근처의 서식지는 바다 한가운데의 서식지와 다르며, 수심과 해안과의 거리에 따라 달라지는 바닥은 바깥 바다와 다른 군집을 형성한다.

해양의 **외양역(pelagic realm)**은 모든 개방 수역을 포함하며, 바닥은 **저생권(benthic realm)**으로 알려져 있다(**그림 34.6A**). 빛이 투과하는 최대 수심인 200 m가 **투광대(photic zone)**다. **대륙붕(continental shelves)**이라고 불리는 대륙의 물속에 잠긴 부분과 같은 얕은 지역에서는 투광대에 외양역과 저생대 영역이 모두 포함된다. 햇볕이 잘 드는 이 지역에서는 **식물플랑크톤(phytoplankton**, 현미경적 크기의 조류와 남조류)과 다세포 조류의 광합성이 다양한 동물 군집에 에너지와 유기 탄소를 공급한다. 해면동물, 구멍을 파는 지렁이, 조개, 말미잘, 게, 극피동물 등이 투광대의 저생대 영역에 서식한다. **동물플랑크톤(zooplankton**, 수중 환경에서 떠다니는 동물), 어류, 해양 포유류 및 기타 여러 종류의 동물이 원양 투광대에 풍부하게 서식하고 있다.

그림 34.6B(2.0절도 참조)에서 볼 수 있듯이 시각적으로 장관을 이루고 생물학적으로 다양한 생물군계인 산호초는 대륙붕 위의 따뜻한 열대 해역의 투광대에 전 세계적으로 흩어져 있다. 산호초는 단단한 외부 골격을 분비하는 다양한 자포동물인 산호동물과 탄산칼슘으로 둘러싸인 다세포 조류에 의해 세대를 거듭하며 천천히 쌓인다. 단세포 조류는 산호 안에 서식하며 산호에게 먹이를 제공한다(18.6절 참조). 산호초는 매우 다양한 무척추동물과 어류의 서식지다.

▲ **그림 34.6B** 다양한 무척추동물과 어류가 서식하는 산호초

투광대 아래에는 **무광대(aphotic zone)**가 있다. 200~1,000 m 수

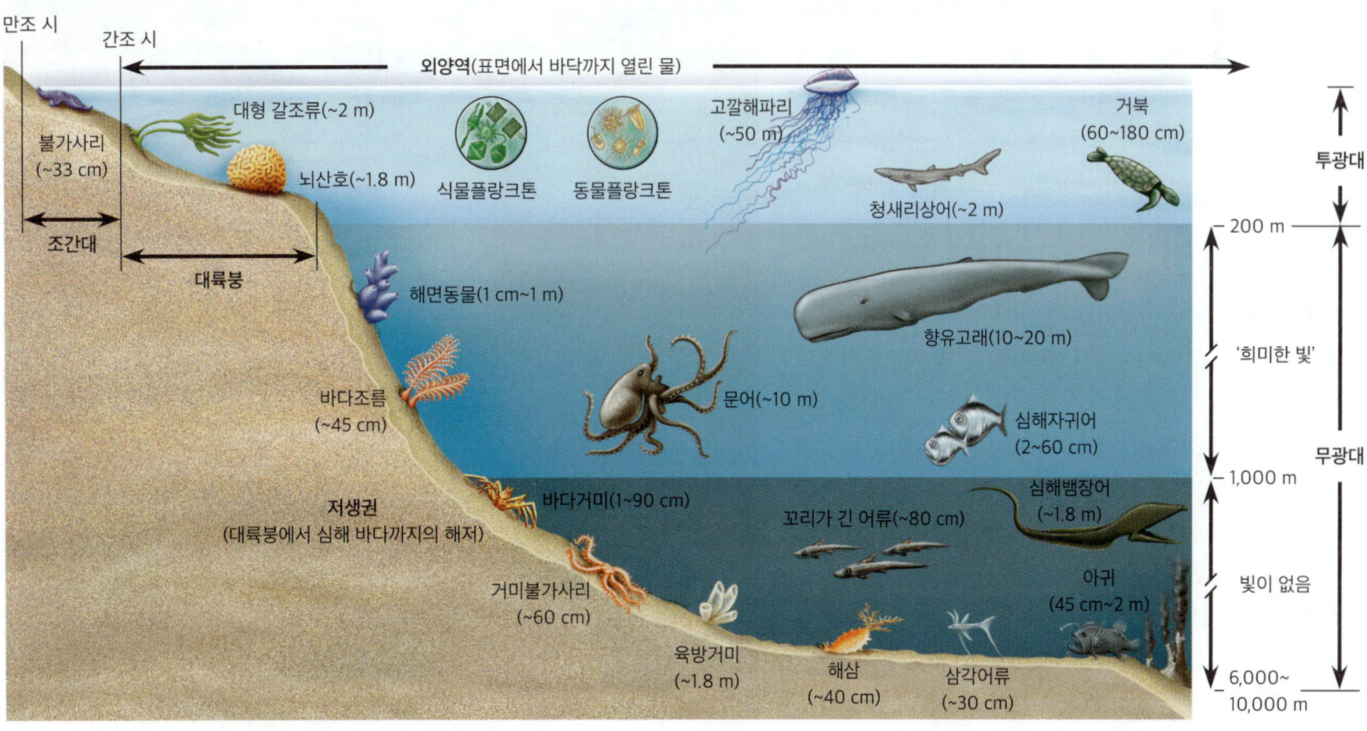

▲ **그림 34.6A** 해양 생물(수심과 개체의 크기가 축척에 맞게 표시되지 않음)

심에는 광합성에 필요한 빛이 충분하지 않지만, 일부 빛은 이 수심까지 도달한다. 이 희미한 빛의 세계는 때때로 약광층(twilight zone)이라고 불리며, 다양한 종류의 작은 물고기와 갑각류가 서식하고 있다. 투광대에서 가라앉는 먹이는 이 동물들에게 약간의 생계를 제공한다. 또한 많은 동물이 먹이를 먹기 위해 밤에 수면으로 이동한다. 약광층의 일부 물고기는 눈이 커서 매우 어두운 곳에서도 볼 수 있고 빛을 내는 기관을 가지고 있어 짝과 먹이를 유인한다.

수심 1,000 m 이하의 바다는 완전히 그리고 영구적으로 어둡다. 이러한 환경에 적응한 결과 **그림 34.6C**에 보이는 아귀와 같은 기괴한 생물이 생겨났다. 먹이가 부족하기 때문에 이 지역에 서식하는 아귀와 다른 물고기들의 입이 이상할 정도로 커서 크든 작든 먹이를 잡을 수 있는 특징이 생겼을 것이다. 안쪽으로 각진 이빨은 한번 잡은 먹이가 빠져나가지 못하도록 한다. 아귀는 생체 발광 박테리아로 불을 밝힌 미끼를 매달아 먹이를 잡을 확률을 높인다. 대부분의 저서 생물은 바닥에 있는 죽은 유기물(사체)을 섭취하는 동물인 퇴적물섭식자다. 갑각류, 환형동물, 말미잘, 그리고 해삼, 불가사리, 성게와 같은 극피동물이 흔하다. 그러나 먹이가 희소하기 때문에 화학독립영양생물이 풍부한 열수구를 제외하고는 동물의 밀도가 낮다(34.3절 참조).

▲ **그림 34.6C** 아귀

해양 환경에는 바다가 육지 또는 담수와 접하는 독특한 생물군계도 포함된다. 바다와 육지가 만나는 **조간대(intertidal zone)**에서는 밀물 때 파도에 의해 해안은 휩쓸리고 썰물 때 태양과 건조한 바람에 노출된다. 바위가 많은 조간대에는 조류, 따개비, 홍합 등 바위에 달라붙어 밀물이 들어와도 쓸려가지 않는 정주성 생물이 많이 서식한다. 모래 해변에서는 부유물을 먹는 지렁이, 조개, 포식성 갑각류가 땅 속에 몸을 묻고 먹이활동을 한다.

그림 34.6D는 담수 하천이나 강이 바다와 합류하는 지점에서 발생하는 생물군계인 **하구(estuary)**를 보여준다. 하구의 염도는 민물과 거의 비슷한 수준에서부터 바다의 염도에 이르기까지 다양하다. 강에서 유입된 영양분으로 하구는 지구상에서 가장 생산성이 높은 생물군계 중 하나다. 굴, 게, 그리고 많은 어류가 하구에 서식하거나 번식한다. 또한 물새들의 중요한 둥지이자 먹이활동 장소이기도 하다.

습지(wetland)는 해양 또는 담수 등 수생 생태계와 육상 생태계 사이를 잇는 생물군계를 구성한다. 습지는 영구적으로 또는 주기적으로 물로 덮여 수생 식물의 성장을 지원한다(그림 34.7C 참조). 갯벌과 염습지는 종종 하구와 접해 있고 조수간만의 차를 경험하는 해안 습지다.

수 세기 동안 사람들은 바다를 무한한 자원으로 여기며 바다의 풍요로운 자원을 채취하고 폐기물을 버리는 장소로 사용했다. 이러한 관행의 영향은 현재 크고 작은 방식으로 여러 방면에서 나타나고 있다. 전 세계적으로 상업용 어종의 감소부터 죽어가는 산호초와 오염으로 폐쇄된 해변에 이르기까지 위험 신호가 넘쳐난다. 강어귀와 습지는 육지와 가깝기 때문에 특히 취약하다. 많은 곳이 매립 개발로 인해 완전히 대체됐다. 다른 위협으로는 영양물질의 오염, 병원균이나 독성 화학물질에 의한 오염, 담수 유입의 변화, 외래종의 유입 등이 있다. 산호초도 동일한 문제로 많은 어려움을 겪고 있다. 또한 남획으로 인해 일부 산호초 군집 내의 생물종 간의 균형이 깨지고 다양성이 크게 감소했으며, 일부 지역에서 산호초의 기반이 되는 산호가 광범위하게 멸종하는 것이 기후변화 때문인 것으로 밝혀졌다.

담수 생물군계는 해양 생물군계와 많은 특징을 공유하며 동일한 위협을 경험한다. 다음 절에서는 담수 생물군계에 대해 소개한다.

? 2010년 멕시코만에서 발생한 딥워터 호라이즌 사고로 인한 기름이 루이지애나의 강어귀를 오염시켰다. 이 오염이 강어귀에 영구적으로 서식하는 동물 외에 다른 동물들에게도 영향을 미치는 이유는 무엇인가?

■ 물고기와 물새를 포함한 많은 종이 먹이활동이나 번식을 위해 강어귀를 찾는다.

▲ **그림 34.6D** 조지아주에 있는 강어귀

34.7 해류, 햇빛, 영양분은 담수 생물군계에서 중요한 무생물적 인자다

담수 생물군계는 지구 표면의 1% 미만을 차지하며 물의 양은 0.01%에 불과하다. 하지만 생물다양성에서 차지하는 비중은 전체 생물종의 약 6%에 달한다. 게다가 우리는 식수, 농작물 관개, 위생 및 산업을 위해 담수 생물군계에 의존하고 있다.

담수 생물군계는 크게 호수와 연못을 포함하는 고인 물과 강과 하천과 같은 흐르는 물의 두 가지 범주로 나뉜다. 이러한 생물군계는 육상 경관에 묻혀 있기 때문에 그 특성은 주변 생태계의 토양 및 생물과 밀접하게 연결되어 있다.

호수와 연못 바다와 마찬가지로 호수와 큰 연못에서도 수심과 해안과의 거리에 따라 식물, 조류, 동물의 군집이 분포한다. 식물플랑크톤은 투광대에 서식하며, 뿌리가 있는 식물은 해안 근처의 얕은 수심에 서식하는 경우가 많다(그림 34.7A). 호수나 연못이 충분히 깊거나 혼탁한 경우, 광합성을 지원하기에는 빛의 양이 너무 낮은 무광대가 존재한다. 저생권에서는 많은 개체군의 미생물이 바닥에 가라앉은 죽은 유기체를 분해한다. 미생물의 호흡은 바닥 근처의 물에서 산소를 제거하며, 일부 호수에서는 저서 영역이 혐기성 미생물을 제외한 어떤 생물체에게도 부적합하다.

무기질 영양소인 질소와 인은 일반적으로 호수나 연못에서 식물플랑크톤의 성장량을 결정한다. 많은 호수와 연못에는 하수와 잔디밭과 농장에서 나오는 유출수에서 질소와 인이 대량으로 유입된다. 이러한 영양분은 조류의 왕성한 성장('bloom')을 유발하여 빛의 투과를 감소시킬 수 있다. 조류가 죽어 분해되면 연못이나 호수는 심각한 산소 고갈을 겪을 수 있으며, 고농도 산소 조건에 적응한 어류들은 죽을 수 있다.

강과 하천 강과 하천은 일반적으로 호수나 연못과는 상당히 다른 생물 군집을 형성한다. 강이나 개울은 공급원(샘물이나 눈 녹은 물)과 호수나 바다로 흘러드는 지점 사이에 큰 변화를 겪는다. 공급원 근처는 일반적으로 물이 맑고 차갑고 산소가 풍부하며, 빠른 물살로 인하여 식물플랑크톤이 잘 크지 못한다(그림 34.7B). 이곳에서 발견되는 대부분의 생물은 바위에 붙어 있는 조류의 광합성이나 주변 육지에서 하천으로 운반된 나뭇잎 같은 유기물에 의해 유지된다. 가장 많이 서식하는 저서 동물은 주로 작은 갑각류나 곤충 유충과 같은 절지동물로, 이들은 휩쓸림을 견딜 수 있는 구조적·행동적 적응을 가지고 있다. 주로 맑은 물에서 육안으로 곤충 먹이를 찾는 송어가 가장 많이 서식하는 어종이다.

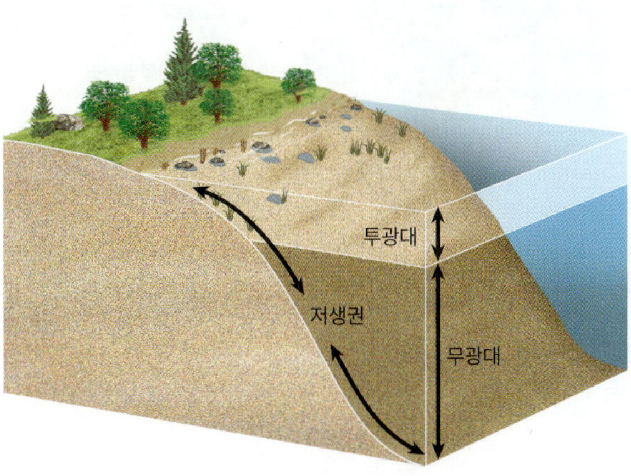

▲ 그림 34.7A 호수의 구역

▲ 그림 34.7B 테네시주 그레이트 스모키 산맥의 한 개울

하류로 내려갈수록 강이나 하천은 일반적으로 넓어지고 유속이 느려진다. 물은 일반적으로 더 따뜻하고 산소함량이 낮으며 퇴적물과 식물플랑크톤이 떠다니기 때문에 더 탁할 수 있다. 진흙에 구멍을 파는 지렁이와 곤충이 풍부하며, 시각보다는 후각과 미각으로 먹이를 찾는 물새, 개구리, 메기와 다른 물고기들도 많다.

습지 담수 습지는 그림 34.7C와 같이 늪에서 습지와 늪지대에 이르기까지 다양하다. 해양 습지와 마찬가지로 담수 습지에도 종 다양성이 높다. 담수 습지는 홍수를 줄이고 오염물질을 여과하여 수질을 개선하는 물 저장 공간을 제공한다. 생태학적·경제적 가치가 인정되면서 습지를 보호하고 복원하기 위한 정부와 민간의 노력이 이어지고 있다.

? 하수가 호수에 녹조 현상을 일으키는 이유는 무엇인가?

■ 하수는 질산염과 인산염 같은 영양분을 첨가하여 조류의 성장을 촉진한다.

▲ 그림 34.7C 플로리다주의 빅 사이프러스 늪 국립 보호구역

육상 생물군계

34.8 육상 생물군계는 기후의 지역적 편차를 반영한다

육상 생태계는 주로 우세한 식생에 따라 구분되는 아홉 가지 주요 생물군계 유형으로 분류된다. 식물은 먹이, 쉼터, 보금자리, 분해자에게 많은 유기물을 제공함으로써 각 생물군계의 특징인 동물, 곰팡이류, 미생물 군집의 토대를 구축한다. 식물의 지리적 분포, 즉 육상 생물군계의 지리적 분포는 기후에 크게 좌우되며, 온도와 강수량은 종종 특정 지역에 존재하는 생물군계의 종류를 결정하는 주요 요인이다.

그림 34.8은 주요 육상 생물군계의 전 세계 분포를 보여준다. 지리적으로 분리된 두 지역의 기후가 비슷하다면 같은 유형의 생물군계가 두 곳에서 모두 발생할 수 있으며, 지도에서 각 종류의 생물군계가 적어도 두 대륙에서 발생한다는 것을 알 수 있다. 각 생물군계는 특정 종의 집합이 아니라 생물 군집의 유형으로 특징지어진다. 예를 들어, 미국 남서부의 사막과 아프리카의 사하라 사막에 사는 종은 다르지만 모두 사막의 조건에 적응한 것이다. 비슷한 환경에 사는 독립적으로 진화한 종들이 비슷한 형질을 보이는 수렴진화 때문에 광범위하게 분리된 생물군계가 비슷하게 보일 수 있다(15.15절 참조).

각 생물군계 내에는 식생이 균일하지 않고 고르지 않은 모습을 보이는 지역적 차이가 있다. 예를 들어, 북방침엽수림에서는 눈이 내리면 나뭇가지와 작은 나무가 부러져 아스펜이나 자작나무 같은 활엽수가 자랄 수 있는 공간이 생길 수 있다. 폭풍이나 화재와 같은 국지적인 교란도 많은 생물군계에 새 터전을 제공한다.

현재 전 세계적으로 기온이 상승하는 추세로 인해 기후변화가 식생 패턴에 미치는 영향에 대한 관심이 높아지고 있다. 과학자들은 위성 이미지와 같은 강력한 도구를 사용하여 생물군계 경계의 위도 변화, 눈과 얼음 범위의 변화, 성장기 길이의 변화를 기록하고 있다. 동시에 많은 자연 본래의 생물군계가 인간 활동에 의해 조각나고 바뀌었다. 사람에 의한 생물군계의 변화는 전 세계적으로 생물종의 손실률이 비정상적으로 높다는 점과 상관관계가 있다(38.2절에서 논의).

이제 주요 육상 생물군계에 대한 조사를 시작하자. 생물군계의 위치를 쉽게 찾을 수 있도록 그림 34.8과 같이 색으로 구분된 방향 지도가 각 절에 포함되어 있다. 아이콘은 각 생물군계의 상대적인 온도 범위(빨간색)와 연평균 강수량(파란색)을 나타낸다. 또한 화재가 중요한 역할을 하는 생물군계를 식별하는 표시가 되어 있다.

? 지구 온도가 계속 상승하게 되면 북극 툰드라는 어떤 생물군계로 바뀔 가능성이 큰가?

■ 북방침엽수림

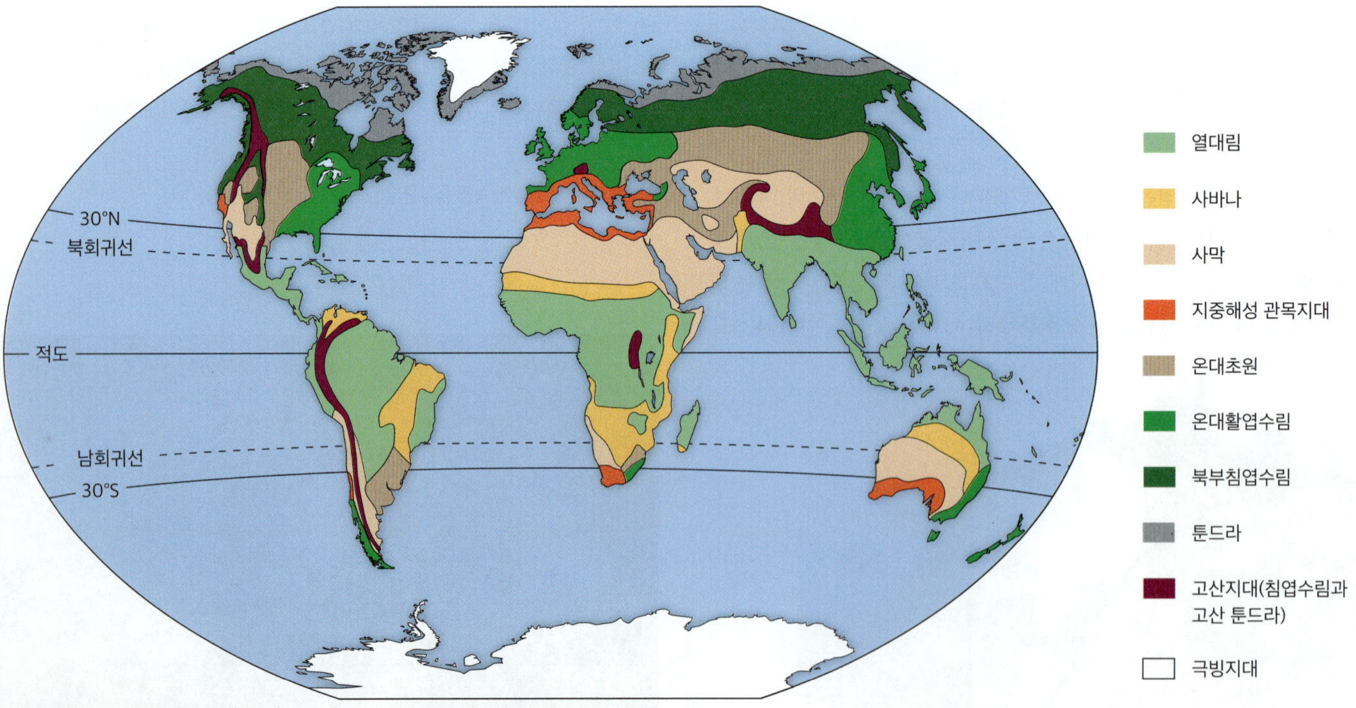

▲ **그림 34.8** 주요 육상 생물군계

시도해 보기 34.9~34.17절을 읽으면서 기후, 특징적인 식물과 동물, 각 생물군계의 특별한 특징을 보여주는 표를 작성해 보자.

34.9 열대림은 적도 인근에 몰려 있다

열대림(tropical forest)은 연중 기온이 따뜻하고 낮의 길이가 11~12시간인 적도 지역에서 발생한다. 이 지역의 강우량은 매우 가변적이며, 일반적으로 온도나 낮의 길이보다는 이러한 가변성이 특정 열대림에서 자라는 식물을 결정한다. 강우량이 부족하거나 건기가 장기간 지속되는 지역에서는 열대 건조림이 우세하다. 이곳에서 발견되는 식물은 가시가 많은 관목과 낙엽수 및 다육식물이 혼합되어 있다. 열대 우림은 강수량(연간 200~400 cm)이 풍부한 매우 습한 적도 지역에서 발견된다.

그림 34.9에 표시된 보르네오섬의 울창한 지역과 같은 열대 우림은 모든 생물군계 중 가장 복잡한 곳으로, 엄청난 수의 다양한 생물종을 품고 있다. 1헥타르에서 최대 300종의 나무를 볼 수 있다. 숲의 구조는 다양한 서식지를 제공하는 뚜렷한 층으로 구성되어 있다. 닫힌 상부 수관층(canopy) 위로 자라나온 키 큰 나무, 한두 층의 아래쪽 나무, 관목 하층, 초본식물이 드문드문 있는 지상 층. 이 층들은 다양한 서식지를 제공한다. 닫힌 수관층 때문에 햇빛이 숲 바닥에 거의 닿지 않는다. 많은 나무들이 빛을 향해 자라는 나무 덩굴로 덮여 있다. 브로멜리아드나 난초를 포함한 다른 식물들은 키가 큰 나무의 가지나 줄기에서 자라면서 햇빛을 받는다. 많은 동물들도 먹이가 풍부한 나무에 서식한다. 원숭이, 새, 곤충, 뱀, 박쥐, 개구리 등은 지상 수 미터 상공에서 먹이와 은신처를 찾는다.

▲ 그림 34.9 열대 우림

열대 우림의 토양은 일반적으로 열악하다. 높은 온도와 강우로 인해 영양분이 빠르게 분해되고 방출된다. 그러나 영양분은 무성한 초목에 의해 빠르게 흡수되거나 잦은 비로 인해 씻겨 내려간다.

전 세계 열대림에 대한 인간의 영향은 지속적으로 큰 우려의 대상이 되고 있다. 목재를 얻기 위해 숲을 개간하거나 단순히 태우고 몇 년 동안 농사를 짓다가 버리는 것이 일반적인 관행이다. 채굴 또한 열대 우림의 넓은 지역을 황폐화시켰다. 열대림은 토양의 영양분이 매우 부족하기 때문에 한번 파괴되면 회복이 매우 느리다. (세계 기후에 미치는 영향을 포함하여 열대림 파괴의 잠재적 결과에 대해서는 38장에서 논의한다.)

? 왜 열대 우림 대부분의 토양은 숲이 개간된 후 몇 년 동안만 농사를 지을 수 있을 정도로 영양분이 부족한가?

■ 기후 조건은 토양에서 유기 쓰레기가 빠르게 분해되고 식물이 그 결과 영양분을 즉시 흡수하는 데 유리하다. 따라서 생태계의 영양분은 대부분 토양에 저장되지 않고 농사 전에 제거되는 식물에 들어 있다.

34.10 사바나는 나무가 흩어져 있는 초원이다

탄자니아의 세렝게티 평원에서 찍은 사진인 그림 34.10은 풀과 흩어져 있는 나무가 지배하는 전형적인 생물군계인 **사바나(savanna)**를 보여준다. 1년 내내 온도가 따뜻하다.

강수량은 연평균 30~50 cm이며, 대부분이 비교적 짧은 우기에 몰아서 내린다. 토양이 열악하고 수분이 부족하여 대부분의 나무가 자라지 못한다. 방목하는 동물과 번개 또는 사람 활동으로 인한 잦은 화재로 인하여 나무가 자리 잡지 못한다. 풀은 싹이 자라는 지점이 땅 아래에 있기 때문에 불에 타도 살아남는다. 사바나 식물은 또한 장기간의 가뭄에도 살아남을 수 있는 능력 덕분에 선택되었다. 많은

▲ 그림 34.10 사바나

나무와 관목은 낙엽수로 건기에는 잎을 떨어뜨리는데, 이는 물을 보존하는 데 도움이 되는 적응 방식이다.

풀과 초본(작은 활엽수)은 우기 동안 빠르게 자라며 많은 동물종에게 좋은 먹이를 제공한다. 대형 방목 포유류는 계절적 가뭄이 지속되는 동안 더 푸른 목초지와 물웅덩이로 이동해야 한다. 사바나의 지배적인 초식동물은 곤충, 특히 개미와 흰개미다. 또한 쥐, 두더지, 뱀, 땅다람쥐, 지렁이, 그리고 수많은 절지동물을 포함한 굴을 파는 동물들도 흔하다.

전 세계의 많은 대형 초식동물과 그 포식자들이 사바나에 서식하고 있다. 아프리카 사바나에는 사자와 치타뿐만 아니라 기린, 얼룩말, 많은 종의 영양이 서식하고 있다. 여러 종의 캥거루는 호주 사바나의 주종을 이루는 포유류 초식동물이다.

? 화재는 초원 생태계로서 사바나를 유지하는 데 어떻게 도움이 되는가?

■ 나무와 다른 목본식물의 확산을 반복적으로 방지해 준다. 풀은 싹이 자라는 지점이 지하에 있기 때문에 생존한다.

34.11 사막의 특징은 건조함에 있다

사막(desert)은 모든 육상 생물군계 중에서 가장 건조한 곳으로, 강수량이 적고 예측하기 어려운 것이 특징이다(연 30 cm 미만). 호주 중부와 아프리카 북부의 큰 사막은 연평균 강수량이 2 cm 미만이며, 지구에서 가장 건조한 곳인 칠레의 아타카마 사막에서는 한 번에 수십 년 동안 비가 전혀 내리지 않는 경우가 많다. 하지만 사막의 공기가 모두 건조한 것은 아니다. 아타카마 사막과 아프리카 나미브 사막의 해안 지역은 땅이 극도로 건조하지만 종종 안개에 가려져 있다.

34.5절에서 논의했듯, 북위 30°와 남위 30°를 중심으로 하강하는 건조한 공기의 두 지역에서 넓은 사막이 발생한다. 더 높은 위도에서는 산의 비 그림자에서 큰 사막이 발생할 수 있으며(그림 34.5F 참조), 여기에는 코카서스 산맥 동쪽 중앙 아시아의 대부분과 캐스케이드 산맥 동쪽의 워싱턴과 오리건주가 포함된다. **그림 34.11**에 표시된 모하비 사막은 시에라네바다의 비 그림자 속에 있으며, 나머지 남부 캘리포니아와 네바다의 대부분을 포함한다.

그림 34.11의 온도 아이콘으로 표시된 일부 사막은 낮의 토양 표면 온도가 60℃를 넘고 일교차가 큰 매우 더운 지역이다. 록키 산맥 서쪽의 사막과 같은 다른 사막은 상대적으로 춥다. 추운 사막의 기온은 −30℃ 아래로 떨어질 수 있다.

사막에서의 생물의 성장과 생식주기는 강우량과 밀접한 관련이 있다. 가장 건조한 사막에는 다년생 식물이 전혀 없지만, 덜 건조한 지역에는 뿌리가 깊은 관목이 흩어져 있으며 선인장과 같이 물을 저장하는 다육식물이 산재해 있는 경우가 많다. 그림 34.11에 보이는 여호수아 나무를 포함한 일부 식물의 잎에는 수분 손실을 방지하는 왁스 코팅이 되어 있다. 사막 식물은 일반적으로 많은 수의 씨앗을 생산하며, 폭우가 발아를 촉발할 때까지 휴면 상태로 남아 있을 수 있다. 강우가 주기적으로 내린 후, 종종 늦겨울에 사막의 일년생 식물은 장관을 이루는 꽃을 피울 수 있다.

사막 식물과 마찬가지로 사막 동물도 가뭄과 극한의 온도에 적응하고 있다. 대부분은 굴을 파고 살며 온도가 내려가는 밤에만 활동하며, 대부분 물을 절약하는 특별한 적응을 보인다. 개미, 많은 새, 설치류와 같은 씨앗을 먹는 동물은 사막에서 흔히 볼 수 있다. 도마뱀, 뱀, 매는 씨앗을 먹는 동물을 잡아먹는다.

반건조 지역이 사막으로 변하는 **사막화현상(desertification)**은 심각한 환경 문제다. 예를 들어, 북부 아프리카에서는 급증하는 인구와 과도한 방목, 건조지 농업으로 인해 넓은 지역의 사바나가 사막으로 변하고 있다.

? "차가운 사막"이라는 표현이 모순이 아닌 이유는 무엇인가?

■ 사막은 온도가 아닌 낮은 강수량과 건조한 토양으로 정의되기 때문이다.

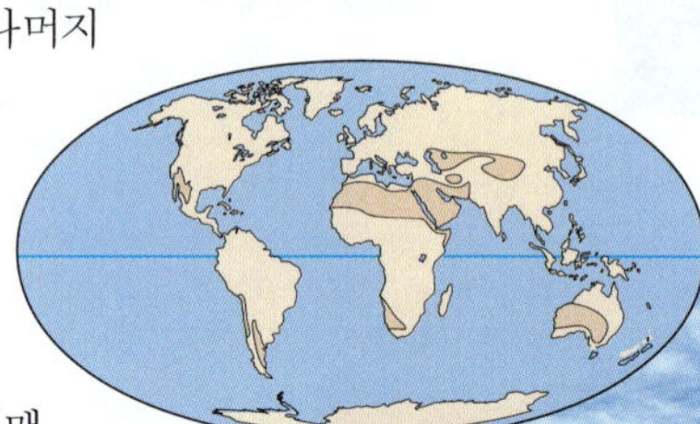

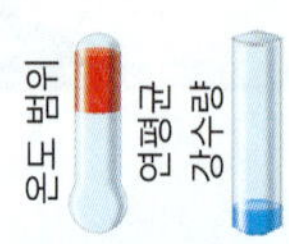

▲ **그림 34.11** 사막

34.12 지중해성 관목지대에는 가시 관목이 주를 이룬다

지중해성 **관목지대(chaparral)**는 '상록수 관목인 참나무가 있는 곳'이라는 뜻의 스페인어로, 가시가 있는 관목과 단단한 상록의 잎이 밀집한 게 특징이다. 지중해성 관목지대 식생을 가능케 하는 기후는 주로 연안에서 순환하는 시원한 해류로 인해 발생하며, 겨울에는 온화하고 비가 많이 내리고 여름에는 덥고 건조하다. 그 결과 이 생물군계는 **그림 34.12**의 사진이 촬영된 캘리포니아를 포함한 작은 해안 지역으로 제한된다. 지중해성 관목지대를 지배하는 다년생 관목 외에 일년생 식물도 흔히 볼 수 있으며, 특히 습한 겨울과 봄철에 많이 볼 수 있다. 사슴, 열매를 먹는 새, 씨앗을 먹는 설치류, 도마뱀과 뱀 등 지중해성 관목지대의 특징적인 동물도 볼 수 있다.

지중해성 관목지대 식생은 주기적인 화재에 적응되어 있으며, 대부분 번개에 의해 발생한다. 많은 식물은 인화성 화학물질을 포함하고 있으며 특히 죽은 덤불이 한동안 쌓인 곳에서 맹렬하게 탄다. 화재 후 관목은 살아남은 뿌리에 저장된 비축 영양분을 사용하여 빠르게 새싹이 자랄 수 있다. 일부 지중해성 관목지대 일부 식물종은 뜨거운 불에 노출되어야만 발아하는 씨앗을 만든다. 불에 탄 식물의 재는 토양을 무기질 영양분으로 비옥하게 하여 식물 군집의 재성장을 촉진한다. 주택도 마찬가지로 잘 견디지 못하므로, 인구 밀도가 높은 남부 캘리포니아의 협곡을 관통하는 산불은 치명적일 수 있다.

? 지중해성 관목지대 지역의 주택 소유주가 화재로부터 이웃을 보호할 수 있는 한 가지 방법은 무엇인가?

■ 가연성이 높은 죽은 식물 잔해를 제거한다.

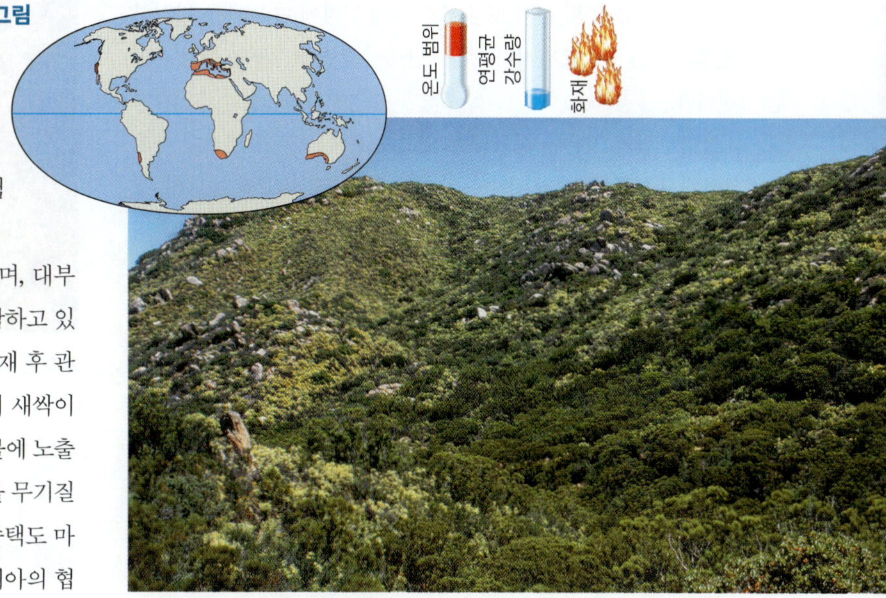

▲ **그림 34.12** 지중해성 관목지대

34.13 온대초원에는 북아메리카 대초원이 포함된다

온대초원(temperate grassland)은 열대 사바나의 특징을 일부 가지고 있지만, 강이나 하천변을 제외하고는 대부분 나무가 없고 겨울철 기온이 비교적 추운 지역에서 발견된다. 연평균 강수량은 25~75 cm이며 주기적으로 극심한 가뭄이 발생해 숲이 형성되기에는 너무 건조한 상태다. 화재와 대형 포유류의 방목도 목본식물의 성장을 제한하지만 땅속에 있는 초본류 줄기에는 해를 끼치지 않는다.

북미의 들소와 가지뿔영양, 아시아 대초원의 야생마와 양과 같은 대형 방목 포유류는 초원의 특징이다. 나무가 없으면 많은 새가 땅에 둥지를 틀고, 일부 작은 포유류는 포식자를 피하기 위해 굴을 파기도 한다. 빙하 퇴적물과 썩어가는 식물 재료가 풍부한 초원의 토양 덕분에 환형동물과 절지동물을 포함한 다양한 미생물과 작은 동물들이 살아간다.

연간 강수량은 초원 식생의 높이에 영향을 미친다. 키가 작은 풀로 이루어진 초원은 비교적 건조한 지역에서 발견되며, 키 큰 초원은 습한 지역에서 발생한다. **그림 34.13**은 캐나다 앨버타의 크고 작은 풀로 이루어진 초원을 보여준다. 오늘날 북미 대초원은 거의 남아 있지 않다. 이 지역의 대부분은 집중적으로 경작되고 있으며, 세계에서 가장 생산성이 높은 농업 지역 중 하나다.

? 온대초원에서 목본식물이 자라지 못하게 하는 인자는 무엇인가?

■ 낮은 강우량, 화재 및 대형 포유류의 방목

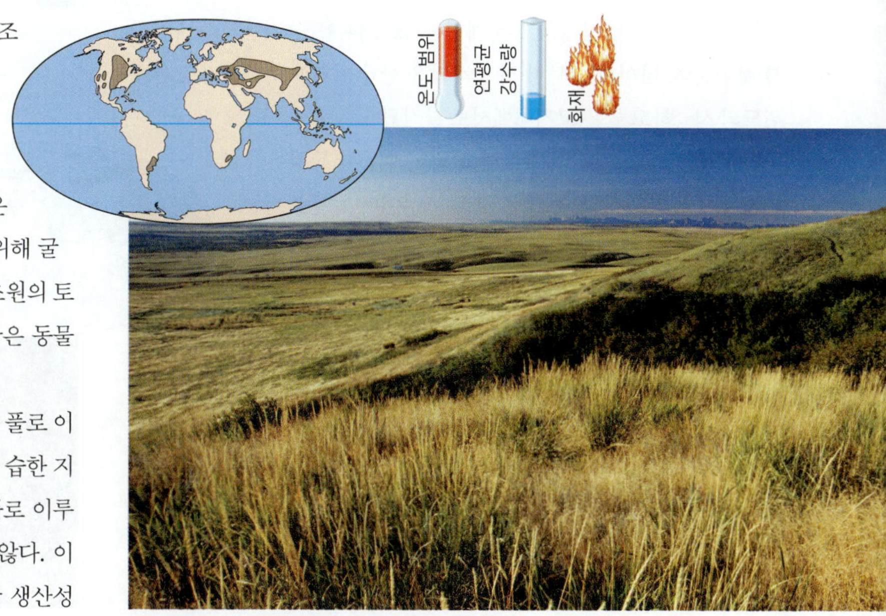

▲ **그림 34.13** 온대초원

34.14 온대활엽수림에는 활엽수가 주를 이룬다

온대활엽수림(temparate broadleaf forest)은 큰 나무가 자라기에 충분한 수분이 있는 중위도 지역에 분포한다. 북반구에서는 낙엽수(계절에 따라 잎을 떨어뜨리는 나무)가 온대활엽수림의 특징이다. 상수리나무, 히코리, 자작나무, 너도밤나무, 단풍나무 등이 우점종이다. 나무 종의 혼합은 위도, 지형, 지역 토양 조건 등의 인자에 따라 매우 다양하다. **그림 34.14**는 웨스트버지니아에서 단풍이 장관을 이루는 동안 촬영한 사진이다.

온대활엽수림의 기온은 여름에는 덥고 겨울에는 추워 계절에 따라 광범위하게 변화한다. 연간 강수량은 75~150 cm로 비교적 높으며, 보통 연중 비 또는 눈이 고르게 분포한다. 이 숲은 일반적으로 5~6개월의 성장기와 뚜렷한 연간 리듬을 가지고 있다. 나무는 늦가을에 잎을 떨어뜨리고 휴면기에 들어가며, 얼어붙은 토양으로 인해 수분을 얻기 어려운 조건에서의 물 손실을 방지한다. 나무는 봄에 새 잎을 생산한다.

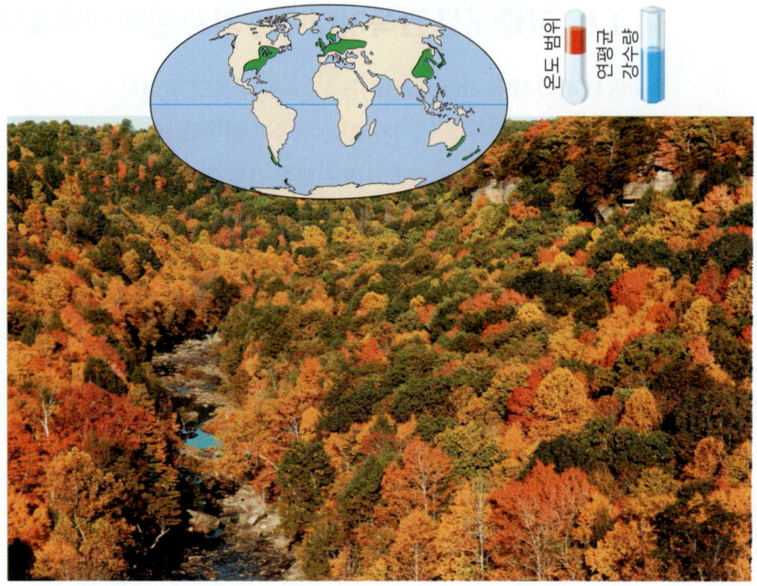

▲ 그림 34.14 온대활엽수림

온대활엽수림의 수관층은 열대림보다 더 개방적이며 나무의 키나 종류가 다양하지 않다. 그러나 토양에는 무기 및 유기 영양분이 더 풍부하다. 온대림은 열대보다 분해 속도가 느리며, 숲 바닥의 두꺼운 낙엽층은 생물군계의 많은 영양분을 보존한다.

수많은 무척추동물이 흙과 잎 속에 살고 있다. 쥐, 다람쥐, 땅다람쥐와 같은 일부 척추동물은 쉼터와 먹이를 구하기 위해 땅굴을 파는 반면, 여러 종의 새를 포함한 다른 척추동물은 나무에 서식한다. 포식자로는 살쾡이, 여우, 흑곰, 산사자 등이 있다.

? 온대활엽수림의 토양은 열대 우림의 토양과 어떻게 다른가?

■ 온대활엽수림의 토양은 무기 및 유기 영양분이 풍부한 반면, 열대 우림의 토양에는 영양분이 부족하다.

34.15 침엽수림은 종종 몇 종의 나무에 의해 지배된다

가문비나무, 소나무, 전나무, 솔송나무와 같은 원뿔형 상록수가 **침엽수림(coniferous forest)**을 지배한다. 북방침엽수림 또는 **타이가(taiga)**는 북극권 남쪽의 북미와 아시아에 걸쳐 광범위하게 뻗어 있는 지구상에서 가장 큰 육상 생물군계이다. **그림 34.15**는 핀란드의 타이가를 보여준다. 타이가는 북미 서부의 많은 산악 지역과 마찬가지로 온대 위도의 서늘하고 높은 고지대에서도 발견된다.

타이가는 길고 추운 겨울과 짧고 습한 여름이 특징이며 때로는 따뜻하기도 하다. 토양은 얇고 산성이며 침엽수 바늘의 분해가 느리기 때문에 식물 성장에 사용할 수 있는 영양분이 거의 없다. 강수량의 대부분은 눈의 형태로 내린다. 많은 침엽수의 원추형 모양은 너무 많은 눈이 가지에 쌓여 가지가 부러지는 것을 방지한다. 타이가의 동물로는 무스, 엘크, 토끼, 곰, 늑대, 뇌조, 철새 등이 있다.

▲ 그림 34.15 침엽수림

알래스카에서 오리건까지 북아메리카 연안의 **온대우림(temperate rain forest)**도 침엽수림이다. 태평양의 따뜻하고 습한 공기가 이 독특한 생물군계를 유지하며, 대부분의 침엽수림과 마찬가지로 솔송나무, 더글러스 전나무, 세쿼이아와 같은 몇 가지 수종이 주를 이룬다. 이 침엽수림에서 벌목이 많이 이루어지고 있어서 오래된 나무들이 곧 사라질지도 모른다.

? 북방침엽수림의 토양은 활엽수림의 토양과 어떻게 그리고 왜 다른가?

■ 침엽수의 바늘잎이 저온에서 천천히 분해되기 때문에 토양이 얇고 영양분이 부족하며 산성이다.

34.16 길고 혹독하게 추운 겨울은 툰드라의 특징이다

툰드라(Tundra, 러시아어로 '습지 평원'이라는 뜻)는 타이가와 극지방 얼음 사이의 광활한 북극 지역을 덮고 있다. **그림 34.16**은 알래스카 브룩스 산맥의 여름철 북극 툰드라를 보여준다. 이곳의 기후는 종종 극심하게 차갑고 가을과 겨울의 대부분 동안 빛이 거의 없다. 북극 툰드라는 여름에 토양의 윗부분만 녹는 **영구동토층(permafrost)**이 지속적으로 얼어붙어 있는 것이 특징이다. 북극 툰드라는 일부 사막만큼 강수량이 적을 수 있다. 그러나 영구동토층으로 인해 배수가 잘되지 않고 증발이 느려 토양이 지속적으로 포화 상태를 유지한다.

영구동토층은 식물의 뿌리가 토양 깊숙이 뿌리 내리지 못하므로 나무가 없다. 극도로 낮은 겨울 기온과 강풍도 원인이다. 툰드라의 초목에는 키가 작은 관목, 풀과 기타 초본식물, 이끼, 지의류가 포함된다. 짧고 따뜻한 여름에는 일조량이 거의 일정하여 이 기간 식물은 빠르게 성장하고 꽃을 피운다.

강한 바람과 차가운 기온은 열대를 포함한 모든 위도의 매우 높은 산 정상에 고산 툰드라라는 식물 군집을 형성한다(그림 34.8 참조). 이 군집은 북극 툰드라와 비슷하지만, 고산 툰드라 아래에는 영구동토층이 존재하지 않는다.

툰드라의 동물들은 열을 유지하는 단열 능력이 좋아서 추위를 견딘다. 사향노루와 순록 같은 대형 초식동물이 대표적이다. 주된 작은 동물은 설치류인 레밍과 북극여우, 흰올빼미와 같은 몇몇 포식자다. 많은 동물이 툰드라를 여름 번식지로 이용하는 이동성 동물이다. 짧은 따뜻한 계절 동안 습지대에는 곤충의 수생 유충이 살기 때문에 이동하는 물새에게 먹이를 제공하며, 모기떼가 툰드라 상공을 가득 채우기도 한다.

▲ **그림 34.16** 툰드라

? 북극 툰드라에 나무가 드문 이유를 설명하는 세 가지 무생물 인자는 무엇인가?

■ 길고 매우 추운 겨울(짧은 생육기), 강한 바람, 영구동토층

34.17 극지방 얼음은 고위도 지역의 땅을 덮는다

북반구에서는 **극지방 얼음(polar ice)**이 툰드라 북쪽의 육지를 덮고 있으며, 북극해의 대부분도 지속적으로 얼어 있다. 남반구에서는 극지방의 얼음이 남극 대륙(**그림 34.17**)을 덮고 그 주변에는 바다의 얼음(해빙)과 많은 섬으로 둘러싸여 있다.

이 지역의 기온은 1년 내내 매우 춥고 강수량도 매우 적다. 여름에도 얼음이나 눈이 없는 지역은 극히 일부에 불과하다. 그럼에도 불구하고 지의류와 이끼와 같은 작은 식물들이 살아남고, 선형동물, 진드기, 톡토기라고 불리는 날개 없는 곤충과 같은 무척추동물이 차가운 토양에 서식하고 있다.

육상 극지 생물군계는 인접한 해양 생물군계와 밀접하게 연결되어 있다. 바다표범과 펭귄, 갈매기, 스쿠아 같은 해양 새는 바다에서 먹이를 먹고 육지나 해빙을 찾아 휴식과 번식을 위해 이동한다. 북반구에서 해빙은 북극곰에게 먹이활동의 장소를 제공한다(그림 38.5B 참조).

? 극지방 얼음 지역에서 발견되는 식생은 툰드라 식생과 어떻게 비교되는가?

■ 두 생물군계 모두 낮은 온도로 인해 식물이 살기가 어렵다. 그러나 툰드라는 작은 관목의 성장이 가능한 반면 극지방 얼음 식생은 이끼와 지의류로 제한된다.

▲ **그림 34.17** 극지방 얼음

개념 시각화

34.18 지구의 물 순환은 수생과 육상 생물군계를 연결한다

생물군계와 같은 생태학적 세분은 독립된 단위가 아니다. 오히려 생물권의 모든 부분은 지구의 물 순환과 영양소 주기(37장에서 배울 내용)에 의해 연결되어 있다. 따라서 한 생물군계에서 일어나는 사건은 생물권 전체에 반향을 일으킬 수 있다. 34.5절에서 태양 에너지가 전 지구적인 패턴으로 물과 공기의 움직임을 주도한다고 했던 것을 기억하자. 또한 강수 및 증발 그리고 **증산**(**transpiration**, 식물로부터의 수분 증발, 32.3절 참조)은 육지, 해양 및 대기 사이에서 물을 지속적으로 이동시킨다.

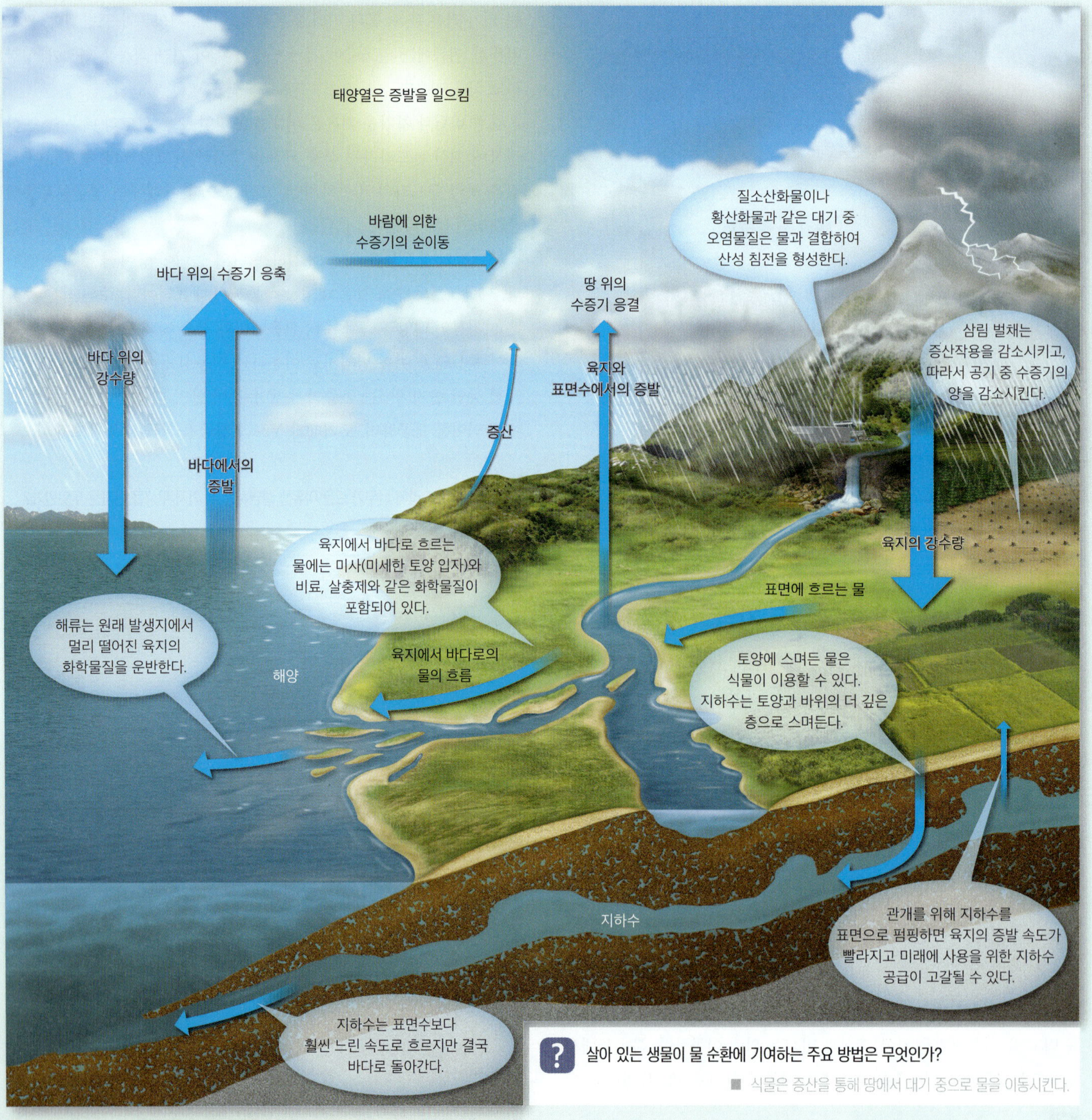

? 살아 있는 생물이 물 순환에 기여하는 주요 방법은 무엇인가?

■ 식물은 증산을 통해 땅에서 대기 중으로 물을 이동시킨다.

시도해 보기 물 분자가 바다에서 육지로, 다시 바다로 이동하는 과정을 설명하면서 물 분자가 따라갈 수 있는 경로를 추적해 보자.

CHAPTER 34 복습

개념 복습하기

생물권(34.1~34.5)

34.1 생태학자들은 여러 단계에서 생물이 환경과 상호작용하는 방식을 연구한다.

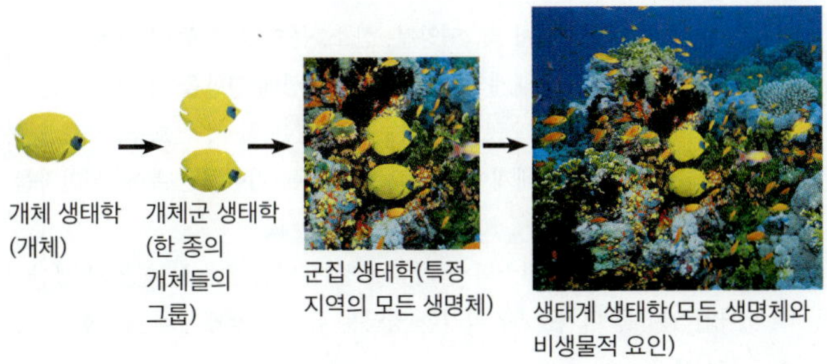

34.2 생태학은 환경 문제에 대한 통찰력을 제공한다.

34.3 생물권 내의 물리 및 화학적 인자가 생물에 영향을 미친다. 주요 인자로는 에너지 공급원, 온도, 물의 존재 여부, 무기 영양소 등이 있다.

34.4 생물은 자연선택을 통해 무생물적 및 생물적 인자에 적응한다. 가지뿔영양의 적응은 개체의 적응도에 영향을 미칠 수 있는 다양한 인자를 보여준다.

34.5 지역 기후는 육상 군집의 분포에 영향을 미친다. 대부분의 기후변화는 태양을 공전하는 지구 표면의 고르지 않은 가열로 인해 강수량과 우세풍의 패턴이 형성되기 때문이다. 해류는 연안 기후에 영향을 미친다. 산과 같은 지형은 강우량에 영향을 미친다.

수생 생물군계(34.6~34.7)

34.6 햇빛과 기질은 해양 생물 분포에 중요한 인자다. 해양 생물군계는 외양역과 저생권에서 모두 발견되며, 생물군계는 빛의 존재 여부에 따라 더욱 구분된다. 산호초는 대륙붕 위의 따뜻하고 얕은 바다에서 발견된다. 다른 해양 생물군계로는 강어귀, 습지, 조간대가 있다.

34.7 해류, 햇빛, 영양분은 담수 생물군계에서 중요한 무생물적 인자다. 고여 있는 물의 생물군계(호수 및 연못)는 흐르는 물의 생물군계(강 및 하천)와 구조가 다르며, 그에 따라 군집도 다양하다. 습지에는 소택지, 늪 등이 포함된다.

육상 생물군계(34.8~34.18)

34.8 육상 생물군계는 기후의 지역적 편차를 반영한다.

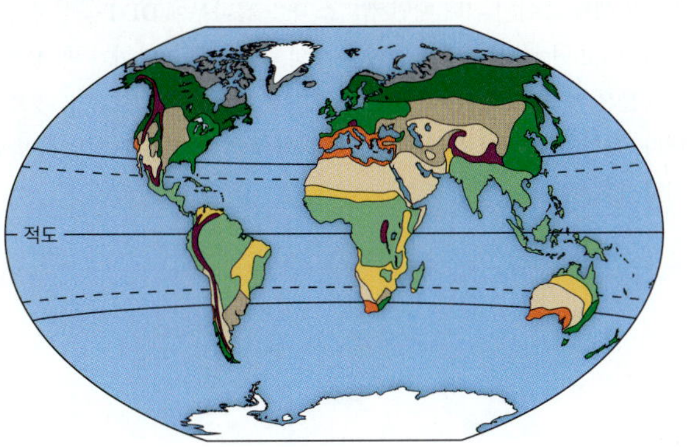

34.9 열대림은 적도 인근에 몰려 있다.

34.10 사바나는 나무가 흩어져 있는 초원이다.

34.11 사막의 특징은 건조함에 있다.

34.12 지중해성 관목지대에는 가시 관목이 주를 이룬다.

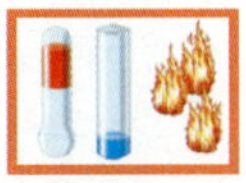

34.13 온대초원에는 북아메리카 대초원이 포함된다.

34.14 온대활엽수림에는 활엽수가 주를 이룬다.

34.15 침엽수림은 종종 몇 종의 나무에 의해 지배된다.

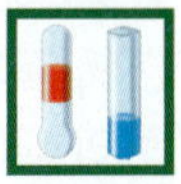

34.16 길고 혹독하게 추운 겨울은 툰드라의 특징이다.

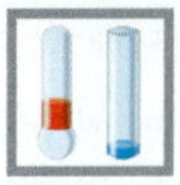

34.17 극지방 얼음은 고위도 지역의 땅을 덮는다.

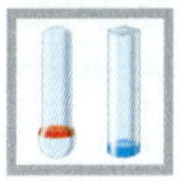

34.18 지구의 물 순환은 수생과 육상 생물군계를 연결한다.

개념 연결하기

1. 지구의 육상 생물군계가 기후의 지역적 편차를 반영한다는 것을 보았다. 하지만 무엇이 이러한 기후변화를 결정할까? 온도, 강우량, 바람의 전 지구적 패턴에 미치는 영향을 나타내는 다음 그림을 참조하여 해석하시오.

   a. 태양 복사와 위도

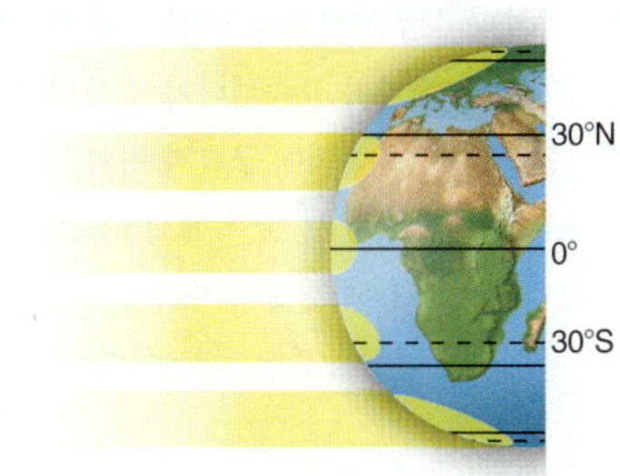

   b. 태양 주위를 도는 지구의 공전 궤도

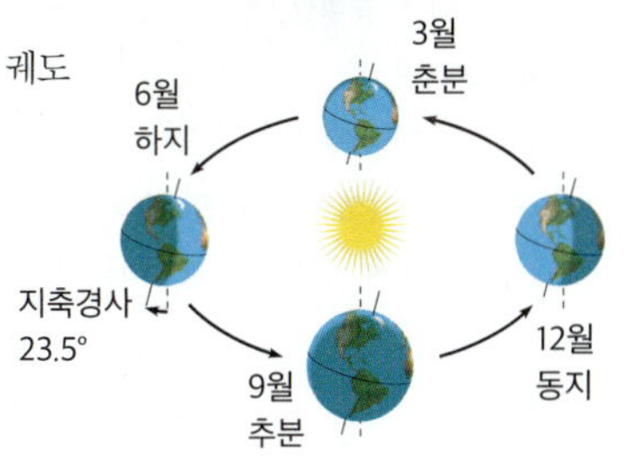

c. 지구상의 대기 순환과 강우 양상

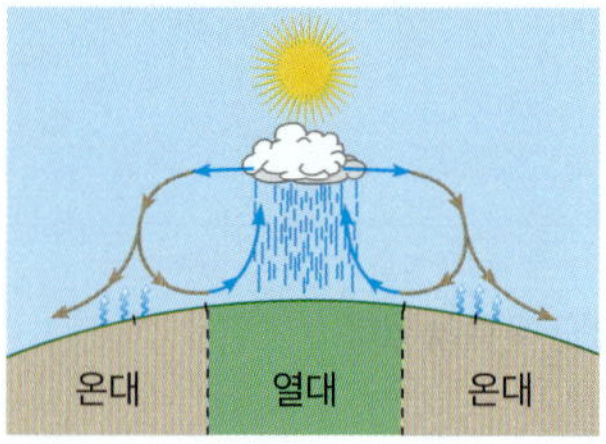

학습 평가하기

1단계: 지식과 이해력 평가

왼쪽의 설명과 오른쪽의 생물군계를 바르게 연결하시오.

2. 가장 복잡하고 다양성이 큰 생물군계	a. 지중해성 관목지대
3. 영구적으로 얼어 있는 땅	b. 사바나
4. 히코리 및 자작나무와 같은 낙엽수	c. 타이가
5. 소규모 해안 지역에 제한	d. 온대활엽수림
6. 가문비나무, 전나무, 소나무, 솔송나무	e. 온대초원
7. 개미, 영양, 사자의 서식지	f. 열대 우림
8. 북미 평원	g. 북극 툰드라

9. 계절의 변화는 다음 중 어떤 원인으로 인해 발생하는가?
   a. 지구의 축이 태양을 향해 또는 태양으로부터 멀리 기울어진 것
   b. 온도와 강우량의 연간 주기
   c. 지구와 태양 사이 거리의 변이
   d. 태양의 에너지 방출량의 연간 변화
10. 다음 중 극지방 생물군계의 특징이 아닌 것은?
   a. 위도가 높은 위치
   b. 얼어붙은 북극해
   c. 육지와 바다 사이의 긴밀한 상호 연결
   d. 높은 강수량
11. 다음 중 무광대의 원양 동물로 볼 수 있는 바다 생물은?
   a. 산호초의 어류
   b. 조간대 달팽이
   c. 심해 오징어
   d. 바다표범
12. 열대와 산의 바람이 불어오는 쪽이 남북 위도 30° 주변 지역과 산의 바람이 불어가는 쪽보다 강우량이 많은 이유는 무엇인가?
   a. 따뜻하고 습한 공기가 상승했다가 냉각되어서 수분이 비로 내린다.
   b. 하강하는 공기가 응축되어 구름과 비가 만들어진다.
   c. 열대와 바람이 많이 부는 산 쪽에서 더 많은 태양 복사가 발생한다.
   d. 지구의 자전으로 인해 계절에 따라 강우량에 차이가 생긴다.
13. 광합성 생물인 식물플랑크톤은 주로 어디에 분포하는가?
   a. 바다의 저생권
   b. 바다 투광대
   c. 조간대
   d. 호수의 무광대
14. 5년 동안 야생동물 보호구역의 고릴라 개체 수를 모니터링하는 생태학자는 어느 단계의 생태학을 연구하는 것인가?
   a. 개체　　b. 개체군
   c. 군집　　d. 생태계

2단계: 응용과 분석력 평가

15. 열대 우림은 다양성이 가장 큰 생물군계다. 이러한 다양성에 기여하는 인자는 무엇인가?
16. (a) 사바나와 (b) 온대초원 생물군계에서 울창한 산림이 형성되는 것을 막는 것은 무엇인가?
17. 그림 34.5C와 34.18을 사용하여 지구 온난화(지구 평균 기온의 급격한 상승, 7.14절 참조)가 물 순환에 어떤 영향을 미칠지 예측하시오.

3단계: 종합평가

18. 여러 수생 생물군계에서 빛, 영양분, 산소, 물의 흐름 등이 다르다. 이러한 무생물 인자는 담수 생태계의 생산성과 다양성에 영향을 미친다.
   a. 보통 광합성 생산량으로 정의되는 생산성은 하구, 산호초, 얕은 연못에서 높다. 이러한 생태계에서 높은 생산성에 기여하는 무생물 인자를 설명하시오.
   b. 비료 유출로 인한 질소와 인의 과도한 유입은 호수와 연못의 생산성에 어떤 영향을 미치는가? 이러한 영양분 유입이 생태계에 유익한가? 설명하시오.
19. 아래 기후도(climograph)에서 생물군계는 연평균 기온과 연평균 강수량의 범위로 표시되어 있다. 다음 생물군계를 찾아보자: 북극 툰드라, 침엽수림, 사막, 초원, 온대림, 열대림. 이 그래프에서 생물군계가 겹치는 지역이 있는 이유를 설명하시오.

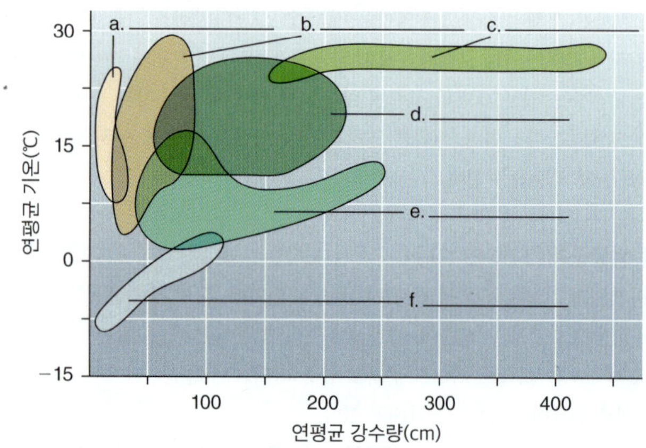

20. 북미 가지뿔영양은 아프리카의 영양과 생김새와 행동이 비슷하다. 하지만 여러 영양 중에 가지뿔영양만이 북미지역에서 살아남은 포유류다. 이렇게 먼 지역에 분리되어 있는 동물들이 어떻게 그렇게 유사한지를 설명할 수 있는 가설을 제안하시오.
21. **과학적 사고** 1954년 미시간 주립대학의 직원들은 질병을 옮기는 나무 껍질 딱정벌레를 죽이기 위해 매년 캠퍼스 내 느릅나무에 DDT를 살포하기 시작했다. 1955년 봄, 캠퍼스에서 많은 수의 죽은 개똥지빠귀가 발견되었다. 관찰자들은 아마도 지난봄에 DDT에 오염된 지렁이를 먹고 죽은 것으로 생각했다. 과학자들이 이 생각의 과학적 타당성을 조사할 수 있었던 방법을 제시하시오.

CHAPTER

35 환경에 대한 행동 적응

핵심 개요

행동의 유형과 원인(35.1~35.3)

행동생태학자들은 행동이 어떻게 유발되는지, 왜 행동이 일어나는지를 알기 위해 진화적 맥락에서 행동을 연구한다.

학습(35.4~35.11)

다양한 행동을 포괄하는 학습을 통해 동물은 변화하는 환경 조건에 따라 행동을 변화시킬 수 있다.

생존과 번식 성공도(35.12~35.16)

동물의 여러 행동은 먹이를 구하는 능력을 향상시키거나 번식 성공률을 높이기 위한 적응이다.

사회적 행동(35.17~35.23)

무리를 지어 사는 동물의 행동에는 영역권, 갈등 해결, 우위서열, 이타주의 등이 있다.

35.0 다른 개체를 위해 자신의 위험을 감수하면서 적응도를 높일 수 있다

미어캣은 칼라하리 사막에서 우위를 차지하기 위해 싸우고, 치명적인 포식자와 싸우고, 서로를 지켜보는 모습이 마치 리얼리티 TV에나 나올 법한 모습이다. 이 몽구스 구성원은 실제로 2005~2008년 〈미어캣 매너〉라는 쇼에 출연하기도 했다. 이 프로그램은 행동에 대한 장기간의 과학적 연구를 통해 과학 저널에 발표된 수많은 논문들 덕에 가능했다. 반면, TV 시청자들은 동물 행동을 과학적으로 이해하기보다는 동물을 인간처럼 여겨서 인간적 성격이나 동기를 가졌다고 생각하게 되었다.

미어캣이 자신의 새끼가 아닌 다른 새끼를 보호하기 위해 목숨을 거는 모습은 대부분의 시청자에게는 자연스러워 보였을지도 모른다. 하지만 이 행동은 생물학자에게 설명을 요구한다. 진화가 개인의 적응도 증가로 이어진다면, 어떻게 개인적 희생을 치르면서까지 다른 사람을 돕는 이타주의가 진화할 수 있었을까? 이 장에서는 동물의 모든 행동이 같은 종 구성원과의 상호작용을 포함해 환경에 대한 적응의 결과라는 것을 알아본다. 동물은 어떻게 학습하고 상호작용하며 문제를 해결할까? 이 질문을 탐구하면서 이타주의가 어떻게 진화할 수 있는지 생각해 볼 수 있다.

행동의 유형과 원인

35.1 행동을 유발하는 것으로는 근접적 인자와 궁극적 인자가 있다

행동(behavior)은 광범위한 활동을 포함한다. 가장 기본적인 수준에서 행동은 환경적 신호에 반응하여 신경계의 통제하에 근육이나 분비샘이 수행하는 작업이다. 종합적으로 행동은 내부와 외부 환경 단서에 대한 동물의 반응의 총합이다. 우리는 흔히 구애의 춤이나 위협적 몸짓행동 같은 관찰 가능한 행동이라 생각하지만, 그 외의 활동도 행동으로 간주된다. 짝을 유인하거나 영역을 표시하는 화학물질을 분비하는 것과 같은 화학적 의사소통도 행동의 한 형태다. 학습도 행동의 한 과정이다.

행동생태학(behavioral ecology)은 진화적 맥락에서 행동을 연구하는 학문이다. 행동생태학자들은 다양한 분야의 지식을 활용하여 동물 행동의 세부사항을 설명하고, 동물의 행동이 어떻게 발달하고 진화하며 동물의 생존과 번식 성공에 기여하는지를 조사한다. 행동생태학자들이 파트너와 일부일처성(monogamous)으로 유대감을 형성하는 몇 안 되는 포유류 중 하나인 쥐처럼 작은 초원들쥐(**그림 35.1**)의 행동을 조사하는 방법을 고려해 보자. 한 쌍의 초원들쥐는 24~48시간 동안 반복적으로 짝짓기를 하면서 관계를 시작한다. 이 단계 이후, 한 쌍은 평생 동안 서로 긴밀한 그들만의 관계를 유지한다.

▲ **그림 35.1** 초원들쥐(*Microtus ochrogaster*)

행동생태학자들이 조사하는 질문은 크게 두 가지로 나뉜다. **근접적 질문(proximate question)**은 행동의 직접적인 이유, 즉 **자극(stimuli**, 반응을 야기하는 환경적 단서)에 의해 어떻게 촉발되는지, 어떤 생리적 또는 해부학적 메커니즘이 역할을 하는지, 어떤 근본적인 유전적 요인이 작용하는지에 관한 것이다. 예를 들어, 초원들쥐의 짝짓기 패턴을 연구하는 연구자는 "들쥐는 어떻게 짝을 선택할까?" 또는 "짝짓기 행위가 어떻게 파트너와 평생의 유대감을 형성하게 하는가?"라고 질문할 수 있다. 일반적으로 근접적 질문은 행동이 어떻게 발생하는지 이해하는 데 도움이 된다. **근접적 원인(proximate cause)**은 행동의 즉각적인 메커니즘에 대한 이러한 질문에 대한 답을 말한다.

궁극적 질문(ultimate question)은 특정 행동이 발생하는 이유를 묻는다. 동물의 표현형의 구성요소인 행동은 자연선택에 의해 형성된 적응이다. 궁극적 질문, 즉 **궁극적 원인(ultimate cause)**에 대한 해답은 진화론적 설명이며, 이는 행동이 갖는 적응적 가치에 있다. 예를 들어, 연구자들은 진화 역사의 어느 시점에서 초원들쥐의 조상은 압도적인 대다수의 포유류처럼 수많은 파트너를 가졌을 것으로 생각한다. 자연선택이 짝짓기 행동의 변화를 선호한 이유는 무엇일까? 연구자들은 이 궁극적 질문의 답을 찾기 위해 초원들쥐의 짝짓기 행동의 적응적 가치에 대한 가설을 테스트한다. 예를 들어, 지속적인 유대감을 형성하는 수컷 들쥐는 다른 수컷이 짝에게 접근하는 것을 막기 때문에 번식 성공률이 더 높을 수 있다. 암컷 들쥐가 짝과 지속적으로 동행하지 않을 경우 다른 수컷과 성교를 하는지 여부를 확인하는 실험은 수컷에 의한 유대 형성의 한 가지 가능한 적응적 가치를 밝혀줄 것이다.

다음 절에서는 근접적 질문과 궁극적 질문의 상호 보완적인 특성을 보여주는 행동 유형을 살펴본다.

? 수컷 새가 노래를 하는 근접적 원인과 궁극적 원인은 무엇인가?

■ 근접적 원인으로는 수컷이 기관에 노래를 부를 수 있는 발성 기관을 가지고 있거나, 노래하는 유전적 능력을 물려받았거나, 노래를 배웠기 때문에 노래를 부르는 것 등이 있을 수 있다. 노래하는 행동의 궁극적 원인은 자신의 영역권을 이웃에게 알리는 기능을 하거나, 과거에 진화를 통해 노래를 부르게 된 새 집단에 속한 개체이기 때문일 수 있다.

35.2 고정행동양식은 선천적 행동이다

동물의 일생 동안 행동이 어떻게 발달하는지는 중요한 근접적 질문 중 하나다. **선천적 행동(innate behavior)**은 학습되는 것이 아니다. 그것들은 강력한 유전적 통제하에 있으며, 종의 모든 구성원이 매우 유사한 방식으로 수행하지만, 삶의 시기나 성별에 따라 다를 수 있다. **고정행동양식(fixed action pattern, FAP)**이라고 불리는 행동 서열에 관한 고전적 연구가 많다. FAP는 특정 자극에 의해 촉발되는 일련의 행동이다. 한번 시작되면 상황의 변화에 관계없이 그 순서대로 수행된다. 커피 자판기를 예로 들어보자. 구매자는 자판기에 돈을 넣고 버튼을 누른다. 이 자극을 받은 기계는 컵을 제자리에 떨어뜨리고, 일정량의 커피를 내보내고, 크림을 추가하고, 설탕을 추가하는 일련의 동작을 수행한다. 자극(이 경우에는 돈)으로 인해 기작이 시작되면 완전한 프로그램이 수행된다. 마찬가지로 FAP도 한번 시작하면 끝까지 진행된다.

그림 35.2A는 초기 연구자들이 자세히 연구한 FAP 중 하나를 보여준다. 이 새는 지면의 얕은 홈에 둥지를 트는, 유럽에서 흔히 볼 수 있는 회색기러기다. 이 새가 실수로 알을 둥지 밖으로 처내는 경우에는 항상 같은 방식으로 알을 회수한다. 그림과 같이 자리에서 일어나 목을 쭉 뻗

▲ **그림 35.2A** 알을 회수하는 회색기러기의 고정행동양식

고 머리를 좌우로 움직여 부리로 알을 이동한 다음에 다시 둥지에 앉는다. 회색기러기가 알을 회수하는 동안 알이 미끄러지거나 실험자가 일부러 이동시켜도 이 새는 알이 그대로 있는 것처럼 행동을 이어간다. 다시 둥지에 앉은 다음에야 알이 아직 둥지 밖에 있다는 것을 알아차리는 것 같다. 그런 다음 회색기러기는 또 다시 알 찾기를 시작한다. 알을 다시 꺼내면 회색기러기는 알이 없는 상태에서도 알을 찾는 동작을 반복한다. 회색기러기는 작은 장난감이나 공과 같은 물건이 둥지 근처에 놓여 있을 때도 이 서열을 수행한다. 마치 커피 자판기에서 컵이 제대로 나오지 않는데도 커피와 크림, 설탕이 쏟아지는 것처럼, 회색기러기는 알의 부재와 상관없이 일련의 동작을 수행한다.

가장 간단한 형태의 FAP는 특정 자극에 대한 선천적인 반응이다. 회색기러기의 경우, 알을 찾게 만드는 자극은 둥지 근처에 있는 알(또는 다른 물체)이다. 이러한 비교적 단순한 선천적 행동은 모든 동물에게 나타나는 것으로 보인다. 아기 새는 가까이에 어른 새(부모 새)가 있다는 것을 감지하면 FAP로 반응한다. 머리를 들어 올리고 입을 벌리고 짹짹거리며 먹이를 달라고 애원한다. 그러면 부모 새는 또 다른 FAP로 반응한다. 벌어진 입에 음식을 집어넣는 것이다. 사람도 FAP를 수행한다. 유아는 손바닥의 접촉 자극에 반응하면 손가락으로 강하게 쥔다. 얼굴이나 동그라미 안에 있는 2개의 검은 점과 같이 얼굴과 막연하게 닮은 것에도 반응하여 미소를 짓기도 한다.

하나의 FAP는 일반적으로 단순한 행동이지만, 여러 FAP가 순차적으로 수행되어 복잡한 행동이 발생할 수 있다. 35.14절에서 배우게 될 것처럼 많은 척추동물은 일련의 FAP로 구성된 구애 의식을 한다. 한 개체가 하나의 FAP를 완료하면 그것이 신호로 작용하여 그의 파트너가 다음 FAP를 시작한다. 이러한 패턴에는 약간의 유연성이 있다. 예를 들어, 파트너가 쉽게 응답하지 않는 경우, 패턴의 한 부분이 반복될 수 있다.

▲ **그림 35.2B** 알을 옮기는 한 쌍의 킹펭귄

FAP의 궁극적 원인은 무엇일까? 특정 행동을 자동으로 수행해서 적응도가 최대화된다면 이 행동과는 다른 변이를 보이는 유전자는 개체군 내에 지속되지 못할 것이다. 예를 들어, 어린 동물이 살아남기 위해서는 첫 번째 시도에서 제대로 해내야 하는 것들이 있다. 절벽 난간에 둥지를 트는 세가락갈매기를 생각해 보자. 절벽에 둥지를 틀지 않는 다른 갈매기 종과 달리 세가락갈매기는 선천적으로 절벽 가장자리에 대한 혐오감을 보이며, 가장자리를 회피하듯 멀리 돌아간다. 이러한 가장자리 회피 반응을 보이지 않았던 이전 세대의 어린 새는 위험을 감수하는 행동의 유전자를 다음 세대에 전달하지 못했을 것이다.

생식 과정에서의 행동에 대한 고정행동양식도 강한 선택의 압력을 받는다. 한 가지 예로 짝을 이룬 킹펭귄의 행동을 들 수 있다. 한 쌍의 두 개체는 각각 파트너가 먹이를 먹는 동안 번갈아 가며 알을 품는다(**그림 35.2B**). 한 쌍은 마주 보고 서서 한 펭귄의 발등에서 상대방의 발등으로 알을 전달하기 위해 일련의 섬세한 동작을 수행해야 하며, 복부 피부로 알을 감싸듯이 품는다. (영화 〈펭귄의 행진(*The March of the Penguins*)〉에서 황제펭귄이 이 행동을 하는 모습을 본 적이 있을 것이다.) 한 쌍이 실수하면 알이 얼음 위로 굴러가 순식간에 얼어붙어, 한 해 동안 한 쌍이 유일하게 성공할 수 있는 생식의 기회가 사라질 수 있다.

선천적 행동은 강력한 유전적 통제하에 있지만, 대부분의 선천적 행동은 경험을 통해 향상되기도 한다. 그리고 유전적 요소 외에도, 행동을 유발하기 위해서는 환경으로부터의 물체나 감각자극 등의 입력이 필요하다. 다음 절에서는 행동을 만드는 데 있어 유전자와 환경의 상호작용에 대해 살펴본다.

? 고정행동양식을 근접적 원인과 궁극적 원인의 맥락에서 어떻게 설명할 수 있는가?

■ 고정행동양식의 가장 근접한 원인은 종종 단순한 환경적 단서다. 궁극적 원인은 동물이 사전 경험 없이도 생존에 필수적인 과업을 수행하게 만드는 행동이 자연선택적으로 선호된다는 것이다.

35.3 유전과 환경적 요인 모두가 행동에 영향을 미친다

행동에 대한 진화론적 설명은 행동에 유전적 기반이 있다고 가정한다. 많은 과학적 연구를 통해 특정 행동에 실제로 유전적 요소가 있다는 사실이 입증되었다. 과학자들은 분자유전학의 도구를 사용하여 행동에서 특정 유전자의 역할을 조사하기 시작했다.

초파리를 대상으로 한 획기적인 실험을 통해 학습, 기억, 체내 시계, 구애 및 짝짓기 행동을 관장하는 유전자를 발견할 수 있었다. 예를 들어, 초파리 수컷은 앞다리로 암컷의 복부를 두드리고 한쪽 날개를 진동시키는 등 정교한 일련의 행동으로 암컷을 구애하는 '노래'를 한다. 연구자들은 수컷의 경우 구애 행동을 담당하는 일련의 유전자를 켜는 단백질을 암호화하는 주요 유전자(*fru*)를 확인했다(**표 35.3**). 돌연변이된 버전의 *fru* 유전자를 가진 수컷 초파리는 다른 수컷 초파리에게 구애를 시도한다. 암컷의 경우, *fru* 유전자가 암호화하는 단백질은 수컷 버전과 다르다. 그런데 연구자들이 유전공학을 이용해 암컷 초파리를 변화시켜 수컷의 Fru 단백질을 만들게 했더니 암컷은 정상적인 수컷처럼 행동하여 다른 암컷에게 적극적으로 구애했다.

초파리 행동을 지배하는 유전자 중 일부는 쥐와 심지어 사람에게도 대응하는 유전자가 있다. 구애와 짝짓기 행동의 유전적 토대는 포유류의 그것과는 상당히 다를 수 있지만, 학습과 기억에 관여하는 유전자에 대한 연구는 고무적인 결과를 도출했다. 과학자들은 던스, 암네시악, 루타바가 등 다채로운 이름을 가진 초파리 돌연변이체를 연구해 기억 저장의 핵심 요소를 밝혀냈고, 유전공학을 이용해 뛰어난 기억력을 가진 초파리를 만들기도 했다. 쥐와 사람에서도 유사한 유전자와 그 단백질 생성물이 확인되면서 기억력 향상 약물에 대한 연구가 활발히 진행되고 있다. 이러한 약물은 기억력을 손상시키는 알츠하이머병 및 기타 신경 질환으로 고통받는 사람들의 삶의 질을 향상시킬 수 있을 것이다.

행동은 또한 개체의 유전정보와 환경 간 **상호작용**의 영향을 받는다. 식이 및 사회적 상호작용을 포함한 여러 가지 환경적 요인은 유전적 요소의 실행 방식을 변하게 할 수 있다. 일부 동물의 경우, 개체의 성별도 환경에 의해 결정될 수 있다. 예를 들어, 일부 파충류는 배아 발달 시기에 알의 온도에 따라서 성이 결정된다. **그림 35.3A**의 바다거북은 따뜻한 온도에서의 알들이 암컷 새끼로 부화하는 게 더 많다.

환경이 행동에 미치는 영향을 보여주는 한 연구를 살펴보자(**그림 35.3B**). 어떤 노르웨이 쥐(*Rattus norvegicus*) 암컷은 새끼를 핥고 손질하는 데 많은 시간을 보내는 반면, 다른 암컷은 새끼와 거의 상호작용을 하지 않는다. 이러한 '상호작용이 적은' 어미에 의해 자란 새끼는 성체가 되어서 '공격-또는-도피' 스트레스 반응을 유발하는 자극(26.10절 참조)에 더 민감한 경향이 있으며 새로운 상황에서 더 두려워하고 불안해하는 경향이 있다. 이러한 암컷 새끼 자신도 상호작용이 적은 어미가 된다. 반면, '상호작용이 많은' 어미를 둔 새끼는 성체가 되어 스트레스가 많은 상황에서 더 편안하게 지내며, 이런 새끼 중의 암컷은 상호작용이 많은 어미가 된다.

표 35.3 *fru* 유전자가 정상인 경우와 돌연변이된 초파리의 구애 행동

fru 유전자의 형태	수컷 	유전적으로 변형된 암컷 
정상 *fru* 수컷	암컷에게 구애	암컷에게 구애
돌연변이 *fru* 수컷	수컷에게 구애	—

▲ **그림 35.3A** 부화한 새끼 장수거북(*Dermochelys coriacea*)

노르웨이쥐의 스트레스에 대한 반응이 전적으로 유전에 의해 결정되는지, 아니면 어미와의 상호작용에 영향을 받는지 조사하기 위해 연구진은 '부모 맞바꾸기' 실험을 진행했다. 연구진은 상호작용이 많은 어미 쥐에게서 태어난 새끼를 상호작용이 적은 어미 쥐가 있는 둥지에, 상호작용이 적은 어미 쥐에게서 태어난 새끼는 상호작용이 많은 어미 쥐가 있는 둥지에 각각 배치했다. 성체가 됐을 때 이렇게 양육된 쥐는 친어미보다 양어미와 비슷하게 스트레스에 반응했다. 그 결과 새끼 쥐의 환경, 즉 어미의 행동이 불안 수준을 결정짓는 인자임을 알 수 있었다. 주목할 만한 점은 이 실험을 통해 행동 변화가 유전자가 아닌 사회적 환경을 통해 다음 세대에 전달될 수 있다는 사실도 입증됐다는 점이다. 양육된 암컷 쥐가 새끼를 낳았을 때 양어미가 새끼에게 보여주었던 것과 동일한 수준의 상호작용을 보였다.

이 실험과 다른 실험들은 행동이 유전적 요인과 환경적 요인 모두의 산물이라는 증거를 제공한다. 실제로 유전자와 환경의 상호작용이 대부분의 동물 행동을 결정하는 것으로 보인다. 환경이 행동에 영향을 미칠 수 있는 가장 강력한 방법은 다음 주제인 학습을 통한 것이다.

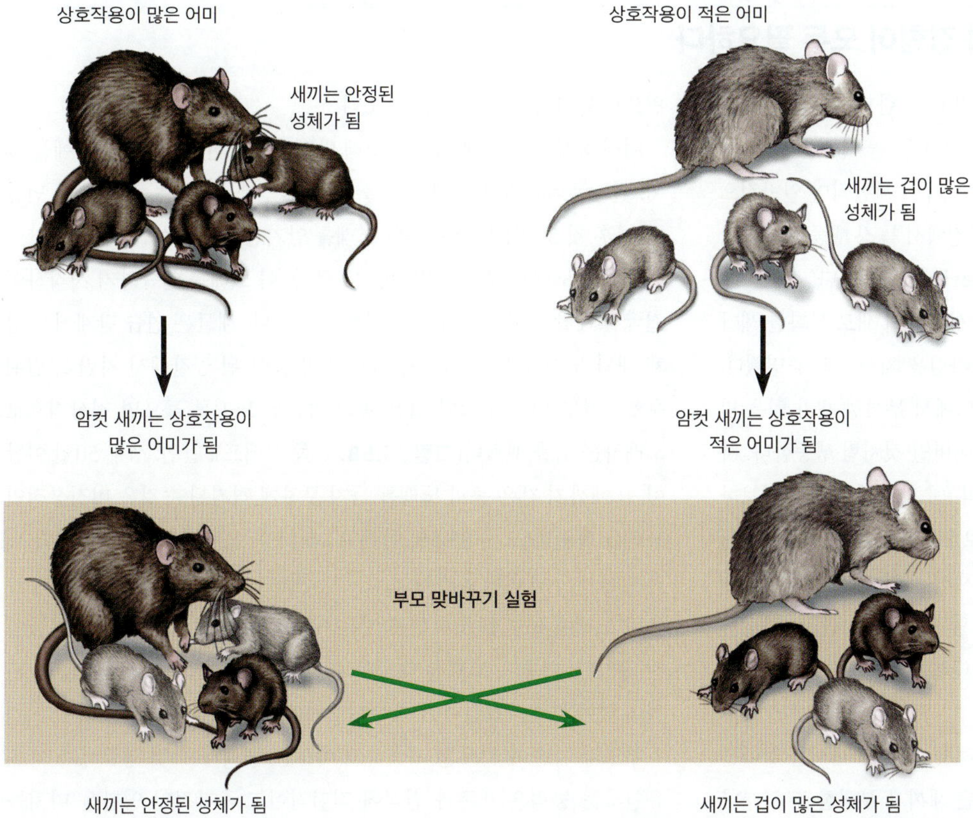

◀ **그림 35.3B** 쥐를 대상으로 한 부모 맞바꾸기 실험

시도해 보기 이 절을 복습할 때 본문을 참조하지 않은 채로 이 실험의 설계와 결과를 설명해 보자.

? 유전자에 의해 주로 조절되는 행동과 환경에 의해 결정되는 행동을, 실험을 수행하지 않고도 어떻게 구분할 수 있는가?

■ 대부분의 경우 유전적으로 조절되는 행동은 개체군이 서로 다른 환경에 있더라도 개체군 간에 큰 차이가 없는 반면, 환경적으로 조절되는 행동은 서로 다른 환경에 위치한 개체군 간에 큰 차이가 있을 수 있다.

학습

35.4 습관화는 단순한 학습 유형이다

학습(learning)은 특정 경험의 결과로 나타나는 행동의 변형이다. 동물은 변화하는 환경적 조건에 대응하여 학습을 통해 행동을 변화시킬 수 있다. **표 35.4**에서 알 수 있듯이 학습에는 단일 자극에 반응하는 단순한 행동 변화부터 완전히 새로운 행동을 사용하는 복잡한 문제 해결에 이르기까지 다양한 형태가 있다.

가장 단순한 형태의 학습 중 하나는 **습관화(habituation)**로, 이는 동물에게 정보로서의 의미가 없는 자극이 반복될 경우 이에 대해 그 자극에 반응하지 않게 되는 것이다. 무척추동물과 척추동물 모두에서 습관화의 많은 예가 있다. 예를 들어, 자포동물 히드라(그림 18.6A 참조)는 약간의 접촉에도 수축하지만, 이러한 자극을 반복적으로 받으면 반응을 멈춘다. 마찬가지로, 허수아비 자극을 받으면 새들은 보통 며칠 동안 잘 익은 열매가 달린 나무를 피하게 된다. 그러나 새들은 곧 허수아비에 습관화되어 과일나무로 가는 길에 허수아비에 앉기도 한다. 특정 자극에 습관화되면 동물의 감각 기관은 여전히 자극을 감지하지만, 그 자극에 반응하지 않는 법을 배운다.

궁극적 원인 측면에서 보면, 습관화는 동물의 신경계가 생존이나 번식과는 무관한 수많은 자극에 시간과 에너지를 낭비하지 않도록 하고 먹이, 짝 또는 실제 위험을 알리는 자극에 집중하도록 함으로써 적응도를 높일 수 있다.

행동의 근접적 원인과 궁극적 원인은 다음 절에서 소개할 학습 유형인 각인에서도 분명하게 나타난다.

? 한 실험에서 쥐가 갑작스러운 소음을 들을 때마다 긴장하여 꼼짝하지 않는다면 이것은 습관화의 예인가?

■ 아니다. 쥐가 지속적으로 자극에 반응하기 때문에 습관화의 예가 아니다.

표 35.4 학습 유형

학습 유형	특성
습관화(habituation)	반복적인 노출 후 자극에 대한 반응의 상실
각인(imprinting)	비가역적 학습이며 동물의 생애 중에서 민감기에 제한
공간학습(spatial learning)	지형표식을 활용하여 환경의 공간구조를 학습
연합학습(associative learning)	자극 또는 행동을 보상 또는 처벌과 연결하여 행동 변화. 시행착오학습 포함
사회적 학습(social learning)	다른 개체를 관찰하고 모방하여 학습
문제 해결(problem solving)	새로운 상황에 대한 반응으로 발생하는 창의적인 행동

35.5 각인에는 선천적 행동과 경험이 모두 필요하다

학습은 종종 선천적 행동과 밀접한 상호작용을 한다. 이러한 상호작용의 가장 흥미로운 예로 각인이라는 현상을 들 수 있다. **각인(imprinting)**은 동물의 생활사에서 특정 시기로 제한되며 일반적으로 되돌릴 수 없는 학습이다. 동물의 발달 과정에서 특정 행동을 학습할 수 있는 제한된 시기를 **민감기(sensitive period)**라고 한다.

고전적인 실험에서 생물학자들은 거위를 사용하여 새로 부화한 새가 처음 보는 움직이는 대상에 각인을 한다는 사실을 처음으로 증명했다. 일반적으로 그 대상은 어미 새다. 인큐베이터에서 부화한 새가 처음 몇 시간을 사람과 함께 보내면 마치 그 사람이 어미인 것처럼 행동한다. 사람에게 각인된 새는 성체가 되어서도 자신의 종, 심지어 실제 어미보다 사람과 함께 있는 것을 더 선호할 수 있다. 보호활동을 위해 인큐베이터에서 부화한 새를 키우는 프로그램에서는 새끼 새가 인간 보호자에게 각인되지 않도록 유의한다(**그림 35.5A**). 그렇지 않으면 새들은 사람을 두려워하지 않고 같은 종의 다른 구성원에 대해 적절하게 반응하지 않을 것이다.

어린 새가 부모를 알기 위해 각인이 필요하듯, 성체도 새끼를 알아볼 수 있도록 각인이 필요하다. 성체 재갈매기는 새끼가 부화한 후 하루나 이틀 동안은 자신의 둥지 영역에 들어온 낯선 새끼를 받아들이고 심지어 보호하기도 한다. 그러나 일단 자손에게 각인된 성체 새는 나중에 도착하는 낯선 새끼를 죽인다.

각인의 모든 예가 부모와 자손의 유대감에 대한 것만은 아니다. 예를 들어, 갓 부화한 연어는 부모의 보살핌을 받지 못하지만, 하천 특유의 복잡한 냄새 조합에 각인을 하는 것으로 보인다. 이러한 각인을 통해 성체 연어는 1년 이상 바다에서 보낸 후에 산란을 위해 원래 태어났던 하천으로 돌아가는 길을 찾을 수 있다.

여러 종류의 새에게 각인은 노래 발달에 중요한 역할을 한다. 예를 들어, 흰줄무늬참새의 노래 발달을 연구하는 연구자들은 수컷 새가 민감기(생후 첫 50일)에 같은 종의 노래를 암기한다는 사실을 발견했다. 이 시기에는 노래를 부르지 않지만 몇 달 후 이 노래를 연습하기 시작하여 결국 노래를 정확하게 부르는 방법을 배운다. 새들은 연습 단계에서 성체 새의 노래를 들을 필요가 없으며, 방음이 된 공간에서 자란 고립된 수컷이라도 민감기 동안 같은 종의 녹음된 노래를 들으면 정상적으로 노래하는 법을 배웠다(**그림 35.5B**, 위쪽 그래프). 반면, 생후 50일 이상이 될 때까지 같은 종의 노래를 듣지 못하게 격리된 수컷은 비정상적인 노래를 불렀다(그림 35.5B, 아래쪽 그래프). 연구진은 또한 이 새의 노래 발생에서 관련된 유전적 요소도 발견했다. 민감기 동안 다른 종의 녹음된 노래에 노출된 격리된 수컷은 이러한 다른 종의 노래를 받아들이지 않았다. 나중에 노래를 배웠을 때 이 새들은 녹음된 노래를 들어 본 적이 없이 고립되었던 수컷새와 비슷하게 비정상적인 노래를 불렀다.

부모와 자손이 서로를 기억하고 따르는 능력과 수컷 명금류가 짝을 유인하는 능력은 생존과 번식에 직접적이고 즉각적인 영향을 미치는 행동의 예다. 각인은 이러한 행동이 동물의 신경계에 고정될 수 있는 기회를 제공한다.

? 각인에는 선천적 요소와 학습적 요소가 모두 있다고 말하는 이유를 설명해 보시오.

■ 선천적인 요소로는 민감기에 자극에 각인되는 경향이 있다는 것이다. 또한 각인 자체는 학습의 한 형태기도 하다.

▲ **그림 35.5A** 각인된 사람을 따르는 거위

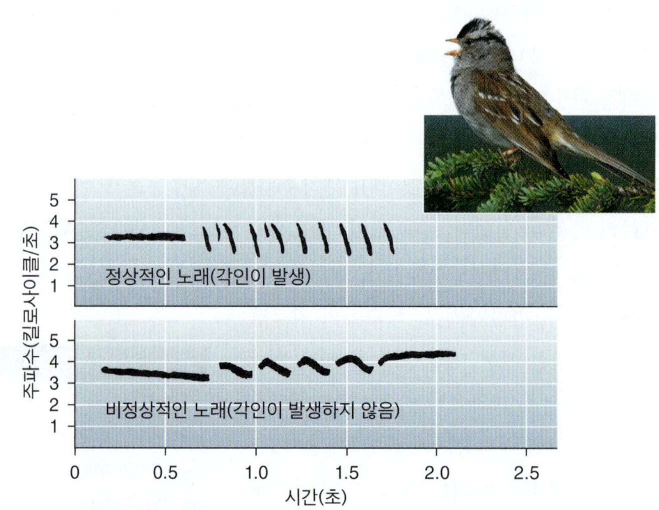

자료: P. Marler and M. Tamura, Culturally transmitted patterns of vocal behavior in sparrows, *Science* 146: 3650, 1483-1486 (Dec. 11, 1964).

▲ **그림 35.5B** 민감기(위)와 민감기 이후(아래)에 성체의 노래를 들은 수컷 흰줄무늬참새의 노래. 두 새는 모두 분리 사육되었다.

35.6 각인은 보존 프로그램에 대한 문제와 기회를 제공한다

연결 멸종위기에 처한 종을 구하기 위해 생물학자들은 때때로 포획 사육을 통해 개체 수를 늘리려고 시도한다. 일반적으로 포획 사육 프로그램의 전략은 많은 동물이 포식 및 기타 위험에 가장 취약한 단계인 영유아와 어린 동물에게 안전한 환경을 제공하는 것이다. 일부 프로그램에서는 성체 동물을 포획하여 번식 집단에서 사육하기도 한다. 자손은 보통 어미 또는 양쪽 부모가 키우며, 번식을 위해 사육되거나 야생으로 방출될 수 있다. 또 어떤 프로그램에서 둥지로부터 알을 가져온 경우라면 부모가 부재한다. 동물이 야생에서 생존하고 번식하려면 적절한 행동을 발달시켜야 하기 때문에 상황에 맞는 각인은 모든 포획 사육 프로그램의 성공에 매우 중요하다. 민감기 동안 노출이 주변에 따라다니는 어린 동물에만 영향을 미치는 것이 아니다. 어린 동물들은 서식지, 먹이, 미래의 잠재적 짝을 각인할 수 있다.

미국 흰두루미(*Grus americana*)를 구하기 위한 노력은 각인의 장점과 어려움을 모두 보여준다. 독특한 울음소리에서 이름이 유래한 이 새는 키가 약 1.5 m에 달하며, 한때 남북 이동을 통해 북미 하늘에서 흔히 볼 수 있었지만 서식지 파괴와 사냥으로 거의 멸종위기에 처했다. 1967년 미국 야생동물 관리들은 두루미에 대한 보호 대책을 수립하고 장기적인 회복과 포획 번식 노력을 시작했다.

처음에 생물학자들은 유사 종인 캐나다 두루미를 미국 흰두루미 새끼의 대리 부모로 사용했다. 미국 흰두루미가 성숙할 때까지는 모든 것이 잘 진행되었다. 그런데 캐나다 두루미에게 각인된 미국 흰두루미는 동종과의 번식에는 전혀 관심을 보이지 않았다. 이후엔 사람이 머리를 가린 복장을 하고 미국 흰두루미 인형으로 먹이를 주면서 성체 미국 흰두루미에게 제대로 각인시키기 위해 노력했다(**그림 35.6A**). '이주 작전(Operation Migration)'이라는 단체는 초경량 비행기를 이용해 캐나다 두루미를 이동 경로로 유도하는 데 성공했고, 그 방법을 미국 흰두루미에게 적용했다. 그들은 초경량 비행기의 엔진 소리를 녹음하여 알과 부화한 어린 새에게 들려줌으로써 청각적 각인을 시켰다. 그리고 미국 흰두루미가 각인된 인형을 항공기에 부착했다. 훈련 기간을 거친 어린 두루미들은 위스콘신에서 플로리다까지 비행기를 따라가는 데 성공했다. 이 여정에는 몇 주가 걸렸고 밤을 지새우는 중간 기착이 포함되었으며, 그동안 두루미들은 우리에 머물게 했다. 비행하는 날마다 어린 두루미들은 비행기 뒤에 줄지어서 열심히 날개를 치켜들고 다음 정거장까지 '부모'를 따라갈 준비를 했다. 일부 새들은 스스로 위스콘신으로 돌아왔다. 이 프로그램은 2001년부터 2016년까지 진행되었으며, 여러 세대의 두루미에게 이동 경로를 가르치기 위해 각인을 사용했다.

손으로 키우는 동물이 사육자에게 각인되면 인간을 포식자로 인식하게 못하게 되어 위험해질 수도 있다. 또한 성가신 존재가 될 수도 있다. 마치 라이벌인 것처럼 사람을 공격할 수도 있다. 다른 새에 노출되지 않고 사람에 의해 사육된 바바리비둘기(**그림 35.6B**)와 우는 비둘기(mourning dove)는 사람에 대한 두려움을 영구적으로 잃을 수 있다. 두 종 모두 짝으로서 인간에게 끌리게 되지만, 적절한 시기에 동종에게 충분히 노출되면 자신의 종에 대한 끌림은 나중에 회복될 수 있다. 바바리비둘기를 그들의 형제자매와 함께 키우면 사람에게 각인되는 것을 방지할 수 있다. 앵무새는 둥지에 다른 종의 앵무새와 함께 있으면 인간에 대한 각인을 피할 수 있다. 사람과의 접촉을 최소화하는 것도 유용하다.

사육장에서 태어난 검은발 흰족제비가 후각 민감기에 프레리도그 고기에 노출되면 자연 먹이에 대한 각인이 생길 수 있다(38.7절 참조). 이러한 먹이에 각인이 되면 흰족제비를 프레리도그 은신처 근처에 풀어 놓을 경우에도 포식자와 주변 요소로부터 안전하게 머물 수 있다.

? 각인은 어떤 행동에 영향을 미칠 수 있는가?

■ 새끼가 따라갈 종, 서식지 선호도, 먹이 선호도, 최종적인 배우자 선택

▲ **그림 35.6A** 인형 '부모'와 상호작용하는 새끼 두루미

▲ **그림 35.6B** 바바리비둘기(*Streptopelia risoria*)

35.7 동물의 움직임은 자극에 대한 반응이거나 공간학습을 필요로 할 수 있다

동물은 포식자를 피하고, 더 유리한 환경으로 이동하고, 먹이를 얻고, 짝과 둥지를 찾을 수 있는 방향으로 움직인다. 가장 단순한 종류의 움직임에는 학습이 수반되지 않는다. 자극에 반응하여 임의적으로 움직이는 것을 **무작위운동**(**kinesis**, 복수형은 kineses)이라고 한다. 무작위운동은 단순히 시작하거나 멈추거나, 속도를 바꾸거나, 간간히 방향을 바꾸는 것일 수 있다. 이와는 대조적으로, **주성**(**taxis**, 복수형은 taxes)은 자극을 향해(양성주성) 또는 자극으로부터 멀어지는(음성주성) 반응이다. **공간학습**(**spatial learning**)에서 동물은 먹이, 둥지, 미래의 짝, 또는 잠재적 위험의 위치를 나타내는 환경의 지형표식에 대한 기억을 형성한다. 그리고 35.8절에서 배우게 되겠지만, 일부 동물은 환경을 탐색하는 데 더 정교한 방법을 사용한다.

쥐며느리의 무작위운동

유일한 지상 갑각류 중 하나인 쥐며느리는 그 사촌 격인 곤충만큼 건조로부터 잘 보호되지 않는다. 따라서 일반적으로 바위나 통나무의 아랫부분과 같은 습한 서식지에서 산다.

쥐며느리, 나무이(wood louse) 라고도 함

연어의 양성주성

여기에 나와 있는 연어와 같은 많은 하천 물고기는 흐름 속에서 양성주성을 보인다. 이들은 자동적으로 상류 방향으로 산란 장소를 향해 헤엄치거나 방향을 잡는다.

수컷 홍연어

말벌의 공간학습

암컷 말벌은 땅 속 작은 굴에 벌집을 만들었다. 말벌은 종종 4~5개의 별도의 벌집을 파고 매일 각 벌집으로 날아가 청소하고 유충에게 먹이를 가져온다. 각 둥지를 떠나기 전에 그 말벌은 입구를 숨긴다. 니코 틴버겐(Niko Tinbergen)의 고전적인 실험은 이러한 행동을 탐구했다.

벌집 입구 근처에 있는 말벌

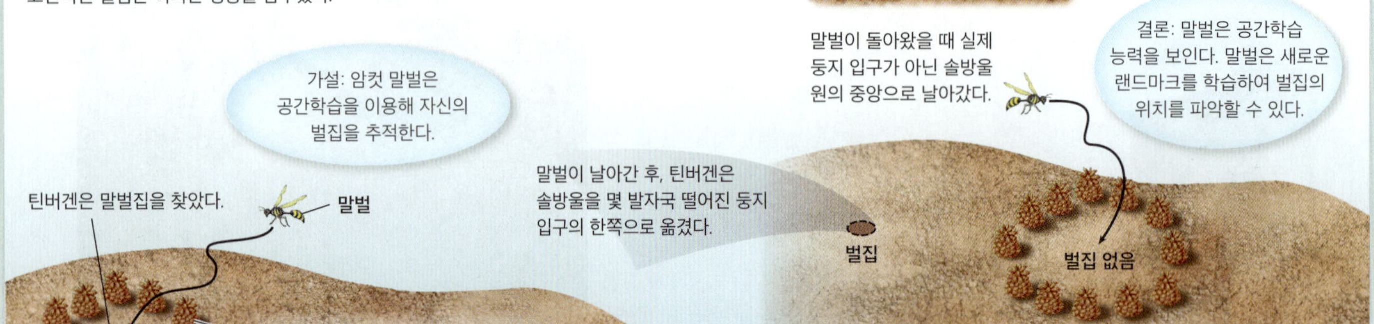

? 플라나리아(그림 18.7A 참조)는 빛이 있는 쪽에서 어두운 쪽으로 이동한다. 이것은 어떤 유형의 움직임인가?

■ 음성주성(빛으로부터 멀리 이동)

35.8 다양한 신호가 이주성 동물의 이동을 안내한다

▲ 그림 35.8A 회색고래(*Eschrichtius robustus*)의 스파이호핑

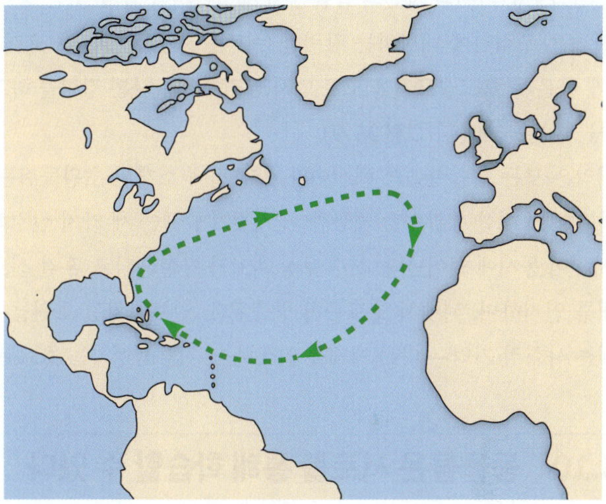

▲ 그림 35.8B 붉은바다거북(*Caretta caretta*)의 이동 경로 지도

'스노버드'(snowbird, 북미의 추운 지역을 피하여 온난한 선벨트 지역으로 와서 겨울을 지내는 사람들)처럼 많은 동물도 계절에 따라 이동한다. 동물이 두 지역 사이를 정기적으로 오가는 것을 **이주(migration)**라고 한다. 35.6절에서 설명한 두루미와 같은 많은 종은 이동을 통해 1년 내내 식량 자원에 접근하고 생존에 유리한 지역에서 번식하거나 월동할 수 있다. 연구자들은 이주하는 동물들이 다양한 신호를 사용하여 이동한다는 사실을 발견했다. 동물들이 이러한 여정을 어떻게 탐색하는지에 대한 몇 가지 예를 살펴보자.

주목할 만한 장거리 여행자는 회색고래다. 이 거대한 포유류는 여름 동안 북대양에 서식하는 바닥에 사는 작은 무척추동물을 먹이로 삼는다. 가을이 되면 알래스카 북쪽의 먹이활동 장소를 떠나 북미 해안선을 따라 남쪽으로 긴 여행을 시작해 바하 캘리포니아주 멕시코의 따뜻한 석호에서 겨울을 난다. 암컷은 이곳에서 새끼를 낳고 새끼를 데리고 다시 북쪽으로 이동한다. 연간 왕복 약 2만 km에 달하는 이 장거리 이동은 포유류 중에서 가장 긴 거리 이동이다.

회색고래는 해안선을 이용해 북쪽과 남쪽으로 이동하는 것으로 보인다. 관찰자들은 때때로 육지에서 시각적 기준점을 얻기 위해 물 밖으로 머리를 쭉 내밀고 있는 회색고래를 볼 수 있는데, 이는 '스파이호핑(spyhopping)'으로 알려진 행동이다(**그림 35.8A**). 회색고래는 또한 해저의 지형, 물의 온도와 화학적 특성, 자기 감지(magnetic sensing)를 이용해 이동 경로를 찾는 것으로 보인다.

자기 신호는 바다거북의 이주에서 중요한 역할을 한다. 예를 들어, 노스캐롤라이나에서 플로리다에 이르는 해변에서 부화한 붉은바다거북은 대서양으로 들어가 수천 마일의 넓은 바다를 거쳐 수년 후 북미 해안으로 돌아오는 놀라운 여행을 시작한다(**그림 35.8B**, 29장 도입부 참조). 이들은 위도(남북 위치)와 경도(동서 위치)에 대한 정보를 제공하는 지구 자기장의 변이를 감지하여 이러한 위업을 달성한다.

많은 새는 초기 항해사들이 그랬던 것처럼 밤에 별을 따라 항해하며 이동한다. 태양이나 별을 따라 항해하려면 매일 계속되는 천체의 움직임을 보정하기 위한 내부 타이밍 장치가 필요하다. 어느 날 태양을 왼쪽에 두고 방향을 잡아서 걷기 시작하면 어떻게 될지 생각해 보자. 아침에는 남쪽을 향하고 있지만 저녁에는 한 바퀴를 돌아 아무데도 가지 못하고 다시 북쪽으로 향하고 있을 것이다. 동물이 이동 경로를 따라 움직일 때 천체 목표물의 위치 변화를 파악할 수 있는 보정 메커니즘이 있을 것이다. 일련의 고전적인 실험에서 연구자들은 밤에 이동하는 새인 인디고 멧새(**그림 35.8C**)가 북쪽 하늘에서 거의 고정되어 있는 밝은 별인 북극성에 고정함으로써 별도의 시간 보정 메커니즘을 필요로 하지 않는다는 것을 밝혔다.

낮에 이동하는 새는 자기 신호와 지형표식, 태양의 위치와 같은 시각적 신호를 조합하여 이동한다. 연구자들은 편광 패턴이 보정 메커니즘으로 사용된다는 가설을 세웠다.

일부 동물은 환경적 신호에 대한 선천적 반응만을 사용하여 이동하는 것으로 보인다. 예를 들어, 매년 가을이 되면 새로운 세대의 제왕나비는 한 번도 비행한 적이 없는 경로를 따라 4,800 km를 날아가 특정 월동지로 이동한다. 일부 명금류를 포함한 다른 동물에 대한 연구를 통해 유전자와 이동 경험의 상호작용에 대한 것이 밝혀졌다. 동물이 지구를 횡단하는 복잡한 메커니즘을 밝히기 위한 연구 노력은 계속되고 있다.

▲ 그림 35.8C 수컷 인디고멧새 (*Passerina cyanea*)

? 별을 따라 항해하는 데 시간 보정 메커니즘이 필수적인 이유는 무엇인가?

■ 별자리(북극성 제외)는 밤 시간과 계절에 따라 변하기 때문이다.

35.9 동물은 자극이나 행동을 반응과 연관 지어 학습한다

연합학습(associative learning)은 한 가지 환경적 특징을 다른 환경적 특징과 연관시키는 능력이다. 한 가지 유형의 연합학습에서 동물은 특정 자극을 특정 결과와 연결하는 법을 배운다. 반려동물을 키우고 있다면 이러한 유형의 연합학습을 직접 관찰한 적이 있을 것이다. 개나 고양이는 특정 소리, 단어 또는 제스처(자극)를 특정한 처벌이나 보상(결과)과 연관시키는 것을 배운다. 예를 들어, 캔을 따는 소리에 고양이가 먹이를 찾아 달려올 수 있다.

시행착오학습(trial-and-error learning)이라고 하는 다른 유형의 연합학습에서 동물은 자신의 어떤 행동을 긍정적이거나 부정적인 효과와 연관 짓는 것을 배운다. 동물은 보상을 가져오는 행동을 반복하고 해를 끼치는 행동을 피하는 경향이 있다. 예를 들어, 포식자는 특정 종류의 먹이를 고통스러운 경험과 연관시키는 법을 빠르게 배운다. 고슴도치는 날카로운 가시와 자신의 몸을 둥글게 말아서 구를 수 있는 능력 때문에 많은 포식자에 대항하는 강력한 무기를 지닌 셈이다. 코요테, 사자, 개 등은 종종 고슴도치를 코로 먼저 공격했다가 나쁜 경험을 하고는 피하는 방법을 배운다(**그림 35.9**).

기억은 모든 연합학습의 핵심이다. 35.1절에 소개된 초원들쥐는 이러한 기작에 대한 통찰력을 제공한다. 짝짓기 중에는 세 가지 신경화학적 사건이 동시에 일어난다. 신경 보상 회로가 활성화되고, 후각 신호가 상대를 인지하며, 뇌에서 호르몬이 방출된다. 일부일처성 초원들쥐의 뇌에는 사회적 기억—다른 개체를 인식하는—을 생성하는 호르몬 수용체가 밀집된 부분이 있다. 결과적으로, 현재 파트너의 냄새와 보상을 연결하는 기억을 뇌에서 형성한다. 다른 종의 들쥐는 난교성으로 다수의 파트너와 짝짓기를 하며 지속적인 유대감을 형성하지 않는다. 난교성 들쥐는 짝짓기 행위 중에 동일한 생화학적 보상을 경험하지만, 사회적 기억을 형성하는 뇌 영역에 호르몬 수용체가 거의 없다. 따라서 뇌는 파트너와 보상 사이의 연결 고리를 형성하지 못한다.

▲ **그림 35.9** 개의 시행착오학습

? 맛이 나쁘거나 쏘는 곤충 종의 색깔 패턴이 비슷하다는 사실이 곤충과 곤충을 잡아먹는 동물 모두에게 어떻게 도움이 되는가?

■ 잠재적 포식자는 해당 색을 띠는 곤충을 부정적인 효과와 연관 짓기 때문에 결과적으로 이러한 곤충은 포식당할 가능성이 낮아질 수 있다.

35.10 동물들은 서로를 통해 학습할 수 있다

또 다른 형태의 학습은 다른 개체들의 행동을 관찰하여 배우는 **사회적 학습(social learning)**이다. 고양이, 코요테, 늑대를 포함한 많은 포식동물은 어미를 관찰하고 모방함으로써 기본적인 사냥 전술을 배우는 것으로 보인다.

케냐 암보셀리 국립공원의 버빗원숭이(vervet monkey, *Cercopithecus aethiops*)의 위급함을 알리는 소리에 대한 연구는 사회적 학습을 통해 동물의 행동이 개선될 수 있다는 것을 보여주는 흥미로운 예다. 버빗원숭이는 집에서 기르는 고양이 정도의 크기다. 버빗원숭이는 표범, 독수리, 뱀을 보면 뚜렷한 경고음을 내는데, 이들은 모두 버빗원숭이를 잡아먹는 동물이다. 표범을 보면 크게 짖는 소리를 내고, 독수리를 보면 두 음절로 된 짧은 기침 소리를 내며, 뱀을 보면 짧은 경보음을 낸다. 특정 경보음을 들으면 무리의 다른 개체들은 이에 반응하여 적절한 방식으로 행동한다. 표범의 경보음을 들으면 나무 위로 뛰어오르고(버빗원숭이는 나무에서 표범보다 민첩하다), 독수리의 경보음을 들으면 고개를 들고, 뱀의 경보음을 들으면 아래를 내려다본다(**그림 35.10**).

새끼 버빗원숭이도 경보 소리를 내기는 하는데 구분이 뚜렷하지 않

▲ **그림 35.10** 비단뱀(앞쪽)을 발견하면 '뱀' 경고음을 내는 버빗원숭이(작은 사진)

은 소리를 낸다. 예를 들어, 벌을 먹이로 하는 새와 같이 버빗원숭이에게는 무해한 새를 포함하여 새를 보면 '독수리' 경보 소리를 낸다. 원숭이들은 나이가 들면서 정확도가 향상된다. 실제로 다 큰 버빗원숭이는 독수리 중에서도 그들을 잡아먹는 독수리를 볼 때만 독수리 경보를 발령한다. 어린 개체들은 아마도 집단의 다른 구성원을 관찰하고 사회적 확인을 받음으로써 올바른 경보 소리를 내는 방법을 배울 수 있을 것이다. 예를 들어, 어린 버빗원숭이는 적절한 상황(머리 위에 독수리가 있을 때 독수리 경보)에 독수리 경보 소리를 낸다면, 다른 구성원도 독수리 경보 소리를 낼 것이다. 하지만 벌이 지나갈 때 어린 개체가 경보 소리를 내면, 무리의 성체 원숭이들은 반응을 안 할 것이다. 이처럼 버빗원숭이는 잠재적 위협을 발견했을 때 소리를 내는 선천적 경향이 있다. 학습을 통해 소리를 미세하게 조정하여 성체가 된 버빗원숭이는 진짜 위험에 대한 반응으로만 알림 소리를 내고, 다음 세대의 경보음도 미세조정할 수 있게 된다. 그러나 버빗원숭이나 다른 어떤 종도 이 장 뒷부분에서 살펴볼 주제인 사람 사이에서 일어나는 사회적 학습과 문화 전승에 근접하지는 못한다.

? 사람이 롤 모델을 따라 하려는 것은 어떤 유형의 학습에 해당되는가?

■ 사회적 학습(관찰 및 모방)

35.11 문제 해결 행동은 인지에 의존한다

넓은 범위에서 **인지(cognition)**의 정의는 감각에 의해 수집된 정보를 지각, 저장, 통합, 사용하기 위해 동물의 신경계가 수행하는 과정이다. 동물의 인지 연구에서 한 가지 연구 분야는 동물의 뇌가 환경의 물리적 대상을 어떻게 표현하는가 하는 것이다. 예를 들어, 일부 연구자들은 곤충을 포함한 많은 동물이 '같음'과 '다름' 같은 개념에 따라 환경의 물체를 분류할 수 있다는 사실을 발견했다. 한 연구팀은 꿀벌이 색상과 흑백의 패턴을 매칭시키도록 훈련시켰다. 다른 연구자들은 로렌츠(Lorenz)와 틴버겐(Tinbergen)의 전통을 이어받아 새의 패턴 인식을 입증하기 위한 혁신적인 실험을 개발했다. 이 연구에 따르면 동고비(nuthatch)라는 새는 간단한 기하학적 규칙을 적용하여 수많은 씨앗 저장소를 찾는 것으로 나타났다.

일부 동물은 새로운 상황에서 장애물을 극복하기 위해 과거의 경험을 적용하는 과정인 **문제 해결(problem solving)**을 포함한 복잡한 인지 능력을 가지고 있다. 문제 해결 행동은 특히 돌고래와 영장류와 같은 일부 포유류에서 고도로 발달되어 있다. 바나나가 천장에 높이 매달려 있고 바닥에 여러 개의 상자가 놓인 방에 침팬지를 놓아두면, 침팬지는 상황을 판단한 다음 상자를 쌓아 먹이를 손에 넣을 것이다. 많은 동물이 문제 해결을 배우는 한 가지 방법은 다른 개체의 행동을 관찰하는 것이다. 예를 들어, 어린 침팬지는 어른 침팬지가 2개의 돌을 망치와 모루처럼 사용하여 기름야자 열매를 깨는 방법을 지켜보며 배울 수 있다(**그림 35.11A**).

문제 해결 행동은 일부 조류 종에서도 관찰되었다. 예를 들어, 연구자들은 까마귀가 줄에 매달린 먹이를 구해야 하는 상황을 만들었다. 흥미롭게도 연구자들은 까마귀의 해결 방식이 다양하다는 것을 관찰했다. **그림 35.11B**의 까마귀는 한 발로 줄을 조금씩 당기면서 다른 발로는 줄을 고정하여 먹이가 떨어지지 않도록 했다. 다른 동물의 인지 및 문제 해결 행동을 탐구할 수 있는 실험을 구상하는 것은 인간의 인지 및 문제 해결 행동을 훌륭하게 보여준다.

? 그림 35.11A에서는 문제 해결 외에 다른 어떤 유형의 학습을 볼 수 있는가?

■ 사회적 학습(관찰)

▲ 그림 35.11A 문제 해결을 하는 침팬지

▲ 그림 35.11B 문제를 해결하는 까마귀

35.12 최적의 먹이찾기는 비용 대비 이익의 균형에 따라 결정된다

적절한 영양 섭취는 동물의 생존과 번식 성공에 필수적이므로, 자연선택을 통해 먹이활동의 효율성을 높이는 행동 쪽으로 개선될 것이라고 본다. 먹이를 얻는 행동, 즉 **먹이찾기(foraging)**에는 먹는 것뿐만 아니라 동물이 먹이를 찾고, 인식하고, 포획하는 데 사용하는 모든 기작이 포함된다.

동물은 다양한 방법으로 먹이를 찾는다. 어떤 동물은 '일반적 섭식자(generalist)'인 반면, 어떤 동물은 '특이적 섭식자(specialist)'다. 예를 들어 까마귀는 일반적 섭식자이며, 식물이나 동물, 산 것이든 죽은 것이든 쉽게 구할 수 있는 것이라면 무엇이든 먹는다. 이와는 대조적으로 호주의 코알라는 특이적 섭식자로, 몇 종의 유칼립투스 나무 잎만 먹는다. 대부분의 동물은 까마귀와 코알라의 먹이 범위에서 중간 정도에 해당된다. 예를 들어 가지뿔영양(34.4절 참조)은 풀, 관목 등 다양한 식물을 먹는다.

일반적 섭식자도 쉽게 구할 수 있는 특정 음식이 있으면 그 음식에 집중하는 경우가 많다. 원하는 음식에 대해 떠올리는 그림인 **탐색상(search image)**을 통해 동물은 특정 음식을 효율적으로 찾을 수 있다. 선호하는 먹이가 희소해지면 동물은 다른 먹이에 대한 탐색상을 갖게 될 것이다. (사람들도 종종 탐색상을 이용한다. 예를 들어 식료품 저장 선반에서 무언가를 찾을 때 모든 라벨을 읽기보다는 특정 크기와 색상의 포장을 빠르게 스캔하여 찾을 수 있다.)

동물이 먹이를 선택할 때마다 선택에는 상충되는 것이 있다. 먹이를 찾고, 포획하고, 제압하고, 소비할 수 있도록 준비하는 데 필요한 에너지의 양은 먹이 종류에 따라 상당히 다를 수 있다. 일부 행동생태학자들은 비용-편익 분석이라는 접근법을 사용하여 대안 선택의 긍정적 측면과 부정적 측면을 비교함으로써 먹이찾기 행동의 효율성을 평가한다. **최적 먹이찾기 모델(optimal foraging model)**의 예측에 따르면, 동물의 먹이활동은 최소한의 에너지 비용으로 최대의 에너지 획득을 제공하고 먹이활동 중 먹힐 위험을 최소화해야 한다. 한 연구자는 와그테일이라는 식충성 새를 연구하여 이 모델의 일부를 테스트했다(**그림 35.12A**).

영국에서는 소의 배설물에 알을 낳는 쇠똥파리를 잡아먹고 사는 와그테일을 목초지에서 흔히 볼 수 있다. 연구진은 와그테일이 다양한 크기의 쇠똥파리를 잡아먹는 데 필요한 시간을 데이터로 수집했다. 그런 다음 다양한 크기의 파리를 '처리'하는 시간 1초당 새가 얻는 칼로리 수를 계산했다. 가장 작은 파리(길이 5~6 mm)는 쉽게 다룰 수 있었지만 칼로리가 거의 없었고, 큰 파리(8~10 mm)의 칼로리는 잡아서 섭취하는 데 필요한 에너지로 인해 상쇄되었다. 따라서 최적의 먹이찾기는 중간 크기(7 mm)의 파리를 가장 자주 선택할 것으로 예상할 수 있다. 연구진은 소 목초지에서 쇠똥파리 먹이찾기를 하는 와그테일을 관찰하여 이 예측을 테스트했다. **그림 35.12B**에서 볼 수 있듯이, 연구자는 이러한 중간 크기의 파리가 가장 많았던 것도 아닌데, 와그테일이 이 중간 크기의 파리를 가장 많이 선택하는 것을 발견했다.

포식(predation, 포식자에게 잡아먹히는 것)은 먹이찾기의 가장 큰 잠재적 비용 중 하나다. 연구에 따르면 영양 무리, 새 떼, 물고기 떼처럼 집단으로 먹이찾기를 하면 잡아먹힐 위험이 줄어든다고 한다. 늑대나 점박이 하이에나 같은 일부 포식자의 경우 집단으로 사냥하면 사냥 성공률이 높아진다. 따라서 집단 행동은 먹이찾기의 비용을 줄이고 이득을 증가시킴으로써 먹이찾기의 효율성을 높일 수 있다.

? 초기 인류는 수렵 채집인이었지만, 사냥보다 채집에서 더 많은 영향을 받았다는 증거가 있다. 이 발견은 최적 먹이찾기 모델과 어떤 관련이 있는가?

■ 육류는 영양가가 높지만, 사냥은 식물이나 죽은 동물을 채집하는 것에 비해 노력과 위험 부담이 상대적으로 높다.

▲ **그림 35.12A** 와그테일(*Motacilla alba*)

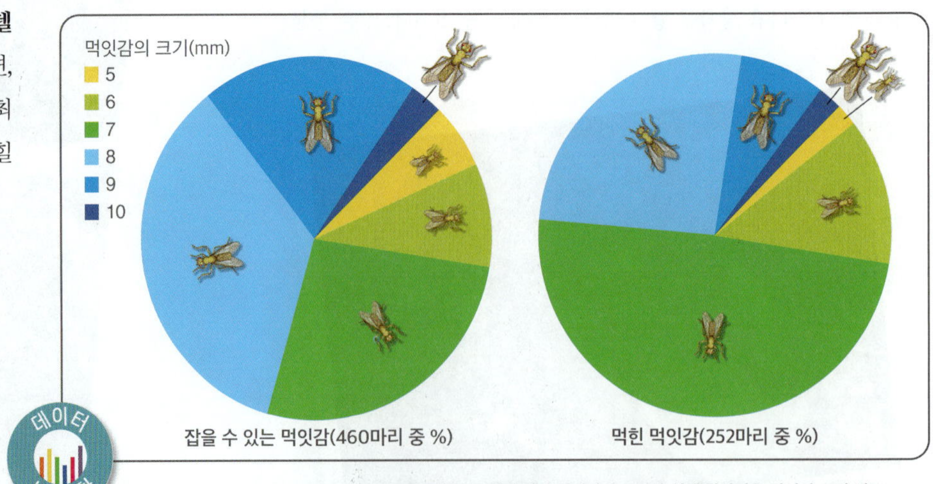

▲ **그림 35.12B** 와그테일 주변에 있던 먹잇감의 크기와 실제 잡아먹은 먹이의 크기 비교

자료: N. B. Davies, Prey selection and social behavior in wagtails (Aves: Motacillidae), *Journal of Animal Ecology* 46: 37-57 (1977).

35.13 의사소통은 동물 간 상호작용의 필수 요소다

동물 간의 상호작용은 관련되어 있는 개체들 간의 어떤 형태의 신호에 의존한다. 행동생태학에서 **신호(signal)**는 한 동물이 다른 동물에게 전달하는 자극이다. 신호의 송신, 수신, 반응은 개체 간 상호작용의 필수 요소인 동물 **의사소통(communication)**을 구성한다. 일반적으로 종의 사회 조직이 복잡할수록 이를 유지하는 데 필요한 신호도 더 복잡해진다.

동물들이 의사소통을 위해 사용하는 신호의 유형은 어떻게 결정될까? 대부분의 육상 포유류는 야행성이기 때문에 시각적 신호는 상대적으로 효과적이지 않다. 많은 야행성 포유류는 냄새와 청각(소리) 신호를 사용하며, 이는 어둠 속에서 잘 작동한다. 반면 새는 대부분 주간(낮에 활발)에 활동하며 시각 및 청각 신호를 사용한다. 사람 역시 낮에 활동하며 마찬가지로 시각과 청각 신호를 주로 사용한다. 따라서 우리는 새가 의사소통을 위해 사용하는 밝은색과 노래를 감지할 수 있다. 만약 우리가 대부분의 포유류처럼 잘 발달된 후각 능력을 가지고 있고 풍부한 냄새 신호의 세계를 감지할 수 있다면, 포유류 냄새 맡기가 조류 관찰만큼 우리에게 인기가 있었을 수도 있다.

수중 환경에서는 어떤 유형의 신호가 효과적일까? 영역권을 갖는 물고기의 일반적인 시각 신호는 지느러미를 세우는 것인데, 이는 일반적으로 침입자를 쫓아내기에 충분하다. 특정 물고기가 생성하는 전기 신호는 서열이나 상태를 전달한다. 물고기는 소리를 사용하여 의사소통을 할 수도 있다. 예를 들어, 일부 종의 수컷은 짝을 유인하기 위해 소리를 낸다. 해양 포유류는 구애, 영역권, 집단과 연결되어 있기 위해서도 소리를 사용한다.

동물은 종종 두 가지 이상의 신호를 동시에 사용한다. **그림 35.13A**는 고리꼬리여우원숭이를 보여준다. 마다가스카르의 나무에 사는 이 영장류는 평균 15마리씩 무리를 지어 살아간다. 이 여우원숭이는 시각적 표시, 후각, 발성을 사용하여 다른 구성원들과 의사소통을 한다. 사진 속 여우원숭이는 눈에 띄는 꼬리로 공격 의사를 전달하고 있다. 이 행동을 하기 전에는 앞다리에 있는 샘(gland)에서 분비되는 냄새물질을 꼬리에 묻힌다. 냄새가 나는 꼬리를 머리 위로 흔들어 시각적 신호와 화학적 신호를 모두 전달한다.

▲ **그림 35.13A** 공격성을 보이는 여우원숭이

동물 의사소통의 가장 놀라운 예는 분업이 특징인 복잡한 사회 조직을 가진 꿀벌에서 찾을 수 있다. 성충 일벌은 먹이찾기를 위해 벌집을 떠나 꽃가루와 꿀을 둥지로 가져온다. 한 일벌이 꽃밭을 발견하면 다른 일벌들이 맛과 냄새를 맡을 수 있는 꿀을 역류시킨 다음에 '춤'을 추며 먹이 공급원의 위치를 알린다.

1930년대 카를 폰 프리슈(Karl von Frisch)의 획기적인 연구를 시작으로 연구자들은 다양한 꿀벌 춤의 의미를 해독하기 위해 수많은 실험을 수행해 왔다. 와글댄스(waggle dance)라고 불리는 움직임 패턴은 먹이의 거리와 방향을 전달한다(**그림 35.13B**). 무용수는 반 바퀴를 돌고 돌아 다시 출발점으로 직선으로 달리면서 날개를 윙윙거리고 복부를 흔들며 비행한다. 그런 다음 반대 방향으로 반 바퀴를 돌고 다시 출발 지점까지 흔들며 달린다. 직선 달리기의 길이와 흔들기 횟수는 먹이 공급원까지의 거리를 나타낸다. 벌통의 수직면에 대한 직선 달리기의 각도는 태양에 대한 먹이의 수평 각도와 동일하다(그림 35.13B에서는 30°). 다른 일벌들이 먹이 공급원의 위치를 알게 되면 벌집을 떠나 그곳에서 먹이찾기를 한다.

? 꿀벌은 어떤 유형의 신호를 사용하는가?

■ 소리와 화학물질

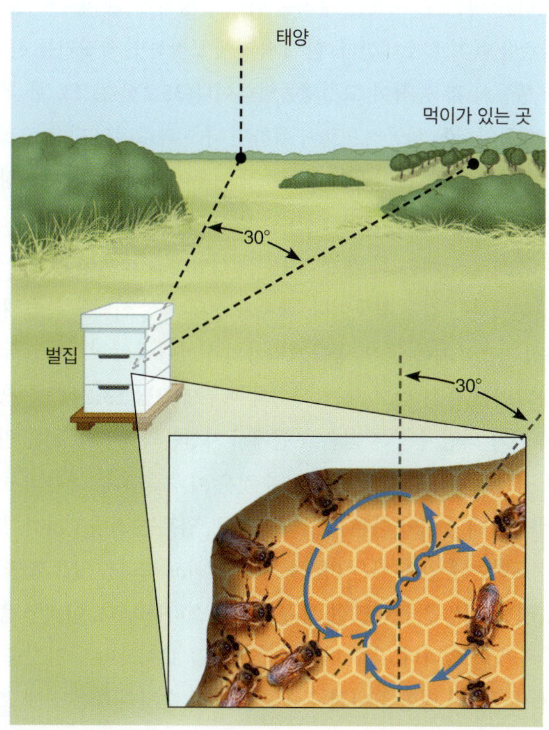

▲ **그림 35.13B** 벌통 안에서 와글댄스를 추는 꿀벌의 먹이찾기

시도해 보기 먹이 공급원이 벌통에 더 가깝고 태양에 대해 45° 각도로 위치한다면 춤이 어떻게 달라질지 설명하시오.

35.14 짝짓기 행동에는 정교한 구애 의식이 포함되기도 한다

많은 종의 동물들은 같은 종의 구성원을 경쟁자로 여기고 쫓아내려는 경향을 갖고 있다. 심지어 무리를 지어 먹이를 찾거나 이동하는 동물도 동료와 거리를 유지하는 경우가 많다. 따라서 신중한 의사소통은 짝짓기를 위한 필수 전제 조건이다. 여러 종에서 짝이 될 개체 간에 정교한 구애 의식을 수행해야 하며, 이를 통해 서로가 같은 종이며 동시에 성이 다르다는 것과 신체적으로 짝짓기 준비가 되어 있고 서로에게 위협이 되지 않는다는 것을 확인한다. 구애 행동의 차이는 종종 밀접하게 관련된 종들 사이에서의 효과적인 생식 장벽이 되기도 한다(14.3절 참조).

구애 의식은 척추동물뿐만 아니라 곤충과 두족류와 같은 일부 무척추동물 그룹에서도 흔히 볼 수 있다. 예를 들어, 35.3절에서 배운 것처럼, 수컷 초파리는 특정한 순서의 행동으로 암컷에게 구애한다. 여름 저녁에는 수컷 반딧불이가 번쩍이고 개똥벌레가 암컷의 관심을 끌기 위해 울어댄다. 문어, 오징어, 갑오징어와 같이 외부 껍질이 없는 두족류는 특별한 색소 세포를 가지고 있어 다양한 색상과 무늬를 표현할 수 있다. 예를 들어 **그림 35.14A**의 갑오징어는 잠재적 짝에게 신호를 보내고 있다.

미국 북부와 캐나다의 한적한 호수에서 번식하는 검은부리 아비(**그림 35.14B**)는 복잡한 구애 행동을 보인다. 구애하는 수컷과 암컷은 나란히 헤엄치면서 서로 머리를 자주 돌리는 등 일련의 행동을 보인다. (이와 대조적으로, 자신의 영역권을 지키고 있는 수컷 도요새는 부리를 정면을 향하여 침입자를 향해 돌진한다.) 그러면 새는 부리를 물속에 담그고 머리를 넣는다. 수컷은 부리를 아래로 향하게 한 채 머리를 뒤로 돌려 암컷을 육지로 초대한다. 함께 육지에 도착하면 짝짓기를 한다. 이 복합한 행동의 각 동작이 고정행동양식이다(35.2절 참조). 한 파트너가 고정행동양식을 성공적으로 수행하면 다른 파트너의 다음 고정행동양식을 시작하게 한다. 따라서 짝짓기가 이루어지려면 고정행동양식이 완벽하게 이어져서 수행되어야 한다.

일부 종에서 구애는 한 성별 또는 양 성별의 구성원이 후보군 중에서 짝을 선택하는 집단 활동이다. 배우자 선택과 성 선택을 복습해 보라(13.15절 참조). 예를 들어, 동아프리카의 사바나에서 발견되고 무리를 지어 다니면서 풀을 먹고 사는 잭슨의 과부새(**그림 13.14C**)를 생각해 보자. 우기가 되면 수컷은 넓은 초원에서 자신만의 춤터(lek)를 만들어 정교한 구애의 퍼포먼스를 펼친다. 수컷은 이 춤을 추는 공간의 중앙에서서 여러 차례 높이가 다른 점프를 하는데, 일부는 최대 1 m까지에 이른다. 점프하는 동안 수컷은 머리를 뒤로 젖히고 꼬리를 앞으로 쭉 뻗어 바깥쪽 깃털 한 쌍을 늘어뜨린 채 부드럽게 소리를 낸다. 이러한 춤추는 공간에 수컷이 얼마나 자주 나타나서 행동을 보이느냐가 암컷을 유인하는 데에 긍정적 영향을 미친다. 꼬리 길이가 수컷의 좋은 신체 조건과 연관이 있기 때문에, 암컷은 퍼포먼스를 본 후 꼬리가 긴 수컷을 적극적으로 선택한다. 꼬리가 긴 수컷을 선택함으로써 암컷은 자신의 자손, 즉 자신의 유전자가 생존할 수 있는 최상의 기회를 주는 것일 수 있다. 여러 종의 동물에 대한 연구를 통해 수컷의 신체적 특징과 유전자의 질 사이의 연관성이 밝혀졌다.

▲ **그림 35.14A** 구애의 색을 나타내는 수컷 갑오징어

▲ **그림 35.14B** 한 쌍의 검은부리 아비

▲ **그림 35.14C** 잭슨의 과부새가 구애하는 모습

? 갑오징어, 아비, 과부새는 잠재적 짝과 의사소통을 할 때 어떤 종류의 신호를 사용하는가?

■ 셋 모두 시각 신호를 사용한다. 과부새는 청각 신호도 사용한다.

35.15 짝짓기 체계와 부모의 보살핌은 번식 성공도를 높인다

구애와 짝짓기만이 번식 성공의 유일한 요소는 아니다. 유전자가 다음 세대로 전달되기 위해서는 짝짓기를 통해 만들어진 자손이 스스로 생존하고 번식해야 한다. 따라서 어린 자손의 요구는 짝짓기 체계의 진화에 중요한 요소다. 동물의 짝짓기 시스템은 크게 **난교성(promiscuous**, 암수 간의 강한 유대감이나 지속적인 관계가 없음), **일부일처성(monogamous**, 수컷 한 마리와 암컷 한 마리가 짝을 이루어 공동으로 새끼를 돌보는 관계), **다혼성(polygamous**, 한 성의 개체가 다른 여러 마리와 짝짓기) 등 세 가지로 나뉜다. 다혼성 관계는 대부분 수컷 한 마리와 암컷 여러 마리가 짝짓기를 하지만, 일부 종에서는 그 반대의 경우로 암컷 한 마리가 수컷 여러 마리와 짝짓기를 하기도 한다.

새로 부화한 대부분의 새는 스스로 먹이를 구할 수 없으면서 동시에 많은 양의 먹이를 지속적으로 필요로 하므로 부모 중 한쪽만이 이를 제공할 수 없다(**그림 35.15A**). 수컷은 여러 마리의 짝을 찾는 것보다 한 마리의 짝을 도와 더 많은 생존 가능한 자손을 남길 수 있다. 이것은 대부분의 새들이 번식기마다 새로운 파트너를 찾지만, 일부일처성인 이유를 설명할 수 있다. (그리고 많은 새 종에서는 짝을 이룬 한 쌍의 구성원 중 하나 또는 둘 다 다른 파트너와 짝짓기를 한다.) 반면 꿩이나 메추라기처럼 부화 직후 새끼가 스스로 먹이를 먹고 돌볼 수 있는 조류는 일부일처성의 이점이 적으며, 다혼성 또는 난교성 짝짓기 시스템이 생식 성공을 극대화할 수 있다.

포유류의 경우 수유 중인 암컷이 새끼의 유일한 먹이 공급원이 되는 경우가 많으며, 수컷은 일반적으로 새끼를 돌보는 데 아무런 역할도 하지 않는다. 35.1절에서 설명한 초원들쥐는 일부일처성과 부모 돌봄이라는 측면에서 매우 특이한 포유류다.

부모가 새끼를 돌보는 데는 에너지 소비와 다른 짝짓기의 기회 상실 등 상당한 비용이 수반된다. 암컷의 경우, 이러한 투자는 거의 항상 번식의 성공이라는 측면에서 보상을 받는데, 태어난 새끼나 알에는 어미의 유전자가 확실히 포함되어 있다. 그러나 일반적으로 일부일처성 관계의 경우에도 암컷의 평소 짝이 아닌 수컷의 새끼를 낳았을 수 있다. 결과적으로 부성의 확실성(certainty of paternity)은 수컷의 짝짓기 행동과 부모 돌봄의 진화에 영향을 주는 인자가 될 수 있다.

교미와 출산 사이에 간격이 있는 체내수정을 하는 대부분의 종에서 부성의 확실성은 상대적으로 낮다. 이는 조류와 포유류에서 수컷이 새끼를 홀로 돌보는 경우가 드문 이유를 설명하는 데 도움이 될 수 있다. 그러나 체내수정을 하는 많은 종의 수컷은 다른 수컷으로부터 암컷을 보호하는 등 부성의 확실성을 높이는 것으로 보이는 행동을 한다. 사자와 같이 수컷이 암컷과 새끼를 보호하는 종에서는 일반적으로 한 마리 내지 소수의 수컷들이 여러 마리의 암컷 무리를 보호한다.

산란과 짝짓기가 함께 일어날 때, 즉 체외수정이 일어날 때 부성의 확실성을 확인할 가능성이 훨씬 더 높다. 이러한 연관성은 수생 무척추동물, 어류, 양서류에서 새끼를 돌볼 때 암컷만큼이나 수컷도 양육에 관여할 가능성이 높은 이유를 설명해 준다. **그림 35.15B**는 수컷 큰입후악치(jawfish)가 부성애를 발휘하여 알을 돌보는 모습을 보여준다. 열대 해양 서식지에서 발견되는 큰입후악치는 수정한 알을 입에 물고 공기를 제공하고 (부화할 때까지 뱉었다가 다시 빨아들이기를 반복하면서) 포식자로부터 보호한다. 해마는 부성의 확인을 위한 가장 극단적인 방법을 사용한다. 암컷은 수컷의 복부에 있는 주머니에 알을 낳고, 이 알은 수컷의 정자에 의해 수정된다. 몇 주 후 알이 부화하면 주머니가 열리고 수컷이 펌핑 동작으로 알을 밀어낸다.

▲ **그림 35.15A** 먹이를 기다리는 어린 검은새

▲ **그림 35.15B** 알을 입에 가득 물고 있는 수컷 큰입후악치

행동생태학자들이 "부성의 확실성"이라는 표현을 사용할 때, 동물이 특정 방식으로 행동할 때 친자 관계를 인식한다는 의미는 아니다. 친자 관계의 가능성이 높은 부모의 행동은 자연선택에 의해 여러 세대에 걸쳐 강화되었기 때문에 존재한다. 이러한 행동에 대한 유전자를 가진 개체는 더 성공적으로 번식하여 다음 세대에 해당 유전자를 전달해 온 것이다.

? 새가 포유류보다 일부일처성 짝을 이룰 가능성이 더 높은 이유는 무엇인가?

■ 많은 조류 종에서 한 부모가 새끼의 생존을 보장하기에 충분한 먹이를 제공할 수 없다. 따라서 수컷은 자손에게 먹이를 주어 번식 성공도를 높인다. 포유류는 어미가 새끼에게 젖을 먹이기 때문에 수컷이 자손을 돌보는 데 기여하는 바는 적다.

35.16 화학 오염물질은 비정상적인 행동을 유발할 수 있다

연결 적절한 행동은 동물 세계에서 성공의 초석이다. 따라서 물고기가 영역권 방어에 소홀하고, 도롱뇽이 짝짓기 신호를 무시하고, 새가 엉성한 둥지 짓기 기술을 보이고, 쥐가 설명할 수 없는 위험을 감수한다면 무언가 잘못되고 있는 것이다. 과학자들은 이러한 비정상적인 행동을 비롯한 여러 가지 관찰 결과를 내분비 교란 화학물질과 연관 지었다. 내분비 교란 물질은 호르몬을 모방하거나 호르몬 활동을 촉진시키거나 억제하여 척추동물 내분비계에 영향을 미치는 다양한 물질이다.

제지 및 목재 공장에서 배출되는 다이옥신(많은 산업 공정의 부산물), PCB(1977년까지 전기 장비에 사용된 유기화합물), 메틸수은(플라스틱 생산 및 석탄 화력 발전소에서 발생하는) 등 다양한 경로를 통해 내분비계 교란 물질이 생태계에 유입되고 있다. 농업도 오염물질의 또 다른 주요 공급원이다. DDT와 살충제도 내분비 교란 물질이다. 하수 처리장의 폐수에는 종종 피임약과 특정 항우울제와 같은 내분비 교란 약물이 미량 함유되어 있다. 많은 내분비계 교란 물질은 수십 년 동안 환경에 잔류하여 먹이사슬에 농축되기 때문에 특히 우려되는 오염물질이다(그림 38.2E 참조).

수백 건의 연구를 통해 내분비 교란 물질이 척추동물의 생식 및 발달에 미치는 영향에 대한 증거가 입증되었다(26장 도입부 참조). 이러한 연구에서는 수컷 물고기가 알을 낳고, 암수한몸(hermaphrodite, 자웅동체) 개구리, 악어와 거북이의 생식 이상, 물고기를 먹는 새의 번식률 감소 등이 기록되어 있다. 내분비 교란 물질은 행동뿐만 아니라 생리적인 측면에도 영향을 미친다. 연구자들은 메틸수은에의 노출과 수생 조류의 번식 행동의 기능 장애를 연관 지어 연구했다. 예를 들어, 흰따오기의 구애 행동(**그림 35.16A**)에는 머리를 흔들고 고개를 숙이는 행동이 포함된다. 한 연구에서 메틸수은에 노출된 흰따오기 수컷은 구애 행동을 더 적게 하는 것으로 나타났다. 그 결과 메틸수은에 노출된 수컷은 그렇지 않은 수컷에 비해 암컷을 유인하지 못했다. 또 다른 연구에서는 메틸수은에 가장 많이 노출된 검은부리 아비 수컷(그림 35.14B 참조)이 가장 적게 노출된 수컷보다 알을 품는 시간이 현저히 짧았다. 방치된 알은 발달에 부적합한 온도에 노출되고 포식에 취약해져 부모의 번식 성공률이 낮아진다.

연구에 따르면 내분비 교란 물질은 여러 어종의 번식 행동을 방해하는 것으로 나타났다. 예를 들어, 일부 수컷 물고기는 번식기 동안 영역권을 방어하며 암컷을 유인한다. 이 기간 동안 수컷의 안드로젠(androgen, 남성 호르몬) 수치가 높다. 연구자들은 수컷 큰가시고기가 여성 호르몬인 에스트로겐과 유사한 오염물질에 노출된 후 둥지 보호 행동이 줄어들었다는 것을 보여주었다(**그림 35.16B**). 수컷 큰가시고기의 구애 의식 수행 능력에도 문제가 생겼다.

내분비 교란 물질이 사람에게도 영향을 미칠 수 있을까? 답은 아직 명확하지 않다. 2015년 미국 환경보호청(EPA)은 현재 살충제에 사용되는 수십 가지 잠재적 내분비 교란 물질에 대한 초기 검사를 완료했다. 추가 평가를 위해 18개의 화학물질이 확인되었다.

? 비효율적인 구애 행동이 수컷 따오기의 적응도에 어떤 영향을 미치는가?

■ 수컷의 구애 행동이 암컷에게 잘 띄지 않는다면 수컷은 짝을 끌어들이는 데 성공하지 못하기 때문에 자손을 낳을 확률이 낮아진다. 따라서 수컷의 적응도는 감소할 것이다.

▲ **그림 35.16A** 둥지에 있는 흰따오기 가족

▲ **그림 35.16B** 서식처 근처에 있는 암컷과 번식기의 색을 띠는 수컷 큰가시고기

사회적 행동

35.17 사회적 행동은 개체의 적응도를 향상시킬 수 있다

생물학자들은 **사회적 행동(social behavior)**을 보통 같은 종의 두 마리 이상의 동물이 서로 상호작용하는 모든 종류의 행동으로 정의한다. 검은부리 아비새와 잭슨의 과부새의 구애 행동은 사회적 행동의 예다. 동물에서 관찰되는 또 다른 사회적 행동으로는 공격성과 협동성이 있다.

35.12절에서 언급했듯이, 많은 동물은 먹이활동의 효율성을 높이기 위해 큰 무리로 먹이를 먹는다. 예를 들어, 가지뿔영양은 무리를 지어 먹이활동을 함으로써 보호를 받는다(34.4절). 경계하는 눈이 많으면 포식자가 공격하기 전에 발견될 확률이 높아진다. 놀라서 도망가는 가지뿔영양은 엉덩이에 있는 흰 털을 세워서 무리의 다른 구성원에게 위험 신호를 보낸다. 포식자 역시 무리를 지어 이동하는 것이 유리할 수 있다. 늑대는 보통 가족 구성원들로 구성된 무리를 지어 사냥을 한다. 무리를 지어 사냥하면 늑대 한 마리가 혼자서는 사냥할 수 없는 무스나 엘크같이 큰 동물을 사냥할 수 있다.

남에게 이익이 되는 사회적 행동도 자연선택에 의해 진화한다. 개체 자신이나 가까운 친족에게 이익이 되지 않는 행동은 선택을 받지 못하게 된다.

? 의사소통이 사회적 행동에 필수적인 이유는 무엇인가?

■ 그룹 구성원은 위험을 알리거나 식량을 얻기 위해 협력하는 등 정보를 전달할 수 있어야 한다.

35.18 세력권 행동은 자원 방어의 한 유형이다

많은 동물이 세력권 행동을 보인다. **세력권(territory)**은 일반적으로 한 마리 이상의 개체가 차지하고 있는 일정한 장소로서, 같은 종의 다른 구성원을 배제하는 영역이다. 세력권의 크기는 종, 영역의 기능, 이용 가능한 자원에 따라 달라진다. 세력권은 일반적으로 먹이활동, 짝짓기, 새끼 양육 또는 이들의 복합적 활동에 사용된다.

그림 35.18A는 뉴질랜드 호크스 베이에 있는 가넷의 번식 군락을 보여준다. 공간이 부족하기 때문에 이 새들은 둥지를 틀 수 있을 만큼의 자기 영역을 지키기 위해 소리를 내고 다른 새들을 쪼아대어 세력권을 지키고 있다. 사진에서 볼 수 있듯이 각 가넷은 말 그대로 가장 가까운 이웃과 불과 한 뼘 정도 떨어져 있다. 이러한 작은 둥지 형태의 세력권은 많은 군락을 이루는 바닷새의 특징이다. 반면 미어캣, 늑대, 코요테, 치타, 심지어 집고양이를 포함한 다른 동물들은 번식과 먹이찾기 활동을 위해 더 넓은 세력권을 차지한다.

세력권을 확립한 개체는 일반적으로 자신의 권리를 지속적으로 선포하는데, 대부분의 새의 노래, 바다사자의 시끄러운 울음소리, 다람쥐의 재잘거림이 바로 이러한 기능을 한다. 냄새 표지자는 세력권의 경계부위를 알리는 데 자주 사용된다. 수컷 검은영양(그림 35.18B)은 소변으로 영역을 표시한다. 이 냄새는 화학적인 '침입 금지' 신호이자 지배권을 나타내는 신호로 작용한다. 해당 구역에 접근하는 다른 수컷은 소변 냄새를 맡고 다른 수컷의 것임을 알아챈다. 이 냄새는 잠재적 침입자에 대한 경고 역할을 하며, 지위가 낮은 수컷의 공격을 억제하여 무리의 응집을 유지한다.

모든 종이 세력권을 갖는 것은 아니다. 하지만 세력권이 있는 동물의 경우 먹이 공급, 번식지, 새끼를 키울 장소 등을 독점적으로 이용할 수 있다. 특정 지역에 익숙해지면 포식자를 피하거나 먹이찾기를 더 효율적으로 할 수 있다. 세력권을 가진 종의 경우, 이러한 이점 때문에 적응도가 높아져서 결국 세력권 방어에 드는 에너지 비용에 비해 얻는 이득이 커진다.

? 가넷의 세력권이 코요테의 것보다 훨씬 작은 이유는 무엇인가?

■ 가넷은 새끼를 키우는 데만 세력권을 사용하고 먹이찾기에는 사용하지 않는다. 코요테는 번식뿐만 아니라 먹이찾기에도 자신의 세력권을 사용한다.

◀ 그림 35.18A 가넷 둥지 세력권

◀ 그림 35.18B 세력권에 있는 검은영양

35.19 반발행동은 공격성 비용을 줄일 수 있다

많은 종에서 먹이, 짝, 세력권 등 한정된 자원을 놓고 발생하는 갈등은 위협, 의식, 때로는 싸움을 포함한 **반발행동(agonistic behavior**, '싸움'을 뜻하는 그리스어 agon에서 유래)으로 해결된다. 이러한 행동에 따라 어떤 경쟁자가 자원에 접근할 수 있는지가 결정된다. 수컷 무스가 머리를 낮추고 뿔을 맞물린 채 서로를 밀치는 것과 같이 힘겨루기에는 서로 힘을 테스트하는 과정이 포함될 수 있다. 더 일반적으로 동물들은 과장된 자세와 기타 상징적인 표시를 통해 개체가 크고 공격적으로 보이도록 한다. 예를 들어, 화려한 색상의 샴 파이팅 피쉬(*Betta splendens*)는 라이벌을 만나면 지느러미를 극적으로 펼쳐 실제보다 훨씬 더 크게 보인다. 결국 한 개체는 위협을 멈추고 복종하는 모습을 보이며 일종의 회유 표시, 즉 항복하는 모습을 보인다.

폭력적인 싸움은 진 개체뿐만 아니라 이긴 쪽에게도 상처를 입혀 생식 능력을 떨어뜨릴 수 있기 때문에 자연선택은 의식적인 경쟁을 선호할 것이라고 예상할 수 있다. 그리고 실제로 자연에서는 이런 일이 흔히 일어난다. 예를 들어 **그림 35.19**의 방울뱀은 짝을 차지하기 위해 씨름하는 라이벌 수컷들이다. 서로 물면 송곳니가 부러질 위험이 있고 독을 생산하기 위해 많은 비용이 든다. 물기보다는 밀기 싸움을 하면 서로에게 이득이 된다. 보통 한 마리의 뱀이 다른 뱀보다 먼저 지쳐서 승자가 패자의 머리를 땅에 내리친다. 어찌 보면 뱀은 주먹이나 총 대신 팔씨름으로 다툼을 해결하는 두 사람의 모습과 같다. 전형적인 경우, 의식적인 반발행동은 더 이상의 공격적인 행동을 억제한다. 일단 두 개체가 반발행동으로 분쟁을 해결하면, 나중에 그들이 다시 만날 경우 일반적으로 원래의 패자가 원래의 승자에게 양보하는 등 갈등이 줄어든다. 종종 반발행동의 승자는 짝을 먼저 또는 독점적으로 얻을 수 있으므로 이러한 형태의 사회적 행동은 개인의 진화적 적응도에 직접적인 영향을 미칠 수 있다.

▲ **그림 35.19** 방울뱀의 의식적인 겨루기

? '죽을 때까지 싸우는 것'이 동물들 사이에서 특이한 형태의 반발행동인 이유는 무엇인가?

■ 폭력성이 커지면 싸움의 비용과 위험이 증가하여 승자와 패자 모두의 번식 적응도가 낮아지기 때문이다.

35.20 우위서열은 반발행동에 의해 유지된다

많은 동물이 사회적 행동에 의해 유지되는 사회 집단에 살고 있다. 닭이 그 예다. 서로 낯선 닭 여러 마리를 한데 모아놓으면 서로를 쫓고 쪼아대는 행동으로 대응한다. 결국 이들은 명확한 '쪼는 순서'를 정한다. 쪼는 순서에서 알파, 즉 서열이 가장 높은 암탉(**그림 35.20**의 오른쪽에 있는 암탉)은 지배적이며, 다른 암탉에게 쪼이지 않고 실제 쪼기보다는 위협을 통해 다른 암탉들을 모두 몰아낼 수 있는 것이 보통이다. 또한 알파 암탉은 먹이, 물, 보금자리와 같은 자원을 우선적으로 이용할 수 있다. 베타, 즉 2순위 암탉은 알파를 제외한 다른 모든 암탉을 제압하고, 오메가, 즉 최하위 서열인 개체에게까지 이른다.

▲ **그림 35.20** 서열을 보여주는 닭

닭의 쪼기 순서는 사회적 상호작용에 따라 개체의 순위를 매기는 **우위서열(dominance hierarchy)**의 한 예다. 일단 서열이 정해지면 그룹 내에서 각 동물의 지위는 몇 달 또는 몇 년 동안 고정된다. 우위서열은 특히 척추동물 집단에서 흔히 볼 수 있다. 예를 들어, 늑대 무리에서는 암컷들 사이에 우위서열이 존재하며, 이 서열에 따라 무리의 크기가 조절될 수 있다. 먹이가 풍부하면 우두머리 암컷이 짝짓기를 하고 다른 암컷도 짝짓기를 할 수 있도록 허용한다. 먹이가 부족할 때는 보통 다른 암컷의 짝짓기를 억제한다. 사바나 개코원숭이나 붉은사슴과 같은 다른 종에서는 우두머리인 수컷이 번식능력이 있는 암컷들을 독점한다. 그 결과, 그의 번식 성공도는 하위 수컷보다 훨씬 높다.

그러나 다음 절에서 배우듯이, 모든 사회적 행동이 한 개체의 다른 개체에 대한 대항인 것만은 아니다.

? 일부 훈련사들은 개 주인에게 알파 동물처럼 행동하라고 조언한다. 이것이 복종을 하도록 만드는 데 어떻게 도움이 되는가?

■ 늑대와 마찬가지로 개도 원래는 무리를 지어 사는 동물이다. 개는 서열이 높은 개체의 명령에 따를 가능성이 높다.

35.21 이타적 행위는 종종 포괄적합도의 개념으로 설명될 수 있다

진화 연관성 많은 사회적 행동은 이기적이다. 다른 개체에게 얼마나 해를 끼칠 것인지와는 상관없이 개인의 생존과 번식 성공도를 극대화하는 행동이 자연선택에 의해 선호된다. 예를 들어, 한 개체의 먹이찾기 능력이 뛰어나면 다른 개체에게는 더 적은 먹이를 남길 것이다. 반면 **이타주의(altruism)**는 개체군 내 다른 개체의 적응도를 높이는 반면 개인의 적응도는 낮추는 행동으로 정의된다.

이타적 행동은 협동적인 군락에 사는 동물에게서 종종 나타난다. 예를 들어, 꿀벌 벌집의 일벌은 여왕벌을 대신해 평생 일만 하는 불임 암컷이다. 일벌이 벌집을 방어하기 위해 침입자를 쏘면 보통 일벌은 죽는다. **그림 35.21A**의 동물은 벌거숭이두더지쥐(naked mole rat)라고 불리는 매우 사회적인 설치류다. 털이 거의 없고 앞을 볼 수 없는 이 동물은 아프리카 남부와 북동부의 땅속에 굴을 파서 군락을 이루어 서식한다. 꿀벌과 유사한 사회 구조를 가지고 있으며, 각 군락에는 여왕이라고 불리는 번식력이 강한 암컷이 한 마리만 있다. 여왕은 왕이라고 불리는 1~3마리의 수컷과 짝짓기를 한다. 나머지 구성원은 생식능력이 없는 암컷과 수컷으로 구성되며, 이들이 여왕과 새끼, 그리고 왕을 돌보면서 먹이인 뿌리를 구해온다. 군락에 침입한 뱀으로부터 여왕이나 왕을 보호하려다 생식능력이 없는 벌거숭이두더지쥐는 자신의 목숨을 잃을 수도 있다.

이타적 행동이 자기 희생적인 개체의 번식 성공을 감소시킨다면 자연선택으로 이를 어떻게 설명할 수 있을까? 이타적 행동이 어떻게 선택될 수 있는지, 그것이 부모와 자손과 관련될 때 쉽게 알 수 있다. 부모가 새끼의 생존을 위해 자신을 희생할 때 부모는 자신의 유전자의 생존을 극대화하는 것이다. 그러나 번식은 유전자를 전달하는 한 가지 방법일 뿐이며, 가까운 친척의 번식을 돕는 것은 또 다른 방법이다. 한 개체가 특정 대립유전자를 하나 가지고 있다면, 그 자손이나 형제자매가 같은 대립유전자를 가질 확률은 50%다. 형제자매의 자손의 경우 그 확률은 25%다.

자기 희생적인 행동은 어떻게 진화할 수 있을까?

포괄적합도(inclusive fitness)는 개체가 자신의 자손을 직접 낳거나 또는 유전자를 많이 공유할 가능성이 있는 가까운 친척이 자손을 낳도록 도와줌으로써 자신의 유전자를 영속시키는 데 성공하는 것을 설명하는 개념이다. 이타주의는 가까운 친척의 번식을 극대화할 때 포괄적합도를 높인다. 친척에게 이득이 되는 이타적 행동을 선호하는 자연선택을 **혈연선택(kin selection)**이라고 한다. 따라서 이타적 행동으로 이득을 보는 개체가 그 유전자를 가지고 있으면 이타주의 유전자가 확산될 수 있다.

미국 서부 지역에 서식하는 벨딩 땅다람쥐에 대한 고전적인 연구에서 혈연 선택의 근거가 될 만한 자료를 제공했다. 암컷 땅다람쥐는 일반적으로 자신이 태어난 굴 근처에서 살고 수컷은 더 멀리 이동한다. 그 결과 암컷 땅다람쥐는 근처에 친척이 있는 경향이 있지만, 수컷은 이웃과 친척 관계가 없다. 땅다람쥐는 코요테나 족제비와 같은 포식자가 접근하면 종종 고음의 경보음(**그림 35.21B**)을 울려서 주변 땅다람쥐에게 주의를 주고 그러면 다람쥐들은 굴 속으로 들어가 숨는다. 현장에서 관찰한 결과, 눈에 띄는 경보음이 발신자의 위치를 파악하고 죽임을 당할 위험을 높인다는 사실이 확인되었다. 앞서 언급한 연구에서 대부분의 경보음은 암컷 벨딩 땅다람쥐가 냈다. 그림 35.21B의 그래프는 어떤 암컷이 이러한 경고를 발신했는지 보여준다. 같은 색으로 표시된 2개의 막대그래프는 포식자가 접근했을 때 근처에 가까운 친척이 있는 다람쥐와 없는 다람쥐가 경보음을 울린 횟수를 비교한 것이다. 가까운 친척이 근처에 사는 다람쥐는 울음소리를 낼 확률이 훨씬 높았으며, 어미나 자매에게 경고하는 것만큼이나 후손에게 경고할 확률도 높았다.

혈연 선택은 벌집에서 여왕벌과 유전자를 공유하는 꿀벌의 이타적인 행동도 설명해 준다. 여왕벌을 돕는 일(죽음까지도)은 결국 그들의 유전자가 후대에 남을 수 있도록 도와주는 셈이다. 두더지쥐의 경우, 연구자들은 벌거숭이두더지쥐 군락의 모든 개체가 밀접한 관련이 있다는 사실을 발견했다. 자손을 낳지 않는 구성원들은 여왕의 후손이나 형제자매로서, 여왕의 번식 가능성을 높여줌으로써 '그들의 포괄적합도'를 높인다.

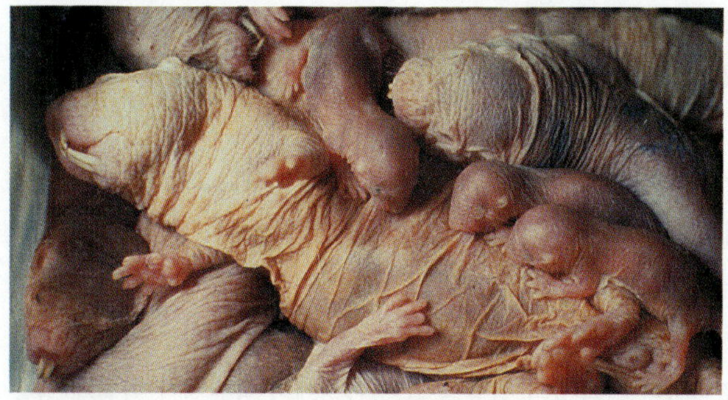

▲ **그림 35.21A** 군락의 다른 개체들에 둘러싸여 자손에게 수유하는 벌거숭이두더지쥐 군락의 여왕

? 친족 간 이타주의의 궁극적 원인은 무엇인가?

■ 자연선택은 이타주의 유전자를 포함해 이타주의자와 공통된 유전자를 많이 가진 가까운 친척 개체의 번식 성공을 통해서 이러한 이타주의적 행동을 강화한다.

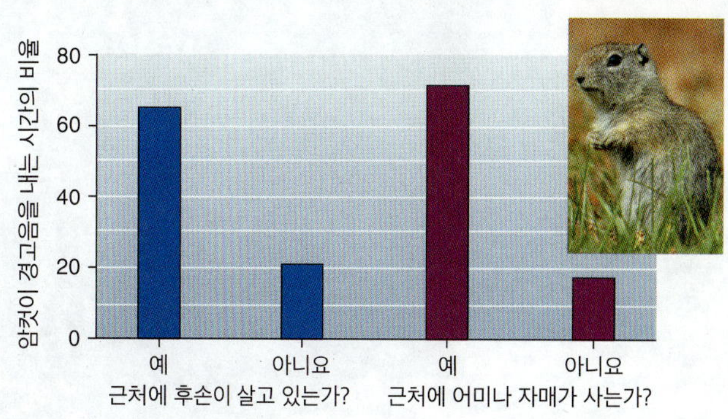

자료: P. W. Sherman, Nepotism and the evolution of alarm calls, *Science* 197: 1246-53 (1977).

▲ **그림 35.21B** 가까운 친척이 근처에 있을 때와 없을 때 벨딩 땅다람쥐(삽입 사진)가 내는 경보소리의 빈도

35.22 제인 구달은 침팬지 행동에 대한 우리의 이해를 혁신적으로 바꾸었다

과학적 사고 사람들은 영장류, 특히 침팬지의 인간과 닮은 점에 매료된다. 표정이 풍부한 얼굴과 장난기 넘치는 행동으로 침팬지는 오랫동안 엔터테인먼트 업계의 스타로 활약해 왔다. 예를 들어 치타라는 이름의 침팬지는 1930년대부터 1960년대까지 수십 편의 타잔 영화에 등장했다. 텔레비전 초창기에는 NBC의 〈투데이 쇼〉에 침팬지가 쇼호스트의 보조자로 출연하기 전까지는 시청자가 거의 없었다. 하지만 이 침팬지도 사람과 마찬가지로 역할만 맡았을 뿐이었다. 조련사나 사육사의 영향력 없이 야생에서 침팬지가 어떻게 행동하는지 아무도 알지 못했었다. 그런데 제인 구달(Jane Goodall)이라는 젊은 영국 여성이 이를 바꾸어놓았다.

1960년 호모 하빌리스(*Homo habilis*)와 석기를 발견한 고인류학자 루이스 리키는(19.13절 참조), 우리와 가장 가까운 친척의 행동을 연구하면 초기 인류의 행동에 대한 통찰을 얻을 수 있을 것이라고 생각했다. 리키가 야생 침팬지 관찰을 위해 제인 구달을 고용했을 당시에는 제인 구달에게 과학적 배경(학사 학위도 없었다)이 없었으나 나중에는 케임브리지에서 박사 학위를 받았다.

구달은 탄자니아의 탕가니카 호수 인근 지역에서 침팬지의 사회적 조직과 행동을 수없이 주의 깊게 관찰하여 기록했다(**그림 35.22A**). 가장 놀라운 것은 침팬지들이 식물 줄기를 도구로 사용한다는 사실이었다. 그때까지만 해도 과학자들은 도구 제작 능력이 인간을 다른 동물과 구분 짓는다고 생각했었다.

구달은 침팬지 생활사의 다른 중요한 측면도 발견했다. 그녀는 침팬지가 식물뿐만 아니라 육류도 먹는다는 사실을 알게 되었다. 그녀는 태어난 후 몇 년 동안 지속적으로 함께 지내는 침팬지 어미와 자손 사이의 긴밀한 유대감을 기록했다. 또한 어미와 자손으로 구성된 소그룹, 때로는 한두 마리의 수컷으로 구성된 소그룹이 매일 수행하는 먹이찾기 활동을 기록했다(**그림 35.22B**). 구달은 먹이가 풍부한 지역에서 이러한 개별 그룹이 자주 모이는 경우, 수컷의 반발행동을 통해 수컷의 우위서열이 정해지는 것을 관찰했다. 계급이 낮은 수컷이 알파 수컷을 전복시키려고 여러 차례 시도하는 것과 결국 실패하는 것을 그녀는 목격했다. 이러한 충돌로 인한 긴장 후에는 대개 일종의 화해 행동으로 평화를 이루었다. 침팬지는 충돌 후 패배한 상대를 포옹하거나 다듬어주는 등의 제스처를 통해 화해한다. 털을 다듬어주고 이물질이나 기생생물을 제거하는 그루밍은 침팬지 군집의 사회적 접착제다.

구달의 선구적인 연구는 과학에서 질적 데이터의 중요성을 보여준다(1.4절 참조). 또한 그녀의 경력은 과학의 또 다른 측면인 소통을 보여주는 훌륭한 예이기도 하다. 과학자들은 출판물, 회의, 개인적인 소통을 통해 자신의 연구를 다른 과학자들과 공유한다. 구달은 자신의 청중을 일반 대중으로까지 확장했다. 구달은 수많은 저서, 강연 투어, 텔레비전 출연을 통해 수십 년간 연구한 인류의 가장 가까운 친척을 대중에게 알렸다.

제인 구달은 과학의 중립성을 넘어 삼림 벌채, 전쟁, '부시미트' 거래(영장류를 포함한 야생동물을 식용으로 사냥하는 행위)로 인해 아프리카 유인원들의 피해가 증가함에 따라 영장류 및 서식지 보존과 관련된 문제를 널리 알리기 위해 노력해 왔다. 또한 구달은 연구 시설과 동물원에서 포획된 침팬지의 인도적이고 윤리적인 처우를 보장하기 위한 노력에 앞장서 왔다. 또한 반세기 동안 침팬지를 관찰하며 얻은 또 다른 교훈을 전하기 위해 노력해 왔다. "침팬지 연구의 가장 중요한 파생 효과는 아마도 연구를 수행하는 우리 자신을 겸손하게 만드는 것이다. 결국 인간이 이 지구상에서 인식하고 추론할 수 있는 능력을 지닌 유일한 존재가 아니라는 것이다."

? 침팬지 관찰을 통해 수집할 수 있는 정성적·정량적 데이터의 예를 제시하시오.

■ 정성적 데이터에는 도구 사용, 반발행동, 그루밍 같은 행동에 대한 설명이 포함된다. 예를 들어 누가 누구를 그루밍하는지, 또는 그루밍하는 시간을 기록하는 것은 정량적 데이터다.

▲ **그림 35.22A** 두 침팬지(*Pan troglodytes*)의 상호작용을 관찰하는 제인 구달

▲ **그림 35.22B** 암컷 침팬지가 새끼와 함께 먹이찾기를 하는 모습

35.23 사람의 행동은 유전학과 환경 인자의 결과다

성격, 기질, 재능, 지적 능력 같은 행동 특성의 다양성은 각 사람을 독특한 개인으로 만든다. 이러한 행동을 형성하는 데 있어 선천적인 것(유전자)과 후천적인 것(환경)의 역할은 무엇일까? 과학자들이 사람의 행동 변이에 대한 유전적 영향과 환경적 영향을 어떻게 구분하는지 살펴보자.

쌍둥이는 복잡한 행동의 기원을 조사할 수 있는 자연스러운 실험실을 제공한다. 일반적으로 연구자들은 형질의 유전성, 즉 관찰된 변이를 유전으로 얼마나 설명할 수 있는지 추정하려고 시도한다. 쌍둥이 연구는 DNA염기서열이 같고 같은 환경에서 자란 일란성 쌍둥이(**그림 35.23A**)와 환경을 공유하지만 유전적으로 형제자매만큼만 친척 관계인 이란성 쌍둥이(**그림 35.23B**)를 비교한다. 일부 쌍생아 연구는 같은 가정에서 자란 일란성 쌍둥이와 출생 시 분리된 일란성 쌍둥이를 비교하는데, 이는 연구자들이 동일한 유전자형을 가진 개체들이 서로 다른 환경에서의 상호작용을 연구할 수 있는 설계다. 그러나 떨어져 사는 쌍둥이는 매우 드물다.

쌍생아 연구 결과에 따르면 일반적인 지능과 성격 특성 같은 복잡한 행동 특성의 경우, 유전적 차이가 개인 간 변이의 약 절반을 차지한다는 사실이 일관되게 밝혀졌다. 나머지 변이는 대부분 각 개인의 고유한 환경에 기인한다고 볼 수 있다. 따라서 유전자와 환경 중 어느 한쪽이 다른 쪽보다 더 중요하지 않다.

형질이 유전적이라고 판단한다고 해서 과학자들이 그 형질을 '만들어내는' 유전자를 발견했다는 의미는 아니다. 유전자는 행동을 지시하지 않는다. 대신, 유전자는 개체가 특정 방식으로 환경에 반응하는 경향을 유발한다. 예를 들어, 초원들쥐의 호르몬 수용체 유전자는 동물이 일부일처성이 되도록 하는 단백질을 암호화하지 않는다. 오히려 이 유전자가 암호화한 수용체 단백질은 짝짓기 중에 경험하는 신경화학적 보상을 파트너의 향기와 연결한다(35.9절 참조). 그 결과, 초원들쥐는 그 냄새에 반응하여 짝과 밀접하게 접촉하는 행동으로 반응한다.

사회적 유대감과 관련된 유전자를 예로 들어 유전학이 인간의 행동 변이에 어떤 역할을 할 수 있는지 살펴보자. 다른 포유류의 뇌와 마찬가지로 사람의 뇌는 들쥐의 사회적 인식과 유대감에 관여하는 동일한 호르몬과 호르몬 수용체를 생성한다. 사람은 또한 수용체 밀도를 결정하는 핵심적 DNA 부분에서 상당한 개인차가 있다. 그 결과, 사람의 뇌는 유대감에 관여하는 호르몬에 대한 민감도가 사람마다 다르다. 사회적 종으로서 인간의 행복은 다른 사람과의 관계에 달려 있다. 들쥐에 대한 연구는 과학자들이 이러한 사회적 유대를 형성하는 데 사용되는 정보를 뇌가 어떻게 처리하는지 이해하도록 도와주고 있다. 이러한 연구는 또한 사회적 애착 형성에 어려움을 겪는 장애인 자폐증에 대한 통찰력을 제공한다. 과학자들은 자폐증의 일부 유형에서 호르몬 수용체 유전자의 변이가 중요한 역할을 할 수 있다는 가설을 세운다.

행동의 기작과 근본적인 유전학은 근접한 원인이다. 과학자들은 또한 사람 행동의 궁극적 원인을 탐구하고 있다. 35.17절에서 설명한 것처럼, 행동은 해부학적 형질과 마찬가지로 자연선택에 의해 지속된 유전자의 발현으로서 진화한다. 이 개념을 사람에게 적용하면 우리의 생이 미리 결정되어 있는 것처럼 보일 수 있다. 그러나 대부분의 인간 행동이 유전체에 의해 직접적으로 프로그래밍되어 있다고 보기는 어렵다. 다른 동물과 달리 사람의 자손은 출생 후 발달 기간이 매우 길기 때문이다. 아이들은 부모와 다른 가족 구성원, 또래, 교사, 사회 전반으로 구성된 풍부한 사회적 환경과 상호작용을 한다. 학습, 혁신, 기술 발전, 복잡한 사회적 네트워크에 참여하는 능력은 인간 종의 경이로운 성공의 핵심 요소였다. 자연선택은 인간이 즉각적으로 대응할 수 있도록 경험과 환경으로부터의 피드백을 사용하여 변화하는 상황에 맞게 행동을 조정하는 메커니즘을 선호했을 가능성이 훨씬 더 높다.

▲ **그림 35.23A** 일란성 쌍둥이 배우, 제임스와 올리버 펠프스

▲ **그림 35.23B** 배우 스칼렛 요한슨과 그녀의 이란성 쌍둥이인 헌터

? 혈연 관계는 없지만 같은 가정에서 자란 같은 나이의 '가짜 쌍둥이'는 행동 형질의 유전성을 연구하는 데 어떻게 유용한가?

■ 이 아이들은 환경을 공유하지만, 그들의 DNA서열은 전혀 다르다.

CHAPTER 35 복습

개념 복습하기

행동의 유형과 원인(35.1~35.3)

35.1 행동을 유발하는 것으로는 근접적 인자와 궁극적 인자가 있다. 행동생태학은 동물 행동의 근접한 원인과 궁극적 원인을 모두 고려하여 진화적 맥락에서 행동을 연구하는 학문이다. 자연선택은 적합성을 촉진시키는 행동을 보존한다.

35.2 고정행동양식은 선천적 행동이다. 선천적 행동은 한 종의 모든 구성원이 비슷한 방식으로 수행한다. 고정행동양식은 특정 자극에 의해 촉발되는 예측 가능한 일련의 행동을 말한다. 고정행동양식은 생존에 필수적인 활동이 연습 없이도 올바르게 수행되도록 보장한다.

35.3 유전과 환경적 요인 모두가 행동에 영향을 미친다. 행동에 영향을 미치는 유전자를 연구하는 데 유전공학이 사용되어 왔다. 부모 맞바꾸기 연구는 행동에 영향을 미치는 환경적 요인을 연구하는 데 유용하다.

학습(35.4~35.11)

35.4 습관화는 단순한 학습 유형이다. 학습은 경험으로 인한 행동의 변화다. 습관화는 중요하지 않은 자극이 반복되어도 무시하는 법을 배우는 것이다.

35.5 각인에는 선천적 행동과 경험이 모두 필요하다. 각인화는 동물의 생애에서 민감한 시기에 국한된 비가역적 학습이다.

35.6 각인은 보존 프로그램에 대한 문제와 기회를 제공한다.

35.7 동물의 움직임은 자극에 대한 반응이거나 공간학습을 필요로 할 수 있다. 무작위운동과 주성은 자극에 대한 반응으로 나타나는 단순한 움직임이다. 공간학습은 지형표식을 사용하여 환경을 이동하는 것이다.

35.8 다양한 신호가 이주성 동물의 이동을 안내한다. 철새는 외부 신호를 이용해 다른 지역으로 이동한다.

35.9 동물은 자극이나 행동을 반응과 연관 지어 학습한다. 연합학습에서 동물은 외부 자극이나 자신의 행동을 긍정 또는 부정적 효과와 연관시켜 학습한다.

35.10 동물들은 서로를 통해 학습할 수 있다.

35.11 문제 해결 행동은 인지에 의존한다. 인지란 정보를 지각하고, 저장하고, 통합하고, 사용하는 과정을 말한다. 문제 해결 행동은 복잡한 인지 과정을 포함한다.

생존과 번식 성공도(35.12~35.16)

35.12 최적의 먹이찾기는 비용 대비 이익의 균형에 따라 결정된다. 먹이찾기에는 먹이를 식별하고, 획득하고, 먹는 것이 포함된다. 최적 먹이찾기 모델은 에너지 획득을 극대화하고 에너지 소비와 위험을 최소화할 수 있는 먹이활동을 예측한다.

35.13 의사소통은 동물 간 상호작용의 필수 요소다. 소리, 냄새, 표시 또는 접촉의 형태로 신호를 보내는 것은 의사소통 수단이 된다.

35.14 짝짓기 행동에는 정교한 구애 의식이 포함되기도 한다. 구애 의식은 잠재적 짝의 속성을 드러낸다.

35.15 짝짓기 체계와 부모의 보살핌은 번식 성공도를 높인다. 짝짓기 체계는 난교성, 일부일처성 또는 일부다처성일 수 있다. 자손의 필요와 친자 관계의 확실성은 수컷의 짝짓기 시스템과 부모 돌봄의 차이를 설명하는 데 도움이 된다.

35.16 화학 오염물질은 비정상적인 행동을 유발할 수 있다. 내분비 교란 물질은 생식 이상뿐만 아니라 비정상적인 행동을 유발할 수 있는 환경 속 화학물질이다.

사회적 행동(35.17~35.23)

35.17 사회적 행동은 개체의 적응도를 향상시킬 수 있다. 사회적 행동은 두 마리 이상의 동물이 서로 상호작용하는 모든 종류의 행동이다.

35.18 세력권 행동은 자원 방어의 한 유형이다.

35.19 반발행동은 공격성 비용을 줄일 수 있다. 반발행동에는 위협, 의식, 때로는 싸움이 포함된다.

35.20 우위서열은 반발행동에 의해 유지된다.

35.21 이타적 행위는 종종 포괄적합도의 개념으로 설명될 수 있다. 혈연 선택은 친척에게 이익이 되는 이타적 행동을 선호하는 자연선택의 한 형태다. 따라서 동물은 친척의 번식을 도와 자신의 유전자를 전파할 수 있다.

35.22 제인 구달은 침팬지 행동에 대한 우리의 이해를 혁신적으로 바꾸었다. 수십 년에 걸친 현장 연구를 통해 침팬지 인지와 사회적 행동의 여러 측면을 설명했다.

35.23 사람의 행동은 유전학과 환경 인자의 결과다.

개념 연결하기

1. 동물 행동의 유전적·환경적 요소와 학습과의 관계를 검토하는 지도를 완성하시오.

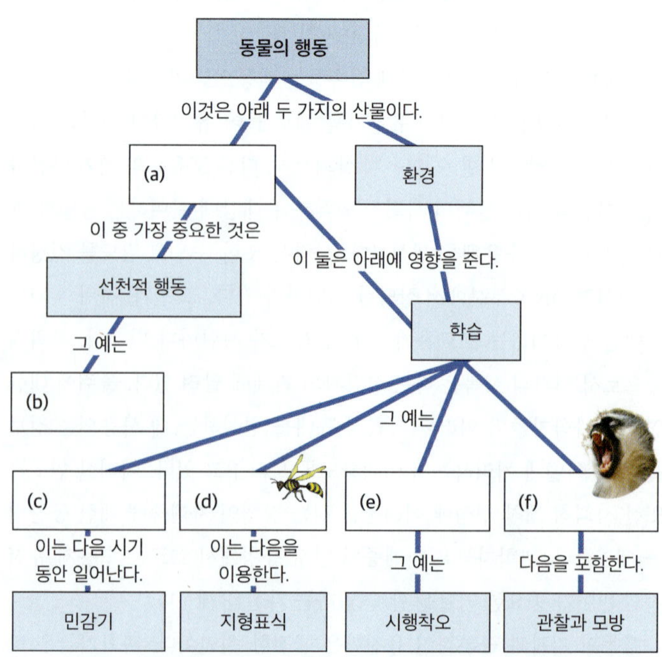

학습 평가하기

1단계 : 지식과 이해력 평가

2. 이스라엘 소나무 숲의 지붕쥐는 소나무 씨앗을 추출하기 위해 솔방울에서 비늘을 벗겨내는 효율적인 방법을 사용한다. 이 방법을 사용하는 어미 쥐가 키운 자손만이 성체만큼 효율적으로 비늘을 벗겨낸다. 자손 간의 이러한 행동 차이에 대한 가장 유력한 설명은?
   a. 유전학적으로 서로 다르다.
   b. 인지 능력은 다르다.
   c. 손재주가 다르다.
   d. 어머니에게 벗겨내는 기술을 배운다.
3. 꿩은 새끼에게 먹이를 주지 않는다. 부화 직후 꿩 새끼는 땅에 떨어진 씨앗과 곤충을 쪼아 먹기 시작한다. 행동생태학자는 이 행동의 궁극적 원인을 어떻게 설명할 수 있는가?
   a. 쪼는 것은 선천적 행동이다.
   b. 꿩은 쪼는 법을 배웠고, 그 자손은 이 행동을 물려받았다.
   c. 갓 부화한 병아리가 쪼는 것은 시행착오학습의 결과다.
   d. 쪼는 행동은 민감기에 각인된 결과다.
4. 수컷 붉은날개딱새는 번식기 동안 자신의 번식 영역에서 포식성 새를 쫓아낸다. 이 수컷의 행동을 가장 잘 설명하는 가설은?
   a. 그는 종의 이익을 위해 행동하고 있다. 그는 죽을지 모르지만 같은 종의 다른 새들은 구원받을 것이다.
   b. 이렇게 하면 체력이 높아진다는 것을 알기 때문에 포식자를 쫓아낸다.
   c. 그는 아버지가 자손을 보호하게 하는 유전자를 가지고 있어 포괄적 적합도가 증가한다.
   d. 둥지 안의 자손에게 각인을 해두었기 때문에 자손이 자신의 것임을 알고 있다.
5. 일부 공항에서는 확성기를 통해 거위 경보음을 틀어 거위를 쫓아내려고 시도하기도 했다. 이 전략은 처음에는 거위들을 쫓아냈지만 곧 거위들은 경보음을 무시했다. 이 결과를 어떻게 설명하겠는가?
   a. 기러기 울음소리는 다른 기러기가 보이지 않으면 무시하는 사회적 신호다.
   b. 기러기들은 알람 소리에 각인되었다.
   c. 거위들은 공항의 환경을 탐색하기 위해 공간학습을 사용했다.
   d. 거위들은 위험이 없는데도 경보음이 울리는 것에 습관화되었다.

2단계 : 응용과 분석력 평가

6. 집파리의 거의 모든 행동은 선천적이다. 주로 학습된 행동과 비교했을 때 선천적 행동의 파리에는 어떤 장단점이 있는가?
7. 35.3절에서 어미와 상호작용을 많이 하지 않는 노르웨이 집쥐 새끼들은 새로운 상황에서 두려움과 불안을 느끼는 새끼로 자란다는 것을 배웠다. 어미의 행동과 자손의 스트레스 반응 사이의 이러한 연관성에 대한 가능한 궁극적 원인을 제시하시오. (힌트: 어떤 상황에서 스트레스에 대한 높은 반응성이 편안한 것보다 더 적응적일 수 있는가?)
8. 수컷 복어는 짝을 유혹하기 위해 정교한 모래성을 쌓는다. 이 성은 복잡한 구애 신호다. 행동생태학자는 이 행동의 가까운 원인을 어떻게 설명할 수 있는가? 궁극적 원인은 무엇인가?

3단계 : 종합평가

9. 까마귀는 특정 연체동물의 껍질을 바위에 떨어뜨려 깨뜨려 먹는다. 까마귀는 최소한의 노력으로 가장 많은 먹이를 얻을 수 있는 높이(최적 먹이찾기)에서 연체동물을 떨어뜨린다는 가설을 세우고, 한 연구자가 다양한 높이에서 껍질을 떨어뜨린 후 깨뜨리는 데 걸린 낙하 횟수를 세어보았다.

낙하 높이(m)	껍질을 깨는 데 필요한 평균 낙하 수	총 비행 높이 (낙하 횟수 × 낙하당 높이)
2	55	110
3	13	39
5	6	30
7	5	35
15	4	60

자료: R. Zach, Shell dropping: Decision-making and optimal foraging in northwestern crows, *Behaviour* 68: 106-17 (1979).

   a. 연구자가 까마귀의 평균 낙하 높이를 측정한 결과 5.23 m라는 것을 발견했는데, 이것이 연구자의 가설을 뒷받침할 수 있는가? 설명하시오.
   b. 연체동물을 최적의 높이에서 떨어뜨리는 것이 학습된 것인지, 선천적인 것인지 알아보기 위한 실험에 대해 설명하시오.
10. 어치새를 연구하는 과학자들은 짝을 이룬 새 한 쌍이 새끼를 키우는 데 도움을 주는 '도우미'가 흔하다는 사실을 발견했다. 도우미는 자신만의 영역권과 짝이 없다. 대신, 도우미는 영역권 소유자가 자손을 위해 먹이를 모으는 것을 돕는다. 조력자들이 자신의 영역권과 짝을 찾는 대신 이런 행동을 하는 데는 어떤 이점이 있을 수 있는지 설명하는 가설을 제안하시오. 가설을 어떻게 검증하겠는가? 가설이 맞다면, 실험을 통해 어떤 결과가 나올 것으로 예상하는가?
11. 연구자들은 떨어져 자란 일란성 쌍생아 연구에 큰 관심을 갖고 있다. 무엇보다도 그들은 인간 행동에서 유전과 양육의 역할에 대한 질문에 답하고자 한다. 일란성 쌍둥이가 이런 종류의 연구에 좋은 피험자가 되는 이유는 무엇인가? 이러한 연구 결과는 무엇을 시사하는가? 이 연구의 잠재적 함정은 무엇인가? 연구를 비판적으로 평가하지 않을 경우 이러한 데이터의 사용에서 어떤 남용이 발생할 수 있는가?
12. **과학적 사고** 제인 구달의 연구에 따르면, 먹이가 풍부한 지역에서는 침팬지들이 수십 마리씩 무리를 지어 살 수 있다는 사실이 밝혀졌다. 이러한 집단 중 하나를 관찰함으로써 침팬지 짝짓기 체계에 대한 가설을 검증할 수 있는 한 가지를 서술하시오. 가설을 검증하기 위해 어떤 데이터를 수집하겠는가? 결과를 어떻게 해석하겠는가? (참고: 성적으로 성숙한 암컷 침팬지는 약 36일 동안 호르몬 주기를 거치는데, 이는 생식기 부위의 모양에서 쉽게 관찰할 수 있는 변화로 나타난다. 암컷이 성적으로 가장 수용력이 높고 수컷이 가장 매력을 느끼는 시기는 주기 중간에 약 1주일 동안이다.)

CHAPTER

36 개체군 생태학

핵심 개요

개체군 구조와 역학(36.1~36.8)

개체군 생태학은 개체군을 설명하는 특성, 개체군 크기의 변화, 시간에 따라 개체군을 조절하는 인자에 대해 연구한다.

인간 개체군(36.9~36.11)

개체군 생태학의 원리는 인구의 성장과 그 한계를 설명하는 데 사용될 수 있다.

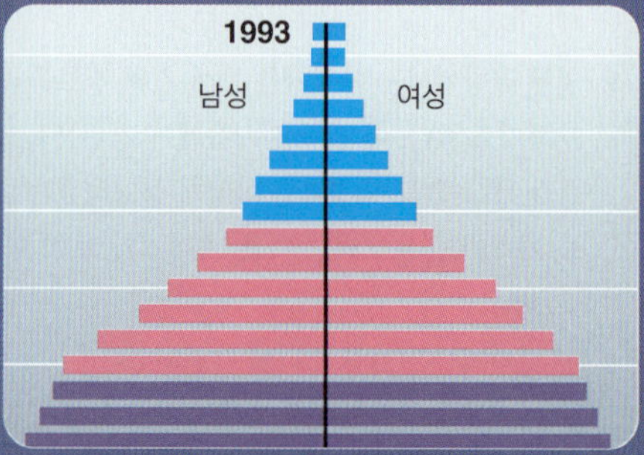

36.0 개체군 생태학 연구는 멸종 종을 보호하는 데 도움이 될 수 있다

새끼 고양이 같은 귀여운 얼굴과 두툼한 몸, 길고 덥수룩한 꼬리를 가진 너구리판다(*Ailurus fulgens*, red panda, 사진 참조)는 많은 동물원에서 인기가 많은 동물로 사랑받는다. 유튜브 동영상이나 대중매체에 자주 등장하는 것을 보면 너구리판다가 너구리(racoon)와 생김새가 비슷하다고 생각할 수도 있다. 사실 너구리판다는 멸종위기종이다. 생물학자들은 1만 마리 미만의 개체만이 남아 있는 것으로 추정하고 있다. 히말라야 동부의 자연 서식지를 침범하는 개체군이 증가하면서 수줍음이 많고 고독한 이 동물은 점점 더 같은 종의 다른 동물들로부터 고립되고 있다. 야생에서 너구리판다의 멸종을 막기 위해 보존 생물학자들은 너구리판다 개체군의 구조와 역학을 이해해야 한다.

이 장에서는 개체군 밀도와 분포, 연령구조, 개체군 크기의 변화에 대한 환경적 영향을 탐구하는 개체군 생태학에 대해 배운다. 생태학자들이 자연 개체군에 대한 더 큰 통찰력을 얻음에 따라 우리는 개체군 증가의 영향을 평가하고 인간의 필요와 생물다양성 및 자원 보존의 균형을 맞출 수 있는 더 나은 능력을 갖추게 된다.

개체군 구조와 역학

36.1 개체군 생태학은 개체군이 어떻게 그리고 왜 변화하는지를 연구하는 학문이다

생태학자들은 일반적으로 **개체군(population)**을 동일한 일반 지역에 서식하는 단일 종의 개체군으로 정의한다. 이러한 개체군은 동일한 자원에 의존하고, 동일한 환경적 요인의 영향을 받으며, 서로 상호작용하고 번식할 가능성이 높다. 예를 들어, 네팔 중부에 서식하는 너구리판다는 하나의 개체군이다. 연구자가 연구할 개체군을 선택할 때에는 연구 대상 종과 조사 목적에 적합한 경계부위로 개체군을 정의한다.

개체군 생태학(population ecology)은 시간에 따른 개체군의 크기 변화와 개체군을 조절하는 요인에 관해 연구하는 학문이다. 개체군 생태학자는 개체군의 수, 분포와 같은 통계를 사용하여 개체군을 설명할 수 있다. 개체군 생태학자들은 또한 개체군 역학(population dynamics), 즉 개체군 크기의 변화를 일으키는 생물적 인자와 무생물적 인자 간 상호작용을 조사한다. 개체군 역학의 중요한 측면 중 하나이자 이 장의 주요 주제는 개체군의 증가다. 네팔 중부의 너구리판다 개체군은 출생과 네팔 동부와 서부로부터의 이주를 통해 증가한다. 사망과 네팔 중부에서 다른 지역으로 이주하는 개체는 개체군을 감소시킨다. 개체군 생태학자들은 먹이의 가용성, 인간의 사냥, 산불 등 다양한 환경적 요인이 개체군의 크기, 분포 또는 역학에 어떤 영향을 미치는지 조사할 수 있다.

개체군 생태학은 응용 연구에서 핵심적인 역할을 한다. 개체군 생태학에서 얻은 데이터는 야생동물의 개체군 관리, 지속가능한 어업의 개발, 해충과 병원균 확산의 제어에 대한 통찰력을 얻는 데 사용된다. 환경보호론자들은 이러한 개념을 사용하여 멸종위기종을 식별하고 보호하는 데 도움을 준다. 개체군 생태학에는 우리 시대의 가장 중요한 환경 문제인 개체군 증가에 대한 연구도 포함된다.

? 개체군과 종의 관계는 무엇인가?

■ 개체군은 한 종의 개체들이 일정한 지역에 모여 있는 집단이다.

36.2 밀도와 분포형은 개체군의 중요한 변화 요소다

개체군 구조의 두 가지 중요한 측면은 개체군 밀도와 분포형이다. **개체군 밀도(population density)**는 단위 면적 또는 부피당 한 종의 개체수로, 예를 들어 숲속에서 제곱 킬로미터(km^2)당 참나무의 수 또는 산림 토양 속에서 입방미터(m^3)당 지렁이의 수를 의미한다. 대부분의 경우, 개체군의 모든 개체를 세는 것은 비현실적이거나 불가능하기 때문에 생태학자들은 다양한 표본(sample) 기법을 사용하여 개체군 밀도를 추정한다. 예를 들어, 플로리다 에버글레이즈에 있는 악어의 밀도를 추정하기 위해 각각 1 km^2의 표본구역(sample plot) 몇 개에 있는 개체의 수를 세어볼 수 있다. 표본구역의 수와 크기가 클수록 추정치가 더 정확해진다. 어떤 경우에는 개체의 수가 아닌 새 둥지나 설치류 굴의 수와 같은 간접적인 지표로 개체군 밀도를 추정하기도 한다.

개체군이 사는 지리적 범위 내에서 지역에 따른 밀도는 크게 다를 수 있다. 개체군의 **분포형(dispersion pattern)**은 해당 지역 내에서 개체가 분포되는 방식을 말한다. 개체가 분포형으로 모여 있는 **군생분포형(clumped dispersion pattern)**이 자연에서 가장 흔하다. 군집은 종종 환경 내 자원의 불균등한 분포로 인해 발생한다. 예를 들어, 식물이나 곰팡이류는 토양 조건과 기타 요인이 발아와 성장에 유리한 지역에 뭉쳐 있을 수 있다. 동물의 군집은 종종 고르지 않은 먹이 분포로 인해 발생한다. 예를 들어, 그림 36.2A에 보이는 불가사리는 먹이가 풍부한 곳에서 함께 모여 있다. 또한 군집은 포식(predation)의 위험을 줄이거나

▲ 그림 36.2A 썰물 때 황토색 불가사리의 군생분포

▲ 그림 36.2B 해변에서 일광욕을 즐기는 사람들의 균일분포

▲ 그림 36.2C 민들레의 무작위분포

사회적 행동(social behavior)과 관련이 있을 수 있다.

균일분포형(uniform dispersion pattern)은 종종 개체군의 개체들 간의 상호작용으로 인해 발생한다. 일부 식물은 화학물질을 분비하여 자원을 놓고 경쟁할 수 있는 주변 식물의 발아 및 성장을 억제한다. 동물은 세력권 행동의 결과로 균일분포형을 보일 수 있다. **그림 36.2B**는 해변에서 일광욕을 즐기는 사람들이 균일하게 분포된 모습을 보여준다.

무작위분포형(random dispersion pattern)에서는 개체군의 개체가 형태 없이 예측할 수 없는 방식으로 분포된다. 민들레와 같이 바람에 날린 씨앗에서 자라는 식물(**그림 36.2C**)은 무작위로 분포될 수 있다. 그러나 다양한 서식지 조건과 사회적 상호작용으로 인해 무작위분포는 드물게 발생한다.

연구자들은 개체군 밀도와 분포형을 추정함으로써 개체군의 변화를 모니터링하고 여러 지역에서의 개체군 성장과 안정성을 비교하고 대조할 수 있다. 다음 절에서는 생태학자들이 개체군을 연구하는 데 사용하는 또 다른 도구에 대해 설명한다.

? 축축하고 썩은 목재에 서식하는 흰개미의 산림 개체군에서 어떤 분산형을 예측할 수 있는가?

■ 뭉쳐짐(쓰러진 통나무 또는 죽은 나무)

36.3 생명표는 개체군의 생존을 추적한다

생명표(life table)는 특정 개체군에 속한 개체가 다양한 연령까지 생존할 확률인 생존율을 추적한다. **표 36.3**은 인구 10만 명으로 시작하여 2015년 미국 사망률을 기준으로 각 연령 구간이 시작될 때 생존할 것으로 예상되는 사람의 수를 보여준다. 예를 들어, 인구 10만 명 중 94,158명이 50세까지 생존할 것으로 예상된다. 표의 마지막 열에 표시된 50세에서 60세까지 생존할 확률은 0.941이다. 그러나 80세에서 90세까지 생존할 확률은 0.420에 불과하다. 생명보험 업계에서는 기대 수명을 추정하기 위해 생명표를 사용한다. 개체군 생태학자들은 이 기법을 채택하여 다양한 종에 대한 생명표를 만들었다. 생명표 데이터는 생물체의 생애에서 가장 취약한 단계를 식별함으로써 환경보호론자들이 생존 가능한 개체군을 유지하기 위한 효과적인 조치를 개발하는 데 도움이 된다.

생명표를 사용하여 각 연령에 생존해 있는 초기 개체군의 개체 비율로 **생존곡선(survivorship curve)**을 그릴 수 있다(**그림 36.3**). X축에 실제 연령 대신 백분율 척도를 사용하면 수명이 매우 다양한 종을 같은 그래프에서 비교할 수 있다. 생명표에서 보았듯이 인간의 곡선은 대부분의 사람들이 나이가 많은 구간까지 생존한다는 것을 보여준다. 생태학자들은 이 곡선의 모양을 제I형 생존곡선(Type I survivorship curve)이라고 부른다. 사람을 비롯한 많은 대형 포유류와 같이 제I형 곡선을 보이는 종은 일반적으로 자손을 적게 낳지만 잘 보살펴서 성숙기까지 생존할 확률이 높다.

반면, 제III형 곡선은 아주 어린 개체의 생존율이 낮고, 일정 연령까지 생존하는 소수의 개체의 생존율이 높은 기간이 이어진다는 것을 나타낸다. 이 유형의 생존곡선을 가진 종은 일반적으로 매우 많은 수의 자식을 생산하지만 이들을 거의 또는 전혀 돌보지 않는다. 예를 들어, 일부 어류는 한 번에 수백만 개의 알을 생산할 수 있지만 대부분의 새끼는 포식이나 다른 원인으로 인해 애벌레로 죽는다. 조개와 같은 많은 무척추동물도 제III형의 생존곡선을 가지고 있다.

제II형 곡선은 중간형이며, 수명 기간 동안 생존곡선이 일정하다. 즉, 개체는 생활사의 한 단계에서 다른 단계보다 더 취약하거나 덜 취약하지 않다. 이러한 유형의 생존은 일부 무척추동물, 도마뱀, 설치류에서 관찰되었다.

? 제III형 생존곡선을 가진 개체의 생존 가능성은 나이에 따라 어떻게 변하는가?

■ 처음에는 생존 확률이 낮지만 특정 연령에 도달하면 생존 확률이 높아진다.

표 36.3 2015년 미국 인구의 생명표

연령 간격	시작 연령 간격에 생존한 수(*N*)	간격 동안 죽어가는 수(*D*)	생존 간격 확률 [1-(*D*/*N*)]
0~10	100,000	746	0.993
10~20	99,254	310	0.997
20~30	98,943	963	0.990
30~40	97,980	1,371	0.986
40~50	96,609	2,451	0.975
50~60	94,158	5,599	0.941
60~70	88,559	10,493	0.882
70~80	78,066	20,255	0.741
80~90	57,811	33,526	0.420
90+	24,285	24,285	0.000

자료: E. Arias, United States Life Tables, 2015, *National Vital Statistics Reports* 67:7, November 13, 2018.

▲ **그림 36.3** 세 가지 유형의 생존곡선

36.4 이상적 모델로 개체군의 성장패턴을 예측한다

개체군은 새로운 개체가 태어나거나 한 지역으로 유입하고, 다른 개체가 죽거나 이주함에 따라 변동한다. 예를 들어, 성숙한 숲의 나무와 같은 일부 개체군은 시간이 지나도 비교적 일정하다. 다른 개체군은 급격하게, 심지어 폭발적으로 변화하기도 한다. 20분마다 분열하는 하나의 박테리아를 생각해 보자. 20분 후에는 2개, 40분 후에는 4개, 60분 후에는 8개가 되는 식이다. 단 12시간 만에 개체군이 700억 개에 육박할 것이다. 이 속도로 하루 반, 즉 36시간 동안 증식이 계속된다면 지구 표면 전체에 발 깊이의 층을 형성하기에 충분한 박테리아가 존재할 것이다. 개체군 생태학자들은 이상화된 모델을 사용하여 다양한 조건에서 특정 개체군의 크기가 시간이 지남에 따라 어떻게 변할지 예측할 수 있다.

기하급수적 성장 모델 기하급수적 성장(exponential growth)이라고 불리는 이상적인 조건에서의 개체군 증가율은 간단한 방정식 $G = rN$을 사용하여 계산할 수 있다. 여기서 G는 개체군의 증가율(시간 간격당 새로 추가되는 개체의 수)을, N은 개체군 규모(특정 시점의 개체군 중 개체 수)를, r은 **개체당 증가율(per capita rate of increase,** 시간 간격 동안 개체군의 증가에 대한 각 개체의 평균 기여도, per capita는 '1인당'을 뜻함)을 나타낸다.

개체당 증가율은 어떻게 추정하는가? 개체군 증가율은 출생 수에서 사망 수를 뺀 값이다(이 모델에서는 출생과 유입이 같다고 가정한다). 토끼 개체군이 100마리고 한 달 동안 50마리가 태어나고 20마리가 죽었다고 가정하면 순 증가 수는 토끼 30마리다. 한 달 동안 개체군의 개체당 증가율(r)은 30/100, 즉 0.3이다.

공간과 자원이 무한한 이상적인 환경에서 자라는 개체군에서 r값은 해당 개체군의 구성원이 번식할 수 있는 최대 능력이다. 따라서 r값은 개체의 종류에 따라 달라진다. 예를 들어 토끼는 코끼리보다 r이 높고, 박테리아는 토끼보다 r이 높다.

표 36.4A 토끼의 기하급수적 성장, $r = 0.3$

시간(개월)	N	$G = rN$
0	20	6
1	26	8
2	34	10
3	44	13
4	57	17
5	74	22
6	96	29
7	125	38
8	163	49
9	212	64
10	276	83
11	359	108
12	467	140

개체군이 제한 없이 확장될 때, r값은 일정하게 유지되고 개체군 증가율은 이미 개체군에 있는 개체 수에 따라 달라진다. **표 36.4A**에서 개체군은 토끼 20마리로 시작한다. $r = 0.3$을 사용하여 이 개체군의 성장률 G가 오른쪽 열에 표시된다. 개체군의 크기가 클수록 각 시간 간격 동안 더 많은 새로운 개체가 추가된다는 것을 알 수 있다.

그림 36.4A와 같이 이러한 데이터를 그래프로 표시하면 기하급수적 성장의 전형적인 곡선인 J자형 곡선이 생성된다. 선의 기울기가 거의 평평한 아래쪽 부분(J)은 N이 작을 때 상대적으로 느린 성장으로 인해 발생한다. 개체군이 증가함에 따라 기울기가 가파르게 된다.

기하급수적 성장 모델(exponential growth model)은 개체군이 무한히 증가하는 이상적인 그림을 제공한다. 여기에는 생명체의 생존, 성장, 번식 능력에 대한 제한이 없다. 지구상에서 가장 느리게 번식하는 코끼리도 자원만 충분하다면 기하급수적으로 개체 수가 늘어날 것이다. 코끼리는 일반적으로 100년에 6마리의 새끼만 낳지만, 다윈은 한 쌍이 1,900만 개체군을 낳는 데 750년밖에 걸리지 않을 것으로 추정했다. 그러나 박테리아, 토끼, 코끼리 등 모든 개체군은 결국 가용 자원에 의해 제한을 받게 된다.

한정 요인과 로지스틱 성장 모델 자연에서 새로운 환경에 도입되거나 급격한 개체 수의 감소에서 반등하는 개체군은 한동안 기하급수적으로 증가할 수 있다. 그러나 결국 개체군이 지속가능한 최대 규모에 도달하면 하나 이상의 환경적 요인에 의해 성장 속도가 제한된다. 개체군 증가를 제한하는 환경적 요인을 **한정 요인(limiting factor)**이라고 한다.

알래스카 연안의 세인트폴섬에 있는 물개 개체군의 성장을 보여주는 **그림 36.4B**의 그래프에서 개체 수 한정 요인의 효과를 확인할 수 있다. (단순화를 위해 연구자들은 사진에서와 같이 짝을 이룬 수컷과 암컷이 각각 한 쌍씩 있는 수컷만 집계했다.) 1925년 이전에는 해마다 변화는 있었지만, 알래스카섬의 바다표범 개체군은 통제되지 않은 사

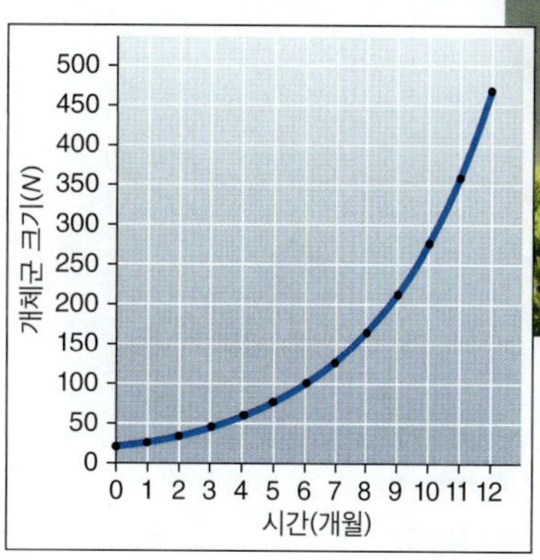

◀ **그림 36.4A** 토끼의 기하급수적인 성장

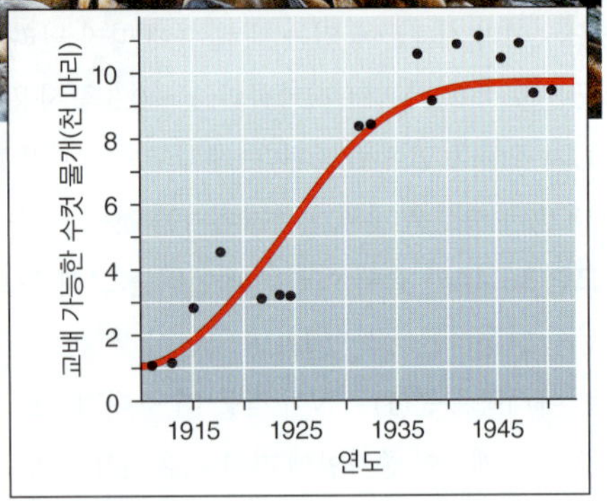

▶ 그림 36.4B
물개 개체군의 성장

자료: K. W. Kenyon et al., A population study of the Alaska fur-seal herd, *Federal Government Series: Special Scientific Report—Wildlife* 12 (1954).

냥으로 인해 낮은 수준을 유지했다. 사냥이 규제된 후, 1935년경까지 물개 개체 수는 급격히 증가하다가, 1936년경부터 평준화되기 시작하여 약 1만 마리 정도의 개체군 규모로 변동하기 시작했다. 이 시점에서 사냥과 번식에 적합한 공간의 양을 포함한 여러 가지 한정 요인이 개체군의 증가를 제한했다.

물개 개체군의 성장곡선은 개체군 규모가 증가함에 따라 한정 요인에 의해 느려지는 이상적인 개체군 생장을 설명하는 **로지스틱 성장 모델(logistic growth model)**과 부합한다. **그림 36.4C**는 로지스틱 성장 모델(빨간색)과 기하급수적 성장 모델(파란색)을 비교한 것이다. 보다시피, 로지스틱 곡선은 처음에는 J자형이지만 점차 평준화되어 S와 비슷해진다.

로지스틱 성장을 모델링하기 위해 기하급수적 성장 공식인 rN에 개체군 크기 증가에 따른 한정 요인의 효과를 설명하는 식을 곱하면 된다.

$$G = rN\frac{(K-N)}{K}$$

이 방정식은 사실 보기보다 간단하다. 방정식에서 처음 보는 기호는 수용력을 나타내는 K뿐이다. **수용력(carrying capacity)**은 특정 환경이 지탱할 수 있는 최대 개체군 규모다. 예를 들어 세인트폴섬의 물개 개체군의 경우, 짝을 이룬 수컷 약 1만 마리가 K다. K값은 서식지의 종과 이용 가능한 자원에 따라 달라진다. 번식지가 더 작은 섬의 물범 개체군의 K는 1만 마리보다 훨씬 적을 수 있다. 한 지역에서도 K는 고정된 숫자가 아니다. 포식자, 기생생물, 먹이 공급원 등 군집 내 다른 생물과 상호작용을 하며, 무생물 인자(abiotic factor)의 변화도 수용력을 증가 또는 감소시킬 수 있다. 어쨌든 수용력의 개념은 자연의 본질적인 사실을 표현한다. 자원은 유한하다.

표 36.4B의 가상의 예는 로지스틱 성장 모델의 식 $(K-N)/K$이 어떻게 S자형 곡선을 생성하는지 보여준다. 처음에 N은 K에 비해 매우 작다. 따라서 $(K-N)/K$은 K/K, 즉 1과 거의 같고, G는 rN, 즉 기하급수적인 증가에 가까워진다. 개체군이 증가하고 N이 수용력에 가까워지면 $(K-N)/K$은 점점 더 작은 분수가 된다. rN에 해당 분수를 곱하면 성장률은 느려진다. 수용력에서 개체군은 이론적으로 그 환경에서 얻을 수 있는 최대치이며, 이 시점에서 $N = K$, $(K-N)/K = 0$이다. 개체 성장률 G는 0이 된다.

로지스틱 성장 모델은 자연계의 실제 개체군에 대해 우리에게 무슨 의미를 가지는가? 이 모델은 개체군 규모가 작거나 클 때 개체군의 증가율이 작고, 수용력 대비 개체군이 중간 수준일 때 가장 높을 것으로 예측한다. 개체군이 적은 수준에서는 자원이 풍부하고 개체군이 거의 기하급수적으로 증가할 수 있다. 그러나 이 시점에서는 N이 작기 때문에 증가 폭이 작다. 반대로 높은 개체군 수준에서는 한정 요인이 개체군의 증가 잠재력을 강력하게 방해한다. 예를 들어 자원 감소 또는 포식 증가는 출생률 감소, 사망률 증가 또는 두 가지 모두를 유발할 수 있다. 결국 출생률이 사망률과 같아지면 개체군의 수용력이 안정화된다.

로지스틱 성장 모델은 개체군 증가를 연구하고 더 복잡한 모델을 구성하는 데 유용한 출발점이 되는 수학적 이상을 제시한다는 점을 인식하는 것이 중요하다. 다른 좋은 출발 가설과 마찬가지로 로지스틱 모델은 연구를 자극하여 개체군 증가에 영향을 미치는 요인에 대한 더 나은 이해로 이어졌다. 다음에서는 이러한 인자 중 몇 가지에 대해 자세히 살펴본다.

? 로지스틱 성장에서 개체군이 가장 빠르게 증가하는 개체군 규모는 어느 정도인가? 그 이유를 설명하시오.

■ N이 $\frac{1}{2}K$인 경우. 이 개체군 크기에서는 더 낮은 개체군 크기보다 번식하는 개체가 더 많으며, 여전히 성장에 사용할 수 있는 자원이 많다.

표 36.4B N의 농도가 K의 농도에 가까워질 때 K가 성장률에 미치는 영향. 여기서 K = 1,000, r = 0.1

N	rN	$(K-N)/K$	$G=rN(K-N)/K$
10	1	0.99	0.99
100	10	0.9	9.00
400	40	0.6	24.00
500	50	0.5	25.00
600	60	0.4	24.00
700	70	0.3	21.00
950	95	0.05	4.75
1,000	100	0.00	0.00

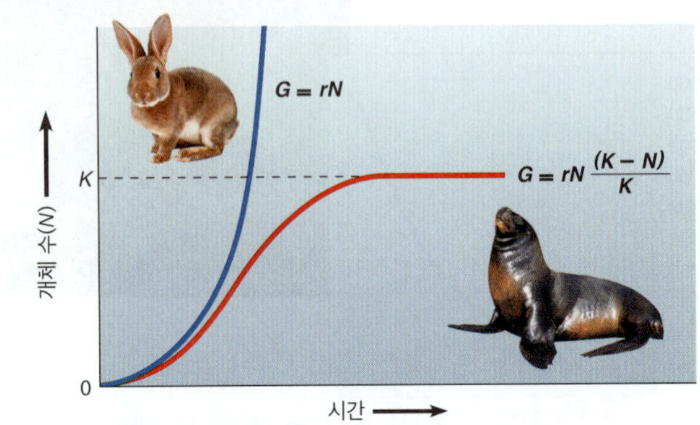

▲ 그림 36.4C 로지스틱 성장과 기하급수적 성장 비교

36.5 여러 요인이 개체군의 증가를 제한할 수 있다

로지스틱 성장 모델은 개체군 밀도가 증가함에 따라 개체군 증가가 둔화되고 결국에는 멈출 것이라고 예측한다. 즉, 개체군 밀도가 높아지면 출생률이 감소하거나 사망률이 증가하거나 둘 다 증가한다. 이러한 밀도-의존성 출생률과 사망률 변화의 원인은 무엇일까?

자연 개체군의 성장을 제한하는 몇 가지 **밀도-의존성 인자(density-dependent factor**, 개체군 밀도와 관련 있는 강도의 한정 요인)가 나타난다. 가장 대표적인 것은 **종내 경쟁(intraspecific competition)**, 즉 한정된 자원을 두고 같은 종의 개체 간에 벌어지는 경쟁이다. 한정된 먹이를 점점 더 많은 개체에게 나눠주면, 개체가 증식하는 에너지가 줄어들기 때문에 출산율이 감소할 수 있다. 밀도-의존성 인자는 또한 사망률을 증가시켜 개체군의 성장을 억제할 수 있다. 멧종다리(song sparrow) 개체군에서는 두 가지 요인 모두 둥지를 떠나 살아남은 자손의 수를 감소시켰다(**그림 36.5A**). 먹이 경쟁자의 수가 증가함에 따라 암컷 멧종다리는 알을 낳는 수가 줄었다. 알과 새끼의 사망률도 개체군 밀도가 증가함에 따라 증가했다.

공간의 가용성은 일부 개체군의 경우 밀도-의존성 인자다. 예를 들어, 바위가 많은 섬에 둥지를 틀 수 있는 장소가 많으면 북양가마우지(gannet) 같은 바닷새의 개체군 규모가 제한될 수 있다(그림 35.18A 참조). 또는 음악 의자 게임처럼 안전한 은신처의 수가 많으면 일부 개체가 포식의 위험에 더 많이 노출되어 먹이 개체군이 제한될 수 있다. 예를 들어, 어린 켈프 농어(kelp perch)는 포식자로부터 숨기 위해 켈프(kelp)라는 큰 해조류의 '숲' 속에 숨어 있다(16.14절 참조). **그림 36.5B**에 표시된 실험에서 포식자가 잡아먹는 농어의 비율은 농어의 밀도가 증가함에 따라 증가했다.

종내 경쟁은 식물 개체군 증가를 제한할 수도 있다. 서로 가까이서 자라는 식물은 자원에 대한 경쟁이 치열해지면서 사망률이 증가할 수 있다. 그리고 살아남은 개체는 밀집하지 않은 개체보다 꽃, 열매, 씨앗을 더 적게 생산할 가능성이 높다.

일부 동물 종의 경우 생리적 인자가 개체군 크기를 조절할 수 있다. 작은 들판 울타리에 있는 흰발생쥐는 몇 마리에서 30~40마리의 군락으로 번식하지만, 그 후 번식이 감소하여 개체군이 더 이상 증가하지 않는다. 이러한 생식 감소는 추가적인 먹이와 쉼터가 제공되더라도 발생한다. 쥐의 높은 개체군 밀도는 호르몬 변화로 인해 성적 성숙이 지연되고 생식기관이 축소되며 면역계가 저하되는 스트레스 증후군을 유발하는 것으로 보인다. 이 경우 높은 밀도는 출생률 감소와 사망률 증가를 모두 유발한다. 다른 설치류의 야생 개체군에서도 비슷한 밀집의 영향이 관찰되었다.

많은 자연 개체군에서는 밀도-의존성 인자가 중요해지기 훨씬 전에 날씨와 같은 무생물적 요인이 개체군 크기에 영향을 미칠 수 있다. 개체군 밀도의 강도와 무관한 개체군 제한 요인을 **밀도-비의존성 인자(density-independent factor**, 밀도 독립성 인자)라고 한다. 이러한 개체군의 성장곡선을 보면 평준화되는 것이 아니라 기하급수적으로 증

자료: P. Arcese et al., Stability, regulation, and the determination of abundance in an insular song sparrow population, *Ecology* 73: 805-82 (1992).

▲ **그림 36.5A** 개체군 밀도가 증가함에 따라 감소하는 노래참새(*Melospiza melodia*, 사진)의 생식 성공률

자료: T. W. Anderson, Predator responses, prey refuges, and densitydependent mortality of a marine fish, *Ecology* 82: 245-57 (2001).

▲ **그림 36.5B** 밀도 증가에 따른 켈프 농어(*Brachyistius frenatus*, 사진)의 사망률 증가

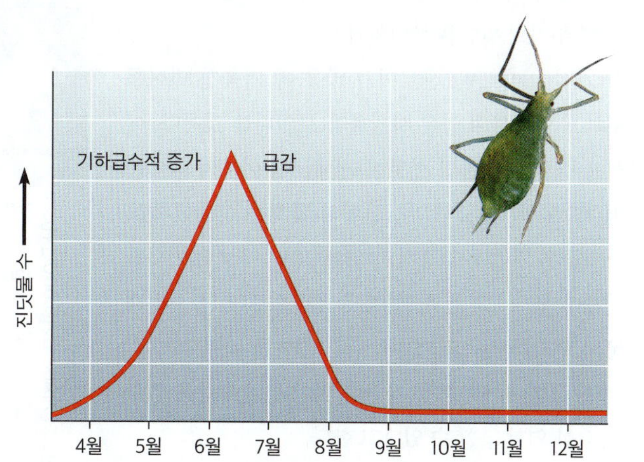

▲ **그림 36.5C** 진딧물 개체군 성장을 제한하는 밀도-비의존성 인자로서의 날씨 변화

가한 후 급격히 감소하는 것과 같은 것을 볼 수 있다. **그림 36.5C**는 식물의 당이 많은 체관액을 먹는 곤충인 진딧물 개체군에 대한 이러한 효과를 보여준다. 진딧물을 비롯한 많은 곤충은 봄에 거의 기하급수적으로 성장하다가 여름에 날씨가 덥고 건조해지면 급격히 죽는다. 몇몇 개체는 살아남을 수 있으며, 이들은 유리한 조건이 돌아오면 개체군의 증가를 재개할 수 있다. 예를 들어, 많은 모기와 메뚜기 등 일부 곤충 개체군에서는 성충이 혹한으로 죽어 알만 남고, 이듬해 개체군의 증가가 시작된다. 계절에 따른 날씨 변화 외에도 화재, 폭풍, 인간 활동에 의한 서식지 파괴와 같은 교란은 개체군의 밀도에 관계없이 개체군의 규모에 영향을 미칠 수 있다.

장기적으로 볼 때, 대부분의 개체군은 아마도 여러 가지 인자의 혼합에 의해 조절될 것이다. 일부 개체군은 크기가 상당히 안정적으로 유지되며, 경쟁이나 포식 같은 생물적인 요인에 의해 결정되는 수용력에 근접한 것으로 추정된다. 그러나 장기적인 데이터를 보유한 대부분의 개체군은 개체 수에 변동이 있다. 따라서 많은 개체군의 역학은 밀도-의존성 인자와 기후, 교란과 같은 밀도-비의존성 무생물적 인자의 복잡한 상호작용으로 인해 발생한다. 다음 절에서 다루겠지만, 생태학자들은 가설을 개발하고 테스트할 때 이러한 복잡성을 고려해야 한다.

? 개체군 밀도가 증가함에 따라 출생률을 감소시키거나 사망률을 증가시킬 수 있는 몇 가지 인자를 나열하시오.

■ 제한된 음식과 영양소, 불충분한 공간, 질병 및 포식의 증가

36.6 일부 개체군은 '급증과 급락' 주기가 있다

과학적 사고 곤충, 조류 및 포유류의 일부 개체군은 놀라운 규칙성을 가지고 밀도의 급격한 변동을 겪는다. 급격한 기하급수적 증가를 형질로 하는 '급증(boom)'이 지나면 개체군이 최소 수준으로 떨어지는 '급락(bust)'이 뒤따른다. **그림 36.6**은 캐나다 북부의 사냥꾼들이 거의 100년 동안 허드슨베이 회사에 판매한 가죽의 수를 기준으로 산토끼(snowshoe hare)와 스라소니(lynx)의 추정 개체군을 보여주는 놀라운 예다. 두 개체군은 약 10년의 일정한 간격으로 증가와 감소를 반복하지만 동시에 증가하지는 않는다. 스라소니 개체군의 변화는 산토끼 개체군의 변화보다 뒤처진다. 산토끼는 스라소니의 주요 먹이 공급원이므로 이러한 패턴은 예상할 수 있다. 한 종의 먹이에 크게 의존하는 포식자의 경우, 먹이의 가용성은 개체군의 규모에 큰 영향을 미칠 수 있다. 따라서 스라소니의 개체군 주기는 적어도 부분적으로는 산토끼의 개체군 주기에서 비롯된 것으로 보이며, 포식자 개체 수가 감소하면 먹이 개체군은 증가한다. 그렇다면 산토끼의 붐과 침체 주기의 원인은 무엇인가?

한 가설에 따르면, 산토끼가 많을 때 겨울철 먹이를 과도하게 방목하여 높은 사망률을 보인다는 것이다. 이 가설은 실험용 들판의 산토끼 개체군에 여분의 먹이를 제공함으로써 검증되었다. 실험의 설계는 간단했지만, 연구자들은 가설을 검증하기 위해 20년 이상 데이터를 수집해야 했다. 그 결과, 먹이 공급만으로는 산토끼 개체군의 주기가 지속되지 않는다는 결론을 내렸다. 그러나 다른 실험에서는 이용 가능한 먹이의 질과 같은 인자가 중요한 역할을 할 수 있다고 한다.

또 다른 가설은 산토끼의 개체군 주기가 과도한 포식 때문이라는 것이다. 스라소니 외에도 코요테, 여우, 수리부엉이 등 많은 동물이 토끼를 잡아먹는다. 연구자들은 무선 송신기를 사용하여 토끼 개체를 추적한 결과, 95%의 토끼가 포식자에 의해 죽임을 당한 것으로 확인되었다. 굶어 죽은 토끼는 한 마리도 없었다. 이러한 결과는 포식 가설을 뒷받침한다. 추가 실험에서 연구진은 포식자를 배제하기 위해 특정 지역을 전기 울타리로 둘러쌌다. 울타리가 없는 통제 구역에 비해 울타리가 있는 구역의 산토끼 생존율이 더 높았으며, 주기의 '침체' 단계가 거의 사라진 것으로 나타났다. 이러한 결과는 포식 가설을 뒷받침하는 결과이기도 하다.

개체군 증가의 패턴을 살펴봤으니 이제 개체군의 생식 패턴의 차이와 자연선택에 의해 어떻게 형성되는지 알아보자.

? 위에서 설명한 방법을 사용하여 먹이 공급과 포식이 토끼 개체군의 주기에 미치는 복합적인 영향을 검증하는 실험을 제안하시오.

■ 울타리가 있는 지역의 토끼, 울타리가 있는 지역에 있으면서 먹이를 준 토끼, 울타리가 없는 지역에 있으면서 먹이를 준 토끼, 울타리가 없는 지역의 토끼(대조군)의 결과를 비교한다.

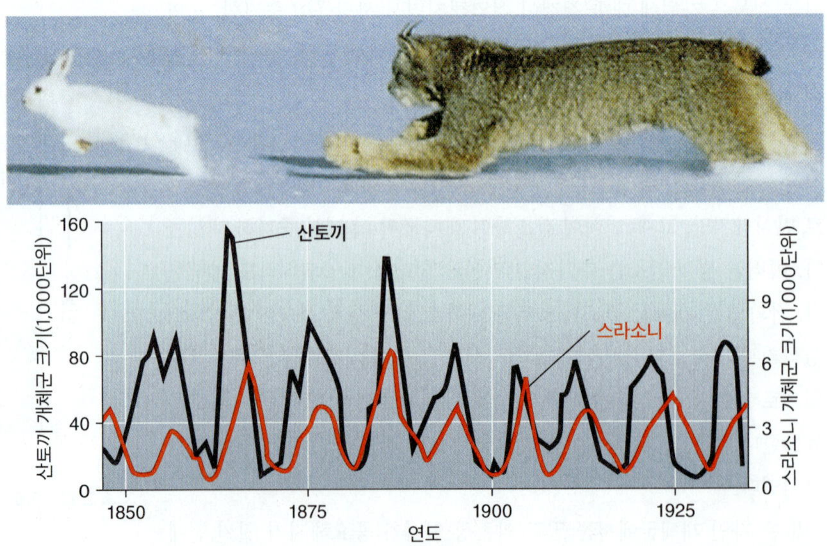

자료: C. Elton and M. Nicholson, The ten-year cycle in numbers of the lynx in Canada, *Journal of Animal Ecology* 11: 215-44 (1942).

▲ **그림 36.6** 산토끼와 스라소니의 개체군 주기

36.7 진화에 의해 생물의 생활사가 형성된다

진화 연관성

생물의 생식과 사망 일정에 영향을 미치는 형질은 생물의 **생활사(life history)**를 구성한다. 주요 생활사적 형질로는 첫 번식 연령, 번식의 빈도, 자손의 수, 부모의 보살핌 정도 등이 있다. 생명체는 시간, 에너지, 영양이 제한되어 있기 때문에 자연선택은 이 모든 형질을 동시에 최적화할 수 없다. 예를 들어, 많은 수의 자손을 낳는 생명체는 부모의 보살핌을 많이 제공할 수 없다. 결과적으로, 한 개체군에서 생물의 생활사적 형질의 조합은 번식과 생존의 요구와 상충관계를 나타낸다. 선택적 압력이 다양하기 때문에 생물의 생활사는 매우 다양하다. 그럼에도 불구하고 생태학자들은 생물의 생활사적 형질이 자연선택에 의해 어떻게 형성되었는지 이해하는 데 유용한 몇 가지 양상을 관찰했다.

부모의 보살핌은 자연선택에 의해 진화했는가?

한 가지 생활사 양상은 몸집이 작고 수명이 짧은 동물(예: 곤충과 작은 설치류)이 대표적으로, 빠르게 발달하여 성적으로 성숙하고 많은 수의 자손을 낳으며 부모의 보살핌을 거의 또는 전혀 제공하지 않는다. 수천 개의 작은 씨앗을 생산하는 민들레와 같은 작은 초본식물에서도 비슷한 양상이 나타난다. 생태학자들은 자원이 풍부하고 기하급수적인 성장이 가능한 환경에서 이러한 생물의 생활사적 형질에 대한 선택이 일어난다는 가설을 세운다. 이때 개체당 증가율 r이 극대화되기 때문에 이를 ***r*-선택(*r*-selection)**이라고 부르기도 한다. 대부분의 r-선택 종은 화재, 홍수, 허리케인, 가뭄, 추운 날씨 등 예측할 수 없는 교란이 발생하는 서식지에서 유리하며, 개체군을 갑자기 낮은 수준으로 줄여 새로운 기회를 창출한다. 인간의 활동은 교란의 주요 원인으로, 도로가 끊기고, 갓 개간된 들판과 산림지, 잘 관리되지 않은 잔디밭에 r-선택 식물과 동물이 군락을 형성하는 경우가 많다.

반면, 곰이나 코끼리와 같이 몸집이 크고 수명이 긴 동물은 발달이 느리고, 적은 수의 자손을 낳지만 보살핌을 잘 받는다. 비슷한 생활사적 형질을 가진 식물로는 코코넛 야자나무가 있는데, 이 나무는 영양이 풍부한 물질이 잘 저장된 씨앗을 비교적 적게 생산한다. 이는 식물에서 부모의 보살핌을 하는 셈이다. 생태학자들은 이러한 일련의 생활사 형질에 대한 선택이 개체군 규모가 수용력(K)에 가까운 환경에서 발생한다는 가설을 세우고 있으며, 이를 ***K*-선택(*K*-selection)**이라고 부르기도 한다. 이러한 상황에서의 개체군 증가는 밀도-의존성 인자의 제한을 받는다. 자원에 대한 경쟁이 치열하기 때문에 K-선택 생명체는 자신의 생존과 후손의 생존에 에너지를 할당함으로써 이점을 얻는다. 따라서 K-선택 생명체는 일반적으로 기후가 안정적이고 개체군이 급격히 증가할 기회가 거의 없는 환경에 적응한다.

r-선택과 K-선택의 개념은 지나치게 단순화되었다는 비판을 받아왔으며, 대부분의 생물체는 두 극단 사이 어딘가에 속한다. 그러나 이러한 접근 방식은 생물의 생활사의 진화에 관한 생태학적 연구의 활발한 하위 분야를 자극했다.

트리니다드(Trinidad)에서 진행된 장기 프로젝트는 생물의 생활사적 형질이 자연선택에 의해 형성될 수 있다는 직접적인 증거를 제공했다. 수년 동안 연구자들은 비교적 고립된 작은 웅덩이에 사는 구피(guppy) 개체군을 연구해 왔다. **그림 36.7**에서 볼 수 있듯이, 일부 구피 개체군은 주로 작은, 미성숙 구피를 잡아먹는 킬리피시(killifish)라는 포식자가 있는 웅덩이에 살고 있다(풀 1). 다른 구피 개체군은 파이크 시클리드(pike-cichlid)라고 불리는 큰 어류가 주로 성숙한 큰 몸집의 구피를 잡아먹는 곳에 살고 있다(풀 2). 이러한 파이크 시클리드에 노출된 개체군의 구피는 킬리피시가 있는 지역의 구피보다 더 작고, 더 일찍

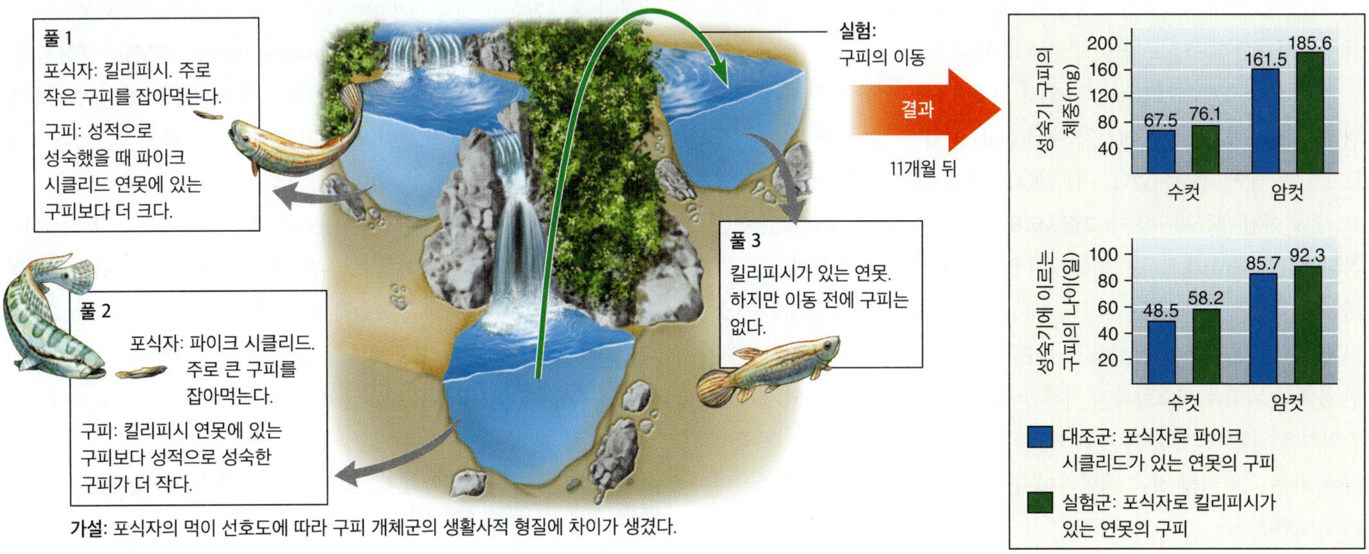

자료: D. N. Reznick and H. Bryga, Life-history evolution in guppies (*Poecilia reticulata*): 1. Phenotypic and genetic changes in an introduction experiment, *Evolution* 41: 1370-85 (1987).

▲ 그림 36.7 포식이 구피의 생활사적 형질에 미치는 영향

시도해 보기 그림을 사용하여 가설을 검증한 방법을 설명하시오.

성숙하며, 한 번에 더 많은 자손을 낳는 경향이 있다. 따라서 구피 개체군은 환경의 포식자 종류에 따라 특정 생물의 생활사적 형질에서 차이가 있다. 이러한 차이가 자연선택의 결과라면, 형질은 유전되어야 한다. 실제로 실험실에서 포식자 없이 키운 두 개체군의 구피는 생물의 생활사적 차이를 유지했다.

연구진은 서로 다른 포식자의 먹이 선호도가 자연선택에 의해 이러한 생활사 차이를 일으키는지 검증하기 위해 파이크 시클리드 서식지의 구피를 킬리피시가 서식하는 구피가 없는 서식지(풀 3)에 도입했다. 과학자들은 11년 동안 실험용 구피 개체군의 체중과 성적인 성숙 연령을 추적하고, 이 구피와 파이크 시클리드 군에 남아 있던 대조군 구피를 비교했다. 그 결과, 이식된 개체군의 평균 체중과 성적인 성숙 연령이 대조군에 비해 크게 증가했다. 이 연구는 생물의 생활사적 형질이 유전되고 자연선택에 의해 형성된다는 것뿐만 아니라 진화에 대한 의문을 현장 실험을 통해 검증할 수 있다는 것을 보여준다.

지금까지 살펴본 것처럼 개체군 생태학은 이론적 모델의 구축뿐만 아니라 현장에서의 관찰과 실험을 포함한다. 다음으로 개체군 생태학의 원리를 보전 및 관리에 어떻게 적용할 수 있는지 살펴본다.

? 36.3절을 참조하자. *r*-선택을 경험하는 개체군에서 어떤 유형의 생존곡선을 찾을 수 있을 것으로 예상하는가? *K*-선택을 경험하는 개체군에서는 어떠한가?

■ *r*-선택을 경험하는 개체군의 경우 제III형 생존곡선, *K*-선택의 경우 제I형 생존곡선

36.8 개체군 생태학의 원리는 실제 응용이 가능하다

연결 개체군 생태학의 원리는 우리가 수확하거나 멸종으로부터 보호하고자 하는 개체군을 늘리거나 해충으로 간주하는 개체군을 줄이는 등 자원을 관리한다는 목표를 향해 나아가는 데 도움이 될 수 있다. 야생동물 관리자, 수산 생물학자, 산림 관리인은 자연자원을 훼손하지 않고 사용할 수 있는 방법, 즉 **지속가능 자원의 경영(sustainable resource management)**을 실행한다. 개체군 증가 측면에서 이는 자원을 보충하기 위해 높은 개체군 증가율을 유지하는 것을 의미한다. 로지스틱 성장 모델에 따르면, 가장 빠른 성장률은 개체군 규모가 서식지 수용력의 약 절반 수준일 때 발생한다. 이론적으로 자원 관리인은 이 수준까지 개체군을 수확하여 최상의 결과를 얻어야 한다. 그러나 로지스틱 성장 모델은 시간이 지남에 따라 성장률과 수용력이 안정적이라고 가정한다. 일부 개체군에 대해 현실적이지 않은 이러한 가정에 기반한 계산은 지속 불가능할 정도로 높은 수확 수준으로 이어져 궁극적으로 자원을 고갈시킬 수 있다. 지속가능한 수확 수준을 결정하기에는 과학적 정보가 불충분한 경우가 많다. 또한 경제적·정치적 압력이 생태학적 우려보다 더 큰 경우가 많다.

여전히 대규모로 사냥되는 유일한 야생동물인 어류는 특히 남획에 취약하다. 예를 들어, 북대서양 대구(cod) 어업에서는 대구 개체군 규모가 너무 높게 추정되었다. 지속 불가능한 수준으로 대구가 어획되었고, 결국 어업이 붕괴되었다(**그림 36.8**). 1992년 상업적 대구 조업이 금지되었지만 대구 개체군은 회복되지 않았다. 다른 많은 어류와 고래 개체군의 감소에 따라 자원 관리인들은 개체군 규모가 미리 설정한 최소치에 도달하면 수확을 금지하거나 수확 금지 보호 구역을 설정하여 자원 붕괴의 위험을 최소화하기 위해 노력하고 있다. 감소하고 있거나 멸종위기에 처한 종의 경우, 자원 관리인들은 추가적인 서식지를 제공하거나 기존 서식지의 질을 개선하여 수용력을 높여 개체군을 증가시키려고 노력한다.

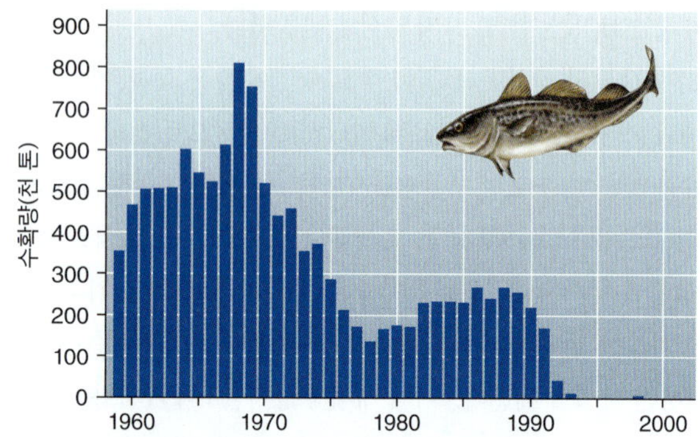

자료: Stock Assessment of Northern (2J3KL) Cod, *Science Advisory Report* 2011/041, Fisheries and Oceans Canada (2011).

▲ **그림 36.8** 뉴펀들랜드 연안 북부 대구 어장의 붕괴

원치 않는 개체군의 크기를 줄이는 것은 어려운 작업일 수 있다. 단순히 많은 개체를 죽이는 것만으로는 일반적으로 해충 개체군의 크기가 줄어들지 않는다. 많은 곤충과 잡초 종은 빠른 개체군의 증가를 촉진하는 생물의 생활사적 형질과 적응을 가지고 있다. 또한 대부분의 살충제는 해충과 해충의 천적 모두를 죽인다. 먹이 좋은 포식자보다 번식률이 높은 경우가 많기 때문에 해충 개체군은 포식자보다 먼저 빠르게 회복한다.

통합 해충 관리(integrated pest management, IPM)는 생물학적·화학적·재배적 방법을 조합하여 농업 해충을 방제하는 방법이다. 통합 해충 관리는 해충과 관련 포식자 및 기생생물의 개체군 생태학과 작물 성장 역학에 대한 지식에 의존한다.

지금까지 학습했듯이 개체군의 규모에 영향을 미치는 요인에는 여러 가지가 있다. 개체군을 효과적으로 관리하려면 이러한 변수를 파악하고, 환경의 예측 불가능성을 고려하고, 개체와 다른 종과의 상호작용을 고려하며, 경제적·정치적 문제와 보존 문제를 고려해야 한다. 이러한 문제는 다음에 살펴볼 사람 개체군의 증가에도 동일하게 적용된다.

? 관리인들이 종종 어류와 사냥감 종의 개체군을 수용력의 절반 정도로 유지하려고 노력하는 이유를 설명하시오.

■ 야생동물을 남획으로부터 보호하면서도 개체군 수준을 낮게 유지하여 성장률을 높이고 자원 제한으로 인한 사망률을 줄인다.

36.9 인구는 계속 증가하고 있지만 증가율은 둔화되고 있다

이 문장을 읽는 데 걸리는 몇 초 동안 전 세계 어딘가에서 30명의 아기가 태어나고 13명이 사망한다. 이 책이 출간된 이후 통계는 조금 바뀌었을지 모르지만, 여전히 출생이 사망보다 훨씬 많을 것이다. 출생과 사망 사이의 불균형은 개체군 증가(또는 감소)의 원인이며, **그림 36.9A**의 빨간색 곡선에서 볼 수 있듯이 개체군은 적어도 향후 수십 년 동안 계속 증가할 것으로 예상된다. 그림 36.9A의 파란색 막대 그래프는 이야기의 다른 부분을 보여준다. 매년 개체군에 추가되는 개체군 수는 1980년대 이후 감소하고 있다. 이러한 개체군 증가 양상을 어떻게 설명할 수 있을까?

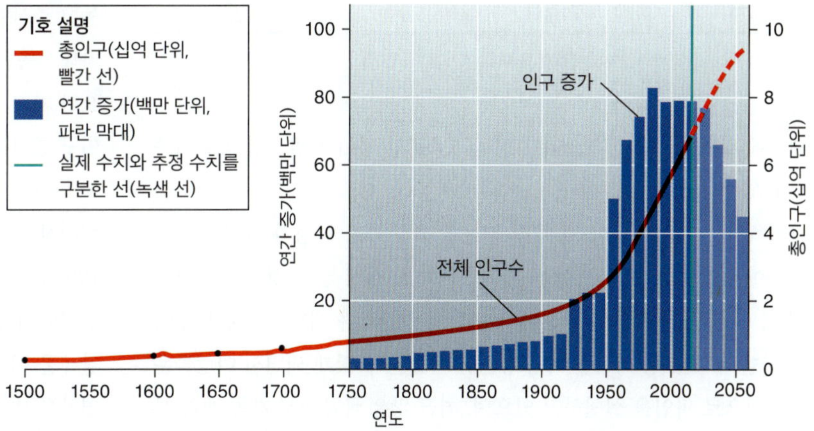

자료: The World at Six Billion, *United Nations Publications* (1999).

▲ **그림 36.9A** 5세기에 걸친 인구 증가

1500년에 4억 8,000만 명이었던 지구 개체군이 현재 75억 명이 넘는 개체군으로 증가한 것부터 시작해 보자. 가장 간단한 모델(36.4절 참조)에서 개체군 증가는 r과 N에 따라 달라진다. 주어진 환경에서 r의 값은 일정하다고 가정했기 때문에 36.4절에서 사용한 예에서 성장률은 전적으로 개체군의 규모에 따라 달라진다. 인류 역사의 대부분을 통틀어 인간도 마찬가지였다. 부모가 많은 자녀를 낳았지만 사망률이 높았기 때문에 r(출생률-사망률)은 0보다 약간 높을 뿐이었으며, 그 결과 개체군 증가는 매우 느렸다. (그림 36.9A의 x축을 1년 전, 인구가 약 3억 명이었던 때로 확장하면, 이 선은 1,500년 동안 거의 편평한 형태를 유지할 것이다.) 10억 명은 19세기 초에 도달했다.

유럽과 미국의 경제 발전으로 영양과 위생, 그리고 그 이후 의료가 발전하면서 사람들은 r을 통제할 수 있게 됐다. 처음에 사망률은 감소한 반면 출생률은 그대로 유지되었다. 20세기가 시작되면서 순 증가율이 상승하고 개체군 증가가 활기를 띠기 시작했다. 세기 중반에 이르러 영양, 위생, 의료 서비스의 개선이 개발도상국으로 확산되면서 출생률이 사망률을 훨씬 앞지르면서 빠른 속도로 성장에 박차를 가하게 되었다.

1927년에 20억 명이었던 세계 인구가 불과 33년 만에 30억 명으로 급증하자 일부 과학자들은 경각심을 갖게 되었다. 이들은 지구의 수용력에 도달하고 밀도-의존성 인자(36.5절 참조)가 인간의 고통과 죽음을 통해 그 개체군 규모를 유지할 것이라고 우려했다. 그러나 전체 성장률은 1962년에 정점을 찍었다. 선진국에서는 선진 의료의 발달로 생존율이 계속 향상되었지만, 효과적인 피임이 출산율을 억제했다. 그 결과 전 세계 개체군의 전체 증가율은 감소 추세를 보이기 시작했다.

인구통계적 전환 출생률과 사망률이 같을 때 개체군의 증가율은 0이다. 세계 인구는 **인구통계적 전환(demographic transition)**이라고 알려진 변화를 겪고 있다. 이는 출생률과 사망률이 높은 안정적인 상태에서 출생률과 사망률이 낮은 안정적인 인구로 변화하는 것이다. **그림 36.9B**는 향후 수십 년 내에 출생률과 사망률이 낮은 순 증가율이 0에 가까워질 것으로 예상되는 멕시코의 인구통계적 전환을 보여준다. 1925년부터 1975년까지 사망률이 급격히 감소한 반면(1918~1919년에 전 세계적으로 독감이 유행한 시기와 일치), 출생률은 1960년대까지 높은 수준을 유지한 것을 알 수 있다. 이는 인구통계적 전환의 전형적인 양상이다.

경제 발전은 지역마다 다른 시기에 이루어졌기 때문에 전 인구통계적 전환은 여러 나라에서 일어나는 변화의 모자이크 같다. 대부분의 선진국은 인구통계적 전환을 완료했거나 거의 완료한 상태다. 이들 국가를 통틀어 2018년 개체군 1,000명당 증가율은 0.4명으로 추정된다(**표 36.9**). 개발도상국의 경우 사망률은 감소했지만 높은 출산율은 지속되고 있다. 그 결과 이러한 개체군은 빠르게 증가하고 있다. 2018년에 전

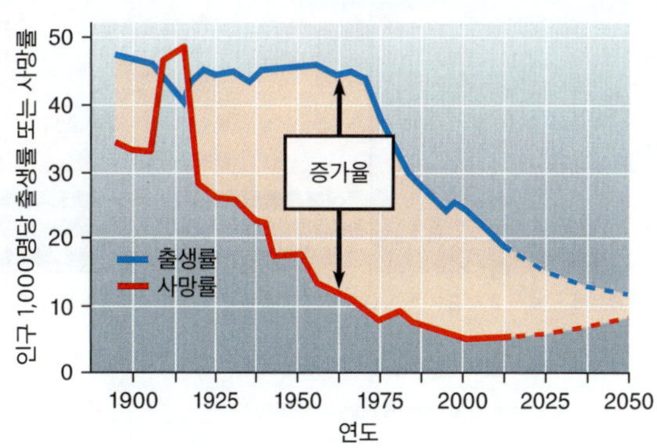

자료: Transitions in World Population, *Population Bulletin* 59: 1 (2004).

▲ **그림 36.9B** 멕시코의 인구통계적 전환

표 36.9 2018년 인구의 변화(추정치)			
인구	출생률 (1,000명당)	사망률 (1,000명당)	증가율 (1,000명당)
세계	18.2	7.7	10.5
선진국	10.5	10.1	0.4
저개발국	19.7	7.2	12.5

자료: U.S. Census Bureau International Data Base.

세계에 추가된 개체군 7,860만 명 중 7,490만 명이 개발도상국에 거주하고 있는 것으로 추정된다.

가족 규모 감소는 인구통계적 전환의 핵심이다. 여성의 지위와 교육 수준이 높아짐에 따라 생식을 늦추고 자녀를 적게 낳는 것을 선택하게 된다. 이러한 현상은 여성의 삶이 개선된 선진국과 개발도상국 모두에서 관찰되고 있다. 저렴한 피임 방법을 이용할 수 있게 되면서 여성들은 일반적으로 피임을 실천하고 있으며, 최근 많은 국가에서 가족 계획 서비스에 보조금을 지급하고 공식적인 인구 정책을 시행하고 있다. 그러나 다른 많은 국가에서는 가족 계획에 대한 지원 규모를 놓고 열띤 논쟁이 벌어지는 등 가족 계획 문제는 여전히 사회적, 정치적으로 민감한 사안이다.

연령구조 연령구조도표라는 인구통계적 도구는 인구의 미래 성장을 예측하는 데 유용하다. 인구의 **연령구조(age structure)**는 다양한 연령대에 속한 개체의 수를 말한다. **그림 36.9C**는 1993년과 2018년 멕시코 인구의 연령구조와 2043년 예상 연령구조를 보여준다. 이 그림에서 보라색은 가임기 전 연령대(0~14세)의 개체군 비율을, 분홍색은 최대 가임기 연령대(15~44세)의 개체군 비율을, 파란색은 가임기 후 연령대(45세 이상)의 개체군 비율을 나타낸다. 이러한 각 넓은 그룹 내에서 각 가로 막대는 5년 연령대의 개체군을 나타낸다. 각 세로 중심선의 왼쪽 영역은 각 연령대의 남성의 수를 나타내며, 여성은 선의 오른쪽에 표시되었다.

1993년 멕시코와 같이 저연령층이 많은 연령구조는 아동의 비율이 높고 출산율이 높은 개체군을 반영한다. 한 여성이 평생 동안 낳는 평균 자녀 수인 **생식률(fertility rate)**은 자신과 배우자를 대체하는 데 필요한 자녀 수를 크게 초과한다. 그림 36.9C에서 볼 수 있듯이, 출산율과 인구 증가율은 25년 후 하락했지만, 인구는 초기에 증가했던 영향을 계속 받고 있다. 인구에서 가임기 여성의 비율이 증가함에 따라 발생하는 이러한 상황을 **인구 모멘텀(population momentum)**이라고 한다. 1993년 연령구조에서 0~14세 여아(노란색 윤곽선)가 2018년에는 가임기이며, 2018년의 0~14세 여아(녹색 윤곽선)는 2043년까지 급속 성장세를 이어갈 것이다. 급격히 팽창하는 인구에 제동을 거는 것은 화물열차를 멈추는 것과 같으며, 그 결과는 결정이 내려진 지 한참 후에 발생하게 된다. 출산율이 대체하는 수준으로 낮아지더라도 인구는 수십 년 동안 계속 증가할 것이다. 15세 미만 인구의 비율을 보면 미래 성장에 대한 대략적인 아이디어를 얻을 수 있다. 개발도상국에서는 전체 인구의 24.9%가 이 연령대에 속한다. 반면 선진국 인구의 16.3%는 15세 미만이다. 인구 모멘텀은 또한 매년 더 적은 수의 인구가 추가됨에도 불구하고 그림 36.9A의 개체군 규모가 계속 증가하는 이유를 설명한다. 다음 절에서는 미국의 연령구조에 대해 살펴본다.

? 높은 출생률과 사망률에서 낮은 출생률과 사망률로 인구통계적 전환을 겪는 동안 국가는 일반적으로 급격한 인구 증가를 경험한다. 그 이유를 설명하시오.

■ 출생률이 감소하기 전에 사망률이 감소하여 출생이 사망보다 훨씬 많은 시기가 만들어진다. 이는 또한 인구 모멘텀을 설정한다.

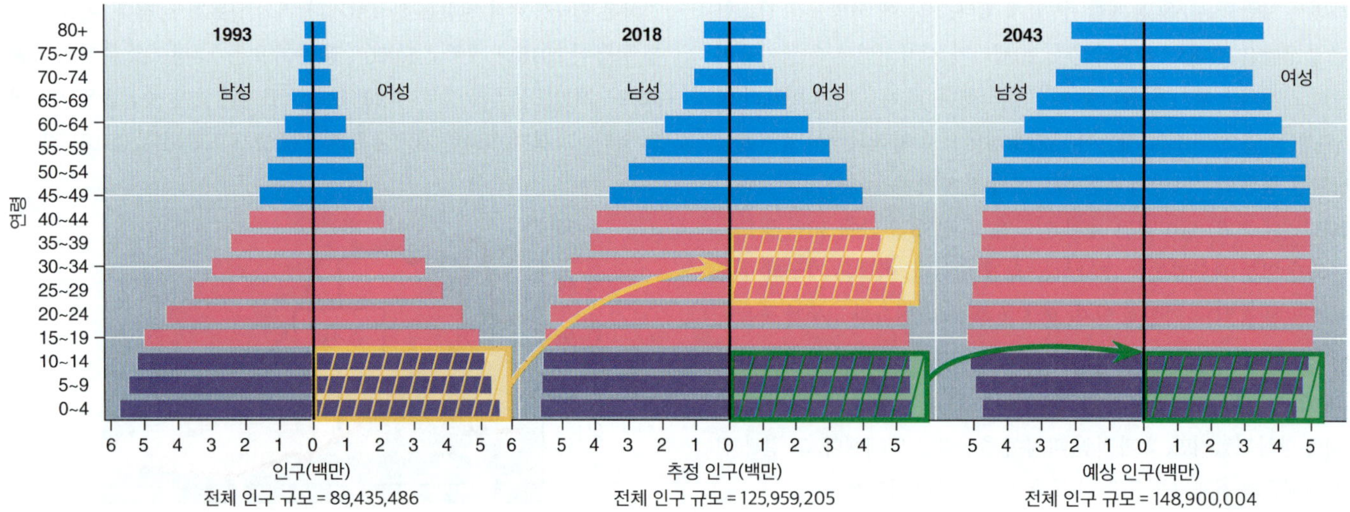

자료: International Data Base, U.S. Census Bureau (2019).

▲ **그림 36.9C** 멕시코의 인구 모멘텀

시도해 보기 노란색과 녹색 상자를 사용하여 연령대를 시간순으로 따라가 보자.

36.10 연령구조는 사회 및 경제 동향을 보여준다

연결 연령구조도표는 인구의 증가 추세를 보여줄 뿐만 아니라 사회적 상황을 나타낸다. 예를 들어, 인구가 증가하면 학교, 고용, 인프라에 대한 수요가 증가한다. 노인 인구가 많으면 의료 서비스에 더 많은 자원을 할당해야 한다. 1993년부터 2043년까지 미국의 연령구조 추세를 살펴보자(**그림 36.10**).

1993년 연령구조(노란색 윤곽선)에서 큰 폭의 증가는 1945년 제2차 세계대전이 끝난 후 약 20년간 지속된 '베이비붐'에 해당한다. 많은 수의 어린이들이 학교에 입학하면서 학교를 새로 짓고 교사에 대한 수요가 급증했다. 반면에 호황이 끝날 무렵에 태어난 졸업생들은 치열한 취업 경쟁에 직면했다. 인구의 많은 부분을 차지하는 만큼 베이비붐 세대는 사회 및 경제 동향에 막대한 영향을 미쳤다. 이들은 또한 1993년 0~4세 집단과 2018년 연령구조의 융기(녹색 윤곽선)에서 볼 수 있는 그들만의 '베이비붐'을 일으켰다.

베이비붐 세대는 현재 어디에 있는가? 베이비붐 세대가 은퇴 연령에 도달하면서 메디케어(Medicare)와 사회안전보장 같은 프로그램에 압박을 가하고 있다. 2018년 미국 인구의 약 59%는 노동 인구에 속할 가능성이 가장 높은 연령대인 20~64세였고, 65세 이상 인구는 16%였다. 2043년에는 이 연령대가 각각 전체 인구의 55%와 22%를 차지할 것으로 예상된다. 부분적으로 노인 인구의 증가는 사람들이 더 오래 살기 때문이다. 1993년 3%였던 80세 이상 인구의 비율은 2043년 7.9%인 3,000만 명 이상으로 증가할 것으로 예상된다.

? 그림 36.10에서 인구 모멘텀의 예를 나타내시오.

■ 2018년 연령구조에서 1979~1993년 '베이비붐 세대'는 1944~1963년 베이비붐 시기에 태어난 여아들이 가임기에 접어듦에 따른 급속한 출산의 결과다.

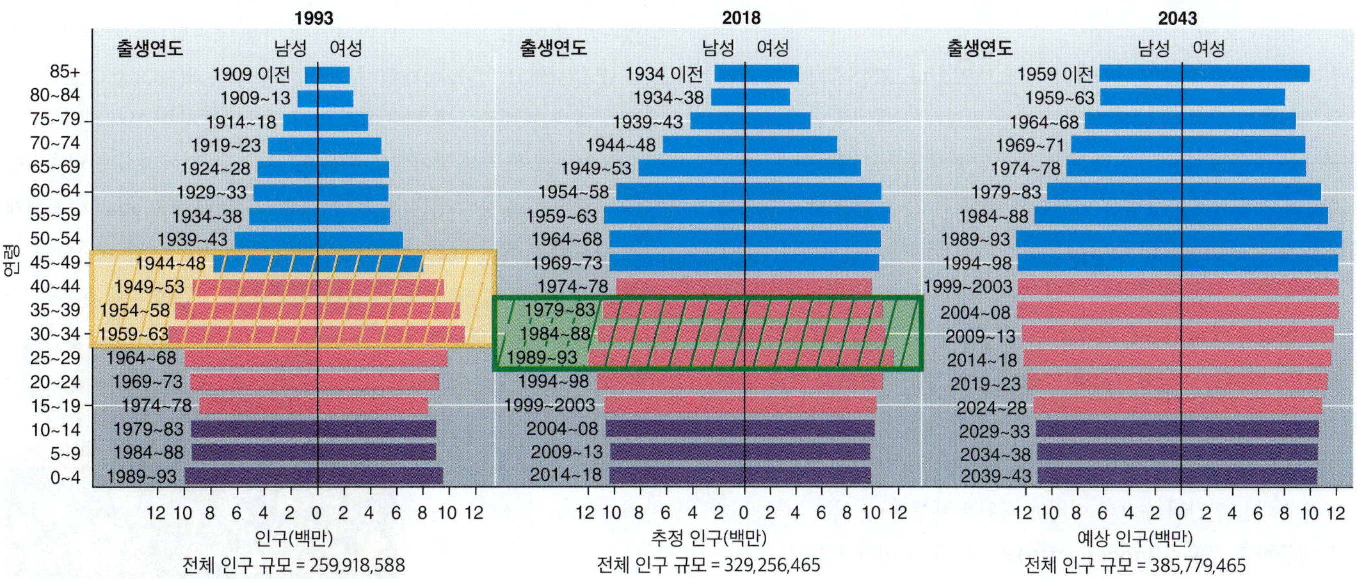

자료: International Data Base, U.S. Census Bureau website, (2019).

▲ **그림 36.10** 1993년, 2018년(추정), 2043년(예상) 미국의 연령구조

시도해 보기 2018년에서 여러분의 해당 연령대를 찾아보자.

36.11 생태학적 발자국은 자원 소비의 척도다

연결 지구는 얼마나 많은 개체군을 수용할 수 있을까? 36.9절에서는 지난 세기보다는 느리지만 세계 인구가 빠르게 증가하고 있다는 것을 확인했다. 증가율 인구 모멘텀에 따르면 대부분의 개발도상국의 인구는 가까운 미래에도 계속 증가할 것으로 예측된다. 미국의 통계청은 2025년 전 세계 인구가 80억 명, 21세기 중반에는 95억 명에 이를 것으로 예상하고 있다. 하지만 이러한 수치는 이야기의 일부일 뿐이다. 자원만 충분하다면 1조 개의 박테리아가 한 배양 접시 안에 살 수 있다. 그렇다면 우리는 80억 또는 90억의 인구를 지탱할 수 있는 충분한 자원을 가지고 있는가? 2025년까지 지구에 살 것으로 예상되는 모든 개체군을 수용하려면 세계는 식량 생산을 크게 늘려야 한다. 이미 농경지는 압박을 받고 있다. 전 세계적으로 늘어나는 가축 무리의 과도한 방목으로 인해 광활한 초원이 사막으로 변하고 있다. 1900년에서 2000년까지 6배 증가한 물 사용량은 계속 증가하여 강이 말라가고 지하수 수위가 낮아지고 있다. 기후변화가 강수 패턴에 미치는 영향은

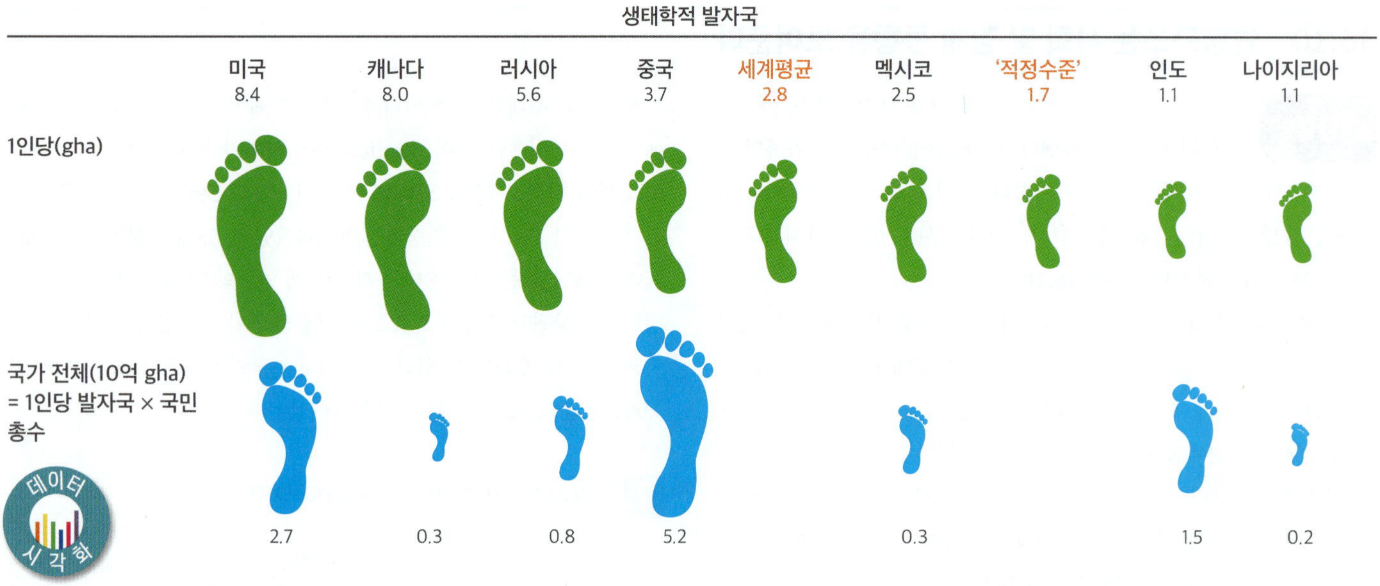

▲ **그림 36.11** 여러 국가의 개체 및 국가 생태발자국

자료: Global Footprint Network © 2018 Global Footprint Network. National Footprint Accounts, 2018 Edition. www.footprintnetwork.org

일부 지역의 농업에 큰 영향을 미칠 것으로 보인다. 또한 증가하는 개체군을 지원하기 위해 더 많은 열린 공간이 필요하기 때문에 인간의 생존에 중요한 종을 포함한 많은 다른 종들이 멸종될 것으로 예상된다.

자원의 가용성과 사용량을 이해하기 위한 한 가지 접근 방식은 **생태학적 발자국(ecological footprint)**의 개념을 적용하는 것이다. 생태학적 발자국은 개체나 국가가 식량, 연료, 주택 등 소비하는 자원을 공급하고 발생하는 폐기물을 흡수하는 데 필요한 토지 및 수자원 면적을 추정하는 것이다. 이산화탄소와 기타 온실가스를 배출하는 탄소 발자국(7.14절 참조)은 인류의 생태학적 발자국에서 가장 큰 부분을 차지한다. (탄소 발자국에 대한 자세한 내용은 38.4절에서 확인할 수 있다.)

자원에 대한 인간의 수요와 이러한 자원을 재생할 수 있는 지구의 능력인 **생물학적 수용력(biocapacity)**을 비교하면 인간 활동의 지속가능성에 대한 폭넓은 시각을 얻을 수 있다. **지속가능성(sustainability)**은 미래 세대의 필요를 충족시킬 수 있는 능력을 손상시키지 않으면서 현재 사람들의 필요를 충족시키는 방식으로 지구의 자원을 개발, 관리 및 보존하는 것을 목표로 한다. 지속가능하게 사용하면 농작물, 목초지, 산림, 어장과 같은 자원은 자연적으로 또는 기술의 도움을 받아 재생된다.

인류의 현재 자원 사용은 지속가능한가? 지구에서 생태적으로 생산가능한 토지의 총면적을 전 세계 인구로 나누면, 우리 각자는 약 1.7 ha (1헥타르 = 1만 제곱미터)가 나온다. 글로벌 헥타르(global hectare, gha)는 세계 평균적으로 자원을 생산하고 폐기물을 흡수할 수 있는 능력을 가진 헥타르를 말한다. 세계생태발자국네트워크(Global Footprint Network)에 따르면, 2014년(가장 최근의 완전한 데이터를 사용할 수 있는 해)에 전 세계 개체군의 평균 생태학적 발자국은 2.8 gha로, 이는 1인당 지구의 수용력의 약 1.6배에 달하는 수치다. 다시 말해, 당해 연도 지구의 한 해 총 생태학적 수용력이 8월 1일에 모두 소진되었다는 뜻이다. 지구의 생태학적 수용력을 초과함으로써 우리는 자원을 고갈시키고 있다. 북태평양 대구 어장의 붕괴(36.8절 참조)는 사용량이 재생 능력을 초과할 때 어떤 일이 일어나는지 잘 보여준다.

그림 36.11의 녹색 발자국(green footprint)은 여러 국가의 1인당 평균 생태학적 발자국과 '적정 할당량'(fare share, 1.7 gha)이나 세계 평균 생태학적 발자국(2.8 gha)을 비교한 것이다. 미국과 캐나다의 거대한 발자국에서 알 수 있듯, 부유한 국가의 각 개인은 지나친 양의 자원을 소비하고 있다. 연구자들은 모든 사람에게 미국과 같은 생활 수준을 제공하려면 지구 5개의 자원이 필요하다고 추정한다.

인구 규모가 지속가능성에 미치는 영향은 그림 36.11의 국가별 총 생태학적 발자국(파란색 발자국)에서 확인할 수 있으며, 이는 각 국가의 1인당 발자국에 인구수를 곱하여 결정된다. 지구의 총 생물학적 수용력은 120억 gha로 추정된다. 미국에서만 그중 22% 이상을 사용하고 있다. 인구가 많은 중국은 1인당 사용량은 적지만 43%를 사용하고 있다. 인도 역시 인구 규모에 비해 생태학적 영향이 크게 증폭되고 있다. 게다가 인도의 인구는 빠르게 증가하고 있다. 따라서 과소비와 개체군 과잉은 모두 지속가능성이라는 목표를 위협하고 있다.

? 여러분의 생태학적 발자국은 얼마인가? 웹 검색을 통해 개인 자원 소비량을 계산하는 사이트를 찾아보자.

CHAPTER 36 복습

개념 복습하기

개체군 구조와 역학(36.1~36.8)

36.1 개체군 생태학은 개체군이 어떻게 그리고 왜 변화하는지를 연구하는 학문이다.

36.2 밀도와 분포형은 개체군의 중요한 변화 요소다. 개체군 밀도는 주어진 면적 또는 부피에 있는 개체의 수를 말한다. 환경적·사회적 요인은 군생분포형(가장 일반적), 균일분포형, 무작위분포형 등 다양한 분포 형태로 개체의 간격에 영향을 미친다.

36.3 생명표는 개체군의 생존을 추적한다. 생명표와 생존곡선은 개체가 일생 동안 각 구간에서 죽거나 생존할 확률을 통계적으로 예측한다. 생존곡선의 세 가지 유형은 종의 생식과 사망률의 차이를 반영한다.

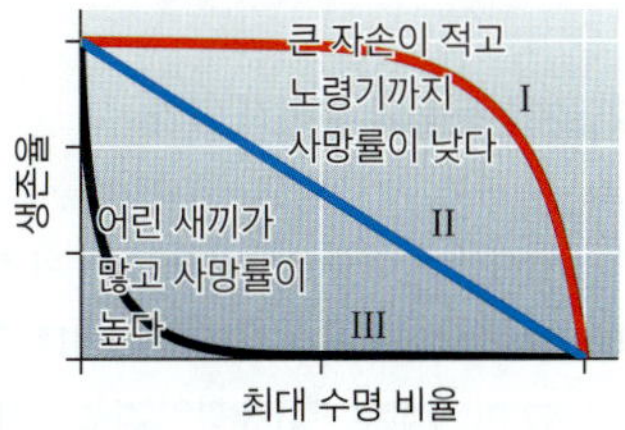

36.4 이상적 모델로 개체군의 성장패턴을 예측한다. 기하급수적 성장이란 성장이 무제한일 때 발생하는 가속 증가를 말한다. 방정식 $G = rN$은 이 J자형 성장곡선을 설명하며, 여기서 G = 개체군 증가율, r = 생명체의 고유한 번식 능력, N = 개체군의 크기다. 로지스틱 성장 모델은 환경이 지탱할 수 있는 개체수인 수용력에서 개체군 증가가 둔화되고 평준화되는 것을 나타내는 모델이다. 방정식 $G = rN(K - N)/K$은 로지스틱 성장곡선을 설명하며, 여기서 K = 수용력, $(K - N)/K$이라는 용어는 곡선의 평준화를 설명한다.

36.5 여러 요인이 개체군의 증가를 제한할 수 있다. 개체군의 밀도가 증가함에 따라 제한된 식량 공급, 질병 또는 포식 증가와 같은 요인으로 인해 사망률이 증가하거나 출생률이 감소하거나 둘 다 감소할 수 있다. 혹독한 날씨와 같은 무생물적, 밀도-비의존성 인자는 많은 자연 개체군을 제한할 수 있다. 대부분의 개체군은 여러 인자의 복합적인 작용에 의해 조절되며, 개체 수 변동은 흔한 일이다.

36.6 일부 개체군은 '급증과 급락' 주기가 있다. 연구자들은 스라소니와 산토끼의 개체군 주기를 설명하는 가설을 검증했다.

36.7 진화에 의해 생물의 생활사가 형성된다. 자연선택은 생물의 생활사, 즉 출생부터 생식을 거쳐 죽음에 이르는 일련의 사건을 구성한다. 소위 r-선택된 생물의 생활사적 형질(r-선택)을 가진 개체군은 예측할 수 없는 환경에서도 많은 자손을 낳고 빠르게 성장한다. K-선택을 가진 개체군은 자손을 적게 낳고 비교적 안정적인 개체군을 유지한다. 대부분의 종은 이 두 극단 사이에 속한다.

36.8 개체군 생태학의 원리는 실제 응용이 가능하다. 예를 들어, 자원 관리자는 개체군 생태학을 사용하여 지속가능한 수확량을 결정한다.

인간 개체군(36.9~36.11)

36.9 인구는 계속 증가하고 있지만 증가율은 둔화되고 있다. 개체군은 20세기 동안 빠르게 증가하여 현재 75억 명을 넘어섰다. 높은 출생률과 사망률에서 낮은 출생률과 사망률로 전환하는 인구통계적 전환으로 인해 선진국의 성장률은 낮아졌다. 개발도상국의 경우 사망률은 낮아졌지만 출생률은 여전히 높은 수준이다. 개체군의 연령구조, 즉 연령대별 개체군 비율은 향후 성장에 영향을 미친다. 개체군 모멘텀은 출산율이 대체 수준까지 낮아졌음에도 불구하고 지속적으로 성장하는 것으로, 이전에 확대된 개체군 중 0~14세 연령대의 여아가 가임기에 도달한 결과다.

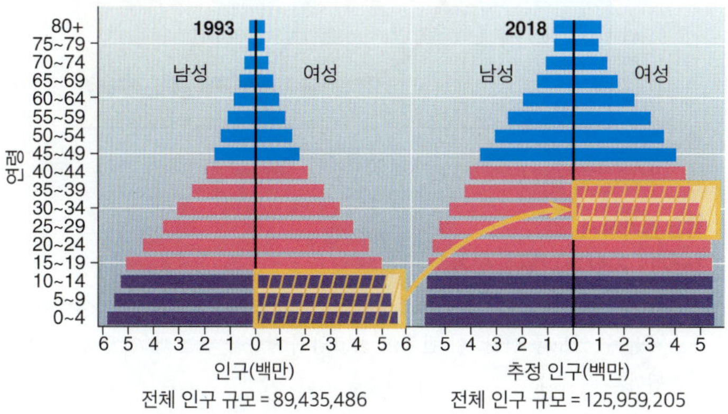

36.10 연령구조는 사회 및 경제 동향을 보여준다.

36.11 생태학적 발자국은 자원 소비의 척도다. 생태학적 발자국은 각 개체나 국가가 소비하는 모든 자원을 생산하고 모든 폐기물을 흡수하는 데 필요한 토지의 양을 추정한다. 지구 생태발자국은 이미 지속가능한 수준을 넘어섰다. 선진국과 저개발국 간 자원 소비량에는 격차가 존재한다.

개념 연결하기

1. 이상적인 지수와 로지스틱 성장곡선 그래프를 사용하여 다음을 완성하시오.
   a. 그래프의 축과 곡선에 항목을 표시하시오.
   b. 파란색 곡선을 설명하는 공식을 제시하시오.
   c. 점선은 무엇을 의미하는가?
   d. 각 곡선에 대해 개체군 증가가 가장 빠른 곳을 표시하고 설명하시오.
   e. 다음 중 전 세계 개체군의 증가를 가장 잘 나타내는 곡선은 어느 것인가?

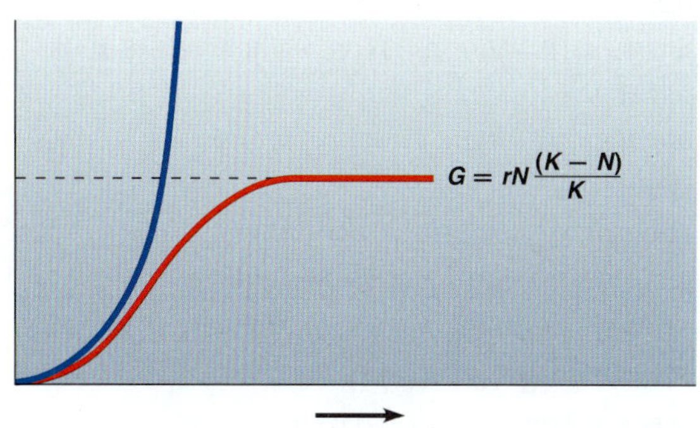

2. 아래 그래프는 가상의 국가에 대한 인구통계적 전환을 보여준다. 안정적인 개체군 규모를 달성한 많은 선진국들이 이와 유사한 전환을 겪었다. 이 그래프와 관련된 다음 질문에 답하시오.

a. 파란 선은 무엇을 의미하는가? 빨간 선은 무엇인가?

b. 이 도표는 4개의 구획으로 나뉘어 있다. 각 구획에서 어떤 일이 일어나고 있는지 설명하시오.

c. 어느 구간에서 개체군 규모가 안정적인가?

d. 개체군 증가율이 가장 높은 구간은 어디인가?

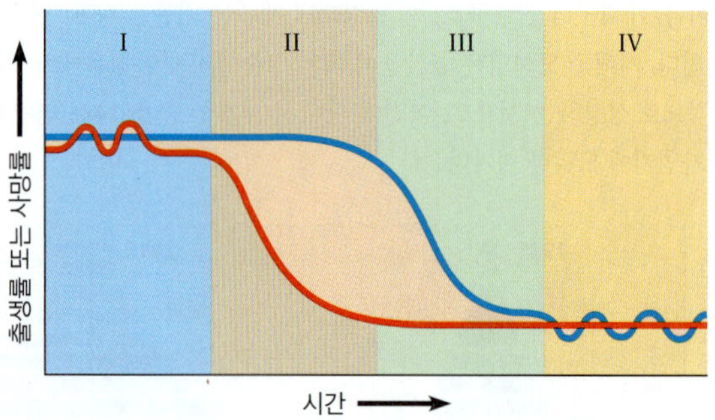

학습 평가하기

1단계 : 지식과 이해력 평가

3. 씨앗이 싹을 틔운 후 정원사는 종종 일부 묘목을 뽑아서 몇 개만 성숙하게 자랄 수 있도록 한다. 이 관행이 최고의 수확량을 얻는 데 어떻게 도움이 될까?
   a. *K*를 증가시킴으로써
   b. *r*을 감소시킴으로써
   c. 종내 경쟁을 줄임으로써
   d. 환경에 밀도-비의존성 인자를 추가함으로써
4. 다음 중 개체군은 무엇인가?
   a. 군락에서 동거하는 개미들
   b. 정원의 새
   c. 숲속의 나무들
   d. 물 표본의 박테리아
5. 한 어류 개체군에 250마리가 있다고 가정해 보자. 한 달 동안 20마리의 어류가 죽고 70마리의 어류가 새로 부화한다. 개체군의 개체당 증가율은 얼마인가?
   a. 0.29
   b. 0.28
   c. 0.08
   d. 0.20
6. 쥐의 개체군의 $(K - N)/K$ 값이 1이면, 어떤 유형의 성장을 보이고 있는가?
   a. 지수적
   b. 제한된
   c. 내재적
   d. 로지스틱
7. 다음 중 인구통계적 전환을 나타내는 것은 무엇인가?
   a. 개체군이 기하급수형에서 로지스틱 개체군 성장으로 전환된다.
   b. 개체군의 생식률이 0에 도달한다.
   c. 모든 연령대에 동일한 수의 개체가 있다.
   d. 개체군이 높은 출생률과 사망률에서 낮은 출생률과 사망률로 전환된다.
8. 인구의 급격한 증가는 주로 어떤 이유에서 비롯된 것으로 보이는가?
   a. 위생 및 건강 관리로 인한 사망률 감소
   b. 더 나은 영양으로 높아진 출산율
   c. 도시 인구 과밀
   d. 더 많은 아이를 낳는 것이 바람직하다는 사회적 변화
9. 밭에 살충제를 뿌렸다. 특정 종의 곤충 한 마리는 농약의 영향을 피하기 위해 나무 껍질에 구멍을 뚫고 들어가지만, 같은 종의 다른 곤충은 그렇지 못해 죽는다. 여기서 살충제의 효과는 밀도-의존성 인자인가 아니면 밀도-비의존성 인자인가?
   a. 밀도-의존성 인자
   b. 밀도-비의존성 인자
   c. 둘 다 정답
   d. 답 없음

2단계 : 응용과 분석력 평가

10. 한 과학자가 박테리아 배양을 시작한다. 처음 10시간 동안은 개체군이 기하급수적으로 증가하지만 그 후 완전히 멈춘다. 왜 그런가?
11. 많은 선진국에서 개체군은 제I유형 기대 수명을 나타낸다. 개발도상국에서는 이 곡선이 제II유형일 가능성이 높다. 그 이유를 설명하시오.
12. 다음 세 가지 유형의 개체군 분포형을 생성할 수 있는 인자를 설명하시오.

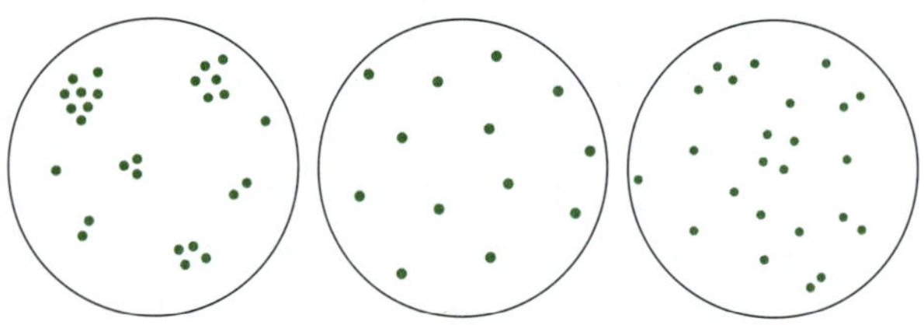

3단계 : 종합평가

13. 산고릴라, 점박이부엉이, 자이언트 판다, 눈표범, 회색큰곰은 모두 인간의 환경 침범으로 멸종위기에 처한 동물들이다. 이 동물들의 또 다른 공통점은 *K*-선택적 생활사 형질을 갖는다는 것이다. 왜 이들은 *r*-선택 생물의 생활사적 형질을 가진 동물보다 더 쉽게 멸종위기에 처할 수 있는가? 이 종들이 어떤 일반적인 유형의 생존곡선을 나타낼 것으로 예상하는가? 답을 설명하시오.
14. **과학적 사고** 산토끼 개체군의 주기에 대한 또 다른 가설은 태양 흑점 활동으로 인한 것이라고 제안한다. 이 가설에 따르면, 흑점 활동은 산토끼가 먹는 식물에 존재하는 화학물질에 영향을 미치고, 이는 다시 먹이의 질에 영향을 미친다는 것이다. 이 가설에 의해 생성되는 검증 가능한 예측은 무엇인가?
15. 많은 사람들이 개발도상국의 급속한 개체군 증가를 가장 심각한 환경 문제로 간주한다. 다른 사람들은 선진국의 성장이 더 느리기는 하지만 실제로는 환경에 더 큰 위협이 된다고 생각한다. (a) 개발도상국과 (b) 선진국의 개체군 증가로 인해 어떤 종류의 환경 문제가 발생하는가? 어느 것이 더 큰 위협이라고 생각하는가? 그 이유는 무엇인가?

CHAPTER 37

군집과 생태계

핵심 개요

군집 구조와 역학(37.1~37.13)

지역 생태학자들은 군집의 종 구성에 영향을 미치는 요인과 군집의 안정성에 영향을 미치는 인자를 조사한다.

생태계 구조와 역학(37.14~37.23)

생태계 생태학은 에너지 흐름과 화학적 순환을 강조한다.

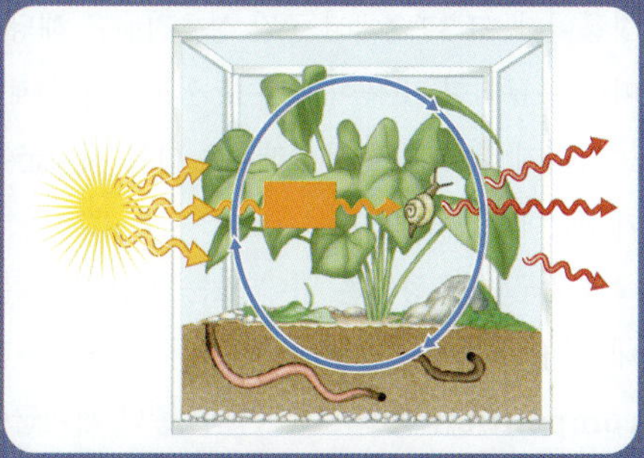

37.0 사람은 건강한 생태계에 의존한다

인류의 개체 수가 증가함에 따라 우리는 필요에 따라 자연 생태계를 변화시켰다. 지구 표면의 약 1/4만이 인간의 손길이 닿지 않은 채로 남아 있으며, 인간의 활동은 수생 군계에도 막대한 영향을 미쳤다.

자연 생태계의 가치는 무엇일까? 대부분의 사람들은 특정 생태계가 제공하는 직접적인 혜택을 높이 평가한다. 예를 들어, 우리가 사용하는 물과 어패류 같은 식량을 포함한 일부 자원은 자연 생태계 또는 자연에 가까운 생태계에서 나온다. 많은 사람들이 자연 그대로의 생태계에서 하이킹이나 급류 래프팅과 같은 야외 레크리에이션을 즐기는 반면, 다른 사람들은 덜 격렬한 방식으로 자연을 감상하기도 한다. 하지만 인간의 복지는 눈에 잘 띄지 않는 생태계 서비스에도 의존한다. 건강한 생태계는 공기와 물을 정화하고, 폐기물을 분해하고, 양분을 재활용하는 등의 역할을 한다.

이 장에서는 먼저 상호작용하는 개체군의 집합체인 생물학적 군집의 특징을 살펴본다. 더 큰 규모에서는 군집의 물리적 환경을 포함하는 생태계의 구조와 역학 관계를 살펴본다. 그리고 이러한 생태학적 관계를 이해하면 지구의 자원을 현명하게 관리하는 데 어떻게 도움이 될 수 있는지 알아본다.

군집 구조와 역학

37.1 군집은 특정 지역에 서식하는 모든 생명체를 말한다

생명체의 계층 구조에서 개체군(population)은 특정 종의 상호작용하는 개체들의 집단이다. 그다음 단계는 잠재적인 상호작용을 할 수 있을 만큼 가까이 사는 모든 생물 개체군의 집합체인 생물 **군집(community)**이다. 생태학자들은 조사하고자 하는 연구 질문에 따라 군집의 경계부위를 정한다. 예를 들어 습지 군집에 관심이 있는 생태학자는 특정 습지의 해안선 식물과 동물을 연구하는 반면, 다른 생태학자는 바닥에 서식하는 미생물만 조사할 수 있다.

군집의 구조는 종의 수, 종의 상대적 풍부도, 종의 먹이관계 등 종의 구성으로 설명할 수 있다. 군집 생태학자들은 종간 상호작용에 초점을 맞춘다. 두 종 사이에 상호작용이 일어나기도 한다. 예를 들어, 군집 생태학자는 개복치를 먹는 악어의 포식이 습지 안에서 두 종의 상대적 풍부도에 어떤 영향을 미치는지 조사할 수 있다. 다른 상호작용은 전체 군집에 영향을 미친다. 예를 들어, 군집생태학자는 비버의 서식이 연못 군집의 전체 종 구성에 어떤 영향을 미치는지 연구할 수 있다.

군집생태학자는 또한 생물학적 및 무생물적 요인으로 인한 군집 종 구성의 변동성 또는 안정성과 같은 군집 역학을 조사한다. 예를 들어, 군집생태학자는 허리케인이 지나간 이후 해안 습지 군집의 종 구성 변화를 연구할 수 있다.

군집생태학은 멸종위기종을 보전하고 야생동물, 사냥감, 어업을 관리하기 위해 필요하다. 말라리아, 지카, 라임병과 같이 동물이 옮기는 질병을 통제하는 데도 필수적이다. 군집생태학은 농업 분야에도 적용되어 사람들이 조성한 군집의 종 구성을 통제하려고 시도하기도 한다.

? 생물학적 군집의 맥락에서 '상호작용'이란 무엇인가?

■ 한 종이 다른 종 또는 전체 군집에 미치는 영향이다.

37.2 종간 상호작용은 군집 구조의 기본이다

군집의 구성원은 개체군 구조와 역학에 큰 영향을 미치는 **종간 상호작용(interspecific interaction)**, 즉 군집 내 다른 종의 개체와의 상호작용이다. **표 37.2**에서 종간 상호작용은 해당 개체군에 미치는 영향에 따라 분류되며, 도움이 될 수도 있고(**+**), 해로울 수도 있다(**–**). 여기서 논의되지 않은 다른 상호작용은 다른 개체군에 영향을 미치지 않고 한 개체군에 이득을 준다.

개체군의 구성원은 먹이 또는 공간과 같은 제한된 자원을 놓고 종내 경쟁을 벌일 수 있다(36.5절 참조). **종간 경쟁(interspecific competition)**은 서로 다른 두 종의 개체군이 동일한 한정된 자원을 놓고 경쟁할 때 발생한다. 예를 들어, 사막의 식물은 물을 두고 경쟁하는 반면 열대림의 식물은 빛을 두고 경쟁한다. 다람쥐와 흑곰은 가을에 온대활엽수림에서 도토리를 먹는 동물 중 하나다. 도토리 생산량이 적을 때 도토리는 다람쥐와 곰이 경쟁하는 한정된 자원이다. 일반적으로 종간 경쟁의 효과는 두 개체군 모두에 손해다(**–/–**).

표 37.2 종간 상호작용

종간 상호작용	종 1에 미치는 영향	종 2에 미치는 영향	예
경쟁	–	–	다람쥐/흑곰
상리공생	+	+	식물/뿌리곰팡이
포식	+	–	악어/어류
초식동물	+	–	애벌레/잎
기생생물 및 병원균	+	–	심장사상충/개. 살모넬라균/사람

상리공생(mutualism)에서는 두 개체군이 모두 이익을 얻는다(**+/+**). 식물과 뿌리곰팡이(17.12절 참조), 초식동물과 그들의 소화관에 서식하는 셀룰로오스를 분해하는 미생물(21.13절 참조)은 서로 물리적으로 밀접한 관계를 맺고 있는 공생하고 있는 종간 상호공생의 예다. 공생하지 않는 종 사이에서도 상리공생이 일어날 수 있다. 예를 들어, 꽃과 꽃의 수분매개자(pollinator)는 상리공생 관계에 있다(그림 17.10C 참조).

한 종이 다른 종을 이용하는(**+/–**) 상호작용에는 세 가지가 있다. **포식(predation)**은 한 종(포식자)이 다른 종(먹이)을 죽이고 먹는 것을 말한다. **초식섭식(herbivory)**은 식물의 일부분이나 조류를 섭취하는 것을 말한다. 식물과 동물 모두 기생생물(16.12절 참조) 또는 병원균(16.1절 참조)에 의해 희생될 수 있다. 따라서 기생생물 및 병원균의 숙주와의 상호작용도 (**+/–**)이다.

다음 몇 개의 절에서는 이러한 종간 상호작용에 대해 자세히 알아보고 이것이 군집에 어떤 영향을 미치는지 알아볼 것이다. 또한 종간 상호작용이 어떻게 자연선택의 강력한 요인으로 작용할 수 있는지 알아본다.

? 동부 파랑새(Eastern bluebird)의 개체군은 토착종이 아닌 참새와 유럽 찌르레기가 도입된 이후 감소했다. 세 종 모두 나무 구멍에 둥지를 틀고 있다. 파랑새의 개체 수 감소를 설명할 수 있는 종간 상호작용을 제시하시오.

■ 주어진 정보에 따르면 둥지 자리를 차지하기 위한 종간 경쟁이 그럴듯한 설명이다.

37.3 공유 자원이 한정된 경우 경쟁이 발생할 수 있다

군집의 각 종은 **생태적 지위(ecological niche)**를 가지며, 이는 해당 환경의 생물적 자원과 무생물적 자원의 이용의 총합으로 정의된다. 예를 들어, 버지니아 명금(Virginia's warbler)이라는 작은 새(**그림 37.3A**)의 생태적 지위에는 둥지와 둥지를 짓는 재료, 먹이 곤충, 생존을 가능하게 하는 강수량과 온도 및 습도와 같은 기후 조건이 포함된다. 다시 말해, 생태적 지위는 버지니아 명금이 생존하는 데 필요한 모든 것을 포괄한다.

▲ **그림 37.3A** 버지니아 명금(*Vermivora virginiae*)

−/−

두 개체군의 지위가 겹치고 두 개체군 모두 공급이 부족한 자원을 필요로 할 때 종간 경쟁이 발생한다. 생태학자들은 한 종의 모든 구성원을 연구 대상에서 제거하여 경쟁의 영향을 연구할 수 있다. 예를 들어, 애리조나 중부에서 주황왕관 명금(**그림 37.3B**)의 서식지는 버지니아 명금의 서식지와 일부 겹치는 부분이 있다. 연구자들이 어느 한 종을 제거했을 때, 남은 종은 자손을 키우는 데 훨씬 더 성공적이었다. 따라서 종간 경쟁은 새들의 생식 적합성(reproductive fitness)에 직접적인 영향을 미친다.

일반적으로 경쟁은 한 개체군이 사용하는 자원을 다른 개체군이 사용할 수 없기 때문에 경쟁하는 개체군의 수용력(36.4절 참조)을 낮춘다. 1934년 러시아의 생태학자 가우스(G. F. Gause)는 서로 밀접하게 관련된 세 종의 섬모충류(ciliate)를 사용하여 종간 경쟁의 효과를 입증했다(16.14절 참조): 파라메시움 카우다툼(*Paramecium caudatum*), 파라메시움 아우렐리아(*P. aurelia*), 파라메시움 부르사리아(*P. bursaria*). 그는 먼저 실험실 조건에서 각 종의 수용력을 측정했다. 그런 다음 그는 두 종을 섞어 키웠다. 그 결과, *P. caudatum*과 *P. bursaria*의 혼합 배양에서는 경쟁 종이 없을 때보다 개체군이 각각 낮은 수로 안정화됐는데, 이는 경쟁이 환경적 수용력을 낮췄기 때문이다. 반면에 *P. caudatum*과 *P. aurelia*의 혼합 배양에서는 *P. aurelia*만 생존했다. 가우스는 이 두 종의 요구 사항이 너무 유사하여 이러한 조건에서는 공존할 수 없으며, 필수 자원을 위해 *P. aurelia*가 *P. caudatum*보다 경쟁력이 있다고 결론지었다.

▲ **그림 37.3B** 주황왕관 명금(*Vermivora celata*)

? 종내 경쟁과 종간 경쟁 중 어느 것이 더 심각한 영향을 미친다고 생각하는가? 그 이유를 설명하시오.

■ 같은 종의 구성원이 정확히 같은 생태적 지위를 가지고 있기 때문에 종내 경쟁이 더 심하다. 왜냐하면 이들은 정확히 동일한 자원을 놓고 경쟁하기 때문이다.

37.4 상리공생은 두 종 모두에게 이익이 된다

+/+

암초(reef)를 만드는 산호와 광합성을 하는 쌍편모충류(dinoflagellate, 단세포 조류, 16.14절 참조)는 상호주의자들이 어떻게 서로의 관계에서 이익을 얻는지 보여주는 좋은 예다. 산호초는 외부로 탄산칼슘($CaCO_3$) 골격을 분비하는 여러 세대에 걸쳐 군락을 이루는 산호동물(coral animals)에 의해 만들어진다. 뼈대의 퇴적은 침식 및 빠르게 성장하는 해조류의 공간 경쟁을 능가해야 한다. 산호는 각 산호 폴립의 세포에 사는 수백만 마리의 쌍편모충류 없이는 산호초 군집의 화려한 다양성을 지탱하는 먹이, 생활 공간 및 은신처를 제공하는 거대한 암초를 만들고 유지할 수 없다(**그림 37.4**). 쌍편모충류가 광합성을 통해 생산하는 당산호 동물이 사용하는 에너지의 절반 이상을 공급한다. 그 대가로 쌍편모충류는 빛에 접근할 수 있는 안전한 은신처를 얻는다. 또한 산호의 노폐물인 이산화탄소와 단백질을 만들기 위한 귀중한 질소 공급원인 암모니아를 이용한다. 단세포 조류는 해면동물, 편형동물 및 연체동물을 포함한 다양한 다른 해양 무척추동물과 비슷한 상호 유익한 관계를 맺는다.

▲ **그림 37.4** 산호의 폴립

? 산호는 환경적 조건에 의해 스트레스를 받으면 표백이라는 과정을 통해 쌍편모충류를 배출한다. 광범위한 표백은 산호초에 어떤 영향을 미치는가?

■ 쌍편모충류가 없으면 산호는 산호초 구조를 유지하기에 충분한 에너지를 갖지 못한다. 표백된 산호초는 죽을 것이다.

37.5 포식은 먹이 종의 다양한 적응으로 이어진다

진화 연관성 포식은 포식자에게는 이익이 되지만 먹잇감을 죽이는 행위다. **+/−**

포식은 먹이 개체군의 번식 성공에 부정적인 영향을 미치기 때문에 자연선택을 통해 먹이 개체군에는 포식자를 피하기 위한 수많은 적응이 진화해 왔다.

위장(camouflage)을 포함한 곤충의 색 패턴은 포식자로부터 자신을 보호하는 역할을 한다. 위장 무늬는 다른 동물에서도 흔히 볼 수 있다(그림 1.5 참조). **그림 37.5A**에서 볼 수 있듯이, 미국 남서부에 서식하는 회색 나무개구리(*Hyla arenicolor*)는 회색 나무 줄기에서 거의 보이지 않게 된다.

다른 보호 장치로는 고슴도치의 날카로운 바늘(그림 35.9 참조)이나 조개와 굴의 단단한 껍질과 같은 기계적 방어 장치가 있다. 화학적 방어도 널리 퍼져 있다. 효과적인 화학적 방어 능력을 가진 동물은 대개 노란색, 주황색 또는 빨간색과 검은색이 결합된 밝은 색상의 무늬를 가지고 있다. 포식자는 이러한 색상 패턴을 독한 맛이나 고통스러운 찌르기 같은 바람직하지 않은 결과와 연관시키는 방법을 학습하고, 유사한 표시를 가진 잠재적 먹이를 피한다. 대왕나비의 선명한 주황색과 검은색 무늬(**그림 37.5B**)는 잠재적 포식자에게 불쾌한 맛을 경고한다. 대왕나비는 우유풀(milkweed) 식물을 먹는 애벌레 단계에서 맛없는 화학물질을 습득하고 저장한다.

? 포식이 먹이 종의 적응 진화에 강력한 인자인 이유를 설명하시오.

■ 포식자를 피한 먹잇감은 살아남아 번식할 가능성이 높으며, 포식자 적응을 위한 대립유전자를 자손에게 전달한다.

▲ **그림 37.5A** 위장: 나무 껍질에 회색 나무개구리

▲ **그림 37.5B** 화학적 방어: 대왕나비

37.6 식물은 초식동물에 대해 다양하게 적응한다

진화 연관성 초식동물은 일반적으로 식물에게 치명적이지는 않지만, 동물에게 신체 일부를 먹힌 식물은 손실을 대체하기 위해 에너지를 소비해야 한다. 따라서 식물에는 초식동물에 대한 수많은 방어 장치가 진화해 왔다. 가시가 많은 장미 덤불에서 장미를 뽑거나 뾰족한 선인장에 부딪혀 본 사람이라면 누구나 알 수 있듯 바늘과 가시는 명백한 초식동물에 대한 방지 장치다. 화학 독소 또한 식물의 일반적인 방어를 위한 적응이다. **+/−**

동물의 화학적 방어와 마찬가지로 식물의 독소는 혐오감을 주는 경향이 있으며 초식동물은 이를 피하는 방법을 배운다. 이러한 화학 무기 중에는 스트라이크노스 톡시페라(*Strychnos toxifera*)라는 열대 덩굴에서 생성되는 독인 스트라이크닌(strychnine), 양귀비에서 생성되는 모르핀(morphine), 담배 식물에서 생성되는 니코틴(nicotine), 페요테 선인장에서 생성되는 메스칼린(mescalin), 다양한 식물 종의 타닌(tannin) 등이 있다. 브뤼셀 콩나물(방울 양배추)과 양배추의 독특한 맛을 내는 유황화합물은 초식성 곤충과 소와 같은 포유류에게도 독성이 있다. (우리가 먹는 채소는 농작물 육종가들이 화학물질의 양을 줄였기 때문에 독성이 없다.) 일부 식물은 심지어 그것을 먹는 곤충에게 비정상적인 발생을 일으키는 화학물질을 생산하기도 한다. 화학 회사들은 특정 국화 종의 독성을 이용해 피레트린(pyrethrin)이라는 살충제를 생산한다. 니코틴은 살충제로도 사용된다.

식물은 왜 약물을 만들까?

일부 초식동물과 식물의 상호작용은 두 종의 일련의 상호 진화적 적응인 **공동진화(coevolution)**의 개념을 설명한다. 공동진화는 한 종의 변화가 다른 종에 새로운 선택적인 힘으로 작용하고 그 결과 두 번째 종의 적응이 차례로 첫 번째 종의 개체 선택에 영향을 미칠 때 발생한다. **그림 37.6**은 초식동물인 나비 헬리코니우스(*Heliconius*의 애벌레, 위)와 열대 덩굴식물인 시계꽃(passionflower, *Passiflora*) 사이의 공동진

화의 예를 보여준다.

시계꽃은 대부분의 곤충으로부터 잎을 보호하는 독성 화학물질을 생성하지만, 헬리코니우스 애벌레는 독소를 분해하는 소화효소를 가지고 있다. 그 결과 헬리코니우스는 다른 곤충이 거의 먹을 수 없는 먹이 공급원에 접근할 수 있다. 독에 강한 이 애벌레는 시계꽃에 대한 강력한 선택적 힘으로 보이며, 일부 종에서는 방어력이 진화했다. 예를 들어, 일부 시계꽃 종의 잎은 헬리코니우스의 난자처럼 보이는 노란색 반점을 생성한다(그림 37.6). 암컷 나비는 이미 알이 있는 잎에 알을 낳는 것을 피하는데, 이는 아마도 한 잎에서 몇 마리의 애벌레만 부화하여 먹이활동을 하기 위한 것으로 추정된다. 나비는 종종 노란색 반점을 알로 착각하기 때문에 이러한 거짓 알을 가진 파시플로라 종은 먹힐 확률이 적다.

▲ **그림 37.6** 공동진화: *Heliconius*와 *Passiflora* 덩굴

? 상록 호랑가시나무의 아래쪽에 있는 잎은 위쪽에 있는 잎보다 가시가 더 많다. 이 잎의 변이를 진화적 측면에서 설명하시오.

■ 식물은 가시와 같은 물리적 방어력을 키우기 위해 많은 에너지를 소비한다. 따라서 초식동물의 손이 닿을 수 있는 상록 호랑가시나무 잎에만 가시가 있다.

37.7 기생충과 병원체는 군집 구성에 영향을 미칠 수 있다

+/−

기생생물은 숙주에 붙어 살면서 숙주에서 영양을 얻는다. 내부 기생생물에는 숙주의 몸 안에 사는 흡충류와 촌충(18.7절 참조)과 다양한 선형동물(18.8절 참조) 등이 있다. 외부 기생생물은 진드기, 이, 털진드기, 모기 같은 절지동물을 포함하며, 이들은 혈액이나 다른 체액을 먹기 위해 일시적으로 희생자에게 달라붙는다. 식물은 또한 선충류와 진딧물 등 식물의 체관에 침입하여 식물 수액을 빨아먹는 작은 곤충인 기생생물의 공격을 받는다(**그림 37.7**). 병원균은 질병을 일으키는 박테리아, 바이러스, 곰팡이류 또는 미세한 기생충으로 생각할 수 있는 원생생물을 말한다.

기생생물과 병원균이 재배 식물, 가축, 인간에게 미치는 잠재적인 파괴적 영향은 잘 알려져 있지만, 생태학자들은 이러한 상호작용이 자연 공동체에 미치는 영향에 대해 거의 이해하지 못하고 있다. 영향력이 빠르고 종종 극적인 외래 병원균은 병원균이 군집에 미치는 영향을 연구할 수 있는 기회를 제공했다. 한 가지 예로, 생태학자들은 20세기 전반기에 거의 모든 미국 밤나무를 전멸시킨 밤나무 마름병의 유행이 어떤 결과를 초래했는지 연구했는데, 이 병은 원생생물에 의해 발생했다. 밤나무는 북미의 많은 산림 군집을 지배하는 거대한 수관층(canopy) 나무였다. 이들의 손실은 종의 구성과 군집의 구조에 큰 영향을 미쳤다. 참나무와 히코리 등 밤나무와 경쟁하던 나무들이 더 두드러지게 나타나면서 전반적으로 나무 종의 다양성이 증가했다. 죽은 밤나무는 곤충, 강에 둥지를 트는 조류, 그리고 결국 분해자와 같은 다른 생명체에게 지위를 제공했다. 반면, 먹이와 은신처를 위해 살아 있는 밤나무에 크게 의존하던 생물들의 개체군은 감소했다.

◀ **그림 37.7** 식물에 기생하는 진딧물

참나무 돌연사라는 질병을 일으키는 곰팡이 같은 원생생물이 현재 서해안에서 확산되고 있다. 지금까지 백만 그루 이상의 참나무가 사라져 조류 개체군의 감소를 초래하고 있다. 이름과는 달리 참나무 돌연사는 웅장한 상수리나무와 더글러스 전나무, 진달래와 동백나무 같은 꽃이 피는 관목 등 다른 많은 수종에도 영향을 미친다. 이 전염병은 초기 단계에 있기 때문에 산림 군집에 미치는 전체 영향은 당분간 알 수 없을 것이다.

? 종간 상호작용에 대한 지식을 활용하여 밤나무가 모두 죽은 후 나무의 다양성이 증가한 이유를 설명하시오.

■ 밤나무는 다른 나무와 같은 지위 특성을 많이 가지고 있었지만, 밤나무가 우월한 경쟁자였던 것 같다. 그들이 죽은 후 남은 종들은 지위 특성이 더 적었을 수도 있고, 경쟁자로서 더 동등해져 더 많은 종들이 공존할 수 있었을 수도 있다.

37.8 영양 구조는 군집의 역학관계에서 핵심 요소다

모든 군집에는 여러 단계로 구성된 먹이 관계의 패턴인 **영양 구조(trophic structure)**가 있다. 영양 단계로 올라가는 먹이 이동의 순서를 **먹이사슬(food chain)**이라고 한다. 이러한 먹이의 이동을 통해 화학적 영양과 에너지가 생물체에서 생물체로 이동하며, 군집 내 영양 단계를 거쳐 올라간다.

그림 37.8은 육상 먹이사슬과 수중 먹이사슬을 비교한 것이다. 이 그림에서 영양 단계는 수직으로 배열되어 있으며, 단계의 이름은 색깔 상자 안에 표시되었다. 유기체를 연결하는 화살표는 먹이에서 소비자, 즉 영양분과 에너지 전달 방향을 가리킨다. 맨 아래부터 시작하여 다른 모든 것을 지원하는 영양 수준은 생태학자들이 **생산자(producer)**라고 부르는 독립영양생물로 구성된다. 광합성을 하는 생산자는 빛 에너지를 사용하여 유기화합물의 합성에 동력을 공급한다. 육지에서는 식물이 주요 생산자다. 물에서 생산자는 주로 광합성을 하는 단세포 원생생물과 남세균이 있으며, 이를 통칭하여 식물플랑크톤이라고 부른다. 다세포 조류와 수생 식물도 얕은 바다에서 중요한 생산자다. 일부 군집에서는 생산자가 화학 합성을 하는 원핵생물이다. 예를 들어, 지구 지각판의 인접한 가장자리 근처에 있는 심해 지역인 열수구(hydrothermal vent) 주변의 군집(15.7절 참조)에서 생산자는 열수구에서 방출되는 황화수소를 산화하여 에너지를 얻는 박테리아다.

▲ 그림 37.8 두 가지 먹이사슬

생산자보다 높은 영양 단계에 있는 모든 생물은 종속영양생물 또는 소비자이며, 모든 소비자는 생산자의 생산물에 직간접적으로 의존한다. 식물, 조류 또는 식물플랑크톤을 먹는 초식동물이 **1차 소비자(primary consumer)**다. 육지의 1차 소비자는 메뚜기 및 기타 많은 곤충, 달팽이, 씨앗과 열매를 먹는 방목 포유류 및 조류와 같은 특정 척추동물을 포함한다. 수중 환경에서는 식물플랑크톤을 먹는 다양한 동물플랑크톤(주로 작은 새우와 같은 미세한 물과 원생동물)이 1차 소비자다.

1차 소비자 위의 먹이 단계는 곤충을 포함한 육식동물로 구성되며, 이들은 아래 단계의 소비자를 잡아먹는다. 육상에서는 초식 곤충을 먹는 그림의 쥐와 같은 작은 포유류와 다양한 종류의 조류, 개구리, 거미, 그리고 사자, 늑대 등 대형 초식동물을 잡아먹는 다른 대형 육식동물이 **2차 소비자(secondary consumer)**에 포함된다. 수생 생태계에서 2차 소비자는 주로 동물플랑크톤을 먹는 작은 물고기다.

더 높은 영양 단계에는 쥐를 잡아먹는 뱀과 같은 **3차 소비자(tertiary consumer)**와 기타 2차 소비자가 포함된다. 대부분의 생태계에는 2차와 3차 소비자가 있다. 그림에서 알 수 있듯이 일부 생태계에는 3차 소비자를 잡아먹는 더 높은 수준의 **4차 소비자(quaternary consumer)**가 있다. 여기에는 육상 생태계의 매와 해양 환경의 범고래가 포함된다.

그림 37.8에 표시되지 않은 또 다른 영양 단계의 소비자는 모든 영양 단계에서 생성되는 죽은 물질인 **사체(detritus)**에서 에너지를 얻는다. 사체에는 동물의 폐기물, 식물의 쓰레기, 죽은 유기체의 사체 등이 포함된다. 생물체마다 부패 단계에 따른 사체를 소비한다. 까마귀나 독수리와 같은 대형 동물인 쓰레기 **처리자(scavenger)**는 포식자가 남긴 것이나 과속 차량에 치인 시체를 먹이로 삼는다. **사체섭식자(detritivore)**의 먹이는 주로 썩어가는 유기물로 구성된다. 사체섭식자의 예로는 지렁이와 노래기류(millipede)가 있다. 주로 원핵생물과 곰팡이류인 **분해자(decomposer)**는 유기물의 분자를 분해하여 무기물 형태로 전환하는 효소를 분비한다. 토양과 호수나 바다 바닥의 진흙 속에 있는 수많은 현미경적 미생물이 군집의 유기물 대부분을 식물이나 식물플랑크톤이 사용할 수 있는 무기화합물로 분해한다. 유기 물질을 무기 물질로 분해하는 것을 **분해(decomposition)**라고 한다. 분해자는 사체를 분해함으로써 모든 영양 단계를 연결한다. 이들의 역할은 모든 군집에 필수적이며, 실제로 지구의 생명체 지속을 위해 필수적이다.

? 나무 껍질에서 자라는 포엽을 먹는 곰팡이는 어떤 영양 단계에 있는가?

■ 1차 소비자

개념 시각화 37.9 먹이사슬은 서로 연결되어 먹이그물을 형성한다

군집의 영양 구조를 보다 현실적으로 보여주는 것은 서로 연결된 먹이사슬의 네트워크인 **먹이그물(food web)**이다. 이 소노란 사막(Sonoran desert) 군집에서 소비자는 한 종 이상의 생산자를 먹을 수 있으며, 여러 종의 1차 소비자가 같은 종의 생산자를 먹이로 삼을 수 있다. 일부 소비자는 두 가지 이상의 영양 단계에서 먹이그물에 엮여 있다.

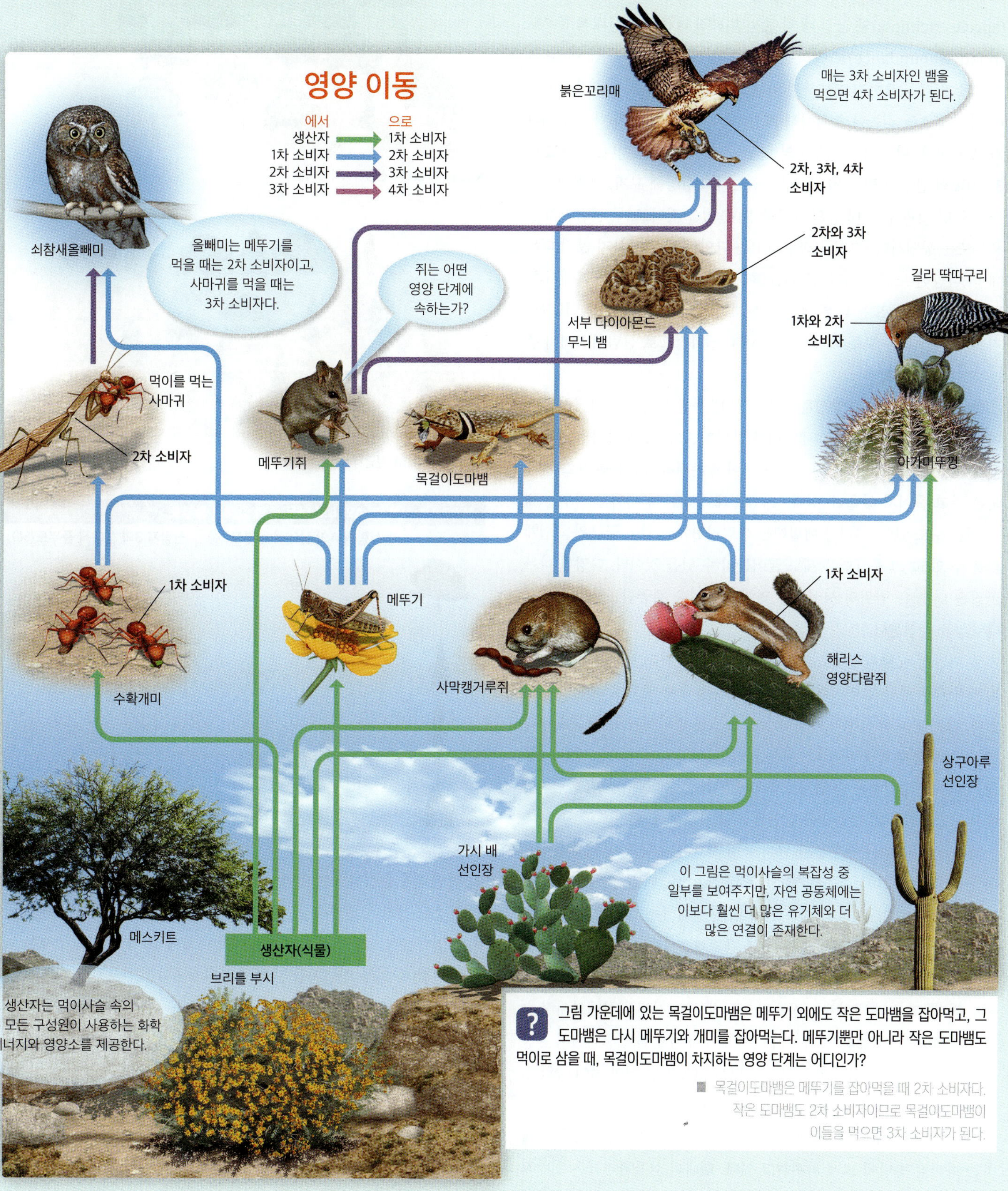

? 그림 가운데에 있는 목걸이도마뱀은 메뚜기 외에도 작은 도마뱀을 잡아먹고, 그 도마뱀은 다시 메뚜기와 개미를 잡아먹는다. 메뚜기뿐만 아니라 작은 도마뱀도 먹이로 삼을 때, 목걸이도마뱀이 차지하는 영양 단계는 어디인가?

■ 목걸이도마뱀은 메뚜기를 잡아먹을 때 2차 소비자다. 작은 도마뱀도 2차 소비자이므로 목걸이도마뱀이 이들을 먹으면 3차 소비자가 된다.

37.10 종 다양성은 종 풍부도와 상대적 풍부도를 포함한다

이제 군집의 개체군이 서로 상호작용하는 방식을 살펴봤으니, 군집 전체에 영향을 미치는 인자에 대해 살펴보자. 군집의 **종 다양성(species diversity)**은 두 가지 요소, 즉 군집 내 다양한 종의 수인 종 풍부도(species richness)와 군집 내 각 종의 비례적 대표성인 상대적 풍부도(relative abundance)로 정의된다. 종 다양성을 설명하는 데 이 두 가지 요소가 왜 중요한지 이해하기 위해 **그림 37.10A**에 표시된 경로를 따라 산림지 A를 걷는다고 상상해 보자. 네 가지 다른 종의 나무를 지나가게 되지만, 마주치는 대부분의 나무는 같은 종일 것이다. 이제 **그림 37.10B**의 산림지 B를 지나는 길을 걷는다고 상상해 보자. 산림지 A에서 보았던 것과 같은 네 종의 나무를 볼 수 있을 것이고, 두 산림지의 종 풍부도는 동일하다. 그러나 산림지 B는 단일 종이 우세하지 않기 때문에 더 다양해 보일 것이다. **표 37.10**에서 볼 수 있듯, 산림지 A에서 한 종의 상대적 풍부도는 다른 세 종의 상대적 풍부도보다 훨씬 높다. 산림지 B에서는 네 종 모두 똑같이 풍부하다. 결과적으로 산림지 B에서 종 다양성이 더 크다.

한 군집의 식물 종 다양성은 종종 군집 내 동물의 종 다양성에 영향을 미친다. 예를 들어, 한 종의 애벌레가 산림지 A의 5%에 불과한 나무의 잎만 먹는다고 가정할 때, 그 애벌레가 아예 존재하지 않는다면 그 개체군은 작고 흩어져 있을 수 있다. 이 애벌레에 의존해 새끼를 키우는 새가 없을 수도 있다. 그러나 애벌레는 산림지 B에서 먹이 공급원을 쉽게 찾을 수 있고, 그 풍요함은 새도 끌어들일 수 있을 것이다. 다양한 나무 군집은 더 넓은 범위의 서식지와 먹이 공급원을 제공함으로써 동물의 다양성을 촉진한다.

종 다양성은 병원체에도 영향을 미친다. 대부분의 병원체는 제한된 범위의 숙주 종을 감염시키거나 심지어 단일 숙주 종으로 제한될 수도 있다. 많은 잠재적 숙주가 가까이 살고 있으면 병원체가 한 숙주에서 다른 숙주로 쉽게 퍼질 수 있다. 예를 들어, 산림지 A에서 가장 많은 나무를 감염시킨 병원체는 숲 전체로 빠르게 전파될 수 있다. 반면, 산림지 B에서 고립된 나무가 많을수록 감염을 피할 가능성이 높다.

낮은 종 다양성은 대부분의 현대 농업 생태계의 특징이다. 효율성을 위해 농작물이나 나무를 단일재배(monoculture, 단일 종을 넓은 면적에 걸쳐 재배하는 것)하는 경우가 많다. 단일재배는 특히 병원체와 초식성인 곤충의 공격에 취약하다. 또한 단일재배에서 자란 식물은 몇 가지의 바람직한 특성을 위해 사육되었기 때문에 일반적으로 유전적 변이도 적다. 그 결과 병원체는 잠재적으로 밭 하나 전체를 황폐화시킬 수 있다. 1845년에서 1849년 사이에 한 병원체가 아일랜드 전역에서 유전적으로 균일한 단일 품종의 감자를 전멸시켰다. 백만 명이 굶어 죽었고, 백만 명이 넘는 사람들이 아일랜드를 떠났다.

잠재적인 손실을 막기 위해 많은 농부와 산림 관리인은 해충을 방제하는 화학적 방법에 크게 의존하고 있다. 현대의 식물학자들은 일반적인 병원체에 유전적으로 저항성을 가진 식물 품종을 육종했지만, 이러한 품종도 갑자기 취약해질 수 있다. 1970년, 병원균의 진화로 인해 옥수수 잎마름병이라는 질병이 유행하여 미국에 10억 달러의 농작물 피해를 입혔다. 일부 연구자들은 최근 단일재배의 대안으로 보다 다양한 농업 생태계, 즉 다품종 재배를 연구하고 있다.

▲ **그림 37.10A** 산림지 A의 종 구성

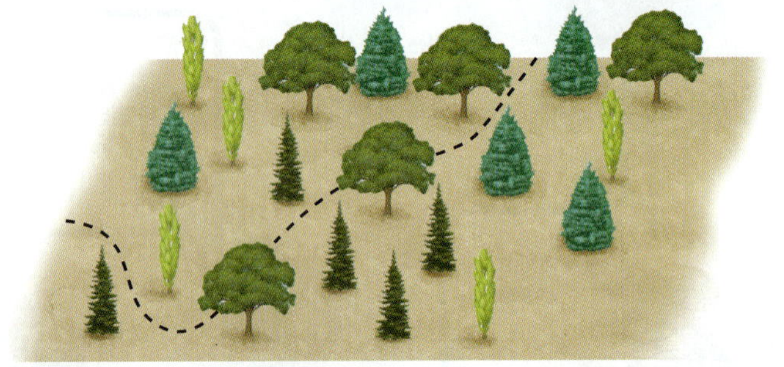

▲ **그림 37.10B** 산림지 B의 종 구성

표 37.10 산림지 A와 B의 나무 종의 상대적 풍부도

종	산림지 A의 상대적 풍부도(%)	산림지 B의 상대적 풍부도(%)
	80	25
	10	25
	5	25
	5	25

? 잘 관리된 잔디밭과 잘 관리되지 않은 잔디밭 중 어느 쪽이 종 다양성이 더 높을 것으로 예상하는가? 설명하시오.

■ 잘 관리되지 않은 잔디의 종 다양성이 더 높을 것이다. 잘 관리된 잔디는 종 다양성이 낮아야 한다. 관리가 잘된 잔디는 완벽한 단일재배가 아닐 수 있지만, 존재하는 잡초는 상대적 풍부도가 낮을 것이다. 잔디를 관리하지 않으면 그 반대다.

37.11 일부 종은 다양성에 불균형적인 영향을 미친다

과학적 사고 군집에 따라 종 다양성이 달라지는 원인은 무엇일까? 생태학자 로버트 페인(Robert Paine)은 군집의 종 다양성은 특정한 종이 지역 자원을 독점하는 것을 막는 포식자의 능력과 직접적인 관련이 있다는 가설을 세웠다. 다른 많은 생태학자와 마찬가지로 페인 역시 자신의 가설을 검증하기 위해 현장 실험을 설계했다. 그는 워싱턴주 태평양 연안의 암석 조간대 군집을 연구 지역으로 선택했다(**그림 37.11A**). 이 혹독한 환경에서는 밀물 때 파도가 바위를 두들기고 썰물 때 바위는 태양과 건조한 바람에 노출된다. 군집의 구성원은 일반적으로 조류, 달팽이와 같이 초식동물과 육식동물을 먹는 연체동물, 해면동물, 말미잘, 따개비와 홍합과 같은 부유물 섭식자, 그리고 피재스터(*Pisaster*)로 알려진 포식성 불가사리를 포함한다. 이 생물들 중 상당수는 바위에 달라붙어 씻겨 내려가지 않기 때문에 공간은 중요하지만 한정된 자원을 갖고 있다.

페인은 조간대의 특정 지역에서 피사스터를 수동으로 제거하고 비슷한 지역은 대조군으로 그대로 두었다. 그런 다음 그는 향후 몇 년 동안 이 실험 지역과 대조 지역의 종 풍부도를 측정했다(**그림 37.11B**). 피재스터가 없었을 때 종 풍부도는 15종 이상에서 5종 미만으로 감소했다. 이 극적인 변화의 원인은 무엇일까? 마이틸러스(*Mytilus*) 속의 홍합이 가용 공간에 대한 우월한 경쟁자가 되어 대부분의 다른 무척추동물과 조류를 제거했다. 대조군 지역에서는 홍합을 잡아먹는 포식자 피재스터에 의해 마이틸러스의 개체군 증가가 억제되었다(**그림 37.11C**). 따라서 종간 상호작용은 군집의 종 다양성에 중요한 요소가 될 수 있다.

▲ **그림 37.11A** 워싱턴주 해안의 바위 조간대

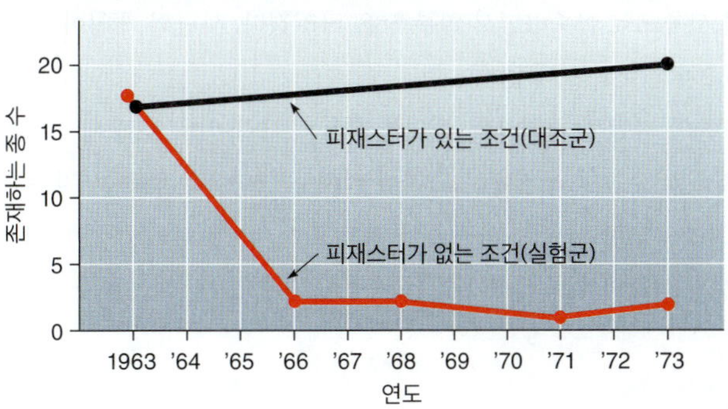

자료: R.T. Paine, Intertidal community structure: Experimental studies on the relationship between a dominant competitor and its principal predator, *Oecologia* 15: 93-120 (1974).

▲ **그림 37.11B** 피재스터를 제거한 후의 대조지역과 실험지역의 종 풍부도

▲ **그림 37.11C** 홍합을 먹고 있는 핵심종인 불가사리 피재스터

페인의 실험과 이와 유사한 실험을 통해 핵심종이라는 개념이 탄생했다. **핵심종(keystone species)**은 개체 수나 총 생물학적 질량이 나타내는 것보다 군집에 미치는 영향이 훨씬 큰 종을 말한다. '쐐기돌(keystone)'이라는 단어는 아치 꼭대기에 있는 쐐기 모양의 돌이 다른 조각들을 제자리에 고정하는 데서 유래했다. 쐐기돌이 제거되면 아치가 무너진다(**그림 37.11D**). 핵심종은 지위를 차지하여 나머지 군집을 제자리에 유지시킨다.

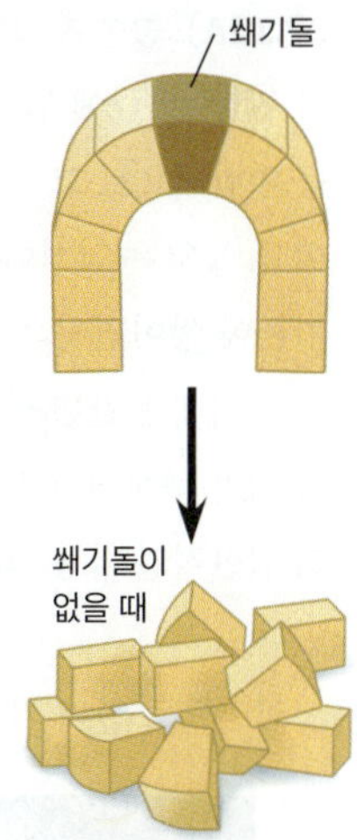

▲ **그림 37.11D**
쐐기돌 제거로 아치 붕괴

핵심종 개념은 손상된 생태계를 복원하거나 재활하려는 노력에 실용적으로 적용될 수 있다. 한 가지 예로 긴 등뼈 성게인 디아데마 안틸라룸(*Diadema antillarum*)을 들 수 있다. 생태학자들은 디아데마가 카리브해 산호초에서 질병의 유행으로 엄청난 숫자가 폐사했을 때, 디아데마가 핵심종이라는 사실을 발견했다. 초식동물인 성게가 지배하던 산호초에 살이 많은 해초가 무성해지면서 종 다양성이 급감한 것이다. 군집에서 디아데마의 중요한 역할을 인식한 환경보호론자들은 성게 개체군을 인위적으로 보충하여 손상된 산호초를 복원하는 데 도움을 주었다.

? 현장 연구의 일환으로 소노란 사막 군집(37.9절 참조)에서 사구아로 선인장을 제거하면 엄청난 영향을 미칠 수 있지만, 사구아로 선인장은 핵심종으로 간주되지 않는다. 왜 그러한가?

■ 사구아로 선인장은 풍부하고 군집의 많은 부분을 차지하지만 그 효과는 그 질량이나 풍요로움에 비례하지 않는다. 쐐기돌이 아치에서 작지만 중요한 조각인 것처럼 핵심종은 군집에서 차지하는 비율에 비해 큰 영향을 미친다.

37.12 교란은 대부분의 군집에서 두드러진 특징이다

초기 생태학자들은 생물 군집의 구조와 종 구성이 어느 정도 안정적이라고 생각했다. 그러나 항상 공사나 리모델링 프로젝트가 진행되는 많은 대학 캠퍼스처럼 많은 군집은 갑작스러운 변화로 인해 자주 교란을 받는다. **교란(disturbance)**은 폭풍, 화재, 홍수, 가뭄 또는 인간의 활동과 같은 사건으로, 생물 군집에서 생명체를 제거하거나 자원의 가용성을 변경시켜 생물 군집이 변화한다. 교란의 유형과 그 빈도 및 심각도는 군집에 따라 다르다.

교란을 부정적인 의미로 생각하는 경향이 있지만, 소규모 교란은 종종 긍정적인 영향을 준다. 예를 들어, 폭풍우로 큰 나무가 뿌리째 뽑히면 새로운 서식지가 만들어진다. 더 많은 빛이 숲 바닥에 도달해 작은 묘목이 자랄 수 있는 기회를 제공하거나, 나무 뿌리가 뽑힌 자리에 물이 채워져 개구리, 도롱뇽, 수많은 곤충이 알을 낳는 장소로 사용할 수 있다. 초목과 토양까지 제거되는 심각한 교란이 발생하면 군집이 급격하게 변화한다. 교란된 지역에는 다양한 종이 군락을 형성하고, 점차 다른 종으로 대체되는 **생태적 천이(ecological succession)**라는 과정이 이어진다.

토양이 없는 사실상 생명이 없는 지역에서 생태적 천이가 시작되면 이를 **1차 천이(primary succession)**라고 한다. 이러한 지역의 예로는 후퇴하는 빙하나 새로운 화산 용암 흐름이 남긴 잔해가 있다(**그림 37.12A**). 종종 초기에 존재하는 유일한 생명체는 독립영양생물인 경우가 많다. 바람에 날린 포자에서 자라는 지의류(lichen)와 이끼(moss)는 일반적으로 그 지역에 가장 먼저 군락을 형성하는 대형 광합성 생물이다. 토양은 암석이 분해되고 초기 군락 형성자의 분해된 잔해에서 유기물이 쌓이면서 점차적으로 발달한다. 인근 지역에서 날아오거나 동물에 의해 운반된 씨앗에서 싹이 트는 더 큰 식물에 의해 지의류와 이끼가 점차 무성해진다. 결국 이 지역은 식물에 의해 군락이 형성되어 군집의 일반적인 식생 형태가 된다. 1차 천이는 수백 또는 수천 년이 걸릴 수 있다.

교란으로 인해 기존 군집이 사라졌지만 토양은 그대로 남아 있는 경우 **2차 천이(secondary succession)**가 발생한다. 예를 들어, 화재나 홍수로부터 지역이 복구될 때 2차 천이가 발생한다(**그림 37.12B**). 2차 천이로 이어지는 일부 교란은 사람의 활동으로 인해 발생한다. 식민지 시대 이전에도 사람들은 농업과 정착지를 위해 북미 동부의 산림을 개간했다. 이후 토양의 화학적 영양분이 고갈되거나 주민들이 새로운 영역인 서쪽으로 이주하면서 일부 땅은 버려졌다. 사람의 개입이 멈출 때마다 2차 천이가 시작된다.

▲ **그림 37.12A** 용암 흐름의 1차 천이

▲ **그림 37.12B** 2차 천이: 1988년 11월 화재 후(위) 그리고 1989년 7월(아래) 옐로스톤 국립공원

교란의 가장 광범위하고 중요한 주체는 사람이며, 38장에서 설명하는 것처럼 오늘날 군집에서 교란이 미치는 영향을 이해하는 것은 특히 중요하다. 교란은 또한 사람들이 새로운 서식지로 이동하는 바람직하지 않은 식물과 동물에게 기회를 제공할 수 있으며, 이는 다음 절의 주제다.

? 1차 천이와 2차 천이를 구별하는 주요 무생물 인자는 무엇인가?

■ 천이가 시작될 때 토양의 부재(1차) 대 존재(2차)

37.13 침입종은 군집을 파괴할 수 있다

연결 사람들이 한 지역에서 다른 지역으로 이동하는 동안, 의도적이든 우연이든 생물체를 가지고 이동해 왔다. 이러한 외래종 중 다수는 새로운 지역에서 확고하게 자리를 잡았다. 또한 많은 외래종은 **침입종**(**invasive species**)이 되어 원래의 도입 지점을 훨씬 넘어 확산되어 적절한 서식지를 찾는 곳이면 어디든 군락을 형성하고 지배함으로써 환경적 또는 경제적 피해를 유발한다. 침입종은 지역 멸종(38.1절에서 다시 다룰 주제)의 주요 원인이다. 지구에는 식물, 포유류, 조류, 어류, 절지동물, 연체동물, 미생물 등 수천 종의 비토착종이 서식하고 있으며, 이 중에는 식물, 포유류, 조류, 어류, 절지동물, 연체동물, 미생물도 포함된다. 전 세계적으로 침입종으로 인한 피해는 1조 4,000억 달러에 달하며, 이는 세계 경제의 5%를 차지한다. 여러분이 어디에 거주하든 침입성 식물이나 동물이 근처에 있을 가능성이 높다.

군집생태학은 일부 외래종이 파괴적인 해충이 되는 반면 그렇지 않은 이유를 설명할 수 있는 몇 가지 통찰력을 제공한다. 군집의 모든 개체군은 경쟁자, 포식자, 초식동물, 병원체 등 해로운 종간 상호작용의 영향을 받는다. 이와 같은 성장을 억제하는 생물학적 요인이 없다면 개체군은 무생물적 요인에 의해 제한될 때까지 계속 확장될 것이다. 침입종에 의한 피해는 종종 침입종과 토착종 간의 종간 상호작용으로 인해 발생한다. 전 세계 침입종의 세 가지 예를 살펴보자.

회색 다람쥐는 북아메리카 동부가 원산지이며, 1870년대 정원과 영지를 장식할 소품을 찾던 빅토리아 시대 사람들이 영국에 도입했다. 야생으로 탈출한 회색 다람쥐(**그림 37.13A**)는 영국에 군락을 형성했으며, 현재 개체군은 250만 마리로 추정된다. 회색 다람쥐는 다람쥐 천연두 바이러스의 운반체(carrier)로서, 작고 약하며 질병에 취약한 토종 붉은 다람쥐를 위험에 빠뜨렸다. 회색 다람쥐는 나무 껍질을 벗겨 나무에 해를 끼칠 뿐만 아니라 상업용 산림을 훼손하는 주범이기도 하다. 또한 식물의 난자를 포식하고 공격적으로 씨를 먹는 행동으로 인해 토종 삼림의 재생을 방해한다는 비난을 받아왔다.

▲ **그림 37.13A** 회색 다람쥐

호주 남동부와 태즈메이니아에 자생하는 빠르게 자라는 콩과 상록수인 블랙 와틀(black wattle, *Acacia mearnsii*)은 침입 식물의 한 예다(**그림 37.13B**). 유럽, 아프리카, 뉴질랜드 일부 지역에서 농업 임업용으로 심어졌다. 상업용 탄닌과 땔감의 공급원일 뿐만 아니라 침식되기 쉬운 토양을 질화(nitrify)하고 결속하는 데도 사용된다. 그러나 물을 많이 필요로 하는 블랙 와틀의 빽빽한 덤불은 수자원을 심각하게 고갈시키고 토종 풀과 경쟁하여 동물들이 방목할 수 있는 목초지를 감소시킨다. 블랙 와틀의 침입으로 인한 비용은 남아프리카에서 14억 달러로 추산되며, 남아공에서는 제2급 침입자로 분류되어 있다. 1995년부터 2000년까지 남아공 정부는 비토착 침입 식물의 성장을 억제하여 물을 보존하는 것을 목표로 하는 '물을 위한 노력' 프로그램의 일환으로 1억 달러를 투입해 이 식물을 통제했다.

▲ **그림 37.13B** 빠르게 자라는 콩과 상록수, 블랙 와틀

몸길이 2 m, 무게 200 kg에 이르는 거대한 물고기인 나일 농어(**그림 37.13C**)는 1950년대 스포츠 낚시와 낚시 산업의 활성화를 위해 아프리카 강 유역에서 동아프리카의 빅토리아 호수로 옮겨졌다. 1980년대에 농어 개체군이 폭발적으로 증가하면서 어업의 경제적 가치가 다섯 배나 증가했고, 1990년대 초에는 50만 톤을 생산하며 정점에 이르렀다. 그러나 이 정점에 가까운 포식자는 500종의 토착 하플로크로민 시클리드 어류(haplochromine cichlid fish) 중 절반을 멸종시켰고, 호수의 먹이그물을 파괴했으며, 물고기를 훈제하기 위한 장작 수요로 인해 삼림 벌채를 증가시켰다.

▲ **그림 37.13C** 거대한 물고기, 나일 농어

다음 절에서는 범위를 넓혀 생태학적 복잡성의 가장 높은 단계인 생태계에 대해 살펴본다.

? 비원주민 서식지에 도입되었지만 침입하지 않는 생물체와 침입종을 구별하는 것은 무엇인가?

■ 침입종은 도입된 곳에서 멀리까지 확산되어 환경적 또는 경제적 피해를 유발한다.

생태계 구조와 역학

37.14 생태계 생태학은 에너지 흐름과 화학적 순환을 강조한다

생태계(**ecosystem**)는 군집의 모든 생물체와 그 생물체와 상호작용하는 무생물적 환경으로 구성된다. 생태계 생태학자들은 특히 생태계 구성요소를 통한 에너지의 전달인 **에너지 흐름**(**energy flow**)과 생태계 내 물질의 이동인 **화학적 순환**(**chemical cycling**)에 관심이 많다. 따라서 생태계 생태학은 **에너지와 물질**이라는 주제의 좋은 예다.

그림 37.14의 온실은 친숙한 유형의 생태계를 나타내며 에너지 흐름의 기본 원리를 보여준다. 에너지는 햇빛의 형태로 온실에 들어온다( ). 식물(생산자)은 광합성 과정을 통해 빛 에너지를 화학 에너지( )로 변환시킨다. 동물(소비자)은 식물을 먹을 때 유기 화합물에 저장된 이 화학 에너지의 일부를 섭취한다. 토양에 있는 박테리아(박테리아, 곰팡이류)와 같은 분해자는 동식물의 죽은 사체를 분해할 때 화학 에너지를 얻는다. 생명체가 화학 에너지를 사용할 때마다 열의 형태로 일부 에너지가 주변으로 손실된다(, 5.10절 참조). 광합성에 의해 포획된 에너지의 많은 부분이 열로 손실되기 때문에, 태양으로부터 지속적인 에너지 유입이 없다면 생태계는 에너지가 고갈될 것이다. 일부 생태계(예: 열수구)는 무기 화합물에서 얻은 화학 에너지로 구동된다.

에너지 흐름과는 대조적으로, 화학적 순환( )은 생태계 내에서 물질의 이동을 포함한다. 대부분의 생태계는 햇빛으로부터 지속적으로 에너지를 공급받지만, 분자를 구성하는 데 사용되는 화학 원소의 공급은 제한되어 있다. 탄소, 질소와 같은 화학 원소는 공기, 물, 토양 등 생태계의 무생물적 구성요소와 생태계의 생물학적 구성요소 사이에서 주기적으로 순환(질소 순환)된다. 식물은 공기 및 토양에서 무기 형태의 이러한 화학 원소를 획득하여 유기 분자를 만드는 데 사용한다. 그림 37.14에서 달팽이와 같은 동물은 이러한 유기 분자 중 일부를 소비한다. 식물과 동물이 사체가 되면 분해자는 대부분의 원소를 무기물 형태로 토양과 공기로 돌려보낸다. 일부 원소는 식물과 동물의 물질대사의 부산물로도 토양과 공기로 되돌아간다.

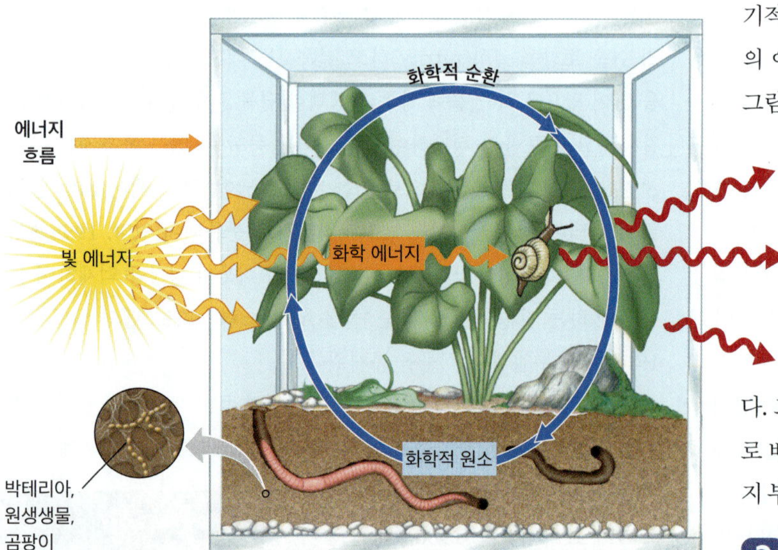

▲ **그림 37.14** 온실 생태계

시도해 보기 온실을 통해 에너지 흐름이 어떻게 이루어지는지 자신의 말로 설명해 보자. 온실 안에서 화학물질이 어떻게 순환되는지 설명하시오.

요약하면, 에너지 흐름과 화학적 순환은 모두 생태계의 영양 단계를 통해 물질이 이동하는 것을 포함한다. 그러나 에너지는 생태계를 통해 흐르고 궁극적으로 생태계 밖으로 배출되는 반면, 물질은 생태계 내에서 재활용된다. 이 장의 나머지 부분에서는 이러한 기본적인 생태계 역학에 대해 살펴본다.

? 생태계의 화학적 순환은 군집의 먹이사슬과 어떻게 다른가?

■ 먹이사슬의 구성요소는 전적으로 생물 인자이다. 생태계에서 화학물질은 생물학적 구성요소(먹이사슬)를 통과하는 것뿐만 아니라 하나 이상의 무생물적 구성요소를 통과한다.

37.15 1차 생산은 생태계의 전체 에너지양을 결정한다

지구는 매일 원자폭탄 1억 개에 해당하는 에너지인 약 10^{19} kcal의 태양 에너지를 받는다. 이 에너지의 대부분은 대기나 지구 표면에 의해 흡수, 산란 또는 반사된다. 식물, 조류, 남세균에 도달하는 가시광선 중 약 1%만이 광합성을 통해 태양 에너지를 화학 에너지로, 즉 유기 화합물로 전환하는 **1차 생산**(**primary production**)에 사용된다. 일정 기간의 총 1차 생산량을 에너지 단위 또는 생물량(biomass, 식생무게) 단위로 표시한 것을 **총 1차 생산**(**gross primary production**)이라고 한다. 지구의 총 1차 생산량은 연간 약 1,650억 톤의 유기 물질이다. 생산자는 이 유기 물질 중 일부를 사용하여 자신의 세포호흡을 위한 연료를 공급한다. 나머지, 즉 **1차 순생산량**(**net primary production**)은 주어진 기간 생태계에 추가되는 새로운 유기 물질의 양이다. 따라서 1차 순생산량은 소비자가 사용할 수 있는 저장된 화학 에너지를 나타낸다.

다양한 생태계마다 1차 생산량과 생물권의 총생산에 대한 기여도에서도 상당히 차이를 보인다. **그림 37.15**는 여러 생태계의 1차 순생산량을 비교하여 이러한 차이를 보여준다. 열대 우림은 가장 큰 육상 생태계이며 지구 전체 생산의 많은 부분을 차지한다. 산호초 역시 생산성이 높

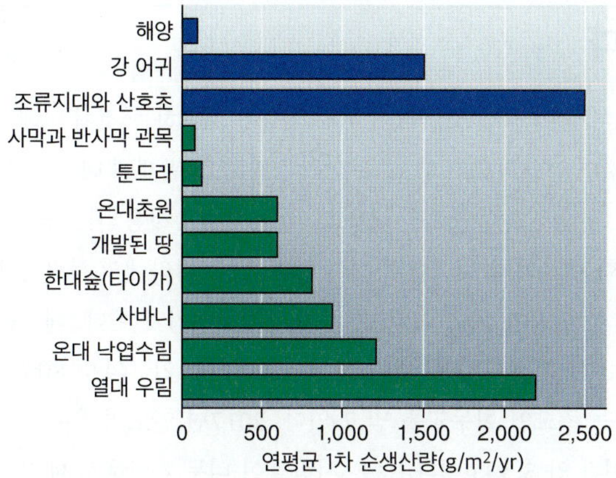

자료: R. H. Whittaker, *Communities and Ecosystems*, 2nd. ed. MacMillan, New York, 1975.

▲ 그림 37.15 다양한 생태계의 1차 순생산량

지만, 그 면적이 매우 좁기 때문에 전 세계 생산에 기여하는 바가 적다. 흥미로운 점은 해양의 생산량은 매우 낮지만, 지구 표면적의 65%를 차지하기 때문에 육상 생태계만큼 지구의 총 1차 순생산량에 기여하는 바가 크다는 점이다.

? 사막과 반사막 스크럽(semidesert scrub)은 열대 우림과 비슷한 표면적을 차지하지만 지구의 1차 순생산량의 1% 미만에 기여하는 반면, 열대 우림은 22%를 기여한다. 이 차이를 설명하시오.

■ 열대 우림의 1차 생산은 사막 및 반사막 스크럽 생태계보다 20배 이상 많다.

37.16 에너지 공급은 먹이사슬의 길이를 제한한다

유기 물질이 한 영양 단계에서 다음 단계로 이동할 때(즉, 한 유기체가 다른 유기체를 소비할 때), 저장된 에너지의 상당 부분이 소실된다. **그림 37.16A**에 표시된 애벌레와 같이 생산자에서 1차 소비자로 유기물이 이동하는 경우를 생각해 보자. 애벌레는 섭취한 유기 물질의 약 절반만 소화 흡수하고 소화되지 않은 폐기물은 대변으로 배출할 수 있다. 애벌레는 일반적으로 흡수한 유기 화합물 중 2/3를 세포호흡을 위한 연료로 사용한다. 애벌레가 섭취한 유기물 중 호흡 후 남은 화학 에너지, 즉 애벌레가 섭취한 유기물의 5%만이 애벌레 생물량으로 전환될 수 있다. 따라서 애벌레를 먹는 2차 소비자는 애벌레가 먹은 잎에 있던 에너지의 15%만 얻게 된다.

이제 애벌레의 예를 생태계에 적용해 보자. 에너지 피라미드라고 불리는 **그림 37.16B**는 먹이사슬에서 각 이동에 따른 누적 에너지 손실을 보여준다. 피라미드의 각 계층은 먹이사슬의 한 영양 단계에 있는 모든 생물체에 존재하는 화학 에너지를 나타낸다. 각 계층의 너비는 바로 아래 계층의 화학 에너지 중 실제로 해당 영양 단계의 생물량에 얼마나 많이 통합되는지를 나타낸다. 생산자는 햇빛에서 얻을 수 있는 에너지의 약 1%만 1차 생산으로 전환한다는 점에 유의하자. 이 이상적인 피라미드에서는 각 영양 단계에서 사용 가능한 에너지의 10%가 다음 상위 단계로 통합된다. 이러한 에너지 전달 효율은 일반적으로 5~20%다. 즉, 한 영양 단계의 80~95%는 다음 단계로 에너지가 전달되지 않는다.

영양 구조에서 에너지가 단계적으로 감소하는 것의 중요한 의미는 최상위 소비자가 사용할 수 있는 에너지의 양이 하위 소비자가 사용할 수 있는 에너지에 비해 적다는 것이다. 광합성에 의해 저장된 에너지의 극히 일부만이 먹이사슬을 통해 3차 소비자까지 흘러간다. 이는 사자나 매와 같은 최상위 소비자가 광합성 생산에서 많은 단계를 제거한 영양 단계를 지원하기 위해 많은 식물이 필요한 이유를 설명한다. 에너지 피라미드는 대부분의 먹이사슬이 3~5단계로 제한되는 이유를 이해하는 데 도움이 된다. 생태 피라미드의 최상위에는 다른 영양 단계를 지원할 수 있는 에너지가 충분하지 않기 때문이다.

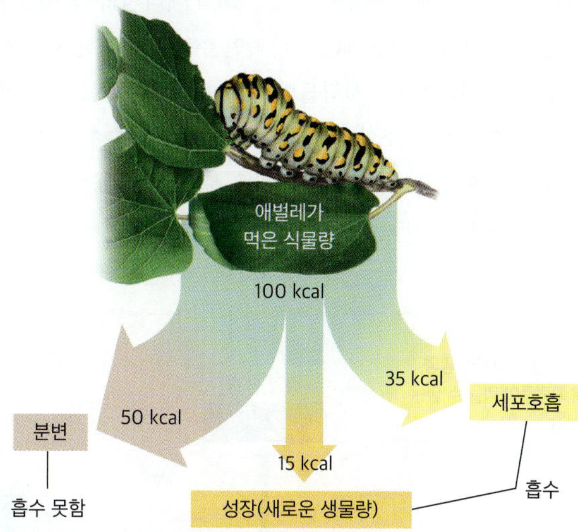

▲ 그림 37.16A 애벌레가 소비하는 잎 생물량에서 에너지의 운명

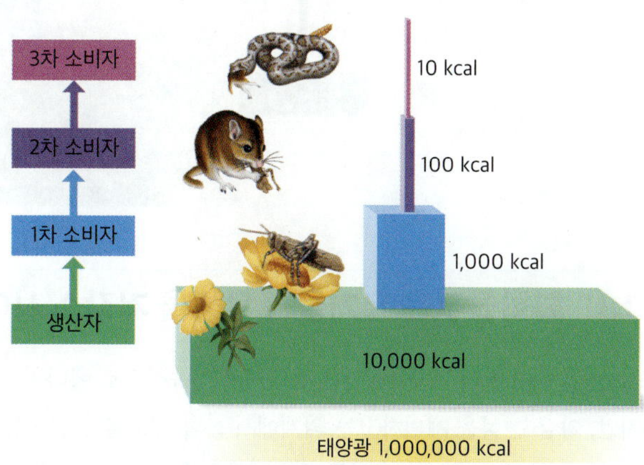

▲ 그림 37.16B 이상적인 에너지 피라미드

? 그림 37.16B에서 광합성에 의해 생성된 에너지의 대략 몇 퍼센트가 뱀에게 전달되는가?

■ 광합성으로 생성되는 10,000 kcal의 1/1,000 [(0.1×0.1×0.1)(10,000 kcal) = 10 kcal]

37.17 에너지 피라미드는 육류의 생태학적 비용을 설명한다

연결 에너지 흐름의 역학은 다른 유기체와 마찬가지로 인간에게도 적용된다. 잡식동물인 인간은 식물과 육류를 모두 먹는다. 곡식이나 과일을 먹을 때 우리는 1차 소비자이고, 소고기나 다른 초식동물의 고기를 먹을 때 우리는 2차 소비자다. 곤충이나 다른 작은 동물을 먹는 송어나 연어 같은 생선을 먹으면 3차 소비자 또는 4차 소비자가 된다.

그림 37.17의 왼쪽 에너지 피라미드는 생산자에서 채식주의자(1차 소비자)로의 에너지 흐름을 나타낸다. 생산자 영양 단계의 에너지는 옥수수 농작물에서 나온다. 오른쪽 피라미드는 같은 옥수수 작물에서 2차 소비자인 사람들이 소고기를 먹는 에너지 흐름을 보여준다. 이 두 피라미드는 한 영양 단계에서 사용할 수 있는 화학 에너지의 약 10%가 다음 상위 영양 단계에서 나타난다는 대략적인 추정에 근거한 일반화된 모델이다. 따라서 피라미드는 사람들이 같은 양의 옥수수를 다른 영양 단계를 거쳐 옥수수 먹인 소의 고기를 먹을 때보다 옥수수를 먹을 때 약 10배 더 많은 에너지(10배 더 많은 사람을 부양할 수 있는 에너지)를 사용할 수 있다는 것을 나타낸다.

모든 종류의 육류를 먹는 것은 경제적으로나 환경적으로 비용이 많이 든다. 사람이 직접 소비하기 위해 식물을 재배하는 것에 비해 육류를 생산하려면 일반적으로 더 많은 땅을 경작하고, 관개에 더 많은 물을 사용하고, 더 많은 화석연료를 태우고, 곡물 재배에 사용되는 농경지에 더 많은 화학 비료와 살충제를 뿌려야 한다. 많은 나라에서 사람들은 고기를 많이 살 여유가 없어 어쩔 수 없이 채식주의자가 된다. 때로는 종교도 결정에 영향을 미친다. 예를 들어 인도에서는 인구의 약 80%가 육식을 금하는 종교인 힌두교를 믿고 있다. 2017년 인도의 육류 소비량은 1인당 연간 약 3.3 kg이다. 많은 사람들이 너무 가난해서 매일 고기를 먹지 못하는 멕시코의 2017년 1인당 육류 소비량은 연간 49.3 kg이었다. 이는 인도에 비하면 많은 양이지만, 2017년 1인당 육류 소비량이 98.4 kg인 미국의 절반 정도에 불과하다.

다음으로 화학 영양소라는 주제로 넘어간다. 생태계에서 궁극적으로 소멸되는 에너지와 달리 모든 화학 영양소는 생태계 내에서 순환한다.

? 육류에 대한 수요가 밀, 쌀과 같은 곡물, 과일, 채소 등의 가격을 끌어올리는 이유는 무엇인가?

■ 소, 닭, 기타 육류 공급원을 위한 사료의 재배를 위해 농지를 사용함으로써 사람의 식량으로 직접 소비할 수 있는 식물의 잠재적 공급이 줄어들고 있다.

▶ **그림 37.17** 다양한 영양 단계에서 사람들이 먹을 수 있는 음식 에너지

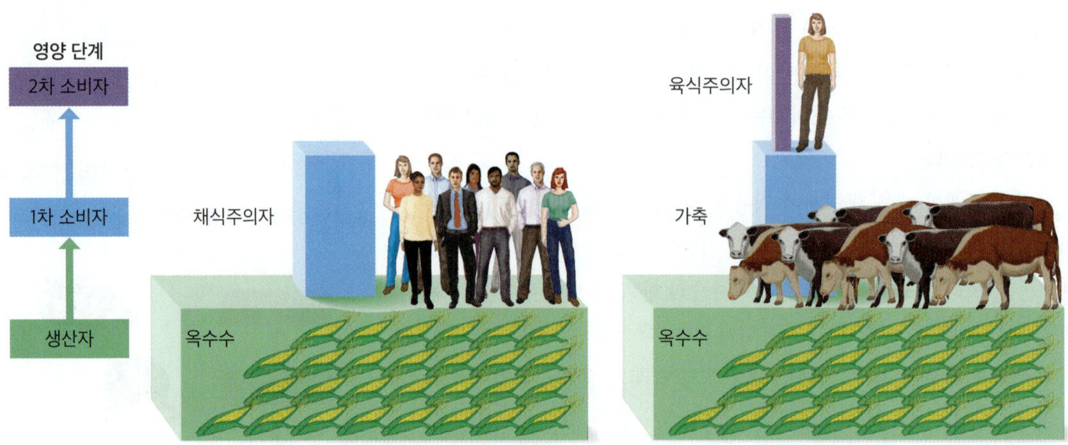

37.18 화학물질은 유기물과 무생물 저장소 사이에서 순환한다

태양(또는 경우에 따라 지구 내부)은 생태계에 지속적으로 에너지를 공급하지만, 가끔 운석을 제외하고는 외계에서 화학 원소를 공급하는 공급원은 없다. 따라서 생명은 화학물질의 재활용에 의존한다. 생명체가 살아 있는 동안에는 영양분을 얻고 폐기물을 배출하면서 화학물질의 상당 부분이 지속적으로 변한다. 생명체가 죽으면 분해를 통해 복잡한 분자를 구성하는 원자가 환경으로 되돌아가고, 생산자가 새로운 유기물을 만드는 데 사용하는 무기 영양소가 보충된다.

생태계의 화학적 순환에는 생물적 요소와 무생물적 요소(지질학적 및 대기 중의)가 모두 포함되기 때문에 이를 **생물지구화학적 순환**(**biogeochemical cycle**)이라고 한다. **그림 37.18**은 생태계 내 영양소 순환을 보여준다. 이 순환에는 화학물질이 생물체 외부에 축적되거나 비축되는 **무생물 저장소**(**abiotic reservoir**)가 있다는 점에 유의하자. 예를 들어, 대기는 탄소를 위한 무생물 저장소다. 반면에 인(phosphorus)은 토양에서만 얻을 수 있다. 대기와 토양은 모두 질소의 무생물 저장소다.

그림 37.18에서 일반적인 생물지구화학적 순환을 추적해 보자. ❶ 생산자는 무생물 저장소에서 화학물질을 유기 화합물로 통합한다. ❷ 소비자는 생산자를 먹이로 삼아 화학물질 중 일부를 자신의 몸에 흡수한

▶ **그림 37.18** 영양분의 생물지구화학적 순환의 일반 모델

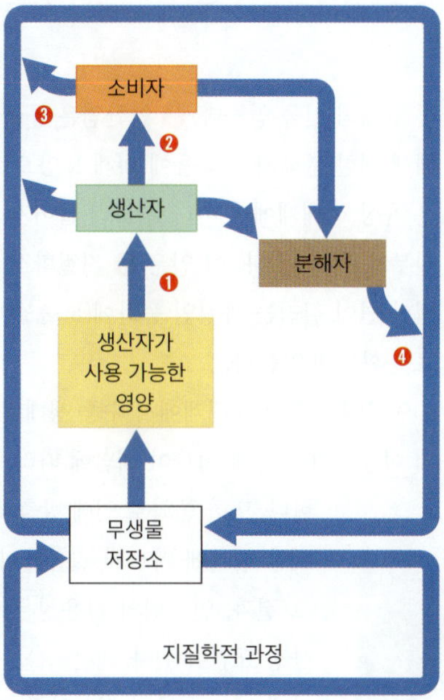

다. ❸ 생산자와 소비자 모두 일부 화학물질을 폐기물(CO_2 및 동물의 질소성 폐기물)로 다시 환경으로 방출한다. ❹ 식물 쓰레기, 동물의 배설물, 죽은 생물체와 같은 사체의 복잡한 유기 분자를 분해하는 것은 분해자가 중심적인 역할을 한다. 이 물질대사의 산물은 질산염(NO_3^-), 인산염(PO_4^{3-}), CO_2 같은 무기 화합물로, 무생물 저장소를 보충한다. 침식 및 암석의 풍화와 같은 지질학적 과정도 무생물 저장소에 기여한다. 생산자는 무생물 저장소에서 얻은 무기 분자를 새로운 유기 분자(예: 탄수화물 및 단백질)를 합성하기 위한 원료로 사용하며, 이러한 순환은 계속된다.

생물지구화학적 순환은 지역적 또는 전 지구적일 수 있다. 토양은 인과 같은 국지적 순환에서 영양분의 주요 저장소다. 반면, 주로 기체 형태로 존재하는 화학물질(탄소와 질소가 그 예)의 경우, 순환은 본질적으로 전 지구적이다. 예를 들어, 식물이 공기에서 흡수한 탄소 중 일부는 다른 대륙에 있는 유기체의 호흡에 의해 대기 중으로 방출되었을 수 있다.

다음 세 절에서는 탄소, 인, 질소의 순환에 대해 살펴본다. 순환을 공부하면서 앞서 언급한 네 가지 기본 단계와 생태계 내에서 화학물질을 이동할 수 있는 지질학적 과정을 찾아보자. 그림에서 주요 무생물 저장소는 흰색 상자로 강조 표시되어 있다.

? 그림 37.18의 어느 상자가 생태계의 생물적 구성요소를 나타내는가?

■ 소비자, 생산자, 분해자

37.19 탄소 순환은 광합성과 호흡에 의존한다

모든 유기 분자의 주요 구성성분인 탄소는 대기 중에 저장되어 있으며 전 세계적으로 순환을 이룬다. 탄소는 또한 식물과 동물의 생물량, 화석 연료, 토양, 퇴적암, 해양에 용해된 탄소 화합물 형태로 존재한다.

그림 37.19에서 볼 수 있듯, 광합성과 세포호흡의 상호 대사 과정은 주로 생물계와 무생물계 사이의 탄소 순환을 담당한다. ❶ 광합성은 대기 중의 탄소(CO_2)를 제거하여 유기 분자로 만들고, 이 유기 분자는 ❷ 먹이사슬을 따라 소비자에게 전달된다. ❸ 생산자와 소비자에 의한 세포호흡을 통해 CO_2를 대기로 되돌아가게 한다. ❹ 분해자는 사체의 탄소 화합물을 분해하며, 그 탄소 역시 결국 CO_2로 방출된다.

전 지구적으로 볼 때, 세포호흡에 의한 CO_2의 대기 중으로의 방출은 광합성에 의한 제거와 거의 균형을 이룬다. 그러나 ❺ 목재와 화석연료(석탄과 석유)의 연소가 증가하면서 대기 중의 CO_2 수준이 높아지고 있다. (38.4절에서 논의하겠지만, 이러한 CO_2의 증가는 심각한 지구 온난화로 이어지고 있다.)

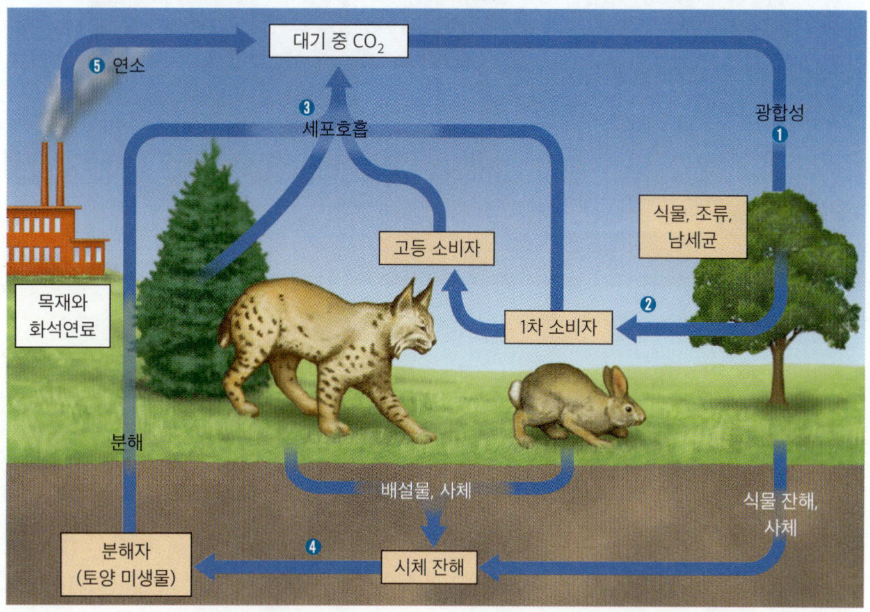

▲ **그림 37.19** 탄소 순환

시도해 보기 탄소가 저장되는 모든 위치를 파악하고, 탄소를 환경으로 방출하는 모든 공급원을 파악하시오.

? 모든 분해자가 갑자기 '파업'하여 작동을 멈춘다면 탄소 순환은 어떻게 될까?

■ 탄소는 유기 물질에 축적되고, 대기의 탄소 저장량은 감소하며, 결국 식물은 CO_2에 굶주리게 될 것이다.

37.20 암석의 풍화작용에 따라 인의 순환이 달라진다

생물체는 핵산, 인지질, ATP의 구성성분으로 인[보통 인산 이온(PO_4^{3-}) 형태]을 필요로 하며, (척추동물의 경우) 뼈와 치아의 무기질 성분으로도 인을 필요로 한다. 탄소 순환 및 다른 주요 생물지구화학적 순환과 달리 인 순환에는 대기 성분이 없다. 암석은 육상 생태계를 위한 유일한 인 공급원이며, 실제로 인 함량이 높은 암석은 농업용 비료로 채굴된다.

그림 37.20의 중앙에 있는 ❶ 암석의 풍화는 토양에 무기 인산염(PO_4^{3-})을 서서히 추가한다. ❷ 식물은 토양에 용해된 인산염 이온을 흡수하여 유기 화합물로 만든다. ❸ 소비자는 식물을 먹음으로써 유기물 형태의 인을 얻는다. ❹ 인산염은 동물의 배설물과 죽은 동식물의 잔해에 대한 분해자의 작용에 의해 토양으로 되돌려진다. ❺ 일부 인산염은 육상 생태계에서 바다로 흘러 들어가 침전되어 결국 새로운 암석의 일부가 될 수 있다. 이 인은 ❻ 지질학적 과정이 암석을 융기시키고 수백만 년이 걸리는 과정인 풍화에 노출될 때까지 다시 살아 있는 생명체로 순환되지 않는다.

인산염은 육상 생태계에서 수중 생태계로 대체되는 속도보다 더 빠르게 이동하기 때문에 시간이 지남에 따라 육상 생태계의 양은 점차 감소한다. 또한 풍화로 인해 방출되는 용해성 인산염의 대부분은 토양 입자에 빠르게 결합하여 식물이 접근할 수 없게 된다. 그 결과, 인산염의 가용성은 종종 매우 낮으며 일반적으로 한정 요인이 된다. 많은 식물, 특히 오래되고 풍화가 심한 토양에 사는 식물에게는 인 흡수를 촉진하는 균류(17.12절 참조)가 필수적이다. 농업이나 개발을 위해 개간된 토지의 토양 침식은 인산염의 손실을 가속화한다.

농부와 정원사는 종종 인산염 암석, 뼛가루(도축한 가축의 뼈를 잘게 빻은 것) 또는 바닷새와 박쥐의 배설물인 구아노를 사용하여 토양에 인을 추가한다. 구아노는 수 미터 깊이의 퇴적물이 쌓인 개체군 밀도가 높은 군락이나 동굴에서 채굴된다. 그러나 37.22절에서 배우겠지만, 다량의 인산염 비료가 유출되면 수생 생태계를 오염시킨다.

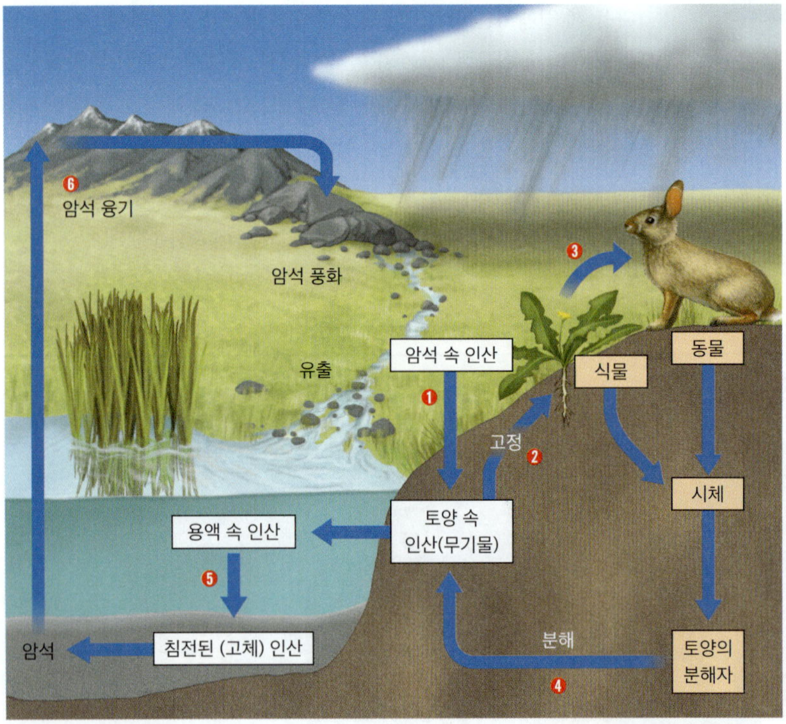

▲ 그림 37.20 인의 순환

? 단기적으로 탄소와 질소는 전 지구적으로 순환하는 반면, 인은 국지적으로 순환하는 경향이 있는 이유는 무엇인가?

■ 인은 대기를 통해 장거리로 이동하지 않고 거의 전적으로 토양 내에서 순환되기 때문이다.

37.21 질소 순환은 박테리아에 의존한다

질소는 단백질과 핵산의 구성성분으로 모든 생명체의 구조와 기능에 필수적인 요소다. 특히 식물에 있어서는 매우 중요하고 종종 제한영양소(limiting nutrient)로 작용한다. 질소는 대기와 토양이라는 두 가지 무생물 저장소가 있다. 대기의 저장소는 거대하다. 대기의 약 80%가 질소 기체다(N_2). 그러나 식물은 N_2의 형태로 질소를 흡수할 수 없다. 일부 박테리아에 의해 수행되는 **질소고정(nitrogen fixation)** 과정은 N_2를 식물에서 사용할 수 있는 질소 화합물로 변환한다. 이러한 생명체가 없다면 사용 가능한 토양 질소의 자연 저장고는 극도로 제한될 것이다.

그림 37.21은 두 가지 유형의 질소고정 박테리아의 작용을 보여준다. 그림의 맨 오른쪽부터 ❶ 일부 박테리아는 특정 종의 식물 뿌리에서 공생하며 숙주에게 사용 가능한 질소를 직접 공급한다. 이러한 공생 관계를 가진 가장 큰 식물 그룹은 땅콩, 대두, 알팔파를 포함하는 콩과 식물이다(32.14절 참조). 질소가 부족한 토양에 서식하는 많은 비콩과 식물도 박테리아와 비슷한 관계를 맺고 있다. ❷ 토양이나 물에서 자유롭게 살아가는 질소고정 박테리아는 N_2를 암모니아(NH_3)로 전환한 다음, 또 다른 H^+를 흡수하여 암모늄(NH_4^+)이 된다.

❸ 질소가 '고정'된 후에는 NH_4^+ 중 일부가 식물에 흡수되어 사용된다. ❹ 또한 토양의 질산화 박테리아는 NH_4^+ 중 일부를 질산염(NO_3^-)으로 전환하여 식물에 더 쉽게 ❺ 동화된다. 식물은 흡수한 질소를 사용하여 아미노산과 같은 분자를 합성한 다음 단백질에 통합한다.

▶ **그림 37.21** 질소 순환

시도해 보기 이 그림은 박테리아가 질소 순환에서 하는 다섯 가지 역할을 나타낸다. 각 역할을 수행하는 박테리아를 제거했을 때 어떤 효과가 있는지 설명하시오.

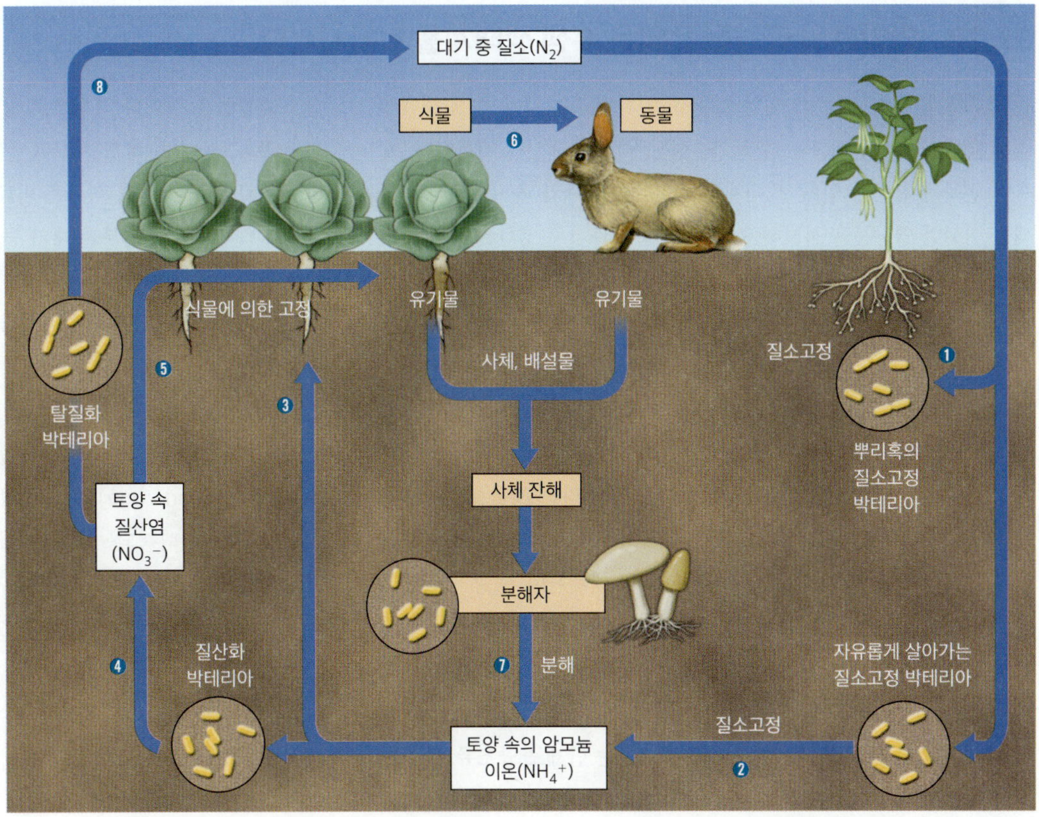

❻ 초식동물(그림 37.21에서 토끼로 표시)이 식물을 먹으면 단백질을 아미노산으로 분해한 다음, 그 아미노산을 사용하여 필요한 단백질을 만들어낸다. 상위 소비자는 먹이에서 질소를 얻는다. 단백질 대사 과정에서 질소 함유 노폐물이 형성되며, 소비자는 일부 질소를 배설하고 일부는 신체 조직에 통합한다(25.5절 참조). 토끼와 같은 포유류는 질소를 요소의 형태로 배설하며, 산업적으로 생산된 요소는 농업용 비료로 널리 사용된다.

소비되지 않은 생명체는 결국 죽어 사체가 되고, 이는 원핵생물과 곰팡이류에 의해 분해된다. ❼ 분해는 유기화합물에서 NH_4^+을 토양으로 다시 방출하여 NH_4^+의 토양 저장고를 보충하고, 질화 박테리아(nitrifying bacteria, 4단계)의 도움으로 NO_3^-을 보충한다. 그러나 산소가 부족한 조건에서는 ❽ 탈질화 박테리아(denitrifier)로 알려진 토양 박테리아가 NO_3^-에서 산소 원자를 제거하여 N_2를 대기 중에 다시 방출하고 사용 가능한 질소의 토양 저장고를 고갈시킨다.

그림에는 표시되지 않았지만, 일부 NH_4^+과 NO_3^-은 대기 중에 있는 암모니아 기체가 N_2와 화학반응을 하여 만들어진다. 이러한 이온은 강수량과 먼지를 통해 토양에 도달하며, 이는 일부 생태계에서 식물의 중요한 질소 공급원이다.

인간의 활동은 매년 자연적인 과정에 의해 추가되는 질소보다 더 많은 질소를 생물권에 추가함으로써 질소 순환을 방해한다. 자동차와 석탄 화력 발전소에서 화석연료를 연소하면 질소산화물이 생성된다(NO 및 NO_2). 질소산화물은 대기 중의 다른 기체와 반응하여 오존(O_3)의 생산을 증가시킨다. 유해한 자외선으로부터 지구를 보호하는 대기 상층의 오존층과 달리, 지상 오존은 건강에 해롭다. 호흡기를 자극하여 기침과 호흡 곤란을 유발할 수 있다. 높은 오존 농도는 천식과 같은 호흡기 질환이 있는 사람에게 특히 위험하다. 많은 지역에서 덥고 건조한 여름 날씨에 오존 경보가 자주 발령된다. 질소산화물은 또한 대기 중의 물과 결합하여 산화질소가 된다. 1990년 청정 대기법 개정으로 황 배출로 인한 산성비는 감소했지만 질산 침전으로 인한 환경 피해가 새로운 우려를 낳고 있다.

현대 농업 관행은 질소의 또 다른 주요 공급원이다. 집약적인 가축 생산으로 인한 동물 폐기물은 대기 중으로 암모니아를 방출한다. 농부들은 박테리아에 의한 자연적인 질소고정을 보충하기 위해 막대한 양의 질소 비료를 사용한다. 전 세계적으로 합성 질소 비료의 적용은 1950년대 후반 이후 100배나 증가했다. 그러나 농작물이 비료의 절반도 채 흡수하지 못한다. 일부 질소는 대기로 빠져나가 산화질소(NO_2) 또는 아산화질소(N_2O)를 형성하는데, 이는 대기 중에 머무르며 지구 온난화에 기여하는 불활성 기체다(38.4절 참조). 다음 절에서 배우겠지만, 질소 비료는 수생 시스템도 오염시킨다.

? 질소의 무생물적 저장소는 무엇인가? 각 저수지에서 질소는 어떤 형태로 발생하는가?

■ 대기 N_2, 토양 NH_4^+ 및 NO_3^-

37.22 영양분의 급격한 유입은 수생 생태계를 퇴화시킨다

연결 낮은 수준의 영양소, 특히 인과 질소는 종종 수생 생태계에서 조류와 남세균의 성장, 즉 1차 생산을 제한한다. 호수나 연못과 같은 고인 물 생태계는 유기물의 분해와 육지로부터 유입되는 신선한 영양분을 서서히 축적한다. 그 결과, 1차 생산은 시간이 지남에 따라 자연적으로 증가하는 부영양화(eutrophication)라는 과정을 거친다. 수생 생태계에 영양분을 추가하는 인간 활동은 이 과정을 가속화하고 강, 강어귀, 연안 해역 및 산호초에서 부영양화를 유발한다.

1차 생산이 증가하면 생물 군집에 도움이 될 것이라고 생각할 수 있다. 실제로 그림 37.15를 보면 종 다양성이 뛰어난 것으로 유명한 생태계인 산호초와 열대림의 1차 순생산량이 가장 높다는 것을 알 수 있다. 그러나 급격한 부영양화는 실제로 종 다양성을 감소시킨다. 일부 생태계에서는 남세균이 1차 생산자로서 녹조류를 대체한다. 종종 끈적끈적한 코팅으로 둘러싸인 이 원핵생물은 수면에 광범위한 매트(mat)를 형성하여 빛이 수면에 투과하는 것을 방해한다(**그림 37.22A**). 남세균의 일부 종은 질소를 고정할 수 있어 인산염이 오염물질이고 질소가 부족할 때 추가적인 이점을 제공한다. 다른 생태계는 단세포 규조류, 독소를 생산하는 쌍편모충류(그림 16.14D 참조) 또는 다세포 조류의 번식으로 인해 과잉으로 넘쳐난다. 남세균이나 조류의 이러한 무성한 성장, 즉 '블룸(bloom, 꽃의 만발을 뜻한다–역주)'은 광합성을 하는 밤에 산소 수준을 크게 떨어뜨린다. 남세균과 조류가 죽으면 미생물이 잔여 생물량을 분해하면서 많은 양의 산소를 소비한다. 따라서 급격한 영양이 풍부해지는 것은 물 속의 산소 고갈을 초래한다. 산소 요구량이 높은 물고기는 이러한 환경에서 생존할 수 없다.

많은 지역에서 인산염 오염은 농업용 비료에서 비롯된다. 인산염은 살충제의 흔한 성분이기도 하다. 인산염의 다른 주요 공급원으로는 하수 처리 시설의 유출과 가축 사육장(수백 마리의 동물을 함께 사육하는 곳)에서의 동물 배설물 유출이 있다. 하수 처리 시설은 극한 조건(비정상적으로 높은 강우량 등)이 처리 용량을 초과할 경우 다량의 용존 무기 질소 화합물을 강이나 하천으로 방출할 수 있다. 농업용 질소 공급원에는 농작물, 잔디밭, 골프장에 일상적으로 사용되는 사료와 다량의 무기 질소 비료가 포함된다. 식물은 비료의 질소 화합물 중 일부를 흡수하고 탈질화 박테리아는 일부를 대기 중의 N_2 또는 N_2O로 전환하지만 질산염은 토양 입자에 단단히 결합되지 않아 비나 관개에 의해 토양에서 쉽게 씻겨 내려간다. 결과적으로 화학 비료는 종종 토양의 자연 재활용 능력을 능가한다.

이 문제가 얼마나 광범위하게 퍼질 수 있는지를 보여주는 예로, 중서부 농경지에서 발생하는 질소 유출은 매년 여름 멕시코만에서 관찰되는 '데드 존(dead zone)'과 관련이 있다. 미시시피강 하구에서 영양분이 풍부한 물이 퇴적되는 곳까지 광대한 조류가 번성한다. 조류가 죽으면 엄청난 양의 생물량이 분해되면서 13,000~22,000 km^2에 이르는 면적에 용존 산소 공급이 감소한다(**그림 37.22B**). 산소의 고갈은 저서생물 군집(benthic community)을 파괴하는데 이동이 가능한 어류와 무척추동물을 제거하고 고착물에 붙어 있는 생물체를 죽인다. 전 세계 해역에서 약 245,000 km^2에 달하는 400개 이상의 반복적이고 영구적인 해안 데드 존이 기록되었다.

? 호수에 무기질 영양분을 과도하게 첨가하면 결국 많은 어종이 사라지게 될까?

■ 영양분은 처음에 조류와 남세균의 개체군 붐을 일으킨다. 조류와 남세균이 죽으면서 이들의 호흡과 모든 사체를 분해하는 분해자의 호흡은 물고기가 필요로 하는 호수의 산소 대부분을 소비한다.

▲ **그림 37.22A** 영양 오염으로 인한 이리(Erie) 호수에서의 남세균의 증가

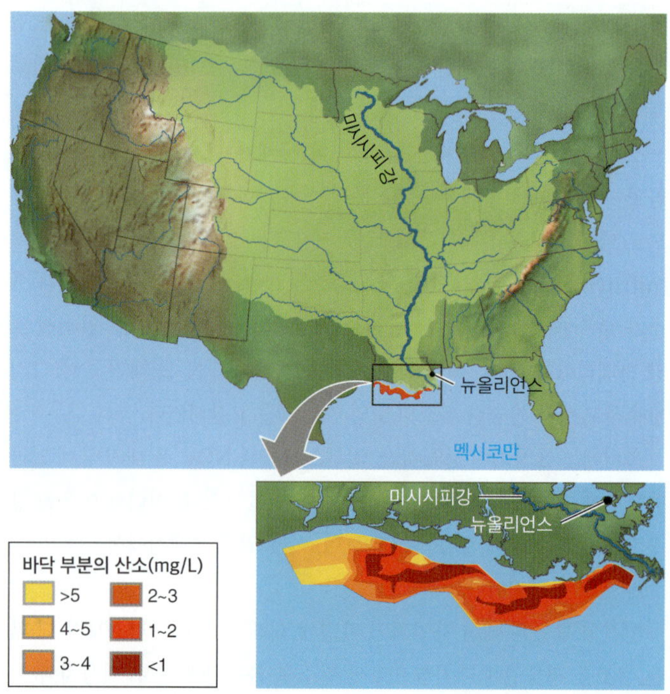

▲ **그림 37.22B** 2015년 8월 영양분 유출로 인한 멕시코만의 산소 고갈

37.23 생태계 서비스는 인간의 복지에 필수적이다

연결 예를 들어, 자연 생태계는 우리에게 신선한 물과 어패류와 같은 식량을 공급함으로써 사람들에게 직접적인 혜택을 제공한다(**그림 37.23A**). 자연 식생은 비옥한 토양을 유지하고 산사태를 예방하는 데 도움이 된다. 또한 건강한 생태계는 영양분을 재활용하고, 폐기물을 분해하며, 기후와 대기질을 조절하는 데도 중요한 역할을 한다. 습지는 해일과 허리케인으로부터 해안가 개체군을 완충작용으로 보호하고, 범람하는 강의 영향을 줄이며, 오염물질을 여과한다.

우리가 만들어내는 생태계는 우리의 복지에도 필수적이다. 예를 들어, 농업 생태계는 우리가 먹는 식량과 섬유의 대부분을 공급한다. 이러한 생태계는 우리가 관리하지만, 자연 생태계를 변형한 것으로 천적에 의한 농작물 해충 방제, 농작물 수분(pollination) 등 생태계 서비스를 이용한다. 농작물 성장의 기반이 되는 토양 비옥도는 또 다른 생태계 서비스인 양분 순환에 의존한다. 그러나 지난 수십 년 동안 도입된 농법으로 인해 농경지는 자연적인 식량 생산 능력을 넘어섰다. 토양 영양분을 보충하기 위해 화학 비료를 대량으로 투입해야 한다. 합성 살충제는 농작물 종의 광대한 단일재배를 이용하는 작물을 먹는 곤충과 병원균의 개체군 증가를 통제하기 위해 사용된다. 물과 영양분을 놓고 농작물과 경쟁하는 잡초를 죽이기 위해 제초제가 사용된다. 많은 지역에서 농작물은 관개를 통해 추가적으로 물을 공급받아야 한다.

식량, 섬유, 물에 대한 인구의 수요 증가는 대부분 다른 생태계 서비스를 희생하면서 충족되었다. 이전 절에서 논의한 영양소 유출의 해로운 영향은 비료 사용이 증가함에 따라 담수 및 해양 생태계 모두에 영향을 미치고 있다. 살충제는 해충뿐만 아니라 유익한 생물도 죽일 수 있으며, 앞서 배운 것처럼 환경에 잔류하는 화학물질은 발생지로부터 멀리까지 운반될 수 있다(34.2, 34.18, 35.16절 참조). 아마도 가장 걱정스러운 것은 비옥한 토양의 악화일 것이다. 개간과 경작으로 인해 토지는 바람과 물에 노출되어 풍부한 표토(topsoil, 상토)를 침식한다.

침식과 토양의 황폐화는 특히 강수량이 적고 증발 속도가 빨라 토양 수분이 부족해지는 초원, 사바나(savanna), 일부 산림 생태계에서 심각하게 나타나고 있다. 최근 몇 년 동안 과잉 경작 지역을 휩쓸고 지나가는 먼지 폭풍으로 인해 이러한 위협을 받는 생태계에서 수백만 톤의 표토가 제거되었다. 예를 들어, 중국에서는 과도한 방목과 기타 열악한 농업의 관행으로 인해 매년 로드아일랜드 면적에 해당하는 2,330 km^2의 땅이 사막으로 변하고 있으며, 대규모 먼지 폭풍이 발생해 도시를 뒤덮고 있다(**그림 37.23B**). 건조한 땅에 관개를 하면 농부들은 농작물을 재배할 수 있지만, 결국 염분 찌꺼기를 남기게 되어 식물의 성장을 막게 된다. 또한 이 지역의 인구 증가로 인해 이미 부족한 물 공급원에 대한 수요가 증가하고 있다.

생태계 서비스의 손실은 일부 지역을 기후변화의 영향에 더욱 취약하게 만들고 있다. 해안 습지는 해수면 상승과 허리케인의 강도에 대한 중요한 방어선이다. 기후변화로 인해 집중호우가 더 자주 발생함에 따라 내륙 습지는 하류의 농장과 도시에 필수적인 홍수 보호 기능을 제공한다. 또한 토양에 물을 저장하고 지하수층을 재충전하여 가뭄 기간 동안 농작물뿐만 아니라 생물 군집의 생존을 보장한다. 그러나 1900년 이후 전 세계 습지의 절반이 개발, 침입종, 영양 오염, 농업을 위한 배수, 하천 댐의 건설, 인구의 급증에 따른 담수의 소비 등으로 파괴돼 사라졌다. 2009년(데이터를 사용할 수 있는 마지막 해)에는 미국 연안에서 매년 325 km^2의 속도로 해안 습지가 사라지고 있었다.

▲ **그림 37.23A** 알래스카 남동부 채텀 해협(Chatham Strait)에서 핑크 연어 조업

생태계 서비스는 **지속가능성(sustainability)**의 핵심 요소로, 미래 세대의 필요를 충족할 수 있는 능력을 손상시키지 않으면서 현재 사람들의 요구를 충족하는 방식으로 지구의 자원을 개발, 관리, 보전하는 것을 목표로 한다. 과학자들은 개체군, 군집, 생태계 생태학에 대한 지식을 자연 생태계를 보전하고 우리가 이미 행한 일부 생태학적 손상을 회복하기 위해 적용하고 있다.

▲ **그림 37.23B** 중국 창링의 먼지 폭풍은 인근의 황폐화된 농지로 인해 발생했다.

? 습지는 어떤 생태계 서비스를 제공하는가?

■ 습지는 해안 지역을 폭풍의 피해로부터 보호하고, 어패류를 제공하며, 오염물질을 걸러내고, 홍수를 줄여주는 역할을 한다.

CHAPTER

37 복습

개념 복습하기

군집 구조와 역학(37.1~37.13)

37.1 군집은 특정 지역에 서식하는 모든 생명체를 말한다. 군집생태학은 군집의 종 구성에 영향을 미치는 요인과 군집의 역학에 영향을 미치는 인자에 대해 연구한다.

37.2 종간 상호작용은 군집 구조의 기본이다. 종간 상호작용은 상호작용하는 개체군에 미치는 영향에 따라 분류할 수 있다.

37.3 공유 자원이 한정된 경우 경쟁이 발생할 수 있다.

37.4 상리공생은 두 종 모두에게 이익이 된다.

37.5 포식은 먹이 종의 다양한 적응으로 이어진다.

37.6 식물은 초식동물에 대해 다양하게 적응한다. 일부 초식동물과 식물의 상호작용은 공동진화 또는 상호 진화적 적응을 보여준다.

37.7 기생충과 병원체는 군집 구성에 영향을 미칠 수 있다.

37.8 영양 구조는 군집의 역학관계에서 핵심 요소다. 영양 구조는 먹이사슬로 표현할 수 있다.

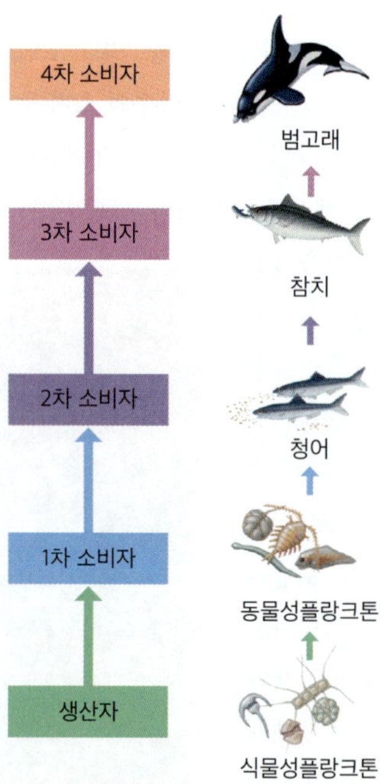

수중 먹이사슬

37.9 먹이사슬은 서로 연결되어 먹이그물을 형성한다.

37.10 종 다양성은 종 풍부도와 상대적 풍부도를 포함한다. 따라서 다양성은 군집 내 종의 수와 각 종이 군집에서 차지하는 비율을 모두 고려한다.

37.11 일부 종은 다양성에 불균형적인 영향을 미친다. 핵심종은 생물량이나 상대적 풍부도가 낮지만, 군집에서 제거되면 종 다양성이 낮아진다.

37.12 교란은 대부분의 군집에서 두드러진 특징이다. 생태적 천이는 군집의 종 구성이 전환되는 것을 말한다. 1차 천이는 불모의 암석에 점진적으로 군락이 형성되는 것을 말한다. 2차 천이는 교란으로 인해 군집이 파괴되었지만 토양은 그대로 남았을 때 발생한다.

37.13 침입종은 군집을 파괴할 수 있다. 인간의 행동에 의해 원주민이 아닌 서식지로 유입되어 원주민 공동체를 희생시키면서 자리를 잡은 생물은 침입종으로 간주된다.

생태계 구조와 역학(37.14~37.23)

37.14 생태계 생태학은 에너지 흐름과 화학적 순환을 강조한다. 생태계에는 군집과 이 군집과 상호작용하는 무생물 인자가 포함된다.

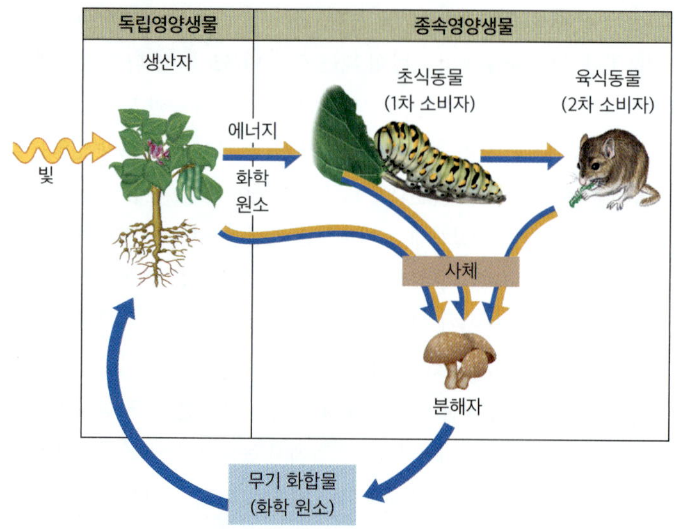

37.15 1차 생산은 생태계의 전체 에너지양을 결정한다.

37.16 에너지 공급은 먹이사슬의 길이를 제한한다. 에너지 피라미드는 생산자에서 1차 소비자로, 그리고 더 높은 영양 단계로 이어지는 에너지 흐름을 보여준다. 각 영양 단계에 저장된 에너지의 약 10%만 다음 단계로 이동할 수 있다.

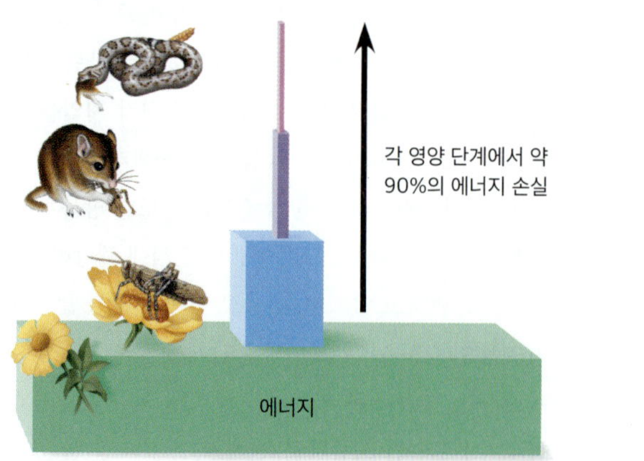

37.17 에너지 피라미드는 육류의 생태학적 비용을 설명한다. 옥수수 밭 하나가 육식을 하는 사람보다 더 많은 채식주의자를 부양할 수 있다.

37.18 화학물질은 유기물과 무생물 저장소 사이에서 순환한다.

37.19 탄소 순환은 광합성과 호흡에 의존한다.

37.20 암석의 풍화작용에 따라 인의 순환이 달라진다.

37.21 질소 순환은 박테리아에 의존한다. 토양(및 일부 식물의 뿌리혹)의 다양한 박테리아는 기체 상태의 질소(N_2)를 암모늄(NH_4^+)과 질산염(NO_3^-)같이 식물이 사용할 수 있는 화합물로 전환한다.

37.22 영양분의 급격한 유입은 수생 생태계를 퇴화시킨다. 비료 등 공급원으로부터 유입되는 영양분은 급격한 부영양화를 일으켜 호수, 강, 연안 해역의 종 다양성 감소와 산소의 고갈을 초래한다.

37.23 생태계 서비스는 인간의 복지에 필수적이다. 우리는 자연 생태계가 제공하는 서비스에 의존하고 있다.

개념 연결하기

1. 아래 표의 빈칸에 군집에서의 종간 상호작용을 요약하여 채우시오.

종간 상호작용	종 1에 미치는 영향	종 2에 미치는 영향	예
	+	−	
	−	−	
	+	−	
	+	−	
	+	+	

2. 육상 영양 순환을 요약한 아래 표의 빈칸을 채우시오.

	탄소	인	질소
주요 무생물 저장소			
무생물 저장소 형태			
생산자가 사용하는 양식			
주기를 변화시키는 인간 활동			
주기 변경의 효과			

학습 평가하기

1단계 : 지식과 이해력 평가

3. 다음 중 생태계의 기능에 절대적으로 필수적인 그룹은?
   a. 생산자
   b. 생산자와 초식동물
   c. 생산자, 초식동물, 육식동물
   d. 생산자와 분해자
4. 농작물에 적절한 질소를 공급하기 위해 농부는 토양 박테리아에 의한 ________을/를 감소시키려고 한다.
   a. 질화
   b. 탈질화
   c. 질소고정
   d. a, c
5. 다음 중 교란과 일치하지 않는 천이는?
   a. 숲 바람 불기—2차 천이
   b. 버려진 들판—1차 천이
   c. 황무지 화재— 2차 천이
   d. 빙하의 후퇴—1차 천이
6. 다음 중 경쟁에 관한 진술 중 거짓은 무엇인가?
   a. 일반적으로 경쟁은 수용력을 낮춘다.
   b. 경쟁은 한 종이 다른 종보다 유리하다.
   c. 지위가 부분적으로 겹치는 종은 공존할 수 없다.
   d. 두 개체군 사이 지위의 중첩은 종 중 하나를 제외하여 연구한다.
7. 대양과 열대 우림이 지구의 1차 순생산량에 가장 크게 기여하는 이유는?
   a. 둘 다 1차 순생산량이 높다.
   b. 둘 다 지구의 넓은 표면적을 덮고 있다.
   c. 영양소는 이 두 생태계에서 가장 빠르게 순환을 이룬다.
   d. 바다는 넓은 표면적을 차지하고 열대 우림은 높은 생산량을 자랑한다.

2단계 : 응용과 분석력 평가

8. 섬과 해안 본토 지역이 외래종의 서식지가 되는 이유는 무엇인가?
9. 급속한 부영양화란 무엇인가? 이 과정을 늦추기 위해 어떤 조치를 취할 수 있는가?
10. 동남아시아에는 이런 옛 속담이 있다. "언덕에는 호랑이 한 마리만 있다." 호랑이나 상어와 같은 대형 포식 동물이 상대적으로 드문 이유를 생태계의 에너지 흐름 측면에서 설명하시오.
11. 인 순환에서 분해자는 어떤 역할을 하는가?
12. 박테리아는 질소 순환에서 어떤 역할을 하는가?

3단계 : 종합평가

13. **과학적 사고** 사막에서 식물을 연구하는 한 생태학자가 다음과 같은 실험을 수행했다. 그녀는 쑥부쟁이 식물 몇 개와 작은 일년생 야생화 여러 개가 있는 2개의 동일한 구획에 말뚝을 박았다. 두 구획에서 거의 같은 수의 동일한 야생화 5종을 발견했다. 그런 다음 이 지역에서 가장 흔한 곡식을 먹는 캥거루쥐를 막기 위해 한 구획을 울타리로 둘러쌌다. 2년 후 놀랍게도 울타리가 쳐진 구획에서는 야생화 4종이 더 이상 존재하지 않았지만 한 종은 급격히 증가했다. 대조군은 변하지 않았다. 생태학의 원리를 사용하여, 연구 결과를 설명할 수 있는 가설을 제안하시오. 여러분의 가설을 뒷받침할 수 있는 추가 증거는 무엇인가?
14. 고전적인 연구에서 존 틸(John Teal)은 염습지 생태계의 에너지 흐름을 측정했다. 아래 표는 그의 결과 중 일부를 보여준다.

에너지 형태	Kcal/m²/연
햇빛	600,000
생산자의 화학 에너지	6,585
1차 소비자의 화학 에너지	81

자료: J. M. Teal, Energy flow in the salt marsh ecosystem of Georgia, *Ecology* 43: 614-24 (1962).

   a. 햇빛에 포함된 에너지의 몇 퍼센트가 화학 에너지로 변환되어 식물 생물량에 통합되었는가? 이 새로운 생물량을 설명하는 용어는 무엇인가?
   b. 식물 생물량의 에너지 중 몇 퍼센트가 1차 소비자의 체내로 흡수되었는가? 나머지 에너지는 어떻게 되었는가? (그림 37.16A 참조)
   c. 2차 소비자가 사용할 수 있는 에너지는 얼마나 되는가? 1차 소비자의 에너지 전달 효율을 바탕으로 3차 소비자가 사용할 수 있는 에너지의 양을 추정하시오.

CHAPTER

38 보전생물학

38.0 우리의 행동이 관건이다

로키산맥의 극한에서는 강인한 동물만이 살아남는다. 작은 아메리칸 피카(pika, 토끼의 친척)는 겨울철 먹이를 저장하는 바위 더미에 숨어 뜨거운 태양을 피한다. 겨울에는 깊은 눈에 의존해 추위로부터 집을 단열한다. 피카는 포식자나 도둑 같은 주위의 동물로부터는 스스로를 지킬 수 있지만, 여름의 찌는 듯한 더위와 겨울에 충분히 덮을 정도로 눈이 내리지 않는 지구 기온 상승을 이겨내지 못한다. 2010년, 피카는 멸종위기종으로 지정될 위기에 처했다.

전 세계 과학자들이 인간 활동의 결과라고 동의하는 기후변화는 전례 없는 속도로 지구의 대기를 상승시키고 있다. 기후변화의 영향은 이미 녹아내리는 빙상, 해수면 상승, 치명적인 화재, 극심한 날씨로 나타나고 있다. 다양한 생물을 일컫는 생물다양성도 급변하는 환경의 희생양이 될 것이다. 이 장에서는 피카 한 마리부터 피카의 고향인 생태계까지, 모든 단계에서 우리의 자연 유산을 보호하기 위해 노력하는 보전생물학에 대해 알아본다.

핵심 개요

생물다양성의 소실(38.1~38.6)

인간의 활동으로 인해 전 세계적으로 생물다양성이 급격히 감소하고 있다.

보전생물학과 복원생태학(38.7~38.13)

생물학자들은 생태학에 대한 지식을 적용하여 생물다양성 감소를 늦추고 지구의 지속가능한 미래를 정의하는 데 도움을 준다.

생물다양성의 소실

38.1 생물다양성 소실에는 생태계, 종, 유전자의 소실이 있다

우리는 왜 생물다양성이 소실되는 데 관심을 가질까? 한 가지 이유는 하버드 대학교 생물학자 윌슨(E. O. Wilson)이 생물애(biophilia)라고 부르는 것, 즉 자연과 다른 형태의 생명에 대한 연대감 때문이다. 또 다른 이유는 많은 사람들이 다른 종도 생명에 대한 고유한 권리를 가지고 있다는 도덕적 신념을 공유하고 있기 때문이다. 그러나 중요한 생태계 서비스에 대한 우리의 의존도 또한 생물다양성을 보전해야 하는 실질적인 이유를 제공한다(37.23절 참조).

생물다양성(biodiversity)에는 생태계 다양성, 종 다양성, 유전학적 다양성 등 여러 측면이 있다. 다양성의 각 단계를 살펴보고 감소를 막지 못하면 우리가 잃을 수 있는 것이 무엇인지 알아보자.

생태계 다양성 전 세계의 자연 생태계가 빠르게 사라지고 있다. 지구 숲의 거의 절반이 사라졌고 매년 수천 평방킬로미터가 더 사라지고 있다. 19세기까지만 해도 수백만 마리의 들소가 거닐던 북미의 초원 생태계(그림 34.13 참조)는 농업과 개발로 인해 심각하게 소실되었다.

클라매스-시스키유 야생지대(Klamath-Siskiyou wildlands, **그림 38.1A**)의 온대침엽수림은 캘리포니아주와 오리건주 일부 지역에 걸쳐 있으며 생태계 다양성이 매우 풍부한 지역이다. 독특한 지중해성 관목지대(chaparral) 생태계(그림 34.12 참조) 외에도 세쿼이아, 더글러스 전나무 숲, 해안 사구, 염습지 및 기타 다양한 생태계가 빠르게 사라지고 있는 이 생물다양성의 보고에서 발견할 수 있다. 원래 면적의 약 1/4만이 자연 상태로 남아 있다.

수중 생태계도 위협받고 있다. 예를 들어, 종의 풍부함과 생산성으로 유명한 생태계인 전 세계 산호초의 약 20%가 인간 활동에 의해 파괴되었으며, 15%는 향후 20년 이내에 붕괴될 위험에 처해 있다(그림 34.6B 참조). 특히 담수 생태계의 악화가 우려되는 상황이다. 수만 종의 생물종이 호수와 강에 살고 있으며, 이러한 생태계는 우리를 포함한 많은 육상 생물종에게 식량과 물을 공급한다.

자연 생태계가 사라지면 필수 서비스도 사라진다. 수질 정화는 건강한 생태계가 무상으로 제공하는 서비스 중 하나다. 물이 숲, 하천, 습지를 통해 천천히 이동하면서 오염물질과 퇴적물이 걸러진다. 호수와 같은 지표수에서 물을 취하든 지하수에서 물을 취하든, 공공 상수도 시스템에서 공급하는 식수는 일반적으로 이러한 자연 여과 과정을 거친다. 뉴욕시를 비롯한 일부 지역에서는 미생물을 죽이기 위해 염소 처리를 하지만 더 이상의 여과가 필요 없다. 그러나 뉴욕시 하천 유역의 자연적으로 다양한 생태계가 농경지와 주택 개발로 대체되면서 땅의 수질 정화 능력이 악화되었다. 농업 유출수와 하수로 인한 추가 오염으로 수질은 뉴욕시가 조치를 취해야 할 정도로 나빠졌다. 당국은 80억 달러를 들여 여과시설을 건설하는 방안을 고려했지만, 이 시설을 운영하려면 하루에 100만 달러가 더 든다. 대신 저비용의 생태계 서비스에 투자하기로 결정했다. 하천 유역 내 토지 사용을 더 엄격하게 제한하고, 자연 생태계를 보전하기 위해 토지를 매입하고, 토지 소유주가 하천 유역을 보호하기 위해 토지를 더 잘 관리하도록 돕는 등의 조치가 포함됐다. 이러한 조치의 결과로 뉴욕시에 공급되는 자연적으로 여과된 물의 수질은 여전히 높은 수준을 유지하고 있다.

종 다양성 생태계가 사라지면 그 생태계를 구성하는 종의 개체군도 사라진다. 예를 들어, 로키산맥의 한 지역에서는 아메리칸 피카 개체군이 사라졌지만 다른 지역에서는 다른 개체군이 생존하는 것처럼, 한 종은 지역 생태계에서 사라졌지만 다른 지역에는 남아 있을 수 있다. 생태학자들은 한 종의 단일 개체군이 사라지는 것을 **절멸(extirpation)**이라고 한다. 멸종과 개체군의 감소는 한 종에 문제가 있다는 강력한 신호지

▼ 그림 38.1A 다양한 생태계가 존재하는 클라매스-시스키유 야생지대

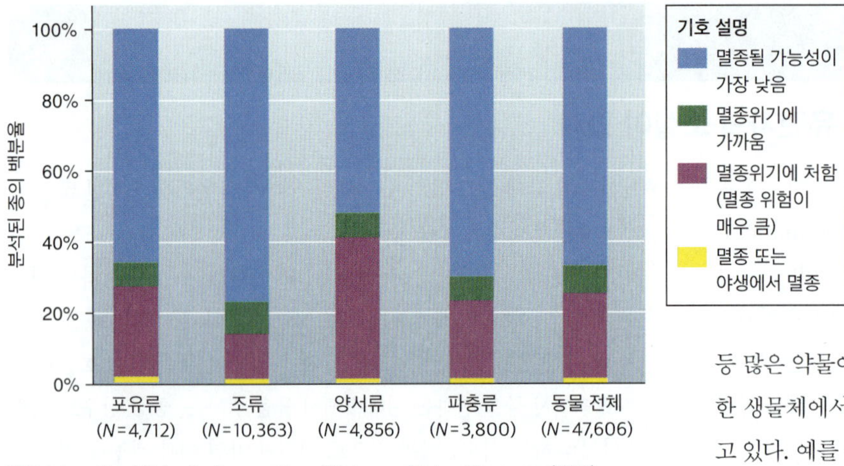

자료: International Union for Conservation of Nature and Natural Resources (2018).

▲ **그림 38.1B** 멸종 위험에 처한 종에 대한 2015 IUCN의 평가 결과(N = 평가 대상 종 수)

만, 여전히 그 종을 구할 수 있을 수도 있다. **멸종(extinction)**은 한 종의 모든 개체군이 사라진 것을 의미하며, 이는 돌이킬 수 없는 상황이다.

종이 얼마나 빠르게 사라지고 있을까? 생물학자들은 현존하는 종의 총 수를 정확히 알 수 없기 때문에 실제 종의 소실속도를 파악하기는 어렵다. 일부 과학자들은 현재의 멸종속도가 자연적인 멸종속도보다 약 100배 더 빠르다고 추정한다. 세계자연보전연맹(International Union for Conservation of Nature, IUCN)은 전 세계 종의 현황을 추적하는 글로벌 환경 조직이다. **그림 38.1B**는 6만 8,000여 종의 동물과 4개의 주요 그룹에 속하는 동물에 대한 2018년 IUCN의 평가를 보여준다. 멸종위기에 처한 것으로 간주되는 양서류의 비율이 높은 것을 주목하자. 병꼴균류(chytrid)로 인한 질병(17.14절 참조)이 양서류의 감소 원인 중 하나다. 양서류는 기후변화에도 취약하다.

지구의 생명체를 지탱하는 **상호작용**의 좋은 예인 생태계 내 다양한 종의 개체군 간 상호작용 때문에 한 종의 소실은 생태계 전체 종 풍부도에 부정적인 영향을 미칠 수 있다. 핵심종은 이러한 효과를 설명한다(37.11절 참조). 다른 종들은 종 다양성을 촉진하는 방식으로 서식지(habitat)를 변화시킨다. 예를 들어, 대초원 생태계에서 식물과 절지동물의 다양성은 동물이 땅을 파서 토양이 변화된 프레리도그(prairie dog, 개쥐) 굴 근처에서 가장 높다(**그림 38.1C**). 버려진 굴은 코튼테일토끼, 구멍을 파는 올빼미와 기타 동물에게 집을 제공한다. 따라서 프레리도그의 멸종은 초원 군집의 종 다양성을 감소시키는 결과를 초래한다.

▼ **그림 38.1C** 자신들이 판 굴 근처에 있는 어린 검은꼬리 프레리도그(*Cynomys ludovicianus*) 한 무리

미국에서는 멸종위기종보호법(Endangered Species Act)을 통해 멸종위기종과 해당 종이 의존하는 생태계를 보호하고 있다. 다른 많은 국가에서도 생물다양성 보호를 위한 법률을 제정했으며, 국제협약에 따라 야생 동식물 약 3만 3,000종의 생존을 위협하는 무역으로부터 보호하고 있다.

종의 소실은 인간의 복지에도 실질적인 영향을 미친다. 페니실린, 아스피린, 말라리아 치료제, 항암제 등 많은 약물이 자연계에서 발견되는 물질에서 개발되었다. 현재 다양한 생물체에서 수십 가지의 잠재적으로 유용한 화학물질이 더 연구되고 있다. 예를 들어, 연구자들은 해양 해면동물의 미생물 공생체가 생산하는 새로운 항생제, 독개구리 종에서 추출한 진통제, 열대 우림 식물에서 발견되는 화합물에서 추출한 항HIV 및 항암제를 시험 중이다.

유전자 다양성 한 종의 개체군 내 그리고 개체군 간 유전적 다양성은 미래의 환경 변화에 대비한 울타리인 소진화(microevolution)와 환경 적응을 가능하게 하는 원재료다. 지역 개체군이 사라져 한 종의 전체 개체 수가 감소하면 그 종의 유전자원도 함께 줄어든다. 유전적 변이의 심각한 감소는 종의 생존을 위협한다.

▲ **그림 38.1D** 최근 곰팡이 질병으로 위협받는 캐번디시 바나나

지구상에 존재하는 모든 생물체의 엄청난 유전적 다양성은 인간에게도 큰 잠재적 혜택을 가져다준다. 육종 프로그램은 농작물 식물의 유전적 다양성을 소수의 품종으로 좁혀 병원균에 취약하게 만들었다(17.11절 참조). 예를 들어, 상업적으로 재배되는 거의 모든 바나나는 캐번디시 품종인데, 이는 이전 품종이 곰팡이에 의해 사실상 전멸했기 때문이다. 예상대로 새로운 곰팡이가 캐번디시를 위협하고 있다. 연구자들은 최근 야생 친척 바나나(**그림 38.1D**)의 유전자를 사용하여 이 곰팡이에 내성이 있는 캐번디시 품종을 만들었다. 많은 연구 및 생명공학 분야의 리더들은 다른 생물체에서 잠재적으로 유용한 유전자를 찾는 '바이오프로스펙팅(bioprospecting)'이 신약, 산업용 화학물질 및 기타 제품 개발에 가져올 가능성에 열광하고 있다.

생물다양성의 본질과 가치에 대해 어느 정도 이해했으니 이제 그 감소 원인을 좀 더 자세히 살펴보자.

? 생물다양성 위기가 인간 복지에 미치는 영향에 대해 우려해야 하는 두 가지 이유는 무엇인가?

■ 다른 종을 위협하는 환경적 파괴는 우리에게도 해를 끼칠 수 있다. 우리는 생물과 그 생성물의 이용을 통해 직접적으로, 그리고 생태계 서비스를 통해 간접적으로 생물다양성에 의존하고 있다.

38.2 서식지 소실, 침입종, 남획, 오염, 기후변화는 생물다양성에 대한 주요 위협이다

연결 지난 세기 동안 인구는 기하급수적으로 증가했다. 우리는 식량을 포획하거나 생산하고, 환경적 자원을 추출하고, 도시를 건설하는 데 점점 더 효과적인 기술을 사용함으로써 이러한 성장을 뒷받침해 왔다. 선진국에서는 식량과 주거에 대한 기본적인 요구 사항을 충족하는 데 필요한 것보다 훨씬 더 많은 자원을 소비하고 있다(그림 36.11 참조). 따라서 인간의 활동이 현재의 생물다양성 감소에 큰 책임이 있다는 사실은 놀랍지 않다. 이 절에서는 생물다양성을 위협하는 주요 요인에 대해 살펴본다.

서식지 소실 인간의 서식지 변경은 생물권 전체에서 생물다양성에 가장 큰 위협이 되고 있다. 농업, 도시 개발, 임업, 광업, 환경 오염은 서식지의 대규모 파괴와 조각화를 가져왔다. 삼림의 벌채는 열대림과 침엽수림에서 놀라운 속도로 계속되고 있다(**그림 38.2A**).

인간에 의해 변화된 지표면의 양은 50%에 육박하고 있으며, 우리는 접근 가능한 지표 담수의 절반 이상을 사용하고 있다. 전 세계 주요 하천의 자연적인 흐름이 대부분 바뀌었다. 전 세계적으로 홍수 조절, 수력 발전, 식수, 관개 등을 위해 건설된 수만 개의 댐이 강과 습지 생태계를 손상시켰다. 생산성이 가장 높은 강어귀와 조간대 습지의 일부 수생 서식지는 상업 및 주거 개발로 인해 잠식되었다. 해양 서식지 소실은 특히 해안 지역과 산호초에서 심각하다.

침입종 생물다양성에 대한 위협으로 서식지 소실에 이어 2위를 차지하는 것은 토착종과 경쟁, 포식 또는 기생하여 군집을 교란하는 침입종이다. 외래종이 침입종이 되는 핵심 요인은 외래종 개체군을 견제하는 종간 상호작용의 부족이다(37.13절 참조). 한편, 새로 도착한 종은 토착종의 환경에 익숙하지 않은 생물 인자다. 새로운 종이 전례 없는 위협을 가할 때 토착종은 특히 취약하다. 예를 들어 포식자와의 진화 역사가 없는 동물은 방어 기작이 부족하거나 위험에 대한 근본적인 인식조차 없을 수 있다.

▲ **그림 38.2A** 워싱턴주 마운트 베이커-스노퀄미 국유림(Mount Baker-Snoqualmie National Forest)의 개간지

태평양 섬 괌에는 13종의 산림 조류가 서식하고 있었지만 토종 뱀은 없었는데, 갈색나무뱀(**그림 38.2B**)이 화물기에 밀항하여 도착했다. 경쟁자나 포식자, 기생생물이 없는 상황에서 이 뱀은 경계하지 않는 새를 먹이로 삼아 빠르게 번식했다. 인근 섬에서 살아남긴 했지만, 토종 새 6종이 절멸했다. 괌 외에 다른 곳에는 살지 않았던 새 한 종은 최근 멸종했다. 다른 두 종의 새는 개체군이 위험할 정도로 줄어들자 당국은 남은 개체들을 보호소로 데려갔고, 지금은 동물원에서만 볼 수 있다. 갈색나무뱀은 바닷새와 도마뱀의 종도 멸종시켰다.

남획 생물다양성에 대한 또 다른 주요 위협은 개체군의 회복력을 초과하는 속도로 야생동물을 과도하게 채취하는 것이다. 이러한 남획으로 인해 마호가니, 자단 등 귀중한 목재를 생산하는 희귀한 나무들이 위협받고 있다. 과도한 상업적 수확, 밀렵, 스포츠 사냥으로 인해 개체 수가 급격히 감소한 동물 종으로는 호랑이, 고래, 코뿔소, 갈라파고스 거북, 수많은 물고기 등이 있다. 아프리카, 아시아, 남미 일부 지역에서는 야생동물이 식용으로 많이 사냥되고 있으며, 아프리카의 '부시미트(bushmeat)'라는 용어는 이러한 고기를 일반적으로 지칭하는 데 사용된다. 한때는 뚫을 수 없었던 숲이 개발 대상으로 개방되면서 상업적인 부시미트 거래는 고릴라, 침팬지, 여러 종의 원숭이를 포함한 영장류와 다른 포유류, 조류에게 가장 큰 위협이 되었다. 더 이상 현지에서만 사냥되는 것이 아니라 대량의 부시미트가 도시 시장에서 판매되거나 미국을 포함한 전 세계로 수출되고 있다.

수생 생물도 과도한 포획으로 고통받고 있다. 많은 식용 해양 어류와 해산물 종들이 불안정한 상태에 놓여 있다(36.8절 참조). 전 세계적으로 어선들은 지난 수십 년과 비슷한 어획량을 얻기 위해 더 먼 바다에서 작업하고 더 깊은 수심에서 어류를 포획하고 있다.

오염 인간 활동에 의해 방출되는 오염물질은 지역과 전 세계에 영향

▲ **그림 38.2B** 갈색나무뱀(*Boiga irregularis*)

▲ 그림 38.2C 2010년 브리티시 페트롤리엄 석유 시추시설 폭발 사고의 영향을 받은 루이지애나 해안의 갈색 펠리컨

을 미칠 수 있다. 기름 유출과 같은 일부 오염물질은 제한된 지역을 오염시킨다(**그림 38.2C**). 그러나 지구의 물 순환은 육지에서 사용된 살충제와 같은 오염물질을 수백 마일 떨어진 육상 생태계로 운반할 수 있다. 화석연료의 연소로 인한 질소산화물과 같이 대기 중으로 배출되는 오염물질은 수 마일 상공으로 운반되어 산성비 형태로 지구에 떨어질 수 있다.

대기 상층의 오존층 파괴는 오염이 전 세계에 미치는 영향을 보여주는 또 다른 예다. **오존층(ozone layer)**은 햇빛의 유해한 자외선으로부터 지구를 보호하는 역할을 한다. 1970년대부터 과학자들은 오존층이 점차 얇아지고 있다는 사실을 깨달았다. 오존층 파괴가 지구 생명체에 미치는 영향은 피부암을 증가시키고 농작물과 자연 군집, 특히 지구 1차 생산의 대부분을 담당하는 식물성플랑크톤에 해를 끼치는 등 심각한 결과를 초래할 것이라고 경고했다. 오존 파괴와 관련된 화학물질의 생산을 단계적으로 중단하기로 한 국제협약은 오존층 파괴 속도를 늦추는 데 효과적이었다. 그럼에도 불구하고 완전한 오존 회복에는 수십 년이 걸릴 것으로 보인다.

산업 폐기물에 의해 생성되거나 농약으로 사용되는 많은 독소는 발생지에서 멀리 떨어진 지역으로 운반될 뿐만 아니라 먹이사슬을 통과하면서 농축된다. 이러한 농축, 즉 **생물증폭(biological magnification)**은 특정 영양 단계의 생물량이 아래 단계(37.16절 참조)에서 섭취된 훨씬 더 큰 독소 함유 생물량으로부터 생성되기 때문에 발생한다. 따라서 최상위 단계의 소비자는 일반적으로 환경의 독성 화합물에 의해 가장 심각한 피해를 입는 생명체다. **그림 38.2D**에 표시된 북극 먹이사슬에서 PCB라는 산업 화학물질의 농축은 각 연속적인 영양 단계마다 증가했다. 이 지역의 사람들은 다른 많은 음식과 함께 생선을 먹는다. 사람 모유의 PCB 농도는 동물성플랑크톤에서 측정된 것보다 300배 이상 높았다. 최상위 소비자인 북극곰의 PCB 농도는 동물성플랑크톤 수치의 거의 5,000배에 달했다. 이 밖에도 살충제인 DDT, 플라스틱 생산과 석탄 화력 발전소의 부산물인 수은 등 미생물에 의해 분해되지 않는 합성 화학물질도 생물증폭을 통해 농축된다. 임산부는 특정 생선의 섭취를 제한하는 것이 좋다.

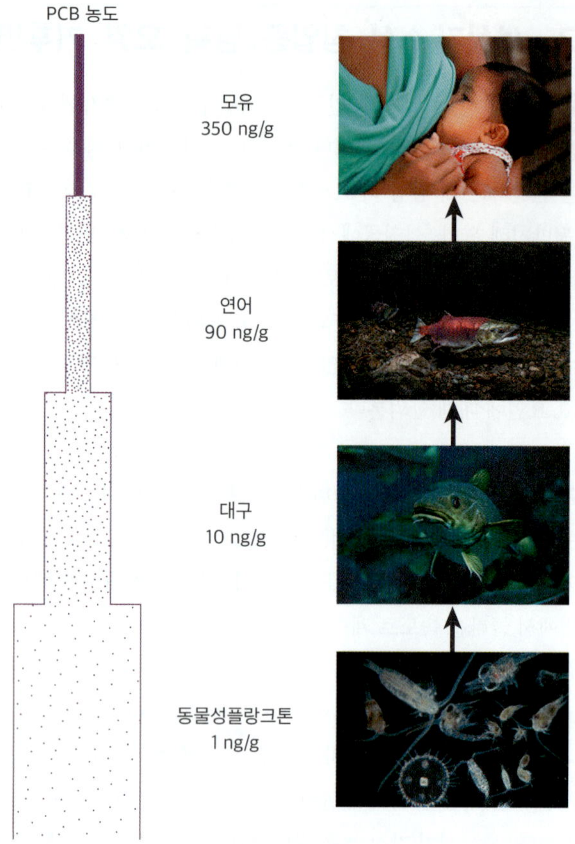

▲ 그림 38.2D 먹이사슬에서 PCB의 생물증폭(ng/g 단위로 측정)

최근 과학자들은 바다와 오대호에서 새로운 유형의 오염물질, 즉 동물성플랑크톤이 먹을 수 있을 만큼 작은 플라스틱 입자를 발견했다. 많은 바디 세정제와 세안용품에는 세정력을 높이기 위해 플라스틱 '마이크로비드(microbead)'가 들어가 있다. 폐수 처리장에서 포집하기에는 너무 작은 이 미세 입자는 하천 유역으로 유입되어 결국 바다로 흘러가거나 호수에 모인다. 플라스틱 제품을 만드는 데 사용되는 "너들(nurdles)"이라고 불리는 더 큰 입자도 흔한 수생 오염물질이다. 너들은 바다에서 마이크로비드 크기로 분해될 수 있다. 이러한 플라스틱 구형에는 PCB와 DDT 같은 독소가 달라붙는다. 따라서 독소는 미세 입자에 먼저 농축되고 생물증폭에 의해 다시 농축될 수 있다. 연방법은 2017년 7월 이후 일부 제품에서 마이크로비드의 사용을 금지했다. 그러나 마이크로비드는 문제의 일부일 뿐이다. 매년 880만 톤 이상의 플라스틱이 바다로 흘러 들어간다.

지구의 기후변화 지구 온난화로 인해 발생하는 지구 기후의 변화는 생물다양성 소실의 주요 원인이 될 가능성이 높다. 다음 4개의 절에서는 기후변화의 원인과 결과에 대해 알아본다.

? 생물다양성에 대한 네 가지 위협을 나열하고 각각에 대한 예를 드시오.

■ 서식지 소실—삼림 벌채, 침입종—갈색나무뱀, 남획—부시미트, 오염— PCB, DDT, 수은의 생물증폭(다른 예도 사용할 수 있다.)

38.3 급속한 온난화가 지구 기후를 변화시키고 있다

연결 인간 활동으로 인한 이산화탄소(CO_2), 메탄(CH_4), 아산화질소(N_2O) 같은 대기 중 온실가스 농도 상승이 지구 기후 패턴을 변화시키고 있다(7.14절 참조). 이것이 기후변화에 관한 정부 간 협의체(Intergovernmental Panel on Climate Change, IPCC)가 발표한 가장 최근 보고서의 결론이다. 이 보고서에는 100개국 이상의 과학자와 정책 입안자 수백 명이 참여했으며, 수천 편의 과학 논문에서 발표된 데이터를 기반으로 작성되었다.

온실가스 증가의 주요 영향은 지구 평균 기온의 급격한 상승으로, 1900년 이후 약 1℃가 빠른 속도로 상승했다(**그림 38.3A**). 2018년 IPCC 보고서에 따르면 1.5℃ 이하로 상승폭을 유지하기 위해 온실가스 배출을 극도로 줄여야만 가능하다고 예측한다. 온도 상승은 전 세계에 고르게 분포되어 있지 않다. 가장 큰 상승폭은 북반구 최북단 지역에서 나타나고 있다. **그림 38.3B**에서 빨간색과 진한 주황색 영역은 가장 큰 온도 상승을 나타낸다. 알래스카와 캐나다의 일부 지역에서는 1961년 이후 겨울철 평균 기온이 3.4℃ 이상 상승했다.

온실가스에 의해 갇힌 열의 90% 이상이 바다에 저장되고 있다. 1995년부터 2015년까지 해양 상층부의 열은 매년 1.3×10^{17} kcal 증가했으며, 이는 원자폭탄 500만 개 이상에 해당하는 에너지다. 물이 따뜻해지면 팽창하여 해수면이 상승한다. 그린란드와 남극의 거대한 빙상과 산악 빙하가 녹는 것도 해수면 상승에 기여하고 있다. 이러한 녹는 추세가 가속화되면 해수면 상승은 전 세계 해안 지역에 격변을 일으킬 것이다.

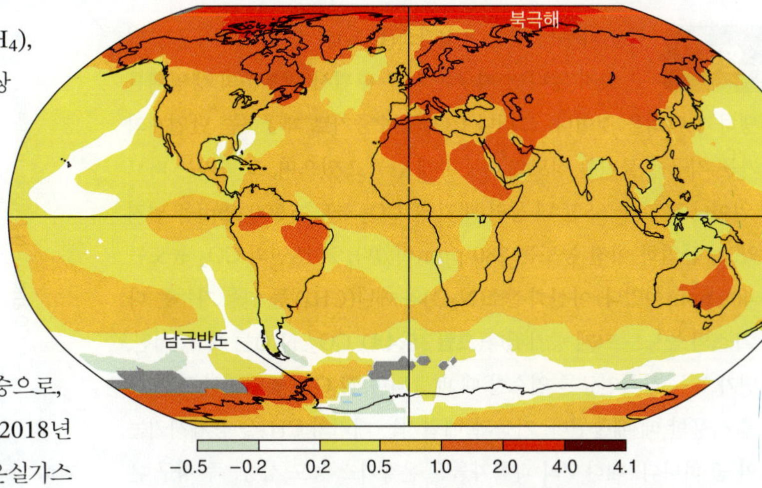

▲ **그림 38.3B** 1951~1980년 장기 평균과 비교한 2005~2015년 평균 기온의 차이(℃). (회색 영역은 온도 차이를 나타내기에 충분한 데이터가 부족함)

시도해 보기 2005~2015년 평균 기온이 장기 평균보다 1℃ 이상 높았던 지역을 찾아보자.

지구 온난화의 결과에는 더 극심한 기상 이변이 포함된다. 강수 패턴이 변화하면서 일부 지역에서는 더 길고 극심한 가뭄이 발생하고 있다. 다른 지역에서는 홍수를 유발하는 집중 호우가 전체 강수량의 더 많은 부분을 차지하고 있다. 해수면 온도가 상승하면서 허리케인의 강도가 증가하고 있다.

계절의 변화도 일어나고 있다. 따뜻한 날씨가 매년 일찍 시작되고 있다. 추운 낮과 밤, 서리가 내리는 날은 줄어들고 더운 낮과 밤이 더 잦아지고 있다. 치명적인 폭염의 발생 빈도와 지속 시간도 늘어나고 있다.

38.5절과 38.6절에서 살펴볼 것처럼 이러한 변화 중 많은 부분이 생물다양성에 큰 영향을 미칠 것이다. 다음 절에서는 온실가스 배출량 증가의 원인을 살펴본다.

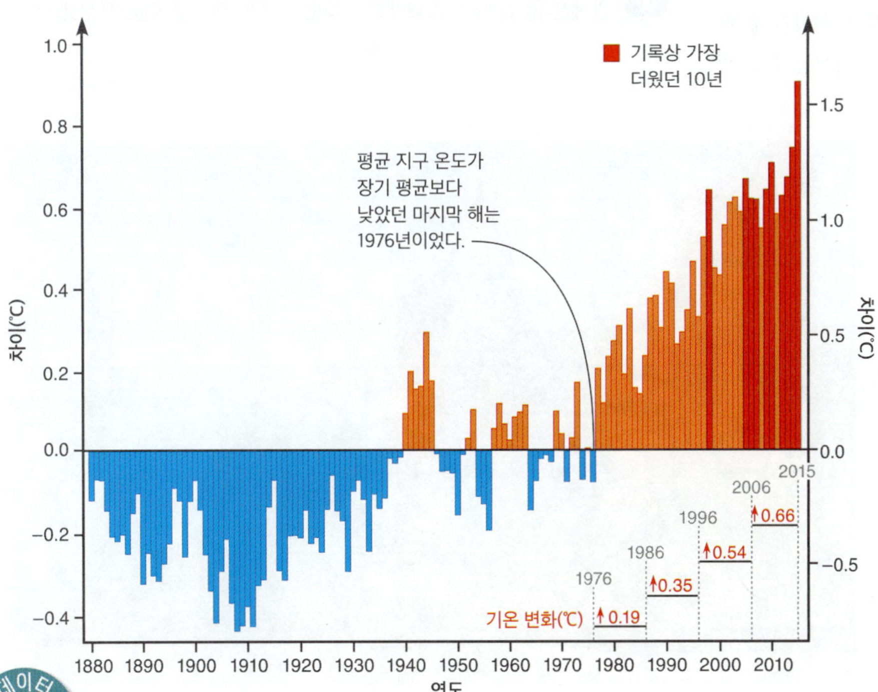

데이터 시각화

▲ **그림 38.3A** 20세기 평균과 비교한 연평균 지구 온도의 차이

자료: National Oceanic and Atmospheric Administration (2016).

? 그림 38.3B의 지도에서 지구 온난화의 영향을 가장 많이 받을 것으로 예상되는 생물군계(biome)는 무엇이며, 그 이유는 무엇인가?

■ 북반구의 고위도 생물군계, 툰드라(tundra), 타이가(taiga), 극지방 얼음 생물군계가 가장 큰 영향을 받을 것이다. 이러한 생물군계는 가장 큰 온도 상승을 경험하고 있다. 또한 그곳에 사는 생물들은 추운 날씨와 짧은 생육 기간에 적응되어 있어 생존이 위태롭다.

38.4 인간 활동은 온실가스 농도 상승의 원인이다

연결 열을 가두는 천연 온실가스(CO_2)와 수증기로 지구를 덮고 있지 않다면 지구는 너무 추워서 대부분의 생명체를 지탱하기 어려울 것이다. 그러나 CO_2와 수증기로 제공하는 단열재의 증가는 지구를 불편할 정도로 따뜻하게 만들고 있으며, 그 증가는 빠르게 일어나고 있다. 65만 년 동안 대기 중 CO_2 농도는 300 ppm을 넘지 않았고, 산업화 이전 농도는 280 ppm이었다. 2018년의 CO_2 농도는 약 409 ppm이었다. 아산화질소(N_2O)와 메탄(CH_4) 등 열을 가두는 다른 가스의 농도도 크게 증가했다(**그림 38.4A**). CO_2, N_2O는 석유, 석탄, 천연가스 등 화석연료를 연소할 때 배출되며, N_2O는 농업에서 질소 비료를 사용할 때 배출된다. 가축과 매립지는 대기의 CH_4을 증가시키는 요인 중 하나다. 대다수의 과학자들은 온실가스 농도 상승, 즉 지구 온난화의 원인을 인간의 활동으로 보고 있다.

주요 온실가스인 CO_2에 대해 자세히 살펴보자. 탄소 순환(37.19절 참조)은 **에너지와 물질** 전환이라는 주제를 보여준다. CO_2는 광합성 과정을 통해 대기 중에서 제거되어 탄수화물과 같은 유기 분자에 저장된다(**그림 38.4B**, 녹색 화살표). 따라서 생태계의 모든 유기물질은 탄소 저장소다. 그림 38.4B의 보라색 화살표는 CO_2의 형태로 방출된 탄소다. 살아 있는 유기체의 탄소 함유 분자는 세포호흡 과정에서 사용될 수 있다. 미생물이나 곰팡이류가 무생물물질(non-living material)을 분해할 때 세포호흡도 CO_2를 방출한다. 전체적으로 볼 때, 광합성에 의한 CO_2의 흡수량은 세포호흡에 의한 CO_2의 방출량과 거의 같다고 볼 수 있다. 또한 대기와 해양 표층수 사이에서 CO_2가 교환된다.

화석연료는 완전히 분해되지 않고 수백만 년 동안 퇴적물 아래에 묻혀 있는 죽은 생물체로 구성되어 있다(17.4절 참조). 화석연료와 유기물질인 목재의 연소는 빠른 분해의 한 형태로 생각할 수 있다. 세포호흡은 유기물 분자로부터 에너지를 천천히 방출하고 이를 활용하여 ATP를 만드는 반면, 연소는 에너지를 열과 빛으로 빠르게 방출한다. 두 과정 모두에서 유기 연료를 구성하는 탄소 원자는 CO_2의 형태로 방출된다.

화석연료의 연소로 인해 대기로 유입되는 CO_2는 광합성 생물에 의해 흡수되어 생물량에 포함될 수 있다. 그러나 삼림 벌채로 인해 이 경로가 수용할 수 있는 CO_2 분자의 수가 현저히 감소했다. CO_2 또한 해양으로 흡수될 수 있다. 수십 년 동안 바다는 방출하는 것보다 훨씬 더 많은 CO_2를 흡수해 왔고 앞으로도 계속 흡수할 것이지만, 과도한 CO_2는 해양 화학에 영향을 미치기 시작했다. CO_2가 물에 녹으면 탄산이 된다. 최근 해양 pH의 감소는 생물학자들 사이에서 우려를 불러일으켰다. 산호와 많은 플랑크톤을 포함하여 탄산칼슘($CaCO_3$)으로 껍질이나 겉뼈대(외골격)를 구성하는 생물체가 가장 큰 영향을 받을 가능성이 높은데, pH가 감소하면 탄산염 이온의 농도가 감소하기 때문이다(2.15절 참조).

많은 국가가 탄소 배출을 억제하기 위해 노력하고 있지만(7.14절 참조), 대기 중 CO_2를 통한 탄소 배출은 점점 더 빠른 속도로 증가하고 있다. 이 속도라면 더 큰 기후변화를 피할 수 없다.

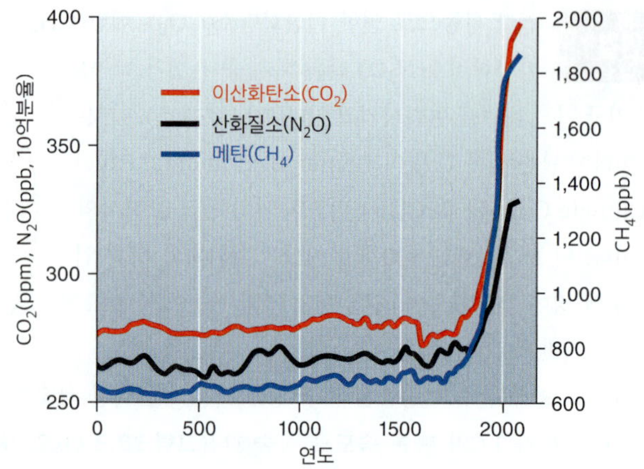

자료: Climate Change 2013: The physical science basis: Fifth assessment report of the International Panel on Climate Change, IPCC Secretariat and epa.gov/climatechange/indicators.

▲ **그림 38.4A** CO_2, N_2O(y축, 왼쪽)와 CH_4(y축, 오른쪽)의 대기 농도. 2014년 기준

? 내 활동으로 인해 매년 배출되는 온실가스의 양인 탄소 발자국을 추정하는 온라인 계산기를 검색하시오. 내가 발생시키는 온실가스의 주요 공급원은 무엇인가?

■ 교통과 가정에서의 에너지 사용은 탄소 발자국에 기여하는 두 가지 주요 범주다.

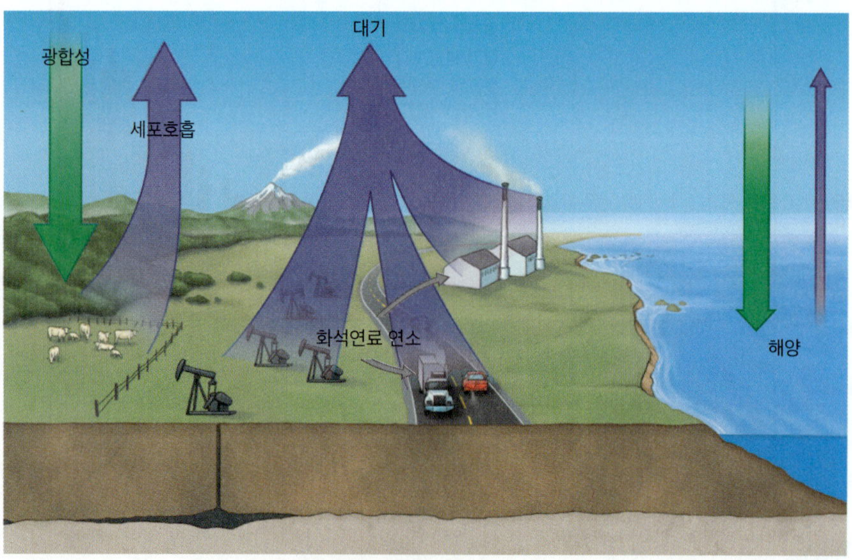

▲ **그림 38.4B** 탄소 주기(화살표 폭은 탄소가 흡수되거나 방출된 양을 나타낸다.)

시도해 보기 탄소 함유 분자(CO_2, 유기 분자, 탄산)의 이름을 적절한 위치에 써서 그림에 표지하시오.

38.5 지구의 기후변화는 생물군계, 생태계, 군집, 개체군에 영향을 미친다

주로 온도와 강우량에 의해 결정되는 육상 생물군계의 분포는 지구 온난화의 결과로 변화하고 있다. 연구자들은 전 세계 수십 곳의 지역에서 관목과 침엽수가 툰드라였던 지역으로 뻗어 나간 것을 기록했다. 가뭄이 장기화되면 사막의 경계부위가 점점 더 확장될 것이다. 아마존 열대우림의 광활한 지역은 기온 상승으로 토양이 건조해지면서 점차 사바나로 변할 것이다.

북미 서부의 산림 생태계 구성요소에 대한 기후변화의 복합적인 영향은 캘리포니아에서 86명의 사망자를 내고 마을 전체를 소각한 2018년 캠프 파이어와 같은 치명적인 산불 시즌을 낳았다(**그림 38.5A**). 봄철 산에서 녹은 눈은 여름 건기 동안 산림의 수분 수준을 유지하는 하천으로 물을 방출한다. 봄이 일찍 오면 눈이 녹는 시기가 빨라지고 건기가 끝나기 전에 눈이 녹아 사라진다. 그 결과 1980년대 이후 산불 시즌이 점점 더 길어지고 있다. 또한 가뭄으로 인해 나무가 벌레와 병원체의 공격에 더 취약해졌고, 수많은 죽은 나무가 불길에 연료를 더하고 있다. 화재는 더 오래 타오르고, 불에 탄 면적은 급격히 증가했다. 건조한 상태가 지속되고 적설량이 줄어들면 문제는 더욱 악화될 것이다.

봄철 따뜻한 날씨가 일찍 찾아오면서 다른 방식으로 생태학적 군집 생태학이 교란되고 있다. 많은 종에서 특정 사건은 봄철 기온 상승에 의해 촉발된다. 일부 동물 종의 경우 기온이 일찍 상승하면서 번식기가 앞당겨졌다. 위성 사진을 보면 경관이 더 일찍 녹화하고 개화가 더 빨리 일어난다. 다른 종의 경우 낮의 길이가 봄이 왔다는 신호다. 지구 온난화는 온도에는 영향을 미치지만 낮의 길이에는 영향을 미치지 않기 때문에 종간 상호작용이 일치하지 않을 수 있다. 예를 들어, 수분매개자가 출현하기 전에 식물이 꽃을 피우거나, 새끼를 위한 신뢰할 수 있는 먹이가 확보되기 전에 알이 부화할 수 있다. 열대에서 극지방으로 갈수록 계절 변화의 폭이 커지기 때문에 철새도 타이밍의 불일치를 경험할 수 있다. 예를 들어 번식을 위해 북극에 도착한 새는 먹이가 가장 풍부한 시기가 이미 지났다는 것을 알게 될 수 있다.

해양 온난화는 열대 산호초 군집을 위협하고 있다. 산호는 고온으로 스트레스를 받으면 공생하는 조류를 표백(bleaching)한다. 산호는 기온이 정상으로 돌아오면 회복할 수 있지만, 장기간의 온도 상승을 견디지 못한다. 산호가 죽으면 산호 군집은 큰 조류로 넘쳐나고 종 다양성이 급감한다.

기후변화에 따라 개체군과 종의 분포도 변화하고 있다. 도입부에서 설명한 피카를 포함한 많은 종은 환경의 무생물적 조건에 적응하고 있다. 기온이 상승함에 따라 많은 종의 범위가 이미 극지방이나 고지대로 이동하고 있다. 예를 들어, 유럽과 미국의 연구자들은 나비 20여 종의 범위가 최대 241.4 km 북쪽으로 이동했다고 보고했다. 북극권 북쪽에 사는 이누이트족은 이 지역에서 처음으로 로빈과 같은 새를 목격했으며, 많은 조류 종의 범위 이동도 보고되었다.

▲ **그림 38.5A** 2018년 약 60,703 ha 이상을 태우고 86명의 사망자를 낸 캘리포니아의 캠프 파이어 사건

그러나 이미 산 정상이나 극지방에 살고 있는 종은 갈 곳이 없다. 코스타리카의 연구자들은 태평양의 온난화로 인해 산악 서식지의 건기 안개가 줄어들면서 20종의 개구리와 두꺼비가 사라졌다고 보고했다. 북극에서는 얼음 위에서 먹이를 찾아다니며 따뜻한 계절을 위해 체지방을 저장해야 하는 북극곰(**그림 38.5B**)이 사냥터인 얼음이 녹아내리면서 굶주림의 징후를 보이고 있다. 마찬가지로 남극에서도 빙하가 사라지면서 최근 황제펭귄과 아델리펭귄의 개체군이 감소하고 있다.

기후변화는 일부 생물에게 도움을 주기도 하지만, 지금까지 그 수혜자는 인간에게 부정적인 영향을 미치는 종들이었다. 예를 들어 아프리카, 동남아시아, 중남미의 산악 지역에서는 말라리아, 황열, 뎅기열과

▲ **그림 38.5B** 노르웨이 스피츠베르겐(Spitsbergen)의 녹고 있는 얼음 위에 새끼와 함께 있는 북극곰(*Ursus maritimus*)

같은 질병을 옮기는 모기의 활동 범위가 서리로 인해 낮은 고도로 제한된다. 기온이 상승하고 서리가 내리는 날이 줄어들면서 이러한 모기와 모기가 옮기는 질병이 고지대에 더 많이 나타나고 있다. 또 다른 예로, 북미 서부의 여름이 길어지면서 나무껍질 딱정벌레가 2년이 아닌 1년 만에 생활사를 마칠 수 있게 되어 딱정벌레 발생을 촉진했고 수백만 헥타르의 침엽수를 파괴했다. 포이즌 아이비와 칡 같은 바람직하지 않은 식물도 온도 상승의 혜택을 받았다(7장 도입부와 37.13절 참조).

환경 변화는 항상 생명의 일부였으며, 사실 진화의 핵심 요소다. 다음 절에서는 지구 온난화에 대한 진화적 적응의 증거를 살펴본다.

? 기후변화로 인한 시간의 불일치는 생명체의 번식 적응도에 어떤 영향을 미치는가?

■ 생명체가 생산하는 자손의 수를 감소시키는 모든 인자는 체력에 영향을 미칠 수 있다. 예를 들어 수분매개자에게 너무 일찍 개화하는 꽃과 계절에 너무 늦게 도착하여 자손의 먹이를 찾지 못하는 조류가 있다.

38.6 기후변화는 자연선택의 원동력이다

진화 연관성 기후변화는 이미 전 세계 서식지에 영향을 미치고 있다. 왜 어떤 종은 이러한 변화에 적응하는 것처럼 보이는 반면 북극곰과 같은 다른 종은 멸종위기에 처한 것일까?

앞 절에서는 생명체가 기후변화에 대응하는 몇 가지 방법을 설명했다. 대부분의 경우, 이러한 예는 환경적 조건에 적응하는 개체의 생리와 해부학적 구조의 능력인 **표현형의 유연성**(**phenotypic plasticity**)에 기인한다고 볼 수 있다. 표현형의 유연성으로 인한 차이는 개인의 유전자형에 대한 정상범위 내에 있다. 표현형의 유연성은 유기체가 단기간의 환경 변화에 대처할 수 있게 해준다. 반면 표현형 유연성은 그 자체로 유전적 기반을 가지고 있으며 진화할 수 있는 형질이다. 기후변화가 개체군에 미치는 영향을 연구하는 연구자들은 표현형의 유연성에서 미시적인 진화적 변화를 감지했다.

▲ **그림 38.6A** 박새(*Parus major*)

유럽에서 흔히 볼 수 있는 새인 박새(**그림 38.6A**)는 기후변화로 인해 변화된 먹이사슬의 세 번째 고리다. 따뜻한 날씨가 봄에 일찍 찾아오면서 나뭇잎이 일찍 나오고, 부풀어 오른 새싹과 펼쳐진 잎을 먹이로 삼는 애벌레가 더 빨리 부화한다. 큰가슴딱새의 번식 성공 여부는 영양가 높은 애벌레를 충분히 공급받아 자손을 먹이는 데 달려 있다. 다른 많은 조류와 마찬가지로, 큰가슴딱새는 번식 시기에 표현형의 유연성이 있어 번식 시기를 애벌레의 가용성과 일치시키는 데 도움이 된다. 유연성의 범위와 정도는 큰가슴딱새마다 다르며, 이러한 변이는 유전적 근거를 가지고 있다. 연구자들은 표현형의 유연성이 가장 큰 개체를 선호하고, 먹이가 풍부하여 자손의 생존 가능성이 높은 시기에 일찍 알을 낳는 방향성 선택(directional selection, 13.14절 참조)의 증거를 발견했다.

또 다른 예로, 과학자들은 지난 30년 동안 봄철 기온이 약 2℃ 상승한 캐나다 유콘 지역의 붉은다람쥐 개체군(**그림 38.6B**)의 생식을 연구했다. 이 연구자들은 또한 봄철 번식 시기가 빨라진 것을 발견했다. 10년에 걸쳐 암컷 다람쥐의 출산일이 18일 앞당겨져 한 세대당 약 6일의 변화가 있었다. 과학자들은 통계 분석을 통해 표현형의 유연성이 번식 시기 변화의 대부분을 차지한다는 사실을 확인했다. 그러나 변화의 작지만 중요한 부분(약 15%)은 초기 번식을 위한 방향성 선택인 소진화(microevolution)에 기인할 수 있다. 연구진은 이른 시기에 태어난 붉은다람쥐가 더 크고 가을에 먹이를 모으고 저장할 수 있기 때문에 이듬해 봄에 성공적으로 번식할 확률이 더 높다는 가설을 세웠다.

▲ **그림 38.6B** 가문비나무에서 씨앗을 먹는 붉은다람쥐(*Tamiasciurus hudsonicus*)

현재 이용 가능한 소수 증거로 볼 때, 일부 개체군, 특히 유전적 변이성이 높고 수명이 짧은 개체군은 멸종을 피할 수 있을 만큼 빠르게 적응할 수 있는 것으로 보인다. 큰가슴딱정벌레와 붉은다람쥐의 표현형의 유연성에 대한 연구 외에도, 연구자들은 곤충 개체군에서 분산 능력과 생활사의 타이밍과 같은 형질의 미시적 진화의 변화를 기록해 왔다. 그러나 진화적 적응은 북극곰이나 펭귄처럼 수명이 길고 번식률이 낮아 급속한 서식지 상실을 겪고 있는 종을 구하기는 어려울 것으로 보인다. 기후변화의 속도는 진화 역사상 주요 기후변화에 비해 엄청나게 빠르며, 현재와 같은 추세로 계속된다면 수천 종이 멸종할 가능성이 높다.

? 짧은 세대 시간이 어떻게 진화적 적응 과정을 가속화하는가?

■ 각 세대는 환경에서 새로운 표현형을 시험할 수 있는 잠재력을 가지고 있다. 세대 시간이 짧을수록 새로운 표현형을 시험할 수 있는 기회가 많아져 자연선택이 더 빠르게 진행될 수 있다.

보전생물학과 복원생태학

38.7 멸종위기에 있는 개체군의 보호는 보전생물학의 목표 중 하나다

이 단원에서 살펴본 것처럼 오늘날 우리가 직면한 많은 환경 문제는 인간 행동의 결과다. 하지만 생태학은 단순히 무엇이 잘못되었는지를 알려주는 데만 유용한 것이 아니다. 생태학 연구는 이러한 문제에 대한 해결책을 찾고 생태계 변화의 부정적인 결과를 되돌리기 위한 토대다. 따라서 생태학 단원에서는 이러한 생태학 연구의 적용과 몇 가지를 강조하는 절로 마무리한다.

보전생물학(conservation biology)은 목표 지향적인 과학으로 생물다양성의 소실을 이해하고 이에 대응하고자 하는 학문이다. 일부 보전생물학자들은 멸종위기종의 개체군을 보호하는 데 중점을 둔다. 이 접근방식은 주요 서식지 요구 사항과 군집의 다른 구성원과의 상호작용을 포함하여 대상 종의 행동과 생태적 지위에 대한 이해가 요구된다. 인간 활동으로 인한 위협도 평가한다. 이러한 지식을 바탕으로 과학자들은 필요한 자원을 확장하거나 보호하기 위한 계획을 설계할 수 있다. 예를 들어, 호랑이를 부양하는 데 필요한 영역권의 크기는 먹이의 풍요도에 따라 달라진다. 따라서 먹이가 부족한 러시아의 시베리아 호랑이를 위한 보호구역은 인도의 벵골 호랑이를 위한 보호구역보다 10배 이상 넓어야 한다.

검은발담비(그림 38.7A)의 사례는 보전을 위한 개체군 접근법의 예를 보여준다. 20세기 중반까지 이 까다로운 야행성 포식자에 대해 알려진 바가 거의 없었고, 그때는 이미 개체 수 감소가 너무 늦게 진행 중이었다. 전 세계 세 종의 담비 중 하나이자 북미에서만 발견되는 유일한 종인 검은발 흰족제비는 거의 독점적으로 프레리도그를 먹이로 삼는다(그림 38.1C 참조). 지난 세기 동안 프레리도그는 토지 이용의 변화와 독살 또는 사냥으로 인해 이전 서식지 대부분에서 절멸되었다. 동물의 야생페스트인 가래톳 페스트(선페스트)의 유행은 검은발담비 개체군과 먹이를 황폐화시켰다. 가래톳 페스트가 발생해 검은발담비의 마지막 개체군이 전멸할 위기에 처하자 보전생물학자들은 남은 18마리의 개체를 포획해 개체 수 재건을 위해 사육을 시작했다. 환경 변화에 대한 적응적 진화 반응의 전제 조건인 유전적 변이는 멸종 직전의 병목효과를 고려할 때 우려되는 부분이다(13.12절 참조). 사육 시설 안에서의 짝짓기 유도는 담비 개체군의 유전적 다양성을 최대한 유지하기 위해 신중하게 이루어진다.

▲ 그림 38.7A 검은발담비(*Mustela nigripes*)

▲ 그림 38.7B 마우나케아 은사시나무 (*Argyroxiphium sandwicense*)

1991년, 생물학자들은 사육장에서 사육된 검은발담비를 야생에 재도입하기 시작했다. 이러한 노력의 결과로 재도입의 성공률이 향상되었다. 예를 들어, 과학자들은 검은발담비의 포식적 행동에 선천적 요소와 학습적 요소가 모두 포함되어 있다는 사실을 발견했으며, 이 발견은 사육 동물이 야생에서 생존할 수 있도록 더 효과적인 방법을 마련하는 데 도움이 되었다. 오늘날 수백 마리의 성체 검은발담비가 캐나다에서 멕시코까지 흩어져 야생에서 살고 있다. 그러나 지금까지의 성공에도 불구하고 검은발담비의 미래는 결코 안전하지 않다. 생물학자들은 개체군과 서식지를 지속적으로 감시하고 관리하고 있다.

개체군 수가 위험할 정도로 적은 다른 많은 종을 위해 포획 사육 프로그램이 사용되고 있다. 예를 들어, 두루미를 구하기 위한 노력이 진행 중이다(35.6절 참조). 하와이에서는 생물학자들이 야생 개체군 재건을 위해 마우나케아 화산의 분화구에 수천 그루의 온실 재배한 은사시나무(*Argyroxiphium sandwicense*, 그림 38.7B)를 심었다. 한때 관찰자들이 은빛을 먼 정점의 눈으로 착각할 정도로 번성했던 은사시나무는 사람들이 섬에 들여온 염소와 양을 방목하면서 멸종 직전에 이르렀다.

생물학자들은 다양한 방법을 사용하여 일부 멸종위기종의 보전 상태를 개선하고, 멸종되었던 지역에 많은 종을 재도입했으며, 다른 종의 감소 추세를 반전시켰다. 하지만 모든 멸종위기종을 구할 수는 없다. 가치 있는 목표를 선택하는 한 가지 방법은 전체 군집을 보전하는 데 도움이 될 수 있는 핵심종을 식별하고 보호하는 것이다. 그리고 많은 상황에서 보전생물학자들은 개별 종을 넘어 생태계로 눈을 돌려야 한다.

? 보전생물학자들이 검은발담비의 재도입을 위한 장소를 선정할 때 가장 우선시하는 것은 무엇이라고 생각하는가?

■ 충분히 많은 개체군의 프레리도그의 존재

38.8 생태계와 경관을 유지하는 것이 보전의 최우선 순위다

서식지 소실의 가장 해로운 영향은 개체군의 조각화(fragmentation), 즉 개체군의 일부가 분리되고 그 결과 고립되는 것이다. 예를 들어 그림 38.2A에서 보듯, 벌목은 한때 연속적이었던 숲을 단절된 조각으로 나눈다. 많은 종에게 조각화는 순식간에 세계가 이전 크기의 일부로 줄어드는 것을 의미한다. 개체군이 줄어들면 식량과 쉼터와 같은 자원도 줄어들게 된다. 조각화의 영향에 대응하기 위해 보전생물학은 종종 전체 생태계와 경관의 생물다양성을 유지하는 것을 목표로 한다. 생태학적으로 **경관(landscape)**은 숲, 인접한 들판, 습지(wetland), 하천, 하천변 서식지 등 상호작용하는 생태계의 지역적 집합체다. **경관생태학(landscape ecology)**은 생태계 집합의 구조와 역학을 연구하는 데 생태학적 원리를 적용하는 학문이다.

▲ **그림 38.8A** 옐로스톤 국립공원의 가장자리가 뚜렷한 경관

생태계 사이의 경계부위는 경관의 두드러진 특징이다. **그림 38.8A**의 사진은 초원과 숲이 포함된 옐로스톤 국립공원의 경관 지역을 보여준다. 벌목, 도로 건설과 같은 인간 활동은 종종 자연 경관을 묘사하는 것보다 더 갑작스러운 가장자리를 만든다. 이러한 가장자리에는 고유한 물리적 조건이 존재하며, 따라서 고유한 생물 군집이 존재한다. 예를 들어, 흰꼬리사슴은 숲과 들판 사이의 가장자리 지역에서 목본 관목을 탐색하는데, 숲이 벌목되거나 주택 개발로 인해 숲이 단절되면 개체군이 확장되는 경우가 많다.

▲ **그림 38.8B** 수컷 갈색머리 찌르레기(*Molothrus ater*)

일부 생물은 인접한 두 지역의 자원을 필요로 하기 때문에 가장자리에서 번성한다. 한 가지 예로, 다른 새의 둥지에 알을 낳는 가장자리 적응 종인 갈색머리 찌르레기(cowbird, **그림 38.8B**)의 개체군은 현재 북미의 많은 지역에서 확장되고 있다. 찌르레기는 열린 들판에서 소와 다른 대형 초식동물에 의해 교란되거나 유인된 곤충을 먹이로 삼는다. 또한 다른 새의 둥지에 기생할 수 있는 숲이 필요하다. 몇몇 명금새(songbird) 종의 개체군이 감소하는 것은 찌르레기 수의 증가와 적절한 둥지 서식지의 소실과 관련이 있다.

인간 활동으로 서식지가 심하게 조각화된 곳에서는 고립된 서식지를 연결하는 좁은 띠 또는 일련의 좋은 서식지들의 작은 수풀인 **생태이동 통로(movement corridor)** 또는 야생동물 통로가 생물다양성 보전의 결정적인 요소가 될 수 있다. 많은 지역에서 다리나 터널은 고속도로를 건너려다 죽는 동물의 수를 줄였다(**그림 38.8C**).

통로는 또한 감소하는 개체군의 분산을 촉진하고 근친교배를 줄일 수 있다. 통로는 계절에 따라 다른 서식지 사이를 이동하는 종에게 특히 중요하다. 일부 유럽 국가에서는 개구리, 두꺼비, 도롱뇽이 도로를 건너 번식 영역에 접근할 수 있도록 양서류 터널을 건설했다.

반면에 통로는 질병의 확산, 특히 밀접하게 위치한 서식지의 소규모 개체군 사이에서 해로울 수 있다. 경관 내 서식지 간 생태이동 통로의 영향은 아직 완전히 이해되지 않았으며, 연구자들은 이에 대한 연구를 계속하고 있다.

? '가장자리에 사는 것'이 흰꼬리사슴과 찌르레기에게 어떻게 좋은 일이 될 수 있는가?

■ 가장자리는 흰꼬리사슴에게 먹이 공급원을 제공한다. 찌르레기가 들판과 숲 사이의 가장자리 양쪽에 있는 두 생태계의 자원을 조합하여 사용한다.

▲ **그림 38.8C** 몬태나 북서부의 플랫헤드 인디언 보호구역(Flathead Indian Reservation)에 있는 야생동물 다리

38.9 보호지역 설정은 생물다양성의 소실을 늦춘다

보전생물학자들은 공원, 야생지대 및 기타 법적으로 보호되는 자연보호구역을 조성할 때 개체군, 군집, 생태계, 경관 역학(landscape dynamics)에 대한 이해를 적용하고 있다. 보호지역을 선정할 때는 **생물다양성 집중지역(biodiversity hot spot)**에 초점을 맞추는 경우가 많다. 생물다양성 집중지역은 비교적 좁은 지역에 **토착종(endemic species)**, 세계 다른 곳에서는 볼 수 없는 종, 많은 멸종위기종과 위협받는 종이 서식하는 지역을 말한다(**그림 38.9A**). 육상 생물다양성 집중지역 중 가장 다양성이 높은 곳은 지구 면적의 1.5% 미만이지만, 전체 식물과 척추동물 종의 1/3이 서식하는 곳이다. 예를 들어, 모든 여우원숭이(lemurs)는 마다가스카르의 토착종으로, 50여 종의 여우원숭이가 서식하고 있다. 실제로 마다가스카르에 서식하는 포유류, 파충류, 양서류, 식물은 거의 모두 토착종이다. 또한 특정 강 시스템과 산호초와 같은 수생 생태계에도 집중지역이 있다.

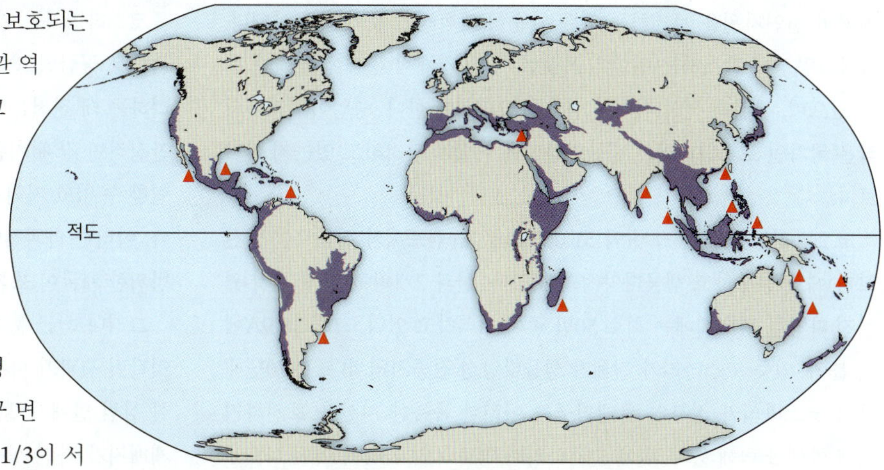

자료: Critical Ecosystem Partnership Fund, *Annual Report 2014*, Conservation International.

▲ **그림 38.9A** 지구의 육상(보라색) 및 해양(빨간색) 생물다양성 집중지역

토착종은 특정 지역에 한정되어 있기 때문에 서식지 파괴에 매우 민감하게 반응한다. 따라서 생물다양성 집중지역은 멸종 집중지역이 될 수도 있다. 따라서 전 세계적으로 강력한 보전 노력이 필요한 지역 목록에서 높은 순위를 차지한다.

생물종 집중보호구역은 매우 제한된 지역에서 많은 종을 보호할 수 있는 기회를 제공한다. 그러나 '집중지역' 지정은 가장 눈에 띄는 생물, 특히 척추동물과 식물에 유리한 경향이 있다. 무척추동물과 미생물은 종종 간과되는 경우가 많다. 또한 생물종의 멸종은 전 지구적인 문제이므로 집중지역에 집중하는 것이 다른 지역의 서식지 및 종 다양성을 보전하는 노력을 저해하지 않는 것이 중요하다.

이동성 종은 환경보호론자들에게 특별한 문제를 야기한다. 예를 들어 알렌의 벌새(Allen's hummingbird)는 캘리포니아 해안과 오리건주에 둥지를 틀지만 가을이 되면 겨울을 나기 위해 멕시코의 특정 장소로 이동한다. 따라서 벌새를 보호하기 위해서는 서식지의 보전이 벌새가 서식하는 모든 지역에 걸쳐 이루어져야 한다. 벌새의 겨울과 여름 서식지 모두 기후변화로 인해 위협을 받고 있다. 많은 철새, 나비, 해양 포유류, 바다거북 등 여러 종의 상황도 비슷하다.

붉은바다거북(loggerhead turtle, **그림 38.9B**)과 같은 바다거북은 바다에서 먹이활동을 하는 곳과 육지에서 모두 위협받고 있다. 바다거북은 성적으로 성숙하는 데 약 20년이 걸리며, 수많은 어린 거북과 성체가 어망에 걸려 바다에서 익사한다. 성체는 바다에서 짝짓기를 하고, 암컷은 알을 낳기 위해 모래사장의 특정 장소로 이동한다. 얕게 움푹 패인 곳에 묻혀 있는 알은 너구리에게 포식당하기 쉽다. 그리고 많은 알을 낳는 장소가 주택 개발과 해변 휴양지가 되었다.

바다거북을 보호하기 위한 국제적인 노력은 산란지를 보호하고 바다에서 성체와 새끼의 사망률을 최소화하는 데 초점을 맞추고 있다.

현재 각국 정부는 전 세계 토지의 약 7%를 다양한 형태의 보호구역으로 지정하고 있다. 한 가지 주요한 보전 문제는 하나의 대규모 보호구역을 조성하는 것이 더 나은지 아니면 여러 개의 소규모 보호구역을 조성하는 것이 더 나은지다. 늑대나 호랑이와 같이 개체군 밀도가 낮은 포식자처럼 멀리 떨어진 동물은 광범위한 서식지가 필요하다. 보전생물학자들이 멸종위기종을 유지하기 위해 필요한 최소 개체군 규모에 대해 더 많이 알게 되면서 대부분의 국립공원과 기타 보호구역이 너무 작다는 사실이 분명해지고 있다. 정치적·경제적 현실을 고려할 때 기존의 많은 공원이 확대될 가능성은 낮으며, 대부분의 신규 보호구역도 너무 작을 것이다. 다음 두 절에서는 이 문제를 해결하기 위한 두 가지 접근 방식을 살펴본다.

? 생물다양성 집중지역이란 무엇인가?

■ 멸종위기에 처한 종과 위협을 받는 종의 수가 비례적으로 많은 비교적 작은 지역이며 그중 대부분이 토착종이다.

▲ **그림 38.9B** 벨리즈 해안에서 헤엄치는 성체 붉은바다거북(*Caretta caretta*)

38.10 개발제한지역 설정은 생태계 파괴를 되돌리기 위한 시도다

지구의 천연자원을 보전하는 것은 단순히 과학적인 문제만은 아니다. 생물다양성이 감소하는 원인은 복잡한 사회·경제적 문제에 뿌리를 두고 있으며, 해결책 역시 이러한 인자를 고려해야 한다. 중앙아메리카의 작은 국가인 코스타리카가 생물다양성을 어떻게 관리하고 있는지 살펴보자.

코스타리카는 작은 크기(약 51,000 km^2, 뉴햄프셔와 버몬트를 합친 크기)에도 불구하고 생물다양성의 보고다. 산과 2개의 해안에 걸쳐 펼쳐진 다양한 생태계에는 최소 50만 종이 서식하고 있다. 그림 38.9A에서 볼 수 있듯 코스타리카 전체가 생물다양성 집중지역이다. 1970년대부터 코스타리카 정부와 국제기구는 이러한 독특한 자산을 보전하기 위해 함께 노력해 왔다. 현재 코스타리카 영토의 약 25%가 어떤 식으로든 보호되고 있다(**그림 38.10A**).

보호의 한 유형은 **개발제한지역(zoned reserve)**으로, 사람에 의해 방해받지 않는 하나 이상의 지역을 포함한 광범위한 토지 지역이다. 이 지역을 둘러싼 토지는 계속해서 인구를 부양하는 데 사용되지만 광범위한 변경으로부터 보호된다. 결과적으로 그들은 방해받지 않은 지역에 대한 추가적인 침입을 막는 완충 지대 또는 방패 역할을 한다. 개발제한구역 접근법의 주요 목표는 보호지역의 장기적인 실행 가능성과 양립할 수 있는 완충지대의 사회적·경제적 분위기를 만드는 것이다.

▲ **그림 38.10A** 코스타리카의 보호구역

코스타리카는 완충지대가 임산물, 물, 수력발전을 안정적이고 지속적으로 공급하고 지속가능한 농업을 지원할 수 있도록 보호구역을 관리하는 데 진전을 보이고 있다. 중요한 목표는 그곳에 사는 사람들에게 안정적인 경제 기반을 제공하는 것이다. 장기적인 생태계 안정성과 양립할 수 없고 지역 수익이 거의 없는 파괴적인 관행은 점차 억제되고 있다. 이러한 파괴적인 관행에는 대규모 벌목, 대규모 단일 작물 농업, 광범위한 채굴이 포함된다.

그러나 최근 분석에 따르면 코스타리카의 개발제한지역제도에 대해 엇갈린 결과가 나왔다. 좋은 소식은 보호구역 경계부위 안팎에서 미미한 삼림 벌채가 발생했다는 것이다. 그러나 바나나, 야자 등 현금 작물 재배지가 자연 식생을 대체하면서 완충구역에서 일부 삼림 벌채가 발생했다. 환경보호론자들은 이러한 관행이 계속되면서 보호지역이 고립되어 유전자 흐름(gene flow)이 제한되고 종과 유전적 다양성이 감소할 것을 우려한다.

코스타리카의 자연 보전 노력은 국가의 새로운 수입원인 **생태관광(ecotourism)**, 즉 관광과 휴양을 위한 자연 지역의 여행 및 레크리에이션을 창출했다(**그림 38.10B**). 전 세계 사람들이 코스타리카의 경이로운 생물다양성을 경험하기 위해 찾아와 수천 개의 일자리와 국가 수입의 상당 부분을 창출하고 있다. 전 세계적으로 관광객이 지구상에 남은 자연 지역으로 몰리면서 생태관광은 수십억 달러 규모의 산업으로 성장했다. 그러나 생태관광이 궁극적으로 지구의 생물다양성 보전에 도움이 될지는 아직 미지수다.

? 완충구역에서 서식지의 대규모 변경 방지를 위해 개발제한지역이 중요한 이유는 무엇인가? 그곳 주민들을 위한 지속가능한 개발을 지원하는 것도 왜 중요한가?

■ 완충구역의 대규모 파괴는 인근의 훼손되지 않은 지역에 영향을 미칠 수 있다. 보전은 지역 주민들의 수용 가능한 생활 수준과 양립할 수 있는 경우에만 현실적인 목표가 될 수 있다.

▲ **그림 38.10B** 생태관광: 코스타리카의 토르투게로 국립공원에서 보트로 열대 우림 즐기기

38.11 옐로스톤-유콘 보전계획은 보호지역을 연결하여 생물다양성을 보전하고자 한다

과학적 사고 아서왕의 어린 시절을 다룬 판타지 소설 《과거와 미래의 왕(*The Once and Future King*)》에서 소년은 마법처럼 동물의 모습으로 살아가면서 소중한 교훈을 얻는다. 육지와 바다 위를 높이 날아다니는 새가 된 그는 정치적 경계는 오직 사람의 마음속에만 존재한다는 것을 깨닫는다. 생물학자들이 플루이(Pluie, '비'를 뜻하는 프랑스어)라고 부르는 회색 늑대(**그림 38.11A**)의 이동을 관찰하던 중에도 같은 교훈을 얻게 된다. 1991년 캐나다 서부에서 플루이를 포획한 과학자들은 무선 추적 목걸이를 장착하고 풀어주었다. 그들은 놀라운 사실을 알게 되었다. 그 후 2년 동안 이 늑대는 10만 km^2 이상의 지역을 돌아다녔다. 사람이 만든 경계부위를 무시한 채 캐나다 앨버타에서 브리티시 컬럼비아로 이동한 후 미국으로 건너가 몬태나, 아이다호, 워싱턴을 거쳐 다시 브리티시 컬럼비아로 돌아와 몇 주 동안 머물다가 다시 남쪽으로 향했다. 하지만 보호구역과 합법적인 사냥구역 사이의 경계선을 몰랐던 것이 치명적이었다. 플루이와 그녀의 짝, 새끼 세 마리는 국립공원 경계부위를 벗어나 이동하던 중 총에 맞았다.

▲ **그림 38.11A** 회색 늑대(*Canis lupus*)

플루이를 연구한 생물학자들은 이 늑대의 삶이 그녀를 보호하려는 노력의 모든 가능성과 함정을 모두 담고 있다는 사실을 깨달았다. 플루이는 9년 동안 공원과 다른 보호구역에서 산발적으로 보호받으며 번성했다. 하지만 그런 땅은 플루이를 감당할 만큼 넓지 않았다. 다른 늑대종들과 마찬가지로 플루이도 더 넓은 공간이 필요했다. 과학자들은 보호구역이 동물을 잠시 보호할 수는 있지만, 진정한 보호는 보호구역 사이에 안전한 통로를 포함해야 한다는 것을 깨달았다.

지구의 생물다양성을 보전할 수 있을까?

이 연구는 세계에서 가장 야심 찬 보전생물학 노력 중 하나인 옐로스톤-유콘 보전계획(Yellowstone to Yukon Conservation Initiative, Y2Y)의 창설에 영감을 주었다. 이 계획은 오랫동안 캐나다와 미국 북부의 로키산맥에서 생명의 그물망을 보전하는 것을 목표로 한다. 이 지역에는 캐나다의 밴프 국립공원(Banff National Park)과 미국의 옐로스톤 국립공원 및 빙하 국립공원(Glacier National Parks) 등 유명한 공원이 산재해 있다. 하나의 거대한 공원을 만드는 것이 아니라 국립, 주립, 도립 공원과 국유림 등 700여 개의 보호구역을 야생동물이 안전하게 이동할 수 있는 보호 통로로 연결하는 것이 이 계획의 목표다.

와이오밍에서 유콘주 북부까지 3,200 km에 이르는 Y2Y는 온대초원(temperate grassland), 침엽수림(coniferous forest), 고산 및 북극 툰드라를 아우른다(**그림 38.11B**). 총면적은 130만 km^2로 캘리포니아 면적의 약 세 배에 달하지만, 이 중 약 10%만이 보호를 받고 있다. Y2Y의 고지대도 독특하다. 38.5절에서 언급했듯이 일부 개체군은 위도가 높거나 고도가 높은 곳으로 이동하여 기후변화에 대응할 수 있다. Y2Y는 두 가지 유형의 이동을 모두 수용할 수 있다. 연구에 따르면 낮은 고도에 있는 피카(38.0절 참조)의 개체군은 멸종 위험이 가장 크지만, Y2Y는 상향 이동을 제공한다.

보전론자들은 또한 야생동물 개체군이 Y2Y 지역의 인간에게 중요한 벌목, 목장, 가스 및 석유 탐사, 관광과 같은 산업과 공존할 수 있는 방법을 모색해야 한다. 예를 들어 늑대, 엘크, 회색곰이 이용하는 특수하게 건설된 고가도로(그림 38.8C 참조)는 은폐를 선호하는 흑곰, 퓨마 등의 동물을 위한 지하 통로로 보완된다. 일부 지역에서는 철로를 따라 울타리를 설치하여 유출된 곡식을 뒤지다가 죽는 동물의 수를 줄였다.

Y2Y가 보호하고자 하는 상징적인 동물 중 늑대는 가장 멀리 이동한다. 한 무리의 영역권은 130 km^2에 달하지만 늑대는 먹이를 찾기 위해 더 멀리까지 이동한다. 회색 늑대는 한때 북미 전역을 돌아다니며 협동적으로 사냥하고 새끼를 키웠다. 그러다 대형 포식자를 자신과 가축에 대한 위협으로 여긴 정착민들은 미국 정부를 설득하여 치명적인 포식자 퇴치 캠페인을 시작했다. 20세기 초에 이르러 48개 주에서 늑대는 거의 멸종했다.

와이오밍의 옐로스톤 국립공원에서는 1920년대 중반에 늑대가 절멸되었다. 그 후 수십 년 동안 엘크 개체군이 급격히 증가했다. 겨울이 되면 엘크는 고산 초원에서 고도가 낮은 지역으로 내려와 어린 나무와 관목의 나뭇가지와 나무 껍질을 뜯어 먹는다(**그림 38.11C**). 시간이 지남에 따라 하천 제방과 인근 산비탈에서 식물이 감소했고 토양 침식이 발생했다. 더 이상의 생태계 악화를 막기 위해 공원 관리인들은 엘크 무리를 줄이기 위한 조치를 취했다. 많은 수의 엘크를 포획하여 다른 곳으로 옮겼고, 결국 공원 관리인들은 엘크를 사살하는 방법까지 동원했다.

1991년, 미국 어류 및 야생동물 관리국은 옐로스톤에 늑대를 다시 데려오기 위한 논란의 여지가 있는 캠페인을 시작했다. 신중한 계획 끝에 1995년과 1996년에 캐나다에서 온 약 30마리의 늑대가 공원에 방출되었다. 옐로스톤에 늑대를 절멸시키고 이후 재도입한 것은 과학적 실험

▲ **그림 38.11B** 옐로스톤에서 유콘까지 보전계획지역을 보여주는 지도

을 위해 의도적으로 처리하는 것이 아닌 일종의 자연에서의 관찰실험에 해당한다. 이 자연 실험은 회색 늑대가 있을 때와 없을 때 군집의 구조와 역학을 비교할 수 있는 기회를 제공했다. 한 가지 발견은 가장 큰 엘크 무리의 규모가 1995년 이전 최고치인 1만 5,000마리 이상에서 2005년에는 약 6,000마리로 감소했다는 것이다. 그 수는 계속해서 천천히 감소하고 있다.

연구진은 엘크의 감소가 버드나무에 미치는 영향을 측정하기 위해 옐로스톤 지역의 과거 사진(1977~1997년)과 같은 지역의 최근 사진(2004년)을 비교했다. 연구진은 여러 자리에서 가장 키가 큰 버드나무의 높이를 측정했다. 엘크는 늑대가 있을 때 고지대에 머무르는 경향이 있기 때문에 연구진은 고지대와 저지대도 비교했다.

늑대를 재도입하기 전에는 가장 키가 큰 버드나무는 모든 지점에서 1~2 m에 불과했다(**그림 38.11D**). 늑대가 약 7년 동안 존재한 후 일부 저지대 지역에서는 버드나무의 키가 4 m에 달했다. 늑대로부터 엘크가 더 많이 보호되는 고지대 지역에서는 변화가 없었다(그래프에 표시되지 않음).

늑대는 옐로스톤의 종 다양성에 더 광범위한 영향을 미쳤다. 버드나무가 주요 자원인 비버는 옐로스톤 북부에서 거의 자취를 감췄다. 늑대의 포식으로 엘크 개체 수가 줄어들고 버드나무와 다른 식물이 증가하면서 비버 개체군이 회복되었다. 비버 댐은 연못과 습지를 만들어 물새를 끌어들이고 양서류, 어류 및 기타 동물의 개체군을 지원했다. 나무와 관목이 다시 자라면서 설치류와 토끼 같은 초식동물에게 먹이와 쉼터를 제공했다. 늑대가 주요 포식자인 코요테에게 미치는 영향도 작은 초식동물에게는 큰 도움이 되었다. 늑대가 재도입된 지 몇 년 만에 코요테의 개체군 밀도가 50% 감소했다. 그 결과 여우, 오소리, 매, 올빼미 등이 더 많은 먹이를 구할 수 있게 되었다. 또한 늑대 사살은 까마귀, 까치, 독수리, 흑곰, 회색곰 등 사체를 먹는 동물들에게 더 많은 먹이를 제공했다. 이 지역은 생물다양성을 회복하고 있었다.

▲ **그림 38.11C**
엘크(*Cervus elaphus*)

2016년 말, 약 108마리의 회색 늑대 무리가 11개 무리를 이루며 공원을 점유했다. 옐로스톤의 늑대들은 본성상 인간이 설정한 경계를 개의치 않아 공원 바로 밖에서 여러 무리가 발견되기도 했다. 일부 사람들은 늑대 개체 수의 증가에 대해 우려한다. 늑대를 둘러싼 법적 다툼으로 인해 멸종위기종 지위가 부여되기도 하고 해제되기도 했다. 현재 눈에 보이지 않는 공원 경계를 넘어온 옐로스톤 늑대는 사냥꾼들의 사냥감이 되고 있다.

인간의 파괴로부터 생물종과 서식지를 보호하기 위해 보호구역을 조성하는 것 외에 인간 활동으로 인해 파괴된 생태계를 복원하려는 노력도 계속되고 있다. 다음에는 복원생태학 분야를 살펴본다.

? **버드나무 성장의 패턴을 설명할 수 있는 다른 가설은 무엇인가?**

■ 통제된 실험이 아니기 때문에 다른 요인(날씨, 질병 등)에 의해 이러한 패턴이 나타났을 수 있다.

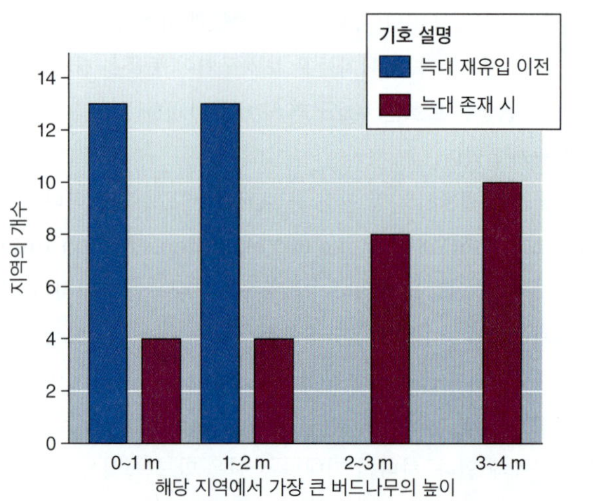

자료: Ripple, W. J., & Beschta, R. L., Linking wolves to willows via risksensitive foraging by ungulates in the northern Yellowstone ecosystem, Table 1, *Forest Ecology and Management* 230(1-3): 96-106 (2006).

▲ **그림 38.11D** 늑대 재도입 전과 7년 후의 버드나무 높이

38.12 훼손된 서식지의 복원 방법에 대한 연구는 새로운 과학 분야다

연결 수 세기 동안 인간은 결과를 고려하지 않고 자연 지역을 변경하고 황폐화시켜 왔다. 그러나 사람들은 생태계의 변화로 인한 일부 결과의 심각성을 점차 깨닫게 되면서 황폐화된 지역을 자연 상태로 되돌릴 방법을 모색하고 있다. 확장되고 있는 **복원생태학(restoration ecology)** 분야는 생태학적 원리를 사용하여 이러한 목표를 달성하는 방법을 개발한다.

복원생태학의 주요 전략 중 하나는 오염된 생태계를 해독하기 위해 살아 있는 생명체를 사용하는 생물정화(bioremediation)다. 예를 들어, 박테리아는 기름 유출과 오래된 광산 현장을 정화하는 데 사용되었다. 박테리아는 쓰레기 매립지에 있는 독소의 물질대사에도 사용된다. 특정 종의 식물은 오염된 토양에서 아연, 니켈, 납과 같은 잠재적 독성 금속을 성공적으로 추출했다. 식물은 성장하면서 토양에서 다량의 독소를 흡수하여 체내에 저장한다. 그런 다음 식물을 수확하여 유해 폐기물 매립지에 폐기한다. 연구자들은 우라늄으로 오염된 토양을 정화하기 위해 나무와 지의류(lichen)를 사용하는 방법도 조사하고 있다. 2005년 허리케인 카트리나 이후 뉴올리언스 주민들은 다양한 독소로 오염된 토양을 정화하기 위해 생물정화를 사용했다(**그림 38.12A**, 오른쪽).

▲ **그림 38.12A** 루이지애나주 뉴올리언스의 공공 생물정화 정원에서 일하는 자원봉사자

일부 복원 사업은 생태계를 자연 상태로 되돌린다는 보다 광범위한 목표를 가지고 있으며, 여기에는 식물을 다시 심거나, 외래 동물을 차단하거나, 물의 흐름을 제한하는 댐을 철거하는 등의 작업이 포함될 수 있다. 현재 미국에서는 수백 개의 복원 사업이 진행 중이다. 가장 야심 찬 노력 중 하나는 플로리다 중남부의 키시미강 사업이다.

키시미강은 한때 키시미호수에서 남쪽으로 오키초비호로 플로리다 중부를 관통하는 구불구불한 얕은 강이었다(**그림 38.12B**, 작은 지도). 강이 주기적으로 범람하면서 1년의 절반 정도는 넓은 범람원이 침수되어 습지를 만들고 수많은 조류, 어류, 무척추동물에게 중요한 서식지를 제공했다. 그러나 사람들은 범람원을 홍수를 통제하면 개발할 수 있는 유휴지로 여겼다. 1962년부터 1971년까지 미 육군 공병대는 166 km에 이르는 구불구불한 강을 수심 9 m, 폭 100 m, 길이 90 km의 직선 운하로 개조했다. 이 사업으로 인해 약 125 km^2의 습지가 사라졌고, 어류와 습지에 사는 조류 개체군에 심각한 부정적 영향을 끼쳤다. 어류의 산란 및 먹이를 찾을 수 있는 서식지가 사라졌고, 입큰농어와 같은 중요한 낚시 어류는 더 깊은 운하의 낮은 산소 농도에 더 잘 견디는 비낚시종으로 대체되었다. 물새 개체군은 92% 감소했고, 대머리독수리의 둥지 영역권은 70% 감소했다. 농업용 유출수를 여과하고 줄이는 데 도움이 되는 습지가 없어지자 인과 기타 과도한 영양분이 오키초비호수를 통해 남쪽에 있는 에버글레이드 생태계로 이동했다.

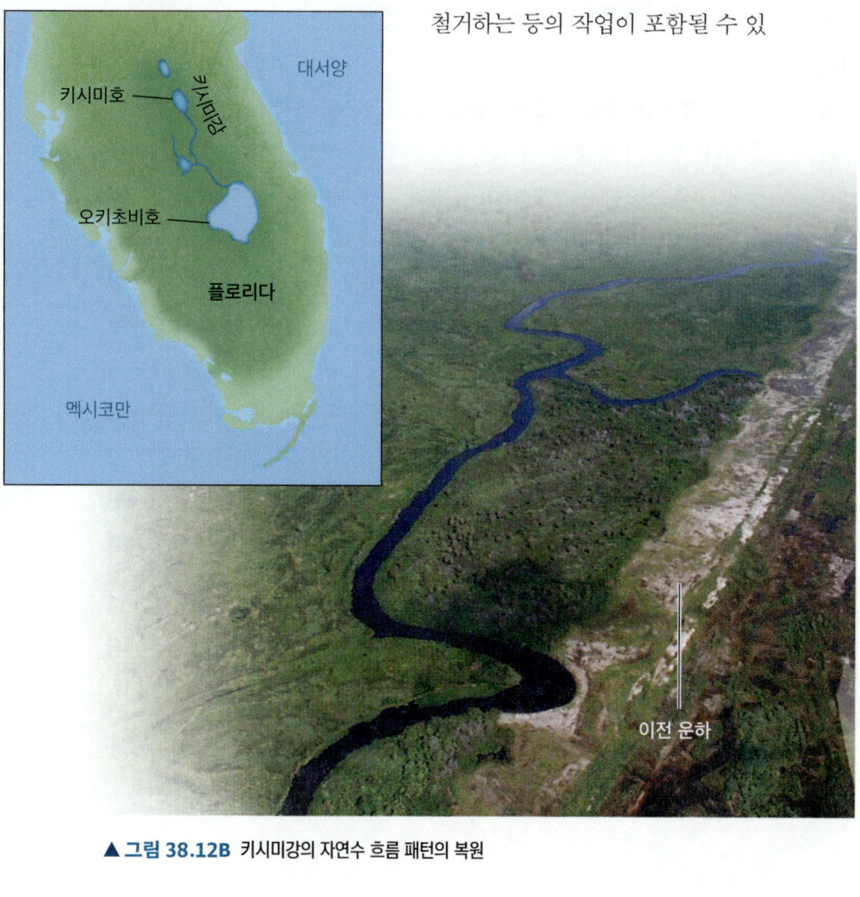

▲ **그림 38.12B** 키시미강의 자연수 흐름 패턴의 복원

이러한 부정적인 생태학적 영향이 인식되기 시작하면서 강을 복원해야 한다는 대중의 압력이 커졌다. 1992년 미국 의회는 세계 최대 규모의 경관 복원 사업이자 생태학 실험인 키시미강 복원 사업(Kissimmee River Restoration Project)을 승인했다. 이 계획에는 댐, 저수지, 통로 변형과 같은 물의 흐름을

조절하는 구조물을 철거하고 약 35 km의 운하를 메우는 것이 포함되었다. 1999년에 공사가 시작되어 2020년에 완공되었다. 그림 38.12B에서 볼 수 있듯이, 강의 자연스러운 곡선은 다시 메워진 운하의 인공적인 선형과 대조를 이룬다. 복원된 44 km^2의 습지에는 조류와 다른 야생동물들이 예상치 못한 숫자로 돌아왔다. 습지는 토종식물로 가득 차고, 강 통로에는 물고기가 다시 헤엄치고 있다. 그러나 최근 몇 년간 가뭄으로 인해 키시미강이 남쪽으로 흘러 오키초비호수로의 유입이 위협받고 있다. 플로리다 남부에서 물이 부족할 가능성은 더욱 야심 찬 사업인 에버글레이드 복원의 시급함에 다시금 주목하게 했다.

? 생물정화란 무엇인가? 황폐화된 경관을 복원하는 데 어떻게 사용되었는지 예를 드시오.

■ 박테리아가 기름 유출을 정화하는 것처럼 생물정화는 오염된 생태계를 해독하기 위해 살아 있는 생명체를 사용하는 것이다.

38.13 지속가능한 개발이 궁극적 목표다

세계 인구가 증가하고 인간의 삶이 풍요로워짐에 따라 식량, 섬유, 물과 같은 생태계의 '공급' 서비스에 대한 수요가 증가하고 있다. 이러한 수요는 현재 충족되고 있지만, 기후 조절 및 자연재해로부터의 보호와 같은 다른 중요한 생태계 서비스를 희생하면서 충족되고 있다. 분명히 우리는 우리 자신과 나머지 생물권을 미래로 향하는 불안정한 길에 놓이게 했다. 모든 세대가 자연적·경제적 자원의 적절한 공급과 비교적 안정적인 환경을 물려받을 수 있도록 지구의 자원을 가장 잘 관리하려면 어떻게 해야 하는가?

많은 국가, 과학 학회 및 민간 재단은 미래 세대의 필요를 충족할 수 있는 능력을 제한하지 않으면서 현재 사람들의 필요를 충족시키는 개발, 즉 **지속가능한 개발(sustainable development)**의 개념을 받아들였다. 세계 최대 규모의 생태학자 단체인 미국 생태학회는 '지속가능한 생물권 계획'이라는 연구 의제를 지지한다. 이 계획의 목표는 지구 자원의 지능적이고 책임감 있는 개발, 관리 및 보전에 필요한 기본적인 생태학적 정보를 확보하는 것이다. 연구 의제에는 자연 및 인공 생태계의 생산성을 유지하는 방법을 고안하고 생물다양성, 기후변화 및 생태학적 과정 간의 관계를 연구하는 것이 포함된다.

지속가능한 개발은 생태학적 지식의 지속적인 연구와 응용에만 의존하는 것이 아니다. 또한 생명과학을 사회과학, 경제학, 인문학 등과 연결해야 한다. 생물다양성의 보전과 복원은 지속가능한 개발의 한 측면일 뿐이며, 다른 핵심 측면은 인간의 상태를 조절하는 것이다. 이러한 노력이 성공하기 위해서는 공공 교육과 국가, 특히 미국의 정치적 헌신과 협력이 필수적이다.

그림 38.13의 기린 사진은 우리가 당면한 생태학적 위기를 인식하고 해결하지 못하면 무엇을 잃게 될지 상기시켜 준다. 기린은 놀라운 속도로 사라지고 있다. 벌목과 농지에 대한 수요 증가로 서식지가 점점 더 조각화되면서 이 거대한 초식동물이 살기에는 너무 작은 면적만 남게 되었다. 불법 사냥, 교통 사고, 가축으로부터의 질병 감염 등이 기린을 직접적으로 위협하고 있다. 전 세계적인 기후변화는 기린의 미래를 더욱 위험하게 하고 있다. 기린이 사라지면 기린에 의존한 씨의 분산, 새로운 식물의 성장 촉진 및 기타 상호작용을 하는 종에 해를 끼칠 수 있다.

▲ 그림 38.13 기린(*Giraffa camelopardalis*)

생물학은 자연을 알고자 하는 인간의 욕구를 과학적으로 표현한 학문이다. 우리가 소중히 여기는 것을 가장 잘 지키며, 우리가 이해하는 것을 가장 소중히 여기게 된다. 생명의 과정과 다양성에 대해 배우면서 건강한 생태계에 대한 우리의 의존성을 더 잘 인식하게 된다. 우리 자신뿐만 아니라 다른 종의 존재를 위태롭게 하고 생물권을 변화시키는 인간만의 능력을 인식하면 지속가능한 미래를 향한 길을 선택하는 데 도움이 될 수 있다.

모든 사람에게 충분한 천연자원이 주어지지 않는 세상이 온다는 위험은 먼 미래의 이야기가 아니다. 그것은 우리의 자녀, 어쩌면 우리 자신의 일생에 대한 전망이다. 그러나 현재 생물권의 상황은 암울하지만 절망적이지도 않다. 지금이야말로 생명에 대한 더 많은 지식을 적극적으로 추구하고 장기적인 지속가능성을 위해 노력해야 할 때다.

? 미래 세대의 복지에 대한 관심이 지속가능 개발을 향한 진전에 필수적인 이유는 무엇인가?

■ 지속가능한 개발은 인간의 일생보다 더 긴 장기적인 목표다. 현재에 집착하는 것은 미래 세대에 도움이 되는 행동을 방해하기 때문에 지속가능 개발의 장애물이다.

CHAPTER 38 복습

개념 복습하기

생물다양성의 소실(38.1~38.6)

38.1 생물다양성 소실에는 생태계, 종, 유전자의 소실이 있다. 생물다양성은 그 자체로도 가치가 있지만 식량, 섬유, 의약품, 생태계 서비스를 제공한다.

38.2 서식지 소실, 침입종, 남획, 오염, 기후변화는 생물다양성에 대한 주요 위협이다. 인간에 의한 서식지 변경은 생물다양성에 대한 가장 큰 위협이다. 침입종은 토착종과 경쟁하거나, 토착종을 잡아먹거나, 기생하여 군집을 파괴한다. 개체군의 회복 능력을 초과하는 속도로 포획하는 것은 많은 종에게 위협이 된다. 인간의 활동은 다양한 오염물질을 생성하여 공급원에서 멀리 떨어진 생태계에 영향을 미칠 수 있다. 생물적 확대는 생물체가 분해할 수 없는 합성 독소를 농축한다.

38.3 급속한 온난화가 지구 기후를 변화시키고 있다. 온실가스 농도 상승으로 인한 지구 온도 상승은 기후 패턴을 변화시키고 있으며, 이는 심각한 결과를 초래한다.

38.4 인간 활동은 온실가스 농도 상승의 원인이다. 증가의 대부분은 화석연료의 연소로 인한 결과다.

38.5 지구의 기후변화는 생물군계, 생태계, 군집, 개체군에 영향을 미친다. 고위도 및 고지대에 사는 생물들이 가장 큰 영향을 받는다.

38.6 기후변화는 자연선택의 원동력이다. 표현형의 유연성은 일부 종에 미치는 영향을 최소화했으며, 미시적 진화의 변화 사례도 여러 차례 관찰되었다. 그러나 환경적 변화의 속도가 빠르기 때문에 진화 과정이 많은 종을 멸종에서 구할 가능성은 낮다.

보전생물학과 복원생태학(38.7~38.13)

38.7 멸종위기에 있는 개체군의 보호는 보전생물학의 목표 중 하나다. 보전생물학은 생물다양성의 급격한 감소를 이해하고 이에 대응하기 위한 목표 지향적인 과학이다. 일부 보전생물학자들은 멸종위기에 처한 개체군을 늘리기 위해 노력한다.

38.8 생태계와 경관을 유지하는 것이 보전의 최우선 순위다. 생태계와 경관을 유지하기 위한 보전 노력이 점점 더 중요해지고 있다. 생태계와 생태계 사이의 경계에는 뚜렷한 특징과 종이 있다. 인간 활동으로 인한 가장자리의 빈도가 증가하고 갑작스럽게 발생하면 종의 소실이 가속화될 수 있다. 고립된 서식지를 연결하는 생태 이동 통로는 조각화된 개체군에 도움이 될 수 있다.

38.9 보호지역 설정은 생물다양성의 소실을 늦춘다. 생물다양성 집중지역은 토착종이 집중적으로 서식하는 곳이다.

38.10 개발제한지역 설정은 생태계 파괴를 되돌리기 위한 시도다. 개발제한지역은 경제 개발이 가능한 완충구역으로 둘러싸인 교란되지 않은 야생지대를 말한다. 생태관광은 보전 노력의 중요한 수입원이 되고 있다.

38.11 옐로스톤-유콘 보전계획은 보호지역을 연결하여 생물다양성을 보전하고자 한다. 이 혁신적인 국제 연구 및 보전 노력의 성공 여부는 회색 늑대의 재도입에 달려 있다.

38.12 훼손된 서식지의 복원 방법에 대한 연구는 새로운 과학 분야다. 복원생태학은 생태학적 원리를 사용하여 오염된 생태계를 정화하고, 토착식물을 다시 심고, 수로를 자연적인 흐름으로 되돌리는 등의 과정을 통해 훼손된 지역을 자연상태로 되돌린다. 대규모 복원 사업은 손상된 경관을 복원하기 위해 시도된다.

38.13 지속가능한 개발이 궁극적 목표다. 지속가능 개발은 생태학적 지식을 늘리고 적용하는 것뿐만 아니라 생물권과의 연계를 중요시하는 데 달려 있다.

개념 연결하기

1. 다음 지도를 완성하여 보전생물학의 주요 개념을 정리하자.

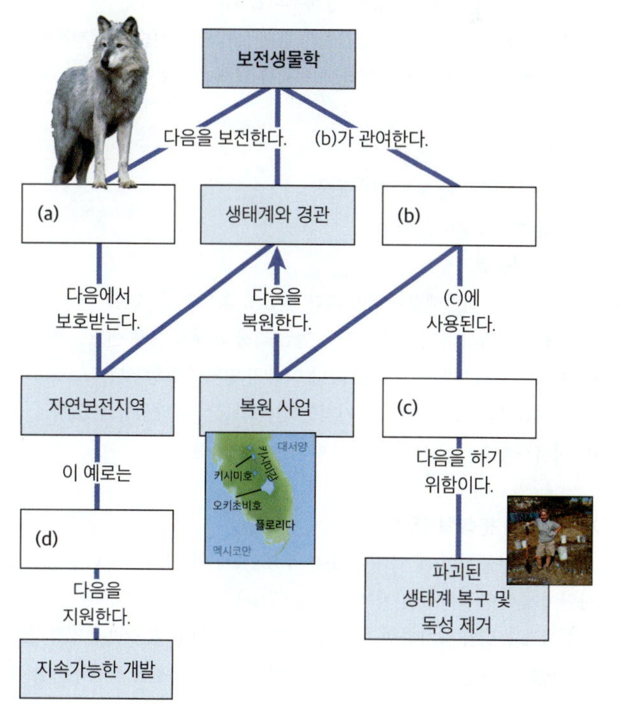

학습 평가하기

1단계 : 지식과 이해력 평가

2. 다음 중 보전생물학자들이 말하는 '생물다양성의 급속한 소실'이 의미하는 바를 가장 잘 설명하는 것은?
   a. 찌르레기, 얼룩말홍합 등 도입종의 증식이 빠르게 증가하고 있다.
   b. 대구와 파란지느러미참치와 같은 해양 어류의 수확량이 감소하고 있다.
   c. 현재 종의 멸종속도는 지난 10만 년 동안보다 100배에 달한다.
   d. 식물 종의 멸종으로 인해 많은 잠재적 의약품이 사라지고 있다.
3. 다음 중 현재 생물다양성에 가장 큰 위협이 되는 것은?
   a. 침입종
   b. 지나친 사냥
   c. 서식지의 소실
   d. 오염
4. 다음 중 생물다양성 집중지역에 대한 설명 중 틀린 것은?
   a. 지상 집중지역은 지구 면적의 3% 미만을 차지한다.
   b. 극지방 생물다양성 집중지역은 없다.
   c. 생물다양성 집중지역은 멸종위기지역이 될 수도 있다.
   d. 코스타리카 전체가 생물다양성 집중지역이다.
5. 물수리와 다른 최상위 포식자는 PCB와 같은 살충제의 영향을 가장 심하게 받는다. 그 이유는?
   a. 특히 화학물질에 민감하기 때문이다.
   b. 수명이 매우 길기 때문이다.
   c. 살충제를 조직에 보관하기 때문이다.
   d. 살충제가 농축된 먹이를 섭취하기 때문이다.
6. 생태 이동 통로는
   a. 철새가 이동하는 경로다.
   b. 고립된 서식지 조각을 연결하는 서식지의 띠 또는 그들의 집단이다.
   c. 여러 가지 생태계를 포함하는 경관이다.
   d. 생태계 사이의 가장자리, 즉 경계부위를 의미한다.
7. 한정된 자원으로 생물보호 생물학자들은 노력의 우선순위를 정해야 한다. 다음 중 생물다양성의 보전이라는 목표를 위해 가장 큰 관심을 기울여야 하는 것은?
   a. 상업적으로 중요한 종
   b. 멸종위기에 있는 모든 척추동물
   c. 군집에서 감소하는 핵심종
   d. 모든 멸종위기종
8. 코스타리카의 개발제한지역에 대한 설명 중 옳지 않은 것은?
   a. 완충구역에서는 바나나와 같은 현금 작물 재배가 허용된다.
   b. 사람에 의해 방해받지 않는 하나 이상의 영역이 포함된다.
   c. 생태관광은 보호지역의 장기적인 생존 가능성과 양립할 수 있다.
   d. 지역 주민들에게 안정적인 경제 기반을 제공한다.

2단계 : 응용과 분석력 평가

9. 생물학적 다양성의 세 가지 수준은 무엇인가? 각 단계마다 다양성 소실이 사람에게 어떤 영향을 미치는지 예를 드시오.
10. 온실가스 농도가 증가하면 지구의 생명체에 도움이 되는가? 설명하시오.
11. 기후변화의 원인과 가능한 결과는 무엇인가? 이 문제를 해결하려면 왜 국제협력이 필요한가?

3단계 : 종합평가

12. **과학적 사고** 인간이 만들어낸 온실가스의 증가(38.3절 참조)는 기후변화의 영향을 연구할 수 있는 많은 기회를 제공한다. 예를 들어, 산토끼는 북아메리카 고산과 북부 지역의 타이가 기후에 적응하고 있다. 한 가지 적응은 계절에 따른 털 색깔의 변화(흰색 겨울 털은 봄에 갈색으로 변함)로, 수많은 포식자로부터 토끼를 위장하는 것이다. 이러한 색의 변화는 낮의 길이에 의해 촉발된다. 봄철의 기온 상승으로 타이가의 눈이 일찍 녹으면서 생물학자들은 갈색 땅 위에 앉아 있는 흰 토끼를 많이 관찰했다. 이 자연 실험을 타이가 생태계의 개체군과 군집에 대한 기후변화의 영향을 조사하는 데 어떻게 사용할 수 있는지 제안하시오(과거 데이터가 있다고 가정).
13. 일본에서는 2011년 후쿠시마 원전 사고 이후 해바라기 밭이 조성되었다. 토양 과학자와 기자(https://japantoday.com/category/national/sunflowers-used-to-clean-up-radiation)의 대화를 통해 이러한 식재 방식에 대해 어떤 정보를 얻을 수 있는가? 도움이 되는가, 아니면 단순히 문제를 다른 곳으로 옮기는 것인가? 이것이 야생동물에게 어떤 식으로든 영향을 미칠 수 있을까?
14. **과학적 사고** 연구자들은 고도가 피카의 서식범위(38.0절과 38.11절 참조)에 어떤 영향을 미치는지 이해하기 위해 두 곳(오리건 남동부와 네바다 북서부에 하나씩)에서 활동 중인 피카 서식지와 버려진 피카 서식지를 연구했다. 지역은 오래된(더 이상 사람이 거주하지 않는) 또는 현재 사용 중인 것으로 분류되었다. 연구 결과를 어떻게 요약하겠는가? 이 연구는 기후변화로 인해 피카의 서식범위가 더 높은 고도로 이동하고 있다는 가설을 뒷받침하는가? 통제된 실험을 할 때와 비교했을 때 자연에서 패턴을 설명할 때 어떤 한계가 있는가?

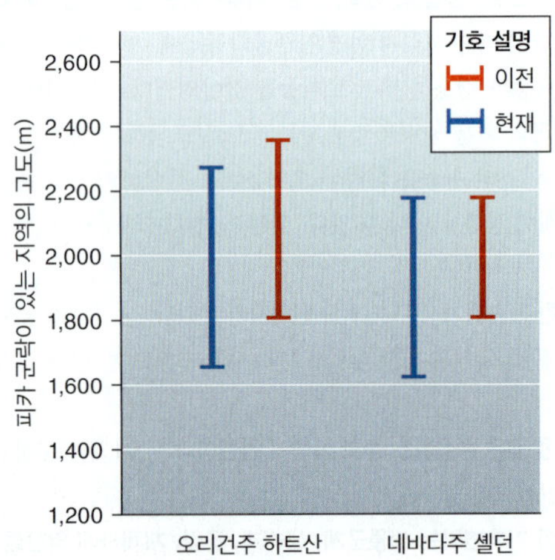

자료: Collins, G. H., & Bauman, B. T. (2012). Distribution of low-elevation American pika populations in the northern Great Basin. *Journal of Fish and Wildlife Management*, 3(2), 311-318. Table 2.

15. 지구 온난화로 인한 북극곰 서식지의 점진적인 소실은 북극곰의 장기 생존에 가장 중요한 위협으로 부각되고 있다. 북극곰은 세계에서 가장 큰 육식동물로, 북극의 얼음으로 덮인 바다에서 최상위 포식자다. 멸종위기 개체군을 보호하는 것은 보전생물학의 목표 중 하나다. 현지에서 이를 달성할 수 없다면, 북극곰을 남극으로 이동시켜 북극곰의 지속적인 생존을 보장할 수 있는가? 그러한 노력의 비용과 이점은 무엇인가? 보호해야 할 동물은 무엇이며 멸종을 허용할 시기는 어떻게 결정하는가?

부록 1

단위 변환표

Measurement	Unit and Abbreviation	Metric Equivalent	Approximate Metric-to-English Conversion Factor	Approximate English-to-Metric Conversion Factor
Length	1 kilometer (km)	= 1,000 (10^3) meters	1 km = 0.6 mile	1 mile = 1.6 km
	1 meter (m)	= 100 (10^2) centimeters	1 m = 1.1 yards	1 yard = 0.9 m
		= 1,000 millimeters	1 m = 3.3 feet	1 foot = 0.3 m
			1 m = 39.4 inches	
	1 centimeter (cm)	= 0.01 (10^{-2}) meter	1 cm = 0.4 inch	1 foot = 30.5 cm
				1 inch = 2.5 cm
	1 millimeter (mm)	= 0.001 (10^{-3}) meter	1 mm = 0.04 inch	
	1 micrometer (μm)	= 10^{-6} meter (10^{-3} mm)		
	1 nanometer (nm)	= 10^{-9} meter (10^{-3} μm)		
	1 angstrom (Å)	= 10^{-10} meter (10^{-4} μm)		
Area	1 hectare (ha)	= 10,000 square meters	1 ha = 2.5 acres	1 acre = 0.4 ha
	1 square meter (m^2)	= 10,000 square centimeters	1 m^2 = 1.2 square yards	1 square yard = 0.8 m^2
			1 m^2 = 10.8 square feet	1 square foot = 0.09 m^2
	1 square centimeter (cm^2)	= 100 square millimeters	1 cm^2 = 0.16 square inch	1 square inch = 6.5 cm^2
Mass	1 metric ton (t)	= 1,000 kilograms	1 t = 1.1 tons	1 ton = 0.91 t
	1 kilogram (kg)	= 1,000 grams	1 kg = 2.2 pounds	1 pound = 0.45 kg
	1 gram (g)	= 1,000 milligrams	1 g = 0.04 ounce	1 ounce = 28.35 g
			1 g = 15.4 grains	
	1 milligram (mg)	= 10^{-3} gram	1 mg = 0.02 grain	
	1 microgram (μg)	= 10^{-6} gram		
Volume (Solids)	1 cubic meter (m^3)	= 1,000,000 cubic centimeters	1 m^3 = 1.3 cubic yards	1 cubic yard = 0.8 m^3
			1 m^3 = 35.3 cubic feet	1 cubic foot = 0.03 m^3
	1 cubic centimeter (cm^3 or cc)	= 10^{-6} cubic meter	1 cm^3 = 0.06 cubic inch	1 cubic inch = 16.4 cm^3
	1 cubic millimeter (mm^3)	= 10^{-9} cubic meter (10^{-3} cubic centimeter)		
Volume (Liquids and Gases)	1 kilolilter (kL or kl)	= 1,000 liters	1 kL = 264.2 gallons	
	1 liter (L or l)	= 1,000 milliliters	1 L = 0.26 gallon	1 gallon = 3.79 L
			1 L = 1.06 quarts	1 quart = 0.95 L
	1 milliliter (mL or ml)	= 10^{-3} liter	1 mL = 0.03 fluid ounce	1 quart = 946 mL
		= 1 cubic centimeter	1 mL = $^1/_4$ teaspoon	1 pint = 473 mL
			1 mL = 15–16 drops	1 fluid ounce = 29.6 mL
				1 teaspoon = 5 mL
	1 microliter (μL or μl)	= 10^{-6} liter (10^{-3} milliliter)		
Time	1 second (s)	= $^1/_{60}$ minute		
	1 millisecond (ms)	= 10^{-3} second		
Temperature	Degrees Celsius (°C)		°F = $^9/_5$ °C + 32	°C = $^5/_9$ (°F − 32)

APPENDIX

부록 2

주기율표

Atomic number (number of protons) → 6
Element symbol → C
12.01 ← Atomic mass (number of protons plus number of neutrons averaged over all isotopes)

Metals | Metalloids | Nonmetals

Representative elements

Alkali metals | Alkaline earth metals | Halogens | Noble gases

Groups: Elements in a vertical column have the same number of electrons in their valence (outer) shell and thus have similar chemical properties.

Periods: Each horizontal row contains elements with the same total number of electron shells. Across each period, elements are ordered by increasing atomic number.

Transition elements

Period number	1 Group 1A	2 Group 2A	3 3B	4 4B	5 5B	6 6B	7 7B	8 8B	9 8B	10 8B	11 1B	12 2B	13 Group 3A	14 Group 4A	15 Group 5A	16 Group 6A	17 Group 7A	18 Group 8A
1	1 H 1.008																	2 He 4.003
2	3 Li 6.941	4 Be 9.012											5 B 10.81	6 C 12.01	7 N 14.01	8 O 16.00	9 F 19.00	10 Ne 20.18
3	11 Na 22.99	12 Mg 24.31											13 Al 26.98	14 Si 28.09	15 P 30.97	16 S 32.07	17 Cl 35.45	18 Ar 39.95
4	19 K 39.10	20 Ca 40.08	21 Sc 44.96	22 Ti 47.87	23 V 50.94	24 Cr 52.00	25 Mn 54.94	26 Fe 55.85	27 Co 58.93	28 Ni 58.69	29 Cu 63.55	30 Zn 65.41	31 Ga 69.72	32 Ge 72.64	33 As 74.92	34 Se 78.96	35 Br 79.90	36 Kr 83.80
5	37 Rb 85.47	38 Sr 87.62	39 Y 88.91	40 Zr 91.22	41 Nb 92.91	42 Mo 95.94	43 Tc (98)	44 Ru 101.1	45 Rh 102.9	46 Pd 106.4	47 Ag 107.9	48 Cd 112.4	49 In 114.8	50 Sn 118.7	51 Sb 121.8	52 Te 127.6	53 I 126.9	54 Xe 131.3
6	55 Cs 132.9	56 Ba 137.3	57* La 138.9	72 Hf 178.5	73 Ta 180.9	74 W 183.8	75 Re 186.2	76 Os 190.2	77 Ir 192.2	78 Pt 195.1	79 Au 197.0	80 Hg 200.6	81 Tl 204.4	82 Pb 207.2	83 Bi 209.0	84 Po (209)	85 At (210)	86 Rn (222)
7	87 Fr (223)	88 Ra (226)	89† Ac (227)	104 Rf (261)	105 Db (262)	106 Sg (266)	107 Bh (264)	108 Hs (269)	109 Mt (268)	110 Ds (271)	111 Rg (272)	112 Cn (285)	113 — (284)	114 Fl (289)	115 — (288)	116 Lv (293)	117 — (294?)	118 — (294)

*Lanthanides	58 Ce 140.1	59 Pr 140.9	60 Nd 144.2	61 Pm (145)	62 Sm 150.4	63 Eu 152.0	64 Gd 157.3	65 Tb 158.9	66 Dy 162.5	67 Ho 164.9	68 Er 167.3	69 Tm 168.9	70 Yb 173.0	71 Lu 175.0
†Actinides	90 Th 232.0	91 Pa 231.0	92 U 238.0	93 Np (237)	94 Pu (244)	95 Am (243)	96 Cm (247)	97 Bk (247)	98 Cf (251)	99 Es 252	100 Fm 257	101 Md 258	102 No 259	103 Lr 260

Name (Symbol)	Atomic Number	Name (Symbol)	Atomic Number	Name (Symbol)	Atomic Number	Name (Symbol)	Atomic Number	Name (Symbol)	Atomic Number
Actinium (Ac)	89	Copernicium (Cn)	112	Iodine (I)	53	Osmium (Os)	76	Silicon (Si)	14
Aluminum (Al)	13	Copper (Cu)	29	Iridium (Ir)	77	Oxygen (O)	8	Silver (Ag)	47
Americium (Am)	95	Curium (Cm)	96	Iron (Fe)	26	Palladium (Pd)	46	Sodium (Na)	11
Antimony (Sb)	51	Darmstadtium (Ds)	110	Krypton (Kr)	36	Phosphorus (P)	15	Strontium (Sr)	38
Argon (Ar)	18	Dubnium (Db)	105	Lanthanum (La)	57	Platinum (Pt)	78	Sulphur (S)	16
Arsenic (As)	33	Dysprosium (Dy)	66	Lawrencium (Lr)	103	Plutonium (Pu)	94	Tantalum (Ta)	73
Astatine (At)	85	Einsteinium (Es)	99	Lead (Pb)	82	Polonium (Po)	84	Technetium (Tc)	43
Barium (Ba)	56	Erbium (Er)	68	Lithium (Li)	3	Potassium (K)	19	Tellurium (Te)	52
Berkelium (Bk)	97	Europium (Eu)	63	Livermorium (Lv)	116	Praseodymium (Pr)	59	Terbium (Tb)	65
Beryllium (Be)	4	Fermium (Fm)	100	Lutetium (Lu)	71	Promethium (Pm)	61	Thallium (Tl)	81
Bismuth (Bi)	83	Flerovium (Fl)	114	Magnesium (Mg)	12	Protactinium (Pa)	91	Thorium (Th)	90
Bohrium (Bh)	107	Fluorine (F)	9	Manganese (Mn)	25	Radium (Ra)	88	Thulium (Tm)	69
Boron (B)	5	Francium (Fr)	87	Meitnerium (Mt)	109	Radon (Rn)	86	Tin (Sn)	50
Bromine (Br)	35	Gadolinium (Gd)	64	Mendelevium (Md)	101	Rhenium (Re)	75	Titanium (Ti)	22
Cadmium (Cd)	48	Gallium (Ga)	31	Mercury (Hg)	80	Rhodium (Rh)	45	Tungsten (W)	74
Calcium (Ca)	20	Germanium (Ge)	32	Molybdenum (Mo)	42	Roentgenium (Rg)	111	Uranium (U)	92
Californium (Cf)	98	Gold (Au)	79	Neodymium (Nd)	60	Rubidium (Rb)	37	Vanadium (V)	23
Carbon (C)	6	Hafnium (Hf)	72	Neon (Ne)	10	Ruthenium (Ru)	44	Xenon (Xe)	54
Cerium (Ce)	58	Hassium (Hs)	108	Neptunium (Np)	93	Rutherfordium (Rf)	104	Ytterbium (Yb)	70
Cesium (Cs)	55	Helium (He)	2	Nickel (Ni)	28	Samarium (Sm)	62	Yttrium (Y)	39
Chlorine (Cl)	17	Holmium (Ho)	67	Niobium (Nb)	41	Scandium (Sc)	21	Zinc (Zn)	30
Chromium (Cr)	24	Hydrogen (H)	1	Nitrogen (N)	7	Seaborgium (Sg)	106	Zirconium (Zr)	40
Cobalt (Co)	27	Indium (In)	49	Nobelium (No)	102	Selenium (Se)	34		

부록 3

단백질의 아미노산

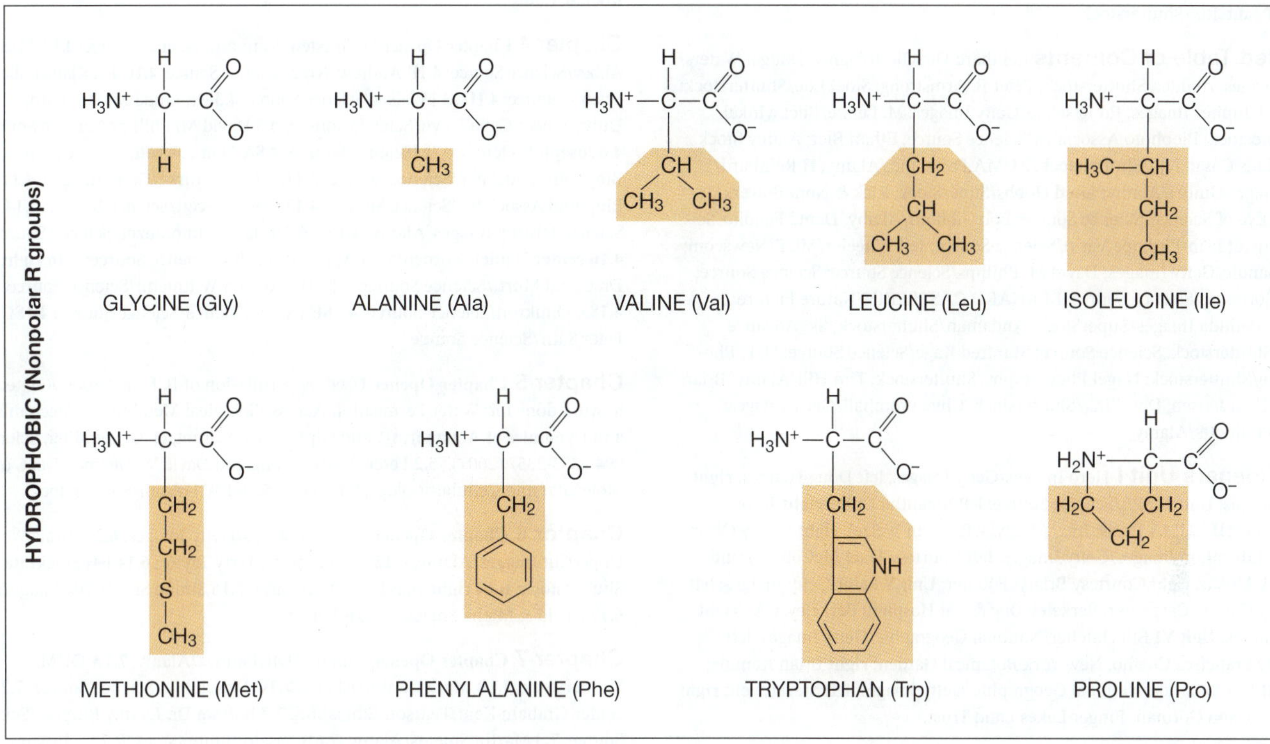

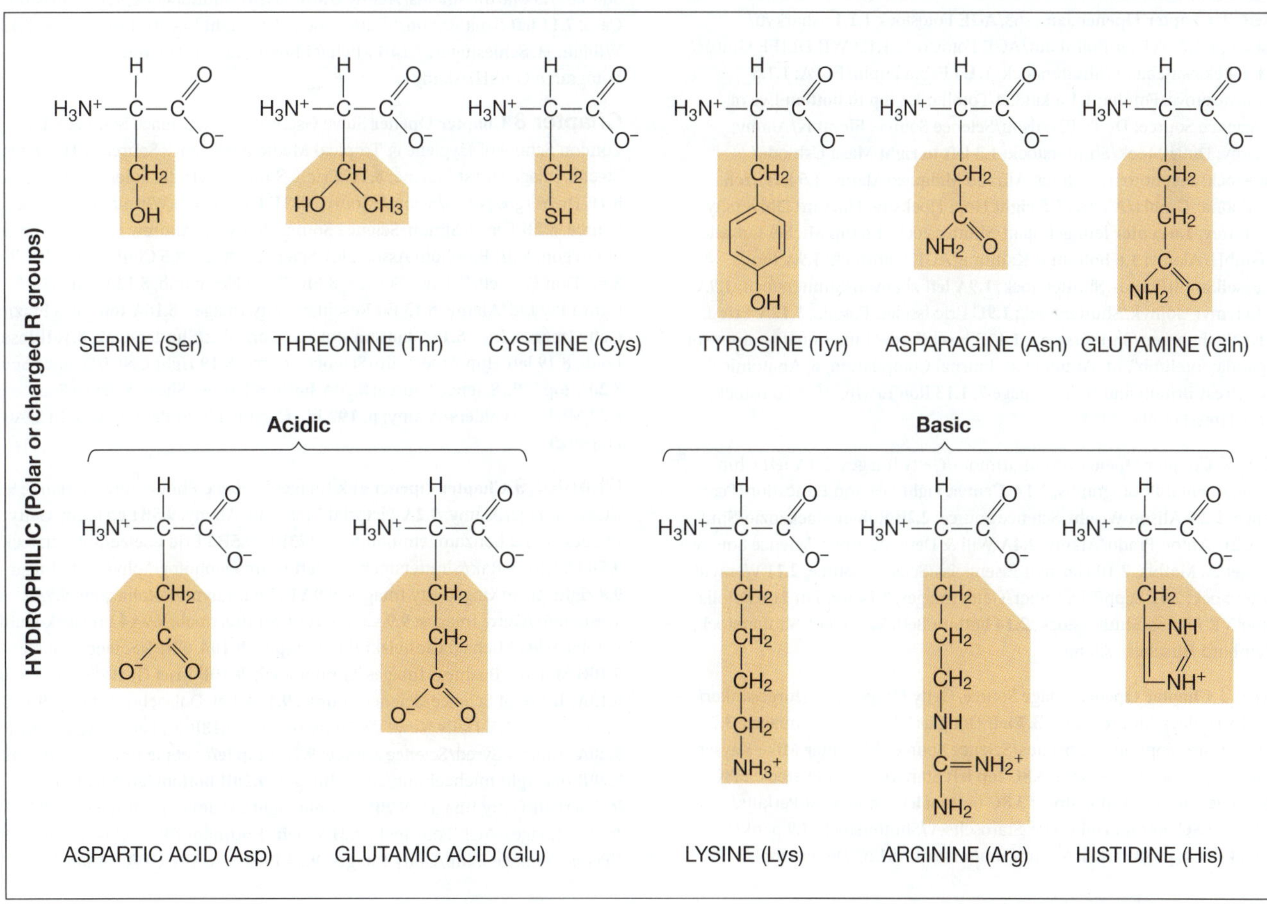

출처

사진

Cover Jane Rix/Shutterstock

Detailed Table of Contents Reinhard Dirscherl/Alamy; Dougal Waters/Getty Images; rtbilder/Shutterstock; Peter B. Armstrong; StockLite/Shutterstock; ImageDJ/Jupiter Images; Ed Reschke/Getty Images; M. Lenke/Blickwinkel/AGE Fotostock; Biophoto Associates/Science Source; Ethan Bier; Alamy Stock Photo; Luis César Tejo/Shutterstock; ZUMA Press, Inc./Alamy; H Reinhard/Arco Images GmbH/Alamy; Jared Hobbs/SuperStock; Rick & Nora Bowers/Alamy; Eye of Science/Science Source; Bob Gibbons/Alamy; Danté Fenolio/Science Source; Jean-Philippe Varin/Science Source; Jeff Wheeler/MCT/Newscom; Jovanmandic/Getty Images; David M. Phillips/Science Source; Science Source; Chris Bjornberg/Science Source; BERNARD CASTELEIN/Nature Picture Library; Belinda Images/SuperStock; Andaman/Shutterstock; Sk_Advance studio/Shutterstock; Science Source; Manfred Kage/Science Source; N. F. Photography/Shutterstock; Nagel Photography/Shutterstock; Tim Hill/Alamy; Brian Capon; Fred Jensen; Don Fink/Shutterstock; Clive Bromhall/Getty Images; Simon Phillpotts/Alamy

Unit Openers Unit I Hero Images/Getty Images; **left** Doug Hodges; **right** Crista Shopis; **Unit II** SPL/Science Source; **left** Smantha Dube; **right** Jason Halal; **Unit III** ZUMA Press, Inc./Alamy; **left** Kevin Welzel; **right** Randy Olson; **Unit IV** Education Images/Getty Images; **left** Courtesy Traci McCollister and Dominik Mosur; **right** Courtesy Briana Pobiner; **Unit V** kali9/Getty Images; **left** Courtesy Corene Carpenter, Berkeley Dog & Cat Hospital; Berkeley, CA.; **right** Silvia Ramos; **Unit VI** Bill Hatcher/National Geographic/Getty Images; **left** Courtesy Francisca Coelho, New York Botanical Garden; **right** Brian Kemble; **Unit VII** Pete Mcbride/National Geographic/Getty Images; **left** Steven Veit; **right** Courtesy Jason Gorman, Finger Lakes Land Trust.

Chapter 1 **Chapter Opener** James63/AGE Fotostock **1.1.1** asharkyu/Shutterstock; **1.1.2** Werner Bollmann/AGE Fotostock; **1.1.3** WILDLIFE GmbH/Alamy; **1.1.4** ekawatchaow/Shutterstock; **1.1.4** Fabio Pupin/FLPA; **1.1.5** Vera Kuttelvaserova/Fotolia; **1.1.6** kat334/Fotolia; **1.2 top to bottom** Eye of Science/Science Source; Dr. D. P. Wilson/Science Source; Florapix/Alamy; FLPA/Alamy; Doug Meek/Shutterstock; **1.3 left to right** Masa Ushioda/AGE Fotostock; seaphotoart/Fotolia; Alfredo Maiquez/Alamy; **1.5 left** Sacha Vignieri; Zoonar GmbH/Alamy; **1.5 right** Hopi Hoekstra, Harvard University; Shawn P. Carey; **1.6 center** leungchopan/Shutterstock; **1.6 top** Michel Loiselle/Zoonar GmbH/Alamy; **1.6 bottom** R Kaufung/AGE Fotostock; **1.9A top** StevenRussellSmithPhotos/Shutterstock; **1.9A left** zhaoyan/Shutterstock; **1.9A right** Volodymyr Goinyk/Shutterstock; **1.9C** Eric Isselée/Fotolia; **1.12A** Eric J. Simon; **1.12B** shahreen/Shutterstock; **1.12B inset** From "Functional anatomy of the red panda; forelimb", M. Antón et al, Journal Compilation, 6, Anatomical Society of Great Britain and Ireland, page 7; **1.13** Ron Erwin/AGE Fotostock; **1.14** gloriaclares/Fotolia

Chapter 2 **Chapter Opener** ultramarinfoto/Getty Images; **2.1A left** Chip Clark/Fundamental Photographs; **2.1A Center, right** Pearson Education/Pearson Science; **2.2A** Alison Wright/Science Source; **2.2B** Robyn Mackenzie/Shutterstock; **2.2C** Anton Prado/Alamy; **2.4A** Will & Deni McIntyre/Science Source; **2.4B** Chester A. Mathis; **2.10** Herman Eisenbeiss/Science Source; **2.11** Werayuth Tes/Shutterstock; **2.12** SeppFriedhuber/Getty Images; **2.14 top** Ian 210/Fotolia; **2.14 center** VR Photos/Shutterstock; **2.14 bottom** Beth Van Trees/Shutterstock; **2.15B** Reinhard Dirscherl/Alamy

Chapter 3 **Chapter Opener** Image Source/Getty Images; **3.2** georgesanker/Alamy; **3.4A** rtbilder/Shutterstock; **3.7 left** Douglas Waters/Getty Images; **3.7 right and bottom** Biophoto Associates/Science Source; **3.7 center** Mike Kayser/Wellcome Images/Science Source; **3.8C top left** Stargazer/Shutterstock; **3.8C top right** Angel Simon/Shutterstock; **3.8C bottom left** Thomas M Perkins/Shutterstock; **3.8C bottom right** Alex Staroseltsev/Shutterstock; **3.9** panki/Shutterstockstock; **p. 88 center** Anetta/Shutterstock; **3.12C** Dieter Hopf/imageBROKER/AGE Fotostock; **3.16 left** Peter Horree/Alamy; **3.16 right** Ton Koene/Alamy

Chapter 4 **Chapter Opener** Dr. Torsten Wittmann/Science Source; **4.1A** Michael Abbey/Science Source; **4.1B** Andrew Syred/Science Source; **4.1C** Dr. Klaus Boller/Science Source; **4.1D** M I Walker/Science Source; **4.3** Dr. Linda M. Stannard, University of Cape Town/Science Source; **4.5** David M. Phillips/Science Source; **4.6** Joseph F. Gennaro Jr./Science Source; **4.8A** Don Fawcett/Science Source; **4.9** Biophoto Associates/Science Source; **4.11A** Roland Birke/Getty Images; **4.11B** Biophoto Associates/Science Source; **4.13** Don Fawcett/Science Source; **4.14** Science History Images/Alamy; **4.16 left** Dr. Jan Schmoranzer/Science Source; **4.16 center** Daniel Schroen, Cell Applications Inc/Science Source; **4.16 right** Dr. Gopal Murti/Science Source; **4.17** Dr. Torsten Wittmann/Science Source; **4.18A** Omikron/Science Source; **4.18B** Eye of Science/Science Source; **4.18C** Peter Satir/Science Source

Chapter 5 **Chapter Opener** Used by permission of B. L. de Groot. Related to work done for: Water Permeation Across Biological Membranes: Mechanism and Dynamics of Aquaporin-1 and GlpF. B. L de Groot, H. Grubmüller. Science 294:2353-2357 (2001).; **5.2** Peter B. Armstrong and David W. Deamer, Dept. of Molecular and Cellular Biology, UC Davis; **5.16** BW Folsom/Shutterstock

Chapter 6 **Chapter Opener** Stephen Marks/Getty Images; **6.2** Dennis Welsh/UpperCut Images/Alamy; **6.12** Sean Lower/Marty Taylor; **6.14 left** StockLite/Shutterstock; **6.14 right** wzfs1s/Getty Images; **6.16** Simon Smith/DK Images; **6.17** David & Micha Sheldon/AGE Fotostock

Chapter 7 **Chapter Opener** Tatiana Dyuvbanova/Alamy; **7.1A** ODM/Shutterstock; **7.1B** Mark Conlin/Alamy; **7.1C** Marek Mis/Science Source; **7.2 center** Graham Kent/Pearson Education; **7.2 bottom** Dr. Jeremy Burgess/Science Source; **7.3** Martin Shields/Alamy; **7.6B** llaszlo/Shutterstock; **7.7A** Christine Case; **7.11 left** Sana Rahim/Shutterstock; **7.11 right** jpreat/Shutterstock; **7.13A** William H. Schlesinger; **7.14B** Michael Boyny/LOOK Die Bildagentur der Fotografen GmbH/Alamy

Chapter 8 **Chapter Opener** Steve Gschmeissner/Science Source; **8.1A** London School of Hygiene & Tropical Medicine/Science Source; **8.1B** Roger Steene/Image Quest Marine; **8.1C** Eric J. Simon; **8.1D** Zia Soleil/Getty Images; **8.1E** Dr. Yorgos Nikas/Science Source; **8.1F** Dr. Torsten Wittmann/Science Source; **8.2B** Lee D. Simon/Science Source; **8.3A** Dr. Andrew S. Bajer, University of Oregon; **8.3B** Biophoto Associates/Science Source; **8.5** Conly L. Rieder, Ph.D.; **8.6A** Don Fawcett/Science Source; **8.6B** Eldon Newcomb; **8.12A** IOFOTO/Canva Pty Ltd/Alamy; **8.13** Ed Reschke/Getty Images; **8.16A top** Jules Frazier/Getty Images, Inc.; **8.16A bottom** Roxana Gonzalez/Shutterstock; **8.16B** Josef Loidl; **8.19 left** Hop Americain/Science Source; **8.19 right** CNRI/Science Source; **8.20A top** SPL/Science Source; **8.20A bottom** Lauren Shear/Science Source; **8.22** Michelle Gilders/Alamy; **p. 197** J.L. Carson/Photo Researchers, Inc./AGE Fotostock

Chapter 9 **Chapter Opener** Tek Images/Science Photo Library/Alamy; **9.1** Classic Image/Alamy; **9.2A** Pictorial Press Ltd/Alamy; **9.5B1** cpaquin/Getty Images; **9.5B2** bonzami emmanuelle/123RF; **9.5B3** Eric Isselee/Shutterstock; **9.5B4** Victoria Rak/Shutterstock; **9.8 left** m-imagephotography/Getty Images; **9.8 right** XiXinXing/Getty Images; **9.9A1** NinaMalyna/Fotolia.com; **9.9A2** Westend61/Getty Images; **9.9A3** Shell114/Shutterstock; **9.9A4** Prostock-studio/Fotolia; **9.9C** Michael Ciesielski Photography; **9.10A** CNRI/Science Source; **9.10B** Monkey Business Images/Shutterstock; **9.10B inset** Gusto/Science Source; **9.13A, B** Eye of Science/Science Source; **9.15A** Lev Dolgachov/Alamy; **9.15B** Linda Rosier/NY Daily News via Getty Images; **9.18B** M. Lenke/AGE Fotostock; **9.20A** Andrew Syred/Science Source; **9.20B top left** People Images/Getty Images; **9.20B top right** michaeljung/Getty Images; **9.20B bottom left** Nicole Hill/Rubberball/Getty Images; **9.20B bottom right** 2xSamara/Shutterstock; **9.21A left** Johner Images/AGE Fotostock; **9.21A right** Kottmann/blickwinkel/Alamy; **9.22** FPG/The Image Bank/Getty Images; **9.23** PRISMA ARCHIVO/Alamy

Chapter 10 **10.CO** Public Health England Centre for Infections/Science Source; **10.1A** Biophoto Associates/Science Source; **10.3A** Library of Congress; **10.3A inset** Science Source; **10.3B** National Institute of Health; **10.6B** Grzegorz Skaradziński/Alamy; **10.8C** Yonhap Choi Byung-kil/AP Images; **10.12A** Joachim Frank; **p. 247 right** Hazel Appleton, Health Protection Agency Centre for Infections/Science Source; **10.19 clockwise from top left** Scott Camazine/Alamy; CDC/Dr. Terrence Tumpey; CDC/P.E. Rollin; National Institute of Allergy and Infectious Diseases (NIAID); CDC/Courtesy of Cynthia Goldsmith; Jacqueline Katz; Sherif R. Zaki; National Institute of Allergy and Infectious Diseases (NIAID); CDC/Cynthia Goldsmith; National Institute of Allergy and Infectious Diseases (NIAID); **10.23C** Huntington Potter

Chapter 11 **Chapter Opener** Handout/Getty Images; **11.1A** Martin Oeggerli/Science Source; **11.2 left** Don. W. Fawcett/Science Source; **11.2A left** Biophoto Associates/Science Source; **11.2A right** Don. W. Fawcett/Science Source; **11.2B** Eric Isselee/Shutterstock; **11.8A, B** F. Rudolf Turner; **11.9A** Science History Images/Alamy; **11.9B** Alila Medical Media/Shutterstock; **11.12** Robyn Mackenzie/Shutterstock; **11.16A** Geo Martinez/Shutterstock

Chapter 12 **Chapter Opener** Laguna Design/Science Source; **12.1A** Pichi Chuang/Thomson Reuters; **12.1B top to bottom** Smileus/Dreamstime LLC; A.J. Sisco/UPI/Newscom; Dmitry Lobanov/Fotolia; CLIPAREA.com/Fotolia; **12.6A** Brad DeCecco Photography; **12.7A** Eli Lilly and Company; **12.7B** Hank Morgan/Science Source; **12.8A** Vladimir Nikitin/Shutterstock; **12.8B** Patti McConville/Alamy; **12.9 left** Borys Shevchuk/Fotolia; **12.9 center** Kirill Kurashov/Shutterstock; **12.9 right** Dionisvera/Shutterstock; **12.13** Scott Sinklier/Alamy; **p. 291** Steve Helber/AP Photo; **12.16** P. Morris/Garvan Institute of Medical Research; **12.20** Greg M. Herringer/Getty Images; **12.21** Philippe Plailly & Atelier Daynes/Look Sciences/Science Source

Chapter 13 **Chapter Opener** Terry Donnelly/Alamy; **13.1A left** Archiv/Science Source; **13.1A right** National Maritime Museum Picture Library; **13.1B** Peter Scoones/Science Source; **13.1C** nicholas_dale/Getty Images; **13.2A** Colin Keates/DK Images; **13.2B** Chris Howes/Wild Places Photography/Alamy; **13.2C** Wirestock Creators/Shutterstock; **13.4B left** Dr. Keith Wheeler/Science Source; **13.4B right** TT Nyhetsbyra°n AB/Lennart Nilsson Photography; **13.6 center** Luis César Tejo/Shutterstock; **13.6 bottom right** Juniors Bildarchiv/Alamy; **13.6 bottom left** Kenneth W. Fink/Science Source; **13.6 top right** ZUMA Press, Inc./Alamy; **13.6 top left** Arco Images GmbH/Alamy; **13.7** Philip Wallick/Getty Images; **13.8** Our Wild Life Photography/Alamy; **13.9** Adam Jones/Getty Images; **13.11** Anne Dowie/Pearson Education; **13.12B** William Ervin/Science Source; **13.13** Steffen Foerster/Shutterstock; **13.14 left** Sergej Razvodovskij/Shutter-stockstock; **13.14 right** Carlton Ward/Getty Images; **13.15A** Dave Blackey/Getty Images; **13.15B** George D. Lepp/Getty Images; **13.15C** Barry Mansell/Nature Picture Library

Chapter 14 **Chapter Opener** David Fleetham/Alamy; **14.1** Charles Darwin; **14.2A left** Mateusz Sciborski/Shutterstock; **14.2A right** Martin Fowler/Shutterstock; **14.2B left to right** XiXinXing/Shutterstock; Daxiao Productions/Shutterstock; Darren Baker/Fotolia.com; Radius Images/Getty Images; Zurijeta/Shutterstock; courtyardpix/Shutterstock; **14.2 top to bottom** CLFProductions/Shut-terstock; janprchal/Shutterstock; Troy Maben/AP Images; **p. 326 1st column** Joe McDonald/Photoshot Holdings Ltd.; Joe Mcdonald/Getty Images; **p. 326 2nd column** USDA/APHIS Animal and Plant Health Inspection Service; Jared Hobbs/SuperStock; **p. 326 3rd column** J&C Sohns/AGE Fotostock; Tier und Naturfotografie/SuperStock; **p. 326 4th column** Phillippe Clement/Nature Picture Library; Oyvind Martinsen Wildlife Collection/Alamy; **p. 327 1st column** SERDAR/Alamy; WaterFrame/Alamy; **p. 327 2nd column** Chuck Brown/Science Source; Arco/G. Lacz/Alamy; Kazutoshi Okuno; **14.4A** Michele Falzone/Alamy; **14.4A left** John Shaw/Photoshot; **14.4A right** mywp/Shutterstock; **14.4B** Arthur Anker/Florida Museum of Natural History; **14.5B** Douglas W. Schemske; **14.7B** Ole Seehausen; **14.8 top to bottom** imageBROKER/Alamy; Mary Plage/Getty Images; Ralph Lee Hopkins/National Geographic RF/Getty Images; **14.9A** Courtesy of Peter R. Grant and B. Rosemary Grant; **14.10B** Chris Gomersall/Alamy; **14.10C** Ole Seehausen

Chapter 15 **Chapter Opener** bmse/Getty Images; **15.1 inset** Francois Gohier/Science Source; **15.1** Courtesy of Smithsonian Institution. Painting by P. Sawyer; **15.3A** Menger, Fred M.; **15.7D** Roland Seitre/Nature Picture Library; **15.7E** Phil Savoie/Nature Picture Library; **15.7F** Rick & Nora Bowers/Alamy; **15.8A** David Parker/Science Source; **15.11A** Sergio Gutierrez Getino/Shutterstock; **15.11B** Jean Kern; **15.11C** Dr. William A. Cresko; **15.12 left to right** Hal Beral/V & W/Image Quest Marine; Christophe Courteau/Biosphoto/Science Source; Reinhard Diracherl/Alamy; Jim Greenfield/Image Quest Marine; James Watt/ImageQuestMarine; **15.16C** Image # 5789, American Museum of Natural History Library; **15.18** CDC/Frank Collins, Ph.D.

Chapter 16 **Chapter Opener** Steve Gschmeissner/SPL/Alamy; **16.1** Dr. Tony Brain & David Parker/Science Source; **16.2 left** Eye of Science/Science Source; **16.2A center** David McCarthy/SPL/Science Source; **16.2A right** Stem Jems/Science Source; **16.2B** ASM/Science Source; **16.2C** I. Rantala/Science Source; **16.2D** Eye of Science/Science Source; **16.3A** Huntington Potter; **16.3B** Scott Camazine/Science Source; **16.4 top left** Sinclair Stammers/Science Source; **16.4 top right** T. Stevens & P. McKinely/SPL/Science Source; **16.4 bottom left** Pasieka/SPL/Science Source; **16.4 bottom right** Dr. Gary Gaugler/Science Source; **16.5** PARADORN KOTAN/Shutterstock; **16.6A** SPL/Science Source; **16.6B** SIPA USA/SIPA/Newscom; **16.7 left, center** Eye of Science/Science Source; **16.7 right** Eric Isselée/Fotolia; **16.8A** A Jay Clark/Fotolia; **16.8B** Jim West/Alamy; **16.9A** National Library of Medicine; **16.9B** Eye of Science/Science Source; **16.9C** John Walsh/Science Source; **16.9D** Moredun Animal Health/SPL/Science Source; **16.9E** Science Source; **16.10A** David M. Phil-lips/Science Source; **16.10B** Steve Lindridge/Alamy; **16.11 inset** CANPIX/Reuters/Newscom; **16.11** James Cavallini/Science Source; **16.12A left** Carol Buchanan/AGE Fotostock; **16.12A center** Eye of Science/Science Source; **16.12A right** Melba Photo Agency/Alamy; **16.12B inset** Patrick Keeling; **16.12B** Eric V. Grave/Science Source; **16.14A** Steve Gschmeissner/Science Source; **16.14B** Georgie Holland/AGE Fotostock; **16.14C** Christine Smart; **16.14D** Michele and Tom Grimm/Alamy; **16.14E** Andrew Syred/Science Source; **16.14F inset** David Caron/Look Sciences/Science Source; **16.14F** Dee Breger/Photo Researchers; **16.14G** Steve Gschmeissner/SPL/Science Source; **16.15** David Maung/Bloomberg/Getty Images; **16.16A** David M. Phillips/Science Source; **16.16B** Eye of Science/Science Source; **16.17A** Biophoto Associates/Science Source; **16.17B inset** Ray Simons/Science Source; **16.17B** Dr. George L. Barron; **16.17C** Robert Kay; **16.18A** Alex Hyde/Nature Picture Library; **16.18B left** Aaron J. Bell/Science Source; **16.18B right** Manfred Kage/SPL/Science Source; **16.18C** D. P. Wilson/Eric and David Hosking/Science Source; **16.19B** David J. Patterson

Chapter 17 **Chapter Opener** Rhino45/Alamy; **17.1A** Bob Gibbons/Alamy; **17.1B** Gerd Guenther/Science Source; **17.1D** Robert Marien/Corbis/Getty Images; **17.2B left** Matthijs Wetterauw/Alamy; **17.2B center** Dr. Jeremy Burgess/SPL/Science Source; **17.2B right** Hidden Forest; **17.2C left** Clement Philippe/Arterra Picture Library/Alamy; **17.2C right** Robert Garrigus/Alamy; **17.2D left to right** blickwinkel/Alamy; John Cancalosi/Getty Images; Bob Gibbons/Alamy; Pichugin Dmitry/Shutterstock; **17.2E left** Koos Van Der Lende/AGE Fotostock; **17.2E right** Nigel Cattlin/Alamy; **17.3.1** Sanamyan/Alamy; **17.3.2** Steffen Hauser/AGE Fotostock/SuperStock; **17.3.3** olesia/AGE Fotostock; **17.3.4** J Fieber/AGE Fotostock; **17.3.5** AGE Fotostock; **17.3.6** George Ostertag/AGE Fotostock; **17.4** Open University, Department of Earth Sciences; **17.5A left** Morales/AGE Fotostock; **17.5A bottom right** Trent Dietsche/Alamy; **17.5 top right** Brent Bergherm/AGE Fotostock; **17.6A** Steve Taylor ARPS/Alamy; Andrei Stanescu/Getty Images; adrian hepworth/Alamy; **17.7** Fortish/Shutterstock; **17.8A inset** Agita Leimane/Shutterstock; **17.8A** rakim/Shutterstock; **17.8B inset** Sergey Kolesnikov/123RF; **17.8B** Scott Camazine/Science Source; **17.8C inset** Bryan Brunner; **17.8C** Cal Vornberg/AGE Fotostock; **17.9** Jethro Toe/Shutterstock; **17.10A** RanaPhotos/Alamy; **17.10B** Peter Llewellyn/Alamy; **17.10C** D. Nuridsany et Perennou/Science Source; **17.11A left** Big Jones/Shutterstock; **17.11A right** SoFood/Superstock; Dee Adams/Alamy; **17.11B** NASA; **17.12A** David Chapman/Alamy; **17.12A inset** Dr. George L. Barron; **17.12B** BlueMoon Stock/Alamy; **17.14B** Gregory G. Dimijian/Science Source; **17.14D left** ARCO/H Reinhard/AGE Fotostock; **17.14D right** Frank Young/Corbis Documentary/Getty Images; **17.14E top left** Phil Dotson/Science Source; **17.14E top right** blickwinkel/Alamy; **17.14E bottom** Inger Hogstrom/AGE Fotostock; **17.15** Emmanuel Lattes/Alamy; **17.16A** ALEXEY FILATOV/Shutterstock; **17.16B** Christine Case; **17.16C** C Huetter/AGE Fotostock; **17.17A** NHPA/SuperStock; **17.17B** Eye of Science/Science Source; **17.17C** Ester van Dam/Alamy; **17.19A** Fir Mamat/Alamy; **17.19B** Astrid & Hanns-Frieder Michler/Science Source; **17.19C** Nigel Cattlin/Science Source

Chapter 18 **Chapter Opener** Jochen Tack/Alamy; **18.1A** Gunter Ziesler/Photolibrary/Getty Images; **18.2A left** South Australian Museum; **18.2A right**

Universal Images Group North America LLC/DeAgostini/Alamy; **18.2B.1** John Sibbick/The Natural History Museum, London; **18.2B.2** Chip Clark; **18.5A left to right** James Watt/ImageQuestMarine; Andrew J. Martinez/Science Source; Paul Kay/Getty Images; **18.6A left** Jonathan Bird/Getty Images, Inc.; **18.6A top** Sinclair Stammers/Science Source; **18.6B** Reinhard Dirscherl/Getty Images; **18.7B** Eye of Science/Science Source; **18.8A** STEVE GSCHMEISSNER/SCIENCE PHOTO LIBRARY/Alamy; **18.8B** Gavin Parsons/Oxford Scientific; **18.9C inset** Jez Tryner/Image Quest Marine; **18.9C** GK Hart/Vikki Hart/Getty Images, Inc.; **18.9D inset** Marevision/AGE Fotostock; **18.9D** Christophe Courteau/Nature Picture Library; **18.9E inset** Dante Fenolio/Science Source; **18.9E** blickwinkel/Alamy; **18.10A** ANT Photo Library/Science Source; **18.10B left** SPL/Science Source; **18.10B right** PAUL R. STERRY/Nature Photographers Ltd/Alamy; **18.10C left** Jurgen Freund/Nature Picture Library; **18.10C right** WaterFrame/Alamy; **18.11B** Angelo Giampiccolo/Nature Picture Library; **18.11C left** EcoPrint/Shutterstock; **18.11C center** Scott Camazine/Alamy; **18.11C right** Eye of Science/Science Source; **18.11D** George Grall/Getty Images, Inc.; **18.11E** Mark Smith/Science Source; **18.11F inset** Colin Milkins/Getty Images, Inc.; **18.11F** Maximilian Weinzierl/Alamy; **18.12A.1** Hecker/Sauer/AGE Fotostock; **18.12A.2** W Holzenbecher/AGE Fotostock; **18.12A.3** M Woike/AGE Fotostock America Inc.; **18.12C left** Buddy Mays/Alamy; **18.12C center** Martin Shields/Alamy; **18.12C right** Matt Jeppson/Shutterstock; **18.12C center** Dante Fenolio/Science Source; **18.12E left** Avalon/Bruce Coleman Inc/Alamy; **18.12E right** Purestock/Getty Images, Inc.; **18.13B top left** Rod Williams/Nature Picture Library; **18.13B top right** Morley Read/Shutterstock; **18.13B bottom row** Courtesy of Sean B. Carroll; **18.14B** Andrew J. Martinez/Science Source; **18.14C** blickwinkel/Alamy; **18.15A** Marevision/AGE Fotostock America Inc.; **18.15B** Jez Tryner/Image Quest Marine; **18.16A** Doug Perrine/Nature Picture Library; **18.16B** Linda Pitkin/220VISION/Nature Picture Library; **18.16C** S. Kuelcue/Shutterstock

Chapter 19 **Chapter Opener** Nigel Dennis/Avalon/Photoshot License/Alamy; **19.2A** Tom McHugh/Photo Researchers, Inc.; **19.2B inset** Marevision/AGE Fotostock America Inc.; **19.2B** Gary Meszaros/Science Source; **19.3B** George Grall/National Geographic Stock; **19.3C** Wendy A. Capili/Getty Images; **19.3D** Tom & Pat Leeson/Science Source; **19.3E.1** Andrey Nekrasov/Alamy; **19.3E.2** Marevision/AGE Fotostock; **19.3E.3** Jeff Rotman; **19.3F** OceanwideImages.com; **19.4B** Christian Jegou/Publiphoto/Science Source; **19.5A** Westend61 GmbH/Alamy; **19.5B** Dante Fenolio/Science Source; **19.5C** hotshotsworldwide/Fotolia; **19.5D** DE Photography/Fotolia; **19.5E** DP Wildlife Vertebrates/Alamy; **19.6A** Sylvain Cordier; **19.6C** Steven David Miller/Nature Picture Library; **19.7A** BlueBarronPhoto/Shutterstock; **19.7B** elmvilla/Getty Images; **19.8A** Jean-Philippe Varin/Science Source; **19.8B** Phillip Hayson/Photolibrary/Getty Images; **19.8C** Mitch Reardon/Science Source; **19.9.1** E. H. Rao/Science Source; **19.9.2** Kevin Schafer/Alamy; **19.9.3** imageBROKER/Alamy; **19.9.4** Shutterstock; **19.9.5** Amazon-Images/Alamy; **19.9.6** Werner Bollmann/AGE Fotostock/SuperStock; **19.9.7** Steve Bloom/Alamy; **19.9.8** Arco Images GmbH/Alamy; **19.9.9** Anekoho/Shutterstock; **19.9.10** John Kelly/Getty Images, Inc.; **19.10B** David Tipling/Nature Picture Library; **19.12A left** Christian Musat/Fotolia; **19.12A right** Piotr Marcinski/Fotolia; **19.12B** SPL/Science Source; **19.14** Javier Trueba/MSF/Science Source; **19.15** Beawiharta Beawiharta/Thomson Reuters Pictures; **19.16A** Sarah Leen/National Geographic Stock; **19.17A** SathyabhamaDasBiju; **19.17B** WaterFrame/Alamy; **19.17C** Hart JA, Detwiler KM, Gilbert CC, Burrell AS, Fuller JL, Emetshu M, et al. (212) Lesula A New Species of Cercopithecus Monkey Endemic to the Democratic Republic of Congo and Implications for Conservation of Congo's Central Basin. PLoS ONE 7(9) e44271. doi10.1371/journal.pone.0044271. © Hart et al.

Chapter 20 **Chapter Opener** Brian J. Skerry/Getty Images; **20.2** Eric Isselee/Shutterstock; **20.4** Image Source/Getty Images; **20.5A, C, E** Nina Zanetti/Pearson Education; **20.5B** Ed Reschke/Getty Images, Inc.; **20.5D** Chuck Brown/Science Source; **20.5F** Gopal Murti/SPL/Science Source; **20.6** Paul Burns/Blend Images/Alamy; **20.6A** Nina Zanetti/Pearson Education; **20.6B, C** Ed Reschke/Getty Images, Inc; **20.9** Jeff Wheeler/MCT/Newscom; NA Paul Burns/Blend Images/Alamy; **20.10 p. 466 top** Douglas Pulsipher/Alamy; **20.10 p. 466 left center** PeopleImages/Getty Images; **20.10 p. 466 top right** Rubberball/Getty Images; **20.10**
p. 466 bottom left Neustockimages/Getty Images; **20.10 p. 466 bottom right** SOURCENEXT/Alamy; **20.10 p. 467 top left** Laura Knox/DK Images; **20.10 p. 467 bottom left** Moodboard/Corbis; **20.10 p. 467 top right** Ryan McVay/Getty Images; **20.10 bottom right** Jeremy Woodhouse/Getty Images; **20.13B** SPL/Science Source; **20.14** Markus Varesvuo/Nature Picture Library.

Chapter 21 **Chapter Opener** Rawpixel Ltd/Getty Images; **21.1A** Mike Veitch/AlamyStockPhoto; **21.1B** Nigel Cattlin/Science Source; **21.1C** Martin Dohrn/Science Source; **21.1D** Jennette van Dyk/Getty Images; **21.2A** Shutterstock; **21.4** Geo Martinez/Shutterstock; **21.6C** Kletr/Shutterstock; **21.7** pixelaway/Shutterstock; **21.9** Eye of Science/Science Source; **21.13 left** Kristin Piljay; **21.13 right** Tom Brakefield/Stockbyte/Getty image; **21.15A** atoss/Fotolia.com; **21.15 top** jiangdi/Shutterstock; **21.15 bottom** Debbie Hardin, Pearson Education; **21.15B** Alexander Prokopenko/Shutterstock; **21.16** Marlee/Shutterstock; **21.19B** The Jackson Laboratory; **21.21** Steve Allen/Stockbyte/Getty images; **21.21.2** Maks Narodenko/Shutterstock

Chapter 22 **Chapter Opener** Vasiliy Budarin/Alamy; **22.1** Jovanmandic/Getty Images; **22.4A** Marek Mis/Science Source; **22.4B** Valeriy Kirsanov/Fotolia; **22.4C** F Rauschenbach/F1 ONLINE/SuperStock; **22.5** University of Chicago Dept of Organismal Biology and Anatomy; **22.6** Douglas Pulsipher/Alamy.

Chapter 23 **Chapter Opener** Hank Morgan/Science Source; **23.2A** GeorgePeters/E+/Getty Images; **23.2B** Matt Antonino/Shutterstock; **23.2C** Eric Isselee/Shutterstock; **23.3** Hans Kim/Shutterstock; **23.5** Science Photo Library/Alamy; **23.6B left** Chuck Brown/Science Source; **23.6B right** Biophoto Associates/Science Source; **23.7B** Science Source; **23.11A** Eye of Science/Science Source; **23.13** CueImages/Alamy; **23.14B** David M. Phillips/Science Source.

Chapter 24 **Chapter Opener** BlurryMe/Shutterstock; **24.4** Ryan McVay/Photodisc/Getty Images; **24.14A** Chris Bjornberg/Science Source; **24.17** SPL/Science Source; **p. 547 center** David J. Green/Alamy.

Chapter 25 **Chapter Opener** Science History Images/Alamy; **p. 551** Maridav/Shutterstock; **25.1** Mike Wilkes/Nature Picture Library; **25.2** Leksele/Shutterstock; **25.5A** Andaman/Shutterstock; **25.5B left** GeorgePeters/Getty Images; **25.5B center** Eric Isselée/Fotolia; **25.5B right** Maksym Gorpenyuk/Shutterstock; **25.6A** Yuri Arcurs/Shut-terstock; **p. 560 left column** Leksele/Shutterstock; Eric Isselée/Fotolia; Mike Wilkes/Nature Picture Library

Chapter 26 **Chapter Opener** lessydoang/RooM the Agency/Alamy; **p. 563 bottom** Sk_Advance studio/Shutterstock; **26.3A** Matteo photos/Shutterstock; **26.4** PanicAttack/Shutterstock; **26.5D** Mirrorpix/Splash News/Newscom; **26.6A** Eric Isselée/fotolia; **26.7C** National Geographic Creative/Alamy; **26.11** Sk_Advance studio/Shutterstock; **p. 576 top** sianc/Shutterstock

Chapter 27 **Chapter Opener** Health Protection Agency Centre for Infections/Science Source; **27.1A** Biophoto Associates/Science Source; **27.1B** Allison J. Gong; **27.2A** Courtesy John R. Finnerty; **27.2B** PREMAPHOTOS/Nature picture library; **27.2C** Aneese/Shutterstock; **27.9A** Photo Researchers, Inc./Science Source; **27.10.1** Eric Isselée/fotolia; **27.10.2** Hintau Aliaksei/Shutterstock; **27.12A** Huw Williams; **27.12C** Courtesy Dr. Thomas J. Poole, Upstate Medical University.; **27.12D** NHPA/Science Source; **27.13 left** SPL/Science Source; **27.13 right** Petit Format/Science Source; **27.16A** Steve Allen/Science Source; **27.16B** Dr G. Moscoso/Science Source; **27.16C** Claude Edelmann/Science Source; **27.16D** TT Nyhetsbyra°n AB/Lennart Nilsson Photography; **27.16E** Ron Sutherland/Science Source.

Chapter 28 **Chapter Opener** Tetra Images; **28.1A left** corlaffra/Shutterstock; **28.1A right** Alice Day/Shutterstock; **28.2** Manfred Kage/Science Source; **28.7** E.R. Lewis, Y.Y. Zeev, T.E. Everhart; University of California at Berkeley.; **28.16B** Marcus E. Raichle, M.D.; **28.17A left** Science Source; **28.17A right** Patrick Landmann/Science Source; **28.17B** Living Art Enterprises, LLC/Science Source; **28.19** James King-Holmes/Science Source; **28.21A** Jessica Wilson/Science Source; **28.21B** Associated Press

Chapter 29 **Chapter Opener** Brian J. Skerry/Getty Images; **29.1A** Fuse/Getty Images; **29.3B** N. F. Photography/Shutterstock; **29.3D** Jim Watt/Perspectives/Getty Images; **29.4E** Keith Publicover/Shutterstock; **29.7A** Eric Grave/Science Source; **29.7B** MURGVI/Shutterstock; **29.9A, B** Oskar Eyb/imageBROKER/Alamy; **29.9C** ARZTSAMUI/Shutterstock; **29.11** szefei/Shutterstockstock; **p. 645 bottom** Kelly Hogan

Chapter 30 **Chapter Opener** Rolf Kopfle/Alamy; **30.1A** Fhaizal Mazlan/Shutterstock; **30.1B** Anke van Wyk/Shutterstock; **30.1C** Dave Watts/NHPA/Science Source; **30.1D** Digoarpi/Getty Images; **30.1E** Nagel Photography/Shutterstock; **30.2A.1** Heather Angel/Natural Visions/Alamy; **30.2A.2** Mick Hoult/Avalon/Photoshot License/Alamy; **30.2B** Tony Florio/Science Source; **30.2C** Carlos Villoch/Image Quest Marine; **30.2D.1** Jeff Rotman/The Image Bank/Getty Images; **30.2D.2** Kaj R. Svensson/SPL/Science Source; **30.2E** alle/Shutterstock; **30.5A.1** SPL/Science Source; **30.5A.2** Professor Pietro M. Motta/Science Source; **30.8** Professor Clara Franzini-Armstrong/Pearson Education; **30.11** View Stock/Alamy

Chapter 31 **Chapter Opener** sarawut/Getty Images; **31.1B.1** Cathleen A Clapper/Shutterstock; **31.1B.2** Nattika/Shutterstock; **31.1B.3** Vasilyev Alexandr/Shutterstock; **31.1B.4** zirconicusso/Shutterstock; **31.1B.5** panda3800/Shutterstock; **31.1B.6** Diana Mower/Shutterstock; **31.3** Adam Hart-Davis/Science Source; **31.4A** Eric J. Simon; **31.4B left** NHPA/Superstock; **31.4B top right** Donald Gregry Clever/Seelevel.com; **31.4B bottom right** FhF blickwinkel/Alamy; **31.4C** Scott Camazine/Science Source; **31.6B** Ed Reschke/Getty Images; **31.6C** Bio-photo Associates/Science Source; **31.6D** Graham Kent/Pearson Education/Pearson Science; **31.6E** Biophoto Associates/Science Source; **31.6F** Dr. Keith Wheeler/Science Source; **31.7A** William Brooks/Alamy; **31.7C top** SeDmi/Shutterstock; **31.7C bottom, D** Ed Reschke/Getty Images; **31.8B** Don Mason/Corbis RF; **31.8C** Zack Frank/Shutterstock; **31.9A** Eric J. Simon; **31.12A** jopelka/Shutterstock; **31.12C top** Africa Studio/Shutterstock; **31.12C left center** Rolf Klebsattel/Shutterstock; **31.12C nuts** Elena Schweitzer/Shutterstock; **31.14A** Tim Hill/Alamy; **31.14B** Dennis Frates/Alamy; **31.15A** Alexandre Petzold/Science Source; **31.15B** Geoff Tompkinson/Science Source; **31.16** David Welling/Nature Picture Library

Chapter 32 **Chapter Opener** mangostock/Shutterstock; **32.1B** Q-Images/Alamy; **32.2A** Brian Capon; **32.4.1** Twins Design Studio/Shutterstock; **32.4.2** SPL/Science Source; **32.4 right** Jeremy Bur/Science Source; **32.5A** Professor Ray F. Evert; **32.5B** Lezh/E+/Getty Images; **32.6A** Henk Jacobs/Fotolia; **32.6B** TairA/Shutterstock; **32.8A** USDA/ARS/Agricultural Research Service; **32.8B** Paul Rapson/Science Source; **32.9A** USDA/ARS/Agricultural Research Service; **32.10A** U.S. Geological Survey, Denver; **32.10B** George E. Marsh Album/National Oceanic and Atmospheric Administration (NOAA); **32.10C** Nagel Photography; **32.12** Pallava Bagla/Corbis News/Getty Images; **32.14B** Dr Jeremy Burgess/Science Source; **32.15A** Stephen J. Krasemann/Science Source; **32.15B** Robert and Jean Pollock/Science Source; **32.15C** H. Rein-hard/AGE Fotostock; **32.15D** Willi Rolfes/AGE Fotostock; **32.15E** James H. Robinson/Science Source

Chapter 33 **Chapter Opener** ton koene/Alamy; **33.1A** Martin Shields/Science Source; **33.3A** William M. Gray, Dept of Plant Biology, University of Minnesota.; **33.3C** Martyn F. Chillmaid/Science Source; **33.4 left** Smit/Shutterstock; **33.4 right** tshop GmbH/bluemagenta/Alamy; **33.5A** Courtesy of Alan Crozier, University of California; **33.5B** Kristin Piljay; **33.5C** Fred Jensen, UC Cooperative Extension; **33.6** Ron and Patty Thomas Photography/Getty Images; **33.7A** Kristin Piljay; **33.7B left** Ed Reschke/Getty Images; **33.7B right** Martin Ruegner/Getty Images; **33.8** Stockbyte/Getty Images; **p. 715 Center** Rudolf Madar/Shutterstock; **33.9A** Michael Evans; **33.9B** Ed Reschke/Getty Images; **33.10 left, right** Martin Shields/Science Source; **33.13A** vainillaychile/Fotolia.com; **33.13B** USDA/Nature Source/Science Source; **33.13C** Courtesy Thomas Burr, School of Integrative Plant Science, Cornell University

Chapter 34 **Chapter Opener** NASA/Goddard Space Flight Center/Reto Stöckli; **34.2A** Keystone-France/Gamma-Keystone/Getty images; **34.2B** Delpho, M./Arco Images GmbH/Alamy; **34.2C** Alfred Eisenstaedt/Time Life Pictures/Getty Images; **34.3A** Ralph White/Corbis Documentary/Getty image; **34.3B** WILDLIFE GmbH/Alamy; **34.4** franzfoto.com/Alamy; **34.6B** Digital Vision/Photodisc/Getty image; **34.6C** National Oceanography Centre/Image Quest Marine; **34.6D** James Randklev/Iconica/Getty image; **34.7B** Don Fink/Shutterstock; **34.7C** Bill Swindaman/Getty Images; **34.9** Nick Garbutt/Nick Garbutt; **34.10** Eric Isselee/Shutterstock; **34.11** garytof/Fotolia.com; **34.12** Courtesy of Rick Halsey/California Chaparral Institute; **34.13** Mike Grandmaison/Getty Images; **34.14** Thomas R. Fletcher/Alamy; **34.15** Jorma Luhta/Nature Picture Library; **34.16** WILDLIFE GmbH/Alamy; **34.17** Gordon Wiltsie/National Geographic Stock/Getty Images

Chapter 35 **Chapter Opener** Will Burrard-Lucas/Nature Picture Library/Alamy; **35.1** Tom McHugh/Science Source; **35.2B** Danita Delimont/Alamy; **35.3A** Wayne Lynch/AGE Fotostock; **35.5A** s-eyerkaufer/Getty Images; **35.5B** Terry Andrewartha/FLPA; **35.6A** Biological Resources Division, U.S. Geological Survey; **35.6B** Bildagentur Zoonar GmbH/Shutterstock; **35.7.1** Scott Camazine/Alamy; **35.7.2** Jeff Mondragon/Alamy; **35.7.3** Nick Upton/Nature Picture Library; **35.8A** Michael Nolan/AGE Fotostock; **35.8C** Juniors/Superstock; **35.9** John Cancalosi/Getty Images; **35.10** Richard Wrangham; **35.10 inset** Pal Teravagimov Photography/Getty Images; **35.11A** Dr Clive Bromhall/Oxford Scientific/Getty image; **35.11B** Courtesy Dr. Bernd Heinrich; **35.12A** Jose B. Ruiz/Nature Picture Library; **35.13A** J. P. Varin/Jacana/Science Source; **35.14A** Georgette Apol/Steve Bloom Images/Alamy; **35.14B** Riverwalker/Fotolia; **35.14C** JPTenor/Alamy Stock Photo; **35.15A** Kerrick/Getty Images; **35.15B** James Watt/Image Quest Marine; **35.16A** Barry Mansell/nature picture library; **35.16B** blickwinkel/Alamy; **35.18A** Girl Grace/Shutterstock; **35.18B** Gregory Lima/Shutterstock; **35.19** Rupert Barrington/Nature Picture Library; **35.20** Renne Lynn/Pearson Education; **35.21A** Jennifer Jarvis, Dept of Biological Science, University of Capetown, South Africa; **35.21B** Shari L. Morris/AGE Fotostock; **35.22A** Michael Nichols/National Geographic Stock; **35.22B** Martin Harvey/Getty Images; **35.23A** Dominic Chan/WENN/Newscom; **35.23B** Janet Mayer/Splash News/Newscom

Chapter 36 **Chapter Opener** 1Tomm/Getty Images; **36.2A** Jose B. Ruiz/nature picture library; **36.2B** Matthew Banks/Alamy; **36.2C** mashe/Shutterstock; **36.3 right** andresr/Getty Images; **36.4A** Simon Phillpotts/Alamy; **36.4B** sirtravelalot/Shutterstock; **36.4C left** Joshua Lewis/Shutterstock; **36.4C right** WizData/Shutterstock; **36.5A** Rick & Nora Bowers/Alamy; **36.5B** Mauricio Handler/National Geographic Creative/Alamy; **36.5C** Meul/ARCO/Nature Picture Library; **36.6** Alan Carey/Science Source; **p. 781** Peter Adams/Photolibrary/getty images

Chapter 37 **Chapter Opener** Diane Modafferi/Alamy; **37.3A** Tim Zurowski/All Canada Photos/Alamy; **37.3B** Doug Backlund; **37.4** Jurgen Freund/Nature Picture Library/Alamy; **37.5A** Kenneth M. Highfill/Science Source; **37.5B** Jason Ross/123rf.com; **37.6 top** WILDLIFE GmbH/Alamy; **37.6 left** Geoffrey Peter Kidd/AGE Fotostock America Inc.; **37.6 right** Universal Images/Superstock; **37.7** Joel Sartore/National Geographic/Getty image; **37.9.11** Rolf Nussbaumer/Nature Picture Library; **37.9.14** aceshot1/Shutterstock; **37.11A** Bernard Castelein/Nature Picture Library; **37.11C** Courtesy of Genevieve Anderson; **37.12A** Erich Schmidt/Getty Images; **37.12B** Bob Stevenson/NPS; **37.13A** Giedriius/Shutterstock; **37.13B** alybaba/Shutterstock; **37.13C** Zenobillis/Shutterstock; **37.22A** Eric Albrecht/The Columbus Dispatch/ASSOCIATED PRESS; **37.23A** John Hyde/Design Pics/Alamy; **37.23B** Fang Xinwu/Newscom

Chapter 38 **Chapter Opener** Arndt Sven-Erik/ArTerra Picture Library/Age fotostock; **38.1A** Mike Dobel/Alamy; **38.1C** Jeff March/Alamy; **38.1D** Sopotnicki/Shutterstock; **38.2A** Corbis/SuperStock; **38.2B** John Mitchell/Science Source; **38.2C** Scott London/Alamy; **38.2D** Marlon Lopez MMG1 Design/Shutterstock; Thomas Kline/Design Pics/Getty Images; WaterFrame/Alamy; FLPA/Alamy; **38.5A** Karl Mondon/Digital First Media/The Mercury News/Getty Images; **38.5B** Olaf Krüger/imageBROKER/Alamy; **38.6A** William Osborn/Nature Picture Library; **38.6B** Paul McCormick/The Image Bank/Getty Images; **38.7A** Rick & Nora Bowers/Alamy; **38.7B** DLILLC/Corbis RF; **38.8A** Alena Mozhjer/Getty Images; **38.8B** Calvin Larsen/Science Source; **38.8C** Kurt Wilson/The Missoulian/Associated Press; **38.9B** Roger Kirkpatrick/Visual & Written/Image Quest Marine; **p. 818** Andrej Chudy/Shutterstock; **38.10B** Chris Fredriksson/Alamy; **38.11A** Theo Allofs/Corbis/Getty Images; **38.11C** Dancestrokes/Shutterstock; **38.12A** ZUMA Press, Inc./Alamy; **38.12B** South Florida Water Management District; **38.13** BirdImages/Getty Images

일러스트와 본문

Chapter 3 **3.14** Pearson Education **Chapter 8** **8.20B** Adapted from C. A. Huether et al., Maternal age specific risk rate estimates for Down syndrome among live births in whites and other races from Ohio and Metropolitan Atlanta, 1970–1989, Journal of Medical Genetics 35 482–90 (1998).

CREDIT

Chapter 10 **10.2B** Pearson Education **Chapter 11** **11.18** Data from American Cancer Society, Cancer Facts & ures. Atlanta, American Cancer Society, 215.

Chapter 16 **16.6A** Figure adapted from Microbiology An Introduction, 9th ed., by Gerard J. Tortora, Berdell R. Funke, and Christine L. Case. Copyright © 2007 by Pearson Education, Inc. Adapted and electronically reproduced by permission of Pearson Education, Inc., Upper Saddle River, New Jersey.

Chapter 22 **22.1** Figure adapted from Human Anatomy and Physiology, 4th ed., by Elaine N. Marieb. Copyright © 1998 by Pearson Education, Inc. Adapted and electronically reproduced by permission of Pearson Education, Inc., Upper Saddle River, New Jersey. **22.12** Figure adapted from Human Anatomy and Physiology, 4th ed., by Elaine N. Marieb. Copyright © 1998 by Pearson Education, Inc. Adapted and electronically reproduced by permission of Pearson Education, Inc., Upper Saddle River, New Jersey.

Chapter 27 **27.3A** Figure adapted from Human Anatomy and Physiology, 4th ed., by Elaine N. Marieb and Katja Hoehn. Copyright © 1998 by Pearson Education, Inc. Adapted and electronically reproduced by permission of Pearson Education, Inc., Upper Saddle River, New Jersey. **27.3C** Figure adapted from Human Anatomy and Physiology, 4th ed., by Elaine N. Marieb and Katja Hoehn. Copyright © 1998 by Pearson Education, Inc. Adapted and electronically reproduced by permission of Pearson Education, Inc., Upper Saddle River, New Jersey. **27.4B** Figure adapted from Human Anatomy and Physiology, 4th ed., by Elaine N. Marieb and Katja Hoehn. Copyright © 1998 by Pearson Education, Inc. Adapted and electronically reproduced by permission of Pearson Education, Inc., Upper Saddle River, New Jersey. **TABle 27.7** Table adapted from Microbiology An Introduction, 9th ed., by Gerard J. Tortora, Berdell R. Funke, and Christine L. Case. Copyright © 2007 by Pearson Education, Inc. Adapted and electronically reproduced by permission of Pearson Education, Inc., Upper Saddle River, New Jersey. **27.8** Original figure based loosely on this graphic from the United States Center for Disease Control http//www.cdc.gov/reproductivehealth/contraception/ index. htm **27.12B** Pearson Education. **27.14B** Adapted from Campbell Biology, 10th ed., by Jane B. Reece et.al. Pearson Education, Inc. **27.17B** Figure adapted from Human Anatomy and Physiology, 4th ed., by Elaine N. Marieb and Katja Hoehn. Copyright © 1998 by Pearson Education, Inc. Adapted and electronically reproduced by permission of Pearson Education, Inc., Upper Saddle River, New Jersey.

Chapter 28 **28.9** Republished with permission of John Wiley & Sons, from Antidepressants Prevent Hierarchy Destabilization Induced by Lipopolysaccharide Administration in Mice A Neurobiological Approach to Depression, by Daniel W. H. Cohn, et al., from Annals of the New York Academy Of Sciences (July 212) 1262; Permission conveyed through Copyright Clearance Center, Inc.

Chapter 29 **29.5** Figure adapted from Human Anatomy and Physiology, 4th ed., by Elaine N. Marieb and Katja Hoehn. Copyright © 1998 by Pearson Education, Inc. Adapted and electronically reproduced by permission of Pearson Education, Inc., Upper Saddle River, New Jersey. **29.9A** Figure adapted from Human Anatomy and Physiology, 4th ed., by Elaine N. Marieb and Katja Hoehn. Copyright © 1998 by Pearson Education, Inc. Adapted and electronically reproduced by permission of Pearson Education, Inc., Upper Saddle River, New Jersey. **29.9B** Figure adapted from Human Anatomy and Physiology, 4th ed., by Elaine N. Marieb and Katja Hoehn. Copyright © 1998 by Pearson Education, Inc. Adapted and electronically reproduced by permission of Pearson Education, Inc., Upper Saddle River, New Jersey.

Chapter 30 **30.4** Figure adapted from Human Anatomy and Physiology, 4th ed., by Elaine N. Marieb. Copyright © 1998 by Pearson Education, Inc. Adapted and electronically reproduced by permission of Pearson Education, Inc., Upper Saddle River, New Jersey. **30.8** Figure adapted from Human Anatomy and Physiology, 4th ed., by Elaine N. Marieb. Copyright © 1998 by Pearson Education, Inc. Adapted and electronically reproduced by permission of Pearson Education, Inc., Upper Saddle River, New Jersey. **30.10A** Figure adapted from Human Anatomy and Physiology, 4th ed., by Elaine N. Marieb. Copyright © 1998 by Pearson Education, Inc. Adapted and electronically reproduced by permission of Pearson Education, Inc., Upper Saddle River, New Jersey. **TABle 30.12B** Data from N. Yang et al., ACTN3 genotype is associated with human elite athletic performance, American Journal of Human Genetics 73 627–31 (2003).

Chapter 31 **31.1B** "Multiple Birth" from "Seeking Agriculture's Ancient Roots" by Michael Balter from Science, June 2007, Volume 316(5833) by American Association for the Advancement of Science Reproduced with permission of AMERICAN ASSOCIATION FOR THE ADVANCEMENT OF SCIENCE in the format Educational/Instructional Program via Copyright Clearance Center.

Chapter 35 **35.12B** Data from Figure 8 in N. B. Davies, Prey selection and social behavior in wagtails (Aves Motacillidae), Journal of Animal Ecology 46 37–57 (1977).

Chapter 37 **37.9** Figure adapted from Ecology and Field Biology, 4th ed., by Robert L. Smith. Copyright © 1990 by Pearson Education, Inc. Adapted and electronically reproduced by permission of Pearson Education, Inc., Upper Saddle River, New Jersey.

Chapter 38 **38.3A** Data from National Oceanic and Atmospheric Administration (2016). **38.11B** "Yellowstone to Yukon Region" (map), from "Climate Change and the Yellowstone to Yukon Region." Copyright © 2012 by Yellowstone to Yukon Conservation Initiative. Reprinted with permission. www.y2y.net

용어사전

가계도(pedigree) 여러 세대에 걸쳐 부모와 자손의 유전 형질 발생을 나타내는 가족 가계도. 가계도는 이미 발생한 짝짓기의 유전자형을 결정하는 데 사용할 수 있다.

가까운 원인(proximate cause) 동물행동학에서 동물의 체내환경 또는 외부환경의 조건으로, 행동의 직접적인 이유 또는 메커니즘이 되는 상태.

가는 섬유(thin filament) 근섬유에 있는 2개의 단백질 필라멘트 중 가장 가느다란 것으로, 액틴과 조절 단백질 두 가닥이 서로 감겨 있는 구조로 이루어져 있다.

가로막(diaphragm, 횡격막) 포유류에서 가슴안과 배안을 분리하는 근육막. 수축하면 가슴안이 확장되고 이완하면 가슴안이 축소된다.

가설(hypothesis, 복수형은 hypotheses) 사용 가능한 데이터를 기반으로 한 일련의 관찰에 대한 검증 가능한 설명.

가수분해(hydrolysis) 물을 첨가하여 두 분자 사이의 결합을 끊는 화학반응. 중합체가 분해되는 과정으로 소화의 필수적인 부분이다.

가스트린(gastrin) 위액의 분비를 자극하는 소화 호르몬.

가운데귀(middle ear, 중이) 척추동물의 귀에 있는 3개의 주요 부위 중 하나로, 고막에서 난원창으로 진동을 전달하는 3개의 작은 뼈(망치, 모루, 등자)가 들어 있는 방.

가지돌기(dendrite, 수상돌기) 뉴런의 끝에서 안쪽으로, 나머지 뉴런을 향해 신호를 전달하는 뉴런의 부분. 뉴런은 일반적으로 짧은 수상돌기를 많이 가지고 있다.

각막(cornea) 척추동물의 눈에 빛을 받아들이는 공막의 투명한 앞부분.

각인(imprinting) 동물의 생애에서 중요한 특정 시기로 제한되며 일반적으로 되돌릴 수 없는 학습.

간(liver) 척추동물에서 가장 큰 장기. 간은 쓸개즙(담즙)을 생성하고, 질소성 노폐물을 처리하며, 혈액 속의 독성 화학물질을 해독하는 등 다양한 기능을 수행한다.

간균(bacillus, 복수형은 bacilli, 막대균) 막대 모양의 원핵세포.

간기(interphase) 세포가 실제로 분열하지 않는 진핵생물 세포주기의 한 주기. 간기는 세포주기에서 대부분의 시간을 차지한다. 유사분열기 참조.

간문맥(hepatic portal vein) 장을 둘러싸고 있는 모세혈관에서 영양분이 가득한 혈액을 직접 간으로 운반하는 혈관.

갈조류(brown alga) 해조류 중 가장 흔하고 가장 큰 종류로, SAR 상군의 스트라메노필라 계통군에 속하는 해양 다세포 생물. 독립영양생물의 그룹 중 하나. 갈조류에는 켈프가 있다.

감각수용기(sensory receptor) 생물의 외부 또는 내부 환경으로부터 특정 자극을 감지하여 중추신경계로 정보를 전달하는 특수 세포 또는 뉴런.

감각신경세포(sensory neuron) 감각수용체로부터 정보를 받아 중추신경계로 신호를 전달하는 신경세포.

감각입력(sensory input) 감각수용기에서 중추신경계의 처리 센터로 신호를 전달하는 역할을 한다.

감각적응(sensory adaptation) 반복적으로 자극을 받으면 감각신경세포가 덜 민감해지는 경향. 예를 들어, 눈에 띄는 냄새는 시간이 지남에 따라 눈에 띄지 않게 된다.

감각전환(sensory transduction) 감각수용기에 의해 자극 신호가 전기 신호로 변환되는 것.

감수분열(meiosis) 성적으로 번식하는 생물체에서 하나의 이배체 핵이 4개의 반수체 딸 핵으로 분열하는 것. 감수분열과 세포 분열은 부모의 생식기관에 있는 이배체 세포에서 반수체 배우자를 생성한다.

갑각류(crustacean) 랍스터, 가재, 게, 새우, 따개비 등을 포함하는 주요 절지동물군의 구성원으로, 거의 모두 수생 동물이다.

갑상샘(thyroid gland) 목에 위치한 내분비샘으로 갑상샘호르몬을 분비하는 기관.

갑상샘자극호르몬(thyroid-stimulating hormone, TSH) 뇌하수체 전엽에서 분비되는 단백질 호르몬으로 갑상샘을 자극하여 갑상샘호르몬을 분비하도록 하는 역할을 한다.

갑상샘종(goiter) 식이 요오드 결핍으로 인한 갑상샘(갑상선)의 비대.

갑상샘호르몬(thyroid hormone) 갑상샘에서 분비되는 두 가지 수용성 호르몬(T3, T4)의 조합으로 물질대사량, 심박수, 혈압, 추위에 대한 내성 등 신체의 여러 기능에 영향을 미친다.

강(class) 린네 분류에서 목 위의 분류학적 범주.

개발제한지역(zoned reserve) 인간에 의해 교란되지 않은 하나 이상의 지역을 포함하는 광범위한 토지 지역. 교란되지 않은 지역은 인간의 활동에 의해 변경된 토지로 둘러싸여 있다.

개방순환계(open circulatory system) 체액이 개방된 혈관을 통해 펌핑되어 조직과 기관에 직접 공급되는 순환계. 개방순환계를 가진 동물에서는 혈액과 세포사이액이 동일하다.

개시코돈(start codon) mRNA에서 개시 tRNA 분자가 결합하여 유전정보의 번역을 시작하는 특정한 3개의 뉴클레오타이드 서열(AUG).

개체(organism, 생명체) 하나 이상의 세포로 구성된 개별 생명체.

개체군(population) 한 종에 속하는 개체군으로, 같은 지역에 서식하며 잠재적으로 교배할 수 있는 개체군.

개체군 밀도(population density) 단위 면적 또는 부피당 종의 개체수.

개체군생태학(population ecology) 개체군 밀도와 성장에 영향을 미치는 요인에 초점을 맞춰 개체군 구성원이 환경과 상호작용하는 방식을 연구하는 학문.

개체당 증가율(per capita rate of increase) 일정 기간 동안 개체군의 각 개체가 개체수 증가에 기여한 평균 기여도.

검정교배(testcross) 특정 형질에 대해 알려지지 않은 유전자형을 가진 개체와 같은 형질에 대해 열성 동형접합성을 가진 개체 간의 교배. 미지의 유전자형(동형접합성 우성 대 이형접합성 우성)을 결정하는 데 사용할 수 있다.

겉귀(outer ear, 외이) 파충류(조류 포함)와 포유류에서 귀의 세 가지 주요 영역 중 하나로, 청각관과 많은 조류와 포유류에서 귓바퀴로 구성된다.

겉뼈대(exoskeleton, 외골격) 동물을 보호하고 근육의 부착 지점을 제공하는 단단한 외부 골격.

겉씨식물(gymnosperm) 씨방 밖으로 씨가 있는 식물. 씨앗이 난소에 싸여 있지 않아 겉씨라고 한다.

결실(deletion) 돌연변이에 의해 유전자에서 하나 이상의 뉴클레오타이드가 손실되는 것. 염색체의 한 조각이 손실되는 것도 지칭한다.

결합조직(connective tissue) 주로 다른 조직과 결합하고 지지하는 기능을 하는 동물 조직으로, 세포외바탕질을 통해 드문드문 흩어져 있는 세포 개체군을 가지고 있으며, 이들이 생성하는 조직. 지방조직, 연골, 뼈, 혈액 참조.

겸상적혈구질환(sickle-cell disease) 헤모글로빈 유전자의 돌연변이로 인해 발생하는 유전질환. 돌연변이로 인해 단백질이 변성되어 적혈구가 구부러진 모양으로 변형된다. 이러한 혈액 세포는 생명을 위협할 수 있는 일련의 증상을 일으킨다.

겹눈(compound eye) 많은 무척추동물에 있는 광수용기는 수많은 작은 빛 감지기로 구성되어 있으며, 각 감지기는 시야의 작은 부분에서 빛을 감지한다.

경관(landscape) 에너지, 물질, 개체의 교환으로 연결된 여러 가지 생태계.

경관 생태학(landscape ecology) 생태학적 원리를 생태계 집합의 구조와 역학 연구에 적용하는 것. 상호작용하는 생태계의 생물다양성에 대한 과학적 연구.

경구피임제(oral contraceptive) 합성 에스트로겐 및/또는 프로게스테론(또는 프로제스틴이라는 합성 프로게스테론 유사 호르몬)을 함유하여 난자의 방출을 막는 화학 피임약. 피임약이라고도 한다.

경쟁적 억제자(competitive inhibitor) 기질 대신 활성부위에 들어가 효소의 활성을 감소시키는 물질. 경쟁적 억제자의 구조는 효소 기질의 구조와 유사하다.

경첩관절(hinge joint) 한 평면에서만 움직일 수 있는 관절. 인간의 경우 팔꿈치와 무릎을 예로 들 수 있다.

곁눈(axillary bud) 잎과 줄기가 이루는 각도에 존재하는 싹.

계(kingdom) 분류학에서 문 위의 광범위한 분류학적 범주.

계통군(clade) 조상 종과 그 후손을 모두 포함하는 종의 그룹.

계통발생(phylogeny) 종 또는 관련 종의 그룹의 진화 역사.

계통분류학(systematics) 생물체를 분류하고 진화 관계를 규명하는 데 중점을 둔 과학 분야.

계통수(phylogenetic tree) 한 개체군의 진화 역사에 대한 가설을 나타내는 계통도(系統圖).

계통적 종개념(phylogenetic species concept) 종을 공통 조상을 공유하는 가장 작은 개체군으로 정의하며, 생명수에서 하나의 가지를 형성한다.

고막(eardrum) 음파에 자극을 받으면 진동하여 그 음파를 가운데귀로 전달하는 바깥귀와 가운데귀를 분리하는 결합조직.

고밀도 지질단백질(high-density lipoprotein, HDL) 수천 개의 콜레스테롤 분자와 단백질에 결합된 서로 다른 지질로 구성된 혈액 내 콜레스테롤 운반 입자. HDL은 과도한 콜레스테롤을 청소한다.

고분자(macromolecule) 작은 분자가 결합하여 형성된 거대한 분자(다당류, 단백질 또는 핵산)로, 보통 탈수반응에 의해 형성된다.

고생물학자(paleontologist) 화석을 연구하는 과학자.

고세균(archaea) 생명체의 두 가지 원핵생물 영역 중 하나. 다른 하나는 진정 박테리아.

고인류학(paleoanthropology) 인간의 기원과 진화에 대한 연구.

고장액(hypertonic) 세포가 수분을 잃게 만드는 세포 외부의 용액.

고정행동양식(fixed action pattern, FAP) 특정 자극에 대한 반응으로 수행되는 유전적으로 프로그래밍된 예측

가능한 행동 순서.

고착(sessile) 기질에 고정되어 있는 생명체.

고착성동물(sedentarian) 지렁이, 거머리, 관을 만드는 많은 해양 지렁이를 포함하는 주요 환형동물 계통의 일원.

고혈당증(hyperglycemia) 췌장에서 인슐린이 충분히 분비되지 않거나 세포가 인슐린에 반응하지 않을 때 발생하는 비정상적으로 높은 혈중 포도당수치를 나타내는 증상. 고혈당증은 당뇨병의 특징이다.

고혈압(hypertension) 혈압이 비정상적으로 높게 유지되는 질환.

고환(testicle) 정소와 음낭 전체.

곧창자(rectum, 직장) 대변이 배출될 때까지 저장되는 대장의 말단 부분.

골다공증(osteoporosis) 뼈가 얇아지고 다공성이며 쉽게 부러지는 골격 장애.

골지체(Golgi apparatus) 진핵생물의 세포소기관으로, 소포체의 생성물을 변형, 저장, 운반하는 막 주머니의 더미로 이루어진 세포소기관.

곰팡이(mold) 포자를 생성하여 무성생식을 하는 빠르게 성장하는 곰팡이류.

곱셈법칙(rule of multiplication) 복합(동시) 사건의 확률은 독립적인 사건의 개별 확률의 곱이라는 규칙.

공간학습(spatial learning) 환경의 공간 구조에 대한 경험을 바탕으로 한 행동의 변형.

공동우성(codominant) 이형접합체가 양쪽 대립유전자의 뚜렷한 형질을 발현하는 유전형질 전달방식.

공동진화(coevolution) 한 종의 적응이 두 번째 종에 선택적 힘으로 작용해 다시 첫 번째 종에 선택적 힘으로 작용하는 적응을 유도하는 진화적 변화. 상호작용하는 두 종의 일련의 상호 진화적 적응을 말한다.

공변세포(guard cell) 식물의 특수한 표피 세포로, 기공의 크기를 조절하여 주변 공기와 잎의 광합성 세포 사이의 기체교환을 가능하게 한다.

공생(symbiosis) 둘 이상의 종의 생명체 사이의 물리적으로 가까운 연관성.

공유결합(covalent bond) 두 원자가 한 쌍 이상의 원자가전자를 공유하는 강한 화학결합의 한 종류.

공통조상형질(shared ancestral character) 특정 계통군의 구성원이 해당 계통군의 구성원이 아닌 조상으로부터 유래한 특성을 공유한다.

공통파생형질(shared derived character) 특정 계통군에만 있는 독특한 형질.

과(family) 린네 분류에서는 속 위의 분류학적 범주.

과오 돌연변이(missense mutation) 유전자의 뉴클레오타이드 서열이 변화하여 결과물인 폴리펩타이드의 아미노산 서열이 바뀌는 것. 과오 돌연변이에서는 하나의 아미노산을 암호화하던 코돈이 다른 아미노산을 암호화하는 것으로 변경된다.

과학(science) 검증 가능한 증거를 기반으로 자연 세계를 이해하는 접근 방식.

관다발(vascular bundle) 식물 줄기에 있는 도관 조직. 물관과 체관으로 된 가닥.

관다발식물(vascular plant) 곤봉이끼, 양치류, 겉씨식물, 속씨식물을 포함한 물관과 체관을 가진 식물.

관다발조직(vascular tissue) 식물체 전체에 수분과 영양분을 운반하는 관으로 연결된 세포로 구성된 식물 조직.

관다발조직계(vascular tissue system) 식물 전체에 걸쳐 물관과 체관으로 구성된 수송 시스템. 물관은 물과 무기질을 운반하고, 체관은 당과 기타 유기 영양소를 운반한다.

관다발중심주(vascular cylinder) 식물 뿌리에서 도관조직의 중심 원통.

관다발형성층(vascular cambium) 식물의 2차 생장 중 2차 물관부와 수를 둘러싸고 있는 분열 세포의 원통으로, 2차 체관부를 생성하는 부분.

광계(photosystem) 엽록체의 틸라코이드 막의 광 포집 단위로, 수많은 집광복합체로 둘러싸인 반응중심복합체로 구성된다.

광독립영양생물(photoautotroph) 햇빛과 CO_2로부터 광합성이라는 과정을 통해 에너지를 얻는 생명체.

광수용기(photoreceptor) 빛을 감지하는 전자기수용기의 일종.

광인산화(photophosphorylation) 광합성의 명반응 중 화학삼투작용에 의한 ATP의 생산.

광자(photon) 고정된 양의 빛 에너지. 빛의 파장이 짧을수록 광자의 에너지가 커진다.

광종속영양생물(photoheterotroph) 햇빛과 유기물 공급원으로부터 탄소를 이용해 에너지를 얻는 생명체.

광주기(photoperiod) 낮과 밤의 상대적인 길이로, 식물이 계절을 감지하는 데 사용하는 환경적 자극.

광학현미경(light microscope, LM) 가시광선을 굴절시켜 이미지를 확대하여 보는, 인간의 눈이나 사진 필름에 투사하는 렌즈가 달린 광학 기기.

광합성(photosynthesis) 식물, 조류, 일부 원생생물(protist)과 원핵생물이 빛 에너지를 이산화탄소와 물로 만든 당에 저장된 화학 에너지로 변환하는 과정.

광호흡(photorespiration) 식물 세포에서 산소를 소비하고 CO_2를 방출하며 광합성 생산량을 감소시키는 대사경로. 광호흡은 일반적으로 덥고 건조한 날에 일어나며, 기공이 닫히면 O_2가 잎에 축적되고 루비스코는 CO_2가 아닌 O_2를 고정시킨다. 광호흡은 당 분자나 ATP를 생성하지 않는다.

교감신경계(sympathetic division) 일반적으로 도망치거나 싸우는 것과 같이 에너지를 소비하는 활동을 위해 신체를 준비하는 자율신경계의 뉴런 집합. 부교감신경계 참조.

교란(disturbance) 생태학에서는 생물 군집에서 생물을 제거하거나 자원의 가용성을 변경하여 생물 군집을 변화시키는 사건을 말한다.

교배(cross) 성적으로 번식하는 두 개체의 짝짓기. 종종 통제된 짝짓기를 포함하는 유전학 실험을 설명하는 데 사용된다.

교차(crossing over) 제1 감수분열에서 시냅시스 동안 상동염색체의 염색체 사이의 분절 교환. 원핵생물에서 DNA 분자 사이의 분절 교환을 말한다.

구강(oral cavity) 동물의 입 안.

구균(coccus, 복수형은 cocci) 구형의 원핵세포.

구아닌(guanine, G) DNA와 RNA에서 발견되는 이중 고리 질소 염기.

군생분포형(clumped dispersion pattern) 개체군의 개체들이 파편 형식으로 모이는 양상.

군집(community) 상호작용이 일어날 수 있을 만큼 가까이 사는 모든 생물 개체군의 집합체.

굴광성(phototropism) 식물 기관이 빛을 향하거나 빛으로부터 멀어지는 성장.

굴성(tropism) 식물이 자극을 향해 또는 자극으로부터 멀어지게 하는 성장 반응.

굴중성(gravitropism) 중력에 반응하여 식물이 방향성 있게 성장하는 것.

굴촉성(thigmotropism) 접촉에 반응하여 식물이 방향성 있게 성장하는 것.

굵은 섬유(thick filament) 근섬유에서 2개의 단백질 필라멘트 중 더 두꺼운 것으로, 미오신 분자가 평행하게 배열된 것으로 구성된다.

궁극적 분석(ultimate question) 동물 행동에서 행동의 진화적 근거를 다루는 질문.

궁극적 원인(ultimate cause) 동물 행동에서 행동의 진화적 이유.

규조류(diatom) 단세포 독립영양원생생물(autotrophic protist)로, SAR 상군의 스트라메노필라문에 속하는 원생생물이다. 규조류는 규소를 포함하는 독특한 유리질의 세포벽을 가지고 있다.

균근(mycorrhiza, 복수형은 mycorrhizae, 뿌리 곰팡이) 식물 뿌리와 균류의 긴밀한 결합으로 서로에게 유익한 관계.

균사(hypha, 복수형은 hyphae) 곰팡이의 몸을 구성하는 많은 실 모양의 섬유 중 하나.

균사체(mycelium, 복수형은 mycelia) 곰팡이에서 빽빽하게 가지를 뻗은 균사의 네트워크.

균일분산패턴(uniform dispersion pattern) 개체군의 개체들이 일정 지역에 고르게 분포하는 패턴.

균형선택(balancing selection) 한 개체군에서 두 가지 이상의 표현형의 빈도가 안정적으로 유지되는 자연선택.

그라나(grana, 단수형은 granum) 엽록체에 막으로 둘러싸인 틸라코이드 더미. 그라나는 광합성의 명반응 과정에서 빛 에너지가 엽록소에 의해 포획되어 화학 에너지로 전환되는 부위다.

그람-양성 박테리아(gram-positive bacteria) 그람-음성 박테리아에 비해 구조적으로 덜 복잡하고 펩티도글리칸을 더 많이 함유한 세포벽을 가진 다양한 박테리아 그룹. 그람-양성 박테리아는 일반적으로 그람-음성 박테리아보다 독성이 덜하다.

그람 염색(Gram stain) 박테리아의 세포벽 구성을 식별하는 미생물학적 기술. 결과에 따라 박테리아를 그람-양성 또는 그람-음성으로 분류한다.

극성 공유결합(polar covalent bond) 전기음성도가 다른 원자 사이의 공유결합. 공유된 전자는 전기음성이 더 큰 원자에 더 가까이 끌어당겨져 약간 음성이 되고, 다른 원자는 약간 양성이 된다.

극성분자(polar molecule) 극성 공유결합을 포함하고 분자의 다른 영역에 전하가 불균등하게 분포하는 분자.

극지방 얼음(polar ice) 북극 툰드라 북쪽의 고위도와 남극에 위치한 극도로 추운 온도와 낮은 강수량을 가진 지역을 포함하는 육상 생물군계.

극피동물(echinoderm) 거칠거나 가시가 있는 피부, 수관계, 내골격, 성체의 방사대칭을 특징으로 하는 느리게 움직이거나 고착된 해양 동물의 문의 구성원. 극피동물에는 불가사리, 성게, 연잎 성게류 등이 있다.

극호열균(extreme thermophile) 더운 환경(보통 60~80℃)에서 잘 자라는 미생물.

극호염균(extreme halophile) 그레이트 솔트 레이크나 사해와 같이 염분이 높은 환경에서 서식하는 미생물.

근시(nearsightedness, myopia) 먼 곳에 있는 물체에 초점을 맞추지 못하는 것으로, 안구가 정상보다 길어 수정체가 망막 앞에 먼 곳에 있는 물체에 초점을 맺을 때 발생한다.

근위세뇨관(proximal tubule) 척추동물의 콩팥에서는 보먼주머니 바로 아래에 있는 네프론의 일부로, 여과액을 운반하고 정제하는 역할을 한다.

근육섬유(muscle fiber, 근섬유) 근육세포.

근육원섬유(myofibril, 근원섬유) 많은 근절로 구성된 근육세포의 수축성 가닥. 세로로 늘어선 근섬유 다발이 근섬유를 구성한다.

근육원섬유마디(sarcomere, 근절) 근육 수축의 기본 단위로, 가느다란 액틴 섬유와 굵은 미오신 섬유로 구성되며, 전자현미경 사진에서는 근섬유에서 Z선이라고 하는 좁고 어두운 두 선 사이의 영역을 말한다.

근육조직(muscle tissue) 저절로 또는 신경 자극에 의해 자극을 받으면 수축할 수 있는 긴 근육세포로 구성된 조직. 전형적인 동물에서 가장 풍부한 조직. 뼈대근육, 심장근육, 민무늬근(평활근) 참조.

글루카곤(glucagon) 췌장에서 분비되는 펩타이드 호르몬으로, 혈중 포도당의 농도를 높이는 역할을 한다. 인슐린과 길항작용을 한다.

글루코코르티코이드(glucocorticoid) 부신피질에서 분비되어 혈당치를 높이고 저혈당이나 혈액량, 혈압 감소로 인한 스트레스에 대한 신체 반응을 유지하는 데 도움을 주는 코르티코스테로이드 호르몬.

글리코겐(glycogen) 간과 근육세포에서 발견되는 광범위하게 분지된 포도당 저장 다당류로, 동물성 녹말에 해당한다.

기계수용기(mechanoreceptor) 압력, 접촉, 신장, 동작 또는 소리와 관련된 환경의 변화를 감지하는 감각수용기.

기공(stoma, 복수형은 stomata) 잎의 표피에 있는 공변세포로 둘러싸인 미세한 구멍. 기공이 열려 있으면 CO_2가 잎으로 들어가고 H_2와 O_2가 나간다. 식물은 기공이 닫혀 있을 때 물을 보존한다.

기관(organ) 특정 기능을 함께 수행하는 여러 유형의 조직으로 구성된 특수한 구조.

기관(trachea, 복수형은 tracheae) 포유류의 호흡기에서 기관, 후두에서 두 기관지로 통하는 호흡관의 일부. 곤충의 기관계에서 외부 개구부와 연결되는 가장 큰 관이다.

기관계(organ system) 신체의 중요한 기능을 수행하는 데 함께 작용하는 기관의 그룹.

기관계(tracheal system) 곤충에 있는 공기로 채워진 가지 모양의 관으로, 몸 전체에 뻗어 있으며 세포에 직접 산소를 운반하는 시스템이다.

기관세지(bronchiole) 기관지의 가는 가지로 허파꽈리로 공기를 운반하는 가지.

기관지(bronchus, 복수형은 bronchi) 기관에서 폐로 갈라져 나오는 한 쌍의 호흡관 중 하나.

기본조직계(ground tissue system) 어린 식물의 대부분을 구성하고 몸 전체에 걸쳐 연속적으로 존재하는 유조직세포로 이루어진 조직.

기생생물(parasite) 상호작용에 의해 해를 입는 살아 있는 숙주로부터 영양을 얻는 생명체.

기술(technology) 특정 목적을 위해 과학 지식을 응용하는 것으로, 종종 산업이나 상업과 관련이 있지만 기초연구에서의 사용도 포함된다.

기억(memory) 정보를 저장하고 검색하는 능력. 장기기억, 단기기억 참조.

기억세포(memory cell) 1차 적응면역반응 중에 형성된 오래 사는 림프구의 클론. 기억세포는 그 형성을 촉발한 동일한 항원에 노출되어 활성화될 때까지 림프절에 남아 있다. 활성화된 기억세포는 큰 클론을 형성하여 2차 면역반응을 일으킨다.

기질(substrate) (1) 효소가 작용하는 특정 물질을 말한다. 각 효소는 자신이 촉매하는 반응의 특정 기질 하나 또는 그 이상만 인식한다. (2) 생물체가 서식하는 표면 또는 그 위에 있는 표면.

기질 섭식자(substrate feeder) 먹이 공급원 안이나 그 위에 살면서 먹이를 먹으며 살아가는 생물체.

기질수준 인산화(substrate-level phosphorylation) 효소가 유기 분자(예: 해당과정 또는 시트르산 회로의 중간산물 중 하나)에서 인산기를 ADP로 직접 전달하는 효소에 의해 ATP가 형성되는 것.

기체교환(gas exchange) O_2와 CO_2의 생명체와 환경 사이의 교환.

기초대사율(basal metabolic rate, BMR) 휴식 중인 동물이 주어진 시간 동안 필수적인 신체 활동에 연료를 공급하는 데 필요한 킬로칼로리.

기하급수적 성장모델(exponential growth model) 이상적인 무제한 인구 증가에 대한 수학적 설명.

기회감염(opportunistic infection) 정상적으로 기능하는 면역계에 의해 제어될 수 있지만 면역결핍이 있는 인간에게 질병을 일으키는 감염.

기후변화(climate change) 지구 곳곳의 온도 상승과 기상 패턴의 변화는 주로 화석연료의 연소로 인한 대기 중의 CO_2 수준 증가로 인해 발생한다. 지구 온난화라고 불리는 온도 상승은 전 세계 기후변화의 주요한 측면이다.

긴장성(tonicity) 세포를 둘러싼 용액이 세포의 수분을 얻거나 잃게 하는 능력.

길항호르몬(antagonistic hormone) 상반된 영향을 미치는 두 가지 호르몬.

꽃가루(pollen grain) 종자 식물에서 정자를 생산하는 구조. 수배우체.

꽃받침(sepal) 꽃식물의 변형된 잎. 꽃받침은 꽃눈이 열리기 전에 꽃봉오리를 둘러싸고 보호한다.

꽃밥(anther) 꽃의 수술 끝에 있는 주머니로, 감수분열이 일어나 수배우체를 형성하는 포자, 즉 꽃가루를 생산하는 수포자낭이 들어 있다.

꽃잎(petal) 꽃식물의 변형된 잎. 꽃잎은 종종 꽃의 화려하거나 향기로운 부분으로 수분매개자에게 꽃을 알리는 역할을 한다.

끝눈(terminal bud) 싹의 끝에 있는 배아 조직으로, 생장하는 잎과 일련의 조밀한 마디와 마디사이로 구성된다.

끝눈분열조직(apical meristem, 정단분열조직) 식물의 뿌리 끝이나 새싹의 줄기정단부에 위치한 미분화 세포로 구성된 생장 부위로, 세포분열이 일어나는 부위.

끝눈우성(apical dominance, 정단우성) 식물에서, 끝눈에서 생산된 호르몬에 의한 곁눈의 생장 억제.

나무 껍질(bark, 수피) 식물의 관다발형성층 외부에 있는 모든 조직으로, 식물의 두께를 자라게 한다. 나무 껍질은 2차 체관부, 코르크형성층, 코르크로 구성된다.

나트륨-칼륨 펌프(sodium-potassium pump) 나트륨 이온은 세포 밖으로, 칼륨 이온은 세포 안으로 농도기울기에 역행해서 운반하는 막단백질. 이 과정은 ATP에 의해 구동된다.

난관(oviduct, 수란관) 난소에서 난자 세포를 운반하는 관. 나팔관이라고도 한다. 인간의 경우 수란관은 정상적인 수정 부위다.

난교성(promiscuous) 행동학에서, 강한 쌍의 유대감이나 지속적인 관계없이 짝짓기가 이루어지는 동물의 짝짓기 시스템을 말한다.

난소(ovary, 식물에서는 씨방) (1) 동물에서는 난자 세포와 생식 호르몬을 생성하는 암컷 생식소(gonad). (2) 꽃식물에서는 난자가 들어 있는 난자가 발생하는 심피의 기저부.

난소주기(ovarian cycle) 포유류의 난소에서 호르몬에 의해 동기화된 주기적 사건으로, 배란에서 절정에 이른다.

난시(astigmatism) 수정체나 각막의 기형으로 인한 흐릿한 시력.

난자(egg) 암컷 배우자.

난자형성과정(oogenesis) 성숙한 난자 세포의 발생과정.

난황주머니(yolk sac) 내배엽에서 발생하는 배외막. 난황주머니는 배아의 첫 번째 혈액 세포와 생식 세포를 생성하고 요막을 발생시킨다.

남세균(cyanobacteria) 식물처럼 산소를 생성하는 광합성을 하는 광독립영양생물.

낭배(gastrula) 동물의 발생에서 낭배형성으로 인해 발생하는 배아 단계. 대부분의 동물은 외배엽, 내배엽, 중배엽의 세 층의 세포로 구성된 구조를 가지고 있다.

낭배형성(gastrulation) 배아 발생의 두 번째 주요 단계로, 배반포가 낭배로 전환되는 단계. 낭배형성에서 배아에 더 많은 세포를 추가하고 세포를 별개의 세포층으로 분류한다.

내독소(endotoxin) 세균이 죽을 때만 방출되는 그람-음성 박테리아 외막의 독성 성분으로, 세균이 죽어야만 방출된다.

내막계(endomembrane system) 진핵세포의 내부와 주변을 둘러싼 막의 네트워크로, 직접적인 물리적 접촉 또는 막 소포의 이동을 통해 연결된다.

내배엽(endoderm) 낭배의 3개의 배아 세포층 중 가장 안쪽. 성체에서 소화관 및 기타 속이 빈 장기의 가장 안쪽 내벽을 형성한다.

내부공생설(endosymbiont theory) 미토콘드리아와 엽록체가 조상 진핵세포에 둘러싸인 원핵세포로부터 시작되었다는 이론. 삼켜진 세포와 숙주세포가 하나의 개체로 진화했다는 이론이다.

내분비계(endocrine system) 호르몬을 분비하는 도관이 없는 샘과 호르몬에 반응하는 표적세포의 분자 수용체로 구성된 기관계. 내분비계는 신경계와 협력하여 신체 기능을 조절하고 항상성을 유지한다.

내분비샘(endocrine gland) 호르몬 분자를 합성하여 세포사이액으로 분비하고, 이로부터 혈류로 확산하는 관이 없는 샘.

내생근균류(Glomeromycete) 수지상체라고 불리는 뚜렷한 분지 형태의 균근(식물 뿌리와의 공생 관계, 뿌리곰팡이)을 특징으로 하는 균류 그룹의 구성원.

내생포자(endospore) 박테리아 세포 내에서 생성되는 두꺼운 코팅의 보호 세포. 내생포자는 휴면 상태가 되어 가혹한 환경적 조건에서도 생존할 수 있다.

내온동물(endothermic, 항온동물) 따뜻하고 일정한 체온을 유지하기 위해 자체 물질대사에서 발생하는 열을 사용하는 생물.

내장부낭(visceral mass) 연체동물의 세 가지 주요 부위 중 하나로, 내장기관의 대부분을 포함한다.

내집단(ingroup) 진화 관계에 대한 분류학적 연구에서 진화 관계가 결정되고 있는 분류군의 그룹. 외집단 참조.

내피(endodermis) 식물 뿌리 피질의 가장 안쪽 층(1세포 두께의 원통)으로, 피질에서 관다발 조직으로 통과하는 물질을 결정하는 선택적 장벽을 형성한다.

네프론(nephron) 척추동물의 관형 배설 단위 및 관련 혈관. 혈액에서 여과액을 추출하여 소변으로 정제한다. 네프론은 비뇨기계의 기능적 단위다.

노래기류(millipede) 수많은 체절에 각각 두 쌍의 짧은 다리를 가지고 있으며, 썩은 식물 물질을 먹는 육상 절지동물.

노르에피네프린(norepinephrine) 신체적 위협에 의한 스트레스에 반응하여 부신수질에서 분비되는 호르몬으로 신체 기관의 행동(공격-또는-도피)을 준비시키며, 신경전달물질로도 작용한다. 노르아드레날린이라고도 한다.

녹내장(glaucoma) 눈 안에 액체가 쌓여 발생하는 눈의 질환으로, 눈의 압력이 높아져 시신경이 압력에 의해 손상되면 돌이킬 수 없는 시력 상실을 초래할 수 있다.

녹말(starch) 식물의 저장 다당류, 포도당의 중합체.

녹조류(green alga) 육상 식물의 가장 가까운 생물학적 친척인 조류. 엽록소와 탄수화물을 포함하는 광합성 원생생물 그룹에 속하는 구성원. 녹조류는 단세포생물, 군락생물, 다세포생물을 포함하며 원시색소체생물이라는 상군에 속한다.

농도기울기(concentration gradient, 농도 구배) 화학물질의 밀도가 증가하거나 감소하는 영역. 세포는 종종 세포막을 가로질러 이온의 농도기울기를 유지한다. 농도기울기가 존재하면 물질은 농도가 높은 곳에서 농도가 낮은 곳으로 이동하는 경향이 있다.

뇌(brain) 신체 활동을 조절하고 통제하며, 신경계를 통해 전달되는 감각 정보를 해석하는 데 관여하는 신경계의 주조절중추.

뇌교(pons) 척수와 전뇌 사이에서 데이터를 전달하고 자율적, 항상성 기능을 조절하는 기능을 하는, 연수와 함께 기능하는 척추동물 후뇌의 일부.

뇌들보(corpus callosum, 뇌량) 포유류의 오른쪽과 왼쪽 대뇌반구를 연결하여 두 반구가 함께 정보를 처리할 수 있도록 하는 신경 섬유의 두꺼운 띠.

뇌실(ventricle) 척추동물의 뇌에 있는 공간으로, 뇌척수액으로 채워져 있다.

뇌졸중(stroke) 보통 머리의 동맥이 터지거나 막혀서 뇌의 신경조직이 죽는 것.

뇌줄기(brainstem, 뇌간) 척추동물 뇌의 기능 단위로 중뇌, 연수, 뇌교로 구성되며, 주로 감각 필터 역할을 하며 어떤 정보가 상위 뇌 중추에 도달할지 선별하는 역할을 한다.

뇌척수액(cerebrospinal fluid) 뇌와 척수를 둘러싸고 영양을 공급하며 완충 작용을 하는 혈액 유래 액체.

뇌하수체(pituitary gland) 시상하부의 바닥에 있는 내분비샘으로, 시상하부에서 생산되는 두 가지 호르몬을 저장하고 방출하는 뒤쪽엽과 다양한 신체 기능을 조절하는 많은 호르몬을 생산·분비하는 앞쪽엽으로 이루어져 있다.

뇌하수체 전엽(anterior pituitary) 시상하부와 뇌하수체 후엽에 인접하여 다른 내분비샘의 활동을 조절하는 호르몬을 포함하여 여러 가지 호르몬을 합성하는 내분비샘.

뇌하수체 후엽(posterior pituitary) 시상하부에서 만들어지는 호르몬을 분비하는 신경조직으로 구성된 시상하부의 연장선. 시상하부 호르몬의 임시 저장소.

눈술잔(eyecup) 가장 단순한 유형의 광수용기로, 컵 모양의 색소 세포의 집합으로 음영 처리된 광수용기 세포의 집합으로 빛의 세기와 방향을 감지한다.

뉴런(neuron) 신경세포. 신경계의 기본 구조 및 기능 단위로, 신체의 한 위치에서 다른 위치로 신호를 전달하는 데 특화되어 있다.

뉴런 가소성(neuronal plasticity) 경험에 따라 변화하는 신경계(nervous system)의 능력.

뉴클레오솜(nucleosome) 진핵생물에 있는 구슬 모양의 DNA 포장(DNA packing) 단위. 8개의 히스톤 분자로 구성된 단백질 코어 주위에 두 번 감긴 DNA로 구성.

뉴클레오타이드(nucleotide) 핵산의 구성요소로, 질소 염기 및 하나 이상의 인산기에 공유결합된 오탄당으로 구성된다.

능동면역(active immunity) 감염성 질환에서 회복되거나 예방접종(백신)을 받음으로써 획득하는 면역력.

능동 수송(active transport) 특정 수송단백질의 도움을 받고 에너지(주로 ATP)의 투입을 필요로 하는 농도기울기에 역행하여 생체막을 가로질러 물질이 이동하는 것.

다년생(perennial) 수년 동안 사는 식물.

다당류(polysaccharide) 여러 단당류가 탈수반응에 의해 연결된 탄수화물 중합체.

다량원소(macronutrient) 생명체가 비교적 많은 양을 섭취해야 하는 필수원소. 미량원소 참조.

다면발현(pleiotropy) 단일 유전자에 의해 하나 이상의 표현형을 발현하는 것.

다운증후군(Down syndrome) 삼염색체성 참조.

다인자유전(polygenic inheritance) 2개 이상의 유전자 좌위가 하나의 표현형에 미치는 부가적인 영향.

다족류(myriapod) 지네류와 노래기류를 포함하는 절지동물(arthropod) 계통의 구성원.

다혼성(polygamous) 행동학에서, 한 성의 개체가 다른 성의 여러 개체와 짝짓기를 하는 동물의 짝짓기 시스템.

단공류(monotreme) 오리너구리와 같은 알을 낳는 포유류.

단기기억(short-term memory) 정보, 기대 또는 목표를 일정 기간 보유했다가 관련성이 없어지면 방출하는 능력.

단당류(monosaccharide) 가장 단순한 탄수화물. 일반적으로 CH_2O의 몇 배인 분자식을 가진 단순한 당. 단당류는 이당류와 다당류의 단량체이다.

단량체(monomer) 중합체의 구성요소 역할을 하는 소단위.

단백질(protein) 특정 3차원 구조로 접힌 하나 이상의 폴리펩타이드로 구성된 기능성 생물학적 분자.

단백질체학(proteomics) 전체 단백질 세트와 그 상호작용을 연구하는 학문.

단성잡종교배(monohybrid cross) 특성에 대해 이형접합자인 개체들의 실험적 교배(또는 이형접합자 식물의 자가수정).

단속평형(punctuated equilibrium) 화석 기록에서 한 종이 형태적 변화를 거의 또는 전혀 겪지 않는 긴 기간(평형)이 비교적 짧은 기간의 급격한 변화에 의해 중단(단속평형)되는 것.

단일계통군(monophyletic) 공통의 조상과 그 모든 후손으로 구성된 하나의 분류군 그룹을 의미하며, 계통군에 해당한다.

단일순환(single circulation) 단일 펌프와 회로를 가진 순환계로, 혈액이 기체교환 부위에서 신체의 다른 부위로 이동한 후 심장으로 되돌아오는 순환계다.

단일식물(short-day plant) 낮의 길이가 짧은 늦여름, 가을, 겨울에 꽃을 피우는 식물. 단일식물은 실제로 긴 밤에 반응하여 꽃을 피운다.

달팽이관(cochlea, 와우관) 청각 기관인 코르티기관이 들어 있는 조류와 포유류의 속귀에 있는 코일 모양의 관.

담자균(club fungus) 담자균류 참조.

담자균류(basidiomycete) 바시디아라고 불리는 곤봉 모양의 포자를 생성하는 것이 특징인 균류그룹의 구성원.

당공급원(sugar source) 광합성 또는 녹말의 분해에 의해 당이 생성되는 식물 기관. 성숙한 잎은 식물의 주요 당공급원이다.

당뇨병(diabetes mellitus) 체세포가 혈액에서 포도당을 충분히 흡수하지 못해 에너지가 부족해지고, 체지방과 단백질을 소모해 에너지를 얻는 인간의 호르몬 질환. 1형 당뇨병(인슐린-의존성 당뇨병)은 췌장에서 인슐린을 생산하지 못할 때, 2형 당뇨병(인슐린-비의존성 당뇨병)은 체세포가 인슐린에 반응하지 않을 때 발생한다.

당단백질(glycoproteins) 하나 이상의 짧은 사슬의 당이 붙어 있는 단백질.

당수용원(sugar sink) 당의 순소비자 또는 저장소인 식물 기관. 자라는 뿌리, 줄기정단부, 줄기, 열매는 체관에 의해 공급되는 당수용원이다.

당-인산 골격(sugar-phosphate backbone) 폴리뉴클레오타이드에서 질소 염기가 붙어 있는 당과 인산염의 교대 사슬.

대뇌겉질(cerebral cortex, 대뇌피질) 대뇌의 표면을 형성하는 접힌 회백질의 면. 인간의 경우 추론, 말, 언어, 상상력과 같은 고등한 뇌 기능을 위한 통합 센터를 포함한다.

대뇌반구(cerebral hemisphere) 척추동물의 오른쪽 또는 왼쪽 절반 대뇌.

대동맥(aorta) 심장의 좌심실에서 다른 동맥으로 직접 혈액을 운반하는 큰 동맥.

대륙붕(continental shelf) 대륙의 물에 잠긴 부분.

대립유전자(allele) 유전자의 다른 버전.

대변(feces) 소화관 노폐물.

대사경로(metabolic pathway) 복잡한 분자를 만들거나 복잡한 분자를 더 간단한 화합물로 분해하는 일련의 화학반응.

대식세포(macrophage) 미생물을 파괴하는 선천면역과 항원제시세포로서 적응면역에서 기능하는 아메바형의 큰 식세포.

대음순(labia majora) 여성 생식기 부위를 보호하는 바깥쪽으로 두꺼워진 한 쌍의 피부 주름.

대진화(macroevolution) 종 수준 이상의 진화적 변화로, 일련의 종분화 사건을 통한 새로운 생물 그룹의 기원과 대량멸종이 생명의 다양성에 미치는 영향과 그 이후의 회복을 포괄한다.

덧셈법칙(rule of addition) 어떤 사건이 두 가지 이상의 대체 가능한 방식으로 발생할 확률은 서로 다른 방식의 개별 확률을 합한 값이라는 규칙.

덩굴손(tendril) 일부 식물이 고정된 구조물 주위를 기어오르기 위해 사용하는 변형된 잎.

덩이섭식자(bulk feeder) 비교적 큰 먹이를 먹는 동물.

덩이줄기(tuber) 식량이 저장되는 땅속줄기(뿌리줄기) 끝부분이 커진 것.

데이터(data) 기록된 관찰 사항.

독립변수(independent variable) 다른 요인(종속변수)에 미칠 수 있는 영향을 밝히기 위해 실험 중에 값을 조작하거나 변경하는 인자.

독립영양생물(autotroph) 다른 생물체나 그 분자를 먹지 않고 스스로 먹이를 만들어(주로 광합성으로) 생명을 유지하는 생명체. 식물, 조류(alga) 및 수많은 박테리아가 독립영양생물이다.

독립의 법칙(law of independent assortment) 감수분열 중에 배우자가 형성될 때 특정 형질에 대한 각 대립유전자 쌍이 다른 쌍과 독립적으로 분리된다는 유전의 일반 법칙으로, 멘델의 제2유전법칙이라고도 한다.

돌연변이(mutation) 세포의 유전정보에 변화가 생기는 것으로, 유전적 다양성의 궁극적인 원천이다. 돌연변이는 바이러스의 DNA 또는 RNA에서도 발생할 수 있다.

돌연변이원(mutagen) DNA와 상호작용하여 돌연변이를 일으키는 화학적 또는 물리적 작용요인.

돌연변이체(mutant) 야생형 개체보다 자연에서 덜 자주 발생하는 특성을 가진 개체.

동공(pupil) 척추동물의 눈 내부로 빛을 받아들이는 홍채의 구멍. 홍채의 근육은 동공의 크기를 조절한다.

동맥(artery) 심장에서 신체의 다른 부분으로 혈액을 운반하는 혈관.

동맥경화(atherosclerosis) 동맥 내벽에 플라크라는 지방 침전물이 생겨 지름이 좁아지는 심장혈관질환.

동물플랑크톤(zooplankton) 수중 환경에서 표류하는 동물.

동방결절(sinoatrial node, SA node) 심장의 박동기로 우심방의 벽에 위치하며, 모든 심장 근육세포가 수축하는 속도와 타이밍을 조절한다.

동원체(centromere) 2개의 자매염색분체가 결합된(종종 좁은 '허리'로 보이는) 복제된 염색체의 영역으로, 유사분열 및 감수분열 중에 방추사 미세소관이 부착되는 곳. 동원체는 유사분열 중 후기가 시작될 때 분열하고 감수분열 중 후기 II가 시작될 때 분리한다.

동위원소(isotope) 원소의 여러 원자 형태 중 하나로, 각각 양성자의 수는 같지만 중성자의 수는 다르다.

동정세포(choanocyte) 해면동물에서 발견되는 편모를 가지고 먹이활동을 하는 세포. 칼라 세포라고도 하며, 편모 기저부 주위에 음식물 입자를 가두는 옷깃 모양의 고리가 있다.

동지역성 종분화(sympatric speciation) 같은 지역에 사는 개체군에서 새로운 종이 형성되는 것.

동형접합성(homozygous) 주어진 유전자에 대해 2개의 동일한 대립유전자를 가짐.

동화 스테로이드(anabolic steroid) 남성 호르몬 테스토스테론의 일부 효과를 모방한 합성 변종 스테로이드.

되먹임억제(feedback inhibition) 대사경로의 생성물이 해당 경로 내 효소의 억제자로 작용하는 대사 조절 방법.

되새김동물(ruminant, 반추동물) 소나 양과 같은 동물로, 위에 셀룰로오스를 소화할 수 있는 미생물이 서식하는 여러 개의 위가 있는 동물.

두족류(cephalopod) 오징어, 갑오징어, 문어, 노틸러스 등을 포함하는 연체동물군의 구성원.

두화(cephalization) 머리 쪽에 신경계가 집중되는 진화적 경향.

뒤뇌(hindbrain, 후뇌) 척추동물 뇌의 세 가지 조상 및 배아 영역 중 하나로, 연수, 뇌교, 소뇌로 발달한다.

뒤쪽(posterior) 양쪽이 대칭인 동물의 뒤쪽 또는 꼬리.

등장액(isotonic) 세포 안팎으로 물의 순이동이 없게 만드는 세포 외부 용액.

등쪽(dorsal, 배측) 양측 대칭인 동물의 등을 가리킨다.

등쪽 속이 빈 신경다발(dorsal hollow nerve cord) 척삭동물의 네 가지 특징 중 하나로, 척삭(notochord) 위에 형성되는 관이다.

디옥시리보핵산(deoxyribonucleic acid, DNA) 디옥시리보오스 당과 질소 염기인 아데닌(A), 사이토신(C), 구아닌(G), 타이민(T)을 가진 뉴클레오타이드 단량체로 구성된 이중가닥 나선형 핵산 분자. 복제가 가능한 DNA는 개체의 유전물질이다. 유전자 참조.

땅속줄기(rhizome, 뿌리줄기) 땅 아래에서 자라는 식물의 수평 줄기.

떡잎(cotyledon, 자엽) 꽃식물의 배에서 나타나는 첫 번째 잎. 종자 잎이다. 외떡잎식물 배아에는 떡잎이 하나, 쌍떡잎식물 배아에는 2개가 있다.

라이소좀(lysosome) 진핵생물의 소화 기관으로, 삼킨 음식물이나 손상된 세포소기관을 소화하는 가수분해효소를 함유한다.

랑비에마디(node of Ranvier) 신경세포의 골수화된 축삭에서 신경 신호가 재생되는 골수화되지 않은 영역.

레트로바이러스(retrovirus) DNA 분자를 통해 번식하는 RNA 바이러스. RNA를 DNA로 역전사하고, DNA를 세포 염색체에 삽입한 다음, 바이러스 DNA에서 더 많은 RNA 사본을 전사한다. HIV와 여러 암을 유발하는 바이러스는 레트로바이러스다.

로돕신(rhodopsin) 척추동물 눈의 막대세포(간상세포)에 위치하며 희미한 빛을 흡수하는 시각 색소.

로지스틱 성장모델(logistic growth model) 한정 요인에 의해 제한되는 이상적인 인구 증가에 대한 수학적 설명.

로포트로조아(Lophotrochozoa) 편형동물, 환형동물, 연체동물을 포함하는 좌우대칭동물의 계통.

리그닌(lignin) 식물의 세포벽을 단단하게 만드는 화학물질.

리보솜(ribosome) 2개의 소단위로 구성된 RNA와 단백질로 구성된 세포 구조로 세포질에서 단백질 합성부위로 기능한다. 진핵생물 세포에서는 리보솜 소단위가 인에서 구성된다.

리보솜 RNA(ribosomal RNA, rRNA) 단백질과 함께 리보솜을 구성하는 리보핵산의 한 유형으로, 대부분의 세포에 가장 많이 존재하는 RNA의 한 종류.

리보자임(ribozyme) 효소로 기능하는 RNA 분자.

리보핵산(ribonucleic acid, RNA) 리보스 당과 질소 염기인 아데닌(A), 사이토신(C), 구아닌(G), 우라실(U)을 가진 뉴클레오타이드 단량체로 구성된 핵산의 일종으로 보통 단일가닥이며 단백질 합성, 유전자 조절 및 일부 바이러스의 유전자로 기능한다.

리자리아(rhizaria) 유공충류와 방산충류를 포함하는 원생생물의 SAR 상군의 계통군.

림프(lymph) 세포사이액에서 유래한 무색의 액체로 림프계를 순환한다.

림프계(lymphatic system) 림프가 순환하는 척추동물의 기관계. 림프관, 림프절, 비장 등을 포함한다. 림프계는 혈액과 간질액에서 독소와 병원균을 제거하고 간질액의 체액과 용질을 순환계로 돌려보내는 역할을 한다.

림프구(lymphocyte) 적응면역반응을 주로 담당하는 백혈구의 한 종류로 주로 림프계에서 발견된다. B세포, T세포 참조.

림프절(lymph node) 림프관을 따라 위치한 면역계의 기관. 림프절은 림프를 걸러내고 바이러스와 박테리아를 공격하는 세포를 포함한다.

마디(node) 줄기에 잎이 부착되는 지점.

마디사이(internode) 두 마디 사이의 식물 줄기 부분.

마이크로 RNA(miRNA) mRNA의 일부와 상보적인 서열을 가진, mRNA를 분해하거나 mRNA의 번역을 방해할 수 있는 복합체에서 하나 이상의 단백질과 결합하는 작은 단일가닥의 RNA 분자.

마주보는 엄지손가락(opposable thumb) 엄지손가락이 네 손가락의 손가락 끝에 모두 접촉할 수 있도록 손가락을 배열한 상태.

막대세포(rod cell, 간상세포) 어두운 빛에서도 시각을 가능하게 하는 척추동물의 망막에 있는 광수용기세포.

막전위(membrane potential) 이온의 차등 분포로 인한 세포질과 세포외액 사이의 전하 차이.

막창자(cecum, 복수형은 ceca, 맹장) 큰창자의 시작 부분에 있는 장.

막창자꼬리(appendix, 충수) 척추동물의 손가락처럼 생긴 작은 장기로, 면역에 기여하는 백혈구 덩어리가 들어있다.

만성 외상성 뇌병증(chronic traumatic encephalopathy) 스포츠 뇌진탕과 같은 뇌 외상으로 인해 발생하며 우울증, 기억력 감퇴 및 기타 증상을 특징으로 하는 치매(정신력 저하).

말기(telophase) 유사분열의 다섯 번째이자 마지막 단계로, 세포의 두 극에 딸핵이 형성되는 단계. 말기는 일반적으로 세포 운동과 함께 발생한다.

말초신경계(peripheral nervous system, PNS) 말초신경계의 신경과 신경절의 네트워크는 중추신경계로 들어오고 나가는 신호를 전달한다.

망막(retina) 눈에 있는 빛에 민감한 층으로, 광수용기세포와 감각신경세포로 구성되어 있다.

망울요도샘(bulbourethral gland) 남성의 음경 바닥 근처에 있는 한 쌍의 샘 중 하나로, 맑은 알칼리성 점액을 분비한다.

맥박(pulse) 수축기에 심실이 수축하는 동안 혈액의 압력에 의해 동맥이 율동적으로 늘어나는 현상.

먹이그물(food web) 서로 연결된 먹이사슬의 네트워크.

먹이사슬(food chain) 생태계에서 생산자로부터 1~4단계의 소비자를 거쳐 식품이 이동하는 일련의 과정.

먹이찾기(foraging) 음식을 인식하고, 탐색하고, 포획하고, 섭취하는 데 사용되는 행동.

메두사형(medusa, 복수형은 medusae) 두 가지 유형의 자포동물 체형 중 하나. 우산 같은 몸체.

메타유전체학(metagenomics) 유전체학 및 생물정보학 기술을 환경 표본에 적용하는 것으로, 일반적으로 미생물의 환경 표본인 종 그룹에서 DNA를 수집하고 염기서열분석을 한 후 컴퓨터 분석을 통해 표본 내 개별 종의 유전체 서열로 조합하는 작업.

메탄생성균(methanogen) 대사 노폐물인 메탄을 생성하는 고세균.

메틸기(methyl group) 3개의 수소 원자에 결합된 탄소 원자로 구성된 화학작용기.

면역결핍성 질환(immunodeficiency disorder) 면역계에 하나 이상의 구성요소가 부족하여 평소에는 병원성이 없는 감염원에 대해 신체가 취약해지는 면역학적 장애.

면역계(immune system) 질병을 일으키는 원인 물질에 대한 동물의 신체 방어 시스템.

멸종(extinction) 한 종의 돌이킬 수 없는 소실.

명반응(light reaction) 태양 에너지를 흡수해 ATP와 NADPH의 화학 에너지로 전환하는 광합성의 두 단계 중 첫 번째 단계로, 이 과정에서 산소를 방출한다.

모닝 애프터 필(morning after pill, MAP) 수정 또는 착상을 방지하기 위해 성관계 후 3일 이내에 복용하는 피임약.

모래주머니(gizzard) 음식물이 기계적으로 분쇄되는 소화관에 있는 주머니 모양의 기관.

모세혈관(capillary) 동맥과 세정맥 사이에 혈액을 운반하는 미세한 혈관으로, 혈액과 세포사이액 사이에 영양분과 용존 기체를 교환할 수 있게 한다.

모세혈관망(capillary bed) 조직이나 기관의 모세혈관 네트워크.

모이주머니(crop) 소화관에 있는 주머니 모양의 기관으로, 음식물을 부드럽게 만들어 일시적으로 저장할 수 있다.

목(order) 린네 분류학에서 과 위의 분류학적 범주.

목재(wood) 식물의 2차 물관부. 심재, 변재 참조.

몸통뼈대(axial skeleton, 중축골격) 몸의 중심 몸통을 지탱하는 골격계의 구성요소. 척추동물의 두개골, 척추(등뼈), 흉곽(가슴우리). 팔다리뼈대(부속골격) 참조.

무광대(aphotic zone) 투광대 아래의 수중 생태계 영역으로, 빛이 충분히 투과되지 않아 광합성이 일어나지 않는 곳. 수중 생태계의 한 영역.

무기질(mineral) 생명체가 적절한 신체 기능을 위해 소량으로 필요로 하는 단순 무기 영양소다.

무기질 코르티코이드(mineralocorticoid) 부신피질에서 분비되어 염분과 수분의 항상성을 유지하는 데 도움을 주는 코르티코스테로이드 호르몬으로 저혈당이나 혈액량 또는 혈압 감소로 인한 스트레스에 반응하여 혈압을 높일 수 있다.

무생물인자(abiotic factor) 공기, 물 또는 온도와 같은 환경의 무생물 구성요소.

무생물 저장소(abiotic reservoir) 생태계에서 탄소나 질소와 같은 화학물질이 생물체 외부에 축적되거나 비축되는 부분.

무성생식(asexual reproduction) 정자와 난자의 참여 없이 한 부모가 유전적으로 동일한 자손을 만드는 것.

무작위 분포형(random dispersion pattern) 개체군의 개체들이 예측할 수 없는 방식으로 간격을 두고 있는 패턴.

무척추동물(invertebrate) 척추가 없는 동물.

무한성장(indeterminate growth) 대부분의 식물과 마찬가지로 일생 동안 계속되는 성장. 유한성장 참조.

문(phylum, 복수형은 phyla) 린네 분류학에서 강 위의 분류학적 범주.

문제 해결(problem solving) 새로운 상황에서 장애물을 극복하기 위해 과거의 경험을 적용하는 것.

물곰팡이(water mold) SAR 슈퍼그룹의 스트라메노필라 계통군에 속하는 곰팡이 같은 원생생물.

물관(xylem) 뿌리에서 식물의 나머지 부분으로 물과 무기질을 전달하고 지지하는 식물의 수관계의 무생물 부분. 물관은 물관요소 및/또는 물이동세포인 헛물관으로 구성된다. 1차 물관부는 형성층에서 파생된다. 2차 생장을 보이는 식물의 2차 물관부는 관다발형성층에서 파생된다.

물관부방사조직(wood rays) 통나무의 중앙에서 방사되어 바깥쪽 생체 조직으로 수분을 운반하는 유조직세포의 기둥.

물관요소(vessel element) 식물에서 짧고 개방된 물이동세포로, 식물을 지지하는 역할을 한다. 물관요소 또는 헛물관의 사슬은 물관을 구성하는 전도성, 지지성 관을 형성한다.

물질(matter) 공간을 차지하고 질량이 있는 모든 것.

물질대사(metabolism) 생명체의 화학반응의 총합.

물질대사율(metabolic rate) 동물이 단위 시간 동안 사용하는 총 에너지 양.

미량원소(micronutrient) 생명체가 아주 소량으로 필요로 하는 필수원소. 다량원소 참조.

미량원소(trace element) 생명에 필수적이지만 극히 미량으로 필요한 원소.

미생물군(microbiota) 동물의 몸 안팎에 서식하는 미생물의 군집.

미생물군 유전체(microbiome) 특정 환경에 존재하는 개별 미생물 종의 유전체를 수집한 것.

미세섬유(microfilament) 진핵생물의 세포뼈대를 구성하는 세 가지 주요 단백질 섬유 중 가장 얇은 섬유로, 구형의 단백질 액틴으로 구성된 단단한 나선형 막대다.

미세소관(microtubule) 진핵생물의 세포뼈대를 구성하는 세 가지 주요 섬유 중 가장 두꺼운 섬유로, 섬모와 편모에서 발견되는 구형의 단백질로 이루어진 속이 빈 관으로 튜불린이라는 단백질로 구성된다.

미세융모(microvillus, 복수형은 microvilli) 소장 내강에 있는 상피세포의 미세한 돌기 중 하나. 미세융모는 소장의 표면적을 증가시킨다.

미오신(myosin) 액틴 필라멘트와 상호작용하여 세포 수축을 일으키는 단백질 섬유의 일종.

미토콘드리아(mitochondria, 단수형은 mitochondrion) 세포호흡이 일어나는 진핵생물의 세포소기관. 2개의 막으로 둘러싸여 있으며, 세포의 ATP가 대부분 만들어지는 곳이다.

미토콘드리아 기질(mitochondrial matrix) 미토콘드리아 내막으로 둘러싸인 미토콘드리아의 구획으로, 시트르산 회로를 위한 효소와 기질을 포함한다.

민감기(sensitive period) 개별 동물의 발달에서 특정 행동에 대한 학습이 일어날 수 있는 제한된 단계.

밀도-비의존성 인자(density-independent factor) 강도가 개체군밀도와 무관한 인구 제한 요인.

밀도-의존성 억제(density-dependent inhibition) 세포와 세포가 서로 접촉할 때 발생하는 세포분열의 중단.

밀도-의존성 인자(density-dependent factor) 강도가 인구 밀도와 연관된 인구 제한 요인. 예를 들어, 특정 지역에 거주하는 개인 수가 증가함에 따라 출생률이 감소하거나 사망률이 증가할 수 있다.

밑씨(ovule) 종자 식물에서 암컷 배우체가 들어 있는 암컷 원뿔세포(겉씨식물) 또는 씨방(속씨식물) 내에서 발생하는 구조물.

바닥막(basilar membrane, 기저막) 속귀(내이)의 중간 도관의 바닥.

바닥핵(basal nuclei, 기저핵) 운동 조정에 중요한 대뇌 깊숙한 곳에 위치한 뉴런 세포체의 집합체.

바소체(Barr body) 포유류 암컷 세포의 핵에서 발견되는 비활성화된 X 염색체로 형성된 치밀한 몸체.

바이러스(virus) 생명체의 세포를 감염시키고 유전물질을 삽입할 수 있는 미세한 입자. 바이러스는 일반적으로 생명체와 관련된 모든 특성을 나타내지 않기 때문에 생명체로 간주되지 않는다.

박테리아(bacteria) 원핵생물의 두 가지 영역(domain) 중 하나. 다른 하나는 고세균(archaea)이다.

박테리오파지(bacteriophage) 박테리아를 감염시키는 바이러스. 파지라고도 한다.

반고리관(semicircular canals) 머리의 회전 속도 또는 각도 움직임의 변화를 감지하는 속귀의 액체로 채워진 통로.

반발행동(agonistic behavior) 식량이나 짝과 같은 제한된 자원을 둘러싼 분쟁을 해결하기 위해 위협, 과시 또는 실제 싸움을 벌이는 경쟁을 포함하는 대립적 행동.

반보존적 복제 모델(semiconservative model) 복제된 이중나선이 기존 분자에서 파생된 하나의 오래된 가닥과 새로 만들어진 하나의 가닥으로 구성되는 DNA 복제 유형.

반복서열 DNA(repetitive DNA) 유전체의 DNA에 많은 사본으로 존재하는 뉴클레오타이드 서열. 반복되는 서열은 길거나 짧을 수 있으며, DNA에서 서로 나란히(무작위로) 위치하거나 분산되어 있을 수 있다.

반사(reflex) 자극에 대한 자동 반응으로, 척수 또는 하부 뇌에 의해 매개된다.

반세포(companion cell) 식물에서 체관요소에 연결된 세포로, 핵과 리보솜이 체관요소에 단백질을 공급한다.

반수체(haploid) 성적으로 번식하는 생물의 생활사에서 한 세트의 염색체를 가진 세포. 즉, n 세포를 말한다.

반응물(reactant) 화학반응의 시작 물질.

발(foot) 무척추동물에서 운동이나 부착에 사용되는 구조물로, 연체동물의 배쪽(복측)에서 뻗어 있는 근육 기관.

발기부전(impotence) 발기를 유지할 수 없는 상태.

발아(germinate) 식물의 발생 또는 생장 시작.

발암물질(carcinogen) 암을 유발하는 물질. 고에너지 방사선(예: X선이나 자외선) 또는 화학물질.

발열반응(exergonic reaction) 반응물이 생성물보다 더 많은 위치에너지를 포함하는 에너지 방출 화학반응.

방광(urinary bladder) 소변을 배출하기 전에 보관하는 주머니.

방사대칭(radial symmetry) 가상의 중심축을 중심으로 생명체의 신체 부위를 파이 조각처럼 배열한 것. 반경대칭인 개체의 중심축을 세로로 통과하는 모든 단면은 개체를 거울 이미지로 반으로 나눈다.

방사성 동위원소(radioactive isotope) 핵이 자연적으로 붕괴하여 입자와 에너지를 방출하는 동위원소.

방사성 연대 측정법(radiometric dating) 방사성 동위원소의 반감기를 기준으로 화석과 암석의 절대 연대를 측정하는 방법.

방사형 지느러미 어류(ray-finned fish) 뼈가 있는 어류. 얇고 유연한 골격으로 지느러미를 지탱하는 턱이 있는 척추동물 계통군의 구성원.

방산충류(radiolarian) 실 모양의 위족을 통해 이동하고 먹이활동을 하는 원생생물로, 규소로 구성된 광물 지지 구조를 갖는다. 방산충류는 SAR 상군의 리자리아 계통에 속한다.

방실결절(atrioventricular node) 좌심방과 우심방 사이에 있는 특수한 심장 근육 조직으로, 전기 자극이 양쪽 심실로 퍼져 수축하기 전에 약 0.1초 동안 지연되는 부위다.

방추사(mitotic spindle) 유사분열과 감수분열 시 염색체의 이동에 관여하는 미세소관과 관련 단백질로 구성된 축구공 모양의 구조물.

방출호르몬(releasing hormone) 시상하부에서 분비되는 호르몬의 일종으로 뇌하수체 전엽에서 호르몬의 방출을 촉진하는 역할을 한다.

방향성 선택(directional selection) 표현형 범위의 한쪽 끝에 있는 개체가 다른 개체보다 더 성공적으로 생존하고 번식하는 자연선택.

배(embryo) 다세포 생명체의 발생 단계. 인간의 경우 접합자가 처음 분열한 후 신체 구조가 나타나기 시작할 때까지의 발달 단계로, 임신 9주 정도에 해당한다.

배낭(embryo sac) 꽃식물의 밑씨 속에 들어 있는 암컷 배우체.

배란(ovulation) 난소 여포에서 난자 세포가 방출되는 것.

배반포(blastocyst) 포유류의 배아(양서류의 포배에 해당)로, 세포가 분열하여 생긴 속이 빈 공으로 이루어진 것으로, 모체의 자궁내막에 착상하는 배아를 말한다.

배설(excretion) 질소 함유 물질대사 폐기물을 처리하는 과정.

배수체(polyploid) 세포분열의 사고로 인해 2개 이상의 완전한 염색체 세트를 가진 개체.

배아 줄기세포(embryonic stem cell, ES cell) 동물의 초기 배아에 있는 세포로, 발생 과정에서 분화하여 체내의 모든 종류의 특수 세포를 생성한다.

배외막(extraembryonic membrane) 파충류, 조류, 포유류의 발달 중인 배아를 위한 생명유지 시스템을 형성하는 4개의 막(난황주머니, 양막, 융모막, 요막).

배우자(gamete) 성 세포. 반수체 난자 또는 정자. 이성의 두 배우자의 수정은 접합자를 생성한다.

배우자낭(gametangium, 복수형은 gametangia) 식물의 배우자를 수용하고 보호하는 생식기관.

배우자형성과정(gametogenesis) 생식소 내에서 배우자를 생성하는 과정.

배우체(gametophyte) 생물의 생활사에서 다세포의 반수체 형태로서 세대교번(alternation of generations)을 거치며, 감수분열을 통해 반수체 배우자를 만들어 포자체 세대로 성장하는 것.

배젖(endosperm) 꽃식물에서 중복수정 시 정자 세포와 핵이 2개인 정자 세포가 결합하여 형성되는 영양이 풍부한 덩어리로, 씨앗 속에서 발달 중인 배에 영양을 공급한다.

배쪽(ventral, 복측) 양측 대칭인 동물의 밑면 또는 바닥쪽.

백내장(cataract) 눈의 수정체가 혼탁해져 망막에 도달하는 빛의 양이 줄어들고 이미지가 흐릿해지며 색이 희미해지는 현상.

백신(vaccine) 숙주의 면역계를 자극하여 병원균에 대한 장기적인 적응면역을 일으키기 위해 사용되는 병원균의 무해한 변종 또는 유도체.

백질(white matter, 백색질) 중추신경계 내 부위는 주로 축삭으로 구성되며, 수초는 흰색을 띤다.

백혈구(white blood cell) 감염과 싸우는 기능을 하는 혈액 세포로 백혈구라고도 한다.

백혈병(leukemia) 혈액을 형성하는 조직의 암의 일종으로, 백혈구가 과도하게 생성되어 혈액 내에 비정상적으로 많은 수가 존재하는 것이 특징이며, 백혈구를 생성하는 골수세포의 암을 말한다.

번역(translation) mRNA 분자에 암호화한 유전정보를 이용해 폴리펩타이드를 합성하는 것. 뉴클레오타이드에서 아미노산으로 바뀐 것이다.

범갑각류(pancrustacean) 갑각류와 곤충을 포함하는 크고 다양한 절지동물 계통의 구성원.

법의학(forensics) 범죄 현장 및 기타 법적 절차를 위한 증거의 과학적 분석.

벡터(vector) 분자생물학에서는 한 세포에서 다른 세포로 유전자를 이동시키는 데 사용되는 DNA 조각. 일반적으로 플라스미드 또는 바이러스 유전체를 말한다.

변성(denaturation) 단백질이 변형되어 특정 구조를 잃고 기능을 상실하는 과정. pH 또는 염 농도의 변화 또는 고온에 의해 발생할 수 있다. 또한 유사한 인자에 의해 발생하는 DNA 이중나선의 두 가닥이 분리되는 것을 말한다.

변재(sapwood) 나무의 밝은색을 띠고 물을 전도하는 2차 물관부. 심재 참조.

변태(metamorphosis) 애벌레가 성충으로 변하는 형질전환(transformation). 완전변태, 불완전변태 참조.

병목효과(bottleneck effect) 개체군의 급격한 감소로 인해 발생하는 유전적 부동(genetic drift). 전형적으로, 살아남은 개체군은 더 이상 유전적으로 원래의 개체군을 대표하지 않는다.

병원체(pathogen) 질병을 일으키는 바이러스, 박테리아, 곰팡이류 등의 병원체.

보강세포(sclereid) 식물에서 견과류와 씨껍질에서 발견되는 매우 단단한 후벽세포.

보먼주머니(Bowman's capsule) 척추동물의 콩팥에 있는 네프론의 끝에 있는 컵 모양으로 부푼 구조로, 혈액에서 여과액을 수집한다.

보인자(carrier) 열성으로 유전되는 장애에 대해 이형접합이므로 해당 장애의 증상은 나타나지 않지만 열성 대립유전자를 자손에게 전달할 수 있는 개체.

보조생식기술(assisted reproductive technology) 여성의 난소에서 난자를 외과적으로 채취하여 수정시킨 후 여성의 몸으로 되돌려 보내는 시술. 시험관 수정 참조.

보조인자(cofactor) 효소가 제대로 기능하는 데 필요한 비단백질 분자 또는 이온. 조효소 참조.

보조 T세포(helper T cell) 활성화되면 항원에 대한 B세포와 세포독성 T세포의 반응을 촉진하는 자극 신호를 분비하는 림프구의 한 종류.

보존생물학(conservation biology) 생물다양성의 손실을 이해하고 대응하기 위해 노력하는 목표 지향적 과학.

보체계(complement system) 척추동물 방어 시스템의 다른 구성요소와 협력하여 미생물로부터 보호하는 선천적 방어 혈액 단백질의 집합으로, 식세포작용을 촉진시키고 병원균의 파열을 유발하며 염증반응을 증폭시킬 수 있다.

복원생태학(restoration ecology) 생태학적 원리를 사용하여 파괴된 생태계를 가능한 한 자연 상태와 유사한 상태로 되돌릴 수 있는 방법을 개발한다.

복족류(gastropod) 달팽이, 민달팽이 등 가장 큰 연체동물 그룹의 구성원.

부교감신경계(parasympathetic division) 일반적으로 소화, 심박수 감소 등 에너지를 얻고 보존하는 신체 활동을 촉진하는 자율신경계의 구성요소. 교감신경계 참조.

부레(swim bladder) 가스로 채워진 내부 주머니로, 뼈가 있는 물고기가 부력을 유지하는 데 도움이 된다.

부식질(humus) 표토에서 발견되는 유기물이 분해된 것.

부신(adrenal gland) 포유류의 각 콩팥 위에 위치한 한 쌍의 내분비샘 중 하나로, 바깥쪽 겉질과 중앙의 속질로 구성되어 있다.

부신겉질(adrenal cortex, 부신피질) 부신의 바깥쪽 부분으로, 뇌하수체 전엽에서 나오는 부신피질자극호르몬(ACTH)의 지배를 받으며, 글루코코르티코이드와 무기질 코르티코이드라는 호르몬을 분비한다.

부신겉질자극호르몬(adrenocorticotropic hormone, ACTH) 부신겉질을 자극하여 부신피질호르몬을 분비하게 하는 뇌하수체 전엽에서 분비되는 단백질 호르몬으로 코르티코스테로이드를 분비한다.

부신속질(adrenal medulla, 부신수질) 신경 신호에 의해 조절되는 부신의 중앙 부분으로, 공격-또는-도피 호르몬인 에피네프린과 노르에피네프린을 분비한다.

부유물 섭식자(suspension feeder) 주변 매체에서 음식물 입자를 포획하는 생명체.

부정소(epididymis) 정자가 정소에서 나와서 성숙하여 사정할 때까지 저장되는 긴 코일 모양의 관.

부착(adhesion) 서로 다른 종류의 분자 사이의 인력.

부착의존성(anchorage dependence) 세포가 분열하려면 세포가 단단한 표면에 부착되어 있어야 한다는 성질.

분기계통학(cladistics) 공통 혈통을 주요 기준으로 삼아 생물체를 계통군이라는 그룹으로 묶어 분류하는 계통분류학의 한 접근법.

분단성 선택(disruptive selection) 표현형 범위의 양 극단에 있는 개체가 중간 표현형보다 선호되는 자연선택.

분류군(taxon) 특정 분류 단계에서 명명된 분류 단위.

분류학(taxonomy) 다양한 형태의 생명체를 식별하고, 이름을 붙이고, 분류하는 과학 분야.

분리의 법칙(law of segregation) 개체는 각 유전자에 대해 2개의 대립유전자를 가지고 있으며, 감수분열에 의해 배우자가 형성될 때 두 대립유전자가 분리되어 결과적으로 각 유전자의 대립유전자 하나씩만 가진 배우자가 된다는 유전의 일반 법칙으로, 멘델의 유전 제1법칙이라고도 한다.

분만(labor) 엄마의 자궁에서 아기를 배출하는 일련의 사건.

분비(secretion) (1) 세포에서 합성된 분자의 배출. (2) 척추동물의 콩팥에서 혈액의 노폐물이 네프론 세관에서 여과액으로 배출되는 것.

분산패턴(dispersion pattern) 개체군의 개체들이 해당 영역 내에 배치되는 방식. 분산패턴은 군생분포형, 균일분포형, 무작위분포형의 세 가지 유형이 있다.

분압(partial pressure) 기체 혼합물에서 특정 기체가 가하는 압력으로, 기체의 상대적인 양을 측정하는 척도.

분열(fission) 하나의 세포인 부모 개체가 거의 같은 크기의 유전적으로 동일한 2개의 개체로 분열하는 무성생식의 한 방법.

분열조직(meristem) 분열하여 새로운 세포와 조직을 생성하는 미분화 세포로 구성된 식물 조직.

분자(molecule) 2개 이상의 원자가 공유결합으로 결합된 상태.

분자계통분류학(molecular systematics) 서로 다른 종의 핵산 또는 기타 분자를 이용해 진화 관계를 추론하는 과학 분야.

분자생물학(molecular biology) 분자 수준에서 생물학적 구조, 기능, 유전 등을 연구하는 학문.

분자시계(molecular clock) 유전체의 일부 영역이 일정한 속도로 진화한다는 관찰을 바탕으로 주어진 진화의 변화량에 필요한 시간을 추정하는 방법.

분절(fragmentation) 한 부모가 분열하여 완전히 새로운 개체로 증식하는 무성생식 방식.

분할(cleavage) (1) 동물 세포와 일부 원생생물에서 원형질막의 조임을 특징으로 하는 세포 운동. (2) 동물 발달에서 배아 발달의 첫 번째 주요 단계로, 세포의 성장 없이 빠른 세포분열이 동물 접합자를 세포 덩어리로 전환시키는 과정.

분할구(cleavage furrow) 동물 세포에서 세포분열의 첫 징후로, 세포 표면의 오래된 중기판 근처에 있는 얕은 홈.

분해(decomposition) 유기 물질을 무기 물질로 자르는 것.

분해자(decomposer) 원핵생물 또는 곰팡이로, 유기물의 분자를 분해하여 무기물 형태로 전환하는 효소를 분비한다.

분화(differentiation) 세포의 구조와 기능이 전문화되는 것으로, 개체의 발생 과정에서 일어나는 세포의 선택적 활성화와 비활성화에 의해 발생한다.

불완전균류(imperfect fungus) 성충 단계가 알려지지 않은 곰팡이류.

불완전변태(incomplete metamorphosis) 특정 곤충의 발생 유형으로, 번데기를 형성하지 않고 애벌레에서 성충이 되기까지 여러 번의 탈피를 통해 이루어짐.

불완전우성(incomplete dominance) 두 종류의 동형접합체(*AA*와 *aa*)의 표현형 사이에 이형접합체(*Aa*)의 표현형이 중간인 유전의 한 유형.

불임(infertility) 1년 동안 규칙적인 무방비 성관계 후에도 임신이 되지 않는 경우.

불포화지방산(unsaturated fatty acid) 탄화수소 꼬리 부분에 탄소 사이에 하나 이상의 이중결합이 있어 최대 수소 원자 수가 부족한 지방산. 불포화지방산과 지방산은 실온에서 응고되지 않는다.

비경쟁적 억제자(noncompetitive inhibitor) 효소의 활성부위에 들어가지 않고 효소의 활성을 감소시키는 물질. 효소의 활성부위와 다른 곳에 결합하여 효소의 형태를 변화시키는 비경쟁적 억제자는 활성부위가 더 이상 기질을 생성물로 전환하는 촉매 역할을 효과적으로 하지 못하도록 효소의 모양을 변화시킨다.

비극성 공유결합(nonpolar covalent bond) 전기음성도가 비슷한 두 원자 사이에 전자가 균등하게 공유되는 공유결합의 한 유형.

비료(fertilizer) 식물의 생장을 촉진하기 위해 식물에 투여하는 화합물.

비만(obesity) 체내에 지방이 과도하게 축적된 상태.

비만세포(mast cell) 결합조직에 존재하는 백혈구의 일종으로 염증반응 및 알레르기 반응 시 히스타민을 방출하는 역할을 한다.

비분리현상(nondisjunction) 한 쌍의 상동염색체 또는 한 쌍의 자매염색분체가 유사분열 또는 감수분열 후기에서 분리되지 않는 현상.

비자기 분자(nonself molecule) 외부 항원. 생물체의 일부가 아닌 단백질 또는 기타 거대분자를 말한다. 자기단백질 참조.

비종자 관다발식물(seedless vascular plant) 석송식물(이끼류와 그 친척)과 단자엽식물(양치류와 그 친척)의 비공식적인 총칭.

비타민(vitamin) 생명체가 소량으로 필요로 하는 유기 영양소. 많은 비타민은 조효소 또는 조효소의 일부로 작용한다.

빈혈(anemia) 비정상적으로 적은 양의 헤모글로빈 또는 적은 수의 적혈구로 인해 체내 세포가 너무 적은 산소를 공급받는 상태.

뼈(bone) 칼슘염에 묻혀 있는 콜라겐 섬유의 단단한 바탕질 안에 살아 있는 세포로 구성된 결합조직의 일종.

뼈대근육(skeletal muscle, 골격근) 골격에 부착된 가로무늬근(횡문근)의 일종으로 일반적으로 신체의 자발적인 움직임을 담당한다.

뿌리(root) 식물이 토양에서 물과 무기질을 흡수할 수 있도록 닻 역할을 하는 식물 기관.

뿌리골무(root cap, 근관) 식물 뿌리 끝에 있는 세포의 원뿔 모양으로, 뿌리의 끝눈분열조직을 보호하는 역할을 한다.

뿌리부(root system) 식물의 뿌리는 식물을 토양에 고정시키고 무기질과 물을 흡수 및 운반하며 양분을 저장하는 역할을 한다.

뿌리털(root hair) 뿌리에 있는 표피 세포의 파생물로, 뿌리의 흡수 표면적을 증가시킨다.

사구체(glomerulus, 복수형은 glomeruli) 척추동물의 콩팥에서 모세혈관으로 둘러싸인 네프론의 일부분으로, 사구체와 보먼주머니가 함께 혈액에서 여과액을 생성한다.

사막(desert) 희박한 강우량(연간 30 cm 미만)에 적응한 생물체가 특징인 생물군계.

사막화현상(desertification) 반건조 지역이 사막으로 전환되는 현상.

사바나(savanna) 풀과 흩어진 나무가 주를 이루고 가끔씩 발생하는 화재와 가뭄으로 유지되는 생물군계.

사이뉴런(interneuron, 개재뉴런) 감각신호를 통합하고 다른 감각신경세포 및 운동뉴런에 신호를 전달하는 중추신경계 내에 위치한 신경세포.

사이토신(cytosine, C) DNA와 RNA에서 발견되는 단일고리 질소 염기.

사이토키닌(cytokinin) 식물호르몬의 일종으로 세포분열을 촉진하고 꽃과 열매의 노화를 지연시키며, 식물의 성장과 발달을 조절하는 데 옥신과 길항작용을 할 수 있다.

사정(ejaculation) 음경에서 정액이 배출되는 것.

사지동물(tetrapod) 두 쌍의 팔다리를 가진 척추동물. 사지동물에는 포유류, 양서류, 조류 및 기타 파충류가 포함된다.

사체(detritus) 동물 폐기물, 식물 쓰레기, 죽은 생물의 사체 등 죽은 유기물.

사체섭식자(detritivore) 썩어가는 유기물을 섭취하는 개체.

사회적 학습(social learning) 다른 인간의 행동을 관찰하여 학습하는 것.

사회적 행동(social behavior) 일반적으로 같은 종에 속하는 두 마리 이상의 동물 사이의 모든 종류의 상호작용.

산(acid) 용액 내 수소 이온(H^+) 농도를 증가시키는 물질.

산성도(pH scale) 용액의 산도를 측정하는 단위로, 0(가장 산성)에서 14(가장 염기성)까지의 값을 가진다. pH라는 글자는 전위 수소(potential hydrogen)를 나타내며 수소 이온의 농도를 나타낸다.

산화(oxidation) 산화환원반응에 관여하는 물질에서 전자가 손실되는 것으로, 항상 환원을 수반한다.

산화적 인산화(oxidative phosphorylation) 세포호흡의 세 번째 주요 단계로, 전자전달계(electron transport chain)의 산화환원반응에서 파생되는 에너지를 이용한 ATP의 생산.

산화환원반응(redox reaction) 환원-산화 반응의 줄임말로, 한 물질에서 전자가 손실(산화)되고 다른 물질에 전자가 추가(환원)되는 화학반응.

살정제(spermicide) 정자를 죽이는 화학물질(크림, 젤, 거품)을 차단식 피임법으로 차단 장치와 함께 사용하는 피임법.

삼투순응자(osmoconformer) 체액 농도가 주변 환경과 같은 용질 농도를 가진 생물체.

삼투조절(osmoregulation) 세포나 생명체가 용질 농도와 수분 균형을 항상적으로 유지하는 것.

삼투조절자(osmoregulator) 체액의 용질 농도가 환경과 다르며 수분 손실 또는 증가를 조절하는 데 에너지를 사용해야 하는 생물체. 대부분의 육상 및 담수 동물이 이에 해당한다.

삼투현상(osmosis) 선택적 투과성 막을 가로지르는 자유로운 물의 확산.

상대적 적응도(relative fitness) 개체군 내 다른 개체의 기여도와 비교하여 한 개인이 다음 세대의 유전자 풀에 기여하는 정도.

상동기관(homologous structure) 공통의 조상으로 인해 서로 다른 종의 구조가 비슷함.

상동성(homology) 조상을 공유한 데서 비롯된 특성의 유사성.

상동염색체(homologous chromosome) 2배체 세포에서 한 쌍을 이루는 2개의 염색체. 상동염색체는 길이, 동원체의 위치 및 염색 패턴이 동일하며 해당 유전자좌위에 동일한 특성에 대한 유전자를 가지고 있다. 하나의 상동염색체는 개체의 아버지로부터, 다른 하나는 어머니로부터 물려받는다.

상리공생(mutualism) 두 파트너 모두에게 이익이 되는 상호 간 이득 관계.

상보적 DNA(complementary DNA, cDNA) 시험관에서 mRNA를 주형으로 삼고 역전사효소라는 효소를 사용하여 만든 DNA 분자를 말한다. 따라서 cDNA 분자는 유전자에 해당하지만 유전자의 DNA에 존재하는 인트론이 결여되어 있다.

상사성(analogy) 같은 형질을 가진 공통 조상으로부터 내려온 것이 아닌 수렴진화에 의한 두 종 사이의 유사성.

상염색체(autosome) 생물의 성을 결정하는 데 직접적으로 관여하지 않는 염색체. 예를 들어 포유류의 경우 성염색체 X 또는 성염색체 Y 이외의 염색체를 말한다.

상피조직(epithelial tissue) 상피라고도 한다.

새(bird, 조류) 깃털이 있고 비행에 적응한 파충류 계통군의 구성원.

생리학(physiology) 생명체의 구조의 기능을 연구하는 학문.

생명공학(biotechnology) 생물체 또는 그 구성요소를 조작하여 유용한 생명체나 생성물을 만드는 것.

생명표(life table) 특정 기간 동안 개체군의 생존 및 사망자 수와 특정 연령의 개인이 평균적으로 얼마나 오래 살 수 있을지에 대한 예측.

생물군계(biome) 육지 또는 수역의 넓은 지리적 영역을 차지하고 특정 환경에 적응한 생물체가 특징인 생태학적 연합의 주요 유형.

생물권(biosphere) 생명체가 서식하는 지구의 전체 면적, 즉 지구의 모든 생태계의 총합.

생물다양성(biodiversity) 생물의 다양성. 유전학(genetics), 종 다양성(species diversity), 생태계(ecosystem) 다양성을 포함한다.

생물다양성 집중지역(biodiversity hot spot) 멸종위기종과 위협을 받는 종. 특히 토착종(다른 곳에서는 볼 수 없는 종)이 유난히 집중되어 있는 작은 지리적 지역.

생물막(biofilm) 원핵생물의 표면 코팅 군락으로, 물질대사 협력에 관여한다.

생물수용력(biocapacity) 개인 또는 국가가 필요로 하는 토지와 수자원을 제공하고 재생하며 발생하는 탄소 배출량을 흡수할 수 있는 지구의 능력으로, 지구 헥타르 단위로 측정.

생물의 생활사(life history) 첫 생식 연령, 생식 빈도, 자손의 수, 부모의 보살핌의 양 등 개체의 생식 및 사망 일정에 영향을 미치는 형질.

생물적 인자(biotic factor) 환경의 살아 있는 구성요소. 생명체 또는 하나 이상의 생명체와 관련된 인자.

생물정보학(bioinformatics) 컴퓨터, 소프트웨어, 수학적 모델을 사용하여 대규모 데이터 세트에서 생물학적 정보를 처리하고 통합하는 작업.

생물정화(bioremediation) 오염되고 황폐화된 생태계를 해독하고 복원하기 위해 살아 있는 생명체를 사용하는 것.

생물증폭(biological magnification) 먹이사슬의 각 단계에 있는 생체 조직에 축적되는 유해 화학물질의 농도가 높아지는 것.

생물지구화학적 순환(biogeochemical cycle) 생태계의 생물적 및 무생물적 구성요소를 모두 포함하는 다양한 화학적 순환.

생물지리학(biogeography) 생물체의 과거와 현재 분포에 대한 연구.

생물학(biology) 생명에 대한 과학적 연구.

생물학적 종개념(biological species concept) 종은 자연에서 교배하여 생존력이 있고 번식능력이 있는 자손을 생산할 수 있는 잠재력을 가지고 있지만, 다른 집단 구성원과는 생존력이 있는 자손을 생산하지 못하는 개체군의 집단으로 정의한다.

생산자(producer) 기타 무기 원료로부터 유기농 식품 분자를 만드는 생물체. 식물, 조류 또는 독립영양 미생물.

생성물(product) 화학반응의 종결 물질.

생식(reproduction, 증식) 기존 개체에서 새로운 개체를 생성하는 것.

생식률(fertility rate) 한 여성이 일생 동안 낳는 평균 자녀 수로, 인구에서 여성 한 명이 평생 동안 낳는 평균 자녀 수다.

생식복제(reproductive cloning) 다세포 생명체의 체세포를 이용해 유전적으로 동일한 개체를 하나 이상 만드는 것.

생식소(gonad) 성호르몬을 분비하고 배우자를 생산하는 동물의 생식기관. 난소 또는 정소.

생식적 격리(reproductive isolation) 두 종의 구성원이 생존 가능하고 번식능력이 있는 자손을 생산하는 데 방해가 되는 생물학적 인자(장벽)의 존재.

생식주기(reproductive cycle) 난자를 생산하고 수정이 가능하도록 하며 여성의 몸이 임신을 준비하도록 하는 반복되는 일련의 사건.

생존곡선(survivorship curve) 연령별 사망률을 나타내는 한 가지 방법으로, 각 연령에서 아직 생존해 있는 코호트 구성원의 수를 나타낸 그래프.

생체시계(biological clock) 개체의 생물학적 리듬을 조절하는 내부 시계로, 환경 신호가 있든 없든 시간을 표시하지만 종종 적절한 주기에 맞추기 위해 환경의 신호를 필요로 한다. 일주기성 리듬 참조.

생태계(ecosystem) 특정 지역의 모든 생물과 그 생물과 상호작용하는 무생물 인자. 생물 군집과 그 물리적 환경.

생태관광(ecotourism) 관광과 휴양을 위해 자연 지역으로 여행하는 것.

생태발자국(ecological footprint) 개인 또는 국가가 소비하는 자원을 제공하고 발생하는 폐기물을 흡수하는 데 필요한 토지 및 수역 면적의 추정치로, 지구 헥타르 단위로 측정된다.

생태이동 통로(movement corridor) 생물체가 이용할 수 있는 양질의 서식지의 좁은 띠나 작은 덩어리들이 모여서 분리되어 있는 양질의 서식지 패치를 연결한 것.

생태적 종개념(ecological species concept) 종의 구성원이 환경의 무생물 및 생물과 상호작용하는 방식의 총합인 생태적 지위 측면에서 종을 정의한다.

생태적 지위(ecological niche) 군집에서 한 종의 역할. 한 종의 환경의 생물적 및 무생물적 자원 이용의 총합.

생태적 천이(ecological succession) 교란으로 인한 생물 군집의 변화 과정. 생물 군집의 종 구성의 전환. 1차 천이, 2차 천이 참조.

생태학(ecology) 개체와 환경 간의 상호작용에 대한 과학적 연구.

생활사(life cycle) 한 세대의 성충에서 다음 세대의 성충에 이르기까지 개체의 생명에서 일어나는 전체 단계의 순서.

서식지(habitat) 생명체가 사는 곳. 생명체가 사는 환경.

선구동물(protostome) 낭배형성 중에 형성된 입구가 입이 되는 동물의 발달 방식. 선구동물 발생 패턴을 가진 동물에는 편형동물, 연체동물, 환형동물, 선충류, 절지동물 등이 있다.

선모(fimbria, 복수형은 fimbriae) 일부 원핵세포에 있는 짧고 털처럼 생긴 돌기 중 하나로, 세포를 기질이나 다른 세포에 부착하는 데 도움을 준다.

선천면역(innate immunity) 병원균에 노출되기 전에 동물에게 존재하며 태어날 때부터 효과가 있는 면역의 일종. 선천면역 방어에는 장벽, 식세포, 항균 단백질, 염증 반응, 자연살생세포 등이 포함된다.

선천적 행동(innate behavior) 강력한 유전적 통제하에 있으며 학습할 필요가 없는 행동.

선태식물(bryophyte) 물관과 체관이 없는 식물. 씨가 없는 비관다발 식물. 선태식물에는 이끼, 우산이끼, 뿔이끼류가 포함된다.

선택적 RNA 스플라이싱(alternative RNA splicing) 어떤 RNA 분절을 엑손으로, 어떤 분절을 인트론으로 취급하느냐에 따라 동일한 1차 전사물에서 여러 개의 mRNA 분자가 생성되는 RNA 가공과정 단계에서의 일종의 조절.

선택적 투과성(selective permeability) 물질의 통과를 조절할 수 있는 생체막의 성질.

선형동물(nematode) 원통형의 벌레와 같은 체형에 완전 소화관을 가지고 있으며, 성장을 위해 탈피하는 질긴 큐티클이 특징인 회충.

섬모(cilium, 복수형은 cilia) 세포의 원형질막으로 덮인 9개의 2중 미세소관과 2개의 단일 미세소관('9+2' 배열)으로 구성된, 세포를 통과하는 운동 또는 액체를 이동시키는 데 특화된 짧은 세포의 부속지.

섬모충류(ciliate) 섬모를 통해 움직이고 먹이활동을 하는 원생생물의 한 종류. 섬모충류는 SAR 상군의 피하낭류 계통군에 속한다.

섬유(fiber) (1) 동물에서는 결합조직의 바탕질에 있는 길고 지지하는 실 같은 단백질. 뉴런의 연장. 근육세포. (2) 식물에서는 일반적으로 다발로 발생하는 길고 가느다란 후벽세포.

섬유성 결합조직(fibrous connective tissue) 많은 수의 콜라겐 섬유가 평행한 다발로 조직된 치밀한 조직으로 힘줄과 인대에 주로 존재하는 조직.

섭취(ingestion) 먹는 행위. 동물의 음식물 처리의 첫 번째 단계.

성긴 결합조직(loose connective tissue) 물 같은 액체에 섬유가 느슨하게 엮여 있는 조직으로, 상피를 아래조직에 결합시키고 장기를 제자리에 고정하는 포장재 역할을 한다.

성대(vocal cord) 후두에 있는 탄력 있는 조직 띠. 긴장된 성대를 지나가는 공기는 성대를 진동시켜 소리를 낸다.

성병(sexually transmitted infection, STI) 성적 접촉에 의해 전염되는 병. 증상이 나타나면 성병에 걸렸다고 한다.

성선택(sexual selection) 특정 유전형질을 가진 개체가 다른 개체보다 짝을 얻을 확률이 높은 자연선택의 한 형태.

성-연관 유전자(sex-linked gene) 성염색체에 위치한 유전자.

성염색체(sex chromosome) 개체가 남성인지 여성인지를 결정하는 염색체.

성장인자(growth factor) 특정 신체 세포에서 분비되는 단백질로, 다른 세포가 분열하도록 자극하는 역할을 한다.

성장호르몬(growth hormone, GH) 뇌하수체 전엽에서 분비되는 단백질 호르몬으로, 발달과 성장을 촉진하고 물질대사를 자극하는 역할을 한다.

성적이형(sexual dimorphism) 남성과 여성의 2차 성징이 뚜렷한 차이.

성체 줄기세포(adult stem cell) 성체 조직에 존재하는 세포로, 분열되지 않은 분화 세포를 대체하는 세포로 구성된다. 성체 줄기세포는 여러 세포 유형으로 분화할 수 있지만, 배아 줄기세포만큼 발달적으로 유연하지는 않다.

세대교번(alternation of generations) 식물과 다세포 녹조류의 특징인 다세포 이배체 형태인 포자체와 다세포 반수체 형태인 배우체가 모두 존재하는 생활사.

세동맥(arteriole, 소동맥) 동맥과 모세혈관망 사이에서 혈액을 운반하는 혈관.

세정맥(venule) 모세혈관망과 정맥 사이에서 혈액을 운반하는 혈관.

세포(cell) 원형질막에 의해 환경과 분리된 생명체의 기본 단위. 생명의 기본 단위.

세포내섭취(endocytosis) 원형질막에서 새로운 소포의 형성을 통한 분자 또는 입자의 세포 흡입.

세포대사(cellular metabolism) 세포의 모든 화학적 활동.

세포독성 T세포(cytotoxic T cell) 병원체에 감염된 체내 세포를 공격하는 림프구의 한 종류.

세포벽(cell wall) 식물 세포, 박테리아, 곰팡이류, 일부 원생생물의 원형질막 외부에 있는 보호막으로 세포를 보호하고 모양을 유지하는 데 도움을 준다.

세포분열(cell division) 세포의 유전체와 세포질의 분열을 통해 세포가 증식하는 것.

세포뼈대(cytoskeleton) 진핵생물 세포의 세포질에 있는 단백질 섬유의 네트워크로, 미세섬유, 중간섬유, 미세소관을 포함한다.

세포사이액(interstitial fluid, 간질액) 체내 세포를 둘러싸고 있으며, 혈액과 체내 조직 사이를 물질이 오가는 수용액.

세포설(cell theory) 모든 생명체는 세포로 이루어져 있으며, 모든 세포는 다른 세포에서 유래한다는 이론.

세포성 면역반응(cell-mediated immune response) 감염된 세포를 방어하는 세포독성 T세포의 활성화와 관련된 적응면역의 한 분야.

세포성 점균류(cellular slime mold) 단세포 아메바형 세포와 응집된 자실체를 생활사로 하는 원생생물의 한 종류로, 아메바류 계통군의 구성원이다.

세포소기관(organelle) 세포 내에서 특수한 기능을 가진 막으로 둘러싸인 구조물.

세포외바탕질(extracellular matrix, ECM) 동물 세포를 둘러싸고 있는 그물망으로, 세포에서 합성되고 분비되는 당단백질과 다당류로 구성된다.

세포외배출작용(exocytosis) 소포와 원형질막의 융합에 의해 세포 밖으로 물질이 이동하는 것.

세포주기(cell cycle) 분열하는 부모세포로부터 진핵세포가 처음 형성될 때부터 2개의 세포로 분열할 때까지 이어지는 일련의 사건(간기 및 유사분열기 포함)을 순서로 나타낸 것.

세포주기조절계(cell cycle control system) 주기적으로 작동하는 단백질의 집합으로, 진핵생물의 세포주기에서 일어나는 사건을 촉발하고 조정하는 역할을 한다.

세포질(cytoplasm) 진핵생물의 원형질막과 핵 사이의 내용물. 반액체성 부분과 세포소기관으로 구성되며 원핵세포의 내부를 가리키기도 한다.

세포질 분열(cytokinesis) 2개의 분리된 딸 세포를 형성하기 위한 세포질의 분열. 세포질 분열은 일반적으로 유사분열의 말기와 함께 발생한다. 유사분열과 세포질 분열은 세포주기의 유사분열기(M기)를 구성한다.

세포체(cell body) 뉴런과 같은 세포에서 핵이 들어 있는 부분.

세포판(cell plate) 분열하는 식물 세포의 정중선을 가로지르는 이중 막으로, 세포분열 중에 새로운 세포벽이 형성된다.

세포호흡(cellular respiration) 음식물 분자로부터 산소를 이용하여 에너지를 얻는 것. 포도당과 같은 음식물 분자의 에너지 방출, 화학적 분해, 세포가 일을 수행하는 데 사용할 수 있는 형태로 잠재 에너지를 저장하는 것은 해당과정, 피루브산의 산화 및 시트르산회로, 산화적 인산화(전자전달계 및 화학삼투작용)로 구성된다.

셀룰로오스(cellulose) 포도당 단량체로 구성된 식물 세포벽의 구조적 다당류. 셀룰로오스 분자는 수소결합에 의해 케이블과 같은 원섬유에 연결된다.

소뇌(cerebellum) 척추동물 후뇌의 일부로, 주로 몸의 움직임을 조정하는 데 있어 대뇌와 긴밀하게 상호작용하는 중추.

소변(urine) 콩팥에서 생성되어 방광으로 배설되는 농축된 여과액.

소수성(hydrophobic) '물을 두려워하는', 물에 녹지 않는 비극성 분자(또는 분자의 일부)와 관련이 있다.

소음순(labia minora) 여성 생식기 부위를 경계하고 보호하는 한 쌍의 안쪽 피부 주름.

소진화(microevolution) 세대에 걸친 개체군의 유전자 풀의 변화.

소포(vesicle) 진핵생물의 세포질에 있는 막으로 이루어진 주머니.

소포체(endoplasmic reticulum, ER) 진핵생물의 광범위한 막성 네트워크로, 핵막과 연속되며 리보솜이 박힌(거친) 영역과 리보솜이 없는(매끄러운) 영역으로 구성됨. 조면소포체, 활면소포체 참조.

소화(digestion) 음식물을 신체가 흡수할 수 있을 만큼 작은 분자로 기계적, 화학적으로 분해하는 것으로, 동물의 음식물 처리의 두 번째 단계다.

소화관(alimentary canal) 입과 항문 사이에 있는 관으로 구성된 완전한 소화관.

속(genus, 복수형은 genera) 린네 분류에서 종 위의 분류학적 범주. 종의 이명법의 첫 부분. 예: *Homo*.

속귀(inner ear, 내이) 척추동물의 귀의 세 가지 주요 영역 중 하나로 달팽이관, 코르티기관, 반고리관을 포함한다.

속뼈대(endoskeleton, 내골격) 동물의 연조직 내에 있는 단단한 골격으로 해면동물의 가시돌기, 극피동물의 단단한 판, 척추동물의 연골과 뼈대를 포함한다.

속씨식물(angiosperms) 씨방이라고 불리는 보호방 안에서 씨를 형성하는 꽃식물.

송과샘(pineal gland) 멜라토닌 호르몬을 분비하는 척추동물의 뇌에서 분비되는 호르몬으로, 수면/각성 일주기 리듬과 같은 신체 활동을 주변의 빛 상태에 맞춰 하루 및 계절에 따라 조정하는 역할을 한다.

수(pith) 쌍떡잎식물의 기본조직계의 일부. 수는 줄기의 중앙을 채우며 음식을 저장할 수 있다.

수관계(water vascular system) 극피동물에서는 방사형으로 배열된 물로 채워진 운하 시스템이 관족이라고 불리는 확장으로 분기된다. 움직임을 제공하고 물을 순환시켜 기체교환과 폐기물 처리를 촉진한다.

수동면역(passive immunity) 모체 항체가 태아 또는 수유 중인 유아에게 전달될 때 발생하는 것처럼 기성 항체를 획득하여 얻는 일시적인 면역. 수동면역은 몇 주 또는 몇 달 동안만 지속된다.

수동수송(passive transport) 에너지를 소비하지 않고 물질이 생체막을 가로질러 퍼지는 것.

수렴진화(convergent evolution) 서로 다른 진화 계통에서 비슷한 특징이 진화하는 것으로, 매우 유사한 환경에서 살면서 발생할 수 있다.

수분(pollination) 종자 식물에서는 바람이나 동물에 의해 식물의 꽃가루 생산 부위에서 꽃가루가 암컷의 솔방울 또는 심피로 전달되는 것.

수산기(hydroxyl group) 수소 원자에 산소 원자가 결합된 화학기로 이루어진 화학작용기.

수성뼈대(hydrostatic skeleton) 폐쇄된 체강 내에 압력을 받고 있는 액체로 구성된 골격계로, 대부분의 편형동물, 편모충, 선충류, 환형동물의 주요 골격을 구성한다.

수소결합(hydrogen bond) 한 분자에 있는 극성 공유결합의 약간 양인 수소 원자가 다른 분자(또는 같은 분자의 다른 영역)에 있는 극성 공유결합의 약간 음인 원자에 끌릴 때 형성되는 약한 화학결합의 한 종류.

수송소포(transport vesicle) 세포에서 생성된 분자를 운반하는 진핵세포의 세포질에 있는 작은 막 주머니. 수송소포는 소포체 또는 골지체에서 나오고 결국 다른 세포소기관 또는 원형질막과 융합하여 그 내용물을 방출한다.

수술(stamen) 꽃가루를 생산하는 꽃의 수컷 생식 부분으로, 꽃밥이 꽃실에 의해 지지된다.

수용기 전위(receptor potential) 감각전환에 의해 생성되는 전기 신호.

수용력(carrying capacity) 개체군에서 한 환경이 지탱할 수 있는 개체수.

수용액(aqueous solution) 물을 용매로 하는 용액.

수용체-매개 세포내 섭취작용(receptor-mediated endocytosis) 특정 분자가 세포 안으로 들어올 때 분자에 특이적으로는 수용체 단백질을 가진 소포를 함입에 의해 세포 안으로 이동하는 것. 세포 내로 특정 분자가 유입되는 것을 말한다.

수정(fertilization) 정자 세포의 핵과 난자 세포의 핵이 결합하여 접합자를 생성하는 것.

수정전 장벽(prezygotic barrier) 종간의 교미를 방해하거나 두 종 간의 교미를 시도하는 경우 수정을 방해하는 생식 장벽. 시간적, 서식지, 행동, 기계적, 배우자 격리를 포함한다.

수정체(lens, 렌즈) 망막에 광선의 초점을 맞추게 하는 눈의 구조물.

수정후 장벽(postzygotic barrier) 서로 다른 두 종에서 생성된 잡종 접합자가 생존력이 있고 번식능력이 있는 성체로 성장하는 것을 막는 생식 장벽. 잡종 생존력 감소, 잡종 번식력 감소, 잡종 붕괴 등이 포함된다.

수초(myelin sheath) 척추동물에서 신경세포의 축삭을 감싸고 있는 일련의 세포로, 각각을 절연하는 역할을 한다. 랑비에마디 참조.

수축기(systole) 심장주기의 수축 단계로, 심장의 방이 혈액을 활발하게 펌프질하는 단계. 이완기 참조.

수평적 유전자 전달(horizontal gene transfer) 한 유전체에서 다른 유전체로 유전자가 전위인자, 플라스미드 교환, 바이러스 활동, 그리고 다른 개체의 융합과 같은 메커니즘을 통해 전달되는 것.

순종(true-breeding) 유성생식을 통해 부모와 동일한 형질을 가진 자손을 생산하는 생명체. 해당 개체는 고려 중인 특성과 동형접합성이다.

순환계(circulatory system) 영양분, O_2, 호르몬 등의 물질을 체세포로 운반하고, 체세포에서 나오는 노폐물(CO_2)을 운반하는 기관계.

숨쉬기(breathing) 공기를 번갈아 들이마시고 내쉬는 호흡을 통해 허파를 환기한다.

스테로이드(steroid) 탄소 골격이 다양한 화학기가 붙은 4개의 융합된 고리 형태인 지질의 한 종류. 콜레스테롤, 테스토스테론, 에스트로겐이 그 예다.

스트라메노필라(Stramenopila) 규조류, 갈조류, 물곰팡이를 포함하는 원생생물의 SAR 상군의 계통군.

스트로마(stroma) 틸라코이드막을 둘러싸고 있는 엽록체 내의 짙은 액체. 당은 스트로마에서 캘빈회로의 효소에 의해 만들어진다.

스트로마톨라이트(stromatolite) 퇴적물의 얇은 막을 서로 묶는 원핵생물의 활동으로 인해 생기는 층상 암석.

스피로헤타(spirochete) 회전하는 내부 필라멘트를 통해 환경을 나선형으로 통과하는 나선형 박테리아 그룹의 구성원.

습관화(habituation) 정보가 거의 또는 전혀 전달되지 않는 반복적인 자극에 반응하지 않는 학습.

습지(wetland) 수생 생태계와 육상 생태계의 중간 단계로, 토양이 영구적 또는 주기적으로 물로 포화되는 생태계.

시냅스(synapse) 두 뉴런 사이, 또는 뉴런과 효과기세포 사이의 접합부. 전기적 또는 화학적 신호는 시냅스에서 한 세포에서 다른 세포로 전달된다.

시냅스 말단(synaptic terminal) 다른 뉴런이나 효과기세포로 신호를 보내는 뉴런의 축삭 끝부분.

시력(visual acuity) 미세한 디테일을 구별하는 눈의 능력. 인간의 정상적인 시력은 일반적으로 20/20 시력으로 보고된다.

시상(thalamus) 척추동물 앞뇌의 통합 및 중계 중추로, 선택된 정보를 분류하여 대뇌피질의 특정 영역으로 전달한다.

시상하부(hypothalamus) 척추동물 앞뇌의 배쪽에 위치한 내분비계의 주조절중추. 시상하부는 특히 내분비계와 신경계를 조절하는 항상성을 유지하는 기능을 하며, 뇌하수체 후엽의 호르몬을 분비하고 뇌하수체 전엽을 조절하는 방출호르몬을 분비한다.

시스템생물학(systems biology) 시스템 부분 간의 상호작용에 대한 연구를 바탕으로 전체 생물학적 시스템의 역동적 행동을 모델링하는 것을 목표로 하는 생물학 연구 접근법.

시트르산 회로(citric acid cycle) 해당과정에서 시작된 포도당 분자의 대사 분해를 완료하는 화학적 순환은 아세틸 CoA(피루브산염에서 유래)를 이산화탄소로 산화시켜서 완성한다. 이 회로는 미토콘드리아의 기질에서 일어나며, 전자를 운반하는 대부분의 NADH 분자를 전자전달계에 공급한다. 피루브산염 산화와 함께 세포호흡의 두 번째 주요 단계.

시행착오학습(trial and error learning) 동물이 자신의 행동 중 하나를 긍정 또는 부정적 효과와 연관시키는 법을 배우는 연합학습의 유형.

시험관 수정(in vitro fertilization, IVF) 정자와 난자를 실험실 용기에서 결합시킨 후, 그 결과로 생긴 초기 배아를 산모의 자궁에 착상시키는 것.

식도(esophagus) 연동운동에 의해 음식물을 운반하는 근육 관으로, 보통 인두에서 위로 이동한다.

식물플랑크톤(phytoplankton) 수중 환경에서 수동적으로 떠다니는 조류 및 광합성 박테리아.

식세포(phagocyte) 세균, 이물질 단백질, 죽은 체세포의 잔해 등을 집어삼키는 백혈구(예: 호중구 또는 대식세포).

식세포작용(phagocytosis) 세포가 고분자, 다른 세포 또는 입자를 세포질로 삼키는 세포내섭취의 한 유형.

신경(nerve) 결합조직으로 단단히 감싸진 케이블과 같은 뉴런 다발.

신경계(nervous system) 동물의 모든 신체 부위 사이에 정보소통망과 협응 네트워크를 형성하는 기관계.

신경관(neural tube) 낭배형성 후 외배엽에서 발생하여 뇌와 척수를 이루는 배아의 원통.

신경교세포(glial cell) 신경계의 구조적 완전성과 정상적인 기능에 필수적인 지지 세포의 네트워크.

신경망(nerve net) 히드라 같은 방사형 대칭 동물의 특징인 거미줄처럼 서로 연결된 신경 시스템.

신경분비세포(neurosecretory cell) 호르몬을 합성해 혈액으로 분비하고 신경 신호를 전달하는 신경세포.

신경전달물질(neurotransmitter) 송신 뉴런에서 다른 뉴런 또는 효과기 세포인 수신 세포로 정보를 전달하는 화학적 메신저.

신경절(ganglion, 복수형은 ganglia) 말초신경계에 있는 신경세포의 집합체.

신경조직(nervous tissue) 자극을 감지하고 정보를 빠르게 전달하는 조직의 일종으로, 뉴런과 신경교세포라는 지지세포로 구성돼 있다.

신장수용기(stretch receptor) 근육 길이의 변화에 민감한 기계수용기의 한 유형으로 신체 부위의 위치를 감지한다.

신종 바이러스(emerging virus) 갑자기 나타났거나 최근에 의학자들의 관심을 끌게 된 바이러스.

신호(signal) 행동생태학에서 한 동물이 다른 동물에게 전달하는 자극.

신호전달경로(signal transduction pathway) 세포생물학에서 표적세포 표면의 신호를 세포 내부의 특정 반응으로 전환하는 일련의 분자 변화.

실험(experiment) 과학적 검증. 종종 조절된 조건에서 수행되며, 해당 인자를 변경했을 때의 효과를 확인하기 위해 시스템의 한 인자를 조작하는 것을 포함한다.

심박수(heart rate) 심장 수축의 빈도로, 일반적으로 분당 박동수로 표현된다.

심방(atrium, 복수형은 atria) 정맥에서 혈액을 공급받는 심장의 방.

심실(ventricle) 심장에서 혈액을 뿜어내는 심장의 방.

심장(heart) 혈관을 통해 혈액을 몸으로 밀어내는 근육 펌프.

심장근육(cardiac muscle) 심장의 수축벽을 형성하는 가로무늬근의 일종.

심장마비(heart attack) 심장 근육세포의 손상 또는 사멸로 인해 심장이 신체에 충분한 혈액을 공급하지 못하는 상태.

심장박출량(cardiac output) 심장의 각 심실에서 분당 펌프질하는 혈액의 양.

심장주기(cardiac cycle) 심장이 수축과 이완을 교대로 하는 주기.

심장혈관계(cardiovascular system) 심장과 동맥, 모세혈관, 정맥의 네트워크가 있는 폐쇄순환계.

심장혈관질환(cardiovascular disease) 심장 및 혈관의 장애.

심재(heartwood) 나무의 중앙에서 더 이상 물을 운반하지 않고 수지로 막혀 있는 세포로 구성된 어둡고 오래된 2차 물관부. 변재층 참조.

심피(carpel) 꽃의 암컷 부분으로, 암술대 밑부분에 난자가 있는 자방과 암술대 끝부분에 꽃가루가 붙는 암술머리로 이루어져 있다.

십이지장(duodenum, 샘창자) 척추동물의 위 다음의 첫 번째 부분으로, 위에서 나온 유미즙과 담즙, 소화효소가 섞여 있는 곳.

쌍떡잎식물(eudicot) 2개의 배아 종자 잎, 즉 떡잎(자엽)을 가진 대부분의 꽃식물로 구성된 그룹의 구성원.

쌍편모충류(dinoflagellate) SAR 상군의 피하낭류 계통군에 속하는 원생생물군의 구성원. 쌍편모충류는 해양 및 담수 식물플랑크톤의 일반적인 구성요소다.

쓰레기 처리자(scavenger) 죽은 동물의 사체를 먹이로 삼는 동물.

쓸개(gallbladder, 담낭) 담즙(쓸개즙)을 저장했다가 필요에 따라 소장으로 방출하는 기관.

쓸개즙(bile, 담즙) 간에서 생성되어 쓸개(담낭)에 저장 및 농축되는 물질의 혼합물. 쓸개즙은 지방을 유화시키고 소화를 돕는다.

씨(seed, 종자) 보호 덮개 안에 양분과 함께 포장된 식물 배아.

씨껍질(seed coat, 종피) 씨앗의 단단한 외피로, 난자를 둘러싼 조직에서 형성된다. 씨껍질은 배와 그 양분을 둘러싸고 보호한다.

아가미(gill) 수생 동물의 체표면을 확장한 것으로, 기체 교환 및/또는 현탁액 먹이활동에 특화되어 있다.

아가미뚜껑(operculum, 복수형은 opercula) 물고기 머리의 양쪽에 있는 보호 덮개로 아가미를 수용하는 방을 덮고 있다. 아가미뚜껑을 움직이면 아가미 위로 산소를 함유한 물의 흐름이 증가한다.

아데닌(adenine, A) DNA와 RNA에서 발견되는 이중 고리의 질소 염기.

아래대정맥(Inferior vena cava, 하대정맥) 산소가 부족한 혈액을 신체의 아래쪽, 즉 뒤쪽에서 심장으로 되돌려 보내는 큰 정맥. 상대정맥 참조.

아메바(amoeba) 위족을 이용하여 이동하고 먹이활동을 하는 원생생물의 총칭.

아메바류(amoebozoan) 아메바와 점액성 곰팡이를 포함하는 유니콘타(Unikonta)의 원생생물 계통군에 속하는 구성원으로 관 모양 또는 귓볼 모양의 위족이 있는 것이 특징이다.

아미노기(amino group) 2개의 수소 원자에 결합된 질소 원자로 구성된 화학작용기.

아미노산(amino acid) 카르복실기와 아미노기를 포함하는 유기 분자로, 단백질의 단량체 역할을 한다.

아세틸 CoA(acetyl coenzyme A) 세포호흡에서 시트르산회로의 진입 화합물. 2개의 탄소로 구성된 피루브산에 조효소 A가 연결된 물질.

아세틸콜린(acetylcholine) 신경전달물질. 여러 효과 중에서도 심박수를 느리게 하고 골격근을 수축시킨다.

아쿠아포린(aquaporin) 동물, 식물, 미생물 세포의 원형질막에 있는 수송단백질로, 세포막을 가로질러 물의 확산을 촉진하는 삼투현상을 일으킨다.

아키플라스티다(Archaeplastida) 진핵생물의 진화 역사에 대한 현재 가설에서 제안된 4개의 단계통군 상군 중 하나. 다른 3개의 상군은 SAR(스트라메노필라, 알베올라타, 리자리아), 엑스카바타, 유니콘타이다.

아폽토시스(apoptosis, 세포자살) 세포의 시기 적절하고 깔끔한 자살. 프로그래밍된 세포 사멸(세포예정사)이라고도 한다.

악성종양(malignant tumor) 주변 조직 및 신체의 다른 부위로 퍼질 수 있는 비정상적인 조직 덩어리, 즉 암성 종양.

안드로젠(androgen) 생식소에서 분비되는 스테로이드 성호르몬으로 남성 생식기관과 남성 신체 특징의 발달과 유지를 촉진하는 호르몬.

안정화 선택(stabilizing selection) 극단적인 표현형에 반하는 작용을 하여 중간 변이체를 선호하는 자연선택.

안티코돈(anticodon) tRNA 분자에서 mRNA의 3개의 염기(코돈)와 상보적인 3개의 뉴클레오타이드로 이루어진 특정 서열.

알레르기(allergy) 항원에 대한 비정상적으로 높은 민감도로 인해 발생하는 면역계 장애. 비만세포에서 방출되는 히스타민에 의해 증상이 유발된다.

알레르기원(allergen) 알레르기(allergy)를 일으키는 항원.

알비올라타(Alveolata) 쌍편모충류, 섬모충류 및 특정 기생생물을 포함하는 원생생물의 SAR 상군의 계통군.

알츠하이머병(Alzheimer's disease) 혼란, 기억력 감퇴 및 기타 증상을 특징으로 하는 노화 관련 치매(정신 기능 저하).

알코올 발효(alcohol fermentation) 해당과정에 이어 피루브산이 에틸알코올로 환원되어 NAD⁺가 재생되고 이산화탄소가 방출된다.

암(cancer) 체내에 악성종양(비정상적인 체세포 덩어리가 빠르게 성장하고 퍼지는 것)이 존재하는 것이 특징인 질병.

암모니아(ammonia) NH_3. 신진대사에 의해 생성되는 작고 독성이 강한 질소성 폐기물.

암수한몸(hermaphroditism, 자웅동체) 한 개체가 암컷과 수컷의 생식소를 모두 가지고 있으며, 정자와 난자를 모두 생산하여 유성생식에서 수컷과 암컷의 기능을 모두 하는 상태나 생물.

암술(pistil) 속씨식물의 생식기관의 일부. 단일 심피 또는 융합된 심피의 그룹.

암술머리(stigma, 복수형은 stigmata) 꽃가루 알갱이를 가두는 꽃의 심피의 끈적끈적한 끝부분.

암유전자(oncogene) 암을 일으키는 유전자. 보통 세포에서 만들어지는 성장인자의 양이나 활성을 비정상적으로 촉진시켜 암을 일으킨다.

압류설(pressure flow mechanism) 당이 생산되는 당공급원에서 당이 사용되는 당수용원까지 식물을 통해 체관액이 운반되는 방식.

앞뇌(forebrain, 전뇌) 척추동물 뇌의 세 가지 조상 및 배아 영역 중 하나이며 시상, 시상하부, 대뇌로 발달한다.

앞쪽(anterior) 양측 대칭인 동물의 앞면 또는 머리와 관련이 있다.

애벌레(larva, 복수형은 larvae, 유충) 동물의 생활사 중 일부에서 성적으로 미성숙한 형태로, 성체와 형태, 영양, 서식지가 다를 수 있는 자유생활을 하는 형태.

액체 섭식자(fluid feeder) 다른 생체로부터 영양분이 풍부한 체액을 빨아먹으며 살아가는 동물.

액틴(actin) 2개의 사슬이 서로 나선형으로 꼬여 사슬로 연결되는 구형의 단백질로, 근육세포에서 미세섬유를 형성한다.

액포(vacuole) 진핵세포의 세포 내막 시스템의 일부이며, 여러 종류의 세포에서 다양한 기능을 하는 막으로 둘러싸인 주머니.

앱시스산(abscisic acid, ABA) 종자 발아를 조절하는 지베렐린과 상호작용하여 세포분열을 억제하고 휴면을 촉진하는 식물호르몬.

야생형(wild type) 자연에서 가장 일반적으로 발생하는 특성의 버전.

양극성 장애(bipolar disorder, 조울증) 극심한 기분 변화를 특징으로 하는 우울한 정신 질환.

양막(amnion) 척추동물에서 배아를 담고 있는 액체로 채워진 양막류를 둘러싸고 있는 배외막.

양막류(amniote) 배아를 보호하는 특수 막이 들어 있는 양막알을 가진 사지동물의 계통군의 하나. 양막류에는 포유류, 조류, 파충류가 포함된다.

양막알(amniotic egg) 배아가 액체로 채워진 양막주머니 안에서 발달하고 난황에 의해 영양을 공급받는 껍데기 달걀. 파충류(조류 포함)와 알을 낳는 포유류가 생산하며, 양막알을 통해 육지에서 생활사를 마칠 수 있다.

양서류(amphibian) 개구리, 두꺼비, 도롱뇽, 무족영원류를 포함하는 사지동물 계통군의 하나.

양성되먹임(positive feedback) 어떤 과정의 최종 산물이 축적되면 그 과정이 빨라지는 조절의 한 형태. 생리학에서는 변수의 변화가 그 변화를 강화하거나 증폭시키는 반응을 유발하는 조절 기작을 말한다.

양성자(proton, 수소 이온) 원자의 핵에서 발견되는 단일 양전하를 가진 아원자 입자.

양성잡종교배(dihybrid cross) 두 가지 특성 모두에 대해 각각 이형접합된 개체의 실험적 교미(또는 두 특성 모두에 대해 이형접합된 식물의 자가수분).

양성종양(benign tumor) 체내의 원래 자리에 남아 있는 비정상적인 세포 덩어리.

양수검사(amniocentesis) 태아가 자궁에 있는 동안 유전적 결함을 진단하는 기술. 자궁에 바늘을 삽입하여 얻은 양수 표본을 분석하여 태아에게 나타나는 화학물질과 결함이 있는 태아 세포를 확인한다.

양이온교환(cation exchange) 토양 속 수소 이온이 점토 입자에서 무기 이온을 대체할 때 양전하를 띤 무기물이 식물에 제공되는 과정.

억제자(repressor) 유전자 또는 오페론의 전사를 차단하는 단백질.

억제호르몬(inhibiting hormone) 시상하부에서 분비되는 호르몬의 일종으로, 뇌하수체 전엽에서 하나 이상의 호르몬 분비를 중단하도록 유도하는 호르몬.

에너지(energy) 변화를 일으키는 역량, 특히 일 수행 능력.

에너지 짝물림(energy coupling) 세포대사에서 발열반응의 에너지로 방출된 에너지를 사용하여 흡열반응의 반응을 유도하는 것.

에너지흐름(energy flow) 생태계의 구성요소를 통한 에너지의 흐름.

에란티안(errantian) 주로 활동적인 생활방식을 가진 해양 지렁이를 포함하는 주요 환형동물 계통의 구성원.

에스트로겐(estrogen) 생식소에서 분비되는 화학적으로 유사한 여러 스테로이드 호르몬 중 하나로, 여성의 생식기관을 유지하고 여성 신체 특징의 발생을 촉진한다.

에이즈(후천성면역결핍증, AIDS) HIV 감염의 말기에 T세포의 수가 감소하고 특징적인 기회감염이 나타나는 것이 특징인 증상.

에틸렌(ethylene) 식물에서 호르몬 역할을 하는 기체로, 과일이 익고 잎이 떨어지는 등의 노화 반응을 일으킨다.

에피네프린(epinephrine) 신체적 위협에 대한 스트레스에 반응하여 부신수질에서 분비되는 호르몬(아드레날린이라고도 함)으로 신체 기관의 행동(공격-또는-도피)을 준비시키는 역할을 하며, 신경전달물질로도 작용한다.

에피토프(epitope) 항원수용체 또는 항체가 결합하는 항원 분자 표면의 작은 영역.

엑손(exon) 유전자에서 최종 전령 RNA(mRNA)의 일부가 되어 발현되는 부분.

엔트로피(entropy) 무질서 또는 무작위성의 척도. 열역학 제2법칙 참조.

여과(filtration) 척추동물의 신장에서는 네프론이 혈액에서 물과 대사성 노폐물을 포함한 작은 용질을 추출하는 과정.

여과액(filtrate) 배설계가 혈액이나 체강에서 추출하는 체액. 배설계는 여과액에서 귀중한 용질을 제거하고 농축한 후 소변을 생성한다.

여포(follicle, 난포) 난소에 있는 세포의 집합으로, 난자를 둘러싸고 보호하고 영양을 공급하는 세포가 있다. 여포는 에스트로겐 호르몬을 분비한다.

역류교환(countercurrent exchange) 서로 반대 방향으로 흐르는 두 유체 사이에서 물질이나 열이 전달되는 것.

역류열교환(countercurrent heat exchange) 평행한 혈관이 따뜻한 혈액과 차가운 혈액을 반대 방향으로 전달해 차가운 혈액으로의 열의 전달을 극대화하는 순환 적응.

역위(inversion) 염색체 조각이 원래 염색체에 반대 방향으로 다시 부착되어 발생하는 염색체의 변화. 감수분열 중 돌연변이원과 오류로 인해 발생할 수 있다.

역전사효소(reverse transcriptase) 레트로바이러스가 암호화하여 사용하는 효소로, RNA 주형에서 DNA 합성을 촉매하는 역할을 한다.

역학(kinesis, 복수형은 kineses) 자극에 반응하여 무작위로 움직이는 것(자극).

연골(cartilage, 물렁뼈) 살아 있는 세포와 콜라겐 섬유가 고무 같은 바탕질에 묻혀 있는 유연한 결합조직.

연골어류(chondrichthyan) 상어, 가오리 등 주로 연골로 이루어진 골격을 가진 턱이 있는 척추동물의 계통군의 구성원.

연관유전자(linked genes) 같은 염색체의 서로 가까운 곳에 위치한 유전자는 함께 유전되는 경향이 있는 유전자.

연관 지도(linkage map) 재조합빈도에 따라 결정되는 염색체를 따라 유전자의 상대적 위치를 순서대로 나열한 것.

연동운동(peristalsis) 민무늬근의 유동적인 수축 파동. 연동운동은 소화관을 통해 음식물을 밀어내고 지렁이와 같은 많은 동물이 기어 다닐 수 있게 해준다.

연령구조(age structure) 개체군의 연령대별 개체 수.

연수(medulla oblongata) 척수와 이어지는 척추동물 뒤뇌의 일부로 척수와 전뇌 사이에 데이터를 전달하고 호흡, 심박수, 삼킴, 소화 등 자율, 항상성 기능을 조절한다.

연체동물(mollusc) 근육질의 발, 외투막, 외투강, 치설이 특징인 부드러운 몸체를 가진 동물. 연체동물에는 복족류(달팽이, 민달팽이), 이매류(조개, 굴, 가리비), 두족류(오징어, 문어) 등이 있다.

연합학습(associative learning) 하나의 환경적 특징을 다른 환경적 특징과 연관시키는 능력. 연합학습의 한 유형에서 동물은 특정 자극을 특정 결과와 연결하는 법을 배운다. 시행착오학습 참조.

열(heat) 한 물질에서 다른 물질로 전달되는 열 에너지.

열대(tropics) 북위와 남위 23.5° 사이의 위도, 적도 주변 지역.

열대림(tropical forest) 연중 높은 강수량과 따뜻한 온도가 특징인 육상 생물군계.

열매(fruit) 꽃의 성숙하고 두꺼워진 난소로, 발달 중인 씨를 보호하고 분산을 돕는다.

열성 대립유전자(recessive allele) 개체가 해당 유전자에 대해 이형접합을 할 때 유전자의 표현형에 눈에 띄는 영향을 미치지 않는 대립유전자.

열에너지(thermal energy) 원자와 분자의 무작위 운동으로 인한 운동에너지. 가장 무작위적인 형태의 에너지.

열역학(thermodynamics) 물질의 집합체에서 일어나는 에너지 전환을 연구하는 학문. 열역학 제1법칙, 열역학 제2법칙 참조.

열역학 제1법칙(First law of thermodynamics) 에너지 보존의 법칙 중 하나. 에너지는 전달되고 변형될 수 있지만 생성되거나 파괴될 수는 없다는 법칙.

열역학 제2법칙(second law of thermodynamics) 모든 에너지 변환은 우주의 질서를 감소시켜 엔트로피를 증가시킨다는 원리. 질서 정연한 형태의 에너지는 적어도 부분적으로 열로 변환된다.

염(salt) 이온결합의 형성으로 인한 화합물.

염기(base) 용액 내의 수소 이온 농도를 낮추는 물질.

염색질(chromatin) 진핵생물 염색체를 구성하는 DNA와 단백질의 복합체. 세포가 분열하지 않을 때 염색체가 취하는 매우 확장된 형태를 가리킬 때 흔히 사용됨.

염색체(chromosome) 진핵생물의 세포핵에서 발견되며 유사분열과 감수분열 중에 가장 잘 보이는 유전자 운반 구조. 또한 원핵세포의 주요 유전자 운반 구조. 염색체는 하나의 매우 긴 DNA 분자와 관련 단백질로 구성된다.

염증반응(inflammatory response) 혈류의 증가, 백혈구의 국소적 증가, 혈액에서 체액 누출을 유발하는 히스타민 및 기타 화학적 경보 신호 방출로 인한 척추동물의 타고난 신체 방어. 그 결과 염증반응으로 인해 영향을 받은 조직에서 발적, 열, 부종 등이 나타난다.

엽록소(chlorophyll) 식물과 조류의 엽록체와 특정 원핵생물의 막에 존재하는 녹색 색소. 엽록소 *a*는 태양 에너지를 화학 에너지로 변환하는 명반응에 직접 참여한다.

엽록체(chloroplast) 식물과 조류에서 발견되는 세포소기관으로, 햇빛을 흡수하여 이산화탄소와 물에서 유기화합물(당)을 합성하는 데 이용한다.

영구동토층(permafrost) 북극 툰드라에서 발견되는 지속적으로 얼어붙은 땅.

영양구조(trophic structure) 군집에서 먹이활동을 하는 관계의 패턴.

영양실조(malnutrition) 칼로리 또는 영양소가 불충분한 식단으로 인한 건강 문제.

영역(domain) 계 수준 이상의 분류학적 범주. 생명체의 세 가지 영역은 고세균, 박테리아, 진핵생물영역이다.

영역(territory) 하나 이상의 개체가 방어하는 특정 영역으로, 일반적으로 같은 종의 다른 구성원이 배제되는 영역이다.

예방접종(vaccination) 면역계에 병원균의 무해한 변종 또는 유도체를 제시하여 적응면역을 자극하여 병원균에 대한 장기적인 방어력을 갖추도록 하는 절차.

오존층(ozone layer) 햇빛의 유해한 자외선으로부터 지구의 생명체를 보호하는 대기 상층부의 층.

오페론(operon) 원핵생물에서 공통적으로 나타나는 유전자조절의 단위. 관련 기능을 가진 유전자들의 집합과 이들의 전사를 조절하는 프로모터 및 작동자를 뜻한다.

옥신(auxin) 어린 식물의 신장을 촉진하는 식물호르몬(인돌 아세트산 또는 관련 화합물). 옥신은 식물의 체내에서 여러 가지 기능을 수행하며, 그중 대부분은 생장을 촉진한다.

온대우림(temperate rain forest) 태평양의 따뜻하고 습한 공기가 북아메리카 연안(알래스카에서 오리건까지)의 침엽수림을 지탱한다.

온대지역(temperate zone) 북쪽의 열대와 북극권, 남쪽의 남극권 사이의 위도. 열대나 극지방보다 온화한 기후를 가진 지역.

온대초원(temperate grassland) 풀과 기타 초본 식물이 지배적이며 계절적 가뭄, 가끔씩의 화재, 대형 포유류의 방목에 의해 유지되는 생물군계.

온대 활엽수림(temperate broadleaf forest) 중위도 지역에 위치한 생물군계로, 큰 활엽수 낙엽수의 성장을 지원할 수 있는 충분한 수분이 있는 곳.

온도(temperature) 물질을 구성하는 원자와 분자의 평균 열 에너지를 도 단위로 측정한 값.

온도수용기(thermoreceptor) 열이나 추위를 감지하는 감각수용기.

온실효과(greenhouse effect) 적외선을 흡수하고 그 일부를 지구를 향해 재방사하고 특정 가스가 대기 속에서 축적해 지구가 온난해지는 현상.

완전변태(complete metamorphosis) 특정 곤충의 발생 유형으로, 번데기 단계에 이어 애벌레에서 성충으로 발달이 여러 번의 탈피를 통해 이루어진다. 번데기에 갇혀 있는 동안 몸은 예비로 보관되어 있던 배아 세포 클러스터로부터 재건된다. 번데기에서 성충이 나오게 된다.

완전소화관(complete digestive tract) 입과 항문 2개의 입구가 있는 소화관.

완전우성(complete dominance) 이형접합체와 우성 동형접합체의 표현형이 구별되지 않는 유전의 한 유형.

완충용액(buffer) 용액으로부터 수소 이온을 받아들이거나 용액에 수소 이온을 내놓아 pH의 변화를 최소화하는 화학물질.

외독소(exotoxin) 특정 박테리아가 분비하는 독성 단백질.

외떡잎식물(monocot) 배에 하나의 떡잎이 있는 꽃식물.

외배엽(ectoderm) 낭배에 있는 3개의 배아 세포층 중 가장 바깥층. 외배엽은 낭배의 피부를 형성하고 성체에서 표피와 신경계를 발생시킨다.

외양역(pelagic realm) 바닷물이 차지하고 있는 바다의 영역.

외온성(ectothermic, 변온성) 외부 공급원이 온도 조절을 위한 열의 대부분을 제공하는 개체.

외집단(outgroup) 분류군 연구에서, 연구 중인 종의 그룹을 포함하는 계통과 밀접한 관련이 있지만 그 계통보다 먼저 갈라진 것으로 알려진 분류군 또는 분류군 그룹. 내집단 참조.

외투막(mantle) 연체동물에서 외투막은 동물의 몸을 덮고 있는 체표면의 돌출부이다. 외투막은 껍질을 생성하고 외투강을 형성한다.

요관(ureter) 콩팥에서 방광으로 소변을 운반하는 관.

요도(urethra) 방광에서 소변을 외부로 운반하는 관. 남성의 경우 요도는 사정 시에도 정액을 몸 밖으로 운반한다.

요막(Allantois) 동물에서 난황주머니에서 발생하는 배외막. 배의 질소성 노폐물 처리를 돕고 포유류에서는 탯줄의 일부를 형성한다.

요산(uric acid) 육상 달팽이, 곤충, 조류 및 일부 파충류가 배설하는 질소성 폐기물의 불용성 침전물.

요소(urea) 포유류와 대부분의 성체 양서류가 배설하는 질소성 폐기물의 용해성 형태.

용균성 생활사(lytic cycle) 바이러스 복제 주기의 일종으로, 숙주세포를 용해하여 새로운 바이러스를 방출하는 과정.

용매(solvent) 용액의 용해제. 물은 가장 다재다능한 용매로 알려져 있다.

용액(solution) 두 가지 이상의 물질이 균질하게 혼합된 액체.

용원성 생활사(lysogenic cycle) 박테리오파지 복제 주기의 한 유형으로, 바이러스 유전체가 박테리아 숙주 염색체에 프로파지로 통합되는 과정이다. 새로운 파지는 생성되지 않으며, 바이러스 게놈이 숙주 염색체를 떠나지 않는 한 숙주세포는 사멸하거나 용해되지 않는다.

용질(solute) 용액에 녹아 있는 물질.

우라실(uracil, U) RNA에서 발견되는 단일 고리 질소 염기.

우성 대립유전자(dominant allele) 한 개체가 그 유전자에 대해 이형접합을 할 때 그 유전자의 표현형을 결정하는 대립유전자.

우세바람(prevailing wind) 지구의 자전과 기단의 상승 및 하강이 결합하여 발생하는 바람. 즉 지구의 주요 공기 이동.

우위서열(dominance hierarchy) 사회적 상호작용을 기반으로 하며 일반적으로 반발행동에 의해 유지되는 그룹 내 개인의 순위.

운동(locomotion) 장소 간 이동.

운동계(motor system) 주로 외부 자극에 대한 반응으로 뼈대근육골격근과 신호를 주고받는 척추동물 말초신경계의 구성요소. 운동계의 대부분의 작용은 자발적이다.

운동뉴런(motor neuron) 중추신경계의 명령 신호를 근육세포나 샘(분비)세포와 같은 효과기 세포에 전달하는 신경세포.

운동단백질(motor protein) 세포뼈대 및 다른 세포 구성요소와 상호작용하여 세포 전체 또는 세포 일부의 움직임을 일으키는 단백질.

운동단위(motor unit) 운동뉴런과 이 뉴런이 제어하는 모든 근육섬유.

운동에너지(kinetic energy) 물체의 운동과 관련된 에너지. 움직이는 물질은 다른 물질에 운동을 부여함으로써 작동한다.

운동출력(motor output) 중추신경계의 처리 센터에서 효과기 세포로 신호가 전도되는 것.

원뿔세포(cone) (1) 척추동물에서 밝은 빛에 의해 자극을 받아 색을 볼 수 있게 하는 망막의 광수용기 세포. (2) 침엽수에서 꽃가루 또는 밑씨를 품고 있는 생식 구조.

원생생물(protist) 다양한 진핵생물 군집의 구성원. 대부분의 원생생물은 단세포이지만 일부는 군락성 또는 다세포성이다.

원소(element) 화학적 방법으로 다른 물질로 분해할 수 없는 물질.

원시(farsightedness) 가까운 물체에 초점을 맞추지 못하는 것으로, 안구가 정상보다 짧고 수정체의 초점이 망막 뒤에 있을 때 발생한다.

원암유전자(proto-oncogene) 돌연변이를 통해 암을 유발하는 유전자(암유전자)로 전환될 수 있는 정상 유전자.

원위세뇨관(distal tubule, 먼쪽 세뇨관) 척추동물의 콩팥에서 헨레고리 뒤에 있는 네프론 부분으로, 여과액을 정제하여 집합관으로 비워내는 역할을 한다.

원자(atom) 원소의 성질을 유지하는 물질의 가장 작은 단위.

원자 번호(atomic number) 특정 원소의 각 원자에 있는 양성자의 수.

원자량(atomic mass) 원자의 총질량으로 원자 무게라고도 한다. 정수로 주어지면 원자량은 대략 질량수와 같다.

원핵세포(prokaryotic cell) 막으로 둘러싸인 핵과 다른 막으로 둘러싸인 세포소기관이 없는 세포의 한 유형으로, 박테리아와 고세균 영역에서만 발견된다.

원형질(cytosol) 세포질의 반액체 부분.

원형질막(plasma membrane) 모든 세포의 경계에 있는 막으로, 세포 안팎으로 이온과 분자가 통과하는 데 선택적 장벽 역할을 하며, 단백질이 묻혀 있는 인지질 이중층으로 구성된다.

원형질성 점균류(plasmodial slime mold) 생활사에서 아메바형 세포, 편모세포, 아메바형 원형질 먹이활동 단계를 갖는 원생생물의 한 종류로, 아메바류의 계통군에 속하는 구성원을 말한다.

원형질체(Plasmodium, 변형체) (1) 많은 핵을 포함하는 단일 세포질 덩어리. (2) 원형질성 점균류의 생활사에서 아메바형 먹이활동 단계.

월경(menstruation) 월경주기 동안 자궁속막의 탈락으로 인한 자궁출혈.

월경주기(menstrual cycle) 인간을 포함한 일부 영장류의 자궁속막이 호르몬에 의해 주기적으로 형성되고 분해되는 현상.

위(stomach) 소화관에 있는 기관으로 음식물을 저장하고 소화의 예비 단계를 수행하는 기관.

위대정맥(superior vena cava, 상대정맥) 상체와 머리에서 산소가 부족한 혈액을 심장으로 되돌려 보내는 큰 정맥. 아래대정맥(하대정맥) 참조.

위수강(gastrovascular cavity) 입이라는 단일 입구를 가진 중앙의 구획으로 소화와 영양분 분배 기능을 하며 순환, 신체 지지, 노폐물 처리, 기체교환 등의 기능을 하기도 한다.

위액(gastric juice) 위에서 분비되는 체액[점액, 효소, 산(acid)]의 집합체.

위족(pseudopodium, 복수형은 pseudopodia) 아메바형 세포의 일시적인 확장. 위족은 세포를 움직이고 음식을 삼키는 기능을 한다.

위치에너지(potential energy) 물질이 위치나 공간적 배열로 인해 가지고 있는 에너지. 댐 뒤의 물은 위치에너지를 가지고 있으며, 화학결합도 마찬가지다.

유공충류(foraminiferan) 실 모양의 위족을 통해 이동하고 먹이활동을 하며 탄산칼슘으로 구성된 다공성 껍질을 가진 원생생물. 유공충류는 SAR 상군의 리자리아 계통군에 속한다.

유굴생물군(Excavata) 진핵생물의 진화 역사에 대한 현재 가설에서 제안된 4개의 단일계통군 상군 중 하나. 다른 3개의 상군은 SAR(스트라메노필라, 알베올라타, 리자리아), 유니콘타, 원시색소체생물이다.

유기농업(organic farming) 생물학적 다양성과 생태학적 지속가능성을 증진하기 위한 일련의 농업 방식. 식품 라벨에 유기농이라는 용어를 사용하는 것은 미국 농무부에서 규제하고 있다.

유기화합물(organic compound) 탄소 원소와 일반적으로 수소 원소를 포함하는 화합물.

유니콘타(Unikonta) 진핵생물의 진화 역사에 대한 현재 가설에서 제안된 4개의 단일계통군 상군 중 하나. 다른 3개의 상군은 SAR(스트라메노필라, 알베올라타, 리자리아), 엑스카바타, 원시색소체생물이다.

유대류(marsupial, 단공류) 캥거루, 주머니쥐, 코알라 같은 주머니 달린 포유류. 유대류는 어미의 복부에 있는 젖꼭지에 붙어 주머니 속에 있는 상태에서 발달이 완료된 배아 새끼를 낳는다.

유도(induction) 배아 발달 과정에서 한 세포 그룹이 인접한 세포 그룹에 미치는 영향.

유도적응(induced fit) 효소의 활성부위의 모양이 변화하는 것으로, 효소가 기질에 잘 결합할 수 있도록 기질에 들어가서 생기는 현상.

유동모자이크 모델(fluid mosaic model) 현재 받아들여지는 세포막 구조의 모델로, 인지질 분자의 유동성 이중층에 유영하는 단백질 분자의 모자이크로 막이 묘사되어 있다.

유미즙(chyme) 부분적으로 소화된 음식물과 위에서 형성된 소화액의 혼합물.

유배식물(embryophyte) 육상 식물의 또 다른 이름으로, 육상 식물이 다세포 의존성 배라는 공통된 파생 형질을 공유한다는 점에 착안하여 붙여진 이름이다.

유사분열(mitosis, 체세포분열) 하나의 핵이 유전적으로 동일한 2개의 핵으로 분열하는 것. 유사분열과 세포 운동은 세포주기의 유사분열기(M기)를 구성한다.

유사분열기(mitotic phase, M기) 세포주기 중 핵이 분열하면 염색체가 딸핵으로 분열하고, 세포질이 분열하여 2개의 딸세포가 만들어지는 과정.

유성생식(sexual reproduction) 2개의 반수체 성 세포(배우자)가 융합하여 이배체 접합자를 형성함으로써 유전적으로 독특한 자손을 만드는 것.

유세포(parenchyma cell, 유조직세포) 식물에서 1차 세포벽이 얇고 2차 세포벽이 없는 비교적 미분화된 세포로 광합성, 음식 저장, 호기성호흡 등의 기능을 한다.

유스타키오관(Eustachian tube) 고막 양쪽의 기압을 균등하게 하는 척추동물의 가운데귀(중이)와 목구멍 사이의 공기 통로.

유전(heredity) 한 세대에서 다음 세대로 형질이 전달되는 것.

유전공학(genetic engineering) 실용적인 목적을 위해 유전자를 직접 조작하는 것.

유전암호(genetic code) 각 mRNA 뉴클레오타이드 삼중체의 아미노산 번역을 결정하는 규칙 세트.

유전의 염색체설(chromosome theory of inheritance) 유전자는 염색체에 위치하며, 감수분열 시 염색체의 행동이 유전형질 전달방식을 설명한다는 생물학의 기본 원리.

유전자(gene) DNA(또는 일부 바이러스의 경우 RNA)의 특정 뉴클레오타이드 서열로 구성된 유전정보의 개별적인 단위. 진핵생물의 대부분의 유전자는 염색체 DNA에 있으며, 일부는 미토콘드리아와 엽록체의 DNA에 의해 운반된다.

유전자 발현(gene expression) 유전자에서 단백질로 유전정보가 이동하는 과정. 유전자형에서 표현형으로 유전정보가 이동하는 흐름.

유전자변형 생물체(genetically modified organism, GMO) 인공적으로 하나 이상의 유전자를 획득한 생명체. 유전자가 다른 종에서 유래한 경우, 해당 생명체를 형질전환생물이라고도 한다.

유전자 조절(gene regulation) 환경적 자극이나 다른 인자(예: 발달 단계)에 반응하여 세포 내 유전자가 켜지고 꺼지는 것.

유전자 좌위(locus, 복수형은 loci) 염색체에서 유전자가 발견되는 특정 부위. 상동염색체에는 해당 유전자 좌위가 있다.

유전자 지도(genetic map) 염색체상에서 유전자의 상대적 위치를 순서대로 나열한 것.

유전자 치료(gene therapy) 환자의 결함이 있는 유전자를 보충하거나 변경하는 질병 치료법.

유전자 클로닝(gene cloning) 유전자의 여러 복사본을 생산하는 것.

유전자 풀(gene pool) 모든 개체군의 모든 유전자 좌위에 있는 모든 유형의 대립유전자의 모든 사본.

유전자형(genotype) 개체의 유전적 구성.

유전자 흐름(gene flow) 개체 또는 배우자의 이동으로 인해 한 개체군에서 다른 개체군으로 대립유전자가 이동하는 것.

유전적 부동(genetic drift) 우연에 의한 개체군의 유전자 풀의 변화. 유전적 부동의 영향은 소규모 개체군에서 가장 두드러지게 나타난다.

유전체학(genomics) 완전한 유전자 세트와 그 상호작용에 대한 연구.

유전학(genetics) 유전에 대한 과학적 연구. 19세기 그레고어 멘델의 연구로 현대 유전학이 시작되었다.

유주세포(amoebocyte) 아메바처럼 생긴 세포로 대부분의 동물에서 발견되며, 종에 따라 음식물의 소화 및 배설, 노폐물 처리, 골격 섬유 형성, 감염과 싸우거나 다른 세포 유형으로 변하기도 한다.

유한생장(determinate growth) 대부분의 동물에서와 같이 개체가 특정 크기에 도달한 후에 끝나는 성장. 무한생장 참조.

유형진화(paedomorphosis) 진화한 조상의 어린 시절 특징이 성인의 몸에 남아 있는 상태.

육식동물(carnivore) 주로 다른 동물을 잡아먹는 동물. 초식동물, 잡식동물 참조.

융모(villus, 복수형은 villi) (1) 작은창자의 안쪽 표면의 손가락 모양 돌출부. (2) 포유류 태반의 융모막의 손가락 모양의 돌출부. 융모가 많으면 이러한 기관의 표면적이 증가한다.

융모막(chorion) 동물에서 포유류 배아의 일부인 태반의 일부가 되는 가장 바깥쪽의 배외막.

융모막 융모(chorionic villus) 배아 혈관을 포함하는 융모막의 파생물. 융모막은 태반의 일부로서 모체의 혈류에서 영양분과 산소를 흡수하고 노폐물을 전달한다.

융모막 융모검사(chorionic villus sampling, CVS) 태아가 자궁 내 초기 발달 단계에 있을 때 유전적 결함을 진단하는 기술. 태반의 태아 부분의 작은 표본을 채취하여 분석한다.

음경(penis) 수컷 포유류의 교미 구조.

음낭(scrotum) 복부 바깥쪽에 있는 피부 주머니로, 정자를 보관하고 정자를 냉각시켜 생존력을 유지하는 기능을 한다.

음문(vulva) 외부 여성 생식기를 통칭하는 용어.

음부포진(genital herpes) 단순 헤르페스 바이러스 2형에 의해 발생하는 성병.

음성되먹임(negative feedback) 어떤 과정의 최종 생성물이 축적되면 그 과정이 느려지는 조절의 한 형태. 생리학에서는 변수의 변화가 초기 변화를 상쇄하는 반응을 유발하는 항상성의 주요 기작을 말한다.

음식덩이(bolus) 씹은 음식이 윤활된 공 모양의 덩어리.

음압호흡(negative pressure breathing) 공기를 폐로 끌어들이는 호흡.

음핵(clitoris) 성적 흥분 시 혈액으로 충혈되어 발기되는 암컷의 기관.

응집(cohesion) 같은 종류의 분자가 수소결합에 의해 서로 달라붙는 것.

이년생 식물(biennial) 2년이면 생활사를 마치는 식물.

이당류(disaccharide) 탈수반응에 의해 연결된 2개의 단당류로 구성된 당 분자.

이론(theory) 가설보다 범위가 넓고 새로운 가설을 생성하며 많은 증거에 의해 뒷받침되는 널리 받아들여지는 설명 아이디어.

이명법(binomial) 종의 이름을 짓는 두 가지 형식으로, 속명과 종명으로 구성된다(예: *Homo sapiens*).

이보-디보(evo-devo) 진화발달생물학. 진화생물학과 발달생물학을 결합한 생물학 분야.

이성질체(isomer) 분자식은 같지만 구조가 달라서 성질이 다른 유기화합물.

이온(ion) 하나 이상의 전자를 얻거나 잃어서 전하를 획득한 원자 또는 원자 그룹.

이온결합(ionic bond) 서로 반대 전하를 띤 이온 사이의 인력으로 인해 발생하는 화학결합.

이온통로(ion channel) 특정 이온이 전기화학적 기울기를 따라 막을 가로질러 확산할 수 있도록 하는 막 통과 구멍.

이완기(diastole) 심장 근육이 이완되어 심장의 방이 혈액으로 채워지는 심장주기의 단계. 수축기 참조.

이자(pancreas, 췌장) 이중 기능을 가진 샘. 소화 부분은 소화 효소와 알칼리성 용액을 관을 통해 작은창자(소장)로 분비한다. 내분비 부분은 인슐린과 글루카곤 호르몬을 혈액으로 분비한다.

이주(migration) 1년 중 특정 시기에 두 지역을 정기적으로 오가는 동물의 이동.

이중나선(double helix) 자연상태의 DNA의 형태로, 2개의 인접한 폴리뉴클레오타이드 가닥이 나선형으로 얽혀 있는 것.

이중순환(double circulation) 혈액이 각 회로를 마친 후 심장을 통과해 모든 장기에 활발한 혈류를 공급하는 허파순환과 전신순환이 분리된 순환계.

이지역성 종분화(allopatric speciation) 지리적으로 서로 격리된 개체군에서 새로운 종이 형성되는 것.

이타주의(altruism) 개체군의 다른 개체의 적응도를 증가시키면서 자신의 적응도를 감소시키는 행동.

이패류(bivalve, 부족류) 조개, 홍합, 가리비, 굴을 포함하는 연체동물군의 구성원.

이핵체 단계(heterokaryotic stage) 같은 세포에 유전적으로 다른 2개의 반수체 핵을 포함하는 곰팡이 생활사 단계.

이형접합(heterozygous) 주어진 유전자에 대해 2개의 다른 대립유전자를 가짐.

이형접합자 이점(heterozygotic advantage) 동형접합 개체에 비해 이형접합 개체의 생식 성공률이 높은 이점. 유전자 풀에서 변이를 보존하는 경향이 있음.

인(nucleolus) 세포질에서 가져온 단백질로 리보솜 RNA를 만들고 조립하여 리보솜 소단위를 만드는 핵 내 구조물.

인간면역결핍증 바이러스(human immunodeficiency virus, HIV) 인간의 면역계를 공격해 에이즈를 일으키는 레트로바이러스.

인간유전체사업(Human Genome Project, HGP) 인간 전체 유전체의 DNA를 지도화하고 서열을 분석하기 위한 국제적인 공동 노력. 이 프로젝트는 1990년에 시작되어 2004년에 완료되었다.

인간 융모막 생식소자극호르몬(human chorionic gonadotropin, hCG) 임신 초기 몇 개월 동안 난소의 황체에서 에스트로겐과 프로게스테론의 생산을 유지하는 융모막에서 분비되는 호르몬. 소변으로 분비되는 hCG는 많은 가정 임신 테스트의 대상이다.

인구 모멘텀(population momentum) $r = 0$인 개체군에서 가임기 연령대의 여아가 가임기에 도달함에 따라 인구가 지속적으로 증가하는 것.

인구통계적 전환(demographic transition) 출생률과 사망률이 높은 인구증가율 제로에서 출생률과 사망률이 낮은 인구증가율 제로로의 전환.

인대(ligament) 움직일 수 있는 관절에서 뼈와 뼈를 이어주는 섬유성 결합조직의 일종.

인두(pharynx) 구강에서 음식물을 받아들이는 소화관 내 기관. 육상 척추동물에서는 공기와 음식물의 통로인 목구멍 부위.

인두열(pharyngeal slit) 인두의 아가미 구조. 척삭동물의 배와 일부 성체 척삭동물에서 발견된다.

인산기(phosphate group) 4개의 산소 원자에 결합된 인 원자로 구성된 화학기.

인산화(phosphorylation) 일반적으로 ATP에서 인산기가 분자로 이동하는 것. 거의 모든 세포의 활동은 ATP가 다른 분자에 에너지를 공급하는 인산화에 의존한다.

인슐린(insulin) 이자(췌장)에서 분비되는 단백질 호르몬으로, 혈중 포도당 수치를 낮추는 역할을 한다. 글루카곤과 길항작용을 한다.

인위선택(artificial selection) 바람직한 형질의 발생을 촉진하기 위해 가축화된 동식물을 선택적으로 육종하는 것.

인지(cognition) 동물의 감각수용기를 통해 얻은 정보를 인지, 저장, 통합, 사용하는 동물의 신경계가 수행하는 과정.

인지질(phospholipid) 글리세롤이 2개의 지방산과 인산기에 결합하여 2개의 비극성 소수성 꼬리와 극성 친수성 머리로 이루어진 지질. 인지질은 이중층을 형성하여 생체막 역할을 한다.

인터페론(interferon) 바이러스에 감염된 척추동물 세포에서 생성되어 다른 세포가 바이러스에 저항할 수 있도록 도와주는 선천적인 방어 단백질.

인테그린(integrin) 동물 세포에서 세포외바탕질과 세포뼈대를 상호 연결하는 막 통과 단백질.

인트론(intron) 유전자의 내부 비코딩 영역으로, 최종 전령 RNA 분자의 일부가 되지 않아 발현되지 않는 부분.

인핸서(enhancer) 유전자의 전사를 촉진하는 데 도움이 되는 진핵생물의 DNA 염기서열. 인핸서는 활성자라는 전사인자와 결합한 다음 나머지 전사 장치에 결합하여 기능을 수행한다.

일년생(annual) 한 해 또는 성장기에 생활사를 완료하는 식물.

일부일처성(monogamous) 행동학에서, 동물의 짝짓기에서 수컷과 암컷이 서로 배타적으로 짝짓기를 하고, 양쪽 부모가 자손을 돌보는 것.

일일영양권장량(Recommended Dietary Allowance, RDA, 권장 섭취량) 국가 과학 패널이 정한 일일 영양소 섭취 권장량.

일주기성 리듬(circadian rhythm) 생명체에서, 일반적으로 환경 단서의 영향을 받아 생체시계에 의해 제어되는 약 24시간의 생물학적 주기. 매일 반복되는 활동 패턴. 생체시계 참조.

임신(conception) 인간의 정자 세포에 의해 난자가 수정되는 것.

임신(gestation) 암컷 생식기관 내에서 발생하고 있는 새끼를 품고 있는 상태.

임신 3분기(trimester) 인간의 임신이 약 3개월 동안 지속되는 세 가지 주기 중 하나.

잎(leaf) 식물의 주요 광합성 부위로, 일반적으로 납작한 잎과 잎과 줄기를 연결하는 잎자루로 구성된다.

잎맥(vein) 식물에서 잎에 있는 관다발로, 물관과 체관으로 구성됨.

잎사귀형 지느러미(lobe-fin) 뼈로 지탱되는 튼튼한 근육질의 경골어류 지느러미.

잎살조직(mesophyll, 엽육조직) 광합성에 특화된 잎 세포. 잎의 기본조직계.

자가면역질환(autoimmune disorder) 면역계가 우리 몸의 자기 분자를 공격하는 면역학적 질환.

자궁(uterus) 포유류 암컷의 생식기관에서 새끼의 발생이 일어나는 기관.

자궁경부(cervix) 자궁의 목으로, 질로 열리는 부분을 말한다.

자궁관 결찰(tubal ligation) 여성의 두 난관 각각에서 한 분절을 제거하는 불임 치료법. 그런 다음 난자가 자궁에 도달하지 못하도록 관의 끝을 닫아 묶는다.

자궁내막(endometrium, 자궁속막) 포유류의 자궁 안쪽 내막으로, 태반의 모체 부분과 태아에게 영양을 공급하는 혈관이 풍부하게 공급되는 곳. 태반의 모체 부분과 태아에게 영양을 공급하는 혈관이 풍부하게 공급된다.

자궁내 피임기구(intrauterine device) 자궁 내에 삽입하면 여성 피임 역할을 하는 T자형 장치.

자궁외임신(ectopic pregnancy) 자궁 밖에서 배가 착상하고 발생하는 것.

자극(stimulus, 복수형은 stimuli) (1) 신경계의 맥락에서 신경 신호를 발생하게 하는 모든 인자. (2) 행동생태학에서 특정 반응을 유발하는 환경적 단서.

자기단백질(self protein) 외부 항원을 보유하여 T세포에 표시할 수 있는 항원제시세포의 표면에 있는 단백질. 각 개체는 신체의 분자 표지자 역할을 하는 고유한 자기단백질 세트를 가지고 있다. 자기단백질의 기술적 명칭은 주조직적합성복합체 단백질이다. 비자기 분자 참조.

자낭균류(ascomycete) 유성생식에서 포자를 생산하는 자낭이라는 주머니 같은 구조가 특징인 곰팡이 그룹의 구성원.

자낭균류(sac fungus) 자낭균류(ascomycete) 참조.

자매염색분체(sister chromatid) 진핵생물의 염색체 복제에서 2개의 동일한 부분 중 하나. 유사분열이 일어나기 전에는 자매염색분체가 동원체에서 서로 붙어 있는 상태를 유지한다.

자연살생세포(natural killer) 암세포와 감염된 체세포, 특히 바이러스를 품고 있는 체세포를 공격하여 선천면역 반응을 일으키는 세포 유형.

자연선택(natural selection) 특정 유전형질을 가진 개체가 그렇지 않은 개체보다 생존과 번식 가능성이 높아지는 과정.

자유생활 편형동물(free-living flatworm) 비기생 편형동물.

자율신경계(autonomic nervous system) 체내환경을 조절하는 척추동물 말초신경계의 구성요소로 교감신경계와 부교감신경계로 나뉘어 있다. 자율신경계의 대부분의 작용은 불수의적이다.

자포동물(cnidarian) 자포동물 문의 구성원. 자포세포, 방사대칭, 위수강, 폴립 및 메두사형 체형이 특징인 동물이다. 자포동물에는 히드라, 해파리, 말미잘, 산호 및 관련 동물이 있다.

자포세포(cnidocyte) 문의 이름을 딴 특수한 자포세포. 가느다란 실이 감겨 있는 협막으로 구성되어 있으며, 방출 시 방어 및 먹이 포획 기능을 한다.

작동자(operator) 원핵생물 DNA에서 활성 억제자 단백질이 부착할 수 있는 오페론의 시작 부분 근처의 뉴클레오타이드 서열. 억제자의 결합은 RNA 중합효소가 프로모터에 부착되어 오페론의 유전자를 전사하는 것을 방지한다. 따라서 작동자 서열은 하나의 기능 단위로서 오페론의 모든 유전자를 켜거나 끌 수 있는 '유전자 스위치' 역할을 한다.

작용기(functional group) 유기 분자의 탄소 골격에 일반적으로 부착되어 화학반응에 관여하는 원자의 특정 구성.

작은창자(small intestine, 소장) 소화관의 가장 긴 부분. 음식물 고분자의 효소에 의한 가수분해와 영양소 흡수를 담당하는 주요 부위다.

잡식동물(omnivore) 동물뿐만 아니라 식물이나 조류도 자주 먹는 동물. 육식동물, 초식동물 참조.

잡종(hybrid) 서로 다른 두 종의 개체 또는 같은 종의 순종 품종 두 개체의 교배로 생긴 자손. 하나 이상의 유전형질이 다른 두 부모의 자손. 하나 이상의 유전자 쌍에 대해 이형접합된 개체를 말한다.

잡종 지역(hybrid zone, 잡종형성지대) 서로 다른 종의 구성원이 만나 교미하여 적어도 일부 잡종 자손을 생산하는 지리적 영역.

장기기억(long-term memory) 평생 동안 정보를 보관하고, 연관시키고, 기억하는 능력.

장신경계(enteric division) 소화관, 이자(췌장), 담낭(쓸개)에 있는 뉴런의 복잡한 네트워크로 구성된 자율신경계의 일부.

장일식물(long-day plant) 낮의 길이가 긴 늦봄이나 초여름에 꽃을 피우는 식물. 장일식물은 실제로 짧은 밤에 반응하여 꽃을 피운다.

재생(regeneration) 개체의 일부에서 신체 부위가 다시 자라는 것.

재조합 DNA(recombinant DNA) 실험실에서 두 가지 공급원. 종종 서로 다른 종에서 유래한 뉴클레오타이드 서열을 갖도록 조작된 DNA 분자.

재조합빈도(recombination frequency) 주어진 두 유전자에 대해 짝짓기에서 나온 재조합 자손의 수를 총 자손의 수로 나눈 값이다. 재조합 자손은 감수분열 중 교배의 결과로 부모 중 어느 한쪽의 대립유전자와 다른 대립유전자 조합을 가진다.

재조합염색체(recombinant chromosome) 교배를 통해 만들어진 염색체는 두 부모의 DNA가 하나의 염색체로 결합한 것이다.

재흡수(reabsorption) 척추동물의 콩팥에서는 여과액에서 물과 귀중한 용질을 재이용한다.

저밀도 지질단백질(low-density lipoprotein, LDL) 수천 개의 콜레스테롤 분자와 단백질에 결합된 다른 지질로 구성된 혈액 내 콜레스테롤 운반 입자. LDL 입자는 간에서 콜레스테롤을 운반하여 세포막으로 통합한다.

저생권(benthic realm) 해저 또는 담수호, 연못, 강 또는 하천의 바닥.

저장성(hypotonic) 세포가 물을 흡수하게 하는 세포 외부의 용액.

저혈당증(hypoglycemia) 췌장이 혈액에 너무 많은 인슐린을 분비할 때 발생하는 비정상적으로 낮은 혈액 내 포도당 수치를 나타내는 증상.

적색뼈속질(red bone marrow, 적골수) 뼈 끝의 강에서 발견되며 혈액 세포를 생성하는 특수 조직.

적응(adaptation) 특정 환경에서 개체가 생존하고 번식하는 능력을 촉진시키는 유전적 특성.

적응 면역(adaptive immunity) 항원에 노출된 후에만 활성화되고 림프구에 의해 매개되는 척추동물의 특이적인 방어. 특이성, 기억 및 자기-비자기 인식을 나타낸다. 후천성면역이라고도 한다.

적응방산(adaptive radiation) 생물 집단이 적응을 통해 군집에서 새롭거나 비어 있는 생태적 역할을 채울 수 있는 많은 새로운 종을 형성하는 진화적 변화의 시기.

적혈구(red blood cell, erythrocyte) 산소를 운반하는 헤모글로빈을 함유한 혈액 세포.

적혈구생성인자(EPO) 적혈구의 생산을 자극하는 호르몬. 신체 조직에 충분한 산소가 공급되지 않을 때 콩팥에서 분비된다.

전기(prophase) 유사분열의 첫 번째 단계로, 염색질이 응축되어 광학현미경으로 보이는 구조물(자매염색분체)을 형성하고 유사분열 방추사가 형성되기 시작하지만 핵은 아직 손상되지 않은 상태.

전기음성도(electronegativity) 공유결합의 전자에 대한 주어진 원자의 인력.

전능성(totipotent) 생명체 내의 모든 다른 유형의 세포를 일으킬 수 있는 세포를 설명한다.

전령 RNA(messenger RNA, mRNA) DNA에서 유전정보를 암호화해 리보솜으로 전달하고, 리보솜에서 그 정보를 아미노산 서열로 번역하는 리보핵산의 한 종류.

전립샘(prostate gland) 정자에 영양을 공급하는 묽은 액체를 분비하는 인간 수컷의 샘.

전모세혈관 괄약근(precapillary sphincter) 고리모양의 평활근으로 혈액이 모세혈관망으로 흐르도록 조절하는 역할을 한다.

전사(transcription) DNA 주형에 대한 RNA의 합성.

전사인자(transcription factor) 진핵생물에서 전사를 시작하거나 조절하는 기능을 하는 단백질. 전사인자는 DNA 또는 DNA에 결합하는 다른 단백질과 결합한다.

전압개폐성 이온통로(voltage-gated ion channel) 막전위 변화에 반응하여 열리거나 닫히는 특수한 이온통로 단백질.

전위(translocation) 단백질 합성 과정에서 성장하는 폴리펩타이드 사슬을 운반하는 tRNA 분자가 리보솜의 A 자리에서 P 자리로 이동하는 것. 단백질 합성 중 성장하는 폴리펩타이드 사슬을 운반하는 tRNA 분자의 이동. (mRNA가 함께 이동한다.)

전 유전체 무작위 염기서열분석법(whole-genome shotgun method) 전체 유전체의 DNA 염기서열을 결정하는 방법. 유전체를 작은 조각으로 자른 후, 각 조각을 서열분석한 다음 적절한 순서로 배치한다.

전이(metastasis) 암세포가 원래 있던 자리를 벗어나 퍼져나가는 것.

전자(electron) 하나의 음전하를 띠는 아원자 입자. 하나 이상의 전자가 원자핵 주위를 이동한다.

전자기수용기(electromagnetic receptor) 전기, 자기, 빛 등 다양한 파장의 에너지를 감지하는 감각수용기.

전자기 스펙트럼(electromagnetic spectrum) 나노미터 미만에서 1킬로미터 이상에 이르는 파장의 전자기 빛의 전체 스펙트럼.

전자껍질(electron shell) 원자핵으로부터 특징적인 평균 거리에 있는 전자의 단계.

전자전달계(electron transport chain) 일련의 산화환원 반응 과정에서 전자를 운반해 ATP를 만드는 데 사용되는 에너지를 방출하는 일련의 전자 운반체 분자들로, 미토콘드리아의 내막, 엽록체의 틸라코이드막, 원핵생물의 원형질막에 존재한다.

전자현미경(electron microscope, EM) 자석을 사용하여 전자 빔을 표본을 통과하거나 표본의 표면에 초점을 맞추는 현미경. 전자현미경은 광학현미경보다 해상도가 100배 이상 높다.

전좌(translocation) 염색체 조각이 비상동 염색체에 부착되어 발생하는 염색체의 변화. 감수분열의 오류 또는 돌연변이 유발의 결과로 발생할 수 있다.

전중기(prometaphase) 유사분열의 두 번째 단계로, 핵막조각과 방추사 미세소관이 자매염색분체의 키네토코어에 부착하는 단계다.

절구관절(ball-and-socket joint) 여러 평면에서 회전과 움직임을 가능하게 하는 관절. 인간의 예로는 고관절과 어깨 관절이 있다.

절멸(extirpation) 한 종의 단일 개체군의 소실.

절지동물(arthropod) 동물계에서 가장 다양한 문에 속하는 구성원. 절지동물에는 투구게, 거미류(예: 거미, 진드기, 전갈, 응애), 갑각류(예: 민물가재, 바닷가재, 게, 따개비), 노래기류, 지네류, 곤충이 포함된다. 절지동물은 키틴질 외골격, 탈피, 관절이 있는 부속지, 뚜렷한 분절 그룹으로 구성된 몸체가 특징이다.

접합(conjugation) 2개의 박테리아 세포 또는 원생생물 세포의 결합과 두 세포 사이의 DNA 이동.

접합균류(zygomycete) 감수분열을 통해 반수체 포자를 생성하는 접합포자낭이라는 견고한 구조가 특징인 곰팡이 그룹의 구성원.

접합자(zygote) 정자 세포의 핵과 난자 세포의 핵이 결합하여 만들어진 2배체 수정란.

정관(vas deferens, 복수형은 vasa deferentia) 정자를 고환에서 멀리 운반하는 남성 생식기관의 일부. 인간에서는 부고환과 요도로 이어지는 사이에 정자를 운반하는 관(tube).

정관 절제술(vasectomy) 두 정관의 일부를 외과적으로 제거하여 정자가 요도에 도달하는 것을 방지하는 수술. 남성의 불임 수단.

정낭(seminal vesicle) 정자의 에너지 대부분을 공급하는 과당을 함유한 진한 액체를 분비하는 수컷의 샘.

정맥(vein) 동물에서 혈액을 심장으로 되돌려 보내는 혈관.

정보소통(communication) 신호의 전달, 수신, 반응을 포함한 동물의 행동.

정소(testis, 복수형은 testes) 동물의 수컷 생식소. 정자와 많은 종에서 생식 호르몬을 생성한다.

정액(semen) 남성이 오르가즘을 느낄 때 사정하는 정자가 들어 있는 액체.

정자(sperm) 수컷 배우자.

정자형성과정(spermatogenesis) 정자 세포의 형성과정.

젖산발효(lactic acid fermentation) 해당과정에 이어 피루브산이 젖산으로 환원되어 NAD^+가 재생된다.

제거(elimination) 소화되지 않은 물질을 소화관 밖으로 내보내는 것. 동물의 음식물 처리의 네 번째이자 마지막 단계.

제한효소(restriction enzyme) 박테리아의 효소로, 외부 DNA를 제한효소자리라고 불리는 특정 DNA 서열에서 잘라내어 파지나 다른 개체의 DNA 침입으로부터 박테리아를 보호하는 역할을 한다. DNA 기술에서 제한효소는 재현 가능한 방식으로 DNA 분자를 자르는 데 사용된다. 절단된 DNA 조각을 제한효소절편이라고 한다.

제한효소자리(restriction site) 제한효소에 의해 '절단 부위'로 인식되는 DNA 가닥의 특정 서열.

제한효소절편(restriction fragment) 제한효소에 의해 잘

린 긴 DNA 분자로부터 생성된 분자. 제한효소절편은 유전체 매핑 및 기타 응용에 사용된다.

젤 전기영동(gel electrophoresis) DNA 또는 단백질과 같은 고분자를 분리하고 정제하는 기술. 양전하를 띠는 전극과 음전하를 띠는 전극 사이의 젤 위에 고분자의 혼합물을 놓는다. 분자의 음전하가 양전극에 끌리면 분자는 그 전극을 향해 이동한다. 분자는 이동 속도에 따라 겔 내에서 분리되는데, 이는 대부분 분자의 크기에 따라 결정된다. 작은 분자는 일반적으로 젤을 통해 더 빨리 이동하고 큰 분자는 일반적으로 더 느리게 이동한다.

조간대(intertidal zone) 하구나 바다의 물이 육지와 만나는 얕은 지역.

조류(alga, 복수형은 algae) 광합성으로 먹이를 만들어내는 원생생물.

조면소포체(rough endoplasmic reticulum) 막단백질과 분비 단백질을 만드는 리보솜이 붙어 있는 소포체의 한 부분.

조임근(sphincter, 괄약근) 식도와 위 사이의 통로와 같은 신체 개구부의 크기를 조절하는 고리 모양의 근섬유 띠.

조절유전자(regulatory gene) 다른 유전자 또는 유전자 그룹의 전사를 제어하는 억제자와 같은 단백질을 암호화하는 유전자.

조직(tissue) 공통된 기능, 구조 또는 둘 다를 가진 세포의 통합된 그룹.

조현병(schizophrenia) 환자가 현실에 대한 왜곡된 인식을 갖는 정신병적 에피소드를 특징으로 하는 심각한 정신장애.

조효소(coenzyme) 보조인자 역할을 하는 유기 분자를 말한다. 대부분의 비타민은 중요한 대사 반응에서 조효소로 작용한다.

종(species) 구성원들이 교배하여 생존 가능한 번식능력이 있는 자손을 생산할 수 있는 잠재력을 가진 개체군의 그룹. 생물학적 종개념 참조.

종간 경쟁(interspecific competition) 동일한 한정된 자원을 필요로 하는 두 종 이상의 개체 또는 개체군 간의 경쟁.

종간 상호작용(interspecific interactions) 군집에서 서로 다른 종의 개체 간의 관계.

종결 돌연변이(nonsense mutation) 유전자의 뉴클레오타이드 서열에 변화가 생겨 아미노산 암호화 코돈이 종결코돈으로 변환되는 것. 종결 돌연변이는 폴리펩타이드가 짧아지는 결과를 초래한다.

종결자(terminator) 유전자의 끝을 표시하는 DNA의 특수한 뉴클레오타이드 서열. 새로 만들어진 RNA 분자를 방출한 다음 유전자에서 떠나도록 RNA 중합효소에 신호를 보낸다.

종결코돈(stop codon) mRNA에서 유전자의 번역을 멈추라는 신호를 보내는 세 유전암호(UAG, UAA, UGA) 중 하나.

종내 경쟁(intraspecific competition) 한정된 자원을 차지하기 위한 개체군 구성원 간의 경쟁.

종 다양성(species diversity) 군집을 구성하는 종의 다양성. 종 다양성에는 종 풍부도(종의 총수)와 군집 내 다양한 종의 상대적 풍부도가 모두 포함된다.

종분화(speciation) 새로운 종의 진화.

종속변수(dependent variable) 실험에서 다른 요인(독립변수)의 변화에 영향을 받는지 알아보기 위해 그 값을 측정하는 인자.

종속영양생물(heterotroph) 다른 생물이나 그 생물에서 유래한 물질을 먹어 유기 분자를 얻는 생물. 먹이사슬에서 소비자 또는 분해자를 뜻한다.

종양(tumor) 정상 조직 내에 형성되는 빠르게 성장하는 비정상적인 세포 덩어리.

종양억제유전자(tumor-suppressor gene) 세포분열을 억제하여 세포의 무분별한 성장을 막는 단백질을 만드는 유전자. 종양억제유전자를 비활성화하는 돌연변이는 암을 유발할 수 있다.

좌우기능분화(lateralization) 좌뇌와 우뇌 반구(대뇌반구)의 대뇌겉질(대뇌피질)의 기능 차이.

좌우대칭(bilateral symmetry) 한 개체를 종주로 통과하는 한 번의 절단으로 균등하게 나눌 수 있도록 신체 부위를 배열한 것. 양측 대칭인 개체는 오른쪽과 왼쪽이 거울 이미지다.

좌우대칭동물(Bilateria) 좌우대칭을 나타내는 동물의 계통군.

주름창자(colon, 결장) 대장의 가장 큰 부분.

주사전자현미경(scanning electron microscope, SEM) 전자 빔을 사용하여 세포 또는 기타 표본의 표면 세부 사항을 연구하는 현미경.

주성(taxis, 복수형은 taxes) 자극을 향해 또는 자극에서 멀어지도록 자동적으로 방향을 잡음.

주조직적합성복합체 분자(major histocompatibility complex molecule, MHC) 자기단백질 참조.

주형강(arachnid) 거미, 전갈, 진드기, 참진드기 등을 포함하는 주요 절지동물의 구성원.

줄기(stem) 식물의 잎과 생식하는 구조물을 지지하는 식물의 지상부의 일부.

줄기세포(stem cell) 분열을 통해 동일한 딸세포와 더 전문화된 딸세포를 생산할 수 있는 미분화된 세포로, 분화 과정을 거친다.

중간산물(intermediate) 해당과정에서 포도당과 피루브산 사이와 같이 대사경로에서 초기 반응물과 최종 생성물 사이에 형성되는 화합물 중 하나.

중간섬유(intermediate filament) 중간 크기의 단백질 섬유로, 진핵생물의 세포뼈대를 구성하는 세 가지 주요 섬유 중 하나. 중간섬유는 섬유질 단백질로 만들어진 로프와 같은 모양이다.

중기(metaphase) 유사분열의 세 번째 단계로, 세포의 모든 복제된 염색체가 유사분열 방추사의 극 사이 등거리에 있는 가상의 평면에 일렬로 정렬되는 단계.

중뇌(midbrain) 척추동물의 세 가지 조상 및 배아 영역 중 하나이며, 감각 정보를 대뇌로 보내는 감각 통합 및 중계 센터로 발달한다.

중배엽(mesoderm) 낭배에 있는 3개의 배아 세포층 중 중간층. 중배엽은 성체에서 근육, 뼈, 피부 진피 및 대부분의 다른 기관을 생성한다.

중복(duplication) 염색체의 일부가 상동염색체의 조각과 융합하여 발생하는 염색체의 반복. 감수분열의 오류 또는 돌연변이 유발로 인해 발생할 수 있다.

중복수정(double fertilization) 꽃식물에서 접합자와 삼배체 핵을 가진 세포가 모두 형성되어 배젖으로 발달하는 수정 형태.

중성자(neutron) 원자의 핵에서 발견되는 전하가 없는 아원자 입자.

중쇠관절(pivot joint) 여러 평면에서 정밀하게 회전할 수 있는 관절. 인간을 예로 들면 팔꿈치에서 아래팔을 회전시키는 관절이 있다.

중심액포(central vacuole) 식물 세포에서는 성장과 화학물질 및 노폐물 저장에 다양한 역할을 하는 큰 막 주머니.

중심오목(fovea) 눈의 초점 중심이자 광수용기가 고도로 집중되어 있는 망막의 한 부위.

중심체(centrosome) 동물 세포에서 발견되는 미세소관의 기원이 되는 구조로 세포분열 과정에서 중요한 역할을 한다. 하나의 중심체에는 2개의 중심소체가 있다.

중앙화(centralization) 말초신경계와 구별되는 중추신경계의 존재.

중추신경계(central nervous system, CNS) 신경계의 통합 및 명령 센터. 척추동물에서는 뇌와 척수를 말한다.

중합체(polymer) 여러 개의 동일하거나 유사한 단량체가 공유결합으로 서로 연결된 큰 분자.

중합효소연쇄반응(polymerase chain reaction, PCR) DNA 분자 또는 DNA 분자의 특정 부분의 많은 사본을 얻는 데 사용되는 기술. 이 절차에서 시작 DNA는 내열성 DNA 중합효소, DNA 뉴클레오타이드 및 기타 몇 가지 성분과 혼합된다. 복제할 영역의 양끝에 있는 특정 뉴클레오타이드 프라이머는 PCR 절차 중에 해당 영역과 DNA의 다른 영역이 복제되지 않도록 보장한다.

증발냉각(evaporative cooling) 증발 과정에서 물체의 표면이 차가워지는 과정으로, 에너지가 가장 큰 분자가 액체에서 기체 상태로 바뀌는 현상.

증산(transpiration) 식물에서 증발에 의한 물의 소실.

지네류(centipede) 육식성 육지 절지동물의 일종으로, 수많은 체절에 각각 한 쌍의 긴 다리가 있으며, 앞쪽 다리는 독발톱으로 변형되어 있다.

지방(fat) 하나의 글리세롤 분자에 연결된 3개의 지방산으로 구성된 지질. 트리글리세리드. 대부분의 지방은 에너지 저장 분자로 기능한다.

지방조직(adipose tissue) 세포에 지방을 포함하는 결합조직의 일종.

지베렐린(gibberellin) 종자의 발아를 촉발하고 옥신과 상호작용하여 생장과 열매 발생을 조절하는 식물 호르몬 계열 중 하나.

지상부(shoot system) 식물의 줄기, 잎 및 증식하는 모든 구조.

지속가능 개발(sustainable development) 미래 세대의 필요를 충족할 수 있는 능력을 제한하지 않으면서 현재 인간들의 필요를 충족하는 발달.

지속가능 농업(sustainable agriculture) 환경적으로 안전하며 토양, 물, 유전적 다양성을 고갈시키지 않고 오랫동안 같은 방식으로 농사를 지을 수 있는 농법.

지속가능성(sustainability) 미래 세대의 필요를 충족시킬 수 있는 능력을 손상시키지 않으면서 현재 인간들의 필요를 충족시키는 방식으로 지구의 자원을 개발, 관리, 보존하는 것을 목표로 한다.

지속가능 자원의 경영(sustainable resource management) 자연 자원을 훼손하지 않고 사용할 수 있는 관리 관행.

지의류(lichen) 곰팡이와 조류 또는 곰팡이와 남세균 사이의 밀접한 관계로, 일부는 서로에게 유익한 것으로 알려져 있다.

지중해성 관목지대(chaparral) 주기적인 가뭄과 화재에 적응한 침엽 상록 관목이 지배하는 생물군계. 차가운 해류가 연안에서 순환하여 온난하고 비가 내리는 겨울과 길고 덥고 건조한 여름을 만드는 곳에서 발견된다.

지질(lipid) 주로 탄소와 수소 원자가 비극성 공유결합으로 연결된 유기화합물로, 대부분 소수성을 띠는 화합물이다. 지질에는 지방, 인지질, 스테로이드가 있으며 물에 녹지 않는다.

지질학적 기록(geologic record) 지질학자들이 지구의 역사를 하데아기, 시생누대, 고생대, 신생대의 네 시대로 나누고 다시 시대, 주기, 시대로 세분한 시간 척도.

직관적 의문(proximate question) 동물 행동에서는 행동의 즉각적인 이유와 관련된 질문이다.

진균류(Fungi, 곰팡이류) 곰팡이류를 포함하는 계.

진수류(eutherian) 태반포유류. 새끼가 자궁 내에서 배아 발생을 완료하고 태반에 의해 어미와 결합하는 포유류.

진원류(anthropoid) 유인원(긴팔원숭이, 오랑우탄, 고릴라, 침팬지, 보노보, 인간)과 원숭이로 이루어진 영장류 집단의 구성원.

진정후생동물(Eumetazoa) 진정한 조직을 가진 동물인 '진정동물'의 계통군(clade). 해면동물을 제외한 모든 동물.

진피(dermis) 표피 아래에 있는 두꺼운 피부층으로 모낭, 기름샘 및 땀샘, 근육, 신경, 혈관이 있다.

진핵생물영역(Eukarya) 모든 진핵생물을 포함하는 생명 영역.

진핵세포(eukaryotic cell) 막으로 둘러싸인 핵과 막으로 둘러싸인 세포소기관을 가진 세포의 한 종류. 박테리아와 고세균을 제외한 모든 생물체는 진핵세포로 구성되어 있다.

진화(evolution) 변형을 동반한 유전. 살아 있는 종은 현재의 종과 다른 조상 종의 후손이라는 생각, 또한 한 개체군이 세대에 걸쳐 유전적으로 변화하는 것.

진화계통수(evolutionary tree) 생물 집단 간의 진화 관계에 대한 가설을 반영하는 계통도.

질(vagina) 자궁과 외부 개구부 사이에 있는 여성의 생식기관의 일부. 포유류의 산도, 교미 시 수컷의 음경을 수용하고 정자를 받아들이는 곳이기도 하다.

질량수(mass number) 원자핵에 있는 양성자와 중성자의 수를 합한 것.

질소고정(nitrogen fixation) 대기 중의 질소를 식물이 흡수하여 사용할 수 있는 질소 화합물로 전환하는 과정.

집단면역(herd immunity) 군집의 중요한 일부가 면역을 획득하여 질병 발생에 대해 대부분의 구성원이 보호받는 것.

집합관(collecting duct) 소변을 농축하여 콩팥 깔데기로 운반하는 척추동물의 신장에 있는 관.

짧은 간섭 RNA(small interfering RNA, siRNA) 상보적인 서열을 가진 mRNA를 분해하거나 번역을 방해할 수 있는 복합체에서 하나 이상의 단백질과 결합하는 작은 단일가닥 RNA 분자.

짧은 반복서열(short tandem repeat, STR) 유전체에서 여러 번 연속으로 반복되는 일련의 짧은 DNA염기서열.

창고기(lancelet) 작고 칼날 같은 무척추동물 중 하나.

창발적 특성(emergent property) 복잡성이 증가함에 따라 부품의 배열과 상호작용으로 인해 생명의 계층 구조에서 한 단계씩 올라갈 때마다 새로운 성질이 생겨나는 특성.

창시자 효과(founder effect) 소수의 개체가 더 큰 개체군에서 분리되어 원래 개체군의 유전자 풀을 반영하지 않는 새로운 개체군을 형성할 때 발생하는 유전적 부동.

창자(intestine, 장) 모래주머니 또는 위와 항문 사이에 위치한 소화관 부위로, 주로 화학적 소화와 영양소 흡수가 일어나는 곳.

척삭(notochord) 척삭동물의 소화관과 신경줄 사이에 위치한 연골과 같이 유연하고 종주하는 막대. 많은 종의 배에만 존재한다.

척수(spinal cord) 척추동물의 척추 내부에 세로로 길게 뻗어 있으며 특정 자극에 대한 단순한 반응을 통합하는 신경조직 다발.

척주(vertebral column) 척주는 척추뼈라고 하는 일련의 분절된 단위로 구성된다.

척추(vertebra, 복수형은 vertebrae) 척추동물의 척추를 구성하는 신경삭을 둘러싸고 있는 일련의 분절된 골격 단위 중 하나.

척추동물(vertebrate) 척추가 있는 척삭동물로, 먹장어, 칠성장어, 연골어류, 방사형 지느러미 어류, 잎사귀형 지느러미 어류, 양서류, 파충류, 조류, 포유류 등이 포함된다.

첨체(acrosome) 정자 끝에 있는 막으로 둘러싸인 주머니. 정자가 난자에 침투하는 데 도움이 되는 효소가 들어 있다.

체강(body cavity) 소화관과 체벽 사이의 액체가 들어 있는 공간.

체강(coelom) 중배엽으로 완전히 둘러싸인 체강.

체관(phloem) 잎이나 저장 조직에서 식물의 다른 부분으로 당분과 기타 유기 영양분을 운반하는 식물의 관다발 조직계의 한 부분.

체관액(phloem sap) 식물 전체로 전달되는 당, 기타 영양소 및 호르몬의 용액으로, 체관 조직을 통해 식물 전체로 전달된다.

체관요소(sieve-tube element, sieve-tube member) 식물의 양분이동 세포로 체관요소의 연속이 체관 조직을 구성한다.

체내수정(internal fertilization) 생식은 일반적으로 정자가 여성의 생식기관 내 또는 그 근처에 침착되어 기관 내에서 수정이 일어나는 것.

체세포(somatic cell) 다세포 생명체에서 정자나 난자 세포 또는 정자나 난자로 발생하는 세포를 제외한 모든 세포.

체순환(systemic circuit) 신체의 기관과 조직으로 산소가 풍부한 혈액을 공급하고 산소가 부족한 혈액을 신체의 기관과 조직에서 운반하는 순환계의 한 부분. 폐순환(허파순환) 참조.

체액성 면역반응(humoral immune response) 체액 속 박테리아나 바이러스를 방어하는 항체를 만들어내는 적응면역의 한 반응으로, B세포의 활성화와 관련이 있다.

체온조절(thermoregulation) 세포가 효율적으로 기능할 수 있는 범위 내에서 생명체 내부의 체온을 항상적으로 유지하는 것.

체외수정(external fertilization) 부모가 환경으로 방출한 배우자끼리의 융합.

체절(segment, 분절) 동물의 몸의 길이를 따라 반복되는 일련의 부분으로 세분화한 것으로, 유연성과 이동성을 높일 수 있다.

체질량지수(body mass index, BMI) 키에 대한 몸무게의 비율.

체판(sieve plate) 체관요소의 끝 벽으로, 체관액의 흐름을 촉진하는 역할을 한다.

초식(herbivory) 동물이 식물의 일부 또는 조류를 섭취하는 행위.

초식동물(herbivore) 주로 식물이나 조류를 먹는 동물. 육식동물, 잡식동물 참조.

초음파검사(ultrasound imaging) 자궁의 태아를 검사하는 기술. 고주파 음파를 태아에게 울려 태아의 이미지를 생성하는 데 사용된다.

촉진확산(facilitated diffusion) 특정 수송단백질을 통해 물질이 농도기울기에 따라 생체막을 가로질러 통과하는 것.

촌충(tapeworm) 소화관이 없고 리본처럼 길고 긴 몸체가 반복되는 것이 특징인 기생 편형동물.

총 1차 생산량(gross primary production) 주어진 기간 동안 생태계의 총 1차 생산량.

최소가정분석법(parsimony) 과학 연구에서 관찰된 현상에 대해 가장 복잡한 설명이 아닌 가장 단순한 설명을 찾는 것.

최적 먹이찾기 모델(optimal foraging model) 먹이비용과 먹이효과의 절충안으로 행동을 분석하는 기준이 된다.

축삭(axon) 다른 뉴런이나 효과기세포로 신호를 전달하는 뉴런의 연장선. 뉴런은 하나의 긴 축삭을 가지고 있다.

측생분열조직(lateral meristem) 목본 식물의 뿌리와 새싹이 굵어지게 하는 미분화 세포로 이루어진 식물의 조직. 관다발형성층과 코르크형성층은 측생분열조직이다.

측선계(lateral line system) 수압의 변화에 민감한 물고기 몸의 양쪽에 있는 감각 기관. 물고기가 물속의 미세한 진동을 감지할 수 있게 해준다.

층상(stratum, 복수형은 strata) 새로운 퇴적층이 오래된 퇴적층을 덮어 압축하면서 형성된 암석층.

치료용 복제(therapeutic cloning) 배아 줄기세포의 생성과 같은 치료 목적으로 핵이식에 의한 인간 세포의 복제. 핵이식, 생식복제 참조.

치설(radula) 음식을 긁어내거나 잘게 부수는 데 사용되는 이빨이 있는 기관. 많은 연체동물에서 발견된다.

친수성(hydrophilic) '물을 좋아하는', 물에 용해되는 극성 또는 하전된 분자와 관련됨.

침묵 돌연변이(silent mutation) 유전자의 돌연변이로, 코돈이 원래의 코돈과 동일한 아미노산을 암호화하는 코돈으로 바뀌는 것. 따라서 결과물인 폴리펩타이드의 아미노산 서열은 변하지 않는다.

침샘(salivary gland) 음식물을 윤활하는 물질을 분비하고 화학적 소화 과정을 시작하는 구강과 관련된 샘.

침엽수림(coniferous forest) 침엽수. 원뿔형 상록수가 특징인 생물군계.

침입종(invasive species) 원래 도입부를 넘어 확산되어 환경적 또는 경제적 피해를 유발하는 외래종.

카르보닐기(carbonyl group) 탄소 원자와 산소 원자가 이중결합으로 연결된 화학작용기.

카르복실기(carboxyl group) 탄소 원자가 산소 원자에 이중결합하고 수산기와도 결합한 화학작용기.

카스파리선(Casparian strip) 식물 뿌리에서 물과 이온이 하나 이상의 세포막을 통과하지 않고 물관으로 들어가는 것을 방지하는 내피세포벽의 왁스 같은 장벽.

캘빈회로(Calvin cycle) 광합성의 두 단계 중 두 번째 단계로, 엽록체의 스트로마에서 일어나는 일련의 순환적인 화학반응으로, 탄소와 명반응에서 생성된 ATP와 NADPH를 사용하여 에너지가 풍부한 당분자 G3P를 만든다.

캡시드(capsid) 바이러스 유전체를 둘러싸고 있는 단백질 껍질.

켈프(kelp) 해저 '숲'을 형성하는 대형 다세포 갈조류.

코돈(codon) 특정 아미노산 또는 폴리펩타이드 종결 신호를 지정하는 mRNA의 3개의 뉴클레오타이드 서열. 유전자 암호의 기본 단위.

코르크(cork) 코르크형성층에 의해 생성되는 식물 껍질 중 가장 바깥쪽 보호층.

코르크형성층(cork cambium) 식물의 2차 생장 중 코르크 세포를 생성하는 분열 조직.

코르티기관(organ of Corti) 달팽이관(와우관) 안에 있는 조류와 포유류의 청각 기관.

코르티코스테로이드(corticosteroid) 부신피질에서 합성 및 분비되는 호르몬. 코르티코스테로이드에는 무기질 코르티코이드와 글루코코르티코이드가 있다.

콘돔(condom) 피임기구의 한 형태로, 정자가 질로 이동하는 것을 방지하기 위해 음경에 씌우는 피임용 피복.

콜레스테롤(cholesterol) 동물 세포막의 중요한 구성요소이며 호르몬과 같은 다른 스테로이드의 합성을 위한 전구체 분자로 작용하는 스테로이드.

콩팥겉질(renal cortex, 신장피질) 콩팥속질(신장수질) 위에 있는 척추동물 콩팥의 바깥쪽 부분.

콩팥속질(renal medulla, 신장수질) 콩팥겉질(신장피질) 아래에 있는 척추동물 콩팥의 안쪽 부분.

큐티클(cuticle) (1) 동물의 경우, 피부의 질기고 무생물인 외층. (2) 식물에서는 줄기와 잎의 표면에 수분을 유지하는 데 도움이 되는 왁스 같은 코팅.

큰창자(large intestine, 대장) 소장과 항문 사이에 있는 소화관의 일부로, 주로 수분 흡수와 대변의 형성에 관여하는 기능을 한다.

클라미디아(chlamydia) 진핵생물 숙주세포 안에 서식하는 박테리아 그룹의 구성원으로, *Chlamydia trachomatis* 박테리아에 의해 발생하는 흔한 성병.

클론(clone) 동사로서, 세포, 생명체 또는 DNA 분자의 유전적으로 동일한 사본을 만드는 것. 명사로는 복제에 의해 생성된 세포, 생명체 또는 분자의 집합. 구어적으로는 체세포의 복제에 의해 생겨나 다른 것과 유전적으로 동일한 단일 생명체.

클론선택(clonal selection) 항원이 그 항원에 특이적인 수용체를 가진 림프구에만 선택적으로 결합하여 활성화되는 과정. 선택된 림프구는 증식하여 자극 항원에 특이적인 효과기세포와 기억세포의 클론으로 분화한다.

키아즈마(chiasma, 복수형은 chiasmata) 제1 감수분열 동안 상동염색체의 염색분체(chromatid) 사이에서 현미경으로 보이는 부위로, 교차가 일어난 부위.

키틴(chitin) 많은 곰팡이의 세포벽과 절지동물의 외골격에서 발견되는 구조적 다당류.

킬로칼로리(kilocalorie, kcal) 1,000칼로리에 해당하는 열량. 음식의 에너지 함량을 측정하는 데 사용되며 일반적으로 '칼로리'라고 한다.

타이가(taiga) 북아메리카와 유라시아를 거쳐 북극 툰드라의 남쪽 경계까지 뻗어 있는 북방 침엽수림으로, 눈이 많이 내리는 긴 겨울과 짧고 습한 여름이 특징이며, 온대 지역 산비탈의 고산 툰드라 바로 아래에서도 볼 수 있다.

타이민(thymine, T) DNA에서 발견되는 단일 고리 질소염기.

탄소고정(carbon fixation) 대기 중의 CO_2에 있는 탄소가 유기화합물로 통합되는 과정. C_3 식물에서 광합성을 하는 동안 탄소는 캘빈회로에 들어가면서 탄소가 3-탄소 당으로 고정된다. C_4 및 CAM식물에서는 먼저 탄소가 4-탄소 당으로 고정된다.

탄수화물(carbohydrate) 단량체 당(monosaccharide), 2단량체 당(disaccharide), 중합체 당(polysaccharide)으로 구성된 생물학적 분자의 하나.

탄화수소(hydrocarbon) 탄소와 수소 원소로만 구성된 유기화합물.

탈수반응(dehydration reaction) 물 분자를 제거하여 두 분자가 서로 공유결합하는 화학반응.

탈피(molting) 오래된 겉뼈대(외골격)나 큐티클을 벗겨내고 새롭고 더 큰 것을 분비하는 과정.

탈피동물상문(Ecdysozoa) 외부 골격을 가진 동물인 선형동물과 절지동물을 포함하는 좌우대칭동물의 계통으로, 껍질을 벗겨야 하는 동물이다.

탐색상(search image) 동물이 특정 종류의 먹이를 효율적으로 찾을 수 있도록 도와주는 원하는 먹이에 대한 정신적 그림.

태반(placenta) 대부분의 포유류에서 태아에게 영양분과 산소를 공급하고 대사 노폐물의 처리를 돕는 기관으로, 태아의 융모막과 모체의 자궁 내막 혈관으로 형성된다.

태반포유류(placental mammal) 새끼가 자궁에서 배아 발달을 완료하고, 태반의 어미 혈관을 통해 영양을 공급받는 포유류로, 유대류라고도 한다.

태아(fetus) 임신 9주부터 출생할 때까지의 발달 중인 인간. 태아는 성인의 모든 주요 구조를 가지고 있다.

털세포(hair cell) 공기나 물속에서 음파 및 기타 형태의 움직임을 감지하는 기계수용기의 일종.

테스토스테론(testosterone) 배아를 남성으로 발달하도록 자극하고 남성의 신체적 특징을 촉진하는 안드로젠 호르몬.

토착종(endemic species) 특정 지역으로 분포가 제한되어 있는 종.

통각수용기(pain receptor) 통증을 감지하는 감각수용기.

통제된 실험(controlled experiment) 실험군과 대조군을 비교하는 실험으로, 실험 대상 인자에만 변화를 주는 실험.

통합(integration) 중추신경계의 신경 처리 센터 내에서 감각 신호를 분석하고 해석한다.

퇴비(compost) 토양에 영양분을 공급하는 데 사용할 수 있는 유기물을 분해하는 장치.

투과전자현미경(transmission electron microscope, TEM) 전자 빔을 사용하여 얇게 절편화된 표본의 내부 구조를 연구하는 현미경.

투광대(photic zone) 빛이 투과하여 광합성이 일어나는 수생 생태계의 영역.

투석(dialysis) 혈액에서 대사성 노폐물을 기계적인 방법으로 분리하여 처리하는 것. 신부전 시 생명을 유지할 수 있는 신장의 기능을 인위적으로 수행하기 위한 방법.

툰드라(tundra) 식물 성장의 최북단과 높은 고도에 있는 생물군계로, 왜소한 목본 관목, 풀, 이끼, 지의류가 특징이다.

트랜스지방(trans fat) 건강 위험과 관련된 불포화 지방으로 식물성 기름을 수소화할 때 인공적으로 형성되는 지방이다.

특성(character) 완두콩 식물의 꽃 색깔이나 인간의 눈 색깔처럼 개체군 내 개체마다 차이가 있는 유전적 특징.

틀이동 돌연변이(frameshift mutation) 유전자에서 하나 이상의 뉴클레오타이드의 삽입 또는 결실을 수반하는 유전물질의 변화로, 유전암호 결합에 변화를 초래한다.

틸라코이드(thylakoid) 엽록체 안에 있는 납작한 막 주머니. 틸라코이드 막에는 엽록소와 광합성의 명반응을 일으키는 분자 복합체가 들어 있다. 틸라코이드의 집적체를 그라나라고 한다.

파이토크롬(phytochrome) 빛을 흡수하는 성분이 있는 식물 단백질.

파장(wavelength) 전자기 스펙트럼과 같이 인접한 파동의 파장 사이의 거리.

파지(phage) 박테리오파지 참조.

파충류(reptile) 뱀, 도마뱀, 거북이, 악어와 함께 공룡과 같이 멸종된 여러 그룹을 포함하는 양막류의 계통군에 속하는 구성원.

파킨슨병(Parkinson's disease) 진행성 뇌 질환으로 인한 운동 장애로, 움직임을 시작하기 어렵고 움직임이 느리며 경직되는 것이 특징이다.

판게아(pangaea) 고생대 말기에 판의 이동으로 지구의 모든 대륙이 하나로 합쳐지면서 형성된 초대륙.

판구조론(plate tectonics) 대륙이 지각의 거대한 판의 일부로, 맨틀의 뜨거운 밑부분 위에 떠 있다는 이론. 맨틀의 움직임으로 인해 대륙은 시간이 지남에 따라 천천히 움직인다.

팔다리뼈대(appendicular skeleton, 부속골격) 물고기의 지느러미나 육상 척추동물의 팔과 다리를 지탱하는 골격계의 구성요소. 육상 척추동물에서는 어깨 뼈, 골반이음뼈, 앞다리, 뒷다리의 연골과 뼈를 말함. 몸통뼈대 참조.

퍼넷 사각형(Punnett square) 무작위 수정의 결과를 보여주기 위해 유전 연구에서 사용되는 정사각형 표.

퍼옥시좀(peroxisome) 다양한 기질에서 수소 원자를 산소로 이동시켜 과산화수소를 생성하고 분해하는 효소가 들어 있는 세포소기관.

펩타이드 결합(peptide bond) 탈수반응에 의해 형성된 폴리펩타이드의 두 아미노산 단위 사이의 공유결합.

펩티도글리칸(peptidoglycan) 짧은 폴리펩타이드가 교차 연결된 당의 중합체. 박테리아 세포벽에 고유한 물질.

편도체(amygdala) 대뇌의 통합적 중추. 기능적으로는 변연계에서 감정적 기억을 식별하는 데 중심이 되는 부분.

편모(flagellum, 복수형은 flagella) 운동에 특화된 긴 세포 부속지. 원핵생물과 진핵생물의 편모는 구조와 기능이 모두 다르다. 진핵생물 편모는 섬모와 마찬가지로 세포의 원형질막으로 덮인 미세소관의 '9+2' 배열을 가지고 있다.

편형동물(flatworm) 플라티헬민테스 문의 구성원.

평활근(smooth muscle) 줄무늬가 없는 근육의 일종으로 무의식적(불수의적) 신체 활동을 담당한다.

폐(lung, 허파) 좁은 관으로 대기와 연결되는 함입된 호흡기 표면.

폐동맥(pulmonary artery, 허파동맥) 심장에서 폐로 혈액을 운반하는 큰 혈관.

폐쇄순환계(closed circulatory system) 혈액이 혈관에 갇혀 세포사이액과 분리되어 유지되는 순환계.

폐순환(pulmonary circuit, 허파순환) 허파에 혈액을 공급하는 순환계의 한 가지. 전신성 참조.

폐정맥(pulmonary vein, 허파정맥) 허파에서 심장으로 혈액을 운반하는 혈관.

폐포(alveolus, 복수는 alveoli, 허파꽈리) 포유류의 허파에서 기체교환이 일어나는 말단 공기주머니 중 하나.

폐활량(vital capacity) 포유류가 숨을 쉴 때마다 들이마시고 내쉴 수 있는 최대 공기량.

포괄적합도(inclusive fitness) 개체는 자신의 자손을 생산하고 가까운 친척이 자손을 생산할 수 있도록 도와줌으로써 자신의 유전자를 영속시키는 데 성공한다.

포도당(glucose) 많은 다당류의 빌딩 블록 역할을 하는 6탄소 단당류로, 세포호흡에서 산화되어 세포의 주요 ATP 공급원이 된다.

포배(Blastula) 동물의 발달 중 분할이 끝나는 배아 단계. 많은 종에서 세포의 속이 빈 공 모양.

포식(predation) 한 종인 포식자가 다른 종인 먹이를 죽이고 잡아먹는 종간의 상호작용.

포유류(mammal) 젖샘과 털을 가진 양막류 계통군의 구성원.

포자(spore) (1) 식물과 조류에서 다른 세포와 융합하지 않고 다세포 개체로 발전할 수 있는 반수체 세포. (2) 원핵생물, 원생생물, 곰팡이류에서 불리한 환경 조건에서도 생존할 수 있는 다양한 두꺼운 벽을 가진 생활사 단계 중 하나.

포자낭(sporangium, 복수형은 sporangia) 곰팡이류와 식물에서 감수분열이 일어나고 반수체 포자가 발생하는 구조.

포자체(sporophyte) 생물의 생활사에서 세대교번을 겪는 다세포 이배체 형태. 배우자의 결합에 의해 발생하며, 배우자 세대로 성장하는 반수체 포자를 유성적으로 생성한다.

포톱신(photopsin) 밝은색의 빛을 흡수하는 척추동물의 원뿔세포에 있는 시각 색소 계열 중 하나.

포화지방산(saturated fatty acid) 탄화수소 꼬리의 모든 탄소가 단일결합으로 연결되고 탄소 골격에 최대 수의 수소 원자가 붙어 있는 지방산. 포화지방산과 지방산은 실온에서 응고된다.

폴리뉴클레오타이드(polynucleotide) 여러 뉴클레오타이드 단량체가 공유결합되어 이루어진 고분자.

폴리펩타이드(polypeptide) 펩타이드 결합으로 연결된 아미노산 중합체.

폴립(polyp) 두 가지 유형의 자포동물 체형 중 하나로, 원주형의 히드라형 체형이다.

표면장력(surface tension) 액체의 표면을 늘리거나 부러뜨리는 것이 얼마나 어려운지를 나타내는 척도. 물은 표면 분자의 수소결합 때문에 표면장력이 높다.

표면활성제(surfactant) 허파의 허파꽈리에서 분비되는 물질로, 허파꽈리를 덮고 있는 액체의 표면장력을 감소시키는 역할을 한다.

표적세포(target cell) 호르몬과 같은 조절 신호에 반응하는 세포.

표토(topsoil) 암석, 생물체, 부식질에서 유래한 입자의 혼합물로 구성된 토양 최상층.

표피(epidermis) (1) 동물에서 보호 덮개 또는 외피를 형성하는 하나 이상의 살아 있는 세포층. (2) 식물에서 잎, 어린 줄기 및 어린 뿌리의 보호 외피를 형성하는 조직계.

표피조직계(dermal tissue system) 식물의 외부 보호층.

표현형(phenotype) 생명체의 표현된 형질.

표현형의 유연성(phenotypic plasticity) 생명체의 생리학과 해부학이 주변 환경 조건에 적응하는 능력.

프라이머(primer) PCR 실험 중에 표적 서열의 각 끝에 결합하는 짧고 인공적으로(artificially) 만들어진 단일가닥의 DNA 분자.

프로게스테론(progesterone) 월경주기에 기여하고 임신을 위해 자궁을 준비하는 스테로이드 호르몬.

프로락틴(prolactin, PRL) 뇌하수체 전엽에서 분비되는 단백질 호르몬으로, 인간의 젖샘을 자극하여 젖을 생산, 방출하고 다른 동물에서는 다른 반응을 일으킨다.

프로모터(promoter) 유전자의 시작 부분 근처에 위치한 DNA의 특정 뉴클레오타이드 서열로, RNA 중합효소의 결합부위이자 전사가 시작되는 곳.

프로테오박테리아(proteobacteria) 네 가지 유형의 영양생물을 모두 포함하여 매우 다양성을 포괄하는 그람-음성 박테리아의 계통군.

프로파지(prophage) 박테리아 염색체의 DNA에 유전자 재조합에 의해 삽입된 파지 DNA.

프리온(prion) 관련 단백질을 더 많은 프리온으로 전환하여 증식할 수 있는 감염성 형태의 단백질. 양의 스크래피, 광우병 등 여러 동물에서 여러 가지 관련 질병을 일으킨다.

플라스모데스마(plasmodesma, 복수형은 plasmodesmata) 인접한 세포의 세포질을 연결하는 식물 세포벽의 열린 통로.

플라스미드(plasmid) 주 염색체와 분리된 독립적으로 복제되는 작은 원형의 DNA. 플라스미드는 원핵생물과 효모에서 발견된다.

피낭동물(tunicate) 무척추동물 중 하나로, 우렁쉥이라고도 하며, 주머니 모양과 앉아서 생활하는 것이 특징이다.

피루브산 산화(pyruvate oxidation) 피루브산이 아세틸 CoA로 산화되어 CO_2가 방출되고 NADH가 생성된다. 시트르산 회로에 대한 준비 반응.

피브리노겐(fibrinogen) 혈관이 다쳤을 때 활성화되어 혈전을 형성하는 데 관여하는 혈장 단백질.

피브린(fibrin) 혈액 응고 단백질 피브리노겐의 활성화된 형태로, 실제로 응집되어 혈전의 구조를 형성하는 물질.

피임(contraception) 고의적인 임신 예방.

피층(cortex) 식물에서 뿌리나 쌍떡잎 줄기의 혈관 조직과 표피 조직 사이에 있는 기본조직계의 일부.

필수아미노산(essential amino acid) 동물이 스스로 합성할 수 없어 반드시 음식물에서 섭취해야 하는 아미노산. 8가지 아미노산은 성인에게, 9개의 아미노산은 영유아에게 필수적이다.

필수영양소(essential nutrient) 생명체가 다른 물질로부터 합성할 수 없기 때문에 미리 조립된 형태로 흡수해야 하는 물질. 인간에게는 필수비타민, 무기질, 필수아미노산, 필수지방산이 있다.

필수원소(essential element) 식물에서 식물이 생활사(종자에서 자라서 또 다른 세대의 종자를 생산하는 것)를 완성하는 데 필요한 화학 원소.

필수지방산(essential fatty acid) 동물이 스스로 합성할 수 없어 반드시 음식물에서 섭취해야 하는 지방산.

하구(estuary, 강어귀) 담수 하천이나 강이 바다와 합쳐지는 곳에서 발생하는 생물군계.

하디-바인베르크 평형(Hardy-Weinberg equilibrium) 멘델의 분리와 대립유전자의 재조합만 작용한다면, 한 개체군에서 대립유전자의 빈도가 세대에 걸쳐 일정하게 유지되는 개체군의 상태.

학습(learning) 특정 경험의 결과로 인한 행동의 변형.

한정요인(limiting factor) 인구 증가를 제한하는 환경적 요인.

항문(anus) 소화되지 않은 물질이 배출되는 구멍.

항문뒤꼬리(post-anal tail) 항문 뒤쪽의 꼬리. 척삭동물의 배아 및 대부분의 성체 척삭동물에서 발견된다.

항상성(homeostasis) 신체 기능의 안정된 상태. 생명체의 내부 환경을 변화시키는 외부 힘과 그러한 변화에 반대하는 내부 제어 메커니즘 사이의 역동적인 상호작용을 특징으로 하는 평형 상태.

항아리곰팡이(chytrid, 병꼴균) 대부분 수생이며 편모 포자를 가진 곰팡이류 그룹의 구성원. 아마도 가장 원시적인 곰팡이 계통을 대표할 것이다.

항원(antigen) 적응면역반응을 일으키는 비자기 분자.

항원결합부위(antigen-binding site) 항원수용체 또는 항체에서 항원결정기와 결합하는 부위.

항원수용체(antigen receptor) 항원과 결합하여 적응면역반응을 일으키는 B세포와 T세포에 존재하는 표면 단백질의 총칭.

항원제시세포(antigen-presenting cell) 이물질이나 미생물을 섭취한 후 섭취한 물질의 항원 부분을 자신의 표면에 부착하여 보조 T세포에 항원을 내보이는 백혈구의 일종.

항이뇨호르몬(antidiuretic hormone, ADH) 시상하부에서 만들어지고 뇌하수체 후엽에서 분비되어 신장의 수분 보유를 촉진하는 호르몬.

항체(antibody) 혈장에 용해되어 특정 종류의 항원에 달라붙어 그 작용에 대항하는 단백질로, 형질세포에서 분비된다.

항히스타민(antihistamine) 히스타민의 작용을 방해하여 알레르기 반응을 완화하는 약물.

해당과정(glycolysis) 포도당을 최종적으로 2개의 피루브산 분자로 분리하는 일련의 반응으로, 모든 생명체에서 세포호흡의 첫 단계로 세포질에서 일어난다.

해류(ocean current) 바다의 강과 같은 흐름 패턴 중 하나.

해마(hippocampus) 대뇌의 통합중추. 기능적으로 기억의 형성과 회상에 중심적인 역할을 한다.

해면동물(sponge) 다공성이 높은 몸이 특징인 수생 동물.

해부학(anatomy) 개체의 구조를 연구하는 학문.

해양 산성화(ocean acidification) 대기 중 CO_2가 바닷물에 녹으면 바다의 산성도가 낮아지는 과정.

핵(nucleus, 복수형은 nuclei) (1) 양성자와 중성자를 포함하는 원자의 중심핵. (2) 염색질로 이루어진 염색체 형태로 유전 물질을 담고 있는 진핵생물의 세포소기관.

핵막(nuclear envelope) 핵을 둘러싸고 있는 이중막으로, 세포질과의 소통을 조절하는 구멍이 뚫려 있다.

핵산(nucleic acid) 많은 뉴클레오타이드 단량체로 구성된 고분자로, 단백질의 설계도 역할을 하며 단백질의 작용을 통해 모든 세포 구조와 활동의 기초가 된다. 두 가지 유형의 핵산은 DNA와 RNA다.

핵산탐지자(nucleic acid probe) DNA 기술에서 방사능 또는 형광으로 표지된 단일가닥의 핵산 분자로, DNA 덩어리 내에서 특정 유전자나 다른 뉴클레오타이드 서열을 찾는 데 사용된다. 탐지자는 표적 DNA의 상보적 서열에 수소결합을 한다.

핵산 혼성화(nucleic acid hybridization) 한 핵산분자와 다른 핵산 분자의 상보적인 서열이 염기쌍을 이루는 과정.

핵심종(keystone species) 군집에 미치는 영향이 생물량이나 풍부함에서 알 수 있는 것보다 훨씬 큰 종.

핵양체(nucleoid) 원핵세포에서 DNA가 농축되어 있는 막으로 둘러싸여 있지 않은 영역.

핵이식(nuclear transplantation) 한 세포의 핵을 이미 핵을 가지고 있거나 이전에 핵이 파괴된 다른 세포에 넣는 기술.

핵형(karyotype) 크기와 동원체 위치에 따라 배열된 세포의 중기 염색체의 현미경 사진을 표시한 것. 특정 염색체 이상을 식별하는 데 사용될 수 있다.

행동(behavior) 개별적으로는 자극에 반응하여 신경계의 지배를 받는 근육이나 샘이 수행하는 행동. 총체적으로는 외부 및 내부 단서에 대한 동물의 반응의 합을 말한다.

행동생태학(behavioral ecology) 진화적 맥락에서 행동을 연구하는 학문.

헌팅턴병(Huntington's disease) 단일 우성 대립유전자에 의해 발생하는 인간의 유전병으로, 제어할 수 없는 신체 움직임과 신경계의 퇴행이 특징이며, 보통 증상 발현 후 10~20년 후에 치명적일 수 있다.

헛물관(tracheid) 식물의 가늘고 다공성이며 물을 전도하고 지지하는 세포. 헛물관 또는 물관요소의 연속이 물 전도성, 지지체 역할을 하는 물관을 구성한다.

헤모글로빈(hemoglobin) 가역적으로 결합하는 적혈구의 철분 함유 단백질.

헨레고리(loop of Henle) 척추동물의 콩팥에서 네프론의 일부로, 여과액을 근위세뇨관과 원위세뇨관 사이를 운반시키면서 농축하는 역할을 한다.

혈소판(platelet) 골수세포의 잘려져 나온 세포질 조각. 혈소판은 혈액을 순환하며 혈액 응고에 중요한 역할을 한다.

혈압(blood pressure) 혈액이 혈관 벽에 가하는 힘.

혈액(blood) 적혈구, 백혈구, 혈소판 등이 부유하는 혈장이라는 액체 바탕질을 가진 결합조직의 일종.

혈연선택(kin selection) 친척의 생식 성공을 촉진시켜 이타적 행동을 선호하게 하는 자연선택.

혈장(plasma) 혈액 세포가 부유하는 혈액의 액체 바탕질.

협각류(chelicerate) 말굽게, 전갈, 참진드기, 거미 등을 포함하는 절지동물 계통의 한 구성원.

형질(trait) 완두콩 식물의 보라색 또는 흰색 꽃과 같이 개체군 내에서 발견되는 특성의 변이.

형질도입(transduction) (1) 한 박테리아 세포에서 다른 박테리아 세포로 파지에 의해 박테리아 유전자가 전달되는 것을 말한다. (2) 감각전환 참조. (3) 신호전달경로 참조.

형질전환(transformation) 세포가 주변 환경으로부터 받아들인 DNA의 새로운 유전자를 세포에 통합하는 것.

형질전환생물(transgenic organism) 다른 종의 유전자를 포함하고 있는 생명체.

형태적 종개념(morphological species concept) 측정 가능한 해부학적 기준에 따른 종의 정의.

호르몬(hormone) (1) 동물의 경우, 생산 부위(보통 내분비샘)에서 혈액을 타고 다른 부위로 이동하여 표적세포가 조절 신호에 반응하는 조절 화학물질. (2) 식물에서는 식물의 한 부분에서 생성되어 다른 부분으로 이동하여 표적세포에 작용하여 기능을 변화시키는 화학물질.

호미닌(hominin) 진화계통수의 인간 가지에 있는 종의 구성원. 침팬지보다 인간과 더 밀접한 관련이 있는 종을 말한다.

호미오박스(homeobox) 호미오유전자 및 일부 다른 발달 유전자 내의 180개 뉴클레오타이드를 가진 서열.

호미오유전자(homeotic gene) 발달 중인 개체의 신체 구조의 정체성을 결정하는, 아마도 세포 그룹의 발달 운명을 조절하여 결정짓는 주조절유전자.

호중구(neutrophil) 백혈구 중 가장 많은 종류로, 외부 침입자를 파괴하면서 자멸하는 식세포의 일종으로 선천면역의 기능을 한다.

혼합영양생물(mixotroph) 자가영양과 종속영양을 모두 할 수 있는 원생생물.

홍조류(red algae) 산호초를 만드는 산호조류를 포함하는 해양, 대부분 다세포, 독립영양생물 그룹의 구성원이다. 홍조류는 원시색소체생물에 속한다.

홍채(iris) 맥락막의 앞쪽에 의해 형성되는 척추동물의 눈 색깔 부분.

홑눈(single-lens eye) 카메라 같은 눈은 일부 해파리, 다모충류, 거미, 많은 연체동물 및 척추동물에서 발견된다.

화석(fossil) 과거에 살았던 개체의 보존된 잔재 또는 흔적.

화석 기록(fossil record) 수백만 년의 지질학적 시간에 걸친 진화의 연대기로 화석이 암석층에 나타나는 순서대로 새겨져 있다.

화석연료(fossil fuel) 고대 생물의 잔해에서 형성된 유기물질의 에너지 함유 퇴적물.

화학결합(chemical bond) 두 원자 사이의 인력은 바깥 껍질 전자의 공유 또는 원자에 반대 전하의 존재로 인해 발생하는 두 원자 사이의 인력이다. 결합된 원자는 완전한 바깥 전자껍질을 얻는다.

화학독립영양생물(chemoautotroph) 무기 화학물질로부터 에너지와 탄소를 모두 얻는 생명체. 빛 에너지를 사용하지 않고 CO_2에서 자체적으로 유기화합물을 만드는 생명체.

화학반응(chemical reaction) 화학결합이 만들어지고 끊어지면서 물질의 구성이 변화하는 것.

화학삼투작용(chemiosmosis) 막을 가로지르는 수소 이온 농도기울기의 에너지를 이용해 ADP의 인산화와 같은 세포 내 일을 추진하는 에너지 짝물림 기작으로 세포에서 대부분의 ATP 합성에 동력을 제공한다.

화학수용기(chemoreceptor) 체내의 화학적 변화나 외부 환경의 특정 종류의 분자를 감지하는 감각수용기.

화학 에너지(chemical energy) 화학반응에서 방출하기 위해 분자에서 사용할 수 있는 에너지. 위치에너지의 한 형태.

화학적 순환(chemical cycling) 생태계 내에서 탄소와 같은 물질의 이동.

화학종속영양생물(chemoheterotroph) 유기화합물로부터 에너지와 탄소를 모두 얻는 생명체.

화합물(compound) 두 가지 이상의 원소가 고정된 비율로 포함된 물질. 예를 들어 식탁용 소금은 염소 원자 1개당 나트륨 원자 1개로 구성된다.

확산(diffusion) 물질이 농도가 높은 영역에서 농도가 낮은 영역으로 농도기울기를 따라 순이동하는 입자의 무작위 이동.

환경호르몬(endocrine disruptor) 내분비계의 정상적인 기능을 방해하는 화학물질로, 일반적으로 합성물질이다.

환기(ventilation) 호흡기 표면을 통한 공기의 흐름.

환원(reduction) 산화환원반응에 관여하는 물질이 전자를 얻는 것으로, 항상 산화를 수반한다.

환형동물(annelid) 분절된 지렁이. 지렁이, 바다 지렁이, 거머리 등이 환형동물에 속한다.

활동전위(action potential) 축삭을 따라 신경 신호를 전달하는 막 전압의 큰 변화.

활면소포체(smooth endoplasmic reticulum, SER) 소포체에서 리보솜이 없는 부분.

활성부위(active site) 효소에서 기질 분자가 부착되는 부분으로, 일반적으로 효소 표면의 주머니나 홈을 말한다.

활성자(activator) 유전자 또는 유전자 그룹을 켜는 단백질.

활성화에너지(activation energy) 화학반응이 시작되기 전에 반응물이 흡수해야 하는 에너지의 양.

황색뼈속질(yellow bone marrow, 황골수) 주로 저장된 지방으로 구성된 긴 뼈의 중심강 내에 존재하는 조직.

황체(corpus luteum) 배란 후 난소 난포에서 발생하여 임신 중 프로게스테론과 에스트로겐을 분비하는 내분비 조직의 작은 덩어리.

회백질(gray matter, 회색질) 주로 뉴런의 세포체와 수상돌기로 구성된 중추신경계 내 영역.

효과기세포(effector cell) (1) 자극에 대한 신체의 반응을 수행하는 근육세포 또는 샘 세포로, 뇌 또는 기타 신경계의 중추에서 나오는 신호에 반응한다. (2) 클론 선택을 거쳤으며 후천성면역을 매개할 수 있는 림프구.

효모(yeast) 액체 또는 습한 서식지에 서식하는 단세포 곰팡이로, 단순한 세포분열 또는 부모세포에서 출아하는 무성생식하는 생명체.

효소(enzyme) 반응에 소모되지 않고 화학반응의 속도를 변화시키는 생물학적 촉매 역할을 하는 고분자. 보통 단백질.

후각세포(collenchyma cell) 식물에서 주로 생장 부위를 지지하는 기능을 하는, 1차 세포벽이 두껍고 2차 세포벽이 없는 세포.

후구동물(deuterostome, Deuterostomia) 낭배형성 중에 형성된 구멍이 항문이 되는 좌우대칭동물. 후구동물 발생 패턴을 가진 동물에는 극피동물과 척삭동물이 있다.

후기(anaphase) 유사분열의 네 번째 단계로, 자매염색분체가 서로 분리될 때 시작하여 완전한 딸 염색체 세트가 세포의 두 극에 각각 도착할 때 끝난다.

후두(larynx) 성대를 포함하는 호흡관의 윗부분. 음성(소리) 상자라고도 한다.

후두덮개(epiglottis) 기관의 입구를 보호하는 탄력 있는 연골성 덮개. 평상시에는 공기가 기도로 들어갈 수 있는 위치에 있다가 음식을 삼키면 위치를 바꾸어 음식물이 식도로 들어가게 하고 기도로 들어가지 못하도록 막는 역할을 한다.

후벽세포(sclerenchyma cell) 식물에서 리그닌으로 단단하게 굳어진 2차 세포벽을 가진 지지 세포.

후성유전(epigenetic inheritance) 히스톤 단백질이나 DNA 염기의 화학적 변형과 같이 유전체의 뉴클레오타이드 서열과 직접적으로 관련되지 않는 기작에 의해 전달되는 형질의 유전.

휴지전위(resting potential) 휴지 중인 뉴런의 원형질막을 가로지르는 전압. 척추동물 뉴런의 휴지전위는 일반적으로 약 -70 밀리볼트이며, 세포의 내부는 외부에 비해 음전하를 띤다.

흔적구조(vestigial structure) 생명체의 조상에게 중요한 기능을 수행했던 구조의 역사적 잔재인 생명체의 특징.

흡수(absorption) 작은 영양소 분자를 생물체가 체내에서 흡수하는 것으로, 소화에 이은 음식물 처리의 세 번째 주요 단계.

흡열반응(endergonic reaction) 에너지를 필요로 하는 화학반응으로, 반응물보다 더 많은 위치에너지를 가진 생성물을 만들어내는 화학반응.

흡충류(fluke) 기생하는 편형동물 그룹 중 하나.

히스타민(histamine) 염증반응과 알레르기 반응에서 혈관을 확장시키고 투과성을 증가시키는 비만세포가 방출하는 화학적 경보 신호.

히스톤(histone) 진핵생물의 염색체에서 DNA포장에 중요한 작은 단백질 분자. 진핵생물 염색질은 DNA와 히스톤 단백질의 거의 동일한 부분으로 구성된다.

힘줄(tendon) 근육과 뼈를 연결하는 섬유성 결합조직.

1기 생장(primary growth) 식물의 뿌리 또는 새싹의 길이가 자라는 것으로, 정단분열조직에 의해 진행한다.

1차 구조(primary structure) 단백질 구조의 첫 번째 단계로, 폴리펩타이드 사슬을 구성하는 아미노산의 특정 서열을 말한다.

1차 면역반응(primary immune response) 항원에 대한 초기 적응면역 반응으로, 약 10일의 시차를 두고 나타난다.

1차 생산(primary production) 태양 에너지를 화학 에너지로 전환하는 광합성을 말한다.

1차 소비자(primary consumer) 초식동물. 식물이나 다른 독립영양생물을 먹는 생명체.

1차 순생산량(net primary production) 생태계의 총 1차 생산량에서 생산자가 호흡을 위해 사용한 에너지를 뺀 것으로, 생태계 내 소비자가 사용할 수 있는 저장된 화학 에너지다.

1차 천이(primary succession) 토양이 없는 지역에서 생물학적 군집이 발생하는 생태적 천이의 한 유형이다. 2차 천이 참조.

21삼염색체성(trisomy 21) 21번 염색체가 여분으로 존재해 발생하는 인간의 유전질환으로, 심장 및 호흡기 결함, 다양한 정도의 정신 지체 등이 특징이다.

2배체(diploid) 성적으로 번식하는 생물체에서 각 부모로부터 한 세트씩 물려받은 2개의 상동염색체 세트를 가진 세포, 즉 $2n$ 세포를 말한다.

2차 구조(secondary structure) 단백질 구조의 두 번째 단계로, 폴리펩타이드 사슬의 코일 또는 접힘의 규칙적인 국소 패턴.

2차 면역반응(secondary immune response) 동물이 나중에 동일한 항원을 접했을 때 유발되는 적응면역 반응. 2차 면역반응은 1차 면역반응보다 더 빠르고, 더 크고, 더 오래 지속된다.

2차 물관부(secondary xylem) 2차 생장을 하는 동안 관다발형성층에 의해 생성되는 관다발식물조직의 일종.

2차 생장(secondary growth) 식물의 지름이 커지는 것으로, 관다발형성층과 코르크형성층에서 세포분열이 일어난다.

2차 소비자(secondary consumer) 초식동물(1차 소비자)을 잡아먹는 동물.

2차 천이(secondary succession) 교란으로 인해 기존의 생물 군집이 파괴되었지만 토양은 그대로 남아 있는 경우 발생하는 생태적 천이의 한 유형. 1차 천이 참조.

2차 체관부(secondary phloem) 2차 생장 중 관다발형성층에서 생성되는 체관 식물조직의 일종.

3염기조합(triplet code) 폴리펩타이드 사슬의 아미노산을 지정하는 3뉴클레오타이드 길이의 집합이다. 유전암호 참조.

3영역 체계(three-domain system) 세 가지 기본 그룹을 기반으로 하는 분류학적인 분류체계. 박테리아 영역, 고세균 영역, 진핵생물 영역이 있다.

3차 구조(tertiary structure) 단백질 구조의 세 번째 단계로, 사슬을 구성하는 아미노산의 R기의 상호작용에 의한 폴리펩타이드의 전체적인 입체적 모양.

3차 소비자(tertiary consumer) 2차 소비자를 잡아먹는 동물.

4차 구조(quaternary structure) 단백질 구조의 네 번째 단계로, 2개 이상의 폴리펩타이드 소단위가 결합하여 생긴 모양을 말한다.

4차 소비자(quaternary consumer) 3차 소비자를 잡아먹는 동물.

A 자리(A site) 리보솜이 번역 중에 tRNA와 결합하는 부위 중 하나. A 자리는 폴리펩타이드 사슬에서 다음 아미노산을 운반하는 tRNA를 붙잡는다. (A는 아미노아실 tRNA를 의미)

ABO식 혈액형(ABO blood group) 적혈구 표면의 탄수화물 A와 B의 유무에 따라 유전적으로 결정되는 인간 혈액의 종류. 혈액형이라고도 하는 ABO식 혈액형의 표현형은 A, B, AB, O이다.

ATP 세포의 주요 에너지원인 아데노신 3인산. ATP는 인산염 결합이 가수분해될 때 에너지를 방출한다.

ATP 합성효소(ATP synthase) 수소 이온 농도기울기의 에너지를 이용하여 ATP를 만드는, 그와 인접한 전자전달계와 화학삼투작용을 하는 여러 막단백질들의 집합.

B세포(B cell) 골수에서 발달을 완료하고 체액성 면역반응을 담당하는 림프구의 한 종류.

C_3 식물(C_3 plant) CO_2를 유기 물질에 통합하는 초기 단계에 캘빈회로를 사용하는 식물로, 첫 번째 안정적인 중간체로 3탄소 화합물을 형성한다.

C_4 식물(C_4 plant) CO_2를 4-탄소 화합물로 만드는 반응이 선행된 후, CO_2를 공급하여 캘빈회로가 이루어지는 식물.

CAM 식물(CAM plant) 밤에 열린 기공으로 들어온 CO_2를 유기산으로 전환해 액포에 저장하고 기공이 닫힌 낮에 방출하는 CO_2를 이용해서 캘빈회로로 건조한 조건에서 광합성을 하는 적응을 하는 식물.

DNA 디옥시리보핵산 참조.

DNA 감식(DNA profiling) DNA 샘플을 분석하여 동일한 개체에서 나온 것인지 확인하는 절차.

DNA 기술(DNA technology) DNA를 연구 및/또는 조작하는 데 사용되는 방법 재조합 DNA 기술을 포함.

DNA 마이크로어레이(DNA microarray) 수천 가지 종류의 단일가닥 DNA 조각이 그리드로 배열된 유리 슬라이드. 한 번에 수천 개의 유전자를 검출하고 유전자 발현을 측정하기 위해 DNA 마이크로어레이를 사용한다. 서로 다른 유전자를 나타내는 소량의 단일가닥 DNA 조각이 유리 슬라이드에 고정되어 있다. 이상적으로 한 개체의 모든 유전자를 나타내는 이 조각들은 다양한 cDNA 분자 표본과의 혼성화테스트를 거친다.

DNA연결효소(DNA ligase) DNA 복제에 필수적인 효소로, 인접한 DNA 폴리뉴클레오타이드 가닥 간의 공유결합을 촉매하는 작용을 한다. DNA연결효소는 유전공학에서 관심 유전자가 포함된 특정 DNA 조각을 박테리아 플라스미드 또는 기타 벡터에 붙여 넣는 데 사용된다.

DNA 중합효소(polymerase) 기존의 DNA 가닥을 주형으로 사용하여 DNA 뉴클레오타이드를 폴리뉴클레오타이드로 조립하는 효소.

DNA클로닝(DNA cloning) DNA의 특정 분절의 동일한 사본을 여러 개 복제하는 것.

F 인자(F factor) 박테리아의 플라스미드로 존재할 수 있는 DNA 조각. F 인자는 접합에 관계하는 섬모 같은 부속물(성 섬모)을 만드는 유전자와 접합에 필요한 다른 구조물, 그리고 DNA 복제가 시작될 수 있는 부위를 가지고 있다. F는 번식능력이 있는 것을 의미한다.

F_1 세대(F_1 generation) 두 부모(P 세대)의 자손. F_1은 첫째 자손을 의미한다.

F_2 세대(F_2 generation) F_1 세대의 자손. F_2는 둘째 자손을 뜻한다.

K-선택(K-selection) 생존 가능성이 높은 자손을 상대적으로 적게 낳는 생활사적 특성에 대한 선택으로, 개체군 규모가 수용력(K)에 가까울 때 발생한다.

NAD^+ 니코틴아미드 아데닌 디뉴클레오타이드. 세포대사의 산화환원반응 중에 전자를 받아들일 수 있는 조효소. 산화형(NAD^+)과 환원형(NADH) 상태 사이를 순환한다.

$NADP^+$ 니코틴아미드 아데닌 디뉴클레오타이드 인산의 산화형은 전자 수용체로서 명반응 중에 생성된 전자를 일시적으로 저장하는 역할을 한다. 환원형은 NADPH이다.

P 세대(P generation) 유전 연구에서 자손이 파생되는 부모 개체를 말하며, P는 부모(parent)를 뜻한다.

P 자리(P site) 번역 중 리보솜의 tRNA 결합부위 중 하나. P 자리는 성장하는 폴리펩타이드 사슬을 운반하는 tRNA를 고정한다. (P는 peptidyl tRNA를 의미)

R-선택(R-selection) 자원이 풍부한 환경에서 생식 성공을 극대화하는 생물의 생활사 형질에 대한 선택.

R 플라스미드(R plasmid) 특정 항생제를 파괴하는 효소의 유전자를 가지고 있는 박테리아의 플라스미드로, 박테리아가 항생제에 대한 내성을 갖게 한다.

RNA 간섭(RNA interference, RNAi) 특정 유전자의 발현을 침묵시키는 데 사용되는 생명공학 기술. 특정 유전자에 해당하는 서열을 가진 합성 RNA 분자가 해당 유전자의 mRNA를 분해하도록 유도한다.

RNA 스플라이싱(RNA splicing) 진핵생물 RNA에서 인트론이 제거되고 엑손이 결합하여 연속적인 암호화하는 서열을 가진 mRNA 분자를 형성하는 것으로, mRNA가 핵을 떠나기 전에 일어난다.

RNA 중합효소(RNA polymerase) DNA 가닥을 주형으로 사용하여 전사 중에 성장하는 RNA 뉴클레오타이드 사슬을 서로 연결시키는 큰 분자 복합체.

SAR(스트라메노필라, 알베올라타, 리자리아) 진핵생물의 진화 역사에 대한 현재의 가설에서 제안된 4개의 단일계통군 상군 중 하나. 다른 3개의 상군은 엑스카바타(Excavata), 유니콘타(Unikonta), 원시색소체생물(Archaeplastida)이다.

STR 분석(STR analysis) 짧은 반복서열 분석. 유전체 내 특정 부위에서 선택된 짧은 반복서열의 길이를 비교하는 DNA 감식 방법.

tRNA(transfer RNA) 번역에서 통역자 역할을 하는 리보핵산의 일종. 각 tRNA 분자는 특정 안티코돈을 가지고 있으며, 특정 아미노산을 픽업하여 해당 아미노산을 mRNA의 적절한 코돈으로 전달한다.

TSH 방출호르몬(TSH-releasing hormone, TRH) 펩타이드 호르몬으로, 갑상샘자극호르몬의 방출을 유발하여 갑상샘을 자극하는 호르몬.

T세포(T cell) 흉선에서 성숙하는 림프구의 일종으로, T세포에는 세포성 면역반응을 위한 효과기 T세포와 체액성 및 세포 매개 적응면역반응에 모두 필요한 도움 T세포가 모두 포함되어 있다.

X-연관유전자(X-linked gene) X 염색체에 위치한 유전자. X-연관유전자는 수컷은 1개만 가지고 있는 반면 암컷은 2개를 가지고 있기 때문에 독특한 유전형질 전달방식을 보인다.

X 염색체 불활성화(X chromosome inactivation) 암컷 포유류의 경우, 각 체세포에 있는 하나의 X 염색체 불활성화를 말한다.

찾아보기

ㅇ

ㅊ

ㅋ

ㅌ

ㅍ

ㅎ

기타